计 算 机 科 学 丛 书

原书第8版

离散数学及其应用

[美] 肯尼思·H. 罗森（Kenneth H. Rosen）著

徐六通 杨娟 吴斌 译

Discrete Mathematics and Its Applications

Eighth Edition

Kenneth H. Rosen

Discrete
Mathematics
and Its
Applications

Eighth Edition

McGraw Hill Education

机械工业出版社
CHINA MACHINE PRESS

图书在版编目（CIP）数据

离散数学及其应用（原书第 8 版）/（美）肯尼思·H. 罗森（Kenneth H. Rosen）著；徐六通，杨娟，吴斌译 . —北京：机械工业出版社，2019.10（2025.1 重印）

（计算机科学丛书）

书名原文：Discrete Mathematics and Its Applications，Eighth Edition

ISBN 978-7-111-63687-8

I. 离… II. ①肯… ②徐… ③杨… ④吴… III. 离散数学 – 教材 IV. O158

中国版本图书馆 CIP 数据核字（2019）第 204429 号

出版发行：机械工业出版社（北京市西城区百万庄大街 22 号　邮政编码：100037）

责任编辑：曲　熠		责任校对：李秋荣	
印　　刷：北京捷迅佳彩印刷有限公司		版　　次：2025 年 1 月第 1 版第 10 次印刷	
开　　本：185mm×260mm　1/16		印　　张：53.25	
书　　号：ISBN 978-7-111-63687-8		定　　价：139.00 元	

客服电话：（010）88361066　68326294

从在路边小摊贩处扫码完成支付到为黑洞拍摄第一张照片，再到各类世纪工程的竣工，这一切进步与奇迹的背后都离不开计算机科学与技术的飞速发展。

如果你也想为将来的奇迹做出自己的贡献，就必须先了解计算是什么、计算机的工作原理是什么、计算机是如何解题的等问题。你需要学习的第一门基础课就是离散数学。什么是离散数学？离散数学是致力于研究离散对象的数学分支。说得更通俗一点，就是利用计算机进行问题求解时，一切问题背后的原理性东西均属于离散数学的范畴，或者说离散数学就是计算机科学的数学语言。

离散数学一直被 IEEE-CS 和 ACM 认定为计算机专业最核心的课程，也是我国计算机科学与技术专业的核心基础课程。当你学习这门课程的时候，会发现离散数学为许多计算机专业课程提供了理论基础，尤其是为课程中大量的算法提供了基础。顺便提一下，大家都知道计算机领域的最高奖是图灵奖，但你知道在一个约会场景中寻找稳定匹配的算法是诺奖级的算法吗？有兴趣的读者可以阅读本书 3.1 节练习 65 前导文中介绍的延迟接受算法。

本书英文版自出版以来在北美发行超过 450 000 册，目前已经被翻译成西班牙文、法文、葡萄牙文、希腊文、中文、越南文和韩文等，在世界各地发行数十万册。

第 8 版对许多内容进行了完善、更新、补充和润色，所有这一切都是为了使本书成为现代离散数学课程的更加有效的教学工具。本书清晰地介绍并展示了离散数学中的概念和技术，行文流畅，通俗易懂。书中包含大量有趣而实用的例子，吸引读者广泛好奇心的推荐读物，以及帮助读者掌握离散数学的概念和技巧的丰富练习题，为计算机科学学生将来的学习提供了一切必需的数学基础。此外，本书还提供了一个非常有价值的网站资源——在线学习中心（OLC），帮助学生评估自身学习状况，学习撰写证明并避免常见错误，从各个方面提高学生学习和实际解决问题的能力，引领学生探索离散数学的新应用。

本书的另一个特色是给出了 89 位数学家和计算机科学家的简短传记，介绍他们的生活、事业以及对离散数学做出的重要贡献。让读者了解数学知识的来龙去脉，可以极大地提高读者学习离散数学的兴趣并使读者理解其发展历程。这一版新增的传记包括在孪生素数猜想研究中做出重要贡献的华裔数学家张益唐。

本次更新还包括离散数学领域的新发展，比如在密码学一节专门介绍了利用同态加密技术实现数据在加密状态下的直接运算，使得对加密数据所做运算的结果和解密数据做运算后再加密的结果是一样的。将该技术用于云计算场景时，可以保证数据始终处于加密状态。

在本次翻译工作中，徐六通翻译全书前言、第 1 章至第 4 章、附录及推荐读物，吴斌翻译第 5 章至第 8 章，杨娟翻译第 9 章至第 13 章。由于译者水平所限，尽管已经修正了之前版本中的一些错误，但是难免还会有不妥的地方，敬请读者不吝赐教。

译者

2019 年 8 月于北京

本书是根据我多年来讲授离散数学的经验和兴趣写成的。对学生而言，我的目的是为他们提供内容准确且可读性强的教材，清晰地介绍并展示离散数学中的概念和技术。对于那些爱怀疑的学生，我的目标是展示离散数学的相关性和实用性。对于计算机科学专业的学生，我希望为他们将来的学习提供一切必需的数学基础。而对于数学专业的学生，我希望帮助他们理解重要的数学概念，并且意识到为什么这些概念对应用来说很重要。最重要的是，希望本书既能达到这些目标，又不含太多的水分。

对教师而言，我的目的是利用数学中行之有效的教学技术来设计一个灵活而全面的教学工具：只要有本书在手，教师就能迅速地从中筛选内容，以最适合特定学生的方式有效地开展离散数学的教学工作。希望我已经实现了这些目标。

在过去的 30 年中，本书取得了极大的成功，被世界各地超过 100 万名学生使用，并被翻译成多种语言，对此我感到非常欣慰。此次第 8 版所做的许多改进，正是得益于大量读者的反馈和建议。在这些读者中，既有来自北美 600 多所学校的师生，又有来自全球各地众多高校的读者，他们都曾将本书成功用作教材。由于所收到的这些反馈，以及在不断更新中所投入的大量精力，我才能够在每次升级时显著提高本书的吸引力和有效性。

本教材是为一学期或两学期的离散数学入门课程而设计的，适用于数学、计算机科学、工程等各类专业的学生。大学代数是唯一要求的先修课程，不过，要想真正学好离散数学，还是需要有一定的数学素养。本书的设计目标是满足各种类型离散数学入门课程的需求，内容高度灵活且非常全面。我希望本书不仅是一本成功的教科书，而且成为学生在日后的学习和职业生涯中可以参考的有价值的资源。

离散数学课程的目标

离散数学课程有多个目标。学生应该学会一系列特定的数学知识并知道怎样应用它们，更重要的是，这门课应教会学生怎样运用数学逻辑思维。为了达到这些目标，本教材特别强调数学推理以及问题求解的不同方法。本书中，五个重要主题将交织在一起：数学推理，组合分析，离散结构，算法思维，以及应用与建模。一门成功的离散数学课程应该小心谨慎地融合并平衡所有五个主题。

- **数学推理**。学生必须理解数学推理以便阅读、领会并构造数学论证。本书开篇即讨论数理逻辑，这为后续讨论证明方法打下了基础。本书描述了构造证明的方法与技巧两个方面。本书特别强调数学归纳法，不仅给出了这种证明技术的许多不同类型的实例，还详细地解释了数学归纳法为什么是一种有效的证明技术。

- **组合分析**。一个重要的解题技巧就是计数或枚举对象。本书中关于枚举的讨论从计数的基本技术着手。重点是运用组合分析方法来解决计数问题并分析算法，而不是简单地应用公式。

- **离散结构**。离散数学课程应该教会学生如何处理离散结构，即表示离散对象以及对象之间关系的抽象数学结构。这些离散结构包括集合、置换、关系、图、树和有限状态机等。

- **算法思维**。有些类型的问题可以通过算法的规范说明来求解。当一个算法被清楚地描述后，就可以编写计算机程序来实现之。该活动涉及的数学部分包括该算法的规范说明、正确性的验证，以及执行算法所需要的计算机内存和时间分析等，这些在本书中均有阐述。算法将采用自然语言[⊖]和一种易于理解的伪代码形式来描述。

- **应用与建模**。离散数学在几乎每个可以想到的研究领域中都有应用。许多应用涉及本书提到的计算机科学和数据网络，还有一些应用涉及更为广泛的领域，如化学、生物学、语言学、地理学、商业和互联网等。这些是离散数学的自然而又重要的应用，而非人为编造的。用离散数学来建模是一项十分重要的问题求解技巧，学生可通过一些练习来自己构造模型，从而掌握这一技巧。

第 8 版中的变化

虽然第 7 版已经是一本极具影响力的教材，但许多教师还是提出了一些修改请求，以使本书更适于教学。我花了大量的时间和精力来满足这些请求，努力以自己的方式改进本书并使之紧跟最新发展。

第 8 版的修改基于 20 多位正式审稿人的意见、学生和教师的反馈以及我自己的见解，希望新版本能成为一个更加有效的教学工具。第 8 版中所做的大量更新是为了帮助学生更好地学习这些内容。我增加了额外的解释和例子以便阐述那些学生经常感到困难的内容，增加了知识性的和富有挑战性的新练习，还增加了一些与 Internet、计算机科学以及数学生物学等密切相关的应用。在开发人员的努力下，本书配套网站现在提供了很多工具，可以帮助学生掌握关键概念并探索离散数学世界。此外，还提供了有效和全面的学习和评估工具，以作为教科书的补充。

我希望教师能仔细阅读新版，以了解如何满足自己的教学需求。要列出所有更新是不切实际的，不过，我将给出概要性的描述，包括一些关键更新及其所带来的好处，这对读者来说或许是有益的。

本书新版对许多内容进行了完善、更新、补充和润色，所有这一切都是为了使本书成为现代离散数学课程的更加有效的教学工具。之前使用过本教材的教师会发现这次更新遍及全书，其中最值得注意的修订如下。

全书范围的更新

- 对内容编排的完善贯穿全书，重点是使之更清晰，以便帮助学生阅读和理解概念。
- 通过增加细节和解释来改进证明，同时提醒读者注意所采用的证明方法。
- 新增例题，用于满足审稿人提出的需求，或是对新内容进行解释。有些例题可以在书中找到，有些例题则只在配套网站上提供。
- 新增练习，有知识性的也有富有挑战性的，用于满足教师提出的需求或配合新内容。同时，还有些练习是为了完善或拓宽已有的练习。
- 引入了更多的小标题以便将章节划分成更小的部分。
- 极大地扩展了在线资源，以为教师和学生提供广泛的支持。后面会给出关于这些资源的详细描述。

主题方面的更新

- **逻辑**。引入了若干逻辑谜题。一道新例题解释了如何将 n 皇后问题建模为可满足性问题，这是一个简明易懂的例子。
- **集合论**。在正文中引入了多重集的概念（之前是在练习中引入的）。
- **算法**。新版讨论了字符串匹配算法，这是一个应用很广的重要算法，可用于拼写检查、关键字搜索、字符串匹配以及计算生物学。此外，还给出了求解字符串匹配练习的蛮力算法。
- **数论**。新版包含有关素数及其猜想的最新数值发现和理论发现。在正文中论述了扩展欧

⊖ 原书采用英语，而中译版则采用汉语。——译者注

几里得算法和一遍（one-pass）算法（之前是在练习中介绍的）。

- **密码学**。由于在云计算中的重要性，新版涵盖了同态加密的概念。
- **数学归纳法**。扩展了数学归纳法证明的模板，并将其放在数学归纳法证明的例题之前。
- **计数方法**。扩充了用于计数的除法法则的讨论。
- **数据挖掘**。在 n 元关系一节讨论了数据挖掘中的一个关键概念——关联规则。另外，在练习中还引入了雅卡尔指数，可用于计算两个集合之间的距离。
- **图论应用**。添加了一道新例题，解释语义网络是如何工作的。这是人工智能中的一个重要结构，可以用图来建模。
- **人物传记**。新的人物传记包括怀尔斯、婆什迦罗、瓦列·普金、阿达马、张益唐和金特里。原有的传记也做了一些扩展和更新。这次更新是多方面的，包括具有历史意义的东方数学家、19 世纪和 20 世纪的主要研究人员，以及目前活跃的 21 世纪的数学家和计算机科学家。

本书特色

易理解性。实践证明，本书对于初学者来说是易读易懂的。书中绝大部分内容不需要比大学代数更多的数学预备知识，需要额外帮助的学生可以在配套网站找到相应工具，以将数学素养提升到本书要求的水准。书中少数几处需要用到微积分知识的地方都已注明。大多数学生应该很容易理解用于表示算法的伪代码，无论是否正式学过程序设计语言。本书不要求正规计算机科学方面的预备知识。

每章都是从易于理解和易于领会的水平开始。一旦详细介绍了基本数学概念，就会给出稍难一些的内容以及在其他研究领域中的应用。

灵活性。为了便于灵活使用，本书做了精心的设计。各章对之前章节的依赖程度都被降到最低。每章分成长度大致相等的若干节，每节又根据内容划分成若干小节以方便教学。教师可以利用章节划分灵活地安排讲课进度。

写作风格。本书的写作风格是直接而又实用的。书中使用准确的数学语言，但没有采用过多的形式化与抽象，在数学命题中的记号和词语表达间做了精心的平衡。

数学严谨性和准确性。书中所有定义和定理的陈述都十分谨慎，这样学生可以欣赏语言的准确性和数学所需的严谨性。证明则是先由动机引入，然后再慢慢展开，并且所有步骤都经过了详细论证。证明中用到的公理及其所导出的基本性质在附录中均有描述，这呈现给学生一个清晰的概念，即在证明中他们能够做出何种假设。本书解释并大量使用了递归定义。

例题。全书共有超过 800 道例题，用来阐述概念、建立不同主题之间的关联以及介绍应用。在大部分例题中，首先提出问题，然后再以适量的细节给出解法。

应用。本书中的应用展示了离散数学在解决现实世界中的问题时的实用性。这些应用涉及广泛的领域，包括计算机科学、数据网络、心理学、化学、工程学、语言学、生物学、商业和互联网。

算法。离散数学的结论常常要用算法来表述，故书中多数章节都介绍了一些关键算法。这些算法采用文字叙述，同时也采用一种易于理解的结构化伪代码来描述。关于伪代码的描述和说明在附录 C 中给出。对于本书中的所有算法，都简要分析了其计算复杂度。

历史资料。书中对许多主题的背景做了简要介绍，并给出了 89 位数学家和计算机科学家的简短传记。这些科学家为离散数学做出过重要贡献，传记中介绍了他们的生活、事业和成就，同时配有照片（如果有的话）。

此外，我们还提供了一些历史资料，作为对正文中历史资料的补充。我们做了大量努力以使得本书能够反映新的发现。

关键术语和结论。每章最后列出关键术语和结论。关键术语只列出学生必须学会的那些，而非该章中定义的每个术语。

练习。书中包含 4200 多道练习题，涵盖大量不同类型的问题。不仅提供了足够多的简单练习用于培养基本技能，还提供了大量中等难度的练习和许多具有挑战性的练习。练习的叙述清晰而无歧义，并按难易程度进行了分级。练习中还包含一些特殊的讨论来展开正文中没有涉及的新概念，使得学生能够通过自己的努力来发现新的想法。

那些比平均难度稍难的练习用一个星号（＊）标记，而那些更具挑战性的练习则用两个星号（＊＊）来标记。需要用微积分知识求解的练习会明确指出。有些练习的结果要在正文中用到，我们用☞符号来标识这类题目。本书最后给出了所有奇数编号练习的答案或解题纲要。答案中大部分证明的步骤都十分清晰。

复习题。每章后面都有一组复习题。设计这些问题是为了帮助学生重点学习该章最重要的概念和技术。要回答这些复习题，学生必须写出较长的答案，而不是仅做一些计算或给出简答。

补充练习。每章后面都有一组丰富多样的补充练习。这些练习通常比每节后面的练习难度更大。补充练习旨在强化该章中的概念，并把不同主题更有效地综合起来。

计算机课题。每章后面还有一组计算机课题。全书共有大约 150 道计算机课题，用于将学生在计算和离散数学中所学到的内容联系起来。对于那些从数学角度或程序设计角度来看难度超过平均水平的计算机课题，我们用一个星号（＊）标记，而那些非常具有挑战性的题目则用两个星号（＊＊）标记。

计算和探索。每章后面都有一组计算和探索性的问题，共有大约 120 道。完成这些练习需要借助现有的软件工具，诸如学生或教师自己编写的程序，或像 Maple 或 Mathematica 这样的数学计算软件包。这些练习大多为学生提供了通过计算来发现一些新事实或想法的机会。（其中一些练习在配套的在线练习册《探索离散数学》（Exploring Discrete Mathematics）中也有讨论。）

写作课题。每章后面都有一组写作课题，要完成这类题目，学生需要参考数学方面的文献。有些题目本质上是关于历史知识的，需要学生查找原始资料；其他题目则将带领学生通往新内容和新思想。这些练习旨在向学生展示正文中没有深入探讨的想法，通过把数学概念和写作过程结合起来，帮助学生面对未来可能的研究领域。（在网络版或印刷版的《学生解题指南》（Student's Solutions Guide）中可以找到为这些题目准备的参考文献。）

附录。本书有三个附录。附录 A 介绍实数和正整数的公理，并解释如何利用这些公理直接证明事实。附录 B 介绍指数函数和对数函数，复习课程中常用的一些基本内容。附录 C 则介绍正文中用来描述算法的伪代码。

推荐读物。在附录后还提供了一份针对全书及各章的推荐读物。这些推荐读物包括难度不超过本书的书籍、更难些的书籍、阐述性的文章以及发表离散数学新发现的原始文章。其中一些是多年前出版的经典读物，而另一些是在最近几年才出版的。本书的网站中包含许多有价值资源的链接，可以作为对这些推荐读物的补充。

怎样使用本书

本书经过了精心写作和编排，以支持不同层次以及侧重点不同的离散数学课程。下表列出了核心章节和可选章节。为大学二年级学生开设一学期的离散数学入门课程可以以本书核心章节为基础，其他章节可由教师取舍。两学期的入门课程可以在核心章节上外加所有可选的数学章节。强调计算机科学的课程则可以涵盖部分或全部计算机科学章节。教师可以在本书网站上的《教师资源手册》（Instructor's Resource Guide）中找到离散数学课程教学大纲样本，以及针对本书章节的教学建议。

章节	核心章节	计算机科学可选章节	数学可选章节
1	1.1～1.8(视需要)		
2	2.1～2.4, 2.6(视需要)		2.5
3		3.1～3.3(视需要)	
4	4.1～4.4(视需要)	4.5, 4.6	

（续）

章节	核心章节	计算机科学可选章节	数学可选章节
5	5.1～5.3	5.4，5.5	
6	6.1～6.3	6.6	6.4，6.5
7	7.1	7.4	7.2，7.3
8	8.1，8.5	8.3	8.2，8.4，8.6
9	9.1，9.3，9.5	9.2	9.4，9.6
10	10.1～10.5		10.6～10.8
11	11.1	11.2，11.3	11.4，11.5
12		12.1～12.4	
13		13.1～13.5	

　　使用本书的教师可以选用或略去每节最后有挑战性的例题及练习来调整课程的难度。右侧的各章依赖图展示的是强依赖性。星号表示该章只有部分相关小节是学习后续章节所必需的。弱依赖关系不再列出。更多详细信息可以在《教师资源手册》中找到。

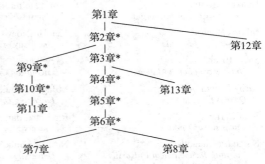

教辅资源

　　《**学生解题指南**》。这本可以单独购买的学生手册包含所有奇数编号练习的完整解答。这些解答解释了为什么要用某种特定的方法以及为什么这种方法管用。对于有些问题，还给出了一两种其他可能的解法，以说明一个问题可以用多种不同方法来求解。指南的内容还包括：为每章后面的写作课题推荐的参考文献；关于如何撰写证明的指南；在离散数学学习中学生常犯的各类错误；为每章提供的考试样例及解答，以帮助学生准备考试。

　　《**教师资料手册**》。本手册在网站上提供，教师也可以申请印刷版，手册中包含书中所有偶数编号练习的完整解答。手册的内容还包括：关于如何讲授本书每章内容的建议，包括每节中应强调的重点以及如何组织内容；为每章提供的考试样例，以及一个包含 1500 多道考试题目的可选试题库，对于所有考试样例及试题库中的题目都给出了解答；针对不同的侧重点以及不同学生能力水平的课程教学大纲样本。

致谢

　　感谢所有将本书用作教材的教师和学生，他们来自不同的学校，并向我提供了很多有价值的反馈和有益的建议。正是有了他们的反馈，才使本书变得更为出色。特别感谢 Jerrold Grossman 和 Dan Jordan，作为第 8 版的技术评审，他们以"鹰眼"般敏锐的目光确保了本书的准确性。在本书出版过程中的各个阶段，他们两位多次审阅了本书的每个角落，帮助消除了之前勘误表中的错误，并防止出现新的错误。

　　感谢 Dan Jordan 为《学生解题指南》和《教师资源手册》做出的贡献。他在更新这些教辅资源方面完成了令人钦佩的工作。感谢 Jerrold Grossman，他是本书前 7 版教辅资源的作者，并为 Dan 提供了非常有价值的帮助。还要感谢许许多多曾经为本书创建并维护在线资源的人。特别

　　⊖　关于本书教辅资源，只有使用本书作为教材的教师才可以申请，需要的教师可向麦格劳·希尔教育出版公司北京代表处申请，电话 010-57997618/7600，传真 010-59575582，电子邮件 instructorchina@mheducation.com。——编辑注

感谢 Dan Jordan 和 Rochus Boerner，他们所做的大量工作解决了配套网站的诸多问题（后面会介绍这个网站）。

感谢第 8 版以及所有之前版本的审稿人。他们给予我许多有益的批评和鼓励，希望这一版不会辜负他们的期望。自从本书第 1 版出版以来，已经有超过 200 位审稿人，其中有许多来自美国以外的国家。近期审稿人列表如下。

近期审稿人

Barbara Anthony
Southwestern University

Philip Barry
University of Minnesota, Minneapolis

Benkam Bobga
University of North Georgia

Miklos Bona
University of Florida

Steve Brick
University of South Alabama

Kirby Brown
Queens College

John Carter
University of Toronto

Narendra Chaudhari
Nanyang Technological University

Tim Chappell
Penn Valley Community College

Allan Cochran
University of Arkansas

Daniel Cunningham
Buffalo State College

H.K. Dai
Oklahoma State University

George Davis
Georgia State University

Andrzej Derdzinski
The Ohio State University

Ronald Dotzel
University of Missouri-St. Louis

T.J. Duda
Columbus State Community College

Bruce Elenbogen
University of Michigan, Dearborn

Norma Elias
*Purdue University,
Calumet-Hammond*

Herbert Enderton
University of California, Los Angeles

Anthony Evans
Wright State University

Kim Factor
Marquette University

Margaret Fleck
University of Illinois, Champaign

Melissa Gaddini
Robert Morris University

Peter Gillespie
Fayetteville State University

Johannes Hattingh
Georgia State University

James Helmreich
Marist College

Ken Holladay
University of New Orleans

Jerry Ianni
LaGuardia Community College

Milagros Izquierdo
Linköping University

Ravi Janardan
University of Minnesota, Minneapolis

Norliza Katuk
University of Utara Malaysia

Monika Kiss
Saint Leo University

William Klostermeyer
University of North Florida

Przemo Kranz
University of Mississippi

Jaromy Kuhl
University of West Florida

Loredana Lanzani
University of Arkansas, Fayetteville

Frederic Latour
Central Connecticut State University

Steven Leonhardi
Winona State University

Chunlei Liu
Valdosta State University

Xu Liutong
*Beijing University of Posts and
Telecommunications*

Vladimir Logvinenko
De Anza Community College

Tamsen McGinley
Santa Clara University

Ramon A. Mata-Toledo
James Madison University

Tamara Melnik
Computer Systems Institute

Osvaldo Mendez
University of Texas at El Paso

Darrell Minor
Columbus State Community College

Kathleen O'Connor
Quinsigamond Community College

Keith Olson
Utah Valley University

Dimitris Papamichail
The College of New Jersey

Yongyuth Permpoontanalarp
*King Mongkut's University of
Technology, Thonburi*

Galin Piatniskaia
University of Missouri, St. Louis

Shawon Rahman
University of Hawaii at Hilo

Eric Rawdon
University of St. Thomas

Stefan Robila
Montclair State University

Chris Rodger
Auburn University

Sukhit Singh
Texas State University, San Marcos

David Snyder
Texas State University, San Marcos

Wasin So
San Jose State University

Bogdan Suceava
California State University, Fullerton

Christopher Swanson
Ashland University

Bon Sy
Queens College

Fereja Tahir
Illinois Central College

K.A. Venkatesh
Presidency University

Matthew Walsh
*Indiana-Purdue University, Fort
Wayne*

Sheri Wang
University of Phoenix

Gideon Weinstein
Western Governors University

David Wilczynski
University of Southern California

James Wooland
Florida State University

感谢阅读过本书的学生，他们提供了很多建议并报告了一些勘误。在蒙茅斯大学时，曾经上过我的离散数学课程的学生，包括本科生和研究生，从方方面面帮助我改进了书中内容。

还要感谢麦格劳-希尔高等教育（本书的出版商）的工作人员，以及 Aptara 的生产人员。我还想感谢兰登书屋原来的编辑 Wayne Yuhasz，以及本书之前的许多编辑，他们的见解和技巧是本书成功的有力保障。

我想对产品经理 Nora Devlin 表示深深的谢意，她所完成的工作已远远超出了既定的职责。她不仅能力出众，而且责任心强，努力解决了新版本开发过程中出现的各种问题。

还要感谢 Peggy Selle，作为内容产品经理，她管理着本书的生产过程。她全程跟踪本书的流程，并帮助解决生产过程中出现的许多问题。感谢 Aptara 的高级产品经理 Sarita Yadav 和她的同事，他们的努力工作确保了本书的生产质量。

我还要对麦格劳-希尔高等教育的科学、工程和数学（SEM）部门的同仁表示感谢，他们对新版本以及相关的媒体内容给予了大力支持，包括：

- Mike Ryan，高等教育副总裁，负责作品统筹和学习内容管理
- Kathleen McMahon，数学与物理科学部门常务主管
- Caroline Celano，数学部门主管
- Alison Frederick，市场经理
- Robin Reed，首席产品开发师
- Sandy Ludovissey，采购人
- Egzon Shaqiri，设计师
- Tammy Juran，评估内容项目经理
- Cynthia Northrup，数字内容部门主管
- Ruth Czarnecki-Lichstein，业务产品经理
- Megan Platt，编辑协调人
- Lora Neyens 和 Jolynn Kilburg，项目经理
- Lorraine Buczek，内容授权专家

Kenneth H. Rosen

为给本书提供有价值的网站资源，我们花费了巨大的心血。建议教师花些时间浏览网站，以确定哪些资源可以帮助学生学习并探索离散数学知识。在线学习中心（OLC）的资源可供学生和教师使用，Connect ⊖站点则专为交互式教学而设计，教师可以选择使用。

在线学习中心

在线学习中心可通过 www.mhhe.com/rosen 访问，其中包含信息中心、学生区和教师区。每一部分的主要特点如下。

信息中心

信息中心含有本书的基本信息，包括展开的目录（包括小节标题）、前言、教辅资源说明以及一个样章。还有一个链接，用来提交关于本书的错误报告或其他反馈信息。

学生区

学生区提供丰富的资源，包括下列与本书紧密相关的资源（书中通过特定图标标识）：

Extra Examples

- **附加例题**。你可以在该网站找到大量附加的例题，涵盖本书所有章节。这些例题主要集中在学生经常需要寻找额外资料的领域。虽然大部分例题只是扩充了基本概念，但在这里也能找到一些非常具有挑战性的例题。第 8 版中又添加了许多新的附加例题。

Demo

- **交互式演示小程序**。借助这些小程序，你能以交互方式探索重要算法是如何工作的，并且通过链接到例题和练习直接与本书内容相关联。网站还提供了附加说明，指导你如何应用这些小程序。

Assessment

- **自我评估**。这些交互式指南帮助你评估自己对 14 个关键概念的理解程度。评估系统提供了一个问题库，其中每个问题包括一段简短教程和一道多选题。如果你选择了错误答案，系统会提供建议，帮助你理解错在哪里。利用自我评估系统，你应该能诊断出学习中的问题并找到合适的帮助。

Links

- **网络资源指南**。该指南提供了数百个带有注释的外部网站链接，涉及历史及传记信息、谜题及问题、讨论、小程序示例、程序代码以及其他资源。

除此之外，学生区的资源还包括：

- **探索离散数学**。这份资料能帮助学生利用计算机代数系统来完成离散数学中很广泛的一类计算。每章提供的内容包括：计算机代数系统中相关函数的描述及用法，离散数学中用于执行计算的程序，以及例题和练习。这些资料包括 Maple 和 Mathematica 两个版本。

- **离散数学应用**。这份资料共 24 章，每章都有独立的一组练习题，给出了各式各样有趣而又重要的应用，涉及离散数学中的三个领域——离散结构、组合学和图论。这些应用可以补充本书内容，同时也是自学的理想资料。

- **证明撰写指南**。该指南为撰写证明提供一些帮助，撰写证明是许多学生都觉得很难掌握的一种技巧。可以在课程刚开始时以及在需要写证明之后随时翻阅本指南，你会发觉自己撰写证明的能力提高了。（在《学生解题指南》中也有提供。）

- **学习离散数学时的常见错误**。该指南包括一个详细列表，列举了学生在学习离散数学时常有的一些误解以及容易犯的各类错误。建议你时常看看该列表，有助于避免常见的陷

⊖　使用 Connect 的学生需要另行购买访问权限，中文版不提供此权限。——编辑注

阱。（在《学生解题指南》中也有提供。）

- **对写作课题的建议**。该指南为本书中的写作课题提供了非常有益的提示和建议，包括：有助于开展研究的各类参考文献，涵盖相关书籍和论文；各种相关资料，包括印刷版和在线版；做图书馆研究的技巧；提升写作质量的建议。（在《学生解题指南》中也有提供。）

教师区

网站的这一部分提供了对学生区所有资源的访问，以及为教师准备的资源：

- **教学大纲样本**。给出了详细的课程大纲，为有不同侧重点以及不同学生背景和能力水平的课程提供了建议。
- **教学建议**。包含给教师的详细教学建议，包括全书章节概况、每小节详细注解以及关于练习的说明。
- **可打印试题**。以 TeX 格式和 Word 格式提供每章的可打印试题，教师还可以自行定制。
- **讲义幻灯片以及图表**。为教师提供了一组涵盖全部章节的完整 PowerPoint 幻灯片。此外，本书中所有的图和表格也以 PowerPoint 幻灯片形式提供。

什么是离散数学？离散数学是致力于研究离散对象的数学分支。（这里离散意味着由不同的或不相连的元素组成。）可利用离散数学来求解的问题包括：

- 在计算机系统中，有多少种方式可以选择一个合法的口令？
- 赢得彩票的概率是多少？
- 网络上的两台计算机之间是否存在通路？
- 怎样鉴别垃圾邮件？
- 怎样加密一则消息，使得只有预期收件人能够阅读？
- 在交通系统中，两座城市之间的最短路径是什么？
- 怎样按递增顺序排列一列整数？
- 完成排序需要用到多少步骤？
- 如何证明一种排序算法能正确地排序列表？
- 怎样设计两个整数相加的电路？
- 存在多少合法的因特网地址？

你将学习解决诸如以上问题时需要用到的离散结构和技术。

更一般地，每当需要对对象进行计数时，需要研究两个有限（或可数）集合之间的关系时，需要分析涉及有限步骤的过程时，就会用到离散数学。离散数学的重要性不断增长的一个关键原因是信息在计算机器中是以离散方式存储和处理的。

为什么要学习离散数学？学习离散数学有许多重要理由。首先，通过这门课程你可以培养自己的数学素养，即理解和构造数学论证的能力。没有这些技巧，你在学习数学科学时不可能走得太远。

其次，离散数学是学习数学科学中所有高级课程的必由之路。离散数学为许多计算机科学课程提供数学基础，包括数据结构、算法、数据库理论、自动机理论、形式语言、编译理论、计算机安全以及操作系统。学生会发现，若没有在离散数学课程中打下适当的数学基础，在学习后续课程时将会感到非常困难。有一个学生给我发送电子邮件，说在她选修的每门计算机科学课程中都用到了本书的知识。

以离散数学中研究的内容为基础的数学课程包括逻辑、集合论、数论、线性代数、抽象代数、组合学、图论及概率论（离散部分）。

此外，离散数学还包含在运筹学（包括离散优化）、化学、工程学以及生物学等领域的问题求解中所必需的数学基础。在本书中，我们将学习上述领域中的一些应用。

许多学生都感到他们的离散数学入门课程比以前选修过的课程更具挑战性。理由就是，本课程的主要目标之一是教授数学推理和问题求解，而非一些零散技巧的集合。本书练习的设计就反映了这个目标。虽然书中的大量练习与例题所阐述的内容多有类似，但还是有相当比例的练习需要创造性思维。这是有意而为之的。本书中讨论的内容提供了求解这些练习所需的工具，但你的任务是调动自己的创造性成功地使用这些工具。本课程的主要目标之一是学习如何解决那些可能与你以前遇到过的不大一样的问题。不过，学会求解一些特殊类型的练习，还不足以保证你能掌握在后续课程及职业生涯中所需的问题求解技能。虽然本书论述了众多不同的主题，但离散数学是一个极为多样化又涉猎广泛的研究领域。本书的目标之一是培养学生举一反三的能力，以便学生在将来的职业生涯中也能快速学会所需的其他知识。

最后，离散数学是一门非常好的学习如何阅读和书写数学证明的课程。除了第 1 章和第 5

章给出的明确论述证明的资料外，本教材还包含大量定理的证明，以及要求学生完成证明的练习。这样不仅能加深学生对主题的理解，还能使学生为今后学习数学和计算机科学理论方面的高级课程做好充分准备。

练习。关于如何更好地学习离散数学（以及数学和计算机科学中的其他科目），我想给出一些建议。积极做练习的收获最多，建议你尽可能地多做练习。在完成老师布置的练习后，我鼓励你做更多的练习，如本书每节后面的练习和每章后面的补充练习。（注意练习前面的分级标记。）

练习标记的含义

无标记	常规练习
*	稍难的练习
**	富有挑战性的练习
☞	练习中包含正文中要用到的结论（表 1 列出了这些练习在哪里会用到）
（需要微积分知识）	练习求解时需要用到极限或微积分中的概念

表 1　带有手形图标的练习，以及正文中哪里会用到这些练习

节	练习	会用到的节	节	练习	会用到的节
1.1	42	1.3	4.3	37	4.1
1.1	43	1.3	4.4	2	4.6
1.3	11	1.6	4.4	44	7.2
1.3	12	1.6	6.4	21	7.2
1.3	19	1.6	6.4	25	7.4
1.3	34	1.6	7.2	15	7.2
1.3	46	12.2	9.1	26	9.4
1.7	18	1.7	10.4	59	11.1
2.3	74	2.3	11.1	15	11.1
2.3	81	2.5	11.1	30	11.1
2.5	15	2.5	11.1	48	11.2
2.5	16	2.5	12.1	12	12.3
3.1	45	3.1	A.2	4	8.3
3.2	74	11.2			

做练习的最好方法是在查阅答案之前首先尝试自己解题。注意，书中提供的所有奇数编号练习的答案只是答案而已，而非完整的解答，特别是，这些答案中省略了获得解所需的推导过程。单独提供的《学生解题指南》则提供了本书中所有奇数编号练习的完整解答。当你在求解过程中遇到困境时，才建议查阅《学生解题指南》。越是尝试自己解题而非被动查阅或照抄解答，你学到的就越多。出版商有意不提供偶数编号练习的答案和解答，如果你在解这些练习时遇到困难，可以请教你的老师。

网络资源。本书的所有用户均可通过在线学习中心访问在线资源。在那里，你会找到：许多为澄清关键概念而设计的附加题目；衡量你对核心主题理解程度的自我评估；探索关键算法和其他概念的交互式演示小程序；精选的与离散数学相关的网络资源指南；帮助你掌握核心概念的附加解释和实践；关于撰写证明以及避免离散数学中常见错误的新增说明；关于重要应用的深度讨论；利用 Maple 和 Mathematica 软件探索离散数学中计算问题的指南。在书中的一些地方，当有其他在线资源可用时，会在页边用特定图标标识。关于这些以及其他在线资源的详细信息，参见前文中的说明。

　　本书的价值。对于读者给予本书的高额投资，我希望能提供超值的回报。多年来我们投入了大量的精力来开发和优化本书、相关教辅资料及配套网站。我相信绝大多数读者会觉得本书及相关资料能帮助自己掌握离散数学，就像以前的许多学生一样。即使你现在的课程没有覆盖某些章节，但当你学习其他课程时，会发现再来阅读本书相关章节也是十分有益的，之前的许多学生都有过这样的经历。绝大多数读者，特别是那些将继续从事计算机科学、数学或工程学相关工作的人，在今后的学习中一定会把本书当作一本有用的工具书。我将本书设计为今后学习和探索的起点，同时也是一部综合性的参考书。祝福每一位即将开启征程的读者，祝你好运。

Kenneth H. Rosen

Kenneth H. Rosen　1972 年获得密歇根大学安娜堡分校数学学士学位；1976 年获得麻省理工学院数学博士学位，在哈罗德·斯塔克（Harold Stark）的指导下撰写了数论方面的博士论文。1982 年加入贝尔实验室之前，他曾就职于科罗拉多大学博尔德分校以及哥伦布市的俄亥俄州立大学，并曾在欧洛诺市的缅因大学任数学副教授。作为位于新泽西州蒙茅斯县的 AT&T 贝尔实验室（以及 AT&T 实验室）的杰出技术人员，他非常享受这段长期的职业生涯。在贝尔实验室工作期间，他也在蒙茅斯大学从事教学工作，教授离散数学、编码理论和数据安全方面的课程。在离开 AT&T 实验室之后，他成为蒙茅斯大学计算机科学专业的访问研究教授，教授算法设计、计算机安全和密码学以及离散数学方面的课程。

Rosen 博士在关于数论及数学建模的专业期刊上发表了大量论文。他是《初等数论及其应用》（Elementary Number Theory and Its Applications）的作者，该书由培生出版并被广为采用，目前第 6 版已被翻译成中文。他也是《离散数学及其应用》（Discrete Mathematics and Its Applications）的作者，该书由麦格劳-希尔出版，目前是第 8 版。《离散数学及其应用》自出版以来在北美发行超过 450 000 册，在世界其余各地发行数十万册。这本书已经被翻译成多种语言，包括西班牙文、法文、葡萄牙文、希腊文、中文、越南文和韩文。他还是《UNIX 完全手册》（UNIX：The Complete Reference）、《UNIX 系统 V 版本 4：简介》（UNIX System V Release 4：An Introduction）、《最佳 UNIX 小技巧》（Best UNIX Tips Ever）的合著者，这些书均由奥斯本/麦格劳-希尔出版。这些书发行超过 150 000 册，并被翻译成中文、德文、西班牙文和意大利文。Rosen 博士还是 CRC 出版的《离散及组合数学手册》（Handbook of Discrete and Combinatorial Mathematics）第 1 版和第 2 版（分别于 1999 年和 2018 年出版）的编辑。他是 CRC 离散数学丛书的顾问编辑，这套丛书已出版 70 多册，涵盖离散数学的不同方面，其中大多数内容在本书中也有介绍。他还是 CRC 数学教科书系列的顾问编辑，帮助 30 多位作者写出了更完美的教科书。Rosen 博士现任《离散数学》期刊副主编，负责审阅提交的论文，涉及若干领域，包括图论、枚举、数论和密码学。

Rosen 博士一直致力于将数学软件集成到教育和专业环境中，他对此兴趣浓厚，并参与了和 Waterloo Maple 公司的 Maple 软件的一些合作项目。Rosen 博士投入了极大的精力来保障为本书开发的在线作业系统成为优秀的教学工具。Rosen 博士还和几家出版公司合作开发了作业交付平台。

在贝尔实验室和 AT&T 实验室期间，Rosen 博士所从事的项目涉猎广泛，包括运筹学研究、计算机和数据通信设备的产品线规划、技术评估与创新，以及其他许多方面的工作。他帮助规划 AT&T 在多媒体领域的产品和服务，包括视频会议、语音识别、语音合成和图像联网。他为 AT&T 使用的新技术做评估，并在图像联网领域从事标准化工作。他还发明了许多新服务，并拥有超过 70 项专利。他的一个最有趣的项目涉及帮助评估 AT&T 为提高吸引力而采用的技术，这也是 EPCOT 中心的一部分。在离开 AT&T 之后，Rosen 博士还为 Google 和 AT&T 做技术咨询工作。

主题	符号	意义
逻辑	$\neg p$	p 的否定
	$p \wedge q$	p 和 q 的合取
	$p \vee q$	p 和 q 的析取
	$p \oplus q$	p 和 q 的异或
	$p \rightarrow q$	p 蕴含 q
	$p \leftrightarrow q$	p 和 q 的双条件
	$p \equiv q$	p 和 q 的等价
	$\mathbf{T}$	永真式
	$\mathbf{F}$	矛盾式
	$P(x_1, \cdots, x_n)$	命题函数
	$\forall x P(x)$	$P(x)$ 的全称量化
	$\exists x P(x)$	$P(x)$ 的存在量化
	$\exists! x P(x)$	$P(x)$ 的唯一存在量化
	$\therefore$	所以
	$p\{S\}q$	S 的部分正确性
集合	$x \in S$	x 是 S 的成员
	$x \notin S$	x 不是 S 的成员
	$\{a_1, \cdots, a_n\}$	一个集合的元素列表
	$\{x \mid P(x)\}$	集合构造器记法
	$\mathbf{N}$	自然数集合
	$\mathbf{Z}$	整数集合
	$\mathbf{Z}^+$	正整数集合
	$\mathbf{Q}$	有理数集合
	$\mathbf{R}$	实数集合
	$[a, b], (a, b)$	闭区间，开区间
	$S = T$	集合等式
	$\varnothing$	空集
	$S \subseteq T$	S 是 T 的子集
	$S \subset T$	S 是 T 的真子集
	$|S|$	S 的基数
	$\mathcal{P}(S)$	S 的幂集合
	$(a_1, a_2, \cdots, a_n)$	n 元组
	(a, b)	序偶
	$A \times B$	A 和 B 的笛卡儿乘积
	$A \cup B$	A 和 B 的并集
	$A \cap B$	A 和 B 的交集
	$A - B$	A 和 B 的差集
	$\overline{A}$	A 的补集
	$\bigcup_{i=1}^{n} A_i$	A_i 的并集，$i = 1, 2, \cdots, n$
	$\bigcap_{i=1}^{n} A_i$	A_i 的交集，$i = 1, 2, \cdots, n$
	$A \oplus B$	A 和 B 的对称差
	$\aleph_0$	可数集的基数
	c	$\mathbf{R}$ 的基数

主题	符号	意义
函数	$f(a)$	函数 f 在 a 点的值
	$f:A \rightarrow B$	f 是从 A 到 B 的函数
	$f_1 + f_2$	函数 f_1 和 f_2 的和
	$f_1 f_2$	函数 f_1 和 f_2 的积
	$f(S)$	集合 S 在 f 之下的像
	$\iota_A(s)$	A 上的恒等函数
	$f^{-1}(x)$	f 的逆
	$f \circ g$	f 和 g 的组合
	$\lfloor x \rfloor$	下取整函数
	$\lceil x \rceil$	上取整函数
	a_n	$\{a_i\}$ 中下标为 n 的项
	$\sum_{i=1}^{n} a_i$	$a_1, a_2, \cdots, a_n$ 之和
	$\sum_{\alpha \in S} a_\alpha$	a_α 之和，$\alpha \in S$
	$\prod_{i=1}^{n} a_n$	$a_1, a_2, \cdots, a_n$ 之积
	$f(x)$ 是 $O(g(x))$	$f(x)$ 是大 O $g(x)$
	$n!$	n 的阶乘
	$f(x)$ 是 $\Omega(g(x))$	$f(x)$ 是大 Ω $g(x)$
	$f(x)$ 是 $\Theta(g(x))$	$f(x)$ 是大 Θ $g(x)$
	$\sim$	渐近于
	$\min(x, y)$	x 和 y 的最小值
	$\max(x, y)$	x 和 y 的最大值
	$\approx$	约等于
整数	$a \mid b$	a 整除 b
	$a \nmid b$	a 不整除 b
	a **div** b	a 除以 b 所得的商
	a **mod** b	a 除以 b 所得的余数
	$a \equiv b \pmod{m}$	a 模 m 同余于 b
	$a \not\equiv b \pmod{m}$	a 模 m 不同余于 b
	$\mathbf{Z}_m$	模 m 整数集
	$(a_k a_{k-1} \cdots a_1 a_0)_b$	以 b 为基数的表示
	$\gcd(a, b)$	a 和 b 的最大公因子
	$\mathrm{lcm}(a, b)$	a 和 b 的最小公倍数
矩阵	$[a_{ij}]$	矩阵，其中元素为 a_{ij}
	$\mathbf{A} + \mathbf{B}$	矩阵 $\mathbf{A}$ 和 $\mathbf{B}$ 的和
	$\mathbf{AB}$	矩阵 $\mathbf{A}$ 和 $\mathbf{B}$ 的积
	$\mathbf{I}_n$	n 阶单位矩阵
	$\mathbf{A}^{\mathrm{T}}$	$\mathbf{A}$ 的转置
	$\mathbf{A} \vee \mathbf{B}$	矩阵 $\mathbf{A}$ 和 $\mathbf{B}$ 的并
	$\mathbf{A} \wedge \mathbf{B}$	矩阵 $\mathbf{A}$ 和 $\mathbf{B}$ 的交
	$\mathbf{A} \odot \mathbf{B}$	矩阵 $\mathbf{A}$ 和 $\mathbf{B}$ 的布尔积
	$\mathbf{A}^{[n]}$	$\mathbf{A}$ 的 n 次布尔幂
计数与概率	$P(n, r)$	n 元素集合的 r 排列数
	$C(n, r)$	n 元素集合的 r 组合数
	$\binom{n}{r}$	n 选 r 的二项式系数
	$C(n; n_1, n_2, \cdots, n_m)$	多项式系数

主题	符号	意义
计数与概率	$p(E)$	E 的概率
	$p(E \mid F)$	给定 F，E 的条件概率
	$E(X)$	随机变量 X 的期望值
	$V(X)$	随机变量 X 的方差
	C_n	卡塔兰数
	$N(P_{i_1} \cdots P_{i_n})$	具有性质 P_{i_j} 的元素个数，$j=1，\cdots，n$
	$N(P'_{i_1} \cdots P'_{i_n})$	不具有性质 P_{i_j} 的元素个数，$j=1，\cdots，n$
	D_n	n 个元素的错排数
关系	$S \circ R$	关系 R 和 S 的复合
	R^n	关系 R 的 n 次幂
	R^{-1}	逆关系
	s_C	条件 C 的选择操作
	$P_{i_1, i_2, \cdots, i_m}$	投影
	$J_p(R, S)$	联合
	Δ	对角线关系
	R^*	R 的连通性关系
	$a \sim b$	a 等价于 b
	$[a]_R$	a 的 R 等价类
	$[a]_m$	模 m 的同余类
	(S, R)	由集合 S 和偏序 R 构成的偏序集
	$a \prec b$	a、b 有 $\prec$ 关系
	$a \succ b$	a、b 有 $\succ$ 关系
	$a \preccurlyeq b$	a、b 有 $\preccurlyeq$ 关系
	$a \succcurlyeq b$	a、b 有 $\succcurlyeq$ 关系
图和树	(u, v)	有向边
	$G=(V, E)$	以 V 为点集、E 为边集的图
	$\{u, v\}$	无向边
	$\deg(v)$	顶点 v 的度数
	$\deg^-(v)$	顶点 v 的入度
	$\deg^+(v)$	顶点 v 的出度
	K_n	n 个顶点的完全图
	C_n	大小为 n 的圈图
	W_n	大小为 n 的轮图
	Q_n	n 立方体图
	$K_{n,m}$	大小为 n、m 的完全二分图
	$G-e$	G 删除边 e 后的子图
	$G+e$	G 增加边 e 所得的图
	$G_1 \bigcup G_2$	G_1 和 G_2 的并
	$a, x_1, \cdots, x_{n-1}, b$	从 a 到 b 的通路
	$a, x_1, \cdots, x_{n-1}, a$	回路
	$\kappa(G)$	G 的顶点连通度
	$\lambda(G)$	G 的边连通度
	r	平面图的面数
	$\deg(R)$	面 R 的度数
	$\chi(G)$	G 的着色数
	m	根树中内点的最大子树数
	n	根树中的顶点数
	i	根树中的内点数
	l	根树中的叶子数
	h	根树的高度

（续）

主题	符号	意义
布尔代数	$\bar{x}$	布尔变量 x 的补
	$x+y$	x 和 y 的布尔和
	$x \cdot y$（或 xy）	x 和 y 的布尔积
	B	$\{0, 1\}$
	F^d	F 的对偶
	$x \mid y$	x NAND y
	$x \downarrow y$	x NOR y
	$x \longrightarrow \!\!\!\!\!\triangleright\!\!\circ \longrightarrow \bar{x}$	非门
	$\begin{array}{l} x \longrightarrow \\ y \longrightarrow \end{array}\!\!\!\!\Big)\!\!\longrightarrow x+y$	或门
	$\begin{array}{l} x \longrightarrow \\ y \longrightarrow \end{array}\!\!\!\!\Big)\!\!\longrightarrow xy$	与门
语言和有限状态机	λ	空串
	xy	x 和 y 的连接
	$l(x)$	串 x 的长度
	w^R	w 的反串
	(V, T, S, P)	短语结构文法
	S	开始符号
	$w \rightarrow w_1$	产生式
	$w_1 \Rightarrow w_2$	w_2 可由 w_1 直接派生
	$w_1 \overset{*}{\Rightarrow} w_2$	w_2 可由 w_1 派生
	$<A> ::= <B> c \mid d$	巴克斯-诺尔范式
	(S, I, O, f, g, s_0)	带输出的有限状态机
	s_0	开始状态
	AB	集合 A 和 B 的连接
	A^*	A 的 Kleene 闭包
	(S, I, f, s_0, F)	不带输出的有限状态自动机
	(S, I, f, s_0)	图灵机

基础：逻辑和证明

逻辑规则可以指定数学语句的含义。例如，这些规则有助于我们理解下列语句及其推理："存在一个整数，它不是两个整数的平方之和"，以及"对每个正整数 n，小于等于 n 的正整数之和是 $n(n+1)/2$"。逻辑是所有数学推理的基础，也是所有自动推理的基础。对计算机的设计、系统的规范说明、人工智能、计算机程序设计、程序设计语言以及计算机科学的其他许多研究领域，逻辑都有实际的应用。

为了理解数学，我们必须理解正确的数学论证（即证明）是由什么组成的。一旦证明一个数学语句是真的，我们就称之为定理。关于同一主题的定理集合就组成了我们对这个主题的认知。为了学习一个数学主题，我们需要主动构造关于此主题的数学论证，而不仅仅是阅读论述。此外，了解一个定理的证明通常就有可能通过细微改变使结论能够适应新的情境。

每个人都知道证明在数学中的重要性，但许多人对于证明在计算机科学中的重要程度感到惊讶。事实上，证明常常用于验证计算机程序对所有可能的输入值产生正确的输出值，用于揭示算法总是产生正确结果，用于建立一个系统的安全性，以及用于创造人工智能系统。并且，已经有自动推理系统被创造出来，即让计算机自己来构造证明。

本章将解释一个正确的数学论证是如何组成的，并介绍构造这样的论证的工具。我们将开发一系列不同的证明方法以证明许多不同类型的结论。在介绍了多种不同证明方法后，我们将介绍一些构造证明的策略。我们还将介绍猜想的概念，并通过研究猜想来解释数学发展的过程。

1.1 命题逻辑

1.1.1 引言

逻辑规则给出数学语句的准确含义。这些规则可以用来区分数学论证的有效或无效。由于本书的一个主要目的是教会读者如何理解和构造正确的数学论证，所以我们从介绍逻辑开始离散数学的学习。

逻辑不仅对理解数学推理十分重要，而且在计算机科学中有许多应用。这些逻辑规则用于计算机电路设计、计算机程序构造、程序正确性验证以及许多其他方面。而且，已经开发了一些软件系统用于自动构造某些（但不是全部）类型的证明。在随后的几章中将逐一讨论这些应用。

1.1.2 命题

我们首先介绍逻辑的基本构件——命题。**命题**是一个陈述语句（即陈述事实的语句），它或真或假，但不能既真又假。

例 1 下面的陈述句均为命题。

1. 华盛顿特区是美利坚合众国的首都。
2. 多伦多是加拿大的首都。
3. $1+1=2$。
4. $2+2=3$。

命题 1 和 3 为真，而命题 2 和 4 为假。

例 2 给出了不是命题的若干语句。

例 2 考虑下述语句。

1. 几点了？

2. 仔细读这个。

3. $x+1=2$。

4. $x+y=z$。

语句 1 和 2 不是命题，因为它们不是陈述句。语句 3 和 4 不是命题，因为它们既不为真，也不为假。注意，如果我们给语句 3 和 4 中的变量赋值，那么语句 3 和 4 可以变成命题。1.4 节还将讨论把这一类语句改成命题的其他方法。◀

我们用字母来表示**命题变量**（或称为**语句变量**），即表示命题的变量，就像用字母表示数值变量那样。习惯上用字母 $p, q, r, s, \cdots$ 表示命题变量。如果一个命题是真命题，则它的**真值**为真，用 T 表示；如果它是假命题，则其真值为假，用 F 表示。不能用简单的命题来表示的命题称为**原子命题**。

涉及命题的逻辑领域称为**命题演算**或**命题逻辑**。它最初是 2300 多年前由古希腊哲学家亚里士多德系统地创建的。

现在我们转而关注从已有命题产生新命题的方法。这些方法由英国数学家布尔在他的名为《The Laws of Thought》（思维定律）的书中讨论过。许多数学陈述都是由一个或多个命题组合而来。由已知命题用**逻辑运算符**组合而来的新命题也被称为**复合命题**。

> **定义 1** 令 p 为一命题，则 p 的否定记作 $\neg p$（也可记作 $\overline{p}$），指"不是 p 所指的情形"。命题 $\neg p$ 读作"非 p"。p 的否定（$\neg p$）的真值和 p 的真值相反。

评注 否定运算符的记号并没有统一标准。尽管 $\neg p$ 和 $\overline{p}$ 是数学中最常用的表示 p 的否定的记号，但你仍有可能会见到其他的记法，如 $\sim p$、$-p$、p'、Np 和 $!p$。

例 3 找出命题"Michael 的 PC 运行 Linux"的否定，并用中文表示。

解 否定为"并非 Michael 的 PC 运行 Linux"，也可以更简单地表达为"Michael 的 PC 并不运行 Linux"。◀

例 4 找出命题"Vandana 的智能手机至少有 32GB 内存"的否定并用中文表示。

Source: National Library of Medicine

亚里士多德（Aristotle，公元前 384—公元前 322） 生于希腊北部的斯塔基尔地区。他的父亲是马其顿国王的宫廷侍医。亚里士多德年幼时父亲去世，因而没能子承父业。当他的母亲也去世后，年轻的亚里士多德就成了孤儿。他的监护人抚养他长大，并教授他诗歌、修辞艺术和希腊语。在亚里士多德 17 岁时，监护人将他送到雅典进一步深造。此后 20 年里亚里士多德在雅典柏拉图学院师从柏拉图学习并进行自己的学术研究。当柏拉图于公元前 347 年去世时，亚里士多德没有被选中继承师钵，因为他的哲学思想与柏拉图有很大的分歧。亚里士多德来到赫尔墨斯国王的宫廷，在那里供职三年并与国王的侄女结婚。当波斯人打败赫尔墨斯国王后，他前往米蒂利尼，受马其顿国王腓力二世的聘请，担任太子亚历山大（就是后来著名的亚历山大大帝）的老师。亚里士多德教授了亚历山大五年，在腓力二世逝世后，亚里士多德重返雅典并创建了自己的吕克昂学园。

亚里士多德的追随者通常被称为"逍遥派"，意思是巡游讲学，因为亚里士多德经常在花园中边散步边讨论哲学问题。亚里士多德在吕克昂学园讲学长达 13 年，他早上给自己的高才生们讲课，而晚上则给广大听众演讲。当亚历山大大帝于公元前 323 年去世后，那里立刻掀起了反亚历山大的狂潮，致使亚里士多德被冠以莫须有的不敬神罪名。亚里士多德逃亡到加而西斯避难。他在加而西斯生活了一年，于公元前 322 年死于胃病。

亚里士多德的著作主要分为三类：供普通大众阅读的文集、科学事实的汇编集以及系统的论辩文集。系统的论辩文集涉及逻辑学、哲学、心理学、物理学和自然历史。亚里士多德的著作由一个学生保存并隐藏在一个拱顶中，大约 200 年后一个富裕的藏书家发现了它。这些著作被送往罗马，在那里学者们研究并发行新版本以流传后世。

解 否定为"并非 Vandana 的智能手机至少有 32GB 内存"，也可以表达为"Vandana 的智能手机并没有至少 32GB 内存"，或者可以更简单地表达为"Vandana 的智能手机有不到 32GB 内存"。 ◀

表 1 是命题 p 及其否定的**真值表**。此表针对命题 p 的两种可能真值各有一行。每一行显示对应于 p 的真值时 $\neg p$ 的真值。

命题的否定也可以看作**否定运算符**作用在命题上的结果。否定运算符从一个已知命题构造出一个新命题。现在我们将引入从两个或多个已知命题构造新命题的逻辑运算符。这些逻辑运算符也称为**联结词**。

表 1 命题之否定的真值表

p	$\neg p$
T	F
F	T

> **定义 2** 令 p 和 q 为命题。p、q 的合取即命题"p 并且 q"，记作 $p \wedge q$。当 p 和 q 都是真时，$p \wedge q$ 命题为真，否则为假。

表 2 展示了 $p \wedge q$ 的真值表。此表每一行对应 p 和 q 真值的 4 种可能组合之一。4 行分别对应真值对 TT、TF、FT 和 FF，其中第一个真值是 p 的真值，第二个真值是 q 的真值。

注意在逻辑中，有时候会用"但是"一词替代"并且"一词来表示合取。比如，语句"阳光灿烂，但是在下雨"是"阳光灿烂并且在下雨"的另一种说法。（在自然语言中，"并且"和"但是"在意思上有微妙的不同，这里我们不关心这个细微差别。）

例 5 找出命题 p 和 q 的合取，其中 p 为命题"Rebecca 的 PC 至少有 16GB 空闲磁盘空间"，q 为命题"Rebecca 的 PC 处理器的速度大于 1GHz"。

解 这两个命题的合取 $p \wedge q$ 是命题"Rebecca 的 PC 至少有 16GB 空闲磁盘空间，并且 Rebecca 的 PC 处理器的速度大于 1GHz"。这个合取可以更简单地表示成"Rebecca 的 PC 至少有 16GB 空闲磁盘空间，并且其处理器的速度大于 1GHz"。这一命题要想为真，两个给定的条件都必须为真。当其中一个或两个条件为假时，它就是假命题。 ◀

> **定义 3** 令 p 和 q 为命题。p 和 q 的析取即命题"p 或 q"，记作 $p \vee q$。当 p 和 q 均为假时，合取命题 $p \vee q$ 为假，否则为真。

表 3 展示了 $p \vee q$ 的真值表。

表 2 两个命题合取的真值表

p	q	$p \wedge q$
T	T	T
T	F	F
F	T	F
F	F	F

表 3 两个命题析取的真值表

p	q	$p \vee q$
T	T	T
T	F	T
F	T	T
F	F	F

在析取中使用的联结词或（or）对应于在自然语言中使用或字的两种情况之一，即**兼或**（inclusive or）。析取式为真，只要两个命题之一为真或两者均为真即可。也就是说，当 p 和 q 均为真或者 p 和 q 恰好有一个为真时，$p \vee q$ 为真。

例 6 令 p 和 q 分别表示命题"选修过微积分课的学生可以选修本课程"和"选修过计算机科学导论课的学生可以选修本课程"，在命题逻辑中用这两个命题翻译语句"选修过微积分课或计算机科学导论课的学生可以选修本课程"。

解 我们假定这个语句的意思是同时选修过微积分课和计算机科学导论课的学生以及只选修过其中一门课的学生都可以选修本课程。故，这个语句可以表达成 p 和 q 的兼或或析取，即 $p \vee q$。 ◀

例 7 如果 p 和 q 就是例 5 中的两个命题，它们的析取是什么？

Extra Examples ➤

解 p 和 q 的析取 $p \vee q$ 是命题"Rebecca 的 PC 至少有 16GB 空闲磁盘空间，或者 Rebecca 的 PC 处理器的速度大于 1GHz"。

当 Rebecca 的 PC 至少有 16GB 空闲磁盘空间时，当 Rebecca 的 PC 处理器的速度大于 1GHz 时，当两个条件都为真时，该命题均为真。当两个条件同时为假时，即当 Rebecca 的 PC 少于 16GB 空闲磁盘空间，并且其处理器的速度小于等于 1GHz 时，此命题为假。   ◄

或联结词除了用于表示析取，也可以用来表示异或。与两个命题 p 和 q 的析取不同，当恰好 p 和 q 之一为真时，这两个命题的异或为真；而当 p 和 q 两者均为真（或均为假）时，它就为假。

> **定义 4**   令 p 和 q 为命题。p 和 q 的异或（记作 $p \oplus q$）是这样一个命题：当 p 和 q 中恰好只有一个为真时命题为真，否则为假。

两个命题异或的真值表如表 4 所示。

例 8   令 p 和 q 分别表示命题"学生就餐时可以配一份沙拉"和"学生就餐时可以配一份汤"。p 和 q 的异或 $p \oplus q$ 表示什么？

解 p 和 q 的异或是当恰好 p 和 q 之一为真时才为真的命题，即 $p \oplus q$ 是语句"学生就餐时可以配一份沙拉或一份汤，但不能兼得"。注意，这样的语句通常表达成"学生就餐时可以配一份沙拉或一份汤"，而不需要明确写上同时拿两份是不允许的。   ◄

例 9   令 p 和 q 分别表示命题"我要用全部积蓄去欧洲旅行"和"我要用全部积蓄买一辆电动车"，在命题逻辑中用这两个命题翻译语句"我要用全部积蓄去欧洲旅行或买一辆电动车"。

解   为了翻译这个语句，我们首先注意到这里的或肯定是异或，因为可以使用全部积蓄去欧洲旅行或者使用全部积蓄买一辆电动车，但不能同时去欧洲旅行和买一辆电动车（这是显然的，因为每个选项都会花掉全部积蓄），所以这个语句可以表达成 $p \oplus q$。   ◄

1.1.3 条件语句

下面讨论其他几个重要的命题组合方式。

> **定义 5**   令 p 和 q 为命题。条件语句 $p \to q$ 是命题"如果 p，则 q"。当 p 为真而 q 为假时，条件语句 $p \to q$ 为假，否则为真。在条件语句 $p \to q$ 中，p 称为假设（前件、前提），q 称为结论（后件）。

语句 $p \to q$ 称为条件语句，因为 $p \to q$ 可以断定在条件 p 成立的时候 q 为真。条件语句也称为**蕴含**。

Source: Library of Congress Washington, D.C. 20540 USA [LC-USZ62-61664]

乔治·布尔（George Boole，1815—1864）   他是皮匠的儿子，1815 年 11 月生于英格兰的林肯郡。由于家境贫寒，布尔不得不在帮助养家的同时为自己能受教育而奋斗。尽管如此，他依然成为 19 世纪最重要的数学家之一。他从教不久就开办了自己的学校。在备课的时候，布尔不满意当时的数学课本，便决定阅读大数学家的著作。在阅读法国大数学家拉格朗日的论文时，布尔在变分法方面有所发现。变分法是数学分析的一个分支，它通过优化某些参数来寻求曲线和曲面。

1848 年，布尔出版了《数理逻辑分析》（*The Mathematical Analysis of Logic*）一书，这是他对符号逻辑诸多贡献中的第一次。1849 年，他被任命为位于爱尔兰科克的皇后学院数学教授。1854 年，他出版了最著名的著作《思维定律》（*The Laws of Thought*）。在这本书中布尔引入了现在以他的名字命名的布尔代数。布尔撰写了关于微分方程和差分方程的教科书，这些教科书在英国一直沿用到 19 世纪末。布尔在 1855 年结婚，他的妻子是皇后学院一位希腊语教授的侄女。1864 年布尔死于肺炎，这是由于在一次暴风雨中尽管已经被淋透了，但他仍坚持上课而引起的。

条件语句 $p \rightarrow q$ 的真值表如表 5 所示。注意，当 p 和 q 都为真，以及当 p 为假（与 q 的真值无关）时，语句 $p \rightarrow q$ 为真。

<table>
<tr><td colspan="3">表 4　两个命题异或的真值表</td></tr>
<tr><td>p</td><td>q</td><td>$p \oplus q$</td></tr>
<tr><td>T</td><td>T</td><td>F</td></tr>
<tr><td>T</td><td>F</td><td>T</td></tr>
<tr><td>F</td><td>T</td><td>T</td></tr>
<tr><td>F</td><td>F</td><td>F</td></tr>
</table>

<table>
<tr><td colspan="3">表 5　条件语句 $p \rightarrow q$ 的真值表</td></tr>
<tr><td>p</td><td>q</td><td>$p \rightarrow q$</td></tr>
<tr><td>T</td><td>T</td><td>T</td></tr>
<tr><td>T</td><td>F</td><td>F</td></tr>
<tr><td>F</td><td>T</td><td>T</td></tr>
<tr><td>F</td><td>F</td><td>T</td></tr>
</table>

由于条件语句在数学推理中具有很重要的作用，所以表达 $p \rightarrow q$ 的术语也很多。即使不是全部，你也会碰到下面几个常用的条件语句的表述方式：

"如果 p，则 q"　　　　　　　　　　　　　"p 蕴含 q"

"如果 p，q"　　　　　　　　　　　　　　"p 仅当 q"

"p 是 q 的充分条件"　　　　　　　　　　"q 的充分条件是 p"

"q 如果 p"　　　　　　　　　　　　　　"q 每当 p"

"q 当 p"　　　　　　　　　　　　　　　"q 是 p 的必要条件"

"p 的必要条件是 q"　　　　　　　　　　"q 由 p 得出"

"q 除非 $\neg p$"　　　　　　　　　　　　"q 假定 p"

为了便于理解条件语句的真值表，可以将条件语句想象为义务或合同。例如，许多政治家在竞选时都许诺："如果我当选了，那么我将会减税。"如果这个政治家当选了，选民将期望他能减税。再者，如果这个政治家没有当选，那么选民就无法期望他能减税，尽管这个人也许有足够的影响力可令当权者减税。只有在该政治家当选但却没有减税的情况下，选民才能说政治家违背了竞选诺言。这种情形对应于在 $p \rightarrow q$ 中 p 为真但 q 为假的情况。

类似地，考虑教授可能做出的如下陈述："如果你在期末考试中得了满分，那么你的成绩将被评定为 A。"如果你设法在期末考试中得满分，那么你可以期望得到 A。如果你没得到满分，那么你是否能得到 A 将取决于其他因素。然而，如果你得到满分，但教授没有给你 A，你会有受骗的感觉。

评注　因为蕴含式 p 蕴含 q 的众多表达方式中有些容易引起混淆，这里提供一些消除混淆的建议。记住"p 仅当 q"表达了与"如果 p，则 q"同样的意思，注意"p 仅当 q"说的是当 q 不为真时 p 不能为真。也就是说，如果 p 为真但 q 为假，则这个语句为假。当 p 为假时，q 可以为真也可以为假，因为语句并没有谈及 q 的真值。

例如，假设教授告诉你："你在这门课能获得 A，仅当期末考试至少得 90 分。"那么，如果这门课得了 A，你就知道自己期末考试至少得了 90 分。如果没有得 A，你的期末考试可能至少得了 90 分也可能没到 90 分。要小心不要用"q 仅当 p"来表达 $p \rightarrow q$，因为这是错误的。这里"仅"字起了关键作用。要明白这一点，请注意当 p 和 q 取不同的真值时，"q 仅当 p"和 $p \rightarrow q$ 的真值是不同的。为了理解为什么"q 是 p 的必要条件"等价于"如果 p，则 q"，观察一下，"q 是 p 的必要条件"意思是 p 不能为真除非 q 为真，或者如果 q 为假，则 p 为假。这就相当于在说：如果 p 为真，则 q 为真。为了理解为什么"p 是 q 的充分条件"等价于"如果 p，则 q"，注意"p 是 q 的充分条件"的意思是如果 p 为真，就必须 q 也为真。这就相当于在说：如果 p 为真，则 q 也为真。

为了记住"q 除非 $\neg p$"表达了和 $p \rightarrow q$ 条件语句一样的意思，注意"q 除非 $\neg p$"的意思是如果 $\neg p$ 是假的，则 q 必是真的。也就是说，当 p 为真，而 q 为假时，语句"q 除非 $\neg p$"是假的，否则是真的。因此，"q 除非 $\neg p$"与 $p \rightarrow q$ 总是具有相同的真值。

例 10 说明了条件语句与中文语句之间的转换。

例 10　令 p 为语句"Maria 学习离散数学"，q 为语句"Maria 会找到好工作"。用中文表达语句 $p \rightarrow q$。

Extra Examples

解 从条件语句的定义我们得知，当 p 为语句 "Maria 学习离散数学"，q 为语句 "Maria 会找到好工作" 时，$p \rightarrow q$ 代表语句 "如果 Maria 学习离散数学，那么她会找到好工作"。

还有许多其他表述方法来表达这个条件语句。其中最自然的表述有 "当 Maria 学习了离散数学，她就会找到一份好工作" "Maria 想要得到一份好工作，她只要学习离散数学就足够了。""Maria 会找到一份好工作，除非她没有学习离散数学"。 ◀

注意我们定义条件语句的方法比其中文表达更加通用。比如，例 10 中的条件语句以及语句 "如果今日天晴，那么我们就去海滩" 都是日常语言中的语句，其中假设和结论之间都有一定的联系。而且，第一个语句是真的，除非 Maria 学习离散数学但没有找到好工作；而第二个语句是真的，除非今日的确天晴但我们没有去海滩。另一方面，语句 "如果 Juan 有智能手机，那么 $2+3=5$" 总是成立的，因为它的结论是真的（这时假设部分的真值无关紧要）。条件语句 "如果 Juan 有智能手机，那么 $2+3=6$" 是真的，如果 Juan 没有智能手机，即使 $2+3=6$ 为假。在自然语言中，我们不会使用最后这两个条件语句（除非偶尔有意讽刺一下），因为其中的假设和结论之间没有什么联系。在数学推理中我们考虑的条件语句比语言中使用的要广泛一些。条件语句作为一个数学概念不依赖于假设和结论之间的因果关系。我们关于条件语句的定义规定了它的真值，而这一定义不是以语言的用法为基础的。命题语言是一种人工语言，这里为了便于使用和记忆，才将其类比于语言的用法。

许多程序设计语言中使用的 if-then 结构与逻辑中使用的不同。大部分程序设计语言中都有 **if** p **then** S 这样的语句，其中 p 是命题而 S 是一个程序段（待执行的一条或多条语句）。当程序的运行遇到这样一条语句时，如果 p 为真，就执行 S；但如果 p 为假，则 S 不执行。如例 11 所示。

例 11 如果执行语句

$$\textbf{if } 2+2=4 \textbf{ then } x := x+1$$

之前变量 $x=0$，执行语句之后 x 的值是什么？（符号 := 代表赋值，语句 $x := x+1$ 表示将 $x+1$ 的值赋给 x。）

解 因为 $2+2=4$ 为真，所以赋值语句 $x := x+1$ 会被执行。因此，在执行此语句之后，x 的值是 $0+1=1$。 ◀

逆命题、逆否命题与反命题 由条件语句 $p \rightarrow q$ 可以构成一些新的条件语句。特别是三个常见的相关条件语句还拥有特殊的名称。命题 $q \rightarrow p$ 称为 $p \rightarrow q$ 的**逆命题**，而 $p \rightarrow q$ 的**逆否命题**是命题 $\neg q \rightarrow \neg p$。命题 $\neg p \rightarrow \neg q$ 称为 $p \rightarrow q$ 的**反命题**。我们发现，三个由 $p \rightarrow q$ 衍生的条件语句中，只有逆否命题总是和 $p \rightarrow q$ 具有相同的真值。

我们首先证明条件命题 $p \rightarrow q$ 的逆否命题 $\neg q \rightarrow \neg p$ 总是和 $p \rightarrow q$ 具有相同的真值。为此，请注意只有当 $\neg p$ 为假且 $\neg q$ 为真，也就是 p 为真且 q 为假时，该逆否命题为假。现在我们来证明，对 p 和 q 的所有可能的真值，逆命题 $q \rightarrow p$ 和反命题 $\neg p \rightarrow \neg q$ 与 $p \rightarrow q$ 都不具有相同的真值。注意，当 p 为真且 q 为假时，原命题为假，而逆命题和反命题都是真的。

当两个复合命题总是具有相同真值时，无论其命题变量的真值是什么，我们称它们是**等价的**。因此一个条件语句与它的逆否命题是等价的。条件语句的逆与反也是等价的，读者可以验证这一点，但它们都不与原条件语句等价（我们将在 1.3 节研究等价命题）。请注意一个最常见的逻辑错误是假设条件语句的逆或反等价于这个条件语句。

我们在例 12 中解释条件语句的使用。

Extra Examples ▷

例 12 找出语句 "每当下雨时，主队就能获胜" 的逆否命题、逆命题和反命题。

解 因为 "q 每当 p" 是表达语句 $p \rightarrow q$ 的一种方式，原始语句可以改写为 "如果下雨，那么主队就能获胜"。因此，这个条件语句的逆否命题是 "如果主队没有获胜，那么没有下雨"。逆命题是 "如果主队获胜，那么下雨了"。反命题是 "如果没有下雨，那么主队没有获胜"。其中只有逆否命题等价于原始语句。 ◀

双条件语句 现在我们介绍另外一种命题复合方式来表达两个命题具有相同真值。

定义 6 令 p 和 q 为命题。双条件语句 $p \leftrightarrow q$ 是命题 "p 当且仅当 q"。当 p 和 q 有同样的真值时，双条件语句为真，否则为假。双条件语句也称为双向蕴含。

$p \leftrightarrow q$ 的真值表如表 6 所示。注意，当条件语句 $p \to q$ 和 $q \to p$ 均为真时，语句 $p \leftrightarrow q$ 为真，否则为假。这就是为什么我们用 "当且仅当" 来表示这一逻辑联结词，并且符号的写法就是把符号 ← 和 → 结合起来。表达 $p \leftrightarrow q$ 的一些其他常用方式还有 "p 是 q 的充分必要条件" "如果 p 那么 q，反之亦然" "p 当且仅当 q" "p 恰好当 q"。

Extra Examples

表 6　双条件语句 $p \leftrightarrow q$ 的真值表

p	q	$p \leftrightarrow q$
T	T	T
T	F	F
F	T	F
F	F	T

双条件语句的最后一种表示方式可以用缩写符号 "iff" 代替 "当且仅当"（if and only if）。注意，$p \leftrightarrow q$ 与 $(p \to q) \land (q \to p)$ 有完全相同的真值。

例 13 令 p 为语句 "你可以搭乘该航班"，令 q 为语句 "你买机票了"。则 $p \leftrightarrow q$ 为语句 "你可以搭乘该航班当且仅当你买机票了"。此语句为真，如果 p 和 q 均为真或均为假，也就是说，如果你买机票了就能搭乘该航班，或者如果你没买机票就不能搭乘该航班。此命题为假，当 p 和 q 有相反真值时，也就是说，当你没买机票但却能搭乘该航班时（比如你获得一次免费旅行）或当你买了机票却不能搭乘该航班时（比如航空公司拒绝你登机）。

双条件的隐式使用 你应该意识到在自然语言中双条件并不总是显式地使用。特别是在自然语言中很少使用双条件中的 "当且仅当" 结构。通常用 "如果，那么" 或 "仅当" 结构来表示双向蕴含。"当且仅当" 的另一部分则是隐含的。也就是逆命题是蕴含的而没有明说出来。例如，考虑一下自然语言语句 "如果你吃完饭了，则可以吃餐后甜点"。其真正含义是 "你可以吃餐后甜点当且仅当你吃完饭"。后面这个语句在逻辑上等价于两个语句 "如果你吃完饭，那么你可以吃甜点" 和 "仅当你吃完了饭，你才能吃甜点"。由于自然语言的这种不精确性，我们需要对自然语言中的条件语句是否隐含它的逆做出假设。因为数学和逻辑注重精确，所以我们总是区分条件语句 $p \to q$ 和双条件语句 $p \leftrightarrow q$。

1.1.4 复合命题的真值表

我们已经介绍了五个重要的逻辑联结词——合取、析取、异或、蕴含、双条件。此外，我们还介绍了否定。可以用这些联结词来构造含有一些命题变量的结构复杂的复合命题。我们可以用真值表来决定这些复合命题的真值，如例 14 所示。采用单独的列来找出在这个复合命题构造过程中出现的每个复合表达式的真值。对应于命题变量真值的每种组合，复合命题的真值位于表中最后一列。

Demo

例 14 构造复合命题 $(p \lor \lnot q) \to (p \land q)$ 的真值表。

解 因为真值表涉及两个命题变量 p 和 q，所以此表有四行，每行对应一对真值 TT、TF、FT 和 FF。前两列分别表示 p 和 q 的真值。第 3 列为 $\lnot q$ 的真值，用于计算第 4 列中 $p \lor \lnot q$ 的真值。第 5 列给出 $p \land q$ 的真值。$(p \lor \lnot q) \to (p \land q)$ 的真值在最后一列。最终的真值表如表 7 所示。

表 7　复合命题 $(p \lor \lnot q) \to (p \land q)$ 的真值表

p	q	$\lnot q$	$p \lor \lnot q$	$p \land q$	$(p \lor \lnot q) \to (p \land q)$
T	T	F	T	T	T
T	F	T	T	F	F
F	T	F	F	F	T
F	F	T	T	F	F

1.1.5 逻辑运算符的优先级

我们可以用所定义的否定运算符和逻辑运算符来构造复合命题。我们通常使用括号来规定复合命题中的逻辑运算符的作用顺序。例如，$(p \vee q) \wedge (\neg r)$ 是 $p \vee q$ 和 $\neg r$ 的合取。然而，为了减少括号的数量，我们规定否定运算符先于所有其他逻辑运算符。这意味着 $\neg p \wedge q$ 是 $\neg p$ 和 q 的合取，即 $(\neg p) \wedge q$，而不是 p 和 q 的合取的否定，即 $\neg(p \wedge q)$。

另一个常用的优先级规则是合取运算符优先于析取运算符，这样 $p \vee q \wedge r$ 意思是 $p \vee (q \wedge r)$，而非 $(p \vee q) \wedge r$，而 $p \wedge q \vee r$ 意思是 $(p \wedge q) \vee r$ 而非 $p \wedge (q \vee r)$。因为这个规则不太好记，所以我们将继续使用括号以使析取运算符和合取运算符的作用顺序看起来很清晰。

最后，一个已被接受的规则是条件运算符和双条件运算符的优先级低于合取运算符和析取运算符的优先级。因此，$p \rightarrow q \vee r$ 意思是 $p \rightarrow (q \vee r)$ 而非 $(p \rightarrow q) \vee r$，$p \vee q \rightarrow r$ 意思是 $(p \vee q) \rightarrow r$ 而非 $p \vee (q \rightarrow r)$。尽管条件运算符的优先级高于双条件运算符的优先级，但当条件运算符和双条件运算符的作用顺序有歧义时，我们也将使用括号。表 8 展示了逻辑运算符 $\neg$、$\wedge$、$\vee$、$\rightarrow$ 和 $\leftrightarrow$ 的优先级。

表 8　逻辑运算符的优先级

运 算 符	优 先 级
$\neg$	1
$\wedge$	2
$\vee$	3
$\rightarrow$	4
$\leftrightarrow$	5

真值	比特
T	1
F	0

1.1.6 逻辑运算和比特运算

Links

计算机用比特⊖表示信息。**比特**是一个具有两个可能值的符号，即 0 和 1。比特一词的含义来自二进制数字（binary digit），因为 0 和 1 是数的二进制表示中用到的数字。1946 年，著名的统计学家约翰·图基（John Tukey）引入了这一术语。一

Links

©Alfred Eisenstaedt/
The LIFE Picture
Collection/Getty Images

约翰·怀尔德·图基（John Wilder Tukey，1915—2000） 图基生于马萨诸塞州新贝德福德，是独生子。他的双亲都是教师，他们认为家庭教育最适合开发他的潜力。他的正规教育从布朗大学开始，主修数学和化学。他在布朗大学获得化学硕士学位，接着在普林斯顿大学继续深造，研究领域也从化学转向数学。1939 年，由于在拓扑学方面的工作，他获得普林斯顿大学博士学位，同时被任命为普林斯顿大学数学讲师。随着第二次世界大战的爆发，他加入了火力控制研究办公室（Fire Control Research Office），开始了统计学方面的工作。图基发现统计研究很适合他，他的技能给多位有影响力的统计学家留下了深刻印象。1945 年，随着战争的结束，图基回到普林斯顿大学数学系担任统计学教授，并在 AT&T 贝尔实验室兼职。图基于 1966 年创立了普林斯顿大学统计学系并担任该系首任主任。图基在统计学的许多领域做出了重要贡献，包括方差分析、时间序列的谱估计、关于单次试验所得一组参数值的推断以及统计学原理。不过，他最著名的工作是他与库雷（J. W. Cooley）共同发明的快速傅里叶变换。除了在统计学领域的贡献外，图基还是一位语言大师，创造了术语比特（bit）和软件（software）。

图基服务于总统科学顾问委员会，贡献其见解和专业知识。他曾担任过多个重要的委员会主席，涉及环境、教育以及化学与健康。图基得过许多奖项，包括国家科学奖章。

历史注解 曾经有过别的词来称呼二进制数字，例如 binit 和 bigit，但从来没有被广泛接受。采用 bit 一词可能是因为它作为英语常用词所具有的含义。要了解图基选用 bit 一词的缘由，请参见 *Annals of the History of Computing* 1984 年 4 月刊。

⊖ bit 一词是指二进制位或比特，本书中多数情况下翻译为"比特"，只有在少数情况下才翻译为"位"，如 bit operation 译作位运算。——译者注

比特可以用于表示真值，因为只有两个真值，即真与假。习惯上，我们用 1 表示真，用 0 表示假。也就是说，1 表示 T（真），0 表示 F（假）。如果一个变量的值或为真或为假，则此变量就称为**布尔变量**。于是一个布尔变量可以用一比特表示。

计算机的**比特运算**（或位运算）对应于逻辑联结词。只要在运算符 ∧、∨ 和 ⊕ 的真值表中用 1 代替 T，用 0 代替 F，就能得到表 9 各列所对应的位运算表。我们还会用符号 OR、AND 和 XOR 分别表示运算符 ∨、∧ 和 ⊕，许多程序设计语言正是这样表示的。

表 9　位运算符 OR、AND 和 XOR 的真值表

x	y	$x \lor y$	$x \land y$	$x \oplus y$
0	0	0	0	0
0	1	1	0	1
1	0	1	0	1
1	1	1	1	0

信息一般用比特串（即由 0 和 1 构成的序列）表示。这时，对比特串的运算就可用来处理信息。

> **定义 7**　**比特串**是 0 比特或多比特的序列。比特串的长度就是它所含比特的数目。

例 15　101010011 是一个长度为 9 的比特串。◀

可以把位运算扩展到比特串上。我们将两个长度相同的比特串的**按位 OR、按位 AND 和按位 XOR** 分别定义为这样的比特串，其中每个比特均由两个比特串的相应比特分别经由 OR、AND 和 XOR 运算而得。我们分别用符号 ∨、∧ 和 ⊕ 表示按位 OR、按位 AND 和按位 XOR 运算。我们用例 16 来解释比特串的按位运算。

例 16　求比特串 01 1011 0110 和 11 0001 1101 的按位 OR、按位 AND 和按位 XOR（为了方便阅读，比特串将按四位分组）。

解　这两个比特串的按位 OR、按位 AND 和按位 XOR 分别由对应比特的 OR、AND 和 XOR 得到，其结果是

$$01\ 1011\ 0110$$
$$\underline{11\ 0001\ 1101}$$
11 1011 1111　　按位 OR
01 0001 0100　　按位 AND
10 1010 1011　　按位 XOR ◀

练习

1. 下列哪些语句是命题？这些是命题的语句的真值是什么？
   - a）波士顿是马萨诸塞州首府
   - b）迈阿密是佛罗里达州首府
   - c）$2+3=5$
   - d）$5+7=10$
   - e）$x+2=11$
   - f）回答这个问题

2. 下列哪些是命题？这些命题的真值是什么？
   - a）别过去
   - b）几点了？
   - c）在缅因州没有黑苍蝇
   - d）$4+x=5$
   - e）月亮是由绿色的奶酪构成的
   - f）$2^n \geqslant 100$

3. 下列各命题的否定是什么？
   - a）Linda 比 Sanjay 年轻
   - b）Mei 比 Isabella 挣得多
   - c）Moshe 比 Monica 高
   - d）Abby 比 Ricardo 富有

4. 下列各命题的否定是什么？

　a) Janice 比 Juan 有更多的 Facebook 好友　　　　**b)** Quincy 比 Venkat 聪明

　c) Zelda 开车去学校的里程要比 Paola 更远　　　　**d)** Briana 睡觉的时间比 Gloria 长

5. 下列各命题的否定是什么？

　a) Mei 有一台 MP3 播放器　　　　　　　　　　　**b)** 新泽西没有污染

　c) 2＋1＝3　　　　　　　　　　　　　　　　　　**d)** 缅因州的夏天又热又晒

6. 下列各命题的否定是什么？

　a) Jennifer 和 Teja 是朋友　　　　　　　　　　　**b)** 面包师说的一打有 13 个

　c) Abby 每天发送 100 多条文本信息　　　　　　　**d)** 121 是一个完全平方数

7. 下列各命题的否定是什么？

　a) Steve 的笔记本电脑有大于 100GB 的空闲磁盘空间

　b) Zach 阻止来自 Jennifer 的邮件和短信

　c) $7 \cdot 11 \cdot 13 = 999$

　d) Diane 周日骑自行车骑了 100 英里

8. 假设智能手机 A 有 256MB RAM 和 32GB ROM，并且其相机的分辨率是 8MP；智能手机 B 有 288MB RAM 和 64GB ROM，并且其相机的分辨率是 4MP；而智能手机 C 有 128MB RAM 和 32GB ROM，并且其相机的分辨率是 5MP。试判定下面每个命题的真值。

　a) 智能手机 B 的 RAM 是三款手机中最多的。

　b) 智能手机 C 比智能手机 B 具有更多的 ROM 或者更高分辨率的相机。

　c) 智能手机 B 比智能手机 A 具有更多的 RAM、更多的 ROM 和更高分辨率的相机。

　d) 如果智能手机 B 比智能手机 C 具有更多的 RAM 和更多的 ROM，则它也具有更高分辨率的相机。

　e) 智能手机 A 比智能手机 B 具有更多的 RAM 当且仅当智能手机 B 比智能手机 A 具有更多的 RAM。

9. 假设在最近的财年期间，Acme 计算机公司的年收入是 1380 亿美元且其净利润是 80 亿美元，Nadir 软件公司的年收入是 870 亿美元且净利润是 50 亿美元，Quixote 媒体的年收入是 1110 亿美元且净利润是 130 亿美元。试判断有关最近财年的每个命题的真值。

　a) Quixote 媒体的年收入最多。

　b) Nadir 软件公司的净利润最少并且 Acme 计算机公司的年收入最多。

　c) Acme 计算机公司的净利润最多或者 Quixote 媒体的净利润最多。

　d) 如果 Quixote 媒体的净利润最少，则 Acme 计算机公司的年收入最多。

　e) Nadir 软件公司的净利润最少当且仅当 Acme 计算机公司的年收入最多。

10. 令 p、q 为如下命题：

　p：本周我买了一张彩票。

　q：我赢得了百万美元大奖。

　试用汉语表达下列各命题。

　a) $\neg p$　　　　　　　　　　**b)** $p \lor q$　　　　　　　　　**c)** $p \to q$

　d) $p \land q$　　　　　　　　　**e)** $p \leftrightarrow q$　　　　　　　　**f)** $\neg p \to \neg q$

　g) $\neg p \land \neg q$　　　　　　　**h)** $\neg p \lor (p \land q)$

11. 令 p 和 q 分别表示命题"在新泽西海岸游泳是允许的"和"在海岸附近发现过鲨鱼"。试用汉语表达下列每个复合命题。

　a) $\neg q$　　　　　　　　　　**b)** $p \land q$　　　　　　　　　**c)** $\neg p \lor q$

　d) $p \to \neg q$　　　　　　　　**e)** $\neg q \to p$　　　　　　　　**f)** $\neg p \to \neg q$

　g) $p \leftrightarrow \neg q$　　　　　　　**h)** $\neg p \land (p \lor \neg q)$

12. 令 p 和 q 分别表示命题"选举已经有了结果"和"选票已经计数完毕"。试用汉语表达下列各命题。

　a) $\neg p$　　　　　　　　　　**b)** $p \lor q$　　　　　　　　　**c)** $\neg p \land q$

　d) $q \to p$　　　　　　　　　**e)** $\neg q \to \neg p$　　　　　　　　**f)** $\neg p \to \neg q$

　g) $p \leftrightarrow q$　　　　　　　　**h)** $\neg q \lor (\neg p \land q)$

13. 令 p、q 为如下命题：

　　p：气温在零度以下。

　　q：正在下雪。

　　用 p、q 和逻辑联结词（包括否定）写出下列各命题：

　　a)气温在零度以下且正下着雪。

　　b)气温在零度以下，但没有下雪。

　　c)气温不在零度以下，并且没有下雪。

　　d)要么正下着雪，要么在零度以下（也许两者兼有）。

　　e)如果气温在零度以下，则也下着雪。

　　f)要么气温在零度以下，要么下着雪；但如果气温在零度以下，就没有下雪。

　　g)气温在零度以下是下雪的充分必要条件。

14. 令 p、q 和 r 为如下命题：

　　p：你得流感了。

　　q：你错过了期末考试。

　　r：这门课你通过了。

　　将下列各命题用汉语表示：

　　a)$p \rightarrow q$　　　　　　　b)$\neg q \leftrightarrow r$　　　　　　　c)$q \rightarrow \neg r$

　　d)$p \vee q \vee r$　　　　e)$(p \rightarrow \neg r) \vee (q \rightarrow \neg r)$　　f)$(p \wedge q) \vee (\neg q \wedge r)$

15. 令 p、q 为如下命题：

　　p：你开车车速超过每小时 65 英里（1 英里＝1.6 公里）。

　　q：你接到一张超速罚单。

　　用 p、q 和逻辑联结词（包括否定）写出下列命题：

　　a)你开车车速没有超过每小时 65 英里。

　　b)你开车车速超过每小时 65 英里，但没接到超速罚单。

　　c)如果你开车车速超过每小时 65 英里，你将接到一张超速罚单。

　　d)如果你开车车速不超过每小时 65 英里，你就不会接到超速罚单。

　　e)开车车速超过每小时 65 英里足以接到超速罚单。

　　f)你接到一张超速罚单，但你开车车速没超过每小时 65 英里。

　　g)只要你接到一张超速罚单，你开车车速就超过每小时 65 英里。

16. 令 p、q、r 为如下命题：

　　p：你的期末考试得了 A。

　　q：你做了本书每一道练习。

　　r：这门课你得了 A。

　　用 p、q、r 和逻辑联结词（包括否定）写出下列命题：

　　a)这门课你得了 A，但你并没做本书的每道练习。

　　b)你的期末考试得了 A，你做了本书的每一道练习，并且这门课你得了 A。

　　c)想在这门课得 A，你必须在期末考试得 A。

　　d)你的期末考试得了 A，你没有做本书的每道练习；尽管如此，这门课你依然得了 A。

　　e)期末考试得 A 并且做本书的每道练习，足以使你这门课得 A。

　　f)这门课得 A 当且仅当你做本书的每道练习或期末考试得 A。

17. 令 p、q、r 为如下命题：

　　p：在这个地区发现过灰熊。

　　q：在乡间小路上徒步旅行是安全的。

　　r：乡间小路两旁的草莓成熟了。

　　用 p、q、r 和逻辑联结词（包括否定）写出下列命题：

　　a)乡间小路两旁的草莓成熟了，但在这个地区没有发现过灰熊。

b) 在这个地区没有发现过灰熊，且在乡间小路上徒步旅行是安全的，但乡间小路两旁的草莓成熟了。

c) 如果乡间小路两旁的草莓成熟了，徒步旅行是安全的当且仅当在这个地区没有发现过灰熊。

d) 在乡间小路上徒步旅行是不安全的，但在这个地区没有发现过灰熊且小路两旁的草莓成熟了。

e) 为了使在乡间小路上旅行是安全的，其必要但非充分条件是乡间小路两旁的草莓没有成熟且在这个地区没有发现过灰熊。

f) 只要在这个地区发现过灰熊且乡间小路两旁的草莓成熟了，在乡间小路上徒步旅行就是不安全的。

18. 判断下列这些双条件语句是真是假：

a) $2+2=4$ 当且仅当 $1+1=2$。   **b)** $1+1=2$ 当且仅当 $2+3=4$。

c) $1+1=3$ 当且仅当猴子会飞。   **d)** $0>1$ 当且仅当 $2>1$。

19. 判断下列各条件语句是真是假：

a) 如果 $1+1=2$，则 $2+2=5$。   **b)** 如果 $1+1=3$，则 $2+2=4$。

c) 如果 $1+1=3$，则 $2+2=5$。   **d)** 如果猴子会飞，则 $1+1=3$。

20. 判断下列各条件语句是真是假：

a) 如果 $1+1=3$，则独角兽存在。   **b)** 如果 $1+1=3$，则狗能飞。

c) 如果 $1+1=2$，则狗能飞。   **d)** 如果 $2+2=4$，则 $1+2=3$。

21. 对下列各语句，判断其中想表达的是兼或还是异或，说明理由。

a) 晚餐配有咖啡或者茶。

b) 口令必须至少包含 3 个数字或至少 8 个字符长。

c) 这门课程的先修课程是数论课程或者密码学课程。

d) 你可以用美元或者欧元支付。

22. 对下列各语句，判断其中想表达的是兼或还是异或，说明理由。

a) 要求有 C++ 或 Java 的经验。

b) 午餐包括汤或沙拉。

c) 你必须持护照或选民登记卡才能入境。

d) 出版或销毁。

23. 对下列各语句，说一说如果其中的联结词是兼或（即析取）与异或时的含义。你认为语句想表示的是哪个或？

a) 要选修离散数学课，你必须已经选修过微积分或一门计算机科学的课程。

b) 当你从 Acme 汽车公司购买一部新车时，你就能得到 2000 美元现金折扣或 2% 的汽车贷款。

c) 两人套餐包括 A 栏中的两道菜或 B 栏中的三道菜。

d) 如果下雪超过两英尺或寒风指数低于 −100°F，学校就停课。

24. 把下列语句写成"如果 p，则 q"的形式。〔提示：参考本节列出的条件语句的常用表达方式。〕

a) 要想晋升，帮老板洗车是很有必要的。

b) 吹南风预示着春天要来了。

c) 保修单有效的充分条件是你的计算机购买时间不超过一年。

d) Willy 只要行骗就会被抓住。

e) 你可以访问网站仅当你支付了订阅费。

f) 当选是源于了解合适的人群。

g) 每当坐船 Carol 就会晕船。

25. 把下列语句写成"如果 p，则 q"的形式。〔提示：参考条件语句的常用表达方式。〕

a) 每当刮东北风，天会下雪。

b) 苹果树会开花，如果天暖持续一周。

c) 活塞队赢得冠军就意味着他们打败了湖人队。

d) 必须走 8 英里才能到达朗斯峰的顶峰。

e) 想要得到终身教授职位，只要能世界闻名就够了。

f) 如果你驾车超过 400 英里，就需要买汽油了。

g) 你的保修单是有效的，仅当你购买的 CD 机不超过 90 天。

h) Jan 会去游泳，除非水太凉了。

i) 我们将会拥有美好的未来，假定人们相信科学。

26. 把下列语句写成"如果 p，则 q"的形式。［提示：参考本节列出的条件语句的常用表达方式。］

　　a) 我会记得把地址发给你，仅当你给我发一封电子邮件。

　　b) 要成为美国公民，只要你生在美国就行了。

　　c) 如果你保存好课本，它会是你未来其他课程有用的参考书。

　　d) 红翼队将赢得斯坦利杯，如果其守门员表现出色。

　　e) 你获得这一职位，表明你有最好的信誉。

　　f) 有风暴时沙滩会受到侵蚀。

　　g) 必须有一个有效的口令才能登录到服务器。

　　h) 你可以登顶，除非你太晚才开始爬山。

　　i) 你能获得一个免费的冰激凌，假设你是明天的前 100 位顾客。

27. 把下列命题写成"p 当且仅当 q"的形式。

　　a) 如果外边很热你就买冰激凌蛋卷，并且如果你买冰激凌蛋卷，则外边很热。

　　b) 你赢得竞赛的充分必要条件是你有唯一的获胜券。

　　c) 你得到提拔仅当你有关系网，并且你有关系网仅当你得到了提拔。

　　d) 如果你看电视，心智会衰退；反之亦然。

　　e) 火车恰恰在我乘坐的那些日子晚点。

28. 把下列命题写成"p 当且仅当 q"的形式。

　　a) 你这门课得 A 的充分必要条件是你学习如何求解离散数学问题。

　　b) 如果你每天看报，你就了解情况；反之亦然。

　　c) 如果是周末，天就下雨；如果天下雨，就是周末。

　　d) 你能看到巫师仅当巫师不在家，巫师不在家仅当你能看到巫师。

　　e) 我的航班恰恰当我需要赶后续航班的时候晚点。

29. 叙述下列各条件语句的逆命题、逆否命题和反命题。

　　a) 如果今天下雪，我明天就去滑雪。

　　b) 只要有测验，我就来上课。

　　c) 一个正整数是素数，仅当它没有 1 和自身以外的因子。

30. 叙述下列各条件语句的逆命题、逆否命题和反命题。

　　a) 如果今晚下雪，我将待在家里。

　　b) 只要是阳光充足的夏天，我就去海滩。

　　c) 如果我工作到很晚，那我就有必要睡到中午。

31. 下列各复合命题的真值表有多少行？

　　a) $p \rightarrow \neg p$
　　　　　　　　　　　　　b) $(p \vee \neg r) \wedge (q \vee \neg s)$

　　c) $q \vee p \vee \neg s \vee \neg r \vee \neg t \vee u$
　　　　　d) $(p \wedge r \wedge t) \leftrightarrow (q \wedge t)$

32. 下列各复合命题的真值表有多少行？

　　a) $(q \rightarrow \neg p) \vee (\neg p \rightarrow \neg q)$
　　　　　b) $(p \vee \neg t) \wedge (p \vee \neg s)$

　　c) $(p \rightarrow r) \vee (\neg s \rightarrow \neg t) \vee (\neg u \rightarrow v)$
　　d) $(p \wedge r \wedge s) \vee (q \wedge t) \vee (r \wedge \neg t)$

33. 构造下列各复合命题的真值表。

　　a) $p \wedge \neg p$
　　　　　　　　　　　　　b) $p \vee \neg p$

　　c) $(p \vee \neg q) \rightarrow q$
　　　　　　　　　d) $(p \vee q) \rightarrow (p \wedge q)$

　　e) $(p \rightarrow q) \leftrightarrow (\neg q \rightarrow \neg p)$
　　　　f) $(p \rightarrow q) \rightarrow (q \rightarrow p)$

34. 构造下列各复合命题的真值表。

　　a) $p \rightarrow \neg p$
　　　　　　　　　　　　　b) $p \leftrightarrow \neg p$

　　c) $p \oplus (p \vee q)$
　　　　　　　　　　　d) $(p \wedge q) \rightarrow (p \vee q)$

e) $(q \to \neg p) \leftrightarrow (p \leftrightarrow q)$ **f)** $(p \leftrightarrow q) \oplus (p \leftrightarrow \neg q)$

35. 构造下列各复合命题的真值表。

a) $(p \lor q) \to (p \oplus q)$

b) $(p \oplus q) \to (p \land q)$

c) $(p \lor q) \oplus (p \land q)$

d) $(p \leftrightarrow q) \oplus (\neg p \leftrightarrow q)$

e) $(p \leftrightarrow q) \oplus (\neg p \leftrightarrow \neg r)$

f) $(p \oplus q) \to (p \oplus \neg q)$

36. 构造下列各复合命题的真值表。

a) $p \oplus p$

b) $p \oplus \neg p$

c) $p \oplus \neg q$

d) $\neg p \oplus \neg q$

e) $(p \oplus q) \lor (p \oplus \neg q)$

f) $(p \oplus q) \land (p \oplus \neg q)$

37. 构造下列各复合命题的真值表。

a) $p \to \neg q$

b) $\neg p \leftrightarrow q$

c) $(p \to q) \lor (\neg p \to q)$

d) $(p \to q) \land (\neg p \to q)$

e) $(p \leftrightarrow q) \lor (\neg p \leftrightarrow q)$

f) $(\neg p \leftrightarrow \neg q) \leftrightarrow (p \leftrightarrow q)$

38. 构造下列各复合命题的真值表。

a) $(p \lor q) \lor r$

b) $(p \lor q) \land r$

c) $(p \land q) \lor r$

d) $(p \land q) \land r$

e) $(p \lor q) \land \neg r$

f) $(p \land q) \lor \neg r$

39. 构造下列各复合命题的真值表。

a) $p \to (\neg q \lor r)$

b) $\neg p \to (q \to r)$

c) $(p \to q) \lor (\neg p \to r)$

d) $(p \to q) \land (\neg p \to r)$

e) $(p \leftrightarrow q) \lor (\neg q \leftrightarrow r)$

f) $(\neg p \leftrightarrow \neg q) \leftrightarrow (q \leftrightarrow r)$

40. 构造 $((p \to q) \to r) \to s$ 的真值表。

41. 构造 $(p \leftrightarrow q) \leftrightarrow (r \leftrightarrow s)$ 的真值表。

42. 不借助于真值表，试解释为什么在 p、q 和 r 真值相同时 $(p \lor \neg q) \land (q \lor \neg r) \land (r \lor \neg p)$ 为真，而在其他情况下为假。

43. 不借助于真值表，试解释为什么在 p、q 和 r 至少有一个为真并且至少有一个为假时 $(p \lor q \lor r) \land (\neg p \lor \neg q \lor \neg r)$ 为真，而当三个变量具有相同真值时为假。

44. 如果 p_1, p_2, $\cdots$, p_n 是 n 个命题，试解释为什么

$$\bigwedge_{i=1}^{n-1} \bigwedge_{j=i+1}^{n} (\neg p_i \lor \neg p_j)$$

为真当且仅当 p_1, p_2, $\cdots$, p_n 中最多只有一个为真。

45. 用练习 44 构造一个复合命题，该命题为真当且仅当 p_1, p_2, $\cdots$, p_n 中恰好只有一个为真。〔提示：模仿练习 44 构造复合命题使得其为真当且仅当 p_1, p_2, $\cdots$, p_n 中至少有一个为真。〕

46. 假定在计算机程序中，执行下列语句之前 $x=1$，在执行之后 x 的值是什么？

a) if $x+2=3$ then $x := x+1$

b) if $(x+1=3)$ **OR** $(2x+2=3)$ then $x := x+1$

c) if $(2x+3=5)$ **AND** $(3x+4=7)$ then $x := x+1$

d) if $(x+1=2)$ **XOR** $(x+2=3)$ then $x := x+1$

e) if $x<2$ then $x := x+1$

47. 求下列各对比特串的按位 OR、按位 AND 及按位 XOR。

a) 101 1110，010 0001

b) 1111 0000，1010 1010

c) 00 0111 0001，10 0100 1000

d) 11 1111 1111，00 0000 0000

48. 计算下列表达式。

a) 1 1000 $\land$ (0 1011 $\lor$ 1 1011)

b) (0 1111 $\land$ 1 0101) $\lor$ 0 1000

c) (0 1010 $\oplus$ 1 1011) $\oplus$ 0 1000

d) (1 1011 $\lor$ 0 1010) $\land$ (1 0001 $\lor$ 1 1011)

模糊逻辑可以用于人工智能。在模糊逻辑中，命题的真值是一个 0 和 1 之间的数（含 0 和 1）。真值为 0 的命题为假，真值为 1 的命题为真。命题的真值介于 0 和 1 之间表明真值的不同程度。例如，语句"Fred 是幸福的"可以被赋予真值 0.8，因为 Fred 大部分时间是幸福的；而"John 是幸福的"可以被赋予真值 0.4，因为他只在不到一半的时间里感到幸福。用这样的真值求解练习 49~51。

49. 模糊逻辑中命题否定的真值是 1 减去该命题的真值。语句"Fred 是不幸福的"和"John 是不幸福的"的真值是什么？

50. 模糊逻辑中两个命题合取的真值是两个命题真值的最小值。语句"Fred 和 John 都是幸福的"和"Fred 和 John 都是不幸福的"的真值是什么？

51. 模糊逻辑中两个命题析取的真值是两个命题真值的最大值。语句"Fred 是幸福的或 John 是幸福的"与"Fred 是不幸福的或 John 是不幸福的"的真值是什么？

* 52. 试问断言"本语句为假"是命题吗？

* 53. 有一个含 100 条语句的列表，其中第 n 条语句写的是"列表中恰有 n 条语句为假"。

　　a) 你能从这些语句中得出什么结论？

　　b) 如果第 n 条语句写的是"列表至少有 n 条语句为假"，回答问题 a。

　　c) 假设这个列表包含 99 条语句，回答问题 b。

54. 古老的西西里传说中有一个理发师住在边远小镇上，人们要穿越危险的山路才能找到他。理发师给并且只给那些自己不刮胡子的人刮胡子。有这样的理发师吗？

1.2　命题逻辑的应用

1.2.1　引言

　　逻辑在数学、计算机科学和其他许多学科有着许多重要的应用。数学、自然科学以及自然语言中的语句通常不太准确，甚至有歧义。为了使表达更精确，可以将它们翻译成逻辑语言。例如，逻辑可用于软件和硬件的规范说明（specification），因为在开发前这些规范说明必须要准确。另外，命题逻辑及其规则可用于设计计算机电路、构造计算机程序、验证程序的正确性以及构造专家系统。逻辑可用于分析和求解许多熟悉的谜题。基于逻辑规则的软件系统也已经开发出来，它能够自动构造某种类型的（当然不是全部的）证明。在后续章节中，我们将讨论命题逻辑的部分应用。

1.2.2　语句翻译

　　有许多理由需要把自然语言语句翻译成由命题变量和逻辑联结词组成的表达式。特别是，汉语（以及其他各种人类语言）常有二义性。把语句翻译成复合命题（以及本章稍后要介绍的其他类型的逻辑表达式）可以消除歧义。注意，这样翻译时也许需要根据语句的含义做一些合理的假设。此外，一旦完成了从语句到逻辑表达式的翻译，我们就可以分析这些逻辑表达式以确定它们的真值，对它们进行操作，并用（1.6 节中讨论的）推理规则对它们进行推理。

　　为了解释把语句翻译成逻辑表达式的过程，考虑下面两个例子。

　　例 1　怎样把下面的语句翻译成逻辑表达式？

　　"你可以在校园访问因特网，仅当你主修计算机科学或者你不是新生。"

　　解　将这一语句翻译为逻辑表达式有许多方法。尽管可以用一个命题变量如 p 来表示这一语句，但这种表示在分析其含义或用它做推理时没有多大帮助。我们的办法是用命题变量表示语句中的每个成分，并找出它们之间合适的逻辑联结词。具体地说，令 a、c 和 f 分别表示"你可以在校园访问因特网""你主修计算机科学"和"你是个新生"。注意"仅当"是一种表达条件语句的方式，上述语句可以译为

$$a \rightarrow (c \vee \neg f)$$

　　例 2　怎样把下面的语句翻译成逻辑表达式？

　　"如果你身高不足 4 英尺（约 1.22 米），那么你不能乘坐过山车，除非你已年满 16 周岁。"

　　解　令 q、r 和 s 分别表示"你能乘坐过山车""你身高不足 4 英尺"和"你已年满 16 周岁"，则上述语句可以翻译为

$$(r \wedge \neg s) \rightarrow \neg q$$

当然，还有其他方式可以把上述语句表示为逻辑表达式，但上面使用的这一表达式已满足我们的需要。◀

1.2.3 系统规范说明

在描述硬件系统和软件系统时，将自然语言语句翻译成逻辑表达式是很重要的一部分。系统和软件工程师根据自然语言描述的需求，生成精确而无二义性的规范说明，这些规范说明用来作为系统开发的基础。例 3 说明了如何在这一过程中使用复合命题。

Extra Examples

例 3 使用逻辑联结词表示规范说明"当文件系统已满时，就不能发送自动应答"。

解 翻译这个规范说明的方法之一是令 p 表示"能够发送自动应答"，令 q 表示"文件系统满了"，则 $\neg p$ 表示"并非能够发送自动应答这种情况"，也就是"不能发送自动应答"。因此，我们的规范说明可以用条件语句 $q \rightarrow \neg p$ 来表示。◀

系统规范说明应该是**一致的**，也就是说，系统规范说明不应该包含可能导致矛盾的相互冲突的需求。当规范说明不一致时，就无法开发出一个满足所有规范说明的系统。

例 4 确定下列系统规范说明是否一致。

"诊断消息存储在缓冲区中或者被重传。"

"诊断消息没有存储在缓冲区中。"

"如果诊断消息存储在缓冲区中，那么它被重传。"

解 要判断这些规范说明是否一致，我们首先用逻辑表达式表示它们。令 p 为"诊断消息存储在缓冲区中"，令 q 表示"诊断消息被重传"。则上面几个规范说明可以写为 $p \vee q$、$\neg p$ 和 $p \rightarrow q$。使所有三个规范说明为真的一个真值赋值必须包含 p 为假，从而使 $\neg p$ 为真。因为我们要使 $p \vee q$ 为真，但 p 又必须为假，所以 q 必须为真。由于当 p 为假且 q 为真时，$p \rightarrow q$ 为真，所以我们得出结论：这些规范说明是一致的，因为当 p 为假且 q 为真时它们都是真的。使用真值表检验 p 和 q 的四种可能的真值赋值，可以得出同样的结论。◀

例 5 如果在例 4 中加上一个系统规范说明"诊断消息没有被重传"，它们还能保持一致吗？

解 由例 4 的推理可知，只有当 p 为假且 q 为真时那三个规范说明才为真。然而，本例中的新规范说明是 $\neg q$，当 q 为真时它为假。因此，这四个规范说明是不一致的。◀

1.2.4 布尔搜索

Links

逻辑联结词广泛用于海量信息如网页索引的搜索中。由于搜索采用命题逻辑的技术，所以被称为**布尔搜索**。

在布尔搜索中，联结词 AND 用于匹配同时包含两个搜索项的记录，联结词 OR 用于匹配两个搜索项之一或两项均匹配的记录，而联结词 NOT(有时写作 AND NOT)用于排除某个特定的搜索项。当布尔搜索用来定位可能感兴趣的信息时，经常需要细心安排逻辑联结词的使用。下面的例 6 解释布尔搜索是怎样执行的。

Extra Examples

例 6 **网页搜索** 大部分 Web 搜索引擎支持布尔搜索技术，通常有助于寻找有关特定主题的网页。例如，用布尔搜索查找关于新墨西哥州(New Mexico)的大学网页，我们可以寻找与 NEW AND MEXICO AND UNIVERSITIES 匹配的网页。搜索的结果将包括含有 NEW(新)、MEXICO(墨西哥)和 UNIVERSITIES(大学)三个词的那些网页。这里包含了所有我们感兴趣的网页，还包括其他网页，如墨西哥的新的大学网页。(注意在 Google 以及其他许多搜索引擎中，并不需要"AND"一词，因为搜索引擎默认包含所有搜索项。)多数搜索引擎还支持使用引号以搜索特定的短语。因此，使用"New Mexico"AND UNIVERSITIES 匹配网页搜索会更有效。

接下来，要找出与新墨西哥州或亚利桑那州(Arizona)的大学有关的网页，我们可以搜索与(NEW AND MEXICO OR ARIZONA)AND UNIVERSITIES 匹配的网页。(注意，这里联结词 AND 优先于联结词 OR。同样，在 Google 中用于搜索的项应该是 NEW MEXICO OR ARIZONA。）这一搜索的结果将包括含 UNIVERSITIES 一词，并且或者含有 NEW 与 MEXICO 两个词，或者含有 ARIZONA 一词的所有网页。同样，除了这两类我们感兴趣的网页外还会列出其他网页。最后，要想找出有关墨西哥（不是新墨西哥州）的大学网页，可以先找与 MEXICO AND UNIVERSITIES 匹配的网页，但由于这一搜索的结果将会包括有关新墨西哥州的大学网页以及墨西哥的大学网页，所以更好的办法是搜索与（MEXICO AND UNIVERSITIES）NOT NEW 匹配的网页。这一搜索的结果将包括含 MEXICO 和 UNIVERSITIES 两个词但不含 NEW 一词的所有网页。（在 Google 以及其他搜索引擎中，NOT 一词会用符号 "-" 来代替。因此，在 Google 中，最后一个搜索项可以写成 MEXICO UNIVERSITIES -NEW。）◀

1.2.5　逻辑谜题

可以用逻辑推理解决的谜题称为**逻辑谜题**。求解逻辑谜题是实践逻辑规则的一种非常好的方法。同样，用于执行逻辑推理的计算机程序通常也使用著名的逻辑谜题来演示它们的能力。许多人对求解逻辑谜题颇感兴趣，有许多书和杂志以及 Web 网页上也登载有逻辑谜题以供娱乐。

在此，我们将讨论三个逻辑谜题，难度逐级增加。在练习中可以找到更多的谜题。1.3 节我们还会讨论 n 皇后谜题和数独游戏。

例 7　作为把公主从海盗那里营救回来的报酬，国王给你机会来赢得隐藏在三个箱子中的宝藏，但只有一个箱子中有宝藏，另外两个箱子是空的。要想赢，你必须选对箱子。第一和第二个箱子上都写有 "这个箱子是空的"，第三个箱子上写着 "宝藏在第二个箱子中"。从来不撒谎的皇后告诉你只有一个提示是真的，而其他两句都是假的。你会选择哪个箱子来赢得宝藏？

解　设 p_i 为命题 "宝藏在第 i 个箱子中"，$i=1$，2，3。把皇后的提示翻译成命题逻辑，则三个箱子上的提示分别为 $\neg p_1$，$\neg p_2$，p_2。所以，皇后所言可以翻译为

$$(\neg p_1 \wedge \neg(\neg p_1) \wedge \neg p_2) \vee (\neg(\neg p_1) \wedge \neg p_2 \wedge \neg p_2) \vee (\neg(\neg p_1) \wedge \neg(\neg p_2) \wedge p_2)$$

利用命题逻辑的规则，可知上式等价于 $(p_1 \wedge \neg p_2) \vee (p_1 \wedge p_2)$。由分配律，$(p_1 \wedge \neg p_2) \vee (p_1 \wedge p_2)$ 等价于 $p_1 \wedge (\neg p_2 \vee p_2)$。因为 $(\neg p_2 \vee p_2)$ 必然为真，这就等价于 $p_1 \wedge \mathbf{T}$，而这又等价于 p_1。因此，宝藏就在第一个箱子里（即 p_1 为真），而 p_2 和 p_3 为假；第二个箱子上的提示是唯一为真的。（这里我们用到了将在 1.3 节讨论的命题等价的概念。）◀

接下来，我们介绍一个由雷蒙德·斯马亚（Raymond Smullyan）提出的谜题，斯马亚是一名逻辑谜题大师，已经写作了十多本含有极富挑战性的逻辑推理谜题的书籍。

例 8　斯马亚在文献［Sm78］中提出了许多与如下情形有关的谜题：一个岛上居住着两类人——骑士和无赖。骑士总是说真话，而无赖永远在撒谎。你碰到两个人 A 和 B。如果 A 说 "B 是骑士"，而 B 说 "我们两个是两类人"，请问 A 和 B 到底是什么样的人？

解　令 p 和 q 分别表示语句 "A 是骑士" 和 "B 是骑士"，则 $\neg p$ 和 $\neg q$ 就分别表示 "A 是无赖" 和 "B 是无赖"。

我们首先考虑 A 是骑士这样一种可能，这就是说，p 是真的。如果 A 是骑士，那他说的 "B 是骑士" 就是真话，因此 q 为真，从而 A 和 B 就是一类人。然而，如果 B 是骑士，那么 B 说的 "我们两个是两类人"，即 $(p \wedge \neg q) \vee (\neg p \wedge q)$ 就应该为真，然而并非如此，因为前面的结论是 A 和 B 都是骑士。因此，我们可以得出 A 不是骑士，即 p 为假。

如果 A 是无赖，则由无赖永远在撒谎可知，A 所说的 "B 是骑士" 即 "q 是真的" 就是一个谎言。这意味着 q 为假，B 也是无赖。而且，如果 B 是无赖，那么 B 说的 "我们两个是两类人" 也是谎言，这与 A 和 B 都是无赖是一致的。所以，我们得出结论 A 和 B 都是无赖。◀

在本节末的练习 23～27 中，我们会进一步讨论斯马亚关于骑士和无赖的谜题。而在练习 28～35 中，我们介绍的谜题将涉及三类人：这里所说的骑士、无赖，还有一类可能说谎的

间谍。

接下来，我们介绍一个与两个孩子有关的**泥巴孩子谜题**(muddy children puzzle)。

例 9 父亲让两个孩子(一个男孩和一个女孩)在后院玩耍，并让他们不要把身上搞脏。然而，在玩耍的过程中，两个孩子额头上都沾了泥。当孩子们回来后，父亲说："你们当中至少有一个人额头上有泥。"然后要求孩子们用"是"和"否"回答问题："你知道你额头上是否有泥吗?"父亲问了两遍同样的问题。假设每个孩子都可以看到对方的额头上是否有泥，但不能看见自己的额头，孩子们在每次被问到这个问题时将会怎样回答呢? 假设两个孩子都很诚实并且都同时回答每一次提问。

解 令 s 和 d 分别表示语句"儿子的额头上有泥"和"女儿的额头上有泥"。当父亲说："你们当中至少有一个人额头上有泥"时，表示的是 $s \vee d$ 为真。当父亲第一次问那个问题时两个孩子都将回答"否"，因为他们都看到对方的额头上有泥。也就是说，儿子知道 d 为真，但不知道 s 是否为真。而女儿知道 s 为真，但不知道 d 是否为真。

在儿子对第一次询问回答"否"后，女儿可以判断出 d 必为真。这是因为问第一次问题时，儿子知道 $s \vee d$ 为真，但不能判断 s 是否为真。利用这个信息，女儿能够得出结论 d 必定为真，因为如果 d 为假，则儿子就有理由推出，由于 $s \vee d$ 为真，那么 s 必定为真，因此他对第一个问题的回答应为"是"。儿子也可以类似推断出 s 必为真。因此，第二次两个孩子都将回答"是"。   ◀

1.2.6 逻辑电路

命题逻辑可应用于计算机硬件的设计。这是 1938 年克劳德·香农(Claude Shannon)首次发现并写在他的 MIT 硕士论文中的。第 12 章将深入学习这个课题(参见该章的香农传记)。这里我们对这个应用做简单介绍。

逻辑电路(或**数字电路**)接受输入信号 p_1，p_2，$\cdots$，p_n，每个信号 1 比特[或 0(关)或 1

Links ▶

雷蒙德·斯马亚(**Raymond Smullyan，1919—2017**)   斯马亚出生于纽约皇后区的法洛克威，是商人和家庭主妇的儿子。他中学就辍学了，因为他想学自己感兴趣的东西而不是中学课本上的知识。他先就读于俄勒冈州的太平洋学院和里德学院，后于 1955 年在芝加哥大学获得数学专业本科学位。他靠在社团组织和俱乐部里以"FIVE-ACE Merrill"为艺名表演魔术来支付大学费用。他师从普林斯顿大学的阿隆佐·丘奇，并于 1959 年获得了逻辑学博士学位。从普林斯顿大学毕业后，斯马亚曾在达特茅斯学院、普林斯顿大学、犹太大学和纽约城市大学教授数学和逻辑学。1981 年，他加入印第安纳大学哲学系，现在他是该校的荣誉退休教授。

斯马亚写过许多关于具有娱乐性的逻辑和数学书籍，包括《这本书的书名是什么?》(*What Is the Name of This Book?*)、《美女，还是老虎?》(*The Lady or the Tiger?*)、《爱丽斯漫游谜题乐园》(*Alice in Puzzleland*)、《模仿一只知更鸟》(*To Mock a Mockingbird*)、《永远未定》(*Forever Undecided*)以及《天方夜谭之谜：古代和现代迷人的逻辑谜题》(*The Riddle of Scheherazade：Amazing Logic Puzzles，Ancient and Modern*)。因为他的逻辑谜题具有挑战性和娱乐性并能激发思维，所以他被认为是现代的 Lewis Carroll。斯马亚也写过几本关于将演绎逻辑应用于国际象棋方面的书、三本哲学短文和格言集，以及几本高深的数理逻辑和集合论的书籍。斯马亚对自引用(self-reference)特别感兴趣，并且将哥德尔的一些结论(证明了不可能写出一个计算机程序来求解所有的数学问题)进行了扩展。他还热衷于向大众解释数理逻辑的思想。

斯马亚是一位天才的音乐家，经常与第二任妻子一同弹奏钢琴，她是一位专业的钢琴演奏家。制造望远镜是他的一个嗜好。他还对光学和立体照相感兴趣。他说："我从不像某些人那样不能同时兼顾教学和研究，因为我在教学的时候就是在做研究。"有一部片名为《本片不需要片名》(*This Film Needs No Title*)的纪录短片就是描述斯马亚的。

（开）〕，产生输出信号 s_1，s_2，$\cdots$，s_n，每个 1 比特。一般来说，数字电路可以有多个输出，但是在本小节中我们将局限于讨论只有一个输出信号的逻辑电路。

复杂的数字电路可以从三种简单的基本电路（如图 1 所示的**门电路**（gate））构造而来。**逆变器**或**非门**（NOT gate）接受一个输入比特 p，产生 $\neg p$ 作为输出。**或门**（OR gate）接受两个输入信号 p 和 q，每个一比特，产生信号 $p \vee q$ 作为输出。最后，**与门**（AND gate）接受两个输入信号 p 和 q，每个一比特，产生信号 $p \wedge q$ 作为输出。我们可以用这三种基本门来构造更复杂的电路，如图 2 所示。

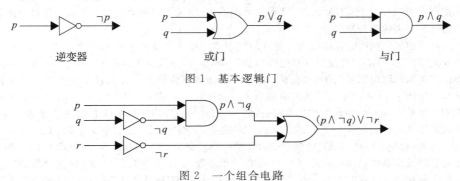

图 1　基本逻辑门

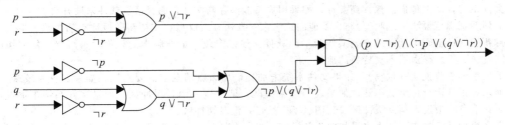

图 2　一个组合电路

给定一个由基本电路构造而得的电路以及该电路的输入，我们可以通过追踪电路来确定输出，如例 10 所示。

例 10　确定图 2 所示组合电路的输出。

解　在图 2 中我们给出了电路中每个逻辑门的输出。可以看到与门接受的输入为 p 和 $\neg q$（即以 q 为输入的逆变器的输出），因而产生输出 $p \wedge \neg q$。接下来，注意到或门接受的输入为 $p \wedge \neg q$ 和 $\neg r$（即以 r 为输入的逆变器的输出），因而产生最终输出 $(p \wedge \neg q) \vee \neg r$。　◀

假设我们对于一个数字电路的输出能用否定、析取、合取来构造一个公式。这样，我们就能系统地构造数字电路来产生期望的输出，如例 11 所示。

例 11　给定输入 p、q 和 r，构造一个输出为 $(p \vee \neg r) \wedge (\neg p \vee (q \vee \neg r))$ 的数字电路。

解　为了构造所期望的电路，我们分别为 $p \vee \neg r$ 和 $\neg p \vee (q \vee \neg r)$ 构造不同的电路，再用与门把它们组合起来。为构造 $p \vee \neg r$ 的电路，我们先用一个逆变器从输入 r 产生 $\neg r$。然后用一个或门来组合 p 和 $\neg r$。为了构造 $\neg p \vee (q \vee \neg r)$ 的电路，我们首先用一个逆变器获得 $\neg r$。然后用一个或门接受输入 q 和 $\neg r$ 以获得 $(q \vee \neg r)$。最后，我们用另一个逆变器和一个或门接受输入 p 和 $(q \vee \neg r)$ 来得到 $\neg p \vee (q \vee \neg r)$。

为了完成构造，我们用最后一个与门来接受输入 $p \vee \neg r$ 和 $\neg p \vee (q \vee \neg r)$。最后的电路如图 3 所示。

图 3　$(p \vee \neg r) \wedge (\neg p \vee (q \vee \neg r))$ 的电路

我们将在第 12 章讨论布尔代数场景中采用不同的记号来深入研究逻辑电路。

练习

在练习 1~6 中，用给定的命题将语句翻译成命题逻辑中的形式。

1. 你不能编辑一个受保护的维基百科条目，除非你是一名管理员。用 e："你不能编辑一个受保护的维基百科条目"和 a："你是一名管理员"来表达你的答案。

2. 你可以看这部电影仅当你已经年满 18 岁或得到父母同意。用 m："你可以看这部电影"、e："你已经年满 18 岁"和 p："你已经得到父母同意"来表达你的答案。

3. 你能够毕业仅当你已经完成了专业的要求并且你不欠大学学费并且你没有逾期不归还图书馆的书。用 g："你能够毕业"、m："你不欠大学学费"、r："你已经完成了专业的要求"和 b："你没有逾期不归还图书馆的书"来表达你的答案。

4. 要想使用机场的无线网络，你必须支付每日的使用费，除非你是该服务的一个订户。用 w："你能使用机场的无线网络"、d："你支付每日的使用费"和 s："你是该服务的一个订户"来表达你的答案。

5. 你有资格当美国总统仅当你已年满 35 岁、出生在美国或者你出生时你的双亲是美国公民并且你在这个国家至少生活了 14 年。用 e："你有资格当美国总统"、a："你已年满 35 岁"、b："你出生在美国"、p："在你出生的时候，你的双亲均是美国公民"和 r："你在美国至少生活了 14 年"来表达你的答案。

6. 你能升级操作系统仅当你有一个 32 位的处理器且主频在 1GHz 或以上、至少 1GB 内存、16GB 空闲硬盘空间，或者一个 64 位处理器且主频在 2GHz 或以上、至少 2GB 内存、至少 32GB 空闲硬盘空间。用 u："你能升级操作系统"、b_{32}："你有一个 32 位的处理器"、b_{64}："你有一个 64 位的处理器"、g_1："你的处理器主频在 1GHz 或以上"、g_2："你的处理器主频在 2GHz 或以上"、r_1："你的处理器至少 1GB 内存"、r_2："你的处理器至少 2GB 内存"、h_{16}："你有 16GB 空闲硬盘空间"和 h_{32}："你有 32GB 空闲硬盘空间"来表达你的答案。

7. 使用命题 p："对消息进行病毒扫描"和 q："消息来自一个未知的系统"以及逻辑联结词（包括否定）来表达下列系统规范说明。

   a) "每当消息来自一个未知的系统时，对消息进行了病毒扫描。"

   b) "消息来自一个未知的系统，但没有对消息进行病毒扫描。"

   c) "每当消息来自一个未知的系统时，就有必要对消息进行病毒扫描。"

   d) "当消息不是来自一个未知的系统时，没有对消息进行病毒扫描。"

8. 使用命题 p："用户输入有效的口令"、q："访问被授权"、r："用户已经支付了订阅费"以及逻辑联结词（包括否定）来表达下列系统规范说明。

   a) "用户已经支付了订阅费，但没有输入有效的口令。"

   b) "每当用户已经支付了订阅费并输入有效的口令，访问被授权。"

   c) "如果用户没有支付订阅费，则访问被拒绝。"

   d) "如果用户没有输入有效的口令但已经支付了订阅费，则访问被授权。"

9. 下列系统规范说明一致吗？"系统处于多用户状态当且仅当系统运行正常。如果系统运行正常，则它的核心程序起作用。核心程序不起作用，或者系统处于中断模式。如果系统不处于多用户状态，它就处于中断模式。系统不处在中断模式。"

10. 下列系统规范说明一致吗？"每当对系统软件进行升级时，用户不能访问文件系统。如果用户能访问文件系统，那么他们能保存新文件。如果用户不能保存新文件，那么系统软件未被升级。"

11. 下列系统规范说明一致吗？"路由器能向边缘系统发送分组仅当它支持新的地址空间。路由器要能支持新的地址空间，就必须安装最新版本的软件。如果安装了最新版本的软件，路由器就能向边缘系统发送分组。路由器不支持新的地址空间。"

12. 下列系统规范说明一致吗？"如果文件系统未加锁，那么新消息就需要排队。如果文件系统未加锁，则系统正常运行；反之亦然。如果新消息未排队，就会送入消息缓冲区。如果文件系统未加锁，那么新消息将被送入消息缓冲区。新消息不会被送入消息缓冲区。"

13. 你会用什么样的布尔搜索来寻找关于新泽西州（New Jersey）海滩的网页？如果你想找关于（位于英吉利海峡的）泽西岛（the isle of Jersey）海滩的网页呢？

14. 你会用什么样的布尔搜索来寻找关于在西弗吉尼亚（West Virginia）徒步旅行的网页？如果你想找关于在弗吉尼亚（Virginia）而非西弗吉尼亚徒步旅行的网页呢？

15. 你会用什么样的 Google 搜索来寻找位于纽约州（New York）或新泽西州（New Jersey）的埃塞俄比亚（Ethiopian）餐厅？

16. 你会用什么样的 Google 搜索来寻找男士鞋或非工作用的靴子？

17. 假设在例 7 中，三个箱子上的提示分别为"宝藏在第三个箱子中""宝藏在第一个箱子中"和"这个箱子是空的"。对于下面的每一句话，试判断从不撒谎的皇后是否可以这么说？如果可以，请问宝藏在哪个箱子中？

  a) "所有提示都是假的。"　　　　　　　**b)** "恰好有一个提示是真的。"

  c) "恰好有两个提示是真的。"　　　　　**d)** "三个提示全部为真。"

18. 假设在例 7 中，三个箱子中的两个有宝藏。三个箱子上的提示分别为"这个箱子是空的""第一个箱子中有宝藏"和"第二个箱子中有宝藏"。对于下面的每一句话，试判断从不撒谎的皇后是否可以这么说？如果可以，请问宝藏在哪两个箱子中？

  a) "所有提示都是假的。"　　　　　　　**b)** "恰好有一个提示是真的。"

  c) "恰好有两个提示是真的。"　　　　　**d)** "三个提示全部为真。"

* 19. 一个边远村庄的每个人要么总说真话，要么总说谎。村民对于旅游者的提问总是只用"是"或"否"来回答。假定你在这一地区旅游，走到了一个岔路口。一条岔路通向你想去的遗址，另一条岔路通向丛林深处。一村民恰好站在岔路口，问他一个什么问题就能确定走哪条路？

20. 一个探险者被食人族抓住了。食人者有两种：总是说谎的和总是说真话的。除非探险者能判断出一位指定的食人者是说谎者还是说真话者，否则他就要被烤了吃。探险者只被允许问这位食人者一个问题。

  a) 解释为什么问"你是说谎者吗"是不行的。

  b) 找出一个问题，使探险者可以判断该食人者是总是说谎的还是总是讲真话的。

21. 当三位教授在一家餐厅落座时，女主人问他们："每位都要喝咖啡吗？"第一位教授说："我不知道。"第二位教授接着说："我不知道。"最后，第三位教授说："不，不是每个人都想喝咖啡。"女主人回来并将咖啡递给想喝咖啡的教授。她是如何找出谁想喝咖啡的？

22. 当你规划一个聚会时需要知道该邀请些什么人。在你可能邀请的人中有三个棘手的朋友。你知道如果 Jasmine 参加，她对 Samir 在场会感到不快；Samir 仅当 Kanti 到场才会出席；而 Kanti 不会出席除非 Jasmine 也在场。你如何邀请三人的组合而不使某人不愉快？

练习 23～27 是关于斯马亚创建的骑士和无赖岛岛民的，这个岛上居住着只说真话的骑士和只说假话的无赖。你遇见两个人 A 和 B。可能的话，请根据 A、B 所说的话判断两人到底是什么人。如果不能确定这两个是什么人，那么你能推断出什么可能的结论吗？

23. A 说"我们中至少有一个是无赖"，B 什么都没说。

24. A 说"我们两个都是骑士"，B 说"A 是无赖"。

25. A 说"我是无赖或者 B 是骑士"，B 什么都没说。

26. A 和 B 都说"我是骑士"。

27. A 说"我们都是无赖"，B 什么都没说。

练习 28～35 是关于一个居住着三种人的岛民的：只讲真话的骑士、只讲假话的无赖和可能讲真话也可能讲假话的间谍（斯马亚在[Sm78]中称之为正常人）。你遇见三个人 A、B 和 C。你知道其中一人是骑士、一人是无赖，还有一人是间谍。三人都知道其他两人是哪种类型的人。对于下列每种情况，可能的话请确定是否有唯一解并确定谁是骑士、无赖和间谍。当没有唯一解时，请列出所有可能的解或者说明无解。

28. A 说"C 是无赖"，B 说"A 是骑士"，而 C 说"我是间谍"。

29. A 说"我是骑士"，B 说"我是无赖"，而 C 说"B 是骑士"。

30. A 说"我是无赖"，B 说"我是无赖"，而 C 说"我是无赖"。

31. A 说"我是骑士"，B 说"A 说的是真话"，而 C 说"我是间谍"。

32. A 说"我是骑士"，B 说"A 不是无赖"，而 C 说"B 不是无赖"。

33. A 说"我是骑士"，B 说"我是骑士"，而 C 说"我是骑士"。

34. A 说"我不是间谍"，B 说"我不是间谍"，而 C 说"A 是间谍"。

35. A 说"我不是间谍"，B 说"我不是间谍"，而 C 说"我不是间谍"。

练习 36～42 的谜题可以通过先把语句翻译成逻辑表达式，然后再用真值表对这些表达式进行推理来求解。

36. 对于 Cooper 先生的谋杀案，警察有三个怀疑对象：Smith 先生、Jones 先生和 Williams 先生。他们三人都声称没有杀害 Cooper。Smith 还称 Cooper 是 Jones 的朋友并且 Williams 不喜欢他。Jones 也声称他不认识 Cooper 并且 Cooper 被害的当天他不在镇上。Williams 也声称他在案发当天看见 Smith 和 Jones 与 Cooper 在一起，因此不是 Smith 就是 Jones 是凶手。在下列情况下，你能判断谁是凶手吗？

   a) 三人中有一人是凶手，清白的那两个人说的是真话，但凶手说的话不一定为真。

   b) 清白者没有撒谎。

37. Steve 想用两个事实来判断三位工作伙伴的相对薪水。首先，他知道如果 Fred 的薪水不是三人中最高的，那么 Janice 的薪水最高。其次，他知道如果 Janice 的薪水不是最低的，那么 Maggie 的薪水最高。从以上 Steve 所知道的事实，是否有可能确定 Fred、Maggie 和 Janice 的相对薪水？如果能，谁的最高谁的最低？解释你的推理过程。

38. 五个朋友都能进入聊天室。如果知道下面这些信息，能确定谁在聊天吗？Kevin 或 Heather 或两人都在聊天。Randi 或 Vijay 但不是两人同时在聊天。如果 Abby 在聊天，那么 Randi 也在聊天。Vijay 和 kevin 或者两人都在聊天，或者都不聊天。如果 heather 在聊天，那么 Abby 和 kevin 也在聊天。解释你的推理过程。

39. 一位侦探访谈了罪案的四位证人。从证人的话中侦探得出的结论是：如果男管家说的是真话，那么厨师说的也是真话；厨师和园丁说的不可能都是真话；园丁和杂役不可能都在说谎；如果杂役说真话，那么厨师就在说谎。侦探能分别判定这四位证人是在说真话还是撒谎？解释你的推理过程。

40. 四个朋友被认定为非法进入某计算机系统的嫌疑人。他们已对调查当局做出了陈述。Alice 说："是 Carlos 干的。"John 说："我没干。"Carlos 说："是 Diana 干的。"Diana 说："Carlos 说是我干的，他说谎。"

   a) 如果当局还知道四个嫌疑人中恰有一人在说真话，那么是谁作案？解释你的推理过程。

   b) 如果当局还知道恰有一人在说谎，那么是谁作案？解释你的推理过程。

41. 假设在通往两个房间的门上均写着提示。第一扇门上的提示为"在这个房间里有一位美女，而在另一个房间里则是一只老虎"；在第二扇门上写着"在两个房间中有一个是美女，并且有一个是老虎"。假定你知道其中一个提示是真的，另一个是假的。那么哪扇门后面是美女呢？

*42. 试求解下面这个由爱因斯坦提出的著名的逻辑谜题，也称为 **斑马谜题**。五位具有不同国籍和不同工作的人居住在一条街上挨着的 5 所房子里。每所房子刷着不同的颜色。他们养着不同的宠物，喜欢喝不同的饮料。根据以下提示，试确定谁养斑马(zebra)、谁喜欢喝(饮料之一的)矿泉水。英国人住在红色的房子里。西班牙人养了一条狗。日本人是一个油漆工。意大利人喜欢喝茶。挪威人住在左边的第一所房子里。绿房子紧挨着白房子的右边。摄影师养了一只蜗牛。外交官住在黄房子里。中间那个房子里的人喜欢喝牛奶。绿房子的主人喜欢喝咖啡。挪威人的房子紧挨着蓝色房子。小提琴家喜欢喝橘子汁。养狐狸的人所住的房子与医师的房子相邻。养马的人所住的房子与外交官的房子相邻。[提示：绘一张表，其中行表示每个人，列表示他们房子的颜色、他们的工作、他们养的宠物以及他们喜欢喝的饮料，用逻辑推理来判断表中正确的项。]

43. 弗里多尼亚[⊖]有 50 名参议员。每名参议员或者诚实的或者不诚实的。假设你知道，至少有一个弗里多尼亚参议员是诚实的，并且任何两个弗里多尼亚参议员中至少有一个是不诚实的。基于这些事实，你是否能确定有多少弗里多尼亚参议员是诚实的？有多少是不诚实的？如果能，答案是什么？

44. 找出每个组合电路的输出。

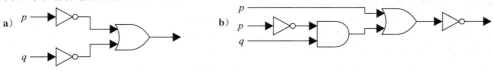

⊖　Freedonia，一个假想的国家。——译者注

45. 找出每个组合电路的输出。

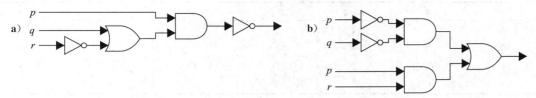

46. 试用逆变器、或门、与门构造一个组合电路，从输入比特 p、q 和 r 产生输出 $(p \wedge \neg r) \vee (\neg q \wedge r)$。

47. 试用逆变器、或门、与门构造一个组合电路，从输入比特 p、q 和 r 产生输出 $((\neg p \vee \neg r) \wedge \neg q) \vee (\neg p \wedge (q \vee r))$。

1.3 命题等价式

1.3.1 引言

数学证明中使用的一个重要步骤就是用真值相同的一条语句替换另一条语句。因此，从给定复合命题生成具有相同真值命题的方法广泛使用于数学证明的构造。注意我们用术语"复合命题"来指由命题变量通过逻辑运算形成的一个表达式，比如 $p \wedge q$。

我们就从根据可能的真值对复合命题进行分类开始讨论。

定义 1　一个真值永远是真的复合命题(无论其中出现的命题变量的真值是什么)，称为**永真式**(tautology)，也称为**重言式**。一个真值永远为假的复合命题称为**矛盾式**(contradiction)。既不是永真式又不是矛盾式的复合命题称为**可能式**(contingency)。

在数学推理中永真式和矛盾式往往很重要。下面的例 1 解释了这两类复合命题。

例 1　我们可以只用一个命题变量来构造永真式和矛盾式。构造 $p \vee \neg p$ 和 $p \wedge \neg p$ 的真值表如表 1 所示。因为 $p \vee \neg p$ 总是真的，所以它是永真式。因为 $p \wedge \neg p$ 总是假的，所以它是矛盾式。

表 1　永真式和矛盾式的例子

p	$\neg p$	$p \vee \neg p$	$p \wedge \neg p$
T	F	T	F
F	T	T	F

1.3.2 逻辑等价式

在所有可能的情况下都具有相同真值的两个复合命题称为**逻辑等价**的。我们也可以如下定义这一概念。

定义 2　如果 $p \leftrightarrow q$ 是永真式，则复合命题 p 和 q 称为是逻辑等价的。用记号 $p \equiv q$ 表示 p 和 q 是逻辑等价的。

评注　符号 $\equiv$ 不是逻辑联结词，$p \equiv q$ 不是一个复合命题，而是代表"$p \leftrightarrow q$ 是永真式"这一语句。有时候用符号 $\Leftrightarrow$ 来代替 $\equiv$ 表示逻辑等价。

判定两个复合命题是否等价的方法之一是使用真值表。特别地，复合命题 p 和 q 是等价的当且仅当对应它们真值的两列完全一致。例 2 说明用这个方法建立了一个非常重要且很有用的逻辑等价式，即 $\neg(p \vee q)$ 和 $\neg p \wedge \neg q$ 等价。这个逻辑等价式是两个**德·摩根律之一**，如表 2 所示。这是以 19 世纪中叶英国数学家奥古斯塔·德·摩根(Augustus De Morgan)的名字命名的。

表 2　德·摩根律

$$\neg(p \wedge q) \equiv \neg p \vee \neg q$$
$$\neg(p \vee q) \equiv \neg p \wedge \neg q$$

例 2　证明 $\neg(p \vee q)$ 和 $\neg p \wedge \neg q$ 是逻辑等价的。

解　表 3 给出了这些复合命题的真值表。由于对 p 和 q 所有可能的真值组合，复合命题 $\neg(p \vee q)$ 和 $\neg p \wedge \neg q$ 的真值都一样，所以 $\neg(p \vee q) \leftrightarrow (\neg p \wedge \neg q)$ 是永真式，而这两个复合命题是逻辑等价的。

表 3 ¬$(p \lor q)$ 和 ¬$p \land$ ¬q 的真值表

p	q	$p \lor q$	¬$(p \lor q)$	¬p	¬q	¬$p \land$ ¬q
T	T	T	F	F	F	F
T	F	T	F	F	T	F
F	T	T	F	T	F	F
F	F	F	T	T	T	T

下面的例子建立了一个极其重要的等价式，该等价式允许我们用否定和析取来代替条件语句。

例 3 证明命题 $p \to q$ 和 ¬$p \lor q$ 逻辑等价。

解 我们在表 4 中构造了这两个复合命题的真值表。由于 ¬$p \lor q$ 和 $p \to q$ 的真值一致，所以它们是逻辑等价的。◀

表 4 ¬$p \lor q$ 和 $p \to q$ 的真值表

p	q	¬p	¬$p \lor q$	$p \to q$
T	T	F	T	T
T	F	F	F	F
F	T	T	T	T
F	F	T	T	T

现在，我们将为涉及三个不同命题变量 p、q、r 的两个复合命题建立逻辑等价式。要用真值表来建立这样的逻辑等价式，真值表需要有八行，每一行对应三个变量的一种可能真值组合。我们通过分别列出 p、q、r 的真值来标记这些组合。这八种真值组合是 TTT、TTF、TFT、TFF、FTT、FTF、FFT 以及 FFF。我们用这个顺序来展示真值表的行。注意当我们用真值表来证明复合命题等价时，每增加一个命题变量，真值表的行数就要翻倍，这样对于涉及 4 个命题变量的复合命题就需要 16 行来建立其逻辑等价，以此类推。如果一个复合命题由 n 个命题变量组成，则需要 2^n 行。由于 2^n 的快速增长，我们需要用更有效的方法来建立逻辑等价式，比如使用已知的等价式。稍后将讨论这项技术。

例 4 证明命题 $p \lor (q \land r)$ 和 $(p \lor q) \land (p \lor r)$ 是逻辑等价的。这是析取对合取的分配律。

解 我们在表 5 中构造了这两个复合命题的真值表。因为 $p \lor (q \land r)$ 和 $(p \lor q) \land (p \lor r)$ 的真值一样，所以这两个复合命题是逻辑等价的。◀

表 5 $p \lor (q \land r)$ 和 $(p \lor q) \land (p \lor r)$ 是逻辑等价的证明

p	q	r	$q \land r$	$p \lor (q \land r)$	$p \lor q$	$p \lor r$	$(p \lor q) \land (p \lor r)$
T	T	T	T	T	T	T	T
T	T	F	F	T	T	T	T
T	F	T	F	T	T	T	T
T	F	F	F	T	T	T	T
F	T	T	T	T	T	T	T
F	T	F	F	F	T	F	F
F	F	T	F	F	F	T	F
F	F	F	F	F	F	F	F

表 6 给出了若干重要的等价式。在这些等价关系中，**T** 表示永远为真的复合命题，**F** 表示永远为假的复合命题。对于涉及条件语句和双条件语句的复合命题，我们分别在表 7 和表 8 中

给出了一些有用的等价式。本节练习要求读者证明表 6～表 8 的等价式。

表 6　逻辑等价式

等　价　式	名　　称
$p \wedge \mathbf{T} \equiv p$ $p \vee \mathbf{F} \equiv p$	恒等律
$p \vee \mathbf{T} \equiv \mathbf{T}$ $p \wedge \mathbf{F} \equiv \mathbf{F}$	支配律
$p \vee p \equiv p$ $p \wedge p \equiv p$	幂等律
$\neg(\neg p) \equiv p$	双重否定律
$p \vee q \equiv q \vee p$ $p \wedge q \equiv q \wedge p$	交换律
$(p \vee q) \vee r \equiv p \vee (q \vee r)$ $(p \wedge q) \wedge r \equiv p \wedge (q \wedge r)$	结合律
$p \vee (q \wedge r) \equiv (p \vee q) \wedge (p \vee r)$ $p \wedge (q \vee r) \equiv (p \wedge q) \vee (p \wedge r)$	分配律
$\neg(p \wedge q) \equiv \neg p \vee \neg q$ $\neg(p \vee q) \equiv \neg p \wedge \neg q$	德·摩根律
$p \vee (p \wedge q) \equiv p$ $p \wedge (p \vee q) \equiv p$	吸收律
$p \vee \neg p \equiv \mathbf{T}$ $p \wedge \neg p \equiv \mathbf{F}$	否定律

表 7　条件命题的逻辑等价式

$p \rightarrow q \equiv \neg p \vee q$

$p \rightarrow q \equiv \neg q \rightarrow \neg p$

$p \vee q \equiv \neg p \rightarrow q$

$p \wedge q \equiv \neg(p \rightarrow \neg q)$

$\neg(p \rightarrow q) \equiv p \wedge \neg q$

$(p \rightarrow q) \wedge (p \rightarrow r) \equiv p \rightarrow (q \wedge r)$

$(p \rightarrow r) \wedge (q \rightarrow r) \equiv (p \vee q) \rightarrow r$

$(p \rightarrow q) \vee (p \rightarrow r) \equiv p \rightarrow (q \vee r)$

$(p \rightarrow r) \vee (q \rightarrow r) \equiv (p \wedge q) \rightarrow r$

表 8　双条件命题的逻辑等价式

$p \leftrightarrow q \equiv (p \rightarrow q) \wedge (q \rightarrow p)$

$p \leftrightarrow q \equiv \neg p \leftrightarrow \neg q$

$p \leftrightarrow q \equiv (p \wedge q) \vee (\neg p \wedge \neg q)$

$\neg(p \leftrightarrow q) \equiv p \leftrightarrow \neg q$

　　析取的结合律表明表达式 $p \vee q \vee r$ 在下面的意义下是良定义的：无论是先做 p 和 q 的析取再做 $p \vee q$ 和 r 析取，还是先做 q 和 r 的析取再做 p 和 $q \vee r$ 的析取，其结果都是一样的。同样，$p \wedge q \wedge r$ 也是良定义的。扩展这一推理过程可以得到：只要 p_1，p_2，$\cdots$，p_n 为命题，$p_1 \vee p_2 \vee \cdots \vee p_n$ 和 $p_1 \wedge p_2 \wedge \cdots \wedge p_n$ 均有定义。

　　另外，注意到德·摩根律可以扩展为

$$\neg(p_1 \vee p_2 \vee \cdots \vee p_n) \equiv (\neg p_1 \wedge \neg p_2 \wedge \cdots \wedge \neg p_n)$$

和

$$\neg(p_1 \wedge p_2 \wedge \cdots \wedge p_n) \equiv (\neg p_1 \vee \neg p_2 \vee \cdots \vee \neg p_n)$$

　　我们有时用符号 $\bigvee_{j=1}^{n} p_j$ 来表示 $p_1 \vee p_2 \vee \cdots \vee p_n$，用 $\bigwedge_{j=1}^{n} p_j$ 来表示 $p_1 \wedge p_2 \wedge \cdots \wedge p_n$。采用这种记法扩展的德·摩根律就可以简洁地写成 $\neg \left(\bigvee_{j=1}^{n} p_j \right) \equiv \bigwedge_{j=1}^{n} \neg p_j$ 和 $\neg \left(\bigwedge_{j=1}^{n} p_j \right) \equiv \bigvee_{j=1}^{n} \neg p_j$。（这些恒等式的证明方法将在 5.1 节给出。）

　　为了证明两个有 n 个变量的复合命题等价需要使用具有 2^n 行的真值表。（注意，每增加一个命题变量行数就会翻倍。这类计数问题的求解请参见第 6 章。）由于随着 n 的增加，行数增加异常迅速（参见 3.2 节），所以，随着变量数的增加，利用真值表来建立等价式就变得不切实际。其他方法会更快捷一些，比如利用我们已知的逻辑等价式，这将在本节稍后进行讨论。

1.3.3　德·摩根律的运用

　　两个德·摩根律的逻辑等价式特别重要。它们告诉我们怎么取合取的否定和析取的否定。特别地，等价式 $\neg(p \vee q) \equiv \neg p \wedge \neg q$ 告诉我们一个析取式的否定是由各分命题否定的合取式组成的。同理，等价式 $\neg(p \wedge q) \equiv \neg p \vee \neg q$ 告诉我们一个合取式的否定是由各分命题否定的析取式组成的。例 5 说明了德·摩根律的应用。

　　例 5　用德·摩根律分别表达"Miguel 有一部手机且有一台便携式计算机"和"Heather

或 Steve 将去听音乐会" 的否定。

解 令 p 为 "Miguel 有一部手机"，q 为 "Miguel 有一个便携式计算机"，那么 "Miguel 有一部手机且有一台便携式计算机" 可以表达为 $p \wedge q$。用德·摩根第一定律，$\neg(p \wedge q)$ 等价于 $\neg p \vee \neg q$。因此，我们可以将原命题的否定表达为 "Miguel 没有一部手机或 Miguel 没有一台便携式计算机"。

令 r 为 "Heather 将去听音乐会"，s 为 "Steve 将去听音乐会"，那么 "Heather 或 Steve 去听音乐会" 可以表达为 $r \vee s$。用德·摩根第二定律，$\neg(r \vee s) \equiv \neg r \wedge \neg s$。结果，我们可以将原命题的否定表达为 "Heather 和 Steve 都将不去听音乐会"。◀

1.3.4 构造新的逻辑等价式

表 6 中的逻辑等价式以及已经建立起来的其他（如表 7 和表 8 所示的那些）等价式，可以用于构造更多的等价式。能这样做的原因是复合命题中的一个命题可以用与它逻辑等价的复合命题替换而不改变原复合命题的真值。这种方法可由例 6～例 8 得到说明，其中，我们还使用了如下事实：如果 p 和 q 是逻辑等价的，q 和 r 是逻辑等价的，那么 p 和 r 也是逻辑等价的（见练习 60）。

例 6 证明 $\neg(p \rightarrow q)$ 和 $p \wedge \neg q$ 是逻辑等价的。

解 我们可以用真值表来证明这两个复合命题是等价的（与例 4 中的方法相似）。事实上，这样做并不难。然而，我们想要解释如何用我们已知的逻辑恒等式来建立新的逻辑恒等式，这在建立涉及大量变量的复合命题等价式时具有很重要的实用性。因此，我们以 $\neg(p \rightarrow q)$ 为开始，通过展开一系列逻辑等价式的方法，每次用表 6 中的一个等价式，最后以 $p \wedge \neg q$ 结束，从而建立这个等价式。我们有下列等价式。

$$\neg(p \rightarrow q) \equiv \neg(\neg p \vee q) \qquad \text{由条件-析取等价式（例 3）}$$
$$\equiv \neg(\neg p) \wedge \neg q \qquad \text{由德·摩根第二定律}$$
$$\equiv p \wedge \neg q \qquad \text{由双重否定律}$$ ◀

例 7 通过展开一系列逻辑等价式来证明 $\neg(p \vee (\neg p \wedge q))$ 和 $\neg p \wedge \neg q$ 是逻辑等价的。

奥古斯塔·德·摩根（Augustus De Morgan，1806—1871） 奥古斯塔·德·摩根生于印度，他父亲是印度陆军上校。德·摩根 7 个月大时全家移居英国。他上了私立学校，少年时期在那里展现出了对数学的浓厚兴趣。德·摩根在剑桥三一学院上学，并于 1827 年毕业。尽管他想过要学医或学法律，最后还是决定以数学为毕生事业。1828 年他获得了伦敦大学学院的一个职位，但当他的一位教授同事被无故解雇时他辞职了。不过，在 1836 年他的继任人去世后他又回到了自己的位置，直到 1866 年。

德·摩根以强调原理胜于技术而著名。他的学生中有许多后来成为著名的数学家，包括拉弗雷斯伯爵夫人奥古斯塔·艾达（Augusta Ada），她是查尔斯·巴贝奇（Charles Babbage）研究计算机器的合作者（参见关于 Augusta Ada 的生平注释）。（德·摩根曾告诫伯爵夫人不要用过多的时间来研究数学，因为它可能会干扰她的生育能力！）

德·摩根是一位特别多产的作家，在超过 15 家期刊上发表了 1000 多篇文章。德·摩根还为许多学科撰写课本，包括逻辑、概率、微积分和代数。1838 年，他首次给出了他命名的数学归纳法这一重要证明技术的清晰解释（本书 5.1 节将会讨论）。在 19 世纪 40 年代，德·摩根对符号逻辑的发展做出了奠基性的贡献。他发明了一些表示法帮助他证明命题等价式，其中包括以他的名字命名的定律。1842 年，德·摩根给出了被认为是第一个准确的极限定义，并提出了无穷数列收敛的若干检验标准。德·摩根还对数学史很有兴趣，撰写了牛顿和哈雷的生平传记。

1837 年，德·摩根与弗伦德（Sophia Frend）结婚，后者在 1882 年撰写了德·摩根传记。德·摩根的研究、写作和教学使他无暇顾及家庭和社交。不过他的善良、幽默及广博的知识是闻名于世的。

解　我们每次使用表 6 中的一个等价关系，从 $\neg(p \vee (\neg p \wedge q))$ 开始，一直到 $\neg p \wedge \neg q$ 结束。（注意：我们当然可以用真值表很容易地建立这个等价式。）我们有下列等价式。

$$
\begin{aligned}
\neg(p \vee (\neg p \wedge q)) &\equiv \neg p \wedge \neg(\neg p \wedge q) &&\text{由德·摩根第二定律}\\
&\equiv \neg p \wedge [\neg(\neg p) \vee \neg q] &&\text{由德·摩根第一定律}\\
&\equiv \neg p \wedge (p \vee \neg q) &&\text{由双重否定律}\\
&\equiv (\neg p \wedge p) \vee (\neg p \wedge \neg q) &&\text{由第二分配律}\\
&\equiv \mathbf{F} \vee (\neg p \wedge \neg q) &&\text{因为} \neg p \wedge p \equiv \mathbf{F}\\
&\equiv (\neg p \wedge \neg q) \vee \mathbf{F} &&\text{由析取的交换律}\\
&\equiv \neg p \wedge \neg q &&\text{由 F 的恒等律}
\end{aligned}
$$

于是 $\neg(p \vee (\neg p \wedge q))$ 和 $\neg p \wedge \neg q$ 是逻辑等价的。　◀

例 8　证明 $(p \wedge q) \rightarrow (p \vee q)$ 为永真式。

解　为证明这个命题是永真式，我们将用逻辑等价式来证明它逻辑上等价于 T。（注意：这也可以用真值表来完成。）

$$
\begin{aligned}
(p \wedge q) \rightarrow (p \vee q) &\equiv \neg(p \wedge q) \vee (p \vee q) &&\text{由例 3}\\
&\equiv (\neg p \vee \neg q) \vee (p \vee q) &&\text{由德·摩根第一定律}\\
&\equiv (\neg p \vee p) \vee (\neg q \vee q) &&\text{由析取的结合律和交换律}\\
&\equiv \mathbf{T} \vee \mathbf{T} &&\text{由例 1 和析取的交换律}\\
&\equiv \mathbf{T} &&\text{由支配律}
\end{aligned}
$$

◀

Links ▶

©Hulton Archive/Getty Images

拉弗雷斯伯爵夫人奥古斯塔·艾达（Augusta Ada，1815—1852）　奥古斯塔·艾达是著名诗人拜伦（Byron）勋爵和拜伦夫人安娜贝纳·米尔班克（Annabella Millbanke）的唯一孩子。由于拜伦与他同父异母的妹妹之间的丑闻，他们在艾达 1 个月大时就分居了。拜伦名声很差，被他的一个情人描述为"疯狂、邪恶和危险的"。拜伦夫人的智力出众，对数学情有独钟。拜伦称她为"平行四边形的公主"。艾达由母亲抚养，母亲鼓励其发展在智力上尤其是音乐和数学方面的天赋，以应对拜伦夫人认为的向诗歌方面发展的危险倾向。那时，女人不允许上大学，也不能加入学术团体。然而艾达追求她的数学研究，或独立研究或私下与威廉·弗伦德（William Frend）等数学家合作研究。她也得到另一位女性数学家玛丽·萨默维尔（Mary Somerville）的鼓励，并且在 1834 年由玛丽·萨默维尔主持的一个晚宴上，她了解到查尔斯·巴贝奇（Charles Babbage）关于一种称为分析机的计算机器的一些想法。1838 年，艾达和金（King）爵士结婚，此人后来晋升为拉弗雷斯伯爵。他们一共有 3 个孩子。

艾达结婚后仍坚持她的数学研究。查尔斯·巴贝奇继续在计算机器方面工作，并在欧洲各地做演讲。1842 年，巴贝奇请求艾达用法语翻译一篇关于巴贝奇发明的文章。当巴贝奇看到她的翻译时，他建议艾达加上自己的注释，结果文章长度是原文的三倍。关于分析机最完整的解释可在艾达的笔记中找到。在笔记中，她将分析机和 Jacquard 式的提花织布机工作原理进行比较，巴贝奇的打孔卡片类似于织布机上创建图案的卡片。此外，她认定该机器作为通用计算机已超乎巴贝奇的想象。她叙述道："此分析机是具有不同通用性和复杂性的任意不定计算功能的物质体现。"她在笔记中对分析机的未来发展做出了许多预期，包括计算机生成的音乐。考虑到当时认为女人不具有与男人同等的智力，艾达就像许多女人一样隐瞒其女性身份，用其名字的缩写 A. A. L 出版了她的著作。1845 年以后，艾达与巴贝奇一同致力于预测赛马结果系统的研究。遗憾的是，他们的系统不能运行，艾达还因此欠下大笔债务。她因患有子宫癌而英年早逝。

艾达关于分析机的笔记在撰写后不久就已经被遗忘了，而在 100 多年之后的 1953 年又重新出版了。在 20 世纪 50 年代，阿兰·图灵在他关于计算机思考的能力（以及他具有深远影响的判定机器是否具有智能的图灵测试）的著作中回应了艾达的命题："不管原本目标是什么，分析机没有任何自夸。它能做任何我们所知道的如何命令它去做的事情。"图灵和艾达的"对话"至今仍是争论的话题。由于她在计算领域杰出的贡献，程序设计语言 Ada 就是为纪念这位伯爵夫人而命名的。

1.3.5 可满足性

一个复合命题称为是**可满足的**，如果存在一个对其变量的真值赋值使其为真（即当它是一个永真式或可满足式时）。当不存在这样的赋值时，即当复合命题对所有变量的真值赋值都是假的，则复合命题是**不可满足的**。注意一个复合命题是不可满足的当且仅当它的否定对所有变量的真值赋值都是真的，也就是说，当且仅当它的否定是永真式。

当我们找到一个特定的使得复合命题为真的真值赋值时，就证明了它是可满足的。这样的一个赋值称为这个特定的可满足性问题的一个**解**。可是，要证明一个复合命题是不可满足的，我们需要证明每一组变量的真值赋值都使其为假。尽管我们总是可以用真值表来确定一个复合命题是否是可满足的，但通常有更有效的方法，如例 9 所示。

例 9 试确定下列复合命题是否可满足：$(p \vee \neg q) \wedge (q \vee \neg r) \wedge (r \vee \neg p)$，$(p \vee q \vee r) \wedge (\neg p \vee \neg q \vee \neg r)$，以及 $(p \vee \neg q) \wedge (q \vee \neg r) \wedge (r \vee \neg p) \wedge (p \vee q \vee r) \wedge (\neg p \vee \neg q \vee \neg r)$。

解 我们不采用真值表解题，而对真值做一些推理。注意当三个变量 p、q 和 r 具有相同真值时，$(p \vee \neg q) \wedge (q \vee \neg r) \wedge (r \vee \neg p)$ 为真（参见 1.1 节的练习 42）。因此，至少存在一组 p、q 和 r 的真值赋值使它为真，故它是可满足的。同样，注意当三个变量 p、q 和 r 中至少有一个为真并且至少有一个为假时，$(p \vee q \vee r) \wedge (\neg p \vee \neg q \vee \neg r)$ 为真（参见 1.1 节的练习 43）。因此，至少存在一组 p、q 和 r 的真值赋值使它为真，故 $(p \vee q \vee r) \wedge (\neg p \vee \neg q \vee \neg r)$ 是可满足的。

最后，注意要使 $(p \vee \neg q) \wedge (q \vee \neg r) \wedge (r \vee \neg p) \wedge (p \vee q \vee r) \wedge (\neg p \vee \neg q \vee \neg r)$ 为真，$(p \vee \neg q) \wedge (q \vee \neg r) \wedge (r \vee \neg p)$ 和 $(p \vee q \vee r) \wedge (\neg p \vee \neg q \vee \neg r)$ 必须同时为真。要使得第一个为真，三个变量必须具有相同的真值；而要使得第二个为真，三个变量中至少有一个必须为真并且至少有一个必须为假。可是，这两个条件是相互矛盾的。从这些观察中我们可以得出不存在 p、q 和 r 的真值赋值使得 $(p \vee \neg q) \wedge (q \vee \neg r) \wedge (r \vee \neg p) \wedge (p \vee q \vee r) \wedge (\neg p \vee \neg q \vee \neg r)$ 为真。因此，它是不可满足的。 ◀

1.3.6 可满足性的应用

在机器人学、软件测试、人工智能规划、计算机辅助设计、机器视觉、集成电路设计、计算机网络以及遗传学等不同领域中，许多问题都可以用命题的可满足性来建立模型。大多数这些应用相当复杂且超出本书的范围。本节选取两个谜题，通过命题可满足性对其进行建模。

例 10 n 皇后问题 n 皇后问题要求在一个 $n \times n$ 的棋盘上放置 n 个皇后，目的是使皇后之间不能相互吃掉。这意味着没有两个皇后被放置在同一行、同一列或同一对角线上。我们在图 1 中给出了八皇后问题的一个解。（八皇后问题可以追溯到 1848 年，由 Max Bezzel 提出，由 Franz Nauck 在 1850 年彻底解决。我们在 11.4 节将再次讨论 n 皇后问题。）

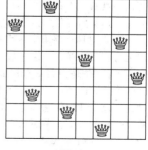

图　1

为了利用可满足性对 n 皇后问题建模，我们引入 n^2 个变量 $p(i, j)$，$i = 1, 2, \cdots, n$，$j = 1, 2, \cdots, n$。对于皇后在棋盘上的放置方法，当在第 i 行第 j 列的方块上有皇后时，$p(i, j)$ 为真，否则为假。注意，如果 $i + i' = j + j'$ 或者 $i - i' = j - j'$，则表示 (i, j) 方块和 (i', j') 方块在同一条对角线上。在图 1 的棋盘上，$p(6, 2)$ 和 $p(2, 1)$ 为真，而 $p(3, 4)$ 和 $p(5, 4)$ 为假。

为了使 n 个皇后中的任意两个不在同一行，每行必须有一个皇后。为了表明每一行有一个皇后，可以通过每一行至少包含一个皇后以及每一行最多包含一个皇后来检验。我们首先注意到，$\bigvee_{j=1}^{n} p(i, j)$ 断言第 i 行至少包含一个皇后，而

$$Q_1 = \bigwedge_{i=1}^{n} \bigvee_{j=1}^{n} p(i,j)$$

断言每一行至少包含一个皇后。

对于每一行最多包含一个皇后，则当整数 j 和 k 满足 $1 \leqslant j < k \leqslant n$ 时必须有 $p(i,j)$ 和 $p(k,j)$ 不能同时为真。观察到 $\neg p(i,j) \lor \neg p(i,k)$ 断言至少 $\neg p(i,j)$ 和 $\neg p(i,k)$ 之一为真，这意味着 $p(i,j)$ 和 $p(i,k)$ 中有一个为假。所以，要检测每一行最多有一个皇后，我们断言

$$Q_2 = \bigwedge_{i=1}^{n} \bigwedge_{j=1}^{n-1} \bigwedge_{k=j+1}^{n} (\neg p(i,j)) \lor (\neg p(k,j))$$

为了检验没有一列有多个皇后，我们断言

$$Q_3 = \bigwedge_{i=1}^{n} \bigwedge_{j=1}^{n-1} \bigwedge_{k=i+1}^{n} (\neg p(i,j)) \lor (\neg p(k,j))$$

（这个断言加上前面每行包含一个皇后的断言，蕴含每一列包含一个皇后。）

为了检验没有对角线上包含两个皇后，我们断言

$$Q_4 = \bigwedge_{i=2}^{n} \bigwedge_{j=1}^{n-1} \bigwedge_{k=1}^{min(i-1,n-j)} (\neg p(i,j)) \lor (\neg p(i-k,k+j))$$

和

$$Q_5 = \bigwedge_{i=1}^{n} \bigwedge_{j=1}^{n-1} \bigwedge_{k=1}^{min(n-i,n-j)} (\neg p(i,j)) \lor (\neg p(i+k,j+k))$$

(i,j) 对在 Q_4 和 Q_5 中最内层的合取，从 (i,j) 位置开始的对角线一直向右。这些最内层合取的上限就是对角线在棋盘上的最后一个单元。

综合上述讨论，我们可以找到 n 皇后问题的解，即使得式

$$Q = Q_1 \land Q_2 \land Q_3 \land Q_4 \land Q_5$$

为真的变量 $p(i,j)$ 的真值赋值，其中，$i = 1, 2, \cdots, n$，$j = 1, 2, \cdots, n$。

利用这个方法并结合其他方法，对于 $n \leqslant 27$，可以计算出 n 个皇后在棋盘上不同的摆法，以使皇后之间不能相互吃掉。当 $n=8$ 时，有 92 种摆法，而当 $n=16$ 时，这个数目高达 14 772 512。（细节请参见 2.4 节关于 OEIS 的讨论。）

例 11 **数独** 数独谜题可表示为一个 9×9 格（也称为大九宫格），它由 9 个称为**九宫格**（**block**）的 3×3 子格组成，如图 2 所示。每一个谜题，81 个单元中的一部分被赋予 1，2，$\cdots$，9 中的数字之一，称为**已知单元**，其他单元空着。谜题的解题是通过给每个空白单元格赋予一个数字来实现，使得每一行、每一列、每个小九宫格都包含九个不同的数字。注意，除了用 9×9 格，数独谜题也可以基于 $n^2 \times n^2$ 格，它由 n^2 个 $n \times n$ 的子格构成，其中 n 是任意正整数。

数独的流行源于 20 世纪 80 年代，当时刚传入日本。传遍世界各地大概用了 20 年时间，但是截至 2005 年，数独谜题已经风靡全球。名称数独是日文 suuji wa dokushin ni kagiru 的缩写，意思是"数字必须唯一"。现代的数独游戏是由一个美国谜题设计者在 20 世纪 70 年代末期设计的。数独的基本概念可以追溯到更久远的时候；19 世纪 90 年代法国报纸上刊印的谜题和现代数独虽然不完全相同但也是非常类似的。

2	9				4			
		5				1		
	4							
				4	2			
6							7	
5								
7			3					5
	1			9				
							6	

图 2　一个 9×9 数独谜题

娱乐性的数独游戏还有两个重要的特性。第一，它们的解唯一。第二，可以通过推理来求解，即不需要寻求所有可能的单元格数字赋值。一个数独谜题的解题过程就是根据已知的值不断地确定空白单元中该填的数字。如以图 2 为例，数字 4 必须在第二行的某个单元中恰好出现一次。我们如何能确定它应该出现在七个空白单元的哪一个呢？首先，我们观察到 4 不能出现

在这一行的前三个单元之一或后三个单元之一，因为它已经出现在这些单元所在的九宫格的另一个单元中了。我们可以看到 4 不能出现在这一行的第 5 个单元，因为它已经出现在第 4 行的第 5 个单元了。这意味着 4 必须出现在第 2 行的第 6 个单元中。

已经有许多基于逻辑和数学的策略用于求解数独谜题（比如，参见［Da10］）。这里我们讨论一种借助于计算机来求解数独谜题的方法，它是基于对谜题建模为一个命题可满足性问题。用这个模型，特定的数独谜题就可以用解决可满足性问题的软件来求解了。目前，采用这种方式能在 10 毫秒内解决数独谜题。应该注意还有许多借助计算机采用其他技术来求解数独谜题的其他方法。

为了对数独谜题编码，令 $p(i, j, n)$ 表示一个命题，当数 n 位于第 i 行和第 j 列的单元时它为真。因为 i、j 和 n 的取值范围都是 1～9，所以总共有 $9 \times 9 \times 9 = 729$ 个这样的命题。例如，对于如图 2 所示的谜题，已知数 6 位于第 5 行和第 1 列。故我们得出 $p(5, 1, 6)$ 为真，而 $p(5, j, 6)$ 均为假，其中 $j = 2, 3, \cdots, 9$。

给定一个数独谜题，我们首先对每一个已知数进行编码。然后，我们构造一些复合命题来断言每一行包含了每一个数、每一列包含了每一个数、每一个 3×3 九宫格包含了每一个数，并且每个单元不包含多于一个数。接下来，读者可以自己验证，数独谜题可以通过寻找一个真值赋值来求解，该真值赋值为 729 个 $p(i, j, n)$（其中 i、j 和 n 的取值范围都是 1～9）命题赋值，并且使得所有这些复合命题的合取式为真。下面先列出这些断言，我们再来解释如何构造每一行包含了 1～9 的每一个整数这样的断言。我们将另外两个每一列包含了每一个数和每一个 3×3 九宫格包含每一个数的断言构造留到练习中。

- 对于已知数的每个单元，当第 i 行和第 j 列的单元中是已知数 n 时，我们断言 $p(i, j, n)$。
- 我们断言每一行包含了每一个数：

$$\bigwedge_{i=1}^{9} \bigwedge_{n=1}^{9} \bigvee_{j=1}^{9} p(i,j,n)$$

- 我们断言每一列包含了每一个数：

$$\bigwedge_{j=1}^{9} \bigwedge_{n=1}^{9} \bigvee_{i=1}^{9} p(i,j,n)$$

- 我们断言每一个九宫格包含了每一个数：

$$\bigwedge_{r=0}^{2} \bigwedge_{s=0}^{2} \bigwedge_{n=1}^{9} \bigvee_{i=1}^{3} \bigvee_{j=1}^{3} p(3r+i, 3s+j, n)$$

- 要断言没有一个单元包含多于一个数，我们对所有可能的 $p(i, j, n) \rightarrow \neg p(i, j, n')$ 取合取，其中 n、n'、i 和 j 的取值范围是 1～9 并且 $n \neq n'$。

现在，我们来解释如何构造每一行包含了每一个数这样的断言。首先，要断言第 i 行包含数 n，我们构成 $\bigvee_{j=1}^{9} p(i,j,n)$。要断言第 i 行包含所有 n 个数，我们将 n 的所有九个可能值的析取式做合取，得到 $\bigwedge_{n=1}^{9} \bigvee_{j=1}^{9} p(i,j,n)$。最后，要断言每一行包含了每一个数，我们将所有九行的 $\bigwedge_{n=1}^{9} \bigvee_{j=1}^{9} p(i,j,n)$ 做合取。这就是 $\bigwedge_{i=1}^{9} \bigwedge_{n=1}^{9} \bigvee_{j=1}^{9} p(i,j,n)$。（练习 71 和 72 要求给出下述断言的解释：每一列包含了每一个数和每一个 3×3 九宫格包含了每一个数。）

给定一个数独谜题，要求解这个谜题，我们可以寻找一个可满足性问题的解，该问题要求一组 729 个变量 $p(i, j, n)$ 的真值，使得所有列出的断言的合取式为真。

1.3.7　可满足性问题求解

真值表可以用于判定复合命题是否为可满足的，或者等价地，其否定是否为永真式（参见练习 64）。这个问题对于只含少量变量的复合命题而言可以通过手动来完成，但当变量数目增多时，就变得不切实际了。例如，对于一个含 20 个变量的复合命题，它的真值表就有 $2^{20} = 1\,048\,576$ 行。因此，如果采用这种方式，你就需要一台计算机帮助你判定含 20 个变量的复合命题是否为可满足式。

当许多应用建模涉及成千上万个变量的复合命题的可满足性时，问题就来了。注意，当变量数为 1000 时，要检查 2^{1000} 种（这是一个超过 300 位的十进制数）可能的真值组合中的每一种，一台计算机在几万亿年之内都不可能完成。迄今尚没有其他已知的计算过程能使计算机在合理的时间之内判定变量数这么大的复合命题是否为可满足式。可是，在实际应用中某些特定类型的复合命题的可满足性问题求解方法还是有一些进展，比如数独谜题的求解。已经开发出许多计算机程序可以用来求解有实际应用的可满足性问题。在第 3 章讨论算法主题时，我们将进一步讨论这个问题。特别是，我们将解释命题可满足性问题在算法复杂度学习中扮演的重要角色。

练习

1. 用真值表验证下列等价式。

   a) $p \wedge \mathbf{T} \equiv p$ b) $p \vee \mathbf{F} \equiv p$ c) $p \wedge \mathbf{F} \equiv \mathbf{F}$

   d) $p \vee \mathbf{T} \equiv \mathbf{T}$ e) $p \vee p \equiv p$ f) $p \wedge p \equiv p$

2. 证明 $\neg(\neg p)$ 和 p 是逻辑等价的。

3. 用真值表验证交换律。

   a) $p \vee q \equiv q \vee p$ b) $p \wedge q \equiv q \wedge p$

4. 用真值表验证结合律

   a) $(p \vee q) \vee r \equiv p \vee (q \vee r)$ b) $(p \wedge q) \wedge r \equiv p \wedge (q \wedge r)$

5. 用真值表验证分配律。

   $p \wedge (q \vee r) \equiv (p \wedge q) \vee (p \wedge r)$

6. 用真值表证明德·摩根第一定律。

   $\neg(p \wedge q) \equiv \neg p \vee \neg q$

Links

Courtesy of Harvard University Portrait Collection, Department of Philosophy

亨利·莫里斯·谢佛（Henry Maurice Sheffer，1883—1964） 亨利·莫里斯·谢佛出生在乌克兰西部的一个犹太人家庭，1892 年随父母和六个兄弟姐妹一起移民到美国。他先在波士顿的拉丁语学校学习，后进入哈佛大学学习，并于 1905 年完成本科学位，1907 年获得硕士学位，1908 年获得哲学系的博士学位。在哈佛大学得到一个博士后职位后，亨利到欧洲游学。回到美国他成了一个学术游子，各花一年时间在华盛顿大学、康奈尔大学、明尼苏达大学、密苏里大学、纽约城市大学任职。1916 年重返哈佛大学任哲学系教员。他一直在哈佛大学直到 1952 年退休。

1913 年谢佛提出了我们现在知道的"谢佛竖线"（Sheffer stroke），但这个概念一开始默默无闻，直到 1925 年怀德海和罗素在他们合著的《数学原理》（*Principia Mathematica*）中使用后才广为流传。在该版本中，罗素写道谢佛发明了一种很有效的方法可以使得《原理》（Principia）一书更简洁。正因为如此，谢佛对于逻辑学家而言还是神秘的人物，特别是由于谢佛在其职业生涯中很少出版著作，从来没有发表过这个方法的细节，而仅仅在一个油印笔记和一份出版的简短摘要里描述过。

谢佛是数理逻辑的专职教师。他喜欢小班上课并且不喜欢有人旁听。当有陌生人出现在教室里时，谢佛会责令其离开，即使是他的同事甚至到访哈佛的嘉宾也不例外。谢佛身高只有 5 英尺，以机智和活力为人所知，当然还有他的神经质和烦躁不安。尽管广受欢迎，但他还是相当孤独。他在退休演讲时的一句妙语广为人知："老教授永远不会死去，他们刚成为名誉教授。"谢佛也是"布尔代数"一词的创造者（本书第 12 章的内容）。谢佛有过一次短暂的婚姻，大部分时间都在一家旅馆的小房间里度过，房间里摆满了逻辑类书籍以及大量散落的他用来记录想法的纸张。不幸的是，谢佛在其生命最后的 20 年一直饱受严重抑郁症的折磨。

7. 用德·摩根律求下列命题的否定。

   a) Jan 是富裕的，并且是快乐的。　　　　　　**b)** Carlos 明天骑自行车或者跑步。

   c) Mei 步行或乘公共汽车去上课。　　　　　　**d)** Ibrahim 既聪明又用功。

8. 用德·摩根律求下列命题的否定。

   a) Kwame 将在工业界找一份工作或者去研究生院读书。

   b) Yoshiko 掌握 Java 和微积分。

   c) James 年轻并且强壮。

   d) Rita 将搬到俄勒冈州或华盛顿去。

9. 对于下面的每一个复合命题，用条件－析取等价式(例3)找出不含条件的等价复合命题。

   a) $p \rightarrow \neg q$　　　　　　　　　　**b)** $(p \rightarrow q) \rightarrow r$

   c) $(\neg q \rightarrow p) \rightarrow (p \rightarrow \neg q)$

10. 对于下面的每一个复合命题，用条件－析取等价式(例3)找出不含条件的等价复合命题。

   a) $\neg p \rightarrow \neg q$　　　　　　　　　**b)** $(p \vee q) \rightarrow \neg p$

   c) $(p \rightarrow \neg q) \rightarrow (\neg p \rightarrow q)$

☞**11.** 用真值表证明下列各条件语句为永真式。

   a) $(p \wedge q) \rightarrow p$　　　　　　　　　　　　**b)** $p \rightarrow (p \vee q)$

   c) $\neg p \rightarrow (p \rightarrow q)$　　　　　　　　　　**d)** $(p \wedge q) \rightarrow (p \rightarrow q)$

   e) $\neg(p \rightarrow q) \rightarrow p$　　　　　　　　　　**f)** $\neg(p \rightarrow q) \rightarrow \neg q$

☞**12.** 用真值表证明下列条件语句为永真式。

   a) $[\neg p \wedge (p \vee q)] \rightarrow q$　　　　　　　　　**b)** $[(p \rightarrow q) \wedge (q \rightarrow r)] \rightarrow (p \rightarrow r)$

   c) $[p \wedge (p \rightarrow q)] \rightarrow q$　　　　　　　　　**d)** $[(p \vee q) \wedge (p \rightarrow r) \wedge (q \rightarrow r)] \rightarrow r$

13. 利用条件语句为假仅当假设为真而结论为假这一事实，证明练习 11 中的各条件语句为永真式(请勿用真值表)。

14. 利用条件语句为假仅当假设为真而结论为假这一事实，证明练习 12 中的各条件语句为永真式(请勿用真值表)。

15. 通过应用一系列逻辑恒等式(如例8)证明练习 11 中的各条件语句为永真式(请勿用真值表)。

16. 通过应用一系列逻辑恒等式(如例8)证明练习 12 中的各条件语句为永真式(请勿用真值表)。

17. 用真值表验证吸收律。

   a) $p \vee (p \wedge q) \equiv p$　　　　　　　　　　**b)** $p \wedge (p \vee q) \equiv p$

18. 判断 $(\neg p \wedge (p \rightarrow q)) \rightarrow \neg q$ 是否为永真式。

☞**19.** 判断 $(\neg q \wedge (p \rightarrow q)) \rightarrow \neg p$ 是否为永真式。

练习 20～32 都是要求证明两个复合命题是逻辑等价的。要证明这样的等价式，你需要证明针对表达式中命题变量的相同真值组合，两边均为真或者两边均为假(就看哪个更简单些)。

20. 证明 $p \leftrightarrow q$ 和 $(p \wedge q) \vee (\neg p \wedge \neg q)$ 逻辑等价。

21. 证明 $\neg(p \leftrightarrow q)$ 和 $p \leftrightarrow \neg q$ 逻辑等价。

22. 证明 $p \rightarrow q$ 和 $\neg q \rightarrow \neg p$ 逻辑等价。

23. 证明 $\neg p \leftrightarrow q$ 和 $p \leftrightarrow \neg q$ 逻辑等价。

24. 证明 $\neg(p \oplus q)$ 和 $p \leftrightarrow q$ 逻辑等价。

25. 证明 $\neg(p \leftrightarrow q)$ 和 $\neg p \leftrightarrow q$ 逻辑等价。

26. 证明 $(p \rightarrow q) \wedge (p \rightarrow r)$ 和 $p \rightarrow (q \wedge r)$ 逻辑等价。

27. 证明 $(p \rightarrow r) \wedge (q \rightarrow r)$ 和 $(p \vee q) \rightarrow r$ 逻辑等价。

28. 证明 $(p \rightarrow q) \vee (p \rightarrow r)$ 和 $p \rightarrow (q \vee r)$ 逻辑等价。

29. 证明 $(p \rightarrow r) \vee (q \rightarrow r)$ 和 $(p \wedge q) \rightarrow r$ 逻辑等价。

30. 证明 $\neg p \rightarrow (q \rightarrow r)$ 和 $q \rightarrow (p \vee r)$ 逻辑等价。

31. 证明 $p \leftrightarrow q$ 和 $(p \rightarrow q) \wedge (q \rightarrow p)$ 逻辑等价。

32. 证明 $p \leftrightarrow q$ 和 $\neg p \leftrightarrow \neg q$ 逻辑等价。

33. 证明 $(p \rightarrow q) \wedge (q \rightarrow r) \rightarrow (p \rightarrow r)$ 是永真式。

☞**34.** 证明 $(p \vee q) \wedge (\neg p \vee r) \rightarrow (q \vee r)$ 是永真式。

35. 证明$(p \rightarrow q) \rightarrow r$ 和 $p \rightarrow (q \rightarrow r)$ 不是逻辑等价的。

36. 证明$(p \wedge q) \rightarrow r$ 和 $(p \rightarrow r) \wedge (q \rightarrow r)$ 不是逻辑等价的。

37. 证明$(p \rightarrow q) \rightarrow (r \rightarrow s)$ 和 $(p \rightarrow r) \rightarrow (q \rightarrow s)$ 不是逻辑等价的。

一个只含逻辑运算符 $\vee$、$\wedge$ 和 $\neg$ 的复合命题的**对偶式**是通过将该命题中的每个 $\vee$ 用 $\wedge$ 代替、每个 $\wedge$ 用 $\vee$ 代替、每个 **T** 用 **F** 代替、每个 **F** 用 **T** 代替而得到的命题。命题 s 的对偶式用 s^* 表示。

38. 求下列命题的对偶式。

　　a) $p \vee \neg q$ 　　　　　　　**b)** $p \wedge (q \vee (r \wedge \mathbf{T}))$ 　　　　**c)** $(p \wedge \neg q) \vee (q \wedge \mathbf{F})$

39. 求下列命题的对偶式。

　　a) $p \wedge \neg q \wedge \neg r$ 　　　　　**b)** $(p \wedge q \wedge r) \vee s$ 　　　　　**c)** $(p \vee \mathbf{F}) \wedge (q \vee \mathbf{T})$

40. 什么情况下 $s^* = s$ 成立(其中 s 是一个复合命题)？

41. 当 s 是一个复合命题时，证明 $(s^*)^* = s$。

42. 表 6 中的逻辑等价式除了双重否定律外都是成对的，证明每一对所包含的复合命题都是互为对偶的。

** **43.** 为什么只含运算符 $\wedge$、$\vee$ 和 $\neg$ 的两个等价的复合命题的对偶式也是等价的？

44. 试找出一个含命题变量 p、q 和 r 的复合命题，当 p 和 q 为真而 r 为假时该命题为真，否则为假。〔提示：试用每个命题变量或其否定的合取式。〕

45. 试找出一个含命题变量 p、q 和 r 的复合命题，在 p、q 和 r 中恰有两个为真时该命题为真，否则为假。〔提示：构造合取式的析取。将使命题为真的每一种真值组合构成一个合取式。每个合取式都应包含三个命题变量或它们的否定。〕

☞ **46.** 假设给定一个有 n 个命题变量的真值表。试证明可通过下面的方法构造一个与此表一致的复合命题：即取各命题变量或其否定的合取式的析取式，其中的每个合取式对应一组真值组合，从而使得该复合命题为真。这样得到的复合命题称为**析取范式**。

一组逻辑运算符称为是**功能完备的**，如果每个复合命题都逻辑等价于一个只含这些逻辑运算符的复合命题。

47. 证明 $\neg$、$\wedge$ 和 $\vee$ 构成一个逻辑运算符的功能完备集。〔提示：利用练习 46 中给出的事实，即每个复合命题都逻辑等价于一个析取范式。〕

* **48.** 证明 $\neg$ 和 $\wedge$ 构成一个逻辑运算符的功能完备集。〔提示：首先用德·摩根律证明 $p \vee q$ 逻辑等价于 $\neg(\neg p \wedge \neg q)$。〕

* **49.** 证明 $\neg$ 和 $\vee$ 构成一个逻辑运算符的功能完备集。

下面几道练习用到逻辑运算符 NAND(与非)和 NOR(或非)。命题 p NAND q 在 p 或 q 或两者均为假时为真，而当 p 和 q 均为真时为假。命题 p NOR q 只在 p 和 q 均为假时为真，否则为假。命题 p NAND q 和 p NOR q 分别表示为 $p \mid q$ 和 $p \downarrow q$。(运算符 $\mid$ 和 $\downarrow$ 分别以 H. M. Sheffer 和 C. S. Peirce 的名字命名为 **Sheffer 竖线**(Sheffer stroke)和 **Peirce 箭头**。)

50. 试为逻辑运算符 NAND 构造真值表。

51. 证明 $p \mid q$ 逻辑等价于 $\neg(p \wedge q)$。

52. 试为逻辑运算符 NOR 构造真值表。

53. 证明 $p \downarrow q$ 逻辑等价于 $\neg(p \vee q)$。

54. 本练习将证明 $\{\downarrow\}$ 是一个逻辑运算符的功能完备集。

　　a) 证明 $p \downarrow p$ 逻辑等价于 $\neg p$。　　　　　　　　　　**b)** 证明 $(p \downarrow q) \downarrow (p \downarrow q)$ 逻辑等价于 $p \vee q$。

　　c) 由 a 和 b，以及练习 49 可得 $\{\downarrow\}$ 是一个逻辑运算符的功能完备的集。

* **55.** 只用运算符 $\downarrow$ 构造一个等价于 $p \rightarrow q$ 的命题。

56. 证明 $\{\mid\}$ 是一个逻辑运算符的功能完备集。

57. 证明 $p \mid q$ 和 $q \mid p$ 等价。

58. 证明 $p \mid (q \mid r)$ 和 $(p \mid q) \mid r$ 不等价。(因此，逻辑运算符 $\mid$ 不满足结合律。)

* **59.** 只涉及命题变量 p 和 q 的复合命题有多少不同的真值表？

60. 证明如果 p、q 和 r 是复合命题，且 p 与 q 是逻辑等价的，q 与 r 是逻辑等价的，则 p 与 r 是逻辑等价的。

61. 下面的语句取自一个电话系统的规范说明："如果目录数据库是打开的，那么监控程序被置于关闭状态，如果系统不在其初始状态。"这句话有两个条件语句，使规范说明很难懂。找一个等价的易懂的规范说明，使其只涉及析取和否定，而不涉及条件语句。

62. 通过对 p、q、r 赋一组真值，析取式 $p \vee \neg q$、$\neg p \vee q$、$q \vee r$、$q \vee \neg r$、$\neg q \vee \neg r$ 中有多少个可以同时为真？

63. 通过对 p、q、r、s 赋一组真值，析取式 $p \vee \neg q \vee s$、$\neg p \vee r \vee s$、$\neg p \vee \neg r \vee \neg s$、$\neg p \vee q \vee \neg s$、$q \vee r \vee \neg s$、$q \vee \neg r \vee \neg s$、$\neg p \vee \neg q \vee \neg s$、$p \vee r \vee s$、$p \vee r \vee \neg s$ 中有多少个可以同时为真？

64. 试证明一个不可满足的复合命题的否定是永真式，一个永真的复合命题的否定是不可满足的。

65. 试判定下列复合命题是否是可满足的。

a) $(p \vee \neg q) \wedge (\neg p \vee q) \wedge (\neg p \vee \neg q)$

b) $(p \to q) \wedge (p \to \neg q) \wedge (\neg p \to q) \wedge (\neg p \to \neg q)$

c) $(p \leftrightarrow q) \wedge (\neg p \leftrightarrow q)$

66. 试判断下列复合命题是否是可满足的。

a) $(p \vee q \vee \neg r) \wedge (p \vee \neg q \vee \neg s) \wedge (p \vee \neg r \vee s) \wedge (\neg p \vee \neg q \vee \neg s) \wedge (p \vee q \vee \neg s)$

b) $(\neg p \vee \neg q \vee r) \wedge (\neg p \vee q \vee \neg s) \wedge (p \vee \neg q \vee \neg s) \wedge (\neg p \vee \neg r \vee \neg s) \wedge (p \vee q \vee \neg r) \wedge (p \vee \neg r \vee \neg s)$

c) $(p \vee q \vee r) \wedge (p \vee \neg q \vee \neg s) \wedge (q \vee \neg r \vee s) \wedge (\neg p \vee r \vee s) \wedge (\neg p \vee q \vee \neg s) \wedge (p \vee \neg q \vee \neg r) \wedge (\neg p \vee \neg q \vee s) \wedge (\neg p \vee \neg r \vee \neg s)$

67. 当 n 为下列值时，试找出为求解 n 皇后问题的例 10 中的复合命题 Q，并用它找出 n 个皇后在 $n \times n$ 的棋盘中所有可能的摆法，以使没有皇后能相互攻击。

a) 2   b) 3   c) 4

68. 从例 10 中的复合命题 Q 出发，试构造一个复合命题用于发现 n 皇后问题的所有解，其中第一列的皇后位于奇数行。

69. 试证明如何通过求解一个可满足性问题来获得一个给定的 4×4 数独谜题的解。

70. 试构造一个复合命题断言一个 9×9 数独谜题的每个单元至少包含一个数。

71. 试解释书中给出的复合命题的构造步骤，该命题断言 9×9 数独谜题的每一列包含了每一个数。

** **72.** 试解释书中给出的复合命题的构造步骤，该命题断言 9×9 数独谜题的每个 3×3 九宫格包含了每一个数。

1.4 谓词和量词

1.4.1 引言

在 1.1～1.3 节中所学习的命题逻辑不能表达数学语言和自然语言中所有语句的确切意思。例如，假设我们知道"每台连接到大学网络的计算机运行正常"。命题逻辑中没有规则可以让我们得出语句"MATH3 正在正常运行"的真实性，其中 MATH3 是连接大学网络的一台计算机。同样，我们不能用命题逻辑的规则根据语句"CS2 被一个入侵者攻击"得出语句"有一台连接大学网络的计算机正遭受一名入侵者的攻击"的真实性，其中 CS2 是一台连接大学网络的计算机。

本节我们将介绍一种表达能力更强的逻辑，即**谓词逻辑**。我们将看到谓词逻辑如何用来表达数学和计算机科学中各种语句的意义，并允许我们推理和探索对象之间的关系。为了理解谓词逻辑，我们首先需要介绍谓词的概念。之后，我们将介绍量词的概念，它可以让我们对这样的语句进行推理：某一性质对于某一类型的所有对象均成立，存在一个对象使得某一特性成立。

1.4.2 谓词

在数学断言、计算机程序以及系统规格说明中经常可以看到含有变量的语句，比如

$$\text{"}x > 3\text{", "}x = y + 3\text{", "}x + y = z\text{"}$$

和

$$\text{"计算机 } x \text{ 被一名入侵者攻击"}$$

以及

$$\text{"计算机 } x \text{ 在正常运行"}$$

当变量值未指定时，这些语句既不为真也不为假。本节我们将讨论从这种语句中生成命题的方式。

语句"x 大于 3"有两个部分。第一部分即变量 x 是语句的主语。第二部分（**谓词** "大于 3"）表明语句的主语具有的一个性质。我们可以用 $P(x)$ 表示语句 "x 大于 3"，其中 P 表示谓词 "大于 3"，而 x 是变量。语句 $P(x)$ 也可以说成是命题函数 P 在 x 的值。一旦给变量 x 赋一个值，语句 $P(x)$ 就成为命题并具有真值。考虑下面的例 1 和例 2。

例 1 令 $P(x)$ 表示语句 "$x>3$"。$P(4)$ 和 $P(2)$ 的真值是什么？

解 我们在语句 "$x>3$" 中令 $x=4$ 即可得到语句 $P(4)$。因此，$P(4)$，即语句 "$4>3$"，为真；但是，$P(2)$，即语句 "$2>3$"，则为假。◀

例 2 令 $A(x)$ 表示语句 "计算机 x 正被一名入侵者攻击"。假设在校园网的计算机中，当前只有 CS2 和 MATH1 被一名入侵者攻击。那么 $A(\text{CS1})$、$A(\text{CS2})$ 和 $A(\text{MATH1})$ 的真值是什么？

解 在语句 "计算机 x 正被一名入侵者攻击" 中，令 $x=\text{CS1}$ 我们得到语句 $A(\text{CS1})$。因为 CS1 不在当前受到攻击的名单中，所以得出 $A(\text{CS1})$ 为假。同样，因为 CS2 和 MATH1 在当前受攻击的名单中，所以我们知道 $A(\text{CS2})$ 和 $A(\text{MATH1})$ 为真。◀

有些语句还可以含有不止一个变量。例如，考虑语句 "$x=y+3$"。我们可以用 $Q(x,y)$ 表示这个语句，其中 x、y 为变量，Q 为谓词。当变量 x 和 y 被赋值时，语句 $Q(x,y)$ 就有真值了。

Extra Examples ›

例 3 令 $Q(x,y)$ 表示语句 "$x=y+3$"。命题 $Q(1,2)$ 和 $Q(3,0)$ 的真值是什么？

解 要得到 $Q(1,2)$，在语句 $Q(x,y)$ 中令 $x=1$，$y=2$。因此，$Q(1,2)$ 即为语句 "$1=2+3$"，它为假。而语句 $Q(3,0)$ 表示命题 "$3=0+3$"，它为真。◀

例 4 令 $A(c,n)$ 表示语句 "计算机 c 被连接到网络 n"，其中 c 是代表计算机的一个变量，n 是代表网络的一个变量。假设计算机 MATH1 连接到 CAMPUS2，但没有连接到 CAMPUS1。那么 $A(\text{MATH1},\text{CAMPUS1})$ 和 $A(\text{MATH1},\text{CAMPUS2})$ 的真值是什么？

解 因为 MATH1 没有连接到 CAMPUS1 网络，所以我们知道 $A(\text{MATH1},\text{CAMPUS1})$ 为假。然而，因为 MATH1 连接到了 CAMPUS2 网络，所以我们知道 $A(\text{MATH1},\text{CAMPUS2})$ 为真。◀

同样，我们可以令 $R(x,y,z)$ 表示语句 "$x+y=z$"。当变量 x、y、z 被赋值时，此语句就有真值了。

例 5 命题 $R(1,2,3)$ 和 $R(0,0,1)$ 的真值是什么？

解 在语句 $R(x,y,z)$ 中令 $x=1$，$y=2$，$z=3$，即得到命题 $R(1,2,3)$。可以看出 $R(1,2,3)$ 就是语句 "$1+2=3$"，它为真。另外，注意到 $R(0,0,1)$，即语句 "$0+0=1$"，为假。◀

一般地，涉及 n 个变量 $x_1, x_2, \cdots, x_n$ 的语句可以表示成

$$P(x_1, x_2, \cdots, x_n)$$

形式为 $P(x_1, x_2, \cdots, x_n)$ 的语句是**命题函数** P 在 n 元组 $(x_1, x_2, \cdots, x_n)$ 的值，P 也称为 **n 位谓词**或 **n 元谓词**。

命题函数也出现在计算机程序中，如例 6 所示。

例 6 考虑语句

$$\textbf{if } x>0 \textbf{ then } x:=x+1$$

如果程序中遇到这样一条语句时，当程序运行到此刻变量 x 的值即被代入 $P(x)$，也就是代入到 "$x>0$" 中。如果对这个 x 值 $P(x)$ 为真，就执行赋值语句 $x:=x+1$，即 x 的值增加 1。

如果对这个 x 值 $P(x)$ 为假，则不执行赋值语句，所以 x 的值不改变。 ◀

前置条件和后置条件　谓词还可以用来验证计算机程序，也就是证明当给定合法输入时计算机程序总是能产生所期望的输出。（注意除非建立了程序的正确性，否则无论测试了多少次都不能证明程序对所有输入都产生所期望的输出，除非能测试到每个输入值。）描述合法输入的语句叫作**前置条件**，而程序运行的输出应该满足的条件称为**后置条件**。如例 7 所示，用谓词来表达前置条件和后置条件。我们将在 5.5 节更深入地学习这一过程。

例 7　考虑下面的交换两个变量 x 和 y 的值的程序。

```
temp : = x
x : = y
y : = temp
```

试找出能作为前置条件和后置条件的、可以用来验证此程序正确性的谓词。然后解释如何用它们验证针对所有合法输入程序都能达到预期目的。

解　对于前置条件，我们需要表达在运行程序之前 x 和 y 具有特定的值。因此，对于这个前置条件可以用谓词 $P(x, y)$ 表示，其中 $P(x, y)$ 是指语句"$x=a$，$y=b$"，这里 a 和 b 是在运行程序之前 x 和 y 的值。因为我们想证明对于所有输入变量，程序交换了 x 和 y 的值，所以对后置条件可以用 $Q(x, y)$ 表示，其中 $Q(x, y)$ 表示语句"$x=b$，$y=a$"。

为证明程序总是按照预期运行，假设前置条件 $P(x, y)$ 成立。也就是说，假设命题"$x=$

Links ▶

©Bettmann/Getty Images

查尔斯·桑德斯·皮尔斯（Charles Sanders Peirce，1839—1914）　查尔斯·皮尔斯生于马萨诸塞州的剑桥，许多人认为他是美国最有创造性和最多才多艺的知识分子。他在相当多的领域做出过重要贡献，包括数学、天文学、化学、大地测量、计量学、工程学、心理学、语言学、科学史和经济学。皮尔斯还是一个发明家、终身研究医学的学者、书评家、剧作家和演员、短篇小说家、现象学家、逻辑学家、玄学家。他以杰出的系统构造学派的哲学家著称，在逻辑、数学以及广泛的科学领域卓有成效。他在哈佛大学任数学和自然哲学教授的父亲本杰明·皮尔斯鼓励他从事自然科学。然而他却决定研究逻辑和科学方法论。皮尔斯就学于哈佛大学（1855—1859），获得哈佛大学文学硕士学位（1862 年），并在劳伦斯科学学院获得化学高级学位（1863 年）。

1861 年，为了更好理解科学方法论，皮尔斯担任了美国海岸观测署（U. S. Coast Survey）的助理。他在观测署的服务使其在南北战争期间免于服兵役。在该署工作期间，皮尔斯进行天文和大地测量工作。他应用椭圆函数理论的最新数学成果，对钟摆设计和地图投影做出了奠基性的贡献。他是第一个把光的波长作为度量单位的人。皮尔斯被提升为观测署助理署长，并担任此职直到 1891 年被迫辞职，因为他不同意观测署新任行政当局设定的工作方向。

尽管皮尔斯毕生致力于物理科学，但他提出了一种科学的层次结构，其中数学位于最高层，而且一门科学的方法可以被位于其下层的科学所采用。期间，他还创立了美国的实用主义哲学理论。

皮尔斯唯一的学术职位是 1879～1884 年在巴尔的摩的约翰·霍普金斯大学（Johns Hopkins University）担任逻辑学讲师。这期间他完成的数学工作包括他对逻辑、集合论、抽象代数和数学原理的贡献。他的工作至今仍产生影响，他在逻辑上的某些工作近来已被应用于人工智能。皮尔斯相信，研究数学可以开发大脑的想象力、抽象思维能力和归纳能力。他从观测署退休以后的五花八门的工作包括为期刊撰稿、编著学术辞典、翻译科技论文、客座授课及撰写教科书。遗憾的是，这些工作的收入不足以使他和他的第二任妻子免受贫穷之苦。晚年他获得了由他的崇拜者创立并由他终生的哲学家朋友威廉·詹姆斯（William James）管理的基金的支持。尽管皮尔斯就广泛的主题写作并发表了大量著作，但他仍然留下了 100 000 多页未出版的手稿。由于这些未发表的作品很难读，学者们只是在近年来才开始理解他大量贡献中的一部分。有一群人正致力于把他的著作放到因特网上，希望全世界能更好地欣赏皮尔斯所做出的成就。

a，$y=b$"为真。这意味着 $x=a$，$y=b$。程序的第一步，temp :=x，将 x 的值赋给 temp，所以这一步之后我们知道有 $x=a$，temp=a，$y=b$。在程序的第二步，$x :=y$ 之后，我们有 $x=b$，temp=a，$y=b$。最后，在第三步之后，我们知道 $x=b$，temp=a，并且 $y=a$。结果是该程序运行后，后置条件 $Q(x, y)$ 成立，也就是说，语句"$x=b$，$y=a$"为真。◀

1.4.3　量词

Assessment >

当命题函数中的变量均被赋值时，所得到语句就变成具有某个真值的命题。可是，还有另外一种称为**量化**的重要方式也可以从命题函数生成一个命题。量化表示在何种程度上谓词对于一定范围的个体成立。在自然语言中，所有、某些、许多、没有，以及少量这些词都可以用在量化上。这里我们集中讨论两类量化：全称量化，它告诉我们一个谓词在所考虑范围内对每一个体都为真；存在量化，它告诉我们一个谓词对所考虑范围内的一个或多个个体为真。处理谓词和量词的逻辑领域称为**谓词演算**。

Assessment >

全称量词　许多数学命题断言某一性质对于变量在某一特定域内的所有值均为真，这一特定域称为变量的**论域**(domain of discourse)(或**全体域**(universe of discourse))，时常简称为**域**(domain)。这类语句可以用全称量化表示。对特定论域而言 $P(x)$ 的全称量化是这样一个命题：它断言 $P(x)$ 对 x 在其论域中的所有值均为真。注意，论域规定了变量 x 所有可能取的值。当我们改变论域时，$P(x)$ 的全称量化的意义也随之改变。在使用全称量词时必须指定论域，否则语句的**全称量化**就是无定义的。

> **定义 1**　$P(x)$ 的全称量化是语句"$P(x)$ 对 x 在其论域的所有值为真。"符号 $\forall xP(x)$ 表示 $P(x)$ 的全称量化，其中 $\forall$ 称为全称量词。命题 $\forall xP(x)$ 读作"对所有 x，$P(x)$"或"对每个 x，$P(x)$"。一个使 $P(x)$ 为假的个体称为 $\forall xP(x)$ 的反例。

全称量词的意义总结如表 1 第一行所示。我们用例 8～13 来说明全称量词的使用。

表 1　量词

命 题	什么时候为真	什么时候为假
$\forall xP(x)$	对每一个 x，$P(x)$ 都为真	有一个 x，使 $P(x)$ 为假
$\exists xP(x)$	有一个 x，使 $P(x)$ 为真	对每一个 x，$P(x)$ 都为假

Extra Examples >

例 8　令 $P(x)$ 为语句"$x+1>x$"。试问量化 $\forall xP(x)$ 的真值是什么，其中论域是全体实数集合？

解　由于 $P(x)$ 对所有实数 x 均为真，所以量化命题 $\forall xP(x)$ 的值为真。◀

评注　通常，我们会做一个隐式的假设，即量词的论域均为非空的。注意如果论域为空，那么 $\forall xP(x)$ 对任何命题函数 $P(x)$ 都为真，因为论域中没有单个 x 使 $P(x)$ 为假。

除了"对所有"和"对每个"外，全称量词还可以用其他方式表达，包括"全部的""对每一个""任意给定的""对任意的""对任一的"等。

评注　最好避免使用"对任一 x"，因为它常常引起歧义，即不确定是指"每个"还是"某些"的。在某些情况下，"任一"是没有歧义的，就像它用于否定句时那样，如"没有任一理由可以逃避学习。"

一个语句 $\forall xP(x)$ 为假当且仅当 $P(x)$ 不总为真，其中 $P(x)$ 是一个命题函数，x 在论域中。要证明当 x 在论域中时 $P(x)$ 不总为真，方法之一就是寻找一个 $\forall xP(x)$ 的反例。注意我们仅仅需要一个反例就可以确定 $\forall xP(x)$ 为假。例 9 解释了如何使用反例。

例 9　令 $Q(x)$ 表示语句"$x<2$"。如果论域是所有实数集合，量化命题 $\forall xQ(x)$ 的真值是什么？

解 $Q(x)$ 并非对每个实数都为真，因为，比如 $Q(3)$ 就是假的。也就是说，$x=3$ 是语句 $\forall xQ(x)$ 的一个反例。因此 $\forall xQ(x)$ 为假。◀

例 10 假设 $P(x)$ 是 "$x^2 \geq 0$"。要证明语句 $\forall xP(x)$ 为假（其中论域是所有整数），我们只需要给出一个反例。我们可以看到 $x=0$ 是一个反例，因为当 $x=0$ 时 $x^2=0$，所以当 $x=0$ 时 x^2 不大于 0。◀

在数学研究中寻找全称量化命题的反例是一个重要的过程，我们在本书后续章节中还会看到。

例 11 如果 $N(x)$ 是指 "计算机 x 被连接到网络"，而论域为校园内所有的计算机，那么 $\forall xN(x)$ 是什么意思呢？

解 语句 $\forall xN(x)$ 的意思是对于校园里的每一台计算机 x，它都被连接到了网络。这句话可以用自然语言表达为 "校园里的每一台计算机都连接到网络"。◀

正如我们已经指出的那样，当使用量词时指定论域是必需的。量化命题的真值通常取决于该论域中的那些个体，如例 12 所示。

例 12 如果论域是所有实数，$\forall x(x^2 \geq x)$ 的真值是什么？如果论域是所有整数，真值又是什么？

解 论域是所有实数时，全称量化命题 $\forall x(x^2 \geq x)$ 为假。例如，$(1/2)^2 \not\geq 1/2$。注意 $x^2 \geq x$ 当且仅当 $x^2 - x = x(x-1) \geq 0$。因此，$x^2 \geq x$ 当且仅当 $x \leq 0$ 或 $x \geq 1$。由此得出，如果论域是所有实数，$\forall x(x^2 \geq x)$ 为假（因为对于所有 x，当 $0 < x < 1$ 时，不等式不成立）。然而，如果论域为整数，$\forall x(x^2 \geq x)$ 为真，因为没有整数 x 使得 $0 < x < 1$。◀

存在量词 许多数学定理断言：有一个个体使得某种性质成立。这类语句可以用存在量化表示。我们可以用存在量化构成这样一个命题：该命题为真当且仅当论域中至少有一个 x 的值使得 $P(x)$ 为真。

定义 2 $P(x)$ 的存在量化是命题 "论域中存在一个个体 x 满足 $P(x)$"。我们用符号 $\exists xP(x)$ 表示 $P(x)$ 的存在量化，其中 $\exists$ 称为存在量词。

当使用语句 $\exists xP(x)$ 时，必须指定一个论域。而且，当论域变化时，$\exists xP(x)$ 的意义也随之改变。如果没有指定论域，那么语句 $\exists xP(x)$ 没有意义。

除了短语 "存在" 外，我们也可以用其他方式来表达存在量化，如使用词语 "对某些" "至少有一个" 或 "有"。存在量化 $\exists xP(x)$ 可读作 "有一个 x 满足 $P(x)$" "至少有一个 x 满足 $P(x)$" 或 "对某个 x，$P(x)$"。

存在量词的意义总结如表 1 第二行所示。我们用例 13、14 和 16 说明存在量词的运用。

例 13 令 $P(x)$ 表示语句 "$x > 3$"。论域为实数集合时，量化命题 $\exists xP(x)$ 的真值是什么？

解 因为 "$x > 3$" 有时候是真的，如 $x=4$ 时，所以 $P(x)$ 的存在量化即 $\exists xP(x)$ 为真。◀

观察到语句 $\exists xP(x)$ 为假当且仅当论域中没有个体使得 $P(x)$ 为真。也就是说，$\exists xP(x)$ 为假当且仅当 $P(x)$ 对于论域中的每一个个体都为假。我们用例 14 解释该观察。

例 14 令 $Q(x)$ 表示语句 "$x = x+1$"。论域是实数集时，量化命题 $\exists xQ(x)$ 的真值是什么？

解 因为对每个实数 x，$Q(x)$ 都为假，所以 $Q(x)$ 的存在量化 $\exists xQ(x)$ 为假。◀

评注 通常，我们会做一个隐式的假设，即量词的论域均为非空。如果论域为空，那么无论 $Q(x)$ 是什么命题函数，当论域为空时论域中没有一个个体能使 $Q(x)$ 为真，所以 $\exists xQ(x)$ 为假。

唯一性量词 我们已经介绍了全称量词和存在量词。它们是数学和计算机科学中最重要的量词。然而，对于我们能定义的不同量词的数量是没有限制的，如"恰好有 2 个""有不超过 3 个""至少有 100 个"等。所有其他量词中最常见的是**唯一性量词**，用符号 ∃! 或 ∃$_1$ 表示。∃! $xP(x)$（或 ∃$_1$$xP(x)$）这种表示法是指"存在唯一的 x 使得 $P(x)$ 为真"。（其他表示唯一性量词的词语有"恰好存在一个""有且只有一个"。）比如，∃! $x(x-1=0)$，其中论域是实数集合，表示存在唯一的实数 x 使得 $x-1=0$。这是一个真语句，因为 $x=1$ 是使得 $x-1=0$ 的唯一实数。观察到我们能够用前边学过的量词以及命题逻辑来表达唯一性（见 1.5 节练习 52），所以唯一性量词是可以避免使用的。通常，最好只使用存在量词和全称量词，这样就可以使用这些量词的推理规则。

1.4.4 有限域上的量词

当一个量词的域是有限的时候，即所有元素可以一一列出时，量化语句就可以用命题逻辑来表达。特别是，当论域中的元素为 x_1，x_2，$\cdots$，x_n，其中 n 是一个正整数，则全称量化 ∀$xP(x)$ 与合取式

$$P(x_1) \wedge P(x_2) \wedge \cdots \wedge P(x_n)$$

相同，因为这一合取式为真当且仅当 $P(x_1)$，$P(x_2)$，$\cdots$，$P(x_n)$ 全部为真。

例 15 试问 ∀$xP(x)$ 的真值是什么？这里 $P(x)$ 是语句"$x^2<10$"，且论域是不超过 4 的正整数。

解 语句 ∀$xP(x)$ 与合取式

$$P(1) \wedge P(2) \wedge P(3) \wedge P(4)$$

相同，因为论域由 1、2、3 和 4 组成。由于 $P(4)$ 就是语句"$4^2<10$"为假，所以可以得出 ∀$xP(x)$ 为假。◀

类似地，当论域中的元素为 x_1，x_2，$\cdots$，x_n，其中 n 是一个正整数，则存在量化 ∃$xP(x)$ 与析取式

$$P(x_1) \vee P(x_2) \vee \cdots \vee P(x_n)$$

相同，因为该析取式为真当且仅当 $P(x_1)$，$P(x_2)$，$\cdots$，$P(x_n)$ 中至少一个为真。

例 16 如果 $P(x)$ 是语句"$x^2>10$"，论域为不超过 4 的正整数，∃$xP(x)$ 的真值是什么？

解 由于论域为 $\{1, 2, 3, 4\}$，命题 ∃$xP(x)$ 等价于析取式

$$P(1) \vee P(2) \vee P(3) \vee P(4)$$

由于 $P(4)$ 即"$4^2>10$"为真，故 ∃$xP(x)$ 为真。◀

量化和循环的关系 在确定量化命题的真值时，借助循环与搜索来思考是有益的。假定变量 x 的论域中有 n 个对象。要确定 ∀$xP(x)$ 是否为真，我们可以对 x 的 n 个值循环查看 $P(x)$ 是否总是真。如果遇到 x 的一个值使 $P(x)$ 为假，就证明 ∀$xP(x)$ 为假，否则 ∀$xP(x)$ 为真。要确定 ∃$xP(x)$ 是否为真，我们循环查看 x 的 n 个值，搜索使 $P(x)$ 为真的 x 值。如果找到一个，那么 ∃$xP(x)$ 为真；如果总也找不到这样的 x，则判定 ∃$xP(x)$ 为假。（注意，当论域有无穷多个值时，这一搜索过程不适用。不过以这种方式思考量化命题的真值仍然是有益的。）

1.4.5 受限域的量词

在要限定一个量词的论域时经常会采用简写的表示法。在这个表示法里，变量必须满足的条件直接放在量词的后面。例 17 给出了解释。我们还会在 2.1 节描述涉及集合成员关系的表示法的其他形式。

例 17 语句 ∀$x<0(x^2>0)$，∀$y\neq 0(y^3\neq 0)$，以及 ∃$z>0(z^2=2)$ 分别指的是什么意思，其中各语句的论域都为实数集？

解 语句 ∀$x<0(x^2>0)$ 表示对于每一个满足 $x<0$ 的实数 x 有 $x^2>0$。也就是说，它表示

"一个负实数的平方为正数"。这个语句与 $\forall x(x<0 \rightarrow x^2>0)$ 等价。

语句 $\forall y \neq 0(y^3 \neq 0)$ 表示对于每一个满足 $y \neq 0$ 的实数 y 有 $y^3 \neq 0$。也就是说，它表示"每一个非零实数的立方不为零"。注意这个语句等价于 $\forall y(y \neq 0 \rightarrow y^3 \neq 0)$。

最后，语句 $\exists z>0(z^2=2)$ 表示存在一个满足 $z>0$ 的实数 z 有 $z^2=2$。也就是说，它表示"有一个 2 的正平方根"。这个语句等价于 $\exists z(z>0 \wedge z^2=2)$。

注意，受限的全称量化和一个条件语句的全称量化等价。比如，$\forall x<0(x^2>0)$ 是表达 $\forall x(x<0 \rightarrow x^2>0)$ 的另一种方式。另一方面，受限的存在量化和一个合取式的存在量化等价。比如 $\exists z>0(z^2=2)$ 是表达 $\exists z(z>0 \wedge z^2=2)$ 的另一种方式。

1.4.6 量词的优先级

量词 $\forall$ 和 $\exists$ 比命题演算中的所有逻辑运算符都具有更高的优先级。比如，$\forall x P(x) \vee Q(x)$ 是 $\forall x P(x)$ 和 $Q(x)$ 的析取。换句话说，它表示 $(\forall x P(x)) \vee Q(x)$，而不是 $\forall x(P(x) \vee Q(x))$。

1.4.7 变量绑定

当量词作用于变量 x 时，我们说此变量的这次出现为**约束的**。一个变量的出现被称为是**自由的**，如果没有被量词约束或设置为等于某一特定值。命题函数中的所有变量出现必须是约束的或者被设置为等于某个特定值的，才能把它转变为一个命题。这可以通过采用一组全称量词、存在量词和赋值来实现。

逻辑表达式中一个量词作用到的部分称为这个量词的作用域。因此，一个变量是自由的，如果变量在公式中所有限定该变量的量词的作用域之外。

例 18 在语句 $\exists x(x+y=1)$ 中，变量 x 受存在量词 $\exists x$ 约束，但是变量 y 是自由的，因为它没有受一个量词约束且该变量没有被赋值。这解释了在语句 $\exists x(x+y=1)$ 中，x 是受约束的，而 y 是自由的。

在语句 $\exists x(P(x) \wedge Q(x)) \vee \forall x R(x)$ 中，所有变量都是受约束的。第一个量词 $\exists x$ 的作用域是表达式 $P(x) \wedge Q(x)$，因为 $\exists x$ 只作用于语句的 $P(x) \wedge Q(x)$ 部分，而非其余部分。类似地，第二个量词 $\forall x$ 的作用域是表达式 $R(x)$。也就是说，存在量词绑定 $P(x) \wedge Q(x)$ 中的变量 x，全称量词 $\forall x$ 绑定 $R(x)$ 中的变量 x。由此可见，由于两个量词的作用域不重叠，所以我们可以用两个不同的变量 x 和 y 将语句写为 $\exists x(P(x) \wedge Q(x)) \vee \forall y R(y)$。读者应该了解在正常的使用中，经常用来同一个字母表示受不同量词约束的变量，只要其作用域不重叠的。◀

1.4.8 涉及量词的逻辑等价式

在 1.3 节我们介绍了复合命题逻辑等价式的概念。我们可将这个概念扩展到涉及谓词和量词的表达式中。

> **定义 3** 涉及谓词和量词的语句是逻辑等价的当且仅当无论用什么谓词代入这些语句，也无论为这些命题函数里的变量指定什么论域，它们都有相同的真值。我们用 $S \equiv T$ 表示涉及谓词和量词的两个语句 S 和 T 是逻辑等价的。

例 19 说明了如何证明两个涉及谓词和量词的语句是逻辑等价的。

例 19 证明 $\forall x(P(x) \wedge Q(x))$ 和 $\forall x P(x) \wedge \forall x Q(x)$ 是逻辑等价的（这里始终采用同一个论域）。这个逻辑等价式表明全称量词对于一个合取式是可分配的。此外，存在量词对于一个析取式也是可分配的。然而，全称量词对析取式是不可分配的，存在量词对合取式也是不可分配的。（见练习 52 和 53）

解 为证明这两个语句是逻辑等价的，我们必须证明，不论 P 和 Q 是什么谓词，也不论采用哪个论域，它们总是具有相同的真值。假设有特定的谓词 P 和 Q，以及一个共同的论域。我们可以通过两件事来证明 $\forall x(P(x) \wedge Q(x))$ 和 $\forall x P(x) \wedge \forall x Q(x)$ 是逻辑等价的。首先，我们证明如果 $\forall x(P(x) \wedge Q(x))$ 为真，那么 $\forall x P(x) \wedge \forall x Q(x)$ 为真。其次，我们证明如果

$\forall xP(x) \wedge \forall xQ(x)$ 为真，那么 $\forall x(P(x) \wedge Q(x))$ 为真。

因此，假设 $\forall x(P(x) \wedge Q(x))$ 为真。这意味着如果 a 在论域中，那么 $P(a) \wedge Q(a)$ 为真。所以，$P(a)$ 为真，且 $Q(a)$ 为真。因为对论域中每个个体 $P(a)$ 为真，且 $Q(a)$ 为真都成立，所以我们可以得出结论，$\forall xP(x)$ 和 $\forall xQ(x)$ 都为真。这意味着 $\forall xP(x) \wedge \forall xQ(x)$ 为真。

接下来，假设 $\forall xP(x) \wedge \forall xQ(x)$ 为真。那么 $\forall xP(x)$ 为真，且 $\forall xQ(x)$ 为真。因此，如果 a 在论域中，那么 $P(a)$ 为真，且 $Q(a)$ 为真 [因为 $P(x)$ 和 $Q(x)$ 对论域中所有个体都为真，所以这里用同一个 a 的值不会有矛盾]。可以得出，对于所有的 a，$P(a) \wedge Q(a)$ 为真。因而可以得出 $\forall x(P(x) \wedge Q(x))$ 为真。这样我们可以推出结论

$$\forall x(P(x) \wedge Q(x)) \equiv \forall xP(x) \wedge \forall xQ(x)$$

◀

1.4.9 量化表达式的否定

我们常会考虑到一个量化表达式的否定。例如，考虑下面语句的否定

"班上每个学生都学过一门微积分课"

这个语句是全称量化命题，即

$$\forall xP(x)$$

其中 $P(x)$ 为语句"x 学过一门微积分课"，论域是你们班的所有学生。这一语句的否定是"并非班上每个学生都学过一门微积分课"。这等价于"班上有个学生没有学过微积分课"。而这也就是原命题函数否定的存在量化，即

$$\exists x \neg P(x)$$

这个例子说明了下面的等价关系：

$$\neg \forall xP(x) \equiv \exists x \neg P(x)$$

为了证明不论命题函数 $P(x)$ 是什么和论域是什么，$\neg \forall xP(x)$ 和 $\exists x \neg P(x)$ 都是逻辑等价的。首先，注意 $\neg \forall xP(x)$ 为真当且仅当 $\forall xP(x)$ 为假。其次，注意 $\forall xP(x)$ 为假当且仅当论域中有一个个体 x 使 $P(x)$ 为假。它成立当且仅当论域中有一个个体 x 使 $\neg P(x)$ 为真。最后，注意论域中有一个个体 x 使 $\neg P(x)$ 为真当且仅当 $\exists x \neg P(x)$ 为真。将这些步骤综合起来，可以得出结论 $\neg \forall xP(x)$ 为真当且仅当 $\exists x \neg P(x)$ 为真。于是得出结论 $\neg \forall xP(x)$ 和 $\exists x \neg P(x)$ 是逻辑等价的。

假定我们要想否定一个存在量化命题。例如，考虑命题"班上有一个学生学过一门微积分课"就是存在量化命题

$$\exists xQ(x)$$

其中 $Q(x)$ 为语句"x 学过一门微积分课"。这句话的否定是命题"并非班上有个学生学过微积分课"。这等价于"班上每个学生都没学过微积分课"，这也就是原命题函数的否定的全称量化，或用量词语言表示为

$$\forall x \neg Q(x)$$

这个例子说明了等价式

$$\neg \exists xQ(x) \equiv \forall x \neg Q(x)$$

为了证明无论 $Q(x)$ 和论域是什么，$\neg \exists xQ(x)$ 和 $\forall x \neg Q(x)$ 是逻辑等价的。首先注意 $\neg \exists xQ(x)$ 为真当且仅当 $\exists xQ(x)$ 为假。而这个为真当且仅当论域中没有 x 使 $Q(x)$ 为真。其次，注意论域中没有 x 使 $Q(x)$ 为真当且仅当 $Q(x)$ 对论域中的每个 x 都为假。最后，注意 $Q(x)$ 对论域中每个 x 都为假当且仅当 $\neg Q(x)$ 对论域中所有 x 都为真，而它成立当且仅当 $\forall x \neg Q(x)$ 为真。将这些步骤综合起来，我们看到 $\neg \exists xQ(x)$ 为真当且仅当 $\forall x \neg Q(x)$ 为真。我们得出结论：$\neg \exists xQ(x)$ 和 $\forall x \neg Q(x)$ 是逻辑等价的。

量词否定的规则称为**量词的德·摩根律**。这些规则总结见表 2。

Assessment ▶

表 2   量词的德·摩根律

否定	等价语句	何时为真	何时为假
$\neg\exists x P(x)$	$\forall x\neg P(x)$	对每个 x，$P(x)$ 为假	有 x，使 $P(x)$ 为真
$\neg\forall x P(x)$	$\exists x\neg P(x)$	有 x 使 $P(x)$ 为假	对每个 x，$P(x)$ 为真

评注 当谓词 $P(x)$ 的论域包含 n 个个体时，其中 n 是大于 1 的正整数，则用于量化命题否定的规则和 1.3 节讨论的德·摩根律完全相同。这就是为什么这些规则称为量词的德·摩根律。当论域有 n 个元素 x_1，x_2，$\cdots$，x_n 时，$\neg\forall x P(x)$ 与 $\neg(P(x_1)\wedge P(x_2)\wedge\cdots\wedge P(x_n))$ 相同，而由德·摩根律，后者等价于 $\neg P(x_1)\vee\neg P(x_2)\vee\cdots\vee\neg P(x_n)$，该式又等同于 $\exists x\neg P(x)$。类似地，$\neg\exists x P(x)$ 与 $\neg(P(x_1)\vee P(x_2)\vee\cdots\vee P(x_n))$ 相同，由德·摩根律，后者等价于 $\neg P(x_1)\wedge\neg P(x_2)\wedge\cdots\wedge\neg P(x_n)$，该式又等同于 $\forall x\neg P(x)$。

我们在例 20 和例 21 中来解释量化命题的否定。

例 20 语句"有一个诚实的政治家"和"所有美国人都吃芝士汉堡"的否定是什么？

解 令 $H(x)$ 表示"x 是诚实的"。则语句"有一个诚实的政治家"可以用 $\exists x H(x)$ 来表示，其中论域是所有政治家。这个语句的否定是 $\neg\exists x H(x)$，它等价于 $\forall x\neg H(x)$。这个否定可以表达为"每个政治家都是不诚实的。"（注意，在自然语言中，语句"所有政治家是不诚实的"是有点含糊的。按通常用法，这个语句通常意味着"并不是所有的政治家都是诚实的"。因此，我们不用这个语句表达它的否定。）

令 $C(x)$ 为"x 吃芝士汉堡"。则语句"所有美国人都吃芝士汉堡"可以用 $\forall x C(x)$ 来表示，其中论域是所有美国人。这个语句的否定是 $\neg\forall x C(x)$，它等价于 $\exists x\neg C(x)$。这个否定可以有几种不同的表达方式，包括"一些美国人不吃芝士汉堡"和"有一个美国人不吃芝士汉堡"。 ◄

例 21 语句 $\forall x(x^2>x)$ 和 $\exists x(x^2=2)$ 的否定是什么？

解 $\forall x(x^2>x)$ 的否定是语句 $\neg\forall x(x^2>x)$，它等价于 $\exists x\neg(x^2>x)$。这个表达式可以重写为 $\exists x(x^2\leqslant x)$。而 $\exists x(x^2=2)$ 的否定是语句 $\neg\exists x(x^2=2)$，它等价于 $\forall x\neg(x^2=2)$。这个表达式可以重写为 $\forall x(x^2\neq2)$。当然这些语句的真值还取决于论域。 ◄

在例 22 中我们要用到量词的德·摩根律。

例 22 证明 $\neg\forall x(P(x)\rightarrow Q(x))$ 和 $\exists x(P(x)\wedge\neg Q(x))$ 是逻辑等价的。

解 由全称量的词德·摩根律，我们知道 $\neg\forall x(P(x)\rightarrow Q(x))$ 和 $\exists x(\neg(P(x)\rightarrow Q(x)))$ 是逻辑等价的。由 1.3 节表 7 中第 5 个逻辑等价式，我们知道对每个 x，$\neg(P(x)\rightarrow Q(x))$ 和 $P(x)\wedge\neg Q(x)$ 是逻辑等价的。因为在一个逻辑等价式中可以用一个逻辑等价的表达式替换另外一个，所以可以得出 $\neg\forall x(P(x)\rightarrow Q(x))$ 和 $\exists x(P(x)\wedge\neg Q(x))$ 是逻辑等价的。 ◄

1.4.10   语句到逻辑表达式的翻译

将汉语（或其他自然语言）语句翻译成逻辑表达式，这在数学、逻辑编程、人工智能、软件工程以及许多其他学科中是一项重要的任务。我们在 1.1 节中就开始学习这个主题，那里我们用命题将语句表示为逻辑表达式。那时，我们特意回避需要用谓词和量词来翻译语句。当需用到量词时，语句到逻辑表达式的翻译会变得更复杂。再者，翻译一个特定的语句可以有许多种方式。（因此，没有"菜谱"式的方法可供你按部就班地学习。）我们会给出一些例子说明如何将汉语语句翻译成逻辑表达式。翻译的目标是生成简单而有用的逻辑表达式。本节我们只局限于讨论这样的语句，可只用单个量词将其翻译成逻辑表达式。下一节会讨论一些更复杂的需要多个量词的语句。

例 23 使用谓词和量词表达语句"班上的每个学生都学过微积分"。

解 首先重写该语句以使我们能很清楚地确定所要使用的合适的量词。重写后可得"对班上的每一个学生，该学生学过微积分。"接着，引入变量 x，语句就变成"对班上的每一个学

生 x，x 学过微积分。"然后，引入谓词 $C(x)$，表示语句"x 学过微积分"。因此，如果 x 的论域是班上的学生，我们可以将语句翻译为 $\forall x C(x)$。

然而，还有其他正确的翻译方法，并可使用不同的论域和其他谓词。具体选择什么方法取决于后续要进行的推理。例如，我们可能对更广泛的人群而非仅仅是班上的学生感兴趣。如果将论域改成所有人，则我们需要将语句表达成"对每个人 x，如果 x 是班上的学生，那么 x 学过微积分。"

如果 $S(x)$ 表示语句 x 在这个班上，则我们的语句可表达为 $\forall x(S(x) \rightarrow C(x))$。[小心：语句不能表达为 $\forall x(S(x) \wedge C(x))$，因为这句话说的是所有人都是这个班上的学生并且学过微积分。]

最后，如果我们对学生除微积分之外的其他主修课程感兴趣，我们可以倾向于使用双变量谓词[⊖] $Q(x, y)$ 表示语句"学生 x 学过课程 y"。这样在上述两种方法中我们就要把 $C(x)$ 替换成 $Q(x, 微积分)$，得到 $\forall x Q(x, 微积分)$ 或 $\forall x(S(x) \rightarrow Q(x, 微积分))$。　◀

在例 23 中我们展示了用谓词和量词表达同一语句的不同方法。不过，我们总是应该采用最有利于后续推理的最简单的方法。

例 24　用谓词和量词表达语句"这个班上的某个学生去过墨西哥"和"这个班上的每个学生或去过加拿大，或去过墨西哥。"

解　语句"这个班上的某个学生去过墨西哥"的意思是"在这个班上有个学生，他去过墨西哥"。引入变量 x，因此语句变成"在这个班上有个学生 x，x 去过墨西哥。"引入谓词 $M(x)$ 表示语句"x 去过墨西哥"。如果 x 的论域是这个班上的学生，我们就可以将第一个语句翻译为 $\exists x M(x)$。

然而，如果我们对这个班上学生以外的人感兴趣，这个语句看起来就会有些不同。语句可表达为"有这样一个人 x 具有这样的特性：x 是这个班的学生，并且 x 去过墨西哥。"

在这种情况下，x 的论域是所有人，我们引入谓词 $S(x)$ 表示语句"x 是这个班上的一个学生"。答案就变成了 $\exists x(S(x) \wedge M(x))$，因为它表示有某个人 x 他是这个班上的学生并且去过墨西哥。[小心：语句不能表示为 $\exists x(S(x) \rightarrow M(x))$，它表示当有一个人不在这个班里时也是真的，因为在这种情况下，对这样的 x，$S(x) \rightarrow M(x)$ 就变成 **F→T** 或者 **F→F**，两个都是真的。]

类似地，第二个语句可以表示成"对于在这个班上的每一个 x，x 具有这样的特性：x 去过墨西哥或 x 去过加拿大"。（注意：我们假设这里的或是兼或而非不可兼的。）我们令 $C(x)$ 表示语句"x 去过加拿大"。由前面的推理，如果 x 的论域是这个班的学生，则第二个语句可以表达为 $\forall x(C(x) \vee M(x))$。然而，如果 x 的论域是所有人，我们的语句就可以表示成：

"对于每一个人 x，如果 x 在这个班，则 x 去过加拿大或 x 去过墨西哥"。此时，语句表示成 $\forall x(S(x) \rightarrow (C(x) \vee M(x)))$。

除了分别使用谓词 $M(x)$ 和 $C(x)$ 来表示 x 去过墨西哥和 x 去过加拿大外，我们还可以使用两个变量谓词 $V(x, y)$ 表示"x 去过 y 国家"。这样，$V(x, 墨西哥)$ 和 $V(x, 加拿大)$ 具有与 $M(x)$ 和 $C(x)$ 相同的意思并可以用来替代它们。如果我们要处理的语句涉及人们去过不同的国家，我们可以倾向于使用这种双变量的方法。否则为了起见简单，我们可以坚持用一个变量谓词 $M(x)$ 和 $C(x)$。　◀

1.4.11　系统规范说明中量词的使用

在 1.2 节我们用命题来表示系统规范说明。然而，许多系统规范说明涉及谓词和量词。这

⊖　原文为量词，有误。应该是谓词。——译者注

在例 25 中予以说明。

例 25 用谓词和量词表达系统规范说明"每封大于 1MB 的邮件会被压缩"和"如果一个用户处于活动状态，那么至少有一条网络链路是有效的"。

解 令 $S(m, y)$ 表示"邮件 m 大于 y MB"，其中变量 m 的论域是所有邮件，变量 y 是一个正实数；令 $C(m)$ 表示"邮件 m 会被压缩"。那么规范说明"每封大于 1MB 的邮件会被压缩"可以表达为 $\forall m(S(m, 1) \rightarrow C(m))$。

令 $A(u)$ 表示"用户 u 处于活动状态"，其中变量 u 的论域是所有用户；令 $S(n, x)$ 表示"网络链路 n 处于 x 状态"，其中 n 的论域是所有网络链路，x 的论域是网络链路所有可能的状态。那么规范说明"如果用户处于活动状态，那么至少有一个网络链路有效"可以表达为

$$\exists u A(u) \rightarrow \exists n S(n, \text{有效})$$

1.4.12 选自路易斯·卡罗尔的例子

路易斯·卡罗尔（Lewis Carroll）（实际上是 C. L. Dodgson 的笔名）是《爱丽丝漫游仙境》（Alice in Wonderland）的作者，也是几本论述符号逻辑书籍的作者。他的书中含有大量涉及量词推理的例子。例 26 和 27 选自他的《符号逻辑》（Symbolic Logic）一书；选自该书的其他例子放在本节末的练习中了。这些例子说明怎样用量词来表示各种类型的语句。

例 26 考虑下面这些语句。前面两句称为前提（premise），第三句称为结论（conclusion）。合在一起作为一个整体称为一个论证（argument）。

"所有狮子都是凶猛的。"
"有些狮子不喝咖啡。"
"有些凶猛的动物不喝咖啡。"

（1.6 节我们将讨论判定结论是否为前提的有效推论问题。就本例而言，结论是有效的。）令 $P(x)$、$Q(x)$ 和 $R(x)$ 分别为语句"x 是狮子"、"x 是凶猛的"和"x 喝咖啡"。假定论域是所有动物的集合，用量词及 $P(x)$、$Q(x)$ 和 $R(x)$ 表示上述论证中的语句。

解 我们可以将这些语句表示为：

$$\forall x(P(x) \rightarrow Q(x))$$
$$\exists x(P(x) \wedge \neg R(x))$$
$$\exists x(Q(x) \wedge \neg R(x))$$

注意，第二句不能写成 $\exists x(P(x) \rightarrow \neg R(x))$。原因是当 x 不是狮子时 $P(x) \rightarrow \neg R(x)$ 总是真的，这样只要有一只动物不是狮子，$\exists x(P(x) \rightarrow \neg R(x))$ 就为真，即使所有狮子都喝咖啡也是如此。类似地，第三句也不能写成

$$\exists x(Q(x) \rightarrow \neg R(x))$$

例 27 考虑下面的语句，前 3 个语句为前提，第 4 个语句为有效结论。

©Oscar Gustav Rejlander/Hulton Archive/Getty Images

查尔斯·路德维希·道奇森（Charles Lutwidge Dodgson，1832—1898） 我们是从他的文学作品中用的笔名路易斯·卡罗尔（Lewis Carroll）认识查尔斯·道奇森（Charles Dodgson）的。他与迪安·利德尔（Dean Liddell）的三个女儿的友谊促使他写成《爱丽丝漫游仙境》，而这本书为他赢得了金钱和名声。

道奇森于 1854 年毕业于牛津大学并于 1857 年获得文学硕士学位。1855 年他被任命为牛津大学的数学讲师。他以真名发表的著作包括有关几何、行列式以及竞赛和选举中的数学问题等的论文和书籍。（他还以笔名路易斯·卡罗尔（Lewis Carroll）写过许多关于娱乐性逻辑的作品。）

"所有蜂鸟都是五彩斑斓的。"

"没有大型鸟类以蜜为生。"

"不以蜜为生的鸟都是色彩单调的。"

"蜂鸟都是小鸟。"

令 $P(x)$、$Q(x)$、$R(x)$ 和 $S(x)$ 分别为语句 "x 是蜂鸟" "x 是大的" "x 以蜜为生" 和 "x 是五彩斑斓的"。假定论域是所有鸟的集合，用量词及 $P(x)$、$Q(x)$、$R(x)$ 和 $S(x)$ 表示上述论证中的语句。

解   可以把论证中的语句表示为

$$\forall x(P(x) \to S(x))$$
$$\neg \exists x(Q(x) \land R(x))$$
$$\forall x(\neg R(x) \to \neg S(x))$$
$$\forall x(P(x) \to \neg Q(x))$$

（注意，我们假定 "小" 等同于 "不大"，"色彩单调" 等同于 "不五彩斑斓"。为证明第四条语句是前三条语句的有效结论，我们需要用到将在 1.6 节中讨论的推理规则。）   ◀

1.4.13　逻辑程序设计

有一类重要的程序设计语言使用谓词逻辑的规则进行推理。Prolog(Programming in Logic 的缩写)就是其一，该语言由人工智能领域的计算机科学家在 20 世纪 70 年代开发。Prolog 程序包括一组声明，其中包括两类语句：**Prolog 事实**和 **Prolog 规则**。Prolog 事实通过指定那些满足谓词的元素来定义谓词。Prolog 规则使用已由 Prolog 事实定义好的那些谓词来定义新的谓词。例 28 解释这些概念。

例 28　考虑一个 Prolog 程序，它给出的事实是每门课程的教师和学生注册的课程。程序使用这些事实来回答给特定学生上课的教授这一查询。这样的程序可使用谓词 instructor(p, c) 和 enrolled(s, c) 分别表示教授 p 是讲授课程 c 的老师及学生 s 注册了课程 c。例如，此程序中的 Prolog 事实可能包含：

```
instructor(chan, math273)
instructor(patel, ee222)
instructor(grossman, cs301)
enrolled(kevin, math273)
enrolled(juana, ee222)
enrolled(juana, cs301)
enrolled(kiko, math273)
enrolled(kiko, cs301)
```

（这里用小写字母表示输入项，Prolog 把以大写字母开始的名字当作变量。）

一个新的谓词 teaches(p, s) 表示教授 p 教学生 s，可以用 Prolog 规则来定义：

```
teaches(P, S) : - instructor(P, C), enrolled(S, C)
```

上述语句意味着如果存在一门课程 c，使得教授 p 是课程 c 的老师，而学生 s 注册了课程 c，则 teaches(p, s) 为真。（注意，在 Prolog 中逗号用于表示谓词的合取。类似地，分号用于表示谓词的析取。）

Prolog 使用给定的事实和规则回答查询。例如，使用上述的事实和规则，查询

```
? enrolled(kevin, math273)
```

生成应答

```
yes
```

因为事实 enrolled(kevin，math273)是由输入提供的。查询

```
? enrolled(X, math273)
```

生成应答

```
kevin
kiko
```

要生成上面的应答，Prolog 就要判断 X 的所有可能值以使 enrolled(X，math273)包含在 Prolog 事实中。类似地，要查找到给 Juana 所选课程上课的所有教授，我们用查询

```
? teaches(X, juana)
```

这个查询返回

```
patel
grossman
```

练习

1. 令 $P(x)$ 表示语句 "$x \leqslant 4$"。下列各项的真值是什么？

a) $P(0)$ **b)** $P(4)$ **c)** $P(6)$

2. 令 $P(x)$ 表示语句 "单词 x 含字母 a。"下列各项的真值是什么？

a) $P(\text{orange})$ **b)** $P(\text{lemon})$

c) $P(\text{true})$ **d)** $P(\text{false})$

3. 令 $Q(x, y)$ 表示语句 "x 是 y 的首府。"下列各项的真值是什么？

a) $Q(\text{丹佛，科罗拉多})$ **b)** $Q(\text{底特律，密歇根})$

c) $Q(\text{马萨诸塞，波士顿})$ **d)** $Q(\text{纽约，纽约})$

4. 给出执行 **if** $P(x)$ **then** $x := 1$ 语句以后 x 的值，其中 $P(x)$ 为语句 "$x > 1$"，如果执行到上述语句时 x 的值是：

a) $x = 0$ **b)** $x = 1$ **c)** $x = 2$

5. 令 $P(x)$ 为语句 "x 在每个工作日都花 5 个多小时上课"，其中 x 的论域是全体学生。用汉语表达下列各量化式。

a) $\exists x P(x)$ **b)** $\forall x P(x)$

c) $\exists x \neg P(x)$ **d)** $\forall x \neg P(x)$

6. 令 $N(x)$ 为语句 "x 已经去过北达科他"，论域是你所在学校的所有学生。用汉语表达下列各量化式。

a) $\exists x N(x)$ **b)** $\forall x N(x)$ **c)** $\neg \exists x N(x)$

d) $\exists x \neg N(x)$ **e)** $\neg \forall x N(x)$ **f)** $\forall x \neg N(x)$

7. 将下列语句翻译成汉语，其中 $C(x)$ 是 "x 是一个喜剧演员"，$F(x)$ 是 "x 很有趣"，论域是所有人。

a) $\forall x(C(x) \rightarrow F(x))$ **b)** $\forall x(C(x) \wedge F(x))$

c) $\exists x(C(x) \rightarrow F(x))$ **d)** $\exists x(C(x) \wedge F(x))$

8. 将下列语句翻译成汉语，其中 $R(x)$ 是 "x 是一只兔子"，$H(x)$ 是 "x 跳跃"，论域是所有动物。

a) $\forall x(R(x) \rightarrow H(x))$ **b)** $\forall x(R(x) \wedge H(x))$

c) $\exists x(R(x) \rightarrow H(x))$ **d)** $\exists x(R(x) \wedge H(x))$

9. 令 $P(x)$ 为语句 "x 会说俄语"，$Q(x)$ 为语句 "x 了解计算机语言 C++"。用 $P(x)$、$Q(x)$、量词和逻辑联结词表示下列各句子。量词的论域为你校全体学生的集合。

a) 你校有个学生既会说俄语又了解 C++

b) 你校有个学生会说俄语但不了解 C++

c) 你校所有学生或会说俄语或了解 C++

d) 你校没有学生会说俄语或了解 C++

10. 令 $C(x)$ 为语句 "x 有一只猫"，$D(x)$ 为语句 "x 有一只狗"，$F(x)$ 为语句 "x 有一只雪貂"。用 $C(x)$、$D(x)$、$F(x)$、量词和逻辑联结词表达下述语句。令论域为你班上的所有学生。

a) 班上的一个学生有一只猫、一只狗和一只鼬

b) 班上的所有学生有一只猫、一只狗或一只鼬

c) 班上的一些学生有一只猫和一只鼬，但没有狗

d) 班上没有学生同时有一只猫、一只狗和一只鼬

e) 对猫、狗和鼬这三种动物的任意一种，班上都有学生将其作为宠物

11. 令 $P(x)$ 为语句 "$x=x^2$"。如果论域是整数集合，下列各项的真值是什么？

    a) $P(0)$ **b)** $P(1)$ **c)** $P(2)$

    d) $P(-1)$ **e)** $\exists x P(x)$ **f)** $\forall x P(x)$

12. 令 $Q(x)$ 为语句 "$x+1>2x$"。如果论域为整数集合，下列各项的真值是什么？

    a) $Q(0)$ **b)** $Q(-1)$ **c)** $Q(1)$

    d) $\exists x Q(x)$ **e)** $\forall x Q(x)$ **f)** $\exists x \neg Q(x)$

    g) $\forall x \neg Q(x)$

13. 如果论域为整数集合，判断下列各语句的真值。

    a) $\forall n(n+1>n)$ **b)** $\exists n(2n=3n)$

    c) $\exists n(n=-n)$ **d)** $\forall n(3n\leqslant4n)$

14. 如果论域为实数集合，判断各语句的真值。

    a) $\exists x(x^3=-1)$ **b)** $\exists x(x^4<x^2)$

    c) $\forall x((-x)^2=x^2)$ **d)** $\forall x(2x>x)$

15. 如果所有变量的论域为整数集合，判断各语句的真值。

    a) $\forall n(n^2\geqslant0)$ **b)** $\exists n(n^2=2)$

    c) $\forall n(n^2\geqslant n)$ **d)** $\exists n(n^2<0)$

16. 如果每个变量的论域都为实数集合，判断下列各语句的真值。

    a) $\exists x(x^2=2)$ **b)** $\exists x(x^2=-1)$

    c) $\forall x(x^2+2\geqslant1)$ **d)** $\forall x(x^2\neq x)$

17. 假设命题函数 $P(x)$ 的论域为整数 0、1、2、3 和 4。使用析取、合取和否定写出下列命题。

    a) $\exists x P(x)$ **b)** $\forall x P(x)$ **c)** $\exists x \neg P(x)$

    d) $\forall x \neg P(x)$ **e)** $\neg \exists x P(x)$ **f)** $\neg \forall x P(x)$

18. 假设命题函数 $P(x)$ 的论域为整数 -2、-1、0、1 和 2。使用析取、合取和否定写出下列命题。

    a) $\exists x P(x)$ **b)** $\forall x P(x)$ **c)** $\exists x \neg P(x)$

    d) $\forall x \neg P(x)$ **e)** $\neg \exists x P(x)$ **f)** $\neg \forall x P(x)$

19. 假设命题函数 $P(x)$ 的论域为整数 1、2、3、4 和 5。不使用量词，而使用析取、合取和否定（而不使用量词）来表达下列语句。

    a) $\exists x P(x)$ **b)** $\forall x P(x)$

    c) $\neg \exists x P(x)$ **d)** $\neg \forall x P(x)$

    e) $\forall x((x\neq3)\rightarrow P(x))\vee\exists x \neg P(x)$

20. 假设命题函数 $P(x)$ 的论域为整数 -5、-3、-1、1、3 和 5。使用析取、合取和否定（而不使用量词）表达下列语句。

    a) $\exists x P(x)$ **b)** $\forall x P(x)$ **c)** $\forall x((x\neq1)\rightarrow P(x))$

    d) $\exists x((x\geqslant0)\wedge P(x))$ **e)** $\exists x(\neg P(x))\wedge\forall x((x<0)\rightarrow P(x))$

21. 找出使下列语句分别为真和假的相应的论域。

    a) 每一个人都在学离散数学   **b)** 每一个人的年龄都超过 21 岁

    c) 每两个人都有相同的妈妈   **d)** 没有两个不同的人有相同的祖母

22. 找出使下列语句分别为真和假的相应的论域。

    a) 每一个人都说印地语   **b)** 有某个人的年龄超过 21 岁

    c) 每两个人都有相同的名字（first name）   **d)** 某个人认识两个以上的其他人

23. 使用谓词、量词和逻辑联结词，以两种方式将下列语句翻译成逻辑表达式。首先，令论域为班上的学生；其次，令论域为所有人。

    a) 班上有人会说印地语   **b)** 班上的每个人都很友好

c)班上有个学生不是出生在加利福尼亚　　　　　　　　d)班上有个学生曾演过电影

e)班上没有学生上过逻辑编程课程

24. 使用谓词、量词和逻辑联结词，以两种方式将下列语句翻译成逻辑表达式。首先，令论域为班上的学生；其次，令论域为所有人。

a)班上的每个学生都有移动电话　　　　　　　　b)班上的某个学生曾看过外国影片

c)班上的某个学生不会游泳　　　　　　　　d)班上的所有学生都会求解二次方程

e)班上的某个学生不想变富

25. 使用谓词、量词和逻辑联结词，将下列语句翻译成逻辑表达式。

a)没有人是完美的　　　　　　　　b)不是每个人都是完美的

c)你的所有朋友都是完美的　　　　　　　　d)你至少有一个朋友是完美的

e)每个人都是你的朋友并且是完美的

f)不是每个人都是你的朋友或有人并不是完美的

26. 通过改变论域并使用带有一个或两个变量的谓词，以三种不同的方式将下列语句翻译成逻辑表达式。

a)学校中的某个人去过乌兹别克斯坦　　　　　　　　b)班上的每个人都学过微积分和 C++

c)学校里没有人同时拥有摩托车和自行车　　　　　　　　d)学校里有某个人不快乐

e)学校里的每个人都生于 20 世纪

27. 通过改变论域并使用带有一个或两个变量的谓词，以三种不同的方式将下列语句翻译成逻辑表达式。

a)学校里的某个学生曾在越南居住过　　　　　　　　b)学校里的某个学生不会说印地语

c)学校里的某个学生会用 Java、Prolog 和 C++　　　　　　　　d)班上的每个学生都喜欢泰国食物

e)班上的某个学生不玩曲棍球

28. 使用谓词、量词和逻辑联结词，将下列语句翻译成逻辑表达式。

a)某些东西不在正确的位置上

b)所有的工具都在正确的位置上并且状况良好

c)每样东西都在正确的位置上并且状况良好

d)没有东西在正确的位置上并且状况良好

e)你的一个工具不在正确的位置上，但它状况良好

29. 使用逻辑运算符、谓词和量词来表达下列语句。

a)某些命题是永真式　　　　　　　　b)一个矛盾式的否定是一个永真式

c)两个可能式的析取可以是一个永真式　　　　　　　　d)两个永真式的合取是一个永真式

30. 假定命题函数 $P(x, y)$ 的论域由 x 和 y 的序偶组成，其中 x 是 1、2 或 3，y 是 1、2 或 3。用析取式和合取式写出下列命题。

a)$\exists x P(x, 3)$　　　　　　　　b)$\forall y P(1, y)$

c)$\exists y \neg P(2, y)$　　　　　　　　d)$\forall x \neg P(x, 2)$

31. 假定 $Q(x, y, z)$ 的论域由 x、y 和 z 的三元组组成，其中 $x=0$、1 或 2，$y=0$ 或 1，$z=0$ 或 1。用析取式和合取式写出下列命题。

a)$\forall y Q(0, y, 0)$　　　　　　　　b)$\exists x Q(x, 1, 1)$

c)$\exists z \neg Q(0, 0, z)$　　　　　　　　d)$\exists x \neg Q(x, 0, 1)$

32. 用量词表达下列语句。然后取该语句的否定并使否定词不在量词的左边。再用简单语句表达这个否定式（不要简单地表达为"不是……"）。

a)所有的狗都有跳蚤　　　　　　　　b)有一匹马会做加法

c)每只考拉都会爬树　　　　　　　　d)没有猴子会说法语

e)有一只猪会游泳和捕鱼

33. 用量词表达下列语句。然后取该语句的否定并使否定词不在量词的左边。再用简单语句表达这个否定式（不要简单地表达为"不是……"）。

a)一些年长的狗会学习新的技巧　　　　　　　　b)没有兔子会微积分

c)每只鸟都会飞　　　　　　　　d)没有狗会说话

e)这个班上没有人会法语和俄语

34. 用量词表达下列命题的否定，再用语句表达这些否定。

a）一些司机不遵守限速

b）所有的瑞典电影都很严肃

c）没人能保守秘密

d）这个班上有的人没有良好的心态

35. 不用否定符号表达下面每个量化语句的否定式。

a）$\forall x(x>1)$

b）$\forall x(x\leqslant 2)$

c）$\exists x(x\geqslant 4)$

d）$\exists x(x<0)$

e）$\forall x((x<-1)\vee(x>2))$

f）$\exists x((x<4)\vee(x>7))$

36. 不用否定符号表达下面每个量化语句的否定式。

a）$\forall x(-2<x<3)$

b）$\forall x(0\leqslant x<5)$

c）$\exists x(-4\leqslant x\leqslant 1)$

d）$\exists x(-5<x<-1)$

37. 找出下列全称量化命题的反例（如果可能的话），其中所有变量的论域是整数集合。

a）$\forall x(x^2\geqslant x)$　　　b）$\forall x(x>0\vee x<0)$　　　c）$\forall x(x=1)$

38. 找出下列全称量化命题的反例（如果可能的话），其中所有变量的论域是实数集合。

a）$\forall x(x^2\neq x)$　　　b）$\forall x(x^2\neq 2)$　　　c）$\forall x(|x|>0)$

39. 用谓词和量词表达下列语句。

a）航空公司的一位乘客可以被确认为贵宾资格，如果该乘客在一年中飞行里程超过 25 000 英里，或在一年内乘坐航班次数超过 25 次。

b）一名男选手可获准参加本次马拉松比赛，如果他以往最好成绩在 3 小时内；而一名女选手可获准参加马拉松比赛，如果她以往最好成绩在 3.5 小时内。

c）一名学生要想取得硕士学位，必须至少修满 60 个学分，或至少修满 45 个学分并通过硕士论文答辩，并且所有必修课程的成绩不低于 B。

d）有某个学生在一个学期内修了 21 个学分课程并且成绩都为 A。

练习 40～44 主要处理系统规范说明和涉及量词的逻辑表达式之间的翻译。

40. 将下列系统规范说明翻译成语句，其中谓词 $S(x,y)$ 是"x 在状态 y"，x 和 y 的论域分别是所有系统和所有可能的状态。

a）$\exists xS(x,\text{开放})$

b）$\forall x(S(x,\text{故障})\vee S(x,\text{诊断}))$

c）$\exists xS(x,\text{开放})\vee\exists xS(x,\text{诊断})$

d）$\exists x\neg S(x,\text{可用})$

e）$\forall x\neg S(x,\text{工作})$

41. 将下列规范说明翻译成语句，其中 $F(p)$ 是"打印机 p 不能提供服务"，$B(p)$ 是"打印机 p 很忙"，$L(j)$ 是"打印作业 j 丢失了"，$Q(j)$ 是"打印作业 j 在队列中"。

a）$\exists p(F(p)\wedge B(p))\to\exists jL(j)$

b）$\forall pB(p)\to\exists jQ(j)$

c）$\exists j(Q(j)\wedge L(j))\to\exists pF(p)$

d）$(\forall pB(p)\wedge\forall jQ(j))\to\exists jL(j)$

42. 使用谓词、量词和逻辑联结词表达下列系统规范说明。

a）当硬盘中的空闲空间少于 30MB 时，就会向所有用户发送警告消息。

b）当检测到系统错误时，文件系统中的目录均不能打开且文件不能关闭。

c）如果当前有登录用户，就不能备份文件系统。

d）当有至少 8MB 内存可用且连接速度至少为 56kbps 时，就可以进行视频点播。

43. 使用谓词、量词和逻辑联结词表达下列系统规范说明。

a）如果磁盘有 10MB 以上的空闲空间，那么在非空的消息集合中至少可以保存一条邮件消息。

b）每当有主动报警时，队列中的所有消息都会被传送出去。

c）诊断监控器跟踪所有系统的状态，除了主控制台外。

d）没有被主叫方列入特殊列表上的参与电话会议的每一方都会被计账。

44. 使用谓词、量词和逻辑联结词表达下列系统规范说明。

a）每个用户都可以访问电子邮箱。

b）如果文件系统被锁定，该组中的每个人都能访问系统邮箱。

c）防火墙处于诊断状态仅当代理服务器处于诊断状态。

d）如果吞吐量在 100～500kbps 且代理服务器不处于诊断模式，则至少有一个路由器工作正常。

45. 判断 $\forall x(P(x)\to Q(x))$ 和 $\forall xP(x)\to\forall xQ(x)$ 是否是逻辑等价的，并证明。

46. 判断 $\forall x(P(x)\leftrightarrow Q(x))$ 和 $\forall xP(x)\leftrightarrow\forall xQ(x)$ 是否是逻辑等价的，并证明。

47. 证明 $\exists x(P(x)\lor Q(x))$ 和 $\exists xP(x)\lor\exists xQ(x)$ 是逻辑等价的。

练习 48~51 给出了**空量化**(null quantification)的规则，当受量词约束的变量没有出现在语句的某一部分时可以使用该规则。

48. 证明下列逻辑等价式，其中 x 在 A 中不作为自由变量出现。假设论域非空。
 a) $(\forall xP(x))\lor A\equiv\forall x(P(x)\lor A)$ b) $(\exists xP(x))\lor A\equiv\exists x(P(x)\lor A)$

49. 证明下列逻辑等价式，其中 x 在 A 中不作为自由变量出现。假设论域非空。
 a) $(\forall xP(x))\land A\equiv\forall x(P(x)\land A)$ b) $(\exists xP(x))\land A\equiv\exists x(P(x)\land A)$

50. 证明下列逻辑等价式，其中 x 在 A 中不作为自由变量出现。假设论域非空。
 a) $\forall x(A\to P(x))\equiv A\to\forall xP(x)$ b) $\exists x(A\to P(x))\equiv A\to\exists xP(x)$

51. 证明下列逻辑等价式，其中 x 在 A 中不作为自由变量出现。假设论域非空。
 a) $\forall x(P(x)\to A)\equiv\exists xP(x)\to A$ b) $\exists x(P(x)\to A)\equiv\forall xP(x)\to A$

52. 证明 $\forall xP(x)\lor\forall xQ(x)$ 和 $\forall x(P(x)\lor Q(x))$ 不是逻辑等价的。

53. 证明 $\exists xP(x)\land\exists xQ(x)$ 和 $\exists x(P(x)\land Q(x))$ 不是逻辑等价的。

54. 正如文中提到的，符号 $\exists!xP(x)$ 表示
"有唯一的 x 使 $P(x)$ 为真。"
如果论域是整数集合，下列各语句的真值是什么？
 a) $\exists!x(x>1)$ b) $\exists!x(x^2=1)$
 c) $\exists!x(x+3=2x)$ d) $\exists!x(x=x+1)$

55. 下列语句的真值是什么？
 a) $\exists!xP(x)\to\exists xP(x)$ b) $\forall xP(x)\to\exists!xP(x)$
 c) $\exists!x\neg P(x)\to\neg\forall xP(x)$

56. 假定论域由整数 1、2 和 3 构成，试用否定、合取和析取写出量化命题 $\exists!xP(x)$。

57. 给定例 28 的 Prolog 事实，对下列查询 Prolog 返回的是什么？
 a) ?instructor(chan, math273)   b) ?instructor(patel, cs301)
 c) ?enrolled(X, cs301)   d) ?enrolled(kiko, Y)
 e) ?teaches(grossman, Y)

58. 给定例 28 的 Prolog 事实，对下列查询 Prolog 返回的是什么？
 a) ?enrolled(kevin, ee222)   b) ?enrolled(kiko, math273)
 c) ?instructor(grossman, X)   d) ?instructor(X, cs301)
 e) ?teaches(X, kevin)

59. 假定 Prolog 事实用于定义谓词 mother(M，Y) 和 father(F，X)，分别表示 M 是 Y 的母亲，F 是 X 的父亲。试给出一个 Prolog 规则来定义谓词 sibling(X，Y)，它表示 X 和 Y 是兄弟(也就是，有相同的父亲和母亲)。

60. 假定 Prolog 事实用于定义谓词 mother(M，Y) 和 father(F，X)，分别表示 M 是 Y 的母亲，F 是 X 的父亲。试给出一个 Prolog 规则来定义谓词 grandfather(X，Y)，它表示 X 是 Y 的祖父。(提示：可以在 Prolog 中写一个析取式，使用分号分开谓词或将谓词放在不同的行中。)

练习 61~64 是根据刘易斯·罗卡尔(Lewis Carroll)的《符号逻辑》(*Symbolic Logic*)一书中的问题编写的。

61. 令 $P(x)$、$Q(x)$ 和 $R(x)$ 分别表示语句 "x 是教授" "x 无知" 和 "x 爱虚荣"。用量词、逻辑联结词和 $P(x)$、$Q(x)$、$R(x)$ 表达下列语句，其中论域是所有人的集合。
 a)没有教授是无知的   b)所有无知者均爱虚荣
 c)没有教授是爱虚荣的   d)能从 a 和 b 推出 c 吗？

62. 令 $P(x)$、$Q(x)$ 和 $R(x)$ 分别表示语句 "x 是个清楚的解释" "x 令人满意" 和 "x 是借口"。假定 x 的论域是所有中文文章。用量词；逻辑联结词；$P(x)$、$Q(x)$、$R(x)$ 表达下列语句。
 a)所有清楚的解释都令人满意   b)有些借口不能令人满意
 c)有些借口不是清楚的解释   *d)能从 a 和 b 推出 c 吗？

63. 令 $P(x)$、$Q(x)$、$R(x)$ 和 $S(x)$ 分别为语句 "x 是婴儿" "x 的行为符合逻辑" "x 能管理鳄鱼" 和 "x

会被人轻视"。假定 x 的论域是所有人的集合。用量词、逻辑联结词和 $P(x)$、$Q(x)$、$R(x)$、$S(x)$ 表达下列语句。

a) 婴儿的行为不符合逻辑　　　　　　　　　　　　**b)** 能管理鳄鱼的人不会被人轻视

c) 行为不符合逻辑的人会被人轻视　　　　　　　　**d)** 婴儿不能管理鳄鱼

* **e)** 能从 a、b 和 c 推出 d 吗？如果不能，有没有一个正确的结论？

64. 令 $P(x)$、$Q(x)$、$R(x)$ 和 $S(x)$ 分别为语句 " x 是只鸭子" " x 是我的一只家禽" " x 是一名官员" 和 " x 愿意跳华尔兹"。用量词、逻辑联结词和 $P(x)$、$Q(x)$、$R(x)$、$S(x)$ 表达下列语句。

a) 没有鸭子愿意跳华尔兹　　　　　　　　　　　　**b)** 没有官员会拒绝跳华尔兹

c) 所有我的家禽都是鸭子　　　　　　　　　　　　**d)** 我的家禽都不是官员

* **e)** 能从 a、b 和 c 推出 d 吗？如果不能，有没有一个正确的结论？

1.5　嵌套量词

1.5.1　引言

在 1.4 节我们定义了存在量词和全称量词，并展示了如何用它们来表示数学语句。我们也解释了如何用它们将汉语语句翻译成逻辑表达式。可是在 1.4 节我们回避了**嵌套量词**，即一个量词出现在另一个量词的作用域内，如

$$\forall x \exists y (x + y = 0)$$

注意量词范围内的一切都可以认为是一个命题函数。比如，

$$\forall x \exists y (x + y = 0)$$

与 $\forall x Q(x)$ 是一样的，其中 $Q(x)$ 表示 $\exists y P(x, y)$，而 $P(x, y)$ 表示 $x + y = 0$。

嵌套量词经常会出现在数学和计算机科学中。尽管嵌套量词有时比较难理解，但在 1.4 节介绍过的规则却有助于我们使用它们。在本节中我们会获得处理嵌套量词的经验。我们会看到如何使用嵌套量词来表达这样的数学语句 "两个正整数的和一定是正数"。我们还会展示如何利用嵌套量词将 "每个人恰好有一个最要好的朋友" 这样的句子翻译成逻辑语句。再者，我们还会获得处理嵌套量词的否定语句的经验。

1.5.2　理解涉及嵌套量词的语句

为了理解涉及嵌套量词的语句，我们需要阐明其中出现的量词和谓词的含义。具体如例 1 和例 2 所示。

例 1　假定变量 x 和 y 的论域是所有实数的集合，语句

$$\forall x \forall y (x + y = y + x)$$

表示对所有实数 x 和 y，$x + y = y + x$。这是实数加法的交换律。同样，语句

$$\forall x \exists y (x + y = 0)$$

表示对所有实数 x，有一个实数 y，使得 $x + y = 0$。也就是每个实数都有一个加法的逆。同样，语句

$$\forall x \forall y \forall z (x + (y + z) = (x + y) + z)$$

是实数加法的结合律。

例 2　将下列语句翻译成汉语语句

$$\forall x \forall y ((x > 0) \wedge (y < 0) \rightarrow (xy < 0))$$

其中变量 x 和 y 的论域都是全体实数。

解　这个语句表示对任意实数 x 和 y，如果 $x > 0$ 且 $y < 0$，那么 $xy < 0$。也就是说，这个语句表示对实数 x 和 y，如果 x 是正的且 y 是负的，那么 xy 就是负的。这可以更简洁地叙述为 "一个正实数与一个负实数的积一定是负实数"。

将量化当作循环　在处理多个变量的量化式时，有时候借助嵌套循环来思考是有益的。

Extra Examples

（当然，如果某个变量的论域有无穷多个元素，那么无法真正对所有值做循环。不过这种考虑方式对理解嵌套量词总是有益的。）例如，要判定 $\forall x \forall y P(x, y)$ 是否为真，我们先对 x 的所有值做循环，而对 x 的每个值再对 y 的所有值循环。如果我们发现对 x 和 y 的所有值 $P(x, y)$ 都为真，那么我们就判定了 $\forall x \forall y P(x, y)$ 为真。只要我们碰上一个 x 值，对这个值又碰上一个 y 值使 $P(x, y)$ 为假，那么就证明了 $\forall x \forall y P(x, y)$ 为假。

同样，要判定 $\forall x \exists y P(x, y)$ 是否为真，就需要我们对 x 的所有值循环。对 x 的每个值，对 y 的值循环直到找到一个 y 使 $P(x, y)$ 为真。如果对 x 的所有值，我们都能碰上这样的一个 y 值，那么 $\forall x \exists y P(x, y)$ 为真。如果对某个 x 我们碰不上这样的 y，那么 $\forall x \exists y P(x, y)$ 就为假。

要判定 $\exists x \forall y P(x, y)$ 是否为真，需要对 x 的值循环直到找到某个 x，就这个 x 对 y 的所有值循环时 $P(x, y)$ 总是为真。如果能找到这样的 x，$\exists x \forall y P(x, y)$ 就为真。如果总也碰不上这样的 x，那么我们知道 $\exists x \forall y P(x, y)$ 为假。

最后要判定 $\exists x \exists y P(x, y)$ 是否为真。我们对 x 的值循环，循环时对 x 的每个值都对 y 的值循环，直到找到 x 的一个值和 y 的一个值使 $P(x, y)$ 为真。只有当我们永远碰不上这样的 x 和 y 能使 $P(x, y)$ 为真时，语句 $\exists x \exists y P(x, y)$ 才为假。

1.5.3　量词的顺序

许多数学语句会涉及对多变量命题函数的多重量化。要注意的是，量词的顺序是很重要的，除非所有量词均为全称量词或均为存在量词。

这些评注可以通过例 3～5 来解释。

Extra Examples

例 3　令 $P(x, y)$ 为语句 "$x+y=y+x$"，量化式 $\forall x \forall y P(x, y)$ 和 $\forall y \forall x P(x, y)$ 的真值是什么？这里所有变量的论域是全体实数。

解　量化式

$$\forall x \forall y P(x, y)$$

表示的命题是 "对所有实数 x，对所有实数 y，$x+y=y+x$ 成立。" 因为 $P(x, y)$ 对所有实数 x 和 y 都为真（这是实数的加法交换律——见附录 1），故 $\forall x \forall y P(x, y)$ 为真。注意语句 $\forall y \forall x P(x, y)$ 表示 "对所有实数 y，对所有实数 x，$x+y=y+x$" 这句的意思和 "对所有实数 x，对所有实数 y，$x+y=y+x$" 意义相同。也就是说，$\forall x \forall y P(x, y)$ 和 $\forall y \forall x P(x, y)$ 意义相同，都为真。这说明了这样一个原理，即在没有其他量词的语句中，在不改变量化式意义的前提下嵌套全称量词的顺序是可以改变的。◁

例 4　令 $Q(x, y)$ 表示 "$x+y=0$"，量化式 $\exists y \forall x Q(x, y)$ 和 $\forall x \exists y Q(x, y)$ 的真值是什么？这里所有变量的论域是全体实数。

解　量化式

$$\exists y \forall x Q(x, y)$$

表示的命题是

"存在一个实数 y 使得对每一个实数 x，$Q(x, y)$ 都成立。"

不管 y 取什么值，只存在一个 x 值能使 $x+y=0$ 成立。因为不存在这样的实数 y 能使 $x+y=0$ 对所有实数 x 成立，故语句 $\exists y \forall x Q(x, y)$ 为假。

量化式

$$\forall x \exists y Q(x, y)$$

表示的命题是 "对每个实数 x 都存在一个实数 y 使得 $Q(x, y)$ 成立。" 给定一个实数 x，存在一个实数 y 能使 $x+y=0$，这个实数就是 $y=-x$。因此，语句 $\forall x \exists y Q(x, y)$ 为真。◁

例 4 说明量词出现的顺序会产生不同的影响。语句 $\exists y \forall x P(x, y)$ 和 $\forall x \exists y P(x, y)$ 不是逻辑等价的。语句 $\exists y \forall x P(x, y)$ 为真当且仅当存在一个 y，使得 $P(x, y)$ 对每个 x 都成

立。因此，要使这一语句为真，必须有一个特定的 y 值，使得无论 x 为什么值，$P(x, y)$ 都成立。另一方面，$\forall x \exists y P(x, y)$ 为真当且仅当对 x 的每一个值都存在一个 y 值使 $P(x, y)$ 成立。所以，要使这个语句为真，不管你选什么 x，总有一个 y 值（也许依赖于你选择的 x）使 $P(x, y)$ 成立。换言之，在第二种情况下，y 随着 x 而变，而在第一种情况下，y 是与 x 无关的常数。

从这些观察可以得出，如果 $\exists y \forall x P(x, y)$ 为真，则 $\forall x \exists y P(x, y)$ 必定也为真。可是，如果 $\forall x \exists y P(x, y)$ 为真，$\exists y \forall x P(x, y)$ 不一定为真（参见本章补充练习 30 和 31）。

表 1 总结了涉及两个变量的不同量化式的含义。

表 1　两个变量的量化式

语　　句	何　时　为　真	何　时　为　假
$\forall x \forall y\, P(x, y)$ $\forall y \forall x P(x, y)$	对每一对 x、y，$P(x, y)$ 均为真	存在一对 x、y，使得 $P(x, y)$ 为假
$\forall x \exists y\, P(x, y)$	对每个 x，都存在一个 y 使得 $P(x, y)$ 为真	存在一个 x，使得 $P(x, y)$ 对每个 y 总为假
$\exists x \forall y\, P(x, y)$	存在一个 x，使得 $P(x, y)$ 对所有 y 均为真	对每个 x，存在一个 y 使得 $P(x, y)$ 为假
$\exists x \exists y\, P(x, y)$ $\exists y \exists x P(x, y)$	存在一对 x、y，使 $P(x, y)$ 为真	对每一对 x、y，$P(x, y)$ 均为假

超过两个变量的量化式也很常见，如例 5 所示。

例 5　令 $Q(x, y, z)$ 为语句 "$x+y=z$"，语句 $\forall x \forall y \exists z Q(x, y, z)$ 和 $\exists z \forall x \forall y Q(x, y, z)$ 的真值是什么，其中所有变量的论域都是全体实数？

解　假定给 x 和 y 赋了值，那么就有一个实数 z，使得 $x+y=z$。于是量化式

$$\forall x \forall y \exists z Q(x, y, z)$$

它相当于语句 "对所有实数 x 和所有实数 y，存在一个实数 z，使得 $x+y=z$" 为真。这里量词出现的顺序是很重要的，因为量化式

$$\exists z \forall x \forall y Q(x, y, z)$$

也就是语句 "存在一个实数 z 使得对所有实数 x 和所有实数 y，$x+y=z$" 为假，因为没有 z 的值能使 $x+y=z$ 对 x 和 y 的所有值都成立。◁

1.5.4　数学语句到嵌套量词语句的翻译

用汉语表达的数学语句可以被翻译成逻辑表达式，如例 6～8 所示。

例 6　将语句 "两个正整数的和总是正数" 翻译成逻辑表达式。

Extra Examples▷

解　要将这个语句翻译成逻辑表达式，我们首先重写该句，这样隐含的量词和论域就会显现出来："对每两个整数，如果它们都是正的，那么它们的和是正数。" 然后，引入变量 x 和 y 就得到 "对所有正整数 x 和 y，$x+y$ 是正数"。因此，我们可以将这个语句表达为

$$\forall x \forall y((x>0) \wedge (y>0) \rightarrow (x+y>0))$$

其中这两个变量的论域是全体整数。注意，我们也可以将正整数作为论域来翻译该语句。这样语句 "两个正整数的和总是正数" 就变为 "对于每两个正整数，它们的和是正的"。我们可以将它表达为

$$\forall x \forall y(x+y>0)$$

其中两个变量的论域为全体正整数。◁

例 7 将语句"除了 0 以外的每个实数都有一个乘法逆元"(一个实数 x 的**乘法逆元**是使 $xy=1$ 的实数 y)翻译成逻辑表达式。

解 我们首先重写这个语句为"对每个实数 x(除了 0 以外),x 有一个乘法逆元",然后可以再将之重写为"对每个实数 x,如果 $x \neq 0$,那么存在一个实数 y 使得 $xy=1$"。这可以重写为

$$\forall x((x \neq 0) \rightarrow \exists y(xy=1))$$

有一个你可能很熟悉的例子就是极限的概念,它在微积分中非常重要。

例 8 (需要微积分知识)用量词来表示实变量 x 的实函数 $f(x)$ 在其定义域中点 a 处的极限的定义。

解 回顾下面语句的定义

$$\lim_{x \to a} f(x) = L$$

是:对每个实数 $\varepsilon > 0$,存在一个实数 $\delta > 0$,使得对任意的 x,只要 $0 < |x-a| < \delta$,就有 $|f(x)-L| < \varepsilon$。极限的这一定义用量词可以表示为

$$\forall \varepsilon \exists \delta \forall x(0 < |x-a| < \delta \rightarrow |f(x)-L| < \varepsilon)$$

其中 ε 和 δ 的论域是正实数集合,x 的论域是实数集合。

这一定义还可表示为

$$\forall \varepsilon > 0 \exists \delta > 0 \forall x(0 < |x-a| < \delta \rightarrow |f(x)-L| < \varepsilon)$$

其中 ε 和 δ 的论域为实数集合,而不是正实数集合。〔这里,用到了受限量词。回忆一下 $\forall x > 0 P(x)$ 的意义是对所有 $x > 0$ 的数,$P(x)$ 为真。〕

1.5.5 嵌套量词到自然语言的翻译

用嵌套量词表达汉语语句的表达式可能会相当复杂。在翻译这样的表达式时,第一步是写出表达式中量词和谓词的含义,第二步是用简单的句子来表达这个含义。例 9 和例 10 说明了这个过程。

例 9 把语句

$$\forall x(C(x) \vee \exists y(C(y) \wedge F(x,y)))$$

翻译成汉语,其中 $C(x)$ 是"x 有一台计算机",$F(x, y)$ 是"x 和 y 是朋友",而 x 和 y 的共同论域是学校全体学生的集合。

解 该语句说的是,对学校中的每个学生 x,或者 x 有一台计算机,或者另有一个学生 y,他有一台计算机,且 x 和 y 是朋友。换言之,学校的每个学生或者有一台计算机或有一个有一台计算机的朋友。

例 10 把语句

$$\exists x \forall y \forall z((F(x,y) \wedge F(x,z) \wedge (y \neq z)) \rightarrow \neg F(y,z))$$

翻译成汉语,其中 $F(a, b)$ 的含义是 a 和 b 是朋友,而 x、y 和 z 的论域是学校所有学生的集合。

解 我们先来看看表达式 $(F(x, y) \wedge F(x, z) \wedge (y \neq z)) \rightarrow \neg F(y, z)$。这个表达式说的是如果学生 x 和 y 是朋友,并且学生 x 和 z 是朋友,并且如果 y 和 z 不是同一个学生,则 y 和 z 就不是朋友。这样原先带有三个量词的语句说的就是,存在一个学生 x,使得对所有的学生 y 以及不同于 y 的所有学生 z,如果 x 和 y 是朋友,x 和 z 也是朋友,那么 y 和 z 就不是朋友。换句话说,有个学生,他的朋友之间都不是朋友。

1.5.6 汉语语句到逻辑表达式的翻译

在 1.4 节我们展示了如何用量词将句子翻译成逻辑表达式。然而,当时回避了在翻译成逻辑表达式时需要用到嵌套量词的语句。我们现在讨论这类句子的翻译。

例 11 将语句"如果某人是女性且为人家长，那么这个人是某人的母亲"翻译成逻辑表达式，其中涉及谓词、量词（论域是所有人）以及逻辑联结词。

解 语句"如果一个人是女性且还是家长，则这个人是某个人的母亲"可以表达为"对每个人 x，如果 x 是女性且 x 是家长，那么存在一个人 y 使得 x 是 y 的母亲"。我们引入谓词 $F(x)$ 来表示" x 是女性"， $P(x)$ 表示" x 是家长"， $M(x, y)$ 表示" x 是 y 的母亲"。原始语句可以表示为

$$\forall x((F(x) \wedge P(x)) \to \exists y M(x, y))$$

利用 1.4 节练习 49 的(b)部分的空量词规则，我们可以把 $\exists y$ 往左移使它恰好出现在 $\forall x$ 之后，因为 y 不在 $F(x) \wedge P(x)$ 中出现。我们可以得到逻辑等价的表达式

$$\forall x \exists y((F(x) \wedge P(x)) \to M(x, y))$$

例 12 将语句"每个人恰好有一个最好的朋友"翻译成逻辑表达式，其中会涉及谓词、量词（论域是所有人）以及逻辑联结词。

解 语句"每个人恰好有一个最好的朋友"可以表达为"对每个人 x， x 恰好有一个最好的朋友"。引入全称量词，可以看到这个语句和" $\forall x(x$ 恰有一个最好的朋友)"一样，其中论域是所有人。

x 恰好有一个最好的朋友意味着有一个人 y，他是 x 最好的朋友。而且，对每个人 z，如果 z 不是 y，那么 z 不是 x 最好的朋友。当我们引入谓词 $B(x, y)$ 为语句" y 是 x 最好的朋友"，则语句" x 恰好有一个最好的朋友"可以表示为

$$\exists y(B(x, y) \wedge \forall z((z \neq y) \to \neg B(x, z)))$$

因此，原始语句可以表示为

$$\forall x \exists y(B(x, y) \wedge \forall z((z \neq y) \to \neg B(x, z)))$$

[注意，我们可以把这个语句写为 $\forall x \exists! y B(x, y)$，这里 $\exists!$ 是 1.4 节定义的唯一性量词。]

例 13 用量词表示语句"有一位妇女已搭乘过世界上每一条航线上的一个航班"。

解 令 $P(w, f)$ 为" w 搭乘过航班 f"， $Q(f, a)$ 为" f 是航线 a 上的一个航班"。于是可将上述语句表示为

$$\exists w \forall a \exists f(P(w, f) \wedge Q(f, a))$$

其中， w、 f 和 a 的论域分别为世界上所有妇女、所有空中航班和所有航线。

这个语句也可以表示为

$$\exists w \forall a \exists f R(w, f, a)$$

其中 $R(w, f, a)$ 为" w 已搭乘过航线 a 上的航班 f"。虽然这样表示更紧凑，但它使变量之间的关系有点糊模不清，因此，第一个解要好些。

1.5.7 嵌套量词的否定

带嵌套量词语句的否定可以通过连续地应用单个量词语句的否定规则得到。如例 $14 \sim 16$ 所示。

Assessment

Extra Examples

例 14 表达语句 $\forall x \exists y(xy = 1)$ 的否定，使得量词前面没有否定词。

解 通过连续地应用量词的德·摩根律（见 1.4 节表 2），我们可以将 $\neg \forall x \exists y(xy = 1)$ 中的否定词移入所有量词里面。我们发现， $\neg \forall x \exists y(xy = 1)$ 等价于 $\exists x \neg \exists y(xy = 1)$，而后者又等价于 $\exists x \forall y \neg(xy = 1)$。由于 $\neg(xy = 1)$ 可以简化为 $xy \neq 1$，所以我们可以得出结论语句的否定可以表达为 $\exists x \forall y(xy \neq 1)$。

例 15 使用量词表达语句"没有一个妇女已搭乘过世界上每一条航线上的一个航班"。

解 这个语句是例 13 的语句"有一位妇女已搭乘过世界上每一条航线上的一个航班"的

否定。由例 13 可知，我们的语句可以表达为 $\neg\exists w\forall a\exists f(P(w,f)\wedge Q(f,a)$，其中 $P(w,f)$ 是 "w 搭乘过航班 f"，而 $Q(f,a)$ 为 "f 是航线 a 上的航班"。通过连续地应用量词的德·摩根律（见 1.4 节表 2）把否定移入连续的量词内，并在最后一步合取式的否定应用德·摩根律，我们发现给定的语句等价于下列语句序列中的每一个语句：

$$\forall w\neg\ \forall a\exists f(P(w,f)\ \wedge\ Q(f,a))\equiv\ \forall w\exists a\neg\ \exists f(P(w,f)\ \wedge\ Q(f,a))$$
$$\equiv\ \forall w\exists a\forall f\neg\ (P(w,f)\ \wedge\ Q(f,a))$$
$$\equiv\ \forall w\exists a\forall f(\neg\ P(w,f)\ \vee\ \neg\ Q(f,a))$$

最后这个语句表示 "对于每位妇女，存在一条航线，使得对所有的航班，这位妇女要么没有搭乘过该航班，要么该航班不在这条航线上"。 ◀

例 16（需要微积分知识）使用量词和谓词表达 $\lim\limits_{x\to a}f(x)$ 不存在这一事实，其中 $f(x)$ 是实变量 x 的实值函数，而 a 属于 f 的定义域。

解 $\lim\limits_{x\to a}f(x)$ 不存在意味着对全体实数 L，$\lim\limits_{x\to a}f(x)\neq L$。根据例 8，$\lim\limits_{x\to a}f(x)\neq L$ 可以表达为

$$\neg\ \forall\varepsilon>0\exists\delta>0\forall x(0<|\ x-a\ |<\delta\to|\ f(x)-L\ |<\varepsilon)$$

连续地应用量化表达式的否定规则，我们构造出一系列等价语句：

$$\neg\ \forall\varepsilon>0\exists\delta>0\forall x(0<|\ x-a\ |<\delta\to|\ f(x)-L\ |<\varepsilon)$$
$$\equiv\ \exists\varepsilon>0\neg\ \exists\delta>0\forall x(0<|\ x-a\ |<\delta\to|\ f(x)-L\ |<\varepsilon)$$
$$\equiv\ \exists\varepsilon>0\forall\delta>0\neg\ \forall x(0<|\ x-a\ |<\delta\to|\ f(x)-L\ |<\varepsilon)$$
$$\equiv\ \exists\varepsilon>0\forall\delta>0\exists x\neg\ (0<|\ x-a\ |<\delta\to|\ f(x)-L\ |<\varepsilon)$$
$$\equiv\ \exists\varepsilon>0\forall\delta>0\exists x(0<|\ x-a\ |<\delta\wedge|\ f(x)-L\ |\geq\varepsilon)$$

在最后一步使用了等价式 $\neg(p\to q)\equiv p\wedge\neg q$，这是依据 1.3 节表 7 的第 5 个等价式。

由于 "$\lim\limits_{x\to a}f(x)$ 不存在" 意味着对全体实数 L，$\lim\limits_{x\to a}f(x)\neq L$，这个语句可以表达为

$$\forall L\exists\varepsilon>0\forall\delta>0\exists x(0<|\ x-a\ |<\delta\wedge|\ f(x)-L\ |\geq\varepsilon)$$

最后这个语句表示，对每个实数 L，存在实数 $\varepsilon>0$ 使得对每个实数 $\delta>0$，都存在实数 x 使得 $0<|\ x-a\ |<\delta$ 但是 $|\ f(x)-L\ |\geq\varepsilon$。 ◀

练习

1. 将下列语句翻译成汉语句子，其中每个变量的论域是全体实数。
   a) $\forall x\exists y(x<y)$
   b) $\forall x\forall y(((x\geq0)\wedge(y\geq0))\to(xy\geq0))$
   c) $\forall x\forall y\exists z(xy=z)$

2. 将下列语句翻译成汉语句子，其中每个变量的论域是全体实数。
   a) $\exists x\forall y(xy=y)$
   b) $\forall x\forall y(((x\geq0)\wedge(y<0))\to(x-y>0))$
   c) $\forall x\forall y\exists z(x=y+z)$

3. 令 $Q(x,y)$ 是语句 "x 已经发送电子邮件消息给 y"，其中 x 和 y 的论域都是班上的所有学生，将下列量化式表达成汉语句子。
   a) $\exists x\exists yQ(x,y)$
   b) $\exists x\forall yQ(x,y)$
   c) $\forall x\exists yQ(x,y)$
   d) $\exists y\forall xQ(x,y)$
   e) $\forall y\exists xQ(x,y)$
   f) $\forall x\forall yQ(x,y)$

4. 令 $P(x,y)$ 表示语句 "学生 x 选修课程 y"，其中 x 的论域是班上全体学生的集合，y 的论域是你校所有计算机科学课程的集合。用句子表达下列各量化式。
   a) $\exists x\exists y\,P(x,y)$
   b) $\exists x\forall y\,P(x,y)$
   c) $\forall x\exists y\,P(x,y)$
   d) $\exists y\forall x\,P(x,y)$
   e) $\forall y\exists x\,P(x,y)$
   f) $\forall x\forall y\,P(x,y)$

5. 令 $W(x,y)$ 表示 "学生 x 访问过网站 y"，其中 x 的论域是你校全体学生集合，y 的论域是所有网站的集合。用简单的句子表达下列语句。

a) W(Sarah Smith，www.att.com) 　　　**b)** $\exists xW(x,$ www.imdb.org$)$

c) $\exists yW$(José Orez，y) 　　　**d)** $\exists y(W$(Ashok Puri，y)$\wedge W$(Cindy Yoon，y))

e) $\exists y\forall z(y\neq$(David Belcher)$\wedge(W$(David Belcher，z)$\rightarrow W(y,z)))$

f) $\exists x\exists y\forall z((x\neq y)\wedge(W(x,z)\leftrightarrow W(y,z)))$

6. 令 $C(x,y)$ 表示"学生 x 注册了课程 y"，其中 x 的论域是你校全体学生的集合，y 的论域是你校开设所有课程的集合。用简单的句子表达下列语句。

a) C(Randy Goldberg，CS 252) 　　　**b)** $\exists xC(x,$ Math 695$)$

c) $\exists yC$(Carol Sitea，y) 　　　**d)** $\exists x(C(x,$ Math 222$)\wedge C(x,$ CS 252$))$

e) $\exists x\exists y\forall z((x\neq z)\wedge(C(x,z)\rightarrow C(y,z)))$

f) $\exists x\exists y\forall z((x\neq y)\wedge(C(x,z)\leftrightarrow C(y,z)))$

7. 令 $T(x,y)$ 表示学生 x 喜欢菜肴 y，其中 x 的论域是学校的所有学生，y 的论域是所有菜肴。用简单的汉语句子表达下列语句。

a) $\neg T$(Abdallah Hussein，Japanese)

b) $\exists xT(x,$ Korean$)\wedge\forall xT(x,$ Mexican$)$

c) $\exists y(T$(Monique Arsenault，y)$\vee T$(Jay Johnson，y))

d) $\forall x\forall z\exists y((x\neq z)\rightarrow\neg(T(x,y)\wedge T(z,y)))$

e) $\exists x\exists z\forall y(T(x,y)\leftrightarrow T(z,y))$

f) $\forall x\forall z\exists y(T(x,y)\leftrightarrow T(z,y))$

8. 令 $Q(x,y)$ 为语句"学生 x 为竞猜节目 y 的参赛者"。用 $Q(x,y)$、量词和逻辑联结词表达下列语句，其中 x 的论域是你校所有学生的集合，y 的论域是所有电视上的竞猜节目。

a) 你校有位学生参加了一个电视竞猜节目。

b) 你校没有学生参加过电视竞猜节目。

c) 你校有位学生参加了"岌岌可危"(Jeopardy)和"幸运之轮"(Wheel of Fortune)两档电视竞猜节目。

d) 每个电视竞猜节目都有你校的一名参赛学生。

e) 你校至少有两名学生参加了"岌岌可危"节目。

9. 令 $L(x,y)$ 为语句"x 爱 y"，其中 x 和 y 的论域都是全世界所有人的集合。用量词表达下列语句。

a) 每个人都爱 Jerry 　　　**b)** 每个人都爱某个人

c) 有个每个人都爱的人 　　　**d)** 没有人爱每个人

e) 有个 Lydia 不爱的人 　　　**f)** 有个每人都不爱的人

g) 恰有一个每人都爱的人 　　　**h)** 恰有两个 Lynn 爱的人

i) 每个人都爱自己 　　　**j)** 有人除自己以外谁都不爱

10. 令 $F(x,y)$ 为语句"x 能愚弄 y"，其中 x 和 y 的论域为全世界所有人的集合。用量词表达下列语句。

a) 每个人都能愚弄 Fred 　　　**b)** Evelyn 能愚弄每个人

c) 每个人都能愚弄某个人 　　　**d)** 没有人能愚弄每个人

e) 每个人都会被某人愚弄 　　　**f)** 没有人能愚弄 Fred 和 Jerry 两个人

g) Nancy 恰能愚弄两个人 　　　**h)** 恰有一个每个人都能愚弄的人

i) 没有人能愚弄自己 　　　**j)** 有人除自己以外恰能愚弄一个人

11. 令 $S(x)$ 为谓词"x 是学生"，$F(x)$ 为谓词"x 是教员"，而 $A(x,y)$ 是谓词"x 向 y 请教过问题"，其中论域是你校所有人员的集合。用量词表达下列语句。

a) Lois 向 Michaels 教授请教过问题。

b) 每个学生都向 Gross 教授请教过问题。

c) 每位教员都向 Miller 教授请教过问题或被 Miller 教授请教过问题。

d) 某个学生从未向任何教员请教过问题。

e) 有位教员从未被学生请教过问题。

f) 有个学生向所有教员请教过问题。

g) 有位教员向所有其他教员请教过问题。

h) 有学生从未被教员请教过问题。

12. 令 $I(x)$ 为语句"x 有因特网连接"，$C(x, y)$ 为语句"x 和 y 在因特网上交谈过"，其中 x 和 y 的论域是你们班上所有学生的集合。用量词表达下列语句。

    a) Jerry 没有因特网连接。

    b) Rachel 没在因特网上与 Chelsea 交谈过。

    c) Jan 和 Sharon 从未在因特网上交谈过。

    d) 班上没有人与 Bob 交谈过。

    e) 除 Joseph 以外，Sanjay 与每个人都交谈过。

    f) 班上某人没有因特网连接。

    g) 班上并非每个人都有因特网连接。

    h) 班上恰有一人有因特网连接。

    i) 班上除一个学生外都有因特网连接。

    j) 班上每个有因特网连接的人至少与班上另一名学生在因特网上交谈过。

    k) 班上有人有因特网连接，但从未与班上其他人交谈过。

    l) 班上有两个学生没有在因特网上交谈过。

    m) 班上有个学生与班上每个人都在因特网上交谈过。

    n) 班上至少有两个学生没有与同一个人在因特网上交谈过。

    o) 班上有两个学生，他们两个合起来与班上其余每个人都交谈过。

13. 令 $M(x, y)$ 为"x 给 y 发过电子邮件"，$T(x, y)$ 为"x 给 y 打过电话"，其中论域为你们班上所有学生。用量词表达下列语句。（假定所有发出的电子邮件都能收到，尽管有时候并非如此。）

    a) Chou 从未给 Koko 发过电子邮件。

    b) Arlene 从未给 Sarah 发过电子邮件或打过电话。

    c) José 从未收到过 Deborah 的电子邮件。

    d) 班上每个学生都给 Ken 发过电子邮件。

    e) 班上没有人给 Nina 打过电话。

    f) 班上每个人或给 Avi 打过电话或给他发过电子邮件。

    g) 班上有某个学生给班上其他每个人都发过电子邮件。

    h) 班上有某个人给班上其他人或打过电话，或发过电子邮件。

    i) 班上有两个学生互发过电子邮件。

    j) 班上有一个学生给自己发过电子邮件。

    k) 班上有一个学生既没收到过班上其他人的电子邮件，也没接到过班上其他同学的电话。

    l) 班上每一个学生都从班上其他同学那里收到过电子邮件或接到过电话。

    m) 班上至少有两个学生，一个学生给另一个发过电子邮件，第二个学生则给第一个学生打过电话。

    n) 班上有两个同学，他们两个合起来给班上其余同学或发过电子邮件或打过电话。

14. 用量词和带有多个变量的谓词表达下列语句。

    a) 班上有个学生会说印地语。

    b) 班上每个学生都会玩一些运动项目。

    c) 班上某个学生去过阿拉斯加，但没去过夏威夷。

    d) 班上所有学生都至少学过一种程序设计语言。

    e) 班上有一个学生已选修了这个学校的某个系开设的所有课程。

    f) 班上某一个学生恰好与同班另一个学生在同一座城市长大。

    g) 班上每个学生都至少与另一位学生在至少一个聊天组里交谈过。

15. 用量词和带有多个变量的谓词表达下列语句。

    a) 每个计算机科学专业的学生都需要学一门离散数学课程。

    b) 班上有一个学生拥有一台个人计算机。

    c) 班上每个学生至少选修了一门计算机科学课程。

    d) 班上有一个学生至少选修了一门计算机科学课程。

    e) 班上每个学生都去过校园里的每座建筑。

    f) 班上有一个学生至少去过校园里的一座楼的每个房间。

g) 班上每个学生至少都去过校园里每座楼的一个房间。

16. 离散数学班上有 1 个数学专业的新生，12 个数学专业的二年级学生，15 个计算机科学专业的二年级学生，2 个数学专业的三年级学生，2 个计算机科学专业的三年级学生，以及 1 个计算机科学专业的四年级学生。用量词表达下列语句，再给出其真值。

  a) 班上有一个三年级学生。

  b) 班上每个学生都是计算机科学专业的。

  c) 班上有个学生既不是数学专业的，也不是三年级学生。

  d) 班上每个学生要么是二年级学生，要么是计算机科学专业的。

  e) 有一个专业使得该班级有这个专业每一个年级的学生。

17. 使用谓词、量词和逻辑联结词（如果有必要）表达下列系统规范说明。

  a) 每个用户恰能访问一个邮箱。

  b) 在所有错误状况下有某个进程能继续运行，仅当内核运行正确。

  c) 校园网的所有用户都能访问具有 .edu 后缀的 URL 的所有站点。

  ＊**d)** 恰有两个系统在监控每个远程服务器。

18. 使用谓词、量词和逻辑联结词（如果有必要）表达下列系统规范说明。

  a) 在各种故障情形下至少要有一个控制台必须可以访问。

  b) 只要档案文件包含该系统的每个用户发送的至少一条消息，每个用户的 E-mail 地址就可以被检索到。

  c) 对每个安全漏洞，至少一个机制可以检测到这个漏洞当且仅当有一个进程还未被损害。

  d) 至少有两条路径可以连接网络上任意两个不同的端点。

  e) 没有人知道系统上每个用户的口令，除了系统管理员以外，他知道所有口令。

19. 使用数学运算符和逻辑运算符、谓词及量词表达下列语句，其中论域是全体整数。

  a) 两个负整数的和是负数。

  b) 两个正整数的差不一定是正数。

  c) 两个整数的平方和大于等于它们的和的平方。

  d) 两个整数的积的绝对值等于它们的绝对值的积。

20. 使用谓词、量词、逻辑联结词和数学运算符表达下列语句，其中论域是全体整数。

  a) 两个负整数的积是正数。

  b) 两个正整数的平均数是正数。

  c) 两个负整数的差不一定是负数。

  d) 两个整数的和的绝对值不大于它们的绝对值的和。

21. 使用谓词、量词、逻辑联结词和数学运算符表达语句“每个正整数是四个整数的平方和”。

22. 使用谓词、量词、逻辑联结词和数学运算符表达语句“有一个正整数不是三个整数的平方和”。

23. 使用谓词、量词、逻辑联结词和数学运算符表达下列数学语句：

  a) 两个负实数的积是正数。　　　　　　**b)** 一个实数与它自身的差是零。

  c) 每个正实数恰有两个平方根。　　　　**d)** 负实数没有实数平方根。

24. 将下列嵌套量化式翻译成表达一个数学事实的汉语语句。论域均为全体实数。

  a) $\exists x \forall y(x+y=y)$

  b) $\forall x \forall y(((x\geqslant 0) \wedge (y<0)) \rightarrow (x-y>0))$

  c) $\exists x \exists y(((x\leqslant 0) \wedge (y\leqslant 0)) \wedge (x-y>0))$

  d) $\forall x \forall y((x\neq 0) \wedge (y\neq 0) \leftrightarrow (xy\neq 0))$

25. 将下列嵌套量化式翻译成表达一个数学事实的汉语语句。论域均为全体实数。

  a) $\exists x \forall y(xy=y)$

  b) $\forall x \forall y(((x<0) \wedge (y<0)) \rightarrow (xy>0))$

  c) $\exists x \exists y((x^2>y) \wedge (x<y))$

  d) $\forall x \forall y \exists z(x+y=z)$

26. 令 $Q(x, y)$ 为语句“$x+y=x-y$”。如果两个变量的论域都是整数集合，下列各项的真值是什么？

  a) $Q(1, 1)$ 　　　　　　　　　　　　**b)** $Q(2, 0)$

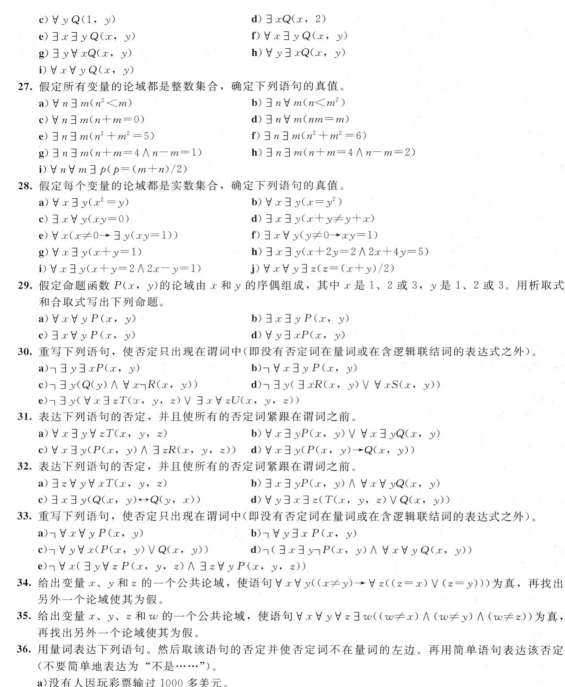

c) $\forall y\, Q(1,\ y)$　　　　　　　　　　d) $\exists x\, Q(x,\ 2)$

e) $\exists x\, \exists y\, Q(x,\ y)$　　　　　　　　f) $\forall x\, \exists y\, Q(x,\ y)$

g) $\exists y\, \forall x\, Q(x,\ y)$　　　　　　　　h) $\forall y\, \exists x\, Q(x,\ y)$

i) $\forall x\, \forall y\, Q(x,\ y)$

27. 假定所有变量的论域都是整数集合，确定下列语句的真值。

a) $\forall n\, \exists m(n^2 < m)$　　　　　　　b) $\exists n\, \forall m(n < m^2)$

c) $\forall n\, \exists m(n+m=0)$　　　　　　d) $\exists n\, \forall m(nm=m)$

e) $\exists n\, \exists m(n^2+m^2=5)$　　　　　f) $\exists n\, \exists m(n^2+m^2=6)$

g) $\exists n\, \exists m(n+m=4 \wedge n-m=1)$　　h) $\exists n\, \exists m(n+m=4 \wedge n-m=2)$

i) $\forall n\, \forall m\, \exists p(p=(m+n)/2)$

28. 假定每个变量的论域都是实数集合，确定下列语句的真值。

a) $\forall x\, \exists y(x^2=y)$　　　　　　　b) $\forall x\, \exists y(x=y^2)$

c) $\exists x\, \forall y(xy=0)$　　　　　　　d) $\exists x\, \exists y(x+y \neq y+x)$

e) $\forall x(x \neq 0 \rightarrow \exists y(xy=1))$　　　　f) $\exists x\, \forall y(y \neq 0 \rightarrow xy=1)$

g) $\forall x\, \exists y(x+y=1)$　　　　　　h) $\exists x\, \exists y(x+2y=2 \wedge 2x+4y=5)$

i) $\forall x\, \exists y(x+y=2 \wedge 2x-y=1)$　　j) $\forall x\, \forall y\, \exists z(z=(x+y)/2)$

29. 假定命题函数 $P(x,\ y)$ 的论域由 x 和 y 的序偶组成，其中 x 是 1、2 或 3，y 是 1、2 或 3。用析取式和合取式写出下列命题。

a) $\forall x\, \forall y\, P(x,\ y)$　　　　　　　b) $\exists x\, \exists y\, P(x,\ y)$

c) $\exists x\, \forall y\, P(x,\ y)$　　　　　　　d) $\forall y\, \exists x\, P(x,\ y)$

30. 重写下列语句，使否定只出现在谓词中（即没有否定词在量词或在含逻辑联结词的表达式之外）。

a) $\neg\, \exists y\, \exists x\, P(x,\ y)$　　　　　　b) $\neg\, \forall x\, \exists y\, P(x,\ y)$

c) $\neg\, \exists y(Q(y) \wedge \forall x\, \neg R(x,\ y))$　　　d) $\neg\, \exists y(\exists x\, R(x,\ y) \vee \forall x\, S(x,\ y))$

e) $\neg\, \exists y(\forall x\, \exists z\, T(x,\ y,\ z) \vee \exists x\, \forall z\, U(x,\ y,\ z))$

31. 表达下列语句的否定，并且使所有的否定词紧跟在谓词之前。

a) $\forall x\, \exists y\, \forall z\, T(x,\ y,\ z)$　　　　　　b) $\forall x\, \exists y\, P(x,\ y) \vee \forall x\, \exists y\, Q(x,\ y)$

c) $\forall x\, \exists y(P(x,\ y) \wedge \exists z\, R(x,\ y,\ z))$　　d) $\forall x\, \exists y(P(x,\ y) \rightarrow Q(x,\ y))$

32. 表达下列语句的否定，并且使所有的否定词紧跟在谓词之前。

a) $\exists z\, \forall y\, \forall x\, T(x,\ y,\ z)$　　　　　b) $\exists x\, \exists y\, P(x,\ y) \wedge \forall x\, \forall y\, Q(x,\ y)$

c) $\exists x\, \exists y(Q(x,\ y) \leftrightarrow Q(y,\ x))$　　　d) $\forall y\, \exists x\, \exists z(T(x,\ y,\ z) \vee Q(x,\ y))$

33. 重写下列语句，使否定只出现在谓词中（即没有否定词在量词或在含逻辑联结词的表达式之外）。

a) $\neg\, \forall x\, \forall y\, P(x,\ y)$　　　　　　b) $\neg\, \forall y\, \exists x\, P(x,\ y)$

c) $\neg\, \forall y\, \forall x(P(x,\ y) \vee Q(x,\ y))$　　　d) $\neg\, (\exists x\, \exists y\, \neg P(x,\ y) \wedge \forall x\, \forall y\, Q(x,\ y))$

e) $\neg\, \forall x(\exists y\, \forall z\, P(x,\ y,\ z) \wedge \exists z\, \forall y\, P(x,\ y,\ z))$

34. 给出变量 x、y 和 z 的一个公共论域，使语句 $\forall x\, \forall y((x \neq y) \rightarrow \forall z((z=x) \vee (z=y)))$ 为真，再找出另外一个论域使其为假。

35. 给出变量 x、y、z 和 w 的一个公共论域，使语句 $\forall x\, \forall y\, \forall z\, \exists w((w \neq x) \wedge (w \neq y) \wedge (w \neq z))$ 为真，再找出另外一个论域使其为假。

36. 用量词表达下列语句。然后取该语句的否定并使否定词不在量词的左边。再用简单语句表达该否定（不要简单地表达为 "不是……"）。

a) 没有人因玩彩票输过 1000 多美元。

b) 班上有一个学生恰好与另一个学生交谈过。

c) 班上没人恰好给班里另外两个学生发过电子邮件。

d) 某个学生已求解了本书的每道练习。

e) 没有学生求解过本书每节至少一道练习。

37. 用量词表达下列语句。然后取该语句的否定并使否定词不在量词的左边。再用简单语句表达该否定（不要简单地表达为 "不是……"）。

a) 班上每个学生都恰好选修过本校两门数学课。

　　b) 有人去过世界上除利比亚以外的每个国家。

　　c) 没有人攀登过喜马拉雅山的每座山峰。

　　d) 每位电影演员或者跟与 Kevin Bacon 拍过一部电影，或者跟与 Kevin Bacon 拍过一部电影的人拍过一部电影。

38. 用量词和语句表达下列命题的否定。

　　a) 班上每个学生都喜欢数学。

　　b) 班上有一个学生从来没见过计算机。

　　c) 班上有一个学生选修过本校开设的每门数学课。

　　d) 班上有一个学生去过校园内每座楼的至少一个房间。

39. 找出下列全称量化语句的反例（如果可能的话），其中所有变量的论域是全体整数。

　　a) $\forall x \forall y(x^2 = y^2 \to x = y)$　　　　　　　　**b)** $\forall x \exists y(y^2 = x)$

　　c) $\forall x \forall y(xy \geqslant x)$

40. 找出下列全称量化语句的反例（如果可能的话），其中所有变量的论域是全体整数。

　　a) $\forall x \exists y(x = 1/y)$　　　　　　　　　　　**b)** $\forall x \exists y(y^2 - x < 100)$

　　c) $\forall x \forall y(x^2 \neq y^3)$

41. 用量词表达实数乘法的结合律。

42. 用量词表达实数乘法对加法的分配律。

43. 用量词和逻辑联结词表示这样的事实：每个实系数线性多项式（即 1 次多项式），其中 x 的系数为非零，有恰好一个实根。

44. 用量词和逻辑联结词表示这样的事实：每个实系数二次多项式至多有两个实根。

45. 确定语句 $\forall x \exists y(xy = 1)$ 的真值，如果变量的论域为

　　a) 非零实数。　　　　　　　　　**b)** 非零整数。　　　　　　　　　**c)** 正实数。

46. 确定语句 $\exists x \forall y(x \leqslant y^2)$ 的真值，如果变量的论域为

　　a) 正实数。　　　　　　　　　　**b)** 整数。　　　　　　　　　　**c)** 非零实数。

47. 证明两个语句 $\neg \exists x \forall y\, P(x, y)$ 和 $\forall x \exists y \neg P(x, y)$ 是逻辑等价的，这里两个 $P(x, y)$ 第一个变元的量词具有相同的论域，两个 $P(x, y)$ 第二个变元的量词也具有相同的论域。

*48. 证明 $\forall x P(x) \lor \forall x Q(x)$ 和 $\forall x \forall y(P(x) \lor Q(y))$ 是逻辑等价的，这里所有量词都有相同的非空论域。（新变量 y 用来把量化式正确地组合在一起。）

*49. a) 证明 $\forall x P(x) \land \exists x Q(x)$ 和 $\forall x \exists y(P(x) \land Q(y))$ 是逻辑等价的，这里所有量词都有相同的非空论域。

　　b) 证明 $\forall x P(x) \lor \exists x Q(x)$ 和 $\forall x \exists y(P(x) \lor Q(y))$ 是逻辑等价的，这里所有量词都有相同的非空论域。

一个语句称为是**前束范式**（prenex normal form，PNF）当且仅当其表达形式为

$$Q_1 x_1 Q_2 x_2 \cdots Q_k x_k P(x_1, x_2, \cdots, x_k)$$

其中每个 $Q_i (i = 1, 2, \cdots, k)$ 或是全称量词或是存在量词，并且 $P(x_1, x_2, \cdots, x_k)$ 是不含量词的谓词。例如 $\exists x \forall y(P(x, y) \land Q(y))$ 是前束范式，而 $\exists x P(x) \lor \forall x Q(x)$ 不是（因为并不是所有量词都先出现）。每个由命题变量、谓词、**T** 和 **F**，用并逻辑联结词和量词构成的语句都等价于一个前束范式。练习 51 要求对这一事实给出证明。

*50. 把下列语句改为前束范式。〔提示：利用 1.3 节的表 6 和表 7，1.4 节表 2 中的等价式，1.4 节的例 19，1.4 节的练习 47~48，以及练习 48 和 49。〕

　　a) $\exists x P(x) \lor \exists x Q(x) \lor A$，其中 A 是不含量词的命题。

　　b) $\neg(\forall x P(x) \lor \forall x Q(x))$

　　c) $\exists x P(x) \to \exists x Q(x)$

**51. 证明如何把任意语句变换为与之等价的前束范式。（注意：本练习的一个正式的解需要用到 5.3 节的结构归纳法。）

*52. 用全称量化、存在量化和逻辑运算符来表达 1.4 节中引入的量化式 $\exists! x P(x)$。

1.6 推理规则

1.6.1 引言

本章后一部分我们将学习证明。数学中的证明是建立数学命题真实性的有效论证。所谓的**论证**(argument),是指一连串的命题并以结论为最后的命题。所谓**有效性**(valid),是指结论或论证的最后一个命题必须根据论证过程前面的命题或**前提**(premise)的真实性推出。也就是说,一个论证是有效的当且仅当不可能出现所有前提为真而结论为假的情况。为从已知命题中推出新的命题,我们应用推理规则,这是构造有效论证的模板。推理规则是建立命题真实性的基本工具。

在学习数学证明之前,我们先看看只涉及复合命题的论证。我们定义涉及复合命题的论证的有效性是什么意思。然后我们引入一系列命题逻辑的推理规则。这些规则是在产生有效论证时最重要的组成部分。在解释推理规则如何用于产生有效论证后,我们还将描述一些常见的错误推理,也称为**谬误**(fallacy),它直接导致无效论证。

在学习命题逻辑的推理规则后,我们会引入量化命题的推理规则。我们将描述这些推理规则如何用于产生有效论证。这些用于涉及存在量词和全称量词的语句的推理规则在计算机科学和数学中扮演着非常重要的角色,尽管在使用时常常不会刻意提及。

最后,我们将展示命题的推理规则和量化命题的推理规则如何结合使用。这些推理规则在复杂的论证中通常结合在一起使用。

1.6.2 命题逻辑的有效论证

考虑下面涉及命题的论证(按定义是指一连串的命题):

> "如果你有一个当前密码,那么你可以登录到网络。"
>
> "你有一个当前密码。"
>
> 所以,
>
> "你可以登录到网络。"

我们想确定这是否是一个有效论证。也就是说,想要确定当前提"如果你有一个当前的密码,那么你可以登录到网络"和"你有一个当前密码"都为真时,结论"你可以登录到网络"是否为真。

在讨论这个特定论证的有效性之前,我们来看看它的形式。用 p 代表"你有一个当前密码",用 q 代表"你可以登录到网络"。那么,这个论证形式化表示如下:

$$\begin{array}{l} p \rightarrow q \\ \underline{\quad p \quad} \\ \therefore q \end{array}$$

其中 $\therefore$ 是表示"所以"的符号。

我们知道,当 p 和 q 是命题变量时,语句 $((p \rightarrow q) \wedge p) \rightarrow q$ 是一个永真式(见 1.3 节练习 12c)。特别地,当 $p \rightarrow q$ 和 p 都为真时,我们知道 q 肯定为真。我们说语句的这种论证形式是**有效的**,因为无论什么时候,只要它的所有前提(论证中的所有语句,不包含最后的一句结论)为真,那么结论也必须为真。现在假设"如果你有一个当前密码,那么你可以登录到网络"和"你有一个当前密码"都为真。当用 p 表示"你有一个当前密码",用 q 表示"你可以登录到网络",那么接下来必然的结论是"你可以登录到网络"为真。这个论证是有效的,因为它的形式是有效的。注意,无论用什么命题替换 p 和 q,只要 $p \rightarrow q$ 和 p 都为真,那么 q 也肯定为真。

当用命题替换这个论证形式中的 p 和 q,但是 p 和 $p \rightarrow q$ 不都为真时又会如何呢?比如,假设 p 代表"你可以访问网络",q 代表"你能够改变你的成绩",并且 p 为真,但是 $p \rightarrow q$ 为假。在论证形式中替换 p 和 q 的值所得到的论证为:

"如果你可以访问网络，那么你能够改变你的成绩。"

"你可以访问网络。"

∴ "你能够改变你的成绩。"

该论证是有效论证，但是因为其中一个前提即第一个前提为假，所以不能得出结论为真（很可能，这个结论为假）。

在讨论中，为了分析一个论证，我们用命题变量代替命题。这将一个论证改变为一个 **论证形式**。我们发现，一个论证的有效性来自论证形式的有效性。用这些关键概念的定义来总结用于讨论论证有效性的术语。

> **定义 1** 命题逻辑中的一个论证是一连串的命题。除了论证中最后一个命题外都叫作前提，最后那个命题叫作结论。一个论证是有效的，如果它的所有前提为真蕴含着结论为真。
>
> 命题逻辑中的论证形式是一连串涉及命题变量的复合命题。无论用什么特定命题来替换其中的命题变量，如果前提均真时结论为真，则称该论证形式是有效的。

评注 从有效论证形式的定义可知，当 $(p_1 \wedge p_2 \wedge \cdots \wedge p_n) \rightarrow q$ 是永真式时，带有前提 p_1，p_2，…，p_n 以及结论 q 的论证形式是有效的。

证明命题逻辑中论证有效性的关键就是要证明它的论证形式的有效性。因此，我们就需要有证明论证形式有效性的技术。现在我们将建立完成这一任务的方法。

1.6.3 命题逻辑的推理规则

我们总是可以用一个真值表来证明一个论证形式是有效的。通过证明只要前提为真则结论也就肯定为真来做到这一点。然而，这会是一个冗长乏味的方法。例如，当论证形式涉及 10 个不同的命题变量时，用真值表证明这个论证形式的有效性就需要 $2^{10} = 1024$ 行。幸运的是，我们不是必须采用真值表。反之，我们可以先建立一些相对简单的论证形式（称为 **推理规则**）的有效性。这些推理规则可以作为基本构件用来构造更多复杂的有效论证形式。现在我们将介绍命题逻辑中最重要的推理规则。

永真式 $(p \wedge (p \rightarrow q)) \rightarrow q$ 是称为 **假言推理**（modus ponens）或 **分离规则**（law of detachment）的推理规则的基础。（拉丁文 modus ponens 的意思是确认模式（mode that affirms）。）这个永真式导出了下面的有效论证形式，即在我们开始关于论证的讨论中已经看到的（同前，这里符号 ∴ 表示"所以"）：

$$
\begin{array}{l}
p \\
p \rightarrow q \\
\hline
\therefore q
\end{array}
$$

采用这种记法，将前提写成一列，随之是一条横线，接下来的一行以所以符号开头并以结论结尾。特别地，假言推理告诉我们，如果一个条件语句以及它的前提都为真，那么结论肯定为真。例 1 解释了假言推理的应用。

例 1 假设条件语句"如果今天下雪，那么我们就去滑雪"以及它的前提"今天正在下雪"为真。那么，根据假言推理，条件语句的结论"我们就去滑雪"为真。◀

就像前面提到的，当一个或更多前提为假时，一个有效论证可能会导致一个错误的结论。在例 2 中将再次说明。

例 2 确定如下给定的论证是否有效，并且确定由论证的有效性是否可以推出它的结论一定为真。

"如果 $\sqrt{2} > \dfrac{3}{2}$，那么 $(\sqrt{2})^2 > \left(\dfrac{3}{2}\right)^2$。

我们知道 $\sqrt{2} > \dfrac{3}{2}$，因此 $(\sqrt{2})^2 = 2 > \left(\dfrac{3}{2}\right)^2 = \dfrac{9}{4}$。"

解 令 p 为命题 "$\sqrt{2} > \dfrac{3}{2}$"，令 q 为 $2 > \left(\dfrac{3}{2}\right)^2$。论证的前提为 $p \to q$ 和 p，而 q 是结论。这个论证是有效的，因为这可以通过假言推理这个有效论证形式来构造。然而，其中的前提 $\sqrt{2} > \dfrac{3}{2}$ 为假。因此，我们不能得出结论为真。此外，注意这个论证的结论为假，因为 $2 < \dfrac{9}{4}$。 ◀

命题逻辑有许多很有用的推理规则。可能应用最广泛的推理规则如表 1 所示。1.3 节练习 13～16、25、33 以及 34 要求证明这些推理规则是有效的论证形式。我们现在给出一些用到这些推理规则的论证的例子。在每一个论证中，首先用命题变量表达论证中的命题。然后我们证明所得论证形式是表 1 中的一个推理规则。

表 1　推理规则

推 理 规 则	永　真　式	名　称
p $p \to q$ $\therefore q$	$(p \wedge (p \to q)) \to q$	假言推理
$\neg q$ $p \to q$ $\therefore \neg p$	$(\neg q \wedge (p \to q)) \to \neg p$	取拒式
$p \to q$ $q \to r$ $\therefore p \to r$	$((p \to q) \wedge (q \to r)) \to (p \to r)$	假言三段论
$p \vee q$ $\neg p$ $\therefore q$	$((p \vee q) \wedge \neg p) \to q$	析取三段论
p $\therefore p \vee q$	$p \to (p \vee q)$	附加律
$p \wedge q$ $\therefore p$	$(p \wedge q) \to p$	化简律
p q $\therefore p \wedge q$	$((p) \wedge (q)) \to (p \wedge q)$	合取律
$p \vee q$ $\neg p \vee r$ $\therefore q \vee r$	$((p \vee q) \wedge (\neg p \vee r)) \to (q \vee r)$	消解律

例 3 说出下列论证的基础是哪个推理规则："现在气温在冰点以下。因此，要么现在气温在冰点以下，要么正在下雨。"

解 设 p 是命题 "现在气温在冰点以下"，而 q 是命题 "现在正在下雨"。那么这个论证形如

$$\dfrac{p}{\therefore p \vee q}$$

这是使用附加律的论证。 ◀

例 4 说出下列论证的基础是哪个推理规则："现在气温在冰点以下并且现在正在下雨。因此，现在气温在冰点以下。"

解 设 p 是命题 "现在气温在冰点以下"，而 q 是命题 "现在正在下雨"。这个论证形如

$$\dfrac{p \wedge q}{\therefore p}$$

这个论证使用了化简律。 ◀

例5 说出在下列论证里使用了哪个推理规则：

如果今天下雨，则我们今天就不吃烧烤了。如果我们今天不吃烧烤，则我们明天再吃烧烤。因此，如果今天下雨，则我们明天吃烧烤。

解　设 p 是命题"今天下雨"，设 q 是命题"我们今天不吃烧烤"，而设 r 是命题"我们明天吃烧烤"。则这个论证形如

$$p \to q$$
$$\underline{q \to r}$$
$$\therefore p \to r$$

因此，这个论证是假言三段论。　　◀

1.6.4　使用推理规则建立论证

当有多个前提时，常常需要用到多个推理规则来证明一个论证是有效的。例6和例7给出了解释，其中论证的每个步骤都显示在不同的行，并明确地写出每一步的理由。这些例子也可以用来证明如何使用推理规则来分析自然语言表述的论证。

例6 证明前提"今天下午不是晴天并且今天比昨天冷"，"只有今天下午是晴天，我们才去游泳"，"如果我们不去游泳，则我们将乘独木舟游览"，以及"如果我们乘独木舟游览，则我们将在黄昏前回家"，推导出结论"我们将在黄昏前回家"。

解　设 p 是命题"今天下午是晴天"，q 是命题"今天比昨天冷"，r 是命题"我们将去游泳"，s 是命题"我们将乘独木舟游览"，而 t 是命题"我们将在黄昏前回家"。那么这些前提表示为 $\neg p \wedge q$，$r \to p$，$\neg r \to s$，$s \to t$。结论则是 t。针对假设 $\neg p \wedge q$、$r \to p$、$\neg r \to s$，以及 $s \to t$ 和结论 t，我们需要给出一个有效论证。

如下构造一个论证来证明我们的前提能导致期望的结论。

步骤	理由
1. $\neg p \wedge q$	前提引入
2. $\neg p$	化简律，用(1)
3. $r \to p$	前提引入
4. $\neg r$	取拒式，用(2)和(3)
5. $\neg r \to s$	前提引入
6. s	假言推理，用(4)和(5)
7. $s \to t$	前提引入
8. t	假言推理，用(6)和(7)

注意我们也可以用真值表来证明只要四个前提的每一个都为真，那么结论也为真。然而，因为这里有5个命题变量 p、q、r、s 和 t，这样的真值表就会有32行。　　◀

例7 证明前提"如果你发电子邮件给我，则我会写完程序"，"如果你不发电子邮件给我，则我会早点睡觉"，以及"如果我早点睡觉，则我醒来时会感觉精力充沛"，导致结论"如果我不写完程序，则我醒来时会感觉精力充沛"。

解　设 p 是命题"你发电子邮件给我"，q 是命题"我会写完程序"，r 是命题"我早点睡觉"，而 s 是命题"我醒来时会感觉精力充沛"。则这些前提是 $p \to q$，$\neg p \to r$，$r \to s$。期望的结论是 $\neg q \to s$。针对假设 $p \to q$、$\neg p \to r$，以及 $r \to s$ 和结论 $\neg q \to s$ 我们需要给出一个有效论证。

这样的论证形式证明这些前提导出期望的结论。

步骤	理由
1. $p \to q$	前提引入
2. $\neg q \to \neg p$	(1)的逆否命题
3. $\neg p \to r$	前提引入

4. $\neg q \rightarrow r$ 假言三段论，用(2)和(3)

5. $r \rightarrow s$ 前提引入

6. $\neg q \rightarrow s$ 假言三段论，用(4)和(5)

1.6.5 消解律

已经开发出的计算机程序能够将定理的推理和证明任务自动化。许多这类程序利用称为**消解律**（resolution）的推理规则。这个推理规则基于永真式：

$$((p \vee q) \wedge (\neg p \vee r)) \rightarrow (q \vee r)$$

（此永真式的验证见1.3节练习34。）消解规则最后的析取式 $q \vee r$ 称为**消解式**（resolvent）。当在此永真式中令 $q = r$ 时，可得 $(p \vee q) \wedge (\neg p \vee q) \rightarrow q$。而且，当令 $r = \mathbf{F}$ 时，可得 $(p \vee q) \wedge (\neg p) \rightarrow q$（因为 $q \vee \mathbf{F} \equiv q$），这是永真式，析取三段论规则就基于此式。

例8 使用消解律证明，假设"Jasmine 在滑雪或现在没有下雪"和"现在下雪了或 Bart 在打曲棍球"蕴含结论"Jasmine 在滑雪或 Bart 在打曲棍球。"

解 令 p 为命题"现在下雪了"，q 为命题"Jasmine 在滑雪"，r 为命题"Bart 在打曲棍球"。我们可以将假设分别表示为 $\neg p \vee q$ 和 $p \vee r$。使用消解律，命题 $q \vee r$ 即"Jasmine 在滑雪或者 Bart 在打曲棍球"成立。

消解律在基于逻辑规则的编程语言中扮演着重要的角色，如在 Prolog 中（其中用到了量化命题的消解规则）。而且，可以用消解律来构建自动定理证明系统。要使用消解律作为仅有的推理规则来构造命题逻辑中的证明，假设和结论必须表示为**子句**（clause），这里子句是指变量或其否定的一个析取式。我们可以将命题逻辑中非子句的语句用一个或多个等价的子句语句来替换。例如，假定有一个形如 $p \vee (q \wedge r)$ 的语句。因为 $p \vee (q \wedge r) \equiv (p \vee q) \wedge (p \vee r)$，所以我们可以用两个子句 $p \vee q$ 和 $p \vee r$ 来代替 $p \vee (q \wedge r)$。我们可以用语句 $\neg p$ 和 $\neg q$ 来代替形如 $\neg(p \vee q)$ 的语句，因为德·摩根律表明 $\neg(p \vee q) \equiv \neg p \wedge \neg q$。我们也可以用等价的析取式 $\neg p \vee q$ 来代替条件语句 $p \rightarrow q$。

例9 证明假设 $(p \wedge q) \vee r$ 和 $r \rightarrow s$ 蕴含结论 $p \vee s$。

解 可以将假设 $(p \wedge q) \vee r$ 重写为两个子句 $p \vee r$ 和 $q \vee r$。还可以将 $r \rightarrow s$ 替换为等价的子句 $\neg r \vee s$。使用子句 $p \vee r$ 和 $\neg r \vee s$，通过消解律便可得出结论 $p \vee s$。

1.6.6 谬误

几种常见的谬误都来源于不正确的论证。这些谬误看上去像是推理规则，但是它们是基于可满足式而不是永真式。这里讨论这些谬误，是为了说明在正确与不正确的推理之间的区别。

命题 $((p \rightarrow q) \wedge q) \rightarrow p$ 不是永真式，因为当 p 为假而 q 为真时，它为假。不过，有许多不正确论证把它当作永真式。换句话说，它们把前提 $p \rightarrow q$ 和 q 及结论 p 当作有效论证形式，其实不然。这类不正确的推理称为**肯定结论的谬误**（fallacy of affirming the conclusion）。

例10 下列论证是否有效？

如果你做本书的每一道练习，则你就学习离散数学。你学过离散数学。

因此，你做过本书的每一道练习。

解 设 p 是命题"你做过本书的每一道练习"。设 q 是命题"你学过离散数学"。这个论证形式是：如果 $p \rightarrow q$ 并且 q，则 p。这就是使用肯定结论谬误的不正确推理的一个例子。事实上，你可能通过其他某种方式而不是通过做本书的每一道练习来学习离散数学。（你可能通过阅读、听讲座、做本书的一些但不是全部练习等方式来学习离散数学。）

命题 $((p \rightarrow q) \wedge \neg p) \rightarrow \neg q$ 不是永真式，因为当 p 为假而 q 为真时，它为假。许多不正确的论证都错误地把它当作推理规则。这类不正确的推理称为**否定假设的谬误**（fallacy of denying the hypothesis）。

例 11 设 p 和 q 与例 10 一样。如果条件语句 $p \rightarrow q$ 为真，并且 $\neg p$ 为真，则得出 $\neg p$ 为真是否正确？换句话说，假定如果你做本书里每一道练习，则你就学习了离散数学；那么如果你没有做过本书里每一道练习，那么是否可以认为你没有学习离散数学？

　　解　即使你没有做过本书里每一道练习，你也可能学过离散数学。这个不正确的论证具有这样的形式：$p \rightarrow q$ 和 $\neg p$ 蕴含 $\neg q$，这是一个否定假设的谬误的例子。　　◀

1.6.7　量化命题的推理规则

　　我们已经讨论了命题的推理规则。现在将要描述针对含有量词的命题的一些重要的推理规则。这些推理规则广泛地应用在数学论证中，但通常不会显式地提及。

　　全称实例（universal instantiation）是从给定前提 $\forall x P(x)$ 得出 $P(c)$ 为真的推理规则，其中 c 是论域里的一个特定的成员。当我们从命题"所有女人都是聪明的"得出"Lisa 是聪明的"结论时，这就使用了全称实例规则，其中 Lisa 是所有女人构成的论域中的一员。

　　全称引入（universal generalization）是从对论域里所有元素 c 都有 $P(c)$ 为真的前提推出 $\forall x P(x)$ 为真的推理规则。我们可以通过从论域中任意取一个元素 c 并证明 $P(c)$ 为真来证明 $\forall x P(x)$ 为真时，这就使用了全称引入规则。所选择的元素 c 必须是论域里一个任意的元素，而不是特定的元素。也就是说，当我们从 $\forall x p(x)$ 断言对于论域中元素 c 的存在性时，我们不能对 c 进行控制，并且除了 c 来自论域以外不能对 c 做出任何其他假设。在许多数学证明里都隐含地使用全称引入，而很少明确地指出来。然而，当应用全称引入时错误地添加关于任意元素 c 莫名假设是错误推理中屡见不鲜的。

　　存在实例（existential instantiation）是允许从"如果我们知道 $\exists x P(x)$ 为真，得出在论域中存在一个元素 c 使得 $P(c)$ 为真"的推理规则。这里不能选择一个任意值的 c，而必须是使得 $P(c)$ 为真的那个 c。通常我们不知道 c 是什么，而仅仅知道它存在。因为它存在，所以可以给它一个名称（c）从而继续论证。

　　存在引入（existential generalization）是用来从"已知有一特定的 c 使 $P(c)$ 为真时得出 $\exists x P(x)$ 为真"的推理规则。即如果我们知道论域里一个元素 c 使得 $P(c)$ 为真，则我们就知道 $\exists x P(x)$ 为真。

　　这些推理规则总结在表 2 中。例 12 和例 13 将要说明如何使用量化命题的推理规则。

表 2　量化命题的推理规则

推 理 规 则	名　称
$\dfrac{\forall x P(x)}{\therefore P(c)}$	全称实例
$\dfrac{P(c)，任意\ c}{\therefore \forall x P(x)}$	全称引入
$\dfrac{\exists x P(x)}{\therefore P(c)，对某个元素\ c}$	存在实例
$\dfrac{P(c)，对某个元素\ c}{\therefore \exists x P(x)}$	存在引入

　　例 12 证明前提"在这个离散数学班上的每个人都学过一门计算机课程"和"Marla 是这个班上的一名学生"蕴含结论"Marla 学过一门计算机课程"。

Extra Examples

　　解　设 $D(x)$ 表示"x 在这个离散数学班上的"，并且设 $C(x)$ 表示"x 学过一门计算机课程"。则前提是 $\forall x(D(x) \rightarrow C(x))$ 和 $D(\text{Marla})$。结论是 $C(\text{Marla})$。

　　下列步骤可以用来从前提建立结论。

步骤　　　　　　　　　　　　　　　　**理由**

1. $\forall x(D(x) \rightarrow C(x))$　　　　　　　前提引入

2. $D(\text{Marla}) \rightarrow C(\text{marla})$ 　　　　全称实例，用(1)

3. $D(\text{Marla})$ 　　　　　　　　　前提引入

4. $C(\text{Marla})$ 　　　　　　　　　假言推理，用(2)和(3) ◀

例 13 证明前提"这个班上有个学生没有读过这本书"和"这个班上的每个人都通过了第一次考试"蕴含结论"通过第一次考试的某个人没有读过这本书"。

解 令 $C(x)$ 表示"x 在这个班上"，$B(x)$ 表示"x 读过这本书"，$P(x)$ 表示"x 通过了第一次考试"。前提是 $\exists x(C(x) \wedge \neg B(x))$ 和 $\forall x(C(x) \rightarrow P(x))$。结论是 $\exists x(P(x) \wedge \neg B(x))$。下列步骤可以用来从前提建立结论。

步骤 　　　　　　　　　　　　**理由**

1. $\exists x(C(x) \wedge \neg B(x))$ 　　　　前提引入

2. $C(a) \wedge \neg B(a)$ 　　　　　　　存在实例，用(1)

3. $C(a)$ 　　　　　　　　　　　　化简律，用(2)

4. $\forall x(C(x) \rightarrow P(x))$ 　　　　　前提引入

5. $C(a) \rightarrow P(a)$ 　　　　　　　　全称实例，用(4)

6. $P(a)$ 　　　　　　　　　　　　假言推理，用(3)和(5)

7. $\neg B(a)$ 　　　　　　　　　　　化简律，用(2)

8. $P(a) \wedge \neg B(a)$ 　　　　　　　合取律，用(6)和(7)

9. $\exists x(P(x) \wedge \neg B(x))$ 　　　　存在引入，用(8) ◀

1.6.8　命题和量化命题推理规则的组合使用

我们已经建立了命题的推理规则和量化命题的推理规则。注意我们在例 12 和例 13 的论证中既用了全称实例（量化命题推理规则）也用了假言推理（命题推理规则）。我们常常需要组合使用这些推理规则。由于全称实例和假言推理在一起使用是如此广泛，所以这种规则的组合有时称为**全称假言推理**（universal modus ponens）。这个规则告诉我们：如果 $\forall x(P(x) \rightarrow Q(x))$ 为真，并且如果 $P(a)$ 对在全称量词论域中的一个特定元素 a 为真，那么 $Q(a)$ 也肯定为真。为了看清这点，请注意由全称实例可得 $P(a) \rightarrow Q(a)$ 为真。然后，由假言推理可得 $Q(a)$ 也肯定为真。可以将全称假言推理描述如下：

$$\forall x(P(x) \rightarrow Q(x))$$
$$\underline{P(a)，其中 a 是论域中一个特定的元素}$$
$$\therefore \ Q(a)$$

全称假言推理常常用于数学论证中。这将在例 14 中说明。

例 14 假定"对所有正整数 n，如果 n 大于 4，那么 n^2 小于 2^n"为真。用全称假言推理证明 $100^2 < 2^{100}$。

解 令 $P(n)$ 表示"$n > 4$"，$Q(n)$ 表示"$n^2 < 2^n$"。语句"对所有正整数 n，如果 n 大于 4，那么 n^2 小于 2^n"可以表示为 $\forall n(P(n) \rightarrow Q(n))$，其中论域为所有正整数。假设 $\forall n(P(n) \rightarrow Q(n))$ 为真。注意，因为 $100 > 4$，所以 $P(100)$ 为真。接着由全称假言推理可知 $Q(100)$ 为真，即 $100^2 < 2^{100}$。 ◀

另一个重要的命题逻辑推理规则和量化命题推理规则的组合是**全称取拒式**（universal modus tollens）。全称取拒式将全称实例和取拒式组合在一起，可以用如下方式表达：

$$\forall x(P(x) \rightarrow Q(x))$$
$$\underline{\neg Q(a)，其中 a 是论域中一个特定的元素}$$
$$\therefore \ \neg P(a)$$

全称取拒式的证明留作练习 25。练习 26~29 将设计更多的命题逻辑推理规则和量化命题推理规则的组合规则。

练习

1. 找出下列论证的论证形式，并判定是否有效。如果前提为真，能断定结论为真吗？

> 如果苏格拉底是人，那么苏格拉底是会死的。
>
> 苏格拉底是人
>
> ∴苏格拉底是会死的

2. 找出下列论证的论证形式，并判定是否有效。如果前提为真，能断定结论为真吗？

> 如果 George 没有 8 条腿，那么它就不是蜘蛛。
>
> George 是蜘蛛。
>
> ∴George 有 8 条腿

3. 在下列每个论证里使用了什么推理规则？

a) Alice 主修数学。因此，Alice 主修数学或计算机科学。

b) Jerry 主修数学和计算机科学。因此，Jerry 主修数学。

c) 如果今天下雨，则游泳池将关闭。今天下雨。因此，游泳池关闭。

d) 如果今天下雪，则大学将关闭。今天大学没有关闭。因此，今天没有下雪。

e) 如果我去游泳，则我会在太阳下停留过久。如果我在太阳下停留过久，则我会有晒斑。因此，如果我去游泳，则我会有晒斑。

4. 在下列每个论证里使用了什么推理规则？

a) 袋鼠生活在澳大利亚并且是有袋类动物。因此，袋鼠是有袋类动物。

b) 今天气温高于 100 度或者污染是有害的。今天外面气温低于 100 度。因此，污染是有害的。

c) Linda 是优秀的游泳者。如果 Linda 是优秀的游泳者，则她可以当救生员。因此，Linda 可以当救生员。

d) 今年夏天 Steve 将在计算机公司工作。因此，今年夏天 Steve 将在计算机公司工作或者在海滩闲逛。

e) 如果我整夜做这个作业，则我可以解答所有的习题。如果我解答所有的习题，则我会理解这些资料。因此，如果我整夜地做这个作业，则我会理解这些资料。

5. 使用推理规则证明前提"Randy 很用功"、"如果 Randy 很用功，则他是一个笨孩子"以及"如果 Randy 是一个笨孩子，则他不会得到工作"蕴含着结论"Randy 不会得到工作"。

6. 使用推理规则证明前提"如果天不下雨或天不起雾，则帆船比赛将举行并且救生表演将进行"、"如果帆船比赛举行，则将颁发奖杯"以及"没有颁发奖杯"蕴含着结论"天下雨了"。

7. 在下面的著名论证里使用了什么推理规则？"所有的人都是要死的。苏格拉底是人。因此，苏格拉底是要死的。"

8. 在下面的论证里使用了什么推理规则？"没有人是岛屿。曼哈顿是岛屿。因此，曼哈顿不是人。"

9. 对下列的每组前提，可以得出什么样的相关结论？试解释从前提获得每个结论时所使用的推理规则。

a) "如果我某天休假，则那天下雨或下雪。""我在周二休假或在周四休假。""周二出太阳。""周四未下雪。"

b) "如果我吃了辣的食物，则我会做奇怪的梦。""如果我睡觉时打雷，则我会做奇怪的梦。""我没有做奇怪的梦。"

c) "我或者聪明或者幸运。""我不幸运。""如果我幸运，则我将赢得大奖。"

d) "每个主修计算机科学的人都有一台个人计算机。""Ralph 没有个人计算机。""Ann 有一台个人计算机。"

e) "对公司有利的就对美国有利。""对美国有利的就对你有利。""对公司有利的就是你购买许多东西。"

f) "所有的啮齿类动物都啃咬它们的食物。""老鼠是啮齿类动物。""野兔不啃咬它们的食物。""蝙蝠不是啮齿类动物。"

10. 对下列的每组前提，可以得出什么样的相关结论？试解释从前提获得每个结论时所使用的推理规则。

a) "如果我打曲棍球，则我第二天会感到酸痛。""如果我感到酸痛，则我会用水疗。""我没有用水疗。"

b)"如果我工作，则天晴或半晴。""我上周一工作或上周五工作。""周二不是晴天。""周五也不是半晴。"

c)"所有的昆虫都有 6 条腿。""蜻蜓是昆虫。""蜘蛛不是 6 条腿。""蜘蛛吃蜻蜓。"

d)"每个学生都有因特网账号。""Homer 没有因特网账号。""Maggie 有因特网账号。"

e)"所有对健康有益的食物都不好吃。""豆腐对健康有益。""你只吃好吃的东西。""你不吃豆腐。""汉堡包对健康无益。"

f)"我在做梦或在幻觉中。""我没有做梦。""如果我在幻觉中，则我看见大象在路上跑。"

11. 证明如果由前提 p_1，p_2，$\cdots$，p_n，q 及结论 r 构成的论证形式是有效的，则由前提 p_1，p_2，$\cdots$，p_n 及结论 $q \rightarrow r$ 构成的论证形式也是有效的。

12. 应用练习 11 和表 1 中的推理规则证明：由前提 $(p \wedge t) \rightarrow (r \vee s)$，$q \rightarrow (u \wedge t)$，$u \rightarrow p$ 和 $\neg s$ 及结论 $q \rightarrow r$ 构成的论证形式是有效的。

13. 对下列每个论证，解释对每个步骤使用了哪条推理规则。

   a)"班上的学生 Doug 知道如何写 Java 程序。知道如何写 Java 程序的每个人都可以得到高薪的工作。因此，班上的某些人可以得到高薪的工作。"

   b)"班上的某个人喜欢观赏鲸鱼。每个喜欢观赏鲸鱼的人都关心海洋污染。因此，班上有人关心海洋污染。"

   c)"班上的 93 个学生每人拥有一台个人计算机。拥有个人计算机的每个人都会使用字处理软件。因此，班上的学生 Zeke 会使用字处理软件。"

   d)"新泽西州的每个人都生活在距离海洋 50 英里之内。新泽西州的某些人从来没有见过海洋。因此，生活在距离海洋 50 英里之内的某些人从来没有见过海洋。"

14. 对下列每个论证，解释对每个步骤使用了哪条推理规则。

   a)"本班学生 Linda 拥有红色敞篷汽车。拥有红色敞篷汽车的每个人都至少领到一张超速罚单。因此，本班的某人领到一张超速罚单。"

   b)"5 位室友中的每一位（Melissa、Aaaron、Ralph、Veneesha 和 Keeshawn）都选修过离散数学课程。每位选修过离散数学课程的学生都可以选修算法课程。因此，所有 5 位室友明年都可以选修算法课程。"

   c)"John Sayles 制作的所有电影都很好看。John Sayles 制作过关于煤矿工人的电影。因此，有一部很好看的关于煤矿工人的电影。"

   d)"本班有人到过法国。到过法国的每个人都会参观卢浮宫。因此，本班有人参观过卢浮宫。"

15. 判断下列论证是否正确并解释原因。

   a)班上的所有学生都懂逻辑。Xavier 是这个班上的学生。因此，Xavier 也懂逻辑。

   b)每个计算机专业的学生都要学离散数学。Natasha 在学离散数学，因此，Natasha 是计算机专业的。

   c)所有鹦鹉都喜欢吃水果。我养的鸟不是鹦鹉，因此，我养的鸟不喜欢吃水果。

   d)每天吃麦片的人都很健康。Linda 不健康，因此，Linda 没有每天吃麦片。

16. 判断下列论证是否正确并解释原因。

   a)每一个上大学的人都住过宿舍。Mia 从未住过宿舍，因此，Mia 没有上过大学。

   b)敞篷轿车开起来感觉很好。Isaac 的车不是敞篷的，因此，Isaac 的车开起来感觉不好。

   c)Quincy 喜欢所有的动作电影。Quincy 喜欢电影《Eight Men Out》，因此，《Eight Men Out》是一部动作电影。

   d)所有捕虾者都设置了至少 12 个陷阱。Hamilton 是捕虾者，因此，Hamiltion 设置了至少 12 个陷阱。

17. 如下论证错在哪里？令 $H(x)$ 为 "x 很开心"。给定前提 $\exists x H(x)$，我们得出 $H(\text{Lola})$。因此，LoLa 很开心。

18. 如下论证错在哪里？令 $S(x, y)$ 为 "x 比 y 矮"。给定前提 $\exists s S(s, \text{Max})$，可得出 $S(\text{Max}, \text{Max})$。由存在引入可得出 $\exists x S(x, x)$，因此某人比他自己矮。

19. 判定下列每个论证是否有效。如果论证是正确的，使用了什么推理规则？如果它不正确，出现了什么逻辑错误？

   a)如果 n 是满足 $n > 1$ 的实数，则 $n^2 > 1$。假定 $n^2 > 1$。于是 $n > 1$。

b) 如果 n 是满足 $n>3$ 的实数，则 $n^2>9$。假定 $n^2\leqslant 9$。于是 $n\leqslant 3$。

c) 如果 n 是满足 $n>2$ 的实数，则 $n^2>4$。假定 $n\leqslant 2$。于是 $n^2\leqslant 4$。

20. 判定以下是否为有效论证。

a) 如果 x 是正实数，那么 x^2 是正实数。因此，如果 a^2 是正的，这里 a 是实数，则 a 是正实数。

b) 如果 $x^2\neq 0$，这里 x 是实数，则 $x\neq 0$。设 a 是实数，$a^2\neq 0$，则 $a\neq 0$。

21. 哪些推理规则用来建立 1.4 节例 26 里所描述的卡洛尔(Lewis Carroll)论证的结论？

22. 哪些推理规则用来建立 1.4 节例 27 里所描述的卡洛尔(Lewis Carroll)论证的结论？

23. 指出如下试图证明 "如果 $\exists xP(x)\wedge\exists xQ(x)$ 为真，那么 $\exists x(P(x)\wedge Q(x))$ 为真" 的论证中有哪些错误。

1. $\exists xP(x)\vee\exists xQ(x)$	前提引入
2. $\exists xP(x)$	化简律，用(1)
3. $P(c)$	存在实例，用(2)
4. $\exists xQ(x)$	化简律，用(1)
5. $Q(c)$	存在实例，用(4)
6. $P(c)\wedge Q(c)$	合取律，用(3)和(5)
7. $\exists x(P(x)\wedge Q(x))$	存在引入

24. 指出如下试图证明 "如果 $\forall x(P(x)\vee Q(x))$ 为真，那么 $\forall xP(x)\vee\forall xQ(x)$ 为真" 的论证中有哪些错误。

1. $\forall x(P(x)\vee Q(x))$	前提引入
2. $P(c)\vee Q(c)$	全称实例，用(1)
3. $P(c)$	化简律，用(2)
4. $\forall xP(x)$	全称引入，用(3)
5. $Q(c)$	化简律，用(2)
6. $\forall xQ(x)$	全称引入，用(5)
7. $\forall xP(x)\vee\forall xQ(x)$	合取律，用(4)和(6)

25. 通过证明前提 $\forall x(P(x)\rightarrow Q(x))$ 和 $\neg Q(a)$，推出 $\neg P(a)$（其中 a 是对论域中某个特定元素）来检验全称取拒式。

26. 试证明**全称传递性**，即，如果 $\forall x(P(x)\rightarrow Q(x))$ 和 $\forall x(Q(x)\rightarrow R(x))$ 为真，则 $\forall x(P(x)\rightarrow R(x))$ 为真，这里所有量词的论域都是相同的。

27. 用推理规则证明：如果 $\forall x(P(x)\rightarrow(Q(x)\wedge S(x)))$ 和 $\forall x(P(x)\wedge R(x))$ 为真，则 $\forall x(R(x)\wedge S(x))$ 为真。

28. 用推理规则证明：如果 $\forall x(P(x)\vee Q(x))$ 和 $\forall x((\neg P(x)\wedge Q(x))\rightarrow R(x))$ 为真，则 $\forall x(\neg R(x)\rightarrow P(x))$ 也为真，这里所有量词的论域都是相同的。

29. 用推理规则证明：如果 $\forall x(P(x)\vee Q(x))$ 和 $\forall x(\neg Q(x)\vee S(x))$，$\forall x(R(x)\rightarrow\neg S(x))$ 和 $\exists x\neg P(x)$ 为真，则 $\exists x\neg R(x)$ 为真。

30. 使用消解律证明前提 "Allen 是一个坏男孩或 Hillary 是一个好女孩" 和 "Allen 是一个好男孩或 David 很开心" 蕴含结论 "Hillary 是一个好女孩或 David 很开心"。

31. 使用消解律证明前提 "天没下雨或 Yvette 带雨伞了"，"Yvette 没有带雨伞或她没有被淋湿" 和 "天下雨了或 Yvette 没有被淋湿" 蕴含 "Yvette 没有被淋湿"。

32. 结合消解律和前提为假的条件语句为真这一事实可推导出等价式 $p\wedge\neg p\equiv\mathbf{F}$。〔提示：令 $q=r=\mathbf{F}$。〕

33. 用消解律证明复合命题 $(p\vee q)\wedge(\neg p\vee q)\wedge(p\vee\neg q)\wedge(\neg p\vee\neg q)$ 不是可满足的。

***34.** 逻辑问题，选自《逻辑游戏：WFF'N PROOF》(WFF'N PROOF, The Game of Logic)，有下面两个假设：

1) "逻辑是很难的或没有许多学生喜欢逻辑"。

2) "如果数学是容易的，则逻辑不是很难的"。

把这些假设翻译成含有命题变量和逻辑联结词的命题，判定下面每个命题是不是这些假设的有效结论：

a) 如果有许多学生喜欢逻辑，则数学不是容易的。

b) 如果数学不是容易的，则没有许多学生喜欢逻辑。

c) 数学不是容易的或者逻辑是很难的。

d) 逻辑不是很难的或数学不是容易的。

e) 如果没有许多学生喜欢逻辑，则数学不是容易的或者逻辑不是很难的。

* **35.** 判定下列论证（选自 Kalish and Montague[KaMo64]）是否有效：

如果超人能够并愿意防止邪恶，则他将这样做。如果超人不能够防止邪恶，则他就是无能的；如果超人不愿意防止邪恶，则他就是恶意的。超人没有防止邪恶。如果超人存在，则他是无能的或者恶意的。因此，超人不存在。

1.7 证明导论

1.7.1 引言

本节我们介绍证明的概念并描述构造证明的方法。一个证明是建立数学语句真实性的有效论证。证明可以使用定理的假设（如果有的话），假定为真的公理以及之前已经被证明的定理。使用这些以及推理规则，证明的最后一步是建立被证命题的真实性。

在我们的讨论中，将从定理的形式化证明转向**非形式化证明**。1.6 节介绍的涉及命题和量化命题为真的论证是形式化证明，其中提供了所有步骤，并给出论证中每一步所用到的规则。然而，许多有用定理的形式化证明会非常长且难以理解。实际上，为方便人们阅读，定理证明几乎都是**非形式化证明**（informal proof），其中每个步骤会用到多于一条的推理规则，有些步骤会被省略，不会显式地列出所用到的假设公理和推理规则。非形式化证明常常能向人们解释定理为什么为真，而计算机则更乐意用自动推理系统产生形式化证明。

本章讨论的证明方法很重要，不仅因为它们用于证明数学定理，而且它们在计算机科学中也有许多应用。这些应用包括验证计算机程序是正确的、建立安全的操作系统、在人工智能领域做推理、证明系统规范说明是一致的等。因此，对于数学和计算机科学而言，理解证明中的技术非常必要。

1.7.2 一些专用术语

一个**定理**（theorem）形式上就是一个能够被证明是真的语句。在数学描述中，定理一词通常是用来专指那些被认为至少有些重要的语句。不太重要的定理有时称为**命题**（定理也可以称为**事实**（fact）或**结论**（result））。一个定理可以是带一个或多个前提及一个结论的条件语句的全称量化式。当然，它也可以是其他类型的逻辑语句，就如本章稍后会看到的一些例子。我们用一个**证明**（proof）来展示一个定理是真的。证明就是建立定理真实性的一个有效论证。证明中用到的语句可以包括**公理**（axiom）（或**假设**（postulate）），这些是我们假定为真的语句（例如，在附录 1 中给出的实数公理，以及平面几何的公理）、定理的前提（如果有的话）和以前已经被证明的定理。公理可以采用无须定义的原始术语来陈述，而在定理和证明中所用的所有其他术语都必须是有定义的。推理规则和其术语的定义一起用于从其他的断言推出结论，并绑定在证明中的每个步骤。实际上，一个证明的最后一步通常恰好是定理的结论。然而，为清晰起见，我们通常会重述定理的结论作为一个证明的最后步骤。

一个重要性略低但有助于证明其他结论的定理称为**引理**（lemma）。当用一系列引理来进行复杂的证明时通常比较容易理解，其中每一个引理都被独立证明。**推论**（corollary）是从一个已经被证明的定理可以直接建立起来的一个定理。**猜想**（conjecture）是一个被提出认为是真的命题，通常是基于部分证据、启发式论证或者专家的直觉。当猜想的一个证明被发现时，猜想就变成了定理。许多时候猜想被证明是假的，因此它们不是定理。

Extra
Examples

1.7.3　理解定理是如何陈述的

在介绍证明定理的方法之前，我们需要理解数学定理是如何陈述的。许多定理断言一个性质相对于论域（比如整数或实数）中的所有元素都成立。虽然这些定理的准确陈述需要包含全称量词，但是数学里的标准约定是省略全称量词。比如，语句"如果 $x > y$，其中 x 和 y 是正实数，那么 $x^2 > y^2$"其实意味着"对所有正实数 x 和 y，如果 $x > y$，那么 $x^2 > y^2$"。

此外，当证明这种类型的定理时，证明的第一步通常涉及选择论域里的一个一般性元素。随后的步骤是证明这个元素具有所考虑的性质。最后，全称引入蕴含着定理对论域里所有元素都成立。

1.7.4　证明定理的方法

Assessment

证明数学定理有可能很艰难。要构造证明，我们需要所有可用的手段，包括不同证明方法的强大的工具库。这些方法提供了证明的总体思路和策略。理解这些方法是学习如何阅读并构造数学证明的关键所在。一旦我们选定了一种证明方法，我们使用公理、术语的定义、先前证明的结论和推理规则来完成证明。注意在本书中我们总是假定附录 1 中关于实数的公理。当我们证明关于几何学的结论时也会假定常用的公理。当你自己构造证明时，一定要小心不要使用除了公理、定义、已证结论之外的任何东西作为事实！

为了证明形如 $\forall x(P(x) \to Q(x))$ 的定理，我们的目标是证明 $P(c) \to Q(c)$ 为真，其中 c 是论域中的任意元素，然后应用全称引入规则。在这个证明中，需要证明条件语句为真。正因为如此，我们可以专注于证明条件语句为真的方法。回忆一下 $p \to q$ 为真，除非 p 为真且 q 为假。注意当要证明语句 $p \to q$ 时，我们只需要证明如果 p 为真则 q 为真。下面的讨论将给出最常见的证明条件语句的技术。之后将讨论证明其他类型语句的方法。在本小节以及 1.8 节，我们将开发一个大的证明技术工具库，可用于证明多种不同类型的定理。

当你阅读证明时，你常常会发现这样的词语"显然地"或者"清楚地"。这些词意味着作者预期读者有能力补上一些步骤已经省略。遗憾的是，这个假设往往无法保证读者根本不确定怎么补上这些省略的步骤。我们将努力避免使用这些词语，并试图避免省略太多的步骤。然而，如果我们保留证明中的所有步骤，我们的证明将会变得极其冗长。

1.7.5　直接证明法

条件语句 $p \to q$ 的**直接证明法**的构造：第一步假设 p 为真；第二步用推理规则构造，而第三步表明 q 必须也为真。直接证明法是通过证明如果 p 为真，那么 q 也肯定为真，这样 p 为真且 q 为假的情况永远不会发生从而证明条件语句 $p \to q$ 为真。在直接证明中，我们假定 p 为真，并且用公理、定义和前面证明过的定理，加上推理规则来证明 q 必须也为真。你会发现许多结论的直接证明法是直截了当的。从假设导向结论这种直接的方法基本上取决于当前阶段可能有的前提。然而，直接证明法有时候需要特殊的洞察力并且可能是相当棘手的。这里给出的第一个直接证明相当简单。稍后你会看到一些需要洞察力的证明。

我们会提供几个不同的直接证明法的例子。在给出第一个例子前，我们还需要定义一些术语。

> **定义 1**　整数 n 是偶数，如果存在一个整数 k 使得 $n = 2k$；整数 n 是奇数，如果存在一个整数 k 使得 $n = 2k + 1$。（注意，每个整数或为偶数或为奇数，没有整数同时是偶数和奇数。）两个整数当同为偶数或同为奇数时具有相同的奇偶性；当一个是偶数而另一个是奇数时具有相反的奇偶性。

Extra
Examples

例 1　给出定理"如果 n 是奇数，则 n^2 是奇数"的直接证明。

解　注意这个定理表述 $\forall n(P(n) \to Q(n))$，这里 $P(n)$ 是"n 是奇数"，$Q(n)$ 是"n^2 是奇数"。正如前面所说，我们会遵循数学证明中通常的惯例，证明 $P(n)$ 意味着 $Q(n)$，而不显式使用全称实例规则。要对这个定理进行直接证明，我们假设这个条件语句的前提为真，即假设 n 是奇数。由奇整数的定义，可得 $n=2k+1$，其中 k 是某个整数。我们要证明 n^2 也是奇数。在等式 $n=2k+1$ 两边取平方得到表达 n^2 的等式。这样，我们得出 $n^2=(2k+1)^2=4k^2+4k+1=2(2k^2+2k)+1$。由奇数定义，可以得到结论 n^2 是奇数（它是一个整数的 2 倍再加 1）。因此，我们证明了如果 n 是奇数，则 n^2 是奇数。◀

例 2 给出一个直接证明：如果 m 和 n 都是**完全平方数**，那么 nm 也是一个完全平方数。（一个整数 a 是一个完全平方数，如果存在一个整数 b 使得 $a=b^2$。）

解 为了构造这个定理的一个直接证明，我们假定这个条件语句的前提为真，即假定 m 和 n 都是完全平方数。由完全平方数的定义可知，存在整数 s 和 t 使得 $m=s^2$，$n=t^2$。证明的目的是证明当 m 和 n 是完全平方数时 mn 也必须是完全平方数。通过用 s^2 替换 m 以及用 t^2 替换 n，我们就能看到如何朝着目标进行证明了。这就得到 $mn=s^2t^2$。故再由乘法交换律和结合律，可得 $mn=s^2t^2=(ss)(tt)=(st)(st)=(st)^2$。由完全平方数的定义可得，$mn$ 也是一个完全平方数，因为它是 st 的平方，这里 st 为一整数。这就证明了如果 m 和 n 都是完全平方数，那么 nm 也是一个完全平方数。◀

1.7.6 反证法

直接证明法从定理的假设导向结论。它们从前提开始，继续一连串的推演，最终以结论作为结束。然而，我们会发现尝试直接证明法有时候会走进死胡同。我们需要其他方法来证明形如 $\forall x(P(x)\rightarrow Q(x))$ 的定理。不采用直接证明法，即不从前提开始以结论结束来证明这类定理的方法叫作**间接证明法**。

一类非常有用的间接证明法称为**反证法**（proof by contraposition）。反证法利用了这样一个事实：条件语句 $p\rightarrow q$ 等价于它的逆否命题 $\neg q\rightarrow\neg p$。这意味着条件语句 $p\rightarrow q$ 的证明可以通过证明它的逆否命题 $\neg q\rightarrow\neg p$ 为真来完成。用反证法证明 $p\rightarrow q$ 时，我们将 $\neg q$ 作为前提，再用公理、定义和前面证明过的定理，以及推理规则，证明 $\neg p$ 必须成立。我们用两个例子来解释反证法。这些例子表明当不容易找到直接证明时用反证法会很有效。

例 3 证明如果 n 是一个整数且 $3n+2$ 是奇数，则 n 是奇数。

解 我们首先尝试直接证明。为构建直接证明，首先假设 $3n+2$ 是奇整数。由奇数的定义，我们知道存在某个整数 k 使得 $3n+2=2k+1$。我们能由此证明 n 是奇数吗？我们可以看到 $3n+1=2k$，但似乎没有任何直接的方式可以得出 n 是奇数的结论。由于直接证明的尝试失败，我们接下来尝试反证法。

反证法的第一步是假设条件语句"如果 $3n+2$ 是奇数，则 n 是奇数"的结论是假的，也就是说，假设 n 是偶数。于是由偶数定义可知，存在某个整数 k 有 $n=2k$。把 n 用 $2k$ 代入，得到 $3n+2=3(2k)+2=6k+2=2(3k+1)$。这就告诉我们 $3n+2$ 是偶数（因为它是 2 的倍数），因此不是奇数。这是定理前提的否定。因为条件语句结论的否定蕴含着前提为假，所以原来的条件语句为真。这样反证法就成功了，我们证明了定理"如果 $3n+2$ 是奇数，则 n 是奇数"。◀

例 4 证明如果 $n=ab$，其中 a 和 b 是正整数，那么 $a\leqslant\sqrt{n}$ 或者 $b\leqslant\sqrt{n}$。

解 因为没有简单明了的方法能从等式 $n=ab$（其中 a 和 b 是正整数）直接证明 $a\leqslant\sqrt{n}$ 或者 $b\leqslant\sqrt{n}$，所以尝试反证法。

反证法的第一步是假定条件语句"如果 $n=ab$，其中 a 和 b 是正整数，那么 $a\leqslant\sqrt{n}$ 或者 $b\leqslant\sqrt{n}$"的结论为假。也就是说，假定 $(a\leqslant\sqrt{n})\vee(b\leqslant\sqrt{n})$ 为假。由析取的含义和德·摩根律可知，这蕴含着 $(a\leqslant\sqrt{n})$ 和 $(b\leqslant\sqrt{n})$ 都为假。这又蕴含着 $a>\sqrt{n}$ 并且 $b>\sqrt{n}$。我们将两个不等式相乘（用到的事实是如果 $0<s<t$ 且 $0<u<v$，那么 $su<tv$）得到 $ab>\sqrt{n}\cdot\sqrt{n}=n$。这

表明$ab\neq n$，与命题$n=ab$矛盾。

因为条件语句结论的否定蕴含前提为假，所以原来的条件语句为真。这里反证法是可行的，我们证明了如果$n=ab$，其中a和b是正整数，那么$a\leqslant\sqrt{n}$或者$b\leqslant\sqrt{n}$。 ◀

空证明和平凡证明　当我们知道p为假时，能够很快证明条件语句$p\rightarrow q$为真，因为当p为假时$p\rightarrow q$一定为真。因此，如果能证明p为假，那么我们就有一个$p\rightarrow q$的证明方法，称为**空证明**（vacuous proof）。空证明通常用于证明定理的一些特例，如一个条件语句对所有正整数均为真（即形如$\forall nP(n)$的定理，其中$P(n)$是命题函数）。这类定理的证明技术将在5.1节中讨论。

例 5　证明命题$P(0)$为真，其中$P(n)$是"如果$n>1$，则$n^2>n$"，论域是所有整数的集合。

解　注意命题$P(0)$就是"如果$0>1$，则$0^2>0$"。我们可以用空证明来证$P(0)$。事实上，前提$0>1$为假。所以$P(0)$自动地为真。 ◀

评注　条件语句的结论$0^2>0$为假与该条件语句的真值无关，因为前提为假的条件语句是确保为真的。

例 6　证明如果n是满足$10\leqslant n\leqslant 15$的完全平方数，则$n$亦是一个完全立方数。

解　注意到在$10\leqslant n\leqslant 15$范围中的$n$没有完全平方数，因为$3^2=9$而$4^2=16$。故语句$n$是满足$10\leqslant n\leqslant 15$的完全平方数对所有$n$都是假的。因此，要证明的语句对所有$n$为真。

如果知道结论q为真，我们也能够很快就证明条件语句$p\rightarrow q$。通过证明q为真，可以推出$p\rightarrow q$一定为真。用q为真的事实来证明$p\rightarrow q$的方法叫作**平凡证明**（trivial proof）。平凡证明方法常常是很重要的，尤其是要证明定理的一些特例时（见1.8节分情形证明的讨论）以及在数学归纳法（在5.1节中将讨论一种证明技术）的证明中。

例 7　设$P(n)$是"如果a和b是满足$a\geqslant b$的正整数，则$a^n\geqslant b^n$"，其中论域是所有非负整数的集合。证明命题$P(0)$为真。

解　命题$P(0)$是"如果$a\geqslant b$，则$a^0\geqslant b^0$"。因为$a^0=b^0=1$，所以条件语句"如果$a\geqslant b$，则$a^0\geqslant b^0$"的结论为真。从而条件语句$P(0)$为真。这是平凡证明法的一个例子。注意前提"$a\geqslant b$"在这个证明里用不到。 ◀

证明的小策略　我们已经阐述了证明形如$\forall x(P(x)\rightarrow Q(x))$的定理的两种重要方法：直接证明法和反证法。我们还给出了示例说明如何使用每种方法。然而，当面临证明形如$\forall x(P(x)\rightarrow Q(x))$的定理时，你会选择哪一种方法试图去证明它呢？这里我们提供一些经验法则，在1.8节将用更大篇幅详细讨论证明策略。

当想要证明形如$\forall x(P(x)\rightarrow Q(x))$的命题时，首先评估直接证明法是否可行。可以通过展开前提中的定义开始。通过利用这些前提，结合公理和可用的定理进行推理。如果直接证明法得不到什么结果，比如不像例3和例4那样有一个清晰的方法可以利用假设来得到结论，则可以尝试反证法来证明之。（很难从诸如x是无理数或$x\neq 0$这样的假设来进行推理，这个线索也告诉你间接证明可能是最好的办法。）

回顾一下，在反证法中要假定条件语句的结论为假，并使用直接证明法来证明这蕴含着前提必为假。通常你会发现反证法很容易从结论的否定出发来构造。例8和例9展示了这种策略。在每个例子中，注意到当没有明显的直接证明方法时，反证法是相当简单明了的。

在给出例子前，我们需要一个定义。

定义 2　实数r是有理数，如果存在整数p和$q(q\neq 0)$使得$r=p/q$。不是有理数的实数称为无理数。

例 8　证明两个有理数之和是有理数。（注意如果这里要包含隐含量词，我们要证明的定理就是："对于每个实数r和每个实数s，如果r和s是有理数，则$r+s$是有理数。"）

解　首先尝试直接证明法。假设r和s是有理数。由有理数的定义可知，存在整数p和q

Extra Examples

$(q \neq 0)$ 使得 $r = p/q$，存在整数 t 和 $u(u \neq 0)$ 使得 $s = t/u$。我们能用这个信息证明 $r + s$ 是有理数吗？即我们能否找到整数 v 和 w 使得 $r + s = v/w$ 且 $w \neq 0$？

有了寻找整数 v 和 w 的目标，我们把 $r = p/q$ 和 $s = t/u$ 相加，用 qu 作为公分母，得到

$$r + s = \frac{p}{q} + \frac{t}{u} = \frac{pu + qt}{qu}$$

因为 $q \neq 0$ 且 $u \neq 0$，所以 $qu \neq 0$。因此，我们已经把 $r + s$ 表示为两个整数 $v = pu + qt$ 和 $w = qu$ 的比值，其中 $w \neq 0$。这意味着 $r + s$ 是有理数。我们证明了两个有理数之和是有理数，寻求直接证明的尝试成功了。 ◄

例 9 证明如果 n 是整数且 n^2 是奇数，则 n 是奇数。

解 首先尝试直接证明法。假设 n 是整数且 n^2 是奇数。由奇数的定义，存在整数 k 使得 $n^2 = 2k + 1$。我们能用这个信息证明 n 是奇数吗？似乎没有显而易见的方法来证明 n 是奇数，因为求解 n 会得出等式 $n = \pm \sqrt{2k+1}$，而这毫无用处。

因为直接证明法的尝试没有见效，所以我们接下来尝试反证法。我们将语句 "n 不是奇数" 作为前提。因为每个整数不是奇数便是偶数，这意味着 n 为偶数。这蕴含存在整数 k 使得 $n = 2k$。为了证明这个定理，我们需证明这个前提蕴含着结论 "n^2 不是奇数"，即 n^2 是偶数。我们能用 $n = 2k$ 实现这个目标吗？在这个等式两边取平方，可得 $n^2 = 4k^2 = 2(2k^2)$，这蕴含着 n^2 也是偶数，因为 $n^2 = 2t$，其中 $t = 2k^2$。这样就证明了如果 n 是整数且 n^2 是奇数，则 n 是奇数。寻找反证法的尝试成功了。 ◄

1.7.7 归谬证明法

假设我们要证明命题 p 是真的。再假定我们能找到一个矛盾式 q 使得 $\neg p \to q$ 为真。因为 q 是假的，而 $\neg p \to q$ 是真的，所以我们能够得出结论 $\neg p$ 为假，这意味着 p 为真。怎样才能找到一个矛盾式 q 以这样的方式帮助我们证明 p 是真的呢？

因为无论 r 是什么，命题 $r \wedge \neg r$ 就是矛盾式，所以如果我们能够证明对某个命题 r，$\neg p \to (r \wedge \neg r)$ 为真，就能证明 p 是真的。这种类型的证明称为**归谬证明法**（proof by contradiction）。由于归谬证明法不是直接证明结论，所以它是另一种间接证明法。下面给出 3 个归谬证明的例子。第一个例子是鸽巢原理（将在 6.2 节深入介绍的一种组合学技术）的应用。

Extra Examples ▷

例 10 证明任意 22 天中至少有 4 天属于每星期的同一天。

解 令 p 为命题 "任意 22 天中至少有 4 天属于每星期的同一天"。假设 $\neg p$ 为真。这意味着 22 天中至多有 3 天属于每星期的同一天。因为一个星期有 7 天，这蕴含至多可以选择 21 天，对于每星期的同一天，最多可以选三天属于这一天。这个与我们题中有 22 天的前提相矛盾。也就是说，如果 r 是命题 "22 天"，则我们已经证明了 $\neg p \to (r \wedge \neg r)$。所以，我们知道 p 是真的。我们证明了 22 天中至少有 4 天属于每星期的同一天。 ◄

例 11 通过归谬证明法来证明 $\sqrt{2}$ 是无理数。

解 设 p 是命题 "$\sqrt{2}$ 是无理数"。要采用归谬证明法，我们假定 $\neg p$ 为真。注意 $\neg p$ 表示命题 "并非 $\sqrt{2}$ 是无理数"，这就是说 $\sqrt{2}$ 是有理数。我们将证明假设 $\neg p$ 为真会导致矛盾。

如果 $\sqrt{2}$ 是有理数，则存在整数 a 和 b 满足 $\sqrt{2} = a/b$，其中 $b \neq 0$ 并且 a 和 b 没有公因子（这样分数 a/b 是既约分数。）（这里用到了事实：每个有理数都能写成既约分数）。因为 $\sqrt{2} = a/b$，当这个等式的两端取平方时，可得出

$$2 = \frac{a^2}{b^2}$$

因此，

$$2b^2 = a^2$$

根据偶数的定义可得 a^2 是偶数。接下来我们用到一个基于练习 18 的事实：如果 a^2 是偶数，则 a 也一定是偶数。另外，因为 a 是偶数，由偶数的定义，存在某个整数 c 有 $a=2c$。这样，

$$2b^2 = 4c^2$$

等式两边除以 2 得：

$$b^2 = 2c^2$$

由偶数定义，这意味着 b^2 是偶数。再次应用事实：如果一个整数的平方是偶数，那么这个数自身也一定是偶数，我们得出结论 b 也必然是偶数。

现在，我们证明了假设 $\neg p$ 导致等式 $\sqrt{2}=a/b$，其中 a 和 b 没有公因子，但 a 和 b 都是偶数，即 2 整除 a 和 b。注意命题 $\sqrt{2}=a/b$，其中 a 和 b 没有公因子，这意味着，特别是，2 也不能整除 a 和 b。因为我们的假设 $\neg p$ 导致 2 整除 a 和 b 与 2 不能整除 a 和 b 的矛盾，所以 $\neg p$ 一定是假的。即命题 p 是 "$\sqrt{2}$ 是无理数" 是真的。我们证明了 $\sqrt{2}$ 是无理数。　◀

归谬证明法可以用于证明条件语句。在证明中，我们首先假设结论的否定为真。然后采用定理的前提和结论的否定来得到一个矛盾式。（这样证明是有效的原因是基于 $p \rightarrow q$ 与 $(p \wedge \neg q) \rightarrow \mathbf{F}$ 是逻辑等价的。想要了解这些语句是等价的，很容易注意到每个语句只在一种情况下为假，即当 p 为真且 q 为假时。）

注意，我们可以把一个条件语句的反证改写成归谬证明。在 $p \rightarrow q$ 的反证里，假定 $\neg q$ 为真。然后证明 $\neg p$ 也必然为真。为了把 $p \rightarrow q$ 的反证改写成归谬证明，假定 p 和 $\neg q$ 都为真。然后利用 $\neg q \rightarrow \neg p$ 的证明步骤来证明 $\neg p$ 也必然为真。这样导出矛盾式 $p \wedge \neg p$，从而完成归谬证明。例 11 解释条件语句的反证如何改写成归谬证明的。

例 12 用归谬法证明定理 "如果 $3n+2$ 是奇数，则 n 是奇数"。

解　假定 p 表示 "$3n+2$ 是奇数"，q 表示 "n 是奇数"。为构造归谬证明，假设 p 和 $\neg q$ 都为真。也就是假设 $3n+2$ 是奇数而 n 不是奇数。因为 n 不是奇数，所以 n 是偶数。因为 n 偶数，所以存在整数 k 使得 $n=2k$。这蕴含着 $3n+2=3(2k)+2=6k+2=2(3k+1)$。由于 $3n+2$ 是 $2t$，这里 $t=3k+1$，所以 $3n+2$ 是偶数。注意语句 "$3n+2$ 是偶数" 等价于语句 $\neg p$，因为一个整数是偶数当且仅当它不是奇数。由于 p 和 $\neg p$ 都为真，所以得出一个矛盾式。这完成了一个归谬证明，证明了如果 $3n+2$ 是奇数，则 n 是奇数。　◀

注意我们也可以用归谬法证明 $p \rightarrow q$ 是真的，通过假设 p 和 $\neg q$ 都为真来证明 q 也一定为真。这蕴含着 q 和 $\neg q$ 都为真，导致矛盾。这一点告诉我们，可以将一个直接证明转变为一个归谬证明。

等价证明法　为了证明一个双条件命题的定理，即形如 $p \leftrightarrow q$ 的语句，我们证明 $p \rightarrow q$ 和 $q \rightarrow p$ 都是真的。这个方法的有效性是建立在重言式的基础上：

$$(p \leftrightarrow q) \leftrightarrow (p \rightarrow q) \wedge (q \rightarrow p)$$

例 13 证明定理 "如果 n 是整数，则 n 是奇数当且仅当 n^2 是奇数"。

解　这个定理具有这样的形式 "p 当且仅当 q"，其中 p 是 "n 是奇数" 而 q 是 "n^2 是奇数"。（通常可以不显式地表达全称量化。）为了证明这个定理，需要证明 $p \rightarrow q$ 和 $q \rightarrow p$ 都为真。

我们已经（在例 1 中）证明了 $p \rightarrow q$ 为真且（在例 9 中）$q \rightarrow p$ 为真。

因为已经证明了 $p \rightarrow q$ 和 $q \rightarrow p$ 都为真，所以也就证明了这个定理为真。　◀

有时候一个定理会阐述多个命题都是等价的。这样的定理阐述命题 p_1，p_2，p_3，$\cdots$，p_n 都是等价的。这可以写成 ⊖

$$p_1 \leftrightarrow p_2 \leftrightarrow p_3 \leftrightarrow \cdots \leftrightarrow p_n$$

⊖　原书这里使用的符号是错的，应该使用 $p_1 \equiv p_2 \equiv p_3 \equiv \cdots \equiv p_n$。注意：$\equiv$ 是命题之间的关系符，表明这 n 个命题具有相同的真值；而 $\leftrightarrow$ 是连接词，经由连接词连接的结果是一个复合命题。——译者注

这就是说，所有 n 个命题都具有相同的真值，因此对所有的 i 和 j，其中 $1 \leqslant i \leqslant n$，$1 \leqslant j \leqslant n$，$p_i$ 和 p_j 是等价的。证明这些命题互相等价的一种方式是使用永真式

$$p_1 \leftrightarrow p_2 \leftrightarrow p_3 \leftrightarrow \cdots \leftrightarrow p_n \leftrightarrow (p_1 \rightarrow p_2) \wedge (p_2 \rightarrow p_3) \wedge \cdots \wedge (p_n \rightarrow p_1)$$

这说明，如果可以证明 n 个条件语句 $p_1 \rightarrow p_2$，$p_2 \rightarrow p_3$，$\cdots$，$p_n \rightarrow p_1$ 都为真，则命题 p_1，p_2，p_3，$\cdots$，p_n 都是等价的。

这个方法比证明对所有的 $i \neq j$，$1 \leqslant i \leqslant n$，$1 \leqslant j \leqslant n$，都有 $p_i \rightarrow p_j$（注意这里有 $n^2 - 2$ 个这样的条件语句）更加有效。

当要证一组命题等价时，我们可以建立一个条件语句链，条件语句的选择只要能够保证从任一个语句出发都能通过这个链到达另一个语句。例如，通过证明 $p_1 \rightarrow p_3$、$p_3 \rightarrow p_2$、$p_2 \rightarrow p_1$，就能够证明 p_1、p_2、p_3 是等价的。

例 14 证明下列三个关于整数 n 的语句是等价的：

p_1：n 是偶数

p_2：$n-1$ 是奇数

p_3：n^2 是偶数

解 可以通过证明条件语句 $p_1 \rightarrow p_2$，$p_2 \rightarrow p_3$ 和 $p_3 \rightarrow p_1$ 都为真来证明这些语句是等价的。

用直接证明来证明 $p_1 \rightarrow p_2$ 为真。假定 n 为偶数。则存在整数 k，有 $n = 2k$。因此，$n-1 = 2k - 1 = 2(k-1) + 1$。这意味着 $n-1$ 是奇数，因为它形如 $2m + 1$，其中 $m = k - 1$。

还是用直接证明来证明 $p_2 \rightarrow p_3$。现在假定 $n-1$ 是奇数。则存在整数 k，有 $n-1 = 2k + 1$。因此，$n = 2k + 2$，而 $n^2 = (2k+2)^2 = 4k^2 + 8k + 4 = 2(2k^2 + 4k + 2)$。这意味着 n^2 是整数 $2k^2 + 4k + 2$ 的 2 倍，所以 n^2 是偶数。

要证明 $p_3 \rightarrow p_1$，可以用反证法。即证明如果 n 不是偶数，则 n^2 也不是偶数。这等同于证明如果 n 是奇数，那么 n^2 是奇数，这在例 1 中已被证明。证毕。◄

反例证明法   1.4 节曾提到要证明形如 $\forall x P(x)$ 的语句为假，只要能找到一个反例，即存在一个例子 x 使 $P(x)$ 为假即可。当我们遇到一个形如 $\forall x P(x)$ 的语句时，而我们又相信它是假的，或者所有的证明尝试都失败了，就可以寻找一个反例。我们用例 15 来说明了反例证明法的应用。

Extra Examples

例 15 证明语句"每个正整数都是两个整数的平方和"为假。

解 为了证明此语句为假，我们寻找一个反例，即寻找一个特殊的整数，它不是两个数的平方和。很快就能发现反例，因为 3 不能写成两个数的平方和。为表明确实如此，注意不超过 3 的完全平方数只有 $0^2 = 0$ 和 $1^2 = 1$。再者，0、1 的任意两项相加之和都得不出 3。因此，我们证明了"每个正整数都是两个整数的平方和"为假。◄

1.7.8   证明中的错误

在构造数学证明时容易犯许多常见错误。这里简述其中的一些错误。这当中最常见的错误是算术和基本代数方面的。甚至职业数学家也会犯这种错误，尤其是在处理复杂的公式时。每当进行这样的计算时都应当尽可能仔细地检查。（你还应当复习一下基本代数中的一些难点，特别是在学习 5.1 节之前。）

Links

数学证明的每一步都应当是正确的，并且结论必须从之前的步骤中逻辑地导出。许多错误是源于引入了不是前面步骤得出的逻辑推导。下面的例 16～18 说明了这一点。

例 16 下面这个著名的 $1 = 2$ 的所谓"证明"错在哪里？

"证明"   步骤如下，其中 a 和 b 是两个相等的正整数。

步骤	理由
1. $a = b$	给定的前提
2. $a^2 = ab$	(1) 两边乘以 a

3. $a^2-b^2=ab-b^2$　　　　　　（2）两边减去 b^2

4. $(a-b)(a+b)=b(a-b)$　　　（3）两边分解因式

5. $a+b=b$　　　　　　　　　　（4）两边除以 $a-b$

6. $2b=b$　　　　　　　　　　　（5）把 a 替换成 b，因为 $a=b$ 并化简

7. $2=1$　　　　　　　　　　　（6）两边除以 b

解　除了步骤 5 两边除以 $(a-b)$ 之外，每个步骤都有效。错误在于 $a-b$ 等于零。一个等式两边用同一个数相除只有在除数不是零时才是有效的。◀

例 17　下面这个"证明"错在哪里？

"定理"　如果 n^2 是正数，则 n 是正数。

"证明"　假定 n^2 是正数。因为条件命题"如果 n 是正数，则 n^2 是正数"为真，所以可以得出 n 是正数。

解　令 $P(n)$ 为 "n 是正数"，$Q(n)$ 为 "n^2 是正数"。则前提是 $Q(n)$。命题"如果 n 是正数，则 n^2 是正数"也就是语句 $\forall n(P(n)\rightarrow Q(n))$。从前提 $Q(n)$ 和语句 $\forall n(P(n)\rightarrow Q(n))$ 不能得出结论 $P(n)$，因为没有有效的推理规则可用。相反，这是一个肯定结论的谬误示例。一个反例是当 $n=-1$ 时，$n^2=1$ 为正数，但 n 却是负数。◀

例 18　下面的"证明"错在哪里？

"定理"　如果 n 不是正数，则 n^2 不是正数。（这是例 17 中"定理"的逆否命题。）

"证明"　假定 n 不是正数。因为条件语句"如果 n 是正数，则 n^2 是正数"为真，所以可得 n^2 不是正数。

解　令 $P(n)$ 和 $Q(n)$ 如例 17 所示。则前提是 $\neg P(n)$，语句"如果 n 是正数，则 n^2 是正数"是语句 $\forall n(P(n)\rightarrow Q(n))$。从前提 $\neg P(n)$ 和 $\forall n(P(n)\rightarrow Q(n))$ 不能得出 $\neg Q(n)$，因为没有有效的推理规则可用。相反，这是一个否定假设的谬误示例。如例 16 那样，$n=-1$ 即为反例。◀

最后，简要讨论一种比较难应付的错误。许多不正确的论证都基于一种称为**窃取论题**的谬误。当证明的一个或多个步骤基于待证明命题的真实性时，就会发生这样的谬误。换句话说，当命题使用自身或等价于自身的命题来进行证明时会产生这种谬误。所以这种谬误也称为**循环推理**。

例 19　下面的论证是否正确？这里假定要证明当 n^2 是偶整数时 n 是一个偶整数。

假定 n^2 是偶数，则存在某个整数 k 使 $n^2=2k$。令 $n=2l$，其中 l 是某个整数。这证明了 n 是偶数。

解　这个论证不正确。证明中出现了语句"令 $n=2l$，其中 l 是某个整数"。证明中没有给出论证说明 n 可以写为 $2l$，其中 l 为某个整数。这是一个循环论证，因为这个命题等价于待证的命题（即 n 是偶数）。当然，结果本身是正确的，只是证明方法不对。◀

在证明中犯错是学习过程的一部分。当你犯了某个错误并被别人发现时，应该仔细分析哪里出了错误并确保不再犯同样的错误。即使是职业数学家在证明时也会犯错误。有些重要结论的错误证明常常会愚弄人们，许多年以后才发现其中的细微错误。这种情况并不少见。

1.7.9　良好的开端

我们已经开发了一个基本的证明方法库。在下一节将介绍其他重要的证明方法。第 5 章还将介绍一些重要的证明技术，包括数学归纳法，它可以用于证明对所有正整数都成立的结论。第 6 章将介绍组合证明的概念。

本节介绍了形如 $\forall x(P(x)\rightarrow Q(x))$ 定理的几种证明方法，包括直接证明法和反证法。有许多定理通过直接利用前提和定理中名词的定义很容易构造其证明。不过，要是不借助于灵活地利用反证法或归谬证明，或其他的证明技术，证明一个定理通常还是很困难的。在 1.8 节中，我们会讲述证明策略。我们会描述当直观的方法行不通时可用于寻找证明的各种方法。构造证

明是一种只能通过体验来学习的艺术，这体验包括写证明、让他人评论你的证明，以及阅读和分析其他证明。

练习

1. 用直接证法证明两个奇数之和是偶数。

2. 用直接证法证明两个偶数之和是偶数。

3. 用直接证法证明偶数的平方是偶数。

4. 用直接证法证明一个偶数的相反数或负数也是偶数。

5. 证明如果 $m+n$ 和 $n+p$ 都是偶数，其中 m、n 和 p 都是整数，那么 $m+p$ 也是偶数。你用的是什么证明方法？

6. 用直接证法证明两个奇数之积是奇数。

7. 用直接证法证明每个奇数都是两个平方数的差。[提示：找出 $k+1$ 和 k 的平方数的差值，这里 k 是一个正整数。]

8. 证明如果 n 是完全平方数，那么 $n+2$ 不是完全平方数。

9. 使用归谬法证明一个无理数与一个有理数之和是无理数。

10. 用直接证法证明两个有理数之积是有理数。

11. 证明或反驳两个无理数之积是无理数。

12. 证明或反驳一个非零有理数与一个无理数之积是无理数。

13. 证明如果 x 是无理数，则 $1/x$ 是无理数。

14. 证明如果 x 是有理数且 $x \neq 0$，则 $1/x$ 是有理数。

15. 证明如果 x 是无理数且 $x>0$，则 $\sqrt{x}$ 也是无理数。

16. 证明如果 x、y 和 z 是整数且 $x+y+z$ 是奇数，则 x、y 和 z 中至少有一个是奇数。

17. 使用反证法证明如果 $x+y \geq 2$，这里 x 和 y 是实数，那么 $x \geq 1$ 或者 $y \geq 1$。

☛ 18. 证明如果 m 和 n 是整数并且 mn 是偶数，那么 m 是偶数或者 n 是偶数。

19. 证明如果 n 是整数而且 n^3+5 是奇数，则 n 是偶数。使用
   a) 反证法证明　　　　　　　　　　　　**b)** 归谬法证明

20. 证明如果 n 是整数而且 $3n+2$ 是偶数，则 n 是偶数。使用
   a) 反证法证明　　　　　　　　　　　　**b)** 归谬法证明

21. 证明命题 $P(0)$，其中 $P(n)$ 是命题"如果 n 是个大于 1 的正整数，则 $n^2>n$"。你使用什么类型的证明方法？

22. 证明命题 $P(1)$，其中 $P(n)$ 是命题"如果 n 是个正整数，则 $n^2 \geq n$"。你使用什么类型的证明方法？

23. 设 $P(n)$ 是命题"如果 a 和 b 是正实数，则 $(a+b)^n \geq a^n+b^n$"。证明 $P(1)$ 为真。你使用什么类型的证明方法？

24. 证明如果你从装有蓝色和黑色袜子的抽屉中选择三只袜子，你一定能得到一双蓝袜子或者一双黑袜子。

25. 证明在任意 64 天中至少有 10 天在每星期的同一天里。

26. 证明在任意 25 天中至少有 3 天在同一个月份。

27. 用归谬法证明没有有理数 r 使得 $r^3+r+1=0$。[提示：假设 $r=a/b$ 是一个根，这里 a 和 b 是整数且 a/b 是既约分数。通过乘以 b^3 得到一个整数的等式。再看看 a 和 b 是否分别是奇数或偶数。]

28. 证明如果 n 是正整数，则 n 是偶数当且仅当 $7n+4$ 是偶数。

29. 证明如果 n 是正整数，则 n 是奇数当且仅当 $5n+6$ 是奇数。

30. 证明 $m^2=n^2$ 当且仅当 $m=n$ 或 $m=-n$。

31. 证明或反驳如果 m 和 n 是使得 $mn=1$ 的整数，则 $m=1$ 且 $n=1$，或者 $m=-1$ 且 $n=-1$。

32. 证明下面三条语句是等价的，其中 a 和 b 是实数：(i) a 小于 b；(ii) a 和 b 的平均值大于 a；(iii) a 和 b 的平均值小于 b。

33. 证明下面三条语句是等价的：(i) $3x+2$ 是偶数；(ii) $x+5$ 是奇数；(iii) x^2 是偶数。

34. 证明下面三条语句是等价的：(i) x 是有理数；(ii) $x/2$ 是有理数；(iii) $3x-1$ 是有理数。

35. 证明下面三条语句是等价的：(i) x 是无理数；(ii) $3x+2$ 是无理数；(iii) $x/2$ 是无理数。

36. 下列求解方程 $\sqrt{2x^2-1}=x$ 的推理过程是否正确？(1) $\sqrt{2x^2-1}=x$，已知；(2) $2x^2-1=x^2$，(1)式两边取平方；(3) $x^2-1=0$，(2)式两边都减去 x^2；(4) $(x-1)(x+1)=0$，对左边的 x^2-1 进行因式分解；(5) $x=1$ 或 $x=-1$，因为 $ab=0$ 蕴含 $a=0$ 或 $b=0$。

37. 下列求解方程 $\sqrt{x+3}=3-x$ 的步骤是否正确？(1) $\sqrt{x+3}=3-x$，已知；(2) $x+3=x^2-6x+9$，(1)式两边取平方；(3) $0=x^2-7x+6$，(2)式两边都减去 $x+3$；(4) $0=(x-1)(x-6)$，对(3)式左边进行因式分解；(5) $x=1$ 或 $x=6$，因为 $ab=0$ 蕴含 $a=0$ 或 $b=0$，所以从(4)可得到解。

38. 证明：可以通过证明 $p_1\leftrightarrow p_4$、$p_2\leftrightarrow p_3$ 和 $p_1\leftrightarrow p_3$ 来证明命题 p_1、p_2、p_3 和 p_4 是等价的。

39. 证明：可以通过证明条件语句 $p_1\rightarrow p_4$、$p_3\rightarrow p_1$、$p_4\rightarrow p_2$、$p_2\rightarrow p_5$ 和 $p_5\rightarrow p_3$ 来证明命题 p_1、p_2、p_3、p_4 和 p_5 是等价的。

40. 试找出下列命题的一个反例："每个正整数都是 3 个整数的平方和"。

41. 证明在实数 a_1, a_2, $\cdots$, a_n 中至少有一个数大于或等于这些数的平均值。你使用什么类型的证明方法？

42. 使用练习 41 来证明如果把前 10 个正整数以任意顺序放在一个圆周上，则圆周上存在相邻位置的 3 个整数，它们之和大于或等于 17。

43. 证明如果 n 是整数，则下面 4 个语句是等价的：(i) n 是偶数；(ii) $n+1$ 是奇数；(iii) $3n+1$ 是奇数；(iv) $3n$ 是偶数。

44. 证明下面关于整数 n 的 4 个语句是等价的：(i) n^2 是奇数，(ii) $1-n$ 是偶数，(iii) n^3 是奇数，(iv) n^2+1 是偶数。

1.8 证明的方法和策略

1.8.1 引言

1.7 节介绍了各种不同的证明方法，并说明每一种方法如何使用。本节将继续这方面的讨论。我们将介绍几种其他常用的证明方法，包括分别考虑不同情形进行定理证明的方法。我们还将讨论具有预期性质的事物的存在性证明方法。

1.7 节只简要讨论了构造证明的策略。这些策略包括选择证明方法，然后基于该方法一步一步地成功构造论证。在开发了多功能的证明方法库之后，本节将研究关于证明的艺术和科学方面的一些问题。我们将提供如何寻找一个定理的证明的一些忠告。我们还将描述一些窍门，包括如何通过反向思维和通过改编现有证明来发现证明。

数学家工作时，会拟定猜测并试图证明或反驳之。这里通过证明用多米诺或其他形状的骨牌来拼接棋盘的有关结论来简要描述这个过程。查看这类拼接游戏，我们将能够迅速形成猜测并证明定理，而无须先开发一套理论。

本节最后将讨论开放问题所起的作用。特别地，我们会讨论一些有趣的问题，或者悬而未决数百年后被解决了的，或者仍然是开放问题。

1.8.2 穷举证明法和分情形证明法

有时候采用单一的论证不能在定理的所有可能情况下都成立，故不能证明该定理。现在介绍一种通过分别考虑不同的情况来证明定理的方法。该方法是基于现在要介绍的一个推理规则。为了证明条件语句

$$(p_1 \lor p_2 \lor \cdots \lor p_n) \rightarrow q$$

可以用永真式

$$[(p_1 \lor p_2 \lor \cdots \lor p_n) \rightarrow q] \leftrightarrow [(p_1 \rightarrow q) \land (p_2 \rightarrow q) \land \cdots \land (p_n \rightarrow q)]$$

作为推理规则。这个推理规则说明可以通过分别证明每个条件语句 $p_i\rightarrow q(i=1, 2, \cdots, n)$ 来证明由命题 p_1, p_2, $\cdots$, p_n 的析取式组成前提的原条件语句。这种论证称为**分情形证明法**（proof by cases）。有时为了证明条件语句 $p\rightarrow q$ 为真，方便的做法是用析取式 $p_1 \lor p_2 \lor \cdots \lor p_n$ 代替 p 作为条件语句的前提，其中 p 与 $p_1 \lor p_2 \lor \cdots \lor p_n$ 是等价的。

穷举证明法 有些定理可以通过检验相对少量的例子来证明。这样的证明叫作**穷举证明法**（exhaustive proof，proof by exhaustion），因为这些证明是要穷尽所有可能性的。一个穷举证

明是分情形证明的特例，这里每一种情形涉及检验一个例子。下面给出穷举证明法的一些例证。

例 1 证明如果 n 是一个满足 $n \leqslant 4$ 的正整数时，则有 $(n+1)^3 \geqslant 3^n$。

解 采用穷举证明法。我们只需检验当 $n=1$，2，3，4 时，$(n+1)^3 \geqslant 3^n$ 成立。对于 $n=1$，有 $(n+1)^3 = 2^3 = 8$ 而 $3^n = 3^1 = 3$；对于 $n=2$，有 $(n+1)^3 = 3^3 = 27$ 而 $3^n = 3^2 = 9$；对于 $n=3$，有 $(n+1)^3 = 4^3 = 64$ 而 $3^n = 3^3 = 27$；对于 $n=4$，有 $(n+1)^3 = 5^3 = 125$ 而 $3^n = 3^4 = 81$。在这四种情况的每一种情形下，都有 $(n+1)^3 \geqslant 3^n$。我们用穷举证明法证明了如果 n 是一个满足 $n \leqslant 4$ 的正整数，则 $(n+1)^3 \geqslant 3^n$。 ◀

例 2 证明不超过 100 的连续正整数同时是幂次数的只有 8 和 9（一个整数是**幂次数**（perfect power）如果它等于 n^a，其中 n 是正整数，a 是大于 1 的整数）。

解 采用穷举证明法。特别地，可以通过下面的方法来证明此事实：查看不超过 100 的正整数 n，首先检查 n 是否是幂次数，如果是，再检查 $n+1$ 是否也是幂次数。一个更快捷的方法是仅仅查看不超过 100 的所有幂次数并检查紧挨着的下一个整数是否也是幂次数。不超过 100 的正整数的平方有 1、4、9、16、25、36、49、64、81 和 100。不超过 100 的正整数的立方有 1、8、27 和 64。不超过 100 的正整数的 4 次幂有 1、16 和 81。不超过 100 的正整数的 5 次幂有 1 和 32。不超过 100 的正整数的 6 次幂有 1 和 64。除了 1 以外，没有高于 6 次的正整数的幂次数不超过 100 的。观察不超过 100 的一系列幂次数，发现只有 $n=8$ 是仅有的 $n+1$ 也是幂次数的幂次数。即 $2^3 = 8$，$3^2 = 9$，是不超过 100 的唯一两个连续的幂次数。 ◀

当只需要检查一个语句的相对少量的情形时，人们可以穷举证明法。当要求计算机检查一个语句的数量非常巨大的情形时它不会抱怨，但仍然有局限性。注意当不可能列出所有要检查的情形时，即使是计算机也不能检查所有情形。

分情形证明法 分情形证明一定要覆盖定理中出现的所有可能情况。我们用两个例子来解释分情形证明法。在每一个例子中，你应该检查一下所有可能的情形都已被覆盖了。

例 3 证明如果 n 为整数，则有 $n^2 \geqslant n$。

解 我们通过分别考虑当 $n=0$，当 $n \geqslant 1$ 和当 $n \leqslant -1$ 三种情形来证明对每个整数有 $n^2 \geqslant n$。我们将证明分为三种情形是因为通过分别考虑零、正整数和负整数可以更直截了当地证明这个结论。

情形(i)：当 $n=0$ 时，因为 $0^2 = 0$，从而 $0^2 \geqslant 0$。这表明在这种情况下，$n^2 \geqslant n$ 是真的。

情形(ii)：当 $n \geqslant 1$ 时，把不等式 $n \geqslant 1$ 两边同时乘以正整数 n，得到 $n \cdot n \geqslant n \cdot 1$。这蕴含着当 $n \geqslant 1$ 时有 $n^2 \geqslant n$。

情形(iii)：当 $n \leqslant -1$ 时。可是，$n^2 \geqslant 0$。因而有 $n^2 \geqslant n$。

因为在三种情形下均有不等式 $n^2 \geqslant n$，于是可得出结论，如果 n 为整数，则有 $n^2 \geqslant n$。 ◀

例 4 用分情形证明法证明 $|xy| = |x||y|$，其中 x 和 y 是实数。（回顾一下 $|a|$ 是 a 的绝对值。当 $a \geqslant 0$ 时等于 a，而当 $a \leqslant 0$ 时等于 $-a$。）

解 在定理的证明中，我们用事实当 $a \geqslant 0$ 时 $|a| = a$ 并且当 $a \leqslant 0$ 时 $|a| = -a$ 来消除绝对值符号。由于 $|x|$ 和 $|y|$ 出现在公式中，就需要四种情形：(i) x 和 y 都为非负的；(ii) x 为非负的且 y 是负的；(iii) x 是负的且 y 为非负的；(iv) x 是负的且 y 是负的。我们用 p_1、p_2、p_3 和 p_4 来标记四个命题分别陈述四种情形对应的假设，用 q 代表原命题。（注意：我们通过每一种情形中选择恰当正负号就可以去掉绝对值符号。）

情形(i)：可以看出 $p_1 \to q$，因为当 $x \geqslant 0$ 且 $y \geqslant 0$ 时 $xy \geqslant 0$，因此 $|xy| = xy = |x||y|$。

情形(ii)：要得出 $p_2 \to q$，注意如果 $x \geqslant 0$ 且 $y < 0$，则 $xy \leqslant 0$，因此 $|xy| = -xy = x(-y) = |x||y|$。（因为 $y < 0$，我们有 $|y| = -y$。）

情形(iii)：要得出 $p_3 \to q$，可遵循前一种情形的推理过程，只需将 x 和 y 的角色互换。

情形(iv)：要得出 $p_4 \rightarrow q$，注意当 $x<0$ 且 $y<0$ 时，$xy>0$。因此 $|xy| = xy = (-x)(-y) = |x||y|$。

因为 $|xy| = |x||y|$ 对所有四种情形均成立，而这些情况包含了一切可能。我们能够得出结论当 x 和 y 是实数时，$|xy| = |x||y|$。◀

充分利用分情形证明法　前面解释分情形证明法的例子提供了一些何时应用这种证明法的启发。特别地，当一个证明不可能同时顾及所有情形时，应该考虑采用分情形证明法。什么时候应该采用这样的证明呢？一般地，当没有明显的思路开始一个证明，而每一种情形的额外信息又能推进证明时，可以寻求分情形证明法。例5说明了如何有效地利用分情形证明法。

例 5　构造一个关于整数平方的十进制数字末位的猜想，并证明你的结论。

解　最小的完全平方数分别是 1、4、9、16、25、36、49、64、81、100、121、144、169、196、225 等。注意完全平方数的十进制数字的末位是 0、1、4、5、6 和 9，而 2、3、7、8 从来不出现在完全平方数的十进制数字的末位。我们猜测这样的结论：一个完全平方数的十进制数字的末位是：0、1、4、5、6 或 9。如何证明这个结论呢？

首先注意到把整数 n 表示为 $10a+b$，这里 a 和 b 是正整数，b 是 0、1、2、3、4、5、6、7、8 或 9。这里 a 是 n 减去 n 的末位十进制数字再除以 10 所得到的整数。其次注意到 $(10a+b)^2 = 100a^2 + 20ab + b^2 = 10(10a^2 + 2ab) + b^2$，因而，$n^2$ 的末位十进制数字与 b^2 的末位十进制数字相同。进一步，b^2 的十进制数字的末位与 $(10-b)^2 = 100 - 20b + b^2$ 相同。因此，把证明缩减为以下 6 种情形。

情形(i)：n 的末位数字是 1 或 9。这样 n^2 的末位十进制数字是 $1^2 = 1$ 或 $9^2 = 81$ 的末位数，即为 1。

情形(ii)：n 的末位数字是 2 或 8。这样 n^2 的末位十进制数字是 $2^2 = 4$ 或 $8^2 = 64$ 的末位数，即为 4。

情形(iii)：n 的末位数字是 3 或 7。这样 n^2 的末位十进制数字是 $3^2 = 9$ 或 $7^2 = 49$ 的末位数，即为 9。

情形(iv)：n 的末位数字是 4 或 6。这样 n^2 的末位十进制数字是 $4^2 = 16$ 或 $6^2 = 36$ 的末位数，即为 6。

情形(v)：n 的末位数字是 5。这样 n^2 的末位十进制数字是 $5^2 = 25$ 的末位数，即为 5。

情形(vi)：n 的末位数字是 0。这样 n^2 的末位十进制数字是 $0^2 = 0$ 的末位数，即为 0。

因为考虑了所有的 6 种情况，所以能够得出结论，当 n 是整数时，n^2 的末位十进制数字是 0、1、4、5、6 或 9。◀

在分情形证明中，有时我们能消除几乎全部而只留下少量情形。如例6所示。

例 6　证明 $x^2 + 3y^2 = 8$ 没有整数解。

解　由于当 $|x| \geqslant 3$ 时 $x^2 > 8$ 且当 $|y| \geqslant 2$ 时 $3y^2 > 8$，因此能够很快将证明简化为只需检验几种简单的情形。这样只剩下当 x 等于 -2、-1、0、1、2，而 y 等于 -1、0、1 的情形。我们可以用穷举法完成证明。为了解决剩下的情形，注意到 x^2 的可能取值是 0、1、4，$3y^2$ 的可能取值是 0 和 3，而 x^2 与 $3y^2$ 可能取值的最大和是 7。因此，当 x 和 y 是整数时 $x^2 + 3y^2 = 8$ 是不可能成立的。◀

不失一般性　在例4的证明中，我们省略了情形(iii) $x<0$ 和 $y \geqslant 0$，因为在互换 x 和 y 角色后它与情形(ii) $x \geqslant 0$ 和 $y<0$ 是相同的。为了缩短证明篇幅，可以**不失一般性**(without loss of generality)地假设 $x \geqslant 0$，$y<0$，而把情形(ii)和(iii)的证明合在一起。这个语句隐含着我们可以采用与 $x \geqslant 0$ 和 $y<0$ 情形一样的论证来完成 $x<0$ 和 $y \geqslant 0$ 情形的证明，其中有一些显而易见的改变。

一般地，当证明中用到"不失一般性"（缩写为 WLOG）一词时，我们断言通过证明定理的一种情形，不需要用额外的论证来证明其他特定的情形。也就是说，其他的一系列情形论证可以通过对论证做一些简单的改变，或者通过补充一些简单的初始步骤来完成。当引入了不失一般性的概念后，分情形证明法就变得更加有效了。可是，不正确地应用这个原理会导致不幸的错误发生。有时候所做的假设会导致失去一般性。这类假设通常是由于忽略了一个情形可能与其他情形有着巨大的差异。这样会导致一个不完整的或许不可补救的证明。事实上，许多著名定理的不正确证明也是依赖于应用"不失一般性"的想法试图论证那些不能快速从简单情形来证明的情形。

现在我们来说明在证明中不失一般性和其他证明技术的有效结合。

例 7 证明如果 x 和 y 是整数并且 xy 和 $x+y$ 均为偶数，则 x 和 y 也是偶数。

解 我们会用到反证法、不失一般性的概念和分情形证明法。首先假定 x 和 y 不都是偶数。即假设 x 是奇数或 y 是奇数或均为奇数。不失一般性，我们假定 x 是奇数，因此存在整数 m 使得 $x=2m+1$。

为了完成证明，我们需要证 xy 是奇数或者 $x+y$ 是奇数。考虑两种情形：(i) y 是偶数；(ii) y 是奇数。在(i)中存在整数 n 使得 $y=2n$，因此 $x+y=(2m+1)+2n=2(m+n)+1$ 是奇数。在(ii)中存在整数 n 使得 $y=2n+1$，因此 $xy=(2m+1)(2n+1)=4mn+2m+2n+1=2(2mn+m+n)+1$ 是奇数。从而完成了反证法证明。（注意我们在证明中使用不失一般性是合理的，因为当 y 是奇数时的证明可以通过上面的证明中简单地交换 x 和 y 的角色而获得。）◀

穷举证明法和分情形证明法中的常见错误 推理中的一种常见错误是从个例中得出不正确结论。不管考虑了多少不同的个例，都不能从个例来证明定理，除非每一种可能情况都覆盖了。证明定理这样的问题类似于要证明计算机程序总能产生所期望的输出。除非所有的输入值都测试了，否则无论测试了多少输入值，也不能得出结论程序总能产生正确的输出。

例 8 每个正整数都是 18 个整数的四次幂之和是否为真？

解 要判断一个正整数 n 是否可写为 18 个整数的四次幂的和，我们先从最小的正整数开始考察。因为整数的四次幂分别是 0，1，16，81，…，如果能从这些数中选择 18 个项后相加得 n，则 n 就是 18 个四次幂之和。可以证明，从 1 到 78 的所有正整数都可以写成 18 个整数的四次幂的和（细节留给读者证明）。然而，如果认为这就检查够了，那就会得出错误的结论。每个正整数是 18 个四次幂之和并不为真，因为 79 并不是 18 个四次幂的和（读者请自行验证）。◀

另一个常见错误是做出了莫须有的假设导致在分情形证明中没有考虑到所有情形。如例 9 所示。

例 9 下面的"证明"错在哪里？

"定理" 如果 x 是实数，则 x^2 是正实数。

"证明" 令 p_1 为"x 是正数"，p_2 为"x 是负数"，q 为"x^2 是正数"。要证明 $p_1 \rightarrow q$ 为真，注意当 x 是正数时，x^2 为正数，因为这是两个正数 x 和 x 的积。要证明 $p_2 \rightarrow q$，注意当 x 是负数时，x^2 是正数，因为这是两个负数 x 和 x 的积。证毕。

解 上面的"证明"存在的问题是忘了考虑 $x=0$ 的情形。当 $x=0$ 时，$x^2=0$ 不是正数，因此假设的定理为假。如果 p 是"x 是实数"，那我们可以将假设 p 分三种情形 p_1、p_2 和 p_3 来证明结论，其中 p_1 是"x 是正数"，p_2 是"x 是负数"，p_3 是"$x=0$"，因为有等价式 $p \leftrightarrow p_1 \vee p_2 \vee p_3$。◀

1.8.3 存在性证明

许多定理是断言特定类型对象的存在性。这种类型的定理是形如 $\exists x P(x)$ 的命题，其中 P 是谓词。$\exists x P(x)$ 这类命题的证明称为**存在性证明**（existence proof）。有多种方式来证明这类定理。有时可以通过找出一个使得 $P(a)$ 为真的元素 a（称为一个物证）来给出 $\exists x P(x)$ 的存在性证明。这样的存在性证明称为是**构造性的**（constructive）。也可以给出一种**非构造性的**（nonconstructive）存在性证明，即不是找出使 $P(a)$ 为真的元素 a，而是以某种其他方式来证明

$\exists xP(x)$ 为真。给出非构造性证明的一种常用方法是使用归谬证明，证明该存在量化式的否定式蕴含一个矛盾。例 10 可以解释构造性的存在性证明的概念，而例 11 可以解释非构造性的存在性证明的概念。

Extra Examples

例 10 一个构造性的存在性证明 证明存在一个正整数，可以用两种不同的方式将其表示为正整数的立方和。

解 经过大量的计算（如使用计算机搜索）可找到

$$1729 = 10^3 + 9^3 = 12^3 + 1^3$$

因为我们已经把一个整数写成两种不同的立方和，因而得证。

关于这个例子有一个有趣的故事。英国数学家 G. H. 哈代，在一次前往医院看望生病的印度天才拉马努金时，提到他乘坐的出租车的编号 1729 是个枯燥的数字。拉马努金回答："不，这是一个非常有趣的数，它是可以用两种方式表示为立方和的最小数。" ◀

例 11 一个非构造性的存在性证明 证明存在无理数 x 和 y 使得 x^y 是有理数。

解 由 1.7 节例 11 可知 $\sqrt{2}$ 是无理数。考虑数 $\sqrt{2}^{\sqrt{2}}$。如果它是有理数，那就存在两个无理数 x 和 y 且 x^y 是有理数，即 $x=\sqrt{2}$，$y=\sqrt{2}$。另一方面如果 $\sqrt{2}^{\sqrt{2}}$ 是无理数，那么可以令 $x=\sqrt{2}^{\sqrt{2}}$ 且 $y=\sqrt{2}$，因此 $x^y = (\sqrt{2}^{\sqrt{2}})^{\sqrt{2}} = \sqrt{2}^{(\sqrt{2}\cdot\sqrt{2})} = \sqrt{2}^2 = 2$。

Links ▶

©AMERICAN
PHILOSOPHICAL
SOCIETY/Science Source

戈弗雷·哈罗德·哈代（Godfrey Harold Hardy，1877—1947） 哈代是 Isaac Hardy 和 Sophia Hall Hardy 的两个孩子中的老大，出生在英格兰的萨里郡的 Cranleigh。他父亲是 Cranleigh 学校的地理和绘画老师，同时还教声乐课，并且踢足球。他母亲教授钢琴课并且协助管理一家年轻学生的寄宿处。哈代的双亲致力于儿童教育。哈代早在 2 岁时就显露出对数字的能力，那时他能写到百万级的数字。他有一位私人数学教师，而没有去上 Cranleigh 学校的正规课程。他 13 岁时上了一所私立高中，温切斯特公学，并且获得了奖学金。他擅长学习并在数学方面表现出浓厚的兴趣。1896 年，他获得奖学金而进入剑桥大学的三一学院，在学习期间他获得诸多奖项，1899 年毕业。

1906～1919 年哈代在剑桥大学的三一学院任数学讲师，当时他也被任命为牛津大学几何学的沙利文讲座教授。由于著名哲学家和数学家伯特兰·罗素从事反战活动而被三一学院解雇，哈代开始对剑桥大学没有好感，也不喜欢烦琐的行政工作。1931 年他重返剑桥大学任纯数学的 Sadleirian 教授，直到 1942 年退休。他是一位纯数学家，对数学具有一种精英观点，希望他的研究永远不会有应用。具有讽刺意义的是，他或许是以哈代-温伯格定律的发现者之一而闻名于世的，而这个定律则预测了遗传的模式。他在这个领域的工作是给《科学》(Science)期刊的一封信，其中他用简单的代数概念证明了一篇遗传学论文中的错误。哈代的工作主要在数论和函数论方面，探索的主题是黎曼 zeta 函数、傅里叶级数和素数分布。他对许多重要问题做出了重要的贡献，如将正整数表示为 k 次幂之和的 Waring 问题和将奇整数表示为三个素数之和的问题。他为人们所记忆的还有他和剑桥同事李特尔伍德(John E. Littlewood)合作共同撰写了 100 多篇论文，以及和显赫的印度数学天才拉马努金(Srinivasa Ramanujan)的合作。他和李特尔伍德的合作还造就一个笑话：当时的英国只有三个重要的数学家，哈代、李特尔伍德和哈代-李特尔伍德，可是人们相信哈代创造了一个虚构的人物李特尔伍德，因为李特尔伍德在剑桥之外没什么名气。哈代从拉马努金发给他的不同凡响且极具创造性的著作中慧眼识天才，而其他数学家则没能发现这个天才。哈代将拉马努金带到剑桥大学并与之合作重要的论文，建立了关于一个整数的划分数的新的结论。哈代对数学教育也充满兴趣，他的书《纯数学教程》(A Course of Pure Mathematics)在 20 世纪前半叶的本科数学教学中具有深远影响。哈代还写了《一个数学家的辩白》(A Mathematician's Apology)，其中对是否值得奉献一生研究数学这样一个问题给出了自己的回答。这代表了哈代对于什么是数学和数学家在做什么的一种观点。

哈代对运动也有浓厚的兴趣。他是一个狂热的板球爱好者并且成绩不俗。他有一个特点就是不喜欢照相(为世人所知的照片只有五张)，也不喜欢镜子，进入酒店房间后会立刻用毛巾盖住它。

这个证明是非构造性存在性证明的一个例子，因为我们并没有找出无理数 x 和 y 使得 x^y 是有理数。相反，我们证明了或者 $x=\sqrt{2}$，$y=\sqrt{2}$，或者 $x=\sqrt{2}^{\sqrt{2}}$，$y=\sqrt{2}$ 具有所需性质，但并不知道这两对中哪一对是解。◀

评注 4.3 节的练习 11 将给出一个构造性的存在性证明：存在无理数 x 和 y 使得 x^y 是有理数。

非构造性存在性证明通常相当微妙，如例 12 所示。

例 12 **蚕食游戏**(Chomp)是两个人玩的游戏。在这个游戏中，曲奇饼放在矩形格中。左上角的曲奇饼有毒，如图 1a 所示。两个玩家轮流行动：每个动作中一个玩家都要吃一块剩余的曲奇饼，以及它右下角的所有曲奇饼(例如，如图 1b 所示)。没有别的选择而只能吃有毒曲奇饼的玩家为输。请问：两个玩家之一是否有获胜的策略。即其中一个玩家是否能够一直做动作而保证其获胜？

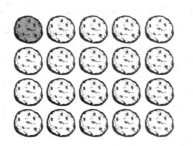

a)蚕食游戏(左上角的曲奇饼有毒)　　b)三种可能动作

图　1

解 我们会给出第一个玩家获胜策略的非构造性存在证明。即我们将证明第一个玩家总有获胜的策略，而没有明确描述玩家的具体动作步骤。

首先，游戏结束时不会是一个平局，因为每一步动作至少要吃掉一块曲奇饼，因此不超过 $m \times n$ 步动作游戏就会结束，这里 $m \times n$ 是网格的初始值。现假设在游戏开始，第一个玩家吃掉了右下角的曲奇饼。这有两种可能，这是第一个玩家获胜策略的第一步，或者这是第二个玩家可以做一个动作成为第二个玩家获胜策略的第一步。在第二种情况下，第一个玩家可以不是只吃右下角的曲奇饼，而是采用第二个玩家获胜策略的第一步相同的步骤(然后继续那个获胜策略)。这将保证第一个玩家获胜。

注意我们证明了获胜策略的存在性，但是没有刻画实际的获胜策略。因此，这个证明是一个非构造性存在性证明。事实上，没有人能够通过刻画第一个玩家应该遵循的动作步骤来描述适用于所有长方形网格的蚕食游戏的获胜策略。然而，在某种特殊的情况，比如当网格是正方形时，以及当网格只有两行曲奇饼时，获胜策略是可以描述的(参见 5.2 节的练习 15 和练习 16)。◀

1.8.4 唯一性证明

某些定理断言具有特定性质的元素唯一存在。换句话说，这些定理断言恰好只有一个元素具有这个性质。要证明这类语句，需要证明存在一个具有此性质的元素，以及没有其他元素具有此性质。**唯一性证明**(uniqueness proof)的两个部分如下：

存在性：证明存在某个元素 x 具有期望的性质。

唯一性：证明如果 x 和 y 都具有期望的性质，则 $x=y$。

评注 证明存在唯一元素 x 使得 $P(x)$ 为真等同于证明语句 $\exists x(P(x) \wedge \forall y(y \neq x \rightarrow \neg P(y)))$。

我们用例 13 说明唯一性证明的要素。

Extra
Examples

例 13 证明：如果 a 和 b 是实数并且 $a \neq 0$，那么存在唯一的实数 r 使得 $ar + b = 0$。

解 首先，注意实数 $r = -b/a$ 是 $ar + b = 0$ 的一个解，因为 $a(-b/a) + b = -b + b = 0$。因此，对于 $ar + b = 0$ 而言，实数 r 是存在的。这是证明的存在性部分。

其次，假设实数 s 使得 $as + b = 0$ 成立。则有 $ar + b = as + b$，这里 $r = -b/a$。从两边减去 b，得到 $ar = as$。最后式子两边同除以 a，这里 a 是非零的，得到 $r = s$。这意味着如果 $r \neq s$，则 $as + b \neq 0$。这就证明了唯一性部分。　◀

1.8.5 证明策略

寻找证明是一项富于挑战性的工作。当你面对待证命题时，应该先把术语替换成其定义，再仔细分析前提结论的含义。然后，可以选一种已有的证明方法去尝试证明结论。我们在 1.7 节已经给出了一些证明形如 $\forall x(P(x) \rightarrow Q(x))$ 的定理的证明策略，包括直接证明法、反证法和归谬证明法。如果语句是条件语句，就应该首先尝试直接证明法；如果不行，就尝试间接证明

Links

©Nick Higham/Alamy Stock Photo

拉马奴金（Srinivasa Ramanujan，1887—1920）　著名的数学天才拉马奴金在马德拉斯市（Madras，现名钦奈（Chennai））附近的印度南部出生并长大。他的父亲是一家布店的职员。他的母亲通过在当地一个寺庙唱歌来补贴家用。拉马奴金在当地的一所英语学校学习，显露出其对数学的兴趣和天赋。13 岁那年他学完了一本大学生使用的教科书。当他 15 岁时，一名大学生借给他一本《纯数学概要》（*Synopsis of Pure Mathematics*）。拉马奴金决定把这本不带任何证明或解释的书中的 6000 多个结论重新做一遍，写在纸上后来收集起来形成笔记。1904 年他从高中毕业，赢得奖学金进入马德拉斯大学。他报读的是美术课程，但是他忽视除数学以外的所有科目，因而失去了奖学金。大学期间（1904—1907）他有四次考试不及格，只有数学学得好。这期间他在笔记中写下了许多原创性的著作，有时是已经发表工作的重新发现，有时是新的发现。

没有大学学位，拉马奴金要找一份体面的工作是很困难的。为了生存，他不得不依靠朋友们的施舍。他教学生数学，但是他的不同寻常的思维方式和不能遵循教学大纲导致了问题。1909 年他和一个小他九岁的年轻姑娘结婚。为了养活自己和他的妻子，他搬到马德拉斯寻找工作。他把他笔记中的数学著作给可能的雇主看，但是他的书让他们不知所措。然而，总统学院的一位教授认可了他的天赋并支持他，1912 年他获得了一份会计员的工作，赚得微薄的薪水。

此时，拉马奴金依然在继续着他的数学研究，并于 1910 年在印度的期刊上发表了第一篇论文。他认识到自己的工作在印度数学家之上，遂决定写信给英国顶尖的数学家。起初，几位数学家都将他的信当作求助信息。1913 年 1 月他给 G. H. 哈代写信，哈代也没看好拉马奴金，但是信中的那些虽然没有给出证明的数学陈述却让哈代有些困惑。哈代决定与同事和合作者 J. E. 李特尔伍德一起仔细检查这些陈述。经过仔细研究，他们判定拉马奴金可能是一个天才，因为他的陈述"只有那些最高水平的数学家才有可能写得出来，而且也一定是真的，因为如果这些陈述不成立，就没有人有这样的想象力来发明这些陈述。"

1914 年哈代为拉马奴金安排了奖学金并将他带到英格兰。哈代亲自教他数学分析，一起合作了五年，证明了一些有关整数划分数的重要定理。在这期间，拉马奴金在数论领域做出了重要贡献，同时在连分数、无穷级数、椭圆函数方面做些工作。拉马奴金对于某些类型的函数和级数有着惊人的洞察力，但是他声称的有关素数的定理则是错误的，这也解释了他对于什么是正确的证明只有模糊的概念。他是当时被任命的英国皇家学会院士最年轻的成员之一。不幸的是，1917 年拉马奴金得了严重的疾病。那时被认为是由于不适应英国气候而染上了肺结核。现在看来是由于拉马奴金严格的素食主义以及英国战时的食物短缺造成他得了维生素缺乏症。1919 年他回到印度，继续他的数学研究，即使是在病床上也是如此。1920 年 4 月他短暂的一生走到了尽头，年仅 32 岁。拉马奴金留下一些笔记，记载着没有发表的结果。这些笔记中的著作解释了拉马奴金的一些见解，但是也相当概略。有些数学家倾注了多年的研究试图解释和证明这些笔记中的结果。2015 年的一部非常精彩的电影《知无涯者》就是描述拉马奴金的一生的。

法；如果这些方法都不行，就尝试归谬证明法。可是，我们没有提供更进一步的用于构建这样的证明的指南。现在我们给出一些策略来构建新的证明。

正向和反向推理　无论选择什么证明方法，都需要为证明找一个起点。条件语句的直接证明就从前提开始。利用这些前提以及公理和已知定理，用导向结论的一系列步骤来构造证明。这类推理称为正向推理（forward reasoning），是用来证明相对简单结论的一类最常见推理方式。同样，要开始间接证明，就从结论的否定开始，用一系列步骤来得出前提的否定。

遗憾的是，正向推理常常难以用来证明更复杂的结论，因为得出想要的结论所需的推理可能并不明显。在这种情况下使用反向推理（backward reasoning）可能会有所帮助。要反向推理证明命题 q，我们就寻找一个命题 p 并可证明其具有性质 $p \rightarrow q$。（注意，寻找一个命题 r 并能证明其具有 $q \rightarrow r$ 不会有所帮助，因为从 $q \rightarrow r$ 和 r 得出 q 为真是一种窃取论题 $^{\ominus}$ 的错误推理。）反向推理的解释如例 14 和例 15 所示。

例 14　给定两个正实数 x 和 y，其**算术均值**是 $(x+y)/2$ 而其**几何均值**是 $\sqrt{xy}$。当比较不同正实数对的算术和几何均值时，可以发现算术均值总是大于几何均值。（例如，当 $x=4$ 和 $y=6$ 时，有 $5=(4+6)/2 > \sqrt{4\cdot 6} = \sqrt{24}$。）能否证明这个不等式恒为真？

解　当 x 和 y 是不同正实数时，要证明 $(x+y)/2 > \sqrt{xy}$，我们可以采用反向推理。我们构造一系列等价的不等式。这些等价的不等式是：

$$(x+y)/2 > \sqrt{xy}$$
$$(x+y)^2/4 > xy$$
$$(x+y)^2 > 4xy$$
$$x^2 + 2xy + y^2 > 4xy$$
$$x^2 - 2xy + y^2 > 0$$
$$(x-y)^2 > 0$$

由于当 $x \neq y$ 时，有 $(x-y)^2 > 0$，所以最后一个不等式为真。由于所有这些不等式都等价，所以可得出当 $x \neq y$ 时，$(x+y)/2 > \sqrt{xy}$。一旦做了这样的反向推理，就可以通过颠倒这些步骤来构造证明，这样将构造出正向推理的证明。（注意反向推理中的步骤不会成为最终证明的一部分，这些步骤只是作为指南来构造完整的证明。）

证明　假设 x 和 y 是两个不同的实数。那么 $(x-y)^2 > 0$，因为非零实数的平方是正的（见附录 1）。由于 $(x-y)^2 = x^2 - 2xy + y^2$，所以这蕴含着 $x^2 - 2xy + y^2 > 0$。两边同时加上 $4xy$，得 $x^2 + 2xy + y^2 > 4xy$。因为 $x^2 + 2xy + y^2 = (x+y)^2$，因此 $(x+y)^2 > 4xy$。两边同时除以 4，可得 $(x+y)^2/4 > xy$。最后，两边同时开平方（保持不等式性质，因为两边都是正的）得 $(x+y)/2 > \sqrt{xy}$。从而得出结论如果 x 和 y 是两个不同的实数，那么它们的算术均值 $(x+y)/2$ 大于它们的几何均值 $\sqrt{xy}$。　◀

例 15　假定两人玩游戏，轮流从最初有 15 块石头的堆中每次取 1、2 或 3 块石头。取最后一块石头的人赢得游戏。证明无论第二个玩家如何取，第一个玩家都能赢得游戏。

解　为了证明第一个玩家（甲）总能赢得游戏，我们可以用反向推理。在最后一步，如果留给甲的石头堆中剩下 1、2 或 3 块石头，则甲就能获胜。如果第二个玩家（乙）不得不从有 4 块石头的堆中取石头，就迫使乙留下 1、2 或 3 块石头。因此，甲要获胜的一种方法是在倒数第二步给乙留下 4 块石头。当轮到甲的时候面临 5、6 或 7 块石头时（当乙不得不从 8 块石头的堆中取石头时就会出现这种情况），甲就能留下 4 块石头。因此，为迫使乙留下 5、6 或 7 块石头，甲应该在其倒数第三步给乙留下 8 块石头。这意味着当轮到甲取时还有 9、10 或 11 块石头。同样，当

$\ominus$　原文如此，实为肯定结论的谬误。——译者注

甲走第一步时应该留下 12 块石头。我们可以把这个论证倒过来就能证明无论乙如何取，甲总是有石头取从而甲赢得游戏。这些步骤依次给乙留下 12、8 和 4 块石头。

改编现有证明   在寻找可用于证明语句方法时，一个很好的思路是利用类似结论现有的证明。一个现有的证明通常可以改编用于证明其他结论。即使不是这样，现有证明中的一些想法也会有所帮助。因为现有证明能为新证明提供线索，就应该多阅读和理解在学习中遇到的证明。这一过程如例 16 所示。

例 16   在 1.7 节例 11 中证明了 $\sqrt{2}$ 是无理数。现在推测 $\sqrt{3}$ 是无理数。我们能够改编 1.7 节例 11 的证明来证明 $\sqrt{3}$ 是无理数吗？

解   为改编在 1.7 节例 11 的证明，开始先模仿这个证明的步骤，只是要用 $\sqrt{3}$ 代替 $\sqrt{2}$。首先，假设 $\sqrt{3} = c/d$，这里分数 c/d 是既约的。等式的两边取平方得到 $3 = c^2/d^2$，因此 $3d^2 = c^2$。类似于 1.7 节例 11 中由等式 $2b^2 = a^2$ 证明 2 是 a 和 b 的公因子的方法，我们可以用这个等式证明 3 一定是 c 和 d 的公因子吗？（回忆一下如果 t/s 是整数，则整数 s 是整数 t 的因子。一个整数 n 是偶数当且仅当 2 是 n 的因子。）事实证明是可以的，只是需要借助于将第 4 章讨论的数论内容。我们勾画出剩下的证明，但把这些步骤的理由留到第 4 章。因为 3 是 c^2 的因子，它也必然是 c 的因子。再者，因为 3 是 c 的因子，9 就是 c^2 的因子，这意味着 9 是 $3d^2$ 的因子。这蕴含着 3 是 d^2 的因子，这意味着 3 是 d 的因子。这样 3 就是 c 和 d 的因子，与 c/d 是既约分数相矛盾。在为这些步骤添加理由后，我们就完成了通过改编 $\sqrt{2}$ 是无理数的证明来证明 $\sqrt{3}$ 是无理数。注意这个证明可以推广到 $\sqrt{n}$ 是无理数，这里 n 是一个非完全平方的正整数。这里的细节留给第 4 章。

当你面临要证明一个新定理时，特别是当新定理类似于你原先证明过的定理时，一个窍门就是寻找你可以改编的现有的证明。

1.8.6 寻找反例

1.7 节介绍了应用反例证明法来证明一些语句是假的。当面对一个猜想时，你首先可以试图去证明这个猜想，如果你的尝试没有成功，你可以试图寻找一个反例。如果你不能找到反例，你可以再试图证明这个语句。无论如何，寻找反例都是一个相当重要的方法，并时常能提供对问题的领悟。下面例 17 说明了反例的作用。

例 17   在 1.7 节例 15 中通过寻找反例证明了语句"每个正整数都是两个整数的平方和"为假。也就是说，存在正整数不能写成两个整数的平方和。尽管不能把每一个正整数写成两个整数的平方和，但也许我们能把每一个正整数写成三个整数的平方和。即语句"每个正整数都是三个整数的平方和"是真还是假呢？

解   因为我们知道并不是每个正整数都是两个整数的平方和，可能最初怀疑每一个正整数能写为三个整数平方和。因此，首先寻找反例。即如果能够找到一个特殊的整数不是三个整数的平方和就能证明语句"每个正整数都是三个整数的平方和"为假。为寻找反例，试着将连续的正整数写成三个整数的立方和。可以发现 $1 = 0^2 + 0^2 + 1^2$，$2 = 0^2 + 1^2 + 1^2$，$3 = 1^2 + 1^2 + 1^2$，$4 = 0^2 + 0^2 + 2^2$，$5 = 0^2 + 1^2 + 2^2$，$6 = 1^2 + 1^2 + 2^2$，但无法找到将 7 写为三个整数的平方和的方法。要证明没有三个数的平方加起来等于 7，注意可以用的平方数是那些不超过 7 的平方数，即 0、1 或 4。因为 0、1 或 4 的任意三项相加得不出 7，所以 7 是一个反例。我们得到结论语句"每个正整数都是三个整数的平方和"为假。

我们已经证明了并不是每个正整数都是三个整数的平方和。下一个问题要问是不是每个正整数都是四个整数的平方和。有些实验证据表明答案是对的。例如，$7 = 1^2 + 1^2 + 1^2 + 2^2$，$25 = 4^2 + 2^2 + 2^2 + 1^2$ 和 $87 = 9^2 + 2^2 + 1^2 + 1^2$。于是得出猜想"每个正整数都是四个整数的平方和"是真的。对于证明参见 [Ro10]。

1.8.7   证明策略实践

我们在学习数学时仿佛数学事实是刻在石头上的。数学教科书（包括这本书的绝大部分）正式地提出定理及其证明。这样的展示并不能揭示数学发现过程。这一过程以探索概念和例子开始，提出问题，形成猜想，并企图通过证明或者通过反例来解决这些猜想。这些就是数学家的日常活动。不管你信不信，教科书中所讲授的材料起初都是以这个方式发展出来的。

人们基于各种可能证据来拟定猜想。对特殊情形的考察可能够导致一个猜想，就像识别一些可能的模式。对已知定理的假设和结论稍做改变也能导致可信的猜想。有些时候，猜想的建立是基于直觉或者甚至认为结果成立的信念。无论猜想是怎样产生的，一旦它被形式化描述，目标就是证明或者驳斥它。当数学家相信猜想可能是真的时，他们会尝试寻找证明。如果他们找不到证明，他们就会寻找反例。当他们不能找到反例时，他们又会转回来再次试图证明猜想。尽管许多猜想很快被解决，但有些猜想则抵御了数百年攻关，还导致数学新分支的发展。本节稍后将会提到几个著名的猜想。

1.8.8   拼接

通过对棋盘拼接游戏的简要研究能够解释证明策略的各个方面。研究棋盘的拼接游戏是一种能快速发现多种结论并用各种证明方法来构造其证明的很有效方法。在这个领域几乎创造了无穷多的猜想及其研究。我们需要定义一些术语。一个**棋盘**是一个由水平和垂直线分割成同样大小方格组成的矩形。象棋游戏是在 8 行和 8 列的木板上进行，这块板称为**标准棋盘**（standard checkerboard），如图 2 所示。在这一节我们用术语**拼板**（board）指任意大小的矩形棋盘，以及删除一个或多个方格剩下的棋盘组成。一个**骨牌**（domino）是一块一乘二的方格组成的矩形，如图 3 所示。当一个拼板的所有方格由不重叠的骨牌覆盖并且没有骨牌悬空时，我们就说一个拼板由骨牌所**拼接**（tiled）。现在来研究一些有关用骨牌拼接拼板的结论。

图 2   标准棋盘

例 18   我们能用骨牌拼接标准棋盘吗？

解   我们可以找到许多用骨牌拼接标准棋盘的方法。例如，可以水平放 32 块骨牌拼接它，如图 4 所示。该拼接的存在即完成了一个构造性的存在证明。还有大量其他的方法可以完成这个拼接。可以在拼板上垂直放 32 块骨牌，或者水平放一些和垂直放一些来拼接它。但对于一个构造性存在证明只需要找到一个这样的拼接就可以了。   ◀

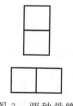

图 3   两种骨牌

例 19   我们能拼接从标准棋盘中去掉四个角的方格之一得到的拼板吗？

解   为了回答这个问题，注意一个标准棋盘有 64 个方格，因此去掉一个方格就会产生由 63 个方格构成的拼板。现在假设能够拼接一个从标准棋盘中去掉一个角的方格的拼板。因为每一个骨牌盖住两个方格，并且没有两个骨牌重叠没有骨牌悬空，所以拼板上一定有偶数个方格。因此，可以用归谬证明法证明标准棋盘去掉一个方格后不能用骨牌拼接，因为这样一个拼板有奇数个方格。   ◀

现在考虑一个比较棘手的情况。

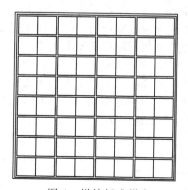

图 4   拼接标准棋盘

例 20　我们能拼接标准棋盘中去掉左上角和右下角方格得到的拼板吗，如图 5 所示？

解　去掉标准棋盘中两个方格得到的拼板包含 64－2＝62
个方格。因为 62 是偶数，不能像例 19 那样很快排除标准棋盘
去掉左上角和右下角方格后拼接的存在性，例 19 中排除了标
准棋盘去掉一个方格后用骨牌拼接的存在性。读者应该尝试的
第一个方法可能是通过依次放置骨牌来试图构造这个拼板的拼
接。然而，无论怎么试验，我们都不能找到这样的一个拼接。
因为我们的努力没有得到一个拼接，所以导向一个猜测：拼接
不存在。

图 5　标准棋盘去掉左上角和
右下角方块

我们通过证明无论怎样在拼板上依次放置骨牌都会走进死
胡同从而可以试图证明不存在拼接。为构造这样的证明，不得
不考虑在选择依次放置骨牌时可能出现的所有可能情况。例
如，要覆盖紧挨着去掉的左上角方格的第一行第二列的方格就
有两种选择。我们可以用水平方式拼接或者垂直方式拼接来覆
盖它。这两种选择的每一种都会导致下一步的不同选择，如此继续。很快就会发现对于人来说
这不是一个有效的解决方案，尽管可以用计算机通过穷举法来完成这样的证明（练习 47 要求你
提供这样的证明来解释一个 4×4 棋盘去掉对角后不能拼接）。

我们需要另一种方法。或许有一个比较容易的方法可以证明标准棋盘去掉两个对角后不存
在拼接。正如许多证明一样，一个关键的观察能启发我们。我们交替用白和黑给这个棋盘的方
格涂色，如图 2 所示。观察在这样的拼板拼接中一个骨牌覆盖一个白方格和一个黑方格。其
次，注意这样的拼板白色方格和黑色方格数量不等。我们可以用这些观察通过归谬证明法来证
明一个标准棋盘去掉两个对角后不能用骨牌拼接。现在给出这样的证明。

证明　假设能用骨牌拼接标准棋盘去掉两个对角后的拼板。注意标准棋盘去掉两个对角后
包含 64－2＝62 个方格。拼接需要用到 62/2＝31 个骨牌。注意在这个拼接中，每个骨牌盖住
一个白的和一个黑的方格。因此，这个拼接盖住 31 个白的和 31 个黑的方格。然而，当去掉两
个对角方格时，剩下的方格或者是 32 块白的 30 块黑的，或者是 30 块白的 32 块黑的。这与能
用骨牌覆盖标准棋盘去掉两个对角后的拼板的假设相矛盾，从而完成证明。◀

我们还可以用骨牌之外其他类型的板块来拼接。我们研究
用同样的方格沿边粘连起来构成的相同形状的板块而非骨牌来
做拼接游戏。这样的板块称为是**多联骨牌**（polyomino），这个术
语是由数学家所罗门·戈洛姆在 1953 年创造的，他为此写了
一本消遣性的书［Go94］。我们将两个具有同样数量方格的多联
骨牌当作一样的，如果通过旋转和翻转其中一个而能得到另一
个。例如，有两种类型的三联骨牌（见图 6），它是由三个方格
沿边粘连起来的多联骨牌。一种三联骨牌是**直三联骨牌**
（straight triomino），它由三个水平连接的方格构成；另一种是

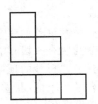

图 6　一个直角三联骨牌和
一个直三联骨牌

直角三联骨牌（right triomino），酷似字母 L 的形状，及其翻转和旋转（必要时）。这里将研究用
直三联骨牌拼接棋盘，5.1 节再研究用直角三联骨牌的拼接问题。

例 21　你能用直三联骨牌拼接标准棋盘吗？

解　标准棋盘含有 64 个方格，每一个三联骨牌覆盖 3 个方格。因此，如果三联骨牌拼接
了一个拼板，拼板的方格数量一定是 3 的倍数。因为 64 不是 3 的倍数，所以三联骨牌不能用
于覆盖 8×8 棋盘。◀

下面的例 22，考虑了用直三联骨牌拼接一个标准棋盘去掉一个角的问题。

例 22 我们能用直三联骨牌拼接标准棋盘中去掉四个角的任一个角的拼板吗？一个 8×8 棋盘去掉一个角后包含 $64-1=63$ 个方格。用直三联骨牌对四种可能的任一做拼接都要用 $63/3=21$ 个直三联骨牌。然而当我们试验时，找不到一个用直三联骨牌对这样的拼板拼接。穷举证明法也没有带来什么希望。我们能改编例 20 的证明来证明这样的拼接不存在吗？

解　例 20 证明了用骨牌拼接去掉对角的标准棋盘是不可能的，为了尝试改编例 20 的归谬证明，我们给棋盘的方格涂色。因为是用直三联骨牌而不是骨牌，我们用三种而不是两种颜色为方格着色，如图 7 所示。注意在这个着色中有 21 个灰色方格、21 个黑色方格、22 个白色方格。接着，做一个重要的观察，当一个直三联骨牌覆盖棋盘的 3 个方格时，它覆盖一个灰色的、一个黑色的和一个白色的方格。然后注意 3 种颜色的每一个都出现在一个角的方格中。于是，不失一般性，我们可以假设轮换颜色，使得去掉的方格是灰色的。因此假设剩余的拼板包含 20 个灰色方格、21 个黑色方格、22 个白色方格。

图 7　用三种颜色对标准棋盘方格着色

如果能用直三联骨牌拼接这块拼板，那么将用 $63/3=21$ 个直三联骨牌。这些直三联骨牌覆盖 21 个灰色方格、21 个黑色方格、21 个白色方格。这与该拼板包含 20 个灰色方格、21 个黑色方格、22 个白色方格相矛盾。因此不能用直三联骨牌拼接这个拼板。　◀

1.8.9　开放问题的作用

数学中的许多进展是人们在试图解决著名的悬而未决的问题时而做出的。在过去的 20 年中，有许多悬而未决的问题最后被最终解决，比如数论中 300 多年前的一个猜想被证明。这个猜想断言称为**费马大定理**的命题为真。

> **定理 1**　费马大定理：只要 n 是满足 $n>2$ 的整数，方程
> $$x^n+y^n=z^n$$
> 就没有满足 $xyz\neq0$ 的整数解 x、y 和 z。

评注　方程 $x^2+y^2=z^2$ 有无穷多个整数解 x、y 和 z，这些解称为毕达哥拉斯三元组[⊖]，对应于具有整数边长的直角三角形的边长。参见练习 34。

这个问题有一段很有意思的典故。在 17 世纪，费马在一本丢番图的著作的空白处匆匆写道，他有了"巧妙的证明"：当 n 是大于 2 的整数时 $x^n+y^n=z^n$ 没有非零的整数解。但他从来没有发表过一个证明（费马几乎没有发表过任何东西），在他死后留下的文章中也找不到任何证明。数学家花了 300 年寻找这个证明却没有成功，尽管许多人相信能找到一个相对简单的证明。（已经有一些特殊情形下的证明，比如欧拉的当 $n=3$ 时的证明和费马本人的当 $n=4$ 时的证明。）历年来，有些有声望的数学家认为他们证明了这个定理。在 19 世纪，这些失败的尝试之一导致了被称为代数数论的数论分支的发展。直到 20 世纪 90 年代，当安德鲁·怀尔斯（Adrew Wiles）采用源自深奥的数论领域中所谓的椭圆曲线理论的最新思想来证明费马大定理时，才找到了几百页长的高等数学的正确证明。公共电视台 Nova 系列的节目介绍说，怀尔斯利用这个强有力的理论来寻找费马大定理的证明花费了将近 10 年时间！另外，他的证明还基于许多数学家的重大贡献。（感兴趣的读者可以查阅[Ro10]来了解关于费马大定理的更多信息和关于这个问题及其解决的其他参考资料。）

　⊖　也叫作勾股数组。——译者注

下面我们给出一个开放问题，这个问题描述起来很简单，但却很难求解。

例23 **3x+1 猜想**　令 T 是把偶整数 x 转换成 $x/2$、把奇整数 x 转换成 $3x+1$ 的变换。一个著名的猜想，有时称为 $3x+1$ 猜想：对于所有正整数 x，当反复地应用变换 T 时，最终会得到整数 1。例如，从 $x=13$ 开始，发现 $T(13)=3 \cdot 13+1=40$，$T(40)=40/2=20$，$T(20)=20/2=10$，$T(10)=10/2=5$，$T(5)=3 \cdot 5+1=16$，$T(16)=8$，$T(8)=4$，$T(4)=2$，$T(2)=1$。对于直到 $5.6 \cdot 10^{13}$ 的所有整数都验证了 $3x+1$ 猜想。 ◀ Links

$3x+1$ 猜想具有有趣的历史，从 20 世纪 50 年代以来就吸引了数学家的注意力。这个猜想被多次提出，具有许多其他名称，包括：Collatz 问题、Hasse 算法、Ulam 问题、Syracuse 问题以及 Kakutani 问题等。许多数学家抛开原有工作花时间来解决这个猜想。这还引起一则笑话说这个问题是旨在减缓美国数学研究的阴谋的一部分。参见 Jeffrey Lagaris 的文章［La10］来了解对这个问题有趣的讨论以及试图解决这个问题的数学家所发现的结果。 ◀

在离散数学中有数量惊人的开放问题，在第 4 章，你将会遇到更多关于素数的开放问题（已经熟悉素数的基础概念的学生可能想要探索 4.3 节讨论的开放问题）。在阅读本书时，你会遇到很多其他方面的开放问题，对这类问题的研究对离散数学许多领域的发展起着重要作用。

1.8.10　其他证明方法

本章介绍了证明中使用的基本方法。同时描述了如何利用这些方法来证明各种结论。后续章节中将会用到这些证明方法。特别是，在第 2、3、4 章中将用这些证明方法证明有关集合、函数、算法和数论的结论，在第 9、10、11 章中用于证明图论中的结论。在我们要证明的这些定理中有一个著名的停机定理，它阐述了存在一个不能用任何过程来解决的问题。可是，除了我们讨论过的方法外还有许多重要的证明方法。本书稍后介绍其中一些方法。特别是，5.1 节讨论数学归纳法，这是非常有用的方法，用于证明形如 $\forall n P(n)$ 的语句，其中论域是正整数集合。5.3 节介绍结构归纳法，可用来证明与递归定义的集合相关的结论。2.5 节使用康托尔对角线方法，用来证明与无穷集的大小相关的结论。第 6 章介绍组合证明的概念，可采用计数论

Links

©Charles Rex Arbogast/AP
Images

安德鲁·怀尔斯（Andrew Wiles，1953—）　怀尔斯出生于英格兰的剑桥。怀尔斯曾就读于剑桥国王学院预备小学和雷斯中学。他 10 岁时读到一本关于费马大定理的书，从此对这个问题产生了极大兴趣。那时候他就知道自己不会放过这个问题，因为它虽然简单，但还没有一个大数学家能解决它。怀尔斯于 1971 年进入牛津大学默顿学院，于 1974 年获得学士学位，继而进入剑桥大学克莱尔学院攻读研究生，1980年获得博士学位，研究方向为椭圆曲线理论。他于 1977 年至 1980 年在哈佛大学担任 Benjamin Peirce 助理教授。1981 年，他获得了普林斯顿大学高等研究院的一个职位，1982 年被任命为普林斯顿大学教授。他于 1985 年获得古根海姆奖学金并在巴黎高等科学研究所和巴黎高等师范学院学习了一年。不过，他并没有认识到在研究椭圆曲线时学到的技术能在日后帮助自己解决曾痴迷的问题。1986 年，当怀尔斯获知费马大定理可以从椭圆曲线理论中的一个猜想推导出来时，他才认识到这有可能会引出一个证明策略。于是，他放弃了当时的研究而全身心投入费马大定理。他用七年多的时间完成了证明，又用两年多的时间修正了证明中的部分错误。这期间他把所有时间都花在这一问题以及陪伴女儿上了。1988 年他在牛津大学任研究教授一职，1990 年返回普林斯顿大学，一直到 2011 年，此时他重新加入牛津大学任皇家学会研究教授。证明费马大定理不仅使他成名，还为他赢得了沃尔夫斯科尔奖。该奖设立于 1908 年，授予第一个正确证明费马大定理的人，奖金是 10 万德国马克（当时的货币），相当于今天的 150 万美元。然而大家都明白，由于两次世界大战、货币贬值以及恶性通货膨胀，该奖项不那么值钱了——怀尔斯只收到大约 5 万美元的奖金。怀尔斯赢得了数学界的多项顶级奖项，包括阿贝尔奖、费马奖和沃尔夫奖。2000 年，他被英国女王任命为大英帝国勋章的骑士指挥官，这使他成为安德鲁·怀尔斯爵士。

证的方式证明相关结论。读者应当注意相关书籍专门描述本节中讨论的内容，包括乔治·波利亚（George Polya）的许多优秀著作（[Po61]、[Po71]、[Po90]）。

最后，请注意我们没有给出一个能够用于证明数学中定理的过程。这样一个过程不存在的理由涉及数理逻辑中的一个深奥的定理。

练习

1. 证明当 n 是 $1 \leqslant n \leqslant 4$ 的正整数时，有 $n^2 + 1 \geqslant 2^n$。

2. 采用分情形证明法证明 10 不是一个整数的平方。[提示：考虑两种情况：(i) $1 \leqslant x \leqslant 3$，(ii) $x \geqslant 4$。]

3. 采用分情形证明法证明 100 不是一个整数的立方。[提示：考虑两种情况：(i) $1 \leqslant x \leqslant 4$，(ii) $x \geqslant 5$。]

4. 证明不存在小于 1000 的正完全立方数是两个正整数的立方和。

5. 证明如果 x 和 y 都是实数，则 $\max(x, y) + \min(x, y) = x + y$。[提示：使用分情形证明法，两种情形分别对应于 $x \geqslant y$ 和 $x < y$。]

6. 使用分情形证明法来证明当 a、b 和 c 都是实数时就有 $\min(a, \min(b, c)) = \min(\min(a, b), c)$。

7. 用不失一般性的概念证明当 x 和 y 是实数时有 $\min(x, y) = (x + y - |x - y|)/2$ 和 $\max(x, y) = (x + y + |x - y|)/2$。

8. 用不失一般性的概念证明当 x 和 y 是奇偶性相反的整数时有 $5x + 5y$ 是一个奇整数。

9. 证明**三角不等式**：如果 x 和 y 都是实数，则 $|x| + |y| \geqslant |x + y|$（其中 $|x|$ 表示 x 的绝对值，当 $x \geqslant 0$ 时它等于 x，当 $x < 0$ 时它等于 $-x$）。

10. 证明存在一个正整数等于所有小于它的正整数的和。你的证明是构造性的还是非构造性的？

11. 证明存在 100 个连续的不是完全平方的正整数。你的证明是构造性的还是非构造性的？

12. 证明 $2 \times 10^{500} + 15$ 或 $2 \times 10^{500} + 16$ 不是完全平方数。你的证明是构造性的还是非构造性的？

13. 证明存在一对连续的整数，其中一个整数是完全平方数，另一个是完全立方数。

14. 证明 $65^{1000} - 8^{2001} + 3^{177}$、$79^{1212} - 9^{2399} + 2^{2001}$ 和 $24^{4493} - 5^{8192} + 7^{1777}$ 这三个数中任意两个数之积是非负的。你的证明是构造性的还是非构造性的？[提示：不要尝试计算这些数！]

15. 证明或驳斥存在有理数 x 和无理数 y，使得 x^y 是无理数。

16. 证明或驳斥如果 a 和 b 是有理数，那么 a^b 也是有理数。

17. 证明下列每一个命题均可用于表达这样的事实：存在一个唯一的元素 x 使得 $P(x)$ 为真。[注意，这等同于命题 $\exists ! x P(x)$。]

    a) $\exists x \forall y (P(y) \leftrightarrow x = y)$

    b) $\exists x P(x) \land \forall x \forall y (P(x) \land P(y) \rightarrow x = y)$

    c) $\exists x (P(x) \land \forall y (P(y) \rightarrow x = y))$

18. 证明：如果 a、b 和 c 是实数且 $a \neq 0$，则方程 $ax + b = c$ 存在唯一的解。

19. 假定 a 和 b 是奇数且 $a \neq b$。证明存在唯一的整数 c 满足 $|a - c| = |b - c|$。

20. 证明如果 r 是无理数，则存在唯一的整数 n 使得 r 和 n 之间的距离小于 $1/2$。

21. 证明如果 n 是奇数，则存在唯一的整数 k 使得 n 是 $k - 2$ 和 $k + 3$ 之和。

22. 证明给定实数 x，存在唯一的数 n 和 ε 使得 $x = n + \varepsilon$，这里 n 是整数且 $0 \leqslant \varepsilon < 1$。

23. 证明给定实数 x，存在唯一的数 n 和 ε 使得 $x = n - \varepsilon$，这里 n 是整数且 $0 \leqslant \varepsilon < 1$。

24. 用正向推理证明：如果 x 是非零实数，则 $x^2 + 1/x^2 \geqslant 2$。[提示：对所有非零实数 x，从不等式 $(x - 1/x^2)^2 \geqslant 0$ 开始证明。]

25. 两个实数 x 和 y 的**调和均值**（harmonic mean）是 $2xy/(x + y)$。通过计算不同正实数对的调和均值和几何均值，构造一个关于这两种均值相对大小的猜想并证明之。

26. 两个实数 x 和 y 的**平方均值**（quadratic mean）是 $\sqrt{(x^2 + y^2)/2}$。通过计算不同正实数对的算术均值和平方均值，构造一个关于这两种均值相对大小的猜想并证明之。

* 27. 在黑板上写下数字 1，2，$\cdots$，$2n$，其中 n 是奇数。从中任意挑出两个数 j 和 k，在黑板上写下 $|j - k|$ 并擦掉 j 和 k。继续这个过程，直到黑板上只剩下一个整数为止。证明：这个整数必为奇数。

* 28. 假设 5 个 1 和 4 个 0 绕圆周排列。在任何两个相同的比特之间插入一个 0，在任何两个不同的比特之

间插入一个 1，以产生 9 个新的比特。然后删除原来的 9 比特。证明当反复进行这个过程时，永远不能得到 9 个 0。［提示：采用反向推理，假设真的以 9 个 0 结束。］

29. 构造一个关于一个整数的 4 次幂的十进制末位数字的猜想。用分情形证明法证明你的猜想。

30. 构造一个关于一个整数平方的十进制末两位数字的猜想。用分情形证明法证明你的猜想。

31. 证明不存在正整数 n 使得 $n^2+n^3=100$。

32. 证明方程 $2x^2+5y^2=14$ 没有 x 和 y 的整数解。

33. 证明方程 $x^4+y^4=625$ 没有 x 和 y 的整数解。

34. 证明方程 $x^2+y^2=z^2$ 有无穷多个正整数解 x、y 和 z。［提示：令 $x=m^2-n^2$、$y=2mn$ 以及 $z=m^2+n^2$，其中 m 和 n 是整数。］

35. 改编 1.7 节例 4 的证明来证明如果 $n=abc$，其中 a、b、c 是正整数，则 $a\leqslant\sqrt[3]{n}$、$b\leqslant\sqrt[3]{n}$ 或者 $c\leqslant\sqrt[3]{n}$。

36. 证明 $\sqrt[3]{2}$ 是无理数。

37. 证明任两个有理数之间都有一个无理数。

38. 证明任一个有理数和任一个无理数之间都有一个无理数。

* 39. 设 $S=x_1y_1+x_2y_2+\cdots+x_ny_n$，其中 x_1，x_2，$\cdots$，x_n 和 y_1，y_2，$\cdots$，y_n 是两个不同的正实数序列的排列，各自有 n 个元素。

    a）证明：在这两个序列的所有排列中，当两个序列都排序（每个序列中的元素都以非降序排列）时，S 取最大值。

    b）证明：在这两个序列的所有排列中，当一个序列排成非降序，另一个序列排成非升序时，S 取最小值。

40. 证明或驳斥：如果你有一个盛有 8 加仑水的瓶和两个容量分别为 5 加仑和 3 加仑的空瓶，那么你可以通过不断地把一瓶水全部或部分倒入另一个瓶中而测量出 4 加仑的水。

41. 对下列这些整数验证 $3x+1$ 猜想：
    a）6   b）7   c）17   d）21

42. 对下列这些整数验证 $3x+1$ 猜想：
    a）16   b）11   c）35   d）113

43. 证明或驳斥：你能用骨牌拼接去掉两个相邻角（也就是说，不是对角）的标准棋盘。

44. 证明或驳斥：你能用骨牌拼接去掉所有四个角的标准棋盘。

45. 证明：你能用骨牌拼接带有偶数个方格的长方形棋盘。

46. 证明或驳斥：你能用骨牌拼接去掉三个角的 5×5 的棋盘。

47. 通过穷举法证明：用骨牌拼接去掉两个对角的 4×4 棋盘是不可能的。［提示：首先证明你能假设可以去掉左上角和右下角的方格。对原始棋盘的方格用 1 到 16 进行编号，从第一行开始，在这一行向右编号，然后在第 2 行最左边的方格开始向右编号等。去掉第 1 和 16 号方格。开始证明时，注意 2 号方格或者被一个水平放置的骨牌覆盖，此时覆盖了 2 和 3 两个方格，或者垂直放置而覆盖 2 和 6 号方格。分别考虑每一种情形以及由此产生的所有子情形。］

* 48. 证明：当从一个 8×8（如同正文中的着色）的棋盘去掉一块白的和一块黑的方格后，你能用骨牌拼接棋盘上留下的方格。［提示：证明当去掉一个白格和一个黑格后，通过插入如图所示的隔板，由剩余的单元格所组成的每个划分块都能用骨牌拼接。］

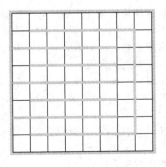

49. 证明：从一个 8×8（如同正文中的着色）的棋盘去掉两块白的和两块黑的方格后，就不可能用骨牌来拼接棋盘留下的方格。

* 50. 如果存在，找出所有这样的拼板：从一个 8×8 的棋盘上删除其中一个方格后能用直三联骨牌拼接的拼板。［提示：首先基于着色和旋转可以消除尽可能多的需要考虑的拼板。］

* 51. a）画 5 种不同的四联骨牌，这里四联骨牌是指由 4 个方格组成的多联骨牌。

    b）对于 5 种不同的四联骨牌的每一种，证明或驳斥可以用这些四联骨牌拼接一个标准棋盘。

* 52. 证明或驳斥：可以用直四联骨牌拼接 10×10 的棋盘。

关键术语和结论

术语

命题(proposition)：一个或为真或为假的语句。

命题变量(propositional variable)：代表一个命题的变量。

真值(truth value)：真或假。

$\neg p$(p 的否定，negation of p)：与 p 的真值相反的命题。

逻辑运算符(logical operators)：用于组合命题的运算符。

复合命题(compound proposition)：用逻辑运算符组合命题构造出的命题。

真值表(truth table)：显示命题所有可能真值的表。

$p \lor q$(p 和 q 的析取，disjunction of p and q)：命题"p 或 q"，它为真当且仅当 p 和 q 至少有一个为真。

$p \land q$(p 和 q 的合取，conjunction of p and q)：命题"p 与 q"，它为真当且仅当 p 和 q 均为真。

$p \oplus q$(p 和 q 的异或，exclusive or of p and q)：命题"p XOR q"，它为真当且仅当 p 和 q 中恰有一个为真。

$p \rightarrow q$(p 蕴含 q，p implies q)：命题"如果 p，则 q"，它为假当且仅当 p 为真而 q 为假。

$p \rightarrow q$ **的逆命题**(converse of $p \rightarrow q$)：条件语句 $q \rightarrow p$。

$p \rightarrow q$ **的逆否命题**(contrapositive of $p \rightarrow q$)：条件语句 $\neg q \rightarrow \neg p$。

$p \rightarrow q$ **的反命题**(inverse of $p \rightarrow q$)：条件语句 $\neg p \rightarrow \neg q$。

$p \leftrightarrow q$(双条件，biconditional)：命题"p 当且仅当 q"，它为真当且仅当 p 和 q 真值相同。

比特(bit)：0 或 1。

布尔变量(Boolean variable)：以 0 或 1 为值的变量。

比特运算(bit operation)：一比特或多比特的运算。

比特串(bit string)：比特列表。

按位运算(bitwise operations)：比特串上的运算，对一个比特串的比特和另一比特串的对应比特进行运算。

逻辑门(logic gate)：对一个或多个比特执行逻辑运算以产生输出比特的逻辑单元。

逻辑电路(logic circuit)：由逻辑门构成的能产生一个或多个输出比特的开关电路。

永真式(tautology)：永远为真的复合命题，也称为重言式。

矛盾式(contradiction)：永远为假的复合命题。

可能式(contingency)：有时成真有时为假的复合命题。

相容的复合命题(consistent compound propositions)：存在变量的真值赋值使得所有这些命题为真的那些复合命题。

可满足的复合命题(satisfiable compound proposition)：存在一个变量的真值赋值使得该命题为真的复合命题。

逻辑等价的复合命题(logically equivalent compound propositions)：总是具有同样真值的复合命题。

谓词(predicate)：句子中代表主语属性的那部分。

命题函数(propositional function)：包含一个或多个变量的语句，当每一个变量被赋值或被量词约束时，就变成命题。

论域(domain (or universe) of discourse)：命题函数中变量可能取到的所有值。

$\exists x P(x)$($P(x)$ 的存在量化，existential quantification of $P(x)$)：该命题为真当且仅当在论域中存在一个 x 使 $P(x)$ 为真。

$\forall x P(x)$($P(x)$ 的全称量化，universal quantification of $P(x)$)：该命题为真当且仅当论域中的所有 x 使 $P(x)$ 均为真。

逻辑等价表达式(logically equivalent expressions)：无论用什么样的命题函数和论域，真值都相同的表达式。

自由变量(free variable)：命题函数中未被绑定的变量。

约束变量(bound variable)：被量化的变量。

量词的作用域（scope of a quantifier）：语句中量词绑定其变量的那部分。

论证（argument）：一连串的命题。

论证形式（argument form）：一连串包含命题变量的复合命题。

前提（premise）：论证或论证形式中最后命题以外的命题。

结论（conclusion）：论证或论证形式中最后的命题。

有效论证形式（valid argument form）：一连串包含命题变量的复合命题，其中所有前提为真蕴含着结论为真。

有效论证（valid argument）：具有有效论证形式的论证。

推理规则（rule of inference）：可用于证明论证是有效的一个有效论证形式。

谬误（fallacy）：常常被错误地当作一个推理规则（有时甚至是一个错误的论证）使用的一种的无效论证形式。

循环论证或窃取论题（circular reasoning or begging the question）：论证中的一个或多个步骤是基于待证命题的真实性的推理。

定理（theorem）：可以证明为真的数学断言。

猜想（conjecture）：真值未知的数学断言。

证明（proof）：对定理为真的展示过程。

公理（axiom）：假设为真的并可作为基础用来证明定理的命题。

引理（lemma）：用来证明其他定理的定理。

推论（corollary）：可以被证明是刚刚证明的一个定理的结论的命题。

空证明（vacuous proof）：基于 p 为假的事实而对蕴含式 $p \rightarrow q$ 的证明。

平凡证明（trivial proof）：基于 q 为真的事实而对蕴含式 $p \rightarrow q$ 的证明。

直接证明法（direct proof）：通过证明当 p 为真时 q 必然为真来证明 $p \rightarrow q$ 为真。

反证法（proof by contraposition）：通过证明当 q 是假时 p 一定是假来证明 $p \rightarrow q$ 为真。

归谬证明法（proof by contradiction）：基于蕴含式 $\neg p \rightarrow q$ 的真值（其中 q 是矛盾式）而得出命题 p 为真的证明。

穷举证明法（exhaustive proof）：通过检查一系列所有可能的情形来建立一个结论的证明。

分情形证明法（proof by cases）：一个证明分解为不同的情形，这些情形覆盖所有的可能性。

不失一般性（without loss of generality）：证明中的一个假定，使得有可能通过减少证明中所需考虑的情形来证明一个定理。

反例（counterexample）：使得 $P(x)$ 为假的元素 x。

构造性的存在性证明（constructive existence proof）：具有特定性质的元素存在并通过显式方式来寻找这样的元素的证明。

非构造性的存在性证明（nonconstructive existence proof）：具有特定性质的元素存在，但不显式地寻找这样的元素的证明。

有理数（rational number）：一个可以表示为两个整数 p 和 q（其中 $q \neq 0$）之比的数。

唯一性证明（uniqueness proof）：证明具有特定性质的元素唯一地存在。

结论

1.3 节表 6、表 7、表 8 给出的逻辑等价式。

量词的德·摩根律。

命题演算的推理规则。

量化命题的推理规则。

复习题

1. a) 定义一个命题的否定。

　　b) "这是一门无聊的课程"的否定是什么？

2. a)（用真值表）定义命题 p 和 q 的析取、合取、异或、条件和双条件命题。

　　b) "今晚我去看电影"和"我将完成离散数学作业"的析取、合取、异或、条件和双条件命题是什么?

3. **a)** 用汉语给出至少五种不同的方式表达条件语句 $p \rightarrow q$。

   b) 定义一个条件语句的逆命题和逆否命题。

   c) 叙述条件语句"如果明天阳光明媚,则我将到林中散步。"的逆命题和逆否命题。

4. **a)** 两个命题逻辑等价的含义是什么?

   b) 描述证明两个复合命题逻辑等价的不同方法。

   c) 至少用两种方法证明 $\neg p \vee (r \rightarrow \neg q)$ 和 $\neg p \vee \neg q \vee \neg r$ 是等价的。

5. (依赖于 1.3 节的练习)

   a) 给定一个真值表,试解释怎样用析取范式构造一个该真值表对应的复合命题。

   b) 试解释为什么 a)说明运算符 $\wedge$、$\vee$ 和 $\neg$ 是功能完备的。

   c) 是否有一个运算符使得只含这个运算符的集合是功能完备的?

6. 一个谓词 $P(x)$ 的全称和存在量化是什么?它们的否定又是什么?

7. **a)** 量化命题 $\exists x \forall y P(x, y)$ 和 $\forall y \exists x P(x, y)$ 的区别是什么,其中 $P(x, y)$ 为谓词?

   b) 给出谓词 $P(x, y)$ 的一个例子,使得 $\exists x \forall y P(x, y)$ 和 $\forall y \exists x P(x, y)$ 具有不同的真值。

8. 试描述命题逻辑中有效论证是什么意思,并且证明论证"如果地球是平的,那你就能航行到地球边缘","你不能航行到地球边缘",因此,"地球不是平的"是一个有效论证。

9. 用推理规则证明如果前提"所有的斑马都有条纹","Mark 是一匹斑马"是真的,那么结论"Mark 有条纹"是真的。

10. **a)** 描述条件语句 $p \rightarrow q$ 的一个直接证明、一个反证和一个归谬证明分别是什么意思。

   b) 分别给出语句"如果 n 是偶数,则 $n+4$ 是偶数"的一个直接证明、一个反证和一个归谬证明。

11. **a)** 描述双条件语句 $p \leftrightarrow q$ 的一种证明方式。

   b) 证明命题"整数 $3n+2$ 是奇数当且仅当整数 $9n+5$ 是偶数,其中 n 是整数"。

12. 为了证明语句 p_1、p_2、p_3 和 p_4 都是等价的,是否只要证明条件语句 $p_4 \rightarrow p_2$、$p_3 \rightarrow p_1$ 和 $p_1 \rightarrow p_2$ 都是有效的就足够了?如果不是,请给出可用来证明这四个语句都是等价的另外一组条件语句。

13. **a)** 假定形如 $\forall x P(x)$ 的语句为假。要如何证明呢?

   b) 证明语句"对每个正整数 n 来说,$n^2 \geq 2n$"为假。

14. 构造性与非构造性存在性证明之间的差异是什么?分别举一个例子。

15. 证明存在唯一的元素 x 使得 $P(x)$ 为真(其中 $P(x)$ 是命题函数)的要素是什么?

16. 阐释如何用分情形证明法来证明有关绝对值的结果:对所有实数 x 和 y 有 $|xy| = |x||y|$。

补充练习

1. 令 p 为命题"我将做本书中的每一道练习"且 q 为命题"这门课程我会得'A'"。将下列各项表示为 p 和 q 的组合。

   a) 这门课程我会得'A'仅当我做本书中的每道练习。

   b) 这门课程我会得'A',而且我会做本书中每一道练习。

   c) 或者这门课程我不会得'A',或者我不会做本书中的每一道练习。

   d) 我这门课程得'A'的充分必要条件是我做本书中的每一道练习。

2. 求复合命题 $(p \vee q) \rightarrow (p \wedge \neg r)$ 的真值表。

3. 证明下列复合命题为永真式。

   a) $(\neg q \wedge (p \rightarrow q)) \rightarrow \neg p$ **b)** $((p \vee q) \wedge \neg p) \rightarrow q$

4. 给出下列条件语句的逆命题、反命题和逆否命题。

   a) 如果今天下雨,我就开车上班。

   b) 如果 $|x| = x$,那么 $x \geq 0$。

   c) 如果 n 大于 3,那么 n^2 大于 9。

5. 给定条件语句 $p \rightarrow q$,找出其反命题的逆命题、反命题的反命题、逆否命题的逆命题。

6. 给定条件语句 $p \rightarrow q$,找出其反命题的反命题、逆命题的反命题、逆否命题的反命题。

7. 用命题变量 p、q、r 和 s 构造一个复合命题,使它在这些命题变量中恰有三个为真时取真值,其他情况下为假。

8. 证明下列语句是不相容的："如果 Sergei 得到该工作机会，那他将获得一笔签约奖金。""如果 Sergei 得到该工作机会，那他将获得一份高薪。""如果 Sergei 获得一笔签约奖金，那他将不会获得一份高薪。""Sergei 得到了该工作机会。"

9. 证明下列语句是不相容的："如果 Miranda 没有修过离散数学课程，那她将不能毕业。""如果 Miranda 不能毕业，那她将没有资格获得那份工作。""如果 Miranda 读了这本书，那她将有资格获得那份工作。""Miranda 没有修过离散数学课程，但她读过这本书。"

据说在中世纪，教师通过称为**伴随游戏**(obligato game)的一种技巧来测试学生的实时命题逻辑能力。一个伴随游戏包含若干轮，在每轮老师依次会给学生断言，学生必须接受或拒绝。当学生接受一个断言时，它被添加作为一个承诺；当学生拒绝一个断言，就将其否定添加作为一个承诺。如果能做到在整个测试过程中的所有承诺保持相容，学生就通过了测试。

10. 假定在一个有三轮的伴随游戏中，老师首先给学生命题 $p \rightarrow q$，然后命题 $\neg(p \vee r) \vee q$，最后是命题 q。学生 3 次回答的 8 种可能的序列中的哪个能通过测试？

11. 假定在一个有四轮的伴随游戏中，老师首先给学生命题 $\neg(p \rightarrow (q \wedge r))$，然后命题 $p \vee \neg q$，然后命题 $\neg r$，最后是命题 $(p \wedge r) \vee (q \rightarrow p)$。学生四次回答的 16 种可能的序列中的哪个能通过测试？

12. 试阐述为什么每一个伴随游戏均有一个获胜策略。

练习 13 和 14 是基于 1.2 节例 7 中描述的骑士和无赖岛的场景的。

13. 假定你遇见三个人，Aaron、Bohan 和 Crystal。如果 Aaron 说"我们都是无赖"，而 Bohan 说"我们三人中恰有一人是无赖"，那么你能确定 Aaron、Bohan 和 Crystal 分别是哪种人吗？

14. 假定你遇见三个人，Anita、Boris 和 Carmen。如果 Anita 说"我是无赖，Boris 是骑士"，而 Boris 说"我们三人中恰有一人是骑士"，Anita、Boris 和 Carmen 分别是哪种人？

15. (改编自 [Sm78]) 假定在一个岛上住着三类人：骑士、无赖和普通人(也称为是间谍)。骑士总是说真话，无赖总是说谎话，普通人有时说谎话有时说真话。侦探为了调查一宗罪案而询问了岛上的三个人，Amy、Brenda 和 Claire。侦探知道三人中有一人犯罪了，但不知是哪个人。他们还知道罪犯是一个骑士，另两个人不是骑士。此外，侦探还记录了如下供述。Amy 说："我是清白的。"Brenda 说："Amy 说的是真的。"Claire 说："Brenda 不是普通人。"经过分析这些信息，侦探非常肯定地确认了罪犯。他是谁？

16. 证明：如果 S 是一个命题，这里 S 是条件命题"如果 S 是真的，则独角兽是存在的"，那么"独角兽是存在的"是真的。证明 S 不能是一个命题(这个悖论称为是 Löb 悖论)。

17. 证明：假设"牙齿仙女是真人"，"牙齿仙女就不是真人"，结论"你能在彩虹尽头找到金子"是一个有效论证。这样能证明结论是真的吗？

18. 假定命题 p_i 的真值为 T 当 i 是一个正奇数时，而为 F 当 i 是一个正偶数时。试找出 $\vee_{i=1}^{100} (p_i \wedge p_{i+1})$ 和 $\wedge_{i=1}^{100} (p_i \vee p_{i+1})$ 的真值。

* 19. 试用可满足性问题对 16×16 的数独谜题(用 4×4 的单元)进行建模。

20. 令 $P(x)$ 为语句"学生 x 会微积分"，$Q(y)$ 为"y 班上有个学生会微积分"。用 $P(x)$ 和 $Q(y)$ 的量化式表示下列各项。
    a) 某个学生会微积分。
    b) 不是每个学生都会微积分。
    c) 每个班上都有一个学生会微积分。
    d) 每个班上的每个学生都会微积分。
    e) 至少有一个班上没有学生会微积分。

21. 令 $P(m, n)$ 为语句"m 整除 n"，其中变量 m 和 n 的论域均为正整数集合。(所谓"m 整除 n"，是指存在某个整数 k 使得 $n = km$。)确定下列每条语句的真值。
    a) $P(4, 5)$
    b) $P(2, 4)$
    c) $\forall m \forall n P(m, n)$
    d) $\exists m \forall n P(m, n)$
    e) $\exists n \forall m P(m, n)$
    f) $\forall n P(1, n)$

22. 试为 $\exists x \exists y (x \neq y \wedge \forall z ((z = x) \vee (z = y)))$ 中的量词找一个论域使得该语句为真。

23. 试为 $\exists x \exists y (x \neq y \wedge \forall z ((z = x) \wedge (z = y)))$ 中的量词找一个论域使得该语句为假。

24. 用存在和全称量词表达语句 "没人有多于三个的祖母", 使用命题函数 $G(x, y)$, 它表示 "x 是 y 的祖母。"

25. 用存在和全称量词表达语句 "每个人恰有两个亲生父母", 使用命题函数 $P(x, y)$, 它表示 "x 是 y 的亲生父母。"

26. 量词 $\exists_n$ 表示 "恰好存在 n 个", 因此 $\exists_n x P(x)$ 意思是在论域中恰好存在 n 个值使得 $P(x)$ 为真。确定下列语句的真值, 其中论域由所有实数组成。
    a) $\exists_0 x(x^2 = -1)$ b) $\exists_1 x(|x| = 0)$
    c) $\exists_2 x(x^2 = 2)$ d) $\exists_3 x(x = |x|)$

27. 用存在量词、全称量词和命题逻辑来表示以下每一个命题, 其中 $\exists_n$ 如练习 26 所定义。
    a) $\exists_0 x P(x)$ b) $\exists_1 x P(x)$
    c) $\exists_2 x P(x)$ d) $\exists_3 x P(x)$

28. 令 $P(x, y)$ 为命题函数。证明 $\exists x \forall y P(x, y) \rightarrow \forall y \exists x P(x, y)$ 为永真式。

29. 令 $P(x)$ 和 $Q(x)$ 为命题函数。求证 $\exists x(P(x) \rightarrow Q(x))$ 和 $\forall x P(x) \rightarrow \exists x Q(x)$ 总是具有同样的真值。

30. 如果 $\forall y \exists x P(x, y)$ 为真, 是否必然有 $\exists x \forall y P(x, y)$ 为真?

31. 如果 $\forall x \exists y P(x, y)$ 为真, 是否必然有 $\exists x \forall y P(x, y)$ 为真?

32. 找出下列语句的否定。
    a) 如果今天下雪, 那么我明天去滑雪。
    b) 班上每个人都懂数学归纳法。
    c) 班上有些学生不喜欢离散数学。
    d) 每堂数学课都会有某个学生上课就睡着了。

33. 用量词表示 "班上每个学生都选修过数学学院里每个系的一些课程"。

34. 用量词表示 "在美国某学院的校园里有座楼的每间屋子都漆成了白色"。

35. 用唯一量词表示语句: "本班里恰好一个学生选修了学校里恰好一门数学课", 然后再用量词而不用唯一量词表示这个语句。

36. 描述一个推理规则, 可用它来证明论域中恰有两个元素 x 和 y 使得 $P(x)$ 和 $P(y)$ 为真。用汉语句子表达这个推理规则。

37. 使用推理规则证明如果前提 $\forall x(P(x) \rightarrow Q(x))$、$\forall x(Q(x) \rightarrow R(x))$ 和 $\neg R(a)$ 为真, 其中 a 在论域中, 那么结论 $\neg P(a)$ 为真。

38. 证明如果 x^3 是无理数, 则 x 是无理数。

39. 证明或反驳如果 x^2 是无理数, 则 x^3 是无理数。

40. 证明给定一个非负整数 n, 存在唯一的非负整数 m 使得 $m^2 \leqslant n < (m+1)^2$。

41. 证明存在一个整数 m 使得 $m^2 > 10^{1000}$。你的证明是构造性的还是非构造性的?

42. 证明存在这样一个正整数: 它可以用两种不同的方式写成正整数的平方和。(使用计算机或计算器来加速完成计算。)

43. 反驳如下命题: 每个正整数均可表示为 8 个非负整数的立方和。

44. 反驳如下命题: 每个正整数均可表示为至多两个非负整数的平方与一个非负整数的立方的和。

45. 反驳如下命题: 每个正整数均可表示为 36 个非负整数的 5 次幂的和。

46. 假设以下定理的真实性: 当 n 是非完全平方数的正整数时, $\sqrt{n}$ 是个无理数。由此证明 $\sqrt{2} + \sqrt{3}$ 是无理数。

计算机课题

按给定的输入和输出写程序。

1. 已知命题 p 和 q 的真值, 求这些命题的合取、析取、异或、条件语句和双条件命题的真值。

2. 已知两个长度为 n 的比特串, 求它们的按位 AND、按位 OR 及按位 XOR。

* 3. 给定一个复合命题, 通过对其命题变量所有可能的真值赋值检查其真值来判定它是否是可满足的。

4. 给定模糊逻辑中命题 p 和 q 的真值, 求 p 和 q 的析取和合取的真值(参看 1.1 节练习 50 和练习 51)。

* 5. 给定正整数 m、n, 以交互方式做蚕食游戏。

*6. 给定棋盘的一部分，寻找用各种不同类型的多联骨牌拼接该棋盘，包括骨牌、两种三联骨牌和更大的多联骨牌。

计算和探索

使用一个计算程序或你自己编写的计算程序做下面的练习。

1. 找出这样的正整数：它不是 9 个不同的正整数的立方和。

2. 找出大于 79 的正整数：它不是 18 个正整数的四次幂的和。

3. 找出尽可能多这样的正整数：它可以用两种不同的方式写成正整数的立方和，1729 就具有这个性质。

*4. 试图为不同初始格局的曲奇饼蚕食游戏找出获胜策略。

5. 构造出 12 种不同的五联骨牌，这里五联骨牌是由 5 个方格组成的多联骨牌。

6. 寻找所有可以用 12 种不同的五联骨牌的每一个来拼接的由 60 个方格组成的矩形。

写作课题

用本教材以外的资料，按下列要求写成论文。

1. 试讨论逻辑悖论，包括克里特人 Epimenides 的悖论、Jourdain 的纸牌悖论以及理发师悖论，说明如何解决它们。

2. 试描述模糊逻辑怎样用于实际应用。可以参考一两本最近出版的为普通读者写的模糊逻辑书籍。

3. 描述一些可以用可满足性问题来建模的实际问题。

4. 试解释如何为循环制锦标赛构建可满足性的模型。

5. 试描述一些已知的非借助于计算机求解数独谜题的技巧。

6. 试描述由莱曼·艾伦(Layman Allen)提出的 "WFF'N PROOF，The Game of Modern Logic" 的基本规则。给出 WFF'N PROOF 中包含的一些博弈示例。

7. 阅读刘易斯·卡罗尔(Lewis Carroll)关于符号逻辑的一些著作。详细描述他用于表示逻辑论证的模型和用于论证的推理规则。

8. 扩展 1.4 节对 Prolog 的讨论，进一步解释 Prolog 如何使用消解规则。

9. 试讨论在计算逻辑中使用的一些技术，包括 Skolem 规则。

10. "自动定理证明" 的任务是使用计算机来机械地证明定理。试讨论自动定理证明的目标和应用，以及在开发自动定理证明器上取得的进展。

11. 试讨论如何使用 DNA 计算来求解可满足性问题的一些示例。

12. 查找一些著名的开放问题的错误证明以及 1970 年以来被解决的开放问题，描述每个证明中的错误类型。

13. 讨论有关蚕食游戏中已知的一些获胜策略。

14. 试描述在乔治·波利亚(George Pólya)有关推理的著作(包括[Po62]、[Po71]和[Po90])中所讨论的证明策略的各个方面。

15. 试描述用多联骨牌进行拼接的一些问题和结果，如在[Go94]和[Ma91]中所描述的一样。

基本结构：集合、函数、序列、求和与矩阵

离散数学的许多内容主要研究用以表示离散对象的离散结构。许多重要的离散结构是用集合来构建的，这里集合就是对象的汇集。由集合构建的离散结构包括：组合——无序对象汇集，广泛用于计数；关系——序偶的集合用于表示对象之间的关系；图——结点和连接结点的边的集合；有限状态机——为计算机器建模。这是我们将在后续章节要研究的一些主题。

函数的概念在离散数学中是非常重要的。函数给第一个集合中的每一个元素指派第二个集合中的恰好一个元素，这里两个集合不一定要不同。函数在整个离散数学中起着重要的作用。可以用以表示算法的计算复杂度，研究的集合的大小，计算对象的数量，以及无数的其他应用方式。像序列和字符串这样非常有用的结构就是特殊类型的函数。这一章我们将介绍序列的概念，即表示元素的有序排列。另外还将介绍一些重要类型的序列并讨论如何用序列前面的项来定义后续的项。我们还会论述从几个初始项来确定一个序列的问题。

在离散数学研究中，我们还常常将一个数列的连续项加起来。因为将数列中的项以及其他数的索引集的项加起来，已经是一个相当普遍的现象，以至于开发了一个特殊的符号来表示把这些项加起来。在这一章中，我们引入用于表示求和的符号。我们还会给出贯穿于离散数学研究的某些类型的求和公式。例如，对数列进行排序使其项按递增顺序排列的算法，在分析算法所需的步骤时就会遇到这样的求和问题。

通过引入一个集合的大小或基数的概念就可以研究无限集合的相对大小问题。当一个集合是有限的或者与正整数的集合具有一样的大小，我们说这个集合是可数的。在这一章中，我们会确立一些令人惊奇的结论：有理数的集合是可数的，而实数集则不是。本章还将展示我们所讨论的概念如何用于证明存在一些函数是不能用任何编程语言写的计算机程序来计算的。

矩阵在离散数学中可用于表示很多种离散结构。我们会复习用来表示关系和图时所需的矩阵和矩阵运算的一些基本内容。矩阵运算可用于求解许多涉及这些结构的问题。

2.1 集合

2.1.1 引言

这一节我们将研究最基本的离散结构——集合，所有其他离散结构都建立于集合之上。集合可用于把对象聚集在一起。通常，一个集合中的对象都有相似的性质，但也不绝对。例如，目前就读于你们学校的所有学生构成一个集合。同样，目前选修任何学校的一门离散数学课的学生可以组成一个集合。此外，在你们学校就读且正选修一门离散数学课的所有学生组成一个集合，这个集合可以从上述两个集合中取共同的元素得到。集合语言是以有组织的方式来研究这些集合的工具。下面给出集合的一种定义。这是一种直观的定义，不属于集合形式化理论的一部分。

> **定义 1** 集合是不同对象的一个无序的聚集，对象也称为集合的元素(element)或成员(member)。集合包含(contain)它的元素。我们用 $a \in A$ 来表示 a 是集合 A 中的一个元素。记号 $a \notin A$ 表示 a 不是集合 A 中的一个元素。

通常我们用大写字母来表示集合。用小写字母表示集合中的元素。

描述集合有多种方式。一种方式是在可能的情况下一一列出集合中的元素。我们采用在花

括号之间列出所有元素的方法。例如，$\{a, b, c, d\}$表示含 4 个元素 a、b、c 和 d 的集合。这种描述集合的方式也称为是**花名册方法**（roster method）。

例 1　英语字母表中所有元音字母的集合 V 可以表示为 $V=\{a, e, i, o, u\}$。　◀

例 2　小于 10 的正奇数集合 O 可以表示为 $O=\{1, 3, 5, 7, 9\}$。　◀

例 3　尽管集合常用来聚集具有共同性质的元素，但也不妨碍集合拥有表面上看起来毫不相干的元素。例如 $\{a, 2, \text{Fred}, \text{New Jersey}\}$ 是包含 4 个元素 a、2、Fred 和 New Jersey 的集合。　◀

有时候用花名册方法表示集合时并不列出它的所有元素。先列出集合中的某些元素，当元素的一般规律显而易见时就用省略号（⋯）代替。

例 4　小于 100 的正整数集合可以记为 $\{1, 2, 3, \cdots, 99\}$。　◀　Extra Examples ❯

描述集合的另一种方式是使用**集合构造器**（set builder）符号。我们通过描述作为集合的成员必须具有的性质来刻画集合中的那些元素。一般的形式是采用记号 $\{x \mid x$ 具有性质 $P\}$，并读作满足 P 的所有 x 的集合。例如，小于 10 的所有奇数的集合 O 可以写成

$$O = \{x \mid x \text{ 是小于 } 10 \text{ 的正奇数}\}$$

或者，指定全集为正整数集合，如

$$O = \{x \in \mathbf{Z}^+ \mid x \text{ 为奇数}, x < 10\}$$

当不可能列出集合中所有元素时我们常用这类记法来描述集合。例如，所有正有理数集合 $\mathbf{Q}^+$，可以写成

$$\mathbf{Q}^+ = \{x \in \mathbf{R} \mid x = p/q, p \text{ 和 } q \text{ 为正整数}\}$$

这些集合通常用黑体表示，它们在离散数学中发挥着重要的作用：

$\mathbf{N} = \{0, 1, 2, 3, \cdots\}$，**所有自然数的集合**

$\mathbf{Z} = \{\cdots, -2, -1, 0, 1, 2, \cdots\}$，**所有整数的集合**

$\mathbf{Z}^+ = \{1, 2, 3, \cdots\}$，**所有正整数的集合**

$\mathbf{Q} = \{p/q \mid p \in \mathbf{Z}, q \in \mathbf{Z}, \text{且 } q \neq 0\}$，**所有有理数的集合**

$\mathbf{R}$，**所有实数的集合**

$\mathbf{R}^+$，**所有正实数的集合**

$\mathbf{C}$，**所有复数的集合**

（注意有些人认为 0 不是自然数，所以当你阅读其他书籍的时候要仔细检查术语自然数是怎样用的。）

回顾一下表示实数**区间**的记号。当 a 和 b 是实数且 $a < b$ 时，我们可以写

$$[a, b] = \{x \mid a \leqslant x \leqslant b\}$$
$$[a, b) = \{x \mid a \leqslant x < b\}$$
$$(a, b] = \{x \mid a < x \leqslant b\}$$
$$(a, b) = \{x \mid a < x < b\}$$

注意 $[a, b]$ 称为是从 a 到 b 的**闭区间**，而 (a, b) 称为是从 a 到 b 的**开区间**。$[a, b]$、$[a, b)$、$(a, b]$ 和 (a, b) 的每个区间都包含 a 和 b 之间的所有实数。其中，前两个包含 a，第一个和第三个包含 b。

评注　有些书采用记号 $[a, b[$、$]a, b]$ 和 $]a, b[$ 分别表示 $[a, b)$、$(a, b]$ 和 (a, b)。

集合可以把其他的集合当作自己的成员，如例 5 所示。

例 5　集合 $\{\mathbf{N}, \mathbf{Z}, \mathbf{Q}, \mathbf{R}\}$ 包含了四个元素，每一个元素都是一个集合。这个集合的四个元素是：$\mathbf{N}$，自然数集；$\mathbf{Z}$，整数集；$\mathbf{Q}$，有理数集；以及 $\mathbf{R}$，实数集。　◀

评注　计算机科学中的数据类型或类型的概念是建立在集合这一概念上的。特别地，数据类型或类型是一个集合连同作用于该集合对象上的一组操作的整体的名称。例如，布尔

(boolean)是集合{0，1}的一个名称，连同对其上一个或多个元素实施运算，如 AND、OR 和 NOT。

由于许多数学语句断言以两种不同方式描述的对象聚集实际上是同一个集合，所以我们需要理解两个集合相等的含义。

> **定义 2**   两个集合相等当且仅当它们拥有同样的元素。所以，如果 A 和 B 是集合，则 A 和 B 是相等的当且仅当 $\forall x(x \in A \leftrightarrow x \in B)$。如果 A 和 B 是相等的集合，就记为 $A = B$。

例 6   集合{1，3，5}和{3，5，1}是相等的，因为它们拥有同样的元素。注意集合中元素的排列顺序无关紧要。还要注意同一个元素被列出来不止一次也没关系，所以{1，3，3，3，5，5，5，5}和{1，3，5}是同一个集合，因为它们拥有同样的元素。   ◀

空集   有一个特殊的不含任何元素的集合。这个集合称为**空集**(empty set 或 null set)，用 $\varnothing$ 表示。空集也可以用{}表示(这里我们用一对花括号来表示空集)。经常具有一定性质的元素组成的集合其实就是空集。例如，大于自身的平方的所有正整数的集合是空集。

只有一个元素的集合叫作**单元素集**(singleton set)。一个常见的错误是混淆空集 $\varnothing$ 与单元素集合{$\varnothing$}。集合{$\varnothing$}的唯一元素是空集本身！考虑计算机文件系统中的文件夹做一个类比有助于记住这个区别。空集可以比做一个空的文件夹，而仅包含一个空集的集合可以比做一个文件夹里只有一个文件夹，即空文件夹。

Links ▶

朴素集合论   注意集合定义(定义 1)中用到的术语对象，而没有指定一个对象是什么。基于对象的直觉概念基础上，将集合描述为对象的聚集最先是由德国数学家乔治·康托尔于 1895 年提出的。由集合的直觉定义以及无论什么性质都存在一个恰好由具有该性质的对象组成的集合这种直觉概念的使用所产生的理论导致**悖论**(paradox)或逻辑不一致性。这已由英国哲学家伯特兰·罗素(Bertrand Russell)在 1902 年所证实(有关悖论的描述参见练习 50)。这些逻辑不一致性可以通过由公理出发构造集合论来避免。然而，我们在本书中将使用康托尔集合论的原始版本，即所谓的**朴素集合论**(naïve set theory)，因为本书中所考虑的所有集合都可以用康托尔原始理论来处理并保持一致性。如果有学生愿意继续学习公理集合论，他们会发现了解朴素集合论也会很有帮助。他们还会发现公理集合论的发展远比本书中的内容要抽象。建议有兴趣的读者参考[Su72]以了解更多关于公理集合论的内容。

2.1.2   文氏图

Assessment ▶

集合可以用文氏图形象地表示。文氏图是以英国数学家约翰·文(John Venn)的名字命名的，他在 1881 年介绍了这种图的使用。在文氏图中**全集**(universal set)U，包含所考虑的全部

Links ▶

Source: Library of Congress Prints and Photographs Division [LC-USZ62-74393]

乔治·康托尔(Georg Cantor，1845—1918)   出生于俄罗斯的圣彼得堡，他父亲是一名成功的商人。康托尔青少年时对数学产生了浓厚的兴趣。1862 年他在苏黎世开始了他的大学学习，不过在他父亲去世时就离开了那里。1863 年他在柏林大学继续大学学习，并得到著名数学家 Weierstrass、Kummer 和 Kronecker 的指导。1867 年在完成了一篇数论的博士论文后他获得博士学位。1869 年康托尔得到哈雷大学的一个职位，并在那里一直工作到去世。

康托尔被认为是集合论的奠基人。他在这一领域的贡献包括发现了实数集是不可数的。他在数学分析方面的贡献也引人注目。康托尔对哲学也有兴趣，并写了若干论文将他在集合的理论与形而上学联系在一起。

1874 年康托尔结婚并育有 6 个子女。他忧郁的气质与妻子的乐观性情正好相互平衡。尽管他从父亲那里得到了大笔遗产，但作为教授他的收入却少得可怜。为此他曾试图获得柏林大学一个待遇更好的职位。他的任命被 Kronecker 阻挠了，因为 Kronecker 不认可康托尔集合论的观点。康托尔晚年受到精神疾病的折磨，1918 年死于心脏病。

对象，用矩形框来表示。（注意全集随着我们所关注的对象会有所不同。）在矩形框内部，圆形或其他几何图形用于表示集合。有时候用点来表示集合中特定的元素。文氏图常用于表示集合之间的关系。下面例 7 展示了怎样使用文氏图。

例 7　画一个文氏图表示英语字母表中元音字母集合 V。

解　画一个矩形表示全集 U，这是 26 个英文字母的集合。在矩形中画一个圆表示集合 V。在圆中用点表示集合 V 的元素（见图 1）。◀

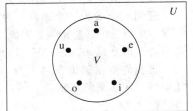

图 1　元音字母集合的文氏图

2.1.3　子集

通常会遇到这样的情况，一个集合的元素也是另一个集合的元素。现在引入术语和记号来表达这种集合之间的关系。

> **定义 3**　集合 A 是集合 B 的子集并且 B 是 A 的超集当且仅当 A 的每个元素也是 B 的元素。我们用记号 $A\subseteq B$ 表示集合 A 是集合 B 的子集。另外，如果我们要强调 B 是 A 的超集，可以用等价的记号 $B\supseteq A$（故 $A\subseteq B$ 和 $B\supseteq A$ 是等价的语句）。

我们看到，$A\subseteq B$ 当且仅当量化式

$$\forall x(x \in A \to x \in B)$$

为真。注意要证明 A 不是 B 的子集，我们只需要找到一个元素 $x\in A$ 但 $x\notin B$。这样的 x 就是 $x\in A$ 蕴含 $x\in B$ 的一个反例。

我们可以用下面的规则判断一个集合是否是另一个集合的子集：

证明 A 是 B 的子集：为了证明 $A\subseteq B$，需要证明如果 x 属于 A 则 x 也属于 B。

证明 A 不是 B 的子集：为了证明 $A\nsubseteq B$，需要找一个 $x\in A$ 使得 $x\notin B$。

例 8　所有小于 10 的正奇数的集合是所有小于 10 的正整数的集合的子集，有理数集是实数集的一个子集，你们学校主修计算机科学的学生的集合是你们学校全体学生集合的子集，在中国的所有人的集合是在中国的所有人的集合的子集（即它是自身的子集）。注意属于每对集合中第一个集合的元素也属于该对集合中第二个集合就可以很快得出这些事实。◀

例 9　其平方小于 100 的整数集合不是非负整数集合的子集，因为 -1 在前一个集合中[由于 $(-1)^2<100$]但不在后一个集合中。在你校选修离散数学的人的集合不是你校计算机专业学生集合的子集，如果至少有一个学生不是计算机专业的但却选修了离散数学。◀

定理 1 表明每个非空集合 S 都至少有两个子集，分别为空集和集合 S 本身，即 $\varnothing\subseteq S$ 和 $S\subseteq S$。

Links ▶

Source: Library of
Congress Prints and
Photographs Division
[LC-USZ62-49535]

伯特兰·罗素（Bertrand Russell，1872—1970）　罗素生于一个以积极参与进步运动、强力崇尚自由而闻名的英国家庭。年幼时就成为孤儿的罗素由祖父母扶养，并在家里接受教育。1890 年他进入剑桥大学的三一学院，在数学和伦理学方面表现出色。他在几何学基础方面的工作为他赢得了一个研究职位。1910 年，三一学院任命他讲授逻辑和数学原理的课程。

罗素毕生为进步事业而奋斗。他有着强烈的和平主义见解，他对第一次世界大战的抗议导致他被三一学院解雇。由于写了一篇被认为具有煽动性的文章，1918 年他被囚禁 6 个月。

罗素最伟大的工作是他提出的可以作为所有数学学科基础的原理。他最著名的著作是与怀特海（Altred North Whitehead）合作撰写的《数学原理》（*Principia Mathematica*），它试图用一组基本公理推导出数学的一切。他还撰写了许多书籍论述哲学、物理学和他的政治理念。1950 年罗素赢得诺贝尔文学奖。

> **定理 1** 对于任意集合 S，有：(i) $\varnothing \subseteq S$，(ii) $S \subseteq S$。

我们将证明(i)，(ii)的证明留作练习。

证明 令 S 为一个集合。为了证明 $\varnothing \subseteq S$，必须证明 $\forall x(x \in \varnothing \to x \in S)$ 为真。因为空集没有元素，所以 $x \in \varnothing$ 总是假。因此 $x \in \varnothing \to x \in S$ 总是真，因为其前提为假，并且前提为假的条件语句为真。即 $\forall x(x \in \varnothing \to x \in S)$ 为真。这完成了(i)的证明。注意这是空证明的一个示例。 ◀

当我们要强调集合 A 是集合 B 的子集但是 $A \neq B$ 时，就写成 $A \subset B$ 并说 A 是 B 的**真子集**。如果 $A \subset B$ 是真的，则必有 $A \subseteq B$ 且必有 B 的某个元素 x 不是 A 的元素。即 A 是 B 的真子集当且仅当

$$\forall x(x \in A \to x \in B) \land \exists x(x \in B \land x \notin A)$$

为真。文氏图可以用来解释集合 A 是集合 B 的子集。我们把全集 U 画成长方形。在这长方形中画一圆表示 B。由于 A 是 B 的子集，我们在代表 B 的圆内画圆表示 A。这个关系如图 2 所示。

回忆一下定义 2，如果两个集合拥有相同的元素，则这两个集合相等。证明两个集合具有相同元素的一个有效方法是证明每个集合是另一个的子集。换言之，可以证明如果 A 和 B 为集合并且 $A \subseteq B$ 和 $B \subseteq A$，则有 $A = B$。也就是说，$A = B$ 当且仅当 $\forall x(x \in A \to x \in B)$ 和 $\forall x(x \in B \to x \in A)$；或者等价于当且仅当 $\forall x(x \in A \leftrightarrow x \in B)$，这就是 A 和 B 相等的含义。因为这个证明两个集合相等的方法很有效，这里就再强调一下。

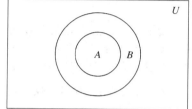

图 2 表示 A 是 B 的子集的文氏图

证明两个集合相等：为了证明两个集合 A 和 B 相等，需要证明 $A \subseteq B$ 和 $B \subseteq A$。

集合可以以其他集合作为其成员。例如，下面列出的集合：

$$A = \{\varnothing, \{a\}, \{b\}, \{a, b\}\}$$
$$B = \{x \mid x \text{ 是集合} \{a, b\} \text{ 的子集}\}$$

注意这两个集合是相等的，即 $A = B$。同时注意 $\{a\} \in A$，但是 $a \notin A$。

2.1.4 集合的大小

集合广泛应用于计数问题，为此我们需要讨论集合的大小问题。

> **定义 4** 令 S 为集合。如果 S 中恰有 n 个不同的元素，这里 n 是非负整数，我们就说 S 是有限集，而 n 是 S 的基数。S 的基数记为 $|S|$。

评注 术语基数(cardinality)来自将术语基数(cardinal number)作为一个有限集的大小的常用语。

例 10 令 A 为小于 10 的正奇数集合。则 $|A| = 5$。 ◀

Links ▶

约翰·文(John Venn, 1834—1923) 出生于伦敦郊区，在伦敦上学，并于 1857 年获得剑桥 Caius 学院的数学学位。他当选该学院的研究员并任此职直至去世。他在剑桥创建了伦理学教育计划。除了数学方面的工作之外，文还对历史有兴趣，他撰写了大量关于他的学院和家庭的文章。

文所著的《符号逻辑》(*Symbolic Logic*)一书澄清了最初由布尔引入的若干概念。在这本书中文提出了一种系统的研究方法，其中使用了后人称为文氏图的几何图形。今天这些图形主要用于分析逻辑论证以及解释集合之间的关系。除了在符号逻辑方面的工作以外，文对概率论也做出了贡献，写入了他编写的广为采用的概率论教科书中。

例11 令 S 为英语字母表中字母的集合。那么 $|S|=26$。◀

例12 由于空集没有元素，所以 $|\varnothing|=0$。◀

我们对于元素个数不是有限的集合也有兴趣。

> **定义5** 一个集合称为是无限的，如果它不是有限的。

例13 正整数集合是无限的。◀

我们将在 2.5 节将基数的概念扩展到无限集，这是一个富有挑战性且又充满惊奇的主题。

2.1.5 幂集

许多问题涉及要检查一个集合的元素的所有可能组合看它们是否满足某种性质。为了考虑集合 S 中元素所有可能的组合，我们构造一个以 S 的所有子集作为其元素的新集合。

> **定义6** 给定集合 S，S 的幂集（power set）是集合 S 所有子集的集合。S 的幂集记为 $\mathcal{P}(S)$。

例14 集合 $\{0,1,2\}$ 的幂集是什么？

解 幂集 $\mathcal{P}(\{0,1,2\})$ 是 $\{0,1,2\}$ 所有子集的集合。因此，
$$\mathcal{P}(\{0,1,2\})=\{\varnothing,\{0\},\{1\},\{2\},\{0,1\},\{0,2\},\{1,2\},\{0,1,2\}\}$$
注意空集和集合自身都是这个子集的集合的成员。◀

例15 空集的幂集是什么？集合 $\{\varnothing\}$ 的幂集是什么？

解 空集只有一个子集，即它自身。因此，
$$\mathcal{P}(\varnothing)=\{\varnothing\}$$
集合 $\{\varnothing\}$ 有两个子集，即 $\varnothing$ 和集合 $\{\varnothing\}$ 自身。于是，
$$\mathcal{P}(\{\varnothing\})=\{\varnothing,\{\varnothing\}\}$$
◀

如果一个集合有 n 个元素，那么它的幂集就有 2^n 个元素。我们将在本书后续章节中以不同的方式来证明这一事实。

2.1.6 笛卡儿积

有时候元素聚集中其次序是很重要的。由于集合是无序的，所以就需要用一种不同的结构来表示有序的聚集。这就是有序 n 元组。

> **定义7** 有序 n 元组（ordered n-tuple）$(a_1,a_2,\cdots,a_n)$ 是以 a_1 为第 1 个元素，a_2 为第 2 个元素，$\cdots$，a_n 为第 n 个元素的有序聚集。

两个有序 n 元组是相等的当且仅当每一对对应的元素都相等。换言之，$(a_1,a_2,\cdots,a_n)=(b_1,b_2,\cdots,b_n)$ 当且仅当对于 $i=1,2,\cdots,n$，有 $a_i=b_i$。特别地，有序二元组称为**序偶**（ordered pair）。序偶 (a,b) 和 (c,d) 相等当且仅当 $a=c$ 和 $b=d$。注意 (a,b) 和 (b,a) 不相等，除非 $a=b$。

在随后几章中我们将要学习的许多离散结构都是基于（以笛卡儿的名字命名的）集合的笛卡儿积的概念。我们先定义两个集合的笛卡儿积。

> **定义8** 令 A 和 B 为集合。A 和 B 的笛卡儿积（Cartesian product）用 $A\times B$ 表示，是所有序偶 (a,b) 的集合，其中 $a\in A$ 且 $b\in B$。于是，
> $$A\times B=\{(a,b)\mid a\in A\wedge b\in B\}$$

例16 令 A 为一所大学所有学生的集合，B 表示该大学开设的所有课程的集合。A 和 B 的笛卡儿积 $A\times B$ 是什么，如何应用？

解 笛卡儿积 $A\times B$ 由所有形如 (a,b) 的序偶组成，其中 a 是该校的学生而 b 是该校开设

Extra Examples
Extra Examples
Extra Examples

的一门课程。集合 $A \times B$ 的一种用法是可以用来表示该校学生选课的所有可能情况。另外，观察到 $A \times B$ 的每个子集表示一种可能的选课情况，$\mathcal{P}(A \times B)$ 表示所有可能的选课情况。 ◀

例 17 $A=\{1, 2\}$ 和 $B=\{a, b, c\}$ 的笛卡儿积是什么？

解 笛卡儿积 $A \times B$ 是
$$A \times B = \{(1,a),(1,b),(1,c),(2,a),(2,b),(2,c)\}$$ ◀

注意笛卡儿积 $A \times B$ 和 $B \times A$ 是不相等的，除非 $A=\varnothing$ 或 $B=\varnothing$（这样 $A \times B=\varnothing$）或 $A=B$（参见练习 33 和 40）。下面用例 18 来解释。

例 18 证明笛卡儿积 $B \times A$ 不等于笛卡儿积 $A \times B$，其中 A 和 B 为如例 17 中的集合。

解 笛卡儿积 $B \times A$ 是
$$B \times A = \{(a,1),(a,2),(b,1),(b,2),(c,1),(c,2)\}$$

这不等于例 17 中得到的 $A \times B$。 ◀

对于两个以上的集合也可以定义笛卡儿积。

> **定义 9** 集合 A_1，A_2，$\cdots$，A_n 的笛卡儿积用 $A_1 \times A_2 \times \cdots \times A_n$ 表示，是有序 n 元组 $(a_1, a_2, \cdots, a_n)$ 的集合，其中 a_i 属于 A_i，$i=1, 2, \cdots, n$。换言之，
> $$A_1 \times A_2 \times \cdots \times A_n = \{(a_1,a_2,\cdots,a_n) \mid a_i \in A_i, i=1,2,\cdots,n\}$$

例 19 笛卡儿积 $A \times B \times C$ 是什么，其中 $A=\{0, 1\}$，$B=\{1, 2\}$，$C=\{0, 1, 2\}$？

解 笛卡儿积 $A \times B \times C$ 由所有有序三元组 (a, b, c) 组成，其中 $a \in A$，$b \in B$，$c \in C$。因此，
$$A \times B \times C=\{(0, 1, 0), (0, 1, 1), (0, 1, 2), (0, 2, 0), (0, 2, 1), (0, 2, 2),$$
$$(1, 1, 0), (1, 1, 1), (1, 1, 2), (1, 2, 0), (1, 2, 1), (1, 2, 2)\}$$ ◀

评注 当 A、B、C 是集合时，$(A \times B) \times C$ 与 $A \times B \times C$ 是不同的（参见练习 41）。

我们用记号 A^2 来表示 $A \times A$，即集合 A 和自身的笛卡儿积。类似地，$A^3=A \times A \times A$，$A^4=A \times A \times A \times A$，等等。更一般地，
$$A^n = \{(a_1,a_2,\cdots,a_n) \mid a_i \in A, i=1,2,\cdots,n\}$$

例 20 假设 $A=\{1, 2\}$。则 $A^2=\{(1, 1), (1, 2), (2, 1), (2, 2)\}$ 并且 $A^3=\{(1, 1, 1),$

Links ▶

勒内·笛卡儿（René Descartes，1596—1650） 出生于法国距巴黎西南约 200 英里的图尔附近的一个贵族家庭。他是他父亲第一位妻子的第三个孩子，在他出生几天后母亲就去世了。由于笛卡儿健康欠佳，他父亲，一位省里的法官，推迟了儿子接受正规教育，直到 8 岁他才进入 La Flèche 的 Jesuit 学院。该校校长喜欢他，并因他身体虚弱而允许他晚起床。从那时起笛卡儿把早晨时间都花在床上，他认为这是最有利于他思考的时间。

1612 年笛卡儿离开学校去了巴黎，并在那里学了两年数学。1616 年他获得普瓦提埃大学（University of Poitiers）的法律学位。18 岁时笛卡儿厌倦了学习，决定去看看外面的世界。他移居巴黎，并成为一个成功的赌徒。可是他慢慢厌倦了这种无聊的生活，他搬到了圣日耳曼的郊区，专注于数学研究。当他的赌友找到他时，他决定离开法国，并参军。不过他从未参加过战斗。有一天，当他御寒而待在军营中一间过热的房间里时，他做了几个狂热的梦，揭示他将以数学家和哲学家为职业。

结束军旅生涯以后，他游遍欧洲。然后，在巴黎待了几年，研究数学和哲学，并制造光学仪器。笛卡儿决定去荷兰，花了 20 年时间在那里走访，同时完成了他最重要的工作。这期间他写了几本书，包括他最著名的《方法论》（Discours），该书中有他对解析几何的贡献。笛卡儿还对哲学做出了基础性的贡献。

1649 年笛卡儿受克里斯蒂娜女王邀请访问瑞典宫廷，并做她的哲学老师。尽管他不情愿生活在他所说的"岩石和冰雪中的熊的乐土"，但最终还是接受邀请搬到瑞典。不幸的是，1649～1650 年的冬季分外寒冷，笛卡儿染上了肺炎并于 2 月中旬去世。

$(1，1，2)，(1，2，1)，(1，2，2)，(2，1，1)，(2，1，2)，(2，2，1)，(2，2，2)\}$。◀

　　笛卡儿积 $A×B$ 的一个子集 R 被称为从集合 A 到集合 B 的**关系**(relation)。R 的元素是序偶，其中第一个元素属于 A 而第二个元素属于 B。例如，$R=\{(a，0)，(a，1)，(a，3)，(b，1)，(b，2)，(c，0)，(c，3)\}$ 是从集合 $\{a，b，c\}$ 到集合 $\{0，1，2，3\}$ 的关系，它也是一个从集合 $\{a，b，c，d，e\}$ 到集合 $\{0，1，3，4\}$ 的关系。(这解释了一个关系不一定要包含 A 的每个元素 x 的序偶 $(x，y)$。)从集合 A 到其自身的一个关系称为是 A 上的一个关系。

　　例21　集合 $\{0，1，2，3\}$ 上的小于等于关系(如果 $a≤b$ 则包含 $(a，b)$)中的序偶是什么？

　　解　序偶 $(a，b)$ 属于 R 当且仅当 a 和 b 属于 $\{0，1，2，3\}$ 且 $a≤b$。所以，R 中的序偶是 $(0，0)$，$(0，1)$，$(0，2)$，$(0，3)$，$(1，1)$，$(1，2)$，$(1，3)$，$(2，2)$，$(2，3)$，$(3，3)$。◀

　　我们将在第 9 章详细研究关系及其性质。

2.1.7　使用带量词的集合符号

　　有时我们通过使用特定的符号来显式地限定一个量化命题的论域。例如，$∀x∈S(P(x))$ 表示 $P(x)$ 在集合 S 所有元素上的全称量化。换句话说，$∀x∈S(P(x))$ 是 $∀x(x∈S→P(x))$ 的简写。类似地，$∃x∈S(P(x))$ 表示 $P(x)$ 在集合 S 所有元素上的存在量化。即 $∃x∈S(P(x))$ 是 $∃X(x∈S∧P(x))$ 的简写。

　　例22　语句 $∀x∈\mathbf{R}(x^2≥0)$ 和 $∃x∈\mathbf{Z}(x^2=1)$ 的含义是什么？

　　解　语句 $∀x∈\mathbf{R}(x^2≥0)$ 声称对任意实数 x，$x^2≥0$。这个语句可以表达为"任意实数的平方是非负的"。这是一个真语句。

　　语句 $∃x∈\mathbf{Z}(x^2=1)$ 声称存在一个整数 x 使得 $x^2=1$。这个语句可以表达为"有某个整数，其平方是 1"。这个语句也是一个真语句，因为 $x=1$ 就是这样一个整数(-1 也是)。◀

2.1.8　真值集和量词

　　现在我们把集合理论和谓词逻辑的一些概念结合起来。给定谓词 P 和论域 D，定义 P 的**真值集**(truth set)为 D 中使 $P(x)$ 为真的元素 x 组成的集合。$P(x)$ 的真值集记为 $\{x∈D \mid P(x)\}$。

　　例23　谓词 $P(x)$、$Q(x)$、$R(x)$ 的真值集都是什么？这里论域是整数集合，$P(x)$ 是 "$\mid x \mid =1$"，$Q(x)$ 是 "$x^2=2$"，$R(x)$ 是 "$\mid x \mid =x$"。

　　解　P 的真值集 $\{x∈\mathbf{Z} \mid \mid x \mid =1\}$ 是满足 $\mid x \mid =1$ 的整数集合。因为当 $x=1$ 或 $x=-1$ 时有 $\mid x \mid =1$，而没有其他整数 x 能满足，因此 P 的真值集是 $\{-1，1\}$。

　　Q 的真值集 $\{x∈\mathbf{Z} \mid x^2=2\}$ 是满足 $x^2=2$ 的整数集合。因为没有整数 x 满足 $x^2=2$，所以这是个空集。

　　R 的真值集 $\{x∈\mathbf{Z} \mid \mid x \mid =x\}$ 是满足 $\mid x \mid =x$ 的整数集合。因为 $\mid x \mid =x$ 当且仅当 $x≥0$，所以 R 的真值集是 $\mathbf{N}$，非负整数集合。◀

　　注意 $∀xP(x)$ 在论域 U 上为真当且仅当 P 的真值集是集合 U。同样，$∃xP(x)$ 在论域 U 上为真当且仅当 P 的真值集非空。

练习

1. 列出下述集合的成员。
　a)$\{x \mid x$ 是使得 $x^2=1$ 的实数$\}$　　　　　　　　b)$\{x \mid x$ 是小于 12 的正整数$\}$
　c)$\{x \mid x$ 是一个整数的平方且 $x<100\}$　　　　　d)$\{x \mid x$ 是整数且 $x^2=2\}$

2. 用集合构造器给出下列每个集合的描述。
　a)$\{0，3，6，9，12\}$　　　　　　　　　　　　　　b)$\{-3，-2，-1，0，1，2，3\}$
　c)$\{m，n，o，p\}$

3. 区间 $(0，5)$、$(0，5]$、$[0，5)$、$[0，5]$、$(1，4]$、$[2，3]$ 和 $(2，3)$ 中，哪个包含
　a)0?　　　　　　　　　　b)1?　　　　　　　　　　c)2?
　d)3?　　　　　　　　　　e)4?　　　　　　　　　　f)5?

4. 对于下面每个区间，列出所有元素或解释为什么是空的。

    a)$[a, a]$　　　　　　　**b)**$[a, a)$　　　　　　　**c)**$(a, a]$

    d)(a, a)　　　　　　　**e)**(a, b)，其中 $a>b$　　**f)**$[a, b]$，其中 $a>b$

5. 对下面每一对集合，判断第一个是否是第二个的子集，第二个是否是第一个的子集，或者哪个也不是另一个的子集。

    a)从纽约至新德里的航空公司航班的集合，从纽约至新德里的不经停航空公司航班的集合。

    b)说英语的人的集合，说中文的人的集合。

    c)飞鼠的集合，会飞行的生物的集合。

6. 对下面每一对集合，判断第一个是否是第二个的子集，第二个是否是第一个的子集，或者哪个也不是另一个的子集。

    a)说英语的人的集合，说带有澳大利亚口音的英语的人的集合。

    b)水果的集合，柑橘类水果的集合。

    c)学习离散数学的学生的集合，学习数据结构的学生的集合。

7. 判断下面每对集合是否相等。

    a)$\{1, 3, 3, 3, 5, 5, 5, 5, 5\}$，$\{5, 3, 1\}$　　　**b)**$\{\{1\}\}$，$\{1, \{1\}\}$

    c)$\varnothing$，$\{\varnothing\}$

8. 设 $A=\{2, 4, 6\}$，$B=\{2, 6\}$，$C=\{4, 6\}$，$D=\{4, 6, 8\}$。判断这些集合中哪个是另外一个的子集。

9. 对下面的每个集合，判断 2 是否为该集合的元素。

    a)$\{x\in \mathbf{R} \mid x$ 是大于 1 的整数$\}$　　**b)**$\{x\in \mathbf{R} \mid x$ 是一个整数的平方$\}$

    c)$\{2, \{2\}\}$　　　　　　　　　　　　**d)**$\{\{2\}, \{\{2\}\}\}$

    e)$\{\{2\}, \{2, \{2\}\}\}$　　　　　　　　**f)**$\{\{\{2\}\}\}$

10. 对练习 9 中的每个集合，判断 $\{2\}$ 是否为该集合的一个元素。

11. 判断下列语句是真还是假。

    a)$0\in \varnothing$　　　　　　**b)**$\varnothing \in \{0\}$　　　　　　**c)**$\{0\}\subset \varnothing$

    d)$\varnothing \subset \{0\}$　　　　　　**e)**$\{0\}\in \{0\}$　　　　　　**f)**$\{0\}\subset \{0\}$

    g)$\{\varnothing\}\subseteq \{\varnothing\}$

12. 判断下列语句是真还是假。

    a)$\varnothing \in \{\varnothing\}$　　　　　**b)**$\varnothing \in \{\varnothing, \{\varnothing\}\}$　　　　**c)**$\{\varnothing\}\in \{\varnothing\}$

    d)$\{\varnothing\}\in \{\{\varnothing\}\}$　　　**e)**$\{\varnothing\}\subset \{\varnothing, \{\varnothing\}\}$　　**f)**$\{\{\varnothing\}\}\subset \{\varnothing, \{\varnothing\}\}$

    g)$\{\{\varnothing\}\}\subset \{\{\varnothing\}, \{\varnothing\}\}$

13. 判断下列语句是真还是假。

    a)$x\in \{x\}$　　　　　　**b)**$\{x\}\subseteq \{x\}$　　　　　　**c)**$\{x\}\in \{x\}$

    d)$\{x\}\in \{\{x\}\}$　　　　**e)**$\varnothing \subseteq \{x\}$　　　　　　**f)**$\varnothing \in \{x\}$

14. 用文氏图说明所有不超过 10 的正整数集合中的奇数子集。

15. 用文氏图说明在一年所有的月份集合中月份名称中不包含字母 R 的所有月份的集合。

16. 用文氏图说明集合关系 $A\subseteq B$ 和 $B\subseteq C$。

17. 用文氏图说明集合关系 $A\subset B$ 和 $B\subset C$。

18. 用文氏图说明集合关系 $A\subset B$ 和 $A\subset C$。

19. 假定 A、B 和 C 为集合，且 $A\subseteq B$，$B\subseteq C$。证明 $A\subseteq C$。

20. 找出两个集合 A 和 B，使得 $A\in B$ 且 $A\subseteq B$。

21. 下列各集合的基数是什么？

    a)$\{a\}$　　　　　　　　　　**b)**$\{\{a\}\}$

    c)$\{a, \{a\}\}$　　　　　　　　**d)**$\{a, \{a\}, \{a, \{a\}\}\}$

22. 下列各集合的基数是什么？

    a)$\varnothing$　　　　　　　　　　**b)**$\{\varnothing\}$

    c)$\{\varnothing, \{\varnothing\}\}$　　　　　　**d)**$\{\varnothing, \{\varnothing\}, \{\varnothing, \{\varnothing\}\}\}$

23. 找出下列各集合的幂集。

    a)$\{a\}$　　　　　　**b)**$\{a, b\}$　　　　　　**c)**$\{\varnothing, \{\varnothing\}\}$

24. 如果 A 和 B 是两个集合，且有相同的幂集，能否得出结论 $A=B$？

25. 假设 a 和 b 是不同的元素，下列集合各有多少个元素？

  a) $\mathcal{P}(\{a,\ b,\ \{a,\ b\}\})$ **b)** $\mathcal{P}(\{\varnothing,\ a,\ \{a\},\ \{\{a\}\}\})$ **c)** $\mathcal{P}(\mathcal{P}(\varnothing))$

26. 假设 a 和 b 是不同的元素，判断下列各集合是否为某集合的幂集。

  a) $\varnothing$ **b)** $\{\varnothing,\ \{a\}\}$

  c) $\{\varnothing,\ \{a\},\ \{\varnothing,\ a\}\}$ **d)** $\{\varnothing,\ \{a\},\ \{b\},\ \{a,\ b\}\}$

27. 证明 $\mathcal{P}(A)\subseteq\mathcal{P}(B)$ 当且仅当 $A\subseteq B$。

28. 证明如果 $A\subseteq C$ 并且 $B\subseteq D$，则 $A\times B\subseteq C\times D$。

29. 令 $A=\{a,\ b,\ c,\ d\}$，$B=\{y,\ z\}$。求

  a) $A\times B$ **b)** $B\times A$

30. 令 A 为一所大学的数学系所开设课程的集合，B 为该大学所有数学教授的集合，笛卡儿积 $A\times B$ 是什么？给出一个例子说明这个笛卡儿积如何使用。

31. 笛卡儿积 $A\times B\times C$ 是什么，其中 A 是所有航线的集合，B 和 C 都是所有美国城市的集合？给出一个例子说明这个笛卡儿积如何使用。

32. 假定 $A\times B=\varnothing$，其中 A 和 B 为集合。你能得出什么结论？

33. 令 A 为集合。证明 $\varnothing\times A=A\times\varnothing=\varnothing$。

34. 令 $A=\{a,\ b,\ c\}$，$B=\{x,\ y\}$，$C=\{0,\ 1\}$。求

  a) $A\times B\times C$ **b)** $C\times B\times A$

  c) $C\times A\times B$ **d)** $B\times B\times B$

35. 求 A^2 如果

  a) $A=\{0,\ 1,\ 3\}$ **b)** $A=\{1,\ 2,\ a,\ b\}$

36. 求 A^3 如果

  a) $A=\{a\}$ **b)** $A=\{0,\ a\}$

37. 如果 A 有 m 个元素，B 有 n 个元素，则 $A\times B$ 有多少个不同的元素？

38. 如果 A 有 m 个元素，B 有 n 个元素，C 有 p 个元素，则 $A\times B\times C$ 有多少个不同的元素？

39. 如果 A 有 m 个元素且 n 是一个正整数，则 A^n 有多少个不同的元素？

40. 证明 $A\times B\neq B\times A$ 除非 $A=B$，其中 A 和 B 均为非空集合。

41. 试解释为什么 $A\times B\times C$ 和 $(A\times B)\times C$ 不同。

42. 试解释为什么 $(A\times B)\times(C\times D)$ 和 $A\times(B\times C)\times D$ 不同。

43. 证明或反驳：如果 A 和 B 是集合，则 $\mathcal{P}(A\times B)=\mathcal{P}(A)\times\mathcal{P}(B)$。

44. 证明或反驳：如果 A、B 和 C 是非空集合，且 $A\times B=A\times C$，则 $B=C$。

45. 将下列量化表达式翻译成汉语句子并确定其真值。

  a) $\forall x\in\mathbf{R}(x^2\neq-1)$ **b)** $\exists x\in\mathbf{Z}(x^2=2)$

  c) $\forall x\in\mathbf{Z}(x^2>0)$ **d)** $\exists x\in\mathbf{R}(x^2=x)$

46. 将下列量化表达式翻译成汉语句子并确定其真值。

  a) $\exists x\in\mathbf{R}(x^3=-1)$ **b)** $\exists x\in\mathbf{Z}(x+1>x)$

  c) $\forall x\in\mathbf{Z}(x-1\in\mathbf{Z})$ **d)** $\forall x\in\mathbf{Z}(x^2\in\mathbf{Z})$

47. 给出以下各个谓词的真值集合，这里域是整数集合。

  a) $P(x):\ x^2<3$ **b)** $Q(x):\ x^2>x$ **c)** $R(x):\ 2x+1=0$

48. 给出以下各个谓词的真值集合，这里域是整数集合。

  a) $P(x):\ x^3\geqslant1$ **b)** $Q(x):\ x^2=2$ **c)** $R(x):\ x<x^2$

*** 49.** 序偶所定义的性质是两个序偶相等当且仅当其第一个元素相等且第二个元素相等。令人惊奇的是，我们可以用集合论的基本概念来构造序偶，从而取代用序偶作为最基本的概念。证明如果将序偶 $(a,\ b)$ 定义为 $\{\{a\},\ \{a,\ b\}\}$，那么 $(a,\ b)=(c,\ d)$ 当且仅当 $a=c$ 且 $b=d$。[提示：首先证明 $\{\{a\},\ \{a,\ b\}\}=\{\{c\},\ \{c,\ d\}\}$ 当且仅当 $a=c$ 且 $b=d$。]

*** 50.** 这里介绍**罗素悖论**（Russel's paradox）。令 S 为这样的集合，它包含集合 x 如果集合 x 不属于它自己，即 $S=\{x\mid x\notin x\}$。

  a) 证明从 S 是它自己的一个元素的假设能推出矛盾。

b) 证明从 S 不是它自己的一个元素的假设能推出矛盾。

从 a) 和 b) 可知，S 不可能是由其定义所描述的集合。这一悖论是可以避免的，只要对集合可以拥有的元素类型加以限制即可。

* **51.** 给出一个能列出一个有限集合所有子集的步骤。

2.2 集合运算

2.2.1 引言

两个或多个集合可以以许多不同的方式结合在一起。例如，从学校主修数学的学生集合和主修计算机科学的学生集合入手，可以构成主修数学或计算机科学的学生集合、既主修数学又主修计算机科学的学生集合、所有不主修数学的学生集合等。

> **定义 1** 令 A 和 B 为集合。集合 A 和 B 的并集，用 $A \bigcup B$ 表示，是一个集合，它包含 A 或 B 中或同时在 A 和 B 中的元素。

一个元素 x 属于 A 和 B 的并集当且仅当 x 属于 A 或 x 属于 B。这说明

$$A \bigcup B = \{x \mid x \in A \lor x \in B\}$$

图 1 所示的文氏图表示两个集合 A 和 B 的并集。表示 A 的圆圈内或表示 B 的圆圈内的阴影区域表示 $A \bigcup B$。

我们将给出集合并集的例子。

例 1 集合 $\{1, 3, 5\}$ 和集合 $\{1, 2, 3\}$ 的并集是集合 $\{1, 2, 3, 5\}$，即 $\{1, 3, 5\} \bigcup \{1, 2, 3\} = \{1, 2, 3, 5\}$ ◀

例 2 学校主修计算机科学的学生集合与主修数学的学生集合的并集就是或主修数学或主修计算机科学或同时主修这两个专业的学生的集合。 ◀

> **定义 2** 令 A 和 B 为集合。集合 A 和 B 的交集，用 $A \bigcap B$ 表示，是一个集合，它包含同时在 A 和 B 中的那些元素。

一个元素 x 属于集合 A 和 B 的交集当且仅当 x 属于 A 而且 x 属于 B。这说明

$$A \bigcap B = \{x \mid x \in A \land x \in B\}$$

图 2 所示的文氏图表示集合 A 和 B 的交集。同时在代表 A 和 B 的两个圆之内的阴影区域表示 A 和 B 的交集。

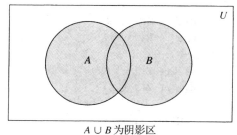

$A \cup B$ 为阴影区

图 1 A 和 B 并集的文氏图

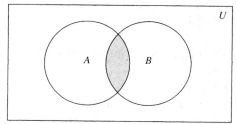

$A \cap B$ 为阴影区

图 2 A 和 B 交集的文氏图

我们给出交集的几个例子。

例 3 集合 $\{1, 3, 5\}$ 和 $\{1, 2, 3\}$ 的交集是 $\{1, 3\}$，即 $\{1, 3, 5\} \bigcap \{1, 2, 3\} = \{1, 3\}$。 ◀

例 4 学校所有主修计算机科学的学生集合与所有主修数学的学生集合的交集是所有既主修计算机科学又主修数学的学生的集合。 ◀

> **定义 3** 两个集合称为是不相交的，如果它们的交集为空集。

例 5　令 $A=\{1,3,5,7,9\}$，而 $B=\{2,4,6,8,10\}$。因为 $A\cap B=\varnothing$，所以 A 和 B 不相交。◀

我们经常对寻找集合的并集的基数很感兴趣。注意 $|A|+|B|$ 把只属于 A 或只属于 B 的元素数了恰好一次，而对既属于 A 又属于 B 的元素数了恰好两次。因此，如果从 $|A|+|B|$ 中减去同时属于 A 和 B 的元素的个数，则 $A\cap B$ 中的元素也就只数了一次。于是

$$|A\cup B|=|A|+|B|-|A\cap B|$$

把这一结果推广到任意多个集合的并集就是所谓的包含排斥原理或简称**容斥原理**（principle of inclusion-exclusion）。容斥原理是枚举中的一项重要技术。我们将在第 6 章和第 8 章详细讨论这一原理和其他的计数技术。

还有其他一些重要的组合集合的方式。

定义 4　令 A 和 B 为集合。A 和 B 的**差集**，用 $A-B$ 表示，是一个集合，它包含属于 A 而不属于 B 的元素。A 和 B 的差集也称为 B 相对于 A 的补集。

评注　集合 A 和 B 的差集有时候也记为 $A\setminus B$。

一个元素 x 属于 A 和 B 的差集当且仅当 $x\in A$ 且 $x\notin B$，这说明

$$A-B=\{x\mid x\in A\wedge x\notin B\}$$

图 3 所示的文氏图表示集合 A 和 B 的差集。在表示集合 A 的圆圈内部同时在表示集合 B 的圆圈外部的阴影区域表示 $A-B$。

让我们举几个差集的例子。

例 6　集合 $\{1,3,5\}$ 和 $\{1,2,3\}$ 的差集是 $\{5\}$，即 $\{1,3,5\}-\{1,2,3\}=\{5\}$。这不同于 $\{1,2,3\}$ 和 $\{1,3,5\}$ 的差集 $\{2\}$。◀

例 7　学校主修计算机科学的学生集合和主修数学的学生集合的差集是学校主修计算机科学但不主修数学的学生集合。◀

一旦指定了全集 U，就可以定义集合的补集。

定义 5　令 U 为全集。集合 A 的**补集**，用 $\overline{A}$ 表示，是 A 相对于 U 的补集。所以，集合 A 的补集是 $U-A$。

评注　A 的补集的定义取决于特定的全集 U。这个定义对 A 的任何超集 U 都适用。如果我们想要确定全集 U，可以写成"相对于全集 U 的 A 的补集。"

一个元素 x 属于 $\overline{A}$ 当且仅当 $x\notin A$。这说明

$$\overline{A}=\{x\in U\mid x\notin A\}$$

图 4 中代表集合 A 的圆圈外面的阴影区域表示 $\overline{A}$。

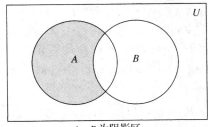

$A-B$ 为阴影区

图 3　A 和 B 的差集的文氏图（阴影部分是 $A-B$）

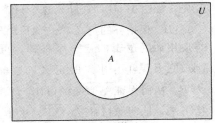

$\overline{A}$ 为阴影区

图 4　集合 A 的补集的文氏图（阴影部分是 $\overline{A}$）

我们举几个补集的例子。

例 8　令 $A=\{a,e,i,o,u\}$（其中全集为英语字母表中字母的集合）。那么 $\overline{A}=\{b,c,d,$

f，g，h，j，k，l，m，n，p，q，r，s，t，v，w，x，y，z} ◀

例 9 令 A 为大于 10 的正整数的集合（全集为所有正整数集合）。那么 $\overline{A} = \{1，2，3，4，$ $5，6，7，8，9，10\}$ ◀

下面的证明留给读者（练习 21）：可以将 A 和 B 的差集表示成 A 和 B 的补集的交集。即

$$A - B = A \bigcap \overline{B}$$

2.2.2 集合恒等式

表 1 列出了涉及集合并、交、补的最重要的恒等式。我们将用三种不同的方法证明其中的几个恒等式。介绍这些方法是想说明对一个问题的求解往往有不同的途径。表中未证明的恒等式留给读者练习。读者应该注意这些集合恒等式和 1.3 节讨论的逻辑等价式的相似之处（比较 1.6 节中表 6 和这里的表 1）。事实上，这里给出的集合恒等式可以直接由对应的逻辑等价式证明。不仅如此，这两者都是布尔代数（在第 12 章讨论）中的恒等式的特例。

在开始讨论证明集合恒等式的不同方法之前，我们简要讨论一下文氏图的作用。尽管这样的图示能够帮助我们理解由两个或三个原子集合（用于构造这些集合的更复杂组合的集合）构造而成的集合，但涉及四个或更多原子集合时，它们提供不了多少启示。四个或更多集合的文氏图相当复杂，因为需要用各种椭圆而不是圆圈来表示集合。并且有必要保证对于集合的每种可能的组合都能用非空的区域来表示。尽管文氏图能提供某些恒等式的非正式的证明，但这样的证明仍须用我们将要讨论的三种方法之一来给出形式化的证明。

证明集合相等的一种方法是证明每一个是另一个的子集。回想一下为了证明一个集合是另一个集合的子集，可以通过证明一个元素如果属于第一个集合，必定属于第二个集合。通常我们用直接证明法来证明。我们将通过证明第一德·摩根律来说明这一方法。

Extra Examples ▶

例 10 证明 $\overline{A \bigcap B} = \overline{A} \bigcup \overline{B}$。

解 我们通过证明互为子集来证明两个集合 $\overline{A \bigcap B}$ 和 $\overline{A} \bigcup \overline{B}$ 相等。

表 1　集合恒等式

恒 等 式	名　称
$A \bigcap U = A$ $A \bigcup \varnothing = A$	恒等律
$A \bigcup U = U$ $A \bigcap \varnothing = \varnothing$	支配律
$A \bigcup A = A$ $A \bigcap A = A$	幂等律
$\overline{(\overline{A})} = A$	补律
$A \bigcup B = B \bigcup A$ $A \bigcap B = B \bigcap A$	交换律
$A \bigcup (B \bigcup C) = (A \bigcup B) \bigcup C$ $A \bigcap (B \bigcap C) = (A \bigcap B) \bigcap C$	结合律
$A \bigcup (B \bigcap C) = (A \bigcup B) \bigcap (A \bigcup C)$ $A \bigcap (B \bigcup C) = (A \bigcap B) \bigcup (A \bigcap C)$	分配律
$\overline{A \bigcap B} = \overline{A} \bigcup \overline{B}$ $\overline{A \bigcup B} = \overline{A} \bigcap \overline{B}$	德·摩根律
$A \bigcup (A \bigcap B) = A$ $A \bigcap (A \bigcup B) = A$	吸收律
$A \bigcup \overline{A} = U$ $A \bigcap \overline{A} = \varnothing$	互补律

首先，证明 $\overline{A \bigcap B} \subseteq \overline{A} \bigcup \overline{B}$。这个只需要证明如果 x 在 $\overline{A \bigcap B}$ 中，则也必然在 $\overline{A} \bigcup \overline{B}$ 中。现在假定 $x \in \overline{A \bigcap B}$。根据补的定义，$x \notin A \bigcap B$。再由交集的定义可知，命题 $\neg((x \in A) \wedge (x \in B))$ 为真。

再应用命题逻辑的德·摩根律，可得 $\neg(x \in A)$ 或 $\neg(x \in B)$。根据命题否定的定义，有 $x \notin A$ 或 $x \notin B$。再由补集的定义，这蕴含着 $x \in \overline{A}$ 或 $x \in \overline{B}$。因此，由并集的定义，可得 $x \in \overline{A} \bigcup \overline{B}$。从而得证 $\overline{A \bigcap B} \subseteq \overline{A} \bigcup \overline{B}$。

接下来，证明 $\overline{A} \bigcup \overline{B} \subseteq \overline{A \bigcap B}$。这个只需要证明如果 x 在 $\overline{A} \bigcup \overline{B}$ 中，则也必然在 $\overline{A \bigcap B}$ 中。现假设 $x \in \overline{A} \bigcup \overline{B}$。由并集的定义，我们知道 $x \in \overline{A}$ 或 $x \in \overline{B}$。用补的定义，可得 $x \notin A$ 或 $x \notin B$。所以，命题 $\neg(x \in A) \vee \neg(x \in B)$ 为真。

再应用命题逻辑的德·摩根律，可得 $\neg((x \in A) \wedge (x \in B))$ 为真。由交集的定义，可得 $\neg(x \in A \bigcap B)$ 成立。再由补的定义，可以得出 $x \in \overline{A \bigcap B}$。这就证明了 $\overline{A} \bigcup \overline{B} \subseteq \overline{A \bigcap B}$。

由于已经证明了每一个集合是另一个的子集，所以这两个集合相等，恒等式得证。 ◀

我们可以用集合构造器来更简洁地表达例10中的推理过程，如例11所示。

例 11 用集合构造器和逻辑等价式来证明第一德·摩根律 $\overline{A\cap B}=\overline{A}\cup\overline{B}$。

解 通过下列步骤证明这一恒等式。

$$
\begin{aligned}
\overline{A\cap B}&=\{x\mid x\notin A\cap B\} && \text{补集的定义}\\
&=\{x\mid \neg(x\in(A\cap B))\} && \text{不属于符号的含义}\\
&=\{x\mid \neg(x\in A\land x\in B)\} && \text{交集的定义}\\
&=\{x\mid \neg(x\in A)\lor\neg(x\in B)\} && \text{逻辑等价式的第一德·摩根律}\\
&=\{x\mid x\notin A\lor x\notin B\} && \text{不属于符号的含义}\\
&=\{x\mid x\in\overline{A}\lor x\in\overline{B}\} && \text{补集的定义}\\
&=\{x\mid x\in\overline{A}\cup\overline{B}\} && \text{并集的定义}\\
&=\overline{A}\cup\overline{B} && \text{集合构造器记号的含义}
\end{aligned}
$$

注意除了用到补集、并集、集合成员、集合构造器记号的定义外，这个证明还用到了逻辑等价式的第二德·摩根律。◀

当通过证明恒等式的一边是另一边的子集的方式来证明涉及两个以上集合的恒等式时，需要跟踪一些不同的情形，如证明集合分配律的例12所示。

例 12 证明表1中的第二分配律：对任意集合 A、B 和 C，证明 $A\cap(B\cup C)=(A\cap B)\cup(A\cap C)$。

解 我们将通过说明等式的每一边是另一边的子集来证明这个恒等式。

假定 $x\in A\cap(B\cup C)$。那么 $x\in A$ 且 $x\in B\cup C$。由并集的定义可得，$x\in A$，且 $x\in B$ 或 $x\in C$（或两者）。换句话，是我们知道复合命题 $(x\in A)\land((x\in B)\lor(x\in C))$ 为真。再由合取对析取的分配律，有 $((x\in A)\land(x\in B))\lor((x\in A)\land(x\in C))$。因此可得，或者 $x\in A$ 且 $x\in B$，或者 $x\in A$ 且 $x\in C$。由交集的定义，可知 $x\in A\cap B$ 或 $x\in A\cap C$。使用并集的定义，可得出 $x\in(A\cap B)\cup(A\cap C)$。从而得出结论 $A\cap(B\cup C)\subseteq(A\cap B)\cup(A\cap C)$。

现在假定 $x\in(A\cap B)\cup(A\cap C)$。则由并集的定义，$x\in A\cap B$ 或 $x\in A\cap C$。由交集的定义可得，$x\in A$ 且 $x\in B$，或者 $x\in A$ 且 $x\in C$。由此可知，$x\in A$，并且 $x\in B$ 或 $x\in C$。因此，由并集的定义可知，$x\in A$ 且 $x\in B\cup C$。再由交集的定义，可得 $x\in A\cap(B\cup C)$。从而得出结论 $(A\cap B)\cup(A\cap C)\subseteq A\cap(B\cup C)$。这就完成了该恒等式的证明。◀

集合恒等式还可以通过**成员表**来证明。我们考虑一个元素可能属于的原子集合（即用来生成两边的集合的原始集合）的每一种组合，并验证在相同集合组合中的元素同属于恒等式两边的集合。用 1 表示元素属于一个集合，用 0 表示元素不属于一个集合（读者应注意到成员表和真值表的相似之处）。

例 13 用成员表证明 $A\cap(B\cup C)=(A\cap B)\cup(A\cap C)$。

解 表2给出了这些集合组合的成员表。这个表格有8行。由于对应于 $A\cap(B\cup C)$ 和 $(A\cap B)\cup(A\cap C)$ 的两列相同，所以恒等式有效。◀

已经证明过的集合恒等式可以用来证明其他的集合恒等式。考虑下面的例14。

表 2　分配律的成员表

A	B	C	$B\cup C$	$A\cap(B\cup C)$	$A\cap B$	$A\cap C$	$(A\cap B)\cup(A\cap C)$
1	1	1	1	1	1	1	1
1	1	0	1	1	1	0	1
1	0	1	1	1	0	1	1
1	0	0	0	0	0	0	0
0	1	1	1	0	0	0	0
0	1	0	1	0	0	0	0
0	0	1	1	0	0	0	0
0	0	0	0	0	0	0	0

一旦证明了集合的恒等式，我们就可以用它们来证明其他的集合恒等式。特别是，我们可以应用一连串的恒等式，每个步骤一个，从需要证明的恒等式的一边推导出另一边，如例 14 所示。

例 14 令 A、B、C 为集合。证明

$$\overline{A \cup (B \cap C)} = (\overline{C} \cup \overline{B}) \cap \overline{A}$$

解 我们有

$$\overline{A \cup (B \cap C)} = \overline{A} \cap \overline{(B \cap C)} \qquad \text{由第一德·摩根律}$$
$$= \overline{A} \cap (\overline{B} \cup \overline{C}) \qquad \text{由第二德·摩根律}$$
$$= (\overline{B} \cup \overline{C}) \cap \overline{A} \qquad \text{由交集的交换律}$$
$$= (\overline{C} \cup \overline{B}) \cap \overline{A} \qquad \text{由并集的交换律}$$

我们将证明集合恒等式的三种方法总结在表 3 中。

表 3   证明集合恒等式的方法

描述	方法
子集方法	证明恒等式的每一边是另一边的子集
成员表	对于原子集合的每一种可能的组合，证明恰好在这些原子集合中的元素要么同时属于两边，要么都不属于两边
应用已知的恒等式	从一边开始，通过应用一系列已经建立了的恒等式将它转换成另一边的形式

2.2.3 扩展的并集和交集

由于集合的并集和交集满足结合律，所以只要 A、B、C 为集合，则 $A \cup B \cup C$ 和 $A \cap B \cap C$ 均有定义，即这样的记号是无二义性的。也就是说，我们不需要用括号来指明哪个运算在前，因为 $A \cup (B \cup C) = (A \cup B) \cup C$ 及 $A \cap (B \cap C) = (A \cap B) \cap C$。注意 $A \cup B \cup C$ 包含那些至少属于 A、B、C 中一个集合的元素，而 $A \cap B \cap C$ 包含那些属于 A、B、C 全部 3 个集合的元素。3 个集合 A、B、C 的这两种组合如图 5 所示。

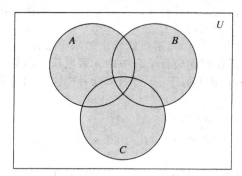
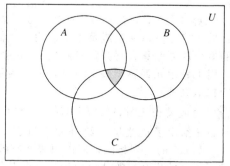

a) 阴影部分是 $A \cup B \cup C$ b) 阴影部分是 $A \cap B \cap C$

图 5   集合 A、B、C 的并集和交集

例 15 令 $A = \{0, 2, 4, 6, 8\}$，$B = \{0, 1, 2, 3, 4\}$，$C = \{0, 3, 6, 9\}$。$A \cup B \cup C$ 和 $A \cap B \cap C$ 是什么？

解 $A \cup B \cup C$ 包括那些至少属于 A、B、C 之一的元素。所以

$$A \cup B \cup C = \{0, 1, 2, 3, 4, 6, 8, 9\}$$

集合 $A \cap B \cap C$ 包括那些属于全部 3 个集合的元素。因此

$$A \cap B \cap C = \{0\}$$

我们还可以考虑任意多个集合的并集和交集。引入下面的定义。

> **定义 6**　一组集合的并集是包含那些至少是这组集合中一个集合成员的元素的集合。

我们用下列记号

$$A_1 \cup A_2 \cup \cdots \cup A_n = \bigcup_{i=1}^{n} A_i$$

表示集合 A_1，A_2，$\cdots$，A_n 的并集。

> **定义 7**　一组集合的交集是包含那些属于这组集合中所有成员集合的元素的集合。

我们用下列记号

$$A_1 \cap A_2 \cap \cdots \cap A_n = \bigcap_{i=1}^{n} A_i$$

表示集合 A_1，A_2，$\cdots$，A_n 的交集。我们用例 16 说明扩展的并集和交集。

例 16　令 $A_i = \{i,\ i+1,\ i+2,\ \cdots\}$，$i=1,2,\cdots$。那么，

$$\bigcup_{i=1}^{n} A_i = \bigcup_{i=1}^{n} \{i, i+1, i+2, \cdots\} = \{1, 2, 3, \cdots\}$$

而

$$\bigcap_{i=1}^{n} A_i = \bigcap_{i=1}^{n} \{i, i+1, i+2, \cdots\} = \{n, n+1, n+2, \cdots\} = A_n$$　◀

我们可以将并集和交集的记号扩展到其他系列的集合。尤其可以使用记号

$$A_1 \cup A_2 \cup \cdots \cup A_n \cup \cdots = \bigcup_{i=1}^{\infty} A_i$$

表示集合 A_1，A_2，$\cdots$，$A_n \cdots$的并集。类似地，这些集合的交集可以表示为

$$A_1 \cap A_2 \cap \cdots \cap A_n \cap \cdots = \bigcap_{i=1}^{\infty} A_i$$

更一般地，当 I 是一个集合时，可以用记号 $\bigcap_{i \in I} A_i$ 和 $\bigcup_{i \in I} A_i$ 分别表示对于 $i \in I$ 的集合 A_i 的交集和并集。注意我们有 $\bigcap_{i \in I} A_i = \{x \mid \forall i \in I (x \in A_i)\}$ 和 $\bigcup_{i \in I} A_i = \{x \mid \exists i \in I (x \in A_i)\}$。

例 17　假设对于 $i=1,2,3,\cdots$，集合 $A_i = \{1, 2, 3, \cdots, i\}$。那么，

$$\bigcup_{i=1}^{\infty} A_i = \bigcup_{i=1}^{\infty} \{1, 2, 3, \cdots, i\} = \{1, 2, 3, \cdots\} = \mathbf{Z}^+$$

而

$$\bigcap_{i=1}^{\infty} A_i = \bigcap_{i=1}^{\infty} \{1, 2, 3, \cdots, i\} = \{1\}$$

要想知道这些集合的并集是正整数集，注意每一个正整数至少属于一个集合，因为整数 n 属于 $A_n = \{1, 2, \cdots, n\}$，并且集合中的每一个元素都是正整数。要想知道这些集合的交集是 $\{1\}$，注意到属于所有集合 A_1，A_2，$\cdots$的元素只有 1。也就是说，$A_1 = \{1\}$，而且对于 $i=1$，2，$\cdots$均有 $1 \in A_i$。　◀

2.2.4　集合的计算机表示

计算机表示集合的方式有多种。一种办法是把集合的元素无序地存储起来。可是如果这样的话，在进行集合的并集、交集或差集等运算时会非常费时，因为这些运算将需要进行大量的元素搜索。我们将要介绍一种利用全集中元素的任何一种顺序来存放集合元素的方法。集合的这种表示法使我们很容易计算集合的各种组合。

假定全集 U 是有限的（而且大小合适，使 U 的元素个数不超过计算机能使用的内存量）。首先为 U 的元素任意规定一个顺序，例如 a_1，a_2，$\cdots$，a_n。于是可以用长度为 n 的比特串来表

示 U 的子集 A：其中比特串中第 i 位是 1，如果 a_i 属于 A；是 0，如果 a_i 不属于 A。例 18 解释了这一技巧。

例 18 令 $U=\{1, 2, 3, 4, 5, 6, 7, 8, 9, 10\}$，而且 U 的元素以升序排序，即 $a_i=i$。表示 U 中所有奇数的子集、所有偶数的子集和不超过 5 的整数的子集的比特串是什么？

解 表示 U 中所有奇数的子集 $\{1, 3, 5, 7, 9\}$ 的比特串，其第 1、3、5、7、9 比特为 1，其他比特为 0。即

$$10\ 1010\ 1010$$

（我们已把长度为 10 的比特串分成长度为 4 的片段组合以便阅读。）类似地，U 中所有偶数的子集，即 $\{2, 4, 6, 8, 10\}$，可由比特串

$$01\ 0101\ 0101$$

表示。U 中不超过 5 的所有整数的集合 $\{1, 2, 3, 4, 5\}$，可由比特串

$$11\ 1110\ 0000$$

表示。◀

用比特串表示集合便于计算集合的补集、并集、交集和差集。要从表示集合的比特串计算它的补集的比特串，只需简单地把每个 1 改为 0，每个 0 改为 1，因为 $x \in A$ 当且仅当 $x \notin \overline{A}$。注意当我们把每比特看成真值时（用 1 表示真，0 表示假），上述运算对应于取每比特的否定。

例 19 我们已经知道集合 $\{1, 3, 5, 7, 9\}$ 的比特串（全集为 $\{1, 2, 3, 4, 5, 6, 7, 8, 9, 10\}$）是

$$10\ 1010\ 1010$$

它的补集的比特串是什么？

解 用 0 取代 1，用 1 取代 0，即可得到此集合的补集的比特串

$$01\ 0101\ 0101$$

这对应于集合 $\{2, 4, 6, 8, 10\}$。◀

要想得到两个集合的并集和交集的比特串，我们可以对表示这两个集合的比特串按位做布尔运算。只要两个比特串的第 i 位有一个是 1，则并集的比特串的第 i 位是 1，而当两位都是 0 时为 0。因此，并集的比特串是两个集合比特串的按位或（bitwise OR）。当两个比特串的第 i 位均为 1 时，交集比特串的第 i 位为 1，否则为 0。因此交集的比特串是两个集合比特串的按位与（bitwise AND）。

例 20 集合 $\{1, 2, 3, 4, 5\}$ 和 $\{1, 3, 5, 7, 9\}$ 的比特串分别是 11 1110 0000 和 10 1010 1010。用比特串找出它们的并集和交集。

解 这两个集合的并集的比特串是

$$11\ 1110\ 0000\ \lor\ 10\ 1010\ 1010 = 11\ 1110\ 1010$$

它对应集合 $\{1, 2, 3, 4, 5, 7, 9\}$。这两个集合的交集的比特串是

$$11\ 1110\ 0000\ \land\ 10\ 1010\ 1010 = 10\ 1010\ 0000$$

它对应集合 $\{1, 3, 5\}$。◀

2.2.5 多重集

有时候元素在无序集合中出现的次数是有意义的。**多重集**（multiset，多重成员集的简称）就是一个元素的无序集，其中元素作为成员可以出现多于一次。我们用与集合相同的记号来表示多重集，但是每个元素在列表中的个数即作为成员出现的次数。（回想一下，在集合中，一个元素或属于集合或不属于集合。在列表中列出多次并不影响这个元素在集合中的成员关系。）因此，由 $\{a, a, a, b, b\}$ 表示的多重集是一个包含三次 a 和两次 b 的多重集。使用这种记号时，必须清楚认识到我们在处理多重集而非普通集合。我们也可以用另一种记号来避免二义性。记号 $\{m_1 \cdot a_1, m_2 \cdot a_2, \cdots, m_r \cdot a_r\}$ 表示多重集，其中元素 a_1 出现了 m_1 次，元素 a_2 出现

了 m_2 次，以此类推。这里，m_i，$i=1$，2，$\cdots$，r 称为元素 a_i，$i=1$，2，$\cdots$，r 的**重复数**（multiplicity）。（对于不在多重集中的元素，其在该集合中的重复数被置为 0。）多重集的基数是其元素的重复数的总和。多重集一词由 Nicolaas Govert de Bruijn 在 20 世纪 70 年代引入，但此概念可以追溯到 12 世纪印度数学家 Bhaskaracharya 的著作。

设 P 和 Q 是多重集。多重集 P 和 Q 的**并**是多重集，其中元素的重复数是它在 P 和 Q 中重复数的最大值。P 和 Q 的**交**是多重集，其中元素的重复数是它在 P 和 Q 中重复数的最小值。P 和 Q 的**差**是多重集，其中元素的重复数是它在 P 中的重复数减去在 Q 中的重复数，如果差为负数，重复数就为 0。P 和 Q 的**和**是多重集，其中元素的重复数是它在 P 和 Q 中的重复数之和。P 和 Q 的并、交、差分别记作 $P \cup Q$、$P \cap Q$ 和 $P - Q$（不要将这些运算与集合中类似的运算相混淆）。P 和 Q 的和记作 $P+Q$。

Extra Examples

例 21 假设 P 和 Q 分别是多重集 $\{4 \cdot a, 1 \cdot b, 3 \cdot c\}$ 和 $\{3 \cdot a, 4 \cdot b, 2 \cdot d\}$。试求 $P \cup Q$、$P \cap Q$、$P-Q$ 和 $P+Q$。

解 我们有

$$P \cup Q = \{\max(4,3) \cdot a, \max(1,4) \cdot b, \max(3,0) \cdot c, \max(0,2) \cdot d\}$$
$$= \{4 \cdot a, 4 \cdot b, 3 \cdot c, 2 \cdot d\}$$
$$P \cap Q = \{\min(4,3) \cdot a, \min(1,4) \cdot b, \min(3,0) \cdot c, \min(0,2) \cdot d\}$$
$$= \{3 \cdot a, 1 \cdot b, 0 \cdot c, 0 \cdot d\} = \{3 \cdot a, 1 \cdot b\}$$

练习

1. 令 A 为住在离学校一英里以内的所有学生的集合，B 是走路上学的所有学生的集合。描述下列各集合中的学生：

    a) $A \cap B$ **b)** $A \cup B$

    c) $A - B$ **d)** $B - A$

2. 假定 A 是学校二年级学生的集合，B 是学校选修离散数学课的学生集合。用 A 和 B 来表示下列各个集合。

    a) 学校选修离散数学课的二年级学生集合。

    b) 学校不选修上离散数学课的二年级学生集合。

    c) 学校二年级学生或选修离散数学课的学生的集合。

    d) 学校里既不在二年级学生也不选修离散数学课的学生的集合。

3. 令 $A = \{1, 2, 3, 4, 5\}$，$B = \{0, 3, 6\}$。求

    a) $A \cup B$ **b)** $A \cap B$

    c) $A - B$ **d)** $B - A$

4. 令 $A = \{a, b, c, d, e\}$，$B = \{a, b, c, d, e, f, g, h\}$。求

    a) $A \cup B$ **b)** $A \cap B$

    c) $A - B$ **d)** $B - A$

Links

©Dinodia Photos/Alamy Stock Photo

婆什迦罗导师（Bhaskaracharya，1114—1185） 婆什迦罗出生于印度卡纳塔克邦的比贾布尔区（他的名字实际上是婆什迦罗，Acharya 是其头衔，意思是导师，加在名字后表示敬意）。他的父亲是一位著名的学者。婆什迦罗是邬阇衍那（当时印度的数学中心）的天文台台长。他被认为是中世纪印度最伟大的数学家。婆什迦罗在数学的许多领域都有重要发现，包括几何学、平面和球面三角学、代数学、数论和组合学。婆什迦罗描述了微积分的原理，并将其应用于天文学问题，这比牛顿和莱布尼兹所做的工作要早 500 多年。在数论方面，他在丢番图方程上有许多发现，他还研究了方程整数解，这在 600 多年后又被重新发现。他最重要的著作是 *The Crown of Treatises*（Siddhanta Shiromani），共包含四个主要部分，涵盖算术、代数、行星和球体的数学。

在练习 5～10 中，假定 A 是某个全集 U 的子集。

5. 证明表 1 中的补集律：$\overline{\overline{A}}=A$。

6. 证明表 1 中的恒等律：

    a) $A\cup\varnothing=A$ **b)** $A\cap U=A$

7. 证明表 1 中的支配律：

    a) $A\cup U=U$ **b)** $A\cap\varnothing=\varnothing$

8. 证明表 1 中的幂等律：

    a) $A\cup A=A$ **b)** $A\cap A=A$

9. 证明表 1 中的交换律：

    a) $A\cup\overline{A}=U$ **b)** $A\cap\overline{A}=\varnothing$

10. 证明：

    a) $A-\varnothing=A$ **b)** $\varnothing-A=\varnothing$

11. 令 A 和 B 为两个集合。试证明表 1 中的交换律：

    a) $A\cup B=B\cup A$ **b)** $A\cap B=B\cap A$

12. 证明表 1 中的第一个吸收律：如果 A 和 B 为两个集合，那么 $A\cup(A\cap B)=A$。

13. 证明表 1 中的第二个吸收律：如果 A 和 B 为两个集合，那么 $A\cap(A\cup B)=A$。

14. 如果 $A-B=\{1,5,7,8\}$，$B-A=\{2,10\}$，且 $A\cap B=\{3,6,9\}$，试找出集合 A 和 B。

15. 通过以下两种方式证明表 1 中的第一个德·摩根律：如果 A 和 B 为两个集合，那么 $\overline{A\cup B}=\overline{A}\cap\overline{B}$。

    a) 通过证明两边互为子集。   **b)** 使用成员表。

16. 令 A 和 B 为集合。证明：

    a) $(A\cap B)\subseteq A$ **b)** $A\subseteq(A\cup B)$

    c) $A-B\subseteq A$ **d)** $A\cap(B-A)=\varnothing$

    e) $A\cup(B-A)=A\cup B$

17. 证明如果 A 和 B 是全集 U 中的集合，则 $A\subseteq B$ 当且仅当 $\overline{A}\cup B=U$。

18. 给定全集 U 中的集合 A 和 B，试画出下面每个集合的文氏图。

    a) $A\rightarrow B=\{x\in U\,|\,x\in A\rightarrow x\in B\}$ **b)** $A\leftrightarrow B=\{x\in U\,|\,x\in A\leftrightarrow x\in B\}$

19. 如果 A、B、C 为集合，试用下面的方法证明 $\overline{A\cap B\cap C}=\overline{A}\cup\overline{B}\cup\overline{C}$。

    a) 通过证明两边互为子集。   **b)** 使用成员表

20. 令 A、B、C 为集合。证明：

    a) $(A\cup B)\subseteq(A\cup B\cup C)$ **b)** $(A\cap B\cap C)\subseteq(A\cap B)$

    c) $(A-B)-C\subseteq A-C$ **d)** $(A-C)\cap(C-B)=\varnothing$

    e) $(B-A)\cup(C-A)=(B\cup C)-A$

21. 证明如果 A 和 B 为集合，则

    a) $A-B=A\cap\overline{B}$ **b)** $(A\cap B)\cup(A\cap\overline{B})=A$

22. 证明如果 A 和 B 为集合且 $A\subseteq B$，则

    a) $A\cup B=B$ **b)** $A\cap B=A$

23. 证明表 1 中的第一结合律：如果 A、B、C 为集合，那么 $A\cup(B\cup C)=(A\cup B)\cup C$。

24. 证明表 1 中的第二结合律：如果 A、B、C 为集合，那么 $A\cap(B\cap C)=(A\cap B)\cap C$。

25. 证明表 1 中的第一分配律：如果 A、B、C 为集合，那么 $A\cup(B\cap C)=(A\cup B)\cap(A\cup C)$。

26. 令 A、B、C 为集合。证明 $(A-B)-C=(A-C)-(B-C)$。

27. 令 $A=\{0,2,4,6,8,10\}$，$B=\{0,1,2,3,4,5,6\}$，$C=\{4,5,6,7,8,9,10\}$。求

    a) $A\cap B\cap C$ **b)** $A\cup B\cup C$

    c) $(A\cup B)\cap C$ **d)** $(A\cap B)\cup C$

28. 画出集合 A、B、C 的下列每个组合的文氏图：

    a) $A\cap(B\cup C)$ **b)** $\overline{A}\cap\overline{B}\cap\overline{C}$

    c) $(A-B)\cup(A-C)\cup(B-C)$

29. 画出以下集合 A、B、C、D 的每个组合的文氏图：

　　a) $A \cap (B-C)$　　　　　　　　　　**b)** $(A \cap B) \cup (A \cap C)$

　　c) $(A \cap \overline{B}) \cup (A \cap \overline{C})$

30. 画出以下集合 A、B、C、D 的每个组合的文氏图：

　　a) $(A \cap B) \cup (C \cap D)$　　　　　　**b)** $\overline{A} \cup \overline{B} \cup \overline{C} \cup \overline{D}$

　　c) $A - (B \cap C \cap D)$

31. 如果集合 A 与 B 具有下列性质，你能就 A 和 B 说些什么？

　　a) $A \cup B = A$　　　　　　　　　　**b)** $A \cap B = A$

　　c) $A - B = A$　　　　　　　　　　　**d)** $A \cap B = B \cap A$

　　e) $A - B = B - A$

32. 如果集合 A、B、C 满足下述条件，你能断定 $A = B$ 吗？

　　a) $A \cup C = B \cup C$　　　　　　　　**b)** $A \cap C = B \cap C$

　　c) $A \cup C = B \cup C$ 并且 $A \cap C = B \cap C$

33. 令 A 和 B 为全集 U 的子集。证明 $A \subseteq B$ 当且仅当 $\overline{B} \subseteq \overline{A}$。

34. 设 A、B 和 C 是集合。利用表 1 中的对任意集合 A 和 B 都成立的恒等式 $A - B = A \cap \overline{B}$ 证明 $(A - B) \cap (B - C) \cap (A - C) = \varnothing$。

35. 设 A、B 和 C 是集合。利用表 1 中的恒等式证明 $\overline{A \cup B} \cap \overline{B \cup C} \cap \overline{A \cup C} = \overline{A} \cap \overline{B} \cap \overline{C}$。

36. 证明或反驳：对任意集合 A、B 和 C，有

　　a) $A \times (B \cup C) = (A \times B) \cup (A \times C)$　　**b)** $A \times (B \cap C) = (A \times B) \cap (A \times C)$

37. 证明或反驳：对任意集合 A、B 和 C，有

　　a) $A \times (B - C) = (A \times B) - (A \times C)$　　**b)** $\overline{A} \times \overline{(B \cup C)} = \overline{A \times (B \cup C)}$

集合 A 和 B 的**对称差**，用 $A \oplus B$ 表示，是属于 A 或属于 B 但不同时属于 A 与 B 的元素组成的集合。

38. 求 $\{1, 3, 5\}$ 和 $\{1, 2, 3\}$ 的对称差。

39. 求某校主修计算机科学的学生集合与主修数学的学生集合的对称差。

40. 画出集合 A 与 B 的对称差的文氏图。

41. 证明 $A \oplus B = (A \cup B) - (A \cap B)$。

42. 证明 $A \oplus B = (A - B) \cup (B - A)$。

43. 证明如果 A 是全集 U 的子集，则

　　a) $A \oplus A = \varnothing$　　　　　　　　　**b)** $A \oplus \varnothing = A$

　　c) $A \oplus U = \overline{A}$　　　　　　　　　**d)** $A \oplus \overline{A} = U$

44. 证明如果 A 和 B 为集合，则：

　　a) $A \oplus B = B \oplus A$　　　　　　　　**b)** $(A \oplus B) \oplus B = A$

45. 如果 $A \oplus B = A$，你能就集合 A 和 B 说些什么？

*46. 判断对称差是否满足结合律，即如果 A、B、C 为集合，是否有 $A \oplus (B \oplus C) = (A \oplus B) \oplus C$ 成立？

*47. 假定 A、B、C 为集合，使得 $A \oplus C = B \oplus C$。是否必定有 $A = B$？

48. 如果 A、B、C、D 为集合，$(A \oplus B) \oplus (C \oplus D) = (A \oplus C) \oplus (B \oplus D)$ 是否成立？

49. 如果 A、B、C、D 为集合，$(A \oplus B) \oplus (C \oplus D) = (A \oplus D) \oplus (B \oplus C)$ 是否成立？

50. 证明如果 A 和 B 是有限集，则 $A \cup B$ 是有限集。

51. 证明如果 A 是无限集，则只要 B 是一个集合，$A \cup B$ 也是一个无限集。

*52. 证明：如果 A、B、C 为集合，则

　　　$|A \cup B \cup C| = |A| + |B| + |C| - |A \cap B| - |A \cap C| - |B \cap C| + |A \cap B \cap C|$

　　（这是第 8 章将要学习的包含排斥原理的一个特例。）

53. 令 $A_i = \{1, 2, 3, \cdots, i\}$，$i = 1, 2, 3, \cdots$。求

　　a) $\displaystyle\bigcup_{i=1}^{n} A_i$　　　　　　　　　　**b)** $\displaystyle\bigcap_{i=1}^{n} A_i$

54. 令 $A_i = \{\cdots, -2, -1, 0, 1, \cdots, i\}$。求

　　a) $\displaystyle\bigcup_{i=1}^{n} A_i$　　　　　　　　　　**b)** $\displaystyle\bigcap_{i=1}^{n} A_i$

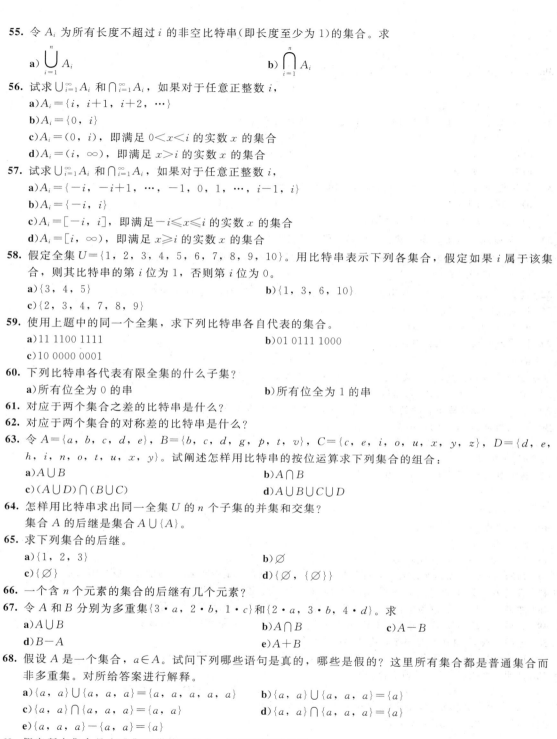

55. 令 A_i 为所有长度不超过 i 的非空比特串（即长度至少为 1）的集合。求

a) $\bigcup_{i=1}^{n} A_i$ b) $\bigcap_{i=1}^{n} A_i$

56. 试求 $\bigcup_{i=1}^{\infty} A_i$ 和 $\bigcap_{i=1}^{\infty} A_i$，如果对于任意正整数 i，

a) $A_i = \{i,\ i+1,\ i+2,\ \cdots\}$

b) $A_i = \{0,\ i\}$

c) $A_i = (0,\ i)$，即满足 $0 < x < i$ 的实数 x 的集合

d) $A_i = (i,\ \infty)$，即满足 $x > i$ 的实数 x 的集合

57. 试求 $\bigcup_{i=1}^{\infty} A_i$ 和 $\bigcap_{i=1}^{\infty} A_i$，如果对于任意正整数 i，

a) $A_i = \{-i,\ -i+1,\ \cdots,\ -1,\ 0,\ 1,\ \cdots,\ i-1,\ i\}$

b) $A_i = \{-i,\ i\}$

c) $A_i = [-i,\ i]$，即满足 $-i \leqslant x \leqslant i$ 的实数 x 的集合

d) $A_i = [i,\ \infty)$，即满足 $x \geqslant i$ 的实数 x 的集合

58. 假定全集 $U = \{1,\ 2,\ 3,\ 4,\ 5,\ 6,\ 7,\ 8,\ 9,\ 10\}$。用比特串表示下列各集合，假定如果 i 属于该集合，则其比特串的第 i 位为 1，否则第 i 位为 0。

a) $\{3,\ 4,\ 5\}$ b) $\{1,\ 3,\ 6,\ 10\}$

c) $\{2,\ 3,\ 4,\ 7,\ 8,\ 9\}$

59. 使用上题中的同一个全集，求下列比特串各自代表的集合。

a) 11 1100 1111   b) 01 0111 1000

c) 10 0000 0001

60. 下列比特串各代表有限全集的什么子集？

a) 所有位全为 0 的串   b) 所有位全为 1 的串

61. 对应于两个集合之差的比特串是什么？

62. 对应于两个集合的对称差的比特串是什么？

63. 令 $A = \{a,\ b,\ c,\ d,\ e\}$，$B = \{b,\ c,\ d,\ g,\ p,\ t,\ v\}$，$C = \{c,\ e,\ i,\ o,\ u,\ x,\ y,\ z\}$，$D = \{d,\ e,\ h,\ i,\ n,\ o,\ t,\ u,\ x,\ y\}$。试阐述怎样用比特串的按位运算求下列集合的组合：

a) $A \cup B$ b) $A \cap B$

c) $(A \cup D) \cap (B \cup C)$ d) $A \cup B \cup C \cup D$

64. 怎样用比特串求出同一全集 U 的 n 个子集的并集和交集？
集合 A 的后继是集合 $A \cup \{A\}$。

65. 求下列集合的后继。

a) $\{1,\ 2,\ 3\}$ b) $\varnothing$

c) $\{\varnothing\}$ d) $\{\varnothing,\ \{\varnothing\}\}$

66. 一个含 n 个元素的集合的后继有几个元素？

67. 令 A 和 B 分别为多重集 $\{3 \cdot a,\ 2 \cdot b,\ 1 \cdot c\}$ 和 $\{2 \cdot a,\ 3 \cdot b,\ 4 \cdot d\}$。求

a) $A \cup B$ b) $A \cap B$ c) $A - B$

d) $B - A$ e) $A + B$

68. 假设 A 是一个集合，$a \in A$。试问下列哪些语句是真的，哪些是假的？这里所有集合都是普通集合而非多重集。对所给答案进行解释。

a) $\{a,\ a\} \cup \{a,\ a,\ a\} = \{a,\ a,\ a,\ a,\ a\}$ b) $\{a,\ a\} \cup \{a,\ a,\ a\} = \{a\}$

c) $\{a,\ a\} \cap \{a,\ a,\ a\} = \{a,\ a\}$ d) $\{a,\ a\} \cap \{a,\ a,\ a\} = \{a\}$

e) $\{a,\ a,\ a\} - \{a,\ a\} = \{a\}$

69. 假定所有集合都是多重集而非普通集合，试重新回答练习 68。

70. 假定 A 是多重集，其元素是某大学一个系需要的计算机设备的类型，而元素的重数则是每一类所需设备的件数；B 是同一所大学另一个系类似的多重集。例如 A 可以是多重集 $\{107 \cdot PC,\ 44 \cdot$ 路由器，$6 \cdot$ 服务器$\}$，而 B 可以是 $\{14 \cdot PC,\ 6 \cdot$ 路由器，$2 \cdot$ 大型计算机$\}$。

a) 假定两个系使用同样的设备，A 和 B 的什么组合代表该大学应该买的设备？

　　b) 假定两个系使用同样的设备，A 和 B 的什么组合代表两个系都使用的设备？

　　c) 假定两个系使用同样的设备，A 和 B 的什么组合代表第二个系使用，但第一个系不使用的设备？

　　d) 假定两个系不共享设备，A 和 B 的什么组合代表该大学应该购买的设备？

有限集 A 和 B 的**雅卡尔相似度**（Jaccard similarity）$J(A, B) = |A \cap B| / |A \cup B|$，初始值为 $J(\varnothing, \varnothing) = 1$。$A$ 和 B 之间的**雅卡尔距离**（Jaccard distance）$d_J(A, B) = 1 - J(A, B)$。

71. 针对下列集合对，试求 $J(A, B)$ 和 $d_J(A, B)$。

　　a) $A = \{1, 3, 5\}$，$B = \{2, 4, 6\}$

　　b) $A = \{1, 2, 3, 4\}$，$B = \{3, 4, 5, 6\}$

　　c) $A = \{1, 2, 3, 4, 5, 6\}$，$B = \{1, 2, 3, 4, 5, 6\}$

　　d) $A = \{1\}$，$B = \{1, 2, 3, 4, 5, 6\}$

72. 当 A 和 B 为有限集时，证明 a～d 中的每个命题均成立。

　　a) $J(A, A) = 1$ 和 $d_J(A, A) = 0$

　　b) $J(A, B) = J(B, A)$ 和 $d_J(A, B) = d_J(B, A)$

　　c) $J(A, B) = 1$ 和 $d_J(A, B) = 0$ 当且仅当 $A = B$

　　d) $0 \leqslant J(A, B) \leqslant 1$ 和 $0 \leqslant d_J(A, B) \leqslant 1$

　　e) 试证明如果 A、B 和 C 是集合，则 $d_J(A, C) \leqslant d_J(A, B) + d_J(B, C)$（这个不等式就是著名的三角形不等式**，连同上述的 a、b、c，蕴含着 d_J 是一个**度量值**）。

人工智能中使用**模糊集合**。全集 U 中每个元素在模糊集合 S 中都有个隶属度，即 0 和 1 之间（包括 0 和 1）的实数。模糊集合 S 的表示法是列出元素及其隶属度（隶属度为 0 的元素不列）。例如，用 {0.6 Alice, 0.9 Brian, 0.4 Fred, 0.1 Oscar, 0.5 Rita} 表示名人集合 F，说明 Alice 在 F 中的隶属度为 0.6，Brian 在 F 中的隶属度为 0.9，Fred 在 F 中的隶属度为 0.4，Oscar 在 F 中的隶属度为 0.1，而 Rita 在 F 中的隶属度为 0.5（因此这些人里 Brian 最出名而 Oscar 最不出名）。再假定 R 是富人集合，$R = \{0.4$ Alice, 0.8 Brian, 0.2 Fred, 0.9 Oscar, 0.7 Rita$\}$。

73. 模糊集合 S 的补集是集合 $\overline{S}$，元素在 $\overline{S}$ 中的隶属度等于 1 减去该元素在 S 中的隶属度。求 $\overline{F}$（不出名者的模糊集合）和 $\overline{R}$（不富裕者的模糊集合）。

74. 模糊集合 S 和 T 的并集是模糊集合 $S \cup T$，其中每个元素的隶属度是该元素在 S 和 T 中成员度的最大值。求名人或富人的模糊集合 $F \cup R$。

75. 模糊集合 S 和 T 的交集是模糊集合 $S \cap T$，其中每个元素的隶属度是该元素在 S 和 T 中的成员度的最小值。求既出名又富裕者的模糊集合 $F \cap R$。

2.3　函数

2.3.1　引言

　　在许多情况下我们都会为一个集合的每个元素指派另一个集合（可以就是第一个集合）中的一个特定元素。例如，假定对离散数学课的每个学生指派一个从 $\{A, B, C, D, F\}$ 中字母作为他的得分。再假定 Adams 的得分是 A，Chou 的得分是 C，Goodfriend 的得分是 B，Rodriguez 的得分是 A，而 Stevens 的得分是 F。这一得分指派如图 1 所示。

　　这种指派就是函数的一个例子。在数学和计算机科学中函数的概念特别重要。例如在离散数学中函数用于定义像序列和字符串这样的离散结构。函数还可用于表示计算机需要多少时间来求解给定规模的问题。许多计算机程序和子程序被设计用来计算函数值。递归函数是基于自身来定义的函数，在计算机科学中应用广泛，我们会在第 5 章讨论。这一节只是回顾一下离散数学中会用到的有关函数的基本概念。

> **定义 1**　令 A 和 B 为非空集合。从 A 到 B 的**函数** f 是对元素的一种指派，对 A 的每个元素恰好指派 B 的一个元素。如果 B 中元素 b 是唯一由函数 f 指派给 A 中元素 a 的，则我们就写成 $f(a) = b$。如果 f 是从 A 到 B 的函数，就写成 $f: A \rightarrow B$。

　　评注　函数有时也称为**映射**（mapping）或者**变换**（transformation）。

Assessment

有许多描述函数的方式。有时候明确说明指派关系(如图 1 所示)。通常我们会给出一个公式来定义函数,如 $f(x)=x+1$。有时候也用计算机程序来描述函数。

函数 $f:A\rightarrow B$ 也能由从 A 到 B 的关系来定义。回顾 2.1 节 A 到 B 的关系就是集合 $A\times B$ 的子集。对于 A 到 B 的关系,如果对每一个元素 $a\in A$ 都有且仅有一个序偶 (a,b),则它就定义了 A 到 B 的一个函数 f。这个函数通过指派 $f(a)=b$ 来定义,其中 (a,b) 是关系中唯一以 a 为第一个元素的序偶。

> **定义 2**   如果 f 是从 A 到 B 的函数,我们说 A 是 f 的定义域(domain),而 B 是 f 的陪域(codomain)。如果 $f(a)=b$,我们说 b 是 a 的像(image),而 a 是 b 的原像(preimage)。f 的值域(range)或像是 A 中元素的所有像的集合。如果 f 是从 A 到 B 的函数,我们说 f 把 A 映射(map)到 B。

图 2 表示 A 到 B 的函数。

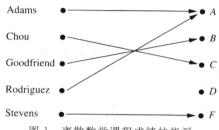

图 1　离散数学课程成绩的指派

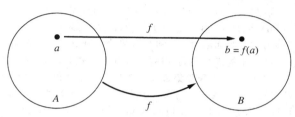

图 2　函数 f 把 A 映射到 B

评注   注意从 A 到 B 的函数的陪域是这类函数所有可能的值的集合(即 B 的所有元素),而值域则是对所有 $a\in A$ 的 $f(a)$ 值的集合,并且总是陪域的子集。亦即,陪域是函数的可能值的集合,而值域是所有那些能作为定义域中至少一个元素的 f 函数值的陪域中元素的集合。

定义函数的时候,我们需要指定它的定义域、陪域、定义域中元素到陪域的映射。当两个函数有相同的定义域、陪域,定义域中的每个元素映射到陪域中相同的元素时,这两个函数是**相等的**。注意,如果改变函数的定义域或陪域,那么将得到一个不同的函数。如果改变元素的映射关系,也会得到一个不同的函数。

例 1~5 提供了函数的例子。在每个例子中,我们都描述了定义域、陪域、值域和定义域中元素的赋值。

例 1   引用本节开头的例子中给学生打分的函数,描述其定义域、陪域、值域。

解   令 G 为函数,表示在离散数学课上一个学生的得分。例如 $G(\text{Adams})=A$。则 G 的定义域是集合{Adams, Chou, Goodfriend, Rodriguez, Stevens},陪域是集合{A, B, C, D, F}。G 的值域是{A, B, C, F},因为除了 D 以外每个分数值被指派给某个学生。◀

例 2   令 R 为包含序偶(Abdul, 22), (Brenda, 24), (Carla, 21), (Desire, 22), (Eddie, 24)和(Felicia, 22)的一个关系。这里每一对包括学生及其年龄。那么,该关系 R 确定的函数是什么?

解   如果 f 是由这个关系定义的函数,则 $f(\text{Abdul})=22$,$f(\text{Brenda})=24$,$f(\text{Carla})=21$,$f(\text{Desire})=22$,$f(\text{Eddie})=24$,$f(\text{Felicia})=22$。(这里 $f(x)$ 是 x 的年龄,其中 x 是学生。)定义域为集合{Abdul, Brenda, Carla, Desire, Eddie, Felicia}。还需要指定一个陪域,包含学生所有可能的年龄。因为所有学生的年龄很可能小于 100 岁,我们可以取小于 100 的正整数作为陪域。(注意,我们也可以选择不同的陪域,如所有正整数的集合或者 10~90 的正整数的集合,但是这会改变函数。采用这个陪域使得我们以后可以通过增加更多学生的名字和年龄来扩展函数。)这里定义的函数的值域是这些学生的不同年龄的集合,即集合{21, 22, 24}。◀

Extra Examples

例 3   令 f 为函数,给长度大于或等于 2 的比特串指派其最后两位。例如,$f(11010)=10$。

那么，f 的定义域就是所有长度大于或等于 2 的比特串的集合，而陪域和值域都是集合 $\{00, 01, 10, 11\}$。◀

例 4　令函数 $f: \mathbf{Z} \rightarrow \mathbf{Z}$ 给每个整数指派其平方。于是 $f(x) = x^2$，这里 f 的定义域是所有整数的集合，f 的陪域是所有整数的集合，f 的值域是所有那些完全平方数的整数集合，即 $\{0, 1, 4, 9, \cdots\}$。◀

例 5　函数的定义域和陪域往往用程序语言描述的。例如 Java 语句

$$\text{int } \mathbf{floor}(\text{float real})\{\cdots\}$$

和 C++ 函数语句

$$\text{int } \mathbf{floor}(\text{float x})\{\cdots\}$$

说的都是 floor 函数的定义域是(由浮点数表示的)实数集合，而它的陪域是整数集合。◀

一个函数称为是**实值函数**如果其陪域是实数集合，称为**整数值函数**如果其陪域是整数集合。具有相同定义域的两个实值函数或两个整数值函数可以相加和相乘。

定义 3　令 f_1 和 f_2 是从 A 到 $\mathbf{R}$ 的函数，那么 $f_1 + f_2$ 和 $f_1 f_2$ 也是从 A 到 $\mathbf{R}$ 的函数，其定义为对于任意 $x \in A$

$$(f_1 + f_2)(x) = f_1(x) + f_2(x)$$
$$(f_1 f_2)(x) = f_1(x) f_2(x)$$

注意，$f_1 + f_2$ 和 $f_1 f_2$ 的定义是利用 f_1 和 f_2 在 x 的值来计算它们在 x 的值。

例 6　令 f_1 和 f_2 是从 $\mathbf{R}$ 到 $\mathbf{R}$ 的函数，使得 $f_1(x) = x^2$ 且 $f_2(x) = x - x^2$。函数 $f_1 + f_2$ 和 $f_1 f_2$ 是什么？

解　从函数的和与积的定义可知

$$(f_1 + f_2)(x) = f_1(x) + f_2(x) = x^2 + (x - x^2) = x$$

且

$$(f_1 f_2)(x) = x^2(x - x^2) = x^3 - x^4$$ ◀

当 f 是一个从 A 到 B 的函数时，可以定义 A 的子集的像。

定义 4　令 f 为从 A 到 B 的函数，S 为 A 的一个子集。S 在函数 f 下的像是由 S 中元素的像组成的 B 的子集。我们用 $f(S)$ 表示 S 的像，于是

$$f(S) = \{t \mid \exists s \in S(t = f(s))\}$$

我们也用简写 $\{f(s) \mid s \in S\}$ 来表示这个集合。

评注　用 $f(S)$ 表示集合 S 在函数 f 下的像可能会有潜在的二义性。这里，$f(S)$ 表示一个集合，而不是函数 f 在集合 S 处的值。

例 7　令 $A = \{a, b, c, d, e\}$ 而 $B = \{1, 2, 3, 4\}$，且 $f(a) = 2$，$f(b) = 1$，$f(c) = 4$，$f(d) = 1$ 及 $f(e) = 1$。子集 $S = \{b, c, d\}$ 的像是集合 $f(S) = \{1, 4\}$。◀

2.3.2　一对一函数和映上函数

有些函数不会把同样的值赋给定义域中两个不同元素。这种函数称为一对一的。

定义 5　函数 f 称为是一对一(one-to-one)或单射(injection)函数，当且仅当对于 f 的定义域中的所有 a 和 b 有 $f(a) = f(b)$ 蕴含 $a = b$。一个函数如果是一对一的，就称为是单射的(injective)。

注意，函数 f 是一对一的当且仅当只要 $a \neq b$ 就有 $f(a) \neq f(b)$。这种表达 f 为一对一函数的方式是通过对定义中的蕴含式取否命题而来的。

评注　我们可以用量词来表达 f 是一对一的，如 $\forall a \forall b(f(a) = f(b) \rightarrow a = b)$ 或等价地 $\forall a$

$\forall b(a\neq b \rightarrow f(a)\neq f(b))$，其中论域是函数的定义域。

我们通过一对一的函数和不是一对一的函数示例来说明这个概念。

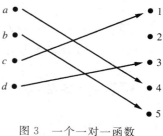

图 3   一个一对一函数

例 8 判断从 $\{a,b,c,d\}$ 到 $\{1,2,3,4,5\}$ 的函数 f 是否为一对一的，这里 $f(a)=4$，$f(b)=5$，$f(c)=1$ 而 $f(d)=3$。

解 f 是一对一的，因为 f 在它定义域的四个元素上取不同的值。如图 3 所示。

例 9 判断从整数集合到整数集合的函数 $f(x)=x^2$ 是否为一对一的。

解 函数 $f(x)=x^2$ 不是一对一的，因为 $f(1)=f(-1)=1$，但 $1\neq -1$。

评注 函数 $f(x)=x^2$ 在定义域 $\mathbf{Z}^+$ 上是一对一的（参见例 12 的解释）。这个函数和例 9 的函数不同，因为其定义域不同。

例 10 判断实数集合到它自身的函数 $f(x)=x+1$ 是否为一对一函数。

解 假设实数 x 和 y 使得 $f(x)=f(y)$，于是有 $x+1=y+1$。这意味着 $x=y$。故，$f(x)=x+1$ 是 $\mathbf{R}$ 到 $\mathbf{R}$ 的一对一函数。

例 11 假设从一组只能有单个工人完成的工作集合中为一组雇员中的每个工人指派一项工作。这种情况下，为每个工人指派一项工作的函数就是一对一的。要了解这一点，注意如果 x 和 y 是两个不同的工人，则 $f(x)\neq f(y)$，因为两个工人 x 和 y 必须被指派不同的工作。

现在我们来给出一些条件保证函数为一对一的。

定义 6 定义域和陪域都是实数集子集的函数 f 称为是递增的，如果对 f 的定义域中的 x 和 y，当 $x<y$ 时有 $f(x)\leqslant f(y)$；称为是严格递增的，如果当 $x<y$ 时有 $f(x)<f(y)$。类似地，f 称为是递减的，如果对 f 的定义域中的 x 和 y，当 $x<y$ 时有 $f(x)\geqslant f(y)$；称为是严格递减的，如果当 $x<y$ 时有 $f(x)>f(y)$（定义中严格一词意味着严格不等式）。

评注 一个函数 f 是递增的，如果 $\forall x\forall y(x<y\rightarrow f(x)\leqslant f(y))$；是严格递增的，如果 $\forall x\forall y(x<y\rightarrow f(x)<f(y))$；是递减的，如果 $\forall x\forall y(x<y\rightarrow f(x)\geqslant f(y))$；是严格递减的如果 $\forall x\forall y(x<y\rightarrow f(x)>f(y))$。这里论域均为函数 f 的定义域。

例 12 从 $\mathbf{R}^+$ 到 $\mathbf{R}^+$ 的函数 $f(x)=x^2$ 是严格递增的。要了解这点，假设 x 和 y 是正实数且 $x<y$。不等式两边乘上 x，得 $x^2<xy$。同样，两边乘上 y，得 $xy<y^2$。于是，$f(x)=x^2<xy<y^2=f(y)$。可是，从 $\mathbf{R}$ 到非负实数集的函数 $f(x)=x^2$ 不是严格递增的，因为 $-1<0$，但是 $f(-1)=(-1)^2=1$ 不小于 $f(0)=0^2=0$。

从上述定义可知（参见练习 26 和 27）严格递增的或者严格递减的函数必定是一对一的。但是，一个函数如果不是严格意义上的递增或递减，就不是一对一的了。

有些函数的值域和陪域相等。即陪域中的每个成员都是定义域中某个元素的像。具有这一性质的函数称为**映上**函数。

定义 7 一个从 A 到 B 的函数 f 称为映上（onto）或满射（surjection）函数，当且仅当对每个 $b\in B$ 有元素 $a\in A$ 使得 $f(a)=b$。一个函数 f 如果是映上的就称为是满射的（surjective）。

评注 函数 f 是映上的如果 $\forall y\exists x(f(x)=y)$，其中 x 的论域是函数的定义域，y 的论域是函数的陪域。

我们现在举几个映上函数和非映上函数的例子。

例 13 令 f 为从 $\{a,b,c,d\}$ 到 $\{1,2,3\}$ 的函数，其定义为 $f(a)=3$，$f(b)=2$，$f(c)=1$ 及 $f(d)=3$。f 是映上函数吗？

解　由于陪域中所有 3 个元素均为定义域中元素的像，所以 f 是映上的。如图 4 所示。注意，如果陪域是 $\{1，2，3，4\}$ 的话，f 就不是映上的了。◀

例 14　从整数集到整数集的函数 $f(x)=x^2$ 是映上的吗？

解　函数 f 不是映上的，因为没有整数 x 使 $x^2=-1$。◀

例 15　从整数集到整数集的函数 $f(x)=x+1$ 是映上的吗？

解　这个函数是映上的，因为对每个整数 y 都有一个整数 x 使得 $f(x)=y$。要了解这一点，只要注意 $f(x)=y$ 当且仅当 $x+1=y$，而这又当且仅当 $x=y-1$。（注意 $y-1$ 也是一个整数，因而也在 f 的定义域中。）

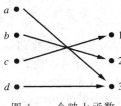

图 4　一个映上函数

◀

例 16　考虑例 11 中将工作指派给工人的函数。函数 f 是映上的，如果对于每项工作都有一名工人被指派这项工作。函数 f 不是映上的，当至少有一项工作没有被指派给工人时。◀

定义 8　函数 f 是一一对应（one-to-one correspondence）或双射（bijection）函数，如果它既是一对一的又是映上的。这样的函数称为是双射的（bijective）。

例 17 和例 18 阐述双射函数的概念。

例 17　令 f 为从 $\{a，b，c，d\}$ 到 $\{1，2，3，4\}$ 的函数，其定义为 $f(a)=4$，$f(b)=2$，$f(c)=1$ 及 $f(d)=3$。f 是双射函数吗？

解　函数 f 是一对一的和映上的。它是一对一的，因为定义域中没有两个值被指派相同的函数值；它是映上的，因为陪域中所有 4 个元素均为定义域中元素的像。于是，f 是双射函数。◀

图 5 给出了 4 个函数，其中第一个是一对一的，但不是映上的；第二个是映上的，但不是一对一的；第三个既是一对一的，也是映上的；第四个既不是一对一的，也不是映上的。图 5 中的第五个对应关系不是函数，因为它给一个元素指派了两个不同的元素。

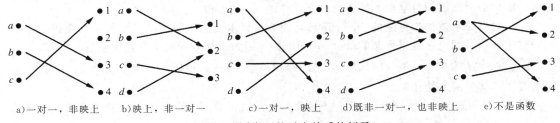

a) 一对一，非映上　　b) 映上，非一对一　　c) 一对一，映上　　d) 既非一对一，也非映上　　e) 不是函数

图 5　不同类型的对应关系的例子

假定 f 是从集合 A 到自身的函数。如果 A 是有限的，那么 f 是一对一的当且仅当它是映上的。（可由练习 74 的结论推出。）当 A 为无限的时，这一结论不一定成立（将在 2.5 节中予以证明）。

例 18　令 A 为集合。A 上的恒等函数是函数 $\iota_A：A\rightarrow A$，其中对所有的 $x\in A$

$$\iota_A(x)=x$$

换言之，恒等函数 ι_A 是这样的函数，它给每个元素指派到自身。函数 ι_A 是一对一的和映上的，所以它是双射函数。（注意 ι 是一个希腊字母，读作 iota。）◀

为方便今后的引用，我们这里总结一下为了建立一个函数是否为一对一的和映上的需要证明些什么。参照这个总结回顾例 8~18 是很有启发的。

假设 $f：A\rightarrow B$。
要证明 f 是单射的：证明对于任意 $x，y\in A$，如果 $f(x)=f(y)$，则 $x=y$。
要证明 f 不是单射的：找到特定的 $x，y\in A$，使得 $x\neq y$ 且 $f(x)=f(y)$。

要证明 f 是满射的：考虑任意元素 $y \in B$，并找到一个元素 $x \in A$ 使得 $f(x) = y$。
要证明 f 不是满射的：找到一个特定的 $y \in B$，使得对于任意 $x \in A$ 有 $f(x) \neq y$。

2.3.3 反函数和函数合成

现在考虑从集合 A 到集合 B 的一一对应 f。由于 f 是映上函数，所以 B 的每个元素都是 A 中某元素的像。又由于 f 还是一对一的函数，所以 B 的每个元素都是 A 中唯一一个元素的像。于是，我们可以定义一个从 B 到 A 的新函数，把 f 给出的对应关系颠倒过来。这就导致了定义 9。

定义 9   令 f 为从集合 A 到集合 B 的一一对应。f 的反函数（或逆函数）是这样的函数，它指派给 B 中元素 b 的是 A 中使得 $f(a) = b$ 唯一元素 a。f 的反函数用 f^{-1} 表示。于是，当 $f(a) = b$ 时 $f^{-1}(b) = a$。

评注   切勿将函数 f^{-1} 与 $1/f$ 混淆，后者表示定义域中每个元素 x 对应函数值为 $1/f(x)$ 的一个函数。注意仅当 $f(x)$ 为非 0 实数时后者才有意义。

图 6 解释了反函数的概念。

如果函数 f 不是一一对应的，就无法定义反函数。如果 f 不是一一对应的，那么它或者不是一对一的，或者不是映上的。如果 f 不是一对一的，则陪域中的某元素 b 是定义域中多个元素的像。如果 f 不是映上的，那么对于陪域中某个元素 b，定义域中不存在元素 a 使 $f(a) = b$。因此，如果 f 不是一一对应的，就不能为陪域中每个元素 b 都指派定义域中唯一的

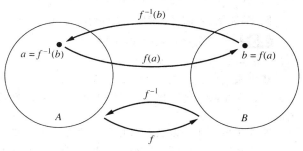

图 6   函数 f^{-1} 是函数 f 的反函数

元素 a 使 $f(a) = b$（因为对某个 b 或者有多个这样的 a，或者没有这样的 a）。

一一对应关系被称为**可逆的**（invertible），因为可以定义这个函数的反函数。如果函数不是一一对应关系，就说它是**不可逆的**（not invertible），因为这样的函数不存在反函数。

例 19   令 f 为从 $\{a, b, c\}$ 到 $\{1, 2, 3\}$ 的函数，$f(a) = 2$，$f(b) = 3$ 及 $f(c) = 1$。f 可逆吗？如果可逆，其反函数是什么？

解 f 是可逆的，因为它是一个一一对应关系。反函数 f^{-1} 颠倒 f 给出的对应关系，所以 $f^{-1}(1) = c$，$f^{-1}(2) = a$ 而 $f^{-1}(3) = b$。◀

例 20   令 $f : \mathbf{Z} \rightarrow \mathbf{Z}$，使得 $f(x) = x + 1$。f 可逆吗？如果可逆，其反函数是什么？

解 f 可逆，因为由例 10 和例 15 已证明它是一一对应关系。要颠倒对应关系，设 y 是 x 的像，则 $y = x + 1$。从而 $x = y - 1$。这意味着 $y - 1$ 是在 f^{-1} 之下赋予 y 的 $\mathbf{Z}$ 的唯一元素。因此，$f^{-1}(y) = y - 1$。◀

例 21   令 f 是从 $\mathbf{R}$ 到 $\mathbf{R}$ 的函数，$f(x) = x^2$。f 可逆吗？

解   由于 $f(-2) = f(2) = 4$，所以 f 不是一对一的。要想定义反函数，就得为 4 指派两个元素。因此 f 是不可逆的。（注意我们也可以证明因为它不是映上的，所以 f 不是可逆的。）◀

有时候，可以通过限制函数的定义域或者陪域或者两者，来获得一个可逆的函数，如例 22 所示。

例 22   证明如果我们将例 21 中的函数 $f(x) = x^2$ 限定为从所有非负实数集合到所有非负实数集合的函数，那么 f 就是可逆的。

解   从非负实数集合到非负实数集合的函数 $f(x) = x^2$ 是一对一的。要想了解这点，注意

如果 $f(x)=f(y)$，那么 $x^2=y^2$。所以 $x^2-y^2=(x+y)(x-y)=0$。这意味着 $x+y=0$ 或者 $x-y=0$，故 $x=y$ 或者 $x=-y$。因为 x 和 y 都是非负的，那必然有 $x=y$。因此，这个函数是一对一的。再者，当陪域是所有非负实数集合时，$f(x)=x^2$ 是映上的，因为每一个非负实数有一个平方根。即如果 y 是非负实数，则存在一个非负实数 x 使得 $x=\sqrt{y}$，也就是 $x^2=y$。因为从非负实数集合到非负实数集合的函数 $f(x)=x^2$ 是一对一的和映上的，所以它是可逆的。它的反函数由规则 $f^{-1}(y)=\sqrt{y}$ 给出。　◀

> **定义 10**　令 g 为从集合 A 到集合 B 的函数，f 是从集合 B 到集合 C 的函数，函数 f 和 g 的合成（composition）记作 $f\circ g$，定义为对任意 $a\in A$，有
> $$(f\circ g)(a)=f(g(a))$$

换句话说，函数 $f\circ g$ 指派给 A 的元素 a 的就是 f 指派给 $g(a)$ 的元素。$f\circ g$ 的定义域是 g 的定义域。$f\circ g$ 的值域是 g 的值域在 f 下的像。即为了找到 $(f\circ g)(a)$，我们首先对 a 应用函数 g 得到 $g(a)$，然后再对结果 $g(a)$ 应用函数 f 得到 $(f\circ g)(a)=f(g(a))$。注意，$f\circ g$ 没有定义除非 g 的值域是 f 的定义域的子集。图 7 阐述了函数的合成。

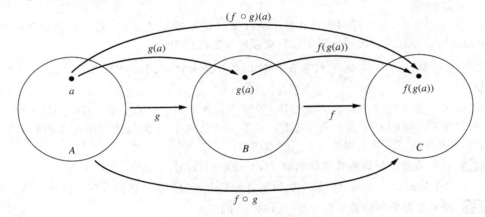

图 7　函数 f 和 g 的合成

例 23　令 g 为从集合 $\{a,b,c\}$ 到它自身的函数，$g(a)=b$，$g(b)=c$，且 $g(c)=a$。令 f 为从集合 $\{a,b,c\}$ 到 $\{1,2,3\}$ 的函数，$f(a)=3$，$f(b)=2$，且 $f(c)=1$。f 和 g 的合成是什么？g 和 f 的合成是什么？

解　合成函数 $f\circ g$ 的定义是 $(f\circ g)(a)=f(g(a))=f(b)=2$，$(f\circ g)(b)=f(g(b))=f(c)=1$，且 $(f\circ g)(c)=f(g(c))=f(a)=3$。

注意，$g\circ f$ 是没有定义的，因为 f 的值域不是 g 的定义域的子集。　◀

例 24　令 f 和 g 为从整数集到整数集的函数，其定义为 $f(x)=2x+3$ 和 $g(x)=3x+2$。f 和 g 的合成是什么？g 和 f 的合成是什么？

解　合成函数 $f\circ g$ 和 $g\circ f$ 均有定义。即
$$(f\circ g)(x)=f(g(x))=f(3x+2)=2(3x+2)+3=6x+7$$
及
$$(g\circ f)(x)=g(f(x))=g(2x+3)=3(2x+3)+2=6x+11$$　◀

评注　尽管例 24 中对函数 f 和 g 而言 $f\circ g$ 和 $g\circ f$ 均有定义，$f\circ g$ 和 $g\circ f$ 并不相等。换言之，对函数的合成而言交换律不成立。

例 25　设函数 f 和 g 定义如下 $f:\mathbf{R}\to\mathbf{R}^{+}\bigcup\{0\}$，$f(x)=x^2$；$g:\mathbf{R}^{+}\bigcup\{0\}\to\mathbf{R}$，$g(x)=\sqrt{x}$（这里 $\sqrt{x}$ 是 x 的非负平方根）。$(f\circ g)(x)$ 是什么函数？

解 $(f \circ g)(x) = f(g(x))$ 的定义域是 g 的定义域，即 $\mathbf{R}^+ \cup \{0\}$，非负实数集。如果 x 是非负实数，则 $(f \circ g)(x) = f(g(x)) = f(\sqrt{x}) = (\sqrt{x})^2 = x$。$f \circ g$ 的值域是 g 的值域在 f 下的像，即集合 $\mathbf{R}^+ \cup \{0\}$，非负实数集。总之，$f \circ g : \mathbf{R}^+ \cup \{0\} \rightarrow \mathbf{R}^+ \cup \{0\}$，且对所有 x 有 $f(g(x)) = x$。◀

在构造函数和它的反函数的合成时，不论以什么次序合成，得到的都是恒等函数。要看清这一点，假定 f 是从集合 A 到集合 B 的一一对应关系。那么存在反函数 f^{-1} 且是从 B 到 A 的一一对应关系。反函数把原函数的对应关系颠倒过来，所以当 $f(a) = b$ 时 $f^{-1}(b) = a$，当 $f^{-1}(b) = a$ 时，$f(a) = b$。因此，

$$(f^{-1} \circ f)(a) = f^{-1}(f(a)) = f^{-1}(b) = a$$

及

$$(f \circ f^{-1})(b) = f(f^{-1}(b)) = f(a) = b$$

因此 $f^{-1} \circ f = \iota_A$ 和 $f \circ f^{-1} = \iota_B$，其中 ι_A 和 ι_B 分别是集合 A 和 B 上的恒等函数。这就是说，$(f^{-1})^{-1} = f$。

2.3.4   函数的图

可以将一个 $A \times B$ 中的序偶集合和每个从 A 到 B 的函数关联起来。这个序偶集合称为该函数的**图**（graph），并且经常用图来表示以帮助理解函数的行为。

定义 11   令 f 为从集合 A 到集合 B 的函数，函数 f 的图是序偶集合 $\{(a, b) \mid a \in A$ 且 $f(a) = b\}$。

根据定义，从 A 到 B 的函数 f 的图是 $A \times B$ 中包含下面序偶的子集，其中序偶中第二项等于由 f 指派给第一项的 B 中的元素。还有，注意一个从 A 到 B 的函数的图和由函数 f 确定的从 A 到 B 的关系是一样的，如 2.3.1 节所描述的。

例 26   展示从整数集到整数集的函数 $f(n) = 2n + 1$ 的图。

解 f 的图是形为 $(n, 2n+1)$ 的序偶的集合，其中 n 为整数。该图如图 8 所示。◀

例 27   展示整数集到整数集的函数 $f(x) = x^2$ 的图。

解 f 的图是形为 $(x, f(x)) = (x, x^2)$ 的序偶的集合，其中 x 为整数。该图如图 9 所示。◀

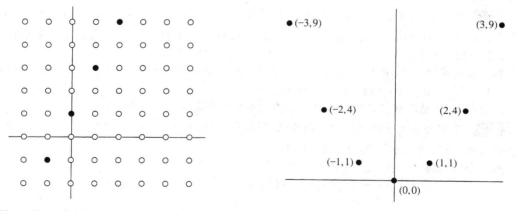

图 8   从 **Z** 到 **Z** 的函数 $f(n) = 2n + 1$ 的图   图 9   从 **Z** 到 **Z** 的 $f(x) = x^2$ 的图

2.3.5   一些重要的函数

下面介绍离散数学中两个重要的函数，即下取整函数和上取整函数。令 x 为实数。下取整函数把 x 向下取到小于或等于 x 又最接近 x 的整数，而上取整函数则把 x 向上取到大于或等于 x 又最接近 x 的整数。在对象计数时常会用到这两个函数。在分析求解一定规模的问题的计算

机过程所需步骤数时，这两个函数起着重要的作用。

> **定义 12**　下取整函数（floor）指派给实数 x 的是小于或等于 x 的最大整数。下取整函数在 x 的值用 $\lfloor x \rfloor$ 表示。上取整函数（ceiling）指派给实数 x 的是大于或等于 x 的最小整数。上取整函数在 x 的值用 $\lceil x \rceil$ 表示。

评注　下取整函数也常称为最大整数函数，这时经常用 $[x]$ 表示。

例 28　下面是下取整函数和上取整函数的一些值：

$$\left\lfloor \frac{1}{2} \right\rfloor = 0,\ \left\lceil \frac{1}{2} \right\rceil = 1,\ \left\lfloor -\frac{1}{2} \right\rfloor = -1,\ \left\lceil -\frac{1}{2} \right\rceil = 0,\ \lfloor 3.1 \rfloor = 3,\ \lceil 3.1 \rceil = 4,\ \lfloor 7 \rfloor = 7,\ \lceil 7 \rceil = 7 \quad \blacktriangleleft$$

图 10 显示的是下取整函数和上取整函数的图。图 10a 显示下取整函数 $\lfloor x \rfloor$ 的图。注意这个函数在整个 $[n, n+1)$ 区间内取同样的值 n，然后当 $x = n+1$ 时，取值跳到 $n+1$。图 10b 显示上取整函数 $\lceil x \rceil$ 的图像。这个函数在整个 $(n, n+1]$ 区间内取同样的值 $n+1$，然后当 x 略大于 $n+1$ 时，取值跳到 $n+2$。

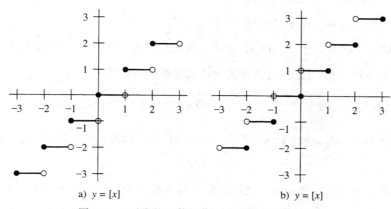

a) $y = [x]$　　　　b) $y = [x]$

图 10　a) 下取整函数图像；b) 上取整函数图像

下取整函数和上取整函数有广泛的应用，包括涉及数据存储和数据传输的应用。考虑例 29 和例 30，这是研究数据库和数据通信问题时要完成的典型的基本计算。

例 29　存储计算机磁盘上的或通过数据网络上传输的数据通常表示为字节串。每个字节由 8 比特组成。要表示 100 比特的数据需要多少字节？

解　要决定需要的字节数，就要找出最小的整数，它至少要与 100 除以 8 的商一样大，8 是每个字节的比特数。于是，需要的字节数是 $\lceil 100/8 \rceil = \lceil 12.5 \rceil = 13$。　$\blacktriangleleft$

例 30　在异步传输模式（ATM）（用于骨干网络上的通信协议）下，数据按长度为 53 个字节的信元进行组织。在网络连接上以 500kbit/s 的速率传输数据时 1 分钟能传输多少个 ATM 信元？

解　1 分钟内这个网络连接能传输 $500\,000 \times 60 = 30\,000\,000$ 比特。每个 ATM 信元的长度是 53 字节，也就是 $53 \times 8 = 424$ 比特。要计算 1 分钟能传输多少个信元，需计算不超过 30 000 000 除以 424 的商的最大整数。因此，在 500kbit/s 的网络连接上 1 分钟能传输的 ATM 信元数是 $\lfloor 30\,000\,000/424 \rfloor = 70\,754$。　$\blacktriangleleft$

表 1 给出了下取整函数和上取整函数的一些简单而又重要的性质，这里 x 代表一个实数。由于这两个函数在离散数学中出现得十分频繁，所以看一看表中

表 1　上取整函数和下取整函数的有用性质（n 为整数，x 为实数）

(1a) $\lfloor x \rfloor = n$ 当且仅当 $n \leqslant x < n+1$
(1b) $\lceil x \rceil = n$ 当且仅当 $n-1 < x \leqslant n$
(1c) $\lfloor x \rfloor = n$ 当且仅当 $x-1 < n \leqslant x$
(1d) $\lceil x \rceil = n$ 当且仅当 $x \leqslant n < x+1$
(2) $x-1 < \lfloor x \rfloor \leqslant x \leqslant \lceil x \rceil < x+1$
(3a) $\lfloor -x \rfloor = -\lceil x \rceil$
(3b) $\lceil -x \rceil = -\lfloor x \rfloor$
(4a) $\lfloor x+n \rfloor = \lfloor x \rfloor + n$
(4b) $\lceil x+n \rceil = \lceil x \rceil + n$

的恒等式是有益的。表中的每条性质都可以用下取整函数和上取整函数的定义来建立。性质 (1a)、(1b)、(1c)和(1d)可以直接由定义得出。例如,(1a)说的是 $\lfloor x \rfloor = n$ 当且仅当整数 n 小于等于 x 而 $n+1$ 大于 x。这恰恰就是 n 为不超过 x 的最大整数的含义,也就是 $\lfloor x \rfloor = n$ 的定义。类似地,可以建立性质(1b)、(1c)和(1d)。我们使用直接证明法来证明性质(4a)。

证明   假定 $\lfloor x \rfloor = m$,其中 m 为整数。由性质(1a)知,$m \leqslant x < m+1$。在这两个不等式的三项数值上加上 n,可得 $m+n \leqslant x+n < m+n+1$。再次利用性质(1a),可知 $\lfloor x+n \rfloor = m+n = \lfloor x \rfloor + n$。从而完成证明。其他性质的证明留作练习。 ◀

除了表 1 列出的性质外,上取整函数和下取整函数还有许多其他有用的性质。也有许多关于这些函数的语句看似正确而实则不然。我们将在例 29 和例 30 中考虑与上取整函数和下取整函数有关的语句。

在考虑下取整函数相关的语句时,一个有用的方法是令 $x = n + \varepsilon$,其中 $n = \lfloor x \rfloor$ 是一个整数,而 ε 是 x 的分数部分,满足不等式 $0 \leqslant \varepsilon < 1$。类似地,考虑上取整函数相关的语句时,通常写 $x = n - \varepsilon$,其中 $n = \lceil x \rceil$ 且 $0 \leqslant \varepsilon < 1$。

Extra Examples ▶

例 31   证明如果 x 是一个实数,则 $\lfloor 2x \rfloor = \lfloor x \rfloor + \lfloor x + \frac{1}{2} \rfloor$。

解   要证明这个语句,令 $x = n + \varepsilon$,其中 n 是正整数且 $0 \leqslant \varepsilon < 1$。依据 ε 是小于或者大于等于 $\frac{1}{2}$,分别考虑两种情况。(选择这两种情况的原因看证明就明白了。)

首先,考虑 $0 \leqslant \varepsilon < \frac{1}{2}$ 的情况。此时,$2x = 2n + 2\varepsilon$ 且 $\lfloor 2x \rfloor = 2n$,因为 $0 \leqslant 2\varepsilon < 1$。类似地,$x + \frac{1}{2} = n + (\frac{1}{2} + \varepsilon)$,故 $\lfloor x + \frac{1}{2} \rfloor = n$,因为 $0 < \frac{1}{2} + \varepsilon < 1$。因此,$\lfloor 2x \rfloor = 2n$ 且 $\lfloor x \rfloor + \lfloor x + \frac{1}{2} \rfloor = n + n = 2n$。

接下来,考虑 $\frac{1}{2} \leqslant \varepsilon < 1$ 的情况。此时,$2x = 2n + 2\varepsilon = (2n+1) + (2\varepsilon - 1)$。由于 $0 \leqslant 2\varepsilon - 1 < 1$,可得 $\lfloor 2x \rfloor = 2n + 1$。因为 $\lfloor x + \frac{1}{2} \rfloor = \lfloor n + (\frac{1}{2} + \varepsilon) \rfloor = \lfloor n + 1 + (\varepsilon - \frac{1}{2}) \rfloor$ 且 $0 \leqslant \varepsilon - \frac{1}{2} < 1$,所以可得 $\lfloor x + \frac{1}{2} \rfloor = n + 1$。因此,$\lfloor 2x \rfloor = 2n + 1$ 且 $\lfloor x \rfloor + \lfloor x + \frac{1}{2} \rfloor = n + (n+1) = 2n + 1$。证毕。 ◀

Links ▶

詹姆斯·斯特林(James Stirling,1692—1770)   詹姆斯·斯特林出生于苏格兰斯特林小镇。他的家人是斯图亚特王室继承不列颠王权思想的坚定支持者。关于斯特林最早的信息是:他于 1771 年进入牛津大学贝列尔学院并获得了奖学金。然而,后来由于他不愿宣誓效忠不列颠王室而失去了奖学金。1715 年,詹姆斯一世发动叛乱,斯特林被控与反叛者通信,而且诋毁英王乔治,但最终他被宣判无罪。尽管由于政治因素使得斯特林无法从牛津大学顺利毕业,但他仍待在那里数年之久。1717 年,斯特林发表其处女作,将牛顿对于平面曲线的研究进行了扩展和延伸。后来,斯特林到了威尼斯,因为他被承诺任命为那里的数学研究会主席,不幸的是,那次任命最终成了泡影。虽然如此,斯特林仍然留在了威尼斯并继续他的数学研究。1721 年,他进入帕多瓦大学,次年返回格拉斯哥。由于得知意大利玻璃制造业的诸多机密,所以斯特林遭到了玻璃生产商千方百计的暗杀,为避免横祸,他只得逃离意大利。

1724 年后期,斯特林移居伦敦十年,教授数学同时积极从事研究。1730 年,他发表了他最重要的作品《算法差异论》(*Methodus Differentialis*),其中给出了关于无穷级数、求和、插入、求面积等运算的诸多结果。对于 $n!$ 的渐近公式也蕴含其中。除此之外,斯特林也从事万有引力和地球形态的研究,他曾宣称地球是扁圆的但并未证明。1735 年,斯特林回到苏格兰并被任命为苏格兰矿务公司的经理,他在该职务上的工作相当出色,甚至发表过有关矿井通风问题的专业论文。与此同时,他继续其数学研究,不过放慢了步调。斯特林试图通过建造一系列船闸使得克莱德河能够通航而进行的调查同样引人注目。为感谢他为此所做的工作,格拉斯哥人民赠给他一个银质水壶作为奖励。

例 32 证明或反驳对于所有实数 x 和 y，有 $\lceil x+y \rceil = \lceil x \rceil + \lceil y \rceil$。

解 尽管这个语句看似合理，但它其实是假的。一个反例就是，令 $x = \dfrac{1}{2}$ 且 $y = \dfrac{1}{2}$。此时 $\lceil x+y \rceil = \left\lceil \dfrac{1}{2} + \dfrac{1}{2} \right\rceil = \lceil 1 \rceil = 1$，但 $\lceil x \rceil + \lceil y \rceil = \left\lceil \dfrac{1}{2} \right\rceil + \left\lceil \dfrac{1}{2} \right\rceil = 1 + 1 = 2$。◀

本书中还会用到几类函数。其中包括多项式、对数和指数函数。附录 2 给出了本书中需要用到的这些函数性质的简要回顾。本书中用记号 $\log x$ 表示 x 以 2 为底的对数，因为 2 是我们将经常使用的对数的底数。我们用 $\log_b x$ 表示以 b 为底的对数，其中 b 是大于 1 的任意实数，用 $\ln x$ 表示自然对数。

我们将在本书中常用的另一个函数是**阶乘函数** $f: \mathbf{N} \to \mathbf{Z}^+$，记为 $f(n) = n!$。$f(n) = n!$ 的值是前 n 个正整数的乘积，因此 $f(n) = 1 \cdot 2 \cdots (n-1) \cdot n$[并且 $f(0) = 0! = 1$]。

例 33 我们有 $f(1) = 1! = 1$，$f(2) = 2! = 1 \cdot 2 = 2$，$f(6) = 6! = 1 \cdot 2 \cdot 3 \cdot 4 \cdot 5 \cdot 6 = 720$，$f(20) = 1 \cdot 2 \cdot 3 \cdot 4 \cdot 5 \cdot 6 \cdot 7 \cdot 8 \cdot 9 \cdot 10 \cdot 11 \cdot 12 \cdot 13 \cdot 14 \cdot 15 \cdot 16 \cdot 17 \cdot 18 \cdot 19 \cdot 20 = 2\,432\,902\,008\,176\,640\,000$。◀

例 33 表明阶乘函数随着 n 的增加而迅速递增。阶乘函数的快速递增通过斯特林公式可以看得更加清楚，这是一个由高等数学得出的结果，$n! \sim \sqrt{2\pi n}\,(n/e)^n$。这里，我们用 $f(n) \sim g(n)$ 这样的表示法，意思是随着 n 的无限递增比值 $f(n)/g(n)$ 趋近于 1（即 $\lim\limits_{n \to \infty} f(n)/g(n) = 1$）。符号 $\sim$ 读作"渐近于"。斯特林公式是以 18 世纪的苏格兰数学家詹姆斯·斯特林的名字命名的。

2.3.6　部分函数

用于计算一个函数的程序可能不会对这个函数定义域中所有的元素产生正确的函数值。例如，由于在计算函数时可能导致无限循环或溢出，所以一个程序可能不会产生一个正确的值。类似地，在抽象的数学里，我们也常讨论那些只在实数的一个子集上有定义的函数，如 $1/x$、$\sqrt{x}$ 和 $\arcsin(x)$。还有，我们也可以用到这样的概念，如"幼子"函数，这对于没有孩子的夫妇是无定义的；或者"日出时间"，这对于位于北极圈的地方在某些日期是无定义的。要研究这种情形，我们需要用到部分函数的概念。

> **定义 13**　一个从集合 A 到集合 B 的**部分函数**（partial function）f 是给 A 的一个子集（成为 f 的**定义域**（domain of definition））中的每个元素 a 指派 B 中唯一的元素 b。集合 A 和 B 分别称为 f 的域和陪域。我们说 f 对于 A 中但不在 f 的定义域中的元素**无定义**（undefined）。当 f 的定义域等于 A 时，就说 f 是**全函数**（total function）。

评注 我们沿用 $f: A \to B$ 来表示 f 是一个从 A 到 B 的部分函数。注意这个和函数的记号是一致的。该记号的上下文可以用来判断 f 是部分函数还是全函数。

例 34 函数 $f: \mathbf{Z} \to \mathbf{R}$，其中 $f(n) = \sqrt{n}$ 是一个从 $\mathbf{Z}$ 到 $\mathbf{R}$ 的部分函数，这里定义域是非负整数的集合。注意 f 对于负整数无定义。

练习

1. 为什么下列问题中的 f 不是从 $\mathbf{R}$ 到 $\mathbf{R}$ 的函数？

　　a) $f(x) = 1/x$　　　　　　**b)** $f(x) = \sqrt{x}$　　　　　　**c)** $f(x) = \pm\sqrt{(2x+1)}$

2. 判断下面定义的几个 f 是不是从 $\mathbf{Z}$ 到 $\mathbf{R}$ 的函数。

　　a) $f(n) = \pm n$　　　　　　**b)** $f(n) = \sqrt{n^2+1}$　　　　　**c)** $f(n) = 1/(n^2-4)$

3. 判断 f 是否为从所有比特串的集合到整数集合的函数：

　　a) $f(S)$ 是 S 中某个比特 0 的位置。

　　b) $f(S)$ 是 S 中比特 1 的个数。

c) $f(S)$ 是最小整数 i 使 S 中的第 i 位为 1，当 S 是不含比特的空串时 $f(S)=0$。

4. 求下列函数的定义域和值域。（注意在每种情况下，为了求函数定义域，只需确定被该函数指派了值的元素集合。）

   a) 函数为每个非负整数指派该整数的最后一位数字。

   b) 函数为每个正整数指派比它小的最大整数。

   c) 函数为每个比特串指派串中比特 1 的个数。

   d) 函数为每个比特串指派串中的比特数。

5. 求下列函数的定义域和值域。（注意在每种情况下，为了求函数定义域，只需确定被该函数指派了值的元素集合。）

   a) 函数为每个比特串指派串中 1 的个数与 0 的个数之差。

   b) 函数为每个比特串指派串中 0 的个数的 2 倍。

   c) 函数为每个比特串指派当把串分成字节（8 比特为 1 个字节）时不够一个字节的比特数。

   d) 函数为每个正整数指派不超过该整数的最大完全平方数。

6. 求下列函数的定义域和值域。

   a) 函数为每正整数序偶指派序偶中的第一个整数。

   b) 函数为每个正整数指派该整数中最大的十进数字。

   c) 函数为比特串指派串中 1 的个数与 0 的个数之差。

   d) 函数为每个正整数指派不超过该整数的平方根的最大整数。

   e) 函数为比特串指派串中最长的 1 的子串。

7. 求下列函数的定义域和值域。

   a) 函数为每对正整数序偶指派这两个整数中的最大数。

   b) 函数为每个正整数指派在该整数中未出现的 0，1，2，3，4，5，6，7，8，9 数字的个数。

   c) 函数为比特串指派串中块 11 出现的次数。

   d) 函数为比特串指派串中第一个 1 的位置值，如果比特串为全 0 就指派 0。

8. 求下列各值：

   a) $\lfloor 1.1 \rfloor$ **b)** $\lceil 1.1 \rceil$ **c)** $\lfloor -0.1 \rfloor$

   d) $\lceil -0.1 \rceil$ **e)** $\lceil 2.99 \rceil$ **f)** $\lceil -2.99 \rceil$

   g) $\lfloor \frac{1}{2}+\lceil \frac{1}{2} \rceil \rfloor$ **h)** $\lceil \lfloor \frac{1}{2} \rfloor+\lceil \frac{1}{2} \rceil+\frac{1}{2} \rceil$

9. 求下列各值：

   a) $\lceil 3/4 \rceil$ **b)** $\lfloor 7/8 \rfloor$ **c)** $\lceil -3/4 \rceil$

   d) $\lfloor -7/8 \rfloor$ **e)** $\lceil 3 \rceil$ **f)** $\lfloor -1 \rfloor$

   g) $\lfloor \frac{1}{2}+\lceil 3/2 \rceil \rfloor$ **h)** $\lfloor \frac{1}{2} \cdot \lfloor 5/2 \rfloor \rfloor$

10. 判断下列从 $\{a，b，c，d\}$ 到它自身的函数是否是一对一的。

   a) $f(a)=b，\ f(b)=a，\ f(c)=c，\ f(d)=d$ 　　　**b)** $f(a)=b，\ f(b)=b，\ f(c)=d，\ f(d)=c$

   c) $f(a)=d，\ f(b)=b，\ f(c)=c，\ f(d)=d$

11. 练习 10 中哪些函数是映上的？

12. 判断下列 **Z** 到 **Z** 的函数是否是一对一的。

   a) $f(n)=n-1$ 　　　　　　　　　　　　　　**b)** $f(n)=n^2+1$

   c) $f(n)=n^3$ 　　　　　　　　　　　　　　**d)** $f(n)=\lceil n/2 \rceil$

13. 练习 10 中哪些函数是映上的？

14. 判断在下列情况下 $f：\mathbf{Z}\times\mathbf{Z}\to\mathbf{Z}$ 是否是映上的？

   a) $f(m，n)=2m-n$ 　　　　　　　　　　　**b)** $f(m，n)=m^2-n^2$

   c) $f(m，n)=m+n+1$ 　　　　　　　　　　**d)** $f(m，n)=|m|-|n|$

   e) $f(m，n)=m^2-4$

15. 判断在下列情况下函数 $f：\mathbf{Z}\times\mathbf{Z}\to\mathbf{Z}$ 是否是映上的？

   a) $f(m，n)=m+n$ 　　　　　　　　　　　**b)** $f(m，n)=m^2+n^2$

   c) $f(m，n)=m$ 　　　　　　　　　　　　　**d)** $f(m，n)=|n|$

e) $f(m, n) = m - n$

16. 考虑离散数学班上学生集合上的函数。在什么条件下函数是一对一的，如果给学生指派他的
    a) 移动电话号码　　　　　　　　　　　　　　**b)** 学生学号
    c) 在班上的最后得分　　　　　　　　　　　　**d)** 家乡

17. 考虑一所学校中老师集合上的函数。在什么条件下函数是一对一的，如果给老师指派他的
    a) 办公室
    b) 陪伴学生进行野外实习时一组巴士中制定的巴士
    c) 薪水
    d) 社会安全号

18. 为练习 16 的每个函数指定陪域。在什么情况下这些你指定了陪域的函数是映上的？

19. 为练习 17 的每个函数指定陪域。在什么情况下这些你指定了陪域的函数是映上的？

20. 给出从 **N** 到 **N** 的函数的例子，满足：
    a) 一对一但非映上　　　　　　　　　　　　　**b)** 映上但不一对一
    c) 既映上又一对一（但不同于恒等函数）　　　**d)** 既非映上又非一对一

21. 给出从整数集合到正整数集合的函数的显式公式，满足：
    a) 一对一但非映上　　　　　　　　　　　　　**b)** 映上但非一对一
    c) 既映上又一对一　　　　　　　　　　　　　**d)** 既不映上又不一对一

22. 判断下列各函数是否是从 **R** 到 **R** 的双射函数。
    a) $f(x) = -3x + 4$　　　　　　　　　　　　　**b)** $f(x) = -3x^2 + 7$
    c) $f(x) = (x+1)/(x+2)$　　　　　　　　　　　**d)** $f(x) = x^5 + 1$

23. 判断下列各函数是否是从 **R** 到 **R** 的双射函数。
    a) $f(x) = 2x + 1$　　　　　　　　　　　　　　**b)** $f(x) = x^2 + 1$
    c) $f(x) = x^3$　　　　　　　　　　　　　　　**d)** $f(x) = (x^2+1)/(x^2+2)$

24. 令 $f: \mathbf{R} \rightarrow \mathbf{R}$ 且对所有 $x \in \mathbf{R}$ 有 $f(x) > 0$。证明 $f(x)$ 是严格递增的当且仅当函数 $g(x) = 1/f(x)$ 是严格递减的。

25. 令 $f: \mathbf{R} \rightarrow \mathbf{R}$ 且对所有 $x \in \mathbf{R}$ 有 $f(x) > 0$。证明 $f(x)$ 是严格递减的当且仅当函数 $g(x) = 1/f(x)$ 是严格递增的。

26. **a)** 证明从 **R** 到自身的严格递增函数是一对一的。
    b) 试给出一个从 **R** 到自身的不是一对一递增函数的实例。

27. **a)** 证明从 **R** 到自身的严格递减函数是一对一的。
    b) 试给出一个从 **R** 到自身的不是一对一的递减函数实例。

28. 证明从实数集到实数集的函数 $f(x) = e^x$ 不是可逆的，但如果将其陪域限制在正实数集，则所得函数是可逆的。

29. 证明从实数集到非负实数集的函数 $f(x) = |x|$ 不是可逆的，但如果将其定义域限制到非负实数集，则函数是可逆的。

30. 令 $S = \{-1, 0, 2, 4, 7\}$。求 $f(S)$，如果
    a) $f(x) = 1$　　　　　　　　　　　　　　　**b)** $f(x) = 2x + 1$
    c) $f(x) = \lceil x/5 \rceil$　　　　　　　　　　　**d)** $f(x) = \lfloor (x^2+1)/3 \rfloor$

31. 令 $f(x) = \lfloor x^2/3 \rfloor$。求 $f(S)$，如果
    a) $S = \{-2, -1, 0, 1, 2, 3\}$　　　　　　　　**b)** $S = \{0, 1, 2, 3, 4, 5\}$
    c) $S = \{1, 5, 7, 11\}$　　　　　　　　　　　**d)** $S = \{2, 6, 10, 14\}$

32. 令 $f(x) = 2x$，其中定义域是实数集。求
    a) $f(\mathbf{Z})$　　　　　　**b)** $f(\mathbf{N})$　　　　　　**c)** $f(\mathbf{R})$

33. 假定 g 是从 A 到 B 的函数，f 是从 B 到 C 的函数。
    a) 证明如果 f 和 g 均为一对一函数，那么 $f \circ g$ 也是一对一函数。
    b) 证明如果 f 和 g 均为到映上函数，那么 $f \circ g$ 也是映上函数。

34. 假定 g 是从 A 到 B 的函数，f 是从 B 到 C 的函数。证明下面的命题。
    a) 如果 $f \circ g$ 是映上的，则 f 必然也是映上的。

    b）如果 $f \circ g$ 是一对一的，则 g 必然也是一对一的。

    c）如果 $f \circ g$ 是双射，则 g 是映上的当且仅当 f 是一对一的。

35. 试找出一个例子，使得 f 和 g 满足 $f \circ g$ 是双射，但是 g 不是映上的且 f 不是一对一的。

*36. 如果 f 和 $f \circ g$ 都是一对一的，能否得出结论 g 也是一对一的？说明理由。

*37. 如果 f 和 $f \circ g$ 都是映上的，能否得出结论 g 也是映上的？说明理由。

38. 试求 $f \circ g$ 和 $g \circ f$，其中 $f(x)=x^2+1$ 和 $g(x)=x+2$ 都是从 **R** 到 **R** 的函数。

39. 试求 $f+g$ 和 fg，其中函数 f 和 g 同练习 38 一样。

40. 令 $f(x)=ax+b$，$g(x)=cx+d$，其中 a、b、c 和 d 为常数。试确定有关 a、b、c 和 d 应满足的充分必要条件使得 $f \circ g=g \circ f$。

41. 证明从 **R** 到 **R** 的函数 $f(x)=ax+b$ 是可逆的，其中 a 和 b 为常数且 $a \neq 0$，并找出 f 的反函数。

42. 令 f 是一个从集合 A 到集合 B 的函数。令 S 和 T 为 A 的子集。证明

    a）$f(S \cup T)=f(S) \cup f(T)$

    b）$f(S \cap T) \subseteq f(S) \cap f(T)$

43. a）给出一个例子说明练习 42b 中的包含可能是真包含。

    b）证明如果 f 是一对一的，则练习 42b 中的包含就是相等。

令 f 是一个从集合 A 到集合 B 的函数。S 是 B 的一个子集。定义 S 的**逆像**（inverse image）为 A 的子集，其元素恰好是 S 所有元素的原像。S 的逆像记作 $f^{-1}(S)$，于是 $f^{-1}(S)=\{a \in A \mid f(a) \in S\}$。（小心：记号 f^{-1} 有两种不同的使用方式。不要将这里引入的符号与可逆函数 f 的逆函数在 y 处的值的记号 $f^{-1}(y)$ 混淆。还要注意集合 S 的逆像 $f^{-1}(S)$ 对所有函数 f 都有意义，而不仅仅是可逆函数。）

44. 令 f 为从 **R** 到 **R** 的函数 $f(x)=x^2$。求

    a）$f^{-1}(\{1\})$ b）$f^{-1}(\{x \mid 0<x<1\})$

    c）$f^{-1}(\{x \mid x>4\})$

45. 令 $g(x)=\lfloor x \rfloor$。求

    a）$g^{-1}(\{0\})$ b）$g^{-1}(\{-1, 0, 1\})$

    c）$g^{-1}(\{x \mid 0<x<1\})$

46. 令 f 为从 A 到 B 的函数。令 S 和 T 为 B 的子集。证明

    a）$f^{-1}(S \cup T)=f^{-1}(S) \cup f^{-1}(T)$

    b）$f^{-1}(S \cap T)=f^{-1}(S) \cap f^{-1}(T)$

47. 令 f 为从 A 到 B 的函数。S 为 B 的子集。证明 $f^{-1}(\overline{S})=\overline{f^{-1}(S)}$。

48. 证明 $\lfloor x+1/2 \rfloor$ 是最接近 x 的整数，除非 x 恰为两个（相邻）整数的中间数，此时它为这两个整数中较大的一个。

49. 证明 $\lfloor x-1/2 \rfloor$ 是最接近 x 的整数，除非 x 恰为两个（相邻）整数的中间数，此时它为这两个整数中较小的一个。

50. 证明如果 x 是一个实数，则当 x 不是整数时有 $\lceil x \rceil - \lfloor x \rfloor=1$；当 x 为整数时有 $\lceil x \rceil - \lfloor x \rfloor=0$。

51. 证明如果 x 是一个实数，则有 $x-1<\lfloor x \rfloor \leqslant x \leqslant \lceil x \rceil<x+1$。

52. 证明如果 x 为实数，而 m 为整数，则 $\lceil x+m \rceil=\lceil x \rceil+m$。

53. 证明如果 x 为实数，n 为整数，则

    a）$x<n$ 当且仅当 $\lfloor x \rfloor<n$。   b）$n<x$ 当且仅当 $n<\lceil x \rceil$。

54. 证明如果 x 为实数，n 为整数，则

    a）$x \leqslant n$ 当且仅当 $\lceil x \rceil \leqslant n$。   b）$n \leqslant x$ 当且仅当 $n \leqslant \lfloor x \rfloor$。

55. 证明如果 n 为整数，则当 n 为偶数时 $\lfloor n/2 \rfloor=n/2$；当 n 为奇数时 $\lfloor n/2 \rfloor=(n-1)/2$。

56. 证明如果 x 为实数，则 $\lfloor -x \rfloor=-\lceil x \rceil$，$\lceil -x \rceil=-\lfloor x \rfloor$。

57. 有些计算器上有个 INT 函数，当 x 为非负实数时 $\mathrm{INT}(x)=\lfloor x \rfloor$；当 x 为负实数时 $\mathrm{INT}(x)=\lceil x \rceil$。证明这一函数 INT 满足等式 $\mathrm{INT}(-x)=-\mathrm{INT}(x)$。

58. 令 a 和 b 为实数，且 $a<b$。用下取整函数和上取整函数表示满足 $a \leqslant n \leqslant b$ 的整数 n 的数目。

59. 令 a 和 b 的实数，且 $a<b$，用下取整函数和上取整函数表示满足 $a<n<b$ 的整数 n 的数目。

60. 需要用多少字节来编码 n 比特的数据，其中 n 等于

　a) 4　　　　　　　　　**b)** 10　　　　　　　　　**c)** 500　　　　　　　　**d)** 3000

61. 需要用多少字节来编码 n 比特的数据，其中 n 等于

　a) 7　　　　　　　　　**b)** 17　　　　　　　　　**c)** 1001　　　　　　　**d)** 28 800

62. 在下列传输率的连接上 10 秒内能传输多少个 ATM 信元(参看例 30)？

　a) 每秒 128 千比特(1 千比特＝1 000 比特)

　b) 每秒 300 千比特

　c) 每秒 1 兆比特(1 兆比特＝1 000 000 比特)

63. 数据在某以太网上以 1500 个 8 比特(octet)为信息块传输。下面的数据量在这个以太网上传输时需要多少个信息块？(注意一字节就是 8 比特的同义词，1 千字节就是 1000 字节，1 兆字节就是 1 000 000 字节。)

　a) 150 千字节的数据。　　　　　　　**b)** 384 千字节的数据。

　c) 1.544 兆字节的数据。　　　　　　**d)** 45.3 兆字节的数据。

64. 画出从 **Z** 到 **Z** 的函数 $f(n)=1-n^2$ 的图。

65. 画出从 **R** 到 **R** 的函数 $f(x)=\lfloor 2x \rfloor$ 的图。

66. 画出从 **R** 到 **R** 的函数 $f(x)=\lfloor x/2 \rfloor$ 的图。

67. 画出从 **R** 到 **R** 的函数 $f(x)=\lfloor x \rfloor+\lfloor x/2 \rfloor$ 的图。

68. 画出从 **R** 到 **R** 的函数 $f(x)=\lceil x \rceil+\lfloor x/2 \rfloor$ 的图。

69. 画出下列各函数的图。

　a) $f(x)=\lfloor x+1/2 \rfloor$　　　　　　　**b)** $f(x)=\lfloor 2x+1 \rfloor$

　c) $f(x)=\lceil x/3 \rceil$　　　　　　　　　**d)** $f(x)=\lceil 1/x \rceil$

　e) $f(x)=\lceil x-2 \rceil+\lfloor x+2 \rfloor$　　　**f)** $f(x)=\lfloor 2x \rfloor \lceil x/2 \rceil$

　g) $f(x)=\lceil \lfloor x-1/2 \rfloor+1/2 \rceil$

70. 画出下列各函数的图。

　a) $f(x)=\lceil 3x-2 \rceil$　　　　　　　**b)** $f(x)=\lceil 0.2x \rceil$

　c) $f(x)=\lfloor -1/x \rfloor$　　　　　　　**d)** $f(x)=\lceil x^2 \rceil$

　e) $f(x)=\lceil x/2 \rceil \lfloor x/2 \rfloor$　　　　**f)** $f(x)=\lfloor x/2 \rfloor+\lceil x/2 \rceil$

　g) $f(x)=\lfloor 2\lceil x/2 \rceil+1/2 \rfloor$

71. 求 $f(x)=x^3+1$ 的反函数。

72. 假定 f 是从 Y 到 Z 的可逆函数，g 是从 X 到 Y 的可逆函数。证明合成函数 $f \circ g$ 的反函数可由下式给出 $(f \circ g)^{-1}=g^{-1} \circ f^{-1}$

73. 令 S 为全集 U 的子集。S 的特征函数 f_S 是从 U 到集合 $\{0, 1\}$ 的函数，使得如果 x 属于 S 则 $f_S(x)=1$，如果 x 不属于 S 则 $f_S(x)=0$。令 A、B 为集合。证明对于所有 $x \in U$ 有

　a) $f_{A\cap B}(x)=f_A(x) \cdot f_B(x)$

　b) $f_{A\cup B}(x)=f_A(x)+f_B(x)-f_A(x) \cdot f_B(x)$

　c) $f_{\overline{A}}(x)=1-f_A(x)$

　d) $f_{A\oplus B}(x)=f_A(x)+f_B(x)-2f_A(x)f_B(x)$

☞ **74.** 假定 f 是一个从 A 到 B 的函数，这里 A 和 B 为有限集且 $|A|=|B|$。证明 f 是一对一的当且仅当它是映上的。

75. 证明或反驳下列关于上取整函数和下取整函数的语句。

　a) 对任意实数 x，有 $\lceil \lfloor x \rfloor \rceil=\lfloor x \rfloor$。

　b) 当 x 是实数时，有 $\lfloor 2x \rfloor=2\lfloor x \rfloor$。

　c) 当 x 和 y 是实数时，有 $\lceil x \rceil+\lceil y \rceil-\lceil x+y \rceil=0$ 或 1。

　d) 对任意实数 x 和 y，有 $\lceil xy \rceil=\lceil x \rceil\lceil y \rceil$。

　e) 对任意实数 x，有 $\left\lfloor \dfrac{x}{2} \right\rfloor=\left\lfloor \dfrac{x+1}{2} \right\rfloor$。

76. 证明或反驳下列关于下取整函数和上取整函数的语句。

　a) 对任意实数 x，有 $\lfloor \lceil x \rceil \rfloor=\lceil x \rceil$。

b) 对任意实数 x 和 y，有 $\lfloor x+y \rfloor = \lfloor x \rfloor + \lfloor y \rfloor$。

c) 对任意实数 x，有 $\lceil \lfloor x/2 \rfloor /2 \rceil = \lceil x/4 \rceil$。

d) 对任意实数 x，有 $\lfloor \sqrt{\lceil x \rceil} \rfloor = \lfloor \sqrt{x} \rfloor$。

e) 对任意实数 x 和 y，有 $\lfloor x \rfloor + \lfloor y \rfloor + \lfloor x+y \rfloor \leqslant \lfloor 2x \rfloor + \lfloor 2y \rfloor$。

77. 证明如果 x 是一个正实数，则

a) $\lfloor \sqrt{\lfloor x \rfloor} \rfloor = \lfloor \sqrt{x} \rfloor$ **b)** $\lceil \sqrt{\lceil x \rceil} \rceil = \lceil \sqrt{x} \rceil$

78. 令 x 为实数。证明 $\lfloor 3x \rfloor = \lfloor x \rfloor + \lfloor x + \frac{1}{3} \rfloor + \lfloor x + \frac{2}{3} \rfloor$。

79. 对下列各个部分函数求它的域、陪域、定义域及其无定义的值的集合。另外判断它是否为全函数。

a) $f : \mathbf{Z} \to \mathbf{R}$，$f(n) = 1/n$。

b) $f : \mathbf{Z} \to \mathbf{Z}$，$f(n) = \lceil n/2 \rceil$。

c) $f : \mathbf{Z} \times \mathbf{Z} \to \mathbf{Q}$，$f(m, n) = m/n$。

d) $f : \mathbf{Z} \times \mathbf{Z} \to \mathbf{Z}$，$f(m, n) = mn$。

e) $f : \mathbf{Z} \times \mathbf{Z} \to \mathbf{Z}$，$f(m, n) = m-n$，如果 $m > n$。

80. a) 证明从 A 到 B 的一个部分函数 f 可以看成从 A 到 $B \cup \{u\}$ 的函数 f^*，其中 u 不是 B 的元素，且

$$f^*(a) = \begin{cases} f(a) & \text{如果 } a \text{ 属于 } f \text{ 的定义域} \\ u & \text{如果 } f \text{ 在 } a \text{ 点无定义} \end{cases}$$

b) 使用 $a)$ 中的构造法，找出练习 79 中各部分函数对应的 f^*。

81. a) 证明如果 S 是基数为 m 的集合，m 为正整数，则在集合 S 与集合 $\{1, 2, \cdots, m\}$ 之间存在一个一一对应函数。

b) 证明如果 S、T 均为基数为 m 的集合，m 为正整数，则在集合 S 与集合 T 之间存在一个一一对应函数。

* 82. 证明 S 为无穷集合当且仅当存在 S 的一个真子集 A 使得 A 到 S 有一个一一对应函数。

2.4 序列与求和

2.4.1 引言

序列是元素的有序列表，在离散数学中有许多应用。例如在第 8 章中将会看到的用来表示某些计数问题的解。序列也是计算机科学中一种重要的数据结构。我们在离散数学的学习中经常要处理序列项的求和问题。本节回顾求和记号的使用、求和的基本性质以及某些特定序列的求和公式。

一个序列中的项可以通过一个适用于序列中每一项的公式来描述。本节还将描述用递推关系来指定一个序列的项的另一种方法，即将每一项表示为前续项的一种组合。我们将介绍一种迭代方法，用于寻找通过递推关系定义的序列的项的闭公式。给定前面若干项来确定一个序列也是离散数学中问题求解的一种有用技能。为此我们会给出一些技巧，以及 Web 上的一些有用工具。

2.4.2 序列

序列是一种用来表示有序列表的离散结构。例如 1，2，3，5，8 是一个含有五项的序列，而 1，3，9，27，81，$\cdots$，3^n，$\cdots$ 是一个无穷序列。

> **定义 1** 序列(sequence)是一个从整数集的一个子集(通常是集合 $\{0, 1, 2, \cdots\}$ 或集合 $\{1, 2, 3, \cdots\}$)到一个集合 S 的函数。用记号 a_n 表示整数 n 的像。称 a_n 为序列的一个项(term)。

我们用记号 $\{a_n\}$ 来描述序列。(注意 a_n 表示序列 $\{a_n\}$ 的单项。还要注意一个序列记号 $\{a_n\}$ 与集合的记号有冲突。但使用这个记号的上下文总能分清什么时候在讨论集合而什么时候在讨论序列。还要注意尽管一个序列的记号中用了字母 a，也可以用其他字母或表达式，这取决于

所考虑的序列，即字母 a 的选择是任意的。）

我们通过按照下标升序来列举序列项来描述序列。

例 1 考虑序列 $\{a_n\}$，其中

$$a_n = \frac{1}{n}$$

这个序列的项的列表从 a_1 开始，即

$$a_1, a_2, a_3, a_4, \cdots$$

开头是：

$$1, 1/2, 1/3, 1/4, \cdots$$ ◀

> **定义 2** 几何级数是如下形式的序列
> $$a, ar, ar^2, \cdots, ar^n, \cdots$$
> 其中初始项 a 和公比 r 都是实数。

评注 几何级数是指数函数 $f(x) = ar^x$ 的离散的对应体。

例 2 序列 $\{b_n\}$、$\{c_n\}$ 和 $\{d_n\}$ 都是几何级数，其中 $b_n = (-1)^n$，$c_n = 2 \cdot 5^n$，$d_n = 6 \cdot (1/3)^n$。如果我们以 $n=0$ 开始，则其初始项和公比分别等于 1 和 -1，2 和 5 以及 6 和 1/3。项的列表 b_0，b_1，b_2，b_3，b_4，$\cdots$ 的开头是：

$$1, -1, 1, -1, 1, \cdots$$

项的列表 c_0，c_1，c_2，c_3，c_4，$\cdots$ 的开头是：

$$2, 10, 50, 250, 1250, \cdots$$

项的列表 d_0，d_1，d_2，d_3，d_4，$\cdots$ 的开头是：

$$6, 2, 2/3, 2/9, 2/27, \cdots$$ ◀

> **定义 3** 算术级数是如下形式的序列：
> $$a, a+d, a+2d, \cdots, a+nd, \cdots$$
> 其中初始项 a 和公差 d 都是实数。

评注 算术级数是线性函数 $f(x) = dx + a$ 的离散的对应体。

例 3 序列 $\{s_n\}$（$s_n = -1 + 4n$）和 $\{t_n\}$（$t_n = 7 - 3n$）都是算术级数，如果我们以 $n=0$ 开始，则其初始项和公差分别等于 -1 和 4 以及 7 和 -3。项的列表 s_0，s_1，s_2，s_3，$\cdots$ 的开头是：

$$-1, 3, 7, 11, \cdots$$

项的列表 t_0，t_1，t_2，t_3，$\cdots$ 的开头是：

$$7, 4, 1, -2, \cdots$$ ◀

在计算机科学中经常使用形如 a_1，a_2，$\cdots$，a_n 的序列。这些有穷序列也称为**串**（string）。这个串也可以记作 $a_1 a_2 \cdots a_n$。（回忆一下在 1.1 节介绍的比特串，它就是比特的有限序列。）串的长度是这个串的项数。**空串**是没有任何项的串，记作 λ。空串的长度为 0。

例 4 串 $abcd$ 是长度为 4 的串。 ◀

2.4.3 递推关系

在例 1~3 中，我们通过为项提供显式公式来指定序列。还有许多其他方法可以用来指定一个序列。例如，另外一种指定序列的方法是提供一个或多个初始项以及一种从前面的项确定后续项的规则。

> **定义 4** 关于序列 $\{a_n\}$ 的**递推关系**（recurrence relation）是一个等式，对所有满足 $n \geq n_0$ 的 n，它把 a_n 用序列中前面项即 a_0，a_1，$\cdots$，a_{n-1} 中的一项或多项来表示，这里 n_0 是一个非负整数。如果一个序列的项满足递推关系，则该序列就称为是递推关系的一个解。（递推关系递归地定义了一个序列。我们将在第 5 章解释这个不同的术语。）

例 5 令 $\{a_n\}$ 是一个序列，它满足递推关系 $a_n = a_{n-1} + 3$，$n = 1, 2, 3, \cdots$，并假定 $a_0 = 2$。a_1、a_2 和 a_3 是多少？

解 从递推关系可以看出 $a_1 = a_0 + 3 = 2 + 3 = 5$。接着有 $a_2 = 5 + 3 = 8$ 和 $a_3 = 8 + 3 = 11$。 ◀

例 6 令 $\{a_n\}$ 是一个序列，它满足递推关系 $a_n = a_{n-1} - a_{n-2}$，$n = 2, 3, 4, \cdots$，并假定 $a_0 = 3$，$a_1 = 5$。a_2 和 a_3 是多少？

解 从递推关系可以看出，$a_2 = a_1 - a_0 = 5 - 3 = 2$ 且 $a_3 = a_2 - a_1 = 2 - 5 = -3$。我们可以用类似方法找到 a_4、a_5，以及后续各项。 ◀

递归定义的序列的**初始条件**指定了在递推关系定义的首项前的那些项。例如，例 5 中的 $a_0 = 2$ 以及例 6 中的 $a_0 = 3$ 和 $a_1 = 5$ 是初始条件。采用第 5 章介绍的一种证明技术——数学归纳法，可以证明一个递推关系及其初始条件唯一地确定了一个序列。

接下来我们用递推关系来定义一个非常有用的序列，这就是以出生于 12 世纪的意大利数学家斐波那契（参见第 5 章关于他的传记）的名字命名的**斐波那契数列**（Fibonacci sequence）。我们会在第 5 章和第 8 章深入研究这个序列，那里我们会看到它对许多应用非常重要，包括兔子繁殖的增长模型。斐波那契数自然地出现在植物和动物的结构中，例如向日葵上的种子排列和鹦鹉螺壳上的纹理排列。

> **定义 5** 斐波那契数列 f_0，f_1，f_2，$\cdots$ 由初始条件 $f_0 = 0$、$f_1 = 1$ 和下列递推关系所定义：
>
> $$f_n = f_{n-1} + f_{n-2} \quad n = 2, 3, 4, \cdots$$

例 7 求斐波那契数 f_2、f_3、f_4、f_5 和 f_6。

解 斐波那契数列的递推关系告诉我们，可通过把前面两项相加来得出后续的项。因为初始条件是 $f_0 = 0$ 和 $f_1 = 1$，用定义中的递推关系可得

$$f_2 = f_1 + f_0 = 1 + 0 = 1$$
$$f_3 = f_2 + f_1 = 1 + 1 = 2$$
$$f_4 = f_3 + f_2 = 2 + 1 = 3$$
$$f_5 = f_4 + f_3 = 3 + 2 = 5$$
$$f_6 = f_5 + f_4 = 5 + 3 = 8$$

◀

例 8 假设 $\{a_n\}$ 是整数序列，定义 $a_n = n!$ 为整数 n 的阶乘函数的值，$n = 1, 2, 3, \cdots$。因为 $n! = n((n-1)(n-2) \cdots 2 \cdot 1) = na_{n-1}$，所以可以看出阶乘的序列满足递推关系 $a_n = na_{n-1}$，初始条件为 $a_1 = 1$。 ◀

当我们为序列的项找到一个显式公式——**闭公式**（closed formula）时，我们就说求解了带有初始条件的递推关系。

例 9 试判定序列 $\{a_n\}$（其中对每个非负整数 n 有 $a_n = 3n$）是否是递推关系 $a_n = 2a_{n-1} - a_{n-2}$（$n = 2, 3, 4, \cdots$）的解。当 $a_n = 2^n$ 和 $a_n = 5$ 时回答同样的问题。

解 假设对每个非负整数 n 有 $a_n = 3n$。则对 $n \geqslant 2$，可以看出 $2a_{n-1} - a_{n-2} = 2(3(n-1)) - 3(n-2) = 3n = a_n$。所以，$\{a_n\}$（其中 $a_n = 3n$）是递推关系的一个解。

假设对每个非负整数 n 有 $a_n = 2^n$。注意 $a_0 = 1$，$a_1 = 2$，而 $a_2 = 4$。因为 $2a_1 - a_0 = 2 \cdot 2 - 1 = 3 \neq a_2$，可知 $\{a_n\}$（其中 $a_n = 2^n$）不是递推关系的解。

假设对每个非负整数 n 有 $a_n = 5$。则对 $n \geqslant 2$，可以看出 $2a_{n-1} - a_{n-2} = 2 \cdot 5 - 5 = 5 = a_n$。所以，$\{a_n\}$（其中 $a_n = 5$）是递推关系的一个解。 ◀

已有很多方法可以求解递推关系。这里我们用几个例子介绍一种直观的迭代法。在第 8 章我们会深入研究递推关系。那里我们将证明递推关系如何用于求解计数问题，并且将介绍几种功能强大的方法用于求解许多不同的递推关系。

例 10　求解例 5 中带有初始条件的递推关系。

解　连续应用例 5 中的递推关系，从初始条件 $a_1 = 2$ 出发向上一直到 a_n 能够推断出序列的闭公式。可以看到

$$a_2 = 2 + 3$$
$$a_3 = (2 + 3) + 3 = 2 + 3 \cdot 2$$
$$a_4 = (2 + 2 \cdot 3) + 3 = 2 + 3 \cdot 3$$
$$\vdots$$
$$a_n = a_{n-1} + 3 = (2 + 3 \cdot (n-2)) + 3 = 2 + 3(n-1)$$

我们也可以通过连续应用例 5 中的递推关系，从项 a_n 出发向下一直到初始条件 $a_1 = 2$ 得到同样的公式。步骤如下：

$$a_n = a_{n-1} + 3$$
$$= (a_{n-2} + 3) + 3 = a_{n-2} + 3 \cdot 2$$
$$= (a_{n-3} + 3) + 3 \cdot 2 = a_{n-3} + 3 \cdot 3$$
$$\vdots$$
$$= a_2 + 3(n-2) = (a_1 + 3) + 3(n-2) = 2 + 3(n-1)$$

在递推关系的每一步迭代中，我们通过在前项上加上 3 而得到序列的下一项。经过递推关系的 $n-1$ 次迭代后就可得到第 n 项。故我们在初始项 $a_1 = 2$ 上加了 $3(n-1)$ 而得到 a_n。这就是闭公式 $a_n = 2 + 3(n-1)$。注意到这个序列是一个算术级数。　◀

例 10 中使用的技术叫作**迭代**（iteration）。我们迭代或重复利用了递推关系。第一种方法称为**正向替换**——我们从初始条件出发找到连续的项直到 a_n 为止。第二种方法称为**反向替换**，因为我们从 a_n 开始迭代时将其表示为序列中前面的项直到可以用 a_1 来表示。注意当我们使用迭代时，需要先猜测序列项的一个公式。要证明我们的猜测是正确的，需要使用数学归纳法——将在第 5 章中讨论的一项技术。

第 8 章我们将证明递推关系可用于为各种问题建模。这里我们仅提供这样的一个例子，说明如何用递推关系来计算复合利率。

Extra
Examples

例 11　**复合利率**（compound interest）。假设一个人在银行的储蓄账户上存了 10 000 美元，年利率是 11%，按年计复利。那么在 30 年后该账户上将有多少钱？

解　为求解这个问题，令 P_n 表示 n 年后账户上的金额。因为 n 年后账户上的金额等于 $n-1$ 年后账户上的金额加上第 n 年的利息，易得序列 $\{P_n\}$ 满足递推关系

$$P_n = P_{n-1} + 0.11 P_{n-1} = (1.11) P_{n-1}$$

初始条件是 $P_0 = 10\,000$。

我们可以使用迭代法找到 P_n 的公式。注意

$$P_1 = (1.11) P_0$$
$$P_2 = (1.11) P_1 = (1.11)^2 P_0$$
$$P_3 = (1.11) P_2 = (1.11)^3 P_0$$
$$\vdots$$
$$P_n = (1.11) P_{n-1} = (1.11)^n P_0$$

当代入初始条件 $P_0 = 10\,000$ 时，得到公式 $P_n = (1.11)^n 10\,000$。

将 $n = 30$ 代入公式 $P_n = (1.11)^n 10\,000$，即可得 30 年后账户上有

$$P_{30} = (1.11)^{30} 10\,000 = 228\,922.97 \text{ 美元}$$

◀

2.4.4　特殊的整数序列

离散数学中的一类共性问题是为了构造序列的项而寻找闭公式、递推关系或者某种一般

规则。有时候仅知道用于求解问题的序列中的一部分项，目标则是要确定序列。尽管序列的初始项不能确定整个序列(毕竟从任何初始项的有限集合开始的序列有无限多个)，但了解前几项仍有助于做出关于序列本身的合理猜想。一旦形成猜想，就可以尝试验证你找到了正确序列。

当给定初始项并试图推导出一个可能的公式、递推关系或序列项的某种一般规则时，尝试寻找这些项的一种模式。再观察能否确定一项如何从它前面的项产生。有许多问题可以问，但比较有用的问题是：

- 是否有相同值连续出现，即相同的值在一行中出现多次？
- 是否给前项加上某个常量或与序列中项的位置有关的量后就得出后项？
- 是否给前项乘以特定量就得出后项？
- 是否按照某种方式组合前面若干项就可以得出后项？
- 是否在各项之间存在循环？

例 12 求具有下列前 5 项的序列公式：(a)1, 1/2, 1/4, 1/8, 1/16；(b)1, 3, 5, 7, 9；(c)1, -1, 1, -1, 1。

解 (a)可以看出分母都是 2 的幂次。对 $n=0, 1, 2, \cdots$，满足 $a_n=1/2^n$ 的序列是一个可能的解。这个候选序列是一个几何级数，满足 $a=1$ 和 $r=1/2$。

(b)注意每一项可通过对前一项加上 2 而得到。对 $n=0, 1, 2, \cdots$，满足 $a+n=2n+1$ 的序列是一个可能的解。这个候选序列是算术级数，满足 $a=1$ 和 $d=2$。

(c)各项轮流取值 1 和 -1。对 $n=0, 1, 2, \cdots$，满足 $a_n=(-1)^n$ 的序列是一个可能的解。这个候选序列是几何级数，满足 $a=1$ 和 $r=-1$。◀

例 13～15 解释如何通过分析序列来发现项是如何构造的。

例 13 如果一个序列的前 10 项是 1, 2, 2, 3, 3, 3, 4, 4, 4, 4，则如何来产生序列的项？

解 在这个序列中，注意整数 1 出现 1 次，整数 2 出现 2 次，整数 3 出现 3 次，整数 4 出现 4 次。一个合理的序列生成规则是整数 n 恰好出现 n 次，所以序列的下 5 项可能都是 5，随后 6 项可能都是 6，等等。这种方式产生的序列是一个可能的解。◀

例 14 如果一个序列的前 10 项是 5, 11, 17, 23, 29, 35, 41, 47, 53, 59，则如何来产生序列的项？

解 注意这个序列的前 10 项中第一项之后每项都是通过对前项加上 6 而得到的(从相邻项之差为 6 看出这一点)。因此从 5 开始总共加 $(n-1)$ 次 6 就产生第 n 项，即一个合理的猜测是第 n 项为 $5+6(n-1)=6n-1$。(这是一个算术级数，满足 $a=5$ 和 $d=6$。)◀

例 15 如果一个序列的前 10 项是 1, 3, 4, 7, 11, 18, 29, 47, 76, 123，则如何来产生序列的项？

解 观察序列从第三项起每项都是前两项之和，即 $4=3+1$，$7=4+3$，$11=7+4$，等等。因此，如果 L_n 是这个序列的第 n 项，我们猜测序列可由递推关系 $L_n=L_{n-1}+L_{n-2}$ 确定，其初始条件为 $L_1=1$ 和 $L_2=3$(与斐波那契数列具有相同的递推关系，但是初始条件不同)。这个序列被称为 **Lucas 序列**，以法国数学家 François Édouard Lucas 的名字命名。Lucas 在 19 世纪研究了这个序列和斐波那契数列。◀

另一种求序列项生成规则的有用技术是对比所求的序列项与熟知的整数序列项，比如算术级数的项、几何级数的项、完全平方数、完全立方数等。表 1 给出了一些应当记住的序列的前 10 项。注意，对于这里列出的序列，每个序列中项的增长要比列表中前面序列项的增长快。3.2 节将研究这些项的增长速率。

表 1 一些有用的序列

第 n 项	前 10 项
n^2	1, 4, 9, 16, 25, 36, 49, 64, 81, 100, ⋯
n^3	1, 8, 27, 64, 125, 216, 343, 512, 729, 1000, ⋯
n^4	1, 16, 81, 256, 625, 1296, 2401, 4096, 6561, 10 000, ⋯
2^n	2, 4, 8, 16, 32, 64, 128, 256, 512, 1024, ⋯
3^n	3, 9, 27, 81, 243, 729, 2187, 6561, 19 683, 59 049, ⋯
$n!$	1, 2, 6, 24, 120, 720, 5040, 40 320, 362 880, 3 628 800, ⋯
f_n	1, 1, 2, 3, 5, 8, 13, 21, 34, 55, 89, ⋯

例 16 如果序列 $\{a_n\}$ 的前 10 项为 1, 7, 25, 79, 241, 727, 2185, 6559, 19 681, 59 047，试猜想 a_n 的简单公式。

解 要解决这个问题，先查看相邻项的差，但没有看出模式。当计算相邻项的比来查看每项是否为前项的倍数时，发现这个比虽然不是常数却接近于 3。所以有理由怀疑这个序列的各项是由一个与 3^n 有关的公式产生的。比较这些项与序列 $\{3^n\}$ 的对应项，注意到第 n 项要比对应的 3 的幂次小 2。我们看到对于 $1 \leqslant n \leqslant 10$ 来说 $a_n = 3^n - 2$ 成立，因而猜想对所有 n 来说，这个公式成立。◀

贯穿本书可以看到整数序列在离散数学的各类应用中广泛出现。我们已经看到或将会看到的序列包括：素数序列（第 4 章）、将 n 个离散对象进行排序的方法数（第 6 章）、解决著名的 n 碟汉诺塔谜题所需要的步数（第 8 章）以及在一个岛上 n 个月后的兔子数（第 8 章）。

整数序列还出现在离散数学以外的相当广泛的领域，包括生物学、工程、化学、物理学，以及谜题中。在"在线整数序列百科"（Online Encyclopedia of Integer Sequences，OEIS）维护的一个有趣的数据库中可以找到超过 250 000 个不同的整数序列（截至 2017 年）。这个数据库起初是由内尔·斯朗在 1964 年创建的，现在由 OEIS 基金会维护。该数据库最新的印刷版是 1995 年出版的（[SIPI95]），当前大百科中的序列比 1995 年版书中的 900 卷还多，且每年会提交超过 10 000 个新的序列。你可以利用 OEIS 网站上的程序来寻找可能与你提供的初始项匹配的序列。比如，你输入 1，1，2，3，5，8，OEIS 就会展示一个页面，确认这是斐波那契数列中连续的项，给出产生这个序列的递推关系，列出广泛的注解（含参考文献）来论述斐波那契数列的多种产生方式，并显示以这些项开始的其他一些序列的信息。

Links ▶

Courtesy of Neil Sloane

内尔·斯朗（Neil Sloane，生于 1939 年） 内尔·斯朗依靠澳大利亚国家电话公司的助学金在墨尔本大学学习数学和电气工程。他在暑期工作中掌握了许多与电话有关的工作，比如架设电线杆。毕业后，他设计了澳大利亚最便宜的电话网。1962 年他到美国康奈尔大学学习电气工程。他的博士论文是关于现在所谓的神经网络的。1969 年开始他在贝尔实验室任职，从事过许多领域的工作，包括网络设计、编码理论以及球体填充等。自 1996 年 AT&T 实验室从贝尔实验室分离出来，他就去了 AT&T 实验室工作，直到 2012 年退休。他最喜欢的一个问题是**相切问题**（kissing problem，他创造的名字），即在 n 维空间可以排列多少个球，使之都与同样大小的中央球相切。（在 2 维空间答案是 6，因为可放置 6 个便士使之与中央便士相切。在 3 维空间，可放置 12 个台球使之与中央台球相切。两个恰好在一点接触的台球称为"相切"，这引出了术语"相切问题"和"相切数"。）斯朗与 Andrew Odlyzko 证明了在 8 维和 24 维空间中最优相切数分别为 240 和 196 560。在 1、2、3、4、8 和 24 维空间中的相切数是已知的，而在任何其他维空间中都还是未知的。斯朗的著作包括：与 John Conway 合写的《球体填充、格与群》（*Sphere Packing, Lattices and Groups*）第 3 版，与 Jessie Mac Williams 合写的《纠错码的理论》（*The Theory of Error-Correcting Codes*），与 Simon Plouffe 合写的《整数序列百科》（*The Encyclopedia of Integer Sequences*）以及与 Paul Nick 合写的《新泽西峭壁攀岩指南》（*The Rock-Climbing Guide to New Jersey Crags*）。最后这本书体现了他对攀岩的兴趣，其中介绍了新泽西州的 50 多个攀岩场地。

2.4.5 求和

接下来我们考虑序列项的累加问题。为此先引入**求和记号**（summation natation）。首先描述用来表达序列 $\{a_n\}$ 中项

$$a_m, a_{m+1}, \cdots, a_n$$

之和的记号。我们用记号

$$\sum_{j=m}^{n} a_j \quad \text{或} \quad \sum_{m \leqslant j \leqslant n} a_j$$

（读作 a_j 从 $j=m$ 到 $j=n$ 的和）来表示

$$a_m + a_{m+1} + \cdots + a_n$$

此处变量 j 称为**求和下标**，而字母 j 作为变量可以是任意的，即可以使用任何其他字母，比如 i 或 k。或者，用记号表示就是

$$\sum_{j=m}^{n} a_j = \sum_{i=m}^{n} a_i = \sum_{k=m}^{n} a_k$$

此处求和下标依次遍历从下限 m 开始到上限 n 为止的所有整数。用 $\sum$ 表示求和。

通常的算术法则也适用于求和式。例如，当 a 和 b 均为实数时，有 $\sum_{j=1}^{n}(ax_j + by_j) = a \sum_{j=1}^{n} x_j + b \sum_{j=1}^{n} y_j$，这里 x_1，x_2，$\cdots$，x_n 及 y_1，y_2，$\cdots$，y_n 均为实数（此处我们没有给出该恒等式的正式证明。这样的证明可以用第 5 章介绍的数学归纳法来加以构建。证明同时会用到加法的交换律与结合律以及乘法对加法的分配律）。

下面给出求和记号的多个例子。

Extra Examples

例 17 用求和记号表示序列 $\{a_j\}$ 前 100 项之和，这里 $a_j = 1/j$，$j=1$，2，3，$\cdots$。

解 求和下标下限为 1，上限为 100。这个和可以写成

$$\sum_{j=1}^{100} \frac{1}{j} \qquad \blacktriangleleft$$

例 18 $\sum_{j=1}^{5} j^2$ 的值是多少？

解 我们有

$$\sum_{j=1}^{5} j^2 = 1^2 + 2^2 + 3^2 + 4^2 + 5^2 = 1 + 4 + 9 + 16 + 25 = 55 \qquad \blacktriangleleft$$

例 19 $\sum_{k=4}^{8}(-1)^k$ 的值是多少？

解 我们有

$$\sum_{k=4}^{8}(-1)^k = (-1)^4 + (-1)^5 + (-1)^6 + (-1)^7 + (-1)^8$$
$$= 1 + (-1) + 1 + (-1) + 1$$
$$= 1 \qquad \blacktriangleleft$$

有时候对求和式中的求和下标做一下平移会很有好处。当两个求和式需要相加而求和下标却不一致时，通常可以这样做。当平移求和下标时，对应求和项做适当修改也是很重要的。如例 20 所解释。

Extra Examples

例 20 假定有求和式

$$\sum_{j=1}^{5} j^2$$

但是希望求和下标的取值是在 0 和 4 之间而不是在 1 和 5 之间。为此，令 $k=j-1$。于是

新的求和下标就是从 0（因为当 $j=1$ 时 $k=1-1=0$）到 4（因为当 $j=5$ 时 $k=5-1=4$）了，而项 j^2 变成了 $(k+1)^2$。因此

$$\sum_{j=1}^{5} j^2 = \sum_{k=0}^{4} (k+1)^2$$

容易验证两个和都是 $1+4+9+16+25=55$。 ◀

几何级数项的求和经常出现（这种求和也称为**几何数列**）。定理 1 给出几何级数的项求和公式。

> **定理 1**　如果 a 和 r 都是实数且 $r \neq 0$，则
>
> $$\sum_{j=0}^{n} ar^j = \begin{cases} \dfrac{ar^{n+1} - a}{r-1} & r \neq 1 \\[2mm] (n+1)a & r = 1 \end{cases}$$

证明　令

$$S_n = \sum_{j=0}^{n} ar^j$$

要计算 S，先在等式两边同乘上 r，然后对得出的和式做如下变换：

$$
\begin{aligned}
rS_n &= r\sum_{j=0}^{n} ar^j & &\text{用求和公式代替 } S \\
&= \sum_{j=0}^{n} ar^{j+1} & &\text{分配律} \\
&= \sum_{k=1}^{n+1} ar^k & &\text{平移求和下标，令 } k = j+1 \\
&= \left(\sum_{k=0}^{n} ar^k\right) + (ar^{n+1} - a) & &\text{去除 } k=n+1 \text{ 的项，添加 } k=0 \text{ 的项} \\
&= S_n + (ar^{n+1} - a) & &\text{用 } S \text{ 代替求和公式}
\end{aligned}
$$

从这些等式可以看出

$$rS_n = S_n + (ar^{n+1} - a)$$

从该等式解出 S_n 可知，如果 $r \neq 1$，则

$$S_n = \frac{ar^{n+1} - a}{r-1}$$

如果 $r=1$，则 $S_n = \sum_{j=0}^{n} ar^j = \sum_{j=0}^{n} a = (n+1)a$。 ◀

例 21　很多情况下需要双重求和（比如在计算机程序嵌套循环的分析中）。一个双重求和的例子是

$$\sum_{i=1}^{4} \sum_{j=1}^{3} ij$$

要计算双重求和，先展开内层求和，再继续计算外层求和：

$$\sum_{i=1}^{4} \sum_{j=1}^{3} ij = \sum_{i=1}^{4} (i + 2i + 3i) = \sum_{i=1}^{4} 6i = 6 + 12 + 18 + 24 = 60 \quad ◀$$

我们还可以用求和记号将一个函数的所有值相加，或把针对一个下标集的项都加起来，其中求和下标遍历一个集合中的所有值，即可以写

$$\sum_{s \in S} f(s)$$

来表示对 S 中所有元素 s 求值 $f(s)$ 的和。

例 22　$\sum_{s \in \{0,2,4\}} s$ 的值是多少？

解　由于 $\sum\limits_{s\in\{0,2,4\}} s$ 表示对集合 {0，2，4} 中所有元素 s 的值求和，因此有

$$\sum_{s\in\{0,2,4\}} s = 0 + 2 + 4 = 6 \qquad \blacktriangleleft$$

某些求和问题会在离散数学中反复出现。掌握一组这种求和公式会有好处，表 2 给出了一些常见求和公式。

表 2　多个有用的求和公式

和	闭　形　式	和	闭　形　式
$\sum\limits_{k=0}^{n} ar^k (r\neq 0)$	$\dfrac{ar^{n+1}-a}{r-1}, r\neq 1$	$\sum\limits_{k=1}^{n} k^3$	$\dfrac{n^2(n+1)^2}{4}$
$\sum\limits_{k=1}^{n} k$	$\dfrac{n(n+1)}{2}$	$\sum\limits_{k=0}^{\infty} x^k,\ \lvert x\rvert <1$	$\dfrac{1}{1-x}$
$\sum\limits_{k=1}^{n} k^2$	$\dfrac{n(n+1)(2n+1)}{6}$	$\sum\limits_{k=1}^{\infty} kx^{k-1},\ \lvert x\rvert <1$	$\dfrac{1}{(1-x)^2}$

我们在定理 1 中推导了表中的第一个公式。接下来的三个公式给出了前 n 个正整数的求和、它们的平方和以及它们的立方和。可以用许多不同方式来推导这三个公式(例如，参见练习 37 和 38)。还要注意这里每一个公式，一旦得到了，就可以轻而易举地用数学归纳法(5.1 节的主题)加以证明。表中最后两个公式与无穷级数有关，接下来就会讨论。

例 23 解释了表 2 中的公式是如何使用的。

例 23　求 $\sum\limits_{k=50}^{100} k^2$ 。

解　首先注意由于 $\sum\limits_{k=1}^{100} k^2 = \sum\limits_{k=1}^{49} k^2 + \sum\limits_{k=50}^{100} k^2$ ，所以有

$$\sum_{k=50}^{100} k^2 = \sum_{k=1}^{100} k^2 - \sum_{k=1}^{49} k^2$$

利用表 2 的公式 $\sum\limits_{k=1}^{n} k^2 = n(n+1)(2n+1)/6$ (证明见练习 38)，可以看出

$$\sum_{k=50}^{100} k^2 = \frac{100\cdot 101\cdot 201}{6} - \frac{49\cdot 50\cdot 99}{6} = 338\,350 - 40\,425 = 297\,925 \qquad \blacktriangleleft$$

　　一些无穷级数　尽管本书中大多求和都是有限求和，但在离散数学的某些部分中无穷级数也是很重要的。通常在微积分课程中研究无穷级数，甚至这些级数的定义也需要用到微积分，但有时它们也会出现在离散数学中，因为离散数学需要处理离散对象无穷集。尤其是将来在离散数学的研究中，我们将会发现例 24 和 25 中无穷级数的闭公式是非常有用的。

例 24　(需要微积分知识)令 x 是满足 $\lvert x\rvert <1$ 的实数。求 $\sum\limits_{n=0}^{\infty} x^n$ 。

解　根据定理 1，令 a=1 和 r=x，就可以看出 $\sum\limits_{n=0}^{k} x^n = \dfrac{x^{k+1}-1}{x-1}$ 。由于 $\lvert x\rvert <1$，所以当 k 趋于无穷时，x^{k+1} 趋于 0。所以

$$\sum_{n=0}^{\infty} x^n = \lim_{k\to\infty} \frac{x^{k+1}-1}{x-1} = \frac{0-1}{x-1} = \frac{1}{1-x} \qquad \blacktriangleleft$$

通过对已有公式进行微分或积分就可以产生新的求和公式。

例 25　(需要微积分知识)对下列方程两边微分：

$$\sum_{k=0}^{\infty} x^k = \frac{1}{1-x}$$

根据例 24 可得

$$\sum_{k=1}^{\infty} kx^{k-1} = \frac{1}{(1-x)^2}$$

（根据有关无穷级数的定理，当 $|x| < 1$ 时这个微分有效。） ◀

练习

1. 求序列 $\{a_n\}$ 的下列各项，其中 $a_n = 2 \cdot (-3)^n + 5^n$。

a) a_0 b) a_1 c) a_4 d) a_5

2. 如果序列 $\{a_n\}$ 的 a_n 等于下列各值，则 a_8 项是多少？

a) 2^{n-1} b) 7 c) $1 + (-1)^n$ d) $-(-2)^n$

3. 序列 $\{a_n\}$ 的项 a_0，a_1，a_2 和 a_3 是什么？其中 a_n 等于

a) $2^n + 1$ b) $(n+1)^{n+1}$ c) $\lfloor n/2 \rfloor$ d) $\lfloor n/2 \rfloor + \lceil n/2 \rceil$

4. 序列 $\{a_n\}$ 的项 a_0，a_1，a_2 和 a_3 是什么？其中 a_n 等于

a) $(-2)^n$ b) 3 c) $7 + 4^n$ d) $2^n + (-2)^n$

5. 列出下列各序列的前 10 项。

a) 序列从 2 开始，后面每项都比前项多 3。

b) 序列按升序把每个正整数列出 3 次。

c) 序列按升序把每个正奇数列出 2 次。

d) 序列的第 n 项是 $n! - 2^n$。

e) 序列从 3 开始，后面每项都是前项的 2 倍。

f) 序列的第一项是 2，第二项是 4，后面每项都是前两项之和。

g) 序列的第 n 项是数 n 的二进制展开式的比特数（在 4.2 节有定义）。

h) 序列的第 n 项是下标 n 的英文单词中包含的字母数。

6. 列出下列各序列的前 10 项。

a) 序列从 10 开始，后面每项都是从前项减去 3 所得。

b) 序列的第 n 项是前 n 个正整数之和。

c) 序列的第 n 项是 $3^n - 2^n$。

d) 序列的第 n 项是 $\lfloor \sqrt{n} \rfloor$。

e) 序列的前两项是 1 和 5，后面每项都是前两项之和。

f) 序列的第 n 项是具有 n 比特的二进制展开式（见 4.2 节的定义）的最大整数（用十进制数写出答案）。

g) 序列的各项以下列方式按序构造：从 1 开始，然后加 1，然后乘 1，然后加 2，然后乘 2，等等。

h) 序列的第 n 项是满足 $k! \leq n$ 的最大整数 k。

7. 至少找出 3 个不同的序列，其初始项都是 1、2、4，并可用简单的公式或规则产生各项。

8. 至少找出 3 个不同的序列，其初始项都是 3、5、7，并可用简单的公式或规则产生各项。

9. 找出有下列递推关系和初始条件所定义的序列的前五项。

a) $a_n = 6a_{n-1}$，$a_0 = 2$ b) $a_n = a_{n-1}^2$，$a_1 = 2$

c) $a_n = a_{n-1} + 3a_{n-2}$，$a_0 = 1$，$a_1 = 2$ d) $a_n = na_{n-1} + n^2 a_{n-2}$，$a_0 = 1$，$a_1 = 1$

e) $a_n = a_{n-1} + a_{n-3}$，$a_0 = 1$，$a_1 = 2$，$a_2 = 0$

10. 找出有下列递推关系和初始条件所定义的序列的前六项。

a) $a_n = -2a_{n-1}$，$a_0 = -1$ b) $a_n = a_{n-1} - a_{n-2}$，$a_0 = 2$，$a_1 = -1$

c) $a_n = 3a_{n-1}^2$，$a_0 = 1$ d) $a_n = na_{n-1} + a_{n-2}^2$，$a_0 = -1$，$a_1 = 0$

e) $a_n = a_{n-1} - a_{n-2} + a_{n-3}$，$a_0 = 1$，$a_1 = 1$，$a_2 = 2$

11. 令 $a_n = 2^n + 5 \cdot 3^n$，$n = 0, 1, 2, \cdots$。

a) 找出 a_0，a_1，a_2，a_3 和 a_4。

b) 证明 $a_2 = 5a_1 - 6a_0$，$a_3 = 5a_2 - 6a_1$ 和 $a_4 = 5a_3 - 6a_2$。

c) 证明对于所有整数 $n \geq 2$，有 $a_n = 5a_{n-1} - 6a_{n-2}$。

12. 证明序列 $\{a_n\}$ 是递推关系 $a_n = -3a_{n-1} + 4a_{n-2}$ 的解，如果

a) $a_n = 0$ b) $a_n = 1$ c) $a_n = (-4)^n$ d) $a_n = 2(-4)^n + 3$

13. 序列 $\{a_n\}$ 是递推关系 $a_n = 8a_{n-1} - 16a_{n-2}$ 的解吗？如果

a)$a_n = 0$ b)$a_n = 1$ c)$a_n = 2^n$ d)$a_n = 4^n$

e)$a_n = n4^n$ f)$a_n = 2 \cdot 4^n + 3n4^n$ g)$a_n = (-4)^n$ h)$a_n = n^2 4^n$

14. 对于下列每个序列，寻找满足该序列的递推关系。（答案并不唯一，因为存在无穷多个满足任一序列的递推关系。）

a)$a_n = 3$ b)$a_n = 2n$ c)$a_n = 2n+3$ d)$a_n = 5^n$

e)$a_n = n^2$ f)$a_n = n^2 + n$ g)$a_n = n + (-1)^n$ h)$a_n = n!$

15. 证明序列 $\{a_n\}$ 是递推关系 $a_n = a_{n-1} + 2a_{n-2} + 2n - 9$ 的解，如果

a)$a_n = -n + 2$ b)$a_n = 5(-1)^n - n + 2$

c)$a_n = 3(-1)^n + 2^n - n + 2$ d)$a_n = 7 \cdot 2^n - n + 2$

16. 找出下面每个带有初始条件的递推关系的解。采用例 10 中所用的迭代方法求解。

a)$a_n = -a_{n-1}$, $a_0 = 5$ b)$a_n = a_{n-1} + 3$, $a_0 = 1$

c)$a_n = a_{n-1} - n$, $a_0 = 4$ d)$a_n = 2a_{n-1} - 3$, $a_0 = -1$

e)$a_n = (n+1)a_{n-1}$, $a_0 = 2$ f)$a_n = 2na_{n-1}$, $a_0 = 3$

g)$a_n = -a_{n-1} + n - 1$, $a_0 = 7$

17. 找出下面每个带有初始条件的递推关系的解。采用例 10 中所用的迭代方法求解。

a)$a_n = 3a_{n-1}$, $a_0 = 2$ b)$a_n = a_{n-1} + 2$, $a_0 = 3$

c)$a_n = a_{n-1} + n$, $a_0 = 1$ d)$a_n = a_{n-1} + 2n + 3$, $a_0 = 4$

e)$a_n = 2a_{n-1} - 1$, $a_0 = 1$ f)$a_n = 3a_{n-1} + 1$, $a_0 = 1$

g)$a_n = na_{n-1}$, $a_0 = 5$ h)$a_n = 2na_{n-1}$, $a_0 = 1$

18. 一个人在一个账户中存入 1000 美元，年利率 9%，按年计复利。

a) 为该账户在 n 年年底的金额建立一个递推关系。

b) 为该账户在 n 年年底的金额找出一个显式公式。

c) 该账户在 100 年后会有多少钱？

19. 假设一个菌落中的细菌数量每小时按 3 倍增长。

a) 为经过 n 小时后的细菌数量建立一个递推关系。

b) 如果开始时菌落中有 100 个细菌，那么 10 小时后菌落中有多少细菌？

20. 假设 2017 年世界人口是 76 亿，而年增长率为 1.12%。

a) 为 2017 年之后 n 年的世界人口建立一个递推关系。

b) 为 2017 年之后 n 年的世界人口找出一个显式公式。

c) 2050 年世界人口会是多少？

21. 一家工厂以一个递增速率为客户定制运动汽车。第一个月仅生产一辆车，第二个月生产两辆车，等等，第 n 个月生产了 n 辆车。

a) 为该厂家前 n 个月生产的汽车数量建立一个递推关系。

b) 第一年生产了多少辆车？

c) 为该厂家前 n 个月生产的汽车数量找出一个显式公式。

22. 一个雇员在 2017 年加入一家公司，起薪为 50 000 美元。每年该雇员薪水会提升 1000 美元外加上一年薪水的 5%。

a) 为 2017 年之后的 n 年后该雇员的薪水建立一个递推关系。

b) 该雇员在 2025 年的薪水是多少？

c) 为 2017 年之后的 n 年后该雇员的薪水找出一个显式公式。

23. 有一笔 5000 美元的贷款，年利率 7%，按月计复利。如果每月还款 100 美元，请找出 k 个月后欠款账户余额 $B(k)$ 的递推关系。〔提示：用 $B(k-1)$ 来表示 $B(k)$，月利率是 $(0.07/12)B(k-1)$。〕

24. a) 如果每月还贷 P，贷款利率为 r，找出 k 个月后欠款账户余额 $B(k)$ 的递推关系。〔提示：用 $B(k-1)$ 来表示 $B(k)$，并注意月利率是 $r/12$。〕

b) 确定每月还款 P 应该是多少才能使得贷款在 T 月后还清。

25. 对于下列每个整数列表，给出简单的公式或规则，以产生从给定列表开始的整数序列项。假定你给出的公式或规则是正确的，写出相应序列的后续三项。

a) 1, 0, 1, 1, 0, 0, 1, 1, 1, 0, 0, 0, 1, $\cdots$

b) 1, 2, 2, 3, 4, 4, 5, 6, 6, 7, 8, 8, $\cdots$

c) 1, 0, 2, 0, 4, 0, 8, 0, 16, 0, $\cdots$

d) 3, 6, 12, 24, 48, 96, 192, $\cdots$

e) 15, 8, 1, -6, -13, -20, -27, $\cdots$

f) 3, 5, 8, 12, 17, 23, 30, 38, 47, $\cdots$

g) 2, 16, 54, 128, 250, 432, 686, $\cdots$

h) 2, 3, 7, 25, 121, 721, 5041, 40 321, $\cdots$

26. 对于下列每个整数列表，给出简单的公式或规则，以产生从给定列表开始的整数序列项。假定你给出的公式或规则是正确的，写出相应序列的后续三项。

a) 3, 6, 11, 18, 27, 38, 51, 66, 83, 102, $\cdots$

b) 7, 11, 15, 19, 23, 27, 31, 35, 39, 43, $\cdots$

c) 1, 10, 11, 100, 101, 110, 111, 1000, 1001, 1010, 1011, $\cdots$

d) 1, 2, 2, 2, 3, 3, 3, 3, 3, 5, 5, 5, 5, 5, 5, 5, $\cdots$

e) 0, 2, 8, 26, 80, 242, 728, 2186, 6560, 19 682, $\cdots$

f) 1, 3, 15, 105, 945, 10 395, 135 135, 2 027 025, 34 459 425, $\cdots$

g) 1, 0, 0, 1, 1, 1, 0, 0, 0, 1, 1, 1, 1, 1, $\cdots$

h) 2, 4, 16, 256, 65 536, 4 294 967 296, $\cdots$

** 27. 证明：如果 a_n 表示不是完全平方数的第 n 个正整数，则 $a_n = n + \{\sqrt{n}\}$，其中 $\{x\}$ 表示最接近于实数 x 的整数。

* 28. 设 a_n 表示序列 1, 2, 2, 3, 3, 3, 4, 4, 4, 4, 5, 5, 5, 5, 5, 6, 6, 6, 6, 6, 6, $\cdots$ 的第 n 项，构造这个序列的方法是包含整数 k 恰好 k 次。证明：$a_n = \left\lfloor \sqrt{2n} + \dfrac{1}{2} \right\rfloor$。

29. 下列各求和式的值是多少？

a) $\displaystyle\sum_{k=1}^{5}(k+1)$　　**b)** $\displaystyle\sum_{j=1}^{4}(-2)^j$　　**c)** $\displaystyle\sum_{i=1}^{10}3$　　**d)** $\displaystyle\sum_{j=0}^{8}(2^{j+1}-2^j)$

30. 下列各求和式的值是多少？其中 $S=\{1, 3, 5, 7\}$。

a) $\displaystyle\sum_{j\in S}j$　　**b)** $\displaystyle\sum_{j\in S}j^2$　　**c)** $\displaystyle\sum_{j\in S}(1/j)$　　**d)** $\displaystyle\sum_{j\in S}1$

31. 下列几何级数的项之和是多少？

a) $\displaystyle\sum_{j=0}^{8}3\cdot 2^j$　　**b)** $\displaystyle\sum_{j=1}^{8}2^j$　　**c)** $\displaystyle\sum_{j=2}^{8}(-3)^j$　　**d)** $\displaystyle\sum_{j=0}^{8}2\cdot(-3)^j$

32. 求下列各和式的值。

a) $\displaystyle\sum_{j=0}^{8}(1+(-1)^j)$　　**b)** $\displaystyle\sum_{j=0}^{8}(3^j-2^j)$　　**c)** $\displaystyle\sum_{j=0}^{8}(2\cdot 3^j+3\cdot 2^j)$　　**d)** $\displaystyle\sum_{j=0}^{8}(2^{j+1}-2^j)$

33. 计算下列各双重求和式。

a) $\displaystyle\sum_{i=1}^{2}\sum_{j=1}^{3}(i+j)$　　**b)** $\displaystyle\sum_{i=0}^{2}\sum_{j=0}^{3}(2i+3j)$　　**c)** $\displaystyle\sum_{i=1}^{3}\sum_{j=0}^{2}i$　　**d)** $\displaystyle\sum_{i=0}^{2}\sum_{j=1}^{3}ij$

34. 计算下列各双重求和式。

a) $\displaystyle\sum_{i=1}^{3}\sum_{j=1}^{2}(i-j)$　　**b)** $\displaystyle\sum_{i=0}^{3}\sum_{j=0}^{2}(3i+2j)$　　**c)** $\displaystyle\sum_{i=1}^{3}\sum_{j=0}^{2}j$　　**d)** $\displaystyle\sum_{i=0}^{2}\sum_{j=0}^{3}i^2j^3$

35. 证明 $\displaystyle\sum_{j=1}^{n}(a_j-a_{j-1})=a_n-a_0$，其中 $a_0, a_1, \cdots, a_n$ 是实数序列。这种类型的求和式称为**迭进**（telescoping）。

36. 利用恒等式 $1/(k(k+1))=1/k-1/(k+1)$ 和练习 35 来计算 $\displaystyle\sum_{k=1}^{n}1/(k(k+1))$。

37. 对恒等式 $k^2-(k-1)^2=2k-1$ 两边从 $k=1$ 到 $k=n$ 求和，并且利用练习 35 找出下列求和式的公式。

a) $\displaystyle\sum_{k=1}^{n}(2k-1)$（前 n 个奇自然数之和）　　**b)** $\displaystyle\sum_{k=1}^{n}k$

* **38.** 利用练习 35 中的技巧以及练习 37b 的结果，推导表 2 中 $\sum_{k=1}^{n} k^2$ 的公式。[提示：在练习 35 的迭进求和中取 $a_k = k^3$。]

39. 利用表 2 求 $\sum_{k=100}^{200} k$。

40. 利用表 2 求 $\sum_{k=99}^{200} k^3$。

41. 利用表 2 求 $\sum_{k=10}^{20} k^2 (k-3)$。

42. 利用表 2 求 $\sum_{k=10}^{20} (k-1)(2k^2 + 1)$。

* **43.** 当 m 是正整数时，求 $\sum_{k=0}^{m} \lfloor \sqrt{k} \rfloor$ 的公式。

* **44.** 当 m 是正整数时，求 $\sum_{k=0}^{m} \lfloor \sqrt[3]{k} \rfloor$ 的公式。

对于乘积也有一个特殊记号。a_m, a_{m+1}, $\cdots$, a_n 的乘积可表示为 $\prod_{j=m}^{n} a_j$，读作 a_j 从 $j = m$ 到 $j = n$ 的乘积。

45. 下列乘积的值是多少？

a) $\prod_{i=1}^{10} i$ b) $\prod_{i=5}^{8} i$ c) $\prod_{i=1}^{100} (-1)^i I$ d) $\prod_{i=1}^{10} 2$

回顾一下阶乘函数在正整数 n 上的值（记作 $n!$）是从 1 到 n 的正整数的乘积。另外规定 $0! = 1$。

46. 用乘积记号来表示 $n!$。

47. 求 $\sum_{j=0}^{4} j!$。

48. 求 $\prod_{j=0}^{4} j!$。

2.5 集合的基数

2.5.1 引言

2.1 节的定义 4 把有一个有限集合的基数定义成该集合中的元素个数。有限集合的基数告诉我们什么时候两个有限集合大小相同，什么时候一个比另一个大。本节我们将这个概念扩展到无限集合，即如果能有一种方法来衡量无限集的相对大小，我们就能定义什么是两个无限集合有相同的基数了。

我们最有兴趣的是可数无限集，就是和正整数集合具有相同基数的集合。我们会证明一个令人惊奇的结论，即有理数集合是可数无限的。我们还会给出一个不可数集合的例子，并证明实数集是不可数的。

本节讨论的概念在计算机科学中有非常重要的应用。一个函数是不可计算的，如果没有计算机程序能够计算它的所有值，即使给它无限的时间和内存空间。我们将用本节的概念来解释为什么不可计算函数是存在的。

我们现在要定义什么是两个集合具有相同的大小或基数。2.1 节讨论了有限集的基数，并定义了这样的集合的大小或基数。2.3 节的练习 81 中我们证明了：任何两个元素个数相同的有限集之间存在一个一一对应。我们可用这一观察将基数的概念推广到所有集合，包括有限集和无限集。

定义 1 集合 A 和集合 B 有相同的基数（cardinality），当且仅当存在从 A 到 B 的一个一一对应。当 A 和 B 有相同的基数时，就写成 $|A| = |B|$。

对于无限集，基数的定义提供了一个衡量两个集合相对大小的方法，而不是衡量一个集合大小的方法。我们还可以定义什么叫作一个集合的基数小于另一个集合的基数。

> **定义 2**　如果存在一个从 A 到 B 的一对一函数，则 A 的基数小于或等于 B 的基数，并写成 $|A| \leqslant |B|$。再者，当 $|A| \leqslant |B|$ 并且 A 和 B 有不同的基数时，我们说 A 的基数小于 B 的基数，并写成 $|A| < |B|$。

评注　在定义 1 和 2 中，我们引入记号 $|A| = |B|$ 和 $|A| < |B|$ 来表示 A 和 B 具有相同的基数和 A 的基数小于 B 的基数。可是，当 A 和 B 是任意的无限集时，这样的定义并没有赋予 $|A|$ 和 $|B|$ 不同的含义。

2.5.2　可数集合

现在把无限集分为两组，一组与自然数集合有相同的基数，另一组具有不同的基数。

> **定义 3**　一个集合或者是有限集或者与自然数集具有相同的基数，这个集合就称为可数的（countable）。一个集合不是可数的，就称为不可数的（uncountable）。如果一个无限集 S 是可数的，我们用符号 $\aleph_0$ 来表示集合 S 的基数（这里 $\aleph$ 是阿里夫，希伯来语字母表的第一个字母），写作 $|S| = \aleph_0$，并说 S 有基数"阿里夫零"。

下一个例子解释了如何证明一个集合是可数的。

例 1　证明正奇数集合是可数集。

解　要证明正奇数集合是可数的，就要给出这个集合与正整数集合之间的一个一一对应。考虑从 $\mathbf{Z}^+$ 到正奇数集合的函数

$$f(n) = 2n - 1$$

通过证明 f 既是一对一的又是映上的来证明 f 是一一对应的。要想知道 f 是一对一的，假定 $f(n) = f(m)$。于是 $2n - 1 = 2m - 1$，所以 $n = m$。要想知道 f 是映上的，假定 t 是正奇数。于是 t 比一个偶数 $2k$ 少 1，其中 k 是自然数。因此 $t = 2k - 1 = f(k)$。图 1 显示了这个一一对应。◀

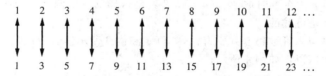

图 1　在 $\mathbf{Z}^+$ 和正奇数集合之间的一一对应

一个无限集是可数的当且仅当可以把集合中的元素排列成序列（下标是正整数）。这是因为从正整数集合到集合 S 的一一对应关系 f 可以用序列 $a_1, a_2, \cdots, a_n, \cdots$ 表示，其中 $a_1 = f(1), a_2 = f(2), \cdots, a_n = f(n), \cdots$。

希尔伯特大饭店　我们现在来讲一个悖论，它证明了某些对有限集不可能的事情对无限集变得可能了。著名数学家大卫·希尔伯特发明了**大饭店**的概念，它有可数无限多个房间，每个房间都有客人。当一个客人来到一家只有有限个房间的饭店，而且房间已经都有客人时，不赶走一位客人是容纳不下新来的客人的。可是，在大饭店我们总是能够容纳一位新客人的，即使所有房间已都住了客人，证明如例 2 所示。练习 5 和 8 分别要求你证明在大饭店住满的情况下，依然能容纳有限位新客人和可数位新客人。

例 2　在大饭店客满且不允许赶走住客的情况下，我们如何能容纳一位新来的客人？

解　因为大饭店的房间是可数的，我们可以把它们排列成 1 号房间、2 号房间、3 号房间等。当一位新客人到来时，我们把 1 号房间的客人安排到 2 号房间，把 2 号房间的客人安排到 3 号房间，更一般地，对于所有整数 n，把 n 号房间的客人安排到 $n+1$ 号房间。这样就把 1 号

房间腾出来了，把这个房间分配给新来的客人，并且所有原先的客人也都有房间。这种场景的解释如图 2 所示。

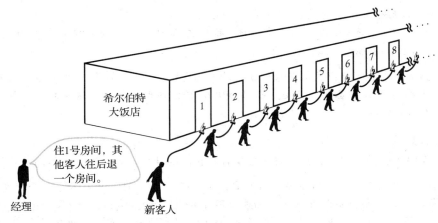

图 2 一位新客人到达希尔伯特大饭店

当一家饭店只有有限多个房间时，所有房间客满的概念等价于不能再容纳新客人的概念。可是，注意当有无限多个房间时这种等价关系就不再成立了，这也可以用来解释希尔伯特大饭店的悖论了。

可数和不可数集合的例子 我们现在证明某些数的集合是可数的。以所有整数的集合开始。注意我们可以通过列举其元素来证明所有整数的集合是可数的。

例 3 证明所有整数的集合是可数的。

解 我们可用序列来列出所有整数，从 0 开头，交替列举正、负整数：0，1，−1，2，−2，…。或者，我们也可以在正整数集与整数集之间找一个一一对应函数。函数 $f(n)$ 当 n 为偶数时取值 $n/2$ 而当 n 为奇数时取值 $-(n-1)/2$ 就是这样的一个函数，证明留给读者完成。因此，所有整数的集合是可数的。

奇数集与整数集均为可数集合并不奇怪（如例 1 和例 3 所示）。但许多人对于有理数集也是可数集合的结果颇为惊讶，如例 4 所示。

例 4 证明正有理数集合是可数的。

解 正有理数集合是可数的，这似乎令人惊讶，但下面将证明如何把正有理数排列成序列 r_1，r_2，…，r_n，…。首先，注意每个正有理数都是两个正整数之比 p/q。

我们可以这样来排列正有理数：在第 1 行列出分母 $q=1$ 的有理数，在第 2 行列出分母

大卫·希尔伯特（David Hilbert，1862—1943） 希尔伯特出生于以七座桥享誉数学界的哥尼斯堡市，是一位法官的儿子。1892~1930 年在哥廷根大学任职期间，他在广泛的数学领域做出了奠基性的贡献。他总是在数学的某个课题上工作，做出重要的贡献，然后换一个新的数学课题研究。希尔伯特研究过的领域包括变分法、几何、代数、数论、逻辑以及数理物理学。除了许多杰出的原创性贡献外，希尔伯特还以重要而具有影响力的 23 个未解之题而闻名。他在 1900 年国际数学家大会上提出了这些难题，作为 20 世纪诞生时给数学家的挑战。从那时起，这些问题推动了大量的研究活动。尽管其中许多问题已被解决，但有些问题依然悬而未决，其中包括黎曼假设，这是希尔伯特列表中第 8 个问题的一部分。希尔伯特也是数论和几何学几本重要的教科书的作者。

$q=2$ 的有理数，等等，如图 3 所示。

把有理数排列成序列的关键是：沿着图 3 所示的路线，先列出满足 $p+q=2$ 的正有理数 p/q，再列出满足 $p+q=3$ 的正有理数，然后列出满足 $p+q=4$ 的正有理数，等等。每当遇到已经列出过的数 p/q 时，就不再次列出了。例如，当遇到 $2/2=1$ 时就不列出了，因为已经列出过 $1/1=1$。这样构造的正有理数序列的初始项是 1, 1/2, 2, 3, 1/3, 1/4, 2/3, 3/2, 4, 5, 等等。这些数在图 3 中都加了圆圈，序列中没有圆圈的数是那些被剔除的，因为它们已经在序列中了。由于所有有理数都只列出一次，读者可以验证它，所以我们证明了正有理数集合是可数的。

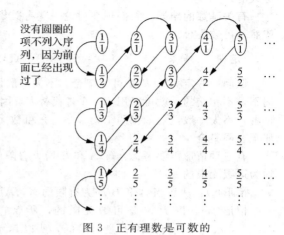

没有圆圈的项不列入序列，因为前面已经出现过了

图 3　正有理数是可数的

2.5.3　不可数集合

我们已经看到有理数集也是可数集合。那么是否有可能的不可数集合呢？首先考虑的集合是实数集。在例 5 中我们使用一种很重要的由乔治·康托尔于 1879 年引入的证明方法，即所谓的康托尔对角线法，来证明实数集合是不可数的。在数理逻辑和计算理论中大量地使用这个证明方法。

例 5　证明实数集合是不可数集合。

解　要证明实数集合是不可数的，我们假定实数集合是可数的，然后试图导出一个矛盾。于是，所有落在 0 和 1 之间的实数所构成的子集也是可数的（因为可数集合的任意子集合都是可数的，参见练习 16）。在此假设下，在 0 和 1 之间的实数可以按照某种顺序列出，比如说 r_1，r_2，r_3，…。设这些实数的十进制表示为

$$r_1 = 0.d_{11}d_{12}d_{13}d_{14}\cdots$$
$$r_2 = 0.d_{21}d_{22}d_{23}d_{24}\cdots$$
$$r_3 = 0.d_{31}d_{32}d_{33}d_{34}\cdots$$
$$r_4 = 0.d_{41}d_{42}d_{43}d_{44}\cdots$$
$$\vdots$$

其中 $d_{ij} \in \{0, 1, 2, 3, 4, 5, 6, 7, 8, 9\}$。（例如，如果 $r_1 = 0.237\,941\,02\cdots$，就有 $d_{11}=2$，$d_{12}=3$，$d_{13}=7$，等等。）于是，构造新的实数具有十进制展开式 $r=0.d_1d_2d_3d_4\cdots$，其中十进制数字由下列规则确定：

$$d_i = \begin{cases} 4 & \text{如果 } d_{ii} \neq 4 \\ 5 & \text{如果 } d_{ii} = 4 \end{cases}$$

（例如，假定 $r_1=0.237\,941\,02\cdots$，$r_2=0.445\,901\,38\cdots$，$r_3=0.091\,187\,64\cdots$，$r_4=0.805\,539\,00\cdots$，等等。于是，就有 $r=0.d_1d_2d_3d_4\cdots=0.4544\cdots$，其中因为 $d_{11}\neq4$，所以 $d_1=4$；因为 $d_{22}=4$，所以 $d_2=5$；因为 $d_{33}\neq4$，所以 $d_3=4$；因为 $d_{44}\neq4$，所以 $d_4=4$；等等。）

每个实数都有唯一的十进制展开式（排除结尾全部由数字 9 组成的展开式的可能性）。所以，实数 r 不等于 r_1，r_2，…中的任何一个，因为对每个 i 来说，r 的十进制展开式与 r_i 的十进制展开式在小数点右边第 i 位是不同的。

由于存在不在列表中的 0 和 1 之间的实数 r，所以假设可以列出在 0 和 1 之间的所有实数就必定为假。所以，在 0 和 1 之间的所有实数不能一一列出，因此在 0 和 1 之间的实数集合是不可数的。任何含有不可数子集合的集合都是不可数的（参见练习 15）。因此，实数集合是不

可数的。   ◀

有关基数的结果   我们现在讨论一些有关集合基数的结果。首先，证明两个可数集合的并依然是可数集合。

> **定理 1**   如果 A 和 B 是可数集合，则 $A \cup B$ 也是可数集合。

证明   假定 A 和 B 是可数集合。不失一般性，我们可以假设 A 和 B 是不相交的。（如果它们不是不相交的，就可以用 $B-A$ 来代替 B，因为 $A \cap (B-A) = \varnothing$ 并且 $A \cup (B-A) = A \cup B$。）再者，不失一般性，如果两个集合之一是可数无限的而另一个是有限的，则我们可以假设 B 是那个有限集合。

有三种情形需要考虑：(i)A 和 B 均为有限的；(ii)A 是无限的而 B 是有限的；(iii)A 和 B 均为可数无限的。

情形(i)：注意当 A 和 B 均为有限的时，$A \cup B$ 也是有限的，因此是可数的。

情形(ii)：因为 A 是可数无限的，所以它的元素就可以排列成一个无限序列 a_1，a_2，a_3，$\cdots$，a_n，$\cdots$ 同时因为 B 是有限的，所以其元素可以排列成 b_1，b_2，b_3，$\cdots$，b_m，m 是某个正整数。我们可以把 $A \cup B$ 的元素排列成 b_1，b_2，b_3，$\cdots$，b_m，a_1，a_2，a_3，$\cdots$，a_n，$\cdots$。这意味着 $A \cup B$ 是可数无限的。

情形(iii)：因为 A 和 B 均为可数无限的，可以分别把它们的元素排列成 a_1，a_2，a_3，$\cdots$，a_n，$\cdots$ 和 b_1，b_2，b_3，$\cdots$，b_n，$\cdots$。通过交替这两个序列的项，我们就可以把 $A \cup B$ 的元素排列成无限序列 a_1，b_1，a_2，b_2，a_3，b_3，$\cdots$，a_n，b_n，$\cdots$。这意味着 $A \cup B$ 是可数无限的。

至此完成了证明，因为已经证明在所有三种情形下 $A \cup B$ 都是可数的。   ◀

鉴于其重要性，我们现在给出基数研究中的一个关键定理。

> **定理 2   Schröder-Bernstein 定理**   如果 A 和 B 是集合且 $|A| \leqslant |B|$ 和 $|B| \leqslant |A|$，则 $|A| = |B|$。换言之，如果存在一对一函数 f 从 A 到 B 和 g 从 B 到 A，则存在 A 和 B 之间的一一对应函数。

因为定理 2 看起来相当地简单明了，所以我们可能会期望它有一个简单的证明。可是，事实并非如此。因为当你有一个从 A 到 B 的单射函数时，它不一定是映上的，而另一个从 B 到 A 的单射函数也不一定是映上的，没有显而易见的方法来构造一个从 A 到 B 的双射函数。再者，即使可以不用高等数学来证明它，但已知的证明都相当微妙而曲折，不容易解释清楚。其中一个证明的展开参见练习 41，要求读者来完成细节部分。有兴趣的读者可以在 [AiZiHo09] 和 [Ve06] 中找到证明。这个结论称为 Schröder-Bernstein 定理，因为 Ernst Schröder 在 1898 年发表了一个有缺陷的证明，而康托尔的学生 Felix Bernstein 在 1897 年给出了一个证明。可是，在 Richard Dedekind 的 1887 年的笔记中也发现了该定理的一个证明。Dedekind 是一位德国数学家，他在数学基础、抽象代数和数论方面做出了重要贡献。

下面用一个例子来解释定理 2 的应用。

例 6   证明 $|(0, 1)| = |(0, 1]|$。

解   如何寻找一个 $(0, 1)$ 和 $(0, 1]$ 之间的一一对应来证明 $|(0, 1)| = |(0, 1]|$ 完全不是显而易见的事。幸运的是，可以采用 Schröder-Bernstein 定理。寻找一个 $(0, 1)$ 到 $(0, 1]$ 的一对一函数是很简单的。因为 $(0, 1) \subset (0, 1]$，所以 $f(x) = x$ 就是一个 $(0, 1)$ 到 $(0, 1]$ 的一对一函数。录找一个 $(0, 1]$ 到 $(0, 1)$ 的一对一函数也不难。函数 $g(x) = x/2$ 显然是一对一的且将 $(0, 1]$ 映射到 $(0, 1/2] \subset (0, 1)$。由于找到了从 $(0, 1)$ 到 $(0, 1]$ 和从 $(0, 1]$ 到 $(0, 1)$ 的一对一函数，所以 Schröder-Bernstein 定理告诉我们 $|(0, 1)| = |(0, 1]|$。   ◀

不可计算函数   我们现在来描述本节中的概念在计算机科学中的一个重要应用。特别是，我们将证明存在这样的函数，其值不能由任何计算机程序计算出来。

定义 4　一个函数称为是**可计算的**（computable），如果存在某种编程语言写的计算机程序能计算该函数的值。如果一个函数不是可计算的，就说是**不可计算的**（uncomputable）。

要证明存在不可计算函数，我们需要建立两个结果。首先要证明用任何编程语言写的计算机程序的集合是可数的。注意用一种特定语言编写的一个计算机程序可以看作由有限的字母表构造的字符串就可以证明该结论（参见练习 37）。接下来，我们证明从一个特定的可数无限集到自身的函数有不可数无限多个。特别是，练习 38 证明了从正整数到自身的函数集合是不可数的。这是 0～1 之间实数集的不可数性（参见例 5）的一个推论。结合这两个结果（参见练习 39）可以证明存在不可计算函数。

连续统假设　我们简单讨论一下有关基数的一个著名的开放问题以作为本节的结束。可以证明 $\mathbf{Z}^+$ 的幂集和实数集 $\mathbf{R}$ 具有相同的基数（参见练习 38）。换言之，我们知道 $|\mathcal{P}(\mathbf{Z}^+)| = |\mathbf{R}| = c$，这里 c 表示实数集的基数。

康托尔的一个重要定理（参见练习 40）表明一个集合的基数总是小于其幂集的基数。故有 $|\mathbf{Z}^+| < |\mathcal{P}(\mathbf{Z}^+)|$。我们将这个结论重写为 $\aleph_0 < 2^{\aleph_0}$，这里用记号 $2^{|S|}$ 表示集合 S 的幂集的基数。还有，注意关系 $|\mathcal{P}(\mathbf{Z}^+)| = |\mathbf{R}|$ 可以表示为 $2^{\aleph_0} = c$。

这就导致了著名的**连续统假设**（contimuun hypothesis），它阐述了不存在介于 $\aleph_0$ 和 c 之间的基数 X。换言之，连续统假设说明了不存在集合 A 使得正整数集合的基数 $\aleph_0$ 小于 $|A|$，而 $|A|$ 又小于实数集的基数 c。可以证明最小的无限基数形成一个无限序列 $\aleph_0 < \aleph_1 < \aleph_2 < \cdots$。如果我们假定连续统假设为真，就可以得出结论 $c = \aleph_1$，故有 $2^{\aleph_0} = \aleph_1$。

连续统假设是由康托尔在 1877 年提出的。他努力尝试证明之而未果，因而变得非常沮丧。到了 1900 年，解决连续统假设被认为是数学中最重要的悬而未决的问题。这是被大卫·希尔伯特（David Hilbert）列入他著名的 1900 年数学开放问题的第一个问题。

连续统假设依然是一个开放问题，还是一个活跃的研究领域。可是，已经证明了在现代数学的标准集合论公理（即 Zermelo-Fraenkel 公理）下，该假设既不能被证明也不能被反驳。Zermelo-Fraenkel 公理的制定是为了避免朴素集合论的悖论，如罗素悖论，但是是否应该用其他的一组集合论公理来替代还是有很大争议。

练习

1. 确定下列各集合是否是有限的、可数无限的或不可数的。对那些可数无限集合，给出在自然数集合和该集合之间的一一对应。
   - **a)** 负整数
   - **b)** 偶数
   - **c)** 小于 100 的整数
   - **d)** 0 和 1/2 之间的实数
   - **e)** 小于 1 000 000 000 的正整数
   - **f)** 7 的整倍数

2. 确定下列各集合是否是有限的、可数无限的或不可数的。对那些可数无限集合，给出在自然数集合和该集合之间的一一对应。
   - **a)** 大于 10 的整数
   - **b)** 奇负整数
   - **c)** 绝对值小于 1 000 000 的整数
   - **d)** 0 和 2 之间的实数
   - **e)** 集合 $A \times \mathbf{Z}^+$，其中 $A = \{2, 3\}$
   - **f)** 10 的整倍数

3. 确定下列各集合是否是可数的或不可数的。对那些可数无限集合，给出在自然数集合和该集合之间的一一对应。
   - **a)** 不包含比特 0 的全部比特串
   - **b)** 不能写成分母不小于 4 的全部正有理数
   - **c)** 十进制表示中不包含 0 的实数
   - **d)** 十进制表示中仅包含有限个 1 的实数

4. 确定下列各集合是否是可数的或不可数的。对那些可数无限集合，给出在自然数集合和该集合之间的一一对应。
   - **a)** 不能被 3 整除的整数
   - **b)** 能被 5 整除但不能被 7 整除的整数

c)十进制表示是全 1 的实数

d)十进制表示是全 1 或全 9 的实数

5. 证明一群有限的客人到达客满的希尔伯特大饭店时依然可以在不赶走客人的情况下得到房间。

6. 假设希尔伯特大饭店已客满,但是饭店要关闭所有偶数编号的房间进行维修。证明所有客人依然可以住在饭店里。

7. 假设希伯尔特大饭店在某一天客满了,饭店准备扩展到同样具有可数无限个房间的第二幢楼。证明现有的客人可以散开填满饭店两幢楼的每个房间。

8. 证明可数无限个客人到达客满的希尔伯特大饭店时依然可以在不赶走客人的情况下得到房间。

* 9. 假设有可数无限辆巴士,每辆载有可数无限多位客人到达客满的希尔伯特大饭店。证明在不赶走客人的情况下所有达到的客人都可以住进希尔伯特大饭店。

10. 给出两个不可数集合 A 和 B 的例子使得 $A-B$ 是

 a)有限的   b)可数无限的   c)不可数的

11. 给出两个不可数集合 A 和 B 的例子使得 $A \cap B$ 是

 a)有限的   b)可数无限的   c)不可数的

12. 证明如果 A 和 B 是集合且 $A \subset B$,则 $|A| \leqslant |B|$。

13. 试解释为什么集合 A 是可数的当且仅当 $|A| \leqslant |\mathbf{Z}^+|$。

14. 证明如果 A 和 B 是集合并具有相同的基数,则 $|A| \leqslant |B|$ 并且 $|B| \leqslant |A|$。

☞ 15. 证明如果 A 和 B 是集合,A 是不可数的,并且 $A \subseteq B$,则 B 是不可数的。

☞ 16. 证明可数集的子集也是可数的。

17. 如果 A 是不可数集合而 B 是可数集合,那么 $A-B$ 一定是不可数的吗?

18. 证明如果 A 和 B 是集合且 $|A| = |B|$,则 $|\mathcal{P}(A)| = |\mathcal{P}(B)|$。

19. 证明如果 A、B、C 和 D 是集合且 $|A| = |B|$ 和 $|C| = |D|$,则 $|A \times C| = |B \times D|$。

20. 证明如果 $|A| = |B|$ 且 $|B| = |C|$,则 $|A| = |C|$。

21. 证明如果 A、B 和 C 是集合使得 $|A| \leqslant |B|$ 和 $|B| \leqslant |C|$,则 $|A| \leqslant |C|$。

22. 假设 A 是可数集合。证明如果存在一个从 A 到 B 的映上函数 f,则 B 也是可数的。

23. 证明如果 A 是一个无限集合,则它包含可数无限子集。

24. 证明不存在无限集合 A 使得 $|A| < |\mathbf{Z}^+| = \aleph_0$。

25. 证明如果有可能用(具有有限个字符的)键盘字符的有限串来标记一个无限集 S 的每个元素,且 S 中没有两个元素具有相同的标记,则 S 是可数无限集。

26. 利用练习 25 给出一个不同于书上的方法来证明有理数集是可数的。〔提示:证明你能将一个有理数表示为一串带有斜杠的数字外加可能的减号。〕

* 27. 证明可数多个可数集的并集是可数的。

28. 证明集合 $\mathbf{Z}^+ \times \mathbf{Z}^+$ 是可数的。

* 29. 证明所有有限比特串的集合是可数的。

* 30. 证明二次方程 $ax^2 + bx + c = 0$ 的实数解的集合是可数的,其中 a、b 和 c 都是整数。

* 31. 通过证明多项式函数 $f: \mathbf{Z}^+ \times \mathbf{Z}^+ \to \mathbf{Z}^+$,$f(m, n) = (m+n-2)(m+n-1)/2 + m$ 是一对一和映上的来证明 $\mathbf{Z}^+ \times \mathbf{Z}^+$ 是可数集。

* 32. 证明当用 $(3n+1)^2$ 来替换练习 31 的函数 $f(m, n)$ 右边表达式的每个 n 的出现时,用 $(3m+1)^2$ 来替换每个 m 的出现时,你会得到一个一对一的多项式函数 $\mathbf{Z} \times \mathbf{Z} \to \mathbf{Z}$。是否存在一个一对一的多项式函数 $\mathbf{Q} \times \mathbf{Q} \to \mathbf{Q}$ 是一个开放问题。

33. 利用 Schröder-Bernstein 定理证明 $(0, 1)$ 和 $[0, 1]$ 具有相同的基数。

34. 采用下列方法证明 $(0, 1)$ 和 $\mathbf{R}$ 具有相同的基数。

 a)$f(x) = \dfrac{2x-1}{2x(1-x)}$ 是从 $(0, 1)$ 到 $\mathbf{R}$ 的双射函数。

 b)利用 Schröder-Bernstein 定理。

35. 证明不存在从正整数集合到正整数集合的幂集的一一对应。〔提示:假设存在这样的一一对应。将正整数集的一个子集表示为一个无限比特串,其中第 i 位为 1 如果 i 属于该子集,否则为 0。假设你能将这些无限比特串排成正整数下标的序列。构造一个新的比特串,其第 i 位等于序列中第 i 个比特串

的第 i 位的补。证明这个新比特串不可能出现在该序列中。]

* **36.** 证明从正整数子集的集合到 0 和 1 之间实数的集合存在一个一一对应。利用这个结果以及练习 34 和 35 推出结论 $\aleph_0 < |\mathcal{P}(\mathbf{Z}^+)| = |\mathbf{R}|$。[提示：看看练习 35 提示的第一部分。]

* **37.** 证明用特定编程语言编写的所有计算机程序的集合是可数的。[提示：可以认为用编程语言编写的一个计算机程序是有限字母表上的一个符号串。]

* **38.** 证明从正整数到集合 $\{0, 1, 2, 3, 4, 5, 6, 7, 8, 9\}$ 的函数集合是不可数的。[提示：首先在 0 到 1 之间实数集与这些函数的子集之间建立一一对应。为此，让实数 $0.d_1 d_2 \cdots d_n \cdots$ 对应到函数 f 以使 $f(n) = d_n$。]

* **39.** 一个函数是**可计算的**(computable)如果存在一个计算机程序能够计算函数的值。用练习 27 和 38 证明存在不可计算的函数。

* **40.** 证明如果 S 是一个集合，则不存在从 S 到 $\mathcal{P}(S)$（S 的幂集）的映上函数 f。从而得出结论 $|S| < |\mathcal{P}(S)|$。这个结论称为康托尔定理。[提示：假定这样的函数 f 存在。令 $T = \{s \in S \mid s \notin f(s)\}$，然后证明不存在元素 s 使得 $f(s) = T$。]

* **41.** 在这个练习中，我们将证明 Schröder-Bernstein 定理。假设 A 和 B 是集合，且满足 $|A| \leqslant |B|$ 和 $|B| \leqslant |A|$。这意味着存在单射函数 $f: A \to B$ 和 $g: B \to A$。为了证明定理，我们必须证明存在双射函数 $h: A \to B$，这蕴含了 $|A| = |B|$。

  为了构建 h，我们构造一个 $a \in A$ 的元素链。这个链包含元素 $a, f(a), g(f(a)), f(g(f(a))), g(f(g(f(a)))), \cdots$。也可以包含更多 a 之前的元素，从而反向扩展该链。因此，如果存在 $b \in B$ 使得 $g(b) = a$，则 b 就是该链中紧挨着 a 前面的项。因为 g 可能不是满射，可能不存在这样的 b，所以 a 就是该链的第一个元素。如果这样的 b 存在，由于 g 是单射，它就是 B 中唯一的元素，能通过 g 映射到 a；我们把它记作 $g^{-1}(a)$（注意，这里定义 g^{-1} 是 B 到 A 的部分函数）。我们可以以同样的方式尽可能反向扩展该链，即加上 $f^{-1}(g^{-1}(a)), g^{-1}(f^{-1}(g^{-1}(a))), \cdots$。为了构造证明，需要完成下列五个步骤。

  a)证明 A 或 B 的每个元素只属于一个链。

  b)证明存在四类链：（第一类）构成循环的链，从每个元素出发沿着链往前，最终还会回到这个元素；（第二类）反向扩展时不会终止；（第三类）反向扩展时终止于集合 A；（第四类）反向扩展时终止于集合 B。

  c)现在定义函数 $h: A \to B$。当 a 属于第一、二、三类链时，设 $h(a) = f(a)$。当 a 属于第四类链时，证明我们能定义 $h(a)$，且 $h(a) = g^{-1}(a)$。在下面两个小题中，我们将证明这个函数是从 A 到 B 的双射函数，以此作为定理的证明。

  d)证明 h 是一对一的（可以与第一、二、三类链一起考虑，第四类链单独证明）。

  e)证明 h 是映上的（可以与第一、二、三类链一起考虑，第四类链单独证明）。

2.6　矩阵

2.6.1　引言

离散数学中用矩阵表示集合中元素之间的关系。在随后的章节中，矩阵将用于各种不同的建模中。例如，矩阵可以用在通信网络和交通运输系统的模型中。许多算法都是用矩阵模型开发的。本节回顾这些算法中会用到的矩阵算术运算。

> **定义 1**　矩阵(matrix)是矩形状的数组。m 行 n 列的矩阵称为 $m \times n$ 矩阵。行数和列数相同的矩阵称为方阵(square)。如果两个矩阵有同样数量的行和列且每个位置上的对应项都相等，则这两个矩阵是相等的。

例 1　矩阵 $\begin{bmatrix} 1 & 1 \\ 0 & 2 \\ 1 & 3 \end{bmatrix}$ 是一个 3×2 矩阵。　◀

现在介绍一些矩阵术语。黑斜体大写字母用来表示矩阵。

> **定义 2** 令 m 和 n 是正整数，并令
>
> $$A = \begin{bmatrix} a_{11} & a_{12} & \cdots & a_{1n} \\ a_{21} & a_{22} & \cdots & a_{2n} \\ \vdots & \vdots & & \vdots \\ a_{m1} & a_{m2} & \cdots & a_{mn} \end{bmatrix}$$
>
> A 的第 i 行是 $1 \times n$ 矩阵 $[a_{i1}, a_{i2}, \cdots, a_{in}]$。$A$ 的第 j 列是 $n \times 1$ 矩阵 $\begin{bmatrix} a_{1j} \\ a_{2j} \\ \vdots \\ a_{mj} \end{bmatrix}$。
>
> A 的第 (i, j) 元素(element)或项(entry)是元素 a_{ij}，即 A 的第 i 行第 j 列位置上的数。表示矩阵 A 的一个方便的简写符号是写成 $A = [a_{ij}]$，表示 A 是其第 (i, j) 元素为 a_{ij} 的矩阵。

2.6.2 矩阵算术

现在介绍矩阵算术的基本运算，首先是矩阵加法的定义。

> **定义 3** 令 $A = [a_{ij}]$ 和 $B = [b_{ij}]$ 为 $m \times n$ 矩阵。A 和 B 的和，记作 $A + B$，是其第 (i, j) 元素为 $a_{ij} + b_{ij}$ 的矩阵。换言之，$A + B = [a_{ij} + b_{ij}]$。

相同大小的两个矩阵的和是将它们对应位置上的元素相加得到的。不同大小的矩阵不能相加，因为两个矩阵在某些位置上不一定都有值。

例 2 我们有

$$\begin{bmatrix} 1 & 0 & -1 \\ 2 & 2 & -3 \\ 3 & 4 & 0 \end{bmatrix} + \begin{bmatrix} 3 & 4 & -1 \\ 1 & -3 & 0 \\ -1 & 1 & 2 \end{bmatrix} = \begin{bmatrix} 4 & 4 & -2 \\ 3 & -1 & -3 \\ 2 & 5 & 2 \end{bmatrix}$$ ◀

现在讨论矩阵乘积。两个矩阵的乘积只有在第一个矩阵的列数和第二个矩阵的行数相等时才有定义。

> **定义 4** 令 A 为 $m \times k$ 矩阵，B 为 $k \times n$ 矩阵。A 和 B 的乘积，记作 AB，是一个 $m \times n$ 矩阵，其第 (i, j) 元素等于 A 的第 i 行与 B 的第 j 列对应元素的乘积之和。换言之，如果 $AB = [c_{ij}]$，则
>
> $$c_{ij} = a_{i1}b_{1j} + a_{i2}b_{2j} + \cdots + a_{ik}b_{kj}$$

在图 1 中，A 的灰色行和 B 的灰色列用于计算 AB 的元素 c_{ij}。当第一个矩阵的列数和第二个矩阵的行数不相等时两个矩阵的乘积无定义。

$$\begin{bmatrix} a_{11} & a_{12} & \cdots & a_{1k} \\ a_{21} & a_{22} & \cdots & a_{2k} \\ \vdots & \vdots & & \vdots \\ a_{i1} & a_{i2} & \cdots & a_{ik} \\ \vdots & \vdots & & \vdots \\ a_{m1} & a_{m2} & \cdots & a_{mk} \end{bmatrix} \begin{bmatrix} b_{11} & b_{12} & \cdots & b_{1j} & \cdots & b_{1n} \\ b_{21} & b_{22} & \cdots & b_{2j} & \cdots & b_{2n} \\ \vdots & \vdots & & \vdots & & \vdots \\ b_{k1} & b_{k2} & \cdots & b_{kj} & \cdots & b_{kn} \end{bmatrix} = \begin{bmatrix} c_{11} & c_{12} & \cdots & c_{1n} \\ c_{21} & c_{22} & \cdots & c_{2n} \\ \vdots & \vdots & & \vdots \\ c_{m1} & c_{m2} & \cdots & c_{mn} \end{bmatrix}$$

图 1 $A = [a_{ij}]$ 和 $B = [b_{ij}]$ 之乘积

现在举几个矩阵乘积的例子。

例3 令

$$A = \begin{bmatrix} 1 & 0 & 4 \\ 2 & 1 & 1 \\ 3 & 1 & 0 \\ 0 & 2 & 2 \end{bmatrix} \quad B = \begin{bmatrix} 2 & 4 \\ 1 & 1 \\ 3 & 0 \end{bmatrix}$$

求 AB（如果有定义）。

解 因为 A 是 4×3 矩阵而 B 是 3×2 矩阵，所以 A 和 B 的乘积有定义且是 4×2 矩阵。要计算 AB 的元素，首先把 A 的行和 B 的列的对应元素相乘，然后再把这些乘积加起来。例如，AB 的 $(3,1)$ 位置的元素是 A 的第三行和 B 的第一列对应元素的乘积之和，即 $3 \cdot 2 + 1 \cdot 1 + 0 \cdot 3 = 7$。计算出 AB 的所有元素后，得到

$$AB = \begin{bmatrix} 14 & 4 \\ 8 & 9 \\ 7 & 13 \\ 8 & 2 \end{bmatrix} \qquad \blacktriangleleft$$

虽然矩阵乘法是可结合的，很容易利用实数加法和乘法的结合律来证明，但是，矩阵乘法不是可交换的。也就是说，如果 A 和 B 为矩阵，AB 和 BA 不一定相同。事实上可能这两个乘积中只有一个有定义。例如如果 A 是 2×3 矩阵，B 是 3×4 矩阵，那么 AB 有定义且是 2×4 矩阵；BA 没有定义，因为 3×4 矩阵和 2×3 矩阵无法相乘。

一般来说，假定 A 是 $m \times n$ 矩阵，B 是 $r \times s$ 矩阵。则只有当 $n = r$ 时 AB 才有定义，当 $s = m$ 时 BA 才有定义。不仅如此，即使 AB 和 BA 均有定义，也不一定具有同样大小除非 $m = n = r = s$。因此，如果 AB 和 BA 均有定义且有相同大小，则 A 和 B 必定是方阵且具有同样大小。再者，即使 A 和 B 均为 $n \times n$ 矩阵，AB 和 BA 也不一定会相等，如例4所示。

例4 令

$$A = \begin{bmatrix} 1 & 1 \\ 2 & 1 \end{bmatrix} \quad B = \begin{bmatrix} 2 & 1 \\ 1 & 1 \end{bmatrix}$$

是否有 $AB = BA$？

解 经计算得

$$AB = \begin{bmatrix} 3 & 2 \\ 5 & 3 \end{bmatrix} \quad BA = \begin{bmatrix} 4 & 3 \\ 3 & 2 \end{bmatrix}$$

所以，$AB \neq BA$。 $\qquad \blacktriangleleft$

2.6.3 矩阵的转置和幂

现在引入一个元素为 0 和 1 的重要矩阵。

定义5 n 阶单位矩阵（identity matrix of order n）是 $n \times n$ 矩阵 $I_n = [\delta_{ij}]$（克罗内克积（kronecker delta）），其中 $\delta_{ij} = 1$ 如果 $i = j$，$\delta_{ij} = 0$ 如果 $i \neq j$。因此

$$I_n = \begin{bmatrix} 1 & 0 & \cdots & 0 \\ 0 & 1 & \cdots & 0 \\ \vdots & \vdots & & \vdots \\ 0 & 0 & \cdots & 1 \end{bmatrix}$$

一个矩阵乘以一个大小合适的单位阵不会改变该矩阵。换言之，当 A 是一个 $m \times n$ 矩阵时，有

$$AI_n = I_m A = A$$

可以定义方阵的幂次。当 A 是一个 $n \times n$ 矩阵时，则有

$$A_0 = I_n, \quad A^r = \underbrace{AAA\cdots A}_{r \text{个矩乘}}$$

有些场合中需要有交换一个方阵的行和列的运算。

定义 6 令 $A = [a_{ij}]$ 为 $m \times n$ 矩阵。A 的**转置**（transpose）记作 A^T，是通过交换 A 的行和列所得到的 $n \times m$ 矩阵。换言之，如果 $A^T = [b_{ij}]$，则 $b_{ij} = a_{ji}$，$i = 1, 2, \cdots, n$，$j = 1, 2, \cdots, m$。

例 5 矩阵 $\begin{bmatrix} 1 & 2 & 3 \\ 4 & 5 & 6 \end{bmatrix}$ 的转置是矩阵 $\begin{bmatrix} 1 & 4 \\ 2 & 5 \\ 3 & 6 \end{bmatrix}$。 ◀

有一类很重要的矩阵在交换行和列之后依然保持不变。

定义 7 方阵 A 称为**对称的**（symmetric），如果 $A = A^T$。因此 $A = [a_{ij}]$ 为对称的，如果对所有 i 和 j（$1 \leqslant i \leqslant n$，$1 \leqslant j \leqslant n$），有 $a_{ij} = a_{ji}$。

注意一个矩阵是对称的当且仅当它是方阵且相对于主对角线（对所有 i，由第 i 行第 i 列的元素组成）是对称的。这一对称性如图 2 所示。

例 6 矩阵 $\begin{bmatrix} 1 & 1 & 0 \\ 1 & 0 & 1 \\ 0 & 1 & 0 \end{bmatrix}$ 是对称的。 ◀

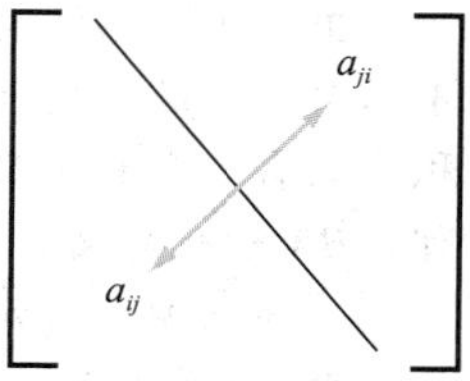

图 2 对称矩阵

2.6.4 0-1 矩阵

所有元素非 0 即 1 的矩阵称为 **0-1 矩阵**。0-1 矩阵经常用来表示各种离散结构，在第 9 章和第 10 章将会看到。使用这些结构的算法是基于 0-1 矩阵的布尔算术运算。该算术运算基于布尔运算 $\wedge$ 和 $\vee$，作用在成对的比特上，定义如下：

$$b_1 \wedge b_2 = \begin{cases} 1 & \text{如果 } b_1 = b_2 = 1 \\ 0 & \text{否则} \end{cases}$$

$$b_1 \vee b_2 = \begin{cases} 1 & \text{如果 } b_1 = 1 \text{ 或者 } b_2 = 1 \\ 0 & \text{否则} \end{cases}$$

定义 8 令 $A = [a_{ij}]$ 和 $B = [b_{ij}]$ 为 $m \times n$ 阶 0-1 矩阵。A 和 B 的并是 0-1 矩阵，其 (i, j) 元素为 $a_{ij} \vee b_{ij}$。A 和 B 的并记作 $A \vee B$。A 和 B 的交是 0-1 矩阵，其 (i, j) 元素是 $a_{ij} \wedge b_{ij}$。A 和 B 的交记作 $A \wedge B$。

例 7 求 0-1 矩阵的并和交。

$$A = \begin{bmatrix} 1 & 0 & 1 \\ 0 & 1 & 0 \end{bmatrix}, \quad B = \begin{bmatrix} 0 & 1 & 0 \\ 1 & 1 & 0 \end{bmatrix}$$

解 A 和 B 的并是

$$A \vee B = \begin{bmatrix} 1 \vee 0 & 0 \vee 1 & 1 \vee 0 \\ 0 \vee 1 & 1 \vee 1 & 0 \vee 0 \end{bmatrix} = \begin{bmatrix} 1 & 1 & 1 \\ 1 & 1 & 0 \end{bmatrix}$$

A 和 B 的交是

$$A \wedge B = \begin{bmatrix} 1 \wedge 0 & 0 \wedge 1 & 1 \wedge 0 \\ 0 \wedge 1 & 1 \wedge 1 & 0 \wedge 0 \end{bmatrix} = \begin{bmatrix} 0 & 0 & 0 \\ 0 & 1 & 0 \end{bmatrix}$$ ◀

现在定义两个矩阵的布尔积。

定义 9 令 $A = [a_{ij}]$ 为 $m \times k$ 阶 0-1 矩阵，$B = [b_{ij}]$ 为 $k \times n$ 阶 0-1 矩阵。A 和 B 的**布尔积**（Boolean product），记作 $A \odot B$，是 $m \times n$ 矩阵 $[c_{ij}]$，其中

$$c_{ij} = (a_{i1} \wedge b_{1j}) \vee (a_{i2} \wedge b_{2j}) \vee \cdots \vee (a_{ik} \wedge b_{kj})$$

注意 A 和 B 的布尔积的计算方法类似于这两个矩阵的普通乘积，但要用运算 $\vee$ 代替加法，用运算 $\wedge$ 代替乘法。下面给出一个矩阵布尔乘法的例子。

例 8 求 A 和 B 的布尔积，其中

$$A = \begin{bmatrix} 1 & 0 \\ 0 & 1 \\ 1 & 0 \end{bmatrix}, \quad B = \begin{bmatrix} 1 & 1 & 0 \\ 0 & 1 & 1 \end{bmatrix}$$

解 A 和 B 的布尔积 $A \odot B$ 由下式给出：

$$A \odot B = \begin{bmatrix} (1 \wedge 1) \vee (0 \wedge 0) & (1 \wedge 1) \vee (0 \wedge 1) & (1 \wedge 0) \vee (0 \wedge 1) \\ (0 \wedge 1) \vee (1 \wedge 0) & (0 \wedge 1) \vee (1 \wedge 1) & (0 \wedge 0) \vee (1 \wedge 1) \\ (1 \wedge 1) \vee (0 \wedge 0) & (1 \wedge 1) \vee (0 \wedge 1) & (1 \wedge 0) \vee (0 \wedge 1) \end{bmatrix}$$

$$= \begin{bmatrix} 1 \vee 0 & 1 \vee 0 & 0 \vee 0 \\ 0 \vee 0 & 0 \vee 1 & 0 \vee 1 \\ 1 \vee 0 & 1 \vee 0 & 0 \vee 0 \end{bmatrix} = \begin{bmatrix} 1 & 1 & 0 \\ 0 & 1 & 1 \\ 1 & 1 & 0 \end{bmatrix}$$

我们还可以定义 0-1 方阵的布尔幂。这些幂将用于以后研究图论中的路径，它通常用来为诸如计算机网络中通信路径建立模型。

定义 10 令 A 为 0-1 方阵，r 为正整数。A 的 r 次布尔幂是 r 个 A 的布尔积。A 的 r 次布尔幂记作 $A^{[r]}$。因此

$$A^{[r]} = \underbrace{A \odot A \odot A \odot \cdots \odot A}_{(r \uparrow A)}$$

（这是良定义的，因为矩阵的布尔积是可结合的。）另外我们定义 $A^{[0]}$ 为 I_n。

例 9 令 $A = \begin{bmatrix} 0 & 0 & 1 \\ 1 & 0 & 0 \\ 1 & 1 & 0 \end{bmatrix}$。对所有正整数 n 求 $A^{[n]}$。

解 计算可得

$$A^{[2]} = A \odot A = \begin{bmatrix} 1 & 1 & 0 \\ 0 & 0 & 1 \\ 1 & 0 & 1 \end{bmatrix}$$

还可以计算得出

$$A^{[3]} = A^{[2]} \odot A = \begin{bmatrix} 1 & 0 & 1 \\ 1 & 1 & 0 \\ 1 & 1 & 1 \end{bmatrix}, \quad A^{[4]} = A^{[3]} \odot A = \begin{bmatrix} 1 & 1 & 1 \\ 1 & 0 & 1 \\ 1 & 1 & 1 \end{bmatrix}$$

进一步的计算表明

$$A^{[5]} = \begin{bmatrix} 1 & 1 & 1 \\ 1 & 1 & 1 \\ 1 & 1 & 1 \end{bmatrix}$$

读者现在可以看出对所有正整数 n，$n \geqslant 5$，有 $A^{[n]} = A^{[5]}$。

练习

1. 令 $A = \begin{bmatrix} 1 & 1 & 1 & 3 \\ 2 & 0 & 4 & 6 \\ 1 & 1 & 3 & 7 \end{bmatrix}$。

a) A 的尺寸是什么？

b) A 的第 3 列是什么？

c)A 的第 2 行是什么？

d)A 在 $(3, 2)$ 位置上的元素是什么？

e)A^T 是什么？

2. 求 $A + B$，其中

a)$A = \begin{bmatrix} 1 & 0 & 4 \\ -1 & 2 & 2 \\ 0 & -2 & -3 \end{bmatrix}$, $B = \begin{bmatrix} -1 & 3 & 5 \\ 2 & 2 & -3 \\ 2 & -3 & 0 \end{bmatrix}$

b)$A = \begin{bmatrix} -1 & 0 & 5 & 6 \\ -4 & -3 & 5 & -2 \end{bmatrix}$, $B = \begin{bmatrix} -3 & 9 & -3 & 4 \\ 0 & -2 & -1 & 2 \end{bmatrix}$

3. 求 AB，如果

a)$A = \begin{bmatrix} 2 & 1 \\ 3 & 2 \end{bmatrix}$, $B = \begin{bmatrix} 0 & 4 \\ 1 & 3 \end{bmatrix}$

b)$A = \begin{bmatrix} 1 & -1 \\ 0 & 1 \\ 2 & 3 \end{bmatrix}$, $B = \begin{bmatrix} 3 & -2 & -1 \\ 1 & 0 & 2 \end{bmatrix}$

c)$A = \begin{bmatrix} 4 & -3 \\ 3 & -1 \\ 0 & -2 \\ -1 & 5 \end{bmatrix}$, $B = \begin{bmatrix} -1 & 3 & 2 & -2 \\ 0 & -1 & 4 & -3 \end{bmatrix}$

4. 求乘积 AB，其中

a)$A = \begin{bmatrix} 1 & 0 & 1 \\ 0 & -1 & -1 \\ -1 & 1 & 0 \end{bmatrix}$, $B = \begin{bmatrix} 0 & 1 & -1 \\ 1 & -1 & 0 \\ -1 & 0 & 1 \end{bmatrix}$

b)$A = \begin{bmatrix} 1 & -3 & 0 \\ 1 & 2 & 2 \\ 2 & 1 & -1 \end{bmatrix}$, $B = \begin{bmatrix} 1 & -1 & 2 & 3 \\ -1 & 0 & 3 & -1 \\ -3 & -2 & 0 & 2 \end{bmatrix}$

c)$A = \begin{bmatrix} 0 & -1 \\ 7 & 2 \\ -4 & 3 \end{bmatrix}$, $B = \begin{bmatrix} 4 & -1 & 2 & 3 & 0 \\ -2 & 0 & 3 & 4 & 1 \end{bmatrix}$

5. 求矩阵 A 使得 $\begin{bmatrix} 2 & 3 \\ 1 & 4 \end{bmatrix} A = \begin{bmatrix} 3 & 0 \\ 1 & 2 \end{bmatrix}$。〔提示：求解 A 需要解线性方程组。〕

6. 求矩阵 A 使得 $\begin{bmatrix} 1 & 3 & 2 \\ 2 & 1 & 1 \\ 4 & 0 & 3 \end{bmatrix} A = \begin{bmatrix} 7 & 1 & 3 \\ 1 & 0 & 3 \\ -1 & -3 & 7 \end{bmatrix}$。

7. 令 A 为 $m \times n$ 矩阵，0 为元素全为 0 的 $m \times n$ 矩阵。证明 $A = 0 + A = A + 0$。

8. 证明矩阵加法是可交换的，即证明如果 A 和 B 均为 $m \times n$ 矩阵，则 $A + B = B + A$。

9. 证明矩阵加法是可结合的，即证明如果 A、B 和 C 均为 $m \times n$ 矩阵，则 $A + (B + C) = (A + B) + C$。

10. 令 A 为 3×4 矩阵，B 为 4×5 矩阵，C 是 4×4 矩阵。判断下列哪些乘积有定义并求出有定义的那些矩阵的尺寸。

a)AB b)BA c)AC

d)CA e)BC f)CB

11. 如果乘积 AB 和 BA 均有定义，关于矩阵 A 和 B 的尺寸能知道些什么？

12. 本题要证明矩阵乘法对矩阵加法的分配律。

a)假定 A、B 均为 $m \times k$ 矩阵，C 为 $k \times n$ 矩阵。证明 $(A + B)C = AC + BC$。

b)假定 C 是 $m \times k$ 矩阵，A 和 B 为 $k \times n$ 矩阵。证明 $C(A + B) = CA + CB$。

13. 本题要证明矩阵乘法的结合律。假定 A 是 $m \times p$ 矩阵，B 是 $p \times k$ 矩阵，C 是 $k \times n$ 矩阵。证明 $A(BC) = (AB)C$。

14. $n\times n$ 矩阵 $\boldsymbol{A}=[a_{ij}]$ 称为对角矩阵，如果对所有 $i\neq j$ 有 $a_{ij}=0$。证明两个 $n\times n$ 对角矩阵的乘积仍是对角矩阵。给出计算这一乘积的一个简单规则。

15. 令 $\boldsymbol{A}=\begin{bmatrix}1&1\\0&1\end{bmatrix}$。找出计算 $\boldsymbol{A}^n$ 的公式，其中 n 为正整数。

16. 证明 $(\boldsymbol{A}^{\mathrm{T}})^{\mathrm{T}}=\boldsymbol{A}$。

17. 令 $\boldsymbol{A}$ 和 $\boldsymbol{B}$ 为两个 $n\times n$ 矩阵。证明

　　a) $(\boldsymbol{A}+\boldsymbol{B})^{\mathrm{T}}=\boldsymbol{A}^{\mathrm{T}}+\boldsymbol{B}^{\mathrm{T}}$

　　b) $(\boldsymbol{A}\boldsymbol{B})^{\mathrm{T}}=\boldsymbol{B}^{\mathrm{T}}\boldsymbol{A}^{\mathrm{T}}$

如果 $\boldsymbol{A}$ 和 $\boldsymbol{B}$ 是 $n\times n$ 矩阵且 $\boldsymbol{A}\boldsymbol{B}=\boldsymbol{B}\boldsymbol{A}=\boldsymbol{I}_n$，则 $\boldsymbol{B}$ 称为是 $\boldsymbol{A}$ 的逆（这一术语是合适的，因为这样的 $\boldsymbol{B}$ 是唯一的）而 $\boldsymbol{A}$ 称为是可逆的。记号 $\boldsymbol{B}=\boldsymbol{A}^{-1}$ 表示 $\boldsymbol{B}$ 是 $\boldsymbol{A}$ 的逆。

18. 证明 $\begin{bmatrix}2&3&-1\\1&2&1\\-1&-1&3\end{bmatrix}$ 是 $\begin{bmatrix}7&-8&5\\-4&5&-3\\1&-1&1\end{bmatrix}$ 的逆。

19. 令 $\boldsymbol{A}$ 为 2×2 矩阵，$\boldsymbol{A}=\begin{bmatrix}a&b\\c&d\end{bmatrix}$。

　　证明如果 $ad-bc\neq0$，则 $\boldsymbol{A}^{-1}=\begin{bmatrix}\dfrac{d}{ad-bc}&\dfrac{-b}{ad-bc}\\[2mm]\dfrac{-c}{ad-bc}&\dfrac{a}{ad-bc}\end{bmatrix}$。

20. 令 $\boldsymbol{A}=\begin{bmatrix}-1&2\\1&3\end{bmatrix}$。

　　a) 求 $\boldsymbol{A}^{-1}$［提示：利用练习 19 的结果］。

　　b) 求 $\boldsymbol{A}^3$。

　　c) 求 $(\boldsymbol{A}^{-1})^3$。

　　d) 用 b 和 c 的答案证明 $(\boldsymbol{A}^{-1})^3$ 是 $\boldsymbol{A}^3$ 的逆。

21. 令 $\boldsymbol{A}$ 为可逆矩阵。证明当 n 是正整数时就有 $(\boldsymbol{A}^n)^{-1}=(\boldsymbol{A}^{-1})^n$。

22. 令 $\boldsymbol{A}$ 为矩阵。证明 $\boldsymbol{A}\boldsymbol{A}^{\mathrm{T}}$ 是对称的。［提示：借助于练习 17b 来证明这一矩阵等于其转置。］

23. 假设 $\boldsymbol{A}$ 是 $n\times n$ 矩阵，其中 n 是正整数。证明 $\boldsymbol{A}+\boldsymbol{A}^{\mathrm{T}}$ 是对称的。

24. **a)** 证明以 x_1，x_2，$\cdots$，x_n 为变量的线性方程组

$$a_{11}x_1+a_{12}x_2+\cdots+a_{1n}x_n=b_1$$
$$a_{21}x_1+a_{22}x_2+\cdots+a_{2n}x_n=b_2$$
$$\vdots$$
$$a_{n1}x_1+a_{n2}x_2+\cdots+a_{nn}x_n=b_n$$

　　可以表示为 $\boldsymbol{A}\boldsymbol{X}=\boldsymbol{B}$，其中 $\boldsymbol{A}=[a_{ij}]$，$\boldsymbol{X}$ 是 $n\times1$ 矩阵且 x_i 就是其第 i 行，$\boldsymbol{B}$ 是 $n\times1$ 矩阵且 b_i 是其第 i 行。

　　b) 证明如果矩阵 $\boldsymbol{A}=[a_{ij}]$ 是可逆的（在练习 18 前面定义了可逆），则 a) 中方程组的解可以用等式 $\boldsymbol{X}=\boldsymbol{A}^{-1}\boldsymbol{B}$ 得出。

25. 用练习 18 和 24 解方程组

$$\begin{cases}7x_1-8x_2+5x_3=5\\-4x_1+5x_2-3x_3=-3\\x_1-x_2+x_3=0\end{cases}$$

26. 令 $\boldsymbol{A}=\begin{bmatrix}1&1\\0&1\end{bmatrix}$ 和 $\boldsymbol{B}=\begin{bmatrix}0&1\\1&0\end{bmatrix}$。求

　　a) $\boldsymbol{A}\vee\boldsymbol{B}$　　　　　　**b)** $\boldsymbol{A}\wedge\boldsymbol{B}$　　　　　　**c)** $\boldsymbol{A}\odot\boldsymbol{B}$

27. 令 $\boldsymbol{A}=\begin{bmatrix}1&0&1\\1&1&0\\0&0&1\end{bmatrix}$ 和 $\boldsymbol{B}=\begin{bmatrix}0&1&1\\1&0&1\\1&0&1\end{bmatrix}$。求

　　a) $\boldsymbol{A}\vee\boldsymbol{B}$　　　　　　**b)** $\boldsymbol{A}\wedge\boldsymbol{B}$　　　　　　**c)** $\boldsymbol{A}\odot\boldsymbol{B}$

28. 求 A 和 B 的布尔积，其中

$$A=\begin{bmatrix} 1 & 0 & 0 & 1 \\ 0 & 1 & 0 & 1 \\ 1 & 1 & 1 & 1 \end{bmatrix}, \quad B=\begin{bmatrix} 1 & 0 \\ 0 & 1 \\ 1 & 1 \\ 1 & 0 \end{bmatrix}$$

29. 令 $A=\begin{bmatrix} 1 & 0 & 0 \\ 1 & 0 & 1 \\ 0 & 1 & 0 \end{bmatrix}$，求

  a) $A^{[2]}$ b) $A^{[3]}$ c) $A \vee A^{[2]} \vee A^{[3]}$

30. 令 A 为 0-1 矩阵。证明

  a) $A \vee A = A$ b) $A \wedge A = A$

31. 本题证明交和并运算是可交换的。令 A 和 B 为 $m \times n$ 阶 0-1 矩阵。证明

  a) $A \vee B = B \vee A$ b) $B \wedge A = A \wedge B$

32. 本题证明交和并运算是可结合的。令 A、B 和 C 为 $m \times n$ 阶 0-1 矩阵。证明

  a) $(A \vee B) \vee C = A \vee (B \vee C)$

  b) $(A \wedge B) \wedge C = A \wedge (B \wedge C)$

33. 本题建立交对并运算的分配律。令 A、B 和 C 为 $m \times n$ 阶 0-1 矩阵。证明

  a) $A \vee (B \wedge C) = (A \vee B) \wedge (A \vee C)$

  b) $A \wedge (B \vee C) = (A \wedge B) \vee (A \wedge C)$

34. 令 A 为 $n \times n$ 阶 0-1 矩阵，令 I 为 $n \times n$ 单位矩阵。证明 $A \odot I = I \odot A = A$。

35. 本题证明 0-1 矩阵的布尔积是可结合的。假定 A 是 $m \times p$ 阶 0-1 矩阵，B 是 $p \times k$ 阶 0-1 矩阵，C 是 $k \times n$ 阶 0-1 矩阵。证明 $A \odot (B \odot C) = (A \odot B) \odot C$。

关键术语和结论

术语

集合（set）：一组不同对象的聚集。

公理（axiom）：一个理论的基本假设。

悖论（paradox）：逻辑上不一致性。

集合的元素、成员（element, member of a set）：集合中的一个对象。

花名册方法（roster method）：通过列出元素来描述一个集合的方法。

集合构造器记号（set builder notation）：通过叙述一个元素要成为成员必须满足的性质来描述一个集合的记号。

$\varnothing$（空集，empty set, null set）：没有成员的集合。

全集（universal set）：包含当前考虑的所有对象的集合。

文氏图（Venn diagram）：一个或多个集合的一种图形表示。

$S = T$（集合相等，set equality）：S 和 T 有相同的元素。

$S \subseteq T$（S 是 T 的子集，S is a subset of T）：S 的每个元素也是 T 的元素。

$S \subset T$（S 是 T 的真子集，S is a proper subset of T）：S 是 T 的子集，且 $S \neq T$。

有限集（finite set）：含 n 个元素的集合，其中 n 是非负整数。

无限集（infinite set）：不是有限集的集合。

$|S|$（S 的基数，the cardinality of S）：S 中元素的个数。

$P(S)$（S 的幂集，the power set of S）：S 的所有子集的集合。

$A \bigcup B$（A 和 B 的并集，the union of A and B）：包含那些至少属于 A 和 B 之一的元素的集合。

$A \bigcap B$（A 和 B 的交集，the intersection of A and B）：包含那些既属于 A 又属于 B 的元素的集合。

$A - B$（A 和 B 的差集，the difference of A and B）：包含那些属于 A 而不属于 B 的元素的集合。

$\overline{A}$（A 的补集，the complement of A）：全集中但不属于 A 的元素的集合。

$A \oplus B$(A 和 B 的对称差，the symmetric difference of A and B)：包含恰属于 A 和 B 之一的那些元素的集合。

成员表(membership table)：显示集合中元素的成员关系的表格。

从 A 到 B 的函数(function from A to B)：为 A 中每个元素指派恰好一个 B 中的元素。

f **的定义域**(domain of f)：集合 A，这里 f 是从 A 到 B 的函数。

f **的陪域**(codomain of f)：集合 B，这里 f 是从 A 到 B 的函数。

b **是 f 之下 a 的像**(b is the image of a under f)：$b = f(a)$。

a **是 f 之下 b 的原像**(a is a pre-image of b under f)：$f(a) = b$。

f **的值域**(range of f)：f 的像的集合。

映上函数，满射(onto function, surjection)：从 A 到 B 的函数使得 B 的每个元素都是 A 中某元素的像。

一对一函数，内射(one-to-one function, injection)：定义域中每个元素的像都不相同的函数。

一一对应，双射(one-to-one correspondence, bijection)：既是一对一又是映上的函数。

f **的逆**(inverse of f)：(当 f 是双射时)颠倒 f 给出的对应关系所得的函数。

$f \circ g$(f 和 g 的组合，composition of f and g)：为 x 指派 $f(g(x))$ 的函数。

$\lfloor x \rfloor$ (**下取整函数**，floor function)：不超过 x 的最大整数。

$\lceil x \rceil$ (**上取整函数**，ceiling function)：大于或等于 x 的最小整数。

部分函数(partial function)：为定义域的一个子集的每个元素指派唯一一个陪域中的元素。

序列(sequence)：以整数集的子集为定义域的函数。

几何级数(geometric progression)：形如 a，ar，ar^2，…的序列，其中 a 和 r 都是实数。

算术级数(arithmetic progression)：形如 a，$a+d$，$a+2d$，…的序列，其中 a 和 d 都是实数。

串(string)：有限序列。

空串(empty string)：长度为 0 的串。

递推关系(recurrence relation)：对于所有大于某个整数的 n，用序列中先前的一项或多项来表示序列中的第 n 项 a_n 的一个等式。

$\sum\limits_{i=1}^{n} a_i$：求和式 $a_1 + a_2 + \cdots + a_n$。

$\prod\limits_{i=1}^{n} a_i$：乘积式 $a_1 a_2 \cdots a_n$。

基数(cardinality)：两个集合 A 和 B 具有相同的基数，如果有一个从 A 到 B 的一一对应。

可数集(countable set)：有限集或与正整数集存在一一对应的集合。

不可数集(uncountable set)：不是可数的集合。

$\aleph_0$(阿里夫零，aleph null))：可数集的基数。

c：实数集的基数。

康托尔对角线法(Cantor diagonalization argument)：用来证明实数集是不可数的一种证明技术。

可计算函数(computable function)：存在用某种编程语言写的计算机程序可以计算其值的函数。

不可计算函数(uncomputable function)：不存在用某种编程语言写的计算机程序可以计算其值的函数。

连续统假设(continuum hypothesis)：一个命题叙述不存在集合 A 使得 $\aleph_0 < |A| < c$。

矩阵(matrix)：矩形数组。

矩阵加法(matrix addition)：参见 2.6.2 节定义 3。

矩阵乘法(matrix multiplication)：参见 2.6.2 节定义 4。

I_n(n **阶单位矩阵**，identity matrix of order n)：对角线元素为 1、其他元素为 0 的 $n \times n$ 阶矩阵。

A^T(A **的转置**，transpose of A)：交换 A 的行和列得到的矩阵。

对称矩阵(symmetric matrix)：一个矩阵是对称的，如果它与其转置相等。

0-1 矩阵(zero-one matrix)：矩阵的元素非 0 即 1。

$A \vee B$(A 和 B 的并，the join of A and B)：参见 2.6.4 节定义 8。

$A \wedge B$(A 和 B 的交，the meet of A and B)：参见 2.6.4 节定义 8。

$A \odot B$(A 和 B 的布尔积，the Boolean product of A and B)：参见 2.6.4 节定义 9。

结论

2.2 节表 1 给出的集合恒等式。

2.4 节表 2 给出的求和公式。

有理数集是可数的。

实数集是不可数的。

复习题

1. 试解释一个集合是另一个集合子集的含义。如何证明一个集合是另一个集合的子集？

2. 什么是空集？证明空集是任何集合的子集。

3. **a)** 试定义 $|S|$（集合 S 的基数）。

   b) 试给出计算 $|A \bigcup B|$ 的公式，其中 A、B 均为集合。

4. **a)** 试定义集合 S 的幂集。

   b) 什么时候空集在集合 S 的幂集中？

   c) 具有 n 个元素的集合 S 的幂集含有多少个元素？

5. **a)** 试定义两个集合的并集、交集、差集以及对称差。

   b) 正整数集与奇数集的并集、交集、差集及对称差分别是什么？

6. **a)** 试解释两集合相等的含义。

   b) 尽可能多地描述证明两个集合相等的方法。

   c) 用至少两种不同的方法证明 $A-(B \bigcap C)$ 与 $(A-B) \bigcup (A-C)$ 是相等的。

7. 试解释逻辑等价式与集合恒等式之间的关系。

8. **a)** 试定义一个函数的定义域、陪域及值域。

   b) 令 $f(n)$ 为从整数集到整数集的函数使得 $f(n)=n^2+1$。该函数的定义域、陪域、值域分别是什么？

9. **a)** 试解释从正整数集到正整数集的函数是一对一的含义。

   b) 试解释从正整数集到正整数集的函数是映上的含义。

   c) 给出一个从正整数集到正整数集的既一对一又映上的函数的例子。

   d) 给出一个从正整数集到正整数集的一对一而非映上的函数的例子。

   e) 给出一个从正整数集到正整数集的非一对一但映上的函数的例子。

   f) 给出一个从正整数集到正整数集的既非一对一又非映上的函数的例子。

10. **a)** 试定义一个函数的逆。

    b) 什么时候一个函数存在逆？

    c) 从整数集合到整数集合的函数 $f(n)=10-n$ 是否有逆？如果有，其逆函数是什么？

11. **a)** 试定义从实数集到整数集的下取整函数和上取整函数。

    b) 对于哪些实数 x 而言 $\lfloor x \rfloor = \lceil x \rceil$ 为真？

12. 为以 8，14，32，86，248 开头的序列推测一个项的表达式，并找求出该序列后续三项。

13. 假设 $a_n = a_{n-1} - 5$，$n = 1$，$2 \cdots$。为 a_n 找出一个公式。

14. 当 $r \neq 1$ 时，几何级数的各项之和 $a + ar + \cdots + ar^n$ 是多少？

15. 证明奇数集合是可数的。

16. 给出一个不可数集合的例子。

17. 试定义两个矩阵 A 和 B 的乘积。这一乘积何时有定义？

18. 证明矩阵乘积是不可交换的。

补充练习

1. 令 A 为包含字母 x 的英文单词集合，B 为包含字母 q 的英文单词集合。试用 A、B 的组合来表示下列集合：

   a) 不包含字母 x 的英文单词集合。

   b) 包含字母 x 和 q 的英文单词集合。

   c) 包含字母 x 而不包含字母 q 的英文单词集合。

    d)不包含字母 x 或 q 的英文单词集合。

    e)包含 x 或 q 但不同时包含二者的英文单词集合。

2. 证明如果 A 是 B 的子集，则 A 的幂集是 B 的幂集的子集。

3. 假定 A 和 B 为集合使得 A 的幂集是 B 的幂集的子集。是否一定有 A 是 B 的子集？

4. 令 E 表示偶整数集合，O 表示奇整数集合。令 **Z** 表示整数集合。确定下列每个集合。

    a)E∪O　　　　　　**b)**E∩O　　　　　　**c)Z**−E　　　　　　**d)Z**−O

5. 证明如果 A 和 B 为集合，则 $A-(A-B)=A\bigcap B$。

6. 令 A 和 B 为集合。证明 $A\subseteq B$ 当且仅当 $A\bigcap B=A$。

7. 令 A、B、和 C 为集合。证明 $(A-B)-C$ 不一定等于 $A-(B-C)$。

8. 假定 A、B、和 C 为集合。证明或反驳 $(A-B)-C=(A-C)-B$。

9. 假定 A、B、C 和 D 为集合。证明或反驳 $(A-B)-(C-D)=(A-C)-(B-D)$。

10. 证明如果 A 和 B 为有限集合，则 $|A\bigcap B|\leqslant|A\bigcup B|$。判断什么时候等号成立。

11. 令 A 和 B 为有限全集 U 的两个子集。按照递增顺序列出下列各项：

    a)$|A|$，$|A\bigcup B|$，$|A\bigcap B|$，$|U|$，$|\varnothing|$

    b)$|A-B|$，$|A\oplus B|$，$|A|+|B|$，$|A\bigcup B|$，$|\varnothing|$

12. 令 A 和 B 为有限全集 U 的两个子集。证明 $|\overline{A}\bigcap\overline{B}|=|U|-|A|-|B|+|A\bigcap B|$。

13. 令 f 和 g 分别为从 $\{1,2,3,4\}$ 到 $\{a,b,c,d\}$ 和从 $\{a,b,c,d\}$ 到 $\{1,2,3,4\}$ 的两个函数，且 $f(1)=d$，$f(2)=c$，$f(3)=a$，$f(4)=b$，以及 $g(a)=2$，$g(b)=1$，$g(c)=3$，$g(d)=2$。

    a)f 是否是一对一的？g 是否是一对一的？

    b)f 是否是映上的？g 是否是映上的？

    c)f 或 g 是否有逆？如果有，求出其逆函数。

14. 假设 f 是一个从 A 到 B 的函数，其中 A 和 B 为有限集。试解释为什么对于 A 的所有子集均有 $|f(S)|\leqslant|S|$。

15. 假设 f 是一个从 A 到 B 的函数，其中 A 和 B 为有限集。试解释为什么对于 A 的所有子集 $|f(S)|=|S|$ 成立当且仅当 f 是一对一的。

    假定 f 是一个从 A 到 B 的函数。我们按照如下规则定义从 $\mathcal{P}(A)$ 到 $\mathcal{P}(B)$ 的函数 S_f：对于 A 的每个子集 X 有 $S_f(X)=f(X)$。类似地，我们定义从 $\mathcal{P}(B)$ 到 $\mathcal{P}(A)$ 的函数 $S_{f^{-1}}$：对于 B 的每个子集 Y 有 $S_{f^{-1}}(Y)=f^{-1}(Y)$。这里我们用到了 2.3 节的定义 4 以及练习 42 前言中对一个集合的逆像的定义。

*16. 假设 f 是一个从 A 到 B 的函数。证明

    a)如果 f 是一对一函数，则 S_f 是从 $\mathcal{P}(A)$ 到 $\mathcal{P}(B)$ 的一对一函数。

    b)如果 f 是映上函数，则 S_f 是从 $\mathcal{P}(A)$ 到 $\mathcal{P}(B)$ 的映上函数。

    c)如果 f 是映上函数，则 $S_{f^{-1}}$ 是从 $\mathcal{P}(B)$ 到 $\mathcal{P}(A)$ 的一对一函数。

    d)如果 f 是一对一函数，则 $S_{f^{-1}}$ 是从 $\mathcal{P}(B)$ 到 $\mathcal{P}(A)$ 的映上函数。

    e)如果 f 是一个一一对应，则 S_f 是从 $\mathcal{P}(A)$ 到 $\mathcal{P}(B)$ 的一一对应并且 $S_{f^{-1}}$ 是从 $\mathcal{P}(B)$ 到 $\mathcal{P}(A)$ 的一一对应。〔提示：利用 a)—d)。〕

17. 证明如果 f 和 g 均为从 A 到 B 的函数并且 $S_f=S_g$（使用练习 16 前言中的定义），则对于所有 $x\in A$ 必有 $f(x)=g(x)$。

18. 证明如果 n 是一个整数，则 $n=\lceil n/2\rceil+\lfloor n/2\rfloor$。

19. 对于哪些实数 x，y 有 $\lfloor x+y\rfloor=\lfloor x\rfloor+\lfloor y\rfloor$ 为真？

20. 对于哪些实数 x，y 有 $\lceil x+y\rceil=\lceil x\rceil+\lceil y\rceil$ 为真？

21. 对于哪些实数 x，y 有 $\lfloor x+y\rfloor=\lceil x\rceil+\lfloor y\rfloor$ 为真？

22. 证明对于所有整数 n 有 $\lfloor n/2\rfloor\lceil n/2\rceil=\lfloor n^2/4\rfloor$。

23. 证明如果 m 是整数，则有 $\lfloor x\rfloor+\lfloor m-x\rfloor=m-1$ 除非 x 是整数；当 x 为整数时表达式等于 m。

24. 证明如果 x 是实数，则有 $\lfloor\lfloor x/2\rfloor/2\rfloor=\lfloor x/4\rfloor$。

25. 证明如果 n 是奇数，则有 $\lceil n^2/4\rceil=(n^2+3)/4$。

26. 证明如果 m，n 均为正整数，而 x 为实数，则有

$$\left\lfloor\frac{\lfloor x\rfloor+n}{m}\right\rfloor=\left\lfloor\frac{x+n}{m}\right\rfloor$$

* **27.** 证明如果 m 是正整数，而 x 是实数，则有

$$\lfloor mx \rfloor = \lfloor x \rfloor + \left\lfloor x + \frac{1}{m} \right\rfloor + \left\lfloor x + \frac{2}{m} \right\rfloor + \cdots + \left\lfloor x + \frac{m-1}{m} \right\rfloor$$

* **28.** 我们定义**乌拉姆数**(Ulam number)：设 $u_1 = 1$ 和 $u_2 = 2$。再者，在判断小于 n 的整数是否是乌拉姆数之后，如果 n 可以被唯一地写成两个不同的乌拉姆数之和，则设 n 为下一个乌拉姆数。注意，$u_3 = 3$，$u_4 = 4$，$u_5 = 6$，$u_6 = 8$。

  a)求前 20 个乌拉姆数。

  b)证明存在无穷多个乌拉姆数。

29. 求 $\prod\limits_{k=1}^{100} \dfrac{k+1}{k}$ 的值(此处所使用的乘积符号在 2.4 节练习 43 前言有定义)。

* **30.** 试给出一个规则以产生以 1，3，4，8，15，27，50，92，…开头的序列项，并求出该序列的后续四项。

* **31.** 试给出一个规则以产生以 2，3，3，5，10，13，39，43，172，177，885，891，…开头的序列项，并求出该序列的后续四项。

32. 证明无理集是不可数集。

33. 证明集合 S 是可数集，如果存在一个从 S 到正整数集的函数使得只要当 j 是一个正整数时 $f^{-1}(j)$ 是可数的。

34. 证明正整数集合的所有有限子集的集合是一个可数集。

** **35.** 证明 $|\mathbf{R} \times \mathbf{R}| = |\mathbf{R}|$。[提示：利用 Schröder-Bernstein 定理证明 $|(0,1) \times (0,1)| = |(0,1)|$。构造一个从 $(0,1) \times (0,1)$ 到 $(0,1)$ 的单射函数，假设 $(x, y) \in (0,1) \times (0,1)$。将 (x, y) 映射到这样一个数，其十进制展开式交替取自 x 和 y 的十进制展开式中的数字，这里的数均不以 9 的无限循环结尾。]

** **36.** 证明复数集合 $\mathbf{C}$ 具有和实数集合 $\mathbf{R}$ 同样的基数。

37. 计算 $\mathbf{A}^n$，如果 $\mathbf{A}$ 是 $\begin{bmatrix} 0 & 1 \\ -1 & 0 \end{bmatrix}$。

38. 证明如果 $\mathbf{A} = c\mathbf{I}$，这里 c 是一个实数而 $\mathbf{I}$ 是 $n \times n$ 单位矩阵，则当 $\mathbf{B}$ 是一个 $n \times n$ 矩阵时有 $\mathbf{AB} = \mathbf{BA}$。

39. 证明如果 $\mathbf{A}$ 一个 2×2 矩阵使得当 $\mathbf{B}$ 是一个 2×2 矩阵时有 $\mathbf{AB} = \mathbf{BA}$，则 $\mathbf{A} = c\mathbf{I}$，这里 c 是一个实数而 $\mathbf{I}$ 是 2×2 单位矩阵。

40. 证明如果 $\mathbf{A}$ 和 $\mathbf{B}$ 是可逆的矩阵且 $\mathbf{AB}$ 存在，则 $(\mathbf{AB})^{-1} = \mathbf{B}^{-1}\mathbf{A}^{-1}$。

41. 令 $\mathbf{A}$ 是一个 $n \times n$ 矩阵，令 $\mathbf{0}$ 是一个所有元素都是 0 的 $n \times n$ 矩阵。证明下列式子为真。

  a)$\mathbf{A} \odot \mathbf{0} = \mathbf{0} \odot \mathbf{A} = \mathbf{0}$

  b)$\mathbf{A} \vee \mathbf{0} = \mathbf{0} \vee \mathbf{A} = \mathbf{A}$

  c)$\mathbf{A} \wedge \mathbf{0} = \mathbf{0} \wedge \mathbf{A} = \mathbf{0}$

计算机课题

按给定的输入和输出写程序。

1. 给定含有 n 个元素集合的两个子集 A 和 B，利用比特串求出 $\overline{A}$、$A \cup B$、$A \cap B$、$A - B$、$A \oplus B$。

2. 给定来自同一全集的两个多重集合 A 和 B，试求 $A \cup B$、$A \cap B$、$A - B$ 以及 $A + B$(参见 2.2 节练习 61 的前言)。

3. 给定模糊集合 A 和 B，试求 $\overline{A}$、$A \cup B$ 以及 $A \cap B$(参见 2.2 节练习 73 的前言)。

4. 给定一个从 $\{1, 2, \cdots, n\}$ 到整数集的函数 f，判断 f 是否是一对一函数。

5. 给定一个从 $\{1, 2, \cdots, n\}$ 到其自身的函数 f，判断 f 是否是映上函数。

6. 给定一个从 $\{1, 2, \cdots, n\}$ 到其自身的双射函数 f，求 f^{-1}。

7. 给定一个 $m \times k$ 矩阵 $\mathbf{A}$ 和一个 $k \times n$ 矩阵 $\mathbf{B}$，求 $\mathbf{AB}$。

8. 给定一个方阵 $\mathbf{A}$ 和一个正整数 n，求 $\mathbf{A}^n$。

9. 给定一个方阵，判断其是否对称。

10. 给定两个 $m \times n$ 布尔矩阵，求其交和并。

11. 给定一个 $m \times k$ 布尔矩阵 $\mathbf{A}$ 和一个 $k \times n$ 布尔矩阵 $\mathbf{B}$，求 $\mathbf{A}$ 和 $\mathbf{B}$ 的布尔积。

12. 给定一个布尔方阵 $\mathbf{A}$ 和一个正整数 n，求 $\mathbf{A}^{[n]}$。

计算和探索

使用一个计算程序或你自己编写的计算程序做下面的练习。

1. 给定两个有限集，试列出这两个集合笛卡儿积中的所有元素。

2. 给定一个有限集，试列出其幂集中的所有元素。

3. 计算从集合 S 到集合 T 的一对一函数的数量，其中 S 和 T 均为任意大小的有限集。你能否确定一个这样的函数数量的公式？（我们将在第 6 章寻找这样的公式。）

4. 计算从集合 S 到集合 T 的映上函数的数量，其中 S 和 T 均为任意大小的有限集。你能否确定一个这样的函数数量的公式？（我们将在第 8 章寻找这样的公式。）

5. 给定正整数 n，生成前 n 个斐波那契数。查看这些项，为之猜想一个公式（比如查看其大小、不同因子的整除性或不同项之间可能的恒等式）。

* **6.** 设计一组用于生成序列项的不同规则，并开发一程序能随机选取一个规则，以及由这些该规则产生的特定序列。将程序设计成交互方式，通过提示该序列的后续项，并判断解答是否是预期的后续项。

写作课题

用本教材以外的资料，按下列要求写成论文。

1. 讨论开发公理化集合论来避免罗素悖论（参见 2.1 节练习 50）。

2. 研究函数概念最早出现在什么场合，试描述当时这个概念是如何被运用的。

3. 试从几个不同方面来解释《整数序列大百科》(Encyclopededia of Integer Sequences) 的巨大作用。并描述该大百科中一些非比寻常的序列以及它们是如何出现的。

4. 定义最新提出的 EKG 序列并描述它的某些性质以及有关它的一些未解问题。

5. 查阅超越数的定义。解释如何证明这样的数存在以及这些数是如何被构造出来的。哪些著名的数可以被证明是超越数，而哪些著名的数仍然未知是否是超越数？

6. 扩展讨论书本中的连续统假设。

算　　法

许多问题都可以作为一般性问题的特例来解决。例如，寻找序列 101，12，144，212，98 中最大整数的问题。这是寻找整数序列中最大整数问题的一个特例。为解决这个一般性问题，我们必须给出一个算法，它指定了一系列步骤来解决这个一般性问题。本书我们将研究解决许多不同类型问题的算法。例如，本章将介绍计算机科学中最重要的两个算法：在一个列表中搜索一个元素；将一个列表进行分类使得其元素按某种规定的顺序（如升序、降序或字母序）排序。后续章节将介绍更多算法来求解两个整数的最大公约数、产生一个有限集的所有排序、寻找网络中两个节点间的最短路径，以及其他许多问题。

我们将介绍算法范例的概念，它为设计算法提供了通用方法。特别是我们会讨论蛮力算法，它不用任何智慧而直接用最简单的方法来寻求答案。我们还将讨论贪婪算法，这是一类用于求解最优化问题的算法。证明在算法研究中也很重要。在本章中我们通过证明一个特定的贪婪算法总能找到最优解来进行解释。

对于一个算法，需要重点考虑的是其计算复杂度，它用来衡量该算法在解决一定规模问题时所需要的处理时间和计算机存储空间。为了度量算法的复杂度，我们使用大 O 和大 Θ 记号，本章将介绍这些记号。在本章中我们将解释算法复杂度的分析，侧重于算法求解问题时所需要的时间。另外还将讨论就实践和理论而言算法的时间复杂度意味着什么。

3.1　算法

3.1.1　引言

离散数学中有多种一般性问题。例如，已知一串整数，求最大的一个；已知一个集合，列出其所有子集；给定一个整数集合，把这些整数从小到大排序；已知一个网络，找出两个顶点之间的最短路径等。遇到这样的问题时，首先要做的就是构造一个模型把问题转换为数学问题。在这种模型中用到的离散结构包括第 2 章中讨论过的集合、序列和函数，以及后续章节将要讨论的置换、关系、图、树、网络和有限状态机等概念。

建立合适的数学模型只是解题的第一步。完整的解题还需要利用这一模型解决一般性问题的方法。理想的情况是需要一个过程，它能够遵循一系列步骤导致找到所求的答案。这一系列步骤就称为一个**算法**（algorithm）。

> **定义 1**　算法是进行一项计算或解决一个问题的精确指令的有限序列。

Links

©dbimages/Alamy Stock
Photo

阿布·贾法尔·穆罕默德·伊本·穆萨·花剌子密（Abu Ja'far Mohammed ibn Musa al-Khowarizmi，大约公元 780—850）　花剌子密是天文学家和数学家，是巴格达一个科学家组织"智慧之家"的成员。花剌子密这一名字的含义是"来自花剌子模（Kowarzizm）镇"，当时是波斯的一部分；现称为卡瓦（Khiva），是乌兹别克斯坦的一部分。花剌子密著有关于数学、天文学和几何学的书。西欧人最初从他的著作中了解代数。代数（algebra）一词源自 al-jabr，这是他的书 *Kitab al-jabr w'al muquabala* 标题的一部分。这本书曾被译为拉丁文并广泛用作课本。他关于印度数字的书描述了使用这些数字做算术运算的过程。欧洲的作者使用了他的名字的一个拉丁讹音来表示用印度数字做算术的内容，后来演变为 algorithm（算法）一词。

术语算法（algorithm）一词是对 9 世纪的一位数学家花拉子密（al-khowarizmi）的名字的讹用，他论述印度数字[⊖]的书是现代十进制记号的基础。起初 algorism 一词用于表示使用十进制记号做算术运算的规则。到 18 世纪时 algorism 演变成 algorithm。随着人们对计算机器的兴趣日益增长，算法的概念被赋予更通用的含义，不仅包含做算术的过程，而且包含所有用于解题的确定性的过程。（第 4 章将讨论做整数算术的算法。）

本书将讨论解决各种问题的算法。本节我们将利用有限整数序列中寻找最大整数这一问题来解释算法的概念和算法具有的性质。此外，还会描述在有限集合中寻找一个特定元素的算法。以后各节将讨论求两个整数的最大公约数的过程，求网络上两点之间的最短路径的过程，矩阵相乘的过程等。

例 1 描述在一个有限整数序列中寻找最大值的算法。

Extra Examples

尽管在一个有限序列中寻找最大元素的问题相对简单，但它能很好地解释算法的概念。另外，在很多实例中需要用到有限整数序列中的最大整数。例如，大学可能要找出几千名学生参加竞赛的最高分。或者一个体育组织可能需要确定每个月成绩最好的成员。我们要开发这样一个算法，每当需要在有限整数序列中寻找最大元素的问题时就可以使用该算法。

可以用几种不同的方式给出解决这一问题的过程。一种方法是直接用中文描述需要用到一系列步骤。下面给出这样一个解。

解　执行下面的步骤。

1) 设临时最大值等于序列中第一个整数。（整个过程的每一阶段，临时最大值都等于已检查过的最大整数。）

2) 将序列中的下一个整数与临时最大值比较，如果这个数大于临时最大值，置临时最大值为这个整数。

3) 如果序列中还有其他整数，重复前一个步骤。

4) 当序列中不再有其他整数时停止。此刻的临时最大值就是序列中的最大整数。　◀

算法也可以用计算机语言来描述。但这样做时，只能使用这种语言所允许的指令。这样做常常导致算法的描述既复杂又难以理解。另外，许多程序设计语言都很常用的，从中选用特定的某种语言是不可取的。因此本书中不采用任何一种特定的计算机语言描述算法，而是使用在附录 3 中描述的**伪代码**（pseudocode）的形式。（我们也可以用中文来描述算法。）伪代码提供的是在算法的中文描述及该算法的一种编程语言实现之间的中间一步。算法步骤用模仿程序设计语言指令的伪指令来描述。不过在伪代码中使用的指令可以包括任何良定义的运算或语句。以伪代码描述为起点，可以生成用任何一种计算机语言描述的计算机程序。

本书使用的伪代码的设计是易于理解的。在用各种不同编程语言之一来构造实现算法的程序时，可以用它作为一种中间步骤。尽管该伪代码并不遵循 Java、C、C++或其他编程语言的语法，但熟悉一种编程语言的学生会发现它容易理解。该伪代码与编程语言代码的一个主要差别是我们可以使用任何良定义的指令，即使可能需要用许多行代码来实现该指令。附录 3 给出了本书使用的伪代码的细节。需要时读者应参考该附录。

下面是求有限序列中的最大元素算法的伪代码描述。

算法 1　求有限序列中的最大元素
procedure $\max(a_1, a_2, \cdots, a_n: $ 整数$)$
$\max := a_1$
for $i := 2$ **to** n
　　　　if $\max < a_i$ **then** $\max := a_i$
return $\max\{\max$ 是最大元素$\}$

　　⊖　现在通常叫作阿拉伯数字。——译者注

该算法首先把序列的首项 a_1 赋给变量 max。"for"循环用于逐个检查序列中的项。如果某一项大于 max 的当前值，就将其赋给 max 成为新值。当所有项都检查完毕，算法终止。终止时 max 的值就是序列中的最大元素。

为了深入了解算法的工作原理，在给定特定输入时构建一条显示其步骤的轨迹是很有帮助的。比如，算法 1 给定输入为 8，4，11，3，10，轨迹开始时设置 max 为 8，即初始项的值。然后，比较第二项 4 和 max 当前值 8。因为 $4 \leqslant 8$，所以 max 不变。接下来算法比较第三项 11 和 max 当前值 8。因为 $8 < 11$，所以 max 被设置为 11。算法接着比较第四项 3 和 max 当前值 11。因为 $3 \leqslant 11$，所以 max 不变。最后，算法比较最后一项 10 和 max 当前值 11。因为 $10 \leqslant 11$，所以 max 维持不变。由于只有 5 项，即 $n = 5$，因此，在检查最后一项 10 之后，算法终止，并且 max=11。当算法终止时，它报告 11 是序列中最大的一项。

算法的性质　算法一般都共有一些性质。当描述算法时牢记这些性质是有益的。这些性质是：

- 输入，算法从一个指定的集合得到输入值。
- 输出，对每个输入值集合，算法都要从一个指定的集合中产生输出值。输出值就是问题的解。
- 确定性，算法的步骤必须是准确定义的。
- 正确性，对每一组输入值，算法都应产生正确的输出值。
- 有限性，对任何输入算法都应在有限（可能很多）步之后产生期望的输出。
- 有效性，算法的每一步都应能够准确地在有限时间内完成。
- 通用性，算法过程应该可以应用于期望形式的所有问题，而不只是用于一组特定的输入值。

例 2　证明求有限整数序列最大元素的算法 1 具有上面列出的所有性质。

解　算法 1 的输入是一个整数序列。输出是该序列的最大整数。算法的每一步都是准确定义的，因为只出现了赋值、有限循环和条件语句。为了证明算法是正确的，必须证明当算法终止时，变量 max 的值等于序列的最大项。为了看明白这一点，注意 max 的初值是序列的第一项。随着不断检查序列中的各项，如果有一项超过已检查项的最大值，就把 max 更新为该项的值。这个（非形式化的）论证证明了当检查完所有的项时，max 就等于最大项的值。（这个事实的严格证明需要用到 5.1 节介绍的证明技术——数学归纳法。）该算法只使用了有限的步骤数，因为在检查了该序列中所有整数以后算法就终止。算法可以在有限时间内完成，因为每一步要么是比较，要么是赋值，而且只有有限这样的步骤，所以这两个操作都能在有限时间内完成。最后，算法 1 是通用的，因为该算法可用于求任何有限整数序列的最大元素。　◀

3.1.2　搜索算法

在有序表中定位一个元素的问题经常会出现在各种应用场景。例如检查单词拼写的程序要在字典中搜索，而字典其实就是单词的有序表。这一类问题称为**搜索问题**。本节将讨论几个搜索算法。3.3 节将介绍这些算法各自所需的步骤数。

一般性的搜索问题可以描述如下：在不同元素 a_1，a_2，$\cdots$，a_n 的列表中定位元素 x，或判定 x 不在该表中。这一搜索问题的解就是列表中等于 x 的那一项的位置（即如果 $x = a_i$，那么 i 就是解），而当 x 不在列表中时为 0。

线性搜索　将介绍的第一个算法称为**线性搜索**或**顺序搜索算法**。线性搜索算法从比较 x 和 a_1 开始。如果 $x = a_1$，那么解就是 a_1 的位置，即 1。当 $x \neq a_1$ 时，比较 x 和 a_2。如果 $x = a_2$，解就是 a_2 的位置，即 2。当 $x \neq a_2$ 时，比较 x 与 a_3。继续这一过程，逐一比较 x 和列表中的每一项直到找到匹配为止，这里解就是该项的位置除非没有匹配。如果已搜索了整个列表却不能

定位 x，那么解是 0。该线性搜索算法的伪代码如算法 2 所示。

算法 2　线性搜索算法
procedure linear search(x：整数，a_1，a_2，$\cdots$，a_n：不同整数)
$i := 1$
while($i \leqslant n$ 和 $x \neq a_i$)
　　　$i := i + 1$
if $i \leqslant n$ **then** location $:= i$
else location $:= 0$
return location〔location 是等于 x 的项的下标，或者是 0(如果找不到 x)〕

二分搜索　现在考虑另一个搜索算法。当列表中各项以升序出现时可以用这一算法(例如，如果项为数值，则按从最小到最大顺序排列；如果是单词，则可以按字典序或字母序排列)。这个算法称为**二分搜索算法**。它是通过比较要搜索的元素与列表的中间项进行的。然后此列表就分成两个较小的长度相等的子列表，或其中较短的列表比另一个少一项。根据与中间项的比较结果，可以将搜索局限于一个合适的子列表继续进行。3.3 节将证明二分搜索算法比线性搜索算法的效率高很多。例 3 说明二分搜索是如何工作的。

例 3　在下面的列表中搜索 19

$$1,2,3,5,6,7,8,10,12,13,15,16,18,19,20,22$$

第一步把有 16 个项的这个列表分成各含 8 项的两个较小的列表，即

$$1,2,3,5,6,7,8,10 \quad 12,13,15,16,18,19,20,22$$

然后比较 19 和第一个列表的最大项。因为 10<19，所以对 19 的搜索可以局限于包含原列表第 9~16 项的列表中。下一步把含 8 项的这个列表分成两个含 4 项的小列表，即

$$12,13,15,16 \quad 18,19,20,22$$

因为 16<19(将 19 与第一个列表的最大项比较)，所以搜索可局限于这两个列表中的第二个，它包含原列表的第 13~16 项。列表 18，19，20，22 再分成两个，即

$$18,19 \quad 20,22$$

因为 19 不大于两个列表中第一个的最大项，这最大项也是 19，搜索可局限于第一个列表：18 和 19，它包含原列表的第 13、14 项。下一步，这个含两项的列表被分成各含一项的两个列表 18 和 19。因为 18<19，搜索可局限于第二个列表：该列表只含原列表第 14 项，即 19。现在搜索已经被局限了到一项上，经过一次比较，19 定位为原列表的第 14 项。

　　现在给出二分搜索算法的步骤。要在列表 a_1，a_2，$\cdots$，a_n 中搜索整数 x，其中 $a_1 < a_2 < \cdots < a_n$，从比较 x 和列表的中间项 a_m 开始，其中 $m = \lfloor (n+1)/2 \rfloor$。(回忆一下，$\lfloor x \rfloor$ 是不超过 x 的最大整数。)如果 $x > a_m$，搜索可以限定在列表的后半段，即 a_{m+1}，a_{m+2}，$\cdots$，a_n。如果 x 不大于 a_m，搜索可限定在列表的前半段，即 a_1，a_2，$\cdots$，a_m。

　　现在搜索的范围限于一个不超过 $\lceil n/2 \rceil$ 个元素的列表。(回忆一下，$\lceil x \rceil$ 是大于等于 x 的最小整数。)用同样的过程，比较 x 和这个限定列表的中间项。然后把搜索限于该限定列表的前半段或后半段。这样重复直到得到只含一项的列表。然后判断这项是否就是 x。二分搜索算法的伪代码如算法 3 所示。

算法 3　二分搜索算法
procedure binary search(x：整数，a_1，a_2，$\cdots$，a_n：递增整数)
$i := 1$〔i 是搜索区间的左端点〕
$j := n$〔j 是搜索区间的右端点〕

```
while i < j
    m := ⌊(i+j)/2⌋
    if x > a_m then i := m+1
    else j := m
if x = a_i then location := i
else location := 0
return location{location 是等于 x 的项 a_i 的下标 i，或是 0 如果找不到 x}
```

算法 3 是通过不断缩小被搜索的部分序列而进行的。在任何阶段都只有从 a_i 到 a_j 的这些项需要考虑。换言之，i 和 j 分别是剩余项的最小和最大下标。算法 3 不断缩小需搜索的序列，直到序列中只剩下一项为止。此时，需要一次比较来看这一项是否等于 x。

3.1.3 排序

Demo

对一个列表中的元素排序是一个常见问题。例如，为了制作电话簿，就要按字母顺序排列用户姓名。类似地，可供下载的歌曲目录需要将其曲目名称按字母顺序排列。电子邮件列表中的地址按序排列有助于确定是否有重复地址。创建一个有用的字典需要把单词按字母顺序排列。同样，生成一份配件表也需要将配件按配件号升序排列。

假定有一个集合元素的列表。再假设有一种方式可以给集合的元素排序。（给集合元素排序的概念将在 9.6 节详细讨论。）排序（sorting）就是把这些元素排成一个列表，其中元素按照升序排列。例如，对列表 7，2，1，4，5，9 的排序就产生列表 1，2，4，5，7，9。对列表 d，h，c，a，f 的排序（利用字母序）就产生列表 a，c，d，f，h。

计算资源中有相当大的比例是关注对各种事物进行排序。因此，人们致力于开发排序算法。采用不同策略设计的排序算法数量多得惊人，而且经常有新的算法产生。高德纳·克努特（Donald Knuth）在其奠基性著作《计算机程序设计艺术》(The Art of Computer Programming) 的第三卷中用了近 400 页篇幅叙述排序，详细讨论了大约 15 种不同的排序算法！已经有 100 多种排序算法，并且令人惊奇的是不久还会有新的排序算法出现。在最新的排序算法中最吸引人的包括 2002 年发明的广泛使用的算法 Timsort 和 2006 年发明的图书馆排序，也称为是空隙插入排序。

计算机科学家和数学家对排序算法感兴趣有很多的原因。其中包括：有些算法更容易实现，有些算法更有效（在一般情况下，或当已知输入带有某种特征（比如稍有错位的列表）时），有些算法利用特殊的计算机体系结构，有些算法特别智能等。本节介绍两种排序算法：冒泡排序和插入排序。本节的练习中会介绍另外两种排序算法：选择排序和二分插入排序，而在补充练习中会介绍剃刀（shaker）排序。5.4 节将讨论归并排序并在该节的练习中介绍快速排序；11.2 节的练习中介绍竞赛排序。我们之所以讨论排序算法是因为：排序是一个重要课题；这些算法可作为许多重要概念的例子。

Links

冒泡排序 冒泡排序（bubble sort）是最简单的，但不是最有效的排序算法之一。冒泡排序通过连续比较相邻的元素，如果相邻元素顺序不对就交换相邻元素，从而把一个列表排列成升序。为了实现冒泡排序，我们执行基本操作，即交换一个较大元素与紧跟其后的较小元素，从列表头开始完整地执行一遍。迭代这个过程直到排序完成。算法 4 给出冒泡排序的伪代码。可以想象把列表中的元素排成一列。在冒泡排序中，较小的元素随着与较大的元素交换而"冒泡"到顶端。较大的元素则"下沉"到底部。该过程如例 4 所示。

例 4 用冒泡排序把 3，2，4，1，5 排列成升序。

图 1 冒泡排序的步骤。

解 这个算法的步骤如图 1 所示。首先比较前两个元素 3 和 2。因为 3 > 2，交换 3 与 2，产生 2，3，4，1，5。因为 3 < 4，继续比较 4 和 1。因为 4 > 1，交换 4 与 1，产生 2，3，1，4，

5。因为4<5，第一遍就完成了。第一遍保证了最大元素5在正确位置上。

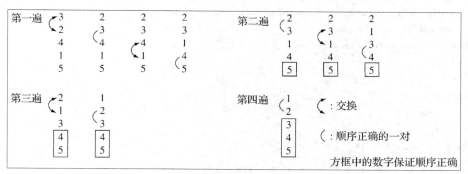

图 1　冒泡排序的步骤

　　第二遍首先比较2和3。因为这两个数顺序正确，就比较3和1。因为3>1，交换这两个数，产生2，1，3，4，5。因为3<4，这两个数顺序正确。这一遍不必进一步比较了，因为5已经在正确位置上。第二遍保证两个最大元素4和5都在正确位置上。

　　第三遍首先比较2和1。因为2>1，交换这两个数，产生1，2，3，4，5。因为2<3，所以这两个数顺序正确。这一遍不必进一步比较了，因为4和5都已经在正确位置上。第三遍保证三个最大元素3、4和5都在正确位置上。

　　第四遍包括一次比较，即1和2的比较。因为1<2，所以这两个数顺序正确。这样就完成了冒泡排序。　　◄

算法 4　冒泡排序
procedure bubblesort(a_1, …, a_n：实数，$n \geqslant 2$)
for $i := 1$ **to** $n-1$
　　for $j := 1$ **to** $n-i$
　　　　if $a_j > a_{j+1}$ **then** 交换 a_j 与 a_{j+1}
{a_1, …, a_n 按升序排列}

　　插入排序　插入排序(insert sort)是一种简单的排序算法，但通常不是最有效的。为了给 n 个元素的列表排序，插入排序从第二个元素开始。插入排序将这第二个元素与第一个元素比较：如果它不大于第一个元素，就把它插入到第一个元素前面；如果它大于第一个元素，就把它插入到第一个元素后面。此时两个元素顺序正确。然后第三个元素与第一个元素比较，如果它大于第一个元素，再与第二个元素比较；它将插入到前三个元素中的正确位置上。

　　一般来说，在插入排序第 j 步上，列表的第 j 个元素插入到已经排序的 $j-1$ 个元素的列表的正确位置上。为了在列表中插入第 j 个元素，使用线性搜索技术(参见练习45)。从列表头开始，第 j 个元素依次与已经排序的 $j-1$ 个元素比较，直到发现第一个不小于这个元素的元素为止，或者直到这个元素已经与所有 $j-1$ 个元素都比较过为止。第 j 个元素就被插入到正确位置上使得前 j 个元素排好顺序。继续该算法直到最后一个元素被放置到相对于前 $n-1$ 个元素已经排序的列表中的正确位置上。插入排序的伪代码描述如算法5所示。

　　例 5　用插入排序把列表3，2，4，1，5排列成升序。

　　解　插入排序首先比较2和3。因为3>2，把2插入前一个位置，产生列表**2，3**，4，1，5(列表中已排序部分用黑体表示)。此时，2和3的顺序正确。通过比较4>2和4>3把第三个元素4插入列表的已排序部分。因为4>3，把4保留在第三个位置上。此时列表是**2，3，4**，1，5，并且我们知道前三个元素的顺序是正确的。接下来我们要为第四个元素1寻找在已排序元素2，3，4中的正确位置。因为1<2，得到列表**1，2，3，4**，5。最后依次比较5与1，2，3和4，

把 5 插入正确位置。因为 5>4，所以 5 就留在表的尾部，产生整个列表的正确顺序。 ◀

算法 5 插入排序

procedure insertion sort(a_1，a_2，$\cdots$，a_n：实数，$n \geqslant 2$)

for j := 2 **to** n

    i := 1

    while $a_j > a_i$

        i := $i+1$

    m := a_j

    for k := 0 **to** $j-i-1$

        a_{j-k} := a_{j-k-1}

    a_i := m

{a_1，a_2，$\cdots$，a_n 已排序}

3.1.4 字符串匹配

虽然搜索和排序是计算机科学中最常见的问题，但其他问题也会经常遇见。其中之一是：一个特定的字符串 P(称为**模式**(pattern))出现在另外一个字符串 T(称为**文本**(text))的什么位置上(如果有的话)？比如，能否在串 11001011 中找到模式 101？通过检查，我们发现偏移 4 个字符位置就能在文本 11001011 中看到 101，因为，文本中第 5、6、7 个字符正好构成字符串 101。另一方面，模式 111 并没有出现在文本 110110001101 中。

在文本中寻找一个模式出现的位置称为**字符串匹配**(string matching)。字符串匹配在许多应用领域起着重要作用：文本编辑、垃圾邮件过滤、计算机网络中的攻击检测系统、搜索引擎、抄袭检测、生物信息学等。例如，在文本编辑中，当我们需要用一个字符串替代另一个字符串时，就需要找出该字符串的所有出现位置，这就是字符串匹配。搜索引擎则查看搜索关键词和网页中词语的匹配。生物信息学中的许多问题是研究由 4 个碱基——胸腺嘧啶(T)、腺嘌呤(A)、胞嘧啶(C)和鸟嘌呤(G)——构成的 DNA 分子。DNA 序列的处理是确定 4 个碱基在 DNA 中的顺序，这就涉及由 T、A、C 和 G 这 4 个字母构成的字符串的匹配问题。比如，我们会问模式 CAG 是否出现在文本 CATCACAGAGA 中？答案是肯定的，因为它出现在移位 5 个字符的位置处。求解基因组相关的问题需要用到更为有效的字符串匹配算法，因为表示人类基因组的字符串有大约 3×10^9 个字符的长度。

我们现在来描述一个用于字符串匹配的蛮力算法——算法 6，称为**朴素字符串匹配器**(naive string matcher)。算法的输入是我们希望匹配的模式 $P = p_1 p_2 \cdots p_m$ 和文本 $T = t_1 t_2 \cdots t_n$。当这个模式在文本 T 的第 $s+1$ 个位置开始时，即当 $t_{s+1} = p_1$，$t_{s+2} = p_2$，$\cdots$，$t_{s+m} = p_m$ 时，我们就说 P 出现在 T 中**偏移**(shift)s 处。为了寻找所有有效偏移，朴素字符串匹配器将遍历所有可能的偏移 s，即从 $s=0$ 到 $s=n-m$，判断 s 是否是有效偏移。图 2 展示了利用算法 6 在文本 $T = eceyeye$ 中搜索模式 $P = eye$ 时的操作步骤。

算法 6 朴素字符串匹配器

procedure string match(n，m：正整数，$m \leqslant n$，t_1，t_2，$\cdots$，t_n，p_1，p_2，$\cdots$，p_m：字符)

    for s := 0 **to** $n-m$

        j := 1

        while($j \leqslant m$ and $t_{s+j} = p_j$)

            j := $j+1$

        if $j > m$ **then print** "s is a valid shift"

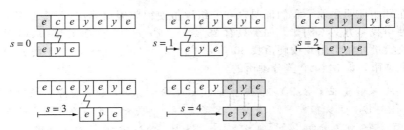

图 2　朴素字符串匹配器在 $T=eceyeye$ 中搜索 $P=eye$ 时的步骤。用实线表
示匹配，用折线表示不匹配。算法找到两个有效偏移：$s=2$ 和 $s=4$

　　除了朴素字符串匹配器，人们已经开发了许多其他字符串匹配算法。这些算法利用各种不同的方法使其比朴素字符串匹配器更加有效。想了解这些算法，可以参考［CoLeRiSt09］，以及生物信息学算法方面的书籍。

3.1.5　贪婪算法

　　本书中要学习的许多算法都用于解决**最优化问题**（optimization problem）。这种问题的目标是寻找给定问题满足某个参数值最小化或最大化的解。本书后续要研究的最优化问题包括：寻找两个城市之间总里程最短的路线；确定一种用尽可能少的位数进行消息编码的方式；以及寻找一组在网络节点之间使用最少量光纤的光纤连接。

　　令人惊奇的是，一种最简单的方法常常能导致最优化问题的一个解。这种方法在每一步选择最好的选项，而不是通盘考虑可能导致最优解的全部步骤序列。在每一步都选择看起来"最好的"选项的算法称为**贪婪算法**（greedy algorithm）。一旦贪婪算法求出了一个可行解，就要确定它是否找到了一个最优解。为此，要么证明这个解是最优的，要么证明该算法产生了一个非最优解的反例。为了更具体地说明这些概念，下面考虑一个实现硬币找零钱的**收银员算法**（cashier's algorithm）（之所以被称为收银员算法，是因为在收银机全电子化之前收银员得经常用该算法来找零）。

　　例 6　考虑用 25 美分、10 美分、5 美分和 1 美分硬币找 n 美分零钱的问题，使硬币总数尽可能少。可以通过在每一步都做局部最优的选择来设计一个找 n 美分零钱的贪婪算法，即在每一步选择可能的最大面值硬币使得加入到零钱后其总额不超过 n 美分。例如，要找 67 美分零钱，首先选择一个 25 美分（剩下 42 美分）。接着选择第二个 25 美分（剩下 17 美分），随后选择一个 10 美分（剩下 7 美分），随后选择一个 5 美分（剩下 2 美分），随后选择一个 1 美分（剩下 1美分），最后选择一个 1 美分。

　　用任何一组不同面值的硬币找 n 美分零钱的收银员算法如算法 7 所示。

算法 7　收银员算法
procedure change(c_1, c_2, $\cdots$, c_r：硬币的面值，其中 $c_1>c_2>\cdots>c_r$；n：正整数）
for i : $=1$ **to** r
　　　d_i := 0 ｛d_i 统计使用面值为 c_i 的硬币数｝
　　　while $n \geqslant c_i$
　　　　　d_i := d_i+1 ｛增加一个面值 c_i 的硬币｝
　　　　　n := $n-c_i$
｛d_i 是零钱中面值为 c_i 的硬币的数量，$i=1$, 2, $\cdots$, r｝

　　我们描述了一个用任意一组有限的面值为 c_1, c_2, $\cdots$, c_r 的硬币找零钱的贪婪算法——收银员算法。在有四种面值为 25 美分、10 美分、5 美分和 1 美分硬币的特例中，我们有 $c_1=25$，$c_2=10$，$c_3=5$ 和 $c_4=1$。对于这种情形，我们证明这个算法在使用尽可能少硬币的意义下能求

出最优解。在开始证明之前，我们证明存在一组硬币使得收银员算法(算法 7)不一定得出使用尽可能少的硬币找零方案。例如，如果只有 25 美分、10 美分和 1 美分硬币(而无 5 美分硬币)可用，则此收银员算法会用 6 枚硬币找 30 美分零钱(1 个 25 美分和 5 个 1 美分硬币)，而本来可以只用 3 个硬币，即 3 个 10 美分硬币的。

引理 1　如果 n 是正整数，则用 25 美分、10 美分、5 美分和 1 美分，并用尽可能少的硬币找 n 美分零钱中，至多有 2 个 10 美分、至多有 1 个 5 美分、至多有 4 个 1 美分硬币，并且不可能同时有 2 个 10 美分和 1 个 5 美分硬币。用 10 美分、5 美分和 1 美分硬币找的零钱总额不会超过 24 美分。

证明　用反证法证明。我们要证明如果用到了超过指定数目的各种类型的硬币，就可以用等值的数目更少的硬币来替换。注意如果有 3 个 10 美分硬币，就可以换成 1 个 25 美分和 1 个 5 美分硬币；如果有 2 个 5 美分硬币，就可以换成 1 个 10 美分硬币；如果有 5 个 1 美分硬币，就可以换成 1 个 5 美分硬币；如果有 2 个 10 美分和 1 个 5 美分硬币，就可以换成 1 个 25 美分硬币。因为至多可以有 2 个 10 美分、1 个 5 美分和 4 个 1 美分硬币，而不能同时有 2 个 10 美分和 1 个 5 美分硬币，所以当用尽可能少的硬币找 n 美分零钱时，24 美分就是用 10 美分、5 美分和 1 美分硬币能找的最多的钱。　◀

定理 1　如果只用 25 美分、10 美分、5 美分和 1 美分硬币，收银员算法(算法 7)总是产生硬币数量最少的找零方案。

证明　用反证法证明。假设存在正整数 n，使得有办法将 25 美分、10 美分、5 美分和 1 美分硬币用少于贪婪算法所求出的硬币去找 n 美分零钱。首先注意，在这种找 n 美分零钱的最优方式中使用 25 美分硬币的个数 q'，一定等于贪婪算法所用 25 美分硬币的个数 q。为说明这一点，注意贪婪算法使用尽可能多的 25 美分硬币，所以 $q' \leqslant q$。但是 q' 也不能小于 q。假如 q' 小于 q，需要在这种最优方式中用 10 美分、5 美分和 1 美分硬币至少找出 25 美分零钱。而根据引理 1，这是不可能的。

由于在找零钱的这两种方式中一定有同样多的 25 美分硬币，所以在这两种方式中 10 美分、5 美分和 1 美分硬币的总值一定相等，并且这些硬币的总值不超过 24 美分。10 美分硬币的个数一定相等，因为贪婪算法使用尽可能多的 10 美分硬币。而根据引理 1，当使用尽可能少的硬币找零钱时，至多使用 1 个 5 分硬币和 4 个 1 分硬币，所以在找零钱的最优方式中也使用尽可能多的 10 美分硬币。类似地，5 美分硬币的个数相等；最终，1 美分的个数相等。　◀

贪婪算法根据某一条件在每一步都做出最佳选择。下面的例子表明在多个条件中选择哪一个也可能是难以确定的。

例 7　假设我们有一组讲座，并预设了开始和结束时间。假设讲座一旦开始就会持续到结束为止、两个讲座不能同时进行、一个讲座可以在另一个讲座结束时开始，请设计一个贪婪算法能够在一个演讲厅里安排尽可能多的讲座。假设讲座 j 的开始时间为 s_j(这里 s 是指开始)，结束时间为 e_j(这里 e 是指结束)。

解　要采用贪婪算法来安排最多的讲座，即一个最优调度，我们需要确定在每一步如何选择增加哪个讲座。有很多准则可以用来在每一步选择一个讲座，这里我们选择那些与已选讲座没有重叠的讲座。比如，我们可以以最早开始时间为序来增加讲座，也可以以最短讲座时间为序来增加讲座，也可以以最早结束时间为序来增加讲座，或者可以用其他的准则。

我们选择来考虑这些可能的准则。假设我们增加那个与已选讲座相容的讲座中开始时间最早的讲座。我们可以构造一个反例来证明这样的算法并非总是产生最优调度。例如，假定有三个讲座：第一个讲座上午 8 点开始中午 12 点结束，第二个讲座上午 9 点开始上午 10 点结束，而第三个讲座上午 11 点开始中午 12 点结束。我们首先选择第一个讲座，因为它开始得最早。但是一旦我们选择了第一个讲座，就不能选第二个或第三个讲座了，因为它们和第一个讲座有重叠。故该贪婪算法只选了一个讲座。这不是最优的，因为我们可以安排第二个和第三个讲座，这两个没有重叠。

现在假设我们增加那个与已选讲座相容的讲座中持续时间最短的讲座。我们依然可以找到一个反例来证明这样的算法并非总是产生最优调度。为此，假定有三个讲座：第一个讲座上午 8 点开始上午 9 点 15 分结束，第二个讲座上午 9 点开始上午 10 点结束，而第三个讲座上午 9 点 45 分开始上午 11 点结束。我们选择第二个讲座，因为它是最短的只需要一小时。一旦我们选择了第二个讲座，就不能选第一个或第三个讲座了，因为没有一个和第二个讲座是不重叠的。故该贪婪算法只选了一个讲座。可是有可能选择两个讲座的，第一个和第三个讲座，这两个没有重叠。

然后，可以证明如果我们在每一步选择那个与已选讲座相容的讲座中结束时间最早的讲座，我们就能安排最多的讲座。我们将在第 5 章用数学归纳法来证明它。我们要做的第一步是根据结束时间的升序来对讲座进行排序。排序后对讲座重新编号使得 $e_1 \leqslant e_2 \leqslant \cdots \leqslant e_n$。这样的贪婪算法如算法 8 所示。

算法 8　安排讲座的贪婪算法

procedure schedule($s_1 \leqslant s_2 \leqslant \cdots \leqslant s_n$：讲座的开始时间，$e_1 \leqslant e_2 \leqslant \cdots \leqslant e_n$：讲座的结束时间)

根据结束时间对讲座排序，重新编号使得 $e_1 \leqslant e_2 \leqslant \cdots \leqslant e_n$

$S := \varnothing$

for $j := 1$ **to** n

　　　if 讲座 j 与 S 相容 **then**

　　　　　　$S := S \cup \{讲座 \ j\}$

return $S\{S$ 是已安排讲座的集合$\}$

3.1.6　停机问题

现在我们来描述计算机科学中非常有名的一个定理的证明。我们将要证明存在这样一个问题，它不能用任何过程求解。即我们要证明存在不可解问题。我们要研究的问题是**停机问题**（halting problem）。它询问是否存在一个过程（procedure）能做这件事：该过程以一个计算机程序以及该程序的一个输入作为输入，并判断该程序在给定输入运行时是否最终能停止。显然，如果真的存在，有这样一个过程是非常方便的。在编写或者调试程序的时候，能够判断一个程序是否进入无限循环是非常有帮助的。然而，1936 年图灵证明这样的过程是不存在的（参见 13.4 节他的传记）。

在给出停机问题是不可解的证明之前，首先要知道我们不能简单地运行一个程序并观察它在做什么来确定是否能够结束。如果程序结束，就有了解；但是如果过了任意某个固定长度的时间段后程序还在运行，我们就不知道是否它永不停机，或者仅仅是我们等待它停止的时间不够长。毕竟，设计一个仅在 10 亿年后才会终止的程序并不难。

我们将描述图灵停机问题是不可解的证明，这是一个采用反证法的证明。（读者应该注意到我们的证明并不是完全严格的，因为我们还没有明确地定义什么是一个过程。因此，需要图灵机的概念作为补充。图灵机的概念会在 13.5 节引入。）

　　证明　假设停机问题有一个解，一个称为 $H(P, I)$ 的过程。过程 $H(P, I)$ 有两个输入项，一个是程序 P，另一个是程序 P 的一个输入 I。如果 H 判定 P 在给定输入 I 时能终止，则 $H(P, I)$ 将产生字符串"停机"作为输出。反之，$H(P, I)$ 将产生字符串"无限循环"作为输出。现在我们将导出一个矛盾。

　　编写一个过程的时候，它本身就表达为一个由字符构成的串，该串可以解释为一个比特序列。这意味着一个程序本身就可以当作数据使用。因此，一个程序可以作为另一个程序的输入，甚至是自身的输入。这样，H 可以将一个程序 P 作为它的两个输入，即一个程序和该程序的输入。H 应该可以判断当 P 给定其自身的副本作为输入时，P 是否会停机。

为了证明不存在过程 H 能够求解停机问题，我们构造一个简单过程 $K(P)$，它的工作原理如下，并利用 $H(P，P)$ 的输出。如果 $H(P，P)$ 的输出是"无限循环"，即 P 在自身作为输入时会无限循环，那么让 $K(P)$ 停机。如果 $H(P，P)$ 的输出是"停机"，即 P 在自身作为输入时会停机，那么让 $K(P)$ 无限循环。即，$K(P)$ 做出和 $H(P，P)$ 的输出相反结果（如图 3 所示）。

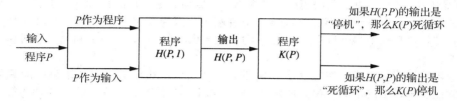

图 3　证明停机问题不可解

现在假设把 K 作为 K 的输入。需要注意，如果 $H(K，K)$ 的输出是"无限循环"，那么根据 K 的定义可以得出 $K(K)$ 停机。这意味着由 H 的定义，$H(K，K)$ 的输出是"停机"，这是一个矛盾。否则，如果 $H(K，K)$ 的输出是"停机"，那么根据 K 的定义 $K(K)$ 会无限循环，这意味着由 H 的定义，$H(K，K)$ 的输出是"无限循环"。这也是一个矛盾。这样，H 并不总能给出正确的答案。因此，没有这样的过程能解决停机问题。　◀

练习

1. 列出算法 1 在列表 1，8，12，9，11，2，14，5，10，4 中找最大值的所有步骤。

2. 判断下列过程具有和缺乏在正文中（算法 1 之后）所描述的哪些算法特征。
　　a)procedure double(n：正整数)
　　　　while $n>0$
　　　　　$n := 2n$
　　b)procedure divide(n：正整数)
　　　　while $n \geqslant 0$
　　　　　$m := 1/n$
　　　　　$n := n-1$
　　c)procedure sum(n：正整数)
　　　　sum $:= 0$
　　　　while $i<10$
　　　　　sum $:=$ sum$+i$
　　d)procedure choose(a，b：整数)
　　　　$x := a$ 或 b

3. 设计一个求列表中所有整数之和的算法。

4. 描述一个算法，以 n 个整数的列表作为输入，求出列表中相邻整数后一个数减去前一个数的最大差值作为输出。

5. 描述一个算法，以 n 个按非递减序排列的整数的列表作为输入，求出所有出现两次以上的值的列表。（一列整数是**非递减序**的，如果列表中的每个整数至少和列表中前一项一样大）

6. 描述一个算法，以 n 个整数的列表作为输入，求出列表中负整数的个数。

7. 描述一个算法，以 n 个整数的列表作为输入，求出列表中最后一个偶数的位置，或者如果列表中没有偶数就返回 0。

8. 描述一个算法，以 n 个不同整数的列表作为输入，求出列表中最大偶数的位置，或者如果列表中没有偶数就返回 0。

9. 回文（palindrome）是从前向后读和从后向前读都一样的串。描述一个判定 n 个字符的串是否为回文的算法。

10. 设计计算 x^n 的算法，其中 x 是实数，n 是整数。〔提示：首先给出一个 n 为非负整数时从 1 开始不断乘以 x 来计算 x^n 的过程。然后扩展这一过程利用 $x^{-n}=1/x^n$ 的事实来计算当 n 为负数时的 x^n。〕

11. 描述一个交换变量 x 和 y 值的算法，只许使用赋值。至少需要多少个赋值语句才能完成交换？

12. 描述一个只使用赋值语句实现用三元组 (y, z, x) 来代替 (x, y, z) 的算法。最少需要多少个赋值语句？

13. 列出在序列 1，3，4，5，6，8，9，11 中搜索 9 的所有步骤，使用的算法是：
    a) 线性搜索　　　　　　　　　　　　　　　　**b)** 二分搜索

14. 给定练习 13 给出的序列，列出采用线性搜索和二分搜索时搜索 7 使用的所有步骤。

15. 描述一个算法，把整数 x 插入到按递增序排列的整数表 $a_1, a_2, \cdots, a_n$ 中合适的位置。

16. 描述一个求自然数的有限序列中最小整数的算法。

17. 描述一个算法，求整数的有限列表中最大元素首次出现的位置，其中列表中的整数不一定互不相同。

18. 描述一个算法，求整数的有限列表中最小元素最后出现的位置，其中列表中的整数不一定互不相同。

19. 描述一个算法，计算由三个整数构成的集合的最大值、中间值、平均值和最小值。（整数集合的**中间值**（median）是把这些整数按增序排列时中间元素的值。整数集合的**平均值**（mean）是这些整数之和除以整数个数。）

20. 描述一个求整数的有限序列中最大和最小整数的算法。

21. 描述一个算法，把任意长度整数序列的头三项排成递增序。

22. 描述一个算法，求英文句子中最长的单词（这里句子是指符号的序列，符号可以是一个字母或者一个空格，句子可以被分隔成交替的单词和空格）。

23. 描述一个算法，判断从一个整数的有限集合到另一个整数的有限集合的一个函数是否是映上的。

24. 描述一个算法，判断从一个有限集合到另一个有限集合的一个函数是否是一对一的。

25. 描述一个算法，逐一检查比特串中每比特是否为 1，数一数其中为 1 的比特的个数。

26. 改动算法 3 使得二分搜索过程在算法的每一阶段都比较 x 和 a_m，并且如果 $x=a_m$ 则算法终止。算法的这个版本有何优越之处？

27. **三分搜索算法**是在递增序整数表中通过连续地把表分成大小相等（或尽可能接近相等）的三个子表，并将搜索限制在一个合适的子表中的方法来定位一个元素。描述这一算法的步骤。

28. 描述在递增序整数表中通过连续地把表分成大小相等（或尽可能接近相等）的四个子表，并将搜索限制在一个合适的子表中的方法来定位一个元素的算法步骤。

在一个元素列表中，同一个元素可能出现多次。这样一个列表的**众数**（mode）是一个其出现次数不少于其他元素的元素。当有多个元素都出现最大次数时，一个列表就有多个众数。

29. 设计一个算法，求非递减序整数表的一个众数。（一列整数是非递减序的，如果列表中的每个整数至少和列表中前一项一样大。）

30. 设计一个算法，求非递减序整数表的所有众数（一列整数是非递减序的，如果列表中的每个整数至少和列表中前一项一样大）。

31. 两个字符串被称为**易位词**（anagram），如果这两个字符串可以通过重新排列其字符相互转换。试用下列方法设计一个算法来判断两个字符串是否是易位词。
    a) 首先找出每个字符在字符串中出现的频率。
    b) 首先对两个字符串的字符进行排序。

32. 给定 n 个实数 $x_1, x_2, \cdots, x_n$，试用下列方法找出最靠近的两个实数。
    a) 用蛮力算法找出每一对实数之间的距离。
    b) 对实数进行排序，并计算最少数量的距离来求解问题。

33. 设计一个算法，求整数序列中第一个与序列中排在它前面的某项相等的项。

34. 设计一个算法，找出整数有限序列中所有那些大于它前面各项之和的项。

35. 设计一个算法，求正整数序列中第一个小于其紧挨着前项的项。

36. 用冒泡排序来排序 6，2，3，1，5，4，说明在每一步所获得的列表。

37. 用冒泡排序来排序 3，1，5，7，4，说明在每一步所获得的列表。

38. 用冒泡排序来排序 d, f, k, m, a, b，说明在每一步所获得的列表。

* **39.** 改编冒泡排序算法使得当不再需要交换时算法停止。用伪代码描述这个更有效的算法版本。

40. 用插入排序来排序练习 36 中的列表，说明在每一步所获得的列表。

41. 用插入排序来排序练习 37 中的列表，说明在每一步所获得的列表。

42. 用插入排序来排序练习 38 中的列表，说明在每一步所获得的列表。

Links ▶ **选择排序**（selection sort）首先找出列表中的最小元素。把这个元素移到前面。然后找出剩余元素里的最小元素并且把它放到第二个位置。重复这个过程，直到整个列表都已经排好序为止。

43. 用选择排序来排列下面的列表。

   a) 3，5，4，1，2   **b)** 5，4，3，2，1

   c) 1，2，3，4，5

44. 用伪代码写出选择排序算法。

☞ **45.** 描述一个基于线性搜索的算法，确定在已经排序的列表中插入一个新元素的正确位置。

46. 描述一个基于二分搜索的算法，确定在已经排序的列表中插入一个新元素的正确位置。

47. 用插入排序对列表 $1，2，\cdots，n$ 排序需要多少次比较？

48. 用插入排序对列表 $n，n-1，\cdots，2，1$ 排序需要多少次比较？

二分插入排序是插入排序的一个变体，使用二分搜索技术（参见练习 46）而非线性搜索技术，把第 i 个元素插入到已经排序的元素中的正确位置。

49. 列出二分插入排序对列表 3，2，4，5，1，6 进行排序时使用的所有步骤。

50. 比较插入排序和二分插入排序对列表 7，4，3，8，1，5，4，2 进行排序时所用的比较次数。

* **51.** 用伪代码写出二分插入排序算法。

52. a) 设计插入排序的一个变体，用线性搜索技术把第 j 个元素插入正确位置，即首先将它与第 $j-1$ 个元素比较，然后如有必要再与第 $j-2$ 个元素比较，依次进行下去。

   b) 用你的算法来排序 3，2，4，5，1，6。

   c) 用这个算法求解练习 47。

   d) 用这个算法求解练习 48。

53. 当一个元素列表接近于正确顺序时，采用插入排序或者练习 52 描述的变体，哪一种更好？

54. 列出朴素字符串匹配器在文本 COVFEFE 中寻找模式 FE 的所有出现时的步骤。

55. 列出朴素字符串匹配器在文本 TACAGACG 中寻找模式 ACG 的所有出现时的步骤。

56. 采用收银员算法，用 25 美分、10 美分、5 美分和 1 美分硬币找出下列零钱：

   a) 87 美分   **b)** 49 美分

   c) 99 美分   **d)** 33 美分

57. 采用收银员算法，用 25 美分、10 美分、5 美分和 1 美分硬币找出下列零钱：

   a) 51 美分   **b)** 69 美分

   c) 76 美分   **d)** 60 美分

58. 采用收银员算法，用 25 美分、10 美分和 1 美分（但是无 5 美分）硬币找出练习 56 中的各种零钱。对于哪些零钱数，贪婪算法使用尽可能少的这些面值的硬币？

59. 采用收银员算法，用 25 美分、10 美分和 1 美分（但是无 5 美分）硬币找出练习 57 中的各种零钱。对于哪些零钱数，贪婪算法使用尽可能少的这些面值的硬币？

60. 证明如果有面值 12 美分的硬币，则用 25 美分、12 美分、10 美分、5 美分和 1 美分硬币的收银员算法，不一定总是用最少的硬币数找零钱。

61. 用算法 7 从一组候选演讲中选择以便在报告厅安排尽可能多的演讲。假设这些演讲的开始和结束时间（均为上午）是：9:00 和 9:45；9:30 和 10:00；9:50 和 10:15；10:00 和 10:30；10:10 和 10:25；10:30 和 10:55；10:15 和 10:45；10:30 和 11:00；10:45 和 11:30；10:55 和 11:25；11:00 和 11:15。

62. 证明在解决报告厅安排一组演讲（如例 7 所示）的贪婪算法中，如果在每一步都选择一个与其他演讲冲突最少的演讲，则不一定产生最优解。

* **63. a)** 设计一个贪婪算法，给定每个讲座的开始时间和结束时间，确定容纳 n 个讲座所需的最少的报告厅数目。

   b) 证明你的算法是最优的。

Links ▶ 假设有 s 位男士 $m_1，m_2，\cdots，m_s$ 和 s 位女士 $w_1，w_2，\cdots，w_s$。我们希望为每人匹配一位异性。再者，假设每人按自己的偏爱程度对异性进行排序，不允许并列。我们称将一组异性结为夫妇的一个匹配是**稳**

定的(stable)，如果不能找到这样一对没有匹配的男士 m 和女士 w，使得 m 喜欢 w 胜过喜欢他被指派的伴侣，同时 w 喜欢 m 胜过喜欢她被指派的伴侣。

64. 假设有三位男士 m_1、m_2 和 m_3，三位女士 w_1、w_2 和 w_3。再者，假设男士对三位女士的喜欢程度由高到低的排序是：m_1：w_3、w_1、w_2；m_2：w_1、w_2、w_3；m_3：w_2、w_3、w_1；而女士对三位男士的喜欢程度由高到低的排序是：w_1：m_1、m_2、m_3；w_2：m_2、m_1、m_3；w_3：m_3、m_2、m_1。对于构成三对夫妇的所有六种可能的每一种情况，判断该匹配是否是稳定的。

延迟接受算法(deferred acceptance algorithm)也称为 **Gale-Shapley** 算法，可以用来构造稳定的男女匹配。在这个算法中，一种性别的人是**求婚者**，另一种性别的人是**被求婚者**。该算法使用了一系列回合，在每个回合，前一轮的求婚中被拒绝的求婚者向他(她)最喜欢的、还没有拒绝过他(她)的被求婚者求婚。被求婚者会拒绝所有的求婚，除了在这轮或之前回合中来求婚的所有求婚者中排名最靠前的那位之外。这位排名最前的求婚者的求婚维持待定，并且会在以后的某个回合中被拒绝，如果在那个回合中有一位更有魅力的求婚者来求婚。当每个求婚者都恰有一个待定的求婚时一系列回合结束，此时所有待定的求婚都被接受。

65. 用伪代码写出延迟接受算法。

66. 证明延迟接受算法可终止。

* **67.** 证明延迟接受算法终止时总可以产生一个稳定的匹配。

序列的一个元素如果重复出现超过序列的一半，则称为**多数元素**(majority element)。**Boyer-Moore 多数投票算法**(以 Robert Boyer 和 J. Strother Moore 命名)用于寻找一个序列中的多数元素(如果存在)。算法维护一个初始值为 0 的计数器和一个没有初始值的临时候选多数元素。算法依次处理序列元素。处理第一个元素时，该元素即成为候选多数元素，并置计数器为 1。然后，依次处理剩余的元素，如果计数器是 0，则该元素成为候选多数元素并置计数器为 1，而当计数器非 0 时，根据该元素是否等于当前的候选值，计数器递增(加 1)或递减(减 1)。所有项都处理完成后，候选值即为多数元素(如果存在)。

68. **a)** 试解释为什么一个序列最多只有一个多数元素。

b) 给定序列 2，1，3，3，2，3，试列出 Boyer-Moore 多数投票算法的步骤。

c) 用伪代码描述 Boyer-Moore 多数投票算法。

d) 试解释你如何确定 Boyer-Moore 算法产生的候选多数元素确实是一个多数元素。

* **69.** **a)** 证明 Boyer-Moore 多数投票算法的输出是序列的多数元素(如果存在)。

b) 证明或反驳即使多数元素不存在，Boyer-Moore 多数投票算法的候选多数元素也是一个众数，即出现次数最多的元素。

70. 证明判断一个程序在给定一个输入时总会输出数字"1"这个问题是不可解的。

71. 证明如下问题是可解的。给定两个程序以及它们的输入，并且已知其中恰有一个会终止，判断哪一个程序会终止。

72. 证明判定一个特定程序给定特定输入时是否会停机的问题是可解的。

3.2 函数的增长

3.2.1 引言

3.1 节我们讨论了算法的概念。介绍了解决各种问题的算法，包括在列表中搜索元素和对列表进行排序。在 3.3 节我们将研究这些算法使用的操作步数。特别是，我们要估算线性搜索和二分搜索算法在 n 个元素的序列中搜索元素时所要用的比较次数。还要估算冒泡排序和插入排序对 n 个元素的列表进行排序时所要用的比较次数。解决一个问题所需的时间不仅仅取决于所用的操作步数。这个时间还取决于用于运行实现一个算法的程序的硬件和软件。但是，当我们更改用于实现算法的硬件和软件时，可以通过给先前估算所需时间乘以一个常数来精确地估算求解规模为 n 的问题所需的时间。例如，在一台超级计算机上求解规模为 n 的问题可能比在一台个人计算机上快 100 万倍。而这 100 万的因子并不取决于 n(也许会有一点点的依赖关系)。使用本节介绍的大 O 记号(**big-O notation**)有一个好处，就是可以估算一个函数的增长而不用担心常数因子或低阶项。这意味着使用大 O 记号不用担心实现算法所用的硬件和软件。另外，使

用大 O 记号时我们可以假设算法中使用的不同操作都花费相等的时间,这大大简化了分析。

大 O 记号广泛用于估算当输入增长时一个算法所用的操作的数量。借助于这个记号,就能够判定当输入规模增大时用一个特定算法来求解该问题是否实际可行。另外,使用大 O 记号,可以比较两个算法以判断当输入规模增大时哪个算法更有效。例如,如果求解一个问题我们有两个法,一个使用 $100n^2 + 17n + 4$ 步运算,另一个使用 n^3 步运算,那么大 O 记号可以帮助我们了解到当 n 很大时第一个算法所使用的运算会少得多,即使对于小的 n 值,比如 $n = 10$,第一个算法使用的运算会比较多。

本节介绍大 O 记号以及相关的大 Ω 和大 Θ 记号。我们将解释如何进行大 O、大 Ω 和大 Θ 估算,并给出在算法分析中用到的一些重要函数的估算。

3.2.2 大 O 记号

函数的增长通常可以用一种专门的记号来描述。定义 1 描述了这样一种记号。

> **定义 1** 令 f 和 g 为从整数集或实数集到实数集的函数。如果存在常数 C 和 k 使得只要当 $x > k$ 时就有
> $$|f(x)| \leqslant C|g(x)|$$
> 我们就说 $f(x)$ 是 $O(g(x))$ 的。[这个可以读作 "$f(x)$ 是大 $Og(x)$ 的"。]

评注 直觉上,$f(x)$ 是 $O(g(x))$ 的定义是说当 x 无限增长时 $f(x)$ 的增长慢于 $g(x)$ 的某个固定的倍数。

Assessment ▶

大 O 记号定义中的常数 C 和 k 称为 $f(x)$ 是 $O(g(x))$ 的关系的**凭证**(witness)。为了建立 $f(x)$ 是 $O(g(x))$,我们只需要这一关系的一对凭证。即要证明 $f(x)$ 是 $O(g(x))$ 的,我们需要找出一对常数 C 和 k,即凭证,使得只要当 $x > k$ 时就有 $|f(x)| \leqslant C|g(x)|$。

Links ▶

注意当有 $f(x)$ 是 $O(g(x))$ 的关系的一对凭证时,就会有无限多对凭证。要明白这一点,注意如果 C 和 k 是一对凭证,那么任意一对 C' 和 k'(其中 $C < C'$ 和 $k < k'$)也是一对凭证,因为只要当 $x > k' > k$ 时就有 $|f(x)| \leqslant C|g(x)| \leqslant C'|g(x)|$。

大 O 记号的历史 大 O 记号在数学中已经使用了一个多世纪了。在计算机科学中则广泛用于算法分析,如 3.3 节将会看到的。1892 年德国数学家保罗·巴赫曼(Paul Bachmann)在一本重要的数论书中首次引入大 O 记号。大 O 符号有时候也称为**兰道符号**,因为德国数学家埃德蒙·兰道(Edmund Landau)在他的著作中始终使用这个记号。大 O 记号在计算机科学界的普遍使用则归功于高德纳(Donald Knuth),他还引入了本节稍后要定义的大 Ω 和大 Θ 记号。

利用大 O 记号的定义 求一对凭证的一种有用方法是先选择 k 的值使得当 $x > k$ 时容易估算 $|f(x)|$ 的大小,再看看能否用这个估算找出 C 的值使得对于 $x > k$ 时有 $|f(x)| < C|g(x)|$。这个方法如例 1 所示。

Extra Examples ▶

例 1 证明 $f(x) = x^2 + 2x + 1$ 是 $O(x^2)$ 的。

解 观察到当 $x > 1$ 时可以容易估算 $f(x)$ 的大小,因为当 $x > 1$ 时 $x < x^2$ 且 $1 < x^2$。所以当 $x > 1$ 时就有
$$0 \leqslant x^2 + 2x + 1 \leqslant x^2 + 2x^2 + x^2 = 4x^2$$
如图 1 所示。因此,可以取 $C = 4$ 和 $k = 1$ 作为凭证以证明 $f(x)$ 是 $O(x^2)$。即只要当 $x > 1$ 时就有 $f(x) = x^2 + 2x + 1 < 4x^2$。(注意这里不必用绝对值,因为当 x 为正数时等式中所有函数都是正的。)

换一种方式,当 $x > 2$ 时我们可以估算 $f(x)$ 的大小。当 $x > 2$ 时 $2x \leqslant x^2$ 且 $1 \leqslant x^2$。于是,如果 $x > 2$,就有
$$0 \leqslant x^2 + 2x + 1 \leqslant x^2 + x^2 + x^2 = 3x^2$$
所以 $C = 3$ 和 $k = 2$ 也是 $f(x)$ 是 $O(x^2)$ 关系的凭证。

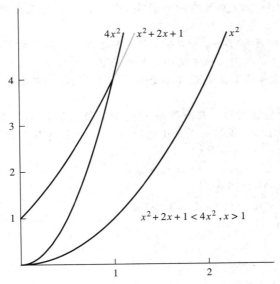

灰线表示 $f(x) = x^2 + 2x + 1$
满足 $f(x) < 4x^2$ 的那部分图形

$$x^2 + 2x + 1 < 4x^2, x > 1$$

图 1　函数 $x^2 + 2x + 1$ 是 $O(x^2)$

观察在 "$f(x)$ 是 $O(x^2)$" 关系中，x^2 可以被函数值大于 x^2 的任何函数替代。例如，$f(x)$ 是 $O(x^3)$，$f(x)$ 是 $O(x^2 + 2x + 7)$，等等。

另外，x^2 是 $O(x^2 + 2x + 1)$ 也成立，因为只要当 $x > 1$ 时就有 $x^2 < x^2 + 2x + 1$。这意味着 $C = 1$ 和 $k = 1$ 是 x^2 是 $O(x^2 + 2x + 1)$ 关系的凭证。◀

注意在例 1 中我们有两个函数，$f(x) = x^2 + 2x + 1$ 和 $g(x) = x^2$，使得 $f(x)$ 是 $O(g(x))$ 而且 $g(x)$ 是 $O(f(x))$——后一事实可以从不等式 $x^2 \leqslant x^2 + 2x + 1$ 得到，这个不等式对所有非负

Links ▶

保罗·古斯塔夫·海因里斯·巴赫曼（Paul Gustav Heinrich Bachmann，1837—1920）
尽管巴赫曼早期的数学学习并不顺利，但他的一位老师还是发现了他的数学才能。在瑞士从肺结核的病痛中康复以后，巴赫曼开始研究数学，首先在柏林大学，随后又到哥廷根大学，那里他听了著名数论家狄利克雷（Dirichlet）的课程。1862 年在德国数论家库默尔（Kummer）指导下他获得博士学位，他的论文是关于群论的。巴赫曼先后担任布来斯劳（Breslau）大学和明斯特（Münster）大学的教授。从教授位置退休后，他继续数学写作、弹钢琴并且为报纸撰写音乐评论。巴赫曼的数学论著包括五卷本的数论结论与方法综述、两卷本的初等数论、一本关于无理数的书和一本关于费马最后定理的著名猜想的书。他在 1892 年的书《解析数论》（Analytische Zahlentheorie）中引入了大 O 记号。

埃德蒙·兰道（Edmund Landau，1877—1938）　兰道是一位柏林妇科医生的儿子，在柏林完成高中和大学教育。1899 年在 Frobenius 的指导下他获得博士学位。兰道首先在柏林大学任教，后搬到哥廷根大学，那里任全职教授直到纳粹党迫使他停止教学。兰道对数学的贡献主要在解析数论领域。特别是他建立了关于素数分布的一些重要结论。他撰写了三卷本的数论评注，以及关于数论和数学分析的一些书籍。

实数 x 都成立。我们把满足上述这两个大 O 关系的两个函数 $f(x)$ 和 $g(x)$ 称为**同阶的**（same order）。本节后面还要讨论这个概念。

评注　$f(x)$ 是 $O(g(x))$ 的事实有时写作 $f(x) = O(g(x))$。不过这一写法中的等号并不代表真正的相等，而是告诉我们对于这些函数定义域中足够大的数而言，函数 f 和 g 的值之间有不等式成立。然而，$f(x) \in O(g(x))$ 这样的写法也是可接受的，因为 $O(g(x))$ 可以表示那些是 $O(g(x))$ 函数的集合。

当 $f(x)$ 是 $O(g(x))$ 的，并且对于足够大的 x 有函数 $h(x)$ 的绝对值大于 $g(x)$，则有 $f(x)$ 是 $O(h(x))$ 的。换言之，在 $f(x)$ 是 $O(g(x))$ 的这一关系中的函数 $g(x)$ 可以替换为具有更大绝对值的函数。要看清这一点，注意如果

$$|f(x)| \leqslant C|g(x)| \qquad \text{如果 } x > k$$

并且如果对所有 $x > k$ 有 $|h(x)| > |g(x)|$，那么

$$|f(x)| \leqslant C|h(x)| \qquad \text{如果 } x > k$$

故，$f(x)$ 是 $O(h(x))$ 的。

Links

Courtesy of Stanford University News Service

高德纳·E. 克努特（Donald E. Knuth，1938—）　高德纳在密尔沃基长大。他父亲在那里的路德高中教授簿记，并拥有一家小型的印刷厂。高德纳是个优秀的学生，多次获得学业成就奖。他以非传统的方式运用其才智，在八年级时参加拼字比赛，只用 "Ziegler's Giant Bar" 中的字母组合拼出 4500 个单词而赢得比赛。这为他的母校赢得一台电视机，并为班上每位同学赢得一根棒棒糖。

高德纳在开思理工学院（Case Institute of Technology）选择专业时做出了艰难的抉择：放弃音乐而主修物理。然后他又从物理转为数学，并在 1960 年获学士学位，同时由于教师们认可他的杰出成果，以特别奖的形式授予他硕士学位。在开思，他管理篮球队，并用他的才能发明了一个估价每位球员价值的公式。这一新奇的方法被《新闻周刊》（Newsweek）和 CBS 电视网的 Walter Cronkite 报道。从 1960 年开始，高德纳在加州理工学院做研究生，并于 1963 年获博士学位。在这期间他还担任顾问，为不同的计算机写编译程序。

1963 年高德纳加入了加州理工学院的教师队伍，一直到 1968 年他担任斯坦福大学全职教授。他在 1992 年作为荣誉教授退休以便集中精力写作。他特别感兴趣的是为他的《计算机程序设计艺术》（The Art of Computer Programming）丛书更新旧卷并完成新卷撰写，该丛书是 1962 年他还是研究生时关注编译程序而开始写作的，至今已对计算机科学的发展产生了意义深远的影响。在行话中，"高德纳" 就是指《计算机程序设计艺术》，也就意味着诸如数据结构和算法这一类问题的参考答案。

高德纳是现代计算复杂度研究的奠基人。他对编译程序做出了奠基性的贡献。对数学印刷的不满激发他发明了现在广泛使用的 TeX 和 Metafont 系统。TeX 已经成为计算机排印的一个标准语言。高德纳的众多奖项中的两项是 1974 年的图灵奖和卡特总统授给他的 1979 年国家技术奖。

高德纳为计算机科学和数学领域的众多专业期刊撰写文章。不过他的头一篇作品是 1957 年还是一年级新生时写的，"Potrzebie ⊖ 度量衡体系"（The Potrzebie Systems of Weights and Measures）是一个对计量系统的模仿小品。该文发表在 MAD 杂志，并多次重印。他与父亲一样是一位管风琴手。他还是管风琴作曲家。高德纳相信编写计算机程序也可以有审美体验，就像写诗或作曲一样。

对第一个发现他书中的每一处错误的人，高德纳会支付 2.56 美元，对每个有意义的建议，他会支付 0.32 美元。如果你寄给他一封信指出一个错误(你只能寄普通信件，因为他已放弃阅读电子邮件)，他最终会通知你，你是否是第一个告诉他这一错误的人。你需要长久的耐心等待，因为他收到的邮件太多。(作者寄给高德纳一封报告错误的信，几年以后才收到回信，告知我的报告比首先报告这一错误的信晚到了好几个月。)

⊖　Potrzebie 一词是波兰语，意为 "需要"。这里高德纳将 MAD 杂志第 26 卷的厚度定义为一个 Potrzebie 基本单位，它等于 2.263 348 517 438 173 216 473 毫米，并以此开发一套度量衡系统。——译者注

当使用大 O 记号时，在 $f(x)$ 是 $O(g(x))$ 这一关系中函数 g 的选择应该尽可能的小。（有时可以从一个参考函数集合中选取，例如形为 x^n 的函数集，其中 n 为正整数。）

在随后的讨论中，我们几乎总是涉及只有正值的函数。在用大 O 对这样的函数做估算时可以不必涉及绝对值。图 2 说明 $f(x)$ 是 $O(g(x))$ 的关系。

例 2 说明如何用大 O 记号来估算函数的增长。

例 2 证明 $7x^2$ 是 $O(x^3)$ 的。

解 注意当 $x>7$ 时，有 $7x^2<x^3$。（可以在 $x>7$ 两边乘以 x^2 得出这个不等式。）因此，可以取 $C=1$ 和 $k=7$ 做凭证以证明 $7x^2$ 是 $O(x^3)$ 这一关系。也可以换一种方法，当 $x>1$ 时，有 $7x^2<7x^3$，于是 $C=7$ 和 $k=1$ 也可以作为 $7x^2$ 是 $O(x^3)$ 这一关系的凭证。◀

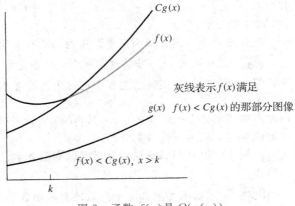

灰线表示 $f(x)$ 满足

$f(x)<Cg(x)$ 的那部分图像

$f(x)<Cg(x)$，$x>k$

图 2　函数 $f(x)$ 是 $O(g(x))$

评注 在例 2 中，我们在大 O 估算中没有选择 x 的幂次的最小可能值。注意到 $7x^2$ 也是大 Ox^2，而 x^2 的增长要比 x^3 慢很多。事实上，x^2 是最适合用作大 O 估算函数的 x 的最小可能幂次。

例 3 说明如何证明大 O 关系并不成立。

例 3 证明 n^2 不是 $O(n)$ 的。

解 要证明 n^2 不是 $O(n)$ 的，必须证明并不存在凭证 C 和 k 使得当 $n>k$ 时有 $n^2\leqslant Cn$。我们用矛盾证明法来证明之。

假设存在常数 C 和 k 使得当 $n>k$ 时有 $n^2\leqslant Cn$。观察一下，当 $n>0$ 时，可以在不等式 $n^2\leqslant Cn$ 两边同时除以 n 而得到新的不等式 $n\leqslant C$。可是，无论 C 和 k 取何值，不等式 $n\leqslant C$ 并不能对所有 $n>k$ 的 n 都成立。特别是，一旦设定 k 值后，可以得出即使在 $n>k$ 时，当 n 大于 k 和 C 的最大值时，$n\leqslant C$ 不能成立。这个矛盾证明了 n^2 不是 $O(n)$ 的。◀

例 4 例 2 证明了 $7x^2$ 是 $O(x3)$ 的。x^3 也是 $O(7x^2)$ 的吗？

解 要判定 x^3 是否是 $O(7x^2)$ 的，需要判断是否存在凭证 C 和 k，使得当 $x>k$ 时有 $x^3\leqslant C(7x^2)$。我们用矛盾证明法来证明不存在这样的凭证。

如果 C 和 k 是凭证，则不等式 $x^3\leqslant C(7x^2)$ 对于所有 $x>k$ 成立。观察一下，不等式 $x^3\leqslant C(7x^2)$ 等价于不等式 $x\leqslant 7C$，这由两边除以一个正的数量 x^2 而得到。可是，无论 C 怎么取值，无论 k 是什么，$x\leqslant 7C$ 不会对所有 $x>k$ 成立，因为 x 可以任意大。于是 x^3 不是 $O(7x^2)$ 的。◀

3.2.3　一些重要函数的大 O 估算

通常用多项式来估算函数的增长。与其每当多项式出现时都要分析其增长，不如找一个总是可以估算多项式增长的结论。定理 1 就给出这种结论。它通过断言 n 次及低次多项式是 $O(x^n)$ 的，从而证明多项式的首项支配着其增长。

定理 1　令 $f(x)=a_nx^n+a_{n-1}x^{n-1}+\cdots+a_1x+a_0$，其中 a_0，a_1，$\cdots$，a_{n-1}，a_n 为实数。那么 $f(x)$ 是 $O(x^n)$ 的。

证明　用三角不等式（参见 1.8 节练习 9），如果 $x>1$，就有

$$|f(x)|=|a_nx^n+a_{n-1}x^{n-1}+\cdots+a_1x+a_0|$$
$$\leqslant|a_n|x^n+|a_{n-1}|x^{n-1}+\cdots+|a_1|x+|a_0|$$
$$=x^n(|a_n|+|a_{n-1}|/x+\cdots+|a_1|/x^{n-1}+|a_0|/x^n)$$

$$\leqslant x^n(|a_n| + |a_{n-1}| + \cdots + |a_1| + |a_0|)$$

这说明只要当 $x > 1$ 时就有

$$|f(x)| \leqslant Cx^n$$

其中 $C = |a_n| + |a_{n-1}| + \cdots + |a_0|$。故凭证 $C = |a_n| + |a_{n-1}| + \cdots + |a_0|$ 和 $k = 1$ 可以证明 $f(x)$ 是 $O(x^n)$ 的。 ◀

现在举几个与定义域为正整数集的函数有关的例子。

例 5 怎样用大 O 记号估算前 n 个正整数之和?

解 由于前 n 个正整数之和中的每个整数都不超过 n，所以

$$1 + 2 + \cdots + n \leqslant n + n + \cdots + n = n^2$$

由此不等式可知 $1 + 2 + 3 + \cdots + n$ 是 $O(n^2)$，取 $C = 1$ 和 $k = 1$ 作为凭证即可。(本例中大 O 关系中的函数定义域为正整数集合。) ◀

在例 6 中用大 O 估算阶乘函数及其对数函数。这些估算对分析排序过程中使用的步数有重要作用。

例 6 给出阶乘函数和阶乘函数的对数函数的大 O 估算，其中阶乘函数 $f(n) = n!$ 的定义为：只要当 n 是正整数时，

$$n! = 1 \cdot 2 \cdots \cdot n$$

而 $0! = 1$。例如，

$$1! = 1, \quad 2! = 1 \cdot 2 = 2, \quad 3! = 1 \cdot 2 \cdot 3 = 6, \quad 4! = 1 \cdot 2 \cdot 3 \cdot 4 = 24$$

注意函数 $n!$ 增长非常迅速。例如

$$20! = 2\ 432\ 902\ 008\ 176\ 640\ 000$$

解 注意到乘积中的每一项都不超过 n 就能得到 $n!$ 的大 O 估算。故，

$$n! = 1 \cdot 2 \cdot 3 \cdots \cdot n$$
$$\leqslant n \cdot n \cdot n \cdots \cdot n$$
$$= n^n$$

这一不等式说明 $n!$ 是 $O(n^n)$ 的，取 $C = 1$ 和 $k = 1$ 作为凭证即可。对用于估算 $n!$ 的不等式两边同时取对数，可得

$$\log n! \leqslant \log n^n = n\log n$$

这蕴含着 $\log n!$ 是 $O(n\log n)$ 的，同样取 $C = 1$ 和 $k = 1$ 作为凭证即可。 ◀

例 7 在 5.1 节我们要证明对于任一正整数 n 有 $n < 2^n$。试证明该不等式蕴含 n 是 $O(2^n)$ 的，并且用这个不等式来证明 $\log n$ 是 $O(n)$ 的。

解 利用不等式 $n < 2^n$，可以取 $k = C = 1$ 作为凭证，很容易得出 n 是 $O(2^n)$ 的结论。注意对数函数是递增函数，只要在这一不等式两边取(以 2 为底)对数，可得

$$\log n < n$$

于是可得

$$\log n \text{ 是 } O(n) \text{ 的}$$

(仍取 $k = C = 1$ 作为凭证。)

如果取以 b 为底取对数，这里 b 不等于 2，我们同样有 $\log_b n$ 是 $O(n)$ 的，因为

$$\log_b n = \frac{\log n}{\log b} < \frac{n}{\log b}$$

只要 n 是一个正整数。可以取 $C = 1/\log b$ 和 $k = 1$ 作为凭证。(这里用了附录二定理 3 的结论 $\log_b n = \log n / \log b$。) ◀

正如前面提到的，大 O 符号可以用来估算用一个特定的计算机过程或算法解题时所需要的操作步数。用于估算的常用函数包括：

$$1, \log n, n, n\log n, n^2, 2^n, n!$$

用微积分可以证明列表中的每个函数都小于随后的函数，这里小于的含义是指一个函数与随后的函数的比值在 n 无限增长时趋向于 0。图 3 展示了这些函数的图像，图中函数值的每个刻度都是前面刻度的两倍。即这个图中的纵坐标是对数坐标。

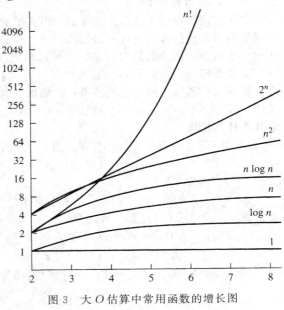

图 3　大 O 估算中常用函数的增长图

涉及对数、幂、指数函数的大 O 估算

我们现在给出一些有用的事实，当函数是对数函数的幂、幂函数或形如 b^n（这里 $b>1$）的指数函数时，可以帮助我们判定这样一对函数之间的大 O 关系是否成立。其证明留作练习 57～62 由具有微积分知识的读者来完成。

定理 1 证明了如果 $f(n)$ 是 d 次或小于 d 次的多项式，则 $f(n)$ 是 $O(n^d)$ 的。应用这个定理，我们可以看到如果 $d>c>1$，则 n^c 是 $O(n^d)$ 的。我们留给读者来证明其逆关系不成立。把这些事实合在一起，我们可以看到如果 $d>c>1$，则

$$n^c \text{ 是 } O(n^d) \text{ 的，但是 } n^d \text{ 不是 } O(n^c) \text{ 的}$$

在例 7 中我们证明了当 $b>1$ 时 $\log_b n$ 是 $O(n)$ 的。更一般性地，当 $b>1$ 且 c 和 d 为正数时，我们有

$$(\log_b n)^c \text{ 是 } O(n^d) \text{ 的，但是 } n^d \text{ 不是 } O((\log_b n)^c) \text{ 的}$$

这告诉我们当 $b>1$ 时以 b 为底 n 的对数的正数幂次是大 O（n 的正数幂次），但反之则一定不成立。

例 7 中我们还证明了 n 是 $O(2^n)$ 的。更一般性地，当 d 是正数且 $b>1$ 时我们有

$$n^d \text{ 是 } O(b^n) \text{ 的，但是 } b^n \text{ 不是 } O(n^d) \text{ 的}$$

这告诉我们 n 的每个幂次是大 O 底数大于 1 的 n 次指数函数，反之则不然。再者，当 $c>b>1$ 时我们有

$$b^n \text{ 是 } O(c^n) \text{ 的，但是 } c^n \text{ 不是 } O(b^n) \text{ 的}$$

这告诉我们如果两个指数函数的不同底数均大于 1，则一个函数是大 O 另一个函数当且仅当它的底数小于等于另一个函数的底数。

最后，注意到如果 $c>1$，则有

$$c^n \text{ 是 } O(n!) \text{ 的，但是 } n! \text{ 不是 } O(c^n) \text{ 的}$$

可以用这里讨论的大 O 估算来帮我们为不同函数的增长排序，如例 8 所示。

例8 将函数 $f_1(n)=8\sqrt{n}$、$f_2(n)=(\log n)^2$、$f_3(n)=2n\log n$、$f_4(n)=n!$、$f_5(n)=(1.1)^n$ 和 $f_6(n)=n^2$ 排成一列，使得每个函数是大 O 下一个函数。

解　从本节讨论的大 O 估算可知，$f_2(n)=(\log n)^2$ 是这些函数中增长最慢的（因为 $\log n$ 比 n 的任何正幂次的增长都要慢）。接下来的三个函数依次是 $f_1(n)=8\sqrt{n}$、$f_3(n)=2n\log n$ 和 $f_6(n)=n^2$（因为 $f_1(n)=8n^{1/2}$、$f_3(n)=2n\log n$ 是比 n 增长快但比 n^c（对每个 $c>1$）慢的函数，而 $f_6(n)=n^2$ 具有 n^c 这个形式，其中 $c=2$。）列表中接下来的函数是 $f_5(n)=(1.1)^n$，因为这是一个以 1.1 为底的指数函数。最后，$f_4(n)=n!$ 是列表中增长最快的函数，因为 $f(n)=n!$ 比 n 的任意指数函数增长都要快。

3.2.4 函数组合的增长

许多算法都由两个或多个独立的子过程组成。计算机使用这样的算法来求解一定输入规模的问题时所需要的步数是这些过程所使用的步数之和。要用大 O 估算所需要的步数，就需要找出每个子过程所用步数的大 O 估算，然后再把这些估算组合起来。

只要在组合不同的大 O 估算时细心一点，就能给出函数组合的大 O 估算。特别是，通常需要估算两个函数之和与之积的增长。如果已知两个函数各自的大 O 估算，那么能得到什么结论呢？假定 $f_1(x)$ 是 $O(g_1(x))$ 的而 $f_2(x)$ 是 $O(g_2(x))$ 的，我们来看看两个函数之和与之积会有什么样的估算。

由大 O 记号的定义可知，存在常数 C_1、C_2、k_1 和 k_2 使得当 $x>k_1$ 时有

$$|f_1(x)| \leqslant C_1|g_1(x)|$$

而当 $x>k_2$ 时有

$$|f_2(x)| \leqslant C_2|g_2(x)|$$

要估算 $f_1(x)$ 与 $f_2(x)$ 之和，请注意

$$|(f_1+f_2)(x)| = |f_1(x)+f_2(x)|$$
$$\leqslant |f_1(x)|+|f_2(x)| \quad 利用三角不等式 |a+b| \leqslant |a|+|b|$$

当 x 同时大于 k_1 和 k_2 时，从 $|f_1(x)|$ 和 $|f_2(x)|$ 的不等式可得：

$$|f_1(x)|+|f_2(x)| \leqslant C_1|g_1(x)|+C_2|g_2(x)|$$
$$\leqslant C_1|g(x)|+C_2|g(x)|$$
$$= (C_1+C_2)|g(x)|$$
$$= C|g(x)|$$

其中 $C=C_1+C_2$ 且 $g(x)=\max(|g_1(x)|,|g_2(x)|)$。〔这里 $\max(a,b)$ 表示 a 和 b 的最大值，即 a 和 b 中较大的一个。〕

这一不等式表明 $|(f_1+f_2)(x)| \leqslant C|g(x)|$ 在 $x>k$ 时成立，其中 $k=\max(k_1,k_2)$。我们把这一有用的结果表述为定理 2。

定理 2 假定 $f_1(x)$ 是 $O(g_1(x))$ 的，$f_2(x)$ 是 $O(g_2(x))$ 的，那么 $(f_1+f_2)(x)$ 是 $O(g(x))$ 的，其中对所有 x 有 $g(x)=(\max(|g_1(x)|,|g_2(x)|))$。

我们经常会用同一个函数 g 来给出 f_1 和 f_2 的大 O 估算。在此情况下，因为 $\max(g_1(x),g_2(x))=g(x)$，利用定理 2 可证明 $(f_1+f_2)(x)$ 也是 $O(g(x))$ 的。这一结论可表述为推论 1。

推论 1 假定 $f_1(x)$ 和 $f_2(x)$ 都是 $O(g(x))$ 的，那么 $(f_1+f_2)(x)$ 也是 $O(g(x))$ 的。

用类似的方法可以推导出 f_1 和 f_2 乘积的大 O 估算。当 x 大于 $\max(k_1,k_2)$ 时，可得出

$$|(f_1f_2)(x)| = |f_1(x)||f_2(x)|$$
$$\leqslant C_1|g_1(x)|C_2|g_2(x)|$$
$$\leqslant C_1C_2|(g_1g_2)(x)|$$
$$\leqslant C|(g_1g_2)(x)|$$

其中 $C=C_1C_2$。从这一不等式可知 $f_1(x)f_2(x)$ 是 $O(g_1g_2)$ 的，因为存在常数 C 和 k，即 $C=C_1C_2$ 和 $k=\max(k_1,k_2)$，使得只要 $x>k$ 时就有 $|(f_1f_2)(x)| \leqslant C|g_1(x)g_2(x)|$。这一结果可表述为定理 3。

定理 3 假定 $f_1(x)$ 是 $O(g_1(x))$ 的，$f_2(x)$ 是 $O(g_2(x))$ 的。那么 $(f_1f_2)(x)$ 是 $O(g_1(x)g_2(x))$ 的。

用大 O 记号来估算函数的目的是选一个相对增长较慢且尽可能简单的函数 $g(x)$，使得 $f(x)$ 是 $O(g(x))$ 的。例 9 和例 10 说明了怎样利用定理 2 和定理 3 来实现这一目标。这些例子

中的这类分析常用于分析用计算机程序解题时所需的时间。

例 9 试给出 $f(n)=3n\log(n!)+(n^2+3)\log n$ 的大 O 估算，其中 n 是一个正整数。

解 首先估算乘积 $3n\log(n!)$。从例 6 知道 $\log(n!)$ 是 $O(n\log n)$ 的。由这一估算及 $3n$ 是 $O(n)$ 的事实，定理 3 给出的估算为 $3n\log(n!)$ 是 $O(n^2\log n)$ 的。

下一步估算乘积 $(n^2+3)\log n$。因为当 $n>2$ 时 $(n^2+3)<2n^2$ 成立，则有 n^2+3 是 $O(n^2)$ 的。因此，由定理 3 可知 $(n^2+3)\log n$ 是 $O(n^2\log n)$ 的。用定理 2 把两个乘积的大 O 估算组合起来得 $f(n)=3n\log(n!)+(n^2+3)\log n$ 是 $O(n^2\log n)$ 的。◀

例 10 试给出 $f(x)=(x+1)\log(x^2+1)+3x^2$ 的大 O 估算。

解 首先找 $(x+1)\log(x^2+1)$ 的大 O 估算。注意 $(x+1)$ 是 $O(x)$。另外当 $x>1$ 时 $x^2+1\leqslant 2x^2$。于是，如果 $x>2$，有

$$\log(x^2+1)\leqslant \log(2x^2)=\log 2+\log x^2=\log 2+2\log x\leqslant 3\log x$$

这说明了 $\log(x^2+1)$ 是 $O(\log x)$ 的。

从定理 3 可知 $(x+1)\log(x^2+1)$ 是 $O(x\log x)$ 的。由于 $3x^2$ 是 $O(x^2)$ 的，所以定理 2 说明 $f(x)$ 是 $O(\max(x\log x,x^2))$ 的。当 $x>1$ 时，由于 $x\log x\leqslant x^2$，所以有 $f(x)$ 是 $O(x^2)$ 的。◀

3.2.5　大 Ω 与大 Θ 记号

大 O 记号广泛用于描述函数的增长，但它也有局限性。特别是，当 $f(x)$ 是 $O(g(x))$ 时，我们只有用 $g(x)$ 来估算对于大 x 值的 $f(x)$ 大小的一个上限。可是，大 O 记号不能提供对大 x 值的 $f(x)$ 之大小的一个下限。为此，我们使用**大 Ω 记号**。当希望给出函数 $f(x)$ 的相对于参照函数 $g(x)$ 的上限和下限时，我们使用**大 Θ 符号**。大 Ω 和大 Θ 符号都是由高德纳在 1970 年引入的。他引入这两个符号的动机是纠正人们需要用到函数的上限和下限时对大 O 符号的误用。

现在定义大 Ω 符号并解释其用法。然后，再定义大 Θ 并解释其用法。

> **定义 2**　令 f 和 g 为从整数集合或实数集合到实数集合的函数。如果存在正常数 C 和 k 使得当 $x>k$ 时有
> $$|f(x)|\geqslant C|g(x)|$$
> 我们说 $f(x)$ 是 $\Omega(g(x))$ 的[这个读作" $f(x)$ 是大 $\Omega g(x)$ 的"。]

在大 O 和大 Ω 记号之间有很强的关联。特别是 $f(x)$ 是 $\Omega(g(x))$ 的当且仅当 $g(x)$ 是 $O(f(x))$ 的。这一事实的证明作为练习留给读者。

例 11 函数 $f(x)=8x^3+5x^2+7$ 是 $\Omega(g(x))$ 的，其中 $g(x)$ 是函数 $g(x)=x^3$。由于 $f(x)=8x^3+5x^2+7\geqslant 8x^3$ 对所有正实数都成立，所以上述说法容易证明。这等价于 $g(x)=x^3$ 是 $O(8x^3+5x^2+7)$ 的，只需把不等式颠倒过来写就可以直接得到这一结论。◀

通常，重要的是需要知道用诸如 x^n（其中 n 是正整数）或 c^x（其中 $c>1$）这样一个相对简单的参照函数来描述一个函数增长的阶。要想知道函数增长的阶，就需要了解该函数大小的上界和下界。即给定一个函数 $f(x)$，我们需要一个参照函数 $g(x)$ 使得 $f(x)$ 是 $O(g(x))$ 的且 $f(x)$ 是 $\Omega(g(x))$ 的。下面定义的大 Θ 记号就是用来表达这两个关系，提供函数大小的一个上界和一个下界。

> **定义 3**　令 f 和 g 为从整数集合或实数集合到实数集合的函数。如果 $f(x)$ 是 $O(g(x))$ 的且 $f(x)$ 是 $\Omega(g(x))$ 的，我们就说 $f(x)$ 是 $\Theta(g(x))$ 的。当 $f(x)$ 是 $\Theta(g(x))$ 时，就说 $f(x)$ 是大西塔 $g(x)$ 的，即 $f(x)$ 是 $g(x)$ 阶的，或 $f(x)$ 和 $g(x)$ 是同阶的。

当 $f(x)$ 是 $\Theta(g(x))$ 的，同样会有 $g(x)$ 也是 $\Theta(f(x))$ 的。注意 $f(x)$ 是 $\Theta(g(x))$ 当且仅当 $f(x)$ 是 $O(g(x))$ 的，$g(x)$ 是 $O(f(x))$ 的（见练习 31）。再者，注意 $f(x)$ 是 $\Theta(g(x))$ 的当且仅当存在实数 C_1 和 C_2 以及一个正实数 k 使得当 $x>k$ 时有

$$C_1|g(x)| \leqslant |f(x)| \leqslant C_2|g(x)|$$

常量 C_1、C_2 及 k 的存在分别告诉我们 $f(x)$ 是 $\Omega(g(x))$ 的和 $f(x)$ 是 $O(g(x))$ 的。

通常，当采用大 Θ 记号时，$\Theta(g(x))$ 中的函数 $g(x)$ 是一个相对简单的参照函数，诸如 x^n、c^x、$\log x$ 等，而 $f(x)$ 则相对复杂。

例 12 （在例 5 中）已证明前 n 个正整数的和式是 $O(n^2)$ 的。不借助于该和式的求和公式，试确定这个式是否是 n^2 阶的。

解 令 $f(n) = 1 + 2 + 3 + \cdots + n$。由于已知 $f(n)$ 是 $O(n^2)$ 的，为证明 $f(n)$ 是 n^2 阶的，只需找到正整数 C 使得对足够大的 n 有 $f(n) > Cn^2$。为获得这一和式的下界，可以忽略这些项中的前一半。只把大于 $\lceil n/2 \rceil$ 的项加起来，得

$$
\begin{aligned}
1 + 2 + \cdots + n &\geqslant \lceil n/2 \rceil + (\lceil n/2 \rceil + 1) + \cdots + n \\
&\geqslant \lceil n/2 \rceil + \lceil n/2 \rceil + \cdots + \lceil n/2 \rceil \\
&= (n - \lceil n/2 \rceil + 1)\lceil n/2 \rceil \\
&\geqslant (n/2)(n/2) \\
&= n^2/4 .
\end{aligned}
$$

这说明 $f(n)$ 是 $\Omega(n^2)$ 的。我们得出结论 $f(n)$ 是 n^2 阶的，或用符号写为 $f(n)$ 是 $\Theta(n^2)$ 的。◄

评注 我们也可以利用 2.4 节的表 2 以及练习 37b 推导出的闭合公式 $\sum_{i=1}^{n} n(n+1)/2$ 来证明 $f(n) = \sum_{i=1}^{n} i$ 是 $\Theta(n^2)$ 的。

例 13 证明 $3x^2 + 8x \log x$ 是 $\Theta(x^2)$。

解 因为 $0 \leqslant 8x\log x \leqslant 8x^2$，所以对 $x > 1$ 有 $3x^2 + 8x\log x \leqslant 11x^2$。因此，$3x^2 + 8x\log x$ 是 $O(x^2)$ 的。显然，x^2 是 $O(3x^2 + 8x\log x)$ 的。因此，$3x^2 + 8x\log x$ 是 $\Theta(x^2)$ 的。◄

一个有用的事实是多项式的首项决定其阶。例如，如果 $f(x) = 3x^5 + x^4 + 17x^3 + 2$，那么 $f(x)$ 是 x^5 阶的。这一事实表述为定理 4，其证明留作练习 50。

定理 4 令 $f(x) = a_n x^n + a_{n-1}x^{n-1} + \cdots + a_1 x + a_0$，其中 a_0，a_1，$\cdots$，a_n 为实数且 $a_n \neq 0$。则 $f(x)$ 是 x^n 阶的。

例 14 多项式 $3x^8 + 10x^7 + 221x^2 + 1444$，$x^{19} - 18x^4 - 10\,112$ 和 $-x^{99} + 40\,001x^{98} + 100\,003x$ 分别是 x^8、x^{19} 和 x^{99} 阶的。◄

不幸的是，正如高德纳观察到的那样，大 O 记号常被粗心的作者和演讲者误以为其含义与大 Θ 相同。当你见到使用大 O 记号时就要保持警惕。近来的趋势是当需要一个函数大小的上界和下界时就采用大 Θ 记号。

练习

在练习 1～14 中，要建立大 O 关系，找出凭证 C 和 k 使得当 $x > k$ 时有 $|f(x)| \leqslant C|g(x)|$。

1. 判断下列各函数是否为 $O(x)$ 的。

　　a) $f(x) = 10$ 　　　　　　　　　　**b)** $f(x) = 3x + 7$

　　c) $f(x) = x^2 + x + 1$ 　　　　　　**d)** $f(x) = 5 \log x$

　　e) $f(x) = \lfloor x \rfloor$ 　　　　　　　　**f)** $f(x) = \lceil x/2 \rceil$

2. 判断下列各函数是否为 $O(x^2)$ 的。

　　a) $f(x) = 17x + 11$ 　　　　　　　**b)** $f(x) = x^2 + 1000$

　　c) $f(x) = x \log x$ 　　　　　　　　**d)** $f(x) = x^4/2$

　　e) $f(x) = 2^x$ 　　　　　　　　　　**f)** $f(x) = \lfloor x \rfloor \cdot \lceil x \rceil$

3. 用 "$f(x)$ 是 $O(g(x))$ 的" 定义证明 $x^4 + 9x^3 + 4x + 7$ 是 $O(x^4)$ 的。

4. 用 "$f(x)$ 是 $O(g(x))$ 的" 定义证明 $2^x + 17$ 是 $O(3^x)$ 的。

5. 证明 $(x^2+1)/(x+1)$ 是 $O(x)$ 的。

6. 证明 $(x^3+2x)/(2x+1)$ 是 $O(x^2)$。

7. 对下列每个函数求最小的整数 n 使得 $f(x)$ 是 $O(x^n)$ 的。
    a) $f(x)=2x^3+x^2\log x$ **b)** $f(x)=3x^3+(\log x)^4$
    c) $f(x)=(x^4+x^2+1)/(x^3+1)$ **d)** $f(x)=(x^4+5\log x)/(x^4+1)$

8. 对下列每个函数求最小的整数 n 使得 $f(x)$ 是 $O(x^n)$ 的。
    a) $f(x)=2x^2+x^3\log x$
    b) $f(x)=3x^5+(\log x)^4$
    c) $f(x)=(x^4+x^2+1)/(x^4+1)$
    d) $f(x)=(x^3+5\log x)/(x^4+1)$

9. 证明 $x^2+4x+17$ 是 $O(x^3)$ 的，但 x^3 不是 $O(x^2+4x+17)$ 的。

10. 证明 x^3 是 $O(x^4)$ 的，但 x^4 不是 $O(x^3)$ 的。

11. 证明 $3x^4+1$ 是 $O(x^4/2)$ 的，而且 $x^4/2$ 也是 $O(3x^4+1)$ 的。

12. 证明 $x\log x$ 是 $O(x^2)$ 的，但 x^2 不是 $O(x\log x)$ 的。

13. 证明 2^n 是 $O(3^n)$ 的，但 3^n 不是 $O(2^n)$ 的。

14. 对于下列每个函数 $g(x)$，判断 x^3 是否是 $O(g(x))$ 的。
    a) $g(x)=x^2$ **b)** $g(x)=x^3$
    c) $g(x)=x^2+x^3$ **d)** $g(x)=x^2+x^4$
    e) $g(x)=3^x$ **f)** $g(x)=x^3/2$

15. 试解释一个函数是 $O(1)$ 的含义。

16. 证明如果 $f(x)$ 是 $O(x)$ 的，那么 $f(x)$ 是 $O(x^2)$ 的。

17. 假定 $f(x)$、$g(x)$ 和 $h(x)$ 为函数，使得 $f(x)$ 是 $O(g(x))$ 的，$g(x)$ 是 $O(h(x))$ 的。证明 $f(x)$ 是 $O(h(x))$ 的。

18. 令 k 为正整数。证明 $1^k+2^k+\cdots+n^k$ 是 $O(n^{k+1})$ 的。

19. 判断函数 2^{n+1} 和 2^{2n} 是否是 $O(2^n)$ 的。

20. 判断函数 $\log(n+1)$ 和 $\log(n^2+1)$ 是否是 $O(\log n)$ 的。

21. 将函数 $\sqrt{n}$、$1000\log n$、$n\log n$、$2n!$、2^n、3^n 和 $n^2/1\,000\,000$ 排成一列使得每个函数是大 O 下一个函数。

22. 将函数 $(1.5)^n$、n^{100}、$(\log n)^3$、$\sqrt{n}\log n$、10^n、$(n!)^2$ 和 $n^{99}+n^{98}$ 排成一列使得每个函数是大 O 下一个函数。

23. 假设你有解决同一个问题的两个不同的算法。要解决大小为 n 的问题，第一个算法恰好使用了 $n(\log n)$ 步运算，而第二个算法恰好使用了 $n^{3/2}$ 步运算。随着 n 的增长，哪个算法使用较少步运算？

24. 假设你有解决同一个问题的两个不同的算法。要解决大小为 n 的问题，第一个算法恰好使用了 $n^2 2^n$ 步运算，而第二个算法恰好使用了 $n!$ 步运算。随着 n 的增长，哪个算法使用较少步运算？

25. 对下列各函数给出一个尽可能好的大 O 估算。
    a) $(n^2+8)(n+1)$ **b)** $(n\log n+n^2)(n^3+2)$
    c) $(n!+2^n)(n^3+\log(n^2+1))$

26. 给出下列各函数的大 O 估算。在你估算 $f(x)$ 是 $O(g(x))$ 的时候使用一个阶最小的简单函数 g。
    a) $(n^3+n^2\log n)(\log n+1)+(17\log n+19)(n^3+2)$
    b) $(2^n+n^2)(n^3+3^n)$
    c) $(n^n+n2^n+5^n)(n!+5^n)$

27. 给下列各函数一个大 O 估算，在你估算 $f(x)$ 是 $O(g(x))$ 的时候使用一个阶最小的简单函数 g。
    a) $n\log(n^2+1)+n^2\log n$ **b)** $(n\log n+1)^2+(\log n+1)(n^2+1)$
    c) $n^{2^n}+n^{n^2}$

28. 对练习 1 中的各函数，判断它是否为 $\Omega(x)$ 的和 $\Theta(x)$ 的。

29. 对练习 2 中的各函数，判断它是否为 $\Omega(x^2)$ 的和 $\Theta(x^2)$ 的。

30. 证明下列函数对具有相同的阶。

a)$3x+7$，x b)$2x^2+x-7$，x^2

c)$\lfloor x+1/2 \rfloor$，x d)$\log(x^2+1)$，$\log_2 x$

e)$\log_{10} x$，$\log_2 x$

31. 证明 $f(x)$ 是 $\Theta(g(x))$ 的当且仅当 $f(x)$ 是 $O(g(x))$ 的且 $g(x)$ 是 $O(f(x))$ 的。

32. 证明如果 $f(x)$ 和 $g(x)$ 是从实数集到实数集的函数，则 $f(x)$ 是 $O(g(x))$ 的当且仅当 $g(x)$ 是 $\Omega(f(x))$ 的。

33. 证明如果 $f(x)$ 和 $g(x)$ 是从实数集到实数集的函数，则 $f(x)$ 是 $\Theta(g(x))$ 的当且仅当存在正常数 k、C_1 和 C_2 使得当 $x>k$ 时有 $C_1|g(x)| \leqslant |f(x)| \leqslant C_2|g(x)|$。

34. a)找出练习 33 中要求的 k、C_1 和 C_2 来直接证明 $3x^2+x+1$ 是 $\Theta(3x^2)$ 的。

    b)用图像表示(a)中的关系，展示函数 $3x^2+x+1$，$C_1 \cdot 3x^2$ 和 $C_2 \cdot 3x^2$ 的图像，并在 x 轴上标出 k，其中 k，C_1，C_2 是(a)中你用来证明 $3x^2+x+1$ 是 $\Theta(3x^2)$ 的时找到的常数。

35. 用图像表示 $f(x)$ 是 $\Theta(g(x))$ 的这一关系。画出 $f(x)$、$C_1|g(x)|$、$C_2|g(x)|$ 的图像，并在 x 轴上标出常数 k。

36. 解释函数为 $\Omega(1)$ 的含义。

37. 解释函数为 $\Theta(1)$ 的含义。

38. 给出前 n 个奇正整数之乘积的一个大 O 估算。

39. 证明如果 f 和 g 为实数值函数使得 $f(x)$ 是 $O(g(x))$ 的，则对每个正整数 n 有 $f^n(x)$ 是 $O(g^n(x))$ 的。[注意 $f^n(x)=(f(x))^n$。]

40. 证明对于所有实数 a 和 b 且 $a>1$ 及 $b>1$，如果 $f(x)$ 是 $O(\log_b x)$ 的，则 $f(x)$ 是 $O(\log_a x)$ 的。

41. 假设 $f(x)$ 是 $O(g(x))$ 的，其中 f 和 g 是无限增长函数。证明 $\log|f(x)|$ 是 $O(\log|g(x)|)$ 的。

42. 假定 $f(x)$ 是 $O(g(x))$ 的。能否推断出 $2^{f(x)}$ 是 $O(2^{g(x)})$ 的？

43. 令 $f_1(x)$ 和 $f_2(x)$ 为从实数集合到正实数集合的函数。证明如果 $f_1(x)$ 和 $f_2(x)$ 均是 $\Theta(g(x))$ 的，其中 $g(x)$ 是从实数集到正实数集的一个函数，则 $f_1(x)+f_2(x)$ 是 $\Theta(g(x))$ 的。如果 $f_1(x)$ 和 $f_2(x)$ 能取负值，这一结论还成立吗？

44. 假定 $f(x)$、$g(x)$ 和 $h(x)$ 是函数使得 $f(x)$ 是 $\Theta(g(x))$ 的，$g(x)$ 是 $\Theta(h(x))$ 的。证明 $f(x)$ 是 $\Theta(h(x))$ 的。

45. 如果 $f_1(x)$、$f_2(x)$ 为从正整数集合到正实数集合的函数，且 $f_1(x)$ 和 $f_2(x)$ 都是 $\Theta(g(x))$ 的，$(f_1-f_2)(x)$ 是否也是 $\Theta(g(x))$ 的？或证明它成立或给出一个反例。

46. 证明如果 $f_1(x)$ 和 $f_2(x)$ 为从正整数集合到实数集合的函数，且 $f_1(x)$ 是 $\Theta(g_1(x))$ 的，$f_2(x)$ 是 $\Theta(g_2(x))$ 的，则 $(f_1 f_2)(x)$ 是 $\Theta((g_1 g_2)(x))$ 的。

47. 找出从正整数集合到实数集合的函数 f 和 g 使得 $f(n)$ 不是 $O(g(n))$ 的，且 $g(n)$ 也不是 $O(f(n))$ 的。

48. 用图像表示 $f(x)$ 是 $\Omega(g(x))$ 的关系。画出函数 $f(x)$ 和 $Cg(x)$ 的图，并在 x 轴上标出常数 k。

49. 证明如果 $f_1(x)$ 是 $\Theta(g_1(x))$ 的，$f_2(x)$ 是 $\Theta(g_2(x))$ 的，且对所有实数 $x>0$，$f_2(x) \neq 0$，$g_2(x) \neq 0$，则 $(f_1/f_2)(x)$ 是 $\Theta((g_1/g_2)(x))$ 的。

50. 证明如果 $f(x)=a_n x^n+a_{n-1} x^{n-1}+\cdots+a_1 x+a_0$，其中 a_0，a_1，$\cdots$，a_{n-1} 为实数，且 $a_n \neq 0$，则 $f(x)$ 是 $\Theta(x^n)$ 的。

大 O、大 Θ 和大 Ω 记号可以推广到多元函数。例如，语句 $f(x,y)$ 是 $O(g(x,y))$ 的含义是存在常数 C、k_1 和 k_2，使得当 $x>k_1$ 和 $y>k_2$ 时有 $|f(x,y)| \leqslant C|g(x,y)|$。

51. 试定义语句 $f(x,y)$ 是 $\Theta(g(x,y))$ 的。

52. 试定义语句 $f(x,y)$ 是 $\Omega(g(x,y))$ 的。

53. 证明 $(x^2+xy+x \log y)^3$ 是 $O(x^6 y^3)$ 的。

54. 证明 $x^5 y^3+x^4 y^4+x^3 y^5$ 是 $\Omega(x^3 y^3)$。

55. 证明 $\lfloor xy \rfloor$ 是 $O(xy)$。

56. 证明 $\lfloor xy \rfloor$ 是 $\Omega(xy)$。

57. (需要微积分知识)证明如果 $c>d>0$，则 n^d 是 $O(n^c)$ 的，但 n^c 不是 $O(n^d)$ 的。

58. (需要微积分知识)证明如果 $b>1$ 且 c 和 d 是正的，则 $(\log_b n)^c$ 是 $O(n^d)$ 的，但 n^d 不是 $O((\log_b n)^c)$ 的。

59. (需要微积分知识)证明如果 d 是正的且 $b>1$，则 n^d 是 $O(b^n)$ 的，但 b^n 不是 $O(n^d)$ 的。

60. (需要微积分知识)证明如果 $c>b>1$，则 b^n 是 $O(c^n)$ 的，但 c^n 不是 $O(b^n)$ 的。

61. (需要微积分知识)证明如果 $c>1$，则 c^n 是 $O(n!)$ 的，但 $n!$ 不是 $O(c^n)$ 的。

62. (需要微积分知识)证明或反驳 $(2^n)!$ 是 $O(n!)$ 的。

以下的问题涉及另一类渐近记号，称为**小 o 记号**。由于小 o 记号以极限概念为基础的，所以微积分知识是必要的。当

$$\lim_{x \to \infty} \frac{f(x)}{g(x)} = 0$$

时，我们说 $f(x)$ 是 $o(g(x))$ 的 [读作 $f(x)$ 是"小 o" $g(x)$ 的]。

63. (需要微积分知识)证明：

    a) x^2 是 $o(x^3)$ 的。   **b)** $x \log x$ 是 $o(x^2)$ 的。

    c) x^2 是 $o(2^x)$ 的。   **d)** x^2+x+1 不是 $o(x^2)$ 的。

64. (需要微积分知识)

    a) 证明如果函数 $f(x)$ 和 $g(x)$ 使得 $f(x)$ 是 $o(g(x))$ 的，且 c 为常数，则 $cf(x)$ 是 $o(g(x))$ 的，其中 $(cf)(x)=cf(x)$。

    b) 证明如果 $f_1(x)$、$f_2(x)$ 和 $g(x)$ 是函数使得 $f_1(x)$ 是 $o(g(x))$ 的，$f_2(x)$ 是 $o(g(x))$ 的，则 $(f_1+f_2)(x)$ 是 $o(g(x))$ 的，其中 $(f_1+f_2)(x)=f_1(x)+f_2(x)$。

65. (需要微积分知识)通过画出 $x \log x$、x^2 及 $x \log x/x^2$ 的图来表示 $x \log x$ 是 $o(x^2)$ 的。试解释该图是如何证明 $x \log x$ 是 $o(x^2)$ 的。

66. (需要微积分知识)用图来表示 $f(x)$ 是 $o(g(x))$ 的关系。画出 $f(x)$、$g(x)$ 和 $f(x)/g(x)$ 的图。

*67. (需要微积分知识)假定 $f(x)$ 是 $o(g(x))$ 的。能否由此推出 $2^{f(x)}$ 是 $o(2^{g(x)})$ 的？

*68. (需要微积分知识)假定 $f(x)$ 是 $o(g(x))$ 的。能否由此推出 $\log |f(x)|$ 是 $o(\log |g(x)|)$ 的？

69. (需要微积分知识)本练习中的两部分描述了小 o 和大 O 记号之间的关系。

    a) 证明如果函数 $f(x)$ 和 $g(x)$ 使得 $f(x)$ 是 $o(g(x))$ 的，则 $f(x)$ 是 $O(g(x))$ 的。

    b) 证明如果函数 $f(x)$ 和 $g(x)$ 使得 $f(x)$ 是 $O(g(x))$ 的，那么不一定能推出 $f(x)$ 是 $o(g(x))$ 的。

70. (需要微积分知识)证明如果 $f(x)$ 是 n 阶多项式，而 $g(x)$ 是 m 阶多项式，且 $m>n$，则 $f(x)$ 是 $o(g(x))$ 的。

71. (需要微积分知识)证明如果 $f_1(x)$ 是 $O(g(x))$ 的，$f_2(x)$ 是 $o(g(x))$ 的，那么 $f_1(x)+f_2(x)$ 是 $O(g(x))$ 的。

72. (需要微积分知识)令 H_n 为第 n 项**调和数**

$$H_n = 1 + \frac{1}{2} + \frac{1}{3} + \cdots + \frac{1}{n}$$

证明 H_n 是 $O(\log n)$ 的。[提示：首先通过证明对 $j=2, 3, \cdots, n$，以 $j-1$ 到 j 为底，以 $1/j$ 为高的所有这些长方形的面积之和小于曲线 $y=1/x$ 下面从 2 到 n 的这一面积来建立不等式

$$\sum_{j=2}^{n} \frac{1}{j} < \int_{1}^{n} \frac{1}{x} \mathrm{d}x$$

*73. 证明 $n \log n$ 是 $O(\log n!)$ 的。

☞74. 判断 $\log n!$ 是否是 $\Theta(n \log n)$ 的。给出理由。

*75. 证明：对所有 $n>4$ 的数，有 $\log n!$ 大于 $(n \log n)/4$。[提示：从不等式 $n! > n(n-1)(n-2) \cdots \lceil n/2 \rceil$ 开始。]

令 $f(x)$ 和 $g(x)$ 为从实数集合到实数集合的函数。如果 $\lim_{x \to \infty}(f(x)/g(x))=1$，我们说 $f(x)$ 和 $g(x)$ 是**渐近的**，并写作 $f(x) \sim g(x)$。

76. (需要微积分知识)对下列每对函数，判断 f 和 g 是否渐近的。

    a) $f(x)=x^2+3x+7$，$g(x)=x^2+10$

    b) $f(x)=x^2 \log x$，$g(x)=x^3$

    c) $f(x)=x^4+\log(3x^8+7)$，$g(x)=(x^2+17x+3)^2$

    d) $f(x)=(x^3+x^2+x+1)^4$，$g(x)=(x^4+x^3+x^2+x+1)^3$

77. (需要微积分知识)对下列每对函数，判断 f 和 g 是否渐近的。

    a) $f(x)=\log(x^2+1)$，$g(x)=\log x$

b) $f(x) = 2^{x+3}$, $g(x) = 2^{x+7}$

c) $f(x) = 2^{2^x}$, $g(x) = 2^{x^2}$

d) $f(x) = 2^{x^2+x+1}$, $g(x) = 2^{x^2+2x}$

3.3 算法的复杂度

3.3.1 引言

什么情况下算法能给一个问题提供令人满意的解？首先，算法必须总是能给出正确的答案。第 5 章将讨论如何说明算法的正确性。其次，算法必须是有效率的。本节讨论算法的效率。

算法的效率如何分析呢？一种度量方式是当输入值具有一定规模时，计算机按此算法解题所花的时间。第二种度量方式是输入值具有一定规模时，实现这一算法计算机需要多大内存。

这些问题都涉及算法的**计算复杂度**（computational complexity）。解决特定规模的问题所需时间的分析就是算法的**时间复杂度**。所需计算机内存的分析就是算法的**空间复杂度**。在实现算法时，时间和空间复杂度的考虑都是最本质的。显然，了解算法是否能在 1 微秒、1 分钟、还是 10 亿年给出答案是很重要的。类似地，必须能提供所需的内存才能解决问题，所以空间复杂度也必须加以考虑。

空间复杂度的考虑与实现算法时使用的特定数据结构紧密相关。由于本书对数据结构不做详细讨论，所以不考虑空间复杂度。我们将注意力集中在时间复杂度上。

3.3.2 时间复杂度

在输入具有一定规模时，算法的时间复杂度可以用算法所需的运算次数来表示。用于度量时间复杂度的运算可以是整数比较、整数加法、整数乘法、整数除法或任何其他基本运算。

时间复杂度用所需运算次数而不是用计算机实际使用的时间来表示，因为在执行基本运算时不同的计算机需要的时间不同。再者，把所有运算分解成计算机使用的基本位运算是相当复杂的。而且，现存最快的计算机执行基本的位运算（例如两比特的加、乘、比较或交换）的时间是 10^{-11} 秒（10 皮秒），但个人计算机可能需要 10^{-8} 秒（10 纳秒），做同样的运算时间相差 1000 倍。

我们用 3.1 求整数有限集合中最大值的算法 1 来说明怎样分析一个算法的时间复杂度。

Extra Examples

例 1　描述 3.1 节求整数有限集合中最大元素的算法 1 的时间复杂度。

解　由于比较是该算法使用的基本运算，所以以比较的次数作为其时间复杂度的度量。

要在以任意顺序列出的 n 个元素的集合中寻找最大元素，首先设置临时最大值等于列表中的起始项。然后在一次比较 $i \le n$ 后判断还未到达列表的结尾，临时最大值与第二项比较，如果第二项大，就用第二项的值更新临时最大值。这一过程继续下去，对列表中的每一项都进行两次比较：一次 $i \le n$ 判断是否未到达列表结尾，另一次 $\max < a_i$ 判断是否需要更新临时最大值。由于对从第二个到第 n 个元素的每一个都用两次比较，再加上一次在 $i = n+1$ 时退出循环的比较，所以当使用该算法时恰好需要 $2(n-1)+1 = 2n-1$ 次比较。因此，在一个 n 元素的集合中寻找最大值算法的时间复杂度用算法使用的比较次数来度量时为 $\Theta(n)$。注意对该算法而言比较的次数和特定的 n 个输入无关。　◀

下面我们分析搜索算法的时间复杂度。

例 2　描述线性搜索算法（3.1 节算法 2 所描述）的时间复杂度。

解　3.1 节算法 2 所使用的比较次数将用来度量时间复杂度。该算法中循环的每一步都要做两次比较——一次 $i \le n$ 判断是否已到达列表的结尾，一次 $x < a_i$ 比较元素 x 和列表中的一项。最后，还要在循环外再做一次 $i \le n$ 比较。因此，如果 $x = a_i$，则最多需要做 $2i+1$ 次比较。当元素不在列表中时，最多需要 $2n+2$ 次比较。在这种情况下，$2n$ 次比较用来判定 x 不是 a_i，$i = 1$，2，$\cdots$，n，再加上一次比较用于退出循环和一次循环外的比较。所以当 x 不在列表中时，共需用 $2n+2$ 次比较。从而，在最坏情况下线性搜索需要 $\Theta(n)$ 次比较，因为 $2n+2$ 是 $\Theta(n)$ 的。　◀

最坏情形复杂度　例 2 中做的这类复杂度分析是**最坏情形**分析。所谓一个算法的最坏情形性能，指的是该算法用于具有一定输入规模的问题时所需要的最多的运算次数。最坏情形分析告诉我们一个算法需要多少次运算就能保证给出问题的解答。

例 3　以所需的比较次数来描述二分搜索算法(3.1 节算法 3 所描述)的时间复杂度(忽略算法循环中每次迭代计算 $m=\lfloor(i+j)/2\rfloor$ 所需的时间)。

解　为简化描述，假定列表 a_1，a_2，$\cdots$，a_n 中有 $n=2^k$ 个元素，其中 k 是非负整数。注意 $k=\log n$。(如果列表中元素个数 n 不是 2 的幂次，那么该列表可以看作一个有 2^{k+1} 个元素的大列表的一部分，其中 $2^k<n<2^{k+1}$。这里 2^{k+1} 是大于 n 的 2 的最小幂次。)

在算法的每一阶段，都要比较 i 和 j(分别是当前待搜索列表的第一项和最后项的位置)来判断待搜索列表是否包含一个以上的元素。如果 $i<j$，则要做一次比较来判断 x 是否大于待搜索列表的中间元素。

在第一阶段搜索限于含 2^{k-1} 个元素的列表。至此已使用了两次比较。这一过程继续下去，每一阶段都用两次比较把搜索限制在长度减半的列表中。换言之，在算法的第一阶段当列表中含 2^k 个元素时使用两次，当搜索限于含有 2^{k-1} 个元素的列表时再用两次比较，当搜索限于含有 2^{k-2} 个元素的列表时再用两次比较，等等，直到搜索局限于含有 $2^1=2$ 个元素的列表时使用两次比较。最后，当列表中只剩一个元素时，一次比较告诉我们列表中没有其他元素，再一次比较用于判断这一项是否为 x。

因此，当待搜索列表中有 2^k 个元素时，执行一次二分搜索最多需要 $2k+2=2\log n+2$ 次比较。(如果 n 不是 2 的幂次，原始的列表可以扩展为含 2^{k+1} 个项的列表，其中 $k=\lfloor\log n\rfloor$，而搜索最多需要最多 $2\lfloor\log n\rfloor+2$ 次比较。)因此可以得出在最坏情形下二分搜索需要 $O(\log n)$ 次比较。注意在最坏情形下二分搜索需要用到 $2\log n+2$ 次比较。故二分搜索在最坏情形下需要 $\Theta(\log n)$ 次比较，因为 $2\log n+2=\Theta(\log n)$。由此分析可知在最坏的情况下，二分搜索算法比线性搜索效率高，因为由例 2 我们知道线性搜索算法最坏情形的时间复杂度是 $\Theta(n)$。◀

平均情形复杂度　除最坏情形分析以外，还有另一类重要的复杂度分析称为平均情形分析。在这类分析中就是要找出求解针对一定规模的问题的所有可能的输入所用到的运算的平均数。平均情形时间复杂度分析一般比最坏情形分析复杂得多。不过，线性搜索算法的平均情形分析不难完成，如例 4 所示。

例 4　以用到的平均比较次数来描述线性搜索算法的平均情形执行性能，假定元素 x 在列表中并且 x 出现在任何位置的可能性相等。

解　由假设整数 x 是列表中的整数 $a_1,a_2,\cdots,a_n$ 之一。如果 x 是列表的第一项 a_1，需要 3 次比较：一次 $i\leqslant n$ 判断是否已到列表结尾，一次 $x\neq a_i$ 比较 x 和第一项，再一次在循环外的比较 $i\leqslant n$。如果 x 是列表的第二项 a_2，再需要 2 次比较，所以总共要 5 次比较。一般来说，如果 x 是列表的第 i 项 a_i，第 i 次循环的每一次都要做 2 次比较，外加循环外一次，所以共需要 $2i+1$ 次比较。故，用到的平均比较次数等于：

$$\frac{3+5+7+\cdots+(2n+1)}{n}=\frac{2(1+2+3+\cdots+n)+n}{n}$$

用 2.4 节表 2 中第二行的公式(参见 2.4 节练习 37b)，

$$1+2+3+\cdots+n=\frac{n(n+1)}{2}$$

所以，线性搜索算法使用的平均比较次数(当已知 x 在列表中时)是

$$\frac{2[n(n+1)/2]}{n}+1=n+2$$

即 $\Theta(n)$。◀

评注　例 4 的分析假定 x 在被搜索的列表中。当 x 可能不在列表中时，也可以对该算法做

平均情形分析(参见练习 23)。

评注 尽管我们把判断是否到达循环结尾所需的比较也计算进来,但通常这些比较是可以不算的。从现在起我们将忽略这些比较。

两个排序算法的最坏情形复杂度 例 5 和例 6 分析冒泡排序和插入排序的最坏情形复杂度。

例 5 用所需比较次数来衡量冒泡排序的最坏情形复杂度是多少?

解 之前在 3.1 节例 4 中描述的冒泡排序通过一遍遍处理列表对该列表进行排序。在每一遍冒泡排序都连续比较相邻元素,必要时交换相邻元素。当第 i 遍开始时,$i-1$ 个最大的元素保证在正确位置上。在这一遍,使用了 $n-i$ 次比较。因此,利用 2.4 节表 2 第二行的求和公式可得,冒泡排序对 n 个元素的列表进行排序时所需使用的总的比较次数是

$$(n-1)+(n-2)+\cdots+2+1=\frac{(n-1)n}{2}$$

注意冒泡排序总是使用这么多次的比较,因为即使在某个中间步骤列表已经完全排好了,冒泡排序仍会继续进行。因此,用比较次数来衡量时,冒泡排序使用 $n(n-1)/2$ 次比较,所以它的最坏情形复杂度是 $\Theta(n^2)$。 ◀

例 6 用比较次数来衡量插入排序的最坏情形复杂度是多少?

解 插入排序(其描述在 3.1 节)把第 j 个元素插入到前 $j-1$ 个已排好顺序的元素中的正确位置上。插入排序用线性搜索技术来做到这一点,依次比较第 j 个元素与后续各项,直到找到大于或等于这个元素的一项或者比较 a_j 与它自身为止,因为 a_j 不小于它自身。于是,在最坏情形下,把第 j 个元素插入正确位置需要 j 次比较。所以,用插入排序对 n 个元素的列表排序时所使用总的比较次数是

$$2+3+\cdots+n=\frac{n(n+1)}{2}-1$$

以上利用了 2.4 节表 2 第二行的连续整数之和的求和公式(参见 2.4 节练习 37b),并且注意这个和式中缺少第一项 1。注意,如果较小的元素起初是在列表的尾部,则插入排序可能使用相当少的比较次数。结论是插入排序的最坏情形复杂度是 $\Theta(n^2)$。 ◀

在例 5 和例 6 中我们证明了冒泡排序和插入排序的最坏情形复杂度均为 $\Theta(n^2)$。可是,最有效的排序算法能在 $O(n \log n)$ 时间内对 n 个元素进行排序,我们将用在 8.3 节和 11.1 节中的技术来证明之。从现在起我们假设对 n 个元素进行排序可以在 $O(n \log n)$ 时间内完成。

你可以从很多网站上找到算法的动画演示,并能对列表同时运行不同的排序算法,进而直观地理解不同排序算法的效率。能够找到的排序算法包括冒泡排序、插入排序、希尔排序、合并排序、快速排序。有些动画演示允许你在针对随机列表、几乎已排好序的列表、倒序列表进行排序时,测试这些排序算法的相对性能。

3.3.3 矩阵乘法的复杂度

两个矩阵乘积的定义可以表达为计算两个矩阵乘积的算法。假定 $m \times n$ 矩阵 $\boldsymbol{C}=[c_{ij}]$ 是 $m \times k$ 矩阵 $\boldsymbol{A}=[a_{ij}]$ 和 $k \times n$ 矩阵 $\boldsymbol{B}=[b_{ij}]$ 的乘积。算法 1 是用伪代码表示的矩阵乘积算法。

算法 1 矩阵乘法

procedure matrix multiplication($\boldsymbol{A}$,$\boldsymbol{B}$:矩阵)

for i := 1 **to** m

    for j := 1 **to** n

        c_{ij} := 0

        for q := 1 **to** k

            c_{ij} := $c_{ij}+a_{iq}b_{qj}$

return $\boldsymbol{C}${$\boldsymbol{C}=[c_{ij}]$ 是 $\boldsymbol{A}$ 和 $\boldsymbol{B}$ 的乘积}

我们可以用算法中使用的加法和乘法的次数来确定这一算法的复杂度。

例7 用算法 1 计算两个 $n \times n$ 整数矩阵的乘积需要用到多少次整数加法和整数乘法？

解 在 A 和 B 的乘积中有 n^2 个元素。计算每个元素要做 n 次乘法和 $n-1$ 次加法。所以，一共需要 n^3 次乘法和 $n^2(n-1)$ 次加法。◀

令人吃惊的是，有比算法 1 效率高的矩阵乘法算法。例 7 说明直接根据定义计算两个 $n \times n$ 矩阵的乘积需要 $O(n^3)$ 次乘法和加法。而用其他算法计算两个 $n \times n$ 矩阵的乘积只需 $O(n^{\sqrt 7})$ 次乘法和加法。（在[CoLeRiSt09]中可找到这种算法的细节。）

我们也可以分析第 2 章描述的计算两个矩阵布尔积的算法复杂度，如算法 2 所示。

算法 2 0-1 矩阵的布尔积

procedure Boolean product of Zero-One Matrices(A，B：0-1 矩阵)

for i := 1 **to** m

 for j := 1 **to** n

  c_{ij} := 0

  for q := 1 **to** k

   c_{ij} := $c_{ij} \vee (a_{iq} \wedge b_{qj})$

return $C\{C = [c_{ij}]$ 是 A 和 B 的布尔积$\}$

很容易确定计算两个 $n \times n$ 矩阵的布尔积所需要的比特运算次数。

例8 计算 $A \odot B$ 需要做多少次比特运算，其中 A 和 B 为 $n \times n$ 阶 0-1 矩阵？

解 $A \odot B$ 中有 n^2 个元素。用算法 2，需要 n 次 $\vee$ 和 n 次 $\wedge$ 来计算 $A \odot B$ 的一个元素。因此，每求一个元素需要 $2n$ 次比特运算。所以，用算法 2 计算 $A \odot B$ 需要 $2n^3$ 次比特运算。◀

矩阵链乘法 涉及矩阵乘法复杂度的还有另一个重要问题。怎样用最少的整数乘法来计算矩阵链 $A_1 A_2 \cdots A_n$，其中 A_1，A_2，$\cdots$，A_n 分别为 $m_1 \times m_2$，$m_2 \times m_3$，$\cdots$，$m_n \times m_{n+1}$ 阶的整数矩阵。（因为矩阵乘法是可结合的，如 2.6 节练习 13 所示，所以计算乘法的次序不影响乘积。）注意，用算法 1 把一个 $m_1 \times m_2$ 矩阵和一个 $m_2 \times m_3$ 矩阵相乘时需要做 $m_1 m_2 m_3$ 次整数乘法。例 9 解释该问题。

例9 A_1、A_2 和 A_3 分别是 30×20、20×40 及 40×10 的整数矩阵，应该用什么次序计算 A_1、A_2 和 A_3 的乘积使得所用的整数乘法次数最少？

解 有两种方法计算 $A_1 A_2 A_3$ 的次序，即 $A_1(A_2 A_3)$ 和 $(A_1 A_2)A_3$。

如果 A_2 和 A_3 首先相乘，需要做 $20 \cdot 40 \cdot 10 = 8000$ 次整数乘法来计算 20×10 矩阵 $A_2 A_3$。然后，计算 A_1 和 $A_2 A_3$ 的乘积需要 $30 \cdot 20 \cdot 10 = 6000$ 次乘法。因此，总共需要使用

$$8000 + 6000 = 14\,000$$

次乘法。另一方面，如果 A_1 和 A_2 首先相乘，需要做 $30 \times 20 \times 40 = 24\,000$ 次乘法来计算 30×40 矩阵 $A_1 A_2$。然后，计算 $A_1 A_2$ 和 A_3 的乘积需要 $30 \times 40 \times 10 = 12\,000$ 次乘法。因此，总共需要使用

$$24\,000 + 12\,000 = 36\,000$$

次乘法。

显然，第一种计算顺序更有效。◀

我们将在 8.1 节练习 57 再回到这个问题。[CoLeRiSt09]中讨论了确定计算矩阵链相乘最有效方式的算法。

3.3.4 算法范型

3.1 节介绍了算法的基本概念。我们给出了许多不同算法的例子，包括搜索和排序算法。我们也介绍了贪婪算法的概念，给出了可以用贪婪算法求解的一些例子。贪婪算法就是一种**算**

法范型(algorithmic paradigm)的示例,所谓算法范型就是基于一种特定概念的通用方法,可以用来构造求解一类广泛问题的算法。

本书中我们会基于不同的算法范型——包括最常用的算法范型来构造求解许多不同问题的算法。可以将这些范型作为基础用来构造解决一类广泛问题的有效算法。

我们已经学过的一些算法就是基于一种本小节要描述的称为蛮力的算法范型。本书后续要学习的算法范型包括第 8 章的分而治之算法和动态规划、第 10 章的回溯,以及第 7 章的随机算法。除了本书描述的以外还有许多重要的算法范型。想了解更多请参考算法设计书籍,如[KlTa06]。

蛮力算法   蛮力是一个基本的但又重要的算法范型。在**蛮力算法**(brute-force algorithm)中,问题是通过基于对问题的描述和术语的定义以最直接的方式解决的。设计蛮力算法来解决那些不太在意所需计算资源的问题。例如,在某些蛮力算法中,一个问题的求解是通过检查每一种可能的解,然后找出最可能的解。一般情况下,蛮力算法是朴素的问题求解方法,而不需要利用问题的任何特殊结构或聪明的点子。

注意 3.1 节寻找一个序列中的最大元素的算法 1 就是一个蛮力算法,因为它检查序列的 n 个元素的每一个以找到最大项。通过每次加一个数来寻找 n 个数之和的算法也是蛮力算法,还有基于定义的矩阵乘法算法(算法 1)。冒泡排序、插入排序、选择排序(分别在 3.1 节算法 4 和算法 5 以及练习 43 的前导文中描述的)也可以认为是蛮力算法,所有这三个排序算法都是最直接的方法,其效率也远比第 5 章和第 8 章要讨论的合并排序和快速排序这类排序算法低。

虽然蛮力算法通常比较低效,但通常却非常有用。蛮力算法是能够解决实际问题的,特别是当输入规模不是很大时,即使对于大规模的输入会变得不切实际。再者,当设计新算法来解决一个问题时,目标通常是寻找一个比蛮力算法更有效的算法。这类问题的一个实例如例 10 所示。

例 10   构造一个蛮力算法,寻找平面上 n 个点的集合中的最近点对(closest pair of points),并给出最坏情形下算法用到的位运算次数的大 O 估算。

解   假设给定输入点 (x_1, y_1), (x_2, y_2), …, (x_n, y_n)。回顾一下,(x_i, y_i) 和 (x_j, y_j) 之间的距离是 $\sqrt{(x_j-x_i)^2+(y_j-y_i)^2}$。寻找这些点的最近点对的蛮力算法可以通过计算 n 个点的所有点对的距离然后确定最小距离来实现。(我们可以做一个简化使得计算变得更容易一些,我们计算点对之间距离的平方而非距离来寻找最近的点对。之所以可以这样做是因为点对之间的距离最小时该点对之间距离的平方也是最小的。)

算法 3   寻找最近点对的蛮力算法

procedure closest-pair((x_1, y_1), (x_2, y_2), …, (x_n, y_n):实数对)
min$=\infty$
for $i:=2$ **to** n
  for $j:=1$ **to** $i-1$
    if $(x_j-x_i)^2+(y_j-y_i)^2<$min **then**
      min $:=(x_j-x_i)^2+(y_j-y_i)^2$
      closest pair $:=((x_i, y_i), (x_j, y_j))$
return closest pair

要估算算法用到的操作步数,首先注意循环要经过 $n(n-1)/2$ 个点对((x_i, y_i), (x_j, y_j))(读者可以自行验证)。对于每个这样的点对,计算 $(x_j-x_i)^2+(y_j-y_i)^2$,与 min 的当前值比较,如果它小于 min 就用这个新值替换 min 的当前值。按算术运算和比较的次数来衡量,可以得出该算法使用 $\Theta(n^2)$ 次操作。

第 8 章将推导一个确定最近点对的算法，在给定平面中 n 个点作为输入时，其最坏情形复杂度为 $O(n \log n)$。最初发现这样一个效率远高于蛮力方法的算法被认为是相当称奇的。◄

3.3.5 理解算法的复杂度

表 1 中给出了描述算法时间复杂度的几个常用术语。例如，一个求 n 个元素列表前 100 项中最大项的算法可以通过对前 100 项的序列应用算法 1 得到，其中 n 是满足 $n \geqslant 100$ 的整数，具有**常量复杂度**（constant complexity），因为无论 n 是什么值，这个算法都使用 99 次比较（读者可以验证）。线性搜索算法具有**线性**（linear）（最坏情形或平均情形）复杂度，而二分搜索算法具有**对数**（logarithmic）（最坏情形）复杂度。许多重要的算法都具有 $n \log n$ 或者**线性对数**（linearithmic）（最坏情形）**复杂度**，例如将在第 4 章学习的归并排序。（线性对数（linearithmic）是词语线性（linear）和对数（logarithmic）的复合词。）

表 1 算法复杂度常用术语

复杂度	术语	复杂度	术语
$\Theta(1)$	常量复杂度	$\Theta(n^b)$	多项式复杂度
$\Theta(\log n)$	对数复杂度	$\Theta(b^n)$，$b>1$	指数复杂度
$\Theta(n)$	线性复杂度	$\Theta(n!)$	阶乘复杂度
$\Theta(n \log n)$	线性对数复杂度		

一个算法具有**多项式复杂度**（polynomial complexity）如果它的复杂度是 $\Theta(n^b)$，其中 b 是满足 $b \geqslant 1$ 的整数。例如，冒泡排序算法是多项式时间算法，因为它在最坏情形下使用 $\Theta(n^2)$ 次比较。一个算法有**指数复杂度**（exponential complexity）如果它的时间复杂度为 $\Theta(b^n)$，其中 $b>1$。通过检查变量的所有可能的真值赋值来判定 n 个变量的复合命题是否是可满足的算法是一个指数复杂度算法，因为它用 $\Theta(2^n)$ 次运算。最后，一个算法具有**阶乘复杂度**（factorial complexity）如果它的时间复杂度是 $\Theta(n!)$。寻找一个推销员可以用来访问 n 个城市的所有顺序的算法具有阶乘复杂度，我们将在第 9 章讨论这个算法。

易解性（tractability） 一个能用多项式最坏情形复杂度（或更优）的算法求解的问题称为**易解的**（tractable），因为针对问题在合理规模的输入下，可期望算法在相对短的时间内给出解答。不过，如果在大 Θ 估算中的多项式次数过高（如 100 次）或者如果多项式的系数非常大，则算法都可能会花特别长的时间来解题。所以，一个能用多项式最坏情形复杂度的算法来解决的问题也不能保证能在合理时间内得到解答，即使是对于相对较小的输入值。幸运的是，实践中这种估算中用到的多项式的次数和系数都不大。

对于那些不能用最坏情形多项式时间复杂度的算法解决的问题情况要糟得多。这种问题称为**难解的**（intractable）。虽然并不总是，但通常即使对于小规模的输入在最坏情形下也需要特别大量的时间来解决问题。不过，实践中会有这样的情形，具有某种最坏情形时间复杂度的算法在大多数情况下都能够比在最坏情形下更快地解决问题。如果允许少量情况下问题不能在合理的时间内得到解答，那么平均情形时间复杂度就是对算法解题所需时间的一个更好的度量方式。业界许多重要的问题都被认为是难解的，但在实践中对于日常生活中出现的所有输入基本上都能得到解决。另一种处理实践中出现的难解问题的方法是寻求问题的近似解而非精确解。也许存在求近似解的快速算法，甚至还能保证这些近似解和精确解相差不太大。

甚至存在这样一些问题，可以被证明是没有算法能够求解它们的。这种问题称为**不可解的**（unsolvable）（相对于可以用一个算法求解的**可解的**（solvable）问题而言）。第一个证明存在不可解问题的是伟大的英国数学家和计算机科学家阿兰·图灵（Alan Turing），当时他证明了停机问题是不可解的。我们在 3.1 节证明了停机问题是不可解的。（在第 13 章有图灵小传以及对他在某些其他方面的工作介绍。）

P 与 NP   算法复杂度的研究远超出这里所能介绍的。可是，注意人们相信许多可解的问题具有这样的性质，即没有多项式最坏情形时间复杂度的算法能求解，但是一旦有了一个解答，却可以用多项式时间内来验证。能以多项式时间内验证解的问题称为属于 **NP** 类（易解的问题属于 **P** 类）。缩写 NP 是指非确定性多项式（nondeterministic polynomial）时间。3.1 节讨论的可满足性问题就是一个 NP 问题的例子——可以快速地验证复合命题的一组变量的真值赋值让这个命题成真，但是至今没有发现找出这种真值赋值的多项式时间算法。（例如，穷举搜索所有可能的真值赋值需要 $\Omega(2^n)$ 次位运算，其中 n 是复合命题的变量数。）

还有一类重要的问题，称为 **NP 完全问题**（NP-complete problem），具有这样的性质即只要其中任何一个问题能用一个多项式时间最坏情形算法来求解，那么 NP 类的所有问题都能用多项式时间最坏情形算法来求解。可满足性问题也是 NP 完全问题的一个例子。它是一个 NP 问题，并且如果知道了一个求解它的多项式时间算法，那么所有已知在该问题类中的所有问题就都有多项式时间算法（在这个类中有许多重要问题）。最后这个叙述基于这样一个事实，即 NP 中的每个问题可在多项式时间内归约为可满足性问题。尽管已经发现有 3000 多个 NP 完全问题了，但可满足性问题是第一个被证明是 NP 完全的问题。Stephen Cook 和 Leonid Levin 在 20 世纪 70 年代独立证明了该结论，因而阐述该结论的定理称为是 **Cook-Levin 定理**。

P 与 NP 问题（P versus NP problem）是问 NP（有可能在多项式时间内检验其解的一类问题）是否等于 P（一类易解的问题）。如果 P≠NP，则存在这样一些不能在多项式时间内求解但其解可以在多项式时间内验证的问题。NP 完全性的概念有助于研究解决 P 与 NP 问题，因为 NP 完全问题是那些在 NP 类中被认为最不可能是 P 类中的问题，由于 NP 中的每个问题可以在多项式时间内归约为一个 NP 完全问题。绝大多数理论计算机科学家相信 P≠NP，这意味着没有 NP 完全问题能在多项式时间内解决。该信念的一个理由是尽管做了广泛的研究，但没有人成功地证明 P＝NP。特别是，没有人找到一个最坏情形多项式时间复杂度的算法能够解决任何 NP 完全问题。P 与 NP 问题是数学科学（包括理论计算机科学）中最著名的悬而未决的问题之一。它是 7 个著名的千禧年大奖问题之一，其中 6 个依然未解。克雷数学研究所提供 100 万美元奖金悬赏求解该问题。

要更多了解算法复杂度的信息，参阅本书最后为本节列出的文献，包括 [CoLeRiSt09]。（另外，关于以图灵机来定义的计算复杂度的正式讨论可参见 13.5 节。）

实际的考虑   注意一个算法时间复杂度的大 Θ 估算表达了解题所需要的时间如何随输入规

Courtesy of Dr. Stephen Cook

斯蒂芬·库克（Stephen Cook，1939—）   库克出生在布法罗，他的父亲是一名工业化学家并教授大学课程。他的母亲在一所社区学院教授英语课程。在高中时，他曾和当地一位发明了第一个植入式心脏起搏器的著名发明家一起工作，并从此对电子产品产生了极大兴趣。

库克在密歇根大学主修数学专业，1961 年毕业。之后在哈佛大学读研究生，并在 1962 年获得硕士学位，1966 年获得博士学位。1966 年库克被任命为加州大学伯克利分校数学系的助理教授。他没有被聘为终身教职可能是因为数学系教员对他的工作没有太大的兴趣，而他的工作现在被认为是理论计算机科学最重要的领域之一。1970 年他加入了多伦多大学，任计算机科学系和数学系的助理教授。他一直在多伦多大学工作，1985 年被任命为教授。

库克被认为是计算复杂度理论的创始人之一。1971 年他的论文"定理证明过程的复杂度"（The Complexity of Theorem Proving Procedures)形式化了 NP 完全和多项式时间简化的概念，通过证明可满足性问题就是这样一个 NP 完全问题从而证明了 NP 完全问题的存在性，并引入了 P 与 NP 问题。

库克获得过许多奖项，包括 1982 年的图灵奖。他已婚并有两个儿子。他的业余爱好包括演奏小提琴和参加帆船比赛。

模的增长而增长。在实践中使用被证明是最好的估算(即参照函数最小)。不过,时间复杂度的大 Θ 估算不能直接翻译成计算机实际使用的时间量。一个原因是大 Θ 估算 $f(n)$ 是 $\Theta(g(n))$ 的,这里 $f(n)$ 是算法的时间复杂度而 $g(n)$ 是参照函数,意味着存在常数 C_1、C_2 和 k 使得当 $n>k$ 时有 $C_1 g(n) \leqslant f(n) \leqslant C_2 g(n)$。所以在不知道不等式中的常数 C_1、C_2 和 k 时,就不能用这一估算来判定最坏情形下所使用的运算次数的上界和下界。正如前文说过,一次运算所需要的时间还取决于运算类型和使用的计算机。通常,算法的最坏情形时间复杂度只采用大 O 估算,而不是大 Θ 估算。注意算法时间复杂度的大 O 估算只能对算法在最坏情形所需时间以输入值规模的函数的形式提供上界,而不提供下界。尽管如此,为了简单起见,我们在讨论算法时间复杂度时经常会用大 O 估算,同时要懂得大 Θ 估算能提供更多的信息。

表 2 给出用算法求解各种输入规模问题所需的时间,这里用位运算的位数 n 表示,并假定每次位运算需要的时间是 10^{-11} 秒,这是以 2018 年最快的计算机做位运算所需时间的一种合理估算。需要的时间超过 10^{100} 年的在表中用星号表示。将来,这些时间会随着更快的计算机的开发而减少。我们可以用表 2 所列时间来看看当我们在现代计算机上运行一个已知最坏情形时间复杂度的算法时,是否可以期望得到针对给定输入规模问题的一个解。注意我们不能确定一台计算机解决一个特定输入规模问题所需的确切时间,因为这涉及计算机硬件和实现算法的特定软件的许多方面的问题。

表 2　算法所用的计算机时间

问题规模	使用的位运算					
n	$\log n$	n	$n \log n$	n^2	2^n	$n!$
10	3×10^{-11} s	10^{-10} s	3×10^{-10} s	10^{-9} s	10^{-8} s	3×10^{-7} s
10^2	7×10^{-11} s	10^{-9} s	7×10^{-9} s	10^{-7} s	4×10^{11} yr	*
10^3	1.0×10^{-10} s	10^{-8} s	1×10^{-7} s	10^{-5} s	*	*
10^4	1.3×10^{-10} s	10^{-7} s	1×10^{-6} s	10^{-3} s	*	*
10^5	1.7×10^{-10} s	10^{-6} s	2×10^{-5} s	0.1 s	*	*
10^6	2×10^{-10} s	10^{-5} s	2×10^{-4} s	0.17 min	*	*

对于一台计算机求解一个问题需要多长时间有一个合理估算是很重要。例如,如果一个算法大约需要 10 小时,也许值得花费这些机时(和金钱)求解该问题。但是,如果算法需要数百亿年来求解一个问题,就没有理由消耗资源来实现这一算法。现代技术最有趣的现象之一是计算机在速度和内存空间的迅速增长。减少计算机解题时间的另一重要因素是并行处理,这是一种同时执行多个运算序列的技术。

有效算法,包括大多数多项式时间复杂度的算法,都能从重大技术进步中得到最大的好处。可是,这些技术进步对于克服指数或阶乘时间复杂度算法的复杂度方面似乎没有什么帮助。由于计算速度的增加,计算机内存的增加,再加上采用得益于并行处理的算法,五年前被认为是不可解的问题现在可以当作例行事务求解了,而且可以肯定这句话在五年以后仍然成立。当采用的算法是难解的时候更是如此。

练习

1. 试给出下面算法片断用到的运算次数的大 O 估算(这里运算是指加法或乘法)。

 $t := 0$
 for $i := 1$ **to** 3
  for $j := 1$ **to** 4
   $t := t + ij$

2. 试给出下面算法片断用到的加法次数的大 O 估算。

 $t := 0$

```
for i := 1 to n
    for j := 1 to n
        t := t + i + j
```

3. 试给出下面算法片断用到的运算次数的大 O 估算，这里运算是指比较或乘法（忽略在 **for** 循环中测试条件所需的比较，其中 a_1，a_2，$\cdots$，a_n 是正实数）。

```
m := 0
for i := 1 to n
    for j := i + 1 to n
        m := max(a_i a_j, m)
```

4. 试给出下面算法片断用到的运算次数的大 O 估算，这里运算是指加法或乘法（忽略在 **while** 循环中测试条件所需的比较）。

```
i := 1
t := 0
while i ≤ n
    t := t + i
    i := 2i
```

5. 3.1 节练习 16 给出的在 n 个自然数的序列中寻找最小自然数的算法需要使用多少次比较？

6. a) 用伪代码写一个算法，使用插入排序将任意长度的实数列表中前 4 项排列成递增序。
   b) 证明以比较次数度量算法的时间复杂度是 $O(1)$。

7. 假定已知一个元素是一个有 32 个元素的列表的前 4 个元素中。线性搜索或二分搜索哪个会更快地定位到该元素？

8. 给定实数 x 和正整数 k，试给出计算 x^{2^k} 使用的乘法次数，计算方法是从 x 开始连续取平方（求 x^2、x^4 等）。这样是否比通过在 x 乘上适当次数的自身来计算 x^{2^k} 更高效？

9. 给出下述算法所使用的比较次数的大 O 估算，通过检查串的每比特是否为 1 来计算比特串中 1 的个数（参见 3.1 节练习 25）。

* 10. a) 证明下面的算法给出的是比特串 S 中 1 的个数。

  procedure bit count(S：比特串)

  count := 0

  while $S \neq 0$

   count := count + 1

   $S := S \wedge (S - 1)$

  return count{count 是 S 中 1 的个数}

  其中 $S - 1$ 是把 S 中最右边的比特 1 改为比特 0，同时把这一比特右边的所有比特 0 均改为比特 1 得到的比特串。[回忆一下，$S \wedge (S-1)$ 是 S 和 $S-1$ 的按位合取运算。]

  b) 用 a) 中的算法计算比特串 S 中 1 的个数需要做多少次按位合取运算？

11. a) 假设有集合 $\{1, 2, \cdots, n\}$ 的 n 个子集 S_1，S_2，$\cdots$，S_n。试写出一个蛮力算法来判定是否有一对子集是不相交的。[提示：算法应该针对子集进行循环；对于每个子集 S_i，需要对所有其他子集进行循环；而对其他子集中的每个 S_j，需要针对 S_i 中所有元素 k 做循环以判定 k 是否也属于 S_j。]

  b) 试给出算法用于判定一个整数是否在其中一个子集中的次数的大 O 估算。

12. 考虑下面的算法，以 n 个整数 a_1，a_2，$\cdots$，a_n 的序列作为输入，生成一个矩阵 $M = \{m_{ij}\}$ 作为输出，其中对于 $j \geq i$ 时 m_{ij} 是整数序列 a_i，a_{i+1}，$\cdots$，a_j 中的最小项，否则 $m_{ij} = 0$。

  初始化 M 使得当 $j \geq i$ 时 $m_{ij} = a_i$ 否则 $m_{ij} = 0$

  for $i := 1$ **to** n

   for $j := i + 1$ **to** n

    for $k := i + 1$ **to** j

     $m_{ij} := \min(m_{ij}, a_k)$

  return $M = \{m_{ij}\}$ {m_{ij} 是 a_i，a_{i+1}，$\cdots$，a_j 中的最小项}

a) 证明这个算法使用 $O(n^3)$ 次比较来计算矩阵 M。

b) 证明这个算法使用 $\Omega(n^3)$ 次比较来计算矩阵 M。利用该事实以及 a) 得出结论该算法使用 $\Theta(n^3)$ 次比较。〔提示：在算法的两层外循环中只考虑当 $i \leqslant n/4$ 和 $j \geqslant 3n/4$ 的情形。〕

13. 计算多项式 $a_n x^n + a_{n-1} x^{n-1} + \cdots + a_1 x + a_0$ 在 $x = c$ 处的值的传统算法可以用伪代码表示为：

procedure polynomial(c, a_0, a_1, $\cdots$, a_n：实数)

power := 1

$y := a_0$

for $i = 1$ **to** n

power := power * c

$y := y + a_i * $ power

return $y\{y = a_n c^n + a_{n-1} c^{n-1} + \cdots + a_1 c + a_0\}$

其中 y 的最终值即是该多项式在 $x = c$ 处的值。

a) 按上述算法步骤计算 $3x^2 + x + 1$ 在 $x = 2$ 处的值并给出每步赋值语句所赋的值。

b) 准确地说计算 n 阶多项式在 $x = c$ 处的值需要使用多少次乘法和加法？（不要计算增加循环变量的值所做的加法。）

14. 有比上一题中给出的传统算法更有效的计算多项式值的算法（以使用的乘法和加法次数来度量）。这个算法称为**霍纳法**（Horner's method）。下面的伪代码说明怎样用这一方法计算 $a_n x^n + a_{n-1} x^{n-1} + \cdots + a_1 x + a_0$ 在 $x = c$ 处的值。

procedure Horner(c, a_0, a_1, a_2, $\cdots$, a_n：实数)

$y := a_n$

for $i = 1$ **to** n

$y := y * c + a_{n-i}$

return $y\{y = a_n c^n + a_{n-1} c^{n-1} + \cdots + a_1 c + a_0\}$

a) 按上述算法步骤计算 $3x^2 + x + 1$ 在 $x = 2$ 的值并给出每步赋值语句所赋的值。

b) 准确地说此算法计算 n 阶多项式在 $x = c$ 处的值需要使用多少次乘法和加法？（不要计算增加循环变量的值所做的加法。）

15. 使用需要 $f(n)$ 次比特运算的算法解决规模为 n 的问题时在 1 秒内能解决的问题的最大规模 n 是多少？这里每次比特运算能够在 10^{-9} 秒完成，且采用下列函数 $f(n)$。

a) $\log n$ b) n c) $n \log n$

d) n^2 e) 2^n f) $n!$

16. 使用需要 $f(n)$ 次比特运算的算法解决规模为 n 的问题时在 1 天时间内能解决的问题的最大规模 n 是多少？这里每次比特运算能够在 10^{-11} 秒完成，且采用下列函数 $f(n)$。

a) $\log n$ b) $1000n$ c) n^2

d) $1000n^2$ e) n^3 f) 2^n

g) 2^{2n} h) 2^{2^n}

17. 使用需要 $f(n)$ 次比特运算的算法解决规模为 n 的问题时在 1 分钟内能解决的问题的最大规模 n 是多少？这里每次比特运算能够在 10^{-12} 秒完成，且采用下列函数 $f(n)$。

a) $\log \log n$ b) $\log n$ c) $(\log n)^2$

d) $1\,000\,000n$ e) n^2 f) 2^n

g) 2^{n^2}

18. 如果算法求解规模为 n 的问题需 $2n^2 + 2^n$ 次运算，每次运算需 10^{-9} 秒，对于下面给出的 n 值，请问算法解题需要多少时间？

a) 10   b) 20   c) 50

d) 100

19. 如果每次运算需要使用下列时间，请问使用 2^{50} 次运算的算法需要多少时间？

a) 10^{-6} 秒   b) 10^{-9} 秒   c) 10^{-12} 秒

20. 当你将问题的输入规模从 n 翻倍到 $2n$ 时对解题所需时间有什么影响？假定算法解决输入规模为 n 的

问题时所需的毫秒数为如下函数。[尽可能将答案表达得简单些，或者一个比值或者一个差值。你的答案可以是 n 的函数或常量。]

a) $\log \log n$　　　　　　　b) $\log n$　　　　　　　c) $100n$

d) $n \log n$　　　　　　　　e) n^2　　　　　　　　　f) n^3

g) 2^n

21. 当你将问题的输入规模从 n 增长到 $n+1$ 时对解题所需时间有什么影响？假定算法解决输入规模为 n 的问题时所需的毫秒数为如下函数。[尽可能将答案表达得简单些，或者一个比值或者一个差值。你的答案可以是 n 的函数或常量。]

a) $\log n$　　　　　　　　　b) $100n$　　　　　　　　c) n^2

d) n^3　　　　　　　　　　e) 2^n　　　　　　　　　f) 2^{n^2}

g) $n!$

22. 判定下述情况需要的最少比较次数，即最好情况性能。

a) 用 3.1 节算法 1 寻找 n 个整数的序列的最大值。

b) 用线性搜索在 n 个元素的列表中定位一个元素。

c) 用二分搜索在 n 个元素的列表中定位一个元素。

23. 试分析线性搜索的平均情形性能，如果恰有一半的情况 x 不在列表中；而且当 x 在列表中时它出现在列表中任何位置的可能性都一样。

24. 一个算法解题时相对于某一运算来说是**最优的**，如果不存在其他算法在解此题时使用更少的此种运算。

a) 证明 3.1 节算法 1 相对于整数比较的次数而言是最优的。[注意：这里不考虑用于循环管理中的比较。]

b) 线性搜索相对于整数比较次数是最优的吗？（不计循环管理中用到的比较。）

25. 描述 3.1 节练习 27 给出的三分搜索算法用比较次数度量的最坏情形时间复杂度。

26. 描述 3.1 节练习 28 中给出的搜索算法用比较次数度量的最坏情形时间复杂度。

27. 分析你为 3.1 节练习 29 设计的在非递减序整数表中定位一个众数的算法的最坏情形时间复杂度。

28. 分析你为 3.1 节练习 30 设计的在非递减序整数表中定位所有众数的算法的最坏情形时间复杂度。

29. 分析你为 3.1 节练习 33 设计的在整数序列中寻找第一个与它前面某项相等的项算法的最坏情形时间复杂度。

30. 分析你为 3.1 节练习 34 设计的求序列中所有那些大于其前面各项之和的项的算法的最坏情形时间复杂度。

31. 分析你为 3.1 节练习 35 设计的求序列中第一个小于前一项的项的算法的最坏情形时间复杂度。

32. 用比较次数作为度量来确定 3.1 节练习 5 的在整数排序表中寻找所有多次出现的值的算法的最坏情形时间复杂度。

33. 用比较次数作为度量来确定 3.1 节练习 9 的判断一个 n 个字符的串是否是回文的算法的最坏情形时间复杂度。

34. 选择排序(参见 3.1 节练习 41 的前导文)给 n 个项排序要用多少次比较？基于你的答案，试给出以选择排序中的比较次数作为度量选择排序复杂度的大 O 估计。

35. 对于在 3.1 节练习 49 前的说明中描述的二分插入排序，以所使用的比较次数和所交换的项数来度量，找出其最坏情形复杂度的大 O 估计。

36. 采用朴素字符串匹配器在 n 个字符的文本中查询 m 个字符的模式时，如果模式的第一个字符没有出现在文本中，试确定需要多少次字符比较。

37. 采用朴素字符串匹配器在 n 个字符的文本中查询 m 个字符的模式的所有出现，试以 m 和 n 为参数确定字符比较次数的大 O 估计。

38. 试确定 3.1 节练习 31a 和 b 中判定两个字符串是否为易位词的算法的大 O 估计。

39. 试确定 3.1 节练习 32a 和 b 中寻找 n 个实数中最靠近的两个实数的算法的大 O 估计。

40. 证明以比较次数为度量时采用 25 美分、10 美分、5 美分和 1 美分硬币找 n 美分零钱的贪婪算法具有 $O(n)$ 复杂度。

练习 41 和 42 涉及给定 n 个讲座的开始和结束时间时尽可能多地安排讲座的问题。

41. 试找出通过检查讲座的所有可能子集的方式来安排讲座的蛮力算法的复杂度。〔提示：利用 n 个元素的集合有 2^n 个子集的这一事实。〕

42. 找出通过在每一步加入一个和那些已安排讲座兼容的结束时间最早的讲座的方式安排最多讲座的贪婪算法的复杂度（3.1 节算法 7）。假设讲座还没有按最早结束时间排序，并且假设排序的最坏情形时间复杂度是 $O(n \log n)$。

43. 试描述当列表规模从 n 翻倍到 $2n$ 时，其中 n 是正整数，采用这些算法在一个列表中搜索一个元素在最坏情形下所用的比较次数是如何变化的。

　　a）线性搜索　　　　　　　　　　　　　b）二分搜索

44. 试描述当待排序的列表规模从 n 翻倍到 $2n$ 时，其中 n 是正整数，采用这些排序算法在最坏情形下所用的比较次数是如何变化的。

　　a）冒泡排序　　　　　　　　　　　　　b）插入排序

　　c）选择排序（见 3.1 节练习 41 的前导文）　d）二分插入排序（见 3.1 节练习 47 的前导文）

　　一个 $n \times n$ 矩阵称为是**上三角矩阵**（upper triangular）如果当 $i > j$ 时 $a_{ij} = 0$。

45. 参考矩阵乘积的定义，用汉语描述计算两个上三角矩阵乘积的算法，它忽略在计算中自动等于零的乘积项。

46. 给出练习 45 中计算两个上三角矩阵乘积算法的伪代码描述。

47. 练习 45 中计算两个 $n \times n$ 上三角矩阵乘积算法需要用到多少次元素乘法？

在练习 48～49 中假设用于 $p \times q$ 矩阵和 $q \times r$ 矩阵相乘所需的元素乘法次数是 pqr。

48. 计算乘积 ABC 的最佳次序是什么，如果 A、B 和 C 分别是 3×9、9×4 和 4×2 矩阵？

49. 计算乘积 $ABCD$ 的最佳次序是什么，如果 A、B、C 和 D 分别是 30×10、10×40、40×50 和 50×30 矩阵？

关键术语和结论

术语

算法（algorithm）：一组用于执行一个计算或求解一个问题的精确指令的有限序列。

搜索算法（searching algorithm）：在一个列表中定位一个元素的问题。

线性搜索算法（linear search algorithm）：逐个元素搜索列表的过程。

二分搜索算法（binary search algorithm）：在有序列表中通过不断将列表分半进行搜索的过程。

排序（sorting）：按既定的顺序重新排列一个列表中元素的次序。

字符串搜索（string searching）：给定一个字符串，确定其在另一个更长的字符串中所有出现的位置。

$f(x)$ **是** $O(g(x))$ **的**（$f(x)$ is $O(g(x))$）：给定常数 C 和 k，对所有 $x > k$ 有 $|f(x)| \leqslant C|g(x)|$ 的事实。

$f(x)$ **是** $O(g(x))$ **的这一关系的凭证**（witness to the relationship $f(x)$ is $O(g(x))$）：一对 C 和 k 使得只要 $x > k$ 就有 $|f(x)| \leqslant C|g(x)|$。

$f(x)$ **是** $\Omega(g(x))$ **的**（$f(x)$ is $\Omega(g(x))$）：给定正常数 C 和 k，对所有 $x > k$ 有 $|f(x)| \geqslant C|g(x)|$ 的事实。

$f(x)$ **是** $\Theta(g(x))$ **的**（$f(x)$ is $\Theta(g(x))$）：$f(x)$ 是 $O(g(x))$ 和 $f(x)$ 是 $\Omega(g(x))$ 的事实。

时间复杂度（time complexity）：算法解题需要的时间量。

空间复杂度（space complexity）：算法解题需要的计算机存储空间量。

最坏情形时间复杂度（worst-case time complexity）：算法求解给定大小的问题时需要的最大时间量。

平均情形时间复杂度（average-case time complexity）：算法求解给定大小的问题时需要的平均时间量。

算法范型（algorithmic paradigm）：基于某个特定的概念构造算法的通用方法。

蛮力算法（brute force）：从问题和定义出发以最朴素的方式构造求解问题的算法这样一种算法范型。

贪婪算法（greedy algorithm）：根据指定条件在每一步都做最好选择的算法。

易解问题（tractable problem）：存在最坏情形多项式时间算法可以求解的问题。

难解问题（intractable problem）：不存在最坏情形多项式时间算法可以求解的问题。

可解问题（solvable problem）：可以由算法求解的问题。

不可解问题（unsolvable problem）：不能由算法求解的问题。

结 论

线性和二分搜索算法(linear and binary search algorithms)：（参见 3.1 节。）

冒泡排序(bubble sort)：采用在每一遍都交换错位的相邻元素的排序方法。

插入排序(insertion sort)：当列表的前 $j-1$ 个元素已排好序时，在第 j 步把第 j 个元素插入列表中正确的位置上的排序方法。

线性搜索具有 $O(n)$ 的最坏情形时间复杂度。

二分搜索具有 $O(\log n)$ 的最坏情形时间复杂度。

冒泡和插入排序具有 $O(n^2)$ 的最坏情形时间复杂度。

$\log n!$ 是 $O(n\log n)$ 的。

如果 $f_1(x)$ 是 $O(g_1(x))$ 的且 $f_2(x)$ 是 $O(g_2(x))$ 的，则 $(f_1+f_2)(x)$ 是 $O(\max(g_1(x), g_2(x)))$ 的且 $(f_1 f_2)(x)$ 是 $O((g_1 g_2(x))$ 的。

如果 $a_0, a_1, \cdots, a_n$ 都是实数且 $a_n \neq 0$，则 $a_n x^n + a_{n-1}x^{n-1} + \cdots + a_1 x + a_0$ 是 $\Theta(x^n)$ 的，因而也是 $O(n)$ 的和 $\Omega(n)$ 的。

复习题

1. **a)** 定义术语算法。

   b) 有哪些不同方式可以描述算法？

   c) 求解问题的一个算法和求解该问题的一个计算机程序有什么不同？

2. **a)** 用中文描述在一个 n 个整数的列表中寻找最大整数的算法。

   b) 用伪代码表达这一算法。

   c) 该算法使用多少次比较？

3. **a)** 叙述 $f(n)$ 是 $O(g(n))$ 的这一事实的定义，其中 $f(n)$ 和 $g(n)$ 是从正整数集到实数集的函数。

   b) 利用 $f(n)$ 是 $O(g(n))$ 的这一事实的定义直接证明或反驳 $n^2 + 18n + 107$ 是 $O(n^3)$ 的。

   c) 利用 $f(n)$ 是 $O(g(n))$ 的这一事实的定义直接证明或反驳 n^3 是 $O(n^2 + 18n + 107)$ 的。

4. 排列下列函数使得每个函数是大 O 列表中下一个函数的：$(\log n)^3$、$n^3/1\,000\,000$、$\sqrt{n}$、$100n + 101$、3^n、$n!$、$2^n n^2$。

5. **a)** 如何得出对一个函数的大 O 估算，该函数是一些不同项之和，而其中每个项又是多个函数之积？

   b) 给出函数 $f(n) = (n!+1)(2^n+1) + (n^{n-2}+8n^{n-3})(n^3+2^n)$ 的大 O 估算。对于 $f(x)$ 是 $O(g(x))$ 的估算中的函数 g，采用一个最低次数的简单函数。

6. **a)** 对于在一个 n 个整数的列表中寻找最小整数的算法，试定义最坏情形时间复杂度、平均情形时间复杂度和最好情形时间复杂度的含义（用比较次数来度量）。

   b) 通过比较每个整数和当前已找到的最小整数的方式来寻找 n 个整数的列表中最小整数的算法，用比较次数来度量时，其最坏情形、平均情形和最好情形时间复杂度是多少？

7. **a)** 试描述在以递增序排列的整数列表中寻找一个整数的线性搜索和二分搜索算法。

   b) 比较这两个算法的最坏情形时间复杂度。

   c) （用比较次数来度量）两个算法之一是否总是比另一个快？

8. **a)** 试描述冒泡排序算法。

   b) 用冒泡排序算法对列表 5，2，4，1，3 进行排序。

   c) 给出冒泡排序算法所用比较次数的大 O 估算。

9. **a)** 试描述插入排序算法。

   b) 用插入排序算法对列表 2，5，1，4，3 进行排序。

   c) 给出插入排序算法所用比较次数的大 O 估算。

10. **a)** 试解释贪婪算法的概念。

    b) 试给出一个能生成最优解的贪婪算法的例子，并解释它为什么生成最优解。

    c) 试给出一个并不总是生成最优解的贪婪算法的例子，并解释它为什么不能生成最优解。

11. 试定义一个问题是易解的含义和一个问题是可解的含义。

补充练习

1. a)描述在一整数列表中定位最大整数的最后一次出现的算法。

　　b)估算一下所用到的比较次数。

2. a)描述在一整数列表中寻找最大整数和次大整数的算法。

　　b)估算一下所用到的比较次数。

3. a)给出一个判断一个比特串中是否含两个相邻的 0 的算法。

　　b)这个算法会用到多少次比较？

4. a)假定一整数列表按从大到小的次序排列，而且整数可以重复出现。设计一个寻找整数 x 在该整数列表中的所有出现位置的算法。

　　b)估算一下所用到的比较次数。

5. a)修改 3.1 节算法 1 以寻找一个 n 个元素序列中的最大元素和最小元素，采用的方法在连续检查每个元素时更新临时最大元素和临时最小元素。

　　b)用伪代码描述 a)中算法。

　　c)这个算法要执行多少次序列中元素的比较？（不计入那些用来判断是否到达序列结尾的比较。）

6. a)用汉语详细描述一个算法的步骤，该算法在一个 n 个元素的列表中寻找最大元素和最小元素，采用的方法是检查相邻元素对并记录下临时最大和临时最小元素。如果 n 是奇数，则临时最大元素和临时最小元素的初始值都等于第一个元素；如果 n 是偶数，则通过比较两个起始元素来找到临时最大元素和临时最小元素。临时最大元素和临时最小元素通过与所检查的元素对中的最大元素和最小元素相比较而获得更新。

　　b)用伪代码描述 a)中算法。

　　c)这个算法要执行多少次序列中元素的比较？（不计入那些用来判断是否到达序列结尾的比较。）这与练习 5 中的比较次数相比有何区别？

*7. 证明就比较次数而言在 n 个元素列表中寻找最大元素和最小元素的算法的最坏情形复杂度至少是 $\lceil 3n/2 \rceil - 2$。

8. 设计一个有效算法在一个 n 个元素列表中寻找第二大元素并确定算法的最坏情形复杂度。

9. 设计一个算法在 n 个数的序列中寻找所有两项之和相等的数对，并确定算法的最坏情形复杂度。

10. 设计一个算法在一个 n 个整数的序列中寻找最近的整数对，并确定算法的最坏情形复杂度。〔提示：将序列排序。利用排序能在最坏情形时间复杂度 $O(n \log n)$ 内完成的事实。〕

剃须刀排序（shaker sort）（或**双向冒泡排序**）依次比较相邻的元素对，如有逆序就交换它们，交替地从头到尾和从尾到头一遍遍扫描表，直到不需要交换为止。

11. 说明剃须刀排序为列表 3，5，1，4，6，2 排序时所用的步骤。

12. 用伪代码描述剃须刀排序。

13. 证明以比较次数来度量时剃须刀排序具有 $O(n^2)$ 复杂度。

14. 试解释为什么对于接近正确顺序的列表进行排序时剃须刀排序是很有效的。

15. 证明 $(n \log n + n^2)^3$ 是 $O(n^6)$。

16. 证明 $8x^3 + 12x + 100 \log x$ 是 $O(x^3)$。

17. 给出 $(x^2 + x(\log x)^3) \cdot (2^x + x^3)$ 的大 O 估算。

18. 找出 $\sum_{j=1}^{n} j(j+1)$ 的大 O 估算。

*19. 证明 $n!$ 不是 $O(2^n)$ 的。

*20. 证明 n^n 不是 $O(n!)$ 的。

21. 在这个函数列表中找出所有同阶的函数对：$n^2 + (\log n)^2$，$n^2 + n$，$n^2 + \log 2^n + 1$，$(n+1)^3 - (n-1)^3$ 和 $(n + \log n)^2$。

22. 在这个函数列表中找出所有同阶的函数对：$n^2 + 2^n$，$n^2 + 2^{100}$，$n^2 + 2^{2n}$，$n^2 + n!$，$n^2 + 3^n$ 和 $(n^2 + 1)^2$。

23. 找出整数 $n(n > 2)$ 使得 $n^{2^{100}} < 2^n$。

24. 找出整数 $n(n > 2)$ 使得 $(\log n)^{2^{100}} < \sqrt{n}$。

* **25.** 将函数 n^n，$(\log n)^2$，$n^{1.0001}$，$(1.0001)^n$，$2^{\sqrt{\log_2 n}}$ 和 $n(\log n)^{1001}$ 排成列表使得每个函数是大 O 下一个函数。[提示：可以用算法来判断其中某些函数的相对大小。]

* **26.** 将函数 2^{100n}，2^{n^2}，$2^{n!}$，2^{2^n}，$n^{\log n}$，$n \log n \log \log n$，$n^{3/2}$，$n(\log n)^{3/2}$ 和 $n^{4/3}(\log n)^2$ 排成列表使得每个函数是大 O 后面的函数。[提示：可以用算法来判断其中某些函数的相对大小。]

* **27.** 试给出一个例子，两个从正整数集合到正整数集合的递增函数 $f(n)$ 和 $g(n)$ 使得 $f(n)$ 不是 $O(g(n))$ 的，同时 $g(n)$ 也不是 $O(f(n))$ 的。

28. 证明如果硬币的面值是 c^0，c^1，$\cdots$，c^k，其中 k 是一个正整数且 c 是一个正整数，则贪婪算法总是使用最少的硬币找零钱。

29. a) 用伪代码描述一个蛮力算法，当给定 n 个正整数的序列作为输入时，该算法判定序列中是否存在两个不同的项其和是第三项。算法应该对序列项的所有三元组作循环，检查前两项之和是否等于第三项。

   b) 试给出 a) 中蛮力算法复杂度的大 O 估算。

30. a) 设计一个更有效的算法求解练习 29 所描述的问题，首先对输入序列进行排序，然后针对每个项对检查其差值是否也在序列中。

   b) 试给出该算法复杂度的大 O 估算。它是否比练习 29 中的蛮力算法更有效？

如 3.1 节练习 60 的前导文所描述，假设有 s 位男士和 s 位女士，每位都有一个对异性成员的喜好列表。我们说一位女士 w 是一位男士 m 的**合法伴侣**(valid partner) 如果存在某个稳定的匹配使他们结为夫妇。同样，一位男士 m 是一位女士 w 的**合法伴侣**如果存在某个稳定的匹配使他们结为夫妇。一个匹配称为是**男性最优的**(male optimal)，如果每位男士都被指派了他的喜好列表中最高阶的合法伴侣。一个匹配称为是**女性最差的**(female pessimal)，如果每位女士都被指派了她的喜好列表中最低阶的合法伴侣。

31. 试找出每位男士和每位女士的所有合法伴侣，假设有三位男士 m_1、m_2 和 m_3，以及三位女士 w_1、w_2 和 w_3，男士对女士的喜好列表从高到低为：m_1、w_3、w_1、w_2；m_2、w_3、w_2、w_1；m_3、w_3、w_1、w_2；女士对男士的喜好列表从高到低为：w_1、m_3、m_2、m_1；w_2、m_1、m_3、m_2；w_3、m_3、m_2、m_1。

* **32.** 证明在 3.1 节练习 61 的前导文中给出的延迟接受算法总是产生一个男性最优女性最差的匹配。

33. 试定义一个女性最优的匹配和一个男性最差的匹配的含义。

* **34.** 证明在延迟接受算法中，当采用女士求婚方式时，产生的匹配是女性最优男性最差的。

在练习 35 和 36 中，考虑 3.1 节练习 61 的前导文中描述的寻找男士和女士匹配问题的变体。

* **35.** 在这个练习中我们考虑匹配问题，其中男士和女士数量可以不一样，因此不可能为每个人匹配一位异性。

   a) 扩展 3.1 节练习 60 前导文中给出的稳定匹配的定义，使其涵盖男士和女士数量不等的情形。要避免所有这样的情况其中一位男士和一位女士更喜欢对方而不是当前匹配中的伴侣，包括那些未被匹配的人。（假设一位未匹配的人更喜欢和一位异性成员匹配，而不是剩余未匹配的人。）

   b) 当男士和女士数量不一致时，基于 a 中稳定匹配的定义改编延迟接受算法以寻找稳定匹配。

   c) 证明根据 a 的定义，由 b 给出的算法产生的所有匹配都是稳定的。

* **36.** 在这个练习中我们考虑这样的匹配问题，其中某些男士-女士配对是不允许的。

   a) 扩展稳定匹配的定义，使其涵盖男士和女士数量相等但某些男士-女士配对被禁止的情形。要避免所有这样的情况其中一位男士和一位女士更喜欢对方而不是当前匹配中的伴侣，包括那些未被匹配的人。

   b) 当男士和女士数量一致但某些男士、女士配对被禁止的情形下，改编延迟接受算法以寻找稳定匹配。（假设一位未匹配的人更喜欢和一位非禁配伴侣的异性成员匹配，而不是剩余未匹配的人。）

   c) 证明根据 a 的定义，由 b 给出的算法产生的所有匹配都是稳定的。

练习 37~40 涉及在单处理器上调度 n 个作业的问题。要完成作业 j，处理器必须不间断地用 t_j 时间来运行作业 j。每个作业有一个截止时刻 d_j。如果在时刻 s_j 开始作业 j，则它会在 $e_j = s_j + t_j$ 时刻完成。作业的**拖延**(lateness) 衡量作业是在其截止时刻后多少时间内完成，即作业 j 的拖延是 $\max(0, e_j - d_j)$。希望设计一个贪婪算法使得 n 个作业中的最大作业拖延最小化。

37. 假设有五个作业，其所需运行时间和截止时刻为：$t_1 = 25$，$d_1 = 50$；$t_2 = 15$，$d_2 = 60$；$t_3 = 20$，$d_3 = 60$；$t_4 = 5$，$d_4 = 55$；$t_5 = 10$，$d_5 = 75$。当作业调度的顺序为作业 3、作业 1、作业 4、作业 2、作业 5（从时刻 0 开始）时找出任意作业的最大拖延。对于调度顺序为作业 5、作业 3、作业 3、作业 1、作业

2 时回答同样的问题。

38. 一个运行 t 时间且截止时刻为 d 的作业的**宽松度**(slackness)是 $d-t$，其截止时刻和所需运行时间的差。找出一个实例证明通过增加宽松度来调度作业并不一定能产生一个具有尽可能小的最大拖延的调度。

39. 找出一个实例证明以作业所需时间递增序来调度作业并不一定能产生一个具有尽可能小的最大拖延的调度。

*40. 证明以截止时刻的递增序来调度作业总是产生一个作业最大拖延最小化的调度。[提示：首先证明一个调度要是最优的，被调度的作业之间必须没有空闲时间，这样一个具有较早的截止时刻的作业之前不会安排其他作业。]

41. 假设有一个总容量为 Wkg 的背包。我们有 n 件物品，第 j 件物品的质量是 w_j。**背包问题**(knapsack problem)寻求这 n 件物品的一个子集使得其具有不超过 W 的尽可能大的总质量。

　　a) 设计一个蛮力算法求解背包问题。

　　b) 当背包容量为 18kg 且有五件物品：一个 5kg 的睡袋、一个 8kg 的帐篷、一个 7kg 的食品包、一个 4kg 的盛水容器和一个 11kg 的便携式炉灶时，求解背包问题。

在练习 42～46 中我们研究负载均衡问题。问题的输入是一组 p 个处理器和 n 个作业，t_j 是运行作业 j 所需时间，作业在结束前必须不间断地在单独的机器上运行，一个处理器一次只能运行一个作业。处理器 k 的负载 L_k 是指派给处理器 k 的所有作业的运行时间的总和。**跨度**(makespan)是所有处理器的最大负载。负载均衡问题寻求一种作业到处理器的指派使得跨度最小化。

42. 假设我们有三个处理器和五个作业，其运行时间为 $t_1=3$，$t_2=5$，$t_3=4$，$t_4=7$，和 $t_5=8$。针对该输入求解负载均衡问题以找出五个作业到三个处理器的指派使得跨度最小化。

43. 当 p 个处理器来运行 n 个作业时，其中运行作业 j 所需时间为 t_j，假设 L^* 是最小跨度。

　　a) 证明 $L^* \geqslant \max_{j=1,2,\cdots,n} t_j$。

　　b) 证明 $L^* \geqslant \dfrac{1}{p} \sum\limits_{j=1}^{n} t_j$。

44. 用伪代码写出贪婪算法，按序遍历作业并将每个作业指派到算法运行至此时具有最小负载的处理器。

45. 针对练习 42 给出的输入运行练习 44 中的算法。

最优化问题的渐近算法(approximation algorithm)生成的解保证接近于最优解。更确切地说，假设最优化问题针对输入 S 寻求最小化 $F(X)$，这里 F 是输入 X 的函数。如果一个算法总能找到具有 $F(T) \leqslant cF(S)$ 性质的输入 T，这里 c 是一个固定的正实数，则该算法称为该问题的一个 c 渐近算法。

*46. 证明练习 44 中的算法是求解负载均衡问题的一个 2 渐近算法。[提示：利用练习 43 的结论。]

计算机课题

按给定的输入与输出写程序。

1. 给定 n 个整数的列表，找出列表中的最大整数。

2. 给定 n 个整数的列表，找出最大整数在列表中的首次和末次出现。

3. 给定 n 个不同整数的列表，用线性搜索确定一个整数在列表中的位置。

4. 给定 n 个不同整数的有序列表，用二分搜索确定一个整数在列表中的位置。

5. 给定 n 个整数的列表，用冒泡排序对其排序。

6. 给定 n 个整数的列表，用插入排序对其排序。

7. 给定两个字符串，利用朴素字符串匹配算法判定较短的字符串是否出现在较长的字符串中。

8. 给定一个整数 n，用收银员算法以 25、10、5 和 1 美分硬币找 n 美分零钱。

9. 给定 n 个讲座的开始和结束时间，利用适当的贪婪算法在一个报告厅安排尽可能多的讲座。

10. 给定 n 个整数的有序列表和列表中的一个整数 x，找出使用线性搜索和二分搜索确定 x 在列表中的位置时所用的比较次数。

11. 给定一个整数列表，确定使用冒泡排序和插入排序对该列表进行排序时所用的比较次数。

计算和探索

使用一个计算程序或你自己编写的计算程序做下面的练习。

1. 当 b 和 d 是正整数且 $d \geqslant 2$ 时，我们知道 n^b 是 $O(d^n)$ 的。对于这几组值：$b=10$ 和 $d=2$、$b=20$ 和 $d=$

3、$b = 1000$ 和 $d = 7$，请给出常量 C 和 k 的值使得只要 $x > k$ 时就有 $n^b \leqslant Cd^n$。

2. 利用收银员算法以不同面值硬币给不同的 n 值找零钱，并确定是否用了最少量的硬币。你能否找出保证收银员算法用尽可能少硬币的条件？

3. 利用整数 $1，2，\cdots，n$ 的随机序发生器，找出冒泡排序、插入排序、二分插入排序和选择排序对这些整数进行排序时所用的比较次数。

4. 当使用问题 3 中的算法对只有一小部分数据是错序的序列进行排序时，收集与这些算法的比较次数相关的实验证据。

* **5.** 写一个动画演示程序，给定随机排列的数字 1 到 100，使得程序能演示问题 3 中所有算法进行排序时的过程。

写作课题

用本教材以外的资料，按下列要求写成论文。

1. 查一查算法一词的历史，试描述早期作品中这一词的用法。

2. 查找一下巴赫曼（Bachmann）关于大 O 记号的最初引入。试解释他和其他人如何使用这个记号的。

3. 试解释如何根据排序算法所依赖的基础原理来对排序算法进行分类。

4. 试描述基数（radix）排序算法。

5. 试描述字符串匹配的一些不同算法。

6. 试描述字符串匹配在生物信息学中的一些不同应用。

7. 试描述处理器能以多快的速度执行运算的历史趋势，并用这些趋势来估算将来 20 年后处理器又能以多快的速度执行运算。

8. 设计一个关于算法范型的详细列表，并用每种范型提供一些实例。

9. 试解释图灵奖是什么，并描述用来选择获奖者的标准。列出六位以往的获奖者，以及他们获奖的原因。

10. 试描述并行算法的含义。试解释怎样扩展本书中使用的伪代码以描述并行算法。

11. 试解释怎样度量并行算法的复杂度。给出一些例子说明这一概念，并说明并行算法如何比没有并行操作的算法更快完成任务。

12. 试描述六个不同的 NP 完全问题。

13. 试证明许多不同的 NP 完全问题之一如何能够规约到可满足性问题的。

数论和密码学

数学中专门研究整数集合及其性质的分支称为数论。本章我们将讲解数论中的一些重要概念，其中许多会在计算机科学中用到。在我们讲解数论时会使用第一章讲到的证明方法来证明许多定理。

我们首先介绍整数整除性的概念，并用来介绍模算术，或时钟算术。模算术计算一个整数被一个固定的正整数（称为模）除时所得的余数。我们要证明许多模算术相关的重要结论都会在本章中得到广泛应用。

整数可以用任何一个大于 1 的整数 b 作为基数来表示。本章中我们讨论以 b 为基数的整数表示，并给出寻找其表示的一个算法。特别是，我们要讨论二进制、八进制和十六进制（以 2、8 和 16 为基数）表示。我们将描述用这些表示法执行算术运算的算法，并研究其复杂度。这些算法就是最初被称为算法的过程。

我们将会讨论素数，即那些只有 1 和其自身作为其正因子的正整数。我们会证明存在无限多的素数，我们给出的证明被认为是数学中最漂亮的证明之一。还会讨论素数的分布以及涉及素数的许多著名的开放问题。我们将引入最大公约数的概念并研究计算它们的欧几里得算法。该算法最初在几千年前就有描述。我们还将介绍算术基本定理，这个核心结论告诉我们每个正整数具有唯一的素因子分解式。

我们会解释如何求解线性同余方程，以及用著名的中国余数定理来求解线性同余方程组。还将引入伪素数的概念，即伪装成素数的合数，并说明这个概念如何帮助我们快速产生素数。

本章还将介绍数论的许多重要应用。特别是，利用数论来产生伪随机数、为计算机文件分配内存地址，以及找出在各种识别码中检错用的校验位。我们还将介绍密码学学科。数论无论是在数千年前最早使用的古典密码学还是在电子通信中扮演重要角色的现代密码学中都起着最根本的作用。我们将说明所讲的这些概念如何用在密码协议中，为共享密钥和发送签名消息而引入的协议。曾经被认为是最纯粹数学学科的数论已经成了为计算机和因特网提供安全的一个基本工具。

最后需要注意的是，本章的目的是介绍数论中某些关键方面。就像本书所涵盖的其他主题一样，还有更多的东西需要学习。有兴趣的学生可以参考[Ro11]，这是本书作者关于数论的教科书，其中更全面地探索了这个有趣的主题。

4.1 整除性和模算术

4.1.1 引言

本节将要展开的内容是基于整除性的概念。一个整数被一个正整数除，得到一个商和一个余数。与这些余数打交道导致模算术，它在数学中起着重要的作用并广泛应用于计算机科学领域中。本章稍后还将讨论模算术的一些重要应用，包括生成伪随机数、为文件分配内存地址、构造校验位以及为信息加密。

4.1.2 除法

当一个整数除以第二个非零整数除的时候，商可能是也可能不是一个整数。例如，12/3＝4 是整数，而 11/4＝2.75 不是。这引出了定义 1。

定义 1   如果 a 和 b 是整数且 $a \neq 0$，我们称 a 整除 b 如果有整数 c 使得 $b = ac$，或者等价地，如果 b/a 是一个整数。当 a 整除 b 时，我们称 a 是 b 的一个因子或除数，而 b 是 a 的一个倍数。用记号 $a \mid b$ 表示 a 整除 b。当 a 不能整除 b 时则写成 $a \nmid b$。

评注   可以用量词把 $a \mid b$ 表示成 $(\exists c(ac = b))$，其中论域是整数集合。

在图 1 中，数轴显示的是哪些整数能被正整数 d 整除。

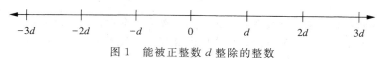

图 1   能被正整数 d 整除的整数

例 1   判断是否有 $3 \mid 7$ 和 $3 \mid 12$。

解   可以看出 $3 \nmid 7$，因为 $7/3$ 不是整数。另一方面，$3 \mid 12$ 成立，因为 $12/3 = 4$。◀

例 2   令 n 和 d 为正整数。不超过 n 的正整数中有多少个能被 d 整除？

解   能被 d 整除的正整数都是具有 dk 形式的整数，其中 k 是正整数。因此，不超过 n 的正整数中能被 d 整除的正整数的个数等于满足 $0 < dk \leqslant n$ 或 $0 < k \leqslant n/d$ 的整数 k 的个数。所以，存在 $\lfloor n/d \rfloor$ 个正整数既不超过 n 又能被 d 整除。◀

定理 1 给出了整数整除性的一些基本性质。

定理 1   令 a, b, c 为整数，其中 $a \neq 0$。则
(i) 如果 $a \mid b$ 和 $a \mid c$，则 $a \mid (b + c)$。
(ii) 如果 $a \mid b$，那么对所有整数 c 都有 $a \mid bc$。
(iii) 如果 $a \mid b$，$b \mid c$，则 $a \mid c$。

证明   下面给出 (i) 的一个直接证明。假定 $a \mid b$ 和 $a \mid c$。则从整除性定义可知，存在整数 s 和 t 满足 $b = as$ 和 $c = at$。因此

$$b + c = as + at = a(s + t)$$

于是，a 整除 $b + c$。这就证明了定理中的 (i)。(ii) 和 (iii) 的证明留作练习 3 和练习 4。◀

定理 1 有一个有用的推论。

推论 1   如果 a, b, c 是整数，其中 $a \neq 0$，使得 $a \mid b$ 和 $a \mid c$，那么当 m 和 n 是整数时有 $a \mid mb + nc$。

证明   采用直接证明法。由定理 1 中的 (ii) 可知，当 m 和 n 是整数时有 $a \mid mb$ 和 $a \mid nc$。再由定理 1 中的 (i) 可得 $a \mid mb + nc$。◀

4.1.3 除法算法

当一个整数被一个正整数除时，会得到一个商和一个余数，如下面除法算法所示。

定理 2   除法算法 (division algorithm)。令 a 为整数，d 为正整数。则存在唯一的整数 q 和 r，满足 $0 \leqslant r < d$，使得 $a = dq + r$。

我们将除法算法的证明放到 5.2 节。(参见例 5 和练习 37。)

评注   定理 2 并不是一个真正的算法。(为什么不是呢?)尽管如此，我们还是使用它传统的名称。

定义 2   在除法算法的等式中，d 称为是除数，a 称为是被除数，q 称为是商，r 称为是余数。下面的记号用来表示商和余数。

$$q = a \textbf{ div } d, \qquad r = a \textbf{ mod } d$$

评注 注意对于固定的 d 而言，$q=a \text{ div } d$ 和 $r=a \text{ mod } d$ 两者均为整数集合上的函数。再者，当 a 是一个整数而 d 是一个正整数时，我们有 $a \text{ div } d = \lfloor a/d \rfloor$ 和 $a \text{ mod } d = a - d$。（参见练习 24。）

例 3 和 4 解释除法算法。

例 3 当 101 除以 11 时商和余数是多少？

解 我们知道

$$101 = 11 \cdot 9 + 2$$

因此，当 101 除以 11 时商为 $9 = 101 \text{ div } 11$，而余数为 $2 = 101 \text{ mod } 11$。 ◀

Extra Examples ▸

例 4 当 -11 除以 3 时商和余数是多少？

解 我们知道

$$-11 = 3(-4) + 1$$

因此，当 -11 除以 3 时商为 $-4 = -11 \text{ div } 3$，而余数为 $1 = -11 \text{ mod } 3$。

注意余数不能是负数。因此，余数不是 -2，即使

$$-11 = 3(-3) - 2$$

因为 $r = -2$ 不满足 $0 \leqslant r < 3$。 ◀

注意整数 a 可被整数 d 整除当且仅当 a 被 d 除时余数为 0。

评注 一种编程语言可能有一两个模算术的运算符，记作 **mod**（在 BASIC、Maple、Mathematica、EXCEL 和 SQL 中）、％（在 C、C++、Java 和 Python 中）、rem（在 Ada 和 Lisp 中），或其他什么符号。在使用时要小心，因为对于 $a < 0$，这些运算中有的会返回 $a - m\lceil a/m \rceil$ 而不是 $a \text{ mod } m = a - m\lfloor a/m \rfloor$（如练习 24 所示）。还有，与 $a \text{ mod } m$ 不同，这些运算中有些对于当 $m < 0$ 时，甚至当 $m = 0$ 时也有定义。

4.1.4 模算术

在某些场合我们只关心当一个整数除以一个正整数时所得的余数。比如，当我们问从现在开始再过 50 小时后（在 24 小时制的钟表上）是几点时，我们只想知道当 50 加上当前时间后除以 24 所得的余数。因为我们经常只对余数感兴趣，所以我们有一个特殊的记号。我们已经引入了记号 $a \text{ mod } m$ 表示当整数 a 除以正整数 m 时的余数。我们现在引入一个不同的但又相关的记号来表示当两个整数除以正整数 m 时具有同样的余数。

Links ▸

©Hulton Archive/Getty Images

卡尔·弗里德里希·高斯（Karl Friedrich Gauss，1777—1855） 高斯是一位泥瓦匠的儿子，是一个神童。10 岁时即展现了非凡的潜力，当时他迅速解答了老师为了让班级学生找点事而出的难题。老师要求学生找出前 100 个正整数的和。高斯发现可以通过将这 100 个数分成 50 对来求和，每一对的和都是 101：$100+1$，$99+2$，…，$50+51$。这个智慧的火花引起了包括布朗斯威克的费迪南德公爵在内的资助人的注意，是他们的资助才使高斯得以在卡洛林学院和哥廷根大学学习。还在学生时期，高斯就发明了最小平方法用于估计从实验结果得到的变量的最可能的值。1796 年高斯在几何学领域做出了奠基性的发现，推动了自古以来已停滞不前的这一学科的发展。他证明了只用圆规和直尺可以画出正 17 边形。

1799 年高斯给出了代数基本定理第一个严格的证明，该定理指出 n 次多项式在复数域中恰有 n 个根（重根以重数计算）。当他成功地用不充分的数据计算出人类首次发现的小行星谷神星的轨道时，高斯赢得了世界声誉。

高斯被他同时代的数学家称为数学王子。尽管高斯以其在几何学、代数学、数学分析、天文学和物理学上的许多发现而知名，他对数论也有着特别的兴趣，这从他的名言可见一斑："数学是科学的皇后，而数论则是数学的皇后。"1801 年高斯出版的《算术研究》(*Disquisitiones Arithmeticae*)一书为现代数论奠定了基础。

> **定义 3**　如果 a 和 b 为整数而 m 为正整数，则当 m 整除 $a-b$ 时称 a 模 m 同余 b。用记号 $a\equiv b(\bmod\ m)$ 表示 a 模 m 同余 b。我们称 $a\equiv b(\bmod\ m)$ 为同余式（congruence），而那个 m 是它的模（modulus）。如果 a 和 b 不是模 m 同余的，则写成 $a\not\equiv b(\bmod\ m)$。

尽管两个记号 $a\equiv b(\bmod\ m)$ 和 $a\ \bmod\ m=b$ 都包含"mod"，但它们表示本质上不同的概念。第一个表示两个整数间的关系，而第二个表示一个函数。可是，关系式 $a\equiv b(\bmod\ m)$ 和 **mod** m 函数又紧密地相关，正如定理 3 所描述的。

> **定理 3**　令 a 和 b 为整数，并令 m 为正整数。则 $a\equiv b(\bmod\ m)$ 当且仅当 $a\ \bmod\ m=b$ **mod** m。

定理 3 的证明留作练习 21 和 22。回顾一下，$a\ \bmod\ m$ 和 $b\ \bmod\ m$ 分别是当 a 和 b 除以 m 时所得的余数。因此，定理 3 也就是说 $a\equiv b(\bmod\ m)$ 当且仅当 a 和 b 在被 m 除时具有相同的余数。

例 5　判断 17 是否模 6 同余 5，24 是否模 6 同余 14。

解　由于 6 整除 $17-5=12$，所以 $17\equiv 5(\bmod\ 6)$。可是，因为 $24-14=10$ 不能被 6 整除，所以 $24\not\equiv 14(\bmod\ 6)$。　◀

伟大的德国数学家卡尔·弗里德里希·高斯在 18 世纪末创造了同余的概念。同余的概念在数论的发展中起着重要的作用。

定理 4 提供了一个很有用的方法来处理同余。

> **定理 4**　令 m 为正整数。整数 a 和 b 是模 m 同余的当且仅当存在整数 k 使得 $a=b+km$。

证明　如果 $a\equiv b(\bmod\ m)$，由同余的定义（定义 3），可得 $m\mid(a-b)$。这表示存在整数 k 使得 $a-b=km$，于是 $a=b+km$。反之，如果存在整数 k 使得 $a=b+km$，则 $km=a-b$。故，m 整除 $a-b$，所以 $a\equiv b(\bmod\ m)$。　◀

所有和 a 模 m 同余的整数集合称为 a 模 m 的**同余类**。在第 9 章中将证明有 m 个互不相交的模 m 等价类，而这些等价类的并就是整数集。

定理 5 说明加法和乘法是保同余的。

> **定理 5**　令 m 为正整数。如果 $a\equiv b(\bmod\ m)$，$c\equiv d(\bmod\ m)$，则
> $$a+c\equiv b+d(\bmod\ m)\ 并且\ ac\equiv bd(\bmod\ m)$$

证明　采用直接证明法。因为 $a\equiv b(\bmod\ m)$ 且 $c\equiv d(\bmod\ m)$，由定理 4 可知存在整数 s 和 t 使得 $b=a+sm$ 和 $d=c+tm$。于是，

$$b+d=(a+sm)+(c+tm)=(a+c)+m(s+t)$$

及

$$bd=(a+sm)(c+tm)=ac+m(at+cs+stm)$$

因此

$$a+c\equiv b+d(\bmod\ m)\ 及\ ac\equiv bd(\bmod\ m)\qquad ◀$$

例 6　由于 $7\equiv 2(\bmod\ 5)$ 和 $11\equiv 1(\bmod\ 5)$，所以从定理 5 可知

$$18=7+11\equiv 2+1=3(\bmod\ 5)$$

且

$$77=7\cdot 11\equiv 2\cdot 1=2(\bmod\ 5)\qquad ◀$$

在处理同余时必须小心。有些我们可能期待为真的性质其实不然。例如，如果 $ac\equiv bc$（mod m），同余式 $a\equiv b(\bmod\ m)$ 可能是假的。类似地，如果 $a\equiv b(\bmod\ m)$ 而 $c\equiv d(\bmod\ m)$，同余式 $a^c\equiv b^d(\bmod\ m)$ 也可以是假的。（参见练习 43。）

推论 2 给出了如何利用每个整数的 **mod** m 函数值找出两个整数的和与积的该函数的值。在 5.4 节需要用到该结论。

推论 2　令 m 是正整数，令 a 和 b 是整数。则
$$(a+b) \bmod m = ((a \bmod m) + (b \bmod m)) \bmod m$$
并且
$$ab \bmod m = ((a \bmod m)(b \bmod m)) \bmod m。$$

证明　根据 **mod** m 和模 m 同余的定义，可得 $a \equiv (a \bmod m) (\bmod m)$ 并且 $b \equiv (b \bmod m)$ $(\bmod m)$。因此，由定理 5 可得
$$a+b \equiv (a \bmod m) + (b \bmod m) (\bmod m)$$
和
$$ab \equiv (a \bmod m)(b \bmod m) (\bmod m)。$$

这个推论中的等式是从定理 3 的最后两个同余式得来的。

在 4.6 节研究密码学时，我们会采用 **mod** 函数进行大量的计算。例 7 解释了我们会遇到的涉及 **mod** 函数的计算。

例 7　试计算 $(19^3 \bmod 31)^4 \bmod 23$。

解　为了计算 $(19^3 \bmod 31)^4 \bmod 23$，我们需要先计算 $19^3 \bmod 31$。因为 $19^3 = 6859$ 且 $6859 = 221 \cdot 31 + 8$，我们有 $19^3 \bmod 31 = 6859 \bmod 31 = 8$。因此，$(19^3 \bmod 31)^4 \bmod 23 = 8^4 \bmod 23$。

接下来，注意到 $8^4 = 4096$，因为 $4096 = 178 \cdot 23 + 2$，我们有 $4096 \bmod 23 = 2$。故 $(19^3 \bmod 31)^4 \bmod 23 = 2$。

4.1.5　模 m 算术

我们可以在 $\mathbf{Z}_m$，即小于 m 的非负整数的集合 $\{0, 1, \cdots, m-1\}$ 上定义算术运算。特别是，我们定义这些整数的加法（用 $+_m$ 表示）如下
$$a +_m b = (a+b) \bmod m$$
这里等式右边的加法是普通的整数加法，我们定义这些整数的乘法（$\cdot_m$）如下
$$a \cdot_m b = (a \cdot b) \bmod m$$
这里等式右边的乘法是普通的整数乘法。运算 $+_m$ 和 $\cdot_m$ 称为模 m 加法和乘法，当使用到这些运算时，我们说是在进行**模 m 算术**。

例 8　利用 $\mathbf{Z}_m$ 中加法和乘法的定义，计算 $7 +_{11} 9$ 及 $7 \cdot_{11} 9$。

解　利用模 11 加法和乘法的定义，可以得到
$$7 +_{11} 9 = (7+9) \bmod 11 = 16 \bmod 11 = 5$$
和
$$7 \cdot_{11} 9 = (7 \cdot 9) \bmod 11 = 63 \bmod 11 = 8$$
故 $7 +_{11} 9 = 5$，$7 \cdot_{11} 9 = 8$。

运算 $+_m$ 和 $\cdot_m$ 满足普通整数加法和乘法的许多同样的性质。特别是，满足这些性质：

封闭性：如果 a 和 b 属于 $\mathbf{Z}_m$，则 $a +_m b$ 和 $a \cdot_m b$ 也属于 $\mathbf{Z}_m$。

结合律：如果 a, b 和 c 属于 $\mathbf{Z}_m$，则有 $(a +_m b) +_m c = a +_m (b +_m c)$ 和 $(a \cdot_m b) \cdot_m c = a \cdot_m (b \cdot_m c)$。

交换律：如果 a 和 b 属于 $\mathbf{Z}_m$，则 $a +_m b = b +_m a$ 和 $a \cdot_m b = b \cdot_m a$。

单位元：元素 0 和 1 分别是模 m 加法和乘法的单位元。即，如果 a 属于 $\mathbf{Z}_m$，则 $a +_m 0 = 0 +_m a = a$ 和 $a \cdot_m 1 = 1 \cdot_m a = a$。

加法逆元：如果 $a \neq 0$ 属于 $\mathbf{Z}_m$，则 $m - a$ 是 a 的模 m 加法逆元，而 0 是其自身的加法逆元。即 $a +_m (m-a) = 0$ 且 $0 +_m 0 = 0$。

分配律：如果 a, b 和 c 属于 $\mathbf{Z}_m$，则 $a \cdot_m (b +_m c) = (a \cdot_m b) +_m (a \cdot_m c)$ 和 $(a +_m b) \cdot_m c = (a \cdot_m c) +_m (b \cdot_m c)$。

这些性质是在整数性质的基础上通过模 m 同余式和余数的性质得出的，其证明留作练习

48~50。注意这里列出了 $\mathbf{Z}_m$ 中的每个元素都有一个加法逆元的性质，但是没有包括类似乘法逆元的性质。这是因为模 m 乘法逆元并不一定存在。例如，2 的模 6 乘法逆元就不存在，读者可以自行验证。在本章稍后我们会讨论什么时候一个整数会有模 m 乘法逆元。

评注   因为带有模 m 加法和乘法运算的 $\mathbf{Z}_m$ 满足上面所列的性质，所以 $\mathbf{Z}_m$ 连同模加法被称为一个**交换群**，而 $\mathbf{Z}_m$ 连同这两个运算被称为一个**交换环**。注意整数集合加上普通的加法和乘法也构成一个交换环。群和环是有关抽象代数课程所研究的对象。

评注   在练习 36 及后续章节中，当涉及 $\mathbf{Z}_m$ 时我们会用不带下标 m 的 + 和 · 记号来代表运算符号 $+_m$ 和 $\cdot_m$。

练习

1. 17 能整除下列各数吗？

    a)68   **b)**84   **c)**357   **d)**1001

2. 证明如果 a 是不为 0 的整数，则

    a)1 整除 a。   **b)**a 整除 0。

3. 证明定理 1 的第(ii)部分成立。

4. 证明定理 1 的第(iii)部分成立。

5. 证明如果 $a\mid b$ 且 $b\mid a$，其中 a 和 b 为整数，则 $a=b$ 或 $a=-b$。

6. 证明如果 a，b，c 和 d 为整数且 $a\neq 0$ 使得 $a\mid c$ 及 $b\mid d$，则 $ab\mid cd$。

7. 证明如果 a，b，c 为整数，其中 $a\neq 0$ 且 $c\neq 0$，使得 $ac\mid bc$，则 $a\mid b$。

8. 证明或反驳如果 $a\mid bc$，这里 a，b，c 均为正整数且 $a\neq 0$，则 $a\mid b$ 或者 $a\mid c$。

9. 证明如果 a 和 b 是整数且 a 整除 b，则 a 是奇数或 b 是偶数。

10. 证明如果 a 和 b 是非 0 整数，a 整除 b 且 $a+b$ 是奇数，则 a 是奇数。

11. 证明如果 a 是整数且不能被 3 整除，则 $(a+1)(a+2)$ 能被 3 整除。

12. 证明如果 a 是正整数，则 4 不能整除 a^2+2。

13. 下列各式的商和余数是多少？

    a)19 除以 7   **b)**-111 除以 11   **c)**789 除以 23   **d)**1001 除以 13

    e)0 除以 19   **f)**3 除以 5   **g)**-1 除以 3   **h)**4 除以 1

14. 下列各式的商和余数是多少？

    a)44 除以 8   **b)**777 除以 21   **c)**-123 除以 19   **d)**-1 除以 23

    e)-2002 除以 87   **f)**0 除以 17   **g)**1 234 567 除以 1001   **h)**-100 除以 101

15. 12 小时制的钟表上显示的时间是几点？

    a)11 点之后的 80 小时   **b)**12 点之前的 40 小时   **c)**6 点之后的 100 小时

16. 24 小时制的钟表上显示的时间是几点？

    a)2 点之后的 100 小时   **b)**12 点之前的 45 小时   **c)**19 点之后的 168 小时

17. 假设 a 和 b 是整数，$a\equiv 4\pmod{13}$ 且 $b\equiv 9\pmod{13}$。试找出满足 $0\leqslant c\leqslant 12$ 的整数 c 使得

    a)$c\equiv 9a\pmod{13}$ **b)**$c\equiv 11b\pmod{13}$ **c)**$c\equiv a+b\pmod{13}$ **d)**$c\equiv 2a+3b\pmod{13}$

    e)$c\equiv a^2+b^2\pmod{13}$ **f)**$c\equiv a^3-b^3\pmod{13}$

18. 假设 a 和 b 是整数，$a\equiv 11\pmod{19}$ 且 $b\equiv 3\pmod{19}$。试找出满足 $0\leqslant c\leqslant 18$ 的整数 c 使得

    a)$c\equiv 13a\pmod{19}$ **b)**$c\equiv 8b\pmod{19}$ **c)**$c\equiv a-b\pmod{19}$ **d)**$c\equiv 7a+3b\pmod{19}$

    e)$c\equiv 2a^2+3b^2\pmod{19}$ **f)**$c\equiv a^3+4b^3\pmod{19}$

19. 证明如果 a 和 b 是正整数，则 $(-a)\ \mathbf{div}\ d=-a\ \mathbf{div}\ d$ 当且仅当 d 整除 a。

20. 证明或反驳如果 a、b 和 d 是整数，且 $d>0$，则 $(a+b)\ \mathbf{div}\ d=a\ \mathbf{div}\ d+b\ \mathbf{div}\ d$。

21. 令 m 为正整数。证明如果 $a\ \mathbf{mod}\ m=b\ \mathbf{mod}\ m$，则 $a\equiv b\pmod m$。

22. 令 m 为正整数。证明如果 $a\equiv b\pmod m$，则 $a\ \mathbf{mod}\ m=b\ \mathbf{mod}\ m$。

23. 证明如果 n 和 k 均为正整数，则有 $\lceil n/k\rceil=\lfloor (n-1)/k\rfloor+1$。

24. 证明如果 a 为整数而 d 是大于 1 的正整数，则 a 除以 d 的商和余数分别是 $\lfloor a/d\rfloor$ 和 $a-d\lfloor a/d\rfloor$。

25. 试找出与整数 a 模 m 同余的绝对值最小的整数的计算公式，这里 m 为一正整数。

26. 计算下列各量:

　　a) $-17 \bmod 2$　　　　　b) $144 \bmod 7$　　　　　c) $-101 \bmod 13$　　　　　d) $199 \bmod 19$

27. 计算下列各量:

　　a) $13 \bmod 3$　　　　　b) $-97 \bmod 11$　　　　　c) $155 \bmod 19$　　　　　d) $-221 \bmod 23$

28. 找出 $a \textbf{ div } m$ 和 $a \bmod m$

　　a) $a=-111$, $m=99$。　　　　　　　　　　　b) $a=-9999$, $m=101$。

　　c) $a=10\,299$, $m=999$。　　　　　　　　　d) $a=123\,456$, $m=1001$。

29. 找出 $a \textbf{ div } m$ 和 $a \bmod m$

　　a) $a=228$, $m=119$。　　　　　　　　　　b) $a=9009$, $m=223$。

　　c) $a=-10\,101$, $m=333$。　　　　　　　　d) $a=-765\,432$, $m=38\,271$。

30. 找出整数 a 使得

　　a) $a\equiv43(\bmod\ 23)$ 且 $-22\leqslant a\leqslant0$。　　　　b) $a\equiv17(\bmod\ 29)$ 且 $-14\leqslant a\leqslant14$。

　　c) $a\equiv-11(\bmod\ 21)$ 且 $90\leqslant a\leqslant110$。

31. 找出整数 a 使得

　　a) $a\equiv-15(\bmod\ 27)$ 且 $-26\leqslant a\leqslant0$。　　　b) $a\equiv24(\bmod\ 31)$ 且 $-15\leqslant a\leqslant15$。

　　c) $a\equiv99(\bmod\ 41)$ 且 $100\leqslant a\leqslant140$。

32. 列出 5 个模 12 同余于 4 的整数。

33. 列出在 -100 到 100 之间所有模 25 同余于 -1 的整数。

34. 判断下列各整数是否模 7 同余于 3。

　　a) 37　　　　　　b) 66　　　　　　c) -17　　　　　　d) -67

35. 判断下列各整数是否模 17 同余于 5。

　　a) 80　　　　　　b) 103　　　　　　c) -29　　　　　　d) -122

36. 找出下列值

　　a) $(177 \bmod 31+270 \bmod 31)\bmod 31$　　　　b) $(177 \bmod 31 \cdot 270 \bmod 31)\bmod 31$

37. 找出下列值

　　a) $(-133 \bmod 23+261 \bmod 23)\bmod 23$　　　b) $(457 \bmod 23 \cdot 182 \bmod 23)\bmod 23$

38. 找出下列值

　　a) $(19^2 \bmod 41)\bmod 9$　　　　　　　　　b) $(32^3 \bmod 13)^2 \bmod 11$

　　c) $(7^3 \bmod 23)^2 \bmod 31$　　　　　　　　d) $(21^2 \bmod 15)^3 \bmod 22$

39. 找出下列值

　　a) $(99^2 \bmod 32)^3 \bmod 15$　　　　　　　b) $(3^4 \bmod 17)^2 \bmod 11$

　　c) $(19^3 \bmod 23)^2 \bmod 31$　　　　　　　d) $(89^3 \bmod 79)^4 \bmod 26$

40. 证明: 如果 $a\equiv b(\bmod\ m)$, $c\equiv d(\bmod\ m)$, 其中 a, b, c, d 和 m 为整数, 且 $m\geqslant2$, 则 $a-c\equiv b-d(\bmod\ m)$。

41. 证明: 如果 $n\mid m$, n 和 m 为大于 1 的整数, 并且如果 $a\equiv b(\bmod\ m)$, 其中 a, b 为整数, 则 $a\equiv b(\bmod\ n)$。

☞ 42. 证明: 如果 a, b, c 和 m 为整数使得 $m\geqslant2$, $c>0$, 且 $a\equiv b(\bmod\ m)$, 则 $ac\equiv bc(\bmod\ mc)$。

43. 试举出下列关于同余描述的反例。

　　a) 如果 $ac\equiv bc(\bmod\ m)$, 其中 a, b, c 和 m 为整数, 且 $m\geqslant2$, 则 $a\equiv b(\bmod\ m)$。

　　b) 如果 $a\equiv b(\bmod\ m)$, $c\equiv d(\bmod\ m)$, 其中 a, b, c, d, m 均为整数, 且 c, d 为正整数, $m\geqslant2$, 则 $a^c\equiv b^d(\bmod\ m)$。

44. 证明: 如果 n 是一个整数, 则 $n^2\equiv0$ 或 $1(\bmod\ 4)$。

45. 利用练习 44 证明: 如果 m 是一个形如 $4k+3$ 的正整数(k 为非负整数), 则 m 就不是两个整数的平方和。

46. 证明: 如果 n 是一个奇正整数, 则 $n^2\equiv1(\bmod\ 8)$。

47. 证明: 如果 a, b, k, m 为整数使得 $k\geqslant1$, $m\geqslant2$, 并且 $a\equiv b(\bmod\ m)$, 则 $a^k\equiv b^k(\bmod\ m)$。

48. 证明带有模 m 加法的 $\mathbf{Z}_m$ 满足封闭性、结合律、交换律, 0 是加法单位元, 并且对于任意非零 a 有 $m-a$ 是 a 的模 m 逆元, 其中 $m\geqslant2$ 是一个整数。

49. 证明带有模 m 乘法的 $\mathbf{Z}_m$ 满足封闭性、结合律、交换律，1 是乘法单位元，其中 $m \geqslant 2$ 是一个整数。

50. 证明在 $\mathbf{Z}_m$ 上乘法对加法满足分配律，其中 $m \geqslant 2$ 是一个整数。

51. 试写出 $\mathbf{Z}_5$ 的加法和乘法表（这里的加法和乘法是指 $+_5$ 和 $\cdot_5$）。

52. 试写出 $\mathbf{Z}_6$ 的加法和乘法表（这里的加法和乘法是指 $+_6$ 和 $\cdot_6$）。

53. 试判定从整数集到整数集的函数 $f(a) = a \ \mathbf{div} \ d$ 和 $g(a) = a \ \mathbf{mod} \ d$ 是否是一对一的，试判断这些函数是否是映上的，其中 d 是一个固定的正整数。

4.2 整数表示和算法

4.2.1 引言

整数的表示可以采用任意大于 1 的整数为基数来表示，如本节所要介绍的。尽管我们常用十进制（以 10 为基数）表示，但是二进制（以 2 为基数）、八进制（以 8 为基数）和十六进制（以 16 为基数）的表示法也是很常用的，尤其是在计算机科学中。给定基数 b 和整数 n，我们要给出如何构建这个整数以 b 为基数的表示法。我们还将解释如何在二进制和八进制之间以及二进制和十六进制之间进行表示法的快速转换。

正如 3.1 节所提到的，术语算法最初指的是用整数的十进制表示来进行算术运算的过程。这些算法经修改后能处理二进制表示，它是计算机算术的基础。同时它为算法及算法复杂度概念提供了很好的解释。因此，本节将讨论这些算法。

我们将介绍计算 $a \ \mathbf{div} \ d$ 和 $a \ \mathbf{mod} \ d$ 的算法，其中 a 和 d 是整数且 $d > 1$。最后还将描述一个高效算法来计算指数的模运算，这在密码学中是一个特别重要的算法，如 4.6 小节所述。

4.2.2 整数表示

在日常生活中都用十进制记号来表示整数。在十进制记号中，整数 n 可写成和式 $a_k 10^k + a_{k-1} 10^{k-1} + \cdots + a_1 10^1 + a_0$，这里 a_j 是一个整数，满足 $0 \leqslant a_j \leqslant 9$，$j = 0, 1, \cdots, k$。例如，965 用来表示 $9 \cdot 10^2 + 6 \cdot 10 + 5$。不过，有时用 10 以外的数为基数更方便。特别是计算机通常用二进制记号（以 2 为基数）来做算术运算，而用八进制（基数为 8）或十六进制（基数为 16）记号来表示字符，如字母或数字。事实上，可以用任何大于 1 的整数为基数来表示整数。这可表述为定理 1。

> **定理 1**   令 b 是一个大于 1 的整数。则如果 n 是一个正整数，就可以唯一地表示为下面的形式：
> $$n = a_k b^k + a_{k-1} b^{k-1} + \cdots + a_1 b + a_0$$
> 其中 k 是非负整数，$a_0, a_1, \cdots, a_k$ 是小于 b 的非负整数，且 $a_k \neq 0$。

这个定理的证明可以使用数学归纳法来构造，该方法将在 5.1 节讨论。证明也可以在 [Ro10] 中找到。定理 1 中给出的 n 的表示称为 **n 的 b 进制展开式**。n 的 b 进制展开式可记为 $(a_k a_{k-1} \cdots a_1 a_0)_b$。例如，$(245)_8$ 表示 $2 \cdot 8^2 + 4 \cdot 8 + 5 = 165$。典型地，整数的十进制展开式的下标 10 可以省略，因为以 10 为基数或**十进制展开式**通常就是用来表示整数的。

二进制展开式   选择 2 为基数就得到整数的**二进制展开式**。在二进制记号中每位数字或者是 0 或者是 1。换言之，一个整数的二进制展开式就是一个比特串。计算机中采用二进制展开式（及相关的从二进制展开式变化而来的其他展开式）来表示整数并做整数算术运算。

例 1   以 $(1\ 0101\ 1111)_2$ 为二进制展开式的整数的十进制展开式是什么？

解   我们有

$$(1\ 0101\ 1111)_2 = 1 \cdot 2^8 + 0 \cdot 2^7 + 1 \cdot 2^6 + 0 \cdot 2^5 + 1 \cdot 2^4$$
$$+ 1 \cdot 2^3 + 1 \cdot 2^2 + 1 \cdot 2^1 + 1 \cdot 2^0 = 351。$$

八进制和十六进制展开式   计算机科学中最重要的基数有 2、8 和 16。基数 8 的展开式称为**八进制展开式**，而基数 16 的展开式称为**十六进制展开式**。

例 2   八进制展开式 $(7016)_8$ 的十进制展开式是什么？

解　利用 b 进制展开式的定义，以及 $b=8$，可以得到
$$(7016)_8 = 7 \cdot 8^3 + 0 \cdot 8^2 + 1 \cdot 8 + 6 = 3598$$

十六进制展开式需要用到 16 个不同的数字。通常，所使用的十六进制数字是 0，1，2，3，4，5，6，7，8，9，A，B，C，D，E 和 F，其中字母 A 到 F 表示相当于（十进制表示的）10 到 15 的数字。

例 3　十六进制展开式 $(2AE0B)_{16}$ 的十进制展开式是什么？

解　利用 b 进制展开式的定义，以及 $b=8$，可以得到
$$(2AE0B)_{16} = 2 \cdot 16^4 + 10 \cdot 16^3 + 14 \cdot 16^2 + 0 \cdot 16 + 11 = 175\,627$$

每个十六进制数字可以用 4 位来表示。例如，可以看出 $(1110\,0101)_2 = (E5)_{16}$，因为 $(1110)_2 = (E)_{16}$ 而 $(0101)_2 = (5)_{16}$。**字节**是长度为 8 的比特串，可以用两位十六进制数字来表示。

进制转换　现在介绍一个算法以构造一个整数 n 的 b 进制展开式。首先，用 b 除 n 得到商和余数，即
$$n = bq_0 + a_0 \quad 0 \leqslant a_0 < b$$

余数 a_0 就是 n 的 b 进制展开式中最右边的数字。下一步用 b 除 q_0 得
$$q_0 = bq_1 + a_1 \quad 0 \leqslant a_1 < b$$

可以看出 a_1 是 n 的 b 进制展开式中从右边第二位数字。继续这一过程，连续用商数除以 b 并以余数为新的 b 进制数字。这一过程在商为 0 时终止。该过程从右向左产生 n 的 b 进制数字。

例 4　求 $(12\,345)_{10}$ 的八进制展开式。

解　首先用 8 除 12 345 得到
$$12\,345 = 8 \cdot 1543 + 1$$

连续用 8 除商数得到
$$1543 = 8 \cdot 192 + 7$$
$$192 = 8 \cdot 24 + 0$$
$$24 = 8 \cdot 3 + 0$$
$$3 = 8 \cdot 0 + 3$$

由此得到一连串的余数，1，7，0，0 和 3 就是 12 345 的八进制展开式中从右向左的数字。于是，
$$(12\,345)_{10} = (30\,071)_8$$

例 5　求 $(177\,130)_{10}$ 的十六进制展开。

解　首先用 16 除 177 130 得到
$$177\,130 = 16 \cdot 11\,070 + 10$$

连续用 16 除商数得到
$$11\,070 = 16 \cdot 691 + 14$$
$$691 = 16 \cdot 43 + 3$$
$$43 = 16 \cdot 2 + 11$$
$$2 = 16 \cdot 0 + 2$$

由此得到一连串的余数，10，14，3，11，2 就是 $(177\,130)_{10}$ 的十六进制（基数 16）展开式中从右向左的数字。从而得到
$$(177\,130)_{10} = (2B3EA)_{16}$$

（回忆一下整数 10、11 和 14 分别对应于十六进制数字 A、B 和 E。）

例 6　求 $(241)_{10}$ 的二进制展开。

解　首先用 2 除 241 得到
$$241 = 2 \cdot 120 + 1$$

连续用 2 除商数得到

$$120 = 2 \cdot 60 + 0$$
$$60 = 2 \cdot 30 + 0$$
$$30 = 2 \cdot 15 + 0$$
$$15 = 2 \cdot 7 + 1$$
$$7 = 2 \cdot 3 + 1$$
$$3 = 2 \cdot 1 + 1$$
$$1 = 2 \cdot 0 + 1$$

由此得到一连串的余数，1，0，0，0，1，1，1，1 就是 $(241)_{10}$ 的二进制（基数 2）展开式中从右向左的数字。于是

$$(241)_{10} = (1111\ 0001)_2$$ ◀

算法 1 中给出的伪代码计算整数 n 的 b 进制展开式 $(a_{k-1} \cdots a_1 a_0)_b$。

算法 1 构造 b 进制展开式

procedure base b expansion(n, b：正整数且 $b > 1$)

$q := n$

$k := 0$

while $q \neq 0$

    $a_k := q \bmod b$

    $q := q \operatorname{div} b$

    $k := k + 1$

return$(a_{k-1} \cdots a_1 a_0)$ { $(a_{k-1} \cdots a_1 a_0)_b$ 就是 n 的 b 进制展开式}

在算法 1 中，q 表示通过连续用 b 去除时所得到的商，初始值 $q = n$。b 进制展开式中的数字就是做这些除法时得到的余数，即由 $q \bmod b$ 得出。当得到的商 $q = 0$ 时，该算法结束。

评注 注意算法 1 可认为是一个贪婪算法，因为在每一步都是取尽可能大的 b 进制数字。

二进制、八进制和十六进制展开式之间的转换 二进制与八进制之间以及二进制与十六进制之间的转换是非常容易的，因为每个八进制数字对应一组三位二进制数字，而每个十六进制数字对应着一组四位二进制数字，这种对应关系如表 1 所示（未表示开头的 0）。（这些对应关系的证明留作练习 13～16。）这种转换的解释如例 7 所示。

表 1 整数 0 到 15 的十六进制、八进制和二进制表示

十进制	0	1	2	3	4	5	6	7	8	9	10	11	12	13	14	15
十六进制	0	1	2	3	4	5	6	7	8	9	A	B	C	D	E	F
八进制	0	1	2	3	4	5	6	7	10	11	12	13	14	15	16	17
二进制	0	1	10	11	100	101	110	111	1000	1001	1010	1011	1100	1101	1110	1111

例 7 求 $(11\ 1110\ 1011\ 1100)_2$ 的八进制和十六进制展开式以及 $(765)_8$ 和 $(A8D)_{16}$ 的二进制展开。

解 为了把 $(11\ 1110\ 1011\ 1100)_2$ 转化成八进制记号，可以把数字分成 3 个一组，必要时在最左一组的开头加一些 0。这些组从左到右为 011、111、010、111 和 100，分别对应八进制数字 3、7、2、7 和 4。于是，$(11\ 1110\ 1011\ 1100)_2 = (37274)_8$。为了把 $(11\ 1110\ 1011\ 1100)_2$ 转化成十六进制记号，可以把数字分成 4 个一组，必要时在最左一组的开头加一些 0。这些组从左至右为 0011、1110、1011 和 1100，分别对应十六进制数字 3、E、B 和 C。于是，$(11\ 1110\ 1011\ 1100)_2 = (3EBC)_{16}$。

为了把 $(765)_8$ 转化成二进制记号，把每个八进制数字换成一组 3 个二进制数字。这些分组是 111、110 和 101。于是，$(765)_8 = (1\ 1111\ 0101)_2$。为了把 $(A8D)_{16}$ 转化成二进制记号，把每个十六进制数字换成一组 4 个二进制数字。这些分组是 1010、1000 和 1101。于是，$(A8D)_{16} = (1010\ 1000\ 1101)_2$。 ◀

4.2.3 整数运算算法

对用二进制展开式表示的整数做运算的算法在计算机算术中格外重要。我们将介绍对两个二进制展开式表示的整数做加法和乘法的算法。还将以实际使用的位运算次数来分析这些算法的计算复杂度。在整个讨论中假定 a 和 b 的二进制展开式为

$$a = (a_{n-1}a_{n-2}\cdots a_1 a_0)_2, \quad b = (b_{n-1}b_{n-2}\cdots b_1 b_0)_2$$

这样 a 和 b 各有 n 比特（必要时让其中一个的开头加上几比特 0）。

我们用这些整数中的位数来衡量整数算术算法的复杂度。

加法算法 考虑以二进制记号表示的两个整数相加的问题。做加法的过程可以基于通常借助纸笔做加法的方法。该方法就是通过把对应位的二进制数字相加，当产生进位时再加上进位，从而计算两个整数的和。现在来详细描述这个过程。

要把 a 和 b 相加，首先把最右边的位相加。这样可得

$$a_0 + b_0 = c_0 \cdot 2 + s_0$$

其中 s_0 是 $a+b$ 的二进制展开式中最右边的一位数字，而 c_0 是**进位**，c_0 为 0 或 1。然后把下一对二进制位及进位相加，

$$a_1 + b_1 + c_0 = c_1 \cdot 2 + s_1$$

其中 s_1 是 $a+b$ 的二进制展开中的下一位（从右算起）数字，c_1 是进位。继续这一过程，把两个二进制展开式中对应的二进制位及进位相加，给出 $a+b$ 的二进制展开式中从右算起的下一位数字。最后，把 a_{n-1}、b_{n-1} 和 c_{n-2} 相加得 $c_{n-1} \cdot 2 + s_{n-1}$。和的首位数字是 $s_n = c_{n-1}$。这一过程产生 a 与 b 之和的二进制展开式，即 $a+b = (s_n s_{n-1} s_{n-2} \cdots s_1 s_0)_2$。

例 8 把 $a = (1110)_2$ 和 $b = (1011)_2$ 相加。

解 按照算法中规定的步骤，首先注意到

$$a_0 + b_0 = 0 + 1 = 0 \cdot 2 + 1$$

所以 $c_0 = 0$，而 $s_0 = 1$。然后，因为

$$a_1 + b_1 + c_0 = 1 + 1 + 0 = 1 \cdot 2 + 0$$

从而 $c_1 = 1$，而 $s_1 = 0$。继续，

$$a_2 + b_2 + c_1 = 1 + 0 + 1 = 1 \cdot 2 + 0$$

所以 $c_2 = 1$，而 $s_2 = 0$。最后，由于

$$a_3 + b_3 + c_2 = 1 + 1 + 1 = 1 \cdot 2 + 1$$

从而 $c_3 = 1$ 且 $s_3 = 1$。这表明 $s_4 = c_3 = 1$。因此，$s = a+b = (1\,1001)_2$。相加的过程如图 1 所示，其中进位用斜体表示。

```
 111
 1110
 1011
11001
```

◀ 图 1 $(1110)_2$ 和 $(1011)_2$ 相加

加法算法可用伪代码描述如下。

算法 2 整数相加

procedure add(a，b：正整数)
$\{a$ 和 b 的二进制展开式分别是 $(a_{n-1}a_{n-2}\cdots a_1 a_0)_2$ 和 $(b_{n-1}b_{n-2}\cdots b_1 b_0)_2\}$
$c := 0$
for $j := 0$ **to** $n-1$
　　$d := \lfloor (a_j + b_j + c)/2 \rfloor$
　　$s_j := a_j + b_j + c - 2d$
　　$c := d$
$s_n := c$
return $(s_n s_{n-1} \cdots s_0)_2$ $\{$和的二进制展开是 $(s_n s_{n-1} \cdots s_0)_2\}$

下面分析算法 2 使用的二进制位相加的次数。

例 9 使用算法 2 将两个二进制表示中具有 n(或少于 n)位二进制位的整数相加时需要用多少次二进制位加法?

解 两个整数相加是通过连续对一对二进制位相加,当有进位产生时再加上进位来完成的。把两个二进制位及进位相加需要 2 次二进制位加法。因此,需要用到的二进制位加法总数少于二进制展开式中位数的两倍。从而,算法 2 把两个 n 位整数相加需要的二进制位加法次数是 $O(n)$。 ◀

乘法算法 下面考虑两个 n 位整数 a 和 b 的乘法。传统的算法(用纸笔做乘法)如下。利用分配律,可以看出

$$ab = a(b_0 2^0 + b_1 2^1 + \cdots + b_{n-1} 2^{n-1})$$
$$= a(b_0 2^0) + a(b_1 2^1) + \cdots + a(b_{n-1} 2^{n-1})$$

可以用这一等式来计算 ab。首先注意到当 $b_j = 1$ 时 $ab_j = a$,而当 $b_j = 0$ 时 $ab_j = 0$。每当用 2 乘一项时,可以把该项的二进制展开式向左移一位并在尾部加上一个 0。因而,可以通过把 ab_j 的二进制展开式向左**移位** j 位,再在尾部加上 j 个 0 来获得 $(ab_j)2^j$。最后,把 n 个整数 $ab_j 2^j$,$j = 0,1,2,\cdots,n-1$,相加就得到 ab。

算法 3 展示了乘法的这一过程。

算法 3 整数相乘
procedure multiply(a,b:正整数)
{a 和 b 的二进制展开式分别是 $(a_{n-1}a_{n-2}\cdots a_1 a_0)_2$ 和 $(b_{n-1}b_{n-2}\cdots b_1 b_0)_2$}
for $j := 0$ **to** $n-1$
  if $b_j = 1$ **then** $c_j := a$ 移动 j 位
  else $c_j := 0$
{c_0,c_1,$\cdots$,c_{n-1} 是部分乘积}
$p := 0$
for $j := 0$ **to** $n-1$
  $p := p + c_j$
return p{p 是 ab 的值}

例 10 解释了该算法的应用。

例 10 求 $a = (110)_2$ 和 $b = (101)_2$ 的乘积。

解 首先注意到

$$ab_0 \cdot 2^0 = (110)_2 \cdot 1 \cdot 2^0 = (110)_2$$
$$ab_1 \cdot 2^1 = (110)_2 \cdot 0 \cdot 2^1 = (0000)_2$$

及

$$ab_2 \cdot 2^2 = (110)_2 \cdot 1 \cdot 2^2 = (11000)_2$$

为计算乘积,把 $(110)_2$、$(0000)_2$ 和 $(11000)_2$ 相加。完成这些加法(利用算法 2,必要时首位加 0)即得 $ab = (11110)_2$。这一过程如图 2 所示。 ◀

下面来确定算法 3 做乘法时用到的二进制位加法和移位次数。

例 11 用算法 3 计算 a 和 b 的乘积需用多少次二进制位加法和移位?

```
    1 1 0
    1 0 1
  ───────
    1 1 0
    0 0 0
  1 1 0
  ─────────
  1 1 1 1 0
```

图 2　$(110)_2$ 和 $(101)_2$ 相乘

解 算法 3 通过把部分乘积 c_0,c_1,c_2,$\cdots$,c_{n-1} 相加来计算 a 和 b 的乘积。当 $b_j = 1$ 时,通过把 a 的二进制展开式移 j 位来计算部分积 c_j。当 $b_j = 0$ 时,因为 $c_j = 0$ 而不需要移位。因

此，为求出所有 n 个整数 ab_j2^j，$j=0$，1，2，$\cdots$，$n-1$，最多需要

$$0+1+2+\cdots+n-1$$

次移位。因此，由 3.2 节例 5 可知所需移位的次数是 $O(n^2)$。

要把 ab_j 从 $j=0$ 到 $j=n-1$ 加起来，需要做一次 n 位整数加法一次 $(n+1)$ 位整数加法……和一次 $2n$ 位整数加法。由例 9 可知这些加法都需要 $O(n)$ 次二进制位加法。因此，全部 n 个数相加总共需要 $O(n^2)$ 次二进制位加法。

令人惊讶的是，有比传统整数乘法算法更有效的算法。8.3 节将描述一个算法，它使用 $O(n^{1.585})$ 次比特运算来完成 n 位数的乘法。

div 和 mod 算法 给定整数 a 和 d，$d>0$，可以用算法 4 来计算 $q=a$ **div** d 和 $r=a$ **mod** d。在这个蛮力算法中，当 a 为正时，就从 a 中尽可能多次减去 d，直到剩下的值小于 d 为止。所做减法的次数就是商而最后减剩下的值就是余数。算法 4 也能处理 a 为负的情况。算法先求出当 $|a|$ 除以 d 时的商 q 和余数 r。然后，当 $a<0$ 且 $r>0$ 时，算法就用这些结果来计算当 a 除以 d 时的商 $-(q+1)$ 和余数 $d-r$。留给读者证明（练习 65）假设 $a>d$ 时该算法用 $O(q \log a)$ 次比特运算。

算法 4   计算 **div** 和 **mod**

procedure division algorithm(a：整数，d：正整数)

$q := 0$

$r := |a|$

while $r \geq d$

    $r := r - d$

    $q := q + 1$

if $a<0$ 且 $r>0$ **then**

    $r := d - r$

    $q := -(q+1)$

return(q，r)｛$q=a$ **div** d 是商，$r=a$ **mod** d 是余数｝

当正整数 a 除以正整数 d 时，还有比算法 4 更有效的算法能确定商 $q=a$ **div** d 和余数 $r=a$ **mod** d（细节参见［Kn98］）。这些算法需要 $O(\log a \cdot \log d)$ 次比特运算。如果 a 和 d 的二进制展开式都不超过 n 位，则我们可以用 n^2 来替代 $\log a \cdot \log d$。这意味着当 a 除以 d 时需要 $O(n^2)$ 次比特运算来计算商和余数。

4.2.4 模指数运算

在密码学中不使用过量内存而能够有效地计算 b^n **mod** m 是很重要的，其中 b、n、m 是大整数。先计算 b^n 然后再求 b^n 除以 m 的余数的方法是不可行的，因为 b^n 会是一个非常大的数，而且需要用大量内存来存储这样的数。取而代之，我们使用一种用指数 n 的二进制展开式的算法来避免时间和内存的问题。

在给出这个基于指数的二进制展开式的快速模指数算法之前，首先观察到采用下面的方法可以避免使用大量内存，即利用（4.1 节定理 5 的推论 2 给出的）事实 b^{k+1} **mod** $m=b(b^k$ **mod** $m)$ **mod** m，通过连续计算 b^k **mod** m，$k=1$，2，$\cdots$，n 来计算 b^n **mod** m（回顾一下，$1 \leq b < m$）。可是，这样的方法也有不实际的一面，因为需要 $n-1$ 次乘法，且 n 可能是非常大的数。

为了促成快速模指数算法，我们解释一下其基本思想。我们来解释如何利用 n 的二进制展开式，比如 $n=(a_{k-1}\cdots a_1 a_0)_2$，来计算 b^n。首先，注意到

$$b^n = b^{a_{k-1} \cdot 2^{k-1} + \cdots + a_1 \cdot 2 + a_0} = b^{a_{k-1} \cdot 2^{k-1}} \cdots b^{a_1 \cdot 2} \cdot b^{a_0}$$

这说明为了计算 b^n 的值，只需要计算 b，b^2，$(b^2)^2=b^4$，$(b^4)^2=b^8$，$\cdots$，$b^{2^{k-1}}$ 的值。一旦有了这些值，把列表中 $a_j=1$ 的那些项 b^{2^j} 相乘。（为了提高效率并减少空间需求，每乘一项后，都

做一次模 m 运算以缩小结果值。)

这就可以得到 b^n 的值。例如，要计算 3^{11}，由于 $11=(1011)_2$，因此 $3^{11}=3^8 3^2 3^1$。通过连续取平方，可以得到 $3^2=9$，$3^4=9^2=81$ 和 $3^8=81^2=6561$。因此，$3^{11}=3^8 3^2 3^1=6561 \cdot 9 \cdot 3=177\ 147$。

该算法依次求出 $b \bmod m$，$b^2 \bmod m$，$b^4 \bmod m$，$\cdots$，$b^{2^{k-1}} \bmod m$，并把其中 $a_j=1$ 的那些项 $b^{2^j} \bmod m$ 相乘，在每次乘法后求乘积除以 m 所得的余数。注意我们只需要执行 $O(\log_2(n))$ 次乘法运算。这个算法的伪代码如算法 5 所示。注意在算法 5 中，我们可以使用最有效的算法来计算 mod 函数的值，而并非一定要使用算法 4。

算法 5　快速模指数运算

procedure modular exponentiation(b：整数，$n=(a_{k-1}a_{k-2}\cdots a_1 a_0)_2$，$m$：正整数)

$x:=1$

power $:=b \bmod m$

for $i:=0$ **to** $k-1$

　　if $a_i=1$ **then** $x:=(x \cdot \text{power}) \bmod m$

　　power $:=(\text{power} \cdot \text{power}) \bmod m$

return $x\{x$ 等于 $b^n \bmod m\}$

我们用例 12 说明算法 5 是如何工作的。

例 12　用算法 5 求 $3^{644} \bmod 645$。

解　算法 5 首先令 $x=1$ 和 power $=3 \bmod 645=3$。在计算 $3^{644} \bmod 645$ 的过程中，这个算法通过连续取平方并做模 645 运算来减小结果值的方法计算 $3^{2^j} \bmod 645$，$j=1$，2，$\cdots$，9。如果 $a_j=1$（其中 a_j 是 644 二进制展开式 $(1010000100)_2$ 中的第 j 位），就在 x 当前值上乘以 $3^{2^j} \bmod 645$ 并做模 645 来减小结果值。下面是所用到的步骤：

$i=0$：因为 $a_0=0$，所以有 $x=1$ 和 power $=3^2 \bmod 645=9 \bmod 645=9$；

$i=1$：因为 $a_1=0$，所以有 $x=1$ 和 power $=9^2 \bmod 645=81 \bmod 645=81$；

$i=2$：因为 $a_2=1$，所以有 $x=1 \cdot 81 \bmod 645=81$ 和 power $=81^2 \bmod 645=6561 \bmod 645=111$；

$i=3$：因为 $a_3=0$，所以有 $x=81$ 和 power $=111^2 \bmod 645=12\ 321 \bmod 645=66$；

$i=4$：因为 $a_4=0$，所以有 $x=81$ 和 power $=66^2 \bmod 645=4356 \bmod 645=486$；

$i=5$：因为 $a_5=0$，所以有 $x=81$ 和 power $=486^2 \bmod 645=236\ 196 \bmod 645=126$；

$i=6$：因为 $a_6=0$，所以有 $x=81$ 和 power $=126^2 \bmod 645=15\ 876 \bmod 645=396$；

$i=7$：因为 $a_7=1$，所以有 $x=(81 \cdot 396) \bmod 645=471$ 和 power $=396^2 \bmod 645=156\ 816 \bmod 645=81$；

$i=8$：因为 $a_8=0$，所以有 $x=471$ 和 power $=81^2 \bmod 645=6561 \bmod 645=111$；

$i=9$：因为 $a_9=1$，所以有 $x=(471 \cdot 111) \bmod 645=36$。

这展示了遵循算法 5 的步骤得出结果 $3^{644} \bmod 645=36$。

算法 5 是非常高效的，它用 $O((\log m)^2 \log n)$ 次比特运算就能求得 $b^n \bmod m$（参见练习 64）。

练习

1. 把下列整数从十进制表示转换为二进制表示。

　　a)231　　　　　　b)4532　　　　　　c)97 644

2. 把下列整数从十进制表示转换为二进制表示。

　　a)321　　　　　　b)1023　　　　　　c)100 632

3. 把下列整数从二进制表示转换为十进制表示。

    a) $(1\ 1111)_2$ **b)** $(10\ 0000\ 0001)_2$ **c)** $(1\ 0101\ 0101)_2$ **d)** $(110\ 1001\ 0001\ 0000)_2$

4. 把下列整数从二进制表示转换为十进制表示。

    a) $(1\ 1011)_2$ **b)** $(10\ 1011\ 0101)_2$ **c)** $(11\ 1011\ 1110)_2$ **d)** $(111\ 1100\ 0001\ 1111)_2$

5. 把下列整数从八进制表示转换为二进制表示。

    a) $(572)_8$ **b)** $(1604)_8$ **c)** $(423)_8$ **d)** $(2417)_8$

6. 把下列整数从二进制表示转换为八进制表示。

    a) $(1111\ 0111)_2$ **b)** $(1010\ 1010\ 1010)_2$ **c)** $(111\ 0111\ 0111\ 0111)_2$ **d)** $(101\ 0101\ 0101\ 0101)_2$

7. 把下列整数从十六进制表示转换为二进制表示。

    a) $(80E)_{16}$ **b)** $(135AB)_{16}$ **c)** $(ABBA)_{16}$ **d)** $(DEFACED)_{16}$

8. 把 $(BADFACED)_{16}$ 从十六进制表示转换为二进制表示。

9. 把 $(ABCDEF)_{16}$ 从十六进制表示转换为二进制表示。

10. 把练习 6 中的整数从二进制表示转换为十六进制表示。

11. 把 $(1011\ 0111\ 1011)_2$ 从二进制表示转换为十六进制表示。

12. 把 $(1\ 1000\ 0110\ 0011)_2$ 从二进制表示转换为十六进制表示。

13. 证明一个正整数的十六进制展开式可以从其二进制展开式求得，方法是每四位二进制数字组成一组，必要时在开头加一些 0，把每组四个二进制数字转换成一个十六进制数字。

14. 证明一个正整数的二进制展开式可以从其十六进制展开式求得，方法是把每个十六进制数字转换成一组四个二进制数字。

15. 证明一个正整数的八进制展开式可以从其二进制展开式求得，方法是每三位二进制数字组成一组，必要时在开头加一些 0，把每组三个二进制数字转换成一个八进制数字。

16. 证明一个正整数的二进制展开式可以从其八进制展开式求得，方法是把每个八进制数字转换成一组三个二进制数字。

17. 把 $(7345321)_8$ 转换为二进制表示，把 $(10\ 1011\ 1011)_2$ 转换为八进制表示。

18. 给出一个将整数的十六进制表示转换为八进制表示的过程，用二进制表示作为中间步骤。

19. 给出一个将整数的八进制表示转换为十六进制表示的过程，用二进制表示作为中间步骤。

20. 试解释如何从二进制转换为 64 进制，从 64 进制转换为二进制，从八进制转换为 64 进制，以及从 64 进制转换为八进制。

21. 找出下列每一对数的和与积。答案用二进制表示。

    a) $(100\ 0111)_2$，$(111\ 0111)_2$ **b)** $(1110\ 1111)_2$，$(1011\ 1101)_2$

    c) $(10\ 1010\ 1010)_2$，$(1\ 1111\ 0000)_2$ **d)** $(10\ 0000\ 0001)_2$，$(11\ 1111\ 1111)_2$

22. 找出下列每一对数的和与积。答案用三进制表示。

    a) $(112)_3$，$(210)_3$ **b)** $(2112)_3$，$(12021)_3$

    c) $(20001)_3$，$(1111)_3$ **d)** $(120021)_3$，$(2002)_3$

23. 找出下列每一对数的和与积。答案用八进制表示。

    a) $(763)_8$，$(147)_8$ **b)** $(6001)_8$，$(272)_8$

    c) $(1111)_8$，$(777)_8$ **d)** $(54321)_8$，$(3456)_8$

24. 找出下列每一对数的和与积。答案用十六进制表示。

    a) $(1AE)_{16}$，$(BBC)_{16}$ **b)** $(20CBA)_{16}$，$(A01)_{16}$

    c) $(ABCDE)_{16}$，$(1111)_{16}$ **d)** $(E0000E)_{16}$，$(BAAA)_{16}$

25. 用算法 5 求 $7^{644} \bmod 645$。

26. 用算法 5 求 $11^{644} \bmod 645$。

27. 用算法 5 求 $3^{2003} \bmod 99$。

28. 用算法 5 求 $123^{1001} \bmod 101$。

29. 证明每个正整数都可以唯一地表示为 2 的不同次幂的和。[提示：考虑整数的二进制展开式。]

30. 可以证明每个整数都能表示为

$$e_k 3^k + e_{k-1} 3^{k-1} + \cdots + e_1 3 + e_0$$

的形式，其中 $e_j = -1$，0 或 1，$j = 0, 1, 2, \cdots, k$。这一类展开称为**平衡三进制展开式**。求下列整数的平衡三进制展开式。

a) 5   b) 13   c) 37   d) 79

31. 证明一个正整数被 3 整除当且仅当它的十进制数字之和能被 3 整除。

32. 证明一个正整数能被 11 整除当且仅当它的偶数位十进制数字之和与奇数位十进制数字之和的差能被 11 整除。

33. 求证一个正整数能被 3 整除当且仅当它的偶数位二进制数字之和与奇数位二进制数字之和的差能被 3 整除。

34. 如何利用整数 n 的十进制展开式来判定 n 能否被下面的数整除？

a) 2   b) 5   c) 10

35. 如何利用整数 n 的十进制展开式来判定 n 能否被下面的数整除？

a) 4   b) 25   c) 20

36. 假设 n 和 b 是正整数且 $b \geqslant 2$，n 的 b 进制展开式为 $n = (a_m a_{m-1} \cdots a_1 a_0)_b$。求下列数的 b 进制展开式。

a) bn b) $b^2 n$ c) $\lfloor n/b \rfloor$ d) $\lfloor n/b^2 \rfloor$

37. 证明如果 n 和 b 是正整数且 $b \geqslant 2$，则 n 的 b 进制表示有 $\lfloor \log_b n \rfloor + 1$ 位数字。

38. 试找出 n 位 7 进制展开式 $(111 \cdots 111)_7$（n 个 1）的十进制展开式。[提示：使用几何级数求和公式。]

39. 试找出 $3n$ 位二进制展开式 $(101101 \cdots 101101)_2$（这个二进制展开式包含 n 份 101 的拷贝）的十进制展开式。[提示：使用几何级数求和公式。]

整数的 **1 的补码**表示法可以简化计算机算术。为了表示绝对值小于 2^{n-1} 的正负整数，共需要 n 比特。最左边一比特用来表示符号。该位置上的比特 0 表示正整数，比特 1 表示负整数。对正整数来说，其余比特正好等同于该整数的二进制展开式。对负整数来说，其余比特可用通过先找出该整数绝对值的二进制展开式然后对其各比特求补得到，其中 1 的补码是 0，而 0 的补码是 1。

40. 用长度为六的比特串找出下列整数的 1 的补码表示。

a) 22   b) 31   c) -7 d) -19

41. 下列长度为五的 1 的补码所表示的是什么整数？

a) 11001   b) 01101   c) 10001   d) 11111

42. 如果 m 是一个小于 2^{n-1} 的正整数，当用长度为 n 的比特串时，怎样从 m 的 1 的补码表示求出 $-m$ 的 1 的补码表示？

43. 怎样从两个整数的 1 的补码表示得到其和的 1 的补码表示？

44. 怎样从两个整数的 1 的补码表示得到其差的 1 的补码表示？

45. 证明 1 的补码表示为 $(a_{n-1} a_{n-2} \cdots a_1 a_0)$ 的整数 m 可以通过等式 $m = -a_{n-1}(2^{n-1} - 1) + a_{n-2} 2^{n-2} + \cdots + a_1 \cdot 2 + a_0$ 计算而得。

整数的 **2 的补码**表示也可以用来简化计算机算术，而且比 1 的补码表示更常用。对给定的正整数 n，要表示满足 $-2^{n-1} \leqslant x \leqslant 2^{n-1} - 1$ 的整数 x，共需要 n 比特。最左边一比特用来表示符号。与 1 的补码展示式一样，该位置上的比特 0 表示正整数，比特 1 表示负整数。对正整数来说，其余比特等同于该整数的二进制展开式。对负整数而言，其余比特是 $2^{n-1} - |x|$ 的二进制展开式中。计算机中常用整数的 2 的补码表示，因为不论整数是正是负，都很容易用这种表示来做整数的加法和减法。

46. 解答练习 40，这次使用 2 的补码表示并用长度为六的比特串。

47. 解答练习 41，如果每个表示都是长度为五的 2 的补码表示。

48. 用 2 的补码表示解答练习 42。

49. 用 2 的补码表示解答练习 43。

50. 用 2 的补码表示解答练习 44。

51. 证明 2 的补码表示为 $(a_{n-1} a_{n-2} \cdots a_1 a_0)$ 的整数 m 可以通过等式 $m = -a_{n-1} \cdot 2^{n-1} + a_{n-2} \cdot 2^{n-2} + \cdots + a_1 \cdot 2 + a_0$ 计算而得。

52. 试给出一个简单的算法从整数的 1 的补码表示构成其 2 的补码表示。

53. 有时通过用四位二进制展开式表示每个十进制数字来为整数编码。这就产生了整数的**二进制编码的十进制形式**。例如，用这种方式为 791 编码得 011110010001。采用这种编码方式表示一个 n 位的十进制数需要多少比特？

康托尔展开式是这种形式的和式

$$a_n n! + a_{n-1}(n-1)! + \cdots + a_2 2! + a_1 1!$$

其中 a_i 为整数且 $0 \leqslant a_i \leqslant i$，$i = 1, 2, \cdots, n$。

54. 求下列各数的康托尔展开式。

　　a) 2　　　　　　　**b)** 7　　　　　　　　**c)** 19　　　　　　　　**d)** 87

　　e) 1000　　　　　**f)** 1 000 000

*55. 试描述找出整数的康托尔展开式的算法。

*56. 试描述将两个整数的康托尔展开式相加的算法。

57. 按照书中给出的加法算法步骤，一步一步把 $(10111)_2$ 和 $(11010)_2$ 相加。

58. 按照书中给出的乘法算法步骤，一步一步把 $(1110)_2$ 和 $(1010)_2$ 相乘。

59. 试描述计算两个二进制展开式之差的算法。

60. 试估算两个二进制展开式的减法所需比特运算的次数。

61. 设计一个算法，给定整数 a 和 b 的二进制展开，判断是否有 $a > b$，$a = b$，或者 $a < b$。

62. 当整数 a 和 b 中较大的数的二进制展开式有 n 位时，练习 61 中的比较算法需要要做多少次比特运算？

63. 采用所需除法次数来衡量，试估算求整数 n 的 b 进制展开式的算法 1 的复杂度。

*64. 证明算法 5 使用 $O((\log m)^2 \log n)$ 次二进制位运算来计算 $b^n \bmod m$。

65. 证明算法 4 使用 $O(q \log |a|)$ 次二进制位运算，假设 $a > d$。

4.3　素数和最大公约数

4.3.1　引言

　　4.1 节研究了整数整除性的概念。基于整除性的一个重要概念就是素数。素数是大于 1 的且不能被 1 和它自身以外的正整数整除的整数。对素数的研究可以追溯到远古时代。几千年前人们就知道素数有无限多个，在欧几里得的著作中所发现的该事实的证明也以其优雅和漂亮而闻名。

　　我们将讨论整数中素数的分布。我们还将描述一部分近 400 年来数学家所发现的有关素数的结论。特别是，我们要介绍一个重要的定理——算术基本定理。该定理断言每个正整数都可以唯一表示为按非递减排序的素数乘积，它具有很多有趣的推论。我们还将讨论一些有关素数的古老且至今仍然悬而未决的猜想。

　　素数已经成为现代密码系统中必不可缺少的一部分，我们将阐述其在密码学中的一些重要性质。比如，寻找大素数在现代密码学中是一个基本课题。对大整数进行素因子分解所需的时间尺度是一些重要的现代密码系统中密码强度的基础。

　　本节还将介绍两个整数的最大公约数和最小公倍数。我们还将讨论一个重要算法，即欧几里得算法来计算最大公约数。

4.3.2　素数

　　每个大于 1 的整数至少能被两个整数整除，因为一个正整数可以被 1 和它自己整除。恰有两个不同的正整数因子的整数称为**素数**。

> **定义 1**　大于 1 的整数 p 称为素数，如果 p 的正因子只是 1 和 p。大于 1 但又不是素数的正整数称为**合数**。

　　评注　整数 1 不是素数，因为它只有一个正因子。还要注意整数 n 是合数当且仅当存在整数 a 使得 $a \mid n$ 并且 $1 < a < n$。

　　例 1　整数 7 是素数，因为它仅有的正因子是 1 和 7。而整数 9 是合数，因为它能被 3 整除。　　◀

　　正如算术基本定理所阐述的，素数是正整数的基本构件。证明将在 5.2 节给出。

> **定理 1　算术基本定理**　每个大于 1 的整数都可以唯一地写为两个或多个素数的乘积，其中素数因子以非递减序排列。

例 2 给出了一些整数的素因子分解式。

例 2 100、641、999 和 1024 的素因子分解式如下

$$100 = 2 \cdot 2 \cdot 5 \cdot 5 = 2^2 5^2$$
$$641 = 641$$
$$999 = 3 \cdot 3 \cdot 3 \cdot 37 = 3^3 \cdot 37$$
$$1024 = 2 \cdot 2 \cdot 2 \cdot 2 \cdot 2 \cdot 2 \cdot 2 \cdot 2 \cdot 2 \cdot 2 = 2^{10}$$

◄

4.3.3 试除法

证明一个给定的整数是素数是很重要的。例如，在密码学中大素数就用在为信息加密的某些方法中。一个证明整数为素数的过程就是基于下面的观察。

定理 2 如果 n 是一个合数，那么 n 必有一个素因子小于等于 $\sqrt{n}$。

证明 如果 n 是合数，由合数的定义，可知它有一个满足 $1<a<n$ 的因子 a。故，由正整数的因子的定义，可知 $n=ab$，其中 b 是大于 1 的正整数。我们证明 $a\leqslant\sqrt{n}$ 或 $b\leqslant\sqrt{n}$。如果 $a>\sqrt{n}$ 且 $b>\sqrt{n}$，则 $ab>\sqrt{n}\cdot\sqrt{n}=n$，矛盾。因此，有 $a\leqslant\sqrt{n}$ 或 $b\leqslant\sqrt{n}$。因为 a 和 b 都是 n 的因子，我们已经看到了 n 有一个不超过 $\sqrt{n}$ 的正因子。这个因子或者是素数，或者（由算术基本定理）有比它小的素因子。无论哪种情况，n 有一个素因子小于或等于 $\sqrt{n}$。 ◄

从定理 2 可知，如果一个整数不能被小于或等于其平方根的素数整除，则它就是素数。这一结论导致了称为试除法的蛮力算法。要用试除法，我们把 n 除以所有不超过 $\sqrt{n}$ 的素数，如果不能被其中任意一个素数整除就可以得出结论 n 是素数。例 3 就是用试除法来证明 101 是素数。

例 3 证明 101 是素数。

解 不超过 $\sqrt{101}$ 的素数仅有 2，3，5 和 7。因为 101 不能被 2，3，5 和 7 整除（101 被这些数除的商都不是整数），所以 101 是素数。 ◄

由于每个整数都有素因子分解式，所以有一个寻找素因子分解式的算法将会很有用。考虑寻找整数 n 的素因子分解式的问题。从最小素数 2 开始，依次用素数去除 n。如果 n 有素因子，则由定理 2 可知，可以找到一个不超过 $\sqrt{n}$ 的素因子 p。所以，如果找不到不超过 $\sqrt{n}$ 的素因子，则 n 为素数。否则，如果找到一个素因子 p，则可以继续对 n/p 做因子分解。注意 n/p 没有小于 p 的素因子。同样的道理，如果 n/p 没有大于等于 p 且不超过它的平方根的素因子，则它为素数。否则，如果它有素因子 q，则可以继续对 $n/(pq)$ 做因子分解。这一过程一直继续直到因子分解只剩一个素数为止。例 4 解释了这一过程。

例 4 找出 7007 的素因子分解式。

解 要找出 7007 的素因子分解式，首先不断地用素数去除 7007，从 2 开始。2、3 和 5 都除不尽 7007。但是，7 除尽 7007，7007/7=1001。下一步，从 7 开始不断地用素数去除 1001。立刻发现 7 还能整除 1001，因为 1001/7=143。继续从 7 开始不断用素数去除 143。虽然 7 不

埃拉托斯特尼（公元前 276—公元前 194） 埃拉托斯特尼出生在昔兰尼（埃及以西的一个希腊殖民地）并在雅典的柏拉图学院学习。我们知道当时国王托勒密二世邀请埃拉托斯特尼到亚历山大来教他的儿子，后来埃拉托斯特尼成为亚历山大最著名的图书馆（一个古代智慧资料库）的馆长。埃拉托斯特尼是一个知识面极宽的学者，著作论及数学、地理学、天文学、历史学、哲学和文学批评。除了在数学领域的工作外，他还以古代历史编年表和著名的测量地球大小而闻名。

能整除 143，但 11 整除 143，得 143/11＝13。由于 13 为素数，这一过程完成。由此得出 7007＝7·1001＝7·7·143＝7·7·11·13。因此，7007 的素因子分解式是 7·7·11·13＝$7^2 \cdot 11 \cdot 13$。

　　素数的研究在古代是为了探究原理。今天，其研究已经有了很实用的目的。特别是，大素数在密码学中起着关键作用，在 4.6 节将会看到。

4.3.4　埃拉托斯特尼筛法

　　注意，不超过 100 的合数必定有一个不超过 10 的素因子。因为小于 10 的素数仅有 2、3、5 和 7，所以不超过 100 的素数就是这四个素数以及那些大于 1 且不超过 100 同时不能被 2、3、5 和 7 之一整除的正整数。

　　埃拉托斯特尼筛法（sieve of Eratosthenes）就是用来寻找不超过一个给定整数的所有素数。例如，下列过程就是寻找不超过 100 的素数。首先构造 1～100 全部整数的列表。筛法开始过程，除了 2 以外，删除那些能被 2 整除的整数。因为 3 是保留下来的第一个大于 2 的整数，所以除了 3 以外，删除所有那些能被 3 整除的整数。因为 5 是 3 之后保留下来的下一个整数，所以除了 5 以外，删除那些能被 5 整除的整数。保留下来的下一个数是 7，所以，除了 7 以外，删除那些能被 7 整除的整数。因为所有不超过 100 的合数能被 2、3、5 或 7 整除，所以除了 1 以外，所有保留下来的整数都是素数。在表 1 中展示了每个阶段被删除的整数，其中第一个区域中能被 2 整除的每个整数（2 除外）加一条下划线，第二个区域能被 3 整除的每个整数（3 除外）加一条下划线，第三个区域中能被 5 整除的每个整数（5 除外）加一条下划线，第四个区域中能被 7 整除的每个整数（7 除外）加一条下划线。没有下划线的整数就是不超过 100 的素数。我们得出结论：不超过 100 的整数是 2，3，5，7，11，13，17，19，23，29，31，37，41，43，47，53，59，61，67，71，73，79，83，89，97。

表 1　埃拉托斯特尼筛法

2以外能被2整除的整数加一条下划线

1	2	3	4	5	6	7	8	9	10
11	12	13	14	15	16	17	18	19	20
21	22	23	24	25	26	27	28	29	30
31	32	33	34	35	36	37	38	39	40
41	42	43	44	45	46	47	48	49	50
51	52	53	54	55	56	57	58	59	60
61	62	63	64	65	66	67	68	69	70
71	72	73	74	75	76	77	78	79	80
81	82	83	84	85	86	87	88	89	90
91	92	93	94	95	96	97	98	99	100

3以外能被3整除的整数加一条下划线

1	2	3	4	5	6	7	8	9	10
11	12	13	14	15	16	17	18	19	20
21	22	23	24	25	26	27	28	29	30
31	32	33	34	35	36	37	38	39	40
41	42	43	44	45	46	47	48	49	50
51	52	53	54	55	56	57	58	59	60
61	62	63	64	65	66	67	68	69	70
71	72	73	74	75	76	77	78	79	80
81	82	83	84	85	86	87	88	89	90
91	92	93	94	95	96	97	98	99	100

5以外能被5整除的整数加一条下划线

1	2	3	4	5	6	7	8	9	10
11	12	13	14	15	16	17	18	19	20
21	22	23	24	25	26	27	28	29	30
31	32	33	34	35	36	37	38	39	40
41	42	43	44	45	46	47	48	49	50
51	52	53	54	55	56	57	58	59	60
61	62	63	64	65	66	67	68	69	70
71	72	73	74	75	76	77	78	79	80
81	82	83	84	85	86	87	88	89	90
91	92	93	94	95	96	97	98	99	100

7以外能被7整除的整数加一条下划线；斜体表示的整数是素数

1	2	3	4	5	6	7	8	9	10
11	12	13	14	15	16	17	18	19	20
21	22	23	24	25	26	27	28	29	30
31	32	33	34	35	36	37	38	39	40
41	42	43	44	45	46	47	48	49	50
51	52	53	54	55	56	57	58	59	60
61	62	63	64	65	66	67	68	69	70
71	72	73	74	75	76	77	78	79	80
81	82	83	84	85	86	87	88	89	90
91	92	93	94	95	96	97	98	99	100

素数的无限性　人们长期以来就已经知道有无限多个素数。这意味着当 p_1，p_2，$\cdots$，p_n 是 n 个最小的素数时，我们知道就有一个更大的素数不在其中。我们将用欧几里得在其著名的数学教科书《几何原本》(*The Elements*)中给出的证明来证明这个事实。这个简单优雅的证明被许多数学家认为是数学中最漂亮的证明。它是《**天书**中的证明》(*Proofs from THE BOOK*)一书中位列第一的证明，这里**天书**是指想象中完美证明的集册。顺便提一下，存在数量巨大的不同的证明来证明存在无限多个素数，并且新的证明还在以惊人的速度频繁地发表出来。

> **定理 3**　存在无限多个素数。

证明　用反证法证明这个定理。假设只有有限多个素数 p_1，p_2，$\cdots$，p_n。令

$$Q = p_1 p_2 \cdots p_n + 1$$

根据算术基本定理，Q 要么是素数，要么能被写成两个或多个素数之积。但是，没有一个素数 p_j 能整除 Q，因为如果 $p_j \mid Q$，则 p_j 整除 $Q - p_1 p_2 \cdots p_n = 1$。因此，存在一个不在 p_1，p_2，$\cdots$，p_n 中的素数。这个素数要么是 Q(如果 Q 是素数)，要么是 Q 的一个素因子。这就是一个矛盾，因为我们假设列出了所有的素数。因此，存在无限多个素数。　◄

评注　注意在这个证明中我们没有说 Q 是素数！而且，在这个证明中，我们给出的是非构造性的存在性证明：给定 n 个素数，存在一个不在表中的素数。对于构造性的证明，就必须显式地给出一个不在初始的 n 个素数列表中的素数。

由于存在无限多个素数，所以给定任意正整数都存在大于这个整数的素数。人们不断追求去发现越来越大的素数。近 300 年来，已知最大的素数几乎都是特殊形式 $2^p - 1$ 的整数，其中 p 也是素数。(注意当 n 不是素数时 $2^n - 1$ 不可能是素数。参见练习 9。)这种素数称为**梅森素数**，这是以法国修道士马兰·梅森的名字命名的，他在 17 世纪就研究这些素数。之所以已知最大素数通常都是梅森素数，是因为有一个特别有效的称为卢卡斯-莱默尔(Lucas-Lehmer)测试的测试方法可以判断 $2^p - 1$ 是否为素数。而且，当前还不可能以差不多同样快的速度判断一个不是这种或其他特殊形式的整数是否为素数。

例 5　整数 $2^2 - 1 = 3$，$2^3 - 1 = 7$ 和 $2^5 - 1 = 31$ 都是梅森素数，而 $2^{11} - 1 = 2047$ 不是梅森素数，因为 $2047 = 23 \cdot 89$。　◄

自从发明了计算机以后，寻找梅森素数的进展一直稳步向前。截至 2018 年早些时候，已有 50 个梅森素数被发现，其中 19 个是 1990 年以来找到的。已知最大的梅森素数(时至 2018 年早些时候)是 $2^{77\,232\,917} - 1$，这是一个有 23 249 425 位的十进制数，在 2017 年 12 月被证明是素

©Apic/Getty Images

马兰·梅森(Marin Mersenne，1588—1648)　梅森生在法国的缅因省(现今为萨尔特省)的一个农民家庭，在勒芒学院(College of Mans)上过学。1609~1611 年他在索邦大学继续学业。1614~1618 年他在内维尔(Nevers)教授哲学。1619 年他回到巴黎，他的住所成了包括费马和帕斯卡在内的法国科学家、哲学家和数学家的聚会场所。梅森与全欧洲的学者频繁通信，担当数学和科学知识交流中心的角色，如同后来的数学学术期刊(及今日之互联网)的作用。梅森撰写的书籍涵盖力学、数学物理、数学、音乐和声学。他研究素数并尝试构造一个能表示所有素数的公式，但没有成功。1644 年梅森声称，当 $p = 2$，3，5，7，13，17，19，31，67，127，257 时，$2^p - 1$ 是素数；而对于小于 257 的所有其他素数 p，$2^p - 1$ 是合数。人们花了 300 多年的时间在梅森的上述论断中找到 5 个错误。特别是当 $p = 67$ 和 $p = 257$ 时，$2^p - 1$ 不是素数，而当 $p = 61$，$p = 87$ 和 $p = 107$ 时，$2^p - 1$ 是素数。

数 $\ominus$。互联网梅森素数大搜索(GIMPS)作为一个共同体致力于寻找新的梅森素数。你可以加入这个大搜索，如果幸运的话，寻找到一个新的梅森素数，甚至有可能赢得现金大奖。顺便说一句，寻找梅森素数本身就是有实际意义的。对超级计算机的一种质量控制检验就是复制了用来判定一个大梅森素数是素数的卢卡斯-莱默尔测试。

素数的分布　定理 3 告诉我们存在无限多个素数。可是，小于一个正整数 x 的素数有多少个呢？这个问题吸引了数学家很多年。在 18 世纪晚期，数学家编制了很大的素数表来收集有关素数分布的证据。利用这些证据，当时的大数学家包括高斯和勒让德，都猜想有但没能证明定理 4。

> **定理 4　素数定理**　当 x 无限增长时，不超过 x 的素数个数与 $x/\ln x$ 之比 $\pi(x)$ 趋近于 1。（这里 $\ln x$ 是 x 的自然对数。）

Links ▶

法国数学家雅克·阿达马(Jacques Hadamard)和比利时数学家瓦列·普金(Charles-Jean-Gustave-Nicholas de la Valleé-Poussin)利用复变函数论在 1896 年首次证明了素数定理。虽然已经有了不用复变函数论的证明，但是素数定理所有已知的证明都非常复杂。

目前已经证明了素数定理的诸多改进，其中有许多是论述当利用 $x/\ln x$ 或其他函数来估算 $\pi(x)$ 时产生的误差问题。该研究领域依然有许多未解决的问题。

表 2 展示了 $\pi(x)$ 和 $x/\ln x$ 以及二者的比值。这里 $x=10^n$，$3 \leqslant n \leqslant 10$。针对非常大的 x 值，人们付出了极大的努力来计算 $\pi(x)$。截至 2017 年晚些时候，对于所有 $n \leqslant 26$ 的正整数 n，小于等于 10^n 的素数个数已经被确认。特别是，已知

$$\pi(10^{26}) = 1\ 699\ 246\ 750\ 872\ 437\ 141\ 327\ 603$$

差值整数为

$$\pi(10^{26}) - (10^{26}/\ln 10^{26}) = 28\ 883\ 358\ 936\ 853\ 188\ 823\ 261$$

六位有效数字的比值为

$$\pi(10^{26})/(10^{26}/\ln(10^{26})) = 1.017\ 29$$

Links ▶

©Paul Fearn/Alamy Stock Photo

查尔斯·让·古斯塔夫·尼库拉斯·德·拉·瓦列·普金(Charles-Jean-Gustave-Nicholas De La Valleé-Poussin，1866—1962)　他出生于比利时鲁汶，是一位地理学教授的儿子。他起先学习哲学，后转向工程学。毕业后，他致力于数学而非工程学。他对数学最重要的贡献是他的素数定理证明。他在算术级数中的素数分布方面也有贡献，改进了素数定理以包含误差估算。此外，他在微分方程、分析学和逼近理论方面都有重要贡献。他还撰写了《分析教程》这本教科书，该书对 20 世纪上半叶的数学思想产生了重大影响。

©bpk/Salomon/ullstein bild via Getty Images

雅克·阿达马(Jacques Hadamard，1865—1963)　他出生于法国凡尔赛，父亲是一位拉丁语老师，母亲是一位杰出的钢琴教师。大学毕业后，他在巴黎的一所中学任教。1892 年获得博士学位后，他在波尔多大学理学院担任讲师。之后，他曾在索邦大学、法兰西公学院、巴黎综合理工学院和中央艺术与制造学院任教。阿达马为复分析、泛函分析和数学物理做出了重要贡献。他被认为是一位富有创新精神的老师，撰写了法国学校初等数学相关的许多文章，以及一本广为使用的初等几何的教科书。

$\ominus$　截至 2018 年 12 月，已知的梅森素数共有 51 个。已知最大的梅森素数是 $2^{82\,589\,933} - 1$，一共 24 862 048 位。——译者注

你可以在 Web 上找到大量计算 $\pi(x)$ 的数据和估算 $\pi(x)$ 的函数。

表 2 由 $x/\ln x$ 逼近 $\pi(x)$

x	$\pi(x)$	$x/\ln x$	$\pi(x)/(x/\ln x)$
10^3	168	144.8	1.161
10^4	1229	1085.7	1.132
10^5	9592	8685.9	1.104
10^6	78 498	72 382.4	1.084
10^7	664 579	620 420.7	1.071
10^8	5 761 455	5 428 681.0	1.061
10^9	50 847 534	48 254 942.4	1.054
10^{10}	455 052 512	434 294 481.9	1.048

我们可以用素数定理来估算随机选择的一个数是素数的可能性。（概率论基础参见第 7 章。）素数定理告诉我们不超过 x 的素数个数可以用 $x/\ln x$ 来逼近。因此，一个随机选择的正整数 n 是素数的可能性大约是 $(n/\ln n)/n = 1/\ln n$。有时候我们需要寻找一个具有特定位数的素数。我们要估算需要选择多少个特定位数的整数才有可能遇到一个素数。利用素数定理和微积分，可以证明一个整数 n 是素数的概率也大约是 $1/\ln n$。例如，一个靠近 10^{1000} 附近的一个整数是素数的可能性大约是 $1/\ln 10^{1000}$，即大约 $1/2300$。（当然了，如果只选择奇数，可以使找到素数的机会增加一倍。）

定理 2 的试除法给出了因子分解和素数测试的过程。可是，这些过程不是很有效的算法，人们已经开发了许多切实有效的算法来做这些事情。因子分解和素数测试对于数论在密码学中的应用已变得很重要。这引起了人们极大的兴趣来开发完成这两个任务的有效算法。在过去的 30 年中已经研究设计了一些巧妙的过程来有效地生成大素数。再者，2002 年 Manindra Agrawal、Neeraj Kayal 和 Nitin Saxena 做出了一个重要的理论发现。他们证明存在以整数二进制展开式中位数来衡量的一个多项式时间算法，可以判定一个正整数是否是素数。基于他们工作的算法使用 $O((\log n)^6)$ 次比特运算可以判定一个正整数 n 是否是素数。

可是，尽管在同一时期已开发了强有力的因子分解新方法，但大整数的因子分解仍然要比素数测试更加耗时。整数因子分解尚未有多项式时间的算法。尽管如此，大整数分解的挑战引起了许多人的兴趣。互联网上有一个共同体致力于分解大整数，特别是形如 $k^n \pm 1$ 的大数，其中 k 是个小正整数而 n 是个大正整数（这样的数称为卡宁汉数）。在任何时候，总有一个"十大热门"的这种大数列表等待分解。

素数和算术级数 每个奇整数都出现在下面两种算术级数中：$4k+1$ 或者 $4k+3$，$k=1$，2，…。因为我们知道存在无限多个素数，所以我们会问是否在这两种算术级数中都有无限多个素数。素数 5，13，17，29，37，41，…在算术级数 $4k+3$ 中；而素数 3，7，11，19，23，31，43，…则在算术级数 $4k+1$ 中。这些暗示在两个级数都可能存在无限多个素数。那么其他如 $ak+b$，$k=1$，2，…（这里不存在比 1 大的整数能同时整除 a 和 b）的算术级数呢？这里会包含无限多个素数吗？答案由德国数学家古·勒热纳·狄利克雷给出，他证明了每个这样的级数都包含有无限多个素数。他的证明以及后来所有的证明超出本书的范围。可是，用本书中的概念是有可能证明狄利克雷定理的一些特例的。例如，练习 54 和 55 要求证明在 $3k+2$ 和 $3k+3$，$k=1$，2，…算术级数中存在无限多个素数。（每个练习的提示提供了证明所需的基本概念。）

我们解释了每个 $ak+b$，$k=1$，2，…的算术级数包含无限多个素数，这里 a 和 b 没有大于 1 的公因子。但是是否存在仅由素数构成的较长的算术级数呢？例如，一些探索可知 5，11，17，23，29 是由五个素数构成的算术级数，而 199，409，619，829，1039，1249，1459，

1669，1879，2089 是由十个素数构成的算术级数。在 20 世纪 30 年代，多产而富有传奇色彩的数学家保罗·埃德斯猜测对于任意大于 2 的正整数 n，存在完全由素数构成的长度为 n 的算术级数。2006 年，Ben Green 和陶哲轩已经能够证明该猜想了。他们的证明堪称数学中的"环法"，是结合了高级数学若干领域中的概念而得出的一个非构造性证明。

4.3.5　关于素数的猜想和开放问题

数论是一门可以从中很容易地提出猜想的学科，其中一些问题很难证明，还有一些开放问题多年来一直悬而未决。例 6～9 将介绍数论中的一些猜想并讨论其现状。

Extra Examples

例 6　有这样一个函数 $f(n)$ 是十分有用的：对所有的正整数 n 有 $f(n)$ 是素数。如果我们有这样一个函数，我们就可以找到大的素数用于密码学或者其他应用中。要寻找这样一个函数，需要测试不同的多项式函数，就像几百年前数学家所做的那样。经过大量的计算我们可以找到多项式 $f(n)=n^2-n+41$。这个多项式具有一个有趣的特点：对于不超过 40 的正整数，$f(n)$ 是素数。[我们有 $f(1)=41$，$f(2)=43$，$f(3)=47$，$f(4)=53$ 等。]这就导致我们猜想是否对于所有的正整数 n，都有 $f(n)$ 是素数。我们能解决这个猜想吗？

解　也许结果是意料之中的，那个猜想的结果是假的，我们并不需要看得太远就可以找到一个正整数 n 使得 $f(n)$ 为合数，因为 $f(41)=41^2-41+41=41^2$。因为对于满足 $1\leqslant n\leqslant 40$ 的所有正整数都有 $f(n)=n^2-n+41$ 为素数，我们或许想找到另外一个多项式具有性质：对于所有的正整数 n，都有 $f(n)$ 为素数。然而，这个多项式并不存在。可以证明对于每一个整数系数多项式 $f(n)$，存在一个正整数 y 使得 $f(y)$ 是合数。（参见补充练习 23。）◀

关于素数的很多重要问题仍然期待着聪明人能给出最终的解。在例 7～9 中我们描述其中一些最容易理解的且耳熟能详的开放问题。数论以其拥有大量非常容易理解的猜想而著称，这些猜想抵御了最复杂技术的攻克，或者简单地说抵御了所有攻克。我们列出这些猜想是想要说明很多看上去相对简单的问题即使到了 21 世纪还是悬而未决。

Links

例 7　哥德巴赫猜想　1742 年，克里斯蒂安·哥德巴赫在给莱昂哈德·欧拉的一封信中提出一个猜想：每个大于 5 的奇数 n 都是三个素数之和。欧拉在回信中答复此猜想等价于另一猜想：每个大于 2 的偶数是两个素数之和（参见补充练习 21）。每个大于 2 的偶数是两个素数之和的这个猜想现在称为**哥德巴赫猜想**。对于小的偶数可以验证这个猜想。例如，$4=2+2$，$6=3+3$，$8=5+3$，$10=7+3$，$12=7+5$ 等。在计算机出现之前，人们通过手工计算对上至

Links

Courtesy of Reed
Hutchinson/UCLA

陶哲轩（1975—）　陶哲轩出生在澳大利亚。他的父亲是一名儿科医生，而母亲在香港的中学教数学。陶哲轩是一个神童，两岁时就自学算术。10 岁时，他成为最年轻的国际数学奥林匹克（IMO）选手；13 岁时他赢得了 IMO 金牌。17 岁时陶哲轩获得他的学士学位和硕士学位，并在普林斯顿大学开始研究生学习，三年后获得博士学位。1996 年他成为加州大学洛杉矶分校的一名教员，并继续在那里工作。

陶哲轩知识面极宽，他喜欢在不同的领域研究问题，包括调和分析、偏微分方程、数论和组合数学。他在博客上讨论各种问题的研究进展，你可以通过阅读博客来了解他的工作。他最著名的结论是 Green-Tao 定理：存在任意长的素数算术级数。陶哲轩对数学的应用做出了重要贡献，如开发了一种使用尽可能少的信息进行数字图像重建的方法。

陶哲轩在数学家中间具有神奇的口碑，他成了数学研究员圈里的搞定先生（Mr. Fix-It）。本身也是神童的知名数学家查尔斯·费弗曼曾经说过："如果你在一个问题上卡住了，那么出路之一是让陶哲轩也感兴趣。"陶哲轩还维护着一个热门的博客，详细描述了他的研究工作和许多数学问题。2006 年陶哲轩被授予菲尔茨奖，这是授予 40 岁以下数学家的最负盛名的奖项。2006 年他被授予了麦克阿瑟奖金，并于 2008 年他获得了 Allan T. Waterman 奖，奖金为 50 万美元的现金，旨在支持科学家在其早期职业生涯中的研究工作。陶哲轩的妻子劳拉是喷气推进实验室的一名工程师。

百万的数验证了哥德巴赫猜想。使用计算机可以对更大的数进行验证。截至 2018 年年初，对上至 4×10^{18} 的所有正偶数都验证了猜想。

虽然哥德巴赫猜想的证明至今仍未发现，但大多数数学家都认为此猜想是正确的。使用解析数论（远超出本书范围）的一些复杂方法已经证明了一些定理，可以建立比哥德巴赫猜想弱一些的结论。其中就包括每个大于 2 的偶数都是至多 6 个素数之和（O. Ramaré 在 1995 年证明）以及每个充分大的正偶数都可以写成一个素数以及另一个或者素数或者两个素数乘积之和（陈景润在 1996 年证明）。也许哥德巴赫猜想会在不太久的将来得到证明。◀

例 8 有很多猜想都断言存在无限多个具有某种特殊形式的素数。一种猜想就认为存在无限多个可以写成 $n^2 + 1$ 形式的素数，其中 n 为正整数。例如，$5 = 2^2 + 1$，$17 = 4^2 + 1$，$37 = 6^2 + 1$ 等。目前所知的最好结果就是存在无限多个正整数 n 使得 $n^2 + 1$ 或者是素数，或者是至多两个素数之积（Henryk Iwaniec 在 1973 年证明，需要用到远超出本书范围的解析数论中的高级技术）。◀

例 9 **孪生素数猜想**   孪生素数是指相差 2 的一对素数，诸如 3 和 5、5 和 7、11 和 13、17 和 19、4967 和 4969。孪生素数猜想断定存在无限多对孪生素数。关于孪生素数已被证明的最好结果是有无限多对 p 和 $p + 2$，其中 p 是素数，$p + 2$ 是素数或者是两个素数乘积（陈景润在 1966 年证明）。

截至 2018 年年初，孪生素数的世界纪录是 $2\,996\,863\,034\,895 \cdot 2^{1\,290\,000} \pm 1$，是 388 342 位数。

设 $P(n)$ 为命题：存在无限多对差值恰为 n 的素数对。孪生素数猜想就是命题 $P(2)$ 为真。研究孪生素数猜想的数学家设计了一个稍微弱一点的猜想，称为有界间隔猜想，声称存在一个 N 使得 $P(N)$ 为真。2013 年当张益唐证明了有界间隔猜想时，整个数学界为之震惊。张益唐是新罕布什尔大学一位 50 岁的教授，自 2001 年以来就没再发表过论文。特别是，他证明了存在一个整数 N，$N < 70\,000\,000$，使得 $P(N)$ 为真。一个包括陶哲轩在内的数学家团队又下降了张益唐的上界，证明了存在整数 $N \leqslant 246$ 使得 $P(N)$ 为真。再后来，他们又证明了如果猜想为真，则可以证明 $N \leqslant 6$，并且这是用张益唐的方法所能证明的最好可能的估算值。◀

4.3.6   最大公约数和最小公倍数

能整除两个整数的最大整数称为这两个整数的最大公约数。

> **定义 2**   令 a 和 b 是两个整数，不全为 0。能使 $d \mid a$ 和 $d \mid b$ 的最大整数 d 称为 a 和 b 的最大公约数。a 和 b 的最大公约数记作 $\gcd(a, b)$。

两个不全为 0 的整数的最大公约数是存在的，因为这两个整数的公约数集合是非空且有限的。寻找两个整数的最大公约数的一个方法是找出两个整数的所有正公约数，然后取其中最大者。如例 10 和 11 所示。稍后会给出一个更有效的寻找最大公约数的方法。

例 10 24 和 36 的最大公约数是什么？

解   24 和 36 的正公约数是 1、2、3、4、6 和 12。因此，$\gcd(24, 36) = 12$。◀

例 11 17 和 22 的最大公约数是什么？

解   17 和 22 除了 1 以外没有正公约数，所以 $\gcd(17, 22) = 1$。◀

因为要说明两个整数没有 1 以外的正公约数这一点很重要，所以我们有定义 3。

> **定义 3**   整数 a 和 b 是互素的如果它们的最大公约数是 1。

克里斯蒂安·哥德巴赫（1690—1764）   他出生在普鲁士的哥尼斯堡，该城市以著名的七桥问题（将在 10.5 节进行研究）而闻名于世。1725 年，他成为彼得堡科学院的数学教授。1728 年，哥德巴赫前往莫斯科教授沙皇之子。1742 年，他进入政坛，成为俄罗斯外交部的一名职员。哥德巴赫以其与欧拉和伯努利等著名数学家的书信往来、在数论中的著名猜想，以及分析学中的贡献而闻名于世。

例 12 从例 11 可知整数 17 和 22 是互素的，因为 gcd(17，22)＝1。

因为需要说明一个整数集合中没有两个整数具有大于 1 的正公约数，所以我们给出定义 4。

定义 4 整数 a_1，a_2，$\cdots$，a_n 是两两互素的，如果当 $1 \leqslant i < j \leqslant n$ 时有 $\gcd(a_i, a_j) = 1$。

例 13 判断整数 10、17 和 21 是否两两互素，整数 10、19 和 24 是否两两互素。

解 由于 gcd(10，17)＝1，gcd(10，21)＝1 和 gcd(17，21)＝1，所以结论是 10，17 和 21 是两两互素的。

因为 gcd(10，24)＝2＞1，可见 10，19 和 24 不是两两互素的。

另外一个寻找两个整数的最大公约数的方法是利用这两个整数的素因子分解式。假定两个正整数 a 和 b 的素因子分解式为

$$a = p_1^{a_1} p_2^{a_2} \cdots p_n^{a_n}, \quad b = p_1^{b_1} p_2^{b_2} \cdots p_n^{b_n}$$

其中每个指数都是非负整数，而且出现在 a 或 b 的素因子分解式中的所有素数都出现在这两个分解式中，必要时以 0 指数出现。则 gcd(a，b) 由下式给出

$$\gcd(a,b) = p_1^{\min(a_1,b_1)} p_2^{\min(a_2,b_2)} \cdots p_n^{\min(a_n,b_n)}$$

其中 $\min(x, y)$ 代表两个数 x 和 y 的最小值。为证明这一计算 gcd(a，b) 的公式是有效的，必须证明等式右边的整数同时能整除 a 和 b，而且没有更大的整数能整除 a 和 b。该整数确实整除 a 和 b，因为其因子分解式中每个素数的指数都不超过 a 和 b 的分解式中该素数的指数。此外，没有更大的整数能整除 a 和 b，因为该分解式中每个素数的指数都不能再增大，而且也不能包括其他素数。

例 14 因为 120 和 500 的素因子分解式分别是 $120 = 2^3 \cdot 3 \cdot 5$ 和 $500 = 2^2 \cdot 5^3$，所以最大公约数是

$$\gcd(120，500) = 2^{\min(3,2)} 3^{\min(1,0)} 5^{\min(1,3)} = 2^2 3^0 5^1 = 20$$

素因子分解式还可用于寻找两个整数的**最小公倍数**。

定义 5 正整数 a 和 b 的最小公倍数是能被 a 和 b 整除的最小正整数。a 和 b 的最小公倍数记作 lcm(a，b)。

最小公倍数存在，因为能被 a 和 b 整除的整数集合是非空的（比如，因为 ab 就属于该集合），而每个非空的正整数集合都有一个最小元素（根据 5.2 节将要讨论的良序性质）。假定 a 和 b 的素因子分解式如前所述。则 a 和 b 的最小公倍数由下式给出

$$\mathrm{lcm}(a,b) = p_1^{\max(a_1,b_1)} p_2^{\max(a_2,b_2)} \cdots p_n^{\max(a_n,b_n)}$$

其中 $\max(x, y)$ 表示两个数 x 和 y 中的最大数。这一公式是有效的，因为 a 和 b 的一个公倍数在其分解式中至少含 $\max(a_i, b_i)$ 个 p_i，而最小公倍数中没有 a 和 b 的因子之外的素数。

Links ▶

Source: John D. & Catherine T. MacArthur Foundation

张益唐（YiTang Zhang，1955—） 他于 1955 年出生于中国上海，十岁时就第一次知道了费马大定理和哥德巴赫猜想。他于 1982 年和 1985 年分别获得北京大学的学士和硕士学位。后来去美国普渡大学就读，并于 1991 年读完博士。

获得博士学位后，由于就业前景不佳又和导师意见不一，张益唐没能在学术圈求得职位。相反，他在纽约皇后区一家餐馆做会计并送外卖，后来又去了肯塔基州，在朋友开的一家赛百味餐厅打工。有时候为了找工作，他就直接以车为家。最后，他还是找到了一个学术职位，在新罕布什尔大学任讲师。1999 年至 2014 年年初，他一直在做这份讲师工作。自 2009 年到 2013 年，他从事有界间隔猜想研究，一周 7 天、每天 10 小时地工作，直到得出了关键发现。他的成功使得新罕布什尔大学将其提升为正教授。2015 年，他接受了加州大学圣巴巴拉分校的正教授职位。2014 年张益唐被授予麦克阿瑟奖，也被称为天才奖。

例 15 $2^3 3^5 7^2$ 和 $2^4 3^3$ 的最小公倍数是什么？

解 我们有

$$\mathrm{lcm}(2^3 3^5 7^2, 2^4 3^3) = 2^{\max(3,4)} 3^{\max(5,3)} 7^{\max(2,0)} = 2^4 3^5 7^2 \qquad \blacktriangleleft$$

定理 5 给出两个整数的最大公约数和最小公倍数之间的关系。用上面给出的求这两个数的公式就可以证明这一定理。定理证明留作练习 31。

> **定理 5** 令 a 和 b 为正整数，则
> $$ab = \gcd(a, b) \cdot \mathrm{lcm}(a, b)$$

4.3.7 欧几里得算法

Links

直接从整数的素因子分解式计算两个整数的最大公约数是效率很低的。原因是寻找素因子分解式非常耗时。这里给出一个更高效的寻找最大公约数的方法，称为**欧几里得算法**。这个算法古代就有了。这是用古希腊数学家欧几里得的名字命名的，他在其著作《几何原本》(*The Elements*)中记载了这一算法的描述。

在介绍欧几里得算法之前，我们先看一看它是怎样求 $\gcd(91, 287)$ 的。首先，用两个数中的大数 287 除以两个数中的小数 91，得到

$$287 = 91 \cdot 3 + 14$$

91 和 287 的任何公约数必定也是 $287 - 91 \cdot 3 = 14$ 的因子。而且 91 和 14 的任何公约数也必定是 $287 = 91 \cdot 3 + 14$ 的因子。因此，287 和 91 的最大公约数和 91 与 14 的最大公约数相同。这意味着求 $\gcd(91, 287)$ 的问题已被归约为求 $\gcd(91, 14)$ 的问题。

接下来，91 除以 14 得

$$91 = 14 \cdot 6 + 7$$

由于 91 和 14 的任何公约数也能整除 $91 - 14 \cdot 6 = 7$，并且 14 和 7 的任何公约数整除 91，所以 $\gcd(91, 14) = \gcd(14, 7)$。

继续 14 除以 7，得

$$14 = 7 \cdot 2$$

因为 7 整除 14，所以 $\gcd(14, 7) = 7$。另外，因为 $\gcd(287, 91) = \gcd(91, 14) = \gcd(14, 7) = 7$，所以最初的问题得解。

现在介绍欧几里得算法在一般情况下是如何工作。我们将用辗转相除法把求两个正整数最大公约数的问题归约为求两个较小整数的最大公约数问题，直到两个整数之一为 0。

欧几里得算法的基础是下面关于最大公约数和整除算法的结论。

> **引理 1** 令 $a = bq + r$，其中 a, b, q 和 r 均为整数。则 $\gcd(a, b) = \gcd(b, r)$。

证明 如果能证明 a 与 b 的公约数和 b 与 r 的公约数相同，也就证明了 $\gcd(a, b) = \gcd(b, r)$，因为这两对整数必定有相同的最大公约数。

因此，假定 d 整除 a 和 b。则可得 d 也整除 $a - bq = r$（根据 4.1 节定理 1）。因此，a 和 b 的

Links

欧几里得（Euclid，约公元前 325—公元前 265） 欧几里得是最成功的数学著作《几何原本》(*The Elements*) 的作者，该书从古至今已有 1000 多个不同的版本。人们对欧几里得的生平所知甚少，只知道他在埃及亚历山大的著名学院里任教。显然，欧几里得不强调应用。当一个学生问他学习几何学能得到什么时，他解释说知识本身就值得学习，并让他的仆人给了这个学生一枚硬币，"因为他一定要从所学中获利"。

任何公约数也是 b 和 r 的公约数。

类似地，假定 d 整除 b 和 r。则 d 也整除 $bq+r=a$。因此，b 和 r 的任何公约数也是 a 和 b 的公约数。

因此，$\gcd(a, b) = \gcd(b, r)$。◀

假定 a 和 b 为正整数，且 $a \geqslant b$。令 $r_0 = a$ 和 $r_1 = b$。当连续应用整除算法时，可得

$$r_0 = r_1 q_1 + r_2 \quad 0 \leqslant r_2 < r_1$$
$$r_1 = r_2 q_2 + r_3 \quad 0 \leqslant r_3 < r_2$$
$$\vdots$$
$$r_{n-2} = r_{n-1} q_{n-1} + r_n \quad 0 \leqslant r_n < r_{n-1}$$
$$r_{n-1} = r_n q_n$$

最终在这一辗转相除序列中会出现余数为 0，因为在余数序列 $a = r_0 > r_1 > r_2 > \cdots \geqslant 0$ 中至多包含 a 项。再者，从引理 1 可知

$$\gcd(a, b) = \gcd(r_0, r_1) = \gcd(r_1, r_2) = \cdots = \gcd(r_{n-2}, r_{n-1})$$
$$= \gcd(r_{n-1}, r_n) = \gcd(r_n, 0) = r_n$$

因此，最大公约数是除法序列中最后一个非零余数。

例 16 用欧几里得算法寻找 414 和 662 的最大公约数。

解 连续相除得出：

$$662 = 414 \cdot 1 + 248$$
$$414 = 248 \cdot 1 + 166$$
$$248 = 166 \cdot 1 + 82$$
$$166 = 82 \cdot 2 + 2$$
$$82 = 2 \cdot 41。$$

因此，$\gcd(414, 662) = 2$，因为 2 是最后一个非零余数。◀

j	r_j	r_{j+1}	q_{j+1}	r_{j+2}
0	662	414	1	248
1	414	248	1	166
2	248	166	1	82
3	166	82	2	2
4	82	2	41	0

我们可以用右表格来总结这些步骤。

欧几里得算法用伪代码表示如算法 1 所示。

算法 1　欧几里得算法

procedure $\gcd(a, b$：正整数)
$x := a$
$y := b$
while $y \neq 0$
　　$r := x \bmod y$
　　$x := y$
　　$y := r$
return $x\{\gcd(a, b)$ 是 $x\}$

在算法 1 中，x 和 y 的初值分别是 a 和 b。在过程的每一步，x 取 y 的值，而 y 取 $x \bmod y$ 的值，即 x 除以 y 的余数。只要 $y \neq 0$，该过程就不断重复。当 $y = 0$ 时算法终止，而此时 x 的值，该过程中最后一个非零余数，为 a 和 b 的最大公约数。

我们将在 5.3 节研究欧几里得算法的时间复杂度，并证明求 a 和 b 的最大公约数所要的除法次数当 $a \geqslant b$ 时为 $O(\log b)$。

4.3.8　gcd 的线性组合表示

本节之后一直会用到的一个重要结果是两个整数 a 和 b 的最大公约数可以表示为

$$sa + tb$$

的形式，其中 s 和 t 为整数。换句话说，$\gcd(a, b)$ 可以表示为 a 和 b 的整系数的**线性组合**。例如，$\gcd(6, 14) = 2$，而 $2 = (-2) \cdot 6 + 1 \cdot 14$。我们将该事实表述为定理 6。

> **定理 6　贝祖定理**　如果 a 和 b 为正整数，则存在整数 s 和 t 使得 $\gcd(a, b) = sa + tb$。

定义 6　如果 a 和 b 为正整数，则使得 $\gcd(a, b) = sa + tb$ 的整数 s 和 t 称为 a 和 b 的贝祖系数（以 18 世纪法国数学家艾蒂安·贝祖的名字命名）。还有，等式 $\gcd(a, b) = sa + tb$ 称为贝祖恒等式。

这里不对定理 6 做形式证明（证明可参见 5.2 节练习 36 和 [Ro10]）。我们会给出两种方法，用于找出两个整数的线性组合以使之等于其最大公约数。（本节假定线性组合均以整数为系数。）

第一种方法要对欧几里得算法的除法步骤做反向处理，所以需要将欧几里得算法的步骤正反向各走一遍。我们用一个例子来解释这种方法的工作原理。第二种方法，即**扩展欧几里得算法**的好处则是只需要经历一遍欧几里得算法即可找到 a 和 b 的贝祖系数，不像第一种方法那样需要经历两遍。为了运行扩展欧几里得算法，我们设置 $s_0 = 1$，$s_1 = 0$，$t_0 = 0$，$t_1 = 1$，并令

$$s_j = s_{j-2} - q_{j-1} s_{j-1} \qquad t_j = t_{j-2} - q_{j-1} t_{j-1}$$

对于 $j = 2, 3, \cdots, n$，其中 q_j 是用上文欧几里得算法求 $\gcd(a, b)$ 做除法时的商。我们可以用强归纳法（参见 5.2 节练习 44，或 [Ro10]）证明 $\gcd(a, b) = s_n a + t_n b$。

例 17　通过欧几里得算法的反向处理，试把 $\gcd(252, 198) = 18$ 表示为 252 和 198 的线性组合。

解　要证明 $\gcd(252, 198) = 18$，欧几里得算法做下列除法：

$$252 = 1 \cdot 198 + 54$$
$$198 = 3 \cdot 54 + 36$$
$$54 = 1 \cdot 36 + 18$$
$$36 = 2 \cdot 18$$

我们用表格总结这些步骤：

用倒数第二个除法（第三次除法），可以把 $\gcd(254, 198) = 18$ 表示为 54 和 36 的线性组合。我们得到

$$18 = 54 - 1 \cdot 36$$

j	r_j	r_{j+1}	q_{j+1}	r_{j+2}
0	252	198	1	54
1	198	54	3	36
2	54	36	1	18
3	36	18	2	0

Links ▸

©Chronicle/Alamy Stock Photo

艾蒂安·贝祖（Étienne Bézout，1730—1783）　贝祖出生在法国的内穆尔镇，他的父亲是一名法官。通过阅读伟大数学家欧拉的著作，激发了他对数学的强大兴趣，促使他成为一个数学家。1758 年他接受巴黎的科学院任职；1763 年他被任命为海岸卫队的审查员，并在那里被指派撰写数学教科书的任务。1767 年他完成了四卷本教科书的撰写任务。贝祖以他的六卷本数学综合性教科书而闻名。他的教科书非常受欢迎，那些希望进入以理工科见长的巴黎高等理工学院（École Polytechnique）的几代学生都会学习他的教科书。他的著作被翻译成英文并在北美使用，其中包括哈佛大学。

他最重要的原创著作是 1779 年出版的《代数方程通论》（*Théorie générale des équations algébriques*）一书，其中他介绍了解决多未知数的多项式方程组的重要方法。在这本书中最知名的结论现在称为贝祖定理（Bézout's theorem），其一般形式告诉我们，两个平面代数曲线上的共同点数目等于这些曲线度数的乘积。贝祖还发明了判别式（当时被伟大的英国数学家詹姆斯·约瑟夫·西尔维斯特称为 Bézoutian）。虽然他的个性有些保守和忧郁，但他还是一个热心而善良的人。

第二个除法告诉我们

$$36 = 198 - 3 \cdot 54$$

将 36 的这一表达式代入前一等式，就可以把 18 表示为 54 和 198 的线性组合。我们有

$$18 = 54 - 1 \cdot 36 = 54 - 1 \cdot (198 - 3 \cdot 54) = 4 \cdot 54 - 1 \cdot 198$$

第一个除法告诉我们

$$54 = 252 - 1 \cdot 198$$

把 54 的这一表达式代入前面的等式，可以把 18 表示为 252 和 198 的线性组合。得出结论

$$18 = 4 \cdot (252 - 1 \cdot 198) - 1 \cdot 198 = 4 \cdot 252 - 5 \cdot 198$$

从而得解。

下面的例子展示了如何用扩展欧几里得算法求解上面例子中相同的问题。

例 18 利用扩展欧几里得算法将 $\gcd(252, 198) = 18$ 表示为 252 和 198 的线性组合。

解 例 17 展示了用来计算 $\gcd(252, 198) = 18$ 的欧几里得算法的步骤。商为 $q_1 = 1$，$q_2 = 3$，$q_3 = 1$，$q_4 = 2$。贝祖系数是由扩展欧几里得算法产生的 s_4 和 t_4 的值，其中 $s_0 = 1$，$s_1 = 0$，$t_0 = 0$，$t_1 = 1$，并且对于 $j = 2, 3, 4$，有

$$s_j = s_{j-2} - q_{j-1} s_{j-1} \qquad t_j = t_{j-2} - q_{j-1} t_{j-1}$$

我们计算

$$s_2 = s_0 - s_1 q_1 = 1 - 0 \cdot 1 = 1 \qquad t_2 = t_0 - t_1 q_1 = 0 - 1 \cdot 1 = -1$$
$$s_3 = s_1 - s_2 q_2 = 0 - 1 \cdot 3 = -3 \qquad t_3 = t_1 - t_2 q_2 = 1 - (-1)3 = 4$$
$$s_4 = s_2 - s_3 q_3 = 1 - (-3) \cdot 1 = 4 \qquad t_4 = t_2 - t_3 q_3 = -1 - 4 \cdot 1 = -5$$

因为 $s_4 = 4$，$t_4 = -5$，得 $18 = \gcd(252, 198) = 4 \cdot 252 - 5 \cdot 198$。

下面用表格总结扩展欧几里得算法的步骤：

j	r_j	r_{j+1}	q_{j+1}	r_{j+2}	s_j	t_j
0	252	198	1	54	1	0
1	198	54	3	36	0	1
2	54	36	1	18	1	-1
3	36	18	2	0	-3	4
4					4	-5

可以用定理 6 推导出一些有用的结果。目标之一是证明算术基本定理（每个正整数最多只有一个素因子分解式）的部分结论。我们要证明如果一个正整数有一个素因子分解式，其中素数是以非递减序排列，则这一分解式是唯一的。

首先，需要推导一些关于整除的结果。

引理 2　如果 a，b 和 c 为正整数，使得 $\gcd(a, b) = 1$ 且 $a \mid bc$，则 $a \mid c$。

证明　由于 $\gcd(a, b) = 1$，根据贝祖定理知有整数 s 和 t 使得

$$sa + tb = 1$$

等式两边乘以 c，可得

$$sac + tbc = c$$

可以用 4.1 节定理 1 来证明 $a \mid c$。根据该定理的 (ii)，$a \mid tbc$。因为 $a \mid sac$ 并且 $a \mid tbc$，所以由同一定理的 (i) 可知，a 整除 $sac + tbc$。因为 $sac + tbc = c$，从而可得 $a \mid c$，得证。

在证明素因子分解式唯一性时，我们将使用下面引理 2 的推广。（引理 3 的证明留作 5.1 节的练习 64，因为用该节介绍的数学归纳法可以很容易地完成证明。）

引理 3　如果 p 是素数，且 $p \mid a_1 a_2 \cdots a_n$，其中 a_i 为整数，则对于某个 i，$p \mid a_i$。

现在可以证明整数分解为素数的唯一性了。即，我们要证明每个整数最多只有一种方式可以写成非递减序素数的乘积。这是算术基本定理的一部分。在 5.2 节将证明另一部分，即每个整数都有素因子分解式。

证明 （正整数素因子分解式的唯一性） 我们采用矛盾证明法。假定正整数 n 能用两种不同方式写成素数的乘积，比如说，$n = p_1 p_2 \cdots p_s$ 和 $n = q_1 q_2 \cdots q_t$，其中 p_i，q_j 都是素数，而且 $p_1 \leqslant p_2 \leqslant \cdots \leqslant p_s$ 和 $q_1 \leqslant q_2 \leqslant \cdots \leqslant q_t$。

当从两个分解式中去掉所有共同的素数时，可得

$$p_{i_1} p_{i_2} \cdots p_{i_u} = q_{j_1} q_{j_2} \cdots q_{j_v}$$

其中没有素数同时出现在等式两边，而 u 和 v 为正整数。由引理 3 可知存在某个 k 使得 p_{i_1} 整除 q_{i_k}。因为没有素数能整除其他素数，所以这是不可能的。因此，最多只有一种以非递减序将 n 分解为素数的方式。◀

引理 2 还可以用来证明同余式两边除以同一整数的一个结果。已经证明（4.1 节定理 5）可以在同余式两边乘以同一整数。可是，同一个整数去除同余式两边并不一定得到有效的同余式，如例 19 所示。

例 19 同余式 $14 \equiv 8 \pmod 6$ 成立，但不能两边同时除以 2 来得到一个有效的同余式，因为 $14/2 = 7$，而 $8/2 = 4$，但 $7 \not\equiv 4 \pmod 6$。◀

尽管不能在同余式两边同时除以任意一个整数来得到一个有效同余式，但如果这个整数和模数互素的话就是可以的。定理 7 就是建立该重要的事实。证明中我们要用到引理 2。

定理 7 令 m 为正整数，令 a，b 和 c 为整数。如果 $ac \equiv bc \pmod m$ 且 $\gcd(c, m) = 1$，则 $a \equiv b \pmod m$。

证明 因为 $ac \equiv bc \pmod m$，则 $m \mid ac - bc = c(a - b)$。根据引理 2，因为 $\gcd(c, m) = 1$，所以可得 $m \mid a - b$。从而可得结论 $a \equiv b \pmod m$。◀

练习

1. 判断下列整数是否是素数。
   a) 21   b) 29   c) 71   d) 97
   e) 111   f) 143

2. 判断下列整数是否是素数。
   a) 19   b) 27   c) 93   d) 101
   e) 107   f) 113

3. 求下列整数的素因子分解式。
   a) 88   b) 126   c) 729   d) 1001
   e) 1111   f) 909 090

4. 求下列整数的素因子分解式。
   a) 39   b) 81   c) 101   d) 143
   e) 289   f) 899

5. 求 10! 的素因子分解式。

* 6. 100! 的尾部有多少个 0？

7. 试用伪代码表示用来判断一个整数是素数的试除法算法。

8. 试用伪代码表示正文中所描述的用来寻找一个整数素因子分解式的算法。

9. 证明 $a^m + 1$ 是合数，如果 a 和 m 是大于 1 的整数且 m 是奇数。［提示：证明 $x + 1$ 是多项式 $x^m + 1$ 的因子，如果 m 是奇数。］

10. 证明如果 $2^m + 1$ 是奇素数，则存在非负整数 n 使得 $m = 2n$。［提示：首先证明多项式恒等式 $x^m + 1 = (x^k + 1)(x^{k(t-1)} - x^{k(t-2)} + \cdots - x^k + 1)$ 成立，其中 $m = kt$ 而 t 是奇数。］

* 11. 证明 $\log_2 3$ 是无理数。回忆一下无理数是不能写成两个整数之比的实数 x。

12. 证明对于每个正整数 n，存在 n 个连续的合数。[提示：考虑从 $(n+1)! + 2$ 开始的 n 个连续的整数。]

* **13.** 证明或反驳存在 3 个连续的正奇数是素数，即形如 p、$p+2$、$p+4$ 的奇素数。

14. 哪些小于 12 的正整数与 12 互素？

15. 哪些小于 30 的正整数与 30 互素？

16. 判断下列各组整数是否两两互素？
    a)21，34，55　　　　b)14，17，85　　　　c)25，41，49，64　　d)17，18，19，23

17. 判断下列各组整数是否两两互素？
    a)11，15，19　　　　b)14，15，21　　　　c)12，17，31，37　　d)7，8，9，11

18. 一个正整数称为是**完全数**如果它等于除自身以外所有正因子的和。
    a)证明 6 和 28 是完全数。
    b)证明当 $2^p - 1$ 为素数时 $2^{p-1}(2^p - 1)$ 是完全数。

19. 证明如果 $2^n - 1$ 为素数，则 n 为素数。[提示：利用恒等式 $2^{ab} - 1 = (2^a - 1) \cdot (2^{a(b-1)} + 2^{a(b-2)} + \cdots + 2^a + 1)$。]

20. 判断下列整数是否为素数，以此验证梅森的论断。
    a)$2^7 - 1$　　　　b)$2^9 - 1$　　　　c)$2^{11} - 1$　　　　d)$2^{13} - 1$

欧拉 ϕ-函数在正整数 n 处的值定义为小于等于 n 且与 n 互素的正整数的个数。[注意：ϕ 是希腊字母。]

21. 求这些欧拉 ϕ-函数的值。
    a)$\phi(4)$　　　　b)$\phi(10)$　　　　c)$\phi(13)$

22. 证明 n 为素数当且仅当 $\phi(n) = n - 1$。

23. 当 p 为素数而 k 为正整数时 $\phi(p^k)$ 的值是什么？

24. 下列各对整数的最大公约数是什么？
    a)$2^2 \cdot 3^3 \cdot 5^5$，$2^5 \cdot 3^3 \cdot 5^2$　　　　　　b)$2 \cdot 3 \cdot 5 \cdot 7 \cdot 11 \cdot 13$，$2^{11} \cdot 3^9 \cdot 11 \cdot 17^{14}$
    c)17，17^{17}　　　　　　　　　　　　　　d)$2^2 \cdot 7$，$5^3 \cdot 13$
    e)0，5　　　　　　　　　　　　　　　　f)$2 \cdot 3 \cdot 5 \cdot 7$，$2 \cdot 3 \cdot 5 \cdot 7$

25. 下列各对整数的最大公约数是什么？
    a)$3^7 \cdot 5^3 \cdot 7^3$，$2^{11} \cdot 3^5 \cdot 5^9$　　　　　　b)$11 \cdot 13 \cdot 17$，$2^9 \cdot 3^7 \cdot 5^5 \cdot 7^3$
    c)23^{31}，23^{17}　　　　　　　　　　　　d)$41 \cdot 43 \cdot 53$，$41 \cdot 43 \cdot 53$
    e)$3^{13} \cdot 5^{17}$，$2^{12} \cdot 7^{21}$　　　　　　　　f)1111，0

26. 练习 24 中各对整数的最小公倍数是什么？

27. 练习 25 中各对整数的最小公倍数是什么？

28. 试求 $\gcd(1000, 625)$ 和 $\mathrm{lcm}(1000, 625)$，并验证 $\gcd(1000, 625) \cdot \mathrm{lcm}(1000, 625) = 1000 \cdot 625$。

29. 试求 $\gcd(92\,928, 123\,552)$ 和 $\mathrm{lcm}(92\,928, 123\,552)$，并验证 $\gcd(92\,928, 123\,552) \cdot \mathrm{lcm}(92\,928, 123\,552) = 92\,928 \cdot 123\,552$。[提示：首先找出 $92\,928$ 和 $123\,552$ 的素因子分解式。]

30. 如果两个整数的乘积为 $2^7 3^8 5^2 7^{11}$，而它们的最大公约数为 $2^3 3^4 5$，则它们的最小公倍数是什么？

31. 证明如果 a 和 b 为正整数，则 $ab = \gcd(a, b) \cdot \mathrm{lcm}(a, b)$。[提示：利用 a 和 b 的素因子分解式以及根据素因子分解式给出的 $\gcd(a, b)$ 和 $\mathrm{lcm}(a, b)$ 的计算公式。]

32. 用欧几里得算法求
    a)$\gcd(1, 5)$　　　　b)$\gcd(100, 101)$　　　　c)$\gcd(123, 277)$
    d)$\gcd(1529, 14\,039)$　　e)$\gcd(1529, 14\,038)$　　f)$\gcd(11\,111, 111\,111)$

33. 用欧几里得算法求
    a)$\gcd(12, 18)$　　　　b)$\gcd(111, 201)$　　　　c)$\gcd(1001, 1331)$
    d)$\gcd(12\,345, 54\,321)$　　e)$\gcd(1000, 5040)$　　f)$\gcd(9888, 6060)$

34. 用欧几里得算法求 $\gcd(21, 34)$ 需要做多少次除法？

35. 用欧几里得算法求 $\gcd(34, 55)$ 需要做多少次除法？

* **36.** 证明如果 a 和 b 为正整数，则 $(2^a - 1) \bmod (2^b - 1) = 2^{a \bmod b} - 1$。

☛ * **37.** 利用练习 36 证明如果 a 和 b 为正整数，则 $\gcd(2^a - 1, 2^b - 1) = 2^{\gcd(a, b)} - 1$。[提示：证明当用欧几里得算法计算 $\gcd(2^a - 1, 2^b - 1)$ 时得到的余数是形如 $2^r - 1$ 的数，其中 r 是用欧几里得算法求 $\gcd(a, b)$ 时产生的余数。]

38. 利用练习 37 证明整数 $2^{35}-1$，$2^{34}-1$，$2^{33}-1$，$2^{31}-1$，$2^{29}-1$ 和 $2^{23}-1$ 是两两互素的。

39. 利用例 17 中的方法把下列各对整数的最大公约数表示为它们的线性组合。

a)10，11   b)21，44   c)36，48   d)34，55

e)117，213   f)0，223   g)123，2347   h)3454，4666

i)9999，11 111

40. 利用例 17 中的方法把下列各对整数的最大公约数表示为它们的线性组合。

a)9，11   b)33，44   c)35，78   d)21，55

e)101，203   f)124，323   g) 2002，2339   h) 3457，4669

i)10 001，13 422

扩展欧几里得算法可用来把 $\gcd(a，b)$ 表示成整数 a 和 b 的整系数线性组合。对于 $j=2，3，\cdots，n$，令 $s_0=1$，$s_1=0$，$t_0=0$ 和 $t_1=1$，再令 $s_j=s_{j-2}-q_{j-1}s_{j-1}$ 和 $t_j=t_{j-2}-q_{j-1}t_{j-1}$，其中 q_j 是用欧几里得算法求 $\gcd(a，b)$ 时的商，如正文所示。可以证明（参见［Ro10］）$\gcd(a，b)=s_n a+t_n b$。扩展欧几里得算法最大的好处是它只通过一遍欧几里得算法步骤来找出 a 和 b 的贝祖系数，而不像正文中的方法采用两遍步骤。

41. 利用扩展欧几里得算法把 $\gcd(26，91)$ 表示成 26 和 91 的线性组合。

42. 利用扩展欧几里得算法把 $\gcd(252，356)$ 表示成 252 和 356 的线性组合。

43. 利用扩展欧几里得算法把 $\gcd(144，89)$ 表示成 144 和 89 的线性组合。

44. 利用扩展欧几里得算法把 $\gcd(1001，100 001)$ 表示成 1001 和 100 001 的线性组合。

45. 用伪代码描述扩展欧几里得算法。

46. 找出恰有 n 个不同正因数的最小正整数，其中 n 是

a)3   b)4   c)5

d)6   e)10

47. 试找出和素数或素因子分解式相关、用以计算序列第 n 项的公式或规则，使得序列的初始项为下面给出的这些值。

a)0，1，1，0，1，0，1，0，0，0，1，0，1，$\cdots$

b)1，2，3，2，5，2，7，2，3，2，11，2，13，2，$\cdots$

c)1，2，2，3，2，4，2，4，3，4，2，6，2，4，$\cdots$

d)1，1，1，0，1，1，1，0，0，1，1，0，1，1，$\cdots$

e)1，2，3，3，5，5，7，7，7，7，11，11，13，13，$\cdots$

f)1，2，6，30，210，2310，30 030，510 510，9 699 690，223 092 870，$\cdots$

48. 试找出和素数或素因子分解式相关、用以计算序列第 n 项的公式或规则，使得序列的初始项为下面给出的这些值。

a)2，2，3，5，5，7，7，11，11，11，11，13，13，$\cdots$

b)0，1，2，2，3，3，4，4，4，4，5，5，6，6，$\cdots$

c)1，0，0，1，0，1，0，1，1，1，0，1，0，1，$\cdots$

d)1，-1，-1，0，-1，1，-1，0，0，1，-1，0，-1，1，1，$\cdots$

e)1，1，1，1，1，0，1，1，1，0，1，0，1，0，0，$\cdots$

f)4，9，25，49，121，169，289，361，529，841，961，1369，$\cdots$

49. 证明任何 3 个连续整数的乘积可以被 6 整除。

50. 证明如果 a，b 和 m 为整数使得 $m\geqslant2$ 且 $a\equiv b(\bmod m)$，则 $\gcd(a，m)=\gcd(b，m)$。

*51. 证明或反驳当 n 为正整数时 $n^2-79n+1601$ 为素数。

52. 证明或反驳对应每个正整数 n 有 $p_1 p_2\cdots p_n+1$ 是素数，其中 p_1，p_2，$\cdots$，p_n 是 n 个最小的素数。

53. 证明在每个算术级数 $ak+b$，$k=1，2，\cdots$ 中存在一个合数，其中 a 和 b 是正整数。

54. 改编正文中关于存在无限多个素数的证明来证明存在无限多个形如 $3k+2$ 的素数，这里 k 是非负整数。［提示：假设只有有限多个这样的素数 q_1，q_2，$\cdots$，q_n，考虑这个数 $3q_1 q_2\cdots q_n-1$。］

55. 改编正文中关于存在无限多个素数的证明来证明存在无限多个形如 $4k+3$ 的素数，这里 k 是非负整数。［提示：假设只有有限多个这样的素数 q_1，q_2，$\cdots$，q_n，考虑这个数 $4q_1 q_2\cdots q_n-1$。］

*56. 通过构造一个函数来证明正有理数集合是可数的，该函数将满足 $\gcd(p，q)=1$ 的有理数 p/q 映射到一个这样构造的十一进制数，p 的十进制表示后面紧跟一个十一进制数字 A（A 对应于十进制数的

10)再后面紧跟 q 的十进制表示。

*57. 通过证明函数 K 是正有理数集合和正整数集合之间的一一对应关系来证明正有理数集合是可数的：$K(m/n) = p_1^{2a_1} p_2^{2a_2} \cdots p_s^{2a_s} q_1^{2b_1-1} q_2^{2b_2-1} \cdots q_t^{2b_t-1}$，其中 $\gcd(m, n) = 1$ 并且 m 和 n 的素数幂分解式是 $m = p_1^{a_1} p_2^{a_2} \cdots p_s^{a_s}$ 和 $n = q_1^{b_1} q_2^{b_2} \cdots q_t^{b_t}$。

4.4　求解同余方程

4.4.1　引言

求解形如 $ax \equiv b \pmod{m}$ 的线性同余方程是数论研究及其应用中的一项基本任务，如同解线性方程在微积分和线性代数中起着重要作用一样。要求解线性同余方程，要采用模 m 的逆。我们将解释如何通过欧几里得算法步骤的反向运算找到模 m 的逆。一旦找到 a 模 m 的逆，我们就可以通过在同余方程 $ax \equiv b \pmod{m}$ 两边乘以这个逆来解该同余方程。

线性同余方程组在古时候就有研究。例如，在公元 1 世纪中国数学家孙子就开始研究了。我们将介绍如何求解模数两两互素的线性同余方程组。我们要证明的结论称为中国余数定理，而我们的证明将给出一个方法来寻找这样的同余方程组的全部解。我们还会展示如何用中国余数定理作为执行大整数算术的基础。

我们将介绍费马的一个很有用的结论，称为费马小定理，它阐述如果 p 是素数且 p 不整除 a，则 $a^{p-1} \equiv 1 \pmod{p}$。还会要检查该命题的逆命题，这会导致一个伪素数的概念。一个相对以 a 为基数的伪素数 m 是一个整数合数 m，由于满足同余式 $a^{m-1} \equiv 1 \pmod{m}$ 而伪装成素数。我们还会给出卡米切尔数的一个例子，这是一个整数合数，它是一个相对于所有与之互素的数 a 为基数的伪素数。

我们还要介绍离散对数的概念，它和普通对数类似。为了定义离散对数，必须首先定义原根（primitive root）。一个素数 p 的原根是一个整数 r，使得每个不能被 p 整除的整数都模 p 同余 r 的一个幂次。如果 r 是 p 的一个原根且 $r^e \equiv a \pmod{p}$，则 e 是以 r 为底 a 模 p 的离散对数。一般来说寻找离散对数是一个非常困难的问题。这个问题的困难性也就成为了许多密码系统安全性的基础。

4.4.2　线性同余方程

具有下面形式的同余方程

$$ax \equiv b \pmod{m}$$

其中 m 为正整数，a 和 b 为整数，而 x 为变量，称为**线性同余方程**。在数论及其应用中到处可见这种同余方程。

怎样求解线性同余方程 $ax \equiv b \pmod{m}$ 呢？即，如何能找出所有满足这一同余方程的整数 x 呢？我们要介绍的一个方法是利用使得 $\bar{a}a \equiv 1 \pmod{m}$ 成立的整数 $\bar{a}$，如果这样的整数存在。这样的整数 $\bar{a}$ 称为 a 模 m 的**逆**。当 a 和 m 互素时，定理 1 能保证 a 模 m 的逆存在。

定理 1　如果 a 和 m 为互素的整数且 $m > 1$，则 a 模 m 的逆存在。再者，这个模 m 的逆是唯一的。（即，存在唯一小于 m 的正整数 $\bar{a}$ 是 a 模 m 的逆，并且 a 模 m 的其他每个逆均和 $\bar{a}$ 模 m 同余。）

证明　由 4.3 节定理 6，因为 $\gcd(a, m) = 1$，所以存在整数 s 和 t 使得

$$sa + tm = 1$$

这蕴含着

$$sa + tm \equiv 1 \pmod{m}$$

因为 $tm \equiv 0 \pmod{m}$，所以有

$$sa \equiv 1 \pmod{m}$$

因此，s 为 a 模 m 的逆。证明该模 m 的逆是唯一的留作练习 7。

当 m 很小时可以利用察看的方式寻找 a 模 m 的逆。要寻找这个逆，我们寻找一个 a 的倍数，它比 m 的一个倍数大 1。例如，要寻找 3 模 7 的逆，我们可以寻找 $j\cdot 3$，$j=1$，2，…，6，直到找到 3 的一个倍数正好比 7 的一个倍数多 1 为止。如果我们注意到 $2\cdot 3\equiv -1(\bmod 7)$ 就可以加速该过程。这意味着 $(-2)\cdot 3\equiv 1(\bmod 7)$。因此，$5\cdot 3\equiv 1(\bmod 7)$，所以 5 就是 3 模 7 的一个逆。

当 $\gcd(a,m)=1$ 时我们可以利用欧几里得算法的步骤设计一个比蛮力更有效的算法来寻找 a 模 m 的逆。就像 4.3 节例 17 一样颠倒算法步骤，我们可以找到一个线性组合 $sa+tm=1$，其中 s 和 t 是整数。在这个模 m 方程的两边做简化可知 s 是 a 模 m 的一个逆。用例 1 解释这一过程。

例 1 通过首先找出 3 和 7 的贝祖系数来求 3 模 7 的逆。（注意我们通过察看已经证明了 5 是 3 模 7 的一个逆。）

解 因为 $\gcd(3,7)=1$，所以定理 1 说明 3 模 7 的逆存在。当用欧几里得算法来求 3 和 7 的最大公约数时算法很快结束：

$$7=2\cdot 3+1$$

从这一等式看到

$$-2\cdot 3+1\cdot 7=1$$

这表明 -2 和 1 是 3 和 7 的贝祖系数。可见 -2 是 3 模 7 的一个逆。注意，与 -2 模 7 同余的每个整数也是 3 的逆，例如 5、-9、12 等。 ◀

例 2 找出 101 模 4620 的逆。

解 为了完整性，我们给出用来计算 101 模 4620 的逆的全部步骤。（只有最后一步超出了 4.3 节介绍的方法，并在那里的例 17 中做了解释。）首先，用欧几里得算法证明 $\gcd(101, 4620)=1$。然后颠倒步骤找出贝祖系数 a 和 b 使得 $101a+4620b=1$。于是可推出 a 是 101 模 4620 的一个逆。欧几里得算法用于寻找 $\gcd(101,4620)$ 的步骤是

$$4620=45\cdot 101+75$$
$$101=1\cdot 75+26$$
$$75=2\cdot 26+23$$
$$26=1\cdot 23+3$$
$$23=7\cdot 3+2$$
$$3=1\cdot 2+1$$
$$2=2\cdot 1$$

因为最后非零余数是 1，所以可知 $\gcd(101,4620)=1$。可以通过反向操作这些步骤，用连续的余数对表示 $\gcd(101,4620)=1$，从而找出 101 和 4620 的贝祖系数，在每一步通过将余数表示成除数和被除数的线性组合来消除余数。我们得到

$$1=3-1\cdot 2$$
$$=3-1\cdot(23-7\cdot 3)=-1\cdot 23+8\cdot 3$$
$$=-1\cdot 23+8\cdot(26-1\cdot 23)=8\cdot 26-9\cdot 23$$
$$=8\cdot 26-9\cdot(75-2\cdot 26)=-9\cdot 75+26\cdot 26$$
$$=-9\cdot 75+26\cdot(101-1\cdot 75)=26\cdot 101-35\cdot 75$$
$$=26\cdot 101-35\cdot(4620-45\cdot 101)=-35\cdot 4620+1601\cdot 101$$

$-35\cdot 4620+1601\cdot 101=1$ 告诉我们 -35 和 1601 是 4620 和 101 的贝祖系数，而 1601 是 101 模 4620 的逆。 ◀

一旦有了 a 模 m 的逆 $\bar{a}$，就可以通过在线性同余方程两边同时乘以 $\bar{a}$ 来求解同余方程 $ax\equiv b(\bmod m)$，如例 3 所示。

例 3 线性同余方程 $3x\equiv 4(\bmod 7)$ 的解是什么？

解　从例 1 知道 −2 是 3 模 7 的逆。在同余式两边同乘以 −2 得

$$-2 \cdot 3x \equiv -2 \cdot 4 (\bmod 7)$$

因为 $-6 \equiv 1(\bmod 7)$ 且 $-8 \equiv 6(\bmod 7)$，所以如果 x 是解，则有 $x \equiv -8 \equiv 6(\bmod 7)$。

我们需要判断是否每个满足 $x \equiv 6(\bmod 7)$ 的都是解。假定 $x \equiv 6(\bmod 7)$。则由 4.1 节定理 5，可得

$$3x \equiv 3 \cdot 6 = 18 \equiv 4(\bmod 7)$$

这表明所有这样的 x 都满足同余方程。从而得出结论同余方程的解是使得 $x \equiv 6(\bmod 7)$ 的整数 x，即 6，13，20，…以及 −1，−8，−15，…。　◀

4.4.3　中国剩余定理

线性同余方程组十分常见。例如，稍后会看到这是一种用来做大整数算术的基础。甚至可以在古代中国和印度数学家的著作中找到以文字游戏体现出来的这种方程组，如例 4 所给出的。

例 4　在公元 1 世纪，中国数学家孙子问道："有物不知其数，三分之余二，五分之余三，七分之余二，此物几何？"

这个谜题可以翻译成下面的问题：下列同余方程组的解什么？

$$x \equiv 2(\bmod 3)$$
$$x \equiv 3(\bmod 5)$$
$$x \equiv 2(\bmod 7)$$

我们将在稍后求解这一方程组，同时也回答孙子谜题。　◀

中国剩余定理，因涉及线性同余方程组的中国古典问题而得名，当线性同余方程组的模数两两互素时，存在以所有模数之乘积为模的唯一解。

> **定理 2**　中国剩余定理。令 m_1，m_2，…，m_n 为大于 1 的两两互素的正整数，而 a_1，a_2，…，a_n 是任意整数。则同余方程组
>
> $$x \equiv a_1(\bmod m_1)$$
> $$x \equiv a_2(\bmod m_2)$$
> $$\vdots$$
> $$x \equiv a_n(\bmod m_n)$$
>
> 有唯一的模 $m = m_1 m_2 \cdots m_n$ 的解。（即，存在一个满足 $0 \leqslant x \leqslant m$ 的解 x，而所有其他的解均与此解模 m 同余。）

证明　要建立这一定理，需要证明有一个解存在。而且在模 m 下唯一。我们描述一个构造这个解的方法以证明解的存在。而对该解模 m 唯一的证明留作练习 30。

要构造一个满足所有方程的解，首先令

$$M_k = m/m_k$$

$k = 1$，2，…，n。即 M_k 是除 m_k 以外所有模数的乘积。因为当 $i \neq k$ 时 m_i 和 m_k 没有大于 1 的公因子，可得 $\gcd(m_k, M_k) = 1$。因此，由定理 1 可知存在整数 y_k，即 M_k 模 m_k 的逆，使得

$$M_k y_k \equiv 1(\bmod m_k)$$

要构造一个满足所有方程的解，取和

$$x = a_1 M_1 y_1 + a_2 M_2 y_2 + \cdots + a_n M_n y_n$$

现在要证明 x 是方程组的解。首先，注意到因为当 $j \neq k$ 时有 $M_j \equiv 0(\bmod m_k)$，在 x 的求和式中除第 k 项以外的各项模 m_k 均同余于 0。由于 $M_k y_k \equiv 1(\bmod m_k)$，可看出

$$x \equiv a_k M_k y_k \equiv a_k(\bmod m_k)$$

$k = 1$，2，…，n。这就证明了 x 同时是这 n 个同余方程的解。　◀

例 5 解释了怎样用中国剩余定理的证明中给出的构造法来求解同余方程组。并求解由孙子

谜题引出的例 4 中的方程组。

例 5   要求解例 4 中的同余方程组，首先令 $m=3 \cdot 5 \cdot 7=105$，$M_1=m/3=35$，$M_2=m/5=21$，$M_3=m/7=15$。可以看出 2 是 $M_1=35$ 模 3 的逆，因为 $35 \cdot 2 \equiv 2 \cdot 2 \equiv 1 (\bmod\ 3)$；1 是 $M_2=21$ 模 5 的逆，因为 $21 \equiv 1 (\bmod\ 5)$；1 也是 $M_3=15$ 的模 7 逆，因为 $15 \equiv 1 (\bmod\ 7)$。该方程组的解是那些满足下列式子的 x：

$$x \equiv a_1 M_1 y_1 + a_2 M_2 y_2 + a_3 M_3 y_3 = 2 \cdot 35 \cdot 2 + 3 \cdot 21 \cdot 1 + 2 \cdot 15 \cdot 1$$
$$= 233 \equiv 23 (\bmod\ 105)$$

从而得出 23 是方程组的最小正整数解。我们的结论是 23 是最小的正整数满足除以 3 时余 2，除以 5 时余 3，除以 7 时余 2。   ◀

尽管定理 2 的构造法提供了一个通用方法来求解模数两两互素的同余方程组，但还可以用不同的方法更容易地求解方程组。例 6 解释了利用一种称为是**反向替换的方法**。

例 6   利用反向替换方法找出所有整数 x 使得 $x \equiv 1 (\bmod\ 5)$，$x \equiv 2 (\bmod\ 6)$，和 $x \equiv 3 (\bmod\ 7)$ 成立。

解   由 4.1 节定理 4 可知，第一个同余方程可以重写为一个等式 $x=5t+1$，这里 t 是一个整数。用这个表达式替换第二个同余方程中的 x，可得

$$5t+1 \equiv 2 (\bmod\ 6)$$

这容易解得 $t \equiv 5 (\bmod\ 6)$（读者应该能验证）。再次应用 4.1 节定理 4，可得 $t=6u+5$，这里 u 是一个整数。用这个表达式反向替换等式 $x=5t+1$ 中的 t 可得 $x=5(6u+5)+1=30u+26$。再用这个替换第三个同余方程，得到

$$30u+26 \equiv 3 (\bmod\ 7)$$

解该同余方程可得 $u \equiv 6 (\bmod\ 7)$（读者应该能验证）。故，4.1 节定理 4 告诉我们 $u=7v+6$，这里 v 是一个整数。用这个表达式替换等式 $x=30u+26$ 中的 u 可得 $x=30(7v+6)+26=210v+206$。将这个翻译成一个同余式，就找到了同余方程组的解，

$$x \equiv 206 (\bmod\ 210)$$ ◀

4.4.4   大整数的计算机算术

假定 m_1，m_2，$\cdots$，m_n 是两两互素的模数，并令 m 为其乘积。根据中国剩余定理可以证明（见练习 28）满足 $0 \leqslant a < m$ 的整数 a 可唯一地表示为一个 n 元组，其元素由 a 除以 m_i 的余数组成，$i=1$，2，$\cdots$，n。即，a 可以唯一地表示为

$$(a \bmod m_1, a \bmod m_2, \cdots, a \bmod m_n)$$

例 7   当整数用序偶（第一分量是该整数除以 3 的余数，第二分量是该整数除以 4 的余数）来表示时，表示小于 12 的非负整数的序偶是什么？

解   通过找出每个整数除以 3 和除以 4 的余数，得到下列表示式：

$$0=(0,0) \quad 4=(1,0) \quad 8=(2,0)$$
$$1=(1,1) \quad 5=(2,1) \quad 9=(0,1)$$
$$2=(2,2) \quad 6=(0,2) \quad 10=(1,2)$$
$$3=(0,3) \quad 7=(1,3) \quad 11=(2,3)$$
    ◀

要对大整数做算术运算，我们选择模数 m_1，m_2，$\cdots$，m_n，其中每个 m_i 都是大于 2 的整数，当 $i \neq j$ 时 $\gcd(m_i, m_j)=1$，且 $m=m_1 m_2 \cdots m_n$ 是大于我们要执行的算术运算的结果。

一旦选定模数，大整数算术运算就可以通过在表示这些整数的 n 元组分量（大整数除以 m_i 的余数，$i=1$，2，$\cdots$，n）上做运算来完成。一旦计算出结果的每个分量值，就可以通过求解 n 个模 m_i 同余方程（$i=1$，2，$\cdots$，n）来恢复结果的值。大整数算术的这种方法有几个优点。首先，可以用来完成通常在一台计算机上不能做的大整数算术。其次，对不同模数的计算可以并行操作，加快计算速度。

例 8 假定在某台处理器上做小于 100 的整数算术运算比做大整数算术快得多。如果我们把整数表示为除以 100 以内两两互素的模的余数，就几乎可以将所有计算限制在 100 以内的整数上。例如，可以用 99，98，97 和 95 作为模数。（这些整数是两两互素的，因为没有大于 1 的公因子。）

根据中国剩余定理，每个小于 99·98·97·95＝89 403 930 的非负整数均可唯一地用该整数除以这四个模数的余数表示。例如，把 123 684 表示为(33，8，9，89)，因为 123 684 **mod** 99＝33，123 684 **mod** 98＝8，123 684 **mod** 97＝9 及 123 684 **mod** 95＝89。类似地，413 456 可表示为(32，92，42，16)。

欲求 123 684 和 413 456 的和，我们针对这些四元组而非直接针对这两个整数做运算。我们把四元组的对应分量相加，再按相应的模数压缩各分量。这样可得

$$(33,8,9,89)+(32,92,42,16)$$
$$=(65 \bmod 99, 100 \bmod 98, 51 \bmod 97, 105 \bmod 95)$$
$$=(65,2,51,10)$$

要找出和，即(65，2，51，10)所表示的整数，需要求解同余方程组

$$x \equiv 65(\bmod\ 99)$$
$$x \equiv 2(\bmod\ 98)$$
$$x \equiv 51(\bmod\ 97)$$
$$x \equiv 10(\bmod\ 95)$$

可以证明(参见练习 53)537 140 是方程组唯一小于 89 403 930 的非负解。因此，537 140 是所求的和。注意只有当我们需要恢复(65，2，51，10)所表示的整数时，才必须做大于 100 的整数算术运算。◀

对于一组形为 2^k-1 的整数，其中 k 为正整数，做大整数模算术运算是最好的选择，因为这种整数的二进制模算术很容易完成，而且也容易找到两两互素的这样一组整数。〔第二个理由是基于 4.3 节练习 37 证明的 $\gcd(2^a-1, 2^b-1)=2^{\gcd(a,b)}-1$ 这一事实。〕例如，假定在计算机上很容易完成 2^{35} 以内的整数算术，但更大整数的运算则要求有专门的运算过程。我们可以使用小于 2^{35} 两两互素的模数来对大到模数乘积的整数做算术运算。例如，就像 4.3 节练习 38 所证明的，整数 $2^{35}-1$，$2^{34}-1$，$2^{33}-1$，$2^{31}-1$，$2^{29}-1$ 和 $2^{23}-1$ 是两两互素的。因为这 6 个模数的乘积超过 2^{184}，我们可以通过用这 6 个不超过 2^{35} 的模数做模算术运算来完成大到 2^{184} 的整数算术运算(只要运算结果也不超过这个数)。

4.4.5 费马小定理

法国大数学家皮埃尔·德·费马是 17 世纪上半叶最重要的数学家之一，在数论领域做出了许多重要发现。其中一个非常有用的发现阐述当 p 是素数而 a 是一个不能被 p 整除的整数时 p 整除 $a^{p-1}-1$。费马在给他的一个通信者的信中公布了这个结果。可是，他在信中并没有加入证明，说是担心证明会太长。尽管费马从来没有发表过这个事实的证明，但没有人怀疑他知道如何证明之，而不像对待费马大定理的证明那样。第一个公开发表的证明归功于莱昂哈德·欧拉。我们用同余式来叙述这个定理。

定理 3　费马小定理. 如果 p 为素数，a 是一个不能被 p 整除的整数，则

$$a^{p-1} \equiv 1(\bmod\ p)$$

再者，对每个整数 a 都有

$$a^p \equiv a(\bmod\ p)$$

评注　费马小定理告诉我们如果 $a \in \mathbf{Z}_p$，则 $a^{p-1}=1$ 也在 $\mathbf{Z}_p$ 中。

定理 5 的证明要点参见练习 19。

费马小定理在计算整数高次幂的模 p 余数时非常有用，如例 9 所示。

例 9 计算 $7^{222}\bmod 11$。

解 我们利用费马小定理来计算 $7^{222}\bmod 11$ 而不采用快速模指数算法。由费马小定理可知 $7^{10}\equiv 1(\bmod 11)$，所以对每个正整数 k 有 $(7^{10})^k\equiv 1(\bmod 11)$。为了利用这最后一个同余式，我们将指数 222 除以 10，得 $222=22\cdot 10+2$。可以看出

$$7^{222}=7^{22\cdot 10+2}=(7^{10})^{22}7^2\equiv(1)^{22}\cdot 49\equiv 5(\bmod 11)$$

从而得 $7^{222}\bmod 11=5$。 ◀

例 9 解释了如何利用费马小定理来计算 $a^n\bmod p$，其中 p 是素数且 $p\nmid a$。首先，当 n 除以 $p-1$ 时，我们利用除法算法找出商 q 和余数 r，使得 $n=q(p-1)+r$ 其中 $0\leqslant r<p-1$。随即可得 $a^n=a^{q(p-1)+r}=(a^{p-1})^q a^r\equiv 1^q a^r\equiv a^r(\bmod p)$。故，为了计算 $a^n\bmod p$，我们只需计算 $a^r\bmod p$。在数论学习中我们会多次利用这种化简带来的好处。

4.4.6 伪素数

在 4.25 节证明了一个整数 n 是素数当它不能被任何 $p\leqslant\sqrt{n}$ 的素数 p 整除。遗憾的是，用这一标准来证明给定的整数为素数效率不高。它要求找出所有不超过 $\sqrt{n}$ 的素数，还要用这些素数通过试除法来看是否能整除 n。

有没有效率较高的方法能判断一个整数是否为素数呢？根据一些消息来源，古代中国数学家相信 n 为奇素数当且仅当

$$2^{n-1}\equiv 1(\bmod n)$$

如果这一结论成立，就可以提供一个有效的素数测试方法。为什么他们相信这一同余式能用来判断大于 2 的整数 n 是否为素数呢？首先，他们观察到当 n 为奇素数时该同余式成立。例如，5 是素数，而且

$$2^{5-1}=2^4=16\equiv 1(\bmod 5)$$

由费马小定理可知这一观察是正确的，即当 n 是奇素数时有 $2^{n-1}\equiv 1(\bmod n)$。其次，他们从未找到能使这个同余式成立的合数。可是，古代中国数学家并非全对。他们所认为的只要 n 是素数则该同余式成立是对的，但他们所得出的结论如果同余式成立则 n 就是素数是不正确的。

不幸的是，存在合数 n 使得 $2^{n-1}\equiv 1(\bmod n)$。这种整数称为以 2 为基数的**伪素数**。

例 10 整数 341 是以 2 为基数的伪素数，因为它是合数（$341=11\cdot 31$），而且练习 37 中证明了

$$2^{340}\equiv 1(\bmod 341)$$

研究伪素数时还可以使用大于 2 的整数为基数。 ◀

定义 1 令 b 是一个正整数。如果 n 是一个正合数且 $b^{n-1}\equiv 1(\bmod n)$，则 n 称为以 b 为基数的伪素数。

Links ▶

©PHOTOS.com/Getty Images

皮埃尔·德·费马（Pierre de Fermat，1601—1665） 费马是 17 世纪最重要的数学家之一，是一位职业律师。他是历史上最著名的业余数学家。费马的数学发现很少发表。我们从他与其他数学家的通信中了解他的工作。费马是解析几何的发明者之一，并且建立了微积分的一些基本概念。费马和帕斯卡一起为概率论建立了数学基础。费马提出了现在最有名的悬而未决的数学问题。他断定当 n 为大于 2 的整数时，方程 $x^n+y^n=z^n$ 没有非平凡的正整数解。300 多年来人们都没有找到证明（或反例）。在他那本古希腊数学家丢番图（Diophantus）的著作中，费马写道他有一个证明但是页边空白写不下了。由于 1994 年安德鲁·怀尔斯（Andrew Wiles）所给出的第一个证明依赖复杂的现代数学，所以多数人认为费马自以为有了一个证明，但那证明是不正确的。不过也许是因为自己不能给出证明，所以他以此诱惑别人去寻找证明。

给定正整数 n，判断是否有 $2^{n-1} \equiv 1 \pmod n$ 确实是一个有用的测试，它能够提供一些关于 n 是否为素数的证据。特别是，如果 n 满足这个同余式，则 n 要么是素数，要么是以 2 为基数的伪素数；如果 n 不满足这个同余式，则 n 是合数。可以用 2 以外的基数 b 进行类似的测试，以获得 n 是否为素数的更多证据。如果 n 通过所有这些测试，则 n 要么是素数，要么是以所有所选 b 为基数的伪素数。再者，在不超过 x 的正整数中，其中 x 是正实数，与素数相比，以 b 为基数的伪素数要少得多，其中 b 是正整数。例如，小于 10^{10} 的整数中有 $455\ 052\ 512$ 个素数，但只有 $14\ 884$ 个以 2 为基数的伪素数。可惜的是，不能通过选择足够多的基数来区分素数与伪素数，因为有些正整数能通过满足 $\gcd(b, n)=1$ 的基数的所有测试。这引出了定义 2。

定义 2　一个正合数 n 如果对于所有满足 $\gcd(b, n)=1$ 的正整数 b 都有同余式 $b^{n-1} \equiv 1 \pmod n$ 成立，则称为卡米切尔数。（这些数以罗伯特·卡米切尔的名字命名，他在 20 世纪早期研究这些数。）

例 11　整数 561 是卡米切尔数。为了说明这一点，首先注意 561 是合数，因为 $561 = 3 \cdot 11 \cdot 17$。其次，注意到如果 $\gcd(b, 561)=1$，则 $\gcd(b, 3)=\gcd(b, 11)=\gcd(b, 17)=1$。

利用费马小定理可得到
$$b^2 \equiv 1 \pmod 3, \quad b^{10} \equiv 1 \pmod{11}, \quad b^{16} \equiv 1 \pmod{17}$$

从而有
$$b^{560} = (b^2)^{280} \equiv 1 \pmod 3$$
$$b^{560} = (b^{10})^{56} \equiv 1 \pmod{11}$$
$$b^{560} = (b^{16})^{35} \equiv 1 \pmod{17}$$

根据练习 29 可得，对于所有满足 $\gcd(b, 561)=1$ 的正整数 b 都有 $b^{560} \equiv 1 \pmod{561}$。因此，561 是卡米切尔数。◀

尽管存在无限多个卡米切尔数，但可以设计更精细的测试，如练习中所描述的，作为有效的随机素数性测试的基础。这种测试可用来迅速证明一个给定的整数几乎肯定是素数。更准确地说，如果一个整数不是素数，则这个整数通过一系列测试的概率接近于 0。第 7 章将描述这样一个测试，并讨论这个测试所依赖的一些概率论中的概念。这些随机的素数性测试能够而且已经用于在计算机上非常迅速地寻找大素数。

4.4.7　原根和离散对数

在正实数集合中，如果 $b > 1$ 且 $x = b^y$，我们说 y 是以 b 为底 x 的对数。这里，我们要说明也能定义模 p 的对数概念，这里 p 是一个素数。在这之前，我们需要一个定义。

定义 3　模素数 p 的一个原根是 $\mathbf{Z}_p$ 中的整数 r，使得 $\mathbf{Z}_p$ 中的每个非零元素都是 r 的一个幂次。

例 12　判定 2 和 3 是否是模 11 的原根。

Links ▶

罗伯特·丹尼尔·卡米切尔（Robert Daniel Carmichael，1879—1967）　卡米切尔出生在亚拉巴马州。1898 年他获得 Lineville 学院的学士学位，1911 年获得普林斯顿大学的博士学位。1911～1915 年卡米切尔在印第安纳大学任职，1915～1947 年在伊利诺伊大学任职。卡米切尔是一位活跃的研究者，研究领域广泛，包括数论、实分析、微分方程、数学物理以及群论。他的博士论文是在 G. D. 伯克霍夫的指导下完成的，这篇论文被认为是美国人对微分方程的专题所做出的第一份显著贡献。

解 当我们在 $\mathbf{Z}_{11}$ 中计算 2 的幂次时，可得 $2^1=2$，$2^2=4$，$2^3=8$，$2^4=5$，$2^5=10$，$2^6=9$，$2^7=7$，$2^8=3$，$2^9=6$，$2^{10}=1$。因为 $\mathbf{Z}_{11}$ 中的每个非零元素都是 2 的一个幂次，所以 2 是 11 的原根。

当我们在 $\mathbf{Z}_{11}$ 中计算 3 的幂次时，可得 $3^1=3$，$3^2=9$，$3^3=5$，$3^4=4$，$3^5=1$。我们注意到当计算 3 的更高幂次时这个模式会重复。因为 $\mathbf{Z}_{11}$ 中不是所有非零元素都是 3 的一个幂次，所以可得结论 3 不是 11 的原根。 ◀

数论中一个重要的事实是对于每个素数 p 都存在一个模 p 的原根。该事实的证明读者可以参考[Ro10]。假设 p 是一个素数而 r 是一个模 p 的原根。如果 a 是介于 1 和 $p-1$ 之间的一个整数，即 $\mathbf{Z}_p$ 中的元素，我们知道存在唯一的指数 e 使得 $r^e=a$ 在 $\mathbf{Z}_p$ 中，即 $r^e \bmod p=a$。

> **定义 4** 假设 p 是一个素数，r 是一个模 p 的原根，而 a 是介于(含)1 和 $p-1$ 之间的一个整数。如果 $r^e \bmod p=a$ 且 $0 \le e \le p-1$，我们说 e 是以 r 为底 a 模 p 的离散对数，并写作 $\log_r a=e$(这里隐含理解为有素数 p)。

例 13 试找出以 2 为底 3 和 5 模 11 的离散对数。

解 在例 12 中计算模 11 的 2 幂次时，得到 $2^8=3$ 和 $2^4=5$ 都在 $\mathbf{Z}_{11}$ 中。故，以 2 为底 3 和 5 模 11 的离散对数分别是 8 和 4。(这些是 2 的幂次，它们分别等于 $\mathbf{Z}_{11}$ 中的 3 和 5。)我们写成 $\log_2 3=8$ 和 $\log_2 5=4$(这里要理解有模数 11，只是没有显式地在记号中注明)。 ◀

离散对数问题的输入是一个素数 p、一个模 p 的原根 r 和一个正整数 $a \in \mathbf{Z}_p$，而输出是以 r 为底 a 模 p 的离散对数。尽管这个问题可能看起来不难，但实质上没有已知的多项式时间算法可以求解它。这个问题的难度在密码学中起着重要的作用，4.6 节将会介绍。

练习

1. 证明 15 是 7 模 26 的逆。

2. 证明 937 是 13 模 2436 的逆。

3. 通过查看(就像例 1 前所讨论的)，找出 4 模 9 的逆。

4. 通过查看(就像例 1 前所讨论的)，找出 2 模 17 的逆。

5. 用例 2 中的方法对下列每对互素的整数找出 a 模 m 的逆。
   a)$a=4$，$m=9$ b)$a=19$，$m=141$ c)$a=55$，$m=89$ d)$a=89$，$m=232$

6. 用例 2 中的方法对下列每对互素的整数找出 a 模 m 的逆。
   a)$a=2$，$m=17$ b)$a=34$，$m=89$ c)$a=144$，$m=233$ d)$a=200$，$m=1001$

* 7. 证明如果 a 和 m 是互素的正整数，则 a 模 m 的逆是模 m 唯一的。[提示：假定同余式 $ax \equiv 1 \pmod{m}$ 有两个解 b 和 c。再用定理 7 证明 $b \equiv c \pmod{m}$。]

8. 证明如果 $\gcd(a,m)>1$，这里 a 是整数而 $m>2$ 是正整数，则 a 模 m 的逆不存在。

9. 解同余方程 $4x \equiv 5 \pmod{9}$，利用练习 5a 中找到的 4 模 9 的逆。

10. 解同余方程 $2x \equiv 7 \pmod{17}$，利用练习 6a 中找到的 2 模 17 的逆。

11. 利用练习 5b、c 和 d 中找到的模的逆求解下列同余方程。
   a)$19x \equiv 4 \pmod{141}$ b)$55x \equiv 34 \pmod{89}$ c)$89x \equiv 2 \pmod{232}$

12. 利用练习 6b、c 和 d 中找到的模的逆求解下列同余方程。
   a)$34x \equiv 77 \pmod{89}$ b)$144x \equiv 4 \pmod{233}$ c)$200x \equiv 13 \pmod{1001}$

13. 找出同余方程 $15x^2+19x \equiv 5 \pmod{11}$ 的解。[提示：证明该同余方程等价于同余方程 $15x^2+19x+6 \equiv 0 \pmod{11}$。对同余方程左边做因子分解，证明二次同余方程的解就是两个不同的线性同余方程之一的解。]

14. 找出同余方程 $12x^2+25x \equiv 10 \pmod{11}$ 的解。[提示：证明该同余方程等价于同余方程 $12x^2+25x+12 \equiv 0 \pmod{11}$。对同余方程左边做因子分解，证明二次同余方程的解就是两个不同的线性同余方程之一的解。]

* 15. 证明如果 m 是大于 1 的正整数，而 $ac \equiv bc \pmod{m}$，则 $a \equiv b \pmod{m/\gcd(c,m)}$。

16. a) 证明小于 11 的正整数(除 1 和 10 以外)可以分割成一对整数使得其中的两个整数互为模 11 的逆。

　　b) 用 a 中的结果证明 $10! \equiv -1 \pmod{11}$。

17. 证明如果 p 为素数，则 $x^2 \equiv 1 \pmod{p}$ 仅有的解是满足 $x \equiv 1 \pmod{p}$ 或 $x \equiv -1 \pmod{p}$ 的整数 x。

* 18. a) 推广练习 16a 的结果，即证明如果 p 为素数，则小于 p 的整数，除 1 和 $p-1$ 以外，都可以分割成一对整数使得其中的两个整数互为模 p 的逆。〔提示：利用练习 17 中的结果。〕

　　b) 从 a 可以断定，只要 p 是素数则有 $(p-1)! \equiv -1 \pmod{p}$。这一结果称为**威尔逊定理**(Wilson's theorem)。

　　c) 如果 n 为正整数使得 $(n-1)! \not\equiv -1 \pmod{n}$，我们可以得出什么结论？

* 19. 本题给出了费马小定理的证明的概要。

　　a) 假定 a 不能被素数 p 整除。证明整数 $1 \cdot a$，$2 \cdot a$，$\cdots$，$(p-1)a$ 中的任何两个都不是模 p 同余的。

　　b) 从 a 可以得出 1，2，$\cdots$，$(p-1)$ 的乘积和 a，$2a$，$\cdots$，$(p-1)a$ 的乘积是模 p 同余的。利用这一结论证明

$$(p-1)! \equiv a^{p-1}(p-1)! \pmod{p}$$

　　c) 利用 4.3 节定理 7，再由 b) 可以证明如果 $p \nmid a$，则 $a^{p-1} \equiv 1 \pmod{p}$。〔提示：利用 4.3 节引理 3 证明 p 不能整除 $(p-1)!$，然后再利用 4.3 节定理 7。或者也可以利用练习 18b 的威尔逊定理。〕

　　d) 利用 c 证明 $a^p \equiv a \pmod{p}$ 对所有整数 a 成立。

20. 利用中国剩余定理证明中的构造法找出同余方程组 $x \equiv 2 \pmod{3}$，$x \equiv 1 \pmod{4}$ 和 $x \equiv 3 \pmod{5}$ 的所有解。

21. 利用中国剩余定理证明中的构造法找出同余方程组 $x \equiv 1 \pmod{2}$，$x \equiv 2 \pmod{3}$，$x \equiv 3 \pmod{5}$ 和 $x \equiv 4 \pmod{11}$ 的所有解。

22. 用反向替换方法求解同余方程组 $x \equiv 3 \pmod{6}$ 和 $x \equiv 4 \pmod{7}$。

23. 用反向替换方法求解练习 20 的同余方程组。

24. 用反向替换方法求解练习 21 的同余方程组。

25. 基于中国剩余定理证明中的构造法，写出求解线性同余方程组的伪代码算法。

* 26. 找出同余方程组 $x \equiv 5 \pmod{6}$，$x \equiv 3 \pmod{10}$ 和 $x \equiv 8 \pmod{15}$ 的所有解，如果有解的话。

* 27. 找出同余方程组 $x \equiv 7 \pmod{9}$，$x \equiv 4 \pmod{12}$ 和 $x \equiv 16 \pmod{21}$ 的所有解，如果有解的话。

28. 利用中国剩余定理证明满足 $0 \leqslant a < m = m_1 m_2 \cdots m_n$ 的整数 a，其中正整数 m_1，m_2，$\cdots$，m_n 是两两互素，都能唯一地表示为 n 元组 $(a \bmod m_1, \ a \bmod m_2, \cdots, \ a \bmod m_n)$。

* 29. 令 m_1，m_2，$\cdots$，m_n 为大于等于 2 的整数且两两互素。证明如果 $a \equiv b \pmod{m_i}$，$i = 1, 2, \cdots, n$，则 $a \equiv b \pmod{m}$，其中 $m = m_1 m_2 \cdots m_n$。(这个结果可以用来证明练习 30 中的中国剩余定理。因此，不要用中国剩余定理证明之。)

* 30. 通过证明模两两互素的线性同余方程组的解相对于模数乘积为模时是唯一的来完成中国剩余定理的证明。〔提示：假定 x 和 y 是方程组的两个解。证明对所有 i，$m_i \mid x - y$。再利用练习 29 得出 $m = m_1 m_2 \cdots m_n \mid x - y$。〕

31. 哪些整数被 2 除时余 1，被 3 除时也余 1？

32. 哪些整数被 5 整除而被 3 除时余 1？

33. 利用费马小定理找出 $7^{121} \bmod 13$。

34. 利用费马小定理找出 $23^{1002} \bmod 41$。

35. 利用费马小定理证明如果 p 是素数且 $p \nmid a$，则 a^{p-2} 是 a 模 p 的逆。

36. 利用练习 35 找出 5 模 41 的一个逆。

37. a) 利用费马小定理证明 $2^{340} \equiv 1 \pmod{11}$，注意 $2^{340} = (2^{10})^{34}$。

　　b) 利用 $2^{340} = (2^5)^{68} = 32^{68}$ 这一事实证明 $2^{340} \equiv 1 \pmod{31}$。

　　c) 从 a) 和 b) 推出结论 $2^{340} \equiv 1 \pmod{341}$。

38. a) 利用费马小定理计算 $3^{302} \bmod 5$，$3^{302} \bmod 7$ 和 $3^{302} \bmod 11$。

　　b) 利用 a 中结果及中国剩余定理计算 $3^{302} \bmod 385$。(注意 $385 = 5 \cdot 7 \cdot 11$。)

39. a) 利用费马小定理计算 $5^{2003} \bmod 7$，$5^{2003} \bmod 11$ 及 $5^{2003} \bmod 13$。

　　b) 用 a 中结果及中国剩余定理求 $5^{2003} \bmod 1001$。(注意 $1001 = 7 \cdot 11 \cdot 13$。)

40. 借助于费马小定理证明如果 n 是一个正整数，则 42 能整除 $n^7 - n$。

41. 证明如果 p 是奇素数，则梅森数 $2^p - 1$ 的每个因子都具有 $2kp + 1$ 的形式，其中 k 是非负整数。[提示：利用费马小定理以及 4.3 节练习 37。]

42. 利用练习 41 判定 $M_{13} = 2^{13} - 1 = 8191$ 以及 $M_{23} = 2^{23} - 1 = 8\,388\,607$ 是否是素数。

43. 利用练习 41 判定 $M_{11} = 2^{11} - 1 = 2047$ 以及 $M_{17} = 2^{17} - 1 = 131\,071$ 是否是素数。

☞ 令 n 是正整数，并令 $n - 1 = 2^s t$，其中 s 是非负整数，而 t 是正奇数。如果或者 $b^t \equiv 1 \pmod{n}$，或者对于某个 j，$0 \leqslant j \leqslant s - 1$，$b^{2^j t} \equiv -1 \pmod{n}$，则称 n 通过**以 b 为底的米勒测试**。可以证明（参见[Ro10]）一个合数 n 最多只能通过少于 $n/4$ 个以 b 为底的米勒测试，其中 $1 < b < n$。能通过以 b 为底的米勒测试的正合数 n 称为**以 b 为底的强伪素数**。

* 44. 证明如果 n 是素数，b 是正整数且 $n \nmid b$，则 n 能通过以 b 为底的米勒测试。

45. 通过证明 2047 通过以 2 为底的米勒测试但却是合数来证明 2047 是以 2 为底的强伪素数。

46. 证明 1729 是卡米切尔数。

47. 证明 2821 是卡米切尔数。

* 48. 证明如果 $n = p_1 p_2 \cdots p_k$，其中 p_1，p_2，$\cdots$，p_k 是不同的素数且满足 $p_j - 1 \mid n - 1$，$j = 1$，2，$\cdots$，k，则 n 是卡米切尔数。

49. **a)** 用练习 48 证明每个形如 $(6m + 1)(12m + 1)(18m + 1)$ 的整数都是卡米切尔数，这里 m 是正整数，并且 $6m + 1$、$12m + 1$ 和 $18m + 1$ 都是素数。

b) 用 a 证明 172 947 529 是卡米切尔数。

50. 找出下列各对所表示的小于 28 的非负整数 a，其中每一对都表示(a **mod** 4，a **mod** 7)。

a) $(0, 0)$ **b)** $(1, 0)$ **c)** $(1, 1)$ **d)** $(2, 1)$
e) $(2, 2)$ **f)** $(0, 3)$ **g)** $(2, 0)$ **h)** $(3, 5)$
i) $(3, 6)$

51. 将小于 15 的每个非负整数表示为(a **mod** 3，a **mod** 5)对。

52. 试解释怎样用练习 51 中求出的数对来计算 4 加 7。

53. 求解例 8 中的同余方程组。

54. 证明 2 是 19 的一个原根。

55. 找出 5 和 6 的以 2 为底模 19 的离散对数。

56. 令 p 是一个奇素数而 r 是 p 的原根。证明如果 a 和 b 是 $\mathbf{Z}_p$ 中的正整数，则 $\log_r(ab) \equiv \log_r a + \log_r b \pmod{p - 1}$。

57. 试写出相对于原根 3 的模 17 的离散对数表。

如果 m 是正整数，整数 a 称为 m 的**二次剩余**如果 $\gcd(a, m) = 1$ 且同余式 $x^2 \equiv a \pmod{m}$ 有解。换言之，m 的一个二次剩余是与 m 互素的整数且与一个完全平方数模 m 同余。如果 a 不是 m 的二次剩余且 $\gcd(a, m) = 1$，我们说它是 m 的**二次非剩余**。例如，2 是 7 的二次剩余，因为 $\gcd(2, 7) = 1$ 且 $3^2 \equiv 2 \pmod 7$；而 3 是 7 的二次非剩余，因为 $\gcd(3, 7) = 1$ 但 $x^2 \equiv 3 \pmod 7$ 无解。

58. 哪些整数是 11 的二次剩余？

59. 证明如果 p 是奇素数且 a 是不能被 p 整除的整数，则同余式 $x^2 \equiv a \pmod p$ 要么无解，要么恰有两个模 p 不同余的解。

60. 证明如果 p 是奇素数，则在 1，2，$\cdots$，$p - 1$ 中恰有 $(p-1)/2$ 个 p 的二次剩余。

如果 p 是奇素数而 a 是不能被 p 整除的整数，则**勒让德符号** $\left(\dfrac{a}{p}\right)$ 定义为 1 如果 a 为 p 的二次剩余，否则为 -1。

61. 证明如果 p 为奇素数，而 a 和 b 为整数，满足 $a \equiv b \pmod p$，则

$$\left(\frac{a}{p}\right) = \left(\frac{b}{p}\right)$$

62. 证明欧拉准则，即如果 p 是奇素数且 a 是不能被 p 整除的正整数，则

$$\left(\frac{a}{p}\right) \equiv a^{(p-1)/2} \pmod p$$

[提示：如果 a 是模 p 的二次剩余，则可应用费马小定理；否则，可应用练习 18b 中给出的威尔逊

定理。]

63. 利用练习 62 证明如果 p 是奇素数且 a 和 b 为不能被 p 整除的整数，则

$$\left(\frac{ab}{p}\right) = \left(\frac{a}{p}\right)\left(\frac{b}{p}\right)$$

64. 证明如果 p 是奇素数，则当 $p \equiv 1 \pmod 4$ 时 -1 是 p 的二次剩余，当 $p \equiv 3 \pmod 4$，-1 不是 p 的二次剩余。[提示：利用练习 62。]

65. 找出同余方程 $x^2 \equiv 29 \pmod{35}$ 的所有解。[提示：找出该同余式模 5 和模 7 的解，再利用中国剩余定理。]

66. 找出同余方程 $x^2 \equiv 16 \pmod{105}$ 的所有解。[提示：找出该同余式模 3、模 5 和模 7 的解，再利用中国剩余定理。]

67. 描述一个蛮力算法求解离散对数问题，并找出这个算法最差和平均时间复杂度。

4.5 同余的应用

同余在离散数学、计算机科学以及其他领域有许多应用。本节将介绍三个应用案例：利用同余为计算机文件分配内存地址、伪随机数的生成，以及校验码。

假定一个客户标识码是 10 位数字长。为了快速检索客户资料，我们不会用 10 位数字的标识码对客户记录分配内存地址，而是使用一个与标识码相关的更小的整数。这可以用所谓的散列函数来实现。本节我们要阐述如何用模算术来做散列函数。

构造随机数序列对随机算法、仿真，及其他应用都是很重要的。构造真正的随机数序列是非常困难的，或许是不可能的，因为任何用来生成我们所期望的随机数的方法都可能会按某种隐含的模式产生这些数。因此，已经开发了一些方法用来寻找具有随机数的许多理想性质的数的序列，可以用于许多需要随机数的应用。本节我们将阐述如何利用同余来生成伪随机数序列。好处是这样生成的伪随机数可以快速构造；缺点是它们具有太多的可预见性而不能用于许多任务。

同余还可以用来为各种标识码产生校验码，如标示零售产品的代码、标识书的书号、机票编号等。我们将解释如何用同余来为各种类型的标识码构造校验码，并证明这些校验码可以用来检测这些标识码在印刷过程中出现的某种差错。

4.5.1 散列函数

一家保险公司的中央计算机保存着它的每个客户的档案记录。怎样分配内存地址才能迅速检索到客户记录？这个问题的解就是使用一个适当选择的**散列函数**。记录使用**键**来识别，它可以唯一地识别每个客户的记录。例如，客户记录往往可以用客户的社会安全号作为键来标识。一个散列函数 h 将内存地址 $h(k)$ 分配给以 k 为键值的记录。

在实践中，会用到许多不同的散列函数。最常用的散列函数之一是

$$h(k) = k \bmod m$$

其中 m 是可供使用的内存地址的数目。

散列函数应该易于计算以便快速定位到文件。散列函数 $h(k) = k \bmod m$ 符合这一要求。为了找到 $h(k)$，只需计算当 k 被 m 除时的余数。再者，散列函数还应该是满射的，这样所有内存地址均可利用。函数 $h(k) = k \bmod m$ 也符合这一要求。

例 1 找出由散列函数 $h(k) = k \bmod 111$ 分配给社会安全号为 064212848 和 037149212 的客户记录的内存地址。

解 社会安全号为 064212848 的客户记录被分配到内存地址 14，因为

$$h(064212848) = 064212848 \bmod 111 = 14$$

类似地，由于

$$h(037149212) = 037149212 \bmod 111 = 65$$

Links

所以社会安全号为 037149212 的客户记录被分配到内存地址 65。 ◄

由于散列函数不是一对一的(因为很可能键值的数量大于内存地址数),所以有可能多个记录被分配到同一个内存地址。当这种情况发生时,就说出现了**冲突**。消解冲突的一个办法是使用散列函数分配但已被占用的地址后面第一个未占用的地址。

例 2 在例 1 中分配了上述两个地址以后,为社会安全号是 107405723 的客户记录分配内存地址。

解 首先注意到 $h(k)$ 把社会安全号 107405723 映射到地址 14,因为
$$h(107405723) = 107405723 \bmod 111 = 14$$
可是,这一地址已被(社会安全号为 064212848 的客户档案)占用。但是内存地址 15,即内存地址 14 后面第一个未占用的地址,是空的,所以将社会安全号 107405723 的客户记录分配到该地址。 ◄

在例 2 中我们实际上用了一个**线性探测函数**,即 $h(k, i) = h(k) + i \bmod m$,来寻找第一个空闲内存地址,这里 i 可以从 0 到 $m-1$。还有许多其他消解冲突的办法,在本书最后给出的有关散列函数的参考文献中有讨论。

4.5.2 伪随机数

随机选择的数在计算机仿真中常需要用到。人们已经设计了很多不同的方法来产生具有随机选择性质的数。因为由系统方法产生的数并不真正是随机的,所以被称为**伪随机数**。

最常用的产生伪随机数的过程是**线性同余法**。我们选择 4 个整数:**模数** m、**倍数** a、**增量** c 和**种子** x_0,满足 $2 \leqslant a < m$,$0 \leqslant c < m$ 及 $0 \leqslant x_0 < m$。通过连续应用下面递归函数来生成一个伪随机数序列 $\{x_n\}$,满足对所有 n,$0 \leqslant x_n < m$:
$$x_{n+1} = (ax_n + c) \bmod m$$
(这是一个递归定义的例子,递归定义将在 5.3 节讨论。在那里我们会证明这样定义的序列是良定义的。)

许多计算机试验都要求产生 0 和 1 之间的伪随机数。要产生这样的数,可以用线性同余生成器除以模数:即使用数 x_n / m。

例 3 找出由线性同余法生成的伪随机数序列,其中模数 $m = 9$、倍数 $a = 7$、增量 $c = 4$ 和种子 $x_0 = 3$。

解 通过连续应用递归定义的函数 $x_{n+1} = (7x_n + 4) \bmod 9$ 来计算该序列中项,插入种子 $x_0 = 3$ 找出 x_1 作为起始项。可得
$$x_1 = 7x_0 + 4 \bmod 9 = 7 \cdot 3 + 4 \bmod 9 = 25 \bmod 9 = 7$$
$$x_2 = 7x_1 + 4 \bmod 9 = 7 \cdot 7 + 4 \bmod 9 = 53 \bmod 9 = 8$$
$$x_3 = 7x_2 + 4 \bmod 9 = 7 \cdot 8 + 4 \bmod 9 = 60 \bmod 9 = 6$$
$$x_4 = 7x_3 + 4 \bmod 9 = 7 \cdot 6 + 4 \bmod 9 = 46 \bmod 9 = 1$$
$$x_5 = 7x_4 + 4 \bmod 9 = 7 \cdot 1 + 4 \bmod 9 = 11 \bmod 9 = 2$$
$$x_6 = 7x_5 + 4 \bmod 9 = 7 \cdot 2 + 4 \bmod 9 = 18 \bmod 9 = 0$$
$$x_7 = 7x_6 + 4 \bmod 9 = 7 \cdot 0 + 4 \bmod 9 = 4 \bmod 9 = 4$$
$$x_8 = 7x_7 + 4 \bmod 9 = 7 \cdot 4 + 4 \bmod 9 = 32 \bmod 9 = 5$$
$$x_9 = 7x_8 + 4 \bmod 9 = 7 \cdot 5 + 4 \bmod 9 = 39 \bmod 9 = 3$$
由于 $x_9 = x_0$ 而且每一项都只依赖于其前面的一项,所以产生序列
$$3, 7, 8, 6, 1, 2, 0, 4, 5, 3, 7, 8, 6, 1, 2, 0, 4, 5, 3, \cdots$$
这个序列包含 9 个不同的数,然后重复。 ◄

大部分计算机确实使用线性同余生成器来生成伪随机数,通常是使用增量 $c = 0$ 的线性同余生成器。这样的生成器称为**纯倍式生成器**。例如,以 $2^{31} - 1$ 为模,以 $7^5 = 16\,807$ 为倍数的纯

倍式生成器就广为采用。采用这些参数，可以证明在重复之前会产生 $2^{31}-2$ 个数。

由线性同余生成器生成的伪随机数已经在很长时间里为不同的任务所采用。遗憾的是，已经证明这样生成的伪随机数序列并不具有真正随机数所具有的一些重要的统计特性。因此，这种方法对于某些任务（如大型仿真）是不可取的。对于这类敏感的任务，可用其他方法来产生伪随机序列，比如或者利用某种排序算法或者对随机的物理现象中产生的数进行取样。有关伪随机数更详细的论述参见[Kn97]和[Re10]。

4.5.3　校验码

同余可用于检查数字串中的错误。在这样的字串中检错的一项常用技术就是在串的结尾处添加一个额外的数字。这最后一个数字，或校验码，是用特定的函数来计算的。然后为了判定一个数字串是否正确，需要做一个检验看看这最后一位数字是否具有正确的值。下面先看看这个概念在比特串的正确性检验中的应用。

例 4　奇偶校验位　数字信息一般用比特串表示，并划分成指定大小的块。每个块在存储或发送前，块的结尾处会添加一个额外的比特，称为**奇偶校验位**。比特串 $x_1 x_2 \cdots x_n$ 的奇偶校验位 x_{n+1} 定义为

$$x_{n+1} = x_1 + x_2 + \cdots + x_n \bmod 2$$

由此得出如果在这个 n 比特的块中有偶数个 1 比特，则 x_{n+1} 是 0；如果在这 n 比特的块中有奇数个 1 比特，则 x_{n+1} 是 1。当我们检查一个含有奇偶校验位的串时，如果奇偶校验位错了，我们就知道比特串中有一个差错。奇偶校验可以检测到前面比特中奇数个错误，但不能检测到偶数个错误。（参见练习 14。）

假设我们在传输过程中接收到比特串 01100101 和 11010110，每串都以一个奇偶校验位结尾。这些比特串是正确的吗？

解　在将这些串判定为正确的之前，我们先检测它们的奇偶校验位。第一串的奇偶校验位是 1。因为 $0+1+1+0+0+1+0\equiv1\pmod 2$，所以奇偶校验位是正确的。第二串的奇偶校验位是 0。因为 $1+1+0+1+0+1+1\equiv1\pmod 2$，所以奇偶校验位是不正确的。我们得出结论，第一串在传输过程中可能是正确的，第二串在传输中肯定出错了。我们判定第一串为正确的（即使它仍然可能包含偶数个错误），而拒绝第二串。　◀

利用同余来计算校验位广泛地用于检查各类标识码的正确性。例 5 和 6 描述如何为标识产品（通用产品代码）和书（国际标准书号）的代码计算校验位。练习 18、28 和 32 的前导文分别介绍了在汇票号码、机票号码、期刊标识号码中利用同余来计算并使用校验码。注意同余也可以为银行账号、驾驶执照号码、信用卡号码和许多其他标识码计算校验码。

例 5　UPC　零售产品通常由其**通用产品代码**（Universal Product Code，UPC）标识。UPC 最常用的形式是 12 位十进制数字：第一位数字标识产品种类，接着五位标识制造商，再五位标识特定产品，最后一位是校验码。校验码由同余式决定：

$$3x_1 + x_2 + 3x_3 + x_4 + 3x_5 + x_6 + 3x_7 + x_8 + 3x_9 + x_{10} + 3x_{11} + x_{12} \equiv 0\pmod{10}.$$

试回答下列问题：

(a)假设 UPC 的前 11 位是 79357343104。校验码是多少？

(b)041331021641 是否是合法的 UPC？

解　(a)我们将 79357343104 的数字代入 UPC 校验码的同余式中。得 $3 \cdot 7+9+3 \cdot 3+5+3 \cdot 7+3+3 \cdot 4+3+3 \cdot 1+0+3 \cdot 4+x_{12}\equiv0\pmod{10}$。化简后得 $21+9+9+5+21+3+12+3+3+0+12+x_{12}\equiv0\pmod{10}$。故，$98+x_{12}\equiv0\pmod{10}$。由此可得 $x_{12}\equiv2\pmod{10}$，所以校验码是 2。

(b)要检查 041331021641 是否合法，我们将这些数字代入必须满足的同余式中。得 $3 \cdot 0+4+3 \cdot 1+3+3 \cdot 3+1+3 \cdot 0+2+3 \cdot 1+6+3 \cdot 4+1\equiv0+4+3+3+9+1+0+2+3+6+12+$

$1 \equiv 4 \not\equiv 0 (\mod 10)$。故，041331021641 不是合法的 UPC。◀

例 6 **ISBN** 所有图书都由一个**国际标准书号**（International Standard Book Number，ISBN-10）标识，一个由出版商指定的 10 位数代码 $x_1 x_2 \cdots x_{10}$。（最近，新引入的称为 ISBN-13 的一个 13 位数字代码用来标识更大量出版的著作。参见补充练习 42 的前导文。）一个 ISBN-10 包含不同分组来标识语言、出版商、出版公司赋予图书的编号、最后一位校验码（或者是数字或者是字母 X 代表 10）。这个校验码的选择满足

$$x_{10} = \sum_{i=0}^{9} i x_i (\mod 11)$$

或者等价地，满足

$$\sum_{i=0}^{10} i x_i \equiv 0 (\mod 11)$$

试回答下列关于 ISBN-10 的问题：

(a) 本书第 6 版的 ISBN-10 的前 9 位是 007288008。校验码是多少？

(b) 084930149X 是否是合法的 ISBN-10？

解 (a) 校验码由同余式 $\sum_{i=1}^{10} i x_i \equiv 0 (\mod 11)$ 确定。代入数字 007288008 得 $x_{10} \equiv 1 \cdot 0 + 2 \cdot 0 + 3 \cdot 7 + 4 \cdot 2 + 5 \cdot 8 + 6 \cdot 8 + 7 \cdot 0 + 8 \cdot 0 + 9 \cdot 8 (\mod 11)$。这意味着 $x_{10} \equiv 0 + 0 + 21 + 8 + 40 + 48 + 0 + 0 + 72 (\mod 11)$，所以 $x_{10} \equiv 189 \equiv 2 (\mod 11)$。故，$x_{10} = 2$。

(b) 要想知道 084930149X 是否是合法的 ISBN-10，我们看看是否有 $\sum_{i=1}^{10} i x_i \equiv 0 (\mod 11)$。因为 $1 \cdot 0 + 2 \cdot 8 + 3 \cdot 4 + 4 \cdot 9 + 5 \cdot 3 + 6 \cdot 0 + 7 \cdot 1 + 8 \cdot 4 + 9 \cdot 9 + 10 \cdot 10 = 0 + 16 + 12 + 36 + 15 + 0 + 7 + 32 + 81 + 100 = 299 \equiv 2 \not\equiv 0 (\mod 11)$。故 084930149X 不是合法的 ISBN-10。◀

在标识码中经常会出现若干种错误。**单错**，即标识码中一位数字的错误，或许是最常见的一类错误。另一类常见错误是**换位错**，当两位数字不慎颠倒时就会发生这种情况。对于每一种标识码，包括校验码，我们希望能够检测这些常见的以及其他的错误。我们要研究 ISBN 的校验码是否可以检测单错或换位错。UPC 的校验码是否可以检测这些错误留作练习 26 和 27。

假设 $x_1 x_2 \cdots x_{10}$ 是合法的 ISBN（所以 $\sum_{i=1}^{10} x_i \equiv 0 (\mod 10)$）。我们证明可以检测一个单错和两个数字的换位错（这里有可能两位数字之一是代表 10 的 X）。假设这个 ISBN 由于单错而印成了 $y_1 y_2 \cdots y_{10}$。如果有一个单错，则对某个整数 j，当 $i \neq j$ 时 $y_i = x_i$ 而 $y_j = x_j + a$，其中 $-10 \leqslant a \leqslant 10$ 且 $a \neq 0$。注意 $a = y_j - x_j$ 是第 j 位的错误。因此，可以得出

$$\sum_{i=1}^{10} i y_i = \left(\sum_{i=1}^{10} i x_i \right) + ja \equiv ja \not\equiv 0 (\mod 11)$$

这里最后两个同余式成立是因为 $\sum_{i=1}^{10} x_i \equiv 0 (\mod 10)$，而且 $11 \nmid ja$，因为 $11 \nmid j$ 和 $11 \nmid a$。从而得出结论 $y_1 y_2 \cdots y_{10}$ 不是合法的 ISBN。所以，我们能够检测出单错。

现在假设两个不相等的数字被换位了。可知有两个不同的整数 j 和 k 使得 $y_j = x_k$ 且 $y_k = x_j$，而当 $i \neq j$ 和 $i \neq k$ 时有 $y_i = x_i$。故，

$$\sum_{i=1}^{10} i y_i = \left(\sum_{i=1}^{10} i x_i \right) + (j x_k - j x_j) + (k x_j - k x_k) \equiv (j - k)(x_k - x_j) \not\equiv 0 (\mod 11)$$

因为 $\sum_{i=1}^{10} x_i \equiv 0 (\mod 10)$ 而 $11 \nmid (j - k)$ 且 $11 \nmid (x_k - x_j)$。可知 $y_1 y_2 \cdots y_{10}$ 不是合法的 ISBN。这样，我们就能检测到两个不相等的数字的换位。

练习

1. 利用散列函数 $h(k)=k \bmod 97$ 为下列社会安全号的保险公司客户记录分配的内存地址是多少？
   a) 034567981   b) 183211232   c) 220195744   d) 987255335

2. 利用散列函数 $h(k)=k \bmod 101$ 为下列社会安全号的保险公司客户记录分配的内存地址是多少？
   a) 104578690   b) 432222187   c) 372201919   d) 501338753

3. 停车场有 31 个车位供来访者使用，编号从 0 到 30。来访者根据散列函数 $h(k)=k \bmod 31$ 获得车位，其中 k 是来访者车牌前三位数。
   a) 车牌前三位数为 317、918、007、100、111、310 时，会由散列函数分配什么车位？
   b) 描述一个过程使得来访者在发现指派车位已被占用时可以找到空车位。

消解散列冲突的另一个方法是使用双散列函数。先用一个初始散列函数 $h(k)=k \bmod p$，这里 p 是素数。再用第二个散列函数 $g(k)=(k+1)\bmod(p-2)$。当冲突发生时，使用一个探测序列 $h(k, i)=(h(k)+i \cdot g(k))\bmod p$。

4. 利用前面描述的双散列函数的过程并取 $p=4969$ 为下列社会安全号的雇员的档案分配内存地址：$k_1=132489971$，$k_2=509496993$，$k_3=546332190$，$k_4=034367980$，$k_5=047900151$，$k_6=329938157$，$k_7=212228844$，$k_8=325510778$，$k_9=353354519$，$k_{10}=053708912$。

5. 用线性同余生成器 $x_{n+1}=(3x_n+2)\bmod 13$ 和种子 $x_0=1$ 生成的伪随机数序列是什么？

6. 用线性同余生成器 $x_{n+1}=(4x_n+1)\bmod 7$ 和种子 $x_0=3$ 生成的伪随机数序列是什么？

7. 用纯倍式生成器 $x_{n+1}=3x_n \bmod 11$ 和种子 $x_0=2$ 生成的伪随机数序列是什么？

8. 试用伪代码写出利用线性同余生成器生成伪随机数序列的算法。

平方取中法（middle-square method）从一个 n 位整数开始来生成伪随机数。该数取平方，需要时在前面添加 0 以保证结果是 $2n$ 位数，然后取中间 n 位数字用来构成序列中的下一个数。重复这一过程以生成新的项。

9. 找出从 2357 开始平方取中法生成 4 位数伪随机数序列的前 8 项。

10. 试解释为什么在用平方取中法生成 4 位数伪随机数序列时以 3792 和 2916 作为起始项是不好的选择。

幂次生成器是一种生成伪随机数的方法。在使用幂次生成器时，需要指定参数 p 和 d，其中 p 是素数，d 是一个正整数使得 $p \nmid d$，以及种子 x_0。伪随机数 x_1，x_2，… 由递归定义函数生成 $x_{n+1}=x_n^d \bmod p$。

11. 找出幂次生成器生成的伪随机数序列，其中 $p=7$、$d=3$、种子 $x_0=2$。

12. 找出幂次生成器生成的伪随机数序列，其中 $p=11$、$d=2$、种子 $x_0=3$。

13. 假设从通信链接接收到下列比特串，其中最后一比特是奇偶校验位。你能肯定哪个比特串有一个错误？
    a) 00000111111   b) 10101010101   c) 11111100000   d) 10111101111

14. 证明奇偶校验位能够检测到当比特串中的错误当且仅当该串包含奇数个错误。

15. 本书第 5 版欧洲版本的 ISBN-10 的前 9 位数字是 0-07-119881。该书的校验码是多少？

16. 《初等数论及其应用》第 6 版的 ISBN-10 是 0-321-500Q1-8，其中 Q 是一个数字。请找出 Q 的值。

17. 判断出版商计算本书（《离散数学及其应用》第 7 版）的 ISBN-10 校验码是否正确。

美国邮政署（The United States Postal Service，USPS）出售由 11 位数字 $x_1x_2\cdots x_{11}$ 标识的汇票。前 10 位标识汇票，x_{11} 是满足 $x_{11}=x_1+x_2+\cdots+x_{10} \bmod 9$ 的校验码。

18. 试找出标识码以下列 10 位数字开始的 USPS 汇票的校验码。
    a) 7555618873   b) 6966133421   c) 8018927435   d) 3289744134

19. 判断下列这些数是否是合法的 USPS 汇票标识码。
    a) 74051489623   b) 88382013445   c) 56152240784   d) 66606631178

20. 下列邮政汇票标识码中有一位数字被弄脏了。你能恢复这些数中由 Q 标记的被弄脏的数字吗？
    a) Q1223139784   b) 6702120Q988   c) 27Q41007734   d) 213279032Q1

21. 下列邮政汇票标识码中有一位数字被弄脏了。你能恢复这些数中由 Q 标记的被弄脏的数字吗？
    a) 493212Q0688   b) 850Q9103858   c) 2Q941007734   d) 66687Q03201

22. 试确定 USPS 汇票码中哪位单一的数字错误能被检测出来。

23. 试确定 USPS 汇票码中哪些位的换位错误能被检测出来。

24. 为以下列 11 位数字开始的 UPC 确定其校验码。

    a) 73232184434　　　　　　**b)** 63623991346　　　　　　**c)** 04587320720　　　　　**d)** 93764323341

25. 判断下列 12 位数字串是否是合法的 UPC 码。

    a) 036000291452　　　　　　**b)** 012345678903　　　　　　**c)** 782421843014　　　　　**d)** 726412175425

26. 一个 UPC 码的校验码能检测出所有单错吗？证明你的答案或找出一个反例。

27. 试确定 UPC 码中哪些位的换位错误能被检测出来。

    某些机票具有一个 15 位数字的标识码 $a_1 a_2 \cdots a_{15}$，其中 a_{15} 是校验码，它等于 $a_1 a_2 \cdots a_{15}$ **mod** 7。

28. 找出以下列 14 位数字开始的机票标识码的校验码 a_{15}。

    a) 10237424413392　　　　**b)** 00032781811234　　　　**c)** 00611232134231　　　**d)** 00193222543435

29. 判断下列 15 位数字串是否是合法的机票标识码。

    a) 101333341789013　　　**b)** 007862342770445　　　**c)** 113273438882531　　**d)** 000122347322871

30. 试确定 15 位机票标识码中哪位单一的数字错误能被检测出来。

* 31. 机票标识码中连续两位数字不慎换位，校验码能检测出这种错误吗？

期刊是采用**国际标准连续出版物号**（International Standard Serial Number，ISSN）来标识的。一个 ISSN 由两组 4 位数字构成。第二组的最后一位是校验码。校验码的计算由同余式给出 $d_8 \equiv 3d_1 + 4d_2 + 5d_3 + 6d_4 + 7d_5 + 8d_6 + 9d_7 \pmod{11}$。当 $d_8 \equiv 10 \pmod{11}$ 时，采用字母 X 来表示编码中的 d_8。

32. 对于下列 7 位开始的 ISSN，确定其校验码（有可能是字母 X）。

    a) 1570-868　　　　　　　**b)** 1553-734　　　　　　　**c)** 1089-708　　　　　　**d)** 1383-811

33. 下列 8 位数字码有可能是 ISSN 吗？即是否以正确的校验码结尾？

    a) 1059-1027　　　　　　　**b)** 0002-9890　　　　　　　**c)** 1530-8669　　　　　**d)** 1007-120X

34. 一个 ISSN 的校验码是否能检测出 ISSN 中每个单错？用证明或反例来解释你的答案。

35. 一个 ISSN 的校验码是否能检测出所有连续两位数字被不慎调换的错误？用证明或反例来解释你的答案。

4.6　密码学

4.6.1　引言

    数论在密码学（将信息作转换使得在没有特殊知识的情况下不能很容易地恢复出来）中起着关键的作用。数论是古典密码的基础，古典密码早在几千年前就有使用，而且直到 20 世纪还在广泛使用。这些密码通过将每个字母变换为一个不同的字母或将一组字母变换为另一组不同的字母来对消息进行加密。我们将讨论一些古典密码，包括移位密码，即将每个字母替换为字母表中向后移动一个固定位置数的字母，并在需要时再回到字母表的开始。我们要讨论的古典密码是私钥密码的实例，其中知道如何加密的人也就能够对消息进行解密。采用私钥密码时，想要进行私密通信的双方必须共享一个密钥。我们要讨论的古典密码经受不起密码分析，就是在没有获得用来加密消息的秘密信息的情况下寻求恢复被加密的信息。我们将说明如何破译用移位密码发送的消息。

    数论在 20 世纪 70 年代发明的一种公钥密码学中也起着重要作用。在公钥密码学中，知道如何加密的人并不知道如何解密。使用最广泛的公钥系统是被称为 RSA 的密码系统，它采用模指数对消息加密，这里模数是两个大素数的乘积。想要知道如何加密，你需要知道该模数和一个指数（不需要知道该模数的两个素因子）。可见，想要知道如何解密，你就需要知道如何反转加密函数，而这只有当你知道这两个大素因子的情况下才能在切合实际的时间内完成。本章将解释 RSA 密码系统是如何工作的，包括如何加密和解密消息。

    密码学的主题还包括密码协议，这是两方或多方为了达到一个指定的安全目标而进行的消息交换。本章将讨论两个重要的协议：一个是允许两人共享一个公共密钥；另一个可用于发送签名消息使得接收者就能够确定消息来自于声称的发送者。最后，我们将介绍同态密码系统的概念，它在云计算中发挥着重要作用。如果数据必须解密后才能用于程序的输入，数据就会变得很脆弱。同态密码系统通过允许程序在加密的数据上运行来消除这种脆弱性。这些程序的输出则是加密形式的期望结果。

4.6.2 古典密码学

已知最早使用密码学的人之一是尤利乌斯·恺撒(Julius Caesar)。他通过把字母表中的每个字母正向移动三位以加密消息(字母表中最后三个字母移到最开始的三个字母)。例如,采用这一模式,字母 B 移到 E,而字母 X 移到 A。这就是**加密**(encryption)的一个例子,加密就是对信息进行保密处理的过程。

为了用数学来表达恺撒加密过程,首先将每个字母替换为 $\mathbf{Z}_{26}$ 中的元素,即等于其在字母表中位置减 1 的 0 到 25 之间的一个整数。例如,用 0 替换 A,用 10 替换 K,用 25 替换 Z。恺撒加密方法可以表示为一个函数 f,为每个非负整数 p,$p \le 25$,指派集合 $\{0, 1, 2, \cdots, 25\}$ 中的一个整数 $f(p)$,使得

$$f(p) = (p+3) \bmod 26$$

在加密信息中,p 所代表的字母用 $(p+3) \bmod 26$ 所代表的字母替换了。

例1 用恺撒密码从消息 "MEET YOU IN THE PARK" 产生的秘密消息是什么?

解 首先用数代替消息中的字母。得到

　　　　12 4 4 19　　24 14 20　　8 13　　19 7 4　　15 0 17 10

现在,再把每个数 p 替换成 $f(p) = (p+3) \bmod 26$。可得

　　　　15 7 7 22　　1 17 23　　11 16　　22 10 7　　18 3 20 13

再把这个翻译成字母产生加密消息 "PHHW BRX LQ WKH SDUN"。　　◀

要从恺撒密码加密的消息恢复原消息,需要用到 f 的逆函数 f^{-1}。注意函数 f^{-1} 把 $\mathbf{Z}_{26}$ 中的整数 p 变换为 $f^{-1}(p) = (p-3) \bmod 26$。换言之,要找出原始消息,每个字母在字母表中反向移三位,而字母表的前三个字母移到最后三位。从加密消息中来确定原始消息的过程称为**解密**(decryption)。

有各种方法可以扩展恺撒密码。例如,可以把每个字母对应的数移动 k 位,而不是把每个字母对应的数移动 3 位,于是

$$f(p) = (p+k) \bmod 26$$

这样的密码称为移位密码。注意解密可以用

$$f^{-1}(p) = (p-k) \bmod 26$$

来完成。

这里整数 k 成为**密钥**(key)。例 2 和 3 解释了移位密码的使用。

例2 用密钥为 $k=11$ 的移位密码加密明文消息 "STOP GLOBAL WARMING"。

解 要加密消息 "STOP GLOBAL WARMING",我们首先把每个字母翻译成 $\mathbf{Z}_{26}$ 中对应的元素。得到数字串

　　　　18 19 14 15　　6 11 14 1 0 11　　22 0 17 12 8 13 6

对数字串中的每个数应用移位函数 $f(p) = (p+11) \bmod 26$。得到

　　　　3 4 25 0　　17 22 25 12 11 22　　7 11 2 23 19 24 17

将这最后所得的数字串翻译成字母,即得到密文 "DEZA RWZMLW HLCXTYR"。　　◀

例3 解密用密钥为 $k=7$ 的移位密码加密的密文消息 "LEWLYPLUJL PZ H NYLHA ALHJOLY"。

解 要解密密文消息 "LEWLYPLUJL PZ H NYLHA ALHJOLY",我们首先把字母翻译成 $\mathbf{Z}_{26}$ 中的元素。得到

　　11 4 22 11 24 15 11 20 9 11　　15 25　　7　　13 24 11 7 0　　0 11 7 9 14 11 24

接下来,对这个数移动 $-k = -7$ 模 26 位,得到

　　　　4 23 15 4 17 8 4 13 24　　8 18　　0　　6 17 4 0 19　　19 4 0 2 7 4 17

最后，将这些数翻译回字母以获得明文。我们得到"EXPERIENCE IS A GREAT TEACHER"。◀

我们可以用下列形式的函数扩展移位密码以进一步加强安全性。

$$f(p) = (ap + b) \bmod 26$$

其中 a 和 b 为整数，其选择需保证 f 是一个双射函数。（函数 $f(p) = (ap+b) \bmod 26$ 是双射函数当且仅当 $\gcd(a, 26) = 1$。）这样的映射称为仿射变换，这种密码称为是仿射密码。

例 4 当用函数 $f(p) = (7p+3) \bmod 26$ 进行加密时，用什么字母替换字母 K？

解 首先，注意到 10 代表 K。然后，用指定的加密函数，可得到 $f(10) = (7 \cdot 10 + 3) \bmod 26 = 21$。因为 21 代表 V，所以在加密消息中用 V 代表字母 K。◀

我们现在证明如何解密用仿射密码加密的消息。假设 $c = (ap + b) \bmod 26$ 且满足 $\gcd(a, 26) = 1$。为了解密，我们需要知道如何用 c 来表示 p。为此，我们采用加密同余方程 $c \equiv (ap+b) \bmod 26$，然后求解获得 p。为此，首先在两边减去 b，得到 $c - b \equiv ap \pmod{26}$。因为 $\gcd(a, 26) = 1$，所以我们知道存在 a 模 26 的逆 $\bar{a}$。在最后的等式两边乘以 $\bar{a}$，可得 $\bar{a}(c-b) \equiv \bar{a}ap \pmod{26}$。因为 $\bar{a}a \equiv 1 \pmod{26}$，所以这就说明 $p \equiv \bar{a}(c-b) \pmod{26}$。因为 p 属于 $\mathbf{Z}_{26}$，所以这就可以确定 p 了。

密码分析 在不具有加密方法和密钥知识的情况下从密文中恢复出明文的过程称为**密码分析**或**破译密码**。通常，密码分析是一个很困难的过程，特别是当不知道加密方法的时候。我们不做一般性的密码分析讨论，而是要解释如何破译用移位密码加密的消息。

如果我们知道密文消息是采用移位密码对消息加密生成的，我们就可以通过对密文中所有字母尝试 26 种可能的移位（包括移动零个字符）来试图恢复消息。其中之一保证是明文消息。可是，我们还可以使用更智能的方法，可以用从其他的密码所得的密文来进行密码分析。对以移位密码加密的密文进行密码分析的主要工具是利用密文中字母频率的统计。英语中最常用的 9 个字母及其大概的相对频率是 E 13%、T 9%、A 8%、O 8%、I 7%、N 7%、S 7%、H 6% 和 R 6%。要破解已知是用移位密码产生的密文，首先须找出密文中字母的相对频率。将密文中最常出现的字母按频率排序。我们假设密文中最常出现的字母是由 E 加密而成的。然后，我们在这个假设下来确定移位的值，比如说 k。如果通过将密文移 $-k$ 位后具有含义，我们认为假设是正确的，并且已经得到正确的 k 值。如果没有含义，接下来就考虑假设密文中最常出现的字母是由 T（英语中第二个最常出现的字母）加密而成的，在该假设下找到 k，将消息中的字母移 $-k$ 位，再看看结果消息是否有意义。如果没有，继续从最常见的字母到最不常见的字母尝试该处理过程。

例 5 假设我们截获了已知是采用移位密码加密的密文消息 ZNK KGXRE HOXJ MKZY ZNK CUXS。原始的明文消息是什么？

解 因为已知截获的密文消息是由移位密码加密而成的，所以我们从计算密文中字母出现的频率开始。容易得到密文中最常出现的字母是 K。所以，我们假设移位密码将明文字母 E 移位到了密文字母 K。如果这个假设是正确的，可知 $10 = 4 + k \bmod 26$，所以 $k = 6$。接下来，将密文消息的字母移 -6 位，得到 THE EARLY BIRD GETS THE WORM。因为这个消息是有意义的，所以我们认为 $k = 6$ 的假设是正确的。◀

分组密码 移位密码和仿射密码是用字母表的一个字母来替换字母表中的另一个字母来实现的。因此，这些密码被称为**字符**或**单码密码**。这种加密方法面对基于密文中字母频率分析的攻击是很脆弱的，正如前面解释的。通过用一组字母替换另一组字母而不是用单独的字母替换另一个字母的方式可以强化成功破译密文的难度，这样的密码被称为**分组密码**（block cipher）。

现在介绍一种简单的分组密码，称为**换位密码**。我们用作密钥的集合是 $\{1, 2, \cdots, m\}$ 上的一个置换 σ，即从 $\{1, 2, \cdots, m\}$ 到 $\{1, 2, \cdots, m\}$ 的一个一对一函数，这里 m 是正整数。要加密消息，先将其字母分成大小为 m 的分组。（如果消息中字母数不能被 m 整除，可以在结尾加上一些随机的字母填充构成最后一个分组。）将分组 $p_1 p_2 \cdots p_m$ 加密为 $c_1 c_2 \cdots c_m = p_{\sigma(1)} p_{\sigma(2)} \cdots$

$p_{\sigma(m)}$。要解密密文分组 $c_1 c_2 \cdots c_m$ 时，用 σ 的逆置换 σ^{-1} 对其字母进行换位。例6解释换位密码的加密和解密。

例6 利用基于集合 $\{1, 2, 3, 4\}$ 上的置换 σ 的换位密码，其中 $\sigma(1)=3$，$(2)=1$，$\sigma(3)=4$，$\sigma(4)=2$。

(a) 加密明文消息 PIRAT E ATTACK。

(b) 解密密文消息 SWUE TRAE OEHS，这是由该密码加密的。

解 (a) 首先将明文中的字母划分为4个字母一组。得到 PIRA TEAT TACK。要加密每个分组，我们把第一个字母移到第三位，把第二个字母移到第一位，把第三个字母移到第四位，再把第四个字母移到第二位。得到 IAPR ETTA AKTC。

(b) 注意，σ 的逆置换 σ^{-1} 把1变为2，2变为4，3变为1，4变为3。对每个分组应用 $\sigma^{-1}(m)$ 可得明文 USEW ATER HOSE。(将这些字母重新分组形成常用词汇，我们猜测明文是 USE WATER HOSE。) ◀

密码系统 我们已经定义了两类密码：移位密码和仿射密码。现在介绍密码系统的概念，它提供一个通用结构来定义一系列新的密码。

定义1 密码系统(cryptosystem)是一个五元组 $(\mathcal{P}, \mathcal{C}, \mathcal{K}, \mathcal{E}, \mathcal{D})$，这里 $\mathcal{P}$ 明文串的集合，$\mathcal{C}$ 是密文串的集合，$\mathcal{K}$ 是密钥空间(所有可能的密钥的集合)，$\mathcal{E}$ 是加密函数的集合，而 $\mathcal{D}$ 是解密函数的集合。我们用 E_k 表示在 $\mathcal{E}$ 中相对于密钥 k 的加密函数而 D_k 是 $\mathcal{D}$ 中用来解密由 E_k 加密的密文的解密函数，即对于所有明文串 p 有 $D_k(E_k(p))=p$。

现在解释一下密码系统定义的应用。

例7 将移位密码系列描述为一个密码系统。

解 要用移位密码对英文字母串加密，首先将每个字母翻译成0到26的整数，即 $\mathbf{Z}_{26}$ 中的元素。然后，把这些中的每一个整数移动一个固定整数模26位，最后，将整数翻译回字母。要用密码系统的定义来描述移位密码，我们假设消息已经是整数了，即 $\mathbf{Z}_{26}$ 中的元素。即我们假设字母和整数之间的翻译处于密码系统的外部。因此，明文串的集合 $\mathcal{P}$ 和密文串的集合 $\mathcal{C}$ 都是 $\mathbf{Z}_{26}$ 中的元素串的集合。密钥集合 $\mathcal{K}$ 是所有可能的移位，所以 $\mathcal{K}=\mathbf{Z}_{26}$。集合 E 由所有这样的函数 $E_k(p)=(p+k) \bmod 26$ 构成，而解密函数的集合 $\mathcal{D}$ 和加密函数的集合一样，其中 $D_k(p)=(p-k) \bmod 26$。 ◀

密码系统的概念在讨论密码的系列时非常有用，并广泛应用于密码学中。

4.6.3 公钥密码学

所有古典密码，包括移位密码和仿射密码，都是**私钥密码系统**(private key cryptosystem)的实例。在私钥密码系统中，一旦你知道加密密钥，你就能很快找到解密密钥。所以，知道如何用一个特定的密钥加密消息就能让你解密用该密钥加密的消息。例如，当使用以 k 为密钥的移位密码时，明文整数 p 就发送为

$$c = (p+k) \bmod 26$$

解密可以通过移 $-k$ 位来实现的，即，

$$p = (c-k) \bmod 26$$

所以知道如何用移位密码加密也就知道如何解密了。

当采用私钥密码系统时，希望秘密通信的双方必须共享一个密钥。由于知道该密钥的任何人都可以轻易地为消息加密和解密，所以希望安全通信的双方就需要安全地交换该密钥。(我们在本节稍后介绍密钥交换的方法。)移位密码和仿射密码都是私钥密码系统。它们相当简单，但是面对密码分析也非常脆弱。可是，许多现代私钥密码系统却不然。特别是，现在私钥密码学的美国政府标准——高级加密标准(Advanced Encryption Standard，AES)是非常复杂的，并

被认为能很好地抵御密码分析。（关于 AES 的细节和其他现代私钥密码系统可参见［St06］。）AES 广泛用于美国政府和商业通信。可是，它仍然具有共享安全通信密钥的特性。再者，为了更加安全，双方每次通信会话都需要用一个新密钥，这就需要一种能生成并安全分享密钥的方法。

为了避免每对希望安全通信的双方都需要共享密钥，20 世纪 70 年代密码学家引入了**公钥密码系统**（public key cryptosystem）的概念。当使用这种密码系统时，知道怎样发送加密消息的

Links ▶ —————————————————————————————————

Attribution: The Royal Society

克利福德·柯克斯（Clifford Cock，1950—） 柯克斯出生于英国柴郡，是一个有才华的数学学生。他曾就读于曼彻斯特文法学校。1968 年他赢得了国际数学奥林匹克竞赛银牌。柯克斯在剑桥大学国王学院上学，主修数学。他还在牛津大学工作了很短的时间研究数论。1973 年，他决定放弃他的研究生学业，而在英国情报部门的政府通信总部（Government Communication HeadQuarter，GCHQ）从事数学方面的工作。加入 GCHQ 的两个月后，柯克斯从詹姆斯·埃利斯撰写的 GCHQ 内部报告了解到公共密钥加密系统。柯克斯利用他的数论知识发明了现在称为 RSA 的密码系统。他很快就意识到公共密钥加密系统可以基于两个大素数相乘及其逆过程的难度。1997 年，他被允许披露已解密的 GCHQ 内部文件，其中描述了其发现。柯克斯还以其发明基于安全身份的加密模式而闻名，该模式使用用户的身份信息作为公钥。2001 年柯克斯成为 GCHQ 英国情报中心的首席数学家。他还成立了海尔布隆数学研究所（Heilbronn Institute for Mathematical Research），这是 GCHQ 和布里斯托尔大学之间的一种伙伴关系。

—————————————————————————————————

Courtesy of Ronald L. Rivest

罗纳德·李维斯特（Ronald Rivest，1948—） 1969 年罗纳德·李维斯特获得耶鲁大学学士学位，1974 年他获得斯坦福大学计算机科学博士学位。李维斯特是麻省理工学院计算机教授，也是 RSA 数据安全公司的联合创始人，该公司拥有他与沙米尔和阿德曼一起发明的 RSA 密码系统的专利。李维斯特的研究领域除了密码学外，还有机器学习、VLSI 设计和计算机算法。他是一本流行的算法教材（［CoLeRiSt09］）的作者之一。

—————————————————————————————————

©The Asahi Shimbun via Getty Images

阿迪·沙米尔（Adi Shamir，1952—） 阿迪·沙米尔出生在以色列特拉维夫。他的学士学位是在特拉维夫大学（1972 年）完成的，而博士学位则是在魏茨曼科学研究院（1977 年）完成的。沙米尔曾任 Warwick 大学的助理研究员和麻省理工学院的助理教授。他现在是魏茨曼研究院应用数学系的教授，并领导一个计算机安全研究小组。沙米尔对密码学的贡献除了 RSA 外，还有破解背包密码系统、数据加密标准（DES）的密码学分析，以及许多密码协议的设计。

—————————————————————————————————

Courtesy of Leonard Adleman

伦纳德·阿德曼（Leonard Adleman，1945—） 伦纳德·阿德曼出生在加州的旧金山。他在加州大学伯克利分校获得数学学士学位（1968 年）和计算机科学博士学位（1976 年）。1976~1880 年阿德曼是麻省理工学院数学系教员之一，那里他是 RSA 密码系统共同发明人，而 1980 年他在南加州大学（USC）计算机科学系任职。1985 年他在 USC 获得有头衔的职位（Henry Salvatori 教授）。阿德曼主要研究计算机安全、计算复杂度、免疫学和分子生物学。他发明了"计算机病毒"这个术语。最近阿德曼对 DNA 计算的研究工作引发了人们极大的兴趣。他是电影《偷窥者》（*Sneakers*）的技术顾问，影片中计算机安全扮演了重要角色。

人并不能解密消息。在这样的系统中，每个人都可以有一个众所周知的加密密钥。只有解密密钥是保密的，而且只有消息的预期接收人能解密。这是因为，迄今为止，如果不做非常大量的计算（例如几十亿年计算机时间），即使具有加密密钥的知识也不能恢复出明文消息。

第一个公钥密码系统是 20 世纪 70 年代中期发明的。在随后的几十年里又有更多的公钥密码系统被开发出来。在本书中，我们将介绍最常用的公钥密码系统，即 RSA 系统。除了 RSA，现在很多应用系统中还会使用一些其他的公钥密码系统。随着计算技术的发展，RSA 也可能像其他密码系统一样被淘汰，这些公钥密码系统将会发挥更重要的作用。我们将解释为什么会这么短暂。

尽管公钥密码系统的优势是保密通信的双方不需要交换密钥，但其劣势是加密解密都会非常耗时。对许多应用而言，这将使得公钥密码系统变得不实用。在这种情形下，通常是私钥密码系统取而代之。然而，公钥密码系统仍可以用于密钥的交换过程。

4.6.4　RSA 密码系统

1976 年，麻省理工学院的三位研究人员——罗纳德·李维斯特、阿迪·沙米尔和伦纳德·阿德曼——给这个世界带来了一种公钥密码系统，即由发明者首字母命名的 **RSA 系统**。正如在密码学领域经常会发生的事，RSA 系统早些年在英国政府的秘密研究中已经被发现了。为英国政府通信总部（Government Communications Headquarters，GCHQ）秘密工作的克利福德·柯克斯（Clifford Cocks）早在 1973 年就发现了这个密码系统。可是，直到 20 世纪 90 年代后期，当他被允许分享 20 世纪 70 年代早期的 GCHQ 秘密档案时，他的发明才为外部世界所知。（一个关于这个早期发现的很有趣的故事，以及李维斯特、沙米尔和阿德曼的工作，可以在［Si99］中找到。）

在 RSA 密码系统中，每个人都有一个加密密钥(n, e)，这里 $n=pq$ 是一个由两个大素数，比如各有 300 位数字的 p 和 q 的乘积构成的模数，e 是与$(p-1)(q-1)$互素的指数。要生成可用的密钥，必须找到两个大素数。这可以在一台计算机上借助本节前面提到的随机性素数性测试迅速完成。可是，这些素数的乘积 $n=pq$ 大约有 600 位数字，迄今为止不可能在合理的时间内被因子分解。我们将看到，这正是迄今为止在没有另一个解密密钥时就不可能迅速解密的重要原因。

评注　随着计算机运算速度的不断提升，用于生成 RSA 公钥的素数 p 和 q 的建议位数也在不断增加。但是，n 越大，RSA 的加密解密就会变得越慢。当折中考虑到这个因素时，消息需要被保密的年限就显很重要了。一个更重要的考虑则是量子计算的发展直接威胁到 RSA 密码系统的安全，因为为量子计算机开发的因子分解算法能够用于快速分解大素数因子。因此，一旦量子计算成为现实，也许就在今后的二三十年内，那时就需要不能被量子计算破解的其他公钥密码系统了。

4.6.5　RSA 加密

为了用特定的密钥(n, e)对消息加密，首先将明文消息 M 翻译成整数序列。为此，可以先将每个明文字母翻译成两位数，正如在移位密码中所做的翻译，只有一点不同。即对于字母 A 到 J 增加开始的 0，所以 A 被翻译为 00，B 为 01，…，J 为 09。然后，将这些两位数连接起来构成数字串。接下来，将这个串再分成 $2N$ 位数字等长的分组，这里 $2N$ 是一个大偶数使得 $2N$ 位数字的整数 $2525\cdots25$ 不超过 n。（必要时，可以在明文消息后填充无意义的 X 使得最后一组的大小和其他分组一样。）

经过这些步骤，我们已经将明文消息 M 翻译成了一个整数序列 m_1，m_2，…，m_k，k 为整数。加密过程是将每个分组 m_i 转换成密文分组 c_i。这由下列函数实现

$$C = M^e \bmod n$$

（为了执行加密，可以使用快速模指数算法，如 4.2 节的算法 5。）所得加密后的消息依然是数的

分组形式，并发送给预期的接收者。因为 RSA 密码系统将字符分组加密成字符分组，所以这是一种分组密码。

例 8 说明 RSA 加密是怎样进行的。为了方便实际操作，我们在例 8 中选用小素数 p 和 q，而不是 200 多位的大素数。尽管例 8 中描述的密码并不安全，但可以解释 RSA 密码中使用的技术。

例 8 用 RSA 密码系统及密钥(2537，13)为消息 STOP 加密。注意 $2537=43 \cdot 59$，$p=43$ 和 $q=59$ 是素数，并且

$$\gcd(e,(p-1)(q-1)) = \gcd(13, 42 \cdot 58) = 1$$

解 为了加密，先把 STOP 的字母翻译成等价的数字。然后按 4 位数字一组对这些数字分组(因为 $2525 < 2537 < 252\,525$)，得到

$$1819 \quad 1415$$

用下面的映射对每组加密

$$C = M^{13} \bmod 2537$$

用快速模乘法计算，可得 $1819^{13} \bmod 2537 = 2081$ 及 $1415^{13} \bmod 2537 = 2182$。加密后的消息为 2081 2182。   ◄

4.6.6 RSA 解密

当已知解密密钥 d 即 e 模 $(p-1)(q-1)$ 的逆时，就可以很快地从密文消息恢复出明文消息。[由于 $\gcd(e, (p-1)(q-1) = 1$，所以逆存在。]为了说明这一点，注意如果 $de \equiv 1 \pmod{(p-1)(q-1)}$，则有整数 k 使得 $de = 1+k(p-1)(q-1)$。由此可知

$$C^d \equiv (M^e)^d \equiv M^{de} \equiv M^{1+k(p-1)(q-1)} \pmod{n}$$

根据费马小定理[假定 $\gcd(M, p) = \gcd(M, q) = 1$，这一关系只有在极罕见的情况不成立，在练习 28 中会论及]，可得 $M^{p-1} \equiv 1 \pmod{p}$ 及 $M^{q-1} \equiv 1 \pmod{q}$。因此，

$$C^d \equiv M \cdot (M^{p-1})^{k(q-1)} \equiv M \cdot 1 \equiv M \pmod{p}$$

且

$$C^d \equiv M \cdot (M^{q-1})^{k(p-1)} \equiv M \cdot 1 \equiv M \pmod{q}$$

由于 $\gcd(p, q) = 1$，所以由中国剩余定理可得

$$C^d \equiv M \pmod{pq}$$

例 9 说明怎样解密由 RSA 密码系统发送的消息。

例 9 收到的加密消信是 0981 0461。如果这是用例 8 中的 RSA 密码加密的，解密后的消信息是什么?

解 该消息是用 RSA 密码系统以 $n=43 \cdot 59$ 和指数 13 加密的。如 4.4 节练习 2 所证明的，$d=937$ 是 13 模 $42 \cdot 58 = 2436$ 的逆。可以利用 937 作为解密指数。因此，为解密数字分组 C，需要计算

$$M = C^{937} \bmod 2537$$

为解密该消息，利用快速模指数算法计算 $0981^{937} \bmod 2537 = 0704$ 及 $0461^{937} \bmod 2537 = 1115$。因此，原始消息的数字形式是 0704 1115。翻译成英文字母，可知消信息是 HELP。   ◄

4.6.7 用 RSA 作为公钥系统

为什么 RSA 密码系统适合作为公钥密码呢?首先，通过找寻两个各有 300 多位的大素数 p 和 q，再找寻一个与 $(p-1)(q-1)$ 互素的整数 e，就可能迅速构造一个公钥。当知道模数 n 的因子分解，即知道素数 p 和 q 时，我们就可以迅速找到 e 模 $(p-1)(q-1)$ 的逆 d。[这可以利用欧几里得算法寻找 d 和 $(p-1)(q-1)$ 的贝祖系数 s 和 t 来完成，这表明 d 模 $(p-1)(q-1)$ 的逆是 $s \bmod (p-1)(q-1)$。]有了 d 就使得我们可以解密用加密密钥发送的消息。可是，没有一种已知的解密方法不是基于寻找 n 的因子分解式的，或者说也不导致 n 的因子分解。

因子分解被认为是一个困难的问题，与之相反的是寻找大素数 p 和 q，这可以迅速完成。迄今为止（截至 2017 年）已知最有效的因子分解方法需要数十亿年才能分解 600 位的整数。因此，当 p 和 q 都是 300 位的素数时，我们相信采用 $n=pq$ 为模加密的消息不可能在合理的时间内被解密，除非已知素数 p 和 q。

尽管没有已知的多项式时间算法来实现大整数因子分解，但人们正在积极研究以求发现能有效分解整数的新方法。几年以前还被认为由于太大而不可能在合理的时间内分解的整数，现在做因子分解已经成为例行常事了。超过 300 位的整数，已经可以在团队努力下被因子分解了。当新的分解技术问世时，就必须使用更大的素数以确保消息安全。不幸的是，先前认为安全的消息可能被非预期接收者所保存，并在稍后当 RSA 加密所用密钥中的 $n=pq$ 的因子分解变得可行时而得以解密。（注意，一旦量子计算可用，RSA 系统就不再安全了。）

RSA 方法现在得到了广泛使用。可是，最常用的密码系统仍是私钥密码系统。借助 RSA 系统，公钥密码系统的使用也在不断增长。尽管如此，有些应用既使用私钥又使用公钥。例如，像 RSA 这样的公钥系统可以用来为希望通信的双方分发私钥。然后这些人利用私钥系统来为消息加密和解密。

4.6.8 密码协议

至此，我们已经展示了密码学如何可以使得消息更安全。可是，密码学还有许多其他重要的应用。其中就有**密码协议**（cryptographic protocol），这是两方或多方为了达到一个特定的安全目标而进行的消息交换。特别是，我们将证明密码学如何能让双方在一个不安全的通信信道上交换密钥。我们还将证明密码学可以用来发送签名的秘密消息使得接收者能确定消息来自声称的发送者。关于各种密码协议的深入讨论读者可以参考[St05]。

密钥交换   现在讨论在双方以往没有共享过任何信息的情况下可以用来在不安全的通信信道上交换密钥的协议。生成一个双方可以共享的密钥对于密码学的很多应用都非常重要。例如，两个人为了要用私钥密码系统相互发送秘密消息，他们就需要共享一个公共的密钥。我们要描述的协议称为是**迪菲–赫尔曼密钥协商协议**（Diffie-Hellman key agreement protocol），由惠特菲尔德·迪菲和马丁·赫尔曼的名字命名，他们在 1976 年描述了该协议。可是，这个协议早在 1974 年就由为英国 GCHQ 秘密工作的马尔科姆·威廉姆森（Malcolm Williamson）发明。直到 1997 年他的发现才公诸于世。

假设 Alice 和 Bob 希望共享一个公共密钥。该协议执行以下步骤，其中的计算在 $\mathbf{Z}_p$ 中进行。

1) Alice 和 Bob 同意使用一个素数 p 和 p 的一个原根 a。
2) Alice 选择一个秘密整数 k_1，并将 $a^{k_1} \bmod p$ 发送给 Bob。
3) Bob 选择一个秘密整数 k_2，并将 $a^{k_2} \bmod p$ 发送给 Alice。
4) Alice 计算 $(a^{k_2})^{k_1} \bmod p$。
5) Bob 计算 $(a^{k_1})^{k_2} \bmod p$。

在协议的最后，Alice 和 Bob 已经计算了他们共享的密钥，即

$$(a^{k_2})^{k_1} \bmod p = (a^{k_1})^{k_2} \bmod p$$

为了分析这个协议的安全性，注意在步骤 1、2 和 3 中并不假定是安全发送的。我们甚至可以假设这些通信是明文的，且其内容也是公开的信息。所以，p、a、$a^{k_1} \bmod p$ 和 $a^{k_2} \bmod p$ 都可以假设为公开的信息。协议确保 k_1、k_2 以及公共密钥 $(a^{k_1})^{k_2} \bmod p = (a^{k_2})^{k_1} \bmod p$ 是保密的。要从这个公开信息中找出秘密信息就要求对手能够求解离散对数问题的实例，因为对手需要从 $a^{k_1} \bmod p$ 和 $a^{k_2} \bmod p$ 中分别找出 k_1 和 k_2。再者，已知没有其他方法可以从这些公开信息中找出共享密钥。我们已经注意到当 p 和 a 足够大时从计算角度来说这被认为是不可行的。以现有的计算能力来看，当 p 超过 300 位十进制数字而 k_1 和 k_2 又各有超过 100 位的十进制数字时，这个系统被认为是不可破解的。

数字签名 密码学不仅可以用来确保消息的保密性，还可以用来使得消息的接收者知道消息来自那个该来自的人。我们首先证明如何发送一个消息使得消息的接收者能够肯定消息来自于声称该消息的发送者。特别是，我们可以证明这个可以利用 RSA 密码系统对消息施加**数字签名**来完成。

假设 Alice 的 RSA 公钥是 (n, e) 而她的私钥是 d。Alice 用加密函数 $E_{(n,e)}(x) = x^e \bmod n$ 加密明文消息 x。她用解密函数 $D_{(n,e)}(x) = x^d \bmod n$ 解密密文消息 y。Alice 想要发送消息 M 使得每个收到该消息的人都知道来自于她。就像 RSA 加密一样，她将字母翻译成对应的数值并将所得的串分割成分组 $m_1, m_2, \cdots, m_k$ 使得每个分组具有相同大小，并且其大小在满足 $0 \leqslant m_i \leqslant n$ 时尽可能大，$i = 1, 2, \cdots, k$。然后她针对每个分组应用她的解密函数 $D_{n,e}$，得到 $D_{n,e}(m_i)$，$i = 1, 2, \cdots, k$。她将结果发送给所有预期的消息接收者。

当接收者收到她的消息时，他们针对每个分组应用 Alice 的加密函数 $E_{(n,e)}$，因为 Alice 的密钥 (n, e) 是公开信息，所以每个人都有。因为 $E_{(n,e)}(D_{(n,e)}(x)) = x$，所以结果就是原始的明文消息。所以，Alice 可以将她的消息发送给她愿意给的许多人，并用这种方式签名，每个接收者可以确信它来自于 Alice。例 10 解释这个协议。

例 10 假设 Alice 的 RSA 公钥和例 8 中一样。即 $n = 2537 = 43 \cdot 59$ 和 $e = 13$。她的解密密钥是 $d = 937$，如例 9 所示。她想发送消息 "MEET AT NOON" 给她朋友使得他们能确信消息来自于她。她该如何发送？

解 Alice 首先将消息翻译成数字分组，得到 1204 0419 0019 1314 1413（读者自行检验）。然后她对每个分组应用她的解密变换 $D_{(2537,13)}(x) = x^{937} \bmod 2537$。利用快速模指数算法（可借助于计算机），她得出 $1204^{937} \bmod 2537 = 817$，$419^{937} \bmod 2537 = 555$，$19^{937} \bmod 2537 = 1310$，$1314^{937} \bmod 2537 = 2173$ 和 $1413^{937} \bmod 2537 = 1026$。

所以，她发送的消息分成分组就是 0817 0555 1310 2173 1026。当她的朋友收到该消息时，他们针对每个分组应用她的加密变换 $E_{(2537,13)}$。这样做之后，他们获得原始消息的数字分组，然后再翻译回英文字母。

我们已经展示了可以利用 RSA 密码系统发送签名消息。我们还可以进一步发送签名的秘密消息。为此，发送者首先用自己的解密变换加密分组，再用一个预期接收者公开的加密密钥对这些分组进行 *RSA* 加密。接收者首先应用他的私有解密变换，然后再应用发送者的公开的加密变换。（练习 32 要求实现该协议。）

4.6.9 同态加密

RSA 这样的密码系统可以用于加密文档以使之处于保密状态。如今，很多用户把加密的

Links

Source: John D. & Catherine T. MacArthur Foundation

克雷格·金特里（Craig B. Gentry，1972—） 金特里于 1993 年获得杜克大学学士学位，1998 年获得哈佛大学法学院法学博士学位。他做了两年的知识产权律师。2000 年到 2005 年他在 NTT DoCoMo 美国实验室任高级研究工程师。后来他决定重返校园，2009 年他获得了斯坦福大学计算机科学博士学位。2009 年金特里加入 IBM Watson 研究院的密码研究小组，工作至今。

金特里发明的全同态模式解决了 1978 年提出的一个开放问题，也为他赢得了 2010 年 ACM 的 Grace Murray Hopper 奖。2013 年，金特里与人合作构建了第一个加密多线性图，并用它构建了第一个加密程序混淆方案，这是一个很多人曾认为可能不存在的东西。金特里关于全同态加密和加密多线性图的工作是在格密码学的基础上进行的。格密码学与 RSA 密码系统不同，它不能被量子计算所破解。金特里和同事一起推进了可验证计算领域的发展，它允许计算机卸载计算功能到其他计算机，同时保持可验证的结果。2014 年金特里获得了麦克阿瑟奖（即天才奖）。

文档存放在云(cloud)上，驻留在远端计算机中。运行程序时，经常需要用到存储在云端的数据。如果我们在云上运行程序而不下载这些数据，它们就很容易受到能访问存储数据的远程计算机的攻击。如果我们下载文档并在自己的计算机上运行程序，然后再上载结果到云上，数据也容易受到窃听者的攻击。如果直接在加密的数据上运行程序，是否可能避免遭受攻击呢？虽然初看起来有些牵强，但在 RSA 推出后不久的 1979 年，人们就提出了这个问题，即是否有这样一个密码系统，允许在加密数据上做任何计算并能够产生由该非加密输入所得的非加密输出的加密形式。有了这样的密码系统，就不需要解密数据了，因为程序可以在远端系统上运行而不必解密输入或输出数据。因此，人们开始研究**全同态密码系统**(fully homomorphic cryptosystem)，允许在远端加密数据上运行任意计算。

在讨论全同态加密的研究进展之前，我们先证明一下 RSA 密码系统不是全同态的，虽然它也允许某些计算在加密数据上进行。

例 11 RSA 是偏同态的(partially homomorphic)　令 (n, e) 是 RSA 密码系统的一个公钥，并假设 M_1 和 M_2 是明文消息，因而 $0 \leqslant M_1 < n$ 且 $0 \leqslant M_2 < n$。则

$$E_{(n,e)}(M_1) E_{(n,e)}(M_2) \bmod m = (M_1^e \bmod m \cdot M_2^e \bmod m) \bmod m$$
$$= (M_1 M_2)^e \bmod m = E_{(n,e)}(M_1 M_2)$$

从该等式可知在 $\mathbf{Z}_n$ 中有 $E(n, e)(M_1) \cdot_n E_{(n,e)}(M_2) = E_{(n,e)}(M_1 M_2)$。因此，我们说 RSA 是**乘法同态的**。用 RSA 加密时，可以不必先解码而直接进行乘法运算，因为明文乘积的密文等于各自密文的乘积。

可是，当对 $\mathbf{Z}_n$ 中所有的 M_1 和 M_2 有 $E_{(n,e)}(M_1) +_n E_{(n,e)}(M_2) = E_{(n,e)}(M_1 + M_2)$ 时，则结论不成立。(比如，当 $M_2 = 1$ 时很容易看明白了。)也就是说，当我们用 RSA 加密时，不能通过两个数的密文相加来获得它们的和的密文。再者，如果不先解密两个密文，目前还没有已知的方法能够从 $E_{(n,e)}(M_1)$ 和 $E_{(n,e)}(M_2)$ 来确定 $E_{(n,e)}(M_1 + M_2)$。我们说 RSA 不是**加法同态的**。因为它是乘法同态的，但不是加法同态的，所以 RSA 是**偏同态的**。　◀

2009 年，克雷格·金特里阐述了第一个全同态密码系统，它是基于格密码学的。遗憾的是，目前还没有开发出实用的全同态密码系统，因为需要非常大量的计算处理和存储。我们希望在不久的将来，新的发展会引领出实际可用的全同态密码系统。

练习

1. 试通过把字母翻译成数字，再应用给定的加密函数，再将数字翻译回字母来加密消息 DO NOT PAAS GO。

   a) $f(p) = (p+3) \bmod 26$(恺撒密码)　　b) $f(p) = (p+13) \bmod 26$　　c) $f(p) = (3p+7) \bmod 26$

2. 试通过把字母翻译成数字，再应用给定的加密函数，再将数字翻译回字母，来加密消息 STOP POLLUTION。

   a) $f(p) = (p+4) \bmod 26$　　b) $f(p) = (p+21) \bmod 26$　　c) $f(p) = (17p+22) \bmod 26$

3. 试通过把字母翻译成数字，再应用给定的加密函数，再将数字翻译回字母来加密消息 WATCH YOUR STEP。

   a) $f(p) = (p+14) \bmod 26$　　b) $f(p) = (14p+21) \bmod 26$　　c) $f(p) = (-7p+1) \bmod 26$

4. 试解密下列用恺撒密码加密的消息。

   a) EOXH MHDQV　　b) WHVW WRGDB　　c) HDW GLP VXP

5. 试解密下列用移位密码 $f(p) = (p+10) \bmod 26$ 加密的消息。

   a) CEBBOXNOB XYG　　b) LO WI PBSOXN　　c) DSWO PYB PEX

6. 假设当一个很长的文本串是用移位密码 $f(p) = (p+k) \bmod 26$ 加密的，在密文中最常出现的字母是 X。假设文本中字母的分布具有典型的英文文本特性，k 最有可能的值是多少？

7. 假设当英文文本串是用移位密码 $f(p) = (p+k) \bmod 26$ 加密的，结果密文是 DY CVOOZ ZOBMRKXMO DY NBOKW。请问原始明文串是什么？

8. 假设密文 DVE CFMV KF NFEUVI, REU KYRK ZJ KYV JVVU FW JTZVETV 是用移位密码对明文

消息加密而成的。请问原始明文是什么？

9. 假设密文 ERC WYJJMGMIRXPC EHZERGIH XIGLRSPSKC MW MRHMWXMRKYMWLEFPI JVSQ QEKMG 是用移位密码对明文消息加密而成的。请问原始明文是什么？

10. 判断是否存在这样一个密钥使得移位密码的加密函数和解密函数相同。

11. 如果一个仿射密码的加密函数是 $c=(15p+13) \bmod 26$，请问其解密函数是什么？

* 12. 找出仿射密码的所有整数对 (a, b) 使得其加密函数 $c=(ap+b) \bmod 26$ 与相应的解密函数相同。

13. 假设在用仿射密码 $f(p)=(ap+b) \bmod 26$ 加密明文产生的一个长密文中最常出现和次常出现的字母分别是 Z 和 J。请问 a 和 b 的值最有可能是什么？

14. 采用 5 个字母的分组以及基于 $\{1, 2, 3, 4, 5\}$ 上的置换 σ 的换位密码对消息 GRIZZLY BEARS 进行加密，其中 $\sigma(1)=3$，$\sigma(2)=5$，$\sigma(3)=1$，$\sigma(4)=2$，$\sigma(5)=4$。这个练习中需要时用字母 X 填充最后一个少于 5 个字母的分组。

15. 试解密由 4 个字母的分组和基于 $\{1, 2, 3, 4\}$ 上的置换 σ 的换位密码加密明文消息产生的密文消息 EABW EFRO ATMR ASIN，其中 $\sigma(1)=3$，$\sigma(2)=1$，$\sigma(3)=4$，$\sigma(4)=2$。

* 16. 假设你知道密文是由换位密码加密明文产生的。你会如何去破解它？

17. 假设你截获了一则密文消息，并且当你在判定这则消息中的字母频率时，发现频率和英文文本的字母频率类似。你会怀疑这里使用了哪种密码？

维吉尼亚密码（Vigenère cipher）是分组密码，密钥是一字母串，其对应的数值是 $k_1 k_2 \cdots k_m$，这里 $k_i \in \mathbf{Z}_{26}$，$i=1, 2, \cdots, m$。假设明文分组中字母对应的数值是 $p_1 p_2 \cdots p_m$。密文分组对应的数值是 $(p_1+k_1) \bmod 26 (p_2+k_2) \bmod 26 \cdots (p_m+k_m) \bmod 26$。最后翻译回字母。例如，假设密钥是 RED，其数值为 17 4 3。明文是 ORANGE，其数值为 14 17 00 13 06 04，首先分成两组 14 17 00 和 13 06 04，然后再加密。对每个分组中的第一个字母移 17 位，第二个 4 位，第三个 3 位。我们得到 05 21 03 和 04 10 07。密文就是 FVDEKH。

18. 利用维吉尼亚密码以及密钥 BLUE 加密消息 SNOWFALL。

19. 利用维吉尼亚密码以及密钥 HOT 加密明文消息所生成的密文是 OIKYWVHBX。请问明文消息是什么？

20. 试将维吉尼亚密码表述为密码系统。

为了在没有密钥的情况下破解维吉尼亚密码，从密文消息中恢复出明文消息，首先要找出密钥的长度。然后通过判定相应的移位来找出密钥的每个字符。练习 21 和 22 就涉及这两方面。

21. 假设当一个很长的文本串用维吉尼亚密码加密时，在密文的不同位置开始可以找到相同的串。试解释这个信息如何能有助于确定密钥的长度。

22. 一旦已知维吉尼亚密码的密钥长度，试解释如何确定其每个字符。假设明文足够长，这样其字母的频率合理地接近典型英文文本中的字母频率。

* 23. 证明当我们知道 n 是两个素数 p 和 q 的乘积，并且知道 $(p-1)(q-1)$ 的值时，就可以很容易地分解 n 的因子。

在练习 24～27 中，首先无须计算模指数而直接表达你的答案，然后借助于计算工具执行这些计算。

24. 利用 RSA 系统加密消息 ATTACK，其中 $n=43 \cdot 59$ 且 $e=13$，如例 8 所示，将每个字母翻译成整数，再按整数对分组。

25. 利用 RSA 系统加密消息 UPLOAD，其中 $n=53 \cdot 61$ 且 $e=17$，如例 8 所示，将每个字母翻译成整数，再按整数对分组。

26. 如果采用 RSA 系统以及 $n=53 \cdot 61$ 且 $e=17$ 加密的消息是 3185 2038 2460 2550，则原始消息是什么？（为了解密，首先找出解密指数 d，这是 $e=17$ 模 $52 \cdot 60$ 的逆。）

27. 如果采用 RSA 系统以及 $n=43 \cdot 59$ 且 $e=13$ 加密的消息是 0667 1947 0671，则原始消息是什么？（为了解密，首先找出解密指数 d，这是 $e=13$ 模 $42 \cdot 58$ 的逆。）

* 28. 假设 (n, e) 是 RSA 的加密密钥，$n=pq$，这里 p 和 q 是大素数且 $\gcd(e, (p-1)(q-1))=1$。再者，假设 d 是 e 模 $(p-1)(q-1)$ 的逆。假设 $C \equiv M^e (\bmod pq)$。在前文中我们证明了当 $\gcd(M, pq)=1$ 时 RSA 解密函数，即同余式 $C^d \equiv M (\bmod pq)$ 成立。证明解密同余式当 $\gcd(M, pq)>1$ 时也成立。〔提示：利用模 p 和模 q 的同余式，应用中国剩余定理。〕

29. 试描述当 Alice 和 Bob 利用迪菲-赫尔曼密钥交换协议来生成一个共享密钥时的步骤。假设采用素数

$p=23$，$a=5$，即 23 的一个原根，并且 Alice 选择 $k_1=8$ 而 Bob 选择 $k_2=5$。（可能需要借助计算工具。）

30. 试描述当 Alice 和 Bob 利用迪菲-赫尔曼密钥交换协议来生成一个共享密钥时的步骤。假设采用素数 $p=101$，$a=2$，即 101 的一个原根，并且 Alice 选择 $k_1=7$ 而 Bob 选择 $k_2=9$。（可能需要借助计算工具。）

在练习 31～32 中假设 Alice 和 Bob 拥有公钥和相应的私钥：$(n_{Alice}, e_{Alice})=(2867, 7)=(61 \cdot 47, 7)$，$d_{Alice}=1183$ 和 $(n_{Bob}, e_{Bob})=(3127, 21)=(59 \cdot 53, 21)$，$d_{Bob}=1149$。首先不做计算写出你的答案。然后，可能的话利用计算工具执行计算以获得数字答案。

31. Alice 想要给她所有朋友包括 Bob 发送消息 "SELL EVERYTHING" 以便他知道是她发送的。假设她利用 RSA 密码系统在消息上签名，她应该给她的朋友发送什么？

32. Alice 想要给 Bob 发送消息 "BUY NOW" 以便他知道是她发送的并且只有 Bob 能够阅读。假设她在消息上签名并利用 Bob 的公钥加密，她应该给 Bob 发送什么？

33. 我们现在描述采用私钥密码学的一个基本密钥交换协议，许多更复杂的密钥交换协议都基于此。协议中的加密是采用被认为是安全的私钥密码系统（如 AES）完成的。协议涉及三方：Alice 和 Bob、他们希望交换的密钥，以及一个可信的第三方 Cathy。假设 Alice 拥有只她和 Cathy 知道的密钥 k_{Alice}，而 Bob 拥有只他和 Cathy 知道的密钥 k_{Bob}。协议分三个步骤：

    (i) Alice 给可信的第三方 Cathy 发送一则用 Alice 的密钥 k_{Alice} 加密的消息 "请求与 Bob 共享一个密钥"。

    (ii) Cathy 返回 Alice 一个密钥 $k_{Alice,Bob}$，这是她生成并用密钥 k_{Alice} 加密的，接着发送同一个密钥 $k_{Alice,Bob}$，这次是用 Bob 的密钥 k_{Bob} 加密的。

    (iii) Alice 给 Bob 发送密钥 $k_{Alice,Bob}$，是用只有 Bob 和 Cathy 知道的 k_{Bob} 加密的。

    试解释为什么这个协议允许 Alice 和 Bob 共享只有他们和 Cathy 知道的私钥 $k_{Alice,Bob}$。

Paillier 密码系统是 P. Paillier 在 1999 年设计的公钥密码系统，用于某些电子投票系统。随机选择素数 p 和 q 满足 $\gcd(pq, \lambda)=1$，其中 $\lambda=(p-1)(q-1)$；$\mathbf{Z}_{n^2}$ 中的非零元素 g 满足 $\gcd((g^{\lambda \bmod n^2}-1)/n, n)=1$，以此生成公钥 (n, g) 和相应的私钥 (p, q)。为了加密消息 $m \in \mathbf{Z}_n$，首先随机选择 $\mathbf{Z}_n$ 的一个非零元素 r，然后计算 $c=g^m r^n \bmod n^2$。

34. a) 令 $p=149$，$q=179$，$g=5$，通过检查这些参数满足所有条件来证明可以用来生成 Paillier 密码系统的一个公钥，并求出这些参数生成的公钥和私钥。

    b) 求出对应于明文 $m=67$ 的密文，这里选择 $r=81$。

35. 试证明 Paillier 密码系统是加法同态的。

关键术语和结论

术语

$a \mid b$（a 整除 b，a divides b）：存在整数 c 使得 $b=ac$。

a 和 b 模 m 同余（a and b are congruent modulo m；m divides $a-b$）：m 整除 $a-b$。

模算术（modular arithmetic）：以一个整数 $m \geqslant 2$ 为模数所做的计算。

素数（prim）：大于 1 且恰有两个正整数因子的整数。

合数（composite）：大于 1 又不是素数的整数。

梅森素数（Mersenne prime）：形如 2^p-1 的素数，其中 p 为素数。

$\gcd(a, b)$（a 和 b 的最大公约数，greatest common divisor of a and b）：能整除 a 和 b 的最大整数。

互素整数（relatively prime integers）：满足 $\gcd(a, b)=1$ 的整数 a 和 b。

两两互素的整数（pairwise relatively prime integers）：其中任何两个整数都是互素的一组整数。

$\operatorname{lcm}(a, b)$（a 和 b 的最小公倍数，least common multiple of a and b）：能被 a 和 b 整除的最小正整数。

$a \bmod b$：当整数 a 除以正整数 b 时的余数。

$a \equiv b \pmod m$（a 模 m 同余于 b，a is congruent to b modulo m）：$a-b$ 能被 m 整除。

$n=(a_k a_{k-1} \cdots a_1 a_0)_b$：$n$ 的 b 进制表示。

二进制表示（binary representation）：整数以 2 为基数的表示。

十六进制表示(octal representation)：整数以 16 为基数的表示。

八进制表示(hexadecimal representation)：整数以 8 为基数的表示。

***a* 和 *b* 的整系数线性组合**(linear combination of *a* and *b* with integer coefficients)：形如 $sa+tb$ 的表达式，其中 s 和 t 为整数。

***a* 和 *b* 的贝祖系数**(Bézout coefficients of *a* and *b*)：使得**贝祖恒等式**(Bézout identity)$sa+tb=\gcd(a, b)$ 成立的整数 s 和 t。

***a* 模 *m* 的逆**(inverse of *a* modulo *m*)：使得 $\bar{a}a \equiv 1 \pmod{m}$ 成立的整数 $\bar{a}$。

线性同余方程(linear congruence)：形如 $ax \equiv b \pmod{m}$ 的同余式，其中 x 为整数变量。

以 *b* 为基数的伪素数(pseudoprime to the base *b*)：使得 $b^{n-1} \equiv 1 \pmod{n}$ 成立的合数 n。

卡米切尔数(Carmichael number)：合数 n 使得对所有满足 $\gcd(b, n)=1$ 的正整数 b，n 是以 b 为基数的伪素数。

素数 *p* 的原根(primitive root of a prime *p*)：$\mathbf{Z}_p$ 中的整数 r 使得每个不能被 p 整除的整数模 p 同余 r 的一个幂次。

以 *r* 为底 *a* 模 *p* 的离散对数(discrete logarithm of *a* to the base *r* modulo *p*)：满足 $0 \leqslant e \leqslant p-1$ 使得 $r^e \equiv a \pmod{p}$ 的整数 e。

加密(encryption)：使消息成为秘密的过程。

解密(decryption)：将秘密消息还原到它原始形式的过程。

加密密钥(encryption key)：确定选用加密函数系列中哪一个的值。

移位密码(shift cipher)：将明文字母 p 加密成 $(p+k) \bmod m$ 的密码，k 为整数。

仿射密码(affine cipher)：将明文字母 p 加密成 $(ap+b) \bmod m$ 的密码，a 和 b 是整数且满足 $\gcd(a, 26)=1$。

字符密码(character cipher)：逐个字符加密的密码。

分组密码(block cipher)：按等长字符分组加密的密码。

密码分析(crytanalysis)：在没有加密方法的知识或有加密方法但没有密钥的情况下，试图从密文恢复出明文的过程。

密码系统(cryptosystem)：一个五元组 $(\mathcal{P}, \mathcal{C}, \mathcal{K}, \mathcal{E}, \mathcal{D})$，这里 $\mathcal{P}$ 明文消息的集合，$\mathcal{C}$ 是密文消息的集合，$\mathcal{K}$ 是密钥的集合，$\mathcal{E}$ 是加密函数的集合，而 $\mathcal{D}$ 是解密函数的集合。

私钥加密(private key encryption)：加密密钥和解密密钥均须保密的加密法。

公钥加密(public key encryption)：加密密钥公开，解密密钥保密的加密法。

RSA 密码系统(RSA cryptosystem)：密码系统，其中 $\mathcal{P}$ 和 $\mathcal{C}$ 均为 $\mathbf{Z}_{26}$，$\mathcal{K}$ 是整数对 $k=(n, e)$ 的集合，$n=pq$，p 和 q 是大素数，而 e 是正整数，$E_k(p)=p^e \bmod n$，$D_k(c)=c^d \bmod n$，这里 d 是 e 模 $(p-1)(q-1)$ 的逆。

密钥交换协议(key exchange protocol)：用来为双方生成共享密钥的协议。

数字签名(digital signature)：接收者可以用来判定消息声称的发送者确实发送了该消息的一种方法。

全同态密码系统(fully homomorphic cryptosystem)：一个密码系统，允许在加密数据上进行任何计算，以使得输出是非加密输入对应的非加密输出的加密形式。

结论

整除算法(division algorithm)：令 a 和 d 为整数，d 为正整数。则存在唯一的整数 q 和 r，满足 $0 \leqslant r < d$ 使得 $a=dq+r$。

令 *b* 是大于 1 的正整数。则如果 n 是正整数，n 就能唯一表示为 $n=a_k b^k+a_{k-1} b^{k-1}+\cdots+a_1 b+a_0$ 的形式。

计算整数的 b 进制展开式的算法(参见 4.2 节算法 1)。

整数加法和乘法的传统算法(见 4.2 节)。

快速模指数算法(见 4.2 节算法 5)。

欧几里得算法(Euclidean algorithm)：通过连续使用除法算法求最大公约数(参见 4.3 节算法 1)。

贝祖定理(Bézout's theorem)：如果 a 和 b 是正整数，则 $\gcd(a, b)$ 是 a 和 b 的一个线性组合。

埃拉托斯特尼筛法(sieve of Eratosthenes)：寻找不超过指定整数 n 的所有素数的过程，如 4.3 节所述。

算术基本定理(fundamental theorem of arithmetic)：每个正整数都可以写成素数的乘积，其中素因子以递增序排列。

如果 a，b 为正整数，则 $ab=\gcd(a, b) \cdot \text{lcm}(a, b)$。

如果 m 是正整数且 $\gcd(a, m)=1$，则 a 有唯一的模 m 逆。

中国剩余定理(孙子定理)(Chinese remainder theorem)：以一组两两互素的整数为模的线性同余方程组在以模数之积为模的意义下有唯一解。

费马小定理(Fermat's little theorem)：如果 p 为素数且 $p \nmid a$，则 $a^{p-1} \equiv 1 (\bmod\ p)$。

复习题

1. 找出 210 **div** 17 和 210 **mod** 17。

2. **a)** 试定义 a 和 b 模 7 同余是什么。

   b) -11，-8，-7，-1，0，3 和 17 中哪些整数对是模 7 同余的？

   c) 证明如果 a 和 b 模 7 同余，则 $10a+13$ 和 $-4b+20$ 也是模 7 同余的。

3. 证明如果 $a \equiv b (\bmod\ m)$ 且 $c \equiv d (\bmod\ m)$，则 $a+c \equiv b+d (\bmod\ m)$。

4. 试描述将整数的十进制(以 10 为基数的)展开式转换成十六进制展开式的过程。

5. 将 $(1101\ 1001\ 0101\ 1011)_2$ 转换成八进制和十六进制表示。

6. 将 $(7206)_8$ 和 $(A0EB)_{16}$ 转换成二进制表示。

7. 叙述算术基本定理。

8. **a)** 描述寻找一个整数的素因子分解式的过程。

   b) 用这一过程找出 80 707 的素因子分解式。

9. **a)** 定义两个整数的最大公约数。

   b) 给出至少三种求两个整数最大公约数的方法。每种方法在什么情况下最有效？

   c) 求 1 234 567 和 7 654 321 的最大公约数。

   d) 求 $2^3 3^5 5^7 7^9 11$ 和 $2^9 3^7 5^5 7^3 13$ 的最大公约数。

10. **a)** 如何求两个整数的(整系数)线性组合，使之等于其最大公约数？

    b) 把 $\gcd(84, 119)$ 表达为 84 和 119 的线性组合。

11. **a)** $\bar{a}$ 为 a 模 m 的逆是什么意思？

    b) 当 m 是正整数且 $\gcd(a, m)=1$ 时，怎样求 a 模 m 的逆？

    c) 求 7 模 19 的逆。

12. **a)** 当 $\gcd(a, m)=1$ 时，怎样用 a 模 m 的逆求解线性同余方程 $ax \equiv b (\bmod\ m)$？

    b) 求解线性同余方程 $7x \equiv 13 (\bmod\ 19)$。

13. **a)** 叙述中国剩余定理。

    b) 求同余方程组 $x \equiv 1 (\bmod\ 4)$，$x \equiv 2 (\bmod\ 5)$ 和 $x \equiv 3 (\bmod\ 7)$ 的解。

14. 假定 $2^{n-1} \equiv 1 (\bmod\ n)$。$n$ 一定是素数吗？

15. 利用费马小定理计算 9^{200} **mod** 19。

16. 试解释如何找出 10 位数的 ISBN 的校验码。

17. 试用移位密码和密钥 $k=13$ 加密消息 APPLES AND ORANGES。

18. **a)** 公钥和私钥密码系统的区别是什么？

    b) 试解释为什么移位密码是私钥系统。

    c) 试解释为什么 RSA 密码系统是公钥系统。

19. 试解释 RSA 密码系统中加密和解密是如何实现的。

20. 试描述双方如何利用迪菲-赫尔曼密钥交换协议共享密钥。

补充练习

1. 汽车里程表的最高读数是 100 000 英里。当里程表读数是 43 179 英里时，车主买了该车。现在他想卖掉它。当你检查车况时，注意到里程表读数是 89 697 英里。假设里程表工作一直正常，关于该车行驶了多少英里能得出什么结论？

2. **a)** 试解释为什么 n **div** 7 等于 n 天中所含的完整星期数。

   b) 试解释为什么 n **div** 24 等于 n 小时中所含的完整天数。

3. 找出四个与 5 模 17 同余的数。

4. 证明如果 a 和 d 为正整数，则存在整数 q 和 r 使得 $a = dq + r$，其中 $-d/2 < r \leqslant d/2$。

* 5. 证明如果 $ac \equiv bc \pmod{m}$，其中 a，b，c 和 m 是整数且 $m > 2$，$d = \gcd(m, c)$，则 $a \equiv b \pmod{m/d}$。

6. 证明两个奇数的平方和不可能是一个整数的平方。

7. 证明如果 $n^2 + 1$ 是完全数，其中 n 是整数，则 n 是偶数。

8. 证明方程 $x^2 - 5y^2 = 2$ 没有 x 和 y 的整数解。〔提示：考虑该方程模 5 的情况。〕

9. 基于二进制展开式设计一个正整数能被 8 整除的整除性测试。

10. 基于二进制展开式设计一个正整数能被 3 整除的整除性测试。

11. 设计一个算法通过连续猜测二进制展开式中的每个比特来猜测一个 1 和 $2^n - 1$ 之间的数。

12. 在通过连续猜测二进制展开式中的每个比特来猜测一个 1 和 $2^n - 1$ 之间的数的过程中，试按所需猜测次数确定其复杂度。

13. 证明一个整数能被 9 整除当且仅当其十进制数字之和能被 9 整除。

** 14. 证明如果 a 和 b 是正无理数使得 $1/a + 1/b = 1$，则每个正整数都可以唯一表示为 $\lfloor ka \rfloor$ 或 $\lfloor kb \rfloor$，其中 k 是正整数。

15. 通过证明 $Q_n = n! + 1$ 必定有大于 n 的素因子，其中 n 是正整数，从而证明存在无限多个素数。

16. 试找出一个正整数 n 使得 $Q_n = n! + 1$ 不是素数。

17. 利用狄利克雷定理，即在算术级数 $ak + b$ 中存在无限多个素数，其中 $\gcd(a, b) = 1$，证明存在无限多个其十进制展开式最后一位是 1 的素数。

18. 证明如果 n 是一个正整数使得 n 的因子之和是 $n + 1$，则 n 是素数。

* 19. 证明每个大于 11 的整数是两个合数之和。

20. 试找出五个最小的连续的合数。

21. 证明哥德巴赫猜想(即每个大于 2 的偶数是两个素数之和)等价于语句每个大于 5 的整数是三个素数之和。

22. 试找出以 7 开始长度为 6 只包含素数的算术级数。

* 23. 证明如果 $f(x)$ 是整系数非常量多项式，则存在整数 y 使得 $f(y)$ 是合数。〔提示：假设 $f(x_0) = p$ 是素数。证明 p 整除 $f(x_0 + kp)$ 对所有 k 成立。从而得到与下列事实矛盾，即 n 次多项式在每个值最多取 n 次，其中 $n > 1$。〕

* 24. 在 $100_{10}!$ 的二进制展开式中尾部有多少个 0？

25. 用欧几里得算法求 10 233 和 33 341 的最大公约数。

26. 用欧几里得算法求 $\gcd(144, 233)$ 要做多少次除法？

27. 求 $\gcd(2n + 1, 3n + 2)$，其中 n 是正整数。〔提示：用欧几里得算法。〕

28. a)证明如果 a 和 b 为正整数，且 $a \geqslant b$，则当 $a = b$ 时 $\gcd(a, b) = a$；当 a 和 b 都是偶数时 $\gcd(a, b) = 2\gcd(a/2, b/2)$；当 a 为偶数 b 为奇数时 $\gcd(a, b) = \gcd(a/2, b)$；当 a 和 b 都是奇数时 $\gcd(a, b) = \gcd(a - b, b)$。

b)试解释如何利用 a 来构造一个算法，不用除法，只用二进制展开式的比较、减法和移位来求两个正整数的最大公约数。

c)用这一算法求 $\gcd(1202, 4848)$。

29. 改编(4.3 节定理 3)存在无限多个素数的证明来证明存在无限多个形如 $6k + 5$ 的素数，$k = 1, 2, \cdots$。

30. 试解释为什么不能直接改编(4.3 节定理 3)存在无限多个素数的证明来证明在算术级数 $3k + 1$ 中存在无限多个素数，$k = 1, 2, \cdots$。

31. 试解释为什么不能直接改编(4.3 节定理 3)存在无限多个素数的证明来证明在算术级数 $4k + 1$ 中存在无限多个素数，$k = 1, 2, \cdots$。

32. 证明如果正整数 n 的最小素因子 p 大于 $\sqrt[3]{n}$，则 n/p 是素数或等于 1。

一组整数称为是**互素的**(mutually relatively prime)，如果其最大公约数是 1。

33. 判断下列各组整数是否是互素的。

a)8，10，12 　　　　　　　　　　b)12，15，25

c)15，21，28 　　　　　　　　　　d)21，24，28，32

34. 找一组 4 个互素的整数使得其中任何两个都不是互素的。

* **35.** 哪些正整数能使得 $n^4 + 4^n$ 是素数?

36. 证明同余方程组 $x \equiv 2 \pmod 6$ 和 $x \equiv 3 \pmod 9$ 无解。

37. 找出同余方程组 $x \equiv 4 \pmod 6$ 和 $x \equiv 13 \pmod{15}$ 的所有解。

* **38.** a) 证明同余方程组 $x \equiv a_1 \pmod{m_1}$ 和 $x \equiv a_2 \pmod{m_2}$ 有解当且仅当 $\gcd(m_1, m_2) \mid a_1 - a_2$。

　　b) 证明如果 a 中方程组有解，则解在模 $\mathrm{lcm}(m_1, m_2)$ 下是唯一的。

39. 证明对于每个非负整数 n 有 30 整除 $n^9 - n$。

40. 证明每个满足 $\gcd(n, 35) = 1$ 的整数 n 有 $n^{12} - 1$ 可被 35 整除。

41. 证明如果 p 和 q 是不同的素数，则 $p^{q-1} + q^{p-1} \equiv 1 \pmod{pq}$。

以 $a_1 a_2 \cdots a_{12}$ 开始的 ISBN-13 的校验码 a_{13} 由同余式 $(a_1 + a_3 + \cdots + a_{13}) +_3 (a_2 + a_4 + \cdots + a_{12}) \equiv 0 \pmod{10}$ 确定。

42. 试判定下列 13 位数字是否是合法的 ISBN-13。

a) 978-0-073-20679-1　　　　　　　b) 978-0-45424-521-1

c) 978-3-16-148410-0　　　　　　　d) 978-0-201-10179-9

43. 试证明 ISBN-13 的校验码总是可以检测出单错。

44. 试证明存在两个数字的换位错误不能被 ISBN-13 检测到。

路由号码(routing transit number，RTN)是美国使用的出现在支票底部的一个银行代码。RTN 最常见的形式是 9 位数字，其中最后一位数字是校验码。如果 $d_1 d_2 \cdots d_9$ 是合法的 RTN，则同余式 $3(d_1 + d_4 + d_7) + 7(d_2 + d_5 + d_8) + (d_3 + d_6 + d_9) \equiv 0 \pmod{10}$ 一定成立。

45. 证明如果 $d_1 d_2 \cdots d_9$ 是合法的 RTN，则 $d_9 = 7(d_1 + d_4 + d_7) + 3(d_2 + d_5 + d_8) + 9(d_3 + d_6) \bmod 10$。再者，利用这个公式寻找一个合法 RTN 8 位数字 11100002 后面的校验码。

46. 证明 RTN 的校验码能够检测出所有单错。试判断 RTN 校验码能检测出哪些换位错，不能检测出哪些换位错。

47. 一则消息加密后是 LJMKG MGMXF QEXMW。如果它是用仿射密码 $f(p) = (7p + 10) \bmod 26$ 加密的，请问原始消息是什么?

自动密钥密码(autokey cipher)，其中明文的第 n 个字母移位数由密钥串中第 n 个字母的等效数值决定。密钥串以一个种子字母开始，其后续字母则利用或者明文或者密文构成。当使用明文时，密钥串的每个字符，第一个除外，是明文中的前一个字母。当使用密文时，密钥串后续的每个字符(第一个除外)是计算至此所得密文的前一个字母。在这两种情况下，明文都是通过移位加密的，每个字符移位数是密钥串相应字符对应的数值。

48. 利用自动密钥密码加密消息 NOW IS THE TIME TO DECIDE(忽略空格)，使用

a) 密钥串是种子 X 加明文中的字母　　　b) 密钥串是种子 X 加密文中的字母

49. 利用自动密钥密码加密消息 THE DREAM OF REASON(忽略空格)，使用

a) 密钥串是种子 X 加明文中的字母　　　b) 密钥串是种子 X 加密文中的字母

计算机课题

按给定的输入与输出写程序。

1. 给定整数 n 和 b，均大于 1，求这个整数的 b 进制展开式。

2. 给定正整数 a，b 和 m，且 $m > 1$，计算 $a^b \bmod m$。

3. 给定一个正整数，找出其康托尔展开式(参见 4.2 节练习 54 的前导文)。

4. 给定一个正整数，利用试除法判断其是否为素数。

5. 给定一个正整数，找出其素因子分解式。

6. 给定两个正整数，用欧几里得算法找出其最大公约数。

7. 给定两个正整数，找出其最小公倍数。

8. 给定正整数 a 和 b，找出 a 和 b 的贝祖系数 s 和 t。

9. 给定互素的正整数 a 和 b，找出 a 模 b 的逆。

10. 给定 n 个模数两两互素的线性同余式，找出同余方程组的以这些模数乘积为模的解。

11. 给定正整数 N、模数 m、倍数 a、增量 c 和种子 x_0，其中 $0 \leqslant a < m$，$0 \leqslant c < m$，$0 \leqslant x_0 < m$，利用线性同余生成器 $x_{n+1} = (ax_n + c) \bmod m$ 生成一列 N 个伪随机数。

12. 给定一组标识数的集合，利用散列函数为其分配内存地址，这里共有 k 个内存地址。

13. 当给定 ISBN-10 的前 9 位数字时计算校验码。

14. 给定一则消息以及小于 26 的整数 k，利用移位密码及密钥 k 加密该消息。给定一则用移位密码及密钥 k 加密的消息，解密之。

15. 给定一则消息以及小于 26 的正整数 a 和 b，$\gcd(a, 26) = 1$，利用仿射密码及密钥 (a, b) 加密该消息。给定一则用仿射密码及密钥 (a, b) 加密的消息，首先寻找解密密钥然后应用适当的解密函数解密该消息。

16. 从用移位密码对明文加密而成的密文中找出原始明文。利用密文中字母频率统计来做该题。

* 17. 通过寻找两个各有 200 位数字的素数 p 和 q，以及大于 1 且与 $(p-1)(q-1)$ 互素的整数 e 来构造一个有效的 RSA 加密密钥。

18. 给定一则消息和整数 $n = pq$，其中 p 和 q 是奇素数，以及大于 1 且与 $(p-1)(q-1)$ 互素的整数 e，利用 RSA 密码系统及密钥 (n, e) 加密该消息。

19. 给定一个有效的 RSA 密钥 (n, e)，以及素数 p 和 q，满足 $n = pq$，找出相应的解密密钥 d。

20. 给定一则用 RSA 密码系统及密钥 (n, e) 加密的消息，以及相应的解密密钥 d，解密该消息。

21. 利用迪菲-赫尔曼密钥交换协议生成一个共享密钥。

22. 给定双方的 RSA 公钥和私钥，一方发送签名的秘密消息给另一方。

计算和探索

使用一个计算程序或你自己编写的计算程序做下面的练习。

1. 对不超过 100 的每个素数 p，判断 $2^p - 1$ 是否为素数。

2. 在大梅森数 $2^p - 1$ 的某个范围内做测试以判断其是否为素数。（可能需要使用 GIMPS 项目的软件。）

3. 判断 $Q_n = p_1 p_2 \cdots p_n + 1$ 是否是素数，其中 p_1，p_2，$\cdots$，p_n 是 n 个最小的素数，对尽可能多的正整数 n 做该题。

4. 寻找单变量多项式，使得其在很长的连续整数上的值均为素数。

5. 尽可能多地寻找形如 $n^2 + 1$ 的素数，其中 n 是正整数。现在还不知道是否存在无限多个这样的素数。

6. 试找出 10 个不同的各有 100 位数字的素数。

7. 小于 1 000 000 的素数有多少个？小于 10 000 000 的呢？小于 100 000 000 的呢？你能否提出小于 x 的素数个数的估算值，这里 x 是正整数？

8. 找出随机选取的 10 个不同的 20 位数的奇数的一个素因子。记录找出每个整数的因子所消耗的时间。对 10 个 30 位数的奇数、40 位数的奇数等尽可能多地做同样的计算。

9. 找出所有不超过 10 000 的以 2 为基数的伪素数。

写作课题

用本教材以外的资料，按下列要求写成论文。

1. 试描述用于判断梅森数是否为素数的卢卡斯-莱默尔测试。讨论 GIMPS 项目在用这一测试来寻找梅森素数方面的进展。

2. 试解释随机性素数性测试如何在实践中用来生成几乎肯定是素数的非常大的数。这种测试是否有任何潜在的弊端？

3. 早在 75 年前提出的是否存在无限多个卡米切尔数的问题近期得到了解答。试描述存在无限多个这种数的证明中所涉及的要点。

4. 就复杂度和目前能分解的数的大小而言，试总结因子分解算法的现状。你认为什么时候分解 200 位的数将是可行的？

5. 试描述现代计算机中实际使用的正整数加、减、乘、除算法。

6. 试描述中国剩余定理（孙子定理）的历史。描述在中国和印度著作中提出的一些相关问题以及怎样将中国剩余定理用于求解这些问题。

7. 什么时候序列中的数是真正的随机数，而非伪随机数？用伪随机数做仿真或试验时观察到了什么样的缺陷？伪随机数有哪些性质是随机数不该有的？

8. 试解释国际银行账户号码（International Bank Account Number，IBAN）的校验码是如何得到的，并讨论哪些类错误能通过这个校验码发现。

9. 试描述计算信用卡号的校验码的 Luhn 算法，并讨论哪些类错误能通过这个校验码发现。

10. 试阐述如何利用同余式来告诉任意一天是星期几。

11. 试描述公钥密码学是如何应用的。就因子分解算法的现状而言，这种应用方式安全吗？现在用公钥密码加密的信息在将来会变得不安全吗？

12. 试描述怎样用公钥密码生成签名的保密消息，使得接收方有相当把握确认这个消息是由声称发送消息的人所发送的。

13. 试描述拉宾（Rabin）公钥密码系统，解释如何加密和解密消息，以及为什么它适合用做公钥密码系统。

* 14. 试解释为什么选用大素数 p 作为 RSA 密码系统中加密用的模数是不合适的。即，解释如果模数是一个大素数而不是两个大素数的乘积，则有人如何能在不需要过多计算的情况下从相应的公钥找出私钥。

15. 试解释加密散列函数意味着什么？这样一个函数必须具有的重要性质是什么？

16. 试解释金特里用于构建全同态密码系统的步骤。

归纳与递归

许多数学命题都这样的断言：某种性质对所有正整数来说，都为真。这种命题的例子有：对于每个正整数 n，$n! \leqslant n^n$；$n^3 - n$ 能被 3 整除；n 个元素的集合有 2^n 个子集；前 n 个正整数之和是 $n(n+1)/2$ 等。本章和本书的一个主要目标是让学生彻底理解证明这类结果的数学归纳法。

数学归纳法分两部分来证明。首先，证明命题对于正整数 1 成立。其次，证明如果命题对于一个正整数成立，那么对于下一个正整数它也必然成立。数学归纳法基于推理规则：如果对于正整数域来说，$P(1)$ 和 $\forall k(P(k) \rightarrow P(k+1))$ 均成立，那么 $\forall n P(n)$ 也成立。数学归纳法可以用来证明结论的巨大变化情况。理解如何阅读和构造采用数学归纳法的证明是学习离散数学的一个关键目标。

第 2 章已明确定义了集合和函数，即通过列举集合元素或给出刻画集合元素的某种性质来描述集合；对函数值则给出公式。基于数学归纳法，我们则有另一种重要方式来定义这些对象。要定义函数，就要规定某些初始项，从而给出由已知值求后续值的规则。（我们在第 2 章中用递推关系定义序列时遇到过这种定义方式。）定义集合是通过列举某些集合元素，给出从集合中已知元素来构造其他元素的规则。这样的定义称为递归定义，在离散数学和计算机科学中大量使用。一旦递归定义了集合，就可用所谓的结构归纳法来证明关于这个集合的结论。

当一个问题的解题过程被指定之后，该过程就必须总能得出正确的解。仅仅测试出一组输入值结果正确，并不能说明这个过程总是正确地工作。只有证明过程总是产生正确结果，才保证了这个过程的正确性。本章最后一节介绍一种程序验证技巧，这是验证过程正确性的形式化技巧。程序验证是一种以机械形式证明程序正确的现行尝试的基础。

5.1 数学归纳法

5.1.1 引言

假如有一个如图 1 所示的无限高的梯子，想知道是否能到达梯子上的每一个阶梯。我们所知道的两件事情是：

① 可以到达梯子上的第一个阶梯。

② 如果能到达梯子上某个特定阶梯，那么就能到达它的下一个阶梯。

那么，是否能得到可以到达梯子上的每一个阶梯的结论？由①知道，我们能到达第 1 个阶梯。此外，由于能到达第 1 个阶梯，由②可知，我们能到达第 2 个阶梯，因为它是第 1 个阶梯的下一个阶梯；再应用②，由于能到达第 2 个阶梯，我们也能到达第 3 个阶梯；继续这个过程，可证明我们能到达第 4 个阶梯，以此类推。例如，当应用 100 次②之后，我们到达了第 101 个阶梯。那么是否能得到我们能到达这个无限梯子上的每一个阶梯的结论？答案是肯定的，利用一个重要的证明技巧，即所谓的**数学归纳法**，就能验证这样的结论。也就是说，我们能够证明：对每一个正整数 n，$P(n)$ 都是正确的，其中 $P(n)$ 是我们能够到达梯子上的第 n 个阶梯这一命题。

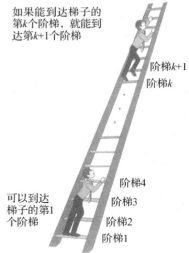

如果能到达梯子的第 k 个阶梯，就能到达第 $k+1$ 个阶梯

阶梯 $k+1$
阶梯 k

可以到达梯子的第 1 个阶梯

阶梯 4
阶梯 3
阶梯 2
阶梯 1

图 1　爬无限高的梯子

　　数学归纳法是证明这种断言的极其重要的证明技术。在本节和后面的章节中，数学归纳法将被大量用来证明关于各种各样离散对象的结果。例如用来证明关于算法的复杂度、特定类型计算机程序的正确性、有关图与树的定理，以及各种恒等式和不等式的结论。

　　本节描述如何使用数学归纳法，并说明为什么数学归纳法是有效的证明技巧。一定要注意的是：数学归纳法只能证明通过其他方式获得的结论，它不是发现公式或定理的工具。

5.1.2　数学归纳法

　　一般而言，数学归纳法 $\ominus$ 可用来证明这样一类命题：对于所有正整数 n，$P(n)$ 为真，其中 $P(n)$ 是命题函数。数学归纳法的证明包含两个步骤：一是**基础步骤**，在基础步骤中要证明 $P(1)$ 为真；二是**归纳步骤**，在归纳步骤中要证明对所有的正整数 k，如果 $P(k)$ 为真，则 $P(k+1)$ 为真。

> **数学归纳法的原理**　为证明对所有的正整数 n，$P(n)$ 为真，其中 $P(n)$ 是一个命题函数，需要完成两个步骤：
>
> 　基础步骤：证明命题 $P(1)$ 为真。
>
> 　归纳步骤：证明对每个正整数 k 来说，蕴含式 $P(k) \rightarrow P(k+1)$ 为真。

　　为了使用数学归纳法的原理完成一个证明的归纳步骤，我们需要假定对任意一个正整数 k，$P(k)$ 为真，并证明在此假定下，$P(k+1)$ 必为真。$P(k)$ 为真的假设叫作**归纳假设**。一旦用数学归纳法完成了一个证明中的两个步骤，那么就已经证明对所有的正整数而言 $P(n)$ 为真。也就是说，已经证明了 $\forall n P(n)$ 为真，其中的量词是全体正整数的集合。在归纳步骤中，要证明 $\forall k(P(k) \rightarrow P(k+1))$ 为真，其中的论域仍是正整数集合。

　　作为推理规则的一种表达方式，这一证明技巧可描述为

$$(P(1) \ \wedge \ \forall k(P(k) \rightarrow P(k+1))) \rightarrow \forall n P(n)$$

其中的论域是正整数集合。由于数学归纳法是如此重要的证明技术，所以值得详细解释使用这个技术的证明步骤。为了证明对所有正整数 n 来说，$P(n)$ 为真，首先证明 $P(1)$ 为真。这等于证明当在 $P(n)$ 里用 1 替换 n 时所得到的特殊命题为真。然后必须证明对每个正整数 k 来说，都有 $P(k) \rightarrow P(k+1)$ 为真。为了证明对每个正整数 k 来说这个蕴含式为真，需要证明当 $P(k)$ 为真时 $P(k+1)$ 不能为假。可以通过假设 $P(k)$ 为真，而且证明在此假设下 $P(k+1)$ 也必然为真来完成这个证明。

　　评注　在数学归纳法证明里并不假定对所有正整数来说 $P(k)$ 为真！只是证明：若假定 $P(k)$ 为真，则 $P(k+1)$ 也为真。因此，数学归纳法证明不属于回避问题或循环论证的情形。

　　在证明完成基础步骤和归纳步骤之后，即证明 $P(n)$ 对于所有正整数 n 都成立之后，我们知道 $P(1)$ 为真。这是在基础步骤中证明的。接着可以得到 $P(2)$ 为真，因为我们知道 $P(1)$ 为真

　　历史注解　已知最早的对数学归纳法的使用，是在 16 世纪数学家弗朗西斯科·毛洛利可（Francesco Maurolico，1494—1575）的著作里。毛洛利可写出大量关于经典数学的著作，并且对几何学和光学做出过许多贡献。在他的著作 *Arithmeticorum Libri Duo* 里，毛洛利可给出了整数的各种性质和对这些性质的证明。为了证明其中的某些性质，他设计出数学归纳法这个方法。在这本书里，他对数学归纳法的第一次使用是为了证明前 n 个正奇数之和等于 n^2。奥古斯塔·德·摩根被誉为在 1838 年第一个使用数学归纳法表示正式证明的人，并且引入了"数学归纳法"这一术语。毛洛利可的证明是非正式的，他从未使用"归纳"这个词。更多关于数学归纳法的历史参见 [Gul1]。

　$\ominus$　不幸的是，"数学归纳法"这一术语与用于描述其他类型推理中的术语是冲突的。在逻辑学中，**演绎推理**使用推理规则从前提导出结论；**归纳推理**是通过证据来支持结论，而不是确定结论。数学证明，包括使用数学归纳法的论据，都是演绎推理，而不是归纳推理。

并且从归纳步骤可知 $P(1) \rightarrow P(2)$。进一步，我们知道 $P(3)$ 为真，因为 $P(2)$ 为真且从归纳步骤可知 $P(2) \rightarrow P(3)$。使用有限次数的推导继续这一方法，可知对于任一特定正整数 n，$P(n)$ 成立。

数学归纳法工作原理的记忆方法   考虑前面那个无限高的梯子以及到达每个阶梯的规则，可以帮助我们记住数学归纳法是如何工作的。注意，无限高梯子中的命题 1) 和 2) 恰好分别是证明对所有的正整数 n 而言，$P(n)$ 为真时的基础步骤和归纳步骤，其中 $P(n)$ 是命题 "我们能够到达第 n 个阶梯"。因此，可以应用数学归纳法得出 "我们能够到达每个阶梯" 的结论。

另一种描述数学归纳法原理的方法是考虑一个排列无限长的多米诺骨牌，分别标有号码 1，2，3，$\cdots$，n，$\cdots$，其中每张多米诺骨牌都直立着。设 $P(n)$ 是命题：多米诺骨牌 n 被撞倒。如果第一张多米诺骨牌被撞倒，即 $P(1)$ 为真，并且如果每当第 k 张多米诺骨牌被撞倒时，它也撞倒第 $k+1$ 张多米诺骨牌，即对所有的整数 k 如果 $P(k) \rightarrow P(k+1)$ 为真，那么所有的多米诺骨牌都被撞倒。图 2 解释了这一点。

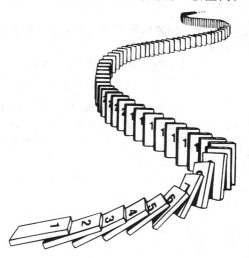

图 2   用多米诺骨牌解释数学归纳法原理

5.1.3   为什么数学归纳法是有效的

为什么数学归纳法是一种有效的证明技术？原因来自附录 A 中所列出的正整数集合的一个良序性公理：正整数集合的任何非空子集都有最小元素。假定知道 $P(1)$ 为真，而且对所有正整数 k 来说，命题 $P(k) \rightarrow P(k+1)$ 为真。为了证明对所有正整数 n 来说 $P(n)$ 必为真，可以假定至少存在一个正整数 n 使 $P(n)$ 为假，那么使 $P(n)$ 为假的正整数集合 S 非空。因此，根据良序性公理，S 中必有一个最小元素，把它表示成 m。可以知道 m 不可能是 1，因为 $P(1)$ 为真。因为 m 是正的而且大于 1，所以 $m-1$ 是一个正整数。另外，因为 $m-1$ 小于 m，且 $m-1$ 不属于 S，所以 $P(m-1)$ 必然为真。因为蕴含式 $P(m-1) \rightarrow P(m)$ 也为真，所以 $P(m)$ 必为真。这与 m 属于 S 相矛盾。因此，对所有正整数 n 而言，$P(n)$ 必为真。

评注   在本书中，我们将正整数的良序性当作公理。我们证明了数学归纳法是一种有效的证明技术。然而，我们本可以将数学归纳法原理当作公理，并证明正整数是良序的。这样，正整数的良序性与数学归纳法原理就是等价的。（在 5.2 节，我们将给出直接使用良序性的证明实例。本节的练习 41 要求证明正整数的良序性是数学归纳法原理的一个推论。）

5.1.4   选择正确的基础步骤

数学归纳法可以用于证明的定理并不限于 "对于所有正整数 n，$P(n)$ 为真" 这样的形式。有时需要证明 "对于 $n=b$，$b+1$，$b+2$，$\cdots$，$P(n)$ 为真"，其中 b 是不等于 1 的整数。只要改变基础步骤，将 $p(1)$ 变为 $p(b)$，就可以用数学归纳法来完成这个证明。换言之，要用数学归纳法证明 "对于 $n=b$，$b+1$，$b+2$，$\cdots$，b 是不等于 1 的整数，$P(n)$ 为真"，我们需要做的是：在基础步骤时证明 $p(b)$ 为真；在归纳步骤时证明对于 $k=b$，$b+1$，$b+2$，$\cdots$，蕴含式 $P(k) \rightarrow P(k+1)$ 为真。注意 b 可以为负、为零或为正。回忆前面使用的比喻，想象在多米诺骨牌中，首先撞倒第 b 张多米诺骨牌（基础步骤），当每张多米诺骨牌倒下时，它就撞倒下一张多米诺骨牌（归纳步骤）。请读者证明这种形式的归纳是有效的（见练习 85）。

稍后我们将用例 3 来说明这个问题。例 3 描述的是一个求和公式对所有非负整数的有效性。我们只需要证明 "对于 $n=0$，1，2，$\cdots$，$p(n)$ 为真"，所以基础步骤是证明 $p(0)$ 为真。

5.1.5　运用数学归纳法进行证明的原则

例1～例14将说明如何运用数学归纳法来证明不同的定理，每道例题都包含数学归纳法需要的所有元素。此外，我们也提供了一个无效的数学归纳法证明的例子。在给出这些证明之前，我们先讨论一些运用数学归纳法构造正确证明的有用原则。

数学归纳法证明模板

1. 将需要证明的命题表示为"对于所有的 $n \geq b$，$P(n)$"的形式，b 为一个固定的整数。对于"$P(n)$，n 为所有正整数"这种形式，设 $b=1$；对于"$P(n)$，n 为所有非负整数"这种形式，设 $b=0$。对于 $P(n)$ 的某些形式，如不等式，你需要通过用较小的 n 检查 $P(n)$ 为真的值来确定 b，如同在例6中所做的。

2. 写下"基础步骤"，证明 $P(b)$ 为真，注意选择正确的 b，这就完成了证明的第一步。

3. 写下"归纳步骤"，明确列出归纳假设，形式是"假设 $P(k)$ 为真，对于任意确定的整数 $k \geq b$"。

4. 列出在归纳假设的前提下需要证明的命题，即写出 $P(k+1)$ 的含义。

5. 利用 $P(k)$ 证明 $P(k+1)$。（一般来讲，这是数学归纳法证明中最难的部分。确定最有希望的证明策略，并参考如何利用前面的归纳假设来完成证明的归纳步骤。确保对于所有 k，$k \geq b$，证明是有效的，特别注意 k 值较小的时候，包括 $k=b$。）

6. 在归纳步骤明确结论，如写下"至此归纳步骤完成"。

7. 在基础步骤和归纳步骤之后明确结论，即"依据数学归纳法，对于所有的 $n \geq b$，$P(n)$ 为真。"

在以下14个例题中，你将看到我们如何完成模板中所描述的步骤。在需要运用数学归纳法的练习中遵循这些原则是很有帮助的。在练习和后面章节中的其他各种数学归纳法中，这些原则也是适用的。

5.1.6　数学归纳法的优点与缺点

在开始使用数学归纳法之前有一点非常重要。数学归纳法的优点在于它能用于证明已经构造好的猜想（是正确的）。缺点是它不能用于发现新定理。数学家有时对使用数学归纳法证明不是非常满意，因为这种方法不能提供关于这些定理为什么是正确的启示。许多定理可以使用包括数学归纳法在内的方法证明。而数学家更愿意选择其他方法而不是数学归纳法，因为其他方法能带来关于正确性的启示。（见例8及其后的"评注"。）

5.1.7　利用数学归纳法证明的例子

许多定理都阐述了这样的事实：对所有的正整数 n 而言，$P(n)$ 为真，其中 $P(n)$ 是命题函数。数学归纳法是证明此类定理的一种方法。换句话说，数学归纳法可用来证明形如 $\forall n p(n)$ 的一类定理，其中的论域是正整数集合。数学归纳法可用来证明非常广泛的一类定理，其中的每个定理都具有上述形式。（注意，有些命题隐式包含了全称量词。命题"如果 n 是一个正整数，那么 $n^3 - n$ 能被3整除"就是这样的例子。显式表达其隐含的全称量词就是"对于每一个正整数 n，$n^3 - n$ 能被3整除"。）

我们将给出大量的例子来阐述如何使用数学归纳法进行证明。将要证明的定理包括求和公式、不等式、关于集合的组合恒等式、整除性结论、关于算法的定理，以及其他一些创新性的结论。在本节和后面各节中，将利用数学归纳法证明许多其他类型的结论，包括计算机程序和算法的正确性。数学归纳法可用来证明大量的定理，这些定理可能与本书中所给出的例子相似，或者形式完全不同。（要了解数学归纳法更有趣和更多的证明结果，可以参看 Daivd Gunderson[Gu11]写的《数学归纳法手册》(Handbook of Mathematical Enduction)一书。）

在归纳法证明中，会经常犯各种错误。我们将会在本节的最后以及本节练习中给出一些不正确的证明，以示说明。为了避免在数学归纳法证明时犯错误，可以遵循 5.1.5 节给出的指导原则。

了解在什么情况下使用归纳假设 为了帮助读者理解本节中数学归纳法的证明例题，我们将注明归纳假设使用的地方。我们将采用三种方式表示：在文字中明显标注，在等式或者不等式上插入缩写 IH(表示归纳假设)，或者在多行显示中指出归纳假设是推理的一个步骤。

证明求和公式 通过证明几个不同的求和公式开始使用数学归纳法。我们将会看到，数学归纳法尤其适用于证明这类公式的有效性。不过，求和公式也可以用其他方法来证明，这一点并不奇怪，因为一个定理的证明通常有许多种方法。使用数学归纳法的一个主要缺点是不能用它来导出一个求和公式。也就是说，在用数学归纳法证明一个公式之前，该公式已经存在了。

例 1～4 举例说明了怎么用数学归纳法证明求和公式。第一个数学归纳法的例子是证明一个求和公式：最小的 n 个正整数之和的闭公式。

Extra
Examples

例 1 证明：若 n 是正整数，则 $1+2+\cdots+n=\dfrac{n(n+1)}{2}$。

解 设 $P(n)$ 是命题：前 n 个正整数之和是 $\dfrac{n(n+1)}{2}$。要证明对 $n=1$，2，3，$\cdots$，$P(n)$ 为真必须做两件事情，即必须证明 $P(1)$ 为真，以及对 $k=1$，2，3，$\cdots$ 来说条件语句 $P(k)$ 蕴含 $P(k+1)$ 为真。

基础步骤：$P(1)$ 为真，因为 $1=\dfrac{1(1+1)}{2}$(等式左边为 1 是因为第一个正整数之和为 1，等式右边为 1 是因为 1 代入 n 后，$\dfrac{n(n+1)}{2}$ 为 1)。

归纳步骤：关于归纳假设，假定对任意一个正整数 k，$P(k)$ 成立，即假定

$$1+2+\cdots+k=\frac{k(k+1)}{2}$$

在这个假设之下，必有 $P(k+1)$ 为真，即

$$1+2+\cdots+k+(k+1)=\frac{(k+1)\big[(k+1)+1\big]}{2}=\frac{(k+1)(k+2)}{2}$$

也为真。

我们看一下如何利用前面的归纳假设 $P(k)$ 为真来证明 $P(k+1)$ 成立。观察一下，$P(k+1)$ 的左边求和比 $P(k)$ 的左边求和多 $k+1$，因此，我们的策略是在 $P(k)$ 等式的两边同时加上 $k+1$，并通过简化代数形式来完成归纳步骤。

回到归纳步骤，$P(k)$ 等式的两边都加上 $k+1$，得到

$$1+2+\cdots+k+(k+1)\overset{\text{IH}}{=}\frac{k(k+1)}{2}+(k+1)$$

$$=\frac{k(k+1)+2(k+1)}{2}$$

$$=\frac{(k+1)(k+2)}{2}$$

最后这个等式证明了在 $P(k)$ 为真的假设下，$P(k+1)$ 为真。这样就完成了归纳步骤。

我们已经完成了基础步骤和归纳步骤，因此，根据数学归纳法知道对所有的 n，$P(n)$ 为真。也就是说，已经证明了对所有的 n，$1+2+\cdots+n=n(n+1)/2$。 ◀

正如前面所说明的，数学归纳法不是一种寻求所有正整数定理的工具。相反，它是一种证明一类猜想结论的方法。在例 2 中，将利用数学归纳法生成一个公式，同时证明一个猜想。

例 2 为前 n 个奇数猜想一个求和公式，然后利用数学归纳法来证明你的猜想。

解 对 $n=1$，2，3，4，5，前 n 个正奇数之和为

$$1=1,\ 1+3=4,\ 1+3+5=9,\ 1+3+5+7=16,\ 1+3+5+7+9=25$$

根据上述这些值猜想前 n 个正奇数之和为 n^2 是合理的，即 $1+3+5+\cdots+(2n-1)=n^2$。我们需要一个方法来证明这个猜想是正确的，如果事实确实如此。

设 $P(n)$ 表示命题：前 n 个正奇数之和是 n^2。我们的猜想是：对所有正整数而言 $P(n)$ 为真。为了使用数学归纳法来证明该猜想，必须首先完成基础步骤，即必须证明 $P(1)$ 为真；然后必须完成归纳步骤，即必须证明当假定 $P(k)$ 为真时 $P(k+1)$ 为真。现在我们来完成这两个步骤。

基础步骤：$P(1)$ 表示第 1 个正奇数之和是 1^2。这是真的，因为第 1 个正奇数之和是 1。基础步骤完成。

归纳步骤：为了完成归纳步骤，必须证明对所有正整数 k 来说，命题 $P(k)\rightarrow P(k+1)$ 为真。为了做到这一点，假定对正整数 k 来说，$P(k)$ 为真，即

$$1+3+5+\cdots+(2k-1)=k^2$$

（注意第 k 个正奇数是 $(2k-1)$，因为该整数是由 2 倍的 $(k-1)$ 加 1 而得到的。）为证明 $\forall k(P(k)\rightarrow P(k+1))$ 为真，必须证明：假定 $P(k)$ 为真（归纳假设），则 $P(k+1)$ 为真。注意 $P(k+1)$ 是命题

$$1+3+5+\cdots+(2k-1)+(2k+1)=(k+1)^2$$

在完成归纳步骤之前，我们先想一下证明策略。数学归纳法证明的这个阶段要找到一种方法来从归纳假设证明 $P(k+1)$ 为真。这里我们发现 $1+3+5+\cdots+(2k-1)+(2k+1)$ 是前 k 项和 $1+3+5+\cdots+(2k-1)$ 加上最后一项 $(2k+1)$。所以我们可以用归纳假设将 $1+3+5+\cdots+(2k-1)$ 换为 k^2。

现在返回我们的证明，可以发现：

$$
\begin{aligned}
1+3+5+\cdots+(2k-1)+(2k+1) &= [1+3+\cdots+(2k-1)]+(2k+1)\\
&\overset{\text{IH}}{=} k^2+(2k+1)\\
&= k^2+2k+1\\
&= (k+1)^2
\end{aligned}
$$

这就证明了 $P(k+1)$ 可以从 $P(k)$ 导出。注意在第二个等式里使用了归纳假设 $P(k)$，即用 k^2 代替前 k 个正奇数之和。

现在已经完成了基础步骤和归纳步骤。也就是说，我们已经证明了 $P(1)$ 为真，而且对所有正整数 k 来说，蕴含式 $P(k)\rightarrow P(k+1)$ 为真。所以，根据数学归纳法原理，可以得出结论：对所有正整数 n 来说 $P(n)$ 为真。即对所有正整数 n，$1+3+5+\cdots+(2n-1)=n^2$。　◀

例 3 用数学归纳法证明：对所有非负整数 n 来说，

$$1+2+2^2+\cdots+2^n=2^{n+1}-1$$

解 设 $P(n)$ 是命题：对所有非负整数 n 来说，$1+2+2^2+\cdots+2^n=2^{n+1}-1$。

基础步骤：$P(0)$ 为真，因为 $2^0=1=2^1-1$。这就完成了基础步骤。

归纳步骤：由归纳假设，我们假定 $P(k)$ 为真。即假定

$$1+2+2^2+\cdots+2^k=2^{k+1}-1$$

为了利用该假定来完成归纳步骤，必须证明：如果 $P(k)$ 为真，则 $P(k+1)$ 也为真。即在归纳假设 $P(k)$ 下，必须证明

$$1+2+2^2+\cdots+2^k+2^{k+1}=2^{(k+1)+1}-1=2^{k+2}-1$$

在 $P(k)$ 的假设下，有

$$
\begin{aligned}
1+2+2^2+\cdots+2^k+2^{k+1} &= (1+2+2^2+\cdots+2^k)+2^{k+1}\\
&\overset{\text{IH}}{=} (2^{k+1}-1)+2^{k+1}\\
&= 2\cdot 2^{k+1}-1\\
&= 2^{k+2}-1
\end{aligned}
$$

注意，在第二个等式中，利用了归纳假设，用 $2^{k+1}-1$ 代替了 $1+2+2^2+\cdots+2^k$。这样就完成了归纳步骤。

因为已经完成了基础步骤和归纳步骤,所以根据数学归纳法知道,对所有非负整数 n 而言,$P(n)$ 为真,即对所有非负整数 n,$1+2+\cdots+2^n = 2^{n+1}-1$。◀

例 3 中给出的公式是几何级数项一般求和结果的一种特殊情况(2.4 节中的定理 1)。我们将利用数学归纳法给出该公式的另外一种证明方法。

例 4 **几何级数的求和** 用数学归纳法证明一个几何级数的有限项之和具有如下形式:

$$\sum_{j=0}^{n} ar^j = a + ar + ar^2 + \cdots + ar^n = \frac{ar^{n+1}-a}{r-1} \quad r \neq 1$$

其中 n 是一个非负整数。

解 为了用数学归纳法来证明这个公式,设 $P(n)$ 是命题:一个几何级数的前 $n+1$ 项之和的上述公式是正确的。

基础步骤:$P(0)$ 为真,因为

$$\frac{ar^{0+1}-a}{r-1} = \frac{ar-a}{r-1} = \frac{a(r-1)}{r-1} = a$$

归纳步骤:归纳假设是命题:$P(k)$ 为真,其中 k 是一个非负整数。即 $P(k)$ 为如下命题

$$a + ar + ar^2 + \cdots + ar^k = \frac{ar^{k+1}-a}{r-1}$$

为了完成归纳步骤,必须证明:如果 $P(k)$ 为真,则 $P(k+1)$ 也为真。要证明 $P(k+1)$ 为真,先将这个等式的两边都加上 ar^{k+1},得到

$$a + ar + ar^2 + \cdots + ar^k + ar^{k+1} \overset{\text{IH}}{=} \frac{ar^{k+1}-a}{r-1} + ar^{k+1}$$

改写这个等式的右边可得

$$\frac{ar^{k+1}-a}{r-1} + ar^{k+1} = \frac{ar^{k+1}-a}{r-1} + \frac{ar^{k+2}-ar^{k+1}}{r-1} = \frac{ar^{k+2}-a}{r-1}$$

把这些等式组合起来就给出

$$a + ar + ar^2 + \cdots + ar^k + ar^{k+1} = \frac{ar^{k+2}-a}{r-1}$$

这就证明了:如果归纳假设 $P(k)$ 为真,则 $P(k+1)$ 也必为真。这就完成了归纳步骤的证明。

现在已经完成了基础步骤和归纳步骤,根据数学归纳法知,对所有的非负整数 n,$P(n)$ 为真。这就证明了关于几何级数项的求和公式是正确的。◀

正如前面所提到的,例 3 中的公式是例 4 公式中 $a=1$、$r=2$ 时的特殊情况。读者可以验证,将 a 和 r 的值代入上述一般公式,所得结果与例 3 应该是相同的。

证明不等式 数学归纳法可用于证明大量的不等式,这些不等式对于所有大于某个特定正整数的整数来说都成立,参见例 5~7。

Extra Examples

例 5 用数学归纳法证明:不等式 $n<2^n$ 对所有正整数 n 都是成立的。

解 设 $P(n)$ 是命题:$n<2^n$。

基础步骤:$P(1)$ 为真,因为 $1<2^1=2$。这就完成了基础步骤。

归纳步骤:首先给出归纳假设,假定对正整数 k 而言,$P(k)$ 为真。即归纳假设 $P(k)$ 是命题 $k<2^k$。为了完成归纳步骤,需要证明:如果 $P(k)$ 为真,那么 $P(k+1)$ 为真,即命题 $k+1<2^{k+1}$ 为真。也就是说,需要证明:如果 $k<2^k$,则 $k+1<2^{k+1}$。为了证明对所有正整数 k,上面的蕴含式为真,先在 $k<2^k$ 的两端都加 1,由于 $1 \leqslant 2^k$,于是有

$$k+1 \overset{\text{IH}}{<} 2^k+1 \leqslant 2^k+2^k = 2 \cdot 2^k = 2^{k+1}$$

这就证明了 $P(k+1)$ 为真,即 $k+1<2^{k+1}$。归纳步骤完毕。

由于完成了基础步骤和归纳步骤,因此,根据数学归纳法,我们已经证明了:对所有的正整数 n,$n<2^n$ 成立。◀

例6 用数学归纳法证明：对每个满足 $n \geq 4$ 的正整数 n 来说，有 $2^n < n!$。（注意，该不等式对 $n = 1$，2，3 是不成立的。）

解 设 $P(n)$ 是命题：$2^n < n!$。

基础步骤：为了证明对 $n \geq 4$ 来说这个不等式成立，基础步骤应该是 $P(4)$。注意 $P(4)$ 为真，因为 $2^4 = 16 < 24 = 4!$。

归纳步骤：对归纳步骤，假定对 $k \geq 4$ 的正整数而言，$P(k)$ 为真。即假定对 $k \geq 4$ 的正整数 k，$2^k < k!$ 成立。必须证明在此假设下，$P(k+1)$ 也为真。也就是说，必须证明：如果对 $k \geq 4$ 的正整数而言，$2^k < k!$ 为真，则有 $2^{k+1} < (k+1)!$。因为

$$
\begin{aligned}
2^{k+1} &= 2 \cdot 2^k & &\text{根据指数的定义} \\
&< 2 \cdot k! & &\text{根据归纳假设} \\
&< (k+1)k! & &\text{因为 } 2 < k+1 \\
&= (k+1)! & &\text{根据阶乘函数的定义}
\end{aligned}
$$

所以当 $P(k)$ 为真时 $P(k+1)$ 为真。归纳步骤完成。

我们已经完成了基础步骤和归纳步骤。因此，根据数学归纳法，对所有 $n \geq 4$ 的正整数而言，$P(n)$ 为真，即已经证明了对所有 $n \geq 4$ 的正整数，$2^n < n!$ 为真。

例7 将证明一个重要的关于正整数集的倒数之和的不等式。

例7 **关于调和数的一个不等式** 调和数 $H_j (j = 1, 2, 3, \cdots)$ 的定义为

$$
H_j = 1 + \frac{1}{2} + \frac{1}{3} + \cdots + \frac{1}{j}
$$

例如

$$
H_4 = 1 + \frac{1}{2} + \frac{1}{3} + \frac{1}{4} = \frac{25}{12}
$$

用数学归纳法证明

$$
H_{2^n} \geq 1 + \frac{n}{2}
$$

其中 n 是一个非负整数。

解 为了完成这个证明，设 $P(n)$ 是命题：$H_{2^n} \geq 1 + \frac{n}{2}$。

基础步骤：$P(0)$ 为真，因为 $H_{2^0} = H_1 = 1 \geq 1 + 0/2$。

归纳步骤：归纳假设是命题 $P(k)$ 为真，即 $H_{2^k} \geq 1 + k/2$，其中 k 是非负整数。必须证明：如果 $P(k)$ 为真，则 $P(k+1)$ 也为真，即命题 $H_{2^{k+1}} \geq 1 + (k+1)/2$ 为真。因此，由归纳假设，有

$$
\begin{aligned}
H_{2^{k+1}} &= 1 + \frac{1}{2} + \frac{1}{3} + \cdots + \frac{1}{2^k} + \frac{1}{2^k + 1} + \cdots + \frac{1}{2^{k+1}} & &\text{根据调和数的定义} \\
&= H_{2^k} + \frac{1}{2^k + 1} + \cdots + \frac{1}{2^{k+1}} & &\text{根据第 } 2^k \text{ 个调和数的定义} \\
&\geq \left(1 + \frac{k}{2}\right) + \frac{1}{2^k + 1} + \cdots + \frac{1}{2^{k+1}} & &\text{根据归纳假设} \\
&\geq \left(1 + \frac{k}{2}\right) + 2^k \cdot \frac{1}{2^{k+1}} & &\text{因为有 } 2^k \text{ 项，每项} \geq 1/2^{k+1} \\
&\geq \left(1 + \frac{k}{2}\right) + \frac{1}{2} & &\text{第 2 项中消去公共因子 } 2^k \\
&= 1 + \frac{k+1}{2}
\end{aligned}
$$

这样就完成了归纳步骤的证明。

我们已经完成了基础步骤和归纳步骤。因此，根据数学归纳法，对所有的非负整数 n，$P(n)$ 为真。也就是说，对所有非负整数 n，关于调和数的不等式 $H_{2^n} \geqslant 1 + \dfrac{n}{2}$ 都成立。   ◀

评注   可以用这里证明的不等式去证明**调和级数**

$$1 + \frac{1}{2} + \frac{1}{3} + \cdots + \frac{1}{n} + \cdots$$

是一个发散的无穷级数。该级数是无穷级数研究中的一个重要的例子。

证明整除性结论   数学归纳法可用来证明整数的整除性结论。尽管整数的整除性问题用数论中的基本结论更容易证明，但了解如何利用数学归纳法来证明这种问题将具有一定的指导意义，请参见例 8 和例 9。

例 8   用数学归纳法证明：当 n 是正整数时，$n^3 - n$ 可被 3 整除。

解   为了构造这个证明，设 $P(n)$ 是命题 "$n^3 - n$ 可被 3 整除"。

基础步骤：命题 $P(1)$ 为真，因为 $1^3 - 1 = 0$ 可被 3 整除，这就完成了基础步骤。

归纳步骤：关于归纳假设，假定 $P(k)$ 为真，即 $k^3 - k$ 可被 3 整除。为了完成归纳步骤，必须证明在归纳假设下，$P(k+1)$ 为真。即证明 $(k+1)^3 - (k+1)$ 可被 3 整除。注意

$$(k+1)^3 - (k+1) = (k^3 + 3k^2 + 3k + 1) - (k+1)$$
$$= (k^3 - k) + 3(k^2 + k)$$

因为在这个和里的两项都可被 3 整除（第一项是根据归纳假设，第二项是因为它是一个整数的 3 倍），由此得出 $(k+1)^3 - (k+1)$ 也可被 3 整除。这样就完成了归纳步骤。

因为我们既完成了基础步骤，又完成了归纳步骤，所以根据数学归纳法原理可知，当 n 是正整数时，$n^3 - n$ 可被 3 整除。   ◀

评注   我们用例 8 说明了如何用数学归纳法来证明整除性结论。但是，也有一些更简单的证明方法。例如，要证明对于所有的正整数 n，$n^3 - n$ 可被 3 整除，可用因式分解方法，即 $n^3 - n = n(n^2 - 1) = n(n-1)(n+1) = (n-1)n(n+1)$。因为三个连续整数之积一定能被 3 整除（因为其中一个一定能被 3 整除），所以 $n^3 - n$ 可被 3 整除。

下一个例题是一个更有挑战性的关于整除的数学归纳法证明题。

例 9   使用数学归纳法证明 $7^{n+2} + 8^{2n+1}$ 能被 57 整除，n 为非负整数。

解   为了证明，设 $P(n)$ 表示命题 "$7^{n+2} + 8^{2n+1}$ 能被 57 整除"。

基础步骤：为了完成基础步骤，我们必须证明 $P(0)$ 为真，因为我们要证明 $P(n)$ 对于所有的非负整数为真。我们可以看到 $P(0)$ 为真，因为 $7^{0+2} + 8^{0+1} = 7^2 + 8^1 = 57$，能被 57 整除。这样就完成了基础步骤。

归纳步骤：对归纳假设，我们假设对于任意非负整数 k，$P(k)$ 成立。即假设 $7^{k+2} + 8^{2k+1}$ 能被 57 整除。为了完成归纳步骤，我们必须证明当假设归纳假设 $P(k)$ 为真时，$P(k+1)$，即 $7^{(k+1)+2} + 8^{2(k+1)+1}$ 能被 57 整除成立。

证明中难的一部分是如何应用归纳假设。基于归纳假设，我们有如下几步：

$$7^{(k+1)+2} + 8^{2(k+1)+1} = 7^{k+3} + 8^{2k+3}$$
$$= 7 \cdot 7^{k+2} + 8^2 \cdot 8^{2k+1}$$
$$= 7 \cdot 7^{k+2} + 64 \cdot 8^{2k+1}$$
$$= 7(7^{k+2} + 8^{2k+1}) + 57 \cdot 8^{2k+1}$$

现在我们可以应用归纳假设，$7^{k+2} + 8^{2k+1}$ 能被 57 整除。我们运用 4.1 节定理 1 中的 (i) 和 (ii)。由定理 1 中的 (ii) 和归纳假设，我们最后和式中的第一项 $7(7^{k+2} + 8^{2k+1})$ 能被 57 整除；由定理 1 中的 (ii)，和式中的第二项 $57 \cdot 8^{2k+1}$ 能被 57 整除。因此，由定理 1 中的 (i)，我们可以得到 $7(7^{k+2} + 8^{2k+1}) + 57 \cdot 8^{2k+1} = 7^{(k+1)+2} + 8^{2(k+1)+1}$ 能被 57 整除。这样就完成了归纳步骤。

因为我们已经完成了基础步骤和归纳步骤，所以根据数学归纳法，对所有的非负整数 n，

$7^{n+2}+8^{2n+1}$ 能被 57 整除。

证明有关集合的结论　数学归纳法可用来证明许多有关集合的结论。在下面的例 10 中将证明一个关于有限集合子集个数的结论，而在例 11 中将建立一个集合恒等式。

例 10　**有限集合子集的个数**　用数学归纳法证明：若 S 是有 n 个元素的有限集合，其中 n 是一个非负整数，则 S 有 2^n 个子集。（在第 6 章里我们将以多种方式直接证明这个结果。）

解　设 $P(n)$ 是命题：有 n 个元素的集合有 2^n 个子集。

基础步骤：$P(0)$ 为真，因为有 0 个元素的集合，即空集，恰有 $2^0=1$ 个子集，即它自身。

归纳步骤：关于归纳假设，假定对所有非负整数 k，$P(k)$ 为真，即假定所有 k 个元素的集合都有 2^k 个子集。必须证明在此假定下，命题 $P(k+1)$（具有 $k+1$ 个元素的集合都有 2^{k+1} 个子集）也为真。为此，设 T 是一个具有 $k+1$ 个元素的集合，于是 T 可以写成 $T=S\cup\{a\}$，其中 a 是 T 中的一个元素，且 $S=T-\{a\}$（因此，$|S|=k$）。T 的子集可以用如下方式得到：对 S 的每个子集 X 而言，恰好存在 T 的两个子集，即 X 和 $X\cup\{a\}$。（图 3 将对此给出解释。）这些集体构成了 T 的所有子集，且这些子集都不相同。因为 S 有 2^k 个子集，所以 T 有 $2\cdot 2^k=2^{k+1}$ 个子集。这就完成了归纳步骤的论证。

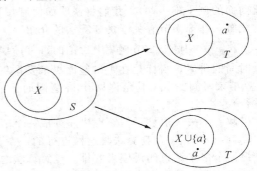

图 3　具有 $k+1$ 个元素的集合的子集的生成过程，这里 $T=S\cup\{a\}$

因为我们既完成了基础步骤，又完成了归纳步骤，所以根据数学归纳法原理可知：对所有非负整数 n 而言，$P(n)$ 为真。也就是说，我们已经证明了具有 n 个元素的集合有 2^n 个子集，无论 n 是一个怎样的非负整数。　◀

例 11　用数学归纳法证明下述对德·摩根律之一的推广：

$$\overline{\bigcap_{j=1}^{n} A_j} = \bigcup_{j=1}^{n} \overline{A_j}$$

其中 A_1，A_2，$\cdots$，A_n 是全集 U 的任意子集，且 $n\geqslant 2$。

解　设 $P(n)$ 是对 n 个集合来说的上述恒等式。

基础步骤：命题 $P(2)$ 断言 $\overline{A_1\cap A_2}=\overline{A_1}\cup\overline{A_2}$。这是德·摩根律之一，在 2.2 节里证明过该定律。

归纳步骤：归纳假设是命题 $P(k)$ 为真，其中 k 是正整数，且 $k\geqslant 2$。即归纳假设是命题

$$\overline{\bigcap_{j=1}^{k} A_j} = \bigcup_{j=1}^{k} \overline{A_j}$$

其中 A_1，A_2，$\cdots$，A_k 是全集 U 的任意子集。要完成归纳步骤，需要证明：归纳假设蕴含 $P(k+1)$ 为真。也就是说，需要证明：如果上述等式对 U 的任意 k 个子集都成立，那么该等式对 U 的任意 $k+1$ 个子集也成立。假定 A_1，A_2，$\cdots$，A_k，A_{k+1} 是 U 的子集，则根据归纳假设，有

$$\overline{\bigcap_{j=1}^{k+1} A_j} = \overline{\left(\bigcap_{j=1}^{k} A_j\right)\cap A_{k+1}} \qquad \text{根据交的定义}$$

$$= \overline{\left(\bigcap_{j=1}^{k} A_j\right)}\cup\overline{A_{k+1}} \qquad \text{根据德·摩根律，其中的两个集合分别为} \bigcap_{j=1}^{k} A_j \text{和} A_{k+1}$$

$$= \left(\bigcup_{j=1}^{k} \overline{A_j}\right)\cup\overline{A_{k+1}} \qquad \text{根据归纳假设}$$

$$= \bigcup_{j=1}^{k+1} \overline{A_j} \qquad \text{根据并的定义}$$

这就完成了归纳步骤。

因为我们既完成了基础步骤，又完成了归纳步骤，所以根据数学归纳法原理可知：对任意的正整数 n，且 $n \geqslant 2$ 时，$P(n)$ 为真。即

$$\overline{\bigcap_{j=1}^{n} A_j} = \bigcup_{j=1}^{n} \overline{A_j}$$

其中 A_1，A_2，$\cdots$，A_n 是全集 U 的任意子集，且 $n \geqslant 2$。 ◀

证明有关算法的结论　下面证明一个阐述数学归纳法在算法研究中应用的例子（此例子要比前面的例子难一些）。我们将说明如何利用数学归纳法证明一个贪婪算法，并由此产生一个优化解，在 3.1 节有关于贪婪算法的介绍。

例 12　回顾 3.1 节例 7 中讨论的讲座计划的算法。算法输入是一组 m 个预先确定开始和结束时间的讲座。目标是在主讲座厅尽量安排更多的讲座而不出现重叠。设讲座 t_j 的开始时间为 b_j，结束时间为 e_j（不允许两个讲座同时进行，但允许一个讲座在另一个讲座结束时马上进行）。

解　不失一般性，假定把讲座列成一个表，以保证各讲座的结束时间是非降序的，即保证 $e_1 \leqslant e_2 \leqslant \cdots \leqslant e_m$。贪婪算法是这样进行的：在算法中的每个阶段，都从可以开始进行的讲座中选择一个最早结束的讲座来安排。注意算法总是选择一个最早结束的讲座来安排下一个讲座。我们将证明，从在主讲座厅尽量安排更多讲座的意义上，这种贪婪算法是一种最优算法。为了证明该算法的最优性，对变量 n 应用数学归纳法，其中 n 是算法中的讲座数。设 $P(n)$ 是命题：如果贪婪算法安排了 n 个讲座，那么不可能安排更多的讲座。

基础步骤：设贪婪算法在主讲座厅只安排一个讲座 t_1。这意味着任何其他讲座都不能在 t_1 的结束时间 e_1 或之后进行了。否则，根据讲座结束时间非降序顺序的要求，就应该存在一个讲座，它应该在 t_1 讲座之前进行。因此，在 e_1 时刻，每个剩余的讲座都要求使用讲座厅，因为它们都要求在 e_1 时刻或 e_1 时刻之前开始，并在 e_1 时刻之后结束。这就导致了主讲座厅不能安排两个讲座，因为它们都要求在 e_1 时刻使用讲座厅。这就证明了 $P(1)$ 为真，因此基础步骤证毕。

归纳步骤：归纳假设是 $P(k)$ 为真，其中 k 是一个正整数。也就是说，对给定的一组讲座，无论讲座个数有多少，当从中选择 k 个讲座时（k 是正整数），贪婪算法总是安排了最多的讲座。必须证明：在 $P(k)$ 为真的假设下，$P(k+1)$ 也为真，即在 $P(k)$ 为真的假设下，当需要选择 $k+1$ 个讲座时，贪婪算法也总是安排了最多的讲座。

现在假定算法已经选择了 $k+1$ 个讲座。要完成归纳步骤的第一步是：证明存在一个包含讲座 t_1 且安排了最多讲座的计划表，其中 t_1 代表最先结束的那个讲座。容易看出，由于一个开始于讲座 $t_i(i>1)$ 的计划表是可以改变的，使得 t_1 成为第一个讲座。为了说明这一点，注意：因为 $e_1 \leqslant e_i$，所以 t_i 之后的讲座仍然可以被安排。

一旦包含了讲座 t_1，计划表就可以归结为：在 e_1 时刻或 e_1 之后，安排尽可能多的讲座。因此，如果已经安排了尽可能多的讲座，那么除了讲座 t_1 之外，以 t_1 结束时开始的计划表就是原始计划表的一个最优安排。这是因为贪婪算法在建立这个计划表时已经安排了 k 个讲座，根据归纳假设，当算法安排 $k+1$ 个讲座时，它已经安排了最多的讲座。因此，$P(k+1)$ 也为真。这就完成了归纳步骤。

现在已经完成了基础步骤和归纳步骤，根据数学归纳法原理可知：对所有正整数 n，$P(n)$ 为真。这就完成了最优性的证明。也就是说，我们已经证明了：当用贪婪算法安排了 n 个讲座时，其中 n 是一个正整数，那么不可能存在多于 n 个讲座的安排。 ◀

数学归纳法的创新性用法　数学归纳法经常出现意想不到的用法。下面将给出两个具体的巧妙用法，第一个是关于馅饼战斗中的幸存者问题，第二个是关于缺失一方角的规则棋盘的三联覆盖问题。

例 13　奇数个馅饼的战斗　有奇数个人站在一个院子里，彼此之间的距离不同，每个人都

同时用一个馅饼抛向并击打离他最近的人。利用数学归纳法证明：人群中至少有一个幸存者，即至少有一个人没有被馅饼攻击(此问题是由 Carmony[Ca79]提出的。注意此结果对偶数个人不成立，参见练习 77)。

解 设 $P(n)$ 是命题：当 $2n+1$ 个人站在院中，彼此之间距离不同，每个人都同时用一个馅饼抛向并击打离他最近的人时，至少存在一个幸存者。为了证明此结果，将证明对所有的正整数 n，$P(n)$ 为真。这是可行的，因为当 n 取遍所有正整数时，$2n+1$ 则取遍了所有大于等于 3 的奇数。注意，一个人的馅饼战斗是不存在的，因为不存在另外一个人成为他攻击的对象。

基础步骤：当 $n=1$ 时，共有 $2n+1=3$ 个人参与战斗。在这 3 个人中，假设距离最近的两个人是 A 和 B，而 C 是第三个人。因为三人中两两之间的距离是不同的，A 与 C 之间的距离以及 B 与 C 之间的距离都不同于且大于 A 与 B 之间的距离，因此，C 不会受到馅饼的攻击。这表明，三个人中至少有一个人不会受到馅饼的攻击，这就完成了基础步骤。

归纳步骤：关于归纳步骤，假定 $P(k)$ 为真。即当 $2k+1$ 个人站在院中，彼此之间距离不同，每个人都同时用一个馅饼抛向并击打离他最近的人时，至少存在一个幸存者。必须证明：如果归纳假设 $P(k)$ 为真，那么 $P(k+1)$，即命题"当 $2(k+1)+1=2k+3$ 个人站在院中，彼此之间距离不同，每个人都同时用一个馅饼抛向并击打离他最近的人时，至少存在一个幸存者"也为真。

下面假设有 $2(k+1)+1=2k+3$ 个人站在院中，彼此之间距离不同。设 A 和 B 是这 $2k+3$ 个人中距离最近的两个人，当每个人都向其最近者抛击馅饼时，则 A 和 B 必相互抛击。我们考虑两种情况：(i)其他某人向 A 或 B 抛击馅饼；(ii)没有其他人向 A 或 B 抛击馅饼。

(i)如果 A 和 B 相互抛击且其他某人向 A 或 B 抛击时，至少有三个馅饼抛击了 A 和 B，最多有 $(2k+3)-3=2k$ 个馅饼抛击了其余 $2k+1$ 个人。这就保证了至少有一个人是幸存者，因为如果这 $2k+1$ 个人都至少被一个馅饼攻击，那么总共至少要有 $2k+1$ 个馅饼来攻击他们(最后一步所用的推理是 6.2 节将要讨论的鸽巢原理的一个例子)。

(ii)假定没有其他人向 A 或 B 抛击馅饼。除了 A 和 B 之外，共有 $2k+1$ 个人。由于这些人之间的距离彼此不同，可利用归纳假设得出结论：当每个人都向其最近者抛击馅饼时，至少存在一个幸存者 S。此外，由于 A 和 B 必相互抛击，因此 S 也不会受到 A 或 B 的抛击，所以 S 是个幸存者，因为他没有受到 $2k+3$ 个人中任何一个人的抛击。

因为既完成了基础步骤，又完成了归纳步骤，所以根据数学归纳法可知：对所有的正整数 n，$P(n)$ 为真。因此，得出结论：奇数个人站在院子里，彼此之间的距离不同，每个人都同时用一个馅饼抛向并击打离他最近的人时，至少存在一个幸存者。

1.8 节曾经讨论过用多联骨牌覆盖棋盘的问题。例 14 将阐述如何利用数学归纳法证明一个结论：关于用右三联骨牌，即形如字母 L 的碎片去覆盖一个棋盘问题的结论。

例 14 设 n 是正整数。证明：可以用右三联骨牌去覆盖任何一个去掉 1 个格的 $2^n \times 2^n$ 格的棋盘，其中每一个右三联骨牌都能覆盖棋盘中的 3 个格子，如图 4 所示。

解 设 $P(n)$ 是命题：可以用右三联骨牌覆盖任何一个去掉 1 个格的 $2^n \times 2^n$ 格的棋盘。可以用数学归纳法证明对所有正整数 n 来说，$P(n)$ 为真。

基础步骤：命题 $P(1)$ 为真，因为对任何一个去掉 1 个格的 2×2 格棋盘而言，用一个右三联骨牌就能将它覆盖，如图 5 所示。

图 4   一个右三联骨牌   图 5   用一个右三联骨牌覆盖去掉 1 个格的 2×2 格棋盘

归纳步骤：归纳假设是对正整数 k，$P(k)$ 为真，即，假定对去掉 1 个格的 $2^k \times 2^k$ 格棋盘而言，可以用右三联骨牌将其覆盖。必须证明：在归纳假设下，$P(k+1)$ 也必为真，即可以用右三联骨牌覆盖任何去掉 1 个格的 $2^{k+1} \times 2^{k+1}$ 格的棋盘。

为此，我们考虑一个去掉 1 个格的 $2^{k+1} \times 2^{k+1}$ 格棋盘，把这个棋盘从中间切开，分成大小为 $2^k \times 2^k$ 个格的 4 个棋盘，如图 6 所示。在这 4 个棋盘中，有 3 个不缺失任何一格，第四个 $2^k \times 2^k$ 格棋盘缺失 1 个格，根据数学归纳法，可以用右三联骨牌将其覆盖。现在暂时将另外三个 $2^k \times 2^k$ 格的棋盘都去掉 1 个格，被去掉的这 3 个格是原来大棋盘的中心，如图 7 所示。根据归纳假设，可以用右三联骨牌将这 3 个去掉 1 个格的 $2^k \times 2^k$ 格棋盘覆盖。此外，被暂时去掉的 3 个格可以用一个右三联骨牌将其覆盖。因此，整个 $2^{k+1} \times 2^{k+1}$ 格的棋盘可以用右三联骨牌来覆盖。

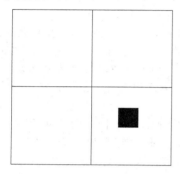
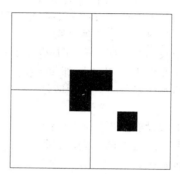

图 6　把一个 $2^{k+1} \times 2^{k+1}$ 格棋盘
　　　　分成 4 个 $2^k \times 2^k$ 格棋盘

图 7　用一个右三联骨牌覆盖
　　　　$2^{k+1} \times 2^{k+1}$ 格棋盘

我们已经完成了基础步骤和归纳步骤。因此，根据数学归纳法知：对所有的正整数 n，$P(n)$ 为真。这就证明了能够用右三联骨牌将任何一个去掉 1 个格的 $2^n \times 2^n$ 格的棋盘覆盖，其中 n 是一个正整数。　◀

5.1.8　使用数学归纳法时犯的错误

和任何证明方法一样，使用数学归纳法有时也会犯错误。许多著名的甚至有些滑稽的假命题都可以通过数据归纳法推导出来，如例 15 和练习 49～51。在这类错误采用数学归纳法的证明中，有时候还不太容易找到错误。

为了发现数学归纳法中的错误，要记住在每一个这样的证明中，基础步骤和归纳步骤都必须是正确的。在使用数学归纳法证明时，不完整的基础步骤会导致如"对于正整数 n，$n = n + 1$"这样明显荒谬的结论。（我们将这个证明留给读者，通过构造正确的归纳步骤容易完成这个命题的尝试性证明。）如下面的例 15 所展示的，当错误隐藏在基础步骤时，发现错误之处是非常诡秘的。

例 15　找出一个明显为错误断言的"证明"中的错误：平面上的任何一组相互之间都不平行的直线，必相交于一个公共点。

"证"　设 $P(n)$ 是命题：平面上的任何 n 条相互之间都不平行的直线必相交于一个公共点。我们将试图证明：对所有的正整数 $n \geqslant 2$，$P(n)$ 为真。

基础步骤：命题 $P(2)$ 为真，因为平面上相交的两条直线是不平行的（根据平行线的定义）。

归纳步骤：归纳假设是命题：对正整数 k，$P(k)$ 为真，即假定平面上的任意 k 条不平行的直线相交于一个公共点。为了完成归纳步骤，必须证明：如果 $P(k)$ 为真，则 $P(k+1)$ 也必为真。也就是说，必须证明：如果平面上任意 k 条不平行的直线相交于一个公共点，那么平面上任意 $k+1$ 条不平行的直线也相交于一个公共点。因此，考虑平面上 $k+1$ 条不同的直线，根据归纳假设，这些直线中的前 k 条相交于一个公共点 p_1。此外，根据归纳假设，这些直线中的后

k 条也相交于一个公共点 p_2。我们将证明：p_1 和 p_2 必为同一个点。如果 p_1 和 p_2 是不同的点，则包含这两个点的所有直线必是同一条直线，这是因为两点确定一条直线。这与我们的假设"这些直线是不同的直线"相矛盾。因此，p_1 和 p_2 必是同一个点。为此得到结论：$p_1 = p_2$ 在所有 $k+1$ 条直线上。这样就证明了在 $P(k)$ 为真的假设下，$P(k+1)$ 也为真。也就是说，已经证明了：如果任意 $k(k \geqslant 2)$ 条不同直线交于一个公共点，那么任意 $k+1$ 条不同的直线也交于一个公共点。这就完成了归纳步骤。

我们已经完成了基础步骤和归纳步骤，似乎用数学归纳法完成了一个正确的证明。

解　检查这个似乎是利用了数学归纳法的证明，看起来一切都是合情合理的。然而，证明中有一个错误，也必然是这样。这个错误相当微妙。仔细检查归纳步骤可以看出，归纳步骤必须要求 $k \geqslant 3$。我们不能证明 $P(2)$ 蕴含 $P(3)$。当 $k = 2$ 时，我们的目标是证明任意三条不同的直线交于一点。前两条直线必相交于一点 p_1，后两条直线必相交于一点 p_2。但在此情况下，p_1 和 p_2 不必是同一个点，因为只有第二条直线是两组直线中的公共直线。这就是归纳步骤中所犯的错误。 ◀

练习

1. 在一条火车线路上有无穷多个车站。假设火车在第一站停车，又假设如果火车在一个站停车，则它在下一站必停车。证明：火车在所有的车站都停车。

2. 在有无限个洞的高尔夫线路上，如果你知道一个选手能够打入第一个洞，且如果他打入第一个洞，那么他一定能打入下一个洞。证明：此选手能够打入线路上的每一个洞。

利用数学归纳法证明练习 3～17 中的求和公式。注意明确在何处使用了归纳假设。

3. 设 $P(n)$ 是命题：对正整数 n 而言，$1^2 + 2^2 + \cdots + n^2 = n(n+1)(2n+1)/6$。

a) 命题 $P(1)$ 是什么？　　　　　b) 证明 $P(1)$ 为真，完成基础步骤的证明。

c) 归纳假设是什么？　　　　　　d) 在归纳步骤中你需要证明什么？

e) 完成归纳步骤。　　　　　　　f) 解释为什么只要 n 是一个正整数，则上述步骤就可以证明公式为真。

4. 设 $P(n)$ 是命题：对正整数 n 而言，$1^3 + 2^3 + \cdots + n^3 = (n(n+1)/2)^2$。

a) 命题 $P(1)$ 是什么？　　　　　b) 证明 $P(1)$ 为真，完成基础步骤的证明。

c) 归纳假设是什么？　　　　　　d) 在归纳步骤中你需要证明什么？

e) 完成归纳步骤。　　　　　　　f) 解释为什么只要 n 是一个正整数，则上述步骤就可以证明公式为真。

5. 证明：只要 n 是一个非负整数，则

$$1^2 + 3^2 + 5^2 + \cdots + (2n+1)^2 = (n+1)(2n+1)(2n+3)/3$$

6. 证明：只要 n 是一个正整数，则

$$1 \cdot 1! + 2 \cdot 2! + \cdots + n \cdot n! = (n+1)! - 1$$

7. 证明：只要 n 是一个非负整数，则

$$3 + 3 \cdot 5 + 3 \cdot 5^2 + \cdots + 3 \cdot 5^n = 3(5^{n+1} - 1)/4$$

8. 证明：只要 n 是一个非负整数，则

$$2 - 2 \cdot 7 + 2 \cdot 7^2 - \cdots + 2(-7)^n = (1 - (-7)^{n+1})/4$$

9. a) 猜想前 n 个正偶数之和的公式。

b) 证明你所猜想的公式。

10. a) 通过对较小的 n 值进行考查，猜想下面的求和公式：

$$\frac{1}{1 \times 2} + \frac{1}{2 \times 3} + \cdots + \frac{1}{n(n+1)}$$

b) 证明你所猜想的公式。

11. a) 通过对较小的 n 值进行考查，猜想下面的求和公式：

$$\frac{1}{2} + \frac{1}{4} + \frac{1}{8} + \cdots + \frac{1}{2^n}$$

b) 证明你所猜想的公式。

12. 证明：只要 n 是一个非负整数，则

$$\sum_{j=0}^{n}\left(-\frac{1}{2}\right)^{j}=\frac{2^{n+1}+(-1)^{n}}{3\cdot 2^{n}}$$

13. 证明：只要 n 是一个正整数，则

$$1^{2}-2^{2}+3^{2}-\cdots+(-1)^{n-1}n^{2}=(-1)^{n-1}n(n+1)/2$$

14. 证明：对所有正整数 n 而言，都有

$$\sum_{k=1}^{n}k2^{k}=(n-1)2^{n+1}+2$$

15. 证明：对所有正整数 n 而言，都有

$$1\cdot 2+2\cdot 3+\cdots+n(n+1)=n(n+1)(n+2)/3$$

16. 证明：对所有正整数 n 而言，都有

$$1\cdot 2\cdot 3+2\cdot 3\cdot 4+\cdots+n(n+1)(n+2)=n(n+1)(n+2)(n+3)/4$$

17. 证明：只要 n 是一个正整数，则

$$\sum_{j=1}^{n}j^{4}=n(n+1)(2n+1)(3n^{2}+3n-1)/30$$

利用数学归纳法证明练习 18～30 中的不等式。

18. 设 $P(n)$ 是命题：$n!<n^{n}$，其中 n 是大于 1 的整数。

a) 命题 $P(2)$ 是什么？

b) 证明 $P(2)$ 为真，完成基础步骤的证明。

c) 归纳假设是什么？

d) 在归纳步骤中你需要证明什么？

e) 完成归纳步骤。

f) 解释为什么只要 n 是一个大于 1 的整数，则上述步骤就可以证明不等式为真。

19. 设 $P(n)$ 是命题：

$$1+\frac{1}{4}+\frac{1}{9}+\cdots+\frac{1}{n^{2}}<2-\frac{1}{n}$$

其中 n 是大于 1 的整数。

a) 命题 $P(2)$ 是什么？   **b)** 证明 $P(2)$ 为真，完成基础步骤的证明。

c) 归纳假设是什么？   **d)** 在归纳步骤中你需要证明什么？

e) 完成归纳步骤。

f) 解释为什么只要 n 是一个大于 1 的整数，则上述步骤就可以证明不等式为真。

20. 证明：如果 n 是一个大于 6 的整数，则 $3^{n}<n!$。

21. 证明：如果 n 是一个大于 4 的整数，则 $2^{n}>n^{2}$。

22. 对怎样的非负整数 n，有 $n^{2}\leqslant n!$？证明你的答案。

23. 对怎样的非负整数 n，有 $2n+3\leqslant 2^{n}$？证明你的答案。

24. 证明：只要 n 是一个正整数，则

$$1/(2n)\leqslant[1\cdot 3\cdot 5\cdot\cdots\cdot(2n-1)]/(2\cdot 4\cdot\cdots\cdot 2n)$$

*25. 证明：对所有非负整数 n，如果 $h>-1$，则 $1+nh\leqslant(1+h)^{n}$。该不等式称为**伯努利不等式**。

*26. 设 a 和 b 为实数，且 $0<b<a$。证明：如果 a 是一个正整数，则 $a^{n}-b^{n}\leqslant na^{n-1}(a-b)$。

*27. 证明：对每个正整数 n，有

$$1+\frac{1}{\sqrt{2}}+\frac{1}{\sqrt{3}}+\cdots+\frac{1}{\sqrt{n}}>2(\sqrt{n+1}-1)$$

28. 证明：只要 n 是一个大于等于 3 的整数，则 $n^{2}-7n+12$ 就是非负的。

在练习 29 和 30 中，H_{n} 表示第 n 个调和数。

*29. 证明：只要 n 是一个非负整数，则 $H_{2^{n}}\leqslant 1+n$。

*30. 证明：$H_{1}+H_{2}+\cdots+H_{n}=(n+1)H_{n}-n$。

在练习 31～37 中，利用数学归纳法证明整除性问题。

31. 证明：只要 n 是一个正整数，则 $n^{2}+n$ 可被 2 整除。

32. 证明：只要 n 是一个正整数，则 $n^{3}+2n$ 可被 3 整除。

33. 证明：只要 n 是一个非负整数，则 n^5-n 可被 5 整除。

34. 证明：只要 n 是一个非负整数，则 n^3-n 可被 6 整除。

*35. 证明：只要 n 是一个正奇数，则 n^2-1 可被 8 整除。

*36. 证明：只要 n 是一个正整数，则 $4^{n+1}+5^{2n-1}$ 可被 21 整除。

*37. 证明：只要 n 是一个正整数，则 $11^{n+1}+12^{2n-1}$ 可被 133 整除。

在练习 38～46 中，利用数学归纳法证明集合的有关结论。

38. 证明：如果 A_1，A_2，$\cdots$，A_n 和 B_1，B_2，$\cdots$，B_n 都是集合，且对 $j=1,2,\cdots,n$ 满足 $A_j\subseteq B_j$，则

$$\bigcup_{j=1}^{n}A_j\subseteq\bigcup_{j=1}^{n}B_j$$

39. 证明：如果 A_1，A_2，$\cdots$，A_n 和 B_1，B_2，$\cdots$，B_n 都是集合，且对 $j=1,2,\cdots,n$ 满足 $A_j\subseteq B_j$，则

$$\bigcap_{j=1}^{n}A_j\subseteq\bigcap_{j=1}^{n}B_j$$

40. 证明：如果 A_1，A_2，$\cdots$，A_n 和 B 都是集合，则

$$(A_1\cap A_2\cap\cdots\cap A_n)\cup B=(A_1\cup B)\cap(A_2\cup B)\cap\cdots\cap(A_n\cup B)$$

41. 证明：如果 A_1，A_2，$\cdots$，A_n 和 B 都是集合，则

$$(A_1\cup A_2\cup\cdots\cup A_n)\cap B=(A_1\cap B)\cup(A_2\cap B)\cup\cdots\cup(A_n\cap B)$$

42. 证明：如果 A_1，A_2，$\cdots$，A_n 和 B 都是集合，则

$$(A_1-B)\cap(A_2-B)\cap\cdots\cap(A_n-B)=(A_1\cap A_2\cap\cdots\cap A_n)-B$$

43. 证明：如果 A_1，A_2，$\cdots$，A_n 是全集 U 的子集，则

$$\overline{\bigcup_{k=1}^{n}A_k}=\bigcup_{k=1}^{n}\overline{A_k}$$

44. 证明：如果 A_1，A_2，$\cdots$，A_n 和 B 都是集合，则

$$(A_1-B)\cup(A_2-B)\cup\cdots\cup(A_n-B)=(A_1\cup A_2\cup\cdots\cup A_n)-B$$

45. 证明：只要 n 是一个大于等于 2 的整数，则具有 n 个元素的集合中有 $n(n-1)/2$ 个子集恰好含有 2 个元素。

*46. 证明：只要 n 是一个大于等于 3 的整数，则具有 n 个元素的集合中有 $n(n-1)(n-2)/6$ 个子集恰好含有 3 个元素。

练习 47～48 关注在一条直路上设置基站塔问题，使得这条路上的建筑都可以获得蜂窝通信服务。假设建筑物位于塔 1 英里范围之内就可以获得服务。

47. 设计一种贪心算法，此算法可以从路的起点开始在 x_1，x_2，$\cdots$，x_d 位置上设置尽可能少的塔为 d 个建筑物提供通信服务。［提示：在每一步，在离尽可能远的位置设置通信塔，只要保证没有建筑物超出通信覆盖范围。］

*48. 使用数学归纳法证明你设计的算法能为练习 47 产生一个优化解：即算法可以得到最少的塔为所有的建筑物提供蜂窝通信服务。

练习 49～51 给出了错误的利用数学归纳法的证明，请在每个习题中都找出一个推理错误。

49. 下面的"证明"错在哪儿？所有的马都有相同的颜色。

设 $P(n)$ 是命题" n 匹马的集合中所有马都有相同的颜色"。

基础步骤：显然 $P(1)$ 为真。

归纳步骤：假设 $P(k)$ 为真，即 k 匹马的集合中所有马都有相同的颜色。考虑任意 $k+1$ 匹马，将这些马编号为 1，2，3，$\cdots$，k，$k+1$。我们有前 k 匹马必具有相同的颜色，而后 k 匹马也必具有相同的颜色。因为前 k 匹马的集合与后 k 匹马的集合是重叠的，因此，所有 $k+1$ 匹马必有相同的颜色。这就证明了 $P(k+1)$ 为真，归纳步骤证毕。

50. 下面的"证明"错在哪儿？

"定理"：对每个正整数 n 而言，都有 $\sum\limits_{i=1}^{n}i=\left(n+\dfrac{1}{2}\right)^2/2$。

基础步骤：当 $n=1$ 时公式为真。

归纳步骤：假设 $\sum\limits_{i=1}^{n}i=\left(n+\dfrac{1}{2}\right)^2/2$，则 $\sum\limits_{i=1}^{n+1}i=\left(\sum\limits_{i=1}^{n}i\right)+(n+1)$。根据归纳假设，

$$\sum_{i=1}^{n+1} i = \left(n + \frac{1}{2}\right)^2 / 2 + n + 1$$

$$= \left(n^2 + n + \frac{1}{4}\right)/2 + n + 1$$

$$= \left(n^2 + 3n + \frac{9}{4}\right)/2$$

$$= \left(n + \frac{3}{2}\right)^2 / 2$$

$$= \left((n+1) + \frac{1}{2}\right)^2 / 2$$

归纳步骤证毕。

51. 下面的"证明"错在哪儿?

"定理":对每个正整数 n 而言,如果 x 和 y 是正整数,且 $\max(x, y) = n$,则 $x = y$。

基础步骤:设 $n = 1$。如果 $\max(x, y) = 1$ 且 x 和 y 是正整数,有 $x = 1$ 和 $y = 1$。

归纳步骤:设 k 是一个正整数。假定只要 $\max(x, y) = k$ 且 x 和 y 是正整数,则必有 $x = y$。现在令 $\max(x, y) = k + 1$,其中 x 和 y 是正整数。于是有 $\max(x-1, y-1) = k$,因此,根据归纳假设有 $x - 1 = y - 1$。由此得 $x = y$,归纳步骤证毕。

52. 设 m, n 是正整数且 $m > n$,f 是集合 $\{1, 2, \cdots, m\}$ 到集合 $\{1, 2, \cdots, n\}$ 的函数。采用数学归纳法对变量 n 归纳证明 f 不是一个一对一函数。

53. 采用数学归纳法证明 n 个人能划分一个蛋糕(每一个人取得 1 份或者多块蛋糕)以保证蛋糕能公平分配。即每一个人至少取得蛋糕的 $1/n$。〔提示:在归纳步骤,在前 k 个人中得到一个公平的划分,每一个人将自己的那份划分为 $k + 1$ 等份,第 $k + 1$ 个人从这前 k 个人中得到的份额中选取一部分。证明这样能对 $k + 1$ 个人产生一个公平的划分,假设第 $k + 1$ 个人认为第 i 个人得到了 p_i 份,$\sum_{i=1}^{k} p_i = 1$。〕

54. 用数学归纳法证明:给定一个具有 $n + 1$ 个正整数的集合,其中每个数都不超过 $2n$,则该集合中至少存在一个整数可以整除集合中的另一个整数。

*55. 棋盘上的骑士可以一次沿水平方向(任意两个方向)移动一格,沿垂直方向(任意两个方向)移动两格,或者他可以一次沿水平方向(任意两个方向)移动两格,沿垂直方向(任意两个方向)移动一格。假设我们有一个无限大的棋盘,它是由所有格子 (m, n) 所构成的,其中 m、n 都是非负整数。用数学归纳法证明:从 $(0, 0)$ 格开始,经过有限次移动,该骑士可以访问到棋盘中的每一个格子。〔提示:对变量 $s = m + n$ 用归纳法。〕

56. 设

$$A = \begin{bmatrix} a & 0 \\ 0 & b \end{bmatrix}$$

其中 a、b 是实数。证明:对每个正整数 n 而言,都有

$$A^n = \begin{bmatrix} a^n & 0 \\ 0 & b^n \end{bmatrix}$$

57. (需要微积分知识)用数学归纳法证明:只要 n 是一个正整数,则 $f(x) = x^n$ 的导数就等于 nx^{n-1}。(在归纳步骤中使用导数乘积的规则。)

58. 设 A、B 都是方阵,且满足 $AB = BA$。证明:对每个正整数 n 而言,都有 $AB^n = BA^n$。

59. 设 m 是一个正整数。用数学归纳法证明:如果 a、b 都是整数,且 $a \equiv b \pmod{m}$,则当 k 是任意一个非负整数时,就有 $a^k \equiv b^k \pmod{m}$。

60. 用数学归纳法证明:当 p_1, p_2, $\cdots$, p_n 都是命题时,则 $\neg(p_1 \lor p_2 \lor \cdots \lor p_n)$ 等价于 $\neg p_1 \land \neg p_2 \land \cdots \land \neg p_n$。

*61. 证明:只要 p_1, p_2, $\cdots$, p_n 都是命题且 $n \geqslant 2$,则

$$[(p_1 \to p_2) \land (p_2 \to p_3) \land \cdots \land (p_{n-1} \to p_n)] \to [(p_1 \land p_2 \land \cdots \land p_{n-1}) \to p_n]$$

就是重言式。

*62. 证明:如果 n 条直线中任何两条都不平行,任何三条都不共点,则这些直线就能把平面分成 $(n^2 + n + 2)/2$ 个区域。

** 63. 设 a_1，a_2，$\cdots$，a_n 都是正实数，这些数的**算术均值**定义为 $A=(a_1+a_2+\cdots+a_n)/n$，而这些数的**几何均值**定义为 $G=(a_1a_2\cdots a_n)^{1/n}$。用数学归纳法证明：$A\geqslant G$。

64. 用数学归纳法证明 4.3 节中的引理 3，其命题为：如果 p 是素数，且 $p\mid a_1a_2\cdots a_n$，其中 $a_i(i=1，2，3，\cdots，n)$ 都是整数，则必存在某个整数 i，使得 $p\mid a_i$。

65. 证明：只要 n 是一个正整数，则

$$\sum_{\{a_1,\cdots,a_k\}\subseteq\{1,2,\cdots,,n\}}\frac{1}{a_1a_2\cdots a_k}=n$$

（这里的求和是对前 n 个最小正整数所构成的集合的所有非空子集进行的。）

* 66. 利用良序性公理证明下列形式的数学归纳法的证明是有效的。证明：对所有正整数 n 而言，$P(n)$ 为真。

基础步骤：$P(1)$ 和 $P(2)$ 都为真。

归纳步骤：对每个正整数 k，如果 $P(k)$ 和 $P(k+1)$ 都为真，则 $P(k+2)$ 为真。

67. 证明：如果 A_1，A_2，$\cdots$，A_n 是集合，其中 $n\geqslant2$，且对所有满足 $1\leqslant i<j\leqslant n$ 的整数对 i 和 j，要么 A_i 是 A_j 的子集，要么 A_j 是 A_i 的子集，则必存在一个整数 i，$1\leqslant i\leqslant n$，使得对所有的整数 j，$1\leqslant j\leqslant n$，都有 A_i 是 A_j 的子集。

* 68. 在一个聚会上，如果所有客人都认识其中的一位客人，而这个人却不认识其他任何一个人，则这个人就称为名人。在一个聚会上，最多只有一个名人，因为如果有两个名人，则他们必然相互认识。某个特定的聚会上也可能没有名人。你的任务是在一个聚会上寻找一个名人，如果该聚会上确实有名人，而你只允许向每个客人提问一种类型的问题——询问他是否认识另一个客人。每个客人必须如实回答你的问题。也就是说，如爱丽斯和鲍勃是聚会上的两个客人，你可以询问爱丽斯是否认识鲍勃，她必须如实回答。利用数学归纳法证明：如果聚会上有 n 位客人，且有一位名人，那么你只需要询问 $3(n-1)$ 次客人，你就能找到这位名人。[提示：你首先提出一次问题，以排除一位客人是名人的可能。然后用归纳假设去识别一个可能的名人。最后再问两次问题，以确定这位可能的名人是否是真正的名人。]

假设人群中有 n 个人，每个人都知道一件其他人都不知道的丑闻。这些人相互之间用电话交流。当两个人在电话中交流时，他们就共享了两人所知道的所有丑闻。例如，在第一个电话中，两个人共享信息后，他们都知道了两件丑闻。流言问题是求 $G(n)$：使 n 个人都知道全部丑闻所需要的最少电话次数。练习 69～71 所涉及的问题都是流言问题。

69. 求 $G(1)$、$G(2)$、$G(3)$ 和 $G(4)$。

70. 利用数学归纳法证明：对 $n\geqslant4$，有 $G(n)\leqslant2n-4$。[提示：在归纳步骤的开始和结束时刻，让一个第一次打电话的人向某个特定的人打电话。]

** 71. 证明：对 $n\geqslant4$，有 $G(n)=2n-4$。

* 72. 证明我们一定能做到下面的事情：将数 1，2，$\cdots$，n 排成一排，使得这些数中任何两个数的均值都不会出现在这两个数之间。[提示：证明当 n 是 2 的整数次幂时结论成立就足够了，然后用数学归纳法证明当 n 是 2 的整数次幂时结论成立。]

* 73. 证明：如果 I_1，I_2，$\cdots$，I_n 是实数轴上的一组开区间，其中 $n\geqslant2$，且这些区间中任意两区间的交非空，即对任意的 $1\leqslant i\leqslant n$ 和 $1\leqslant j\leqslant n$，都有 $I_i\cap I_j\neq\varnothing$，那么所有这些集合的交非空，即 $I_1\cap I_2\cap\cdots\cap I_n\neq\varnothing$。（回顾**开区间**的概念：开区间是实数 x 的集合，其中 $a<x<b$，且 a、b 都是实数。）

有时用数学归纳法不能证明我们认为是真的结论，但可以用数学归纳法证明一个更强的结论。因为较强结论的归纳假设提供了更多可做的事情，这一过程称为**归纳载入**。练习 74～76 中将使用归纳载入。

74. 证明我们不能使用数学归纳法来证明对于所有的正整数 n，$\sum\limits_{j=1}^{n}1/j^2<2$，但这个不等式是练习 19 中通过数学归纳法证明的不等式的一个推论。

75. 假设我们需要证明：对于所有的正整数 n，

$$\sum_{j=1}^{n}j/(j+1)!<1$$

a) 证明如果尝试用数学归纳法来证明这个不等式，基础步骤可以，但归纳步骤不可以。

b)用数学归纳法证明一个更强一些的不等式：对于所有的正整数 n，

$$\sum_{j=1}^{n} j/(j+1)! \leqslant 1 - 1/(n+1)!$$

而这个不等式蕴含前面条件弱一些的不等式。

76. 假如对所有正整数 n，要证明

$$\frac{1}{2} \cdot \frac{3}{4} \cdots \frac{2n-1}{2n} < \frac{1}{\sqrt{3n}}$$

a)证明：如果用数学归纳法证明上述不等式，则基础步骤有效，但归纳步骤却无效。

b)证明：用数学归纳法可以证明一个更强的不等式——对所有大于 1 的整数，都有

$$\frac{1}{2} \cdot \frac{3}{4} \cdots \frac{2n-1}{2n} < \frac{1}{\sqrt{3n+1}}$$

结合 $n=1$ 时的结果，就可以建立起上述那个不能用数学归纳法证明的较弱的不等式了。

77. 设 n 是一个正的偶数。证明：当 n 个人站在院子中，彼此之间距离不同，每个人都同时用一个馅饼抛向并击打离他最近的人时，每个人都可能受到馅饼的攻击。

78. 用右三联骨牌覆盖一个去掉左上角格子的 4×4 棋盘。

79. 用右三联骨牌覆盖一个去掉左上角格子的 8×8 棋盘。

80. 证明或反驳：只要 n 是一个正整数，就可用右三联骨牌完全覆盖下述形状的所有棋盘。
a) 3×2^n **b)** 6×2^n
c) $3^n \times 3^n$ **d)** $6^n \times 6^n$

* **81.** 证明：用去掉了一个 $1 \times 1 \times 1$ 立方体块的 $2 \times 2 \times 2$ 立方体，可以完全覆盖去掉了一个 $1 \times 1 \times 1$ 立方体块的三维 $2^n \times 2^n \times 2^n$ 棋盘。

* **82.** 证明：如果 n 大于 5，且 n 不能被 3 整除，则可以用右三联骨牌完全覆盖去掉一个格子的 $n \times n$ 棋盘。

83. 证明：可以用右三联骨牌覆盖去掉了一个角上格子的 5×5 棋盘。

* **84.** 找出一个不能用右三联骨牌覆盖去掉了一个格子的 5×5 棋盘。证明：对这样的棋盘，不存在右三联骨牌的覆盖。

85. 利用数学归纳法原理证明：如果 $P(b)$ 为真，且对满足 $k \geqslant b$ 的所有正整数 k，蕴含式 $P(k) \rightarrow P(k+1)$ 为真，则对 $n=b$，$b+1$，$b+2$，$\cdots$，$P(n)$ 为真，其中 b 是一个整数。

5.2 强归纳法与良序性

5.2.1 引言

5.1 节介绍了数学归纳法，并说明了如何用它来证明许多定理。本节将介绍另外一种形式的数学归纳法——**强归纳法**，这种方法通常在不能用数学归纳法轻易证明一个结论的时候使用。强归纳法证明中的基础步骤与数学归纳法证明中的基础步骤相同，即在强归纳法证明中，要证明对所有的正整数 n 而言 $P(n)$ 为真，基础步骤中必须证明 $P(1)$ 为真。但在这两种证明方法中，归纳步骤是不同的。在数学归纳法的证明中，归纳步骤是要证明：如果归纳假设 $P(k)$ 为真，那么 $P(k+1)$ 也为真。而在强归纳法的证明中，归纳步骤是要证明：如果对所有不超过 k 的正整数而言，$P(j)$ 为真，那么 $P(k+1)$ 也为真，即关于归纳假设，假定对 $j=1$，2，$\cdots$，k 而言，$P(j)$ 为真。

数学归纳法和强归纳法的有效性是由附录 A 中的良序性公理来保证的。事实上，数学归纳法、强归纳法以及良序性三者是等价的原理（见练习 41、42 和 43）。也就是说，三者中任何一种原理的有效性都可以用另外两种原理的有效性推导出来。这也意味着三者中的任何一种原理，都可以用另外两种原理来证明。正如在某些情况下，我们所看到的用强归纳法证明一个结论，比用数学归纳法证明容易得多一样，有时用良序性证明一个结论，也要比用两种形式的数学归纳法容易。本节将举一些例子来说明如何使用良序性来证明定理。

5.2.2 强归纳法

在阐述如何使用强归纳法之前，再来说明一下它的原理。

强归纳法   要证明对所有的正整数 n 而言，都有 $P(n)$ 为真，其中 $P(n)$ 为命题函数，我们要完成如下两个步骤：

基础步骤：证明 $P(1)$ 为真。

归纳步骤：要证明对所有正整数 k 来说，蕴含式 $[P(1) \wedge P(2) \wedge \cdots \wedge P(k)] \rightarrow P(k+1)$ 也为真。

注意，当用强归纳法证明对所有的正整数 n 而言，都有 $P(n)$ 为真时，归纳假设是：对 $j=1, 2, \cdots, k$ 而言，$P(j)$ 为真。也就是说，归纳假设包含了 k 个命题 $P(1)$，$P(2)$，$\cdots$，$P(k)$。由于我们是利用所有 k 个命题 $P(1)$，$P(2)$，$\cdots$，$P(k)$ 来证明 $P(k+1)$，而不是像在数学归纳法中那样只利用 $P(k)$ 一个命题，因此，强归纳法的证明技巧更加灵活。因为这个原因，一些数学家更倾向采用加强数学归纳法来证明，即使数学归纳法也能容易获得结果。

你可能会感到奇怪，为什么强归纳法和数学归纳法是等价的，即每一种技巧的有效性都可以用另外一种技巧的有效性来证明。特别地，任何使用数学归纳法的证明也可以认为是使用强归纳法的证明，这是因为数学归纳法证明中的归纳假设是强归纳法证明中的归纳假设的一个部分。也就是说，如果使用数学归纳法对每个正整数 k，都证明了 $P(k)$ 蕴含 $P(k+1)$，我们就完成了证明中的归纳步骤。然而，上述蕴含关系也等价于所有命题 $P(1)$，$P(2)$，$\cdots$，$P(k)$ 蕴含 $P(k+1)$，这是因为我们不仅假定 $P(k)$ 真，还假定了更多的条件，即 $k-1$ 个命题 $P(1)$，$P(2)$，$\cdots$，$P(k-1)$ 也为真。然而，将一个用强归纳法的证明转化为一个用数学归纳法的证明却困难得多（见练习 42）。

强归纳法有时也称为**数学归纳法第二原理**，或称为**完全归纳法**。当使用"完全归纳法"这一术语时，数学归纳法原理就称为**不完全归纳法**。这一术语只是一种无奈的选择，因为数学归纳法根本就不是不完全的，毕竟它是一种有效的证明技巧。

强归纳法与无限高的梯子   为了更好地理解强归纳法，考虑 5.1 节中那个无限高的梯子。强归纳法告诉我们，我们能到达每一个阶梯，如果：

1）我们能到达第 1 个阶梯；

2）对于每一个整数 k，如果能到达所有前 k 个阶梯，那么我们就能到达第 $k+1$ 个阶梯。

也就是说，如果 $P(n)$ 是命题"我们能够到达第 n 个阶梯"，那么根据强归纳法知道，对所有正整数 n，$P(n)$ 为真。因为由 1）可知，$P(1)$ 为真，这就完成了基础步骤；再由 2），知道 $P(1) \wedge P(2) \wedge \cdots \wedge P(k)$ 蕴含着 $P(k+1)$，这就完成了归纳步骤。

下面的例 1 阐述了强归纳法如何帮助我们证明一个用数学归纳法不能轻易证明出来的结论。

例 1   假设我们能到达无限高梯子的第 1 个和第 2 个阶梯，且知道如果我们能到达某个阶梯，那么就能到达高出两阶的那个阶梯。我们能用数学归纳法证明"我们能到达每一个阶梯"吗？我们又能用强归纳法证明"我们能到达每一个阶梯"吗？

解   首先用数学归纳法试着证明这个结论。

基础步骤：该证明的基础步骤是成立的，这里只需验证我们到达第 1 个阶梯。

尝试归纳步骤：归纳假设是命题"我们能到达第 k 个阶梯"。为了能完成归纳步骤，需要证明：如果假定归纳假设是对正整数 k 而言的，也就是说，如果假定我们能够到达第 k 个阶梯，那么就能证明我们能到达第 $k+1$ 个阶梯。然而，并没有明显的方式来完成这一归纳步骤，这是因为从所给信息来看，我们不知道是否能从第 k 个阶梯到达第 $k+1$ 个阶梯。毕竟我们只知道"如果我们能到达一个阶梯，则我们能到达高出两阶的那个阶梯"。

现在用强归纳法证明。

基础步骤：基础步骤和前面是相同的，只需验证我们到达第 1 个阶梯。

归纳步骤：归纳假设是命题"我们能到达前 k 个阶梯中的每个阶梯"。为了能完成归纳步骤，需要证明：在归纳假设为真的情况下，即如果我们能到达前 k 个阶梯中的每个阶梯，那么我们就能到达第 $k+1$ 个阶梯。已经证明了我们能到达第 2 个阶梯。这里只需注意：只要 $k \geq 2$，那么就可从第 $k-1$ 个阶梯到达第 $k+1$ 个阶梯，因为知道我们可以从某个阶梯到达高出两阶的那个阶梯。这样就由强归纳法完成了归纳步骤。

我们已经证明了：如果我们能到达一个无限高梯子的前两个阶梯，且对每个整数 k，如果我们能到达所有前 k 个阶梯，那么我们就能到达第 $k+1$ 个阶梯，于是也就能到达所有的阶梯。◀

5.2.3　利用强归纳法证明的例子

现在既有了数学归纳法又有了强归纳法，那么在某种特定的情况下，如何确定到底使用哪种方法呢？尽管不存在什么固定的答案，但仍可利用一些有用的建议。在实际中，要直截了当地证明对所有的正整数 k，$P(k) \rightarrow P(k+1)$ 为真时，就应该使用数学归纳法。5.1 节中的所有例子都是这种情况。一般情况下，我们应该尽量限制数学归纳法的使用。除非已经看出数学归纳法的归纳步骤证明是明显成立的，否则应该尽量用强归纳法。也就是说，当看出如何利用对所有不超过 k 的正整数 j，试图从 $P(j)$ 为真来证明 $P(k+1)$ 为真，而我们却看不出如何只利用 $P(k)$ 来证明 $P(k+1)$ 时，就用强归纳法，而不用数学归纳法。在本节的证明中，请将这一点记在脑子里，以便印证。对本节证明中的每一个例子，考虑为什么强归纳法比数学归纳法更好用。

例 2～4 将阐述如何使用强归纳法。这些例子将证明多种不同类型的结论。在每个例子中要特别注意归纳步骤，因为在此步骤中，要证明对所有不超过 k 的正整数 j，如果 $P(j)$ 为真，则 $P(k+1)$ 为真，其中 $P(n)$ 是命题函数。

在给这些例题之前，注意，只要对强归纳法稍加改变，就可以处理更为广泛的一类问题。特别是在强归纳步骤只对大于某个特定的整数有效时，可以改变强归纳法来适应这种情况。设 b 是一个固定的整数，而 j 是一个固定的正整数。如果能完成如下两个步骤，那么强归纳法就可以断言：对所有 $n \geq b$ 的整数 n 而言，$P(n)$ 为真。

基础步骤：验证命题 $P(b)$，$P(b+1)$，$\cdots$，$P(b+j)$ 为真。

归纳步骤：证明对所有 $k \geq b+j$ 的整数而言，$[P(b) \wedge P(b+1) \wedge \cdots \wedge P(k)] \rightarrow P(k+1)$ 为真。

这种变形的强归纳法与强归纳法的等效性的证明留作练习 28。

我们从一个最著名的强归纳法证明（算术基本定理之一）的证明开始，该定理断言：每个正整数都可写成素数的乘积。

Extra Examples ⟩

例 2　证明：若 n 是大于 1 的整数，则 n 可以写成素数之积。

解　设 $P(n)$ 是命题：n 可以写成素数之积。

基础步骤：$P(2)$ 为真，因为 2 可以写成一个素数之积，即它自身。（注意 $P(2)$ 是需要证明的第一个情形。）

归纳步骤：假定对所有满足 $2 \leq j \leq k$ 的正整数 j 来说 $P(j)$ 为真。即假设对于大于等于 2 并不大于 k 的正整数，可以写成素数积的形式。要完成归纳步骤，就必须证明在这个假定下 $P(k+1)$ 为真。

有两种要考虑的情形，即 $k+1$ 是素数和 $k+1$ 是合数。若 $k+1$ 是素数，则立即看出 $P(k+1)$ 为真。否则，$k+1$ 是合数并且可以写成满足 $2 \leq a \leq b < k+1$ 的两个整数 a 和 b 之积。因为 a 和 b 是大于等于 2 并不大于 k 的正整数，所以根据归纳假设，a 和 b 都可以写成素数之积。因此，若 $k+1$ 是合数，则它可以写成素数之积，即在 a 的因子分解中的那些素数与在 b 的因子分解中的那些素数之积。◀

评注　因为 1 是素数之积，即不包含任何素数的空积，所以可以在例 2 里用 $P(1)$ 作为基础步骤来开始证明。没有选择这样做是因为许多人对此感到迷惑不解。

例 2 完成了对算术基本定理的证明，该定理断言：每个非负整数可以唯一地写成以非降顺序排列的素数之积。在 4.3 节里证明过整数最多有一种这样的素因子分解。例 2 证明至少有一种这样的分解。

下面来看看如何利用强归纳法证明：在一场游戏中一个选手具有获胜的策略。

例 3 考虑一种游戏，其中两名选手轮流从两堆火柴中的一堆取出任意正整数的火柴。取走最后一根火柴的选手获胜。证明：如果开始时两堆火柴的数目相同，则第二名选手总是可以保证获胜。

解 设 n 是每堆火柴的数目。将用强归纳法来证明 $P(n)$，即命题：当每堆开始有 n 根火柴时，第二名选手可以获胜。

基础步骤：当 $n=1$ 时，先拿火柴的选手只有一种选择，从某一堆中取走一根火柴，剩下一堆只有一根，第二名选手可以取走这根火柴而获胜。

归纳步骤：归纳假设是命题：对于所有 $1 \leqslant j \leqslant k$ 的 j 来说，$P(j)$ 为真，也就是说，只要游戏开始时两堆各有 j 根火柴，其中 $1 \leqslant j \leqslant k$，第二名选手就总是可以获胜。需要证明 $P(k+1)$ 为真，即，开始时每堆火柴都有 $k+1$ 根火柴，且在 $P(j)(j=1, 2, \cdots, k)$ 为真的条件下，第二个选手获胜。因此，现在假设游戏开始时两堆火柴中都有 $k+1$ 根火柴，且第一个选手从其中的一堆中拿走 $r(1 \leqslant r \leqslant k)$ 根火柴，那么此堆中剩下 $k+1-r$ 根火柴。如果第二个选手从另一堆中也拿走同样数量的火柴，那么两堆火柴中就都剩下了 $k+1-r$ 根火柴。因为 $1 \leqslant k+1-r \leqslant k$，使用归纳假设，可以得到第二个选手获胜。注意如果第一个选手从其中的一堆中拿走全部 $k+1$ 根火柴，那么第二个选手也从另外一堆中拿走全部火柴，因此仍然是第二个选手获胜。

如果用数学归纳法而不是用强归纳法来证明例 2 和例 3 的结论，将是非常困难的。但是，正如例 4 所示，有些结论用两种方法证明都比较容易。

例 4 证明：仅用 4 分和 5 分邮票就可以组成大于或等于 12 分的每种邮资。

解 将要用数学归纳法原理来证明这个结果，然后用强归纳法证明。设 $P(n)$ 是命题：可以用 4 分和 5 分邮票来组成 n 分邮资。首先使用数学归纳法原理。

基础步骤：可以用 3 个 4 分邮票来组成 12 分邮资。

归纳步骤：归纳假设是命题 $P(k)$ 为真。即，在归纳假设下，可以用 4 分和 5 分邮票来构成 k 分邮资。为了完成归纳步骤，需要证明：当 $P(k)$ 为真时，$P(k+1)$ 也为真，其中 $k \geqslant 12$。也就是说，需要证明：如果能构成 k 分邮资，那么也能构成 $k+1$ 分邮资。这样，假设归纳假设为真，即假设 k 分邮资能用 4 分和 5 分邮票来构成。考虑两种情况：至少用了 1 个 4 分邮票和没有用到任何 4 分邮票。首先，至少用了 1 个 4 分邮票来构成 k 分邮资。于是可以用 1 个 5 分邮票取而代之来构成 $k+1$ 分邮资。但是，如果 k 分邮资中没有用到任何 4 分邮票，则说明 k 分邮资中只用到了 5 分的邮票。又由于 $k \geqslant 12$，所以至少需要 3 个 5 分的邮票来构成这 k 分邮资。因此，用 4 个 4 分的邮票来代替 3 个 5 分的邮票就可以构成 $k+1$ 分邮资。这就完成了归纳步骤。

因为已经完成了基础步骤和归纳步骤，所以我们知道对所有的 $n \geqslant 12$，$P(n)$ 为真。即，当 $n \geqslant 12$ 时，就可以只用 4 分和 5 分邮票来构成 n 分邮资。这样完成了通过数学归纳法的证明。

接下来，再用强归纳法来证明上述结论。在该证明的基础步骤中，要证明 $P(12)$、$P(13)$、$P(14)$ 和 $P(15)$ 都为真，即 12、13、14 和 15 分的邮资都可以用 4 分和 5 分的邮票来构成。在归纳步骤，要证明：对 $k \geqslant 15$ 时，如何从 $k-3$ 分邮资来得到 $k+1$ 分邮资。

基础步骤：可以分别用 3 个 4 分的邮票来构成 12 分的邮资、2 个 4 分邮票和 1 个 5 分邮票来构成 13 分的邮资、1 个 4 分邮票和 2 个 5 分邮票来构成 14 分的邮资，以及 3 个 5 分的邮票来构成 15 分的邮资。这说明 $P(12)$、$P(13)$、$P(14)$ 和 $P(15)$ 都为真。因此完成了基础步骤。

归纳步骤：归纳假设是命题：当 $12 \leqslant j \leqslant k$ 时，$P(j)$ 为真，其中 k 是满足 $k \geqslant 15$ 的整数。为了完成归纳步骤，假定能构成 j 分的邮资，其中 $12 \leqslant j \leqslant k$。需要证明在此假设下，$P(k+1)$

为真，即能构成 $k+1$ 分的邮资。利用归纳假设，可以假定 $P(k-3)$ 为真，这是因为 $k-3\geqslant12$，即只用 4 分和 5 分的邮票就能构成 $k-3$ 分的邮资。为了构成 $k+1$ 分的邮资，只需对构成 $k-3$ 分邮资的邮票中增加一张 4 分的邮票就可以了，即已经证明了"如果归纳假设为真，那么 $P(k+1)$ 也为真"。这就完成了归纳步骤。

　　因为已经完成了强归纳法中的基础步骤和归纳步骤，所以根据强归纳法可知：对所有 $n\geqslant$ 12 的整数 n，$P(n)$ 为真，即，证明了对所有满足不小于 12 分的邮资，都可以用 4 分和 5 分的邮票来构成。这样完成了利用加强归纳法的证明。

　　（除了这里描述的方法以外，还有处理这个问题的其他方法。读者能否找出不使用数学归纳法的解答？）◀

5.2.4　计算几何学中使用强归纳法

　　下一个强归纳法的例子来自计算几何学。计算几何学是离散数学的一部分，它涉及几何对象的计算问题。计算几何广泛应用于计算机图形学、计算机游戏、机器人技术、科学计算，以及许多其他领域。在给出结论之前，先介绍一些术语，这些术语在以往学过的几何学中可能已经遇到过了。

　　多边形是一个封闭的图形，它是由一系列叫作**边**的线段 s_1，s_2，$\cdots$，s_n 所构成的。图形中每一对相邻的边 s_i 和 $s_{i+1}(i=1，2，\cdots，n-1)$ 以及最后一条边 s_n 和第一条边 s_1 都相交于一个公共的端点，称其为**顶点**。如果两条不相邻的边没有交点，则称该多边形为**简单多边形**。每个简单多边形都把整个平面划分为两个区域：**内部区域**和**外部区域**，内部区域是由曲线内部的点构成的，外部区域是由曲线外部的点构成的。后一个事实的证明相当复杂，它是著名的若尔当（Jordan）曲线定理的一种特殊情况，该定理告诉我们：每一条简单曲线都把平面划分成两个区域。例如，参见[Or00]。

　　如果连接多边形内部任意两点的线段都整个包含在该多边形内，则称该多边形是**凸的**。（不是凸多边形的多边形称为**非凸的**。）图 1 给出了 4 个多边形，其中图 1a 和图 1b 是凸的，而图 1c 和图 1d 是非凸的。简单多边形的**对角线**是连接多边形两个不相邻顶点的线段，如果一条对角线除了两个端点外，整个包含在多边形内部，则称该对角线为**内部对角线**。例如，在多边形图 1d 中，连接 a 和 f 的线段是一条内部对角线，而连接 a 和 d 的线段是对角线，但不是内部对角线。

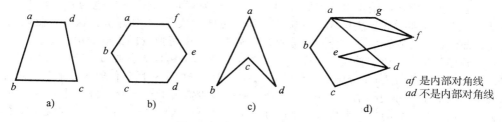

图 1　凸多边形与非凸多边形

　　计算几何学中最基本的操作之一，是通过加入不相交的对角线把一个简单多边形划分成多个三角形，这个过程叫作**三角形化**。注意，一个简单多边形可以有许多不同的三角形划分，如图 2 所示。计算几何学中最基本的事实或许就是下面的定理 1 所叙述的：每个简单多边形都可以三角形化。此外，定理 1 还告诉我们：具有 n 条边的简单多边形的任何一种三角形化，都包含 $n-2$ 个三角形。

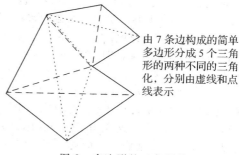

由 7 条边构成的简单多边形分成 5 个三角形的两种不同的三角形化，分别由虚线和点线表示

图 2　多边形的三角形化

定理 1　具有 n 条边的简单多边形能够被三角形化为 $n-2$ 个三角形，其中 n 是大于等于 3 的整数。

结论看起来似乎很明显：通过不断加入内部对角线，就可以将一个简单多边形三角形化。因此，用强归纳法证明该定理似乎很有希望。然而，这种证明却需要如下一个关键的引理。

引理 1　每个简单的至少四边的多边形都存在一条内部对角线。

尽管引理 1 看起来非常简单，但证明起来却非常困难。事实上，就在 30 年以前，曾经有许多被认为是正确而其实是不正确的证明，它们经常出现在教科书或文章中。先用引理 1 证明定理 1，然后再证明引理 1，这在证明定理时是一种常见手法。

证明（定理 1）　用强归纳法来证明这个定理。设 $T(n)$ 是命题：具有 n 条边的简单多边形能够被三角形化为 $n-2$ 个三角形。

基础步骤：$T(3)$ 为真，因为具有三条边的多边形是一个三角形。不需要对一个三角形加入任何对角线。该三角形已经被三角形化了，即它自身。因此，对于简单多边形 $n=3$ 可以分为 $n-2=3-2=1$ 个三角形。

归纳步骤：关于归纳假设，假定对所有 $3 \leqslant j \leqslant k$ 的 j 而言，$T(j)$ 为真。也就是说，假定只要 $3 \leqslant j \leqslant k$，就能将具有 j 条边的简单多边形三角形化为 $j-2$ 个三角形。为了完成归纳步骤，必须证明：当归纳假设为真时，$T(k+1)$ 为真，也就是说，具有 $k+1$ 条边的任意简单多边形都能被三角形化为 $(k+1)-2=k-1$ 个三角形。

因此，假定有一个具有 $k+1$ 条边的简单多边形 P。因为 $k+1 \geqslant 4$，所以由引理 1，P 中存在一条内部对角线 ab。现在，ab 将 P 分成了两个简单多边形 Q 和 R，且 Q 有 s 条边，R 有 t 条边。Q 和 R 的边都是 P 的边，还有一条边 ab，它是 Q 和 R 的公共边。注意由于 Q 和 R 都至少比 P 少一条边（因为它们都是由 P 通过去掉至少两条边，同时增加了对角线 ab 而形成的），因此有 $3 \leqslant s \leqslant k$ 和 $3 \leqslant t \leqslant k$。此外，$P$ 的边数比 Q 和 R 的边数之和少两条，因为 P 的每条边要么是 Q 的一条边，要么是 R 的一条边，但不能既是 Q 的一条边又是 R 的一条边，而对角线 ab 是 Q 和 R 的一条公共边，但却不是 P 的一条边。即，$k+1=s+t-2$。

根据归纳假设，由于 $3 \leqslant s \leqslant k$ 和 $3 \leqslant t \leqslant k$ 都成立，所以可以将 Q 和 R 分别三角形化为 $s-2$ 个和 $t-2$ 个三角形。其次，注意 Q 和 R 的三角形化合在一起构成了 P 的一个三角形化。（在 Q 和 R 中加入的每个对角线都是 P 的一条对角线。）因此，可以将 P 三角形化为总数为 $(s-2)+(t-2)=s+t-4=(k+1)-2$ 个三角形。这就完成了强归纳法的证明。即已经证明了：具有 n 条边的简单多边形能够被三角形化为 $n-2$ 个三角形，其中 $n \geqslant 3$。

下面再来证明引理 1。这里给出由 Chung-Wu Ho 所发表的证明［Ho75］。注意尽管这个证明可以忽略，且不会影响学习的连续性，但该证明说明的问题是：一个看起来非常明显的结论，证明起来有时是多么困难。

证明　假设 P 是平面上画出的一个简单多边形。另外，设 b 是 P 上或 P 内的一点，该点是 x 坐标最小的顶点中 y 坐标最小的一点。于是，b 一定是 P 的一个顶点，因为如果 b 是 P 的一个内部点，那么 P 中将存在一个顶点，其 x 坐标比 b 的 x 坐标还小。设另外两个顶点 a 和 c 与 b 是邻接点，于是由 ab 和 bc 所构成的 P 内的角必小于 $180°$（否则，P 中必有一点，其 x 坐标要比 b 的 x 坐标还小）。

现在设 T 是三角形 $\triangle abc$。如果 P 中没有顶点在 T 上或 T 内，那么可以连接 ac 而得到一条内部对角线。另一方面，如果 P 中有顶点在 T 内，那么可以找到 P 的一个顶点 p，它在 T 上或在 T 内，使得 bp 是一条内部对角线。（这是个难点，Ho 曾注释过：在许多已发表的该引理的证明中，这样的顶点 p 是可以找到的，只要 bp 不一定非得是 P 的一条内部对角线就行，见练习 21。）问题的关键是选择一个顶点 p，使得 $\angle bap$ 最小。为了说明能做到这一点，注意从 a 点出发经过 p 点的射线必与线段 bc 相交于一点，比如说相交于 q 点。于是 $\triangle baq$ 内部不可能含有 P 中的任何顶点。因此，可以连接 b 和 p 而形成 P 的一条内部对角线。图 3 给出了 p 点位置的说明。◀

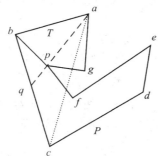

T 是三角形 $\triangle abc$
p 是 T 内 P 的顶点，使得 $\angle bap$ 最小
bp 必定是 P 的一条内部对角线

图 3　在简单多边形中建立一条内部对角线

5.2.5　利用良序性证明

数学归纳法原理和强归纳法的有效性源于整数集合的基本公理——**良序性公理**（见附录 A）。良序性公理断言：任意一个非空的非负整数集合都有最小元素。我们将会看到，良序性公理是怎样直接应用于证明中的。此外，可以证明：良序性公理、数学归纳法原理以及强归纳法之间是等价的（见练习 41～43）。也就是说，给定三种技巧中的任何一种，其有效性都可以用另外两种技巧中的任何一种来证明。在 5.1 节中，我们曾证明过良序性公理蕴含着数学归纳法原理，关于它们等价性的另一半证明，在本节最后留作练习，见练习 31、42 和 43。

良序性公理　任意一个非空的非负整数集合都有最小元素。

良序性公理经常可以直接应用于证明中。

例 5　用良序性证明整除算法。回忆一下，整除算法说：若 a 是整数且 d 是正整数，则存在唯一的整数 q 和 r 满足 $0 \leqslant r < d$ 和 $a = dq + r$。

解　设 S 是形如 $a - dq$ 的非负整数的集合，其中 q 是整数。这个集合非空，因为 $-dq$ 可以任意大（取 q 是绝对值很大的负整数）。根据良序性，S 有最小元 $r = a - dq_0$。

整数 r 非负且 $r < d$。若不是这样，则 S 里存在更小的非负整数，即 $a - d(q_0 + 1)$。为了看出这一点，假设 $r \geqslant d$。因为 $a = dq_0 + r$，所以 $a - d(q_0 + 1) = (a - dq_0) - d = r - d \geqslant 0$。因此，存在满足 $0 \leqslant r < d$ 的整数 r 和 q。证明 q 和 r 都是唯一的，留给读者作为练习 37。◀

例 6　在一种主客场循环赛中，每个选手与其他每个选手恰好比赛一次并且每次比赛分出胜负。所谓选手 p_1，p_2，$\cdots$，p_m 形成回路，就是 p_1 战胜 p_2，p_2 战胜 p_3，$\cdots$，p_{m-1} 战胜 p_m，p_m 战胜 p_1。用良序性公理证明：如果在主客场循环赛的选手中存在长度为 $m(m \geqslant 3)$ 的回路，则必定存在这些选手中三个选手的回路。

解　假设不存在三个选手的回路。因为在主客场循环赛中至少有一个回路，所以存在长度为 n 的回路的所有正整数 n 的集合是非空的。根据良序性，这个正整数集合有最小元 k，假设 k 必定大于 3。因此，存在选手回路 p_1，p_2，p_3，$\cdots$，p_k 并且不存在更短的回路。

现在假设不存在这些选手中三个选手的回路，所以 $k > 3$。考虑这个回路的前三个元素 p_1，p_2，p_3。在 p_1 与 p_3 之间的比赛有两种可能的结果。如果 p_3 战胜 p_1，那么 p_1，p_2，p_3 就是长度为 3 的回路，与不存在三个选手的回路的假设相矛盾。因此，必定是 p_1 战胜 p_3。这意味着可以从回路 p_1，p_2，p_3，$\cdots$，p_k 中忽略 p_2 来获得长度为 $k-1$ 的回路 p_1，p_3，p_4，$\cdots$，p_k，与最短回路长度为 k 的假设相矛盾。结论是必定存在长度为 3 的回路。◀

练习

1. 用强归纳法证明：如果你能跑一英里或两英里，且如果你能跑一个特定的英里数，那你就还能多跑两英里，证明你能跑任意的英里数。

2. 用强归纳法证明：如果你知道排列着无限长的多米诺骨牌中的前 3 个会倒下，且如果 1 个多米诺骨牌倒下，那么排在它后面的 3 个骨牌也会倒下，证明所有的多米诺骨牌都会倒下。

3. 设 $P(n)$ 是命题：一份 n 分邮资可以只用 3 分和 5 分的邮票来构成。此练习简述了用强归纳法证明对 $n \geq 8$，$P(n)$ 为真时的要点。

　　a) 证明 $P(8)$、$P(9)$ 和 $P(10)$ 为真，从而完成基础步骤的证明。

　　b) 证明中的归纳假设是什么？

　　c) 在归纳步骤需要证明什么？

　　d) 对 $k \geq 10$，完成归纳步骤。

　　e) 解释为什么上述步骤证明了：只要 $n \geq 8$，命题就为真。

4. 设 $P(n)$ 是命题：一份 n 分邮资可以只用 4 分和 7 分的邮票来构成。此练习简述了用强归纳法证明对 $n \geq 18$，$P(n)$ 为真时的要点。

　　a) 证明 $P(18)$、$P(19)$、$P(20)$ 和 $P(21)$ 为真，从而完成基础步骤的证明。

　　b) 证明中的归纳假设是什么？

　　c) 在归纳步骤需要证明什么？

　　d) 对 $k \geq 21$，完成归纳步骤。

　　e) 解释为什么上述步骤证明了：只要 $n \geq 18$ 时，命题就为真。

5. **a)** 确定只用 4 分和 11 分的邮票可以构成多少数量的邮资。

　　b) 用数学归纳法原理证明你对 a 的回答。注意必须明确陈述归纳步骤中的归纳假设。

　　c) 用强归纳法证明你对 a 的回答。在该证明中，归纳假设与用数学归纳法原理证明中的归纳假设有什么不同？

6. **a)** 确定只用 3 分和 10 分的邮票可以构成多少数量的邮资。

　　b) 用数学归纳法原理证明你对 a 的回答。注意必须明确陈述归纳步骤中的归纳假设。

　　c) 用强归纳法证明你对 a 的回答。在该证明中，归纳假设与用数学归纳法原理证明中的归纳假设有什么不同？

7. 只用 2 美元和 5 美元的钞票可以构成多少数量的钱？用强归纳法证明你的回答。

8. 假设商店提供面额为 25 美元和 40 美元的礼券，确定用这些礼券可以构成多少可能的总量。用强归纳法证明你的回答。

*9. 用强归纳法证明 $\sqrt{2}$ 是无理数。〔提示：设 $P(n)$ 是命题：对任意正整数 b，$\sqrt{2} \neq n/b$。〕

10. 假设一种巧克力棒由排列成长方形的 n 个方块组成。整个棒或棒的较小的长方形块可以沿着分隔方块的垂直线或水平线折断。假设一次只能折断一块，确定为了把整个棒折断成 n 个分开的方块，必须先后折断多少次。用强归纳法证明你的答案。

11. 考虑 Nim 游戏的如下变种。这个游戏从 n 根火柴开始。两名选手轮流取走火柴，每次取一根、两根或三根。取走最后一根火柴的选手落败。用强归纳法证明：如果每名选手按照最好可能的策略来玩游戏，那么若对于某个非负整数 j 来说，$n = 4j$、$4j+2$ 或 $4j+3$ 时，则第一名选手获胜，而在 $n = 4j+1$ 的其他情形下第二名选手获胜。

12. 用强归纳法证明：任意正整数 n 都可以写成 2 的不同幂次之和，即可以写成整数的一个子集 $2^0 = 1$、$2^1 = 2$、$2^2 = 4$ 等的和。〔提示：对归纳步骤，分别考虑 $k+1$ 是偶数和奇数时的情况。当 $k+1$ 是偶数时，注意 $(k+1)/2$ 是整数。〕

*13. 拼板游戏是将拼板相继拼在一起而形成一块。每一步都将一片拼板拼到块上去或者将两块拼接在一起。用强归纳法证明：无论采用什么样的步骤，要拼成 n 片拼板的一块，都恰好需要 $n-1$ 步才能完成。

14. 假设从一堆 n 块石头开始，通过连续地把一堆石头分成较小的两堆石头，把开始的这堆石头分成 n 堆，每堆只有 1 块石头。每次分开一堆石头时，就把所分出的较小的两堆石头的数目相乘，即如果分出的这两堆分别有 r 和 s 块石头，则计算出 rs。证明：无论如何分这些堆，每一步计算出来的乘积之和等于 $n(n-1)/2$。

15. 证明：在 1.8 节例 12 的蚕食游戏中，如果初始格子是方形，那么第一选手具有一个获胜的策略。〔提示：用强归纳法证明下面的策略是有效的。第一步，第一个选手咬掉除了左边和上边以外的所有饼干。在接下来的步骤中，当第二个选手咬掉上边或左边的饼干以后，第一个选手分别在左边或上边

以相同的相对位置咬掉饼干。〕

* **16.** 证明：在 1.8 节例 12 的蚕食游戏中，如果初始格子是两个方形，即台子是 $2 \times n$ 的格子，那么第一选手具有获胜的策略。〔提示：用强归纳法证明。第一个选手的第一步应该先咬掉最底层最右端的那块饼干。〕

17. 用强归纳法证明：如果对一个具有 4 条边的简单多边形进行三角形化，那么三角形化时至少有两个三角形都有两条边是该多边形的外部边界。

* **18.** 用强归纳法证明：当把一个具有相邻顶点 v_1，v_2，$\cdots$，v_n 的凸多边形 P 三角形化为 $n-2$ 个三角形时，这 $n-2$ 个三角形可以编号为 1，2，$\cdots$，$n-2$，使得对 $i=1$，2，$\cdots$，$n-2$，都有 v_i 是三角形的一个顶点。

* **19.** Pick **定理**断言：平面上顶点都在格点上（即顶点都具有整数坐标）的简单多边形的面积等于 $I(P)+B(P)/2-1$，其中 $I(P)$ 和 $B(P)$ 分别是 P 内和 P 的边界上格点的个数。利用强归纳法证明关于 P 的顶点数来证明 Pick 定理。〔提示：关于基础步骤，首先对矩形证明定理成立，然后对直角三角形证明定理成立，最后注意到：一个三角形区域是由包含该三角形在内的一个较大的矩形区域减去至多三个角形区域所得到的结果。关于归纳步骤，利用引理 1 即可。〕

** **20.** 设 P 是简单多边形，其顶点分别为 v_1，v_2，$\cdots$，v_n，相邻顶点之间都有一条边，且 v_1 和 v_n 之间也有一条边。如果连接 v_i 的两个邻接的线段是该简单多边形的一条内部对角线，则称顶点 v_i 是一只**耳朵**。如果具有耳朵 v_i 和它的两个邻接顶点所构成的三角形内部与耳朵 v_j 和它的两个邻接顶点所构成的三角形内部不相交，则称耳朵 v_i 和耳朵 v_j 是**不重叠的**。证明：任何具有至少 4 个顶点的简单多边形都具有至少两只不重叠的耳朵。

21. 在引理 1 的证明中曾提到过：关于寻找顶点 p，使得线段 b_p 是 P 的一条内部对角线的许多不正确的方法也都得到了发表。该练习给出了一些错误证明中选择 p 的方法。考虑下图所示的两个多边形，证明对如下每种关于 p 的错误选择，线段 b_p 不一定是 P 的一条内部对角线。

a) p 是 P 的满足角 $\angle abp$ 最小的顶点。

b) p 是 P 的具有最小 x 坐标（b 除外）的顶点。

c) p 是 P 的与 b 距离最近的顶点。

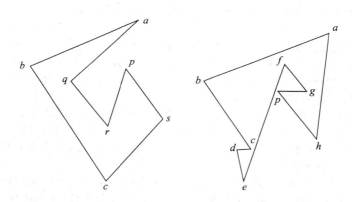

练习 22 和 23 给出了归纳载入可用于证明计算几何学中一些结论的例子。

* **22.** 设 $P(n)$ 是命题：当不相交的对角线画于具有 n 条边的凸多边形内部时，多边形中至少有两个顶点不是这些对角线的端点。

a) 证明：当利用强归纳法对所有大于等于 3 的整数 n 证明 $P(n)$ 为真时，归纳步骤是行不通的。

b) 证明：可以用强归纳法证明更强的断言：对 $n \geq 4$，$Q(n)$ 为真。其中 $Q(n)$ 是命题：当不相交的对角线画于具有 n 条边的凸多边形内部时，至少有两个不相邻的顶点不是这些对角线的端点。从而也就证明了 $P(n)$ 为真。

23. 设 $E(n)$ 是命题：对具有 n 条边的简单多边形三角化，这些三角形中至少有一个三角形的两条边都是多边形的外部边界。

a) 解释当使用强归纳法证明对所有大于等于 4 的整数 n 证明 $E(n)$ 为真时，会陷入困难境地。

b)证明可以用强归纳法证明更强的断言：对所有 $n \geqslant 4$，$T(n)$ 为真。其中 $T(n)$ 是命题：对简单多边形的任何三角化，这些三角形中至少有两个三角形的两条边都是多边形的外部边界。

* **24.** 在 3.1 节练习 60 的说明中定义的稳定指派称为一个**最佳配对**，如果不存在这样的稳定指派：一个求婚者与一个他喜欢的被追求者配成了一对。用强归纳法证明：延期接纳算法对求婚者将产生一个最佳稳定指派。

25. 设 $P(n)$ 是命题函数。确定对哪些正整数 n，命题 $P(n)$ 必为真，验证你的答案，如果

　　a)$P(1)$ 为真；对所有的正整数 n，如果 $P(n)$ 为真，那么 $P(n+2)$ 为真。

　　b)$P(1)$ 和 $P(2)$ 为真；对所有的正整数 n，如果 $P(n)$ 和 $P(n+1)$ 为真，那么 $P(n+2)$ 为真。

　　c)$P(1)$ 为真；对所有的正整数 n，如果 $P(n)$ 为真，那么 $P(2n)$ 为真。

　　d)$P(1)$ 为真；对所有的正整数 n，如果 $P(n)$ 为真，那么 $P(n+1)$ 为真。

26. 设 $P(n)$ 是命题函数。确定对哪些非负整数 n，命题 $P(n)$ 必为真，如果

　　a)$P(0)$ 为真；对所有的非负整数 n，如果 $P(n)$ 为真，那么 $P(n+2)$ 为真。

　　b)$P(0)$ 为真；对所有的非负整数 n，如果 $P(n)$ 为真，那么 $P(n+3)$ 为真。

　　c)$P(0)$ 和 $P(1)$ 为真；对所有的非负整数 n，如果 $P(n)$ 和 $P(n+1)$ 为真，那么 $P(n+2)$ 为真。

　　d)$P(0)$ 为真；对所有的非负整数 n，如果 $P(n)$ 为真，那么 $P(n+2)$ 和 $P(n+3)$ 为真。

27. 证明如果命题：对无限多的正整数 n $P(n)$ 为真，且对所有正整数 n $P(n+1) \rightarrow P(n)$ 为真，那么，对所有正整数 n $P(n)$ 为真。

28. 设 b 是一个固定的整数，j 是一个固定的正整数。证明：如果对所有正整数 $k \geqslant b+j$，都有 $P(b)$，$P(b+1)$，$\cdots$，$P(b+j)$ 为真，且 $[P(b) \wedge P(b+1) \wedge \cdots \wedge P(k)] \rightarrow P(k+1)$ 为真（$k \geqslant b+j$），则对所 $n \geqslant b$ 的整数 n，$P(n)$ 为真。

29. 下面强归纳法的"证明"有什么错误？

"定理"：对所有非负整数 n，都有 $5 \times n = 0$。

基础步骤：$5 \cdot 0 = 0$。

归纳步骤：假设对所有满足 $0 \leqslant j \leqslant k$ 的非负整数 j，都有 $5j = 0$。设 $k+1 = i+j$，其中 i、j 都是小于 $k+1$ 的自然数。根据归纳假设有 $5(k+1) = 5(i+j) = 5i + 5j = 0 + 0 = 0$。

* **30.** 找出下列"证明"的错误：当 a 是非零实数时，对所有非负整数 n，有 $a^n = 1$。

基础步骤：根据 a^0 的定义，$a^0 = 1$ 为真。

归纳步骤：假定对满足 $j \leqslant k$ 的所有非负整数 j 来说，$a^j = 1$。

注意

$$a^{k+1} = \frac{a^k \cdot a^k}{a^{k-1}} = \frac{1 \cdot 1}{1} = 1$$

* **31.** 通过证明从良序性公理得出强归纳法来证明强归纳法是有效的证明方法。

32. 找出下面"证明"中的瑕疵：任意大于等于 3 分的邮资都可以只用 3 分和 4 分的邮票来构成。

基础步骤：可以只用一张 3 分的邮票来构成 3 分的邮资，只用一张 4 分的邮票来构成 4 分的邮资。

归纳步骤：假设对所有满足 $j \leqslant k$ 的非负整数 j，只用 3 分和 4 分的邮票就能构成 j 分的邮资。那么就可以通过用一张 4 分的邮票代替一张 3 分的邮票，或通过用三张 3 分的邮票代替两张 4 分的邮票来构成 $k+1$ 分的邮资。

33. 证明：如果能够证明如下命题，那么就可以证明：对所有的正整数 n 和 k，$P(n, k)$ 为真。

　　a)$P(1, 1)$ 为真，且对所有的正整数 n 和 k，$P(n, k) \rightarrow [P(n+1, k) \wedge P(n, k+1)]$ 为真。

　　b)对所有的正整数 k，$P(1, k)$ 为真，且对所有的正整数 n 和 k，$P(n, k) \rightarrow P(n+1, k)$ 为真。

　　c)对所有的正整数 n，$P(n, 1)$ 为真，且对所有的正整数 n 和 k，$P(n, k) \rightarrow P(n, k+1)$ 为真。

34. 证明：对所有的正整数 n 和 k，

$$\sum_{j=1}^{n} j(j+1)(j+2) \cdots (j+k-1) = n(n+1)(n+2) \cdots (n+k)/(k+1)$$

［提示：利用练习 33 中的技巧。］

* **35.** 证明：若 a_1，a_2，$\cdots$，a_n 是 n 个不同的实数，则无论在它们的乘积中插入多少对括号，计算这 n 个数之积都要使用 $n-1$ 次乘法。［提示：利用强归纳法并且考虑最后一次的乘法。］

* **36.** 良序性可以用来证明：两个正整数有唯一的最大公因子。设 a 和 b 都是正整数，设 S 是形如 $as + bt$

的正整数的集合，其中 s 和 t 都是正整数。

a) 证明：S 非空。

b) 用良序性证明：S 有最小元 c。

c) 证明：若 d 是 a 和 b 的公因子，则 d 是 c 的因子。

d) 证明：$c \mid a$ 和 $c \mid b$。[提示：首先假定 $c \nmid a$。则 $a = qc + r$，其中 $0 < r < c$。证明 $r \in S$，这与对 c 的选择相矛盾。]

e) 从 c) 和 d) 得出：a 和 b 的最大公因子存在。通过证明两个正整数的最大公因子是唯一的来完成证明。

37. 设 a 是一个整数，d 是一个正整数。证明：满足 $a = dq + r$ 及 $0 \leqslant r < d$ 的整数 q 和 r 是唯一的。q 和 r 的存在性已在例 5 中证明过了。

38. 用数学归纳法证明：具有偶数个格子且去掉了一个黑格和一个白格的矩形棋盘可用多米诺骨牌覆盖。

** 39. 你能用良序性证明下面的命题吗？"每一个正整数都可以用不超过 15 个英语单词来描述"。
假定这些词取自某个特定的英语词典。[提示：假如存在正整数，它们不能用不超过 15 个英语单词来描述。那么，根据良序性公理，不能用不超过 15 个英语单词来描述的最小整数是存在的。]

40. 用良序性证明：若 x 和 y 是满足 $x < y$ 的实数，则存在有理数 r 满足 $x < r < y$。[提示：证明存在正整数 A 满足 $A > 1/(y-x)$。然后通过考虑数 $\lfloor x \rfloor + j/A$，其中 j 是正整数，来证明存在有理数 r 具有介于 x 和 y 之间的分母 A。]

* 41. 证明：如果把数学归纳法原理作为公理，那么良序性是可以证明的。

* 42. 证明：数学归纳法原理与强归纳法是等价的，即每一个的有效性都可利用另一个的有效性来证明。

* 43. 证明：如果我们不把良序性作为公理，而是把数学归纳法原理或强归纳法作为公理，那么良序性是可以证明的。

5.3 递归定义与结构归纳法

5.3.1 引言

有时难以用明确的方式来定义一个对象。不过，用这个对象来定义它自身，这也许是容易的。这种过程称为递归。例如，图 1 所示的图画是递归产生的。首先，给出一幅原图。然后实现在前一幅图画的中央递归地放上更小的图画这样一个过程。

图 1　递归定义的图画

可以用递归来定义序列、函数和集合。在前面的讨论里，用显式的公式来规定序列里的项。例如，用"对 $n=0$，1，2，…来说，$a_n=2^n$"来给出 2 的幂的序列。不过，通过给出这个序列的第一项，即 $a_0=1$，以及从该序列前面的项来求出当前项的公式，即对 $n=0$，1，2，…来说 $a_{n+1}=2a_n$，也可以定义这个序列。当通过规定如何从前面的各项求出序列各项来递归地定义序列时，可以用归纳法来证明关于这个序列的结果。

当递归地定义集合时，在基础步骤里规定一些初始元素，并且在递归步骤里提供一条规则，从已有的那些元素来构造新的元素。为了证明关于递归定义的集合的结果，使用所谓的结构归纳法。

5.3.2　递归地定义函数

为了定义以非负整数集合作为其定义域的函数，使用两个步骤：

基础步骤：规定这个函数在 0 处的值。

递归步骤：给出从较小的整数处的值来求出当前的值的规则。

这样的定义称为**递归定义**或**归纳定义**。注意一个从非负整数集合到实数集合的函数 $f(n)$ 就是一个序列 a_0，a_1…，其中 a_i 是一个实数，i 是非负整数。所以，2.4 节中采用递推关系定义一个实数序列 a_0，a_1… 就是定义一个从非负整数集合到实数集合的函数。

例 1　假定 f 是用

$$f(0) = 3$$
$$f(n+1) = 2f(n)+3$$

来递归定义的。求出 $f(1)$、$f(2)$、$f(3)$ 和 $f(4)$。

解　从这个递归定义得出

$$f(1) = 2f(0)+3 = 2 \cdot 3+3 = 9$$
$$f(2) = 2f(1)+3 = 2 \cdot 9+3 = 21$$
$$f(3) = 2f(2)+3 = 2 \cdot 21+3 = 45$$
$$f(4) = 2f(3)+3 = 2 \cdot 45+3 = 93$$

递归定义的函数是**良定义的**。即对于每一个正整数，函数对应取值是清楚定义的。这意味着给定任意整数，我们可以使用定义的这两个部分得到对应整数的函数值，无论怎么使用这两部分定义都会得到同样的值。这是数学归纳法原理的一个结果(见本节练习 56)。在下面的例 2 和例 3 中给出递归定义的其他例子。

例 2　给出 a^n 的递归定义，其中 a 是非零实数且 n 是非负整数。

解　这个递归定义包括两个部分。首先规定 a^0，即 $a^0=1$。然后给出从 a^n 求出 a^{n+1} 的规则，即对 $n=0$，1，2，3，…，$a^{n+1}=a \cdot a^n$。这两个等式对所有非负整数唯一地定义了 a^n。

例 3　给出 $\sum\limits_{k=0}^{n} a_k$ 的递归定义。

解　这个递归定义的第一部分是

$$\sum_{k=0}^{0} a_k = a_0$$

第二部分是

$$\sum_{k=0}^{n+1} a_k = \left(\sum_{k=0}^{n} a_k \right) + a_{n+1}$$

在函数的某些递归定义中，规定了函数在前 k 个正整数处的值，而且给出了从一个较大的整数之前的部分或全部 k 个整数处的函数值来确定在该整数处的函数值的规则。从强归纳法可以得出，这样的递归定义的函数是良定义的函数(见本节练习 57)。

回忆 2.4 节斐波那契数 f_0，f_1，f_2，…，是用方程组 $f_0=0$，$f_1=1$ 和

$$f_n = f_{n-1} + f_{n-2}$$

来定义的，其中 $n=2$，3，4，…。[我们认为斐波那契数 f_n 或者是序列 f_0，f_1，…的第 n 项或者是函数 $f(n)$ 在 n 时的取值。]

可以用斐波那契数的递归定义来证明这些数的许多性质。在例 4 里给出一个这样的性质。

Extra
Examples

例 4 证明：当 $n \geqslant 3$ 时，有 $f_n > \alpha^{n-2}$，其中 $\alpha = (1+\sqrt{5})/2$。

解 可以用强归纳法来证明这个不等式。设 $P(n)$ 是命题：$f_n > \alpha^{n-2}$。想要证明的是当 n 是大于或等于 3 的整数时，有 $P(n)$ 为真。

基础步骤：首先，由于

$$\alpha < 2 = f_3, \quad \alpha^2 = (3+\sqrt{5})/2 < 3 = f_4$$

所以 $P(3)$ 和 $P(4)$ 都为真。

归纳步骤：现在假定 $P(j)$ 为真，即对所有满足 $3 \leqslant j \leqslant k$ 的整数 j 来说有 $f_j > \alpha^{j-2}$，其中 $k \geqslant 4$。必须证明 $P(k+1)$ 为真，即 $f_{k+1} > \alpha^{k-1}$。因为 α 是 $x^2 - x - 1 = 0$ 的解（二次方程求根公式说明这一点），所以得出 $\alpha^2 = \alpha + 1$。因此，

$$\alpha^{k-1} = \alpha^2 \cdot \alpha^{k-3} = (\alpha+1)\alpha^{k-3} = \alpha \cdot \alpha^{k-3} + 1 \cdot \alpha^{k-3} = \alpha^{k-2} + \alpha^{k-3}$$

根据归纳假设，因为 $k \geqslant 4$，所以得出

$$f_{k-1} > \alpha^{k-3}, \quad f_k > \alpha^{k-2}$$

因此就有

$$f_{k+1} = f_k + f_{k-1} > \alpha^{k-2} + \alpha^{k-3} = \alpha^{k-1}$$

由此得出 $P(k+1)$ 为真，证毕。◀

评注 归纳步骤证明了当 $k \geqslant 4$ 时，从对 $3 \leqslant j \leqslant k$ 来说 $P(j)$ 为真的假定就可以得出 $P(k+1)$。因此，归纳步骤没有证明 $P(3) \to P(4)$。因此，不得不单独证明 $P(4)$ 为真。

现在可以证明：欧几里得算法用 $O(\log b)$ 次除法来求出正整数 a 和 b 的最大公因子，其中 $a \geqslant b$。

定理 1　拉梅定理　设 a 和 b 是满足 $a \geqslant b$ 的正整数。则欧几里得算法为了求出 $\gcd(a, b)$ 而使用的除法的次数小于或等于 b 的十进制位数的 5 倍。

证明　回忆一下，当用欧几里得算法求满足 $a \geqslant b$ 的 $\gcd(a, b)$ 时，得出了下面的等式序列（其中 $a = r_0$，$b = r_1$）。

$$
\begin{aligned}
r_0 &= r_1 q_1 + r_2 & 0 \leqslant r_2 < r_1 \\
r_1 &= r_2 q_2 + r_3 & 0 \leqslant r_3 < r_2 \\
&\quad\vdots \\
r_{n-2} &= r_{n-1} q_{n-1} + r_n & 0 \leqslant r_n < r_{n-1} \\
r_{n-1} &= r_n q_n
\end{aligned}
$$

这里为了求 $r_n = \gcd(a, b)$ 而使用了 n 次除法。注意商 q_1，q_2，…，q_{n-1} 都至少是 1。另外，$q_n \geqslant 2$，因为 $r_n < r_{n-1}$。这就蕴含着

$$
\begin{aligned}
r_n &\geqslant 1 = f_2 \\
r_{n-1} &\geqslant 2r_n \geqslant 2f_2 = f_3 \\
r_{n-2} &\geqslant r_{n-1} + r_n \geqslant f_3 + f_2 = f_4 \\
&\quad\vdots \\
r_2 &\geqslant r_3 + r_4 \geqslant f_{n-1} + f_{n-2} = f_n \\
b = r_1 &\geqslant r_2 + r_3 \geqslant f_n + f_{n-1} = f_{n+1}
\end{aligned}
$$

由此得出，若欧几里得算法为了求出满足 $a \geqslant b$ 的 $\gcd(a, b)$ 而使用了 n 次除法，则 $b \geqslant f_{n+1}$。从例 4 中知道，对 $n > 2$ 来说 $f_{n+1} > \alpha^{n-1}$，其中 $\alpha = (1+\sqrt{5})/2$。因此得出 $b > \alpha^{n-1}$。另外，因为 $\log_{10} \alpha \approx 0.208 > 1/5$，所以可以看出

$$\log_{10} b > (n-1)\log_{10} \alpha > (n-1)/5$$

因此，$n-1 < 5 \cdot \log_{10} b$。现在假定 b 有 k 个十进制位。则 $b < 10^k$ 且 $\log_{10} b < k$。由此得出 $n-1 < 5k$，而且因为 k 是整数，所以得出 $n \le 5k$。证毕。◄

因为 b 的十进制位数等于 $\lfloor \log_{10} b \rfloor + 1$，它小于或等于 $\log_{10} b + 1$，所以定理 1 说求出满足 $a > b$ 的 $\gcd(a, b)$ 所需要的除法次数小于或等于 $5(\log_{10} b + 1)$。因为 $5(\log_{10} b + 1)$ 是 $O(\log b)$，所以可以看出当 $a > b$ 时，欧几里得算法就用 $O(\log b)$ 次除法来求出 $\gcd(a, b)$。

5.3.3 递归地定义集合与结构

前面探讨了如何递归地定义函数。现在把注意力转移到如何递归地定义集合。正如在函数的递归定义中那样，集合的递归定义有两个部分：**基础步骤**和**递归步骤**。在基础步骤中，规定初始的一些元素。在递归步骤中，给出用来从已知属于集合的元素来构造集合的新元素的规则。递归定义也可以包含一条排斥规则，这条规则规定，递归定义的集合仅仅包含基础步骤所规定的以及递归步骤的应用所生成的那些元素。在本书的讨论中，将总是默认排斥规则成立，因而任何元素都不属于递归定义的集合，除非这个元素属于基础步骤所规定的初始的一些元素，或者是可以一次或多次使用递归步骤来生成的。稍后将介绍如何用所谓的结构归纳法技术来证明关于递归定义的集合的结果。

例 5、例 6、例 8 和例 9 解释集合的递归定义。在每个例子中，都说明递归步骤的头几次应用所生成的那些元素。

例 5 考虑如下定义的整数集合的子集 S。

基础步骤：$3 \in S$。

递归步骤：若 $x \in S$ 且 $y \in S$，则 $x + y \in S$。

基础步骤中求出的 S 中的新元素是 3，递归步骤的首次应用求出的是 $3 + 3 = 6$，递归步骤的第二次应用求出的是 $3 + 6 = 6 + 3 = 9$ 以及 $6 + 6 = 12$，等等。◄

在对字符串的研究中，递归定义起着重要作用（例如，参见第 13 章对形式语言的介绍）。在 2.4 节中，字母表 Σ 上的字符串是 Σ 里符号的有穷序列。定义 1 说明可以递归地定义 Σ 上的字符串的集合 Σ^*。

> **定义 1**　字母表 Σ 上的字符串的集合 Σ^* 递归地定义为：
> 基础步骤：$\lambda \in \Sigma^*$（其中 λ 是不包含任何符号的空串）。
> 递归步骤：若 $w \in \Sigma^*$ 且 $x \in \Sigma$ 时，则 $wx \in \Sigma^*$。

字符串的递归定义的基础步骤说空串属于 Σ^*。递归步骤说把 Σ 的符号添加到 Σ^* 的字符串结尾后面就生成新的字符串。在递归步骤的每次应用中，都生成包含一个更多符号的字符串。

例 6 若 $\Sigma = \{0, 1\}$，则 Σ^* 中的字符串（即所有比特串的集合）是：在基础步骤中规定属于 Σ^* 的 λ，在递归步骤的首次应用中形成的 0 和 1，在递归步骤的第二次应用中形成的 00、01、10 和 11，等等。◄

Links ▶

©Mondadori Portfolio/
Hulton Fine Art
Collection/Getty Images

斐波那契（Fibonacci，1170—1250）　斐波那契出生在意大利的商业中心比萨，被称为比萨的列奥那多（Leonardo）。斐波那契是一位商人。他遍游中东各地，在那里他接触到阿拉伯数学。在他的著作《算盘书》（*Liber Abaci*）中，斐波那契向欧洲人介绍了阿拉伯的数字记号和算术的算法。著名的兔子问题（在 8.1 节描述）就出自此书。斐波那契还写过关于几何学和三角学以及关于丢番图方程的各种论著，丢番图方程是关于寻找方程整数解的。

递归定义可用于在递归定义的集合的元素上来定义运算或函数。定义 2 说明了这一点，定义 2 是关于两个字符串的连接的，例 7 是关于字符串的长度的。

> **定义 2**　通过连接运算可以组合两个字符串。设 Σ 是符号的集合，Σ^* 是 Σ 中符号形成的字符串的集合。可以如下定义两个字符串的连接，用 · 表示：
> **基础步骤**：若 $w \in \Sigma^*$，则 $w \cdot \lambda = w$，其中 λ 是空串。
> **递归步骤**：若 $w_1 \in \Sigma^*$ 且 $w_2 \in \Sigma^*$ 以及 $x \in \Sigma$，则 $w_1 \cdot (w_2 x) = (w_1 \cdot w_2) x$。

字符串 w_1 和 w_2 的连接通常写成 $w_1 w_2$，而不是 $w_1 \cdot w_2$。通过反复应用递归定义，就可以得出两个字符串 w_1 和 w_2 的连接是 w_1 中的符号后面跟着 w_2 中的符号。例如，$w_1 = abra$ 和 $w_2 = cadabra$ 的连接是 $w_1 w_2 = abracadabra$。

例 7　字符串的长度给出字符串 w 的长度 $l(w)$ 的递归定义。

解　字符串的长度可以定义为

$$l(\lambda) = 0$$
$$l(wx) = l(w) + 1, \quad \text{若 } w \in \Sigma^* \text{ 且 } x \in \Sigma$$

◀

递归定义的另一种重要用途是定义各种类型的**合式公式**。在例 8 和例 9 里说明这一点。

例 8　复合命题的合式公式　可以定义关于 **T**、**F**、命题变量以及集合 $\{\neg, \wedge, \vee, \rightarrow, \leftrightarrow\}$ 中运算的复合命题的合式公式的集合。

基础步骤：**T**、**F** 和 s 都是合式公式，其中 s 是命题变量。

递归步骤：若 E 和 F 都是合式公式，则 $(\neg E)$、$(E \wedge F)$、$(E \vee F)$、$(E \rightarrow F)$ 和 $(E \leftrightarrow F)$ 都是合式公式。

例如，根据基础步骤，就可以知道 **T**、**F**、p 和 q 都是合式公式，其中 p 和 q 都是命题变量。从递归步骤的初次应用就可以知道 $(p \vee q)$、$(p \rightarrow \mathbf{F})$、$(\mathbf{F} \rightarrow q)$ 和 $(q \wedge \mathbf{F})$ 都是合式公式。递归步骤的第二次应用就说明 $((p \vee q) \rightarrow (q \wedge \mathbf{F}))$、$(q \vee (p \vee q))$ 和 $((p \rightarrow \mathbf{F}) \rightarrow \mathbf{T})$ 都是合式公式。我们留给读者证明 $p \neg \wedge q$、$pq \wedge$ 和 $\neg \wedge pq$ 不是合式公式，可以通过不能采用基础步骤和多次运用递归步骤来得到这些公式的方式来证明。

◀

例 9　运算符与运算数的合式公式　可以递归地定义由变量、数字以及集合 $\{+, -, *, /, \uparrow\}$（其中 $*$ 表示乘法，$\uparrow$ 表示指数）上的运算符所组成的合式公式的集合。

基础步骤：若 x 是数字或变量，则 x 是合式公式。

递归步骤：若 F 和 G 是合式公式，则 $(F + G)$、$(F - G)$、$(F * G)$、(F/G) 和 $(F \uparrow G)$ 都是合式公式。

Links

©Paul Fearn/Alamy Stock Photo

加布里尔·拉梅（Gabriel Lamé，1795—1870）　他于 1813 年进入工业高等专科学校，1817 年毕业。之后在米内兹高等专科学校继续接受教育，于 1820 年毕业。

1820 年拉梅来到俄国，被任命为圣彼得堡公路与运输学校的校长。在俄国期间他不仅教书，而且设计道路和桥梁。他在 1832 年回到巴黎，帮助成立一家工程公司。不过，他很快离开这家公司，接受了工业高等专科学校的物理学教授职务，担任这个职务直到 1844 年。在此期间，他作为工程顾问活跃在学术之外的领域，担任过煤矿的首席工程师并且参与过铁路建设。

拉梅对数论、应用数学以及热力学都做出了开创性工作。他最著名的工作包括引入曲线坐标。他研究数论，证明了 $n = 7$ 时的费马大定理，以及本文给出的欧几里得算法所用除法次数的上界。

有史以来最伟大的数学家之一的高斯认为拉梅是法国当时最出色的数学家。不过，法国数学家认为他太工程化，而法国科学家认为他太理论化。

例如，根据基础步骤就可以看出 x、y、0 和 3 都是合式公式（因为任何变量和数字都是合式公式）。应用递归步骤一次所生成的合式公式包括 $(x+3)$、$(3+y)$、$(x-y)$、$(3-0)$、$(x*3)$、$(3*y)$、$(3/0)$、(x/y)、$(3 \uparrow x)$ 以及 $(0 \uparrow 3)$ 等。应用递归步骤两次就可以说明像 $((x+3)+3)$ 和 $(x-(3*y))$ 这样的公式也是合式公式。[注意 $(3/0)$ 是合式公式，因为这里只考虑语法。]我们留给读者证明 $x3+$、$y*+x$ 和 $*x/y$ 不是合式公式，可以通过不能采用基础步骤和多次运用递归步骤来得到这些公式的方式来证明。　◀

第 11 章将深入研究树。树是特殊类型的图，图是由顶点和连接一些顶点对的边所组成的。第 10 章将研究图。这里将简单地介绍树和图以说明如何递归地定义树和图。

定义 3　以下这些步骤可以递归地定义根树的集合，其中根树是由一个顶点集合和连接这些顶点的边组成的，顶点集合包含的一个特殊顶点，称为树根。

基础步骤：单个顶点 r 是根树。

递归步骤：假设 T_1，T_2，…，T_n 是根树，分别带有树根 r_1，r_2，…，r_n。则如下形成的图也是根树：从树根 r 开始，r 不属于根树 T_1，T_2，…，T_n 中的任何一个，从 r 到顶点 r_1，r_2，…，r_n 中的每个都加入一条边。

图 2 解释了从基础步骤开始并应用递归步骤一次和两次所形成的一些根树。注意，递归定义的每次应用都形成了无穷多个根树。

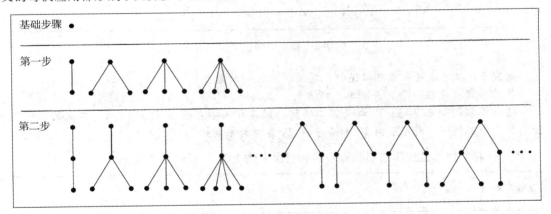

图 2　建立根树

根树是特殊情形的二叉树。我们将给出两种类型的二叉树的定义，即满二叉树和扩展二叉树。在每种类型二叉树的定义的递归步骤中，都把两个二叉树组合起来形成一个新的二叉树，指定这两个二叉树中的一个作为左子树，另一个作为右子树。在扩展二叉树中，左子树或右子树可以为空，但是在满二叉树中，这是不允许的。在计算机科学中，二叉树是最重要的结构类型之一。第 11 章将看到二叉树如何用在搜索和排序算法、数据压缩算法以及许多其他应用中。首先定义扩展二叉树。

定义 4　以下这些步骤可以递归地定义扩展二叉树的集合：

基础步骤：空集是扩展二叉树。

递归步骤：如果 T_1 和 T_2 都是扩展二叉树，则存在一个表示为 $T_1 \cdot T_2$ 的扩展二叉树，它包含树根 r 和当左子树 T_1 和右子树 T_2 都非空时，连接从 r 到这两个子树各自的根的边。

图 3 解释如何通过应用递归步骤一次至三次来建立扩展二叉树。

现在说明如何定义满二叉树的集合。注意，这个递归定义与扩展二叉树的递归定义之间的差别完全在于基础步骤。

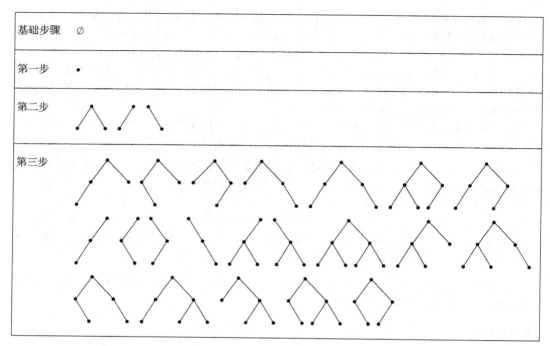

图 3   建立扩展二叉树

定义 5   以下这些步骤可以递归地定义满二叉树的集合：

基础步骤：存在一个只含有单个顶点的满二叉树。

递归步骤：如果 T_1 和 T_2 都是满二叉树，则存在一个表示为 $T_1 \cdot T_2$ 的满二叉树，它包含树根 r 和连接从 r 到左子树 T_1 和右子树 T_2 各自的根的边。

图 4 解释如何通过应用递归步骤一次和两次来建立满二叉树。

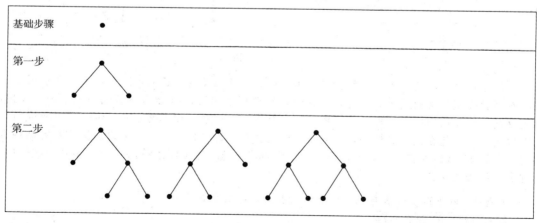

图 4   建立满二叉树

5.3.4   结构归纳法

为了证明关于递归定义的集合的结果，一般都使用某种形式的数学归纳法。例 10 解释了递归定义的集合与数学归纳法之间的关系。

例 10   证明：例 5 所定义集合 S 是所有为 3 的倍数的正整数的集合。

解　设 A 是被 3 整除的所有正整数的集合。为了证明 $A=S$，必须证明 A 是 S 的子集且 S 是 A 的子集。为了证明 A 是 S 的子集，必须证明被 3 整除的每个正整数都属于 S。我们将用数学归纳法来证明它。

设 $P(n)$ 是命题：$3n$ 属于 S。基础步骤成立，因为根据 S 的递归定义的第一部分，$3 \cdot 1 = 3$ 是属于 S 的。为了证明归纳步骤，假定 $P(k)$ 为真，即 $3k$ 属于 S。因为 $3k$ 属于 S 而且因为 3 属于 S，所以从 S 的递归定义的第二部分得出 $3k+3 = 3(k+1)$ 也属于 S。

为了证明 S 是 A 的子集，使用 S 的递归定义。首先，该定义的基础步骤规定 3 属于 S。因为 $3 = 3 \cdot 1$，所以所有在这个步骤里属于 S 的元素都被 3 整除。为了完成证明，必须证明所有用该递归定义的第二部分所生成的属于 S 的元素都属于 A。这包括证明当 x 和 y 都是 S 中的元素并且假定它们都属于 A 时，就有 $x+y$ 属于 A。现在若 x 和 y 都属于 A，则可以得出 $3 \mid x$ 和 $3 \mid y$。根据 4.1 节的定理 1，得出 $3 \mid x+y$，证毕。　◀

例 10 使用正整数集合上的数学归纳法和递归定义来证明关于递归定义的集合的结果。但是，除了直接使用数学归纳法来证明关于递归定义的集合的结果外，还有一种更方便的称为**结构归纳法**的归纳法形式，它不直接使用数学归纳法也可证明关于递归定义的集合的结果。结构归纳法证明包含如下两个部分：

基础步骤：证明对于递归定义的基础步骤所规定的属于该集合的所有元素来说，结果成立。

递归步骤：证明如果对于定义的递归步骤中用来构造新元素的每个元素来说命题为真，则对于这些新的元素来说结果成立。

结构归纳法的有效性来自非负整数的数学归纳法原理。为了看出这一点，设 $P(n)$ 为：对于递归定义的递归步骤的不超过 n 次应用所生成的所有元素来说，断言为真。如果能够证明当 n 是正整数时 $P(n)$ 为真，那就证明了数学归纳法原理蕴含着结构归纳法原理。在结构归纳法的基础步骤中，证明 $P(0)$ 为真。换句话说，证明对于所有在定义的基础步骤中规定为属于集合的元素来说，结果为真。归纳步骤的后果是，如果假设 $P(k)$ 为真，则得出 $P(k+1)$ 为真。当用结构归纳法完成一个证明时，就已经证明了 $P(0)$ 为真并且 $P(k)$ 蕴含 $P(k+1)$。根据数学归纳法就可以得出对于所有非负整数 n 来说，$P(n)$ 为真。这也就证明了对于递归定义生成的所有元素来说结果为真，并且证明了结构归纳法是一种有效的证明技术。

使用结构归纳法证明的例子　结构归纳法可以用于证明递归构造的集合中的所有元素具有一个特殊的性质。我们将使用结构归纳法证明关于合式公式、字符串和二叉树的结果来表明这一思想。对于每个证明，我们必须执行适当的基础步骤和递归步骤。例如，用结构归纳法证明例 8 中定义的合式公式集合的相关结果，其中指定 **T**、**F** 和每个命题变量 s 是合式公式，并且要求如果 E 和 F 是合式公式，那么 $(\neg E)$、$(E \wedge F)$、$(E \vee F)$、$(E \rightarrow F)$ 和 $(E \leftrightarrow F)$ 是合式公式，我们需要完成这个基础步骤和递归步骤。

基础步骤：证明当 s 是命题变量时，对于 **T**、**F** 和 s 来说结果为真。

递归步骤：证明如果对于复合命题 p 和 q 来说，结果为真，则对于 $(\neg p)$、$(p \vee q)$、$(p \wedge q)$、$(p \rightarrow q)$ 和 $(p \leftrightarrow q)$ 来说，结果都为真。

例 11 解释如何用结构归纳法证明关于合式公式的结果。

例 11　证明：例 8 所定义的复合命题的每个合式公式都含有相等个数的左括号和右括号。

解　**基础步骤**：公式 **T**、**F** 和 s 每个都不包含括号，所以显然它们含有相等个数的左括号和右括号。

递归步骤：假设 p 和 q 都是各自含有相等个数的左括号和右括号的合式公式。换句话说，如果 l_p 和 l_q 分别是 p 和 q 中左括号的个数，r_p 和 r_q 分别是 p 和 q 中右括号的个数，则 $l_p = r_p$ 且 $l_q = r_q$。为了完成归纳步骤，需要证明 $(\neg p)$、$(p \vee q)$、$(p \wedge q)$、$(p \rightarrow q)$ 和 $(p \leftrightarrow q)$ 也各自含有相等个数的左括号和右括号。这些复合命题中第一个的左括号的个数等于 $l_p + 1$，其他每个复合命题的左括号个数等于 l_p+l_q+1。同样，这些复合命题中第一个的右括号个数等于 r_p+1，其他每个复合命题的右括号个数等于 r_p+r_q+1。因为 $l_p=r_p$ 且 $l_q=r_q$，所以这些复合表达式每个都含有相等个数的左括号和右括号。这样就完成了归纳证明。◄

假设 $P(w)$ 是 $w\in\Sigma^*$ 的字符串集合上的命题函数。为了用结构归纳法来证明对于所有 $w\in\Sigma^*$ 的字符串来说 $P(w)$ 成立，需要同时完成基础步骤和递归步骤。这些步骤是：

基础步骤：证明 $P(\lambda)$ 为真。

递归步骤：假设 $P(w)$ 为真，其中 $w\in\Sigma^*$，证明如果 $x\in\Sigma$，则 $P(wx)$ 也必定为真。

例 12 解释如何在关于字符串的证明中使用结构归纳法。

例 12 用结构归纳法证明 $l(xy)=l(x)+l(y)$，其中 x 和 y 属于 Σ^*，即字母表 Σ 上的字符串的集合。

解 本证明将基于定义 1 所给出对集合 Σ^* 的递归定义和例 7 对字符串长度的定义。设 $P(y)$ 是命题：当 $x\in\Sigma^*$ 时就有 $l(xy)=l(x)+l(y)$。

基础步骤：为了完成基础步骤，必须证明 $P(\lambda)$ 为真。即必须证明对所有 $x\in\Sigma^*$ 来说，有 $l(x\lambda)=l(x)+l(\lambda)$。因为对每个字符串 x 来说，$l(x\lambda)=l(x)=l(x)+0=l(x)+l(\lambda)$，所以 $P(\lambda)$ 为真。

归纳步骤：为了完成归纳步骤，假定 $P(y)$ 为真，而且证明这个假定蕴含着当 $a\in\Sigma$ 时，就有 $P(ya)$ 为真。需要证明的是，对每个 $a\in\Sigma$ 来说有 $l(xya)=l(x)+l(ya)$。为了证明这一点，注意到根据 $l(w)$ 的递归定义（在例 7 中给出），有 $l(xya)=l(xy)+1$ 和 $l(ya)=l(y)+1$。而且，根据归纳假设，有 $l(xy)=l(x)+l(y)$。故得出 $l(xya)=l(x)+l(y)+1=l(x)+l(ya)$。◄

可以用结构归纳法证明关于树或特殊类别的树的结果。例如，为了用结构归纳法证明关于满二叉树的结果，需要证明下面的基础步骤和递归步骤。

基础步骤：证明对于只含有单个顶点的树来说，结果为真。

递归步骤：证明如果对于树 T_1 和 T_2 来说结果为真，则对于包含树根 r 和以 T_1 作为左子树且以 T_2 作为右子树的树 $T_1\cdot T_2$ 来说结果为真。

在给出例子说明如何用结构归纳法来证明关于满二叉树的结果之前，需要一些定义。将递归地定义满二叉树 T 的高度 $h(T)$ 和顶点数 $n(T)$。首先定义满二叉树的高度。

定义 6 递归地定义满二叉树 T 的高度 $h(T)$。
基础步骤：只含有树根 r 的满二叉树 T 的高度是 $h(T)=0$。
递归步骤：如果 T_1 和 T_2 都是满二叉树，则满二叉树 $T=T_1\cdot T_2$ 有高度 $h(T)=1+\max(h(T_1),h(T_2))$。

如果设 $n(T)$ 表示满二叉树 T 的顶点个数，则 $n(T)$ 满足下面的递归定义：
基础步骤：只含有树根 r 的满二叉树 T 的顶点数 $n(T)$ 是 $n(T)=1$。
递归步骤：如果 T_1 和 T_2 都是满二叉树，则满二叉树 $T=T_1\cdot T_2$ 的顶点数是 $n(T)=1+n(T_1)+n(T_2)$。

现在说明如何用结构归纳法来证明一个关于满二叉树的结果。

定理 2 如果 T 是满二叉树，则 $n(T)\leqslant 2^{h(T)+1}-1$。

证明 用结构归纳法证明这个不等式。

基础步骤：对于只含有树根 r 的满二叉树来说，结果为真，因为 $n(T)=1$ 并且 $h(T)=0$，所以 $n(T)=1\leqslant 2^{0+1}-1=1$。

归纳步骤：对于归纳假设，假定当 T_1 和 T_2 都是满二叉树时，$n(T_1)\leqslant 2^{h(T_1)+1}-1$ 并且 $n(T_2)\leqslant 2^{h(T_2)+1}-1$。根据 $n(T)$ 和 $h(T)$ 的递归公式，就有 $n(T)=1+n(T_1)+n(T_2)$ 和 $h(T)=1+\max(h(T_1),h(T_2))$。

我们发现

$$
\begin{aligned}
n(T) &= 1 + n(T_1) + n(T_2) && \text{根据 } n(T) \text{ 的递归公式} \\
&\leqslant 1 + (2^{h(T_1)+1} - 1) + (2^{h(T_2)+1} - 1) && \text{根据归纳假设} \\
&\leqslant 2 \cdot \max(2^{h(T_1)+1}, 2^{h(T_2)+1}) - 1 && \text{因为两项之和至多是较大项的 2 倍} \\
&= 2 \cdot 2^{\max(h(T_1),h(T_2))+1} - 1 && \text{因为 } \max(2^x, 2^y) = 2^{\max(x,y)} \\
&= 2 \cdot 2^{h(T)} - 1 && \text{根据 } h(T) \text{ 的递归定义} \\
&= 2^{h(T)+1} - 1
\end{aligned}
$$

这样就完成了归纳步骤。◀

5.3.5　广义归纳法

可以扩展数学归纳法来证明关于除整数集合以外的其他具有良序性的集合的结果。虽然 9.6 节将讨论这个概念，但是这里给出一个例子来说明这种方法的有用性。

作为一个例子，注意到可以定义 $\mathbf{N} \times \mathbf{N}$（非负整数的有序对）上的序，规定如果 $x_1 < x_2$ 或者 $x_1 = x_2$ 且 $y_1 < y_2$，则 (x_1, y_1) 小于等于 (x_2, y_2)。这称为**字典序**。具有这个序的集合 $\mathbf{N} \times \mathbf{N}$ 具有性质：$\mathbf{N} \times \mathbf{N}$ 的每个子集合都有最小元（参见 9.6 节补充练习 53）。这意味着可以递归地定义满足 $m \in \mathbf{N}$ 和 $n \in \mathbf{N}$ 的项 $a_{m,n}$，并且用数学归纳法的变种来证明关于这些项的结果，例 13 说明这一点。

例 13　假设对于 $(m, n) \in \mathbf{N} \times \mathbf{N}$ 来说递归地定义 $a_{m,n}$，令 $a_{0,0} = 0$ 并且

$$
\begin{cases}
a_{m,n} = a_{m-1,n} + 1 & n = 0 \text{ 且 } m > 0 \\
a_{m,n-1} + n & n > 0
\end{cases}
$$

证明对于所有 $(m, n) \in \mathbf{N} \times \mathbf{N}$ 来说（即对于非负整数的所有有序对来说），$a_{m,n} = m + n(n+1)/2$。

解　用广义的数学归纳法可以证明 $a_{m,n} = m + n(n+1)/2$。基础步骤要求证明：当 $(m, n) = (0, 0)$ 时这个公式是有效的。归纳步骤要求证明：如果对于按照 $\mathbf{N} \times \mathbf{N}$ 上字典序小于 (m, n) 的所有有序对来说，这个公式是有效的，则对于 (m, n) 来说这个公式也是成立的。

基础步骤：设 $(m, n) = (0, 0)$。于是根据 $a_{m,n}$ 递归定义的基础情形就有 $a_{0,0} = 0$。另外，当 $m = n = 0$ 时，$m + n(n+1)/2 = 0 + (0 \cdot 1)/2 = 0$。这样就完成了基础步骤。

归纳步骤：假设当按照 $\mathbf{N} \times \mathbf{N}$ 上字典序 (m', n') 小于 (m, n) 时 $a_{m',n'} = m' + n'(n'+1)/2$。根据递归定义，如果 $n = 0$，则 $a_{m,n} = a_{m-1,n} + 1$。因为 $(m-1, n)$ 小于 (m, n)，归纳假设 $a_{m-1,n} = m - 1 + n(n+1)/2$，所以 $a_{m,n} = m - 1 + n(n+1)/2 + 1 = m + n(n+1)/2$，给出了所需要的等式。现在假设 $n > 0$，所以 $a_{m,n} = a_{m,n-1} + n$。因为 $(m, n-1)$ 小于 (m, n)，归纳假设告诉我们 $a_{m,n-1} = m + (n-1)n/2$，所以 $a_{m,n} = m + (n-1)n/2 + n = m + (n^2 - n + 2n)/2 = m + n(n+1)/2$。这样就完成了归纳步骤。◀

9.6 节将说明这种证明技术的合理性。

练习

1. 求出 $f(1)$、$f(2)$、$f(3)$ 和 $f(4)$，若 $f(n)$ 递归地定义成：$f(0) = 1$，而且对 $n = 0, 1, 2, \cdots$ 来说，
　a) $f(n+1) = f(n) + 2$
　b) $f(n+1) = 3f(n)$
　c) $f(n+1) = 2^{f(n)}$
　d) $f(n+1) = f(n)^2 + f(n) + 1$

2. 求出 $f(1)$、$f(2)$、$f(3)$、$f(4)$ 和 $f(5)$，若 $f(n)$ 递归地定义成：$f(0) = 3$，而且对 $n = 0, 1, 2, \cdots$ 来说，
　a) $f(n+1) = -2f(n)$
　b) $f(n+1) = 3f(n) + 7$
　c) $f(n+1) = f(n)^2 - 2f(n) - 2$
　d) $f(n+1) = 3^{f(n)/3}$

3. 求出 $f(2)$、$f(3)$、$f(4)$ 和 $f(5)$，若 f 递归地定义成：$f(0) = -1$，$f(1) = 2$，而且对 $n = 1, 2, \cdots$ 来说，
　a) $f(n+1) = f(n) + 3f(n-1)$
　b) $f(n+1) = f(n)^2 f(n-1)$
　c) $f(n+1) = 3f(n)^2 - 4f(n-1)^2$
　d) $f(n+1) = f(n-1)/f(n)$

4. 求出 $f(2)$、$f(3)$、$f(4)$ 和 $f(5)$，若 f 递归地定义成：$f(0) = f(1) = 1$，而且对 $n = 1, 2, \cdots$ 来说，

a) $f(n+1)=f(n)-f(n-1)$ **b)** $f(n+1)=f(n)f(n-1)$

c) $f(n+1)=f(n)^2+f(n-1)^3$ **d)** $f(n+1)=f(n)/f(n-1)$

5. 确定下列这些所谓的定义是否每个都是从非负整数集合到整数集合的函数 f 的有效递归定义。如果 f 是良定义，则求出当 n 是非负整数时 $f(n)$ 的一个公式并证明这个公式是有效的。

   a) $f(0)=0$，对于 $n\geqslant 1$ 来说 $f(n)=2f(n-2)$。

   b) $f(0)=1$，对于 $n\geqslant 1$ 来说 $f(n)=f(n-1)-1$。

   c) $f(0)=2$，$f(1)=3$，对于 $n\geqslant 2$ 来说 $f(n)=f(n-1)-1$。

   d) $f(0)=1$，$f(1)=2$，对于 $n\geqslant 2$ 来说 $f(n)=2f(n-2)$。

   e) $f(0)=1$，如果 n 是奇数且 $n\geqslant 1$ 则 $f(n)=3f(n-1)$；如果 n 是偶数且 $n\geqslant 2$ 则 $f(n)=9f(n-2)$。

6. 确定下列这些所谓的定义是否每个都是从非负整数集合到整数集合的函数 f 的有效递归定义。如果 f 是良定义，则求出当 n 是非负整数时 $f(n)$ 的一个公式并证明这个公式是有效的。

   a) $f(0)=1$，对于 $n\geqslant 1$ 来说 $f(n)=-f(n-1)$。

   b) $f(0)=1$，$f(1)=0$，$f(2)=2$，对于 $n\geqslant 3$ 来说 $f(n)=2f(n-3)$。

   c) $f(0)=0$，$f(1)=1$，对于 $n\geqslant 2$ 来说，$f(n)=2f(n+1)$。

   d) $f(0)=0$，$f(1)=1$，对于 $n\geqslant 1$ 来说，$f(n)=2f(n-1)$。

   e) $f(0)=2$，如果 n 是奇数且 $n\geqslant 1$ 则 $f(n)=f(n-1)$；如果 $n\geqslant 2$ 则 $f(n)=2f(n-2)$。

7. 给出序列 $\{a_n\}$ 的递归定义，$n=1$，2，3，$\cdots$，若

   a) $a_n=6n$ **b)** $a_n=2n+1$

   c) $a_n=10^n$ **d)** $a_n=5$

8. 给出序列 $\{a_n\}$ 的递归定义，$n=1$，2，3，$\cdots$，若

   a) $a_n=4n-2$ **b)** $a_n=1+(-1)^n$

   c) $a_n=n(n+1)$ **d)** $a_n=n^2$

9. 设 F 是这样的函数，使得 $F(n)$ 是前 n 个正整数之和。给出 $F(n)$ 的递归定义。

10. 给出 $S_m(n)$ 的递归定义，即整数 m 与非负整数 n 之和。

11. 给出 $P_m(n)$ 的递归定义，即整数 m 与非负整数 n 之积。

在练习 12~19 中，f_n 是第 n 个斐波那契数。

12. 证明：当 n 是正整数时，有 $f_1^2+f_2^2+\cdots+f_n^2=f_nf_{n+1}$。

13. 证明：当 n 是正整数时，有 $f_1+f_3+\cdots+f_{2n-1}=f_{2n}$。

* **14.** 证明：当 n 是正整数时，有 $f_{n+1}f_{n-1}-f_n^2=(-1)^n$。

* **15.** 证明：当 n 是正整数时，有 $f_0f_1+f_1f_2+\cdots+f_{2n-1}f_{2n}=f_{2n}^2$。

* **16.** 证明：当 n 是正整数时，有 $f_0-f_1+f_2-\cdots-f_{2n-1}+f_{2n}=f_{2n-1}-1$。

17. 确定用欧几里得算法求出斐波那契数 f_n 和 f_{n+1} 的最大公因子所用的除法次数，其中 n 是非负整数。用数学归纳法验证你的答案。

18. 设

$$A=\begin{bmatrix} 1 & 1 \\ 1 & 0 \end{bmatrix}$$

证明当 n 是正整数时，有

$$A^n=\begin{bmatrix} f_{n+1} & f_n \\ f_n & f_{n-1} \end{bmatrix}$$

19. 通过在练习 18 中等式的两边取行列式，证明练习 14 中给出的恒等式。（本题依赖于 2×2 矩阵的行列式概念。）

* **20.** 给出函数 max 和 min 的递归定义，使得 $\max(a_1, a_2, \cdots, a_n)$ 和 $\min(a_1, a_2, \cdots, a_n)$ 分别是 n 个数 $a_1, a_2, \cdots, a_n$ 中的最大值和最小值。

* **21.** 设 $a_1, a_2, \cdots, a_n$ 和 $b_1, b_2, \cdots, b_n$ 都是实数。用练习 20 中给出的递归定义来证明下面的结果。

   a) $\max(-a_1, -a_2, \cdots, -a_n)=-\min(a_1, a_2, \cdots, a_n)$

   b) $\max(a_1+b_1, a_2+b_2, \cdots, a_n+b_n)\leqslant\max(a_1, a_2, \cdots, a_n)+\max(b_1, b_2, \cdots, b_n)$

   c) $\min(a_1+b_1, a_2+b_2, \cdots, a_n+b_n)\geqslant\min(a_1, a_2, \cdots, a_n)+\min(b_1, b_2, \cdots, b_n)$

22. 证明集合 S 是正整数集合，它定义成：$1 \in S$，而且当 $s \in S$ 和 $t \in S$ 时就有 $s + t \in S$。

23. 给出是 5 的倍数的正整数集合的递归定义。

24. 给出下述集合的递归定义：
　　a）正奇数集合　　　　　　　　　　　　　b）3 的正整数次幂的集合
　　c）整系数多项式的集合

25. 给出下述集合的递归定义：
　　a）正偶数集合　　　　　　　　　　　　　b）模 3 与 2 同余的正整数的集合
　　c）不能被 5 整除的正整数的集合

26. 设 S 是一个正整数集合，定义如下：
　　基础步骤：$1 \in S$。
　　归纳步骤：如果 $n \in S$，则 $3n + 2 \in S$ 且 $n^2 \in S$。
　　a）证明如果 $n \in S$，则 $n \equiv 1 \pmod 4$。
　　b）证明存在一个整数 $m \equiv 1 \pmod 4$ 不属于 S。

27. 设 S 是一个正整数集合，定义如下：
　　基础步骤：$5 \in S$
　　归纳步骤：如果 $n \in S$，则 $3n \in S$ 且 $n^2 \in S$。
　　a）证明如果 $n \in S$，则 $n \equiv 5 \pmod{10}$。
　　b）证明存在一个整数 $m \equiv 5 \pmod{10}$ 不属于 S。

28. 设 S 是如下递归定义的整数有序对的集合：
　　基础步骤：$(0, 0) \in S$。
　　递归步骤：如果 $(a, b) \in S$，则 $(a+2, b+3) \in S$ 且 $(a+3, b+2) \in S$。
　　a）列出递归定义的前 5 次应用所产生的 S 的元素。
　　b）对定义的递归步骤的应用次数使用强归纳法来证明：当 $(a, b) \in S$ 时，$5 \mid a+b$。
　　c）用结构归纳法证明：当 $(a, b) \in S$ 时，$5 \mid a+b$。

29. 设 S 是如下递归地定义的整数有序对的集合：
　　基础步骤：$(0, 0) \in S$。
　　递归步骤：如果 $(a, b) \in S$，则 $(a, b+1) \in S$、$(a+1, b+1) \in S$ 且 $(a+2, b+1) \in S$。
　　a）列出递归定义的前 4 次应用所产生的 S 的元素。
　　b）对定义的递归步骤的应用次数使用强归纳法来证明：当 $(a, b) \in S$ 时，$a \leqslant 2b$。
　　c）用结构归纳法证明：当 $(a, b) \in S$ 时，$a \leqslant 2b$。

30. 给出下列每个正整数有序对的集合的递归定义。〔提示：把集合中的点画在平面上并且寻找包含集合中的点的直线。〕
　　a）$S = \{(a, b) \mid a \in \mathbf{Z}^+, b \in \mathbf{Z}^+$ 且 $a + b$ 是奇数$\}$
　　b）$S = \{(a, b) \mid a \in \mathbf{Z}^+, b \in \mathbf{Z}^+$ 且 $a \mid b\}$
　　c）$S = \{(a, b) \mid a \in \mathbf{Z}^+, b \in \mathbf{Z}^+$ 且 $3 \mid a+b\}$

31. 给出下列每个正整数有序对的集合的递归定义。用结构归纳法证明所找到的递归定义是正确的。〔提示：为了找出递归定义，把集合中的点画在平面上并且寻找模式。〕
　　a）$S = \{(a, b) \mid a \in \mathbf{Z}^+, b \in \mathbf{Z}^+$ 且 $a + b$ 是偶数$\}$
　　b）$S = \{(a, b) \mid a \in \mathbf{Z}^+, b \in \mathbf{Z}^+$ 且 a 或 b 是奇数$\}$
　　c）$S = \{(a, b) \mid a \in \mathbf{Z}^+, b \in \mathbf{Z}^+$ 且 $a + b$ 是奇数且 $3 \mid b\}$

32. 证明：在比特串中，字符串 01 至多比字符串 10 多出现 1 次。

33. 定义由表示集合的变量和 $\{^-, \cup, \cap, -\}$ 中的运算符所组成的集合的合式公式。

34. a）给出计算比特串 s 中 1 的个数的函数 $\text{ones}(s)$ 的递归定义。
　　b）用结构归纳法证明 $\text{ones}(st) = \text{ones}(s) + \text{ones}(t)$。

35. a）给出等于十进制数字的非空字符串中最小数字的函数 $m(s)$ 的递归定义。
　　b）用结构归纳法证明 $m(st) = \min(m(s), m(t))$。

　　一个字符串的**倒置**(反转)，是由原字符串里的符号以相反顺序组成的字符串。把字符串 w 的倒置表示成 w^R。

36. 求出下面比特串的倒置。

    a) 0101   **b)** 1 1011

    c) 1000 1001 0111

37. 给出字符串的倒置的递归定义。[提示：首先定义空串的倒置。然后把长度为 $n+1$ 的字符串 w 写成 xy，其中 x 是长度为 n 的字符串，并且利用 x^R 和 y 来表示 w 的倒置。]

*38. 用结构归纳法证明：$(w_1w_2)^R = w_2^R w_1^R$。

39. 给出 w^i 的递归定义，其中 w 是字符串而 i 是非负整数。（这里 w^i 表示字符串 w 的 i 份复制品的连接。）

*40. 给出回文比特串的集合的递归定义。

41. 比特串集合 A 定义成

$$\lambda \in A$$
$$0x1 \in A \quad x \in A$$

其中 λ 是空串。哪些字符串属于 A？

*42. 递归地定义：所包含的 0 比 1 多的比特串的集合。

43. 用练习 37 和数学归纳法证明：$l(w^i) = i \cdot l(w)$，其中 w 是比特串而 i 是非负整数。

*44. 证明：当 w 是比特串而 i 是非负整数时，有 $(w^R)^i = (w^i)^R$。即证明一个字符串的倒置的 i 次幂是这个字符串的 i 次幂的倒置。

45. 用结构归纳法证明：$n(T) \geqslant 2h(T)+1$，其中 T 是满二叉树，$n(T)$ 等于 T 的顶点数，$h(T)$ 是 T 的高度。

可以递归地定义满二叉树的树叶和内点。

基础步骤： 树根 r 是恰有一个顶点 r 的满二叉树的树叶。这个树没有内点。

递归步骤： 树 $T = T_1 \cdot T_2$ 的树叶集合是 T_1 的树叶集合与 T_2 的树叶集合的并。T 的内点集合是 T 的树根 r 与 T_1 的内点集合与 T_2 的内点集合的并。

46. 用结构归纳法证明：满二叉树 T 的树叶数 $l(T)$ 比 T 的内点数 $i(T)$ 多 1。

47. 仿照例 13 用广义归纳法证明：如果把 $a_{m,n}$ 递归地定义成 $a_{0,0} = 0$ 并且

$$a_{m,n} = \begin{cases} a_{m-1,n}+1 & n=0 \text{ 且 } m>0 \\ a_{m,n-1}+1 & n>0 \end{cases}$$

则对于所有 $(m, n) \in \mathbf{N} \times \mathbf{N}$ 来说，$a_{m,n} = m+n$。

48. 仿照例 15 用广义归纳法证明：如果把 $a_{m,n}$ 递归地定义成 $a_{1,1} = 5$ 并且

$$\begin{cases} a_{m,n} = a_{m-1,n}+2 & n=1 \text{ 且 } m>1 \\ a_{m,n-1}+2 & n>1 \end{cases}$$

则对于所有 $(m, n) \in \mathbf{Z}^+ \times \mathbf{Z}^+$ 来说，$a_{m,n} = 2(m+n)+1$。

*49. 正整数 n 的**分拆**是把 n 写成正整数之和的方式。例如，$7 = 3+2+1+1$ 是 7 的分拆。设 P_m 等于 m 的不同分拆的数目，其中和式里项的顺序无关紧要，并设 $P_{m,n}$ 是用不超过 n 的正整数之和来表示 m 的不同方式数。

    a) 证明：$P_{m,m} = P_m$。

    b) 证明：下面的 $P_{m,n}$ 的递归定义是正确的。

$$P_{m,n} = \begin{cases} 1 & m=1 \\ 1 & n=1 \\ P_{m,m} & m<n \\ 1+P_{m,m-1} & m=n>1 \\ P_{m,n-1}+P_{m-n,n} & m>n>1 \end{cases}$$

    c) 用这个递归定义求出 5 和 6 的分拆数。

Links▶ 考虑**阿克曼函数**的一个变种的下述归纳定义。这个函数是根据德国数学家威尔海姆·阿克曼的名字来命名的，他是大数学家大卫·希尔伯特的学生。在递归函数论以及涉及集合合并的某些算法的复杂性研究中，阿克曼函数起到了重要的作用。（这个函数有多种不同的变种，都称为阿克曼函数，并且都有类似的性质，尽管它们的值不一定相等。）

$$A(m,\ n)=\begin{cases} 2n & m=0 \\ 0 & m\geqslant1,\ n=0 \\ 2 & m\geqslant1,\ n=1 \\ A(m-1,\ A(m,\ n-1)) & m\geqslant1,\ n\geqslant2 \end{cases}$$

练习 50～57 涉及这种形式的阿克曼函数。

50. 求出下列阿克曼函数的值。

　　a) $A(1,\ 0)$ 　　　　　　　　　　　　　　　**b)** $A(0,\ 1)$

　　c) $A(1,\ 1)$ 　　　　　　　　　　　　　　　**d)** $A(2,\ 2)$

51. 证明：当 $m\geqslant1$ 时，有 $A(m,\ 2)=4$。

52. 证明：当 $n\geqslant1$ 时，有 $A(1,\ n)=2^n$。

53. 求出下列阿克曼函数的值。

　　a) $A(2,\ 3)$ 　　　　　　　　　　　　* **b)** $A(3,\ 3)$

* **54.** 求出 $A(3,\ 4)$。

** **55.** 证明：当 m 和 n 都是非负整数时，有 $A(m,\ n+1)>A(m,\ n)$。

* **56.** 证明：当 m 和 n 都是非负整数时，有 $A(m+1,\ n)\geqslant A(m,\ n)$。

57. 证明：当 i 和 j 都是非负整数时，有 $A(i,\ j)\geqslant j$。

58. 用数学归纳法证明：通过规定 $F(0)$ 和从 $F(n)$ 获得 $F(n+1)$ 的规则所定义的函数 F 是良定义的。

59. 用数学归纳法第二原理证明：通过规定 $F(0)$ 以及从 $F(k)(k=0,\ 1,\ 2,\ \cdots,\ n)$ 获得 $F(n+1)$ 的规则所定义的函数是良定义的。

60. 证明：下述每一个所谓的对正整数集合上的函数的递归定义都不能产生良定义的函数。

　　a) 对 $n\geqslant1$ 来说 $F(n)=1+F(\lfloor n/2 \rfloor)$，且 $F(1)=1$。

　　b) 对 $n\geqslant2$ 来说 $F(n)=1+F(n-3)$，且 $F(1)=2$ 和 $F(2)=3$。

　　c) 对 $n\geqslant2$ 来说 $F(n)=1+F(n/2)$，且 $F(1)=1$ 和 $F(2)=2$。

　　d) 若 n 是偶数且 $n\geqslant2$，则 $F(n)=1+F(n/2)$；若 n 是奇数，则 $F(n)=1-F(n-1)$，且 $F(1)=1$。

　　e) 若 n 是偶数且 $n\geqslant2$，则 $F(n)=1+F(n/2)$；若 n 是奇数且 $n\geqslant3$，则 $F(n)=F(3n-1)$，且 $F(1)=1$。

61. 证明：下述每一个所谓的对正整数集合上的函数的递归定义都不能产生良定义的函数。

　　a) 对 $n\geqslant1$ 来说 $F(n)=1+F(\lfloor (n+1)/2 \rfloor)$，且 $F(1)=1$。

　　b) 对 $n\geqslant2$ 来说 $F(n)=1+F(n-2)$，且 $F(1)=0$。

　　c) 对 $n\geqslant3$ 来说 $F(n)=1+F(n/3)$，且 $F(1)=1$，$F(2)=2$，$F(3)=3$。

　　d) 若 n 是偶数且 $n\geqslant2$，则 $F(n)=1+F(n/2)$；若 n 是奇数，则 $F(n)=1+F(n-2)$，且 $F(1)=1$。

　　e) 若 $n\geqslant2$，则 $F(n)=1+F(F(n-1))$，且 $F(1)=2$。

练习 62～64 处理对数函数的迭代。像通常一样，设 $\log n$ 表示以 2 为底 n 的对数。函数 $\log^{(k)} n$ 递归地定义成

$$\log^{(k)} n=\begin{cases} n & k=0 \\ \log(\log^{(k-1)} n) & \log^{(k-1)} n \text{ 有定义且为正数} \\ \text{无定义} & \text{其他情况} \end{cases}$$

迭代对数 是函数 $\log^* n$，它在 n 处的值是使得 $\log^{(k)} n\leqslant1$ 的最小的非负整数 k。

62. 求出下述的每一个值：

　　a) $\log^{(2)} 16$ 　　**b)** $\log^{(3)} 256$ 　　**c)** $\log^{(3)} 2^{65\,536}$ 　　**d)** $\log^{(4)} 2^{2^{65\,536}}$

63. 对下述的每一个 $\log^* n$ 的值，求出 n 的值：

　　a) 2 　　　　　**b)** 4 　　　　　**c)** 8 　　　　　**d)** 16

　　e) 256 　　　　**f)** 65 536 　　　**g)** 2^{2048}

64. 求出使得 $\log^* n=5$ 的最小整数 n。确定这个数的十进制位数。

练习 65～67 处理迭代函数的值。假定 $f(n)$ 是从实数集合或正实数集合或某些其他的实数集合到实数集的函数，使得 $f(n)$ 是单调递增的（即当 $n<m$ 时，有 $f(n)<f(m)$，并且对 f 的定义域里的所有 n 来说，$f(n)<n$）。函数 $f^{(k)}(n)$ 递归地定义成

$$f^{(k)}(n)=\begin{cases} n & k=0 \\ f(f^{(k-1)}(n)) & k>0 \end{cases}$$

另外，设 c 是正实数。**迭代函数** f_c^* 是为了把 f 的自变量缩小到小于或等于 c 所需要的 f 的迭代次数，所

以 $f_c^*(n)$ 是使得 $f^{(k)}(n) \leqslant c$ 的最小的非负整数 k。

65. 设 $f(n) = n - a$，其中 a 是正整数。求出 $f^{(k)}(n)$ 的公式。当 n 是正整数时，$f_0^*(n)$ 的值是什么？

66. 设 $f(n) = n/2$。求出 $f^{(k)}(n)$ 的公式。当 n 是正整数时，$f_1^*(n)$ 的值是什么？

67. 设 $f(n) = \sqrt{n}$。求出 $f^{(k)}(n)$ 的公式。当 n 是正整数时，$f_2^*(n)$ 的值是什么？

5.4 递归算法

5.4.1 引言

有时可以把带有具体的一组输入问题的解归约到带更小的一组输入的相同问题的解。例如，求两个正整数 a 和 b 的最大公因子的问题，其中 $b > a$，就可以归约到求一对更小的整数（即 $b \bmod a$ 和 a）的最大公因子的问题，因为 $\gcd(b \bmod a, a) = \gcd(a, b)$。当可以实现这样的归约时，就可以用一系列归约来求出原问题的解，直到把问题归约到解是已知的某个初始情形为止。例如，对求最大公因子来说，归约持续到两个数中较小的一个为零，因为当 $a > 0$ 时，$\gcd(a, 0) = a$。

我们将看到，连续地把问题归约到带更小输入的相同问题，这样的算法可用来解决广泛的问题。

> **定义 1** 若一个算法通过把问题归约到带更小输入的相同问题的实例来解决原来的问题，则这个算法称为递归的。

Links
Extra
Examples

本节将描述大量不同的递归算法。

例 1 给出计算 $n!$ 的递归算法，其中 n 是一个非负整数。

解 可以建立一个求 $n!$ 的递归算法，其中 n 是一个非负整数。根据 $n!$ 的递归定义，当 n 是一个正整数时，$n! = n \cdot (n-1)!$，且 $0! = 1$。为了对某个特定的整数求 $n!$，执行 n 次递归，每一次都用在下一个较小整数处的阶乘函数值代替阶乘函数的值。在最后一步时，代入 $0!$。所得到的递归算法由算法 1 所示。

为了理解该算法是如何工作的，我们来追踪用算法计算 $4!$ 时的每一步。首先，利用归纳步骤，有 $4! = 4 \cdot 3!$。然后，重复使用归纳步骤，有 $3! = 3 \cdot 2!$、$2! = 2 \cdot 1!$、$1! = 1 \cdot 0!$。代入 $0! = 1$ 的值，并回代以上各步，即得 $1! = 1 \cdot 1 = 1$、$2! = 2 \cdot 1! = 2$、$3! = 3 \cdot 2! = 3 \cdot 2 = 6$、$4! = 4 \cdot 3! = 4 \cdot 6 = 24$。◀

算法 1 计算 $n!$ 的递归算法
procedure factorial(n：非负整数)
if $n = 0$ **then return** 1
else return $n \cdot$ factorial($n-1$)
{输出是 $n!$}

例 2 说明了如何构造一个递归算法，从函数的递归定义来计算函数的值。

例 2 给出计算 a^n 的递归算法，其中 a 是非零实数而 n 是非负整数。

解 可以让递归算法是基于 a^n 的递归定义。这个定义说对 $n > 0$ 来说有 $a^{n+1} = a \cdot a^n$，而初始条件是 $a^0 = 1$。为了求出 a^n，连续地用这个递归定义来缩小指数，直到指数是 0。在算法 2 里给出了这个过程。◀

算法 2 计算 a^n 的递归算法
procedure power(a：非零实数，n：非负整数)
if $n = 0$ **then return** 1
else return $a \cdot$ power(a, $n-1$)
{输出是 a^n}

下面给出求最大公因子的递归算法。

例 3　给出求满足 $a < b$ 的两个非负整数 a 和 b 的最大公因子的递归算法。

解　可以基于 $\gcd(a, b) = \gcd(b \bmod a, a)$ 和当 $b > 0$ 时 $\gcd(0, b) = b$ 找出递归算法中的过程。这产生了欧几里得算法的递归版本——算法 3。

当输入为 $a = 5$、$b = 8$ 时，跟踪算法 3 以说明它是如何工作的。对该输入，算法执行"else"语句，得到 $\gcd(5, 8) = \gcd(8 \bmod 5, 5) = \gcd(3, 5)$。再执行此语句，得到 $\gcd(3, 5) = \gcd(5 \bmod 3, 3) = \gcd(2, 3)$，然后得到 $\gcd(2, 3) = \gcd(3 \bmod 2, 2) = \gcd(1, 2)$，再得到 $\gcd(1, 2) = \gcd(2 \bmod 1, 1) = \gcd(0, 1)$。最后，算法执行第一步，由 $a = 0$ 得到 $\gcd(0, 1) = 1$。因此，算法的执行结果是 $\gcd(5, 8) = 1$。　◄

算法 3　计算 $\gcd(a, b)$ 的递归算法

procedure $\gcd(a, b$：非负整数且 $a < b)$

if $a = 0$ **then return** b

else return $\gcd(b \bmod a, a)$

{输出是 $\gcd(a, b)$}

例 4　设计一个计算 $b^n \bmod m$ 的递归算法，其中 b、n 和 m 是满足 $m \geqslant 2$、$n \geqslant 0$ 且 $1 \leqslant b < m$ 的整数。

解　可以基于 $b^n \bmod m = (b \cdot (b^{n-1} \bmod m)) \bmod m$ 这个事实来构建递归算法，这个事实来自 4.1 节推论 2 和初始条件 $b^0 \bmod m = 1$。在本节把这个事实留给读者作为练习 12。

然而，通过观察下面的事实，可以设计出效率更高的递归算法。

$$b^n \bmod m = (b^{n/2} \bmod m)^2 \bmod m$$

当 n 是偶数时，以及

$$b^n \bmod m = ((b^{\lfloor n/2 \rfloor} \bmod m)^2 \bmod m \cdot b \bmod m) \bmod m$$

当 n 是奇数时，用伪码将其写成算法 4。

下面对输入 $b = 2$、$n = 5$ 及 $m = 3$ 来跟踪算法 4，以说明该算法是如何工作的。首先，由于 $n = 5$ 是奇数，所以执行"else"语句，从而有 $\text{mpower}(2, 5, 3) = (\text{mpower}(2, 2, 3)^2 \bmod 3 \cdot 2 \bmod 3) \bmod 3$。接下来执行"else if"语句，得到 $\text{mpower}(2, 2, 3) = \text{mpower}(2, 1, 3)^2 \bmod 3$。再执行"else"语句，得到 $\text{mpower}(2, 1, 3) = (\text{mpower}(2, 0, 3)^2 \bmod 3 \cdot 2 \bmod 3) \bmod 3$。最后，执行"if"语句，得到 $\text{mpower}(2, 0, 3) = 1$。下面进行回代，得到 $\text{mpower}(2, 1, 3) = (1^2 \bmod 3 \cdot 2 \bmod 3) \bmod 3 = 2$，从而 $\text{mpower}(2, 2, 3) = 2^2 \bmod 3 = 1$，最后，$\text{mpower}(2, 5, 3) = (1^2 \bmod 3 \cdot 2 \bmod 3) \bmod 3 = 2$。　◄

算法 4　递归模指数

procedure $\text{mpower}(b, n, m$：整数且 $b > 0$，$m \geqslant 2$，$n \geqslant 0)$

if $n = 0$ **then**

　　　return 1

else if n 是偶数 **then**

　　　return $\text{mpower}(b, n/2, m)^2 \bmod m$

else

　　　return $(\text{mpower}(b, \lfloor n/2 \rfloor, m)^2 \bmod m \cdot b \bmod m) \bmod m$

{输出是 $b^n \bmod m$}

现在将要给出 3.1 节所介绍的搜索算法的递归形式。

例 5 把线性搜索算法表达成递归过程。

解 为了在搜索序列 a_1, a_2, $\cdots$, a_n 中搜索 x, 在算法的第 i 步比较 x 与 a_i。若 x 等于 a_i, 则 i 是 x 的位置。否则, 对 x 的搜索就归约到在少了一个元素的序列(即序列 a_{i+1}, $\cdots$, a_n)中的搜索。现在给出一个递归过程, 用伪码把这个过程表示成算法 5。

设 search(i, j, x)是在序列 a_i, a_{i+1}, $\cdots$, a_j 中搜索 x 的过程。过程的输入包括三元组 $(1, n, x)$。若剩余序列的第一项是 x, 或者若序列只有一项并且它不是 x, 则过程在这一步终止。若 x 不是第一项而且存在其他的项, 则执行同样的过程, 但是搜索序列减少一项, 它是通过删除搜索序列的第一项而获得的。 ◀

算法 5 递归线性搜索算法
procedure search(i, j, x：i, j, x 是整数, $1 \leqslant i \leqslant j \leqslant n$)
if $a_i = x$ **then**
  return i
else if $i = j$ **then**
  return 0
else
  return search($i + 1$, j, x)
{输出是 a_1, a_2, $\cdots$, a_n 中 x 的位置, 如果有 x; 否则它是 0}

例 6 构造二分搜索算法的递归形式。

解 假定要在序列 a_1, a_2, $\cdots$, a_n 中求出 x 的位置。为了执行二分搜索, 首先比较 x 与中间项 $a(n+1)/2$。若 x 等于这一项, 则算法将终止。否则, 把搜索归约到更小的搜索序列, 即若 x 小于原序列的中间项, 则归约到序列的前一半, 否则归约到后一半。已经把搜索问题的解归约到带长度近似为一半的序列的相同问题的解。二分搜索算法的这种递归形式表达成算法 6。 ◀

算法 6 递归二分搜索算法
procedure binary search(i, j, x：i, j, x 是整数, $1 \leqslant i \leqslant n$, $1 \leqslant j \leqslant n$)
$m := \lfloor (i + j)/2 \rfloor$
if $x = a_m$ **then**
  return m
else if$(x < a_m$ and $i < m)$**then**
  return binary search(i, $m-1$, x)
else if$(x > a_m$ and $j > m)$**then**
  return binary search($m + 1$, j, x)
else return 0
{输出是 a_1, a_2, $\cdots$, a_n 中 x 的位置, 如果有 x; 否则为 0}

5.4.2 证明递归算法的正确性

数学归纳法以及它的变种——强归纳法, 都可以证明一个递归算法的正确性, 即可以证明算法对所有可能的输入值, 都能产生所需要的输出。例 7 和例 8 说明了如何用数学归纳法或强归纳法来证明算法的正确性。首先, 证明算法 2 的正确性。

例 7 证明算法 2(求实数的幂)的正确性。

解 我们对指数 n 做数学归纳法。

基础步骤：如果 $n=0$，算法的第一步告诉我们：$\text{power}(a, 0)=1$。这是正确的，因为对任意非零实数 a，都有 $a^0=1$。这就完成了基础步骤。

归纳步骤：归纳假设是命题对所有 $a \neq 0$ 及非负整数 k，都有 $\text{power}(a, k)=a^k$。即归纳假设是命题：算法能正确地计算 a^k。为了完成归纳步骤，需要证明：如果归纳假设为真，那么算法能正确计算 a^{k+1}。因为 $k+1$ 是正整数，所以当算法计算 a^{k+1} 时，它将做 $\text{power}(a, k+1)=a \cdot \text{power}(a, k)$。根据归纳假设，有 $\text{power}(a, k)=a^k$，所以 $\text{power}(a, k+1)=a \cdot \text{power}(a, k)=a \cdot a^k=a^{k+1}$。这就完成了归纳步骤。

我们已经完成了基础步骤和归纳步骤，因此可以得出结论：当 $a \neq 0$ 及 n 是一个非负整数时，算法 2 总能正确地计算 a^n。　◀

一般情况下，需要用强归纳法而不是数学归纳法来证明算法的正确性。例 8 就说明了这一点。例 8 说明了如何用强归纳法来证明算法 4 的正确性。

例 8　证明算法 4（求模指数）的正确性。

解　对指数 n 用强归纳法。

基础步骤：当 $n=0$ 时，$\text{mpower}(b, n, m)=1$。因为当 b 是整数，m 是整数，满足 $m \geqslant 2$ 时 $b^0 \bmod m=1$，所以基础步骤就完成了。

归纳步骤：归纳假设是当 b 是正整数，m 是整数，满足 $m \geqslant 2$ 时，对于所有整数 $0 \leqslant j < k$ 来说，$\text{mpower}(b, j, m)=b^j \bmod m$。为了完成归纳步骤，我们证明当归纳假设正确时，$\text{mpower}(b, k, m)=b^k \bmod m$。因为递归算法对于 k 在奇数和偶数时处理不同，所以我们将归纳步骤分为两种情况。

当 k 是偶数时，有 $\text{mpower}(b, k, m)=\text{mpower}(b, k/2, m)^2 \bmod m=(b^{k/2} \bmod m)^2 \bmod m=b^k \bmod m$，其中使用了归纳假设以便把 $\text{mpower}(b, k/2, m)$ 换成 $b^{k/2} \bmod m$。

当 k 是奇数时，有

$$\text{mpower}(b, k, m)=((\text{mpower}(b, \lfloor k/2 \rfloor, m))^2 \bmod m \cdot b \bmod m) \bmod m$$
$$=((b^{\lfloor k/2 \rfloor} \bmod m)^2 \bmod m \cdot b \bmod m) \bmod m=b^{2 \lfloor k/2 \rfloor+1} \bmod m=b^k \bmod m$$

利用 4.1 节推论 2，因为当 k 是奇数时 $2\lfloor k/2 \rfloor+1=2(k-1)/2+1=k$。这里使用了归纳假设以便把 $\text{mpower}(b, \lfloor k/2 \rfloor, m)$ 换成 $b^{\lfloor k/2 \rfloor} \bmod m$。这样就完成了归纳步骤。

我们已经完成了基础步骤和归纳步骤，根据归纳假设知道算法 4 是正确的。　◀

5.4.3　递归与迭代

函数在取某一个正整数时的值通过函数在较小整数时的值来表示，这是一个递归定义。这意味着我们可以设计递归算法来计算在取某一个正整数时该递归定义的函数值。我们不是连续地在较小的整数点处计算函数的值，而是从函数在一个或多个整数点处的函数值开始，然后连续地应用递归定义一个一个地求得函数在较大整数点处的函数值。这样的过程就称为**迭代**。通常，一个用递归定义的迭代算法序列要比用递归过程计算会减少很多计算量（除非使用特定用途的递归机）。这一点可以通过用计算第 n 个斐波那契数的迭代过程和递归过程来说明。我们先给出递归过程。

算法 7　斐波那契数的递归算法
procedure fibonacci(n：非负整数)
if $n=0$ **then return** 0
else if $n=1$ **then return** 1
else return fibonacci($n-1$) + fibonacci($n-2$)
⟨输出是 fibonacci(n)⟩

当使用递归算法求 f_n 时，首先把 f_n 表示成 $f_{n-1}+f_{n-2}$。然后把这两个斐波那契数都换成

两个前面的斐波那契数之和。当 f_0 或 f_1 出现时，就直接换成它的值。

注意，在递归的每个阶段，直到获得 f_1 或 f_0 为止，需要求值的斐波那契数的个数都一直翻倍。例如，当使用这个递归算法求出 f_4 时，就必须完成图 1 中的树形图所说明的全部计算。这个树包括用 f_4 标记的根以及从根到用两个斐波那契数 f_3 和 f_2 标记的顶点的分支，它们出现在 f_4 的计算的归约中。每个后续的归约都产生树中的两个分支。当遇到 f_0 和 f_1 时，这种分支结束。读者可以验证一下，这个算法需要 $f_{n+1}-1$ 次加法来求出 f_n。

现在考虑用算法 8 中的迭代过程来求出 f_n 所需要的计算量。

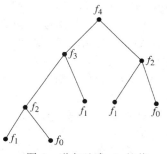

图 1   递归地求 f_4 的值

算法 8   计算斐波那契数的迭代算法
procedure iterative fibonacci(n：非负整数）
if $n=0$ **then return** 0
else
       $x:=0$
       $y:=1$
       for $i:=1$ **to** $n-1$
          $z:=x+y$
          $x:=y$
          $y:=z$
       return y
〈输出是第 n 个斐波那契数〉

这个过程把 x 初始化成 $f_0=0$，把 y 初始化成 $f_1=1$。当经过循环时，把 x 和 y 的和赋给辅助变量 z。然后把 x 赋成 y 的值，而把 y 赋成辅助变量 z 的值。因此，在经过第一次循环之后得出 x 等于 f_1 而 y 等于 $f_0+f_1=f_2$。另外，在经过 $n-1$ 次循环之后 x 等于 f_{n-1} 而 y 等于 f_n（读者应当验证这个命题）。当 $n>1$ 时，用这个迭代方法求出 f_n 仅仅使用了 $n-1$ 次加法。因此，这个算法比递归算法需要的计算少得多。

已经说明当求递归定义的函数的值时，递归算法可能比迭代算法需要更多的计算量。有时使用递归算法可能更好，即使它比迭代过程更低效，特别是当递归方法容易实现而迭代方法不容易实现时。（另外，或许可以用专门设计来处理递归的机器，它们抵消了使用迭代的好处。）

5.4.4　归并排序

现在描述称为**归并排序**算法的递归排序算法。在概括性地描述归并排序算法之前，将用一个例子来说明它是如何工作的。

例 9　用归并排序来排序列表 8，2，4，6，9，7，10，1，5，3。

解　归并排序首先通过不断地把表一分为二来把表分成单个的元素。这个例子的子表的序列表示成图 2 上方所示的高度为 4 的平衡二叉树。

排序是通过不断地合并成对的表来完成的。在第一阶段里，把成对的单个元素合并成按升序排列的长度为二的表。然后对成对的表进行连续的合并，直到整个表都排成升序为止。把这些合并成按升序排列的表的序列表示成图 2 下方所示的高度为 4 的平衡二叉树（注意，这个树是"上下颠倒地"显示的）。

在一般情况下，归并排序是这样进行的：反复地把表分成长度相等的两个子表（或者其中一个子表比另一个子表多一个元素），直到每个子表包含一个元素为止。这些子表的序列可以表示成平衡二叉树。这个过程继续进行：不断地合并成对的子表，其中的两个表都是按升序排列的，把它们合并成元素都是按升序排列的较大的表，直到原来的表排成升序为止。这些合并的子表的序列可以表示成平衡二叉树。

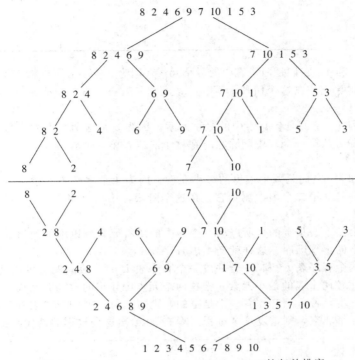

图 2　对 8，2，4，6，9，7，10，1，5，3 的归并排序

也可以递归地描述归并排序。为了做归并排序，把表分成大小相等或近似相等的两个子表，用归并排序算法排序每个子表，然后合并这两个子表。算法 9 给出归并排序的递归形式。这个算法使用子过程 merge，算法 10 描述 merge。

算法 9　递归归并排序

procedure mergesort($L = a_1, \cdots, a_n$)

if $n > 1$ **then**
　　　　$m := \lfloor n/2 \rfloor$
　　　　$L_1 := a_1, a_2, \cdots, a_m$
　　　　$L_2 := a_{m+1}, a_{m+2}, \cdots, a_n$
　　　　$L := \text{merge}(\text{mergesort}(L_1), \text{mergesort}(L_2))$
〈现在 L 中的元素以非降序排列〉

为了实现归并排序，需要把两个有序表合并成更大有序表的有效算法。现在将描述这样的过程。

例 10　描述如何合并两个表 2，3，5，6 和 1，4。

解　表 1 说明所使用的步骤。首先，比较两个表中的最小元素，它们分别是 2 和 1。因为 1 较小，所以把它放在合并的表的开头并且从第二个表中删除它。在这个阶段，第一个表是 2，3，5，6，第二个表是 4，组合而成的表是 1。

表 1   合并已排序的表 2，3，5，6 和 1，4

第一个表	第二个表	合并的表	比较
2 3 5 6	1 4		1 < 2
2 3 5 6	4	1	2 < 4
3 5 6	4	1 2	3 < 4
5 6	4	1 2 3	4 < 5
5 6		1 2 3 4	
		1 2 3 4 5 6	

其次，比较 2 和 4，它们是两个表中的最小元素。因为 2 较小，所以将它添加到组合的表并且从第一个表中删除它。在这个阶段，第一个表是 3，5，6，第二个表是 4，组合而成的表是 1，2。

继续比较 3 和 4，它们是各自表中的最小元素。因为 3 是这两个元素中较小的，所以将它添加到组合的表并且从第一个表中删除它。在这个阶段，第一个表是 5，6，第二个表是 4，组合而成的表是 1，2，3。

然后比较 5 和 4，它们是两个表里的最小元素。因为 4 是这两个元素中较小的，所以将它添加到组合的表并且从第二个表中删除它。在这个阶段，第一个表是 5，6，第二个表是空的，组合而成的表是 1，2，3，4。

最后，因为第二个表是空的，所以第一个表中的所有元素可以附加到组合表的后面，保持它们在第一个表中的出现顺序。这样就产生出有序表 1，2，3，4，5，6。◀

现在考虑将两个有序表 L_1 和 L_2 合并成一个有序表 L 的一般问题。可以使用下面的过程。从空表 L 开始。比较两个表的最小元素。把这两个元素中较小的放到 L 后面，并且从它所在的表中删除它。下一步，若 L_1 和 L_2 有一个是空的，则附加另一个（非空）表到 L，这样就完成了合并。若 L_1 和 L_2 都非空，则重复这个过程。算法 10 给出这个过程的伪代码描述。

算法 10   归并两个表
procedure merge(L_1，L_2：已排序的表）
L ：＝空表
while L_1 和 L_2 都非空
　　从 L_1 和 L_2 的第一元素中较小的元素所在的表中删除这个元素并且把这个元素放到 L 的左端
　　if 删除这个元素导致一个表为空 **then** 从另一个表中删除所有元素并且把这些元素附加到 L 的后面
return L{L 是元素按照递增顺序排列的已归并的表}

在对归并排序的分析中，将需要估计合并两个有序表 L_1 和 L_2 所用的比较次数。对于算法 10 来说，可以容易地得出这样的估计。每次比较 L_1 的一个元素与 L_2 的一个元素，把一个附加元素添加到合并的表 L 中。不过，当 L_1 或 L_2 为空时，就不需要更多的比较了。因此，当执行 $m+n-2$ 次比较时，其中 m 和 n 分别是 L_1 和 L_2 中的元素个数，算法 10 效率最低，L_1 和 L_2 每个只剩下一个元素。下一次比较将是最后一次，因为这次比较使得这两个表之一为空。因此，算法 10 使用不超过 $m+n-1$ 次比较。下面的引理总结了这个估计。

引理 1   使用不超过 $m+n-1$ 次比较，可以把 m 个元素和 n 个元素的两个有序表合并成一个有序表。

有时使用远远少于 $m+n-1$ 次比较就可以合并两个长度为 m 和 n 的有序表。例如，当 $m=1$ 时，可以用二叉搜索过程来把第一个表里的这一个元素放到第二个表中。这只需要 $\lceil \log n \rceil$ 次比较，对 $m=1$ 来说，$\lceil \log n \rceil$ 比 $m+n-1=n$ 小得多。在另一方面，对 m 和 n 的某些值来说，引理 1 给出了最好可能的界限。即存在着带有 m 个和 n 个元素的表，比较次数少于 $m+n-1$ 次是无法合并它们的。（见本节练习 47。）

现在可以分析归并排序的复杂性了。与研究一般性问题不一样的是，将假定表中的元素个数 n 是 2 的幂，比方说 2^m。这样将使分析不太复杂，但是当实际情况不是这样时，还可以做各种修改，这些修改将产生同样的估计。

在分解过程的第一阶段，把表分解成两个子表，每个子表都有 2^{m-1} 个元素，位于分解所生成的树的 1 层上。这个过程继续下去，把两个带 2^{m-1} 个元素的子表分解成 4 个在 2 层上各有 2^{m-2} 个元素的子表，以此类推。在一般情况下，在 $k-1$ 层上有 2^{k-1} 个表，每个表有 2^{m-k+1} 个元素。在 $k-1$ 层上的这些表分解成在 k 层上的 2^k 个表，每个表有 2^{m-k} 个元素。在这个过程的最后，有 2^m 个表，每个表有一个元素，在 m 层上。

可以这样来开始合并：把 2^m 个含有一个元素的表成对地组合成 2^{m-1} 个表，都在 $m-1$ 层上，各有两个元素。为了这样做，把 2^{m-1} 对含一个元素的表合并。每一对表的合并恰好需要一次比较。

这个过程继续下去，使得在 k 层上（$k=m，m-1，m-2，\cdots，3，2，1$），2^k 个各有 2^{m-k} 个元素的表合并成 2^{k-1} 个表，各有 2^{m-k+1} 个元素，都在 $k-1$ 层上。为了这样做，需要总共 2^{k-1} 次合并两个表，每个表有 2^{m-k} 个元素。但是，根据引理 1，这些合并每个都可以用至多 $2^{m-k}+2^{m-k}-1=2^{m-k+1}-1$ 次比较来完成。因此，从 k 层进行到 $k-1$ 层，可以用至多 $2^{k-1}(2^{m-k+1}-1)$ 次比较来完成。

对所有这些估计求和就证明了归并排序所需要的比较次数至多是

$$\sum_{k=1}^{m} 2^{k-1}(2^{m-k+1}-1) = \sum_{k=1}^{m} 2^m - \sum_{k=1}^{m} 2^{k-1} = m2^m - (2^m-1) = n\log n - n + 1$$

因为 $m=\log n$ 和 $n=2^m$。（这样求 $\sum_{k=1}^{m} 2^m$ 的值，注意它是 m 个相同项的和，每个都等于 $2m$。这样求 $\sum_{k=1}^{m} 2^{k-1}$ 的值，用 2.4 节定理 1 几何级数各项求和的公式。）

定理 1 总结了我们发现的归并排序达到了排序算法所需比较次数的最好可能的大 O 估计。

定理 1　对 n 个元素的表进行归并排序所需要的比较次数是 $O(n\log n)$。

在第 11 章，我们将证明最快的比较排序算法具有 $O(n\log n)$ 时间复杂度。（比较排序算法是以两个数比较为基础的。）定理 1 告诉我们归并排序算法针对排序算法取得了最好可能的大 O 估计时间复杂度。练习 50 将描述另一个有效的算法——快速排序。

练习

1. 当给定 $n=5$ 作为输入时，跟踪算法 1。即，像例 4 中求 4! 那样，证明算法 1 中的所有步骤都是为了求 5!。

2. 当给定 $n=6$ 作为输入时，跟踪算法 1。即，像例 4 中求 4! 那样，证明算法 1 中的所有步骤都是为了求 6!。

3. 跟踪算法 4 计算 gcd(8, 13)。即，证明算法 4 中的所有步骤都是为了求 gcd(8, 13)。

4. 跟踪算法 4 计算 gcd(12, 7)。即，证明算法 4 中的所有步骤都是为了求 gcd(12, 7)。

5. 当给定 $m=5$，$n=11$ 和 $b=3$ 作为输入时，跟踪算法 3。即，证明算法 3 中的所有步骤都是为了求 3^{11} **mod** 5。

6. 当给定 $m=7$，$n=10$ 和 $b=2$ 作为输入时，跟踪算法 3。即，证明算法 3 中的所有步骤都是为了求 2^{10} **mod** 7。

7. 给出当 n 是正整数而 x 是整数时，只用加法计算 nx 的递归算法。

8. 给出求前 n 个正整数之和的递归算法。

9. 给出求前 n 个正奇数之和的递归算法。

10. 给出求有限整数集合中的最大值的递归算法，利用事实：n 个整数中的最大值是列表中最后一个整数与 $n-1$ 个整数列表中最大值之间的较大者。

11. 给出求有限整数集合中的最小值的递归算法，利用事实：n 个整数中的最小值是列表中最后一个整数与 $n-1$ 个整数列表中最小值之间的较小者。

12. 设计一个递归算法，当 n、x 和 m 都是正整数时，基于事实 $x^n \bmod m = (x^{n-1} \bmod m \cdot x \bmod m) \bmod m$，求出 $x^n \bmod m$。

13. 给出当 n 和 m 都是正整数时，求 $n! \bmod m$ 的递归算法。

14. 给出求整数列表中的众数的递归算法。（众数是列表中出现的频繁程度至少与其他每个元素一样的元素。）

15. 设计一个递归算法，它计算假如 $\gcd(a, b) = \gcd(a, b-a)$ 时，满足 $a < b$ 的两个非负整数 a 和 b 的最大公因子。

16. 证明：练习 8 找到的求前 n 个正整数之和的递归算法是正确的。

17. 设计把两个非负整数 x 和 y 相乘的递归算法，基于这样的事实：当 y 是偶数时 $xy = 2(x \cdot (y/2))$，当 y 是奇数时 $xy = 2(x \cdot \lfloor y/2 \rfloor) + x$，以及初始条件：当 $y = 0$ 时 $xy = 0$。

18. 证明：当 n 是非负整数时，算法 1 关于求 $n!$ 是正确的。

19. 证明：当 a、b 是非负整数且 $a < b$ 时，算法 3 关于求 $\gcd(a, b)$ 是正确的。

20. 证明：练习 17 中设计的算法是正确的。

21. 证明：练习 7 中找到的递归算法是正确的。

22. 证明：练习 10 中找到的递归算法是正确的。

23. 利用事实 $(n+1)^2 = n^2 + 2n + 1$，设计一个求 n^2 的递归算法，其中 n 是一个非负整数。然后证明该算法的正确性。

24. 设计求 a^{2^n} 的递归算法，其中 a 是实数而 n 是正整数。〔提示：利用等式 $a^{2^{n+1}} = (a^{2^n})^2$。〕

25. 对于求 a^{2^n} 的值，练习 24 的算法所用的乘法次数与算法 2 所用的乘法次数相比较的结果如何？

* 26. 用练习 24 的算法，设计当 n 是非负整数时求 a^n 的值的算法。〔提示：利用 n 的二进制展开式。〕

* 27. 对于求 a^n 的值，练习 26 的算法所用的乘法次数与算法 2 所用的乘法次数相比较的结果如何？

28. 为了求出斐波那契数 f_7，在算法 7 和算法 8 里给出的递归算法和迭代算法，各自分别使用多少次加法？

29. 设计求一个序列的第 n 项的递归算法，该序列定义成：$a_0 = 1$，$a_1 = 2$，而且对 $n = 2, 3, 4, \cdots$ 来说有 $a_n = a_{n-1} \cdot a_{n-2}$。

30. 设计求练习 29 定义的序列的第 n 项的迭代算法。

31. 求练习 29 的序列的递归算法与迭代算法，哪个算法更有效？

32. 设计求一个序列的第 n 项的递归算法，该序列定义成：$a_0 = 1$，$a_1 = 2$，$a_2 = 3$，而且对 $n = 3, 4, 5, \cdots$ 来说有 $a_n = a_{n-1} + a_{n-2} + a_{n-3}$。

33. 设计求练习 32 定义的序列的第 n 项的迭代算法。

34. 求练习 32 的序列的递归算法与迭代算法，哪个算法更有效？

35. 给出求一个序列的第 n 项的递归算法和迭代算法，该序列定义成：$a_0 = 1$，$a_1 = 3$，$a_2 = 5$，而且 $a_n = a_{n-1} \cdot a_{n-2}^2 \cdot a_{n-3}^3$。哪个算法更有效？

36. 根据 5.3 节练习 47 给出的递归定义，给出求正整数的划分数的递归算法。

37. 给出求字符串的倒置的递归算法。（见 5.3 节练习 34 前面的说明对比特串的倒置的定义。）

38. 给出当 w 是比特串时，求字符串 w^i（即 w 的 i 个复制品的连接）的递归算法。

39. 证明：练习 37 所给出的关于字符串倒置的递归算法是正确的。

40. 证明：练习 38 所给出的关于字符串连接的递归算法是正确的。

* 41. 给出用右三联骨牌覆盖一个去掉了一格的 $2^n \times 2^n$ 棋盘的递归算法。

42. 利用 5.2 节中的引理 1，给出对具有 n 条边的简单多边形三角化的递归算法。

43. 给出递归算法来计算阿克曼函数的值。〔提示：见 5.3 节练习 48 前面的说明。〕

44. 用归并排序来排序 4，3，2，5，1，8，7，6，说明算法所用的所有步骤。

45. 用归并排序来排序 b，d，a，f，g，h，z，p，o，k，说明算法所用的所有步骤。

46. 为了用算法 10 来合并下面的成对的表，需要多少次比较？

   a) 1，3，5，7，9；2，4，6，8，10

b)1, 2, 3, 4, 5; 6, 7, 8, 9, 10

c)1, 5, 6, 7, 8; 2, 3, 4, 9, 10

47. 证明：存在着带有 m 个和 n 个元素的表，使得它们不能用算法 10 以少于 $m+n-1$ 次的比较来合并成一个有序表。

*48. 当两个升序的表里的元素个数如下时，把它们合并成一个升序的表，所需要的最少比较次数是什么？

　　a)1, 4　　　　　　**b)**2, 4　　　　　　**c)**3, 4　　　　　　**d)**4, 4

*49. 证明：归并排序算法是正确的。

　　快速排序是一个有效算法。为了排序 $a_1, a_2, \cdots, a_n$，这个算法首先挑出第一个元素 a_1 并构造两个子表，第一个子表包含小于 a_1 的元素，是按照元素出现的顺序排列的。第二个子表包含大于 a_1 的元素，是按照元素出现的顺序排列的。然后把 a_1 放在第一个子表的后面。对每个子表递归地重复这个过程，直到所有子表都只包含一个项为止。n 个项的有序表是这样获得的：按照只含有一个项的子表出现的顺序来组合它们。

50. 用快速排序来排序 3, 5, 7, 8, 1, 9, 2, 4, 6。

51. 设 $a_1, a_2, \cdots, a_n$ 是 n 个不同实数的表。从这个表构造两个子表，第一个子表包含小于 a_1 的元素而第二个子表包含大于 a_1 的元素，那么需要多少次比较？

52. 用伪代码描述快速排序算法。

53. 用快速排序算法来排序四个元素的表，需要的最大比较次数是什么？

54. 用快速排序算法来排序四个元素的表，需要的最小比较次数是什么？

55. 就所用的比较次数而言，确定快速排序算法的最坏情形复杂性。

5.5　程序正确性

5.5.1　引言

　　假定设计了一个解决问题的算法，而且编写了实现它的程序。如何才能保证这个程序总是产生正确的答案？在消除了所有的错误使得语法正确之后，可以用简单的输入来测试这个程序。若对任何简单输入来说产生了不正确的结果，则它是不正确的。但是即使对所有的简单输入来说这个程序都给出了正确的答案，它也不一定总是产生正确的答案（除非已经测试了所有可能的输入）。需要一个说明这个程序总是给出正确答案的证明。

　　程序验证（即程序正确性的证明）使用在本章里描述的推理规则和证明技术，包括数学归纳法。因为不正确的程序可能导致灾难性的后果，所以已经构造了大量的方法来对程序进行验证。在使程序验证自动化以便可以用计算机来完成方面已经做出了大量努力，但取得的进展是非常有限的。事实上，一些数学家和计算机理论家争论的使复杂程序的正确性证明机械化永远是不现实的。

　　本节将介绍用来证明程序正确的一些概念和方法。有许多不同方法用来证明程序的正确性。在本节中我们将讨论广泛使用的由 Tony Hoare 提出的程序验证方法。还有一些其他方法也同样常用。不过，在本书中将不展开讨论程序验证的完整方法。本节将把逻辑规则、证明技术以及算法的概念联系在一起，对程序验证领域给予粗略的介绍。

5.5.2　程序验证

　　若对每个可能的输入来说程序都产生正确的输出，则说这个程序是**正确的**。一个程序的正确性证明包括两个部分。第一部分证明：若程序终止，则获得正确的答案。证明的这一部分证明了程序的**部分正确性**。证明的第二部分证明：程序总是终止。

　　为了规定程序产生正确的输出是什么意思，使用两个命题。第一个是**初始断言**，它给出输入值必须具有的性质。第二个是**终结断言**，它给出假如程序做了要求它做的事情，则程序的输出应当具有的性质。当验证一个程序时，必须提供适当的初始断言和终结断言。

　　定义 1　若当对一个程序或程序段 S 的输入值来说初始断言 p 为真时，就有对 S 的输出值来说终结断言 q 为真，则说 S 是相对于 p 和 q 部分正确的。记号 $p\{S\}q$ 说明程序或程序段 S 是相对于初始断言 p 和终结断言 q 部分正确的。

注意 记号 $p\{S\}q$ 称为霍尔三元组，因为托尼·霍尔引入了部分正确性的概念。

注意，部分正确性的概念与程序是否终止是无关的，它仅仅关注若程序终止，则程序是否做了期待它做的事情。

可以用一个简单的例子说明初始断言和终结断言的概念。

例 1 证明程序段

$$y := 2$$
$$z := x + y$$

是相对于初始断言 p：$x = 1$ 和终结断言 q：$z = 3$ 部分正确的。

解 假定 p 为真，所以在程序开始时 $x = 1$。则把 y 赋值成 2，而把 z 赋值成 x 和 y 值之和，即 3。因此，S 是相对于初始断言 p 和终结断言 q 部分正确的。因此，$p\{S\}q$ 为真。 ◀

5.5.3 推理规则

一条有用的推理规则是通过把一个程序分成一系列子程序，然后证明每个子程序为正确的来证明这个程序为正确的。

假定把程序 S 分成子程序 S_1 和 S_2。写 $S = S_1; S_2$ 来表示 S 是由 S_1 后接 S_2 来组成的。假定已经证明了 S_1 相对于初始断言 p 和终结断言 q 的正确性，以及 S_2 相对于初始断言 q 和终结断言 r 的正确性。由此得出了若 p 为真且 S_1 执行并终止则 q 为真；若 q 为真且 S_2 执行并终止则 r 为真。因此，若 p 为真且 $S = S_1; S_2$ 执行并终止则 r 为真。这条推理规则称为**合成规则**，它可以叙述成

$$p\{S_1\}q$$
$$q\{S_2\}r$$
$$\overline{}$$
$$\therefore \quad p\{S_1; S_2\}r$$

在本节后面将使用这条推理规则。

下一步，将给出含有条件语句和循环的程序段的推理规则。因为可以把程序分成程序段，以便进行正确性证明，所以这样就能够验证许多不同的程序。

5.5.4 条件语句

首先将给出条件语句的推理规则。假定一个程序段形如

> **If** condition **then**
> $\qquad S$

其中 S 是一个语句块。若 condition（条件）为真，则 S 执行，而当 condition 为假时，则 S 不执行。为了验证这个程序段相对于初始断言 p 和终结断言 q 来说是正确的，必须做两件事情。首先，必须证明当 p 为真且 condition 也为真时，在 S 终止之后 q 为真。其次，必须证明当 p 为真且 condition 为假时，q 为真（因为在这种情形中 S 不执行）。

这导致下面的推理规则：

$$(p \wedge \text{condition})\{S\}q$$
$$(p \wedge \neg\text{condition}) \rightarrow q$$
$$\overline{}$$
$$\therefore p\{\textbf{if condition then } S\}q$$

例 2 说明如何使用这条推理规则。

例2 验证程序段

---

if $x > y$ **then**
　　$y := x$

相对于初始断言 **T** 和终结断言 $y \geq x$ 是正确的。

解　当初始断言为真且 $x > y$ 时，则执行赋值语句 $y := x$。因此，在这种情形里，断言 $y \geq x$ 的终结断言为真。另外，当初始断言为真且 $x > y$ 为假因而 $x \leq y$ 时，终结断言再次为真。因此，使用这种类型的程序段的推理规则，这个程序相对于给定的初始断言和终结断言是正确的。　◀

同理，考虑含有如下命题的程序。

---

if condition **then**
　　S_1
else
　　S_2

若 condition（条件）为真，则执行 S_1；若 condition 为假，则执行 S_2。为了验证这个程序段相对于初始断言 p 和终结断言 q 是正确的，必须做两件事情。首先，必须证明当 p 为真且 condition 为真时，在 S_1 终止之后 q 为真。其次，必须证明当 p 为真且 condition 为假时，在 S_2 终止之后 q 为真。这导致下面的推理规则：

$$(p \wedge \text{condition})\{S_1\}q$$
$$(p \wedge \neg \text{condition})\{S_2\}q$$

$$\therefore p\{\textbf{if condition then } S_1 \textbf{ else } S_2\}q$$

例3说明如何使用这条推理规则。

例3 验证程序段

---

if $x < 0$ **then**
　　abs $:= -x$
else
　　abs $:= x$

Links

Courtesy of Tony Hoare

C. 安东尼·R. 霍尔（C. Anthony R. Hoare，1934—）　霍尔出生在锡兰（现在称为斯里兰卡）的科伦坡，他的父亲是大英帝国在锡兰的公务员，外祖父在锡兰拥有一个种植园。他在那里度过了少年时光，并于1945年移居英格兰。霍尔在牛津大学学习哲学和古典学，同时，对数理逻辑的力量和数学真值的确定性的痴迷使得他开始对计算技术感兴趣。他于1956年从牛津大学获得学士学位。

霍尔在英国皇家海军服务期间学习了俄语，后来，他在莫斯科国立大学研究计算机自然语言翻译。他于1960年回到了英格兰，在一家小型计算机制造厂工作，在那里他写出了 Algol 编程语言的编译器。1968年，他成为贝尔法斯特女王大学的计算机科学教授；1977年，他移居到英国牛津大学，成为一名计算技术教授，他现在还是一名名誉教授。他是英国皇家学会的院士，并在微软剑桥研究中心拥有一个职位。

霍尔在编程语言和编程方法论方面做出了许多贡献。他首次定义了一种基于如何证明程序正确符合其需求规格的编程语言。霍尔还发明了一种最常用的排序算法：快速排序算法（见5.4节练习50的前导文）。1980年他获得 ACM 图灵奖，2000年他因在教育和计算机科学领域的贡献被封为爵士。霍尔还是一位计算机科学技术和社会方面的著名作家。

相对于初始断言 **T** 和终结断言 abs$=|x|$ 是正确的。

解 必须证明两件事情。首先必须证明：若初始断言为真且 $x<0$，则 abs$=|x|$。这是正确的，因为当 $x<0$ 时赋值语句 abs：$=-x$ 让 abs$=-x$ 成立，根据定义当 $x<0$ 时它是 $|x|$。其次必须证明：若初始断言为真且 $x<0$ 为假时，（所以 $x\geqslant0$）则 abs$=|x|$。这是正确的，因为在这种情形中，程序使用赋值语句 abs：$=x$，而根据定义，当 $x\geqslant0$ 时 x 是 $|x|$，所以 abs$=x$。因此，利用对于这种类型的程序段的推理规则，这个程序相对于给定的初始断言和终结断言是正确的。◀

5.5.5 循环不变量

Links

下面将描述 while 循环的正确性证明。为了逐步如下类型程序段的推理规则：

> **while** condition
>   S

注意，S 反复执行直到 condition 变假为止。必须选择一个每次执行 S 时都保持为真的断言。这样的断言称为**循环不变量**。换句话说，若 $(p\wedge$ condition$)\{S\}p$ 为真，则 p 是循环不变量。

假定 p 是循环不变量。可以得出若在执行这个程序段之前 p 为真，则在程序终止后 p 和 ¬condition 都为真，假如程序真的终止。这个推理规则是

$$(p\wedge \text{condition})\{S\}p$$
$$\overline{\phantom{(p\wedge \text{condition})\{S\}p}}$$
$$\therefore p\{\textbf{while } \text{condition } S\}(\neg\text{condition}\wedge p)$$

例 4 说明如何使用循环不变量。

Extra Examples

例 4 需要一个循环不变量来验证当 n 是正整数时，如下程序段以 factorial$=n!$ 终止。

> i：$=1$
> factorial：$=1$
> **while** $i<n$
> **begin**
> i：$=i+1$
>   factorial：$=$ factorial $\cdot i$

设 p 是命题："factorial$=i!$ 并且 $i\leqslant n$"。首先证明 p 是循环不变量。假设在执行一遍 while 循环的开头时，p 为真而且 **while** 循环的条件成立。换句话说，factorial$=i!$ 且 $i<n$。i 和 factorial 的新值 i_{new} 和 factorial$_{new}$ 现在是 $i_{new}=i+1$ 和 factorial$_{new}=$ factorial $\cdot(i+1)=(i+1)!=i_{new}!$。由于 $i<n$，所以也有 $i_{new}=i+1\leqslant n$。因此在循环执行的结尾 p 为真。这就证明了 p 是循环不变量。

现在考虑上述程序段。在正好要进入循环之前，$i=1\leqslant n$ 和 factorial$=1=1!=i!$ 都为真，所以 p 为真。由于 p 是循环不变量，所以刚刚介绍过的推理规则就蕴含着如果 **while** 循环终止，那么循环终止时 p 为真且 $i<n$ 为假。在这样的情况下，最终 factorial$=i!$ 和 $i\leqslant n$ 都为真，但 $i<n$ 为假。换句话说，$i=n$ 且 factorial$=i!=n!$，这正是想要的结果。

最后还需要验证 **while** 循环确实终止。在程序开头把 i 赋值成 1，所以在 $n-1$ 次执行循环后，i 的新值是 n，循环在这时就终止了。◀

下面将给出最后一个例子来说明如何用各种推理规则来验证较长的程序的正确性。

例 5 简述如何验证计算两个整数之积的程序 S 的正确性。

```
procedure multiply(m，n：整数)
S₁ ⎰ if n < 0 then a := −n
   ⎱ else a := n
S₂ ⎰ k := 0
   ⎱ x := 0
S₃ ⎰ while k < a
   ⎪   x := x + m
   ⎩   k := k + 1
S₄ ⎰ if n < 0 then product := −x
   ⎱ else product := x
return product
{product 等于 mn}
```

目标是证明在执行 S 之后 product 有值 mn。通过把 S 分成 $S = S_1；S_2；S_3；S_4$，如 S 的程序清单所示那样，就可以完成正确性证明。可以用合成规则来建立正确性证明。细节将留给读者作为练习。

设 p 是初始断言：m 和 n 都是整数。则可以证明当 q 是命题 $p \wedge (a = |n|)$ 时，$p\{S_1\}q$ 为真。下一步，设 r 是命题 $q \wedge (k = 0) \wedge (x = 0)$。容易验证 $q\{S_2\}r$ 为真。可以证明 "$x = mk$ 且 $k \leqslant a$" 是 S_3 中的循环不变量。另外，容易看出，在 a 次循环之后循环终止且 $k = a$，所以这时 $x = ma$。因为 r 蕴含着 $x = m \cdot 0$ 和 $0 \leqslant a$，所以在进入循环之前循环不变量为真。因为循环终止且 $k = a$，所以得出 $r\{S_3\}s$ 为真，其中 s 是命题 "$x = ma$ 且 $a = |n|$"。最后，可以证明 S_4 相对于初始断言 s 和终结断言 t 是正确的，其中 t 是命题 "product $= mn$"。

把所有这些结果放到一起来考虑，因为 $p\{S_1\}q$、$q\{S_2\}r$、$r\{S_3\}s$ 和 $s\{S_4\}t$ 都为真，所以从合成规则得出 $p\{S\}t$ 为真。另外，因为所有 4 个程序段都终止，所以 S 终止。这样就验证了这个程序的正确性。   ◀

练习

1. 证明程序段

$y := 1$

$z := x + y$

相对于初始断言 $x = 0$ 和终结断言 $z = 1$ 是正确的。

2. 验证程序段

if $x < 0$ **then** $x := 0$

相对于初始断言 **T** 和终结断言 $x \geqslant 0$ 是正确的。

3. 验证程序段

$x := 2$

$z := x + y$

if $y > 0$ **then**

    $z := z + 1$

else

    $z := 0$

相对于初始断言 $y = 3$ 和终结断言 $z = 6$ 是正确的。

4. 验证程序段

if $x < y$ **then**

    min := x

else

    $\min := y$

相对于初始断言 **T** 和终结断言 $(x \leqslant y \land \min = x) \lor (x > y \land \min = y)$ 是正确的。

* **5.** 设计一条推理规则来验证形如

    if condition 1 **then**

        S_1

    else if condition 2 **then**

        S_2

        $\vdots$

    else

        S_n

的语句的部分正确性，其中 S_1，S_2，$\cdots$，S_n 都是语句块。

6. 使用在练习 5 讨论的推理规则来验证程序

    if $x < 0$ **then**

        $y := -2 \mid x \mid / x$

    else if $x > 0$ **then**

        $y := 2 \mid x \mid / x$

    else if $x = 0$ **then**

        $y := 2$

相对于初始断言 **T** 和终结断言 $y = 2$ 是正确的。

7. 用循环不变量证明下述计算实数 x 的 n 次方幂的程序是正确的，其中 n 是正整数。

    power $:= 1$

    $i := 1$

    while $i \leqslant n$

        power $:=$ power $* x$

        $i := i + 1$

* **8.** 证明在 5.4 节给出的求 f_n 的迭代程序是正确的。

9. 给出在例 5 给出的正确性证明的所有细节。

10. 假定蕴含式 $p_0 \rightarrow p_1$ 和程序断言 $p_1 \{S\} q$ 都为真。证明 $p_0 \{S\} q$ 也必然为真。

11. 假定程序断言 $p \{S\} q_0$ 和蕴含式 $q_0 \rightarrow q_1$ 都为真。证明 $p \{S\} q_1$ 也必然为真。

12. 下面的程序计算商数和余数。

    $r := a$

    $q := 0$

    while $r \geqslant d$

        $r := r - d$

        $q := q + 1$

验证它相对于初始断言 "a 和 d 都是正整数" 和终结断言 "q 和 r 是使得 $a = dq + r$ 和 $0 \leqslant r < d$ 的整数" 是正确的。

13. 用循环不变量验证欧几里得算法（4.3 节算法 1）相对于初始断言 "a 和 b 都是正整数" 和终结断言 "$x = \gcd(a, b)$" 是部分正确的。

关键术语和结论

术语

序列（sequence）：以整数集合的子集合作为定义域的函数。

几何序列（geometric progression）：形如 a，ar，ar^2，$\cdots$ 的序列，其中 a 和 r 都是实数。

等差序列(arithmetic progression)：形如 a，$a+d$，$a+2d$，…的序列，其中 a 和 d 都是实数。

数学归纳法原理(the principle of mathematical induction)：命题"若 $P(1)$ 为真且 $\forall k[P(k)\rightarrow P(k+1)]$ 为真，则 $\forall nP(n)$ 为真"。

基础步骤(basis step)：在 $\forall nP(n)$ 的数学归纳法证明中对 $P(1)$ 的证明。

归纳步骤(inductive step)：在 $\forall nP(n)$ 的数学归纳法证明中对 $P(k)\rightarrow P(k+1)$ 的证明。

强归纳法(strong induction)：命题"若 $P(1)$ 为真且 $\forall k[(P(1)\wedge\cdots\wedge P(k))\rightarrow P(k+1)]$ 为真，则 $\forall nP(n)$ 为真"。

良序性(well-ordering property)：非负整数的每个非空集合都有最小元素。

函数的递归定义(recursive definition of a function)：规定一组初始的函数值以及从较小整数处的函数值获得较大整数处的函数值的规则。

集合的递归定义(recursive definition of a set)：规定集合里的一组初始元素以及从已知属于集合的元素获得其他元素的规则。

结构归纳法(structural induction)：证明关于递归定义的集合的结果的技术。

递归算法(recursive algorithm)：通过把问题归约到带有较小输入的同样问题而进行的算法。

归并排序(merge sort)：排序一个表的排序算法，它把一个表分成两个表，对得出的两个表各自进行排序，并且把结果归并成一个有序表。

迭代(iteration)：基于反复利用循环中的操作的过程。

程序正确性(program correctness)：对过程总是产生正确结果的验证。

循环不变量(loop invariant)：在循环的每次执行期间都保持为真的性质。

初始断言(initial assertion)：规定程序的输入值所具有的性质的命题。

终结断言(final assertion)：规定若程序正确地工作则输出值所应当具有的性质的命题。

复习题

1. a)能否用数学归纳法原理求出一个序列的前 n 项之和的公式？

   b)能否用数学归纳法原理来判定一个序列的前 n 项之和的给定公式是正确的？

   c)求出前 n 个正偶数之和的公式，并且用数学归纳法证明它。

2. a)对哪些正整数 n 来说 $11n+17\leqslant 2^n$ 为真？

   b)用数学归纳法来证明 a 中所做的猜想。

3. a)仅用 5 分和 9 分的邮票，可以组成哪些数量的邮资？

   b)用数学归纳法证明所做的猜想。

   c)用数学归纳法第二原理证明所做的猜想。

   d)找出与 b 和 c 中所给出的证明不同之处。

4. 给出使用强归纳法的三个不同的证明例子。

5. a)叙述正整数集合的良序性。

   b)利用这个性质证明：每个正整数都可以写成素数之积。

6. a)解释为什么若通过规定 $f(1)$ 以及从 $f(n-1)$ 求出 $f(n)$ 的规则来递归地定义一个函数，则这个函数是良定义的。

   b)给出函数 $f(n)=(n+1)!$ 的递归定义。

7. a)给出斐波那契数的递归定义。

   b)证明：当 $n\geqslant 3$ 时，有 $f_n>\alpha^{n-2}$，其中 f_n 是斐波那契序列的第 n 项而 $\alpha=(1+\sqrt{5})/2$。

8. a)解释为什么若通过规定 a_1 和 a_2 以及从 a_1，a_2，…，a_{n-1}（$n=3$，4，5，…）来求 a_n 的规则来递归地定义一个序列，则这个序列是良定义的。

   b)若 $a_1=1$，$a_2=2$，$a_n=a_{n-1}+a_{n-2}+\cdots+a_1$，$n=3$，4，5，…，试求出 a_n 的值。

9. 给出两个例子说明对由元素和运算组成的不同集合来说，如何递归地定义合式公式。

10. a)给出字符串长度的递归定义。

    b)用 a 的递归定义来证明 $l(xy)=l(x)+l(y)$。

11. a)什么是递归算法？

b)描述计算序列里 n 个数之和的递归算法。

12. 描述计算两个正整数的最大公因子的递归算法。

13. **a)**描述归并排序算法。

b)用归并排序算法把表 4，10，1，5，3，8，7，2，6，9 排成升序。

c)给出归并排序使用的比较次数的大 O 估计。

14. **a)**测试一个计算机程序，看看对某些输入值来说它是否产生了正确的输出，是否这样就验证了这个程序总是产生正确的输出？

b)证明了一个计算机程序是相对于初始断言和终结断言为部分正确的，是否这样就验证了这个程序总是产生正确的输出？若不是，则还需要证明什么其他东西？

15. 可以用什么技术来证明长的计算机程序相对于初始断言和终结断言是部分正确的？

16. 什么是循环不变量？如何使用循环不变量？

补充练习

1. 用数学归纳法证明 $\dfrac{2}{3}+\dfrac{2}{9}+\dfrac{2}{27}+\cdots+\dfrac{2}{3^n}=1-\dfrac{1}{3^n}$，其中 n 是正整数。

2. 证明：当 n 是正整数时，有 $1^3+3^3+5^3+\cdots+(2n+1)^3=(n+1)^2(2n2+4n+1)$。

3. 证明：当 n 是正整数时，有 $1\cdot 2^0+2\cdot 2^1+3\cdot 2^2+\cdots+n\cdot 2^{n-1}=(n-1)\cdot 2^n+1$。

4. 证明：当 n 是正整数时，有

$$\frac{1}{1\cdot 3}+\frac{1}{3\cdot 5}+\cdots+\frac{1}{(2n-1)(2n+1)}=\frac{n}{2n+1}$$

5. 证明：当 n 是正整数时，有

$$\frac{1}{1\cdot 4}+\frac{1}{4\cdot 7}+\cdots+\frac{1}{(3n-2)(3n+1)}=\frac{n}{3n+1}$$

6. 证明：当 n 是大于 4 的正整数时，有 $2^n>n^2+n$。

7. 用数学归纳法证明：当 n 是大于 9 的正整数时，就有 $2^n>n^3$。

8. 求出整数 N，使得当 n 大于 N 时，有 $2^n>n^4$。用数学归纳法证明你的结果是正确的。

9. 用数学归纳法证明：当 n 是正整数时，$a-b$ 是 a^n-b^n 的因子。

10. 用数学归纳法证明：当 n 是非负整数时，$n^3+(n+1)^3+(n+2)^3$ 能被 9 整除。

11. 用数学归纳法证明：当 n 是正整数时，$6^{n+1}+7^{2n-1}$ 能被 43 整除。

12. 用数学归纳法证明：当 n 是正整数时，$3^{2n+2}+56n+55$ 能被 64 整除。

13. 用数学归纳法证明等差序列各项之和的公式：
$$a+(a+d)+\cdots+(a+nd)=(n+1)(2a+nd)/2$$

14. 假定对 $j=1$，2，$\cdots$，n 来说，$a_j\equiv b_j(\bmod\ m)$。用数学归纳法证明：

a) $\displaystyle\sum_{j=1}^{n} a_j \equiv \sum_{j=1}^{n} b_j\,(\bmod\ m)$

b) $\displaystyle\prod_{j=1}^{n} a_j \equiv \prod_{j=1}^{n} b_j\,(\bmod\ m)$

15. 证明：若 n 是正整数，则

$$\sum_{k=1}^{n}\frac{k+4}{k(k+1)(k+2)}=\frac{n(3n+7)}{2(n+1)(n+2)}$$

16. 对于哪些正整数 n，$n+6<(n^2-8n)/16$？用数学归纳法证明你的答案。

17. （需要微积分知识）假设 $f(x)=e^x$ 并且 $g(x)=xe^x$。用数学归纳法以及乘积求导规则和 $f'(x)=e^x$ 的事实来证明：当 n 是正整数时，$g^{(n)}(x)=(x+n)e^x$。

18. （需要微积分知识）假设 $f(x)=e^x$ 并且 $g(x)=e^{cx}$，其中 c 是常数。用数学归纳法以及复合求导规则和 $f'(x)=e^x$ 的事实来证明：当 n 是正整数时，$g^{(n)}(x)=c^n e^{cx}$。

* 19. 确定哪些斐波那契数是偶数，用数学归纳法的一种形式来证明你的猜想。

* 20. 确定哪些斐波那契数能被 3 整除，用数学归纳法的一种形式来证明你的猜想。

* 21. 证明：对所有非负整数 n 来说，$f_k f_n+f_{k+1}f_{n+1}=f_{n+k+1}$，其中 k 是非负整数且 f_i 表示第 i 个斐波那

契数。

卢卡斯(Lucas)数的序列定义成：$l_0=2$，$l_1=1$ 以及对 $n=2$，3，4，…来说，$l_n=l_{n-1}+l_{n-2}$。

22. 证明：当 n 是正整数时，有 $f_n+f_{n+2}=l_{n+1}$，其中 f_i 和 l_i 分别是第 i 个斐波那契数和第 i 个卢卡斯数。

23. 证明：当 n 是非负整数且 l_i 是第 i 个卢卡斯数时，有 $l_0^2+l_1^2+\cdots+l_n^2=l_nl_{n+1}+2$。

*24. 用数学归纳法证明：任意 n 个连续正整数之积能被 $n!$ 整除。〔提示：利用恒等式 $m(m+1)\cdots(m+n-1)/n!=(m-1)m(m+1)\cdots(m+n-2)/n!+m(m+1)\cdots(m+n-2)/(n-1)!)。$〕

25. 用数学归纳法证明：当 n 是正整数时，有 $(\cos x+i\sin x)^n=\cos nx+i\sin nx$。〔提示：利用恒等式 $\cos(a+b)=\cos a\cos b-\sin a\sin b$ 和 $\sin(a+b)=\sin a\cos b+\cos a\sin b$。〕

*26. 用数学归纳法证明：当 n 是正整数且 $\sin(x/2)\neq0$ 时，有

$$\sum_{j=1}^n\cos jx=\cos[(n+1)x/2]\sin(nx/2)\sin(x/2)$$

27. 用数学归纳法证明：对于每个正整数 n

$$\sum_{j=1}^n j^2 2^j=n^2 2^{n+1}-n2^{n+2}+3\cdot2^{n+1}-6$$

28. (需要微积分知识)假设序列 x_1，x_2，…，x_n，…递归地定义成 $x_1=0$ 和 $x_{n+1}=\sqrt{x_n+6}$。

    a) 用数学归纳法证明：$x_1<x_2<\cdots<x_n<\cdots$，即序列 $\{x_n\}$ 是单调递增的。

    b) 用数学归纳法证明：对于 $n=1$，2，…，$x_n<3$。

    c) 证明：$\lim\limits_{n\to\infty}x_n=3$。

29. 证明：如果 n 是正整数，且 $n\geqslant2$，则

$$\sum_{j=2}^n\frac{1}{j^2-1}=\frac{(n-1)(3n+2)}{4n(n+1)}$$

30. 用数学归纳法证明 3.6 节中的定理 1，即证明如果 b 是一个正整数，$b>1$，n 也是一个正整数，那么 n 可以唯一表示为 $n=a_kb^k+a_{k-1}b^{k-1}+\cdots+a_1b+a_0$。

*31. 如果平面上的点 (x,y) 中 x 和 y 都是整数，则称点 (x,y) 为格点。用数学归纳法证明：至少需要 $n+1$ 条直线才能确保满足 $x\geqslant0$、$y\geqslant0$ 及 $x+y\leqslant n$ 的格点 (x,y) 位于其中的一条直线上。

32. (需要微积分知识)利用数学归纳法和乘积规则证明：如果 n 是一个正整数，且 $f_1(x)$，$f_2(x)$，…，$f_n(x)$ 都是可导函数，那么

$$\frac{(f_1(x)f_2(x)\cdots f_n(x))'}{f_1(x)f_2(x)\cdots f_n(x)}=\frac{f_1'(x)}{f_1(x)}+\frac{f_2'(x)}{f_2(x)}+\cdots+\frac{f_n'(x)}{f_n(x)}$$

33. (需要 2.6 节中的知识)设 $B=MAM^{-1}$，其中 A 和 B 都是 $n\times n$ 矩阵，M 可逆。证明：对所有的正整数 k 都有 $B^k=MA^kM^{-1}$。

34. 用数学归纳法证明：如果在平面上画线时，只需要用两种颜色来对所形成的区域着色，使得具有共同边界的区域都有不同的颜色。

35. 证明：当 $n\geqslant3$ 时，$n!$ 总可以表示成 n 的不同正因子之和。〔提示：利用归纳载入。首先试着用数学归纳法证明该结论。当你发现证明失败时，找出一个用数学归纳法容易证明的更强的断言。〕

*36. 用数学归纳法证明：如果 x_1，x_2，…，x_n 都是正实数，且 $n\geqslant2$，则有

$$\left(x_1+\frac{1}{x_1}\right)\left(x_2+\frac{1}{x_2}\right)\cdots\left(x_n+\frac{1}{x_n}\right)\geqslant\left(x_1+\frac{1}{x_2}\right)\left(x_2+\frac{1}{x_3}\right)\cdots\left(x_{n-1}+\frac{1}{x_n}\right)\left(x_n+\frac{1}{x_1}\right)$$

37. 用数学归纳法证明：若 n 个人站成一队，其中 n 是正整数，并且若该队中第一个人是女人，最后一个人是男人，则队中某处有一个女人直接站在一个男人的前面。

*38. 假设在一个国家中有直达的单行道路连接每一对城市。用数学归纳法证明：存在一个城市，从其他每个城市都可以直达这个城市，或者恰好经由一个其他城市而到达这个城市。

39. 用数学归纳法证明：当 n 个圆周把平面分成区域时，这些区域可以用两种颜色着色，使得具有共同边界的区域都染成不同的颜色。

*40. 假设有足够的燃料让环行赛道上一组汽车中的一辆跑完一圈。用数学归纳法证明：在这组汽车中存在一辆汽车，当它沿着赛道前进时，可以通过从其他汽车获得加油来跑完一圈。

41. 证明：如果 n 是正整数，则有

$$\sum_{j=1}^{n} (2j-1)\left(\sum_{k=j}^{n} 1/k\right) = n(n+1)/2$$

42. 用数学归纳法证明：如果 a、b 和 c 是一个直角三角形的三条边长，c 是斜边的边长，则对于所有整数 $n \geqslant 3$，有 $a^n + b^n < c^n$ 成立。

43. 用数学归纳法证明：如果 n 为整数，序列 $2 \bmod n$，$2^2 \bmod n$，$2^{2^2} \bmod n$，$2^{2^{2^2}} \bmod n$，…，最后是一个常数。（即在有限个项以后的所有项都一样。）

44. **单位分数**或**埃及分数**是形如 $1/n$ 的分数，其中 n 是正整数。在本题中，将用强归纳法证明：可以用贪心算法把每个满足 $0 < p/q < 1$ 的有理数 p/q 表达成不同的单位分数之和。在算法的每一步，求出最小的正整数 n 使得这个和可以加上 $1/n$ 而不超过 p/q。例如，为了表达 $5/7$，从 $1/2$ 这个和开始。由于 $5/7 - 1/2 = 3/14$，所以把 $1/5$ 加上这个和，因为 5 是最小的正整数 k 使得 $1/k < 3/14$。由于 $3/14 - 1/5 = 1/70$，所以算法终止，证明 $5/7 = 1/2 + 1/5 + 1/70$。设 $T(p)$ 是命题：对于所有满足 $0 < p/q < 1$ 的有理数 p/q 来说这个算法终止。通过证明对于所有正整数 p 来说 $T(p)$ 为真，将证明这个算法总是终止。

　　a) 证明基础步骤 $T(1)$ 成立。

　　b) 假设对于满足 $k < p$ 的正整数 k 来说 $T(k)$ 成立。换句话说，假设对于所有有理数 k/r 来说算法终止，其中 $1 \leqslant k < p$。证明：如果从 p/q 开始并且算法第一步选择分数 $1/n$，则 $p/q = p'/q' + 1/n$，其中 $p' = np - q$ 且 $q' = nq$。在考虑 $p/q = 1/n$ 的情形之后，用归纳假设证明：当贪心算法从 p'/q' 开始时，这个算法总会终止，从而完成归纳步骤。

麦卡锡 91 函数（人工智能的奠基人之——John McCarthy 所定义）定义成：对所有正整数 n 来说应用规则

$$M(n) = \begin{cases} n - 10 & n > 100 \\ M(M(n+11)) & n \leqslant 100 \end{cases}$$

45. 通过连续地使用 $M(n)$ 的定义规则求

　　a) $M(102)$　　　　　　　**b)** $M(101)$　　　　　　　**c)** $M(99)$

　　d) $M(97)$　　　　　　　**e)** $M(87)$　　　　　　　**f)** $M(76)$

** 46. 证明：函数 $M(n)$ 是从正整数集合到正整数集合的良定义函数。〔提示：证明对所有满足 $n \leqslant 101$ 的正整数 n 来说都有 $M(n) = 91$。〕

47. 下述的证明当 n 是正整数时有

$$\frac{1}{1 \cdot 2} + \frac{1}{2 \cdot 3} + \cdots + \frac{1}{(n-1)n} = \frac{3}{2} - \frac{1}{n}$$

是否正确？为你的答案给出理由。

基础步骤：当 $n=1$ 时结果为真，因为

$$\frac{1}{1 \cdot 2} = \frac{3}{2} - \frac{1}{1}$$

归纳步骤：假定对 n 来说结果为真。则

$$\frac{1}{1 \cdot 2} + \frac{1}{2 \cdot 3} + \cdots + \frac{1}{(n-1)n} + \frac{1}{n(n+1)} = \frac{3}{2} - \frac{1}{n} + \left(\frac{1}{n} - \frac{1}{n+1}\right) = \frac{3}{2} - \frac{1}{n+1}$$

因此，若对 n 来说结果为真，则对 $n+1$ 来说结果为真。证毕。

48. 设 A_1，A_2，…，A_n 是一组集合，且对 $k=3$，4，…，n 都有 $R_2 = A_1 \oplus A_2$ 及 $R_k = R_{k-1} \oplus A_k$。利用数学归纳法证明：当且仅当 x 属于 A_1，A_2，…，A_n 中一个奇数下标的集合时，有 $x \in R_n$。（回忆 2.2 节中的定义：$S \oplus T$ 是集合 S 和 T 的对称差。）

* 49. 证明：若在 n 个圆中每两个都恰好相交于两点，而任意三个都没有公共点，则这些圆把平面划分成 $n^2 - n + 2$ 个区域。

* 50. 证明：若在 n 个平面中任意三个都有公共点，而任意四个都没有公共点，则这些平面把三维空间划分成 $(n^3 + 5n + 6)/6$ 个区域。

* 51. 用良序性证明：$\sqrt{2}$ 是无理数。〔提示：假定 $\sqrt{2}$ 是有理数。证明形如 $b\sqrt{2}$ 的正整数组成的集合有最小元素 a。然后证明 $a\sqrt{2} - a$ 是具有这种形式的更小的正整数。〕

52. 若一个集合的每个非空子集都有最小元素，则这个集合是良序性的。判断下面的每个集合是否良序性的。

a) 整数集合　　　　　　　　　　b) 大于 -100 的整数的集合

c) 正有理数集合　　　　　　　　d) 分母小于 100 的正有理数的集合

53. a) 证明：若 a_1, a_2, $\cdots$, a_n 都是正整数，则 $\gcd(a_1, a_2, \cdots, a_{n-1}, a_n) = \gcd(a_1, a_2, \cdots, a_{n-2}, \gcd(a_{n-1}, a_n))$。

b) 利用 a 和欧几里得算法得出一个计算 n 个正整数的最大公因子的递归算法。

　*54. 描述一个递归算法，把 n 个正整数的最大公因子表示成这些整数的线性组合。

55. 求出 $f(n)$ 的显式公式，其中 $f(1)=1$ 而且若 $n \geqslant 2$ 则 $f(n)=f(n-1)+2n-1$。用数学归纳法证明你的结果。

**56. 给出由所含有的 0 是 1 的两倍的比特串所组成的集合的递归定义。

57. 设 S 是比特串的集合，它递归地定义成：$\lambda \in S$，并且若 $x \in S$，则 $0x \in S$，$x1 \in S$，其中 λ 是空串。

a) 求出 S 中所有长度不超过 5 的串。　　b) 给出对 S 中元素的显式描述。

58. 设 S 是字符串的集合，它递归地定义成：$abc \in S$，$bac \in S$，$acb \in S$，并且若 $x \in S$ 则 $abcx \in S$，$abxc \in S$，$axbc \in S$ 和 $xabc \in S$。

a) 求出 S 中长度为 8 或更短的所有串。

b) 证明：S 中的每个元素都有能被 3 整除的长度。

由所有平衡的括号串组成的集合递归地定义成：$\lambda \in B$，其中 λ 是空串。若 x, $y \in B$，则 $(x) \in B$，$xy \in B$。

59. 证明：$(())()$ 是平衡的括号串而 $((())$ 不是平衡的括号串。

60. 求出所有恰好带 6 个符号的平衡的括号串。

61. 求出所有带 4 个或更少符号的平衡的括号串。

62. 用归纳法证明：若 x 是平衡的括号串，则在 x 左括号的个数等于右括号的个数。

在括号串的集合上定义函数 N 为：

$$N(\lambda)=0, N(()=1, N())=-1$$
$$N(uv)=N(u)+N(v)$$

其中 λ 是空串，u 和 v 都是串。可以证明 N 是良定义的。

63. 求

a) $N(())$　　　　　　　　　　b) $N())))()()$

c) $N((()(())$　　　　　　　　d) $N(()(((())()))$

**64. 证明：括号串 w 是平衡的当且仅当 $N(w)=0$，而且当 u 是 w 的前缀（即 $w=uv$）时，有 $N(u) \geqslant 0$。

　*65. 给出一个求所有包含 n 个或更少符号的平衡的括号串的递归算法。

66. 根据下述的事实：若 $a > b$ 则 $\gcd(a, b)=\gcd(b, a)$；若 a 和 b 都是偶数则 $\gcd(a, b)=2\gcd(a/2, b/$

Links

©Matthew Naythons/The
LIFE Images Collection/
Getty Images

约翰·麦卡锡（John McCarthy，1927—2011）　他出生在波士顿，在波士顿和洛杉矶长大。他在本科和研究生阶段学习的都是数学。1948 年他从加州理工学院获得学士学位并在 1951 年从普林斯顿大学获得博士学位。从普林斯顿大学毕业后，麦卡锡在普林斯顿大学、斯坦福大学、达特茅斯学院和麻省理工学院任职。1962～1994 年他一直在斯坦福大学任职，是那里的荣誉教授。在斯坦福大学，他是人工智能实验室的主任，担任工程学院的名誉院长，并且是胡佛学院的资深院士。

　　麦卡锡是人工智能研究的开拓者，"人工智能"就是他在 1955 年发明的术语。他致力于研究关于智能的计算机行为所需要的推理和信息需求的问题。麦卡锡是设计分时计算机系统的首批计算机科学家之一。他开发了 LISP，这是用符号表达式来计算的一种程序设计语言。他在用逻辑来验证计算机程序的正确性方面起到了重要作用。麦卡锡还致力于研究计算机技术的社会影响问题。他还致力于研究在情况不是错综复杂的假设下人和计算机如何形成猜想的问题。麦卡锡是人类可持续性发展的倡导者并且是关于人类未来的乐观者。他还编写科幻故事。他最近的一些著作探索了我们的世界是由更高的力量所编写的计算机程序的可能性。

　　麦卡锡所获得过的国际奖励有美国计算机学会的图灵奖、国际人工智能会议的杰出研究工作奖、京都奖和美国国家科学奖章。

2)，$\gcd(0, b)=b$；若 a 是偶数而 b 是奇数，$\gcd(a, b)=\gcd(a, b-a)$）则 $\gcd(a, b)=\gcd(a/2, b)$，给出一个求满足两个非负整数 a 和 b 的最大公因子的递归算法。

67. 验证程序段

    if $\ x>y\ $ **then**

        $x:=y$

    相对于初始断言 **T** 和终结断言 $x\leqslant y$ 是正确的。

* **68.** 提出一条验证递归程序的推理规则，并用它验证 5.4 节给出的计算阶乘的递归程序。

69. 设计求整数表中整数 0 出现次数的递归算法。

练习 70～77 处理某些不寻常的序列，这些序列非正式地称为**自生成序列**，它们是用简单的递归关系或规则产生的。尤其是，练习 70～75 处理序列 $\{a(n)\}$，它定义成：对 $n\geqslant 1$ 来说，$a(n)=n-a(a(n-1))$，且 $a(0)=0$。（这个序列以及在练习 74 和练习 75 里的序列，都是在道格拉斯·霍夫斯塔德的奇妙的书《歌德尔、埃舍尔、巴赫》(Gödel，Escher，Bach)[Ho99]中定义的）。

70. 求出在本题前面的说明中定义的序列 $\{a(n)\}$ 的前 10 项。

* **71.** 证明：这个序列是良定义的。即证明对所有非负整数 n 来说，$a(n)$ 是唯一定义的。

** **72.** 证明：$a(n)=\lfloor (n+1)/\mu \rfloor \mu$，其中 $\mu=(-1+\sqrt{5})/2$。[提示：首先证明对所有 $n>0$ 来说，$(\mu n-\lfloor \mu n \rfloor)+(\mu^2 n-\lfloor \mu^2 n \rfloor)=1$。然后，证明对满足 $0\leqslant \alpha<1$ 和 $\alpha\neq 1-\mu$ 的所有实数 α 来说，$\lfloor (1+\mu)(1-\alpha) \rfloor+\lfloor \alpha+\mu \rfloor=1$，分别考虑 $0\leqslant \alpha<1-\mu$ 和 $1-\mu<\alpha<1$ 的情形。]

* **73.** 利用练习 72 的公式证明：若 $\mu n-\lfloor \mu n \rfloor<1-\mu$，则 $a(n)=a(n-1)$，否则 $a(n)=a(n-1)+1$。

74. 求出下面每个自生成序列的前 10 项：

    a) 对 $n\geqslant 1$ 来说，$a(n)=n-a(a(a(n-1)))$，且 $a(0)=0$。

    b) 对 $n\geqslant 1$ 来说，$a(n)=n-a(a(a(a(n-1))))$，且 $a(0)=0$。

    c) 对 $n\geqslant 3$ 来说，$a(n)=a(n-a(n-1))+a(n-a(n-2))$，且 $a(1)=1$ 和 $a(2)=1$。

75. 求出序列 $m(n)$ 和 $f(n)$ 的前 10 项，它们是用下面的嵌套的递归关系来定义的：对 $n\geqslant 1$ 来说，$m(n)=n-f(m(n-1))$，$f(n)=n-m(f(n-1))$，且 $f(0)=1$ 和 $m(0)=0$。

哥伦布的自生成序列 是具有下述性质的、唯一的、非减的正整数序列 a_1，a_2，a_3，…，对每个正整数 k 来说，这个序列恰好包含 k 的 a_k 次出现。

76. 求出哥伦布的自生成序列的前 20 项。

* **77.** 证明：若 $f(n)$ 是使得 $a_m=n$ 的最大整数 m，其中 a_m 是哥伦布的自生成序列的第 m 项，则 $f(n)=\sum_{k=1}^{n}a_k$ 且 $f(f(n))=\sum_{k=1}^{n}ka_k$。

计算机课题

按给定的输入和输出写程序。

** **1.** 给定去掉一个格子的 $2^n \times 2^n$ 棋盘，用 L 形状的拼片构造出这个棋盘。

** **2.** 对含有变量 x、y 和 z 以及运算符 $\{+, *, /, -\}$ 的表达式来说，生成所有的带有 n 个或更少符号的合式公式。

** **3.** 生成所有带有 n 个或更少符号的命题的合式公式，其中每个符号是 **T**、**F**、命题变量 p 和 q 之一或 $\{\neg, \vee, \wedge, \rightarrow, \leftrightarrow\}$ 中的一个运算符。

4. 给定一个字符串，求出它的倒置。

5. 给定实数 a 和非负整数 n，用递归求 a^n。

6. 给定实数 a 和非负整数 n，用递归求 a^{2^n}。

* **7.** 给定实数 a 和非负整数 n，利用 n 的二进制展开式和计算 a^{2^k} 的递归算法来求 a^n。

8. 给定两个不全为零的整数，用递归求它们的最大公因子。

9. 给定整数的列表和元素 x，用线性搜索的递归实现求 x 在这个列表中的位置。

10. 给定整数的列表和元素 x，用二叉搜索的递归实现求 x 在这个列表中的位置。

11. 给定非负整数 n，用迭代来求第 n 个斐波那契数。

12. 给定非负整数 n，用递归来求第 n 个斐波那契数。

13. 给定一个正整数，求出这个整数的划分的数目。（参见 5.3 节练习 47。）

14. 给定正整数 m 和 n，求出阿克曼函数在 (m, n) 处的值 $A(m, n)$。（参见 5.3 节练习 48 前面的说明。）

15. 给定 n 个整数的列表，用归并排序给这些整数排序。

计算和探索

用一个计算程序或你自己编写的程序做下面的练习。

1. 让 $n!$ 具有不超过 100 位十进制数字和不超过 1000 位十进制数字的 n 的最大值是多少？

2. 确定哪些斐波那契数能被 5 整除、哪些能被 7 整除、哪些能被 11 整除。证明你的猜想是正确的。

3. 用右三联骨牌构造出去掉一个格子的 16×16、32×32 和 64×64 的棋盘。

4. 探索用右三联骨牌可以完全地覆盖哪些 $m \times n$ 棋盘。能否形成关于这个问题的猜想？

** 5. 设计一个算法：确定一点是否为一个简单多边形的内点或外点。

** 6. 设计一个算法：将一个简单多边形三角化。

7. 阿克曼函数的哪些值是足够小的使得能够计算出它们？

8. 比较一下递归地计算斐波那契数与迭代地计算它们所需要的运算次数或时间。

写作课题

用本教材以外的资料，按下列要求写成论文。

1. 描述数学归纳法的起源。谁是第一批使用它的人？他们在哪个问题上用到了它？

2. 解释如何证明关于简单多边形的若尔当曲线定理，并给出一个算法：确定一点是否为一个简单多边形的内点或外点。

3. 描述在计算几何学中，简单多边形的三角化是如何应用于某些关键的算法中的。

4. 描述斐波那契数在生物物理学中大量不同的应用。

5. 描述在递归定义的理论里以及在集合合并算法的复杂性分析里对阿克曼函数的使用情况。

6. 给出高德纳箭号表示法的递归定义，并说明它在不同例子中的应用，包括如何表示阿克曼函数的值（在 5.3 节练习 50 的前导文中有定义）。

7. 讨论一些用来证明程序正确性的方法，并且将它们与 5.5 节所描述的霍尔方法进行比较。

8. 解释如何扩充程序正确性的思想和概念来证明操作系统是安全的。

计　　数

组合数学这一研究个体安排的学科，是离散数学的重要部分。早在 17 世纪就开始了这类课题的研究，当时在赌博游戏的研究中出现了组合问题。枚举——具有确定性质的个体的计数，是组合数学的一个重要部分。我们必须对个体计数以求解许多不同类型的问题。例如，用计数确定算法的复杂性。计数也用于确定是否存在着能够充分满足需求的电话号码或因特网地址。近年来，它在数学生物学，特别是 DNA 测序研究中发挥着重要作用。此外，计数技术也广泛用于计算事件的概率。

6.1 节将要研究的基本计数规则可以求解各种各样的问题。例如，可以用这些规则来计数美国各种可能的电话号码，计算机系统中允许使用的密码，以及比赛结束时赛跑运动员的名次。另一个重要的组合工具是鸽巢原理，将在 6.2 节研究。这个原理指出，当把物体放在盒子里时，若物体比盒子多，那么有一个盒子至少包含两个物体。例如，我们可以用这个原理证明在 15 个或者更多的学生中至少有 3 人出生在相同的星期几。

我们可以用集合中个体可重复或者不可重复的有序或无序安排来描述许多计数问题。这些安排称为排列和组合，在许多计数问题中都会用到它们。例如，在 2000 个学生参加的考试竞赛中最终将有 100 个获胜者被邀请赴宴。我们可以枚举将被邀请的 100 个学生的可能的组合，以及最终 10 名获奖者的产生方式。

组合数学的另一个问题涉及生成某个特定类型的所有排列。这在计算机模拟中通常是很重要的。我们将设计算法来生成各种类型的排列。

6.1　计数的基础

6.1.1　引言

假设计算机系统的密码由 6、7 或 8 个字符组成，每个字符必须是数字或字母表中的字母，每个密码必须至少包含一位数字。问有多少个这样的密码？本节将介绍回答这个问题及各种其他计数问题所需要的技术。

数学和计算机科学中存在着计数问题。例如，我们必须为成功的实验结果和所有可能的实验结果计数，以确定离散事件的概率。我们需要对某个算法用到的操作数计数，以便研究它的时间复杂性。

本节将介绍基本的计数方法。这些方法是几乎所有计数技术的基础。

6.1.2　基本的计数原则

我们将提出两个基本的计数原则：**乘积法则**和**求和法则**。然后将说明怎样用它们来求解许多不同的计数问题。

当一个过程由独立的任务组成时使用乘积法则。

> **乘积法则**　假定一个过程可以被分解成两个任务。如果完成第一个任务有 n_1 种方式，在第一个任务完成之后有 n_2 种方式完成第二个任务，那么完成这个过程有 $n_1 n_2$ 种方式。

例 1～10 讨论怎样使用乘积法则。

例 1　一个新建公司中只有两个雇员 Sanchez 和 Patel，公司租用了一个大楼的底层，共 12

个办公室。有多少种方法为这两个雇员分配办公室?

解　对这两个雇员分配办公室的过程是这样的:为 Sanchez 分配办公室,有 12 种方法,然后为 Patel 分配一个不同的办公室,有 11 种方法。根据乘积法则,为这两个雇员分配办公室共有 12 • 11＝132 种方法。◀

例 2　用一个大写英文字母和一个不超过 100 的正整数给礼堂的座位编号。那么不同编号的座位最多有多少?

解　给一个座位编号的过程由两个任务组成,即从 26 个字母中先选择一个字母分配给这个座位,然后再从 100 个正整数中选择一个整数分配给它。乘积法则表明一个座位可以有 26 • 100＝2600 种不同的编号方式。因此,不同编号的座位数至多是 2600。◀

例 3　某云数据中心有 32 台计算机,每台计算机有 24 个端口。问在这个中心有多少个不同的计算机端口?

解　选择一个端口的过程由两个任务组成。首先挑一台计算机,然后在这台计算机上挑一个端口。因为有 32 种方式选择计算机,而不管选择了哪台计算机,又有 24 种方式选择端口,所以由乘积法则存在 32 • 24＝768 个端口。◀

经常会用到推广的乘积法则。假定一个过程由执行任务 T_1,T_2,$\cdots$,T_m 来完成。如果在完成任务之后用 n_i 种方式来完成 $T_i(i=1,2,\cdots,m)$,那么完成这个过程有 $n_1 \cdot n_2 \cdots \cdot n_m$ 种方式。可以由两个任务的乘积法则通过数学归纳法证明推广的乘积法则(见本节练习 76)。

例 4　有多少个不同的 7 位比特串?

解　每位有两种选择方式,可以是 0 或 1。因此,乘积法则表明总共有 $2^7=128$ 个不同的 7 位比特串。◀

例 5　如果每个车牌由 3 个大写英文字母后跟 3 个数字的序列构成(任何字母的序列都允许,即使是不良词汇),那么有多少个不同的有效车牌?

解　对 3 个字母中的每个字母有 26 种选择,对 3 个数字中的每个数字有 10 种选择。因此,由乘积法则总共有 26 • 26 • 26 • 10 • 10 • 10＝17 576 000 个可能的车牌。◀

$$\underbrace{\qquad\qquad\qquad}_{\text{每个字母有26种选择}}\quad\underbrace{\qquad\qquad\qquad}_{\text{每个数字有10种选择}}$$

例 6　**计数函数**　从一个 n 元集到一个 m 元集存在多少个函数?

解　函数对于定义域中 m 个元素中的每个元素都要选择陪域中 n 个元素中的一个元素来对应。因此,由乘积法则存在 $n \cdot n \cdots \cdot n=n^m$ 个从 m 元集到 n 元集的函数。例如,从一个 3 元集到一个 5 元集存在 5^3 个不同的函数。◀

例 7　**计数一对一函数**　从一个 m 元集到一个 n 元集存在多少个一对一函数?

解　首先注意,当 $m>n$ 时没有从 m 元集到 n 元集的一对一函数。现在令 $m \leqslant n$。假设定义域中的元素是 a_1,a_2,$\cdots$,a_m。有 n 种方式选择函数在 a_1 的值。因为函数是一对一的,所以可以有 $n-1$ 种方式选择函数在 a_2 的值(因为 a_1 用过的值不能再用)。一般地,有 $n-k+1$ 种方式选择函数在 a_k 的值。由乘积法则,从一个 m 元集到一个 n 元集存在着 $n(n-1)(n-2)\cdots(n-m+1)$ 个一对一函数。例如,从一个 3 元集到一个 5 元集存在 5 • 4 • 3＝60 个一对一函数。◀

例 8　**电话编号计划**　"北美洲编号计划"(NANP)规定美国、加拿大以及北美洲许多其他地区的电话号码的格式。在这个编号计划中,一个电话号码由 10 个数字组成,这些数字由一个 3 位的地区代码、一个 3 位的局代码以及一个 4 位的话机代码组成。出于信号的考虑,在一些数字上有某种限制。为了规定允许的格式,令 X 表示可以在 0 到 9 之间任意选取的数字,N 表示可以在 2 到 9 之间选取的数字,而 Y 表示必须取 0 或 1 的数字。下面讨论两个编号计划,分别称为老计划和新计划(老计划是 20 世纪 60 年代使用的,已经被新计划代替了,但目前对新号码需求的迅速增长使得这个新计划也将显得落伍了。在这个例题中,用于表示数字的字母遵循"北美洲编号计划")。正如将要证明的,新计划允许使用更多的号码。

在老计划中,地区代码、局代码和话机代码的格式分别为 NYX、NNX 和 XXXX,因而电话号码的形式为 NYX-NNX-XXXX。在新计划中,这些代码的格式分别为 NXX、NXX 和 XXXX,因而电话号码的形式为 NXX-NXX-XXXX。在老计划和新计划下分别可能有多少个不同的北美洲电话号码?

解　由乘积法则,格式为 NYX 的地区代码有 $8 \cdot 2 \cdot 10 = 160$ 个,格式为 NXX 的地区代码有 $8 \cdot 10 \cdot 10 = 800$ 个。类似地,由乘积法则,存在 $8 \cdot 8 \cdot 10 = 640$ 个格式为 NNX 的局代码。乘积法则也表明存在着 $10 \cdot 10 \cdot 10 \cdot 10 = 10\,000$ 个格式为 XXXX 的话机代码。

因此,再次使用乘积法则,在老计划下存在

$$160 \cdot 640 \cdot 10\,000 = 1\,024\,000\,000$$

个不同的北美洲有效的电话号码。在新计划下存在

$$800 \cdot 800 \cdot 10\,000 = 6\,400\,000\,000$$

个不同的电话号码。　◀

例 9　执行下面的代码以后,k 的值是什么?

```
k := 0
for i₁ := 1 to n₁
    for i₂ := 1 to n₂
        ⋮
            for iₘ := 1 to nₘ
                k := k + 1
```

解　k 的初值是 0。这个嵌套的循环每执行一次,k 就加 1。令 T_i 表示执行第 i 个循环的任务,那么循环执行的次数就是完成任务 T_1, T_2, $\cdots$, T_m 的方法数。因为对每个整数 i_j, $1 \leqslant i_j \leqslant n_j$,第 j 个循环都执行一次,所以执行任务 $T_j (j = 1, 2, \cdots, m)$ 的方法数就是 n_j。由乘积法则,这个嵌套的循环执行了 $n_1 n_2 \cdots n_m$ 次。因此 k 最后的值是 $n_1 n_2 \cdots n_m$。　◀

例 10　**计数有穷集的子集**　用乘积法则证明一个有穷集 S 的不同的子集数是 $2^{|S|}$。

解　设 S 是有穷集。按任意的顺序将 S 的元素列成一个表。考虑到在 S 的子集和长度为 $|S|$ 的比特串之间存在着一对一的对应,即如果表的第 i 个元素在这个子集中,则该子集对应的比特串的第 i 位为 1,否则该位为 0。由乘积法则,存在着 $2^{|S|}$ 个长度为 $|S|$ 的比特串。因此 $|P(S)| = 2^{|S|}$。(5.1 节中例 10 用数学归纳法证明了这个事实。)　◀

乘积法则也常用集合的语言表述如下:如果 A_1, A_2, $\cdots$, A_m 是有穷集,那么在这些集合的笛卡儿积中的元素数是每个集合的元素数之积。为了把这种表述与乘积法则联系起来,注意到在笛卡儿积 $A_1 \times A_2 \times \cdots \times A_m$ 中选一个元素的任务是通过在 A_1 中选一个元素,A_2 中选一个元素,$\cdots$,A_m 中选一个元素来完成的。由乘积法则得到

$$|A_1 \times A_2 \times \cdots \times A_m| = |A_1| \cdot |A_2| \cdot \cdots \cdot |A_m|$$

例 11　**DNA 和基因组**　生物体的遗传信息是使用脱氧核糖核酸(DNA)编码的,或对于某些病毒,采用核糖核酸(RNA)。DNA 和 RNA 是非常复杂的分子,采用非常多的分子相互作用的方式支持生命中的不同过程。对于我们而言,我们只对 DNA 和 RNA 如何进行遗传信息编码给出简短的描述。

DNA 分子由 2 条脱氧核糖核苷酸链组成,每个核苷酸的子部分称为**碱基**,其中有腺嘌呤(A)、胞嘧啶(C)、鸟嘌呤(G)或胸腺嘧啶(T)。DNA 包括不同碱基的两条链通过氢键结合在一起,而且 A 仅与 T 配对,C 只与 G 配对。与 DNA 不同,RNA 分子由 1 条核糖核苷酸链组

成，其中尿嘧啶(U)代替了胸腺嘧啶。因此，在 DNA 中可能碱基对是 A-T 和 C-G，而在 RNA 中碱基对是 A-U 和 C-G。生物的 DNA 包括多段 DNA，它们形成不同的染色体，一个**基因**是一个 DNA 分子的片段，编码一种特定蛋白质。一个生物体的全部基因信息称为**基因组**。

DNA 和 RNA 碱基序列编码的蛋白质长链称为氨基酸。人类必需的氨基酸有 22 种。我们很快能看到至少三个碱基的序列就可以编码出这 22 种不同的氨基酸。首先，因为在 DNA 中有四种可能的碱基 A、C、G 和 T，所以由乘积法则，$4^2 = 16 < 22$ 种不同的两碱基序列。但 $4^3 = 64$ 种不同的三碱基序列，这样可以足够编码 22 种不同的氨基酸。(甚至可以出现不同的三碱基序列对应相同的氨基酸的情况。)

像藻类和细菌这样的简单生物的 DNA 具有 10^5 和 10^7 个链接。每个链接都是这四种可能碱基的一种。更复杂的生物，如昆虫、鸟类和哺乳动物，它们的 DNA 具有 10^8 和 10^{10} 个链接。因此，由乘积法则，在简单生物中具有至少 4^{10^5} 种不同的碱基序列，而复杂生物中具有至少 4^{10^8} 种不同的碱基序列。这些都是不可想象的大数字，这也帮助我们解释了为什么生物有这么多种类。在过去的数十年中，确定不同生物体的基因组的技术一直在发展。第一步就是确定第一个基因在生物体 DNA 中的位置。接着的任务称为**基因测序**，确定每个基因的链接序列。(当然，这些基因上链接的特定序列取决于一个物种特定的个体表达，必须对它的 DNA 进行分析。)例如，人类基因组包含大约 23 000 个基因，每一个基因有 1000 或者更多个链接。基因测序技术运用了许多新开发的算法，也运用了组合学中大量的新思路。许多数学家和计算机科学家在解决涉及基因组的问题时，参与了对分子信息学和计算生物学这一快速发展领域的研究。　◀

现在引入求和法则。

> **求和法则**　如果完成第一项任务有 n_1 种方式，完成第二项任务有 n_2 种方式，并且这些任务不能同时执行，那么完成第一或第二项任务有 $n_1 + n_2$ 种方式。

例 12 说明怎样使用求和法则。

例 12　假定要选一位数学学院的教师或数学专业的学生作为校委会的代表。如果有 37 位数学学院的教师和 83 位数学专业的学生，那么这个代表有多少种不同的选择？

解　完成第一项任务，选一位数学学院的教师，可以有 37 种方式。完成第二项任务，选一位数学专业的学生，有 83 种方式。根据求和法则，结果有 $37 + 83 = 120$ 种可能的方式来挑选这个代表。　◀

可以把求和法则推广到多于两项任务的情况。假定任务 T_1，T_2，$\cdots$，T_m 分别有 n_1，n_2，$\cdots$，n_m 种完成方式，并且任何两项任务都不能同时执行，那么完成其中一项任务的方式数是 $n_1 + n_2 + \cdots + n_m$。如例 13 和例 14 所示，这个推广的求和法则在计数问题中常常用到。这个求和法则可以使用数学归纳法从两个集合的求和法则加以证明(见本节练习 75)。

例 13　一个学生可以从三个表中的一个表选择一个计算机课题。这三个表分别包含 23、15 和 19 个可能的课题。那么课题的选择可能有多少种？

解　这个学生有 23 种方式从第一个表中选择课题，有 15 种方式从第二个表中选择课题，有 19 种方式从第三个表中选择课题。因此，共有 $23 + 15 + 19 = 57$ 种选择课题的方式。　◀

例 14　在执行下面的代码后，k 的值是什么(n_1，n_2，$\cdots$，n_m 是正整数)？

```
k := 0
for i_1 := 1 to n_1
    k := k + 1
for i_2 := 1 to n_2
    k := k + 1
    ⋮
```

$$\text{for } i_m := 1 \text{ to } n_m$$
$$\quad k := k+1$$

解 k 的初值是 0。这个代码块由 m 个不同的循环构成。循环中的每次执行 k 都要加 1。为了确定这段代码执行后 k 的值，我们需要知道循环执行了多少次。注意，执行第 i 次循环共有 n_i 种方式。由于一次只能执行一个循环，因此由求和法则可以算出 k 的最终值，即执行 m 个循环中的一个共有 $n_1 + n_2 + \cdots + n_m$ 种方式。   ◀

求和法则可以用集合的语言表述：如果 A_1，A_2，$\cdots$，A_m 是不交的集合，那么在其并集中的元素数是每个集合的元素数之和。为了把这种表述与求和法则联系起来，令 T_i 是从 $A_i (i = 1, 2, \cdots, m)$ 中选择一个元素的任务。有 $|A_i|$ 种方式执行 T_i。由于任何两个任务不可能同时执行，所以根据求和法则，从其中某个集合中选择一个元素的方式数，即在并集中的元素数，是

$$|A_1 \cup A_2 \cup \cdots \cup A_m| = |A_1| + |A_2| + \cdots + |A_m| \quad A_i \cap A_j = \varnothing, \text{对于所有的 } i, j$$

这个等式仅适用于问题中的集合是不相交的情况。当这些集合含有公共元素时，情况要复杂得多。本节的后面将对这种情况进行简要的讨论，更深入的讨论放在第 8 章。

6.1.3 比较复杂的计数问题

许多计数问题不能仅仅使用求和法则或者乘积法则来求解。但是，许多复杂的计数问题可以结合使用这两个法则来求解。我们从编程语言 BASIC 中变量名个数的计数开始。(在练习中，我们将考虑 Java 中变量名的个数。)然后针对一组特别限制，计算有效密码的个数。

例 15 在计算机语言 BASIC 的某个版本中，变量的名字是含有一个或两个字符的符号串，其中的大写和小写字母是不加区分的(一个字母数字字符或者取自 26 个英文字母，或者取自 10 个数字)。此外，变量名必须以字母开始，并且必须与由两个字符构成的用于程序设计的 5 个保留字相区别。在 BASIC 的这个版本中有多少个不同的变量名？

解 令 V 等于在这个 BASIC 版本中的不同变量名的个数，V_1 是单字符的变量名的个数，V_2 是两个字符的变量名的个数。那么由求和法则，$V = V_1 + V_2$。由于单字符变量名必须是字母，所以 $V_1 = 26$。又根据乘积法则存在 $26 \cdot 36$ 个以字母打头且以字母数字结尾的 2 位字符串。但是其中 5 个不包含在内，因此 $V_2 = 26 \cdot 36 - 5 = 931$。所以，在这个 BASIC 版本中存在 $V = V_1 + V_2 = 26 + 931 = 957$ 个不同的变量名。   ◀

例 16 计算机系统的每个用户有一个由 6～8 个字符构成的密码，其中每个字符是大写字母或者数字，且每个密码必须至少包含一个数字。有多少可能的密码？

解 设 P 是可能的密码总数，且 P_6、P_7、P_8 分别表示 6、7 或 8 位的可能的密码数。由求和法则，$P = P_6 + P_7 + P_8$。我们现在求 P_6、P_7 和 P_8。直接求 P_6 是困难的。而求由 6 个大写字母和数字构成的字符串的个数是容易的，其中包含那些没有数字的串，然后从中减去没有数字的串数就得到 P_6。由乘积法则，6 个字符的串的个数是 36^6，而没有数字的字符串的个数是 26^6。因此，

$$P_6 = 36^6 - 26^6 = 2\,176\,782\,336 - 308\,915\,776 = 1\,867\,866\,560$$

类似地，得到

$$P_7 = 36^7 - 26^7 = 78\,364\,164\,096 - 8\,031\,810\,176 = 70\,332\,353\,920$$

和

$$P_8 = 36^8 - 26^8 = 2\,821\,109\,907\,456 - 208\,827\,064\,576 = 2\,612\,282\,842\,880$$

因此

$$P = P_6 + P_7 + P_8 = 2\,684\,483\,063\,360$$ ◀

例 17 **计数因特网网址**　在由计算机的物理网络互连而成的因特网中，每台计算机（或者更精确地说是计算机的每个网络连接）被分配一个因特网地址（IP 地址）。在因特网协议版本 4（IPv4）中，一个地址是一个 32 位的比特串。它以网络号（netid）开始，后面跟随着主机号（hostid），把一个计算机认定为某个指定网络的成员。

根据网络号和主机号位数的不同，使用 3 种地址形式。用于最大网络的 **A 类地址**，由 0 后跟 7 位的网络号和 24 位的主机号构成。用于中等网络的 **B 类地址**，由 10 后跟 14 位的网络号和 16 位的主机号构成。用于最小网络的 **C 类地址**，由 110 后跟 21 位的网络号和 8 位的主机号构成。由于特定用途，对地址有着某些限制：1111111 在 A 类网络的网络号中是无效的，全 0 和全 1 组成的主机号对任何网络都是无效的。因特网上的一台计算机有一个 A 类、B 类或 C 类地址。（除了 A 类、B 类和 C 类地址外，还有 D 类地址和 E 类地址。D 类地址在多台计算机同时编址时用于组播，它由 1110 后跟 28 位组成。E 类地址保留为将来应用，由 11110 后跟 27 位组成。D 和 E 类地址不会分配给因特网中的计算机作为 IP 地址。）图 1 显示了 IPv4 的编址。（A 类和 B 类网络号的数量限制已经使得 IPv4 编址不够用了。用于代替 IPv4 的 IPv6 使用 128 位地址来解决这个问题。）

位数	0	1	2	3	4		8		16		24		31
A类	0		网络号					主机号					
B类	1	0		网络号						主机号			
C类	1	1	0		网络号							主机号	
D类	1	1	1	0				组播地址					
E类	1	1	1	1	0				地址				

图 1　因特网地址（IPv4）

对因特网上的计算机有多少不同的有效 IPv4 地址？

解　令 x 是因特网上计算机的有效地址数，x_A、x_B 和 x_C 分别表示 A 类、B 类和 C 类的有效地址数。由求和法则，$x = x_A + x_B + x_C$。为了找到 x_A，由于 1111111 是无效的，所以存在 $2^7 - 1 = 127$ 个 A 类的网络号。对于每个网络号，存在 $2^{24} - 2 = 16\,777\,214$ 个主机号，这是由于全 0 和全 1 组成的主机号是无效的。因此，

$$x_A = 127 \cdot 16\,777\,214 = 2\,130\,706\,178$$

为了找到 x_B 和 x_C，首先注意存在 $2^{14} = 16\,384$ 个 B 类网络号和 $2^{21} = 2\,097\,152$ 个 C 类网络号。对每个 B 类网络号存在 $2^{16} - 2 = 65\,534$ 个主机号，而对每个 C 类网络号存在 $2^8 - 2 = 254$ 个主机号，这也考虑到全 0 和全 1 组成的主机号是无效的。因此，

$$x_B = 1\,073\,709\,056, \quad x_C = 532\,676\,608$$

我们可以得出 IPv4 有效地址的总数是

$$x = x_A + x_B + x_C = 2\,130\,706\,178 + 1\,073\,709\,056 + 532\,676\,608 = 3\,737\,091\,842$$

6.1.4　减法法则（两个集合的容斥原理）

假设一项任务可以通过两种方法之一来完成，但在这两种方法中，有一些方法是相同的。在这种情况下，我们不能通过求和法则来计算完成任务的方法数。如果我们将两种方法的数量相加，总数会超过正确结果，因为我们将两种方法中相同的部分算了两次。

为了正确计算完成任务的方法数，我们必须减去算了两次的部分。这就产生了一个重要的计数法则。

减法法则　如果一个任务或者可以通过 n_1 种方法执行，或者可以通过 n_2 种另一类方法执行，那么执行这个任务的方法数是 $n_1 + n_2$ 减去两类方法中相同的方法。

减法法则也称为**容斥原理**，特别是在计算两个集合并集的元素个数时。令 A_1 和 A_2 是集合，$|A_1|$ 是从 A_1 选择一个元素的方法数，$|A_2|$ 是从 A_2 选择一个元素的方法数。从 A_1 或 A_2 中选择一个元素的方法数是从它们的并集中选择元素的方法数，这等于从 A_1 选择一个元素的

方法数与从 A_2 选择一个元素的方法数的和减去从 A_1 和 A_2 中都选择一个元素的方法数。因为 $|A_1 \bigcup A_2|$ 表示从 A_1 或者 A_2 中选择一个元素的方法数，$|A_1 \bigcap A_2|$ 表示从 A_1 和 A_2 中同时选择一个元素的方法数，所以我们有

$$|A_1 \bigcup A_2| = |A_1| + |A_2| - |A_1 \bigcap A_2|$$

这就是 2.2 节给出的计数两个集合并集中元素的公式。

例 18 显示了怎样用减法法则来求解计数问题。

Extra Examples

例 18 以 1 开始或者以 00 结束的 8 位比特串有多少个？

解 在应用容斥原理之前，我们需要解决三个计数问题，如图 2 所示。首先，我们构造以 1 开始的 8 位比特串，共有 $2^7 = 128$ 种方式，这是由乘积法则得到的。因为第一位只有一种选择方式，而其他 7 位中的每位有两种选择方式。类似地，构造以 00 结束的 8 位比特串，共有 $2^6 = 64$ 种方式，这也是由乘积法则得到的。因为前 6 位的每位有两种选择方式，而最后两位只有一种选择方式。

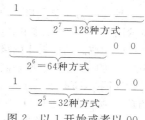

图 2 以 1 开始或者以 00 结束的 8 位比特串

接下来同时完成这两个任务，构造以 1 开始以 00 结束的 8 位比特串，共有 $2^5 = 32$ 种方式。即在完成上述两个任务的方式中，有 32 种是相同的。这里也使用了乘积法则，因为第一位只有一种选择方式，从第二位到第六位每位可以有两种选择方式，最后两位也只有一种选择方式。因而，以 1 开始或者以 00 结束的 8 位比特串的个数，即完成第一或第二个任务的方式数，等于 $128 + 64 - 32 = 160$。

我们将给出一个例题来说明容斥原理如何用于解决计数问题。

例 19 某计算机公司收到了 350 份大学毕业生求职一组新网络服务器工作的申请书。假如这些申请人中有 220 人主修的是计算机科学专业，有 147 人主修的是商务专业，有 51 人既主修了计算机科学专业又主修了商务专业。那么，有多少个申请人既没有主修计算机科学专业又没有主修商务专业？

解 为了求出既没有主修计算机科学专业又没有主修商务专业的申请人的个数，可以从总的申请人数中减去主修计算机科学专业的人数，或减去主修商务专业的人数（或减去二者人数之和）。设 A_1 是主修计算机科学专业的学生的集合，A_2 是主修商务专业的学生的集合，那么 $A_1 \bigcup A_2$ 是主修计算机科学专业或主修商务专业学生的集合，$A_1 \bigcap A_2$ 是既主修计算机科学专业又主修商务专业学生的集合。根据减法法则，主修计算机科学专业或主修商务专业（或二者都主修）的学生的人数为

$$|A_1 \bigcup A_2| = |A_1| + |A_2| - |A_1 \bigcap A_2| = 220 + 147 - 51 = 316$$

因此得到结论：有 $350 - 316 = 34$ 个申请人既没有主修计算机科学专业又没有主修商务专业。本例题的文氏图见图 3。

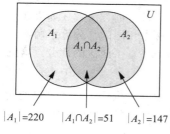

$$\overline{|A_1 \bigcup A_2|} = |U| - |A_1 \bigcup A_2|$$
$$= |U| - (|A_1| + |A_2| - |A_1 \bigcap A_2|)$$
$$= 350 - (220 + 147 - 51)$$
$$= 350 - 316$$
$$= 34$$

$|A_1| = 220$ $|A_1 \bigcap A_2| = 51$ $|A_2| = 147$

图 3 既没有主修计算机科学专业又没有主修商务专业的申请人

减法法则或者容斥原理可以推广来求完成 n 个不同任务中的一个任务的方式数，换句话

说，就是寻找 n 个集合的并集中的元素数，其中 n 是正整数。我们将在第 8 章研究容斥原理和它的某些应用。

6.1.5　除法法则

我们介绍了计数中的乘积法则、求和法则和减法法则。是否有除法法则呢？实际上，在解决某些计数问题时，也存在这样的法则。

> **除法法则**　如果一个任务能由一个可以用 n 种方式完成的过程实现，而对于每种完成任务的方式 w，在 n 种方式中正好有 d 种与之对应，那么完成这个任务的方法数为 n/d。

我们可用集合的方式再描述一遍除法法则："如果一个有限集 A 是 n 个有 d 个元素的互斥集合的并集，那么 $n = |A|/d$。"

我们也可用函数的方式定义除法法则："如果 f 是一个 A 到 B 的函数，A 和 B 都是有限集合，那么对于每一个取值 $y \in B$，正好有 d 个值 $x \in A$ 使得 $f(x) = y$（在这种情况下，f 是 d 对 1 的），那么 $|B| = |A|/d$。"

评注　在一个任务能以 n 种不同方式实现，但对于每一种实现任务的方法有 d 种等价的方法的情况下，就要用到除法法则。在这种情况下，我们就说完成任务有 n/d 种不等价的方法。

我们将用两个例题说明除法法则在计数中的使用。

例 20　假设在牧场中有一个计数奶牛腿数的系统。假设这个系统统计出该牧场的奶牛共有 572 条腿，则牧场中有多少只奶牛？假设每只奶牛有 4 条腿，而且没有其他动物。

解　设 n 为牧场统计的奶牛腿数。因为每头奶牛有 4 条腿，由除法法则可知牧场有 $n/4$ 头奶牛。所以，572 条腿的牧场有 $572/4 = 143$ 头奶牛。　◀

例 21　4 个人坐在一个圆桌旁边，有多少种坐法？如果每个人左右相邻的人都相同就认为是同一种坐法。

解　我们任意选择一个桌子旁边的椅子，标记为座位 1，依圆桌顺时针依次标记其他椅子。座位 1 有 4 种选择坐人的方法，座位 2 有 3 种选择坐人的方法，座位 3 有 2 种选择坐人的方法，座位 4 有 1 种选择坐人的方法，这样有 $4! = 24$ 种方法将 4 个人安排在圆桌旁边。然而，每一个座位 1 可选的 4 种坐法中都会产生相同的安排，因为我们仅将一个人左边或者右边相邻的人不一样才视为两种不同的安排。因为有 4 种选择人坐座位 1 的方法，所以由除法法则将 4 个人安排到一个圆桌旁的不同的方法数是 $24/4 = 6$ 种。　◀

6.1.6　树图

可以使用**树图**求解计数问题。一棵树由根、从根出发的许多分支以及可能从其他分支端点出发的新的分支构成（我们将在第 11 章详细地研究树）。为了在计数中使用树，我们用一个分支表示每个可能的选择，用树叶表示可能的结果。这些树叶是某些分支的端点，从这些端点不再进一步分支。

注意，当用树图求解计数问题时，为到达一片树叶所做的选择个数可能是不同的（作为例子，见例 22）。

例 22　有多少不含连续两个 1 的 4 位比特串？

解　图 4 的树图给出了所有不含连续两个 1 的 4 位比特串。我们看出存在 8 个不含连续两个 1 的 4 位比特串。　◀

例 23　在两个队（队 1 和队 2）之间的决赛至多由 5 次比赛构成。先胜 3 次的队赢得决赛。决赛可能出现多少种不同的方式？

解　在图 5 的树图中，以每次比赛的得胜者给出了决赛可能进行的所有方式。我们看到有 20 种不同的决赛方式。　◀

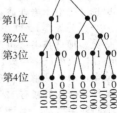

第1位
第2位
第3位
第4位

图 4　不含连续两个 1 的 4 位比特串

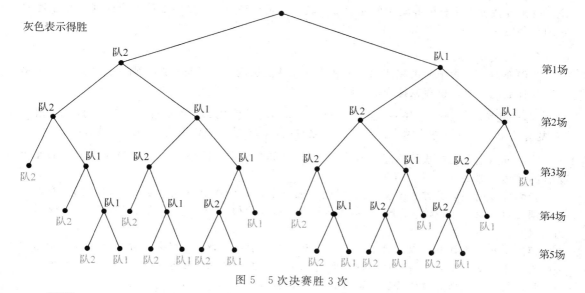

图 5   5 次决赛胜 3 次

例 24 假设"我爱新泽西"T 恤衫有 5 种不同的规格：S、M、L、XL 和 XXL。又知道 XL 规格只有红色、绿色和黑色三种颜色，XXL 规格只有绿色和黑色。除此之外，其他规格有四种颜色：白色、红色、绿色和黑色。如果每种规格和颜色的 T 恤衫至少一件，那么一个纪念品商店必须库存多少件不同的 T 恤衫？

解   图 6 的树图给出了所有规格和颜色的配对。从图 6 中可知这个纪念品商店老板必须库存 17 件不同的 T 恤衫。

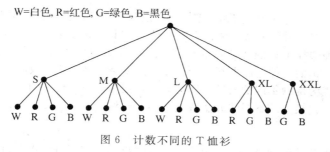

图 6   计数不同的 T 恤衫

练习

1. 一个学院有 18 个数学专业和 325 个计算机科学专业的学生。
   a)选两个代表，使得一个是数学专业的而另一个是计算机科学专业的，有多少种方式？
   b)选一个数学专业或计算机科学专业的代表又有多少种方式？

2. 一个办公大楼有 27 层，每层有 37 个办公室，那么在这个大楼里有多少个办公室？

3. 一次多项选择考试包含 10 个问题。每个问题有 4 个可能的答案。
   a)在这次考试中如果每个问题都要回答，一个学生回答这些问题可能有多少种方式？
   b)在这次考试中如果允许某些答案空缺，一个学生回答这些问题可能有多少种方式？

4. 某种商标的衬衫有 12 种颜色，有男式和女式 2 种样式，每种样式有 3 种大小型号。这些衬衫有多少种不同的类型？

5. 从纽约到丹佛有 6 条不同的航线，而从丹佛到旧金山有 7 条。如果选一个到丹佛的航班，接着选一个到旧金山的航班，那么从纽约经丹佛到旧金山的旅行有多少种不同的可能性？

6. 从波士顿到底特律有 4 条汽车主干线，而从底特律到洛杉矶有 6 条。那么从波士顿经底特律到洛杉矶的汽车主干线有多少条？

7. 如果用 3 个字母作为姓名的缩写，人们可以有多少种不同的选择？

8. 如果这 3 个字母不允许重复，人们可以有多少种不同的选择？

9. 如果这 3 个字母以 A 开始，人们又可以有多少种不同的选择？

10. 8 位比特串有多少个？

11. 首尾都是 1 的 10 位比特串有多少个？

12. 位数不超过 6 的比特串有多少个？

13. 位数不超过 n 且全由 1 组成的比特串有多少个？这里的 n 是正整数。

14. 首尾都是 1 的 n 位比特串有多少个？这里的 n 是正整数。

15. 位数不超过 4 且由小写字母构成的串有多少个（不计空串）？

16. 由 4 个小写字母构成且含有字母 x 的串有多少个？

17. 由 5 个 ASCII 码构成且至少包含一个@字符的串有多少个？［注意：有 128 个不同的 ASCII 码。］

18. 有多少满足以下条件的 5 元素 DNA 序列？

    a）由 A 结束　　　　　　　　　　　　b）开始于 T 并结束于 G

    c）只包含 A 和 T　　　　　　　　　　d）不包含 C

19. 有多少满足以下条件的 6 元素 RNA 序列？

    a）不包含 U　　　　　　　　　　　　b）结束于 GU

    c）开始于 C　　　　　　　　　　　　d）只包含 A 或者 U

20. 在 5 到 31 之间有多少个满足以下条件的正整数，这些整数是什么？

    a）能被 3 整除　　　　　　　　　　　b）能被 4 整除

    c）能被 3 和 4 同时整除

21. 在 50 到 100 之间有多少个满足以下条件的正整数，这些整数是什么？

    a）能被 7 整除　　　　　　　　　　　b）能被 11 整除

    c）能被 7 和 11 同时整除

22. 有多少个小于 1000 的满足以下条件的正整数？

    a）被 7 整除　　　　　　　　　　　　b）被 7 整除但不被 11 整除

    c）同时被 7 和 11 整除　　　　　　　d）被 7 或 11 整除

    e）恰好被 7 或 11 中的一个数整除　　f）既不被 7 整除，也不被 11 整除

    g）含有不同的数字　　　　　　　　　h）含有不同的数字且是偶数

23. 在 100 到 999 之间包含多少个满足以下条件的正整数？

    a）被 7 整除　　　　　　　　　　　　b）是奇数

    c）有相同的 3 个十进制数字　　　　　d）不被 4 整除

    e）被 3 或 4 整除　　　　　　　　　　f）不被 3 也不被 4 整除

    g）被 3 整除但不被 4 整除　　　　　　h）被 3 和 4 整除

24. 在 1000 到 9999 之间包含多少个满足以下条件的正整数？

    a）被 9 整除　　　　　　　　　　　　b）是偶数

    c）有不同的十进制数字　　　　　　　d）不被 3 整除

    e）被 5 或 7 整除　　　　　　　　　　f）不被 5 也不被 7 整除

    g）被 5 整除但不被 7 整除　　　　　　h）被 5 和 7 整除

25. 有多少个串含有 3 个十进制数字且满足以下条件？

    a）同一数字不能出现 3 次　　　　　　b）以奇数数字开始

    c）恰有 2 个数字是 4

26. 有多少个串含有 4 个十进制数字且满足以下条件？

    a）同一数字不出现两次　　　　　　　b）以偶数数字结束

    c）恰有 3 个数字是 9

27. 一个委员会由 50 个州的代表构成，每个州可从州长或两个参议员中选一个人参加，有多少种不同的方式？

28. 用 3 个数字后跟 3 个字母或者 3 个字母后跟 3 个数字可构成多少种车牌？

29. 用 2 个字母后跟 4 个数字或者 2 个数字后跟 4 个字母可构成多少种车牌？

30. 用 3 个字母后跟 3 个数字或者 4 个字母后跟 2 个数字可构成多少种车牌？

31. 用 2 个或 3 个字母后跟 2 个或 3 个数字可构成多少种车牌？

32. 由 8 个英语字母可构成多少个串？
   a)如果字母可以重复　　　　　　　　　　　b)如果字母不能重复
   c)如果字母可以重复且以 X 开始　　　　　　d)如果字母不能重复且以 X 开始
   e)如果字母可以重复且以 X 开始和结束　　　f)如果字母可以重复且以 BO(按此次序)开始
   g)如果字母可以重复且以 BO(按此次序)开始和结束
   h)如果字母可以重复且以 BO(按此次序)开始或结束

33. 由 8 个英语字母可构成多少个串？
   a)如果字母可以重复且不包含元音字母
   b)如果字母不能重复且不包含元音字母
   c)如果字母可以重复且以元音字母开始
   d)如果字母不能重复且以元音字母开始
   e)如果字母可以重复且包含至少一个元音字母
   f)如果字母可以重复且包含恰好一个元音字母
   g)如果字母可以重复且以 X 开始并至少包含一个元音字母
   h)如果字母可以重复且以 X 开始和结束并至少包含一个元音字母

34. 从 10 元素集合到含有下述元素数的集合有多少个不同的函数？
   a)2　　　　　　　　b)3　　　　　　　　c)4　　　　　　　　d)5

35. 从 5 元素集合到含有下述元素数的集合有多少一对一的函数？
   a)4　　　　　　　　b)5　　　　　　　　c)6　　　　　　　　d)7

36. 从集合{1, 2, …, n}到集合{0, 1}有多少个函数？这里的 n 是正整数。

37. 从集合{1, 2, …, n}到集合{0, 1}有多少个满足下列条件的函数？这里的 n 是正整数。
   a)一对一的　　　b)对 1 和 n 赋值为 0　　　c)对恰好一个小于 n 的正整数赋值为 1

38. 从 5 元素集合到含有下述元素数的集合有多少个部分函数(见 2.3 节)？
   a)1　　　　　　　　b)2　　　　　　　　c)5　　　　　　　　d)9

39. 从 m 元素集合到 n 元素集合有多少个部分函数(见 2.3 节的定义 13)？这里的 m 和 n 是正整数。

40. 100 个元素的集合有多少个子集的元素数多于 1？

41. 如果一个字符串反转后所得结果与原来的字符串一样，就称它是一个**回文**。有多少个长为 n 的比特串是回文？

42. 有多少满足以下条件的 4 元素 DNA 序列？
   a)不包含碱基 T　　　　　　　　　　　　　b)包含序列 ACG
   c)包含所有 4 种碱基 A、T、C 和 G　　　　d)只包含 4 种碱基 A、T、C 和 G 中的 3 种碱基

43. 有多少满足以下条件的 4 元素 RNA 序列？
   a)碱基包含 U　　　　　　　　　　　　　　b)不包含序列 CUG
   c)不包含所有 4 种碱基 A、U、C 和 G　　　d)只包含 4 种碱基 A、U、C 和 G 中两种碱基

44. 某月有 22 个工作日，一家初创公司每个工作日都给每名员工发送一份公司通讯。如果一共发送了 4642 份公司通讯，则这家公司有多少名员工？假设这个月没有人员变动。

45. 某大学有 434 名大一学生、883 名大二学生和 43 名大三学生注册了算法导论课程。如果一个班只能安排 34 名学生，那么这门课需要安排多少个班才能保障所有注册的学生都能上这门课？

46. 一组 10 个人选取 4 人坐在 4 人的圆桌旁边，一共有多少种坐法？当每个人左右邻座都相同时算为同一种坐法。

47. 6 个人坐在一个圆桌旁边，一共有多少种坐法？当每一个人有相同邻座而不考虑左右算为同一种会坐法。

48. 在一个婚礼上摄影师从 10 个人中安排 6 个人在一排拍照，其中新娘和新郎也在这 10 个人中，如果满足下述条件，有多少种安排方式？
   a)新娘必须在照片中　　　　　　　　　　　b)新娘和新郎必须都在照片中
   c)新娘和新郎恰好有一人在照片中

49. 在一个婚礼上摄影师安排 6 个人在一排拍照，包含新娘和新郎在内，如果满足下述条件，有多少种安排方式？

    a) 新娘必须在新郎旁边　　　　　　　　　**b)** 新娘不在新郎旁边

    c) 新娘在新郎左边的某个位置

50. 有多少个 7 位比特串以 2 个 0 开始或以 3 个 1 结束？

51. 有多少个 10 位比特串以 3 个 0 开始或以 2 个 0 结束？

 * **52.** 有多少个 10 位比特串包含 5 个连续的 0 或者 5 个连续的 1？

** **53.** 有多少个 8 位比特串包含 3 个连续的 0 或者 4 个连续的 1？

54. 离散数学班的每个学生都是计算机科学或数学专业的，或者是同时修这两个专业的。如果有 38 个人是计算机科学专业的（包含同时修两个专业的），23 个人是数学专业的（包含同时修两个专业的），7 个人是同时修两个专业的，那么这个班有多少个学生？

55. 有多少个不超过 100 的正整数能被 4 或 6 整除？

56. 如果一个人最少有 2 个、最多有 5 个不同的姓名首字母，那么他能有多少个不同的姓名首字母呢？假定每个姓名首字母都取自 26 个英文字母。

57. 假定一个计算机系统的口令最少有 8 个、最多有 12 个字符，其中口令中的每个字符可以是小写英文字母、大写英文字母、数字或 6 个特殊字符（∗、＞、＜、!、＋、＝）中的一个。

    a) 该计算机系统可以有多少个不同的口令？　　**b)** 有多少个口令含有 6 个特殊字符中的一个？

    c) 如果一个黑客核对每个可能的口令需要 1 纳秒时间，他要核对完所有可能的口令需要多少时间？

58. 在 C 程序设计语言中的变量名是一个字符串，可以包含大写字母、小写字母、数字或下划线。此外，字符串的第一个字符必须是字母（大写或小写字母）或下划线。如果一个变量名由它的前 8 个字符确定，那么在 C 语言中可以命名多少个不同的变量？（注意：变量名包含的字符数可以少于 8 个）。

59. Java 程序设计语言中的变量名是一个长度从 1 到 65 535 的字符串，可包含大、小写字母、美元符号、下划线或者数字，第一个字符不能是数字。那么在 Java 语言中可以命名多少个不同的变量？

60. 国际电信联盟（ITU）规定一个电话号码包含国家编码为 1 到 3 的数字，0 不能为国家编码，接着是最多 15 位数字的号码，满足这种规定的电话号码一共有多少个？

61. 假定在将来的某个时间世界上的每部电话将被分配一个号码，这个号码包含一个 1 到 3 位数字的形如 X、XX 或 XXX 的国家代码，后面跟随着一个 10 位数字的形如 NXX-NXX-XXXX 的电话号码（如例 8 所描述的）。在这个编码计划中，全世界将有多少个不同的有效电话号码？

62. 维吉尼亚密码系统中密码是一个英文字母串，大小写无关。在这个密码系统中有多少长度为 3、4、5，或者 6 个字母的不同密码？

63. 用于 Wi-Fi（无线保真）网络的有线等效保密（WEP）协议的密码是一个或者 10、26，或者 58 位的十六进制数字串，一共能有多少种这样的密码？

64. 设 p 和 q 都是素数，$n = pq$。使用容斥原理计算不超过 n 并与 n 互素的正整数的个数。

65. 使用容斥原理计算小于 1 000 000 且不能被 4 或者 6 整除的正整数的个数。

66. 使用树图找出不含 3 个连续 0 的 4 位比特串的个数。

67. 有多少种不同的方式排列字母 a、b、c 和 d，使得 b 不紧跟在 a 的后边？

68. 使用树图找出世界职业棒球大赛可能出现的方式数，其中 7 场中先胜 4 场的队赢得这个比赛。

69. 使用树图确定{3，7，9，11，24}的子集数，使得子集中的元素之和小于 28。

70. a) 假设一个商店出售 6 种不同的软饮料：可乐、姜汁茶、橙汁、乐啤露、柠檬茶和奶油苏打。所有品种的瓶装饮料都有 12 盎司规格的。除了柠檬茶外，其他品种都有 20 盎司规格的。只有可乐和姜汁茶有 32 盎司规格的。除了柠檬茶和奶油苏打以外，其他品种都有 64 盎司规格的。如果这个商店要具有所有品种和规格的饮料，使用树图确定它必须库存多少瓶不同的饮料？

    b) 使用计数原理回答 a 中的问题。

71. a) 假设运动鞋的流行式样对男女都适用。女鞋的大小号码是 6、7、8、9，男鞋的大小号码是 8、9、10、11 和 12。男鞋有白色和黑色，而女鞋是白色、红色和黑色。如果一个商店各种大小和颜色的男、女运动鞋必须至少存一双，用树图确定所需要的鞋的数目。

    b) 使用计数原理回答 a 中的问题。

72. 确定有 n 个选手参加的淘汰赛的比赛场次数。淘汰赛的规则是每一场比赛有两名选手参加，胜者晋级，败者淘汰。

73. 确定有 n 个选手参加的双败淘汰赛的比赛场次数的最小值和最大值。双败淘汰赛规则是每一场比赛有两名选手参加，胜者晋级，仅失败一场的选手晋级。

* 74. 使用乘积法则证明对于 n 个变量的命题存在 2^{2^n} 个不同的真值表。

75. 使用数学归纳法从两个任务的求和法则证明关于 m 个任务的求和法则。

76. 使用数学归纳法从两个任务的乘积法则证明关于 m 个任务的乘积法则。

77. 具有 n 条边的凸多边形有多少条对角线？（如果在多边形内或边界的每两个顶点的连线完全在这个集合内，则称为凸多边形）。

78. 因特网中的数据以**数据报传输**，数据报是由比特数据块构成的。每个数据报包含有头信息和数据区。头信息最多分成 14 个不同的字段（详细说明许多事项，包括发送和接收地址），数据区包含被传输的实际数据。14 个头信息字段中有一个**头长度字段**（表示为 HLEN），根据协议规定是 4 比特，它说明了以 32 比特为一个数据块的头信息的长度。例如，如果 HLEN＝0110，那么头信息由 6 个 32 比特的数据块构成。14 个头信息字段中的另一个字段是 16 比特的**总长度字段**（表示为 TOTAL LENGTH），它说明了以比特为单位的整个数据报（包含头信息和数据区在内）的总长度。数据区的长度是数据报的总长度减去头的长度。

a) TOTAL LENGTH 的最大值（16 比特长）确定了因特网数据报以字节（8 比特的数据块）为单位的最大总长度。这个值是多少？

b) HLEN 的最大值（4 比特长）确定了头信息以 32 比特数据块为单位的最大总长度，这个值是多少？以字节为单位的最大的头信息的总长度是多少？

c) 最小的（最常见的）头长度是 20 字节。因特网数据报的数据区以字节为单位的最大总长度是多少？

d) 如果头长度是 20 字节并且总长度尽可能地长，那么在数据区可以传输多少个不同的字节串？

6.2 鸽巢原理

6.2.1 引言

Links

有 20 只鸽子要飞往 19 个鸽巢栖息。由于有 20 只鸽子，而只有 19 个鸽巢，所以这 19 个鸽巢中至少有 1 个鸽巢里最少栖息着 2 只鸽子。为了说明这个结论是真的，注意如果每个鸽巢中最多栖息 1 只鸽子，那么最多只有 19 只鸽子有住处，其中每只鸽子一个巢。这个例子阐述了一个一般原理，叫作**鸽巢原理**。该原理断言：如果鸽子数比鸽巢数多，那么一定有一个鸽巢里至少有 2 只鸽子（见图 1）。当然，这个原理除了鸽子和鸽巢外也可以用于其他对象。

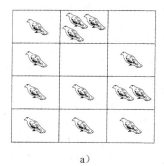   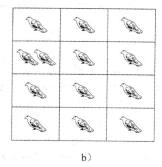   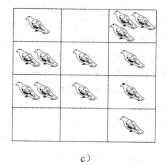

a)   b)   c)

图 1   鸽子比鸽巢多

定理 1   鸽巢原理   *如果 $k+1$ 个或更多的物体放入 k 个盒子，那么至少有一个盒子包含了 2 个或更多的物体。*

证明   假定 k 个盒子中没有一个盒子包含的物体多于 1 个，那么物体总数至多是 k，这与至少有 $k+1$ 个物体矛盾。

鸽巢原理也叫作**狄利克雷抽屉原理**，以 19 世纪的德国数学家狄利克雷的名字命名，他经常在工作中使用这个原理。（狄利克雷不是第一个使用这个原理的人。至少有两个巴黎人用有相同数量的头发的事例说明这个原理的可追溯到 17 世纪，见练习 35。）这是对我们前几章中证明方法的一个重要补充。我们在这一章介绍它，因为它在组合学中有许多重要应用。

我们将说明鸽巢原理的有用性。我们首先证明关于函数的一个推论。

> **推论 1**　一个从有 $k+1$ 甚至更多个元素的集合到 k 个元素的集合的函数 f 不是一对一函数。

证明　设函数 f 陪域中的每一个元素 y 都有一个盒子，包含了定义域中满足 $f(x)=y$ 的 x。因为定义域有 $k+1$ 或者更多个元素，而陪域只有 k 个元素，所以由鸽巢原理可知这些盒子中有一个包含了定义域中 2 个或者更多的 x 元素。这说明 f 不是一对一函数。◀

例 1~3 说明了怎样使用鸽巢原理。

例 1　在一组 367 个人中一定至少有 2 个人有相同的生日，这是由于只有 366 个可能的生日。◀

例 2　在 27 个英文单词中一定至少有 2 个单词以同一个字母开始，因为英文字母表中只有 26 个字母。◀

例 3　如果考试的分数是从 0 到 100，班上必须有多少个学生才能保证在这次期末考试中至少有 2 个学生得到相同的分数？

解　期末考试有 101 个分数。鸽巢原理证明在 102 个学生中一定至少有 2 个学生具有相同的分数。◀

鸽巢原理在许多证明中都是有用的工具，有些证明结果是令人意外的，正如例 4 所给出的。

Extra Examples ▶

例 4　证明：对每个整数 n，存在一个数是 n 的倍数且在它的十进制表示中只出现 0 和 1。

解　令 n 是正整数。考虑 n 个整数 1，11，111，$\cdots$，11$\cdots$1（在这个表中，最后一个整数的十进制表示中具有 $n+1$ 个 1）。注意当一个整数被 n 整除时存在 n 个可能的余数。因为这个表中有 $n+1$ 个整数，由鸽巢原理，必有两个整数在除以 n 时有相同的余数。这两个整数之差的十进制表示中只含有 0 和 1，且它能被 n 整除。◀

6.2.2　广义鸽巢原理

鸽巢原理指出当物体比盒子多时一定至少有 2 个物体在同一个盒子里。但是当物体数超过盒子数的倍数时可以得出更多的结果。例如，在任意 21 个十进制数字中一定有 3 个是相同的。这是由于 21 个物体被分配到 10 个盒子里，那么某个盒子的物体一定多于 2 个。

Links ▶

ⒸINTERFOTO/Alamy Stock Photo

G. L. 狄利克雷（**G. Lejenue Dirichlet，1805—1859**）　狄利克雷出生在德国科隆附近的一个比利时家庭。他的父亲是一位邮政局长。狄利克雷在年轻时对数学感兴趣。他 12 岁在波恩读中学时就将所有零用钱用在买数学书上。14 岁时，他进入科隆耶稣会学院，16 岁时，他开始在巴黎大学学习。1825 年，他回到德国，在布雷斯劳大学获得一个职位。1828 年，他转到柏林大学。1855 年，他在哥廷根大学当选为高斯的接替者。据说狄利克雷是第一个掌握高斯《算术研究》（*Disquisitiones Arithmeticae*）一书的人，是提前 20 年出现的人。据说他总是将这本书带在身边，甚至在他旅行的时候也是书不离手。狄利克雷在数论方面有许多重要发现，包括定理"当 a、b 互素条件下，在 $an+b$ 算术级数中有无限多的素数"。他证明了 $n=5$ 时的费马大定理，即方程 $x^5+y^5=z^5$ 没有非平凡整数解。狄利克雷在数学分析方面也做出了许多贡献。狄利克雷被认为是一位能非常清晰地解释想法的优秀教师。他娶了作曲家菲利克斯·门德尔松的姐姐丽贝卡·门德尔松。

定理 2 广义鸽巢原理 如果 N 个物体放入 k 个盒子,那么至少有一个盒子包含了至少 $\lceil N/k \rceil$ 个物体。

证明 假定没有盒子包含了比 $\lceil N/k \rceil - 1$ 多的物体,那么物体总数至多是

$$k\left(\left\lceil \frac{N}{k} \right\rceil - 1\right) < k\left(\left(\frac{N}{k} + 1\right) - 1\right) = N$$

这里用到不等式 $\lceil N/k \rceil < (N/k) + 1$。这与存在总数 N 个物体矛盾。 ◀

一类普遍的问题是,把一些物体分到 k 个盒子中,使得某个盒子至少含有 r 个物体,求这些物体的最少个数。当有 N 个物体时,广义鸽巢原理告诉我们,只要 $\lceil N/k \rceil \geqslant r$,一定有 r 个物体在同一个盒子里。满足 $N/k > r - 1$ 的最小正整数,即 $N = k(r-1) + 1$,是满足不等式 $\lceil N/k \rceil \geqslant r$ 的最小正整数。还可能有更小的 N 值吗?答案是没有,因为如果我们有 $k(r-1)$ 个物体,我们就可以在 k 个盒子的每个盒子中放 $r-1$ 个物体,因此没有一个盒子至少有 r 个物体。

当思考这种问题时,下面的想法是有用的,就是在不断地放物体时怎样避免一个盒子至少有 r 个物体出现。为避免把第 r 个物体放到任何一个盒子里,每个盒子最终将以具有 $r-1$ 个物体结束。如果不允许将第 r 个物体放到盒子里,就没有办法增加下一个物体。

例 5~8 说明了怎样使用广义鸽巢原理。

Extra Examples

例 5 在 100 个人中至少有 $\lceil 100/12 \rceil = 9$ 个人生在同一个月。 ◀

例 6 如果有 5 个可能的成绩 A、B、C、D 和 F,那么在一个离散数学班里最少有多少个学生才能保证至少 6 个学生得到相同的分数?

解 为保证至少 6 个学生得到相同的分数,需要的最少学生数是使得 $\lceil N/5 \rceil = 6$ 的最小整数 N。这样的最小整数是 $N = 5 \cdot 5 + 1 = 26$。如果只有 25 个学生,可能是 5 个学生得到同样的分数,而没有 6 个学生得到同样的分数。于是,26 是保证至少 6 个学生得到相同分数所需的最少学生数。 ◀

例 7 **a)** 从一副标准的 52 张牌中必须选多少张牌才能保证选出的牌中至少有 3 张是同样的花色?

b) 必须选多少张牌才能保证选出的牌中至少有 3 张是红心?

解 a)假设存在 4 个盒子保存 4 种花色的牌,选中的牌放在同种花色的盒子里。使用广义鸽巢原理,如果选了 N 张牌,那么至少有一个盒子含有至少 $\lceil N/4 \rceil$ 张牌。因此如果 $\lceil N/4 \rceil \geqslant 3$,我们知道至少选了 3 张同种花色的牌。使得 $\lceil N/4 \rceil \geqslant 3$ 的最小的整数 N 是 $N = 2 \cdot 4 + 1 = 9$,所以 9 张牌就足够了。注意如果选 8 张牌,可能每种花色 2 张,因此必须选 9 张牌才能保证选出的牌中至少 3 张是同样的花色。想到这一点的一个好方法就是,注意到在选了 8 张牌以后没有办法避免出现 3 张同样花色的牌。

b)我们不用广义鸽巢原理回答这个问题,因为我们要保证存在 3 张红心而不仅仅是 3 张同样花色的牌。在最坏情况下,在选一张红心以前可能已经选了所有的黑桃、方块、梅花,总共 39 张牌,下面选的 3 张牌将都是红心。因此为得到 3 张红心,可能需要选 42 张牌。 ◀

例 8 为保证一个州的 2500 万个电话有不同的 10 位电话号码,所需的地区代码的最小数是多少?(假定电话号码是 NXX-NXX-XXXX 形式,其中前 3 位是地区代码,N 表示从 2 到 9 的十进制数字,X 表示任何十进制数字。)

解 有 800 万个形如 NXX-XXXX 的不同的电话号码(如 6.1 节的例 8 所示)。因此,由广义鸽巢原理,在 2500 万个电话号码中,一定至少有 $\lceil 25\,000\,000/8\,000\,000 \rceil$ 个同样的电话号码。因此至少需要 4 个地区代码来保证所有的 10 位号码是不同的。 ◀

尽管例 9 没有用到广义鸽巢原理,但也用到了类似的原理。

例 9 假设计算机科学实验室有 15 台工作站和 10 台服务器。可以用一条电缆直接把工作

站连接到服务器。同一时刻只有一条到服务器的直接连接是有效的。我们想保证在任何时刻任何一组不超过 10 台工作站可以通过直接连接同时访问不同的服务器。尽管我们可以通过将每台工作站直接连接到每台服务器（使用 150 条连线）来做到这一点，但达到这个目标所需要的最少直接连线的数目是多少？

　　解　将工作站标记为 W_1，W_2，$\cdots$，W_{15}，服务器标记为 S_1，S_2，$\cdots$，S_{10}。假设对于 $k=1$，2，$\cdots$，10，我们连接 W_k 到 S_k，并且 W_{11}、W_{12}、W_{13}、W_{14} 和 W_{15} 中的每个工作站都连接到所有的 10 台服务器。总共 $10+5 \cdot 10=60$ 条直接连线。显然，在任何时刻，任何一组不超过 10 台工作站可以通过直接连接同时访问不同的服务器。为看到这一点只要注意下述事实：如果这个组包含工作站 $W_j(1 \leqslant j \leqslant 10)$，那么 W_j 可以访问服务器 S_j。对于组里的每台工作站 $W_k(k \geqslant 11)$，一定存在不在组里的工作站 $W_j(1 \leqslant j \leqslant 10)$ 与之对应，因此 W_k 可以访问服务器 S_j（这是由于存在多少台不在组里的工作站 W_j，$1 \leqslant j \leqslant 10$，至少存在同样多台的服务器 S_j 可以被其他工作站访问）。

　　现在假设在工作站和服务器之间直接连线少于 60 条。那么某台服务器将至多连接 $\lfloor 59/10 \rfloor =$ 5 台工作站。（如果所有的服务器连接到至少 6 台工作站，那么将存在至少 $6 \cdot 10=60$ 条直接连线。）这意味着剩下的 9 台服务器对于其他 10 台工作站同时访问不同的服务器就不够用了。因此，至少需要 60 条直接连线，从而得到答案是 60。　　◀

6.2.3　鸽巢原理的几个简单应用

　　在鸽巢原理的许多有趣应用中，必须用某种巧妙的方式选择放入盒子中的物体。下面将描述这样的一些应用。

　　例 10　在 30 天的一个月里，某棒球队一天至少打一场比赛，但至多打 45 场。证明一定有连续的若干天内这个队恰好打了 14 场。

　　解　令 a_j 是在这个月的第 j 天或第 j 天之前所打的场数。则 a_1，a_2，$\cdots$，a_{30} 是不同正整数的一个递增序列，其中 $1 \leqslant a_j \leqslant 45$。而且 a_1+14，a_2+14，$\cdots$，$a_{30}+14$ 也是不同正整数的一个递增序列，其中 $15 \leqslant a_j+14 \leqslant 59$。

　　60 个正整数 a_1，a_2，$\cdots$，a_{30}，a_1+14，a_2+14，$\cdots$，$a_{30}+14$ 全都小于等于 59。因此，由鸽巢原理，有两个正整数相等。因为整数 $a_j(j=1，2，\cdots，30)$ 都不相同，并且 $a_j+14(j=1，2，\cdots，30)$ 也不相同，所以一定存在下标 i 和 j 满足 $a_i=a_j+14$。这意味着从第 $j+1$ 天到第 i 天恰好打了 14 场比赛。　　◀

　　例 11　证明在不超过 $2n$ 的任意 $n+1$ 个正整数中一定存在一个正整数被另一个正整数整除。

　　解　把 $n+1$ 个整数 a_1，a_2，$\cdots$，a_{n+1} 中的每一个都写成 2 的幂与一个奇数的乘积。换句话说，令 $a_j=2^{k_j} q_j(j=1，2，\cdots，n+1)$，其中 k_j 是非负整数，q_j 是奇数。整数 q_1，q_2，$\cdots$，q_{n+1} 都是小于 $2n$ 的正奇数。因为只存在 n 个小于 $2n$ 的正奇数，所以由鸽巢原理，q_1，q_2，$\cdots$，q_{n+1} 中必有两个相等。于是，存在整数 i 和 j 使得 $q_i=q_j$。令 q_i 与 q_j 的公共值是 q，那么 $a_i=2^{k_i} q$，$a_j=2^{k_j} q$。因而，若 $k_i<k_j$，则 a_i 整除 a_j；若 $k_i>k_j$，则 a_j 整除 a_i。　　◀

　　巧妙地应用鸽巢原理证明了在不同整数的序列中存在着确定长度的递增或递减子序列。在给出这个应用之前先回顾某些定义。假定 a_1，a_2，$\cdots$，a_N 是实数序列。它的一个**子序列**是形如 a_{i_1}，a_{i_2}，$\cdots$，a_{i_m} 的序列，其中 $1 \leqslant i_1 < i_2 < \cdots < i_m \leqslant N$。因此一个子序列是从初始序列得到的序列，按照原来的顺序选取初始序列的某些项，也许要排除其他的项。如果这个序列的每一项都大于它前面的项，就称为**严格递增的**，如果每一项都小于它前面的项，就称为**严格递减的**。

　　定理 3　每个由 n^2+1 个不同实数构成的序列都包含一个长为 $n+1$ 的严格递增子序列或严格递减子序列。

　　在证明定理 3 之前先给出一个例子。

例 12 序列 8，11，9，1，4，6，12，10，5，7 包含 10 项。由于 $10 = 3^2 + 1$，存在四个长为 4 的严格递增子序列，即 1，4，6，12；1，4，6，7；1，4，6，10 和 1，4，5，7。还存在一个长为 4 的严格递减序列，即 11，9，6，5。 ◄

现在给出定理的证明。

证明 令 a_1，a_2，$\cdots$，a_{n^2+1} 是 n^2+1 个不同实数的序列。与序列中的每一项 a_k 相关联着一个有序对，即 (i_k, d_k)，其中 i_k 是从 a_k 开始的最长的递增子序列的长度，d_k 是从 a_k 开始的最长的递减子序列的长度。

假定没有长为 $n+1$ 的递增或递减子序列。那么 i_k 和 d_k 都是小于或等于 n 的正整数，$k=1$，2，$\cdots$，n^2+1。因此，由乘积法则，关于 (i_k, d_k) 存在 n^2 个可能的有序对。根据鸽巢原理，n^2+1 个有序对中必有两个相等。换句话说，存在项 a_s 和 a_t，$s<t$，使得 $i_s=i_t$ 和 $d_s=d_t$。我们将证明这是不可能的。由于序列的项是不同的，所以不是 $a_s<a_t$ 就是 $a_s>a_t$。如果 $a_s<a_t$，那么由于 $i_s=i_t$，所以把 a_s 加到从 a_t 开始的长度为 i_t 的递增子序列前面就构造出一个从 a_s 开始的长度为 i_t+1 的递增子序列。从而产生矛盾。类似地，如果 $a_s>a_t$，可以证明 d_s 一定大于 d_t，从而也产生矛盾。 ◄

Links ▶

最后的例子说明了怎样把广义鸽巢原理用于组合学的重要部分，即**拉姆齐理论**（Ramsey theory），它是以英国数学家拉姆齐的名字命名的。拉姆齐理论通常可用于处理集合元素的子集分配问题。

例 13 假定一组有 6 个人，任意两个人或者是朋友或者是敌人。证明在这组人中或存在 3 个人彼此都是朋友，或存在 3 个人彼此都是敌人。

解 令 A 是 6 个人中的一人，组里其他 5 个人中至少有 3 个是 A 的朋友，或至少有 3 个是 A 的敌人。这可从广义鸽巢原理得出，因为当 5 个物体分成两个集合时，其中的一个集合至少有 $\lceil 5/2 \rceil = 3$ 个元素。若是前一种情况，假定 B、C 和 D 是 A 的朋友。如果这 3 个人中有 2 个也是朋友，那么这 2 个人和 A 构成彼此是朋友的 3 人组。否则，B、C 和 D 构成彼此为敌人的 3 人组。对于后一种情况的证明，当 A 存在 3 个或更多的敌人时可以用类似的方法处理。 ◄

拉姆齐数 $R(m, n)$（其中 m 和 n 是大于或等于 2 的正整数）表示：假设晚会上每两个人是朋友或者是敌人，那么在一个晚会上使得或者有 m 个人两两都是朋友，或者有 n 个人两两都是敌人所需的最少人数。例 13 显示 $R(3, 3) \leqslant 6$。在一组 5 个人中，其中每两个人是朋友或者是敌人，可能没有 3 个人两两是朋友，也没有 3 个人两两是敌人，因此我们断言 $R(3, 3) = 6$（见练习 28）。

可以证明某些关于拉姆齐数的有用的性质，但是对于大多数拉姆齐数，找到精确的值是困难的。根据对称性可以证明 $R(m, n) = R(n, m)$（见练习 32）。对于每个正整数 $n \geqslant 2$，我们也有 $R(2, n) = n$（见练习 31）。只知道 9 个拉姆齐数 $R(m, n)$（$3 \leqslant m \leqslant n$）的精确值，其中包括 $R(4, 4) = 18$。对许多其他的拉姆齐数只知道界，包括 $R(5, 5)$ 在内，已知它满足 $43 \leqslant R(5, 5) \leqslant 49$。有兴趣更多地了解有关拉姆齐数知识的读者可以参考 [MiRo91] 或 [GrRoSp90]。

Links ▶

Courtesy of Stephen Frank Burch

富兰克 · 波拉姆顿 · 拉姆齐（Frank Plumpton Ramsey，1903—1930） 拉姆齐是剑桥马格达林学院校长的儿子，在温彻斯特和特里尼特学院受过教育。1923 年毕业以后，他应聘在剑桥皇家学院工作，并在那里度过余生。拉姆齐对数理逻辑做出了重要的贡献。我们现在所称的拉姆齐理论是由他在"一个形式逻辑问题"（On a Problem of Formal Logic）的论文中所发表的聪明的组合论辩引起的。拉姆齐也对经济数学理论做出了贡献。他作为在数学基础方面的优秀讲师而受到注意。据他的一位兄长说，从英国文学到政治学，他几乎对任何事都感兴趣。拉姆齐结过婚，并有两个女儿。他因慢性肝病死于 26 岁，他的死使得数学界和剑桥大学失去了一个才华横溢的年轻学者。

练习

1. 假定周末不排课，证明：在任一组 6 门课中一定有 2 门课安排在同一天上课。

2. 如果一个班有 30 个学生，证明：至少 2 个学生的姓以同一个字母开头。

3. 抽屉里有一打棕色的短袜和一打黑色的短袜，全都没有配好对。一个人在黑暗中随机取出一些袜子。
   a) 必须取多少只袜子才能保证至少有 2 只袜子是同色的？
   b) 必须取多少只袜子才能保证至少有 2 只袜子是黑色的？

4. 一个碗里有 10 个红球和 10 个蓝球。一个女士不看着球而随机地选取。
   a) 她必须选多少个球才能保证至少有 3 个球是同色的？
   b) 她必须选多少个球才能保证至少有 3 个球是蓝色的？

5. 某学院的学生属于四个年级，这是依据他们的毕业年份来划分的。每一个学生必须选择 21 个专业中的一个专业。需要多少学生才能保证在同一年同一个专业有两名学生将要毕业？

6. 一所大学有 6 名教授讲授离散数学导论这门课。6 名教授采用相同的期末试卷。如果最低分为 0，最高分为 100，需要多少学生才能保证同一名教授所教的学生中有两名学生得到相同的分数？

7. 证明：在任意 5 个整数中（不一定是连续的）有 2 个整数被 4 除的余数相等。

8. 设 d 是正整数。证明：在任意一组 $d+1$ 个整数中（不一定是连续的）有 2 个整数被 d 除的余数相等。

9. 设 n 是正整数。证明：在任意一组 n 个连续的正整数中恰好有 1 个被 n 整除。

10. 证明：如果 f 是从 S 到 T 的函数，其中 S 和 T 是有穷集，满足 $|S| > |T|$，那么在 S 中存在元素 s_1 和 s_2 使得 $f(s_1) = f(s_2)$，或者换句话说，f 不是一对一的。

11. 在一个大学里每个学生来自 50 个州中的一个州，那么必须有多少个学生注册才能保证至少有 100 个学生来自同一个州？

* 12. 设 $(x_i, y_i)(i=1, 2, 3, 4, 5)$ 是 xy 平面上一组具有整数坐标的 5 个不同的点。证明：至少有一对点的连线中点的坐标是整数。

* 13. 设 $(x_i, y_i, z_i)(i=1, 2, 3, 4, 5, 6, 7, 8, 9)$ 是 xyz 空间中一组具有整数坐标的 9 个不同的点。证明：至少有一对点的连线中点的坐标是整数。

14. 至少需要多少个有序对 (a, b) 才能保证存在两个有序对 (a_1, b_1) 和 (a_2, b_2)，使得 $a_1 \bmod 5 = a_2 \bmod 5$ 并且 $b_1 \bmod 5 = b_2 \bmod 5$？

15. a) 证明：如果从前 8 个正整数中选 5 个整数，一定存在一对整数其和等于 9。
    b) 如果不是选 5 个而是选 4 个整数，a 的结论还为真吗？

16. a) 证明：如果从前 10 个正整数中选 7 个整数，一定至少存在 2 对整数其和等于 11。
    b) 如果不是选 7 个而是选 6 个整数，a 的结论还为真吗？

17. 从集合 $\{1, 2, 3, 4, 5, 6\}$ 中必须选多少个数才能保证其中至少有一对数之和等于 7？

18. 从集合 $\{1, 3, 5, 7, 9, 11, 13, 15\}$ 中必须选多少个数才能保证其中至少有一对数之和等于 16？

19. 一个公司在仓库中存储产品。仓库中的存储柜由通道、它们在通道中的位置和货架来指定。整个仓库有 50 个通道，每个通道有 85 个水平位置，每个位置有 5 个货架。公司产品数至少是多少才能使得在同一个存储柜中至少有 2 个产品？

20. 设一个小学院的离散数学班中有 9 个学生。
    a) 证明：这个班一定至少有 5 个男生，或者至少有 5 个女生。
    b) 证明：这个班一定至少有 3 个男生，或者至少有 7 个女生。

21. 在 25 个学生的离散数学班中，设学生有一年级的、二年级的或者三年级的。
    a) 证明：这个班至少有 9 个是一年级的，或至少有 9 个是二年级的，或至少有 9 个是三年级的。
    b) 证明：这个班至少有 3 个是一年级的，或至少有 19 个是二年级的，或至少有 5 个是三年级的。

22. 在序列 22，5，7，2，23，10，15，21，3，17 中找出一个最长的递增子序列和一个最长的递减子序列。

23. 构造 16 个正整数的序列，使得它没有 5 项的递增或递减子序列。

24. 如果 101 个不同高度的人站在一条线上，证明可能找到 11 个人使得他们在线上的高度是按递增或者递减顺序排列的。

* 25. 25 个女孩和 25 个男孩围坐一个圆桌旁边，证明总会有一个人的邻座都是男孩。

** 26. 假设有 21 个女生和 21 个男生参加数学竞赛。设每一个参赛者解出了至多 6 个题目，对于每一个男生-女生对，他们至少解出了一个相同的题目。证明有一个题目至少被 3 个女生和至少被 3 个男生解答出来。

* 27. 用伪码描述一个算法产生一个不同整数序列的最大递增或递减子序列。

28. 证明：在任一组 5 个人中（其中任两个人或者是朋友或者是敌人），不一定有 3 个人彼此都是朋友或者 3 个人彼此都是敌人。

29. 证明：在任一组 10 个人中（其中任两个人或者是朋友或者是敌人），或存在 3 个人彼此都是朋友，或存在 4 个人彼此都是敌人，并且存在 3 个人彼此是敌人，或存在 4 个人彼此是朋友。

30. 使用练习 29 证明：在任一组 20 个人中（其中任两个人或者是朋友或者是敌人），或存在 4 个人彼此都是朋友，或存在 4 个人彼此都是敌人。

31. 证明：如果 n 是正整数，$n \geqslant 2$，那么拉姆齐数 $R(2, n)$ 等于 n。（回忆 6.2 节例 13 后对拉姆齐数的讨论。）

32. 证明：如果 m 和 n 是正整数，$m \geqslant 2$，$n \geqslant 2$，那么拉姆齐数 $R(m, n)$ 和 $R(n, m)$ 相等。

33. 证明：在加利福尼亚州（人口 3900 万）至少有 6 个人姓名的 3 个缩写字母相同并且他们生在一年的同一天（但不一定是同一年）。假设每个人的姓名都有 3 个缩写字母。

34. 证明：如果美国工薪阶层有 100 000 000 人的工资低于 1 000 000 美元，那么去年有 2 个人挣的钱恰好相同（精确到美分）。

35. 在 17 世纪，巴黎人口超过 800 000。那时，认为人的头发不会超过 200 000 根。设这些数据都是正确的，而且每一个人头上至少有一根头发（没有人完全没有头发）。使用鸽巢原理证明，如法国作家皮尔尼科尔所做的，有两个巴黎人有相同数量的头发。使用广义鸽巢原理证明至少有 5 个巴黎人有相同数量的头发。

36. 设没有人有超过 1 000 000 根头发，纽约 2016 年人口为 8 537 673。证明 2016 年至少 9 个人有相同数量的头发。

37. 一个大学有 38 个不同的时间段来安排课程，如果有 677 门不同的课程，那么需要多少个不同的教室？

38. 一个计算机网络由 6 台计算机组成。每台计算机至少直接连接到一台其他的计算机。证明：网络中至少有两台计算机直接连接相同数目的其他计算机。

39. 一个计算机网络由 6 台计算机组成。每台计算机直接连接到零台或者更多台其他计算机。证明：网络中至少有两台计算机直接连接相同数目的其他计算机。（提示：不可能一台计算机不与任何计算机相连或连接到所有其他计算机。）

40. 把 8 台计算机连接到 4 台打印机上，为保证 4 台计算机可以直接访问 4 台不同的打印机，找出至少需要多少条缆线。证明你的答案。

41. 把 100 台计算机连接到 20 台打印机上，为保证 20 台计算机可以直接访问 20 台不同的打印机，找出至少需要多少条缆线。证明你的答案。

* 42. 证明：在至少 2 个人的聚会中，存在 2 个人认识人数相同的其他人。

43. 一个摔跤选手是 75 小时之内的冠军。该选手一小时至少赛一场，但总共不超过 125 场。证明：存在着连续的若干个小时使得该选手恰好进行了 24 场比赛。

* 44. 如果在练习 43 中的 24 替换如下，命题是否为真？

    a) 2   **b)** 23   **c)** 25   **d)** 30

45. 如果 f 是从 S 到 T 的函数，其中 S 和 T 是有穷集，并且 $m = \lceil |S| / |T| \rceil$，那么证明至少存在 S 的 m 个元素映射到 T 的同一个值。即存在 S 中的元素 s_1，s_2，$\cdots$，s_m 使得 $f(s_1) = f(s_2) = \cdots = f(s_m)$。

46. 一条街道上有 51 所房子，每所房子的地址在 1000 到 1099 之间（包括 1000 与 1099）。证明：至少有 2 所房子的地址是连续的。

* 47. 设 x 是无理数。证明：对于某个不超过 n 的正整数 j，在 jx 与到 jx 最近的整数之间的差的绝对值小于 $1/n$。

48. 设 n_1，n_2，$\cdots$，n_t 是正整数。证明：如果将 $n_1 + n_2 + \cdots + n_t - t + 1$ 个物体放到 t 个盒子里，则对某个 $i(i=1, 2, \cdots, t)$，第 i 个盒子包含了至少 n_i 个物体。

* 49. 在这个练习中概述了基于广义鸽巢原理的定理 3 的证明，使用的记号与教科书中的证明一样。

    a) 假定 $i_k \leqslant n$，$k=1, 2, \cdots, n^2+1$。使用广义鸽巢原理证明：存在 $n+1$ 个项 a_{k_1}、a_{k_2}，$\cdots$，$a_{k_{n+1}}$ 满足 $i_{k_1} = i_{k_2} = \cdots = i_{k_{n+1}}$，其中 $1 \leqslant k_1 < k_2 < \cdots < k_{n+1}$。

    b) 证明：$a_{k_j} > a_{k_{j+1}}$，$j=1, 2, \cdots, n$。[提示：假定 $a_{k_j} < a_{k_{j+1}}$，证明这将推出 $i_{k_j} > i_{k_{j+1}}$ 的矛盾。]

    c) 使用 a 和 b 证明：如果没有长度为 $n+1$ 的递增子序列，那么一定有同样长度的递减子序列。

6.3　排列与组合

6.3.1　引言

许多计数问题都可以通过找到特定大小的集合中不同元素排列的不同方法数来得以解决，其中这些元素的次序是有限制的。许多其他计数问题也可以通过从特定大小的集合元素中选择特定数量元素的方法数来得以解决，其中这些元素的次序是不受限制的。例如，从 5 个学生中选出 3 个学生站成一行照相，有多少种选择方法？从 4 个学生中选出 3 个学生组成一个委员会，有多少种选择方法？本节将介绍一些方法来解决此类问题。

6.3.2　排列

我们先通过解决引言中提出的第一个问题以及一些其他相关问题来开始本节的内容。

例 1　从 5 个学生中选出 3 个学生站成一行照相，有多少种选择方法？让 5 个学生站成一行照相，有多少种排列方法？

解　首先，注意选择学生时次序是有限制的。从 5 个学生中选择第一个学生站在一行的第一个位置有 5 种方法。一旦这个学生被选定之后，则有 4 种方法选择第二个学生站在一行的第二个位置。当第一和第二个学生都被选定之后，则有 3 种方法选择第三个学生站在一行的第三个位置。根据乘积法则，共有 $5 \cdot 4 \cdot 3 = 60$ 种方法从 5 个学生中选出 3 个学生站成一行来照相。

为了排列所有 5 个学生站成一行来照相，选择第一个学生时有 5 种方法，选择第二个学生时有 4 种方法，第三个学生时有 3 种方法，第四个学生时有 2 种方法，第五个学生时有 1 种方法。因此，共有 $5 \cdot 4 \cdot 3 \cdot 2 \cdot 1 = 120$ 种方法让所有 5 个学生站成一行来照相。

例 1 阐述了不同个体有次序的排列是如何计数的。这也引出了几个术语。

集合中不同元素的**排列**，是对这些元素的一种有序安排。我们也对集合中某些元素的有序安排感兴趣。对一个集合中 r 个元素的有序安排称为 r **排列**。

例 2　设 $S = \{1, 2, 3\}$。3，1，2 是 S 的一个排列。3，2 是 S 的一个 2 排列。

一个 n 元集的 r 排列数记为 $P(n, r)$。我们可以使用乘积法则求出 $P(n, r)$。

例 3　设 $S = \{1, 2, 3\}$。S 的 2 排列有如下有序安排：a，b；a，c；b，a；b，c；c，a；c，b。因此，具有 3 个元素的这个集合共有 6 个 2 排列。所有具有 3 个元素的集合都有 6 个 2 排列。有 3 种方法选择排列中的第一个元素。有 2 种方法选择排列中的第二个元素，因为第二个元素必须不同于第一个元素。因此，根据乘积法则，有 $P(3, 2) = 3 \cdot 2 = 6$。

下面利用乘积法则找出求 $P(n, r)$ 的一个公式，其中 n 和 r 都是任意正整数，且 $1 \leqslant r \leqslant n$。

定理 1　具有 n 个不同元素的集合的 r 排列数是
$$P(n, r) = n(n-1)(n-2)\cdots(n-r+1)$$

证明　选择这个排列的第一个元素可以有 n 种方法，因为集合中有 n 个元素。选择排列的第二个元素有 $n-1$ 种方法，由于在使用了为第一个位置挑出的元素之后集合里还留下了 $n-1$ 个元素。类似地，选择第三个元素有 $n-2$ 种方法，以此类推，直到选择第 r 个元素恰好有 $n-(r-1) = n-r+1$ 种方法。因此，由乘积法则，存在
$$n(n-1)(n-2)\cdots(n-r+1)$$
个集合的 r 排列。

注意，只要 n 是一个非负整数，就有 $P(n, 0) = 1$，因为恰好有一种方法来排列 0 个元素。也就是说，恰好有一个排列中没有元素，即空排列。

下面给出定理 1 的一个有用的推论。

推论 1   如果 n 和 r 都是整数，且 $0 \leqslant r \leqslant n$，则

$$P(n, r) = \frac{n!}{(n-r)!}$$

证明   当 n 和 r 是整数，且 $1 \leqslant r \leqslant n$ 时，由定理 1 有

$$P(n, r) = n(n-1)(n-2) \cdots (n-r+1) = \frac{n!}{(n-r)!}$$

因为只要 n 是非负整数，就有 $\frac{n!}{(n-0)!} = \frac{n!}{n!} = 1$，所以我们知道公式 $P(n, r) = \frac{n!}{(n-r)!}$，当 $r = 0$ 时也成立。

由定理 1 知道，如果 n 是一个正整数，则 $P(n, n) = n!$。用一些例子来说明这个结论。

例 4   在进入竞赛的 100 个不同的人中有多少种方法选出一个一等奖得主、一个二等奖得主和一个三等奖得主？

解   不管哪个人得哪个奖，选取 3 个得奖人的方法数是从 100 个元素的集合中有序选择 3 个元素的方法数，即 100 个元素的集合的 3 排列数。因此，答案是

$$P(100, 3) = 100 \cdot 99 \cdot 98 = 970\,200$$

例 5   假定有 8 个赛跑运动员。第一名得到一枚金牌，第二名得到一枚银牌，第三名得到一枚铜牌。如果比赛可能出现所有可能的结果，有多少种不同的颁奖方式？

解   颁奖方式就是 8 元素的集合的 3 排列数。因此存在 $P(8, 3) = 8 \cdot 7 \cdot 6 = 336$ 种可能的颁奖方式。

例 6   假定一个女推销员要访问 8 个不同的城市。她的访问必须从某个指定的城市开始，但对其他 7 个城市的访问可以按照任何次序进行。当访问这些城市时，这个女推销员可以有多少种可能的次序？

解   由于第一个城市是确定的，而其他 7 个城市可以是任意的顺序，所以城市之间可能的路径数是 7 个元素的排列数。因此，这个女推销员有 $7! = 7 \cdot 6 \cdot 5 \cdot 4 \cdot 3 \cdot 2 \cdot 1 = 5040$ 种方式选择她的旅行。比如说，如果这个女推销员想要在城市中找出具有最短距离的路径，并且她对每一条可能的路径计算总距离，那么她必须考虑 5040 条路径。

例 7   字母 ABCDEFGH 有多少种排列包含串 ABC？

解   由于字母 ABC 必须成组出现，我们可以通过找 6 个对象，即组 ABC 和单个字母 D、E、F、G 和 H 的排列数得到答案。由于这 6 个对象可以按任何次序出现，因此，存在 $6! = 720$ 种 ABCDEFGH 字母的排列，其中 ABC 成组出现。

6.3.3　组合

现在把注意力转到无序选择个体的计数上来。我们先通过解决本章引言中提出的第二个问题来开始本节的内容。

例 8   从 4 个学生中选出 3 个学生组成一个委员会，有多少种选择方法？

解   为了回答这个问题，只需从含有 4 个学生的集合中找到具有 3 个元素的子集的个数。我们知道，一共有 4 个这样的子集，每个子集中都有一个不同的学生，因为选择 4 个学生等价于从 4 个学生中选出一个人离开这个集合。这就意味着有 4 种方法选择 3 个学生组成一个委员会，这与学生的次序是无关的。

例 8 阐明了这样一个事实：许多计数问题都可以通过从具有 n 个元素的集合中求得特定大小的子集的个数来得以解决，其中 n 是一个正整数。

集合元素的一个 **r 组合**是从这个集合无序选取的 r 个元素。于是，简单地说，一个 r 组合是这个集合的一个 r 个元素的子集。

例 9 设 S 是集合 $\{1, 2, 3, 4\}$，那么 $\{1, 3, 4\}$ 是 S 的一个 3 组合。（注意，$\{4, 1, 3\}$ 与组合 $\{1, 3, 4\}$ 是一样的，因为集合中元素顺序是没有关系的。）◀

具有 n 个不同元素的集合的 r 组合数记为 $C(n, r)$。注意 $C(n, r)$ 也记作 $\binom{n}{r}$，并且称为**二项式系数**。在 6.4 节我们将学习这个记号。

例 10 因为 $\{a, b, c, d\}$ 的 2 组合是 $\{a, b\}$、$\{a, c\}$、$\{a, d\}$、$\{b, c\}$、$\{b, d\}$ 和 $\{c, d\}$，共 6 个子集，所以 $C(4, 2) = 6$。◀

可以用关于集合的 r 排列数的公式确定 n 元素的集合的 r 组合数。为此只需注意集合的 r 排列可以按下述方法得到：首先构成集合的 r 组合，接着排列这些组合中的元素。下面的定理给出了 $C(n, r)$ 的值，它的证明就是基于这个观察。

> **定理 2** 设 n 是正整数，r 是满足 $0 \leqslant r \leqslant n$ 的整数，n 元素的集合的 r 组合数等于
> $$C(n,r) = \frac{n!}{r!(n-r)!}$$

证明 可以如下得到这个集合的 r 排列。先构成集合的 $C(n, r)$ 个 r 组合，然后以 $P(n, r)$ 种方式排序每个 r 组合中的元素，这可以用 $P(r, r)$ 种方式来做。因此，

$$P(n, r) = C(n, r) \cdot P(r, r)$$

这就推出

$$C(n,r) = \frac{P(n,r)}{P(r,r)} = \frac{n!/(n-r)!}{r!/(r-r)!} = \frac{n!}{r!(n-r)!}$$

我们可以用计数的除法法则证明这个定理。因为在组合中不考虑元素的顺序，并且有 $P(r, r)$ 种方式排序 n 元素的 r 组合中的这 r 个元素，所以 n 个元素的每个 $C(n, r)r$ 组合对应一个 $P(r, r)r$ 排列。因此，由除法法则 $C(n, r) = \frac{P(n, r)}{P(r, r)}$，也就是前面的 $C(n, r) = \frac{n!}{r!(n-r)}$。◀

尽管定理 2 中的公式很清楚，但对很大的 n 和 r 而言，这个公式并没有什么用处。其原因是，在实际计算中，只能对较小的整数求阶乘的准确值，而且当用浮点数来计算时，从定理 2 的公式中得到的结果可能并不是一个整数值。因此，当计算 $C(n, r)$ 时，首先注意，如果从定理 2 的 $C(n, r)$ 计算公式的分子和分母中都消去 $(n-r)!$ 后，可以得到

$$C(n,r) = \frac{n!}{r!(n-r)!} = \frac{n(n-1)\cdots(n-r+1)}{r!}$$

因此，为了计算 $C(n, r)$，可以从分子和分母中消去分母中所有较大的因子，再把分子中所有没有消去的项相乘，然后再除以分母中较小的因子。[如果是用手而不是用机器计算，有必要再在 $n(n-1)\cdots(n-r+1)$ 和 $r!$ 中消去公因数。]注意许多计算器中都有一个关于计算 $C(n, r)$ 内置函数，这些函数可以对相对较小的 n 和 r 求结果，许多计算机程序也可以用来求 $C(n, r)$ 的值。[这些函数可能称为 chose(n, k) 或 binom(n, k)。]

例 11 说明了当 k 相对于 n 较小时，以及当 k 接近于 n 时，如何计算 $C(n, r)$。该例子也给出了组合数 $C(n, r)$ 的一个关键的恒等式。

例 11 从一副 52 张标准扑克牌中选出 5 张，共有多少种不同方法？从一副 52 张标准扑克牌中选出 47 张，又有多少种不同方法？

解 因为从 52 张牌中选出 5 张，这 5 张牌的次序不受限制，所以不同的选择方法数共有

$$C(52,5) = \frac{52!}{5!47!}$$

为了计算 $C(52, 5)$，首先在分子和分母中都消去 47!，得

$$C(52,5) = \frac{52 \cdot 51 \cdot 50 \cdot 49 \cdot 48}{5 \cdot 4 \cdot 3 \cdot 2 \cdot 1}$$

上述表达式还可以化简。首先将分子中的 50 除以分母中的因子 5，则在分子中得到因子 10；然后将分子中的 48 除以分母中的因子 4，则在分子中得到因子 12；再将分子中的 51 除以分母中的因子 3，则在分子中得到因子 17；最后将分子中的 52 除以分母中的因子 2，在分子中得到因子 26。于是得到

$$C(52, 5)=26 \cdot 17 \cdot 10 \cdot 49 \cdot 12=2\,598\,960$$

因此，从一副 52 张标准扑克牌中选出 5 张，共有 2 598 960 种不同方法。注意从一副 52 张标准扑克牌中选出 47 张，不同的选择方法数为

$$C(52,47) = \frac{52!}{47!5!}$$

不用再计算这个值了，因为 $C(52, 57)=C(52, 5)$。（因为在计算它们的公式中，只有分母中 5! 和 47! 的次序是不同的。）因此，从一副 52 张标准扑克牌中选出 47 张，共有 2 598 960 种不同方法。◀

在例 11 中，我们看到 $C(52, 5)=C(52, 47)$。这很容易理解，因为 52 张牌中取 5 张牌也就等同于选取余下的 47 张牌。这个等式是引理 2 中关于 r 组合数的有用的恒等式的一个特例。

推论 2　设 n 和 r 是满足 $r \leqslant n$ 的非负整数，那么 $C(n, r)=C(n, n-r)$。

证明　由定理 2 得到

$$C(n,r) = \frac{n!}{r!(n-r)!}$$

$$C(n,n-r) = \frac{n!}{(n-r)![n-(n-r)]!} = \frac{n!}{(n-r)!r!}$$

因此，$C(n, r)=C(n, n-r)$。◀

我们也可以不用代数运算证明推论 2。而是使用组合证明。我们在定义 1 描述了这种重要的证明类型。

定义 1　恒等式的组合证明是一种证明，在这个证明中使用计数的论述而不使用某些其他的方法（如代数技巧）来证明一个定理或者基于等式两边的对象集合存在一个双射函数来证明。这两种证明分别称为双计数证明和双射证明。

可以使用组合证明来证明许多涉及二项式系数的恒等式。如果可以说明一个恒等式两边通过不同的方法计数了同样的元素，那么对这个恒等式就可以使用组合证明。现在提供一个推论 2 的组合证明。我们同时提供双计数证明和双射证明，两者基于相同的基本原理。

证明　我们将使用双射证明方法证明 $C(n, r)=c(n, n-r)$，对于所有整数 n, r, $0 \leqslant r \leqslant n$。设 S 是有 n 个元素的集合。从 S 的子集 A 到 $\overline{A}$ 的一个函数是一个从 r 个元素的子集 S 到 $n-r$ 个元素子集的双射函数（读者可证明）。因为这两个有限集合有双射函数，所以这两个集合必定有相同的元素个数，恒等式 $C(n, r)=c(n, n-r)$ 可得。

另一种方法，我们可以通过双计数证明来解释。由定义，$C(n, r)$ 是 r 元素的 S 子集的个数。但 S 的子集 A 也确定了不在 A 中的元素，即 $\overline{A}$。因为 r 个元素的 S 子集的补集有 $n-r$ 个元素，具有 r 个元素的 S 子集的个数是 $C(n, n-r)$。因此 $C(n, r)=C(n, n-r)$。◀

Extra Examples

例 12　有多少种方式从 10 个选手的网球队中选择 5 个选手外出参加在另一个学校的比赛？

解　答案由 10 元素集合的 5 组合数给出。根据定理 2，这个组合数是

$$C(10,5) = \frac{10!}{5!5!} = 252$$

◀

例 13　一组 30 个人被培训作为宇航员去完成首次登陆火星的任务。有多少种方式选出 6 个人的小组来完成这个任务（假设所有的小组成员有同样的工作）？

解　因为不考虑这些人被选的次序，所以从 30 个人中选 6 个人的小组的方式数是 30 元素集合的 6 组合数。根据定理 2，这个组合数是

$$C(30,6) = \frac{30!}{6!24!} = \frac{30 \cdot 29 \cdot 28 \cdot 27 \cdot 26 \cdot 25}{6 \cdot 5 \cdot 4 \cdot 3 \cdot 2 \cdot 1} = 593\,775$$

例 14 有多少个长度为 n 的比特串恰好包含 r 个 1？

解 在长度为 n 的比特串中 r 个 1 的位置构成了集合 $\{1, 2, \cdots, n\}$ 的 r 组合。因此，有 $C(n, r)$ 个长度为 n 的比特串恰好包含 r 个 1。◀

例 15 为开发学校的离散数学课程要选出一个委员会。如果数学系有 9 个教师，计算机科学系有 11 个教师。而这个委员会要由 3 个数学系的教师和 4 个计算机科学系的教师组成，那么有多少种选择方式？

解 由乘积法则，答案是 9 元素集合的 3 组合数与 11 元素集合的 4 组合数之积。根据定理 2，选择这个委员会的方式数是

$$C(9,3) \cdot C(11,4) = \frac{9!}{3!6!} \cdot \frac{11!}{4!7!} = 84 \cdot 330 = 27\,720$$ ◀

练习

1. 列出 $\{a, b, c\}$ 的所有排列。
2. 集合 $\{a, b, c, d, e, f, g\}$ 有多少个排列？
3. $\{a, b, c, d, e, f, g\}$ 有多少个排列以 a 结尾？
4. 令 $S = \{1, 2, 3, 4, 5\}$，
   a) 列出 S 的所有 3 排列。　　　　　　　　b) 列出 S 的所有 3 组合。
5. 求出下面的每个值。
   a) $P(6, 3)$　　　　　　　　　　　　　　　b) $P(6, 5)$
   c) $P(8, 1)$　　　　　　　　　　　　　　　d) $P(8, 5)$
   e) $P(8, 8)$　　　　　　　　　　　　　　　f) $P(10, 9)$
6. 求出下面的每个值。
   a) $C(5, 1)$　　　　　　　　　　　　　　　b) $C(5, 3)$
   c) $C(8, 4)$　　　　　　　　　　　　　　　d) $C(8, 8)$
   e) $C(8, 0)$　　　　　　　　　　　　　　　f) $C(12, 6)$
7. 求出 9 元素集合的 5 排列数。
8. 如果不允许并列名次，在结束比赛时 5 个赛跑运动员有多少种不同的排名次序？
9. 在一场 12 匹马的赛马中，如果所有的比赛结果都是可能的，对于第一名、第二名和第三名有多少种可能性？
10. 有 6 个不同的人竞选州长。有多少种不同的次序在选票上打印竞选者的名字？
11. 多少个 10 位比特串包含
    a) 恰好 4 个 1？　　　　　　　　　　　　b) 至多 4 个 1？
    c) 至少 4 个 1？　　　　　　　　　　　　d) 0 的个数和 1 的个数相等？
12. 多少个 12 位比特串包含
    a) 恰好 3 个 1？　　　　　　　　　　　　b) 至多 3 个 1？
    c) 至少 3 个 1？　　　　　　　　　　　　d) 0 的个数和 1 的个数相等？
13. 一个组有 n 个男士和 n 个女士。如果把他们男女相间地排成一排，有多少种方式？
14. 有多少种不同的方式选择两个小于 100 的正整数？
15. 有多少种不同的方式从英语字母表中选择 5 个字母？
16. 一个 10 个元素的集合有多少个子集含有奇数个元素？
17. 一个 100 个元素的集合有多少个子集包含的元素多于 2 个？
18. 一个硬币被掷 8 次，每次可能出现头像或者非头像。有多少种可能的结果
    a) 包含各种不同的情况？　　　　　　　　b) 包含恰好 3 个头像？
    c) 包含至少 3 个头像？　　　　　　　　　d) 头像和非头像的数目相等？
19. 一个硬币被掷 10 次，每次可能出现头像或者非头像。有多少种可能的结果

a）包含各种不同的情况？   b）包含恰好 2 个头像？

c）至多有 3 个不是头像？   d）头像和非头像的数目相等？

20. 多少个 10 位比特串

    a）恰好有 3 个 0？   b）0 比 1 多？

    c）至少有 7 个 1？   d）至少有 3 个 1？

21. 字母 ABCDEFG 有多少个排列包含

    a）串 BCD？   b）串 CFGA？

    c）串 BA 和 GF？   d）串 ABC 和 DE？

    e）串 ABC 和 CDE？   f）串 CBA 和 BED？

22. 字母 ABCDEFGH 有多少个排列包含

    a）串 ED？   b）串 CDE？

    c）串 BA 和 FGH？   d）串 AB、DE 和 GH？

    e）串 CAB 和 BED？   f）串 BCA 和 ABF？

23. 有多少种方式使得 8 个男士和 5 个女士站成一排并且没有两个女士彼此相邻？［提示：先排男士，然后考虑女士可能的位置。］

24. 有多少种方式使得 10 个女士和 6 个男士站成一排并且没有两个男士彼此相邻？［提示：先排女士，然后考虑男士可能的位置。］

25. 有多少种方式使得 4 个男士和 5 个女士站成一排，且

    a）所有男士站在一起？

    b）所有女士站在一起？

26. 有多少种方式使得 3 只海鹦鹉和 6 只企鹅站成一排，且

    a）所有海鹦鹉站在一起？

    b）所有企鹅站在一起？

27. 把编号为 1，2，…，100 的 100 张票卖给 100 个不同的人来抽奖。有 4 项不同的奖，包括 1 项大奖（到塔希提岛旅游）。如果满足下面的条件，有多少种不同的抽奖方式？

    a）没有限制。

    b）拿 47 号票的人赢了大奖。

    c）拿 47 号票的人赢了一项奖。

    d）拿 47 号票的人没赢奖。

    e）拿 19 和 47 号票的人都赢了奖。

    f）拿 19、47 和 73 号票的人都赢了奖。

    g）拿 19、47、73 和 97 号票的人都赢了奖。

    h）拿 19、47、73 和 97 号票的人都没赢奖。

    i）拿 19、47、73 或 97 号票的人赢了大奖。

    j）拿 19 和 47 号票的人赢了奖，但拿 73 和 97 号票的人没赢奖。

28. 一个垒球队的 13 个人出席一场比赛。

    a）有多少种方式选 10 个选手上场？

    b）有多少种方式从 13 个在场的人中分配 10 个选手的位置？

    c）13 个出席的人中有 3 个女士。如果上场的选手中要求至少有一个女士，那么有多少种方式选择 10 个选手？

29. 一个俱乐部有 25 个成员。

    a）有多少种方式从中选择 4 个人作为董事会成员。

    b）有多少种方式从中选出俱乐部的主席、副主席、书记和会计？

30. 一个教授写了 40 道离散数学的真假判定题。在这些题中有 17 个语句为真。如果可以按照任意次序排列这些题，可能有多少种不同的答案？

*31. 用不超过 100 的正整数构成 4 排列，其中有多少个排列包含 3 个连续的整数 k、$k+1$、$k+2$？

    a）这里的连续指按照整数通常的顺序，并且这些连续整数可能被排列中的其他整数分开。

    b）这里的连续不但指整数是连续的，而且它们在排列中的位置也是连续的。

32. 一所学校的数学系有 7 名女教师和 9 名男教师。

    a) 有多少种方式从中选出 5 人的委员会并使其中包含至少 1 名女教师？

    b) 有多少种方式从中选出 5 人的委员会并使其中包含至少 1 名女教师和至少 1 名男教师。

33. 英语字母表中包含 21 个辅音和 5 个元音。由英语字母表的 6 个小写字母可构成多少字符串使得它们包含

    a) 恰好 1 个元音？   b) 恰好 2 个元音？

    c) 至少 1 个元音？   d) 至少 2 个元音？

34. 由英语字母表中的 6 个小写字母可构成多少字符串使得它们包含

    a) 字母 a？

    b) 字母 a 和 b？

    c) 字母 a 和 b，其中 a 在 b 前边的邻接位置，同时所有的字母都不相同？

    d) 字母 a 和 b，其中 a 在 b 左边的某个位置，同时所有的字母都不相同？

35. 假定某个系包含 10 名男士和 15 名女士。有多少种方式组成一个 6 人委员会且使得它含有相同数量的男士和女士？

36. 假定某个系包含 10 名男士和 15 名女士。有多少种方式组成一个 6 人委员会且使得它含有的女士比男士多？

37. 有多少个比特串恰好包含 8 个 0 和 10 个 1，如果每个 0 后面紧跟着 1 个 1？

38. 有多少个比特串恰好包含 5 个 0 和 14 个 1，如果每个 0 后面紧跟着 2 个 1？

39. 有多少个 10 位比特串包含至少 3 个 1 和至少 3 个 0？

40. 有多少种方式从联合国中选择 12 个国家成为理事国且使得 3 个选自 45 个国家的一组，4 个选自 57 个国家的一组，其他的选自剩下的 69 个国家？

41. 有多少种方式用 3 个字母后跟 3 个数字组成汽车牌照且没有字母和数字出现 2 次？

n 个人的 r 圆排列是 n 个人中取 r 个人安排在圆桌旁坐下的方式，如果圆桌转动能使得两个方案成为同一方案，那么这两种方案只算一种。

42. 计算 5 个人的 3 圆排列。

43. 找到 n 个人的 r 圆排列公式。

44. 找到 n 个人取 r 人围坐圆桌的安排方式，当每个人有相同邻座不考虑左右时只算一种方式。

45. 如果允许出现并列名次，3 匹马参加马赛有多少种结果？〔注意：可以 2 匹或 3 匹马并列。〕

* 46. 如果允许并列名次，4 匹马参加马赛有多少种结果？〔注意：由于允许并列名次，4 匹马中多少匹并列都是可能的。〕

* 47. 有 6 名运动员参加百米赛跑。如果允许并列名次，有多少种方式授予 3 块奖牌？（跑得最快的运动员得金牌，恰好只被一个运动员超过的运动员得银牌，恰好被 2 个运动员超过的运动员得铜牌。）

* 48. 为了避免世界杯足球锦标赛总决赛中出现并列名次，通常采用下述过程：每个队按照预定的顺序选出 5 名球员。每名球员罚一个球，第一队的球员先罚，接着第二队的球员再罚，依照指定的顺序依次交替罚球。如果在 10 次罚球后得分还相等，再次重复这个过程。如果在 20 次罚球后得分仍旧相等，进行加赛时间的射门，第一个得分的队得胜。

    a) 如果比赛进行第一轮的 10 个罚球，并且这轮比赛结束时一个队不可能与另一个队得分相等，那么有多少种不同的得分场面？

    b) 如果比赛进行第二轮的 10 个罚球，对第一和第二轮罚球可能有多少种不同的得分场面？

    c) 如果比赛在两轮每队罚 5 个球的加赛以后最多再射门 10 次，那么整个加赛过程可能有多少种得分场面？

6.4 二项式系数和恒等式

    正如在 6.3 节谈到的，具有 n 个元素的集合的 r 组合数常常记作 $\binom{n}{r}$。由于这些数出现在二项式的幂 $(a+b)^n$ 的展开式中作为系数，所以这些数叫作**二项式系数**。我们将讨论**二项式定理**，这个定理将二项式的幂表示成与二项式系数有关的项之和。我们将用组合证明来证明这个定理。我们也将说明怎样用组合证明来建立某些恒等式，它们是表示二项式系数之间关系的许

多不同恒等式中的一部分。

6.4.1 二项式定理

Links

二项式定理给出了二项式幂的展开式的系数。一个**二项式**只不过是两项的和，例如 $x+y$。（这些项可以是常数与变量的积，但这里先不考虑。）

例 1 说明怎样计算典型展开式中的系数，为二项式定理的表述做准备。

例 1 $(x+y)^3$ 的展开式可以使用组合推理而不是用三个项的乘法得到。当 $(x+y)^3 = (x+y)(x+y)(x+y)$ 被展开时，把所有由第一个和的一项、第二个和的一项与第三个和的一项产生的乘积加起来。从而出现了形如 x^3、$x^2 y$、xy^2 和 y^3 的项。为得到形如 x^3 的项，在每个和中必须选择一个 x，只有一种方式能做到这一点。因此，乘积中 x^3 项的系数是 1。为得到形如 $x^2 y$ 的项，必须从三个和中的两个和中选择 x（而因此在另一个和中选择 y）。于是，这种项的个数是三个对象的 2 组合数，即 $\binom{3}{2}$。类似地，形如 xy^2 项的个数是三个和中选一个来提供 x 的方式数（而另两个和中都要选 y），有 $\binom{3}{1}$ 种方式能够做到这一点。最后，得到 y^3 的唯一方式是三个和的每一个都选择 y，恰好有一种方式能够做到这一点。因此得到

$$(x+y)^3 = (x+y)(x+y)(x+y) = (xx + xy + yx + yy)(x+y)$$
$$= xxx + xxy + xyx + xyy + yxx + yxy + yyx + yyy$$
$$= x^3 + 3x^2 y + 3xy^2 + y^3$$

现在叙述二项式定理。

定理 1　二项式定理　设 x 和 y 是变量，n 是非负整数，那么

$$(x+y)^n = \sum_{j=0}^{n} \binom{n}{j} x^{n-j} y^j = \binom{n}{0} x^n + \binom{n}{1} x^{n-1} y + \cdots + \binom{n}{n-1} xy^{n-1} + \binom{n}{n} y^n$$

证明　这里给出定理的组合证明。当乘积被展开时其中的项都是下述形式：$x^{n-j} y^j (j = 0, 1, 2, \cdots, n)$。为计数形如 $x^{n-j} y^j$ 的项数，必须从 n 个和中选 $n-j$ 个 x（从而乘积中其他的 j 个项都是 y）才能得到这种项。因此，$x^{n-j} y^j$ 的系数是 $\binom{n}{n-j}$，它等于 $\binom{n}{j}$，定理得证。

例 2～4 说明了二项式定理的应用。

Extra Examples

例 2 $(x+y)^4$ 的展开式是什么？

解　由二项式定理得到

$$(x+y)^4 = \sum_{j=0}^{4} \binom{4}{j} x^{4-j} y^j$$
$$= \binom{4}{0} x^4 + \binom{4}{1} x^3 y + \binom{4}{2} x^2 y^2 + \binom{4}{3} xy^3 + \binom{4}{4} y^4$$
$$= x^4 + 4x^3 y + 6x^2 y^2 + 4xy^3 + y^4$$

例 3 在 $(x+y)^{25}$ 的展开式中 $x^{12} y^{13}$ 的系数是什么？

解　由二项式定理得到这个系数是

$$\binom{25}{13} = \frac{25!}{13!12!} = 5\,200\,300$$

例 4 在 $(2x-3y)^{25}$ 的展开式中 $x^{12} y^{13}$ 的系数是什么？

解　首先注意到这个表达式等于 $(2x+(-3y))^{25}$。由二项式定理，我们有

$$(2x+(-3y))^{25} = \sum_{j=0}^{25} \binom{25}{j} (2x)^{25-j} (-3y)^j$$

因此，当 $j=13$ 时得到展开式中 $x^{12}y^{13}$ 的系数，即

$$\binom{25}{13}2^{12}(-3)^{13} = -\frac{25!}{13!12!}2^{12}3^{13}$$

我们可以用二项式定理证明某些有用的恒等式。正如推论 1、2 和 3 所示。

推论 1　设 n 为非负整数，那么

$$\sum_{k=0}^{n}\binom{n}{k}=2^n$$

证明　用二项式定理，令 $x=1$ 和 $y=1$，我们有

$$2^n = (1+1)^n = \sum_{k=0}^{n}\binom{n}{k}1^k1^{n-k} = \sum_{k=0}^{n}\binom{n}{k}$$

这正是所需要的结果。

推论 1 也有一个好的组合证明，我们现在给出这个证明。

证明　一个 n 元素集合有 2^n 个不同的子集。每个子集有 0 个元素，1 个元素，2 个元素，$\cdots$，n 个元素。具有 0 个元素的子集 $\binom{n}{0}$ 个，1 个元素的子集有 $\binom{n}{1}$ 个，2 个元素的子集有 $\binom{n}{2}$ 个，$\cdots$，n 个元素的子集有 $\binom{n}{n}$ 个。于是

$$\sum_{k=0}^{n}\binom{n}{k}$$

计数了 n 元素集合的子集总数。这证明了

$$\sum_{k=0}^{n}\binom{n}{k}=2^n$$

推论 2　设 n 是正整数，那么

$$\sum_{k=0}^{n}(-1)^k\binom{n}{k}=0$$

证明　由二项式定理得出

$$0 = 0^n = ((-1)+1)^n = \sum_{k=0}^{n}\binom{n}{k}(-1)^k1^{n-k} = \sum_{k=0}^{n}\binom{n}{k}(-1)^k$$

从而证明了推论。

评注　推论 2 推出

$$\binom{n}{0}+\binom{n}{2}+\binom{n}{4}+\cdots = \binom{n}{1}+\binom{n}{3}+\binom{n}{5}+\cdots$$

推论 3　设 n 是非负整数，那么

$$\sum_{k=0}^{n}2^k\binom{n}{k}=3^n$$

证明　这个公式的左边是二项式定理提供的对 $(1+2)^n$ 的展开式，因此，由二项式定理可以看出

$$(1+2)^n = \sum_{k=0}^{n}\binom{n}{k}1^{n-k}2^k = \sum_{k=0}^{n}\binom{n}{k}2^k$$

因此

$$\sum_{k=0}^{n}2^k\binom{n}{k}=3^n$$

6.4.2 帕斯卡恒等式和三角形

二项式系数满足许多不同的恒等式。现在我们介绍其中最重要的一些恒等式。

定理 2 帕斯卡恒等式 设 n 和 k 是满足 $n \geqslant k$ 的正整数，那么有

$$\binom{n+1}{k} = \binom{n}{k-1} + \binom{n}{k}$$

证明 我们将采用组合证明方法。假定 T 是包含 $n+1$ 个元素的集合。令 a 是 T 的一个元素且 $S = T - \{a\}$。注意，T 的包含 k 个元素的子集有 $\binom{n+1}{k}$ 个。然而 T 的包含 k 个元素的子集或者包含 a 和 S 中的 $k-1$ 个元素，或者不包含 a 但包含 S 中的 k 个元素。由于 S 的 $k-1$ 元子集有 $\binom{n}{k-1}$ 个，所以 T 含 a 在内的 k 元子集有 $\binom{n}{k-1}$ 个。又由于 S 的 k 元子集有 $\binom{n}{k}$ 个，所以 T 的不含 a 的 k 元子集有 $\binom{n}{k}$ 个。从而得到

$$\binom{n+1}{k} = \binom{n}{k-1} + \binom{n}{k}$$

◄

评注 这里给出了帕斯卡恒等式的一个组合证明。也可以从关于 $\binom{n}{r}$ 的公式通过代数推导来证明这个恒等式（见本节练习 23）。

评注 对所有整数 n，可以用帕斯卡恒等式和初始条件 $\binom{n}{0} = \binom{n}{n} = 1$ 递归地定义二项式系数。这些递归定义用于计算二项式系数，因为使用这些递归定义只需要整数加法。

帕斯卡恒等式是二项式系数以三角形表示的几何排列的基础，如图 1 所示。

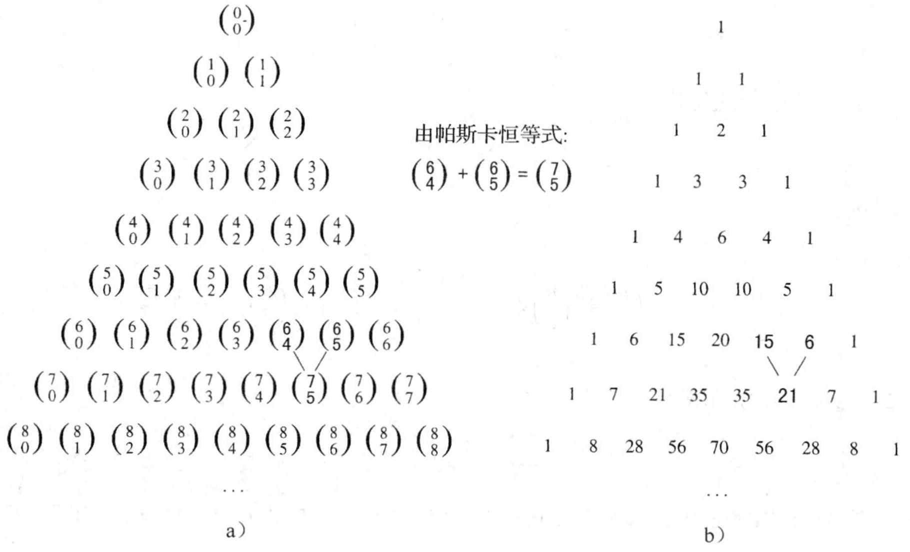

图 1 帕斯卡三角形

这个三角形的第 n 行由二项式系数

$$\binom{n}{k} \quad k = 0, 1, \cdots, n$$

组成。这个三角形叫作**帕斯卡三角形**。帕斯卡恒等式证明，当这个三角形中两个相邻的二项式系数相加时，就产生了下一行在这两个系数之间的二项式系数。

在帕斯卡发现帕斯卡三角形的多个世纪之前，这个三角形有一段漫长和古老的历史。在东方，二次项系数和帕斯卡恒等式在公元前 2 世纪就被印度数学家平伽拉发现。此后，印度数学家将关于帕斯卡三角形的论述写在上个千年前半叶出版的书籍中。波斯数学家卡拉吉和多才多艺的奥马尔·哈耶姆分别在 11 世纪和 12 世纪写过关于帕斯卡三角形的内容。在伊朗，帕斯卡三角形被称为哈亚姆三角形。这个三角形在 11 世纪由中国数学家贾宪发现，13 世纪杨辉就写过关于这种三角的描述。在中国，帕斯卡三角通常被称为杨辉三角。

在西方，帕斯卡三角形出现在一本 1527 年的商业计算书的首页。作者是德国学者佩特鲁斯·阿皮纳斯。在意大利，帕斯卡三角被称为塔塔格里亚三角，以意大利数学家尼科罗·方塔纳·塔塔格里亚的名字命名，他 1556 年出版的书中列出了三角形的前几排。帕斯卡的著作《三角算术》(1655 年去世后出版)介绍了这个三角形。帕斯卡搜集了几个关于它的结果，并以此解决一些概率论上的问题。后来法国数学家以帕斯卡命名这个三角形。1730 年，亚伯拉罕·德莫伊夫尔创造了"帕斯卡的算术三角形"这一表述，后来成为"帕斯卡三角形"。

6.4.3　其他的二项式系数恒等式

我们从众多二项式系数恒等式中选择两个恒等式，用它们的组合证明来作为本节的结束。

> **定理 3　范德蒙德恒等式**　设 m，n 和 r 是非负整数，其中 r 不超过 m 或 n，那么
>
> $$\binom{m+n}{r} = \sum_{k=0}^{r} \binom{m}{r-k}\binom{n}{k}$$

评注　这个恒等式是由 18 世纪数学家亚历山大-舍费尔·范德蒙德发现的。

证明　假定在第一个集合中有 m 项，第二个集合中有 n 项。从这两个集合的并集中取 r 个元素的方式数是 $\binom{m+n}{r}$。

从并集中取 r 个元素的另一种方式是先从第一个集合中取 k 个元素，接着从第二个集合中取 $r-k$ 个元素，其中 k 是满足 $0 \leqslant k \leqslant r$ 的整数。因为从第二个集合中选取 k 个元素的方法是 $\binom{n}{k}$，从第一个集合中选取 $r-k$ 个元素的方法是 $\binom{m}{r-k}$，所以由乘积法则，这可以用 $\binom{m}{r-k}\binom{n}{k}$ 种方式完成。所以，从这个并集中选取 r 个元素的总方式数等于 $\sum_{k=0}^{r} \binom{m}{r-k}\binom{n}{k}$。　◀

我们已经找到从一个 m 个元素集合和一个 n 元素集合并集中取 r 个元素的方法数的两种表达式。这就证明了范德蒙德恒等式。

推论 4 来自范德蒙德恒等式。

Links ▶

布莱斯·帕斯卡(Blaise Pascal，1623—1662)　帕斯卡在幼年时就显现出他的才能，虽然他的父亲(对解析几何有过多项建树)为了鼓励他在其他方面的兴趣，不让他接触数学书。帕斯卡 16 岁时就发现了著名的帕斯卡六边形定理：内接于一个二次曲线的六边形的三双对边的交点共线。18 岁时他设计了一部计算机器，建造后将其卖出。帕斯卡和费马一起奠定了现代概率论的基础。在他的工作中有对现今称为帕斯卡三角形的一些发现。1654 年帕斯卡放弃了对数学的追求。在那以后，他只有一次重返数学。一天晚上，他因剧烈牙痛而心烦意乱。他想通过研究摆线性质来缓解疼痛。神奇的是，牙疼居然减轻了。

推论 4   如果 n 是一个非负整数，那么

$$\binom{2n}{n} = \sum_{k=0}^{n} \binom{n}{k}^2$$

证明   在范德蒙德恒等式中令 $m=r=n$，得到

$$\binom{2n}{n} = \sum_{k=0}^{n} \binom{n}{n-k}\binom{n}{k} = \sum_{k=0}^{n} \binom{n}{k}^2$$

最后一步的相等使用了恒等式 $\binom{n}{k} = \binom{n}{n-k}$。 ◀

我们可以通过计数具有不同性质的比特串来证明组合恒等式，如定理 4 的证明所示。

定理 4   设 n 和 r 是非负整数，$r \leqslant n$，那么

$$\binom{n+1}{r+1} = \sum_{j=r}^{n} \binom{j}{r}$$

证明   我们使用组合证明。由 6.3 节例 14，左边 $\binom{n+1}{r+1}$ 计数了长度为 $n+1$ 的比特串包含了 $r+1$ 个 1。

我们证明在具有 $r+1$ 个 1 的比特串中，通过考虑与最后一个 1 可能位置的相关情况，等式右边计数了同样的对象。这最后一个 1 一定出现在位置 $r+1$，$r+2$，$\cdots$，或者 $n+1$。此外，如果最后一个 1 出现在第 k 位，那么一定有 r 个 1 出现在前 $k-1$ 位。因此，根据 6.3 节例 14，这样的比特串有 $\binom{k-1}{r}$ 个，对所有的 k 求和，其中 $r+1 \leqslant k \leqslant n+1$，我们发现有

$$\sum_{k=r+1}^{n+1} \binom{k-1}{r} = \sum_{j=r}^{n} \binom{j}{r}$$

个 n 位比特串恰含有 $r+1$ 个 1。（注意，最后一步是改变变量 $j=k-1$ 的结果。）由于左边和右边计数了同样的对象，因此相等。这就完成了证明。 ◀

练习

1. 求 $(x+y)^4$ 的展开式。
   a) 使用组合理由，如例 1 所示。   b) 使用二项式定理。
2. 求 $(x+y)^5$ 的展开式。
   a) 使用组合理由，如例 1 所示。   b) 使用二项式定理。
3. 求 $(x+y)^6$ 的展开式。
4. 求在 $(x+y)^{13}$ 的展开式中 $x^5 y^8$ 的系数。
5. 在 $(x+y)^{100}$ 的展开式中有多少项？
6. 在 $(1+x)^{11}$ 中 x^7 的系数是什么？
7. 在 $(2-x)^{19}$ 中 x^9 的系数是什么？
8. 在 $(3x+2y)^{17}$ 中 $x^8 y^9$ 的系数是什么？
9. 在 $(2x-3y)^{200}$ 中 $x^{101} y^{99}$ 的系数是什么？
10. 使用二次项定理展开 $(3x-y^2)^4$，每一项形式为 $cx^a y^b$，c 为实数，a 和 b 为非负整数。

Links ▶

亚历山大-舍费尔·范德蒙德（Alexandre-Théophile Vandermonde，1735—1796）   范德蒙德年幼时体弱多病，作为医生的父亲让他从事音乐职业。但是后来，他对数学越来越感兴趣。他完整的数学工作包含在 1771～1772 年发表的 4 篇论文中。这些论文包含了在方程求根、行列式理论以及骑士旅行问题（在 10.5 节的练习中介绍）方面的基础贡献。范德蒙德对数学的兴趣只持续了两年。后来，他在和声学、寒冷实验以及钢的制造等方面发表论文。他也对政治产生了兴趣，参加了法国革命，并且在政府中担任了几个不同的职务。

11. 使用二次项定理展开$(3x^4-2y^3)^5$，每一项形式为cx^ay^b，c 为实数，a 和 b 为非负整数。

12. 使用二次项定理找到$(5x^2+2y^3)^6$展开式中 x^ay^b 的系数。

　　a)$a=6$，$b=9$　　　　　　　　　　　　b)$a=2$，$b=15$

　　c)$a=3$，$b=12$　　　　　　　　　　　　d)$a=12$，$b=0$

　　e)$a=8$，$b=9$

13. 使用二次项定理找到$(2x^3-4y^2)^7$展开式中 x^ay^b 的系数。

　　a)$a=9$，$b=8$　　　　　　　　　　　　b)$a=8$，$b=0$

　　c)$a=0$，$b=14$　　　　　　　　　　　　d)$a=12$，$b=6$

　　e)$a=18$，$b=2$

* **14.** 给出一个关于$(x+1/x)^{100}$的展开式中 x^k 系数的公式，其中 k 是整数。

* **15.** 给出一个关于$(x^2-1/x)^{100}$的展开式中 x^k 系数的公式，其中 k 是整数。

16. 帕斯卡三角形中包含二项式系数$\binom{10}{k}$$(0\leqslant k\leqslant 10)$的行是

　　1　10　45　120　210　252　210　120　45　10　1

　　用帕斯卡恒等式计算在帕斯卡三角形中紧接这行下面的另一行。

17. 帕斯卡三角形中包含二项式系数$\binom{9}{k}$$(0\leqslant k\leqslant 9)$的行是什么？

18. 证明：如果 n 是正整数，则

$$1=\binom{n}{0}<\binom{n}{1}<\cdots<\binom{n}{\lfloor n/2\rfloor}=\binom{n}{\lceil n/2\rceil}>\cdots>\binom{n}{n-1}>\binom{n}{n}=1$$

19. 证明：对一切正整数 n 和 $k(0\leqslant k\leqslant n)$，$\binom{n}{k}\leqslant 2^n$。

20. a)用练习 14 和推论 1 证明如果 n 是大于 1 的整数，那么$\binom{n}{\lfloor n/2\rfloor}\geqslant 2^n/n$。

　　b)从 a 确定如果 n 是正整数，那么$\binom{2n}{n}\geqslant 4^n/2n$。

☞ **21.** 证明：如果 n 和 k 是整数，其中 $1\leqslant k\leqslant n$，那么$\binom{n}{k}\leqslant n^k/2^{k-1}$。

22. 设 b 是整数，$b\geqslant 7$。使用二项式定理和帕斯卡三角形中适当的行找出$(11)_b^4$的以 b 为基的展开式[就是以 b 为基的数$(11)_b$ 的 4 次方]。

23. 使用关于$\binom{n}{r}$的公式证明帕斯卡恒等式。

24. 设 k 和 n 是整数，$1\leqslant k<n$，证明**六边形恒等式**

$$\binom{n-1}{k-1}\binom{n}{k+1}\binom{n+1}{k}=\binom{n-1}{k}\binom{n}{k-1}\binom{n+1}{k+1}$$

　　这些项在帕斯卡三角形中构成六边形。

☞ **25.** 证明：如果 n 和 k 是整数，$1\leqslant k\leqslant n$，那么 $k\binom{n}{k}=n\binom{n-1}{k-1}$。

　　a)使用组合证明。[提示：证明恒等式两边计数了从一个 n 元素集合中选 k 个元素，然后从这个子集中再选 1 个元素的方法。]

　　b)使用基于 6.3 节定理 2 给出的$\binom{n}{r}$公式的代数证明。

26. 证明恒等式 $\binom{n}{r}\binom{r}{k}=\binom{n}{k}\binom{n-k}{r-k}$，其中 n、r 和 k 是非负整数且 $r\leqslant n$，$k\leqslant r$。

　　a)使用组合证明。

　　b)使用以 n 元素集合的 r 组合数公式为基础的论证。

27. 证明：如果 n 和 k 是正整数，那么

$$\binom{n+1}{k}=(n+1)\binom{n}{k-1}/k$$

使用这个恒等式构造一个二项式系数的归纳定义。

28. 证明：如果 p 是素数，k 是满足 $1 \leqslant k \leqslant p-1$ 的整数，那么 p 整除 $\binom{p}{k}$。

29. 设 n 是正整数，证明

$$\binom{2n}{n+1} + \binom{2n}{n} = \binom{2n+2}{n+1}/2$$

*30. 设 n 和 k 是整数，$1 \leqslant k \leqslant n$，证明

$$\sum_{k=1}^{n} \binom{n}{k}\binom{n}{k-1} = \binom{2n+2}{n+1}/2 - \binom{2n}{n}$$

*31. 证明

$$\sum_{k=0}^{r} \binom{n+k}{k} = \binom{n+r+1}{r}$$

其中 n 和 r 是正整数。

a) 用组合论证。

b) 用帕斯卡恒等式。

32. 证明：如果 n 是正整数，则 $\binom{2n}{2} = 2\binom{n}{2} + n^2$。

a) 使用组合论证

b) 通过代数推导

*33. 给出关于 $\sum_{k=1}^{n} k\binom{n}{k} = n2^{n-1}$ 的组合证明。〔提示：以两种方法计数选择一个委员会，然后选择这个委员会领导的方式数。〕

*34. 给出关于 $\sum_{k=1}^{n} k\binom{n}{k}^2 = n\binom{2n-1}{n-1}$ 的组合证明。〔提示：用两种方法计数选择一个委员会的方式数，如果这个委员会有 n 个成员，要求这些成员选自 n 个数学教授和 n 个计算机科学教授，并使得委员会的主席是数学教授。〕

35. 证明：一个非空集合具有奇数个元素的子集数与具有偶数个元素的子集数相等。

*36. 使用数学归纳法证明二项式定理。

37. 在这个练习里，我们将要计数 xy 平面上在原点和 (m, n) 点之间的路径数。这些路径由一系列步构成，其中每一步是向右或者向上移动一个单位（不允许向左或向下移动）。下图给出了两条这种从 $(0, 0)$ 到 $(5, 3)$ 的路径（用粗线标识）。

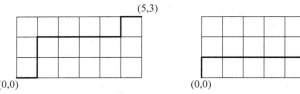

a) 证明上述每条这种类型的路径可以用由 m 个 0 和 n 个 1 组成的比特串表示，其中 0 表示向右移动一个单位，1 表示向上移动一个单位。

b) 从 a 推断存在着 $\binom{m+n}{n}$ 条所求类型的路径。

38. 用练习 37 证明 $\binom{n}{k} = \binom{n}{n-k}$，其中 k 是整数，满足 $0 \leqslant k \leqslant n$。〔提示：考虑在练习 37 中所述的从 $(0, 0)$ 到 $(n-k, k)$ 和从 $(0, 0)$ 到 $(k, n-k)$ 的路径数。〕

39. 使用练习 37 证明定理 4。〔提示：计数练习 37 所述的那种 n 步路径数。每条路径必须在一个 $(n-k, k)$ 点结束，其中 $k=0, 1, 2, \cdots, n$。〕

40. 使用练习 37 证明帕斯卡恒等式。〔提示：显示一条在练习 37 所描述的那种从 $(0, 0)$ 到 $(n+1-k, k)$ 并通过 $(n+1-k, k-1)$ 点或 $(n-k, k)$ 点但不同时通过这两点的路径。〕

41. 使用练习 37 证明练习 31 中的恒等式。[提示：首先注意从 $(0,0)$ 到 $(n+1, r)$ 的路径数等于 $\binom{n+1+r}{r}$。其次，按照开始向上恰好走 k 个单位分别计数每一类路径，其中 $k=0,1,2,\cdots,r$，然后对结果求和。]

42. 如果 n 是正整数，则 $\sum_{k=0}^{n} k^2 \binom{n}{k} = n(n+1)2^{n-2}$，给出组合证明。[提示：证明等式两边计数了从一个 n 元素集合中选一个子集，再从子集中选 2 个元素的方法，其中这 2 个元素可以相同。而且，等式右边可以表示成 $n(n-1)2^{n-2}+n2^{n-1}$。]

*43. 如果一个序列的前若干项如下列出，对于它的第 n 项确定一个与二项式系数有关的公式。[提示：对帕斯卡三角形的观察有助于问题的求解。虽然以这一组给定的项作为开始的序列有无数多个，但下面列出的每个序列都是所求的那种序列的开始。]
a) $1, 3, 6, 10, 15, 21, 28, 36, 45, 55, 66, \cdots$
b) $1, 4, 10, 20, 35, 56, 84, 120, 165, 220, \cdots$
c) $1, 2, 6, 20, 70, 252, 924, 3432, 12\,870, 48\,620, \cdots$
d) $1, 1, 2, 3, 6, 10, 20, 35, 70, 126, \cdots$
e) $1, 1, 1, 3, 1, 5, 15, 35, 1, 9, \cdots$
f) $1, 3, 15, 84, 495, 3003, 18\,564, 116\,280, 735\,471, 4\,686\,825, \cdots$

6.5　排列与组合的推广

6.5.1　引言

在许多计数问题中，元素可以被重复使用。例如，一个字母或一个数字可以在一个车牌中多次使用。当选择一打甜甜圈时，每种可以被重复地选择。这与本章前面讨论的计数问题形成对照，因为之前我们只考虑每项至多可以使用一次的排列和组合。在这一节我们将介绍怎样求解元素可以多次使用的计数问题。

还有，某些计数问题涉及不可区别的元素。例如，为计数单词 SUCCESS 的字母可能被重新排列的方式数，必须考虑相同字母的放置。这又与前面讨论的所有元素都被认为是不同的计数问题大相径庭。在这一节，我们将描述怎样求解某些元素是不可区别的计数问题。

此外，这一节也将解释怎样求解另一类重要的计数问题，即计数把不同的元素放入盒子的方法数的问题。这种问题的一个例子是把扑克牌发给 4 个玩牌人的不同的方式数。

把本章前面描述的方法与这一节引入的方法一起考虑，就构成一个求解广泛的计数问题的有用工具箱。当把第 8 章讨论的新方法再加到这个库时，你将能够求解在广泛的研究领域中产生的大多数计数问题。

6.5.2　有重复的排列

当元素允许重复时，使用乘积法则可以很容易地计数排列数，如例 1 所示。

例 1 用英文大写字母可以构成多少个 r 位的字符串？

解　因为有 26 个大写字母，且每个字母可以被重复使用，所以由乘积法则可以看出存在 26^r 个 r 位的字符串。

定理 1 给出了当允许重复时一个 n 元素集合的 r 排列数。

> **定理 1**　具有 n 个物体的集合允许重复的 r 排列数是 n^r。

证明　当允许重复时，在 r 排列中对 r 个位置中的每个位置有 n 种方式选择集合的元素，因为对每个选择，所有 n 个物体都是有效的。因此，由乘积法则，当允许重复时存在 n^r 个 r 排列。

6.5.3　有重复的组合

考虑下面允许元素重复的组合的实例。

例2 从包含苹果、橙子和梨的碗里选 4 个水果。如果选择水果的顺序无关,且只关心水果的类型而不管是该类型的哪一个水果,那么当碗中每类水果至少有 4 个时有多少种选法?

解 为了求解这个问题,我们列出选择水果的所有可能的方式。共有 15 种方式:

4 个苹果	4 个橙子	4 个梨
3 个苹果,1 个橙子	3 个苹果,1 个梨	3 个橙子,1 个苹果
3 个橙子,1 个梨	3 个梨,1 个苹果	3 个梨,1 个橙子
2 个苹果,2 个橙子	2 个苹果,2 个梨	2 个橙子,2 个梨
2 个苹果,1 个橙子,1 个梨	2 个橙子,1 个苹果,1 个梨	2 个梨,1 个苹果,1 个橙子

这个解是从 3 个元素的集合{苹果,橙子,梨}中允许重复的 4 组合数。◀

为求解这种类型的更复杂的计数问题,我们需要计数一个 n 元素集合的 r 组合的一般方法。在例 3 中,我们将给出这一方法。

例3 从包含 1 美元、2 美元、5 美元、10 美元、20 美元、50 美元及 100 美元的钱袋中选 5 张纸币,有多少种方式? 假定不管纸币被选的次序,同种币值的纸币都是不加区别的,并且至少每种纸币有 5 张。

解 因为纸币被选的次序是无关的且 7 种不同类型的纸币都可以选 5 次,所以问题涉及的是计数从 7 个元素的集合中允许重复的 5 组合数。列出所有的可能性将是很乏味的,因为存在许多的解。相反,我们将给出一种方法来计数允许重复的组合数。

假设一个零钱盒子有 7 个隔间,每个隔间保存一种纸币,如图 1 所示。这些隔间被 6 块隔板分开,如图中所画的。每选择 1 张纸币就在相应的隔间里放置 1 个标记。图 2 针对选择 5 张纸币的 3 种不同方式给出了这种对应,其中的竖线表示 6 个隔板,星表示 5 张纸币。

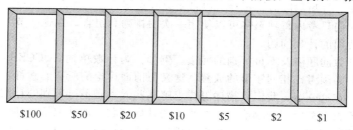

图 1   有 7 种类型纸币的零钱盒

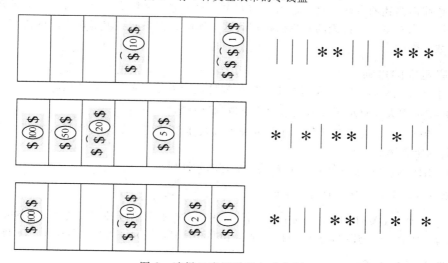

图 2   选择 5 张纸币的方式实例

选择 5 张纸币的方法数对应了在总共 11 个位置的一行中安排 6 条竖线和 5 颗星的方法数。因此，选择 5 张纸币的方法数就是从 11 个可能的位置选 5 颗星位置的方法数。这对应了从含 11 个元素的集合中无序地选择 5 个元素的方法数，可以有 $C(11,5)$ 种方式。因此存在

$$C(11,5) = \frac{11!}{5!\,6!} = 462$$

种方式从有 7 类纸币的袋中选择 5 张纸币。

定理 2 将这个讨论一般化。

定理 2 n 个元素的集合中允许重复的 r 组合有 $C(n+r-1, r) = C(n+r-1, n-1)$ 个。

证明 当允许重复时，n 元素集合的每个 r 组合可以用 $n-1$ 条竖线和 r 颗星的列表来表示。这 $n-1$ 条竖线用来标记 n 个不同的单元。当集合的第 i 个元素出现在组合中时，第 i 个单元就包含 1 颗星。例如，4 元素集合的一个 6 组合用 3 条竖线和 6 颗星来表示。这里

$$* * \mid * \mid \mid * * *$$

代表了恰包含 2 个第一元素、1 个第二元素、0 个第三元素和 3 个第四元素的组合。

正如我们已经看到的，包含 $n-1$ 条竖线和 r 颗星的每一个不同的表对应了 n 元素集合的允许重复的一个 r 组合。这种表的个数是 $C(n-1+r, r)$，因为每个表对应了从包含 r 颗星和 $n-1$ 条竖线的 $n-1+r$ 个位置中取 r 个位置来放 r 颗星的一种选择。这种表的个数还等于 $C(n-1+r, n-1)$，因为每个表对应于取 $n-1$ 个位置来放 $n-1$ 条竖线的一种选择。

例 4～6 说明怎样使用定理 2。

Extra Examples

例 4 设一家甜点店有 4 种不同类型的甜点，那么从中选 6 块甜点有多少种不同的方式？假定只关心甜点的类型，而不管是哪一块甜点或者选择的次序。

解 选择 6 块甜点的方式数是具有 4 元素集合的 6 组合数。由定理 2，这等于 $C(4+6-1, 6) = C(9,6)$。由于

$$C(9,6) = C(9,3) = \frac{9 \cdot 8 \cdot 7}{1 \cdot 2 \cdot 3} = 84$$

所以，选择 6 块甜点的不同方式数有 84 种。

定理 2 也可以用于求给定线性方程的整数解的个数。这可以由例 5 来说明。

例 5 方程

$$x_1 + x_2 + x_3 = 11$$

有多少个解？其中 x_1、x_2 和 x_3 是非负整数。

解 为计数解的个数，注意到一个解对应了从 3 元素集合中选 11 个元素的方式，以使得 x_1 选自第一类、x_2 选自第二类、x_3 选自第三类。因此，解的个数等于 3 元素集合允许重复的 11 组合数。由定理 2，存在解的个数为

$$C(3+11-1, 11) = C(13,11) = C(13,2) = \frac{13 \cdot 12}{1 \cdot 2} = 78$$

当对变量加上限制时，也可以求出这个方程的解的个数。例如，当变量是满足 $x_1 \geqslant 1$、$x_2 \geqslant 2$ 且 $x_3 \geqslant 3$ 的整数时，也可以求出这个方程的解的个数。满足此限制的方程的解对应于 11 项的选择，使得项 x_1 取自第一类、项 x_2 取自第二类、项 x_3 取自第三类，并且第一类元素至少取 1 个、第二类元素至少取 2 个、第三类元素至少取 3 个。因此，先选 1 个第一类的元素，2 个第二类的元素，3 个第三类的元素；然后再多选 5 个元素。由定理 2，可以用

$$C(3+5-1, 5) = C(7,5) = C(7,2) = \frac{7 \cdot 6}{1 \cdot 2} = 21$$

种方式做到。于是，对给定限制的方程存在 21 个解。

表 1 允许和不允许重复的组合与排列

类 型	是否允许重复	公 式
r 排列	否	$\dfrac{n!}{(n-r)!}$
r 组合	否	$\dfrac{n!}{r!\,(n-r)!}$
r 排列	是	n^r
r 组合	是	$\dfrac{(n+r-1)!}{r!\,(n-1)!}$

例 6 显示了怎样计数在确定变量值时产生的允许重复的组合数,当每次通过某一类确定的嵌套循环时,这个变量的值都会增加。

例 6 在下面的伪码被执行后,k 的值是什么?

```
k := 0
for i₁ := 1 to n
    for i₂ := 1 to i₁
        ⋮
        for iₘ := 1 to i_{m-1}
            k := k + 1
```

解 k 的初值是 0,且对于满足

$$1 \leqslant i_m \leqslant i_{m-1} \leqslant \cdots \leqslant i_1 \leqslant n$$

的整数序列 i_1,i_2,$\cdots$,i_m,每次通过这个嵌套循环时 k 的值就加 1。这种整数序列的个数是从 $\{1, 2, \cdots, n\}$ 中允许重复地选择 m 个整数的方式数。(为看到这一点,只需注意一旦这个整数序列选定以后,如果我们按非降顺序排列序列中的整数,那么就唯一地确定了一组对 i_m,i_{m-1},$\cdots$,i_1 的赋值。相反,每个这样的赋值对应了一个唯一的无序集合。)所以,由定理 2 得出在这个代码被执行后 $k = C(n+m-1, m)$。 ◀

从一个 n 元素集合中允许重复和不允许重复地选择 r 个元素,其有序或无序的选择数的公式由表 1 给出。

6.5.4 具有不可区别物体的集合的排列

在计数问题中某些元素可能是没有区别的。在这种情况下,必须小心避免重复计数。考虑例 7。

例 7 重新排序单词 SUCCESS 中的字母能构成多少个不同的串?

解 因为 SUCCESS 中的某些字母是重复的,所以答案并不是 7 个字母的排列数。这个单词包含 3 个 S、2 个 C、1 个 U 和 1 个 E。为确定重新排序单词中的字母能构成多少个不同的串,首先注意到 3 个 S 可以用 $C(7, 3)$ 种不同的方式放在 7 个位置中,剩下 4 个空位。然后可以用 $C(4, 2)$ 种方式放 2 个 C,留下 2 个空位。又可以用 $C(2, 1)$ 种方式放 U,留下 1 个空位。因此,放 E 只有 $C(1, 1)$ 种方式。因此,由乘积法则,产生的不同的串数是

$$
\begin{aligned}
C(7,3)C(4,2)C(2,1)C(1,1) &= \frac{7!}{3!4!} \cdot \frac{4!}{2!2!} \cdot \frac{2!}{1!1!} \cdot \frac{1!}{1!0!} \\
&= \frac{7!}{3!2!1!1!} \\
&= 420
\end{aligned}
$$

使用和例 7 同样的推理,能够证明定理 3。

定理 3　设类型 1 的相同的物体有 n_1 个，类型 2 的相同的物体有 n_2 个，$\cdots$，类型 k 的相同的物体有 n_k 个，那么 n 个物体的不同排列数是

$$\frac{n!}{n_1!\,n_2!\cdots n_k!}$$

证明　为了确定排列数，首先注意到可以用 $C(n, n_1)$ 种方式在 n 个位置中放类型 1 的 n_1 个物体，剩下 $n-n_1$ 个空位。然后用 $C(n-n_1, n_2)$ 种方式放类型 2 的物体，剩下 $n-n_1-n_2$ 个空位。继续放类型 3 的物体，$\cdots$，类型 $k-1$ 的物体，直到最后可用 $C(n-n_1-n_2-\cdots-n_{k-1}, n_k)$ 种方式放类型 k 的物体。因此，由乘积法则，不同排列的总数是

$$C(n,n_1)C(n-n_1,n_2)\cdots C(n-n_1-\cdots-n_{k-1},n_k)$$

$$= \frac{n!}{n_1!\,(n-n_1)!}\cdot\frac{(n-n_1)!}{n_2!\,(n-n_1-n_2)!}\cdots\frac{(n-n_1-\cdots-n_{k-1})!}{n_k!\,0!}$$

$$= \frac{n!}{n_1!\,n_2!\cdots n_k!}$$

◀

6.5.5　把物体放入盒子

许多计数问题都可以通过枚举把不同物体放入不同盒子的方式数来解决（这些被放入盒子的物体的次序是无关紧要的）。这些物体既可以是可辨别的，即每个都是不同的，也可以是不可辨别的，即认为每个都是相同的。可辨别的物体有时称为有标号的，而不可辨别的物体则称为没有标号的。类似地，盒子也可以是可辨别的，即每个盒子都不同，也可以是不可辨别的，即每个都相同。可辨别的盒子通常称为有标号的，而不可辨别的盒子则称为没有标号的。当利用把物体放入盒子的模型来解决计数问题时，需要确定物体是不是有标号的，盒子是不是有标号的。尽管从计数问题的内容中可以明确地做出决定，但计数问题有时是不明确的，这使我们很难确定究竟使用哪个模型。这种情况下，最好的办法就是说明你做了什么样的假定，并解释为什么你所选择的模型与你所做的假定是不相违背的。

我们将会看到，计算把物体放入可辨别的盒子的方式数，不管物体是不是可辨别的，这种计数问题都有闭公式。然而不幸的是，如果要计算把物体放入不可辨别的盒子里的方式数，不管物体是不是可辨别的，这种计数问题都没有闭公式。

评注　闭公式指使用有限数量的运算可以计算出结果的表达式，运算包括数字、变量和函数值，运算和函数属于由上下文确定的普遍可接受的集合。在本书中，包括一般的算术运算、实数幂、指数和对数函数、三角函数和阶乘函数。闭公式中不包括无穷级数。

可辨别的物体与可辨别的盒子　首先考虑把可辨别的物体放入可辨别的盒子时的情况。考虑例 8，在该例子中，物体就是扑克牌，盒子就是选手的手。

例 8　有多少种方式把 52 张标准的扑克牌发给 4 个人使得每个人有 5 张牌？

解　我们将使用乘积法则求解这个问题。开始时，第一个人得到 5 张牌可以有 $C(52, 5)$ 种方式。第二个人得到 5 张牌可以有 $C(47, 5)$ 种方式，因为只剩下 47 张牌。第三个人得到 5 张牌可以有 $C(42, 5)$ 种方式。最后，第四个人得到 5 张牌可以有 $C(37, 5)$ 种方式。因此，发给 4 个人每人 5 张牌的方式总数是

$$C(52,5)C(47,5)C(42,5)C(37,5) = \frac{52!}{47!\,5!}\cdot\frac{47!}{42!\,5!}\cdot\frac{42!}{37!\,5!}\cdot\frac{37!}{32!\,5!}$$

$$= \frac{52!}{5!\,5!\,5!\,5!\,32!}$$

◀

评注　例 8 的解等于 52 个物体的排列数，这些物体分成 5 个不同的类，其中 4 类，每类有 5 个相同的物体，第五类有 32 个物体。可以通过在这种排列和给人发牌之间定义一个一一对应来说明这个等式。为了定义这个对应，首先把牌从 1 到 52 排序。然后将发给第一个人的牌与分配给第一类物体在排列中的位置对应。类似地，发给第二、第三和第四个人的牌分别与

第二、第三、第四类物体所分配的位置对应。没有发给任何人的牌与第五类物体所分配的位置对应。读者应该能够验证这是一个一一对应。

例 8 是涉及把不同的物体分配到不同的盒子的一个典型的问题。这些不同的物体是 52 张牌，5 个不同的盒子是 4 个人的手和其余的牌。可以使用下面的定理求解把不同的物体分配到不同的盒子的计数问题。

> **定理 4**　把 n 个不同的物体分配到 k 个不同的盒子使得 n_i 个物体放入盒子 $i(i=1, 2, \cdots, k)$ 的方式数等于
>
> $$\frac{n!}{n_1!n_2!\cdots n_k!}$$

定理 4 可以使用乘积法则证明。详细证明见本节练习 47。它也可以通过在定理 3 计数的排列和定理 4 计数的放物体的方法之间建立一一对应来给出证明(见练习 50)。

不可辨别的物体与可辨别的盒子　计算将 n 个不可辨别的物体放入 k 个可辨别的盒子的方法数问题，其结果等价于在允许重复计数的情况下，对具有 k 个元素的集合计算 n 组合数的问题。其原因是在允许重复计数的情况下，具有 k 个元素集合的 n 组合数与将 n 个不可辨别的球放入 k 个可辨别的盒子的方法数之间存在一个一一对应的关系。为了建立这种对应关系，每次将一个球放入第 i 个盒子，则对应于集合中的第 i 个元素被纳入了 n 组合。

例 9　将 10 个不可辨别的球放入 8 个可辨别的桶里，共有多少种方法？

解　将 10 个不可辨别的球放入 8 个可辨别的桶里的方法数等于在允许重复计数的情况下，从具有 8 个元素的集合中取出的 10 组合的个数。因此有

$$C(8+10-1,10) = C(17,10) = \frac{17!}{10!7!} = 19\,448 \qquad \blacktriangleleft$$

这意味着有 $C(n+r-1, n-1)$ 种方法将 r 个不可辨别的球放入 n 个可辨别的盒子。

可辨别的物体与不可辨别的盒子　计算将 n 个可辨别的物体放入 k 个不可辨别的盒子的方式数问题，比计算将物体(不管物体是不是可辨别的)放入可辨别的盒子的方法数问题困难。我们将用一个例子来说明这一点。

例 10　将 4 个不同的雇员安排在 3 间不可辨别的办公室，有多少种方式？其中每间办公室可以安排任意个数的雇员。

解　我们将通过枚举雇员安排在办公室的所有方式来求解该问题。设 A、B、C、D 分别代表 4 个雇员。首先注意，可以把 4 个雇员都安排在同一间办公室；也可以将 3 个雇员安排在同一间办公室，第 4 个雇员安排在另一间办公室；也可以将 2 个雇员安排在同一间办公室，另外 2 个雇员安排在另一间办公室；最后，还可以将 2 个雇员安排在同一间办公室，而另外 2 个雇员各安排一间不同的办公室。上述每一种安排方式都可以用把 A、B、C、D 分成不相交的子集的方式来表示。

恰好有一种方式将所有 4 个雇员都安排在同一间办公室，用 $\{\{A, B, C, D\}\}$ 来表示。恰好有 4 种方式将 3 个雇员安排在同一间办公室，而第 4 个雇员安排在另一间不同的办公室，用 $\{\{A, B, C\}, \{D\}\}$、$\{\{A, B, D\}, \{C\}\}$、$\{\{A, C, D\}, \{B\}\}$ 和 $\{\{B, C, D\}, \{A\}\}$ 来表示。恰好有 3 种方式将 2 个雇员安排在同一间办公室，另外 2 个雇员安排在另一间办公室，用 $\{\{A, B\}, \{C, D\}\}$、$\{\{A, C\}, \{B, D\}\}$ 和 $\{\{A, D\}, \{B, C\}\}$ 来表示。最后，有 6 种方式将 2 个雇员安排在同一间办公室，而另外 2 个雇员各安排一间不同的办公室。分别用 $\{\{A, B\}, \{C\}, \{D\}\}$、$\{\{A, C\}, \{B\}, \{D\}\}$、$\{\{A, D\}, \{B\}, \{C\}\}$、$\{\{B, C\}, \{A\}, \{D\}\}$、$\{\{B, D\}, \{A\}, \{C\}\}$ 和 $\{\{C, D\}, \{A\}, \{B\}\}$ 来表示。

计算所有的可能性，得到共有 14 种方式将 4 个不同的雇员安排在 3 间不可辨别的办公室。思考这个问题的另外一种方法是，将要安排的办公室数是多少。注意将 4 个不同雇员安

排在 3 间不可辨别的办公室（没有空办公室）共有 6 种方式，将 4 个不同雇员安排在两间不可辨别的办公室（有一间空办公室）共有 7 种方式，将 4 个不同雇员全安排在同一间办公室共有 1 种方式。◀

关于计算把 n 个可辨别的物体放入 j 个不可辨别的盒子的方式数问题，我们没有一个简单可用的闭公式。但是，却有一个求和计算公式，下面将给出这个公式。设 $S(n, j)$ 表示将 n 个可辨别的物体放入 j 个不可辨别的盒子的方式数，其中不允许有空的盒子。数 $S(n, j)$ 称为**第二类斯特林数**。例如，例 10 证明了 $S(4,3)=6$、$S(4,2)=7$ 和 $S(4,1)=1$。我们看到将 n 个可辨别的物体放入 k 个不可辨别的盒子（其中非空的盒子数等于 k，$k-1$，$\cdots$，2，或 1）的方式数等于 $\sum_{i=1}^{k} S(n, j)$。例如，跟据例 10 的推理过程，将 4 个不同雇员安排在 3 间不可辨别的办公室共有 $S(4,1)+S(4,2)+S(4,3)=1+7+6=14$ 种方式。利用容斥原理（见 8.6 节）可以证明：

$$S(n, j) = \frac{1}{j!} \sum_{i=0}^{j-1} (-1)^i \binom{j}{i} (j-i)^n$$

因此，将 n 个不可辨别的物体放入 k 个可辨别的盒子的方法数等于

$$\sum_{j=1}^{k} S(n, j) = \sum_{j=1}^{k} \frac{1}{j!} \sum_{i=0}^{j-1} (-1)^i \binom{j}{i} (j-i)^n$$

评注　读者可能关心第一类斯特林数。关于**无符号第一类斯特林数**的组合定义、第一类斯特林数的绝对值可以从补充练习 47 的前导言中找到。关于第一类斯特林数的定义、关于第二类斯特林数的详细信息、学习更多关于第一类斯特林数和两类斯特林数之间关系，可以参考组合数学教材，如[Bó07]、[Br99]、[RoTe05] 以及 [MiRo91] 中的第 6 章。

不可辨别的物体与不可辨别的盒子　有些计数问题可以通过确定将不可辨别的物体放入不可辨别的盒子的方式数而得解决。用一个例子来说明这一原理。

例 11　将同一本书的 6 个副本放到 4 个相同的盒子里，其中每个盒子都能容纳 6 个副本，有多少种不同的方式？

解　我们来枚举所有的放入方式。对每一种放入方式，将按照具有最多副本数的盒子的次序依次列出每个盒子里的副本数，即列出的次序是递减的。那么，放入方式有

$$6,$$
$$5, 1$$
$$4, 2$$
$$4, 1, 1$$
$$3, 3$$
$$3, 2, 1$$
$$3, 1, 1, 1$$
$$2, 2, 2$$
$$2, 2, 1, 1$$

例如，4，1，1 表示：有一个盒子中有 4 份副本、第二个盒子中有 1 份副本、第三个盒子中有 1 份副本（第四个盒子是空的）。因为已经枚举了将 6 个副本放到最多 4 个盒子里的所有方式，我们知道，共有 9 种方式来完成这项任务。◀

将 n 个不可辨别的物体放入 k 个不可辨别的盒子，等价于将 n 写成最多 k 个非递增正整数的和。如果 $a_1+a_2+\cdots+a_j=n$，其中 a_1，a_2，$\cdots$，a_j 都是正整数，且 $a_1 \geqslant a_2 \geqslant \cdots \geqslant a_j$，那么就说 a_1，a_2，$\cdots$，a_j 是将正整数 n 划分成 j 个正整数的一个**划分**。可以看到，如果 $p_k(n)$ 是将正整数 n 划分成最多 k 个正整数的方式数，那么将 n 个不可辨别的物体放入 k 个不可辨别的盒子里的方式数就是 $p_k(n)$。关于这个数，我们没有更简单的公式来表示它。从参考资料 [Ro11] 可以找到正整数划分的更多信息。

练习

1. 从一个 3 元素集合中允许重复地有序选取 5 个元素有多少种不同的方式?

2. 从一个 5 元素集合中允许重复地有序选取 5 个元素有多少种不同的方式?

3. 6 个字母的字符串有多少个?

4. 每天一个学生从一堆包好的三明治中随机选 1 块三明治作为午饭。如果有 6 种三明治并且选择三明治的次序无关,在一周的 7 天里这个学生选择三明治有多少种不同的方式?

5. 分配 3 种工作给 5 个雇员,如果每个雇员可以得到 1 种以上的工作,那么有多少种不同的分配方式?

6. 从一个 3 元素集合中允许重复地无序选取 5 个元素有多少种不同的方式?

7. 从一个 5 元素集合中允许重复地无序选取 3 个元素有多少种不同的方式?

8. 从一个商店的 21 种甜甜圈中选择 12 个甜甜圈有多少种不同的方式?

9. 一个百吉饼店有洋葱百吉饼、罂粟子百吉饼、鸡蛋百吉饼、咸味百吉饼、粗制粿麦百吉饼、芝麻百吉饼、葡萄干百吉饼和普通百吉饼,有多少种方式选择

   a) 6 个百吉饼?

   b) 12 个百吉饼?

   c) 24 个百吉饼?

   d) 12 个百吉饼,并且每类至少有 1 个?

   e) 12 个百吉饼,并且至少有 3 个鸡蛋百吉饼和不超过 2 个咸味百吉饼?

10. 一个新月形面包店有普通新月形面包、樱桃新月形面包、巧克力新月形面包、杏仁新月形面包、苹果新月形面包和椰菜新月形面包。有多少种方式选择

    a) 12 个新月形面包?

    b) 36 个新月形面包?

    c) 24 个新月形面包,并且至少每类有 2 个?

    d) 24 个新月形面包,并且不超过 2 个椰菜的?

    e) 24 个新月形面包,并且至少 5 个巧克力的且至少 3 个杏仁的?

    f) 24 个新月形面包,并且至少 1 个普通的,至少 2 个樱桃的,至少 3 个巧克力的,至少 1 个杏仁的,至少 2 个苹果的和不超过 3 个椰菜的?

11. 一个小猪储钱罐包含 100 个相同的 1 美分和 80 个相同的 5 美分硬币,从中选 8 个硬币有多少种方式?

12. 如果一个小猪储钱罐中有 1 美分、5 美分、10 美分、25 美分、50 美分等硬币,那么 20 个硬币有多少种不同的组合?

13. 一个出版商有 3000 本离散数学书,如果这些书是没有区别的,那么将这些书存储在 3 个库房有多少种方式?

14. 设 x_1、x_2、x_3 和 x_4 是非负整数,方程 $x_1+x_2+x_3+x_4=17$ 有多少个解?

15. 方程 $x_1+x_2+x_3+x_4+x_5=21$ 有多少个解?其中 $x_i(i=1,2,3,4,5)$ 是非负整数,并且使得

    a) $x_1 \geqslant 1$ b) $x_i \geqslant 2$, $i=1,2,3,4,5$

    c) $0 \leqslant x_1 \leqslant 10$ d) $0 \leqslant x_1 \leqslant 3$, $1 \leqslant x_2 < 4$, $x_3 \geqslant 15$

16. 方程 $x_1+x_2+x_3+x_4+x_5+x_6=29$ 有多少个解?其中 $x_i(i=1,2,3,4,5,6)$ 是非负整数,并且使得

    a) $x_i > 1$, $i=1,2,3,4,5,6$ b) $x_1 \geqslant 1$, $x_2 \geqslant 2$, $x_3 \geqslant 3$, $x_4 \geqslant 4$, $x_5 > 5$, $x_6 \geqslant 6$

    c) $x_1 \leqslant 5$ d) $x_1 < 8$, $x_2 > 8$

17. 有多少 10 位三进制数字 (0、1 或 2) 串恰含有 2 个 0、3 个 1 和 5 个 2?

18. 有多少 20 位十进制数字串含有 2 个 0、4 个 1、3 个 2、1 个 3、2 个 4、3 个 5、2 个 7 和 3 个 9?

19. 假设一个大家庭有 14 个孩子,包括 2 组三胞胎、3 组双胞胎以及 2 个单胞胎。这些孩子坐在一排椅子上,如果相同的三胞胎或双胞胎的孩子不能互相区分,那么有多少种方式?

20. 不等式 $x_1+x_2+x_3 \leqslant 11$ 有多少个解?其中 x_1、x_2 和 x_3 是非负整数。[提示:引入辅助变量 x_4 使得 $x_1+x_2+x_3+x_4=11$。]

21. 一位瑞典导游设计了一种聪明的方法,帮助游客在人群中尽快找到自己的导游。他有 13 双相同样式的鞋,每一双鞋都有不同的颜色。他从这 13 双鞋中选择一支左鞋和一只右鞋,有多少种方式?

a）不限制和区分哪种颜色穿在哪只脚上。

b）左鞋和右鞋的颜色不同，区分哪种颜色穿在哪只脚上。

c）左鞋和右鞋的颜色不同，不区分哪种颜色穿在哪只脚上。

d）没有限制和不区分哪种颜色穿在哪只脚上。

* **22.** 安排一名飞行员在 10 月份飞行 5 天，且不能连续 2 天飞行。有多少种安排方式？

23. 把 6 个相同的球放到 9 个不同的箱子中有多少种方法？

24. 把 12 个相同的球放到 6 个不同的箱子中有多少种方法？

25. 把 12 个不同的物体放到 6 个不同的盒子中并且每个盒子有 2 个物体，有多少种方法？

26. 把 15 个不同的物体放到 5 个不同的盒子中并且这些盒子分别有 1 个、2 个、3 个、4 个和 5 个物体，有多少种方法？

27. 有多少个小于 1 000 000 的正整数其数字之和等于 19？

28. 有多少个小于 1 000 000 的正整数恰好一个数字等于 9 且其数字之和等于 13？

29. 一次离散数学的期终考试有 10 道题。如果总分数是 100 且每道题至少 5 分，那么有多少种方式来分配这些题的分数？

30. n 个物体有 r 种不同的类型，证明有 $C(n+r-q_1-q_2-\cdots-q_{r-1}, \ n-q_1-q_2-\cdots-q_r)$ 种不同的无序选择，使得该选择至少有 q_1 个 1 型的物体，q_2 个 2 型物体，$\cdots$，q_r 个 r 型物体？

31. 如果被传送的比特串必须以 1 开始，必须有另外 3 位 1（使得传送的 1 共有 4 位），必须包含总共 12 位 0，必须每个 1 后面至少跟随 2 个 0，那么有多少个不同的比特串？

32. 使用 MISSISSIPPI 中的所有字母可以构造多少个不同的串？

33. 使用 ABRACADABRA 中的所有字母可以构造多少个不同的串？

34. 使用 AARDVARK 中的所有字母且所有的 3 个 A 必须连续，可以构造多少个不同的串？

35. 使用 ORONO 中的某些或全部字母可以构造多少个不同的串？

36. 使用 SEERESS 中的字母可以构造多少个至少含 5 个字符的串？

37. 用 EVERGREEN 中的字母可以构造多少个至少含 7 个字符的串？

38. 使用 6 个 1 和 8 个 0 可以构造多少个不同的比特串？

39. 一个学生有 3 个芒果、2 个番木瓜和 2 个猕猴桃。如果这个学生每天吃 1 个水果，并且只考虑水果的类型，那么有多少种不同的方式吃完这些水果？

40. 一个教授把 40 本数学期刊放入 4 个盒子，每盒 10 本，分配这些期刊有多少种方式？

a）如果每个盒子被编号使得它们是可区分的。

b）这些盒子是相同的，使得它们是不可区分的。

41. 有多少种不同的方式在 xyz 空间上从原点 $(0, 0, 0)$ 到达点 $(4, 3, 5)$？这个旅行的每一步是在 x 正方向移动一个单位，y 正方向移动一个单位，或者 z 正方向移动一个单位。（x、y、z 负方向的移动是禁止的，即不允许回头。）

42. 有多少种不同的方式在 $xyzw$ 空间上从原点 $(0, 0, 0, 0)$ 到达点 $(4, 3, 5, 4)$？这个旅行的每一步是在 x、y、z 或 w 正方向移动一个单位。

43. 把一副标准的 52 张扑克牌发给 5 个人，每个人得到 7 张牌，有多少种方式？

44. 在打桥牌时，把一副标准的 52 张牌发给 4 个人，有多少种不同发牌的方式？

45. 当把一副标准的 52 张牌发给 4 个人时，若使得每个人有一手包含 1 张 A 的牌，这种概率是多少？

46. 12 本书放在 4 个不同的书架上有多少种方式？

a）如果这些书是同一种书。

b）如果所有的书都不同，并且考虑这些书在书架上的位置。〔提示：把这件事分成 12 个任务完成，放每本书是一个任务。先用 1、2、3、4 表示这些书架，用 b_i（$i=1, 2, \cdots, 12$）表示书。把 b_i 放到 1、2、3、4 中某个数的右边。〕

47. n 本书放在 k 个不同的书架上有多少种方式？

a）如果这些书是同一种书。

b）如果所有的书都不同，并且考虑这些书在书架上的位置。

48. 12 本书在一个书架上排成一排。从中选 5 本书并且使得没有 2 本书相邻有多少种方式？〔提示：将选的书用竖线表示，没选的书用星号表示，计数含 5 条竖线和 7 颗星且没有 2 条竖线相邻的序列数。〕

* **49.** 通过先把物体放入第一个盒子，然后把物体放入第二个盒子，…，的方法，使用乘积法则证明定理 4。

* **50.** 通过下面的方法证明定理 4。有 n 个物体，其中类型为 i 的相同的物体有 n_i 个，$i=1，2，\cdots，k$。先把这 n 个物体的排列与把这些物体放到 k 个盒子且使得盒子 i 含有 n_i 个物体的分配之间建立一一对应，这里 $i=1，2，\cdots，k$，然后使用定理 3。

* **51.** 在这个练习中，我们将通过在两个集合之间建立一一对应来证明定理 2。这两个集合分别是集合 $S=\{1，2，\cdots，n\}$ 的允许重复的 r 组合的集合和集合 $T=\{1，2，3，\cdots，n+r-1\}$ 的 r 组合的集合。

　　a)把 S 的允许重复的 r 组合中的元素排成一个递增序列 $x_1 \leqslant x_2 \leqslant \cdots \leqslant x_r$。证明：对这个序列的第 k 项加上 $k-1$ 而构成的序列是严格递增的。断言这个序列由 T 的 r 个不同的元素构成。

　　b)证明 a 所描述的过程在 S 的允许重复的 r 组合的集合与 T 的 r 组合的集合之间定义了一一对应。［提示：通过把 T 的满足 $1 \leqslant x_1 < x_2 < \cdots < x_r \leqslant n+r-1$ 的 r 组合 $\{x_1，x_2，\cdots，x_r\}$，与从第 k 个元素减去 $k-1$ 得到的 S 的允许重复的 r 组合相联系，证明这个对应是可逆的。］

　　c)断言存在着 $C(n+r-1，r)$ 个 n 元素集合的允许重复的 r 组合。

52. 有多少种方式把 5 个不同的物体放到 3 个相同的盒子中？

53. 有多少种不同的方式将 6 个可辨别的物体放入 4 个不可辨别的盒子，使得每个盒子里至少有 1 个物体？

54. 有多少种不同的方式将 5 个临时雇员安排到 4 个相同的办公室？

55. 有多少种不同的方式将 6 个临时雇员安排到 4 个相同的办公室，使得每个办公室中至少有 1 个临时雇员？

56. 有多少种不同的方式将 5 个不可辨别的物体放入 3 个不可辨别的盒子？

57. 有多少种不同的方式将 6 个不可辨别的物体放入 4 个不可辨别的盒子，使得每个盒子里至少有 1 个物体？

58. 有多少种不同的方式将 8 张相同的 DVD 放入 5 个不可辨别的盒子，使得每个盒子里至少有 1 张 DVD？

59. 有多少种不同的方式将 9 张相同的 DVD 放入 3 个不可辨别的盒子，使得每个盒子里至少有 2 张 DVD？

60. 有多少种不同的方式将 5 个球放到 7 个盒子里，要求每个盒子里最多有 1 个球，如果

　　a)球与盒都是有标号的？　　　　　　　　b)球是有标号的，但盒子是没有标号的？

　　c)球是没有标号的，但盒子是有标号的？　　d)球与盒都是没有标号的？

61. 有多少种不同的方式将 5 个球放到 3 个盒子里，要求每个盒子里至少有 1 个球，如果

　　a)球与盒都是有标号的？　　　　　　　　b)球是有标号的，但盒子是没有标号的？

　　c)球是没有标号的，但盒子是有标号的？　　d)球与盒都是没有标号的？

62. 假如一个足球协会中有 32 支球队，将该协会分成两个分会，每个分会都有 16 支球队。将每个分会再分成三个小组。假如中北小组有 5 支球队，该小组的每支球队相互之间要踢四场比赛，每支球队要和该分会其他小组的 11 支球队踢三场比赛，还要和另一个分会的 16 支球队踢两场比赛。要安排中北小组中的一支球队进行比赛，共有多少种不同的方式？

* **63.** 假如一个武器巡视员必须对 5 个不同场所中的每个场所巡视两次，每天巡视一个场所。巡视员可以自由选择巡视场所的次序，但他不能连着两天都巡视 X 场所，因为 X 场所是最可疑的场所。那么，该巡视员有多少种不同的方式来巡视这些场所？

64. 在 $(x_1+x_2+\cdots+x_m)^n$ 的展开式中，把所有的同类项合并以后多少个不同的项？

* **65.** 证明**多项式定理**：如果 n 是正整数，则

$$(x_1+x_2+\cdots+x_m)^n = \sum_{n_1+n_2+\cdots+n_m=n} C(n;n_1,n_2,\cdots,n_m)x_1^{n_1}x_2^{n_2}\cdots x_m^{n_m}$$

其中

$$C(n;n_1,n_2,\cdots,n_m) = \frac{n!}{n_1!n_2!\cdots n_m!}$$

是**多项式系数**。

66. 求 $(x+y+z)^4$ 的展开式。

67. 求 $(x+y+z)^{10}$ 中的 $x^3y^2z^5$ 的系数。

68. 在 $(x+y+z)^{100}$ 的展开式中有多少个项？

6.6　生成排列和组合

6.6.1　引言

本章前几节已经描述了各种类型的排列和组合的计数方法，但是有时候需要生成排列和组合，而不仅仅是计数。考虑下面三个问题。第一，假设一个销售商必须访问 6 个城市。应该按照什么顺序访问这些城市而使得总的旅行时间最少？一种方法就是确定 6! ＝720 种不同顺序的访问时间并且选择具有最小旅行时间的访问顺序。第二，假定 6 个数的集合中某些数的和是 100。找出这些数的一种方法就是生成所有 2^6 ＝64 个子集并且检查它们的元素和。第三，假设一个实验室有 95 个雇员，一个项目需要一组 12 人组成的有 25 种特定技能的雇员。（每个雇员可能有一种或多种技能）。找出这组雇员的一种方法就是找出所有的 12 个雇员的小组，然后检查他们是否有所需要的技能。这些例子都说明为了求解问题常常需要生成排列和组合。

6.6.2　生成排列

任何 n 元素集合可以与集合 $\{1,2,3,\cdots,n\}$ 建立一一对应。我们可以如下列出任何 n 元素集合的所有排列：生成 n 个最小正整数的排列，然后用对应的元素替换这些整数。已经建立了许多不同的算法来生成这个集合的 n! 个排列。我们将要描述的算法是以 $\{1,2,3,\cdots,n\}$ 的排列集合上的**字典顺序**为基础的。按照这个顺序，如果对于某个 k，$1 \leqslant k \leqslant n$，$a_1 = b_1$，$a_2 = b_2$，$\cdots$，$a_{k-1} = b_{k-1}$ 并且 $a_k < b_k$，那么排列 $a_1a_2\cdots a_n$ 在排列 $b_1b_2\cdots b_n$ 的前边。换句话说，如果在 n 个最小正整数集合的两个排列不等的第一位置，一个排列的数小于第二个排列的数，那么这个排列按照字典顺序排在第二个排列的前边。

例 1　集合 $\{1,2,3,4,5\}$ 的排列 23415 在排列 23514 的前边，因为这些排列在前两位相同，但第一排列在第三位置中的数是 4，小于第二排列在第三位置中的数 5。类似地，排列 41532 在排列 52143 的前边。

生成 $\{1,2,\cdots,n\}$ 的排列的算法基础是从一个给定排列 $a_1a_2\cdots a_n$ 按照字典顺序构造下一个排列的过程。我们将说明怎样做到这一点。首先假设 $a_{n-1} < a_n$，交换 a_{n-1} 和 a_n 可得到一个更大的排列。没有其他的排列既大于原来的排列且又小于这个通过交换 a_{n-1} 与 a_n 得到的排列。例如，在 234156 后面的下一个最大的排列是 234165。另一方面，如果 $a_{n-1} > a_n$，那么由交换这个排列中的最后两项不可能得到一个更大的排列。看看排列中的最后 3 个整数，如果 $a_{n-2} < a_{n-1}$，那么可以重新安排这后 3 个数而得到下一个最大的排列。a_{n-1} 和 a_n 中比较小的数大于 a_{n-2}，先把这个数放在位置 $n-2$，然后把剩下的那个数和 a_{n-2} 按照递增的顺序放到最后的两个位置。例如，在 234165 后面的下一个最大的排列是 234516。

另一方面，如果 $a_{n-2} > a_{n-1}$（且 $a_{n-1} > a_n$），那么不可能由安排在这个排列的最后三项而得到更大的排列。基于这个观察，可以描述一个一般的方法，对于给定的排列 $a_1a_2\cdots a_n$ 依据字典顺序生成下一个最大的排列。首先，找到整数 a_j 和 a_j+1，使得 $a_j < a_j+1$ 且

$$a_{j+1} > a_{j+2} > \cdots > a_n$$

即在这个排列中的最后一对相邻的整数，使得这个对的第一个整数小于第二个整数。然后，把 a_{j+1}，a_{j+2}，$\cdots$，a_n 中大于 a_j 的最小的整数放到第 j 个位置，再按照递增顺序从位置 $j+1$ 到 n 列出 a_j，a_{j+1}，a_{j+2}，$\cdots$，a_n 中其余的整数，这就得到依照字典顺序的下一个最大的排列。容易看出，没有其他的排列大于排列 $a_1a_2\cdots a_n$ 而小于这个新生成的排列（对这一事实的验证留给读者作为练习）。

例 2　在 362541 后面按照字典顺序下一个最大的排列是什么？Extra Examples

解　使得 $a_j < a_{j+1}$ 的最后一对整数 a_j 和 a_{j+1} 是 $a_3 = 2$ 和 $a_4 = 5$。排列在 2 右边大于 2 的最小

整数是 $a_5 = 4$，因此将 4 放在第三个位置。然后整数 2、5 和 1 依递增顺序放到最后三个位置，即这个排列的最后三个位置是 125。于是，下一个最大排列是 364125。 ◀

为了生成整数 1，2，3，$\cdots$，n 的 $n!$ 个排列，按照字典顺序由最小的排列，即 $123\cdots n$ 开始，连续使用 $n! - 1$ 次生成下一个最大排列的过程，就得到 n 个最小的整数按字典顺序的所有排列。

例 3 按字典顺序生成整数 1，2，3 的排列。

解 从 123 开始。由交换 3 和 2 得到下一个排列 132。下一步，因为 3＞2 和 1＜3，排列在 132 中的 3 个整数，把 3 和 2 中较小的放到第一个位置，然后按递增顺序把 1 和 3 放到位置二和三而得到 213。跟着 213 的是 231，它是由交换 1 和 3 得到的，因为 1＜3。下一个最大的排列把 3 放在第一位置，后面是 1 和 2 按递增顺序排列，即 312。最后，交换 1 和 2 得到最后一个排列 321。我们生成了 1，2，3 字典顺序排列，它们是 123、132、213、231、312 和 321。 ◀

算法 1 显示了在给定排列不是最大的排列 $n\,n-1\,n-2\cdots2\,1$ 时，在它的后面按照字典顺序找到下一个最大排列的过程。

算法 1 按字典顺序生成下一个最大排列

procedure next permutation($a_1 a_2 \cdots a_n$: $\{1, 2, \cdots, n\}$ 的排列，不等于 $n\,n-1\cdots2\,1$)

$j := n-1$

while $a_j > a_{j+1}$

   $j := j-1$

{j 是使得 $a_j < a_{j+1}$ 的最大下标}

$k := n$

while $a_j > a_k$

   $k := k-1$

{a_k 是在 a_j 右边大于 a_j 的最小整数}

交换 a_j 和 a_k

$r := n$

$s := j+1$

while $r > s$

   交换 a_r 和 a_s

   $r := r-1$

   $s := s+1$

{这把在第 j 位后边的排列尾部按递增顺序放置}

{现在 $a_1 a_2 \cdots a_n$ 是下一个排列}

6.6.3 生成组合

怎样生成一个有穷集的元素的所有组合呢？由于一个组合仅仅就是一个子集，所以我们可以利用集合 $\{a_1, a_2, \cdots, a_n\}$ 的子集和 n 位比特串之间的对应关系。

如果 a_k 在子集中，对应的比特串在位置 k 有一个 1；如果 a_k 不在子集中，对应的比特串在位置 k 有一个 0。如果可以列出所有的 n 位比特串，那么通过在子集和比特串之间的对应就可以列出所有的子集。

一个 n 位比特串也是一个在 0 到 $2^n - 1$ 之间的整数的二进制展开式。按照它们的二进制展开式，作为整数根据递增顺序可以列出这 $2^n - 1$ 个比特串。为生成所有的 n 位二进制展开式，从具有 n 个 0 的比特串 $000\cdots00$ 开始。然后，继续找下一个最大的展开式，直到得到 $111\cdots11$ 为止。在每一步找下一个最大的二进制展开式时，先确定从右边起第一个不是 1 的位置。然后把这个位置右边的所有的 1 变成 0 并且将这第一个 0（从右边数）变成 1。

例 4　找出在 1000100111 后面的下一个最大的比特串。

解　这个串从右边数不是 1 的第 1 位是从右边起的第 4 位。把这一位变成 1 并且将它后面所有的位变成 0。这就生成了下一个最大的比特串 1000101000。

生成在 $b_{n-1}b_{n-2}\cdots b_1 b_0$ 后面的下一个最大的比特串的过程在算法 2 中给出。

算法 2　生成下一个最大的比特串

procedure next bit string($b_{n-1}b_{n-2}\cdots b_1 b_0$：不等于 $11\cdots 11$ 的比特串)

$i := 0$

while $b_i = 1$

　$b_i := 0$

　$i := i + 1$

$b_i := 1$

$\{$现在 $b_{n-1}b_{n-2}\cdots b_1 b_0$ 是下一个比特串$\}$

下面将给出生成集合 $\{1, 2, 3, \cdots, n\}$ 的 r 组合的算法。一个 r 组合可以表示成一个序列，这个序列按照递增的顺序包含了这个子集中的元素。使用在这些序列上的字典顺序可以列出这些 r 组合。在这个字典顺序下，第一个 r 组合是 $\{1, 2, \cdots, r-1, r\}$，最后一个 r 组合是 $\{n-r+1, n-r+2, \cdots, n-1, n\}$。在 $a_1 a_2 \cdots a_r$ 后面的下一个组合可以按下面的方法得到：首先，找到序列中使得 $a_i \neq n-r+i$ 的最后元素 a_i，然后用 $a_i + 1$ 代替 a_i，且对于 $j = i+1, i+2, \cdots, r$ 用 $a_i + j - i + 1$ 代替 a_j。请读者证明这就按字典顺序生成了下一个最大的组合。下面的例 5 说明了这个过程。

例 5　找出集合 $\{1, 2, 3, 4, 5, 6\}$ 在 $\{1, 2, 5, 6\}$ 后面的下一个最大的 4 组合。

解　在具有 $a_1 = 1$，$a_2 = 2$，$a_3 = 5$，$a_4 = 6$ 的项中使得 $a_i \neq 6-4+i$ 的最后的项是 $a_2 = 2$。为得到下一个最大的 4 组合，把 a_2 加 1 得 $a_2 = 3$。然后，置 $a_3 = 3+1 = 4$ 且 $a_4 = 3+2 = 5$。从而下一个最大的 4 组合是 $\{1, 3, 4, 5\}$。

算法 3 用伪码给出了这个过程。

算法 3　按字典顺序生成下一个 r 组合

procedure next r-combination($\{a_1, a_2, \cdots, a_r\}$：$\{1, 2, \cdots, n\}$ 的满足 $a_1 < a_2 < \cdots < a_r$ 的不等于 $\{n-r+1, \cdots, n\}$ 的真子集)

$i := r$

while $a_i = n-r+i$

　$i := i-1$

$a_i := a_i + 1$

for $j := i+1$ **to** r

　$a_j := a_i + j - i$

$\{$现在 $a_1 a_2 \cdots a_r$ 是下一个组合$\}$

练习

1. 按照字典顺序排列下述 $\{1, 2, 3, 4, 5\}$ 的排列：

　43521，15432，45321，23451，23514，14532，21345，45213，31452，31542。

2. 按照字典顺序排列下述 $\{1, 2, 3, 4, 5, 6\}$ 的排列：

　234561，231456，165432，156423，543216，541236，231465，314562，432561，654321，654312，435612。

3. 一个计算机目录中文件名字包括 3 个大写字母，接着 1 个数字，其中字母是 A、B 或 C，数字是 1 或 2。以字典顺序列出这些文件名。字母顺序为正常的字母表顺序。

4. 设一个计算机目录中文件名字包括 3 个数字，接着 2 个小写字母，其中数字是 0、1 或 2，字母是 a 或 b。以字典顺序列出这些文件名。字母顺序为正常的字母表顺序。

5. 找出按照字典顺序跟在下面每一个排列后面的下一个最大的排列。

    a) 1432　　　　　　　　　**b)** 54123　　　　　　　　　**c)** 12453

    d) 45231　　　　　　　　　**e)** 6714235　　　　　　　　**f)** 31528764

6. 找出按照字典顺序跟在下面每一个排列后面的下一个最大的排列。

    a) 1342　　　　　　　　　**b)** 45321　　　　　　　　　**c)** 13245

    d) 612345　　　　　　　　**e)** 1623547　　　　　　　　**f)** 23587416

7. 使用算法 1 按照字典顺序生成前 4 个正整数的 24 个排列。

8. 使用算法 2 列出集合 {1，2，3，4} 的所有子集。

9. 使用算法 3 列出集合 {1，2，3，4，5} 的所有的 3 组合。

10. 证明：算法 1 按字典顺序生成下一个最大的排列。

11. 证明：算法 3 按字典顺序生成给定 r 组合后面的下一个最大的 r 组合。

12. 建立一个算法来生成 n 元素集合的 r 排列。

13. 列出 {1，2，3，4，5} 的所有 3 排列。

这一节剩下的练习建立了另一个算法来生成 {1，2，3，…，n} 的排列。这个算法是基于整数的康托尔展开。每个小于 $n!$ 的非负整数有一个唯一的康托尔展开式

$$a_1 1! + a_2 2! + \cdots + a_{n-1}(n-1)!$$

其中 a_i 是一个不超过 i 的非负整数，$i=1，2，\cdots，n-1$。整数 $a_1，a_2，\cdots，a_{n-1}$ 叫作这个整数的**康托尔数字**。

给定 {1，2，…，n} 的一个排列。令 a_{k-1} 是排列中在 k 后面且小于 k 的整数个数，$k=2，3，\cdots，n$。例如，在排列 43215 中，a_1 是在 2 后面且小于 2 的整数个数，所以 $a_1=1$。类似地，对这个例子，$a_2=2$，$a_3=3$ 且 $a_4=0$。考虑从 {1，2，3，…，n} 的排列的集合到小于 $n!$ 的非负整数的集合的函数。这个函数把一个排列映到一个非负整数，而这个整数把以这种方式定义的 $a_1，a_2，\cdots，a_{n-1}$ 作为它的康托尔数字。

14. 找出对应于下述排列的整数。

    a) 246531　　　　　　　　**b)** 12345　　　　　　　　　**c)** 654321

*15. 证明：这里描述的对应是 {1，2，3，…，n} 的排列的集合与小于 $n!$ 的非负整数之间的双射。

16. 按照康托尔展开式与练习 12 前面所描述的排列之间的对应找出与下面的整数相对应的 {1，2，3，4，5} 的排列。

    a) 3　　　　　　　　　　　**b)** 89　　　　　　　　　　　**c)** 111

17. 设计一个以练习 14 描述的对应为基础的算法来生成 n 元素集合所有的排列。

关键术语和结论

术语

组合数学（combinatorics）：研究物体安排的科学。

枚举（enumeration）：物体安排的计数。

树图（tree diagram）：由根、从根出发的分支以及从分支的某些端点出发的其他分支构成的图。

排列（permutation）：集合元素的一个有序的安排。

r 排列（r-permutation）：集合的 r 个元素的一个有序安排。

$P(n，r)$：n 元素集合的 r 排列数。

r 组合（r-combination；）：集合的 r 个元素的无序选取。

$C(n，r)$：n 元素集合的 r 组合数。

$\dbinom{n}{r}$（二项式系数，binomial coefficient）：也是 n 元素集合的 r 组合数。

组合证明（combinatorial proof）：基于计数变量的证明。

帕斯卡三角形（Pascal's triangle）：二项式系数的一种表示，其中三角形的第 i 行包含 $\binom{i}{j}$，$j = 0$，1，2，$\cdots$，i。

结论

计数的乘积法则（product rule for counting）：当一个过程由两个子任务构成时，完成这个过程的方式数是完成第一个任务的方式数和完成第一个任务之后再做第二个任务的方式数之积。

集合的乘积法则（product rule for sets）：有限集合的笛卡儿集的大小是各个集合大小的乘积。

计数的求和法则（sum rule for counting）：如果两个任务不能同时做，那么用这种或那种方式完成任务的总方式数是完成两种任务的方式数之和。

集合的求和法则（sum rule for sets）：两两互斥集合的并集的大小是各个集合大小之和。

计数的减法法则或者集合容斥原理（subtraction rule for counting or inclusion-exclusion for sets）：一个任务可以通过 n_1 种或者 n_2 种两类方式完成，完成这个任务的方式总数是 $n_1 + n_2$ 减去两类方式中相同的方式。

集合的减法法则或者集合容斥原理（subtraction rule or inclusion-exclusion for sets）：两个集合的并集的大小等于两个集合大小之和减去两个集合交集的大小。

计数的除法法则（division rule for counting）：如果一个任务能由一个可以用 n 种方式完成的过程实现，而对于每种完成任务的方式 w，在 n 种方式中正好 d 种与之对应，那么完成这个任务的方法数为 n/d。

集合的除法法则（division rule for sets）：如果说一个有限集 A 是 n 个有 d 个元素的互斥集合的并集组成，那么 $n = |A|/d/$。

鸽巢原理（the pigeonhole principle）：当比 k 多的物体放到 k 个盒子时，一定存在一个盒子包含了至少 2 个物体。

广义鸽巢原理（the generalized pigeonhole principle）：当 N 个物体放入 k 个盒子时，一定存在一个盒子包含了至少 $\lceil N/k \rceil$ 个物体。

$$P(n,r) = \frac{n!}{(n-r)!}$$

$$C(n,r) = \binom{n}{r} = \frac{n!}{r!(n-r)!}$$

帕斯卡恒等式（Pascal's identity）：$\binom{n+1}{k} = \binom{n}{k-1} + \binom{n}{k}$

二项式定理（the binomial theorem）：$(x+y)^n = \sum_{k=0}^{n} \binom{n}{k} x^{n-k} y^k$

当允许重复时，一个 n 元素集合有 n^r 个 r 排列。

当允许重复时，一个 n 元素集合有 $C(n+r-1, r)$ 个 r 组合。

如果类型 i 的不可辨别的物体有 n_i 个，$i = 1$，2，3，$\cdots$，k，那么 n 个物体的排列有 $n!/(n_1! \, n_2! \cdots n_k!)$ 个。

生成集合 $\{1, 2, \cdots, n\}$ 的排列的算法。

复习题

1. 解释怎样用求和与乘积法则找出长度不超过 10 的比特串的个数。

2. 解释怎样找出长度不超过 10 且至少有 1 位 0 的比特串的个数。

3. a）怎样用乘积法则找出从 m 元素集合到 n 元素集合的函数个数？

　b）从一个 5 元素集合到一个 10 元素集合存在多少个函数？

　c）怎样用乘积法则找出从 m 元素集合到 n 元素集合的一对一函数的个数？

　d）从一个 5 元素集合到一个 10 元素集合存在多少个一对一函数？

　e）从一个 5 元素集合到一个 10 元素集合存在多少个映上（注意，满射）的函数？

4. 如果首先赢 4 个球的队就能取胜，你怎样找出两个队加赛的所有可能的结果数？

5. 怎样找出以 101 开始以 010 结束的 10 位比特串数？

6. a) 叙述鸽巢原理。

   b) 解释怎样用鸽巢原理证明在 11 个整数中至少 2 个整数的最后一位相同?

7. a) 叙述广义鸽巢原理。

   b) 解释怎样用广义鸽巢原理证明在 91 个整数中有 10 个整数的最后一位数字相同?

8. a) 一个 n 元素集合的 r 排列和 r 组合的区别是什么?

   b) 推导一个与 n 元素集合的 r 组合数及 r 排列数有关的等式。

   c) 有多少种方式从一班 25 个学生中选 6 个学生参加一个委员会?

   d) 有多少种方式从一班 25 个学生中选 6 个学生担任委员会中不同的常务委员?

9. a) 什么是帕斯卡三角形?

   b) 在帕斯卡三角形中的一行是怎样从它的上一行产生的?

10. 什么是恒等式的组合证明? 这样的证明与代数证明有什么不同?

11. 解释怎样用组合论证证明帕斯卡恒等式。

12. a) 叙述二项式定理。

    b) 解释怎样用组合论证证明二项式定理。

    c) 求在 $(2x+5y)^{201}$ 的展开式中 $x^{100}y^{101}$ 项的系数。

13. a) 解释怎样找出与从 n 个物体允许重复地无序选取 r 个物体的方法数有关的公式。

    b) 如果同种类型的物体是不加区分的, 那么从 5 种不同类型的物体中选择 12 个物体有多少种方式?

    c) 从这 5 种不同类型的物体中选择 12 个物体, 如果第一类物体必须至少 3 个, 那么有多少种方式?

    d) 从这 5 种不同类型的物体中选择 12 个物体, 如果第一类物体不多于 4 个, 那么有多少种方式?

    e) 从这 5 种不同类型的物体中选择 12 个物体, 如果第一类物体必须至少 2 个, 但是第二类物体不超过 3 个, 那么有多少种方式?

14. a) 设 n 和 r 是正整数, 解释为什么方程 $x_1+x_2+\cdots+x_n=r$ 的解的个数等于 n 元素集合的允许重复的 r 组合数, 这里的 x_i 是非负整数, $i=1, 2, 3, \cdots, n$。

    b) 方程 $x_1+x_2+x_3+x_4=17$ 有多少个非负整数解?

    c) b 的方程有多少个正整数解?

15. a) n 个物体有 k 种不同的类型, 其中类型 1 有 n_1 个无区别的物体, 类型 2 有 n_2 个无区别的物体, $\cdots$, 类型 k 有 n_k 个无区别的物体, 推导一个与这些物体的排列数有关的公式。

    b) 有多少种方式来排序单词 INDISCREETNESS 的字母?

16. 描述一个算法来生成 n 个最小正整数集合的所有排列。

17. a) 把 52 张标准的扑克牌发给 6 个人, 每人 5 张牌, 有多少种方式?

    b) 有多少种方式把 n 个有区别的物体分配给 k 个有区别的盒子且使得第 i 个盒子含有 n_i 个物体?

18. 描述一个算法来生成 n 个最小正整数集合的所有的组合。

补充练习

1. 从 10 个不同的项中选 6 项有多少种方式?

   a) 若这些项是有序选择的并且不允许重复　　　　b) 若这些项是有序选择的并且允许重复

   c) 若这些项是无序选择的并且不允许重复　　　　d) 若这些项是无序选择的并且允许重复

2. 从 6 个不同的项中选 10 项有多少种方式?

   a) 若这些项是有序选择的并且不允许重复　　　　b) 若这些项是有序选择的并且允许重复

   c) 若这些项是无序选择的并且不允许重复　　　　d) 若这些项是无序选择的并且允许重复

3. 一个考试包含 100 道真假判断题。如果答案可以空缺, 一个学生回答这些考题可能有多少种不同的方式?

4. 有多少个 10 位比特串以 000 开始或以 111 结束?

5. 字母表 {a, b, c} 上有多少个 10 位字符串恰有 3 个 a 或恰有 4 个 b?

6. 一个校园电话系统的内部电话号码由 5 个数字组成, 且第一个数字不等于 0。在这个系统中可以分配多少个不同的电话号码?

7. 一个冰激凌屋有 28 种不同味道的冰激凌、8 种不同的果汁和 12 种配料。

a) 如果每种味道的可以不止 1 勺，并且不考虑次序，那么取 3 勺冰激凌放在一个盘中有多少种不同的方式？

b) 如果一个小圣代包含 1 勺冰激凌、1 种果汁和 1 种配料，那么有多少种不同的小圣代？

c) 如果一个大圣代包含 3 勺冰激凌、2 种果汁和 3 种配料。其中每种味道的冰激凌可以不止 1 个并且不考虑次序，每种果汁只能用 1 次且不考虑次序，同时每种配料也只能用 1 次并且不考虑次序。那么有多少种不同的大圣代？

8. 有多少个小于 1000 的正整数

a) 恰有 3 个十进制数字？ 　　　　　　　　　　**b)** 有奇数个十进制数字？

c) 至少有 1 个十进制数字等于 9？ 　　　　　　　**d)** 没有奇数个十进制数字？

e) 有两个连续的十进制数字等于 5？ 　　　　　　**f)** 是回文（即正读和倒读是一样的）？

9. 当用十进制记法写出从 1 到 1000 的数时，有多少个下面的数字被用到？

a) 0 　　　　　　　**b)** 1 　　　　　　　**c)** 2 　　　　　　　**d)** 9

10. 黄道共有十二宫，需要有多少人才能保证其中至少 6 个人在同一宫？

11. 一个幸运饼干公司制作 213 种不同的幸运饼干。一个学生在使用这家饼干公司的饼干的餐馆用餐。这家餐馆在用餐最后为每一个客户提供一块幸运饼干。这个学生在这家餐馆用餐次数最多是多少能保证不会吃到同一种饼干 4 次？

12. 为保证至少 2 个人生在一周的同一天和同一个月（可以不在同一年），那么需要多少人？

13. 证明：在 10 个不超过 50 的正整数集合中至少有 2 个不同的 5 元素子集有同样的和。

14. 一包棒球卡有 20 张。如果总共有 550 种不同的卡，那么需要买多少包卡才能保证其中的 2 张卡是一样的。

15. a) 从一副牌中需要选多少张牌才能保证至少选中 2 张 A？

　　b) 从一副牌中需要选多少张牌才能保证至少选中 2 张 A 和 2 种点数？

　　c) 从一副牌中需要选多少张牌才能保证至少有 2 张同样点数的牌？

　　d) 从一副牌中需要选多少张牌才能保证至少有 2 张不同点数的牌？

*16. 证明：在任何 $n+1$ 个不超过 $2n$ 的正整数中必存在 2 个数互素。

*17. 证明：在 m 个整数的序列中存在若干个连续的整数其和可被 m 整除。

18. 证明：如果放 5 个点在边长为 2 的正方形中，那么其中至少有 2 个点的距离不超过 $\sqrt{2}$。

19. 证明：一个有理数的十进制展开式一定从某一点出现重复。

20. 曾经有一种计算机病毒通过感染的邮件信息感染了一台计算机，该病毒在这台计算机的邮箱中向 100 个邮件地址都发送了自身的副本。那么，当该计算机将感染的邮件信息发送 5 次之后，它所感染的不同计算机的最大数量是多少？

21. 有多少种方式从 20 种甜甜圈中选 12 个甜甜圈？

a) 如果没有 2 个甜甜圈是同种的 　　　　　　**b)** 如果所有的甜甜圈都是同种的

c) 如果不加限制 　　　　　　　　　　　　　**d)** 如果至少有 2 种甜甜圈

e) 如果必须至少有 6 个蓝莓馅的甜甜圈 　　　**f)** 如果至多有 6 个蓝莓馅的甜甜圈

22. 求 n，如果

a) $P(n, 2) = 110$ 　　　　　　　　　　　　**b)** $P(n, n) = 5040$

c) $P(n, 4) = 12P(n, 2)$

23. 求 n，如果

a) $C(n, 2) = 45$ 　　　　　　　　　　　　**b)** $C(n, 3) = P(n, 2)$

c) $C(n, 5) = C(n, 2)$

24. 证明：如果 n 和 r 是非负整数且 $n \geqslant r$，则

$$P(n+1, r) = P(n, r)(n+1)/(n+1-r)$$

*25. 设 S 是 n 元素集合，存在多少个有序对 (A, B) 使得 A 和 B 是 S 的子集且 $A \subseteq B$？〔提示：证明 S 中的每个元素属于 A、$B-A$ 或 $S-B$。〕

26. 通过构造在集合的具有偶数个元素的子集与具有奇数个元素的子集之间的对应，给出关于 6.4 节推论 2 的组合证明。〔提示：取集合的一个元素 a，如下构造对应：如果 a 不在子集中就把它放到子集

中；如果 a 在子集中就把它从子集中取出。]

27. 设 n 和 r 是非负整数且 $r<n$。证明

$$C(n,\ r-1)=C(n+2,\ r+1)-2C(n+1,\ r+1)+C(n,\ r+1)$$

28. 使用数学归纳法证明 $\sum_{j=2}^{n} C(j,2)=C(n+1,3)$ 其中 n 是大于 1 的整数。

29. 证明：如果 n 是整数，则

$$\sum_{k=0}^{n} 3^{k}\binom{n}{k}=4^{n}$$

30. 证明 $\sum_{i=1}^{n-1}\sum_{j=i+1}^{n} 1=\binom{n}{2}$，$n$ 为大于等于 2 的整数。

31. 证明 $\sum_{i=1}^{n-2}\sum_{j=i+1}^{n-1}\sum_{k=j+1}^{n} 1=\binom{n}{3}$，$n$ 为大于等于 3 的整数。

32. 在这个练习中我们将推导一个关于 n 个最小正整数的平方和的公式。我们将用两种方式计数三元组 $(i,\ j,\ k)$ 的个数，其中 i、j 和 k 是整数且满足 $0\leqslant i<k$，$0\leqslant j<k$，$1\leqslant k\leqslant n$。

   a) 证明：对于给定的 k 存在 k^2 个这样的三元组，因此有 $\sum_{k=1}^{n} k^2$ 个这样的三元组。

   b) 证明：具有 $0\leqslant i<j<k$ 的三元组个数和 $0\leqslant j<i<k$ 的三元组个数都等于 $C(n+1,\ 3)$。

   c) 证明：具有 $0\leqslant i=j<k$ 的三元组个数等于 $C(n+1,\ 2)$。

   d) 把 a)、b) 和 c) 组合起来得出

$$\sum_{k=1}^{n} k^2=2C(n+1,3)+C(n+1,2)$$

$$=n(n+1)(2n+1)/6$$

* 33. 设 $n\geqslant 4$，有多少个 n 位比特串恰好 01 在其中出现两次？

34. 设集合 S 和子集族 A_1，A_2，$\cdots$，A_n，其中每个子集含有 d 个元素，$d\geqslant 2$。如果可以把两种不同的颜色分配给 S 的元素，每个元素一种颜色，且使得每个子集 A_i 都包含了两种颜色的元素，则称这个子集族是可 2 涂色的。设 $m(d)$ 是最大的正整数，使得对于每个子集族，如果子集数小于 $m(d)$，且每个子集含 d 个元素，就是可 2 涂色的。

   a) 证明：具有 $2d-1$ 个元素的集合 S 的所有 d 子集构成的子集族不是可 2 涂色的。

   b) 证明：$m(2)=3$。

   ** c) 证明：$m(3)=7$。[提示：证明 $\{1,\ 3,\ 5\}$，$\{1,\ 2,\ 6\}$，$\{1,\ 4,\ 7\}$，$\{2,\ 3,\ 4\}$，$\{2,\ 5,\ 7\}$，$\{3,\ 6,\ 7\}$，$\{4,\ 5,\ 6\}$ 不是可 2 涂色的。然后证明所有具有 3 个元素的 6 个集合的集合族都是可 2 涂色的。]

35. 一个教授为一次离散数学考试出了 20 道多选题，每道题可能的答案为 a、b、c 或 d。如果具有答案 a、b、c 和 d 的试题数分别为 8、3、4 和 5，且试题可以用任意的顺序安排，那么可能有多少种不同的答案。

36. 8 个人围圆桌就座有多少种不同的安排？其中如果一种安排通过旋转能从另一种安排得到，那么就认为这两种安排是一样的。

37. 把 24 个学生分给 5 个指导教师有多少种方式？

38. 一蒲式耳包含 20 个不可辨别的 Delicious 苹果、20 个不可辨别的 Macintosh 苹果和 20 个不可辨别的 Granny Smith 苹果，从其中选 12 个苹果，如果每类至少选 3 个，有多少种方式？

39. 方程 $x_1+x_2+x_3=17$ 有多少个非负整数解？

   a) 若 $x_1>1$，$x_2>2$，$x_3>3$ **b)** 若 $x_1<6$，$x_3>5$

   c) 若 $x_1<4$，$x_2<3$，$x_3>5$

40. 使用单词 PEPPERCORN 的所有字母构成字符串。

   a) 可以构成多少个不同的字符串？   **b)** 其中有多少字符串以 P 开始和结束？

   c) 在多少个字符串中有 3 个连续的 P？

41. 10 元素集合有多少个子集

a)少于 5 个元素？　　　　　　　　　　b)多于 7 个元素？

c)有奇数个元素？

42. 一个交通逃逸事故的证人告诉警察，肇事汽车的车牌包含 3 个字母后面跟着 3 个数字，以字母 AS 开始且包含数字 1 和 2。有多少不同的车牌符合这个描述？

43. 有多少种方式把 n 个相同的物体放入 m 个不同的容器而使得没有一个容器是空的？

44. 6 个男孩和 8 个女孩坐在一排椅子上，如果没有两个男孩相邻，有多少种方式？

45. 将 6 个物体放入 5 个盒子中有多少种方式，如果

　a)物体与盒子都是有标号的？　　　　　b)物体是有标号的，但盒子是没有标号的？

　c)物体是没有标号的，但盒子是有标号的？　d)物体与盒子都是没有标号的？

46. 将 5 个物体放入 6 个盒子中有多少种方式，如果

　a)物体与盒子都是有标号的？　　　　　b)物体是有标号的，但盒子是没有标号的？

　c)物体是没有标号的，但盒子是有标号的？　d)物体与盒子都是没有标号的？

第一类斯特林数 $c(n, k)$，其中 k 和 n 都为整数，$1 \leqslant k \leqslant n$，等于 n 个人围坐于 k 张圆桌，每张圆桌至少有一个人的安排方式数，其中 m 个人坐在一桌，如果每一个都相同的左右邻座被认为是同一种安排方式。

47. 计算下列第一类斯特林数。

　a)$c(3, 2)$　　　　b)$c(4, 2)$　　　　c)$c(4, 3)$　　　　d)$c(5, 4)$

48. 证明如果 n 为正整数，则 $\sum\limits_{j=1}^{n} c(n, j) = n!$ 。

49. 证明如果 n 为正整数，$n \geqslant 3$，则 $c(n, n-2) = (3n-1)C(n, 3)/4$。

* **50.** 证明如果 k 和 n 都为整数，$1 \leqslant k < n$，则 $c(n+1, k) = c(n, k-1+nc(n, k)$。

51. 给出一个组合，证明当 n 为正偶数时，2^n 能整除 $n!$。[提示：使用 6.5 节中的定理 3 计算 $2n$ 个对象的排列数，其中一共 n 种不同类型，每类型有 2 个相同的对象。]

52. 有多少种长度为 11 的 RNA 序列，其中有 4 个 A、3 个 C、2 个 U 和 2 个 G，并以 CAA 结尾？

练习 53 和 54 基于 [RoTe09] 中的讨论。在 20 世纪 60 年代使用一种 RNA 链测序方法在某种链接之后采用酶打断 RNA 链。有些酶将 RNA 链从 G 链接打断，有些从 C 或者 U 链接之后打断。使用这些方法有时可正确对一条 RNA 链的所有碱基进行测序。

* **53.** 设在每个 G 链接后打断 RNA 链的酶用于长为 12 的链接链。片段得到了 G、CCG、AAAG 和 UCCG，当采用每个 C 或 U 处打断 RNA 链的酶时，片段得到了 C、C、C、C、GGU 和 GAAAG。你能从这些片段确定这条长度为 12 的 RNA 链吗？如果可以，这条链是怎样的？

* **54.** 设在每个 G 链接后打断 RNA 链的酶用于长为 12 的链接链。片段得到了 AC、UG 和 ACG，当采用每个 C 或 U 处打断 RNA 链的酶时，片段得到了 U、GAC 和 GAC。你能从这些片段确定这条 12 长度的 RNA 链吗？如果可以，这条链是怎样的？

55. 设计一个算法生成一个有穷集的所有允许重复的 r 排列。

56. 设计一个算法生成一个有穷集的所有允许重复的 r 组合。

* **57.** 证明：如果 m，n 为整数，$m \geqslant 3$，$n \geqslant 3$，那么 $R(m, n) \leqslant R(m, n-1) + R(m-1, n)$。

* **58.** 在一组 6 个人中，每两个人是朋友或者是敌人，证明在这组人中不存在 3 个人两两是朋友，也不存在 4 个人两两是敌人。从而证明了 $R(3, 4) \geqslant 7$。

计算机课题

按给定的输入和输出写程序。

1. 给定正整数 n 和不超过 n 的非负整数，找出 n 元素集合的 r 排列数和 r 组合数。

2. 给定正整数 n 和 r，找出 n 元素集合的允许重复的 r 排列数和允许重复的 r 组合数。

3. 给定正整数序列，找出这个序列的最长的递增和递减子序列。

* **4.** 给定方程 $x_1 + x_2 + \cdots + x_n = C$，其中 C 是一个常数，x_1，x_2，$\cdots$，x_n 是非负整数，列出所有的解。

5. 给定正整数 n，按字典顺序列出集合 $\{1, 2, 3, \cdots, n\}$ 的所有的排列。

6. 给定正整数 n 和不超过 n 的非整数 r，按字典顺序列出集合 $\{1, 2, 3, \cdots, n\}$ 的所有的 r 组合。

7. 给定正整数 n 和不超过 n 的非负整数 r，按字典顺序列出集合 $\{1, 2, 3, \cdots, n\}$ 的所有的 r 排列。

8. 给定正整数 n，列出集合 $\{1, 2, 3, \cdots, n\}$ 的所有的组合。

9. 给定正整数 n 和 r，列出集合 $\{1, 2, 3, \cdots, n\}$ 的允许重复的所有 r 排列。

10. 给定正整数 n 和 r，列出集合 $\{1, 2, 3, \cdots, n\}$ 的允许重复的所有 r 组合。

计算和探索

使用一个计算程序或你自己编写的程序做下面的练习。

1. 当两个队加时赛时，赢的队是 9 分中首先得 5 分、11 分中首先得 6 分、13 分中首先得 7 分和 15 分中首先得 8 分的队。找出加时赛的可能的结果数。

2. 哪些二项式系数是奇数？你能根据数的特征给出一个猜想吗？

3. 对于尽可能多的正整数 $n(n \neq 1, 2, 4)$，证明 $C(2n, n)$ 能被素数的平方整除。（这一猜想于 1980 年由 Paul Erdős 和 Ron Graham 提出，于 1996 年由 Andrew Granville 和 Olivier Ramaré 证明。）

4. 尽量找出更多的小于 200 的奇数 n，使得 $C(n, \lfloor n/2 \rfloor)$ 不能被一个素数的平方整除。根据你的证据给出一个臆测公式。

*5. 对每个小于 100 的整数，确定 $C(2n, n)$ 是否能被 3 整除。根据 n 的三进制展开式，你能臆测一个公式来告诉我们关于哪个整数 n，二项系数 $C(2n, n)$ 能被 3 整除吗？

6. 生成 8 元素集合的所有的排列。

7. 生成 9 元素集合的所有的 6 排列。

8. 生成 8 元素集合的所有的组合。

9. 生成 7 元素集合允许重复的所有 5 组合。

写作课题

用本教材以外的资料，按下列要求写成论文。

1. 描述狄利克雷和其他的数学家对鸽巢原理的早期应用。

2. 讨论扩充目前电话编码计划的方式以适合对更多电话号码飞速增长的需求。（看看你是否能够找到某些来自电信产业的建议。）对你要讨论的每个新的编码计划说明怎样找到它所支持的不同电话号码的个数。

3. 讨论组合推理在基因测序和基因组相关问题中的重要性。

4. 本书描述了许多组合恒等式。找一找关于这种恒等式的资料，并且描述除了本书引入之外的其他重要的组合恒等式。给出其中某些恒等式的有代表性的证明，包括组合证明。

5. 描述在统计力学中的质点分布所使用的不同的模型，包括麦克斯韦-玻尔兹曼、玻色-爱因斯坦和费米-狄拉克(Fermi-Dirac)统计，在每种情况下描述模型中使用的计数技术。

6. 定义第一类斯特林数并且描述它们的某些性质以及所满足的恒等式。

7. 定义第二类斯特林数并且描述它们的某些性质以及所满足的恒等式。

8. 描述拉姆齐数的值和范围的最新发现。

9. 描述生成 n 元素集合所有排列的其他算法，这些算法不是在 6.6 节给出的算法。把这些算法的计算复杂度与本书中和 6.6 节练习所描述算法的计算复杂度进行比较。

10. 至少描述一种方法生成一个正整数 n 的所有部分。（见 5.3 节练习 49。）

离 散 概 率

组合学和概率论有着共同的起源。概率论形成于三百多年以前，当时人们对某些赌博游戏进行了分析。尽管概率论起源于赌博研究，但是现在它在各种不同的学科中起着基础作用。例如，概率论被广泛应用于遗传学研究，帮助理解特征的遗传。当然，由于概率论适用于研究人所特别热衷的赌博行为，它仍旧是数学领域里特别流行的一部分。

在计算机科学中，概率论在算法复杂度研究中起着重要的作用。特别地，人们用概率论的思想和技巧确定算法的平均复杂度。概率算法可以用于解决许多不容易或实际上不可能用确定性算法求解的问题。确定性算法在给定同样的输入条件以后，总是遵循着同样的步骤，但在概率算法中不是这样，算法做一次或多次随机选择，可能导致不同的输出结果。在组合学中，概率论甚至可以用于证明具有特定性质的个体的存在性。由保罗·埃德斯和阿尔弗雷德·任伊引入组合学的概率方法，通过证明存在具有某种性质个体的概率是正数来证明这种个体的存在性。概率论将帮助我们回答涉及不确定性的问题，如通过邮件中出现的单词来确定是否将这封邮件当作垃圾邮件而拒绝。

7.1 离散概率引论

7.1.1 引言

概率论可追溯到 1526 年，当时意大利数据家、物理学家和赌徒吉罗拉莫·卡尔达诺在他的著作《论赌博游戏》中第一次系统地论述这一主题（这本著作直到 1663 年才出版，这也阻碍了概率论的发展）。17 世纪法国数学家布莱斯·帕斯卡基于反复掷一对骰子的结果确定了赢得某些热门赌注的赔率。到了 18 世纪，法国数学家拉普拉斯也研究赌博，并且把事件的概率定义为成功的结果数除以可能的结果数所得的商。例如，一个骰子掷出奇数点的概率就是成功结果的个数（即出现奇数点的个数）除以可能结果的个数（即骰子可能出现的不同方式数）。有 6 种可能的结果，即 1、2、3、4、5 和 6，其中恰好 3 种是成功的结果，即 1、3 和 5。因此，骰子掷出奇数点的概率是 3/6＝1/2。（注意，这里假定所有结果的可能性是相等的，或者换句话说，骰子是均匀的。）

这一节我们的讨论将局限于具有相等可能性的有限多个结果的试验。这样我们可以使用拉普拉斯关于事件概率的定义。我们将在 7.2 节研究具有有限多个结果但结果的可能性不一定相等的试验，我们将引入概率论中的一些关键概念，包含条件概率、事件的独立性、随机变量。在 7.4 节将引入随机变量的期望和方差的概念。

7.1.2 有限概率

我们把从一组可能的结果中得出一个结果的过程称为**试验**。试验的**样本空间**是可能结果的集合。一个**事件**是样本空间的子集。现在叙述拉普拉斯关于具有有限多个可能结果的事件的概率定义。

> **定义 1**　事件 E 是结果具有相等可能性的有限样本空间 S 的子集，则事件 E 的概率是
> $$p(E) = \frac{|E|}{|S|}$$

一个事件的概率肯定不会为负或者大于 1。

根据拉普拉斯的定义，一个事件的概率在 0~1 之间。为了了解这一点，注意，如果 E 是一个有限样本空间 S 的一个事件，则 $0 \leqslant |E| \leqslant |S|$，因为 $E \subseteq S$，所以 $0 \leqslant p(E) = |E| / |S| \leqslant 1$。

例 1~7 说明怎样找出事件的概率。

Extra Examples

例 1　缸里有 4 个蓝球和 5 个红球。从缸里取出一个蓝球的概率是多少？

解　为计算这个概率，首先考虑存在 9 个可能的结果，这些可能的结果中有 4 个得到蓝球。因此，选一个蓝球的概率是 4/9。　◀

例 2　掷两个骰子使得其点数之和等于 7 的概率是多少？

解　当掷两个骰子时总共有 36 种可能的结果(这是由乘积法则得到的。因为每个骰子有 6 个可能的结果，所以掷两个骰子时总共有 $6^2 = 36$ 种结果)。存在 6 种成功的结果，即(1，6)、(2，5)、(3，4)、(4，3)、(5，2)和(6，1)，这里两个骰子的点数用一个有序对来表示。因此，掷两个均匀的骰子时，点数和为 7 出现的概率是 6/36＝1/6。　◀

Links

目前彩票非常流行。我们可以轻松地算出赢得各种不同类型彩票的机会，如例 3 和例 4。(赢得广受欢迎的超级百万和强力球彩票的罕见概率(以 2018 年为例)将在练习 38~41 讨论。这些彩票规则每隔几年就会修改一次。2012 年这类彩票的罕见概率将在补充练习部分研究。)

Extra Examples

例 3　在一种彩票里，人们挑 4 个数字，如果数字与一个随机机械过程选出的 4 个数字吻合且次序相同，他们就中了大奖。如果只有 3 个数字匹配，他们就中了比较小的奖。那么，赢大奖的概率是多少？赢小奖的概率是多少？

解　选择的 4 个数字都正确的方法只有一种。而由乘积法则可知，任选 4 个数字共有 $10^4 =$ 10 000 种方式。因此，赢大奖的概率是 1/10 000＝0.0001。

4 个数字中恰好选对了 3 个数字的能够赢小奖。为了使 3 个数字正确，而不是 4 个数字全对，必须恰好 1 个数字出错。可以先求选 4 个数字且除了第 i 个数字之外都与挑出的数字匹配的方式数，这里的 $i = 1$，2，3，4，然后对它们求和。根据求和法则，就能得到恰好选对 3 个数字的方式数。

先求第 1 个数字不匹配的选法数，观察到对第 1 个数字有 9 种可能的选择(除了一个正确的数字外)，而其他的每个数字只有一种选择，即对应位置的正确数字。因此，第 1 个数字出错而

Links

©Science History
Images/Alamy Stock Photo

吉罗拉莫·卡尔达诺(Girolamo Cardano，1501—1576)　他生于意大利的帕维亚，他的父亲法齐奥·卡尔达诺是一名律师、数学家，和达·芬奇是朋友。尽管多病且贫穷，卡尔达诺仍得以在帕维亚和帕多瓦大学学习，从那里他获得了医学学位。因为他古怪的行为和对抗性的性格，卡尔达诺没有被米兰的医师学院接受。尽管如此，他的医术还是得到了很高的评价。作为一名医生，他的主要成就之一是首次对伤寒的描述。

卡尔达诺出版了 100 多册图书，内容涉及多个学科，包括医学、自然科学、数学、博弈论、物理发明和实验。他还写了一篇精彩的自传。在数学方向，卡尔达诺的《大艺术论》(*Ars Magna*)一书出版于 1545 年，建立了抽象代数的基础。它是当时那一个多世纪中关于抽象代数的最全面的书，展示了卡尔达诺和其他人的许多新颖想法，包括解决三次和四次常系数方程的方法。卡尔达诺在密码学方面也做出了重要贡献。卡尔达诺是聋人教育的倡导者，不同于他的同代人，他相信聋哑人士在学习说话之前可以学习阅读，可以和能听的正常人一样使用大脑。

他于 1526 年写了一本关于博弈机会的书——《机遇博弈》(*Liber de Ludo Aleae*)(但在 1663 年才出版)，书中第一次给出了关于概率的系统论述。

后 3 个数字正确的选法有 9 种。类似地，有 9 种方式选出 4 个数字而只有第 2 个数字出错，又有 9 种方式只有第 3 个数字出错，以及 9 种方式只有第 4 个数字出错。从而总共有 36 种方式选择 4 个数字，并恰好其中 3 个是正确的。于是，赢得小奖的概率是 $36/10\,000=9/2500=0.0036$。　◀

例 4　现在有许多彩票要求从 1 到正整数 n 中选出 6 个数的数组，选对的人得到特别大奖，这里的 n 通常在 30～60 之间。一个人从 40 个数中选对 6 个数的概率是多少？

解　只有一个赢奖的组合，从 40 个数中选 6 个数的总方法数是

$$C(40,6) = \frac{40!}{34!6!} = 3\,838\,380$$

因此，选出一个赢奖组合的概率是 $1/3\,838\,380\approx0.000\,000\,26$（符号 ≈ 表示近似等于）。　◀

另一种纸牌游戏——扑克，也越来越流行。要想在游戏中获胜，了解不同的一手牌的概率还是有帮助的。我们可以借助于目前为止所发展起来的技术来求得纸牌游戏中出现一手特定牌的概率。一副纸牌有 52 张牌，分成 13 种不同的牌，每种牌都有 4 张。（在常用的术语中，除了"种"之外，还有"级"、"面值"、"面额"以及"值"等。）这些不同的牌分别是：2、3、4、5、6、7、8、9、10、J、Q、K 和 A。每种面值的牌都有 4 套花色，分别是黑桃、梅花、红桃和方块，每套花色都有 13 张不同的牌。在许多扑克游戏中，一手牌是由 5 张牌组成的。

例 5　求含有 4 种相同面值的 5 张牌所构成的一手牌的概率。

解　根据乘积法则，具有 4 种相同面值的 5 张牌构成一手牌的方式数等于选择一种面值的方式数乘以从 4 套花色中选出 4 张该种面值的牌的方式数再乘以选择第 5 张牌的方式数，即

$$C(13,1)C(4,4)C(48,1)$$

由 6.3 节中的例 11 可知：5 张牌组成的一手牌共有 $C(52,5)$ 种方式。因此，含有 4 种相同面值的 5 张牌所构成的一手牌的概率是

$$\frac{C(13,1)C(4,4)C(48,1)}{C(52,5)} = \frac{13\cdot 1\cdot 48}{2\,598\,960} \approx 0.000\,24$$　◀

例 6　一手牌打出满堂红，即 3 张在同一类（即同种面值）且其余 2 张在另一类的概率是多少？

解　由乘积法则，打出满堂红的方式数也就是有序地选取两个类的方式数，即第一类的 4 张牌选 3 张的方式数和第二类的 4 张牌选 2 张的方式数之积（注意，两类的次序是有关的，例如 3 个 Q 和 2 个 A，与 3 个 A 和 2 个 Q 是不同的）。可以看出打出满堂红的方式数是

$$P(13,2)C(4,3)C(4,2) = 13\cdot 12\cdot 4\cdot 6 = 3744$$

因为存在 2 598 960 手牌，所以出现满堂红的概率是

$$\frac{3744}{2\,598\,960}\approx 0.0014$$　◀

Links ▸

©Georgios
Kollidas/Shutterstock

皮特尔-西蒙·拉普拉斯（Pierre-Simon Laplace，1749—1827）　拉普拉斯出身于诺曼底，16 岁进入凯恩大学学习，但是不久他意识到自己真正感兴趣的是数学。毕业后，他在凯恩大学担任临时教授。1769 年他成为巴黎陆军学校的数学教授。

拉普拉斯由于对天体力学、天体运动研究所做出的贡献而闻名于世。他所著的《天体力学》（*Traité de Mécanique céleste*）被认为是 19 世纪初期最伟大的科学著作之一。拉普拉斯是概率论的奠基人之一，并对数理统计学做出了许多贡献。他把在这个领域的工作写成《概率论的理论分析》（*Théorite Analytique des Probabilités*）一书，书中定义一个事件的概率为试验所希望的结果数与总结果数之比。

例 7 箱子里有 50 个球，依次标号为 1，2，…，50，依次取出号码为 11，4，17，39，23 的球的概率是多少？如果：(a)在选下一个球之前已经选出的球不再放回到箱子里；(b)在选下一个球之前已经选出的球要放回箱子里。

解 (a)根据乘积法则，存在 $50 \cdot 49 \cdot 48 \cdot 47 \cdot 46 = 254\,251\,200$ 种方法选球。因为每当一个球拿走，就少一个被选的球。因此 11、4、17、39、23 号球被依次取出的概率是 $1/254\,251\,200$。这是一个**无放回抽样**的实例。

(b)根据乘积法则，存在 $50^5 = 312\,500\,000$ 种方法选球，因为每次拿走一个球，还存在 50 种可选的球。因此 11、4、17、39、23 号球被依次取走的概率是 $1/312\,500\,000$。这是一个**有放回抽样**的实例。 ◀

7.1.3 事件组合的概率

我们可以使用计数方法得到从其他事件导出的事件的概率。

> **定理 1** 设 E 是样本空间 S 的一个事件。事件 $\overline{E} = S - E$（事件 E 的补事件）的概率是
> $$p(\overline{E}) = 1 - p(E)$$

证明 为了求出事件的概率，我们注意到 $|\overline{E}| = |S| - |E|$。因此，
$$p(\overline{E}) = \frac{|S| - |E|}{|S|} = 1 - \frac{|E|}{|S|} = 1 - p(E)$$ ◀

当直接的方法不适用时，可以采取其他方法求出事件的概率。不用直接求这个事件的概率，但可以确定它的补事件的概率。这往往更容易做到，正如下面的例 8 所示。

例 8 随机生成一个 10 位的比特串，其中至少 1 位是 0 的概率是多少？

解 设 E 是 10 位中至少一位是 0 的事件。那么 $\overline{E}$ 是所有的位都是 1 的事件。因为样本空间是所有 10 位比特串的集合，从而得到
$$p(E) = 1 - p(\overline{E}) = 1 - \frac{|\overline{E}|}{|S|} = 1 - \frac{1}{2^{10}}$$
$$= 1 - \frac{1}{1024} = \frac{1023}{1024}$$

所以，包含至少一位 0 的比特串的概率是 1023/1024。不用定理 1 而直接求这个概率是相当困难的。 ◀

我们也可以求出两个事件的并集的概率。

> **定理 2** 设 E_1 和 E_2 是样本空间的事件，那么
> $$p(E_1 \bigcup E_2) = p(E_1) + p(E_2) - p(E_1 \bigcap E_2)$$

证明 使用 2.2 节给出的关于两个集合的并集的元素数公式得到
$$|E_1 \bigcup E_2| = |E_1| + |E_2| - |E_1 \bigcap E_2|$$
因此，
$$p(E_1 \bigcup E_2) = \frac{|E_1 \bigcup E_2|}{|S|}$$
$$= \frac{|E_1| + |E_2| - |E_1 \bigcap E_2|}{|S|}$$
$$= \frac{|E_1|}{|S|} + \frac{|E_2|}{|S|} - \frac{|E_1 \bigcap E_2|}{|S|}$$
$$= p(E_1) + p(E_2) - p(E_1 \bigcap E_2)$$ ◀

例 9 从不超过 100 的正整数中随机选出一个正整数，它能被 2 或 5 整除的概率是多少？

解 设 E_1 是选出一个能被 2 整除的数的事件，E_2 是选出一个能被 5 整除的数的事件。那

么 $E_1 \bigcup E_2$ 是能被 2 或 5 整除的事件，$E_1 \bigcap E_2$ 是能被 2 和 5 同时整除的事件，即能被 10 整除的事件。由于 $|E_1|=50$，$|E_2|=20$，且 $|E_1 \bigcap E_2|=10$，从而得到

$$p(E_1 \bigcup E_2) = p(E_1) + p(E_2) - p(E_1 \bigcap E_2)$$

$$= \frac{50}{100} + \frac{20}{100} - \frac{10}{100} = \frac{3}{5}$$

◀

7.1.4　概率的推理

一个常见的问题是确定两个事件中的哪一个更有可能发生，分析这些事件的概率可能比较复杂。下面的例子描述了一个这样的问题，它讨论了一个来自电视游戏节目《让我们成交》（Let's Make a Deal）的著名问题。这个问题因节目举办地蒙地厅而得名。

例 10　蒙地厅大厦的 3 门难题　假定你参与一项游戏，有机会赢得大奖。参与者从 3 扇门中选一扇门打开，大奖只在其中一扇门的后面。节目主持人知道每扇门后面是什么，一旦你选中了某扇门，不管是否选择了中奖的门，他都会打开另外一扇没有奖的门（如果两扇门后都没有奖，就随便打开一扇）。然后他问你是否愿意换另外一扇门。你应该用什么策略？你应该换一扇门，还是坚持原来的选择，或者这无关紧要？

解　在主持人开门之前，你选对了门的概率是 1/3，因为这 3 扇门中奖的可能性相等。当主持人打开另外一扇门之后，你所选的门正确的概率不变，因为他总是打开后面没有大奖的门。

你选错门的概率就是大奖在你没有选的两扇门中某一扇后面的概率，因此，你选错了门的概率是 2/3。如果你选错了，主持人就打开一扇门向你显示大奖不在它的后面，大奖一定在另一扇门之后。若你原来的选择是错的，这时改变主意，那么你总能赢。因此，通过改变选择，你赢的概率是 2/3。也就是说，当主持人给你这样做的机会时，你总应该选择改变，这使得你赢的概率增加了一倍。（对于这个难题的更严格的分析过程可以参见 7.3 节的练习 15。关于这个难题的更多资料和它的变种可以参见[Ro09]。）

◀

练习

1. 从一副牌中选出 1 张 A 的概率是多少？
2. 掷骰子时出现 6 点的概率是多少？
3. 从前 100 个正整数中随机选出 1 个奇数的概率是多少？
4. 从一年（366 天）中随机选出 1 天在 4 月的概率是多少？
5. 当掷 2 个骰子时，其点数之和是偶数的概率是多少？
6. 从一副牌中选 1 张牌是 A 或者红心的概率是多少？
7. 掷 6 次硬币，全部头像向上的概率是多少？
8. 一手扑克牌有 5 张，其中包含红心 A 的概率是多少？
9. 一手扑克牌有 5 张，其中不包含红心 Q 的概率是多少？
10. 一手扑克牌有 5 张，其中包含方块 2 和黑桃 3 的概率是多少？
11. 一手扑克牌有 5 张，其中包含方块 2、黑桃 3、红心 6、梅花 10 和红心 K 的概率是多少？
12. 一手扑克牌有 5 张，其中恰好包含 1 张 A 的概率是多少？
13. 一手扑克牌有 5 张，其中至少包含 1 张 A 的概率是多少？
14. 一手扑克牌有 5 张，其中包含 5 类不同牌的概率是多少？
15. 一手扑克牌有 5 张，其中包含 2 个对子（两张牌花色不同但类相同）的概率是多少？
16. 一手扑克牌有 5 张，其中包含一手同花，即 5 张牌的花色相同的概率是多少？
17. 一手扑克牌有 5 张，其中包含一个顺子，即 5 张牌的类是连续的概率是多少？[注意，A-2-3-4-5 和 10-J-Q-K-A 都可以看成是顺子。]
18. 一手扑克牌有 5 张，其中包含一个同花顺子，即 5 张牌的类连续且是同一花色的概率是多少？
*19. 一手扑克牌有 5 张，其中包含 5 张不同类的牌且不包含一个同花或一个顺子的概率是多少？
20. 一手扑克牌有 5 张，其中包含同一花色的 10、J、Q、K 和 A 的概率是多少？
21. 一个骰子掷 6 次都不出现偶数点的概率是多少？

22. 随机选取一个不超过 100 的正整数，能够被 3 整除的概率是多少？

23. 随机选取一个不超过 100 的正整数，能够被 5 或 7 整除的概率是多少？

24. 求从不超过下述整数的正整数中选中 6 个整数来赢彩票的概率，这里不考虑选择整数的顺序。
   a) 30   **b)** 36   **c)** 42   **d)** 48

25. 求从不超过下述整数的正整数中选中 6 个整数来赢彩票的概率，这里不考虑选择整数的顺序。
   a) 50   **b)** 52   **c)** 56   **d)** 60

26. 求从不超过下述整数的正整数中选 6 个整数都不中的概率，这里不考虑选择整数的顺序。
   a) 40   **b)** 48   **c)** 56   **d)** 64

27. 求从不超过下述整数的正整数中选 6 个整数，并且恰好选中 1 个的概率，这里不考虑选择整数的顺序。
   a) 40   **b)** 48   **c)** 56   **d)** 64

28. 买彩票的人要从前 80 个正整数中选出 7 个数。如果这 7 个数在计算机选出的 11 个数中，就能赢大奖，那么一个人赢大奖的概率是多少？

29. 在一种超级彩票中，如果买彩票的人选中的 8 个数正是计算机从不超过 100 的正整数中选出的数就能中彩。请问中彩的概率是多少？

30. 由计算机从 1 到 40 之间（包括 1 和 40 在内）选出 6 个数，如果某人选中了其中的 5 个（但不是 6 个）数就能获奖，那么获奖的概率是多少？

31. 假设 100 个人进入决赛并且随机选择不同的人作为一等奖、二等奖和三等奖的获奖者。如果米切尔是进入决赛的人之一，她中奖的概率是多大？

32. 假设 100 个人进入决赛并且随机选择不同的人作为一等奖、二等奖和三等奖的获奖者。如果库玛、加奈斯、彼得罗是进入决赛的人，他们每个人都赢得一个奖项的概率是多少？

33. 在一次绘画比赛中，200 个人进入决赛，在下述条件下，艾比、巴里、西尔维亚分别赢得一等奖、二等奖、三等奖的概率是多少？
   a) 如果每个人至多得一个奖   **b)** 如果允许一个人得多个奖

34. 在一次绘画比赛中，50 个人进入决赛，在下述条件下，勃、考林、杰夫、罗海尼分别赢得一等奖、二等奖、三等奖和四等奖的概率是多少？
   a) 如果每个人至多得一个奖   **b)** 如果允许一个人得多个奖

35. 在轮盘赌中，旋转一个有 38 个数的轮盘，其中 18 个数是红的，18 个数是黑的，另外两个既不红也不黑的数是 0 和 00。当轮盘转动时，它到达任何特定数字的概率是 1/38。
   a) 轮盘落到 1 个红数的概率是多少？
   b) 轮盘两次落到某列上的同一个黑数的概率是多少？
   c) 轮盘落到 0 或 00 的概率是多少？
   d) 轮盘旋转 5 次，5 次都不落到 0 或 00 的概率是多少？
   e) 某次转动轮盘，落到 1～6 之间（包含 1 和 6 在内）的某个数字，但下次转动轮盘却不落到这些数字之间的概率是多少？

36. 掷 2 个骰子总点数为 8 或掷 3 个骰子总点数为 8，哪种可能性更大？

37. 掷 2 个骰子总点数为 9 或掷 3 个骰子总点数为 9，哪种可能性更大？

38. 超级百万彩票玩家先从 1～70 中选择 5 个不同的整数，然后从 1～25 中选出第 6 个整数，该数可以与前 5 个数中的一个数重复。玩家获得头奖的条件是 6 个数字都与开奖时抽取的数字匹配。
   a) 参与者获得头奖的概率是多少？
   b) 若只匹配上前 5 个数字，第 6 个数字没有匹配上，将获得 1000000 美元。获得此奖的概率是多少？
   c) 若前 5 个数字中只匹配上 4 个，第 6 个数字没有匹配上，将获得 500 美元。获得此奖的概率是多少？
   d) 若前 5 个数字中只匹配上 3 个，第 6 个数字没有匹配上，或者，前 5 个数字中只匹配上 2 个，而匹配了第 6 个数字，将获得 10 美元。获得此奖的概率是多少？

Links ▶
39. 若玩家在多个州买超级百万彩票（规则见练习 38），则还可以买巨额倍增，这样可将奖金增倍，倍数从 2 到 5 不等。巨额倍增从 15 个球中抽取，其中，5 个球被标记为 2X，6 个球被标记为 3X，3 个球被标记为 4X，1 个球被标记为 5X，每一个球被抽出的概率相等。计算买一张超级百万彩票和巨额倍增的情况下，赢得如下奖金的概率。

a) 5 000 000 美元（唯一途径是匹配上前 5 个数，没有匹配上第 6 个数，并买到 5X 的巨额倍增）。

b) 30 000 美元（唯一途径是匹配上前 5 个数中的 4 个数，并匹配上第 6 个数，同时买到 3X 的巨额倍增）。

c) 20 美元（有三种途径：匹配上前 5 个数中的 3 个，没有匹配上第 6 个数；或者前 5 个数中只匹配上 2 个，并匹配了第 6 个数，同时买到 2X 的巨额倍增；或者前 5 个数中只匹配上 1 个，并匹配了第 6 个数，同时买到 5X 的巨额倍增）。

d) 8 美元（有两种途径：前 5 个数中只匹配上 1 个，并匹配上第 6 个数，同时买到 2X 的巨额倍增；或者只匹配上第 6 个数，前 5 个数一个也没有匹配上，并买到 4X 的巨额倍增）。

40. 强力球彩票玩家先从 1～69 中选择 5 个不同的整数，然后从 1～26 中选出第 6 个整数，该数可以与前 5 个数中的一个数重复。玩家获得头奖的条件是 6 个数都与开奖时抽取的数字匹配。

a) 参与者获得头奖的概率是多少？

b) 若只匹配上前 5 个数，第 6 个数没有匹配上，将获得 1 000 000 美元。获得此奖的概率是多少？

c) 若前 5 个数中只匹配上 3 个，并匹配上第 6 个数，或者前 5 个数中只匹配上 4 个，第 6 个数没有匹配上，将获得 100 美元。获得此奖的概率是多少？

d) 若匹配上第 6 个数，前 5 个数中只匹配上 1 个或者 1 个都没有匹配上，将获得 4 美元。获得此奖的概率是多少？

41. 强力球彩票（规则见练习 40）玩家还可以选择购买奖金翻倍。翻倍后，奖金可以乘上一个倍数，由随机数字生成器产生不同的权值来表示不同的倍数。当头奖超过 150 000 000 美元时，这些权值是：24 代表 2X，13 代表 3X，3 代表 4X，2 代表 5X。当头奖没有超过 150 000 000 美元时，这些权值是：24 代表 2X，13 代表 3X，3 代表 4X，2 代表 5X，1 代表 10X。除了 1 000 000 美元的奖金，所有非头奖奖金都将乘上这个倍数。而如果为 1 000 000 美元的奖金，则只翻倍，不看选取的倍数。计算买一张强力球彩票和选择奖金翻倍的情况下，赢得如下奖金的概率。

a) 2 000 000 美元（如果头奖超过 150 000 000 美元）。

b) 2 000 000 美元（如果头奖没有超过 150 000 000 美元）。

c) 1000 美元（如果头奖没有超过 150 000 000 美元）。（有两种途径：买到 10X 的奖金倍增；匹配上前 5 个数中的 4 个，没有匹配上第 6 个数，或者匹配上前 5 个数中的 3 个，并匹配上第 6 个数。）

d) 12 美元（如果头奖超过 150 000 000 美元）。（有两种途径：买到 3X 的奖金倍增；只匹配上第 6 个数，前 5 个数只匹配上 1 个或者 1 个也没有匹配上。）

42. 设 E_1 和 E_2 是两个事件，如果 $p(E_1 \bigcap E_2) = p(E_1) p(E_2)$，就称 E_1 和 E_2 是**独立的**。如果把一枚硬币抛掷 3 次时所有可能的结果构成一个集合，把这个集合的子集看作事件，确定下面的每一对事件是否是独立的。

a) E_1：第一次硬币头像向下；E_2：第二次硬币头像向上。

b) E_1：第一次硬币头像向下；E_2：在连续 3 次中有 2 次但不是 3 次头像向上。

c) E_1：第二次硬币头像向上；E_2：在连续 3 次中有 2 次但不是 3 次头像向上。

（我们将在 7.2 节更深入地研究事件的独立性。）

43. 解释下面的陈述错在什么地方。在蒙地厅大厦三门难题里，因为剩下两个门，所以你选的第一个门后面是大奖的概率与另一个没打开的门后面是大奖的概率都是 1/2。

44. 假定在蒙地厅大厦难题中不是三个门而是四个门。当知道每个门后面是什么的主持人打开一个后面并没有奖品的门并且给你机会改变选择时，你不改变选择并且赢了大奖的概率是多少？在还剩下两个门没有打开时，你改变原来的选择猜中两门其中一个后面有奖的概率是多少？

45. 这个问题由薛瓦利埃·德梅雷提出，并由布莱斯·帕斯卡和皮埃尔·德·费马解决。

a) 求一个骰子掷 4 次时掷出一个 6 点的概率。

b) 求一对骰子掷 24 次时掷出两个 6 点的概率。这个问题是薛瓦利埃·德梅雷问帕斯卡的，他问这个概率是否大于 1/2。请解答这个问题。

c) 一个骰子掷 4 次时掷出一个 6 点或一对骰子掷 24 次时掷出两个 6 点，哪种情况更可能发生？

7.2 概率论

7.2.1 引言

Links ▶

在 7.1 节我们引入了事件的概率的概念。(回忆一下，一个事件是一次试验的可能结果的子集。)我们像拉普拉斯那样定义一个事件 E 的概率

$$p(E) = \frac{|E|}{|S|}$$

即 E 中的结果个数除以结果总数。这个定义假定所有结果的可能性都是相等的。但是许多试验结果的可能性并不相等。例如，一个硬币很可能是不均匀的，因而出现头像向上的次数常常是向下次数的两倍。类似地，一个线性搜索的输入是一个元素和一个表，这个元素在表里或不在表里的可能性依赖于输入的产生过程。在这种情况下，怎样建立关于事件可能性的模型呢？这一节将要说明当结果的可能性不相等时，为研究试验概率应该怎样定义结果的概率。

假定一个均匀的硬币被掷 4 次，第一次它的头像向上。给定了这个信息，头像 3 次向上的概率是多少？为了回答这个问题或者类似的问题，我们将引入条件概率的概念。已知第一次头像向上能改变 3 次头像向上的概率吗？如果不是，这两个事件就叫作独立的，本节的后面将要学到这个概念。

许多问题谈到一个与试验结果有关的特定数值。例如，当我们掷 100 次硬币时，恰好出现 40 次头像的概率是多少？我们应该预期出现多少次头像？在这一节我们将要学习随机变量，它是把数值与试验结果联系起来的函数。

7.2.2 概率指派

设 S 是某个具有有穷个或可数个结果的试验的样本空间。我们赋给每个结果 s 一个概率 $p(s)$，使得满足以下两个条件：

(i) $0 \leqslant p(s) \leqslant 1$ $s \in S$

(ii) $\sum_{s \in S} p(s) = 1$

条件(i)说明每个结果的概率是一个不超过 1 的非负实数。条件(ii)说明所有可能结果的概率之和应该是 1，即当我们做这个试验时这些结果之一一定出现。这是拉普拉斯定义的一般化。在拉普拉斯定义中，n 个结果中的每一个，其概率都是 $1/n$。的确，当使用拉普拉斯关于等可能结果概率的定义且 S 为有限时，条件(i)和(ii)是满足的(见练习 4)。

注意，当存在 n 个可能的结果 x_1，x_2，$\cdots$，x_n 时，这两个要满足的条件是

(i) $0 \leqslant p(x_i) \leqslant 1$ $i = 1, 2, \cdots, n$

(ii) $\sum_{i=1}^{n} p(x_i) = 1$

样本空间 S 的所有事件的集合上的函数 p 称为**概率分布**。

为了建立试验的模型，赋给结果 s 的概率 $p(s)$ 应该等于 s 出现次数除以试验进行的次数。当这个数无限增加时，就取极限。(我们将假定讨论的所有试验有平均可预料的结果，以使得这个极限存在。我们也假定一个试验的结果成功与否与前面的结果无关。)

评注 我们将只讨论结果集合离散时的事件概率，而一个试验的结果可能是任何实数这样的情况不讨论。此时，对于事件概率的研究通常要求微积分。

我们可以建立试验的模型，在这种试验中结果具有等可能性，或者不等但可以选择一个适

Links ▶

历史注解 薛瓦利埃·德·梅雷(Chevalier de Méré)是法国贵族，他以赌博闻名于世，也是一个纨绔子弟。他善于打赌，胜率都略大于 1/2(例如在一个骰子掷 4 次时至少出现一个 6 点)。他给帕斯卡写信问到关于一对骰子掷 24 次至少出现两个 6 点的概率，这带动了概率论的发展。据说，帕斯卡写信给费马谈到薛瓦利埃，说过诸如"他是一个好人，但是，他不是数学家"这样的话。

当的函数 $p(s)$ 来表示，如例 1 所示。

例1 当一个均匀的硬币被掷时，结果 H（头像向上）和结果 T（头像向下）应该赋予什么概率？当硬币不均匀而使得出现头像向上的次数常常是向下的两倍时，对这些事件又应该赋予什么概率？

解 对于均匀的硬币，当硬币被掷时头像向上的概率等于头像向下的概率，这两个事件是等可能的。因此，我们对这两个可能结果中的任何一个都赋予 $1/2$ 的概率，即 $p(H) = p(T) = 1/2$。

对于不均匀的硬币，有

$$p(H) = 2p(T)$$

由于

$$p(H) + p(T) = 1$$

从而得出

$$2p(T) + p(T) = 3p(T) = 1$$

最终，有 $p(T) = 1/3$ 和 $p(H) = 2/3$。

定义1 假设 S 是 n 个元素的集合。均匀分布赋给 S 中的每个元素的概率是 $1/n$。

现在我们把事件的概率定义成在这个事件中结果的概率之和。

定义2 事件 E 的概率是在 E 中结果的概率之和，即

$$p(E) = \sum_{s \in E} p(s)$$

（注意：当 E 是有限集合时，$\sum_{s \in E} p(s)$ 是一个收敛的无穷级数。）

注意当事件 E 中有 n 个结果时，即如果 $E = \{a_1, a_2, \cdots, a_n\}$，则 $p(E) = \sum_{i=1}^{n} p(a_i)$。还要注意，均匀分布对一个事件指派的概率与拉普拉斯初始定义对此事件指派的概率是相同的。从具有均匀分布的样本空间中选取一个事件的试验叫作**随机选取** S 的一个元素。

例2 假定一个骰子是不均匀的（或经装填的），使得 3 这一面出现的次数是其他面的两倍，但其他五个面出现是等可能的。当我们掷这个骰子时，出现奇数点的概率是多少？

解 我们想要找到事件 $E = \{1, 3, 5\}$ 的概率。由本节末的练习 2，我们有

$$p(1) = p(2) = p(4) = p(5) = p(6) = 1/7, \quad p(3) = 2/7$$

从而得出

$$p(E) = p(1) + p(3) + p(5) = 1/7 + 2/7 + 1/7 = 4/7$$

当事件是等可能的并且存在有限多个可能的结果时，在这一节给出的事件概率的定义（定义 2）与拉普拉斯的定义（7.1 节定义 1）一致。为此，假定存在 n 个等可能的结果。由于这些概率之和是 1，所以每个可能结果的概率是 $1/n$。假定事件 E 包含 m 个结果，根据定义 2，

$$p(E) = \sum_{i=1}^{m} \frac{1}{n} = \frac{m}{n}$$

由于 $|E| = m$ 和 $|S| = n$，所以

$$p(E) = \frac{m}{n} = \frac{|E|}{|S|}$$

这是事件 E 的拉普拉斯的概率定义。

7.2.3 事件的组合

当使用定义 2 来定义事件概率时，在 7.1 节中事件组合的概率公式继续保持。例如，7.1 节定理 1 断言

$$p(\overline{E}) = 1 - p(E)$$

其中 $\overline{E}$ 是事件 E 的补事件。当用定义 2 时这个等式也成立。为此只需注意 n 个可能结果的概率之和是 1，且每个结果或在 E 或在 $\overline{E}$ 中，但不能同时在两者之中。因而

$$\sum_{s \in S} p(s) = 1 = p(E) + p(\overline{E})$$

所以，$p(\overline{E}) = 1 - p(E)$。

根据拉普拉斯的定义，由 7.1 节定理 2，我们有

$$p(E_1 \bigcup E_2) = p(E_1) + p(E_2) - p(E_1 \bigcap E_2)$$

其中 E_1 和 E_2 是样本空间 S 的事件。当我们按照这一节的做法定义事件的概率时，等式也成立。为此，注意 $p(E_1 \bigcup E_2)$ 是在 $E_1 \bigcup E_2$ 中结果的概率之和。当结果 x 只属于 E_1 和 E_2 中的一个集合但不同时属于两个集合时，$p(x)$ 恰好只出现在 $p(E_1)$ 或 $p(E_2)$ 的一个和中。当结果 x 同时出现在 E_1 和 E_2 中时，$p(x)$ 出现在 $p(E_1)$ 的和中、$p(E_2)$ 的和中，也出现在 $p(E_1 \bigcap E_2)$ 的和中。因此它在右边出现了 $1+1-1=1$ 次。所以，左边与右边相等。

同样，如果事件 E_1 和 E_2 不相交，则 $p(E_1 \bigcap E_2) = 0$，这样，

$$p(E_1 \bigcup E_2) = p(E_1) + p(E_2) - p(E_1 \bigcap E_2) = p(E_1) + p(E_2)$$

定理 1 更一般地给出了两两不相交事件并集的概率公式。

> **定理 1**　如果 E_1，E_2，$\cdots$ 是样本空间 S 中两两不交事件的序列，那么
>
> $$p\left(\bigcup_i E_i\right) = \sum_i p(E_i)$$
>
> （注意，当序列 E_1，E_2，$\cdots$ 由有穷个或可数无穷个两两不交的事件组成时，定理仍旧适用。）

定理的证明留给读者完成（见练习 36 和 37）。

7.2.4　条件概率

Links

假定我们掷 3 次硬币，并且所有的 8 种结果都是等可能的。此外，假定我们知道第一次掷硬币头像向下的事件 F 已经出现了。在给定这一信息后，事件 E，即头像向下出现奇数次的概率是什么？因为第一次掷硬币的头像向下，只有 4 种可能的结果：TTT、TTH、THT 和 THH，其中 H 和 T 分别表示头像向上和向下。头像向下出现奇数次的情况只有 TTT 和 THH。由于 8 个结果的概率相等，所以在给定 F 出现的条件下，4 种可能结果的每一个也应该有相等的概率 $1/4$。这就告诉我们，在给定 F 出现的条件下，E 的概率应为 $2/4 = 1/2$。这个概率叫作给定 F 的条件下 E 的**条件概率**。

一般来说，为了找出给定 F 的条件下 E 的条件概率，我们用 F 作为样本空间。作为要出现的 E 的一个结果，这个结果也必须属于 $E \bigcap F$。由此，我们得到下述定义。

> **定义 3**　设 E 和 F 是具有 $p(F) > 0$ 的事件，给定 F 的条件下 E 的条件概率记作 $p(E \mid F)$，定义为
>
> $$p(E \mid F) = \frac{p(E \bigcap F)}{p(F)}$$

Extra Examples

例 3　随机生成 4 位比特串以使得 16 个比特串都是等可能的，那么在给定串的第一位是 0 的条件下，串中至少含有两个连续 0 的概率是多少？（假定 0 位和 1 位是等可能的。）

解　设 E 事件是 4 位比特串，至少含有 2 个连续的 0。F 事件是 4 位比特串，它的第一位是 0。那么在给定第一位是 0 的条件下，4 位比特串包含至少 2 个连续 0 的概率是

$$p(E \mid F) = \frac{p(E \bigcap F)}{p(F)}$$

由于 $E \bigcap F = \{0000, 0001, 0010, 0011, 0100\}$，所以 $p(E \bigcap F) = 5/16$。因为以 0 开始的 4 位

比特串有 8 个，所以 $p(F)=8/16=1/2$。因此

$$p(E|F)=\frac{5/16}{1/2}=\frac{5}{8}$$

◀

例 4 在至少已有 1 个男孩的条件下，一个家庭中两个孩子均是男孩的条件概率是多少？假定 BB、BG、GB 和 GG 是等可能的，其中 B 代表男孩，G 代表女孩。

解 设 E 是两个孩子均是男孩的概率，F 是两个孩子中至少有一个是男孩的概率。因而 $E=\{BB\}$，$F=\{BB,BG,GB\}$，并且 $E\cap F=\{BB\}$。由于 4 种可能性是等可能的，所以 $p(F)=3/4$ 且 $p(E\cap F)=1/4$。从而可以断言

$$p(E|F)=\frac{p(E\cap F)}{p(F)}=\frac{1/4}{3/4}=\frac{1}{3}$$

◀

7.2.5　独立性

假设一个硬币被掷了 3 次，正如我们关于条件概率讨论的引言中所描述的。第一次掷出的头像向下（事件 F）是否改变了头像向下（事件 E）次数为奇数的概率？换句话说，$p(E|F)=p(E)$？由于 $p(E|F)=1/2$ 和 $p(E)=1/2$，所以这个等式对事件 E 和 F 是有效的。因为这个等式成立，所以我们说 E 和 F 是独立的事件。

由于 $p(E|F)=p(E\cap F)/p(F)$，是否有 $p(E|F)=p(E)$ 等价于是否有 $p(E\cap F)=p(E)p(F)$，从而得到定义 4。

定义 4　事件 E 和 F 是独立的，当且仅当 $p(E\cap F)=p(E)p(F)$。

例 5 假设 E 是随机产生以一个 1 开始的 4 位比特串的事件，F 是随机产生包含偶数个 0 的比特串的事件。如果 16 个 4 位比特串是等可能的，E 和 F 是独立的吗？

解 以 1 开始的 4 位比特串有 8 个：1000、1001、1010、1011、1100、1101、1110 和 1111。包含偶数个 0 的 4 位比特串也有 8 个：0000、0011、0101、0110、1001、1010、1100 和 1111。因为 4 位比特串有 16 个，所以

$$p(E)=p(F)=8/16=1/2$$

由于 $E\cap F=\{1111,1100,1010,1001\}$，所以

$$p(E\cap F)=4/16=1/4$$

因为

$$p(E\cap F)=1/4=(1/2)(1/2)=p(E)p(F)$$

所以，我们断定 E 和 F 是独立的。

◀

概率在遗传学上也有许多应用，如例 6 和例 7 所示。

例 6 和例 4 类似，假定一个家庭两个孩子有 4 种等可能的情况。事件 E 是有两个孩子的家庭有两个男孩，事件 F 是有两个孩子的家庭至少有一个男孩，E 和 F 是否是独立的？

解 因为 $E=\{BB\}$，我们有 $p(E)=1/4$。在例 4 中我们证明了 $p(F)=3/4$ 和 $p(E\cap F)=1/4$。由于 $p(E\cap F)=1/4\neq3/16=(1/4)(3/4)=p(E)p(F)$，所以事件 E 和 F 不是独立的。◀

例 7 事件 E 是某个有三个孩子的家庭有男孩也有女孩，F 是有三个孩子的家庭至多有一个男孩。假定一个家庭可能有三个孩子的 8 种方式是等可能的，E 和 F 是否独立？

解 一个家庭可能有三个孩子的 8 种方式是 BBB、BBG、BGB、BGG、GBB、GBG、GGB、GGG，每一种的概率都是 1/8。因为 $E=\{BBG,BGB,BGG,GBB,GBG,GGB\}$，$F=\{BGG,GBG,GGB,GGG\}$，并且 $E\cap F=\{BGG,GBG,GGB\}$，从而 $p(E)=6/8=3/4$，$p(F)=4/8=1/2$，且 $p(E\cap F)=3/8$。由于

$$p(E)p(F)=\frac{3}{4}\cdot\frac{1}{2}=\frac{3}{8}$$

所以可以断言 E 和 F 是独立的。(这个结论似乎是令人惊奇的。的确，如果我们改变孩子的数目，结论可能不再成立。见本节练习 27。)

两两独立和相互独立   我们可以定义超过两个事件的独立。在定义 5 中给出了两种类型的独立。

> **定义 5**   事件 E_1，E_2，$\cdots E_n$ 是两两独立当且仅当 $p(E_i \bigcap E_j) = p(E_i)(E_j)$，对于所有整数对 i 和 j，$1 \leqslant i < j \leqslant n$。事件是相互独立当且仅当 $p(E_{i_1} \bigcap E_{i_2} \bigcap \cdots \bigcap E_{i_m}) = p(E_{i_1}) p(E_{i_2}) \cdots p(E_{i_m})$，$i_j$，$j = 1$，$2$，$\cdots$，$m$，都是整数，$1 \leqslant i_1 < i_2 < \cdots < i_m \leqslant n$ 和 $m \geqslant 2$。

从定义 5 可以看到，n 个相互独立事件的集合中的任意两个事件是两两独立的，但 n 个两两独立事件的集合中的事件不一定是相互独立。在补充练习 25 中也能说明这个问题。许多关于 n 个事件的定理都假设这些事件是相互独立的，而不只是两两独立的。我们将在本章后面介绍一些这样的定理。

7.2.6 伯努利试验与二项分布

Links

假设一个试验只有两种可能的结果。例如，当随机产生一比特时，可能的结果就是 0 和 1。当一个硬币被掷时，可能的结果就是头像向上和头像向下。每次执行一项具有两种可能结果的试验就叫作**一次伯努利试验**。它是以詹姆斯·伯努利的名字命名的，他对概率论做出了重要的贡献。一般来说，一次伯努利试验的一个可能的结果叫作**成功**或**失败**。如果 p 是一次成功的概率，q 是一次失败的概率，那么 $p + q = 1$。

当一个试验由 n 次独立的伯努利试验组成时，许多问题可以通过确定 k 次成功的概率来解决。(当已知其他试验结果的信息，每一次成功的条件概率为 p 时，伯努利试验是**相互独立的**。)考虑下面的例 8。

例 8   一枚硬币是不均匀的以至于出现头像的概率是 2/3。假定每次掷硬币是独立的，当掷 7 次硬币时恰好 4 次出现头像的概率是多少？

解   当一枚硬币被掷 7 次时存在 $2^7 = 128$ 种可能的结果，7 次中有 4 次出现头像的方式数是 $C(7, 4)$。因为 7 次掷币是独立的，所以每一个这样的结果都对应概率 $(2/3)^4 (1/3)^3$。因此，恰好 4 次出现头像的概率是

$$C(7,4)(2/3)^4(1/3)^3 = \frac{35 \cdot 16}{3^7} = \frac{560}{2187}$$

参照在例 8 中用过的同样的推理，我们可以找出在 n 次独立的伯努利试验中有 k 次成功的概率。

> **定理 2**   **在 n 次独立的伯努利试验中有 k 次成功的概率** 在成功概率为 p、失败概率为 $q = 1 - p$ 的 n 次独立的伯努利试验中，有 k 次成功的概率是
> $$C(n, k) p^k q^{n-k}$$

证明   当执行 n 次伯努利试验时，结果是 n 元组 $(t_1, t_2, \cdots, t_n)$，其中 $t_i = S$(成功)或 $t_i = F$(失败)，$i = 1$，2，$\cdots$，n。由于 n 次试验是独立的，所以由 k 次成功和 $n-k$ 次失败(以任何顺序)组成的每个 n 次试验结果的概率是 $p^k q^{n-k}$。因为由 S 和 F 构成的包含 k 个 S 的 n 元组有 $C(n, k)$ 个，所以正好 k 次成功的概率是

$$C(n, k) p^k q^{n-k}$$

我们将成功概率为 p、失败概率为 $q = 1 - p$ 的 n 次独立的伯努利试验中，有 k 次成功的概率记作 $b(k; n, p)$。作为 k 的函数，我们把这个函数称为**二项分布**。定理 2 告诉我们

$$b(k; n, p) = C(n, k) p^k q^{n-k}$$

Extra Examples

例 9   当产生 10 位二进制串时，若每一位为 0 的概率是 0.9，为 1 的概率是 0.1，且每一位的产生是独立的，那么恰好产生 8 位 0 的概率是多少？

解　由定理 2，恰好产生 8 位 0 的概率是

$$b(8;10,0.9)=C(10,8)(0.9)^8(0.1)^2=0.193\ 710\ 244\ 5$$

注意当执行 n 次独立的伯努利试验时，对于 $k=0,1,2,\cdots,n$，存在 k 次成功的概率之和等于

$$\sum_{k=0}^{n}C(n,k)p^kq^{n-k}=(p+q)^n=1$$

显然应该如此。在这串等式中的第一处相等是二项式定理的结果（参见 6.4 节），第二处相等是由于 $q=1-p$。

7.2.7　随机变量

许多问题都涉及一个与试验结果相关的数值。例如，我们可能想知道当随机产生 10 位比特串时含 9 个 1 的概率，或者想知道掷 20 次硬币时有 11 次头像向下的概率。为了研究这类问题我们引入随机变量的概念。

定义 6　一个随机变量是从试验的样本空间到实数集的函数，即一个随机变量对每个可能的结果指派一个实数值。

评注　一个随机变量是一个函数，而不是一个变量，并且它也不是随机的！随机变量的名称是由意大利数学家坎泰利（F. P. Cantelli）于 1916 年引入的。在 20 世纪 40 年代后期，数学家费勒（W. Feller）和杜布（J. L. Doob）扔硬币确定使用"随机变量"还是更贴切一些的"机会变量"，不幸的是，费勒赢了。"随机变量"一词从此在出现在教课书中。

例 10　假设一个硬币被掷 3 次。令 $X(t)$ 是出现头像的个数，其中 t 是结果。那么随机变量 $X(t)$ 取值如下：

$$X(HHH)=3$$
$$X(HHT)=X(HTH)=X(THH)=2$$
$$X(TTH)=X(THT)=X(HTT)=1$$
$$X(TTT)=0$$

定义 7　一个随机变量 X 在样本空间 S 中的分布是对所有的 $r\in X(S)$ 的对 $(r,p(X=r))$ 的集合，其中 $p(X=r)$ 是 X 取值 r 的概率。通常是通过对每个 $r\in X(S)$ 指定 $p(X=r)$ 来描述分布的。

例 11　当掷 3 个硬币时，8 种可能的结果中每一个出现的概率都是 1/8，例 10 中的随机变量 $X(t)$ 是由 $p(X=3)=1/8$，$p(X=2)=3/8$，$p(X=1)=3/8$，$p(X=0)=1/8$ 给出的，因此，例 10 中 $X(t)$ 的分布是这些对偶的集合 $(3,1/8)$，$(2,3/8)$，$(1,3/8)$ 和 $(0,1/8)$。

Links

©INTERFOTO/Alamy Stock Photo

詹姆斯·伯努利（James Bernoulli，1654—1705）　伯努利又名雅各布，出生在瑞士的巴塞尔。他是伯努利家族的 8 位卓越数学家之一（见 10.1 节伯努利数学世家谱）。1676~1682 年，他游历欧洲，获悉了数学和科学的最新发现。1682 年，他返回巴塞尔，创立了数学和科学学校。1687 年他被任命为巴塞尔大学的数学教授，并在这个位置终其一生。

詹姆斯·伯努利众所周知的著作是《推测术》（*Ars Conjectandi*），这本著作在他死后 8 年得以发表。在这本著作中，他描述了在概率论和枚举中的已知结果，并常常对已知结果提供另外的证明。这本著作也包含了概率论对机会对策的应用和关于著名的**大数定律**的介绍。这条定律叙述了如果 $\varepsilon>0$，当 n 变得任意大时，事件 E 在 n 次试验中出现的次数除以 n 的比与 $p(E)$ 的差在 ε 之内的概率接近于 1。

例 12 设 X 是掷一对骰子时出现的点数之和，那么这个随机变量怎样对 36 个可能的结果 $(i，j)$ 取值？这里的 i 和 j 分别表示当掷两个骰子时，第一和第二个骰子出现的点数。

解 随机变量 X 取值如下：

$X((1，1))=2$

$X((1，2))=X((2，1))=3$

$X((1，3))=X((2，2))=X((3，1))=4$

$X((1，4))=X((2，3))=X((3，2))=X((4，1))=5$

$X((1，5))=X((2，4))=X((3，3))=X((4，2))=X((5，1))=6$

$X((1，6))=X((2，5))=X((3，4))=X((4，3))=X((5，2))=X((6，1))=7$

$X((2，6))=X((3，5))=X((4，4))=X((5，3))=X((6，2))=8$

$X((3，6))=X((4，5))=X((5，4))=X((6，3))=9$

$X((4，6))=X((5，5))=X((6，4))=10$

$X((5，6))=X((6，5))=11$

$X((6，6))=12$

7.4 节将继续研究随机变量，我们也将说明它们在各种应用中是怎样使用的。

7.2.8 生日问题

有一个著名的问题：要使一个房间中至少有两个人同月同日生的可能性大于这种情况不存在的可能性，那么房间里至少需要多少人才行？大多数人发现这个答案（我们将在例 13 确定它）是惊人地小。在求解了这个著名的问题之后，我们将说明类似的推理是怎样用于求解与散列函数有关的问题的。

Extra Examples

例 13 生日问题 如果要求房间中至少 2 个人有相同生日的概率大于 $1/2$，那么所需的最少人数是多少？

解 首先叙述某些假设。我们假设房间中的人生于某一天是独立的。之后，假设生于某一天是等可能的，并且一年是 366 天。（实际上一年的某些日子出生的人比其他日子更多，例如在新年这样的节日之后 9 个月的日子，此外只有闰年有 366 天。）

为了找到房间中的 n 个人里至少 2 个人生日相同的概率，首先计算这些人生日彼此都不相同的概率 p_n，那么至少 2 个人有同样的生日的概率是 $1-p_n$。为计算 p_n，我们考虑按照某个给定顺序的 n 个人的生日。想象他们一次一个人地进入房间，我们将计算每个即将进入房间的人与那些原来已经在房间的人有不同生日的概率。

第一个人与已经在房间中的人的生日肯定不同。第二个人的生日与第一个人不同的概率为 $365/366$，这是因为第二个人除了诞生在第一个人的生日那天以外，出生在其余的 365 天的任何一天都有着不同的生日（这里和下面的步骤都用到某个人出生在一年的 366 天中的任何一天都是等可能的假设）。

给定前两个人有不同生日的情况下，第三个人的生日与第一个人和第二个人两个人的生日都不相同的概率为 $364/366$。一般地，第 j 个人（$2 \leqslant j \leqslant 366$）与已经进入房间的给定不同生日的 $j-1$ 个人有着不同生日的概率为

$$\frac{366-(j-1)}{366}=\frac{367-j}{366}$$

因为我们已经假设房间里的人的生日是独立的，所以我们可以断定房间里的 n 个人有不同生日的概率是

$$p_n=\frac{365}{366}\frac{364}{366}\frac{363}{366}\cdots\frac{367-n}{366}$$

因此得到 n 个人中至少有两个人具有相同生日的概率是

$$1 - p_n = 1 - \frac{365}{366} \cdot \frac{364}{366} \cdot \frac{363}{366} \cdots \frac{367 - n}{366}$$

为确定使得其中至少两个人具有相同生日的概率大于 1/2 时房间里的最少人数，使用关于 $1 - p_n$ 的公式，对于正在增长的 n 值进行计算，直到这个概率大于 1/2。（有一种使用微积分的更精确的方法可以省略这个计算。但是我们这里不用。）在经过可观的计算以后，我们发现对于 $n = 22$，$1 - p_n \approx 0.475$，而对于 $n = 23$，$1 - p_n \approx 0.506$。因此，使得至少有两个人具有相同生日的概率大于 1/2 所需要的最少人数是 23。　　　　◄

生日问题的解引出了例 14 中关于散列函数问题的解。

例 14　**散列函数中碰撞的概率**　回顾 4.5 节，一个散列函数 $h(k)$ 是从（存储在数据库中的记录的）关键字到存储地址的映射。散列函数把一个大范围的关键字（例如美国将近 3 亿个社会保险号）映射到小很多的存储地址的集合中。一个好的散列函数很少产生碰撞，所谓**碰撞**就是在一个给定应用中当相对较少的记录起作用时，两个不同的关键字映射到相同的存储地址。对一个散列函数，没有两个关键字映射到相同的地址，或者换句话说没有碰撞的概率是什么？

解　为计算这个概率，假设一个随机选择的关键字映射到一个地址的概率是 $1/m$，其中 m 是有效地址的个数，即散列函数对关键字的分配是均匀的。（实际上散列函数不可能满足这个假设，但是对于好的散列函数这个假设近乎正确。）我们进一步假设被选中记录的关键字是关键字域上任何一个元素的概率相等，并且这些关键字都是独立选择的。

假设关键字是 k_1，k_2，$\cdots$，k_n。当我们把第二个记录加入时，它被映射到与第一个记录的地址不同的地址，即 $h(k_1) \neq h(k_2)$ 的概率是 $(m-1)/m$，因为第一个记录放入后还有 $m-1$ 个没用过的地址。在无碰撞放好第一个和第二个记录以后，第三个记录映射到一个没有用过的地址的概率是 $(m-2)/m$。一般来说，前 $j-1$ 个记录已经被无碰撞地映射到地址 $h(k_1)$，$h(k_2)$，$\cdots$，$h(kj-1)$ 以后，第 j 个记录映射到一个没有用过的地址的概率是 $(m-(j-1))/m$，因为 m 个地址中已经用了 $j-1$ 个地址。

由于关键字是独立的，所有 n 个关键字被映射到不同地址的概率是

$$p_n = \frac{m-1}{m} \cdot \frac{m-2}{m} \cdots \frac{m-n+1}{m}$$

从而得到存在至少一个碰撞，即至少两个关键码被映射到相同地址的概率是

$$1 - p_n = 1 - \frac{m-1}{m} \cdot \frac{m-2}{m} \cdots \frac{m-n+1}{m}$$

我们可以使用微积分技术找出对于给定的 m 值，使得碰撞概率大于一个特定值的最小的 n 值。可以证明使得碰撞概率大于 1/2 的最小的整数 n 近似是 $n = 1.177 \sqrt{m}$。例如，当 $m = 1\,000\,000$ 时，使得碰撞概率大于 1/2 的最小整数 n 是 1178。　　　　◄

7.2.9　蒙特卡罗算法

本书至今讨论的算法都是确定性算法。即只要给定同样的输入，每个算法总是以同样的方式运行。但是有许多情况下我们希望算法在一步或多步中做随机选择。当一个确定性算法不得不遇到大量的甚至是无数种可能的情况时就会出现这种情况。在一步或者多步做随机选择的算法称为**概率算法**。这一节我们将讨论关于判定问题的一类特殊的概率算法，即**蒙特卡罗算法**。蒙特卡罗算法对于问题总能得到答案，但是这些答案可能存在很小的出错概率。当算法执行足够多的计算时，答案出错的概率迅速下降。判定问题以"真"或者"假"作为它们的答案。"蒙特卡罗"是摩纳哥的一个著名赌场。算法中使用的随机和重复过程与一些赌博方式相近。蒙特卡罗方法这个名称是由斯坦·乌拉姆，恩里科·费米和约翰·冯·诺伊曼提出的。

求解判定问题的蒙特卡罗算法使用一系列的测试。只要测试执行得越多，算法正确回答判定问题的概率就增加。在算法的每一步，可能回答"真"，这意味着答案是"真"，不再需要进一步的迭代。回答"不知道"，这意味着答案可能是"真"也可能是"假"。这样一个算法经过

多次迭代以后，如果任何一次迭代产生答案"真"，那么最后答案是"真"；如果每次迭代都产生答案"不知道"，那么答案就是"假"。如果正确的答案是"假"，那么算法回答"假"，因为每次迭代将产生"不知道"。但是，如果正确的答案是"真"，算法可能回答"真"或"假"，因为很可能每次迭代回答都是"不知道"，即使正确的答案是"真"。我们将证明当测试数增加时，这种可能性变得非常小。

给定答案为"真"，假设 p 是一次测试回答"真"的概率，从而 $1-p$ 是给定答案为"真"回答"不知道"的概率。因为所有的 n 次迭代都产生答案"不知道"时算法才回答"假"，并且这些迭代执行独立的测试，因此出错的概率是 $(1-p)n$。当 $p \neq 0$ 时，这个概率随测试次数增加接近于 0。所以，当答案是"真"时算法回答"真"的概率接近于 1。

例 15 **质量控制**（这个例子来自[AhUl95]） 假设一个工厂多批次定购处理器芯片，每批 n 片，其中 n 为正整数。芯片制造商只对这些批次中的某一批进行了测试以保证这批芯片中的所有芯片都是好的。在以前未测试的批次中，当作随机测试时，观察到一个特定芯片是坏芯片的概率是 0.1。这家 PC 工厂想判定在一批芯片中是否所有的芯片都是好的。为此这家工厂可以对一批中的每片芯片进行测试，这需要测试 n 次。假设执行每次测试需要的时间为常数，那么这些测试需要 $O(n)$ 秒。这家 PC 工厂能不能用更少的时间来检查这批芯片是否检测过？

解 只要我们能够接受一定的出错概率，就能用蒙特卡罗算法确定一批芯片是否已经被芯片制造商检测过。这个算法是为了回答下面的问题："这批芯片是否被制造商测试过？"它一片接一片连续从这批中随机选择芯片并进行测试。当发现一片坏芯片时算法回答"真"并且停止。如果一个被测的芯片是好的，算法回答"不知道"并且继续下一个芯片。在算法测试了一定数量的芯片以后，比如说 k 片，没有得到回答"真"，那么算法确定答案是"假"，即算法判定这批芯片是好的，也就是说芯片制造商已经测试了这批芯片中的所有芯片。

这个算法回答出错只有一种情况，就是它断定一批没有测过的芯片已经被芯片制造商测过了。在一批没测过的芯片中一片芯片是好的概率是 $1-0.1=0.9$。由于在一批芯片中测试不同芯片的事件是独立的，所以给定这批芯片没被测试过的情况下，算法的所有 k 步都产生答案"不知道"的概率是 0.9^k。

取 k 足够大，我们就可以使得这个概率像我们所希望的那样小。例如，通过测试 66 片芯片，算法判定一批已经被芯片制造商测过的芯片的概率是 0.9^{66}，它小于 0.001。即算法回答出错的概率小于 $1/1000$。注意这个概率与这批芯片的片数 n 无关。这就是说，不管这批有多少片芯片，蒙特卡罗算法使用常数或者 $O(1)$ 次测试，并且需要 $O(1)$ 秒。只要 PC 工厂可以接受小于 $1/1000$ 的错误率，蒙特卡罗算法将节省 PC 工厂很多的测试。如果需要更小的错误率，PC 工厂在每批中可以测试更多的芯片。读者可以验证 132 次测试将使得错误率降低到 $1/1\,000\,000$。 ◀

例 16 **素数的概率测试** 在第 4 章我们提到过合数，即一个大于 1 的不是素数的整数，可通过小于 $n/4$ 的以 b 为底的米勒测试，其中 $1 < b < n$（见 4.4 节练习 44）。这个观察是蒙特卡罗算法确定一个正整数是否为素数的基础。因为大素数在公共密钥密码系统中起着基础的作用（见 4.6 节），能够快速生成大素数就变得特别重要。

算法的目标是判定问题"n 是合数吗？"给定一个大于 1 的正整数 n，我们随机选择一个整数 $b(1 < b < n)$ 并且确定 n 能否通过 b 为底的米勒测试。如果 n 次测试失败，那么回答是"真"因为 n 一定是合数，因此答案是"真"并且算法结束。否则，我们重复测试 k 次，其中 k 是整数。每次我们选择一个随机整数 b，确定 n 能否通过对于 b 为底的米勒测试。如果在每一步答案是"不知道"，那么算法回答"假"，即它说 n 不是合数，因而它是素数。当 n 是合数，并且在 k 步迭代的每一步输出答案是"不知道"时，这是算法返回错误答案的唯一可能。对于一个随机选择的 b 为底，一个合数 n 通过米勒测试的概率小于 $1/4$。因为满足 $1 < b < n$ 的整数 b 在每次迭代时是随机选择的，并且这些迭代是独立的，所以 n 是合数但算法回答 n 是素数的概率小于 $(1/4)^k$。通过取足够大的 k，我们可以使得这个概率特别小。例如，用 10 次迭代，当 n 实

际上是合数但算法判定 n 为素数的概率小于 $1/1\,000\,000$。用 30 次迭代，这个概率小于 $1/10^{18}$。这是一个特别小概率的事件。

　　为了生成大素数，比如说 200 位。我们随机选择一个 200 位的整数 n，并且运行这个算法，用 30 次迭代。如果算法判定 n 是素数，我们可以把它当成两个素数之一用在 RSA 密码系统的密钥中。如果 n 实际上是合数并且作为这个密钥的一部分来使用，那么这个用来解密信息的过程不会产生原始的被加密的信息。这个密钥将被抛弃而使用两个新的可能的素数。 ◀

7.2.10　概率方法

　　第 1 章讨论了存在性证明并且说明在构造的存在性证明和非构造的存在性证明之间的区别。由保罗·厄多斯和阿尔弗·雷德引入的概率方法是一个强有力的技术，它可以用于创建非构造的存在性证明。为了使用概率方法证明关于集合 S 的结果，例如 S 中一个具有指定性质元素的存在性，我们把概率赋给集合的元素。然后我们使用概率论的方法证明关于 S 的元素的结果。特别地，我们可以通过证明一个元素 $x \in S$ 具有这个性质的概率是正的来证明具有特定性质的元素存在。这种概率方法是基于定理 3 的等价叙述。

> **定理 3　概率方法**　如果随机地从集合 S 中选取一个元素，此元素不具有某个特定性质的概率小于 1，那么 S 中存在具有这条性质的元素。

　　一个基于概率方法的存在性证明是非构造性的，因为它未找出一个具有所要求性质的特定元素。

　　我们通过找到一个关于拉姆赛数 $R(k, k)$ 的下界来说明概率算法的能力。回顾 6.2 节，$R(k, k)$ 等于晚会的最少人数，以保证其中至少有 k 个人两两都是朋友，或者至少有 k 个人两两都是敌人（假设任两个人要么是朋友要么是敌人）。

> **定理 4**　如果 k 是一个整数，$k \geqslant 2$，那么 $R(k, k) \geqslant 2^{k/2}$。

　　证明　定理对于 $k=2$ 和 $k=3$ 成立，因为 $R(2, 2)=2$ 和 $R(3, 3)=6$，正如 6.2 节所说明的。现在假设 $k \geqslant 4$。我们将使用概率方法证明如果晚会上少于 $2^{k/2}$ 个人，可能没有 k 个人两两是朋友，也没有 k 个人两两是敌人。这就证明了 $R(k, k)$ 至少是 $2^{k/2}$。

　　为了使用概率方法，我们设两个人是朋友还是敌人是等可能的（注意这个假设不一定是真实的）。假设晚会上有 n 个人。因而晚会上有 $\binom{n}{k}$ 个不同的 k 个人的小组，记作 S_1, S_2, $\cdots$, $S_{\binom{n}{k}}$。设 E_i 是 S_i 中的所有 k 个人两两是朋友或两两是敌人的事件。在 n 个人中存在 k 个人两两是朋友或两两是敌人的概率等于 $p\left[\bigcup\limits_{i=1}^{\binom{n}{k}} E_i\right]$。

　　根据假设，两个人是朋友或者是敌人是等可能的。两个人是朋友的概率等于他们是敌人的概率，两个概率都等于 $1/2$。而且，因为 S_i 中有 k 个人，所以在 S_i 中存在 $\binom{k}{2}=k(k-1)/2$ 对人。于是，在 S_i 中所有的 k 个人两两是朋友的概率与 S_i 中所有的 k 个人两两是敌人的概率都等于 $(1/2)^{k(k-1)/2}$。从而得到 $p(E_i)=2(1/2)^{k(k-1)/2}$。

　　在一群 n 个人中存在 k 个人两两是朋友或两两是敌人的概率等于 $p\left[\bigcup\limits_{i=1}^{\binom{n}{k}} E_i\right]$。使用布尔不等式（练习 15），得到

$$p\left[\bigcup_{i=1}^{\binom{n}{k}} E_i\right] \leqslant \sum_{i=1}^{\binom{n}{k}} p(E_i) = \binom{n}{k} \cdot 2\left(\frac{1}{2}\right)^{k(k-1)/2}$$

根据 6.4 节练习 17，我们有 $\binom{n}{k} \leqslant n^k/2^{k-1}$，因此，

$$\binom{n}{k} 2 \left(\frac{1}{2}\right)^{k(k-1)/2} \leqslant \frac{n^k}{2^{k-1}} 2 \left(\frac{1}{2}\right)^{k(k-1)/2}$$

现在如果 $n < 2^{k/2}$，有

$$\frac{n^k}{2^{k-1}} 2 \left(\frac{1}{2}\right)^{k(k-1)/2} < \frac{2^{k(k/2)}}{2^{k-1}} 2 \left(\frac{1}{2}\right)^{k(k-1)/2} = 2^{2-(k/2)} \leqslant 1$$

最后一步的得出是由于 $k \geqslant 4$。

我们现在可以断言当 $k \geqslant 4$ 时，$p\left(\bigcup_{i=1}^{\binom{n}{k}} E_i\right) < 1$。因此，这个补事件，即在这个晚会上不存在一组 k 个人两两是朋友也不存在 k 个人两两是敌人的概率大于 0。从而得到，如果 $n < 2^{k/2}$，那么至少存在一个集合，使得它不包含 k 个人两两是朋友或者两两是敌人的子集。◀

练习

1. 当掷一个不均匀的硬币时，如果出现头像是不出现头像的可能性的 3 倍，那么出现头像的概率应该是多少？不出现头像的概率应该是多少？

2. 当掷一个被填充的骰子时，如果骰子出现 3 点这一面的可能性是其他五个面的 2 倍，求每种结果的概率。

3. 当掷一个不均匀的骰子时，如果骰子出现 2 点或 4 点这一面的可能性是出现其他四个面的 3 倍，并且掷出一个 2 点或者一个 4 点是等可能的，求每种结果的概率。

4. 当结果是等可能的时候，证明在拉普拉斯的概率定义下条件(i)和(ii)是满足的。

5. 一对骰子被灌铅特殊处理。第一个骰子出现 4 点的概率是 2/7，第二个骰子出现 3 点的概率是 2/7，且每个骰子出现其他点数的概率是 1/7。当掷出 2 个骰子时，点数之和为 7 的概率是多少？

6. 当我们随机选择 $\{1, 2, 3\}$ 的一个排列时，这些事件的概率是什么？
   a) 1 在 3 前面　　　　　b) 3 在 1 前面　　　　　c) 3 在 1 前面且 3 在 2 前面

7. 当我们随机选择 $\{1, 2, 3, 4\}$ 的一个排列时，这些事件的概率是什么？
   a) 1 在 4 前面　　　　　　　　　　b) 4 在 1 前面
   c) 4 在 1 前面且 4 在 2 前面　　　　d) 4 在 1 前面，4 在 2 前面，且 4 在 3 前面
   e) 4 在 3 前面且 2 在 1 前面

8. 当我们随机选择 $\{1, 2, \cdots, n\}$ 的一个排列时，其中 $n \geqslant 4$，这些事件的概率是什么？
   a) 1 在 2 前面　　　　　　　　　　b) 2 在 1 前面
   c) 1 紧挨着 2 前面　　　　　　　　d) n 在 1 前面且 $n-1$ 在 2 前面
   e) n 在 1 前面且 n 在 2 前面

9. 当我们随机选择 26 个英语小写字母的一个排列时，这些事件的概率是什么？
   a) 排列由按字母表相反顺序的字母组成　　　b) z 是排列的第一个字母
   c) 排列中 z 在 a 前面　　　　　　　　　d) 排列中 a 紧接在 z 的前面
   e) 排列中 a 紧接在 m 的前面，m 紧接在 z 的前面　　f) 排列中 m、n、o 在字母表中的原来位置

10. 当我们随机选择 26 个英语小写字母的一个排列时，这些事件的概率是什么？
    a) 排列中的前 13 个字母按照字母表的顺序
    b) a 是排列的第一个字母且 z 是排列的最后一个字母
    c) a 和 z 在排列中彼此相邻
    d) a 和 b 在排列中彼此不相邻
    e) 排列中 a 和 z 被至少 23 个字母分开
    f) 排列中 z 在 a 和 b 两者的前面

11. 假设 E 和 F 是事件，满足 $p(E) = 0.7$ 且 $p(F) = 0.5$。证明 $p(E \cup F) \geqslant 0.7$ 和 $p(E \cap F) \geqslant 0.2$。

12. 假设 E 和 F 是事件，满足 $p(E) = 0.8$ 且 $p(F) = 0.6$。证明 $p(E \cup F) \geqslant 0.8$ 和 $p(E \cap F) \geqslant 0.4$。

13. 证明如果 E 和 F 是事件，那么 $p(E \cap F) \geqslant p(E) + p(F) - 1$。这就是**邦弗罗尼**(Bonferroni)**不等式**。

14. 使用数学归纳法证明下述一般性的邦弗罗尼不等式：
$$p(E_1 \bigcap E_2 \bigcap \cdots \bigcap E_n) \geqslant p(E_1) + p(E_2) + \cdots + p(E_n) - (n-1)$$
其中 E_1，E_2，$\cdots$，E_n 是 n 个事件。

15. 证明如果 E_1，E_2，$\cdots$，E_n 是一个有限样本空间的事件，那么
$$p(E_1 \bigcup E_2 \bigcup \cdots \bigcup E_n) \leqslant p(E_1) + p(E_2) + \cdots + p(E_n)$$
这就是**布尔不等式**。

16. 证明如果 E 和 F 是独立的事件，那么 $\overline{E}$ 和 $\overline{F}$ 也是独立的事件。

17. 如果 E 和 F 是独立的事件，证明或反驳 $\overline{E}$ 和 F 也必须是独立的事件。

18. a)两个人出生在一周的同一天的概率是多少？
　　b)一组 n 个人里，至少 2 个人出生在一周的同一天的概率是什么？
　　c)要使得至少 2 个人出生在一周的同一天的概率大于 $1/2$，需要多少个人？

19. a)2 个人出生在一年的同一个月的概率是多少？
　　b)一组 n 个人里，至少 2 个人出生在一年的同一个月的概率是什么？
　　c)要使得至少 2 个人出生在一年的同一个月的概率大于 $1/2$，需要多少个人？

20. 要使得某个人的生日就在当天的概率大于 $1/2$，求房间里最少的人数（假设生于每一天是等可能的并且这一年有 366 天）。

21. 要使得房间里的两个人都在 4 月 1 日的概率大于 $1/2$，求房间里最少的人数（假设生于每一天是等可能的并且这一年有 366 天）。

*22. 只有闰年有 2 月 29 日。年份能被 4 整除但不能被 100 整除的都是闰年。年份能被 100 整除但不被 400 整除的不是闰年，能被 400 整除的是闰年。
　　a)应该用哪种关于生日的概率分布来反映 2 月 29 日出现次数的多少？
　　b)利用 a)的概率分布，一组 n 个人中至少两个人有相同生日的概率是什么？

23. 给定掷硬币第一次的头像在上，当一个均匀的硬币被掷 5 次时恰好 4 次头像在上的条件概率是多少？

24. 给定掷硬币第一次的头像在下，当一个均匀的硬币被掷 5 次时恰好 4 次头像在上的条件概率是多少？

25. 给定第一位是 1，随机产生 4 位比特串并使得它至少包含 2 个连续的 0 的条件概率是多少？（假设是 1 和是 0 的概率相同。）

26. 随机产生 3 位比特串，设 E 是这个串含有奇数个 1 的事件，F 是这个串以 1 开始的事件。E 和 F 是独立的吗？

27. 设 E 和 F 分别表示有 n 个孩子的家庭同时有男孩和女孩以及至多有 1 个男孩的事件。在下述每种条件下 E 和 F 是独立的吗？
　　a)$n=2$　　　　　　　　b)$n=4$　　　　　　　　c)$n=5$

28. 假定一个孩子是男孩的概率是 0.51，且生在一个家庭的孩子的性别是独立的。一个家庭有 5 个孩子，那么
　　a)恰有 3 个男孩的概率是什么？　　　　　b)至少有 1 个男孩的概率是什么？
　　c)至少有 1 个女孩的概率是什么？　　　　d)所有的孩子性别都相同的概率是什么？

29. 一组 6 个人玩"单人出局"的游戏来确定谁买茶点。每个人掷一个均匀的硬币，如果一个人掷出的结果不和组中其他任何人相同，这个人就必须买茶点。在掷过一次硬币以后出现这种单人出局的概率是多少？

30. 10 位的比特串中，如果每位的产生是独立的，求出下列每种情况下随机产生不包含 0 的比特串的概率。
　　a)一位为 0 和为 1 是等可能的　　　　　b)一位为 1 的概率是 0.6
　　c)第 i 位为 1 的概率是 $1/2^i$，$i=1,2,3,\cdots,10$

31. 求有 5 个孩子的家庭没有男孩的概率，如果孩子的性别是独立的，且
　　a)是男孩和是女孩是等可能的　　　　　b)是男孩的概率是 0.51
　　c)第 i 个孩子是男孩的概率是 $0.51-(i/100)$

32. 10 位比特串，如果每位的产生是独立的，分别求在 30a、30b、30c 条件下随机产生一个以 1 开始或以 00 结尾的比特串的概率。

33. 按照练习 31a、31b、31c 的条件，分别求出有 5 个孩子的家庭中第 1 个孩子是男孩或者最后 2 个孩子是女孩的概率。

34. 执行 n 次独立的伯努利试验，其中每次试验的成功概率为 p，求下述每种情况的概率。

a) 没有 1 次成功的概率   b) 至少 1 次成功的概率

c) 至多 1 次成功的概率   d) 至少 2 次成功的概率

35. 求在下述每种情况下执行 n 次独立的伯努利试验时的概率，其中每次试验的成功概率为 p。

a) 没有 1 次失败的概率   b) 至少 1 次失败的概率

c) 至多 1 次失败的概率   d) 至少 2 次失败的概率

36. 使用数学归纳法证明如果 E_1，E_2，$\cdots$，E_n 是样本空间 S 中的 n 个两两不相交的事件的序列，其中 n 是正整数，那么 $p\left(\bigcup_{i=1}^{n} E_i\right) = \sum_{i=1}^{n} p(E_i)$。

* **37.** (要求微积分) 证明如果 E_1，E_2，$\cdots$ 是样本空间 S 中的两两不相交的事件的无限序列，那么

$$p\left(\bigcup_{i=1}^{\infty} E_i\right) = \sum_{i=1}^{\infty} p(E_i)。\left[\text{提示：利用练习 36 并且取极限。}\right]$$

38. 在异地掷一对骰子，一个诚实的旁观者通知我们至少有一个骰子掷出 6 点。

a) 以诚实的观察者提供的信息为条件，两个骰子掷出的点数之和等于 7 的概率是多少？

b) 假设诚实的观察者告诉我们至少一个骰子是 5 点。以此为给定条件，两个骰子的点数之和等于 7 的概率是多少？

** **39.** 这个练习利用概率方法证明一个关于**循环赛**的结果。在一个具有 m 个游戏者的循环赛中，每两个人玩一个游戏，其中一个赢，另一个输。

我们想要寻找一个关于正整数 m 和 k 的条件 ($k<m$)，以使得这个循环赛的结果有下述性质的可能：对每 k 个游戏者的集合，存在 1 个游戏者赢了这个集合的每个成员。假设当 2 个游戏者竞争时每个游戏者赢得这个游戏是等可能的，并且假设不同游戏的结果是独立的，这使得我们可以使用概率推理得出关于循环赛的结论。设 k 是小于 m 的正整数，E 是对每个具有 k 个游戏者的集合 S，存在 1 个游戏者赢了 S 中所有 k 个人的事件。

a) 证明 $p(\overline{E}) \leqslant \sum_{j=1}^{\binom{m}{k}} p(F_j)$，这里 F_j 是一个事件，表示在 $\binom{m}{k}$ 个 k 人的集合构成的表中，没有 1 个游戏者赢了第 j 个集合的所有 k 个人。

b) 证明 F_j 的概率是 $(1-2^{-k})^{m-k}$。

c) 从 a 和 b 证明 $p(\overline{E}) \leqslant \binom{m}{k}(1-2^{-k})^{m-k}$，因此得知，如果 $\binom{m}{k}(1-2^{-k})^{m-k}<1$，一定存在一个竞赛具有所描述的性质。

d) 使用 c 找出 m 的值，使得在 m 个游戏者的循环赛中对每 2 个游戏者的集合 S，都存在 1 个游戏者，赢了 S 中的 2 个人。对 3 个游戏者的集合重复这个问题。

* **40.** 设计一个蒙特卡罗算法以确定一个整数 1 到 n 的排列是已经被排序的 (即按照递增顺序排列) 还是随机的排列。如果确定这个序列没有被排序，算法的某一步应该回答"真"，否则回答"不知道"。在 k 步以后，如果每步回答都是"不知道"，则算法判定这些整数是排好序的。证明随着步数的增加，算法产生一个错误结果的概率会极小。[提示：对每一步，测试某些元素是否在正确的顺序上。保证这些测试是独立的。]

41. 使用伪码写出在例 16 中描述的素数的概率测试算法。

7.3 贝叶斯定理

7.3.1 引言

很多时候，我们总想估计在已知部分证据的情况下某种特定事件发生的概率。例如，假设我们知道人们得某种疾病的百分比，且疾病的诊断是非常准确的。对这种疾病检测呈阳性的人往往想知道他们真的得了这种疾病的可能性有多大。本节将介绍用于确定这种概率的一个结论，即在检测呈阳性的条件下，一个人得病的概率是多大。为了利用这个结论，我们需要知道检测呈阳性但没有得病的人的百分比是多少，以及检测呈阴性却得了此病的人的百分比是

多少。

类似地，假设知道收到的电子邮件信息是垃圾邮件的百分比，我们将看到利用信息中出现的字就能确定所收到的信息是垃圾邮件的可能性是多大。为了确定这种可能性，我们需要知道所收到的信息是垃圾邮件的百分比、每个这样的字在垃圾邮件信息中出现的百分比，以及每个这样的字都出现但信息却不是垃圾邮件的百分比。

我们用来回答这类问题的结论叫作贝叶斯定理，该定理可以追溯到 18 世纪。在过去的 20 年中，贝叶斯定理已被广泛应用于已知部分证据来估计概率的各种领域中，如医药、法律、机器学习、工程及软件开发等。

7.3.2 贝叶斯定理

用一个例子阐述贝叶斯定理的思想，说明在已知额外信息的条件下，可以导出对特定事件发生概率的一种更现实的估计。即假定知道事件 F 发生的概率为 $p(F)$，但我们知道事件 E 发生的知识，那么在 E 发生的条件下，F 发生的条件概率 $p(F|E)$ 是比 F 发生的概率 $p(F)$ 更加实际的一个估计。在例 1 中将看到：当已知 $p(F)$、$p(E|F)$ 和 $p(E|\overline{F})$ 时，我们就能算出 $p(F|E)$。

Extra Examples

例 1 有两个盒子。第一个盒子中有 2 个绿球和 7 个红球，第二个盒子中有 4 个绿球和 3 个红球。鲍勃随机选取了其中的一个盒子，并在该盒子中选取了一个球，然后他又在该盒子中随机选取了一个球。如果鲍勃选中的是一个红球，那么该球来自于第一个盒子的概率是多少？

解 设 E 是鲍勃选取一个红球的事件，$\overline{E}$ 是鲍勃选取一个绿球的事件；F 是鲍勃从第一个盒子中选取一个球的事件，$\overline{F}$ 是鲍勃从第二个盒子中选取一个球的事件。在鲍勃选中一个红球的条件下，求该球来自第一个盒子的概率 $p(F|E)$。根据条件概率的定义，有 $p(F|E) = p(F \cap E)/p(E)$。那么我们能利用所给信息确定 $p(F \cap E)$ 和 $p(E)$，从而求得 $p(F|E)$ 吗？

由于第一个盒子含中有总共 9 个球中的 7 个红球，我们知道 $p(E|F)=7/9$。类似地，由于第二个盒子含中有总共 7 个球中的 3 个红球，我们知道 $p(E|\overline{F})=3/7$。假定鲍勃选择盒子是随机的，因此有 $p(F)=p(\overline{F})=1/2$。因为 $p(F|E)=p(F \cap E)/p(F)$，从而有

$$p(E \cap F) = p(E|F)p(F) = \frac{7}{9} \cdot \frac{1}{2} = \frac{7}{18}$$

〔正如前面所评注的，这是确定 $p(F|E)$ 时需要求的量之一。〕类似地，因为 $p(E|\overline{F}) = p(E \cap \overline{F})/p(\overline{F})$，从而有

$$p(E \cap \overline{F}) = p(E|\overline{F})p(\overline{F}) = \frac{3}{7} \cdot \frac{1}{2} = \frac{3}{14}$$

现在可以求 $p(E)$ 了。注意：$E=(E \cap F) \cup (E \cap \overline{F})$，其中 $E \cap F$ 和 $E \cap \overline{F}$ 是不相交的集合。（如果 x 既属于 $E \cap F$ 又属于 $E \cap \overline{F}$，则 x 既属于 F 又属于 $\overline{F}$，这是不可能的。）于是有

$$p(E) = p(E \cap F) + p(E \cap \overline{F}) = \frac{7}{18} + \frac{3}{14} = \frac{49}{126} + \frac{27}{126} = \frac{76}{126} = \frac{38}{63}$$

我们现在既求出了 $p(F \cap E)=7/18$，又求出了 $p(E)=38/63$。由此得出结论

$$p(F|E) = \frac{p(F \cap E)}{p(E)} = \frac{7/18}{38/63} = \frac{49}{76} \approx 0.645$$

在具有任何的额外信息之前，我们假定了鲍勃选取第一个盒子的概率是 1/2。但是在随机选取的球是红球的额外信息下，这个概率增加到了大约 0.645。也就是说，在没有任何额外信息可用的情况下，鲍勃选取的球来自第一个盒子的概率是 1/2，一旦知道了所选出的球是红球，这个概率就增加到了 0.645。 ◀

利用与例 1 同样的推理方法，当已知事件 E 已经发生，且已知 $p(E|F)$、$p(E|\overline{F})$ 及 $p(F)$ 时，可以求出一个事件 F 发生的条件概率。所得到的结论就叫作**贝叶斯定理**，这是根据贝叶斯命名的，他是引入这个结论的 18 世纪英国数学家。

定理 1 贝叶斯定理 假设 E 和 F 是取自样本空间 S 的两个事件，且 $p(E) \neq 0$，$p(F) \neq 0$，则

$$p(F|E) = \frac{p(E|F)p(F)}{p(E|F)p(F) + p(E|\overline{F})p(\overline{F})}$$

证明 条件概率的定义告诉我们 $p(F|E) = p(F \cap E)/p(E)$ 及 $p(E|F) = p(E \cap F)/p(F)$。因此，$p(E \cap F) = p(F|E)p(E)$ 和 $p(E \cap F) = p(E|F)p(F)$。由 $p(E \cap F)$ 的两个表达式可得

$$p(F|E)p(E) = p(E|F)p(F)$$

两端同时除以 $p(E)$，得

$$p(F|E) = \frac{p(E|F)p(F)}{p(E)}$$

为了完成此证明，要证明 $p(E) = p(E|F)p(F) + p(E|\overline{F})p(\overline{F})$。首先注意，$E = E \cap S = E \cap (F \cup \overline{F}) = (E \cap F) \cup (E \cap \overline{F})$。其次，$E \cap F$ 和 $E \cap \overline{F}$ 是不相交的，因为如果 $x \in E \cap F$ 且 $x \in E \cap \overline{F}$，则 $x \in F \cap \overline{F} = \varnothing$。因此，$p(E) = p(E \cap F) + p(E \cap \overline{F})$。我们已经证明了 $p(E \cap F) = p(E|F)p(F)$。此外，有 $p(E|\overline{F}) = p(E \cap \overline{F})/p(\overline{F})$，此式表明 $p(E \cap \overline{F}) = p(E|\overline{F})p(\overline{F})$。由此得

$$p(E) = p(E \cap F) + p(E \cap \overline{F}) = p(E|F)p(F) + p(E|\overline{F})p(\overline{F})$$

为了完成证明，将 $p(E)$ 的上述表达式代入等式 $p(F|E) = p(F|E)p(F)/p(E)$ 中，得

$$p(F|E) = \frac{p(E|F)p(F)}{p(E|F)p(F) + p(E|\overline{F})p(\overline{F})}$$

◀

贝叶斯定理应用 贝叶斯定理可用于解决许多领域的问题。接下来我们将讨论贝叶斯定理在医疗中的应用。特别是，贝叶斯定理可用于估计某人在疾病检测呈阳性时，此人真的得了该病的概率。由贝叶斯定理得到的结论往往有些令人吃惊，如例 2 所示。

例 2 假如 100 000 个人中只有一个人会得某种少见的疾病，该疾病诊断检测的准确率相当高。如果某人得了此疾病，则诊断的正确率是 99%；如果某人没有得此疾病，则诊断的正确率是 99.5%。在给定这些信息的前提下，我们能求解下面的问题吗？

(a) 某人疾病诊断呈阳性且他得此病的概率。

(b) 某人疾病诊断呈阴性且他没有得此病的概率。

某人检测呈阳性，是否代表与他得了此病有密切的关系？

解 (a) 设 F 是某人得此病的事件，E 是随机选取某人疾病检测呈阳性的事件。我们想要计算 $p(F|E)$。为了使用贝叶斯定理计算 $p(F|E)$，我们需要求 $p(E|F)$、$p(E|\overline{F})$，$p(F)$ 和 $p(\overline{F})$。

我们知道 100 000 个人中只有一个人会得此疾病，所以 $p(F) = 1/100\,000 = 0.000\,01$，$p(\overline{F}) = 1 - 0.000\,01 = 0.999\,99$。由于某人得此病被检测呈阳性的概率为 99%，所以有 $p(E|F) = 0.99$。这是某人得了此病且检测为呈阳性，且真的呈阳性的概率。我们也知道 $p(\overline{E}|F) = 0.01$，这是假阴性的概率，即某人得了此病却被检测呈阴性的概率。

此外，由于某人没有得此病且检测呈阴性的概率为 99.5%，所以 $p(\overline{E}|\overline{F}) = 0.995$。这是真阴性的概率，即某人没得此病且被检测呈阴性的概率。最后，我们知道 $p(E|\overline{F}) = 1 - p(\overline{E}|\overline{F}) = 1 - 0.995 = 0.005$，这是假阳性的概率，即某人没得此病却被检测呈阳性的概率。

某人得了此病且被检测呈阳性的概率是 $p(F|E)$。根据贝叶斯定理，有

$$p(F|E) = \frac{p(E|F)p(F)}{p(E|F)p(F) + p(E|\overline{F})p(\overline{F})}$$
$$= \frac{(0.99)(0.000\,01)}{(0.99)(0.000\,01) + (0.005)(0.999\,99)} \approx 0.002$$

(b) 某人的疾病诊断呈阴性且他没有得此病的概率是 $p(\overline{F}|\overline{E})$，根据贝叶斯定理，有

$$p(\overline{F}|\overline{E}) = \frac{p(\overline{E}|\overline{F})\,p(\overline{F})}{p(\overline{E}|\overline{F})\,p(\overline{F}) + p(\overline{E}|F)\,p(F)}$$

$$= \frac{(0.995)(0.99999)}{(0.995)(0.99999) + (0.01)(0.00001)} \approx 0.9999999$$

因此，检测呈阴性且真的没得此病的人有 99.999 99%。

在(a)中，我们得到检测呈阳性且真的得了此病的人只有 0.2%。由于此病非常少见，所以诊断中假阳性的数量比真阳性的数量要多得多，使得检测呈阳性且真的得了此病的人的比例非常小。检测呈阳性的人没有必要过分担心他们真的得了此病。◀

扩展的贝叶斯定理　注意在贝叶斯定理中，事件 F 和 $\overline{F}$ 是互斥的且覆盖了整个样本空间 S（即 $F \cup \overline{F} = S$）。可以将贝叶斯定理扩展到任何覆盖整个样本空间 S 且互斥的多个事件上，见如下定理。

> **定理 2　扩展的贝叶斯定理**　假设 E 是取自样本空间 S 的事件，F_1，F_2，$\cdots$，F_n 是互斥事件，且 $\bigcup\limits_{i=1}^{n} F_i = S$。假定 $p(E) \neq 0$，$p(F_i) \neq 0 (i=1, 2, \cdots, n)$，则
>
> $$p(F_j|E) = \frac{p(E|F_j)\,p(F_j)}{\sum\limits_{i=1}^{n} p(E|F_i)\,p(F_i)}$$

将扩展的贝叶斯定理的证明留作练习 17。

7.3.3　贝叶斯垃圾邮件过滤器

许多电子邮箱都会收到大量无用的**垃圾邮件**（spam）。因为垃圾邮件使电子邮件系统受到被塞满的威胁，所以人们花费了大量时间去过滤它们。某些删除垃圾邮件的首选工具的开发就是依据贝叶斯定理，如**贝叶斯垃圾邮件过滤器**。

贝叶斯垃圾邮件过滤器利用先前收到的 E-mail 信息来猜测所收到的 E-mail 信息是不是垃圾邮件。贝叶斯垃圾邮件过滤器寻找信息中出现的特定字。对一个特定的字 w，w 出现在一个

Links ▶

Links ▶

托马斯·贝叶斯（Thomas Bayes，1702—1761）　托马斯·贝叶斯的生活鲜为人知。在年轻的时候，他的家搬到了伦敦。托马斯可能受到的是私人教育。1719 年，贝叶斯进入爱丁堡大学，在那里学习逻辑。

贝叶斯最为人所熟知的是在他去世三年后于 1764 年发表的关于概率的论文。这篇论文是由一个朋友从他去世后留下的论文集中发现并把它送到英国皇家学会的。在论文的引言中，贝叶斯声称他的目标是找到一种在一无所知的条件下可以计算一个事件的发生概率的方法，而这个事件在同样情况下以某种比例的次数发生。伟大

Courtesy of Stephen Stigler

的法国数学家拉普拉斯赞同贝叶斯的结论，但后来布尔在他的《思维的法则》（*Laws of Thought*）一书中质疑了这些结论。贝叶斯的理论在此后一直受到争议。

贝叶斯死后才得以发表的论文还有 "微分学说导论，数学家对分析师作者的意见的辩护"（An Introduction to Doctrine of Fluxions, and a Defense of the Mathematicians Against the objections of the Author of The Analyst），这篇论文支持微积分的逻辑基础。在英国皇家学会重要成员的支持下，贝叶斯于 1742 年被选为英国皇家学会的会士，而在当时他并没有发表数学著作。已知的贝叶斯有生之年出版的唯一一部著作据说讨论的是宇宙的起源与归宿。虽然这本书主要由贝叶斯完成，但在封面上没有标记作者姓名，而且整个工作被认为值得怀疑。贝叶斯数学天赋的证据在于几乎肯定是由他写的一本包含许多数学工作的笔记，其中包括概率论、三角、几何、解方程、级数、微分计算的讨论。还有一些章节是关于自然哲学，在这些章节中贝叶斯关注了电学、光学、天体力学等学科的问题。贝叶斯也是一本关于渐近级数的数学著作的作者，这本著作也是他死后被发现的。

垃圾邮件 E-mail 信息中的概率可以通过计算大量已知的垃圾邮件信息中 w 出现的次数与大量已知的非垃圾邮件信息中 w 出现的次数来估计。当检测 E-mail 信息是不是垃圾邮件的时候，我们寻找有可能是垃圾邮件标志的字，比如"offer""special"或"opportunity"等，以及标志一个信息不是垃圾邮件的字，如"mom""lunch"或"Jan"（不管 Jan 是不是你的一个朋友）等。不幸的是，垃圾邮件过滤器有时会把垃圾邮件信息看成非垃圾邮件信息，这种错误叫作阴性错误。垃圾邮件过滤器有时也会把非垃圾邮件信息看成垃圾邮件信息，这种错误叫作阳性错误。当检测垃圾邮件时，重要的是要尽量减少阳性错误，因为把所需要的 E-mail 信息过滤掉要比让某些垃圾邮件通过更不能让人接受。

下面要讨论一些基本的贝叶斯垃圾邮件过滤器。首先，假设 B 是已知的垃圾邮件信息集合，G 是已知的非垃圾邮件信息集合。（例如，当用户检查他们的收件箱时，可以把某些信息归为垃圾邮件。）其次，识别出现在 B 和 G 中的字。我们统计集合中包含每个字的信息数，以分别求得集合 B 中字 w 出现的次数 $n_B(w)$ 和集合 G 中字 w 出现的次数 $n_G(w)$。于是，垃圾邮件信息包含 w 的经验概率是 $p(w) = n_B(w)/|B|$，非垃圾邮件信息包含 w 的经验概率是 $q(w) = n_G(w)/|G|$。注意 $p(w)$ 和 $q(w)$ 分别是含有字 w 的垃圾邮件信息的估计概率和含有字 w 的非垃圾邮件信息的估计概率。

现在假定收到了一条包含字 w 的新 E-mail 信息。设 S 表示信息是垃圾邮件的事件，E 是信息中含有字 w 的事件。信息是垃圾邮件的事件 S 和信息不是垃圾邮件的事件划分了所有信息的集合。因此，根据贝叶斯定理，在信息含有字 w 的条件下，信息是垃圾邮件的概率是

$$p(S|E) = \frac{p(E|S)p(S)}{p(E|S)p(S) + p(E|\overline{S})p(\overline{S})}$$

为了使用上面的公式，我们先来计算信息是垃圾邮件的概率 $p(S)$ 和信息不是垃圾邮件的概率 $p(\overline{S})$。由于事先不知道新来信息有多大可能是垃圾邮件，为了简化，假定新来信息是垃圾邮件和新来信息不是垃圾邮件的可能性是相同的。即假定 $p(S) = p(\overline{S}) = 1/2$。利用此假设，可以得到在信息含有字 w 的条件下，信息是垃圾邮件的概率是

$$p(S|E) = \frac{p(E|S)}{p(E|S) + p(E|\overline{S})}$$

（注意：如果我们有关于垃圾邮件信息对非垃圾邮件信息比值的某些经验数据，就可以修改上述假设，而获得对 $p(S)$ 和 $p(\overline{S})$ 更好的估计；见练习22。）

下面，在给定含有字 w 的信息是垃圾邮件的条件下，通过 $p(w)$ 来估计条件概率 $p(E|S)$。类似地，在给定含有字 w 的信息不是垃圾邮件的条件下，通过 $q(w)$ 来估计条件概率 $p(E|\overline{S})$。将关于 $p(E|S)$ 和 $p(E|\overline{S})$ 的这些估计代入，就可以通过下式来估计 $p(S|E)$：

$$r(w) = \frac{p(w)}{p(w) + q(w)}$$

也就是说，在给定含有字 w 的信息是垃圾邮件的条件下，该信息是垃圾邮件的概率是 $r(w)$。如果 $r(w)$ 大于所设置的阈值，比如说0.9，那么我们就把该信息归为垃圾邮件。

例3 假如我们发现在含有字"Rolex"的信息中，比例为 250/2000 的信息是垃圾邮件，比例为 5/1000 的信息不是垃圾邮件。估计所收到的一条含有字"Rolex"的信息是垃圾邮件的概率，假定收到的信息是垃圾邮件和不是垃圾邮件是等可能的。如果把一条信息作为垃圾邮件而拒绝它的阈值是0.9，那么我们会拒绝这条信息吗？

解 利用字"Rolex"出现在垃圾邮件和不出现在垃圾邮件中的统计数，可求得 $p(\text{Rolex}) = 250/2000 = 0.125$，$q(\text{Rolex}) = 5/1000 = 0.005$。由于假定收到的信息是垃圾邮件和不是垃圾邮件是等可能的，所以我们可估计该信息是垃圾邮件的概率为

$$r(\text{Rolex}) = \frac{p(\text{Rolex})}{p(\text{Rolex}) + q(\text{Rolex})} = \frac{0.125}{0.125 + 0.005} = \frac{0.125}{0.130} \approx 0.962$$

由于 $r(\text{Rolex})$ 大于阈值 0.9，所以我们认为该信息是垃圾邮件而拒绝它。　　◀

　　根据单个字的出现情况检测垃圾邮件会导致过多的阳性错误和阴性错误。因此，垃圾邮件过滤器寻求多字的出现。比如，信息中含有字 w_1 和 w_2。设 E_1 和 E_2 分别表示信息中含有字 w_1 和 w_2 的事件。为了使计算简化，假定 E_1 和 E_2 是独立事件，从而 $E_1 \mid S$ 和 $E_2 \mid S$ 是独立事件，并假定我们事先没有关于一条信息是不是垃圾邮件的信息。（关于 E_1 和 E_2 是独立事件及 $E_1 \mid S$ 和 $E_2 \mid S$ 是独立事件可能会把某些错误引入计算中，我们假定这种错误很小。）利用贝叶斯定理及我们的假设，可以证明（见练习 23）在给定信息既含有字 w_1 又含有字 w_2 的条件下，该信息是垃圾邮件的概率 $p(S \mid E_1 \bigcap E_2)$ 由下式确定：

$$p(S \mid E_1 \bigcap E_2) = \frac{p(E_1 \mid S)\, p(E_2 \mid S)}{p(E_1 \mid S)\, p(E_2 \mid S) + p(E_1 \mid \overline{S})\, p(E_2 \mid \overline{S})}$$

可由下式来估计 $p(S \mid E_1 \bigcap E_2)$：

$$r(w_1, w_2) = \frac{p(w_1)\, p(w_2)}{p(w_1)\, p(w_2) + q(w_1)\, q(w_2)}$$

也就是说，在给定信息既含有字 w_1 又含有字 w_2 的条件下，该信息是垃圾邮件的概率估计为 $r(w_1, w_2)$。当 $r(w_1, w_2)$ 大于事先所设置的阈值时，比如说 0.9，我们就确定该信息很可能是垃圾邮件。

　　例 4　假设在 2000 条垃圾邮件信息、1000 条非垃圾邮件信息的集合上训练一个贝叶斯过滤器。字"stock"出现在了 400 条垃圾邮件信息和 60 条非垃圾邮件信息中，字"undervalued"出现在了 200 条垃圾邮件信息和 25 条非垃圾邮件信息中。一条信息中既含有字"stock"又含有字"undervalued"，在事先不知道该信息是不是垃圾邮件的条件下，估计这条信息是垃圾邮件的概率。如果设置阈值为 0.9，我们会认为这条信息是垃圾邮件而拒绝它吗？

　　解　利用这两个字在信息中是垃圾邮件和不是垃圾邮件的统计数，得到如下估计：$p(\text{stock}) = 400/2000 = 0.2$，$q(\text{stock}) = 60/1000 = 0.06$，$p(\text{undervalued}) = 200/2000 = 0.1$ 和 $q(\text{undervalued}) = 25/1000 = 0.025$。利用这些概率，通过下式可得该信息是垃圾邮件的概率为

$$\begin{aligned}
r(\text{stock}, \text{undervalued}) &= \frac{p(\text{stock})\, p(\text{undervalued})}{p(\text{stock})\, p(\text{undervalued}) + q(\text{stock})\, q(\text{undervalued})} \\
&= \frac{(0.2)(0.1)}{(0.2)(0.1) + (0.06)(0.025)} \approx 0.930
\end{aligned}$$

因为设置的拒绝信息的阈值是 0.9，所以该信息会被过滤器拒绝。　　◀

　　用来估计一条电子信息是垃圾邮件的概率的字越多，确定它是不是垃圾邮件的准确性也越好。一般来说，如果 E_i 表示信息中含有字 w_i 的事件，假设收到垃圾邮件信息的数量与收到非垃圾邮件信息的数量大致相等，且事件 $E_i \mid S$ 是相互独立的，那么根据贝叶斯定理，含有所有字 $w_i(i = 1, 2, \cdots, k)$ 的信息的概率为

$$p\left(S \mid \bigcap_{i=1}^{k} E_i\right) = \frac{\prod_{i=1}^{k} p(E_i \mid S)}{\prod_{i=1}^{k} p(E_i \mid S) + \prod_{i=1}^{k} p(E_i \mid \overline{S})}$$

可以通过下式估计这个概率

$$r(w_1, w_2, \cdots, w_k) = \frac{\prod_{i=1}^{k} p(w_i)}{\prod_{i=1}^{k} p(w_i) + \prod_{i=1}^{k} q(w_i)}$$

　　对最有效的过滤器，选择的字在垃圾邮件中出现的概率要么非常高，要么非常低。当我们对一条特定信息计算这个值的时候，如果 $r(w_1, w_2, \cdots, w_k)$ 超过一个预定的阈值，如超过 0.9，我们就认为该信息是垃圾邮件而拒绝它。

另一个提高贝叶斯过滤器性能的方法是，找出成对的字在垃圾邮件和不在垃圾邮件信息中出现的概率。然后将这些成对的字看成是一个单个块，而不是两个分离的字的出现。例如，一对字"enhance performance"最可能表示的是垃圾邮件，而"operatic performance"表示一条信息不是垃圾邮件。类似地，可以通过检查一条信息的结构确定其所在位置来评价该信息是垃圾邮件的可能性。此外，垃圾邮件过滤器也寻找特定类型的字符串，而不仅仅是字。例如，一条含有你朋友有效 E-mail 地址的信息（如果不是由蠕虫病毒发送的）是垃圾邮件的可能性要比一条含有明显是来自盛产大量垃圾邮件的国家 E-mail 地址的信息是垃圾邮件的可能性低。目前，制造垃圾邮件和试图把他们的信息过滤掉的人们之间正进行着一场战争。这就导致了许多抗击垃圾邮件过滤器的新技术，包括在垃圾邮件信息中插入很长的看起来不像垃圾邮件的字串，以及在图像中插入字等。这里讨论的技术只是这场垃圾邮件战争中最前面的几步。

练习

1. 设 E 和 F 是样本空间中的事件，且 $p(E)=1/3$，$p(F)=1/2$，$p(E\,|\,F)=2/5$。求 $p(F\,|\,E)$。

2. 设 E 和 F 是样本空间中的事件，且 $p(E)=2/3$，$p(F)=3/4$，$p(F\,|\,E)=5/8$。求 $p(E\,|\,F)$。

3. 假如弗雷德随机从两个箱子中的一个箱子里选取了一个球，然后又从这个箱子里随机选取了一个球。第一个箱子里有 2 个白球和 3 个蓝球，第二个箱子里有 4 个白球和 1 个蓝球。如果弗雷德选出了 1 个蓝球，那么该球来自第一个箱子的概率是多少？

4. 假如安随机从两个箱子中的一个箱子里选取了一个球，然后又从这个箱子里随机选取了一个球。第一个箱子里有 3 个橙色球和 4 个黑球，第二个箱子里有 5 个橙色球和 6 个黑球。如果安选出了一个橙色的球，那么该球来自第二个箱子的概率是多少？

5. 假如所有自行车赛手中有 8% 的选手使用兴奋剂，使用兴奋剂的选手中有 96% 的人兴奋剂检测呈阳性，不使用兴奋剂的选手中有 9% 的人兴奋剂检测呈阳性。如果随机选择的一个选手其兴奋剂检测呈阳性，那么该选手使用了兴奋剂的概率是多少？

6. 在对足球选手做兴奋剂检测时，使用兴奋剂的选手中有 98% 的人兴奋剂检测呈阳性，不使用兴奋剂的选手中有 12% 的人兴奋剂检测呈阳性。假如有 5% 的足球选手使用了兴奋剂，那么一个选手兴奋剂检测呈阳性时，该选手使用了兴奋剂的概率是多少？

7. 假如吸鸦片的检测中有 2% 的阳性错误率和 5% 的阴性错误率，即有 2% 的人没有吸鸦片但鸦片检测呈阳性，有 5% 的人吸了鸦片但鸦片检测呈阴性。此外，假定有 1% 的人吸鸦片。
   a) 求某人没有吸鸦片且鸦片检测呈阴性的概率
   b) 求某人吸了鸦片且鸦片检测呈阳性的概率

8. 假如 10 000 个人中有一个人会得少见的遗传病。有一种对该疾病非常准确的检测：得此病的人中 99.9% 的人检测呈阳性，没得此病的人中只有 0.02% 的人检测呈阳性。
   a) 求某人得了遗传病且检测呈阳性的概率
   b) 求某人没得遗传病且检测呈阴性的概率

9. 假如某诊所对病人的检测中有 8% 的人感染了 HIV 病毒，此外，假定对给定的 HIV 血液检测，感染了 HIV 的人中有 98% 的人 HIV 检测呈阳性，没感染 HIV 的人中有 3% 的人 HIV 检测呈阳性。那么，下列概率是多少？
   a) HIV 检测呈阳性的人真的感染了 HIV 病毒
   b) HIV 检测呈阳性的人没有感染 HIV 病毒
   c) HIV 检测呈阴性的人感染了 HIV 病毒
   d) HIV 检测呈阴性的人没有感染 HIV 病毒

10. 假如某诊所对病人的检测中有 4% 的人感染了禽流感病毒，此外，假定对给定的禽流感血液检测，感染了禽流感的人中有 97% 的人 HIV 检测呈阳性，没感染禽流感的人中有 2% 的人禽流感检测呈阳性。那么，下列概率是多少？
   a) 禽流感检测呈阳性的人真的感染了禽流感病毒
   b) 禽流感检测呈阳性的人没有感染禽流感病毒
   c) 禽流感检测呈阴性的人感染了禽流感病毒

d)禽流感检测呈阴性的人没有感染禽流感病毒

11. 某电子公司计划引入一种新的照相手机。公司对每种新产品都制定了一个市场报告来预测产品的成功与失败。此外,在他们预测成功的产品中有70%的产品都成功了,而在他们预测成功的产品中有40%的产品都没成功。如果预测新的照相手机会成功,那么该产品成功的概率是多少?

* 12. 某 Neptune 附近的空中探测器用比特串与地球通信。假如传送中它用 1/3 的时间发送的是 1,2/3 的时间发送的是 0。当发送的是 0 时,收到 0 的概率是 0.9,收到 1 的概率是 0.1。当发送的是 1 时,收到 1 的概率是 0.8,收到 0 的概率是 0.2。

a)求收到 0 的概率

b)利用贝叶斯定理求在收到 0 的条件下发送的是 0 的概率

13. 设 E,F_1,F_2 和 F_3 是样本空间 S 中的事件,F_1,F_2 和 F_3 互不相交,且它们的并为 S。如果 $p(E|F_1)=1/8$,$p(E|F_2)=1/4$,$p(E|F_3)=1/6$,$p(F_1)=1/4$,$p(F_2)=1/4$,$p(F_3)=1/2$,求 $p(F_1|E)$。

14. 设 E,F_1,F_2 和 F_3 是样本空间 S 中的事件,F_1,F_2 和 F_3 互不相交,且它们的并为 S。如果 $p(E|F_1)=2/7$,$p(E|F_2)=3/8$,$p(E|F_3)=1/2$,$p(F_1)=1/6$,$p(F_2)=1/2$,$p(F_3)=1/3$,求 $p(F_2|E)$。

15. 本题利用贝叶斯定理求解蒙地厅大厦难题(7.1 节例 10)。在这个难题中,要求我们选择打开 3 扇门中的一扇门。其中的一扇门后面有一个大奖,另外两扇门后面没有奖。当你选择了一扇门后,蒙地厅大厦打开你没有选择的两扇门中的一扇门,他知道这扇门后面没有奖,如果这两扇门后面都是没有奖的,他就随机打开其中的一扇门。蒙地厅问你是否愿意选定那扇门。假设难题中的 3 扇门分别标有 1、2、3 号。设 W 是随机变量,其值是获奖门的号码。假定对 $k=1$,2,3,$p(W=k)=1/3$。设 M 是随机变量,其值是蒙地厅打开的那扇门的门号。假如你选择的门号为 i。

a)如果在蒙地厅问你是否改变门号之前游戏结束,你获奖的概率是多少?

b)对 $j=1$,2,3 和 $k=1$,2,3,求 $p(M=j|W=k)$。

c)利用贝叶斯定理求 $p(W=j|M=k)$,其中 j 和 k 的值不同。

d)解释为什么 c 的答案告诉你:当蒙地厅给你改变门号的机会时,你是否应该改变。

16. Remesh 可以通过 3 种不同的方式去工作:骑自行车、开车或坐公共汽车。由于上班族引起的交通繁忙,他若开车上班,则有 50% 的可能迟到。他若坐公共汽车上班,公共汽车可以走一条专门为公共汽车行驶的路线,那他有 20% 的可能迟到。他骑车上班只有 5% 的可能迟到。Remesh 有一天迟到了。他的老板想估计他那天开车上班的概率。

a)假定老板假设 Remesh 以 1/3 的可能采用 3 种方法中的任何一种方法来上班。在此假设下,根据贝叶斯定理,Remesh 开车来上班的概率估计是多少?

b)假定老板知道 Remesh 开车的可能性有 30%,坐公共汽车的可能性有 10%,骑自行车的可能性有 60%。利用这些信息,根据贝叶斯定理,Remesh 开车来上班的概率估计是多少?

* 17. 证明扩展的贝叶斯定理。即,设 E 是取自样本空间 S 的事件,F_1,F_2,…,F_n 是互斥事件,且 $\bigcup_{i=1}^{n} F_i = S$,假定 $p(E) \neq 0$,$p(F_i) \neq 0 (i=1, 2, \cdots, n)$,则

$$p(F_j|E) = \frac{p(E|F_j)p(F_j)}{\sum_{i=1}^{n} p(E|F_i)p(F_i)}$$

〔提示:利用事实 $E = \bigcup_{i=1}^{n} (E \cap F_i)$。〕

18. 假设一个贝叶斯垃圾邮件过滤器在一个有 500 个垃圾邮件信息和 200 个非垃圾邮件信息的集合上训练。字 "exciting" 出现在了 40 个垃圾邮件信息和 25 个非垃圾邮件信息中。如果一条信息中含有字 "exciting",且拒绝垃圾邮件的阈值是 0.9,那么这条信息会被拒绝吗?

19. 假设一个贝叶斯垃圾邮件过滤器在一个有 1000 个垃圾邮件信息和 400 个非垃圾邮件信息的集合上训练。字 "opportunity" 出现在了 175 个垃圾邮件信息和 20 个非垃圾邮件信息中。如果一条信息中含有字 "opportunity",且拒绝垃圾邮件的阈值是 0.9,那么这条信息会被拒绝吗?

20. 我们会把例 4 中的信息看成垃圾邮件而拒绝它吗?

    a) 只利用字 "undervalued" 出现在信息中这一事实。

    b) 只利用字 "stock" 出现在信息中这一事实。

21. 假设一个贝叶斯垃圾邮件过滤器在一个有 10 000 个垃圾邮件信息和 5000 个非垃圾邮件信息的集合上训练。字 "enhancement" 出现在了 1500 个垃圾邮件信息和 20 个非垃圾邮件信息中。而字 "herbal" 出现在了 800 个垃圾邮件信息和 200 个非垃圾邮件信息中。估计收到的一条信息中既含有字 "enhancement",又含有字 "herbal" 的概率。如果拒绝垃圾邮件的阈值是 0.9,那么这条信息会被拒绝吗?

22. 如果我们有关于一条随机信息是不是垃圾邮件的先验知识。特别地,假定经过一段时期,我们发现收到了 s 条垃圾邮件信息和 h 条非垃圾邮件信息。

    a) 利用这一信息估计所收到的信息是垃圾邮件的概率 $p(S)$ 和所收到的信息不是垃圾邮件的概率 $p(\overline{S})$。

    b) 利用贝叶斯定理和 a) 估计收到的含有字 w 的信息是垃圾邮件的概率,其中 $p(w)$ 是 w 出现在垃圾邮件信息中的概率,$q(w)$ 是 w 出现在非垃圾邮件信息中的概率。

23. 设 E_1、E_2 分别是收到含有字 w_1 和 w_2 的事件。假定 E_1、E_2 是独立事件,且 $E_1 \mid S$ 和 $E_2 \mid S$ 是独立事件,其中 S 是收到的信息是垃圾邮件的事件,且事先没有关于所收到的一条信息是不是垃圾邮件的先验知识,证明:

$$p(S \mid E_1 \bigcap E_2) = \frac{p(E_1 \mid S) p(E_2 \mid S)}{p(E_1 \mid S) p(E_2 \mid S) + p(E_1 \mid \overline{S}) p(E_2 \mid \overline{S})}$$

7.4 期望值和方差

7.4.1 引言

    一个随机变量的**期望值**是将样本空间中所有元素的概率与其对应的随机变量值相乘,然后再求所有乘积之和。因此期望值是一个随机变量值的加权平均。一个随机变量的期望值为这个随机变量值的分布提供了一个中心点,我们使用随机变量期望值的概念可以求解许多问题,例如确定谁在赌博游戏中占有优势,也可以计算算法平均情形下的复杂度。一个随机变量的另一个有用的度量就是**方差**。它告诉我们这个随机变量的值分布得多么散。可以使用随机变量的方差帮助我们估计一个随机变量取那些远离它的期望值的概率。

7.4.2 期望值

    许多问题可以用我们所期望的随机变量的取值,或者更精确地说,随机变量在大量试验中的平均值来表示。这类问题包括:当掷 100 次硬币时预期会出现多少次头像?在表中线性查找一个元素时预期的比较次数是多少?为研究这类问题,我们引入关于一个随机变量的期望值的概念。

> **定义 1** 随机变量 $X(s)$ 在样本空间 S 的期望值(或均值)等于
> $$E(X) = \sum_{s \in S} p(s) X(s)$$
> X 的**偏差**$(s \in S)$ 是 $X(s) - E(X)$,它是 X 的值与 X 的均值之差。

    注意,当样本空间 S 有 n 个元素时,$S = \{x_1, x_2, \cdots, x_n\}$,$E(X) = \sum_{i=1}^{n} p(x_i) X(x_i)$。

    评注 当样本空间中有无穷多个元素时,只有当定义中的无穷级数绝对收敛时期望值才有定义。特别地,如果无穷样本空间上随机变量的期望值存在,则它是有限的。

    例 1 骰子的期望值 设 X 是掷一个骰子时出现的点数,X 的期望值是什么?

    解 随机变量 X 取值为 1,2,3,4,5 或 6,每个具有概率 1/6。从而得到

$$E(X) = \frac{1}{6} \cdot 1 + \frac{1}{6} \cdot 2 + \frac{1}{6} \cdot 3 + \frac{1}{6} \cdot 4 + \frac{1}{6} \cdot 5 + \frac{1}{6} \cdot 6 = \frac{21}{6} = \frac{7}{2}$$　◀

例 2　一个均匀的硬币被掷了 3 次，令 S 是 8 种可能结果的样本空间，X 是随机变量，它对结果的赋值是结果中的头像数。那么 X 的期望值是什么？

解　在 7.2 节例 10 中我们列出了掷 3 次硬币时 X 对 8 个可能结果的值。由于硬币是均匀的且每次掷硬币是独立的，所以每个结果的概率都是 1/8。因此

$$
\begin{aligned}
E(X) = & \frac{1}{8} \big[X(HHH) + X(HHT) + X(HTH) + X(THH) + X(TTH) \\
& + X(THT) + X(HTT) + X(TTT) \big] \\
= & \frac{1}{8}(3 + 2 + 2 + 2 + 1 + 1 + 1 + 0) = \frac{12}{8} \\
= & \frac{3}{2}
\end{aligned}
$$

因此，当一个均匀的硬币被掷 3 次时出现头像的平均次数是 3/2。　◀

当一个试验有相对较少的结果时，我们可以直接从定义计算随机变量的期望值，正像在例 2 中所做的。但是，当一个试验有许多结果时，直接由定义计算随机变量的期望值可能是不方便的。我们可以换一种做法，把随机变量值相等的试验结果分成组来寻找随机变量的期望值，正如定理 1 所示。

> 定理 1　如果 X 是随机变量，$p(X = r)$ 是 $X = r$ 的概率，即 $p(X = r) = \displaystyle\sum_{s \in S, X(s) = r} p(s)$，那么
>
> $$E(X) = \sum_{r \in X(S)} p(X = r) r$$

证明　假设 X 是域为 $X(S)$ 的随机变量，令 $p(X = r)$ 是随机变量 X 取值 r 的概率。因此，$p(X = r)$ 是使得 $X(s) = r$ 的结果 s 的概率之和。从而得到

$$E(X) = \sum_{r \in X(S)} p(X = r) r$$　◀

例 3 和定理 2 的证明说明了这个公式的用法。在例 3 中我们将找出当掷两个均匀的骰子时出现的点数之和的期望值。在定理 2 中我们将找出当执行 n 次伯努利试验时，成功次数的期望值。

例 3　当掷一对均匀的骰子时所出现的点数之和的期望值是什么？

解　设 X 是随机变量，它等于掷一对骰子所出现的点数之和。在 7.2 节例 12 中，我们列出了关于这个试验的 36 个结果的 X 的值。X 的值域是 {2，3，4，5，6，7，8，9，10，11，12}。由 7.2 节例 12 我们看到

$$
\begin{aligned}
p(X = 2) &= p(X = 12) = 1/36 \\
p(X = 3) &= p(X = 11) = 2/36 = 1/18 \\
p(X = 4) &= p(X = 10) = 3/36 = 1/12 \\
p(X = 5) &= p(X = 9) = 4/36 = 1/9 \\
p(X = 6) &= p(X = 8) = 5/36 \\
p(X = 7) &= 6/36 = 1/6
\end{aligned}
$$

把这些值代入公式，得

$$
\begin{aligned}
E(X) = & 2 \cdot \frac{1}{36} + 3 \cdot \frac{1}{18} + 4 \cdot \frac{1}{12} + 5 \cdot \frac{1}{9} + 6 \cdot \frac{5}{36} + 7 \cdot \frac{1}{6} + \\
& 8 \cdot \frac{5}{36} + 9 \cdot \frac{1}{9} + 10 \cdot \frac{1}{12} + 11 \cdot \frac{1}{18} + 12 \cdot \frac{1}{36} \\
= & 7
\end{aligned}
$$　◀

定理 2 当执行 n 次伯努利试验时，预期成功的次数是 np，这里 p 是每次试验成功的概率。

证明 令 X 是等于 n 次试验中成功次数的随机变量。由 7.2 节定理 2，我们看到 $p(X=k) = C(n, k) p^k q^{n-k}$，于是有

$$
\begin{aligned}
E(X) &= \sum_{k=1}^{n} k p(X=k) && \text{根据定理 1} \\
&= \sum_{k=1}^{n} k\, C(n,k) p^k q^{n-k} && \text{根据 7.2 节定理 2} \\
&= \sum_{k=1}^{n} n\, C(n-1,k-1) p^k q^{n-k} && \text{根据 6.4 节习题 21} \\
&= np \sum_{k=1}^{n} C(n-1,k-1) p^{k-1} q^{n-k} && \text{从每项中提出公因子 } np \\
&= np \sum_{j=0}^{n-1} C(n-1,j) p^j q^{n-1-j} && \text{使用 } j=k-1 \text{ 移动和式的下标} \\
&= np(p+q)^{n-1} && \text{根据二项式定理} \\
&= np && \text{因为 } p+q=1
\end{aligned}
$$

因此，在 n 次伯努利试验中预期成功的次数是 np，证明完成。◀

下面将证明定理 2 中伯努利试验独立的假设是没有必要的。

7.4.3 期望的线性性质

定理 3 告诉我们期望值是线性的。例如，随机变量的和的期望值是它们的期望值之和。我们将发现这个性质特别有用。

定理 3 如果 $X_i (i=1, 2, \cdots, n)$ 是 S 上的随机变量，n 是正整数，并且如果 a 和 b 是实数，那么

(i) $E(X_1 + X_2 + \cdots + X_n) = E(X_1) + E(X_2) + \cdots + E(X_n)$

(ii) $E(aX+b) = aE(X) + b$

证明 对于 $n=2$ 第一个结果可以直接由期望值的定义得到，因为

$$
\begin{aligned}
E(X_1 + X_2) &= \sum_{s \in S} p(s)(X_1(s) + X_2(s)) \\
&= \sum_{s \in S} p(s) X_1(s) + \sum_{s \in S} p(s) X_2(s) = E(X_1) + E(X_2)
\end{aligned}
$$

使用数学归纳法，很容易从两个随机变量的情况得出具有 n 个随机变量的情况（我们将这个完整证明留给读者）。

为了证明 (ii)，注意

$$
\begin{aligned}
E(aX + b) &= \sum_{s \in S} p(s)(aX(s) + b) \\
&= a \sum_{s \in S} p(s) X(s) + b \sum_{s \in S} p(s) \\
&= aE(X) + b \quad \text{因为} \sum_{s \in S} p(s) = 1
\end{aligned}
$$
◀

例 4 和例 5 说明了怎样使用定理 3。

例 4 用定理 3 求出掷一对均匀的骰子时所出现的点数之和的期望值（在例 3 中没有使用定理 3 也求出了这个值）。

解 设 X_1 和 X_2 是随机变量，其中 $X_1((i, j))=i$，$X_2((i, j))=j$，X_1 是第一个骰子上出现的点数，X_2 是第二个骰子上出现的点数。容易看出，因为 $(1+2+3+4+5+6)/6 =$

$21/6=7/2$，所以 $E(X_1)=E(X_2)=7/2$。当掷两个骰子时，出现的两个点数之和就是和 X_1+X_2。根据定理 3，这个和的期望值是 $E(X_1+X_2)=E(X_1)+E(X_2)=7/2+7/2=7$。◀

例 5 在定理 2 的证明中，我们通过直接计算找到了执行 n 次伯努利试验时成功次数的期望值，其中 p 是每次试验成功的概率。说明怎样使用定理 3 在伯努利试验不必要独立的情况下找到这个结果。

解 设 X_i 是随机变量。如果 t_i 是成功，则 $X_i(t_1, t_2, \cdots, t_n)=1$；如果 t_i 是失败，则 $X_i(t_1, t_2, \cdots, t_n)=0$。$X_i$ 的期望值是 $E(X_i)=1 \cdot p+0 \cdot (1-p)=p(i=1, 2, \cdots, n)$。令 $X=X_1+X_2+\cdots+X_n$ 使得 X 计数当执行 n 次伯努利试验时成功的次数。把定理 3 用于 n 个随机变量的和，就证明了 $E(X)=E(X_1)+E(X_2)+\cdots+E(X_n)=np$。◀

我们利用期望的线性性质可以求解许多看起来很难的问题。要寻找一个随机变量的期望值，关键步骤就是把这个随机变量表示成一些很容易找到期望值的随机变量之和。例 6 和例 7 说明了这种技巧。

例 6 **帽子认领问题中的期望值** 在一个餐厅里一个新雇员为 n 个人寄存帽子，他忘记在帽子上放寄存号。当顾客取帽子时这个寄存员随机选取留下的帽子交给他们。被正确返回的帽子数预期是多少？

解 设 X 是随机变量，它等于能够从寄存员那里取回自己帽子的人数。设 X_i 是随机变量，如果满足第 i 个人拿回自己的帽子，则 $X_i=1$；否则 $X_i=0$。从而得到

$$X=X_1+X_2+\cdots+X_n$$

由于寄存员给这个人返回任何一顶帽子是等可能的，所以得出第 i 个人收到自己帽子的概率是 $1/n$。于是根据定理 1，对所有的 i，我们有

$$E(X_i)=1 \cdot p(X_i=1)+0 \cdot p(X_i=0)=1 \cdot 1/n+0=1/n$$

根据期望的线性性质（定理 3），得到

$$E(X)=E(X_1)+E(X_2)+\cdots+E(X_n)=n \cdot 1/n=1$$

于是，收到自己帽子的平均人数恰好是 1。注意这个答案与寄存帽子的人数是独立的！（我们将在 8.6 节的例 4 中找到对于没有一个人收到自己帽子的概率的显式公式。）◀

例 7 **一个排列中逆序数的期望值** 在前 n 个正整数的排列中，如果 $i<j$ 但是 j 在这个排列中位于 i 的前边，就称有序对 (i, j) 为排列的 1 个逆序。例如，在排列 3, 5, 1, 4, 2 中有 6 个逆序；这些逆序是：

$$(1, 3), (1, 5), (2, 3), (2, 4), (2, 5), (4, 5)$$

为了找出在前 n 个正整数的一个随机排列中期望的逆序数，我们令 $I_{i,j}$ 是前 n 个正整数的所有排列的集合上的随机变量，如果 (i, j) 是排列的逆序，则 $I_{i,j}=1$；否则为 0。这就得出，如果 X 是等于这个排列中逆序数的随机变量，那么

$$X=\sum_{1 \leqslant i<j \leqslant n} I_{i,j}$$

注意，在一个随机选择的排列中 i 在 j 的前面还是 j 在 i 前面是等可能的（为此只要注意具有每种性质的排列数相等就可以了）。于是，对于所有的对 (i, j)，我们有

$$E(I_{i,j})=1 \cdot p(I_{i,j}=1)+0 \cdot p(I_{i,j}=0)=1 \cdot 1/2+0=1/2$$

由于存在 $\binom{n}{2}$ 个 i 和 j 的对 $(1 \leqslant i<j \leqslant n)$，并且根据期望的线性性质（定理 3），所以我们有

$$E(X)=\sum_{1 \leqslant i<j \leqslant n} E(I_{i,j})=\binom{n}{2} \cdot \frac{1}{2}=\frac{n(n-1)}{4}$$

从而得到在前 n 个正整数的一个排列中，平均存在 $n(n-1)/4$ 个逆序。◀

7.4.4 平均情形下的计算复杂度

计算一个算法在平均情形下的计算复杂度可以转变为计算一个随机变量的期望值。设一个

试验的样本空间是可能的输入 $a_j(j=1, 2, \cdots, n)$ 的集合，且令随机变量 X 对 a_j 的赋值是当 a_j 作为输入时该算法用到的操作数。基于我们对输入的了解，对每个可能的输入值 a_j 赋给一个概率 $p(a_j)$。那么该算法在平均情形下的复杂度是

$$E(X) = \sum_{j=1}^{n} p(a_j) X(a_j)$$

这就是 X 的期望值。

找一个算法平均情形下的计算复杂度通常比求它在最坏情形下的计算复杂度要困难得多，并且常常涉及复杂方法的使用。但是，也有一些算法，找出它在平均情形下的计算复杂度所需要的分析并不困难。例如，例 8 将说明怎样在不同的概率假设下找一个线性搜索算法的平均情形下的计算复杂度。这个概率是指我们搜索的元素是表中一个元素的概率。

例 8　线性搜索算法平均情形的复杂度　给定元素 x 和 n 个不同实数的列表。在 3.1 节中描述的线性搜索算法通过把这个元素与列表中的每个元素进行比较来查找 x。当 x 被找到或者检查了所有的元素并确定 x 不在列表中时算法结束。如果 x 在列表中的概率是 p 并且 x 是列表中 n 元素的任一个都是等可能的，那么这个线性搜索算法在平均情形下的复杂度是什么？（存在 $n+1$ 种可能的输入：在列表中的 n 个数与不在列表中的 1 个数，这作为 1 种单独的输入。）

解　在 3.3 节例 4 中我们证明了如果 x 等于列表中的第 i 个元素要用 $2i+1$ 次比较，在 3.3 节例 2 中又证明了如果 x 不在列表中要用 $2n+2$ 次比较。x 等于表中第 i 个元素 a_i 的概率是 p/n，x 不在列表中的概率是 $q=1-p$，从而得到线性搜索算法在平均情形下的计算复杂度是

$$
\begin{aligned}
E &= \frac{3p}{n} + \frac{5p}{n} + \cdots + \frac{(2n+1)p}{n} + (2n+2)q \\
&= \frac{p}{n}(3+5+\cdots+(2n+1)) + (2n+2)q \\
&= \frac{p}{n}((n+1)^2 - 1) + (2n+2)q \\
&= p(n+2) + (2n+2)q
\end{aligned}
$$

（第三个等式是从 5.1 节的例 2 得出的。）例如，当 x 保证在列表中时，有 $p=1$（对每个 i，$x=a_i$ 的概率是 $1/n$）和 $q=0$，因此 $E=n+2$，正如我们在 3.3 节例 4 中所证明的。

当 x 在列表中的概率 p 是 $1/2$ 时，可知 $q=1-p=1/2$，从而 $E=(n+2)/2+n+1=(3n+4)/2$。类似地，如果 x 在列表中的概率是 $3/4$，有 $p=3/4$ 和 $q=1/4$，因此

$$E = 3(n+2)/4 + (n+1)/2 = (5n+8)/4$$

最后，当 x 保证不在列表中时，有 $p=0$ 和 $q=1$，从而得到 $E=2n+2$，这并不奇怪，因为我们必须搜索整个的列表。◀

例 9 说明了期望的线性性质可以帮助我们找到一个排序算法（即插入排序）的平均情形的复杂度。

例 9　插入排序的平均情形的复杂度　用插入排序对 n 个不同元素进行排序所使用的平均比较次数是多少？

解　首先假设 X 是随机变量，它等于用插入排序（如 3.1 节所述）对 n 个不同的元素的列表 $a_1, a_2, \cdots, a_n$ 进行排序所用到的比较次数。那么 $E(X)$ 是使用的平均比较次数。（回顾对于 $i=2, \cdots, n$，在第 i 步，插入排序将待排序列表中第 i 个元素插入由待排序列表前 $i-1$ 个元素已排好序的序列表中的适当位置。）

令 X_i 是随机变量，它等于在前 $i-1$ 个元素 $a_1, a_2, \cdots, a_{i-1}$ 已经排序以后把 a_i 插入合适位置使用的比较次数。由于

$$X = X_2 + X_3 + \cdots + X_n$$

所以我们可以使用期望的线性性质断定

$$E(X) = E(X_2 + X_3 + \cdots + X_n) = E(X_2) + E(X_3) + \cdots + E(X_n)$$

为了求出 $E(X_i)$，$i = 2, 3, \cdots, n$，令 $p_j(k)$ 表示在这个列表的前 j 个元素中的最大元素出现在第 k 个位置的概率，即 $\max(a_1, a_2, \cdots, a_j) = a_k$ 的概率，其中 $1 \leqslant k \leqslant j$。由于列表的元素是随机分布的，所以前 j 个元素中的最大元素出现在任何位置是等可能的。因此，$p_j(k) = 1/j$。一旦 $a_1, a_2, \cdots, a_{i-1}$ 已经排序，如果 $X_i(k)$ 等于用插入排序将 a_i 插入列表中的第 k 个位置所用的比较次数，那么 $X_i(k) = k$。由于 a_i 可能插入列表的前 i 个位置中的任何一个位置，所以得到

$$E(X_i) = \sum_{k=1}^{i} p_i(k) \cdot X_i(k) = \sum_{k=1}^{i} \frac{1}{i} \cdot k = \frac{1}{i} \cdot \sum_{k=1}^{i} k = \frac{1}{i} \cdot \frac{i(i+1)}{2} = \frac{i+1}{2}$$

从而得到

$$E(X) = \sum_{i=2}^{n} E(X_i) = \sum_{i=2}^{n} \frac{i+1}{2} = \frac{1}{2} \sum_{j=3}^{n+1} j$$

$$= \frac{1}{2} \frac{(n+1)(n+2)}{2} - \frac{1}{2}(1+2) = \frac{n^2 + 3n - 4}{4}$$

为得到第三个等式，令 $j = i+1$ 来对和式的下标进行移位。为得到第四个等式，使用了公式 $\sum_{k=1}^{m} k = m(m+1)/2$（来自 2.4 节表 2）其中 $m = n+1$，同时从中减去 $j = 1$ 和 $j = 2$ 这些缺失的项。我们得出结论，由插入排序对 n 个元素进行排序使用的平均比较次数等于 $(n^2 + 3n - 4)/4$，这是 $\Theta(n^2)$。 ◀

7.4.5　几何分布

下面我们将注意力转向随机变量具有无穷多种可能结果的情况。

例 10 设掷一个硬币出现头像向下的概率是 p，重复掷这个硬币直到头像向下为止。请问预期要掷多少次？

解 我们首先注意到，样本空间由所有以任何个数的头像向上作为开始后跟一个头像向下的序列所组成。将头像向上记为 H，头像向下记为 T。那么样本空间是集合 $\{T, HT, HHT, HHHT, HHHHT, \cdots\}$。注意，这是一个无穷样本空间。看到掷硬币是独立的并且出现头像向上的概率为 $1-p$，我们就可以确定样本空间一个元素的概率。于是，$p(T) = p$，$p(HT) = (1-p)p$，$p(HHT) = (1-p)^2 p$，一般来说，掷 n 次硬币出现了头像向下，即在 $n-1$ 个头像向上出现之后跟随着一个头像向下的概率是 $(1-p)^{n-1}p$。（练习 14 要求验证样本空间中的点的概率之和是 1。）

现在令 X 是随机变量，它等于在样本空间中的一个元素中掷硬币的次数。即 $X(T) = 1$，$X(HT) = 2$，$X(HHT) = 3$，等等。注意 $p(X = j) = (1-p)^{j-1}p$，直到硬币出现头像向下为止。掷硬币的预期次数等于 $E(X)$。

依据定理 1，我们发现

$$E(X) = \sum_{j=1}^{\infty} j \cdot p(X = j) = \sum_{j=1}^{\infty} j(1-p)^{j-1}p = p \sum_{j=1}^{\infty} j(1-p)^{j-1} = p \cdot \frac{1}{p^2} = \frac{1}{p}$$

（上述推导中第三个等式根据 2.4 节表 2，$\sum_{j=1}^{\infty} j(1-p)^{j-1} = 1/(1-(1-p))^2 = 1/p^2$。）于是，直到硬币出现头像向下为止，掷硬币的预期次数是 $1/p$。注意当硬币是均匀的时我们有 $p = 1/2$，因此直到硬币出现头像向下为止，掷硬币的预期次数是 $1/(1/2) = 2$。 ◀

与掷硬币直到出现头像向下为止的预期次数相等的随机变量 X 是一个具有**几何分布**的随机变量的实例。

定义 2 如果对于 $k=1$，2，3，$\cdots$，$p(X=k)=(1-p)^{k-1}p$，那么随机变量 X 具有带参数 p 的几何分布。

由于几何分布用于研究在一个特定事件发生前所需要的时间，所以出现在许多应用中。例如在我们找到一个具有确定性质的物体之前需要的时间，在一个试验成功之前尝试的次数，又如一个产品在它失效之前可以使用的次数等。

当我们计算在硬币头像向下之前所要掷的次数的期望值的时候，就证明了定理 4。

定理 4 如果随机变量 X 有着带参数 p 的几何分布，那么 $E(X)=1/p$。

7.4.6 独立随机变量

我们已经讨论了独立的事件，现在将定义两个独立的随机变量意味着什么。

定义 3 随机变量 X 和 Y 在样本空间 S 上是独立的，如果

$$p(X=r_1 \text{ 且 } Y=r_2)=p(X=r_1) \cdot p(Y=r_2)$$

换句话说，对一切实数 r_1 和 r_2，$X(s)=r_1$ 且 $Y(s)=r_2$ 的概率等于 $X(s)=r_1$ 的概率与 $Y(s)=r_2$ 的概率之积。

Extra Examples

例 11 例 4 的随机变量 X_1 和 X_2 是独立的吗？

解 设 $S=\{1, 2, 3, 4, 5, 6\}$，i，j 属于 S。由于掷一对骰子有 36 个可能的结果并且每个结果是等可能的，所以

$$p(X_1=i \text{ 且 } X_2=j)=1/36$$

由于第一个骰子出现 i 和第二个骰子出现 j 的概率都是 $1/6$，所以 $p(X_1=i)=1/6$ 且 $p(X_2=j)=1/6$，从而有

$$p(X_1=i, X_2=j)=\frac{1}{36} \quad \text{且} \quad p(X_1=i)p(X_2=j)=\frac{1}{6} \cdot \frac{1}{6}=\frac{1}{36}$$

因此 X_1 和 X_2 是独立的。 ◀

例 12 证明随机变量 X_1 和 $X=X_1+X_2$ 不是独立的，其中 X_1 和 X_2 的定义在例 4 中给出。

解 因为 $X_1=1$ 的含义是第一个骰子出现点数为 1，这就推出两个骰子的点数之和不可能等于 12，所以 $p(X_1=1 \text{ 且 } X=12)=0$。另一方面，$p(X_1=1)=1/6$ 和 $p(X=12)=1/36$。因此，$p(X_1=1 \text{ 且 } X=12) \neq p(X_1=1) \cdot p(X=12)$。这个反例证明了 X_1 和 X 不是独立的。 ◀

两个独立的随机变量之积的期望值是它们的期望值之积，如定理 5 所述。

定理 5 如果 X 和 Y 是样本空间 S 上的独立的随机变量，那么 $E(XY)=E(X)E(Y)$。

证明 为了证明这个公式，我们使用事件 $XY=r$ 是事件 $X=r_1$ 和 $Y=r_2$（对于所有的 $r_1 \in X(S)$ 和 $r_2 \in Y(S)$，$r=r_1 r_2$）互斥并集这一重要特征。可以得到：

$$E(XY) = \sum_{r \in XY(S)} r \cdot p(XY=r) \qquad \text{根据定理 1}$$

$$= \sum_{r_1 \in X(S), r_2 \in Y(S)} r_1 r_2 \cdot p(X=r_1 \text{ 且 } Y=r_2) \qquad \text{表示 } XY=r \text{ 是一个互斥并集}$$

$$= \sum_{r_1 \in X(S)} \sum_{r_2 \in Y(S)} r_1 r_2 \cdot p(X=r_1 \text{ 且 } Y=r_2) \qquad \text{使用二重和}$$

$$= \sum_{r_1 \in X(S)} \sum_{r_2 \in Y(S)} r_1 r_2 \cdot p(X=r_1) \cdot p(Y=r_2) \qquad \text{根据 } X \text{ 和 } Y \text{ 是独立的}$$

$$= \sum_{r_1 \in X(S)} \left(r_1 \cdot p(X=r_1) \cdot \sum_{r_2 \in Y(S)} r_2 \cdot p(Y=r_2) \right) \qquad \text{根据分解 } r_1 \cdot p(X=r_1)$$

$$= \sum_{r_1 \in X(S)} r_1 \cdot p(X=r_1) \cdot E(Y) \qquad \text{根据 } E(Y) \text{ 的定义}$$

$$= E(Y)\Big(\sum_{r_1 \in X(S)} r_1 \cdot p(X = r_1)\Big) \quad \text{根据分解 } E(Y)$$

$$= E(Y)E(X) \qquad\qquad\qquad \text{根据 } E(X) \text{ 的定义}$$

我们完成了定理证明，注意 $E(Y)E(X)=E(X)E(Y)$，这是由于乘法的交换律。

注意当 X 和 Y 不是独立的随机变量时，我们不能断定 $E(XY)=E(X)E(Y)$，如例 13 所示。

例 13 设 X 和 Y 是计数一个硬币掷两次时出现头像和不出现头像的次数。由于 $p(X=2)=1/4$，$p(X=1)=1/2$，$p(X=0)=1/4$，根据定理 1，我们有

$$E(X) = 2 \cdot \frac{1}{4} + 1 \cdot \frac{1}{2} + 0 \cdot \frac{1}{4} = 1$$

类似的计算显示 $E(Y)=1$。我们注意出现两次头像向上且没有头像向下或者两次头像向下且没有头像向上时 $XY=0$，并且当出现一次头像向上和一次头像向下时 $XY=1$。因此

$$E(XY) = 1 \cdot \frac{1}{2} + 0 \cdot \frac{1}{2} = \frac{1}{2}$$

从而得到

$$E(XY) \neq E(X)E(Y)$$

这与定理 5 不矛盾，因为 X 和 Y 不独立，这一点读者应该可以验证（见练习 16）。

7.4.7　方差

随机变量的期望值告诉我们的是其平均值，但是并没有说明值的分布范围。例如，如果 X 和 Y 是集合 $S=\{1, 2, 3, 4, 5, 6\}$ 上的随机变量，对所有的 $s \in S$ 有 $X(s)=0$，且若 $s \in \{1, 2, 3\}$，则 $Y(s)=-1$；若 $s \in \{4, 5, 6\}$，则 $Y(s)=1$。那么 X 和 Y 的期望值都是 0。但是随机变量 X 永远等于 0，而随机变量 Y 总是与 0 相差 1。一个随机变量的方差帮助我们刻画一个随机变量的值的分布范围。特别是它提供一个针对随机变量 X 期望值有多广分布的度量。

> **定义 4**　设 X 是样本空间 S 上的随机变量。X 的方差记为 $V(X)$，且
> $$V(X) = \sum_{s \in S} (X(s) - E(X))^2 p(s)$$
> 即 $V(X)$ 是 X 偏差平方的一个加权平均。X 的标准差定义为 $V(X)$，记作 $\sigma(X)$。

定理 6 提供了关于随机变量的方差的一个有用的简单表达式。

> **定理 6**　如果 X 是样本空间 S 上的随机变量，那么 $V(X)=E(X_2)-E(X)^2$。

证明　注意

$$V(X) = \sum_{s \in S} (X(s) - E(X))^2 p(s)$$

$$= \sum_{s \in S} X(s)^2 p(s) - 2E(X) \sum_{s \in S} X(s) p(s) + E(X)^2 \sum_{s \in S} p(s)$$

$$= E(X^2) - 2E(X)E(X) + E(X)^2$$

$$= E(X^2) - E(X)^2$$

在倒数第二步我们使用了 $\sum_{s \in S} p(s) = 1$ 这一事实。

我们将使用定理 3 和定理 6 推导出 $V(X)$ 的另一个公式，从中可看到随机变量方差更深的意义。

> **推论 1**　如果 X 是一个样本空间 S 的随机变量，$E(X)=\mu$，则 $V(X)=E((X-\mu)^2)$。

证明　如果 X 是一个随机变量，$E(X)=\mu$，则

$$
\begin{aligned}
E((X-\mu)^2) &= E(X^2 - 2\mu X + \mu^2) && \text{扩展}(X-\mu)^2 \\
&= E(X^2) - E(2\mu X) + E(\mu^2) && \text{根据定理 3 的(i)} \\
&= E(X^2) - 2\mu E(X) + E(\mu^2) && \text{根据定理 3 的(ii)，}\mu\text{ 是常数} \\
&= E(X^2) - 2\mu E(X) + \mu^2 && \text{因为 } E(\mu^2) = \mu^2，\mu^2 \text{ 是常数} \\
&= E(X^2) - 2\mu^2 + \mu^2 && \text{因为 } E(\mu) = \mu \\
&= E(X^2) - \mu^2 && \text{简化} \\
&= V(X) && \text{根据定理 6，注意 } E(\mu) = \mu
\end{aligned}
$$

得证。

推论 1 告诉我们随机变量 X 的方差是 X 与它的期望值之差的平方的期望值。这就是通常说的 X 的方差是它的偏差平方的平均。我们也说 X 的标准差是偏差平方平均的平方根（常称为偏差的均方根）。

现在我们计算一些随机变量的方差。

Extra Examples

例 14 一个伯努利试验成功，则 $X(t)=1$；失败，则 $X(t)=0$。如果 p 是成功的概率，那么随机变量 X 的方差是什么？

解 因为 X 取值只能为 0 和 1，因此 $X^2(t)=X(t)$。于是

$$
V(X) = E(X^2) - E(X)^2 = p - p^2 = p(1-p) = pq
$$

例 15 **一个骰子的值的方差** X 是掷一个骰子时出现的点数，什么是随机变量 X 的方差？

解 我们有 $V(X)=E(X^2)-E(X)^2$。由例 1 我们知道 $E(X)=7/2$。为了求 $E(X^2)$，注意 X^2 取值 i^2，$i=1,2,\cdots,6$，每个具有概率 $1/6$。从而得到

$$
E(X^2) = \frac{1}{6}(1^2 + 2^2 + 3^2 + 4^2 + 5^2 + 6^2) = \frac{91}{6}
$$

于是有

$$
V(X) = \frac{91}{6} - \left(\frac{7}{2}\right)^2 = \frac{35}{12}
$$

例 16 随机变量 $X((i,j))=2i$ 的方差是什么？这里的 i 和 j 是掷两个骰子时第一个骰子和第二个骰子上出现的点数。

Links

伊雷内·朱尔斯·比安内梅（Iresée-Jules Bienaymé，1796—1878） 比安内梅出生于法国巴黎，1803 年其父当上政府行政官员，全家移居比利时布鲁日。比安内梅在布鲁日就读帝国高中。1811 年全家回到了巴黎，他继续就读于路易大帝中学。作为一名青少年，1814 年他在拿破仑战争时期曾参与保卫巴黎。1815 年，他成为巴黎综合理工学院的学生。1816 年为了帮助持家，他进入了财政部。1819 年，他辞去公职，在圣西尔军校找了一份教数学的工作。由于不满意军校的条件，他很快又回到了财政部。他获得了监察长的职位，在位直到 1848 年出于政治原因被迫退休。他于 1850 年回到了监察长的位置，但 1852 年就第二次退休。1851 年，他在索邦大学当过一段时间的教授，也担任过拿破仑三世的统计学专家。比安内梅是法国数学学会的创始人之一，并于 1875 年当任学会主席。

比安内梅以他的创造力而闻名。但他的论文经常因为省略重要证明而不容易读懂。他发表论文较少，而且往往发表在一些晦涩期刊上。但是，他在概率论与统计，以及它们在社会科学和财政领域的应用方面做出了重要贡献。这些重要贡献包括可以简化大数定理证明的比安内梅-切比雪夫不等式、拉普拉斯的最小二乘法的推广、随机变量和的方差的比安内梅公式。他研究了尽管人口增长却在衰退的贵族家庭消亡问题。比安内梅还是一名老练的语言学家。他将他的亲密朋友切比雪夫的著作从俄语翻译成法语。有人认为，他相对默默无闻的原因是他的谦逊，他对主张自己发现的优先权缺乏兴趣，以及他的工作往往超前于他所处的时代。他和他的兄弟娶了家庭的一个朋友的两个女儿。比安内梅和他的妻子有两个儿子和三个女儿。

解　我们将使用定理 6 找出 X 的方差。为此，我们需要找到 X 和 X^2 的期望值。注意当 $k=2$，4，6，8，10，12 时 $p(X=k)$，是 $1/6$；否则，为 0。因而有

$$E(X) = (2+4+6+8+10+12)/6 = 7$$
$$E(X^2) = (2^2+4^2+6^2+8^2+10^2+12^2)/6 = 182/3$$

由定理 6 得

$$V(X) = E(X^2) - E(X)^2 = 182/3 - 49 = 35/3$$

◀

另一个有用的关于方差的性质是，两个独立的随机变量的和的方差是它们的方差之和。表示这一性质的公式称为**比安内梅公式**，这是由法国数学家伊雷内-朱尔斯·比安内梅于 1853 年发现的。比安内梅公式是一个计算 n 个独立的伯努利试验结果的方差的有用公式。

> **定理 7　比安内梅公式**　如果 X 和 Y 是样本空间 S 上两个独立的随机变量，那么 $V(X+Y)=V(X)+V(Y)$。此外，如果对于正整数 n，X_i 是 S 上两两独立的随机变量，$i=1$，2，…，n，那么
>
> $$V(X_1+X_2+\cdots+X_n)=V(X_1)+V(X_2)+\cdots+V(X_n)$$

证明　由定理 6，有

$$V(X+Y)=E((X+Y)^2)-E(X+Y)^2$$

从而有

$$V(X+Y) = E(X^2+2XY+Y^2)-(E(X)+E(Y))^2$$
$$= E(X^2)+2E(XY)+E(Y^2)-E(X)^2-2E(X)E(Y)-E(Y)^2$$

因为 X 和 Y 是独立的，所以由定理 5 我们有 $E(XY)=E(X)E(Y)$。从而得到

$$V(X+Y) = (E(X^2)-E(X)^2)+(E(Y^2)-E(Y)^2)$$
$$= V(X)+V(Y)$$

将 n 个两两独立的随机变量情况的证明留给读者(练习 34)。这种证明可以通过对我们已给出的两个随机变量时的证明进行推广而构造出来。注意在用直接方法证明一般情况时，不能使用数学归纳法(见练习 33)。

◀

例 17　设掷两个骰子时随机变量 X 的值是 $X((i,j))=i+j$，其中 i 是第一个骰子出现的点数，j 是第二个骰子出现的点数。求 X 的方差和标准差。

解　设 X_1 和 X_2 是掷骰子的随机变量，其中 $X_1((i,j))=i$，$X_2((i,j))=j$。那么正如例 11 证明的，$X=X_1+X_2$ 和 X_1 与 X_2 都是独立的。由定理 7 得到 $V(X)=V(X_1)+V(X_2)$。与例 16 类似的简单计算与本章后的补充练习 29 告诉我们，$V(X_1)=V(X_2)=35/12$。因此，$V(X)=35/12+35/12=35/6$ 且 $\sigma(X)=\sqrt{35/6}$。

◀

我们现在求随机变量的方差，该随机变量计数了执行 n 次独立的伯努利试验时的成功次数。

例 18　当执行 n 次独立的伯努利试验时，计数成功次数的随机变量的方差是什么？这里 p 是每次试验成功的概率。

解　设 X_i 是随机变量，且若 t_i 是成功，则 $X_i((t_1,t_2,\cdots,t_n))=1$；若 t_i 是失败，则 $X_i((t_1,t_2,\cdots,t_n))=0$。令 $X=X_1+X_2+\cdots+X_n$，那么 X 计数在 n 次试验中的成功次数。由定理 7 得到 $V(X)=V(X_1)+V(X_2)+\cdots+V(X_n)$。使用例 14，有 $V(X_i)=pq$，$i=1$，2，…，n。从而得到 $V(X)=npq$。

◀

7.4.8　切比雪夫不等式

一个随机变量的取值与它的期望值差多少？下面的定理叫作切比雪夫不等式，它对随机变量的值与它的期望值之差超过某个指定量的概率提供了一个上界，有助于回答这个问题。

> **定理 8   切比雪夫不等式**   设 X 是在样本空间 S 上的概率函数为 p 的随机变量。如果 r 是一个正实数，那么
>
> $$p(\,|\,X(s)-E(X)\,|\geqslant r)\leqslant V(X)/r^2$$

证明   设 A 是事件

$$A=\{s\in S\,\big|\,|X(s)-E(X)|\geqslant r\}$$

我们想要证明的是 $p(A)\leqslant V(X)/r^2$。注意

$$V(X)=\sum_{s\in S}(X(s)-E(X))^2 p(s)$$
$$=\sum_{s\in A}(X(s)-E(X))^2 p(s)+\sum_{s\notin A}(X(s)-E(X))^2 p(s)$$

在这个表达式中的第二个和是非负的，因为它的每个被加数是非负的。又因为对于 A 中的每个元素 s，有 $(X(s)-E(X))^2\geqslant r^2$，所以这个表达式的第一个和至少是 $\sum_{s\in A}r^2 p(s)$，因此

$$V(X)\geqslant\sum_{s\in A}r^2 p(s)=r^2 p(A)$$

从而得出 $V(X)/r^2\geqslant p(A)$，因此 $p(A)\leqslant V(X)/r^2$，这正是我们想证明的。   ◀

例 19   当计数头像向下时与平均值的偏差   假设 X 是当一个均匀的硬币被掷 n 次时计数头像向下次数的随机变量。注意 X 是执行 n 次独立的伯努利试验时成功的次数，每次成功的概率是 $1/2$。因此得到 $E(X)=n/2$（根据定理 2）和 $V(X)=n/4$（根据例 18）。令 $r=\sqrt{n}$，使用切比雪夫定理得到

$$p(\,|\,X(s)-n/2\,|\geqslant\sqrt{n})\leqslant(n/4)/(\sqrt{n})^2=1/4$$

所以，当一个均匀的硬币被掷 n 次时头像向下的次数与平均值的偏差大于 $\sqrt{n}$ 的概率不大于 $1/4$。   ◀

切比雪夫不等式尽管可以用于任何随机变量，但在实际估计一个随机变量的值大大超过它的平均值的概率时常常失效。这可以用下面的例 20 说明。

例 20   设 X 是当掷一个均匀骰子时的随机变量，X 的值就是出现的点数。我们有 $E(X)=7/2$（见例 1）和 $V(X)=35/12$（见例 15）。因为 X 的可能取值是 1，2，3，4，5 和 6，所以 $E(X)=7/2$，X 不可能比它的平均值多 $5/2$。因此，如果 $r>5/2$，$p(\,|\,X-7/2\,|\geqslant r)=0$。由切比雪夫不等式知道 $p(\,|\,X-7/2\,|\geqslant r)\leqslant(35/12)/r^2$。

Links

©SPUTNIK/Alamy Stock Photo

帕纳帝·利沃维奇·切比雪夫（Pafnuty Lvovich Chebyshev，1821—1894）   切比雪夫出生于俄罗斯奥卡托沃的贵族家庭。他的父亲是一名退役军官，曾与拿破仑作战。1832 年，这个家庭带着 9 个孩子搬到莫斯科。在那里，切比雪夫在家自修完了高中课程，并进入莫斯科大学的物理数学系学习。还是一名学生时，他就提出了一种新的求方程近似根的方法。1841 年他从莫斯科大学毕业，获得数学学位，并且继续学习，1843 年通过硕士考试并在 1846 年完成硕士论文。

1847 年，切比雪夫被聘为圣彼得堡大学的助教。1847 年他通过论文答辩。1860 年，他成为圣彼得堡大学的教授，并一直工作到 1882 年。他在 1849 年写的有关同余理论的著作对数论的发展影响很大。他关于素数分布的研究工作也是非常突出的。他证明了贝川（Bertrand）的猜想，即对每个整数 $n>3$，存在一个在 n 和 $2n-2$ 之间的素数。切比雪夫提出了一些新的思想，后来用这些思想证明了素数定理。切比雪夫用多项式做函数逼近，这被广泛地用于计算机中对函数的求值。切比雪夫对力学也很感兴趣。他研究了怎样通过力偶将旋转运动转换成直线运动。切比雪夫平动是用三个连接在一起的棒体来逼近直线运动。

例如，当 $r=3$ 时，切比雪夫不等式告诉我们

$$p(|X-7/2|\geqslant 3)\leqslant (35/12)/9=35/108\approx 0.324$$

这是一个很差的估计，因为 $p(|X-7/2|\geqslant 3)=0$。　　◀

练习

1. 当一个均匀的硬币被掷 5 次时，头像在上的预期次数是多少？

2. 当一个均匀的硬币被掷 10 次时，头像在上的预期次数是多少？

3. 当一个均匀的骰子被掷 10 次时，出现 6 点的预期次数是多少？

4. 一个硬币是不均匀的，使得掷出头像的概率是 0.6。当掷 10 次时，头像在上的预期次数是多少？

5. 掷 2 个不均匀的骰子，其中出现 3 点的次数是出现其他每个点数的 2 倍。2 个骰子预期出现的点数和是什么？

6. 如果彩票包含了从集合{1, 2, 3, …, 50}选出的 6 个中奖数字就赢奖 1000 万美元，否则不中奖，那么买 1 美元彩票中奖的期望值是多少？

7. 离散数学课程的期末考试有 50 道真假判断题，每道题 2 分；还有 25 道多选题，每道题 4 分。琳达正确回答判断题的概率是 0.9，正确回答多选题的概率是 0.8。她在期末考试预期的分数是多少？

8. 当掷 3 个均匀的骰子时预期出现的数字和是多少？

9. 表中含有 n 个不同的整数，假设 x 在这个表中的概率是 2/3，且 x 等于表中任何元素是等可能的。求由线性搜索算法找到 x 或确定它不在表中所用的平均比较次数。

10. 假设我们掷一个硬币直到它出现 2 次头像在下或者已经掷了 6 次为止，我们掷硬币的预期次数是多少？

11. 假设我们掷一个骰子直到出现 6 点或者已经掷了 10 次为止，我们掷骰子的预期次数是多少？

12. 假设掷一个骰子直到出现 6 点为止。

　　a) 我们掷 n 次骰子的概率是多少？

　　b) 我们掷骰子的预期次数是多少？

13. 假设我们掷一对骰子直到其点数之和是 7 为止。我们掷骰子的预期次数是多少？

14. 证明：具有带参数 $p(0<p\leqslant 1)$ 的几何分布的随机变量的概率之和等于 1。

15. 证明：如果随机变量 X 有带参数 p 的几何分布，且 j 是正整数，那么 $p(X\geqslant j)=(1-p)^{j-1}$。

16. 设 X 和 Y 是当掷两个硬币时计数出现头像在上和头像在下次数的随机变量。证明 X 和 Y 不是独立的。

17. 如果 1000 位的整数是素数的概率近似是 1/2302，估计需要随机选择 1000 位整数以找到一个素数所需要的预期次数。

18. 设 X 和 Y 是随机变量，并且对于样本空间 S 的所有点，X 和 Y 是非负的。设 Z 是如下定义的随机变量：对所有的元素 $s\in S$，$Z(s)=\max(X(s), Y(s))$。证明 $E(Z)\leqslant E(X)+E(Y)$。

19. 掷两个骰子，设 X 是出现在第一个骰子上的点数，Y 是出现在两个骰子上的点数之和。证明 $E(X)E(Y)\neq E(XY)$。

* 20. 证明：如果 X_1, X_2, …, X_n 为相互独立的随机变量，则 $E\left(\prod_{i=1}^{n}X_i\right)=\prod_{i=1}^{n}E(X_i)$。

条件期望：已知样本空间 S 中的事件 A，随机变量 X 的**条件期望** $E(X|A)=\sum_{r\in X(S)}r\cdot P(X=r|A)$。

21. 掷两次均匀骰子出现的数字之和至少为 9 的期望值为多少？即 $E(X|A)$ 为多少？其中 X 为掷两次正常骰子出现的数字之和，A 是事件 $X\geqslant 9$。

全期望定理：如果样本空间 S 是由互斥事件集合 S_1, S_2, …, S_n 的并集组成，X 是一个随机变量，则

$$E(X)=\sum_{j=1}^{n}E(X|S_j)P(S_j)。$$

22. 证明全期望定理。

23. 使用全期望定理计算养殖一头海象的平均重量。已知 12% 的海象是雄性的，其他为雌性的，一头雄性海象的期望重量是 4200 磅，而一头雌性海象的期望重量是 1100 磅。

24. 设 A 是事件，I_A 是 A 的**指示器随机变量**，如果 A 出现，则 I_A 等于 1，否则为 0。证明 A 的指示器随机变量的期望等于 A 的概率，即 $E(I_A)=p(A)$。

25. **系列**(run)是指在伯努利试验序列中极大的成功序列。例如，在序列 S，S，S，F，S，S，F，F，S 中，其中 S 代表成功，F 代表失败，这里存在 3 个系列，分别由 3 个成功、2 个成功、1 个成功组成。设 R 是 n 次独立伯努利试验的序列集合上的随机变量，它计数了这个序列中的系列的个数。求 $E(R)$。[提示：证明 $R = \sum_{j=1}^{n} I_j$，如果一个系列在第 j 次伯努利试验开始，则 $I_j = 1$，否则为 0。找到 $E(I_1)$，然后求 $E(I_j)$，其中 $1 < j \leqslant n$。]

26. 设 $X(s)$ 是随机变量，对所有 $s \in S$，$X(s)$ 是非负整数，且 A_k 是满足 $X(s) \geqslant k$ 的事件。证明

$$E(X) = \sum_{k=1}^{\infty} p(A_k)$$

27. 当一个均匀的硬币被掷 10 次时，头像在上的次数的方差是什么？

28. 当一个均匀的骰子被掷 10 次时，出现 6 点的次数的方差是什么？

29. 设 X_n 是掷 n 个硬币时计数头像在下次数和头像在上次数之差的随机变量。
　　a) X_n 的期望值是什么？　　　　**b)** X_n 的方差是什么？

30. 证明如果 X 和 Y 是独立随机变量，则 $V(XY) = E(X)^2 V(Y) + E(Y)^2 V(X) + V(X)V(Y)$。

31. 设 $A(X) = E(|X - E(X)|)$，是 X 偏差绝对值的期望，X 是随机变量。证明 $A(X + Y) = A(X) + A(Y)$ 成立或不成立，对于所有随机变量 X 和 Y。

32. 提供一个例子说明当两个随机变量不独立时，它们的和的方差不一定等于它们的方差之和。

33. 设 X_1、X_2 是独立的伯努利试验，它们的概率均为 $1/2$，且 $X_3 = (X_1 + X_2) \bmod 2$。
　　a) 证明 X_1、X_2 和 X_3 是两两独立的，但 X_3 与 $X_1 + X_2$ 不是独立的。
　　b) 证明 $V(X_1 + X_2 + X_3) = V(X_1) + V(X_2) + V(X_3)$。
　　c) 解释为什么定理 7 不能用数学归纳法证明，考虑随机变量 X_1、X_2 和 X_3。

* 34. 证明定理 7 的一般情况。即证明：如果 X_1，X_2，$\cdots$，X_n 是样本空间 S 上两两独立的随机变量，其中 n 是正整数，那么 $V(X_1 + X_2 + \cdots + X_n) = V(X_1) + V(X_2) + \cdots + V(X_n)$。[提示：对定理 7 中两个随机变量的情况进行推广。注意：利用数学归纳法的证明是无效的，见练习 33。]

35. 使用切比雪夫不等式找出一个均匀的硬币被掷 n 次时，出现头像在下的次数与平均值的偏差超过 $5\sqrt{n}$ 的概率的上界。

36. 掷一个不均匀的硬币，其中出现头像的概率等于 0.6。使用切比雪夫不等式找出掷这个硬币 n 次时，出现头像在下的次数与平均值的偏差超过 n 的概率的上界。

37. 设 X 为样本空间 S 上的随机变量，且对于所有的 $s \in S$，$X(s) \geqslant 0$。证明对每个正实数 a，$p(X(s) \geqslant a) \leqslant E(X)/a$。这个不等式叫作**马尔可夫不等式**。

38. 假设一个灌装厂一天灌装苏打饮料的听数是一个随机变量。它的期望值是 10 000，方差是 1000。
　　a) 使用马尔可夫不等式(练习 37)得到该厂在某一天灌装听数超过 11 000 的概率的上界。
　　b) 使用切比雪夫不等式得到该厂在某一天灌装听数在 9000～11 000 之间的概率的下界。

39. 假设一个回收中心一天回收的罐头盒数是一个随机变量，它的期望值是 50 000，方差是 2500。
　　a) 使用马尔可夫不等式(练习 37)得到该中心在某一天回收罐头盒数超过 55 000 的概率的上界。
　　b) 使用切比雪夫不等式提供该中心在某一天回收的罐头盒数在 40 000～60 000 的概率的下界。

* 40. 设 x 是 n 个不同整数的表中第 i 个数的概率为 $i/[n(n+1)]$。通过线性搜索算法找到 x 或者确定 x 不在表中，求该算法使用的平均比较次数。

* 41. 在这个练习中我们要导出对一个变种的冒泡排序算法的平均情形下复杂度的估计。这个算法一旦做了一次没有交换的扫描就结束。设 $\{a_1, a_2, \cdots, a_n\}$ 是 n 个不同整数的集合，$a_1 < a_2 < \cdots < a_n$，X 是该集合的排列的集合上的随机变量，且 $X(P)$ 等于通过这个冒泡排序将排列 P 中的整数排成递增顺序时所用的比较次数。
　　a) 在输入对这些整数的 $n!$ 个排列都是等可能的假设下，证明这个冒泡排序用到的平均比较次数等于 $E(X)$。
　　b) 使用 3.3 节例 5 证明 $E(X) \leqslant n(n-1)/2$。
　　c) 证明这个排序对输入中每两个整数的逆序至少做一次比较。
　　d) 设 $I(P)$ 是随机变量，它等于排列 P 中的逆序数。证明 $E(X) \geqslant E(I)$。

e) 设 $I_{j,k}$ 是随机变量，如果在排列 P 中 a_k 在 a_j 前面，$I_{j,k}(P)=1$，否则 $I_{j,k}=0$。证明

$$I(P) = \sum_k \sum_{j<k} I_{j,k}(p)$$

f) 证明 $E(I) = \sum_k \sum_{j<k} E(I_{j,k})$。

g) 证明 $E(I_{j,k})=1/2$。[提示：证明 $E(I_{j,k})=$ 在排列 P 中 a_k 出现在 a_j 前面的概率。然后证明在一个排列中 a_k 出现在 a_j 前面和 a_j 出现在 a_k 前面是等可能的。]

h) 使用 f 和 g 证明 $E(I)=n(n-1)/4$。

i) 从 a、b 和 h 得出排序 n 个整数使用的平均比较次数是 $\Theta(n^2)$ 的结论。

* 42. 在这个练习中我们找在 5.4 节练习 50 的导言中描述的快速排序算法的平均情形下的复杂度，这里假设在排列的集合上是平均分布的。

　　a) 设 X 是快速排序算法对 n 个不同整数的表排序用的比较次数。证明快速排序算法使用的平均比较次数是 $E(X)$（这里的样本空间是 n 个整数的所有 $n!$ 个排列的集合）。

　　b) 设 $I_{j,k}$ 表示随机变量，如果初始表的第 j 个最小元素和第 k 个最小的元素在快速排序算法排序这个表时曾经被比较过，则它等于 1，否则为 0。证明 $X = \sum_{k=2}^{n} \sum_{j=1}^{k-1} I_{j,k}$。

　　c) 证明 $E(X) = \sum_{k=2}^{n} \sum_{j=1}^{k-1} p$（第 j 个最小元素和第 k 个最小元素被比较过的概率）。

　　d) 证明 p（第 j 个最小元素和第 k 个最小元素被比较过的概率）等于 $2/(k-j+1)$，其中 $k>j$。

　　e) 使用 c 和 d 证明 $E(X)=2(n+1)\left(\sum_{i=1}^{n} 1/i \right) -2(n-1)$。

　　f) 利用 e 和 $\sum_{j=1}^{n} 1/j \approx \ln n + \gamma$ 的事实，证明快速排序算法的平均比较次数是 $\Theta(n \log n)$。这里的 $\gamma=0.577\,21\cdots$ 是欧拉常数。

* 43. 所谓固定元素就是排序后仍旧保持在原来位置上的元素。在随机选择的 n 个元素的排列中，固定元素个数的方差是什么？[提示：设 X 表示一个随机排列中的固定元素个数。写出 $X=X_1+X_2+\cdots+X_n$，如果这个排列固定第 i 个元素，则 $X_i=1$，否则为 0。]

两个随机变量 X 和 Y 在样本空间 S 上的协方差记作 $\mathrm{Cov}(X, Y)$，定义为随机变量 $(X-E(X))(Y-E(Y))$ 的期望值，即 $\mathrm{Cov}(X, Y)=E((X-E(X))(Y-E(Y)))$。

44. 证明 $\mathrm{Cov}(X, Y)=E(XY)-E(X)E(Y)$，并使用这一结果证明，如果 X 和 Y 是独立的随机变量则 $\mathrm{Cov}(X, Y)=0$。

45. 证明 $V(X+Y)=V(X)+V(Y)+2\mathrm{Cov}(X, Y)$。

46. 如果 X 和 Y 是具有 $X((i, j))=2i$ 和 $Y((i, j))=i+j$ 的随机变量，其中 i 和 j 是掷两个均匀的骰子时出现在第一和第二个骰子上的点数，求 $\mathrm{Cov}(X+Y)$。

47. m 个球被均匀地随机分到 n 个箱子里，使第一个箱子空的概率是多少？

48. m 个球被均匀地随机分到 n 个箱子里，预期落入第一个箱子的球数是多少？

49. m 球被均匀地随机分到 n 个箱子里，预期空箱子数是多少？

关键术语和结论

术语

样本空间（sample space）：一个试验可能结果的集合。

事件（event）：一个试验样本空间的子集。

事件的概率（拉普拉斯定义，Laplace's definition）：该事件成功的结果次数除以可能结果的总次数。

概率分布（probability distribution）：取自样本空间所有结果的集合上的一个函数 p，它对 $i=1, 2, \cdots, n$ 满足 $0 \leqslant p(x_i) \leqslant 1$ 及 $\sum_{i=1}^{n} p(x_i)=1$，其中 x_i 是可能的结果。

事件 E 的概率（probability of an event E）：E 中结果的概率之和。

$P(E \mid F)$（给定条件 F 下 E 的条件概率，conditional probability of E given F）：$p(E \cap F)/p(F)$。

独立事件(independent event)：使得 $p(E \bigcap F) = p(E)p(F)$ 成立的事件 E 和 F。

两两独立事件(pairwise independent event)：对于事件 E_1，E_2，…，E_n，对于所有整数对 i 和 j，$1 \leqslant i < j \leqslant n$ 都有 $p(E_i \bigcap E_j) = p(E_i)(E_j)$ 成立。

相互独立事件(mutually independent event)：对于事件 E_1，E_2，…，E_n，对于 i_j，$j = 1$，2，…，m 都是整数，$1 \leqslant i_1 < i_2 < \cdots < i_m \leqslant n$ 和 $m \geqslant 2$，都有 $p(E_{i_1} \bigcap E_{i_2} \bigcap \cdots \bigcap E_{i_m}) = p(E_{i_1})p(E_{i_2}) \cdots p(E_{i_m})$ 成立。

随机变量(random variable)：一个函数，它对一个试验的每次结果赋一个实数值。

随机变量 X 的分布(distribution of a random variable X)：对 $(r, p(X = r))$ 的集合，这里 $r \in X(S)$。

均匀分布(uniform distribution)：对一个有穷集元素的等概率赋值。

随机变量的期望值(expected value of a random variable)：一个随机变量的加权平均，用结果的概率加权的随机变量的值，即 $E(X) = \sum_{s \in S} p(s)X(s)$。

几何分布(geometric distribution)：一个随机变量 X 的分布，且对某个 p，使得对 $k = 1$，2，… 有 $p(X = k) = (1 - p)^{k-1}p$。

独立随机变量(independent random variable)：随机变量 X 和 Y 使得对于所有的实数 r_1 和 r_2，有 $p(X = r_1$ 且 $Y = r_2) = p(X = r_1)p(Y = r_2)$。

随机变量的方差(variance of a random variable X)：随机变量的值与它的期望值之差平方的加权平均，其中的权由结果的概率给定，即 $V(X) = \sum_{s \in S} (X(s) - E(X))^2 p(s)$。

随机变量的标准差(standard deviation of a random variable X)：随机变量 X 的方差的平均根，即 $\sigma(X) = \sqrt{V(X)}$。

伯努利试验(Bernoulli trial)：一个具有两种可能结果的试验。

概率(蒙特卡罗)算法(probabilistic (or Monte Carlo) algorithm)：做一步或多步随机选择的算法。

概率方法(probabilistic method)：证明与集合中具有给定性质个体的有关结果的一种证明技巧，它通过对个体指派概率，然后证明有着这种性质的个体的概率是正数。

结论

当执行 n 次独立的伯努利试验时，k 次成功的概率等于 $C(n, k)p^k q^{n-k}$，其中 p 是成功的概率且 $q = 1 - p$ 是失败的概率。

贝叶斯定理(Bayes' theorem)：如果 E 和 F 是样本空间 S 中的事件，且 $p(E) \neq 0$，$p(F) \neq 0$，则

$$p(F \mid E) = \frac{p(E \mid F)p(F)}{p(E \mid F)p(F) + p(E \mid \overline{F})p(\overline{F})}$$

$$E(X) = \sum_{r \in X(S)} p(X = r)r$$

期望的线性性质(linearity of expectations)：如果 X_1，X_2，…，X_n 是随机变量，则 $E(X_1 + X_2 + \cdots + X_n) = E(X_1) + E(X_2) + \cdots + E(X_n)$。

如果 X 和 Y 是独立的随机变量，则 $E(XY) = E(X)E(Y)$。

比安内梅公式(Bienaymé's formula)：如果 X_1，X_2，…，X_n 是独立的随机变量，则 $V(X_1 + X_2 + \cdots + X_n) = V(X_1) + V(X_2) + \cdots + V(X_n)$。

切比雪夫不等式(Chebyshev's inequality)：$p(\mid X(s) - E(X) \mid \geqslant r) \leqslant V(X)/r^2$，其中 X 是具有概率函数 p 的随机变量，r 是一个正实数。

复习题

1. a) 当所有的结果是等可能时，定义一个事件的概率。

　　b) 在买彩票时从前 50 个正整数中选择 6 个不同的中奖数，那么买一张彩票选对 6 个中奖整数的概率是多少？

2. a) 一个有限样本空间对结果所赋的概率应该满足什么条件？

　　b) 如果头像出现的次数是非头像的 3 倍，那么赋给头像和非头像结果的概率应该是多少？

3. a) 定义给定事件 F 下事件 E 的条件概率。

　　b) 假设 E 是掷骰子时出现偶数点的事件，F 是掷骰子时出现 1、2 或 3 点的事件，那么给定 E 下 F 的

概率是什么?

4. a)什么时候两个事件 E 和 F 是独立的?

b)假设 E 是掷一个均匀的骰子时出现偶数点的事件,F 是出现 5 点或 6 点的事件,那么 E 和 F 是否独立?

5. a)什么是随机变量?

b)设 X 是随机变量,它对掷两个骰子的事件所赋的值是两个骰子上较大的点数。这个随机变量的赋值是什么?

6. a)定义随机变量 X 的期望值。

b)设 X 是随机变量,它对掷两个骰子的事件所赋的值是两个骰子上较大的点数。那么随机变量 X 的期望值是什么?

7. a)解释怎样把具有有限多个可能输入的算法在平均情形下的计算复杂度转变成期望值。

b)如果要寻找的元素在表中的概率是 1/3,并且这个元素是表中 n 个元素之一的可能性是相等的,那么线性搜索算法在平均情形下的计算复杂度是什么?

8. a)伯努利试验的含义是什么?

b)在 n 次独立的伯努利试验中 k 次成功的概率是多少?

c)在 n 次独立的伯努利试验中成功次数的期望值是什么?

9. a)什么是随机变量的期望的线性性质?

b)当一个帽子寄存人随机发回帽子时,怎样使用期望的线形性质帮助我们找到能够收到自己帽子的预期人数?

10. a)如果能够接受一个小概率的错误时,怎样使用概率求解一个判定问题?

b)如果愿意接受一个小概率的出错时,我们怎样快速确定一个正整数是否为素数?

11. 叙述贝叶斯定理,并利用该定理求 $p(F|E)$,其中 $p(E|F)=1/3$,$p(E|\overline{F})=1/4$,$p(F)=2/3$,其中 E 和 F 是样本空间 S 中的事件。

12. a)一个随机变量具有概率 p 的几何分布是什么意思?

b)具有概率 p 的几何分布的平均值是什么?

13. a)什么是随机变量的方差?

b)具有成功概率为 p 的伯努利试验的方差是什么?

14. a)什么是 n 个独立随机变量的和的方差?

b)设每次试验的成功概率为 p,当执行 n 次独立的伯努利试验时,成功次数的方差是什么?

15. 当一个随机变量与它的平均值的偏差超过一个指定量的概率时,切比雪夫不等式告诉我们什么结果?

补充练习

1. 从 1 到 40(含 1 和 40 在内)选出 6 个连续的数字作为彩票中奖号码的概率是多少?

2. 2012 年,超级百万彩票的玩家从 1 到 56 选择 5 个不同的数字,还有一个从 1 到 46 的第 6 个整数,可以与前 5 个中的一个重复。当前 5 个数字和第 6 个数字与中奖号码匹配时,则玩家就中大奖。

a)计算玩家中大奖的概率。

b)当匹配前 5 个数字而与第 6 个数字不匹配时,可得到 250 00 美元,计算中这个奖的概率。

c)当匹配前 5 个数字中的 3 个而与第 6 个数字不匹配,或者匹配前 5 个数字中的 2 个而与第 6 个数字也匹配时,可赢得 150 美元,计算中这个奖的概率。

d)计算玩家在匹配前 5 个数字或者最后一个数字的 3 个数字则算中奖,计算中这个奖的概率。

3. 2012 年,强力球彩票的玩家从 1 到 59 选择 5 个不同的数字,还有一个从 1 到 39 的第 6 个整数,可以与前 5 个中的一个重复。当前 5 个数字和第 6 个数字与中奖号码匹配时,玩家就中大奖。

a)计算玩家中大奖的概率。

b)当匹配前 5 个数字而与第 6 个数字不匹配时,可赢得 20 000 美元,计算中这个奖的概率。

c)当匹配前 5 个数字中的 3 个而与第 6 个数字也匹配,或者匹配前 5 个数字中的 4 个而与第 6 个数字不匹配时,可赢得 100 美元,计算中这个奖的概率。

d)计算玩家在匹配前 5 个数字或者最后一个数字的 3 个数字,则算中奖,计算中这个奖的概率。

4. 一手 13 张牌不包含对的概率是多少？

5. 求下述各种情况下的概率。选一手 13 张桥牌包含

   a) 全部 13 张红心

   b) 同种花色的 13 张牌

   c) 7 张黑桃和 6 张梅花

   d) 一种花色的 7 张牌和另一种花色的 6 张牌

   e) 4 张方块、6 张红心、2 张黑桃和 1 张梅花

   f) 一种花色的 4 张牌，第二种花色的 6 张牌，第三种花色的 2 张牌，第四种花色的 1 张牌

6. 求下述各种情况下的概率。选 7 张扑克牌包含

   a) 2 类，其中一类 4 张，第二类 3 张

   b) 3 类，其中一类 3 张，另外两类每类各 2 张

   c) 4 类，其中三类每类各 2 张，第四类 1 张

   d) 5 类，其中两类每类 2 张，另三类每类 3 张

   e) 7 类不同的牌

   f) 一个 7 张牌的同花

   g) 一个 7 张牌的顺子

   h) 一个 7 张牌的同花顺子

一个八面体骰子有 8 个面，面上的数字为 1 到 8。

7. **a)** 当掷一个均匀的八面体骰子时，出现数字的期望值是什么？

   b) 当掷一个均匀的八面体骰子时，出现数字的方差是什么？

一个十二面体骰子有 12 个面，面上的数字为 1 到 12。

8. **a)** 当掷一个均匀的十二面体骰子时，出现数字的期望值是什么？

   b) 当掷一个均匀的十二面体骰子时，出现数字的方差是什么？

9. 假设掷一对均匀的八面体骰子。

   a) 出现数字之和的期望值是什么？   **b)** 出现数字之和的方差是什么？

10. 假设掷一对均匀的十二面体骰子。

    a) 出现数字之和的期望值是什么？   **b)** 出现数字之和的方差是什么？

11. 假设一个均匀的标准骰子（立方体）和一个均匀的八面体骰子一起掷。

    a) 出现数字之和的期望值是什么？   **b)** 出现数字之和的方差是什么？

12. 假设一个均匀的八面体骰子和一个均匀的十二面体骰子一起掷。

    a) 出现数字之和的期望值是什么？   **b)** 出现数字之和的方差是什么？

13. 假设 $n(n \geq 3)$ 个人玩"单人出局"的游戏确定下一次谁买饮料，n 个人同时掷均匀的硬币，每人一个。如果除了一个以外其余所有硬币的结果都相同，那么这个掷出不同结果的人将买饮料。否则，这些人再次掷硬币，直到出现一个硬币与其他所有的硬币结果不同为止。

    a) 仅仅掷一次硬币，这个人就能确定下来的概率是多少？

    b) 第 k 次掷硬币时，这个人确定下来的概率是多少？

    c) 从 n 个人中确定这个人预期需要掷多少次硬币？

14. 设 p 和 q 是素数且 $n = pq$。随机选择小于 n 的正整数不被 p 或 q 整除的概率是多少？

* 15. 设 m 和 n 是正整数。随机选择小于 mn 的正整数不被 m 或 n 整除的概率是多少？

16. 设 E_1，E_2，$\cdots$，E_n 是 n 个事件满足 $p(E_i) > 0$，$i = 1$，2，$\cdots$，n。证明

$$p(E_1 \cap E_2 \cap \cdots \cap E_n) = p(E_1) p(E_2 \mid E_1) p(E_3 \mid E_1 \cap E_2) \cdots p(E_n \mid E_1 \cap E_2 \cap \cdots \cap E_{n-1})$$

17. 在盒子里有 3 张卡片，一张卡片的两面是黑色的，一张卡片的两面是红色的，第三张卡片的一面是黑色的，一面是红色的。我们随机取一张卡片并且只看它的一个面。

    a) 如果这个面是黑色的，另一面也是黑色的概率是多少？

    b) 另一个面与我们看到的面是同色的概率是多少？

18. 当一个均匀的硬币被掷 n 次时，头像向上和头像向下出现的次数相等的概率是多少？

19. 一个随机选择的 10 位二进制串出现回文的概率是多少？

20. 一个随机选择的 11 位二进制串出现回文的概率是多少？

21. 考虑下面的游戏。一个人重复掷一个硬币直到头像在上。如果在掷第 n 次时第一次出现头像在上，他就得到 2^n 美元。

    a) 设 X 是等于这个人所赢得钱数的随机变量。证明 X 的期望值不存在（即它是无限的）。证明一个人应该心甘情愿地赌任意多的钱来玩这个游戏（这就叫作**圣·匹茨堡悖论**）。你觉得为什么它叫作悖论？

    b)假设如果掷第 8 次之前出现第一个头像在上，这个人就接受 2^n 美元的回报，如果在掷第 8 次或者第 8 次之后出现头像，则接受 $2^8 = 256$ 美元。这个人所赢钱数的期望值是什么？为了玩这个游戏，一个人应该心甘情愿付多少钱？

22. 设将 n 个球抛进 b 个箱子使得每个球等可能地落入任何箱子并且这些抛放是独立的。

    a)找出一个特定的球落入一个特定箱子的概率。

    b)落入一个特定箱子的球的预期数目是多少？

    c)直到一个特定的箱子包含一个球为止，预期需要投多少个球？

 * d)直到所有的箱子都包含一个球为止，预期需要抛多少个球？[提示：设 X_i 表示一旦 $i-1$ 个箱子包含一个球，第 i 个箱子落入一个球所需要抛掷的球数。求 $E(X_i)$ 并且使用期望的线性性质。]

23. 设 A 和 B 是具有概率 $p(A) = 3/4$，$p(B) = 1/3$ 的事件。

    a)最大的 $p(A \bigcap B)$ 可能是多少？它最小可能是多少？举例说明这两种极端情况对于 $p(A \bigcap B)$ 都是可能的。

    b)最大的 $p(A \bigcup B)$ 可能是多少？它最小可能是多少？举例说明这两种极端情况对于 $p(A \bigcup B)$ 都是可能的。

24. 设 A 和 B 是具有概率 $p(A) = 2/3$，$p(B) = 1/2$ 的事件。

    a)最大的 $p(A \bigcap B)$ 可能是多少？它最小可能是多少？举例说明这两种极端情况对于 $p(A \bigcap B)$ 都是可能的。

    b)最大的 $p(A \bigcup B)$ 可能是多少？它最小可能是多少？举例说明这两种极端情况对于 $p(A \bigcup B)$ 都是可能的。

25. 我们说事件 E_1，E_2，$\cdots$，E_n 是**相互独立**的，如果 $p(E_{i_1} \bigcap E_{i_2} \bigcap \cdots \bigcap E_{i_m}) = p(E_{i_1}) p(E_{i_2}) \cdots p(E_{i_m})$，其中 i_j 是整数，$j = 1$，2，$\cdots$，m，满足 $1 \leqslant i_1 < i_2 < \cdots < i_m \leqslant n$ 且 $m \geqslant 2$。

    a)写出三个事件 E_1、E_2、E_3 相互独立所要求的条件。

    b)令 E_1、E_2 和 E_3 分别是掷硬币第 1 次出现正面、第 2 次不出现正面和第 3 次不出现正面的事件。当一个均匀的硬币被掷 3 次时，E_1、E_2 和 E_3 相互独立吗？

    c)令 E_1、E_2 和 E_3 分别是掷硬币第 1 次出现正面、第 3 次出现正面和出现偶数个正面的事件。当一个均匀的硬币被掷 3 次时，E_1、E_2 和 E_3 相互独立吗？

    d)当一对儿硬币抛掷 3 次时，设 E_1、E_2 和 E_3 分别是掷硬币第 1 次出现正面、第 3 次出现正面，以及恰好有一个第 1 次和有一个第 3 次出现正面的事件。E_1、E_2 和 E_3 是两两独立的吗？它们是相互独立的吗？

    e)为证明 n 个事件是相互独立的，必须检查多少个条件？

26. 设 A 和 B 是样本空间 S 中的事件，且 $p(A) \neq 0$，$p(B) \neq 0$。证明：如果 $p(B | A) < p(B)$，则 $p(A | B) < p(A)$。

练习 27 是关于**两个孩子问题**，由马丁·加恩德(Martin Garnder)于 1959 年在《科学美国人》(*Scientific American*)杂志的数学专栏上提出。这个问题是："我们在大街上遇到了史密斯先生，他带着一个小孩，他介绍说是他的儿子。他还说自己有两个孩子。问史密斯先生另外一个小孩是男孩的概率？"我们将证明，这个问题是不明确的，会导致一个悖论，这个问题会有两个合理的答案，我们将说明如何使之更明确。

* 27. a)解决这个问题有两种方法。首先，考虑第二个小孩的性别概率，其次通过考虑一有两个小孩的家庭小孩性别四种不同的可能性，确定一个不同的概率。

    b)证明如果我们已经知道史密斯先生随机地带出他两个孩子中的一个上街，那么这个问题将是明确。

    c)这个问题另一个变化的版本是"当我们在街上遇到史密斯先生，他说他有两个孩子，至少有一个是儿子，他另一个孩子是男孩的概率是多少？"解答这个问题，并说明这个问题是明确的。

28. 2010 年，迷题设计者加里·弗西(Gary Foshee)提出了一个问题："史密斯先生有两上孩子，其中一个是儿子，出生在周二，史密斯先生有两个儿子的概率是多少？"证明这个问题有两个不同的答案，答案取决于史密斯先生是否因为出生在星期二特别提到他的儿子，或者他随机地选择一个孩子并报出他的性别和出生在周几。[对于第一种可能性，列出另一个孩子所有性别和出生星期等概率的可能性。这样，首先考虑了大一点的孩子是出生在周二的男孩的情况，然后大一点的孩子出生在周二不是男孩的情况。]

29. 设 X 是样本空间 S 上的随机变量。证明 $V(aX + b) = a^2 V(X)$，其中 a 和 b 是实数。

30. 用切比雪夫不等式证明不管多少个人寄存他们的帽子，当帽子寄存人随机返回帽子时有多于 10 个人取回自己帽子的概率不超过 1/100。[提示：使用例 6 和 7.4 节练习 43。]

31. 假设至少一个事件 $E_j (j=1, 2, \cdots, m)$ 保证出现，且不可能有多于两个事件出现。证明：如果对 $j=1, 2, \cdots, m$ 有 $p(E_j)=q$ 且对 $1 \leqslant j<k \leqslant m$ 有 $p(E_j \cap E_k)=r$，那么 $q \geqslant 1/m$ 且 $r \leqslant 2/m$。

32. 证明：如果 m 是正整数，那么当执行每次成功概率为 p 的独立伯努利试验时，在第 $m+n$ 次试验出现第 m 次成功的概率是 $\binom{n+m-1}{n} q^n p^m$。

33. 当买某种产品时你可以得到 n 种不同的收藏卡作为奖品。假设每次你买这种产品时得到任何类型的收藏卡是等可能的。设 X 是随机变量，它等于每种类型的收藏卡至少得到一张而需购买的产品数，X_j 是随机变量，它等于已经收集到 j 种不同的卡以后直到再得到一张新卡所必须再购买的产品数，$j=0, 1, \cdots, n-1$。

   a) 证明 $X = \sum_{j=0}^{n-1} X_j$。

   b) 证明：在 j 种不同的卡已经得到以后，再一次买产品时，得到一张新类型卡具有的概率是 $(n-j)/n$。

   c) 证明：X_j 具有参数 $(n-j)/n$ 的几何分布。

   d) 使用 a 和 c 证明：$E(X) = n \sum_{j=1}^{n} 1/j$。

   e) 如果有 50 种不同类型的卡，使用近似式 $\sum_{j=1}^{n} 1/j \approx \ln n + \gamma$（其中 $\gamma = 0.57721 \cdots$ 是欧拉常数）。求为得到每种类型的卡，你需要购买产品的预期数量。

34. **极大可满足性问题** 需要给一个合取范式形式的复合命题的变量赋真值（即这个命题表示为子句的合取，每个子句是两个或更多的变量或者它们的非的析取式）。求这个复合命题中一组真值变量的赋值以使得尽可能多的子句为真。例如在以下句子中

$$(p \lor q) \land (p \lor \neg q) \land (\neg p \lor r) \land (\neg p \lor \neg r)$$

通过对 p, q, r 的真值赋值可以有三个为真，但是没有四个为真。我们将证明用概率方法可以提供由于变量的真值赋值而可能为真的子句个数的一个下界。

   a) 假设在一个合取范式的复合命题中有 n 个变量。如果我们通过掷硬币随机对每个变量赋值，若硬币出现头像在上对变量赋真值，若头像在下则赋假值。对 n 个变量而言，每种可能赋值的概率是什么？

   b) 假设每个子句是恰好两个不同变量或者它们的非的析取式，给定 a) 中随机的真值赋值，一个给定子句为真的概率是多少？

   c) 假设在复合命题中有 D 个子句。给这些变量随机地进行真值赋值，这些子句中预期为真的个数是多少？

   d) 用 c 证明：对每个合取范式的复合命题，存在对变量的一组真值赋值，使得至少 3/4 的子句为真。

35. 当一副有 52 张的标准扑克牌由 4 个选手玩儿时，每个选手都有一个 A 的概率是多少？

* 36. 下面的方法可用来产生具有 n 个项的序列的随机排列。首先，将第 n 项和第 $r(n)$ 项对换，其中 $r(n)$ 是满足 $1 \leqslant r(n) \leqslant n$ 的一个随机整数。接下来，将所得序列的第 $n-1$ 项和第 $r(n-1)$ 项对换，其中 $r(n-1)$ 是满足 $1 \leqslant r(n-1) \leqslant n-1$ 的一个随机整数。继续这一过程，直到 $j=n$ 为止，在第 j 步，将所得序列的第 $n-j+1$ 项和第 $r(n-j+1)$ 项对换，其中 $r(n-j+1)$ 是满足 $1 \leqslant r(n-j+1) \leqslant n-j+1$ 的一个随机整数。证明：遵循这一方法，序列中各项的 $n!$ 个不同的排列中的每一个排列都会等可能地产生。[提示：利用数学归纳法，假定这个过程对 $n-1$ 项的序列所产生的 $n-1$ 项的排列中的每一个排列出现的概率是 $1/(n-1)!$。]

计算机课题

按给定的输入和输出写程序。

1. 给定实数 p，$0 \leqslant p \leqslant 1$，生成来自具有概率 p 的伯努利分布的随机数。

2. 给定正整数 n，生成集合 $\{1, 2, 3, \cdots, n\}$ 的随机排列（参见本章末尾补充练习 32）。

3. 给定正整数 m 和 n，生成前 n 个正整数的 m 个随机排列。求出在每个排列中的逆序数并确定这些逆序的平均个数。

4. 一个不均匀的硬币其头像在上出现的概率为 p。将这个硬币被重复掷 n(n 为正整数)次，并确定出现头像在上的次数。显示累积的结果。

5. 给定正整数 n 和 m，生成前 n 个正整数的 m 个随机排列。使用插入排序排序每一个排列，并计数用到的比较次数。确定在所有 m 个排列所使用的平均比较次数。

6. 给定正整数 n 和 m，生成前 n 个正整数的 m 个随机排列。使用冒泡排序的下述版本排序每个排列，当一次巡回完成而没有交换时结束，计数用过的比较次数。确定在所有 m 个排列使用的平均比较次数。

7. 给定正整数 m，模拟由于买产品而收集得到的卡片，以找出为得到全套 m 种不同的收藏卡必须买的产品数量(见补充练习 33)。

8. 给定正整数 m 和 n，模拟 n 个关键字的放置，其中具有关键字 k 的一个记录放在地址 $h(k)=k \bmod m$，并且确定是否至少存在一次碰撞。

9. 给定正整数 n，找出从集合 $\{1, 2, \cdots, n\}$ 选中的 6 个数就是被机器选出的中彩号码的概率。

10. 模拟蒙地厅大厦 3 门问题(参见 7.1 节例 10)的重复试验来计算每种策略的胜率。

11. 给定一个字表及它们出现在垃圾邮件和没有出现在垃圾邮件中的经验概率，确定一条新邮件信息是垃圾邮件的概率。

计算和探索

使用一个计算程序或你自己编写的程序做下面的练习。

1. 找出一手 5 张扑克牌的各种类型的概率并且根据它们的概率排列这些类型。

2. 找出在新泽西六合彩中买 1 美元奖票有大于 1 美元的中奖期望值的条件。为了赢奖，不管数的次序，你必须从 1 到 48 的正整数中(含 1 和 48 在内)选中被抽出的 6 个数。奖金在中奖的人中平均分配。必须考虑抽奖的奖金总额和买奖票的人数。

3. 由测试大量随机选择的整数对来估计随机选择的 2 个整数是互素的这一事件的概率。查找给出这个概率的定理并将你的结果与正确的概率做比较。

4. 确定需要多少人，才能保证其中至少 2 个人的生日在每年的同一天的概率至少是 70%、80%、90%、95%、98% 和 99%。

5. 生成前 100 个正整数集合的 100 个随机选择的排列表(参见本章末尾补充练习 36)。

6. 给定一组邮件信息，且每组信息是不是垃圾邮件都已经确定，根据这些信息中特定字的出现情况建立一个贝叶斯过滤器。

7. 模拟 n 个人的单人出局过程(在补充练习的练习 13 中描述的)，其中 $3 \leqslant n \leqslant 10$。对每个 n 值做大量试验并且用这些结果估计为找到这个出局的单人预期需要掷硬币的次数。你的结果与 7.2 节练习 29 的结果相符吗？假设恰好一个人有一个不均匀的硬币，其头像出现概率 $p \neq 0.5$，那么结果又是怎样呢？

8. 给定正整数 n，模拟一个帽子寄存员随机把帽子发给寄存人的过程。确定得到自己帽子的人数。

写作课题

用本教材以外的资料，按下列要求写成论文。

1. 描述概率论的起源和它的早期应用。

2. 描述玩轮盘赌时你可能下的不同赌注。找出这些赌注在美国玩法(即轮盘包含数 0 和 00 在内)的概率。对你来说什么是最好的赌注？什么是最坏的赌注？

3. 讨论当你玩 21 点的纸牌游戏和卡西诺纸牌游戏时赢的概率。对于在赌场下注的人是否存在一种赢的策略？

4. 调查双骰子赌博游戏并且讨论投手赢的概率，这个游戏和一个公平的游戏有多接近？

5. 讨论建立成功的垃圾过滤器时所涉及的有关问题，以及当前 spammer 和试图过滤它们的人们之间的战争情况。

6. 讨论著名的牛顿-佩皮斯问题的历史和解答，这个问题问下述情况中哪种最可能出现：当掷 6 个骰子时至少出现一个 6 点，当掷 12 个骰子时至少出现两个 6 点，或者当掷 18 个骰子时至少出现 3 个 6 点？

7. 解释厄多斯和任伊是怎样首先使用概率方法的，并且描述这个方法的一些其他应用。

8. 讨论概率算法的不同类型并且描述每种类型的某些实例。

高级计数技术

许多计数问题用第 6 章讨论的方法是不容易求解的。例如：有多少个 n 位比特串不包含两个连续的 0？为求解这个问题，令 a_n 是这种 n 位比特串数，给定一个参数，可以证明序列 $\{a_n\}$ 满足 $a_{n+1} = a_n + a_{n-1}$（其中初始条件为 $a_1 = 2$，$a_2 = 3$）。这个等式叫作递推关系，它和初始条件 $a_1 = 2$、$a_2 = 3$ 确定了序列 $\{a_n\}$。此外，从这个与序列的项有关的等式可以找到 a_n 的显式公式。正如我们将要看到的，可以用一种类似的技术来求解许多不同的计数问题。

我们将讨论两种在算法研究中最重要的递推关系。首先，我们将介绍称为动态规划的重要算法范式。遵循这一个范式的算法将问题分为重叠的子问题。通过递推关系找到子问题的解答方案从而解出原始问题。其次，我们将介绍另一个重要算法范式：分而治之。遵循这一个范式的算法将问题不断分解为固定数量的不重叠的子问题，直到这些子问题被直接解决。这些算法的复杂度可以采用特别的递推关系来分析。在本章中，我们将讨论大量的分而治之算法，并用递推关系来分析它们的复杂度。

我们也将看到，可以用形式幂级数（也叫作生成函数）来求解许多计数问题，其中 x 的幂的系数代表我们感兴趣的序列的项。除了求解计数问题外，生成函数还可用于求解递推关系以及证明组合恒等式。

许多其他类型的计数问题不能使用第 6 章所讨论的技术求解，例如：有多少种方式把 7 项工作分给 3 个雇员而使得每个雇员至少得到一项工作？有多少个素数小于 1000？可以通过计数集合并集中的元素数来求解这两个问题。我们将开发一种叫作容斥原理的技术来计数在集合并集中的元素个数，并且将说明怎样用这种技术求解计数问题。

可以用本章学到的技术与第 6 章的基本技术一起求解许多计数问题。

8.1 递推关系的应用

8.1.1 引言

第 2 章介绍了怎样递归定义一个序列。一个序列的递归定义指定了一个或多个初始的项以及一个由前项确定后项的规则。这个从某些前项求后项的规则就叫作**递推关系**。如果一个序列的项满足递推关系，则这个序列就叫作递推关系的解。

本章我们将研究用递推关系解决计数问题。如一群细菌的数目每小时增加一倍。如果开始有 5 个细菌，在 n 小时末将有多少个细菌？为求解这个问题，令 a_n 是 n 小时末的细菌数。因为细菌数每小时增加一倍，只要 n 是正整数，关系 $a_n = 2a_{n-1}$ 就成立。对所有的非负整数 n，这个关系和初始条件 $a_0 = 5$ 一起唯一地确定了 a_n。我们可使用第 2 章中的迭代方法得到 a_n 的公式，即对于所有非负整数 n，$a_n = 5 \cdot 2^n$。

某些计数问题不能用第 6 章给出的技术求解，但可以通过找到序列的项之间的关系，如在涉及细菌的问题中的关系，即递推关系来求解。我们将研究各种能用递推关系构造模型的计数问题。在第 2 章中，我们提出解决某些递推关系的方法。我们将在 8.2 节研究一些方法，针对满足某类递推关系的序列，求出序列的项的显式公式。

本节最后，我们将介绍动态规划的算法范式，在解释这种范式原理之后，将给出例题说明。

8.1.2　用递推关系构造模型

我们可以使用递推关系构造各种问题的模型，例如找复利（见 2.4 节例 11）、计数岛上的兔子、确定汉诺塔难题的移动次数，以及计数具有确定性质的比特串。

例 1 说明了怎样用递推关系建立关于岛上兔数的模型。

例 1　兔子和斐波那契数　考虑下面的问题，它是由里奥那多·比萨诺，也就是斐波那契，于 13 世纪在《算书》（Liber abaci）一书中提出来的。一对刚出生的兔子（一公一母）被放到岛上。每对兔子出生后两个月才开始繁殖后代。如图 1 所示，在出生两个月以后，每对兔子在每个月都将繁殖一对新的兔子。假定兔子不会死去，找出 n 个月后关于岛上兔子对数的递推关系。

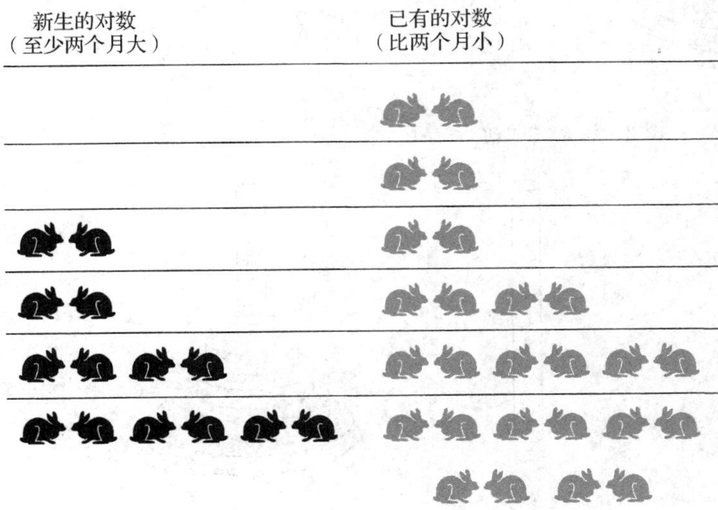 新生的对数 （至少两个月大）	已有的对数 （比两个月小）	月	新生的 对数	已有的 对数	总对数
		1	0	1	1
		2	0	1	1
		3	1	1	2
		4	1	2	3
		5	2	3	5
		6	3	5	8

图 1　岛上的兔子

解　用 f_n 表示 n 个月后的兔子对数。我们将证明 $f_n(n=1，2，3，\cdots)$ 是斐波那契序列的项。

可以用递推关系建立兔子数的模型。在第 1 个月末，岛上的兔子对数是 $f_1=1$。由于这对兔子在第 2 个月没有繁殖，所以 $f_2=1$。为找到 n 个月后的兔子对数，要把前一个月岛上的对数 f_{n-1} 加上新生的对数——这个数等于 f_{n-2}，因为每对两个月大的兔子都生出一对新兔子。

因此，序列 $\{f_n\}$ 满足递推关系

$$f_n=f_{n-1}+f_{n-2}，\quad n\geqslant 3$$

及初始条件 $f_1=1$ 和 $f_2=1$。由于这个递推关系和初始条件唯一地确定了这个序列，所以 n 个月后岛上的兔子对数由第 n 个斐波那契数给出。

例 2 涉及一个著名的难题。

例 2　汉诺塔　19 世纪后期由法国数学家埃德沃德·卢卡斯发明的一个流行的游戏叫作汉诺塔，它由安装在一个板上的 3 根柱子和若干大小不同的盘子构成。开始时，这些盘子按照大小的次序放在第一根柱子上，大盘子在底下（如图 2 所示）。游戏的规则是：每一次把 1 个盘子从一根柱子移动到另一根柱子，但是不允许这个盘子放在比它小的盘子上面。游戏的目标是把所有的盘子按照大小次序都放到第二根柱子上，并且将最大的盘子放在底部。

令 H_n 表示解 n 个盘子的汉诺塔问题所需要的移动次数。建立一个关于序列 $\{H_n\}$ 的递推关系。

解　开始时 n 个盘子在柱 1。按照游戏规则，我们可以用 H_{n-1} 次移动将上边的 $n-1$ 个盘子移到柱 3（图 3 说明了此刻的柱子和盘子）。在这些移动中保留最大的盘子不动。然后，我们用一次移动将最大的盘子移到第二根柱子上。我们可以再使用 H_{n-1} 次移动将柱 3 上的 $n-1$ 个

盘子移到柱 2,把它们放到最大的盘子上面,这个最大的盘子一直放在柱 2 的底部。这表示解 n 个盘子的汉诺塔问题所需要的移动次数为 $2H_{n-1}+1$ 次。

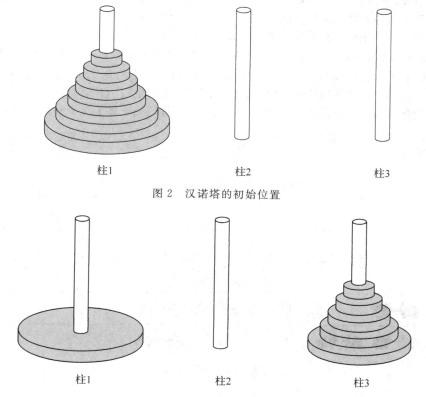

柱1　　　　　　　柱2　　　　　　　柱3

图 2　汉诺塔的初始位置

柱1　　　　　　　柱2　　　　　　　柱3

图 3　汉诺塔的一个中间位置

我们现在证明解决 n 个盘子的汉诺塔问题的移动次数不能少于 $2H_{n-1}+1$ 次。注意,在移动最大的盘子之前,必须要将 $n-1$ 个更小的盘子移动到不是柱 1 的柱子上,做这件事需要至少 H_{n-1} 次移动,另一次必要的移动是将最大的盘子移走。最后,将这 $n-1$ 个更小的盘子移动到最大的盘子上需要至少 H_{n-1} 次移动。将这些移动次数相加就是完成这个任务的移动次数的下限。

我们的结论是

$$H_n = 2H_{n-1}+1$$

初始条件是 $H_1=1$,因为依照规则一个盘子可以用 1 次移动从柱 1 移到柱 2。

我们可以使用迭代方法求解这个递推关系。

$$
\begin{aligned}
H_n &= 2H_{n-1}+1 \\
&= 2(2H_{n-2}+1)+1 = 2^2 H_{n-2}+2+1 \\
&= 2^2(2H_{n-3}+1)+2+1 = 2^3 H_{n-3}+2^2+2+1 \\
&\vdots \\
&= 2^{n-1}H_1+2^{n-2}+2^{n-3}+\cdots+2+1 \\
&= 2^{n-1}+2^{n-2}+\cdots+2+1 \\
&= 2^n-1
\end{aligned}
$$

为了用序列前面的项表示 H_n,我们重复地用到这个递推关系。在倒数第二个等式中用了初始条件 $H_1=1$。最后一个等式是基于等比序列的求和公式得出的,这个公式可以在 2.4 节的定理 1 中找到。

用迭代方法找出了具有初始条件 $H_1=1$ 的递推关系 $H_n=2H_{n-1}+1$ 的解。这个公式可以用数学归纳法证明。证明留给读者作为本节的练习 1。

关于这个难题有一个古老的传说，在汉诺有一座塔，那里的僧侣按照这个游戏的规则从一个柱子到另一个柱子移动 64 个金盘子，据说当他们结束游戏时世界就到了末日。如果这些僧侣 1 秒移动 1 个盘子，这个世界将在他们开始多久以后终结？

根据这个显式公式，僧侣需要

$$2^{64}-1=18\ 446\ 744\ 073\ 709\ 551\ 615$$

次移动来搬这些盘子。每次移动需要 1 秒，他们将用 5000 亿年来求解这个难题，因此这个世界的寿命应该相当长。◀

评注　许多人研究了源自例 5 所述汉诺塔难题的各种问题。某些问题用到更多的柱子，某些问题允许同样大小的盘子，某些问题对盘子的移动类型加以限制。一个最古老和最有趣的问题是**雷夫难题**⊖，它是 1907 年由亨利・杜德尼在他的《坎特伯雷谜题》(Canterbury Puzzle) 一书中提出来的。这个难题是雷夫提出的，他让一个朝圣者把一堆各种大小的奶酪从 4 个凳子中的一个移到另一个，移动中不允许把直径较大的奶酪放在较小的奶酪上面。如果用柱子和盘子的概念来表述雷夫难题，除了使用 4 根柱子之外，其他和汉诺塔的规则一样。类似地，我们可以把汉诺塔问题推广到 $p(p\geqslant 3)$ 根柱子的情形。（需要说明的是，已有公开声明说解决了这个问题，不过这并未获专家认可。）然而，2014 年 Thierry Bousch 证明了求解 n 个盘子的雷夫难题所需的最少移动次数，它等于由弗雷姆 (Frame) 和斯图尔特 (Stewart) 在 1939 年发明的算法所使用的移动次数。（更详细的信息参见本节末的练习 38～45 和 [St94] 及 [Bo14]。）

例 3 说明了怎样用递推关系计数具有指定长度和某种性质的比特串。

例 3　对于不含 2 个连续 0 的 n 位比特串的个数，找出递推关系和初始条件。有多少个这样的 5 位比特串？

解　设 a_n 表示不含 2 个连续 0 的 n 位比特串的个数。我们将假定 $n\geqslant 3$，比特串至少有 3 位。n 位比特串可以分为以 1 结尾的和以 0 结尾的。

精确地说，不含 2 个连续 0 并以 1 结尾的 n 位比特串就是在不含 2 个连续 0 的 $n-1$ 位比特串的尾部加上一个 1。因此存在 a_{n-1} 个这样的比特串。

不含 2 个连续 0 并以 0 结尾的 n 位比特串的 $n-1$ 位必须是 1，否则就将以 2 个 0 结尾。因而，精确地说，不含 2 个连续 0 并以 0 结尾的 n 位比特串就是在不含 2 个连续 0 的 $n-2$ 位比特串的尾部加上 10。因此存在 a_{n-2} 个这样的比特串。

如图 4 所示，可以断言对于 $n\geqslant 3$，有

$$a_n=a_{n-1}+a_{n-2}$$

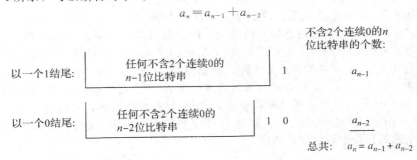

图 4　计数不含 2 个连续 0 的 n 位比特串

初始条件是 $a_1=2$，因为 1 位的比特串是 0 或 1，没有连续的 2 个 0。而 $a_2=3$，因为 2 位的比特串中满足条件的是 01、10 和 11。使用 3 次递推关系就可得到 a_5

⊖　雷夫 (Reve)，更常见的是拼写为 reeve，这个词在古代是指地方长官 (governor)。

$$a_3 = a_2 + a_1 = 3 + 2 = 5$$
$$a_4 = a_3 + a_2 = 5 + 3 = 8$$
$$a_5 = a_4 + a_3 = 8 + 5 = 13$$

◀

评注 注意 $\{a_n\}$ 和斐波那契序列满足同样的递推关系。因为 $a_1 = f_3$ 且 $a_2 = f_4$，从而有 $a_n = f_{n+2}$。

例 4 说明怎样用递推关系建立编码字数的模型，这种编码字是通过确定的有效性检测所允许的。

例 4　编码字的枚举　如果一个十进制数字串包含偶数个 0，计算机系统就把它作为一个有效的编码字。例如，1230407869 是有效的，而 120987045608 不是有效的。设 a_n 是有效的 n 位编码字的个数。找出一个关于 a_n 的递推关系。

解　注意 $a_1 = 9$，因为存在 10 个 1 位十进制数字串，并且只有一个即串 0 是无效的。通过考虑怎样由 $n-1$ 位的数字串构成一个 n 位有效数字串，就可以推导出关于这个序列的递推关系。从少 1 位数字的串构成 n 位有效数字串有两种方式。

第一种，在一个 $n-1$ 位的有效数字串后面加上一个非 0 的数字就可以得到一个 n 位的有效数字串。加这个数字的方式有 9 种。因此用这种方法构成 n 位有效数字串的方式有 $9a_{n-1}$ 种。

第二种，在一个无效的 $n-1$ 位数字串后面加上一个 0 就可以得到 n 位有效的数字串。（这将产生具有偶数个 0 的串，因为无效的 $n-1$ 位数字串有奇数个 0。）这样做的方式数等于无效的 $n-1$ 位数字串的个数。因为存在 10^{n-1} 个 $n-1$ 位数字串，其中有 a_{n-1} 个是有效的，所以通过在无效的 $n-1$ 位数字串后面加上一个 0 就可以得到 $10^{n-1} - a_{n-1}$ 个 n 位的有效数字串。

因为所有的 n 位有效数字串都用这两种方式之一产生，所以存在

$$a_n = 9a_{n-1} + (10^{n-1} - a_{n-1})$$
$$= 8a_{n-1} + 10^{n-1}$$

个 n 位有效数字串。

◀

例 5 中的递推关系在许多不同的场合都可以见到。

例 5　求关于 C_n 的递推关系，其中 C_n 是通过对 $n+1$ 个数 $x_0 \cdot x_1 \cdot x_2 \cdots x_n$ 的乘积中加括号来规定乘法的次序的方式数。例如，$C_3 = 5$，因为对 $x_0 \cdot x_1 \cdot x_2 \cdot x_3$ 有 5 种加括号的方式来确定乘法的次序：

$$((x_0 \cdot x_1) \cdot x_2) \cdot x_3 \quad (x_0 \cdot (x_1 \cdot x_2)) \cdot x_3 \quad (x_0 \cdot x_1) \cdot (x_2 \cdot x_3)$$
$$x_0 \cdot ((x_1 \cdot x_2) \cdot x_3) \quad x_0 \cdot (x_1 \cdot (x_2 \cdot x_3))$$

解　为了求关于 C_n 的递推关系，我们注意到无论怎样在 $x_0 \cdot x_1 \cdot x_2 \cdots x_n$ 中插入括号，总有一个 "$\cdot$" 运算符留在所有括号的外边，即执行最后一次乘法的运算符。［例如，在 $(x_0 \cdot (x_1 \cdot x_2)) \cdot x_3$ 中的最后一个运算符，在 $(x_0 \cdot x_1) \cdot (x_2 \cdot x_3)$ 中的第二个运算符。］这个最后的运算符出现在 $n+1$ 个数中的两个数之间，比如说 x_k 和 x_{k+1} 之间。当最后的运算符出现在 x_k 和 x_{k+1} 之间时，存在 $C_k C_{n-k-1}$ 种方式插入括号来确定 $n+1$ 个数被乘的次序，因为有 C_k 种方式在乘积 $x_0 \cdot x_1 \cdots x_k$ 中插入括号来确定这 $k+1$ 个数的乘法次序，所以有 C_{n-k-1} 种方式在乘积 $x_{k+1} \cdot x_{k+2} \cdots x_n$ 中插入括号来确定这 $n-k$ 个数的乘法次序。由于这个最后的运算符可能出现在 $n+1$ 个数的任何两个数之间，所以

$$C_n = C_0 C_{n-1} + C_1 C_{n-2} + \cdots + C_{n-2} C_1 + C_{n-1} C_0$$
$$= \sum_{k=0}^{n-1} C_k C_{n-k-1}$$

注意初始条件是 $C_0 = 1$ 和 $C_1 = 1$。

◀

这个递推关系可以用生成函数的方法求解，这种方法将在 8.4 节讨论。可以证明 $C_n = C(2n, n)/(n+1)$（见 8.4 节的练习 43）并且 $C_n \sim \dfrac{4^n}{n^{3/2}\sqrt{\pi}}$（参见 [GrKnPa94]）。序列 $\{C_n\}$ 是**卡塔兰**

(Catalan)数的序列。这个序列以尤金·查尔斯·卡塔兰命名，它是除了上例之外的许多不同计数问题的解（细节见[MiRo91]或[Ro84a]中有关卡塔兰数的一章）。

8.1.3　算法与递推关系

递推关系在一些算法研究和算法复杂度方面起着重要作用。在 8.3 节，我们将说明如何使用递推关系分析分而治之算法的时间复杂度，如在 5.4 节中的归并排序算法。可以在 8.3 节看到，分治算法递归地将一个问题分解为一个固定数量的非重叠的子问题，直到子问题简单到可以直接求解。我们在本节的最后将介绍另一种算法范式——**动态规划**，它可以有效地用于解决许多优化问题。

遵循动态规划范式的算法是将问题递归地分解为更简单的重叠子问题，通过子问题的解决来解决原问题。一般地，递推关系用于通过子问题求解找到全局问题的解决方法。动态规划已经用于解决广泛领域的一些重要问题，包括经济、计算机视觉、语音识别、人工智能、计算图形学和生物信息学。在本节中我们将说明运用动态规划设计算法解决调度问题。在此之前，我们将介绍动态规划这个名称的有趣来源，它由数学家理查德·贝尔曼在 20 世纪 50 年代提出。贝尔曼当时在 RAND 公司工作，参与美国军方的一个项目。当时，美国国防部对数学研究有反感。为了保证获得资助，贝尔曼必须想一个与数学无关的用于解决调度和规划问题的名字。他决定用一个形容词——动态。因为"使用动态这个单词不可能有贬义"，他认为"动态规划是连国会都不会反对的"。

动态规划实例　说明动态规划的问题与 3.1 节中例 7 相关。那个问题的目标是在一个讲座厅中安排尽可能多的讲座。这些讲座预设了开始和结束时间。一旦一个讲座开始，它将进行直到结束。两个讲座不可以安排在同一时间段内，一个讲座可从另一个讲座结束时开始。在 5.1 节例 12 我们提出了一种贪心算法可以得到一个优化的安排。现在我们的目标不是安排尽可能多的讲座，而是尽可能多地合并已规划讲座的参与者。

我们形式化这个问题：设有 n 个讲座，讲座 j 开始于时间 t_j，结束于时间 e_j，有 w_j 个学生参与。我们需要规划最大的参与学生人数。即我们希望规划一组讲座使得在所有安排的讲座中 w_j 之和最大。（注意，当一个学生参与了多个讲座时，这个学生通过他参与的讲座数来计数。）我们用 $T(j)$ 来表示由一个优化调度得到的前 j 场讲座的最大参与总数，$T(n)$ 就是一个优化调

©Paul Fearn/Alamy Stock Photo

尤金·查尔斯·卡塔兰（Eugène Charles Catalan，1814—1894）　卡塔兰出生在布鲁日，当时是法国的一部分。他的父亲在巴黎成为一个成功的建筑师，当时尤金还是一个小男孩。由于希望跟随父亲的脚步，卡塔兰进入巴黎学校学习设计。15 岁时，他赢得了一个给他在设计学校的同学教几何的工作。毕业后，卡塔兰进入了一所美术学院，但因为他对数学的兴趣，他的导师建议他进入巴黎综合理工学院。因此，他成为巴黎综合理工学院的一名学生，但学习一年后，他因为政治原因而被开除，然而，他又重新入学，并于 1835 年毕业，还赢得了马恩河畔沙隆学院的一个职位。

1838 年，卡塔兰回到巴黎，在那里，他与另外两位数学家斯特姆和刘维尔成立了一个预科学校。从事教学工作很短的时间后，他在巴黎综合理工学院获得一个职位。1841 年，他获得了巴黎综合理工学院博士学位，但他赞成法国共和国的政治活动影响了他的职业前景。1846 年卡塔兰在查理曼学院得到了一个职位，1849 年他被委派到圣路易斯中学。然而，卡塔兰没有按要求对新皇帝路易-拿破仑·波拿巴效忠宣誓，并因此失去了工作。在这之后的 13 年中，他一直没有固定的工作。1865 年，他被任命为比利时列日大学的数学主任，他在这个位置直到 1884 年退休。

卡塔兰对数论和连分数的相关课题做出了许多贡献。他在解决使用非交叉对角线分割多边形形成为三角形问题时，定义了卡塔兰数。他的卡塔兰猜想也非常著名。这个猜想提出只有 8 和 9 是唯一的连续整数幂，这直到 2003 年才被证明。卡塔兰写了许多教科书，其中有的颇为流行并且有的出版了多达 12 个版本。也许这本教科书将有出版第 12 版的一天！

度得到的对于所有 n 个讲座的最大参与总数。

我们首先将讲座结束时间升序排序。此后，我们重新编号讲座，$e_1 \leqslant e_2 \leqslant \cdots \leqslant e_n$。我们说两个讲座是相容的当它们能成为一个规划的一个部分。即，它们的时间不会重叠。（不同于一个结束而同时另一个开始。）对于 $e_i \leqslant s_j$，我们定义 $p(j)$ 为最大整数 i，$i < j$，如果这个整数存在；否则 $p(j) = 0$。这样，如果存在，讲座 $p(j)$ 是与讲座 j 相容的在讲座 j 前结束的结束最晚的讲座。否则 $p(j) = 0$，这样的讲座不存在。

例 6 考虑 7 个讲座开始和结束时间，如图 5 所示。

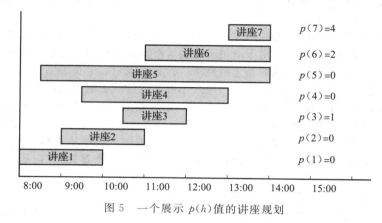

图 5　一个展示 $p(h)$ 值的讲座规划

讲座 1：开始 8:00，结束 10:00　　　　讲座 3：开始 10:30，结束 12:00

讲座 2：开始 9:00，结束 11:00　　　　讲座 4：开始 9:30，结束 13:00

Links

理查德·贝尔曼（Richard Bellman，1920—1984）　贝尔曼出生在纽约布鲁克林，他的父亲开了一家杂货店。还是一个孩子时，他花了很多时间在纽约的博物馆和图书馆。高中毕业后，他在布鲁克林学院学习数学，并于 1941 年毕业。他开始在约翰斯·霍普金斯大学读研究生，但由于战争，他离开约翰斯·霍普金斯大学，转而在威斯康星大学教电子学。他在威斯康星大学继续数学研究，并于 1943 年获得了硕士学位。后来，贝尔曼进入普林斯顿大学，针对一个特殊的美国陆军计划进行教学。1944 年年底，他应征入伍。他被分配到洛斯阿拉莫斯国家实验室参与曼哈顿计划。在那里，他研究理论物理。战争结束后，他回到普林斯顿大学，并在 1946 年获得博士学位。

在普林斯顿大学任教较短的时间后，他转到美国斯坦福大学，并获得了终身教职。在斯坦福大学，他着迷于数论研究。然而，贝尔曼更集中于研究现实世界中所产生的数学问题。1952 年，他加入了兰德公司，研究多级决策过程、运筹学问题及其在社会科学和医学中的应用。他在兰德公司参与了多个军事项目的研究。1965 年，他离开兰德公司，成为南加州大学数学、电气、生物医学工程和医学教授。

在 20 世纪 50 年代，贝尔曼率先在大范围的场景下使用早先发明的动态规划。他在随机控制流程方面的工作也是众所周知的，他引入了贝尔曼方程。他创造了维数灾难一词，用于描述在空间中增加额外维度引起的指数数量增加的问题。他写了惊人数量的书籍和合著论文，其中大多数针对工业生产和经济系统。他的工作使得计算技术在各种领域得到应用，这些领域从空间飞行器的制导系统设计，到网络优化，甚至涉及病虫害防治。

不幸的是，1973 年贝尔曼被诊断出患有脑瘤。虽然成功摘除了脑瘤，但并发症给他留下了严重残疾。幸运的是，在余下的 10 年里，他尝试着继续研究和写作。贝尔曼获得了许多奖金和奖项，其中包括第一届诺伯特·维纳应用数学奖和 IEEE 金奖荣誉。1983 年，他当选美国国家科学院院士。他被认为具有很高的成就、勇气和令人钦佩的素质。贝尔曼是两个孩子的父亲。

讲座 5：开始 8:30，结束 14:00　　　讲座 7：开始 13:00，结束 14:00

讲座 6：开始 11:00，结束 14:00

对于 $j=1, 2, \cdots, 7$，计算 $p(j)$。

解　我们可以得到 $p(1)=0$ 和 $p(2)=0$。因为没有讲座结束时间在这两个讲座开始之前。可得到 $p(3)=1$，因为讲座 3 和讲座 1 是相容的。但讲座 3 和讲座 2 不相容。$p(4)=0$，因为讲座 4 与讲座 1、2、3 都不相容。$p(5)=0$，因为讲座 5 与讲座 1、2、3、4 都不相容。$p(6)=2$，因为讲座 6 和讲座 2 是相容的。但讲座 6 和讲座 3、4、5 不相容。最后 $p(7)=4$，因为讲座 7 和讲座 4 是相容的。但讲座 7 和讲座 5、6 不相容。　◄

为了设计一个解决这个问题的动态规划算法，我们首先提出一个关键的递推关系。首先注意 $j\leqslant n$。对于前 j 个讲座，有两种可能的优化调度（注意，我们已经将 n 个讲座按结束时间升序排序）：(i) 讲座 j 属于优化调度；(ii) 它不属于。

情况 (i)：我们知道讲座 $p(j)+1, \cdots, j-1$ 不可能属于这个规划，因为这些讲座与讲座 j 都不相容。进一步，在优化调度中的其他讲座必定包括了讲座 $1, 2, \cdots, p(j)$ 的一个优化调度。因为如果对于 $1, 2, \cdots, p(j)$ 有更好的优化调度，通过加上讲座 j，我们将得一个比总体优化调度更好的规划。所以，在情况 (i) 下，$T(j)=w_j+T(p(j))$。

情况 (ii)：当讲座 j 不属于一个优化调度时，讲座 $1, 2, \cdots, j$ 的优化调度就与讲座 $1, 2, \cdots, j-1$ 的一样。因此，在情况 (ii) 下，$T(j)=T(j-1)$。结合情况 (i) 和 (ii)，可得到一个递推关系：

$$T(j)=\max(w_j+T(p(j)), T(j-1))$$

现在我们得到这个递推关系，我们将设计一个有效算法（算法 1）来计算最大的参与总数。在计算之后，通过保存每一个 $T(j)$ 值来保证这个算法是有效的。这样可以只计算 $T(j)$ 一次。如果不这样，算法将有指数级最坏情况时间复杂度。保存每一次计算值的过程称为**记忆**，这对于提高递归算法效率是很重要的技术。

算法 1　调度讲座的动态规划算法

Procedure Maximum Attendees($s_1, s_2, \cdots, s_n$：讲座的开始时间；$e_1, e_2, \cdots, e_n$：讲座的结束时间；$w_1, w_2, \cdots, w_n$：讲座的参与人数)

将讲座按结束时间排序，并重新标记讲座，保证 $e_1\leqslant e_2\leqslant\cdots\leqslant e_n$

for $j := 1$ **to** n

　　if 没有任务 $i(i<j)$ 与任务 j 相兼容；

　　　　$p(j)=0$

　　else $p(j) := \max\{i\,|\,i<j$ 并且任务 i 与任务 j 相兼容$\}$

　　$T(0) := 0$

for $j := 1$ **to** n

　　$T(j) := \max(w_j+T(p(j)), T(j-1))$

return $T(n)\{T(n)$ 是最大的参与人数$\}$

在算法 1 中，我们通过一个讲座调度方案确定最大的参与人数，但我们不能找到获得最大人数的调度方案。为了找到这个调度方案，我们用到这个事实：对于前 j 个讲座，讲座 j 属于一个优化方案当且仅当 $w_j+T(p(j))\geqslant T(j-1)$。我们将这个问题留作练习 53，基于这个观察设计一个算法，以确定哪些讲座应该在获得最大参与人数的调度方案中。

算法 1 是动态规划的一个好例子，因为通过重叠的子问题的优化方案找到了最大参与人数。每一个子问题确定前 j 个讲座的最大参与人数，$1\leqslant j\leqslant n-1$。其他动态规划例子参见练习 56 和 57 以及补充练习 14 和 17。

练习

1. 用数学归纳法验证在例 2 导出的求解汉诺塔难题所需移动次数的公式。

2. a)找到一个关于 n 元素集合的排列数的递推关系。

   b)通过迭代用这个递推关系求 n 元素集合的排列数。

3. 一台出售邮票簿的售货机只接受 1 美元硬币、1 美元纸币以及 5 美元纸币。

   a)找出与放 n 美元到这台售货机的方式数有关的递推关系,这里要考虑硬币和纸币放入的次序。

   b)初始条件是什么?

   c)一本邮票簿需 10 美元,有多少种方式付款?

4. 一个国家使用的硬币价值为 1 比索、2 比索、5 比索和 10 比索,纸币的价值为 5 比索、10 比索、20 比索、50 比索和 100 比索。如果考虑付硬币和纸币的次序,求一个与付 n 比索账单的方式数有关的递推关系。

5. 如果考虑付硬币和纸币的次序,那么使用练习 4 描述的货币系统付 17 比索的账单有多少种方式?

* 6. a)设 n 是正整数,求一个与下述正整数序列的个数有关的递推关系。这种序列以 1 作为首项,以 n 作为末项,并且是严格递增的。即序列 $a_1, a_2, \cdots, a_k$,其中 $a_1 = 1$,$a_k = n$,且对 $j = 1, 2, \cdots, k-1$,$a_j < a_{j+1}$。

   b)初始条件是什么?

   c)当 n 是大于等于 2 的正整数时,有多少个 a 中所描述的序列?

7. a)求与包含 2 个连续 0 的 n 位比特串的个数有关的递推关系。

   b)初始条件是什么?

   c)包含 2 个连续 0 的 7 位比特串有多少个?

8. a)求与包含 3 个连续 0 的 n 位比特串的个数有关的递推关系。

   b)初始条件是什么?   c)包含 3 个连续 0 的 7 位比特串有多少个?

9. a)求与不包含 3 个连续 0 的 n 位比特串的个数有关的递推关系。

   b)初始条件是什么?   c)不包含 3 个连续 0 的 7 位比特串有多少个?

* 10. a)求与包含 01 的 n 位比特串的个数有关的递推关系。

   b)初始条件是什么?

   c)包含 01 的 7 位比特串有多少个?

11. a)一个人爬阶梯,如果每次可以上 1 或 2 阶,求与爬 n 阶阶梯的方式数有关的递推关系。

   b)初始条件是什么?   c)这个人爬 8 阶阶梯上飞机有多少种方式?

12. a)如果一个人爬阶梯每次可以上 1、2 或 3 阶,求与爬 n 阶阶梯的方式数有关的递推关系。

   b)初始条件是什么?   c)这个人爬 8 阶阶梯上飞机有多少种方式?

一个只包含 0、1 和 2 的串叫作三进制串。

13. a)求与不包含 2 个连续 0 的 n 位三进制串的个数有关的递推关系。

   b)初始条件是什么?   c)不包含 2 个连续 0 的 6 位三进制串有多少个?

14. a)求与包含 2 个连续 0 的 n 位三进制串的个数有关的递推关系。

   b)初始条件是什么?   c)包含 2 个连续 0 的 6 位三进制串有多少个?

* 15. a)求与不包含 2 个连续 0 或 2 个连续 1 的 n 位三进制串的个数有关的递推关系。

   b)初始条件是什么?   c)不包含 2 个连续 0 或 2 个连续 1 的 6 位三进制串有多少个?

* 16. a)求与包含 2 个连续 0 或 2 个连续 1 的 n 位三进制串的个数有关的递推关系。

   b)初始条件是什么?   c)包含 2 个连续 0 或 2 个连续 1 的 6 位三进制串有多少个?

* 17. a)求与不包含连续的相同符号的 n 位三进制串的个数有关的递推关系。

   b)初始条件是什么?   c)不包含连续的相同符号的 6 位三进制串有多少个?

** 18. a)求包含 2 个连续的相同符号的 n 位三进制串的个数的递推关系。

   b)初始条件是什么?   c)包含 2 个连续的相同符号的 6 位三进制串有多少个?

19. 信息通过信道传送要使用两个信号。一个信号的传送需要 1 微秒,而另一个信号的传送需要 2 微秒。

   a)求与在 n 微秒内发送的不同信息数有关的递推关系,其中信息由这两个信号的序列构成,并且信息中的每个信号后面都紧跟着下一个信号。

b) 初始条件是什么?

c) 用这两个信号在 10 微秒内可以发送多少条不同的信息?

20. 一个汽车司机只用 5 美分和 10 美分硬币付过桥费,每次向收费机投一个硬币。

    a) 求与这个汽车司机付费 n 美分的不同方式数有关的递推关系(考虑使用硬币的次序)。

    b) 这个司机付费 45 美分有多少种可能的方式?

21. a) 如果 R_n 是一个平面被 n 条直线划分出的区域个数,其中没有两条直线是平行的,也没有 3 条直线交于一点,找出由 R_n 满足的递推关系。

    b) 使用迭代求出 R_n。

*22. a) 找出由 R_n 满足的递推关系,其中 R_n 是一个球面被 n 个大圆(球面与通过球心的平面的交线)划分的区域个数,如果没有 3 个大圆交于一点。

    b) 使用迭代求出 R_n。

*23. a) 找出由 S_n 满足的递推关系,其中 S_n 是三维空间被 n 个平面分成的区域数,如果每 3 个平面交于一点,但没有 4 个平面交于一点。

    b) 使用迭代求出 S_n。

24. 求出与具有偶数个 0 的 n 位比特串个数有关的递推关系。

25. 包含偶数个 0 的 7 位比特串有多少个?

26. a) 找到与用 1×2 的多米诺牌完全覆盖 $2 \times n$ 的棋盘的方式数有关的递推关系。[提示:分别考虑对棋盘右上角的位置用一张多米诺牌水平放置和垂直放置的覆盖方式。]

    b) 关于 a 中递推关系的初始条件是什么?

    c) 用 1×2 的多米诺牌完全覆盖 2×17 的棋盘有多少种方式?

27. a) 用地砖铺一条人行道,地砖是红色、绿色或灰色的。如果没有两块红砖相邻且同色的地砖是不加区别的,找出与用 n 块砖铺一条路的方式数有关的递推关系。

    b) 对于 a 中的递推关系有什么初始条件?

    c) 用 7 块砖铺一条在 a 中所描述的路有多少种方式?

28. 证明斐波那契数满足递推关系 $f_n = 5f_{n-4} + 3f_{n-5}$, $n = 5, 6, 7, \cdots$,其中递推关系具有初始条件 $f_0 = 0$, $f_1 = 1$, $f_2 = 1$, $f_3 = 2$, $f_4 = 3$。用这个递推关系证明 f_{5n} 可被 5 整除,$n = 1, 2, 3, \cdots$。

*29. 设 $S(m, n)$ 表示从 m 元素集合到 n 元素集合的映上函数的个数。证明 $S(m, n)$ 满足递推关系

$$S(m, n) = n^m - \sum_{k=1}^{n-1} C(n, k) S(m, k)$$

其中 $m \geqslant n$ 且 $n > 1$,初始条件是 $S(m, 1) = 1$。

30. a) 写出为确定相乘次序而在乘积 $x_0 \cdot x_1 \cdot x_2 \cdot x_3 \cdot x_4$ 中加括号的所有方式。

    b) 使用在例 5 所建立的递推关系计算 C_4,即为确定相乘的次序在 5 个数的乘积中加括号的方式数。验证 a 列出的方式数是正确的。

    c) 使用在例 5 的解答中所提到的关于 C_n 的封闭公式,通过求出 C_4 检验 b 得到的结果。

31. a) 使用在例 5 所建立的递推关系确定 C_5,即为确定相乘的次序在 6 个数的乘积中加括号的方式数。

    b) 使用在例 5 的解答中所提到的关于 C_5 的封闭公式检验得到的结果。

*32. 在汉诺塔难题中,假设我们的目标是把所有的 n 个盘子从柱 1 移到柱 3,但我们不能直接在柱 1 和柱 3 之间移动盘子。每次移动盘子必须通过柱 2,并且我们不能把较大的盘子放在较小的盘子上面。

    a) 找出与求解这个具有附加限制条件的 n 个盘子的难题所需移动次数有关的递推关系。

    b) 解这个递推关系来确定求解这个 n 个盘子难题所需移动次数的公式。

    c) 有多少种不同的方法把 n 个盘子安排在 3 个柱子上使得没有一个较大的盘子放在较小的盘子上面?

    d) 显示在这个变形难题的解中得到的对 n 个盘子的各种可能的安排。

练习 33~37 是格雷厄姆(Graham)、克努斯(Knuth)和帕塔什尼克(Patashnik)在[GrKnPa94]所描述的**约瑟夫问题**(Josephus Problem)的一种变形。这个问题来源于历史学家弗拉维乌斯·约瑟夫的一本账。41 个犹太叛民在一世纪犹太罗马战争期间被罗马人追赶逃入山洞,约瑟夫是这群人中的一个。这些叛民宁愿死也不愿被停。他们决定围成一个圆圈并且围着这个圆圈重复数数,每数到 3 就杀掉这个位置的人而留下其他的人。但是约瑟夫和另一个叛民不愿意这样被杀掉。他们确定了应该站的位置,是最后两个活下来的叛民。我们考虑的问题开始时有 n 个人,记为 1 到 n,站成一个圆圈。每一步,每第 2 个仍旧活着

的人将被排除，直到只剩下一个人为止。我们把生还的人数记作 $J(n)$。

33. 对每个正整数 n 的值，$1 \leqslant n \leqslant 16$，确定 $J(n)$ 的值。

34. 使用你在练习 33 找到的值猜想一个关于 $J(n)$ 的公式。[提示：写 $n = 2^m + k$，其中 m 是非负整数，k 是小于 2^m 的非负整数。]

35. 对于 $n \geqslant 1$，证明 $J(n)$ 满足递推关系 $J(2n) = 2J(n) - 1$ 和 $J(2n+1) = 2J(n) + 1$，且 $J(1) = 1$。

36. 用练习 35 的递推关系根据数学归纳法证明你在练习 34 所猜想的公式。

37. 根据关于 $J(n)$ 的公式确定 $J(100)$、$J(1000)$ 和 $J(10\,000)$。

练习 38～45 涉及雷夫难题，即具有 4 个柱和 n 个盘子的汉诺塔的变形问题。在给出这些练习之前，我们描述一个弗雷姆-斯图尔特（Frame-Stewart）算法，它把盘子从柱 1 移到柱 4 并且没有较大的盘子放在较小的盘子上面。给定盘子数 n 作为输入，这个算法依赖于一个整数 k 的选择，$1 \leqslant k \leqslant n$。当只有一个盘子时，把它从柱 1 移到柱 4，然后算法停止。对于 $n > 1$，算法递归地使用下面的 3 步。首先使用所有的 4 根柱递归地把最小的 $n-k$ 个盘子从柱 1 移到柱 2。下一步使用汉诺塔问题的三根柱算法，不使用放 $n-k$ 个最小盘子的柱，把 k 个最大的盘子递归地从柱 1 移到柱 4。最后，使用所有 4 根柱递归地将 $n-k$ 个最小的盘子移到柱 4。弗雷姆和斯图尔特证明，使用他们的算法，为了达到最少的移动次数，应该选择 k 使得 n 是不超过第 k 个三角形数 $t_k = k(k+1)/2$ 的最小的正整数，即 $t_{k-1} < n \leqslant t_k$。有一个未被证实的猜想，称为**弗雷姆猜想**，就是不管盘子怎样移动，该算法对于求解这个难题所需要的移动次数最少。

38. 证明：具有 3 个盘子的雷夫难题最少可以使用 5 次移动求解。

39. 证明：具有 4 个盘子的雷夫难题最少可以使用 9 次移动求解。

40. 描述弗雷姆-斯图尔特算法所做的移动，并选择 k 使得在下面每种情况下所需的移动次数最少。

　　a) 5 个盘子　　　　**b)** 6 个盘子　　　　**c)** 7 个盘子　　　　**d)** 8 个盘子

* 41. 证明：如果 $R(n)$ 是由弗雷姆-斯图尔特算法求解具有 n 个盘子的雷夫难题所使用的移动次数，这里选择 k 是满足 $n \leqslant k(k+1)/2$ 的最小的整数，那么 $R(n)$ 满足递推关系 $R(n) = 2R(n-k) + 2^k - 1$，且 $R(0) = 0$，$R(1) = 1$。

* 42. 证明：如果 k 像练习 41 那样选择，那么 $R(n) - R(n-1) = 2^{k-1}$。

* 43. 证明：如果 k 像练习 41 那样选择，那么 $R(n) = \sum_{i=1}^{k} i2^{i-1} - (t_k - n)2^{k-1}$。

* 44. 对所有的整数 $n(1 \leqslant n \leqslant 25)$，用练习 43 给出求解雷夫难题所需移动次数的上界。

* 45. 证明：$R(n)$ 是 $O(\sqrt{n}\,2^{\sqrt{2n}})$。

设 $\{a_n\}$ 是实数序列，这个序列的**后向差分**递归地定义如下：**第一差分** ∇a_n 是

$$\nabla a_n = a_n - a_{n-1}$$

从 $\nabla^k a_n$ 得到**第 $k+1$ 差分** $\nabla^{k+1} a_n$，即

$$\nabla^{k+1} a_n = \nabla^k a_n - \nabla^k a_{n-1}$$

46. 求关于序列 $\{a_n\}$ 的 ∇a_n，其中

　　a) $a_n = 4$　　　　　　**b)** $a_n = 2n$

　　c) $a_n = n^2$　　　　　**d)** $a_n = 2^n$

47. 对于在练习 46 中的序列求 $\nabla^2 a_n$。

48. 证明：$a_{n-1} = a_n - \nabla a_n$。

49. 证明：$a_{n-2} = a_n - 2\nabla a_n + \nabla^2 a_n$。

* 50. 证明：a_{n-k} 可以用 a_n，∇a_n，$\nabla^2 a_n$，$\cdots$，$\nabla^k a_n$ 的项表示。

51. 用 a_n，∇a_n，$\nabla^2 a_n$ 的项表示递推关系 $a_n = a_{n-1} + a_{n-2}$。

52. 证明：关于序列 $\{a_n\}$ 的任何递推关系都可以用 a_n，∇a_n，$\nabla^2 a_n$，$\cdots$ 的项表示。涉及这个序列和它的差分的等式叫作**差分方程**。

* 53. 在算法 1 之后，设计一个算法确定应该调度哪些讲座以最大化参与总人数，而不只是由算法 1 得到的最大的参与总人数。

54. 使用算法 1 确定例 6 中讲座的最大参与人数，设讲座 $i(i = 1, 2, \cdots, 7)$ 的参与人数 w_i 是：

　　a) 20, 10, 50, 30, 15, 25, 40。

b) 100，5，10，20，25，40，30。

c) 2，3，8，5，4，7，10。

d) 10，8，7，25，20，30，5。

55. 对于练习 54 中的每一部分，使用练习 53 的算法找到优化调度方案以使参考人数最大化。

56. 本练习设计一个动态规划算法以找到一个实数序列的连续项最大和。即，已知一个实数序列 a_1，a_2，$\cdots$，a_n，算法计算出最大和 $\sum_{i=j}^{k} a_i$，$1 \leqslant j \leqslant k \leqslant n$。

a) 证明序列的所有项都是非负数，这个问题可以变为求所有项的和。然后，给出一个连续项的最大和不是所有项之和的例子。

b) 设 $M(k)$ 是以 a_k 结尾的连续项的最大和。即，$M(k) = \max_{1 \leqslant j \leqslant k} \sum_{i=j}^{k} a_i$。解释 $k = 2$，$\cdots$，n 时，递推关系 $M(k) = \max(M(k-1) + a_k, a_k)$ 成立。

c) 使用 b 设计一个动态规划算法解这个问题。

d) 用序列 2，-3，4，1，-2，3 解释 c 的每一步找到的连续项最大和。

e) 证明 c 中算法的加法和比较运算的最坏情况时间复杂度是线性的。

* 57. 动态规划可以用于设计解决 3.3 节中矩阵链乘法问题的算法。这个问题是确定怎样使用最少的整数乘法计算 $A_1 A_2 \cdots A_n$，其中 A_1，A_2，$\cdots$，A_n 分别是 $m_1 \times m_2$，$m_2 \times m_3$，$\cdots$，$m_n \times m_{n+1}$ 矩阵。注意由于结合律，乘积不依赖于矩阵乘的顺序。

a) 证明采用蛮力算法确定矩阵链乘法问题的整数乘法的最小个数将是指数最坏情况时间复杂度。〔提示：首先证明矩阵乘法的顺序是由乘积括号指定的，然后使用例 5 和 8.4 节的练习 43c。〕

b) 用 A_{ij} 表示 $A_i A_{i+1} \cdots A_j$ 的乘积，$M(i, j)$ 表示计算 A_{ij} 的最小整数乘法数。证明如果通过将 $A_i A_{i+1} \cdots A_j$ 分割为 A_i 与 A_k 和 A_{k+1} 与 A_j 相乘，可以得到计算 A_{ij} $(i < j)$ 较少的整数乘法数，那么前 k 个矩阵项必定括在一起，这样 A_{ik} 采用 $M(i, k)$ 最优乘法次数；$A_{k+1, j}$ 必定括在一起，这样 $A_{k+1, j}$ 采用 $M(k+1, j)$ 最优乘法次数。

c) 解释为什么 b 可以得到如下递推关系：如果 $1 \leqslant i \leqslant k < j \leqslant n$，$M(i, j) = \min_{i \leqslant k < j} (M(i, k) + M(k+1, j) + m_i m_{k+1} m_{j+1})$。

d) 使用 c 中的递推关系设计一个确定 n 矩阵乘的有效算法，算法采用最小整数乘法个数。当计算出 $M(i, j)$ 时，保存 $M(i, j)$ 部分结果使得算法不会出现指数时间复杂度。

e) 证明 d 的算法对于整数乘具有 $O(n^3)$ 的最坏情况时间复杂度。

8.2 求解线性递推关系

8.2.1 引言

模型里有各种各样的递推关系。某些递推关系可以用迭代或者其他的特别技术求解。但是，有一类重要的递推关系可以用一种系统方法明确地求解。在这种递推关系中，序列的项由它的前项的线性组合来表示。

> **定义 1**　一个常系数的 k 阶线性齐次递推关系是形如
> $$a_n = c_1 a_{n-1} + c_2 a_{n-2} + \cdots + c_k a_{n-k}$$
> 的递推关系，其中 c_1，c_2，$\cdots$，c_k 是实数，$c_k \neq 0$。

这个定义中的递推关系是**线性的**，因为它的右边是序列前项的倍数之和。这个递推关系是**齐次的**，因为所出现的各项都是 a_j 的倍数。序列各项的系数都是**常数**而不是依赖于 n 的函数。**阶**为 k，因为 a_n 由序列前面的 k 项来表示。

根据数学归纳法第二原理，满足这个定义的递推关系的序列由这个递推关系和 k 个初始条件

$$a_0 = C_0，a_1 = C_1，\cdots，a_{k-1} = C_{k-1}$$

唯一地确定。

例 1   递推关系 $P_n = (1.11)P_{n-1}$ 是 1 阶的线性齐次递推关系。递推关系 $f_n = f_{n-1} + f_{n-2}$ 是 2 阶的线性齐次递推关系。递推关系 $a_n = a_{n-5}$ 是 5 阶的线性齐次递推关系。   ◄

为了明确常系数线性齐次递推关系的定义，我们将给出缺少定义中一种属性的递推关系的例子。

例 2   递推关系 $a_n = a_{n-1} + a_{n-2}^2$ 不是线性的。递推关系 $H_n = 2H_{n-1} + 1$ 不是齐次的。递推关系 $B_n = nB_{n-1}$ 不是常系数的。   ◄

研究线性齐次递推关系有两个理由。第一，在建立问题的模型时经常出现这种递推关系。第二，它们可以用系统的方法求解。

8.2.2　求解常系数线性齐次递推关系

递推关系可能难以求解，幸运的是，常系数线性齐次递推关系则不然。我们能够用两种关键方法来找到它们的全部解。首先，这些递推关系有形如 $a_n = r^n$ 的解，其中 r 是常数。注意 $a_n = r^n$ 是递推关系 $a_n = c_1 a_{n-1} + c_2 a_{n-2} + \cdots + c_k a_{n-k}$ 的解，当且仅当

$$r^n = c_1 r^{n-1} + c_2 r^{n-2} + \cdots + c_k r^{n-k}$$

当等式的两边除以 $r^{n-k} (r \neq 0)$ 并且从左边减去右边时，我们得到等价的方程

$$r^k - c_1 r^{k-1} - c_2 r^{k-2} - \cdots - c_{k-1} r - c_k = 0$$

因此，序列 $\{a_n\}$ 以 $a_n = r^n (r \neq 0)$ 作为解，当且仅当 r 是这后一个方程的解。这个方程叫作该递推关系的**特征方程**。方程的解叫作该递推关系的**特征根**。正如我们将要看到的，可以用这些特征根给出这种递推关系的所有解的显式公式。

另一个重要的观察是，线性齐次递推关系的两个解的线性组合也是递推关系的解。如下所示，设 s_n 和 t_n 都是递推关系 $a_n = c_1 a_{n-1} + c_2 a_{n-2} + \cdots + c_k a_{n-k}$ 的解，则有

$$s_n = c_1 s_{n-1} + c_2 s_{n-2} + \cdots + c_k s_{n-k}$$

和

$$t_n = c_1 t_{n-1} + c_2 t_{n-2} + \cdots + c_k t_{n-k}$$

设 b_1 和 b_2 为实数，则

$$
\begin{aligned}
b_1 s_n + b_2 t_n &= b_1 (c_1 s_{n-1} + c_2 s_{n-2} + \cdots + c_k s_{n-k}) + b_2 (c_1 t_{n-1} + c_2 t_{n-2} + \cdots + c_k t_{n-k}) \\
&= c_1 (b_1 s_{n-1} + b_2 t_{n-1}) + c_2 (b_1 s_{n-2} + b_2 t_{n-2}) + \cdots + c_k (b_1 s_{n-k} + b_k t_{n-k})
\end{aligned}
$$

这说明 $b_1 s_n + b_2 t_n$ 也是同一个线性齐次递推关系的解。

利用上面的观察，我们可以证明如何求解常系数线性齐次递推关系。

我们现在回到二阶线性齐次递推关系。首先，考虑存在两个不相等的特征根的情况。

定理 1   设 c_1 和 c_2 是实数。假设 $r^2 - c_1 r - c_2 = 0$ 有两个不相等的根 r_1 和 r_2，那么序列 $\{a_n\}$ 是递推关系 $a_n = c_1 a_{n-1} + c_2 a_{n-2}$ 的解，当且仅当 $a_n = \alpha_1 r_1^n + \alpha_2 r_2^n (n = 0, 1, 2, \cdots)$，其中 α_1 和 α_2 是常数。

证明   证明这个定理必须做两件事。首先，必须证明如果 r_1 和 r_2 是特征方程的根，并且 α_1 和 α_2 是常数，那么序列 $\{a_n\}$ ($a_n = \alpha_1 r_1^n + \alpha_2 r_2^n$) 是递推关系的解。其次，必须证明如果序列 $\{a_n\}$ 是解，那么对于某个常数 α_1 和 α_2，有 $a_n = \alpha_1 r_1^n + \alpha_2 r_2^n$。

现在我们将证明如果 $a_n = \alpha_1 r_1^n + \alpha_2 r_2^n$，那么序列 $\{a_n\}$ 是递推关系的解。因为 r_1 和 r_2 是 $r^2 - c_1 r - c_2 = 0$ 的根，从而 $r_1^2 = c_1 r_1 + c_2$，$r_2^2 = c_1 r_2 + c_2$。

从这些等式可以看出

$$
\begin{aligned}
c_1 a_{n-1} + c_2 a_{n-2} &= c_1 (\alpha_1 r_1^{n-1} + \alpha_2 r_2^{n-1}) + c_2 (\alpha_1 r_1^{n-2} + \alpha_2 r_2^{n-2}) \\
&= \alpha_1 r_1^{n-2} (c_1 r_1 + c_2) + \alpha_2 r_2^{n-2} (c_1 r_2 + c_2) \\
&= \alpha_1 r_1^{n-2} r_1^2 + \alpha_2 r_2^{n-2} r_2^2 \\
&= \alpha_1 r_1^n + \alpha_2 r_2^n \\
&= a_n
\end{aligned}
$$

这证明了序列 $\{a_n\}$ 以 $a_n = \alpha_1 r_1^n + \alpha_2 r_2^n$ 作为递推关系的解。

为证明递推关系 $a_n = c_1 a_{n-1} + c_2 a_{n-2}$ 的每一个解 $\{a_n\}$ 都有形式 $a_n = \alpha_1 r_1^n + \alpha_2 r_2^n$，$n = 0$，1，2，$\cdots$，$\alpha_1$ 和 α_2 为某个常数。假设 $\{a_n\}$ 是递推关系的解，初始条件是 $a_0 = C_0$，$a_1 = c_1$。下面证明存在常数 α_1 和 α_2 使得具有 $a_n = \alpha_1 r_1^n + \alpha_2 r_2^n$ 的序列 $\{a_n\}$ 满足同样的初始条件。这要求

$$a_0 = C_0 = \alpha_1 + \alpha_2$$
$$a_1 = C_1 = \alpha_1 r_1 + \alpha_2 r_2$$

我们可以求解这两个关于 α_1 和 α_2 的方程。从第一个方程得到 $\alpha_2 = C_0 - \alpha_1$。把它代入第二个方程得

$$C_1 = \alpha_1 r_1 + (C_0 - \alpha_1) r_2$$

因此，

$$C_1 = \alpha_1 (r_1 - r_2) + C_0 r_2$$

这说明了

$$\alpha_1 = \frac{C_1 - C_0 r_2}{r_1 - r_2}$$

和

$$\alpha_2 = C_0 - \alpha_1 = C_0 - \frac{C_1 - C_0 r_2}{r_1 - r_2} = \frac{C_0 r_1 - C_1}{r_1 - r_2}$$

这里关于 α_1 和 α_2 的表达式依赖于 $r_1 \neq r_2$ 的事实。（当 $r_1 = r_2$ 时，这个定理不成立。）因此，由于这两个 α_1 和 α_2 的值，所以具有 $\alpha_1 r_1^n + \alpha_2 r_2^n$ 的序列 $\{a_n\}$ 满足这两个初始条件。

我们知道 $\{a_n\}$ 和 $\{\alpha_1 r_1^n + \alpha_2 r_2^n\}$ 都是递推关系 $a_n = c_1 a_{n-1} + c_2 a_{n-2}$ 的解，都满足当 $n = 0$ 和 $n = 1$ 时的初始条件。由于具有两个初始条件的 2 阶常系数线性齐次递推关系只有唯一解，所以这两个解是一样的。即对于所有非负整数 n，$a_n = \alpha_1 r_1^n + \alpha_2 r_2^n$。我们完成了有两个初始条件的 2 阶常系数线性齐次递推关系的解形式为 $a_n = \alpha_1 r_1^n + \alpha_2 r_2^n$（其中 α_1 和 α_2 常数）的证明。◀

常系数线性齐次递推关系的特征根可能是复数。定理 1（和本节后面的定理）在这种情况下仍旧适用。具有复数特征根的递推关系在本书中不进行讨论。熟悉复数的读者可以做本节的练习 38 和练习 39。

例 3 和例 4 说明怎样用定理 1 求解递推关系。

例 3 什么是如下递推关系的解？其中 $a_0 = 2$ 和 $a_1 = 7$。

$$a_n = a_{n-1} + 2a_{n-2}$$

解 可用定理 1 求解这个问题。递推关系的特征方程是 $r^2 - r - 2 = 0$。它的根是 $r = 2$ 和 $r = -1$。因此，序列 $\{a_n\}$ 是递推关系的解当且仅当

$$a_n = \alpha_1 2^n + \alpha_2 (-1)^n$$

α_1 和 α_2 是常数。由初始条件，得

$$a_0 = 2 = \alpha_1 + \alpha_2$$
$$a_1 = 7 = \alpha_1 \cdot 2 + \alpha_2 \cdot (-1)$$

求解这两个等式得 $\alpha_1 = 3$ 和 $\alpha_2 = -1$。因此，关于这个递推关系和初始条件的解是序列 $\{a_n\}$，其中

$$a_n = 3 \cdot 2^n - (-1)^n$$ ◀

例 4 找一个关于斐波那契数的显式公式。

解 斐波那契数的序列满足递推关系 $f_n = f_{n-1} + f_{n-2}$ 和初始条件 $f_0 = 0$ 及 $f_1 = 1$。特征方程 $r^2 - r - 1 = 0$ 的根是 $r_1 = (1 + \sqrt{5})/2$ 和 $r_2 = (1 - \sqrt{5})/2$。因此，从定理 1 得到斐波那契数由

$$f_n = \alpha_1 \left(\frac{1 + \sqrt{5}}{2} \right)^n + \alpha_2 \left(\frac{1 - \sqrt{5}}{2} \right)^n$$

给出，其中 α_1 和 α_2 为常数。可用初始条件 $f_0 = 0$ 和 $f_1 = 1$ 确定这些常数。我们有

$$f_0 = \alpha_1 + \alpha_2 = 0$$

$$f_1 = \alpha_1 \left(\frac{1+\sqrt{5}}{2} \right) + \alpha_2 \left(\frac{1-\sqrt{5}}{2} \right) = 1$$

对这些关于 α_1 和 α_2 的联立方程的解是

$$\alpha_1 = 1/\sqrt{5}, \quad \alpha_2 = -1/\sqrt{5}$$

于是，斐波那契数由下面的式子给出：

$$f_n = \frac{1}{\sqrt{5}} \left(\frac{1+\sqrt{5}}{2} \right)^n - \frac{1}{\sqrt{5}} \left(\frac{1-\sqrt{5}}{2} \right)^n$$ ◀

当存在二重特征根时定理 1 不再适用。如果发生这种情况，当 r_0 是特征方程的一个二重根时，$a_n = nr_0^n$ 是递推关系的另一个解。定理 2 说明了怎样处理这种情况。

定理 2　设 c_1 和 c_2 是实数，$c_2 \neq 0$。假设 $r^2 - c_1 r - c_2 = 0$ 只有一个根 r_0。序列 $\{a_n\}$ 是递推关系 $a_n = c_1 a_{n-1} + c_2 a_{n-2}$ 的解，当且仅当 $a_n = \alpha_1 r_0^n + \alpha_2 n r_0^n$，$n = 0, 1, 2, \cdots$，其中 α_1 和 α_2 是常数。

定理 2 的证明留作本节的练习 10。例 5 说明了这个定理的应用。

例 5　具有初始条件 $a_0 = 1$ 和 $a_1 = 6$ 的递推关系

$$a_n = 6a_{n-1} - 9a_{n-2}$$

的解是什么？

解　$r^2 - 6r + 9 = 0$ 唯一的根是 $r = 3$。因此，这个递推关系的解是：$a_n = \alpha_1 3^n + \alpha_2 n 3^n$，其中 α_1 和 α_2 是常数。使用初始条件得

$$a_0 = 1 = \alpha_1$$

$$a_1 = 6 = \alpha_1 \cdot 3 + \alpha_2 \cdot 3$$

求解这两个方程得 $\alpha_1 = 1$ 和 $\alpha_2 = 1$。因此，这个具有给定初始条件的递推关系的解是

$$a_n = 3^n + n3^n$$ ◀

一般情况　我们现在叙述这个关于常系数线性齐次递推关系的解的一般性结果，这里的阶可以大于 2 且假定特征方程有不相等的根。这个结果的证明留给读者作为练习 16。

定理 3　设 $c_1, c_2, \cdots, c_k$ 是实数。假设特征方程

$$r^k - c_1 r^{k-1} - \cdots - c_k = 0$$

有 k 个不相等的根 $r_1, r_2, \cdots, r_k$。那么序列 $\{a_n\}$ 是递推关系

$$a_n = c_1 a_{n-1} + c_2 a_{n-2} + \cdots + c_k a_{n-k}$$

的解，当且仅当

$$a_n = \alpha_1 r_1^n + \alpha_2 r_2^n + \cdots + \alpha_k r_k^n$$

$n = 0, 1, 2, \cdots$，其中 $\alpha_1, \alpha_2, \cdots, \alpha_k$ 是常数。

我们用例 6 说明定理的使用。

例 6　求出具有初始条件 $a_0 = 2$，$a_1 = 5$ 和 $a_2 = 15$ 的递推关系

$$a_n = 6a_{n-1} - 11a_{n-2} + 6a_{n-3}$$

的解。

解　这个递推关系的特征多项式是

$$r^3 - 6r^2 + 11r - 6$$

因为 $r^3 - 6r^2 + 11r - 6 = (r-1)(r-2)(r-3)$，所以特征根是 $r = 1$、$r = 2$ 和 $r = 3$。因此，递推关系的解的形式是

$$a_n = \alpha_1 \cdot 1^n + \alpha_2 \cdot 2^n + \alpha_3 \cdot 3^n$$

为了找到常数 α_1、α_2 以及 α_3，使用初始条件得

$$a_0 = 2 = \alpha_1 + \alpha_2 + \alpha_3$$
$$a_1 = 5 = \alpha_1 + \alpha_2 \cdot 2 + \alpha_3 \cdot 3$$
$$a_2 = 15 = \alpha_1 + \alpha_2 \cdot 4 + \alpha_3 \cdot 9$$

当求解这三个关于 α_1、α_2 和 α_3 的联立方程时，得到 $\alpha_1 = 1$，$\alpha_2 = -1$ 且 $\alpha_3 = 2$。于是，这个递推关系和给定初始条件的唯一解是满足

$$a_n = 1 - 2^n + 2 \cdot 3^n$$

的序列 $\{a_n\}$。　◀

我们现在叙述关于常系数线性齐次递推关系的最一般化的结果，这里允许特征方程有重根。要点是对于特征方程的每个根 r，通解是形如 $P(n)r^n$ 的项之和，其中 $P(n)$ 是 $m-1$ 次多项式，而 m 是这个根的重数。我们把证明作为练习 51 留给读者。

> **定理 4**　设 c_1，c_2，$\cdots$，c_k 是实数，假设特征方程
> $$r_k - c_1 r^{k-1} - \cdots - c_k = 0$$
> 有 t 个不相等的根 r_1，r_2，$\cdots$，r_t，其重数分别为 m_1，m_2，$\cdots$，m_t，满足 $m_i \geq 1$，$i = 1$，2，$\cdots$，t，且 $m_1 + m_2 + \cdots + m_t = k$。那么序列 $\{a_n\}$ 是递推关系
> $$a_n = c_1 a_{n-1} + c_2 a_{n-2} + \cdots + c_k a_{n-k}$$
> 的解，当且仅当
> $$\begin{aligned} a_n = &(\alpha_{1,0} + \alpha_{1,1} n + \cdots + \alpha_{1,m_1-1} n^{m_1-1}) r_1^n \\ &+ (\alpha_{2,0} + \alpha_{2,1} n + \cdots + \alpha_{2,m_2-1} n^{m_2-1}) r_2^n \\ &+ \cdots + (\alpha_{t,0} + \alpha_{t,1} n + \cdots + \alpha_{t,m_t-1} n^{m_t-1}) r_t^n \end{aligned}$$
> $n = 0$，1，2，$\cdots$，其中 $\alpha_{i,j}$ 是常数，$1 \leq i \leq t$ 且 $0 \leq j \leq m_i - 1$。

例 7 说明在特征方程有重根时怎样用定理 4 求一个线性齐次递推关系的通解形式。

例 7　假设线性齐次递推关系的特征方程的根是 2、2、2、5、5 和 9（即有 3 个根，根 2 的重数为 3，根 5 的重数为 2，根 9 的重数为 1）。那么通解形式是什么？

解　由定理 4，解的一般形式是

$$(\alpha_{1,0} + \alpha_{1,1} n + \alpha_{1,2} n^2) 2^n + (\alpha_{2,0} + \alpha_{2,1} n) 5^n + \alpha_{3,0} 9^n$$

我们现在说明在特征方程有 3 重根时如何用定理 4 求解常系数线性齐次递推关系。

例 8　找出具有初始条件 $a_0 = 1$，$a_1 = -2$ 和 $a_2 = -1$ 的递推关系

$$a_n = -3a_{n-1} - 3a_{n-2} - a_{n-3}$$

的解。

解　这个递推关系的特征方程是

$$r^3 + 3r^2 + 3r + 1 = 0$$

因为 $r^3 + 3r^2 + 3r + 1 = (r+1)^3$，所以特征方程只有一个 3 重根 $r = -1$。由定理 4，这个递推关系的解是下述形式

$$a_n = \alpha_{1,0}(-1)^n + \alpha_{1,1} n(-1)^n + \alpha_{1,2} n^2(-1)^n$$

为求出常数 $\alpha_{1,0}$、$\alpha_{1,1}$ 和 $\alpha_{1,2}$，使用初始条件，得到

$$a_0 = 1 = \alpha_{1,0}$$
$$a_1 = -2 = -\alpha_{1,0} - \alpha_{1,1} - \alpha_{1,2}$$
$$a_2 = -1 = \alpha_{1,0} + 2\alpha_{1,1} + 4\alpha_{1,2}$$

这 3 个方程的联立解是 $\alpha_{1,0} = 1$，$\alpha_{1,1} = 3$，$\alpha_{1,2} = -2$。于是，这个递推关系和给定初始条件的唯一解是序列 $\{a_n\}$，其中

$$a_n = (1 + 3n - 2n^2)(-1)^n$$
◀

8.2.3 求解常系数线性非齐次递推关系

我们已经知道如何求解常系数线性齐次的递推关系。是否有一种相对简单的技术来求解如 $a_n = 3a_{n-1} + 2n$ 这样的常系数线性但是非齐次的递推关系呢？我们将看到，仅仅对某些特定类型的递推关系存在肯定的回答。

递推关系 $a_n = 3a_{n-1} + 2n$ 是一个**常系数线性非齐次递推关系**，即形如

$$a_n = c_1 a_{n-1} + c_2 a_{n-2} + \cdots + c_k a_{n-k} + F(n)$$

的递推关系的例子，其中 $c_1, c_2, \cdots, c_k$ 是实数，$F(n)$ 是只依赖于 n 且不恒为 0 的函数。递推关系

$$a_n = c_1 a_{n-1} + c_2 a_{n-2} + \cdots + c_k a_{n-k}$$

叫作**相伴的齐次递推关系**。它在非齐次递推关系的解中起了重要的作用。

例 9 递推关系 $a_n = a_{n-1} + 2^n$，$a_n = a_{n-1} + a_{n-2} + n^2 + n + 1$，$a_n = 3a_{n-1} + n3^n$ 和 $a_n = a_{n-1} + a_{n-2} + a_{n-3} + n!$ 是常系数线性非齐次递推关系。相伴的线性齐次递推关系分别是 $a_n = a_{n-1}$，$a_n = a_{n-1} + a_{n-2}$，$a_n = 3a_{n-1}$ 和 $a_n = a_{n-1} + a_{n-2} + a_{n-3}$。◀

关于常系数线性非齐次递推关系的一个关键事实是，每个解都是一个特解与相伴的线性齐次递推关系的一个解的和，正如定理 5 所述。

定理 5 如果 $\{a_n^{(p)}\}$ 是常系数非齐次线性递推关系

$$a_n = c_1 a_{n-1} + c_2 a_{n-2} + \cdots + c_k a_{n-k} + F(n)$$

的一个特解，那么每个解都是 $\{a_n^{(p)} + a_n^{(h)}\}$ 的形式，其中 $\{a_n^{(h)}\}$ 是相伴的齐次递推关系

$$a_n = c_1 a_{n-1} + c_2 a_{n-2} + \cdots + c_k a_{n-k}$$

的一个解。

证明 由于 $\{a_n^{(p)}\}$ 是非齐次递推关系的特解，所以我们知道

$$a_n^{(p)} = c_1 a_{n-1}^{(p)} + c_2 a_{n-2}^{(p)} + \cdots + c_k a_{n-k}^{(p)} + F(n)$$

现在假设 $\{b_n\}$ 是常系数非齐次递推关系的第二个解，使得

$$b_n = c_1 b_{n-1} + c_2 b_{n-2} + \cdots + c_k b_{n-k} + F(n)$$

从第二个等式减去第一个等式得

$$b_n - a_n^{(p)} = c_1(b_{n-1} - a_{n-1}^{(p)}) + c_2(b_{n-2} - a_{n-2}^{(p)}) + \cdots + c_k(b_{n-k} - a_{n-k}^{(p)})$$

从而得到 $\{b_n - a_n^{(p)}\}$ 是相伴的线性齐次递推关系的一个解，比如说 $\{a_n^{(h)}\}$。因此，对所有的 n 有 $b_n = a_n^{(p)} + a_n^{(h)}$。◀

由定理 5，我们看到求解常系数非齐次递推关系的关键是找一个特解。然后每个解都是这个特解与相伴的齐次递推关系的一个解的和。尽管不存在对每个函数 $F(n)$ 都有效的一般性方法来求这种解，但某些技术对特定的函数类型 $F(n)$（例如多项式函数与常数的幂函数）有效。例 10 和例 11 就说明了这一点。

例 10 求递推关系 $a_n = 3a_{n-1} + 2n$ 的所有解。具有 $a_1 = 3$ 的解是什么？

解 为求解这个常系数线性非齐次递推关系，我们需要求解与它相伴的线性齐次方程并且找到一个关于给定非齐次方程的特解。相伴的线性齐次方程是 $a_n = 3a_{n-1}$。它的解是 $a_n^{(h)} = \alpha 3^n$，其中 α 是常数。

我们现在找一个特解。因为 $F(n) = 2n$ 是 n 的 1 次多项式，所以解的一个合理的尝试就是 n 的线性函数，比如说 $p_n = cn + d$，其中 c 和 d 是常数。为确定是否存在这种形式的解，假设 $p_n = cn + d$ 是一个这样的解。那么方程 $a_n = 3a_{n-1} + 2n$ 就变成 $cn + d = 3(c(n-1) + d) + 2n$。简化和归并同类项得 $(2 + 2c)n + (2d - 3c) = 0$。从而，$cn + d$ 是一个解当且仅当 $2 + 2c = 0$ 和 $2d - 3c = 0$。这说明 $cn + d$ 是一个解当且仅当 $c = -1$ 和 $d = -3/2$。因此，$a_n^{(p)} = -n - 3/2$ 是一个特解。

根据定理 5，所有的解都是下述形式

$$a_n = a_n^{(p)} + a_n^{(h)} = -n - \frac{3}{2} + \alpha \cdot 3^n$$

其中 α 是常数。

为找出具有 $a_1 = 3$ 的解，在得到的通解公式中令 $n = 1$。我们有 $3 = -1 - 3/2 + 3\alpha$，这就推出 $\alpha = 11/6$。我们要找的解是 $a_n = -n - 3/2 + (11/6)3^n$。

例 11　求出下述递推关系

$$a_n = 5a_{n-1} - 6a_{n-2} + 7^n$$

的所有的解。

解　这是一个线性非齐次递推关系。它的相伴的齐次递推关系

$$a_n = 5a_{n-1} - 6a_{n-2}$$

的解是 $a_n^{(h)} = \alpha_1 \cdot 3^n + \alpha_2 \cdot 2^n$，其中 α_1 和 α_2 是常数。因为 $F(n) = 7^n$，所以一个合理的解是 $a_n^{(p)} = C \cdot 7^n$，其中 C 是常数。把这些项代入递推关系得 $C \cdot 7^n = 5C \cdot 7^{n-1} - 6C \cdot 7^{n-2} + 7^n$。提出公因子 7^{n-2}，这个等式变成 $49C = 35C - 6C + 49$，从而推出 $20C = 49$ 或 $C = 49/20$。于是，$a_n^{(p)} = (49/20)7^n$ 是特解。由定理 5，所有的解都有下述形式

$$a_n = \alpha_1 \cdot 3^n + \alpha_2 \cdot 2^n + (49/20)7^n$$

在例 10 和例 11 中，我们凭经验猜想了一个特定形式的解。在两种情况下，我们都能找到特解。这并不是偶然的。当 $F(n)$ 是 n 的多项式与一个常数的 n 次幂之积时，我们就能知道一个特解恰好是什么形式，如定理 6 所述。定理 6 的证明作为练习 52 留给读者。

> **定理 6**　假设 $\{a_n\}$ 满足线性非齐次递推关系
>
> $$a_n = c_1 a_{n-1} + c_2 a_{n-2} + \cdots + c_k a_{n-k} + F(n)$$
>
> 其中 c_1，c_2，$\cdots$，c_k 是实数，且
>
> $$F(n) = (b_t n^t + b_{t-1} n^{t-1} + \cdots + b_1 n + b_0)s^n$$
>
> 其中 b_0，b_1，$\cdots$，b_t 和 s 是实数。当 s 不是相伴的线性齐次递推关系的特征方程的根时，存在一个下述形式的特解
>
> $$(p_t n^t + p_{t-1} n^{t-1} + \cdots + p_1 n + p_0)s^n$$
>
> 当 s 是特征方程的根且它的重数是 m 时，存在一个下述形式的特解
>
> $$n^m(p_t n^t + p_{t-1} n^{t-1} + \cdots + p_1 n + p_0)s^n$$

注意当 s 是相伴的线性齐次递推关系的特征方程的 m 重根时，因子 n^m 确保给出的特解不是相伴的线性齐次递推关系的一个解。我们下面给出例 12 说明定理 6 所提供的特解形式。

例 12　当 $F(n) = 3^n$，$F(n) = n3^n$，$F(n) = n^2 2^n$ 和 $F(n) = (n^2 + 1)3^n$ 时，线性非齐次递推关系 $a_n = 6a_{n-1} - 9a_{n-2} + F(n)$ 的特解有什么形式？

解　相伴的线性齐次递推关系是 $a_n = 6a_{n-1} - 9a_{n-2}$。它的特征方程 $r^2 - 6r + 9 = (r-3)^2 = 0$ 有一个 2 重的单根 3。$F(n)$ 的形式为 $P(n)s^n$，其中 $P(n)$ 是一个多项式，s 是一个常数。为应用定理 6，我们需要知道 s 是否是这个特征方程的根。

由于 $s = 3$ 是重数 $m = 2$ 的根而 $s = 2$ 不是根，所以定理 6 告诉我们如果 $F(n) = 3^n$，特解的形式是 $p_0 n^2 3^n$；如果 $F(n) = n3^n$，特解的形式是 $n^2(p_1 n + p_0)3^n$；如果 $F(n) = n^2 2^n$，特解的形式是 $(p_2 n^2 + p_1 n + p_0)2^n$；如果 $F(n) = (n^2 + 1)3^n$，特解的形式是 $n^2(p_2 n^2 + p_1 n + p_0)3^n$。

在求解定理 6 所涉及的那种类型的递推关系时，若 $s = 1$ 一定要小心处理。特别是把定理用于 $F(n) = b_t n_t + b_{t-1} n_{t-1} + \cdots + b_1 n + b_0$，参数 s 取值 $s = 1$ 时（尽管项 1^n 没有明确地出现）的情况。根据这个定理，解的形式就依赖于是否 1 是相伴的线性齐次递推关系的特征方程的根。这将在例 13 中说明，它说明了怎样用定理 6 找出前 n 个正整数之和的公式。

例 13　设 a_n 是前 n 个正整数的和，即

$$a_n = \sum_{k=1}^{n} k$$

注意，a_n 满足线性非齐次递推关系

$$a_n = a_{n-1} + n$$

（为了从前 $n-1$ 个正整数的和 a_{n-1} 得到前 n 个正整数的和 a_n，只需加上 n 即可）。注意初始条件是 $a_1 = 1$。

对于 a_n，相伴的线性齐次递推关系是

$$a_n = a_{n-1}$$

这个齐次递推关系的解是 $a_n^{(h)} = c(1)^n = c$，其中 c 是一个常数。为了找到 $a_n = a_{n-1} + n$ 的所有的解，我们仅需要找一个特解。由定理 6，由于 $F(n) = n = n(1)^n$ 且 $s = 1$ 是相伴的线性齐次递推关系的特征方程的 1 阶根，所以存在一个形如 $n(p_1 n + p_0) = p_1 n^2 + p_0 n$ 的特解。

把它代入递推关系得到 $p_1 n^2 + p_0 n = p_1 (n-1)^2 + p_0 (n-1) + n$。简化后得到 $n(2p_1 - 1) + (p_0 - p_1) = 0$，这意味着 $2p_1 - 1 = 0$ 和 $p_0 - p_1 = 0$，即 $p_0 = p_1 = 1/2$。因此

$$a_n^{(p)} = \frac{n^2}{2} + \frac{n}{2} = \frac{n(n+1)}{2}$$

是一个特解。所以，原递推关系 $a_n = a_{n-1} + n$ 的所有的解由 $a_n = a_n^{(h)} + a_n^{(p)} = c + n(n+1)/2$ 给出。由于 $a_1 = 1$，所以我们有 $1 = a_1 = c + 1 \cdot 2/2 = c + 1$，故 $c = 0$。因此 $a_n = n(n+1)/2$。（这和 2.4 节表 2 给出的以及前面导出的公式一样。）◀

练习

1. 确定下面哪些是常系数线性齐次递推关系，如果是，求它们的阶。

    a) $a_n = 3a_{n-1} + 4a_{n-2} + 5a_{n-3}$ b) $a_n = 2na_{n-1} + a_{n-2}$ c) $a_n = a_{n-1} + a_{n-4}$

    d) $a_n = a_{n-1} + 2$ e) $a_n = a_{n-1}^2 + a_{n-2}$ f) $a_n = a_{n-2}$

    g) $a_n = a_{n-1} + n$

2. 确定下面哪些是常系数线性齐次递推关系，如果是，求它们的阶。

    a) $a_n = 3a_{n-2}$ b) $a_n = 3$ c) $a_n = a_{n-1}^2$

    d) $a_n = a_{n-1} + 2a_{n-3}$ e) $a_n = a_{n-1}/n$ f) $a_n = a_{n-1} + a_{n-2} + n + 3$

    g) $a_n = 4a_{n-2} + 5a_{n-4} + 9a_{n-7}$

3. 求解下述具有给定初始条件的递推关系。

    a) $a_n = 2a_{n-1}$，$n \geqslant 1$，$a_0 = 3$ b) $a_n = a_{n-1}$，$n \geqslant 1$，$a_0 = 2$

    c) $a_n = 5a_{n-1} - 6a_{n-2}$，$n \geqslant 2$，$a_0 = 1$，$a_1 = 0$ d) $a_n = 4a_{n-1} - 4a_{n-2}$，$n \geqslant 2$，$a_0 = 6$，$a_1 = 8$

    e) $a_n = -4a_{n-1} - 4a_{n-2}$，$n \geqslant 2$，$a_0 = 0$，$a_1 = 1$ f) $a_n = 4a_{n-2}$，$n \geqslant 2$，$a_0 = 0$，$a_1 = 4$

    g) $a_n = a_{n-2}/4$，$n \geqslant 2$，$a_0 = 1$，$a_1 = 0$

4. 求解下述具有给定初始条件的递推关系。

    a) $a_n = a_{n-1} + 6a_{n-2}$，$n \geqslant 2$，$a_0 = 3$，$a_1 = 6$ b) $a_n = 7a_{n-1} - 10a_{n-2}$，$n \geqslant 2$，$a_0 = 2$，$a_1 = 1$

    c) $a_n = 6a_{n-1} - 8a_{n-2}$，$n \geqslant 2$，$a_0 = 4$，$a_1 = 10$ d) $a_n = 2a_{n-1} - a_{n-2}$，$n \geqslant 2$，$a_0 = 4$，$a_1 = 1$

    e) $a_n = a_{n-2}$，$n \geqslant 2$，$a_0 = 5$，$a_1 = -1$ f) $a_n = -6a_{n-1} - 9a_{n-2}$，$n \geqslant 2$，$a_0 = 3$，$a_1 = -3$

    g) $a_n + 2 = -4a_{n+1} + 5a_n$，$n \geqslant 0$，$a_0 = 2$，$a_1 = 8$

5. 使用 8.1 节练习 19 描述的两个信号在 n 微秒内可以传送多少不同的信息？

6. 如果传送 1 个信号需要 1 微秒，传送另外 2 个信号中的每一个都需要 2 微秒，且在信息中一个信号紧接着下一个信号，使用这 3 个不同的信号在 n 微秒内可以传送多少个不同的信息？

7. 使用 1×2 和 2×2 的块铺满一块 $2 \times n$ 的长方形板，有多少种方式？

8. 一个关于每年捕龙虾数的模型基于如下的假设：1 年捕捞的龙虾数是前 2 年捕捞龙虾数的平均值。

    a) 找出一个关于 $\{L_n\}$ 的递推关系，其中 L_n 是在这个模型的假设下第 n 年捕捞的龙虾数。

    b) 如果在第 1 年捕捞了 100 000 只龙虾且第 2 年捕捞了 300 000 只龙虾，求 L_n。

9. 年初把一笔 100 000 美元的钱存入一个投资基金。在每年的最后一天得到两份红利。第一份红利是当年账上钱数的 20%。第二份红利是前一年账上钱数的 45%。

    a) 如果不允许取钱，找出一个关于 $\{P_n\}$ 的递推关系，其中 P_n 是第 n 年末账上的钱数。

    b) 如果不允许取钱，n 年以后账上有多少钱？

* 10. 证明定理 2。

11. 卢卡斯数 满足递推关系

$$L_n = L_{n-1} + L_{n-2}$$

和初始条件 $L_0 = 2$ 和 $L_1 = 1$。

    a) 证明 $L_n = f_{n-1} + f_{n+1}$，$n = 2, 3, \cdots$，其中 f_n 是第 n 个斐波那契数。

    b) 求出卢卡斯数的显式公式。

12. 求解 $a_n = 2a_{n-1} + a_{n-2} - 2a_{n-3}$，$n = 3, 4, 5, \cdots$，且 $a_0 = 3$，$a_1 = 6$，$a_2 = 0$。

13. 求解 $a_n = 7a_{n-2} + 6a_{n-3}$，$a_0 = 9$，$a_1 = 10$，$a_2 = 32$。

14. 求解 $a_n = 5a_{n-2} - 4a_{n-4}$，$a_0 = 3$，$a_1 = 2$，$a_2 = 6$，$a_3 = 8$。

15. 求解 $a_n = 2a_{n-1} + 5a_{n-2} - 6a_{n-3}$，$a_0 = 7$，$a_1 = -4$，$a_2 = 8$。

* 16. 证明定理 3。

17. 证明下述涉及斐波那契数和二项式系数的恒等式：

$$f_{n+1} = C(n, 0) + C(n-1, 1) + \cdots + C(n-k, k)$$

其中 n 是正整数且 $k = \lfloor n/2 \rfloor$。

    [提示：设 $a_n = C(n, 0) + C(n-1, 1) + \cdots + C(n-k, k)$。证明序列 $\{a_n\}$ 和斐波那契序列满足的递推关系和初始条件一样。]

18. 求解递推关系 $a_n = 6a_{n-1} - 12a_{n-2} + 8a_{n-3}$，$a_0 = -5$，$a_1 = 4$，$a_2 = 88$。

19. 求解递推关系 $a_n = -3a_{n-1} - 3a_{n-2} - a_{n-3}$，$a_0 = 5$，$a_1 = -9$，$a_2 = 15$。

20. 找出递推关系 $a_n = 8a_{n-2} - 16a_{n-4}$ 的解的一般形式。

21. 如果线性齐次递推关系的特征方程的根是 $1, 1, 1, 1, -2, -2, -2, 3, 3, -4$，那么它的解的一般形式是什么？

22. 如果线性齐次递推关系的特征方程的根是 $-1, -1, -1, 2, 2, 5, 5, 7$，那么它的解的一般形式是什么？

23. 考虑非齐次线性递推关系 $a_n = 3a_{n-1} + 2^n$。

    a) 证明 $a_n = -2^{n+1}$ 是这个递推关系的一个解。   **b)** 使用定理 5 找出这个递推关系的所有的解。

    c) 找出具有 $a_0 = 1$ 的解。

24. 考虑非齐次线性递推关系 $a_n = 2a_{n-1} + 2^n$。

    a) 证明 $a_n = n2^n$ 是这个递推关系的一个解。   **b)** 使用定理 5 找出这个递推关系的所有的解。

    c) 找出具有 $a_0 = 2$ 的解。

25. **a)** 确定常数 A 和 B 的值，使得 $a_n = An + B$ 是递推关系 $a_n = 2a_{n-1} + n + 5$ 的一个解。

    b) 使用定理 5 找出这个递推关系的所有的解。   **c)** 找出这个递推关系具有 $a_0 = 4$ 的解。

26. 什么是线性非齐次递推关系 $a_n = 6a_{n-1} - 12a_{n-2} + 8a_{n-3} + F(n)$ 的特解的一般形式？如果

    a) $F(n) = n^2$ **b)** $F(n) = 2^n$ **c)** $F(n) = n2^n$

    d) $F(n) = (-2)^n$ **e)** $F(n) = n^2 2^n$ **f)** $F(n) = n^3(-2)^n$

    g) $F(n) = 3$

27. 什么是线性非齐次递推关系 $a_n = 8a_{n-2} - 16a_{n-4} + F(n)$ 的特解的一般形式？如果

    a) $F(n) = n^3$ **b)** $F(n) = (-2)^n$ **c)** $F(n) = n2^n$

    d) $F(n) = n^2 4^n$ **e)** $F(n) = (n^2 - 2)(-2)^n$ **f)** $F(n) = n^4 2^n$

    g) $F(n) = 2$

28. **a)** 找出递推关系 $a_n = 2a_{n-1} + 2n^2$ 的所有的解。

    b) 找出 a 中的递推关系具有初始条件 $a_1 = 4$ 的解。

29. **a)** 找出递推关系 $a_n = 2a_{n-1} + 3^n$ 的所有的解。

    b) 找出 a 中的递推关系具有初始条件 $a_1 = 5$ 的解。

30. **a)** 找出递推关系 $a_n = -5a_{n-1} - 6a_{n-2} + 42 \cdot 4^n$ 的所有的解。

    b) 找出这个递推关系具有初始条件 $a_1 = 56$ 和 $a_2 = 278$ 的解。

31. 找出递推关系 $a_n = 5a_{n-1} - 6a_{n-2} + 2^n + 3n$ 的所有的解。[提 示：找形如 $qn2^n + p_1 n + p_2$ 的特解，其中 q、p_1、p_2 是常数。]

32. 找出递推关系 $a_n = 2a_{n-1} + 3 \cdot 2^n$ 的解。

33. 找出递推关系 $a_n = 4a_{n-1} - 4a_{n-2} + (n+1)2^n$ 的所有的解。

34. 找出递推关系 $a_n = 7a_{n-1} - 16a_{n-2} + 12a_{n-3} + n4^n$ 的所有的解，其中 $a_0 = -2$，$a_1 = 0$，$a_2 = 5$。

35. 找出递推关系 $a_n = 4a_{n-1} - 3a_{n-2} + 2^n + n + 3$ 的解，其中 $a_0 = 1$，$a_1 = 4$。

36. 设 a_n 是前 n 个完全平方的和，即 $a_n = \sum_{k=1}^{n} k^2$。证明序列 $\{a_n\}$ 满足线性非齐次递推关系 $a_n = a_{n-1} + n^2$ 和初始条件 $a_1 = 1$。使用定理 6 求解这个递推关系以确定关于 a_n 的公式。

37. 设 a_n 是前 n 个三角形数的和，即 $a_n = \sum_{k=1}^{n} t_k$，其中 $t_k = k(k+1)/2$。证明 $\{a_n\}$ 满足线性非齐次递推关系 $a_n = a_{n-1} + n(n+1)/2$ 和初始条件 $a_1 = 1$。使用定理 6 求解这个递推关系以确定关于 a_n 的公式。

38. a)求线性齐次递推关系 $a_n = 2a_{n-1} - 2a_{n-2}$ 的特征根。[注意：这些根是复数。]
  b)求 a 的递推关系的解，其中 $a_0 = 1$ 和 $a_1 = 2$。

* 39. a)求线性齐次递推关系 $a_n = a_{n-4}$ 的特征根。[注意：这些根包含复数。]
  b)求 a 的递推关系的解，其中 $a_0 = 1$，$a_1 = 0$，$a_2 = -1$ 和 $a_3 = 1$。

* 40. 求解联立递推关系

$$a_n = 3a_{n-1} + 2b_{n-1}$$
$$b_n = a_{n-1} + 2b_{n-1}$$

初始条件 $a_0 = 1$ 和 $b_0 = 2$。

* 41. a)用例 4 找到的关于第 n 个斐波那契数 f_n 的公式证明 f_n 是最接近

$$\frac{1}{\sqrt{5}} \left(\frac{1 + \sqrt{5}}{2} \right)^n$$

的整数。
  b)确定对哪些 n 有 f_n 大于

$$\frac{1}{\sqrt{5}} \left(\frac{1 + \sqrt{5}}{2} \right)^n$$

对哪些 n 有 f_n 小于

$$\frac{1}{\sqrt{5}} \left(\frac{1 + \sqrt{5}}{2} \right)^n$$

42. 证明：如果 $a_n = a_{n-1} + a_{n-2}$，$a_0 = s$ 和 $a_1 = t$，其中 s 和 t 是常数，那么对所有的正整数 n 有 $a_n = sf_{n-1} + tf_n$。

43. 用斐波那契数的项表示线性非齐次递推关系 $a_n = a_{n-1} + a_{n-2} + 1$ 的解，其中 $n \geqslant 2$，$a_0 = 0$，$a_1 = 1$。[提示：令 $b_n = a_{n+1}$ 并对序列 b_n 应用练习 42。]

* 44. （要求线性代数知识）令 A_n 是 $n \times n$ 矩阵，它的主对角线上都是 2，对角线元素旁边的所有位置是 1，其余的全是 0。找一个关于 A_n 的行列式 d_n 的递推关系。求解这个递推关系并找到一个关于 d_n 的公式。

45. 假设留在岛上的每对遗传工程培育的兔子在一个月大时生出 2 对新兔子，在两个月大和以后的每个月都生出 6 对新兔子。没有兔子死去，也没有兔子从岛上离开。
  a)一对新生的兔子留在岛上，求出与 n 个月后岛上兔子对数有关的递推关系。
  b)通过求解 a 中的递推关系确定一对新生的兔子留在岛上 n 个月以后岛上的兔子对数。

46. 假设在一个岛上最初有 2 只山羊。由于自然繁殖，岛上的山羊数每年加倍，并且每年有些山羊被带来或带走。
  a)假定每年另有 100 只山羊被放到岛上，构造一个关于第 n 年初岛上山羊数的递推关系。
  b)求解 a 的递推关系来找出第 n 年初岛上的山羊数。
  c)假定对于每个 $n \geqslant 3$，在第 n 年有 n 只山羊被从岛上带走，构造一个关于第 n 年初岛上山羊数的递推关系。
  d)求解 c 的关于第 n 年初岛上山羊数的递推关系。

47. 在一个充满活力的新软件公司，一个新女雇员的初始工资为 50 000 美元，公司允诺每年底她的工资将是她前一年工资的 2 倍，并且她在公司的每年都将额外增加 10 000 美元。

　　a) 构造一个与被雇用的第 n 年她的工资数有关的递推关系。

　　b) 求解这个递推关系，找出她被雇用的第 n 年的工资。

某些线性递推关系没有常数系数，但也可以系统地求解。这就是形如 $f(n)a_n = g(n)a_{n-1} + h(n)$ 的递推关系的情况。练习 48～50 说明了这一点。

*48. a) 证明递推关系

$$f(n)a_n = g(n)a_{n-1} + h(n)$$

其中 $n \geqslant 1$，$a_0 = C$，可以转变成如下形式的递推关系

$$b_n = b_{n-1} + Q(n)h(n)$$

其中 $b_n = g(n+1)Q(n+1)a_n$，满足

$$Q(n) = (f(1)f(2)\cdots f(n-1))/(g(1)g(2)\cdots g(n))$$

　　b) 使用 a 求解原来的递推关系以便得到

$$a_n = \frac{C + \sum_{i=1}^{n} Q(i)h(i)}{g(n+1)Q(n+1)}$$

*49. 使用练习 48 求解递推关系 $(n+1)a_n = (n+3)a_{n-1} + n$，$n \geqslant 1$，$a_0 = 1$。

50. 可以证明当以随机顺序排序 n 个元素时，快速排序算法（在 5.4 节练习 50 中描述）所做的平均比较次数满足递推关系

$$C_n = n + 1 + \frac{2}{n} \sum_{k=0}^{n-1} C_k$$

$n = 1, 2, \cdots$，且初始条件 $C_0 = 0$。

　　a) 证明 $\{C_n\}$ 也满足递推关系 $nC_n = (n+1)C_{n-1} + 2n$，$n = 1, 2, \cdots$。

　　b) 使用练习 48 求解 a 的递推关系以找到关于 C_n 的显示公式。

**51. 证明定理 4。

52. 证明定理 6。

53. 求解具有初始条件 $T(1) = 6$ 的递推关系 $T(n) = nT^2(n/2)$。［提示：令 $n = 2^k$，然后做替换 $a_k = \log T(2^k)$ 以便得到一个线性非齐次的递推关系。］

8.3　分治算法和递推关系

8.3.1　引言

　　许多递归算法把一个给定输入的问题划分成一个或多个小问题。连续使用这种划分直到可以很快地找到这些较小问题的解。例如，在执行一个二分检索时把对一个元素在表中的搜索归约为对该元素在长度减半的表中的搜索。我们继续使用这种分解直到只剩下一个元素。当我们使用归并排序算法排序一个整数的表时，我们将这个表划分成相等大小的两半并且分别排序每一半。然后将两个排好序的半个表归并。这种类型的递归算法的另一个例子就是整数乘法的过程，它将两个整数相乘的问题分解成三组位数减半的整数相乘。这种分解连续使用直到只剩下一位整数为止。这些过程叫作**分治算法**，因为它们将一个问题划分成较小规模的同一问题的一个或多个实例，然后用这些小问题的解来处理这个问题以找到初始问题的解，这当中也许会需要一些额外的工作。

　　这一节将说明怎样用递推关系分析分治算法的计算复杂度。我们将用这些递推关系估计许多不同的分治算法（包括我们在本节引入的算法）所使用的运算次数。

8.3.2　分治递推关系

　　假设一个递归算法把一个规模为 n 的问题分成 a 个子问题，其中每个子问题的规模是 n/b（为简单起见，假设 n 是 b 的倍数。实际上，较小问题的规模常常是小于等于或者大于等于 n/b 的最近的整数）。此外，假设在把子问题的解组合成原来问题的解的算法处理步中需要总量为

$g(n)$ 的额外的运算。那么，如果 $f(n)$ 表示求解规模为 n 的问题所需的运算数，则得出 f 满足递推关系

$$f(n) = af(n/b) + g(n)$$

这就叫作**分治递推关系**。

首先我们将建立一些可用于研究某些重要算法复杂度的分治递推关系。然后将说明怎样用这些分治递推关系估计这些算法的复杂度。

例 1　二分搜索　在 3.1 节我们引入了二分搜索算法。当 n 是偶数时，二分搜索算法把对某个元素在长度为 n 的搜索序列中的搜索转变成对同一元素在长度为 $n/2$ 的搜索序列中的二分搜索。（因此，规模为 n 的问题已经被分解成规模为 $n/2$ 的问题。）执行这个分解需要 2 次比较（一次是为了确定要用到表的哪一半，另一次是为了确定表中是否还有项留下来）。所以，如果 $f(n)$ 是在规模为 n 的搜索序列中搜索一个元素所需要的比较次数，那么当 n 是偶数时 $f(n) = f(n/2) + 2$。◀

例 2　找一个序列的最大和最小　考虑下面的查找序列 a_1，a_2，$\cdots$，a_n 中最小和最大元素的算法。如果 $n=1$，那么 a_1 就是最大和最小的元素。如果 $n>1$，把这个序列分成两个序列，或者两者有同样多的元素，或者一个序列比另一个序列多一个元素。问题就归约成查找两个较小序列的最大和最小元素。比较两个较小集合的最大和最小元素，从而得到全体的最大和最小元素，原问题的解就得到了。

设 $f(n)$ 是找 n 元素序列的最小和最大元素所需要的总的比较次数。我们已经说明了当 n 是偶数时一个规模为 n 的问题可以归约成两个规模为 $n/2$ 的问题，这里要使用 2 次比较，一次是比较两个序列的最小元素，而另一次是比较两个序列的最大元素。当 n 是偶数时就得到递推关系 $f(n) = 2f(n/2) + 2$。◀

例 3　归并排序　在 5.4 节介绍的归并排序算法把一个具有 n 个项（其中 n 为偶数）的待排序的表划分成两个表，每个表 $n/2$ 个元素，并且用少于 n 次的比较将两个排好序的表归并成一个排好序的表。因此，通过归并排序算法排序 n 个元素的表用到的比较次数小于 $M(n)$，其中函数 $M(n)$ 满足分治递推关系

$$M(n) = 2M(n/2) + n$$ ◀

例 4　整数的快速乘法　令人惊讶的是，存在许多比传统的整数乘法算法（在 4.2 节描述过）更有效的算法。这里描述的一个有效的算法就用到了分治技术。这个快速的乘法算法把每个 $2n$ 位的二进制整数分成两块，每块 n 位。然后，原来 $2n$ 位的二进制整数的乘法被分解成 3 个 n 位二进制数的乘法，还要加上移位和加法。

假设 a 和 b 是两个整数的 $2n$ 位的二进制表达式（为了使它们等长，如果需要，可以在这些表达式前面加上若干个 0）。令

$$a = (a_{2n-1} a_{2n-2} \cdots a_1 a_0)_2, \qquad b = (b_{2n-1} b_{2n-2} \cdots b_1 b_0)_2$$

令

$$a = 2^n A_1 + A_0, \qquad b = 2^n B_1 + B_0$$

其中

$$A_1 = (a_{2n-1} \cdots a_{n+1} a_n)_2, \qquad A_0 = (a_{n-1} \cdots a_1 a_0)_2$$
$$B_1 = (b_{2n-1} \cdots b_{n+1} b_n)_2, \qquad B_0 = (b_{n-1} \cdots b_1 b_0)_2$$

快速整数乘法算法是基于恒等式

$$ab = (2^{2n} + 2^n) A_1 B_1 + 2^n (A_1 - A_0)(B_0 - B_1) + (2^n + 1) A_0 B_0$$

关于这个恒等式的一个重要的事实就是，它证明了两个 $2n$ 位整数的乘法可以用 3 个 n 位整数的乘法加上加法、减法以及移位来实现。这证明了如果 $f(n)$ 是两个 n 位整数相乘所需要的按位运算的总数，那么

$$f(2n) = 3f(n) + C_n$$

这个等式成立的理由是：3 次 n 位整数的乘法可以使用 $3f(n)$ 次按位运算实现。每次加法、减法和移位使用的运算次数是 n 位运算的常数倍，而 C_n 表示由这些运算用到的总的按位运算数。◀

例5 **快速矩阵乘法**　在 3.3 节例 7 中，我们证明了使用矩阵乘法的定义进行两个 $n \times n$ 矩阵相乘需要 n^3 次乘法和 $n^2(n-1)$ 次加法。因此，按照这种方法计算两个 $n \times n$ 矩阵之积需要 $O(n^3)$ 次运算（乘法和加法）。令人惊讶的是，对于两个 $n \times n$ 矩阵相乘存在更有效的分治算法。这个由沃尔克·斯特拉森于 1969 年提出的算法当 n 是偶数时将两个 $n \times n$ 矩阵的相乘归约为两个 $(n/2) \times (n/2)$ 矩阵的 7 次相乘和 $(n/2) \times (n/2)$ 矩阵的 15 次相加。（要了解这个算法的细节见 [CoLeRiSt09]。）于是，如果 $f(n)$ 是用到的运算（乘法和加法）次数，那么当 n 是偶数时有

$$f(n) = 7f(n/2) + 15n^2/4$$
◀

如例 1～5 所示，在许多不同的情况中都出现了形如 $f(n) = af(n/b) + g(n)$ 的递推关系。可以对满足这种递推关系的函数的阶做出估计。假设 f 满足这个递推关系，其中 n 可被 b 整除。令 $n = b^k$，其中 k 是一个正整数。那么

$$\begin{aligned} f(n) &= af(n/b) + g(n) \\ &= a^2 f(n/b^2) + ag(n/b) + g(n) \\ &= a^3 f(n/b^3) + a^2 g(n/b^2) + ag(n/b) + g(n) \\ &\quad\vdots \\ &= a^k f(n/b^k) + \sum_{j=0}^{k-1} a^j g(n/b^j) \end{aligned}$$

由于 $n/b^k = 1$，所以

$$f(n) = a^k f(1) + \sum_{j=0}^{k-1} a^j g(n/b^j)$$

我们可以使用这个关于 $f(n)$ 的等式估计满足分治关系的函数的阶。

> **定理 1**　设 f 是满足递推关系
> $$f(n) = af(n/b) + c$$
> 的增函数，其中 n 被 b 整除，$a \geqslant 1$，b 是大于 1 的整数，c 是一个正实数。那么
> $$f(n) \text{ 是} \begin{cases} O(n^{\log_b a}) & a > 1 \\ O(\log n) & a = 1 \end{cases}$$
> 而且，当 $n = b^k$（其中 k 是正整数），$a \neq 1$ 时
> $$f(n) = C_1 n^{\log_b a} + C_2$$
> 其中 $C_1 = f(1) + c/(a-1)$ 且 $C_2 = -c/(a-1)$。

证明　首先令 $n = b^k$。由定理前面的讨论中得到的关于 $f(n)$ 的表达式和 $g(n) = c$，我们有

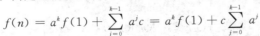

$$f(n) = a^k f(1) + \sum_{j=0}^{k-1} a^j c = a^k f(1) + c \sum_{j=0}^{k-1} a^j$$

当 $a = 1$ 时，有

$$f(n) = f(1) + ck$$

由于 $n = b^k$，所以有 $k = \log_b n$。于是

$$f(n) = f(1) + c\log_b n$$

当 n 不是 b 的幂时，对某个正整数 k 有 $b^k < n < b^{k+1}$。由于 f 是递增的，所以 $f(n) \leqslant f(b^{k+1}) = f(1) + c(k+1) = (f(1)+c) + ck \leqslant (f(1)+c) + c\log_b n$。因此，在两种情况下当 $a=1$ 时 $f(n)$ 都是 $O(\log n)$。

现在假设 $a > 1$。首先假定 $n = b^k$，k 是正整数。由几何级数的求和公式（2.4 节定理 1）得到

$$f(n) = a^k f(1) + c(a^k - 1)/(a-1)$$
$$= a^k [f(1) + c/(a-1)] - c/(a-1)$$
$$= C_1 n^{\log_b a} + C_2$$

因为 $a^k = a^{\log_b n} = n^{\log_b a}$（见附录 B 的练习 4），其中 $C_1 = f(1) + c/(a-1)$ 且 $C_2 = -c/(a-1)$。

现在假设 n 不是 b 的幂。那么 $b^k < n < b^{k+1}$，其中 k 是一个非负整数。由于 f 是递增的，所以

$$f(n) \leqslant f(b^{k+1}) = C_1 a^{k+1} + C_2$$
$$\leqslant (C_1 a) a^{\log_b n} + C_2$$
$$\leqslant (C_1 a) n^{\log_b a} + C_2$$

因为 $k \leqslant \log_b n < k+1$。

于是，$f(n)$ 是 $O(n^{\log_b a})$。 ◀

例 6～9 说明怎样使用定理 1。

例 6 设 $f(n) = 5f(n/2) + 3$ 且 $f(1) = 7$，求 $f(2^k)$，其中 k 是一个正整数。如果 f 是一个增函数，请估计 $f(n)$。

解 根据定理 1 的证明，当 $a=5$，$b=2$，$c=3$ 时，我们看到如果 $n=2^k$，那么

$$f(n) = a^k [f(1) + c/(a-1)] + [-c/(a-1)]$$
$$= 5^k [7 + (3/4)] - 3/4$$
$$= 5^k (31/4) - 3/4$$

而且，如果 $f(n)$ 是递增的，那么定理 1 证明 $f(n)$ 是 $O(n^{\log_b a}) = O(n^{\log 5})$。 ◀

我们可以使用定理 1 估计二分搜索算法和例 2 查找序列的最小和最大元素的算法的计算复杂度。

例 7 估计二分搜索使用的比较次数。

解 在例 1 中证明了当 n 是偶数时 $f(n) = f(n/2) + 2$，其中 $f(n)$ 是在规模为 n 的序列中实现二分搜索需要的比较次数。因此得出 $f(n)$ 是 $O(\log n)$。 ◀

例 8 估计用例 2 给定的算法查找序列的最大和最小元素所使用的比较次数。

解 在例 2 中我们证明了当 n 是偶数时 $f(n) = 2f(n/2) + 2$，其中 f 是算法需要的比较次数。于是，由定理 1 得到 $f(n)$ 是 $O(n^{\log 2}) = O(n)$。 ◀

我们现在叙述一个更一般的、更复杂的定理，定理 1 是它的特例。这个定理（或者更强的版本，包括大 Θ 估计）有时称为主定理（master theorem），因为它在分析许多重要的分治算法的复杂度中很有用。

定理 2 主定理 设 f 是满足递推关系

$$f(n) = af(n/b) + cn^d$$

的增函数，其中 $n = b^k$，k 是一个正整数，$a \geqslant 1$，b 是大于 1 的整数，c 和 d 是实数，满足 c 是正的且 b 是非负的。那么

$$f(n) \text{ 是 } \begin{cases} O(n^d) & a < b^d \\ O(n^d \log n) & a = b^d \\ O(n^{\log_b a}) & a > b^d \end{cases}$$

定理 2 的证明留给读者作为练习 29～33。

例 9 归并排序的复杂度 在例 3 中我们解释了用归并排序来对 n 个元素的表进行排序所使用的比较次数少于 $M(n)$，其中 $M(n) = 2M(n/2) + n$。根据主定理（定理 2），我们发现 $M(n)$ 是 $O(n \log n)$，这与在 5.4 节得到的估计一致。 ◀

例 10 估计使用例 4 描述的快速乘法算法进行两个 n 位整数相乘所需的按位运算的次数。

解 例 4 证明了当 n 是偶数时 $f(n) = 3f(n/2) + Cn$，其中 $f(n)$ 是使用快速乘法算法进行两

个 n 位整数相乘所需的按位运算的次数。于是，由定理 2 得到 $f(n)$ 是 $O(n^{\log 3})$。注意 $\log 3\sim$ 1.6。因为传统的乘法算法使用 $O(n^2)$ 次按位运算，所以对于足够大的整数，包括实际应用中出现的大整数，快速乘法算法在时间复杂度方面比传统的算法有了本质的改进。　◀

例 11 估计使用例 5 的矩阵乘法算法进行两个 $n\times n$ 矩阵相乘所需的乘法和加法的次数。

解 令 $f(n)$ 表示使用例 5 提到的算法进行两个 $n\times n$ 矩阵相乘所需的加法和乘法的次数。当 n 是偶数时，我们有 $f(n)=7f(n/2)+15n^2/4$。于是由定理 2 得到 $f(n)$ 是 $O(n^{\log 7})$。注意 $\log 7\sim$ 2.8。由于传统的两个 $n\times n$ 矩阵相乘的算法要用 $O(n^3)$ 次加法和乘法，显然，对足够大的整数 n，包括出现在许多实际应用中的大整数，这个算法比传统的算法在时间复杂度方面更加有效。　◀

最近点对问题 我们在结束这一节之前引入一个来自计算几何的分治算法，计算几何是离散数学的一部分，是专注于求解几何问题的算法。

例 12 最近点对问题 考虑确定平面上 n 个点 $(x_1,\ y_1)$，$(x_2,\ y_2)$，…，$(x_n,\ y_n)$ 集合上的最近点对的问题，其中两点 $(x_i,\ y_i)$ 和 $(x_j,\ y_j)$ 之间的距离是通常的欧几里得距离 $\sqrt{(x_i-x_j)^2+(y_i-y_j)^2}$。这个问题出现在许多应用中，例如确定某航空控制中心管理的特定高度的空间内最近的一对飞机。怎样以一种有效的方式找到这个最近的点对？

解 为解决这个问题，可以首先确定每对点的距离，然后找到这些距离的最小值。但是，这种方法需要 $O(n^2)$ 次的距离计算和比较，因为存在 $C(n,2)=n(n-1)/2$ 个点对。不过存在一个精致的分治算法，对于 n 个点可以用 $O(n\log n)$ 次的距离计算和比较求解这个最近的点对问题。这里我们描述的算法归功于米凯尔·萨莫斯（见 [PrSa85]）。

为了简单起见，假设 $n=2^k$，其中 k 是正整数。（我们避免某些当 n 不是 2 的幂时必须考虑的技术）。当 $n=2$ 时，只有一对点。在这两个点之间的距离就是最小距离。在算法的开始我们使用归并排序两次，一次用于依据 x 轴坐标对节点进行升序排序，一次用于依据 y 轴坐标对节点进行升序排序。每一排序操作需要 $O(n\log n)$ 次运算。我们将在每一次递归步骤中使用这些排序表。

算法的递归部分将问题划分成两个子问题，每个涉及一半的点。使用按 x 轴坐标对节点进行排序的列表，画一条垂线将 n 个点分成两部分，左半部分和右半部分大小相等，每部分包含 $n/2$ 个点，如图 1 所示。（如果有任何点落到划分线上，必要时，我们把它们分在这两部分里。）在后面的递归步骤我们不再需要根据 x 坐标排序，因为我们可以从所有的点中选择对应的排序子集。这个选择是可以用 $O(n)$ 次比较完成的任务。

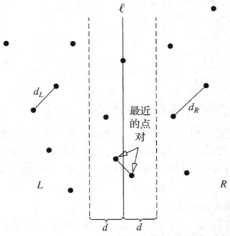

在这个图示中，在16个点的集合中寻找最近点对的问题归约成两个在8个点的集合中寻找最近点对的问题和确定中心在 ℓ 宽为 $2d$ 的间隙中是否存在比 $d=\min(d_L,d_R)$ 更近的点的问题

图 1　求解最近点对问题的算法的递归步骤

最近的点对的位置有三种可能：两点都在左部区域 L；两点都在右部区域 R；一点在左部区域且另一点在右部区域。递归地使用这个算法计算 d_L 和 d_R，其中 d_L 是在左部区域的点之间

的最小距离，d_R 是在右部区域的点之间的最小距离，令 $d=\min(d_L, d_R)$。为了成功地将在原始集合找最近点对的问题划分成在两个区域分别找最短距离的问题，我们必须处理算法的分割之后的治理部分，这要求我们考虑最近的点处在不同的区域的情况，即一点在 L 中，另一点在 R 中。因为存在一对距离为 d 的点，所以或者它们都在 R 中，或者它们都在 L 中。对于分在不同区域的最近的点，要求其距离一定小于 d。

如果一点在左边区域，一点在右边区域且处在小于 d 的距离内，那么这些点一定位于宽度 $2d$ 的以线 ℓ 作为其中心的垂直带状区域中。（否则，这些点的距离一定大于它们的 x 坐标之差，而这个距离将超过 d。）为了检查在这个带状区域中的点，我们对它们进行排序并按照 y 坐标递增的顺序把它们列出来。这可以使用归并排序用 $O(n \log n)$ 次运算完成，并且只需在算法开始时做一次，而不是在每个递归步做。在每个递归步，我们从已经按照其 y 坐标排好序的所有点的集合，构造在这个区域内的根据其 y 坐标排序的点的子集，这可以用 $O(n)$ 次比较完成。

从带状区域中具有最小 y 坐标的一个点开始，我们连续地检查带状区域中的每个点，计算这个点与带状区域中所有其他具有较大 y 坐标且与这个点的距离小于 d 的点之间的距离。注意为检查点 p，我们只需要考虑在 p 和下述矩形中的一组点之间的距离。这个矩形的高为 d，宽为 $2d$，p 在它的底边上，并且它的垂直边与 ℓ 的距离为 d。

我们可以证明在这个点集中至多存在 8 个点，其中包含 p 在内（或者在这个 $2d \times d$ 的矩形的边上）。为了看到这一点，注意在图 2 所示的 8 个 $d/2 \times d/2$ 的正方形中，每个正方形内部至多可能存在一个点。这是由于在一个正方形的边上或者内部最远距离的点是对角线的长度 $d/\sqrt{2}$（使用勾股定理可以得到），这个距离小于 d，并且每个这样的正方形是完全处在左区域内或者右区域内。这意味着在这一步我们至多只需要与 d 比较 7 个距离，这些距离是在 p 和矩形内部或者边上 7 个或者更少的其他的点之间。

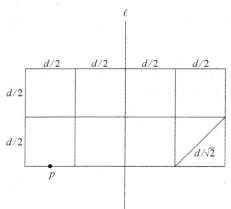

包含 p 在内，至多 8 个点可能处在中心在 ℓ 的 $2d \times d$ 的矩形内或者边上，因为在 8 个 $(d/2) \times (d/2)$ 的正方形中，每个内部或边上至多可能存在一个点

图 2　说明对带状区域中的每个点至多需要考虑另外 7 个点

由于在宽为 $2d$ 的带状区域中的总点数不超过 n（集合中的总点数），所以至多需要与 d 比较 $7n$ 个距离以找到点之间的最小距离。即只存在 $7n$ 个距离可能小于 d。因此，一旦用归并排序按照这些点的 x 坐标和 y 坐标对它们进行排序后，我们发现求解最接近点对问题需要的比较次数不超过满足递推关系

$$f(n)=2f(n/2)+7n$$

的增函数 $f(n)$，其中 $f(2)=1$。根据定理 2，得到 $f(n)$ 是 $O(n \log n)$。用归并排序算法根据点的 x 坐标和 y 坐标对点做两次排序，每次排序用 $O(n \log n)$ 次比较，在算法的 $O(\log n)$ 个步中的每一步，这些坐标的排序子集每次可以用 $O(n)$ 次比较得到。因此，这个最近点对问题可以用 $O(n \log n)$ 次比较求解。

练习

1. 在 64 个元素的集合中，做二分检索需要多少次比较？

2. 在 128 个元素的序列中，使用例 2 中的算法查找最大和最小的元素需要多少次比较？

3. 使用快速乘法算法将 $(1110)_2$ 与 $(1010)_2$ 相乘。

4. 用伪码表示快速乘法算法。

5. 确定在例 4 中的常数 C 的值，并且使用它估计用快速乘法算法做两个 64 位二进制整数相乘所需要的按位运算的次数。

6. 用例 4 引入的算法做两个 32×32 矩阵相乘需要多少次运算？

7. 假设当 n 被 3 整除时有 $f(n) = f(n/3) + 1$ 和 $f(1) = 1$，求
   a) $f(3)$　　　b) $f(27)$　　　c) $f(729)$

8. 假设当 n 是偶数时有 $f(n) = 2f(n/2) + 3$ 和 $f(1) = 5$，求
   a) $f(2)$　　　b) $f(8)$　　　c) $f(64)$　　　d) $f(1024)$

9. 假设当 n 被 5 整除时有 $f(n) = f(n/5) + 3n^2$ 和 $f(1) = 4$，求
   a) $f(5)$　　　b) $f(125)$　　　c) $f(3125)$

10. 当 $n = 2^k$ 时求 $f(n)$，其中 f 满足递推关系 $f(n) = f(n/2) + 1$，$f(1) = 1$。

11. 如果 f 是一个增函数，给出练习 10 中 f 的大 O 估计。

12. 当 $n = 3^k$ 时求 $f(n)$，其中 f 满足递推关系 $f(n) = 2f(n/3) + 4$，$f(1) = 1$。

13. 如果 f 是一个增函数，给出练习 12 中的 f 的大 O 估计。

14. 假设在一个淘汰锦标赛中有 $n = 2^k$ 队，其中在第一轮有 $n/2$ 场比赛，$n/2 = 2^{k-1}$ 个赢的队进入第二轮比赛，以此进行。建立一个关于锦标赛的轮数的递推关系。

15. 在练习 14 的淘汰锦标赛中如果有 32 个队，需要进行多少轮比赛？

16. 求解练习 14 所描述的关于锦标赛轮数的递推关系。

17. 假设 n 个投票人为不同的候选人（可能存在多于 2 个候选人）进入某个办公室投票，选票作为一个序列的元素。如果一个人得到的选票超过半数他就赢得竞选。
   a) 设计一个分治算法确定是否一个候选人得到半数选票，如果是，则确定这个候选人是谁。〔提示：设 n 为偶数，并且将选票序列划分成两个序列，每个序列具有 $n/2$ 个元素。注意，如果对于两个半长序列的每一个都没有得到一半以上的选票，那么一个人就不可能得到所有选票的一半以上。〕
   b) 使用主定理给出在 a 中设计的算法所需要的比较次数的大 O 估计。

18. 假设在一组 n 个人中，每个人从候选人的提名中恰好选两个人担任一个委员会的两个职务。只要每人得到超过 $n/2$ 的选票，这前两个人将赢得这两个席位。
   a) 设计一个分治算法，确定两个得到最多选票的候选人是否每个人至少得到了 $n/2$ 的选票。如果是，确定这两个候选人是谁。
   b) 使用主定理给出在 a 中设计的算法所需要的比较次数的大 O 估计。

19. a) 使用 5.4 节中的练习 26 的递归算法为计算 x^n 所需要的乘法次数建立一个分治递推关系，其中 x 为实数，n 是正整数。
   b) 使用在 a 中找到的递推关系构造使用递归算法计算 x^n 所用乘法的次数的大 O 估计。

20. a) 使用 5.4 节中的例 4 的递归算法为计算 $a^n \bmod m$ 所需要的模乘法的次数建立一个分治递推关系，其中 a、m、n 为正整数。
   b) 使用在 a 中找到的递推关系构造使用递归算法计算 $a^n \bmod m$ 所用模乘法次数的大 O 估计。

21. 设函数 f 满足递推关系 $f(n) = 2f(\sqrt{n}) + 1$，其中 n 是大于 1 的完全平方数且 $f(2) = 1$。
   a) 求 $f(16)$。
   b) 求关于 $f(n)$ 的大 O 估计。〔提示：做替换 $m = \log n$。〕

22. 设函数 f 满足递推关系 $f(n) = 2f(\sqrt{n}) + \log n$，其中 n 是大于 1 的完全平方数且 $f(2) = 1$。
   a) 求 $f(16)$。
   b) 求关于 $f(n)$ 的大 O 估计。〔提示：做替换 $m = \log n$。〕

** 23. 这个练习涉及求 n 个实数序列的连续项的最大和问题。当所有的项都是正数时，所有项之和就给出了答案，但是当某些项是负数时情况就比较复杂了。例如，序列 -2，3，-1，6，-7，4 的连续项

的最大和是 $3+(-1)+6=8$。(这个练习基于 [Be86])。回忆一下，在 8.1 节的练习 56 中，我们设计了一个动态规划算法来解决这个问题。在本题中，我们首先尝试蛮力算法，然后考虑如何使用分治算法。

a) 使用伪码描述一个求解该问题的算法，这个算法依次寻找从第一项开始的连续项之和，从第二项开始的连续项之和，等等，并在算法执行时记录当前找到的最大和。

b) 依照所做的计算和的次数与比较次数确定在 a 中算法的计算复杂度。

c) 设计一个分治算法求解这个问题。[提示：假设序列中有偶数个项，把这个序列分成两半。解释当连续项的最大和包含了在两个半序列的项时怎样处理这种情况。]

d) 使用 c 中的算法求下面每个序列的连续项的最大和：-2，4，-1，3，5，-6，1，2；4，1，-3，7，-1，-5，3，-2；-1，6，3，-4，-5，8，-1，7。

e) 通过 c 中的分治算法使用的求和次数和比较次数寻找一个递推关系。

f) 使用主定理估计这个分治算法的计算复杂度。依照计算复杂度把这个算法与 a) 中的算法做比较，结果如何？

24. 应用例 12 描述的求最近点对的算法，使用点之间的欧几里得距离，求下述点 $(1, 3)$、$(1, 7)$、$(2, 4)$、$(2, 9)$、$(3, 1)$、$(3, 5)$、$(4, 3)$、$(4, 7)$ 的最近点对。

25. 应用例 12 描述的求最近点对的算法，使用点之间的欧几里得距离，求下述点 $(1, 2)$、$(1, 6)$、$(2, 4)$、$(2, 8)$、$(3, 1)$、$(3, 6)$、$(3, 10)$、$(4, 3)$、$(5, 1)$、$(5, 5)$、$(5, 9)$、$(6, 7)$、$(7, 1)$、$(7, 4)$、$(7, 9)$、$(8, 6)$ 的最近点对。

* 26. 使用伪码描述例 12 中所叙述的解最近点对问题的递归算法。

27. 如果两点间的距离定义为 $d((x_i, y_i), (x_j, y_j)) = \max(|x_i - x_j|, |y_i - y_j|)$，使用例 12 描述的算法中应用的那些合理的步骤并加以改变，构造一个求两点之间最小距离的算法。

* 28. 设一个人从 n 个数的集合中取一个数 x，第二个人通过连续选取 n 个数的子集猜测这个数。他问第一个人是否 x 在每个集合里。第一个人回答"是"或者"不是"。当第一个人每次回答都是真话时，通过连续地在每次询问时将这个集合对半划分，我们可以使用 $\log n$ 次询问找到 x。1976 年由斯坦尼斯劳·乌拉姆 (Stanislaw Ulam) 提出的乌拉姆问题是：假设允许第一个人恰好说谎一次，找到 x 需要多少次询问？

a) 给定数 x 和 n 个元素的集合，证明每个问题问 2 次并且当发现说谎时可以多问一个问题，那么乌拉姆问题可以用 $2\log n + 1$ 次询问求解。

b) 把初始的 n 元素集合划分成 4 部分，每部分具有 $n/4$ 个元素，证明使用 2 次询问就可以排除 $1/4$ 的元素。[提示：使用 2 次询问，其中每次询问都问是否这个元素在两个 $n/4$ 个元素的子集的并集中，并且其中一个 $n/4$ 个元素的子集出现在两次询问中。]

c) 利用 b 证明如果 $f(n)$ 等于用 b 中的方法求解乌拉姆问题所用到的询问次数，且 n 被 4 整除，那么 $f(n) = f(3n/4) + 2$。

d) 求解 c 中关于 $f(n)$ 的递推关系。

e) 每个这种问题问两次来求解乌拉姆问题的天真方法与基于 b 的分治方法相比，哪种具有更高的效率？求解乌拉姆问题的最有效的方法已经由 A. 派尔克 (A. Pelc) 确定 [Pe87]。

在练习 29～33 中，假设 f 是一个满足递推关系 $f(n) = af(n/b) + cn^d$ 的增函数，$a \geqslant 1$，b 是大于 1 的整数，c 和 d 是正实数。这些练习提供一个关于定理 2 的证明。

* 29. 证明：如果 $a = b^d$ 且 n 是 b 的幂，那么 $f(n) = f(1)n^d + cn^d \log_b n$。

30. 使用练习 29 证明：如果 $a = b^d$，那么 $f(n)$ 是 $O(n^d \log n)$。

* 31. 证明：如果 $a \neq b^d$ 且 n 是 b 的幂，那么 $f(n) = C_1 n^d + C_2 n^{\log_b a}$，其中
$$C_1 = b^d c/(b^d - a) \text{ 且 } C_2 = f(1) + b^d c/(a - b^d)$$

32. 使用练习 31 证明：如果 $a < b^d$，那么 $f(n)$ 是 $O(n^d)$。

33. 使用练习 31 证明：如果 $a > b^d$，那么 $f(n)$ 是 $O(n^{\log_b a})$。

34. 当 $n = 4^k$ 时，求 $f(n)$，其中 f 满足递推关系 $f(n) = 5f(n/4) + 6n$，$f(1) = 1$。

35. 如果 f 是增函数，给出练习 34 中 f 的大 O 估计。

36. 当 $n = 2^k$ 时，求 $f(n)$，其中 f 满足递推关系 $f(n) = 8f(n/2) + n^2$，$f(1) = 1$。

37. 如果 f 是增函数，给出练习 36 中 f 的大 O 估计。

8.4　生成函数

8.4.1　引言

表示序列的一种有效方法就是生成函数,它把序列的项作为一个形式幂级数中变量 x 的幂的系数。可以用生成函数求解许多类型的计数问题,例如在各种限制下选取或分配不同种类物体的方式数,使用不同面额的硬币换一美元的方式数等。也可以用生成函数求解递推关系。它先把关于序列的项的递推关系转换成涉及生成函数的方程,然后求解这个方程并找出关于这个生成函数的封闭形式。从这个封闭形式可以找到生成函数的幂级数的系数,从而求解原来的递推关系。生成函数也可以利用函数之间相对简单的关系来证明组合恒等式,因为这些关系可以转换成涉及序列的项的恒等式。生成函数是有用的工具,除了本节描述的内容以外,还可以用它来研究序列的许多性质,例如建立关于序列的项的渐近公式。

我们从序列的生成函数的定义开始。

> **定义 1**　实数序列 a_0,a_1,$\cdots$,a_k,$\cdots$的生成函数是无穷级数
> $$G(x) = a_0 + a_1 x + \cdots + a_k x^k + \cdots = \sum_{k=0}^{\infty} a_k x^k$$

评注　定义 1 给出的 $\{a_k\}$ 的生成函数有时叫作 $\{a_k\}$ 的**普通生成函数**,以便和这个序列的其他类型的生成函数相区别。

例 1　序列 $\{a_k\}$($a_k = 3$,$a_k = k+1$ 和 $a_k = 2^k$)的生成函数分别是
$$\sum_{k=0}^{\infty} 3x^k, \quad \sum_{k=0}^{\infty} (k+1)x^k, \quad \sum_{k=0}^{\infty} 2^k x^k \qquad \blacktriangleleft$$

我们通过设置 $a_{n+1} = 0$,$a_{n+2} = 0$ 等,把一个有限序列 a_0,a_1,$\cdots$,a_n 扩充成一个无限序列,就可以定义一个实数的有限序列的生成函数。这个无限序列 $\{a_n\}$ 的生成函数 $G(x)$ 是一个 n 次多项式,因为当 $j > n$ 时没有形如 $a_j x^j$ 的项出现,即
$$G(x) = a_0 + a_1 x + \cdots + a_n x^n$$

例 2　序列 $1,1,1,1,1,1$ 的生成函数是什么?

解　$1,1,1,1,1,1$ 的生成函数是
$$1 + x + x^2 + x^3 + x^4 + x^5$$

由 2.4 节的定理 1 有
$$(x^6 - 1)/(x - 1) = 1 + x + x^2 + x^3 + x^4 + x^5 \qquad x \neq 1$$

因此,$G(x) = (x^6 - 1)/(x - 1)$ 是序列 $1,1,1,1,1,1$ 的生成函数。因为 x 的幂只在生成函数的序列项中使用,我们不用担心 $G(1)$ 没有被定义。　　　　　　　　　　　　　　　　　　　　　$\blacktriangleleft$

例 3　设 m 是正整数。令 $a_k = C(m, k)$,$k = 0,1,2,\cdots,m$。那么序列 a_0,a_1,$\cdots$,a_m 的生成函数是什么?

解　这个序列的生成函数是
$$G(x) = C(m, 0) + C(m, 1)x + C(m, 2)x^2 + \cdots + C(m, m)x^m$$

二项式定理证明 $G(x) = (1 + x)^m$。　　　　　　　　　　　　　　　　　　　　　　　$\blacktriangleleft$

8.4.2　关于幂级数的有用事实

当用生成函数求解计数问题时,通常将它们考虑成形式**幂级数**。因此,它们被视为代数对象,其收敛性问题被忽略了。然而,当形式幂级数收敛时,有效的运算将继续作为形式幂级数使用。我们将利用 $x = 0$ 时特定函数的幂级数,这些幂级数是唯一的,并且具有正的收敛半径。熟悉微积分的读者如果想了解所涉及幂级数的收敛性的细节,可以参阅有关这方面内容的教科书。

现在我们将叙述某些与无穷级数有关的重要事实，这些将在研究生成函数时用到。有关这些的讨论和相关的结果都可以在微积分教科书中找到。

例 4 函数 $f(x)=1/(1-x)$ 是序列 $1，1，1，1，\cdots$ 的生成函数，因为对 $|x|<1$ 有

$$1/(1-x)=1+x+x^2+\cdots$$

◀

例 5 函数 $f(x)=1/(1-ax)$ 是序列 $1，a，a^2，a^3，\cdots$ 的生成函数，因为当 $|ax|<1$ 或等价于 $|x|<1/|a|，a\neq0$，有

$$1/(1-ax)=1+ax+a^2x^2+\cdots$$

◀

我们也需要了解两个生成函数是怎样相加和相乘的。这些结果的证明也可以在微积分教科书中找到。

定理 1 令 $f(x)=\sum_{k=0}^{\infty}a_kx^k, g(x)=\sum_{k=0}^{\infty}b_kx^k$，那么

$$f(x)+g(x)=\sum_{k=0}^{\infty}(a_k+b_k)x^k \text{ 和 } f(x)g(x)=\sum_{k=0}^{\infty}\left(\sum_{j=0}^{k}a_jb_{k-j}\right)x^k$$

评注 正如本节所考虑的所有级数一样，定理 1 只有当幂级数在一个区间内收敛时才有效。但是，生成函数的定理并不仅局限于这种级数。在级数不收敛的情况下，定理 1 中的命题可以看成是生成函数和与积的定义。

我们将在例 6 中说明怎样使用定理 1。

例 6 设 $f(x)=1/(1-x)^2$。用例 4 求出表达式 $f(x)=\sum_{k=0}^{\infty}a_kx^k$ 中的系数 $a_0，a_1，a_2，\cdots$。

解 由例 4 看出

$$1/(1-x)=1+x+x^2+x^3+\cdots$$

因此，由定理 1 有

$$1/(1-x)^2=\sum_{k=0}^{\infty}\left(\sum_{j=0}^{k}1\right)x^k=\sum_{k=0}^{\infty}(k+1)x^k$$

◀

评注 这一结果也可以通过微分从例 4 中导出。从已知生成函数的恒等式产生新的恒等式的一种有用的技术就是求导。

为了用生成函数求解许多重要的计数问题，我们需要在指数不是正整数的情况下应用二项式定理。在叙述广义二项式定理之前，我们需要定义广义二项式系数。

定义 2 设 u 是实数且 k 是非负整数。那么广义二项式系数 $\binom{u}{k}$ 定义为

$$\binom{u}{k}=\begin{cases}u(u-1)\cdots(u-k+1)/k! & k>0\\ 1 & k=0\end{cases}$$

例 7 求广义二项式系数 $\binom{-2}{3}$ 和 $\binom{1/2}{3}$ 的值。

解 在定义 2 中取 $u=-2$ 和 $k=3$ 得

$$\binom{-2}{3}=\frac{(-2)(-3)(-4)}{3!}=-4$$

类似地，取 $u=1/2$ 和 $k=3$ 得

$$\binom{1/2}{3}=\frac{(1/2)(1/2-1)(1/2-2)}{3!}$$
$$=(1/2)(-1/2)(-3/2)/6$$
$$=1/16$$

◀

当上边的参数是负整数时，例 8 对广义二项式系数提供了一个有用的公式。我们后面的讨论中会用到它。

例 8 当上面的参数是负整数时，广义二项式系数可以用通常的二项式系数的项表示。为此只需要注意

$$\binom{-n}{r} = \frac{(-n)(-n-1)\cdots(-n-r+1)}{r!} \qquad \text{由广义二项系数定义}$$

$$= \frac{(-1)^r n(n+1)\cdots(n+r-1)}{r!} \qquad \text{从分子的每一项中提取因子} -1$$

$$= \frac{(-1)^r (n+r-1)(n+r-2)\cdots n}{r!} \qquad \text{由乘法的交换律}$$

$$= \frac{(-1)^r (n+r-1)!}{r!(n-1)!} \qquad \text{分子和分母同时乘以} (n-1)!$$

$$= (-1)^r \binom{n+r-1}{r} \qquad r \text{ 由二项系数的定义}$$

$$= (-1)^r C(n+r-1, r) \qquad \text{使用另外一种二项系数符号表示} \blacktriangleleft$$

我们现在叙述广义二项式定理。

定理 2 广义二项式定理 设 x 是实数，$|x| < 1$，u 是实数，那么

$$(1+x)^u = \sum_{k=0}^{\infty} \binom{u}{k} x^k$$

可以使用麦克劳林级数的理论证明定理 2，我们将这个证明留给熟悉这部分微积分的读者完成。

评注 当 u 是正整数时，广义二项式定理就归约到 6.4 节提出的二项式定理，因为如果 $k > u$，那么在这种情况下 $\binom{u}{k} = 0$。

例 9 说明了当指数是负整数时定理 2 的应用。

例 9 当 n 是正整数时，使用广义二项式定理求 $(1+x)^{-n}$ 和 $(1-x)^{-n}$ 的生成函数。

解 由广义二项式定理得

$$(1+x)^{-n} = \sum_{k=0}^{\infty} \binom{-n}{k} x^k$$

使用例 8 所提供的关于 $\binom{-n}{k}$ 的简单公式得到

$$(1+x)^{-n} = \sum_{k=0}^{\infty} (-1)^k C(n+k-1, k) x^k$$

用 $-x$ 代替 x 得到

$$(1-x)^{-n} = \sum_{k=0}^{\infty} C(n+k-1, k) x^k \qquad \blacktriangleleft$$

表 1 归纳了一些经常出现的有用的生成函数。

表 1 有用的生成函数

$G(x)$	a_k
$(1+x)^n = \sum_{k=0}^{n} C(n,k) x^k$ $= 1 + C(n,1)x + C(n,2)x^2 + \cdots + x^n$	$C(n,k)$

(续)

$G(x)$	a_k
$(1+ax)^n = \sum\limits_{k=0}^{n} C(n,k)a^k x^k$ $= 1 + C(n,1)ax + C(n,2)a^2 x^2 + \cdots + a^n x^n$	$C(n,k)a^k$
$(1+x^r)^n = \sum\limits_{k=0}^{n} C(n,k)x^{rk}$ $= 1 + C(n,1)x^r + C(n,2)x^{2r} + \cdots + x^{rn}$	如果 $r\mid k$,则 $C(n,k/r)$;否则为 0
$\dfrac{1-x^{n+1}}{1-x} = \sum\limits_{k=0}^{n} x^k = 1 + x + x^2 + \cdots + x^n$	如果 $k \leqslant n$,则为 1;否则为 0
$\dfrac{1}{1-x} = \sum\limits_{k=0}^{\infty} x^k = 1 + x + x^2 + \cdots$	1
$\dfrac{1}{1-ax} = \sum\limits_{k=0}^{\infty} a^k x^k = 1 + ax + a^2 x^2 + \cdots$	a^k
$\dfrac{1}{1-x^r} = \sum\limits_{k=0}^{\infty} x^{rk} = 1 + x^r + x^{2r} + \cdots$	如果 $r\mid k$,则为 1;否则为 0
$\dfrac{1}{(1-x)^2} = \sum\limits_{k=0}^{\infty} (k+1)x^k = 1 + 2x + 3x^2 + \cdots$	$k+1$
$\dfrac{1}{(1-x)^n} = \sum\limits_{k=0}^{\infty} C(n+k-1,k)x^k$ $= 1 + C(n,1)x + C(n+1,2)x^2 + \cdots$	$C(n+k-1,k) = C(n+k-1,n-1)$
$\dfrac{1}{(1+x)^n} = \sum\limits_{k=0}^{\infty} C(n+k-1,k)(-1)^k x^k$ $= 1 - C(n,1)x + C(n+1,2)x^2 - \cdots$	$(-1)^k C(n+k-1,k) = (-1)^k C(n+k-1,n-1)$
$\dfrac{1}{(1-ax)^n} = \sum\limits_{k=0}^{\infty} C(n+k-1,k)a^k x^k$ $= 1 + C(n,1)ax + C(n+1,2)a^2 x^2 + \cdots$	$C(n+k-1,k)a^k = C(n+k-1,n-1)a^k$
$e^x = \sum\limits_{k=0}^{\infty} \dfrac{x^k}{k!} = 1 + x + \dfrac{x^2}{2!} + \dfrac{x^3}{3!} + \cdots$	$1/k!$
$\ln(1+x) = \sum\limits_{k=0}^{\infty} \dfrac{(-1)^{k+1}}{k}x^k = x - \dfrac{x^2}{2} + \dfrac{x^3}{3} - \dfrac{x^4}{4} + \cdots$	$(-1)^{k+1}/k$

注：当讨论幂级数时，在大多数微积分的书中可以找到关于最后两个生成函数的级数。

评注 注意表中第 2 个公式和第 3 个公式可以由第 1 公式将 x 分别用 ax 和 x^r 替换推导出来。同样，第 6 个公式和第 7 个公式可由第 5 公式做同样替换推导出来。第 10 个公式和第 11 个公式可以由第 9 个公式将 x 分别用 $-x$、ax 替换推导出来。表中有些公式也可以使用微积分（如求导和积分）由其他公式推出。鼓励学生了解表中的核心公式（如能推导出其他公式的公式，可能是第 1、4、5、8、9、12、13 个公式），并且理解如何由这些核心公式推导出其他公式。

8.4.3 计数问题与生成函数

生成函数可以用于求解各种计数问题。特别地，它们可以用于计数各种类型的组合数。在第 6 章，当允许重复和可能存在某些附加约束时，我们开发了一些计数 n 元素集合的 r 组合的技术。这种问题与计数形如

$$e_1 + e_2 + \cdots + e_n = C$$

方程的解是等价的，其中 C 是常数，每个 e_i 是可能具有某些约束的非负整数。也可以用生成函数求解这种类型的计数问题，如例 10～12 所示。

例 10 求

$$e_1 + e_2 + e_3 = 17$$

的解的个数，其中 e_1，e_2，e_3 是非负整数，满足 $2 \leqslant e_1 \leqslant 5$，$3 \leqslant e_2 \leqslant 6$，$4 \leqslant e_3 \leqslant 7$。

解 具有上述限制的解的个数是

$$(x^2 + x^3 + x^4 + x^5)(x^3 + x^4 + x^5 + x^6)(x^4 + x^5 + x^6 + x^7)$$

的展开式中 x^{17} 的系数。这是因为我们在乘积中得到等于 x^{17} 的项是通过在第一个和中取项 x^{e_1}，在第二个和中取项 x^{e_2}，在第三个和中取项 x^{e_3}，其中幂指数 e_1、e_2 和 e_3 满足方程 $e_1 + e_2 + e_3 = 17$ 和给定的限制。

不难看出在这个乘积中的 x^{17} 的系数是 3。因此，存在 3 个解。（注意，计算这个系数与枚举方程的具有给定约束的所有解几乎要做同样多的工作。但是，正如我们将看到的，这里说明的方法常常可以用于求解各种具有特殊规则的计数问题。此外，可以用计算机代数系统做这种计算。）◁

例 11 把 8 块相同的饼干分给 3 个不同的孩子，如果每个孩子至少接受 2 块饼干并且不超过 4 块饼干，那么有多少种不同的分配方式？

解 因为每个孩子至少接受 2 块饼干且不超过 4 块饼干，所以在关于序列 $\{c_n\}$ 的生成函数中对每个孩子存在一个等于

$$(x^2 + x^3 + x^4)$$

的因子，其中 c_n 是分配 n 块饼干的方式数。因为有 3 个孩子，所以生成函数是

$$(x^2 + x^3 + x^4)^3$$

我们需要求这个乘积中的 x^8 的系数。理由就是在展开式中 x^8 的项对应于选 3 项的方式数，其中每个因子选 1 项且指数加起来等于 8。此外，来自第一、第二和第三个因子的项的指数分别是第一、第二和第三个孩子接受的饼干数。通过计算说明这个系数等于 6。于是存在 6 种方式分配饼干使得每个孩子至少接受 2 块，但是不超过 4 块饼干。◁

例 12 把价值 1 美元、2 美元和 5 美元的代币插入售货机为价值 r 美元的某种物品付款，使用生成函数确定在代币插入是有序的和无序的两种情况下付款的方式数。（例如为一种价值 3 美元的物品付款，当不考虑代币插入的次序时存在 2 种方式：插入 3 个 1 美元的代币或 1 个 1 美元和 1 个 2 美元的代币。当考虑代币插入的次序时有 3 种方式：插入 3 个 1 美元的代币；插入 1 个 1 美元代币，然后 1 个 2 美元的代币；插入 1 个 2 美元代币，然后 1 个 1 美元代币。）

解 在不考虑代币插入次序的情况下，我们所关心的就是为产生 r 美元的总数所使用的每种代币的数目。因为可以使用任意多个 1 美元的代币、任意多个 2 美元的代币和任意多个 5 美元的代币，所以答案就是在生成函数

$$(1 + x + x^2 + x^3 + \cdots)(1 + x^2 + x^4 + x^6 + \cdots)(1 + x^5 + x^{10} + x^{15} + \cdots)$$

中的 x^r 的系数。（这个乘积中的第一个因子表示所使用的 1 美元代币，第二个表示所使用的 2 美元代币，第三个表示所使用的 5 美元代币。）例如，用 1 美元、2 美元和 5 美元为一个价值 7 美元的物品付款的方式数由展开式中 x^7 的系数给出，结果等于 6。

当考虑代币插入的次序时，插入恰好 n 个代币产生 r 美元的方式数是在

$$(x + x^2 + x^5)^n$$

中的 x^r 的系数，因为这 n 个代币中的每一个可能是 1 美元代币、2 美元代币或 5 美元代币。又由于可以插入的代币不限数量，所以当考虑代币插入的次序时，使用 1 美元、2 美元或 5 美元

代币产生 r 美元的方式数是在

$$1 + (x + x^2 + x^5) + (x + x^2 + x^5)^2 + \cdots = \frac{1}{1 - (x + x^2 + x^5)}$$
$$= \frac{1}{1 - x - x^2 - x^5}$$

中 x^r 的系数。这里我们把插入 0 个代币、1 个代币、2 个代币、3 个代币等方式数相加,同时我们使用恒等式 $1/(1-x) = 1 + x + x^2 + \cdots$,且用 $x + x^2 + x^5$ 代替 x。例如,用 1 美元、2 美元和 5 美元的代币为一个价值 7 美元的物品付款,当考虑使用代币的次序时,方式数是这个展开式中 x^7 的系数,等于 26。[提示:为看到这个系数等于 26,要把 $(x + x^2 + x^5)^k$ 的展开式中 x^7 的系数相加,其中 $2 \leqslant k \leqslant 7$。这项工作可以用大量的手工计算完成,也可以使用计算机代数系统来完成。] ◀

例 13 说明了当求解带不同假设的问题时生成函数具有的多功能性。

例 13 假设已经建立了二项式定理,使用生成函数找出 n 元素集合的 k 组合数。

解 集合中 n 个元素的每一个元素都对生成函数 $f(x) = \sum_{k=0}^{n} a_k x^k$ 贡献了项 $(1+x)$。因此 $f(x)$ 是关于 $\{a_k\}$ 的生成函数,其中 a_k 表示 n 元素集合的 k 组合数。于是,

$$f(x) = (1+x)^n$$

但是由二项式定理,我们有

$$f(x) = \sum_{k=0}^{n} \binom{n}{k} x^k$$

其中

$$\binom{n}{k} = \frac{n!}{k!(n-k)!}$$

于是,$C(n, k)$,n 元素集合的 k 组合数是

$$\frac{n!}{k!(n-k)!}$$ ◀

评注 在 6.4 节,我们使用了关于 n 元素集合的 r 组合数的公式证明了二项式定理。这些例子说明也可以用数学归纳法证明二项式定理,再用二项式定理推导关于 n 元素集合的 r 组合数的公式。

例 14 使用生成函数找出当元素允许重复时 n 元素集合的 r 组合数公式。

解 设 $G(x)$ 是关于序列 $\{a_r\}$ 的生成函数,其中 a_r 等于 n 元素集合的允许重复的 r 组合数。即 $G(x) = \sum_{r=0}^{\infty} a_r x^r$。因为当我们构成允许重复的 r 组合时,对 n 元素集合的元素选择不受限制,所以这 n 个元素中的每一个元素都对 $G(x)$ 的乘积展开式贡献了因子 $(1 + x + x^2 + x^3 + \cdots)$。这是由于当构成一个 r 组合时(要选择 r 个元素),每个元素都可以被选择 0 次、1 次、2 次、3 次等。因为集合中存在 n 个元素,且每一个都对 $G(x)$ 贡献了相同的因子,所以有

$$G(x) = (1 + x + x^2 + \cdots)^n$$

只要 $|x| < 1$,就有 $1 + x + x^2 + \cdots = 1/(1-x)$,所以

$$G(x) = 1/(1-x)^n = (1-x)^{-n}$$

使用广义二项式定理(定理 2),得到

$$(1-x)^{-n} = (1 + (-x))^{-n} = \sum_{r=0}^{\infty} \binom{-n}{r} (-x)^r$$

当 r 是正整数时,n 元素集合的允许重复的 r 组合数就是这个和式中的 x^r 的系数。因此,使用例 8 我们求出 a_r 等于

$$\binom{-n}{r}(-1)^r = (-1)^r C(n+r-1,r) \cdot (-1)^r$$
$$= C(n+r-1,r)$$

注意，例 14 的结果与我们在 6.5 节定理 2 所叙述的结果一样。

例 15 使用生成函数求出从 n 类不同的物体中选择 r 个物体并且每类物体至少选 1 个的方式数。

解 因为我们需要每类物体至少选 1 个，所以这 n 个类中的每类物体都对序列 $\{a_r\}$ 的生成函数 $G(x)$ 贡献了因子 $(x+x^2+x^3+\cdots)$，其中 a_r 是从 n 类不同的物体中选择 r 个物体并且每类物体至少选 1 个的方式数。因此，

$$G(x) = (x+x^2+x^3+\cdots)^n = x^n(1+x+x^2+\cdots)^n = x^n/(1-x)^n$$

使用广义二项式定理和例 8，有

$$G(x) = x^n/(1-x)^n$$
$$= x^n \cdot (1-x)^{-n}$$
$$= x^n \sum_{r=0}^{\infty} \binom{-n}{r}(-x)^r$$
$$= x^n \sum_{r=0}^{\infty} (-1)^r C(n+r-1,r)(-1)^r x^r$$
$$= \sum_{r=0}^{\infty} C(n+r-1,r) x^{n+r}$$
$$= \sum_{t=n}^{\infty} C(t-1,t-n) x^t$$
$$= \sum_{r=n}^{\infty} C(r-1,r-n) x^r$$

在倒数第二个等式中，我们令 $t=n+r$，这样当 $r=0$ 时，$t=n$ 且 $n+r-1=t-1$，从而对求和进行移位。然后在最后的等式中用 r 替换 t 作为和的下标，从而回到了初始的记号。因此，如果每类物体必须至少选 1 个时，从 n 类不同的物体中选择 r 个物体存在 $C(r-1, r-n)$ 种方式。

8.4.4 使用生成函数求解递推关系

我们可以通过寻找相关生成函数的显式公式来求解关于递推关系和初始条件的解。这可以用例 16 和例 17 来说明。

例 16 求解递推关系 $a_k = 3a_{k-1}$，$k=1$，2，3，$\cdots$ 且初始条件 $a_0=2$。

Extra Examples

解 设 $G(x)$ 是序列 $\{a_k\}$ 的生成函数，即 $G(x) = \sum_{k=0}^{\infty} a_k x^k$。首先注意

$$xG(x) = \sum_{k=0}^{\infty} a_k x^{k+1} = \sum_{k=1}^{\infty} a_{k-1} x^k$$

使用递推关系有

$$G(x) - 3xG(x) = \sum_{k=0}^{\infty} a_k x^k - 3\sum_{k=1}^{\infty} a_{k-1} x^k$$
$$= a_0 + \sum_{k=1}^{\infty} (a_k - 3a_{k-1}) x^k$$
$$= 2$$

因为 $a_0=2$ 且 $a_k=3a_{k-1}$，所以

$$G(x) - 3xG(x) = (1-3x)G(x) = 2$$

求解 $G(x)$，得 $G(x)=2/(1-3x)$。使用表 1 的恒等式 $1/(1-ax) = \sum_{k=0}^{\infty} a^k x^k$，有

$$G(x) = 2 \sum_{k=0}^{\infty} 3^k x^k = \sum_{k=0}^{\infty} 2 \cdot 3^k x^k$$

于是，$a_k = 2 \cdot 3^k$。

例 17 设一个有效的码字是一个包含偶数个 0 的十进制数字串。令 a_n 表示 n 位有效码字的个数。在 8.1 节的例 4 中我们证明了序列 $\{a_n\}$ 满足递推关系

$$a_n = 8a_{n-1} + 10^{n-1}$$

且初始条件 $a_1 = 9$。使用生成函数找出关于 a_n 的显式公式。

解 为了简化关于生成函数的推导，我们通过设置 $a_0 = 1$ 将序列扩充，当把这个值赋给 a_0 并使用递推关系，就得到 $a_1 = 8a_0 + 10^0 = 8 + 1 = 9$，这与初始条件一致。（由于存在一个长为 0 的码字——空串，所以这也是有意义的。）

用 x^n 乘以递推关系的两边得

$$a_n x^n = 8a_{n-1} x^n + 10^{n-1} x^n$$

设 $G(x) = \sum_{n=0}^{\infty} a_n x^n$ 是序列 a_0，a_1，a_2，$\cdots$ 的生成函数。从 $n = 1$ 开始对上面的等式两边求和，得到

$$
\begin{aligned}
G(x) - 1 &= \sum_{n=1}^{\infty} a_n x^n = \sum_{n=1}^{\infty} (8a_{n-1} x^n + 10^{n-1} x^n) \\
&= 8 \sum_{n=1}^{\infty} a_{n-1} x^n + \sum_{n=1}^{\infty} 10^{n-1} x^n \\
&= 8x \sum_{n=1}^{\infty} a_{n-1} x^{n-1} + x \sum_{n=1}^{\infty} 10^{n-1} x^{n-1} \\
&= 8x \sum_{n=0}^{\infty} a_n x^n + x \sum_{n=0}^{\infty} 10^n x^n \\
&= 8x G(x) + x/(1 - 10x)
\end{aligned}
$$

其中我们已经使用了例 5 对第二个和进行求值。因此有

$$G(x) - 1 = 8x G(x) + x/(1 - 10x)$$

求解 $G(x)$ 得

$$G(x) = \frac{1 - 9x}{(1 - 8x)(1 - 10x)}$$

把等式的右边展开成部分分式(正如在微积分中研究有理函数的积分时所做的)得

$$G(x) = \frac{1}{2} \left(\frac{1}{1 - 8x} + \frac{1}{1 - 10x} \right)$$

两次使用例 5(一次设 $a = 8$，一次设 $a = 10$)得

$$
\begin{aligned}
G(x) &= \frac{1}{2} \left(\sum_{n=0}^{\infty} 8^n x^n + \sum_{n=0}^{\infty} 10^n x^n \right) \\
&= \sum_{n=0}^{\infty} \frac{1}{2} (8^n + 10^n) x^n
\end{aligned}
$$

于是，证明了

$$a_n = \frac{1}{2} (8^n + 10^n)$$

8.4.5 使用生成函数证明恒等式

在第 6 章我们已经看到怎样使用组合证明方法来建立组合恒等式。这里将说明这种恒等式，以及关于广义二项式系数的恒等式，都可以使用生成函数来证明。有时候生成函数的方法比其他方法更简单，特别是用生成函数的封闭形式比使用序列本身更能简化证明过程。我们用

例 18 说明怎样用生成函数证明恒等式。

例 18 使用生成函数证明

$$\sum_{k=0}^{n} C(n,k)^2 = C(2n,n)$$

其中 n 是正整数。

解 首先，根据二项式定理，$C(2n,\ n)$ 是 $(1+x)^{2n}$ 中 x^n 的系数。然而，我们也有

$$(1+x)^{2n} = [(1+x)^n]^2$$
$$= [C(n,0) + C(n,1)x + C(n,2)x^2 + \cdots + C(n,n)x^n]^2$$

在这个展开式中 x^n 的系数是

$$C(n,0)C(n,n) + C(n,1)C(n,n-1) + C(n,2)C(n,n-2) + \cdots + C(n,n)C(n,0)$$

因为 $C(n,\ n-k) = C(n,\ k)$，所以它等于 $\sum_{k=0}^{n} C(n,k)^2$。由于 $C(2n,\ n)$ 和 $\sum_{k=0}^{n} C(n,k)^2$ 都表示 $(1+x)^{2n}$ 中 x^n 的系数，所以它们一定是相等的。◀

本节练习 44 和练习 45 要求用生成函数来证明帕斯卡恒等式和范德蒙德恒等式。

练习

1. 求关于有穷序列 2，2，2，2，2，2 的生成函数。

2. 求关于有穷序列 1，4，16，64，256 的生成函数。

练习 3~8 中，封闭形式是指不涉及一组值求和或者省略号的代数表达式。

3. 求关于下面每个序列生成函数的直接表达式。（用最明显的选择设定每个序列初始项的形式。）

　　a) 0，2，2，2，2，2，2，0，0，0，0，0，0，…　　**b)** 0，0，0，1，1，1，1，1，1，1，…

　　c) 0，1，0，0，1，0，0，1，0，0，1，…　　**d)** 2，4，8，16，32，64，128，256，…

　　e) $\binom{7}{0}$，$\binom{7}{1}$，$\binom{7}{2}$，…，$\binom{7}{7}$，0，0，0，0，0，0，…　　**f)** 2，-2，2，-2，2，-2，2，-2，…

　　g) 1，1，0，1，1，1，1，1，1，1，…　　**h)** 0，0，0，1，2，3，4，…

4. 求关于下面每个序列生成函数的封闭形式。（用最明显的选择设定每个序列的通项形式。）

　　a) -1，-1，-1，-1，-1，-1，-1，0，0，0，0，0，0，…

　　b) 1，3，9，27，81，243，729，…　　**c)** 0，0，3，-3，3，-3，3，-3，…

　　d) 1，2，1，1，1，1，1，1，1，…　　**e)** $\binom{7}{0}$，$2\binom{7}{1}$，$2^2\binom{7}{2}$，…，$2^7\binom{7}{7}$，0，0，0，0，…

　　f) -3，3，-3，3，-3，3，…　　**g)** 0，1，-2，4，-8，16，-32，64，…

　　h) 1，0，1，0，1，0，1，0，…

5. 求关于序列 $\{a_n\}$ 的生成函数的封闭形式，其中

　　a) $a_n = 5$，对所有的 $n = 0$，1，2…　　**b)** $a_n = 3^n$，对所有的 $n = 0$，1，2…

　　c) $a_n = 2$，对 $n = 3$，4，5，…且 $a_0 = a_1 = a_2 = 0$　　**d)** $a_n = 2n+3$ 对所有的 $n = 0$，1，2，…

　　e) $a_n = \binom{8}{n}$ 对所有的 $n = 0$，1，2…　　**f)** $a_n = \binom{n+4}{n}$ 对所有的 $n = 0$，1，2…

6. 求关于序列 $\{a_n\}$ 的生成函数的封闭形式，其中

　　a) $a_n = -1$，对所有的 $n = 0$，1，2…　　**b)** $a_n = 2^n$，对 $n = 1$，2，3，4，…且 $a_0 = 0$

　　c) $a_n = n-1$，对 $n = 0$，1，2，…　　**d)** $a_n = 1/(n+1)!$，对 $n = 0$，1，2，…

　　e) $a_n = \binom{n}{2}$，对 $n = 0$，1，2…　　**f)** $a_n = 1\binom{10}{n+1}$，对 $n = 0$，1，2…

7. 对于下面每一个生成函数给出关于它所确定序列的封闭形式。

　　a) $(3x-4)^3$　　　　　　**b)** $(x^3+1)^3$　　　　　　**c)** $1/(1-5x)$

　　d) $x^3/(1+3x)$　　　　**e)** $x^2+3x+7+(1/(1-x^2))$　　**f)** $(x^4/(1-x^4))-x^3-x^2-x-1$

　　g) $x^2/(1-x)^2$　　　　**h)** $2e^{2x}$

8. 对于下面每一个生成函数给出关于它所确定序列的封闭形式。

a)$(x^2+1)^3$ **b)**$(3x-1)^3$ **c)**$1/(1-2x^2)$

d)$x^2/(1-x)^3$ **e)**$x-1+(1/(1-3x))$ **f)**$(1+x^3)/(1+x)^3$

＊**g)**$x/(1+x+x^2)$ **h)**$e^{3x^2}-1$

9. 求出下面每个函数的幂级数中 x^{10} 的系数。

a)$(1+x^5+x^{10}+x^{15}+\cdots)^3$ **b)**$(x^3+x^4+x^5+x^6+x^7+\cdots)^3$

c)$(x^4+x^5+x^6)(x^3+x^4+x^5+x^6+x^7)(1+x+x^2+x^3+x^4+\cdots)$

d)$(x^2+x^4+x^6+x^8+\cdots)(x^3+x^6+x^9+\cdots)(x^4+x^8+x^{12}+\cdots)$

e)$(1+x^2+x^4+x^6+x^8+\cdots)(1+x^4+x^8+x^{12}+\cdots)(1+x^6+x^{12}+x^{18}+\cdots)$

10. 求出下面每个函数的幂级数中 x^9 的系数。

a)$(1+x^3+x^6+x^9+\cdots)^3$ **b)**$(x^2+x^3+x^4+x^5+x^6+\cdots)^3$

c)$(x^3+x^5+x^6)(x^3+x^4)(x+x^2+x^3+x^4+\cdots)$

d)$(x+x^4+x^7+x^{10}+\cdots)(x^2+x^4+x^6+x^8+\cdots)$

e)$(1+x+x^2)^3$

11. 求出下面每个函数的幂级数中 x^{10} 的系数。

a)$1/(1-2x)$ **b)**$1/(1+x)^2$ **c)**$1/(1-x)^3$

d)$1/(1+2x)^4$ **e)**$x^4/(1-3x)^3$

12. 求出下面每个函数的幂级数中 x^{12} 的系数。

a)$1/(1+3x)$ **b)**$1/(1-2x)^2$ **c)**$1/(1+x)^8$

d)$1/(1-4x)^3$ **e)**$x^3/(1+4x)^2$

13. 把 10 个相同的球分给 4 个孩子，如果每个孩子至少得到 2 个球，使用生成函数确定不同的分配方法数。

14. 把 12 张相同的剧情图片分给 5 个孩子使得每个孩子至多得到 3 张，使用生成函数确定不同的分配方法数。

15. 把 15 个相同的动物玩具分给 6 个孩子使得每个孩子至少得到 1 个但不超过 3 个，使用生成函数确定不同的分配方法数。

16. 从 3 类百吉饼（鸡蛋的、椒盐的和普通的）选 12 个，如果每类至少选择 2 个但椒盐的不超过 3 个，使用生成函数确定选择方法数。

17. 把 25 个相同的甜甜圈分给 4 个警官使得每个警官至少得到 3 个但不超过 7 个，有多少种方式？

18. 从包含 100 个红球、100 个蓝球和 100 个绿球的罐子中选 14 个球，使得蓝球不少于 3 个且不多于 10 个。假定不考虑选球的次序，使用生成函数求出选择方法数。

19. 求序列 $\{c_k\}$ 的生成函数，其中 c_k 是使用 1 美元、2 美元、5 美元和 10 美元纸币换 k 美元的方法数。

20. 求序列 $\{c_k\}$ 的生成函数，其中 c_k 是使用 10 比索、20 比索、50 比索和 100 比索换 k 比索的方法数。

21. 对 $(1+x+x^2+x^3+\cdots)^3$ 展开式中 x^4 的系数给出组合解释。使用这个解释求出这个数。

22. 对 $(1+x+x^2+x^3+\cdots)^n$ 展开式中 x^6 的系数给出组合解释。使用这个解释求出这个数。

23. a) 什么是关于 $\{a_k\}$ 的生成函数？这里 a_k 是 $x_1+x_2+x_3=k$ 的解的个数，其中 x_1、x_2 和 x_3 是满足 $x_1\geqslant 2$，$0\leqslant x_2\leqslant 3$，$2\leqslant x_3\leqslant 5$ 的整数。

b) 使用 a 的答案求 a_6。

24. a) 什么是关于 $\{a_k\}$ 的生成函数？这里 a_k 是 $x_1+x_2+x_3+x_4=k$ 的解的个数，其中 x_1、x_2、x_3 和 x_4 是满足 $x_1\geqslant 3$，$1\leqslant x_2\leqslant 5$，$0\leqslant x_3\leqslant 4$，$x_4\geqslant 1$ 的整数。

b) 使用 a 的答案求 a_7。

25. 解释怎样使用生成函数找到用 3 分、4 分和 20 分的邮票在信封上贴满 r 分邮费的方式数。

a) 假设不考虑贴邮票的次序。

b) 假设邮票贴成一行并且考虑贴的次序。

c) 当不考虑贴邮票的次序时，使用 a 的答案确定用 3 分、4 分和 20 分的邮票在信封上贴满 46 分邮费的方式数。（建议使用计算机代数程序。）

d) 当考虑贴邮票的次序时，使用 b 的答案确定用 3 分、4 分和 20 分的邮票在信封上贴满一行 46 分邮费的方式数。（建议使用计算机代数程序。）

26. 解释怎样使用生成函数求出 2 分、7 分、13 分和 32 分的邮票在信封上贴满 r 分邮费的方式数。

a) 假设不考虑贴邮票的次序。

b) 假设考虑贴邮票的次序。

    c) 不考虑贴邮票的次序时，使用 a 的答案确定用 2 分、7 分、13 分和 32 分的邮票在信封上贴满 49 分邮费的方式数。（建议使用计算机代数程序。）

    d) 考虑贴邮票的次序时，使用 b 的答案确定用 2 分、7 分、13 分和 32 分的邮票在信封上贴满 49 分邮费的方式数。（建议使用计算机代数程序。）

27. 在一个古怪的热带水果摊上，顾客能买到最多四个芒果、最多两个百香果、偶数个木瓜、三个或更多个椰子以及五个一组的杨桃。

    a) 解释如何使用生成函数来计算一名顾客购买 n 个水果的方法数，注意遵循列出的限制条件。

    b) 使用 a 中的答案确定可以用多少种方法买到 12 个这样的水果。

28. **a)** 重复掷一个骰子，考虑掷的次序并且使得掷出的点数之和为 n，证明关于这种方式数的生成函数是 $1/(1-x-x^2-x^3-x^4-x^5-x^6)$。

    b) 使用 a 求出重复掷一个骰子，考虑掷的次序并且使得掷出的总点数为 8 的方式数。（建议使用计算机代数程序。）

29. 使用生成函数（如果需要，使用计算机代数程序）求出换 1 美元的方式数。

    a) 用 10 美分和 25 美分。

    b) 用 5 美分、10 美分和 25 美分。

    c) 用 1 美分、10 美分和 25 美分。

    d) 用 1 美分、5 美分、10 美分和 25 美分。

30. 使用生成函数（如果需要，使用计算机代数程序）求出用 1 美分、5 美分、10 美分和 25 美分换 1 美元的方式数，使得

    a) 1 美分不超过 10 个。

    b) 1 美分不超过 10 个且 5 美分不超过 10 个。

   ∗**c)** 硬币不超过 10 个。

31. 使用生成函数求出换 100 美元的方式数。

    a) 用 10 美元、20 美元和 50 美元纸币。

    b) 用 5 美元、10 美元、20 美元和 50 美元纸币。

    c) 用 5 美元、10 美元、20 美元和 50 美元纸币，并且每种纸币至少使用 1 张。

    d) 用 5 美元、10 美元和 20 美元纸币，并且每种纸币至少使用 1 张但不超过 4 张。

32. 如果 $G(x)$ 是关于序列 $\{a_k\}$ 的生成函数，那么关于下述每个序列的生成函数是什么？

    a) $2a_0,\ 2a_{1,2}a_2,\ 2a_3,\ \cdots$

    b) $0,\ a_0,\ a_1,\ a_2,\ a_3,\ \cdots$（假定除了第一项以外各项服从此模式）

    c) $0,\ 0,\ 0,\ 0,\ a_2,\ a_3,\ \cdots$（假定除了前四项以外各项服从此模式）

    d) $a_2,\ a_3,\ a_4,\ \cdots$

    e) $a_1,\ 2a_2,\ 3a_3,\ 4a_4,\ \cdots$ [提示：这里需要微积分。]

    f) $a_0^2,\ 2a_0a_1,\ a_1^2+2a_0a_2,\ 2a_0a_3+2a_1a_2,\ 2a_0a_4+2a_1a_3+a_2^2,\ \cdots$

33. 如果 $G(x)$ 是关于序列 $\{a_k\}$ 的生成函数，那么关于下述每个序列的生成函数是什么？

    a) $0,\ 0,\ 0,\ a_3,\ a_4,\ a_5,\ \cdots$（假定除了前三项以外各项服从此模式）

    b) $a_0,\ 0,\ a_1,\ 0,\ a_2,\ 0,\ \cdots$

    c) $0,\ 0,\ 0,\ 0,\ a_0,\ a_1,\ a_2,\ \cdots$（假定除了前四项以外各项服从此模式）

    d) $a_0,\ 2a_1,\ 4a_2,\ 8a_3,\ 16a_4,\ \cdots$

    e) $0,\ a_0,\ a_1/2,\ a_2/3,\ a_3/4,\ \cdots$ [提示：这里需要微积分。]

    f) $a_0,\ a_0+a_1,\ a_0+a_1+a_2,\ a_0+a_1+a_2+a_3,\ \cdots$

34. 使用生成函数求解递推关系 $a_k=7a_{k-1}$，初始条件 $a_0=5$。

35. 使用生成函数求解递推关系 $a_k=3a_{k-1}+2$，初始条件 $a_0=1$。

36. 使用生成函数求解递推关系 $a_k=3a_{k-1}+4^{k-1}$，初始条件 $a_0=1$。

37. 使用生成函数求解递推关系 $a_k=5a_{k-1}-6a_{k-2}$，初始条件 $a_0=6$ 和 $a_1=30$。

38. 使用生成函数求解递推关系 $a_k=a_{k-1}+2a_{k-2}+2^k$，初始条件 $a_0=4$ 和 $a_1=12$。

39. 使用生成函数求解递推关系 $a_k=4a_{k-1}-4a_{k-2}+k^2$，初始条件 $a_0=2$ 和 $a_1=5$。

40. 使用生成函数求解递推关系 $a_k=2a_{k-1}+3a_{k-2}+4^k+6$，初始条件 $a_0=20$ 和 $a_1=60$。

41. 使用生成函数找出关于斐波那契数的显式公式。

* 42. **a)**证明：如果 n 是正整数，那么

$$\binom{-1/2}{n} = \frac{\binom{2n}{n}}{(-4)^n}$$

b)使用广义二项式定理和 a)证明对于一切非负整数 n，在 $(1-4x)^{-1/2}$ 的展开式中 x^n 的系数是 $\binom{2n}{n}$。

* 43. （需要微积分知识）设 $\{C_n\}$ 是卡特朗数的序列，即具有初值 $C_0 = C_1 = 1$ 的递推关系 $C_n = \sum_{k=0}^{n-1} C_k C_{n-1-k}$ 的解（见 8.1 节例 5）。

a)证明：如果 $G(x)$ 是关于卡特朗数的序列的生成函数，那么 $xG(x)^2 - G(x) + 1 = 0$。（使用初始条件）推断 $G(x) = (1 - \sqrt{1-4x})/(2x)$。

b)使用练习 40 推断

$$G(x) = \sum_{n=0}^{\infty} \frac{1}{n+1}\binom{2n}{n}x^n$$

从而

$$C_n = \frac{1}{n+1}\binom{2n}{n}$$

44. 当 n 和 r 是正整数 $(r < n)$ 时，使用生成函数证明帕斯卡恒等式：$C(n, r) = C(n-1, r) + C(n-1, r-1)$。[提示：使用恒等式 $(1+x)^n = (1+x)^{n-1} + x(1+x)^{n-1}$。]

45. 使用生成函数证明范德蒙恒等式：$C(m+n,r) = \sum_{k=0}^{r} C(m,r-k)C(n,k)$，其中 m、n 和 r 是非负整数，且 r 不超过 m 或 n。[提示：查看在 $(1+x)^{m+n} = (1+x)^m (1+x)^n$ 两边的 x^r 的系数。]

46. 这个练习说明了怎样使用生成函数推导前 n 个平方数之和的公式。

a)证明 $(x^2+x)/(1-x)^4$ 是关于序列 $\{a_n\}$ 的生成函数，其中 $a_n = 1^2 + 2^2 + \cdots + n^2$。

b)使用 a)找出关于 $1^2 + 2^2 + \cdots + n^2$ 的显式公式。

关于序列 $\{a_n\}$ 的**指数生成函数**是级数

$$\sum_{n=0}^{\infty} \frac{a_n}{n!}x^n$$

例如，关于序列 $1，1，1，\cdots$ 的指数生成函数是 $\sum_{n=0}^{\infty} x^n/n! = e^x$。（你将发现这个级数在下面的练习中很有用。）注意，e^x 是关于序列 $1，1，1/2!，1/3!，1/4!，\cdots$ 的（普通）生成函数。

47. 求一个关于序列 $\{a_n\}$ 的指数生成函数的封闭形式，其中

a) $a_n = 2$ **b)** $a_n = (-1)^n$ **c)** $a_n = 3^n$

d) $a_n = n+1$ **e)** $a_n = 1/(n+1)$

48. 求一个关于序列 $\{a_n\}$ 的指数生成函数的封闭形式，其中

a) $a_n = (-2)^n$ **b)** $a_n = -1$ **c)** $a_n = n$

d) $a_n = n(n-1)$ **e)** $a_n = 1/((n+1)(n+2))$

49. 求以下述函数为指数生成函数的序列。

a) $f(x) = e^{-x}$ **b)** $f(x) = 3x^{2x}$

c) $f(x) = e^{3x} - 3e^{2x}$ **d)** $f(x) = (1-x) + e^{-2x}$

e) $f(x) = e^{-2x} - (1/(1-x))$ **f)** $f(x) = e^{-3x} - (1+x) + (1/(1-2x))$

g) $f(x) = e^{x^2}$

50. 求以下述函数为指数生成函数的序列。

a) $f(x) = e^{3x}$ **b)** $f(x) = 2e^{-3x+1}$

c) $f(x) = e^{4x} + e^{-4x}$ **d)** $f(x) = (1+2x) + e^{3x}$

e) $f(x) = e^x - (1/1+x))$ **f)** $f(x) = xe^x$

g) $f(x) = e^{x^3}$

51. 一个编码系统用八进制数字串对信息编码。一个码字是有效的，当且仅当它包含偶数个 7。

　　a) 求一个关于 n 位长有效码字个数的线性非齐次递推关系。初始条件是什么？

　　b) 使用 8.2 节的定理 6 解这个递推关系。

　　c) 用生成函数解这个递推关系。

* 52. 一个编码系统用四进制数字串（即数字来自集合 $\{0,1,2,3\}$）对信息编码。一个码字是有效的当且仅当它包含偶数个 0 和偶数个 1。设 a_n 等于长为 n 的有效码字个数。此外令 b_n 为具有偶数个 0 和奇数个 1 的 n 位四进制数字串个数，c_n 为具有奇数个 0 和偶数个 1 的 n 位四进制数字串个数，d_n 为具有奇数个 0 和奇数个 1 的 n 位四进制数字串个数。

　　a) 证明 $d_n = 4^n - a_n - b_n - c_n$。使用这个式子证明 $a_{n+1} = 2a_n + b_n + c_n$，$b_{n+1} = b_n - c_n + 4^n$ 和 $c_{n+1} = c_n - b_n + 4^n$。

　　b) a_1，b_1，c_1 和 d_1 是什么？

　　c) 使用 a 和 b 求出 a_3，b_3，c_3 和 d_3。

　　d) 使用 a 的递推关系和 b 的初始条件分别建立与序列 $\{a_n\}$、$\{b_n\}$ 和 $\{c_n\}$ 的生成函数 $A(x)$、$B(x)$ 和 $c(x)$ 相关的三个方程。

　　e) 求解 d 的方程得到关于 $A(x)$、$B(x)$ 和 $C(x)$ 的显式公式，并且利用这些公式得到关于 a_n、b_n、c_n 和 d_n 的显式公式。

在研究整数 n 分拆的不同类型的个数时生成函数是很有用的。一个正整数的分拆是把这个整数写成若干个正整数之和，和中的整数允许重复并且不考虑次序。例如，5 的分拆（不加限制）是 $1+1+1+1+1$、$1+1+1+2$、$1+1+3$、$1+2+2$、$1+4$、$2+3$ 和 5。练习 53～58 说明了这种应用。

53. 证明：在 $1/((1-x)(1-x^2)(1-x^3)\cdots)$ 的形式幂级数展开式中 x^n 的系数 $p(n)$ 等于 n 的分拆数。

54. 证明：在 $1/((1-x)(1-x^3)(1-x^5)\cdots)$ 的形式幂级数展开式中 x^n 的系数 $p_o(n)$ 等于将 n 分拆成奇整数（即把 n 写成正奇数之和）的方式数，其中不管这些奇数的次序并且允许重复。

55. 证明：在 $(1+x)(1+x^2)(1+x^3)\cdots$ 的形式幂级数展开式中 x^n 的系数 $p_d(n)$ 等于将 n 分拆成不相等的整数（即把 n 写成正整数之和）的方式数，其中不管这些整数的次序但不允许重复。

56. 对于 $1\leqslant n\leqslant 8$，通过对每个整数写出每一个不同类型的分拆求 $p_o(n)$ 和 $p_d(n)$，其中 $p_o(n)$ 是将 n 分拆成允许重复的奇整数的方式数，$p_d(n)$ 是将 n 分拆成不相等的整数的方式数。

57. 证明：如果 n 是正整数，那么将 n 分拆成不相等的整数的方式数等于将 n 分拆成允许重复的奇整数的方式数，即 $p_o(n) = p_d(n)$。〔提示：证明关于 $p_o(n)$ 和 $p_d(n)$ 的生成函数相等。〕

** 58. （需要微积分知识）使用关于 $p(n)$ 的生成函数证明对某个常数 C，$p(n) \leqslant e^{C\sqrt{n}}$。〔Hardy 和 Ramanujan 证明了 $p(n) \sim e^{\pi\sqrt{2/3}\sqrt{n}}/(4\sqrt{3}n)$，这意味着当 n 达到无限时 $p(n)$ 与右边的比达到 1。〕

假定 X 是样本空间 S 上的随机变量，使得 $X(s)$ 对于所有的 $s\in S$ 是非负整数。关于 X 的**概率生成函数**是

$$G_X(x) = \sum_{k=0}^{\infty} p(X(s) = k)x^k$$

59. （需要微积分知识）证明如果 G_X 是随机变量 X 的概率生成函数，使得 $X(s)$ 对于所有的 $s\in S$ 是非负整数，那么

　　a) $G_X(1) = 1$　　　　　　　　**b)** $E(X) = G_X'(1)$

　　c) $V(X) = G_X''(1) + G_X'(1) - G_X'(1)^2$

60. 做独立的伯努利实验，每次实验成功的概率为 p。设 X 是随机变量，如果第 n 次实验出现首次成功，X 的值就是 n。

　　a) 求关于概率生成函数 G_X 的封闭公式。

　　b) 使用练习 59 和 a 中得到的关于概率生成函数的封闭公式求 X 的期望值和方差。

61. 设 m 是正整数，进行独立的伯努利实验时，每次实验成功的概率为 p。设 X_m 是随机变量，如果第 $n+m$ 次实验出现第 m 次成功，则 X 的值就是 n。

　　a) 使用第 7 章的补充练习 32 证明概率生成函数 G_{X_m} 由 $G_{X_m}(x) = p^m/(1-qx)^m$ 给出，其中 $q = 1-p$。

　　b) 使用练习 59 和 a 中得到的关于概率生成函数的封闭公式求 X_m 的期望值和方差。

62. 证明：如果 X 和 Y 是样本空间 S 上的独立随机变量，使得 $X(s)$ 和 $Y(s)$ 对于所有 $s\in S$ 为非负整数，那么 $G_{X+Y}(x) = G_X(x)G_Y(x)$。

8.5 容斥

8.5.1 引言

一个离散数学班包含 30 个女生和 50 个二年级学生。在这个班里有多少个女生或二年级学生？如果没有更多的信息，这个问题是没法求解的。把女生数和二年级学生数加起来不一定能得出正确的结果，因为二年级的女生可能被计数了两次。这个事实说明在班里的女生或二年级学生数是班里的女生数与二年级学生数之和减去二年级的女生数。在 6.1 节曾经介绍过求解这种计数问题的技术。这里我们将把在那一节引入的思想加以推广，以求解需要计算两个以上集合的并集元素个数的问题。

8.5.2 容斥原理

两个有穷集的并集中存在多少个元素？在 2.2 节中证明了两个集合 A 和 B 的并集中的元素数是这些集合的元素数之和减去其交集中的元素数，即

$$|A \cup B| = |A| + |B| - |A \cap B|$$

正如我们在 6.1 节证明的，这个关于两个集合并集中元素数的公式在计数问题中是很有用的。例 1～3 进一步说明了这个公式的用处。

例 1 一个离散数学班包含 25 个计算机科学专业的学生、13 个数学专业的学生和 8 个同时主修数学和计算机科学两个专业的学生。如果每个学生或者主修数学专业，或者主修计算机科学专业，或者同时主修这两个专业，那么班里有多少个学生？

解 设 A 是这个班里计算机科学专业的学生的集合，B 是这个班里数学专业的学生的集合，那么 $A \cap B$ 是班里同时主修数学和计算机科学两个专业的学生的集合。因为这个班的每个学生或者主修计算机科学，或者主修数学（或者同时主修两个专业），所以得到这个班里的学生数是 $|A \cup B|$。于是

$$
\begin{aligned}
|A \cup B| &= |A| + |B| - |A \cap B| \\
&= 25 + 13 - 8 \\
&= 30
\end{aligned}
$$

因此，这个班有 30 个学生。如图 1 所示。◀

例 2 有多少个不超过 1000 的正整数可以被 7 或 11 整除？

解 设 A 是不超过 1000 且可被 7 整除的正整数的集合，B 是不超过 1000 且可被 11 整除的正整数的集合，那么 $A \cup B$ 是不超过 1000 且可被 7 或 11 整除的正整数的集合，$A \cap B$ 是不超过 1000 且可被 7 和 11 同时整除的正整数的集合。由 4.1 节的例 2，我们知道在不超过 1000 的正整数中有 $\lfloor 1000/7 \rfloor$ 个整数可被 7 整除，并且有 $\lfloor 1000/11 \rfloor$ 个整数可被 11 整除。由于 7 和 11 是互素的，所以被 7 和 11 同时整除的整数就是被 7·11 整除的整数。因此，有 $\lfloor 1000/(11 \cdot 7) \rfloor$ 个不超过 1000 的正整数可被 7 和 11 同时整除。于是有

$$
\begin{aligned}
|A \cup B| &= |A| + |B| - |A \cap B| \\
&= \left\lfloor \frac{1000}{7} \right\rfloor + \left\lfloor \frac{1000}{11} \right\rfloor - \left\lfloor \frac{1000}{7 \cdot 11} \right\rfloor \\
&= 142 + 90 - 12 \\
&= 220
\end{aligned}
$$

个正整数不超过 1000 且可被 7 或 11 整除。如图 2 所示。◀

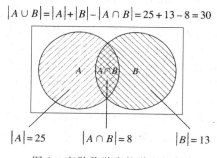

$|A \cup B| = |A| + |B| - |A \cap B| = 25 + 13 - 8 = 30$

$|A| = 25$ $|A \cap B| = 8$ $|B| = 13$

图 1   离散数学班的学生的集合

$|A \cup B| = |A| + |B| - |A \cap B| = 142 + 90 - 12 = 220$

$|A| = 142$ $|A \cap B| = 12$ $|B| = 90$

图 2   不超过 1000 的可被 7 或 11 整除的
正整数的集合

例 3 说明怎样求有穷全集中在两个集合的并集之外的元素数。

例 3 假设你们学校有 1807 个新生。其中 453 人选了一门计算机科学课，567 人选了一门数学课，299 人同时选了计算机科学课和数学课。有多少学生既没有选计算机科学课也没有选数学课？

解 为找出既没有选数学课也没有选计算机科学课的新生数，就要从新生总数中减去选了其中一门课的学生数。设 A 是选了一门计算机课的所有新生的集合，B 是选了一门数学课的所有新生的集合。于是 $|A|=453$，$|B|=567$，且 $|A\cap B|=299$。选了一门计算机科学课或数学课的学生数是

$$|A \cup B| = |A| + |B| - |A \cap B|$$
$$= 453 + 567 - 299 = 721$$

因此，有 $1807-721=1086$ 个新生既没选计算机科学课也没选数学课。　◀

在本节的后面将说明怎样求有限个集合的并集中的元素数。这个结果叫作**容斥原理**。设 n 是任意正整数，在考虑 n 个集合的并集之前，先推导与 3 个集合 A、B 和 C 的并集中的元素数有关的公式。为了推导这个公式，首先注意以下事实：$|A|+|B|+|C|$ 对 3 集合中那些恰好在其中 1 个集合的元素只计数了 1 次，恰好在其中 2 个集合的元素计数了 2 次，恰好在其中 3 个集合的元素计数了 3 次。这个结果如图 3a 所示。

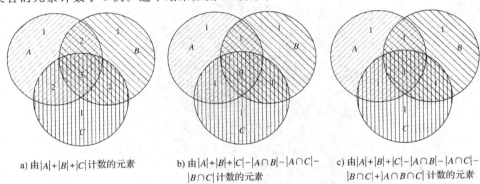

a) 由 $|A|+|B|+|C|$ 计数的元素　　b) 由 $|A|+|B|+|C|-|A\cap B|-|A\cap C|-$　　c) 由 $|A|+|B|+|C|-|A\cap B|-|A\cap C|-$
　　　　　　　　　　　　　　　　　　 $|B\cap C|$ 计数的元素　　　　　　　　　　 $|B\cap C|+|A\cap B\cap C|$ 计数的元素

图 3　求关于 3 个集合的并集中元素数的公式

为了去掉在多个集合中元素的重复计数，减去这 3 个集合中的每 2 个集合的交集中的元素数，得到

$$|A| + |B| + |C| - |A\cap B| - |A\cap C| - |B\cap C|$$

这个表达式对恰好出现在其中 1 个集合的元素仍旧计数 1 次。对恰好出现在其中 2 个集合的元素也计数 1 次，因为 2 个集合的交集有 3 个，而这种元素只出现在其中之一。但是，那些出现在 3 个集合的元素将被这个表达式计数 0 次，因为它们将会出现在所有的两两相交的 3 个交集中。这个结果如图 3b 所示。

为了纠正这个漏计，还要加上 3 个集合交集中的元素数。最后的表达式对每个元素计数了 1 次，不管它是在 1 个、2 个还是 3 个集合中。于是

$$|A\cup B\cup C| = |A| + |B| + |C| - |A\cap B| - |A\cap C| - |B\cap C| + |A\cap B\cap C|$$

这个公式显示在图 3c 中。

例 4 说明了怎样使用这个公式。

例 4 1232 个学生选了西班牙语课，879 个学生选了法语课，114 个学生选了俄语课。103 个学生选了西班牙语和法语课，23 个学生选了西班牙语和俄语课，14 个学生选了法语和俄语课。如果 2092 个学生至少在西班牙语、法语和俄语课中选 1 门，有多少个学生选了所有这 3 门语言课？

解   设 S 是选西班牙语课的学生集合，F 是选法语课的学生集合，R 是选俄语课的学生集合。那么

$$|S| = 1232, \qquad |F| = 879, \qquad |R| = 114$$
$$|S \cap F| = 103, \quad |S \cap R| = 23, \quad |F \cap R| = 14$$

且

$$|S \cup F \cup R| = 2092$$

把这些等式代入下面的等式

$$|S \cup F \cup R| = |S| + |F| + |R| - |S \cap F| - |S \cap R| - |F \cap R| + |S \cap F \cap R|$$

得到

$$2092 = 1232 + 879 + 114 - 103 - 23 - 14 + |S \cap F \cap R|$$

求解上式得到 $|S \cap F \cap R| = 7$。因此有 7 个学生同时选了西班牙语、法语和俄语课。这个结果如图 4 所示。   ◀

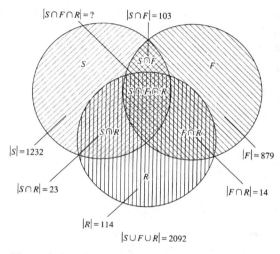

图 4   选了西班牙语、法语和俄语课程的学生集合

我们现在将叙述和证明对于 n 个集合的**容斥原理**，其中 n 为正整数。这个原理告诉我们，计算 n 个集合的并集大小时，需要将 n 个集合的元素个数相加，然后减去所有两个集合交集的元素个数，然后加上所有三个集合交集的元素个数，如此下去，直到所有集合的交集。奇数集合个数时是加法，偶数集合个数时是减法。

> **定理 1   容斥原理**   设 A_1，A_2，$\cdots$，A_n 是有穷集。那么
> $$|A_1 \cup A_2 \cup \cdots \cup A_n| = \sum_{1 \leqslant i \leqslant n} |A_i| - \sum_{1 \leqslant i < j \leqslant n} |A_i \cap A_j|$$
> $$+ \sum_{1 \leqslant i < j < k \leqslant n} |A_i \cap A_j \cap A_k| - \cdots + (-1)^{n+1} |A_1 \cap A_2 \cap \cdots \cap A_n|$$

证明   我们将通过证明并集中的每个元素在等式右边恰好被计数 1 次来证明这个公式。假设 a 恰好是 A_1，A_2，$\cdots$，A_n 中 r 个集合的成员，其中 $1 \leqslant r \leqslant n$。这个元素被 $\sum |A_i|$ 计了 $C(r, 1)$ 次，被 $\sum |A_i \cap A_j|$ 计了 $C(r, 2)$ 次。一般说来，它涉及 m 个 A_i 集合的求和被计数了 $C(r, m)$ 次。于是，这个元素恰好被等式右边的表达式计数了

$$C(r, 1) - C(r, 2) + C(r, 3) - \cdots + (-1)^{r+1} C(r, r)$$

次。我们的目标是求出这个值。由 6.4 节的推论 2，我们有

$$C(r, 0) - C(r, 1) + C(r, 2) - \cdots + (-1)^r C(r, r) = 0$$

于是

$$1=C(r, 0)=C(r, 1)-C(r, 2)+\cdots+(-1)^{r+1}C(r, r)$$

因此，并集中的每个元素在等式右边的表达式中恰好被计数 1 次。这就证明了容斥原理。◄

对于每个正整数 n，容斥原理对于 n 个集合并集的元素数给出了一个公式。对于 n 个集合的集合族的每一个非空子集的交，在这个公式中都存在一项计数了它的元素。因此在这个公式中有 2^n-1 项。

例 5 对于 4 个集合的并集中的元素数给出一个公式。

Extra Examples

解 容斥原理显示

$$|A_1 \cup A_2 \cup A_3 \cup A_4|$$
$$=|A_1|+|A_2|+|A_3|+|A_4|$$
$$-|A_1 \cap A_2|-|A_1 \cap A_3|-|A_1 \cap A_4|-|A_2 \cap A_3|-|A_2 \cap A_4|-|A_3 \cap A_4|$$
$$+|A_1 \cap A_2 \cap A_3|+|A_1 \cap A_2 \cap A_4|+|A_1 \cap A_3 \cap A_4|+|A_2 \cap A_3 \cap A_4|$$
$$-|A_1 \cap A_2 \cap A_3 \cap A_4|$$

注意，这个公式包含 15 个不同的项，对于 $\{A_1, A_2, A_3, A_4\}$ 的每个非空子集有一项。◄

练习

1. 在 $A_1 \cup A_2$ 中有多少个元素？如果 A_1 中有 12 个元素，A_2 中有 18 个元素，并且
   a) $A_1 \cap A_2=\varnothing$ b) $|A_1 \cap A_2|=1$ c) $|A_1 \cap A_2|=6$ d) $A_1 \subseteq A_2$

2. 一个学院有 345 个学生选了微积分课，212 个学生选了离散数学课，188 个学生同时选了微积分和离散数学课。有多少学生选了微积分课或离散数学课？

3. 一项调查显示在美国 96% 的家庭至少有 1 台电视机，98% 的家庭有电话，95% 的家庭有电话且至少有 1 台电视机。在美国有百分之几的家庭既没有电话也没有电视机？

4. 一份关于个人计算机的市场报告说，650 000 个拥有计算机的人将在下一年为自己的机器购买调制解调器并且 1 250 000 人将至少买 1 个软件包。如果这份报告说 1 450 000 人将买调制解调器或至少买 1 个软件包，那么有多少人将买调制解调器并且至少买 1 个软件包？

5. 求 $A_1 \cup A_2 \cup A_3$ 中的元素数，如果每个集合有 100 个元素并且
   a) 这些集合是两两不交的
   b) 每对集合中存在 50 个公共元素并且没有元素在所有这 3 个集合中
   c) 每对集合中存在 50 个公共元素并且有 25 个元素在所有这 3 个集合中
   d) 这些集合是相等的

6. 求 $A_1 \cup A_2 \cup A_3$ 中的元素数，如果 A_1 中有 100 个元素、A_2 中有 1000 个元素、A_3 中有 10 000 个元素，并且
   a) $A_1 \subseteq A_2$ 且 $A_2 \subseteq A_3$ b) 这些集合是两两不交的
   c) 在每对集合中存在 2 个公共元素并且没有元素在所有这 3 个集合中

7. 一个学校有 2504 个计算机科学专业的学生，其中 1876 人选修了 Pascal、999 人选修了 Fortran、345 人选修了 C、876 人选修了 Pascal 和 Fortran、231 人选修了 Fortran 和 C、290 人选修了 Pascal 和 C。如果 189 个学生选了 Fortran、Pascal 和 C，那么 2504 个学生中有多少学生没选这 3 门程序设计语言课的任何一门？

8. 一项关于 270 个大学生的调查显示：64 人喜欢芽甘蓝、94 人喜欢椰菜、58 人喜欢花椰菜、26 人喜欢芽甘蓝和椰菜、28 人喜欢芽甘蓝和花椰菜、22 人喜欢椰菜和花椰菜、14 人喜欢这 3 种蔬菜。270 个学生中有多少人对这 3 种菜都不喜欢？

9. 一个学校有 507、292、312 和 344 个学生分别选了微积分、离散数学、数据结构或程序设计语言课，且有 14 人选了微积分和数据结构课、213 人选了微积分和程序设计语言课、211 人选了离散数学和数据结构课、43 人选了离散数学和程序设计语言课、没有学生同时选微积分和离散数学课，也没有学生同时选数据结构和程序设计语言课。问有多少学生选择微积分、离散数学、数据结构或程序设计语言课？

10. 求不超过 100 且不被 5 或 7 整除的正整数的个数。

11. 求不超过 1000 且不能被 3、17 或 35 整除的正整数个数。

12. 求不超过 10 000 且不能被 3、4、7 或 11 整除的正整数个数。

13. 求不超过 100 且是奇数或平方数的正整数的个数。

14. 求不超过 1000 且是平方数或立方数的正整数的个数。

15. 有多少 8 位比特串不包含 6 个连续的 0?

* 16. 26 个英文字母的排列中有多少个不包含串 fish、rat 或 bird?

17. 在 10 个十进制数字的排列中有多少个以 3 个数字 987 开始,在第 5 和第 6 位包含数字 45,且最后 3 位是 123?

18. 有 4 个集合,每个集合有 100 个元素,每一对集合有 50 个公共元素,每 3 个集合有 25 个公共元素,并且有 5 个元素在所有的 4 个集合中。问在这 4 个集合的并集中有多少个元素?

19. 有 4 个集合,如果这些集合分别有 50、60、70 和 80 个元素,每一对集合有 5 个公共元素,每 3 个集合有 1 个公共元素,并且没有元素在所有的 4 个集合里。问在这 4 个集合的并集中有多少个元素?

20. 在容斥原理所给出的有关 10 个集合并集元素数的公式中有多少项?

21. 根据容斥原理写出关于 5 个集合并集元素数的显式公式。

22. 有 5 个集合,如果每个集合包含 10 000 个元素,每对集合包含 1000 个公共元素,每 3 个集合包含 100 个公共元素,每 4 个集合包含 10 个公共元素,且这 5 个集合有 1 个公共元素。问在这 5 个集合的并集中有多少个元素?

23. 有 6 个集合,如果知道其中任意 3 个集合都是不相交的,根据容斥原理写出关于这 6 个集合并集元素数的显式公式。

* 24. 使用数学归纳法证明容斥原理。

25. 设 E_1、E_2 和 E_3 是样本空间 S 的 3 个事件。求关于 $E_1 \cup E_2 \cup E_3$ 的概率的公式。

26. 当一个硬币掷 5 次时求头像向下恰好 3 次、第一次和最后一次头像向下或第二次和第四次头像向上的概率。

27. 从 1 到 100(含 1 和 100)不允许重复地随机取 4 个数,求所有的都是奇数、所有的都被 3 整除或所有的都被 5 整除的概率。

28. 一个样本空间有 4 个事件,如果其中没有 3 个事件同时出现,求关于这 4 个事件的并的概率公式。

29. 一个样本空间有 5 个事件,如果其中没有 4 个事件同时出现,求关于这 5 个事件的并的概率公式。

30. 一个样本空间有 n 个事件,如果其中没有 2 个事件同时出现,求关于这 n 个事件的并的概率公式。

31. 求一个样本空间中 n 个事件的并的概率公式。

8.6 容斥原理的应用

8.6.1 引言

可以使用容斥原理求解许多计数问题。例如,我们可以使用这个原理找出小于某个正整数的素数的个数。通过计数从一个有穷集到另一个有穷集的映上函数的个数,能够求解许多问题。而容斥原理就可以用来求出这种函数的个数。也可以使用容斥原理求解著名的帽子认领问题。帽子认领问题是:一个招待随机地将帽子发还给存放帽子的人,求没有人取回自己帽子的概率。

8.6.2 容斥原理的另一种形式

容斥原理有另一种表述形式,它在计数问题中很有用。特别是,这种形式可以用于求解在一个集合中的元素数,使得这些元素不具有 n 个性质 P_1,P_2,$\cdots$,P_n 中的任何一条性质。

设 A_i 是具有性质 P_i 的元素的子集。具有所有这些性质 P_{i_1},P_{i_2},$\cdots$,P_{i_k} 的元素数将记为 $N(P_{i_1} P_{i_2} \cdots P_{i_k})$。用集合的术语写这些等式,有

$$|A_{i_1} \bigcap A_{i_2} \bigcap \cdots \bigcap A_{i_k}| = N(P_{i_1} P_{i_2} \cdots P_{i_k})$$

如果不具有 n 个性质 P_1,P_2,$\cdots$,P_n 中的任何一个的元素数记为 $N(P_1' P_2' \cdots P_n')$,集合中的元素数记为 N,那么有

$$N(P_1' P_2' \cdots P_n') = N - |A_1 \bigcup A_2 \bigcup \cdots \bigcup A_n|$$

由容斥原理,有

$$N(P_1'P_2'\cdots P_n') = N - \sum_{1\leqslant i\leqslant n}N(P_i) + \sum_{1\leqslant i<j\leqslant n}N(P_iP_j) - \sum_{1\leqslant i<j<k\leqslant n}N(P_iP_jP_k)$$
$$+ \cdots + (-1)^n N(P_1P_2\cdots P_n)$$

例 1 说明怎样使用容斥原理确定具有约束条件的方程的整数解的个数。

例 1 $x_1+x_2+x_3=11$ 有多少个整数解？其中 x_1、x_2 和 x_3 是非负整数，且 $x_1\leqslant 3$，$x_2\leqslant 4$，$x_3\leqslant 6$。

解 为了使用容斥原理，令解的性质 P_1 为 $x_1>3$，性质 P_2 为 $x_2>4$，性质 P_3 为 $x_3>6$。满足不等式 $x_1\leqslant 3$、$x_2\leqslant 4$ 以及 $x_3\leqslant 6$ 的解的个数是

$$N(P_1'P_2'P_3') = N - N(P_1) - N(P_2) - N(P_3) + N(P_1P_2)$$
$$+ N(P_1P_3) + N(P_2P_3) - N(P_1P_2P_3)$$

使用与 6.5 节例 5 相同的技术，得到

$N=$ 解的总数 $= C(3+11-1,11) = 78$

$N(P_1) = ($ 具有 $x_1\geqslant 4$ 的解数 $) = C(3+7-1,7) = C(9,7) = 36$

$N(P_2) = ($ 具有 $x_2\geqslant 5$ 的解数 $) = C(3+6-1,6) = C(8,6) = 28$

$N(P_3) = ($ 具有 $x_3\geqslant 7$ 的解数 $) = C(3+4-1,4) = C(6,4) = 15$

$N(P_1P_2) = ($ 具有 $x_1\geqslant 4$ 且 $x_2\geqslant 5$ 的解数 $) = C(3+2-1,2) = C(4,2) = 6$

$N(P_1P_3) = ($ 具有 $x_1\geqslant 4$ 且 $x_3\geqslant 7$ 的解数 $) = C(3+0-1,0) = 1$

$N(P_2P_3) = ($ 具有 $x_2\geqslant 5$ 且 $x_3\geqslant 7$ 的解数 $) = 0$

$N(P_1P_2P_3) = ($ 具有 $x_1\geqslant 4$，$x_2\geqslant 5$ 且 $x_3\geqslant 7$ 的解数 $) = 0$

把这些等式代入关于 $N(P_1'P_2'P_3')$ 的公式，说明满足 $x_1\leqslant 3$、$x_2\leqslant 4$ 以及 $x_3\leqslant 6$ 的解的个数等于

$$N(P_1'P_2'P_3') = 78 - 36 - 28 - 15 + 6 + 1 + 0 - 0 = 6$$
◀

8.6.3　埃拉托斯特尼筛法

在 4.3 节中，我们说明了可以用埃拉托斯特尼筛法求出不超过一个给定正整数的素数的个数。一个合数可以被一个不超过它的平方根的素数整除。因此，为找出不超过 100 的素数的个数，首先注意到不超过 100 的合数一定有一个不超过 10 的素因子。由于小于 10 的素数只有 2、3、5 和 7，因此不超过 100 的素数就是这 4 个素数以及那些大于 1 和不超过 100 且不被 2、3、5 或 7 整除的正整数。为了应用容斥原理，令 P_1 是一个整数被 2 整除的性质，P_2 是一个整数被 3 整除的性质，P_3 是一个整数被 5 整除的性质，P_4 是一个整数被 7 整除的性质。于是，不超过 100 的素数的个数是

$$4 + N(P_1'P_2'P_3'P_4')$$

由于存在 99 个比 1 大且不超过 100 的正整数，所以容斥原理说明

$$N(P_1'P_2'P_3'P_4') = 99 - N(P_1) - N(P_2) - N(P_3) - N(P_4)$$
$$+ N(P_1P_2) + N(P_1P_3) + N(P_1P_4) + N(P_2P_3) + N(P_2P_4) + N(P_3P_4)$$
$$- N(P_1P_2P_3) - N(P_1P_2P_4) - N(P_1P_3P_4) - N(P_2P_3P_4)$$
$$+ N(P_1P_2P_3P_4)$$

不超过 100（且大于 1）并被 {2，3，5，7} 的子集中的所有素数整除的正整数个数是 $\lfloor 100/N\rfloor$，其中 N 是这个子集中的素数之积。（这是因为任意两个素数都没有公因子。）因此，

$$N(P_1'P_2'P_3'P_4') = 99 - \left\lfloor\frac{100}{2}\right\rfloor - \left\lfloor\frac{100}{3}\right\rfloor - \left\lfloor\frac{100}{5}\right\rfloor - \left\lfloor\frac{100}{7}\right\rfloor + \left\lfloor\frac{100}{2\cdot 3}\right\rfloor + \left\lfloor\frac{100}{2\cdot 5}\right\rfloor + \left\lfloor\frac{100}{2\cdot 7}\right\rfloor$$
$$+ \left\lfloor\frac{100}{3\cdot 5}\right\rfloor + \left\lfloor\frac{100}{3\cdot 7}\right\rfloor + \left\lfloor\frac{100}{5\cdot 7}\right\rfloor - \left\lfloor\frac{100}{2\cdot 3\cdot 5}\right\rfloor - \left\lfloor\frac{100}{2\cdot 3\cdot 7}\right\rfloor - \left\lfloor\frac{100}{2\cdot 5\cdot 7}\right\rfloor$$
$$- \left\lfloor\frac{100}{3\cdot 5\cdot 7}\right\rfloor + \left\lfloor\frac{100}{2\cdot 3\cdot 5\cdot 7}\right\rfloor$$
$$= 99 - 50 - 33 - 20 - 14 + 16 + 10 + 7 + 6 + 4 + 2 - 3 - 2 - 1 - 0 + 0$$
$$= 21$$

因此，存在 $4+21=25$ 个不超过 100 的素数。

8.6.4   映上函数的个数

也可以应用容斥原理确定从 m 元素集合到 n 元素集合的映上函数的个数。首先考虑例 2。

例 2 从 6 元素集合到 3 元素集合有多少个映上函数？

解   假定在陪域中的元素是 b_1，b_2，b_3。设 P_1，P_2，P_3 分别是 b_1，b_2，b_3 不在函数值域中的性质。注意，一个函数是映上的当且仅当它没有性质 P_1、P_2 和 P_3。根据容斥原理得到 6 元素集合到 3 元素集合的映上函数的个数是

$$N(P_1'P_2'P_3') = N - [N(P_1) + N(P_2) + N(P_3)]$$
$$+ [N(P_1P_2) + N(P_1P_3) + N(P_2P_3)] - N(P_1P_2P_3)$$

其中 N 是从 6 元素集合到 3 元素集合的函数总数。我们将对等式右边的每一项求值。

由 6.1 节的例 6 得出 $N=3^6$。注意 $N(P_i)$ 是值域中不含 b_i 的函数的个数。所以，对于定义域中的每个元素的函数值有 2 种选择，从而得到 $N(P_i)=2^6$。此外，这种项有 $C(3,1)$ 个。注意 $N(P_iP_j)$ 是值域中不含 b_i 和 b_j 的函数个数。所以，对于定义域中的每个元素的函数值只有 1 种选择。从而得到 $N(P_iP_j)=1^6=1$。此外，这种项有 $C(3,2)$ 个。还有，注意 $N(P_1P_2P_3)=0$，因为这个项是值域中不含 b_1、b_2 和 b_3 的函数的个数。显然，没有这样的函数。于是，从 6 元素集合到 3 元素集合的映上函数的个数是

$$3^6 - C(3,1)2^6 + C(3,2)1^6 = 729 - 192 + 3 = 540$$

◄

现在说明从 m 元素集合到 n 元素集合的映上函数的个数的一般性结果。这个结果的证明留给读者作为练习。

> **定理 1**   设 m 和 n 是正整数，满足 $m \geqslant n$。那么存在
> $$n^m - C(n,1)(n-1)^m + C(n,2)(n-2)^m - \cdots + (-1)^{n-1} C(n,n-1) \cdot 1^m$$
> 个从 m 元素集合到 n 元素集合的映上函数。

从 m 元素集合到 n 元素集合的映上函数是这样一种对应方式：它把定义域中的 m 个元素分配到 n 个不可辨别的盒子中，使得每个盒子都不是空的，然后将陪域中的 n 个元素中的每一个元素都与一个盒子相对应。这意味着从具有 m 个元素的集合到具有 n 个元素的集合的映上函数的个数，等于把 m 个可辨别的物体分配到 n 个不可辨别的盒子中，使得每个盒子都不空时的方法数乘以具有 n 个元素的集合的排列数。因此，从 m 个元素的集合到 n 个元素的集合的映上函数的个数为 $n! \, S(m,s)$，其中 $S(m,n)$ 是 6.5 节中定义的第二类斯特林数。这意味着我们可以用定理 1 来推导 6.5 节所给的关于 $S(m,n)$ 的公式。（关于第二类斯特林数更详细的信息，可参见 [MiRo91] 中的第 6 章。）

下面给出定理 1 的另一个应用的实例。

例 3 把 5 项工作分给 4 个不同的雇员，如果每个雇员至少分配 1 项工作，问有多少种方式？

解   把工作分配看作从 5 个工作集合到 4 个雇员集合的函数。每个雇员至少得到 1 项工作的分配对应于从工作集合到雇员集合的映上函数。因此，由定理 1，存在

$$4^5 - C(4,1)3^5 + C(4,2)2^5 - C(4,3)1^5 = 1024 - 972 + 192 - 4 = 240$$

种方式来分配工作并使得每个雇员至少得到 1 项工作。

◄

8.6.5   错位排列

下面将用容斥原理计数排列 n 个物体并使得没有一个物体在它的初始位置上的方式数。考虑下面的例子。

例 4 **帽子认领问题**   在一个餐厅里，一个新的雇员寄存 n 个人的帽子时忘记把寄存号放在帽子上。当顾客取回他们的帽子时，这个雇员从剩下的帽子中随机选择发给他们。问没有一

个人收到自己帽子的概率是多少?

评注　答案就是重新排列帽子使得没有帽子在它的初始位置上的方式数除以 n 个帽子的排列数 $n!$。在我们找出排列 n 个物体并使得没有一个物体在它的初始位置上的方式数以后再考虑这个例子。

错位排列是使得没有一个物体在它的初始位置上的排列。为求解例 4 中的问题我们需要确定 n 个物体的错位排列数。

例 5　排列 21453 是 12345 的一个错位排列,因为没有数在它的初始位置上。但是,21543 不是 12345 的错位排列,因为 4 留在它的初始位置上。

设 D_n 表示 n 个物体的错位排列数。例如,$D_3=2$,因为 123 的错位排列是 231 和 312。我们将使用容斥原理对所有的正整数 n 求 D_n。

定理 2　n 元素集合的错位排列数是

$$D_n = n!\left[1 - \frac{1}{1!} + \frac{1}{2!} - \frac{1}{3!} + \cdots + (-1)^n \frac{1}{n!}\right]$$

证明　如果排列保持元素 i 不变,就设排列有性质 P_i。错位排列的个数就是对 $i=1$,2,$\cdots$,n,没有性质 P_i 的排列数,或

$$D_n = N(P_1' P_2' \cdots P_n')$$

使用容斥原理得到

$$D_n = N - \sum_i N(P_i) + \sum_{i<j} N(P_i P_j) - \sum_{i<j<k} N(P_i P_j P_k) + \cdots + (-1)^n N(P_1 P_2 \cdots P_n)$$

其中 N 是 n 个元素的排列数。这个等式说明所有元素都发生变化的排列数,等于排列的总数减去至少保持 1 个元素不变的排列数,加上至少保持 2 元素不变的排列数,减去至少保持 3 个元素不变的排列数,等等。现在找出在等式右边出现的所有的量。

首先注意 $N=n!$,因为 N 只是 n 个元素排列的总数。而且,$N(P_i)=(n-1)!$。这是由乘积法则得到的,因为 $N(P_i)$ 是保持元素 i 不变的排列数,所以第 i 个位置是确定的,但是其余的每个位置可以放任意元素。类似地,

$$N(P_i P_j) = (n-2)!$$

因为这是保持元素 i 和 j 不变的排列数,但是其余 $(n-2)$ 个元素的位置可以任意地安排。一般来说,有

$$N(P_{i_1} P_{i_2} \cdots P_{i_m}) = (n-m)!$$

因为这是保持元素 i_1,i_2,$\cdots$,i_m 不变的排列数,但是其他 $(n-m)$ 个元素的位置可以任意安排。由于存在 $C(n,m)$ 种方式从 n 个元素中选择 m 个,所以有

$$\sum_{1 \leqslant i \leqslant n} N(P_i) = C(n,1)(n-1)!$$

$$\sum_{1 \leqslant i < j \leqslant n} N(P_i P_j) = C(n,2)(n-2)!$$

一般地,有

$$\sum_{1 \leqslant i_1 < i_2 < \cdots < i_m \leqslant n} N(P_{i_1} P_{i_2} \cdots P_{i_m}) = C(n,m)(n-m)!$$

所以,把这些等式代入关于 D_n 的公式得到

历史注解　在一个古老的法国纸牌相遇(匹配)游戏中,一套 52 张牌摆成一行。摆放第二套牌使其中每张牌放在第一套牌的某一张的顶部。通过统计在两套牌中匹配的牌数来确定得分。1708 年,皮埃尔·雷蒙德·蒙特莫特(1678—1719)提出了"相遇"问题:在相遇游戏中没有匹配发生的概率是多少? 蒙特莫特问题的解是随机选择 52 个物体的排列恰为错位排列的概率,即 $D_{52}/52!$,正如我们将看到的,这个概率近似为 $1/e$。

$$D_n = n! - C(n,1)(n-1)! + C(n,2)(n-2)! - \cdots + (-1)^n C(n,n)(n-n)!$$

$$= n! - \frac{n!}{1!(n-1)!}(n-1)! + \frac{n!}{2!(n-2)!}(n-2)! - \cdots + (-1)^n \frac{n!}{n!0!}0!$$

简化这个表达式得

$$D_n = n!\left[1 - \frac{1}{1!} + \frac{1}{2!} - \cdots + (-1)^n \frac{1}{n!}\right]$$

◀

表 1   错位排列的概率

n	2	3	4	5	6	7
$D_n/n!$	0.500 00	0.333 33	0.375 00	0.366 67	0.368 06	0.367 86

现在对于给定的正整数 n 求 D_n 就简单了。例如，使用定理 2 得到

$$D_3 = 3!\left[1 - \frac{1}{1!} + \frac{1}{2!} - \frac{1}{3!}\right] = 6\left(1 - 1 + \frac{1}{2} - \frac{1}{6}\right) = 2$$

正如我们前面所看到的。

现在可以给出例 4 中问题的解。

解   没有一个人收到自己帽子的概率是 $D_n/n!$。由定理 2，这个概率是

$$\frac{D_n}{n!} = 1 - \frac{1}{1!} + \frac{1}{2!} - \cdots + (-1)^n \frac{1}{n!}$$

对于 $2 \leqslant n \leqslant 7$，这个概率的值在表 1 中给出。

通过恒等式 $e^x = \sum_{j=0}^{\infty} x^j/j!$，其中 x 为所有实数（使用微积分方法），可以证明

$$e^{-1} = 1 - \frac{1}{1!} + \frac{1}{2!} - \cdots + (-1)^n \frac{1}{n!} + \cdots \approx 0.368$$

因为这是一个项趋向于 0 的交错级数，所以当 n 无限增长时，没有一个人取回自己帽子的概率趋于 $e^{-1} \approx 0.368$。事实上，可以证明这个概率与 e^{-1} 的差在 $1/(n+1)!$ 之内。   ◀

练习

1. 假设 1 蒲式耳 100 个苹果中 20 个有虫，15 个有擦伤。只有没虫也没擦伤的苹果才可以卖。如果 10 个擦伤的苹果有虫，那么 100 个苹果中有多少个可以卖？

2. 1000 个人申请喜马拉雅登山旅游，450 个人有高山病，622 个人状态不佳、30 个人有过敏症。一个申请人是合格的当且仅当他没有高山病、状态良好，并且没有过敏症。如果 111 个申请人有高山病且不在良好状态，14 人有高山病和过敏症，18 人不在良好的状态并且有过敏症，9 个人有高山病并且不在良好状态和有过敏症，那么有多少申请人合格？

3. 方程 $x_1 + x_2 + x_3 = 13$ 有多少个解？其中 x_1、x_2、x_3 是小于 6 的非负整数。

4. 求方程 $x_1 + x_2 + x_3 + x_4 = 17$ 的解的个数，其中 $x_i(i = 1, 2, 3, 4)$ 是非负整数，满足条件 $x_1 \leqslant 3$、$x_2 \leqslant 4$、$x_3 \leqslant 5$ 且 $x_4 \leqslant 8$。

5. 使用容斥原理求小于 200 的素数的个数。

6. 一个整数叫作**无平方因子**，如果它不被一个大于 1 的正整数的平方整除。求小于 100 的无平方因子的正整数个数。

7. 有多少小于 10 000 的正整数不是一个整数的 2 次或更高次幂？

8. 从 7 元素集合到 5 元素集合有多少个映上函数？

9. 有多少种方式把 6 个不同的玩具分给 3 个不同的孩子并使得每个孩子至少得到 1 个玩具？

10. 8 个不同的球放入 3 个不同的罐子中，如果每个罐子至少有 1 个球，那么有多少种放法？

11. 有多少种方式把 7 项不同的工作分给 4 个不同的雇员，使得每个雇员至少得到 1 项工作，并且把最困难的工作分给最好的雇员？

12. 列出 $\{1, 2, 3, 4\}$ 的所有的错位排列。

13. 一个 7 元素集合有多少个错位排列？

14. 如果寄存帽子的人随机发回帽子，10 个人中没有一个人得到他自己帽子的概率是多少？

15. 一个把信放入信袋的机器发生了故障并且随机把信放入信袋中。在一组 100 封信中发生下面事件的概率是多少？

　　a)没有信放对了信袋。　　　　　　　　b)恰好 1 封信放对了信袋。

　　c)恰好 98 封信放对了信袋。　　　　　d)恰好 99 封信放对了信袋。

　　e)所有的信都放对了信袋。

16. 一组有 n 个学生。在同一间教室内给他们分派座位。一共上两次课。如果没有学生在这两次课时分派在同一个座位上，有多少种方式？

*17. 有多少种方式安排数字 0，1，2，3，4，5，6，7，8，9 使得没有偶数在它的初始位置上？

*18. 设 D_n 表示 n 个物体的错位排列数，用组合论证明序列 $\{D_n\}$ 满足递推关系

$$D_n = (n-1)(D_{n-1} + D_{n-2}) \quad n \geqslant 2$$

　　[提示：对于错位排列中的第 1 个元素 k 有 $n-1$ 种选择。单独考虑以 k 开始的错位排列，它的第 k 位可以是 1 也可以不是 1。]

*19. 使用练习 18 证明

$$D_n = nD_{n-1} + (-1)^n \quad n \geqslant 1$$

20. 使用练习 19 求关于 D_n 的显式公式。

21. 对哪些正整数 n，错位排列数 D_n 是偶数？

22. 假设 p 和 q 是不同的素数。使用容斥原理求 $\phi(pq)$，即不超过 pq 且与 pq 互素的整数的个数。

*23. 当 n 的素因子分解式是

$$n = p_1^{a_1} p_2^{a_2} \cdots p_m^{a_m}$$

　　时，使用容斥原理推导一个关于 $\phi(n)$ 的公式。

*24. 证明：如果 n 是正整数，那么

$$n! = C(n, 0)D_n + C(n, 1)D_{n-1} + \cdots + C(n, n-1)D_1 + C(n, n)D_0$$

　　其中 D_k 是 k 个物体的错位排列数。

25. 以整数 1，2，3 开始的 $\{1, 2, 3, 4, 5, 6\}$ 的错位排列数有多少个？

26. 以整数 1，2，3 结束的 $\{1, 2, 3, 4, 5, 6\}$ 的错位排列数有多少个？

27. 证明定理 1。

关键术语和结论

术语

递推关系(recurrence relation)：一个公式，它把序列中除了某些初始项以外的项表示成这个序列前面的一个或若干个项的函数。

递推关系的初始条件(initial conditions for a recurrence relation)：满足递推关系的序列在该关系起作用之前的某些项的值。

动态规划(dynamic programming)：一种求解优化问题的算法范式，通过递归将问题分裂为重叠子问题，并通过递推关系合并子问题方案。

常系数线性齐次递推关系(linear homogeneous recurrence relation with constant coefficient)：一个递推关系，除了初始项之外，它把序列的项表示成前面项的线性组合。

常系数线性齐次递推关系的特征根(characteristic roots of a linear homogeneous recurrence relation with constant coefficients)：与常系数线性齐次递推关系相关的多项式的根。

常系数线性非齐次递推关系(linear nonhomogeneous recurrence relation with constant coefficients)：一个递推关系，除了初始项之外，它把序列的项表示成前面项的线性组合加上一个仅仅依赖于序标的不恒为 0 的函数。

分治算法(divide-and-conquer algorithm)：求解问题的一种算法，求解中递归地把问题划分成固定数目的较小的同种类型的问题。

序列的生成函数(generating function of a sequence)：用序列的第 n 项作为 x^n 的系数的形式幂级数。

埃拉托斯特尼筛法(sieve of Eratosthenes)：找出小于一个给定正整数的素数的过程。

错位排列（derangement）：使得没有物体在它的初始位置上的排列。

结论

两个有穷集合并集的元素个数公式（the formula for the number of elements in the union of three finite sets）：

$$|A \cup B| = |A| + |B| - |A \cap B|$$

三个有穷集合并集的元素个数公式（the formula for the number of elements in the union of two finite sets）：

$$|A \cup B \cup C| = |A| + |B| + |C| - |A \cap B| - |A \cap C| - |B \cap C| + |A \cap B \cap C|$$

容斥原理（the principle of inclusion-exclusion）：

$$
\left| A_1 \cup A_2 \cup \cdots \cup A_n \right| = \sum_{1 \leqslant i \leqslant n} |A_i| - \sum_{1 \leqslant i < j \leqslant n} |A_i \cap A_j|
$$
$$
+ \sum_{1 \leqslant i < j < k \leqslant n} |A_i \cap A_j \cap A_k|
$$
$$
- \cdots + (-1)^{n+1} |A_1 \cap A_2 \cap \cdots \cap A_n|
$$

从 m 元素集合到 n 元素集合的映上函数的个数（the number of onto functions from a set with m elements to a set with n elements）：

$$n^m - C(n,1)(n-1)^m + C(n,2)(n-2)^m - \cdots + (-1)^{n-1} C(n, n-1) \cdot 1^m$$

n 个物体的错位排列数（the number of derangements of n objects:）：

$$D_n = n! \left[1 - \frac{1}{1!} + \frac{1}{2!} - \cdots + (-1)^n \frac{1}{n!} \right]$$

复习题

1. **a)** 什么是递推关系？
   b) 如果在一个获利 9% 的账户上储蓄 $1\,000\,000$ 美元，求与 n 年后账户上钱数有关的递推关系。
2. 解释怎样用斐波那契数求解关于兔子的斐波那契问题。
3. **a)** 找出与求解汉诺塔难题所需步数有关的递推关系。
   b) 显示怎样使用迭代来求解这个递推关系。
4. **a)** 解释怎样找一个与不包含两个连续的 1 的 n 位比特串个数有关的递推关系。
   b) 描述另一个计数问题使得它的解满足同一个递推关系。
5. **a)** 什么是动态规划，动态规划怎样在算法中使用递推关系？
   b) 解释动态规划如何用于解决讲座规划问题，即对于一组可能的讲座针对一个讲座大厅如何使得参加总人数最大化。
6. 定义一个 k 阶的线性齐次递推关系。
7. **a)** 解释怎样求解二阶线性齐次递推关系。
   b) 如果 $a_0 = 3$，$a_1 = 15$，对于 $n \geqslant 2$，求解递推关系 $a_n = 13a_{n-1} - 22a_{n-2}$。
   c) 如果 $a_0 = 3$，$a_1 = 35$，对于 $n \geqslant 2$，求解递推关系 $a_n = 14a_{n-1} - 49a_{n-2}$。
8. **a)** 如果 $f(n)$ 满足分治递推关系 $f(n) = af(n/b) + g(n)$，这里 b 整除正整数 n，解释怎样求 $f(b^k)$，其中 k 是正整数。
   b) 如果 $f(n) = 3f(n/4) + 5n/4$ 且 $f(1) = 7$，求 $f(256)$。
9. **a)** 为了用二分搜索在表中查找一个数所用的比较次数，推导一个分治的递推关系。
   b) 从 a 给出的分治递推关系使用 8.3 节中的定理 1，为二分搜索所用的比较次数给出一个大 O 估计。
10. **a)** 给出一个关于 3 个集合并集元素个数的公式。
    b) 解释为什么这个公式是有效的。
    c) 解释怎样使用 a 的公式求不超过 1000 且能被 6、10 或 15 整除的正整数的个数。
    d) 解释怎样使用 a 的公式求方程 $x_1 + x_2 + x_3 + x_4 = 22$ 的非负整数解的个数，其中 $x_1 < 8$，$x_2 < 6$，$x_3 < 5$。
11. **a)** 给出一个关于 4 个集合的并集的元素个数的公式。解释为什么它是有效的。
    b) 假设 A_1、A_2、A_3 和 A_4 每个集合包含 25 个元素，其中任意 2 个集合的交包含 5 个元素，任意 3 个集合的交包含 2 个元素，所有 4 个集合包含 1 个公共元素。问在这 4 个集合的并集中有多少个元素？

12. **a)** 叙述容斥原理。

b) 概述这个原理的证明。

13. 解释怎样使用容斥原理计数从 m 元素集合到 n 元素集合的映上函数的个数。

14. **a)** 怎样计数把 m 项工作分给 n 个雇员并使得每个雇员至少得到一项工作的方案数？

b) 把 7 项工作分给 3 个雇员并使得每个雇员至少得到一项工作，有多少种方案？

15. 解释怎样使用容斥原理计数不超过正整数 n 的素数的个数。

16. **a)** 定义一个错位排列。

b) 一个寄存帽子的人给 n 个人发还帽子，使得没有人得到自己帽子的方式的计数为什么与 n 个物体的错位排列数一样？

c) 解释怎样计数 n 个物体的错位排列数。

补充练习

1. 一个 10 人小组开始一系列的通信活动，每个人把一封信寄给另外 4 个人。每个收到信的人再把这封信寄给另外的 4 个人。

a) 如果没有人收到的信多于 1 封，求与这个通信活动的第 n 步寄出信数有关的递推关系。

b) 在 a 中的递推关系的初始条件是什么？

c) 在通信活动的第 n 步寄出了多少封信？

2. 一个核反应堆产生 18 克放射性同位素。每小时放射性同位素衰变 1%。

a) 对 n 小时后留下的同位素的量建立一个递推关系。　　**b)** 对于 a 的递推关系，初始条件是什么？

c) 求解这个递推关系。

3. 美国政府每小时印 1 美元纸币超过 10 000 张，5 美元纸币超过 4000 张，10 美元纸币超过 3000 张，20 美元纸币超过 2500 张，50 美元纸币超过 1000 张，100 美元纸币与前一小时的张数一样。在初始时刻，每种钱币有 1000 张。

a) 建立一个关于第 n 小时总钱数的递推关系。　　**b)** a 中递推关系的初始条件是什么？

c) 求解第 n 小时总钱数的递推关系。　　**d)** 建立一个前 n 小时总钱数的递推关系。

e) 求解前 n 小时总钱数的递推关系。

4. 每个前一小时已经存在的细菌在每小时都分裂出 2 个新的细菌，并且所有的细菌只有 2 小时的寿命。假设这群细菌开始时有 100 个新细菌。

a) 建立关于 n 小时后存在细菌数目的递推关系。　　**b)** 这个递推关系的解是什么？

c) 什么时候这群细菌的个数将超过 100 万个？

5. 使用两个不同的信号在通信信道发送信息。传送一个信号需要 2 微秒，传送另一个信号要 3 微秒。一条信息的每个信号后紧跟着下一个信号。

a) 求与在 n 微秒中可以发送的不同信号数有关的递推关系。

b) 对于 a 的递推关系，初始条件是什么？　　**c)** 在 12 微秒内可以发送多少个不同的信息？

6. 一个小邮局只有 4 分、6 分和 10 分邮票。如果考虑邮票使用的次序，求与这些邮票构成 n 分邮资的方式数有关的递推关系。这个递推关系的初始条件是什么？

7. 使用补充练习 6 描述的规则，构成下述邮资有多少种方式？

a) 12 分　　　　　**b)** 14 分

c) 18 分　　　　　**d)** 22 分

8. 求联立方程组

$$a_n = a_{n-1} + b_{n-1}$$
$$b_n = a_{n-1} - b_{n-1}$$

的解，其中 $a_0 = 1$ 和 $b_0 = 2$。

9. 如果 $a_0 = 1$、$a_1 = 2$，求解递推关系 $a_n = a_{n-1}^2 / a_{n-2}$。［提示：两边取对数得到关于序列 $\log a_n$ 的递推关系，$n = 0, 1, 2, \cdots$。］

*10. 如果 $a_0 = 2$ 和 $a_1 = 2$，求解递推关系 $a_n = a_{n-1}^3 a_{n-2}^2$。（见补充练习 9 的提示。）

11. 如果 $a_0 = 2$、$a_1 = 4$ 和 $a_2 = 8$，求解递推关系 $a_n = 3a_{n-1} - 3a_{n-2} + a_{n-3} + 1$。

12. 如果 $a_0=2$、$a_1=2$ 和 $a_2=4$，求解递推关系 $a_n=3a_{n-1}-3a_{n-2}+a_{n-3}$。

* 13. 假设在 8.1 节的例 1 中，一对兔子在繁殖 2 次以后就离开这个岛。求与第 n 个月中的岛上兔子对数有关的递推关系。

* 14. 我们设计一个动态规划算法用于解决找到从一个有 n 个对象的集合中选择一个的子集 S 的问题，每一个对象 i 都有一个正整数权重 w_i，要求子集 S 中的对象权重之和为最大但不会超过一个固定的权重限度 w。设 $M(j, w)$ 表示不会超过权重限度 w 的前 j 个对象的子集合的最大权重之和。这个问题称为**背包问题**。

   a) 证明：如果 $w_j > w$，则 $M(j, w)=M(j-1, w)$。

   b) 证明：如果 $w_j \leqslant w$，则 $M(j, w)=\max(M(j-1, w), w_j+M(j-1, w-w_j))$。

   c) 使用 a 和 b 设计一个动态规划算法，该算法用于确定不超过 W 的对象子集的最大权重之和。在算法中保存计算得到的 $M(j, w)$ 值。

   d) 解释如何使用 c 中计算的 $M(j, w)$ 值找到不超过 W 的具有最大权重之和的对象的子集合。

在补充练习 $15 \sim 18$ 中，我们设计一个动态规划算法，该算法用于找到两个序列 $a_1, a_2, \cdots, a_m$ 和 $b_1, b_2, \cdots, b_n$ 的最长相同子序列，这是不同生物体 DNA 比较中非常重要的一个问题。

15. 设 $c_1, c_2, \cdots, c_p$ 是两个序列 $a_1, a_2, \cdots, a_m$ 和 $b_1, b_2, \cdots, b_n$ 的最长相同子序列。

   a) 证明如果 $a_m=b_n$，则当 $p>1$ 时，$c_p=a_m=b_n$ 并且 $c_1, c_2, \cdots, c_{p-1}$ 是两个序列 $a_1, a_2, \cdots, a_{m-1}$ 和 $b_1, b_2, \cdots, b_{n-1}$ 的最长相同子序列。

   b) 设 $a_m \neq b_n$。证明如果 $c_p \neq a_m$，则 $c_1, c_2, \cdots, c_p$ 是两个序列 $a_1, a_2, \cdots, a_{m-1}$ 和 $b_1, b_2, \cdots, b_n$ 的最长相同子序列，同时证明如果 $c_p \neq b_n$，则 $c_1, c_2, \cdots, c_p$ 是两个序列 $a_1, a_2, \cdots, a_m$ 和 $b_1, b_2, \cdots, b_{n-1}$ 的最长相同子序列。

16. 设 $L(i, j)$ 表示两个序列 $a_1, a_2, \cdots, a_i$ 和 $b_1, b_2, \cdots, b_j$ 的最长相同子序列，其中 $0 \leqslant i \leqslant m$，$0 \leqslant j \leqslant n$。使用补充练习 15 中 a) 和 b) 证明 $L(i, j)$ 满足递推关系 $L(i, j)=L(i-1, j-1)+1$，如果 i 和 j 都不为 0 且 $a_i=b_i$；$L(i, j)=\max(L(i, j-1), L(i-1, j))$，如果 i 和 j 都不为 0 且 $a_i \neq b_i$，初始条件如果 $i=0$ 或者 $j=0$，则 $L(i, j)=0$。

17. 使用补充练习 16 中设计的动态规划算法计算两个序列 $a_1, a_2, \cdots, a_m$ 和 $b_1, b_2, \cdots, b_n$ 的最长相同子序列，保存得到的 $L(i, j)$ 值。

18. 使用在补充练习 17 中算法的 $L(i, j)$ 的值，设计一个算法寻找两个序列 $a_1, a_2, \cdots, a_m$ 和 $b_1, b_2, \cdots, b_n$ 的最长相同子序列。

19. 求解递推关系 $f(n)=f(n/2)+n^2$，其中 $n=2^k$，k 是正整数，$f(1)=1$。

20. 当 n 可被 5 整除时，求解递推关系 $f(n)=3f(n/5)+2n^4$，其中 $n=5^k$，k 是正整数，$f(1)=1$。

21. 如果 f 是增函数，给出补充练习 20 中 f 的大 O 估计。

22. 找出与下述算法所使用的比较次数有关的递推关系：通过把 n 个数的序列递归地划分成两个子序列来找出最大和第二大的元素，在每一步划分时要求这两个子序列的项数相等或一个子序列比另一个子序列多一项。当子序列达到 2 项时停止划分。

23. 估计补充练习 22 描述的算法所使用的比较次数。

24. 一个序列 $a_1, a_2, \cdots, a_n$ 是**单峰的**当且仅当有一个指数 $m(1 \leqslant m \leqslant n)$，使得 $a_i < a_{i+1}$ 当 $1 \leqslant i < m$ 和 $a_i > a_{i+1}$ 当 $m \leqslant i < n$。即该序列在第 m 项前是严格递增的，之后是严格递减的，a_m 是序列的最大项。在本补充练习中，a_m 表示单峰序列 $a_1, a_2, \cdots, a_n$ 的最大项。

   a) 证明 a_m 是序列中唯一的大于此项前面的元素和此项后面的元素的元素项。

   b) 证明如果 $a_i < a_{i+1}(1 \leqslant i < n)$，则 $i+1 \leqslant m \leqslant n$。

   c) 证明如果 $a_i > a_{i+1}(1 \leqslant i < n)$，则 $1 \leqslant m \leqslant i$。

   d) 开发一个分治算法确定单峰序列的 m 值。〔提示：设 $i < m < j$，使用 a)、b) 和 c) 确定或者 $\lfloor (i+j)/2 \rfloor+1 \leqslant m \leqslant n$，$1 \leqslant m \leqslant \lfloor (i+j)/2 \rfloor-1$ 或者 $m=\lfloor (i+j)/2 \rfloor$。〕

25. 证明补充练习 24 的算法的比较次数有最坏情况时间复杂度 $O(\log n)$。

   设 $\{a_n\}$ 是实数序列。这个序列的**前向差分**递归地定义为：第一个前向差分是 $\Delta a_n=a_{n+1}-a_n$；第 $k+1$ 个前向差分 $\Delta^{k+1} a_n$ 是通过 $\Delta^{k+1} a_n=\Delta^k a_{n+1}-\Delta^k a_n$ 由 $\Delta^k a_n$ 得到的。

26. 求 $\Delta k a_n$，其中

   a) $a_n=3$ **b)** $a_n=4n+7$ **c)** $a_n=n^2+n+1$

27. 设 $a_n = 3n^3 + n + 2$，求 $\Delta^k a_n$，其中 k 等于
    a）2　　　　　　　　b）3　　　　　　　　c）4

* 28. 假设 $a_n = P(n)$，其中 P 是 d 次多项式。证明：对于所有的非负整数 n，$\Delta^{d+1} a_n = 0$

29. 令 $\{a_n\}$ 和 $\{b_n\}$ 是实数序列。证明

$$\Delta(a_n b_n) = a_{n+1}(\Delta b_n) + b_n(\Delta a_n)$$

30. 证明：如果 $F(x)$ 和 $G(x)$ 分别是序列 $\{a_k\}$ 和 $\{b_k\}$ 的生成函数，且 c 和 d 是实数，那么 $(cF + dG)(x)$ 是 $\{ca_k + db_k\}$ 的生成函数。

31. （需要微积分）这个练习说明了怎样使用生成函数求解递推关系 $(n+1)a_{n+1} = a_n + (1/n!)$，$n \geqslant 0$，初始条件 $a_0 = 1$。
    a）设 $G(x)$ 是关于 $\{a_n\}$ 的生成函数。证明 $G'(x) = G(x) + e^x$ 且 $G(0) = 1$。
    b）由 a 证明 $(e^{-x}G(x))' = 1$，且断定 $G(x) = xe^x + e^x$。
    c）使用 b 找出关于 a_n 的封闭公式。

32. 假设在离散数学班的第一次考试中 14 个学生得 A，第二次考试中 18 个得 A。如果 22 个学生在第一或第二次考试中得 A，有多少学生两次考试都得 A？

33. 在蒙默思郡（英国威尔士郡原郡名）323 个农场中至少有马、牛或羊其中的 1 种。如果 224 个农场有马、85 个有牛、57 个有羊、18 个农场 3 种家畜全有，那么有多少个农场恰好有这 3 种家畜中的 2 种？

34. 查询某学院关于学生记录的数据库得到下述数据：学院有 2175 个学生，其中 1675 个不是一年级学生、1074 个学生选了微积分、444 个学生选了离散数学、607 个不是一年级学生且选了微积分、350 个学生选了微积分和离散数学、201 个不是一年级学生且选了离散数学、143 个不是一年级学生并且选了微积分和离散数学。所有这些对查询的回答都是正确的吗？

35. 某大学数学学院的学生可以选择下述一个或多个方向作为主修方向：应用数学（AM）、纯粹数学（PM）、运筹学（OR）和计算机科学（CS）。如果（包括同时主修）主修 AM 的有 23 个学生；主修 PM 的有 17 个学生；主修 OR 的 44 个；主修 CS 的 63 个；主修 AM 与 PM 的 5 个；主修 AM 和 CS 的 8 个；主修 AM 和 OR 的 4 个；主修 PM 和 CS 的 6 个；主修 PM 和 OR 的 5 个；主修 OR 和 CS 的 14 个；主修 PM、OR 和 CS 的 2 个；主修 AM、OR 和 CS 的 2 个；主修 PM、AM 和 OR 的 1 个；主修 PM、AM 和 CS 的 1 个；还有 1 个主修所有 4 个方向。问这个学院有多少学生？

36. 当使用容斥原理表示 7 个集合的并集中的元素个数时，如果其中没有 6 个或更多的集合含有公共元素，那么需要多少项？

37. 方程 $x_1 + x_2 + x_3 = 20$，$2 < x_1 < 6$，$6 < x_2 < 10$，$0 < x_3 < 5$，有多少个正整数解？

38. 有多少小于 1 000 000 的正整数，
    a）能够被 2、3 或 5 整除？　　　　　　　　b）不能被 7、11 或 13 整除？
    c）能够被 3 整除但不能被 7 整除？

39. 有多少小于 200 的正整数是
    a）整数的 2 次或更高次幂？　　　　　　　　b）整数的 2 次或更高次幂，或者素数？
    c）不能被一个大于 1 的整数的平方整除？　　d）不能被一个大于 1 的整数的立方整除？
    e）不能被 3 个或更多的素数整除？

* 40. 把 6 个不同的工作分给 3 个不同的雇员，如果最难的工作分给最有经验的雇员并且最容易的工作分给最缺乏经验的雇员，那么有多少种分法？

41. 由寄存帽子的人随机发还给 n 个人帽子，那么恰好一个人拿到自己帽子的概率是多少？

42. 有多少个 6 位比特串不包含 4 个连续的 1？

43. 一个 6 位比特串包含至少 4 个 1 的概率是多少？

计算机课题

按给定的输入和输出写程序。

1. 给定正整数 n，依照游戏规则列出汉诺塔难题从一根柱子到另一根柱子移动 n 个盘子需要的所有移动。

2. 给定正整数 n 和整数 k，$1 \leqslant k \leqslant n$，依照游戏规则列出富雷姆斯图尔特算法（见 8.1 节练习 38 的前导文）用 4 根柱子从一根柱子到另一根柱子移动 n 个盘子需要的所有移动。

3. 给定正整数 n，列出不包含连续 2 个 0 的所有 n 位二进制序列。

4. 给定正整数 $n(n>1)$，写出在 $n+1$ 个变量的乘积中加括号的所有方式。

5. 给定一组个数为 n 的讲座，包括讲座的起始和结束时间，以及每个讲座的参加人数，使用动态规划针对一个讲座厅规划一个讲座子集使得参加讲座的总人数最大。

6. 已知矩阵 A_1，$A_2 \cdots$，A_n，维度分别为 $m_1 \times m_2$，$m_2 \times m_3$，$\cdots m_n \times m_{n+1}$，每一项都为整数。使用动态规划，如 8.1 节的练习 57，找到计算 $A_1 A_2 \cdots A_n$ 的最小整数乘法次数。

7. 给定递推关系 $a_n = c_1 a_{n-1} + c_2 a_{n-2}$，$c_1$ 和 c_2 都是实数，初始条件 $a_0 = C_0$、$a_1 = C_1$、k 为正整数，使用迭代计算 a_k。

8. 给定递推关系 $a_n = c_1 a_{n-1} + c_2 a_{n-2}$ 和初始条件 $a_0 = C_0$、$a_1 = C_1$，确定唯一的解。

9. 给定形如 $f(n) = af(n/b) + c$ 的递推关系，其中 a 是实数、b 是正整数、c 是实数、k 是正整数，使用迭代求 $f(b^k)$。

10. 给定 3 个集合的交集中的元素个数、每两个集合的交集中的元素个数和每个集合中的元素个数，求其并集中的元素个数。

11. 给定正整数 n，找出求 n 个集合的并集中的元素个数的公式。

12. 给定正整数 m 和 n，求从 m 元素集合到 n 元素集合的映上函数的个数。

13. 给定正整数 n，列出集合 $\{1, 2, 3, \cdots, n\}$ 的所有错位排列。

计算和探索

使用一个计算程序或你自己编写的程序做下面的练习。

1. 求 f_{100}、f_{500} 和 f_{1000} 的精确值，其中 f_n 是斐波那契数。

2. 求比 1 000 000 大、比 1 000 000 000 大和比 1 000 000 000 000 大的最小的斐波那契数。

3. 求尽可能多的同为素数的斐波那契数，目前还不知道是否存在无限多个这样的数。

4. 写出求解 10 个盘子的汉诺塔难题所需的所有移动。

5. 按照雷夫难题的规则，用 4 根柱子从一根柱到另一根柱移动 20 个盘子，写出使用弗雷姆-斯图尔特算法需要的所有移动。

6. 通过下面的方法验证求解 n 个盘子的雷夫难题的弗雷姆猜想：对于尽可能多的整数 n，证明这个难题不可能使用比具有最优选择 k 的弗雷姆斯图尔特算法还要少的移动来求解。

7. 计算对于各种整数 n，包括 16、64、256 和 1024，使用 8.3 节描述的快速乘法和整数相乘的标准算法（4.2 节算法 3）做两个 n 位整数相乘所需的运算次数。

8. 计算对于各种整数 n，包括 4、16、64 和 128，使用 8.3 节描述的快速矩阵乘法和矩阵相乘的标准算法（3.3 节算法 1）做两个 $n \times n$ 矩阵相乘所需的运算次数。

9. 使用 8.6 节描述的求不超过 100 的素数个数的方法求不超过 10 000 的素数个数。

10. 列出 $\{1, 2, 3, 4, 5, 6, 7, 8\}$ 的所有错位排列。

11. 对所有不超过 20 的正整数 n 计算 n 个物体的一个排列是错位排列的概率，并确定这些概率逼近 $1/e$ 的速度。

写作课题

用本教材以外的资料，按下列要求写成论文。

1. 找出斐波那契发表的关于兔子数模型难题的原始材料。讨论斐波那契提出的这个问题和其他问题，并且给出关于斐波那契本人的某些信息。

2. 解释斐波那契数怎样在其他应用中出现，如叶序、植物叶片排列的研究、镜子反射的研究等。

3. 描述汉诺塔难题的多种不同的变形问题，包括多于 3 个柱子的（包括课本和练习中讨论的雷夫难题在内）、盘子移动受限制的以及允许有同样大小盘子的。关于求解每种变形问题所要求的移动次数有什么已知的结论？

4. 尽可能多地讨论出现卡塔兰数的不同问题。

5. 讨论理查德·贝尔曼首先使用动态规划的一些问题。

6. 说明动态规划算法在生物信息学中的作用，如 DNA 序列比较、基因比较和 RNA 结构预测。

7. 说明动态规划在经济学中的应用，包括优化消费与存款的研究。

8. 解释动态规划如何用于解决鸡蛋掉落问题，即确定从多层建筑物的哪一层鸡蛋能安全掉下而不摔坏。

9. 描述派尔克发现的与一次谎话搜索相关的乌拉姆问题(见 8.3 节练习 28)的解。

10. 讨论派尔克发现的与多次谎话搜索相关的乌拉姆问题的变种(见 8.3 节练习 28)，关于这个问题你还知道什么？

11. 定义平面上一组点集的凸包并描述三个不同的发现平面上一组点集的凸包算法，包括分治算法。

12. 描述在数论中使用的筛法。使用这种方法已经得到了哪些结果？

13. 查询古代法国纸牌相遇游戏的规则。描述这些规则并描述皮埃尔·雷蒙德·蒙特莫特关于"相遇问题"的论文。

14. 描述怎样使用指数生成函数求解各种计数问题。

15. 描述计数的 Poly 理论和可使用这个理论求解的计数问题的种类。

16. 管家问题是求解安排 n 对夫妇围圆桌就座的方法数，使得就座时男女相间并且没有丈夫和妻子相邻。解释怎样用卢卡斯(E. Lucas)方法求解这个问题。

17. 解释怎样使用棋盘多项式(rook polynomial)求解计数问题。

关　　系

在许多情况下集合的元素之间都存在某种关系。每天我们都要涉及各种关系，例如一个企业和它的电话号码之间的关系、雇员与其工资之间的关系、一个人与其亲属之间的关系等。在数学中我们研究的关系，包括一个正整数与被它除的一个正整数、一个整数与和它模 5 同余的一个整数、一个实数与一个比它大的实数，以及一个实数 x 和它的函数值 $f(x)$ 之间的关系等。在计算机科学中常常出现的关系，包括一个程序与它所使用的一个变量、一种计算机语言与这个语言的一个有效语句之间的关系等。两个集合的元素之间的关系可以表示成一种结构，这种结构叫作关系。它其实是集合间的笛卡儿积的一个子集。可以用关系来求解问题，例如，确定在一个网络中的哪两个城市之间开通航线，为一个复杂课题的不同阶段的工作寻找一种可行的执行次序。我们将介绍一些二元关系可能具有的不同性质。

两个以上集合的元素之间的关系出现在许多情况中。这些关系可以用 n 元关系表示，n 元关系是 n 个元组的集合。这种关系是关系型数据模型的基础，这是在计算机数据库中存储信息的最常见方法。我们将介绍用于研究关系型数据库的术语，定义其中的一些重要操作，并介绍数据库查询语言 SQL。我们将以数据挖掘中的一个重要应用，结束对 n 元关系和数据库的简要研究。特别是，我们将展示如何使用以 n 元关系表示的事务数据库来衡量当某人在购买一种或多种其他产品时，从商店购买某个特定产品的可能性。

两种表示关系的方法——使用正方形矩阵以及使用由顶点和有向边组成的有向图，将在后面的小节中介绍和使用。我们还将研究具有某些特定属性的集合的关系。例如，在某些计算机语言中，一个变量名的前 31 个字符才是有效的。由前 31 个字母相同的字符串的有序对组成的关系，就是一种被称为等价关系的特殊关系。等价关系在数学和计算机科学中均有体现。最后，我们将研究称为偏序的关系，它一般用小于或等于关系来标记。例如，由英文字母构成的所有字符串对的集合，其中第二个字符串与第一个字符串相同，或按字典顺序在第一个字符串之后，这就是偏序。

9.1　关系及其性质

9.1.1　引言

Links

可以用两个相关元素构成的有序对来表达两个集合的元素之间的关系，这是一种最直接的方式。为此，由有序对组成的集合就叫作二元关系。在这一节中，我们引入描述二元关系的基本术语。在这一章的后面，我们将使用关系来求解涉及通信网络、项目调度以及识别集合中具有共同性质的元素等问题。

> **定义 1**　设 A 和 B 是集合，一个从 A 到 B 的二元关系是 $A \times B$ 的子集。

换句话说，一个从 A 到 B 的二元关系是集合 R，其中每个有序对的第一个元素取自 A 而第二个元素取自 B。我们使用记号 aRb 表示 $(a, b) \in R$，$a\not{R}b$ 表示 $(a, b) \notin R$。当 (a, b) 属于 R 时，称 a 与 b 有**关系** R。

二元关系表示两个集合的元素之间的关系。在本章的后面我们将引入 n 元关系，它表示在三个以上集合中元素之间的关系。当不发生混淆时我们将省去二元这个词。

例 1～3 说明了关系的概念。

例 1　设 A 是学生的集合，B 是课程的集合。令 R 是由 (a, b) 对构成的关系，其中 a 是选修课程 b 的学生。例如，如果 Jason Goodfriend 和 Deborah Sherman 选修 CS518，有序对 (Jason

Goodfriend，CS518）和（Deborah Sherman，CS518）属于 R。如果 Jason Goodfriend 也选修 CS510，那么有序对(Jason Goodfriend，CS510)也属于 R。但是，如果 Deborah Sherman 没有选修 CS510，那么有序对(Deborah Sherman，CS510)不在 R 中。

注意如果一个学生目前没有选修任何课程，那么在 R 中没有以这个学生为第一个元素的有序对。类似地，如果一门课程目前没有开设，那么在 R 中也没有以这门课程作为第二个元素的有序对。◀

例2　设 A 是美国所有城市的集合，B 是 50 个州的集合。按如下方式定义关系 R：如果城市 a 在州 b 中，则(a, b)属于 R。例如，（Boulder，科罗拉多州）、（Bangor，缅因州）、（Ann Arbor，密歇根州）、（Middletown，新泽西州）、（Middletown，纽约州）、（Cupertino，加利福尼亚州）和（Red Bank，新泽西州）均在 R 中。◀

例3　设 $A=\{0, 1, 2\}$，$B=\{a, b\}$，那么$\{(0, a)$，$(0, b)$，$(1, a)$，$(2, b)\}$是从 A 到 B 的关系。这意味着，有 $0Ra$，但 $1\cancel{R}b$。关系可以用图来表示，如图 1 所示，用箭头表示有序对。另一种表示关系的方式就是用表，这也在图 1 中给出。在 9.3 节我们将更详细地讨论关系的表示。

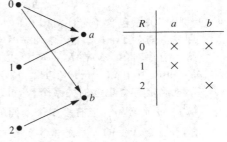

R	a	b
0	×	×
1	×	
2		×

图 1　例 3 中关系 R 的有序对

9.1.2　函数作为关系

一个从集合 A 到集合 B 的函数 f（如 2.3 节的定义）对 A 中的每个元素都指定 B 中的一个唯一的元素。f 的图示是满足 $b=f(a)$ 的所有有序对(a, b)的集合。由于 f 的图示是 $A\times B$ 的子集，所以它就是一个从 A 到 B 的关系。此外，函数的图示有下述性质：A 的每个元素恰好是图中一个有序对的第一元素。

相反，如果 R 是从 A 到 B 的关系，并且使得 A 中的每个元素恰好是 R 中一个有序对的第一元素，那么 R 就可以定义一个函数的图示。只要对 A 的每个元素指定唯一的元素 $b\in B$ 使得$(a, b)\in R$ 即可（注意，例 2 中的关系不是函数的图示，因为 Middletown 作为有序对的第一个元素出现了多次）。

可以用关系表达在集合 A 和集合 B 的元素之间的一对多的关系（如例2），其中 A 的一个元素可以与 B 中的多个元素相关。函数表示了这样一种关系，对于 A 中的每个元素恰好只有一个 B 中的元素与之相关。

关系是函数的一般表示，可以用关系表示集合之间更为广泛的联系（从 A 到 B 的函数 f 的图示是有序对$(a, f(a))$，$a\in A$ 的集合）。

9.1.3　集合的关系

集合 A 到它自身的关系更令人感兴趣。

定义2　集合 A 上的关系是从 A 到 A 的关系。

换句话说，集合 A 上的关系是 $A\times A$ 的子集。

例4　设 A 是集合$\{1, 2, 3, 4\}$，A 上的关系 $R=\{(a, b) | a$ 整除 $b\}$中有哪些有序对？

解　因为(a, b)在 R 中当且仅当 a 和 b 是不超过 4 的正整数且 a 整除 b，所以可以得到 $R=\{(1, 1)$，$(1, 2)$，$(1, 3)$，$(1, 4)$，$(2, 2)$，$(2, 4)$，$(3, 3)$，$(4, 4)\}$。图 2 中给出了这个关系中有序对的图和表的表示。◀

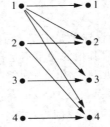

R	1	2	3	4
1	×	×	×	×
2		×		×
3			×	
4				×

图 2　例 4 中关系 R 的有序对

下面，在例 5 中给出了某些整数集合上的关系的实例。

例 5 考虑下面这些整数集合上的关系：

$$R_1 = \{(a,b) \mid a \leqslant b\}$$
$$R_2 = \{(a,b) \mid a > b\}$$
$$R_3 = \{(a,b) \mid a = b \text{ 或 } a = -b\}$$
$$R_4 = \{(a,b) \mid a = b\}$$
$$R_5 = \{(a,b) \mid a = b+1\}$$
$$R_6 = \{(a,b) \mid a + b \leqslant 3\}$$

其中，哪些关系包含了有序对(1，1)、(1，2)、(2，1)、(1，−1)以及(2，2)？

评注 与例 1~4 的关系不同，这些是无穷集合上的关系。

解 有序对(1，1)在 R_1、R_3、R_4 和 R_6 中；有序对(1，2)在 R_1 和 R_6 中；有序对(2，1)在 R_2、R_5 和 R_6 中；(1，−1)在 R_2、R_3 和 R_6 中；最后，有序对(2，2)在 R_1、R_3 和 R_4 中。　◄

不难确定有穷集上的关系个数，因为集合 A 上的关系仅仅是 $A \times A$ 的子集。

例 6 n 元素集合上有多少个不同的关系？

解 集合 A 上的关系是 $A \times A$ 的子集。因为当 A 是 n 元素集合时 $A \times A$ 有 n^2 个元素，并且 m 个元素的集合有 2^m 个子集，所以 $A \times A$ 的子集有 2^{n^2} 个。于是 n 元素集合有 2^{n^2} 个关系。例如，在集合 $\{a, b, c\}$ 上存在 $2^{3^2} = 2^9 = 512$ 个关系。　◄

9.1.4 关系的性质

有若干个把集合上的关系分类的性质。这里我们只介绍其中最重要的性质。（你将会发现，结合 9.3 节的内容有益于学习这些内容。在那一节中，将介绍几种表示关系的方法，这些方法可以帮助你理解这里介绍的每个性质。）

在某些关系中，某元素总是与自身相关。例如，设 R 是所有人的集合上的关系，若 x 和 y 有相同的母亲和相同的父亲，那么(x, y)属于 R。于是，对于每个人 x，有 xRx。

定义 3 若对每个元素 $a \in A$ 有$(a, a) \in R$，那么定义在集合 A 上的关系 R 称为自反的。

评注 可以使用量词进行定义，若 $\forall a((a, a) \in R)$，则 R 是集合 A 上的自反关系，这里的论域是 A 中所有元素的集合。

由此可知，若集合 A 中的每个元素都与自身有关系，则 A 上的关系就是自反的。例 7~9 说明了自反关系的概念。

例 7 考虑下面定义在$\{1, 2, 3, 4\}$上的关系：

$$R_1 = \{(1,1),(1,2),(2,1),(2,2),(3,4),(4,1),(4,4)\}$$
$$R_2 = \{(1,1),(1,2),(2,1)\}$$
$$R_3 = \{(1,1),(1,2),(1,4),(2,1),(2,2),(3,3),(4,1),(4,4)\}$$
$$R_4 = \{(2,1),(3,1),(3,2),(4,1),(4,2),(4,3)\}$$
$$R_5 = \{(1,1),(1,2),(1,3),(1,4),(2,2),(2,3),(2,4),(3,3),(3,4),(4,4)\}$$
$$R_6 = \{(3,4)\}$$

其中哪些是自反的？

解 关系 R_3 和 R_5 是自反的，因为它们都包含了所有形如(a, a)的有序对，即(1，1)、(2，2)、(3，3)和(4，4)。其他的关系不是自反的，因为它们不包含所有这些有序对。具体地说，R_1、R_2、R_4 和 R_6 不是自反的，因为(3，3)都不在这些关系里。　◄

例 8 例 5 中哪些关系是自反的？

解 例 5 中的自反关系是 R_1（因为对每个整数 a 有 $a \leqslant a$）、R_3 和 R_4。对于这个例子中的其他关系，都容易找到一个形如(a, a)的不在这个关系中的有序对。（留给读者作为练习。）　◄

例 9　正整数集合上的"整除"关系是自反的吗?

解　因为只要 a 是正整数,就有 $a \mid a$,所以"整除"关系是自反的。(注意,如果我们将正整数集替换为所有整数集,则"整除"关系不是自反的,因为 0 不能整除 0。)◀

在某些关系中,第一个元素与第二个元素有关系,当且仅当第二个元素也与第一个元素有关系。比如一个关系由形如 (x, y) 的有序对构成,其中 x 和 y 是学校的学生,且至少学一门公共课程,这个关系就具有这种性质。而某些关系具有另一种性质,即如果第一个元素与第二个元素有关系,那么第二个元素就不与第一个元素有关系。比如一个关系由形如 (x, y) 的有序对构成,其中 x 和 y 是学校的学生,且 x 比 y 的平均成绩高,这个关系就具有后一种性质。

> **定义 4**　对于任意 $a, b \in A$,若只要 $(a, b) \in R$ 就有 $(b, a) \in R$,则称定义在集合 A 上的关系 R 为**对称的**。对于任意 $a, b \in A$,若 $(a, b) \in R$ 且 $(b, a) \in R$,一定有 $a = b$,则称定义在集合 A 上的关系 R 为**反对称的**。

评注　使用量词进行定义,可得若 $\forall a \forall b((a, b) \in R \rightarrow (b, a) \in R)$,则定义在 A 上的关系 R 是对称的。类似地,若 $\forall a \forall b(((a, b) \in R \land (b, a) \in R) \rightarrow (a = b))$,则定义在 A 上的关系 R 是反对称的。

这意味着,关系 R 是对称的当且仅当若 a 与 b 有关系则 b 与 a 也有关系。例如,相等关系是对称的,因为 $a = b$ 当且仅当 $b = a$。关系 R 是反对称的当且仅当不存在由不同元素 a 和 b 构成的有序对,使得 a 与 b 有关系并且 b 与 a 也有关系。也就是说,唯一一种使 a 与 b 有关系并且 b 与 a 也有关系的情况是 a 和 b 是相同的元素。例如,小于等于关系是反对称的。要理解这一点,注意 $a \leqslant b$ 和 $b \leqslant a$ 则 $a = b$。对称与反对称的概念不是对立的,因为一个关系可以同时有这两种性质或者两种性质都没有(见练习 10)。一个关系如果包含了某些形如 (a, b) 的有序对,其中 $a \neq b$,则这个关系就不可能同时是对称的和反对称的。

评注　尽管从统计数据可以得出,定义在 n 元素集合上的 2^{n^2} 个关系中,对称的或反对称的关系相对较少,但许多重要的关系都具有这两种性质之一(见练习 47)。

例 10　例 7 中的哪些关系是对称的?哪些是反对称的?

解　关系 R_2 和 R_3 是对称的,因为在这些关系中,只要 (a, b) 属于这个关系就有 (b, a) 也属于这个关系。如 R_2,唯一需要检查的就是 $(1, 2)$ 和 $(2, 1)$ 都属于这个关系。对于 R_3,需要检查 $(1, 2)$ 和 $(2, 1)$ 属于这个关系,还有 $(1, 4)$ 和 $(4, 1)$ 也属于这个关系。读者可以验证其他的关系中没有一个是对称的。这只需找到一个有序对 (a, b),使得它在关系中但 (b, a) 不在关系中即可。

R_4、R_5 和 R_6 都是反对称的。其中,每一个关系都不存在这样的有序对,即它由元素 a 和 b 构成,且 $a \neq b$,但 (a, b) 和 (b, a) 都属于这个关系。读者可以验证其他关系中没有一个是反对称的。这只需找到有序对 (a, b) 满足 $a \neq b$,但 (a, b) 和 (b, a) 都属于这个关系即可。◀

例 11　例 5 中的哪些关系是对称的?哪些是反对称的?

解　关系 R_3、R_4 和 R_6 是对称的。R_3 是对称的,因为如果 $a = b$ 或 $a = -b$,就有 $b = a$ 或 $b = -a$。R_4 是对称的,因为若 $a = b$ 则 $b = a$。R_6 是对称的,因为若 $a + b \leqslant 3$ 则 $b + a \leqslant 3$。读者可以验证其他关系没有一个是对称的。

关系 R_1、R_2、R_4 和 R_5 是反对称的。R_1 是反对称的,因为若有不等式 $a \leqslant b$ 和 $b \leqslant a$,则有 $a = b$。R_2 是反对称的,因为 $a > b$ 和 $b > a$ 不可能同时存在。R_4 是反对称的,因为若两个元素具有 R_4 关系当且仅当它们是相等的。R_5 是反对称的,因为 $a = b + 1$ 和 $b = a + 1$ 不可能同时存在。读者可以验证其他关系没有一个是反对称的。◀

例 12　正整数集合上的整除关系是对称的吗?是反对称的吗?

解　这个关系不是对称的,因为 $1 \mid 2$,但 $2 \nmid 1$。但是,它是反对称的,要理解这一点,注意如果 a 和 b 是正整数,$a \mid b$ 且 $b \mid a$,那么 $a = b$。(这个验证留给读者作为练习。)

设 R 是有序对 (x, y) 构成的关系, 其中 x 与 y 是你们学校的学生, 且 x 比 y 修的学分多。假设 x 与 y 有 R 关系并且 y 与 z 有 R 关系。这意味着 x 比 y 修的学分多并且 y 比 z 修的学分多。我们可以断言 x 比 z 修的学分多, 因此 x 与 z 有 R 关系。我们证明了 R 有传递性, 这个性质定义如下。

> **定义 5**　若对于任意 $a, b, c \in A$, $(a, b) \in R$ 并且 $(b, c) \in R$ 则 $(a, c) \in R$, 那么定义在集合 A 上的关系 R 称为传递的。

评注　使用量词进行定义可得: 若 $\forall a \forall b \forall c(((a, b) \in R \land (b, c) \in R) \rightarrow (a, c) \in R)$, 则定义在集合 A 上的关系称为传递的。

例 13　例 7 中的哪些关系是传递的?

解　R_4、R_5 和 R_6 是传递的。对于这些关系, 我们可以通过验证若 (a, b) 和 (b, c) 属于这个关系, 则 (a, c) 也属于这个关系来证明每个关系都是传递的。例如, R_4 是传递的, 因为只有 $(3, 2)$ 和 $(2, 1)$、$(4, 2)$ 和 $(2, 1)$、$(4, 3)$ 和 $(3, 1)$, 以及 $(4, 3)$ 和 $(3, 2)$ 是这种有序对, 而 $(3, 1)$、$(4, 1)$ 和 $(4, 2)$ 都属于 R_4。读者可以验证 R_5 和 R_6 也是传递的。

R_1 不是传递的, 因为 $(3, 4)$ 和 $(4, 1)$ 属于 R_1, 但 $(3, 1)$ 不属于 R_1。R_2 不是传递的, 因为 $(2, 1)$ 和 $(1, 2)$ 属于 R_2, 但 $(2, 2)$ 不属于 R_2。R_3 不是传递的, 因为 $(4, 1)$ 和 $(1, 2)$ 属于 R_3, 但 $(4, 2)$ 不属于 R_3。　◀

例 14　例 5 中的哪些关系是传递的?

解　关系 R_1、R_2、R_3 和 R_4 是传递的。R_1 是传递的, 因为若 $a \leqslant b$ 且 $b \leqslant c$ 则 $a \leqslant c$。R_2 是传递的, 因为若 $a > b$ 且 $b > c$ 则 $a > c$。R_3 是传递的, 因为若 $a = \pm b$ 且 $b = \pm c$ 则 $a = \pm c$。显然 R_4 也是传递的, 读者可以自行验证。R_5 不是传递的, 因为 $(2, 1)$ 和 $(1, 0)$ 属于 R_5, 但 $(2, 0)$ 不属于 R_5。R_6 不是传递的, 因为 $(2, 1)$ 和 $(1, 2)$ 属于 R_6, 但 $(2, 2)$ 不属于 R_6。　◀

例 15　正整数集合上的 "整除" 关系是传递的吗?

解　假设 a 整除 b 且 b 整除 c, 那么存在正整数 k 和 l 使得 $b = ak$ 和 $c = bl$, 因此 $c = a(kl)$, 即 a 整除 c。从而证明了这个关系是传递的。　◀

可以使用计数技术确定具有特殊性质的关系的个数。由此可以得知: 这个性质在定义在 n 元素集合上的所有关系的集合中有多普遍。

例 16　n 元素集合上有多少个自反的关系?

解　A 上的关系 R 是 $A \times A$ 的子集。因此, 要通过指定 $A \times A$ 中 n^2 个有序对中的每一个是否在 R 中来确定关系。然而, 如果 R 是自反的, 对于任意 $a \in A$, n 个有序对 (a, a) 中的每一个都必须在 R 中。其他 $n(n-1)$ 个形如 (a, b) 的有序对, $a \neq b$, 可能在也可能不在 R 中。因此, 由计数的乘积法则可知, 存在 $2^{n(n-1)}$ 个自反的关系。[这就是选择具有 $a \neq b$ 的每个元素 (a, b) 是否属于 R 的方式数。]

n 元素集合上的对称关系和反对称关系数可以用与例 16 类似的推理得出 (见练习 49)。但是, 还没有通用的公式用于计算 n 元素集合上的传递关系数。目前, 仅知道当 $0 \leqslant n \leqslant 18$ 时, n 元素集合上的传递关系数 $T(n)$。如 $T(4) = 3994$、$T(5) = 154\,303$、$T(6) = 9\,415\,189$。(当 $n = 0, 1, 2, \cdots, 18$ 时, $T(n)$ 的值是 OEIS 中序列 $A006905$ 的项, 这在 2.4 节进行了讨论。)

9.1.5　关系的组合

因为从 A 到 B 的关系是 $A \times B$ 的子集, 所以可以按照两个集合组合的任何方式来组合两个从 A 到 B 的关系。参见例 17~19。

例 17　设 $A = \{1, 2, 3\}$ 和 $B = \{1, 2, 3, 4\}$。组合关系 $R_1 = \{(1, 1), (2, 2), (3, 3)\}$ 和 $R_2 = \{(1, 1), (1, 2), (1, 3), (1, 4)\}$ 可以得到:

$R_1 \cup R_2 = \{(1, 1), (1, 2), (1, 3), (1, 4), (2, 2), (3, 3)\}$

$R_1 \cap R_2 = \{(1, 1)\}$

$R_1 - R_2 = \{(2, 2), (3, 3)\}$

$R_2 - R_1 = \{(1, 2), (1, 3), (1, 4)\}$　◀

例 18　设 A 和 B 分别是学校的所有学生和所有课程的集合。假设 R_1 由所有有序对 (a, b) 组成，其中 a 是选修课程 b 的学生。R_2 由所有的有序对 (a, b) 构成，其中课程 b 是 a 的必修课。那么 $R_1 \cup R_2$、$R_1 \cap R_2$、$R_1 \oplus R_2$、$R_1 - R_2$ 和 $R_2 - R_1$ 表示什么关系？

解　关系 $R_1 \cup R_2$ 由所有的有序对 (a, b) 组成，其中 a 是一个学生，课程 b 是他的选修课或者是他的必修课。$R_1 \cap R_2$ 是有序对 (a, b) 的集合，其中 a 是一个学生，他选修了课程 b 并且课程 b 也是他的必修课。$R_1 \oplus R_2$ 由所有的有序对 (a, b) 组成，其中学生 a 已经选修了课程 b 但课程 b 不是 a 的必修课，或者课程 b 是 a 的必修课，但是 a 没有选修它。$R_1 - R_2$ 是所有有序对 (a, b) 的集合，其中 a 已经选修了课程 b，但 b 不是 a 的必修课，即 b 是 a 的选修课。$R_2 - R_1$ 是所有有序对 (a, b) 的集合，其中 b 是 a 的必修课，但 a 没有选修它。　◀

例 19　设 R_1 是实数集合上的"小于"关系，R_2 是实数集合上的"大于"关系，即 $R_1 = \{(x, y) \mid x < y\}$ 和 $R_2 = \{(x, y) \mid x > y\}$。$R_1 \cup R_2$、$R_1 \cap R_2$、$R_1 - R_2$、$R_2 - R_1$、$R_1 \oplus R_2$ 表示什么关系？

解　由于 $(x, y) \in R_1 \cup R_2$ 当且仅当 $(x, y) \in R_1$ 或 $(x, y) \in R_2$，所以 $(x, y) \in R_1 \cup R_2$ 当且仅当 $x < y$ 或 $x > y$。又由于条件 $x < y$ 或 $x > y$ 与条件 $x \neq y$ 一样，所以 $R_1 \cup R_2 = \{(x, y) \mid x \neq y\}$。换句话说，"小于"关系与"大于"关系的并集是"不相等"关系。

注意，有序对 (x, y) 不可能同时属于 R_1 和 R_2，因为 $x < y$ 且 $x > y$ 是不可能的。从而得到 $R_1 \cap R_2 = \varnothing$。同时可得，$R_1 - R_2 = R_1$、$R_2 - R_1 = R_2$、$R_1 \oplus R = R_1 \cup R_2 - R_1 \cap R_2 = \{(x, y) \mid x \neq y\}$。　◀

关系还有另一种组合方式，这种方式与函数的合成运算相似。

> **定义 6**　设 R 是从集合 A 到集合 B 的关系，S 是从集合 B 到集合 C 的关系。R 与 S 的合成是由有序对 (a, c) 的集合构成的关系，其中 $a \in A$，$c \in C$，并且存在一个 $b \in B$ 的元素，使得 $(a, b) \in R$ 且 $(b, c) \in S$。我们用 $S \circ R$ 表示 R 与 S 的合成。

计算两个关系的合成，需要找出这些元素，它们既是第一个关系中的有序对的第二个元素，也是第二个关系中的有序对的第一个元素。如例 20 和例 21 所示。

例 20　R 是从 $\{1, 2, 3\}$ 到 $\{1, 2, 3, 4\}$ 的关系且 $R = \{(1, 1), (1, 4), (2, 3), (3, 1), (3, 4)\}$，$S$ 是从 $\{1, 2, 3, 4\}$ 到 $\{0, 1, 2\}$ 的关系且 $S = \{(1, 0), (2, 0), (3, 1), (3, 2), (4, 1)\}$，关系 R 与 S 的合成是什么？

解　$S \circ R$ 是由所有的 R 中有序对的第二元素与 S 中有序对的第一元素相同的有序对构成的。例如，R 中的有序对 $(2, 3)$ 和 S 中的有序对 $(3, 1)$ 产生了 $S \circ R$ 中的有序对 $(2, 1)$。计算所有在 $S \circ R$ 中的有序对，我们得到

$$S \circ R = \{(1,0),(1,1),(2,1),(2,2),(3,0),(3,1)\}$$　◀

图 3 说明了如何找到这些合成。在图中，我们检查了所有通过两条有向边的路径，该路径能从最左边的元素，经过一个中间元素，到达最右边的元素。

例 21　双亲关系与自身的合成　设 R 是所有人集合上的双亲关系，即若 a 是 b 的父母，则 $(a, b) \in R$。$(a, c) \in R \circ R$，当且仅当存在一个人 b，使得 a 是 b 的父母且 b 是 c 的父母。换句话说，$(a, c) \in R \circ R$ 当且仅当 a

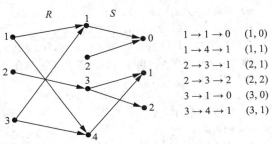

图 3　构造 $S \circ R$

是 c 的祖父母或外祖父母。

由两个关系合成的定义可以递归地定义关系 R 的幂。

> **定义 7**　设 R 是集合 A 上的关系。R 的 n 次幂 R^n（$n=1$，2，3，…）递归地定义为
> $$R^1=R \text{ 和 } R^{n+1}=R^n \circ R$$

由定义 7 可得，$R^2=R \circ R$、$R^3=R^2 \circ R=(R \circ R) \circ R$，等等。

例 22　设 $R=\{(1,1),(2,1),(3,2),(4,3)\}$，求 R^n，$n=2$，3，4，…。

解　因为 $R^2=R \circ R$，可得 $R^2=\{(1,1),(2,1),(3,1),(4,2)\}$。又因为 $R^3=R^2 \circ R$，所以 $R^3=\{(1,1),(2,1),(3,1),(4,1)\}$。其他的计算可显示，$R^4$ 和 R^3 相同，所以 $R^4=\{(1,1),(2,1),(3,1),(4,1)\}$。由此可得 $R^n=R^3$，$n=5$，6，7，…。读者可以自行验证。

下面的定理证明一个传递关系的幂是该关系的子集。9.4 节将要用到这一结果。

> **定理 1**　集合 A 上的关系 R 是传递的，当且仅当对 $n=1$，2，3，… 有 $R^n \subseteq R$。

证明　首先证明定理的充分条件。假设对 $n=1$，2，3，… 有 $R^n \subseteq R$。特别地，有 $R^2 \subseteq R$。这隐含了 R 是传递的。注意，若 $(a,b) \in R$ 且 $(b,c) \in R$，根据合成的定义就有 $(a,c) \in R^2$。因为 $R^2 \subseteq R$，这就意味着 $(a,c) \in R$。因此 R 是传递的。

我们将使用数学归纳法证明定理的必要条件。当 $n=1$ 时，定理的这个结果显然成立。

假设 $R^n \subseteq R$，其中 n 是一个正整数。为完成归纳步骤，必须证明 R^{n+1} 也是 R 的子集。为证明这一点，假设 $(a,b) \in R^{n+1}$，那么因为 $R^{n+1}=R^n \circ R$，所以存在元素 $x \in A$ 使得 $(a,x) \in R$ 且 $(x,b) \in R^n$。由归纳假设可知，$R^n \subseteq R$，所以 $(x,b) \in R$。又因为 R 是传递的，$(a,x) \in R$ 且 $(x,b) \in R$，所以 $(a,b) \in R$。这就证明了 $R^{n+1} \subseteq R$，从而完成了证明。

练习

1. 列出从 $A=\{0,1,2,3,4\}$ 到 $B=\{0,1,2,3\}$ 的关系 R 中的有序对，其中 $(a,b) \in R$ 当且仅当
   a) $a=b$
   b) $a+b=4$
   c) $a>b$
   d) $a \mid b$
   e) $\gcd(a,b)=1$
   f) $\mathrm{lcm}(a,b)=2$

2. **a)** 列出集合 $\{1,2,3,4,5,6\}$ 上的关系 $R=\{(a,b) \mid a \text{ 整除 } b\}$ 中所有的有序对。
   b) 仿照例 4 用图表示这个关系。
   c) 仿照例 4 用表表示这个关系。

3. 对集合 $\{1,2,3,4\}$ 上的每一个关系，确定它是否是自反的、是否是对称的、是否是反对称的、是否是传递的。
   a) $\{(2,2),(2,3),(2,4),(3,2),(3,3),(3,4)\}$
   b) $\{(1,1),(1,2),(2,1),(2,2),(3,3),(4,4)\}$
   c) $\{(2,4),(4,2)\}$
   d) $\{(1,2),(2,3),(3,4)\}$
   e) $\{(1,1),(2,2),(3,3),(4,4)\}$
   f) $\{(1,3),(1,4),(2,3),(2,4),(3,1),(3,4)\}$

4. 确定定义在所有人的集合上的关系 R 是否是自反的、对称的、反对称的和/或传递的，其中 $(a,b) \in R$ 当且仅当
   a) a 比 b 高
   b) a 和 b 生在同一天
   c) a 和 b 同名
   d) a 和 b 有共同的祖父母

5. 确定定义在所有 Web 页上的关系 R 是否为自反的、对称的、反对称的和/或传递的，其中 $(a,b) \in R$ 当

且仅当

a)每个访问 Web 页 a 的人也访问了 Web 页 b。

b)在 Web 页 a 和 b 上没有公共链接。

c)在 Web 页 a 和 b 上至少有一条公共链接。

d)存在一个 Web 页，其中包含了到 Web 页 a 和 b 的链接。

6. 确定所有实数集合上的关系 R 是否是自反的、对称的、反对称的和/或传递的，其中 $(x, y) \in R$ 当且仅当

a)$x + y = 0$ **b)**$x = \pm y$

c)$x - y$ 是有理数   **d)**$x = 2y$

e)$xy \geqslant 0$ **f)**$xy = 0$

g)$x = 1$ **h)**$x = 1$ 或 $y = 1$

7. 确定所有整数集合上的关系 R 是否是自反的、对称的、反对称的和/或传递的，其中 $(x, y) \in R$ 当且仅当

a)$x \neq y$ **b)**$xy \geqslant 1$

c)$x = y + 1$ 或 $x = y - 1$ **d)**$x \equiv y \pmod{7}$

e)x 是 y 的倍数   **f)**x 与 y 都是负数或都是非负数

g)$x = y^2$ **h)**$x \geqslant y^2$

8. 证明定义在非空集合 S 上的关系 $R = \varnothing$ 是对称的和传递的，但不是自反的。

9. 证明定义在空集 $S = \varnothing$ 上的关系 $R = \varnothing$ 是自反的、对称的和传递的。

10. 给出一个集合上的关系的例子，要求它是

    a)对称的和反对称的。

    b)既不是对称的也不是反对称的。

如果对于每个 $a \in A$，有 $(a, a) \notin R$，那么集合 A 上的关系 R 是**反自反的**，即如果 A 中没有元素与自身有关系，则关系 R 就是反自反的。

11. 练习 3 中，哪些关系是反自反的？

12. 练习 4 中，哪些关系是反自反的？

13. 练习 5 中，哪些关系是反自反的？

14. 练习 6 中，哪些关系是反自反的？

15. 集合上的关系可能既不是自反的也不是反自反的吗？

16. 使用量词表示一个关系是反自反的。

17. 给出在所有人的集合上的一个反自反关系的例子。

一个关系 R 称为**非对称的**，若 $(a, b) \in R$ 则 $(b, a) \notin R$。练习 18~24 考察非对称关系的概念。其中，练习 22 侧重非对称关系和反对称关系的区别。

18. 练习 3 中的哪些关系是非对称的？

19. 练习 4 中的哪些关系是非对称的？

20. 练习 5 中的哪些关系是非对称的？

21. 练习 6 中的哪些关系是非对称的？

22. 非对称的关系一定是反对称的吗？反对称的关系一定是非对称的吗？对你的答案说明理由。

23. 使用量词表示一个关系是非对称的。

24. 给出在所有人的集合上一个非对称关系的例子。

25. 从 m 元素集合到 n 元素集合上有多少个不同的关系？

☞ 设 R 是从集合 A 到集合 B 的关系。从集合 B 到集合 A 的**逆关系**，记作 R^{-1}，是有序对 $\{(b, a) \mid (a, b) \in R\}$ 的集合，**补关系** $\overline{R}$ 是有序对 $\{(a, b) \mid (a, b) \notin R\}$ 的集合。

26. 设 R 是整数集合上的关系，$R = \{(a, b) \mid a < b\}$，求

    a)R^{-1} **b)**$\overline{R}$

27. 设 R 是正整数集合上的关系，$R = \{(a, b) \mid a$ 整除 $b\}$，求

    a)R^{-1} **b)**$\overline{R}$

28. 设 R 是美国所有州的集合上的关系，R 由有序对 (a, b) 构成，其中 a 州与 b 州相邻接，求

    a) R^{-1} **b)** $\overline{R}$

29. 设从 A 到 B 的函数 f 是一一对应的。令 R 是和 f 的图相等的关系，即 $R = \{(a, f(a)) \mid a \in A\}$。逆关系 R^{-1} 是什么？

30. 令 $R_1 = \{(1, 2), (2, 3), (3, 4)\}$，$R_2 = \{(1, 1), (1, 2), (2, 1), (2, 2), (2, 3), (3, 1), (3, 2), (3, 3), (3, 4)\}$ 是从 $\{1, 2, 3\}$ 到 $\{1, 2, 3, 4\}$ 的关系，求

    a) $R_1 \bigcup R_2$ **b)** $R_1 \bigcap R_2$

    c) $R_1 - R_2$ **d)** $R_2 - R_1$

31. 设 A 是学校学生的集合，B 是学校图书馆中书的集合。设 R_1 和 R_2 都是有序对 (a, b) 构成的关系，在 R_1 中，学生 a 修一门课程需要读书 b，在 R_2 中，学生 a 已经读过书 b。描述在下面每个关系中的有序对。

    a) $R_1 \bigcup R_2$ **b)** $R_1 \bigcap R_2$

    c) $R_1 \oplus R_2$ **d)** $R_1 - R_2$

    e) $R_2 - R_1$

32. 设 R 是关系 $\{(1, 2), (1, 3), (2, 3), (2, 4), (3, 1)\}$，$S$ 是关系 $\{(2, 1), (3, 1), (3, 2), (4, 2)\}$，求 $S \circ R$。

33. 设关系 R 是由人的集合上的有序对 (a, b) 组成的集合，其中 a 是 b 的父母。设关系 S 是由人的集合上的有序对 (a, b) 组成的集合，其中 a 是 b 的兄弟姐妹。$S \circ R$ 和 $R \circ S$ 是什么关系？

练习 34～38 涉及的都是实数集合上的关系：

$R_1 = \{(a, b) \in \mathbf{R}^2 \mid a > b\}$，"大于"关系

$R_2 = \{(a, b) \in \mathbf{R}^2 \mid a \geq b\}$，"大于或等于"关系

$R_3 = \{(a, b) \in \mathbf{R}^2 \mid a < b\}$，"小于"关系

$R_4 = \{(a, b) \in \mathbf{R}^2 \mid a \leq b\}$，"小于或等于"关系

$R_5 = \{(a, b) \in \mathbf{R}^2 \mid a = b\}$，"等于"关系

$R_6 = \{(a, b) \in \mathbf{R}^2 \mid a \neq b\}$，"不等"关系

34. 求

    a) $R_1 \bigcup R_3$ **b)** $R_1 \bigcup R_5$ **c)** $R_2 \bigcap R_4$

    d) $R_3 \bigcap R_5$ **e)** $R_1 - R_2$ **f)** $R_2 - R_1$

    g) $R_1 \oplus R_3$ **h)** $R_2 \oplus R_4$

35. 求

    a) $R_2 \bigcup R_4$ **b)** $R_3 \bigcup R_6$ **c)** $R_3 \bigcap R_6$

    d) $R_4 \bigcap R_6$ **e)** $R_3 - R_6$ **f)** $R_6 - R_3$

    g) $R_2 \oplus R_6$ **h)** $R_3 \oplus R_5$

36. 求

    a) $R_1 \circ R_1$ **b)** $R_1 \circ R_2$ **c)** $R_1 \circ R_3$

    d) $R_1 \circ R_4$ **e)** $R_1 \circ R_5$ **f)** $R_1 \circ R_6$

    g) $R_2 \circ R_3$ **h)** $R_3 \circ R_3$

37. 求

    a) $R_2 \circ R_1$ **b)** $R_2 \circ R_2$ **c)** $R_3 \circ R_5$

    d) $R_4 \circ R_1$ **e)** $R_5 \circ R_3$ **f)** $R_3 \circ R_6$

    g) $R_4 \circ R_6$ **h)** $R_6 \circ R_6$

38. 当 $i = 1, 2, 3, 4, 5, 6$ 时，求 $R_i{}^2$。

39. 当 $i = 1, 2, 3, 4, 5, 6$ 时，求 $S_i{}^2$，其中：

$S_1 = \{(a, b) \in \mathbf{Z}^2 \mid a > b\}$，大于关系。

$S_2 = \{(a, b) \in \mathbf{Z}^2 \mid a \geq b\}$，大于等于关系。

$S_3 = \{(a, b) \in \mathbf{Z}^2 \mid a < b\}$，小于关系。

$S_4 = \{(a, b) \in \mathbf{Z}^2 \mid a \leqslant b\}$，小于等于关系。

$S_5 = \{(a, b) \in \mathbf{Z}^2 \mid a = b\}$，等于关系。

$S_6 = \{(a, b) \in \mathbf{Z}^2 \mid a \neq b\}$，不等于关系。

40. 设 R 是所有人的集合上的双亲关系(见例21)。什么情况下，一个有序对在关系 R^3 中？

41. 设 R 是定义在具有博士学位的人的集合上的关系，$(a, b) \in R$ 当且仅当 a 是 b 的论文导师。什么情况下一个有序对 (a, b) 在 R^2 中？什么情况下一个有序对 (a, b) 在 R^n 中？这里 n 是正整数。(假设每个具有博士学位的人都有一个论文导师。)

42. 设 R_1 和 R_2 分别是所有正整数集合上的"整除"和"倍数"关系，即 $R_1 = \{(a, b) \mid a$ 整除 $b\}$ 和 $R_2 = \{(a, b) \mid a$ 是 b 的倍数$\}$。求

a) $R_1 \cup R_2$ b) $R_1 \cap R_2$

c) $R_1 - R_2$ d) $R_2 - R_1$

e) $R_1 \oplus R_2$

43. 设 R_1 和 R_2 分别是整数集合上的"模3同余"和"模4同余"关系，即 $R_1 = \{(a, b) \mid a \equiv b (\bmod 3)\}$ 和 $R_2 = \{(a, b) \mid a \equiv b (\bmod 4)\}$。求

a) $R_1 \cup R_2$ b) $R_1 \cap R_2$ c) $R_1 - R_2$

d) $R_2 - R_1$ e) $R_1 \oplus R_2$

44. 列出集合 $\{0, 1\}$ 上的 16 个不同的关系。

45. 集合 $\{0, 1\}$ 上的 16 个不同的关系中有多少个包含了有序对 $(0, 1)$？

46. 在练习 44 列出的 $\{0, 1\}$ 集合上的 16 个关系中，哪些是

a) 自反的？   b) 反自反的？   c) 对称的？

d) 反对称的？   e) 非对称的？   f) 传递的？

47. a) 在集合 $\{a, b, c, d\}$ 上有多少个不同的关系？

b) 在集合 $\{a, b, c, d\}$ 上有多少个关系包含有序对 (a, a)？

48. 设 S 是含有 n 个元素的集合，a 和 b 是 S 中的不同元素。S 上有多少关系 R，满足下列条件

a) $(a, b) \in R$？   b) $(a, b) \notin R$？

c) 在关系 R 中，没有有序对以 a 作为它们的第一元素？

d) 在关系 R 中，至少有一个有序对以 a 作为第一元素？

e) 在关系 R 中，没有有序对以 a 作为它们的第一元素，或也没有有序对以 b 作为它们的第二元素？

f) 在关系 R 中，至少有一个有序对以 a 作为它的第一元素或者以 b 作为它的第二元素？

* 49. n 元素集合上有多少个关系是

a) 对称的？   b) 反对称的？

c) 非对称的？   d) 反自反的？

e) 自反的和对称的？

f) 既不是自反的也不是反自反的？

* 50. n 元素集合上有多少个传递的关系？如果

a) $n = 1$ b) $n = 2$ c) $n = 3$

51. 找出在下面定理证明中的错误。

"定理"：设 R 是集合 A 上的对称的和传递的关系，则 R 是自反的。

"证明"：设 $a \in A$。取元素 $b \in A$ 使得 $(a, b) \in R$。由于 R 是对称的，所以有 $(b, a) \in R$。现在使用传递性，由 $(a, b) \in R$ 和 $(b, a) \in R$ 可以得出 $(a, a) \in R$。

52. 假设 R 和 S 是集合 A 上的自反关系。证明或反驳下面的每个论断。

a) $R \cup S$ 是自反的

b) $R \cap S$ 是自反的

c) $R \oplus S$ 是反自反的

d) $R - S$ 是反自反的

e) $S \circ R$ 是自反的

53. 证明：集合 A 上的关系 R 是对称的当且仅当 $R = R^{-1}$，其中 R^{-1} 是 R 的逆关系。

54. 证明：集合 A 上的关系 R 是反对称的当且仅当 $R \cap R^{-1}$ 是恒等关系 $\Delta = \{(a, a) \mid a \in A\}$ 的子集。

55. 证明：集合 A 上的关系 R 是自反的当且仅当其逆关系 R^{-1} 是自反的。

56. 证明：集合 A 上的关系 R 是自反的当且仅当其补关系 $\overline{R}$ 是反自反的。

57. 设 R 是自反的和传递的关系。证明对所有的正整数 n，$R^n = R$。

58. 设 R 是集合 $\{1, 2, 3, 4, 5\}$ 上的关系，R 中包含有序对 $(1, 1)$，$(1, 2)$，$(1, 3)$，$(2, 3)$，$(2, 4)$，$(3, 1)$，$(3, 4)$，$(3, 5)$，$(4, 2)$，$(4, 5)$，$(5, 1)$，$(5, 2)$ 和 $(5, 4)$，求
   a) R^2 **b)** R^3 **c)** R^4 **d)** R^5

59. 设 R 是集合 A 上的自反关系，证明对所有的正整数 n，R^n 也是自反的。

* 60. 设 R 是对称关系，证明对所有的正整数 n，R^n 也是对称的。

61. 假设关系 R 是反自反的，R^2 一定是反自反的吗？对你的答案给出理由。

62. 使用检查集合中每个关系是否具有传递性的蛮力方法，给出计算 n 元素集合上的所有传递关系所需的整数比较次数的大 O 估计。

9.2 n 元关系及其应用

9.2.1   引言

在两个以上集合的元素中常常会产生某种关系。例如，学生的姓名、学生的专业以及学生的平均学分绩点之间的关系。类似地，一个航班的航空公司、航班号、出发地、目的地、起飞时间和到达时间等也有一种关系。在数学中也有这种关系。例如，有 3 个整数，其中第一个整数比第二个整数大，而第二个整数比第三个整数大。另一个例子是直线上的点之间的关系，即当第二个点在第一和第三个点之间时，这三个点有关系。

本节我们将研究两个以上集合的元素之间的关系。这种关系叫作 **n 元关系**。可以用这种关系表示计算机数据库。这种表示有助于回答对数据库中所存信息的查询，例如，哪个航班在午夜 3 点到 4 点之间降落在 O'Hare 机场？你们学校的二年级学生哪些是主修数学或计算机科学的，并且平均学分绩点大于 3.0？公司的哪些雇员为这个公司工作不到 5 年但所赚的钱已经超过 50 000 美元？

9.2.2 n 元关系

我们从建立关系数据库理论所依据的基本定义开始。

> **定义 1**   设 A_1，A_2，$\cdots$，A_n 是集合。定义在这些集合上的 n **元关系**是 $A_1 \times A_2 \times \cdots \times A_n$ 的子集。这些集合 A_1，A_2，$\cdots$，A_n 称为关系的**域**，n 称为关系的**阶**。

例 1 R 是 $\mathbf{N} \times \mathbf{N} \times \mathbf{N}$ 上的三元组 (a, b, c) 构成的关系，其中 a, b, c 是满足 $a < b < c$ 的整数。那么 $(1, 2, 3) \in R$，但 $(2, 4, 3) \notin R$。这个关系的阶是 3。它所有的域都等于自然数集。◀

例 2   设 R 是 $\mathbf{Z} \times \mathbf{Z} \times \mathbf{Z}$ 上的三元组 (a, b, c) 构成的关系，其中的 a, b, c 构成等差数列，即 $(a, b, c) \in R$ 当且仅当存在一个整数 k，使得 $b = a + k$，$c = a + 2k$，或者 $b - a = k$，$c - b = k$。注意 $(1, 3, 5) \in R$，因为 $3 = 1 + 2$ 和 $5 = 1 + 2 \cdot 2$，但是 $(2, 5, 9) \notin R$，因为 $5 - 2 = 3$，而 $9 - 5 = 4$。这个关系的阶为 3，且它的所有域均等于整数集。◀

例 3   设 R 是 $\mathbf{Z} \times \mathbf{Z} \times \mathbf{Z}^+$ 上的三元组 (a, b, m) 构成的关系，其中的 a, b, m 都是整数，且满足 $m \geqslant 1$ 和 $a \equiv b \pmod{m}$。则 $(8, 2, 3)$、$(-1, 9, 5)$ 和 $(14, 0, 7)$ 都属于 R，但 $(7, 2, 3)$、$(-2, -8, 5)$ 和 $(11, 0, 6)$ 都不属于 R，因为 $8 \equiv 2 \pmod 3$、$-1 \equiv 9 \pmod 5$ 和 $14 \equiv 0 \pmod 7$，而 $7 \not\equiv 2 \pmod 3$、$-2 \not\equiv -8 \pmod 5$ 和 $11 \not\equiv 0 \pmod 6$。这个关系的阶为 3，且它的前两个域是全体整数的集合而第三个域为正整数集。◀

例 4   设 R 是由 5 元组 (A, N, S, D, T) 构成的表示飞机航班的关系，其中 A 是航空公司的集合、N 是航班号的集合、S 是出发地的集合、D 是目的地的集合、T 是起飞时间的集

合。例如，如果 Nadir 航空公司的 963 航班 15：00 从 Newark 到 Bangor，那么(Nadir，963，Newark，Bangor，15：00)属于 R。这个关系的阶为 5，并且它的域是所有航空公司的集合、航班号的集合、城市的集合、城市的集合以及时间的集合。 ◀

9.2.3 数据库和关系

操作数据库中信息所需要的时间依赖于这些信息是怎样存储的。在大型数据库中，每天要执行几百万次插入和删除记录、更新记录、检索记录以及从一个重叠的数据库中组合记录的操作。由于这些操作的重要性，已经开发了多种数据库的表示方法。我们将讨论其中的一种基于关系概念的方法，称为**关系数据模型**。

数据库由**记录**组成，这些记录是由**域**构成的 n 元组。这些域是 n 元组的数据项。例如，学生记录的数据库可以由包含学生的姓名、学号、专业、平均学分绩点(GPA)的域构成。关系数据模型把记录构成的数据库表示成一个 n 元关系。于是，学生记录可以表示成形如(学生姓名，学号，专业，GPA)的 4 元组。包含 6 条记录的一个数据库样本是：

(Ackermann，231455，计算机科学，3.88)

(Adams，888323，物理学，3.45)

(Chou，102147，计算机科学，3.49)

(Goodfriend，453876，数学，3.45)

(Rao，678543，数学，3.90)

(Stevens，786576，心理学，2.99)

用于表示数据库的关系也称为**表**，因为这些关系常常用表来表示。表中的每个列对应于数据库的一个属性。例如，表 1 显示了同样的学生数据库。这个数据库的属性是学生姓名、学号、专业和平均学分绩点(GPA)。

表 1 学生

学生姓名	学　　号	专　　业	GPA
Ackermann	231 455	计算机科学	3.88
Adams	888 323	物理学	3.45
Chou	102 147	计算机科学	3.49
Goodfriend	453 876	数学	3.45
Rao	678 543	数学	3.90
Stevens	786 576	心理学	2.99

当 n 元组的某个域的值能够确定这个 n 元组时，n 元关系的这个域就叫作**主键**。这就是说，当关系中没有两个 n 元组在这个域有相同的值时，这个域就是主键。

常常要从数据库中增加或删除记录。由于这一点，一个域是主键的性质是随时间而改变的。所以，应该选择那种无论数据库怎样改变都能继续存在的域作为主键。一个关系当前含有的所有 n 元组称为该关系的**外延**。数据库更持久的内容，包括它的名字和属性，则称为数据库的**内涵**。选择主键的时候，应当选择那种能够为本数据库所有可能的外延充当主键的域。要做到这一点，就必须认真考察数据库的内涵，以便理解可能在外延中出现的 n 元组集。

例5 假设将来不再增加 n 元组，对于表 1 所示的 n 元关系，哪些域可作为主键？

解 因为在这个表中，对应每个学生的姓名只有一个 4 元组，学生姓名的域可作为主键。类似地，在这个表中，学号是唯一的，学号的域也可作为主键。但是，所学专业的域不是主键，因为有多个包含同样专业的 4 元组。平均学分绩点的域也不是主键，因为有 2 个 4 元组包含了同样的 GPA。 ◀

在一个 n 元关系中，域的组合也可以唯一地标识 n 元组。当一组域的值确定一个关系中的 n 元组时，这些域的笛卡儿积就叫作**复合主键**。

例6 对于表 1 中的 n 元关系，假设不再增加 n 元组，专业域与平均学分绩点域的笛卡儿积是复合主键吗？

解 这个表中没有两个 4 元组有同样的专业和同样的 GPA，因此这个笛卡儿积是一个复合主键。 ◀

因为主键和复合主键用于唯一地标识数据库中的记录，当新的记录被加入这个数据库时，保持主键的有效性是非常重要的。因此，应该对每个新记录做检查，以保证在这个或这些相应的域中每个新记录与表中所有其他的记录不同。例如，若没有两个学生有同样的学号，使用学号作为学生记录的主键是有意义的。一个大学不应该使用姓名域作为主键，因为有可能两个学生有同样的姓名(如 John Smith)。

9.2.4 n 元关系的运算

存在多种作用于 n 元关系上的运算，以构成新的 n 元关系。综合应用这些运算，能够回答对数据库中满足特定条件的所有 n 元组的查询。

n 元关系上一个最基本的运算是在这个 n 元关系中确定满足特定条件的所有 n 元组。例如，我们想在学生记录的数据库中找出计算机科学专业的所有学生的记录；找出所有平均学分绩点在 3.5 以上的学生；找出所有计算机科学专业的平均学分绩点在 3.5 以上的学生。为完成这些任务，我们使用选择运算符。

> **定义 2**   设 R 是一个 n 元关系，C 是 R 中元素可能满足的一个条件。那么选择运算符 s_C 将 n 元关系 R 映射到 R 中满足条件 C 的所有 n 元组构成的 n 元关系。

例7 为了找出表 1 所示的 n 元关系 R 中计算机科学专业的学生记录，我们使用运算符 s_{C_1}，其中 C_1 是条件专业＝"计算机科学"。结果是两个 4 元组(Ackermann，231455，计算机科学，3.88)和(Chou，102147，计算机科学，3.49)。类似地，为了在这个数据库中找出平均学分绩点在 3.5 以上的学生记录，我们使用运算符 s_{C_2}，其中 C_2 是条件 GPA＞3.5。结果是两个 4 元组(Ackermann，231455，计算机科学，3.88)和(Rao，678543，数学，3.90)。最后，为找出计算机科学专业的 GPA 在 3.5 以上的学生记录，我们使用运算符 s_{C_3}，其中 C_3 是条件(专业＝"计算机科学" $\wedge$ GPA＞3.5)。结果由一个 4 元组(Ackermann，231455，计算机科学，3.88)构成。 ◀

使用投影，可以删去关系中每条记录的相同的域，从而得到一个新的 n 元关系。

> **定义 3**   投影 $P_{i_1, i_2, \cdots, i_m}$，其中 $i_1 < i_2 < \cdots < i_m$，将 n 元组 $(a_1, a_2, \cdots, a_n)$ 映射到 m 元组 $(a_{i_1}, a_{i_2}, \cdots, a_{i_m})$，其中 $m \leqslant n$。

换句话说，投影 $P_{i_1, i_2, \cdots, i_m}$ 删除了 n 元组的 $n-m$ 个分量，保留了第 $i_1, i_2, \cdots, i_m$ 个分量。

例8 当对 4 元组 $(2, 3, 0, 4)$、(Jane Doe，234111001，地理学，3.14)以及 (a_1, a_2, a_3, a_4) 使用投影 $P_{1,3}$ 时，结果是什么？

解 $P_{1,3}$ 把这些 4 元组分别映射到 $(2, 0)$、(Jane Doe，地理学)和 (a_1, a_3)。 ◀

例 9 说明了怎样使用投影来产生新的关系。

例9 当对表 1 中的关系使用投影 $P_{1,4}$ 时，结果是什么？

解 当使用投影 $P_{1,4}$ 时，表的第二列和第三列被删除，得到了表示学生姓名和平均学分绩点的有序对。表 2 给出了这个投影的结果。 ◀

当对一个关系的表使用投影时，有可能使行变少。当关系中的某些 n 元组在投影的 m 个分量中每个分量的值都相同，且只在被删除的分量中有不同的值时，就会出现这种情况。如例 10 所示。

例10 当对表 3 中的关系使用投影 $P_{1,2}$ 时，可得到什么表？

解　表 4 给出了当对表 3 使用投影 $P_{1,2}$ 时得到的关系。注意在使用了这个投影后，行数减少。 ◀

表 2　GPAs

学生姓名	GPA
Ackermann	3.88
Adams	3.45
Chou	3.49
Goodfriend	3.45
Rao	3.90
Stevens	2.99

表 3　注册

学　生	专　业	课　程
Glauser	生物学	BI 290
Glauser	生物学	MS 475
Glauser	生物学	PY 410
Marcus	数学	MS 511
Marcus	数学	MS 603
Marcus	数学	CS 322
Miller	计算机科学	MS 575
Miller	计算机科学	CS 455

当两个表中具有某些相同的域时，**连接**运算可将这两个表合成一个表。例如，一个表中的域包含航空公司、航班号和登机口，另一个表中的域包含航班号、登机口和起飞时间。可以将这两个表合成一个包含航空公司、航班号、登机口和起飞时间域的表。

表 4　专业

学　生	专　业
Glauser	生物学
Marcus	数学
Miller	计算机科学

定义 4　设 R 是 m 元关系，S 是 n 元关系。连接运算 $J_p(R, S)$ 是 $m+n-p$ 元关系，其中 $p \leqslant m$ 和 $p \leqslant n$，它包含了所有的 $(m+n-p)$ 元组 $(a_1, a_2, \cdots, a_{m-p}, c_1, c_2, \cdots, c_p, b_1, b_2, \cdots, b_{n-p})$，其中 m 元组 $(a_1, a_2, \cdots, a_{m-p}, c_1, c_2, \cdots, c_p)$ 属于 R 且 n 元组 $(c_1, c_2, \cdots, c_p, b_1, b_2, \cdots, b_{n-p})$ 属于 S。

换句话说，连接运算符 J_p 将 m 元组的后 p 个分量与 n 元组的前 p 个分量相同的第一个关系中的所有 m 元组和第二个关系中的所有 n 元组组合起来产生了一个新的关系。

例 11　当用连接运算符 J_2 组合表 5 和表 6 中的关系时，所得到的关系是什么？

解　连接运算符 J_2 产生的关系如表 7 所示。 ◀

表 5　教学课程

教授	系	课号
Cruz	动物学	335
Cruz	动物学	412
Farber	心理学	501
Farber	心理学	617
Grammer	物理学	544
Grammer	物理学	551
Rosen	计算机科学	518
Rosen	数学	575

表 6　教室安排

系	课号	教室	时间
计算机科学	518	N521	2：00P. M.
数学	575	N502	3：00P. M.
数学	611	N521	4：00P. M.
物理学	544	B505	4：00P. M.
心理学	501	A100	3：00P. M.
心理学	617	A110	11：00A. M.
动物学	335	A100	9：00A. M.
动物学	412	A100	8：00A. M.

表 7　教学安排

教授	系	课号	教室	时间
Cruz	动物学	335	A100	9：00A. M.
Cruz	动物学	412	A100	8：00A. M.
Farber	心理学	501	A100	3：00P. M.
Farber	心理学	617	A110	11：00A. M.
Grammer	物理学	544	B505	4：00P. M.
Rosen	计算机科学	518	N521	2：00P. M.
Rosen	数学	575	N502	3：00P. M.

从已知关系产生新关系的运算除了投影和连接运算以外还有其他运算。对这些运算的描述可以在讨论数据库理论的书中找到。

9.2.5 SQL

数据库查询语言 SQL(Structured Query Language，结构化查询语言)，可以用来实现本节所描述的运算。例 12 说明了 SQL 命令与 n 元关系上的运算的关系。

例 12 通过使用 SQL 对表 8 做一次关于航班的查询来说明怎样用 SQL 来表达查询。SQL 语句如下：

```
SELECT Departure_time
FROM Flights
WHERE Destination='Detroit'
```

是用于在航班数据库中找出满足条件：Destination＝'Detroit'的 5 元组，并求投影 P_5（在起飞时间属性上）。输出是一个以底特律为目的地，包含航班时间的列表，即 08：10、08：47 和 09：44。SQL 语句使用 FROM 子句标识查询语句作用到的 n 元关系，WHERE 子句说明选择运算的条件，而 SELECT 子句说明将被使用的投影运算。（注意：SQL 使用 SELECT 表示一个投影，而不是一个选择运算。这是一个令人遗憾的术语不一致的例子。）◀

表 8　航班

航空公司	航班号	通道	目的地	起飞时间
Nadir	122	34	底特律	08：10
Acme	221	22	丹佛	08：17
Acme	122	33	安克雷奇	08：22
Acme	323	34	檀香山	08：30
Nadir	199	13	底特律	08：47
Acme	222	22	丹佛	09：10
Nadir	322	34	底特律	09：44

例 13 说明 SQL 怎样做涉及多个表的查询。

例 13 SQL 语句

```
SELECT Professor, Time
FROM Teaching_assignments, Class_schedule
WHERE Department='Mathematics'
```

用于找出在数据库（表 7）中满足 Department＝'Mathematics'条件的 5 元组的投影 $P_{1,5}$，这个数据库是由表 5 中的教学课程和表 6 中的教室安排进行连接运算 J_2 得到的。输出仅包含一个 2 元组（Rosen，3：00P. M. ）。这里的 SQL FROM 子句用于求出两个不同数据库的连接。◀

本节我们仅仅接触到关系数据库的基本概念。更多的信息可以在［AhUl95］中找到。

9.2.6 数据挖掘中的关联规则

现在我们将介绍来自**数据挖掘**(data mining)的概念，这是一门旨在从数据中获取有用信息的学科。特别是，我们将讨论可以从事务数据库中收集到的信息。我们将专注于超市事务，但我们提出的想法与其他广泛的应用相关。

关于**事务**，我们指的是客户在访问商店期间购买的一些商品的集合，如｛牛奶、鸡蛋、面包｝或｛橙汁、香蕉、酸奶、奶油｝。商店收集可用于帮助他们管理业务的大型事务数据库。我们将讨论如何使用这些数据库来解决这个问题：如果已知客户同时购买一个或多个特定商品的集合，那么他们购买某个商品的可能性有多大？

我们把商店里的每一件商品都称为**项**，项集合称为**项集**。k 项集是一个包含恰好 k 项的项集。术语**事务**和**购物篮**与项集同义。当商店中有 n 个商品 a_1，a_2，…，a_n 待售时，每个事务都

可以用一个 n 元组 b_1，b_2，$\cdots$，b_n 表示，其中 b_i 是二进制变量，它告诉我们 a_i 是否发生在这个事务中。也就是说，如果 a_i 在这个事务中，则 $b_i=1$，否则 $b_i=0$。（注意，我们只关心某项是否发生在事务中，而不关心它发生了多少次。）我们可以用形为（事务号，b_1，b_2，$\cdots$，b_n）的 $(n+1)$ 元组表示事务。所有这些 $(n+1)$ 元组的集合构成了事务数据库。

我们现在定义与购买特定项集相关的问题研究中使用的其他术语。

> **定义 5**　在事务集合 $T=\{t_1, t_2, \cdots, t_k\}$ 中，其中 k 是正整数，项集 I 的计数记为 $\sigma(I)$，是包含在该项集中的事务数。即
> $$\sigma(I) = |\{t_i \in T \mid I \subseteq t_i\}|$$
> 项集 I 的支持度，是 I 包含在从 T 中随即选择的事务中的概率。即
> $$\text{support}(I) = \frac{\sigma(I)}{|T|}$$

对于特定的应用，会指定一个**支持度阈值** s。**频繁项集挖掘**是寻找支持度大于等于 s 的项集 I 的过程。这些项集被称为**频繁项集**。

例 14　在卖苹果、梨、苹果酒、甜甜圈和芒果的展台上，早盘交易如表 9 所示。在表 10 中，我们给出了相应的二进制数据库，其中每个记录都是一个 $(n+1)$ 元组，由事务号和表示该项集的二进制条目组成。因为苹果出现在 8 个事务中的 5 个中，所以我们得到 $\sigma(\text{苹果})=5$，$\text{support}(\{\text{苹果}\})=5/8$。同样，由于项集 $\{$苹果，苹果酒$\}$ 是 8 个事务中 4 个事务的子集，因此我们有 $\sigma(\{\text{苹果，苹果酒}\})=4$，$\text{support}(\{\text{苹果酒}\})=4/8=1/2$。

表 9　一个事务集

事务号	项	事务号	项
1	｛苹果，梨，芒果｝	5	｛苹果，苹果酒，甜甜圈｝
2	｛梨，苹果酒｝	6	｛梨，苹果酒，甜甜圈｝
3	｛苹果，苹果酒，甜甜圈，芒果｝	7	｛梨，甜甜圈｝
4	｛苹果，梨，苹果酒，甜甜圈｝	8	｛苹果，梨，苹果酒｝

表 10　表 9 中事务的二进制数据库

事务号	苹果	梨	苹果酒	甜甜圈	芒果
1	1	1	0	0	1
2	0	1	1	0	0
3	1	0	1	1	1
4	1	1	1	1	0
5	1	0	1	1	0
6	0	1	1	1	0
7	0	1	0	1	0
8	1	1	1	0	0

如果我们将支持度阈值设置为 0.5，那么如果某项在 8 个事务中的至少 4 个事务中出现，该项就是频繁项。因此，有了这个支持度阈值，苹果、梨、甜甜圈和苹果酒是频繁项。项集 $\{$苹果，苹果酒$\}$ 是频繁项集，但是项集 $\{$甜甜圈，梨$\}$ 不是频繁项集。　◀

若已知顾客会购买某个项集中的所有商品（可能只是一个商品），则可以使用一组事务来帮助我们预测顾客是否会购买某个特定的商品。在讨论这类问题之前，我们先介绍一些术语。如果 S 是一组项的集合，T 是一组事务的集合，那么**关联规则**就是形如 $I \rightarrow J$ 的蕴含式，其中 I 和 J 是 S 的不相交的子集。尽管这个符号借用了逻辑里蕴含的符号，但它的含义并不完全是可类比的。关联规则 $I \rightarrow J$ 不是这样的命题，即当 I 是事务的子集时，J 也必须是事务的子集。相反，关联规则的强度是根据它的**支持度**（包含 I 和 J 的事务频率）以及**置信度**（包含 J 时也包

含 I 的事务频率)来衡量的。

> **定义6**   若 I 和 J 是事务集 T 的子集，则
>
> $$\text{support}(I \rightarrow J) = \frac{\sigma(I \cup J)}{|T|}$$
>
> 和
>
> $$\text{confidence}(I \rightarrow J) = \frac{\sigma(I \cup J)}{\sigma(I)}$$
>
> 关联规则 $I \rightarrow J$ 的支持度，即包含 I 和 J 的事务的分数，是一个有用的度量。因为低支持度值告诉我们，包含 I 中所有项和 J 中所有项的项集是很少被购买的；而高支持度值告诉我们，它们是在很大一部分事务中被一起购买的。注意，关联规则 $I \rightarrow J$ 的置信度是已知一个事务包含 I 中的所有项，它将包含 I 和 J 中所有项的条件概率。因此，$I \rightarrow J$ 的置信度越大，J 成为包含 I 的事务的子集的可能性就越大。

例 15 对于例 14 中的事务集，关联规则 {苹果酒，甜甜圈} → {苹果} 的支持度和置信度是多少？

解 关联规则的支持度是 $\sigma(\{$苹果酒，甜甜圈$\} \cup \{$苹果$\})/|T|$。因为 $\sigma(\{$苹果酒，甜甜圈$\} \cup \{$苹果$\}) = \sigma(\{$苹果酒，甜甜圈，苹果$\}) = 3$，$|T| = 8$，可得这条规则的支持度是 $3/8 = 0.375$。

该规则的置信度是 $\sigma(\{$苹果酒，甜甜圈$\} \cup \{$苹果$\})/\sigma(\{$苹果酒，甜甜圈$\}) = 3/4 = 0.75$。◀

数据挖掘中的一个重要问题是寻找**强关联规则**，这些规则的支持度大于或等于最小支持度，且置信度大于或等于最小置信度。找到有效的算法来确定强关联规则十分重要，因为可用项的数量可能非常大。例如，一家超市可能有数万甚至数十万的商品库存。通过计算所有可能的关联规则的支持度和置信度，以寻找有足够大的支持度和置信度的关联规则的蛮力方法是不可行的，因为此类关联规则的数量是指数级的(见练习41)。目前，研究人员已经开发出几种广泛使用的比蛮力更有效的算法。这些算法首先查找频繁项集，然后将注意力集中到查找到的频繁项集上，寻找所有具有高置信度的关联规则。详细信息请参阅数据挖掘相关文献，如 [AG15]。

尽管我们仅以商场中的购物篮为例展示了关联规则，但它们在其他各类应用中也非常有用。例如，关联规则可用于改进医疗诊断，其中项集是测试结果或症状的集合，事务是在患者记录中找到的测试结果和症状的集合。关联规则也可用在搜索引擎中，其中项集是关键字，事务是网页上的单词集合。使用关联规则还可以发现抄袭的情况，其中项集是句子的集合，事务是文档的内容。关联规则在计算机安全的各个方面也发挥着有益的作用，例如入侵检测，其中项集是模式的集合，事务是网络攻击期间传输的字符串。感兴趣的读者可以通过搜索网页找到更多这样的应用程序。

练习

1. 列出关系 $\{(a, b, c) \mid a, b$ 和 c 是整数且 $0 < a < b < c < 5\}$ 中的三元组。

2. 在关系 $\{(a, b, c, d) \mid a, b, c, d$ 是正整数且 $abcd = 6\}$ 中有哪些 4 元组？

3. 列出表 8 所示关系中的 5 元组。

4. 假设不增加新的 n 元组，为下面表中的关系找出所有的主键。
   a) 表 3   b) 表 5   c) 表 6   d) 表 8

5. 假设不增加新的 n 元组，对于表 8 中的数据库找出一个由两个域构成的复合主键，其中一个域是航空公司。

6. 假设不增加新的 n 元组，对于表 7 中的数据库找出一个由两个域构成的复合主键，其中一个域是教授。

7. 3 元关系中的 3 元组表示了一个学生数据库中的下述属性：学号、姓名、电话号码。
   a) 学号可能是主键吗？

b)姓名可能是主键吗？

c)电话号码可能是主键吗？

8. 4 元关系中的 4 元组表示了出版图书的下述属性：书名、书号、出版日期、页数。

　　a)什么可能是这个关系的主键？

　　b)在什么条件下(书名、出版日期)是复合主键？

　　c)在什么条件下(书名、页数)是复合主键？

9. 5 元关系中的 5 元组表示了美国所有人的下述属性：姓名、社会保险号、住址、城市、州。

　　a)对这个关系确定一个主键。

　　b)在什么条件下(姓名、住址)是复合主键？

　　c)在什么条件下(姓名、住址、城市)是复合主键？

10. 设 C 是条件：教室＝A100。当使用选择运算符 s_C 到表 7 的数据库时，可以得到什么？

11. 设 C 是条件：目的地＝底特律。当使用选择运算符 s_C 到表 8 的数据库时，可以得到什么？

12. 设 C 是条件：(项目＝2)∧(数量≥50)。当使用选择运算符 s_C 到表 10 的数据库时，可以得到什么？

13. 设 C 是条件：(航空公司＝Nadir)∨(目的地＝丹佛)。当使用选择运算符 s_C 到表 8 的数据库时，可以得到什么？

14. 当使用投影 $P_{2,3,5}$ 到 5 元组 (a, b, c, d, e) 时，能得到什么？

15. 哪个投影映射用于删除一个 6 元组的第一、第二和第四个分量？

16. 给出使用投影 $P_{1,2,4}$ 到表 8 以后得到的表。

17. 给出使用投影 $P_{1,4}$ 到表 8 以后得到的表。

18. 把连接运算符 J_3 应用到 5 元组的表和 8 元组的表后所得到的表中的 n 元组里有多少个分量？

19. 构造把连接运算符 J_2 应用到表 11 和表 12 的关系中所得到的表。

表 11　零件需求

供货商	零件号	项目
23	1092	1
23	1101	3
23	9048	4
31	4975	3
31	3477	2
32	6984	4
32	9191	2
33	1001	1

表 12　零件库存

零件号	项目	数量	颜色代码
1001	1	14	8
1092	1	2	2
1101	3	1	1
3477	2	25	2
4975	3	6	2
6984	4	10	1
9048	4	12	2
9191	2	80	4

20. 证明：如果 C_1 和 C_2 是 n 元关系 R 的元素可能满足的条件，那么 $s_{C_1 \wedge C_2}(R) = s_{C_1}(s_{C_2}(R))$。

21. 证明：如果 C_1 和 C_2 是 n 元关系 R 的元素可能满足的条件，那么 $s_{C_1}(s_{C_2}(R)) = s_{C_2}(s_{C_1}(R))$。

22. 证明：如果 C 是 n 元关系 R 和 S 的元素可能满足的条件，那么 $s_C(R \cup S) = s_C(R) \cup s_C(S)$。

23. 证明：如果 C 是 n 元关系 R 和 S 的元素可能满足的条件，那么 $s_C(R \cap S) = s_C(R) \cap s_C(S)$。

24. 证明：如果 C 是 n 元关系 R 和 S 的元素可能满足的条件，那么 $s_C(R - S) = s_C(R) - s_C(S)$。

25. 证明：如果 R 和 S 是 n 元关系，那么 $P_{i_1, i_2, \ldots, i_m}(R \cup S) = P_{i_1, i_2, \ldots, i_m}(R) \cup P_{i_1, i_2, \ldots, i_m}(S)$。

26. 给出一个例子证明：如果 R 和 S 是两个 n 元关系，那么 $P_{i_1, i_2, \ldots, i_m}(R \cap S)$ 可能与 $P_{i_1, i_2, \ldots, i_m}(R) \cap P_{i_1, i_2, \ldots, i_m}(S)$ 不同。

27. 给出一个例子证明：如果 R 和 S 是两个 n 元关系，那么 $P_{i_1, i_2, \ldots, i_m}(R - S)$ 可能与 $P_{i_1, i_2, \ldots, i_m}(R) - P_{i_1, i_2, \ldots, i_m}(S)$ 不同。

28. a)与下述用 SQL 语句表示的查询相对应的运算是什么？

```
SELECT Supplier
FROM Part_needs
WHERE 1000 ≤ Part_number ≤ 5000
```

　　b)假设以表 11 的数据库作为输入，这个查询的输出是什么？

29. a)与下述用 SQL 语句表示的查询相对应的运算是什么？

```
SELECT Supplier, Project
FROM Part_needs, Parts_inventory
WHERE Quantity ≤ 10
```

b)假设以表 11 和表 12 的数据库作为输入,这个查询的输出是什么?

30. 试确定例 2 中的关系是否有一个主键。

31. 试确定例 3 中的关系是否有一个主键。

32. 证明具有一个主键的关系可以被看作某一函数的图,该函数将各个主键的值映射为由其他域的值构成的$(n-1)$元组。

33. 假设便利店在某个晚上的交易是:{面包,牛奶,尿布,果汁},{面包,牛奶,尿布,鸡蛋},{牛奶,尿布,啤酒,鸡蛋},{面包,啤酒},{牛奶,尿布,鸡蛋,果汁}和{牛奶,尿布,啤酒}。

   a)求尿布的计数和支持度。

   b)如果阈值为 0.6,求所有的频繁项集。

34. 假设 8 个不同网页上的关键词是:{进化,灵长类,人类,尼安德特人,DNA,化石},{进化,尼安德特人,丹尼索瓦人,人类,DNA},{洞穴,化石,灵长类},{人类,尼安德特人,丹尼索瓦人,进化},{DNA,基因组,进化,化石},{DNA,人类,尼安德特人,丹尼索瓦人,基因组},{进化,灵长类,洞穴,化石}和{人类,尼安德特人,基因组}。

   a)求尼安德特人的计数和支持度。

   b)如果阈值为 0.6,求所有的频繁项集。

35. 在练习 33 的事务集中,求关联规则{啤酒}→{尿布}的支持度和置信度。(这个关联规则在该主题的发展中起到了重要作用。)

36. 在练习 34 的事务集中,求关联规则{人类,DNA}→{尼安德特人}的支持度和置信度。

37. 假设 I 是一个事务集中具有正计数的项集。求关联规则 $I \rightarrow \varnothing$ 的置信度。

38. 假设 I、J 和 K 是项集。证明 6 个关联规则 $\{I, J\} \rightarrow K$、$\{J, K\} \rightarrow I$、$\{I, K\} \rightarrow J$、$I \rightarrow \{J, K\}$、$J \rightarrow \{I, K\}$、$K \rightarrow \{I, J\}$ 具有相同的支持度。

39. 关联规则 $I \rightarrow J$ 的**提升度**等于 $\text{support}(I \cup J)/(\text{support}(I)\text{support}(J))$,其中 I 和 J 是一个事务集中具有正支持度的项集。

   a)证明当 $\text{support}(I)$ 和 $\text{support}(J)$ 均为正数时,$I \rightarrow J$ 的提升度等于 1,当且仅当在交易中发生 I 和在交易中发生 J 是独立事件。

   b)在练习 33 的事务集中,求关联规则{啤酒}→{尿布}的提升度。

   c)在练习 34 的事务集中,求关联规则{进化}→{尼安德特人,丹尼索瓦人}的提升度。

40. 证明:若一个项集在事务集中是频繁项集,则它的所有子集在此事务集中也是频繁项集。

41. 已知 n 个不同的项,证明存在 3^n 个形如 $I \rightarrow J$ 的关联规则,其中 I 和 J 是所有项的集合的不相交子集。当然允许在关联规则中的 I 为空或 J 为空或两者都为空。

9.3   关系的表示

9.3.1   引言

本节及本章的剩余部分研究的所有关系均为二元关系,因此,在这些内容中出现的"关系"一词都表示二元关系。有多种方式表示有穷集之间的关系。如在 9.1 节中看到的,一种方式是列出它的有序对;另一种方式是使用表,如 9.1 节中例 3 所示。本节将讨论另外两种表示关系的方式:一种方式是使用 0-1 矩阵;另一种方式是使用称为有向图的图形表达方式,这种方法将在本节后面进行讨论。

一般说来,矩阵适用于计算机程序中关系的表示。另一方面,人们常常发现使用有向图来表示关系对理解这些关系的性质是很有用的。

9.3.2   用矩阵表示关系

可以用 0-1 矩阵表示一个有穷集之间的关系。假设 R 是从 $A = \{a_1, a_2, \cdots, a_m\}$ 到 $B = \{b_1, b_2, \cdots, b_n\}$ 的关系。(这里集合 A 和集合 B 的元素已经按照某一特定的次序列出,该次序是任意的。此外，当 $A=B$ 时我们对 A 和 B 使用同样的次序。)关系 R 可以用矩阵 $\boldsymbol{M}_R=[m_{ij}]$ 来表示，其中

$$m_{ij} = \begin{cases} 1 & (a_i, b_j) \in R \\ 0 & (a_i, b_j) \notin R \end{cases}$$

换句话说，当 a_i 和 b_j 有关系时表示 R 的 0-1 矩阵的 (i, j) 项是 1，当 a_i 和 b_j 没关系时，该项是 0(这种表示依赖于 A 和 B 中元素的次序)。

下面通过例 1～6，说明如何用矩阵来表示关系。

例 1 假设 $A=\{1, 2, 3\}$，$B=\{1, 2\}$。令 R 是从 A 到 B 的关系，如果 $a \in A$，$b \in B$ 且 $a>b$，则 R 包含 (a, b)。若 $a_1=1$，$a_2=2$，$a_3=3$，$b_1=1$，$b_2=2$，表示 R 的矩阵是什么？

解 因为 $R=\{(2, 1), (3, 1), (3, 2)\}$，所以表示 R 的矩阵是

$$\boldsymbol{M}_R = \begin{bmatrix} 0 & 0 \\ 1 & 0 \\ 1 & 1 \end{bmatrix}$$

$\boldsymbol{M}_R$ 中的 1 说明了有序对 $(2, 1)$、$(3, 1)$ 和 $(3, 2)$ 属于 R，0 说明了没有其他的有序对属于 R。 ◄

例 2 设 $A=\{a_1, a_2, a_3\}$，$B=\{b_1, b_2, b_3, b_4, b_5\}$。哪些有序对在下面的矩阵所表示的关系 R 中？

$$\boldsymbol{M}_R = \begin{bmatrix} 0 & 1 & 0 & 0 & 0 \\ 1 & 0 & 1 & 1 & 0 \\ 1 & 0 & 1 & 0 & 1 \end{bmatrix}$$

解 因为 R 是由 $m_{ij}=1$ 的有序对 (a_i, b_j) 构成的，所以

$$R = \{(a_1, b_2), (a_2, b_1), (a_2, b_3), (a_2, b_4), (a_3, b_1), (a_3, b_3), (a_3, b_5)\}$$ ◄

表示定义在一个集合上的关系的矩阵是一个方阵，可以用这个矩阵确定关系是否有某种性质。若对于每个 $a \in A$ 有 $(a, a) \in R$，则定义在集合 A 上的关系 R 是自反的。所以，R 是自反的当且仅当对 $i=1, 2, \cdots, n$，$(a_i, a_i) \in R$。因此，R 是自反的当且仅当对 $i=1, 2, \cdots, n$，$m_{ii}=1$。换句话说，如果 $\boldsymbol{M}_R$ 的主对角线上的所有元素都等于 1，那么 R 是自反的，如图 1 所示。注意，非主对角线上的元素可以是 0 或 1。

若 $(a, b) \in R$ 则 $(b, a) \in R$，那么关系 R 是对称的。因此集合 $A=\{a_1, a_2, \cdots, a_n\}$ 上的关系 R 是对称的，当且仅当只要 $(a_i, a_j) \in R$ 就有 $(a_j, a_i) \in R$。用矩阵 $\boldsymbol{M}_R$ 来说，R 是对称的当且仅当只要 $m_{ij}=1$ 就有 $m_{ji}=1$。这也意味着只要 $m_{ij}=0$ 就有 $m_{ji}=0$。因此 R 是对称的，当且仅当对所有的整数对 i，j(其中 $i=1, 2, \cdots, n$，$j=1, 2, \cdots, n$)都有 $m_{ij}=m_{ji}$。回顾 2.6 节中矩阵转置的定义，可以得到 R 是对称的当且仅当

$$\boldsymbol{M}_R = (\boldsymbol{M}_R)^{\mathrm{T}}$$

即 $\boldsymbol{M}_R$ 是对称矩阵。对称关系的矩阵形式如图 2a 所示。

图 1 自反关系的 0-1 矩阵(非主对角线上的元素可为 0 或 1)

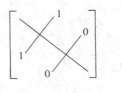

a) 对称的　　　　b) 反对称的

图 2 对称和反对称关系的 0-1 矩阵

关系 R 是反对称的，当且仅当若 $(a, b) \in R$ 且 $(b, a) \in R$ 则 $a=b$。因此，反对称关系的矩

阵有下述性质：如果 $m_{ij}=1$，$i\neq j$，则 $m_{ji}=0$。或者，换句话说，当 $i\neq j$ 时，$m_{ij}=0$ 或 $m_{ji}=0$。反对称关系的矩阵形式如图 2b 所示。

例 3 假设集合上的关系 R 由矩阵

$$M_R = \begin{bmatrix} 1 & 1 & 0 \\ 1 & 1 & 1 \\ 0 & 1 & 1 \end{bmatrix}$$

表示，R 是自反的、对称的和/或反对称的吗？

解 因为这个矩阵中所有的对角线元素都等于 1，所以 R 是自反的。又由于 M_R 是对称的，所以 R 是对称的。也容易看出 R 不是反对称的。◀

布尔运算并和交可以用来（在 2.6 节讨论的）求两个关系的并和交的矩阵表示。假设集合 A 上的关系 R_1 和 R_2 分别由矩阵 M_{R_1} 和 M_{R_2} 来表示。M_{R_1} 或 M_{R_2} 在某个位置为 1，则表示关系的并的矩阵的相应位置为 1。M_{R_1} 和 M_{R_2} 在某个位置同时为 1，则表示关系的交的矩阵的相应位置为 1。于是，关系的并和交的矩阵表示是

$$M_{R_1 \cup R_2} = M_{R_1} \vee M_{R_2}, \quad M_{R_1 \cap R_2} = M_{R_1} \wedge M_{R_2}$$

例 4 假设集合 A 上的关系 R_1 和 R_2 由下述矩阵表示，$R_1 \cup R_2$ 和 $R_1 \cap R_2$ 的矩阵表示是什么？

$$M_{R_1} = \begin{bmatrix} 1 & 0 & 1 \\ 1 & 0 & 0 \\ 0 & 1 & 0 \end{bmatrix}, \quad M_{R_2} = \begin{bmatrix} 1 & 0 & 1 \\ 0 & 1 & 1 \\ 1 & 0 & 0 \end{bmatrix}$$

解 这两个关系的矩阵是

$$M_{R_1 \cup R_2} = M_{R_1} \vee M_{R_2} = \begin{bmatrix} 1 & 0 & 1 \\ 1 & 1 & 1 \\ 1 & 1 & 0 \end{bmatrix}$$

$$M_{R_1 \cap R_2} = M_{R_1} \wedge M_{R_2} = \begin{bmatrix} 1 & 0 & 1 \\ 0 & 0 & 0 \\ 0 & 0 & 0 \end{bmatrix}$$

◀

现在我们来考虑怎样确定关系合成的矩阵。这个矩阵可以通过关系矩阵的布尔积（见 2.6 节）得到。特别地，假设 R 是从集合 A 到集合 B 的关系且 S 是从集合 B 到集合 C 的关系。又假设 A、B 和 C 分别有 m、n 和 p 个元素。令 $S \circ R$、R 和 S 的 0-1 矩阵分别为 $M_{S \circ R}=[t_{ij}]$、$M_R=[r_{ij}]$、$M_S=[s_{ij}]$（这些矩阵的大小分别为 $m \times p$、$m \times n$ 和 $n \times p$）。有序对 (a_i, c_j) 属于 $S \circ R$ 当且仅当存在元素 b_k 使得 (a_i, b_k) 属于 R 并且 (b_k, c_j) 属于 S。由此得出 $t_{ij}=1$，当且仅当存在某个 k 满足 $r_{ik}=s_{kj}=1$。根据布尔积的定义，可得

$$M_{S \circ R} = M_R \odot M_S$$

例 5 求关系 $S \circ R$ 的矩阵，其中表示 R 和 S 的矩阵分别是

$$M_R = \begin{bmatrix} 1 & 0 & 1 \\ 1 & 1 & 0 \\ 0 & 0 & 0 \end{bmatrix} \quad 和 \quad M_S = \begin{bmatrix} 0 & 1 & 0 \\ 0 & 0 & 1 \\ 1 & 0 & 1 \end{bmatrix}$$

解 表示 $S \circ R$ 的矩阵是：

$$M_{S \circ R} = M_R \odot M_S = \begin{bmatrix} 1 & 1 & 1 \\ 0 & 1 & 1 \\ 0 & 0 & 0 \end{bmatrix}$$

◀

表示两个关系合成的矩阵可以用来求 M_{R^n} 的矩阵，特别地，由布尔幂的定义有

$$M_{R^n} = M_R^{[n]}$$

本节练习 35 要求证明这个公式。

例 6 求关系 R^2 的矩阵表示，其中 R 的矩阵表示是

$$\boldsymbol{M}_R = \begin{bmatrix} 0 & 1 & 0 \\ 0 & 1 & 1 \\ 1 & 0 & 0 \end{bmatrix}$$

解 R^2 的矩阵表示是

$$\boldsymbol{M}_{R^2} = \boldsymbol{M}_R^{[2]} = \begin{bmatrix} 0 & 1 & 1 \\ 1 & 1 & 1 \\ 0 & 1 & 0 \end{bmatrix} \quad \blacktriangleleft$$

9.3.3　用图表示关系

前面已经提到，关系可以通过列出它所有的有序对或使用 0-1 矩阵来表示。还有一种重要的表示关系的方法就是图。把集合中的每个元素表示成一个点，每个有序对表示成一条带有箭头的弧，弧上的箭头标明了弧的方向。当我们把一个有穷集上的关系看作**有向图**时，就可以使用这种图形表示。

> **定义 1**　一个有向图由顶点(或结点)集 V 和边(或弧)集 E 组成，其中边集是 V 中元素的有序对的集合。顶点 a 叫作边 (a, b) 的始点，而顶点 b 叫作这条边的终点。

形如 (a, a) 的边用一条从顶点 a 到自身的弧表示。这种边叫作**环**。

例 7 具有顶点 a、b、c 和 d，边 (a, b)、(a, d)、(b, b)、(b, d)、(c, a)、(c, b) 和 (d, b) 的有向图如图 3 所示。 $\quad \blacktriangleleft$

集合 A 上的关系 R 表示成一个有向图，这个图以 A 的元素作为顶点，以有序对 (a, b) 作为边，其中 $(a, b) \in R$。这就在集合 A 上的关系和以 A 作为顶点集的有向图之间构成了一一对应。于是，每一个关于关系的论述对应着一个关于有向图的论述，反之亦然。有向图将关系中包含的信息进行了图形化表示。因此，也常常用图研究关系及其性质。(注意，从集合 A 到集合 B 的关系可以用一个有向图表示，其中集合 A 中的每个元素和集合 B 中的每个元素都用顶点表示，如 9.1 节所示。然而，当 $A=B$ 时，这种表示方法对关系中包含的信息的表示比本节描述的有向图表示法要少得多。)例 8～10 说明了怎样用有向图来表示定义在一个集合上的关系。

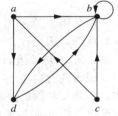

图 3　一个有向图

例 8 定义在集合 $\{1, 2, 3, 4\}$ 上的关系

$$R_1 = \{(1,1),(1,3),(2,1),(2,3),(2,4),(3,1),(3,2),(4,1)\}$$

的有向图表示如图 4 所示。 $\quad \blacktriangleleft$

例 9 图 5 中的有向图所表示的关系 R_2 中的有序对是什么？

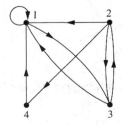

图 4　关系 R_1 的有向图

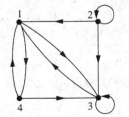

图 5　关系 R_2 的有向图

解 关系中的有序对 (x, y) 是

$$R_2 = \{(1,3),(1,4),(2,1),(2,2),(2,3),(3,1),(3,3),(4,1),(4,3)\}$$
每个有序对都对应了有向图的一条边，其中$(2,2)$和$(3,3)$对应了环。◀

表示关系的有向图可以用来确定关系是否具有各种性质。例如，一个关系是自反的，当且仅当有向图的每个顶点都有环。因此，每个形如(x,x)的有序对都出现在关系中。一个关系是对称的，当且仅当对有向图不同顶点之间的每一条边都存在一条方向相反的边，因此，只要(x,y)在关系中就有(y,x)在关系中。类似地，一个关系是反对称的，当且仅当在两个不同的顶点之间不存在两条方向相反的边。最后，一个关系是传递的，当且仅当只要存在一条从顶点 x 到顶点 y 的边和一条从顶点 y 到顶点 z 的边，就有一条从顶点 x 到顶点 z 的边（完成一个三角形，其中每条边都是具有正确方向的有向边）。

评注　对称关系可以用无向图表示，这个图中的边没有方向。我们将在第 10 章研究无向图。

例 10　判断图 6 中的有向图表示的关系，是否为自反的、对称的、反对称的和/或传递的。

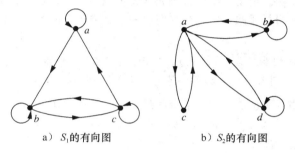

a）S_1的有向图　　　b）S_2的有向图

图 6　关系 R 和 S 的有向图

解　因为关系 S_1 的有向图的每个顶点都有环，所以它是自反的。S_1 既不是对称的也不是反对称的，因为存在一条从 a 到 b 的边，但没有从 b 到 a 的边，并且 b 和 c 两个方向都有边。最后，S_1 不是传递的，因为从 a 到 b 有边，从 b 到 c 有边，但是从 a 到 c 没有边。

因为在有向图 S_2 中，不是所有的顶点都有环，所以关系 S_2 不是自反的。关系 S_2 是对称的，不是反对称的，因为在不同顶点之间的每条边都伴随着一条方向相反的边。从有向图中不难看出，S_2 不是传递的，因为(c,a)和(a,b)属于 S_2，但(c,b)不属于 S_2。◀

练习

1. 用矩阵表示下面每个定义在$\{1,2,3\}$上的关系（按增序列出集合中的元素）。
   a)$\{(1,1),(1,2),(1,3)\}$
   b)$\{(1,2),(2,1),(2,2),(3,3)\}$
   c)$\{(1,1),(1,2),(1,3),(2,2),(2,3),(3,3)\}$
   d)$\{(1,3),(3,1)\}$

2. 用矩阵表示下面每个定义在$\{1,2,3,4\}$上的关系（按增序列出集合中的元素）。
   a)$\{(1,2),(1,3),(1,4),(2,3),(2,4),(3,4)\}$
   b)$\{(1,1),(1,4),(2,2),(3,3),(4,1)\}$
   c)$\{(1,2),(1,3),(1,4),(2,1),(2,3),(2,4),(3,1),(3,2),(3,4),(4,1),(4,2),(4,3)\}$
   d)$\{(2,4),(3,1),(3,2),(3,4)\}$

3. 列出和下面矩阵对应的定义在$\{1,2,3\}$上的关系中的有序对（其中行和列对应于按增序列出的整数）。
   a) $\begin{bmatrix} 1 & 0 & 1 \\ 0 & 1 & 0 \\ 1 & 0 & 1 \end{bmatrix}$　　　　**b)** $\begin{bmatrix} 0 & 1 & 0 \\ 0 & 1 & 0 \\ 0 & 1 & 0 \end{bmatrix}$　　　　**c)** $\begin{bmatrix} 1 & 1 & 1 \\ 1 & 0 & 1 \\ 1 & 1 & 1 \end{bmatrix}$

4. 列出和下面矩阵对应的定义在$\{1,2,3,4\}$上的关系中的有序对（其中行和列对应于按增序列出的整数）。

a) $\begin{bmatrix} 1 & 1 & 0 & 1 \\ 1 & 0 & 1 & 0 \\ 0 & 1 & 1 & 1 \\ 1 & 0 & 1 & 1 \end{bmatrix}$　　**b)** $\begin{bmatrix} 1 & 1 & 1 & 0 \\ 0 & 1 & 0 & 0 \\ 0 & 0 & 1 & 1 \\ 1 & 0 & 0 & 1 \end{bmatrix}$　　**c)** $\begin{bmatrix} 0 & 1 & 0 & 1 \\ 1 & 0 & 1 & 0 \\ 0 & 1 & 0 & 1 \\ 1 & 0 & 1 & 0 \end{bmatrix}$

5. 怎样用表示集合 A 上的关系 R 的有向图确定这个关系是否是反自反的？

6. 怎样用表示集合 A 上的关系 R 的有向图确定这个关系是否是非对称的？

7. 确定练习 3 中的矩阵所表示的关系是否为自反的、反自反的、对称的、反对称的和/或传递的。

8. 确定练习 4 中的矩阵所表示的关系是否为自反的、反自反的、对称的、反对称的和/或传递的。

9. R 是包含了前 100 个正整数的集合 $A=\{1, 2, \cdots, 100\}$ 上的关系，如果 R 满足下述条件，那么表示 R 的矩阵中有多少个非 0 的元素？

　　a) $\{(a, b) \mid a>b\}$　　**b)** $\{(a, b) \mid a\neq b\}$　　**c)** $\{(a, b) \mid a=b+1\}$

　　d) $\{(a, b) \mid a=1\}$　　**e)** $\{(a, b) \mid ab=1\}$

10. R 是包含了前 1000 个正整数的集合 $A=\{1, 2, \cdots, 1000\}$ 上的关系，如果 R 满足下述条件，那么表示 R 的矩阵中有多少个非 0 的元素？

　　a) $\{(a, b) \mid a\leqslant b\}$　　**b)** $\{(a, b) \mid a=b\pm1\}$　　**c)** $\{(a, b) \mid a+b=1000\}$

　　d) $\{(a, b) \mid a+b\leqslant1001\}$　　**e)** $\{(a, b) \mid a\neq0\}$

11. 当 R 是有穷集 A 上的关系时，怎样从表示 R 的关系矩阵得到表示这个关系的补 $\overline{R}$ 的矩阵？

12. 当 R 是有穷集 A 上的关系时，怎样从表示 R 的关系矩阵得到表示这个关系的逆 R^{-1} 的矩阵？

13. 设 R 是矩阵

$$\boldsymbol{M}_R = \begin{bmatrix} 0 & 1 & 1 \\ 1 & 1 & 0 \\ 1 & 0 & 1 \end{bmatrix}$$

所表示的关系，求表示下述关系的矩阵。

　　a) R^{-1}　　　　　　**b)** $\overline{R}$　　　　　　　　**c)** R^2

14. 设 R_1 和 R_2 是集合 A 上的关系，由以下矩阵表示。

$$\boldsymbol{M}_{R_1} = \begin{bmatrix} 0 & 1 & 0 \\ 1 & 1 & 1 \\ 1 & 0 & 0 \end{bmatrix}, \quad \boldsymbol{M}_{R_2} = \begin{bmatrix} 0 & 1 & 0 \\ 0 & 1 & 1 \\ 1 & 1 & 1 \end{bmatrix}$$

求表示下述关系的矩阵。

　　a) $R_1 \bigcup R_2$　　　　　　**b)** $R_1 \bigcap R_2$　　　　　　**c)** $R_2 \circ R_1$

　　d) $R_1 \circ R_1$　　　　　　**e)** $R_1 \oplus R_2$

15. 设 R 是矩阵

$$\boldsymbol{M}_R = \begin{bmatrix} 0 & 1 & 0 \\ 0 & 0 & 1 \\ 1 & 1 & 0 \end{bmatrix}$$

表示的关系，求表示下述关系的矩阵

　　a) R^2　　　　　　　　**b)** R^3　　　　　　　　**c)** R^4

16. 设 R 是 n 元素集合 A 上的关系。如果在表示 R 的矩阵 $\boldsymbol{M}_R$ 中存在 k 个非 0 的元素，那么在表示 R 的逆 R^{-1} 的矩阵 $\boldsymbol{M}_{R^{-1}}$ 中存在多少个非 0 的元素？

17. 设 R 是 n 元素集合 A 上的关系。如果在表示 R 的矩阵 $\boldsymbol{M}_R$ 中存在 k 个非 0 的元素，那么在表示 R 的补 $\overline{R}$ 的矩阵 $\boldsymbol{M}_{\overline{R}}$ 中存在多少个非 0 元素？

18. 画出表示练习 1 中每个关系的有向图。

19. 画出表示练习 2 中每个关系的有向图。

20. 画出表示练习 3 中每个关系的有向图。

21. 画出表示练习 4 中每个关系的有向图。

22. 画出表示关系 $\{(a, a), (a, b), (b, c), (c, b), (c, d), (d, a), (d, b)\}$ 的有向图。

在练习 23~28 中，列出由下述有向图所表示的关系中的有序对。

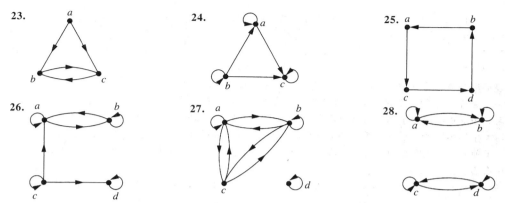

29. 怎样用定义在有穷集 A 上的关系 R 的有向图确定一个关系是否是非对称的？

30. 怎样用定义在有穷集 A 上的关系 R 的有向图确定一个关系是否是反自反的？

31. 确定练习 23～25 所示的有向图表示的关系是否为自反的、反自反的、对称的、反对称的和/或传递的。

32. 确定练习 26～28 所示的有向图表示的关系是否为自反的、反自反的、对称的、反对称的和/或传递的。

33. 设 R 是定义在集合 A 上的关系，解释如何用表示 R 的有向图得到表示关系的逆 R^{-1} 的有向图？

34. 设 R 是定义在集合 A 上的关系，解释如何用表示 R 的有向图得到表示关系的补 $\overline{R}$ 的有向图？

35. 证明：如果 M_R 是表示关系 R 的矩阵，那么 $M_R^{[n]}$ 是表示关系 R^n 的矩阵。

36. 给定表示两个关系的有向图，如何得到表示这些关系的并、交、对称差、差以及合成的有向图？

9.4   关系的闭包

9.4.1   引言

　　一个计算机网络在波士顿、芝加哥、丹佛、底特律、纽约和圣选戈设有数据中心。从波士顿到芝加哥、波士顿到底特律、芝加哥到底特律、底特律到丹佛和纽约到圣选戈都有单向的电话线。如果存在一条从数据中心 a 到 b 的电话线，(a, b) 就属于关系 R。我们如何确定从一个中心到另一个中心是否存在一条或多条电话线路（可能不直接）相连？由于并不是所有的链接都是直接相连的，例如从波士顿可通过底特律到丹佛，所以不能直接使用关系 R 来回答这个问题。用关系的语言说，R 不是传递的，因此它不包含所有能被链接的有序对。在本节，我们可以通过构造包含关系 R 的传递关系 S，且 S 是所有包含关系 R 的传递关系的子集，来找出所有有线路相连的数据中心对。这里，S 是包含关系 R 的最小的传递关系。这个关系称为 R 的**传递闭包**。

9.4.2   不同类型的闭包

　　若 R 是集合 A 上的关系，它可能具有或者不具有某些性质 P，例如自反性、对称性或传递性。当 R 不具有性质 P 时，我们将求在集合 A 上，包含关系 R 且具有性质 P 的最小关系 S。

> **定义 1**　设 R 是集合 A 上的关系，若存在关系 R 的具有性质 P 的**闭包**，则此闭包是集合 A 上包含 R 的具有性质 P 的关系 S，并且 S 是每一个包含 R 的具有性质 P 的 $A \times A$ 的子集。

　　若存在一个关系 S 是每一个包含 R 的具有性质 P 的关系的子集，则它必是唯一的。为了说明这一点，假设关系 S 和 T 都具有性质 P 并且都是每一个包含 R 的具有性质 P 的关系的子集。则 S 和 T 互为子集，所以它们是相等的。这样的关系若存在，则是包含 R 的具有性质 P 的最小关系，因为它是每一个包含 R 的具有性质 P 的关系的子集。

　　我们将说明怎样求关系的自反闭包、对称闭包和传递闭包。在本节的练习 15 和 35，给定性质 P，你将看到一个关系的具有性质 P 的闭包不一定存在。

　　集合 $A = \{1, 2, 3\}$ 上的关系 $R = \{(1, 1), (1, 2), (2, 1), (3, 2)\}$ 不是自反的。我们怎样才能得到一个包含关系 R 的尽可能小的自反关系呢？这可以通过把 $(2, 2)$ 和 $(3, 3)$ 加到 R 中来做到，因为只有它们是不在 R 中的形如 (a, a) 的有序对。这个新关系包含了关系 R。此外，任何包含关系 R 的自反关系一定包含 $(2, 2)$ 和 $(3, 3)$。因为这个关系包含了 R，所以是自反的，并且包含于每一个包含关系 R 的自反关系中，因此它就是关系 R 的**自反闭包**。

正如这个例子所示，给定集合 A 上的关系 R，对于 $a \in R$，可以通过把不在 R 中的所有形如 (a, a) 的有序对，加到关系 R 中，得到关系 R 的自反闭包。加入这些有序对后，产生了一个新的自反的、包含关系 R 的关系，并且该关系包含于任何一个包含关系 R 的自反关系中。由此可得，关系 R 的自反闭包等于 $R \cup \Delta$，其中 $\Delta = \{(a, a) \mid a \in A\}$ 是 A 上的**对角关系**。（读者应对此进行验证。）

例 1　整数集上的关系 $R = \{(a, b) \mid a < b\}$ 的自反闭包是什么？

解　R 的自反闭包是
$$R \cup \Delta = \{(a,b) \mid a < b\} \cup \{(a,a) \mid a \in \mathbf{Z}\} = \{(a,b) \mid a \leqslant b\}$$　◀

$\{1, 2, 3\}$ 上的关系 $\{(1, 1), (1, 2), (2, 2), (2, 3), (3, 1), (3, 2)\}$ 不是对称的。如何产生一个包含关系 R 的尽可能小的对称关系呢？只需增加 $(2, 1)$ 和 $(1, 3)$，因为只有它们是具有 $(a, b) \in R$ 而 (b, a) 不在 R 中的 (b, a) 对。这个新关系是对称的，且包含了关系 R。此外，任何包含了关系 R 的对称关系一定包含这个新关系，因为任何一个包含关系 R 的对称关系一定包含 $(2, 1)$ 和 $(1, 3)$。因此，这个新关系叫作关系 R 的**对称闭包**。

正如这个例子所示，关系 R 的对称闭包可以通过增加所有形如 (b, a) 的有序对构成，其中 (a, b) 在关系 R 中而 (b, a) 不在关系 R 中。增加这些有序对后产生了一个新的关系，它是对称的，包含了 R，并且它包含于任何一个包含关系 R 的对称关系中。关系 R 的对称闭包可以通过求关系与它的逆（在 9.1 节练习 26 的前导文中定义）的并来构造，即 $R \cup R^{-1}$ 是关系 R 的对称闭包，其中 $R^{-1} = \{(b, a) \mid (a, b) \in R\}$。这个结果由读者自行验证。

例 2　正整数集合上的关系 $R = \{(a, b) \mid a > b\}$ 的对称闭包是什么？

解　R 的对称闭包是关系
$$R \cup R^{-1} = \{(a,b) \mid a > b\} \cup \{(b,a) \mid a > b\} = \{(a,b) \mid a \neq b\}$$

最后一个等式成立是因为 R 包含了所有正整数构成的有序对，其中第一元素大于第二元素，R^{-1} 包含了所有正整数构成的有序对，其中第一元素小于第二元素。　◀

假设关系 R 不是传递的，我们如何得到一个包含关系 R 的传递关系并使得这个新的关系包含于任何一个包含关系 R 的传递关系中？关系 R 的传递闭包能否通过已经在关系 R 中的 (a, b) 和 (b, c)，增加所有形如 (a, c) 的有序对构成？考虑集合 $\{1, 2, 3, 4\}$ 上的关系 $R = \{(1, 3), (1, 4), (2, 1), (3, 2)\}$。这个关系不是传递的，因为对于在 R 中的 (a, b) 和 (b, c)，它不包含所有形如 (a, c) 的有序对。这种不在 R 中的有序对是 $(1, 2)$、$(2, 3)$、$(2, 4)$ 和 $(3, 1)$。把这些有序对加到 R 中并不能产生一个传递关系，因为所得的结果关系包含 $(3, 1)$ 和 $(1, 4)$，但不包含 $(3, 4)$。这说明构造关系的传递闭包比构造它们的自反闭包或对称闭包更复杂。下面将介绍构造关系的传递闭包的算法。正如本节后面部分将要说明的，关系的传递闭包可以通过增加那些一定会出现的有序对来得到，不断重复这个过程，直到没有新增加的有序对为止。

9.4.3　有向图中的路径

我们将看到用有向图表示关系有助于构造关系的传递闭包。为此，先引入某些将要用到的术语。

通过沿着有向图中的边（按照边的箭头指示的相同方向）移动，就可以得到一条有向图中的路径。

> **定义 2**　在有向图 G 中，从 a 到 b 的一条路径是图 G 中一条或多条边的序列 (x_0, x_1)，(x_1, x_2)，(x_2, x_3)，…，(x_{n-1}, x_n)，其中 n 是一个非负整数，$x_0 = a$，$x_n = b$。即一个边的序列，其中一条边的终点和路径中下一条边的始点相同。这条路径记为 $x_0, x_1, \cdots, x_{n-1}, x_n$，长度为 n。我们把一个为空的边的集合看作从 a 到 a 的长度为 0 的路径。在同一顶点开始和结束的长度 $n \geqslant 1$ 的路径，称为回路或圈。

有向图的一条路径可以多次通过一个顶点。此外，有向图的一条边也可以多次出现在一条路径中。

例 3 下面哪些是图 1 中的有向图中的路径：a，b，e，d；a，e，c，d，b；b，a，c，b，a，a；d，c；c，b，a；e，b，a，b，a，b，e? 这些路径的长度是多少？这个列表中的哪些路径是回路？

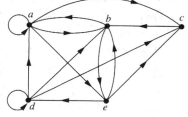

图 1　一个有向图

解　因为 (a, b)、(b, e) 和 (e, d) 都是边，所以 a，b，e，d 是长为 3 的路径。因为 (c, d) 不是边，所以 a，e，c，d，b 不是路径。因为 (b, a)、(a, c)、(c, b)、(b, a)、(a, a) 和 (a, b) 都是边，所以 b，a，c，b，a，a，b 是长为 6 的路径。同理，因为 (d, c) 是边，所以 d，c 是长为 1 的路径。(c, b) 和 (b, a) 是边，所以 c，b，a 是长为 2 的路径。(e, b)、(b, a)、(a, b)、(b, a)、(a, b)、(b, e) 都是边，因此 e，b，a，b，a，b，e 是长为 6 的路径。

两条路径 b，a，c，b，a，a，b 和 e，b，a，b，a，b，e 是回路，因为它们开始和结束于同一顶点。路径 a，b，e，d；c，b，a 和 d，c 不是回路。　◀

术语路径也用于关系。把有向图中的定义推广到关系可知，如果存在一个元素的序列 a，x_1，x_2，$\cdots$，x_{n-1}，b，且 $(a, x_1) \in R$，$(x_1, x_2) \in R$，$\cdots$，$(x_{n-1}, b) \in R$，那么在 R 中存在一条从 a 到 b 的**路径**。从关系中的路径定义可以得到定理 1。

定理 1　设 R 是集合 A 上的关系。从 a 到 b 存在一条长为 n（n 为正整数）的路径，当且仅当 $(a, b) \in R^n$。

证明　使用数学归纳法。根据定义，从 a 到 b 存在一条长为 1 的路径，当且仅当 $(a, b) \in R$。因此当 $n=1$ 时，定理为真。

归纳假设，假定对于正整数 n，定理为真。从 a 到 b 存在一条长为 $n+1$ 的路径，当且仅当存在元素 $c \in A$ 使得从 a 到 c 存在一条长为 1 的路径，即 $(a, c) \in R$，以及一条从 c 到 b 的长为 n 的路径，即 $(c, b) \in R^n$。因此，由归纳假设，从 a 到 b 存在一条长为 $n+1$ 的路径，当且仅当存在一个元素 c，使得 $(a, c) \in R$ 且 $(c, b) \in R^n$。但是若存在这样一个元素，当且仅当 $(a, b) \in R^{n+1}$。因此，从 a 到 b 存在一条长为 $n+1$ 的路径，当且仅当 $(a, b) \in R^{n+1}$。定理得证。　◀

9.4.4　传递闭包

下面证明求一个关系的传递闭包等价于在相关的有向图确定哪些顶点对之间存在路径。由此，要定义一个新的关系。

定义 3　设 R 是集合 A 上的关系。连通性关系 R^* 由形如 (a, b) 的有序对构成，使得在关系 R 中，从顶点 a 到 b 之间存在一条长度至少为 1 的路径。

因为 R^n 由有序对 (a, b) 构成，使得存在一条从顶点 a 到 b 的长为 n 的路径，所以 R^* 是所有 R^n 的并集。换句话说，

$$R^* = \bigcup_{n=1}^{\infty} R^n$$

许多模型中都用到连通性关系。

例 4　设 R 是定义在世界上所有人的集合上的关系，如果 a 认识 b，那么 R 包含 (a, b)。R^n 是什么？其中 n 是大于 1 的正整数。R^* 是什么？

解　如果存在 c 使得 $(a, c) \in R$ 且 $(c, b) \in R$，即存在 c 使得 a 认识 c，c 认识 b，那么关系 R^2 包含 (a, b)。类似地，如存在 x_1，x_2，$\cdots$，x_{n-1} 使得 a 认识 x_1，x_1 认识 x_2，$\cdots$，x_{n-1} 认识 b，那么 R^n 包含所有这样的有序对 (a, b)。

如果存在从 a 开始至 b 终止的序列，使得序列中的每个人都认识序列中的下一个人，那么

R^* 包含 (a, b) 有序对。（关于 R^* 存在许多有趣的猜想。你认为这个连通关系包含以你作为第一元素，蒙古的总统作为第二元素的一对元素吗？在第 10 章中我们将用图建立这个应用模型。）◀

例5 设 R 是定义在纽约市所有地铁站集合上的关系。如果可以从 a 站不换车就能到达 b 站，那么 R 包含有序对 (a, b)。当 n 是正整数时，R^n 是什么？R^* 是什么？

解 如果换 $n-1$ 次车就可以从 a 站到达 b 站，关系 R^n 就包含这样的有序对 (a, b)。如果需要可以换车任意多次，能够从 a 站到 b 站，关系 R^* 就由这样的有序对 (a, b) 组成。（读者可以自行验证这些论断。）◀

例6 设 R 是定义在美国所有州的集合上的关系，如果 a 州和 b 州有公共的边界，那么 R 包含 (a, b)。R^n 是什么？其中 n 是正整数。R^* 又是什么？

解 关系 R^n 由可以从 a 州恰好跨越 n 次州界到达 b 州的有序对 (a, b) 构成。R^* 由可以从 a 州跨越任意多次边界到达 b 州的有序对 (a, b) 构成（读者可自行验证这些论断。）只有那些包含与美国大陆不相连的州（即含有阿拉斯加或夏威夷）的有序对是不在 R^* 中的。◀

定理 2 将证明一个关系的传递闭包和相关的连通性关系是等同的。

> **定理 2** 关系 R 的传递闭包等于连通性关系 R^*。

证明 注意由定义可知，R^* 包含 R。为证明 R^* 是 R 的传递闭包，我们必须证明 R^* 是传递的且对一切包含 R 的传递关系 S，有 $R^* \subseteq S$。

首先，我们证明 R^* 是传递的。如果 $(a, b) \in R^*$ 且 $(b, c) \in R^*$，那么在 R 中存在从 a 到 b 和从 b 到 c 的路径。我们由从 a 到 b 的路径开始，并且沿着从 b 到 c 的路径就得到一条从 a 到 c 的路径。因此，$(a, c) \in R^*$。这就得出 R^* 是传递的。

现在假设 S 是包含 R 的传递关系。因为 S 是传递的，所以 S^n 也是传递的（读者可自行验证这一点），并且 $S^n \subseteq S$（由 9.1 节定理 1）。此外，因为

$$S^* = \bigcup_{k=1}^{\infty} S^k$$

和 $S^* \subseteq S$，所以 $S^* \subseteq S$。注意，如果 $R \subseteq S$，那么 $R^* \subseteq S^*$，因为任何在 R 中的路径也是 S 中的路径。因此，$R^* \subseteq S^* \subseteq S$。于是，任何包含 R 的传递关系也一定包含 R^*。因此，R^* 是 R 的传递闭包。◀

既然我们知道传递闭包等于连通性关系，我们考虑这个关系的计算问题。在一个有限的有向图中，确定两个顶点之间是否存在一条路径，不需要检测任意长的路径。正如下面的引理 1 所示，检测不超过 n 条边的路径就足够了，这里 n 是集合中的元素个数。

> **引理 1** 设 A 是含有 n 个元素的集合，R 是集合 A 上的关系。如果 R 中存在一条从 a 到 b 的长度至少为 1 的路径，那么这两点间存在一条长度不超过 n 的路径。此外，当 $a \neq b$ 时，如果在 R 中存在一条从 a 到 b 的长度至少为 1 的路径，那么这两点间存在一条长度不超过 $n-1$ 的路径。

证明 假设在 R 中存在从 a 到 b 的路径。令 m 是其中最短路径的长度。假设 x_0, x_1, x_2, $\cdots$, x_{m-1}, x_m 是一条这样的路径，其中 $x_0 = a$，$x_m = b$。

假设 $a = b$ 且 $m > n$，可得 $m \geq n+1$。由鸽巢原理，因为 A 中有 n 个顶点，所以在 x_0, x_1, x_2, $\cdots$, x_{m-1} 这 m 个顶点中，至少有两个是相同的（见图 2）。

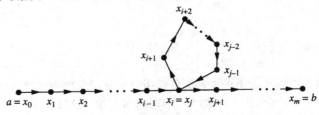

图 2　产生一条长度不超过 n 的路径

假设 $x_i = x_j$，其中 $0 \leqslant i < j \leqslant m-1$。那么这条路径包含一条从 x_i 到 x_i 自身的回路。可以把这条回路从由 a 到 b 的路径中删除，剩下的路径为 x_0，x_1，$\cdots$，x_i，x_{j+1}，$\cdots$，x_{m-1}，x_m，是从 a 到 b 的一条更短的路径。因此，具有最短长度的路径的长度一定小于等于 n。

$a \neq b$ 的情况留给读者作为练习。◀

由引理 1，可以得到 R 的传递闭包是 R，R^2，R^3，$\cdots$，R^n 的并集。这是由于在 R^* 中的两个顶点之间存在一条路径，当且仅当对某个正整数 $i(i \leqslant n)$，在 R^i 中的这些顶点之间也存在一条路径。因为

$$R^* = R \cup R^2 \cup R^3 \cup \cdots \cup R^n$$

并且表示关系的并集的 0-1 矩阵是表示这些关系的 0-1 矩阵的并，所以表示传递闭包的 0-1 矩阵是 R 的前 n 次幂的 0-1 矩阵的并。

> **定理 3**　设 $\boldsymbol{M}_R$ 是定义在 n 个元素集合上的关系 R 的 0-1 矩阵。那么传递闭包 R^* 的 0-1 矩阵是
>
> $$\boldsymbol{M}_{R^*} = \boldsymbol{M}_R \vee \boldsymbol{M}_R^{[2]} \vee \boldsymbol{M}_R^{[3]} \vee \cdots \vee \boldsymbol{M}_R^{[n]}$$

例 7　求关系 R 的传递闭包的 0-1 矩阵，其中

$$\boldsymbol{M}_R = \begin{bmatrix} 1 & 0 & 1 \\ 0 & 1 & 0 \\ 1 & 1 & 0 \end{bmatrix}$$

解　由定理 3，R^* 的 0-1 矩阵是

$$\boldsymbol{M}_{R^*} = \boldsymbol{M}_R \vee \boldsymbol{M}_R^{[2]} \vee \boldsymbol{M}_R^{[3]}$$

因为

$$\boldsymbol{M}_R^{[2]} = \begin{bmatrix} 1 & 1 & 1 \\ 0 & 1 & 0 \\ 1 & 1 & 1 \end{bmatrix} \quad \text{和} \quad \boldsymbol{M}_R^{[3]} = \begin{bmatrix} 1 & 1 & 1 \\ 0 & 1 & 0 \\ 1 & 1 & 1 \end{bmatrix}$$

所以

$$\boldsymbol{M}_{R^*} = \begin{bmatrix} 1 & 0 & 1 \\ 0 & 1 & 0 \\ 1 & 1 & 0 \end{bmatrix} \vee \begin{bmatrix} 1 & 1 & 1 \\ 0 & 1 & 0 \\ 1 & 1 & 1 \end{bmatrix} \vee \begin{bmatrix} 1 & 1 & 1 \\ 0 & 1 & 0 \\ 1 & 1 & 1 \end{bmatrix} = \begin{bmatrix} 1 & 1 & 1 \\ 0 & 1 & 0 \\ 1 & 1 & 1 \end{bmatrix}$$

◀

定理 3 可以作为计算关系 R^* 的矩阵的算法基础。为求出这个矩阵，要连续计算 $\boldsymbol{M}_R$ 的布尔幂，直到第 n 次幂为止。当计算每次幂时，就求出这个幂与所有较小的幂的并。当进行到第 n 次幂时，就得到关于 R^* 的矩阵。这个过程见算法 1。

算法 1　计算传递闭包的过程

procedure transitive closure($\boldsymbol{M}_R$：$n \times n$ 的 0-1 矩阵)

$\boldsymbol{A} := \boldsymbol{M}_R$

$\boldsymbol{B} := \boldsymbol{A}$

for $i := 2$ **to** n

　　$\boldsymbol{A} := \boldsymbol{A} \odot \boldsymbol{M}_R$

　　$\boldsymbol{B} := \boldsymbol{B} \vee \boldsymbol{A}$

return $\boldsymbol{B}$ {$\boldsymbol{B}$ 是表示 R^* 的 0-1 矩阵}

我们可以容易地求出用算法 1 求关系的传递闭包所使用的比特运算次数。计算布尔幂 $\boldsymbol{M}_R$，$\boldsymbol{M}_R^{[2]}$，$\cdots$，$\boldsymbol{M}_R^{[n]}$ 需要求出 $n-1$ 个 $n \times n$ 的 0-1 矩阵的布尔积。计算每个布尔积使用 $n^2(2n-1)$ 次比特运算。因此，计算这些乘积使用 $n^2(2n-1)(n-1)$ 次比特运算。

为从 n 个 M_R 的布尔幂求 M_{R^*}，需要求 $n-1$ 个 0-1 矩阵的并。计算每一个并运算使用 n^2 次比特运算。因此，在这部分计算中使用 $(n-1)n^2$ 次比特运算。所以，当使用算法 1 计算定义在 n 个元素的集合上的关系的传递闭包的矩阵时，需要用 $n^2(2n-1)(n-1)+(n-1)n^2=2n^3(n-1)$ 次比特运算，即该算法复杂度为 $O(n^4)$。本节后面部分将要描述一个更有效的求传递闭包的算法。

9.4.5　沃舍尔算法

沃舍尔算法得名于史蒂芬·沃舍尔，他在 1960 年给出该算法。这个算法能够高效地计算关系的传递闭包。算法 1 求出定义在 n 元素集合上的关系的传递闭包需要使用 $2n^3(n-1)$ 次比特运算。而沃舍尔算法只需要使用 $2n^3$ 次比特运算就可以求出这个传递闭包。

评注　沃舍尔算法有时也叫作罗伊沃舍尔算法，因为伯纳德·罗伊(B·Roy)在 1959 年描述了这个算法。

假设 R 是定义在 n 个元素集合上的关系。设 v_1，v_2，$\cdots$，v_n 是这 n 个元素的任意排列。沃舍尔算法中用到一条路径的**内部顶点**的概念。如果 a，x_1，x_2，$\cdots$，x_{m-1}，b 是一条路径，它的内部顶点是 x_1，x_2，$\cdots$，x_{m-1}，即除了第一和最后一个顶点之外出现在路径中的所有顶点。例如，有向图中的一条路径 a，c，d，f，g，h，b，j 的内部顶点是 c，d，f，g，h，b。a，c，d，a，f，b 的内部顶点是 c，d，a，f。(注意这条路径的起点不是内部顶点，除非这条路径再次访问它，且不是作为终点来访问的。类似地，这条路径的终点也不是内部顶点，除非它在这之前曾被这条路径访问过，且不是作为起点来访问的。)

沃舍尔算法的基础是构造一系列的 0-1 矩阵。这些矩阵是 W_0，W_1，$\cdots$，W_n，其中 $W_0=M_R$ 是这个关系的 0-1 矩阵，且 $W_k=[w_{ij}^{(k)}]$。如果存在一条从 v_i 到 v_j 的路径使得这条路径的所有内部顶点都在集合 $\{v_1$，v_2，$\cdots$，$v_k\}$(表中的前 k 个顶点)中，那么 $w_{ij}^{(k)}=1$，否则为 0(这条路径的起点和终点可能在表中的前 k 个顶点的集合之外)。注意 $W_n=M_{R^*}$，因为 M_{R^*} 的第 (i,j) 项是 1，当且仅当存在一条从 v_i 到 v_j 的路径，且全部内部顶点都在集合 $\{v_1$，v_2，$\cdots$，$v_n\}$ 中(但这些就是有向图中的所有顶点)。例 8 说明了矩阵 W_k 表示的是什么。

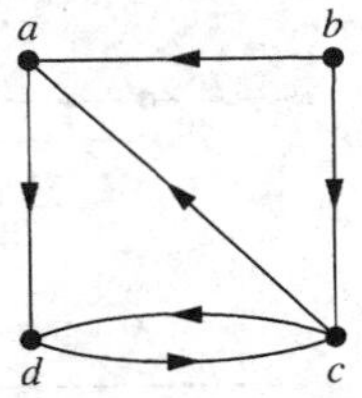

图 3　关系 R 的有向图

例 8　设 R 是一个关系，它的有向图如图 3 所示。设 a，b，c，d 是集合元素的排列。求矩阵 W_0，W_1，W_2，W_3，W_4。矩阵 W_4 是关系 R 的传递闭包。

解　令 $v_1=a$，$v_2=b$，$v_3=c$，$v_4=d$。W_0 是这个关系的矩阵，于是

$$W_0=\begin{bmatrix} 0 & 0 & 0 & 1 \\ 1 & 0 & 1 & 0 \\ 1 & 0 & 0 & 1 \\ 0 & 0 & 1 & 0 \end{bmatrix}$$

如果存在一条从 v_i 到 v_j 的且只有 $v_1=a$ 作为其内部顶点的路径，则 W_1 的 (i,j) 项为 1。注意因为所有长为 1 的路径没有内部顶点，所以仍旧可以使用这些路径。此外存在一条从 b 到 d 的路径，即 b，a，d。因此

$$W_1=\begin{bmatrix} 0 & 0 & 0 & 1 \\ 1 & 0 & 1 & 1 \\ 1 & 0 & 0 & 1 \\ 0 & 0 & 1 & 0 \end{bmatrix}$$

如果存在一条从 v_i 到 v_j 的且只有 $v_1=a$ 和/或 $v_2=b$ 作为内部顶点的路径，则 W_2 的 (i,j) 项为 1。因为没有边以 b 作为终点，所以当我们允许 b 作为内部顶点时不会得到新的路径。因此，$W_2=W_1$。

若存在一条从 v_i 到 v_j 的只有 $v_1=a$、$v_2=b$ 和/或 $v_3=c$ 作为内部顶点的路径，则 W_3 的 $(i,$

j)项为 1。现在有从 d 到 a 的路径，即 d，c，a 和从 d 到 d 的路径，即 d，c，d。因此

$$W_3 = \begin{bmatrix} 0 & 0 & 0 & 1 \\ 1 & 0 & 1 & 1 \\ 1 & 0 & 0 & 1 \\ 1 & 0 & 1 & 1 \end{bmatrix}$$

最后，如果存在一条从 v_i 到 v_j 的路径，并且以 $v_1 = a$、$v_2 = b$、$v_3 = c$ 和/或 $v_4 = d$ 作为内部顶点，那么 W_4 的 (i, j) 项为 1。因为这些是图的全部顶点，所以此项为 1，当且仅当存在一条从 v_i 到 v_j 的路径。因此

$$W_4 = \begin{bmatrix} 1 & 0 & 1 & 1 \\ 1 & 0 & 1 & 1 \\ 1 & 0 & 1 & 1 \\ 1 & 0 & 1 & 1 \end{bmatrix}$$

这个最后的矩阵 W_4 就是传递闭包的矩阵。　◀

沃舍尔算法通过有效地计算 $W_0 = M_R$，W_1，W_2，$\cdots$，$W_n = M_{R^*}$ 来计算 M_{R^*}。不难看出，可以直接从 W_{k-1} 计算 W_k：存在一条从 v_i 到 v_j 的只以 v_1，v_2，$\cdots$，v_k 中的顶点作为内部顶点的路径，当且仅当要么存在一条从 v_i 到 v_j 的且内部顶点是列表中前 $k-1$ 个顶点的路径，要么存在从 v_i 到 v_k 的路径和从 v_k 到 v_j 的路径，且这些路径的内部顶点仅在列表中的前 $k-1$ 个顶点中。这就是说，要么在 v_k 被允许作为内点之前从 v_i 到 v_j 已经存在一条路径，要么允许 v_k 作为内部顶点产生一条从 v_i 到 v_k 然后从 v_k 到 v_j 的路径。这两种情况如图 4 所示。

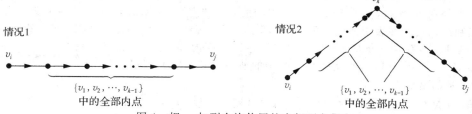

图 4　把 v_k 加到允许使用的内部顶点集中

Links ▶

Courtesy of Stephen Warshall

史蒂芬·沃舍尔（Stephen Warshall，1935—2006）　沃舍尔生于纽约，在布鲁克莱恩的公立学校接受教育。之后，他进入哈佛大学学习，并于 1956 年获得数学学位。但他并没有选择继续深造，因为在那个年代他所感兴趣的领域并没有合适的培养计划。尽管如此，他在几所不同的大学研修了研究生课程，并且对计算机科学和软件工程的发展做出了贡献。

从哈佛大学毕业以后，沃舍尔在 ORO（运筹学办公室）工作，该办公室是由约翰·霍普金斯建立并为美国陆军做研究和开发工作的。1958 年，他离开了 ORO，来到了一个叫作技术运营（Technical Operations）的公司工作，并帮助建立了一个从事军事软件课题研究和开发的实验室。1961 年，他离开了这家公司，创建了马萨诸塞计算机联合公司。后来，这家公司被应用数据研究公司（ADR）并购。沃舍尔进入了 ADR 的董事会，负责许多项目和组织的管理工作。1982 年，沃舍尔从 ADR 退休。

在任职期间，沃舍尔在操作系统、编译器设计、语言设计和运筹学领域从事研究和开发工作。在 1971～1972 学年，他应邀在法国的多所大学做了关于软件工程方面的报告。关于这个传递闭包算法，即目前所称的沃舍尔算法的正确性证明还有一则逸闻趣事。一天，他和一个技术运营公司的同事打赌，谁首先确定这个算法是否永远有效谁就将赢得一瓶甜酒。仅花了一个晚上的时间，沃舍尔就给出了证明，赢得了甜酒，并和这个同事分享了这瓶甜酒。因为沃舍尔并不喜欢坐在写字桌旁冥思苦想，所以他的许多颇具创造性的工作都是在诸如印度洋的帆船或希腊的柠檬园这种不同寻常的地方完成的。

第一种类型的路径存在当且仅当 $w_{ij}^{[k-1]}=1$，第二种类型的路径存在当且仅当 $w_{ik}^{[k-1]}=1$ 和 $w_{kj}^{[k-1]}=1$。于是，$w_{ij}^{[k]}$ 等于 1 当且仅当或者 $w_{ij}^{[k-1]}=1$ 或者 $w_{ik}^{[k-1]}=1$ 和 $w_{kj}^{[k-1]}=1$。由此得到引理 2。

引理 2　设 $W_k=[w_{ij}^{[k]}]$ 是 0-1 矩阵，它的 (i, j) 位置为 1 当且仅当存在一条从 v_i 到 v_j 的路径，其内部顶点取自集合 $\{v_1, v_2, \cdots, v_k\}$，那么

$$w_{ij}^{[k]} = w_{ij}^{[k-1]} \vee (w_{ik}^{[k-1]} \wedge w_{kj}^{[k-1]})$$

那么其中 i, j 和 k 是不超过 n 的正整数。

引理 2 提供了高效计算矩阵 $W_k(k=1, 2, \cdots, n)$ 的方法。我们使用引理 2 把沃舍尔算法的伪码在算法 2 中给出。

算法 2　沃舍尔算法

procedure Warshall(M_R : $n \times n$ 的 0-1 矩阵)

$W := M_R$

for $k := 1$ **to** n

　　for $i := 1$ **to** n

　　　　for $j := 1$ **to** n

　　　　　　$w_{ij} := w_{ij} \vee (w_{ik} \wedge w_{kj})$

return $W\{W = [w_{ij}]$ 是 M_{R^*} $\}$

沃舍尔算法的计算复杂度可以很容易地以比特运算的次数进行计算。使用引理 2，从项 $w_{ij}^{[k-1]}$、$w_{ik}^{[k-1]}$ 和 $w_{ij}^{[k-1]}$ 求出项 $w_{ij}^{[k]}$ 需要 2 次比特运算。从 W_{k-1} 求出 W_k 的所有 n^2 个项需要 $2n^2$ 次比特运算。因为沃舍尔算法从 $W_0 = M_R$ 开始，所以计算 n 个 0-1 矩阵的序列 $W_1, W_2, \cdots, W_n = M_{R^*}$，使用的比特运算总次数是 $n \cdot 2n^2 = 2n^3$。

练习

1. 设 R 是定义在集合 $\{0, 1, 2, 3\}$ 上的关系，R 中包含有序对 $(0, 1)$，$(1, 1)$，$(1, 2)$，$(2, 0)$，$(2, 2)$ 和 $(3, 0)$，求
   a) R 的自反闭包　　　　b) R 的对称闭包

2. 设 R 是定义在整数集上的关系 $\{(a, b) \mid a \neq b\}$，R 的自反闭包是什么？

3. 设 R 是定义在整数集上的关系 $\{(a, b) \mid a$ 整除 $b\}$，R 的对称闭包是什么？

4. 如何从定义在有穷集上的关系的有向图构造表示它的自反闭包的有向图？

在练习 5～7 中，画出给定有向图所表示的关系的自反闭包的有向图。

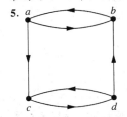　　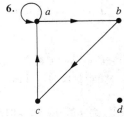　　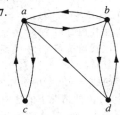

8. 从有穷集上关系的有向图怎样构造表示它的对称闭包的有向图？

9. 对于练习 5～7 的有向图表示的关系，找出关系的对称闭包的有向图。

10. 找出包含了例 2 中关系的最小的自反和对称的关系。

11. 对于练习 5～7 的每个有向图表示的关系，求包含它的最小的自反且对称的关系的有向图。

12. 假设有穷集 A 上的关系 R 由矩阵 M_R 表示，证明表示 R 的自反闭包的矩阵是 $M_R \vee I_n$。

13. 假设有穷集 A 上的关系 R 由矩阵 M_R 表示，证明表示 R 的对称闭包的矩阵是 $M_R \vee M_R^T$。

14. 证明关系 R 关于性质 **P** 的闭包，如果存在，就是所有包含 R 的具有性质 **P** 的关系的交。

15. 什么时候可能定义一个关系 R 的反自反闭包，即一个包含 R 的关系是反自反的且被包含在每一个包含 R 的反自反关系中？

16. 确定下面的顶点序列是否为右面的有向图中的回路。

a) a, b, c, e　　　　　　**b)** b, e, c, b, e

c) a, a, b, e, d, e　　　**d)** b, c, e, d, a, a, b

e) b, c, c, b, e, d, e, d　　**f)** a, a, b, b, c, c, b, e, d

17. 求出练习 16 的有向图中所有长为 3 的回路。

18. 确定练习 16 的有向图中是否存在一条以下面给定的第一顶点作为起点、以第二顶点作为终点的路径。

a) a, b　　　　　　**b)** b, a　　　　　　**c)** b, b

d) a, e　　　　　　**e)** b, d　　　　　　**f)** c, d

g) d, d　　　　　　**h)** e, a　　　　　　**i)** e, c

19. 设 R 是集合 $\{1, 2, 3, 4, 5\}$ 上的关系，R 包含有序对 $(1, 3)$，$(2, 4)$，$(3, 1)$，$(3, 5)$，$(4, 3)$，$(5, 1)$，$(5, 2)$ 和 $(5, 4)$。求

a) R^2　　　　　　**b)** R^3　　　　　　**c)** R^4

d) R^5　　　　　　**e)** R^6　　　　　　**f)** R^*

20. 设 R 是关系，如果存在一条从 a 城到 b 城的直达航班，则 R 包含有序对 (a, b)。什么时候 (a, b) 在下面的关系中？

a) R^2　　　　　　**b)** R^3　　　　　　**c)** R^*

21. 设 R 是所有学生的集合上的关系，如果 $a \neq b$ 且 a 和 b 至少有一门是公共课程，则 R 包含了有序对 (a, b)。什么时候 (a, b) 在下面的关系中？

a) R^2　　　　　　**b)** R^3　　　　　　**c)** R^*

22. 假设关系 R 是自反的，证明 R^* 是自反的。

23. 假设关系 R 是对称的，证明 R^* 是对称的。

24. 假设关系 R 是反自反的，关系 R^2 一定是反自反的吗？

25. 使用算法 1 找出下面 $\{1, 2, 3, 4\}$ 上的关系的传递闭包。

a) $\{(1, 2), (2, 1), (2, 3), (3, 4), (4, 1)\}$

b) $\{(2, 1), (2, 3), (3, 1), (3, 4), (4, 1), (4, 3)\}$

c) $\{(1, 2), (1, 3), (1, 4), (2, 3), (2, 4), (3, 4)\}$

d) $\{(1, 1), (1, 4), (2, 1), (2, 3), (3, 1), (3, 2), (3, 4), (4, 2)\}$

26. 使用算法 1 找出下面 $\{a, b, c, d, e\}$ 上的关系的传递闭包。

a) $\{(a, c), (b, d), (c, a), (d, b), (e, d)\}$

b) $\{(b, c), (b, e), (c, e), (d, a), (e, b), (e, c)\}$

c) $\{(a, b), (a, c), (a, e), (b, a), (b, c), (c, a), (c, b), (d, a), (e, d)\}$

d) $\{(a, e), (b, a), (b, d), (c, d), (d, a), (d, c), (e, a), (e, b), (e, c), (e, e)\}$

27. 使用沃舍尔算法找出练习 25 中关系的传递闭包。

28. 使用沃舍尔算法找出练习 26 中关系的传递闭包。

29. 求出包含关系 $\{(1, 2), (1, 4), (3, 3), (4, 1)\}$ 的最小的关系，使得它是

a) 自反的和传递的　　　**b)** 对称的和传递的　　　**c)** 自反的、对称的和传递的

30. 完成引理 1 当 $a \neq b$ 的情况下的证明。

31. 已经设计出算法用 $O(n^{2.8})$ 次比特运算来计算两个 $n \times n$ 的 0-1 矩阵的布尔积。假设可以使用这些算法，给出用算法 1 和沃舍尔算求 n 元素集合上关系的传递闭包所用比特运算次数的大 O 估计。

*32. 如果有向图的两个顶点间的最短路径存在，设计一个算法，利用路径中内部顶点的概念求这种最短路径的长度。

33. 修改算法 1 找出 n 元素集合上关系的传递闭包的自反闭包。

34. 修改沃舍尔算法找出 n 元素集合上关系的传递闭包的自反闭包。

35. 证明：集合 $\{0, 1, 2\}$ 上的关系 $R = \{(0, 0), (0, 1), (1, 1), (2, 2)\}$ 关于下述性质 **P** 的闭包不存

在，如果 **P** 的性质是

a)"不是自反的"　　　　　　　　　　　　**b)**"有奇数个元素"

36. 举例说明定义在集合 $\{a, b, c\}$ 上的关系 R 的传递闭包的自反闭包的对称闭包不是传递的。

9.5　等价关系

9.5.1　引言

在一些程序设计语言中，变量的命名可以包含无数字符。然而，当编译器要检查两个变量是否相同时，对字符的数量就有限制。例如，在传统的 C 中，编译器只检查变量名的前 8 个字符(这些字符是大写或小写字母、数字或下划线)。所以，对于长度大于 8 的字符串，若它们的前 8 个字符一样，编译器就认为它们是相同的串。设 R 是定义在字符串集合上的关系，s 和 t 是两个字符串，如果 s 和 t 至少有 8 个字符长且 s 和 t 的前 8 个字符相同，或者 $s=t$，则 sRt。容易得出 R 是自反的、对称的和传递的。而且，R 把所有字符串的集合分成多个类，传统 C 的编译器认为在特定类中的所有字符串是相同的。

如果 4 整除 $a-b$，整数 a 和 b 有模 4 同余的关系。后面我们将证明这个关系是自反的、对称的和传递的。不难看出 a 和 b 相关，当且仅当被 4 整除时，a 和 b 有相同的余数。这个关系将整数集划分成 4 个不同的类。当我们仅关心一个整数被 4 整除的余数时，我们只需要知道它在哪个类而不必知道它的特定值。

R 和模 4 同余这两个关系是等价关系的例子，即是自反的、对称的和传递的关系。本节将证明这种关系把集合划分成由等价元素构成的不相交的类。当我们仅关心集合的一个元素是否在某个元素类中，而不介意它的具体值时，就出现了等价关系。

9.5.2　等价关系

在这一节，我们将研究具有一组特殊性质的关系，可以用这组性质为在某一方面类似的相关个体之间建立联系。

定义 1　定义在集合 A 上的关系叫作等价关系，如果它是自反的、对称的和传递的。

等价关系在数学和计算机科学中都很重要。原因之一是，在等价关系中，若两个元素有关联，就可以说它们是等价的。

定义 2　如果两个元素 a 和 b 由于等价关系而相关联，则称它们是等价的。记法 $a\sim b$ 通常用来表示对于某个特定的等价关系来说，a 和 b 是等价的元素。

为了使等价元素的概念有意义，每个元素都应该等价于它自身，因为对于等价关系来说，自反性是一定成立的。在等价关系中，说 a 和 b 是相互关联也是正确的(而不仅是 a 关联于 b)，因为如果 a 关联于 b，由对称性，b 也关联于 a。此外，因为等价关系是传递的，所以如果 a 和 b 等价且 b 和 c 等价，则可得出 a 和 c 也是等价的。

例 1～5 说明了等价关系的概念。

例 1　设 R 是定义在整数集上的关系，满足 aRb 当且仅当 $a=b$ 或 $a=-b$。在 9.1 节中，我们证明了 R 是自反的、对称的和传递的。因此 R 是等价关系。

例 2　设 R 是定义在实数集上的关系，满足 aRb 当且仅当 $a-b$ 是整数。R 是等价关系吗？

解　因为对所有的实数 a，$a-a=0$ 是整数，即对所有的实数 a，有 aRa，因此 R 是自反的。假设 aRb，那么 $a-b$ 是整数，所以 $b-a$ 也是整数。因此有 bRa。由此，R 是对称的。如果 aRb 且 bRc，那么 $a-b$ 和 $b-c$ 是整数，所以 $a-c=(a-b)+(b-c)$ 也是整数。因此 aRc。所以，R 是传递的。综上所述，R 是等价关系。

最广泛使用的等价关系之一是模 m 同余关系，其中 m 是大于 1 的整数。

例 3　**模 m 同余**　设 m 是大于 1 的整数。证明以下关系是定义在整数集上的等价关系。

$$R = \{(a,b) \mid a \equiv b(\bmod\, m)\}$$

解　回顾 4.1 节，$a \equiv b(\bmod\, m)$，当且仅当 m 整除 $a-b$。注意 $a-a=0$ 能被 m 整除，因为 $0 = 0 \cdot m$。因此 $a \equiv a(\bmod\, m)$，从而模 m 同余关系是自反的。假设 $a \equiv b(\bmod\, m)$，那么 $a-b$ 能被 m 整除，即 $a-b=km$，其中 k 是整数。从而 $b-a=(-k)m$，即 $b \equiv a(\bmod\, m)$，因此模 m 同余关系是对称的。下面假设 $a \equiv b(\bmod\, m)$ 和 $b \equiv c(\bmod\, m)$，那么 m 整除 $a-b$ 和 $b-c$。因此，存在整数 k 和 l，使得 $a-b=km$ 和 $b-c=lm$。把这两个等式加起来得 $a-c=(a-b)+(b-c)=km+lm=(k+l)m$。于是，$a \equiv c(\bmod\, m)$，从而模 m 同余关系是传递的。综上所述，模 m 同余关系是等价关系。　◀

例 4　设 R 是定义在英文字母组成的字符串的集合上的关系，满足 aRb 当且仅当 $l(a)=l(b)$，其中 $l(x)$ 是字符串 x 的长度。R 是等价关系吗？

解　因为 $l(a)=l(a)$，所以只要 a 是一个字符串，就有 aRa，故 R 是自反的。其次，假设 aRb，即 $l(a)=l(b)$。那么有 bRa，因为 $l(b)=l(a)$，所以 R 是对称的。最后，假设 aRb 且 bRc，那么有 $l(a)=l(b)$ 和 $l(b)=l(c)$。因此 $l(a)=l(c)$，即 aRc，从而 R 是传递的。由于 R 是自反的、对称的和传递的，所以 R 是等价关系。　◀

例 5　设 n 是正整数，S 是字符串集合。假定 R_n 是 S 上的关系，sR_nt 当且仅当 $s=t$ 或者 s 和 t 都至少含有 n 个字符，且 s 和 t 的前 n 个字符相同。就是说，少于 n 个字符的字符串只与它自身以关系 R_n 相关联；一个至少含有 n 个字符的字符串 s 与字符串 t 相关联当且仅当 t 也含有至少 n 个字符且 t 以 s 最前面的 n 个字符开始。例如，设 $n=3$，S 是所有比特串的集合，sR_3t 当 $s=t$ 或者 s 和 t 均为长度至少 3 的比特串，且前 3 个比特相同。例如，$01\ R_3\ 01$、$00111\ R_3$ 00101，但 $01\cancel{R}_3\ 010$、$01011\cancel{R}_3\ 01110$。

证明：对所有的字符串集 S 和所有的正整数 n，R_n 是定义在 S 上的等价关系。

解　设 s 是 S 中的一个字符串，由 $s=s$，可得 sR_ns，所以关系 R_n 是自反的。如果 sR_nt，那么或者 $s=t$ 或者 s 和 t 都至少含有 n 个字符，且以相同的 n 个字符开始。这意味着 tR_ns 成立。所以 R_n 是对称的。

现在假设 sR_nt 且 tR_nu。则有 $s=t$ 或者 s 和 t 都至少含有 n 个字符且以相同的 n 个字符开始，还有 $t=u$ 或者 t 和 u 都至少含有 n 个字符且以相同的 n 个字符开始。由此可以推出 $s=u$ 或者 s 和 u 都至少含有 n 个字符且以相同的 n 个字符开始（因为在这种情形下，我们知道 s、t 和 u 都至少有 n 个字符，且 s 和 u 都与 t 一样以相同的 n 个字符开始）。所以 R_n 是传递的。综上所述，R_n 是一个等价关系。　◀

在例 6 和例 7 中，将看到两个非等价的关系。

例 6　证明：定义在正整数集合上的"整除"关系不是等价关系。

解　由 9.1 节中的例 9 和例 15 可知，"整除"关系是自反和传递的。但是，由 9.1 节中的例 12 可知，此关系不是对称的（例如，$2 \mid 4$ 但 $4 \nmid 2$）。所以得出，正整数上的"整除"关系不是等价关系。　◀

例 7　设 R 是定义在实数集上的关系，xRy 当且仅当 x 和 y 是差小于 1 的实数，即 $|x-y|<1$。证明 R 不是等价关系。

解　R 是自反的，因为只要 $x \in \mathbf{R}$，就有 $|x-x|=0<1$。R 是对称的，因为如果 xRy，x 和 y 是实数，那么有 $|x-y|<1$，由此 $|y-x|=|x-y|<1$，因此 yRx。然而，R 不是等价关系，因为它不是传递的。取 $x=2.8$、$y=1.9$ 和 $z=1.1$，这样 $|x-y|=|2.8-1.9|=0.9<1$、$|y-z|=|1.9-1.1|=0.8<1$，但是 $|x-z|=|2.8-1.1|=1.7>1$。这就是说，$2.8R1.9$、$1.9R1.1$，但 $2.8\cancel{R}1.1$。　◀

9.5.3　等价类

设 A 是所有的高中毕业生的集合。考虑定义在集合 A 上的关系 R，R 由所有的对 (x, y)

构成，其中 x 和 y 从同一高中毕业。给定学生 x，我们可以形成与 x 具有 R 等价关系的所有学生的集合。这个集合由与 x 在同一高中毕业的所有学生构成。A 的这个子集叫作这个关系的一个等价类。

> **定义 3**　设 R 是定义在集合 A 上的等价关系。与 A 中的一个元素 a 有关系的所有元素的集合叫作 a 的**等价类**。A 的关于 R 的等价类记作 $[a]_R$。当只考虑一个关系时，我们将省去下标 R 并把这个等价类写作 $[a]$。

换句话说，如果 R 是定义在集合 A 上的等价关系，则元素 a 的等价类是

$$[a]_R = \{s \mid (a,s) \in R\}$$

如果 $b \in [a]_R$，b 叫作这个等价类的**代表元**。一个等价类的任何元素都可以作为这个类的代表元。也就是说，选择特定元素作为一个类的代表元没有特殊要求。

例 8　对于例 1 中的等价关系，一个整数的等价类是什么？

解　在这个等价关系中，一个整数等价于它自身和它的相反数。从而 $[a] = \{-a, a\}$。这个集合包含两个不同的整数，除非 $a = 0$。例如，$[7] = \{-7, 7\}$、$[-5] = \{-5, 5\}$、$[0] = \{0\}$。 ◀

例 9　对于模 4 同余关系，0 和 1 的等价类是什么？

解　0 的等价类包含使得 $a \equiv 0 \pmod 4$ 的所有整数 a。这个类中的整数是能被 4 整除的那些整数。因此，对于这个关系，0 的等价类是

$$[0] = \{\cdots, -8, -4, 0, 4, 8, \cdots\}$$

1 的等价类包含使得 $a \equiv 1 \pmod 4$ 的所有整数 a。这个类中的整数是被 4 除时余数为 1 的那些整数。因此，对于这个关系，1 的等价类是

$$[1] = \{\cdots, -7, -3, 1, 5, 9, \cdots\}$$

2 的等价类包含使得 $a \equiv 2 \pmod 4$ 的所有整数 a。这个类中的整数是被 4 除时余数为 2 的那些整数。因此，对于这个关系，2 的等价类是

$$[2] = \{\cdots, -6, -2, 2, 6, 10, \cdots\}$$

3 的等价类包含使得 $a \equiv 3 \pmod 4$ 的所有整数 a。这个类中的整数是被 4 除时余数为 3 的那些整数。因此，对于这个关系，3 的等价类是

$$[3] = \{\cdots, -5, -1, 3, 7, 11, \cdots\}$$

注意，每一个整数都恰好在四个等价类的一个中，并且整数 n 在包含 $n \bmod 4$ 的类中。 ◀

在例 9 中找到了 0、1、2 和 3 关于模 4 同余的等价类。用任何正整数 m 代替 4，很容易把例 9 加以推广。模 m 同余关系的等价类叫作**模 m 同余类**。整数 a 模 m 的同余类记作 $[a]_m$，满足 $[a]_m = \{\cdots, a-2m, a-m, a, a+m, a+2m, \cdots\}$。例如，从例 9 得出 $[0]_4 = \{\cdots, -8, -4, 0, 4, 8, \cdots\}$ 和 $[1]_4 = \{\cdots, -7, -3, 1, 5, 9, \cdots\}$。

例 10　对于例 5 中所有比特串集合上的等价关系 R_3 而言，串 0111 的等价类是什么？（回顾 $sR_3 t$ 当且仅当 s、t 是满足如下条件的比特串：$s=t$ 或者 s 和 t 都至少含有 3 个比特，且 s 和 t 的前 3 个比特相同。）

解　等价于 0111 的是以 011 开始，至少含有 3 个比特的比特串。它们是 011，0110，0111，01100，01101，01110，01111 等。所以

$$[011]_{R_3} = \{011, 0110, 0111, 01100, 01101, 01110, 01111, \cdots\}$$ ◀

例 11　C 程序设计语言中的标识符　在 C 语言中，标识符是变量、函数或者其他类型的实体的名字。每个标识符是一个非空字符串，串中的每个字符可以是大写或小写的英文字母、数字或下划线，而且第一个字符必须为大写或小写的英文字母。标识符的长度是任意的，这就使得开发者可以按照自己的意愿使用一定数量的字符来命名一个实体，比如变量。然而，对于某

些版本的 C 编译器来说，当比较两个名字看它们是否表示同一事物的时候，实际检查的字符个数是有限制的。例如，当两个标识符的前 31 个字符相同时，标准 C 编译器就认为它们是相同的。所以，开发者就必须小心，不要使用前 31 个字符相同的标识符来表示不同的事物。我们可以看出，如果两个标识符由例 5 中的关系 R_{31} 联系起来，那么它们将被视做相同。由例 5 知道，在标准 C 的标识符集上，关系 R_{31} 是一个等价关系。

考虑标识符 Number_of_tropical_storms、Number_of_named_tropical_storms、Number_of_named_tropical_storms_in_the_Atlantic_in_2017，它们的等价类各是什么？

解 注意当一个标识符的长度小于 31 的时候，根据 R_{31} 的定义，它的等价类只包含它自身。因为标识符 Number_of_tropical_storms 只含有 25 个字符，所以它的等价类只含有一个元素，即它自己。标识符 Number_of_named_tropical_storms 的长度刚好为 31。以这 31 个字符开始的标识符就与它等价。所以，每个长度至少为 31，且以 Number_of_named_tropical_storms 开始的标识符都与这个标识符等价。所以得出，Number_of_named_tropical_storms 的等价类是所有以 Number_of_named_tropical_storms 这 31 个字符开始的标识符的集合。

一个标识符与 Number_of_named_tropical_storms_in_the_Atlantic_in_2017 等价，当且仅当它以 Number_of_named_tropical_storms_in_the_Atlantic_in_2017 的前 31 个字符开始。因为这 31 个字符是 Number_of_named_tropical_storms，所以我们看到一个标识符与 Number_of_named_tropical_storms_in_the_Atlantic_in_2017 等价，当且仅当它与 Number_of_named_tropical_storms 等价。就是说，最后这两个标识符的等价类是相同的。   ◀

9.5.4 等价类与划分

设 A 是你们学校恰好主修一个专业的学生的集合，R 是定义在 A 上的关系，如果 x 和 y 是主修同一专业的学生，则 (x, y) 属于 R。那么正如读者可以验证的，R 是等价关系。我们可以看出 R 将 A 中的所有学生分成不相交的子集，其中每个子集包含某个特定专业的学生。例如，一个子集包含所有(只主修)计算机专业的学生，第二个子集包含所有主修历史专业的学生。而且这些子集是 R 的等价类。这个例子说明一个等价关系的等价类怎样把一个集合划分成不相交的非空子集。我们将在下面的讨论中把这些概念进一步精确化。

设 R 是定义在集合 A 上的等价关系。定理 1 将证明 A 中两个元素所在的等价类或者是相等的或者是不相交的。

> **定理 1** 设 R 是定义在集合 A 上的等价关系，下面的关于集合 A 中 a、b 两个元素的命题是等价的。
>
> (i) aRb (ii) $[a]=[b]$ (iii) $[a] \cap [b] \neq \varnothing$

证明 首先证明(i)推出(ii)。假设 aRb，我们将通过 $[a] \subseteq [b]$ 和 $[b] \supseteq [a]$ 来证明 $[a]=[b]$。假设 $c \in [a]$，那么 aRc。因为 aRb 且 R 是对称的，所以 bRa。又由于 R 是传递的以及 bRa 和 aRc，就得到 bRc，所以 $c \in [b]$。这就证明了 $[a] \subseteq [b]$。类似地，可证明 $[b] \subseteq [a]$，证明留给读者作为练习。

其次我们将证明(ii)推出(iii)。假设 $[a]=[b]$。这就证明了 $[a] \cap [b] \neq \varnothing$，因为 $[a]$ 是非空的(由 R 的自反性 $a \in [a]$)。

下面证明(iii)推出(i)。假设 $[a] \cap [b] \neq \varnothing$，那么存在元素 c 满足 $c \in [a]$ 且 $c \in [b]$。换句话说，aRc 且 bRc。由对称性，有 cRb。再根据传递性，由 aRc 和 cRb，就有 aRb。

因为(i)推出(ii)、(ii)推出(iii)、(iii)推出(i)，所以三个命题(i)、(ii)和(iii)是等价的。   ◀

我们现在将说明一个等价关系怎样划分一个集合。设 R 是定义在集合 A 上的等价关系，R 的所有等价类的并集就是集合 A，因为 A 的每个元素 a 都在它自己的等价类，即 $[a]_R$ 中。换句话说，

$$\bigcup_{a \in A} [a]_R = A$$

此外，由定理 1，这些等价类或者是相等的或者是不相交的，因此当 $[a]_R \neq [b]_R$ 时，

$$[a]_R \cap [b]_R = \varnothing$$

这两个结论证明了等价类构成 A 的划分，因为它们将 A 分成不相交的子集。更确切地说，集合 S 的**划分**是 S 的不相交的非空子集构成的集合，且它们的并集就是 S。换句话说，一族子集 A_i，$i \in I$，（其中 I 是下标的集合）构成 S 的划分，当且仅当

$$A_i \neq \varnothing \quad i \in I$$
$$A_i \cap A_j = \varnothing \quad i \neq j$$

和

$$\bigcup_{i \in I} A_i = S$$

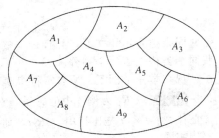

图 1　集合的划分

（这里符号 $\bigcup_{i \in I} A_i$ 表示对于所有的 $i \in I$，集合 A_i 的并集。）图 1 说明了集合划分的概念。

例 12　假设 $S = \{1, 2, 3, 4, 5, 6\}$，一族集合 $A_1 = \{1, 2, 3\}$、$A_2 = \{4, 5\}$ 和 $A_3 = \{6\}$ 构成 S 的一个划分，因为这些集合是不相交的，且它们的并集是 S。　◀

我们已经看到集合上等价关系的等价类构成了这个集合的划分。这个划分中的子集就是这些等价类。反过来，可以用集合的每个划分来构成等价关系。两个元素关于这个关系是等价的，当且仅当它们在 S 的划分中的同一子集中。

为得到这一点，假设 $\{A_i \mid i \in I\}$ 是 S 的划分。设 R 是 S 上的由有序对 (x, y) 组成的等价关系，其中 x 和 y 属于这个划分的同一子集 A_i。为证明 R 是等价关系，我们必须证明 R 是自反的、对称的和传递的。

对于每个 $a \in S$ 有 $(a, a) \in R$，因为 a 和它自己在同一子集中，所以 R 是自反的。如果 $(a, b) \in R$，那么 b 和 a 在这个划分的同一子集中，因此有 $(b, a) \in R$。从而 R 是对称的。如果 $(a, b) \in R$ 和 $(b, c) \in R$，那么在划分中，a 和 b 在 S 的同一子集 X 中，而且 b 和 c 也在 S 的同一子集 Y 中。因为划分的子集是不相交的，并且 b 属于 X 和 Y，所以必有 $X = Y$。因此在划分中，a 和 c 在 S 的同一子集中，即 $(a, c) \in R$。于是 R 是传递的。

这就证明了 R 是一个等价关系。R 的等价类由 S 的子集构成，这些子集包含了 S 中有关系的元素，且根据 R 的定义，它们就是划分的子集。定理 2 总结了我们建立的等价关系和划分之间的这种联系。

定理 2　设 R 是定义在集合 S 上的等价关系。那么 R 的等价类构成 S 的划分。反过来，给定集合 S 的划分 $\{A_i \mid i \in I\}$，则存在一个等价关系 R，它以集合 $A_i (i \in I)$ 作为它的等价类。

例 13 说明了怎样从一个划分构造一个等价关系。

例 13　$A_1 = \{1, 2, 3\}$，$A_2 = \{4, 5\}$，$A_3 = \{6\}$ 是例 12 给出的集合 $S = \{1, 2, 3, 4, 5, 6\}$ 的划分，列出这个划分所产生的等价关系 R 中的有序对。

解　划分中的子集是 R 的等价类。有序对 $(a, b) \in R$，当且仅当 a 和 b 在划分的同一个子集中。由于 $A_1 = \{1, 2, 3\}$ 是一个等价类，所以有序对 $(1, 1)$、$(1, 2)$、$(1, 3)$、$(2, 1)$、$(2, 2)$、$(2, 3)$、$(3, 1)$、$(3, 2)$、$(3, 3)$ 属于 R；由于 $A_2 = \{4, 5\}$ 是一个等价类，所以有序对 $(4, 4)$、$(4, 5)$、$(5, 4)$、$(5, 5)$ 也属于 R；最后，由于 $\{6\}$ 是一个等价类，所以有序对 $(6, 6)$ 属于 R。此外没有其他的有序对属于 R。　◀

模 m 同余类对定理 2 提供了一个有用的说明。当一个整数除以 m 时，可能得到 m 个不同的余数，因此存在 m 个不同的模 m 同余类。这 m 个同余类记作 $[0]_m$，$[1]_m$，$\cdots$，$[m-1]_m$。它们构成了整数集合的划分。

例 14　模 4 同余产生的整数划分中的集合是什么？

解 存在 4 个同余类，对应于 $[0]_4$、$[1]_4$、$[2]_4$ 和 $[3]_4$，它们是集合

$$[0]_4 = \{\cdots, -8, -4, 0, 4, 8, \cdots\}$$
$$[1]_4 = \{\cdots, -7, -3, 1, 5, 9, \cdots\}$$
$$[2]_4 = \{\cdots, -6, -2, 2, 6, 10, \cdots\}$$
$$[3]_4 = \{\cdots, -5, -1, 3, 7, 11, \cdots\}$$

这些同余类是不相交的，并且每个整数恰好在它们中的一个。换句话说，正如定理 2 所说，这些同余类构成了一个划分。　◀

现在举一个例子：所有字符串集合上的等价关系产生的一个划分。

例 15 设 R_3 为例 5 中的关系。在所有比特串的集合上，由 R_3 产生的该集合的划分中的集合是什么？（s、t 是比特串，sR_3t，如果 $s=t$ 或者 s 和 t 都至少含有 3 个比特，且它们的前 3 个比特相同。）

解：注意，每个长度小于 3 的比特串只和它自身等价。因此 $[\lambda]_{R_3} = \{\lambda\}$，$[0]_{R_3} = \{0\}$，$[1]_{R_3} = \{1\}$，$[00]_{R_3} = \{00\}$，$[01]_{R_3} = \{01\}$，$[10]_{R_3} = \{10\}$，$[11]_{R_3} = \{11\}$。每个长度大于或等于 3 的比特串必和 000, 001, 010, 011, 100, 101, 110, 111 这 8 个比特串之一等价，我们有

$$[000]_{R_3} = \{000, 0000, 0001, 00000, 00001, 00010, 00011, \cdots\}$$
$$[001]_{R_3} = \{001, 0010, 0011, 00100, 00101, 00110, 00111, \cdots\}$$
$$[010]_{R_3} = \{010, 0100, 0101, 01000, 01001, 01010, 01011, \cdots\}$$
$$[011]_{R_3} = \{011, 0110, 0111, 01100, 01101, 01110, 01111, \cdots\}$$
$$[100]_{R_3} = \{100, 1000, 1001, 10000, 10001, 10010, 10011, \cdots\}$$
$$[101]_{R_3} = \{101, 1010, 1011, 10100, 10101, 10110, 10111, \cdots\}$$
$$[110]_{R_3} = \{110, 1100, 1101, 11000, 11001, 11010, 11011, \cdots\}$$
$$[111]_{R_3} = \{111, 1110, 1111, 11100, 11101, 11110, 11111, \cdots\}$$

这 15 个等价类是不相交的，并且每个比特串都恰好属于它们之一。正如定理 2 告诉我们的，这些等价类是所有比特串构成的集合的一个划分。　◀

练习

1. 下面是定义在 $\{0, 1, 2, 3\}$ 上的关系，其中哪些是等价关系？给出其他关系中所缺少的等价关系应具有的性质。

   a) $\{(0, 0), (1, 1), (2, 2), (3, 3)\}$
   b) $\{(0, 0), (0, 2), (2, 0), (2, 2), (2, 3), (3, 2), (3, 3)\}$
   c) $\{(0, 0), (1, 1), (1, 2), (2, 1), (2, 2), (3, 3)\}$
   d) $\{(0, 0), (1, 1), (1, 3), (2, 2), (2, 3), (3, 1), (3, 2), (3, 3)\}$
   e) $\{(0, 0), (0, 1), (0, 2), (1, 0), (1, 1), (1, 2), (2, 0), (2, 2), (3, 3)\}$

2. 下面是定义在所有人的集合上的关系，其中哪些是等价关系？给出其他关系所缺少的等价关系应具有的性质。

   a) $\{(a, b) \mid a \text{ 与 } b \text{ 有相同的年龄}\}$
   b) $\{(a, b) \mid a \text{ 与 } b \text{ 有相同的父母}\}$
   c) $\{(a, b) \mid a \text{ 与 } b \text{ 有一个相同的父亲或者一个相同的母亲}\}$
   d) $\{(a, b) \mid a \text{ 与 } b \text{ 相识}\}$
   e) $\{(a, b) \mid a \text{ 与 } b \text{ 说同一种语言}\}$

3. 下面是定义在从 $\mathbf{Z}$ 到 $\mathbf{Z}$ 的所有函数集合上的关系，其中哪些是等价关系？给出其他关系所缺少的等价关系应具有的性质。

   a) $\{(f, g) \mid f(1) = g(1)\}$
   b) $\{(f, g) \mid f(0) = g(0) \text{ 或 } f(1) = g(1)\}$
   c) $\{(f, g) \mid \text{对所有的 } x \in \mathbf{Z}, f(x) - g(x) = 1\}$

d) $\{(f, g) \mid$ 对某个 $C \in \mathbf{Z}$，对所有的 $x \in \mathbf{Z}$，$f(x) - g(x) = C\}$

e) $\{(f, g) \mid f(0) = g(1)$ 且 $f(1) = g(0)\}$

4. 定义 3 个在你们离散数学班中学生集合上的等价关系，要求与书中讨论的关系不同，确定关于这些等价关系的等价类。

5. 在大学校园里的建筑物集合上定义 3 个等价关系，确定关于这些等价关系的等价类。

6. 在你们学校拥有的班级集合上定义 3 个等价关系，确定关于这些等价关系的等价类。

7. 证明：定义在所有复合命题集合上的逻辑等价关系是等价关系。这里 **T** 和 **F** 的等价类是什么？

8. 设 R 是所有的实数集合构成的集合上的关系，$S\,R\,T$ 当且仅当 S 和 T 有相同的基数。证明 R 是等价关系。集合 $\{0, 1, 2\}$ 和 **Z** 的等价类是什么？

9. 假设 A 是非空集合，f 是以 A 作为定义域的函数，设 R 是定义在 A 上的关系，若 $f(x) = f(y)$，则 (x, y) 属于 R。

   a) 证明 R 是 A 上的等价关系。

   b) R 的等价类是什么？

10. 假设 A 是非空集合，R 是 A 上的等价关系，证明存在以 A 作为定义域的函数 f，使得 $(x, y) \in R$ 当且仅当 $f(x) = f(y)$。

11. 设 R 是长度至少为 3 的所有比特串的集合上的关系，R 由有序对 (x, y) 构成，其中 x 和 y 是长度至少为 3 的比特串，且它们的前 3 个比特相同。证明 R 是等价关系。

12. 设 R 是长度至少为 3 的所有比特串的集合上的关系，R 由有序对 (x, y) 构成，其中 x 和 y 是长度至少为 3 的比特串，且除了它们的前 3 个比特有可能不同之外其他位都相同。证明 R 是等价关系。

13. 设 R 是长度至少为 3 的所有比特串的集合上的关系，R 由有序对 (x, y) 构成，其中 x 和 y 在它们的第 1 个比特和第 3 个比特相同。证明 R 是等价关系。

14. 设 R 是由有序对 (x, y) 构成的关系，x 和 y 是大小写英文字母，而且对每一个正整数 n，x 和 y 的第 n 个字符是相同的大写或小写字母。证明 R 是等价关系。

15. 设 R 是定义在正整数的有序对构成的集合上的关系，$((a, b), (c, d)) \in R$ 当且仅当 $a + d = b + c$。证明 R 是等价关系。

16. 设 R 是定义在正整数的有序对构成的集合上的关系，$((a, b), (c, d)) \in R$ 当且仅当 $ad = bc$。证明 R 是等价关系。

17. （需要微积分知识）

   a) 设 R 是定义在从 **R** 到 **R** 的所有可微分函数的集合上的关系，R 由所有的有序对 (f, g) 构成，其中对所有实数 x，$f'(x) = g'(x)$。证明 R 是等价关系。

   b) 什么函数与函数 $f(x) = x^2$ 在同一个等价类中？

18. （需要微积分知识）

   a) 设 n 是正整数，R 是定义在实系数多项式集合上的关系，R 由所有的有序对 (f, g) 构成，其中 $f^{(n)}(x) = g^{(n)}(x)$ [这里的 $f^{(n)}(x)$ 是 $f(x)$ 的 n 阶导数]，证明 R 是等价关系。

   b) 什么函数与函数 $f(x) = x^4$ 在同一个等价类中，其中 $n = 3$？

19. 设 R 是定义在所有 URL（或 Web 地址）集合上的关系，$x\,R\,y$ 当且仅当在 x 的 Web 页与在 y 的 Web 页相同，证明 R 是等价关系。

20. 设 R 是定义在已经访问过某个特定 Web 页的所有人的集合上的关系，$x\,R\,y$ 当且仅当网页浏览者 x 和网页浏览者 y 从这个网页开始按照同样的一组链接进行访问（从一个 Web 页跳转到另一个 Web 页直到他们停止使用 Web）。证明 R 是等价关系。

在练习 21～23 中，判断有向图中所示的关系是否为等价关系。

21. 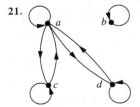   **22.**     **23.**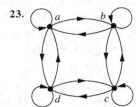

24. 判断由下面的 0-1 矩阵表示的关系是否为等价关系。

25. 设 R 是定义在所有比特串集合上的关系，sRt 当且仅当 s 和 t 包含相同个数的 1，证明 R 是等价关系。

26. 练习 1 中的等价关系的等价类是什么？

27. 练习 2 中的等价关系的等价类是什么？

28. 练习 3 中的等价关系的等价类是什么？

29. 对于练习 25 中的等价关系，比特串 011 的等价类是什么？

30. 对于练习 11 中的等价关系，下述比特串的等价类是什么？

　　a)010　　　　　　**b)**1011　　　　　　**c)**11111　　　　　　**d)**01010101

31. 对于练习 12 中的等价关系，练习 30 中的比特串的等价类是什么。

32. 对于练习 13 中的等价关系，练习 30 中的比特串的等价类是什么？

33. 对于例 5 中所有比特串集合上的等价关系 R_4，练习 30 中的比特串的等价类是什么？（比特串 s、t 在关系 R_4 下等价，当且仅当 $s=t$ 或者 s 和 t 都至少含有 4 个比特，且它们的前 4 个比特相同。）

34. 对于例 5 中所有比特串集合上的等价关系 R_5，练习 30 中的比特串的等价类是什么？（比特串 s、t 在关系 R_5 下等价，当且仅当 $s=t$ 或者 s 和 t 都至少含有 5 个比特，且它们的前 5 个比特相同。）

35. 当 n 为下列各数时，同余类 $[n]_5$（即 n 关于模 5 同余的等价类）是什么？

　　a)2　　　　　　**b)**3　　　　　　**c)**6　　　　　　**d)**-3

36. 当 m 是下面的整数时，$[4]_m$ 的同余类是什么？

　　a)2　　　　　　**b)**3　　　　　　**c)**6　　　　　　**d)**8

37. 给出每一个模 6 同余类的描述。

38. 对于练习 14 中的等价关系，下列字符串的等价类是什么？

　　a)No　　　　　　**b)**Yes　　　　　　**c)**Help

39. **a)**对于练习 15 中的等价关系，$(1,2)$ 的等价类是什么？

　　b)对于练习 15 中的等价关系 R，解释等价类的含义。[提示：差 $a-b$ 对应 (a,b)。]

40. **a)**对于练习 16 中的等价关系，$(1,2)$ 的等价类是什么？

　　b)对于练习 16 中的等价关系 R，解释等价类的含义。[提示：比 a/b 对应 (a,b)。]

41. 下面哪些子集族是 $\{1,2,3,4,5,6\}$ 的划分？

　　a)$\{1,2\}$，$\{2,3,4\}$，$\{4,5,6\}$　　　　　　**b)**$\{1\}$，$\{2,3,6\}$，$\{4\}$，$\{5\}$

　　c)$\{2,4,6\}$，$\{1,3,5\}$　　　　　　　　　　**d)**$\{1,4,5\}$，$\{2,6\}$

42. 下面哪些子集族是 $\{-3,-2,-1,0,1,2,3\}$ 的划分？

　　a)$\{-3,-1,1,3\}$，$\{-2,0,2\}$　　　　　　**b)**$\{-3,-2,-1,0\}$，$\{0,1,2,3\}$

　　c)$\{-3,3\}$，$\{-2,2\}$，$\{-1,1\}$，$\{0\}$　　**d)**$\{-3,-2,2,3\}$，$\{-1,1\}$

43. 下面哪些子集族是长度为 8 的比特串集合上的划分？

　　a)以 1 开始的比特串集合，以 00 开始的比特串集合，以 01 开始的比特串集合。

　　b)包含串 00 的比特串的集合，包含串 01 的比特串的集合，包含串 10 的比特串的集合，包含串 11 的比特串的集合。

　　c)以 00 结尾的比特串集合，以 01 结尾的比特串集合，以 10 结尾的比特串集合，以 11 结尾的比特串集合。

　　d)以 111 结尾的比特串集合，以 011 结尾的比特串集合，以 00 结尾的比特串集合。

　　e)含 $3k$ 个 1 的比特串的集合，其中 k 为非负整数；含 $3k+1$ 个 1 的比特串的集合，其中 k 为非负整数；含 $3k+2$ 个 1 的比特串的集合，其中 k 是正整数。

44. 下面哪些子集族是整数集合的划分？

　　a)偶数集合与奇数集合。

　　b)正整数集合与负整数集合。

　　c)被 3 整除的整数集合；当被 3 除时余数为 1 的整数集合；当被 3 除时余数为 2 的整数集合。

　　d) 小于 -100 的整数集合；绝对值不超过 100 的整数集合；大于 100 的整数集合。

　　e) 不能被 3 整除的整数集合；偶数集合；当被 6 除时余数为 3 的整数集合。

45. 下面哪些是整数的有序对的集合 $\mathbf{Z} \times \mathbf{Z}$ 上的划分？

　　a) x 或 y 是奇数的有序对 (x, y) 的集合；x 是偶数的有序对 (x, y) 的集合；y 是偶数的有序对 (x, y) 的集合。

　　b) x 和 y 都是奇数的有序对 (x, y) 的集合；x 和 y 只有一个是奇数的有序对 (x, y) 的集合；x 和 y 都是偶数的有序对 (x, y) 的集合。

　　c) x 是正数的有序对 (x, y) 的集合；y 是正数的有序对 (x, y) 的集合；x 和 y 都是负数的有序对 (x, y) 的集合。

　　d) x 和 y 都被 3 整除的有序对 (x, y) 的集合；x 被 3 整除且 y 不被 3 整除的有序对 (x, y) 的集合；x 不被 3 整除且 y 被 3 整除的有序对 (x, y) 的集合；x 和 y 都不被 3 整除的有序对 (x, y) 的集合。

　　e) $x > 0$ 且 $y > 0$ 的有序对 (x, y) 的集合；$x > 0$ 且 $y \leqslant 0$ 的有序对 (x, y) 的集合；$x \leqslant 0$ 且 $y > 0$ 的有序对 (x, y) 的集合；$x \leqslant 0$ 且 $y \leqslant 0$ 的有序对 (x, y) 的集合。

　　f) $x \neq 0$ 且 $y \neq 0$ 的有序对 (x, y) 的集合；$x = 0$ 且 $y \neq 0$ 的有序对 (x, y) 的集合；$x \neq 0$ 且 $y = 0$ 的有序对 (x, y) 的集合。

46. 下面哪些是实数集合的划分？

　　a) 负实数集合、$\{0\}$、正实数集合

　　b) 无理数集合、有理数集合

　　c) 区间 $[k, k+1]$ 的集合，$k = \cdots, -2, -1, 0, 1, 2, \cdots$

　　d) 区间 $(k, k+1)$ 的集合，$k = \cdots, -2, -1, 0, 1, 2, \cdots$

　　e) 区间 $(k, k+1]$ 的集合，$k = \cdots, -2, -1, 0, 1, 2, \cdots$

　　f) 集合 $\{x + n \mid n \in \mathbf{Z}\}$，对所有 $x \in [0, 1)$

47. 列出由 $\{0, 1, 2, 3, 4, 5\}$ 的划分产生的等价关系中的有序对。

　　a) $\{0\}, \{1, 2\}, \{3, 4, 5\}$

　　b) $\{0, 1\}, \{2, 3\}, \{4, 5\}$

　　c) $\{0, 1, 2\}, \{3, 4, 5\}$

　　d) $\{0\}, \{1\}, \{2\}, \{3\}, \{4\}, \{5\}$

48. 列出由 $\{a, b, c, d, e, f, g\}$ 的划分产生的等价关系中的有序对。

　　a) $\{a, b\}, \{c, d\}, \{e, f, g\}$

　　b) $\{a\}, \{b\}, \{c, d\}, \{e, f\}, \{g\}$

　　c) $\{a, b, c, d\}, \{e, f, g\}$

　　d) $\{a, c, e, g\}, \{b, d\}, \{f\}$

　　如果在划分 P_1 中的每个集合都是划分 P_2 中每个集合的子集，则 P_1 叫作 P_2 的**加细**。

49. 证明：由模 6 同余类构成的划分是模 3 同余类构成的划分的加细。

50. 证明：对于住在美国的人的集合，由住在同一郡或教区的人的子集构成的划分是住在同一州的人的子集所构成划分的加细。

51. 证明：对于 16 位的比特串集合，最后 8 位相同的比特串的等价类所构成的划分是由最后 4 位相同的比特串的等价类所构成的划分的加细。

　　在练习 52 和练习 53 中，R_n 表示例 5 中定义的等价关系族。字符串 s、t 满足 $s R_n t$，如果 $s = t$ 或者 s 和 t 都至少含有 n 个字符，且它们的前 n 个字符相同。

52. 证明：由等价关系 R_4 对应的比特串等价类构成的所有比特串的划分是由等价关系 R_3 对应的比特串等价类构成的划分的加细。

53. 证明：由等价关系 R_{31} 对应的标识符等价类构成的 C 语言中所有标识符的划分是由等价关系 R_8 对应的标识符等价类构成的划分的加细。（旧的 C 语言编译器只要多个标识符的前 8 个字符相同就将它们视为相同，而标准 C 的编译器需要多个标识符的前 31 个字符相同才将它们视为相同。）

54. 假设 R_1 和 R_2 是定义在集合 A 上的等价关系，P_1 和 P_2 分别是对应于 R_1 和 R_2 的划分。证明 $R_1 \subseteq R_2$，当且仅当 P_1 是 P_2 的加细。

55. 求出在集合 $\{a, b, c, d, e\}$ 上包含关系 $\{(a, b), (a, c), (d, e)\}$ 的最小的等价关系。

56. 假设 R_1 和 R_2 是集合 S 上的等价关系。判断下面 R_1 与 R_2 的每个组合是否一定为等价关系。

  a) $R_1 \cup R_2$　　　　　　**b)** $R_1 \cap R_2$　　　　　　**c)** $R_1 \oplus R_2$

57. 考虑例 2 中的等价关系，即 $R = \{(x, y) \mid x - y$ 是整数$\}$。

  a) 关于这个等价关系的 1 的等价类是什么？

  b) 关于这个等价关系的 1/2 的等价类是什么？

* 58. 如图所示，在具有 3 颗珠子的手镯上，每颗珠子可以是红的、白的或蓝 的。如下定义手镯之间的等价关系 R：设 B_1 和 B_2 是手镯，(B_1, B_2) 属于 R 当且仅当 B_2 可以由旋转 B_1 得到或先旋转 B_1 然后再翻转 B_1 得到。

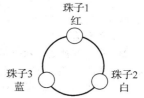

珠子1
红

珠子3
蓝

珠子2
白

  a) 证明 R 是等价关系。

  b) R 的等价类是什么？

* 59. 设 R 是定义在 2×2 棋盘的所有涂色集合上的关系，其中 4 个方格中的 每一个可以被涂成红色或蓝色。设 C_1 和 C_2 是被这样涂色的 2×2 棋盘，(C_1, C_2) 属于 R 当且仅当 C_2 可以由旋转 C_1 或旋转 C_1 然后再翻转 C_1 得到。

  a) 证明 R 是等价关系。

  b) R 的等价类是什么？

60. a) 设 R 是定义在从 $\mathbf{Z}^+$ 到 $\mathbf{Z}^+$ 的函数集合上的关系，$(f, g) \in R$ 当且仅当 f 是 $\Theta(g)$（参见 3.2 节）。证 明 R 是等价关系。

  b) 对于 a 中的等价关系，描述包含 $f(n) = n^2$ 的等价类。

61. 通过列举说明定义在 3 个元素的集合上的不同的等价关系的个数。

62. 通过列举说明定义在 4 个元素的集合上的不同的等价关系的个数。

* 63. 当我们构造一个关系的自反闭包的对称闭包的传递闭包时，一定能得到一个等价关系吗？

* 64. 当我们构造一个关系的传递闭包的自反闭包的对称闭包时，一定能得到一个等价关系吗？

65. 假设我们使用定理 2 从一个等价关系 R 构造一个划分 P。如果再次使用定理 2 从 P 构造一个等价关 系，那么得到的等价关系 R' 是什么？

66. 假设我们使用定理 2 从一个划分 P 构造一个等价关系 R。如果再次使用定理 2 从 R 构造一个划分，那么得到的划分 P' 是什么？

67. 设计一个算法，找出包含一个给定关系的最小的等价关系。

* 68. 设 $p(n)$ 表示定义在 n 元素集合上的不同等价关系的个数（由定理 2，也是 n 元素集合上的划分的个 数）。证明：$p(n)$ 满足递推关系 $p(n) = \sum_{j=0}^{n-1} C(n-1, j) p(n-j-1)$ 和初始条件 $p(0) = 1$。[注意：数 $p(n)$ 叫作**贝尔数**，用美国数学家 E. T. 贝尔的名字命名。]

69. 用练习 68 求 n 元素集合上的不同等价关系的个数，其中 n 是不超过 10 的正整数。

9.6　偏序

9.6.1　引言

我们常常用关系对集合的某些元素或全体元素排序。例如，使用包含字对 (x, y) 的关系对 字排序，其中 x 按照字典顺序排在 y 的前面。使用包含有序对 (x, y) 的关系安排课题，其中 x 和 y 是课题中的任务并且 x 必须在 y 开始之前完成。使用包含有序对 (x, y) 的关系对整数集合 排序，其中 x 小于 y。当我们把所有形如 (x, x) 的有序对加到这些关系中时，就得到了一个自 反、反对称和传递的关系。这些都是刻画对集合中的元素进行排序的关系特征的性质。

> **定义 1**　定义在集合 S 上的关系 R，如果它是自反的、反对称的和传递的，就称为**偏序**。 集合 S 与定义在其上的偏序 R 一起称为**偏序集**，记作 (S, R)。集合 S 中的成员称为偏序集 的**元素**。

我们在例 1～3 中给出偏序集的例子。

例 1　证明：“大于或等于”关系（≥）是整数集合上的偏序。

解　因为对所有整数 a 有 $a \geq a$，所以 ≥ 是自反的。如果 $a \geq b$ 且 $b \geq a$，那么 $a = b$，因此 ≥ 是反对称的。最后，因为 $a \geq b$ 且 $b \geq c$ 蕴含 $a \geq c$，所以 ≥ 是传递的。从而 ≥ 是整数集合上的偏序且 $(\mathbf{Z}, \geq)$ 是偏序集。　◀

例 2　整除关系“|”是正整数集合上的偏序，因为如 9.1 节所述，它是自反的、反对称的和传递的。我们得到 $(\mathbf{Z}^{+}, |)$ 是偏序集（$\mathbf{Z}^{+}$ 表示正整数集合）。　◀

例 3　证明：包含关系 ⊆ 是定义在集合 S 的幂集上的偏序。

解　因为只要 A 是 S 的子集，就有 $A \subseteq A$，所以 ⊆ 是自反的。因为 $A \subseteq B$ 和 $B \subseteq A$ 蕴含 $A = B$，所以它是反对称的。最后，因为 $A \subseteq B$ 和 $B \subseteq C$ 蕴含 $A \subseteq C$，所以 ⊆ 是传递的。因此，⊆ 是 $P(S)$ 上的偏序，且 $(P(S), \subseteq)$ 是偏序集。　◀

例 4 给出了一个不是偏序的关系。

例 4　设 R 是定义在由人构成的集合上的关系，xRy 当且仅当 x 和 y 是人，且 x 年纪大于 y。证明：R 不是偏序。

解　注意 R 是反对称的，因为如果有一个人 x 比另一个人 y 年长，那么 y 就不会比 x 年长。也就是说，如果 xRy，那么 $y \not{R} x$。关系 R 是传递的，因为如果 x 比 y 年长，而 y 又比 z 年长，那么 x 肯定比 z 年长。就是说，如果 xRy，yRz，那么 xRz。但是，R 不是自反的，因为没有谁会比自己年长。即对于所有的人 x，$x \not{R} x$。这就意味着 R 不是偏序。　◀

在不同的偏序集中，会使用不同的符号表示偏序，如 ≤、⊆ 和 |。然而，我们需要一个符号用来表示任意一个偏序集中的序关系。通常，在一个偏序集 (S, R) 中，记号 $a \preccurlyeq b$ 表示 $(a, b) \in R$。使用这个记号是由于“小于或等于”关系是偏序关系的范例，而且符号 $\preccurlyeq$ 和 ≤ 很相似。（注意符号 $\preccurlyeq$ 用来表示任意偏序集中的关系，并不仅仅是“小于或等于”关系。）记号 $a \prec b$ 表示 $a \preccurlyeq b$，但 $a \neq b$。如果 $a \prec b$，我们说“a 小于 b”或“b 大于 a”。

当 a 与 b 是偏序集 $(S, \preccurlyeq)$ 的元素时，不一定有 $a \preccurlyeq b$ 或 $b \preccurlyeq a$。例如，在 $(\mathcal{P}(\mathbf{Z}), \subseteq)$ 中，$\{1, 2\}$ 与 $\{1, 3\}$ 没有关系，反之亦然，因为没有一个集合被另一个集合包含。类似地，在 $(\mathbf{Z}^{+}, |)$ 中，2 与 3 没有关系，3 与 2 也没有关系，因为 $2 \nmid 3$ 且 $3 \nmid 2$。由此得到定义 2。

定义 2　偏序集 $(S, \preccurlyeq)$ 中的元素 a 和 b 称为可比的，如果 $a \preccurlyeq b$ 或 $b \preccurlyeq a$。当 a 和 b 是 S 中的元素并且既没有 $a \preccurlyeq b$，也没有 $b \preccurlyeq a$，则称 a 与 b 是不可比的。

例 5　在偏序集 $(\mathbf{Z}^{+}, |)$ 中，整数 3 和 9 是可比的吗？5 和 7 是可比的吗？

解　整数 3 和 9 是可比的，因为 $3 | 9$。整数 5 和 7 是不可比的，因为 $5 \nmid 7$ 且 $7 \nmid 5$。　◀

用形容词“部分的（偏的）”描述偏序，是因为有些元素对可能是不可比的。当集合中的每对元素都可比时，这个关系称为**全序**。

定义 3　如果 $(S, \preccurlyeq)$ 是偏序集，且 S 中的每对元素都是可比的，则 S 称为全序集或线序集，且 $\preccurlyeq$ 称为全序或线序。一个全序集也称为链。

例 6　偏序集 $(\mathbf{Z}, \leq)$ 是全序集，因为只要 a 和 b 是整数，就有 $a \leq b$ 或 $b \leq a$。　◀

例 7　偏序集 $(\mathbf{Z}^{+}, |)$ 不是全序集，因为它包含着不可比的元素，例如 5 和 7。　◀

在第 6 章我们注意到 $(\mathbf{Z}^{+}, \leq)$ 是良序的，其中 ≤ 是通常的“小于或等于”关系。我们现在定义良序集。

定义 4　对于偏序集 $(S, \preccurlyeq)$，如果 $\preccurlyeq$ 是全序，并且 S 的每个非空子集都有一个最小元素，就称它为良序集。

例 8　正整数的有序对的集合，$\mathbf{Z}^{+} \times \mathbf{Z}^{+}$，与 $\preccurlyeq$ 构成良序集，其中如果 $a_1 < b_1$，或如果

$a_1 = b_1$ 且 $a_2 \leqslant b_2$(字典顺序),则 $(a_1, a_2) \leqslant (b_1, b_2)$。有关的验证留作节后的练习 53。集合 **Z** 与通常的 $\leqslant$ 不是良序的,因为负整数集合是 **Z** 的子集,但没有最小元素。◀

在 5.3 节的最后,我们说明了怎样使用良序归纳原理(称为广义归纳法)证明关于一个良序集的结论。现在我们叙述并证明这个证明技术是有效的。

> **定理 1　良序归纳原理**　设 S 是一个良序集。如果(归纳步骤)对所有 $y \in S$,如果 $P(x)$ 对所有 $x \in S$ 且 $x \prec y$ 为真,则 $P(y)$ 为真,那么 $P(x)$ 对所有的 $x \in S$ 为真。

证明　假设 $P(x)$ 不对所有的 $x \in S$ 为真。那么存在一个元素 $y \in S$ 使得 $P(y)$ 为假。于是集合 $A = \{x \in S \mid P(x)$ 为假$\}$ 是非空的。因为 S 是良序的,所以集合 A 有最小元素 a。根据 a 是选自 A 的最小元素,我们知道对所有的 $x \in S$ 且 $x \prec a$ 都有 $P(x)$ 为真。由归纳步骤可以推出 $P(a)$ 为真。这个矛盾就证明了 $P(x)$ 必须对所有 $x \in S$ 为真。◀

评注　使用良序归纳法进行证明时,不需要基础步骤。因为若 x_0 是良序集的最小元素,由归纳步骤可知 $P(x_0)$ 为真。因为不存在 $x \in S$ 且 $x \prec x_0$,所以(使用空证明)$P(x)$ 对所有 $x \in S$ 且 $x \prec x_0$ 为真。

良序归纳原理对证明关于良序集的结论是一种通用的技术。即使可以使用关于正整数集合的数学归纳法证明一个定理时,使用良序归纳原理甚至可能更简单。如在 5.2 节例 5 和例 6 中所看到的,在那里我们证明了一个关于良序集 $(\mathbf{N} \times \mathbf{N}, \leqslant)$ 的结论,其中 $\leqslant$ 是 $\mathbf{N} \times \mathbf{N}$ 上的字典顺序。

9.6.2　字典顺序

字典中的单词是按照字母顺序或字典顺序排列的,字典顺序是以字母表中的字母顺序为基础的。这是从一个集合上的偏序构造一个集合上的字符串的排序的特例。我们将说明在任意一个偏序集上如何进行这种构造。

首先,我们将说明怎样在两个偏序集 $(A_1, \leqslant_1)$ 和 $(A_2, \leqslant_2)$ 的笛卡儿积上构造一个偏序。在 $A_1 \times A_2$ 上的**字典顺序** $\leqslant$ 定义如下:如果第一个有序对的第一个元素(在 A_1 中)小于第二个有序对的第一个元素,或者第一个元素相等,但是第一个有序对的第二个元素(在 A_2 中)小于第二个有序对的第二个元素,那么第一个有序对小于第二个有序对。换句话说,(a_1, a_2) 小于 (b_1, b_2),即

$$(a_1, a_2) \prec (b_1, b_2)$$

或者 $a_1 \prec_1 b_1$,或者 $a_1 = b_1$ 且 $a_2 \prec_2 b_2$。

把相等增加到 $A_1 \times A_2$ 的序 $\prec$ 上,就得到一个偏序 $\leqslant$。这个验证留作练习。

例 9　确定在偏序集 $(\mathbf{Z} \times \mathbf{Z}, \leqslant)$ 中是否有 $(3, 5) \prec (4, 8)$、$(3, 8) \prec (4, 5)$ 和 $(4, 9) \prec (4, 11)$?这里 $\leqslant$ 是由通常定义在 **Z** 上的 $\leqslant$ 关系构造的字典顺序。

解　因为 $3 < 4$,所以 $(3, 5) \prec (4, 8)$ 且 $(3, 8) \prec (4, 5)$。因为 $(4, 9)$ 与 $(4, 11)$ 的第一元素相同,但是 $9 < 11$,所以有 $(4, 9) \prec (4, 11)$。◀

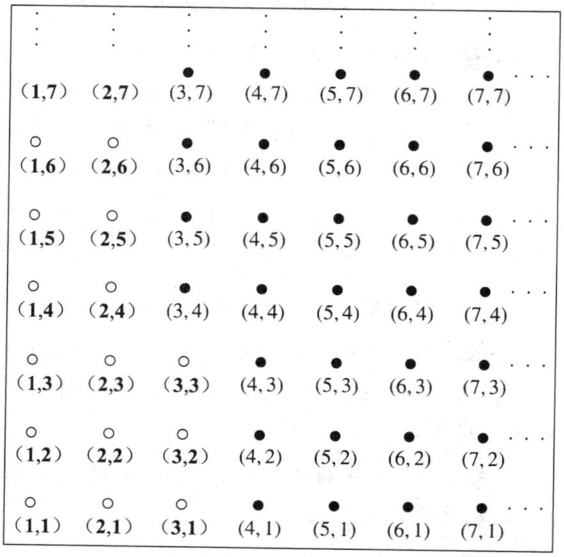

在图 1 中高亮地显示了 $\mathbf{Z}^+ \times \mathbf{Z}^+$ 中比 $(3, 4)$ 小的有序对。可以在 n 个偏序集 $(A_1, \leqslant_1)$, $(A_2, \leqslant_2)$, $\cdots$, $(A_n, \leqslant_n)$ 的笛卡儿积上定义字典顺序。如下定义 $A_1 \times A_2 \times \cdots \times A_n$

图 1　按照字典顺序,比 $(3, 4)$ 小的有序对

上的偏序：$\preccurlyeq$

$$(a_1, a_2, \cdots, a_n) \prec (b_1, b_2, \cdots, b_n)$$

如果 $a_1 \prec_1 b_1$，或者如果存在整数 $i > 0$，使得 $a_1 = b_1$，$\cdots$，$a_i = b_i$，且 $a_{i+1} \prec_{i+1} b_{i+1}$。换句话说，如果在两个 n 元组首次出现不同元素的位置上第一个 n 元组的元素小于第二个 n 元组的元素，那么第一个 n 元组小于第二个 n 元组。

例 10 注意 $(1, 2, 3, 5) \prec (1, 2, 4, 3)$，因为这些 4 元组的前两位相同，但是第一个 4 元组的第三位 3 小于第二个 4 元组的第三位 4（这里的 4 元组上的字典顺序是通常在整数集合上的"小于或等于"关系导出的字典顺序）。◀

我们现在可以定义字符串上的字典顺序。考虑偏序集 S 上的字符串 $a_1 a_2 \cdots a_m$ 和 $b_1 b_2 \cdots b_n$，假定这些字符串不相等。设 t 是 m、n 中较小的数。定义字典顺序如下：$a_1 a_2 \cdots a_m$ 小于 $b_1 b_2 \cdots b_n$，当且仅当

$$(a_1, a_2, \cdots, a_t) \prec (b_1, b_2, \cdots, b_t) \text{ 或者}$$
$$(a_1, a_2, \cdots, a_t) = (b_1, b_2, \cdots, b_t) \text{ 并且 } m < n$$

其中，这个不等式中的 $\prec$ 表示 S^t 中的字典顺序。换句话说，为确定两个不同字符串的顺序，较长的字符串被截取为较短的字符串的长度 t，即 $t = \min(m, n)$。然后使用 S^t 上的字典顺序比较每个字符串的前 t 位组成的 t 元组。如果对应于第一个串的 t 元组小于第二个串的 t 元组，或者这两个 t 元组相等，但是第二个串更长，那么第一个串小于第二个串。这是一个偏序的验证，作为练习 38 留给读者。

例 11 考虑由小写英文字母组成的字符串的集合。使用字母在字母表中的顺序，可以构造在字符串的集合上的字典顺序。如果两个字符串在首个位置出现不同字母时，第一个字符串中的字母排在第二个字符串中的字母前面，或者如果第一个字符串和第二个字符串在所有的位都相同，但是第二个字符串有更多的字母，那么第一个字符串小于第二个字符串。这种排序和字典中使用的排序相同。例如，

$$\text{discreet} \prec \text{discrete}$$

因为这两个字符串在第 7 位首次出现不同字母，并且 $e \prec t$。同样，

$$\text{discreet} \prec \text{discreetness}$$

因为这两个字符串前 8 个字母相同，但是第二个字符串更长。此外，

$$\text{discrete} \prec \text{discretion}$$

因为

$$\text{discrete} \prec \text{discreti}$$ ◀

9.6.3 哈塞图

在有穷偏序集的有向图中，有许多边可以不必显示出来，因为它们是必须存在的。例如，考虑在集合 $\{1, 2, 3, 4\}$ 上的偏序 $\{(a, b) \mid a \leqslant b\}$ 的有向图，见图 2a。因为这个关系是偏序的，所以它是自反的并且有向图在所有的顶点都有环。因此，我们不必显示这些环，因为它们是必须出现的。在图 2b 中没有显示这些环。由于偏序是传递的，所以我们不必显示那些由于传递性而必须出现的边。例如，在图 2c 中没有显示边 $(1, 3)$、$(1, 4)$ 和 $(2, 4)$，因为它们是必须出现的。如果假设所有边的方向是向上的（如图 2 所示），我们不必显示边的方向，图 2c 没有显示边方向。

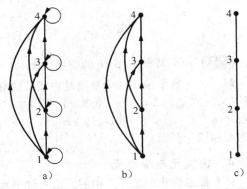

图 2　构造关于 $(\{1, 2, 3, 4\}, \leqslant)$ 的哈塞图

一般说来，我们可以使用下面的过程表示一个有穷的偏序集$(S, \leqslant)$。从这个关系的有向图开始。由于偏序是自反的，所以在每个顶点 a 都有一个环(a, a)。移走这些环。下一步，移走所有由于传递性必须出现的边，因为存在一些其他的边而且偏序是传递的。也就是说，对于元素 $z \in S$ 如果 $x \prec z$ 且 $z \prec y$，则移走所有这样的边(x, y)。最后，排列每条边使得它的起点在终点的下面（正如在纸上所画的）。移走有向边上所有的箭头，因为所有的边"向上"指向它们的终点。

这些步骤是有明确定义的，并且对于一个有穷偏序集只有有限步需要执行。当所有的步骤执行以后，就得到一个包含足够的表示偏序信息的图，我们将在后面进行解释。这个图称为$(S, \leqslant)$的**哈塞图**，它是用 20 世纪德国数学家赫尔姆·哈塞的名字命名的，哈塞广泛使用了这些图。

设$(S, \leqslant)$是一个偏序集。若 $x \prec y$ 且不存在元素 $z \in S$ 使得 $x \prec z \prec y$，则称元素 $y \in S$ **覆盖**元素 $x \in S$。y 覆盖 x 的有序对(x, y)的集合称为$(S, \leqslant)$的**覆盖关系**。从对偏序集的哈塞图的描述中，我们可以看出，在$(S, \leqslant)$的哈塞图中的边是指向上面的边并且与$(S, \leqslant)$的覆盖关系中的有序对相对应。而且，我们可以从偏序集的覆盖关系中得到这个偏序集，因为它是它的覆盖关系的传递闭包的自反闭包。（练习 31 要求给出这个事实的证明。）这就告诉我们，可以从它的哈塞图中构造一个偏序。

例 12 画出表示$\{1, 2, 3, 4, 6, 8, 12\}$上的偏序$\{(a, b) \mid a \text{ 整除 } b\}$的哈塞图。

解 从这个偏序的有向图开始，如图 3a 所示。移走所有的环，如图 3b 所示。然后删除所有由传递性可以得到的边。这些边是$(1, 4)$、$(1, 6)$、$(1, 8)$、$(1, 12)$、$(2, 8)$、$(2, 12)$和$(3, 12)$。排列所有的边使得方向向上，并且删除所有的箭头得到哈塞图。结果如图 3c 所示。◀

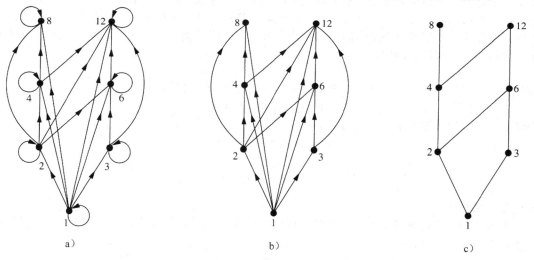

图 3   构造$(\{1, 2, 3, 4, 6, 8, 12\}, \mid)$上的哈塞图

例 13 画出幂集 $P(S)$ 上的偏序$\{(A, B) \mid A \subseteq B\}$的哈塞图，其中 $S = \{a, b, c\}$。

解 关于这个偏序的哈塞图是由相关的有向图得到的，先删除所有的环和所有由传递性产生的边，即$(\varnothing, \{a, b\})$、$(\varnothing, \{a, c\})$、$(\varnothing, \{b, c\})$、$(\varnothing, \{a, b, c\})$、$(\{a\}, \{a, b, c\})$、$(\{b\}, \{a, b, c\})$和$(\{c\}, \{a, b, c\})$。最后，使所有的边方向向上并删除箭头。得到的哈塞图如图 4 所示。◀

9.6.4 极大元与极小元

具有极值性质的偏序集中的元素有许多重要应用。偏序集中的一个元素称为极大元，当它不小于这个偏序集的任何其他元素。即当不存在 $b \in S$ 使得 $a \prec b$，a 在偏序集 $(S, \preccurlyeq)$ 中是**极大元**。类似地，偏序集的一个元素称为极小元，如果它不大于这个偏序集的任何其他元素。即如果不存在 $b \in S$ 使得 $b \prec a$，则 a 在偏序集 $(S, \preccurlyeq)$ 中是**极小元**。使用哈塞图很容易识别极大元与极小元。它们是图中的"顶"元素与"底"元素。

例 14 偏序集 $(\{2, 4, 5, 10, 12, 20, 25\}, |)$ 中的哪些元素是极大元，哪些是极小元？

解 在这个偏序集的哈塞图，图 5 中，显示了极大元是 12，20 和 25，极小元是 2 和 5。通过这个例子可以看出，一个偏序集可以有多个极大元和多个极小元。 ◀

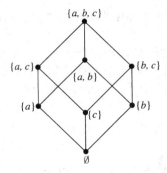

图 4 $(\mathcal{P}(\{a, b, c\}), \subseteq)$ 的哈塞图

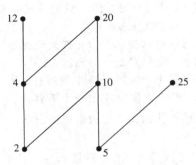

图 5 偏序集的哈塞图

有时在偏序集中存在一个元素大于每个其他的元素。这样的元素称为最大元。即 a 是偏序集 $(S, \preccurlyeq)$ 的**最大元**，如果对所有的 $b \in S$ 有 $b \preccurlyeq a$。当最大元存在时，它是唯一的[见本节练习 40a]。类似地，一个元素称为最小元，当它小于偏序集的所有其他元素。即 a 是偏序集 $(S, \preccurlyeq)$ 的**最小元**，如果对所有的 $b \in S$ 有 $a \preccurlyeq b$。当最小元存在时，它也是唯一的[见本节练习 40b]。

例 15 确定图 6 中的每个哈塞图表示的偏序集是否有最大元和最小元。

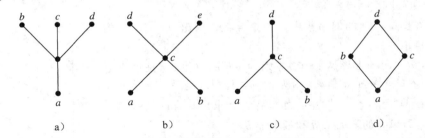

图 6 四个偏序集的哈塞图

赫尔姆·哈塞(Helmut Hasse，1898—1979) 哈塞出生于德国的卡斯尔，高中毕业以后在德国海军服役。1918 年，他进入哥廷根大学学习，两年以后转入马尔堡大学，师从数论专家科特·亨泽尔。在这段时间里，哈塞对代数数论做出了基础性的贡献。他继承了亨泽尔在马尔堡大学的工作，并于 1934 年荣升为著名的哥廷根数学研究所所长。1950 年，哈塞受聘于汉堡大学。哈塞为著名的德国数学期刊《Crelle 学报》(Crelle's Journal)担任了 50 年的编辑工作。1936 年，当纳粹强迫时任《Crelle 学报》主编的亨泽尔辞职时，哈塞承担了主编的工作。在第二次世界大战期间，哈塞效命于德国海军，从事应用数学的研究工作。他的讲演表述清晰，风格独特。他把一生的精力都倾注在数论的研究和他的学生身上。

解 哈塞图 6a 表示的偏序集的最小元是 a。这个偏序集没有最大元。哈塞图 6b 表示的偏序集既没有最小元也没有最大元。哈塞图 6c 表示的的偏序集没有最小元，它的最大元是 d。哈塞图 6d 表示的偏序集有最小元 a 和最大元 d。◀

例 16 设 S 是集合。确定偏序集 $(\mathcal{P}(S)$，$\subseteq)$ 中是否存在最大元与最小元。

解 最小元是空集，因为对于 S 的任何子集 T，有 $\varnothing \subseteq T$。集合 S 是这个偏序集的最大元，因为只要 T 是 S 的子集，就有 $T \subseteq S$。◀

例 17 在偏序集 $(\mathbf{Z}^+$，$|)$ 中是否存在最大元和最小元？

解 1 是最小元，因为只要 n 是正整数，就有 $1|n$。因为没有被所有正整数整除的整数，所以不存在最大元。◀

有时候可以找到一个元素大于或等于偏序集 $(S$，$\preccurlyeq)$ 的子集 A 中的所有元素。如果 u 是 S 中的元素，使得对所有的元素 $a \in A$，有 $a \preccurlyeq u$，那么 u 称为 A 的一个**上界**。类似地，也可能存在一个元素小于或等于 A 中的所有元素。如果 l 是 S 中的一个元素，使得对所有的元素 $a \in A$ 有 $l \preccurlyeq a$，那么 l 称为 A 的一个**下界**。

例 18 找出图 7 中的哈塞图所示的偏序集的子集 $\{a, b, c\}$、$\{j, h\}$ 和 $\{a, c, d, f\}$ 的下界和上界。

解 $\{a, b, c\}$ 的上界是 e、f、j 和 h，它的唯一的下界是 a。$\{j, h\}$ 没有上界，它的下界是 a、b、c、d、e 和 f。$\{a, c, d, f\}$ 的上界是 f、h 和 j，它的下界是 a。◀

元素 x 叫作子集 A 的**最小上界**，如果 x 是一个上界并且它小于 A 的任何其他的上界。因为如果存在，则只存在一个这样的元素，从这个意义上，称这个元素为最小上界 [见本节练习 42a]。即若任意 $a \in A$ 有 $a \preccurlyeq x$，并且对于 A 的任意上界 z，有 $x \preccurlyeq z$，则 x 就是 A 的最小上界。类似地，如果 y 是 A 的下界，并且对于 A 的任意下界 z，有 $z \preccurlyeq y$，则 y 就是 A 的**最大下界**。如果存在，A 的最大下界是唯一的 [见本节练习 42b]。一个子集 A 的最大下界和最小上界分别记作 $\text{glb}(A)$ 和 $\text{lub}(A)$。◀

例 19 在图 7 所示的偏序集中，如果存在，求出 $\{b, d, g\}$ 的最大下界和最小上界。

Extra Examples

解 $\{b, d, g\}$ 的上界是 g 和 h。因为 $g < h$，所以 g 是最小上界。$\{b, d, g\}$ 的下界是 a 和 b。因为 $a < b$，所以 b 是最大下界。◀

例 20 在偏序集 $(\mathbf{Z}^+$，$|)$ 中，如果存在，求出集合 $\{3, 9, 12\}$ 和 $\{1, 2, 4, 5, 10\}$ 的最大下界和最小上界。

解 如果 3、9、12 被一个整数整除，那么这个整数就是 $\{3, 9, 12\}$ 的下界。这样的整数只有 1 和 3。因为 $1|3$，所以 3 是 $\{3, 9, 12\}$ 的最大下界。集合 $\{1, 2, 4, 5, 10\}$ 关系到 | 的下界只有 1，因此 1 是 $\{1, 2, 4, 5, 10\}$ 的最大下界。

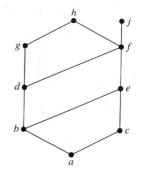

图 7 偏序集的哈塞图

一个整数是 $\{3, 9, 12\}$ 的上界，当且仅当它被 3、9 和 12 整除。具有这种性质的整数就是那些被 3、9 和 12 的最小公倍数 36 整除的整数。因此，36 是 $\{3, 9, 12\}$ 的最小上界。一个正整数是集合 $\{1, 2, 4, 5, 10\}$ 的上界，当且仅当它被 1、2、4、5 和 10 整除。具有这种性质的整数就是被这些整数的最小公倍数 20 整除的整数。因此，20 是 $\{1, 2, 4, 5, 10\}$ 的最小上界。◀

9.6.5 格

如果一个偏序集的每对元素都有最小上界和最大下界，就称这个偏序集为**格**。格有许多特殊的性质。此外，格有许多不同的应用，如用在信息流的模型中，格在布尔代数中也有重要的作用。

例21 确定图 8 中的每个哈塞图表示的偏序集是否是格。

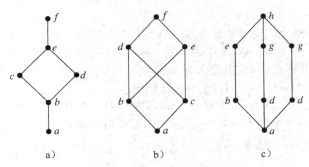

图 8　三个偏序集的哈塞图

解　在图 8a 和图 8c 中的哈塞图表示的偏序集是格，因为在每个偏序集中每对元素都有最小上界和最大下界，读者可自行验证。另一方面，图 8b 所示的哈斯图表示的偏序集不是格，因为元素 b 和 c 没有最小上界。注意，虽然 d、e 和 f 都是上界，但这 3 个元素中的任何一个在这个偏序集中的顺序都不出现在其他 2 个之前。◀

例22 偏序集 $(\mathbf{Z}^+, \mid)$ 是格吗？

解　设 a 和 b 是两个正整数。这两个整数的最小上界和最大下界分别是它们的最小公倍数和最大公约数，读者应自行验证。因此这个偏序集是格。◀

例23 确定偏序集 $(\{1, 2, 3, 4, 5\}, \mid)$ 和 $(\{1, 2, 4, 8, 16\}, \mid)$ 是否为格。

解　因为 2 和 3 在 $(\{1, 2, 3, 4, 5\}, \mid)$ 中没有上界，所以它们当然没有最小上界。因此第一个偏序集不是格。

第二个偏序集中的每两个元素都有最小上界和最大下界。在这个偏序集中两个元素的最小上界是它们中间较大的元素，而两个元素的最大下界是它们中间较小的元素。读者应自行验证。因此第二个偏序集是格。◀

例24 确定 $(\mathcal{P}(S), \subseteq)$ 是否是格，其中 S 是集合。

解　设 A 和 B 是 S 的两个子集。A 和 B 的最小上界和最大下界分别是 $A \cup B$ 和 $A \cap B$，读者可自行证明。因此 $(\mathcal{P}(S), \subseteq)$ 是格。◀

例25 **信息流的格模型**　在许多设置中，从一个人或计算机程序到另一个人或计算机程序的信息流要受到限制，这可以通过安全权限来实现。我们可以使用格的模型来表示不同的信息流策略。例如，一个通用的信息流策略是用于政府或军事系统中的多级安全策略。为每组信息分配一个安全级别，并且每个安全级别用一个序对 (A, C) 表示，其中 A 是权限级别，C 是种类。然后允许人和计算机程序从一个被特别限制的安全类的集合中访问信息。

在美国政府中，使用的典型的权限级别是不保密（0）、秘密（1）、机密（2）和绝密（3）。（若信息是秘密、机密或绝密的，就称信息被分类了。）在安全级别中使用的种类是一个集合的子集，这个集合含有与一个特定行业领域相关的所有的分部，每个分部表示一个指定的对象域。例如，如果分部的集合是 {密探，间谍，双重间谍}，那么存在 8 个不同的种类，每个种类分别对应于分部集合中的 8 个子集，例如 {密探，间谍}。

我们可以对安全种类排序，规定 $(A_1, C_1) \preccurlyeq (A_2, C_2)$ 当且仅当 $A_1 \leqslant A_2$ 和 $C_1 \subseteq C_2$。信息允许从安全类 (A_1, C_1) 流向安全类 (A_2, C_2) 当且仅当 $(A_1, C_1) \preccurlyeq (A_2, C_2)$。例如，信息允许从安全类（机密，{密探，间谍}）流向安全类（绝密，{密探，间谍，双重间谍}），相反，信息不允许从安全类（绝密，{密探，间谍}）流向安全类（机密，{密探，间谍，双重间谍}）或（绝密，{密探}）。

我们将它留给读者（见本节练习 48）证明，所有安全类的集合与在这个例子中所定义的序

构成一个格。   ◀

9.6.6 拓扑排序

假设一个项目由 20 个不同的任务构成。某些任务只能在其他任务结束之后完成。如何找到关于这些任务的顺序？为了对这个问题建模，我们在任务的集合上构造一个偏序，使得 $a < b$ 当且仅当 a 和 b 是任务且直到 a 结束后 b 才能开始。为安排好这个项目，需要得出与这个偏序相容的所有 20 个任务的顺序。我们将说明怎样做到这一点。

我们从定义开始。如果只要 aRb 就有 $a \leqslant b$，则称一个全序 $\leqslant$ 与偏序 R 是**相容的**。从一个偏序构造一个相容的全序称为**拓扑排序**[⊖]。我们需要使用引理 1。

> **引理 1** 每个有穷非空偏序集 $(S, \leqslant)$ 至少有一个极小元。

证明 选择 S 的一个元素 a_0。如果 a_0 不是极小元，那么存在元素 a_1，满足 $a_1 < a_0$。如果 a_1 不是极小元，那么存在元素 a_2，满足 $a_2 < a_1$。继续这一过程，使得如果 a_n 不是极小元，那么存在元素 a_{n+1} 满足 $a_{n+1} < a_n$。因为在这个偏序集只有有穷个元素，所以这个过程一定会结束并且具有极小元 a_n。   ◀

我们将要描述的拓扑排序算法对任何有穷非空偏序集都有效。为了在偏序集 $(A, \leqslant)$ 上定义一个全序，首先选择一个极小元素 a_1。由引理 1 可知，这样的元素存在。接着，正如读者应自行验证的，$(A - \{a_1\}, \leqslant)$ 也是一个偏序集。如果它是非空的，选择这个偏序集的一个极小元 a_2。然后再移出 a_2，如果还有其他的元素留下来，在 $A - \{a_1, a_2\}$ 中选择一个极小元 a_3。继续这个过程，只要还有元素留下来，就在 $A - \{a_1, a_2, \cdots, a_k\}$ 中选择极小元 a_{k+1}。

因为 A 是有穷集，所以这个过程一定会终止。最终产生一个元素序列 $a_1, a_2, \cdots, a_n$。所需要的全序 $\leqslant_t$ 定义为

$$a_1 <_t a_2 <_t \cdots <_t a_n$$

这个全序与初始偏序相容。为看出这一点，注意如果在初始偏序中 $b < c$，c 在算法的某个阶段 b 已经被移出时，被选择为极小元，否则 c 就不是极小元。算法 1 给出了关于这个拓扑排序算法的伪码。

算法 1 拓扑排序

procedure topological sort$((S, \leqslant)$：有穷偏序集$)$

$k := 1$

while $S \neq \varnothing$

    $a_k := S$ 的极小元{由引理 1 可知，这样的元素一定存在}

    $S := S - \{a_k\}$

    $k := k + 1$

return $a_1, a_2, \cdots, a_n\{a_1, a_2, \cdots, a_n$ 是与 S 相容的全序$\}$

例 26 找出与偏序集 $(\{1, 2, 4, 5, 12, 20\}, \mid)$ 相容的一个全序。

解 第一步是选择一个极小元。这个元素一定是 1，因为它是唯一的极小元。下一步选择 $(\{2, 4, 5, 12, 20\}, \mid)$ 的一个极小元。在这个偏序集中有两个极小元，即 2 和 5。我们选择 5。剩下的元素是 $\{2, 4, 12, 20\}$。在这一步，唯一的极小元是 2。下一步选择 4，因为它是 $(\{4, 12, 20\}, \mid)$ 的唯一极小元。因为 12 和 20 都是 $(\{12, 20\}, \mid)$ 的极小元，下一步选哪一个都可以。我们选 20，只剩下 12 作为最后的元素。这产生了全序

[⊖] "拓扑排序"是计算机科学中用到的术语；在数学中用到的术语是"偏序的线性化"。在数学中，拓扑是几何的一个分支，用于研究几何图形在连续改变形状时还能保持不变的一些特性。在计算机科学中，拓扑是把对象进行安排，使它们能够通过边相连。

$$1 \prec 5 \prec 2 \prec 4 \prec 20 \prec 12$$

这个排序算法所使用的步骤在图 9 中给出。

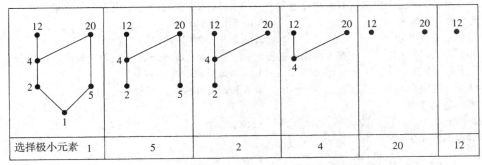

图 9　$(\{1, 2, 4, 5, 12, 20\}, |)$ 的拓扑排序

在项目的安排中会用到拓扑排序。

例 27　一个计算机公司的开发项目需要完成 7 个任务。其中某些任务只能在其他任务结束后才能开始。考虑如下建立任务上的偏序，如果任务 Y 在 X 结束后才能开始，则任务 $X \prec$ 任务 Y。这 7 个任务对应于这个偏序的哈塞图如图 10 所示。求一个任务的执行顺序，使得能够完成这个项目。

解　可以通过执行一个拓扑排序得到 7 个任务的排序。排序的步骤显示在图 11 中。这个排序的结果，$A \prec C \prec B \prec E \prec F \prec D \prec G$，给出了一种可行的任务次序。

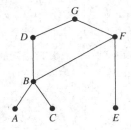

图 10　关于 7 个任务的哈塞图

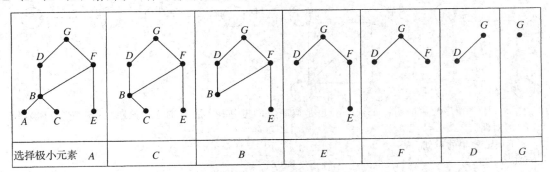

图 11　任务的拓扑排序

练习

1. 以下这些定义在集合 $\{0, 1, 2, 3\}$ 上的关系，哪些是偏序的？如果不是偏序的，请给出它缺少偏序的哪些性质。
   a) $\{(0, 0), (1, 1), (2, 2), (3, 3)\}$
   b) $\{(0, 0), (1, 1), (2, 0), (2, 2), (2, 3), (3, 2), (3, 3)\}$
   c) $\{(0, 0), (1, 1), (1, 2), (2, 2), (3, 3)\}$
   d) $\{(0, 0), (1, 1), (1, 2), (1, 3), (2, 2), (2, 3), (3, 3)\}$
   e) $\{(0, 0), (0, 1), (0, 2), (1, 0), (1, 1), (1, 2), (2, 0), (2, 2), (3, 3)\}$

2. 以下这些定义在集合 $\{0, 1, 2, 3\}$ 上的关系，哪些是偏序的？如果不是偏序的，请给出它缺少偏序的哪些性质。
   a) $\{(0, 0), (2, 2), (3, 3)\}$
   b) $\{(0, 0), (1, 1), (2, 0), (2, 2), (2, 3), (3, 3)\}$
   c) $\{(0, 0), (1, 1), (1, 2), (2, 2), (3, 1), (3, 3)\}$

d){(0, 0), (1, 1), (1, 2), (1, 3), (2, 0), (2, 2), (2, 3), (3, 0), (3, 3)}

e){(0, 0), (0, 1), (0, 2), (0, 3), (1, 0), (1, 1), (1, 2), (1, 3), (2, 0), (2, 2), (3, 3)}

3. 设 a 和 b 是人，S 是全世界所有人构成的集合，$(a, b) \in R$。请问(S, R)是否为偏序集，如果

a)a 比 b 的个子高

b)a 不比 b 高

c)$a = b$ 或 a 是 b 的祖先

d)a 和 b 有共同的朋友

4. 设 a 和 b 是人，S 是全世界所有人构成的集合，$(a, b) \in R$。请问(S, R)是否为偏序集，如果

a)a 不比 b 个子矮

b)a 的体重比 b 重

c)$a = b$ 或 a 是 b 的后代

d)a 和 b 没有共同的朋友

5. 下面哪些是偏序集？

a)$(\mathbf{Z}, =)$ b)$(\mathbf{Z}, \neq)$ c)$(\mathbf{Z}, \geqslant)$ d)$(\mathbf{Z}, \not|)$

6. 下面哪些是偏序集？

a)$(\mathbf{R}, =)$ b)$(\mathbf{R}, <)$ c)$(\mathbf{R}, \leqslant)$ d)$(\mathbf{R}, \neq)$

7. 确定以下 0-1 矩阵表示的关系是否为偏序。

a)$\begin{bmatrix} 1 & 1 & 1 \\ 1 & 1 & 0 \\ 0 & 0 & 1 \end{bmatrix}$ b)$\begin{bmatrix} 1 & 1 & 1 \\ 0 & 1 & 0 \\ 0 & 0 & 1 \end{bmatrix}$ c)$\begin{bmatrix} 1 & 1 & 1 & 0 \\ 0 & 1 & 1 & 0 \\ 0 & 0 & 1 & 1 \\ 1 & 1 & 0 & 1 \end{bmatrix}$

8. 确定由下面的 0-1 矩阵表示的关系是否为偏序。

a)$\begin{bmatrix} 1 & 0 & 1 \\ 1 & 1 & 0 \\ 0 & 0 & 1 \end{bmatrix}$ b)$\begin{bmatrix} 1 & 0 & 0 \\ 0 & 1 & 0 \\ 1 & 0 & 1 \end{bmatrix}$ c)$\begin{bmatrix} 1 & 0 & 1 & 0 \\ 0 & 1 & 1 & 0 \\ 0 & 0 & 1 & 1 \\ 1 & 1 & 0 & 1 \end{bmatrix}$

在练习 9～11 中确定有向图所表示的关系是否为偏序。

9. 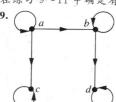   **10.** 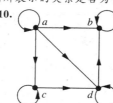   **11.**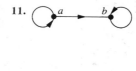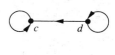

12. 设(S, R)是偏序集。证明：(S, R^{-1})也是偏序集，其中 R^{-1} 是 R 的逆。偏序集(S, R^{-1})称为(S, R)的**对偶**。

13. 求下面偏序集的对偶。

a)$(\{0, 1, 2\}, \leqslant)$ b)$(\mathbf{Z}, \geqslant)$

c)$(\mathcal{P}(\mathbf{Z}), \supseteq)$ d)$(\mathbf{Z}^+, |)$

14. 在偏序集$(\mathbf{Z}^+, |)$中，下面哪些元素对是可比的？

a)5, 15   b)6, 9   c)8, 16   d)7, 7

15. 在下面的偏序集中，找出两个不可比的元素。

a)$(\mathcal{P}(\{0, 1, 2\}), \subseteq)$ b)$(\{1, 2, 4, 6, 8\}, |)$

16. 设 $S = \{1, 2, 3, 4\}$。考虑基于通常 "小于" 关系的字典顺序。

a)找出所有在 $S \times S$ 中小于$(2, 3)$的序对。

b)找出所有在 $S \times S$ 中大于$(3, 1)$的序对。

c)画出偏序集$(S \times S, \leqslant)$的哈塞图。

17. 找出下面的 n 元组的字典顺序。

a)(1, 1, 2), (1, 2, 1)   b)(0, 1, 2, 3), (0, 1, 3, 2)

c)(1, 0, 1, 0, 1), (0, 1, 1, 1, 0)

18. 找出下面小写英语字母构成的字符串的字典顺序。

a)quack, quick, quicksilver, quicksand, quacking

    b) open，opener，opera，operand，opened

    c) zoo，zero，zoom，zoology，zoological

19. 找出比特串 0，01，11，001，010，011，0001 和 0101 的基于 0<1 的字典顺序。

20. 画出定义在$\{0, 1, 2, 3, 4, 5\}$上的"大于或等于"关系的哈塞图。

21. 画出定义在$\{0, 2, 5, 10, 11, 15\}$上的"小于或等于"关系的哈塞图。

22. 画出定义在下述集合上的整除关系的哈塞图。

    a)$\{1, 2, 3, 4, 5, 6\}$ **b)**$\{3, 5, 7, 11, 13, 16, 17\}$

    c)$\{2, 3, 5, 10, 11, 15, 25\}$ **d)**$\{1, 3, 9, 27, 81, 243\}$

23. 画出定义在下述集合上的整除关系的哈塞图。

    a)$\{1, 2, 3, 4, 5, 6, 7, 8\}$ **b)**$\{1, 2, 3, 5, 7, 11, 13\}$

    c)$\{1, 2, 3, 6, 12, 24, 36, 48\}$ **d)**$\{1, 2, 4, 8, 16, 32, 64\}$

24. 画出定义在集合$P(S)$上的包含关系的哈塞图，其中$S=\{a, b, c, d\}$。

在练习 25～27 中，列出哈塞图所示的偏序中的所有有序对。

25.   **26.** 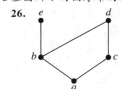   **27.**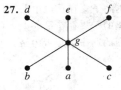

28. 定义在$\{1, 2, 3, 4, 6, 12\}$上的偏序$\{(a, b) \mid a$整除$b\}$的覆盖关系是什么？

29. 定义在S的幂集上的偏序$\{(A, B) \mid A \subseteq B\}$的覆盖关系是什么？其中$S=\{a, b, c\}$。

30. 在例 25 中定义的关于安全种类偏序集中的偏序的覆盖关系是什么？

31. 证明：一个有穷偏序集可以从它的覆盖关系重新构造出来。[提示：证明偏序集是它的覆盖关系的传递闭包的自反闭包。]

32. 对于下面的哈塞图表示的偏序，回答下面的问题。

    a) 求极大元。

    b) 求极小元。

    c) 存在最大元吗？

    d) 存在最小元吗？

    e) 求$\{a, b, c\}$的所有上界。

    f) 如果存在，求$\{a, b, c\}$的最小上界。

    g) 求$\{f, g, h\}$的所有下界。

    h) 如果存在，求$\{f, g, h\}$的最大下界。

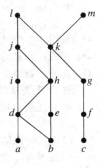

33. 对偏序集$(\{3, 5, 9, 15, 24, 45\}, \mid)$，回答下述问题。

    a) 求极大元。   **b)** 求极小元。

    c) 存在最大元吗？   **d)** 存在最小元吗？

    e) 找出$\{3, 5\}$的所有上界。   **f)** 如果存在，求$\{3, 5\}$的最小上界。

    g) 求$\{15, 45\}$的所有下界。   **h)** 如果存在，求$\{15, 45\}$的最大下界。

34. 对偏序集$(\{2, 4, 6, 9, 12, 18, 27, 36, 48, 60, 72\}, \mid)$，回答下述问题。

    a) 找出极大元。   **b)** 找出极小元。

    c) 存在最大元吗？   **d)** 存在最小元吗？

    e) 找出$\{2, 9\}$的所有上界。   **f)** 如果存在，找出$\{2, 9\}$的最小上界。

    g) 找出$\{60, 72\}$的所有下界。 **h)** 如果存在，找出$\{60, 72\}$的最大下界。

35. 对偏序集$(\{\{1\}, \{2\}, \{4\}, \{1, 2\}, \{1, 4\}, \{2, 4\}, \{3, 4\}, \{1, 3, 4\}, \{2, 3, 4\}\}, \subseteq)$，回答下述问题。

    a) 求极大元。   **b)** 求极小元。

    c) 存在最大元吗？   **d)** 存在最小元吗？

    e) 求$\{\{2\}, \{4\}\}$的所有上界。   **f)** 如果存在，求$\{\{2\}, \{4\}\}$的最小上界。

g) 求{{1, 3, 4}, {2, 3, 4}}的所有下界。

h) 如果存在，求{{1, 3, 4}, {2, 3, 4}}的最大下界。

36. 给出满足下述条件的偏序集。

　a) 有一个极小元但没有极大元。　　　　　**b)** 有一个极大元但没有极小元。

　c) 既没有极大元也没有极小元。

37. 证明：字典顺序是两个偏序集的笛卡儿积上的偏序。

38. 证明：字典顺序是一个定义在偏序集的字符串的集合上的偏序。

39. 假设$(S, \leqslant_1)$和$(T, \leqslant_2)$是偏序集。证明$(S \times T, \leqslant)$也是偏序集，其中$(s, t) \leqslant (u, v)$当且仅当$s \leqslant_1 u$且$t \leqslant_2 v$。

40. **a)** 证明：如果偏序集存在最大元，恰好存在一个最大元。

　b) 证明：如果偏序集存在最小元，恰好存在一个最小元。

41. **a)** 证明：在一个具有最大元的偏序集中恰好存在一个极大元。

　b) 证明：在一个具有最小元的偏序集中恰好存在一个极小元。

42. **a)** 证明：如果偏序集的子集存在最小上界，则是唯一的。

　b) 证明：如果偏序集的子集存在最大下界，则是唯一的。

43. 确定具有下面哈塞图的偏序集是否为格。

　a)　　　　　　　　　**b)**　　　　　　　　　**c)**

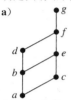 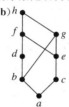 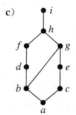

44. 确定下面的偏序集是否为格。

　a) $(\{1, 3, 6, 9, 12\}, \mid)$　　　　　　　　**b)** $(\{1, 5, 25, 125\}, \mid)$

　c) $(\mathbf{Z}, \geqslant)$　　　　　　　　**d)** $(P(S), \supseteq)$，其中 $P(S)$ 是集合 S 的幂集

45. 证明：一个格的每个有限非空子集有最小上界和最大下界。

46. 证明：如果偏序集(S, R)是格，那么对偶偏序集(S, R^{-1})也是格。

47. 在一个公司里，使用信息流的格模型控制敏感信息，这些信息具有由有序对(A, C)表示的安全类别。这里 A 是权限级别，这种权限级别可以是非私有的(0)、私有的(1)、受限制的(2)或注册的(3)。种类 C 是所有项目集合{猎豹，黑斑羚，美洲狮}的子集(在公司里常常使用动物的名字作为项目的代码名字)。

　a) 是否允许信息从(私有的，{猎豹，美洲狮})流向(受限制的，{美洲狮})？

　b) 是否允许信息从(受限制的，{猎豹})流向(注册的，{猎豹，黑斑羚})？

　c) 允许信息从(私有的，{猎豹，美洲狮})流向哪个类？

　d) 允许信息从哪个类流向安全类(受限制的，{黑斑羚，美洲狮})？

48. 证明：安全类别(A, C)的集合 S 是一个格，其中 A 是表示权限级别的正整数，C 是有穷的种类集的子集，并且$(A_1, C_1) \leqslant (A_2, C_2)$当且仅当 $A_1 \leqslant A_2$ 且 $C_1 \subseteq C_2$。〔提示：首先证明$(S, \leqslant)$是一个偏序集，然后证明(A_1, C_1)和(A_2, C_2)的最小上界和最大下界分别是$(\max(A_1, A_2), C_1 \bigcup C_2)$和$(\min(A_1, A_2), C_1 \bigcap C_2)$。〕

* 49. 证明：一个集合 S 上的所有划分的集合与关系 $\preccurlyeq$ 构成一个格，其中如果划分 P_1 是划分 P_2 的加细，则 $P_1 \preccurlyeq P_2$（见 9.5 节练习 49 的前导文）。

50. 证明：每个全序集都是一个格。

51. 证明：每个有限格都有一个最小元和一个最大元。

52. 给出一个无限格的例子，使得

　a) 既没有最小元也没有最大元　　　　　　**b)** 有一个最小元但没有最大元

　c) 有一个最大元但没有最小元　　　　　　**d)** 有一个最小元也有一个最大元

53. 验证$(\mathbf{Z}^+ \times \mathbf{Z}^+, \leqslant)$是一个良序集，其中 $\leqslant$ 是例 8 中所声明的字典顺序。

54. 确定下述每个偏序集是否为良序的。

    a)$(S, \leqslant)$，其中 $S=\{10, 11, 12, \cdots\}$

    b)$(\mathbf{Q} \cap [0, 1], \leqslant)$（0 和 1 之间的有理数集合，包含 0 和 1）

    c)$(S, \leqslant)$，S 是分母不超过 3 的正有理数集合

    d)$(\mathbf{Z}^{-}, \geqslant)$，其中 $\mathbf{Z}^{-}$ 是负整数的集合

如果偏序集中不存在元素的无限递减序列，即元素 $x_1, x_2, \cdots, x_n \cdots$ 使得 $\cdots < x_n < \cdots < x_2 < x_1$，则这个偏序集是**良基的**。设偏序集 $(R, \leqslant)$，如果对所有的 $x \in R$ 和 $y \in R$，$x < y$ 都存在元素 $z \in R$ 使得 $x < z < y$，则称这个偏序集是**稠密的**。

55. 证明：偏序集 $(\mathbf{Z}, \leqslant)$（其中 $x < y$ 当且仅当 $|x| < |y|$）是良基的，但不是全序集。

56. 证明：至少有两个可比元素的稠密偏序集不是良基的。

57. 证明：有理数和通常的"小于或等于"关系构成的偏序集 $(\mathbf{Q}, \leqslant)$ 是稠密偏序集。

*58. 证明：小写英文字母的字符串的集合以及定义在其上的字典顺序既不是良基的，也不是稠密的。

59. 证明：偏序集是良序的，当且仅当它是全序的并且是良基的。

60. 证明：一个有穷非空偏序集有一个极大元。

61. 求一个全序，使得它与练习 32 中的哈塞图所表示的偏序集相容。

62. 求一个与集合 $\{1, 2, 3, 6, 8, 12, 24, 36\}$ 上的整除关系相容的全序。

63. 求出所有与例 26 中的偏序集 $(\{1, 2, 4, 5, 12, 20\}, \mid)$ 相容的全序。

64. 求出所有与练习 27 中的哈塞图表示的偏序集相容的全序。

65. 求出完成例 27 中的开发项目的任务的所有可能的顺序。

66. 如果表示建筑一座房子所需任务的哈塞图如下图所示，通过指定这些任务的顺序来安排它们。

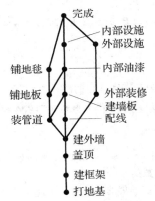

67. 如果关于一个软件项目的任务的哈塞图如下图所示，给出这个软件项目的任务的完成顺序。

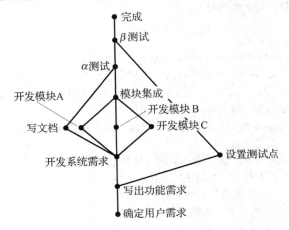

关键术语和结论

术语

从 A 到 B 的二元关系（binary relation from A to B：）：$A \times B$ 的子集。

定义在 A 上的关系（relation on A：）：从 A 到自身的二元关系（即 $A \times A$ 的子集）。

$S \circ R$：R 与 S 的合成。

R^{-1}：R 的逆关系。

R^n：R 的 n 次幂。

自反的（reflexive）：定义在 A 上的一个关系 R 是自反的，如果对所有的 $a \in A$ 有 $(a, a) \in R$。

对称的（symmetric）：定义在 A 上的一个关系是对称的，如果只要 $(a, b) \in R$ 就有 $(b, a) \in R$。

反对称的（antisymmetric）：定义在 A 上的关系是反对称的，如果只要 $(a, b) \in R$ 和 $(b, a) \in R$ 就有 $a = b$。

传递的（transitive）：定义在 A 上的关系 R 是传递的，如果有 $(a, b) \in R$ 和 $(b, c) \in R$ 就有 $(a, c) \in R$。

定义在 A_1，A_2，$\cdots$，A_n 上的 n 元关系（n-ary relation on A_1，A_2，$\cdots$，A_n）：$A_1 \times A_2 \times \cdots \times A_n$ 的一个子集。

关系数据模型（relational data model）：一个使用 n 元关系表示数据库的模型。

主键（primary key）：n 元关系的一个域，使得一个 n 元组被它在这个域的值唯一确定。

复合主键（composite key）：一个 n 元关系域的笛卡儿积，使得一个 n 元组被在这些域的值唯一确定。

选择运算符（selection operator）：一个函数，它在 n 元关系中选出满足特定条件的 n 元组。

投影（projection）：一个函数，它从一个 n 元关系通过删除域产生一个阶较小的关系。

连接（join）：一个函数，它把具有某些相同的域的 n 元关系组合起来。

有向图（directed graph or digraph）：称为顶点的元素和这些元素构成的有序对（也叫作边）的集合。

环（loop）：形如 (a, a) 的边。

关系 R 关于性质 P 的闭包（closure of a relation R with respect to a property P）：包含 R 的关系 S（如果存在）具有性质 P，并且被任何包含 R 且具有性质 P 的关系所包含。

有向图中的路径（path in a digraph）：边的序列 (a, x_1)，(x_1, x_2)，$\cdots$，(x_{n-2}, x_{n-1})，(x_{n-1}, b) 使得序列中每条边的终点是后面一条边的起点。

有向图中的回路（或圈）（circuit (or cycle) in a digraph）：以同一顶点作为起点和终点的路径。

R^*（连通性关系，connectivity relation）：由有序对 (a, b) 构成的关系，条件是存在一条从 a 到 b 的路径。

等价关系（equivalence relation）：自反的、对称的和传递的关系。

等价（equivalent）：如果 R 是等价关系，若 aRb，那么 a 等价于 b。

$[a]_R$（a 关于 R 的等价类，equivalence class of a with respect to R）：A 中所有等价于 a 的元素的集合。

$[a]_m$（模 m 的同余类，congruence class modulo m）：与 a 模 m 同余的整数的集合。

集合 S 的划分（partition of a set S）：一族两两不相交的非空子集，且这些子集的并集就是 S。

偏序（partial ordering）：自反的、反对称的和传递的关系。

偏序集 (S, R)（poset(S, R)）：集合 S 与这个集合上的偏序 R。

可比的（comparable）：偏序集 $(A, \leqslant)$ 中的元素 a 和 b 是可比的，如果 $a \leqslant b$ 或 $b \leqslant a$。

不可比的（incomparable）：偏序集中不是可比的元素。

全序（或线序）（total (or linear) ordering）：一个偏序，并且它的每对元素都是可比的。

全序（或线序）集（totally (or linearly) ordered set）：具有一个全序（或线序）的偏序集。

良序集（well-ordered set）：偏序集 $(S, \leqslant)$，其中 $\leqslant$ 是全序，且 S 的每个非空子集有一个最小元。

字典顺序（lexicographic order）：笛卡儿积或字符串的一个偏序。

哈塞图（Hasse diagram）：偏序集的图表示，其中所有的环和由传递性可得的边不出现，并且顶点的位置隐含了边的方向。

极大元（maximal element）：偏序集的一个元素，它不小于这个偏序集的任何其他元素。

极小元（minimal element）：偏序集的一个元素，它不大于这个偏序集的任何其他元素。

最大元（greatest element）：偏序集的一个元素，它大于这个集合的所有其他元素。

最小元（least element）：偏序集的一个元素，它小于这个集合的所有其他元素。

集合的上界(upper bound of a set)：偏序集的一个元素，它大于这个集合的所有其他元素。

集合的下界(lower bound of a set)：偏序集的一个元素，它小于这个集合的所有其他元素。

集合的最小上界(least upper bound of a set)：集合的一个上界，它小于所有其他的上界。

集合的最大下界(greatest lower bound of a set)：集合的一个下界，它大于所有其他的下界。

格(lattice)：一个偏序集，其中每对元素都有一个最大下界和一个最小上界。

与一个偏序相容的全序(compatible total ordering for a partial ordering)：包含了给定偏序的一个全序。

拓扑排序(topological sort)：构造一个与给定的偏序相容的全序。

结论

定义在集合 A 上的关系 R 的自反闭包等于 $R \cup \Delta$，其中 $\Delta = \{(a, a) \mid a \in A\}$。

定义在集合 A 上的关系 R 的对称闭包等于 $R \cup R^{-1}$，其中 $R^{-1} = \{(b, a) \mid (a, b) \in R\}$。

一个关系的传递闭包等于由这个关系构成的连通性关系。

沃舍尔算法用于求一个关系的传递闭包。

设 R 是等价关系，那么下面三条语句是等价的：

(1) aRb；(2) $[a]_R \cap [b]_R \neq \varnothing$；(3) $[a]_R = [b]_R$。

定义在集合 A 上的等价关系的等价类构成 A 的划分。相反，从一个划分可以构造一个等价关系，使得等价类就是划分中的子集。

良序归纳原理。

拓扑排序算法。

复习题

1. a)什么是集合上的关系？

b)一个 n 元素集合上有多少个关系？

2. a)什么是自反关系？

b)什么是对称关系？

c)什么是反对称关系？

d)什么是传递关系？

3. 给出定义在集合 $\{1, 2, 3, 4\}$ 上的关系的例子，使得它是

a)自反的、对称的但不是传递的。

b)不是自反的，是对称的和传递的。

c)自反的、反对称的，但不是传递的。

d)自反的、对称的和传递的。

e)自反的、反对称的和传递的。

4. a)在一个 n 元素集合上有多少个自反的关系？

b)在一个 n 元素集合上有多少个对称的关系？

c)在一个 n 元素集合上有多少个反对称的关系？

5. a)解释怎样用一个 n 元关系表示在一个大学里的学生的信息。

b)怎样用一个包含学生姓名、地址、电话号码、专业和平均学分绩点的 5 元关系构造一个包含学生姓名、专业和平均学分绩点的 3 元关系？

c)怎样将包含学生姓名、地址、电话号码和专业的 4 元关系和包含学生姓名、学号、专业和学分数的 4 元关系组合成一个单一的 n 元关系？

6. a)解释怎样使用一个 0-1 矩阵表示定义在有穷集上的关系。

b)解释怎样使用表示关系的 0-1 矩阵来确定这个关系是否为自反的、对称的/或和反对称的。

7. a)解释怎样使用一个有向图表示定义在有穷集上的关系。

b)解释怎样使用表示关系的有向图来确定这个关系是否为自反的、对称的和/或反对称的。

8. a)定义一个关系的自反闭包和对称闭包。

b)如何构造一个关系的自反闭包？

c)如何构造一个关系的对称闭包？

d)求定义在集合{1，2，3，4}上的关系{(1，2)，(2，3)，(2，4)，(3，1)}的自反闭包和对称闭包。

9. **a)**定义一个关系的传递闭包。

   b)在一个关系中，若(a, b)和(b, c)属于该关系，则能否通过在该关系中加入所有的(a, c)对得到该关系的传递闭包吗？

   c)描述求关系的传递闭包的两个算法。

   d)求关系{(1，1)，(1，3)，(2，1)，(2，3)，(2，4)，(3，2)，(3，4)，(4，1)}的传递闭包。

10. **a)**定义一个等价关系。

    b)定义在集合{a, b, c, d}上的哪些关系是包含了(a, b)和(b, d)的等价关系？

11. **a)**证明：模 m 同余关系是等价关系，其中 m 是正整数。

    b)证明：关系$\{(a, b) \mid a \equiv \pm b (\bmod 7)\}$是整数集上的等价关系。

12. **a)**什么是一个等价关系的等价类？

    b)什么是模 5 同余关系的等价类？

    c)什么是问题 11b 中等价关系的等价类？

13. 解释定义在集合上的等价关系与集合划分之间的联系。

14. **a)**定义偏序。

    b)证明：正整数集合上的整除关系是偏序。

15. 解释怎样用定义在集合 A_1 和 A_2 上的偏序定义在集合 $A_1 \times A_2$ 上的偏序。

16. **a)**解释怎样构造定义在有穷集上的偏序的哈塞图。

    b)画出定义在集合{2，3，5，9，12，15，18}上的整除关系的哈塞图。

17. **a)**定义一个偏序集的极大元和最大元。

    b)给出一个有 3 个极大元的偏序集的例子。

    c)给出一个有 1 个最大元的偏序集的例子。

18. **a)**定义格。

    b)给出一个含有 5 个元素的偏序集是格的例子和一个含有 5 个元素的偏序集不是格的例子。

19. **a)**证明：一个格的每个有穷子集都有一个最大下界和一个最小上界。

    b)证明：每个具有有限元素的格都有一个最小元和一个最大元。

20. **a)**定义一个良序集。

    b)描述一个产生与给定的偏序集相容的良序集的算法。

    c)如果一个任务仅当某个或某些其他任务完成以后才可以开始，解释怎样用 b 中的算法排序这个项目中的任务。

补充练习

1. 设 S 是所有英语字母构成的字符串的集合。确定下面的关系是否是自反的、反自反的、对称的、反对称的和/或传递的。

   a)$R_1 = \{(a, b) \mid a$ 和 b 没有公共字母$\}$

   b)$R_2 = \{(a, b) \mid a$ 和 b 长度不相等$\}$

   c)$R_3 = \{(a, b) \mid a$ 比 b 长$\}$

2. 构造集合{a, b, c, d}上的关系，使得它是

   a)自反的、对称的，但不是传递的。

   b)反自反的、对称的和传递的。

   c)反自反的、反对称的，但不是传递的。

   d)自反的，既不是对称的也不是反对称的，是传递的。

   e)既不是自反的、反自反的、对称的和反对称的，也不是传递的。

3. $\mathbf{Z} \times \mathbf{Z}$ 上的关系 R 定义如下：$(a, b)R(c, d)$ 当且仅当 $a + d = b + c$。证明：R 是等价关系。

4. 证明：一个反对称关系的子集也是一个反对称关系。

5. 设 R 是定义在集合 A 上的自反关系，证明：$R \subseteq R^2$。

6. 假设 R_1 和 R_2 是定义在集合 A 上的自反关系，证明：$R_1 \oplus R_2$ 是反自反的。

7. 假设 R_1 和 R_2 是定义在集合 A 上的自反关系，$R_1 \cap R_2$ 也是自反的吗？$R_1 \cup R_2$ 也是自反的吗？

8. 假设 R 是定义在集合 A 上的对称关系，$\overline{R}$ 也是对称的吗？

9. 设 R_1 和 R_2 是定义在集合 A 上的对称关系，$R_1 \cap R_2$ 也是对称的吗？$R_1 \cup R_2$ 也是对称的吗？

10. 一个关系 R 称为**循环的**，如果 aRb 和 bRc 蕴含 cRa。证明：R 是自反的和循环的，当且仅当它是等价关系。

11. 证明：一个 n 元关系的主键也是这个关系的任何投影的主键，其中这个投影包含这个关键字作为它的一个域。

12. 一个 n 元关系的主键也是由这个关系与第二个关系的连接而得到的较大的关系的主键吗？

13. 证明：一个关系的对称闭包的自反闭包和它的自反闭包的对称闭包是相同的。

14. 设 R 是定义在所有数学家的集合上的关系，R 包含有序对 (a, b) 当且仅当 a 与 b 合写了一篇论文。

    a) 描述关系 R^2。

    b) 描述关系 R^*。

    c) 如果一个数学家与多产的匈牙利数学家保罗·埃德斯合写了一篇论文，那么这个数学家的**埃德斯数**是 1。如果这个数学家没有与埃德斯合写一篇论文，但是与某个与埃德斯合写过论文的人合写了一篇论文，那么这个数学家的埃德斯数是 2，以此类推（埃德斯本人的埃德斯数是 0）。用 R 中路径的概念给出埃德斯数的定义。

15. **a)** 给出一个例子，证明一个关系的对称闭包的传递闭包不一定与这个关系的传递闭包的对称闭包相等。

    b) 证明：一个关系的对称闭包的传递闭包一定包含这个关系的传递闭包的对称闭包。

16. **a)** 设 S 是一个计算机问题的子程序的集合。定义关系 R，如果在执行中子程序 P 调用子程序 Q，那么 PRQ。描述 R 的传递闭包。

    b) 对于哪些子程序 P，(P, P) 属于 R 的传递闭包？

    c) 描述 R 的传递闭包的自反闭包。

17. 假设 R 和 S 是定义在集合 A 上的关系，$R \subseteq S$，且 R 和 S 的关于性质 **P** 的闭包都存在。证明 R 关于 **P**

Links ▶

保罗·埃德斯（Paul Erdös, 1913—1996）　埃德斯出生于匈牙利的布达佩斯，他的父亲和母亲都是高中数学老师。他是一个神童，3 岁时就能心算 3 位数的乘法，4 岁时独自发现了负数。由于母亲不想让他在外面染上传染病，所以他主要在家读书。17 岁时埃德斯进入 Eotvos 大学学习，4 年后获得数学博士学位。毕业之后，埃德斯在英国曼彻斯特做了 4 年的博士后研究。1938 年，他去了美国。他在美国度过了一生的大部分时光，除了 1954～1962 年间他被驱逐出美国一段时间。除此之外，他还在以色列度过了不短的时间。

Courtesy of George Csicsery

    埃德斯对组合学和数论做出了许多突出的贡献。他最了不起的发现之一是关于素数定理的基础证明（即没有使用任何复杂的分析）。这个定理对于不超过一个固定正整数的素数的个数进行了估计。他也为拉姆齐理论在近代的发展做出了贡献。

    埃德斯周游世界，出席各类会议，访问大学和研究所，与其他的数学家一起工作，可谓是居无定所。他全身心地投身数学，不间断地寻访各个数学家，并宣称"我的大脑是开放的"。埃德斯著述和合写的论文多达 1500 余篇，论文的合作者有近 500 多名。由于埃德斯没有固定的住所，所以这些论文均由 AT&T 实验室著名的离散数学家劳恩·格雷汉姆（Ron Graham）备份保存。格雷汉姆与埃德斯有着广泛的合作，并在生活上给予他很多关照。

    埃德斯设立了很多的奖金，从 10 美元到 10 000 美元不等，用于对他特别感兴趣的问题的求解。问题越难，奖金越高，他已支付的奖金差不多有 4000 美元。尽管他对许多事情都充满了好奇，但他几乎把所有的精力都投入在数学研究上。他没有业余爱好，也没有专职工作，一生未婚。埃德斯特别慷慨，把得到的许多奖品、奖励和奖金用于学术交流和有价值的事业上。他并没有很强的物欲，出门旅行也是一切从简。

的闭包是 S 关于 **P** 的闭包的子集。

18. 证明：两个关系的并集的对称闭包是它们的对称闭包的并集。

*19. 设计一个基于内部顶点概念的算法，求有向图中两个顶点之间的最长路径的长度，或确定在这些顶点之间存在任意长度的路径。

20. 下面的哪些关系是定义在所有人的集合上的等价关系？

   a) $\{(x, y) \mid x$ 与 y 有同样的星座$\}$

   b) $\{(x, y) \mid x$ 与 y 出生在同一年$\}$

   c) $\{(x, y) \mid x$ 与 y 曾在同一城市$\}$

*21. 有多少个定义在 5 个元素集合上的不同的等价关系，其中恰有 3 个不同的等价类？

22. 证明：$\{(x, y) \mid x-y \in \mathbf{Q}\}$ 是定义在实数集上的等价关系，其中 $\mathbf{Q}$ 是有理数集合。$[1]$、$[1/2]$ 和 $[\pi]$ 是什么？

23. 设 $P_1 = \{A_1, A_2, \cdots, A_m\}$ 和 $P_2 = \{B_1, B_2, \cdots, B_n\}$ 都是集合 S 的划分。证明：形如 $A_i \bigcap B_j$ 的非空子集族是 S 的划分，且是 P_1 和 P_2 的加细（见 9.5 节练习 49 的前导文）。

*24. 证明：关系 R 的自反闭包的对称闭包的传递闭包是包含 R 的最小的等价关系。

25. 设 $\mathbf{R}(S)$ 是定义在集合 S 上的所有关系的集合。如下定义 $\mathbf{R}(S)$ 上的关系 $\preccurlyeq$，如果 $R_1 \subseteq R_2$ 则 $R_1 \preccurlyeq R_2$，这里 R_1 和 R_2 是定义在 S 上的关系。证明：$(\mathbf{R}(S), \preccurlyeq)$ 是偏序集。

26. 设 $\mathbf{P}(S)$ 是集合 S 上的所有划分的集合。如下定义 $\mathbf{P}(S)$ 上的关系 $\preccurlyeq$，如果 P_1 是 P_2 的加细，则 $P_1 \preccurlyeq P_2$（见 9.5 节练习 49）。证明：$(\mathbf{P}(S), \preccurlyeq)$ 是偏序集。

27. 下图为烹调中餐任务的哈塞图，安排烹调中餐所需的任务的顺序。

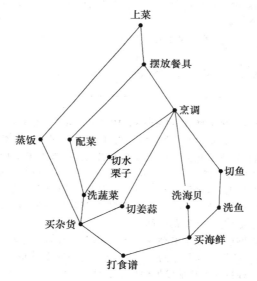

如果一个偏序集的子集中的每一对元素都是可比的，就称这个子集为一条**链**。如果它的每一对元素都是不可比的，就称这个子集为一条**反链**。

28. 找出 9.6 节练习 25～27 的哈塞图所表示的偏序集中所有的链。

29. 找出 9.6 节练习 25～27 的哈塞图所表示的偏序集中所有的反链。

30. 找出 9.6 节练习 32 的哈塞图所表示的偏序集中具有最多元素的一条反链。

31. 证明：在一个有穷偏序集 $(S, \preccurlyeq)$ 中的每条极大链都包含 S 的一个极小元。（一条极大链是一条链，但不是一条更大的链的子链。）

**32. 证明：一个偏序集可以被分成 k 条链，其中 k 是这个偏序集中具有最多元素的一条反链的元素个数。

*33. 证明：在任意一组 $mn+1$ 个人中要么存在一个 $m+1$ 个人的列表，其中每个人（除了第一个人以外）都是表中前一个人的后代；要么存在 $n+1$ 个人，其中没有一个人是其他 n 个人中任何一个人的后代。［提示：用练习 32。］

假设 $(S, \preccurlyeq)$ 是良基的偏序集。良基归纳原理说明，如果 $\forall x(\forall y(y \prec x \rightarrow P(y)) \rightarrow P(x))$，那么对所有的 $x \in S$，有 $P(x)$ 为真。

34. 证明：对于良基归纳原理不需要单独的基础情况，就是说，如果 $\forall x(\forall y(y \prec x \rightarrow P(y)) \rightarrow P(x))$，那么 $P(u)$ 对于 S 中所有的极小元 u 为真。

* **35.** 证明：良基归纳原理是有效的。

　　R 是定义在集合 A 上的关系，如果 R 是自反的和传递的，则称 R 为 A 上的**拟序**。

36. 设 R 是定义在从 $\mathbf{Z}^+$ 到 $\mathbf{Z}^+$ 的所有函数的集合上的关系，使得 (f, g) 属于 R 当且仅当 f 是 $O(g)$。证明：R 是拟序的。

37. 设 R 是定义在 A 上的拟序。证明：$R \cap R^{-1}$ 是等价关系。

* **38.** 设 R 是拟序，S 是定义在 $R \cap R^{-1}$ 的等价类的集合上的关系，C 和 D 是 R 的等价类，(C, D) 属于 S，当且仅当存在元素 c 属于 C，d 属于 D，使得 (c, d) 属于 R。证明 S 是偏序。

　　设 L 是格。由 $x \wedge y = \mathrm{glb}(x, y)$ 和 $x \vee y = \mathrm{lub}(x, y)$ 定义交（$\wedge$）和并（$\vee$）运算。

39. 证明下面的性质对格 L 的所有元素 x、y、z 成立：

　　a) $x \wedge y = y \wedge x$, $x \vee y = y \vee x$（**交换律**）

　　b) $(x \wedge y) \wedge z = x \wedge (y \wedge z)$, $(x \vee y) \vee z = x \vee (y \vee z)$（**结合律**）

　　c) $x \wedge (x \vee y) = x$, $x \vee (x \wedge y) = x$（**吸收律**）

　　d) $x \wedge x = x$, $x \vee x = x$（**幂等律**）

40. 证明：如果 x 和 y 是格的元素，那么 $x \vee y = y$ 当且仅当 $x \wedge y = x$。

　　一个格 L 是**有界的**，如果它有一个**上界**，记作 1，即对所有的 $x \in L$ 有 $x \preccurlyeq 1$；并且有一个**下界**，记作 0，即对所有的 $x \in L$ 有 $0 \preccurlyeq x$。

41. 证明：如果 L 是具有上界 1 和下界 0 的有界格，那么对于 $x \in L$ 的所有元素，具有下面的性质：

　　a) $x \vee 1 = 1$　　　　　　**b)** $x \wedge 1 = x$

　　c) $x \vee 0 = x$　　　　　　**d)** $x \wedge 0 = 0$

42. 证明：每个有限格是有界的。

　　一个格称为**可分配的**，如果对 L 中所有的 x、y、z，有 $x \vee (y \wedge z) = (x \vee y) \wedge (x \vee z)$ 和 $x \wedge (y \vee z) = (x \wedge y) \vee (x \wedge z)$

* **43.** 给出一个不是分配格的例子。

44. 证明：格 $(P(S), \subseteq)$ 是分配格，其中 $P(S)$ 是有穷集 S 的幂集。

45. 格 $(\mathbf{Z}^+, \mid)$ 是分配格吗？

　　有界格 L 的元素 a 关于上界 1 和下界 0 的**补元**是元素 b，使得 $a \vee b = 1$ 和 $a \wedge b = 0$。如果一个格的每个元素都有补元，那么这个格称为**有补格**。

46. 给出一个有限格的例子，其中至少有 1 个元素有多个补元且至少有 1 个元素没有补元。

47. 证明：格 $(P(S), \subseteq)$ 是有补格，其中 $P(S)$ 是有穷集 S 的幂集。

* **48.** 证明：如果 L 是有限分配格，那么 L 中的元素至多有 1 个补元。

　　在 1.8 节例 12 中介绍的蚕食游戏可以推广到任意一个含有最小元 a 的有限偏序集 $(S, \preccurlyeq)$ 上。在这个游戏中，一个移动包括选择一个 S 中的元素 x 并从 S 中删除 x 和所有比 x 大的元素。失败者是被迫选择最小元 a 的那个玩家。

49. 证明：1.8 节例 12 中所描述的蚕食游戏将曲奇饼摆放在 $m \times n$ 的矩形网格中，与偏序集 $(S, \mid)$ 上的蚕食游戏相同，其中 S 是所有能被 $p^{m-1} q^{n-1}$ 整除的正整数集合，这里 p 和 q 是两个不同的素数。

50. 证明：如果 $(S, \preccurlyeq)$ 有最大元 b，那么在这个偏序集上存在一个蚕食游戏的获胜策略。[提示：推广 1.8 节例 12 中的结论。]

计算机课题

按给定的输入和输出写程序。

1. 给定表示定义在有穷集上的关系的矩阵，确定这个关系是否是自反或反自反的。

2. 给定表示定义在有穷集上的关系的矩阵，确定这个关系是否是对称或反对称的。

3. 给定表示定义在有穷集上的关系的矩阵，确定这个关系是否是传递的。

4. 给定正整数 n，显示定义在 n 个元素的集合上的所有的关系。

* 5. 给定一个正整数 n，确定定义在 n 个元素的集合上的传递关系的个数。

* 6. 给定一个正整数 n，确定定义在 n 个元素的集合上的等价关系的个数。

* 7. 给定一个正整数 n，显示定义在 n 个最小的正整数的集合上的所有的等价关系。

8. 给定一个 n 元关系，当某些特定的域被删除以后求这个关系的投影。

9. 给定一个 m 元关系、一个 n 元关系和一个公共域的集合，找出这些关系关于这些公共域的连接。

10. 给定表示一个定义在有穷集上的关系的矩阵，求表示这个关系的自反闭包的矩阵。

11. 给定表示一个定义在有穷集上的关系的矩阵，求表示这个关系的对称闭包的矩阵。

12. 给定表示一个定义在有穷集上的关系的矩阵，通过计算表示这个关系的矩阵的幂的并，求表示这个关系传递闭包的矩阵。

13. 给定表示一个定义在有穷集上的关系的矩阵，使用沃舍尔算法求表示这个关系的传递闭包的矩阵。

14. 给定表示一个定义在有穷集上的关系的矩阵，求表示包含这个关系的最小的等价关系的矩阵。

15. 给定一个定义在有穷集上的偏序，使用拓扑排序找出一个与它相容的全序。

计算和探索

使用一个计算程序或你自己编写的程序做下面的练习。

1. 显示定义在一个含有 4 个元素的集合上的所有不同的关系。

2. 显示定义在一个含有 6 个元素的集合上的所有不同的自反和对称的关系。

3. 显示定义在一个含有 5 个元素的集合上的所有不同的自反和传递的关系。

* 4. 对所有的正整数 n，$n \leqslant 7$，确定有多少个定义在 n 元素集合上的传递关系。

5. 在至少含有 20 个元素的集合上选择一个关系，可以使用和某个特定的传输或通信网络中的有向链路相对应的关系，或者使用一个随机生成的关系，求这个关系的传递闭包。

6. 对于所有不超过 20 的正整数 n，计算定义在 n 元素集合上的不同的等价关系个数。

7. 显示定义在 7 元素集合上的所有的等价关系。

* 8. 显示定义在 5 元素集合上的所有的偏序。

* 9. 显示定义在 5 元素集合上的所有的格。

写作课题

用本教材以外的资料，按下列要求写成论文。

1. 讨论模糊关系的概念。怎样使用模糊关系？

2. 不限于 9.2 节所介绍的内容，描述关系数据库的基本原理。关系数据库与其他类型的数据库相比，使用范围有多广？

3. 解释如何使用 Apriori 算法寻找频繁项集和强关联规则。

4. 详细描述关联规则的应用。

5. 查找沃舍尔和罗伊(Roy)的原始论文(法文)，在那篇论文中他们提出了求传递闭包的算法。讨论他们的方法。为什么可以认为我们称为沃舍尔的算法是被多人独立发现的？

6. 描述怎样用等价类把有理数定义为整数对的类，遵照这种方法怎样定义有理数的基本算术运算(见 9.5 节练习 40)。

7. 解释赫尔姆·哈塞是如何使用我们现在称为哈塞图的图。

8. 描述在计算机操作系统中用来执行信息流策略的某些机制。

9. 讨论计划评审技术(Program Evaluation and Review Technique, PERT)在安排一个大的复杂项目的任务中的应用。PERT 的使用范围有多广？

10. 讨论关键路径方法(Critical Path Method, CPM)在找出完成项目的最短时间中的应用。CPM 的使用范围有多广？

11. 讨论格中的对偶性的概念。解释怎样用对偶性建立新的结果？

12. 解释模格的意义。描述模格的某些性质，描述模格是怎样在投影几何的研究中产生的。

图

　　图是由顶点和连接顶点的边构成的离散结构。根据图中的边是否有方向、相同顶点对之间是否可以有多条边相连以及是否允许存在自环，图可以分为多种不同的类型。几乎可以想到的每个学科中的问题都可以运用图模型来求解。我们将举例说明如何在各种领域中运用图来建模。例如，如何用图表示生态环境中不同物种的竞争，如何用图表示组织中谁影响谁，如何用图表示循环锦标赛的结果。我们将描述如何用图对人们之间的相识关系、研究人员之间的合作关系、电话号码间的呼叫关系以及网站之间的链接关系进行建模。我们将说明如何用图对路线图和一个组织内员工的工作指派进行建模。

　　运用图模型，可以确定能不能遍历一个城市的所有街道而不在任一条街道上走两遍，还能找出对地图上的区域着色所需要的颜色数。可以用图来确定某一个电路是否能够在平面电路板上实现。用图可以区分有着同样的分子式但结构不同的两种化合物。我们能够运用计算机网络的图模型确定两台计算机是否由通信链路连接。对其边赋予了权重的图可以求解诸如传输网络中两个城市间的最短路径这类的问题。我们还可以用图来安排考试和指定电视台的频道。本章将介绍图论的基本概念，还将给出许多不同的图模型。为了求解能够用图研究的多种问题，我们将介绍许多不同的图的算法，还将研究这些算法的复杂度。

10.1　图和图模型

　　首先给出图的定义。

> **定义 1**　图 $G=(V, E)$ 由顶点（或结点）的非空集 V 和边集 E 构成，每条边有一个或两个顶点与它相连，这样的顶点称为边的端点。边连接它的端点。

　　评注　图 G 的顶点集 V 可能是无限的。顶点集为无限集或有无限条边的图称为**无限图**，与之相对地，顶点集和边集为有限集的图称为**有限图**。在本书中，通常只考虑有限图。

　　现在假设一个网络由数据中心和计算机之间的通信链路组成。可以把每个数据中心的位置用一个点来表示，把每个通信链接用一条线段来表示，如图 1 所示。

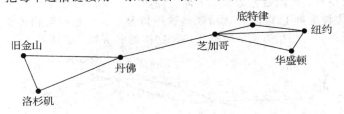

图 1　一个计算机网络

　　这个计算机网络可以用图来建模，图中的顶点表示数据中心，边表示通信链接。通常，用点表示顶点、用线段或者曲线表示边来可视化图。其中，表示边的线段的端点就是表示相应边的端点的点。在画图时，尽量不要让边相交。然而，并不是必须这样做，因为任意的用点表示顶点、用任意形式的顶点间的连接表示边的描述方法均可使用。实际上，有些图不能在边不相交的情况下画在平面上（见 10.7 节）。关键的一点是，只要正确地描述了顶点间的连接，画图的方式可以是任意的。

　　注意，表示计算机网络的图的每条边都连接着两个不同的顶点，即没有任何一条边仅连接一个顶点自身，另外，也没有两条不同的边连接着一对相同的顶点。每条边都连接两个不同的顶点且没有两条不同的边连接一对相同顶点的图称为**简单图**。注意，在简单图中，每条边都与一对无序的顶点相关联，而且没有其他的边和这条边相关联。因此，在简单图中，当有一条边与$\{u, v\}$相关联时，也可以说$\{u, v\}$是该图的一条边，这不会产生误解。

一个计算机网络可能在两个数据中心之间有多重链接，如图 2 所示。为这样的网络建模，需要有多条边连接同一对顶点的图。可能会有**多重边**连接同一对顶点的图称为**多重图**。当有 m 条不同的边与相同的无序顶点对相关联时，我们也说$\{u, v\}$是一条多重度为 m 的边。就是说，可以认为这个边集是边$\{u, v\}$的 m 个不同副本。

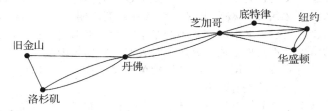

图 2　数据中心之间具有多重链接的计算机网络

有时候一个数据中心有一条连接自身的通信线路，也许是一个用于诊断的反馈环。图 3 说明了这样的网络。为这个网络建模，需要包括把一个顶点连接到它自身的边。这样的边称为**环**。有时，一个顶点可能需要多个环。包含环或存在多重边连接同一对顶点或同一个顶点的图，称为**伪图**。

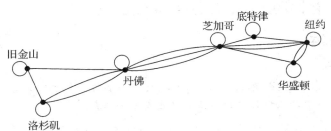

图 3　带诊断链路的计算机网络

到目前为止，我们所介绍的图是无向图。它们的边也被认为是无向的。然而，要建立一个图模型，可能会发现有必要给这些边赋予方向。例如，在计算机网络中，有些链接只可以对一个方向操作(这种边称为单工线路)。这可能是这种情况，有大量的数据传送到某些数据中心，但只有很少或者根本没有相反方向的数据传输。这样的网络如图 4 所示。

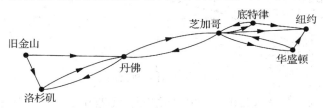

图 4　具有单向通信链路的通信网络

我们使用有向图为这样的计算机网络建模。有向图的每条边与一个有序对相关联。这里给出的有向图的定义比第 9 章使用的更加广义，在第 9 章中使用有向图来表示关系。

定义 2　有向图(V, E)由一个非空顶点集 V 和一个有向边(或弧)集 E 组成。每条有向边与一个顶点有序对相关联。我们称与有序对(u, v)相关联的有向边开始于 u、结束于 v。

图   565

当画线描述一个有向图时，我们用一个从 u 指向 v 的箭头来表示这条边的方向是开始于 u 结束于 v。一个有向图可能包含环，也有可能包含开始和结束于相同顶点的多重有向边。有向图也可能包含连接 u 和 v 的两个方向上的有向边，就是说，当一个有向图含有从 u 到 v 的边时，它也可能包含从 v 到 u 的一条或多条边。注意，当对一个无向图的每一条边都赋予方向后，就得到了一个有向图。当一个有向图不包含环和多重有向边时，就称为**简单有向图**。因为在简单有向图中，每个顶点有序对 (u, v) 之间最多有一条边和它们相连，如果在图中，(u, v) 之间存在一条边，则称 (u, v) 为边。

在某些计算机网络中，两个数据中心之间可能有多重的通信链路，如图 5 所示。可以用包含从一个顶点指向第二个（也许是同一个）顶点的**多重有向边**的有向图来对这样的网络建模，我们称这样的图为**有向多重图**。当 m 条有向边中的每一条都与顶点有序对 (u, v) 相关联时，我们称 (u, v) 是一条**多重度为 m 的边**。

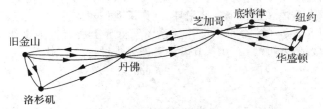

图 5　带多重单向链路的计算机网络

对于某些模型，我们可能需要这样的图，其中有些边是无向的，而另一些边是有向的。既包含有向边又包含无向边的图称为**混合图**。例如，可能会用一个混合图给这样的计算机网络建模，该网络中包含一些双向的通信链路和另一些单向的通信链路。

表 1 总结了各种图的专用术语。有时我们将用图作为一个通用的术语指代有向或无向的（或两者皆有）、有环或无环的，以及有多重边或无多重边的图。在其他情形下，当上下文清楚时，我们使用术语图只表示无向图。

表 1　图术语

类型	边	允许多重边	允许环
简单图	无向	否	否
多重图	无向	是	否
伪图	无向	是	是
简单有向图	有向	否	否
有向多重图	有向	是	是
混合图	有向的和无向的	是	是

由于当前人们对图论的研究兴趣，以及其在各个学科的广泛应用，所以图论中引入了许多不同的术语。不管什么时候遇到这些术语，读者应该注意它们的实际含义。数学家用以描述图的术语已经逐步得到规范，但是在其他学科用于讨论图的术语仍然多种多样。尽管描述图的术语可能区别很大，但是以下三个问题能够帮助我们理解图的结构：

● 图的边是有向的还是无向的（还是两者皆有）？
● 如果是无向图，是否存在连接相同顶点对的多重边？如果是有向图，是否存在多重有向边？
● 是否存在环？

回答这些问题有助于我们理解图。而记住所使用的特定术语就不那么重要。

10.1.1　图模型

图可用在各种模型里。本节开始部分介绍了如何为链接数据中心的通信网络建模。本节后续部分将介绍一些图模型的有趣应用。本章的后续小节和第 11 章还将讨论这些应用。本章的后续部分和后面的章节还要介绍其他模型。第 9 章介绍了某些应用的有向图模型。当建立图模型时，需要确认已经正确回答了我们提出的关于图结构的三个关键问题。

社交网络 图广泛地应用于为基于人或人群之间不同类型关系的社会结构建模。这些社会结构以及表示它们的图被称为**社交网络**。在这些图模型中，用顶点表示个人或组织，用边表示个人或组织之间的关系。对社交网络的研究是一个非常活跃的学科，可以使用社交网络研究人们之间很多不同类型的关系。这里我们将介绍一些最常用的社交网络，更多信息可参考［Ne10］和［EaK110］。

例 1 **交往和朋友关系图** 可用简单图来表示两个人是否互相认识，即他们是否熟悉或他们是否为朋友（在现实世界中或在虚拟世界中，通过像脸谱一样的社交网络）。用顶点表示具体人群里的每个人。当两个人互相认识时，用无向边连接这两个人。当我们仅关注是否熟悉或是否为朋友时，不使用多重边，通常也不使用环。（如果我们想表达"自己认识自己"这层意思，就在图中包含环。）图 6 显示了一个小型交往关系图。世界上所有人的交往关系图有超过 60 亿个顶点和可能超过 1 万亿条边！在 10.4 节里将要进一步讨论这个图。

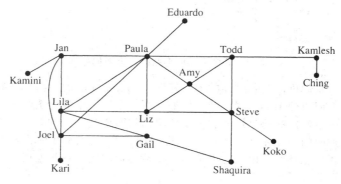

图 6　交往关系图

例 2 **影响图** 在对群体行为的研究中，可以观察到某些人能够影响其他人的思维。一种称为**影响图**的有向图可以用来为这样的行为建模。用顶点表示群体的每个人。当顶点 a 所表示的人影响顶点 b 所表示的人时，就有从顶点 a 到顶点 b 的有向边。这些图中不包含环和多重有向边。图 7 表示了一个群体成员的影响图的例子。在这个用影响图建模的群体里，Deborah 影响 Brain、Fred 以及 Linda，但是没有人影响 Deborah。另外，Yvonne 与 Brain 互相影响。

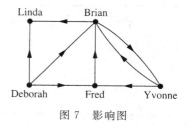

图 7　影响图

例 3 **合作图** 合作图用来为社交网络建模，在该图中以某种方式一起工作的两个人之间存在着关联。合作图是简单图，它的边是无向边，且不包含多重边和环。图中的顶点表示人，当两个人之间存在合作时，两个人之间有一条无向边相连。在图中不存在环和多重边。**好莱坞图**就是一个合作图，图中用顶点表示演员，当两个顶点所表示的演员共同出演一部电影或电视剧时，就有一条边连接这两个顶点。好莱坞图是一个很大的图，其中包含 290 万个顶点（到 2018 年年初）。稍后将在 10.4 节里讨论好莱坞图。

在**学术合作图**中，顶点表示人（可能限制为某个学术圈子的成员），若两个人之间合作发表过文章，就有一条边连接两个人。2004 年已经为在数学领域发表论文的合作者构建了合作图，该图中包含超过 400 000 个顶点和 675 000 条边，之后这些数量有着可观的增长。在 10.4 节里将对这个图做补充说明。合作图还可以用在体育领域，如果两个职业运动员在某项运动的常规

图   567

赛季效力于同一个队，就可以认为这两人有合作关系。

通信网络　我们可以为不同的通信网络建模，其中用顶点表示设备，边表示所关注的某种类型的通信链接。在本节的第一部分，我们已经为数据网络建模。

例 4　呼叫图　图可用来为网络（如长途电话网）中的电话呼叫建模。具体地说，有向多重图可以用来为呼叫建模，其中用顶点表示每个电话号码，用有向边表示每次电话呼叫。表示呼叫的边是以发出呼叫的电话号码为起点，以接受呼叫的电话号码为终点。我们需要有向边，因为其所表示的通话方向是有意义的。我们需要多重有向边，因为需要表示每一个从特定号码拨到第二个号码的通话。

一个小型的电话呼叫图如图 8a 所示，它表示 7 个电话号码。例如，这个图表示从 732-555-1234 到 732-555-9876 有 3 次呼叫和 2 次反向呼叫，但是从 732-555-4444 到其余 6 个号码（732-555-0011 除外）没有呼叫。当我们只关心两个电话号码之间是否有呼叫时，可以使用无向图，其中，当两个号码之间有呼叫时，就用边连接这两个电话号码。这种类型的呼叫图如图 8b 所示。

表示实际呼叫活动的呼叫图可以非常大。例如，AT&T 研究的一个呼叫图，这个图表示在 20 天中进行的呼叫，有大约 2900 万个顶点和 40 亿条边。在 10.4 节里将要进一步讨论呼叫图。

信息网络　图可以用来为链接特定类型信息的多种网络建模。这里，我们将描述如何使用图为万维网建模。我们还将描述如何使用图为不同类型的文本中的引用建模。

例 5　网络图　万维网可用有向图来建模，其中用顶点表示每个网页，并且若有从网页 a 指向网页 b 的链接，则有以 a 为起点以 b 为终点的边。因为在网络中，几乎每秒都有新网页产生，也有其他页面被删除，所以网络图几乎是连续变化的。许多人正在研究网络图的性质，以便更好地理解网络的本质。10.4 节将要继续讲解网络图，第 11 章将要解释网络爬虫（搜索引擎用它来产生网页的索引）是如何使用网络图的。

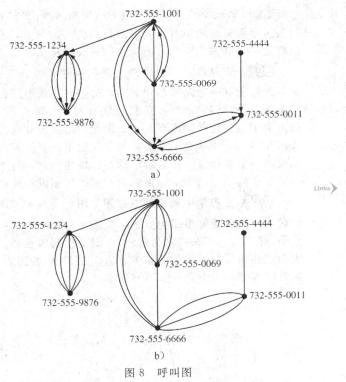

图 8　呼叫图

例 6　引用图　图可用来表示不同类型的文本（包括学术论文、专利和法律条文）之间的引用。在这类图中，用顶点表示每个文本，若一个文本在其引用列表中引用了第二个文本，则从这个文本到第二个文本之间有一条边（在学术论文中，引用列表是书目或参考文献列表；在专利中，是引用的以前专利的列表；在法律条文中，是引用的以前条文的列表）。引用图是不包含环和多重边的有向图。

软件设计应用　图模型是软件设计中有用的工具。这里简要描述两个这样的模型。

例 7　模块依赖图　在软件设计中，最重要的任务之一是如何把一个程序分成多个不同的部分或模块。理解程序的不同模块之间如何交互，不仅对程序设计，而且对软件测试和维护都很重要。**模块依赖图**为理解程序的不同模块之间的交互提供了有用的工具。在程序模块依赖图中，顶点表示模块。如果第二个模块依赖于第一个模块，则有一条有向边从第一个模块指向第二个模块。在图 9 中，显示了一个关于 Web 浏览器的程序模块依赖图的例子。

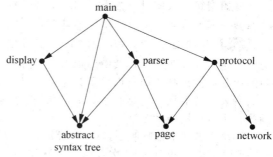

图 9   模块依赖图

例 8   优先图与并发处理   通过并发地执行某些语句，计算机程序可以执行得更快。重要的是避免语句执行时还要用到尚未执行语句的结果。语句与前面语句的相关性可以表示成有向图。用顶点表示每个语句，若在执行完第一个顶点所表示的语句之前不能执行第二个顶点所表示的语句，则从第一个顶点到第二个顶点有一条边。这样的图称为**优先图**。图 10 显示了计算机程序及其优先图。例如，该图说明在执行语句 S_1、S_2 和 S_4 之前不能执行语句 S_5。 ◀

运输网   可以使用图为不同类型的运输网络建模，包括公路、航空、铁路以及航运网络。

例 9   航线图   可以用顶点表示机场为航空网络建模。特别地，用有向边表示航班，该边从表示出发机场的顶点指向表示目的机场的顶点，我们每天可以为某个航线的所有航班建模。这将是一个有向多重图，因为在同一天，从一个机场到另一个机场可能存在多个航班。

例 10   道路网   可以用图对道路网建模。在这样的模型中，顶点表示交叉点，而边表示路。如果所有的道路都是双向的，最多有一条道路连接两个交叉点，那么可以用一个简单无向图来表示道路网。然而，我们经常要为存在单行道且两个交叉点间存在多条道路的道路网建模。为了构建这样的模型，我们用无向边表示双向的道路，用有向边表示单行道。多重无向边表示连接两个相同交叉点的多条双向道路。多重有向边表示从一个交叉点开始到第二个交叉点结束的多条单行道；环表示环形路。描述包含单行道和双向道路的道路网需要混合图。 ◀

生态网   生物学中的很多内容可以用图进行建模。

例 11   生态学中栖息地重叠图   图可用在涉及不同种类的动物在一起活动的许多模型里。例如，用栖息地重叠图为生态系统里物种之间的竞争建模。用顶点表示每个物种。若两个物种竞争（即它们共享某些食物来源），则用无向边连接表示它们的顶点。栖息地重叠图是简单图，因为在此模型中不需要环和多重边。图 11 中的图表示森林生态系统。从这个图中可以看出松鼠与浣熊竞争，但是乌鸦不与鼩鼱竞争。

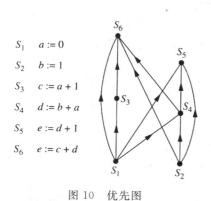

$S_1 \quad a := 0$
$S_2 \quad b := 1$
$S_3 \quad c := a + 1$
$S_4 \quad d := b + a$
$S_5 \quad e := d + 1$
$S_6 \quad e := c + d$

图 10   优先图

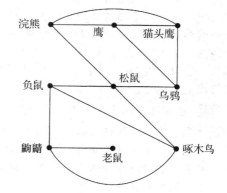

图 11   生态学里的栖息地重叠图

例 12   蛋白质相互作用图   当细胞中的两个或多个蛋白质绑定在一起执行生物功能时，在活细胞中的蛋白质相互作用。由于蛋白质相互作用是大多数生物功能的关键，所以许多科学家致力于发现新的蛋白质和了解蛋白质之间的相互作用。使用**蛋白质相互作用图**（也称为蛋白质-

图   569

蛋白质相互作用网络），可以模拟细胞内的蛋白质相互作用。该图是一个无向图，其中每个蛋白质由一个顶点来表示，用边连接表示存在相互作用的蛋白质的顶点。确定真正的蛋白质相互作用的细胞是一个挑战性的问题，由于实验经常产生误报，所以得出两种并不发生作用的蛋白质相互作用的结论。蛋白质相互作用图可用于推断出重要的生物信息，例如识别对各种功能都很最重要的蛋白质以及新发现的蛋白质的功能。

在一个典型的细胞内有成千上万种不同的蛋白质，因此细胞中蛋白质相互作用的图形是非常庞大且复杂的。例如，已知酵母细胞中有超过 6000 种蛋白质和超过 80 000 种蛋白质之间的相互作用；人类细胞有超过 10 万种蛋白质，可能多达 1 000 000 种蛋白质之间的相互作用。当发现新的蛋白质和蛋白质之间的相互作用时，就有附加的顶点和边被添加到蛋白质相互作用图中。由于蛋白质相互作用图的复杂度，所以它们往往被分割成更小的称为模块的图，模块代表一组细胞中某个特定的功能所涉及的蛋白质。图 12 显示了在[Bo04]中描述的蛋白质作用图的一个模块，其包括降低在人类细胞中的 RNA 的蛋白质的复合物。要了解更多有关蛋白质相互作用图，请参阅[Bo04]、[NE10]和[Hu07]。

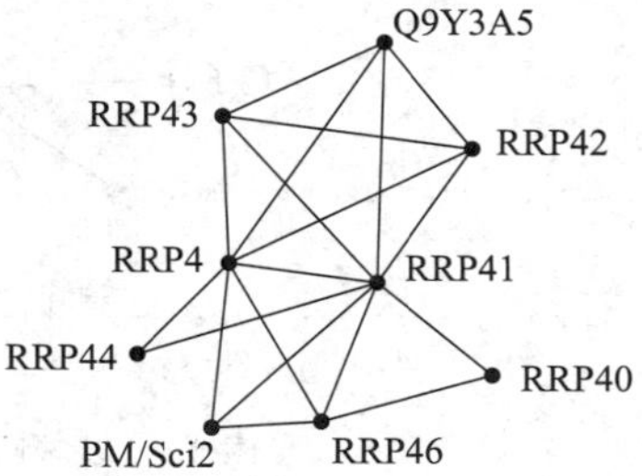

图 12   蛋白质相互作用图中的模块

语义网络   图模型在自然语言理解和信息检索中有着广泛的应用。**自然语言理解**（NLU）这门学科研究如何使机器能够分解和解析人类语言，目标是让机器像人类一样理解和交流。**信息检索**（IR）这门学科研究如何从基于各种类型的搜索得到的资源集合中获取信息。自然语言理解帮助我们实现了与自动化客户服务代理的对话。随着人类和机器之间的通信不断得到改善，NLU 的进展也很明显。在进行网络搜索时，我们利用了近几十年来在信息检索方面取得的许多进展。

在 NLU 和 IR 应用的图模型中，顶点通常表示单词、短语或句子，而边表示意义相关的对象之间的连接。

例 13   在语义网络中，顶点用于表示单词，当单词之间存在语义关系时，用无向边连接这些的顶点。语义关系是两个或多个基于单词含义的单词之间的关系。例如，我们可以构建这样一个图，其中顶点表示名词，当两个顶点表示的名词具有相似的含义时，就将它们连接起来。例如，不同国家的名称有相似的含义，不同蔬菜的名称也有相似的含义。为了确定哪些名词具有相似的含义，需要检查大量的文本。文本中由连词（如"或"或"与"）或逗号分隔，或出现在列表中的名词，被认为具有相似的含义。例如，通过查阅有关农业的书籍，我们可以确定表示水果名称的名词，如鳄梨、面包果、石榴、芒果、木瓜和荔枝，具有相似的含义。采用这种方法的研究人员使用英国国家语料库（一组包含 100 000 000 个单词的英语文本）生成了一个图，其中，有接近 100 000 个表示名词的顶点和 500 000 个链接，这些链接将具有相似含义的成对单词的顶点连接起来。图 13 显示了一个小图，其中顶点表示名词，边连接具有相似含义的单词。这个图以单词"Mouse"（老鼠/鼠标）为中心。该图说明 Mouse 有两个不同的含义：它可以指动物，也可以指计算机硬件。当 NLU 程序在句子中遇到单词 Mouse 时，它可以看到哪些具有相似含义的单词更适合该句子，从而确定其在该句中是指动物还是计算机硬件。   ◀

锦标赛   我们现在给出一些例子，说明如何用图来为不同类型的锦标赛建模。

例 14   **循环赛**   每个队都与其他每队恰好比赛一次且不存在平局的联赛称为**循环赛**。可以用顶点表示每个队的有向图来为这样的比赛建模。注意若 a 队击败 b 队，则 (a, b) 是边。该图是简单有向图，不包含环和多重有向边（因为没有任何两支队的比赛多于一次）。图 14 表示这样的有向图模型。可以看到，在这次比赛里，队 1 无败绩而队 3 无胜绩。   ◀

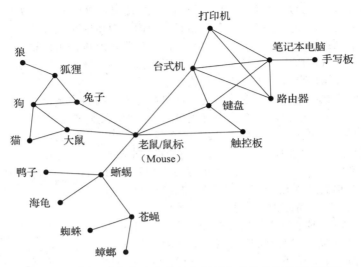

图 13 以 "Mouse" 为中心的具有相似含义的名词的语义网络

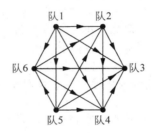

图 14 循环赛图模型

例 15 **单淘汰赛** 在比赛中,输掉一次就被淘汰的竞赛称为**单淘汰赛**。在体育竞赛中,经常使用单淘汰赛,包括网球锦标赛和每年一度的 NCAA 篮球锦标赛。我们可以使用顶点表示每场比赛,用有向边连接本场比赛及其获胜者参加的下一场比赛。图 15 表示 2010 年 NCAA 女篮锦标赛最后 16 支球队的比赛情况。

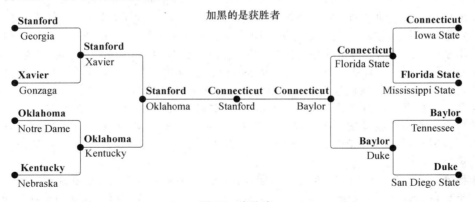

图 15 淘汰赛

练习

1. 画出表示航空公司航线的图模型,并说出所用图的类型(根据表 1),其中每天有 4 个航班从波士顿到纽华克、2 个航班从纽华克到波士顿、3 个航班从纽华克到迈阿密、2 个航班从迈阿密到纽华克、1 个

图　　571

航班从纽华克到底特律、2 个航班从底特律到纽华克、3 个航班从纽华克到华盛顿、2 个航班从华盛顿到纽华克、1 个航班从华盛顿到迈阿密。其中：

a) 若城市之间有航班（任何方向），则在表示城市的顶点之间有边。

b) 对城市之间的每个航班（任何方向）来说，在表示城市的顶点之间有边。

c) 对城市之间的每个航班（任何方向）来说，在表示城市的顶点之间有边，并且增加一个环，表示从迈阿密起飞和降落的特殊的观光旅行。

d) 从表示航班出发城市的顶点到表示航班终止城市的顶点之间有边。

e) 对每个航班，从表示出发城市的顶点到表示终止城市的顶点之间有边。

2. 用什么类型的图（根据表 1）来为大城市之间高速公路系统建模，其中

a) 若在城市之间有州际高速公路，则在表示城市的顶点之间有边。

b) 对城市之间每条州际高速公路，在表示城市的顶点之间有边。

c) 对城市之间每条州际高速公路，在表示城市的顶点之间有边；若有环城州际高速公路，则在表示该城的顶点上有环。

试确定练习 3～9 中所示的各个图有有向边还是无向边，是否有多重边，是否有一个或多个环。根据你的答案指出该图属于表 1 中的哪种图。

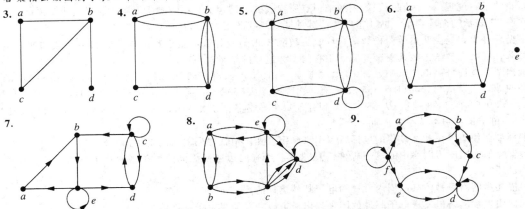

10. 练习 3～9 中的每个无向图不是简单图，找出使它变成简单图的可删除的边的集合。

11. 设 G 是简单图。R 是 G 的顶点集上的关系，uRv 当且仅当 G 中有与 $\{u, v\}$ 相关联的边。证明：关系 R 是定义在 G 上的对称的和反自反的关系。

12. 设 G 是无向图，且其每个顶点上均有环。R 是 G 的顶点集上的关系，uRv 当且仅当 G 中有与 $\{u, v\}$ 相关联的边。证明关系 R 是定义在 G 上的对称的和自反的关系。

13. 集合 A_1，A_2，$\cdots$，A_n 的**交图**是这样的图，用顶点表示每个集合，若两个集合有非空交集，则有一条边连接代表这两个集合的顶点。构造下列集合的交图。

a) $A_1 = \{0, 2, 4, 6, 8\}$，$A_2 = \{0, 1, 2, 3, 4\}$

$A_3 = \{1, 3, 5, 7, 9\}$，$A_4 = \{5, 6, 7, 8, 9\}$

$A_5 = \{0, 1, 8, 9\}$

b) $A_1 = \{\cdots, -4, -3, -2, -1, 0\}$

$A_2 = \{\cdots, -2, -1, 0, 1, 2, \cdots\}$

$A_3 = \{\cdots, -6, -4, -2, 0, 2, 4, 6, \cdots\}$

$A_4 = \{\cdots, -5, -3, -1, 1, 3, 5, \cdots\}$

$A_5 = \{\cdots, -6, -3, 0, 3, 6, \cdots\}$

c) $A_1 = \{x \mid x < 0\}$，$A_2 = \{x \mid -1 < x < 0\}$

$A_3 = \{x \mid 0 < x < 1\}$，$A_4 = \{x \mid -1 < x < 1\}$

$A_5 = \{x \mid x > -1\}$，$A_6 = \mathbf{R}$

14. 用图 11 中的栖息地重叠图来确定与鹰竞争的物种。

15. 构造 6 种鸟的栖息地重叠图，其中隐士鸫与旅鸫以及蓝松鸦竞争、旅鸫也与嘲鸫竞争、嘲鸫也与蓝

松鸦竞争以及鹌鸟与多毛啄木鸟竞争。

16. 画出相识关系图，表示 Tom 与 Patricia、Tom 与 Hope、Tom 与 Sandy、Tom 与 Amy、Tom 与 Marika、Jeff 与 Patricia、Jeff 与 Mary、Patricia 与 Hope、Amy 与 Hope 以及 Amy 与 Marika 互相认识，但是除了上述以外，其他人之间互相不认识。

17. 可用图来表示两个人是否生活在同一时代。画出这样的图来表示本书前 5 章里有生平介绍的在 1900 年以前去世的属于同一时代的数学家和计算机科学家。（如果在同一年里两个人都在世，就假设他们生活在同一时代。）

18. 在例 2 的影响图里谁影响 Fred？Fred 影响谁？

19. 构造公司董事会成员的影响图，主席影响研发总监、市场总监和营运总监；研发总监影响营运总监；市场总监影响营运总监；无人影响首席财务官或受其影响。

20. "apple" 这个词可以指植物、食品或计算机公司。为以下名词构建一个词图：苹果、草莓、联想、奶酪、巧克力、IBM、橡树、微软、树篱、草地、蛋糕、乳蛋饼、惠普、苹果酒、甜甜圈、杜鹃花、松树、戴尔、冷杉、覆盆子。如果两个顶点所代表的名词含义相似，则用无向边连接这两个顶点。

21. "rock" 这个词可以指一种音乐，也可以指山上的某种岩石。为以下名词构建一个词图：岩石、巨石、爵士乐、石灰石、砾石、民谣、巴恰塔、浮石、花岗岩、探戈、犹太音乐、石板、页岩、古典、卵石、沙子、说唱乐、大理石。如果两个顶点所代表的名词含义相似，则用无向边连接这两个顶点。

22. 在图 14 表示的循环赛里，队 4 击败哪些其他队？哪些队击败队 4？

23. 在循环赛里，老虎队击败蓝松鸦队、红衣主教队和北美金莺队，蓝松鸦队击败红衣主教队和北美金莺队，红衣主教队击败北美金莺队，用有向图为这样的结果建模。

24. 画出 7 个电话号码 555-0011、555-1221、555-1333、555-8888、555-2222、555-0091 以及 555-1200 的呼叫图，假设从 555-0011 到 555-8888 有 3 次呼叫，从 555-8888 到 555-0011 有 2 次呼叫，从 555-2222 到 555-0091 有 2 次呼叫，从 555-1221 到其他每个号码都有 2 次呼叫，从 555-1333 到 555-0011、555-1221 和 555-1200 各有 1 次呼叫。

25. 解释如何用 1 月份和 2 月份的电话呼叫图来确定改变了电话号码的人的新电话号码。

26. a) 解释如何用图为网络中的电子邮件信息建模。用有向边还是无向边？是否允许多重边？是否允许自环？

b) 描述为网络里具体某一周内发送的电子邮件建模的图。

27. 如何用表示网络里发送电子邮件的图来找出最近改变了原来电子邮件地址的人？

28. 如何用表示网络里发送电子邮件的图来找出电子邮件的地址表，该地址表用来发送同样的消息给许多不同的电子邮件地址。

29. 描述一个图模型，它表示在某个聚会上每个人是否知道另一个人的名字。图中的边应该是有向的还是无向的？是否应该允许多重边？是否应该允许环？

30. 描述一个图模型，它表示一个大城市的地铁系统。图中的边应该是有向的还是无向的？是否应该允许多重边？是否应该允许环？

31. 对于大学中的每一门课程，可能存在一门或多门先修课。如何使用图进行建模，表示课程以及哪些课程是其他课程的先修课程？图中的边应该是有向的还是无向的？在该图中，如何发现没有先修课程的课程以及不是任何一门课程的先修课程的课程？

32. 描述一种表示电影评论家的积极建议的图模型，用顶点表示这些评论以及正在放映的电影。

33. 描述一种表示传统婚姻的图模型。这个图有什么特殊性质？

34. 在例 8 的程序中，执行 S_6 之前必须执行哪些语句？（使用图 10 的优先图。）

35. 构造下列程序的优先图：

$S_1: x := 0$

$S_2: x := x + 1$

$S_3: y := 2$

$S_4: z := y$

$S_5: x := x + 2$

$S_6: y := x + z$

$S_7: z := 4$

图　　573

36. 描述一种基于图的离散结构，用它来为航空公司的航线和航班时间建模。[提示：给一个有向图添加结构。]

37. 描述一种基于图的离散结构，用它来为群体里成对个人之间的关系建模，其中每个人可能喜欢或者不喜欢另一人，或者中立，而反过来的关系可以是不同的。[提示：给一个有向图添加结构。分别处理表示两个人的顶点之间的反向边。]

38. 描述一个图模型，它能在一个简单图中表示两个人之间所有形式的电子通信。这需要哪种图？

10.2　图的术语和几种特殊的图

10.2.1　引言

本节将介绍图论的一些基本词汇。在本节后面部分，当解决许多不同类型的问题时，会使用这些词汇。其中一个这样的问题涉及判定能否把图画在平面里，使得没有两条边是交叉的。另一个例子是判定两个图是否具有顶点之间的一一对应，使得这样的对应能够产生边之间的一一对应。我们还将介绍在例子和模型里经常用到的几种重要的图族。在这些特殊类型的图出现的地方，将会介绍几种重要的应用。

10.2.2　基本术语

首先，给出描述无向图的顶点和边的一些术语。

> **定义 1**　若 u 和 v 是无向图 G 中的一条边 e 的端点，则称两个顶点 u 和 v 在 G 里邻接（或相邻）。这样的边 e 称为关联顶点 u 和 v，也可以说边 e 连接 u 和 v。

为了描述和图中某个特定的顶点相邻接的顶点的集合，会使用下面的术语。

> **定义 2**　图 $G=(V, E)$ 中，顶点 v 的所有相邻顶点的集合，记作 $N(v)$，称为顶点 v 的邻居。若 A 是 V 的子集，我们用 $N(A)$ 表示图 G 中至少和 A 中一个顶点相邻的所有顶点的集合。所以 $N(A)=\bigcup_{v\in A}N(v)$。

为了反映有多少条边和一个顶点相关联，有下述的定义。

> **定义 3**　在无向图中，顶点的度是与该顶点相关联的边的数目，例外的情形是，顶点上的环为顶点的度做出双倍贡献。顶点 v 的度表示成 $\deg(v)$。

例 1　如图 1 所示，图 G 和图 H 的顶点的度和顶点的邻居是什么？

解　在 G 中，$\deg(a)=2$，$\deg(b)=\deg(c)=\deg(f)=4$，$\deg(d)=1$，$\deg(e)=3$，$\deg(g)=0$。这些顶点的邻居是 $N(a)=\{b, f\}$，$N(b)=\{a, c, e, f\}$，$N(c)=\{b, d, e, f\}$，$N(d)=\{c\}$，$N(e)=\{b, c, f\}$，$N(f)=\{a, b, c, e\}$ 和 $N(g)=\varnothing$。在 H 中，$\deg(a)=4$，$\deg(b)=\deg(e)=6$，$\deg(c)=1$，$\deg(d)=5$。这些顶点的邻居是 $N(a)=\{b, d, e\}$，$N(b)=\{a, b, c, d, e\}$，$N(c)=\{b\}$，$N(d)=\{a, b, e\}$ 和 $N(e)=\{a, b, d\}$。

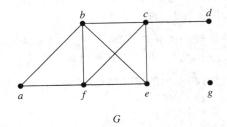
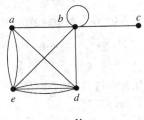

图 1　无向图 G 和 H

把度为 0 的顶点称为**孤立的**。因此孤立点不与任何顶点相邻。例 1 中图 G 的顶点 g 是孤立的。顶点是**悬挂的**，当且仅当它的度是 1。因此悬挂点恰与 1 个其他顶点相邻。例 1 中图 G 的顶点 d 是悬挂的。

分析一个图模型中顶点的度，能够提供关于该模型的有用信息，如例 2 所示。

例 2 栖息地重叠图（10.1 节例 11 中介绍的）中一个顶点的度表示什么意义？该图中的哪些顶点是悬挂的，哪些是孤立的？运用 10.1 节图 11 所示的栖息地重叠图解释你的答案。

解 栖息地重叠图中的两个顶点之间有边，当且仅当这两个顶点所代表的两个物种之间相互竞争。因此，栖息地重叠图中的一个顶点的度表示了该生态系统中与此顶点代表的物种竞争的物种数目。如果一个物种恰好与另一个物种竞争，则相应的顶点是悬挂的。最后，如果某一物种不与其他任何物种竞争，那么代表该物种的顶点就是孤立的。

例如，10.1 节图 11 中表示松鼠的顶点的度是 4，因为松鼠与其他 4 种物种（乌鸦、负鼠、浣熊和啄木鸟）竞争。在栖息地重叠图中，老鼠是唯一的一个由悬挂顶点表示的物种，因为老鼠只与鼩鼱竞争，而其余的所有物种都至少与两种以上的其他物种竞争。该图中没有孤立的顶点，因为每种物种都至少与生态系统中的其他一种物种竞争。

当对图 $G=(V, E)$ 的所有顶点的度求和时，得出了什么？每条边都为顶点的度之和贡献 2，因为一条边恰好关联 2 个（可能相同）顶点。这意味着顶点的度之和是边数的 2 倍。我们将在定理 1 中得到这个结论，该定理有时也称为握手定理（也常称为握手引理），这是因为在一条边上有两个端点可以类比为一次握手涉及两只手这种情形。（练习 6 就是基于此类比。）

> **定理 1** **握手定理** 设 $G=(V, E)$ 是有 m 条边的无向图，则
> $$2m = \sum_{v \in V} \deg(v)$$
> （注意即使出现多重边和环，这个式子也仍然成立。）

例 3 一个具有 10 个顶点且每个顶点的度都为 6 的图，有多少条边？

解 因为顶点的度之和是 $6 \cdot 10 = 60$，所以 $2m = 60$，其中 m 是边的条数。因此 $m = 30$。 ◀

定理 1 说明无向图中顶点的度之和是偶数。这可以推导出许多结论，其中一个结论作为定理 2 给出。

> **定理 2** 无向图有偶数个度为奇数的顶点。

证明 在无向图 $G=(V, E)$ 中，设 V_1 和 V_2 分别是度为偶数的顶点和度为奇数的顶点的集合。于是

$$2m = \sum_{v \in V} \deg(v) = \sum_{v \in V_1} \deg(v) + \sum_{v \in V_2} \deg(v)$$

因为对 $v \in V_1$ 来说，$\deg(v)$ 是偶数，所以上面等式右端的第一项是偶数。另外，上面等式右端的两项之和是偶数，因为和是 $2m$。因此，和里的第二项也是偶数。因为在这个和里的所有的项都是奇数，所以必然有偶数个这样的项。因此，有偶数个度为奇数的顶点。 ◀

带有有向边的图的术语反映出有向图中的边是有方向性的。

> **定义 4** 当 (u, v) 是带有有向边的图 G 的边时，说 u 邻接到 v，而且说 v 从 u 邻接。顶点 u 称为 (u, v) 的起点，v 称为 (u, v) 的终点。环的起点和终点是相同的。

因为带有有向边的图的边是有序对，所以这时顶点度的定义细化成把这个顶点作为起点和作为终点的不同的边数。

> **定义 5** 在带有有向边的图里，顶点 v 的入度，记作 $\deg^-(v)$，是以 v 作为终点的边数。顶点 v 的出度，记作 $\deg^+(v)$，是以 v 作为起点的边数（注意，顶点上的环对这个顶点的入度和出度的贡献都是 1）。

图   575

例 4 求出图 2 所示带有向边的图 G 中每个顶点的入度和出度。

解 在图 G 中，入度是：$\deg^-(a)=2$，$\deg^-(b)=2$，$\deg^-(c)=3$，$\deg^-(d)=2$，$\deg^-(e)=3$，$\deg^-(f)=0$。出度是：$\deg^+(a)=4$，$\deg^+(b)=1$，$\deg^+(c)=2$，$\deg^+(d)=2$，$\deg^+(e)=3$，$\deg^+(f)=0$。 ◄

因为每条边都有一个起点和一个终点，所以在带有向边的图中，所有顶点的入度之和与所有顶点的出度之和相同。这两个和都等于图中的边数。把这个结果表述成定理 3。

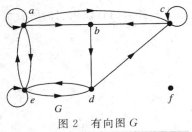

图 2 有向图 G

定理 3 设 $G=(V, E)$ 是带有向边的图。于是

$$\sum_{v \in V} \deg^-(v) = \sum_{v \in V} \deg^+(v) = |E|$$

带有向边的图有许多性质是不依赖于边的方向的。因此，忽略这些方向经常是有用处的。忽略边的方向后得到的无向图称为**基本无向图**。带有向边的图与它的基本无向图有相同的边数。

10.2.3 一些特殊的简单图

下面要介绍几类简单图。这些图常常用作例子并且在许多应用中用到。

例 5 **完全图** n 个顶点的**完全图**记作 K_n，是在每对不同顶点之间都恰有一条边的简单图。图 3 显示了 $n=1, 2, 3, 4, 5, 6$ 的图 K_n。至少有一对不同的顶点不存在边相连的简单图称为**非完全图**。 ◄

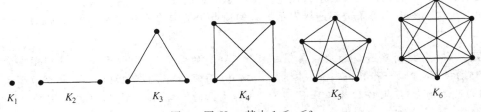

图 3 图 K_n，其中 $1 \leqslant n \leqslant 6$

例 6 **圈图**   圈图 C_n ($n \geqslant 3$) 是由 n 个顶点 v_1, v_2, $\cdots$, v_n 以及边 $\{v_1, v_2\}$, $\{v_2, v_3\}$, $\cdots$, $\{v_{n-1}, v_n\}$, $\{v_n, v_1\}$ 组成的。图 4 显示圈图 C_3、C_4、C_5 和 C_6。 ◄

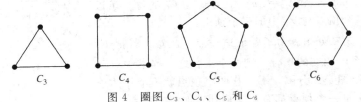

图 4 圈图 C_3、C_4、C_5 和 C_6

例 7 **轮图**   当给圈图 C_n，$n \geqslant 3$，添加另一个顶点，并把这个新顶点与 C_n 中的 n 个顶点逐个连接时，就得到**轮图** W_n。图 5 显示了轮图 W_3、W_4、W_5 和 W_6。 ◄

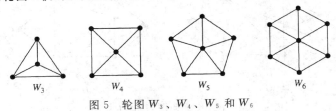

图 5 轮图 W_3、W_4、W_5 和 W_6

例 8 **n 立方体图** **n 立方体图**记作 Q_n，是用顶点表示 2^n 个长度为 n 的比特串的图。两个顶点相邻，当且仅当它们所表示的比特串恰恰有一位不同。图 6 显示了图 Q_1、Q_2 和 Q_3。

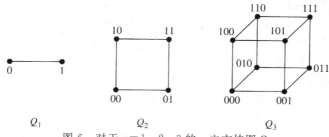

图 6   对于 $n=1$，2，3 的 n 立方体图 Q_n

注意可以从 n 立方体图 Q_n 来构造 $(n+1)$ 立方体图 Q_{n+1}，方法是建立 Q_n 的两个副本，在 Q_n 的一个副本的顶点标记前加 0，在 Q_n 的另一个副本的顶点标记前加 1，并且加入连接那些标记只在第一位不同的两个顶点的边。在图 6 中，从 Q_2 构造 Q_3，方法是画出 Q_2 的两个副本作为 Q_3 的顶面和底面，在底面每个顶点的标记前加 0，在顶面每个顶点的标记前加 1。（这里，"面"意为三维空间中立方体的一个面。试想在三维空间中画出以 Q_2 的两份副本作为立方体顶面和底面的 Q_3 的图形，然后在平面上画出最终图案的投影。）◀

10.2.4   二分图

有时可以把图的顶点分成两个不相交的子集，使得每条边都连接一个子集中的顶点与另一个子集中的顶点。例如，考虑表示村民之间的婚姻关系的图，其中用顶点表示每个人，用边表示婚姻。在这个图中，每条边都连接表示男人的顶点子集中的顶点与表示女人的顶点子集中的顶点。这引出了定义 6。

> **定义 6**   若把简单图 G 的顶点集分成两个不相交的非空集合 V_1 和 V_2，使得图中的每一条边都连接 V_1 中的一个顶点与 V_2 中的一个顶点（因此 G 中没有边连接 V_1 中的两个顶点或 V_2 中的两个顶点），则 G 称为二分图。当此条件成立时，称 (V_1, V_2) 为 G 的顶点集的一个二部划分。

例 9 将说明 C_6 是二分图，例 10 说明 K_3 不是二分图。

例 9   图 7 所示的 C_6 是二分图，因为它的顶点集被分成两个集合 $V_1 = \{v_1, v_3, v_5\}$ 和 $V_2 = \{v_2, v_4, v_6\}$，C_6 的每一条边都连接 V_1 中的一个顶点与 V_2 中的一个顶点。 ◀

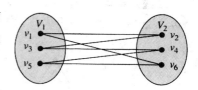

图 7 C_6 是二分图

例 10 K_3 不是二分图。为了验证这一点，注意，若把 K_3 的顶点集分成两个不相交的集合，则两个集合之一必然包含两个顶点。假如这个图是二分图，那么这两个顶点就不能用边连接，但是在 K_3 中每一个顶点都有边连接到其他每个顶点。 ◀

例 11   图 8 所示的图 G 和 H 是否为二分图？

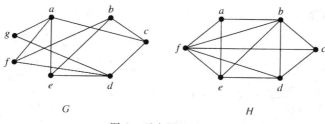

图 8   无向图 G 和 H

图 577

解 图 G 是二分图，因为它的顶点集是两个不相交集合 $\{a, b, d\}$ 和 $\{c, e, f, g\}$ 的并集，每条边都连接一个子集中的一个顶点与另一个子集中的一个顶点。（注意，对二分图 G 来说，不必让 $\{a, b, d\}$ 里每一个顶点与 $\{c, e, f, g\}$ 里每一个顶点都相邻。例如 b 与 g 就不相邻。）

图 H 不是二分图，因为它的顶点集不能分成两个子集，使得边都不连接同一个子集的两个顶点（读者可以通过考虑顶点 a、b、f 来验证它）。 ◀

定理 4 给出了判断一个图是否为二分图的有用准则。

定理 4 一个简单图是二分图，当且仅当能够对图中的每个顶点赋予两种不同的颜色，并使得没有两个相邻的顶点被赋予相同的颜色。

证明 首先，假设 $G = (V, E)$ 是一个二分简单图。那么，$V = V_1 \cup V_2$，其中 V_1 和 V_2 是不相交的顶点集且 E 中的每一条边都连接一个 V_1 中的顶点和一个 V_2 中的顶点。如果对 V_1 中的每个顶点赋予一种颜色而 V_2 中的顶点赋予第二种颜色，那么就没有两个相邻的顶点被赋予相同的颜色。

现在假设可以仅用两种颜色对图中的顶点着色，并使得没有两个相邻的顶点被赋予相同的颜色。令 V_1 为其中一种颜色的顶点集，V_2 为另一种颜色的顶点集，则 V_1 和 V_2 不相交且 $V = V_1 \cup V_2$。此外，每条边都连接一个 V_1 中的顶点和一个 V_2 中的顶点，因为并无相邻的顶点同在 V_1 中或同在 V_2 中。所以，G 是二分图。 ◀

例 12 将说明如何用定理 4 判断一个图是否为二分图。

例 12 用定理 4 判断例 11 中的图是否为二分图。

解 首先考虑图 G。试将图 G 中的每个顶点赋予两种颜色（如红色和蓝色）中的一种，使得 G 中的每一条边都连接一个红色顶点和一个蓝色顶点。不失一般性，我们先任意地赋予顶点 a 红色。然后，必须对 c、e、f 和 g 顶点赋予蓝色，因为这些顶点与顶点 a 相邻接。为了避免一条边有两个蓝色的端点，所有与 c、e、f 和 g 顶点相邻的顶点必须被赋予红色。这就是说，必须把 b 和 d 赋予红色（也意味着，a 必须赋予红色，而 a 已经是红色的了）。现在，已经将所有的顶点都赋予了颜色，a、b 和 d 为红色，c、e、f 和 g 为蓝色。查看每一条边，我们看见每条边都连接一个红色顶点和一个蓝色顶点。因此，由定理 4，图 G 是二分图。

接下来，将对图 H 中的每个顶点赋予红色或蓝色，以使 H 中的每一条边都连接一个红色顶点和一个蓝色顶点。不失一般性，我们任意地对 a 赋予红色。然后，必须对 b、e 和 f 赋予蓝色，因为它们每个都与 a 相邻。但这是不可能的，因为 e 和 f 相邻，因此不能两个都赋予蓝色。这一矛盾表明我们不能对 H 中的每一个顶点赋予两种颜色之中的一种，以使得没有相邻的顶点被赋予相同的颜色。根据定理 4，H 不是二分图。 ◀

定理 4 是图论中"图着色"部分的一个结论的示例。图着色是图论中一个重要的部分，有着许多重要的应用。我们将在 10.8 节进一步学习图着色。

判断一个图是否为二分图的另一个有用的准则是基于路径的概念，将在 10.4 节学习这个概念。一个图是二分图，当且仅当不可能从一个顶点出发，经过奇数条不同的边，再回到它本身。当我们在 10.4 节讨论图中的路径和环路时，将会让这个概念变得更加精确（参见 10.4 节练习 63）。

例 13 **完全二分图** 完全二分图 $K_{m,n}$ 是顶点集划分成分别含有 m 和 n 个顶点的两个子集的图，并且两个顶点之间有边当且仅当一个顶点属于第一个子集而另一个顶点属于第二个子集。图 9 显示了完全二分图 $K_{2,3}$、$K_{3,3}$、$K_{3,5}$ 和 $K_{2,6}$。 ◀

10.2.5 二分图和匹配

二分图可以用来为许多类型的应用建模，包括把一个集合中的元素和另一个集合中的元素进行匹配，如例 14 所示。

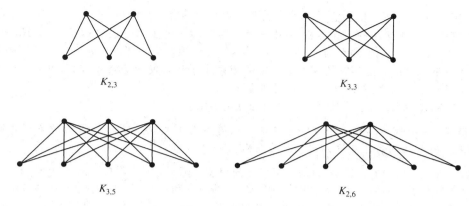

图 9   一些完全二分图

例 14 **任务分配**   假设 1 个组中有 m 个员工,需要完成 n 种不同的工作,其中 $m \geqslant n$。每个员工都受过相关培训,能够完成这 n 个工作中的 1 种或多种。我们希望可以为每个员工分配一个工作。为了完成这个任务,我们可以使用图为员工的能力建模。用顶点表示每一个员工和每一个工作。对于每个员工,在表示他和他受过培训的工作的顶点之间建立一条边。注意,这个图的顶点集合被划分为两个不相交的集合,员工的集合和工作的集合,而且每条边都连接着一个员工和一个工作。因此,这个图是二分图,划分是 (E, J),其中 E 是员工的集合,J 是工作的集合。下面我们考虑两种不同的场景。

第一,假设 1 组有 4 个员工:Alvarez、Berkowitz、Chen 和 Davis。假设完成项目 1 需要做 4 个工作:需求、架构、实现和测试。假设 Alvarez 受过需求和测试的培训;Berkowit 受过架构、实现和测试的培训;Chen 受过需求、架构和实现的培训;Davis 仅受过需求的培训。我们使用图 10a 中的二分图为这些员工的能力建模。

第二,假设这个组中第 2 个小组也有 4 个员工:Washington、Xuan、Ybarra 和 Ziegler。假设完成项目 2 也需要和完成项目 1 一样完成相同的 4 种工作。假设 Washington 受过架构的培训;Xuan 受过需求、实现和测试的培训;Ybarra 受过架构的培训;Ziegler 受过需求、架构和测试的培训。我们使用图 10b 中的二分图为这些员工的能力建模。

为了完成项目 1,我们必须为每个工作分配一个员工以保证每个工作都有员工来做并且没有员工分配的工作多于一个。如图 10a 所示(其中灰色线表示工作分配),我们可以通过给 Alvarez 分配测试、给 Berkowitz 分配实现、给 Chen 分配架构和给 Davis 分配需求来完成这个要求。

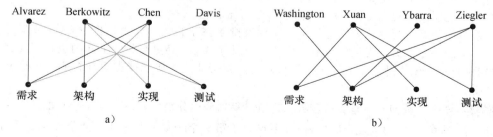

图 10   为受训员工分配工作建模

为了完成项目 2,我们也必须为每个工作分配一个员工以保证每个工作都有员工来做并且没有员工分配的工作多于一个。但是这是不可能的,因为只有 Xuan 和 Ziegler 两个员工至少受过需求、实现和测试这 3 个工作之一的培训。因此,没有办法为这 3 个工作分配 3 个不同的员

图　　579

工且每个工作都能分配一个受过相关培训的员工。

　　寻找一种把工作分配给员工的方法可以视为在图模型中寻求匹配，其中，在简单图 $G=(V, E)$ 中的一个**匹配** M 就是图中边集 E 的子集，该子集中没有两条边关联相同的顶点。换句话说，匹配是边的子集，假设 $\{s, t\}$ 和 $\{u, v\}$ 是匹配中不同的边，那么 s、t、u 和 v 是不同的顶点。若一个顶点是匹配 M 中的一条边的端点，则称该顶点在 M 中**被匹配**；否则称为**未被匹配**。包含最多边数的一个匹配称为**最大匹配**。在二分图 $G=(V, E)$ 中的一个匹配 M，其划分为 (V_1, V_2)，若 V_1 中的每个顶点都是匹配中的边的端点或 $|M| = |V_1|$，则称匹配 M 是从 V_1 到 V_2 的**完全匹配**。例如，在给员工分配工作的过程中，要把最多数量的工作分配给员工，我们可以在表示员工能力的图模型中求一个最大匹配。要把所有的工作都分配给员工，我们就要从工作集合到员工集合求一个完全匹配。在例 14 中，我们为项目 1 找到了一个从工作集合到员工集合的完全匹配，并且这个匹配是一个最大匹配。我们也证明了在项目 2 中，不存在从工作集合到员工集合的完全匹配。

　　下面通过一个例子说明如何使用匹配为婚姻建模。

　　例 15　岛上的婚姻　假设在一个岛上有 m 个男人和 n 个女人。每个人都有一个可接受为配偶的异性的成员列表。我们构造一个二分图 $G=(V_1, V_2)$，其中 V_1 是男人的集合，V_2 是女人的集合，如果男人和女人都把对方作为可接受的配偶，就在男人和女人之间建立一条边。这个图的匹配包括了边的两个端点是夫妻对的边的集合。该图的最大匹配是有可能结为夫妻的最大的夫妻对的集合，该图关于 V_1 的完全匹配是可以结为夫妻的集合，其中每个男人都可以结婚，但可能并不包括所有的女人。

　　完全匹配的充分必要条件　设 (V_1, V_2) 是二分图 $G=(V, E)$ 的一个二部划分，下面我们关注如何判断从 V_1 到 V_2 的完全匹配是否存在的问题。下面我们介绍一个定理，该定理提供了一组存在完全匹配的充分必要条件。该定理由菲利普·霍尔（Philip Hall）在 1935 年证明。

> **定理 5　霍尔婚姻定理**　带有二部划分 (V_1, V_2) 的二分图 $G=(V, E)$ 中有一个从 V_1 到 V_2 的完全匹配当且仅当对于 V_1 的所有子集 A，有 $|N(A)| \geqslant |A|$。

　　证明　我们首先证明定理的必要条件。假设从 V_1 到 V_2 存在一个完全匹配 M。那么，若 $A \subseteq V_1$，对于 A 中的每个顶点 $v \in A$，在 M 中存在一条边连接 v 和 V_2 中的一个顶点。因此，在 V_2 中与 V_1 中的顶点相邻的顶点的个数至少与 V_1 中的顶点个数一样多。由此可得 $|N(A)| \geqslant |A|$。

　　为了证明定理的充分条件（这是更难的部分），我们需要证明若对于所有的 $A \subseteq V_1$，有

Links

Courtesy of the Edinburgh Mathematical Society

菲利普·霍尔（Philip Hall，1904—1982）　霍尔出生于英国伦敦的一个普通家庭，他的母亲是一名裁缝。他读公立小学期间就获得了为贫困学生设立的专项奖学金，大学期间又荣获了剑桥大学国王学院的奖学金资助。1925 年，他获得了学士学位。一年以后，由于没有想清楚今后的职业发展方向，他参加了公务员考试，失败之后，他决定重新回到剑桥大学继续学业。

　　1927 年，霍尔成功竞选为国王学院的研究员。不久，他就在群论领域取得了重大的发现，也就是为后人所熟知的霍尔定理。1933 年至 1941 年间，他在剑桥大学担任讲师。第二次世界大战期间，他在布莱切利园负责密码解译工作，多次破译意大利和日本的密电。战争结束后，霍尔重新回到国王学院，职位迅速得到了提升。1953 年，霍尔被提拔为数学系教授，之后的近十年里，他卓著的研究成果为 20 世纪 60 年代群论的飞速发展做出了巨大的贡献。

　　霍尔酷爱诗歌，能用英语、意大利语和日语三种语言诵读诗歌。除此之外，他对艺术、音乐和植物学也有着浓厚的兴趣。他为人非常低调，极不喜欢在公众面前露脸。尽管如此，他正派的为人、过人的智慧和敏锐的判断力备受推崇，同时，他也深受学生的爱戴。

$|N(A)|\geqslant|A|$，那么存在一个从 V_1 到 V_2 的完全匹配 M。我们将对 $|V_1|$ 使用强归纳法进行证明。

基础步骤：若 $|V_1|=1$，则 V_1 只包含一个顶点 v_0。因为 $|N(\{v_0\})|\geqslant|N\{v_0\}|=1$，所以至少有一条边连接顶点 v_0 和一个顶点 $w_0\in V_2$。任何一条这样的边都是从 V_1 到 V_2 的一个完全匹配。

归纳步骤：我们首先描述归纳假设。

归纳假设：令 k 是一个正整数。若 $G=(V,E)$ 是带有二部划分 (V_1,V_2) 的二分图，且 $|V_1|=j\leqslant k$，则对于所有的 $A\subseteq V_1$ 满足 $|N(A)|\geqslant|A|$，就存在一个从 V_1 到 V_2 的完全匹配。

假设 $H=(W,F)$ 是由二部划分 (W_1,W_2) 构成的二分图且 $|W_1|=k+1$。我们分两种情况证明归纳假设成立。第一种情况应用于对所有的整数 j 且 $1\leqslant j\leqslant k$ 时，W_1 中每个含有 j 个元素的集合中的顶点都至少与 W_2 中的 $j+1$ 个顶点相邻。第二种情况应用于对所有的整数 j 且 $1\leqslant j\leqslant k$ 时，存在一个含有 j 个顶点的子集 W_1'，且在 W_2 中恰有 j 个邻居和这些顶点相邻。因为不是情况 1 就是情况 2 成立，所以我们在归纳步骤只需考虑这两种情况。

第一种情况：假设对所有的整数 j，且 $1\leqslant j\leqslant k$，W_1 中每个含有 j 个元素的集合中的顶点都至少与 W_2 中的 $j+1$ 个顶点相邻。选择一个顶点 $v\in W_1$ 和一个元素 $w\in N(\{v\})$，根据假设 $|N(\{v\})|\geqslant|N\{v\}|=1$，一定存在这样的 v 和 w。从 H 中删除 v 和 w 以及所有与它们相关联的边。由此得到一个二部划分为 $(W_1-\{v\},W_2-\{w\})$ 的二分图 H'。因为 $|W_1-\{v\}|=k$，所以根据归纳假设可知存在一个从 $W_1-\{v\}$ 到 $W_2-\{w\}$ 的完全匹配。在这个匹配中加入从 v 到 w 的边，就得到一个从 W_1 到 W_2 的完全匹配。

第二种情况：假设对所有的整数 j 且 $1\leqslant j\leqslant k$，存在一个含有 j 个顶点的子集 W_1'，且在 W_2 中恰有 j 个邻居和这些顶点相邻。令 W_2' 是这些邻居顶点的集合。根据归纳假设可知，存在一个从 W_1' 到 W_2' 的完全匹配。从 W_1 和 W_2 中删除这 $2j$ 个顶点以及与它们相关联的边，就得到一个二部划分为 (W_1-W_1',W_2-W_2') 的二分图 K。

我们将证明在图 K 中，对于 W_1-W_1' 中的所有子集 A，满足 $|N(A)|\geqslant|A|$。如果不成立，则存在一个关于 W_1-W_1' 的含有 t 个顶点的子集，其中 $1\leqslant t\leqslant k+1-j$，并且这个子集中的顶点在 W_2-W_2' 中的邻接顶点数少于 t 个。那么 W_1 中包含 $j+t$ 个顶点的子集，该子集包含 W_1 中这 t 个顶点和我们从 W_1 中移除的 j 个顶点，在 W_2 中小于 $j+t$ 个邻居顶点，这与对于所有的 $A\subseteq W_1$ 有 $|N(A)|\geqslant|A|$ 矛盾。

因此，根据归纳假设，图 K 有一个完全匹配。把这个完全匹配和从 W_1' 到 W_2' 的完全匹配合并，就得到一个从 W_1 到 W_2 的完全匹配。

我们已经证明在两种情况下，都存在一个从 W_1 到 W_2 的完全匹配。这就完成了归纳步骤和定理的证明。◀

我们使用强归纳法证明了霍尔婚姻定理。尽管我们的证明是正确的，但仍然存在一些不足。特别是，还不能基于该证明构建一个求二分图完全匹配的算法。若要了解能够作为算法基础的构造性证明，请参考 [Gi85]。

10.2.6　特殊类型图的一些应用

本节将介绍其他一些图模型，这涉及本节前面讨论过的一些特殊类型的图。

例 16　局域网　在一座大楼里，像小型计算机和个人计算机这样的计算机，以及像打印机和绘图仪这样的外设，都可以用局域网来连接。有些这样的网络是基于星形拓扑，其中所有设备都连接到中央控制设备。局域网可以用图 11a 所示的完全二分图 $K_{1,n}$ 来表示。通过中央控制设备在设备间传输信息。

另一个局域网是基于环形拓扑，其中每个设备都连接到两个其他设备。带环形拓扑的局域网可以用图 11b 所示的 n 圈图 C_n 来建模。消息围绕着圈从设备送到设备，直到抵达消息目的地为止。

图   581

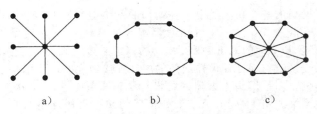

图 11　局域网的星形、环形以及混合拓扑

最后，有些局域网采用这两种拓扑的混合形式。消息围绕着环或通过中央设备来传送。这样的冗余使得网络更加可靠。带冗余的局域网可用图 11c 所示的轮图 W_n 来建模。◀

例 17　**并行计算的互连网络**　许多年来，计算机执行程序是一次完成一个操作。因此，为解决问题而写的算法都设计成一次执行一步，这样的算法称为**串行的**（几乎所有本书描述的算法都是串行的）。不过，像气象模拟、医学图像分析以及密码分析等许多高强度计算问题，即使在超级计算机上，也不能通过串行操作在合理的时间范围内解决。而且，计算机执行基本操作的速度还存在物理限制，所以总是有问题不能用串行操作在合理的时间范围内解决。

　　并行处理利用由多个独立处理器（每个处理器有自己的内存）组成的计算机，以克服只有单个处理机的计算机的局限性。**并行算法**把问题分成可并发解决的若干子问题，那么可以设计并行算法，用带有多处理器的计算机来快速解决问题。在并行算法中，单个指令流控制着算法的执行，包括把子问题传送到不同的处理器，以及把子问题的输入和输出定向到适当的处理器。

　　采用并行处理时，一个处理器需要另一个处理器产生的输出。因此这些处理器需要互连。可用适当类型的图来表示带有多重处理器的计算机中处理器的互连网络。在以下讨论中，将要描述最常用类型的并行处理器互连网络。用来实现具体并行算法的互连网络的类型取决于处理器之间交换数据的需求、所需要的速度，当然还有可用的硬件等。

　　最简单却又最昂贵的网络互连处理器，在每对处理器之间有一个双向连接。当有 n 个处理器时，这样的网络表示成 n 个顶点上的完全图 K_n。不过，这种类型的互连网络有严重的问题，因为它所需要的连接数太大。实际上，处理器的直接连接数目是有限的，所以当处理器数很大时，处理器不能直接连接到所有其他处理器。例如，当有 64 个处理器时，就需要 $C(64, 2) = 2016$ 个连接，每个处理器都得直接连接到其他 63 个处理器。

　　另一方面，互连 n 个处理器的最简单方式或许是使用称为**线性阵列**的排列方式。除了 P_1 和 P_n 以外的每个处理器 P_i 都通过双向连接与相邻处理器 P_{i-1} 和 P_{i+1} 连接。P_1 只连接 P_2，P_n 只连接 P_{n-1}。图 12 显示了 6 个处理器的线性阵列。线性阵列的优点是每个处理器最多有 2 个和其他处理器的直接连接。这种方式的缺点是为了让处理器共享信息，有时需要使用大量的称为**跳**（hop）的中间连接。

$$P_1 \quad P_2 \quad P_3 \quad P_4 \quad P_5 \quad P_6$$

图 12　6 个处理器的线性阵列

　　栅格网络（或二维阵列）是一种通用的互连网络。在这样的网络中，处理器个数是一个完全平方数，比方说 $n = m^2$。n 个处理器标记成 $P(i, j)$，$0 \leqslant i \leqslant m-1$，$0 \leqslant j \leqslant m-1$。双向连接把处理器 $P(i, j)$ 连接到它的 4 个相邻处理器 $P(i \pm 1, j)$ 和 $P(i, j \pm 1)$，只要这些处理器是在栅格里。（注意，栅格角上的 4 个处理器只有 2 个相邻处理器，边界上其他处理器只有 3 个相邻处理器。有时也用每个处理器恰有 4 个连接的变种的栅格网络，见本节练习 74。）栅格网络限制了每个处理器的连接数。某些成对处理器之间的通信需要 $O(\sqrt{n}) = O(m)$ 个中间连接（见本节练习 75）。表示 16 个处理器的栅格网络如图 13 所示。

$$
\begin{array}{cccc}
P(0,0) & P(0,1) & P(0,2) & P(0,3) \\
P(1,0) & P(1,1) & P(1,2) & P(1,3) \\
P(2,0) & P(2,1) & P(2,2) & P(2,3) \\
P(3,0) & P(3,1) & P(3,2) & P(3,3)
\end{array}
$$

图 13　16 个处理器的栅格网络

超立方体是互连网络的一个重要类型。在这样的网络中，处理器个数是 2 的幂，$n = 2^m$。n 个处理器标记成 P_0，P_1，$\cdots$，P_{n-1}。每个处理器都有到其他 m 个处理器的双向连接。连接到处理器 P_i 上的处理器，其下标的二进制表示与 i 的二进制表示恰恰有 1 位不同。超立方体网络在每个处理器的直接连接数与保证处理器通信的中间连接数之间取得了平衡。已经用超立方体网络建造了许多计算机，而且用超立方体网络设计了许多算法。m 立方体图 Q_m 表示带 $n = 2^m$ 个处理器的超立方体网络。图 14 显示了 8 个处理器的超立方体网络（图 14 显示了一种与图 6 不同的画 Q_3 的方式）。

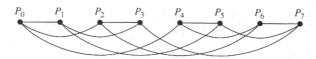

图 14   8 个处理器的超立方体网络

10.2.7   从旧图构造新图

有时解决问题只需要图的一部分。例如，只关心大型计算机网络中涉及纽约、丹佛、底特律以及亚特兰大的计算机中心的那一部分。所以我们可以忽略其他的计算机中心以及没有连接到这 4 个特定的计算机中心的任何 2 个的所有电话线路。在大型网络的图模型中，可以删除除这 4 个顶点之外的计算机中心所对应的顶点，可以删除所有与所删除顶点关联的边。当从图中删除了边和顶点，不删除所保留边的端点时，就得到一个更小的图，这样的图称为原图的**子图**。

> **定义 7**   图 $G = (V, E)$ 的子图是图 $H = (W, F)$，其中 $W \subseteq V$ 且 $F \subseteq E$。若 $H \neq G$，则称图 G 的子图 H 是 G 的真子图。

已知一个图的顶点集合，我们可以由图中的顶点和连接这些顶点的边得到这个图的子图。

> **定义 8**   令 $G = (V, E)$ 是一个简单图。图 (W, F) 是由顶点集 V 的子集 W **导出的子图**，其中边集 F 包含 E 中的一条边当且仅当这条边的两个端点都在 W 中。

例 18   图 15 所示的图 G 是 K_5 的一个子图。若我们在图 G 中增加一条连接 c 和 e 的边，就得到一个由 $W = \{a, b, c, e\}$ 导出的子图。

删除或增加图中的边   已知图 $G = (V, E)$，边 $e \in E$，我们可以通过删除边 e 得到图 G 的一个子图。所得到的子图，记作 $G - e$，和图 G 具有相同的顶点集 V。它的边集是 $E - e$。所以，

$$G - e = (V, E - \{e\})$$

类似地，若 E' 是 E 的子集，我们可以通过从图中删除 E' 中的边得到图 G 的子图。所得到的子图和图 G 具有相同的顶点集 V。它的边集是 $E - E'$。

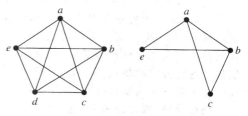

图 15 K_5 的一个子图

我们可以通过在图中增加一条连接图 G 中已有的两个顶点的边 e 得到一个新的更大的图。我们把在图 G 中增加一条新边，该边连接原图中两个原本不相关联的顶点，所得到的新图记作 $G + e$。所以

$$G + e = (V, E \cup \{e\})$$

$G + e$ 的顶点集和图 G 的顶点集相同，它的边集是图 G 的边集和集合 $\{e\}$ 的并集。（从一个图中删除一条边和增加一条边的例子参见例 19。）

边的收缩   有时，当我们从图中删除一条边后，我们不希望将该边的端点作为独立的顶点保留在所得到的子图中。在这种情况下，我们进行**边的收缩**，删除端点为 u 和 v 的边 e，把 u

图 583

和 v 合并成一个新的顶点 w，对每一条以 u 或 v 为端点的边，将该边 u 或 v 的位置替换成 w 且另一个端点不变。因此在图 $G=(V, E)$ 中，对端点为 u 和 v 的边 e 进行收缩得到一个新图 $G'=(V', E')$（这不是 G 的子图），其中 $V'=V-\{u, v\}\bigcup\{w\}$，$E'$ 包含 E 中不以 u 或 v 为端点的边以及连接 w 与集合 V 中所有与 u 或 v 相邻的顶点的边。例如，收缩图 16 中图 G_1 中连接顶点 e 和 c 的边，得到一个包含顶点 a、b、d 和 w 的新图 G_1'。与在 G_1 中一样，在 G_1' 中有一条连接 a 和 b 的边，以及一条连接 a 和 d 的边。在 G_1' 中还有一条边连接 b 和 w，该边替换了 G_1 中连接 b 和 c 的边以及连接 b 和 e 的边，在 G_1' 中还有一条边连接 d 和 w，该边替换了 G_1 中连接 d 和 e 的边。（在一个图中收缩一条边的例子同样参见例 19。）

从图中删除顶点 当我们从图 $G=(V, E)$ 删除一个顶点 v 以及所有与它相关联的边时，就得到图 G 的一个子图，记作 $G-v$。注意，$G-v=(V-v, E')$，其中 E' 是 G 中不与 v 相关联的边的集合。类似地，若 V' 是 V 的子集，则图 $G-V'$ 是子图 $(V-V', E')$，其中 E' 是 G 中不与 V' 中的顶点相关联的边的集合。（从一个图中删除一个顶点的例子参见例 19。）

例 19 图 16 显示了无向图 G 以及在 G 上进行不同的操作得到的 4 张不同的图，分别是：

(a) $G-\{b, c\}$，在图 G 中删除边 $\{b, c\}$ 构造的图。

(b) $G+\{e, d\}$，在图 G 中增加边 $\{e, d\}$ 构造的图。

(c) G 的收缩图，在图 G 中，用新顶点 f 替换边 $\{b, c\}$，使用新边 $\{a, f\}$、$\{f, d\}$ 和 $\{f, e\}$ 替换边 $\{c, d\}$、$\{a, b\}$、$\{b, e\}$ 和 $\{c, e\}$ 构造的图。

(d) $G-c$，在图 G 中删除顶点 c 以及边 $\{b, c\}$、$\{c, d\}$ 和 $\{c, e\}$ 构造的图。

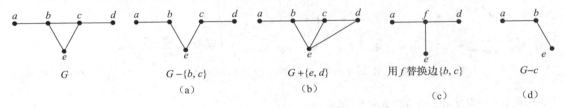

图 16 图 G 和在 G 上进行不同的操作得到的 4 张图

图的并集 可以用各种方式组合两个或更多的图。包含这些图的所有顶点和边的新图被称为这些图的**并图**。两个简单图的并图的更正式的定义如下。

定义 9 两个简单图 $G_1=(V_1, E_1)$ 和 $G_2=(V_2, E_2)$ 的并图是带有顶点集 $V_1\bigcup V_2$ 和边集 $E_1\bigcup E_2$ 的简单图。G_1 和 G_2 的并图表示成 $G_1\bigcup G_2$。

例 20 求图 17a 所示的图 G_1 和 G_2 的并图。

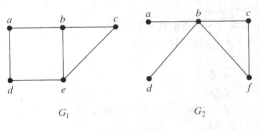

a) 简单图 G_1 和 G_2

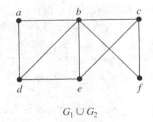

b) 它们的并 $G_1\bigcup G_2$

图 17 并图的产生过程

解 并图 $G_1\bigcup G_2$ 的顶点集是两个顶点集的并，即 $\{a, b, c, d, e, f\}$。并图的边集是两个边集的并。并图显示在图 17b 中。

练习

在练习1~3中，求所给无向图的顶点数、边数以及每个顶点的度。指出所有的孤立点和悬挂点。

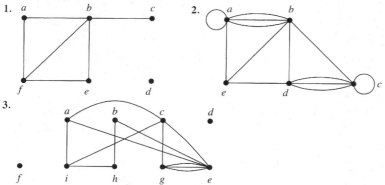

4. 求练习1~3中每个图的顶点的度之和，并验证它等于图中边数的2倍。

5. 是否存在一个有15个顶点而且每个顶点的度都为5的简单图？

6. 证明：在一次聚会上全体人员的握手次数之和是偶数。假设无人自己与自己握手。

在练习7~9中，对给定的有向多重图，确定顶点数和边数，并求出每个顶点的入度和出度。

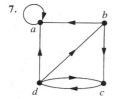
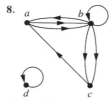
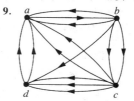

10. 对练习7~9中的每个图，直接确定每个顶点的入度之和与出度之和。证明：它们都等于图中的边数。

11. 构造图2中带有向边的图的基本无向图。

12. 在相识关系图中（其中顶点表示世界上所有的人），顶点的度表示什么？在这个图中，一个顶点的邻居表示什么？孤立点和悬挂点表示什么？在一项研究中，估计在这个图中顶点的平均度是1000。就这个模型而言，这意味着什么？

13. 在学术合作图中，顶点的度表示什么？一个顶点的邻居表示什么？孤立点和悬挂点表示什么？

14. 在好莱坞图里，顶点的度表示什么？一个顶点的邻居表示什么？孤立点和悬挂点表示什么？

15. 在10.1节例4所描述的电话呼叫图中，顶点的入度和出度表示什么？在这个图的无向图版本中，顶点的度表示什么？

16. 在10.1节例5所描述的网络图中，顶点的入度和出度表示什么？

17. 在为循环赛建模的有向图中，顶点的入度和出度表示什么？

18. 证明：在至少含有两个顶点的简单图中，一定有两个顶点的度相同。

19. 利用练习18证明：在一个小组中，至少有两个人具有相同的朋友数。

20. 画出下列各图。

a) K_7 b) $K_{1,8}$ c) $K_{4,4}$

d) C_7 e) W_7 f) Q_4

在练习21~25中，判断图是否为二分图。你将发现使用定理4，对判断是否可能为每个顶点赋予红色或蓝色，以使没有两个相邻的顶点赋予相同的颜色是有用的。

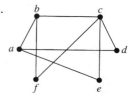

图　　585

24.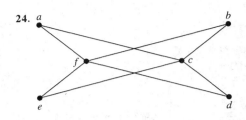

25.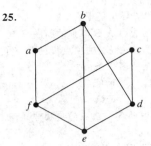

26. 对哪些 n 值来说，下列图是二分图？

    a) K_n **b)** C_n **c)** W_n **d)** Q_n

27. 设一个大学工程学院的计算机支撑小组有 4 个员工。每个员工被分配支持 4 个不同的领域之一：硬件、软件、网络和无线。假设 Ping 能够胜任支持硬件、网络和无线；Quiggley 能够胜任支持软件和网络；Ruiz 能够胜任支持网络和无线；Sitea 能够胜任支持硬件和软件。

    a) 使用二分图为 4 个员工和他们能胜任的工作建模。

    b) 使用霍尔定理判断是否存在一种分配方案，使每个员工都分配一个能支持的领域。

    c) 如果存在一个使每个员工都分配一个能支持领域的分配方案，求出该方案。

28. 设一个新公司有 5 名员工：Zamora、Agraharam、Smith、Chou 和 Macintyre。每名员工承担下列 6 种责任之一：策划、宣传、销售、市场、开发以及工业关系。每名员工能够做这些工作中的一种或多种：Zamora 能做策划、销售、市场或工业关系；Agraharam 能做策划或开发；Smith 能做宣传、销售或工业关系；Chou 能做策划、销售或工业关系；Macintyre 能做策划、宣传、销售或工业关系。

    a) 使用二分图对这些员工的能力建模。

    b) 找出一个责任指派，使得每个员工被指定一种责任。

    c) 你在 b 中找到的责任匹配是完全匹配吗？它是最大匹配吗？

29. 假设一个岛上有 5 位年轻女子和 5 位年轻男子。每位男子都愿意娶岛上的某些女子，而每位女子都愿意嫁给任何一位愿意娶她的男子。假设 Sandeep 愿意娶 Tina 和 Vandana；Barry 愿意娶 Tina、Xia 和 Uma；Teja 愿意娶 Tina 和 Zelda；Anil 愿意娶 Vandana 和 Zelda；Emilio 愿意娶 Tina 和 Zelda。使用霍尔定理证明：不存在岛上年轻男子和年轻女子的匹配使得每一个年轻男子都能和他想娶的年轻女子进行匹配。

30. 假设一个岛上有 5 位年轻女子和 6 位年轻男子，每位女子都愿意嫁给岛上的某些男子，而每位男子都愿意娶任何一位愿意嫁给他的女子。设 Anna 愿意嫁给 Jason、Larry 和 Matt；Barbara 愿意嫁给 Kevin 和 Larry；Carol 愿意嫁给 Jason、Nick 和 Oscar；Diane 愿意嫁给 Jason、Larry、Nick 和 Oscar；Elizabeth 愿意嫁给 Jason 和 Matt。

    a) 使用二分图对这个岛上可能的婚姻关系进行建模。

    b) 找出这个岛上的年轻男女的一个匹配方案，使得每个年轻女子都嫁给一个她愿意嫁给的人。

    c) 你在 b 中找到的匹配是完全匹配吗？它是最大匹配吗？

* **31.** 设存在一个整数 k，使得荒岛上的每个男人都愿意娶该岛上的恰好 k 个女人，而且该岛上的每一个女人都愿意嫁给的男人也恰好 k 个。同时假设一个男人愿意娶一个女人当且仅当这个女人愿意嫁给他。证明：可能存在岛上男人和女人的匹配，使得每一个人都能和其愿意嫁/娶的人进行匹配。

* **32.** 假设 $2n$ 名网球运动员参加循环赛。每个球员在连续 $2n-1$ 天内都恰好和其他玩家有一场比赛。每场比赛有一个赢家和一个输家。证明每天选择一个获胜的玩家而不选择同一玩家两次是可能的。

* **33.** 假设在一次抽奖中，有 m 人被选为中奖者，每个中奖者可以从不同的奖品中选取两个奖品。证明若有 $2m$ 个每个中奖者都想要的奖品，则每个中奖者都能选择两个他们想要的奖品。

* **34.** 在本练习中，我们证明 Øystein Ore 的一个定理。假设 $G=(V,E)$ 是带有二部划分 (V_1,V_2) 的二分图且 $A\subseteq V_1$。证明 V_1 中与 G 匹配的端点的最大顶点数等于 $|V_1|-\max_{A\subseteq V_1}\mathrm{def}(A)$，其中 $\mathrm{def}(A)=|A|-|N(A)|$。（这里 $\mathrm{def}(A)$ 称为 A 的**缺陷**。）［提示：通过在 V_2 中增加 $\max_{A\subseteq V_1}\mathrm{def}(A)$ 个新顶点，并把它们与 V_1 中的顶点相连得到一个更大的图。］

  35. 对练习 1 中的图，求：

　　a) 由顶点 a、b、c 和 f 导出的子图。

　　b) 收缩连接 b 和 f 的边，从 G 得到的新图 G_1。

36. 令 n 为正整数。证明：由 K_n 的顶点集的非空子集导出的子图是完全图。

37. 下列图有多少个顶点和多少条边？

　　a) K_n 　　　　　　　　**b)** C_n 　　　　　　　　**c)** W_n

　　d) $K_{m,n}$ 　　　　　　　**e)** Q_n

一个图的**度序列**是由该图的各个顶点的度按非递增顺序排列的序列。例如，本节例 1 中图 G 的度序列就是 4，4，4，3，2，1，0。

38. 求练习 21～25 中各个图的度序列。

39. 求下列各个图的度序列。

　　a) K_4 　　　　　　　　**b)** C_4 　　　　　　　　**c)** W_4

　　d) $K_{2,3}$ 　　　　　　　**e)** Q_3

40. 二分图 $K_{m,n}$ 的度序列是什么（其中 m，n 是正整数）？并解释你的答案。

41. 图 K_n 的度序列是什么（其中 n 是正整数）？并解释你的答案。

42. 若图的度序列是 4，3，3，2，2，则它有多少条边？画出这样的图。

43. 若图的度序列是 5，2，2，2，2，1，则它有多少条边？画出这样的图。

如果序列 d_1，d_2，$\cdots$，d_n 是一个简单图的度序列，那么该序列是**成图**的。

44. 判断下列序列是否是成图的。如果是，请画出一个图使其具有给定的度序列。

　　a) 5，4，3，2，1，0 　　　　**b)** 6，5，4，3，2，1

　　c) 2，2，2，2，2，2 　　　　**d)** 3，3，3，2，2，2

　　e) 3，3，2，2，2，2 　　　　**f)** 1，1，1，1，1，1

　　g) 5，3，3，3，3，3 　　　　**h)** 5，5，4，3，2，1

45. 判断下列序列是否是成图的。如果是，请画出一个图使其具有给定的度序列。

　　a) 3，3，3，3，2 　　　　　**b)** 5，4，3，2，1

　　c) 4，4，3，2，1 　　　　　**d)** 4，4，3，3，3

　　e) 3，2，2，1，0 　　　　　**f)** 1，1，1，1，1

*46. 设 d_1，d_2，$\cdots$，d_n 是成图序列。证明：存在顶点为 v_1，v_2，$\cdots$，v_n 的简单图，使得对于 $i=1$，2，$\cdots$，n，$\deg(v_i)=d_i$，且 v_1 与 v_2，$\cdots$，V_{d_1+1} 相邻。

*47. 证明：一个由非负整数按非递增排列的序列 d_1，d_2，$\cdots$，d_n 是成图序列当且仅当把序列 d_2-1，$\cdots$，$d_{d_1+1}-1$，d_{d_1+2}，$\cdots$，d_n 中的元素重新排列为非递增而得到的序列是成图序列。

*48. 运用练习 47 的结论构造一个递归算法来判断一个非递增的正整数序列是否为成图序列。

49. 证明：每个非负整数构成的非递增序列，如果其元素之和为偶数，则都是某个伪图的度序列。伪图是允许有环的无向图。〔提示：首先通过给每个顶点添加尽可能多的环来构造一个图，然后添加一些边连接度为奇数的顶点。解释为什么这种构造方法能够证明此问题。〕

50. 至少带有 1 个顶点的 K_2 的子图有多少个？

51. 至少带有 1 个顶点的 K_3 的子图有多少个？

52. 至少带有 1 个顶点的 W_3 的子图有多少个？

53. 画出下图的所有子图。

54. 设 G 是带有 v 个顶点和 e 条边的图。设 M 是 G 的顶点的最大度，m 是 G 的顶点的最小度。证明：

　　a) $2e/v \geqslant m$ 　　　　　**b)** $2e/v \leqslant M$

若简单图中每个顶点的度都相等，则这个图称为**正则**的。若正则图中每个顶点的度都为 n，则这个图称为 n **正则**的。

图　　587

55. 对哪些 n 值来说，下列图是正则图？

　　a) K_n　　　　　　**b)** C_n　　　　　　**c)** W_n　　　　　　**d)** Q_n

56. 对哪些 m 和 n 的值来说，$K_{m,n}$ 是正则图？

57. 度都为 4 而且带有 10 条边的正则图有多少个顶点？

在练习 58～60 中，求给定简单图对的并图（假设带有相同端点的边是相同的）。

58.

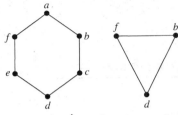

59.

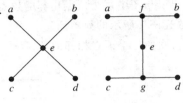

60.

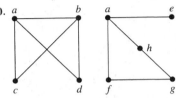

61. 简单图 G 的补图 $\overline{G}$ 与 G 有相同的顶点。两个顶点在 $\overline{G}$ 中相邻，当且仅当它们在 G 中不相邻。画出下列各图。

　　a) $\overline{K_n}$　　　　　　**b)** $\overline{K_{m,n}}$　　　　　　**c)** $\overline{C_n}$　　　　　　**d)** $\overline{Q_n}$

62. 若 G 是有 15 条边的简单图且 $\overline{G}$ 有 13 条边，则 G 有多少个顶点？

63. 若简单图 G 有 v 个顶点和 e 条边，则 $\overline{G}$ 有多少条边？

64. 若简单图 G 的度序列为 4，3，3，2，2。求 $\overline{G}$ 的度序列。

65. 若简单图 G 的度序列为 d_1，d_2，$\cdots$，d_n。求 $\overline{G}$ 的度序列。

*66. 证明：若 G 是有 v 个顶点和 e 条边的简单二分图，则 $e \leqslant v^2/4$。

67. 证明：若 G 是有 n 个顶点的简单图，则 G 和 $\overline{G}$ 的并图是 K_n。

*68. 描述判定图是否为二分图的算法。可基于事实：一个图是二分图当且仅当可以用两种不同的颜色为它的顶点着色使得没有着相同颜色的两个顶点是相邻的。

有向图 $G=(V, E)$ 的**逆图**，记作 G^{conv}，是有向图 (V, F)，其中 G^{conv} 中边的集合 F 由改变 E 中边的方向得到。

69. 画出 10.1 节练习 7～9 中每个图的逆图。

70. 证明：当 G 是有向图时，有 $(G^{\mathrm{conv}})^{\mathrm{conv}}=G$。

71. 证明：图 G 是它自身的逆图，当且仅当 G 所关联的关系（参见 9.3 节）是对称的。

72. 证明：如果一个二分图 $G=(V, E)$ 对于某个正整数 n 是 n 正则的（参见练习 55 的前导文），且 (V_1, V_2) 是 V 的一个二部划分，则 $|V_1|=|V_2|$。也就是，证明：n 正则二分图的顶点集的二部划分得到的两个顶点集一定包含相同个数的顶点。

73. 画出 9 个并行处理器互连的栅格网络。

74. 在互连 $n=m^2$ 个处理器的栅格网络的变种中，处理器 $P(i, j)$ 连接 4 个处理器 $P((i\pm1)\bmod m, j)$ 和 $P(i, (j\pm1)\bmod m)$，使得连接沿栅格的边卷绕。画出有 16 个处理器的这种变种的栅格网络。

75. 证明：在 $n=m^2$ 个处理器的栅格网络中，用 $O(\sqrt{n})=O(m)$ 个跳就能让每一对处理器互相通信。

10.3 图的表示和图的同构

10.3.1 引言

　　图的表示方式有很多种。本章将看到，选择最方便的表示有助于对图的处理。本节将要说明如何用多种不同的方式来表示图。

　　有时，两个图具有完全相同的形式，从某种意义上就是两个图的顶点之间存在着一一对应，这个对应保持边的对应关系。在这种情形下，就说这两个图是**同构的**。判断两个图是否同构，这是本节将要研究的一个重要图论问题。

10.3.2 图的表示

表示不带多重边的图的一种方式是列出这个图的所有边。另一种表示不带多重边的图的方式是用**邻接表**，它给出了与图中每个顶点相邻的顶点。

例 1 用邻接表描述图 1 所示的简单图。

解 表 1 列出了与图的每个顶点相邻的顶点。

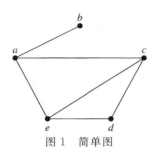

图 1   简单图

表 1   简单图的邻接表

顶点	相邻顶点
a	b, c, e
b	a
c	a, d, e
d	c, e
e	a, c, d

例 2 通过列出图中每个顶点发出的边的所有终点，表示图 2 所示的有向图。

解 表 2 表示图 2 所示的有向图。

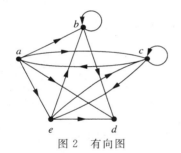

图 2   有向图

表 2   有向图的邻接表

起 点	终 点
a	b, c, d, e
b	b, d
c	a, c, e
d	
e	b, c, d

10.3.3 邻接矩阵

若图中有许多边，则把图表示成边的表或邻接表不便于执行图的算法。为了简化计算，可用矩阵表示图。在此，将给出常用的两种表示图的矩阵的类型。一种类型是基于顶点的相邻关系，另一种类型是基于顶点与边的关联关系。

假设 $G=(V, E)$ 是简单图，其中 $|V|=n$。假设把 G 的顶点任意地排列成 $v_1, v_2, \cdots, v_n$。对这个顶点序列来说，G 的**邻接矩阵 A**（或 A_G）是一个 $n \times n$ 的 0-1 矩阵，它满足这样的性质：当 v_i 和 v_j 相邻时第 (i, j) 项是 1，当 v_i 和 v_j 不相邻时第 (i, j) 项是 0。换句话说，若邻接矩阵是 $A=[a_{ij}]$，则

$$a_{ij} = \begin{cases} 1 & \{v_i, v_j\} \text{ 是 } G \text{ 的一条边} \\ 0 & \text{否则} \end{cases}$$

例 3 用邻接矩阵表示图 3 所示的图。

解 把顶点排列成 a, b, c, d。表示这个图的矩阵是

$$\begin{bmatrix} 0 & 1 & 1 & 1 \\ 1 & 0 & 1 & 0 \\ 1 & 1 & 0 & 0 \\ 1 & 0 & 0 & 0 \end{bmatrix}$$

图   589

例 4 画出具有顶点顺序 a, b, c, d 的邻接矩阵的图。

$$\begin{bmatrix} 0 & 1 & 1 & 0 \\ 1 & 0 & 0 & 1 \\ 1 & 0 & 0 & 1 \\ 0 & 1 & 1 & 0 \end{bmatrix}$$

解 图 4 显示了这个邻接矩阵对应的图。

图 3 简单图

图 4 给定的邻接矩阵的图

注意，图的邻接矩阵依赖于所选择的顶点的顺序。因此带 n 个顶点的图有 $n!$ 个不同的邻接矩阵，因为 n 个顶点有 $n!$ 个不同的顺序。

简单图的邻接矩阵是对称的，即 $a_{ij} = a_{ji}$，因为当 v_i 和 v_j 相邻时，这两个项都是 1，否则都是 0。另外，因为简单图无环，所以每一项 a_{ii}，$i = 1$，2，3，$\cdots$，n，都是 0。

邻接矩阵也可用来表示带环和多重边的无向图。把顶点 a_i 上的环表示成邻接矩阵第 (i, i) 位置上的 1。当出现多重边连接相同的顶点对 v_i 和 v_j 时，邻接矩阵不再是 0-1 矩阵，因为邻接矩阵的第 (i, j) 项等于与 $\{v_i, v_j\}$ 关联的边数。包括多重图与伪图在内的所有无向图都具有对称的邻接矩阵。

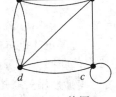

图 5 伪图

例 5 用邻接矩阵表示图 5 所示的伪图。

解 顶点顺序为 a, b, c, d 的邻接矩阵是

$$\begin{bmatrix} 0 & 3 & 0 & 2 \\ 3 & 0 & 1 & 1 \\ 0 & 1 & 1 & 2 \\ 2 & 1 & 2 & 0 \end{bmatrix}$$

我们曾在第 9 章里用 0-1 矩阵表示有向图。若有向图 $G = (V, E)$ 从 v_i 到 v_j 有边，则它的矩阵在 (i, j) 位置上有 1，其中 v_1，v_2，$\cdots$，v_n 是有向图任意的顶点序列。换句话说，若 $\mathbf{A} = [a_{ij}]$ 是相对于这个顶点列表的邻接矩阵，则

$$a_{ij} = \begin{cases} 1 & \{v_i, v_j\} \text{ 是 } G \text{ 的一条边} \\ 0 & \text{否则} \end{cases}$$

有向图的邻接矩阵不一定是对称的，因为当从 v_i 到 v_j 有边时，从 v_j 到 v_i 可以没有边。

邻接矩阵也可用来表示有向多重图。同样，当有连接两个顶点的同向多重边时，这样的矩阵不是 0-1 矩阵。在有向多重图的邻接矩阵中，a_{ij} 等于关联到 (v_i, v_j) 的边数。

在邻接表和邻接矩阵之间取舍 当一个简单图包含的边相对较少，即该图是一个**稀疏图**时，通常邻接表比邻接矩阵更适合表示它。例如，如果每个顶点的度都不超过 c，c 是一个比 n 小很多的常数，则每个邻接表包含 c 个或更少的顶点。所以整个邻接表中的元素不超过 cn 个。另一方面，该图的邻接矩阵含有 n^2 个元素。但是，需要注意的是，稀疏图的邻接矩阵是**稀疏矩阵**，即矩阵中只有少量元素不为 0。有专门的技术表示和处理稀疏矩阵。

现在设想一个**稠密的**简单图，它含有很多条边，例如，它含有的边数超过所有可能的边数的一半。在这种情形下，用邻接矩阵来表示图就比用邻接表好。为了知道原因，我们来比较判断某条边 $\{v_i, v_j\}$ 是否存在的复杂度。在邻接矩阵中，可以通过查看第 (i, j) 个元素来决定这

条边是否存在。如果该元素是 1，边就存在；如果是 0，边就不存在。所以，只需要一次比较，即将第 (i, j) 个元素与 0 比较，就可以判断这条边是否存在。而另一方面，如果使用邻接表表示这个图，就需要搜索 v_i 或 v_j 的链表中的顶点才能判断这条边是否存在。当图含有的边很多时，就需要 $\Theta(|V|)$ 次的比较。

10.3.4 关联矩阵

表示图的另一种常用方式是用**关联矩阵**。设 $G = (V, E)$ 是无向图。设 v_1，v_2，$\cdots$，v_n 是图 G 的顶点，而 e_1，e_2，$\cdots$，e_m 是该图的边。相对于 V 和 E 的这个顺序的关联矩阵是 $n \times m$ 的矩阵 $\boldsymbol{M} = [m_{ij}]$，其中

$$m_{ij} = \begin{cases} 1 & \text{当边 } e_j \text{ 关联 } v_i \text{ 时} \\ 0 & \text{否则} \end{cases}$$

例 6 用关联矩阵表示图 6 所示的图。

解 关联矩阵是

$$
\begin{array}{c}
\begin{array}{cccccc}
e_1 & e_2 & e_3 & e_4 & e_5 & e_6
\end{array} \\
\begin{array}{c}
v_1 \\ v_2 \\ v_3 \\ v_4 \\ v_5
\end{array}
\begin{bmatrix}
1 & 1 & 0 & 0 & 0 & 0 \\
0 & 0 & 1 & 1 & 0 & 1 \\
0 & 0 & 0 & 0 & 1 & 1 \\
1 & 0 & 1 & 0 & 0 & 0 \\
0 & 1 & 0 & 1 & 1 & 0
\end{bmatrix}
\end{array}
$$

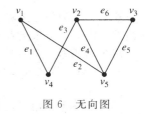

图 6　无向图

关联矩阵也可用来表示多重边和环。在关联矩阵中用各项相等的列来表示多重边，因为这些边关联同一对顶点。用只有一项等于 1 的列来表示环，它对应于环所关联的顶点。

例 7 用关联矩阵表示图 7 所示的伪图。

解 这个图的关联矩阵是

$$
\begin{array}{c}
\begin{array}{cccccccc}
e_1 & e_2 & e_3 & e_4 & e_5 & e_6 & e_7 & e_8
\end{array} \\
\begin{array}{c}
v_1 \\ v_2 \\ v_3 \\ v_4 \\ v_5
\end{array}
\begin{bmatrix}
1 & 1 & 1 & 0 & 0 & 0 & 0 & 0 \\
0 & 1 & 1 & 1 & 0 & 1 & 1 & 0 \\
0 & 0 & 0 & 1 & 1 & 0 & 0 & 0 \\
0 & 0 & 0 & 0 & 0 & 0 & 1 & 1 \\
0 & 0 & 0 & 0 & 1 & 1 & 0 & 0
\end{bmatrix}
\end{array}
$$

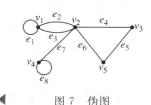

图 7　伪图

10.3.5 图的同构

我们经常需要知道是否有可能以同样的方式来画出两个图。也就是说，当我们忽略图中的顶点的标识时，这两个图是否具有相同的结构。例如，在化学中，用图为化合物建模（我们将在后面进行描述）。不同的化合物可能分子式相同但结构不同。这样的化合物不能用同样方式画出的图来表示。表示过去已知化合物的图可以用来判定想象中的新化合物是否已经研究过。

对具有同样结构的图来说，存在着一些有用的术语。

定义 1 设 $G_1 = (V_1, E_1)$ 和 $G_2 = (V_2, E_2)$ 是简单图，若存在一对一的和映上的从 V_1 到 V_2 的函数 f，且 f 具有这样的性质：对 V_1 中所有的 a 和 b 来说，a 和 b 在 G_1 中相邻当且仅当 $f(a)$ 和 $f(b)$ 在 G_2 中相邻，则称 G_1 与 G_2 是同构的。这样的函数 f 称为同构⊖。两个不同构的简单图称为非同构的。

⊖ 同构（isomorphism）这个词来自两个希腊语字根：表示"相等"的 isos 和表示"形式"的 morphe。

图   591

换句话说，当两个简单图同构时，两个图的顶点之间具有保持相邻关系的一一对应。简单图的同构是一个等价关系（我们把这个验证留作练习 49）。

例 8 证明：图 8 所示的图 $G=(V, E)$ 和 $H=(W, F)$ 同构。

解 函数 f 定义为 $f(u_1)=v_1$，$f(u_2)=v_4$，$f(u_3)=v_3$，$f(u_4)=v_2$，它是 V 和 W 之间的一一对应。为了看出这个对应保持相邻关系，注意 G 中相邻的顶点是 u_1 和 u_2、u_1 和 u_3、u_2 和 u_4，以及 u_3 和 u_4，由 $f(u_1)=v_1$ 和 $f(u_2)=v_4$、$f(u_1)=v_1$ 和 $f(u_3)=v_3$、$f(u_2)=v_4$ 和 $f(u_4)=v_2$，以及 $f(u_3)=v_3$ 和 $f(u_4)=v_2$ 所组成的每一对顶点都是在 H 中相邻的。◀

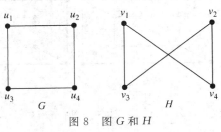

图 8　图 G 和 H

10.3.6 判定两个简单图是否同构

判断两个简单图是否同构常常是一件困难的事情。在两个带有 n 个顶点的简单图的顶点集之间有 $n!$ 种可能的一一对应。若 n 太大，则通过检验每一种对应来看它是否保持相邻关系是不可行的。

有时说明两个图不同构并不困难。特别是，如果能找到某个属性，两个图中只有一个图具有这个属性，但该属性应该在同构时保持，就可以说这两个图不同构。这种在图的同构中保持的属性称为**图形不变量**。例如，同构的简单图必须具有相同的顶点数，因为在这些图的顶点集之间有一一对应。

同构的简单图还必须有相同的边数，因为在顶点之间的一一对应建立了边之间的一一对应。另外，同构的简单图的对应顶点的度必须相同。即在图 G 中顶点 v 的度为 d，在图 H 中必须有一个对应的顶点 $f(v)$，其度为 d，因为在图 G 中顶点 w 与 v 相邻，当且仅当在图 H 中 $f(v)$ 与 $f(w)$ 相邻。

例 9 说明图 9 所示的图不同构。

解 G 和 H 都具有 5 个顶点 6 条边。不过，H 有 1 个度为 1 的顶点 e，而 G 没有度为 1 的顶点。所以 G 与 H 不是同构的。◀

顶点数、边数以及顶点的度都是在同构下的不变量。若两个简单图的这些量有任何不同，则这两个图就不是同构的。不过，当这些不变量都相同时，也不一定意味着两个图是同构的。目前还没有已知的用来判定简单图是否同构的不变量集。

例 10 判定图 10 所示的图是否是同构的。

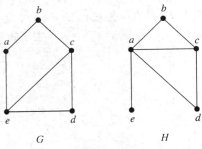

图 9　图 G 和 H

解 图 G 和 H 都具有 8 个顶点和 10 条边。它们都具有 4 个度为 2 的顶点和 4 个度为 3 的顶点。因为这些不变量都相同，所以它们可能会是同构的。

然而 G 和 H 不是同构的。为了看明白这一点，注意因为在 G 中 $\deg(a)=2$，所以 a 必然对应于 H 中的 t、u、x 或 y，因为这些顶点是 H 中的度为 2 的顶点。然而，H 中的这 4 个顶点的每一个都与 H 中另一个度为 2 的顶点相邻，但是在 G 中 a 却不是这样的。

看出 G 与 H 不同构的另一种方式是，注意，若这两个图同构，则由度为 3 的顶点和连接它们的边所组成的 G 和 H 的子图一定是同构（读者应当验证它）。然而图 11 所示的这些子图却不是同构的。◀

为了说明从图 G 的顶点集到图 H 的顶点集的函数 f 是一个同构，需要说明 f 保持边的存在和缺失关系。一种有助于这样做的方式是利用邻接矩阵。具体地说，为了说明 f 是一个同构，可以说明 G 的邻接矩阵与 H 的邻接矩阵相同，其中 G 的邻接矩阵的行和列的标记都是 G

的顶点，H 的邻接矩阵的行和列的标记都是 G 的对应顶点在 f 下的像。例 11 解释如何这样做。

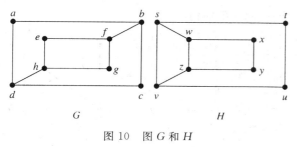

图 10　图 G 和 H

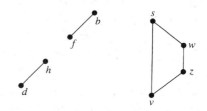

图 11　由度为 3 的顶点和连接它们的边所组成的 G 和 H 的子图

例 11　判定图 12 所示的图 G 和 H 是否是同构的。

解　G 和 H 都有 6 个顶点和 7 条边，都有 4 个度为 2 的顶点和 2 个度为 3 的顶点。还容易看出由度为 2 的顶点和连接它们的边所组成的 G 和 H 的子图是同构的（读者应当验证它）。因为 G 和 H 对这些不变量来说是相同的，所以就有理由试着找出一个同构 f。

现在定义函数 f，然后判定它是否同构。因为 $\deg(u_1)=2$ 且 u_1 不与任何其他度为 2 的顶

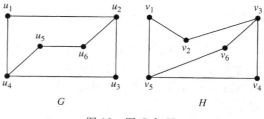

图 12　图 G 和 H

点相邻，所以 u_1 的像必然是 v_4 或 v_6，它们是 H 中仅有的不与度为 2 的顶点相邻的度为 2 的顶点。任取 $f(u_1)=v_6$。（如果发现这个选择得不出同构，就接着试验 $f(u_1)=v_4$。）因为 u_2 与 u_1 相邻，所以 u_2 可能的像是 v_3 和 v_5。任取 $f(u_2)=v_3$。照这样继续下去，用顶点的相邻关系和度作为指引，令 $f(u_3)=v_4$，$f(u_4)=v_5$，$f(u_5)=v_1$，以及 $f(u_6)=v_2$。现在已经有了在 G 的顶点集与 H 的顶点集之间的一一对应，即 $f(u_1)=v_6$，$f(u_2)=v_3$，$f(u_3)=v_4$，$f(u_4)=v_5$，$f(u_5)=v_1$，以及 $f(u_6)=v_2$。为了查看 f 是否保持边，就检查 G 的邻接矩阵：

$$
\mathbf{A}_G = \begin{array}{c} \\ u_1 \\ u_2 \\ u_3 \\ u_4 \\ u_5 \\ u_6 \end{array}
\begin{array}{c} \begin{matrix} u_1 & u_2 & u_3 & u_4 & u_5 & u_6 \end{matrix} \\
\left[\begin{matrix}
0 & 1 & 0 & 1 & 0 & 0 \\
1 & 0 & 1 & 0 & 0 & 1 \\
0 & 1 & 0 & 1 & 0 & 0 \\
1 & 0 & 1 & 0 & 1 & 0 \\
0 & 0 & 0 & 1 & 0 & 1 \\
0 & 1 & 0 & 0 & 1 & 0
\end{matrix}\right] \end{array}
$$

和 H 的邻接矩阵，其中用 G 中的对应顶点的像来标记行和列：

$$
\mathbf{A}_H = \begin{array}{c} \\ v_6 \\ v_3 \\ v_4 \\ v_5 \\ v_1 \\ v_2 \end{array}
\begin{array}{c} \begin{matrix} v_6 & v_3 & v_4 & v_5 & v_1 & v_2 \end{matrix} \\
\left[\begin{matrix}
0 & 1 & 0 & 1 & 0 & 0 \\
1 & 0 & 1 & 0 & 0 & 1 \\
0 & 1 & 0 & 1 & 0 & 0 \\
1 & 0 & 1 & 0 & 1 & 0 \\
0 & 0 & 0 & 1 & 0 & 1 \\
0 & 1 & 0 & 0 & 1 & 0
\end{matrix}\right] \end{array}
$$

因为 $\mathbf{A}_G = \mathbf{A}_H$，所以 f 是保持边的。由此得出 f 是同构，所以 G 与 H 是同构的。注意，若事实证明 f 不是同构，是无法得出 G 与 H 不是同构的，因为 G 和 H 中的顶点的另一个对应仍然可

图　593

以是同构。

图同构算法　已知的最好的判定两个图是否同构的算法具有指数的最坏情形时间复杂度（对图的顶点数来说）。然而，2017 年年初，László Babai 宣布，他找到了一种用 $2^{f(n)}$ 时间来确定两个具有 n 个顶点的图是否同构的算法，其中 $f(n)$ 是 $O((\log n)^3)$。这个大 O 估算意味着算法运行在准多项式时间，介于多项式时间和指数时间之间。Babai 的这一发现还没有得到充分的同行评审，但能够缩小他在 2015 年发明的那种算法存在的严重差距。专家认为他现在的结果是正确的。尽管目前还没有找到解决这个问题的多项式时间算法，但可以通过线性平均情形时间复杂度的算法进行求解。能否找到判定两个图是否同构的多项式最坏情形时间复杂度的算法？对此，我们心存一丝希望，但也有些许怀疑。

　　一种名为 NAUTY 的用于测试图同构的最佳实用算法，在现代个人计算机上可在 1 秒内判定具有 100 个顶点的两个图是否是同构的。可以在因特网上下载 NAUTY 软件并用它做实验。对于有严格限制的图，如顶点的最大度很小，存在着判断两个图是否同构的实用算法。判断任意两个图是否同构的问题是一个特别有趣的问题，因为这是少有的几个不知是理论可行的或NP 完全的（见 3.3 节）NP 问题之一（见练习 72）。

图同构的应用　图同构以及图同构中的函数源于图论在化学、电子电路设计以及其他的生物信息和计算机领域的应用。化学家用多图（已知的分子图），为化学成分建模。在这些图中，顶点表示原子，边表示这些原子之间的化学键。两个结构相同，具有相同分子式但不同原子键的分子，具有不同构的分子图。当分析出新的化学合成物时，就检查分子图数据库，以判断该化合物的分子图是否与已知的化合物相同。

　　可以用图为电路图建模，其中顶点表示元件，边表示元件之间的连接。现代集成电路（即芯片）是混合的电路图，常常有上百万个晶体管及连接。由于现代芯片的复杂性，所以用自动化工具进行设计。图同构可用于验证由自动化工具设计的电路是否与最初的设计一致。图同构还可用于判断一个销售商的芯片与另一个销售商的芯片是否具有相同的知识产权。这可以通过寻找这些芯片的图模型中的最大同构子图来完成。

练习

在练习 1～4 中，用邻接表表示给定的图。

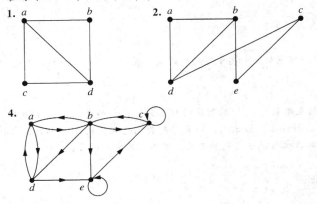

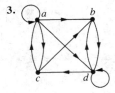

5. 用邻接矩阵表示练习 1 的图。

6. 用邻接矩阵表示练习 2 的图。

7. 用邻接矩阵表示练习 3 的图。

8. 用邻接矩阵表示练习 4 的图。

9. 用邻接矩阵表示下列每一个图。

a) K_4　　　　　　　　　b) $K_{1,4}$　　　　　　　　　c) $K_{2,3}$

d) C_4　　　　　　　　　e) W_4　　　　　　　　　　f) Q_3

在练习 10～12 中，画出给定邻接矩阵表示的图。

10. $\begin{bmatrix} 0 & 1 & 0 \\ 1 & 0 & 1 \\ 0 & 1 & 0 \end{bmatrix}$
11. $\begin{bmatrix} 0 & 0 & 1 & 1 \\ 0 & 0 & 1 & 0 \\ 1 & 1 & 0 & 1 \\ 1 & 1 & 1 & 0 \end{bmatrix}$
12. $\begin{bmatrix} 1 & 1 & 1 & 0 \\ 0 & 0 & 1 & 0 \\ 1 & 0 & 1 & 0 \\ 1 & 1 & 1 & 0 \end{bmatrix}$

在练习 13～15 中，用邻接矩阵表示给定的图。

13.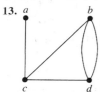
14.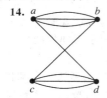
15.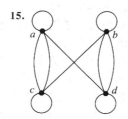

在练习 16～18 中，画出给定邻接矩阵所表示的无向图。

16. $\begin{bmatrix} 1 & 3 & 2 \\ 3 & 0 & 4 \\ 2 & 4 & 0 \end{bmatrix}$
17. $\begin{bmatrix} 1 & 2 & 0 & 1 \\ 2 & 0 & 3 & 0 \\ 0 & 3 & 1 & 1 \\ 1 & 0 & 1 & 0 \end{bmatrix}$
18. $\begin{bmatrix} 0 & 1 & 3 & 0 & 4 \\ 1 & 2 & 1 & 3 & 0 \\ 3 & 1 & 1 & 0 & 1 \\ 0 & 3 & 0 & 0 & 2 \\ 4 & 0 & 1 & 2 & 3 \end{bmatrix}$

在练习 19～21 中，按照顶点的字典顺序，求给定有向多重图的邻接矩阵。

19.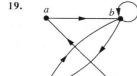
20.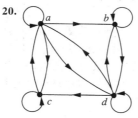
21.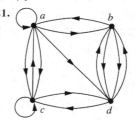

在练习 22～24 中，画出给定邻接矩阵表示的图。

22. $\begin{bmatrix} 1 & 0 & 1 \\ 0 & 0 & 1 \\ 1 & 1 & 1 \end{bmatrix}$
23. $\begin{bmatrix} 1 & 2 & 1 \\ 2 & 0 & 0 \\ 0 & 2 & 2 \end{bmatrix}$
24. $\begin{bmatrix} 0 & 2 & 3 & 0 \\ 1 & 2 & 2 & 1 \\ 2 & 1 & 1 & 0 \\ 1 & 0 & 0 & 2 \end{bmatrix}$

无向图 G 的**密度**等于 G 中的边数除以含有 $|G|$ 个顶点的无向图中可能的边数。因此，$G(V, E)$ 的密度是

$$\frac{2|G|}{|V|(|V|-1)}$$

图族 G_n，$n=1, 2, \cdots$ 是**稀疏的**，如果当 n 无约束增长时，G_n 的密度的极限为零；而如果此比例接近正实数，则为**稠密的**。如前文中所述，一张独立的图被称为稀疏图，如果它包含相对较少的边；而如果它包含许多边，则称为稠密图。这些术语可以根据具体情况进行精确定义，但不同的定义通常会不一致。

25. 求下列各图的密度：
    a) 10.1 节图 1
    b) 10.1 节图 6
    c) 10.1 节图 12

26. 求下列各图的密度：
    a) 10.2 节图 12
    b) 10.2 节图 13
    c) 10.2 节图 14

27. （需要微积分知识）对于每一个图族，判断该图族是稀疏的、稠密的或两者都不是。（参考 10.2 节练习 37 的结果。）
    a) K_n
    b) C_n
    c) $K_{n,n}$
    d) Q_n
    e) W_n
    f) $K_{3,n}$

28. 判断一个无向图是稀疏的、稠密的还是两者都不是，并解释你的答案。若此图用来建模：
    a) 城市中的街道网络（顶点为街道交叉口）

图 595

b) 城市中的一座建筑物与另一座建筑物的距离是否在两英里以内

c) 两个人是否是兄弟姐妹

d) 两个人是否为同一家公司工作

29. 每一个对称的和对角线全为 0 的 0-1 方阵是否都是简单图的邻接矩阵？

30. 用关联矩阵表示练习 1 和练习 2 中的图。

31. 用关联矩阵表示练习 13～15 中的图。

*32. 无向图的邻接矩阵的一行中的各项之和是什么？对有向图来说呢？

*33. 无向图的邻接矩阵的一列中的各项之和是什么？对有向图来说呢？

34. 无向图的关联矩阵的一行中的各项之和是什么？

35. 无向图的关联矩阵的一列中的各项之和是什么？

*36. 求下列每个图的邻接矩阵。

a) K_n **b)** C_n **c)** W_n **d)** $K_{m,n}$ **e)** Q_n

*37. 求练习 32a～d 中的图的关联矩阵。

在练习 38～48 中，判定所给定的一对图是否同构。构造一个同构或给出不存在同构的严格证明。关于这种类型的更多练习题，参见补充练习 3～5。

38.

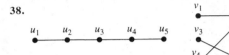

39.

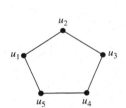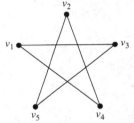

40.

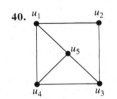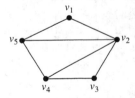

41.

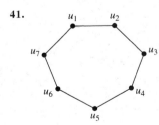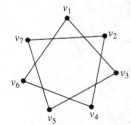

42.

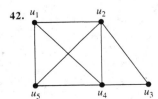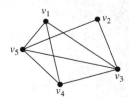

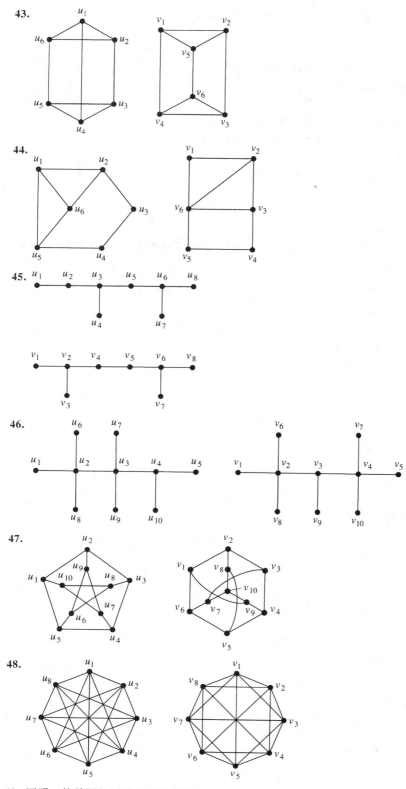

43.

44.

45.

46.

47.

48.

49. 证明：简单图的同构关系是等价关系。

图　　597

50. 设 G 和 H 是同构的简单图。证明：它们的补图 $\overline{G}$ 和 $\overline{H}$ 也是同构的。

51. 描述对应于孤立点的图的邻接矩阵的行和列。

52. 描述对应于孤立点的图的关联矩阵的行。

53. 证明：可以对具有 2 个以上顶点的二分图的顶点排序，使得其邻接矩阵形如下图所示的四项都是矩形块。

$$\begin{bmatrix} \mathbf{0} & \mathbf{A} \\ \mathbf{B} & \mathbf{0} \end{bmatrix}$$

若简单图 G 和 $\overline{G}$ 是同构的，则 G 称为**自补图**。

54. 证明：右图是自补图。

55. 求具有 5 个顶点的自补简单图。

*56. 证明：若 G 是具有 v 个顶点的自补简单图，则 $v \equiv 0$ 或 $1 \pmod 4$。

57. 对哪些整数 n，C_n 是自补图？

58. 具有 n 个顶点的非同构的简单图有多少个？其中 n 是
a) 2 　　　　 **b)** 3 　　　　 **c)** 4

59. 具有 5 个顶点和 3 条边的非同构的简单图有多少个？

60. 具有 6 个顶点和 4 条边的非同构的简单图有多少个？

61. 具有 6 个顶点且每个顶点的度均为 3 的非同构简单图有多少个？

62. 具有 7 个顶点且每个顶点的度均为 2 的非同构简单图有多少个？

63. 具有下列邻接矩阵的简单图是否同构？

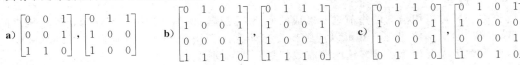

64. 判定具有下列关联矩阵的无环图是否同构。

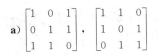

65. 把简单图的同构定义推广到包含环和多重边的无向图。

66. 定义有向图的同构。

在练习 67～70 中，判定所给定的一对有向图是否同构（参见练习 66）。

67. 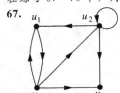 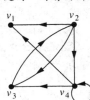　　**68.**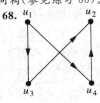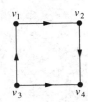

69.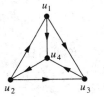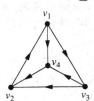

70.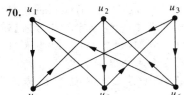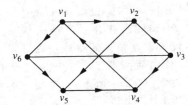

71. 证明：若 G 和 H 是同构的有向图，则 G 和 H 的逆图（在 10.2 节练习 69 的前导文中定义）也是同构的。

72. 证明：一个图是二分图这一属性是同构的不变量。

73. 找出一对非同构的图，它们具有相同的度序列（在 10.2 节练习 38 的前导文中定义），但一个是二分图而另一个不是。

*74. 具有 n 个顶点的非同构有向图有多少个？其中 n 是

    a) 2？   **b)** 3？   **c)** 4？

*75. 无向图的关联矩阵与它的转置之积是什么？

*76. 表示具有 n 个顶点和 m 条边的简单图需要多少存储空间？其中分别利用

    a) 邻接表   **b)** 邻接矩阵   **c)** 关联矩阵

魔鬼对是一对不同构的图，但所谓的同构检验不能证明其不同构。

77. 求一个用于检验的魔鬼对，该检验通过检查两个图的度序列（在 10.2 节练习 38 的前导文中定义）确定它们是相同的。

78. 设从 V_1 到 V_2 的函数 f 是从图 $G_1 = (V_1, E_1)$ 到 $G_2 = (V_2, E_2)$ 的同构。证明：按图中顶点的个数，按所需要的比较次数，可以在多项式时间复杂度内进行验证。

10.4　连通性

10.4.1　引言

许多问题可以用沿图的边前进所形成的通路来建模。例如，判定能否在两个计算机之间用中间连接传递消息的问题，就可以用图模型来研究。利用图模型中的通路，可以解决投递邮件、收取垃圾以及计算机网络诊断等有效规划路线的问题。

10.4.2　通路

非形式化地说，**通路**是边的序列，它从图的一个顶点开始沿着图中的边经图中相邻的顶点。因为通路行经了边，所以沿着通路可以访问顶点，即这些边的端点。

定义 1 给出通路的形式化定义和相关术语。

> **定义 1** 设 n 是非负整数且 G 是无向图。在 G 中从 u 到 v 的长度为 n 的通路是 G 的 n 条边 $e_1, \cdots, e_n$ 的序列，其中存在 $x_0 = u, x_1, \cdots, x_n = v$ 的顶点序列，使得对于 $i = 1, \cdots, n$，e_i 以 x_{i-1} 和 x_i 作为端点。当这个图是简单图时，就用顶点序列 $x_0, x_1, \cdots, x_n$ 表示这条通路（因为列出这些顶点就唯一地确定了通路）。若一条通路在相同的顶点开始和结束，即 $u = v$ 且长度大于 0，则它是一条回路。把通路或回路说成是经过顶点 $x_1, x_2, \cdots, x_{n-1}$ 或遍历边 $e_1, e_2, \cdots, e_n$。若通路或回路不重复地包含相同的边，则它是简单的。

当没有必要区分多重边时，就用顶点序列 $x_0, x_1, \cdots, x_n$ 表示通路 $e_1, e_2, \cdots, e_n$，其中对于 $i = 1, 2, \cdots, n$，$f(e_i) = \{x_{i-1}, x_i\}$。这种记法仅仅指出通路所经过的顶点。当且仅当在这个序列中的一些相邻顶点之间有多条边时，才会有多条通路经过这个顶点序列，但它并没有指定唯一的通路。注意长度为 0 的通路由单个顶点组成。

评注　关于定义 1 中的概念，有很多不同的术语。例如，在有些书中，使用**路径**（walk）而不是通路（path），这时路径被定义为图的顶点和边相互交替的序列，$v_0, e_1, v_1, e_2, \cdots, v_{n-1}, e_n, v_n$，其中 v_{i-1} 和 v_i 是 e_i 的端点，$i = 1, 2, 3, \cdots, n$。当使用"路径"这个术语时，就会使用**闭合路径**（closed walk）而不是回路（circuit）表示起始和终止于相同顶点的路径；使用**路线**（trail）表示没有重复边的路径（代替"简单通路"）。当使用路线这一术语时，术语**通路**（path）通常就会用来表示没有重复顶点的路线，这与定义 1 中的术语相冲突。由于这些术语的各种变体，所以当你在特定的书或者文章中阅读有关遍历图的边的内容时，需要弄清楚使用的是哪一组定义。文章 [GrYe06] 是一本关于本评注中提到的其他术语的好的参考文献。

图　　599

例 1 如图 1 所示，a，d，c，f，e 是长度为 4 的简单通路，因为 $\{a, d\}$、$\{d, c\}$、$\{c, f\}$ 和 $\{f, e\}$ 都是边。但是 d，e，c，a 不是通路，因为 $\{e, c\}$ 不是边。注意 b，c，f，e，b 是长度为 4 的回路，因为 $\{b, c\}$、$\{c, f\}$、$\{f, e\}$ 和 $\{e, b\}$ 都是边，且这条通路在 b 上开始和结束。长度为 5 的通路 a，b，e，d，a，b 不是简单的，因为它包含边 $\{a, b\}$ 两次。

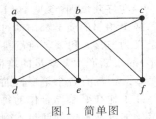

图 1　简单图

有向图中的通路和回路在第 9 章里介绍。现在给出更一般的定义。

> **定义 2**　设 n 是非负整数且 G 是有向图。在 G 中从 u 到 v 的长度为 n 的通路是 G 的边的序列 e_1，e_2，$\cdots$，e_n，使得 $f(e_1) = (x_0, x_1)$，$f(e_2) = (x_1, x_2)$，$\cdots$，$f(e_n) = (x_{n-1}, x_n)$，其中 $x_0 = u$，$x_n = v$。当有向图中没有多重边时，就用顶点序列 x_0，x_1，$\cdots$，x_n 表示这条通路。把在相同的顶点上开始和结束的长度大于 0 的通路称为回路或圈。若一条通路或回路不重复地包含相同的边，则把它称为简单的。

评注　经常用一些不是定义 2 给出的术语来表示其中描述的概念。特别地，使用路径（walk）、闭合路径（closed walk）、路线（trail）、通路（path）等术语（在定义 1 之后的评注中介绍过）描述有向图。详见 [GrYe06]。

注意通路上一条边的终点是这条通路上下一条边的起点。当没有必要区分多重边时，就用顶点序列 x_0，x_1，$\cdots$，x_n 表示通路 e_1，e_2，$\cdots$，e_n，其中对于 $i = 1, 2, \cdots, n$，$f(e_i) = (x_{i-1}, x_i)$。这种记法仅仅指出通路所经过的顶点。可以有多条通路经过这个顶点序列。当且仅当在这个序列中的一些相邻顶点之间有多条边时，才会有多条通路经过这个顶点序列。

在许多图模型中，通路能表示有用的信息，如例 2～4 所示。

例 2　**相识关系图中的通路**　在相识关系图中，如果存在一条连接两个人的链，在该链中，相邻的两个人彼此认识，则在这两个人之间有一条通路。例如在 10.1 节的图 6 中，有一条连接 Kamini 和 Ching 的 6 个人的链。许多社会学家猜想，是否可以用只包含 5 个或更少的人的短链来连接世界上几乎每一对人。这意味着世界上所有人的相识关系图中，几乎每对顶点都可以通过长度不超过 4 的通路来连接。约翰·奎尔（John Guare）的六度分离（Six Degrees of Separation）理论就是基于这个概念。

例 3　**合作图中的通路**　在合作图中，如果表示作者的两个顶点 a 和 b 之间有从 a 开始到 b 结束的一系列作者，使得每条边的端点所表示的两个作者写过一篇联名论文，则 a 和 b 就通过一条通路而连接。这里我们关注两个重要的合作图。首先，在所有数学家的学术合作图中，数学家 m 的 **埃德斯数**（在第 9 章补充练习 14 中用关系术语定义过），就是在 m 和成果极其丰富的数学家保罗·埃德斯（1996 年去世）之间的最短通路的长度。换句话说，一个数学家的埃德斯数就是从保罗·埃德斯开始到这个数学家结束的最短的数学家链的长度，其中每一对相邻的数学家都联名写过论文。根据"埃德斯数项目"，2006 年具有不同埃德斯数的数学家的数目如表 1 所示。

表 1　具有给定埃德斯数（到 2006 年年初）的数学家的数目

埃德斯数	人　数	埃德斯数	人　数
0	1	7	11 591
1	504	8	3146
2	6 593	9	819
3	33 605	10	244
4	83 642	11	68
5	87 760	12	23
6	40 014	13	5

Links

在好莱坞图(参见 10.1 节例 3)中,当存在连接两个顶点 a 和 b 的演员链,其中在这个链上每两个相邻的演员都出演过同一部电影时, a 和 b 就被连接。在好莱坞图中,演员 c 的**培根数**定义为连接 c 和著名演员凯文·培根的最短通路的长度。随着新电影(包括凯文·培根的新电影)的不断产生,演员的培根数也在不断地发生变化。表 2 显示的是从培根网站得到的到 2017年 8 月,具有各个培根数的演员的数目。一个演员的培根数起源于 1990 年年初,凯文·培根标注了他在好莱坞合作的每一位演员或与他合作过的人。这使有些人发明了一个聚会游戏,要求参加者从指定的演员找到凯文·培根的一个电影系列。在网络诞生之前,你需要成为一名电影专家才能玩好这个游戏。现在,你只需要咨询培根的 Oracle 数据库。我们可以把表演学院的任意一个演员作为中心,找到一个类似于培根数的数。

表 2   具有给定培根数(到 2017 年年初)的演员数

培根数	人 数	培根数	人 数
0	1	5	4388
1	3452	6	631
2	401 636	7	131
3	1 496 104	8	9
4	390 878	9	1

10.4.3　无向图的连通性

若消息可以通过一个或多个中间计算机来传递,则计算机网络何时具有每对计算机都可共享信息的性质?当利用图来表示这个计算机网络时,其中用顶点表示计算机而用边表示通信链路时,这个问题就变成:何时在图中任意两个顶点之间都存在通路?

定义 3　若无向图中每一对不同的顶点之间都有通路,则该图称为连通的。不连通的无向图称为不连通的。当从图中删除顶点或边,或两者时,得到了不连通的子图,就称将图变成不连通的。

因此,在网络中的任何两个计算机之间都可以通信,当且仅当这个网络图是连通的。

例 4　图 2 中的图 G_1 是连通的,因为在每一对不同的顶点之间都有通路(读者应当验证它)。但是图 2 中的图 G_2 不是连通的。例如,在顶点 a 和 d 之间没有通路。

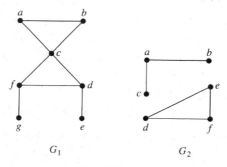

G_1　　　　　G_2

图 2　图 G_1 和 G_2

第 11 章将用到下述定理。

定理 1　在连通无向图的每一对不同顶点之间都存在简单通路。

证明　设 u 和 v 是连通无向图 $G=(V, E)$ 的两个不同的顶点。因为 G 是连通的,所以 u 和 v 之间至少有 1 条通路。设 $x_0, x_1, \cdots, x_n$ 是长度最短的通路的顶点序列,其中 $x_0 = u$ 而

图　601

$x_n = v$。这条长度最短的通路是简单的。为了看明白这一点，假设它不是简单的。则对满足 $0 \leqslant i < j$ 的某个 i 和 j 来说，有 $x_i = x_j$。这意味着通过删除顶点序列 x_i，…，x_{j-1} 所对应的边，就得到带有顶点序列 x_0，x_1，…，x_{i-1}，x_j，…，x_n 的从 u 到 v 的更短的通路。◀

连通分支　图 G 的**连通分支**是 G 的连通子图，且该子图不是图 G 的另一个连通子图的真子图。也就是说，图 G 的连通分支是 G 的一个极大连通子图。不连通的图 G 具有 2 个或 2 个以上不相交的连通子图，并且 G 是这些连通子图的并。

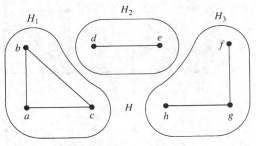

例 5　图 3 所示的图 H 的连通分支是什么？

解　如图 3 所示，图 H 是 3 个不相交的连通子图 H_1、H_2 和 H_3 的并。这 3 个子图是 H 的连通分支。◀

图 3　图 H 和它的连通分支 H_1、H_2 和 H_3

例 6　**呼叫图的连通分支**　当电话呼叫图（参见 10.1 节例 4）中存在一系列从 x 开始到 y 结束的电话呼叫时，两个顶点 x 和 y 就属于同一个连通分支。当分析 AT&T 网络中特定一天内发生的电话呼叫的呼叫图时，发现这个图具有 53 767 087 个顶点、超过 1.7 亿条边和超过 370 万个连通分支。这些连通分支大多数都很小，大约 3/4 是由表示只在彼此之间呼叫的一对电话号码的两个顶点所组成。这个图具有一个包含 44 989 297 个顶点（占总数的 80%）的巨大的连通分支。另外，这个连通分支中的每个顶点都可以通过一条不超过 20 个顶点的链连接到任何其他顶点。◀

10.4.4　图是如何连通的

设有一个表示计算机网络的图。由该图是连通的可知，该网络中任意两台计算机之间都可以通信。然而，我们还想知道这个网络有多可靠。例如，当一个路由器或通信链路发生故障时，它是否还能保证所有计算机之间可以通信？为了回答这个以及类似的问题，我们介绍一些新的概念。

有时删除图中的一个顶点和它所关联的边，就产生比原图具有更多连通分支的子图。把这样的顶点称为**割点**（或**关节点**）。从连通图里删除割点，就产生不连通的子图。同理，如果删除一条边，就产生比原图具有更多连通分支的子图，这条边就称为**割边**或**桥**。注意，在表示计算机网络的图中，割点和割边表示了最重要的路由器和最重要的链路，为使所有的计算机可以通信，它们不能发生故障。

例 7　求出图 4 所示的图 G_1 的割点和割边。

解　图 G_1 的割点是 b、c 和 e。删除这些顶点中的一个（和它的邻边），就使得这个图不再是连通的。割边是 $\{a, b\}$ 和 $\{c, e\}$。删除这些边中的一条，就使得 G 不再是连通的。◀

点连通性　并不是所有的图都有割点。例如，完全图 K_n，其中 $n \geqslant 3$，就没有割点。当从 K_n 中删除一个顶点及其相关联的边时，得到的子图是一个连通的完全图 K_{n-1}。不含割点的连通图称为**不可分割图**，它比有割点的连通图具有更好的连通性。我们可以扩展这个概念，基于使一个图不连通需要删除的最小的顶点数，定义一个与图的连通性相关的更大粒度的方法。

若 $G - V'$ 是不连通的，则称 $G = (V, E)$ 的顶点集 V 的子集 V' 是点割集，或分割集。例如，在图 1 中，集合 $\{b, c, e\}$ 是一个含有 3 个顶点的点割集，读者可自行验证。我们留给读者证明（练习 51），除了完全图以外，每一个连通图都有一个点割集。我们定义非完全图的点连通度为点割集中最小的顶点数，记作 $\kappa(G)$。

当 G 是完全图时，它没有点割集，因为删除它顶点集合的任意子集及其所有相关联的边后它仍然是一个完全图。同时，当 G 是完全图时，我们不能把 $\kappa(G)$ 定义为点割集的最小顶点数。我们用 $\kappa(K_n) = n - 1$ 来替代，这是需要删除的顶点数，以便得到只含有一个顶点的图。

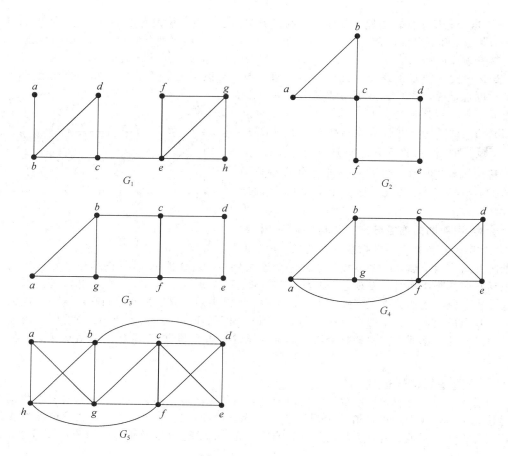

图 4 一些连通的图

因此，对于每一个图 G，$\kappa(G)$ 是使 G 变成不连通的图或只含有一个顶点的图所需删除的最小的顶点数。若 G 含有 n 个顶点，则 $0 \leqslant \kappa(G) \leqslant n-1$，$\kappa(G)=0$ 当且仅当 G 是不连通的或 $G=K_1$，$\kappa(G)=n-1$ 当且仅当 G 是完全图[参见练习 52a]。

$\kappa(G)$ 越大，我们认为 G 的连通性越好。不连通的图和 K_1 具有 $\kappa(G)=0$，含有点割集的连通图和 K_2 具有 $\kappa(G)=1$，不含点割集的需要删除两个顶点才变成不连通的图和 K_3 具有 $\kappa(G)=2$，以此类推。若 $\kappa(G) \geqslant k$，我们称图为 k **连通的**(或 k **顶点-连通的**)。若图是连通的且不是只含 1 个顶点的图，则称该图是 1 连通的；若图是不可分割的且至少含有 3 个顶点，则称该图为 2 连通的或**双连通的**。注意若 G 是一个 k 连通图，则对所有的 j，$0 \leqslant j \leqslant k$，$G$ 是一个 j 连通图。

例8 求出图 4 中每个图的点连通度。

解 图 4 中的 5 个图都是连通的且顶点数都大于 1，所以每个图的点连通度都为正数。因为 G_1 是含 1 个割点的连通图，如例 7 所示，所以 $\kappa(G)=1$。同理，$\kappa(G_2)=1$，因为 c 是 G_2 的一个割点。

读者可验证 G_3 没有割点，但是 $\{b, g\}$ 是一个点割集。所以 $\kappa(G_3)=2$。同理，G_4 没有割点，但是有一个含有两个元素 $\{c, f\}$ 的点割集。由此可得，$\kappa(G_4)=2$。读者可验证 G_5 没有含有两个元素的点割集，但 $\{b, c, f\}$ 是 G_5 的一个点割集，所以 $\kappa(G_5)=3$。

边连通度 我们可以通过把连通图 $G=(V, E)$ 变成不连通的所需要删除的最小边数，来度量连通图 G 的连通性。若一个图含有割边，那么我们只需删除该边就可以使 G 变成不连通

图   603

的。如果 G 不含有割边，那么我们寻找需要删除的最小的边割集，以使 G 变成不连通的。如果 $G-E'$ 是不连通的，则称边集 E' 是图 G 的**边割集**。图 G 的**边连通度**，记作 $\lambda(G)$，是图 G 的边割集中的最小的边数。这给出了顶点数大于 1 的所有连通图的 $\lambda(G)$ 的定义，因为把所有与图中某个顶点相关联的边都删除，就可以使该图变成不连通的。注意，若 G 是不连通的，则 $\lambda(G)=0$。若 G 是只含有 1 个顶点的图，我们也定义 $\lambda(G)=0$。由此可得，若 G 是含有 n 个顶点的图，则 $0\leqslant\lambda(G)\leqslant n-1$。我们留给读者[练习 52b]证明，$G$ 是含有 n 个顶点的图，$\lambda(G)=n-1$ 当且仅当 $G=K_n$，这等价于命题，若 G 不是完全图，则 $\lambda(G)\leqslant n-2$。

例 9 求图 4 中每个图的边连通度。

解 图 4 中的 5 个图都是连通的且顶点数都大于 1，所以每个图的边连通度都为正数。如例 7 所示，因为 G_1 含 1 条割边，所以 $\lambda(G_1)=1$。

读者需要验证 G_2 没有割边，但是删除 $\{a, b\}$ 和 $\{a, c\}$ 两条边后，就可以使它变成不连通的。所以 $\lambda(G_2)=2$。同理，$\lambda(G_3)=2$，因为 G_3 没有割边，但是删除 $\{b, c\}$ 和 $\{f, g\}$ 两条边后，就可以使它变成不连通的。

读者可以验证，删除任意两条边，都不能使 G_4 变成不连通的，但是删除 $\{b, c\}$、$\{a, f\}$ 和 $\{f, g\}$ 三条边后，就可以使它变成不连通的。所以，$\lambda(G_4)=3$。最后，读者需要验证 $\lambda(G_5)=3$，因为删除任意两条边，都不能使其变成不连通的，但是删除 $\{a, b\}$、$\{a, g\}$ 和 $\{a, h\}$ 三条边后，就可以使它变成不连通的。 ◀

一个与点连通度和边连通度相关的不等式 当 $G=(V, E)$ 是一个至少含有 3 个顶点的非完全连通图时，图 G 中顶点的最小度是图 G 的点连通度和图 G 的边连通度的上界。即 $\kappa(G)\leqslant\min_{v\in V}\deg(v)$ 和 $\lambda(G)\leqslant\min_{v\in V}\deg(v)$。为了明白这一点，注意删除度最小的顶点的所有邻居，就使 G 变成不连通的；而且删除所有以度最小的顶点为端点的边，就使 G 变成不连通的。

在练习 55 中，我们要求读者证明，若 G 是一个连通的非完全图，则 $\kappa(G)\leqslant\lambda(G)$。还要注意，若 n 是正整数，则 $\kappa(K_n)=\lambda(K_n)=\min_{v\in V}\deg(v)=n-1$，而且，若 G 是不连通的图，则 $\kappa(G)=\lambda(G)=0$。将这些事实结合起来，对所有的图 G 有

$$\kappa(G) \leqslant \lambda(G) \leqslant \min_{v\in V}\deg(v)$$

点连通度和边连通度的应用 图的连通性对涉及网络可靠性的许多问题都很重要。例如，我们在介绍割点和割边时提到，可以用顶点表示路由器，用边表示它们之间的链路来为数据网络建模。图中的点连通度等于使网络不连通不能提供服务的最小的路由器数。若宕机的路由器少于这个数，那么还可以在任意两个路由器之间进行数据传输。边连通度表示使网络不连通时发生故障的最小光纤链路数。若发生故障的链路数少于这个数，那么还可以在任意两个路由器之间进行数据传输。

我们可以使用顶点表示高速公路交叉点，边表示连接交叉点的公路为高速公路网建模。该图的点连通度表示，使任意两个交叉点不能通行，在某一时刻所需关闭的最少交叉点数。若少于这个数的交叉点关闭，则还可以在任意两个交叉点之间通行。边连通度表示使高速公路不连通，所需关闭的最少的公路数。如果少于这个数的高速公路关闭，则还可以在任意两个交叉点之间通行。显然，当设计公路维修计划时，这个信息对高速公路管理部门是很有用的。

10.4.5 有向图的连通性

根据是否考虑边的方向，在有向图中有两种连通性概念。

> **定义 4** 若对于有向图中的任意顶点 a 和 b，都有从 a 到 b 和从 b 到 a 的通路，则该图是**强连通的**。

对于一个强连通的有向图，在这个图中的任何一个顶点到任何另一个顶点之间一定存在有向边的序列。有向图可以不是强连通的，但还是"一整块"。定义 5 准确地说明了这个

概念。

> **定义 5** 若在有向图的基本无向图中，任何两个顶点之间都有通路，则该有向图是**弱连通**的。

也就是说，有向图是弱连通的，当且仅当在忽略边的方向时，任何两个顶点之间总是存在通路。显然，任何强连通有向图也是弱连通的。

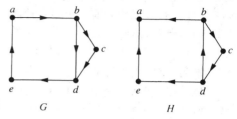

图 5   有向图 G 和 H

例 10 图 5 所示的有向图 G 和 H 是否为强连通的？是否为弱连通的？

解 G 是强连通的，因为在这个有向图中，任何两个顶点之间都存在通路（读者应当验证它）。因此 G 也是弱连通的。图 H 不是强连通的。在这个图中，从 a 到 b 没有有向通路。但是 H 是弱连通的，因为在 H 的基本无向图中，任何两个顶点之间都有通路（读者应当验证它）。 ◀

有向图的强连通分支 有向图 G 的子图是强连通的，但不包含在更大的强连通子图中，即极大强连通子图，可称为 G 的**强连通分支**或**强分支**。注意，若 a 和 b 是有向图中的两个顶点，它们的强连通分支或者相同或者不相交。（我们把这个事实的证明留在练习 17 中。）

例 11 图 5 中的图 H 有 3 个强连通分支，包括：顶点 a；顶点 e；由顶点 b、c 和 d 以及边 (b, c)、(c, d) 和 (d, b) 所组成的子图。 ◀

Links ▸

例 12 **网络图的强连通分支** 10.1 节例 5 中介绍的网络图用顶点表示网页而用有向边表示链路。该网络在 1999 年的快照产生了具有 2 亿个顶点和 15 亿条边的网络图。2010 年，网络图估计至少有 550 亿个顶点和 10 000 亿条边。从这些有限的数据可见（如果你近年来使用过网络，这很容易理解），网页数量有着较快的增长速度。（详情参见［Br00］及 Web 资源。）

1999 年，该网络图的基本无向图不是连通的，但是有一个包含了这个图中大约 90% 的顶点的连通分支。与基本无向图中的这个连通分支所对应的原来有向图的子图（即具有相同的顶点以及连接这些顶点的所有有向边），有一个非常大的强连通分支和许多小的强连通分支。前者称为这个有向图的**巨型强连通分支**（GSCC）。从这个分支中的任何其他网页开始的链路都可到达这个分支中的某一个网页。已经发现，这项研究产生的网络图中的巨型强连通分支有超过 5300 万个顶点。这个无向图的大型连通分支中的其余顶点表示 3 种不同类型的网页：可以从巨型强连通分支中的网页到达，但是不能通过一系列链路返回前面这些网页的网页；可以通过一系列链路返回巨型强连通分支中的网页，但是不能通过巨型强连通分支中网页上的链路到达的网页；既不能到达巨型强连通分支中的网页，也不能通过一系列链路从巨型强连通分支中的网页到达的网页。这项研究发现其余这三个集合中的每个都具有大约 4400 万个顶点（这三个集合都接近同样的规模，这是相当令人惊讶的）。 ◀

10.4.6   通路与同构

有多种方式可以利用通路和回路来帮助判定两个图是否同构。例如，特定长度简单回路的存在，就是一种可以用来证明两个图不同构的有用的不变量。另外，可以利用通路来构造可能的同构映射。

前面提到过，简单图的一个有用的同构不变量是长度为 k 的简单回路的存在性，其中 k 是大于 2 的正整数（这是一个不变量的证明在本节练习 60 中）。例 13 说明如何用这个不变量来证明两个图是不同构的。

例 13 判定图 6 所示的图 G 和 H 是否是同构的。

解 G 和 H 都具有 6 个顶点和 8 条边。各自具有 4 个度为 3 的顶点和 2 个度为 2 的顶点。

图 605

所以对两个图来说，这 3 个不变量(顶点数、边数以及顶点度)都是相同的。但是 H 有长度为 3 的简单回路，即 v_1，v_2，v_6，v_1，而通过观察可以看到，G 没有长度为 3 的简单回路(G 中的所有简单回路的长度至少为 4)。因为存在一条长度为 3 的简单回路是一个同构不变量，所以 G 和 H 是不同构的。

我们已经说明了如何用某种类型的通路，即具有特定长度的简单回路，来证明两个图是不同构的。还可以用通路求出潜在的同构映射。

例 14 判定图 7 所示的图 G 和 H 是否是同构的。

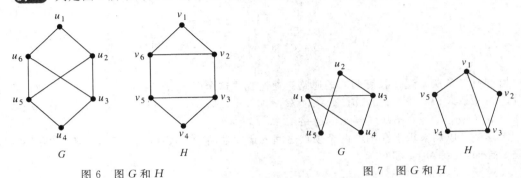

图 6　图 G 和 H　　　　　　　　　　图 7　图 G 和 H

解 G 和 H 都具有 5 个顶点和 6 条边，都具有 2 个度为 3 的顶点和 3 个度为 2 顶点，而且都具有 1 个长度为 3 的简单回路，1 个长度为 4 的简单回路，以及 1 个长度为 5 的简单回路。因为所有这些同构不变量都是相同的，所以 G 和 H 可能是同构的。

为了求出可能的同构，沿着经过所有顶点并且使得两个图中的对应顶点的度都相同的通路前进。例如，G 中的通路 u_1，u_4，u_3，u_2，u_5 和 H 中的通路 v_3，v_2，v_1，v_5，v_4 都经过图中的每一个顶点，都从度为 3 的顶点开始，都分别经过度为 2 的顶点、度为 3 的顶点和度为 2 顶点并且在度为 2 的顶点结束。通过在图中沿着这些通路前进，定义映射 f 满足 $f(u_1)=v_3$、$f(u_4)=v_2$、$f(u_3)=v_1$、$f(u_2)=v_5$ 和 $f(u_5)=v_4$。通过说明 f 保持边或者通过说明在顶点的适当顺序下 G 和 H 的邻接矩阵是相同的，读者就可以说明 f 是一个同构，所以 G 与 H 是同构的。

10.4.7　计算顶点之间的通路数

在一个图中两个顶点之间通路的数目，可以用这个图的邻接矩阵来确定。

> **定理 2** 设 G 是一个图，该图的邻接矩阵 **A** 相对于图中的顶点顺序 v_1，v_2，…，v_n(允许带有无向或有向边、带有多重边和环)。从 v_i 到 v_j 长度为 r 的不同通路的数目等于 $\mathbf{A}^r$ 的第 (i, j) 项，其中 r 是正整数。

证明 用数学归纳法证明。设 G 是带有邻接矩阵 **A** 的图(假设 G 的顶点具有顺序 v_1，v_2，…，v_n)。从 v_i 到 v_j 长度为 1 的通路数是 **A** 的第 (i, j) 项，因为该项是从 v_i 到 v_j 的边数。

假设 $\mathbf{A}^r$ 的第 (i, j) 项是从 v_i 到 v_j 长度为 r 的不同通路的个数。这是归纳假设。因为 $\mathbf{A}^{r+1}=\mathbf{A}^r\mathbf{A}$，所以 $\mathbf{A}^{r+1}$ 的第 (i, j) 项等于

$$b_{i1}a_{1j}+b_{i2}a_{2j}+\cdots+b_{in}a_{nj}$$

其中 b_{ik} 是 $\mathbf{A}^r$ 的第 (i, k) 项。根据归纳假设，b_{ik} 是从 v_i 到 v_k 长度为 r 的通路数。

从 v_i 到 v_j 长度为 r+1 的通路，包括从 v_i 到某个中间顶点 v_k 长度为 r 的通路以及从 v_k 到 v_j 的边。根据计数的乘积法则，这样的通路个数是从 v_i 到 v_k 长度为 r 的通路数(即 b_{ik})与从 v_k 到 v_j 的边数(即 a_{kj})积。当对所有可能的中间顶点 v_k 求这些乘积之和时，根据计数的求和法则，就可以得出所需要的结果。

例 15 在图 8 所示的简单图 G 中，从 a 到 d 长度为 4 的通路有多少条？

解 G 的邻接矩阵（顶点顺序为 a, b, c, d）是

$$A = \begin{bmatrix} 0 & 1 & 1 & 0 \\ 1 & 0 & 0 & 1 \\ 1 & 0 & 0 & 1 \\ 0 & 1 & 1 & 0 \end{bmatrix}$$

因此从 a 到 d 长度为 4 的通路数是 A^4 的第 $(1, 4)$ 项。因为

$$A^4 = \begin{bmatrix} 8 & 0 & 0 & 8 \\ 0 & 8 & 8 & 0 \\ 0 & 8 & 8 & 0 \\ 8 & 0 & 0 & 8 \end{bmatrix}$$

图 8 图 G

所以恰好有 8 条从 a 到 d 长度为 4 的通路。通过观察这个图，我们看出 a, b, a, b, d; a, b, a, c, d; a, b, d, b, d; a, b, d, c, d; a, c, a, b, d; a, c, a, c, d; a, c, d, b, d 和 a, c, d, c, d 是 8 条从 a 到 d 的通路。

定理 2 可以用来求出在图的两个顶点之间的最短通路的长度（见练习 56），还可以用来判定图是否连通（见练习 61 和 62）。

练习

1. 下述每个顶点列表是否可以构成下图中的通路？哪些通路是简单的？哪些是回路？这些通路的长度是多少？

a)a, e, b, c, b b)a, e, a, d, b, c, a

c)e, b, a, d, b, e d)c, b, d, a, e, c

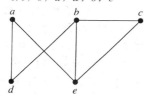

2. 下述每个顶点列表是否可以构成下图中的通路？哪些通路是简单的？哪些是回路？这些通路的长度是多少？

a)a, b, e, c, b b)a, d, a, d, a

c)a, d, b, e, a d)a, b, e, c, b, d, a

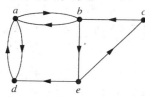

在练习 3～5 中，判定所给的图是否是连通的。

3.

4.

5.

6. 在练习 3～5 中，每个图各自有多少个连通分支？对每个图求出它的每个连通分支。

7. 相识关系图的连通分支表示什么？

8. 合作图的连通分支表示什么？

图　　607

9. 解释为什么在数学家的合作图中(参见 10.1 节例 3)，表示一个数学家的顶点与表示保罗·埃德斯的顶点是在同一个连通分支中，当且仅当这个数学家具有有穷的埃德斯数。

10. 在好莱坞图中(参见 10.1 节例 3)，什么时候表示一个演员的顶点与表示凯文·培根的顶点是在同一个连通分支中？

11. 判断下列各图是否是强连通的，如果不是，再判断是否是弱连通的。

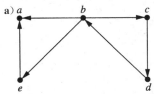 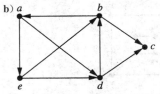 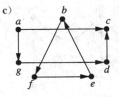

12. 判断下列各图是否是强连通的，如果不是，再判断是否是弱连通的。

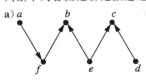 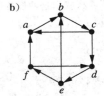 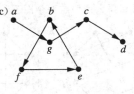

13. 电话呼叫图的强连通分支表示什么？

14. 求下列各图的强连通分支。

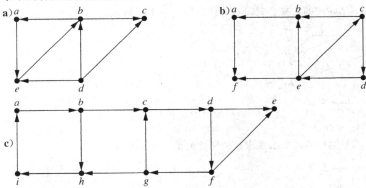

15. 求下列各图的强连通分支。

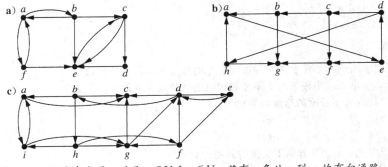

设 $G=(V, E)$ 是有向图。对于 $w \in V$ 和 $v \in V$，若有一条从 v 到 w 的有向通路，则称 w 是从 v **可达的**。若在图 G 中，有一条从 v 到 w 的有向通路和一条从 w 到 v 的有向通路，则称 v 和 w 是**相互可达的**。

16. 证明：若 $G=(V, E)$ 是有向图，u、v 和 w 都是 V 的顶点，且 u 和 v 是相互可达的，v 和 w 是相互可达的，则 u 和 w 也是相互可达的。

17. 证明：若 $G=(V, E)$ 是有向图，则 V 中的两个顶点 u 和 v 所在的强连通分支要么相同，要么不相交。
　　〔提示：使用练习 16。〕

18. 证明：连接有向图同一个强连通分支中两个顶点的有向通路所访问的所有顶点也都在这个强连通分支中。

19. 求 K_4 中两个不同顶点之间长度为 n 的通路的数目；若 n 是
   a)2   b)3   c)4   d)5

20. 运用通路要么证明这两个图不是同构的，要么找出这两图之间的一个同构。

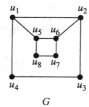 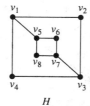

G H

21. 运用通路要么证明这两个图不是同构的，要么找出这两图之间的一个同构。

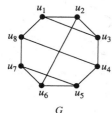 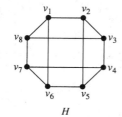

G H

22. 运用通路要么证明这两个图不是同构的，要么找出这两图之间的一个同构。

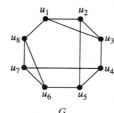 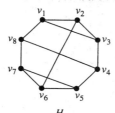

G H

23. 运用通路要么证明这两个图不是同构的，要么找出这两图之间的一个同构。

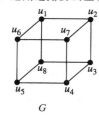 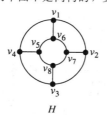

G H

24. 对练习 19 中的 n 值来说，求出 $K_{3,3}$ 中任意两个相邻顶点之间长度为 n 的通路的数目。

25. 对练习 19 中的 n 值来说，求出 $K_{3,3}$ 中任意两个不相邻顶点之间长度为 n 的通路的数目。

26. 求出在图 1 中 c 和 d 之间具有如下长度的通路的数目：
   a)2   b)3   c)4
   d)5   e)6   f)7

27. 求出在练习 2 里的有向图中从 a 到 e 具有如下长度的通路的数目：
   a)2   b)3   c)4
   d)5   e)6   f)7

* 28. 证明：带有 n 个顶点的连通图至少具有 $n-1$ 条边。

29. 设 $G=(V, E)$ 是简单图。设 R 是 V 上的关系，它是由顶点对 (u, v) 所组成的，使得存在从 u 到 v 的通路或使得 $u=v$。证明：R 是等价关系。

* 30. 证明：在任何简单图中，任何度为奇数的顶点都与其他某些度为奇数的顶点之间有通路。

图　　609

在练习 31～33 中，求所给图的所有割点。

31. 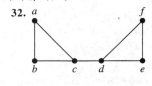　**32.**　**33.**

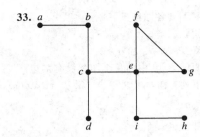

34. 求练习 31～33 中图的所有割边。

*35. 假设 v 是一条割边的端点。证明：v 是割点当且仅当它不是悬挂点。

*36. 证明：在连通简单图 G 中，顶点 c 是割点当且仅当存在着与 c 不同的顶点 u 和 v，并且在 u 和 v 之间的每一条通路都经过 c。

*37. 证明：在至少有 2 个顶点的简单图中，至少有 2 个顶点不是割点。

*38. 证明：简单图中的一条边是割边，当且仅当它不属于该图任何一条简单回路。

39. 若网络中的通信链路故障会导致不能传送某些消息，则应当提供备份链路。对下面 a 和 b 所示的通信网络来说，确定哪些链路应该有备份链路。

a)

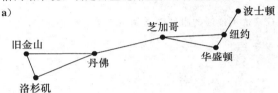

b)

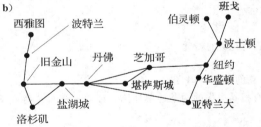

有向图 G 的**顶点基**是 G 的最小顶点的集合 B，使得对于 G 中任何一个不在 B 中的顶点 v，都有从 B 中的一个顶点到 v 的一条通路。

40. 对 10.2 节练习 7～9 中的每个有向图，求其顶点基。

41. 在影响图(在 10.1 节例 2 中描述)中顶点基的重要性是什么？找出该例中影响图的顶点基。

42. 证明：若连通简单图 G 是图 G_1 和 G_2 的并图，则 G_1 和 G_2 至少具有 1 个公共的顶点。

*43. 证明：若简单图 G 有 k 个连通分支，而且这些分支分别具有 $n_1, n_2, \cdots, n_k$ 个顶点，则 G 的边数不超过

$$\sum_{i=1}^{k} C(n_i, 2)$$

*44. 用练习 43 证明：带有 n 个顶点和 k 个连通分支的简单图最多有 $(n-k)(n-k+1)/2$ 条边。〔提示：首先证明

$$\sum_{i=1}^{k} n_i^2 \leqslant n^2 - (k-1)(2n-k)$$

其中 n_i 是第 i 个连通分支的顶点数。〕

*45. 证明：若带有 n 个顶点的简单图 G 具有超过 $(n-1)(n-2)/2$ 条边，则它是连通的。

46. 当把图中的顶点都列出来，且每个连通分支中的顶点都连续地列出时，描述带有 n 个连通分支的图的邻接矩阵。

47. 当 n 取如下值时，存在多少个不同构的带有 n 个顶点的连通简单图？

    a）2   **b**）3   **c**）4   **d**）5

48. 证明下列各图都没有割点。

    a）C_n，$n \geqslant 3$。   **b**）W_n，$n \geqslant 3$。

    c）$K_{m,n}$，$m \geqslant 2$ 和 $n \geqslant 2$。   **d**）Q_n，$n \geqslant 2$。

49. 证明练习 48 中的每个图都没有割边。

50. 对下列各图，求 $\kappa(G)$、$\lambda(G)$ 和 $\min_{v \in V} \deg(v)$，并判断 $\kappa(G) \leqslant \lambda(G) \leqslant \min_{v \in V} \deg(v)$ 中的两个不等式哪个更严格。

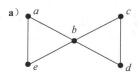
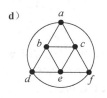
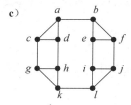

51. 证明：若 G 是连通图，则有可能删除顶点使 G 变成不连通的当且仅当 G 不是完全图。

52. 证明：若 G 是含有 n 个顶点的连通图，则

    a）$\kappa(G) = n-1$ 当且仅当 $G = K_n$。

    b）$\lambda(G) = n-1$ 当且仅当 $G = K_n$。

53. 求 $\kappa(K_{m,n})$ 和 $\lambda(K_{m,n})$，其中 m、n 是正整数。

54. 构造一个图，使得 $\kappa(G) = 1$，$\lambda(G) = 2$ 和 $\min_{v \in V} \deg(v) = 3$。

* 55. 证明：若 G 是一个图。则 $\kappa(G) < \lambda(G)$。

56. 解释如何用定理 2 求图中从顶点 v 到顶点 w 的最短通路的长度。

57. 用定理 2 求图 1 中从 a 到 f 的最短通路的长度。

58. 用定理 2 求练习 2 中的有向图从 a 到 c 的最短通路的长度。

☞ 59. 设 P_1 和 P_2 是简单图 G 中顶点 u 和 v 之间的没有相同边集的两条简单通路。证明：在 G 中存在简单回路。

60. 证明：长度为 k 的简单回路的存在性是一个图同构不变量，其中 k 是大于 2 的正整数。

61. 解释如何用定理 2 判定图是否是连通的。

62. 用练习 61 证明：图 2 中的图 G_1 是连通的而图 G_2 不是连通的。

63. 证明：简单图 G 是二分图，当且仅当 G 没有包含奇数条边的回路。

64. 在约克阿尔昆（735—804）提出的一个古老智力游戏中，一位农夫需要将一匹狼、一只山羊和一棵白菜带过河。农夫只有一只小船，小船每次只能载农夫和一件物品（一个动物或者一棵蔬菜）。农夫可以重复渡河，但如果农夫在河的另一边，那么狼会吃羊，类似地，羊会吃白菜。可以通过列出两岸各有什么来描述问题的每个状态。例如，可以用有序对 (FG, WC) 表示农夫和羊在一岸，而狼和白菜在另一岸的状态。[可用符号 $\varnothing$ 表示某边岸上什么也没有，这样问题的初始状态就是 $(FGWC, \varnothing)$。]

    a）找出这个游戏所有的允许状态，其中不能出现在没有农夫的情况下，让狼和羊，或者羊和白菜在同一岸上。

    b）构造一个图，使得图中的每一个顶点表示一个允许的状态，如果可以通过一次船的运输从一个状态转换到另一个状态，那么相应的顶点之间用一条边相连。

    c）解释为什么找到一条从表示 $(FGWC, \varnothing)$ 状态的顶点到表示 $(\varnothing, FGWC)$ 状态的顶点的通路，就能解决这个问题。

    d）找出这个游戏的两个不同解，每个解都使用 7 次渡河。

    e）假设每次农夫携带一个动物过河都要付 1 元的过路费，那么农夫应当采用哪一个解以使过路费最少。

* 65. 参考练习 64，运用图模型和图中的通路，求解吃醋丈夫问题。两对已婚夫妇想要过河，他们只能找

图   611

到一艘小船，小船一次只能运送一个或者两个人到对岸。每个丈夫都非常爱吃醋，不愿让自己的妻子和另外一位男士单独在船上或在岸上。这 4 个人要怎么做才能到达对岸？

66. 假设你有一个 3 加仑的壶和一个 5 加仑的壶，可以用水将它们灌满。你可以倒空任何一个壶，也可以把水从一个壶倒往另一个壶。运用一个有向图模型来说明，你可以最终使一个壶里恰好装 1 加仑的水。[提示：用有序对 (a, b) 表示每个壶里有多少水，然后用顶点来表示这个有序对。对可行的操作，在顶点之间添加相对应的边。]

10.5 欧拉通路与哈密顿通路

10.5.1 引言

能否从一个顶点出发沿着图的边前进，恰好经过图的每条边一次并且回到这个顶点？同样，能否从一个顶点出发沿着图的边前进，恰好经过图的每个顶点一次并且回到这个顶点？虽然这两个问题有相似之处，但是对于所有的图来说，通过检查图中顶点的度，可以轻而易举地回答第一个关于是否具有欧拉回路（Euler Circuit）的问题，却非常难以解决第二个关于是否具有哈密顿回路（Hamilton Circuit）的问题。本节将研究这些问题并讨论求解这些问题的难点。虽然这两个问题在许多不同领域里都有实际应用，但是都来源于古老的智力题。下面将介绍这些古老的智力题以及现代的实际应用。

10.5.2 欧拉通路与欧拉回路

普鲁士的哥尼斯堡镇（现名为加里宁格勒，属于俄罗斯共和国）被普雷格尔河支流分成四部分。这四部分包括普雷格尔河两岸的两个区域、克奈普霍夫岛河中心岛以及普雷格尔河两条支流之间的部分区域。在 18 世纪，7 座桥将这些区域连接起来。图 1 描述了这些区域和桥。

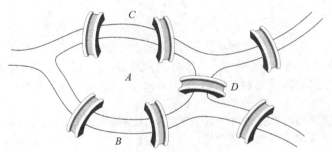

图 1 哥尼斯堡的 7 座桥

镇上的人们在周日穿过镇子进行长距离的散步。他们想弄明白是否可能从镇里的某个位置出发不重复地经过所有桥并且返回出发点。

瑞士数学家列昂哈德·欧拉解决了这个问题。他的解答发表在 1736 年，这也许是人们第一次使用图论（关于欧拉原始论文的译稿，参见［BiLlWi99］）。欧拉利用多重图来研究这个问题，其中用顶点表示这四部分，用边表示桥，如图 2 所示。

不重复地经过每一座桥来旅行的问题可以利用这个模型来重新叙述。问题变成：在这个多重图中是否存在着包含每一条边的简单回路？

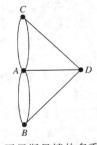

图 2 哥尼斯堡镇的多重图模型

定义 1 图 G 中的欧拉回路是包含 G 的每一条边的简单回路。图 G 中的欧拉通路是包含 G 的每一条边的简单通路。

例 1 和例 2 解释了欧拉回路和欧拉通路的概念。

例 1 在图 3 中,哪些无向图有欧拉回路?在没有欧拉回路的那些图中,哪些具有欧拉通路?

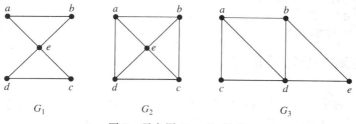

图 3   无向图 G_1、G_2 和 G_3

解   图 G_1 具有欧拉回路,例如 a, e, c, d, e, b, a。G_2 和 G_3 都没有欧拉回路(读者应当验证它)。但是 G_3 具有欧拉通路,即 a, c, d, e, b, d, a, b。G_2 没有欧拉通路(读者应当验证它)。◀

Extra
Examples

例 2 在图 4 中,哪些有向图有欧拉回路?在没有欧拉回路的那些图中,哪些具有欧拉通路?

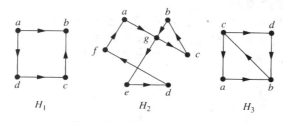

图 4   有向图 H_1,H_2 和 H_3

解   图 H_2 有欧拉回路,例如 a, g, c, b, g, e, d, f, a。H_1 和 H_3 都没有欧拉回路(读者应当验证它)。H_3 具有欧拉通路,即 c, a, b, c, d, b,但是 H_1 没有欧拉通路(读者应当验证它)。◀

欧拉回路和欧拉通路的充要条件   对判断多重图是否有欧拉回路和欧拉通路,存在着简单的标准。欧拉在解决著名的哥尼斯堡七桥问题时发现了它们。假设在本节讨论的所有图都有有穷个顶点和边。

若一个连通多重图有欧拉回路,则它有什么性质呢?可以说明的是,每一个顶点都必有偶数条边。为此,首先注意一条欧拉回路从顶点 a 开始,接着是 a 关联的一条边,比方说 $\{a, b\}$。边 $\{a, b\}$ 为 $\deg(a)$ 贡献 1 度。这条回路每经过一个顶点就为该顶点的度贡献 2 度,因为这条回路从关联该顶点的一条边进入,又经过另一条这样的边离开该顶点。最后,这条回路在它开始的地方结束,为 $\deg(a)$ 贡献 1 度。因此 $\deg(a)$ 必为偶数,因为当回路开始时它贡献 1 度,当回路结束时它贡献 1 度,每次经过 a 都贡献 2 度(如果它又经过了 a)。除了 a 以外,其余顶点都有偶数度,因为每次回路经过一个顶点就为该顶点的度贡献 2 度。由此得出结论,若连通图有欧拉回路,则每一个顶点必有偶数度。

欧拉回路存在性的这个必要条件是否也是充分的?即若在连通多重图中的所有顶点都有偶数度,则是否必有欧拉回路?这个问题可以通过构造来解决。

假设 G 是连通多重图且 G 的每一个顶点的度都是偶数。一条边一条边地构造从 G 的任意顶点 a 开始的简单回路。设 $x_0 = a$。首先任意地选择一条关联 a 的边 $\{x_0, x_1\}$,因为 G 是连通的,所以这是可行的。通过一条一条地增加边来继续构造,建立尽量长的简单通路 $\{x_0, x_1\}$,$\{x_1, x_2\}$,$\cdots$,$\{x_{n-1}, x_n\}$,直到不能再向这条通路中增加边。当我们到达一个顶点,并且在

图　613

通路中已包含所有与该顶点相关联的边时，就会出现这种情况。例如，在图 5 的图 G 中，从 a 开始且连续地选择边 $\{a,\ f\}$、$\{f,\ c\}$、$\{c,\ b\}$ 和 $\{b,\ a\}$。

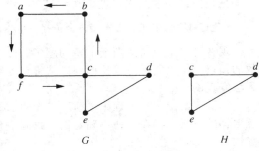

图 5　构造 G 中的欧拉回路

这样的通路必然会结束，因为图的边数是有穷的，所以我们最终一定能到达一个顶点，对于该点，再也没有边可以增加到这条通路中。该通路在 a 上以形如 $\{a,\ x\}$ 的边开始，现在证明其必然在 a 上以形如 $\{y,\ a\}$ 的边结束。为了说明该通路一定结束于 a，注意通路每经过一个度为偶数的顶点时，它只用 1 条边进入这个顶点，因为度数至少为 2，所以通路中至少还剩下 1 条边离开这个顶点。而且，每次进入和离开一个度数为偶数的顶点时，还有偶数条没在通路中的边与该点相关联。同时，在我们构造通路时，每次我们进入一个不同于 a 的顶点时，都可以从该点离开。这意味着，该通路只能结束于 a。另外注意，我们构造的这条通路可能用完了所有的边或者当我们在用完所有的边之前回到了顶点 a，也可能没用完所有的边。

若所有的边都已经用完，则欧拉回路已经构造好了。否则，考虑通过从 G 里删除已经用过的边和不关联任何剩余边的顶点所得到的子图 H。当从图 5 的图中删除回路 $a,\ f,\ c,\ b,\ a$ 时，就得到标记为 H 的子图。

因为 G 是连通的，所以 H 与已经删除的回路至少有 1 个公共顶点。设 w 是这样的顶点（此例中 c 是这个顶点）。

H 中的每一个顶点的度都是偶数。（因为 G 中的所有顶点的度都是偶数，对每个顶点来说，与这个顶点相关联的边都成对地删除了，以便形成 H。）注意 H 可能是不连通的。像在 G 中做过的那样，从 w 开始，通过尽可能地选择边来构造 H 的简单通路。这条通路必然在 w 结束。例如，在图 5 中，$c,\ d,\ e,\ c$ 是 H 中的通路。下一步通过把 H 中的回路与 G 中原来的回路拼接起来形成 G 中的回路（这是可行的，因为 w 是这个回路的顶点之一）。当在图 5 的图中这样做时，就得到回路 $a,\ f,\ c,\ d,\ e,\ c,\ b,\ a$。

继续进行这个过程，直到已经用完了所有的边为止（这个过程必然结束，因为图中只有有穷的边数）。这样就产生了欧拉回路。这样的构造说明，若连通多重图的顶点的度都为偶数，

Links ▶

©INTERFOTO/Alamy Stock Photo

列昂哈德·欧拉（Leonhard Euler，1707—1783）　欧拉是瑞士巴塞尔附近一位加尔文教派牧师之子。他 13 岁进入巴塞尔大学，遵照父亲的意愿开始了他的神学生涯。在大学里，欧拉受到著名的伯努利家族中的数学家约翰·伯努利的指导。在伯努利的指导下，欧拉发现了自己对数学浓厚的兴趣并熟练掌握了许多技巧，这使他放弃神学继而转向数学研究。欧拉 16 岁时获得了哲学硕士学位。1727 年，彼得大帝邀请他加入圣彼得堡科学院。1741 年，他来到柏林科学院，在那里待了二十余年。直到 1766 年，他重新回到圣彼得堡，并在那里度过余生。

欧拉的一生硕果累累，在数学的许多领域都做出了贡献，包括数论、组合以及分析，这些成果在音乐和造船学上也得到了应用。由他编写的书籍和论文多达 1100 余篇，仅他生前未来得及发表的著作就不计其数，以至于在他去世之后，用了 47 年才发表完他的全部著作。他写文章非常快，在世时总有一大摞文章等待发表。柏林科学院总是先发表这一大摞最顶上的文章，以至于后来的研究结果常常先于它们所依赖或取代的结果而发表。欧拉有 13 个孩子，当一两个孩子在他膝上玩耍时，他照样能够工作。在他生命最后的 17 年里，他失明了。但他凭借惊人的毅力和记忆力，继续进行数学研究。他著作全集的出版工作由瑞士自然科学协会负责，目前还在进行之中，预期将超过 75 卷。

则该图具有欧拉回路。

把这些结果总结成定理 1。

定理 1 含有至少 2 个顶点的连通多重图具有欧拉回路当且仅当它的每个顶点的度都为偶数。

现在可以解决哥尼斯堡七桥问题了。因为图 2 所示的表示这些桥的多重图具有 4 个度为奇数的顶点,所以它没有欧拉回路。从给定点开始,恰好经过每座桥一次并返回开始点的想法是无法实现的。

算法 1 给出了在定理 1 之前所讨论的求欧拉回路的构造过程(因为这个过程中的回路是任意选择的,所以存在一些不确定性。我们不介意通过更精确地说明过程的步骤来消除这些不确定性)。

算法 1 构造欧拉回路

procedure Euler(G:所有顶点的度都为偶数的连通多重图)

circuit := 从 G 中任选的顶点开始,连续地加入边所形成的回到该顶点的回路

H := 删除这条回路的边之后的 G

while H 还有边

    subcircuit := 在既是 H 的顶点也是 circuit 的边的端点处开始的 H 的一条回路

    H := 删除 subcircuit 的边和所有孤立点之后的 H

    circuit := 在适当顶点上插入 subcircuit 之后的 circuit

return circuit〈circuit 是欧拉回路〉

算法 1 提供了一个在所有顶点的度都为偶数的连通多重图 G 中寻找欧拉回路的有效算法。我们留给读者证明(练习 66)这个算法的最坏情形时间复杂度是 $O(m)$,其中 m 是 G 中的边数。

例 3 说明如何利用欧拉通路和欧拉回路来解决一种类型的智力题。

例 3 有许多智力题要求用铅笔连续移动,不离开纸面并且不重复地画出图形。可以利用欧拉回路和欧拉通路来解决这样的智力题。例如,能否用这样的方法画出图 6 所示的穆罕默德短弯刀?其中,该画法在图形的同一个顶点上开始和结束?

解 可以解决这个问题,因为图 6 所示的图 G 具有欧拉回路。它具有这样的回路,因为它的所有顶点的度都为偶数。用算法 1 来构造欧拉回路。首先,形成回路 a, b, d, c, b, e, i, f, e, a。通过删除这条回路的边并删除因此产生的孤立点,就得到子图 H。然后形成 H 里的回路 d, g, h, j, i, h, k, g, f, d。形成这条回路后就完成了 G 中的所有边。在适当的地方将这条回路与第一条回路拼接,就产生了欧拉回路 a, b, d, g, h, j, i, h, k, g, f, d, c, b, e, i, f, e, a。这条回路给出了铅笔不离开纸面且不重复地画出弯刀的方法。◀

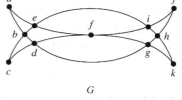

图 6 穆罕默德短弯刀

构造欧拉回路的另一个算法称为弗勒里算法,在练习 50 的前面描述了它。

现在说明连通多重图具有欧拉通路(不是欧拉回路)当且仅当它恰有 2 个度为奇数的顶点。首先,假设连通多重图有一条从 a 到 b 的欧拉通路,但不是欧拉回路。该通路的第一条边为 a 的度贡献 1 度。通路每次经过 a 就为 a 的度贡献 2 度。通路的最后一条边为 b 的度贡献 1 度。通路每次经过 b 就为 b 的度贡献 2 度。所以 a 和 b 的度都是奇数。每一个其他顶点都具有偶数度,因为当通路经过一个顶点时,就为这个顶点的度贡献 2 度。

现在反过来考虑。假设这个图恰有 2 个度为奇数的顶点,比方说 a 和 b。考虑由原来的图和边 $\{a, b\}$ 所组成的更大的图。这个更大的图的每一个顶点的度都为偶数,所以它具有欧拉回路。删除新边就产生原图的欧拉通路。定理 2 总结了这些结果。

图 615

定理 2 连通多重图具有欧拉通路但无欧拉回路当且仅当它恰有 2 个度为奇数的顶点。

例 4 图 7 所示的哪些图具有欧拉通路？

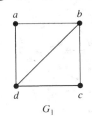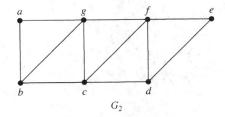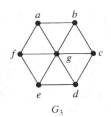

图 7 三个无向图

解 G_1 恰有 2 个度为奇数的顶点，即 b 和 d。因此它具有必须用 b 和 d 作为端点的欧拉通路。一条这样的欧拉通路是 d，a，b，c，d，b。同理，G_2 恰有 2 个度为奇数的顶点，即 b 和 d。因此它具有必须用 b 和 d 作为端点的欧拉通路。一条这样的欧拉通路是 b，a，g，f，e，d，c，g，b，c，f，d。G_3 没有欧拉通路，因为它具有 6 个度为奇数的顶点。

回到 18 世纪的哥尼斯堡，是否有可能在镇里的某点开始，旅行经过所有的桥，在镇里的其他某点结束？通过判定表示哥尼斯堡七桥的多重图是否具有欧拉通路，就可以回答这个问题。因为这个多重图有 4 个度为奇数的顶点，没有欧拉通路，所以这样的旅行是不可能的。

有向图中欧拉通路和欧拉回路的充要条件，在练习 16 和练习 17 中给出。

欧拉通路和欧拉回路的应用 可以用欧拉通路和欧拉回路解决许多实际问题。例如，许多应用都要求一条通路或回路，它要求恰好一次经过一个街区里的每条街道、一个交通网中的每条道路、一个高压输电网里的每个连接或者一个通信网络里的每条链路。求出适当的图模型中的欧拉通路或欧拉回路就可以解决这样的问题。例如，如果一个邮递员可以求出表示他所负责投递的街道图中的欧拉通路，则这条通路就产生恰好经过每条街道一次的投递路线。如果不存在欧拉通路，有些通路就必须经过多次。在图中找出一条回路，该回路以最少的边数至少遍历每一条边一次的问题称为中国邮递员问题，以纪念在 1962 年提出这个问题的中国科学家管梅谷。参看[MiRo91]以了解关于不存在欧拉通路时中国邮递员问题的解的更多信息。

应用欧拉通路和欧拉回路的其他领域有：电路布线、网络组播和分子生物学，在分子生物学中欧拉通路用于 DNA 测序。

10.5.3 哈密顿通路与哈密顿回路

包含多重图每一条边恰好一次的通路和回路的存在性的充要条件已经得出。那么包含图中每一个顶点恰好一次的简单通路和回路的存在性的充要条件是否也能得出呢？

定义 2 经过图 G 中每一个顶点恰好一次的简单通路称为哈密顿通路，经过图 G 中每一个顶点恰好一次的简单回路称为哈密顿回路。即，在图 $G=(V, E)$ 中，若 $V=\{x_0, x_1, \cdots, x_{n-1}, x_n\}$ 并且对 $0 \leqslant i < j \leqslant n$ 来说有 $x_i \neq x_j$，则图 G 中的简单通路 x_0，x_1，$\cdots$，x_{n-1}，x_n 称为哈密顿通路。在图 $G=(V, E)$ 中，若 x_0，x_1，$\cdots$，x_{n-1}，x_n 是哈密顿通路，则 x_0，x_1，$\cdots$，x_{n-1}，x_n，x_0（其中 $n>0$）称为哈密顿回路。

这个术语来自爱尔兰数学家威廉·罗万·哈密顿爵士在 1857 年发明的智力题。哈密顿的智力题用到了木质十二面体（如图 8a 所示，十二面体有 12 个正五边形表面）、十二面体每个顶点上的钉子，以及细线。十二面体的 20 个顶点用世界上的不同城市标记。智力题要求从一个城市开始，沿十二面体的边旅行，访问其他 19 个城市，每个恰好一次，回到第一个城市结束。旅行经过的回路用钉子和细线来标记。

因为作者不可能向每位读者提供带钉子和细线的木质十二面体，所以考虑一个等价的问题：图 8b 中的图是否具有恰好经过每个顶点一次的回路？它就是对原题的解，因为该图同构于包含十二面体顶点和边的图。图 9 是哈密顿智力题的一个解。

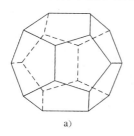 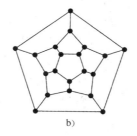 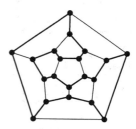

图 8   哈密顿的"周游世界"智力题   图 9   "周游世界"智力题的一个解

Extra Examples

例 5 在图 10 中，哪些简单图具有哈密顿回路？或者没有哈密顿回路但是有哈密顿通路？

解 G_1 有哈密顿回路：a，b，c，d，e，a。G_2 没有哈密顿回路(可以看出包含每一个顶点的任何回路必然两次包含边 $\{a, b\}$)，但是 G_2 确实有哈密顿通路，即 a，b，c，d。G_3 既无哈密顿回路也无哈密顿通路，因为包含所有顶点的任何通路都必须多次包含边 $\{a, b\}$、$\{e, f\}$ 和 $\{c, d\}$ 其中之一。 ◀

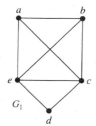 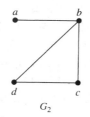 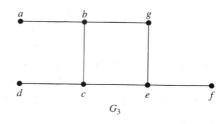

图 10   三个简单图

哈密顿回路存在的条件   是否存在简单方式来判定一个图有无哈密顿回路或哈密顿通路？首先，似乎应当有判定这个问题的简单方式，因为存在简单方式来回答一个图有无欧拉回路这样的相似问题。令人吃惊的是，没有已知简单的充要条件来判定哈密顿回路的存在性。不过，已经有许多定理给出了哈密顿回路的存在性的充分条件。另外，也有某些性质可以用来证明一个图没有哈密顿回路。例如，带有度为 1 的顶点的图没有哈密顿回路，因为在哈密顿回路中每个顶点都关联回路中的两条边。另外，若图中有度为 2 的顶点，则关联这个顶点的两条边属于任意一条哈密顿回路。此外注意，当构造哈密顿回路且该回路经过某一个顶点时，除了回路所用到的两条边以外，这个顶点所关联的其他所有边不用再考虑。而且，哈密顿回路不能包含更小的回路。

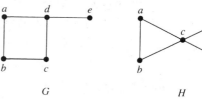

图 11   两个没有哈密顿回路的图

例 6 证明图 11 中的图都没有哈密顿回路。

解 G 没有哈密顿回路，因为 G 有度为 1 的顶点，即 e。现在考虑 H。因为顶点 a、b、d 和 e 的度都为 2，所以与这些顶点关联的每一条边都必然属于任意一条哈密顿回路。现在容易看出 H 不存在哈密顿回路，因为任何这样的哈密顿回路都不得不包含 4 条关联 c 的边，这是不可能的。 ◀

例 7 证明：当 $n \geqslant 3$ 时，K_n 有哈密顿回路。

解 从 K_n 中的任意一个顶点开始来形成哈密顿回路。以所选择的任意顺序来访问顶点，只要求通路在同一个顶点开始和结束，而且对其他每个顶点恰好访问一次，就可以构造这样的回路。这样做是可能的，因为在 K_n 中任意两个顶点之间都有边。 ◀

图　　617

虽然还未发现任何有用的关于哈密顿回路存在性的充要条件，但很多充分条件已经被找到了。注意，一个图的边越多，这个图就越可能有哈密顿回路。另外，加入边（而不是顶点）到已经有哈密顿回路的图中，就产生有相同哈密顿回路的图。因此，当加入边到图中时，特别是当确保给每个顶点都加入边时，这个图存在哈密顿回路的可能性就更大了。因此，我们期望哈密顿回路存在性的充分条件取决于顶点的度足够大。这里叙述两个最重要的充分条件中。这些条件是加布里尔·A. 狄拉克（Gabriel A. Dirac）在 1952 年和奥斯丁·欧尔（Øystein Ore）在 1960 年发现的。

定理 3　狄拉克定理　　如果 G 是有 n 个顶点的简单图，其中 $n \geqslant 3$，并且 G 中每个顶点的度都至少为 $n/2$，则 G 有哈密顿回路。

定理 4　欧尔定理　　如果 G 是有 n 个顶点的简单图，其中 $n \geqslant 3$，并且对于 G 中每一对不相邻的顶点 u 和 v 来说，都有 $\deg(u) + \deg(v) \geqslant n$，则 G 有哈密顿回路。

本节练习 65 粗略介绍了欧尔定理的证明。狄拉克定理可以作为欧尔定理的推论来证明，因为狄拉克定理的条件蕴含了欧尔定理的条件。

欧尔定理和狄拉克定理都给出了连通的简单图有哈密顿回路的充分条件。但是，这些定理没有给出哈密顿回路存在性的必要条件。例如，图 C_5 有哈密顿回路，但既不满足欧尔定理的假设也不满足狄拉克定理的假设，读者可以验证这一点。

已知最好的求一个图哈密顿回路或判定这样的回路不存在的算法具有指数级的最坏情形时间复杂度（相对于图的顶点数来说）。找到具有多项式最坏情形时间复杂度的解决算法将具有重大意义，因为已经证明这个问题是 NP 完全的（见 3.3 节）。因此，它的发现将意味着其他许多理论上可解的问题都可以用具有多项式最坏情形时间复杂度的解决算法来解决。

Links

©Hulton-Deutsch/
Corbis/Getty Images

威廉·罗万·哈密顿（William Rowan Hamilton，1805—1865）　　哈密顿是爱尔兰最具名望的科学家，1805 年出生于都柏林。他的父亲是一名成功的律师，母亲来自以智力超群而闻名的家族，而哈密顿本人更是个神童。3 岁时，他在阅读方面就显示出了超群的能力并掌握了高等算术。因为他非凡的智商，哈密顿被送到身为著名语言学家的叔叔詹姆士那里生活。到哈密顿 8 岁时，他已经学会了拉丁语、希腊语和希伯来语；到 10 岁时，他又学会了意大利语和法语，并且开始学习东方语言，包括阿拉伯语、梵语和波斯语。那时，他以小小年纪却掌握多种语言而倍感自豪。17 岁时，他不再学习新的语言，但是已经掌握了微积分和许多数学、天文学知识，他开始了在光学上的开创性工作，并发现了拉普拉斯的天体力学著作中的重大错误。在他 18 岁进入都柏林三一学院之前，哈密顿一直接受私人教育。在三一学院上学期间，他在科学和古典文学上都表现超群。在获得学位之前，他就因为过人的才华，从多位著名天文学家参与的竞争中脱颖而出，被任命为爱尔兰皇家天文学家。他终身担任这个职位，终其一生都在都柏林郊外的邓辛克（Dunsink）天文台生活和工作。哈密顿在光学、抽象代数和动力学领域做出了重要贡献。哈密顿发明了称为四元数的代数对象来作为非交换系统的例子。当他沿都柏林的运河散步时，他发现了四元数相乘的适当方式。狂喜之下，他把公式刻在了横跨运河的石桥上，直至今日还能看到该地立下的牌匾以做纪念。后来，哈密顿一直沉迷在四元数中，试图把它们应用到数学的其他领域，而不再涉足新的研究领域。

1857 年，哈密顿在自己非交换代数领域研究的基础上发明了"环游世界游戏"（The Icosian Game）。他把这个想法以 25 镑的价格出售给游戏和拼图益智题的经销商。（游戏的销路一直不好，事实证明这是经销商一次失败的投资。）本节所描述的拼图益智题"旅行者十二面体"，又称为"周游世界"，就是该游戏的变种。

1865 年，他死于痛风，留下大量文稿，其中包含还未发表的研究结果。在这些文稿中，混杂着不少盘子，许多盘子里还盛着早已脱水的吃剩下的排骨。

10.5.4 哈密顿回路的应用

可以用哈密顿通路和哈密顿回路来解决实际问题。例如，许多应用都要求一条通路或回路恰好访问一个城市的每个路口、一个设备网格的每个管道交汇处或者一个通信网络的每个节点一次。求出适当图模型中的哈密顿通路或哈密顿回路就可以解决这样的问题。著名的**旅行商问题**(TSP)要求一个旅行商为了访问一组城市所应当选取的最短路线。这个问题可归结为求完全图的哈密顿回路，使这个回路的边的权的总和尽可能小。我们将在 10.6 节回到这个问题。

现在给出哈密顿回路在编码上的一种相对不太显著的应用。

例 8 **格雷码** 旋转的指针的位置可以表示成数字的形式。一种方式是把圆周等分成 2^n 段弧并且用长度为 n 的比特串给每段弧赋值。图 12 显示出了用长度为 3 的比特串来这样做的两种方式。

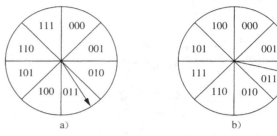

图 12 把指针位置转换成数字形式

用 n 个接触点的集合来确定指针位置的数字表示。每个接触点用来读出位置的数字表示中的一位。图 13 对图 12 中的两种赋值进行了说明。

Courtesy of Gabriel Dirac

加布里尔·安德鲁·狄拉克（**Gabriel Andrew Dirac，1925—1984**） 加布里尔出生于匈牙利的首都布达佩斯。1937 年，他的母亲改嫁给了著名的物理学家诺贝尔奖获得者保罗·阿德里安·毛里斯·狄拉克，于是他跟随母亲来到了英国。1942 年，狄拉克考入了剑桥大学，但是由于第二次世界大战期间航空工业的战时服务，狄拉克被迫中断学业。1951 年，狄拉克在伦敦大学获得了数学专业的博士学位。后来，他先后在英国、加拿大、奥地利、德国和丹麦任教 14 年。在狄拉克事业的初期，他对图论有着浓厚的兴趣，他提升了图论研究的重要性，并在图论的诸多领域（例如图的着色和哈密尔顿回路等方面）做出了巨大的贡献。与此同时，狄拉克吸引了众多学生参与图论的理论研究中，不失为一名出色的教师。

狄拉克以他敏锐的洞察力而著称，他在政治和社会生活领域的很多问题上都有自己独到的见解。此外，狄拉克还有很多的兴趣爱好，其中美术是他的最爱。狄拉克和他的妻子罗斯玛丽养育了 4 个孩子，家庭生活十分幸福美满。

Courtesy of Museum of
University History (MUV)

奥斯丁·欧尔（**Øystein Ore，1899—1968**） 欧尔出生于克里斯蒂安尼亚（现称奥斯陆，挪威的首都）。1922 年，他在克里斯蒂安尼亚大学获得学士学位，三年后获得数学系博士学位。1927 年，他放弃了在克里斯蒂安尼亚大学的初级职称，来到了耶鲁大学任职。在耶鲁大学，他晋升得很快，仅用了两年的时间就升到了正教授的位置。1931 年，他被选为斯特林讲座教授（Sterling Professor），并一直任职至 1968 年。

欧尔对数论、环论、格论、图论和概率论的研究都做出了巨大的贡献。他是一个多产作者，发表了大量论文并编著了多部书籍。欧尔对数学史有着浓厚的兴趣，他编写的人物传记《亚伯和卡尔达诺》（*Abel and Cardano*）和教科书《数论及其历史》（*Number Theory and its History*）就充分说明了这一点。从 1960 年到 1969 年的十年间，欧尔编写了 4 本关于图论的书籍。

第二次世界大战期间和第二次世界大战结束后，欧尔为保护他的祖国挪威发挥了重大作用。1947 年，挪威国王哈康七世授予他圣奥拉夫爵士的封号以表彰他为保护祖国做出的贡献。欧尔对绘画和雕塑颇有研究，此外，他也十分热衷收集古地图。欧尔已经结婚，并有两个孩子。

图   619

当指针靠近两段弧的边界时，在读出指针位置时可能发生错误。这可能引起读出的比特串有一个大的错误。例如，在图 12a 的编码方案里，若在确定指针位置的过程中发生了一个小的错误，则读出的比特串是 100 而不是 011。所有三位都是错的！为了把在确定指针位置的过程中的错误影响降到最低，用比特串对 2^n 段弧赋值，使相邻的弧所表示的比特串只相差一位。图 12b 的编码方案恰好就是这样。在确定指针位置的过程中一个错误使给出的比特串为 010 而不为 011。只有一位是错的。

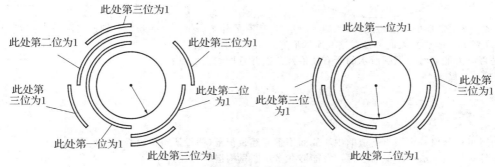

图 13　指针位置的数字表示

格雷码是圆弧的一种标记，使得相邻的弧具有恰好相差一位的比特串标记。在图 12b 中的赋值是一个格雷码。可以这样找出格雷码：以下述方式列出所有长度为 n 的比特串，使得每一个串与前一个串恰好相差一位，而且最后一个串与第一个串恰好相差一位。可以用 n 立方体 Q_n 来为这个问题建模。解决这个问题所需要的是 Q_n 中的一条哈密顿回路。这样的哈密顿回路容易求出。例如，Q_3 的一条哈密顿回路显示在图 14 中。这条哈密顿回路所产生的前后恰好相差一位的比特串序列是 000，001，011，010，110，111，101，100。

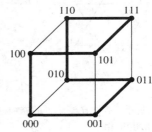

图 14　Q_3 的哈密顿回路

格雷码是以弗兰克·格雷的名字来命名的。20 世纪 40 年代，格雷在贝尔实验室研究如何把数字信号传送过程中错误的影响降到最低时发明了它们。

练习

在练习 1～8 中，判定给定的图是否具有欧拉回路。若存在，构造这样的回路；如果不存在，就确定这个图是否具有欧拉通路，若存在，则构造这样的通路。

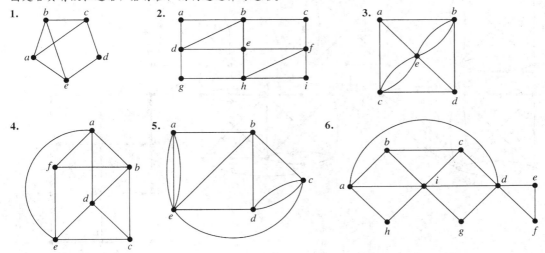

7.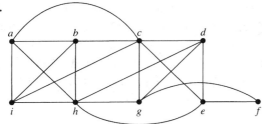

8.

9. 设除了哥尼斯堡的 7 座桥之外(如图 1 所示),还有另外 2 座桥。这些新桥分别连接区域 B 和 C 以及区域 B 和 D。是否有人能够经过这 9 座桥恰好一次并且回到出发点?

10. 是否有人能够经过下图所示的所有桥恰好一次并且回到出发点?

11. 何时可以画出一个城市街道的中心线而不重复经过街道(假设所有街道都是双向街道)?

12. 设计一个与算法 1 相似的过程,它能够在多重图里构造欧拉通路。

在练习 13~15 中,判定是否可以用一支铅笔连续移动,不离开纸面并且不重复地画出所示的图形。

13. 　　　**14.** 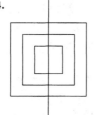　　　**15.**

* 16. 证明:不带有孤立点的有向多重图具有欧拉回路,当且仅当该图是弱连通的并且每个顶点的入度与出度都相等。

* 17. 证明:不带有孤立点的有向多重图具有欧拉通路而没有欧拉回路,当且仅当该图是弱连通的并且存在两个顶点,一个顶点的入度比出度大 1 而另外一个顶点的出度比入度大 1,其余每个顶点的入度与出度都相等。

在练习 18~23 中,判断所示的有向图是否具有欧拉回路。若存在欧拉回路,则构造一条欧拉回路。如果不存在欧拉回路,就判断这个有向图是否具有欧拉通路。若存在欧拉通路,则构造一条欧拉通路。

18. 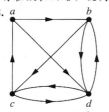　　　**19.** 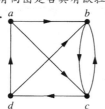　　　**20.**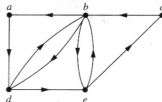

21. 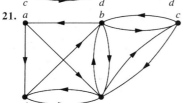　　**22.** 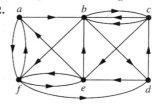　　**23.**

图　　　621

* **24.** 设计一个构造有向图中欧拉回路的算法。

25. 设计一个构造有向图中欧拉通路的算法。

26. 对哪些 n 值来说，下列图具有欧拉回路？

    a) K_n **b)** C_n **c)** W_n **d)** Q_n

27. 对哪些 n 值来说，练习 26 中的图具有欧拉通路而没有欧拉回路？

28. 对哪些 m 和 n 值来说，完全二分图 $K_{m,n}$ 具有

    a) 欧拉回路？   **b)** 欧拉通路？

29. 当不重复任何部分地画出练习 1~7 中的每个图时，求出铅笔必须离开纸面的最少次数。

在练习 30~36 中，判断所给的图是否具有哈密顿回路。若有哈密顿回路，则求出这样一条回路。若没有哈密顿回路，则论证为什么不存在这样的回路。

30. 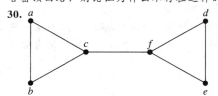   **31.**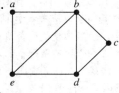

32. 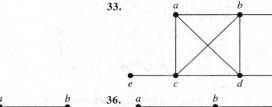   **33.**

34.   **35.** 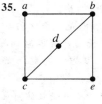   **36.**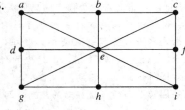

37. 练习 30 中的图有哈密顿通路吗？如果有，找到它。如果没有，给出理由证明不存在这样的通路。

38. 练习 31 中的图有哈密顿通路吗？如果有，找到它。如果没有，给出理由证明不存在这样的通路。

39. 练习 32 中的图有哈密顿通路吗？如果有，找到它。如果没有，给出理由证明不存在这样的通路。

40. 练习 33 中的图有哈密顿通路吗？如果有，找到它。如果没有，给出理由证明不存在这样的通路。

* **41.** 练习 34 中的图有哈密顿通路吗？如果有，找到它。如果没有，给出理由证明不存在这样的通路。

42. 练习 35 中的图有哈密顿通路吗？如果有，找到它。如果没有，给出理由证明不存在这样的通路。

43. 练习 36 中的图有哈密顿通路吗？如果有，找到它。如果没有，给出理
    由证明不存在这样的通路。

44. 对哪些 n 值来说，练习 26 中的图具有哈密顿回路？

45. 对哪些 m 和 n 值来说，完全二分图 $K_{m,n}$ 具有哈密顿回路？

* **46.** 证明：右图所示的**彼得森图**没有哈密顿回路，但是通过删除一个顶点 v
    和所有与 v 关联的边，得到的子图却有哈密顿回路。

47. 对于下列各图确定：(i)能否用狄拉克定理来证明这个图有哈密顿回
    路；(ii)能否用欧尔定理来证明这个图有哈密顿回路；(iii)这个图是否
    有哈密顿回路。

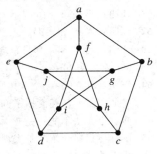

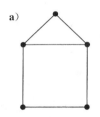 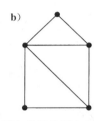

48. 能否找到一个带有 n 个顶点的简单图（$n \geqslant 3$），这个图没有哈密顿回路，但是这个图中每个顶点的度至少是 $(n-1)/2$？

*49. 证明：当 n 是正整数时，存在 n 阶格雷码，或者等价地证明：$n > 1$ 的 n 立方体 Q_n 总是具有哈密顿回路。〔提示：用数学归纳法。证明如何从 $n-1$ 阶格雷码产生 n 阶格雷码。〕

构造欧拉回路的 **Fleury 算法**发表于 1883 年。该算法是从连通多重图的任意一个顶点开始，连续地选择边来形成一条回路。一旦选择了一条边，就删除这条边。连续地选择边，使得每条边从上一条边结束的地方开始，而且使得这条边不是一条割边，除非别无选择。

50. 用 Fleury 算法找出在图 5 中图 G 的欧拉回路。

*51. 用伪代码表达 Fleury 算法。

**52. 证明：Fleury 算法总是产生一条欧拉回路。

*53. 给出 Fleury 算法的变种以产生欧拉通路。

54. 一个诊断消息可以在计算机网络上发出，以便在所有链路和所有设备上执行测试。为了测试所有的链路，应当使用什么类型的通路？为了测试所有的设备呢？

55. 证明：带有奇数个顶点的二分图没有哈密顿回路。

在国际象棋中**马**是这样一种棋子，它的移动可以是水平两格加垂直一格，或者是水平一格加垂直两格。即在 (x, y) 格子的马可以移动到 8 个格子 $(x \pm 2, y \pm 1)$、$(x \pm 1, y \pm 2)$ 中的任何一个，只要这些格子是在棋盘上，如右图所示。

马的周游是马的合法移动的序列，马在某个格子上开始且访问每个格子恰好一次。若存在一种合法移动，让马从周游的最后一个格子回到周游开始的地方，则马的周游称为**重返的**。可以用图为马的周游建模，其中棋盘上每个格子都用一个顶点来表示，若马可以在两个顶点所表示的格子之间合法地移动，则用一条边连接这两个顶点。

56. 画出表示马在 3×3 棋盘上的合法移动的图。

57. 画出表示马在 3×4 棋盘上的合法移动的图。

58. a）证明：求马在 $m \times n$ 棋盘上的周游等价于求表示马在该棋盘上合法移动的图的哈密顿通路。

    b）证明：求马在 $m \times n$ 棋盘上的重返的周游等价于求所对应的图上的哈密顿回路。

*59. 证明：存在马在 3×4 棋盘上的周游。

*60. 证明：不存在马在 3×3 棋盘上的周游。

*61. 证明：不存在马在 4×4 棋盘上的周游。

62. 证明：当 m 和 n 都是正整数时，表示马在 $m \times n$ 棋盘上的合法移动的图是二分图。

63. 证明：当 m 和 n 都是奇数时，不存在马在 $m \times n$ 棋盘上的重返的周游。〔提示：利用练习 55、练习 58b 和练习 62。〕

*64. 证明：存在马在 8×8 棋盘上的周游。〔提示：你可以用沃恩斯道夫于 1823 年发明的下列方法来构造马的周游。从任意格子开始，然后总是移动到与最少数目的没有用过的格子连接的一个格子上。虽然这个方法不能总是产生马的周游，但是它确实很有效。〕

65. 本练习粗略介绍欧尔定理的证明。假设 G 是带有 n 个顶点的简单图，$n \geqslant 3$，并且当 x 和 y 是 G 中不相邻的顶点时，$\deg(x) + \deg(y) \geqslant n$。欧尔定理称在这些条件下，$G$ 有哈密顿回路。

    a）证明：如果 G 没有哈密顿回路，则存在另一个带有与 G 相同顶点的图 H，可以这样来构造 H：加

图 623

入边到 G 使得加入一条边就产生 H 中的哈密顿回路。[提示：依次在 G 的每个顶点加入不产生哈密顿回路的尽可能多的边。]

b）证明：在 H 中存在哈密顿通路。

c）设 v_1，v_2，$\cdots$，v_n 是 H 中的哈密顿通路。证明：$\deg(v_1)+\deg(v_n) \geqslant n$ 并且至多存在 $\deg(v_1)$ 个顶点不与 v_n 相邻（包括 v_n 在内）。

d）设 S 是与哈密顿通路上与 v_1 相邻的每个顶点前面的顶点的集合。证明 S 包含 $\deg(v_1)$ 个顶点并且 $v_n \notin S$。

e）证明：S 包含与 v_n 相邻的顶点 v_k。这蕴含着存在连接 v_1 与 v_{k+1} 和 v_k 与 v_n 的边。

f）证明：e 蕴含着 v_1，v_2，$\cdots$，v_{k-1}，v_k，v_n，v_{n-1}，$\cdots$，v_{k+1}，v_1 是 G 中的哈密顿回路。从这个矛盾得出欧尔定理成立。

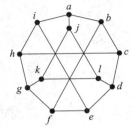

66. 证明：求所有顶点度数都为偶数的连通图的欧拉回路的算法 1 的最坏情形计算复杂度是 $O(m)$，其中 m 是 G 中的边数。

67. 证明右图不含有哈密顿回路。

* 68. 证明：求所有顶点的度都为偶数的连通图的欧拉回路的算法 1 的最坏情形计算复杂度是 $O(m)$，其中 m 是 G 中的边数。

10.6 最短通路问题

10.6.1 引言

许多问题可以用边上赋权的图来建模。作为说明，考虑航线系统如何建模。如果用顶点表示城市，用边表示航班，就可以得到基本的图模型。给边赋上城市之间的距离，就可以为涉及距离的问题建模；给边赋上飞行时间，就可以为涉及飞行时间的问题建模；给边赋上票价，就可以为涉及票价的问题建模。图 1 显示了给一个图的边赋权的三种不同方式，分别表示距离、飞行时间和票价。

Links

©Paul Fearn/Alamy Stock Photo

朱理乌斯·彼得·克里西安·彼得森（Julius Peter Christian Petersen，1839—1910） 彼得森出生在丹麦的索镇。他的父亲是一名染匠。1854 年，他的父母再也负担不起他的学费，于是让他到叔叔的杂货店当学徒。他叔叔死的时候给彼得森留下足够的钱让他重新回到学校。毕业后，他在哥本哈根理工学院开始学习工程学，随后决定专攻数学。1858 年，他出版了第一本书，这是一本关于对数的教科书。当继承的遗产用完之后，彼得森不得不靠教书来谋生。1859 年到 1871 年间，彼得森在哥本哈根的一所私立贵族高中教书。他一边教书一边继续他的学业，并于 1862 年进入哥本哈根大学。同年，他与劳拉·伯特森结婚。他们育有 3 个孩子，两男一女。

1866 年，彼得森从哥本哈根大学获得数学学位，并于 1871 年从该校获得博士学位。得到博士学位后，他在理工与军事学院任教。1887 他被任命为哥本哈根大学的教授。在丹麦，彼得森因著有大量的高中和大学教科书而知名。其中《解决几何构造问题的方法和理论》（*Methods and Theories for the Solution of Problems of Geometrical Construction*）被译成 8 种语言，英文版最近的一次重印是在 1960 年，而法文版最近的一次重印是在 1990 年，距离初版已经超过了一个世纪。

彼得森的研究领域很广泛，包括代数学、分析学、密码学、几何学、力学、数理经济学以及数论。他对图论的贡献（包括有关正则图的结果）最为著名。他以论述的清晰性、解决问题的技巧性和独创性、讲话的幽默感、充沛的精力以及擅长教学而闻名。彼得森不愿意读其他数学家的著作。所以，他经常证明一些已经被别人证明过的结果而常常陷于尴尬之中。不过，他却无法忍受其他的数学家不读他的作品。

彼得森去世的消息曾刊登在哥本哈根报纸的头版。当时一家报纸把他誉为科学界的汉斯·克里西安·安徒生——在学术世界里做出巨大贡献的人民之子。

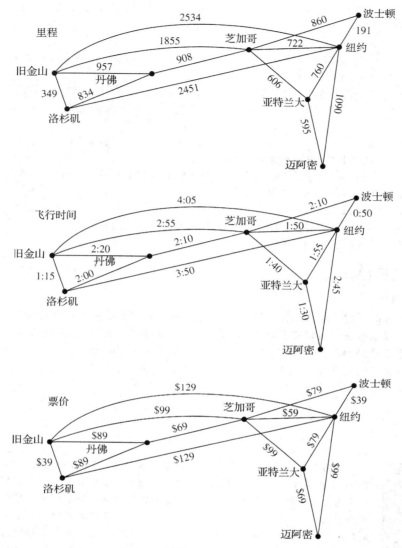

图 1　为航线系统建模的加权图

给每条边赋上一个数的图称为**加权图**。加权图用来为计算机网络建模。通信成本（比如租用电话线的月租费）、计算机在这些线路上的响应时间或计算机之间的距离等都可以用加权图来研究。图 2 显示三个加权图，它们表示给计算机网络图的边赋权的三种方式，分别对应于距离、响应时间和成本。

与加权图有关的几种类型的问题经常出现。确定网络中两个顶点之间长度最短的通路就是一个这样的问题。说得更具体些，设加权图中一条通路的**长度**是这条通路上各条边的权的总和。（读者应当注意，对术语长度的这种用法，与表示不加权的图的通路中边数的长度的用法是不同的。）问题是：什么是最短通路，即什么是在两个给定顶点之间长度最短的通路？例如，在图 1 所示加权图表示的航线系统中，在波士顿与洛杉矶之间以空中距离计算的最短通路是什么？在波士顿与洛杉矶之间什么样的航班组合的总飞行时间（即在空中的总时间，不包括航班之间的时间）最短？在这两个城市之间的最低费用是多少？在图 2 所示的计算机网络中，连接旧金山的计算机与纽约的计算机所需要的最便宜的一组电话线是什么？哪一组电话线给出旧金

图　625

山与纽约之间通信的最快响应时间？哪一组电话线有最短的总距离？

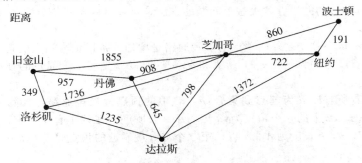

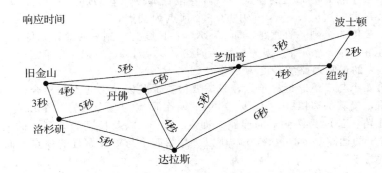

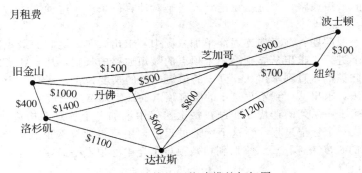

图 2　为计算机网络建模的加权图

与加权图有关的另外一个重要问题是：求访问完全图每个顶点恰好一次的、总长度最短的回路。这就是著名的旅行商问题，它求一位推销员应当以什么样的顺序来访问其路程上的每个城市恰好一次，使得他旅行的总距离最短。本节后面将讨论旅行商问题。

10.6.2　最短通路算法

求加权图中两个顶点之间的最短通路有多个不同的算法。下面将给出荷兰数学家 E・迪克斯特拉（Edsger Dijkstra）在 1959 年所发现的一个解决无向加权图中最短通路问题的算法，其中所有的权都是正数。可以很容易地将它修改来解决有向图里的最短通路问题。

在给出这个算法的形式化表示之前，先给出一个启发性的例子。

例 1 在图 3 所示的加权图里，a 和 z 之间最短通路的长度是多少？

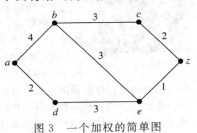

图 3　一个加权的简单图

解 虽然通过观察可以很容易求出最短通路，但是需要一些有助于理解迪克斯特拉算法（Dijkstra's algorithm）的办法。解决这个问题的方法是：求出从 a 到各个后继顶点的最短通路，直到到达 z 为止。

从 a 开始，不包含除 a 之外的顶点的唯一通路是增加一条以 a 为端点的边。这些通路仅有一条边，它们是长度分别为 4 和 2 的 a, b 和 a, d。所以 d 是与 a 最靠近的顶点，从 a 到 d 的最短通路的长度是 2。

可以通过查看所有以 a 为起点到集合 $\{a, d\}$ 中的顶点的最短通路，找到第二个最近的顶点，接着的边以 $\{a, d\}$ 中的一个顶点为端点，另一个顶点不在该集合中。有两条这样的通路，a, d, e 长度为 7，a, b 长度为 4。所以，第二个与 a 最靠近的顶点是 b，从 a 到 b 的最短通路的长度是 4。

为了找出第三个与 a 最靠近的顶点，只需要检查那些以 a 为起点到集合 $\{a, d, b\}$ 中的顶点的最短通路，接着的边以 $\{a, d, b\}$ 中的一个顶点为端点，另一个顶点不在该集合中。有 3 条这样的通路：长度为 7 到 c 的通路，即 a, b, c；长度为 7 到 e 的通路，即 a, b, e；以及长度为 5 到 e 的通路，即 a, d, e。因为最短的通路是 a, d, e，所以 e 是第三个与 a 最靠近的顶点，而且从 a 到 e 的最短通路的长度为 5。

为了找出第四个与 a 最靠近的顶点，只需要检查那些以 a 为起点到集合 $\{a, d, b, e\}$ 中的顶点的最短通路，接着的边以 $\{a, d, b, e\}$ 中的一个顶点为端点，另一个顶点不在该集合中。有两条这样的通路：长度为 7 到 c 的通路，即 a, b, c；以及长度为 6 到 z 的通路，即 a, d, e, z。因为相对短的通路是 a, d, e, z，所以 z 是第四个与 a 最靠近的顶点，而且从 a 到 z 的最短通路的长度为 6。   ◀

例 1 说明了在迪克斯特拉算法中使用的一般原理。注意通过检查每条从 a 到 z 的通路就可以求出从 a 到 z 的最短通路。不过，无论对人还是对计算机来说，这种方法对于边数很多的图都是不切实际的。

现在将考虑一般问题：在无向连通简单加权图中，求出 a 与 z 之间的最短通路的长度。迪克斯特拉算法如下进行：求出从 a 到第一个顶点的最短通路的长度，从 a 到第二个顶点的最短通路的长度，以此类推，直到求出从 a 到 z 的最短通路的长度为止。还有一个便利之处是，很容易扩展这个算法，求出从 a 到不只是 z 的所有顶点的最短通路的长度。

这个算法依赖于一系列的迭代。通过在每次迭代中添加一个顶点来构造特殊顶点的集合。在每次迭代中完成一个标记过程。在这个标记过程中，用只包含特殊顶点集合中的顶点的从 a 到 w 的最短通路的长度来标记 w。添加到特殊顶点集合中的顶点是尚在集合之外的那些顶点中带有最小标记的顶点。

现在给出迪克斯特拉算法的细节。它首先用 0 标记 a 而用 ∞ 标记其余的顶点。用记号

Links

Source: Hamilton Richards

爱德思葛·韦伯·迪克斯特拉（Edsger Wybe Dijkstra，1930—2002） 迪克斯特拉出生在荷兰。20 世纪 50 年代初期，当他在雷登大学学习理论物理时，他就开始编写计算机程序。1952 年，当他意识到自己对程序设计比对物理学更感兴趣时，他迅速地完成了物理学课程的学习，转而开始程序员生涯，尽管当时程序设计还没有被认为是一种职业。（1957 年，阿姆斯特丹当局拒绝接受他在结婚证上的工作一栏里把"程序设计"作为职业。无奈之下，他只好改成了"理论物理学家"。）

迪克斯特拉一直是把程序设计作为一个科学学科的最有力的倡导者之一。他在下述领域做出了奠基性的贡献：操作系统，其中包括死锁避免；程序设计语言，其中包括结构化程序设计的概念；以及算法。1972 年迪克斯特拉获得了美国计算机学会颁发的图灵奖，这是计算机科学领域最具影响力的奖项之一。1973 年迪克斯特拉成为伯劳福斯研究员，1984 年他被任命为得克萨斯大学奥斯丁分校计算机科学教授。

图　　627

$L_0(a)=0$ 和 $L_0(v)=\infty$ 表示在没有发生任何迭代之前的这些标记(下标 0 表示"第 0 次"迭代)。这些标记是从 a 到这些顶点的最短通路的长度,其中这些通路只包含顶点 a。(因为不存在从 a 到其他顶点的这种通路,所以 ∞ 是 a 与这样的顶点之间的最短通路的长度。)

迪克斯特拉算法是通过形成特殊顶点的集合来进行的。设 S_k 表示在标记过程 k 次迭代之后的特殊顶点集。首先令 $S_0=\varnothing$。集合 S_k 是通过把不属于 S_{k-1} 的带最小标记的顶点 u 添加到 S_{k-1} 里形成的。

一旦把 u 添加到 S_k 中,就更新所有不属于 S_k 的顶点的标记,使得顶点 v 在第 k 个阶段的标记 $L_k(v)$ 是只包含 S_k 中顶点(即已有的特殊顶点再加上 u)的从 a 到 v 的最短通路的长度。注意,在每一步中选择添加到 S_k 中的顶点 u,都是一个最优选择,使之成为贪婪算法(我们将简要证明这个贪婪算法总是得到最优解)。

设 v 是不属于 S_k 的一个顶点。更新 v 的标记,注意 $L_k(v)$ 是只包含 S_k 中顶点的从 a 到 v 的最短通路的长度。当利用下面的观察结果时,就可以有效地完成这个更新:只包含 S_k 中顶点的从 a 到 v 的最短通路,要么是只包含 S_{k-1} 中顶点(即不包括 u 在内的特殊顶点)的从 a 到 v 的最短通路,要么是在第 $k-1$ 阶段加上边 (u,v) 的从 a 到 u 的最短通路。换句话说,

$$L_k(a,v) = \min\{L_{k-1}(a,v), L_{k-1}(a,u) + w(u,v)\}$$

其中,$w(u,v)$ 是以 u 和 v 为端点的边的长度。这个过程这样迭代:依次添加顶点到特殊顶点集中,直到添加 z 为止。当把 z 添加到特殊顶点集中时,它的标记就是从 a 到 z 的最短通路的长度。

算法 1 是迪克斯特拉算法。随后将证明这个算法的正确性。注意,当继续这个过程直到所有顶点都加入到特殊顶点集中时,就可以求出从 a 到图中所有其他顶点的最短通路的长度。

算法 1　迪克斯特拉算法

procedure Dijkstra(G:所有权都为正数的带权连通简单图)

{G 带有顶点 $a=v_0$,v_1,$\cdots$,$v_n=z$ 和权 $w(v_i,v_j)$,其中若 $\{v_i,v_j\}$ 不是 G 的边,则 $w(v_i,v_j)=\infty$}

for $i:=1$ **to** n

　　　$L(v_i):=\infty$

$L(a):=0$

$S:=\varnothing$

　　{现在初始化标记,使得 a 的标记为 0 而所有其余标记为 ∞,S 是空集合}

while $z\notin S$

　　$u:=a$ 不属于 S 的 $L(u)$ 最小的一个顶点

　　$S:=S\cup\{u\}$

　　for 所有不属于 S 的顶点 v

　　　　if $L(u)+w(u,v)<L(v)$ **then** $L(v):=L(u)+w(u,v)$

　　{这样就给 S 中添加带最小标记的顶点,并且更新不在 S 中的顶点的标记}

return $L(z)$ {$L(z)$=从 a 到 z 的最短通路的长度}

例 2 说明了迪克斯特拉算法是如何工作的。随后我们将证明这个算法总是产生加权图中两个顶点之间最短通路的长度。

例 2　用迪克斯特拉算法求图 4a 所示的加权图中顶点 a 与 z 之间最短通路的长度。

解　图 4 显示了迪克斯特拉算法求 a 与 z 之间最短通路所用的步骤。在算法的每次迭代中,用圆圈圈起集合 S_k 中的顶点。每次迭代都只标明从 a 到 S_k 中的每个顶点的最短通路。当圆圈圈到 z 时,算法终止。找到从 a 到 z 的最短通路是 a,c,b,d,e,z,长度为 13。　◀

评注　在执行迪克斯特拉算法时,为了更便于在每步跟踪顶点的标记,有时可以用一个表来代替,而不再对每步都重新画出这个图。

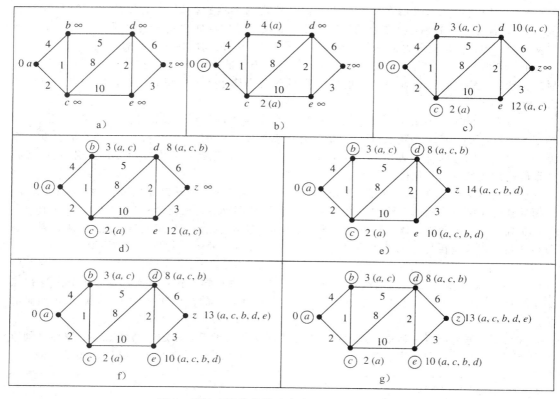

图 4   用迪克斯特拉算法求从 a 到 z 的最短通路

下一步，用归纳论证来证明迪克斯特拉算法产生无向连通加权图中两个顶点 a 与 z 之间最短通路的长度。用下列断言作为归纳假设：在第 k 次迭代

（i）S 中的顶点 $v(v \neq 0)$ 的标记是从 a 到这个顶点的最短通路的长度。

（ii）不在 S 中的顶点的标记是（这个顶点自身除外）只包含 S 中顶点的从 a 到这个顶点的最短通路的长度。

当 $k=0$ 时，在没有执行任何迭代之前，$S=\varnothing$，所以从 a 到除 a 外的顶点的最短通路的长度是 ∞。所以基础步骤成立。

假设对于第 k 次迭代，归纳假设成立。设 v 是在第 $k+1$ 次迭代时添加到 S 中的顶点，则 v 是在第 k 次迭代结束时带最小标记的不在 S 中的顶点（若有最小标记相同的顶点，可以采用带最小标记的任意顶点）。

根据归纳假设，可以看出在第 $k+1$ 次迭代之前，S 中的顶点都用从 a 出发的最短通路的长度来标记。而且，v 也一定是用从 a 到 v 的最短通路的长度来标记。假如情况不是这样，那么在第 k 次迭代结束时，就可能存在包含不在 S 中的顶点长度小于 $L_k(v)$ 的通路（因为 $L_k(v)$ 是在第 k 次迭代后，只包含 S 中顶点的从 a 到 v 的最短通路的长度）。设 u 是在这样的通路中不属于 S 的第一个顶点。则存在一条只包含 S 中顶点的从 a 到 u 的长度小于 $L_k(v)$ 的通路。这与 v 的选择相矛盾。因此，在第 $k+1$ 次迭代结束时（i）成立。

设 u 是在第 $k+1$ 次迭代后不属于 S 的一个顶点。只包含 S 中顶点的从 a 到 u 的最短通路要么包含 v 要么不包含 v。若它不包含 v，则根据归纳假设，它的长度是 $L_k(u)$。若它确实包含 v，则它必然是这样组成的：一条只包含 S 中除 v 之外的顶点的从 a 到 v 的最短长度的通路，后面接着从 v 到 u 的边。这时，它的长度是 $L_k(v)+w(v, u)$。这样就证明了（ii）为真，因为 $L_{k+1}(u)=\min\{L_k(u), L_k(v)+w(v, u)\}$。

图　　629

下面描述已经证明了的定理。

现在可以估计迪克斯特拉算法的计算复杂度（就加法和比较而言）。这个算法使用的迭代次数不超过 $n-1$ 次，其中 n 是图中顶点的个数，因为在每次迭代时添加一个顶点到特殊顶点集中。若可以估计每次迭代所使用的运算次数，则大功告成。可以用不超过 $n-1$ 次比较来找出不在 S_k 中的带最小标记的顶点。于是我们使用一次加法和一次比较来更新不在 S_k 中的每个顶点的标记，所以每次迭代的运算不超过 $2(n-1)$ 次，因为每次迭代要更新的标记不超过 $n-1$ 个。因为迭代次数不超过 $n-1$ 次，每次迭代的运算次数不超过 $2(n-1)$ 次，所以有定理 2。

10.6.3　旅行商问题

现在讨论与加权图有关的一个重要问题。考虑下面的问题：一位旅行商想要访问 n 个城市中每个城市恰好一次，并返回到出发点。例如，假定这个旅行商想要访问底特律、托莱多、萨吉诺、大急流域以及卡拉玛祖（见图 5）。他应当以什么顺序访问这些城市以便旅行总距离最短？为了解决这个问题，可以假定旅行商从底特律出发（因为这个城市必须是回路的一部分），并且检查他访问其余 4 个城市然后返回底特律的所有可能方式（从别处出发将产生相同的回路）。这样的回路总共有 24 条，但是因为往返路程距离相同，所以在求最短总距离时，只需要考虑 12 条不同的回路即可。列出这 12 条不同回路和每条回路旅行的最短总距离。从下表可以看出，使用回路底特律-托莱多-卡拉玛祖格-大急流域-萨吉诺（或该回路的逆），对应 458 英里的最短总距离。

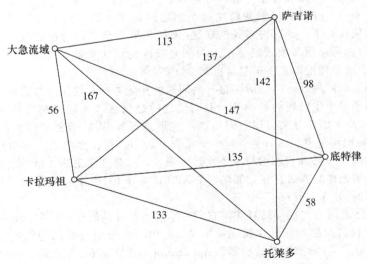

图 5　显示 5 个城市间距离的图

上面描述了**旅行商问题**的一个实例。旅行商问题求加权完全无向图中访问每个顶点恰好一次并且返回出发点的总权值最小的回路。这等价于求完全图中总权值最小的哈密顿回路，因为在回路中访问每个顶点恰好一次。

路　　　线	总距离(英里)
底特律-托莱多-大急流域-萨吉诺-卡拉玛祖-底特律	610
底特律-托莱多-大急流域-卡拉玛祖-萨吉诺-底特律	516
底特律-托莱多-卡拉玛祖-萨吉诺-大急流域-底特律	588
底特律-托莱多-卡拉玛祖-大急流域-萨吉诺-底特律	458
底特律-托莱多-萨吉诺-卡拉玛祖-大急流域-底特律	540
底特律-托莱多-萨吉诺-大急流域-卡拉玛祖-底特律	504
底特律-萨吉诺-托莱多-大急流域-卡拉玛祖-底特律	598
底特律-萨吉诺-托莱多-卡拉玛祖-大急流域-底特律	576
底特律-萨吉诺-卡拉玛祖-托莱多-大急流域-底特律	682
底特律-萨吉诺-大急流域-托莱多-卡拉玛祖-底特律	646
底特律-大急流域-萨吉诺-托莱多-卡拉玛祖-底特律	670
底特律-大急流域-托莱多-萨吉诺-卡拉玛祖-底特律	728

　　求解旅行商问题实例最直截了当的方式是检查所有可能的哈密顿回路，并选择总权值最小的一条回路。若在图中有 n 个城市，则为了求解这个问题，需要检查多少条回路？一旦选定了出发点，需要检查的不同的哈密顿回路就有 $(n-1)!$ 条，因为第二个顶点有 $n-1$ 种选择，第三个顶点有 $n-2$ 种选择，以此类推。因为可以用相反顺序来经过一条哈密顿回路，所以只需要检查 $(n-1)!/2$ 条回路来求出答案。注意 $(n-1)!/2$ 增长得极快。当只有几十个顶点时，试图用这种方式来解决旅行商问题就是不切实际的。例如，假如有 25 个顶点，那么就不得不考虑总共 24!/2(约为 3.1×10^{23})条不同的哈密顿回路。假定检查每条哈密顿回路只花费 1 纳秒(10^{-9}秒)，那么就需要大约 1000 万年才能求出这个图中长度最短的一条哈密顿回路。

　　因为旅行商问题在实践和理论上都具有重要意义，所以已经投入了巨大的努力来设计解决它的有效算法。不过，还没有已知的解决这个问题的多项式最坏情形时间复杂度的算法。而且，假如这种算法找到了，那么许多其他难题(比如在第 1 章里讨论过的确定 n 个变元的命题公式是否重言式)也可以用多项式最坏情形时间复杂度的算法求解。这个结果是从 NP 完全性理论得出的(关于这个理论的更多信息请参考[GaJo79])。

　　当有许多需要访问的顶点时，解决旅行商问题的实际方法是使用**近似算法**。近似算法是这样的算法，它们不必产生问题的精确解，取而代之的是保证产生接近精确解的解。(参见第 3 章补充练习中练习 46 的前导文。)即它们可能产生带总权数 W' 的哈密顿回路，使得 $W\leqslant W'\leqslant cW$，其中 W 是精确解的总长度，而 c 是一个常数。例如，存在多项式最坏情形时间复杂度算法使得 $c=3/2$。对于一般加权图和每个正实数 k 来说，总是产生最多 k 倍于最优解的解的算法还是未知的。假如这样的算法存在，那就可能证明 P 类等于 NP 类，这是关于算法复杂度的最著名的开放问题(参见 3.3 节)。

　　在实际中，已经研究出这样的算法，它们可以只用几分钟的计算机时间，就可以解决多达 1000 个顶点的旅行商问题，误差在精确解的 2% 之内。关于旅行商问题的更多信息，包括历史、应用和算法等，见《离散数学的应用》(Applications of Discrete Mathematics)[MiRo91]中关于这个主题的那一章，也可以从这本书的网站获得。

练习

1. 对下列关于地铁系统的每个问题，描述一个可以用来解决这个问题的加权图模型。

　　a)在两站之间旅行所需要的最短时间是什么？

　　b)从一站到达另外一站所经过的最短距离是什么？

　　c)若把各站之间的票价求和就得出总票价，则两站之间的最低票价是什么？

在练习 2～4 中，求给定加权图在 a 与 z 之间的最短通路的长度。

图   631

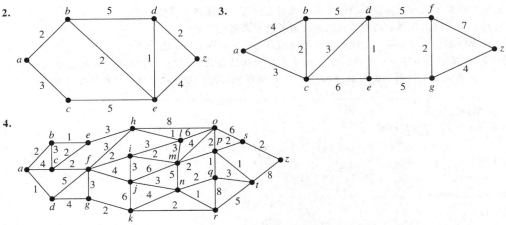

5. 求在练习 2~4 的每个加权图中，a 与 z 之间的最短通路是什么？

6. 在练习 3 的加权图中，求下列成对顶点之间的最短通路的长度。

   a) a 和 d **b)** a 和 f **c)** c 和 f **d)** b 和 z

7. 在练习 3 的加权图中，求练习 6 的成对顶点之间的最短通路。

8. 在图 1 所示的航线系统中，求下列每对城市之间的最短通路(以英里表示)。

   a) 纽约与洛杉矶   **b)** 波士顿与旧金山   **c)** 迈阿密与丹佛   **d)** 迈阿密与洛杉矶

9. 利用图 1 所示的飞行时间，求连接练习 8 中成对城市之间的总飞行时间最短的航班组合。

10. 利用图 1 所示的票价，求连接练习 8 中成对城市之间的票价最低的航班组合。

11. 在图 2 所示的通信网络里，求下列每对城市的计算机中心之间的(距离)最短路线。

   a) 波士顿与洛杉矶   **b)** 纽约与旧金山   **c)** 达拉斯与旧金山   **d)** 丹佛与纽约

12. 利用在图 2 给出的响应时间，求在练习 11 中成对的计算机中心之间响应时间最短的路线。

13. 利用在图 2 给出的租费，求在练习 11 中成对的计算机中心之间月租费最便宜的路线。

14. 解释把无向图中两个顶点之间边数最少的通路当作加权图中最短通路来求解的过程。

15. 扩展求加权简单连通图中两个顶点之间最短通路的迪克斯特拉算法，以便求出顶点 a 与图中其余每个顶点之间的最短通路的长度。

16. 扩展求带权简单连通图中两个顶点之间最短通路的迪克斯特拉算法，以便构造出在这些顶点之间的最短通路。

17. 在下图中的加权图说明新泽西的一些主要道路。图 a 说明这些道路上的城市之间的距离；图 b 说明通行费。

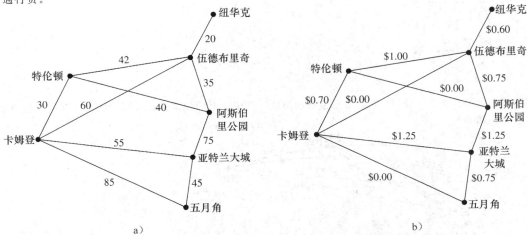

a)利用这些道路，求在纽华克与卡姆登之间，以及在纽华克与五月角之间距离最短的路线。

b)利用给出的道路图，求在本题 a 中成对城市之间就总通行费而言最便宜的路线。

18. 若各边的权都是不同的，则在加权图中两个顶点之间的最短通路是否唯一？

19. 哪些应用必须求出加权图中两个顶点之间的最长简单通路的长度？

20. 什么是图 4 的加权图中 a 与 z 之间的最长简单通路的长度？在 c 与 z 之间呢？

Links 弗洛伊德(Floyd)算法，如算法 2 所示，可以用来求出加权连通简单图中所有顶点对之间最短通路的长度。不过，不能用这个算法来构造最短通路(把无穷权值赋给任何一对不被图中的边所连接的顶点)。

算法 2 弗洛伊德算法

procedure Floyd(G：带权简单图)

{G 有顶点 v_1，v_2，$\cdots$，v_n 和权 $w(v_i，v_j)$，其中若$(v_i，v_j)$不是边，则 $w(v_i，v_j)=\infty$}

for $i:=1$ **to** n
    for $j:=1$ **to** n
        $d(v_i，v_j):=w(v_i，v_j)$
for $i:=1$ **to** n
    for $j:=1$ **to** n
        for $k:=1$ **to** n
            if $d(v_j，v_i)+d(v_i，v_k)<d(v_j，v_k)$
                then $d(v_j，v_k):=d(v_j，v_i)+d(v_i，v_k)$
return $d(v_i，v_j)${$d(v_i，v_j)$是在 v_i 与 v_j 之间的最短通路的长度，$1\leqslant i\leqslant n$，$1\leqslant j\leqslant n$}

---

21. 用弗洛伊德算法求图 4a 中加权图中所有顶点对之间的距离。

*22. 证明：弗洛伊德算法确定加权简单图中所有顶点对之间的最短距离。

*23. 给出弗洛伊德算法为了确定在带有 n 个顶点的加权简单图中所有顶点对之间的最短距离而使用的运算(比较和加法)次数的大 O 估算。

*24. 证明：若边有负的权值，则迪克斯特拉算法或许不能给出正确答案。

25. 通过求出所有哈密顿回路的总权值并确定总权值最小的回路来解决下图的旅行商问题。

26. 通过求出所有哈密顿回路的总权值并确定总权值最小的回路来解决下图的旅行商问题。

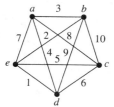

27. 求访问下图中每个城市的机票总价最低的路线，其中边上的权值是在这两个城市之间的航班所提供的最低票价。

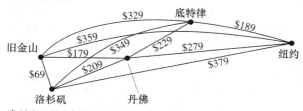

28. 求访问下图中每个城市的机票总价最低的路线，其中边上的权值是在这两个城市之间的航班所提供的最低票价。

图   633

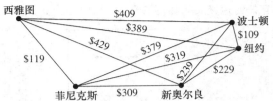

29. 构造一个加权无向图，使得对于访问某些顶点超过一次的回路来说，访问每个顶点至少一次的回路的总权值是最小的。[提示：存在有 3 个顶点的例子。]

30. 证明：求访问加权图每个顶点至少一次的总权值最小的回路问题，可以归约为求访问加权图每个顶点恰好一次的总权值最小的回路问题。这样做的方法是：构造一个新的加权图，它与原图有相同的顶点和边，但是连接顶点 u 和 v 的边的权却等于在原图中从 u 到 v 的通路的最小总权值数。

* 31. 不含简单回路的加权有向图的**最长通路问题**是求图中的一个通路，该通路中边的权值之和是最大的。设计一个求解最长通路的算法。[提示：首先找到图中顶点的拓扑排序。]

10.7 平面图

10.7.1 引言

考虑把三座房屋与三种设施的每种都连接起来的问题，如图 1 所示。是否有可能这样来连接这些房屋与设施，使得在这样的连接中不发生交叉？这个问题可以用完全二分图 $K_{3,3}$ 来建模。原来的问题可以重新叙述为：能否在平面中画出 $K_{3,3}$，使得没有两条边发生交叉？

本节将研究能否在平面中让边不交叉地画出一个图的问题。特别是，将回答这个房屋与设施的问题。

图的表示方式有许多种。何时有可能至少求出一种方式以便在平面中表示这个图而让边没有任何交叉？

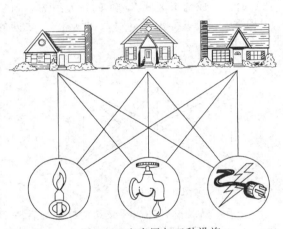

图 1   三座房屋与三种设施

> **定义 1**　若可以在平面中画出一个图而边没有任何交叉（其中边的交叉是表示边的直线或弧线在它们的公共端点以外的地方相交），则这个图是平面图。这种画法称为这个图的平面表示。

即使通常交叉地画出了一个图，这个图也仍然可能是平面图，因为有可能以不同的方式不交叉地画出这个图。

例 1 K_4（如图 2 所示，有两条边交叉）是平面图吗？

解 K_4 是平面图，因为可以不带交叉地画出它，如图 3 所示。

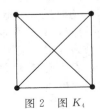

图 2　图 K_4

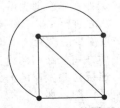

图 3　不带交叉的图 K_4

例 2 图 4 所示的 Q_3 是平面图吗？

解 Q_3 是平面图，因为可以画出它而没有任何边交叉，如图 5 所示。

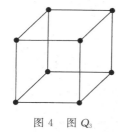

图 4   图 Q_3 图 5 Q_3 的一种平面表示

可以通过显示一种平面表示来证明一个图是平面图。更难的是，证明一个图是非平面图。下面给出一个例子说明如何以一种特别的方法来做到这一点。后面将介绍一些可以使用的通用结论。

例 3 图 6 所示的 $K_{3,3}$ 是平面图吗？

解 任何在平面中画出 $K_{3,3}$ 而没有边交叉的尝试都注定是失败的。现在说明这是为什么。在 $K_{3,3}$ 的任何平面表示中，顶点 v_1 和 v_2 都必须同时与 v_4 和 v_5 连接。这四条边所形成的封闭曲线把平面分割成两个区域 R_1 和 R_2，如图 7a 所示。顶点 v_3 属于 R_1 或 R_2。当 v_3 属于闭曲线的内部 R_2 时，在 v_3 和 v_4 之间以及在 v_3 和 v_5 之间的边，把 R_2 分割成两个子区域 R_{21} 和 R_{22}，如图 7b 所示。

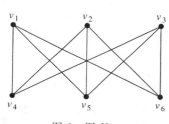

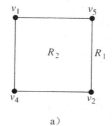

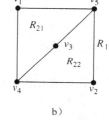

图 6   图 $K_{3,3}$ a)   b)

图 7   证明 $K_{3,3}$ 是非平面图

下一步，已经没有办法不交叉地放置最后一个顶点 v_6。因为若 v_6 属于 R_1，则不能不交叉地画出 v_6 和 v_3 之间的边。若 v_6 属于 R_{21}，则不能不交叉地画出 v_2 和 v_6 之间的边。若 v_6 属于 R_{22}，则不能不交叉地画出 v_1 和 v_6 之间的边。

当 v_3 属于 R_1 时，可以使用类似的论证。请读者来完成这个论证（见本节练习 10）。所以 $K_{3,3}$ 是非平面图。

例 3 解决了在本节开头所描述的设施与房屋的问题。不能在平面中连接这三座房屋与三种设施而不发生交叉。可以用类似的论证来证明 K_5 是非平面图（见本节练习 11）。

平面图的应用 图的平面性在电子电路的设计中有重要作用。可以用图来为电路建立模型，用顶点表示电路的器件，用边表示器件之间的连接。如果表示一个电路的图是平面图，则可以把这个电路无交叉连接地印刷在单个电路板上。当这个图不是平面图时，就必须选择使用更高的成本。例如，可以把表示电路的图的顶点划分到平面子图。然后使用多层来构造这个电路（参见练习 30 的前导文来了解图的厚度）。当连接交叉时就可以用绝缘线来构造电路。在这种情况下，以尽可能少的交叉来画出这个图就很重要了（参见练习 26 的前导文来了解图的交叉数）。

图的可平面性在公路网的设计中也很有用。假设我们要通过公路连接一组城市。我们可以使用简单图为连接这些城市的公路网建模，其中顶点表示城市，边表示连接城市的公路。若得到的图模型是平面图，那么在构造公路网时就不必使用地下通道或天桥。

10.7.2 欧拉公式

一个图的平面表示把平面分割成一些**面**（region），包括一个无界的面。例如，图 8 所示的

图　　635

图的平面表示把平面分割成 6 个面并加以标记。欧拉证明过一个图的所有平面表示都把平面分割成相同数目的面。他是通过求出平面图的面数、顶点数以及边数之间的关系进行证明的。

> **定理 1　欧拉公式**　设 G 是带 e 条边和 v 个顶点的连通平面简单图。设 r 是 G 的平面图表示中的面数。则 $r=e-v+2$。

证明　首先规定 G 的平面图表示。将要这样证明定理：构造一系列子图 G_1, G_2, …, $G_e=G$，依次在每个阶段添加一条边。用下面的归纳定义来这样做。任意地选择一条 G 的边来获得 G_1。通过 G_{n-1} 获得 G_n：任意地添加一条与 G_{n-1} 中顶点相关联的边，若与这条边关联的另一个顶点不在 G_{n-1} 中，则添加这个顶点。这样的构造是可能的，因为 G 是连通的。在添加 e 条边之后就获得 G。设 r_n、e_n 和 v_n 分别表示由 G 的平面图表示所得到的 G_n 的平面图表示的面数、边数和顶点数。

现在通过归纳来进行证明。对 G_1 来说，关系 $r_1=e_1-v_1+2$ 为真，因为 $e_1=1$，$v_1=2$，而 $r_1=1$。这种情形如图 9 所示。

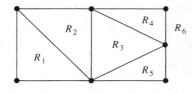

图 8　图的平面表示

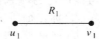

图 9　欧拉公式证明的基本情形

现在假定 $r_k=e_k-v_k+2$。设 $\{a_{k+1}, b_{k+1}\}$ 是为了获得 G_{k+1} 而添加到 G_k 上的边。有两种情形需要考虑。在第一种情形下，a_{k+1} 和 b_{k+1} 都已经在 G_k 中了。这两个顶点必然是在一个公共面 R 的边界上，否则就不可能把边 $\{a_{k+1}, b_{k+1}\}$ 添加到 G_k 中而没有两条边相交叉（并且 G_{k+1} 是平面图）。这条新边的添加把 R 分割成两个面。所以，在这种情形下，$r_{k+1}=r_k+1$，$e_{k+1}=e_k+1$，$v_{k+1}=v_k$。因此，关系到面数、边数、顶点数的公式两边都恰好增加 1，所以这个公式仍然为真。换句话说，$r_{k+1}=e_{k+1}-v_{k+1}+2$。在图 10a 里说明了这种情形。

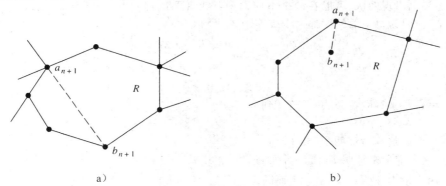

a)　　　　　　　　　　　　　　　b)

图 10　添加一条边到 G_n 产生 G_{n+1}

在第二种情形下，新边的两个顶点之一还不在 G_k 中。假定 a_{k+1} 在 G_k 中但是 b_{k+1} 不在 G_k 中。添加这条新边不产生任何新的面，因为 b_{k+1} 必然是在边界上有 a_{k+1} 的一个面中。所以，$r_{k+1}=r_k$。另外，$e_{k+1}=e_k+1$ 且 $v_{k+1}=v_k+1$。关系到面数、边数、顶点数的公式两边都保持相等，所以这个公式仍然为真。换句话说，$r_{k+1}=e_{k+1}-v_{k+1}+2$。在图 10b 里说明了这种情形。

已经完成了归纳论证。因此，对所有的 n 来说，都有 $r_n=e_n-v_n+2$。因为原图是在添加了 e 条边之后所获得的图 G_e，所以这个定理为真。　◀

例 4 解释了欧拉公式。

例 4　假定连通平面简单图有 20 个顶点，每个顶点的度都为 3。这个平面图的平面表示把平面分割成多少个面？

解　这个图有 20 个顶点，每个顶点的度都为 3，所以 $v=20$。因为这些顶点的度之和 $3v=3 \cdot 20=60$ 等于边数的两倍 $2e$，所以有 $2e=60$ 或 $e=30$。因此，根据欧拉公式，面数是

$$r=e-v+2=30-20+2=12$$

可以用欧拉公式来建立平面图所必须满足的一些不等式。在下面的推论 1 中给出一个这样的不等式。

> **推论 1**　若 G 是 e 条边和 v 个顶点的连通平面简单图，其中 $v \geqslant 3$，则 $e \leqslant 3v-6$。

在证明推论 1 之前先用它证明下面这个有用的结论。

> **推论 2**　若 G 是连通平面简单图，则 G 中有度数不超过 5 的顶点。

证明　如果 G 有 1 个或 2 个顶点，则结果为真。如果 G 至少有 3 个顶点，则根据推论 1 知道 $e \leqslant 3v-6$，所以 $2e \leqslant 6v-12$。假如每个顶点的度数至少是 6，则由于 $2e=\sum_{v \in V} \deg(v)$（根据握手定理），所以就有 $2e \geqslant 6v$。但是这与 $2e \leqslant 6v-12$ 相矛盾。所以必定存在度数不超过 5 的顶点。

推论 1 的证明是基于面的**度**的概念，它定义为这个面的边界上的边数。当一条边在边界上出现两次（所以当描画边界时就描画它两次）时，它贡献的度是 2。我们用 $\deg(R)$ 标记面 R 的度。图 11 显示了图中各面的度。

现在可以给出推论 1 的证明了。

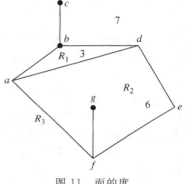

图 11　面的度

证明　在平面中连通平面简单图把平面分割成面，比如说 r 个面。每个面的度至少为 3。（因为这里所讨论的图都是简单图，所以不允许带有可能产生度为 2 的面的多重边，或者可能产生度为 1 的面的环。）特别地，注意无界的面的度至少为 3，因为在图中至少有 3 个顶点。

注意各面的度之和恰好是图中边数的两倍，因为每条边都在面的边界上出现两次（可能在两个不同面中，或者两次都在相同面中）。因为每个面的度都大于或等于 3，所以有

$$2e=\sum_{\text{所有区域}R} \deg(R) \geqslant 3r$$

因此，

$$(2/3)e \geqslant r$$

利用 $r=e-v+2$（欧拉公式），就得到

$$e-v+2 \leqslant (2/3)e$$

所以 $e/3 \leqslant v-2$。这样就证明了 $e \leqslant 3v-6$。

可以用这个推论来证明 K_5 是非平面图。

例 5　用推论 1 证明：K_5 是非平面图。

解　图 K_5 有 5 个顶点和 10 条边。不过，对这个图来说，不满足不等式 $e \leqslant 3v-6$，因为 $e=10$ 和 $3v-6=9$。因此，K_5 不是平面图。

前面已经证明了 $K_{3,3}$ 不是平面图。不过，注意这个图有 6 个顶点和 9 条边。这意味着满足不等式 $e=9 \leqslant 12=3 \cdot 6-6$。所以，满足不等式 $e \leqslant 3v-6$ 并不意味着一个图是平面图。不过，可以利用下面定理 1 的推论来证明 $K_{3,3}$ 不是平面图。

> **推论 3**　若连通平面简单图有 e 条边和 v 个顶点，$v \geqslant 3$ 并且没有长度为 3 的回路，则 $e \leqslant 2v-4$。

推论 3 的证明类似于推论 1 的证明，不同之处在于，在这种情形下，没有长度为 3 的回路

图　　637

意味着面的度必然至少为 4。把这个证明的细节留给读者(见本节练习 15)。

例6 用推论 3 证明:$K_{3,3}$ 是非平面图。

解 因为 $K_{3,3}$ 没有长度为 3 的回路(容易看出这一点,因为它是二分图),所以可以使用推论 3。$K_{3,3}$ 有 6 个顶点和 9 条边。因为 $e=9$ 和 $2v-4=8$,所以由推论 3 可证明 $K_{3,3}$ 是非平面图。　◀

10.7.3　库拉图斯基定理

我们已经看到 $K_{3,3}$ 和 K_5 都不是平面图。显然,若一个图包含这两个图之一作为子图,则它不是平面图。另外,所有非平面图必然包含一个从 $K_{3,3}$ 或 K_5 利用某些允许的操作来获得的子图。

若一个图是平面图,则通过删除一条边 $\{u,v\}$ 并且添加一个新顶点 w 和两条边 $\{u,w\}$ 与 $\{w,v\}$ 获得的任何图也是平面图。这样的操作称为**初等细分**。若可以从相同的图通过一系列初等细分来获得图 $G_1=(V_1,E_1)$ 和图 $G_2=(V_2,E_2)$,则称它们是**同胚的**。

例7 证明:图 12 所示的图 G_1、G_2 和 G_3 是同胚的。

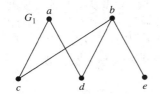 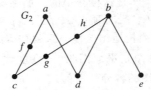 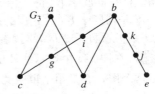

图 12　同胚的图

解 因为这三个图都可以从图 G_1 通过初等细分得到,所以它们是同胚的。G_1 可以从它自身出发,通过一个空的初等细分序列而得到。要从 G_1 得到 G_2,采用如下初等细分序列:

1)删掉边 $\{a,c\}$,增加顶点 f,然后添加边 $\{a,f\}$ 和 $\{f,c\}$。

2)删掉边 $\{b,c\}$,增加顶点 g,然后添加边 $\{b,g\}$ 和 $\{g,c\}$。

3)删掉边 $\{b,g\}$,增加顶点 h,然后添加边 $\{g,h\}$ 和 $\{h,b\}$。

把找出由 G_1 到 G_3 的初等细分序列的任务留给读者。　◀

波兰的数学家卡兹米尔兹·库拉图斯基在 1930 年建立了定理 2,该定理利用图的同胚的概念刻画了平面图。

定理 2 一个图是非平面图当且仅当它包含一个同胚于 $K_{3,3}$ 或 K_5 的子图。

显然,一个包含着同胚于 $K_{3,3}$ 或 K_5 子图的图是非平面图。不过,相反方向的命题(即每个

Links ▶

卡兹米尔兹·库拉图斯基(Kazimierz Kuratowski, 1896—1980) 库拉图斯基是华沙一位著名律师的儿子。他在华沙上的中学,1913~1914 年,他在苏格兰的格拉斯哥学习,但第一次世界大战爆发后他无法返回那里继续学业。1915 年,他考入华沙大学,继而投身于波兰学生爱国主义运动。1919 年,他发表了第一篇论文,并且于 1921 年获得博士学位。他是华沙数学学派里的活跃分子,主要研究集合论和拓扑学的基础理论。他被勒沃理工大学聘为副教授,并在那里度过了 7 年的时光,并与当时在波兰举足轻重的数学家巴拿赫和乌拉姆合作。1930 年,库拉图斯基还在勒沃理工大学任教时就完成了刻画可平面图的工作。

1934 年,他身为教授重返华沙大学。在那里,他一直积极从事研究和教学工作,直到第二次世界大战开始。在战争期间,为避免受到迫害,他用化名来隐藏自己的身份,并且秘密地在华沙大学授课。战后,他帮助恢复波兰的数学研究工作,并担任波兰国家数学研究所主任。他写过 180 多篇论文,出版 3 本教科书,均受到广泛使用。

非平面图都包含一个同胚于 $K_{3,3}$ 或 K_5 的子图），证明起来是很复杂的，因而不在这里给出。例 8 和例 9 说明了如何使用库拉图斯基定理。

例 8 确定图 13 所示的图 G 是否是平面图。

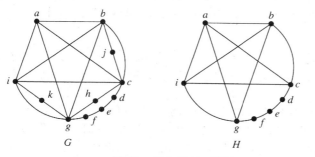

图 13　无向图 G、同胚于 K_5 的子图 H 以及 K_5

解　G 有同胚于 K_5 的子图 H。H 是这样获得的：删除 h、j 和 k 以及所有与这些顶点关联的边。H 是同胚于 K_5 的，因为从 K_5（带有顶点 a、b、c、g 和 i）通过一系列初等细分，添加顶点 d、e 和 f 就可以获得 H（读者应当构造出这样一系列初等细分）。因此，G 是非平面图。◀

例 9　在图 14a 中所示的彼得森图是平面图吗？（丹麦数学家朱利乌斯·彼得森在 1891 年研究过这个图；它常用来说明关于图的各种性质的理论。）

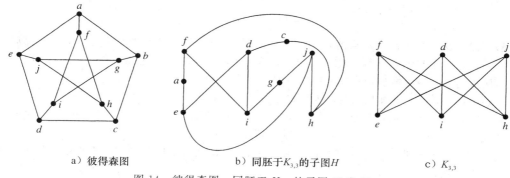

a）彼得森图　　　　b）同胚于 $K_{3,3}$ 的子图 H　　　　c）$K_{3,3}$

图 14　彼得森图、同胚于 $K_{3,3}$ 的子图 H 和 $K_{3,3}$

解　彼得森图的子图 H 是这样获得的：删除 b 和以 b 为端点的 3 条边，如图 14b 所示，它同胚于带有顶点集合 $\{f, d, j\}$ 和 $\{e, i, h\}$ 的 $K_{3,3}$，因为可以通过一系列初等细分（删除 $\{d, h\}$ 并添加 $\{c, h\}$ 和 $\{c, d\}$，删除 $\{e, f\}$ 并添加 $\{a, e\}$ 和 $\{a, f\}$，删除 $\{i, j\}$ 并添加 $\{g, i\}$ 和 $\{g, j\}$）来获得它。因此，彼得森图不是平面图。◀

练习

1. 5 座房屋能否不带连接交叉地与两种设施相连接吗？

在练习 2～4 中，不带任何交叉地画出给定的平面图。

2. 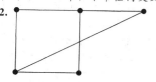　　　**3.** 　　　**4.**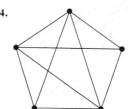

在练习 5～9 中，判断所给的图是否是平面图。若是平面图，则画出它使得没有边交叉。

图   639

5.

6.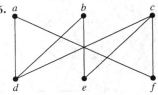

7.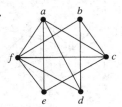

8.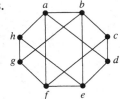

9.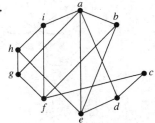

10. 完成例 3 中的论证。

11. 用类似于例 3 中给出的论证来证明：K_5 是非平面图。

12. 假定一个连通平面图有 8 个顶点，每个顶点的度都为 3。这个图的平面表示把平面分割成多少个面？

13. 假定一个连通平面图有 6 个顶点，每个顶点的度都为 4。这个图的平面表示把平面分割成多少个面？

14. 假定一个连通平面图有 30 条边。若这个图的平面表示把平面分割成 20 个面，则这个图有多少个顶点？

15. 证明推论 3。

16. 假定一个连通的平面简单二分图有 e 条边和 v 个顶点。证明：若 $v \geqslant 3$，则 $e \leqslant 2v-4$。

*17. 假定一个带有 e 条边和 v 个顶点的连通平面简单图不包含长度为 4 或更短的回路。证明：若 $v \geqslant 4$，则 $e \leqslant (5/3)v-(10/3)$。

18. 假定一个平面图有 k 个连通分支、e 条边和 v 个顶点。另外假定这个图的平面表示把平面分割成 r 个面。求用 e、v 和 k 所表示的 r 的公式。

19. 下面的哪些非平面图具有这样的性质：删除任何一个顶点以及与这个顶点关联的所有边就产生一个平面图？

a) K_5 b) K_6 c) $K_{3,3}$ d) $K_{3,4}$

在练习 20～22 中，判断给定的图是否同胚于 $K_{3,3}$。

20.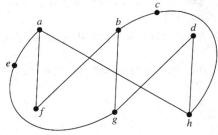

21.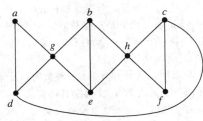

22.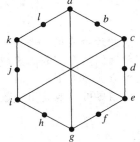

在练习 23～25 中，用库拉图斯基定理来判断所给的图是不是平面图。

23.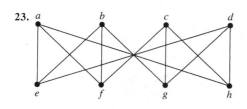

24.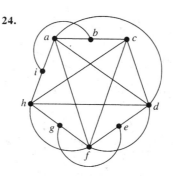

25.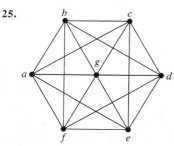

Links 一个简单图的**交叉数**是指，当在平面上画出这个图时，其中不允许任何 3 条表示边的弧线在同一个点交叉时，交叉的最少次数。

26. 证明：$K_{3,3}$ 的交叉数为 1。

** **27.** 求下面每个非平面图的交叉数。

    a) K_5　　　　　**b)** K_6　　　　　**c)** K_7　　　　　**d)** $K_{3,4}$　　　　　**e)** $K_{4,4}$　　　　　**f)** $K_{5,5}$

* **28.** 求彼得森图的交叉数。

** **29.** 证明：若 m 和 n 都是正偶数，则 $K_{m,n}$ 的交叉数小于或等于 $mn(m-2)(n-2)/16$。［提示：沿着 x 轴放置 m 个顶点，使它们的间距相等且关于原点对称，再沿着 y 轴放置 n 个顶点，使它们的间距相等且关于原点对称。现在连接 x 轴上 m 个顶点中的每一个与 y 轴上 n 个顶点中的每一个，并计算交叉数。］

简单图 G 的**厚度**是指，以 G 作为它们的并图的 G 的平面子图的最小个数。

30. 证明：$K_{3,3}$ 的厚度为 2。

* **31.** 求练习 27 中图的厚度。

32. 证明：若 G 是一个带有 v 个顶点和 e 条边的连通简单图，其中 $v \geqslant 3$，则 G 的厚度至少为 $\lceil e/3v-6 \rceil$。

* **33.** 利用练习 32 证明：当 n 是正整数时，K_n 的厚度至少为 $\lfloor (n+7)/6 \rfloor$。

34. 证明：若 G 是一个带有 v 个顶点和 e 条边且没有长度为 3 的回路的连通简单图，其中 $v \geqslant 3$，则 G 的厚度至少为 $\lceil e/2v-4 \rceil$。

35. 利用练习 34 证明：当 m 和 n 都是正整数时，且 m、n 不同时为 1，$K_{m,n}$ 的厚度至少是 $\lceil mn/(2m+2n-4) \rceil$。

* **36.** 在一个环面 $\ominus$ 上画出 K_5，使得没有边交叉。

* **37.** 在一个环面上画出 $K_{3,3}$，使得没有边交叉。

10.8　图着色

10.8.1　引言

Links　　在图论中，有许多与地图区域（比如，世界各部分的地图）着色有关的理论成果。当为一幅地图 $\ominus$ 着色时，具有公共边界的两个区域通常指定为不同的颜色。一种确保两个相邻的区域永远没有相同的颜色的方法是对每个区域都使用不同的颜色。不过，这种方法效率不高，而且在具有许多区域的地图上，可能难以区分相似的颜色。另一种方法是，应当尽可能地使用少数几

    $\ominus$　原文 torus，指自行车轮胎或救生圈这类形状。——译者注

    $\ominus$　假定地图中所有区域都是连通的。这样就消除了像密歇根这样的地理状况所引起的问题。

图　　641

种颜色。考虑这样的问题：确定可以用来给一幅地图着色的颜色的最小数目，使得相邻的区域永远没有相同的颜色。例如，对图 1 左侧地图来说，4 种颜色是足够的，但是 3 种颜色就不够（读者应当验证这一点）。对图 1 右侧地图来说，3 种颜色是足够的（但是 2 种颜色就不够）。

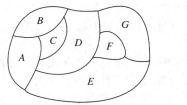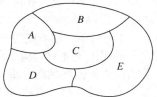

图 1　两幅地图

平面中的每幅地图都可以表示成一个图。为了建立这样的对应关系，地图的每个区域都表示成一个顶点。若两个顶点所表示的区域具有公共边界，则用边连接这两个顶点。只相交于一个点的两个区域不算是相邻的。这样所得到的图称为这个地图的**对偶图**。根据地图的对偶图的构造方式，显然在平面中的任何地图都具有可平面的对偶图。图 2 显示了对应于图 1 所示地图的对偶图。

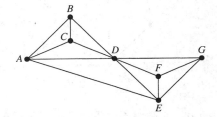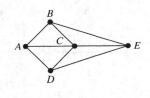

图 2　图 1 中的地图的对偶图

给地图的区域着色的问题等价于这样的问题：给对偶图的顶点着色，使得在对偶图中没有两个相邻的顶点具有相同的颜色。下面给出图着色的定义。

> **定义 1**　简单图的**着色**是对该图的每个顶点都指定一种颜色，使得没有两个相邻的顶点颜色相同。

通过对每个顶点都指定一种不同的颜色，就可以着色一个图。不过，对大多数图来说，可以找到所用颜色数少于图中顶点数的着色。什么是所需要的最少着色数？

> **定义 2**　图的**着色数**是着色这个图所需要的最少颜色数。图 G 的着色数记作 $\chi(G)$（这里 χ 是希腊字母 chi）。

注意，求平面图的着色数等于求平面地图着色所需要的最少颜色数，使得没有两个相邻的区域指定为相同的颜色。这个问题已经研究了 100 多年。数学中最著名的定理之一给出了它的答案。

> **定理 1　四色定理**　平面图的着色数不超过 4。

四色定理最早是作为猜想在 19 世纪 50 年代提出的。美国数学家肯尼思·阿佩尔和沃尔夫冈·黑肯最终在 1976 年证明了它。在 1976 年之前，发表过许多不正确的证明，其中的错误常常难以发现。另外，还尝试过画出需要超过四色的地图来构造反例，而这样做是无效的。（证明五色定理就没有这样困难，参见练习 36。）

也许迄今为止，在数学中最有名的错误证明就是伦敦律师和业余的数学家艾尔弗雷德·肯普在 1879 年所发表的四色定理证明。数学家一直认为他的证明是正确的，直到 1890 年珀西·希伍德发现了一处错误，才发现肯普的论证是不完全的。不过，事实证明，肯普的推理思路是阿佩尔和黑肯所给出的成功证明的基础。他们的证明依赖于计算机所完成的对各种情形的仔细分析。他们证明,若四色定理为假,则在大约 2000 种不同类型中,一定存在一个反例,然后他们证明不存在这样的反例。在他们的证明中使用了 1000 多个小时的计算机时间。计算机在证明过程中起到如此重要的作用,由此引发了广泛的争论。例如,在计算机程序里有没有导致不正确结果的错误?假如论证是依赖于或许不可靠的计算机得出的,那么它是不是真正的证明?自从他们的证明出现之后,又出现了一些从检查更少的类型中检查的可能出现的反例的更为简单的证明,并且创建了使用自动证明系统的证明。但是仍然没有找到不依赖于计算机的证明。

注意,四色定理只适用于平面图。例 2 将证明非平面图可以有任意大的着色数。

证明一个图的着色数为 n 需要做两件事。首先必须证明:用 n 种颜色可以着色这个图。构造出这样的着色就可以完成这件事。其次证明:用少于 n 种颜色不能着色这个图。例 1~4 说明如何求出着色数。

Extra Examples

例 1 图 3 所示的图 G 和 H 的着色数是什么?

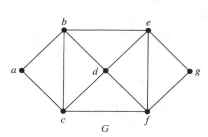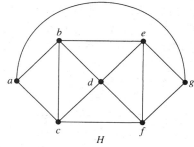

图 3 简单图 G 和 H

解 图 G 的色数至少为 3,因为顶点 a、b 和 c 必须为不同的颜色。为了看出是否可以用 3 种颜色来对 G 着色,指定 a 为红,b 为蓝,c 为绿。于是,可以(而且必须)令 d 为红,因为它与 b 和 c 相邻。另外,可以(而且必须)令 e 为绿,因为它只与红色和蓝色顶点相邻;可以(而且必须)令 f 为蓝,因为它只与红色和绿色顶点相邻。最后,可以(而且必须)令 g 为红,因为它只与蓝色和绿色的顶点相邻。这样就产生出恰好使用 3 种颜色的 G 的着色,如图 4 所示。

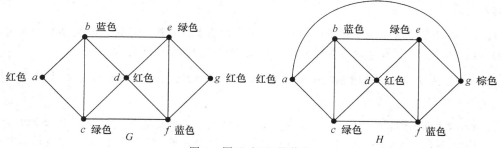

图 4 图 G 和 H 的着色

Links

艾尔弗雷德·布雷·肯普(Alfred Bray Kempe,1849—1922) 肯普是一名律师,同时也是教会法规的权威人士。不过,当他在剑桥大学学习数学之后,他对数学的兴趣就从未减少,并且在以后的生活中对数学研究投入了大量的时间和精力。肯普对动力学(即数学中处理运动的一个分支)和逻辑学的发展做出了贡献。不过,肯普为人熟知主要还是因为他对四色定理的错误证明。

图　　643

　　图 H 是由图 G 和连接 a 与 g 的一条边所组成的。用 3 种颜色来着色 H 的任何尝试都必须遵循着色 G 时所用的同样的推理，不同之处是在最后阶段，当除了 g 以外的所有顶点都已经着色后，因为 g 与红色、蓝色和绿色顶点（在 H 里）相邻，所以需要使用第四种颜色，比如棕色。因此，H 的着色数为 4。图 4 显示了 H 的一种着色。　◄

例 2　K_n 的着色数是什么？

　　解　通过给每个顶点指定一种不同的颜色，用 n 种颜色可以构造 K_n 的着色。使用的颜色能否更少一些？答案是不能。没有两个顶点可以指定相同的颜色，因为这个图的每两个顶点都是相邻的。因此，K_n 的着色数＝n。即 $\chi(K_n)=n$。（回忆一下，当 $n\geqslant5$ 时 K_n 不是平面图，所以这个结果与四色定理并不矛盾。）图 5 显示了使用 5 种颜色对 K_5 着色。　◄

例 3　完全二分图 $K_{m,n}$ 的着色数是什么？其中 m 和 n 都是正整数。

　　解　需要的颜色数似乎依赖于 m 和 n。不过，由 10.2 节的定理 4 可知，仅仅需要两种颜色，因为 $K_{m,n}$ 是二分图，所以 $\chi(K_{m,n})=2$。这意味着，可以用一种颜色为 m 个顶点着色，用另外一种颜色为 n 个顶点着色。因为边都只能连接 m 个顶点中的一个顶点与 n 个顶点中的一个顶点，所以没有相邻的顶点具有相同的颜色。图 6 显示了带有两种颜色的 $K_{3,4}$ 的着色。　◄

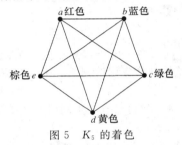

图 5　K_5 的着色

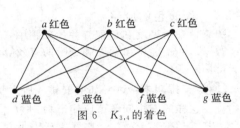

图 6　$K_{3,4}$ 的着色

例 4　图 C_n 的着色数是什么（$n\geqslant3$）？（回忆一下，C_n 是带有 n 个顶点的圈图。）

　　解　首先，考虑一些个别情形。设 $n=6$。挑选一个顶点并且把它着色成红色。在图 7 所示的 C_6 的平面画法里顺时针前进。必须给到达的下一个顶点指定第二种颜色，比如蓝色。以顺时针方向继续下去，可以令第三个顶点为红色，第四个顶点为蓝色，第五个顶点为红色。最后，令第六个顶点为蓝色，它与第一个顶点是相邻的。因此，C_6 的着色数为 2。图 7 显示了这样构造的着色。

　　其次，设 $n=5$ 并且考虑 C_5。挑选一个顶点并且令它为红色。顺时针前进，必须给到达的下

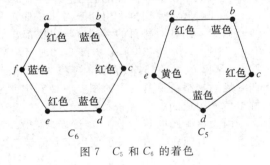

图 7　C_5 和 C_6 的着色

Links

　　历史注解　1852 年，德·摩根从前的一个学生弗朗西斯·古特利注意到，用 4 种颜色可以给英格兰的郡着色，使得没有相邻的郡颜色相同。在此基础上，他猜想四色定理为真。弗朗西斯把这个问题告诉了他的弟弟弗雷德里克，弗雷德里克当时是德·摩根的学生。弗雷德里克就哥哥的猜想询问了他的老师德·摩根。德·摩根对这个问题极感兴趣，并且向数学界公布了它。事实上，在德·摩根给威廉·罗万·哈密顿爵士的信中第一次在书面上提到这个猜想。虽然德·摩根认为哈密顿可能对这个问题也感兴趣，但事实完全不是这样，因为它与四元数毫无关系。

　　历史注解　虽然罗布森、桑得尔斯、西摩尔和托马斯在 1996 年找到了四色定理的简化证明，把证明的计算部分减少到检查 633 种格局，但是仍然没有找到不依赖于大量计算的证明。

一个顶点指定第二种颜色，比如蓝色。以顺时针方向继续下去，可以令第三个顶点为红色，第四个顶点为蓝色。第五个顶点既不能为红色也不能为蓝色，因为它与第四个顶点和第一个顶点都相邻。所以，对这个顶点就需要第三种颜色。注意，假如以逆时针方向对顶点着色，同样需要三种颜色。因此，C_5 的着色数是 3。用 3 种颜色对 C_5 着色见图 7。

在一般情形下，当 n 是偶数时，对 C_n 着色需要两种颜色。为了构造这样的着色，简单地挑选一个顶点并且令它为红色。然后（利用图的平面表示）以顺时针方向绕图前进，令第二个顶点为蓝色，第三个顶点为红色，以此类推。可以令第 n 个顶点为蓝色，因为与它相邻的两个顶点（即第 $n-1$ 个顶点和第一个顶点）都是红色。

当 n 是奇数且 $n>1$ 时，C_n 的着色数为 3。为了看出这一点，挑选一个初始顶点。为了只用两种颜色，当以顺时针方向遍历这个图时，必须交替使用颜色。不过，所到达的第 n 个顶点与带不同颜色的两个顶点（第一个顶点和第 $n-1$ 个顶点）相邻。因此，必须使用第三种颜色。

我们已经证明了当 n 为正偶数且 $n \geqslant 4$ 时，$\chi(C_n)=2$，当 n 为正奇数且 $n \geqslant 3$ 时，$\chi(C_n)=3$。 ◀

已知最好的求图的着色数的算法（对图的顶点数来说）具有指数的最坏情形时间复杂度。即使求图的着色数的近似值也是很难的。已经证明，假如存在具有多项式最坏情形时间复杂度的可以达到 2 倍地近似图的着色数的算法（即构造出一个不超过图的着色数的两倍的界限），那么也存在具有多项式最坏情形时间复杂度的求图的着色数的算法。

10.8.2 图着色的应用

图着色在与调度和分配有关的问题中具有多种应用。（注意，由于不知道图着色的有效算法，所以这并不能得出调度和分配的有效算法。）这里将给出这样应用的例子。第一个应用是用来安排期末考试。

例 5 **安排期末考试** 如何安排一所大学里的期末考试，使得没有学生同时要考两门？

解 这样的安排问题可以用图模型来解决，用顶点表示科目，若有学生要考两门，则在表示考试科目的两个顶点之间有边。用不同颜色来表示期末考试的每个时间段。考试的安排就对应于所关联的图的着色。

例如，假定要安排七门期末考试。假定科目从 1 到 7 编号。假定下列各对科目的考试有学生要都参加：1 和 2，1 和 3，1 和 4，1 和 7，2 和 3，2 和 4，2 和 5，2 和 7，3 和 4，3 和 6，3 和 7，4 和 5，4 和 6，5 和 6，5 和 7，以及 6 和 7。图 8 显示这组科目所关联的图。一种安排就是由这个图的一种着色来组成的。

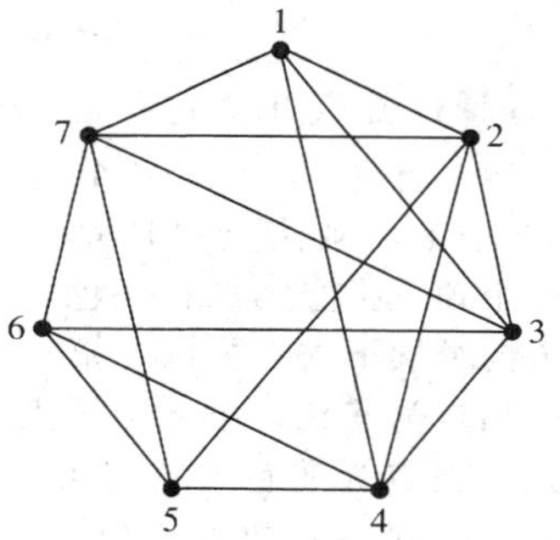

因为这个图的着色数为 4（读者应当验证这一点），所以需要 4 个时间段。图 9 显示使用了 4 种颜色的这个图的着色以及所关联的调度。 ◀

图 8 表示期末考试安排的图

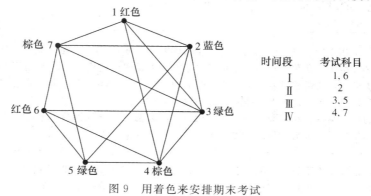

时间段	考试科目
I	1, 6
II	2
III	3, 5
IV	4, 7

图 9 用着色来安排期末考试

图   645

现在考虑对电视频道的分配。

例 6 **频率分配** 把频道 2 到 13 分配给在北美洲的电视台，要避免 150 英里之内的两家电视台在相同频道上播出。如何用图着色为频道分配建模？

解 这样构造一个图：给每个电视台指定一个顶点。若两个电视台彼此位于 150 英里以内，则用边连接这两个顶点。频道分配就对应于这个图的着色，其中每种颜色表示一个不同的频道。 ◀

图着色在编译器中的应用如例 7 所示。

例 7 **变址寄存器** 在有效的编译器中，当把频繁使用的变量暂时保存在中央处理单元的变址寄存器中，而不是保存在常规内存中时，可以加速循环的执行。对于给定的循环来说，需要多少个变址寄存器？可以用图着色模型来表示这个问题。为了建立这个模型，设图的每个顶点表示循环中的一个变量。若在循环执行期间两个顶点所表示的变量必须同时保存在变址寄存器中，则在这两个顶点之间有边。所以，这个图的着色数就给出了所需要的变址寄存器数，因为当表示变量的顶点在图中相邻时，就必须给这些变量分配不同的寄存器。 ◀

练习

在练习 1～4 中，构造所示地图的对偶图。然后求给这个地图着色，使得相邻的两个区域都没有相同的颜色所需要的颜色数。

1.
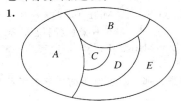

2.
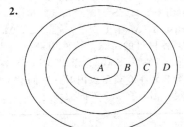

3.
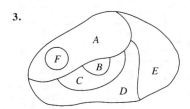

4.
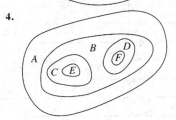

在练习 5～11 中，求给定图的着色数。

5.

6.
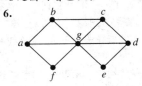

7.
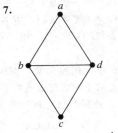

8.
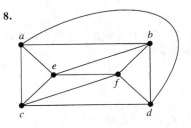

9.
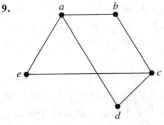

10.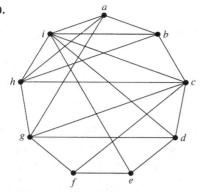

11.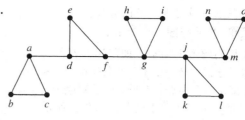

12. 对练习 5～11 中的图，判定是否可能通过删除单个顶点和与所有与它关联的边来减少着色数。

13. 哪些图的着色数为 1？

14. 为美国地图着色所需要的最少颜色数是什么？不要考虑只在一个尖角处相触的相邻州。假定密歇根是一个区域。把表示阿拉斯加和夏威夷的顶点当作孤立点。

15. W_n 的着色数是什么？

16. 证明：具有包含奇数个顶点的回路的简单图不能用两种颜色来着色。

17. 假定除了科目 Math 115 与 CS 473，Math 116 与 CS 473，Math 195 与 CS 101，Math 195 与 CS 102，Math 115 与 Math 116，Math 115 与 Math 185，Math 185 与 Math 195 以外，其他任意两种科目，都有学生要参加这两种科目的考试，请使用最少个数的不同时间段来为 Math 115、Math 116、Math 185、Math 195、CS 101、CS 102、CS 273 和 CS 473 安排期末考试日程表。

18. 假定当两家电视台相距 150 英里以内时，它们就不能使用相同的频道，那么对相对距离如下表所示的 6 家电视台来说，需要多少个不同的频道？

	1	2	3	4	5	6
1	—	85	175	200	50	100
2	85	—	125	175	100	160
3	175	125	—	100	200	250
4	200	175	100	—	210	220
5	50	100	200	210	—	100
6	100	160	250	220	100	—

19. 数学系有 6 个委员会，都是每月开一次会。假定委员会是 $C_1=\{$阿林豪斯，布兰德，沙斯拉夫斯基$\}$、$C_2=\{$布兰德，李，罗森$\}$、$C_3=\{$阿林豪斯，罗森，沙斯拉夫斯基$\}$、$C_4=\{$李，罗森，沙斯拉夫斯基$\}$、$C_5=\{$阿林豪斯，布兰德$\}$ 和 $C_6=\{$布兰德，罗森，沙斯拉夫斯基$\}$，那么怎样安排才能确保没有人同时参加两个会议。

20. 动物园想建立自然居住地，在里面展出动物。然而，有些动物一有机会就会吃掉另一些动物。如何用图模型和着色来确定所需要的不同居住地的数目，以及在这些居住地里的动物安排？

Links▸ 图的**边着色**是指对各边指定颜色，使得关联到相同顶点的边指定不同的颜色。图的**边着色数**是在该图的边着色里可以使用的最少颜色数。图 G 的边色数记作 $\chi'(G)$。

21. 求练习 5～11 中每个图的边色数。

22. 设电路板上有 n 个器件，这些器件通过有色电线相连。要求连接同一器件的电线颜色不同，用表示电路板的图的边着色来描述所需要的不同颜色的电线数。解释你的答案。

23. 求边着色数
a)C_n，其中 $n \geqslant 3$。   b)W_n，其中 $n \geqslant 3$。

24. 证明：一个图的边色数至少与该图的顶点的最大度一样。

25. 证明：若 G 是含有 n 个顶点的图，在对 G 的边着色中，不超过 $n/2$ 的边可以着相同的颜色。

图　647

＊26. 当 n 是正整数时，求 K_n 的边着色数。

27. 7 个变量出现在计算机程序的循环中。这些变量以及必须保存它们的计算步骤是：t：步骤 1～6；u：步骤 2；v：步骤 2～4；w：步骤 1、3 和 5；x：步骤 1 和 6；y：步骤 3～6；以及 z：步骤 4 和 5。在执行期间需要多少个不同的变址寄存器来保存这些变量？

28. 关于一个以 K_n 作为子图的图的着色数能有些什么结论？

下面的算法可以用来为简单图着色。首先，以度递减的顺序列出顶点 v_1、v_2、$\cdots$、v_n，使得 $\deg(v_1) \geqslant \deg(v_2) \geqslant \cdots \geqslant \deg(v_n)$。把颜色 1 指定给 v_1 和在表中不与 v_1 相邻的下一个顶点（若存在一个这样的顶点），并且继续指定给每一个在表中不与已经指定了颜色 1 的顶点相邻的顶点。然后把颜色 2 指定给表中还没有着色的第一个顶点。继续把颜色 2 指定给那些在表中还没有着色且不与指定了颜色 2 的顶点相邻的顶点。若还有未着色的顶点，则指定颜色 3 给表中还没有着色的第一个顶点，并且用颜色 3 继续对还没有着色且不与指定了颜色 3 的顶点相邻的那些顶点着色。继续这个过程直到所有顶点都着色为止。

29. 用这个算法构造下图的着色。

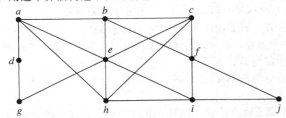

＊30. 用伪代码描述这个着色算法。

＊31. 证明：这个算法所产生的着色数可能比着色一个图所需的颜色数更多。

如果一个连通图 G 的着色数为 k，但是对于 G 的任意一条边 e，从 G 中删掉边 e 后得到的新图的着色数都是 $k-1$，则称 G 为**着色 k 关键的**。

32. 证明：只要 n 是正的奇数且 $n \geqslant 3$，那么 C_n 就是着色 3 关键的。

33. 证明：只要 n 是正的奇数且 $n \geqslant 3$，那么 W_n 就是着色 4 关键的。

34. 证明：W_4 不是着色 3 关键的。

35. 证明：如果图 G 为着色 k 关键的，那么 G 中的各个顶点的度至少是 $k-1$。

图 G 的 k **重着色**是对 G 的顶点指定含有 k 种不同颜色的集合，使得相邻的顶点不具有相同的颜色。用 $\chi_k(G)$ 表示使 G 能用 n 种颜色进行 k 重着色的最小正整数 n。例如，$\chi_2(C_4) = 4$。为了看出这一点，注意，如下图所示，只用 4 种颜色，就可以对 C_4 的每个顶点指定两种颜色，使得两个相邻顶点不具有相同的颜色。另外，少于 4 种颜色是不够的，因为顶点 v_1 和 v_2 每个都必须指定两种颜色，而且不能对 v_1 和 v_2 指定相同颜色。（关于 k 重着色的更多信息，见 [MiRo91]。）

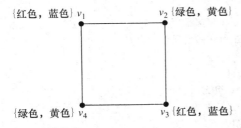

36. 求下列这些值：

    a) $\chi_2(K_3)$ **b)** $\chi_2(K_4)$ **c)** $\chi_2(W_4)$

    d) $\chi_2(C_5)$ **e)** $\chi_2(K_{3,4})$ **f)** $\chi_3(K_5)$

    ＊g) $\chi_3(C_5)$ **h)** $\chi_3(K_{4,5})$

＊37. 设 G 和 H 是如图 3 所示的图。求

    a) $\chi_2(G)$ **b)** $\chi_2(H)$ **c)** $\chi_3(G)$ **d)** $\chi_3(H)$

38. 若 G 是二分图且 k 是正整数，则 $\chi_k(G)$ 是什么？

39. 移动广播(或蜂窝)电话的频率是按地段分配的。每个地段分配一组该地段中的设备所使用的频率。在产生干扰问题的地段中不能使用相同的频率。解释如何用 k 重着色来对一个区域里的每个移动广播地段分配 k 种频率。

* 40. 证明：每个平面图 G 都可以用不超过 6 种颜色来着色。〔提示：对图的顶点数用数学归纳法。应用 10.7 节推论 2 求出满足 $\deg(v) \leqslant 5$ 的顶点 v。考虑删除 v 与其关联的所有边所获得的 G 的子图。〕

** 41. 证明：每个平面图 G 都可以用不超过 5 种颜色来着色。〔提示：利用练习 40 的提示。〕

著名的艺术馆问题是询问需要多少名保安才能看护到艺术馆的所有部分，这里艺术馆是一个 n 边形的边界及它所围的内部。为了更精确地描述这个问题，需要一些术语。如果线段 xy 上所有的点都在 P 边界上或 P 内部，则称简单多边形 P 边界上或 P 内部的点 x **覆盖**或**看见** P 边界上或 P 内部的点 y。如果对于 P 边界上或 P 内部的每一个点 y，都能够在一个点的集合中找到一个看见 y 的点 x，就说这个点的集合是简单多边形的**看守集**。把看守简单多边形 P 所需的最少点数的看守集记为 $G(P)$。**艺术馆问题**求的就是一个函数 $g(n)$，它是所有 n 个顶点的简单多边形 P 的看守集 $G(P)$ 的最大值 $^{⊖}$。也就是说，$g(n)$ 是一个最小的正整数，使得一个 n 个顶点的简单多边形 P 保证可以被 $g(n)$ 个或更少的保安看守。

42. 通过证明所有的三角形和四边形都能够用一个点来看卫，证明：$g(3)=1$ 和 $g(4)=1$。

* 43. 证明：$g(5)=1$，即所有的五边形都能够被一个点看卫。〔提示：先分出有 0 个、1 个、2 个顶点的内角大于 180 度，然后再说明在各种情况下一个保安都足够了。〕

* 44. 首先运用练习 42 和 43 的结果，以及 5.2 节的引理 1 证明 $g(6) \leqslant 2$，然后找出一个需要两名保安的六边形。最后证明 $g(6)=2$。

* 45. 证明：$g(n) \geqslant \lfloor n/3 \rfloor$。〔提示：考虑具有 $3k$ 个顶点和 k 个齿尖的梳子状的多边形，如下图所示的 15 边形一样。〕

* 46. 通过证明**艺术馆定理**，解决艺术馆问题。该定理说一个 n 个顶点的简单多边形最多需要 $\lfloor n/3 \rfloor$ 个保安来守卫它的边界和内部。〔提示：运用 5.2 节的定理 1 把这个简单多边形三角化为 $n-2$ 个三角形。然后说明只需要 3 种颜色就能够将三角形化后的简单多边形的顶点进行着色，使得相邻的顶点都具有不同的颜色。使用归纳方法和 5.2 节练习 23，最后在所有红色的顶点上安置保安，这里红色是在顶点染色中用得最少的一种颜色。说明在这些点上安置保安就是所需要的全部保安。〕

关键术语和结论

术语

无向边(undirected edge)：与集合 $\{u, v\}$ 关联的边，其中 u 和 v 都是顶点。

有向边(directed edge)：与有序对 (u, v) 关联的边，其中 u 和 v 都是顶点。

多重边(multiple edges)：连接同样一对顶点的不同的边。

环(loop)：连接一个顶点与它自身的边。

无向图(undirected graph)：一组顶点以及连接这些顶点的一组无向边。

简单图(simple graph)：没有多重边和环的无向图。

多重图(multigraph)：可能包含多重边但不包含环的无向图。

伪图(pseudograph)：可能包含多重边和环的无向图。

有向图(directed graph)：一组顶点以及连接这些顶点的一组有向边。

有向多重图(directed multigraph)：可能包含多重有向边的有向图。

简单有向图(simple directed graph)：不含环和多重边的有向图。

相邻(adjacent)：若在两个顶点之间有边则它们是相邻的。

$⊖$　考虑 n 个顶点的简单多边形 P 的各种形态。——译者注

图　　649

关联(incident)：若一个顶点是一条边的端点则那条边关联那个顶点。

$\deg(v)$(无向图中顶点 v 的度，degree of the vertex v in an undirected graph)：与 v 关联的边的数目，环贡献 2。

$\deg^-(v)$(带有向边的图中顶点 v 的入度，the in-degree of the vertex v in a graph with directed edges)：以 v 作为终点的边的数目。

$\deg^+(v)$(带有向边的图中顶点 v 的出度，the out-degree of the vertex v in a graph with directed edges)：以 v 作为起点的边的数目。

带有向边的图的基本无向图(underlying undirected graph of a graph with directed edges)：通过忽略有向边的方向所获得的无向图。

K_n(n 个顶点的完全图，complete graph on n vertices)：带 n 个顶点的无向图，其中每对顶点都用一条边连接。

二分图(bipartite graph)：顶点集划分成两个子集合 V_1 和 V_2 的图，使得每条边都连接 V_1 中的顶点和 V_2 中的顶点。序对(V_1, V_2) 成为 V 的二部划分。

$K_{m,n}$(完全二分图，complete bipartite graph)：顶点集划分成 m 个元素的子集和 n 个元素的子集，使得两个顶点被一条边所连接当且仅当一个顶点属于第一个子集而另外一个顶点属于第二个子集。

C_n(大小为 n 的圈图，cycle of size n，$n \geq 3$)：带有 n 个顶点 $v_1, v_2, \cdots, v_n$ 和边 $\{v_1, v_2\}$, $\{v_2, v_3\}$, $\cdots$, $\{v_{n-1}, v_n\}$, $\{v_n, v_1\}$ 的图。

W_n(大小为 n 的轮图，wheel of size n，$n \geq 3$)：通过向 C_n 添加一个顶点以及从这个顶点到 C_n 中原来每个顶点的一条边所获得的图。

Q_n(n 立方体图，n-cube，$n \geq 1$)：用 2^n 个长度为 n 的比特串作为顶点，边连接恰好相差一位的每对比特串的图。

图 G 中的匹配(matching in a graph G)：一组边的集合且任意两边都没有公共端点。

从 V_1 到 V_2 的完全匹配 M(complete matching M from V_1 to V_2)：V_1 中的每个顶点都是 M 中的边的端点的匹配。

最大匹配(maximum matching)：在图中所有匹配中包含边数最多的匹配。

孤立点(isolated vertex)：度为 0 的顶点。

悬挂点(pendant vertex)：度为 1 的顶点。

正则图(regular graph)：所有顶点都有相同的度的图。

图 $G=(V, E)$ 的子图(subgraph of a graph $G=(V, E)$)：图(W, F)，其中 W 是 V 的子集而 F 是 E 的子集。

$G_1 \bigcup G_2$(G_1 与 G_2 的并图)($G_1 \bigcup G_2$ (union of G_1 and G_2))：图$(V_1 \bigcup V_2, E_1 \bigcup E_2)$，其中 $G_1 = (V_1, E_1)$ 和 $G_2 = (V_2, E_2)$。

邻接矩阵(adjacency matrix)：利用顶点的相邻关系来表示图的矩阵。

关联矩阵(incidence matrix)：利用边与顶点的关联关系来表示图的矩阵。

同构的简单图(isomorphic simple graphs)：对简单图 $G_1 = (V_1, E_1)$ 和简单图 $G_2 = (V_2, E_2)$ 来说，若存在从 V_1 到 V_2 的一一对应 f，使得对所有属于 V_1 的 v_1 和 v_2 来说，$\{f(v_1), f(v_2)\} \in E_2$ 当且仅当 $\{v_1, v_2\} \in E_1$，则 G_1 与 G_2 是同构的。

同构不变量(invariant for graph isomorphism)：同构的图都有或都没有的性质。

无向图里从 u 到 v 的通路(path from u to v in an undirected graph)：一条或多条边的序列 $e_1, e_2, \cdots, e_n$，其中对 $i = 0, 1, \cdots, n$ 来说，e_i 关联着 $\{x_i, x_{i+1}\}$，其中 $x_0 = u$ 而 $x_{n+1} = v$。

有向图中从 u 到 v 的通路(path from u to v in a graph with directed edges)：一条或多条边的序列 $e_1, e_2, \cdots, e_n$，其中对 $i = 0, 1, \cdots, n$ 来说，e_i 关联着 (x_i, x_{i+1})，其中 $x_0 = u$ 而 $x_{n+1} = v$。

简单通路(simple path)：不多次包含一条边的通路。

回路(circuit)：在相同顶点处开始与结束的通路，通路长度 $n \geq 1$。

连通图(connected graph)：在图中每对顶点之间都有通路的无向图。

图 G 的割点(cut vertex of G)：一个顶点 v，使得 $G-v$ 是不连通的。

图 G 的割边(cut edge of G)：一条边 e，使得 $G-e$ 是不连通的。

不可分割的图(nonseparable graph)：不含割点的图。

图 G 的点割集(vertex cut of G)：图 G 顶点集的子集 V'，使得 $G-V'$ 是不连通的。

$\kappa(G)$(图 G 的点连通度，the vertex connectivity of G)：图 G 中最小的点割集的大小。

k-连通图(k-connected graph)：有一个点连通度不小于 k 的图。

图 G 的边割集(edge cut of G)：图 G 边的集合 E'，使得 $G-E'$ 是不连通的。

$\lambda(G)$(图 G 的边连通度，the edge connectivity of G)：图 G 中最小的边割集的大小。

图 G 的连通分支(connected component of a graph G)：图 G 的最大连通子图。

强连通有向图(strongly connected directed graph)：从每个顶点到每个顶点都存在有向通路的有向图。

有向图 G 的强连通分支(strongly connected component of a directed graph G)：G 的最大强连通子图。

欧拉通路(Euler path)：恰好包含图的每条边一次的通路。

欧拉回路(Euler circuit)：恰好包含图的每条边一次的回路。

哈密顿通路(Hamilton path)：恰好通过图的每个顶点一次的通路。

哈密顿回路(Hamilton circuit)：恰好通过图的每个顶点一次的回路。

加权图(weighted graph)：为各边指定数字的图。

最短通路问题(shortest-path problem)：确定加权图中的通路以使得这条通路中的边的权之和在指定的顶点之间的所有通路上是最小值这样的问题。

旅行商问题(traveling salesperson problem)：求访问图的每个顶点恰好一次的、总长度最短的回路的问题。

平面图(planar graph)：可以画在平面上而没有边交叉的图。

平面图的平面表示的面(regions of a representation of a planar graph)：该图的平面表示把平面所分割成的区域。

初等细分(elementary subdivision)：删除无向图的边 $\{u, v\}$ 而且添加新顶点 w 以及边 $\{u, w\}$ 和边 $\{w, v\}$。

同胚(homeomorphic)：若两个无向图是从同一个无向图通过一系列初等细分来获得的，则它们同胚。

图着色(graph coloring)：给图的顶点指定颜色，使得相邻的两个顶点没有相同的颜色。

着色数(chromatic number)：在图的着色中所需的最少颜色数。

结论

握手定理(The handshaking theorem)：设 $G=(V, E)$ 是有 m 条边的无向图，则 $2m = \sum_{v \in V} \deg(v)$

霍尔婚姻定理(Hall's marriage theorem)：带有二部划分(V_1, V_2)的二分图 $G=(V, E)$中有一个从 V_1 到 V_2 的完全匹配当且仅当对于 V_1 的所有子集 A，有 $|N(A)| \geqslant |A|$。

在连通多重图中存在欧拉回路当且仅当每个顶点的度数都为偶数。

在连通多重图中存在欧拉通路当且仅当至多有两个度数都为奇数的顶点。

迪克斯特拉算法(Dijkstra's algorithm)：在加权图中求出两个顶点之间最短通路的过程(见 10.6 节)。

欧拉公式(Euler's formula)：$r=e-v+2$，其中 r、e 和 v 分别是平面图的平面表示的面数、边数和顶点数。

库拉图斯基定理(Kuratowski's theorem)：图是非平面图当且仅当它包含同胚于 $K_{3,3}$ 或 K_5 的子图。(其证明超出本书范围。)

四色定理(The four color theorem)：每个平面图都可以用不超过 4 种颜色来着色。(其证明远远超出本书范围！)

复习题

1. **a)**定义：简单图、多重图、伪图、有向图、有向多重图。
   b)用例子说明：如何用 a 中每种类型的图来建模。例如，解释如何为计算机网络或飞行航线的不同方面来建模。

2. 给出如何用图建模的至少 4 个例子。

3. 在无向图中，顶点度数之和与该图中边数之间的关系是什么？解释这个关系为什么成立。

4. 为什么在无向图中一定有偶数个度数为奇数的顶点？

5. 在有向图中顶点的入度之和与出度之和之间的关系是什么？解释这个关系为什么成立。

图　　651

6. 描述下列图族。

   a)K_n，在 n 个顶点上的完全图。   b)$K_{m,n}$，在 m 和 n 个顶点上的完全二分图。

   c)C_n，带 n 个顶点的圈图。   d)W_n，大小为 n 的轮图。

   e)Q_n，n 立方体。

7. 在练习 6 的图族中，每个图有多少个顶点和多少条边？

8. a)什么是二分图？   b)图 K_n、C_n 和 W_n 中哪些是二分图？

   c)你如何确定无向图是否为二分图？

9. a)描述用来表示图的 3 种不同方法。

   b)画出至少带 5 个顶点和 8 条边的简单图。说明如何用你在 a)中所描述的方法来表示它。

10. a)两个简单图是同构的是什么意思？

   b)对于简单图的同构来说，不变量是什么意思？给出至少 5 个这样的不变量的例子。

   c)给出带有相同的顶点数、边数和顶点度数但不同构的两个简单图的例子。

   d)是否有一组已知的不变量可以用来有效地确定两个简单图是否同构？

11. a)图是连通的是什么意思？

   b)什么是图的连通分支？

12. a)解释如何用邻接矩阵来表示图。

   b)如何用邻接矩阵来确定从图 G 的顶点集到图 H 的顶点集的函数是否是同构的？

   c)如何用图的邻接矩阵来确定在图的两个顶点之间长度为 r 的通路数？其中 r 是正整数。

13. a)定义无向图中的欧拉回路和欧拉通路。

   b)描述著名的哥尼斯堡七桥问题，并且解释如何利用欧拉回路来重新叙述它。

   c)如何确定无向图是否具有欧拉通路？

   d)如何确定无向图是否具有欧拉回路？

14. a)定义简单图中的哈密顿回路。

   b)给出一些性质，这些性质蕴含着简单图没有哈密顿回路。

15. 给出至少两个可以通过求出加权图中最短通路来解决的问题的例子。

16. a)描述求在加权图两个顶点之间的最短通路的迪克斯特拉算法。

   b)画出至少带 10 个顶点和 20 条边的加权图。用迪克斯特拉算法求出在图中你所选择的两个顶点之间的最短通路。

17. a)图是平面图是什么意思？

   b)给出非平面图简单图的例子。

18. a)连通平面图的欧拉公式是什么？

   b)如何用平面图的欧拉公式来证明一个简单图是非平面图？

19. 叙述关于图的平面性的库拉图斯基定理，并且解释它如何刻画了哪些图是平面图。

20. a)定义图的着色数。

   b)当 n 是正整数时，图 K_n 的着色数是什么？

   c)当 n 是大于 2 的正整数时，图 C_n 的着色数是什么？

   d)当 m 和 n 都是正整数时，图 $K_{m,n}$ 的着色数是什么？

21. 叙述四色定理。有没有不能用 4 种颜色来着色的图？

22. 解释在建模里如何使用图的着色。至少举两个不同的例子。

补充练习

1. 一个带 100 个顶点的 50-正则图有多少条边？

2. K_3 有多少种非同构的子图？

在练习 3～5 中，判断所给的成对的图是否是同构的。

3.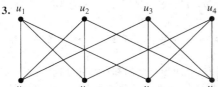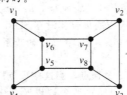

4.

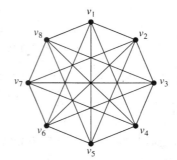

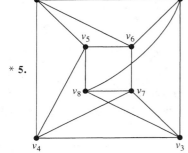

* 5.

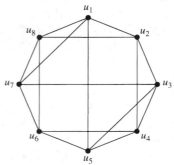

完全 m 部图 $K_{n_1, n_2, \cdots, n_m}$ 的顶点划分成 m 个子集合, 各有 n_1, n_2, $\cdots$, n_m 个元素, 而且顶点相邻当且仅当它们属于这个划分的不同子集合。

6. 画出下列图。

    a) $K_{1,2,3}$ b) $K_{2,2,2}$ c) $K_{1,2,2,3}$

* 7. 完全 m 部图 $K_{n_1, n_2, \cdots, n_m}$ 有多少个顶点和多少条边?

8. 证明或反证: 在至少有两个顶点的有穷多重图中, 总是存在两个度数相同的顶点。

9. 设 $G = (V, E)$ 是无向图, 并且令 $A \subseteq V$ 和 $B \subseteq V$, 证明:

    a) $N(A \cup B) = N(A) \cup N(B)$。

    b) $N(A \cap B) \subseteq N(A) \cap N(B)$, 并且给出 $N(A \cap B) \neq N(A) \cap N(B)$ 的例子。

10. 设 $G = (V, E)$ 是无向图, 证明:

    a) 对于所有的 $v \in V$, $|N(v)| \leqslant \deg(v)$。

    b) 对于所有的 $v \in V$, $|N(v)| = \deg(v)$ 当且仅当 G 是一个简单图。

设 n 是正整数, S_1, S_2, $\cdots S_n$ 是集合 S 的子集构成的集合族, 这个族的 **不同代表系统 (SDR)** 是一个有序的 n 元组 $(a_1, a_2, \cdots, a_n)$, 其中, 对 $i = 1$, 2, $\cdots$, n, 有 $a_i \in S_i$ 且对于所有的 $i \neq j$, 有 $a_i \neq a_j$。

11. 求集合 $S_1 = \{a, c, m, e\}$, $S_2 = \{m, a, c, e\}$, $S_3 = \{a, p, e, x\}$, $S_4 = \{x, e, n, a\}$, $S_5 = \{n, a, m, e\}$ 和 $S_6 = \{e, x, a, m\}$ 的 SDR。

12. 使用霍尔婚姻定理证明: 集合 S 的有穷子集 S_1, S_2, $\cdots$, S_n 有 SDR$(a_1, a_2, \cdots, a_n)$ 当且仅当对于 $\{1, 2, \cdots, n\}$ 的所有子集 I 有 $\left| \bigcup_{i \in I} S_i \right| \geqslant |I|$。

13. a) 使用练习 12 证明: $S_1 = \{a, b, c\}$, $S_2 = \{b, c, d\}$, $S_3 = \{a, b, d\}$, $S_4 = \{b, c, d\}$ 构成的集合族有一个 SDR, 不允许直接求出一个。

    b) 求出 a 中集合族的 SDR。

14. 使用练习 12 证明: $S_1 = \{a, b, c\}$, $S_2 = \{a, c\}$, $S_3 = \{c, d, e\}$, $S_4 = \{b, c\}$, $S_5 = \{d, e, f\}$, $S_6 = \{a, c, e\}$ 和 $S_7 = \{a, b\}$ 构成的集合族没有 SDR。

设 u、v 和 w 是一个简单图的 3 个顶点, 简单图 G 的 **簇系数** $C(G)$ 是当 u 和 v 是邻居且 v 和 w 是邻居时, u 和 w 是邻居的概率。

15. 设 u、v 和 w 是一个简单图的 3 个顶点, 当这些顶点构成的所有 3 对顶点之间都有边相连时, 这 3 个顶点构成一个三角形。求用图中三角形个数以及图中长度为 2 的通路的条数表示的 $C(G)$ 的公式。

图 653

[提示：按照形成三角形的顶点的顺序计算图中的每个三角形一次。]

16. 求 10.2 节练习 20 中每个图的簇系数。

17. 解释下列各图中簇系数表示什么？

  a) 好莱坞图   b)"人脸"中的朋友图

  c) 图论中的学术合作图   d) 人类细胞中的蛋白质作用图

  e) 表示构成万维网的路由器和通信链路的图

18. 对练习 17 中的每一个图，解释是否可以期望其簇系数接近 0.01 或 0.10，并且解释为什么。

简单无向图的**团**是一个完全子图，它不包含在任何更大的完全子图中。在练习 19～21 中，求所给图的所有团。

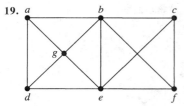 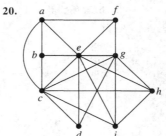 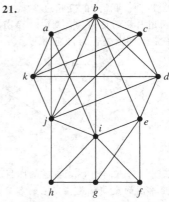

19.
20.
21.

简单图中顶点的**支配集**是顶点的一个集合，使得其他每个顶点都与这个集合中至少一个顶点是相邻的。带最少顶点数的支配集称为**最小支配集**。在练习 22～24 中，求所给的图的最小支配集。

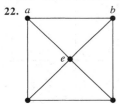 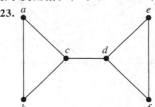 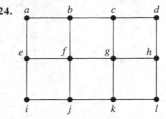

22.
23.
24.

简单图可用来确定在棋盘上控制整个棋盘的最少皇后数。一个 $n \times n$ 的棋盘具有 n^2 个格子。如下图所示，在所给位置上的皇后控制着同行、同列以及包含这个格子的两条斜线上的所有格子。与此对应的简单图具有 n^2 个顶点，每个顶点表示一个格子，而且若一个顶点所表示的格子上的皇后控制着另外一个顶点所表示的格子，则这两个顶点是相邻的。

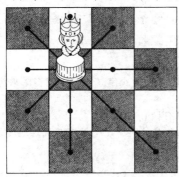

皇后所控
制的格子

25. 构造表示 $n \times n$ 棋盘的简单图，用边表示皇后对格子的控制，其中

  a) $n = 3$ b) $n = 4$

26. 解释一下最小支配集的概念如何应用到确定控制 $n \times n$ 棋盘的最少皇后数的问题。

27. 求控制 $n \times n$ 棋盘的最少皇后数，其中

 a)$n=3$ b)$n=4$ c)$n=5$

28. 假定 G_1 和 H_1 是同构的，而且 G_2 和 H_2 是同构的。证明或反证：$G_1 \cup G_2$ 和 $H_1 \cup H_2$ 是同构的。

29. 证明：下列性质是同构的简单图都有或都没有的不变量。

 a)连通性   b)哈密顿回路的存在性   c)欧拉回路的存在性

 d)有交叉数 C e)有 n 个孤立顶点   f)是二分图

30. 如何从 G 的邻接矩阵求 $\overline{G}$ 的邻接矩阵？其中 G 是简单图。

31. 有多少种非同构的带有 4 个顶点的连通简单二分图？

*32. 有多少种非同构的带有 5 个顶点简单连通图，并且

 a)没有任何顶点的度超过 2？   b)着色数等于 4？   c)非平面图？

若有向图与它的逆同构，则它是**自逆的**。

33. 确定下列图是否为自逆的。

 a)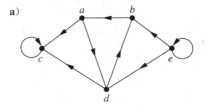   b)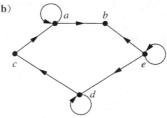

34. 证明：若有向图 G 是自逆的而且 H 是同构于 G 的有向图，则 H 也是自逆的。

无向简单图的**定向**就是指定它的各边的方向，使得所得到的有向图是强连通的。当无向图有定向时，这个图称为**可定向的**。在练习 35～37 中，确定给定的图是否是可定向的。

35. 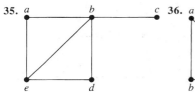   **36.** 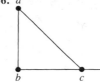   **37.**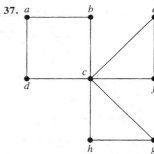

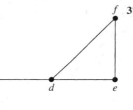

38. 因为在城市中心区交通流量正在增长，所以交通工程师正在计划把目前所有双行街道都变成单行街道。解释如何为这个问题建模。

*39. 证明：若一个图具有割边，则它不是可定向的。

竞赛图是简单有向图，使得若 u 和 v 是图中不同的顶点，则 (u, v) 和 (v, u) 中恰好有一个是图中的边。

40. 有多少种不同的带 n 个顶点的竞赛图？

41. 在竞赛图中一个顶点的入度与出度之和是什么？

*42. 证明：每个竞赛图都有哈密顿通路。

43. 给定鸡群里的两只鸡，其中一只占优势。这样就定义了这个鸡群的**啄食次序**。如何用竞赛图来为啄食次序建模？

44. 设连通图 G 有 n 个顶点且点连通度 $\kappa(G)=k$。证明：图 G 至少含有 $\lceil kn/2 \rceil$ 条边。

若 $\kappa(G)=\lambda(G)=\min_{v \in V} \deg v=2m/n$，则称含有 n 个顶点和 m 条边的连通图 $G=(V, E)$ 具有**最优连通度**。

45. 证明：具有最优连通度的连通图一定是正则图。

46. 证明下列各图具有最优连通度。

 a)C_n，$n \geqslant 3$ b)K_n，$n \geqslant 3$ c)$K_{r,r}$，$r \geqslant 2$

*47. 求 2 个带有 6 个顶点，9 条边，具有最优连通度的非同构的简单图。

48. 假定 G 是带 $2k$ 个度为奇数的顶点的连通多重图。证明：存在 k 个子图，它们的并图是 G，其中每个

图　　655

子图都有欧拉通路并且任何两个子图都没有公共边。[提示：向该图添加 k 条连接成对的度为奇数的顶点，并且利用这个变大了的图的欧拉回路。]

在练习 49 和 50 中，我们讨论一个由佩特科维奇(petković)在[Pe09]中提出的一个智力题(基于[Avch80]中的问题)。设亚瑟王召集 $2n$ 个骑士开一个重要的圆桌会议。其中任意两个人要么是朋友，要么是敌人，并且每个人在其余 $2n-1$ 个人中最多有不超过 $n-1$ 个敌人。问亚瑟王是否可以安排他的骑士在圆桌就座，使得每个人都和他的两个朋友为邻座？

49. a)证明：用顶点表示骑士，若两个骑士是朋友，则在图中用边连接这两人。该题可以化简为判断图中是否存在哈密顿回路。

　　b)解答在上面智力题中的提出的问题。[提示：利用狄拉克定理。]

50. 假设有 8 个骑士，Alynore、Bedivere、De-gore、Gareth、Kay、Lancelot、Perceval 和 Tristan 用每个人的名字的第一个字母表示该骑士，并在该字母后面列出他的敌人列表。他们的敌人列表是：$A(D,$ $G, P)$、$B(K, P, T)$、$D(A, G, L)$、$G(A, D, L)$、$K(B, L, P)$、$L(D, K, T)$、$P(A, B,$ $K)$、$T(B, G, L)$。画出表示这 8 个骑士和他们的朋友的图，并且求出安排方式使得每一个骑士都挨着他的两个朋友坐。

*51. 设 G 是带有 n 个顶点的简单图。G 的**带宽**表示成 $B(G)$，它是 $\max\{|i-j| \mid a_i$ 与 a_j 是相邻的$\}$ 在 G 的顶点 $a_1, a_2, \cdots, a_n$ 的所有排列上所取的最小值。即带宽是赋给相邻顶点的下标的最大差值在顶点的所有列表上所取的最小值。求下列图的带宽。

　　a)K_5　　　　　　　b)$K_{1,3}$　　　　　　　c)$K_{2,3}$　　　　　　　d)$K_{3,3}$

　　e)Q_3　　　　　　　f)C_5

*52. 连通简单图的两个不同顶点 v_1 和 v_2 之间的**距离**是在 v_1 和 v_2 之间的最短通路的长度(边数)。图的**半径**是从顶点 v 到其他顶点的最大距离在所有顶点 v 上所取的最小值。图的**直径**是在两个不同顶点之间的最大距离。求下列图的半径和直径。

　　a)K_6　　　　　　　b)$K_{4,5}$　　　　　　　c)Q_3　　　　　　　d)C_6

*53. a)证明：若简单图 G 的直径至少为 4，则它的补图 $\overline{G}$ 的直径不超过 2。

　　b)证明：若简单图 G 的直径至少为 3，则它的补图 $\overline{G}$ 的直径不超过 3。

*54. 假定一个多重图有 $2m$ 个度为奇数的顶点。证明：任何包含该图中每条边的回路，必然至少包含 m 条边超过一次。

55. 求 10.6 节图 3 中在顶点 a 与 z 之间的次最短通路。

56. 设计一个算法，求在简单连通加权图中两个顶点之间的次最短通路。

57. 求 10.6 节练习 3 的加权图中，在顶点 a 与 z 之间经过顶点 f 的最短通路。

58. 设计一个算法，求在简单连通加权图中两个顶点之间经过第三个指定顶点的最短通路。

*59. 证明：若 G 是至少带 11 个顶点的简单图，则 G 或 $\overline{G}(G$ 的补图)不是平面图。

若图的一组顶点集合中的任何两个顶点都不相邻，则这个顶点集合称为**独立的**。图的**独立数**是该图的独立顶点集中的最大顶点个数。

*60. 下列图的独立数是什么？

　　a)K_n　　　　　　　b)C_n　　　　　　　c)Q_n　　　　　　　d)$K_{m,n}$

61. 证明：一个简单图中的顶点数小于或等于这个图的独立数与着色数之积。

62. 证明：一个图的着色数小于或等于 $n-i+1$，其中 n 是这个图的顶点数，i 是这个图的独立数。

63. 假定为了生成带有 n 个顶点的随机简单图，首先选择满足 $0 \leqslant p \leqslant 1$ 的实数 p。对 $C(n, 2)$ 对不同顶点中的每一对，都生成一个在 $0 \sim 1$ 之间的随机数 x。若 $0 \leqslant x \leqslant p$，则用一条边连接这两个顶点；否则就不连接这两个顶点。

　　a)生成带有 m 条边的图的概率是什么？其中 $0 \leqslant m \leqslant C(n, 2)$。

　　b)若包含每一条边的概率为 p，则在随机生成的带有 n 个顶点的图中，边数的期望值是什么？

　　c)证明：若 $p=1/2$，则每一个带 n 个顶点的简单图是等概率生成的。

当向简单图添加更多的边(不添加顶点)时，都还保持的性质称为**单调递增的**，当从简单图删除边(不删除顶点)时，都还保持的性质称为**单调递减的**。

64. 对下列每个性质来说，判断它是否为单调递增的，并判断它是否为单调递减的。

a) 图 G 是连通的　　　　b) 图 G 不是连通的　　c) 图 G 有欧拉回路　　d) 图 G 有哈密顿回路

e) 图 G 是平面图　　　　f) 图 G 的着色数为 4　g) 图 G 的半径为 3　　h) 图 G 的直径为 3

65. 证明：图的性质 P 是单调递增的当且仅当图的性质 Q 是单调递减的，其中 Q 是不具有性质 P 的性质。

** 66. 假定 P 是简单图的单调递增的性质。证明：带 n 个顶点的随机图有性质 P 的概率是 p 的单调非递减函数，其中 p 是一条边被挑选到该图的概率。

计算机课题

按给定的输入和输出写出程序。

1. 给定无向图的各边所关联的顶点对，确定每个顶点的度。

2. 给定有向图的各边所关联的有序顶点对，确定每个顶点的入度和出度。

3. 给定简单图的边列表，确定这个图是否为二分图。

4. 给定图的各边所关联的顶点对，构造这个图的邻接矩阵。（要求当存在环、多重边或有向边时仍起作用。）

5. 给定图的邻接矩阵，列出这个图的各边，并且给出每条边出现的次数。

6. 给定无向图各边所关联的顶点对，以及每条边出现的次数，构造这个图的关联矩阵。

7. 给定无向图的关联矩阵，列出它的各边，并且给出每条边出现的次数。

8. 给定正整数 n，通过产生图的邻接矩阵来生成含有 n 个顶点的无向图，使得以相等的概率生成所有含有 n 个顶点的简单图。

9. 给定正整数 n，通过产生图的邻接矩阵来生成含有 n 个顶点的有向图，使得以相等的概率生成所有含有 n 个顶点的有向图。

10. 给定两个都带不超过 6 个顶点的简单图的边列表，确定这两个图是否是同构的。

11. 给定图的邻接矩阵和正整数 n，求两个顶点之间长度为 n 的通路数（产生对有向图和无向图来说都能起作用的程序）。

* 12. 给定简单图的边列表，确定它是否连通，若它不连通，则求连通分支数。

13. 给定多重图的各边所关联的顶点对，确定它是否有欧拉回路，若没有欧拉回路，则确定它是否有欧拉通路。若存在欧拉通路或欧拉回路，则构造这样的通路或回路。

* 14. 给定有向多重图的各边所关联的有序顶点对，若存在欧拉通路或欧拉回路，则构造这样的通路或回路。

** 15. 给定简单图的边列表，产生一条哈密顿回路，或者确定该图没有这样的回路。

** 16. 给定简单图的边列表，产生一条哈密顿通路，或者确定该图没有这样的通路。

17. 给定加权连通简单图的边及其权的列表，以及该图中的两个顶点，用迪克斯特拉算法求这两点间最短通路的长度。另外，求出这条通路。

18. 给定无向图的边的表，用 10.8 节练习所给的算法求这个图的着色。

19. 给定学生及其注册课程的表，构造期末考试日程表。

20. 给定各对电视台之间的距离以及它们之间允许的最短距离，为这些电视台分配频率。

计算和探索

用一个计算程序或你自己编写的程序做下面的练习。

1. 显示带 4 个顶点的所有简单图。

2. 显示带 6 个顶点的所有非同构的简单图。

3. 显示全套的带 4 个顶点的所有非同构的有向图。

4. 随机地生成 10 个不同的简单图，每个带 20 个顶点，使得每个这样的图都是以相等的概率来生成的。

5. 构造一种格雷码，其中码字都是长度为 6 的比特串。

6. 构造马在不同大小的棋盘上的周游路线。

7. 确定你在本组练习的练习 4 中生成的每个图是否为平面图。若你可以做到，则确定每个非平面图的厚度。

图   657

8. 确定你在本组练习的练习 4 中生成的每个图是否连通。若有一个图不连通，则确定这个图的连通分支数。

9. 随机地生成带 10 个顶点的简单图。当你生成了一个带欧拉回路的图时停止。显示这个图的一个欧拉回路。

10. 随机地生成带 10 个顶点的简单图。当你生成了一个带哈密顿回路的图时停止。显示这个图的一个哈密顿回路。

11. 求你在本组练习的练习 4 中所生成的每个图的着色数。

** 12. 求旅行推销员访问美国 50 个州的每个首府所能采取的最短路线，在各城市之间坐直飞的航班。

* 13. 对每个不超过 10 的正整数 n 来说，估计随机生成的带 n 个顶点的简单图连通的概率，方法是生成一组随机简单图并且确定每个图是否连通。

** 14. 研究这个问题：确定 $K_{7,7}$ 的交叉数是否为 77、79 或 81。已知它等于这三个数当中的一个。

写作课题

用本教材以外的资料，按下列要求写成论文。

1. 描述在 1900 年以前图论的起源和发展。

2. 讨论图论在生态系统研究中的应用。

3. 讨论图论在社会学和心理学中的应用。

4. 讨论通过研究网络图的性质可以了解到什么？

5. 解释在表示网络的图中，如社交网络、计算机网络、信息网络或生物学网络，社团结构是什么？定义在这些图中的社团是什么？并且解释在表示所列的网络类型的图中，社团表示了什么。

6. 描述一些用于在表示第 5 题中所列网络类型的图中，社团发现的算法。

7. 描述给定一个图的顶点和边，在纸面或屏幕上画出这个图的算法。在画图中需要考虑什么，使得其最好地显示了该图的属性。

8. 通过学习相关的社交网络和通信网络，解释图论如何帮助发现犯罪或恐怖网络。

9. 一个输入、显示和操纵各种图的软件工具应当具有什么功能？现有的工具都具有这些功能中的哪些？

10. 描述确定两个图是否是同构的一些可用算法和这些算法的计算复杂度。目前已知最有效的算法是什么？

11. 什么是子图同构问题及其在化学、生态学、电子电路设计和计算机视图等方面有哪些重要应用？

12. 解释什么是图挖掘（它是数据挖掘的重要领域），并说明图挖掘中的一些基本技术。

13. 描述如何用欧拉通路来帮助确定 DNA 序列。

14. 定义德布鲁因序列并且讨论它们如何出现在应用中。解释如何用欧拉回路来构造德布鲁因序列。

15. 描述中国邮递员问题并且解释如何解决这个问题。

16. 描述表明图具有哈密顿回路的一些不同条件。

17. 描述用来解决旅行推销员问题的几个不同策略和算法。

18. 描述判定一个图是否是平面图几个不同算法。每个算法的计算复杂度是什么？

19. 在建模中，有时把超大规模集成电路（VLSI）图嵌入到一本书中，让顶点都在书脊上而边都在不同的书页上。定义图的书页数 $^\ominus$ 并对 $n=3$、4、5 和 6 求包括 K_n 在内的各种图的书页数。

20. 描述四色定理的历史。

21. 描述在四色定理的证明中计算机所扮演的角色。如何肯定一个依赖计算机的证明是正确的？

22. 就是否产生最少颜色的着色以及复杂度而言，描述并比较给图着色的几个不同算法。

23. 解释在各种不同模型中如何使用图的多重着色。

24. 描述边着色的应用。

25. 解释如何将随机图理论应用在带特定性质的图的非构造性存在性证明中。

$\ominus$　即上述做法所需要的最少页数。——译者注

树

不包含简单回路的连通图称为树。早在 1857 年，英国数学家亚瑟·凯莱就用树计数某些类型的化合物。本章中的例子将说明从那时起，树已经被用来解决各种学科分支中的问题。

树在计算机科学中特别有用，尤其是在算法中。例如，用树构造求元素在表中位置的有效算法。可以将树用于算法，构造节省数据存储和传输成本的有效编码，比如哈夫曼编码；可以用树来研究诸如跳棋和象棋这样的博弈，并且可以帮助确定进行这些博弈的取胜策略；可以用树来为通过一系列决策而完成的过程建立模型。构造这些模型可以帮助确定排序算法等基于一系列决策的算法的计算复杂度。

通过深度优先搜索或宽度优先搜索，可以系统地遍历图的顶点，构造出一棵包括每个顶点的树。通过深度优先搜索来探索图的顶点，也称为回溯，允许系统地搜索各种问题的解，比如确定在棋盘上如何放置 8 个王后使得这些王后不能互相攻击。

可以给树的边赋权值来为许多问题建立模型。例如，用加权树可以开发出构造网络的算法，使得这些网络含有最便宜的连接不同网络节点的电话线集合。

11.1　树的概述

第 10 章说明了如何用图来建立模型和解决许多问题。本章将集中讨论称为**树**的一种特殊类型的图，之所以这样命名是因为这样的图就像是树。例如，家族树是表示族谱图的图。家族树用顶点表示家族成员并且用边表示父子关系。图 1 显示了瑞士数学世家伯努利家族男性成员的家族树。表示家族树（限制成员为一种性别，并且没有近亲结婚）的无向图是树的一个例子。

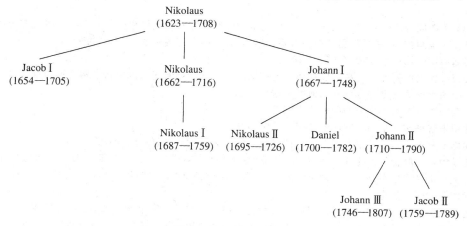

图 1　伯努利数学世家

> **定义 1**　树是没有简单回路的连通无向图。

因为树没有简单回路，所以树不含多重边或环。因此任何树都必然是简单图。

例1　在图 2 所示的图中，哪些图是树？

解　G_1 和 G_2 是树，因为都是没有简单回路的连通图。G_3 不是树，因为 $e，b，a，d，e$ 是这个图中的简单回路。最后，G_4 不是树，因为它不连通。

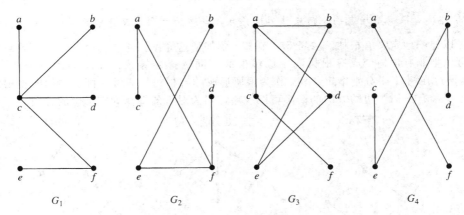

图 2   树和不是树的图的例子

任何一个不包含简单回路的连通图都是树。不含简单回路但不一定连通的图是什么？这些图称为**森林**，而且具有这样的性质：它们的每个连通分支都是树。图 3 显示了一个森林。注意，图 2 中的 G_4 也是森林。图 3 中的图是具有 3 棵树的森林，图 2 中的 G_4 是具有 2 棵树的森林。

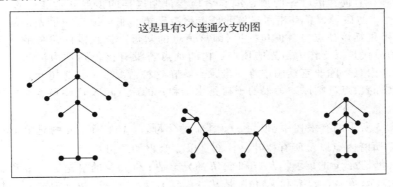

这是具有3个连通分支的图

图 3   森林的例子

通常把树定义成具有在每对顶点之间存在唯一简单通路性质的无向图。定理 1 说明这个变换的定义与原来的定义是等价的。

> **定理 1**   一个无向图是树当且仅当在它的每对顶点之间存在唯一简单通路。

证明   首先假定 T 是树。则 T 是没有简单回路的连通图。设 x 和 y 是 T 的两个顶点。因为 T 是连通的，所以根据 10.4 节定理 1，在 x 和 y 之间存在一条简单通路。而且，这条通路必然是唯一的，因为假如存在第二条这样的通路，那么从 x 到 y 的第一条通路以及将第二条通路逆转后所得到的从 y 到 x 的通路，将组合起来形成回路。利用 10.4 节练习 59，这蕴含着在 T 中存在简单回路。因此，在树的任何两个顶点之间存在唯一简单通路。

现在假定在图 T 的任何两个顶点之间存在唯一简单通路。则 T 是连通的，因为在它的任何两个顶点之间存在通路。另外，T 没有简单回路。为了看出这是真命题，假定 T 有包含顶点 x 和 y 的简单回路。则在 x 和 y 之间就有两条简单通路，因为这条简单回路包含一条从 x 到 y 的简单通路和一条从 y 到 x 的简单通路。因此，在任何两个顶点之间存在唯一简单通路的图是树。   ◀

11.1.1   有根树

在树的许多应用中，指定树的一个特殊顶点作为**根**。一旦规定了根，就可以给每条边指定方向。因为从根到图中每个顶点存在唯一通路（根据定理 1），所以指定每条边是离开根的方向。因此，树与它的根一起产生一个有向图，称为**有根树**。

定义 2   有根树是指定一个顶点作为根并且每条边的方向都离开根的树。

也可以递归地定义有根树。参考 5.3 节来了解如何这样做。通过选择任何一个顶点来作为根，就可以把非有根树变成有根树。注意对根的不同选择会导致产生不同的有根树。例如，图 4 显示通过在树 T 中分别指定 a 和 c 作为根所形成的有根树。通常在画有根树时把根画在图的顶端。指示有根树中边的方向的箭头可以省略，因为对根的选择确定了边的方向。

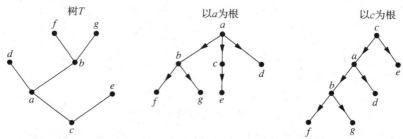

图 4   一棵树以及指定两个根所形成的有根树

树这个术语起源于植物学和族谱学。假定 T 是有根树。若 v 是 T 中的非根顶点，则 v 的**父母**是从 u 到 v 存在有向边的唯一的顶点 u（读者应当证明这样的顶点 u 是唯一的）。当 u 是 v 的父母时，v 称为 u 的**孩子**。具有相同父母的顶点称为**兄弟**。非根顶点的祖先是从根到该顶点通路上的顶点，不包括该顶点自身但包括根（即该顶点的父母，该顶点的父母的父母等，一直到根）。顶点 v 的后代是以 v 作为祖先的顶点。树的顶点若没有孩子则称为**树叶**。有孩子的顶点称为**内点**。根是内点，除非它是图中唯一的顶点，在这种情况下，它是树叶。

若 a 是树中的顶点，则以 a 为根的子树是由 a 和 a 的后代以及这些顶点所关联的边所组成的该树的子图。

Extra Examples

例 2   在图 5 所示的有根树中（根为 a），求 c 的父母，g 的孩子，h 的兄弟，e 的所有祖先，b 的所有后代，所有内点以及所有树叶。什么是以 g 为根的子树？

解 c 的父母是 b。g 的孩子是 h、i 和 j。h 的兄弟是 i 和 j。e 的祖先是 c、b 和 a。b 的后代是 c、d 和 e。内点是 a、b、c、g、h 和 j。树叶是 d、e、f、i、k、l 和 m。以 g 为根的子树如图 6 所示。

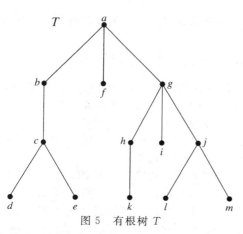

图 5   有根树 T

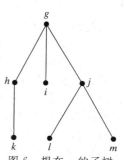

图 6   根在 g 的子树

在许多不同的应用中都用到具有下面性质的有根树：它们的所有内点都有相同个数的孩子。在本章后面将用这样的树去研究涉及搜索、排序和编码的问题。

Links

定义 3   若有根树的每个内点都有不超过 m 个孩子，则称它为 m 叉树。若该树的每个内点都恰好有 m 个孩子，则称它为满 m 叉树。把 $m=2$ 的 m 叉树称为二叉树。

例 3　在图 7 中的有根树，对某个正整数 m 来说是否为满 m 叉树？

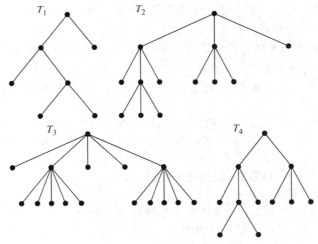

图 7　4 个有根树

解　T_1 是满二叉树，因为它的每个内点都有 2 个孩子。T_2 是满三叉树，因为它的每个内点都有 3 个孩子。在 T_3 中每个内点都有 5 个孩子，所以它是满五叉树。对任何 m 来说，T_4 都不是满 m 叉树，因为它的有些内点有 2 个孩子而有些内点有 3 个孩子。◀

有序根树　有序根树是把每个内点的孩子都排序的有根树。画有序根树时，以从左向右的顺序来显示每个内点的孩子。注意在常规方式下有根树的表示将确定它的边的一种顺序。我们将在画图时使用边的这种顺序，但不明确地指出有根树是有序的。

在有序二叉树（通常只称为**二叉树**）中，若一个内点有 2 个孩子，则第一个孩子称为**左子**而第二个孩子称为**右子**。以一个顶点的左子为根的树称为该顶点的**左子树**，而以一个顶点的右子为根的树称为该顶点的**右子树**。读者应当注意，对某些应用来说，二叉树的每个非根顶点都指定为其父母的右子或左子。即使当某些顶点仅有一个孩子也这样做。具体指定方式视需要而定。

可以递归地定义有序根树。5.3 节以这种方式定义了二叉树，它是有序根树的一种类型。

例 4　在图 8a 所示二叉树 T 中，d 的左子和右子是什么（其中顺序是画法所蕴含的）？c 的左子树和右子树是什么？

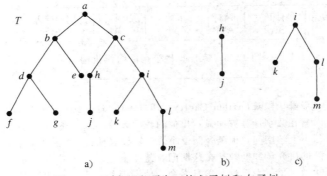

图 8　二叉树 T 和顶点 c 的左子树和右子树

解　d 的左子是 f，而右子是 g。在图 8b 和图 8c 中分别显示 c 的左子树和右子树。◀

与图的情形恰好一样，不存在用来描述树、有根树、有序根树和二叉树等的标准术语。出现这种非标准的术语是因为在计算机科学里大量地使用树，而计算机科学还是相对年轻的领域。当碰到关于树的术语时，读者就应当仔细地核对这些术语所表示的意思。

11.1.2 树作为模型

以树为模型的应用领域非常广泛，比如计算机科学、化学、地理学、植物学和心理学等。下面将描述基于树的各种模型。

例 5 **饱和碳氢化合物与树** 图可以用来表示分子，其中用顶点表示原子，用边表示原子之间的化学键。英国数学家亚瑟·凯莱在 1857 年发现了树，当时他正在试图列举形如 C_nH_{2n+2} 的化合物的同分异构体，它们都被称为饱和碳氢化合物。（同分异构体代表具有相同化学式但不同化学性质的化合物。）

在饱和碳氢化合物的图模型中，用度为 4 的顶点表示每个碳原子，用度为 1 的顶点表示每个氢原子。在形如 C_nH_{2n+2} 的化合物的表示图中有 $3n+2$ 个顶点。在这个图中，边数是顶点度数之和的一半。因此，在这个图中有 $(4n+2n+2)/2 = 3n+1$ 条边。因为这个图是连通的，而且边数比顶点数少 1，所以它必然是树（见本节练习 15）。

带有 n 个度为 4 的顶点和 $2n+2$ 个度为 1 的顶点的非同构的树表示了形如 C_nH_{2n+2} 的不同的同分异构体。例如，当 $n=4$ 时，恰好存在 2 个这种类型的不同的同分异构体（读者需要验证）。所以恰好有 2 个 C_4H_{10} 的同分异构体。它们的结构如图 9 所示。这两种同分异构体称为丁烷和异丁烷。（也称为 i-丁烷或甲基丙烷） ◀

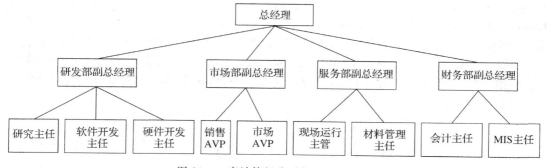

图 9 丁烷的两种同分异构体

例 6 **表示组织机构** 大的组织机构的结构可以用有根树来建模。在这个树中每个顶点表示机构里的一个职务。从一个顶点到另外一个顶点的边的起点所表示的人是终点所表示的人的（直接）上司。图 10 就是这样的树。在这个树所表示的组织机构里，硬件开发主任直接为研发副总经理工作。这个树的根是表示这个组织的总经理的顶点。 ◀

图 10 一家计算机公司的组织机构图

©Paul Fearn/Alamy Stock Photo

亚瑟·凯莱（Arthur Cayley，1821—1895） 凯莱是一个商人的儿子。他在年纪很小时就在数字计算方面显示出他的数学天分。凯莱在 17 岁时来到剑桥大学三一学院学习。上学期间，他酷爱阅读小说，在校表现也极为优秀，被选举为任期 3 年的三一学院的研究员和助教。在这期间，凯莱开始了对 n 维几何学的研究，对几何学和分析学做出了巨大贡献。学习之余，他渐渐喜欢上了登山，尤其是在瑞士度假时登山的愉快经历让他难以忘怀。由于在剑桥大学没有合适的数学家职位提供给他，凯莱离开了剑桥，转行学习法律并且在 1849 年获取律师资格。尽管凯莱在从事法律工作的同时还继续着数学研究，但他依然在法律界享有盛誉。在他的律师生涯中，凯莱写出了三百多篇关于数学研究的论文。1863 年，剑桥大学专门设立了一个新的数学类的职位并把它给了凯莱。尽管这份教职的薪酬低于律师的收入，凯莱还是欣然接受了这份工作。

例7　**计算机文件系统**　计算机存储器中的文件可以组织成目录。目录可以包含文件和子目录。根目录包含整个文件系统。因此，文件系统可以表示成有根树，其中根表示根目录，内点表示子目录，树叶表示文件或空目录。在图 11 中显示了一个这样的文件系统。在该系统中，文件 khr 属于目录 rje。（注意文件的链接，同一个文件有多个路径名，会导致计算机文件系统中有回路。）　◀

例8　**树形连接并行处理系统**　在 10.2 节例 17 中描述了多种并行处理的互联网络。树形连接网络是把处理器互相连接的另外一种重要方式。表示这样的网络的图是完全二叉树，即一个每个树叶都在同一层上的满二叉树。这样的网络把 $n = 2^k - 1$ 个处理器互连起来，其中 k 是正整数。一个非根也非树叶的顶点 v 所表示的处理器具有三个双向连接，一个连接通向 v 的父母所表示的处理器，两个连接通向 v 的两个孩子所表示的处理器。根所表示的处理器具有两个双向连接，分别通向 v 的两个孩子所表示的处理器。树叶所表示的处理器具有一个双向连接，通向 v 的父母。图 12 显示了一个带 7 个处理器的树形连接网络。

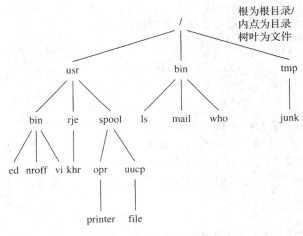

根为根目录/
内点为目录
树叶为文件

图 11　一个计算机文件系统

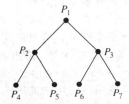

图 12　带 7 个处理器的树形连接网络

下面说明并行计算是如何使用树形连接网络的。具体地说，说明图 12 中的处理器如何用 3 步来完成 8 个数的相加。第一步，用 P_4 将 x_1 和 x_2 相加、用 P_5 将 x_3 和 x_4 相加、用 P_6 将 x_5 和 x_6 相加、用 P_7 将 x_7 和 x_8 相加。第二步，用 P_2 将 $x_1 + x_2$ 和 $x_3 + x_4$ 相加、用 P_3 将 $x_5 + x_6$ 和 $x_7 + x_8$ 相加。第三步，用 P_1 将 $x_1 + x_2 + x_3 + x_4$ 和 $x_5 + x_6 + x_7 + x_8$ 相加。这种方法要优于串行地将 8 个数相加所需要的 7 步，串行的步骤是依次把一个数与表中前面各数之和相加。　◀

11.1.3　树的性质

我们常常需要知道树中各种边和顶点数目之间的联系。

定理 2　带有 n 个顶点的树含有 $n-1$ 条边。

证明　将用数学归纳法来证明这个定理。注意对于所有的树来说，这里可以选择一个树根并且认为这个树是有根树。

基础步骤：当 $n=1$ 时，有 $n=1$ 个顶点的树没有边。所以对于 $n=1$ 来说，定理为真。

归纳步骤：归纳假设有 k 个顶点的每棵树都有 $k-1$ 条边，其中 k 是正整数。假设树 T 有 $k+1$ 个顶点并且 v 是 T 的树叶（v 必定存在，因为树是有穷的），设 w 是 v 的父母，从 T 中删除顶点 v 以及连接 w 和 v 的边，就产生有 k 个顶点的树 T'，因为所得出的图还是连通的并且没有简单回路。根据归纳假设，T' 有 $k-1$ 条边。所以 T 有 k 条边，因为 T 比 T' 多 1 条边，即连接 v 和 w 的边。这样就完成了归纳步骤。　◀

树是一个不带简单回路的连通无向图。所以，当 G 是一个含有 n 个顶点的无向图时，由定理 2 可知，两个条件：条件 1，G 是连通的；条件 2，G 没有简单回路。这两个条件蕴含条件 3，G 有 $n-1$ 条边。同时，当条件 1 和条件 3 成立时，条件 2 也一定成立；当条件 2 和条件 3 成立时，条件 1 也一定成立。也就是说，若 G 是连通的，G 有 $n-1$ 条边，则 G 没有简单回路，所以 G 是一棵树(见练习 15a)，并且若 G 没有简单回路，并且若 G 有 $n-1$ 条边，则 G 是连通的，所以 G 是一棵树(见练习 15b)。同理，当条件 1、2、3 中的两个成立时，第三个也一定成立，而且 G 一定是一棵树。

计算满 m 叉树中的顶点数　如定理 3 所示，带有指定内点数的满 m 叉树的顶点数是确定的。与定理 2 一样，用 n 来表示树中的顶点数。

> **定理 3**　带有 i 个内点的满 m 叉树含有 $n=mi+1$ 个顶点。

证明　除了根之外的每个顶点都是内点的孩子。因为每个内点有 m 个孩子，所以在树中除了根之外还有 mi 个顶点。因此，该树含有 $n=mi+1$ 个顶点。◀

假定 T 是满 m 叉树。设 i 是该树的内点数，l 是树叶数。一旦 n、i 和 l 中的一个已知，另外的两个量就随之确定了。定理 4 解释了如何从已知的一个量求出其他两个量。

> **定理 4**　一个满 m 叉树若有
>
> (i) n 个顶点，则有 $i=(n-1)/m$ 个内点和 $l=[(m-1)n+1]/m$ 个树叶；
>
> (ii) i 个内点，则有 $n=mi+1$ 个顶点和 $l=(m-1)i+1$ 个树叶；
>
> (iii) l 个树叶，则有 $n=(ml-1)/(m-1)$ 个顶点和 $i=(l-1)/(m-1)$ 个内点。

证明　设 n 表示顶点数，i 表示内点数，l 表示树叶数。利用定理 3 中的等式，即 $n=mi+1$，以及等式 $n=l+i$(这个等式为真，因为每一个顶点要么是树叶要么是内点)，就可以证明本定理的所有三个部分。这里证明(i)。(ii)和(iii)的证明留给读者作为练习。

在 $n=mi+1$ 中求解 i 得出 $i=(n-1)/m$。然后把 i 的这个表达式代入等式 $n=l+i$，就证明 $l=n-i=n-(n-1)/m=[(m-1)n+1]/m$。◀

例 9 说明如何使用定理 4。

例 9　假定某人寄出一封连环信。要求收到信的每个人再把它寄给另外 4 个人。有些人这样做了，但是其他人则没有寄出信。若没有人收到超过一封的信，而且若读过信但是不寄出它的人数超过 100 个后，连环信就终止了，那么包括第一个人在内，有多少人看过信？有多少人寄出过信？

解　可以用 4 叉树表示连环信。内点对应于寄出信的人，而树叶对应于不寄出信的人。因为有 100 个人不寄出信，所以在这个有根树中，树叶数是 $l=100$。因此，由定理 4 的(iii)说明，已经看过信的人数是 $n=(4 \cdot 100-1)/(4-1)=133$。另外，内点数是 $133-100=33$，所以 33 个人寄出过信。◀

平衡的 m 叉树　经常需要使用这样的有根树，它们是"平衡的"，所以在每个顶点的子树都包含大约相同长度的通路。下面的一些定义将解释这个概念。在有根树中顶点 v 的层是从根到这个顶点的唯一通路的长度。根的层定义为 0。有根树的高度就是顶点层数的最大值。换句话说，有根树的层数是从根到任意顶点的最长通路的长度。

例 10　求图 13 所示的有根树中每个顶点的层数。这棵树的高度是多少？

解　根 a 在 0 层上。顶点 b、j 和 k 都在 1 层上。顶点 c、e、f 和 l 都在 2 层上。顶点 d、g、i、m 和 n 都在 3 层上。最后，顶点 h 在 4 层上。因为任意顶点的最大层数是 4，所以这棵树的高度为 4。◀

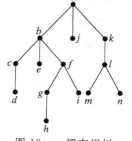

图 13　一棵有根树

若一棵高度为 h 的 m 叉树的所有树叶都在 h 层或 $h-1$ 层，则这棵树是**平衡的**。

例 11　在图 14 所示的一些有根树中，哪些有根树是平衡的？

解 T_1 是平衡的，因为它所有的树叶都在 3 层和 4 层上。然而，T_2 不是平衡的，因为它有树叶在 2 层、3 层和 4 层上。最后，T_3 是平衡的，因为它所有的树叶都在 3 层上。◀

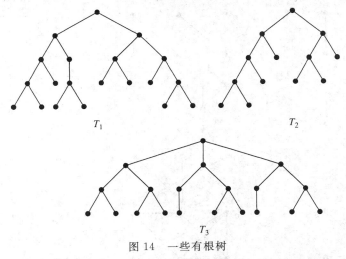

图 14   一些有根树

在 m 叉树中树叶数的界   常常用到 m 叉树中树叶数的上界。定理 5 用 m 叉树的高度给出了一个这样的界。

定理 5   在高度为 h 的 m 叉树中至多有 m^h 个树叶。

证明   本证明对高度使用数学归纳法。首先，考虑高度为 1 的 m 叉树。这些树都是由一个根和不超过 m 个孩子所组成的，每个孩子都是树叶。因此在高度为 1 的 m 叉树中有不超过 $m^1 = m$ 个树叶。这是归纳论证的基础步骤。

现在假定对高度小于 h 的所有 m 叉树来说，这个结果都为真。这是归纳假设。设 T 是高度为 h 的 m 叉树。T 的树叶都是通过删除从根到每个在 1 层的顶点的边所获得的 T 的子树的树叶，如图 15 所示。

这些子树的高度都小于或等于 $h-1$。所以根据归纳假设，每个这样的有根树都至多有 m^{h-1} 个树叶。因为最多有 m 棵这样的子树，每个子树最多有 m^{h-1} 个树叶，所以在这个有根树中最多有 $m \cdot m^{h-1} = m^h$ 个树叶。这样就完成了归纳论证。◀

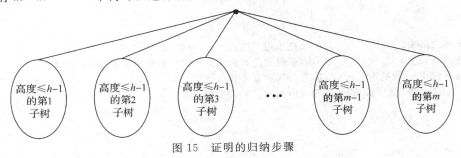

图 15   证明的归纳步骤

推论 1   若一棵高度为 h 的 m 叉树带有 l 个树叶，则 $h \geqslant \lceil \log_m l \rceil$。若这棵 m 叉树是满的和平衡的，则 $h = \lceil \log_m l \rceil$（这里使用向上取整函数。$\lceil x \rceil$ 是大于或等于 x 的最小整数）。

证明   从定理 5 知道 $l \leqslant m^h$。取以 m 为底的对数就证明 $\log_m l \leqslant h$。因为 h 是整数，所以有 $h \geqslant \lceil \log_m l \rceil$。现在假定这棵树是平衡的。于是每个树叶都在 h 层或 $h-1$ 层上，而且因为树的高度为 h，所以在 h 层至少有一个树叶。所以必然有超过 m^{h-1} 个树叶（见本节练习 30）。因为 $l \leqslant m^h$，所以 $m^{h-1} < l \leqslant m^h$。在这个不等式中取以 m 为底的对数就得出 $h-1 < \log_m l \leqslant h$。因此 $h = \lceil \log_m l \rceil$。◀

练习

1. 下面哪些图是树？

 a)  b) 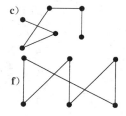 c)

 d) e) f)

2. 下面哪些图是树？

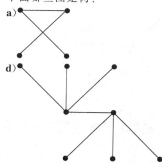 a) b) c)

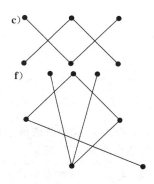 d) e) f)

3. 回答下列关于图中所示的有根树的问题。

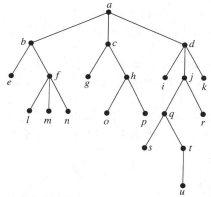

a) 哪个顶点是根？　　　　　　**b)** 哪些顶点是内点？　　　**c)** 哪些顶点是树叶？

d) 哪些顶点是 j 的孩子？　　**e)** 哪些顶点是 h 的父母？　**f)** 哪些顶点是 o 的兄弟？

g) 哪些顶点是 m 的祖先？　　**h)** 哪些顶点是 b 的后代？

4. 对于下图所示的有根树，回答练习 3 所列出的相同问题。

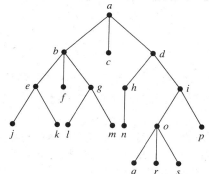

5. 练习 3 中的有根树对某个正整数 m 来说，是否是满 m 叉树？

6. 练习 4 中的有根树对某个正整数 m 来说，是否是满 m 叉树？

7. 练习 3 中的有根树的每个顶点的层数是什么？

8. 练习 4 中的有根树的每个顶点的层数是什么？

9. 画出练习 3 中的树以下列顶点为根的子树。

    a) a **b)** c **c)** e

10. 画出练习 4 中的树以下列顶点为根的子树。

    a) a **b)** c **c)** e

11. **a)** 有多少种非同构的带有 3 个顶点的无根树？

    b) 有多少种非同构的带有 3 个顶点的有根树（使用有向图的同构）？

* 12. **a)** 有多少种非同构的带有 4 个顶点的无根树？

    b) 有多少种非同构的带有 4 个顶点的有根树（使用有向图的同构）？

* 13. **a)** 有多少种非同构的带有 5 个顶点的无根树？

    b) 有多少种非同构的带有 5 个顶点的有根树（使用有向图的同构）？

* 14. 证明：简单图是树当且仅当它是连通的，但是删除它的任何一条边就产生不连通的图。

☞ * 15. 设 G 是带有 n 个顶点的简单图。证明：

    a) G 是树当且仅当 G 是连通的并且有 $n-1$ 条边。

    b) G 是树当且仅当 G 没有简单回路并且有 $n-1$ 条边。[提示：为了证明当 G 没有简单回路并且有 $n-1$ 条边时 G 是连通的，证明 G 不能有多于 1 个的连通分部。]

16. 哪些完全二分图 $K_{m,n}$ 是树，其中 m 和 n 都是正整数？

17. 带有 10 000 个顶点的树有多少条边？

18. 带有 100 个内点的满 5 叉树有多少个顶点？

19. 带有 1000 个内点的满二叉树有多少条边？

20. 带有 100 个顶点的满 3 叉树有多少个树叶？

21. 假定 1000 个人参加象棋巡回赛。若一个选手输掉一盘就遭到淘汰，而且比赛进行到只有一位参加者还没有输过为止，则利用这个巡回赛的有根树模型来确定为了决出冠军必须下多少盘棋（假定没有平局）。

22. 一封连环信开始时有一个人寄出一封信给其他 5 个人。收到此信的每个人要么寄出信给从来没有收到过此信的其他 5 个人，要么不把它寄给任何人。假定在这个连环终止以前有 10 000 个人寄出过此信，并且没有人收到超过一封信。有多少人收到过信？又有多少人收到过信但是没有寄出它？

23. 一封连环信开始时一个人寄出一封信给其他 10 个人。要求每个人寄出此信给其他 10 个人，而且每封信都包含该连环中前面 6 个人的列表。除非表中不足 6 个名字，否则每个人都寄一美元给表中的第一个人，从表中删除这个人的名字，把其他 5 个人的名字向上移动一位，并且把他自己的名字插入到表的末尾。若没有人中断这个连环，并且每人至多收到一封信，则这个连环中的一个人最终将收到多少钱？

* 24. 要么画出带有 76 个树叶且高度为 3 的满 m 叉树，其中 m 是正整数，要么证明这样的树不存在。

* 25. 要么画出带有 84 个树叶且高度为 3 的满 m 叉树，其中 m 是正整数，要么证明这样的树不存在。

* 26. 一棵满 m 叉树 T 有 81 个树叶并且高度为 4。

    a) 给出 m 的上界和下界。

    b) 若 T 也是平衡的，则 m 是多少？

一棵**完全 m 叉树**是其中每个树叶都在同一层上的满 m 叉树。

27. 构造高度为 4 的完全二叉树和高度为 3 的完全 3 叉树。

28. 高度为 h 的完全 m 叉树具有多少个顶点和多少个树叶？

29. 证明：

    a) 定理 4 的 ii   **b)** 定理 4 的 iii

☞ 30. 证明：高度为 h 的满 m 叉平衡树具有超过 m^{h-1} 个树叶。

31. 在包含总共 n 个顶点的 t 棵树的森林中有多少条边？

32. 解释如何用树来表示由章、章中节、节中小节组成的书的目录表。

33. 下面的饱和碳氢化合物有多少种不同的同分异构体？

a)C_3H_8 b)C_5H_{12} c)C_6H_{14}

34. 在组织机构树中下述对象分别表示什么内容?

    a)一个顶点的父母   **b)**一个顶点的孩子   **c)**一个顶点的兄弟

    d)一个顶点的祖先   **e)**一个顶点的后代   **f)**一个顶点的层数

    g)一棵树的高度

35. 对表示计算机文件系统的有根树,回答与练习 34 所给的那些相同的问题。

36. a)画出表示 15 个处理器的树形连接网络的有 15 个顶点的完全二叉树。

    b)说明如何用 a 中的 15 个处理器分四步求 16 个数之和。

37. 设 n 是 2 的幂。证明:可以用 $n-1$ 个处理器的树形连接网络在 $\log n$ 步中求出 n 个数之和。

*38. 标记树是其中每个顶点都指定了标记的树。当在两个标记树之间存在保持顶点标记的同构时,就把这两个标记树当作同构的。用集合 $\{1, 2, 3\}$ 中 3 个不同的数来标记 3 个顶点的、非同构的标记树有多少种?用集合 $\{1, 2, 3, 4\}$ 里 4 个不同的数来标记四个顶点的、非同构的标记树有多少种?

无根树中顶点的**离心度**是从这个顶点开始的最长的简单通路的长度。若在树中没有其他顶点比一个顶点的离心度更小,则这个顶点就称为**中心**。在练习 39~41 中,求每一个所给树的中心。

39. 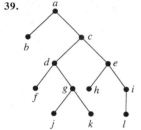   **40.** 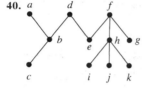   **41.**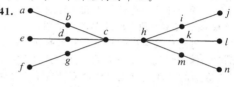

42. 证明:为了从无根树产生高度最小的有根树,就应当选择中心来作为根。

*43. 证明:树有一个中心或两个相邻的中心。

44. 证明:每一棵树都可以用两种颜色来着色。

有根的斐波那契树 T_n 是以下面的方式递归地定义的。T_1 和 T_2 都是包含单个顶点的有根树,而对 $n=3$,4,… 来说,都是由一个根以及以 T_{n-1} 作为其左子树并且以 T_{n-2} 作为其右子树来构造出的有根树 T_n。

45. 画出前 7 个有根的斐波那契树。

*46. 有根的斐波那契树 T_n 有多少个顶点、树叶和内点?其中 n 是正整数。它的高度是多少?

47. 下面这个使用数学归纳法的"证明"错在什么地方?命题:有 n 个顶点的每棵树都有长度为 $n-1$ 的通路。基础步骤:有 1 个顶点的每棵树显然有长度为 0 的通路。归纳步骤:假设有 n 个顶点的树有长度为 $n-1$ 的通路,且这个通路以 u 作为终点。加入顶点 v 和从 u 到 v 的边。所得出的树有 $n+1$ 个顶点并且有长度为 n 的通路。这样就完成了归纳步骤。

*48. 证明:有 n 个顶点的二叉树中,树叶的平均深度是 $\Omega(\log n)$。

11.2 树的应用

11.2.1 引言

    下面将要运用树来讨论三个问题。第一个问题是:应当如何对列表里的元素进行排序,以便可以容易地找到元素的位置?第二个问题是:为了在某种类型的一组对象里找出带有某种性质的对象,应当做出一系列什么样的决策?第三个问题是:应当如何用比特串来有效地编码一组字符?

11.2.2 二叉搜索树

    在列表里搜索一些元素,是计算机科学的一项重要任务。主要目标是实现一个搜索算法,当元素都完全排序时,这个算法能有效地找出元素。这个任务可以通过使用**二叉搜索树**来完成,二叉搜索树是一种二叉树,其中任何顶点的每个孩子都指定为右子或左子,没有顶点有超过一个的右子或左子,而且每个顶点都用一个关键字来标记,这个关键字是各元素中的一个。

另外，这样指定顶点的关键字，使得顶点的关键字不仅大于它的左子树里的所有顶点的关键字，而且小于它的右子树里的所有顶点的关键字。

这个递归过程用来形成元素列表的二叉搜索树。从只包含一个顶点（即根）的树开始。指定列表中第一个元素作为这个根的关键字。为了添加新的元素，首先比较它与已经在树中的顶点的关键字，从根开始，若这个元素小于所比较顶点的关键字而且这个顶点有左子，则向左移动，若这个元素大于所比较顶点的关键字而且这个顶点有右子，则向右移动。当这个元素小于所比较顶点的关键字而且这个顶点没有左子时，就插入以这个元素作为关键字的一个新顶点，并把新顶点作为这个顶点的左子。同理，当这个元素大于所比较顶点的关键字而且这个顶点没有右子时，就插入以这个元素作为关键字的一个新顶点，并把新顶点作为这个顶点的右子。用例1来说明这个过程。

例 1 构造下面这些单词的二叉搜索树（用字母顺序）：mathematics、physics、geography、zoology、meteorology、geology、psychology 和 chemistry。

解 图 1 显示了构造这个二叉搜索树所用的步骤。单词 mathematics 是根的关键字。因为 physics 是在 mathematics 之后（按照字母顺序），所以给根添加带关键字 physics 的右子。因为 geography 是在 mathematics 之前，所以给根添加带关键字 geography 的左子。下一步，给带关键字 physics 的顶点添加右子，并且给其指定关键字 zoology，因为 zoology 是在 mathematics 之后且在 physics 之后。同理，给带关键字 physics 的顶点添加左子，并且给其指定关键字 meteorology。给带关键字 geography 的顶点添加右子，并且给其指定关键字 geology。给带关键字 zoology 的顶点添加左子，并且给其指定关键字 psychology。给带关键字 geography 的顶点添加左子，并且给其指定关键字 chemistry（读者应当完成在每步上所需的所有比较）。◄

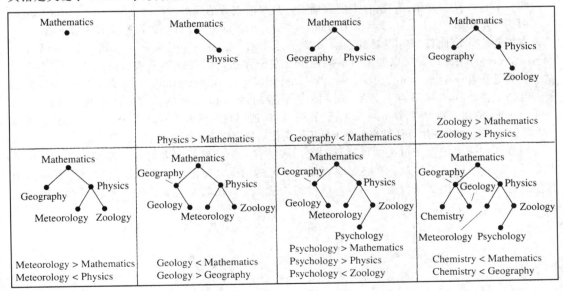

图 1　构造二叉搜索树

一旦建立了二叉搜索树，就需要一种在二叉搜索树中查找元素的方法，以及添加新元素的方法。算法 1 是插入算法，尽管看上去它只是在二叉搜索树上添加新顶点，但实际上它可以完成上面提到的两个任务。也就是说，如果元素 x 存在，算法 1 可以在二叉搜索树中查找该元素 x；如果元素 x 不存在，也可以添加该元素 x。在下面的伪代码中，v 是当前正在查看的顶点，label(v) 是该顶点的关键字。算法从根开始查看。如果 v 的关键字等于 x，那么算法就找到了 x 的位置并结束；如果 x 比 v 的关键字小，就向 v 的左子顶点移动并重复这个过程；如果 x 比 v

的关键字大，就向 v 的右子顶点移动并重复这个过程。如果在任何一步，要移动到的子顶点并不存在，那么就知道在这棵二叉搜索树中没有 x，然后就添加一个以 x 为关键字的顶点作为这个子顶点。

算法 1　在二叉搜索树中查找或添加一个元素
procedure insertion(T：二叉搜索树，x：元素)
$v := T$ 的根
〔一个不在 T 中具有值 null 的顶点〕
while $v \neq$ null 并且 label(v)$\neq x$
　　if $x <$ label(v) **then**
　　　　if v 的左子 $\neq$ null **then** $v := v$ 的左子
　　　　else 添加新顶点作为 v 的左子并且设置 $v :=$ null
　　else
　　　　if v 的右子 $\neq$ null **then** $v := v$ 的右子
　　　　else 给 T 添加新顶点作为 v 的右子并且设置 $v :=$ null
if T 的根 $=$ null **then** 给树添加顶点 v 并且用 x 标记它
else if v 为 null 或 label(v)$\neq x$ **then** 用 x 标记新顶点 v
return v〔$v = x$ 的位置〕

例 2 说明了如何使用算法 1 在二叉搜索树中插入一个新元素。

例 2　运用算法 1 在例 1 的二叉搜索树中插入 oceanography 这个词。

解　算法 1 从 v 开始，v 等于 T 的根顶点，是当前查看的顶点。因此 label(v)$=$ mathematics。因为 $v \neq$ null，且 label(v)$=$ mathematics$<$oceanography，所以接下来就查看根的右子顶点。右子存在，因此置当前查看的顶点 v 等于这个右子。这一步，有 $v \neq$ null，且 label(v)$=$physics$>$oceanography，所以要查看 v 的左子。左子存在，因此置当前查看的顶点 v 等于这个左子。在这一步，有 $v \neq$ null，且 label(v)$=$ metereology$<$oceanography，所以试图查看 v 的右子。但是，这个右子并不存在，所以添加一个新的顶点作为 v 的右子(此时就是关键字为 oceanography 的顶点)，然后置 $v :=$ null。因为 $v =$ null，所以现在跳出了 **while** 循环。因为 T 的根不是 null 而 $v =$ null，所以使用算法结束处的 **else if** 语句让新顶点以 oceanography 为关键字。　◀

现在我们来确定这个过程的计算复杂度。假定有 n 个元素的列表的二叉搜索树 T。可以从 T 这样构造一个满二叉树 U：在必要时添加无标记的顶点，使得每个带关键字的顶点都有两个孩子。这个做法在图 2 里说明。一旦这样做了，就容易找出新元素的位置，或者添加新元素作为关键字而不添加顶点。

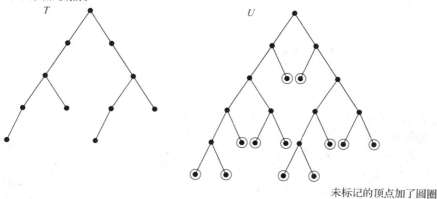

未标记的顶点加了圆圈

图 2　添加无标记顶点以得到一个满二叉搜索树

添加一个新元素所需要的最多比较次数，等于在 U 中从根到树叶的最长通路的长度。U 的内点都是 T 的顶点。所以 U 有 n 个内点。现在可以利用 11.1 节定理 4 的部分 ii)来得出 U 有 $n+1$ 个树叶。利用 11.1 节的推论 1，可以看出 U 的高度大于或等于 $h=\lceil\log(n+1)\rceil$。所以，为了添加某个元素，必须至少执行 $\lceil\log(n+1)\rceil$ 次比较。注意若 U 是平衡的，则它的高度是 $\lceil\log(n+1)\rceil$（根据 11.1 节的推论 1）。因此，若二叉搜索树是平衡的，则确定一个元素的位置或者添加一个元素所需要的比较次数不超过 $\lceil\log(n+1)\rceil$ 次。当给二叉搜索树添加一些元素时，该树可能变得不平衡。因为平衡的二叉搜索树给出二叉搜索的最优的最坏情形复杂度，所以添加元素时重新平衡二叉搜索树的算法已经设计出来。感兴趣的读者可以查阅关于数据结构的参考文献来了解这些算法。

11.2.3　决策树

有根树可以用来为一系列决策求解问题建立模型。例如，二叉搜索树可以用来基于一系列比较来找出元素的位置，其中每次比较都说明是否已经找到了元素的位置，或者是否应当向右或向左进入子树。其中每个内点都对应着一次决策，这些顶点的子树都对应着该决策的每种可能结果，这样的有根树称为**决策树**。问题的可能解对应着这个有根树中通向树叶的通路。例 3 说明了决策树的一个应用。

例 3　假定有重量相同的 7 枚硬币和重量较轻的一枚伪币。为了用一架天平确定这 8 枚硬币中哪个是伪币，需要多少次称重？给出找出这个伪币的算法。

　　解　在天平上每次称重结果有三种可能性。分别是：两个托盘有相同的重量，第一个托盘较重，或第二个托盘较重。所以，称重序列的决策树是 3 元树。在决策树中至少有 8 个树叶，因为有 8 种可能的结果（因为每枚硬币都可能是较轻的伪币），而且每种可能的结果必须至少用一个树叶来表示。确定伪币所需要的最大称重次数是决策树的高度。从 11.1 节的推论 1 得出决策树的高度至少是 $\lceil\log_3 8\rceil=2$。因此，至少需要两次称重。

　　用两次称重来确定伪币是可行的。说明如何这样做的决策树如图 3 所示。

　　基于比较的排序算法的复杂度　已经开发了许多不同的排序算法。为了确定一个具体的排序算法是否有效，就要确定这个算法的复杂度。用决策树作为模型，可以求出基于二元比较的排序算法的最坏情形复杂度的下界。

　　可以用决策树为排序算法建立模型并且确定对这些算法的最坏情形复杂度的估计。注意给定 n 个元素，这些元素有 $n!$ 种可能的排序，因为这些元素的 $n!$ 种排列中的每一个都可以是正确的顺序。本书研究的排序算法以及最常用的排序算法都基于二元比较，即一次比较两个元素。每次这样的比较都缩小了可能的顺序集合。而且，基于二元比较的排序算法可以表示成二叉决策树，其中每个内点表示两个元素的一次比较。每个树叶表示 n 个元素的 $n!$ 种排列中的一种。

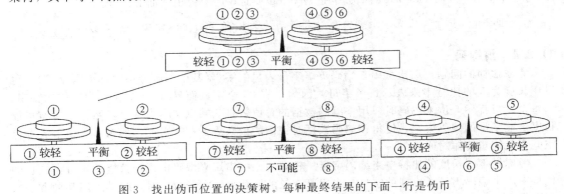

图 3　找出伪币位置的决策树。每种最终结果的下面一行是伪币

例 4　图 4 显示了给列表 a、b、c 里的元素排序的决策树。

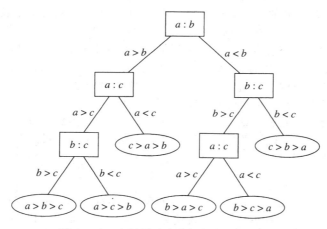

图 4 对 3 个不同元素进行排序的决策树

基于二元比较的排序的复杂度是用二元比较的次数来度量的。排序有 n 个元素的列表所需要的最多比较次数就给出了这个算法的最坏情形复杂度。所用的最多比较次数等于表示这个排序过程的决策树里的最长通路长度。换句话说，所需要的最多比较次数等于这个决策树的高度。因为带 $n!$ 个树叶的二叉树的高度至少是 $\lceil \log n! \rceil$（利用 11.1 节推论 1），所以如定理 1 所说，至少需要 $\lceil \log n! \rceil$ 次比较。

定理 1 　基于二元比较的排序算法至少需要 $\lceil \log n! \rceil$ 次比较。

可以用定理 1 给出基于二元比较的排序算法所用比较次数的大 O 估计。只需要根据 3.2 节练习 72 注意到 $\lceil \log n! \rceil$ 是 $\Theta(n \log n)$，这是算法的计算复杂度经常使用的一个参照函数。推论 1 是这个估计的结果。

引理 1 　基于二元比较的排序算法排序 n 个元素所用的比较次数是 $\Omega(n \log n)$。

推论 1 的一个结论是，基于二元比较的排序算法在最坏情形下使用 $\Theta(n \log n)$ 次比较来排序 n 个元素，其他这类算法都没有更好的最坏情形复杂度，在这个意义下，基于二元比较的排序算法是最优的。注意根据 5.4 节定理 1 可以看出，在这个意义下归并排序算法是最优的。

对于排序算法的平均情形复杂度也可以证明类似的结果。基于二元比较的排序算法所用的平均比较次数是表示这个排序算法的决策树中的平均树叶深度。根据 11.1 节练习 48 知道，有 N 个顶点的二叉树的平均树叶深度是 $\Omega(\log N)$。当令 $N = n!$ 并且注意因为 $\log n!$ 是 $\Theta(n \log n)$，所以是 $\Omega(\log n!)$ 的函数也是 $\Omega(n \log n)$ 时，就会得出下面的估计。

定理 2 　基于二元比较的排序算法排序 n 个元素所用的平均比较次数是 $\Omega(n \log n)$。

11.2.4　前缀码

考虑这样的问题：用比特串来编码英语字母表里的字母（其中不区分小写和大写字母）。可以用长度为 5 的比特串来表示每个字母，因为只有 26 个字母而且有 32 个长度为 5 的比特串。当每个字母都用 5 位来编码时，用来编码数据的总位数是 5 乘以文本中的字符数。有没有可能找出这些字母的编码方案，使得在编码数据时使用的位数更少？若可能，那么就可以节省存储空间而且缩短传输时间。

考虑用不同长度的比特串来编码字母。较短的比特串用来编码出现较频繁的字母，较长的比特串用来编码不经常出现的字母。当用可变长的位数来给字母编码时，就必须用某种方法来确定每个字母的在何处开始和结束。例如，若把 e 编码成 0，把 a 编码成 1，而把 t 编码成 01，则比特串 0101 可能对应着 eat、tea、eaea 或 tt。

为了保证没有比特串对应着多个字母的序列，可以令一个字母的比特串永远不出现在另一个字母的比特串的开头部分。具有这个性质的编码称为**前缀码**。例如，把 e 编码成 0、把 a 编码成 10、而把 t 编码成 11 的编码就是前缀码。从编码一个单词的字母的唯一比特串可以恢复这个单词。例如，串 10110 是 ate 的编码。为了看明白这一点，注意开始的 1 不表示一个字符，但是 10 表示 a（并且它不可能是另一个字母的比特串的开始部分）。然后，下一个 1 不表示一个字符，但是 11 表示 t。最后一位 0 表示 e。

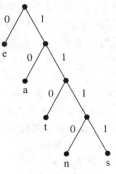

前缀码可以用二叉树来表示，其中字符是树中树叶的标记。树的边也被标记，使得通向左子的边标记为 0 而通向右子的边标记为 1。用来编码一个字符的比特串是在从根到以这个字符作为标记的树叶的唯一通路上标记的序列。例如，图 5 中的树表示把 e 编码成 0，把 a 编码成 10，把 t 编码成 110，把 n 编码成 1110 和把 s 编码成 1111。

表示编码的树可以用来解码比特串。例如，考虑一个用图 5 中的编码编成 11111011100 的单词。这个比特串可以这样解码：从根开始，用比特序列来形成一条到树叶为止的通路。每个 0 都使得通路向下到

图 5　表示前缀码的二叉树

达通向通路中最后一个顶点的左子的边，而每个 1 都对应到最后一个顶点的右子。所以，开头的 1111 对应这样的通路：从根开始，向右前进四次，到达以 s 作为标记的树叶，因为 1111 是 s 的编码。从第五位继续进行，在向右再向左之后，就到达下一个树叶，这时访问到以 a 作为标记的顶点，它的编码是 10。从第七位开始，在向右三次然后向左之后，访问到了标记为 n，编码为 1110 的顶点。最后，末位 0 指向用 e 标记的树叶。因此，原来的单词是 sane。

可以从任何二叉树来构造一个前缀码，其中每个内点的左边都用 0 标记，而右边都用 1 标记，树叶都用字符标记。字符都用从根到这个树叶的唯一通路中的边的标记所组成的比特串来编码。

哈夫曼编码　现在介绍一种算法，这种算法用一个字符串中符号的出现频率（即出现概率）作为输入，并产生编码这个字符串的一个前缀码作为输出，在这些符号的所有可能的二叉前缀码中，这个编码使用最少的位。这个所谓**哈夫曼编码**的算法是大卫·哈夫曼于 1951 年做麻省理工学院的研究生时发表在一篇学期论文中的。（注意，这个算法假定已知字符串中每个符号出现多少次，所以可以计算每个符号的出现频率，方法是用这个符号出现的次数除以这个字符串的长度。）哈夫曼编码是数据压缩中的基本算法，数据压缩的目的在于减少表示信息所需要的位数。哈夫曼编码广泛用于压缩表示文本的比特串，并且在压缩视频和图像文件方面也起到重要作用。

Courtesy of California State University

大卫·哈夫曼（David A. Huffman，1925—1999）　哈夫曼在俄亥俄州长大。他 18 岁时毕业于俄亥俄州立大学并获得电机工程学士学位。此后，他在美国海军服役，在一艘驱逐舰上担任雷达维护官，该驱逐舰在第二次世界大战后主要负责在亚洲水域执行扫雷任务。后来，他从俄亥俄州立大学获得硕士学位并从麻省理工学院获得电机工程的博士学位。1953 年，哈夫曼成为麻省理工学院的一名教员，并在那任教多年，直到 1967 年他创建了加州大学桑塔·克鲁茨分校计算机科学系才离开。他在该系的发展中起到了举足轻重的作用，并在那里度过了最后的职业生涯，直到 1994 年才退休。

哈夫曼在信息论与编码、雷达与通信的信号设计、异步逻辑电路的设计过程等方面的卓越贡献而为世人所知。哈夫曼在零曲率表面上的工作使得他开发出把纸和乙烯基塑料折叠成非同寻常的形状的独创技术。这些形状被许多人当作艺术品并且在多个展览中公开展出。但是，让哈夫曼一举成名的还是他在麻省理工学院读研期间所写的一篇学期论文中开发出的哈夫曼编码。

哈夫曼喜爱户外探险，经常远足和旅游。他在 60 多岁时还拿到了潜水员资格证。他饲养毒蛇作为宠物。

Demo

算法 2 给出了哈夫曼编码算法。给定符号及其频率，目标是构造一个有根的二叉树，其中符号是树叶的标记。算法从只含有一个顶点的一些树构成的森林开始，其中每个顶点有一个符号作为标记，并且这个顶点的权就等于所标记符号的频率。在每一步，都把具有最小总权值的两个树组合成一个单独的树，方法是引入一个新的根，把具有较大的权的树作为左子树，把具有较小的权的树作为右子树。另外，把这个树的两个子树的权之和作为这个树的总权值。（虽然可以规定在具有相同的权的树之间进行选择以打破平局的过程，但是这里将不具体指定这样的过程。）当构造出了一个树，即森林缩小为单个树时，算法就停止。

算法 2　哈夫曼编码

procedure Huffman(C: 具有频率 w_i 的符号 a_i，$i = 1, 2, \cdots, n$)

$F :=$ n 个有根树的森林，每个有根树由单个顶点 a_i 组成并且赋权 w_i

while F 不是树

　　把 F 中满足 $w(T) \geqslant w(T')$ 的权最小的有根树 T 和 T' 换成具有新树根的一个树，

　　这个树根以 T 作为左子树并且以 T' 作为右子树。

　　用 0 标记树根到 T 的新边，并且用 1 标记树根到 T' 的新边。

　　把 $w(T) + w(T')$ 作为新树的权。

{符号 a_i 的哈夫曼编码是从树根到 a_i 的唯一通路上的边的标记的连接}

Extra
Examples

例 5 说明如何用算法 2 来对 6 个符号进行编码。

例 5　用哈夫曼编码来编码下列符号，这些符号具有下列频率：A：0.08，B：0.10，C：0.12，D：0.15，E：0.20，F：0.35。编码一个字符串所需要的平均位数是多少？

解　图 6 表示了编码这些符号所用的步骤。所产生的编码为：A 是 111，B 是 110，C 是 011，D 是 010，E 是 10，F 是 00。使用这种编码来编码一个符号所用的平均位数是

$$3 \cdot 0.08 + 3 \cdot 0.10 + 3 \cdot 0.12 + 3 \cdot 0.15 + 2 \cdot 0.20 + 2 \cdot 0.35 = 2.45$$

◀

注意哈夫曼编码是贪心算法。在每一步替换具有最小权值的两棵树，在没有任何二叉前缀码能使用更少的比特来编码这些符号的情况下，这样做就导出了最优编码。在本节末把哈夫曼编码是最优的证明留作练习 32。

哈夫曼编码有许多变种。例如，不编码单个符号，可以编码指定长度的符号块，比如两个符号的块。这样做有可能减少编码这个字符串所需要的位数（参看本节练习 30）。也可以用两个以上的符号来编码这个符号串中的原始符号（参看本节练习 28 的前导文）。另外，当事先不知道一个字符串中每个符号的频率时，可以使用一种变种，即所谓的自适应哈夫曼编码（参见［Sa00］），使得在读这个字符串的同时来进行编码。

11.2.5　博弈树

Links

可以用树来分析某些类型的游戏，比如井字游戏、取石子游戏、跳棋和象棋。在每一种游戏中，两个选手轮流进行移动。每个选手知道另一个选手的移动并且游戏不存在偶然因素。使用**博弈树**为这样的游戏建立模型，这些树的顶点表示当游戏进行时游戏所处的局面，边表示在这些局面之间合乎规则的移动。由于博弈树常常很大，所以可以通过用同一个顶点表示所有对称的局面来简化博弈树。但是，如果一个游戏的不同移动序列导致同一个局面，则可以用不同的顶点来表示这个局面。根表示起始的局面。通常的约定是用方框表示偶数层的顶点并且用圆圈表示奇数层的顶点。当游戏处在偶数层顶点所表示的局面时，就轮到第一个选手移动。当游戏处在奇数层顶点所表示的局面时，就轮到第二个选手移动。博弈树所表示的游戏可以永远不结束，比如进入了无穷循环，因此博弈树可以是无穷的，但是对于大多数游戏来说，都存在一些规则导致有穷的博弈树。

博弈树的树叶表示游戏的终局。给每个树叶指定一个值，表示游戏在这个树叶所代表的局面终止时第一个选手的得分。对于非胜即负的游戏，用 1 来标记圆圈所表示的终结顶点以表示

第一个选手获胜，用 -1 来标记方框所表示的终结顶点以表示第二个选手获胜。对于允许平局的游戏，用 0 来标记平局所对应的终结顶点。注意，对于非胜即负的游戏，为终结顶点指定值，这个值越高，第一个选手的结局就越好。

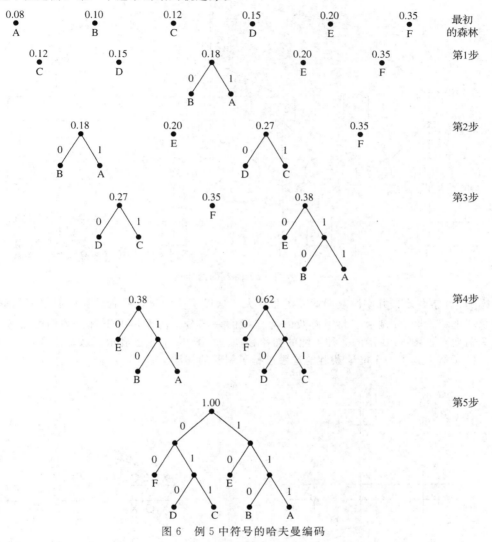

图 6 例 5 中符号的哈夫曼编码

例 6 展示了一个非常著名的和经过深入研究的游戏的博弈树。

例 6 **取石子游戏** 取石子游戏是这样的，在游戏的开始，有几堆石子。两个选手轮流移动石子，合法的移动包括从其中一堆取走一块或多块石子，而不去移动其余的所有石子。不能进行合法移动的选手告负。（也可以规定取走最后一块石子的选手告负，因为不允许没有石子堆的局面。）图 7 所示的博弈树表示了这种形式的给定开局的取石子游戏，其中有 3 堆石子，分别包含 2 块、2 块和 1 块石子。用不同堆中石子数的无序表来表示每个局面（堆的顺序无关紧要）。第一个选手的初始移动可以导致 3 种可能的局面，因为这个选手可以从有 2 块石子的堆中取走 1 块石子（留下包含 1 块、1 块和 2 块石子的 3 堆），可以从包含 2 块石子的堆中取走 2 块石子（留下包含 2 块和 1 块石子的 2 堆），或者从包含 1 块石子的堆中取走 1 块石子（留下包含 2 块石子的 2 堆）。当只剩下包含 1 块石子的 1 堆时，就不可能进行合法移动了，所以这样的局面就是终局。由于取石子游戏是非胜即负的游戏，所以用 +1 标记表示第一个选手获胜的终结顶点，用−1标记表示第二个选手获胜的终结顶点。

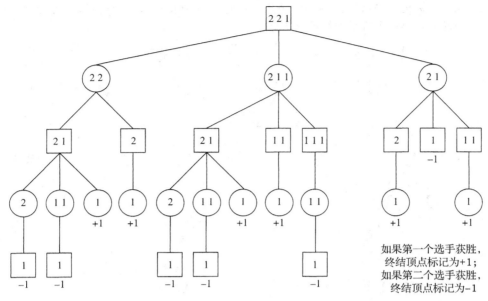

图 7   取石子游戏的博弈树

例 7   **井字游戏**   井字游戏的博弈树非常大，这里不能画出，尽管计算机能轻而易举地构造出这样的树。图 8a 显示了井字游戏的博弈树的一部分。注意，由于对称的局面是等价的，所以只需要考虑图 8a 所示的 3 种可能的初始移动。在图 8b 中，还显示了这个博弈树的一个导致终局的子树，其中一个能够获胜的选手进行了制胜的移动。

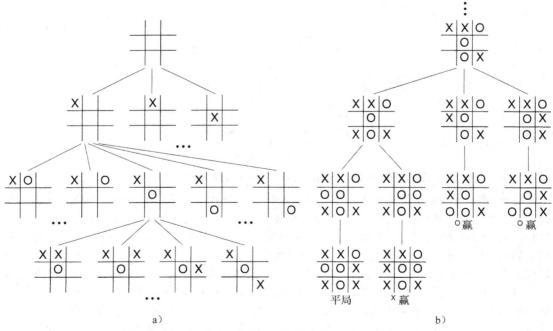

图 8   井字游戏的部分博弈树

可以用某种方式递归地定义博弈树中所有顶点的值，使得可以确定当两个选手都遵循最优策略时这个游戏的结果。所谓**策略**，就意味着一组规则，这些规则说明一个选手如何移动来赢得游戏。第一个选手的最优策略就是把这个选手的得分最大化的策略，第二个选手的最优策略就是把这个得分最小化的策略。现在递归地定义顶点的值。

> **定义 1**　博弈树中顶点的值递归地定义为：
> i)一个树叶的值是当游戏在这个树叶所表示的局面里终止时第一个选手的得分。
> ii)偶数层内点的值是这个内点的孩子的最大值，奇数层内点的值是这个内点的孩子的最小值。

使第一个选手移动到具有最大值的孩子所表示的局面并且第二个选手移动到具有最小值的孩子所表示的局面的策略称为**最小最大策略**。当两个选手都遵循最小最大策略时，通过计算树根的值就可以确定谁将赢得游戏，这个值称为树的**值**。这是定理 3 的结论。

> **定理 3**　　博弈树顶点的值说明，如果两个选手都遵循最小最大策略并且从博弈树的某一个顶点所表示的局面开始进行游戏，则这个顶点的值表明第一个选手的得分。

证明　将用归纳法来证明这个定理。

基础步骤：如果这个顶点是树叶，则通过定义指定给这个顶点的值就是第一个选手的得分。

归纳步骤：归纳假设一个顶点的孩子的值就是第一个选手的得分，假定从这些顶点所表示的每一个局面中开始进行游戏。需要考虑两种情形，即当轮到第一个选手时和当轮到第二个选手时。

当轮到第一个选手时，这个选手遵循最小最大策略并且移动到具有最大值的孩子所表示的局面。根据归纳假设，当从这个孩子所表示的局面开始游戏并且遵循最小最大策略时，这个值就是第一个选手的得分。根据偶数层内点的值的定义的递归步骤（作为其孩子的最大值），当从这个顶点所表示的局面开始游戏时，这个顶点的值就是这个得分。

当轮到第二个选手时，这个选手遵循最小最大策略并且移动到具有最小值的孩子所表示的局面。根据归纳假设，当从这个孩子所表示的局面开始游戏并且遵循最小最大策略时，这个值就是第一个选手的得分。根据把奇数层内点的值作为其孩子的最小值的递归定义，当从这个顶点所表示的局面开始游戏时，这个顶点的值就是这个得分。　◀

评注　通过扩展定理 3 的证明，可以证明对于两个选手来说最小最大策略都是最优策略。

例 8 解释最小最大过程如何工作。它显示了为例 6 的博弈树中的内点所指定的值。注意可以缩短所需的计算，注意对于非胜即负游戏来说，一旦找到方框顶点具有 +1 值的一个孩子，则方框顶点的值也是 +1，因为 +1 是最大可能的得分。同样，一旦找到圆圈顶点具有 -1 值的一个孩子，则这个值也是这个圆圈顶点的值。

例 8　例 6 构造了具有包含 2 块、2 块和 1 块的 3 堆石子的开局的取石子游戏的博弈树。图 9 说明了这个博弈树的顶点的值。这些顶点的值是这样计算的：使用树叶的值并且每次向上计算 1 层。这个图的右边空白处说明究竟使用孩子的最大值还是最小值来求出每层内点的值。例如，一旦求出了树根的 3 个孩子的值，1、-1 和 -1，则这样求出树根的值：计算 max(1, -1, -1)=1。由于根的值是 1，所以得出当两个选手都遵循最小最大策略时第一个选手获胜。　◀

有些著名游戏的博弈树可能非同寻常地大，因为这些游戏有多种移动选择。例如，据估计象棋的博弈树有多达 10^{100} 个顶点！由于博弈树规模的原因，也许不可能直接使用定理 3 来研究这样的游戏，所以设计了各种方法来帮助确定好的策略以及确定游戏的结果。一种被称为 α-β 剪枝的有用技巧减少了许多计算，它剪掉不能影响祖先顶点的值的那部分博弈树（关于 α-β 剪枝的信息，参考［Gr90］）。另一种有用的方法是使用求值函数，当精确地计算博弈树中内点值不可行时，它就估计这些值。例如，在井字游戏中，可以使用不含圈○（○用来表示第二个选手的移动）的直行（行、列、对角线）数减去不含叉×（×用来表示第一个选手的移动）的直行数来作为一个局面的求值函数。这个求值函数给出了关于哪个选手在游戏中占优的一些倾向。一旦插入求值函数的值，遵循最小最大策略使用规则就可以计算出游戏的值。计算机科学家已经设计出一些基于复杂的求值函数的下棋程序，比如 IBM 的"深蓝"，在正常规则下，深蓝成为第一个战胜当时的世界冠军的计算机程序。关于计算机如何下棋的更多信息请参看[Le91]。

我们所研究的资料来自组合博弈论，它用于这样的游戏：玩家知道所有之前的移动，并在其他玩家选择移动方法之前选择一个动作。有关组合博弈论的更多信息，请参看[Alnowo07]、

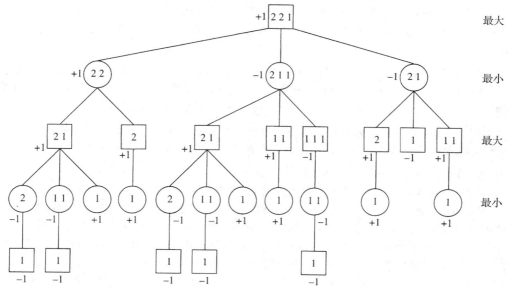

图 9　说明取石子游戏中顶点的值

[Becogu82a，82b]或[Be04]以及关于此主题的 Web 链接。

练习

1. 用字母顺序建立下面这些单词的二叉搜索树：banana、peach、apple、pear、coconut、mango 和 papaya。
2. 用字母顺序建立下面这些单词的二叉搜索树：oenology、phrenology、campanology、ornithology、ichthyology、limnology、alchemy 和 astrology。
3. 为了在练习 1 的搜索树里找出下面每个单词的位置或者添加它们，而且每次都重新开始，分别需要多少次比较？
   a) pear　　　　　b) banana　　　　　c) kumquat　　　　　d) orange
4. 为了在练习 2 的搜索树里找出下面每个单词的位置或者添加它们，而且每次都重新开始，分别需要多少次比较？
   a) palmistry　　　b) etymology　　　　c) paleontology　　　d) glaciology
5. 用字母顺序构造下面句子里的单词的二叉搜索树："The quick brown fox jumps over the lazy dog"。
6. 为了在 4 枚硬币中找出一枚较轻的伪币，需要用天平称多少次？描述用这些次数的称重来找出较轻的伪币的算法。
7. 若一枚伪币与其他硬币质量不等，那么为了在 4 枚硬币中找出这枚伪币，需要用天平称多少次？描述用同样的称重次数来找出这枚伪币的算法。
* 8. 若一枚伪币与其他硬币质量不等，或者轻或者重，那么为了在 8 枚硬币中找出这枚伪币，需要用天平称多少次？描述用同样的称重次数来找出这枚伪币的算法。
* 9. 若一枚伪币比其他硬币轻，那么为了在 12 枚硬币中找出这枚伪币，需要用天平称多少次？描述用同样的称重次数来找出这枚伪币的算法。
* 10. 4 枚硬币中一枚可能是伪币。伪币与其他硬币质量不等，或者轻或者重。那么为了确定是否有一个伪币，若有伪币，确定它是比其他硬币较重还是较轻，使用一台天平称，需要称多少次？描述用同样的称重次数来找出这枚伪币并且确定它是较轻还是较重的算法。
11. 求排序 4 个元素所需要的最少比较次数并且设计一个能够依此次数实现的算法。

* 12. 求排序 5 个元素所需要的最少比较次数并且设计一个能够依此次数实现的算法。

　　竞赛图排序 是通过构造有序二叉树来进行排序的排序算法。用将成为树叶的顶点来表示待排序的元素。就像构造表示循环赛比赛胜者的树那样，一次构造这个树的一层。从左向右，比较成对的相邻元素，加入用所比较的两个元素中较大的那个来标记的一个父母顶点。在每一层顶点的标记之间进行类似的比较，直到到达了用最大元素标记的树根为止。22、8、14、17、3、9、27、11 的竞赛图排序所构造的树如下图 a 所示。一旦确定了最大元素，具有这个标记的树叶就重新标记为 $-\infty$，定义为比每个元素都小。从这个顶点直到树根的通路上所有顶点的标记都重新计算，如下图 b 所示。这样就产生了第二大元素。这个过程继续进行下去，直到整个表都已经排序为止。

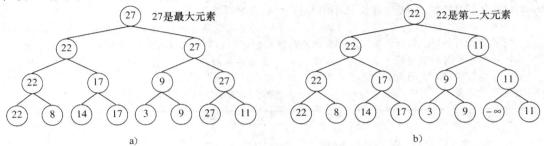

a)　　　　　　　　　　　　　　　　b)

13. 完成列表 22、8、14、17、3、9、27、11 的竞赛图排序。说明在每个步骤上顶点的标记。

14. 用竞赛图排序来排序列表 17、4、1、5、13、10、14、6。

15. 用伪码描述竞赛图排序。

16. 假设对于某个正整数 k 来说，待排序元素的个数 n 等于 2^k，若使用竞赛图排序来求这个列表的最大元素，确定竞赛图排序所用的比较次数。

17. 用竞赛图排序求第二大元素、第三大元素……，直到第 $(n-1)$ 大（或第二小）元素所使用的比较次数是多少？

18. 证明：竞赛图排序需要 $\Theta(n \log n)$ 次比较来排序含有 n 个元素的列表。〔提示：假设对于某个正整数 k 来说，$n=2^k$，插入适当数目的哑元，比如 $-\infty$，定义为比所有整数都小。〕

19. 下面哪些编码是前缀码？

　　a) a：11，e：00，t：10，s：01

　　b) a：0，e：1，t：01，s：001

　　c) a：101，e：11，t：001，s：011，n：010

　　d) a：010，e：11，t：011，s：1011，n：1001，i：10101

20. 构造表示下面编码方案的前缀码的二叉树。

　　a) a：11，e：0，t：101，s：100

　　b) a：1，e：01，t：001，s：0001，n：00001

　　c) a：1010，e：0，t：11，s：1011，n：1001，i：10001

21. 若编码方案是用下面的树来表示，那么什么是 a、e、i、k、o、p 和 u 的编码？

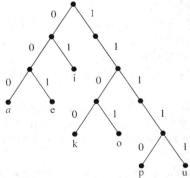

22. 给定编码方案 a：001，b：0001，e：1，r：0000，s：0100，t：011，x：01010，找出用下面的比特

串来表示的单词。

a) 01110100011   **b)** 0001110000   **c)** 0100101010   **d)** 01100101010

23. 用哈夫曼编码来编码具有给定频率的如下符号：a：0.20，b：0.10，c：0.15，d：0.25，e：0.30。编码一个符号所需要的平均位数是多少？

24. 用哈夫曼编码来编码具有给定频率的如下符号：

A：0.10，B：0.25，C：0.05，D：0.15，E：0.30，F：0.07，G：0.08。编码一个符号所需要的平均位数是多少？

25. 为如下符号和频率构造两个不同的哈夫曼编码：t：0.2，u：0.3，v：0.2，w：0.3。

26. **a)** 以两种不同的方式用哈夫曼编码来编码具有这些频率的符号：a：0.4，b：0.2，c：0.2，d：0.1，e：0.1，在算法中用不同的方式打破平局。第一种，在算法的每个阶段从权最小的树中选择顶点数最多的两个树来组合。第二种，在每个阶段从权最小的树中选择顶点数最少的两个树来组合。

  b) 计算用每种编码来编码一个符号所需要的平均位数并且对每种编码计算这个位数的方差。对于编码一个符号所需要的位数的方差，哪种打破平局的过程所产生的会小一些？

27. 为英文字母表的字母构造哈夫曼编码，其中典型英文文本中字母的频率如下表所示。

字母	频率	字母	频率
A	0.0817	N	0.0662
B	0.0145	O	0.0781
C	0.0248	P	0.0156
D	0.0431	Q	0.0009
E	0.1232	R	0.0572
F	0.0209	S	0.0628
G	0.0182	T	0.0905
H	0.0668	U	0.0304
I	0.0689	V	0.0102
J	0.0010	W	0.0264
K	0.0080	X	0.0015
L	0.0397	Y	0.0211
M	0.0277	Z	0.0005

假设 m 是正整数且 $m \geq 2$。对于 N 个符号的集合来说，类似于二叉哈夫曼编码的构造，可以构造 m 叉哈夫曼编码。在初始步骤，把由 $((N-1) \bmod (m-1)) + 1$ 个权最小的单个顶点所组成的树组合成以这些顶点作为树叶的一棵树。在每个后续步骤，把权最小的 m 棵树组合成一棵 m 叉树。

28. 用伪码描述 m 叉哈夫曼编码算法。

29. 使用符号 0、1 和 2，用三叉（$m=3$）哈夫曼编码来编码具有给定频率的这些字母：A：0.25，E：0.30，N：0.10，R：0.05，T：0.12，Z：0.18。

30. 考虑具有频率 A：0.80，B：0.19，C：0.01 的三个符号 A、B 和 C。

  a) 为这三个符号构造哈夫曼编码。

  b) 通过把两个符号的块 AA、AB、AC、BA、BB、BC、CA、CB 和 CC 分组，形成 9 个符号的一个新的集合。为这 9 个符号构造哈夫曼编码，假设在原始文本中符号的出现是独立的。

  c) 比较 a 中三个符号的哈夫曼编码与 b) 构造的 9 个双符号块的哈夫曼编码来编码文本所需要的平均位数。哪一种编码方式更有效？

31. 给定 $n+1$ 个符号 x_1，x_2，$\cdots$，x_n，x_{n+1}，它们在一个符号串中分别出现 1，f_1，f_2，$\cdots$，f_n 次，其中 f_j 是第 j 个斐波那契数。当在哈夫曼编码算法的每个阶段考虑所有可能的打破平局的选择时，用来编码一个符号的最大位数是多少？

* 32. 证明：对于所有的二叉前缀码来说，如果使用最少的位来表示一个符号串，哈夫曼编码是最优的。

33. 画出取石子游戏的博弈树，假设开局包括分别有 2 块和 3 块石子的两堆石子。在画这棵树的时候，用同一个顶点表示相同移动所导致的对称局面。求出这个博弈树每个顶点的值。如果两个选手都遵循最优策略，则哪个选手获胜？

34. 画出取石子游戏的博弈树，假设开局包括分别有 1 块、2 块和 3 块石子的三堆石子。在画这棵树的时候，用同一个顶点表示相同移动所导致的对称局面。求出这棵博弈树每个顶点的值。如果两个选手都遵循最优策略，则哪个选手获胜？

35. 假设在取石子游戏中修改获胜选手的得分，使得当 n 是到达终局前所做合法移动的步数时得分就是 n 美元。求第一个选手的得分，假设开局包括：

a) 分别有 1 块和 3 块石头的两堆石子

b) 分别有 2 块和 4 块石头的两堆石子

c) 分别有 1 块、2 块和 3 块石头的三堆石子

36. 假设在取石子游戏的一个变种中，允许一个选手要么从一堆取走 1 块以上的石子，要么把两堆石子合并成一堆，只要至少还剩下一个石子。画出这个游戏变种的博弈树，假设开局由分别含有 2 块、2 块和 1 块石子的 3 堆石子组成。求出这棵博弈树中每个顶点的值，并且确定当两个选手都遵循最优策略时哪个选手获胜。

37. 画出井字游戏博弈树从下列每个局面开始的子树。确定每个子树的值。

38. 假设井字游戏的前 4 步移动如下图所示。第一个选手（用×标记其移动）是否总能获胜？

39. 证明：如果取石子游戏从包含相同数目的两堆石子开始，而且这个数目至少是 2，则当两个选手都遵循最优策略时第二个选手获胜。

40. 证明：如果取石子游戏从包含不同数目的两堆石子开始，则当两个选手都遵循最优策略时第一个选手获胜。

41. 跳棋博弈树的根有多少个孩子？有多少个孙子？

42. 取石子游戏博弈树的根有多少个孩子？有多少个孙子？假设开局是：

a) 分别有 4 块和 5 块石子的堆

b) 分别有 2 块、3 块和 4 块石子的堆

c) 分别有 1 块、2 块、3 块和 4 块石子的堆

d) 分别有 2 块、2 块、3 块、3 块和 5 块石子的堆

43. 画出井字游戏博弈树前两步移动所对应的层。指明正文中所提到的求值函数的值，这个函数给局面指定不含○的直行数减去不含×的直行数来作为这一层每个顶点的值，并且在求值函数给出这些顶点的正确值的假设下，对这些顶点计算树的值。

44. 用伪码描述当两个选手都遵循最小最大策略时确定博弈树的值的算法。

11.3 树的遍历

11.3.1 引言

　　有序根树常常用来保存信息。掌握一些访问有序根树的每个顶点以存取数据的算法是非常必要的。下面将介绍几个重要的访问有序根树中所有顶点的算法。有序根树也可以用来表示各种类型的表达式，比如由数字、变量和运算所组成的算术表达式。对用来表示这些表达式的有序根树来说，它的顶点的一些不同的列表在这些表达式的求值中很有用。

11.3.2 通用地址系统

　　遍历有序根树所有顶点的过程，都依赖于孩子的顺序。在有序根树中，一个内点的孩子从左向右地显示在表示这些有向图的图形中。

　　下面将描述一种完全地排序有序根树顶点的方法。为了产生这个顺序，必须首先标记所有的顶点。如下递归地完成这件事：

1) 用整数 0 标记根。然后用 1，2，3，$\cdots$，k 从左向右标记它的 k 个孩子 (在 1 层上)。

2) 对在 n 层上带标记 A 的每个顶点 v，按照从左向右画出它的 k_v 个孩子的顺序，用 $A.1$，$A.2$，$\cdots$，$A.k$ 标记它的 k_v 个孩子。

遵循这个过程，对 $n \geq 1$ 来说，在 n 层上的顶点 v 标记成 $x_1.x_2.\cdots.x_n$，其中从根到 v 的唯一通路经过 1 层的第 x_1 个顶点，以及 2 层的第 x_2 个顶点，以此类推。这样的标记称为有根树的**通用地址系统**。

可以利用顶点在通用地址系统里标记的字典顺序将这些顶点完全排序。若存在 $i(0 \leq i \leq n)$ 满足 $x_1 = y_1$，$x_2 = y_2$，$\cdots$，$x_{i-1} = y_{i-1}$，并且 $x_i < y_i$；或者若 $n < m$ 并且对 $i = 1, 2, \cdots, n$ 来说 $x_i = y_i$，那么标记 $x_1.x_2.\cdots.x_n$ 的顶点就小于标记 $y_1.y_2.\cdots.y_m$ 的顶点。

例 1 在如图 1 所示的有序根树的顶点的旁边，显示了通用地址系统的标记。这些标记的字典顺序是

$$0 < 1 < 1.1 < 1.2 < 1.3 < 2 < 3 < 3.1 < 3.1.1 < 3.1.2 < 3.1.2.1 < 3.1.2.2$$
$$< 3.1.2.3 < 3.1.2.4 < 3.1.3 < 3.2 < 4 < 4.1 < 5 < 5.1 < 5.1.1 < 5.2 < 5.3 \quad \blacktriangleleft$$

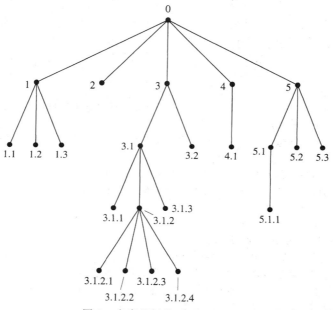

图 1　有序根树的通用地址系统

11.3.3　遍历算法

系统地访问有序根树每个顶点的过程称为**遍历算法**。下面描述三个最常用的算法：**前序遍历**、**中序遍历**和**后序遍历**。这些算法都可以递归地定义。首先定义前序遍历。

定义 1　设 T 是带根 r 的有序根树。若 T 只包含 r，则 r 是 T 的前序遍历。否则，假定 T_1，T_2，$\cdots$，T_n 是 T 的以 r 为根的从左向右的子树。前序遍历首先访问 r。它接着以前序来遍历 T_1，然后以前序来遍历 T_2，以此类推，直到以前序遍历了 T_n 为止。

读者应当验证，有序根树的前序遍历给出了与利用通用地址系统所得出的顺序相同的顶点顺序。图 2 说明如何执行前序遍历。

例 2 说明前序遍历。

例 2 前序遍历以什么顺序访问图 3 所示的有序根树中的顶点？

解　T 的前序遍历的步骤如图 4 所示。这样以前序来遍历 T，首先列出根 a，接着依次是带

根 b 的子树的前序列表，带根 c 的子树(它只有 c)的前序列表和带根 d 的子树的前序列表。

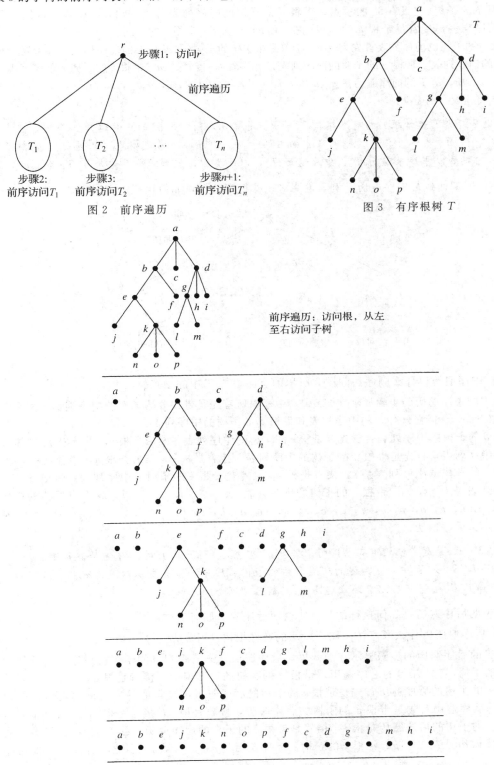

图2　前序遍历

图3　有序根树 T

前序遍历：访问根，从左至右访问子树

图4　T 的前序遍历

带根 b 的子树的前序列表首先列出 b，然后以前序列出带根 e 的子树的顶点，然后以前序列出带根 f 的子树(它只有 f)的顶点。带根 d 的子树的前序列表首先列出 d，接着是带根 g 的子树的前序列表，接着是带根 h 的子树(它只有 h)，接着是带根 i 的子树(它只有 i)。

带根 e 的子树的前序列表首先列出 e，接着是带根 j 的子树(它只有 j)的前序列表，接着是带根 k 的子树的前序列表。带根 g 的子树的前序列表是 g 接着 l，接着是 m。带根 k 的子树的前序列表是 k, n, o, p。所以，T 的前序遍历是 $a, b, e, j, k, n, o, p, f, c, d, g, l, m, h, i$。◀

现在将定义中序遍历。

定义 2 设 T 是带根 r 的有序根树。若 T 只包含 r，则 r 是 T 的中序遍历。否则，假定 $T_1, T_2, \cdots, T_n$ 是 T 中以 r 为根的从左向右的子树。中序遍历首先以中序来遍历 T_1，然后访问 r。它接着以中序来遍历 T_2，中序遍历 T_3，以此类推，直到以中序遍历了 T_n 为止。

图 5 说明如何执行中序遍历。例 3 说明对一棵特定的树，如何执行中序遍历。

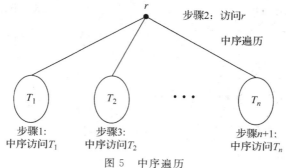

图 5　中序遍历

Extra Examples▷ **例 3** 中序遍历以什么顺序访问图 3 所示的有序根树 T 中的顶点？

解 T 的中序遍历的步骤显示在图 6 中。中序遍历首先是带根 b 的子树的中序遍历，然后是根 a、带根 c 的子树(它只有 c)的中序列表和带根 d 的子树的中序列表。

带根 b 的子树的中序列表，首先是带根 e 的子树的中序列表，然后是根 b，以及根 f。带根 d 的子树的中序列表，首先是带根 g 的子树的中序列表，接着是根 d，接着是根 h，接着是根 i。

带根 e 的子树的中序列表是 j，接着是根 e，接着是带根 k 的子树的中序列表。带根 g 的子树的中序列表是 l, g, m。带根 k 的子树的中序列表是 n, k, o, p。所以，这个有根树的中序遍历是 $j, e, n, k, o, p, b, f, a, c, l, g, m, d, h, i$。◀

现在定义后序遍历。

定义 3 设 T 是带根 r 的有序根树。若 T 只包含 r，则 r 是 T 的后序遍历。否则，假定 $T_1, T_2, \cdots, T_n$ 是 T 中以 r 为根的从左向右的子树。后序遍历首先以后序来遍历 T_1，然后以后序来遍历 T_2……然后以后序来遍历 T_n，最后访问 r。

图 7 说明后序遍历是如何执行的。例 4 说明后序遍历如何工作。

Extra Examples▷ **例 4** 后序遍历以什么顺序访问图 3 所示的有序根树 T 中的顶点？

解 T 的后序遍历的步骤显示在图 8 里。后序遍历首先是带根 b 的子树的后序遍历，然后是带根 c 的子树(它只有 c)的后序遍历，带根 d 的子树的后序遍历，接着是根 a。

带根 b 的子树的后序遍历首先是带根 e 的子树的后序遍历，接着是根 f，接着是根 b。带根 d 的子树的后序遍历首先是带根 g 的子树的后序遍历，接着是根 h，接着是根 i，接着是根 d。

带根 e 的子树的后序遍历是根 j，接着是带根 k 的子树的后序遍历，接着是根 e。带根 g 的子树的后序遍历是 l, m, g。带根 k 的子树的后序遍历是 n, o, p, k。因此，有根树 T 的后序遍历是 $j, n, o, p, k, e, f, b, c, l, m, g, h, i, d, a$。◀

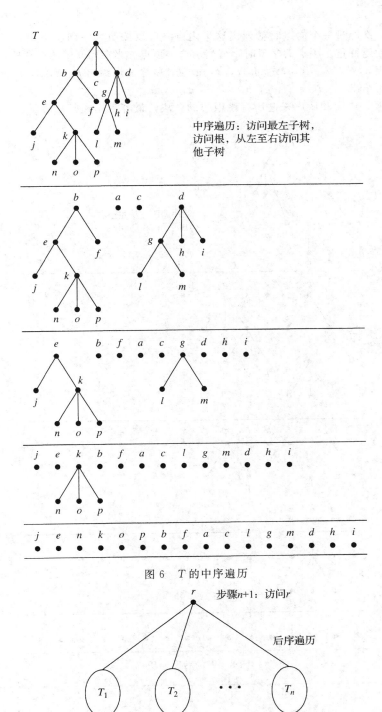

图 6   T 的中序遍历

图 7   后序遍历

有些简易的方法以前序、中序和后序来列出有序根树的顶点。首先从根开始，沿着边移动，围绕有序根树画一条曲线，如图 9 所示。可以按照前序列出顶点：当曲线第一次经过一个顶点时，就列出这个顶点。可以按照中序列出顶点：当曲线第一次经过一个树叶时，就列出这个树叶，当曲线第二次经过一个内点时就列出这个内点。可以按照后序列出顶点：当曲线最后一次经过一个顶点而返回这个顶点的父母时，就列出这个顶点。当在图 9 中的有根树这样做时，结果是前序遍历给出 a, b, d, h, e, i, j, c, f, g, k；中序遍历给出 h, d, b, i, e, j, a, f, c, k, g；后序遍历给出 h, d, i, j, e, b, f, k, g, c, a。

这些以前序、中序和后序来遍历有序根树的算法，最容易用递归来表示。

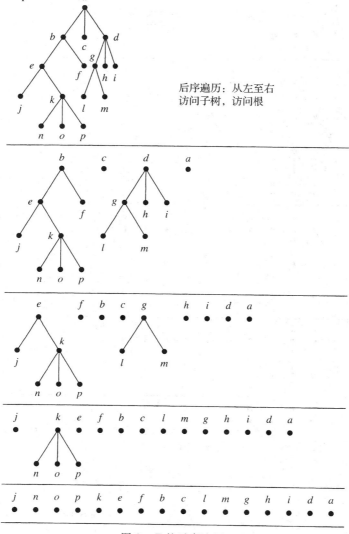

图 8 T 的后序遍历

算法 1   前序遍历
procedure preorder(T：有序根树)
$r := T$ 的根
列出 r
for 从左到右的 r 的每个孩子 c
   $T(c) :=$ 以 c 为根的子树
   preorder($T(c)$)

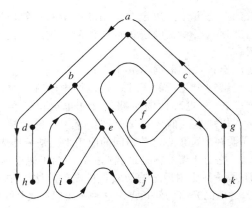

图 9　以前序、中序和后序来遍历有序根树的快捷方法

算法 2　中序遍历

procedure inorder(T：有序根树)

$r :=T$ 的根

if r 是树叶 **then** 列出 r

else

　　$l :=$ 从左到右的 r 的第一个孩子

　　$T(l) :=$ 以 l 为根的子树

　　inorder($T(l)$)

　　列出 r

　　for 除 l 外从左到右的 r 的每个孩子 c

　　　　$T(c) :=$ 以 c 为根的子树

　　　　inorder($T(c)$)

算法 3　后序遍历

procedure postorder(T：有序根树)

$r :=T$ 的根

for 从左到右的 r 的每个孩子 c

　　$T(c) :=$ 以 c 为根的子树

　　postorder($T(c)$)

列出 r

　　注意，当规定了每个顶点的孩子数时，有序根树的前序遍历和后序遍历都编码了有序根数的结构。也就是说，当指定树的前序遍历或者后序遍历所生成的顶点列表和每个顶点的孩子数目时，有序根树是唯一确定的（见练习 26 和 27）。特别地，前序遍历和后序遍历都编码了有序 m 叉树的结构。然而，当不规定每个顶点的孩子数时，前序遍历和后序遍历都没有编码有序根树的结构（见练习 28 和 29）。

　　中序、前序和后序遍历的应用　树的遍历有许多应用，并且在许多算法的实现中起着关键作用。二元有序树可用于表示由对象和运算组成的格式良好的表达式。前序、后序和中序遍历这些树将产生表达式的前缀、后缀和中缀表示，可以在各类应用中使用。在将注意力转向使用树的遍历之前，我们先为如何使用树的遍历提供一些有用的建议。

　　如果效率不是问题，则可以按任意顺序访问树的顶点，只要每个顶点只访问一次。但是，对于其他应用，有可能需要按某种顺序访问顶点，以保持特定的关系。此外，若效率很重要，则应该使用对该应用最高效的遍历方法。决定要使用的遍历的一般原则是尽可能快地找到感兴趣的顶点。前序遍历对于内部顶点必须在叶子顶点前访问的应用来说是最佳选择，此外，前序遍历还用于复制二叉搜索树。

有趣的是，前序遍历起源于古代。根据 Knuth[Kn98]，当国王、公爵或伯爵去世时，他的头衔传给第一个儿子，然后传给这个儿子的子孙；若他们中没有一个还活着，就传给第二个儿子，以及他的后代，以此类推。（在更现代的时期，女儿也被包括在这个顺序中。）因此，一旦已故成员被移除，对相关家族树顶点的前序遍历就产生了王位继承顺序。

后序遍历对于叶子顶点需要在内部顶点之前访问的应用来说是最佳选择。后序遍历在访问内部顶点之前访问叶子顶点，所以，它对于删除树是最佳选择，因为子树根顶点下面的顶点可以在子树的根顶点之前删除。拓扑排序是一种使用后序遍历实现的高效算法。在 11.2 节中，我们将讨论对二叉搜索树的中序遍历，按关键值的升序访问顶点。这种遍历对二叉树中的数据创建了排序列表。

11.3.4 中缀、前缀和后缀记法

可以用有序树来表示复杂的表达式，比如复合命题、集合的组合，以及算术表达式。例如，考虑由运算＋(加)、－(减)、*(乘)、/(除)、↑(幂)所组成的算术表达式的表示。我们将用括号来说明运算次序。有序根树可以用来表示这样的表达式，其中内点表示运算，树叶表示变量或数字。每个运算都作用在它的左子树和右子树上(以此顺序)。

例 5 表示表达式$((x+y)\uparrow 2)+((x-4)/3)$的有序根树是什么？

解 这个表达式的二叉树可以自底向上来构造。首先，构造表达式$x+y$的子树，然后，加入这个子树作为表示$(x+y)\uparrow 2$的更大子树的一部分。同样，构造表达式$x-4$的子树，然后，加入这个子树到表示$(x-4)/3$的子树中。最后，组合表示$(x+y)\uparrow 2$与$(x-4)/3$的子树来形成表示$((x+y)\uparrow 2)+((x-4)/3)$的有序根树。这些步骤显示在图 10 中。◀

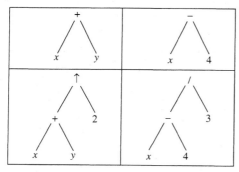
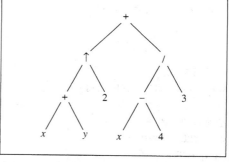

图 10 表示$((x+y)\uparrow 2)+((x-4)/3)$的二叉树

对表示一个表达式的二叉树进行中序遍历，产生原来的表达式，其中元素和运算都是按原有的次序出现，例外的是一元运算，它们紧随运算对象。例如，图 11 中的二叉树分别表示表达式$(x+y)/(x+3)$、$(x+(y/x))+3$ 和 $x+(y/(x+3))$，对它们的中序遍历都得出中缀表达

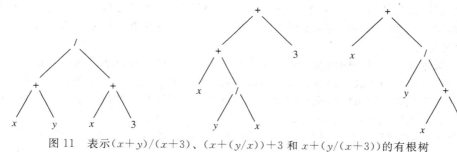

图 11 表示$(x+y)/(x+3)$、$(x+(y/x))+3$ 和 $x+(y/(x+3))$的有根树

式 $x+y/x+3$。为了让这样的表达式无二义性，当遇到运算时，就有必要在中序遍历里包含括号。以这种方式获得的带完整括号的表达式称为**中缀形式**。

当以前序遍历表达式的有根树时，就获得它的**前缀形式**。写成前缀形式的表达式称为**波兰记法**，它的名字来源于逻辑学家扬·武卡谢维奇。用前缀记法表示的表达式（其中每个运算都有规定的运算对象数）都是无二义性的，所以在这样的表达式中不需要括号。对这个事实的验证留给读者作为练习。

例 6 $((x+y)↑2)+((x-4)/3)$ 的前缀形式是什么？

解　通过遍历图 10 所示的表示这个表达式的二叉树，就可以获得它的前缀形式。这样就产生 $+↑+xy2/-x43$。　◀

在表达式的前缀形式里，二元运算符（比如＋）在它的两个运算对象之前。因此，可以从右向左地求前缀形式的表达式的值。当遇到一个运算符时，就对在这个运算对象右边紧接着的两个运算对象来执行相应的运算。另外，当一个运算执行时，就认为结果是新的运算对象。

例 7 前缀表达式 $+-*235/↑234$ 的值是什么？

解　如图 12 所示，用从右向左的步骤求这个表达式的值，并用右边的运算对象来执行运算。这个表达式的值是 3。　◀

通过以后序遍历表达式的二叉树，就可以获得它的**后缀形式**。写成后缀形式的表达式称为**逆波兰记法**。用逆波兰记法表示的表达式都是无二义性的，所以不需要括号。对这个事实的验证留给读者。在 20 世纪 70 年代和 80 年代，逆波兰记法在电子计算器中广泛使用。

例 8 $((x+y)↑2)+((x-4)/3)$ 的后缀形式是什么？

解　这个表达式的后缀形式是这样获得的：执行图 10 所示的表示二叉树的后序遍历，这样就产生后缀表达式 $xy+2↑x4-3/+$。　◀

在表达式的后缀形式里，二元运算都是在它的两个运算对象之后。所以，为了从一个表达式的后缀形式求它的值，就从左向右地进行，当一个运算符后面跟着两个运算对象时，就执行这个运算。在一个运算执行之后，这个运算的结果就成为一个新的运算对象。

例 9 后缀表达式 $723*-4↑93/+$ 的值是什么？

解　如图 13 所示，求这个表达式的值所用的步骤是这样的：从左边开始，当两个运算对象后面接着一个运算符时，就执行这个运算。这个表达式的值是 4。　◀

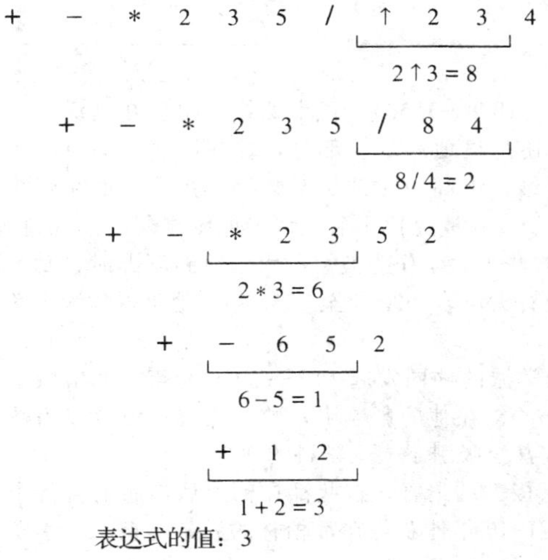

图 12　求一个前缀表达式的值 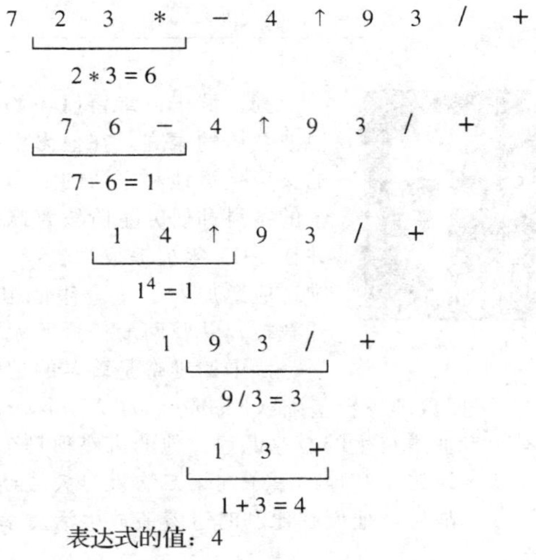　　　　图 13　求一个后缀表达式的值

有根树可以用来表示其他类型的表达式，比如表示复合命题、集合组合的表达式。在这些

例子里会出现如命题否定这样的一元运算符。为了表示这样的运算符及其运算对象，就用顶点表示运算符并且用这个顶点的孩子表示运算对象。

Extra Examples

例 10 求表示复合命题$(\neg(p \wedge q)) \leftrightarrow (\neg p \vee \neg q)$的有序根树。然后用这个有根树求这个表达式的前缀、后缀和中缀形式。

解 这个复合命题的有序根树是自底向上地构造的。首先，构造$\neg p$和$\neg q$的子树（其中把$\neg$当作一元运算符）。另外，构造$p \wedge q$的子树。然后构造$\neg(p \wedge q)$和$(\neg p) \vee (\neg q)$的子树。最后，用这两个子树来构造最终的有根树。这个过程的步骤显示在图 14 中。

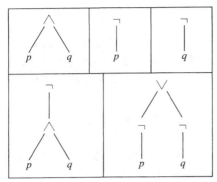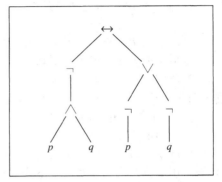

图 14 构造一个复合命题的有根树

求表达式的前缀、后缀和中缀形式时，可以分别以前序、后序和中序来遍历这个有根树（包含括号）。这些遍历分别给出$\leftrightarrow \neg \wedge pq \vee \neg p \neg q$、$pq \wedge \neg \neg p \neg q \vee \leftrightarrow$和$(\neg(p \wedge q)) \leftrightarrow ((\neg p) \vee (\neg q))$。 ◀

因为前缀表达式和后缀表达式都是无二义性的，而且不用来回扫描就容易求出它们的值，所以它们在计算机科学里大量使用。这样的表达式对编译器的构造是特别有用的。

练习

在练习 1～3 中，对给定的有序根树构造通用地址系统。然后利用这个通用地址系统用顶点的标记的字典顺序来排序顶点。

Links

©UtCon Collection/Alamy Stock Photo

扬·武卡谢维奇（Jan Łukasiewicz，1878—1956） 武卡谢维奇出生在勒沃的一个说波兰语的家庭。在他出生时，勒沃还是奥地利的一部分，现在则属于乌克兰。他的父亲是奥地利军队的上尉。武卡谢维奇上高中时开始对数学感兴趣。他在勒沃大学的本科和研究生阶段兼修数学和哲学。在读完博士后，武卡谢维奇留校当了讲师，并在 1911 年被提拔为教授。1915 年当华沙大学作为波兰的大学重新开办时，武卡谢维奇应邀加入。1919 年他担任波兰教育大臣。1920 年至 1939 年，他重返华沙大学担任教授，并曾两度任这所大学的校长。

武卡谢维奇是著名的逻辑学华沙学派的共同发起人之一。1928 年，他出版了著名的教材《数理逻辑基础》（*Elements of Mathematical Logic*）。在他的影响下，数理逻辑在波兰成为数学和科学专业本科生的必修课程。他的讲座独具个人魅力，甚至吸引了人文学科的学生。

武卡谢维奇和他的妻子在第二次世界大战期间遭受了极大的迫害，这些都在他死后出版的自传中有所记载。战后，他们在比利时过着流放生活。幸运的是，1949 年他获得在都柏林的爱尔兰皇家科学院的职务。

武卡谢维奇一生都致力于数理逻辑的研究。他关于三值逻辑的研究是对这个领域的重要贡献。不过，在数学和计算机科学界他最为著名的是他引入了无括号记法，现今称为波兰记法。

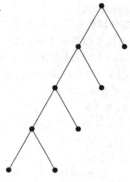

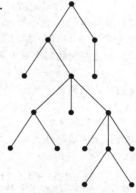

4. 假定在有序根树 T 中顶点 v 的地址是 3.4.5.2.4。

　　a) v 是在哪一层？

　　b) v 的父母的地址是什么？

　　c) v 的兄弟最少有多少？

　　d) 若 v 具有这个地址，那么在 T 里最少可能有多少个顶点？

　　e) 求其他必然出现的地址。

5. 假定在有序根树 T 中，地址最大的顶点的地址是 2.3.4.3.1。是否有可能确定 T 中的顶点数？

6. 有序根树的树叶能否具有下面的通用地址表？若能，则构造出这样的有序根树。

　　a) 1.1.1，1.1.2，1.2，2.1.1.1，2.1.2，2.1.3，2.2，3.1.1，3.1.2.1，3.1.2.2，3.2

　　b) 1.1，1.2.1，1.2.2，1.2.3，2.1，2.2.1，2.3.1，2.3.2，2.4.2.1，2.4.2.2，3.1，3.2.1，3.2.2

　　c) 1.1，1.2.1，1.2.2，1.2.2.1，1.3，1.4，2，3.1，3.2，4.1.1.1

在练习 7～9 中，确定前序遍历访问所给的有序根树的顶点的顺序。

7. 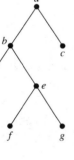　**8.** 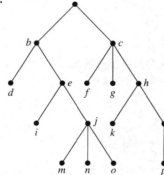　**9.**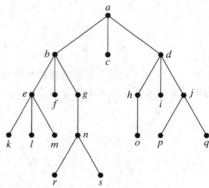

10. 使用中序遍历，以什么顺序访问练习 7 中有序根树的顶点？

11. 使用中序遍历，以什么顺序访问练习 8 中有序根树的顶点？

12. 使用中序遍历，以什么顺序访问练习 9 中有序根树的顶点？

13. 使用后序遍历，以什么顺序访问练习 7 中有序根树的顶点？

14. 使用后序遍历，以什么顺序访问练习 8 中有序根树的顶点？

15. 使用后序遍历，以什么顺序访问练习 9 中有序根树的顶点？

16. 用二叉树来表示表达式 $((x+2)\uparrow 3)*(y-(3+x))-5$。表示方式应采用：

　　a) 前缀记法　　　　　**b)** 后缀记法　　　　　**c)** 中缀记法

17. 用二叉树来表示表达式 $(x+xy)+(x/y)$ 和 $x+((xy+x)/y)$。表示方式应采用：

　　a) 前缀记法　　　　　**b)** 后缀记法　　　　　**c)** 中缀记法

18. 用有序根树来表示复合命题 $\neg(p\wedge q)\leftrightarrow(\neg p\vee\neg q)$ 和 $(\neg p\wedge(q\leftrightarrow\neg p))\vee\neg q$。表示方式应采用：

　　a) 前缀记法　　　　　**b)** 后缀记法　　　　　**c)** 中缀记法

19. 用有序根树来表示 $(A\cap B)-(A\cup(B-A))$。表示方式应采用：

a) 前缀记法 　　　　　**b)** 后缀记法 　　　　　**c)** 中缀记法

* **20.** 有多少种方式给字符串 $\neg p \wedge q \leftrightarrow p \vee \neg q$ 完全加上括号以便产生中缀表达式?

* **21.** 有多少种方式给字符串 $A \cap B - A \cup B - A$ 完全加上括号以便产生中缀表达式?

22. 画出下面用前缀记法写出的每个算术表达式所对应的有序根树。然后用中缀记法写每个表达式。

    a) $+ * + - 5 \, 3 \, 2 \, 1 \, 4$ 　　**b)** $\uparrow + 2 \, 3 - 5 \, 1$ 　　　　　**c)** $* \, / \, 9 \, 3 + * \, 2 \, 4 - 7 \, 6$

23. 下面每个前缀表达式的值是什么?

    a) $- * 2 / 8 \, 4 \, 3$ 　　　　　　　　　　　**b)** $\uparrow - * 3 \, 3 * 4 \, 2 \, 5$

    c) $+ - \uparrow 3 \, 2 \uparrow 2 \, 3 / 6 - 4 \, 2$ 　　　　**d)** $* + 3 + 3 \uparrow 3 + 3 \, 3 \, 3$

24. 下面每个后缀表达式的值是什么?

    a) $5 \, 2 \, 1 - - 3 \, 1 \, 4 + + *$ 　　**b)** $9 \, 3 \, / \, 5 + 7 \, 2 - *$ 　　**c)** $3 \, 2 * 2 \uparrow 5 \, 3 - 8 \, 4 \, / * -$

25. 构造前序遍历为 a, b, f, c, g, h, i, d, e, j, k, l 的有序根树,其中 a 有 4 个孩子,c 有 3 个孩子,j 有 2 个孩子,b 和 e 都有 1 个孩子,所有其他顶点都是树叶。

* **26.** 证明:当指定了有序根树的前序遍历所生成的顶点列表,并且指定了每个顶点的孩子数时,这个有序根树是唯一确定的。

* **27.** 证明:当指定了有序根树的后序遍历所生成的顶点列表,并且指定了每个顶点的孩子数时,这个有序根树是唯一确定的。

28. 证明:下图所示的两个有序根树的前序遍历产生相同的顶点列表。注意这个结果不与练习 26 的命题相矛盾,因为在这两个有序根树中内点的孩子数是不同的。

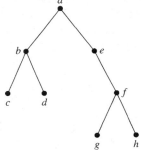 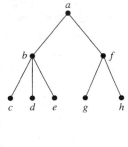

29. 证明:下图所示的两个有序根树的后序遍历产生相同的顶点列表。注意这个结果不与练习 27 里的命题相矛盾,因为在这两个有序根树中内点的孩子数是不同的。

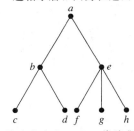 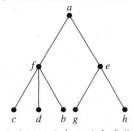

在符号集合和二元运算符集合上用前缀记法表示的**合式公式**是用下面的规则来递归地定义的:

i) 若 x 是符号,则 x 是用前缀记法表示的合式公式;

ii) 若 X 和 Y 都是合式公式且 $*$ 是运算符,则 $*XY$ 是合式公式。

30. 下列哪些公式是在符号 $\{x, y, z\}$ 和二元运算符集 $\{\times, +, \circ\}$ 上的合式公式?

    a) $\times + + x \, y \, x$ 　　　　**b)** $\circ x \, y \times x \, z$ 　　　　**c)** $\times \circ x \, z \times \times x \, y$ 　　**d)** $\times + \circ x \, x \circ x \, x \, x$

* **31.** 证明:在符号集合和二元运算符集合上用前缀记法表示的任何合式公式所包含的符号数都比运算符数恰好多一个。

32. 给出在符号集合和二元运算符集合上用后缀记法表示的合式公式的定义。

33. 给出在符号 $\{x, y, z\}$ 和二元运算符集 $\{+, \times, \circ\}$ 上带 3 个以上运算的、用后缀记法表示的合式公式的 6 个例子。

34. 把用前缀记法表示的合式公式的定义推广到这样的符号和运算符集合上,其中运算符可能不是二元的。

11.4 生成树

11.4.1 引言

考虑图 1a 所示的简单图所表示的缅因州的道路系统。在冬天保持道路通畅的唯一方式就是经常扫雪。高速公路部门希望只扫尽可能少的道路上的雪，而确保总是存在连接任何两个乡镇的干净道路。如何才能做到这一点？

至少扫除 5 条道路上的雪才能保证在任何两个乡镇之间有一条通路。图 1b 显示了一些这样的道路集合。注意表示这些道路的子图是树，因为它是连通的并且包含 6 个顶点和 5 条边。

这个问题是用包含原来简单图的所有顶点、边数最小的连通子图来解决的。这样的图必然是树。

> **定义 1** 设 G 是简单图。G 的生成树是包含 G 的每个顶点的 G 的子图。

有生成树的简单图必然是连通的，因为在生成树中，任何两个顶点之间都有通路。反过来也是对的，即每个连通图都有生成树。在证明这个结果之前将给出一个例子。

例 1 找出图 2 所示的简单图的生成树。

a) 一个道路系统　　b) 需要除雪的道路集

图 1

图 2　简单图 G

解 图 G 是连通的，但它不是树，因为它包含简单回路。删除边 $\{a, e\}$。这样就消除了一个简单回路，而且所得出的子图仍然是连通的并且仍然包含 G 的每个顶点。其次删除边 $\{e, f\}$ 以便消除第二个简单回路。最后，删除边 $\{c, g\}$ 以便产生一个没有简单回路的简单图。这个子图是生成树，因为它是包含 G 的每个顶点的树。图 3 说明了用来产生这个生成树的边的删除序列。

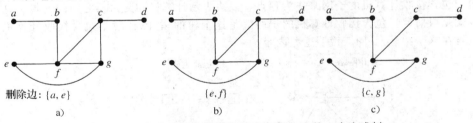

删除边：$\{a, e\}$

a)

$\{e, f\}$

b)

$\{c, g\}$

c)

图 3　通过删除形成简单回路的边来产生 G 的一个生成树

图 3 所示的生成树不是唯一的 G 的生成树。例如，图 4 所示的每个树都是 G 的生成树。◀

> **定理 1** 简单图是连通的当且仅当它有生成树。

证明 首先，假定简单图 G 有生成树 T。T 包含 G 的每个顶点。另外，在 T 的任何两个顶点之间都有在 T 中的通路。因为 T 是 G 的子图，所以在 G 的任何两个顶点之间都有通路。因此，G 是连通的。

现在假定 G 是连通的。若 G 不是树，则它必然包含简单回路。从这些简单回路中的一个里删除一条边。所得出的子图少了一条边，但是仍然包含 G 的所有顶点并且是连通的。这个子图仍然是连通的，因为当两个顶点由包含这条被删除边的通路相连接时，它们被一条不包含这条边的通路相连接。我们可以通过在原来的通路中，在被删除的边的位置，插入一条带有被删除边的简单的回路构造这样的通路。若这个子图不是树，则它有简单回路，所以像前面那样，

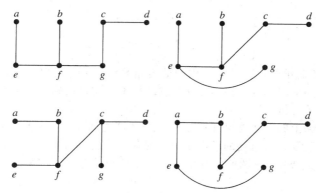

图 4   G 的一些生成树

删除一个简单回路里的一条边。重复这个过程直到没有简单回路为止。这是可能的，因为在图里只有有穷的边数。当没有简单回路剩下时，这个过程终止。产生一棵树，因为在删除边时这个图保持连通。这棵树是生成树，因为它包含 G 的每个顶点。◀

例 2 说明，在数据网络里生成树是重要的。

例 2　**IP 组播**　在网络互连协议(IP)网络上的组播里，生成树起到重要的作用。为了从源计算机发送数据到多个接收计算机(每个接收计算机是一个子网)，可以分别发送数据到每个计算机。这种类型的网络称为单点广播，效率很低，因为在网络上发送了存有相同数据的多个副本。为了更有效地传送数据到多个接收计算机，就使用 IP 组播。在 IP 组播里，一个计算机在网络上发送数据的单一副本，当数据到达中间路由器时，就把数据分发到一个或更多的其他路由器，以便接收计算机都在它们不同的子网里最终接收到这些数据。(路由器是专门在网络子网之间分发 IP 数据报的计算机。在组播时，路由器使用 D 类地址，每个都表示接收计算机可以加入的一个会话，见 6.1 节例 17。)

为了让数据尽可能快地到达接收计算机，在数据穿过网络的通路里就不应当存在环路(在图论术语中它们是回路)。即，一旦数据已经到达一个具体的路由器，数据就再也不应当返回这个路由器。为了避免环路，组播路由器用网络算法来构造图中的生成树，这个图以组播源、路由器和包含接收计算机的子网来作为顶点，以边表示计算机和路由器之间的连接。这个生成树的根就是组播源。包含接收计算机的子网就是这个树的树叶(注意不包含接收计算机的子网都不包含在这个图里)。图 5 说明这些内容。◀

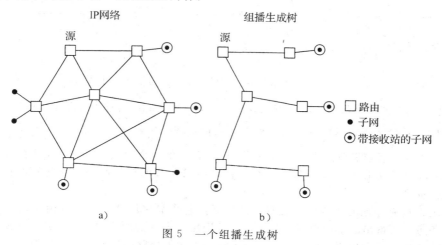

图 5   一个组播生成树

11.4.2　深度优先搜索

定理 1 的证明给出了通过从简单回路删除边来找出生成树的算法。这个算法是低效的，因为它要求找出简单回路。另一种不采用删除边来构造生成树的方法是，通过依次添加边来建立生成树。这里将给出基于这个原理的两个算法。

可以用**深度优先搜索**来建立连通简单图的生成树。我们将形成一个有根树，而这个生成树将是这个有根树的基本无向图。任意选择图中一个顶点作为根。通过依次添加边来形成从这个顶点开始的通路，其中每条新边都与通路上的最后一个顶点以及还不在通路上的一个顶点相关联。继续尽可能地添加边到这条通路。若这条通路经过图的所有顶点，则由这条通路组成的树就是生成树。不过，若这条通路没有经过图中的所有顶点，则必须添加其他的顶点和边。退到通路中的倒数第二个顶点，若有可能，则形成从这个顶点开始的经过还没有访问过的顶点的通路。若不能这样做，则后退到通路中的另一个顶点，即在通路里后退两个顶点，然后再试。

重复这个过程，从所访问过的最后一个顶点开始，在通路上一次后退一个顶点，只要有可能就形成新的通路，直到不能添加更多的边为止。因为这个图有有穷的边数并且是连通的，所以这个过程以产生生成树而告终。在这个算法的一个阶段上通路末端的顶点将是有根树中的树叶，而在其上开始构造一条通路的顶点将是内点。

读者应当注意这个过程的递归本质。另外，注意若图中的顶点是排序的，则当总是选择在该顺序里可用的第一个顶点时，在这个过程的每个阶段上对边的选择就全都是确定的。不过，将不总是明显地对图的顶点排序。

深度优先搜索也称为**回溯**，因为这个算法返回以前访问过的顶点以便添加边。例3说明了回溯。

例3 用深度优先搜索来找出图6所示图 G 的生成树。

解 图7显示了用深度优先搜索产生 G 的生成树的步骤。任意地从顶点 f 开始。一条通路是这样建立的：依次添加与还不在通路上的顶点相关联的边，只要有可能就这样做。这样就产生通路 f, g, h, k, j（注意也可能建立其他的通路）。下一步，回溯到 k。不存在从 k 开始，包含还没有访问过的顶点的通路。所以回溯到 h。形成通路 h, i。然后回溯到 g，然后再回溯到 f。从 f 建立通路 f, d, e, c, a。然后再回溯到 c 并且形成通路 c, b。这样就产生了生成树。

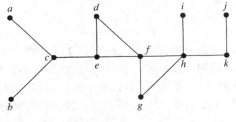

图6　图 G

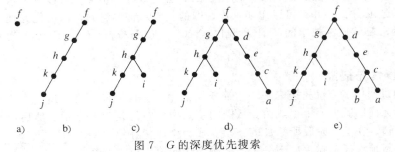

a)　　b)　　c)　　　d)　　　　e)

图7　G 的深度优先搜索

一个图的深度优先搜索所选择的边称为**树边**。这个图所有其他的边都必然连接一个顶点与这个顶点在树中的祖先或后代。这些边都称为**背边**（练习43要求证明这个事实）。

例4 图8中突出了从顶点 f 开始的深度优先搜索所找到的树边，用粗线显示这些树边。用细黑线显示背边 (e, f) 和 (f, h)。

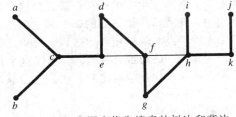

图8　例4中深度优先搜索的树边和背边

我们已经解释了如何用深度优先搜索来求图的生成树。但是，迄今为止的讨论还没有指出深度优先搜索的递归本质。为了弄清楚深度优先搜索的递归本质，需要几个术语。当执行深度优先搜索的步骤时，当把顶点 v 加入树时说从顶点 v 开始探索，当最后一次回溯回到 v 时说从顶点 v 结束探索。理解算法的递归本质所需的关键事实是，当加入连接顶点 v 到顶点 w 的边时，在回到 v 完成从 v 的探索之前就结束了从 w 的探索。

算法 1 构造了带顶点 v_1，…，v_n 的图 G 的生成树，首先选择顶点 v_1 作为树根。开始时令 T 是只有这一个顶点的树。在每个步骤，加入一个新顶点到 T 以及从已在 T 中的一个顶点到这个新顶点的一条边，并且从这个新顶点开始探索。注意当算法完成时，T 没有简单回路，因为没有加入连接两个已在树中的顶点的边。另外，T 在构造时保持连通（用数学归纳法可以轻而易举地证明最后这两个事实）。由于 G 是连通的，所以 G 的每个顶点都被算法访问到并加入到树中（读者可以验证）。因此 T 是 G 的生成树。

算法 1   深度优先搜索
procedure DFS(G: 带顶点 v_1，…，v_n 的连通图)
$T :=$ 只包含顶点 v_1 的树
visit(v_1)

procedure visit(v: G 的顶点)
for 与 v 相邻并且还不在 T 中的每个顶点 w
　　加入顶点 w 和边 $\{v, w\}$ 到 T
　　visit(w)

现在分析深度优先搜索算法的计算复杂度。关键事实是对于每个顶点 v 来说，当在搜索中首次遇到顶点 v 时，就调用过程 visit(v) 并且以后不再调用这个过程。假设 G 的邻接表是可用的（参见 10.3 节），那么求出与 v 相邻的顶点不需要任何计算。当遵循算法的步骤时，至多检查每条边两次以确定是否加入这条边及其一个端点到树中。因此，过程 DFS 用 $O(e)$ 或 $O(n^2)$ 个步骤来构造一个生成树，其中 e 和 n 分别是 G 的边数和顶点数。（注意一个步骤包括：检查一个顶点是否已在正在构造的树中，如果这个顶点还不在树中，则加入这个顶点和对应的边。还利用了不等式 $e \leqslant n(n-1)/2$，对于任意简单图来说这个不等式都成立。）

深度优先搜索可以作为解决许多不同问题的算法的基础。例如，可以用来求图中的通路和回路、求图的连通分支，并且可以用来求连通图的割点。将要看到，深度优先搜索是用来搜索计算困难问题的解的回溯技术的基础（参见 [GrYe05]、[Ma89] 和 [CoLeRiSt09] 对基于深度优先搜索算法的讨论）。

11.4.3　宽度优先搜索

也可以通过使用**宽度优先搜索**来产生简单图的生成树。同样，将构造一个有根树，而这个有根树的基本无向图就形成了生成树。从图的顶点中任意地选择一个根。然后添加与这个顶点相关联的所有边。在这个阶段所添加的新顶点成为生成树在第 1 层上的顶点。将新顶点任意排序。下一步，按顺序访问第 1 层上的每个顶点，只要不产生简单回路，就将与这个顶点相关联的每条边添加到树中。任意排序第一层的每个顶点的孩子。这样就产生了树在第 2 层上的顶点。遵循相同的过程，直到已经添加了树中的所有顶点。因为在图中的边数是有限的，所以这个过程会终止。在产生了包含图中每一个顶点的树之后，生成树也就产生了。例 5 给出了宽度优先搜索的一个例子。

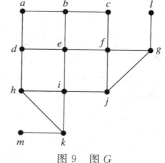

例 5　用宽度优先搜索来找出图 9 所示的图的生成树。

图 9　图 G

解　图 10 显示了宽度优先搜索过程的各步骤。选择顶点 e 作为根。然后添加与 e 相关联的所有边,所以添加了从 e 到 b、d、f 和 i 的边。这 4 个顶点都是在树的第 1 层上。下一步,添加从第 1 层上的顶点到还不在树上的相邻顶点的边。因此,添加从 b 到 a 和 c 的边,从 d 到 h,从 f 到 j 和 g,以及从 i 到 k 的边。新顶点 a、c、h、j、g 和 k 都是在第 2 层上。下一步,添加从这些顶点到还不在树上的相邻顶点的边。这样就添加从 g 到 l 以及从 k 到 m 的边。◀

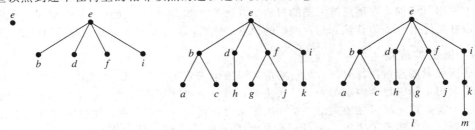

图 10　G 的宽度优先搜索

算法 2 的伪码描述了宽度优先搜索。在这个算法中,假设连通图 G 的顶点排序为 v_1, …, v_n。在算法中,我们用"处理"来描述这个过程:只要还没有产生简单回路,就加入与正在处理的当前顶点相邻的新顶点和对应的边到树中。

算法 2　宽度优先搜索
procedure BFS(G:带顶点 v_1, …, v_n 的连通图)
T := 只包含顶点 v_1 的树
L := 空表
把 v_1 放入尚未处理顶点的表 L 中
while L 非空
　　删除 L 中第一个顶点 v
　　for v 的每个邻居 w
　　　　if w 既不在 L 中也不在 T 中 **then**
　　　　　　加入 w 到表 L 的末尾
　　　　　　加入 w 和边 $\{v, w\}$ 到 T

现在分析宽度优先搜索的计算复杂度。对于图中的每个顶点 v 来说,检查所有与 v 相邻的顶点并加入每个尚未访问过的顶点到树 T 中。假设图的邻接表是可用的,确定哪些顶点与给定顶点相邻就不需要任何计算。如同在深度优先搜索算法的分析中那样,我们检查每条边至多两次来确定是否应当加入这条边及其尚未在树中的端点。所以宽度优先搜索算法使用 $O(e)$ 或 $O(n^2)$ 个步骤。

宽度优先搜索是图论中最有用的算法之一。特别是,它可以作为求解各种问题的算法的基础。例如:求图的连通分支的算法、判断图是否是二分图的算法以及求图中两个顶点之间具有最少边数的通路的算法,这些算法都可以使用宽度优先搜索进行构造。

宽度优先搜索与深度优先搜索的比较　我们介绍了两种广泛使用的用于构建图的生成树算法——宽度优先搜索(BFS)和深度优先搜索(DFS)搜索。当给定一个连通图时,两种算法都可用于构建生成树。但为什么有可能用一个比另一个更好呢?

虽然 BFS 和 DFS 都可以用来解决相同的问题,但考虑到理论原因和实际原因,我们需要在两者之间做出选择。解决特定类型的问题时,这些搜索算法中的一种可能比其他算法更容易应用,或者能提供更多的洞察力。对于有些问题,BFS 比 DFS 更容易使用,因为 BFS 对图中的顶点进行了分层,这告知我们顶点离根有多远。此外,边连接了同一层或相邻层的顶点(参见练习 34)。另一方面,有许多类型的问题使用 DFS 解决更自然,例如在例 6~8 中讨论的问题。一般来说，当我们需要更深层地搜索图，而不是系统地逐层搜索时，DFS 是一个更好的选择。使用 DFS 时获得的结构(参见练习 51)，也可以在解决问题时使用。

BFS 和 DFS 在实践中都得到了广泛的应用。选择哪一个经常取决于实现细节，例如使用的数据结构。时间和空间的考虑是最重要的，尤其是当正在解决的问题涉及巨大的图时。同时也要记住，在使用图的搜索解决问题时，我们经常不必完成找到一棵生成树的任务。当我们在稠密的图上使用 BFS 时，在逐层搜索图的过程中，会花费很多时间并使用大量的空间。在这种情况下，最好是使用 DFS 以快速到达远离根的顶点。然而，对于稀疏图，逐层搜索图可能更有效。

11.4.4 回溯的应用

有些问题只能通过执行对所有可行解的穷举搜索来解决。系统地搜索出一个解的一种方式是使用决策树，其中每个内点都表示一次决策，而每个树叶都表示一个可行解。为了通过回溯来求出一个解，首先尽可能地做出一系列决策来尝试得出一个解。可以用决策树里的通路来表示决策序列。一旦知道了决策序列的任何扩展都不能得出解，就回溯到父母顶点并且若有可能，则用另一个决策序列来尝试得出一个解。继续这个过程，直到找到一个解，或者证明没有解存在为止。例 6 到例 8 说明了回溯的用处。

例 6 **图着色** 如何用回溯来判定是否可以用 n 种颜色给一个图着色？

解 以下面的方式用回溯来解决这个问题。首先选择某个顶点 a 并且指定它的颜色为 1。然后挑选第二个顶点 b，而且若 b 不与 a 相邻，则指定它的颜色为 1。否则，指定 b 的颜色为 2。然后来到第三个顶点 c。若有可能，则对 c 用颜色 1。否则若有可能，则用颜色 2。只有当颜色 1 和颜色 2 都不能用时才使用颜色 3。继续这个过程，只要有可能就为每个新顶点指定 n 种颜色中的一种，而且总是使用表中第一种允许的颜色。若遇到不能用 n 种颜色中任何一种来着色的顶点时，则回溯到最后一次所指定的顶点，并且若有可能就用表中下一种允许的颜色改变最后着色的顶点的颜色。若不可能改变这个颜色，则再回溯到更前面指定的顶点，一次后退一步，直到有可能改变一个顶点的颜色为止。然后只要有可能就继续指定新顶点的颜色。若使用 n 种颜色的着色存在，则可以通过回溯来产生(但是这个过程是极其低效的)。

具体地说，考虑用 3 种颜色来着色图 11 所示的图。图 11 所示的树说明了如何用回溯来构造 3 着色。在这个过程中，首先用红色，其次用蓝色，最后用绿色。显然不用回溯也可以求解这个简单的例子，这里只是为了能够比较好地说明这项技术。

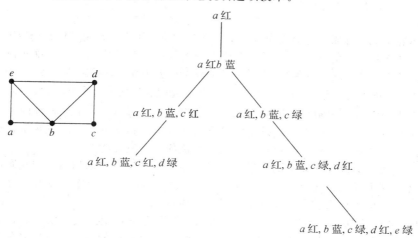

图 11 用回溯给图着色

在这棵树中，从根开始的表示指定红色给 a 的最初的通路，导致 a 红色、b 蓝色、c 红色而 d 绿色的着色。当以这种方式来着色 a、b、c 和 d 时，就不可能用三种颜色中的任何一种来着色 e。

所以，回溯到表示这个着色的顶点的父母。因为没有其他颜色可以用在 d 上，所以再回溯一层。然后改变 c 的颜色为绿色。通过接着指定红色给 d 和绿色给 e，就获得这个图的着色。   ◀

例 7 n 皇后问题 n 皇后问题问：在 $n \times n$ 棋盘上如何放置 n 个皇后，使得没有两个皇后可以互相攻击。如何用回溯来解决 n 皇后问题？

解 为了解决这个问题，必须在 $n \times n$ 棋盘上找出 n 个位置，使得这些位置中没有两个皇后是在同一行上、同一列上或在同一斜线上（斜线是由对某个 m 来说满足 $i+j=m$ 或对某个 m 来说满足 $i-j=m$ 的所有位置的 (i, j) 组成的）。将用回溯来解决 n 皇后问题。从空棋盘开始。在 $k+1$ 阶段，尝试在棋盘上第 $k+1$ 列里放置一个新皇后，其中在前 k 列里已经有了皇后。检查第 $k+1$ 列里的格子，从第一行的格子开始，寻找放置这个皇后的位置，使得它不与已经在棋盘上的皇后在同一行或在同一斜线上（已经知道它不在同一列里）。若不可能在第 $k+1$ 列里找到放置皇后的位置，则回溯到第 k 列里皇后放置的位置。在这一列里下一个允许的行里放置皇后，若这样的行存在。若没有这样的行存在，则继续回溯。

具体地说，图 12 显示了四皇后问题的回溯解法。在这种解法里，在第一行第一列里放置一个皇后。然后在第二列的第三行里放置一个皇后。不过，这样就使得不可能在第三列里放置一个皇后。所以就回溯并且在第二列的第四行里放置一个皇后。当这样做时，就可以在第三列的第二行里放置一个皇后。但是没有办法在第四列里添加一个皇后。这说明当在第一行第一列里放置一个皇后时就得不出解。回溯到空棋盘，在第一列第二行里放置一个皇后。这样就得出图 12 所示的解。   ◀

例 8 子集之和 考虑下面的问题。给定一组正整数 x_1，x_2，$\cdots$，x_n 的集合，求这组整数的集合的一个子集，使其和为 M。如何用回溯来解决这个问题？

解 从空无一个元素的和来开始。通过依次添加元素来构造这个和。若当添加这个序列里的一个整数到和里而这个和仍然小于 M 时，则子集中包含这个整数。若得出使得添加任何一个元素就大于 M 的一个和，则通过去掉这个和的最后一个元素来回溯。

图 13 显示了下面这个问题的回溯解法，求 $\{31, 27, 15, 11, 7, 5\}$ 的一个和等于 39 的子集。   ◀

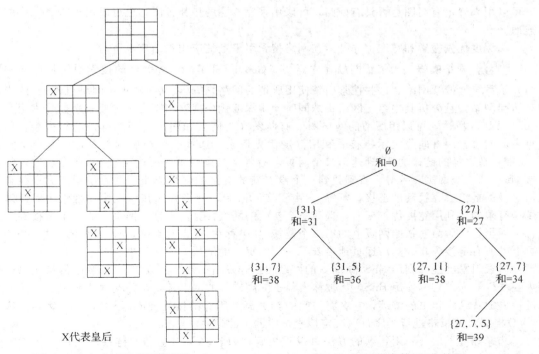

图 12   四皇后问题的回溯解法   图 13   用回溯求等于 39 的和

11.4.5 有向图中的深度优先搜索

可以轻而易举地修改深度优先搜索和宽度优先搜索，使得以有向图作为输入时它们也能运行。但是，输出不一定是生成树，而可能是森林。在这两个算法中，只有当一条边从正在访问的顶点出发并且到一个尚未加入的顶点时才加入这条边。如果在其中任何一个算法的某个阶段找不到从已经加入的顶点到尚未加入的顶点的边，则算法加入的下一个顶点成为生成森林中一个新树的根。这一点在例 9 中解释。

例 9 给定图 14a 所示的图作为输入，深度优先搜索的输出是什么？

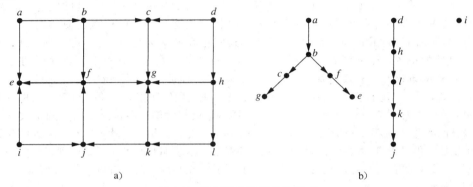

图 14 有向图的深度优先搜索

解 从顶点 a 开始深度优先搜索并且加入顶点 b、c 和 g 以及相对应的边，直到无路可走。回溯到 c，但是仍然无路可走，于是回溯到 b，这里加入顶点 f 和 e 以及对应的边。回溯最终又回到 a。然后在 d 开始一个新的树并且加入顶点 h、l、k 和 j 以及对应的边。回溯到 k，然后到 l，然后到 h 并且回到 d。最后，在 i 开始一个新的树，完成深度优先搜索。输出如图 14b 所示。 ◄

有向图中的深度优先搜索是许多算法的基础(参见[GrYe05]、[Ma89]和[CoLeRiSt09])。它可以用来确定有向图是否具有回路，可以用来完成图的拓扑排序，也可以用来求有向图的强连通分支。

用深度优先搜索和宽度优先搜索在网络搜索引擎上的应用来结束本节。

例 10 **网络蜘蛛** 为了给网站建立索引，Google 和 Yahoo 等著名的搜索引擎从已知的网站开始系统地搜索网络。这些搜索引擎使用所谓的网络蜘蛛(或网络爬虫、网络机器人)的程序来访问网站并且分析其内容。网络蜘蛛同时使用深度优先搜索和宽度优先搜索来创建索引。如 10.1 节例 5 所述，可以用所谓的网络图的有向图来为网页和网页之间的链接建立模型。用顶点表示网页，用有向边表示链接。利用深度优先搜索，选择一个初始的网页，沿着一个链接(如果存在这样的链接的话)到达第二个网页，沿着第二个网页的一个链接(如果存在这样的链接)到达第三个网页，等等，直到找到一个没有新的链接的网页为止。然后使用回溯来检查前面阶段的链接去寻找新的链接，等等。(由于实际限制，网络蜘蛛在深度优先搜索中的搜索深度是有限的。)利用宽度优先搜索，选择一个初始的网页并且沿着这个网页上的一个链接到达第二个网页，然后沿着初始网页上的第二个链接(如果存在)，以此类推，直到已经走过了初始网页上的所有链接为止。然后逐页地沿着下一层网页上的链接，以此类推。 ◄

搜索引擎已经为利用 BFS 和 DFS 的网络爬虫开发出了复杂的策略。(谷歌的网络爬虫被称为谷歌机器人。)它们使用 BFS，从被称为**种子**的高质量的网页开始，并搜索这些网页上的所有链接。随着网络爬虫的继续，它会将访问的新页面上所有链接的 URL 添加到爬行边界。这些 URL 根据特定策略进行排序，以决定搜索这些网页的顺序。

选择好种子后，利用谷歌的方法可以很快到达有许多指向它们的链接的高质量页面。但是，到达的页面质量随着 Web 爬网的继续而减少。这种方法能很好地到达流行的网页，但却不能到达那些有用的但不太流行的网页。如果种子网页无法产生好的结果，则可从其他种子或网页开始，使用 DFS 查找高质量的候选页面。此外，当 BFS 被限制特定层数时，可使用 DFS 到达 BFS 不能到达的部分网页。　　　　◀

练习

1. 为了产生生成树，必须从带有 n 个顶点和 m 条边的连通图里删除多少条边？

在练习 2～6 中，通过删除简单回路里的边来求所示图的生成树。

2. 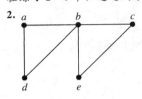　**3.** 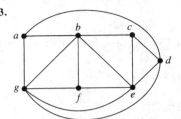　**4.**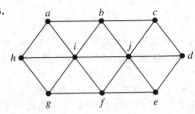

5. 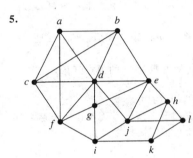　**6.**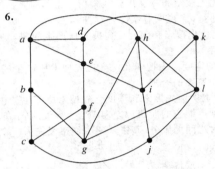

7. 求下面每个图的生成树。

　　a) K_5　　　　　　　　b) $K_{4,4}$　　　　　　　c) $K_{1,6}$

　　d) Q_3　　　　　　　　e) C_5　　　　　　　　f) W_5

在练习 8～10 中，画出所给的简单图的所有生成树。

8. 　**9.** 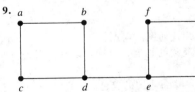　**10.**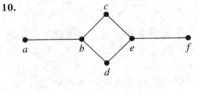

*11. 下面的每个简单图各有多少棵不同的生成树？

　　a) K_3　　　　　　　　b) K_4　　　　　　　　c) $K_{2,2}$　　　　　　d) C_5

*12. 下面的每个简单图各有多少棵不同构的生成树？

　　a) K_3　　　　　　　　b) K_4　　　　　　　　c) K_5

在练习 13～15 中，用深度优先搜索来构造所给的简单图的生成树。选择 a 作为这棵生成树的根并且假定顶点都以字母顺序来排序。

13. 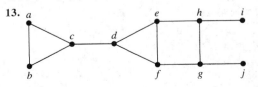　**14.**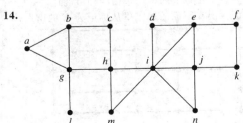

15.

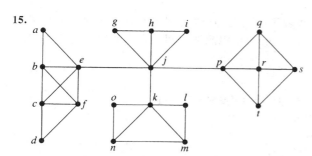

16. 用宽度优先搜索来构造练习 13~15 中每个简单图的生成树。选择 a 作为每棵生成树的根。

17. 用深度优先搜索求下列这些图的生成树。

    a) W_6（参见 10.2 节例 7），从度数为 6 的顶点开始   **b)** K_5

    c) $K_{3,4}$，从度数为 3 的顶点开始   **d)** Q_3

18. 用宽度优先搜索求练习 17 中的每个图的生成树。

19. 描述轮图 W_n 的宽度优先搜索和深度优先搜索所产生的树，从度数为 n 的顶点开始，其中 n 是整数满足 $n \geqslant 3$（参见 10.2 节例 7）。说明答案的合理性。

20. 描述完全图 K_n 的宽度优先搜索和深度优先搜索所产生的树，从度数为 m 的顶点开始，其中 n 是正整数。说明答案的合理性。

21. 描述完全二分图 $K_{m,n}$ 的宽度优先搜索和深度优先搜索所产生的树，从度数为 m 的顶点开始，其中 m 和 n 都是正整数。说明答案的合理性。

22. 描述 n 立方体图 Q_n 的宽度优先搜索和深度优先搜索所产生的树，其中 n 是正整数。

23. 假定一家航空公司必须压缩它的航班以节省资金。若它原来的航线如下图所示，则可以中断哪些飞行以保持在所有城市对之间的服务（其中从一个城市飞往另一个城市可能需要换乘飞机）？

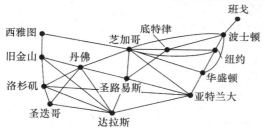

24. 解释如何用宽度优先搜索或深度优先搜索来排序连通图的顶点。

*25. 证明：在连通简单图里顶点 v 和 u 之间的最短通路的长度，等于在以 v 为根的 G 的宽度优先生成树里 u 的层数。

26. 用回溯来试验使用 3 种颜色对 10.8 节练习 7~9 中每个图的着色。

27. 用回溯来对下面的 n 值解决 n 皇后问题。

    a) $n=3$ **b)** $n=5$ **c)** $n=6$

28. 用回溯来求集合 $\{27, 24, 19, 14, 11, 8\}$ 的和为下列值的子集，若存在的话。

    a) 20   **b)** 41   **c)** 60

29. 解释如何用回溯来找出图中的哈密顿通路或哈密顿回路。

30. a) 解释如何用回溯来找出迷宫的出路，给定出发位置和出口位置。考虑把迷宫划分成位置，其中在每个位置上的移动包括四种可能性之一（上、下、右、左）。

    b) 找出在下面的迷宫里从标记为 X 的出发位置到出口的通路。

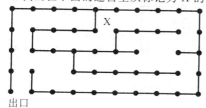

图 G 的**生成森林**是包含 G 的每个顶点的森林，使得当两个顶点在 G 里有通路时，这两个顶点就在同一个树里。

31. 证明：每个有穷简单图都有生成森林。

32. 在图的生成森林里有多少棵树？

33. 对带有 n 个顶点、m 条边和 c 个连通分支的图来说，必须删除多少条边才能产生它的生成森林？

34. 设 G 是连通图。证明：如果 T 是用宽度优先搜索构造的 G 的生成树，则 G 的不在 T 中的边必定连接这个生成树中在同一层上或相差一层的顶点。

35. 解释如何使用宽度优先搜索求无向图中两个顶点之间最短通路的长度。

36. 设计一个基于宽度优先搜索的算法，判断一个图是否有简单回路，如果有，找出该回路。

37. 设计一个基于宽度优先搜索的算法，求一个图的连通分支。

38. 解释如何使用宽度优先搜索和如何使用深度优先搜索判断一个图是否为二分图。

39. 哪种连通的简单图恰好只有一棵生成树？

40. 设计基于删除形成简单回路的边来构造图的生成树的算法。

41. 设计基于深度优先搜索来构造图的生成森林的算法。

42. 设计基于宽度优先搜索来构造图的生成森林的算法。

43. 设 G 是连通图。证明：如果 T 是用深度优先搜索构造的 G 的生成树，则 G 的不在 T 中的边必定是背边，换句话说，这条边必定连接一个顶点到这个顶点在 T 中的祖先或后代。

44. 什么情况下，连通简单图的一条边一定在该图的每棵生成树中？

45. 对于哪些图来说，无论选择哪个顶点作为树根，深度优先搜索和宽度优先搜索都产生同样的生成树？说明答案的合理性。

46. 用练习 43 证明：如果 G 是含有 n 个顶点的连通简单图并且 G 不含长度为 k 的简单通路，则 G 至多含有 $(k-1)n$ 条边。

47. 用数学归纳法证明：宽度优先搜索按照顶点在所得出的生成树中的层数的顺序来访问这些顶点。

48. 用伪码来描述深度优先搜索的一个变种，它把整数 n 指定给在搜索中访问的第 n 个顶点。证明：这个编号对应着生成树的前序遍历所建立的顶点的编号。

49. 用伪码来描述宽度优先搜索的一个变种，它把整数 m 指定给在搜索中访问的第 m 个顶点。

* 50. 假设 G 是有向图并且 T 是用宽度优先搜索构造的生成树。证明：G 的每条边都连接同一层的两个顶点、连接一个顶点到低一层的一个顶点或者连接一个顶点到更高层的一个顶点。

51. 证明：如果 G 是有向图并且 T 是用深度优先搜索构造的生成树，则不在这个生成树上的每条边都是连接祖先到后代的**前进边**、连接后代到祖先的**后退边**，或者连接一个顶点到从前访问过的子树的一个顶点的**交叉边**。

* 52. 描述深度优先搜索的一个变种，当算法完全处理完一个顶点时，它把最小可用的正整数指定给这个顶点。证明：在这个编号中，每个顶点的编号大于其孩子的编号并且孩子的编号从左到右递增。

设 T_1 和 T_2 都是一个图的生成树。T_1 和 T_2 之间的**距离**是 T_1 和 T_2 中非 T_1 和 T_2 所共有的边的数目。

53. 求图 2 所示图 G 的在图 3c 和图 4 里所示的每对生成树之间的距离。

* 54. 假定 T_1、T_2 和 T_3 都是简单图 G 的生成树。证明：在 T_1 和 T_3 之间的距离不超过 T_1 和 T_2 之间的距离与 T_2 和 T_3 之间的距离的和。

** 55. 假定 T_1 和 T_2 都是简单图 G 的生成树。另外，假定 e_1 是在 T_1 里但不在 T_2 里的一条边。证明：存在在 T_2 里但不在 T_1 里的一条边 e_2，使得若从 T_1 里删除 e_1 而添加 e_2 到 T_1 里，则 T_1 仍然是生成树，并且若从 T_2 里删除 e_2 而添加 e_1 到 T_2 里，则 T_2 仍然是生成树。

* 56. 证明：通过依次删除一条边而添加另外一条边，就有可能从任何一个生成树得出一个生成树的序列。

有向图的有根生成树是由这个图的边组成的有根树，使得这个图的每个顶点都是树中一条边的终点。

57. 对 10.5 节练习 18～23 中的每个有向图来说，求这个图的有根生成树，或者确定不存在这样的树。

* 58. 证明：每个顶点的入度和出度都相等的连通有向图具有有根生成树。［提示：使用欧拉回路。］

* 59. 给出构造每个顶点的入度和出度都相等的连通有向图的有根生成树的算法。

** 60. 证明：如果 G 是有向图并且 T 是用深度优先搜索构造的生成树，则 G 含有回路当且仅当 G 含有相对于生成树 T 的背边（参见练习 51）。

* 61. 用练习 60 来构造一个确定有向图是否含有回路的算法。

11.5   最小生成树

11.5.1   引言

一家公司计划建立一个通信网络来连接它的 5 个计算机中心。可以用租用的电话线连接这些中心的任何一对。应当建立哪些连接,以便保证在任何两个计算机中心之间都有通路,且网络的总成本最小?可以用图 1 所示的带权图为这个问题建模,其中顶点表示计算机中心,边表示可能租用的电话线,边上的权是边所表示的电话线的月租费。通过找出一棵使各边的权之和为最小的生成树,就可以解决这个问题。这样的生成树称为最小生成树。

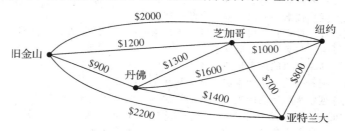

图 1   说明计算机网络中的线路的月租费的加权图

11.5.2   最小生成树算法

有大量的问题可以这样解决:求加权图里的一棵生成树,使得这棵树的各边的权之和为最小。

> **定义 1**   连通加权图里的最小生成树是具有边的权之和最小的生成树。

下面将给出构造最小生成树的两个算法。这两个算法都是通过添加还没有使用过的、具有特定性质的、权最小的边来进行的。这些算法都是贪心算法。回顾 3.1 节,贪心算法是在每个步骤上都做最优选择的算法。在算法的每个步骤上都最优化,并不能保证产生全局最优解。不过,本节里给出的构造最小生成树的这两个算法都是产生最优解的贪心算法。

要讨论的第一个算法最早由捷克的数学家 **Vojtěch Jarník** 在 1930 年发现,并把它发表于捷克的一个期刊上。当罗伯特·普林在 1957 年重新给出这个算法时,该算法就变得很著名了。因此,该算法称为**普林(Prim)算法**(有时也称为 **prim-Jarník 算法**)。为了执行普林算法,首先选择带最小权的边,把它放进生成树里。依次向树里添加与已在树里的顶点关联的且不与已在树里的边形成简单回路的权最小的边。当已经添加了 $n-1$ 条边时就停止。

本节稍后将证明这个算法产生任何连通加权图的最小生成树。算法 1 给出普林算法的伪码描述。

Courtesy of Robert Clay Prim

罗伯特·克雷·普林(Robert Clay Prim,1921—)   普林 1921 年出生在得克萨斯的斯威特沃特。1941 年,普林获得普林斯顿大学电机工程学士学位,1949 年获得数学博士学位。1941 年到 1944 年,普林在通用电气公司担任工程师。1944 年到 1949年,他担任美国海军军械实验室的工程师和数学家。1948 年到 1949 年,他担任普林斯顿大学的助理研究员。除此之外,他担任过的其他职务还包括:1958 年到 1961 年间担任贝尔电话实验室的数学与力学研究主任,以及桑地亚公司的研究副总裁。目前,他已经退休。

算法 1　普林算法

procedure Prim(G：带 n 个顶点的连通加权无向图)

$T := $ 权最小的边

for $i := 1$ **to** $n-2$

　　$e :=$ 与 T 里顶点关联且若添加到 T 里则不形成简单回路的权最小的边

　　$T :=$ 添加 e 之后的 T

return T{T 是 G 的最小生成树}

　　注意，当有超过一条满足相应条件的带相同权的边时，在算法的这个阶段里对所添加的边的选择就不是确定的。需要排序这些边以便让选择是确定的。在本节剩下的部分将不再考虑这个问题。另外注意，所给的连通加权简单图可能有多于一个的最小生成树（见练习 9）。

　　例 1 和例 2 说明如何使用普林算法。

例 1　用普林算法设计连接图 1 所表示的所有计算机的具有最小成本的通信网络。

　　解　办法是求图 1 的最小生成树。普林算法是这样执行的：选择权最小的初始边，并且依次添加与树里顶点关联的不形成回路的权最小的边。在图 2 中，加颜色的边表示普林算法所产生的最小生成树，并且显示在每个步骤上所做的选择。　◀

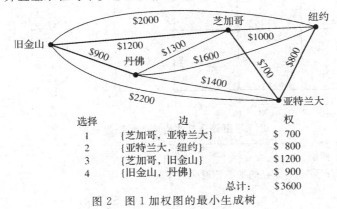

选择	边	权
1	{芝加哥，亚特兰大}	$ 700
2	{亚特兰大，纽约}	$ 800
3	{芝加哥，旧金山}	$1200
4	{旧金山，丹佛}	$ 900
	总计：	$3600

图 2　图 1 加权图的最小生成树

约瑟夫·伯纳德·克鲁斯卡尔（Joseph Bernard Kruskal，1928—2010）　克鲁斯卡尔于 1928 年出生在纽约。他的父亲经营皮毛生意，母亲在电视上教授手工折纸。克鲁斯卡尔来到芝加哥大学学习，1954 年他在普林斯顿大学获得博士学位。他是普林斯顿和威斯康星大学的数学教师，随后他在密歇根大学任助理教授。1959 年，他成为贝尔实验室的技术委员会成员，并一直担任这个职务到 20 世纪 90 年代末期退休为止。当克鲁斯卡尔还在读研究生二年级的时候，他发现了最小生成树算法。当时他还不能肯定关于这个题目所写的两页半的论文是否值得发表，后来经其他人说服才递交上去。他的研究兴趣包括统计语言学和心理测量学。除了最小生成树的成果之外，克鲁斯卡尔还因为对多维分级的贡献而著名。另外，值得一提的是克鲁斯卡尔的两个兄弟马丁和威廉也是著名的数学家。

Courtesy of Joseph Kruskal

　　历史注解　约瑟夫·克鲁斯卡尔和罗伯特·普林在 20 世纪 50 年代中期提出了构建最小生成树的算法。不过，他们不是首先发现这个算法的人。例如，人类学家扬·切卡诺夫斯基（Jan Czekanowski）在 1909 年的研究中就涵盖了求最小生成树所需要的许多想法。1926 年，奥塔卡·勃鲁乌卡（Otakar Boruvka）在与构造电力网有关的工作中描述了构造最小生成树的方法。正如书中提到的，现今的普林算法实际上是由沃伊切克·亚尔尼克（Vojtěch Jarník）在 1930 年发现的。

Links

例 2 用普林算法求图 3 所示的图的最小生成树。

解 用普林算法构造的最小生成树显示在图 4 中。依次选择的边都显示在图中。

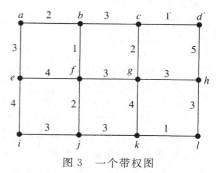

图 3 一个带权图

将要讨论的第二个算法是约瑟夫·克鲁斯卡尔在 1956 年发现的,尽管在此之前已经有人阐述过这一算法的基本思路。为了执行克鲁斯卡尔算法,要选择图中权最小的一条边。

依次添加不与已经选择的边形成简单回路的权最小的边。在已经挑选了 $n-1$ 条边之后就停止。

把克鲁斯卡尔算法对每个连通加权图都产生最小生成树的证明留作练习。算法 2 给出了克鲁斯卡尔算法的伪代码。

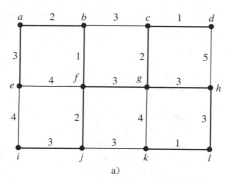

选择	边	权
1	$\{b, f\}$	1
2	$\{a, b\}$	2
3	$\{f, j\}$	2
4	$\{a, e\}$	3
5	$\{i, j\}$	3
6	$\{f, g\}$	3
7	$\{c, g\}$	2
8	$\{c, d\}$	1
9	$\{g, h\}$	3
10	$\{h, l\}$	3
11	$\{k, l\}$	1
	总计:	24

a)   b)

图 4 用普林算法构造的最小生成树

算法 2 克鲁斯卡尔算法
procedure Kruskal(G:带 n 个顶点的加权连通无向图)
T:=空图
for i:=1 **to** $n-1$
　　e:=G 中权最小的任一边且当添加到 T 里时不形成简单回路边
　　T:=T 添加 e
return $T\{T$ 是 G 的最小生成树}

读者应当注意普林算法与克鲁斯卡尔算法的区别。在普林算法里,选择与已在树中的一个顶点相关联且不形成回路的权最小的边;相对地,在克鲁斯卡尔算法里,选择不一定与已在树中的一个顶点相关联且不形成回路的权最小的边。注意,在普林算法里,若没有对边排序,则在这个过程的某个阶段上,对添加的边来说就可能有多于一种的选择。因此,为了让这个过程是确定的,就需要对边进行排序。例 3 说明如何使用克鲁斯卡尔算法。

Extra Examples

例 3 用克鲁斯卡尔算法求图 3 所示的加权图的最小生成树。

解 在图 5 里显示这个最小生成树和在克鲁斯卡尔算法每个阶段上对边的选择。
现在将证明普林算法产生连通加权图的最小生成树。

证明 设 G 是一个连通加权图。假定普林算法依次选择的边是 e_1,e_2,…,e_{n-1}。设 S 是以 e_1,e_2,…,e_{n-1} 作为边的树,而设 S_k 是以 e_1,e_2,…,e_k 作为边的树。设 T 是包含边 e_1,e_2,…,e_k 的 G 的最小生成树,其中 k 是满足下列性质的最大整数:存在着包含普林算法所选择的前 k 条边的最小生成树。若证明了 $S=T$,则该定理得证。

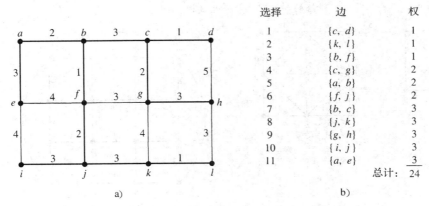

选择	边	权
1	{c, d}	1
2	{k, l}	1
3	{b, f}	1
4	{c, g}	2
5	{a, b}	2
6	{f, j}	2
7	{b, c}	3
8	{j, k}	3
9	{g, h}	3
10	{i, j}	3
11	{a, e}	3
	总计:	24

a)   b)

图 5   克鲁斯卡尔算法产生的最小生成树

假定 $S \neq T$，所以 $k < n-1$。因此，T 包含边 e_1，e_2，$\cdots$，e_k，但是不包含 e_{k+1}。考虑由 T 和 e_{k+1} 所组成的图。因为这个图是连通的并且有 n 条边，若是树，边过多了，所以它必然包含简单回路。这个简单回路必然包含 e_{k+1}，因为在 T 里没有简单回路。另外，在这个简单回路中必然有不属于 S_{k+1} 的边，因为 S_{k+1} 是一棵树。通过从 e_{k+1} 的一个端点开始，该端点也是边 e_1，e_2，$\cdots$，e_k 之一的端点，并且沿着回路直到它到达一条不在 S_{k+1} 里的边为止，就可以找出一条不在 S_{k+1} 里的边 e，它有一个端点也是边 e_1，e_2，$\cdots$，e_k 之一的端点。

通过从 T 里删除 e 并且添加 e_{k+1}，就获得带 $n-1$ 条边的树 T'（它是树，因为它没有简单回路）。注意树 T' 包含 e_1，e_2，$\cdots$，e_{k+1}。另外，因为普林算法在第 $k+1$ 个步骤上选择 e_{k+1}，并且在这个步骤上 e 也是可用的，所以 e_{k+1} 的权就小于或等于 e 的权。根据这个观察结果就得出 T' 也是最小生成树，因为它的边的权之和不超过 T 的边的权之和。这与对 k 的选择相矛盾，k 是使得包含 e_1，e_2，$\cdots$，e_k 的最小生成树存在的最大整数。因此，$k=n-1$ 并且 $S=T$。所以普林算法产生最小生成树。◀

可以证明（参见[CoLeRiSt09]）为了求出具有 m 条边和 n 个顶点的图的最小生成树，克鲁斯卡尔算法需要用 $O(m \log m)$ 次运算来完成，而普林算法需要用 $O(m \log n)$ 次运算来完成。因此，对于稀疏图来说，使用克鲁斯卡尔算法更好。在稀疏图中，m 远远小于 $C(n, 2)=n(n-1)/2$，即具有 n 个顶点的无向图的可能的总边数。否则，这两个算法的复杂度没有什么差别。

练习

1. 下图所表示的道路都还没有铺设路面。边的权表示在成对的乡镇之间的道路长度。哪些道路应当铺设路面，以便在每对乡镇之间都有铺设路面的道路，而且使得铺设的道路的长度最短？（注意：这些乡镇都在内华达州。）

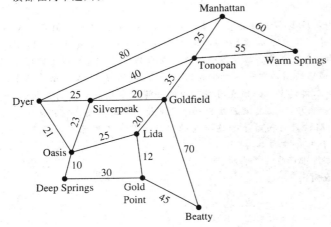

在练习 2~4 中，用普林算法求所给的加权图的最小生成树。

2.   **3.** 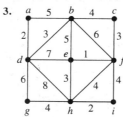   **4.**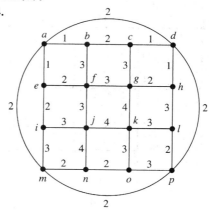

5. 用克鲁斯卡尔算法设计在本节开头所描述的通信网络。

6. 用克鲁斯卡尔算法求练习 2 里加权图的最小生成树。

7. 用克鲁斯卡尔算法求练习 3 里加权图的最小生成树。

8. 用克鲁斯卡尔算法求练习 4 里加权图的最小生成树。

9. 找出具有多于一棵最小生成树的、带有最少可能边数的连通加权简单图。

10. 加权图里的**最小生成森林**是权最小的生成森林。解释如何修改普林算法和克鲁斯卡尔算法来构造最小生成森林。

连通加权无向图的**最大生成树**是带最大可能的权的生成树。

11. 设计与普林算法类似的、构造连通加权图的最大生成树的算法。

12. 设计与克鲁斯卡尔算法类似的、构造连通加权图的最大生成树的算法。

13. 求练习 2 里加权图的最大生成树。

14. 求练习 3 里加权图的最大生成树。

15. 求练习 4 里加权图的最大生成树。

16. 求在本节开头所提出问题中连接 5 个计算机中心的次最便宜的通信网络。

* **17.** 设计求连通加权图里次最短生成树的算法。

* **18.** 证明：连通加权图里权最小的边，必然属于任何一个最小生成树。

19. 证明：若所有边的权都不相同，则连通加权图里有唯一的最小生成树。

20. 假定连接图 1 里城市的计算机网络必须包含纽约与丹佛之间的直接连接。那么应当包含哪些其他的连接，使得在每两个计算机中心之间都存在连接，并且费用最少？

21. 求图 3 的加权图里包含边 $\{e, i\}$ 和 $\{g, k\}$ 的总权最小的生成树。

22. 描述一个算法，它求连通加权无向简单图里包含所规定的一组边的权最小的生成树。

23. 用伪码表达练习 22 设计的算法。

索林(Sollin)**算法**从连通加权简单图 $G = (V, E)$ 这样产生最小生成树：依次添加成组的边。假定对 V 中的顶点进行了排序。这样产生边的一个顺序，其中若 u_0 先于 u_1，或者若 $u_0 = u_1$ 并且 v_0 先于 v_1，则 $\{u_0, v_0\}$ 先于 $\{u_1, v_1\}$。这个算法首先同时选择每个顶点关联的权最小的边。在平局情形下选择在上述顺序里的第一条边。这样就产生出一个没有简单回路的图，即一些树组成的一个森林（练习 24 要求证明这个事实）。其次，对森林中的每棵树，同时选择在该树中一个顶点与在不同的一棵树中顶点之间的最短的边。同样在平局情形下选择在上述顺序里的第一条边。（这样就产生出一个没有简单回路的图，它包含比在这一步之前出现的更少的树。参见练习 24。）继续进行同时添加连接树的边的过程，直到已经选择了 $n-1$ 条边为止。在这个阶段已经构造了一棵最小生成树。

* **24.** 证明：在索林算法的每个阶段，边的添加都产生一个森林。

25. 用索林算法产生下列加权图的最小生成树。

a)图 1   **b)**图 3

* **26.** 用伪代码表达索林算法。

** 27. 证明：索林算法产生连通无向加权图里的最小生成树。

* 28. 证明：当输入为含有 n 个顶点的无向图时，索林算法的第一步产生至少包含 $\lceil n/2 \rceil$ 条边的森林。

* 29. 证明：若在索林算法的某个中间步骤存在 r 棵树，则算法的下一次迭代至少添加 $\lceil r/2 \rceil$ 条边。

* 30. 证明：当输入为含有 n 个顶点的无向图时，在已经完成索林算法的第一步，并且已经 $k-1$ 次执行索林算法的第二步之后，还剩下不超过 $\lfloor n/2^k \rfloor$ 棵树。

* 31. 证明：索林算法至少需要 $\log n$ 次迭代，以便从带有 n 个顶点的连通无向加权图产生一棵最小生成树。

32. 证明：克鲁斯卡尔算法产生最小生成树。

33. 证明：若 G 是各边权值都不同的加权图，则对于 G 中的每条简单回路，该回路中权值最大的边不属于 G 的任何一棵最小生成树。

当克鲁斯卡尔发明了按权值递增的顺序增加不形成简单回路的边的求最小生成树的算法时，他还发明了另外一个称为**逆删除的算法**。该算法从连通图中依次删除不使图变成不可连通的权值最大的边。

34. 用伪码描述逆删除算法。

35. 证明：若输入为各边权值都不同的加权图，则逆删除算法总能产生最小生成树。［提示：用练习 33。］

关键术语和结论

术语

树（tree）：没有简单回路的连通无向图。

森林（forest）：没有简单回路的无向图。

有根树（rooted tree）：具有一个规定的顶点（称为根），使得从这个根到任意其他顶点有唯一通路的有向图。

子树（subtree）：树的子图，该子图本身也是一棵树。

有根树中顶点 v 的父母（parent of v in a rooted tree）：使得 (u, v) 是有根树的一条边的顶点 u。

有根树中顶点 v 的孩子（child of a vertex v in a rooted tree）：以 v 作为父母的任何顶点。

有根树中顶点 v 的兄弟（sibling of a vertex v in a rooted tree）：与 v 具有相同父母的顶点。

有根树中顶点 v 的祖先（ancestor of a vertex v in a rooted tree）：在从根到 v 的通路上的任何顶点。

有根树中顶点 v 的后代（descendant of a vertex v in a rooted tree）：以 v 作为祖先的任何顶点。

内点（internal vertex）：具有孩子的顶点。

树叶（leaf）：没有孩子的顶点。

顶点的层（level of a vertex）：从根到这个顶点的通路的长度。

树的高度（height of a tree）：树里顶点的最大层数。

m 叉树（m-ary tree）：每个内点都有不超过 m 个孩子的树。

满 m 叉树（full m-ary tree）：每个内点都有恰好 m 个孩子的树。

二叉树（binary tree）：满足 $m=2$ 的 m 叉树（可以指定每个孩子作为父母的左子或右子）。

有序树（ordered tree）：对每个内点的孩子都线性地排序的树。

平衡树（balanced tree）：每个顶点都是在 h 层或 $h-1$ 层上的树，其中 h 是这棵树的高度。

二叉搜索树（binary search tree）：二叉树，在其中以元素对顶点进行标记，使得一个顶点的标记大于这个顶点的左子树里所有顶点的标记，并且小于这个顶点的右子树里所有顶点的标记。

决策树（decision tree）：性质如下的有根树，在其中每个顶点表示一次决策的可能输出，而树叶表示可能的解。

博弈树（game tree）：顶点表示博弈过程中的局面，边表示这些局面间的合法移动的有根树。

前缀码（prefix code）：一种编码，其中一个字符的编码永远不是另外一个字符的编码的前缀。

最小最大策略（minmax strategy）：第一个选手和第二个选手分别移动到具有最大值和最小值的孩子顶点所表示的局面的策略。

博弈树里顶点的值（value of a vertex in a game tree）：对于树叶来说，就是当游戏在这个树叶所表示的局面里结束时第一个选手的得分。对于分别在偶数或奇数层上的内点来说，就是这个内点的孩子的最大值或最小值。

树的遍历（tree traversal）：树的顶点的列表。

前序遍历（preorder traversal）：通过递归地定义的有序根树的顶点列表——列出根，接着列出第一棵子树，接着以从左到右的出现顺序列出其余子树。

中序遍历（inorder traversal）：通过递归地定义的有序根树的顶点列表——列出第一棵子树，接着列出根，接着以从左到右的出现顺序列出其余子树。

后序遍历（postorder traversal）：通过递归地定义的有序根树的顶点列表——以从左到右的出现顺序列出各子树，接着列出根。

中缀记法（infix notation）：从表示表达式（包括全套括号）的二叉树的中序遍历所获得的表达式形式。

前缀记法，或波兰记法（prefix(or Polish)notation）：从表示表达式的二叉树的前序遍历所获得的表达式形式。

后缀记法，或逆波兰记法（postfix(or reverse Polish)notation）：从表示表达式的二叉树的后序遍历所获得的表达式形式。

生成树（spanning tree）：包含图的所有顶点的树。

最小生成树（minimum spanning tree）：边的权之和最小的生成树。

结论

一个图是树，当且仅当在它的任何两个顶点之间都存在唯一简单通路。

带有 n 个顶点的树具有 $n-1$ 条边。

带有 i 个内点的满 m 叉树具有 $mi+1$ 个顶点。

在满 m 叉树的顶点数、树叶数和内点数之间的关系（见 11.1 节定理 4）。

在高度为 h 的满 m 叉树中至多有 m^h 个树叶。

若 m 叉树有 l 个树叶，则它的高度 h 至少是 $\lceil \log_m l \rceil$。若这树也是满的和平衡的，则它的高度就是 $\lceil \log_m l \rceil$。

哈夫曼编码（Huffman coding）：给定一组符号的频率，为这些符号构造最优二元码的过程。

深度优先搜索，或回溯（depth-first search，or backtracking）：构造生成树的过程，通过添加形成通路的边，直到不可能这样做为止，然后沿这条通路往回移动，直到找到可以形成新的通路的顶点为止。

宽度优先搜索（breadth-first search）：构造生成树的过程，通过依次添加与上次添加的边相关联的所有边，除非形成简单回路。

普林算法（Prim's algorithm）：产生加权图里最小生成树的过程，通过依次添加与已经在树里的顶点相关联的所有边中权最小的边，使得再添加边时不会产生简单回路。

克鲁斯卡尔算法（Kruskal's algorithm）：产生加权图里最小生成树的过程，通过依次添加还不在树里的权最小的边，使得再添加边时不会产生简单回路。

复习题

1. **a)** 定义树。**b)** 定义森林。

2. 在树的顶点之间能否有两条不同的简单通路？

3. 至少给出 3 个例子说明如何用树建模。

4. **a)** 定义有根树和这样的树的根。
   b) 定义有根树中顶点的父母和顶点的孩子。
   c) 什么是有根树中的内点、树叶和子树？
   d) 画出至少带 10 个顶点的有根树，其中每个顶点的度都不超过 3。指出树根、每个顶点的父母、每个顶点的孩子、内点和树叶。

5. **a)** 带 n 个顶点的树有多少条边？
   b) 为确定带有 n 个顶点的森林里的边数，你需要知道什么值？

6. **a)** 定义满 m 叉树。
   b) 若满 m 叉树有 i 个内点，则它有多少个顶点？此树有多少个树叶？

7. **a)** 什么是有根树的高度？
   b) 什么是平衡树？

c) 高度为 h 的 m 叉树可以有多少个树叶？

8. a) 什么是二叉搜索树？

b) 描述构造二叉搜索树的算法。

c) 构造单词 vireo、warbler、egret、grosbeak、nuthatch 和 kingfisher 的二叉搜索树。

9. a) 什么是前缀码？

b) 二叉树如何表示前缀码？

10. a) 定义前序遍历、中序遍历和后序遍历。

b) 给出至少带 12 个顶点的二叉树的前序遍历、中序遍历和后序遍历的实例。

11. a) 解释如何用前序遍历、中序遍历和后序遍历来求算术表达式的前缀形式、中缀形式和后缀形式。

b) 画出表示 $((x-3)+((x/4)+(x-y)\uparrow3))$ 的有序根树。

c) 求在 b 里的表达式的前缀和后缀形式。

12. 证明：排序含有 n 个元素的列表，排序算法所使用的比较次数至少是 $\lceil \log n! \rceil$

13. a) 描述哈夫曼编码算法，这个算法求一组给定频率的符号的最优编码。

b) 用哈夫曼编码求下列符号和频率的最优编码：A：0.2，B：0.1，C：0.3，C：0.4。

14. 画出取石子游戏的博弈树，假设初始局面由两堆石子组成，分别含有 1 块和 4 块石子。假如两个选手都遵循最优策略的话，谁将赢得游戏呢？

15. a) 什么是简单图的生成树？

b) 哪些简单图具有生成树？

c) 描述需要求出简单图的生成树的应用，至少举两个不同的应用。

16. a) 描述求简单图里生成树的两个不同算法。

b) 用你所选择的至少带 8 个顶点和 15 条边的图，来解释你在 a 里所描述的两个算法是如何求简单图的生成树的。

17. a) 解释如何用回溯来确定能否用 n 种颜色来着色简单图。

b) 用例子说明如何用回溯来证明：着色数等于 4 的图不能用 3 种颜色来着色，但是可以用 4 种颜色来着色。

18. a) 什么是连通加权图的最小生成树？

b) 至少描述出两个不同的、需要求出连通加权图的最小生成树的应用。

19. a) 描述求最小生成树的普林算法和克鲁斯卡尔算法。

b) 用至少带 8 个顶点和 15 条边的图，来解释克鲁斯卡尔算法和普林算法是如何求最小生成树的。

补充练习

*1. 证明：简单图是树当且仅当它不包含简单回路，并且添加连接两个不相邻顶点的一条边所产生的新图恰好有一条简单回路（这里包含相同边的回路只算作一个）。

*2. 有多少种非同构的带 6 个顶点的有根树？

3. 证明：每一个至少有一条边的树都至少有两个悬挂点。

4. 证明：有 $n-1$ 个悬挂点的、带有 n 个顶点的树必然同构于 $K_{1,n-1}$。

5. 带有 n 个顶点的树的顶点的度之和是什么？

*6. 假定 d_1，d_2，$\cdots$，d_n 是和为 $2n-2$ 的 n 个正整数。证明：存在一个带有 n 个顶点的树，使得这些顶点的度为 d_1，d_2，$\cdots$，d_n。

7. 证明：每个树都是可平面图。

8. 证明：每个树都是二分图。

9. 证明：每个森林都可以用两种颜色来着色。

k **度** B **树** 是一个有根树，它的所有树叶都是在同一层上，它的根有至少两个并且至多 k 个孩子，除了非根就是树叶，并且除了根外每个内点有至少 $\lceil k/2 \rceil$ 个但不超过 k 个孩子。当用 B 树来表示计算机文件时，就可以有效地访问这些文件。

10. 画出 3 种不同的高度为 4 的 3 度 B 树。

*11. 给出高度为 h 的 k 度 B 树里树叶数的上界和下界。

* **12.** 给出有 n 个树叶的 k 度 B 树的高度的上界和下界。

二项式树 $B_i (i=0, 1, 2, \cdots)$ 是如下递归定义的有序根树：

基础步骤： 二项式树 B_0 是具有单个顶点的树。

递归步骤： 设 k 是非负整数。为了构造二项式树 B_{k+1}，把 B_k 的一个副本加入 B_k 的第二个副本，方法是加入一条边，这条边让 B_k 的第一个副本的根成为 B_k 的第二个副本的最左子。

13. 对 $k=0, 1, 2, 3, 4$，画出 B_k。

14. B_k 有多少个顶点？证明你的答案是正确的。

15. 求 B_k 的高度。证明你的答案是正确的。

16. B_k 在深度 j 有多少个顶点？其中 $0 \leqslant j < k$。证明你的答案是正确的。

17. B_k 的根的度数是多少？证明你的答案是正确的。

18. 证明：B_k 中度数最大的顶点是根。

若有根树 T 满足下面的递归定义，则称它为 S_k 树。若它只有一个顶点，则它是 S_0 树。对 $k>0$ 来说，若通过把一个 S_{k-1} 树的根作为一个新树的根，把另外一个 S_{k-1} 树的根作为新树的根的孩子，从两个 S_{k-1} 树来建立一个新树，则这个新树是 S_k 树。

19. 对 $k=0, 1, 2, 3, 4$，画出一个 S_k 树。

20. 证明：S_k 树有 2^k 个顶点并且在 k 层上有唯一一个顶点。在 k 层上的这个顶点称为**柄**。

* **21.** 假定 T 是带有柄 v 的 S_k 树。证明：T 可以从根分别为 $r_1, r_2, \cdots, r_{k-1}$ 的不相交的树 $T_0, T_1, \cdots, T_{k-1}$ 来获得，其中 v 不在这些树的任何一个中，对 $i=0, 1, \cdots, k-1$ 来说，T_i 是通过对 $i=0, 1, \cdots, k-2$，连接 v 到 v_0 并且连接 r_i 到 r_{i+1} 得到的 S_i 树。

有序根树在**层顺序**下的顶点列表从根开始，接着是从左到右在 1 层上的顶点，从左到右在 2 层上的顶点，以此类推。

22. 列出 11.3 节图 3 和图 9 中的有序根树在层顺序下的顶点列表。

23. 设计列出有序根树在层顺序下的顶点列表的算法。

* **24.** 设计一种算法，确定一组通用地址能否成为有根的树叶地址。

25. 设计从树叶的通用地址来构造有根树的算法。

图的**割集**是一些边的集合，使得删除这些边就产生一个子图，这个子图的连通分支比原来的图要多，但是这些边的任何真子集没有这个性质。

26. 证明：图的割集必然与这个图的任何生成树都有至少一条公共边。

仙人掌图是连通图，其中没有边是在多于一条的简单回路上，这些简单回路不经过除了起点以外的任何顶点超过一次，而且不在除了终点以外的其他地方经过起点（其中不认为由相同的边所组成的两个回路是不同的）。

27. 下面的图哪些是仙人掌图？

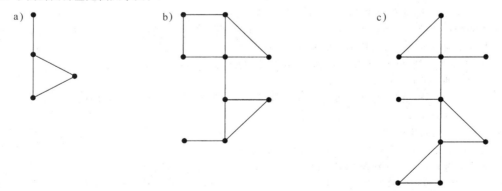

28. 树是否必然是仙人掌图？

29. 证明：若在树里添加一条回路，它包含一些起止于树里顶点上的新边，则形成一个仙人掌图。

* **30.** 证明：若在连通图里，每条不经过任何顶点（除起点以外）超过一次的回路都包含奇数条边，则这个图必然是仙人掌图。

简单图 G 的**限制度数生成树**具有下面性质，在这个树中顶点的度不能超过某个规定的界限。限制度数生成树在运输系统的模型（该模型在交叉路口处的道路数目是有限的）、在通信网络的模型（该模型进入一个结点的连接数目是有限的）等很多模型中都很有用。

在练习 31～33 中，求所给图的限制度数生成树，其中每个顶点的度都小于或等于 3，或者证明不存在这样的生成树。

31. 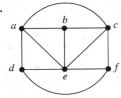　**32.** 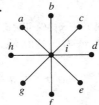　**33.**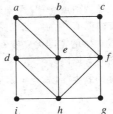

34. 证明：每个顶点的度都不超过 2 的简单图的限制度数生成树包含该图中的单独一条哈密顿通路。

35. 若可以用整数 $1, 2, \cdots, n$ 来标记带有 n 个顶点的树的顶点，使得相邻顶点的标记之差的绝对值都是不同的，则称这棵树为**优美的**。证明：下面的树都是优美的。

a) 　b) 　c) 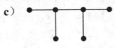　d)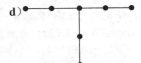

毛虫图是含有一条简单通路的树，使得不包含在这条通路中的每个顶点都与这条通路中的一个顶点相邻。

36. 练习 35 的图，哪些是毛虫图？

37. 带 6 个顶点的互不同构的毛虫图有多少种？

** 38. a) 证明或反证：其边形成一条唯一通路的所有树都是优美的。

　　b) 证明或反证：所有的毛虫图都是优美的。

39. 假设在一个很长的比特串中，比特 0 出现的频率是 0.9，比特 1 出现的频率是 0.1，并且比特都是独立地出现的。

　　a) 为 4 个 2 比特的块 00、01、10 和 11 构造哈夫曼编码。用这个编码来编码一个比特串，所需要的平均比特数是多少？

　　b) 为 8 个 3 比特的块构造哈夫曼编码。用这个编码来编码一个比特串，所需要的平均比特数是多少？

40. 假设 G 是没有回路的有向图。描述如何用深度优先搜索来完成 G 的顶点的拓扑排序。

* 41. 假定 e 是加权图里与顶点 v 关联的一条边，使得 e 的权不超过与顶点 v 关联的任何其他边的权。证明：存在一棵包含这条边的最小生成树。

42. 3 对夫妇到达一条河流的岸边。每个妻子都容易嫉妒，当她的丈夫与其他的妻子（或其他人）在一起，但是她不在场时，她就不信任她的丈夫。6 个人如何用一条只能装载不超过两个人的船来渡河，使得每位丈夫无法与妻子之外的女人单独相处？解答时使用图论模型。

* 43. 证明：若在加权图里没有两条边具有相同的权，则在每个最小生成树里都包含着与顶点 v 关联的权最小的边。

44. 求下面两个图的最小生成树，其中在生成树里每个顶点的度都不超过 2。

a) 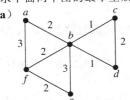　b)

设 $G=(V, E)$ 是有向图，r 是 G 中的顶点。以 r 为根的 G 的**树形图**是 G 的子图 $T=(V, F)$，使得 T 的基本无向图是 G 的基本无向图的生成树且对于每个 $v \in V$，在 T 中都有一条从 r 到 v 的通路（考虑边的方向）。

45. 证明：$G=(V,E)$ 的子图 $T=(V,F)$ 是以 r 为根的 G 的树形图，当且仅当 T 包含 r，T 中没有简单回路，对 T 中每一个非 r 的顶点 $v\in V$，$\deg^-(v)=1$。

46. 证明：有向图 $G=(V,E)$ 有一个以 r 为根的树形图，当且仅当每一个顶点 $v\in V$，有一条从 r 到 v 的有向通路。

47. 在本练习中，将开发一个求有向图 $G=(V,E)$ 的强连通分支的算法。当有一条从 v 到 w 的有向通路时，顶点 $w\in V$ 是从顶点 $v\in V$ **可到达**的。

    a) 解释如何用有向图 G 中的宽度优先搜索，求从顶点 $v\in G$ 可达的所有顶点。

    b) 解释如何用 G^{conv} 中的宽度优先搜索，求从顶点 $v\in G$ 可达的所有顶点。（G^{conv} 是把 G 中所有边的方向取反后得到的有向图。）

    c) 解释如何使用 a) 和 b) 构造一个求有向图 G 的强连通分支的算法，并且解释你所设计的算法的正确性。

计算机课题

按给定的输入和输出写程序。

1. 给定无向简单图的相邻矩阵，确定这个图是不是树。
2. 给定有根树的相邻矩阵和这棵树的一个顶点，求出这个顶点的父母、孩子、祖先、后代和层数。
3. 给定有根树的边的列表和这棵树的一个顶点，求出这个顶点的父母、孩子、祖先、后代和层数。
4. 给定元素的列表，构造包含这些元素的二叉搜索树。
5. 给定二叉搜索树和一个元素，在这个二叉搜索树里求出这个元素的位置或添加这个元素。
6. 给定有序根树的边的有序列表，求出它的边的通用地址。
7. 给定有序根树的边的有序列表，以前序、中序和后序列出它的顶点。
8. 给定前缀形式的算术表达式，求它的值。
9. 给定后缀形式的算术表达式，求它的值。
10. 给定一组符号的频率，用哈夫曼编码来求这些符号的最优编码。
11. 给定取石子游戏的开局，确定第一个选手的最优策略。
12. 给定连通无向简单图的相邻矩阵，用深度优先搜索找出这个图的生成树。
13. 给定连通无向简单图的相邻矩阵，用宽度优先搜索找出这个图的生成树。
14. 给定一组正整数和一个正整数 N，利用回溯求这些整数的一个子集，使其和为 N。
* 15. 给定无向简单图的相邻矩阵，若有可能，则利用回溯，用 3 种颜色为这个图着色。
* 16. 给定一个正整数 n，利用回溯来解决 n 皇后问题。
17. 给定加权无向连通图的边的列表和它们的权，用普林算法求这个图的最小生成树。
18. 给定加权无向连通图的边的列表和它们的权，用克鲁斯卡尔算法求这个图的最小生成树。

计算和探索

用一个计算程序或你自己编写的程序做下面的练习。

1. 显示所有的带有 6 个顶点的树。
2. 显示全部的互不同构的带有 7 个顶点的树。
* 3. 根据 ASCII 码字符在典型输入中出现的频率，构造它们的哈夫曼编码。
4. 对 $n=1,2,3,4,5,6$，计算 K_n 的不同的生成树的个数。当 n 是正整数时，猜想这种生成树的个数的公式。
5. 对于 $n=100$、$n=1000$ 和 $n=10\,000$ 来说，比较排序 n 个从小于 $1\,000\,000$ 的正整数的集合中随机选择的正整数所需要的比较次数，使用选择排序、插入排序、归并排序和快速排序。
6. 对于不超过 10 的所有正整数 n 来说，计算在 $n\times n$ 棋盘上放置 n 个皇后，使得这些皇后不能互相攻击的不同方式数。
* 7. 求把美国 50 个州的首府互相连接起来的图的最小生成树，其中每条边上的权是首府之间的距离。
8. 画出 4×4 棋盘上跳棋游戏的完全博弈树。

写作课题

用本教材以外的资料，按下列要求写成论文。

1. 解释凯莱如何用树来枚举特定类型的碳水化合物的个数。

2. 解释在研究进化论时，如何使用树表示祖先关系。

3. 讨论分层的簇树以及如何使用它们。

4. 定义 AVL 树（有时也称为高度平衡树）。解释如何以及为什么在许多不同的算法中都用到 AVL 树。

5. 定义四叉树并解释如何用四叉树来表示图像。描述如何通过操纵对应的四叉树来旋转、缩放和转换图像。

6. 定义一个堆，并解释如何把树转化成堆。堆为什么在排序中有用？

7. 描述针对连续读入字符时字母频率发生变化的数据压缩的动态规划算法，比如自适应哈夫曼编码。

8. 解释如何用 α-β 剪枝来简化对博弈树的值的计算。

9. 描述下棋程序（比如深蓝）所使用的技术。

10. 为树网这种类型的图下定义。解释这种图如何用在非常大的系统集成和并行计算中。

11. 讨论在 IP 组播中避免路由器之间回路所用的算法。

12. 描述基于深度优先搜索来求图的断点的算法。

13. 描述基于深度优先搜索来求有向图的强连通分支的算法。

14. 描述在 Web 上不同搜索引擎的网络爬虫和网络蜘蛛所用的搜索技术。

15. 描述求图的最小生成树的算法，使得生成树上任意顶点的最大度数不超过一个固定的常数 k。

16. 就复杂度和应用场合而言，对一些最重要的排序算法进行比较。

17. 讨论构造最小生成树的算法的历史和起源。

18. 描述产生随机树的算法。

布 尔 代 数

计算机和其他电子设备中的电路都有输入和输出，输入是 0 或 1，输出也是 0 或 1。电路可以用任何具有两个不同状态的基本元件来构造，开关和光学装置都是这样的元件，开关可能处于开或关的位置，光学装置可能是点亮或未点亮的。1854 年，乔治·布尔（George Boole）在 *The Laws of Thought* 一书中第一次给出了逻辑的基本规则。1938 年，克劳德·香农（Claude Shannon）揭示了怎么用逻辑的基本规则来设计电路，这些基本规则形成了布尔代数的基础。本章将逐步展开布尔代数基本性质的讨论。电路的操作可以用布尔函数来定义，这样的布尔函数对任意一组输入都能指出其输出的值。构造电路的第一步是用由布尔代数的基本运算构造的表达式来表示布尔函数。我们将介绍一个能产生这些表达式的算法，所得到的表达式可能包含一些冗余运算。本章的后面部分将描述一个求表达式的方法，求得的表达式中所包含的和与积的个数是表示一个布尔函数所需数量中最少的。本章将要展开讨论的这些方法称为卡诺（Karnaugh）图方法和奎因莫可拉斯基（Quine-McCluskey）方法，它们对于有效电路的设计十分重要。

12.1 布尔函数

12.1.1 引言

布尔代数提供的是集合 $\{0, 1\}$ 上的运算和规则，这个集合及布尔代数的规则还可以用来研究电子和光学开关。我们用得最多的三个布尔代数运算是补、布尔和与布尔积。元素的补用上划线加以标记，其定义为：$\overline{0}=1$，$\overline{1}=0$。布尔和记为＋或 OR，它的值如下：

$$1+1=1, \quad 1+0=1, \quad 0+1=1, \quad 0+0=0$$

布尔积记为·或 AND，它的值如下：

$$1 \cdot 1=1, \quad 1 \cdot 0=0, \quad 0 \cdot 1=0, \quad 0 \cdot 0=0$$

在不引起混淆时，可以删去·，就像写代数积时一样。除非使用括号，否则布尔运算的优先级规则是：首先计算所有补，然后是布尔积，然后是布尔和，如例 1 所示。

例 1 计算 $1 \cdot 0+\overline{(0+1)}$ 的值。

解 根据补、布尔积与布尔和的定义，得到

$$1 \cdot 0+\overline{(0+1)} = 0+\overline{1}$$
$$= 0+0$$
$$= 0$$

补、布尔和与布尔积分别对应于逻辑运算 ¬、∨ 和 ∧，且 0 对应于 **F**(假)，1 对应于 **T**(真)。布尔代数中的恒等式可以直接转换为复合命题中的等价式。反之，复合命题中的等价式也可以转换为布尔代数中的恒等式。本节后面部分将会介绍，为什么这些转换产生有效的逻辑等价式和布尔代数恒等式。例 2 显示了如何把布尔代数恒等式转换为命题逻辑等价式。

例 2 把例 1 中的恒等式 $1 \cdot 0+\overline{(0+1)}=0$ 转换成逻辑等价式。

解 把恒等式中的 1 转换成 **T**、0 转换成 **F**、布尔和转换成析取、布尔积转换成合取、补转换成否定，就可以得到逻辑等价式

$$(\mathbf{T} \wedge \mathbf{F}) \vee \neg(\mathbf{T} \vee \mathbf{F}) \equiv \mathbf{F}$$

下面的例 3 显示了如何把命题逻辑等价式转换为布尔代数恒等式。

例 3 把逻辑等价式$(T \wedge T) \vee \neg F \equiv T$转换成布尔代数恒等式。

解 把逻辑等价式中的 T 转换成 1、F 转换成 0、析取转换成布尔和、合取转换成布尔积、否定转换成补，就可以得到布尔代数恒等式

$$(1 \cdot 1) + \overline{0} = 1$$

12.1.2 布尔表达式和布尔函数

设 $B = \{0, 1\}$，则 $B^n = \{(x_1, x_2, \cdots, x_n) \mid x_i \in B, 1 \leqslant i \leqslant n\}$ 是由 0 和 1 能构成的所有 n 元组的集合。变元 x 如果仅从 B 中取值，则称该变元为**布尔变元**，即它的值只可能为 0 或 1。从 B^n 到 B 的函数称为 **n 元布尔函数**。

例 4 从布尔变元有序对的取值集合到集合$\{0, 1\}$的函数 $F(x, y) = x\overline{y}$就是一个 2 元布尔函数，且 $F(1, 1) = 0$，$F(1, 0) = 1$，$F(0, 1) = 0$，$F(0, 0) = 0$。F 的值如表 1 所示。

布尔函数也可用由变元和布尔运算构成的表达式来表示。关于变元 $x_1, x_2, \cdots, x_n$ 的**布尔表达式**可以递归地定义如下：

表 1

x	y	$F(x, y)$
1	1	0
1	0	1
0	1	0
0	0	0

1) $0, 1, x_1, x_2, \cdots, x_n$ 是布尔表达式；

2) 如果 E_1 和 E_2 是布尔表达式，则 $\overline{E_1}$、$(E_1 E_2)$和$(E_1 + E_2)$是布尔表达式。

每个布尔表达式表示一个布尔函数，此函数的值是通过在表达式中用 0 和 1 替换变元得到的。在 12.2 节中我们将介绍怎么用布尔表达式来表示布尔函数。

例 5 求由 $F(x, y, z) = xy + \overline{z}$表示的布尔函数的值。

解 这个函数的值由表 2 表示。

表 2

x	y	z	xy	$\overline{z}$	$F(x, y, z) = xy + \overline{z}$
1	1	1	1	0	1
1	1	0	1	1	1
1	0	1	0	0	0
1	0	0	0	1	1
0	1	1	0	0	0
0	1	0	0	1	1
0	0	1	0	0	0
0	0	0	0	1	1

Links

©Alfred Eisenstaedt/The LIFE Picture Collection/ Getty Images

克劳德・艾尔伍德・香农（Claude Elwood Shannon，1916—2001） 1916 年，香农出生于密歇根州的配托斯基（Petoskey），并在盖劳得（Gaylod）长大。他的父亲是商人同时也是遗嘱检验法官，母亲是语言教师兼中学校长。1936 年，他毕业于密歇根大学，之后他来到了麻省理工学院继续学业，并得到了一份维护微分分析器的工作。这种机器是由轴和齿轮构成的机械计算装置，由他的硕士论文指导老师文那瓦・布什（Vannevar Bush）构建。他的硕士论文写于 1936 年，主要研究微分分析器的逻辑性质。他在论文中第一次提出了布尔代数在开关电路设计中的应用，使得这几乎成为了 20 世纪最著名的硕士论文。1940 年，他在麻省理工学院获得博士学位，同年加入贝尔实验室。在这里他主要负责数据有效传输方面的工作，他也是首批用比特表示信息的人之一。同时，他还从事确定电话线所能承载的流量方面的研究。香农对信息论做出了卓越的贡献。在 20 世纪 50 年代初期，他是人工智能的主要奠基人之一。1956 年，他来到麻省理工学院继续从事信息论研究。

香农有着不合传统的一面。他被认为是以火箭为动力的塑料玩具飞盘的发明者。他曾在贝尔实验室的门厅里骑着单轮脚踏车，并同时耍着 4 个球，也因此成了家喻户晓的名人。香农 50 岁就退休了，但在其后的十多年中还零星地发表了一些文章。他在晚年将精力主要放在了研制一些宠物用品上，例如他建造了机动化的跳跃用高跷杖。香农曾经说过一句很有意思的话："我可以想象，我们成为机器人，狗成为人的时代将会到来，我为机器鼓气加油。"这句话发表在 1987 年的 *Omni Magazine* 杂志上。

注意，布尔函数还可用图形来表示，方法是：将 n 元二进制数组与 n 方体的顶点一一对应，再标出那些函数值为 1 的顶点。

例 6 例 5 中从 B^3 到 B 的函数 $F(x, y, z) = xy + \bar{z}$ 可如下表示：标出满足 $F(x, y, z) = 1$ 的五个 3 元组 $(1, 1, 1)$、$(1, 1, 0)$、$(1, 0, 0)$、$(0, 1, 0)$ 和 $(0, 0, 0)$ 所对应的顶点。如图 1 所示，这些顶点用实心的黑圈标出。◀

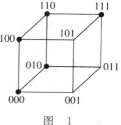

图 1

n 个变元的布尔函数 F 和 G 是相等的，当且仅当 $F(b_1, b_2, \cdots, b_n) = G(b_1, b_2, \cdots, b_n)$，其中 $b_1, b_2, \cdots, b_n$ 属于 B。我们称表示同一个函数的不同的布尔表达式是**等价的**。例如，布尔表达式 xy、$xy + 0$ 和 $xy \cdot 1$ 都是等价的。布尔函数 F 的**补函数**是 $\overline{F}$，其中 $\overline{F}(x_1, \cdots, x_n) = \overline{F(x_1, \cdots, x_n)}$。设 F 和 G 是 n 元布尔函数，函数的**布尔和** $F + G$ 与**布尔积** FG 分别定义为

$$(F + G)(x_1, \cdots, x_n) = F(x_1, \cdots, x_n) + G(x_1, \cdots, x_n)$$
$$(FG)(x_1, \cdots, x_n) = F(x_1, \cdots, x_n)G(x_1, \cdots, x_n)$$

2 元布尔函数是从一个 4 个元素的集合到 B 的函数，这 4 个元素是 $B = \{0, 1\}$ 中元素构成的元素对，B 是有 2 个元素的集合。因此有 16 个不同的 2 元布尔函数。在表 3 中，我们列出了这 16 个不同的 2 元布尔函数的值，这 16 个不同的 2 元布尔函数记为 F_1，F_2，$\cdots$，F_{16}。

表 3　16 个 2 元布尔函数

x	y	F_1	F_2	F_3	F_4	F_5	F_6	F_7	F_8	F_9	F_{10}	F_{11}	F_{12}	F_{13}	F_{14}	F_{15}	F_{16}
1	1	1	1	1	1	1	1	1	1	0	0	0	0	0	0	0	0
1	0	1	1	1	1	0	0	0	0	1	1	1	1	0	0	0	0
0	1	1	1	0	0	1	1	0	0	1	1	0	0	1	1	0	0
0	0	1	0	1	0	1	0	1	0	1	0	1	0	1	0	1	0

例 7 有多少个不同的 n 元布尔函数？

解　由计数的乘积法则可知：有 2^n 个由 0 和 1 构成的不同的 n 元组。因为布尔函数就是对这 2^n 个 n 元组中的每一个进行赋值，所以乘积法则表明有 2^{2^n} 个不同的 n 元布尔函数。◀

表 4 列出了 $1 \sim 6$ 元不同布尔函数的个数。这种函数的个数增长非常快。

表 4　n 元布尔函数的个数

元数	数量	元数	数量
1	4	4	65 536
2	16	5	4 294 967 296
3	256	6	18 446 744 073 709 551 616

12.1.3　布尔代数恒等式

布尔代数有许多恒等式，表 5 列出了其中最重要的恒等式。这些恒等式对于电路设计的简化特别有用。表 5 中的每个恒等式都可以用表来证明。例 8 就以这种方法证明了一个分配律。其余性质的证明留作练习。

表 5　布尔恒等式

恒等式	名称	恒等式	名称
$\overline{\overline{x}}=x$	双重补律	$x+yz=(x+y)(x+z)$ $x(y+z)=xy+xz$	分配律
$x+x=x$ $x\cdot x=x$	幂等律	$\overline{(xy)}=\overline{x}+\overline{y}$ $\overline{(x+y)}=\overline{x}\,\overline{y}$	德·摩根律
$x+0=x$ $x\cdot 1=x$	同一律	$x+xy=x$ $x(x+y)=x$	吸收律
$x+1=1$ $x\cdot 0=0$	支配律	$x+\overline{x}=1$	单位元性质
$x+y=y+x$ $xy=yx$	交换律	$x\,\overline{x}=0$	零元性质
$x+(y+z)=(x+y)+z$ $x(yz)=(xy)x$	结合律		

例 8　证明分配律 $x(y+z)=xy+xz$ 是正确的。

解　表 6 表示了此恒等式的验证。这个恒等式成立，因为此表的最后两列相同。　◀

表 6　验证分配率

x	y	z	$y+z$	xy	xz	$x(y+z)$	$xy+xz$
1	1	1	1	1	1	1	1
1	1	0	1	1	0	1	1
1	0	1	1	0	1	1	1
1	0	0	0	0	0	0	0
0	1	1	1	0	0	0	0
0	1	0	1	0	0	0	0
0	0	1	1	0	0	0	0
0	0	0	0	0	0	0	0

　　读者应该将表 5 中的布尔恒等式与 1.3 节表 6 中的逻辑等价式和 2.2 节表 1 中的集合恒等式相比较。所有这些都是一个更抽象结构中恒等式集合的特殊情形。每个恒等式集合都可以通过适当的转换得到。例如，通过把尔变元变为命题变元、0 变为 **F**、1 变为 **T**、布尔和变为析取、布尔积变为合取以及补变为否定，这样就可以把表 5 中的布尔恒等式转换成逻辑等价式，如例 9 所示。

例 9　把表 5 中的分配律 $x+yz=(x+y)(x+z)$ 转换成逻辑等价式。

解　为了把布尔恒等式转换成逻辑等价式，首先需要把布尔变元变为命题变元。这里的布尔变元 x、y 和 z 分别变为命题变元 p、q 和 r。然后把布尔和变为析取，布尔积变为合取（注意在这个布尔恒等式中，0、1 和补都没有出现）。这样就把此布尔恒等式转换成了逻辑等价式

$$p \vee (q \wedge r) \equiv (p \vee q) \wedge (p \vee r)$$

此逻辑等价式是 1.3 节表 6 中命题逻辑的一个分配律。　◀

　　布尔代数中的恒等式可以用来证明其他的恒等式，如例 10 所示。

例 10 用表 5 所示的布尔代数的其他恒等式证明**吸收律** $x(x+y)=x$。（这称为吸收律，因为将 $x+y$ 吸收进 x 而保持 x 不变。）

解 推导此恒等式的步骤以及每步使用的定律如下：

$$
\begin{aligned}
x(x+y) &= (x+0)(x+y) & &\text{布尔和的同一律} \\
&= x+0 \cdot y & &\text{布尔和对布尔积的分配律} \\
&= x+y \cdot 0 & &\text{布尔积的交换律} \\
&= x+0 & &\text{布尔积的支配律} \\
&= x & &\text{布尔和的同一律}
\end{aligned}
$$

12.1.4　对偶性

表 5 中的恒等式都是成对出现的（除了双重补律、单位元性质及零元性质外）。为了解释每一对恒等式中两个式子的关系，我们使用"对偶"这个概念。一个布尔表达式的**对偶**可用如下方法得到：交换布尔和与布尔积，并交换 0 与 1。

例 11 写出 $x(y+0)$ 和 $\overline{x} \cdot 1+(\overline{y}+z)$ 的对偶。

解 在这两个表达式中交换符号 ＋ 和 · 以及 0 和 1，就产生它们的对偶，这两个对偶分别是 $x+(y \cdot 1)$ 和 $(\overline{x}+0)(\overline{y}z)$。

布尔表达式所表示的布尔函数 F 的对偶是由这个表达式的对偶所表示的函数，这个对偶函数记为 F^d，它不依赖于表示 F 的那个特定的布尔表达式。对于由布尔表达式表示的函数的恒等式，当取恒等式两边的函数的对偶时，等式仍然成立（原因参见练习 30），此结果叫作**对偶性原理**，它对于获得新的恒等式十分有用。

例 12 通过取对偶的方法，用吸收律 $x(x+y)=x$ 构造一个恒等式。

解 取此恒等式两边的对偶，得到恒等式 $x+xy=x$，它也被称为吸收律，见表 5。

12.1.5　布尔代数的抽象定义

虽然本节着重讨论布尔函数和表达式，但所有的结论都可以转换成关于命题的结论，也可以转换成关于集合的结论。因此，抽象地定义布尔代数十分有用。一旦一个特定的结构被证明是布尔代数，则所有关于布尔代数的一般结果都可应用于这个特定的结构。

布尔代数可以用多种方法来定义，最常用的方法是指明运算所必须满足的性质，如定义 1 所示。

定义 1　一个布尔代数是一个集合 B，它有两个二元运算 $\vee$ 和 $\wedge$、元素 0 和 1，以及一个一元运算 $\overline{}$，且对 B 中的所有元素 x、y 和 z，下列性质成立：

$$
\left.\begin{aligned}
x \vee 0 &= x \\
x \wedge 1 &= x
\end{aligned}\right\} \quad \text{同一律}
$$

$$
\left.\begin{aligned}
x \vee \overline{x} &= 1 \\
x \wedge \overline{x} &= 0
\end{aligned}\right\} \quad \text{补律}
$$

$$
\left.\begin{aligned}
(x \vee y) \vee z &= x \vee (y \vee z) \\
(x \wedge y) \wedge z &= x \wedge (y \wedge z)
\end{aligned}\right\} \quad \text{结合律}
$$

$$
\left.\begin{aligned}
x \vee y &= y \vee x \\
x \wedge y &= y \wedge x
\end{aligned}\right\} \quad \text{交换律}
$$

$$
\left.\begin{aligned}
x \vee (y \wedge z) &= (x \vee y) \wedge (x \vee z) \\
x \wedge (y \vee z) &= (x \wedge y) \vee (x \wedge z)
\end{aligned}\right\} \quad \text{分配律}
$$

使用定义 1 所给的定律，可以证明，对于每个布尔代数，许多其他的定律成立，例如幂等律和支配律。（见练习 35～42。）

以前讨论过，$B=\{0,1\}$ 连同 OR、AND 运算及"补"运算满足所有这些性质。有 n 个变元的所有命题构成的集合，连同 $\lor$ 和 $\land$ 运算、$\mathbf{F}$ 和 $\mathbf{T}$ 及"非"运算，也满足布尔代数的所有性质，这可以从 1.3 节中的表 6 看出来。类似地，一个全集 U 的所有子集构成的集合，连同"并"和"交"运算、空集和全集以及集合的"补"运算是一个布尔代数，这可以从 2.2 节的表 1 中看出来。所以，为了建立关于布尔表达式、命题和集合的结果，我们只要证明关于抽象布尔代数的结果即可。

布尔代数也可以用第 9 章中所讨论的格的概念来定义。一个格 L 是一个偏序集，其每对元素 x、y 都有一个最小上界，记为 $\operatorname{lub}(x,y)$，也有一个最大下界，记为 $\operatorname{glb}(x,y)$。给定 L 的两个元素 x 和 y，我们可以定义 L 的两个运算 $\lor$ 和 $\land$ 如下：$x \lor y = \operatorname{lub}(x,y)$，$x \land y = \operatorname{glb}(x,y)$。

要使一个格 L 成为定义 1 中所定义的布尔代数，它必须还有两个性质。第一，它必须是**有补的**。为使一个格成为有补的，它必须有一个最小元素 0 和一个最大元素 1，且对格的每个元素 x，必须存在一个元素 $\bar{x}$，使得 $x \lor \bar{x} = 1$ 且 $x \land \bar{x} = 0$。第二，它必须是**分配的**。也就是说，对于 L 中的每个 x、y 和 z，$x \lor (y \land z) = (x \lor y) \land (x \lor z)$ 且 $x \land (y \lor z) = (x \land y) \lor (x \land z)$。证明一个有补的分配格是一个布尔代数已在第 9 章中留作补充练习 39。

练习

1. 求下列表达式的值。
　　a) $1 \cdot \bar{0}$　　　　　**b)** $1 + \bar{1}$　　　　　**c)** $\bar{0} \cdot 0$　　　　　**d)** $\overline{(1+0)}$

2. 求满足下列方程的布尔变元 x 的值（如果有的话）。
　　a) $x \cdot 1 = 0$　　　　**b)** $x + x = 0$　　　　**c)** $x \cdot 1 = x$　　　　**d)** $x \cdot \bar{x} = 1$

3. **a)** 证明 $(1 \cdot 1) + (\overline{0 \cdot 1} + 0) = 1$。
　　b) 通过如下方式把 a) 中的布尔恒等式转换成命题等价式：0 变为 $\mathbf{F}$、1 变为 $\mathbf{T}$、布尔和变为析取、布尔积变为合取、补变为否定以及等于号变为命题逻辑的等价符号。

4. **a)** 证明 $(\bar{1} \cdot \bar{0}) + (1 \cdot \bar{0}) = 1$。
　　b) 通过如下方式把 a) 中的布尔恒等式转换成命题等价式：0 变为 $\mathbf{F}$、1 变为 $\mathbf{T}$、布尔和变为析取、布尔积变为合取、补变为否定以及等于号变为命题逻辑的等价符号。

5. 用表来表示下列每个布尔函数的值。
　　a) $F(x,y,z) = \bar{x}y$　　　　　　　　　　**b)** $F(x,y,z) = x + yz$
　　c) $F(x,y,z) = x\bar{y} + \overline{(xyz)}$　　　　　**d)** $F(x,y,z) = x(yz + \bar{y}\bar{z})$

6. 用表来表示下列每个布尔函数的值。
　　a) $F(x,y,z) = \bar{z}$　　　　　　　　　　**b)** $F(x,y,z) = \bar{x}y + \bar{y}z$
　　c) $F(x,y,z) = x\bar{y}z + \overline{(xyz)}$　　　**d)** $F(x,y,z) = \bar{y}(xz + \bar{x}\bar{z})$

7. 用 3 立方体 Q_3 表示练习 5 中的每个布尔函数，将函数值为 1 的 3 元组所对应的顶点画成黑圈。

8. 用 3 立方体 Q_3 表示练习 6 中的每个布尔函数，将函数值为 1 的 3 元组所对应的顶点画成黑圈。

9. 布尔变元 x 和 y 取什么值可满足 $xy = x+y$？

10. 有多少个不同的 7 元布尔函数？

11. 用表 5 中的其他定律证明吸收律 $x + xy = x$。

☞ **12.** 证明 $F(x,y,z) = xy + xz + yz$ 取值为 1 当且仅当变元 x、y 和 z 中至少有两个取值为 1。

13. 证明 $x\bar{y} + y\bar{z} + \bar{x}z = \bar{x}y + \bar{y}z + x\bar{z}$。

练习 14～23 处理由本节开始定义的 $\{0,1\}$ 上的加法、乘法和补所定义的布尔代数。对每一题，采用与例 8 中的表相似的形式进行验证。

14. 验证双重补律。

15. 验证幂等律。

16. 验证同一律。

17. 验证支配律。

18. 验证交换律。

19. 验证结合律。

20. 验证表 5 中的第一个分配律。

21. 验证德·摩根律。

22. 验证单位元性质。

23. 验证零元性质。

布尔运算符 $\oplus$ 的定义如下：$1 \oplus 1 = 0$，$1 \oplus 0 = 1$，$0 \oplus 1 = 1$，$0 \oplus 0 = 0$。此运算符被称为"异或"(XOR)运算符。

24. 化简下列表达式。

 a)$x \oplus 0$ b)$x \oplus 1$ c)$x \oplus x$ d)$x \oplus \bar{x}$

25. 证明下列恒等式成立。

 a)$x \oplus y = (x + y)\overline{(xy)}$ b)$x \oplus y = (x\,\bar{y}) + (\bar{x}y)$

26. 证明 $x \oplus y = y \oplus x$。

27. 证明下列等式成立或不成立。

 a)$x \oplus (y \oplus z) = (x \oplus y) \oplus z$ b)$x + (y \oplus z) = (x + y) \oplus (x + z)$

 c)$x \oplus (y + z) = (x \oplus y) + (x \oplus z)$

28. 求下列布尔表达式的对偶。

 a)$x + y$ b)$\bar{x}\,\bar{y}$

 c)$xyz + \bar{x}\,\bar{y}\,\bar{z}$ d)$x\bar{z} + x \cdot 0 + \bar{x} \cdot 1$

* 29. 设 F 是一个布尔函数，它由一个含有变元 x_1，$\cdots$，x_n 的布尔表达式表示。证明 $F^d(x_1, \cdots, x_n) = \overline{F(\bar{x}_1, \cdots, \bar{x}_n)}$。

* 30. 设 F 和 G 是由 n 个变元的布尔表达式表示的布尔函数且 $F = G$。证明 $F^d = G^d$，其中 F^d 和 G^d 分别是由表示 F 和 G 的布尔表达式的对偶表示的布尔函数。〔提示：使用练习 29 的结果。〕

* 31. 有多少个不同的布尔函数 $F(x, y, z)$ 使得对于布尔变元 x、y、z 的所有值，$F(\bar{x}, \bar{y}, \bar{z}) = F(x, y, z)$？

* 32. 有多少个不同的布尔函数 $F(x, y, z)$ 使得对于布尔变元 x、y、z 的所有值，$F(\bar{x}, y, z) = F(x, \bar{y}, z) = F(x, y, \bar{z})$？

33. 证明：把表 6 中的布尔代数的德·摩根律转换成逻辑等价式时，它就是命题逻辑中的德·摩根律(见 1.3 节中的表 6)。

34. 证明：把表 6 中的布尔代数的吸收律转换成逻辑等价式时，它就是命题逻辑中的吸收律(见 1.3 节中的表 6)。

在练习 35～42 中，用定义 1 中的定律来证明所述性质对每个布尔代数成立。

35. 在布尔代数中证明，**幂等律** $x \vee x = x$ 和 $x \wedge x = x$ 对每个元素 x 成立。

36. 在布尔代数中证明，每个元素 x 都有唯一的一个补 $\bar{x}$ 使得 $x \vee \bar{x} = 1$ 且 $x \wedge \bar{x} = 0$。

37. 在布尔代数中证明，元素 0 的补是 1，反之也成立。

38. 证明**双重补律**在布尔代数中成立，即对每个元素 x，$\bar{\bar{x}} = x$。

39. 证明**德·摩根律**在布尔代数中成立，即对任意元素 x 和 y，$\overline{(x \vee y)} = \bar{x} \wedge \bar{y}$ 且 $\overline{(x \wedge y)} = \bar{x} \vee \bar{y}$。

40. 证明**模性质**在布尔代数中成立，即证明 $x \wedge (y \vee (x \wedge z)) = (x \wedge y) \vee (x \wedge z)$ 且 $x \vee (y \wedge (x \vee z)) = (x \vee y) \wedge (x \vee z)$。

41. 在布尔代数中证明，如果 $x \vee y = 0$，则 $x = 0$ 且 $y = 0$；如果 $x \wedge y = 1$，则 $x = 1$ 且 $y = 1$。

42. 在布尔代数中证明，一个恒等式的**对偶**还是一个恒等式，其中，恒等式的对偶是通过如下方式得到的：交换 $\wedge$ 和 $\vee$ 运算符，并交换元素 0 和 1。

43. 证明一个有补的分配格是一个布尔代数。

12.2 布尔函数的表示

　　本节将研究布尔代数的两个重要问题。第一个问题是给定一个布尔函数的值，怎样才能找到表示这个布尔函数的布尔表达式。这个问题将通过证明如下结论来解决：任何一个布尔函数都可由变元及其补的布尔积的布尔和表示。这个问题的答案还说明了任意布尔函数都可用三个布尔运算符（·、＋和¯）表示。第二个问题是有没有一个更小的运算符集合可以用来表示所有的布尔函数。我们将通过证明下列结论来解决这个问题：所有的布尔函数都可以仅用一个运算符来表示。这两个问题在电路设计中都有特殊的重要性。

12.2.1 积之和展开式

下面用例子来说明寻找表示布尔函数的布尔表达式的一个重要方法。

例 1 函数 $F(x, y, z)$ 和 $G(x, y, z)$ 如表 1 所示，求表示这两个函数的布尔表达式。

解 我们需要这样一个表达式来表示 F：当 $x=z=1$ 且 $y=0$ 时它的值为 1，否则它的值为 0。此表达式可取为 x、$\overline{y}$ 和 z 的布尔积，这个积 $x\overline{y}z$ 的值为 1 当且仅当 $x=\overline{y}=z=1$，即当且仅当 $x=z=1$ 且 $y=0$。

为了表示 G，我们需要一个表达式满足：当 $x=y=1$ 且 $z=0$ 时，或当 $x=z=0$ 且 $y=1$ 时，它的值为 1。通过取两个不同的布尔积的布尔和，我们可以用这些值形成一个表达式。布尔积

表　1

x	y	z	F	G
1	1	1	0	0
1	1	0	0	1
1	0	1	1	0
1	0	0	0	0
0	1	1	0	0
0	1	0	0	1
0	0	1	0	0
0	0	0	0	0

$xy\overline{z}$ 的值为 1 当且仅当 $x=y=1$ 且 $z=0$；类似地，布尔积 $\overline{x}y\,\overline{z}$ 的值为 1 当且仅当 $x=z=0$ 且 $y=1$。这两个布尔积的布尔和 $xy\overline{z}+\overline{x}y\overline{z}$ 就表示 G，因为它的值为 1 当且仅当 $x=y=1$ 且 $z=0$，或 $x=z=0$ 且 $y=1$。◀

例 1 说明一个过程，用这个过程可以构造布尔表达式来表示具有给定值的函数。如果变元值的一个组合使得函数值为 1，则此组合确定了变元或其补的一个布尔积。

定义 1 布尔变元或其补称为字面值。布尔变元 x_1，x_2，$\cdots$，x_n 的极小项是一个布尔积 $y_1 y_2 \cdots y_n$，其中 $y_i = x_i$ 或 $y_i = \overline{x_i}$。因此极小项是 n 个字面值的积，每个字面值对应于一个变元。

一个极小项对一个且只对一个变元值的组合取值 1。更确切地说，极小项 $y_1 y_2 \cdots y_n$ 为 1 当且仅当每个 y_i 为 1；并且它成立当且仅当 $y_i = x_i$ 时 x_i 为 1，$y_i = \overline{x_i}$ 时 x_i 为 0。

例 2 求一个极小项使得当 $x_1 = x_3 = 0$ 且 $x_2 = x_4 = x_5 = 1$ 时，它为 1；否则为 0。

解 极小项 $\overline{x_1} x_2 \overline{x_3} x_4 x_5$ 有正确的值集合。◀

通过取不同极小项的布尔和，就能构造布尔表达式，使其具有给定的值集合。特别地，极小项的布尔和的值为 1 仅当和中的某个极小项的值为 1 时才成立。对于变元值的所有其他组合，它的值为 0。因此，给定一个布尔函数，可以构造极小项的布尔和使得当该布尔函数具有值 1 时它的值为 1，当该布尔函数具有值 0 时它的值为 0。该布尔和中的极小项与使得该函数值为 1 的值的组合相对应。表示布尔函数的极小项的和称为此函数的积之和展开式或析取范式。（命题逻辑的析取范式见 1.3 节练习 46。）

例 3 求函数 $F(x, y, z) = (x + y)\overline{z}$ 的积之和展开式。

解 下面用两种方法求 $F(x, y, z)$ 的积之和展开式。第一种方法是用布尔恒等式将这个积展开然后化简。过程如下：

$$
\begin{aligned}
F(x,y,z) &= (x+y)\,\overline{z} \\
&= x\overline{z} + y\overline{z} & \text{分配律} \\
&= x1\overline{z} + 1y\overline{z} & \text{同一律} \\
&= x(y+\overline{y})\,\overline{z} + (x+\overline{x})y\overline{z} & \text{单位元性质} \\
&= xy\overline{z} + x\overline{y}\,\overline{z} + xy\overline{z} + \overline{x}y\overline{z} & \text{分配律} \\
&= xy\overline{z} + x\overline{y}\,\overline{z} + \overline{x}y\,\overline{z} & \text{幂等律}
\end{aligned}
$$

构造积之和展开式的第二种方法是对 x、y 和 z 所有可能的取值都计算出 F 的值，这些值

见表 2。F 的积之和展开式是三个极小项的布尔和，这三个极小项对应表 2 的三行，它们使该函数的值为 1。从而 $F(x, y, z)=xy\bar{z}+x\bar{y}\bar{z}+\bar{x}\,y\,\bar{z}$。

也可以通过取布尔和的布尔积来求一个布尔表达式，使其表示一个布尔函数，所得到的展开式称为这个函数的**合取范式**或**和之积展开式**，这个展开式可以通过求积之和展开式的对偶而得到。本节练习 10 描述了怎样直接求这样的展开式。

				表 2	
x	y	z	$x+y$	$\bar{z}$	$(x+y)\bar{z}$
1	1	1	1	0	0
1	1	0	1	1	1
1	0	1	1	0	0
1	0	0	1	1	1
0	1	1	1	0	0
0	1	0	1	1	1
0	0	1	0	0	0
0	0	0	0	1	0

12.2.2　函数完备性

每个布尔函数都可以表示为极小项的布尔和。每个极小项都是布尔变元或其补的布尔积。这说明每个布尔函数都可以用布尔运算符 ·、＋ 和 ¯ 来表示。因为每个布尔函数都可以用这些布尔运算来表示，所以我们称集合 {·, ＋, ¯} 是**函数完备的**。还有没有更小的函数完备运算符集合呢？如果这三个运算符中的某一个能够由其余两个表示，则就还有更小的函数完备运算符集合。用德·摩根律可以做到这一点。使用等式

$$x+y=\overline{\bar{x}\,\bar{y}}$$

可以消去所有的布尔和，此等式可如下得到：先对 12.1 节中的表 5 的第二个德·摩根律的两边求补，再应用双重补律。这意味着 {·, ¯} 是函数完备的。类似地，使用等式

$$xy=\overline{\bar{x}+\bar{y}}$$

可以消去所有的布尔积，此等式可如下得到：先对 12.1 节中的表 5 的第一个德·摩根律的两边求补，再应用双重补律。因此，{＋, ¯} 是函数完备的。注意，{＋, ·} 不是函数完备的，因为用这两个运算符不可能表示布尔函数 $F(x)=\bar{x}$（见练习 19）。

我们已经找到了一些含有两个运算符的函数完备集合，还能不能找到更小的集合（即只含一个运算符的集合），它仍然是函数完备运算符集合呢？这样的集合是存在的。定义运算符 "|" 或 "**NAND**" 如下：$1|1=0$ 且 $1|0=0|1=0|0=1$。定义运算符 "↓" 或 "**NOR**" 如下：$1\downarrow1=1\downarrow0=0\downarrow1=0$ 且 $0\downarrow0=1$。集合 {|} 和 {↓} 都是函数完备的。因为 {·, ¯} 是函数完备的，所以要说明 {|} 是函数完备的，只要证明两个运算符 · 和 ¯ 都可以只用运算符 | 表示，这可由下面两式完成：

$$\bar{x}=x|x$$
$$xy=(x|y)|(x|y)$$

读者应当验证这些等式（见练习 14）。证明 {↓} 的函数完备性留给读者（见练习 15 和 16）。

练习

1. 求布尔变元 x、y、z 或其补的布尔积，使得它的值为 1 当且仅当
   　a) $x=y=0$, $z=1$　　　　　　　　　b) $x=0$, $y=1$, $z=0$
   　c) $x=0$, $y=z=1$　　　　　　　　　d) $x=y=z=0$

2. 求下列布尔函数的积之和展开式。
   　a) $F(x, y)=\bar{x}+y$　　　　　　　　b) $F(x, y)=x\,\bar{y}$
   　c) $F(x, y)=1$　　　　　　　　　　　d) $F(x, y)=\bar{y}$

3. 求下列布尔函数的积之和展开式。
   　a) $F(x, y, z)=x+y+z$　　　　　　　b) $F(x, y, z)=(x+z)y$
   　c) $F(x, y, z)=x$　　　　　　　　　　d) $F(x, y, z)=x\,\bar{y}$

4. 求布尔函数 $F(x, y, z)$ 的积之和展开式，$F(x, y, z)$ 等于 1 当且仅当
   　a) $x=0$　　　　　b) $xy=0$　　　　　c) $x+y=0$　　　　　d) $xyz=0$

5. 求布尔函数 $F(w, x, y, z)$ 的积之和展开式，$F(w, x, y, z)$ 等于 1 当且仅当 w、x、y 和 z 中有奇

数个变元的值为 1。

6. 求布尔函数 $F(x_1, x_2, x_3, x_4, x_5)$ 的积之和展开式，$F(x_1, x_2, x_3, x_4, x_5)$ 等于 1 当且仅当 x_1、x_2、x_3、x_4 和 x_5 中至少有三个变元的值为 1。

求表示布尔函数的布尔表达式的另一种方法是构造字面值之布尔和的布尔积。练习 7～11 涉及这种表示。

7. 求布尔和，它包含 x 或 $\bar{x}$、y 或 $\bar{y}$、z 或 $\bar{z}$，使得它的值为 0 当且仅当
　　a) $x = y = 1$，$z = 0$　　　b) $x = y = z = 0$　　　c) $x = z = 0$，$y = 1$

8. 求字面值之布尔和的布尔积，使得它的值为 0 当且仅当 $x = y = 1$ 且 $z = 0$，或者 $x = z = 0$ 且 $y = 1$，或者 $x = y = z = 0$。［提示：取练习 7a、b、c 中求得的布尔和的布尔积。］

9. 设布尔和为 $y_1 + y_2 + \cdots + y_n$，其中 $y_i = x_i$ 或 $y_i = \bar{x}_i$。证明此布尔对且只对变元值的一个组合取 0 值，这个组合为若 $y_i = x_i$ 则 $x_i = 0$，若 $y_i = \bar{x}_i$ 则 $x_i = 1$。这样的布尔和叫作**极大项**。

10. 证明：布尔函数可以表示为极大项的布尔积。此表示称为该函数的**和之积展开式**或**合取范式**。［提示：对于使得函数值为 0 的每个变元值组合，此积都含有一个对应的极大项。］

11. 求练习 3 中每个函数的和之积展开式。

12. 用运算符 · 和⁻表示下列布尔函数。
　　a) $x + y + z$　　　b) $x + \bar{y}(\bar{x} + z)$　　　c) $\overline{x + \bar{y}}$　　　d) $\bar{x}(x + \bar{y} + \bar{z})$

13. 用运算符 ＋ 和⁻表示练习 12 中的布尔函数。

14. 证明：
　　a) $\bar{x} = x \mid x$　　　b) $xy = (x \mid y) \mid (x \mid y)$　　　c) $x + y = (x \mid x) \mid (y \mid y)$

15. 证明：
　　a) $\bar{x} = x \downarrow x$　　　b) $xy = (x \downarrow x) \downarrow (y \downarrow y)$　　　c) $x + y = (x \downarrow y) \downarrow (x \downarrow y)$

16. 利用练习 15 证明 $\{\downarrow\}$ 是函数完备集。

17. 用运算符 $\mid$ 表示练习 3 中的布尔函数。

18. 用运算符 $\downarrow$ 表示练习 3 中的布尔函数。

19. 证明运算符集 $\{+, \cdot\}$ 不是函数完备的。

20. 下列运算符集是否为函数完备的？
　　a) $\{+, \oplus\}$　　　b) $\{^-, \oplus\}$　　　c) $\{\cdot, \oplus\}$

12.3　逻辑门电路

12.3.1　引言

　　布尔代数用于为电子装置的电路建立模型，这种装置的输入和输出都可以认为是集合 $\{0, 1\}$ 中的元素。计算机或其他的电子装置就是由许多电路构成的。电路可以根据布尔代数的规则来设计，这些规则已经在 12.1 节和 12.2 节中讨论过。电路的基本元件被称为**门**，门的介绍见 1.2 节，每种类型的门实现一种布尔运算。本节将定义几种类型的门。应用布尔代数的规则，使用这些门就可以设计电路来执行各种任务。在本章所讨论的电路中，输出都只与输入有关，而与电路的当前状态无关。换句话说，这些电路都没有存储能力，这样的电路叫作**组合电路**或**门电路**。

　　我们将使用三种元件来构造组合电路。第一种是**反相器**，它以布尔值作为输入，并产生此布尔值的补作为输出。用来表示反相器的符号如图 1a 所示，进入元件的输入画在左边，离开元件的输出画在右边。

　　第二种元件是**或门**（OR gate），其输入是两个或两个以上的布尔值，输出是这些值的布尔和。用来表示或门的符号如图 1b 所示，进入元件的输入画在左边，离开元件的输出画在右边。

　　第三种元件是**与门**（AND gate），其输入是两个或两个以上的布尔值，输出是这些值的布尔积。用来表示与门的符号如图 1c 所示，进入元件的输入画在左边，离开元件的输出画在右边。

　　与门和或门允许有多个输入，进入元件的输入都画在左边，离开元件的输出都画在右边。具有 n 个输入的与门和或门如图 2 所示。

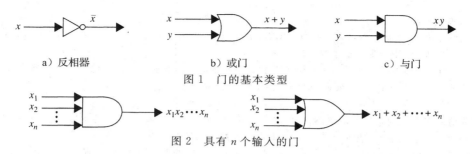

a）反相器   b）或门   c）与门

图 1   门的基本类型

图 2   具有 n 个输入的门

12.3.2   门的组合

使用反相器、或门和与门的组合可以构造组合电路。在构造电路的组合时，某些门可能有公共的输入。有两种方法可以描述公共输入：一种方法是用分支标出使用给定输入的所有门，另一种方法是对每个门分别标出其输入。图 3 说明了这两种方法，其中的门有相同的输入值。注意，一个门的输出可能作为另一个元件或更多元件的输入，如图 3 所示。图 3 中的两个图描述了输出为 $xy+\bar{x}y$ 的电路。

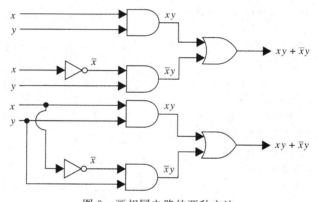

图 3   画相同电路的两种方法

例 1   构造产生下列输出的电路：a)$(x+y)\bar{x}$；b)$\overline{x(y+\bar{z})}$；c)$(x+y+z)\overline{x}\,\overline{y}\,\overline{z}$。

解   产生这些输出的电路如图 4 所示。   ◀

12.3.3   电路的例子

下面给出一些具有实际功能的电路。

例 2   某个组织的一切事务都由一个三人委员会决定。每个委员对提出的建议可以投赞成票或反对票。一个建议如果得到了至少两张赞成票就获通过。设计一个电路，判断建议是否获得通过。

解   如果第一个委员投赞成票，则令 $x=1$；如果这个委员投反对票，则令 $x=0$。如果第二个委员投赞成票，则令 $y=1$；如果这个委员投反对票，则令 $y=0$；如果第三个委员投赞成票，则令 $z=1$；如果这个委员投反对票，则令 $z=0$。必须设计一个电路使得对于输入 x、y 和 z，如果其中至少有两个输入为 1，则此电路产生输出 1。具有这样的输出值的一个布尔函数表示是 $xy+xz+yz$(见 12.1 节练习 12)。实现这个函数的电路如图 5 所示。   ◀

例 3   有时候灯需要由多个开关来控制，因此有必要设计这样的电路：当灯不亮时，敲击任何一个开关都可以使此灯变亮；反之，当灯是打开时，敲击任何一个开关都可以使此灯不亮。在有两个开关和三个开关的两种情形下，设计电路来完成这个任务。

解   首先设计使用两个开关来控制灯的电路。当第一个开关关闭时，令 $x=1$；当它打开时，令 $x=0$。当第二个开关关闭时，令 $y=1$；当它打开时，令 $y=0$。当灯亮时，令 $F(x, y)=1$；当

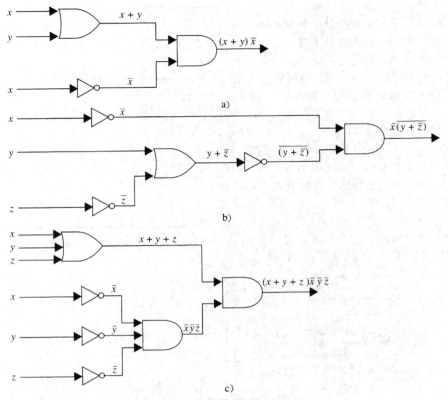

图 4   产生例 1 中输出的电路

灯不亮时，令 $F(x, y) = 0$。我们可以随意地假定：当两个开关都是关闭的时候，灯是亮的，即 $F(1, 1) = 1$。这个假定决定了 F 的所有其他值：当两个开关中有一个是打开的时候，灯变灭了，故 $F(1, 0) = F(0, 1) = 0$；当第二个开关也被打开的时候，灯又变亮了，故 $F(0, 0) = 1$。表 1 列出了这些值。我们可以看到 $F(x, y) = xy + \bar{x}\,\bar{y}$。实现这个函数的电路如图 6 所示。

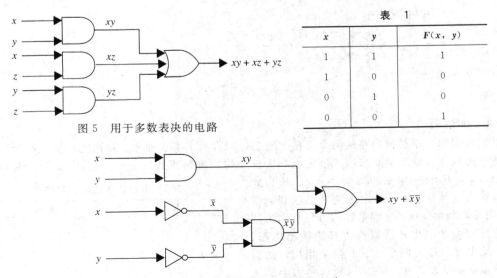

图 5   用于多数表决的电路

表   1

x	y	$F(x, y)$
1	1	1
1	0	0
0	1	0
0	0	1

图 6   由两个开关控制灯的电路

　　现在设计有三个开关的电路。设 x、y 和 z 是三个布尔变元，它们分别表示这三个开关是否是关闭的。当第一个开关处于关闭时，令 $x=1$；当它处于打开时，令 $x=0$。当第二个开关处于关闭时，令 $y=1$；当它处于打开时，令 $y=0$。当第三个开关处于关闭时，令 $z=1$；当它处于打开时，令 $z=0$。灯亮时，令 $F(x, y, z)=1$；灯不亮时，令 $F(x, y, z)=0$。当所有开关都关闭时，我们可以随意地指定灯是亮的，即 $F(1, 1, 1)=1$，这确定了 F 的所有其他值。当一个开关被打开时，灯就变灭，故 $F(1, 1, 0)=F(1, 0, 1)=F(0, 1, 1)=0$。当第二个开关被打开时，灯又变亮了，故 $F(1, 0, 0)=F(0, 1, 0)=F(0, 0, 1)=1$。最后，当三个开关都打开时，灯又变灭了，故 $F(0, 0, 0)=0$。这个函数的值如表 2 所示。

表　2

x	y	z	$F(x, y, z)$
1	1	1	1
1	1	0	0
1	0	1	0
1	0	0	1
0	1	1	0
0	1	0	1
0	0	1	1
0	0	0	0

　　函数 F 可以表示成积之和展开式：$F(x, y, z)=xyz+x\,\overline{y}\,\overline{z}+\overline{x}y\,\overline{z}+\overline{x}\,\overline{y}z$。实现这个函数的电路如图 7 所示。

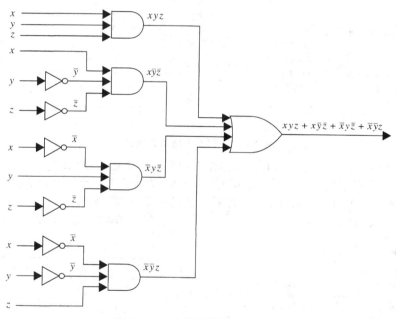

图 7　由 3 个开关控制灯的电路

12.3.4　加法器

　　下面说明如何用逻辑电路从两个正整数的二进制表示来实现加法。我们先构造一些分支电路，然后再从这些分支电路来构造加法电路。首先构造电路来计算 $x+y$，其中 x 和 y 是两个二进制数字。因为 x 和 y 的值为 0 或 1，所以此电路的输入就是 x 和 y。输出由两个二进制数字 s 和 c 构成，其中 s 和 c 分别是与与进位。因为这种电路具有多个输出，所以称为**多重输出电路**。又由于此电路只是将两个二进制数字相加，而没有考虑以前加法所产生的进位，所以称为**半加器**。表 3 说明了半加器的输入和输出。由此表

表 3　半加法器的输入和输出

输入		输出	
x	y	s	c
1	1	0	1
1	0	1	0
0	1	1	0
0	0	0	0

可以看出 $c=xy$ 且 $s=x\bar{y}+\bar{x}y=(x+y)\overline{(xy)}$。因此图 8 所示的电路计算了 x 与 y 的和 s 与进位 c。

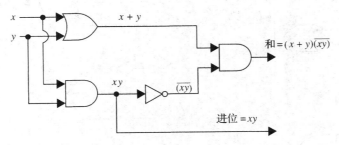

图 8　半加法器

当两个二进制数字与一个进位相加时，我们用**全加法器**来计算和与进位。全加法器的输入是 x 和 y 以及进位 c_i，输出是和 s 与新的进位 c_{i+1}。全加法器的输入和输出如表 4 所示。

全加法器的两个输出，即和 s 与进位 c_{i+1}，可分别由积之和展开式 $xyc_i+x\bar{y}\bar{c}_i+\bar{x}y\bar{c}_i+\bar{x}\bar{y}c_i$ 与 $xyc_i+xy\bar{c}_i+x\bar{y}c_i+\bar{x}yc_i$ 表示。但我们并不直接构造全加法器，而是使用半加法器来产生所需的输出。使用半加法器构造全加法器的方法如图 9 所示。

最后，图 10 说明了怎样用全加法器和半加法器来计算两个 3 位二进制整数 $(x_2x_1x_0)_2$ 与 $(y_2y_1y_0)_2$ 之和 $(s_3s_2s_1s_0)_2$。注意，和中的最高位 s_3 是由进位 c_2 产生的。

表 4　全加法器的输入和输出

输入			输出	
x	y	c_i	s	c_{i+1}
1	1	1	1	1
1	1	0	0	1
1	0	1	0	1
1	0	0	1	0
0	1	1	0	1
0	1	0	1	0
0	0	1	1	0
0	0	0	0	0

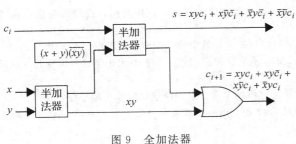

图 9　全加法器

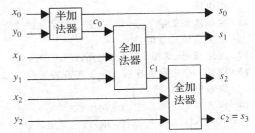

图 10　用全加法器和半加法器将两个 3 位二进制整数相加

练习

在练习 1~5 中，求所给电路的输出。

1.

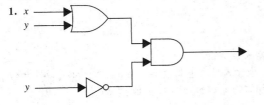

2.

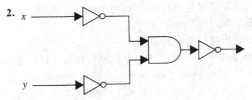

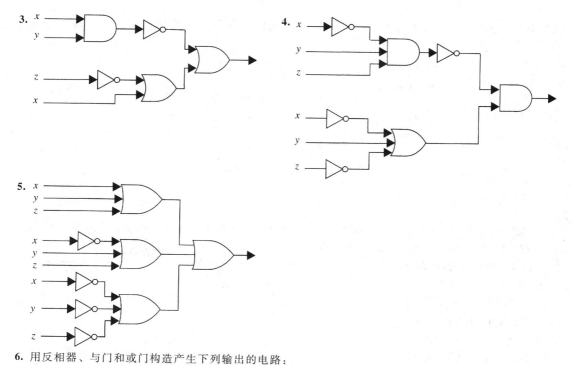

6. 用反相器、与门和或门构造产生下列输出的电路:

    a) $\overline{x}+y$ **b)** $\overline{(x+y)\,x}$

    c) $xyz+\overline{x}\,\overline{y}\,\overline{z}$ **d)** $\overline{(\overline{x}+z)\,(y+\overline{z})}$

7. 试设计一个电路来实现 5 个人的多数表决器。

8. 试设计一个由 4 个开关控制灯的电路,使得当灯亮时,按任意一个开关都可使它不亮,或者当灯不亮时,按任意一个开关都可使它变亮。

9. 说明如何使用全加法器和半加法器来计算两个 5 位二进制整数的和。

10. **半减法器**的输入是两个二进制数字,输出是差位和借位。试用与门、或门和反相器构造一个半减法器电路。

11. **全减法器**的输入是两个二进制数字及一个借位,输出是差位和借位。试用与门、或门和反相器构造一个全减法器电路。

12. 使用练习 10 和 11 中的电路计算两个 4 位二进制整数的差,其中第一个整数大于第二个整数。

*13. 构造一个电路来比较 2 位二进制整数 $(x_1x_0)_2$ 和 $(y_1y_0)_2$,使得当第一个整数大于第二个时输出 1,否则输出 0。

*14. 构造一个计算 2 位二进制整数 $(x_1x_0)_2$ 与 $(y_1y_0)_2$ 之积的电路。此电路应该有 4 个输出位。

与非(NAND)门和或非(NOR)门也是电路中常用的两种门,如果使用这两种门来表示电路,就没有必要使用其他类型的门了。这两种门的记号如下:

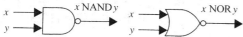

*15. 使用与非门构造具有下列输出的电路:

    a) $\overline{x}$ **b)** $x+y$ **c)** xy **d)** $x \oplus y$

*16. 使用或非门构造具有练习 15 中的输出的电路。

*17. 试用与非门构造半加法器。

*18. 试用或非门构造半加法器。

多路转接器是一种开关电路,它根据控制位的值将某组输入位输出。

19. 用与门、或门和反相器构造一个多路转接器,它的 4 位输入是二进制数字 x_0、x_1、x_2 和 x_3,控制位是 c_0 和 c_1。构造此电路使得 x_i 为输出,其中 i 是 2 位二进制整数 $(c_1c_0)_2$ 的值。

组合电路的**深度**可定义如下：初始输入的深度为 0；如果一个门有 n 个输入，且其深度分别为 d_1, d_2, …, d_n，则它的输出的深度为 $\max(d_1, d_2, \cdots, d_n)+1$。这个值也定义为该门的深度。组合电路的深度为该电路中门的最大深度。

20. 求下列电路的深度：

    a) 例 2 中构造的 3 人多数表决器。   **b)** 例 3 中构造的 2 个开关控制灯的电路。

    c) 图 8 所示的半加法器。   **d)** 图 9 所示的全加法器。

12.4　电路的极小化

12.4.1　引言

组合电路的效率依赖于门的个数及排列。在组合电路的设计过程中，首先构造一个表，对于每种可能的输入值，此表说明对应的输出值。对于任一个电路，总可以用"积之和展开式"找到一组逻辑门来实现这个电路。但是，积之和展开式可能包含许多不必要的项。在一个积之和展开式中，若其中的一些项只在一个变元处不一样，即在某个项中此变元本身出现，而在另一个项中此变元的补出现，则这些项可以合并。例如，考虑这样的电路，它输出 1 当且仅当 $x=y=z=1$，或 $x=z=1$ 且 $y=0$。此电路的积之和展开式为 $xyz+x\overline{y}z$，在这个展开式的两个积中，只有一个变元（即 y）以不同的形式出现。它们可以如下合并：

$$xyz + x\overline{y}z = (y+\overline{y})(xz)$$
$$= 1 \cdot (xz)$$
$$= xz$$

这样，xz 也是一个表示这个电路的布尔表达式，但包含更少的运算符。图 1 展示了这个电路的两个不同实现，第二个电路只使用一个门，但第一个却使用了三个门和一个反相器。

这个例子说明，在一个电路的积之和展开式中，将一些项合并会导出这个电路的更简单的表达式。下面将描述化简积之和展开式的两个过程。

这两个过程的目的都是产生表示布尔函数满足下列条件的积之和，它在该布尔函数的所有积之和表达式中包含最少的布尔积而且包含最少的字面值。寻求这种积之和称为**布尔函数的最小化**。最小化布尔函数可以为这个函数构造一个电路，这个电路在最小化布尔表达式的所有电路中用最少的门并在电路中对 AND 门和 OR 门有最少的输入。

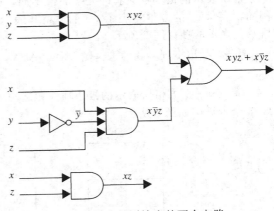

图 1　具有相同输出的两个电路

直到 20 世纪 60 年代早期，逻辑门都是单独的组件。为了降低成本，采用最少的门得到期望的结果是非常重要的。在 20 世纪 60 年代中期，集成电路技术的发展使得将多个门组合到一个芯片成为可能。即使现在可以用非常低的成本在许多芯片上构建非常复杂的集成电路，布尔函数的最小化仍然十分重要。

减少芯片上门数量可以得到更可靠的电路，并降低芯片的生产成本。同时，最小化还可以在同一芯片上设计更合适的电路。而且，最小化减少了电路中对门的输入的个数。这就减少了用电路计算输出结果所用的时间。此外，因为在构建逻辑门的电路时采用了特殊的技术，所以门的输入个数是有限的。

在第一个过程中我们介绍 20 世纪 50 年代发明的卡诺图（或 K 图），这是一个手动最小化电路的过程。K 图在最多 6 个变量的最小化电路中非常有用，尽管对于五六个变量来说已经变得相当复杂。第二个过程将介绍 20 世纪 60 年代发明的奎因-莫可拉斯基方法。这是一个自动的最小化组合电路的过程，可以用计算机程序实现。

布尔函数最小化的复杂度   遗憾的是，最小化有许多变量的布尔函数需要深入的计算。已经证明这个问题是 NP 完全问题(见 3.3 节和［Ka93］)，因此，不太可能存在最小化布尔电路的多项式时间算法。奎因-莫可拉斯基方法具有指数复杂度。实际上，它只能用于字面值数量不超过 10 的情况。自从 20 世纪 70 年代，在最小化组合电路方面开发了大量的新算法(见［Ha93］和［KaBe04］)。但是，最好的算法也只能计算不超过 25 个变量的电路的最小化。也可以用启发式(或者经验式)方法对有许多变量的布尔表达式进行简化，但不一定是最小化。

12.4.2   卡诺图

对于表示电路的一个布尔表达式，为了减少其中项的个数，有必要去发现可以合并的项。如果布尔函数所包含的变元相对较少，可以用一种图形法来发现能被合并的项，此方法称为**卡诺图**(或者 **K 图**)，它是由 Maurice Karnaugh 在 1953 年发现的。他的方法建立在更早的 E. W. Veitch 工作的基础上(Veitch 的方法通常只适用于 6 个或者 6 个以下变元的函数)。卡诺图给出了一种化简积之和展开式的可视化方法，但此方法不适合机械化。下面首先说明怎么用卡诺图来化简包含 2 个变元的布尔函数的展开式，然后说明如何用卡诺图来化简包含 3 个变元和 4 个变元的布尔函数，最后，我们将介绍卡诺图的扩展概念，可用于化简包含 4 个以上变元的布尔函数。

在具有两个变元 x 和 y 的布尔函数的积之和展开式中，有 4 种可能的极小项。具有这两个变元的布尔函数的卡诺图由 4 个方格组成，如果一个极小项在此展开式中出现，则表示这个极小项的方格就被放置 1。如果有些方格所表示的极小项只有一处字面值不同，则称这两个方格是**相邻的**。例如，表示 $\overline{x}y$ 的方格与表示 xy 的方格和表示 $\overline{x}\,\overline{y}$ 的方格都相邻。4 个方格及其表示的项如图 2 所示。

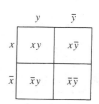

图 2   两个变元的卡诺图

例1   找出下列各式的卡诺图：a) $xy + \overline{x}y$，b) $x\,\overline{y} + \overline{x}y$，c) $x\,\overline{y} + \overline{x}y + \overline{x}\,\overline{y}$。

解   当一个方格所表示的极小项在积之和展开式中出现时，我们就在这个方格中放置一个 1。3 个卡诺图如图 3 所示。

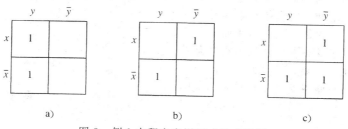

图 3   例 1 中积之和展开式的卡诺图

莫里斯·卡诺(**Maurice Karnaugh，1924—**)   卡诺出生于纽约。他从纽约城市学院获得学士学位，从耶鲁大学获得硕士和博士学位。1952 年至 1966 年，卡诺一直在贝尔实验室从事技术工作，1966 年至 1970 年，他担任 AT&T 公司联邦系统事业部的研发主管。1970 年，卡诺加入 IBM 并成为一名研究员。卡诺对数字技术在计算和远程通信领域的应用做出了重要贡献。他目前的研究兴趣包括计算机中基于知识的系统和启发式搜索方法。

　　我们可以从卡诺图中识别出能够合并的极小项。在卡诺图中，一旦有两个方格是相邻的，则由这两个方格所表示的极小项就可合并成一个积，且此积只涉及其中的一个变元。例如，$x\overline{y}$ 和 $\overline{x}\,\overline{y}$ 是由两个相邻的方格表示的，它们可以合并成 $\overline{y}$，因为 $x\overline{y}+\overline{x}\,\overline{y}=(x+\overline{x})\overline{y}=\overline{y}$。而且，如果所有 4 个方格都是 1，则 4 个极小项可以合并成一个项，即布尔表达式 1，它不涉及任何变元。在卡诺图中，如果有些极小项能够合并，则在卡诺图中我们将表示这些极小项的方格所组成的块用圆圈圈起来，然后找出对应的积之和。其目的是尽可能找出最大的块，并以最少的块覆盖所有的 1，在此过程中首先使用最大的块，并总是使用最大的可能块。

例 2　化简例 1 中的积之和展开式。

　　解　用这些展开式的卡诺图对极小项进行分组的方式如图 4 所示。这些积之和式的最小展开式是 a) y，b) $x\overline{y}+\overline{x}y$，c) $\overline{x}+\overline{y}$。◀

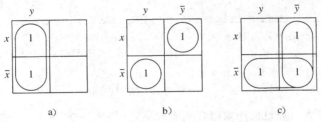

图 4　例 2 中的积之和展开式的化简

　　3 个变元的卡诺图被分成 8 个方格的矩形，这些方格代表由 3 个变元组成的 8 个可能的极小项。如果两个方格表示的极小项只在一处字面值不一样，则称这两个方格是相邻的。一种画 3 个变元卡诺图的方法如图 5a 所示。可以认为这个卡诺图是贴在圆柱体的表面上，如图 5b 所示。在这个圆柱体的表面上，两个方格有公共边界当且仅当它们是相邻的。

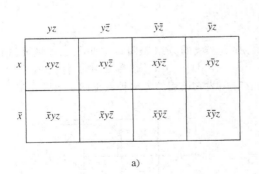

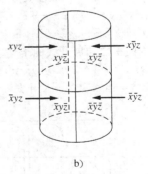

图 5　3 个变元的卡诺图

　　为了化简 3 个变元的积之和展开式，我们用卡诺图来识别由可以合并的极小项组成的块。两个相邻方格组成的块代表了一对可以合并成两个字面值的积的极小项，2×2 和 4×1 方格组成的块代表可以合并成一个字面值的极小项，全部 8 个方格组成的块表示一个不包含任何字面值的积，即代表函数 1。1×2、2×1、2×2、4×1 和 4×2 块及其代表的积如图 6 所示。

　　对应于卡诺图中全是 1 的块的字面值之积称为极小化函数的**隐含**。如果这个全 1 的块没有包含在一个更大的由 1 组成的表示更少字面值的积的块中，则称它为**素隐含**。

　　我们的目的是在图中标出最大可能块，然后用最大块优先法则以最少的块覆盖图中所有的 1。最大可能的块总是会被选取，但如果卡诺图中只有一个块覆盖一个 1，则必须选取它，这

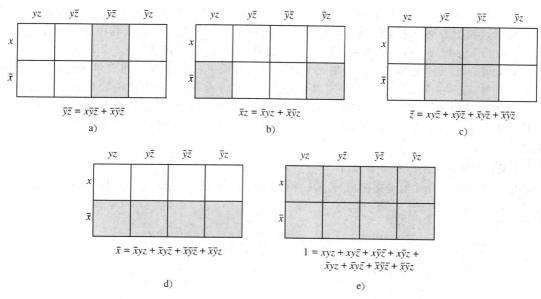

图 6   3 个变元的卡诺图中的块

样的块表示**本原素隐含**。通过使用素隐含对应的块来覆盖图中所有的 1，就可以用素隐含之和来表达积之和。注意，可能有多种方法可以使用最少的块覆盖所有的 1。

例 3 说明了如何使用三变元卡诺图。

例 3   用卡诺图最小化下列积之和展开式：

(a) $xy\bar{z}+x\bar{y}\bar{z}+\bar{x}yz+\bar{x}\,\bar{y}\,\bar{z}$

(b) $x\,\bar{y}\bar{z}+x\,\bar{y}\,\bar{z}+\bar{x}yz+\bar{x}\,\bar{y}z+\bar{x}\,\bar{y}\,\bar{z}$

(c) $xyz+xy\bar{z}+x\,\bar{y}\bar{z}+x\,\bar{y}\,\bar{z}+\bar{x}yz+\bar{x}\,\bar{y}z+\bar{x}\,\bar{y}\,\bar{z}$

(d) $xy\bar{z}+x\,\bar{y}\bar{z}+\bar{x}\,\bar{y}\bar{z}+\bar{x}\,\bar{y}\,\bar{z}$

解   这些积之和展开式的卡诺图如图 7 所示。块的分组表明，这些积之和展开式的最小表达式为：a) $x\bar{z}+\bar{y}\,\bar{z}+\bar{x}yz$，b) $\bar{y}+\bar{z}x$，c) $x+\bar{y}+z$，d) $x\bar{z}+\bar{x}\,\bar{y}$。在 d) 中，注意素隐含 $x\bar{z}$ 和 $\bar{x}\,\bar{y}$ 是本原素隐含，但素隐含 $\bar{y}\bar{z}$ 则不是本原素隐含，因为它覆盖的方格被其他两个素隐含覆盖了。   ◀

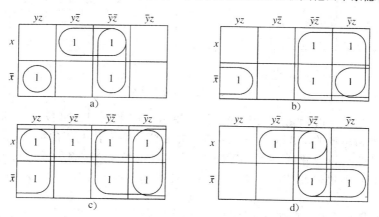

图 7   三变元卡诺图的使用

四变元卡诺图是被分成 16 个方格的正方形，这些方格代表由 4 个变元组成的 16 个可能的极小项。一种画四变元卡诺图的方法如图 8 所示。

两个方格是相邻的当且仅当它们表示的极小项只有一处字面值不一样。因此，每个方格都与另外 4 个方格相邻。4 个变元的积之和展开式的卡诺图可以认为是贴在圆环面上，因此相邻的方格具有公共的边界（见练习 28）。4 个变元的积之和展开式的化简也是通过识别一些块来实现的，这些块可能由 2、4、8 或 16 个方格组成，它们代表的极小项可以合并。每个表示极小项的方格都必须产生更少个字面值的积，或者包含在展开式中。在图 9 中，给出了一些块的例子，这些块表示 3 个字面值的积、2 个字面值的积或 1 个字面值的积。

就像 2 个或 3 个变元卡诺图一样，我们的目的也是在图中标出 1 构成的对应于素隐含的最大块，然后用最大块优先法则以最少的块覆盖所有的 1。总是使用最大可能块。例 4 说明了四变元卡诺图的使用。

	yz	$y\bar{z}$	$\bar{y}\bar{z}$	$\bar{y}z$
wx	$wxyz$	$wxy\bar{z}$	$wx\bar{y}\bar{z}$	$wx\bar{y}z$
$w\bar{x}$	$w\bar{x}yz$	$w\bar{x}y\bar{z}$	$w\bar{x}\bar{y}\bar{z}$	$w\bar{x}\bar{y}z$
$\bar{w}\bar{x}$	$\bar{w}\bar{x}yz$	$\bar{w}\bar{x}y\bar{z}$	$\bar{w}\bar{x}\bar{y}\bar{z}$	$\bar{w}\bar{x}\bar{y}z$
$\bar{w}x$	$\bar{w}xyz$	$\bar{w}xy\bar{z}$	$\bar{w}x\bar{y}\bar{z}$	$\bar{w}x\bar{y}z$

图 8　四变元卡诺图

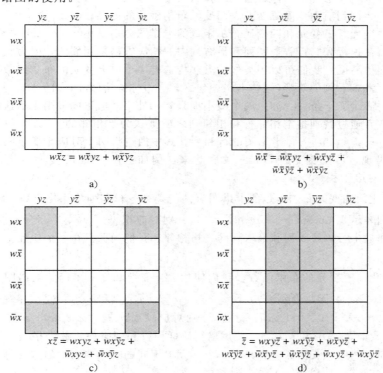

图 9　四变元卡诺图中的块

例 4　用卡诺图化简下列积之和展开式：

a)$wxyz+wxy\bar{z}+wx\bar{y}z+w\bar{x}yz+w\bar{x}\,\bar{y}z+w\bar{x}\,\bar{y}\,\bar{z}+\bar{w}x\,\bar{y}z+\bar{w}\bar{x}yz+\bar{w}\bar{x}y\,\bar{z}$

b)$wx\bar{y}\,\bar{z}+w\bar{x}yz+w\bar{x}y\,\bar{z}+w\bar{x}\,\bar{y}\,\bar{z}+\bar{w}x\,\bar{y}\,\bar{z}+\bar{w}\bar{x}y\,\bar{z}+\bar{w}\bar{x}\,\bar{y}\,\bar{z}$

c)$wxy\bar{z}+wx\bar{y}\,\bar{z}+w\bar{x}yz+w\bar{x}\bar{y}z+w\bar{x}\,\bar{y}\,\bar{z}+\bar{w}xyz+\bar{w}xy\,\bar{z}+\bar{w}x\,\bar{y}\,\bar{z}+\bar{w}\bar{x}\,\bar{y}z+\bar{w}\bar{x}y\,\bar{z}+\bar{w}\,\bar{x}\,\bar{y}\,\bar{z}$

解　这些展开式的卡诺图如图 10 所示。用所示的块可导出如下的积之和：a)$wyz+wx\bar{z}+w\bar{x}\,\bar{y}+\bar{w}\bar{x}y+\bar{w}x\,\bar{y}z$，b)$\bar{y}\bar{z}+w\bar{x}y+\bar{x}\bar{z}$，c)$\bar{z}+\bar{w}x+w\bar{x}y$。读者应该确定在每部分中是否有其他的块选择，这些块会导致表示这些布尔函数的不同积之和。

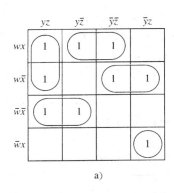 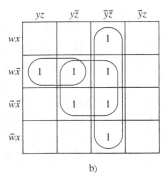 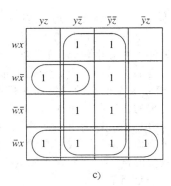

图 10　四变元卡诺图的使用

卡诺图可以实际用于化简五变元或六变元的布尔函数，但对更多变元的布尔函数就很少使用卡诺图了，因为它们非常复杂。然而，卡诺图中用到的概念在更新的算法中起着重要的作用。而且，掌握这些概念有助于理解这些新算法及实现算法的计算机辅助设计（CAD）程序。在介绍这些概念时会用到前面化简三变元、四变元布尔函数的内容。

用于化简两变元、三变元和四变元布尔函数的卡诺图分别是用 2×2、2×4 和 4×4 的矩形构建的。而且，在顶行和底行、最左列和最右列中的相应方格是相邻的，因为它们表示的极小项只有一处字面值不同。我们可以用类似的方法构造有 4 个以上变元的布尔函数卡诺图。我们使用包含 $2^{\lfloor n/2 \rfloor}$ 行和 $2^{\lceil n/2 \rceil}$ 列的矩形（这些卡诺图包含 2^n 个方格，因为 $\lceil n/2 \rceil + \lfloor n/2 \rfloor = n$）。其中行和列的安排需要满足如下条件：如果两个极小项只有一处字面值不同，则表示这两个极小项的方格是相邻的或者通过特别指定相邻行和相邻列之后被认为是相邻的。因此（但不只限于此原因），用格雷码（见 10.5 节）安排卡诺图的行和列。其中通过指明 1 对应于变量的出现和 0 对应于变量的补的出现，可以将比特串和积关联起来。例如，在一个 10 变元卡诺图中，格雷码 01110 标记的行对应于积 $\overline{x_1} x_2 x_3 x_4 \overline{x_5}$。

例 5　用于化简四变元布尔函数的卡诺图有两行两列。行和列均用格雷码 11、10、00、01 来安排。行分别表示积 wx、$w\overline{x}$、$\overline{w}\,\overline{x}$ 和 $\overline{w}x$。列分别对应积 yz、$y\overline{z}$、$\overline{y}\,\overline{z}$ 和 $\overline{y}z$。使用格雷码并且认为第 1 行和最末行、第 1 列和最末列的方格相邻，我们确保只在一个变元上不同的极小项总是相邻的。　◀

例 6　为了化简五变元的布尔函数，我们使用 $2^3 = 8$ 列和 $2^2 = 4$ 行的卡诺图。使用格雷码 11、10、00、01 标记 4 行，分别对应于 $x_1 x_2$、$x_1 \overline{x_2}$、$\overline{x_1}\,\overline{x_2}$ 和 $\overline{x_1} x_2$。使用格雷码 111、110、100、101、001、000、010、011 标记 8 列，分别对应项 $x_3 x_4 x_5$、$x_3 x_4 \overline{x_5}$、$x_3 \overline{x_4}\,\overline{x_5}$、$x_3 \overline{x_4} x_5$、$\overline{x_3}\,\overline{x_4} x_5$、$\overline{x_3}\,\overline{x_4}\,\overline{x_5}$、$\overline{x_3} x_4 \overline{x_5}$ 和 $\overline{x_3} x_4 x_5$。使用格雷码标记行和列确保相邻方格表示的极小项只在一个变元上不同。然而，要确保所有只在一个变元上不同的极小项表示的方格是相邻的，我们认为顶行和底行的方格是相邻的，第 1 列和第 8 列、第 1 列和第 4 列、第 2 列和第 7 列、第 3 列和第 6 列、第 5 列和第 8 列的方格是相邻的（读者可自行验证）。　◀

为了用卡诺图化简 n 变元的布尔函数，首先应画出合适大小的卡诺图。我们在积之和扩展式中的极小项对应的所有方格中放入 1，然后确定函数的所有素隐含。要做到这一点，我们寻找由 2^k 个聚簇方格（全包含 1）组成的块，其中 $1 \leqslant k \leqslant n$。这些块对应于 $n-k$ 个字面值的积。（练习 33 要求读者对此进行验证。）而且，若 2^k 个方格（全包含 1）的块没有包含在一个 2^{k+1} 个方格（全包含 1）组成的块中，则这 2^k 方格的块表示一个素隐含，因为通过删除一个字面值而得到的所有字面值积都不能用全是 1 的方格组成的块来表示。

例 7　在化简五变元布尔函数的卡诺图中，有一个表示两个字面值之积的 8 个方格全是 1 的块，若它没有包含在一个 16 个方格全是 1 且表示单个字面值的块中，则此块是素隐含的。　◀

一旦所有的素隐含确定后，我们的目标是找出具有如下性质的这些素隐含的最小可能子集：子集中的素隐含覆盖了卡诺图中所有包含 1 的方格。首先应选择本原素隐含，因为每个本原素隐含由一个块表示，这个块覆盖了不能由其他素隐含覆盖的是 1 的方格。然后增加其他素隐含以确保覆盖图中所有为 1 的方格。当变元的数量较大时，这最后一步会极为复杂。

12.4.3　无须在意的条件

在某些电路中，由于输入值的一些组合从未出现过，所以我们只关心电路对输入值的其他组合的输出，这使得我们在生产具有所需输出的电路时有很大自由，因为对于所有不出现的输入值的组合，其输出值可以任意选择。这种组合的函数值被称为**无须在意的条件**。在卡诺图中，对于那些其函数值可以任意选择的变元值组合，用 d 对其做记号。在化简过程中，我们可以将这些输入值的组合赋值 1，以便在卡诺图中得到最大的块。例 8 说明了这一点。

例 8　用二进制数字对十进制表达式进行编码的一种方法是对十进制表达式中的每一位，在编码的二进制表达式中用 4 位对其编码。例如，873 的编码为 100001110011。十进制表达式的这种编码方式称为**二进制编码的十进制展开式**。因为有 16 个 4 位二进制数，但只有 10 个十进制数字，所以还有 6 个 4 位二进制数没有用于对数进行编码。假设现在需要构造一个电路，如果十进制数大于或等于 5，则输出 1；若十进制数小于 5，则输出 0。怎么仅用与门、或门和反相器来构造这个电路？

解　以 $F(w, x, y, z)$ 表示此电路的输出，其中 $wxyz$ 是一个十进制数的二进制扩展式。F 的值如表 1 所示，图 11a 是 F 的卡诺图，其中无须在意位置都是 d。我们可以将 d 包括在块中或者将它剔除，这样块就有很多可能的选择。例如，如果剔除所有的 d 方格，则形成如图 11b 所示的块，所产生的表达式为 $w\,\overline{x}\,\overline{y} + \overline{w}xy + \overline{w}xz$。如果包括某些 d 而剔除其余的，则形成的块如图 11c 所示，且所产生的表达式为 $w\,\overline{x} + \overline{w}xy + x\,\overline{y}z$。最后，如果包括所有的 d 块，且使用如图 11d 所示的块，则产生最简单的积之和展开式，即 $F(x, y, z) = w + xy + xz$。

表 1

数字	w	x	y	z	F	数字	w	x	y	z	F
0	0	0	0	0	0	5	0	1	0	1	1
1	0	0	0	1	0	6	0	1	1	0	1
2	0	0	1	0	0	7	0	1	1	1	1
3	0	0	1	1	0	8	1	0	0	0	1
4	0	1	0	0	0	9	1	0	0	1	1

12.4.4　奎因-莫可拉斯基方法

我们已经看到，可以用卡诺图将布尔函数展开为形如积之和的极小表达式。但当变元超过 4 个时，卡诺图就变得难以使用。而且，卡诺图的使用还要依赖于用目测方法将项分成组。鉴于这些原因，需要可以机械化的过程来化简积之和展开式。奎因-莫可拉斯基方法就是这样一种过程，它可以用于含有任意多个变元的布尔函数。此方法是由 W. V 奎因和 E. J 莫可拉斯基于 20 世纪 50 年代提出的。奎因-莫可拉斯基方法由两部分组成，第一部分寻找可能包含在积之和的最小展开式中的候选项，第二部分才确定将真正使用哪些项。下面用例 9 来说明这个过程是怎样通过将隐含合并到含有更少字面值的隐含来进行的。

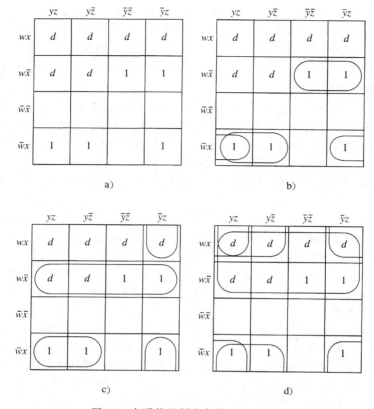

图 11   表明其无须在意位置的卡诺图

例 9   下面说明怎么用奎因-莫可拉斯基方法寻找等价于 $xyz + x\,\overline{y}\,\overline{z} + \overline{x}yz + \overline{x}\,\overline{y}z + \overline{x}\,\overline{y}\,\overline{z}$ 的极小展开式。

我们用比特串来表示此展开式中的极小项。如果 x 出现，则第一位为 1；如果 $\overline{x}$ 出现，则第一位为 0。如果 y 出现，则第二位为 1；如果 $\overline{y}$ 出现，则第二位为 0。如果 z 出现，则第三位为 1；如果 $\overline{z}$ 出现，则第三位为 0。然后根据对应比特串中 1 的个数来对这些项进行分组。这些信息如表 2 所示。

可以合并的极小项只有一处字面值不同。所以，对于两个可以合并的极小项，在表示它们的比特串中 1 的个数仅相差 1。当两个极小项合并成

表   2

极小项	比特串	1 的个数
xyz	111	3
$x\,\overline{y}\,z$	101	2
$\overline{x}\,yz$	011	2
$\overline{x}\,\overline{y}\,z$	001	1
$\overline{x}\,\overline{y}\,\overline{z}$	000	0

爱德华·莫可拉斯基（Edward J. McCluskey，1929—）   莫可拉斯基生于 1929 年，就读于鲍登学院和麻省理工学院，并于 1956 年获得麻省理工学院电子工程学博士学位。1955 年，莫可拉斯基进入贝尔电话实验室，并在那里工作了五年。1959 年到 1966 年，莫可拉斯基在普林斯顿大学担任电子工程学教授，并在 1961 年到 1966 年期间兼任普林斯顿大学计算中心主任一职。1967 年，他在斯坦福大学担任计算机科学和电子工程学教授，并于 1969 年到 1978 年期间，担任数字系统实验室的主任。莫可拉斯基的研究范围很广泛，涉及计算机科学的许多领域，包括容错计算、计算机体系结构、测试和逻辑设计。他现在是斯坦福大学可靠性计算中心的主任，同时也是美国计算机协会的会员。

一个积时，这个积只含有两个字面值。两个字面值的积可以如下表示：以短划线来表示没有出现的变元。例如，比特串 101 和 001 所表示的极小项 $x\bar{y}z$ 和 $\bar{x}\,\bar{y}z$ 可以合并成 $\bar{y}z$，而 $\bar{y}z$ 可以用比特串-01 表示。表 3 列出了所有可以合并的成对极小项以及它们合并后所产生的积。

下一步，对于由两个字面值构成的积，如果两个这样的积能够合并，则将它们合并成一个字面值。两个这样的积能够合并的条件是：它们所包含的字面值是两个相同变元的字面值，并且只有其中一个变元的字面值不一致。就表示这些积的串来说，它们必定在相同位置有一个短划线，且在其余的两个位置中必定有一个位置的内容不相同。我们可以将比特串-11 和-01 所表示的积 yz 和 $\bar{y}z$ 合并成 z，并用串--1 表示。所有能够以这种方式合并的项如表 3 所示。

表　3

	项	比特串	步骤 1 项	比特串	步骤 2 项	比特串
1	xyz	111	(1, 2) xz	1-1	(1, 2, 3, 4) z	--1
2	$x\bar{y}z$	101	(1, 3) yz	-11		
3	$\bar{x}yz$	011	(2, 4) $\bar{y}z$	-01		
4	$\bar{x}\,\bar{y}z$	001	(3, 4) $\bar{x}z$	0-1		
5	$\bar{x}\,\bar{y}\,\bar{z}$	000	(4, 5) $\bar{x}\,\bar{y}$	00-		

在表 3 中，我们还指出了哪些项可以用来形成更少字面值的积，在极小展开式中不需要这些项。下一步是找出积的一个极小集合，使之可以用来表示此布尔函数。我们从那些还没有被用来形成更少字面值之积的积着手。再下一步，我们构造表 4，通过合并原来项所形成的每一个候选积构成此表的行，原来的项构成列。如果积之和展开式中原来的项被用来形成这个候选积，则在相应的位置打上×，此时称此候选项**覆盖**了原来的极小项。我们需要至少一个积，它覆盖原来的每一个极小项。因此，一旦此表的某一列只有一个×，则此×所在的行所对应的积必定被使用。从表 4 可以看出，z 和 $\bar{x}\,\bar{y}$ 都是必需的。所以，最后的答案是 $z+\bar{x}\,\bar{y}$。 ◀

表　4

	xyz	$x\bar{y}z$	$\bar{x}yz$	$\bar{x}\,\bar{y}z$	$\bar{x}\,\bar{y}\,\bar{z}$
z	×	×	×	×	
$\bar{x}\,\bar{y}$				×	×

Links ▶

Courtesy of Douglas Quine

威拉德·冯·奥曼·奎因（Willard Van Orman Quine，1908—2000）　奎因生于俄亥俄州阿克伦郡，早年就读于奥柏林学院，之后考入哈佛大学，并于 1932 年获得哲学博士学位。1933 年，他成为哈佛大学的初级研究员，3 年后他在该学院任职并执教终身。第二次世界大战期间，他在美国海军服役，破译来自德国潜艇的密码。奎因对算法有着浓厚的兴趣，而不是硬件方面。他发明的"奎因-莫可拉斯基方法"在当时是一种数理逻辑的教学设备，而不仅仅是化简开关电路的方法。奎因是 20 世纪最著名的哲学家之一。他对知识理论、数理逻辑、集合论以及语言和逻辑哲学都做出了重要的贡献。他 1937 年出版的《数理逻辑的新基础》（*New Foundations of Mathematical Logic*）和 1960 年出版的《词语和对象》（*Word and Object*）都有着深远的影响。1978 年他从哈佛大学退休后，继续奔波于办公室和他在比根山住所之间。他一生都在使用 1927 年生产的雷明顿打字机，也正是用该打字机他完成了博士论文。他甚至对此打字机做了改造：增加了一些特殊符号，去掉了第二句号、第二逗号和问号。当他被问到是否漏掉了问号时，他回答说："你看，我只做确定的事。"《新黑客词典》（*New Hacker's Dictionary*）中用奎因的姓名命名了一个新词即"奎因"，其含义是能复制其源代码作为完整输出的一个程序。对黑客而言，用特定的程序语言产生最短的奎因是个非常流行的难题。

就像例9所说明的那样，奎因-莫可拉斯基方法用下面一系列步骤来化简一个积之和展开式。

1）将由 n 个变元构成的每一个极小项表示成一个长度为 n 的比特串。如果 x_i 出现，则比特串的第 i 个位置为1；如果 $\overline{x_i}$ 出现，则比特串的第 i 个位置为0。

2）根据比特串中1的个数将串分组。

3）确定所有这样 $n-1$ 个变元的积，它们可以通过取展开式中极小项的布尔和得到。将能够合并的极小项表示成比特串，且这些串只在一个位置不相同。将这些 $n-1$ 个变元的积用如下的串表示：如果 x_i 出现在此积中，则此串的第 i 个位置为1；如果 $\overline{x_i}$ 出现在此积中，则此串的第 i 个位置为0；如果此积中没有涉及 x_i 的字面值，则此位置为短划线。

4）确定所有这样 $n-2$ 个变元的积，它们可以取在前一个步骤形成的 $n-1$ 个变元的积的布尔和。将能够合并的 $n-1$ 个变元的积表示成如下的串：在同一位置有一个短划线，且只在一个位置不相同。

5）只要可能，继续将布尔积合并成更少变元的积。

6）找到所有这样的布尔积：它们虽然出现，但还没有被用来形成少一个字面值的布尔积。

7）找到这些布尔积的最小集合，使得这些积之和表示此布尔函数。这可以用如下方法来完成：构造一个表，列出哪些积覆盖了哪些极小项。每一个极小项必定被至少一个积覆盖。使用此表的第一步是找到所有的本原素隐含。每个本原素隐含必须被包含，因为它是覆盖某个极小项的唯一素隐含。如果找到了本原素隐含，就可以通过除去由此素隐含覆盖的极小项的行化简此表。第二步是去掉所有满足如下条件的素隐含，此素隐含覆盖一个极小项集合，此极小项集合被另一个素隐含覆盖（读者应该证明）。第三步是从表中去掉满足如下条件的极小项所在的行，覆盖此极小项的某些素隐含也覆盖另一个极小项。首先找到必须被包含的本原素隐含，然后去掉冗余的素隐含，最后找到可以被忽略的极小项，迭代此过程直到此表不再改变为止。这里使用回溯过程寻找最优解，为覆盖所有的字面值积逐步添加素隐含以寻找可能的解，在每一步都与已经找到的最优解进行比较。

最后一个例子说明了怎么用这个过程来化简4个变元的积之和展开式。

例10 用奎因-莫可拉斯基法化简积之和展开式 $wxy\overline{z}+w\overline{x}\,yz+w\overline{x}\,y\,\overline{z}+\overline{w}xyz+\overline{w}x\,\overline{y}z+\overline{w}\,\overline{x}yz+\overline{w}\,\overline{x}\,\overline{y}z$。

解 首先将极小项表示成比特串，然后根据比特串中1的个数来对项进行分组，如表5所示。表6给出了所有由这些积的布尔和得到的布尔积。

表 5

项	比特串	1的个数
$wxy\overline{z}$	1110	3
$w\overline{x}\,yz$	1011	3
$\overline{w}xyz$	0111	3
$w\overline{x}\,y\,\overline{z}$	1010	2
$\overline{w}x\,\overline{y}z$	0101	2
$\overline{w}\,\overline{x}\,yz$	0011	2
$\overline{w}\,\overline{x}\,\overline{y}z$	0001	1

表 6

	项	比特串	步骤 1			步骤 2	
			项	项	比特串	项	比特串
1	$wxy\overline{z}$	1110	(1, 4)	$wy\overline{z}$	1-10	(3, 5, 6, 7)	$\overline{w}z$	0--1
2	$w\overline{x}\,yz$	1011	(2, 4)	$w\overline{x}\,y$	101-		
3	$\overline{w}xyz$	0111	(2, 6)	$\overline{x}\,yz$	-011		

（续）

| | 项 | 比特串 | 步骤 1 | | | 步骤 2 | |
			项	比特串		项	比特串
4	$w\bar{x}\,y\,\bar{z}$	1010	(3，5)	$\bar{w}\,xz$	01-1		
5	$\bar{w}\,x\,\bar{y}\,z$	0101	(3，6)	$\bar{w}\,yz$	0-11		
6	$\bar{w}\,\bar{x}\,yz$	0011	(5，7)	$\bar{w}\,\bar{y}\,z$	0-01		
7	$\bar{w}\,\bar{x}\,\bar{y}\,z$	0001	(6，7)	$\bar{w}\,\bar{x}\,z$	00-1		

　　没有被用来形成更少变元之积的只有$\bar{w}z$、$wy\bar{z}$、$w\bar{x}y$ 和$\bar{x}yz$。表 7 表明了每个这样的积覆盖的极小项。为覆盖这些极小项，必须包括$\bar{w}z$ 和$wy\bar{z}$，因为它们是分别覆盖$\bar{w}xyz$ 和$wxy\bar{z}$的唯一的积。一旦将这两个积包括进来，我们就可以看到，剩下的两个积中只有一个是必要的。因此，$\bar{w}z+wy\bar{z}+w\bar{x}y$ 或者$\bar{w}z+wy\bar{z}+\bar{x}yz$ 都可以被看作最后答案。　◄

表　7

	$wxy\bar{z}$	$w\bar{x}\,yz$	$\bar{w}\,xyz$	$w\bar{x}\,y\bar{z}$	$\bar{w}\,x\bar{y}\,z$	$\bar{w}\,\bar{x}\,yz$	$\bar{w}\,\bar{x}\,\bar{y}\,z$
$\bar{w}z$			$\times$		$\times$	$\times$	$\times$
$wy\bar{z}$	$\times$			$\times$			
$w\bar{x}y$		$\times$		$\times$			
$\bar{x}\,yz$		$\times$				$\times$	

练习

1. a) 画出二变元函数的卡诺图，并在表示$\bar{x}y$ 的方格中放置 1。

　　b) 与上述方格相邻的方格所表示的极小项是什么？

2. 寻找下列每个卡诺图所表示的积之和展开式。

3. 画出下列两个变元的积之和展开式的卡诺图：

　　a) $x\bar{y}$ 　　　　　b) $xy+\bar{x}\,\bar{y}$ 　　　　c) $xy+x\bar{y}+\bar{x}y+\bar{x}\,\bar{y}$

4. 用卡诺图找出下列关于变元 x 和 y 的布尔函数的极小展开式，且此展开式具有积之和的形式。

　　a) $\bar{x}y+\bar{x}\,\bar{y}$ 　　　　b) $xy+x\bar{y}$ 　　　　c) $xy+x\bar{y}+\bar{x}y+\bar{x}\,\bar{y}$

5. a) 画出三变元函数的卡诺图，并在表示$\bar{x}y\,\bar{z}$的方格中放置 1。

　　b) 与上述方格相邻的方格表示的极小项是什么？

6. 对于下列电路图，用卡诺图画出具有相同输出的更简单的电路图。

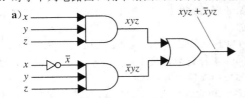
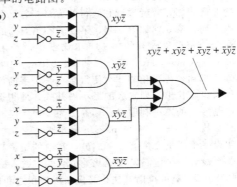

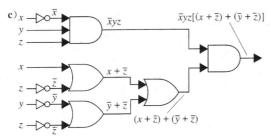

7. 画出下列三变元积之和展开式的卡诺图：

    a) $x \, \overline{y} \, \overline{z}$ **b)** $\overline{x} y z + \overline{x} \, \overline{y} \, \overline{z}$ **c)** $x y z + x y \overline{z} + \overline{x} \, y \, \overline{z} + \overline{x} \, \overline{y} \, \overline{z}$

8. 构造 $F(x, y, z) = xz + yz + xy\overline{z}$ 的卡诺图。使用此卡诺图找出 $F(x, y, z)$ 的隐含、素隐含和本原素隐含。

9. 构造 $F(x, y, z) = x\overline{z} + xyz + y\overline{z}$ 的卡诺图。使用此卡诺图找出 $F(x, y, z)$ 的隐含、素隐含和本原素隐含。

10. 画一个 3 立方体 Q_3，用布尔变元 x、y 和 z 组成的极小项标记每一个顶点，这些项与顶点表示的比特串关联。对这些变元中的每一个字面值，指出哪个 2 立方体 Q_2 表示这个字面值且是 Q_3 的子图。

11. 画一个 4 立方体 Q_4，用布尔变元 w、x、y 和 z 组成的极小项标记每一个顶点，这些项与顶点表示的比特串关联。对这些变元中的每一个字面值，指出哪个 3 立方体 Q_3 表示这个字面值且是 Q_4 的子图。指出哪个 2 立方体 Q_2 表示积 wz、$\overline{x}y$ 和 $\overline{y} \, \overline{z}$ 且是 Q_4 的子图。

12. 用卡诺图找出下列关于变元 x、y 和 z 的函数的一个极小展开式，且此展开式具有积之和的形式。

    a) $\overline{x} y z + \overline{x} \, \overline{y} z$ **b)** $x y z + x y \overline{z} + \overline{x} y z + \overline{x} \, \overline{y} \, \overline{z}$

    c) $x y \overline{z} + x \, \overline{y} z + x \, \overline{y} \, \overline{z} + \overline{x} y z + \overline{x} \, \overline{y} z$ **d)** $x y z + x \, \overline{y} z + x \, \overline{y} \, \overline{z} + \overline{x} y z + \overline{x} y \, \overline{z} + \overline{x} \, \overline{y} \, \overline{z}$

13. **a)** 画出四变元函数的卡诺图，并在 $\overline{w} x y \overline{z}$ 所表示的方格中填入 1。

    b) 与上述方格相邻的方格表示的极小项是什么？

14. 用卡诺图找出下列关于变元 w、x、y 和 z 的函数的一个极小展开式，且此展开式具有积之和的形式。

    a) $w x y z + w x \, \overline{y} z + w x \, \overline{y} \, \overline{z} + w \, \overline{x} y \, \overline{z} + w \, \overline{x} \, \overline{y} \, \overline{z}$

    b) $w x y \overline{z} + w x \, \overline{y} z + w \, \overline{x} y z + \overline{w} x \, \overline{y} z + \overline{w} \, \overline{x} y \overline{z} + \overline{w} \, \overline{x} \, \overline{y} z$

    c) $w x y z + w x y \overline{z} + w x \, \overline{y} z + w \, \overline{x} \, \overline{y} z + w \, \overline{x} \, \overline{y} \, \overline{z} + \overline{w} x \, \overline{y} z + \overline{w} \, \overline{x} y \overline{z} + \overline{w} \, \overline{x} \, \overline{y} z$

    d) $w x y z + w x y \overline{z} + w x \, \overline{y} z + w \, \overline{x} y z + w \, \overline{x} y \, \overline{z} + \overline{w} x y z + \overline{w} y z + \overline{w} \, \overline{x} y \, \overline{z} + \overline{w} \, \overline{x} \, \overline{y} z$

15. 在表示五变元布尔函数的卡诺图中，找出对应于下列积的方格。

    a) $x_1 x_2 x_3 x_4$ **b)** $\overline{x}_1 x_3 x_5$ **c)** $x_2 x_4$

    d) $\overline{x}_3 \, \overline{x}_4$ **e)** x_3 **f)** $\overline{x}_5$

16. 在六变元布尔函数的卡诺图中，表示 x_1、$\overline{x}_1 x_6$、$\overline{x}_1 x_2 \, \overline{x}_6$、$x_2 x_3 x_4 x_5$ 和 $x_1 \, \overline{x}_2 x_4 \, \overline{x}_5$ 分别需要多少个方格？

17. **a)** 六变元函数的卡诺图具有多少个方格？

    b) 在六变元函数的卡诺图中，对于任意给定的一个方格，有多少个方格与之相邻？

18. 证明：在五变元布尔函数的卡诺图中，两个极小项恰在一个字面值处不同当且仅当表示这些极小项的方格相邻，或者顶行和底行的方格相邻，第 1 列和第 8 列的方格相邻，第 1 列和第 4 列，第 2 列和第 7 列、第 3 列和第 6 列、第 5 列和第 8 列的方格相邻。

19. 在六变元布尔函数的 4×16 卡诺图中，若用格雷码 1111、1110、1010、1011、1001、1000、0000、0001、0011、0010、0110、0111、0101、0100、1100、1101 标记列，用 11、10、00、01 标记行，则哪些行和列应当相邻才可使得恰在一个字面值处不同的极小项的方格相邻？

*20. 用卡诺图找出下列函数的极小展开式，使得此展开式具有积之和的形式，这些函数满足其输入为十进制数字的二进制编码，其输出为 1 当且仅当对应于输入的数为

    a) 奇数   **b)** 不可由 3 整除   **c)** 不是 4、5 或 6

*21. 假设一个委员会中有 5 个成员，其中的施密斯和琼斯的投票总与马库斯的投票相反。试用这个投票关系设计一个电路，实现此委员会的多数表决器。

22. 使用奎因−莫可拉斯基法化简例 3 中的积之和展开式。

23. 使用奎因-莫可拉斯基法化简练习 12 中的积之和展开式。

24. 使用奎因-莫可拉斯基法化简例 4 中的积之和展开式。

25. 使用奎因-莫可拉斯基法化简练习 14 中的积之和展开式。

*26. 试解释怎么用卡诺图方法简化 3 个变元的和之积展开式。[提示：用 0 来标记展开式的极大项，然后构造极大项的块。]

27. 用练习 26 的方法化简和之积展开式 $(x+y+z)(x+y+\bar{z})(x+\bar{y}+\bar{z})(x+\bar{y}+z)(\bar{x}+y+z)$。

*28. 在圆环面上画出 4 个布尔变元的 16 个极小项的卡诺图。

29. 用或门、与门和反相器构造一个电路，使得当输入的十进制数字可以被 3 整除时输出 1，否则输出 0。其中输入的十进制数字是二进制编码的十进制展开式。

对于练习 30~32，在所给的卡诺图中，d 表示无须在意的条件。试找出它们的极小积之和展开式。

30.

	yz	$\bar{y}z$	$\bar{y}\bar{z}$	$y\bar{z}$
wx	d	1	d	1
$w\bar{x}$		d	d	
$\bar{w}\bar{x}$		d	1	
$\bar{w}x$		1	d	

31.

	yz	$\bar{y}z$	$\bar{y}\bar{z}$	$y\bar{z}$
wx	1	1		
$w\bar{x}$		d	1	
$\bar{w}\bar{x}$		1	d	
$\bar{w}x$	d			d

32.

	yz	$\bar{y}z$	$\bar{y}\bar{z}$	$y\bar{z}$
wx		d	d	1
$w\bar{x}$	d	d	d	
$\bar{w}\bar{x}$				
$\bar{w}x$	1	1	1	d

33. 证明：k 个字面值的积对应于 n 立方体 Q_n 的 2^{n-k} 维子立方体，其中立方体的顶点对应于标识顶点的比特串表示的极小项，如 10.2 节例 8 的描述。

关键术语和结论

术语

布尔变元（Boolean variable）：只取 0 或 1 值的变元。

$\bar{x}$（x 的补，complement of x）：一个表达式，当 x 取值 0 时，它取值 1；当 x 取值 1 时，它取值 0。

$x \cdot y$（或 xy）（x 与 y 的布尔积或合取，Boolean product or conjunction of x and y）：一个表达式，当 x 和 y 都取值 1 时，它取值 1；否则取值 0。

$x+y$（x 与 y 的布尔和或析取，Boolean sum or disjunction of x and y）：一个表达式，当 x 或 y 取值 1 时，或者当 x 和 y 都取值 1 时，它取值 1；否则取值 0。

布尔表达式（Boolean expressions）：如下递归得到的表达式：0，1，x_1，$\cdots$，x_n 是布尔表达式；且如果 E_1 和 E_2 是布尔表达式，则 $\overline{E_1}$、(E_1+E_2) 和 (E_1E_2) 也是布尔表达式。

布尔表达式的对偶（dual of a Boolean expression）：通过交换＋号和·号、0 和 1 得到的表达式。

n 元布尔函数（Boolean function of degree n）：从 B^n 到 B 的函数，其中 $B=\{0, 1\}$。

布尔代数（Boolean algebra）：具有两个二元运算 $\vee$ 和 $\wedge$、元素 0 和 1、一元补运算符 $^-$ 的集合，它满足同一律、补律、结合律、交换律和分配律。

布尔变元 x 的字面值（literal of the Boolean variable x）：或者为 x，或者为 $\bar{x}$。

x_1，x_2，$\cdots$，x_n 的极小项（minterm of x_1，x_2，$\cdots$，x_n）：布尔积 $y_1 y_2 \cdots y_n$，其中每个 y_i 或为 x_i 或为 $\bar{x}_i$。

积之和展开式（或析取范式，sum-of-products expansion or disjunctive normal form）：形如极小项之析取的布尔函数的表示。

函数完备的（functionally complete）：如果每个布尔函数都能由一些布尔运算符表示，则称这些布尔运算符的集合是函数完备的。

$x \mid y$（或 x **NAND** y，$x \mid y$ or x **NAND** y）：一个表达式，当 x 和 y 都取值 1 时，它取值 0；否则取值 1。

$x \downarrow y$（或 x **NOR** y，$x \downarrow y$, or x **NOR** y）：一个表达式，当 x 或 y 取值 1 时，或 x 和 y 都取值 1 时，它取值 0；否则取值 1。

反相器（inverter）：一种装置，它以布尔变元的值作为输入，产生输入的补。

或门（OR gate）：一种装置，它以两个或更多布尔变元的值作为输入，输出它们的布尔和。

与门（AND gate）：一种装置，它以两个或更多布尔变元的值作为输入，输出它们的布尔积。

半加法器（half adder）：一种电路，它将两个二进制数字相加，产生一个和位与一个进位。

全加法器（full adder）：一种电路，它将两个二进制数字及一个进位相加，产生一个和位与一个进位。

n 个变元的卡诺图（K-map for n variables）：被分成 2^n 个方格的矩形，每个方格表示这些变元的一个极小项。

布尔函数的最小化(minimization of a Boolean function)：把布尔函数表示为积之和，其中包含的积最少，而且这些积包含的字面值也最少，是此函数的所有积之和表示中包含字面值最少的。

布尔函数的隐含(implicant of a Boolean function)：满足下述条件的字面值积：如果字面值积为 1，那么布尔函数的值为 1。

布尔函数的素隐含(prime implicant of a Boolean function)：布尔函数的隐含字面值积，而且删除一个字面值之后得到字面值积不再是此函数的隐含。

布尔函数的本原素隐含(essential prime implicant of a Boolean function)：布尔函数的素隐含，而且必须包括在这个函数的最小化中。

无须在意的条件(don't care condition)：电路的一组输入值，电路中不可能也不会出现这样的输入。

结论

布尔代数中的恒等式(见 12.1 节的表 5)。

对于布尔表达式表示的布尔函数间的任意等式，如将等式的两边取对偶，则等式依然成立。

每个布尔函数都可由积之和展开式表示。

集合 $\{+, ^-\}$ 和 $\{\cdot, ^-\}$ 都是函数完备的。

集合 $\{\downarrow\}$ 和 $\{|\}$ 都是函数完备的。

使用卡诺图来极小化布尔表达式。

使用奎因-莫可拉斯基法来极小化布尔表达式。

复习题

1. 给出 n 元布尔函数的定义。

2. 有多少个 2 元布尔函数？

3. 给出布尔表达式集合的递归定义。

4. a) 什么是布尔表达式的对偶？

   b) 什么是对偶原理？怎么应用它找到关于布尔表达式的新的恒等式？

5. 试解释怎么构造一个布尔函数的积之和展开式。

6. a) "由运算符构成的集合是函数完备的"是什么含义？

   b) 集合 $\{+, \cdot\}$ 是函数完备的吗？

   c) 有没有单运算符构成的集合是函数完备的？

7. 试解释怎么用或门、与门和反相器构造一个电路，它用两个开关控制一盏灯。

8. 用或门、与门和反相器构造一个半加法器。

9. 是否有这样一种逻辑门，用它可以构造或门、与门和反相器所能构造的所有电路？

10. a) 解释怎么用卡诺图来化简 3 个布尔变元的积之和展开式。

   b) 用卡诺图化简积之和展开式 $xyz + x\,\overline{y}z + x\,\overline{y}\,\overline{z} + \overline{x}yz + \overline{x}\,\overline{y}\,\overline{z}$。

11. a) 解释怎么用卡诺图来化简 4 个布尔变元的积之和展开式。

   b) 用卡诺图化简积之和展开式 $wxyz + wxy\,\overline{z} + wx\,\overline{y}z + wx\,\overline{y}\,\overline{z} + w\,\overline{x}yz + w\,\overline{x}\,\overline{y}z + \overline{w}xyz + \overline{w}\,\overline{x}yz + \overline{w}\,\overline{x}\,\overline{y}z$。

12. a) 什么是无须在意的条件？

   b) 试解释怎么用无须在意的条件由或门、与门和反相器构造这样一个电路，当十进制数字大于等于 6 时输出 1，当这个数字小于 6 时输出 0。

13. a) 试解释怎么用奎因-莫克拉斯基方法来化简积之和展开式。

   b) 用这个方法化简 $xyz\,\overline{z} + x\,\overline{y}\,\overline{z} + \overline{x}y\,\overline{z} + \overline{x}\,\overline{y}\,\overline{z} + \overline{x}\,\overline{y}\,\overline{z}$。

补充练习

1. 对于布尔变元 x、y 和 z 的哪些值使下式成立？

   a) $x + y + z = xyz$ 　　　**b)** $x(y+z) = x + yz$ 　　　**c)** $\overline{x}\,\overline{y}\,\overline{z} = x + y + z$

2. 设 x 和 y 属于 $\{0, 1\}$。如果存在 $\{0, 1\}$ 中的值 z 使得下式之一成立，能否得到 $x = y$ 的结论？

a)$xz=yz$　　　　　b)$x+z=y+z$　　　　c)$x \oplus z=y \oplus z$

d)$x \downarrow z=y \downarrow z$　　　e)$x \mid z=y \mid z$

布尔函数 F 称为是**自对偶的**当且仅当 $F(x_1, \cdots, x_n)=\overline{F(\overline{x_1}, \cdots, \overline{x_n})}$。

3. 下列函数哪些是自对偶的?

　　a)$F(x, y)=x$　　　　　　　　　　b)$F(x, y)=xy+\overline{x}\,\overline{y}$

　　c)$F(x, y)=x+y$　　　　　　　　　d)$F(x, y)=xy+\overline{x}y$

4. 试给出一个三变元自对偶布尔函数的例子。

* **5.** 有多少个 n 元布尔函数是自对偶的?

　　在 n 元布尔函数构成的集合上, 定义关系 $\leqslant$ 使得, $F \leqslant G$ 当且仅当若 $F(x_1, x_2, \cdots, x_n)=1$ 就有 $G(x_1, x_2, \cdots, x_n)=1$。

6. 对于下列函数对, 确定是否有 $F \leqslant G$ 或 $G \leqslant F$。

　　a)$F(x, y)=x,\ G(x, y)=x+y$　　　　　b)$F(x, y)=x+y,\ G(x, y)=xy$

　　c)$F(x, y)=\overline{x},\ G(x, y)=x+y$

7. 设 F 和 G 是 n 元布尔函数, 证明:

　　a)$F \leqslant F+G$　　　　　　b)$FG \leqslant F$

8. 设 F、G 和 H 都是 n 元布尔函数。证明: $F+G \leqslant H$ 当且仅当 $F \leqslant H$ 且 $G \leqslant H$。

* **9.** 证明: $\leqslant$ 关系是 n 元布尔函数集合上的一个偏序关系。

* **10.** 画出由 16 个 2 元布尔函数(如 12.1 节表 3 所示)组成的集合在偏序 $\leqslant$ 下的哈斯图(Hasse diagram)。

* **11.** 对于下列每个等式, 或者证明其为恒等式, 或者找到变元的一组值使之不成立。

　　a)$x \mid (y \mid z)=(x \mid y) \mid z$

　　b)$x \downarrow (y \downarrow z)=(x \downarrow y) \downarrow (x \downarrow z)$

　　c)$x \downarrow (y \mid z)=(x \downarrow y) \mid (x \downarrow z)$

定义布尔运算符 $\odot$: $1 \odot 1=1$, $1 \odot 0=0$, $0 \odot 1=0$, $0 \odot 0=1$。

12. 证明 $x \odot y=xy+\overline{x}\,\overline{y}$。

13. 证明 $x \odot y=\overline{(x \oplus y)}$。

14. 证明下列各等式成立。

　　a)$x \odot x=1$　　　　　b)$x \odot \overline{x}=0$　　　　　c)$x \odot y=y \odot x$

15. $(x \odot y) \odot z=x \odot (y \odot z)$是否总成立?

* **16.** 确定集合$\{\odot\}$是否函数完备。

* **17.** 在 16 个两变元 x 和 y 的布尔函数中, 有多少个能够用下列运算符、变元 x 和 y 以及值 0 和 1 来表示?

　　a)$\{^-\}$　　　　　b)$\{\cdot\}$　　　　　c)$\{+\}$　　　　　d)$\{\cdot, +\}$

用来表示**异或门**(XOR gate)的符号如下, 它从 x 和 y 产生输出 $x \oplus y$。

18. 确定下列电路 a 和 b 的输出。

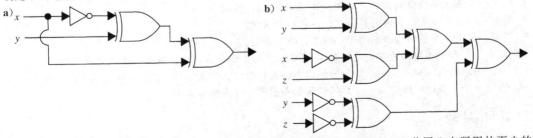

19. 如果除了或门、与门和反相器之外, 还可以使用异或门, 说明怎么用比 12.3 节图 8 中所用的更少的门来构造一个半加法器。

20. 试设计一个电路来确定在一个四人委员会中是否有三人或更多的人就某事投了赞成票, 其中的每个人用一个开关来投票。

给定布尔变元 x_1，x_2，$\cdots$，x_n 的一组输入值，**阈值门**产生输出 y，其中 y 为 0 或 1。每个阈值门都有一个阈值 T 以及一组权 w_1，w_2，$\cdots$，w_n，其中 T 和 w_1，w_2，$\cdots$，w_n 都是实数。阈值门的输出 y 是 1 当且仅当 $w_1 x_1 + w_2 x_2 + \cdots + w_n x_n \geq T$。具有阈值 T 和权 w_1，w_2，$\cdots$，w_n 的阈值门如下图所示。阈值门对于神经生理学和人工智能的建模都非常有用。

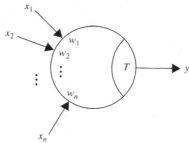

21. 阈值门表示了一个布尔函数。试找出由下面阈值门表示的布尔函数的布尔表达式。

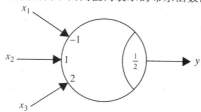

22. 能够由阈值门表示的布尔函数称为**阈值函数**。证明下列每个函数都是阈值函数。

    a) $F(x) = \overline{x}$ **b)** $F(x, y) = x + y$ **c)** $F(x, y) = xy$

    d) $F(x, y) = x \mid y$ **e)** $F(x, y) = x \downarrow y$ **f)** $F(x, y, z) = x + yz$

    g) $F(w, x, y, z) = w + xy + z$ **h)** $F(w, x, y, z) = wxz + x\overline{y}$

* 23. 证明：$F(x, y) = x \oplus y$ 不是阈值函数。

* 24. 证明：$F(w, x, y, z) = wx + yz$ 不是阈值函数。

计算机课题

按给定的输入和输出写程序。

1. 给定两个布尔变元 x 和 y 的值，计算 $x + y$、xy、$x \oplus y$、$x \mid y$ 和 $x \downarrow y$ 的值。

2. 构造一个表，列出所有 256 个 3 元布尔函数的值。

3. 给定一个 n 元布尔函数的所有值，其中 n 是正整数，构造这个函数的积之和展开式。

4. 给定一个布尔函数值的列表，只用运算符 · 和 ˉ 表示这个函数。

5. 给定一个布尔函数值的列表，只用运算符 + 和 ˉ 表示这个函数。

* 6. 给定一个布尔函数值的列表，只用运算符 $\mid$ 表示这个函数。

* 7. 给定一个布尔函数值的列表，只用运算符 $\downarrow$ 表示这个函数。

8. 给定一个 3 元布尔函数值的列表，构造它的卡诺图。

9. 给定一个 4 元布尔函数值的列表，构造它的卡诺图。

** 10. 给定一个布尔函数值的列表，用奎因-莫可拉斯基方法寻找这个函数的极小积之和表示。

11. 对于一个阈值门和 n 个布尔变元的值作为输入，给定它的阈值和一组权，确定这个门的输出。

12. 给定一个正整数，构造一个 n 元随机布尔表达式，且为析取范式。

计算和探索

用一个计算程序或你自己编写的程序做下列的练习。

1. 计算 7、8、9、10 元布尔函数的个数。

2. 构造 3 元布尔函数的表。

3. 构造 4 元布尔函数的表。

4. 将每个不同的三元布尔表达式表示成仅含与非运算符的析取范式，所使用的与非运算符越少越好。所需与非运算符的最大数量是多少？

5. 将每个不同的四元布尔表达式表示成仅含或非运算符的析取范式，所使用的或非运算符越少越好。所需或非运算符的最大数量是多少？

6. 随机生成 10 个不同的四变元布尔表达式，判断使用奎因-莫可拉斯基方法化简它们所需的平均步骤数。

7. 随机生成 10 个不同的五变元布尔表达式，判断使用奎因-莫可拉斯基方法化简它们所需的平均步骤数。

写作课题

用本教材以外的资料按下列要求写成论文。

1. 描述一些早期设计的用来解逻辑问题的机器，如印刷示范器（Stanhope Demonstrator）、杰文（Jevons）的逻辑机以及马昆德机器（Marquand Machine）。

2. 解释组合电路与顺序电路之间的差别，然后解释怎么用触发器构造顺序电路。

3. 定义移位寄存器，且讨论怎么使用移位寄存器。说明怎么用触发器和逻辑门构造移位寄存器。

4. 说明怎么用逻辑门构造乘法器。

5. 找出逻辑门的物理构造。讨论在构造电路时是否要用到与非门和或非门。

6. 解释怎么用相关性记号描述复杂的开关电路。

7. 描述怎么用乘法器构造开关电路。

8. 以用阈值门构造半加法器和全加法器为例，解释用阈值门构造开关电路的优点。

9. 描述无危险开关电路的概念，并给出一些设计这种电路的原则。

10. 解释怎么用卡诺图将六元函数极小化。

11. 讨论用于极小化布尔函数的新方法（如 Espresso 方法）的思想。解释怎么用这些方法来解决多达 25 个变元的布尔函数的最小化问题。

12. 描述 n 元布尔函数的函数分解的含义。讨论将布尔函数分解为更少元数的布尔函数的过程。

计 算 模 型

计算机能够执行许多任务。提出一个任务后就存在两个问题：第一，它能否由计算机来完成？一旦知道这个问题的答案是肯定的，就会问第二个问题，怎么执行这个任务？计算模型就是用来帮助回答这两个问题的。

下面将讨论三种类型的计算模型：文法、有限状态机和图灵机。文法是用来产生一种语言中的词，并且确定一个词是否属于一个语言。文法产生的形式语言不仅可以作为自然语言的模型，如英语，还可以作为程序设计语言的模型，如 Pascal、Fortran、Prolog、C 和 Java。特别是，文法在编译器的理论和构造中极为重要。在 20 世纪 50 年代，美国语言学家诺姆·乔姆斯基（Noam Chomsky）首先使用了下面将要讨论的文法。

在建模中，使用着各种类型的有限状态机。每个有限状态机都有一个状态集合（包含初始状态）和一个输入字母表，还有一个转移函数（它对每个由状态和输入构成的对，指定下一个状态）。有限状态机的状态使得它具有有限的存储能力。有些有限状态机对每个转移产生一个输出符号。这类机器可以用作许多种机器的模型，如自动售货机、延迟机、二进制数加法器和语言识别器。我们还将讨论没有输出但具有终结状态的有限状态机，这样的机器广泛用于语言的识别，它们所识别的字符串是能使自动机从初始状态运行到终结状态的字符串。文法和有限状态机的概念具有紧密的联系，我们将要刻画有限状态机所能识别的集合的特征，并且证明这些集合恰恰就是某种类型文法所产生的集合。

最后将介绍图灵机的概念。我们将说明怎么用图灵机来识别集合，还要说明怎么用图灵机来计算数论函数。最后讨论丘奇-图灵理论：每个有效的计算都可由图灵机来完成。我们将解释如何使用图灵机研究求解某类问题的难度，特别是我们将描述如何使用图灵机将问题分类成理论可实现的和不可实现的，以及可解的和不可解的。

13.1 语言和文法

13.1.1 引言

英语中，单词能以各种方式进行组合，单词的哪些组合可以构成有效的句子是由英语的语法确定的。例如：the frog writes neatly（青蛙的字写得很匀称）是一个有效的句子，因为它是由一个名词短语 the frog 接一个动词短语 writes neatly 构成的，其中名词短语 the frog 是由冠词 the 和名词 frog 组成的，动词短语 writes neatly 是由动词 writes 和副词 neatly 组成的。我们并不在意这是一个毫无意义的句子，因为我们只关心句子的**语法**，或者说形式，而不在意它的**语义**，或者说含义。我们也要指出，词的组合 swims quickly mathematics 不是有效的句子，因为它不符合英语的语法规则。

自然语言（即口语），如英语、法语、德语或西班牙语，都极为复杂。事实上，对于一种自然语言，看起来不大可能说出它的所有语法规则。将一种语言自动翻译成另一种语言的研究引出了**形式语言**的概念。与自然语言不同，形式语言是由一组意义明确的语法规则定义的，语法规则不仅对于语言学和自然语言的研究十分重要，而且对于程序设计语言的研究也很重要。

我们要用文法描述形式语言的句子。在程序设计语言的应用中，经常出现两类问题：1）怎么能够确定一组单词是否组合成了形式语言的一个有效句子？2）怎么才能产生形式语言的一个有效句子。使用文法可以帮助求解这两类问题。在给出文法的技术定义之前，先描述文法的一个例子，这个例子产生英语的一个子集。此英语子集是用下列规则定义的，这些规则描述怎么产生有效的句子。这些规则是：

1）**句子**是由一个**名词短语**后接一个**动词短语**形成的；

2）**名词短语**由一个**冠词**接一个**形容词**再接一个**名词**组成，或者

3）**名词短语**由一个**冠词**接一个**名词**组成；

4）**动词短语**由一个**动词**接一个**副词**组成，或者

5）**动词短语**由一个**动词**组成；

6）**冠词**是 a，或者

7）**冠词**是 the；

8）**形容词**是 large，或者

9）**形容词**是 hungry；

10）**名词**是 rabbit，或者

11）**名词**是 mathematician；

12）**动词**是 eats，或者

13）**动词**是 hops；

14）**副词**是 quickly，或者

15）**副词**是 wildly。

从这些规则出发，使用一系列替代直到不能再应用规则，就能形成一个有效的句子。例如，沿着下列替代序列就能得到一个有效句子：

句子

名词短语　动词短语

冠词　形容词　名词　动词短语

冠词　形容词　名词　动词　副词

the **形容词　名词　动词　副词**

the large **名词　动词　副词**

the large rabbit **动词副词**

the large rabbit hops **副词**

the large rabbit hops quickly

容易看出，其他的有效句子是：a hungry mathematician eats wildly，a large mathematician hops，the rabbit eats quickly 等。也可以看出，the quickly eats mathematican 不是有效句子。

13.1.2　短语结构文法

在给出文法的形式定义之前，先引入一个小术语。

定义 1　词汇表（或字母表）V 是由称为符号的元素构成的一个有限的非空集合。V 上的一个词（或句子）是由 V 中元素组成的有限长度的字符串。空串（或零串）是不包含任何符号的字符串，记为 λ。V 上所有词的集合记为 V^*。V 上的一个语言是 V^* 的一个子集。

注意，空串 λ 是不包含任何符号的串。它不同于空集 $\varnothing$。因此 $\{\lambda\}$ 是仅包含一个字符串的集合，此字符串为空串。

可以用多种方式来定义语言。一种方式是列出语言中的所有词；还有一种方式是给出一些标准，使得在这个语言中的每个词，都必须满足这些标准。本节将描述另一种定义语言的重要方式：使用文法，如使用本节引言中给出的规则集合。为了产生词，文法提供一个由各种类型符号组成的集合和一个由规则组成的集合。更确切地说，文法有一个**词汇表** V，V 是一个由符号组成的集合，语言中的成分就是由这些符号导出的。词汇表中的某些元素不能由其他符号替换，这些元素称为**终结符**；词汇表中的其他元素可以用其他符号替换，它们称为**非终结符**。终结符和非终结符集合通常分别记为 T 和 N。在本节引言所给的例子中，终结符集是 $\{a, \text{the},$

rabbit，mathematician，hops，eats，quickly，wildly}，非终结符集是{句子，名词短语，动词短语，形容词，冠词，名词，动词，副词}。词汇表中有一个称为**起始符**的特殊元素，记为 S，我们总是从这个特殊元素开始定义其他符号。在引言的例子中，起始符是**句子**。由词汇表 V 中元素构成的所有串的集合记为 V^*，指明 V^* 中的字符串能被什么样的字符串替代的规则称为文法的**产生式**，指明 z_0 可以替换为 z_1 的产生式记为 $z_0 \rightarrow z_1$。在本节引言所给的文法中，我们列举了所有产生式。使用刚才定义的记号，其中第一个产生式为句子→名词短语动词短语。我们在定义 2 中总结这些术语。

> **定义 2** 一个短语结构文法 $G=(V, T, S, P)$ 由下列四部分组成：词汇表 V，由 V 的所有终结符组成的 V 的子集 T，V 的起始符 S，以及产生式集合 P。集合 $V-T$ 记为 N，N 中的元素称为非终结符。P 中的每个产生式的左边必须至少包含一个非终结符。

例 1 设 $G=(V, T, S, P)$，其中 $V=\{a, b, A, B, S\}$，$T=\{a, b\}$，S 是起始符，$P=\{S \rightarrow ABa, A \rightarrow BB, B \rightarrow ab, AB \rightarrow b\}$。则 G 是一个短语结构文法的例子。 ◄

我们对短语结构文法的产生式所产生的词感兴趣。

> **定义 3** 设 $G=(V, T, S, P)$ 是一个短语结构文法，$w_0=lz_0 r$（即 l、z_0 和 r 的连接）和 $w_1=lz_1 r$ 是 V 上的字符串。若 $z_0 \rightarrow z_1$ 是 G 的一个产生式，则称由 w_0 可直接派生 w_1，记为 $w_0 \Rightarrow w_1$。如果 V 上的字符串 w_0，w_1，$\cdots$，$w_n (n \geq 0)$ 满足 $w_0 \Rightarrow w_1$，$w_1 \Rightarrow w_2$，$\cdots$，$w_{n-1} \Rightarrow w_n$，则称由 w_0 可派生 w_n，记为 $w_0 \overset{*}{\Rightarrow} w_n$。由 w_0 得到 w_n 的序列称为派生。

例 2 在例 1 的文法中，由字符串 ABa 可直接派生 $Aaba$，因为 $B \rightarrow ab$ 是此文法中的一个产生式。由字符串 ABa 可派生 $abababa$，因为接连使用产生式 $B \rightarrow ab$、$A \rightarrow BB$、$B \rightarrow ab$ 和 $B \rightarrow ab$，可得

$$ABa \Rightarrow Aaba \Rightarrow BBaba \Rightarrow Bababa \Rightarrow abababa$$
◄

> **定义 4** 设 $G=(V, T, S, P)$ 是短语结构文法，由 G 生成的语言（或 G 的语言）是起始符 S 能够派生的所有终结符串构成的集合，记为 $L(G)$。即
> $$L(G)=\{w \in T^* \mid S \overset{*}{\Rightarrow} w\}$$

在例 3 和例 4 中，我们寻找短语结构文法所生成的语言。

例 3 设 G 是一个文法，其词汇表为 $V=\{S, A, a, b\}$，终结符集 $T=\{a, b\}$，起始符为 S，产生式为 $P=\{S \rightarrow aA, S \rightarrow b, A \rightarrow aa\}$。求这个文法产生的语言 $L(G)$。

解 使用产生式 $S \rightarrow aA$，可以从起始符 S 派生 aA，还可用产生式 $S \rightarrow b$ 派生 b。使用产生式 $A \rightarrow aa$，可以从 aA 派生 aaa。没有其他的词还能派生，故 $L(G)=\{b, aaa\}$。 ◄

例 4 设 G 是一个文法，其词汇表为 $V=\{S, 0, 1\}$，终结符集 $T=\{0, 1\}$，起始符为 S，产生式为 $P=\{S \rightarrow 11S, S \rightarrow 0\}$。求这个文法产生的语言 $L(G)$。

解 分别使用 $S \rightarrow 0$ 和 $S \rightarrow 11S$，可以从 S 派生出 0 和 $11S$。从 $11S$ 可以派生出 110 和 $1111S$。从 $1111S$ 可以派生出 11110 和 $111111S$。在派生过程的每一步，或者在串的末尾加两个 1，或者在串的末尾加 0 后终止派生。总之，$L(G)=\{0, 110, 11110, 111110, \cdots\}$，即 $L(G)$ 是如下串的集合：开始是偶数个 1，最后是一个 0。这个结论可用如下的归纳假设证明：使用 n 次产生式之后，所生成的终结串只能是这样的字符串：先是 $n-1$ 个 11 的连接，后面跟一个 0（留作练习）。 ◄

经常出现的问题是要构造一个文法来生成一个给定的语言。例 5、例 6 和例 7 描述这类问题。

例 5 给出生成集合 $\{0^n 1^n \mid n=0, 1, 2, \cdots\}$ 的一个短语结构文法。

解　此集合中的元素是这样的字符串：先是一串 0，后跟含同样多个 1 的串。可以用两个产生式来生成所有这些字符串（包括空串），第一个产生式对语言中的字符串不断地产生更长的字符串，方法是在字符串前面加一个 0，末尾加一个 1；第二个产生式以空串来替代 S。所求的文法是 $G=(V, T, S, P)$，其中 $V=\{0, 1, S\}$，终结符集 $T=\{0, 1\}$，起始符为 S，产生式为

$$S \rightarrow 0S1$$
$$S \rightarrow \lambda$$

此文法能够生成所给集合的证明作为练习留给读者。◀

例 5 讨论的是如下字符串的集合：前面是一串 0，后面跟一串 1，其中 0 的个数和 1 的个数相同。例 6 还是讨论这样的串，但 0 的个数与 1 的个数不一定相同。

例 6　给出生成集合 $\{0^m 1^n \mid m$ 和 n 为非负整数$\}$ 的一个短语结构文法。

解　下面构造生成这个集合的两个文法 G_1 和 G_2。这也说明两个文法可能生成相同的语言。

文法 G_1 的字母表 $V=\{S, 0, 1\}$，终结符集 $T=\{0, 1\}$，产生式为 $S \rightarrow 0S$、$S \rightarrow S1$ 和 $S \rightarrow \lambda$。G_1 能生成所给集合，因为应用第一个产生式 m 次就在字符串的前面增加了 m 个 0，应用第二个产生式 n 次就在字符串的后增加了 n 个 1。详细证明留给读者。

文法 G_2 的字母表 $V=\{S, A, 0, 1\}$，终结符集 $T=\{0, 1\}$，产生式为 $S \rightarrow 0S$、$S \rightarrow 1A$、$S \rightarrow 1$、$A \rightarrow 1A$、$A \rightarrow 1$ 和 $S \rightarrow \lambda$。该文法也能生成所给集合的详细证明留作练习。◀

有时候，一些很容易描述的集合不得不用非常复杂的文法来生成，例 7 就是这样一个例子。

例 7　生成集合 $\{0^n 1^n 2^n \mid n=0, 1, 2, 3, \cdots\}$ 的一个文法是：$G=\{V, T, S, P\}$，其中 $V=\{0, 1, 2, S, A, B, C\}$，终结符集 $T=\{0, 1, 2\}$，起始符为 S，产生式有 $S \rightarrow C$、$C \rightarrow 0CAB$、$S \rightarrow \lambda$、$BA \rightarrow AB$、$0A \rightarrow 01$、$1A \rightarrow 11$、$1B \rightarrow 12$、$2B \rightarrow 22$。此命题的正确性证明留给读者作为练习（见练习 12）。在某种意义下，此文法是生成这个语言的最简单类型的文法，在本节后面部分会讲清楚。◀

13.1.3　短语结构文法的类型

短语结构文法可以根据其产生式的类型来分类。下面我们来描述诺姆·乔姆斯基引入的分类方法。在 13.4 节将会看到，以这种方法定义的不同语言类型与不同的计算机器模型识别的语言类相对应。

0 型文法对其产生式没有限制。**1 型**文法只有两种形式的产生式：一种是 $w_1 \rightarrow w_2$ 形式的产生式，其中 $w_1 = lAr$ 和 $w_2 = lwr$，A 是一个非终结符，l 和 r 是 0 个或多个终结符或非终结符构成的串，w 是终结符或非终结符构成的非空串。它还可以有产生式 $S \rightarrow \lambda$，但 S 不能出现在任何其他产生式的右边。**2 型**文法只有形如 $w_1 \rightarrow w_2$ 的产生式，其中 w_1 是一个单个的非终结符的符号。**3 型**文法只有形如 $w_1 \rightarrow w_2$ 的产生式，同时满足 $w_1 = A$ 且 $w_2 = aB$ 或 $w_2 = a$，其中 A 和 B 是非终结符，a 是终结符，或者满足 $w_1 = S$，$w_2 = \lambda$。

2 型文法又称为**上下文无关文法**，因为出现在一个产生式左侧的非终结符可以被一个字符串替换，而不管此字符串中的符号是什么。2 型文法生成的语言称为**上下文无关语言**。当一个文法具有形如 $lw_1 r \rightarrow lw_2 r$（而不是形如 $w_1 \rightarrow w_2$）的产生式时，这样的文法称为 1 型文法或**上下文有关文法**，因为只有当 w_1 被字符串 l 和 r 包围时，才能替换为 w_2。1 型文法生成的语言称为**上下文有关语言**。3 型文法又称为**正则文法**。正则文法生成的语言称为是**正则的**。13.4 节讨论正则语言和有限状态机之间的关系。

在已经定义的四种文法中，上下文有关文法的定义最复杂。有时，这些文法可以用一种不同的方式来定义。在形如 $w_1 \rightarrow w_2$ 的产生式中，如果 w_1 的长度小于等于 w_2，称这个产生式是**非缩约的**。根据所定义的上下文有关文法的特征，每个 1 型文法的产生式，除了产生式 $S \rightarrow \lambda$（如果它存在），都是非缩约的。这表明在上下文有关语言的派生中字符串的长度是非递减的，

除非使用了 $S \rightarrow \lambda$。这就意味着空串属于某个上下文有关文法生成的语言的唯一途径就是产生式 $S \rightarrow \lambda$ 是文法的一部分。上下文有关文法定义的另外一种方式就是确定所有的产生式都是非缩约的。具有这种性质的文法称为是**非缩约的**或者**单调的**。非缩约文法与上下文有关文法是不同的。然而，这两类文法又是紧密相关的。除了非缩约文法不能生成任何包含空串 λ 的语言外，它们可以定义相同的语言集合。

例 8　由例 6 可知，$\{0^m1^n \mid m, n = 0, 1, 2, \cdots\}$ 是正则语言，因为它是由正则文法生成的，即由例 6 的文法 G_2 生成的。

Extra Examples

上下文无关文法和正则文法在编程语言中起着重要的作用。上下文无关文法可以用于定义几乎所有编程语言的语法，这些语法强得足以定义大多数的语言。而且，可以设计出有效的算法来确定是否可以以及如何生成一个字符串。正则文法则用于搜索特定模式的文本和进行词法分析，词法分析过程将输入流转变为标记流以供语法分析器使用。

例 9　由例 5 可知，$\{0^n1^n \mid n = 0, 1, 2, \cdots\}$ 是上下文无关语言，因为这个文法的产生式为 $S \rightarrow 0S1$ 和 $S \rightarrow \lambda$。在 13.4 节中我们将证明它不是正则语言。

例 10　集合 $\{0^n1^n2^n \mid n = 0, 1, 2, 3, \cdots\}$ 是上下文有关语言，因为它是由例 7 中的 1 型文法生成的。但它不是 2 型语言（如本章补充练习中的练习 28 所证）。

表 13-1 概括了用来对短语结构文法进行分类的术语。

表 1　文法的类型

类型	对产生式 $w_1 \rightarrow w_2$ 的限制	类型	对产生式 $w_1 \rightarrow w_2$ 的限制
0	无限制	2	$w_1 = A$，其中 A 是非终结符
1	$w_1 = lAr$ 和 $w_2 = lwr$，其中 $A \in N$；$l, r, w \in (N \cup T)^*$ 且 $w \neq \lambda$；或者，$w_1 = S$ 和 $w_2 = \lambda$，只要 S 不在另一个产生式的右边	3	$w_1 = A$ 和 $w_2 = aB$ 或 $w_2 = a$，其中 $A \in N$，$B \in N$ 和 $a \in T$，或 $w_1 = S$ 且 $w_2 = \lambda$

13.1.4　派生树

对上下文无关文法生成的语言，其派生可以用有序根树表示成图形，这样的树称为**派生树**或**语法分析树**。树根表示起始符，树的内部结点表示在派生过程中产生的非终结符，树的叶结点表示终结符。如果在派生过程中，用到了产生式 $A \rightarrow w$，其中 w 是一个词，则表示 A 的结点就有一些子结点，它们表示 w 中的每一个符号，并且从左到右排列。

例 11　对于本节引言所给的例子，构造派生 the hungry rabbit eats quickly 的派生树。

解　派生树如图 1 所示。

在许多应用中，都会遇到这样的问题：确定一

图 1　派生树

Links

©SASCHA SCHUERMANN/
AFP/Getty Images

艾弗拉姆·诺姆·乔姆斯基（Avram Noam Chomsky，1928—）　乔姆斯基出生在费城。他的父亲是一位希伯来语的学者。乔姆斯基在宾夕法尼亚大学获得语言学学士、硕士和博士学位。1950~1951 年，他在宾夕法尼亚大学任教。1955 年受聘于麻省理工学院，开始执教法语和德语。乔姆斯基现今被授予麻省理工学院外国语和语言学的费拉雷·华德教授衔。他因在语言学方面的杰出贡献（包括对语法的研究）而闻名于世。此外，乔姆斯基还因对政治的直言不讳而知名于世。

个串是否在一个上下文无关文法生成的语言中，例如编译器的构造。例 12 指出了解决这样问题的两个方法。

例 12 确定词 *cbab* 是否在文法 $G=\{V,\ T,\ S,\ P\}$ 生成的语言中，其中，$V=\{a,\ b,\ c,\ A,\ B,\ C,\ S\}$，$T=\{a,\ b,\ c\}$，$S$ 为起始符，产生式为

$$S \to AB$$
$$A \to Ca$$
$$B \to Ba$$
$$B \to Cb$$
$$B \to b$$
$$C \to cb$$
$$C \to b$$

解 解决这个问题的一种办法是：从 S 出发，用一系列产生式试着派生出 *cbab*。因为只有一个产生式的左边是 S，所以必须从 $S \Rightarrow AB$ 开始。下一步，用左边是 A 的唯一产生式 $A \to Ca$ 得

Links

Courtesy of Louis Bachrach

约翰·巴克斯 (John Backus, 1924—2007)　　巴克斯出生在费城，在特拉华州的威明顿市长大。他中学就读于希尔中学，但他并不是个好学生，也不爱学习，所以每年都需要参加暑期学校。他非常喜欢在新罕布什尔度过暑假，因为在这里参加暑期学校的同时还有很多诸如冲浪类的课外活动，让他开心不已。他央求他的父亲同意他在弗吉尼亚大学学习化学专业，但他很快发现化学并不适合自己，于是 1943 年他放弃了学业选择了参军。在军队，他接受了医疗训练，并在军队的附属医院的神经外科病房工作了一段时间。极具讽刺的是，没过多久，巴克斯就被诊断出头盖骨上长了一个肿瘤，最后用一块金属板将其治愈。他在军队的从医经历促使他去医学院继续深造，但 9 个月之后他再次选择了放弃，因为他实在无法忍受大量的需要死记硬背的医学知识。在医学院退学之后，他进入了一个培训无线电技术员的学校，因为他想制造一个自己的高保真度接收机。这个学校的一个老师看到了巴克斯的潜力，于是让他帮忙完成一篇需要发表的文章中的一些数学运算题。这一次，巴克斯终于发现了他真正的兴趣点：数学及其应用。于是他申请了哥伦比亚大学，并最终获得理学学士和数学硕士学位。1950 年，巴斯克加入 IBM，成了一名程序设计员。他参与了 IBM 早期的两种计算机的设计与开发。1954年到 1958 年，他带领 IBM 的一个小组开发了 FORTRAN。1958 年，他成为 IBM 沃森研究中心的一员。他同时也是程序设计语言 ALGOL 设计委员会的一员。正是在该语言的设计过程中，他使用了现今叫作巴克斯-诺尔范式的方法来描述此语言的句法。后来，巴克斯从事集合簇的数学研究和函数型程序设计的研究。1963 年他成为 IBM 的特别会员，1974 年他获美国国家科学奖，并在 3 年后荣获美国计算机协会颁发的具有崇高声誉的图灵奖。

©Heidelberg Laureate Forum Foundation

彼得·诺尔 (Peter Naur, 1928—2016)　　诺尔生于哥本哈根附近的腓特烈斯贝。孩提时代，诺尔就对天文学很感兴趣。他不局限于观察天体，还计算彗星和小行星的轨道。诺尔就读于哥本哈根大学，并于 1949 年获得学位。1950～1951 年，他在剑桥大学进修，在此期间他用早期的计算机来计算彗星和行星的运动。回到丹麦后，他虽然继续从事天文学的研究，但也并没放弃对计算机的喜爱。1955 年，他作为顾问参与了丹麦第一台计算机的研发工作。1959 年，诺尔放弃天文学转而进行计算的研究，并将其作为专职工作。作为一名专职计算机科学家，他的第一项工作就是是参加程序设计语言 ALGOL 的开发。1960～1967 年，他继续从事 ALGOL 和 COBOL 编译器的研究。1969 年，他成为哥本哈根大学的计算机科学专业的教授，专攻程序设计方法学的研究。他的研究兴趣包括计算机程序的设计、结构和执行。诺尔可谓是软件架构和软件工程领域的先驱。他并不认同计算机编程属于数学的一个分支这一观点，他更倾向于把它归为计算机科学的一部分。

到 $S \Rightarrow AB \Rightarrow CaB$。因为 $cbab$ 以符号 cb 开始，所以我们使用产生式 $C \rightarrow cb$，这样就得到了 $S \Rightarrow AB \Rightarrow CaB \Rightarrow cbaB$。最后，使用产生式 $B \rightarrow b$ 就可得到 $S \Rightarrow AB \Rightarrow CaB \Rightarrow cbaB \Rightarrow cbab$。这种方法称为**自顶向下的语法分析**，因为它从起始符号开始，一个接一个地用产生式来处理。

解决这个问题的另一个办法称为**自底向上的语法分析**。这种办法从后向前处理。因为 $cbab$ 是需要派生的字符串，所以可以使用产生式 $C \rightarrow cb$，从而得到 $Cab \Rightarrow cbab$。再使用产生式 $A \rightarrow Ca$ 得到 $Ab \Rightarrow Cab \Rightarrow cbab$。由产生式 $B \rightarrow b$ 可得 $AB \Rightarrow Ab \Rightarrow Cab \Rightarrow cbab$。最后再用产生式 $S \rightarrow AB$，就可得到 $cbab$ 的一个完整的派生 $S \Rightarrow AB \Rightarrow Ab \Rightarrow Cab \Rightarrow cbab$。

例 12 给出了自顶向下和自底向上解析问题的方法。这两种方法都很容易解决这个问题。但是，解析问题很有挑战性。也就是说，确定字符串是否在由上下文无关语法生成的语言中很具挑战性。因为解析非常重要，研究者对自顶向下和自底向上的解析设计了很多策略和算法。这些算法超出了本书的范围，感兴趣的读者可参考 [ahlaseul06]。

13.1.5 巴克斯-诺尔范式

有时候还用另一个方法来表示 2 型文法，这就是**巴克斯-诺尔范式**（BNF），这个方法是根据约翰·巴克斯和彼得·诺尔命名的。约翰·巴克斯是它的发明人，彼得·诺尔则改进了它，并将之应用于程序设计语言 ALGOL 的规范说明中。（奇怪的是，在大约 2500 年前，与巴克斯-诺尔范式非常相似的一个记法用来表示梵语文法。）巴克斯-诺尔范式已用来对许多程序设计语言（包括 Java）的语法规则进行规范说明。在 2 型文法中，产生式的左边都是单个非终结符。在巴克斯-诺尔范式中，将左边是同一个非终结符的所有产生式合并成一个式子，而不是将这些产生式都列出来。我们还用符号 ::= 代替 $\rightarrow$，将非终结符用 <> 括起来，并在一个式子里列出所有这些产生式的右边，用竖线将这些产生式分开。例如，产生式 $A \rightarrow Aa$、$A \rightarrow a$、$A \rightarrow AB$ 可以合并成 $\langle A \rangle ::= \langle A \rangle a \mid a \mid \langle A \rangle \langle B \rangle$。

例 13 给出了如何用巴克斯-诺尔范式来描述编程语言的语法。本例来自于巴克斯-诺尔范式在 ALGOL 60 中的使用。

例 13 在 ALGOL 60 中，标识符（如同变量这样的实体的名字）由字母和数字组成，且必须以字母开头。我们可以用巴克斯-诺尔范式描述可用的标识符集合。

〈标识符〉::= 〈字母〉| 〈标识符〉〈字母〉| 〈标识符〉〈数字〉

〈字母〉::= a | b | ⋯ | y | z （省略号表示包括全部 26 个字母）

〈数字〉::= 0 | 1 | 2 | 3 | 4 | 5 | 6 | 7 | 8 | 9

例如，我们可以如下生成有效的标识符 x99a：用第一条规则将〈标识符〉替换成〈标识符〉〈字母〉，用第二条规则得到〈标识符〉a，两次使用第一条规则得到〈标识符〉〈数字〉〈数字〉a，两次使用第三条规则得到〈标识符〉99a，再用第一条规则得到〈字母〉99a，最后用第二条规则得到 x99a。

例 14 本节引言描述了英语的一个子集，其对应文法的巴克斯-诺尔范式是什么？

解 这个文法的巴克斯-诺尔范式是：

〈句子〉::= 〈名词短语〉〈动词短语〉

〈名词短语〉::= 〈冠词〉〈形容词〉〈名词〉| 〈冠词〉〈名词〉

〈动词短语〉::= 〈动词〉〈副词〉| 〈动词〉

〈冠词〉::= a | the

〈形容词〉::= large | hungry

〈名词〉::= rabbit | mathematician

〈动词〉::= eats | hops

〈副词〉::= quickly | wildly

例 15 给出带符号十进制整数的产生式的巴克斯-诺尔范式（**带符号整数**是非负整数前面加

上一个加号或减号）。

    解   一个产生带符号整数的文法的巴克斯-诺尔范式为：

    ⟨带符号整数⟩∷＝⟨符号⟩⟨整数⟩

    ⟨符号⟩∷＝＋｜－

    ⟨整数⟩∷＝⟨数字⟩｜⟨数字⟩⟨整数⟩

    ⟨数字⟩∷＝0｜1｜2｜3｜4｜5｜6｜7｜8｜9

    具有多种扩展的巴克斯-诺尔范式广泛用于定义编程语言（如 Java 和 LISP）、数据库语言（如 SQL）和标记语言（如 XML）的语法。一些常用的描述编程语言的巴克斯-诺尔范式在本节练习 34 的导语中有介绍。

练习

练习 1～3 中的文法是：起始符为句子，终结符集 $T＝\{$the，sleepy，happy，tortoise，hare，passes，runs，quickly，slowly$\}$，非终结符集 $N＝\{$名词短语，及物动词短语，不及物动词短语，冠词，形容词，名词，动词，副词$\}$，产生式为

      句子→名词短语   及物动词短语   名词短语

      句子→名词短语   不及物动词短语

      名词短语→冠词   形容词   名词

      名词短语→冠词   名词

      及物动词短语→及物动词

      不及物动词短语→不及物动词   副词

      不及物动词短语→不及物动词

      冠词→the

      形容词→sleepy

      形容词→happy

      名词→tortoise

      名词→hare

      及物动词→passes

      不及物动词→runs

      副词→quickly

      副词→slowly

1. 用产生式集合证明下列每个句子都是有效句子：

    a) the happy hare runs   b) the sleepy tortoise runs quickly

    c) the tortoise passes the hare   d) the sleepy hare passes the happy tortoise

2. 除了练习 1 中的有效句子外，再给出五个有效句子。

3. 证明：the hare runs the sleepy tortoise 不是有效句子。

4. 令 $G=(V，T，S，P)$ 是短语结构文法，并且有 $V=\{0，1，A，S\}$，$T=\{0，1\}$。产生式集合包含 $S→1S，S→00A，A→0A$ 以及 $A→0$。

    a) 证明 111000 属于由 G 生成的语言。

    b) 证明 11001 不属于由 G 生成的语言。

    c) 由 G 生成的语言是什么？

5. 令 $G=(V，T，S，P)$ 是短语结构文法，并且有 $V=\{0，1，A，B，S\}$，$T=\{0，1\}$。产生式集合包含 $S→0A，S→1A，A→0B，B→1A$ 以及 $B→1$。

    a) 证明 10101 属于由 G 生成的语言。

    b) 证明 10110 不属于由 G 生成的语言。

    c) 由 G 生成的语言是什么？

*6. 设 $V=\{S，A，B，a，b\}$，$T=\{a，b\}$。当产生式集合为下列情形之一时，求文法 $\langle V，T，S，P\rangle$ 生成的语言。

a)$S \rightarrow AB$，$A \rightarrow ab$，$B \rightarrow bb$。

b)$S \rightarrow AB$，$S \rightarrow aA$，$A \rightarrow a$，$B \rightarrow ba$。

c)$S \rightarrow AB$，$S \rightarrow AA$，$A \rightarrow aB$，$A \rightarrow ab$，$B \rightarrow b$。

d)$S \rightarrow AA$，$S \rightarrow B$，$A \rightarrow aaA$，$A \rightarrow aa$，$B \rightarrow bB$，$B \rightarrow b$。

e)$S \rightarrow AB$，$A \rightarrow aAb$，$B \rightarrow bBa$，$A \rightarrow \lambda$，$B \rightarrow \lambda$。

7. 用例 5 所给的文法构造 $0^3 1^3$ 的派生。

8. 证明：例 5 所给的文法生成集合 $\{0^n 1^n \mid n = 0, 1, 2, \cdots\}$。

9. a)用例 6 中的文法 G_1 构造 $0^2 1^4$ 的派生。

   b)用例 6 中的文法 G_2 构造 $0^2 1^4$ 的派生。

10. a)证明：例 6 中的文法 G_1 生成集合 $\{0^m 1^n \mid m, n = 0, 1, 2, \cdots\}$。

    b)证明：例 6 中的文法 G_2 生成同一个集合。

11. 用例 7 所给的文法构造 $0^2 1^2 2^2$ 的派生。

*12. 证明：例 7 所给的文法生成集合 $\{0^n 1^n 2^n \mid n = 0, 1, 2, \cdots\}$。

13. 求下列语言的短语结构文法：

    a)包含比特串 0、1、11 的集合。

    b)只包含 1 的比特串的集合。

    c)以 0 开始，以 1 结束的比特串的集合。

    d)由 0 后面跟偶数个 1 的比特串的集合。

14. 求下列语言的短语结构文法。

    a)包含比特串 10、01 和 101 的集合。

    b)以 00 开始，以一个或更多个 1 作为结束的比特串的集合。

    c)包含偶数个 1 最后跟一个 0 的比特串的集合。

    d)既不含有两个连续的 0，也不含有两个连续的 1，这样的比特串构成的集合。

*15. 求下列语言的短语结构文法：

    a)包含偶数个 0 但没有 1 的所有比特串的集合。

    b)由 1 后面跟奇数个 0 的所有比特串的集合。

    c)包含偶数个 0 和偶数个 1 的所有比特串的集合。

    d)包含 10 个以上 0 但没有 1 的所有比特串的集合。

    e)所包含 0 的个数多于 1 的个数的所有比特串的集合。

    f)包含相同个数的 0 和 1 的所有比特串的集合。

    g)包含不同个数的 0 和 1 的所有比特串的集合。

16. 构造生成下列集合的短语结构文法。

    a)$\{1^n \mid n \geqslant 0\}$ b)$\{10^n \mid n \geqslant 0\}$

    c)$\{(11)^n \mid n \geqslant 0\}$

17. 构造生成下列集合的短语结构文法。

    a)$\{0^n \mid n \geqslant 0\}$ b)$\{1^n 0 \mid n \geqslant 0\}$

    c)$\{(000)^n \mid n \geqslant 0\}$

18. 构造生成下列集合的短语结构文法。

    a)$\{01^{2n} \mid n \geqslant 0\}$

    b)$\{0^n 1^{2n} \mid n \geqslant 0\}$ c)$\{0^n 1^m 0^n \mid m \geqslant 0 \text{ 且 } n \geqslant 0\}$

19. 设 $V = \{S, A, B, a, b\}$，$T = \{a, b\}$。若产生式集 P 为下列集合时，问文法 $G = (V, T, S, P)$ 是否为 0 型但不是 1 型文法？是否为 1 型但不是 2 型文法？或者是否为 2 型但不是 3 型文法？

    a)$S \rightarrow aAB$，$A \rightarrow Bb$，$B \rightarrow \lambda$。

    b)$S \rightarrow aA$，$A \rightarrow a$，$A \rightarrow b$。

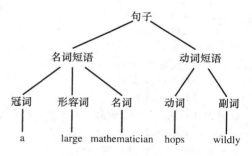

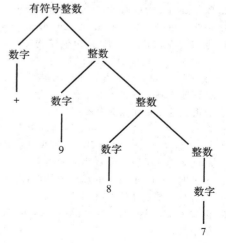

c)$S \to ABa$，$AB \to a$。

d)$S \to ABA$，$A \to aB$，$B \to ab$。

e)$S \to bA$，$A \to B$，$B \to a$。

f)$S \to aA$，$aA \to B$，$B \to aA$，$A \to b$。

g)$S \to bA$，$A \to b$，$S \to \lambda$。

h)$S \to AB$，$B \to aAb$，$aAb \to b$。

i)$S \to aA$，$A \to bB$，$B \to b$，$B \to \lambda$。

j)$S \to A$，$A \to B$，$B \to \lambda$。

20. 回文是从前向后读和从后向前读都一样的字符串，也就是对于串 w，有 $w = w^R$，其中 w^R 是字符串 w 的逆。试求一个上下文无关的文法，使得其生成的集合是字母表 $\{0，1\}$ 上的所有回文。

*21. 设 G_1 和 G_2 是两个上下文无关的文法，它们生成的语言分别为 $L(G_1)$ 和 $L(G_2)$。试证：对于下列每个集合，都有一个上下文无关文法生成下列集合：

a)$L(G_1) \bigcup L(G_2)$ **b)**$L(G_1)L(G_2)$ **c)**$L(G_1)^*$

22. 求用右面的两个图中的派生树构造的字符串。

23. 构造练习 1 中句子的派生树。

24. 设 G 是一个文法，其中 $V = \{a，b，c，S\}$，$T = \{a，b，c\}$，起始符号为 S，产生式为 $S \to abS$、$S \to bcS$、$S \to bbS$、$S \to a$、$S \to cb$。构造下列字符串的派生树。

a)$bcbba$ **b)**$bbbcbba$ **c)**$bcabbbbcb$

*25. 对于下列每个字符串，用自顶向下的语法分析方法，确定其是否属于例 12 中的文法生成的语言。

a)$baba$ **b)**$abab$ **c)**$cbaba$ **d)**$bbbcba$

*26. 对于练习 25 中的字符串，用自底向上的语法分析方法，确定其是否属于例 12 中的文法生成的语言。

27. 用例 15 所给的文法构造 -109 的派生树。

28. **a)**如果一个文法的产生式由下列巴克斯-诺尔范式给出，那么这些产生式是什么？

〈表达式〉::=(〈表达式〉)|

〈表达式〉+〈表达式〉|

〈表达式〉*〈表达式〉|

〈变元〉

〈变元〉::=x|y

b)求此文法中 $(x * y) + x$ 的派生树。

29. **a)**构造一个短语结构文法，使其生成如下所有带符号的十进制数：这些数由符号（＋或－）、非负整数和十进制小数三部分构成，且十进制小数部分或者是空串，或者是小数点后面跟一个正整数，其中，整数的开始部分允许有 0。

b)给出这个文法的巴克斯-诺尔范式。

c)构造此文法中 -31.4 的派生树。

30. **a)**构造一个短语结构文法，使其生成所有形如 a/b 的分数构成的集合，其中 a 为带符号的十进制数，b 是正整数。

b)给出这个文法的巴克斯-诺尔范式。

c)构造此文法中 $+311/17$ 的派生树。

31. 对于包含如下内容的标识符，给出其巴克斯-诺尔范式的产生式规则。

a)一个或多个小写字母。

b)至少 3 个但至多 6 个小写字母。

c)1~6 个大写或小写字母并以大写字母开头。

d)一个小写字母，后跟一个数字或下划线，后跟三四个字母数字字符（大小写字母和数字）。

32. 给出如下人名的巴克斯-诺尔范式产生式规则，人名包含："名"，它是一个仅有首字母大写的字母串；"中间名"；"姓"，它可以是任意字母串。

33. 给出生成 C 语言中所有标识符的巴克斯-诺尔范式产生式规则。在 C 语言中，标识符以一个字母或下划线开始，后跟一或多个小写字母、大写字母、下划线和数字。

巴克斯-诺尔范式的一些扩展常用于定义短语结构文法。在其中的一种扩展中，问号（?）表明其左边的符号或括号中的一组符号可以出现零次或一次（即它是可选的），星号（＊）表明其左边的符号可出现零次或多次，加号（＋）表明其左边的符号可出现一次或多次。这些扩展均为**扩展的巴克斯-诺尔范式**（EBNF）的一部分，符号?、＊和＋称为**元字符**。在 EBNF 中，用于表示非终结符的括号通常不显示。

34. 描述由下列 EBNF 产生式集合定义的串的集合。

    a) $string::=L+D?L+$ **b)** $string::=sign\ D+\mid D+$

       $L::=a\mid b\mid c$ $sign::=+\mid -$

       $D::=0\mid 1$ $D::=0\mid 1\mid 2\mid 3\mid 4\mid 5\mid 6\mid 7\mid 8\mid 9$

    c) $string::=L*(D+)?L*$

       $L::=x\mid y$

       $D::=0\mid 1$

35. 给出生成下述十进制数的扩展的巴克斯-诺尔范式的产生式规则，此十进制数由可选的符号、非负整数和小数部分组成，小数部分或者为空串，或者为小数点后加一个可选的正整数，这个正整数前可能带有若干个零。

36. 如果三明治由下列东西组成：底部的一片面包；芥末或蛋黄酱；生菜（可选）；一片西红柿（可选）；一片或多片火鸡肉、鸡肉或烤牛肉（任意组合）；一些奶酪（可选）；顶部的一片面包。给出其扩展的巴克斯-诺尔范式的产生式规则。

37. 给出 C 语言中标识符的 EBNF 产生式规则（见练习 33）。

38. 描述如何将文法的扩展的巴克斯-诺尔范式产生式转换成巴克斯-诺尔范式产生式。

    下面给出的是在后缀（或逆波兰）记法中描述表达式语法的巴克斯-诺尔范式。

    $\langle expression\rangle::=\langle term\rangle\mid\langle term\rangle\langle term\rangle\langle addOperator\rangle$

    $\langle addOperator\rangle::=+\mid -$

    $\langle term\rangle::=\langle factor\rangle\mid\langle factor\rangle\langle factor\rangle\langle mulOperator\rangle$

    $\langle mulOperator\rangle::=*\mid /$

    $\langle factor\rangle::=\langle identifier\rangle\mid\langle expression\rangle$

    $\langle identifier\rangle::=a\mid b\mid\cdots\mid z$

39. 对下列字符串，判断其是否由后缀记法的文法生成。如果是，给出生成步骤。

    a) $abc*+$ **b)** $xy++$ **c)** $xy-z*$

    d) $wxyz-*/$ **e)** $ade-*$

40. 用巴克斯-诺尔范式描述中缀记法中表达式的语法，其中运算符和标识符与练习 39 前的导言中后缀表达式的 BNF 相同，但对用作因子的表达式必须加括号。

41. 对下列字符串，判断其是否由练习 40 中的中缀表达式文法生成。若是，给出生成步骤。

    a) $x+y+z$ **b)** $a/b+c/d$ **c)** $m*(n+p)$

    d) $+m-n+p-q$ **e)** $(m+n)*(p-q)$

42. 设 G 是一个文法，R 是一个关系，有序对 $(w_0, w_1)\in R$ 当且仅当 w_1 可以从 w_0 在 G 中直接派生出来。求 R 的自反传递闭包。

13.2　带输出的有限状态机

13.2.1　引言

    许多种机器，包括计算机的某些部件，都可以用有限状态机作为模型。经常用来作为模型的有限状态机也有多种形式，但所有这些形式都包括一个有限的状态集合（其中有一个指定的初始状态）、一个输入字母表和一个转移函数（对每个由状态和输入构成的对指定下一个状态）。有限状态机广泛应用于计算机科学和数据网络中。例如，有限状态机是许多程序的基础，如拼写检查、语法检查、索引或搜索大的文本、语音识别、采用 XML 和 HTML 等标记语言转换文本，以及规范计算机如何通信的网络协议。

本节将研究产生输出的有限状态机。我们将介绍如何使用有限状态机为机器建模,包括自动售货机、输入延迟机、整数加法器以及判断比特串是否包含指定模式的机器。

在给出形式化定义之前,先说明怎么建立自动售货机的模型。自动售货机可以接受 5 分、1 角和 25 分硬币。如果将 30 分或更多硬币投到机器里,则机器立刻退出超过 30 分的部分。如果顾客投放了 30 分且超出部分已被退还,则顾客可以按橙色按钮得到一罐橘子汁,或者按红色按钮得到一罐苹果汁。可以如下描述这个机器是怎么工作的:详细描述它的状态,且说明它在接受输入后怎么改变状态,还要说明对输入和当前状态的各种组合所产生的输出。

这个机器可能处于 7 种不同状态 $s_i(i=0,1,2,\cdots,6)$,其中状态 s_i 指机器已经收集了 $5i$ 分。机器以表示收集了 0 分的状态 s_0 开始。输入可能是:5 分、1 角、25 分、橙色钮(O)或红色钮(R)。输出可能是:空(n)、5 分、1 角、15 分、20 分、25 分、一罐橘子汁或一罐苹果汁。

本例子将说明此机器的模型是怎么工作的。假设一个学生先投入了 1 角,又投入了 25 分,得到了 5 分的找赎,然后按橙色按钮就得到一罐橘子汁。机器从状态 s_0 开始。它的第一个输入是 10 分,这就将机器的状态改变为 s_2,但没有输出。第二个输入是 25 分,这将状态从 s_2 改变为 s_6,并返回 5 分作为输出。下一个输入是橙色按钮,它将状态从 s_6 改回到 s_0(因为机器返回到初始状态),并送出一罐橘子汁作为输出。

可以将机器的所有这些状态变化和输出用一个表来表示。为此,对状态和输入的每个组合,我们都需要指明下一个状态和产生的输出。表 1 对每对状态和输入都指明了转移和输出。

表 1　自动售货机的状态表

状态	下一个状态					输　　出				
	输　　入					输　　入				
	5	10	25	O	R	5	10	25	O	R
s_0	s_1	s_2	s_5	s_0	s_0	n	n	n	n	n
s_1	s_2	s_3	s_6	s_1	s_1	n	n	n	n	n
s_2	s_3	s_4	s_6	s_2	s_2	n	n	5	n	n
s_3	s_4	s_5	s_6	s_3	s_3	n	n	10	n	n
s_4	s_5	s_6	s_6	s_4	s_4	n	n	15	n	n
s_5	s_6	s_6	s_6	s_5	s_5	n	5	20	n	n
s_6	s_6	s_6	s_6	s_0	s_0	5	10	25	OJ	AJ

说明机器动作的另一个方法是使用边带有标号的有向图,其中状态表示为小圈,边表示转移,并用输入和转移产生的输出对边进行标号。自动售货机的有向图如图 1 所示。

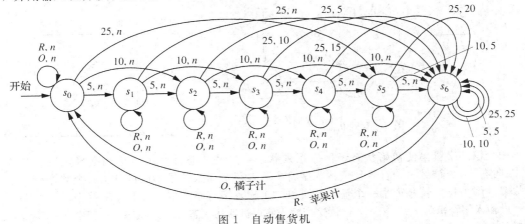

图 1　自动售货机

13.2.2　带输出的有限状态机

现在给出带输出的有限状态机的形式化定义。

定义 1 有限状态机 $M=(S, I, O, f, g, s_0)$ 由如下部分组成：一个有限的状态集合 S；一个有限的输入字母表 I；一个有限的输出字母表 O；一个转移函数 f，f 为每个状态和输入对指派一个新状态；一个输出函数 g，g 为每个状态和输入对指派一个输出；还有一个初始状态 s_0。

设 $M=(S, I, O, f, g, s_0)$ 是一个有限状态机。可以用**状态表**来表示状态函数 f 和输出函数 g 的值。在本节引言中，我们已经构造了自动售货机的状态表。

例 1 表 2 中的状态表描述了一个有限状态机，其中 $S=\{s_0, s_1, s_2, s_3\}$、$I=\{0, 1\}$、$O=\{0, 1\}$。转移函数 f 的值在前两列给出，输出函数 g 的值在后两列给出。◀

表示有限状态机的另一种方法是**状态图**，这是一个边带有标号的有向图。在这个图中，状态由圈表示，转移由带输入和输出对标号的箭头表示。

例 2 构造状态表如表 2 所示的有限状态机的状态图。

解 这个机器的状态图如图 2 所示。◀

表 2

状态	f 输入 0	f 输入 1	g 输入 0	g 输入 1
s_0	s_1	s_0	1	0
s_1	s_3	s_0	1	1
s_2	s_1	s_2	1	0
s_3	s_2	s_1	0	0

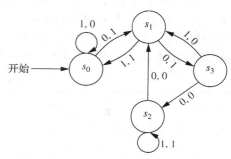

图 2　表 2 所示的有限状态机的状态图

例 3 构造如图 3 中状态图所示的有限状态机的状态表。

解 这个机器的状态表如表 3 所示。◀

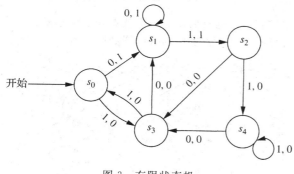

图 3　有限状态机

表 3

状态	f 输入 0	f 输入 1	g 输入 0	g 输入 1
s_0	s_1	s_3	1	0
s_1	s_1	s_2	1	1
s_2	s_3	s_4	0	0
s_3	s_1	s_0	0	0
s_4	s_3	s_4	0	0

一个输入字符串使初始状态经历一系列状态，这些状态都是由转移函数确定的。当我们（从左向右）一个符号一个符号地读输入字符串时，每个输入符号都使机器从一个状态变为另一个状态。因为每个转移产生一个输出，所以一个输入字符串产生一个输出字符串。

设输入字符串为 $x=x_1 x_2 \cdots x_k$。读这个输入使得机器从状态 s_0 变为状态 s_1，其中 $s_1=f(s_0, x_1)$，然后变为状态 s_2，其中 $s_2=f(s_1, x_2)$，以此类推，对于 $j=1, 2, \cdots, k$，$s_j=f(s_{j-1}, x_j)$，最后以状态 $s_k=f(s_{k-1}, x_k)$ 结束。这个转移序列就产生了输出字符串 $y=y_1 y_2 \cdots y_k$，其中 $y_1=g(s_0, x_1)$ 是对应于从 s_0 到 s_1 的转移的输出，$y_2=g(s_1, x_2)$ 是对应于从 s_1 到 s_2 的转移的输出，等等。一般地，

$y_j = g(s_{j-1}, x_j)$, $j = 1, 2, \cdots, k$。这样，我们可以将输出函数 g 的定义扩展到输入字符串，即定义 $g(x) = y$，其中 y 是对应于输入字符串 x 的输出。在许多应用中，这个记法都很有用。

例 4 对于图 3 表示的有限状态机，求其对输入字符串 101011 生成的输出字符串。

解 输出是 001000。状态和输出的逐次变化如表 4 所示。

表 4

输入	1	0	1	0	1	1	—
状态	s_0	s_3	s_1	s_2	s_3	s_0	s_3
输出	0	0	1	0	0	0	

我们现在来看几个有限状态机的有用例子。例 5、例 6 和例 7 表示了内存容量受限的有限状态机的状态。这些状态用来记住机器读取的符号的属性。然而，由于状态数有限，所以有限状态机不能用于一些重要的目的。这一点会在 13.4 节中讲到。

例 5 单位延迟机是许多电子装置中的一个重要部件，它将输入字符串延迟一定的时间量后输出。怎么构造一个有限状态机使其将输入字符串延迟一个单位时间呢？即，对于输入的比特串 $x_1 x_2 \cdots x_k$，怎么才能输出比特串 $0 x_1 x_2 \cdots x_{k-1}$？

解 可以如下构造一个延迟机：它有两种可能的输入，即 0 和 1；它还必须有一个初始状态 s_0。因为它还要记住前一个输入是 0 还是 1，所以它还需要另外两个状态 s_1 和 s_2，使得如果前一个输入是 1，则机器处于状态 s_1，如果前一个输入是 0，则机器处于状态 s_2。从 s_0 出发的第一个转移产生输出 0，从 s_1 出发的每个转移都产生输出 1，从 s_2 出发的每个转移都产生输出 0。则对应于输入字符串 $x_1 x_2 \cdots x_k$ 的输出是这样的一个字符串：从 0 开始，后面跟 x_1，再跟 x_2，$\cdots$，最后以 x_{k-1} 结束。这个机器的状态图如图 4 所示。

例 6 试构造一个有限状态机，使其利用正整数的二进制展开式将两个正整数相加。

解 按如下过程将 $(x_n \cdots x_1 x_0)_2$ 和 $(y_n \cdots y_1 y_0)_2$ 相加（如 4.2 节所描述）：首先，将 x_0 和 y_0 相加，产生和 z_0 与进位 c_0，且此进位要么是 0，要么是 1；然后将 x_1、y_1 连同进位 c_0 一起相加，产生和 z_1 与进位 c_1；将这个过程一直进行下去；第 n 步将 x_n、y_n 连同前一个进位 c_{n-1} 一起相加，产生和 z_n 与进位 c_n，c_n 也就是和 z_{n+1}。

只用两个状态就能构造执行这个加法的有限状态机。为了简单起见，假设两个初始位 x_n 和 y_n 都是 0（否则，必须对和 z_{n+1} 做特殊安排）。我们用初始状态 s_0 表示前一个进位是 0（或者是最右边位的加法），用另一个状态 s_1 表示前一个进位是 1。

因为这个机器的输入是一对二进制数，所以只有 4 种可能的输入。这 4 种可能的输入为：00（两位都是 0）、01（第一位为 0，第二位为 1）、10（第一位为 1，第二位为 0）和 11（两位都是 1）。转移和输出是根据下面两个因素来构造的：一个是输入所表示的两位的和，另一个是状态所表示的进位。例如，当机器处于状态 s_1 且所接受的输入是 01 时，则下一个状态是 s_1 且输出是 0，因为所产生的和是 $0+1+1=(10)_2$。此机器的状态图如图 5 所示。

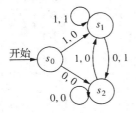

图 4　单位延迟机

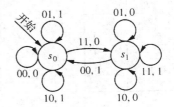

图 5　做加法的有限状态机

例 7 在某种编码方法中，当一个信息中出现了 3 个连续的 1 时，信息接收器就知道已经发生了一个传送错误。试构造一个有限状态机，使得它输出 1 当且仅当它所接收的最后 3 位都是 1。

解　这个机器需要 3 个状态。初始状态 s_0 记住前一个不是 1 的输入值（如果存在）；状态 s_1 记住前一个是 1，但再前一个输入（如果存在）不是 1 的输入值；状态 s_2 记住前两个都是 1 的输入值。

输入一个 1 将状态 s_0 变为 s_1，因为机器现在读到的是单个的 1，而不是两个连续的 1；它将 s_1 变为 s_2，因为它现在读到了两个连续的 1；它还将 s_2 变为 s_2 本身，当它已经至少读到了两个连续的 1。输入一个 0 将每个状态都变为 s_0，因为这打断了任何由连续 1 构成的字符串。如果现在机器所读的是 1，则由 s_2 到 s_2 自身的转移所产生的输出为 1，因为此状态与输入的组合表明机器已经读到了 3 个连续的 1。其他情形的输出都是 0。此机器的状态图如图 6 所示。◀

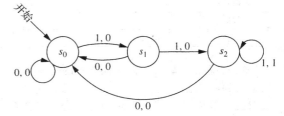

图 6　一个有限状态机，它输出 1 当且仅当所读的输入串以 111 结尾

例 7 所构造的有限状态机的最终输出是 1，当且仅当输入字符串以 111 作为结束。因此，我们说有限状态机能够识别以 111 作为结束的字符串。这就引出定义 2。

> **定义 2**　令 $M=(S, I, O, f, g, s_0)$ 是一个有限状态机，并且 $L \subseteq I^*$，那么当输入串 $x \in L$，并且当且仅当 x 作为 M 的输入，M 的最后一个输出位是 1 时，我们说有限状态机 M 能够识别（或接受）L。

有限状态机的类型　为了建立计算机的模型，人们开发了许多种不同的有限状态机。本节给出了一类有限状态机的定义，在这种类型的机器中，输出与状态之间的转移相对应，这种类型的机器称为**米兰机**（Mealy machine），因为它是由米兰（G. H. Mealy）在 1955 年首先研究的。还有另外一类重要的带输出的有限状态机，其输出仅仅由状态确定，这种类型的有限状态机称为**摩尔机**（Moore machine），因为它是摩尔（E. F. Moore）在 1956 年提出的。本节结尾有一系列练习讨论摩尔机。

例 7 说明了怎么用米兰机来识别语言。然而，我们通常用另一种不带输出的有限状态机来识别语言。不带输出的有限状态机也称为有限状态自动机，它有一个由终结状态组成的集合，它识别一个字符串当且仅当该字符串能够将初始状态变为一个终结状态。13.3 节将讨论这种类型的有限状态机。

练习

1. 画出具有下列状态表的有限状态机的状态图。

a)

状态	f 输入 0	f 输入 1	g 输入 0	g 输入 1
s_0	s_1	s_0	0	1
s_1	s_0	s_2	0	1
s_2	s_1	s_1	0	1

b)

状态	f 输入 0	f 输入 1	g 输入 0	g 输入 1
s_0	s_1	s_0	0	0
s_1	s_2	s_0	1	1
s_2	s_0	s_3	0	1
s_3	s_1	s_2	1	0

c)

状态	f 输入 0	f 输入 1	g 输入 0	g 输入 1
s_0	s_0	s_4	1	1
s_1	s_0	s_3	0	1
s_2	s_0	s_2	1	1
s_3	s_1	s_1	1	1
s_4	s_1	s_0	1	0

2. 给出具有下列状态图的有限状态机的状态表。

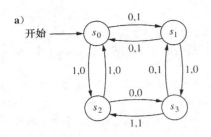

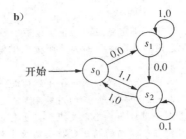

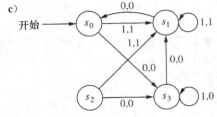

3. 对于具有下列状态表的有限状态机，确定输入字符串 01110 所产生的输出：
   a) 练习 1a
   b) 练习 1b
   c) 练习 1c

4. 对于具有下列状态图的有限状态机，确定输入字符串 10001 所产生的输出：
   a) 练习 2a
   b) 练习 2b
   c) 练习 2c

5. 在例 2 所给的有限状态机中，对于下列每个输入字符串，试确定其输出。
   a) 0111
   b) 11011011
   c) 01010101010

6. 在例 3 所给的有限状态机中，对于下列每个输入字符串，试确定其输出。
   a) 0000
   b) 101010
   c) 11011100010

7. 试构造一个有限状态机作为下列饮料机的模型：饮料机接受 5 分、1 角和 25 分的硬币，一直到接受了 35 分钱币时才开始找回零钱，退出超过 35 分的所有钱币。然后顾客就可以按某些按钮，得到一听可乐，或一瓶软饮料，或一瓶姜汁啤酒。

8. 试构造一个有限状态机作为下列售报机的模型：它有一个门，此门只在下列两种情形下才可打开：一是放了 3 个 1 角硬币（和任意数量的其他硬币）；二是放了一个 25 分的硬币和一个 5 分的硬币（和任意数量的其他硬币）。一旦门能够被打开，顾客就打开门，取出一份报纸，再关上门。不管塞进去多少额外的钱币，机器都不找回零钱。下一个顾客重新开始时也不能使用上一位多余的钱。

9. 构造一个有限状态机，将输入延迟两位，且以 00 作为输出的头两位。

10. 构造一个有限状态机，对输入字符串每隔一位改变一次值，且从第二位开始。但保持其他位不变。

11. 构造一个有限状态机来模拟计算机的登录过程：用户首先输入用户标识码，然后输入口令；用户标识码和口令分别被看作一个输入；如果输入的口令不对，则要求用户重新输入用户标识码。

12. 构造一个有限状态机来模拟组合锁，此锁包含数 1 到 40，只有在输入正确的组合时才能被打开，正确组合是：10 次右，8 次左，37 次右。每个输入都是"一个数、旋转方向、在此方向旋转锁的次数"构成的三元组。

13. 构造一个有限状态机来模拟下列道路收费机：放入 25 分钱币之后此机器将打开一个门。可以使用面额为 5 分、1 角和 25 分的硬币。不找零钱，多于 25 分的超额部分也不提供下一位驾驶者使用。

14. 构造一个有限状态机模拟自动出纳机（ATM）的密码登录过程：用户输入一个 4 位数的字符串，一次输入一个数字。如果用户正确输入这 4 个数字的口令，ATM 显示欢迎界面。当用户输入不正确时，ATM 提示用户密码输入错误。如果用户输入错误密码 3 次，账户就被锁定。

15. 构造一个有限状态机来模拟有一定限制的电话交换系统，发送到网络的电话号码要求是以 0、911 和 1 开头，后跟以 212、800、866、877 和 888 开始的 10 位电话号码。所有其他数字串都被系统锁定，并且用户会听到一个报错信息。

16. 构造一个有限状态机，当读取的输入符号所代表的数能够被 3 整除时，输出 1；否则，输出 0。

17. 构造一个有限状态机，确定在输入字符串中当前所读取的最后一个符号是否为 1，且倒数第三个符号是否为 0。

18. 构造一个有限状态机，确定到目前为止所读取的输入字符串中，其结尾是否有至少 5 个连续的 1。

19. 构造一个有限状态机，确定到目前为止所读取的输入中，其最后的 8 个字符是否为 computer。输入可能是任意的英文字母。

摩尔机 $M=(S, I, O, f, g, s_0)$ 由下列 6 部分构成：有限状态集 S；输入字母表 I；输出字母表 O；转移函数 f，它将每个由状态和输入组成的对映射为下一个状态；输出函数 g，它对每个状态指定一个输出；初始状态 s_0。摩尔机可以用状态表来表示，也可以用状态图来表示。状态表列出对应于每个状态和输入对的转移，以及对每个状态的输出。状态图画出状态、状态之间的转移以及状态的输出。在状态图中，转移用标记着输入的箭头表示，输出写在状态的旁边。

20. 构造具有右表所示的状态表的摩尔机的状态图。

21. 构造具有右表所示的状态图的摩尔机的状态表。对每个输入字符串，摩尔机都产生一个输出字符串。特别地，对应于输入字符串 $a_1 a_2 \cdots a_k$ 的输出是 $g(s_0)g(s_1)\cdots g(s_k)$，其中 $s_i=f(s_{i-1}, a_i)$，$i=1, 2, \cdots, k$。

22. 对于下列每个输入字符串，求练习 20 中的摩尔机所生成的输出字符串。

a) 0101   **b)** 11111   **c)** 11101110111

状态	f 输入		g
	0	1	
s_0	s_0	s_2	0
s_1	s_3	s_0	1
s_2	s_2	s_1	1
s_3	s_2	s_0	1

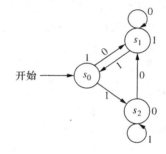

23. 对于练习 22 中的每个输入字符串，求练习 21 中的摩尔机所生成的输出字符串。

24. 构造一个摩尔机，只要读取的输入符号的个数能够被 4 整除时，就输出 1。

25. 构造一个摩尔机，使其能够判断输入字符串是包含偶数个 1 还是奇数个 1。如果输入字符串中有偶数个 1，则输出 1；如果输入字符串中有奇数个 1，则输出 0。

13.3 不带输出的有限状态机

13.3.1 引言

有限状态机的最重要应用之一是语言识别。在设计和构造程序设计语言的编译器时，这个应用起着根本性的作用。在 13.2 节中，我们说明了可以用带输出的有限状态机来识别语言，方法是当读取的输入字符串在语言中时输出 1，否则输出 0。但是，还有一些其他类型的有限状态机，它们是为识别语言而专门设计的。这些机器不产生输出，但有终结状态。一个串能被它识别，当且仅当它把初始状态转变为终结状态之一。

13.3.2 串的集合

在讨论不带输出的有限状态机之前，先介绍一些关于串的集合的重要背景材料。这里定义的运算将广泛用于有限状态机识别语言的讨论中。

定义 1 设 V 是一个词汇表，A、B 是 V^* 的子集。A 和 B 的连接是所有形如 xy 的串构成的集合，记为 AB，其中 x 是 A 中的串，y 是 B 中的串。

例 1 设 $A=\{0, 11\}$，$B=\{1, 10, 110\}$。求 AB 和 BA。

解 集合 AB 包括所有 A 中串和 B 中串的连接，故

$$AB=\{01, 010, 0110, 111, 1110, 11110\}$$

集合 BA 包括所有 B 中串和 A 中串的连接，故

$$BA = \{10,\ 111,\ 100,\ 1011,\ 1100,\ 11011\}$$

注意，如例1所示，对于字母表 V 和 V^* 的子集 A 与 B，$AB = BA$ 不一定成立。

由两个串集合的连接的定义还可以定义 $A^n (n=0,\ 1,\ 2,\ \cdots)$。其递归定义如下：

$$A^0 = \{\lambda\}$$
$$A^{n+1} = A^n A,\quad n = 0,\ 1,\ 2,\ \cdots$$

例 2　设 $A = \{1,\ 00\}$。当 $n = 0,\ 1,\ 2,\ 3$ 时，求 A^n。

解　易知，$A^0 = \{\lambda\}$，$A^1 = A^0 A = \{\lambda\} A = \{1,\ 00\}$。为求 A^2，取 A 中元素对的连接。从而 $A^2 = \{11,\ 100,\ 001,\ 0000\}$。为求 A^3，取 A^2 和 A 中的元素进行连接，由此得到 $A^3 = \{111,\ 1100,\ 1001,\ 10000,\ 0011,\ 00100,\ 00001,\ 000000\}$。

定义 2　设 A 是 V^* 的一个子集。A 的克莱因闭包是 A 中任意多个串的连接组成的集合，记为 A^*，即 $A^* = \bigcup\limits_{k=0}^{\infty} A^k$。

例 3　求集合 $A = \{0\}$，$B = \{0,\ 1\}$，$C = \{11\}$ 的克莱因闭包。

解　A 的克莱因闭包是 0 与自己的任意多次连接，故 $A^* = \{0^n \mid n = 0,\ 1,\ 2,\ \cdots\}$。$B$ 的克莱因闭包是任意多个串的连接，但这些串只能是 0 或 1，因此这个闭包是字母表 $V = \{0,\ 1\}$ 上的所有串，即 $B^* = V^*$。最后，C 的克莱因闭包是 11 与自己的任意多次连接，所以 C^* 是由偶数个 1 组成的串的集合，即 $C^* = \{1^{2n} \mid n = 0,\ 1,\ 2,\ \cdots\}$。

13.3.3　有限状态自动机

现在给出不带输出的有限状态机的定义，这样的机器也叫作**有限状态自动机**（finite-state automata），这也是在本节中将使用的术语。（注意：automata 的单数形式是 automaton。）这些机器与 13.2 节中研究的有限状态机不同，它们不产生输出，但它们有一个终结状态集合。我们将看到，它们识别将初始状态变为终结状态的字符串。

定义 3　有限状态自动机 $M = (S,\ I,\ f,\ s_0,\ F)$ 由下列五部分组成：一个有限的状态集合 S；一个有限的输入字母表 I；一个转移函数 f，f 为每个状态和输入对指派下一个状态（因此有 $f: S \times I \to S$）；一个初始状态或起始状态 s_0；一个由终结状态（或可接受状态）构成的 S 的子集 F。

有限状态自动机也可用状态表或状态图来表示。在状态图中，终结状态用双圈表示。

例 4　构造有限状态自动机 $M = (S,\ I,\ f,\ s_0,\ F)$ 的状态图，其中 $S = \{s_0,\ s_1,\ s_2,\ s_3\}$，$I = \{0,\ 1\}$，$F = (s_0,\ s_3)$，转移函数 f 如表1所示。

解　所求的状态图如图1所示。注意，输入 0 和 1 都将 s_2 变为 s_0，所以从 s_2 到 s_0 的边上有 0 和 1。

表　1

	f	
	输入	
状态	0	1
s_0	s_0	s_1
s_1	s_0	s_2
s_2	s_0	s_0
s_3	s_2	s_1

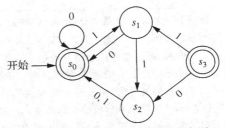

图 1　一个有限状态自动机的状态图

转移函数的扩展　有限状态自动机 $M = (S,\ I,\ f,\ s_0,\ F)$ 的转移函数可以进行扩展，使其对所有状态与串的对都有值，也就是说，f 可以被扩展成这样一个函数 $f: S \times I^* \to S$。设 $x =$

$x_1 x_2 \cdots x_k$ 是 I^* 中的一个串，则状态 $f(s_1, x)$ 是这样得到的：从状态 s_1 开始，从左到右连续地使用 x 中的每个符号。从 s_1 进入状态 $s_2 = f(s_1, x_1)$，然后进入状态 $s_3 = f(s_2, x_2)$，以此类推，直到 $f(s_1, x) = f(s_k, x_k)$。形式上，可以通过如下公式递归地为确定性的有限状态机 $M = (S, I, f, s_0, F)$ 定义其扩展状态转移函数 f：

1）对于状态集合 S 中的每一个状态 s，有 $f(s, \lambda) = s$；

2）对于所有的 $s \in S$，$x \in I^*$，$a \in I$，有 $f(s, xa) = f(f(s, x), a)$。

可以使用结构化归纳和递归定义来证明扩展转移函数的这个性质。例如，在练习 15 中要求证明对于状态集合 S 中的每一个状态 s，x 和 y 是 I^* 中的字符串，有

$$f(s, xy) = f(f(s, x), y)$$

13.3.4　有限状态机的语言识别

现在定义一些术语，这些术语将用于研究有限状态自动机对某些串的集合的识别。

> **定义 4**　称串 x 可以被机器 $M = (S, I, f, s_0, F)$ 识别或接受，如果 x 将初始状态变为一个终结状态，即 $f(s_0, x)$ 是 F 中的一个状态。机器 M 识别（或接受）的语言是 M 识别的所有串的集合，记为 $L(M)$。如果两个有限状态自动机识别相同的语言，则称它们是等价的。

在例 5 中将求几个有限状态自动机所识别的语言。

例 5　求图 2 表示的有限状态自动机 M_1、M_2 和 M_3 所识别的语言。

解　M_1 只有一个终结状态 s_0，而将 s_0 变为自身的串是由 0 个、1 个或更多连续 1 组成的串。所以 $L(M_1) = \{1^n \mid n = 0, 1, 2, \cdots\}$。

M_2 只有一个终结状态 s_2，而将 s_0 变为 s_2 的串只有 1 和 01，所以 $L(M_2) = \{1, 01\}$。

M_3 的终结状态有 s_0 和 s_3，将 s_0 变为自身的串有 λ，0，00，000，$\cdots$，即由零个以上（包括零个）连续的 0 构成的串。将 s_0 变为 s_3 的串只有这样的串：开头是零个以上（包括零个）连续的 0 构成的串，接着是 10，然后是任意的串。故 $L(M_3) = \{0^n, 0^n 10x \mid n = 0, 1, 2, \cdots, x$ 是任意的串$\}$。　◀

设计有限状态自动机　我们经常可以构造一个有限状态自动机，通过仔细添加状态和转移，决定哪些状态是最终状态，使得这个有限状态自动机可以识别给定字符串。当根据需要，包含一些能够记录输入字符串的某些性质的状态时，就提供了一个带有有限存储的有限状态自动机。例 6 和例 7 这两个例子给我们说明了一些技术，可以通过使用这些技术来构造能够识别特定类型串的有限状态自动机。

Links ▷

斯蒂芬·科尔·克莱因(Stephen Cole Kleene，1909—1994)　克莱因生于美国康涅狄格州的哈特福德。他的母亲艾丽丝·莉娜·科尔(Alice Lena Cole)是一位诗人，他的父亲古斯塔夫·阿道夫·克莱因(Gustav Adolph Kleene)是一位经济学教授。克莱因曾就读于艾摩斯特学院，1934 年，他在普林斯顿大学获博士学位，导师是著名的逻辑学家丘奇(Alonzo Church)。1935 年，克莱因成为威斯康星大学的教员，除了几次短暂的离开（包括去普林斯顿高等研究所）外，他一直在那里任教。第二次世界大战期间，他成为美国海军预备役军官学校的航海教师，后来他成为海军研究实验室的主任。克莱因通过研究可计算性和可判定性问题，对递归函数论做出了重要贡献，并且证明了自动机理论中的一个中心结果。他曾担任威斯康星大学数学研究中心的代理主任和文理学院的院长。他还曾学习博物学，并发现了一族以前没记载过的蝴蝶，因此这族蝴蝶便以他的名字命名。他还是一位狂热的徒步旅行和登山爱好者。此外，克莱因还很擅长讲些奇闻轶事，他的大嗓门在几间办公室之外都能听到。

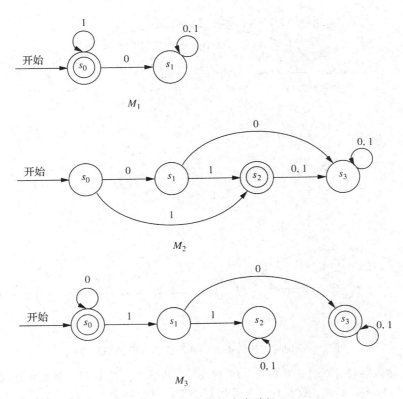

图 2　一些有限状态自动机

例6 构造确定性的有限状态自动机，使得它可以识别如下这些语言。

(a)以两个 0 作为开始的比特串的集合。

(b)包含两个连续 0 的比特串的集合。

(c)不包含两个连续 0 的比特串的集合。

(d)以两个 0 作为结束的比特串的集合。

(e)至少包含两个 0 的比特串的集合。

解　(a)我们的目标是构造一个确定性的有限状态自动机，使得该自动机能够识别以两个 0 作为开头的比特串的集合。除了初始状态 s_0 外，还包含一个非终结状态 s_1。如果第一位是 0，则状态从 s_0 变成 s_1。然后，添加一个终结状态 s_2；如果第二位是 0，则从 s_1 变成 s_2。当到达状态 s_2 时，就可以确定输入字符串的前两位是 0，因此无论后续字符串的内容是什么（如果有），状态将保持 s_2 不变。读者可以验证，图 3a 所示的有限状态自动机可以识别以两个 0 开始的比特串的集合。

(b)我们的目标是构造一个确定性的有限状态自动机，使得该自动机能够识别包含着两个连续 0 的比特串的集合。除了初始状态 s_0 外，还包含一个非终结状态 s_1。通过状态 s_1，将会告知我们最后的输入位是 0，而且，不论该位的前一位是 1，或该位是输入字符串的第一位。还包含一个终结状态 s_2，当 0 后的输入仍是 0 时，将从 s_1 跳转到 s_2。如果在输入字符串中有 0 后紧接着的是 1(在找到连续的两个 0 之前)，那么将跳转到状态 s_0，并且重新开始寻找连续的 0。读者可以验证图 3b 所示的有限状态自动机可以识别包含两个连续 0 的比特串的集合。

(c)我们的目标是构造一个确定性的有限状态自动机，该自动机能够识别不包含两个连续 0 的比特串的集合。除了初始状态 s_0 外，该状态也是终结状态，还包含一个终结状态 s_1。当 0 是第一个输入字符时，状态从 s_0 跳转到 s_1。当输入字符是 1 时，状态跳转或者停留在 s_0。添加一

Extra
Examples

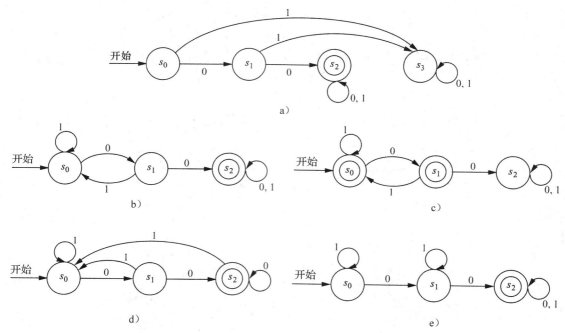

图 3 识别例 6 中的语言的确定性的有限状态自动机

个状态 s_2，当输入字符是 0 时，状态从 s_1 跳转到 s_2。当状态到达 s_2 时，就表示已经遇到了两个连续的 0。一旦到达状态 s_2，就在此停留并保持不变。这个状态不是终结状态。读者可以自行验证图 3c 所示的有限状态自动机能够识别不包含两个连续 0 的输入字符串的集合。[聪明的读者将会注意到本例构造的有限状态自动机与(b)部分构造的自动机之间的关系。参见练习 39。]

(d)我们的目标是构造一个确定性的有限状态自动机，该自动机能够识别以两个连续 0 作为结束的比特串的集合。除了初始状态 s_0 外，还包含一个非终结状态 s_1。如果第一位是 0，则跳转到状态 s_1。还包含一个终结状态 s_2。如果 0 之后的输入字符仍然是 0，状态将从 s_1 跳转到 s_2。如果在 0 之后的输入仍然是 0，则保持状态 s_2 不变，原因是最后输入的两个字符仍然是 0。如果此时状态是 s_2，当输入位是 1 时，将跳转回状态 s_0，然后重新开始搜索连续 0 的出现。如果此时状态是 s_1，当下一个输入位是 1 时，也将跳转到状态 s_0。读者可以自行验证图 3d 所示的有限状态自动机能够识别以两个连续 0 作为结束的输入字符串的集合。

(e)我们的目标是构造一个确定性的有限状态自动机，该自动机能够识包含两个 0 的比特串的集合。除了初始状态 s_0 外，还包含一个非终结状态 s_1。状态将一直保持在 s_0，直到输入 0。当输入字符串中遇到第一个 0 时，状态跳转到 s_1。添加一个终结状态 s_2，一旦在输入字符串中遇到第二个 0，将从状态 s_1 跳转到 s_2。无论何时遇到输入字符为 1 时，保持原状态不变。一旦到达状态 s_2，将保持不变。状态 s_1 和状态 s_2 分别用来告诉我们已经在输入字符串中遇到 1 个或 2 个 0。读者可以自行验证图 3e 所示的有限状态自动机能够识别包含两个 0 的输入字符串。◀

例 7 构造一个确定性的有限状态自动机，使得该自动机能够识别包含奇数个 1，并且以至少两个连续 0 作结束的比特串的集合。

解 我们可以构造一个确定性的有限状态自动机，通过添加状态记录输入字符串中 1 的个数的奇偶性，以及是否在输入字符串的尾部遇到 0 个、1 个或者至少 2 个 0，使得该自动机可以识别某种类型的比特串。

可以通过初始状态 s_0 来告诉我们目前输入的比特串包含偶数个 1，并且不以 0 作为结束

（空串或者以 1 作为结束）。除了初始状态外，还包含其他 5 个状态。当输入比特串包含偶数个 1 且以 1 个 0 作为结束时，状态跳转到 s_1；当包含偶数个 1 且以至少两个 0 作为结束时，状态跳转到 s_2；当包含奇数个 1 且不以 0 作为结束时，状态跳转到 s_3；当包含奇数个 1 且以 1 个 0 作为结束时，状态跳转到 s_4；当包含奇数个 1 且以两个 0 个作为结束时，状态跳转到 s_5，同时 s_5 也是一个终结状态。

读者可以自行验证图 4 所示的有限状态自动机能够识别包含奇数个 1 且以至少两个连续 0 作为结束的比特串的集合。　　◀

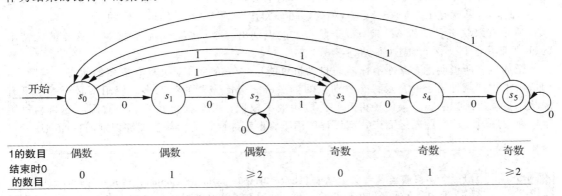

1的数目	偶数	偶数	偶数	奇数	奇数	奇数
结束时0的数目	0	1	$\geqslant 2$	0	1	$\geqslant 2$

图 4　确定性的有限状态自动机，该自动机能够识别包含奇数个 1
且以至少两个 0 结束的比特串的集合

等价的有限状态自动机　　在定义 4 中，我们定义当两个有限状态自动机能够识别相同的语言时，它们是等价的。例 8 给出了两个等价的确定性的有限状态自动机的例子。

例 8　证明图 5 所示的有限状态自动机 M_0 和 M_1 是等价的。

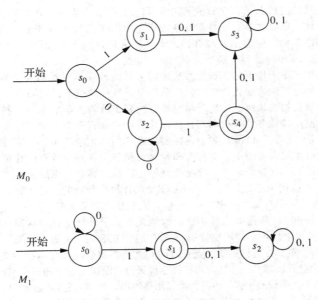

图 5　M_0 和 M_1 是等价有限状态自动机

解　对于可以被 M_0 识别的字符串 x，x 必须从状态 s_0 跳转终结状态 s_1 或者终结状态 s_4。唯一能从状态 s_0 跳转到 s_1 的就是字符串 1。能从状态 s_0 跳转到 s_4 的是以 0 作为开始的字符串，该字符串首先从 s_0 跳转到 s_2，后跟 0 个或者多个 0，保持状态 s_2 不变，然后跟一个 1，状态从

s_2 跳转到 s_4。除了以上这些字符串外，所有其他的字符串都使状态从 s_0 跳转到非终结状态（留给读者详细地填补这些内容）。因此我们可以得出结论，自动机 M_0 所识别的语言 $L(M_0)$ 的形式是 0 个或多个 0 后跟一个 1 的字符串的集合。

对于可以被 M_1 识别的字符串 x，x 必须使状态能从 s_0 跳转到终结状态 s_1。因此，能被识别的字符串 x 的形式是以若干个 0 作为开始，这样会保持状态 s_0 不变，后接 1 个 1，跳转到终结状态 s_1。全是由 0 组成的比特串是不会被识别的，因为它只能使我们保持状态 s_0 不变，但 s_0 是非终结状态。1 后紧接着是一个 0 的比特串也不会被识别，因为它会跳转到一个非终结状态 s_2。因此，结果就是 $L(M_1)$ 与 $L(M_0)$ 相同。可以得出结论 M_0 与 M_1 是等价的。

注意有限状态自动机 M_1 只有 3 个状态。能识别出 0 个或多个 0 后紧接着 1 这样的比特串的自动机不会少于 3 个状态（参见练习 37）。◀

正如例 8 所说明的，某个有限状态自动机可能比它等价的自动机具有更多的状态。实际上，构造用来识别某种语言的有限状态自动机的算法可能会比需要的状态多。使用不必要的大型有限状态自动机来识别语言会使硬件和软件应用效率较低，并且代价较高。当有限状态自动机用于编译程序时，该问题随之而来，编译程序用于将源程序翻译为计算机能够识别的目标程序。

Links

©Bettmann/Getty Images

葛丽丝·穆雷·霍普（Grace Brewster Murray Hopper，1906—1992） 1906 年，葛丽丝·霍普出生于纽约。她自幼就对事物是如何运行的有着浓厚的兴趣。在她 7 岁的时候，她就把家里的闹钟拆了，以探寻它运作的机制。她对数学的热爱很大程度上是受到了她母亲的影响。在那个女性被禁止学习的时代，她的母亲获得特批学习过几何学（但不是代数和三角函数）。霍普的父亲对她的影响也很大。她的父亲是一个成功的保险经纪人，后来因为患了动脉硬化病，双脚被切除。他鼓励孩子们不管任何事情，只要他们用心去做，就一定能取得成功。他也一直激励霍普接受更高的教育，而不仅仅像大多数女性那样平淡无奇地度过一生。霍普的父母尽全力让她接受最好的教育，于是她在纽约上了私立的小学和中学。1924 年她考入瓦萨学院学习数学和物理，1928 年她大学毕业。接着，她在耶鲁大学攻读数学专业的硕士学位并于 1930 年毕业。同年，霍普嫁给了在纽约商学院任教的一名英语老师，但婚姻并没有持续太久两人就离婚了。1931 年至 1943 年，霍普在瓦萨学院担任数学系教授，1934 年她获得了耶鲁大学的博士学位。

珍珠港事件后，出生于军人世家的霍普毅然决定辞去她的教师工作而加入了美国海军。为了顺利入伍，霍普需要一个特殊的许可证才能让她彻底脱离数学专业教授的位置。1943 年，她宣誓加入海军预备役部队，并在海军女子学校接受训练。之后，霍普被分配到了哈佛大学的海军军械实验室工作，主要为世界第一台大规模自动测序的数字计算机编程，这台计算机用来帮助海军火炮在多变的天气中准确地瞄准方位。人们认为霍普是"漏洞"（bug）（多指硬件出故障）这个词语的创造者，但事实上，早在霍普去哈佛大学之前，这个词就已经被人使用了。但霍普和她的编程团队在发生故障的计算机的继电器触点里找到了一只被夹扁的小飞蛾，正是这个小虫子致使系统停止运行。霍普将飞蛾夹在工作笔记里，并诙谐地将程序故障称为"bug"。bug 的意思是"臭虫"，后来演变成计算机行业的专业术语，表示程序故障。在 20 世纪 50 年代，霍普发明了一个新词"除虫"（debug），表示排除程序故障。

1946 年，美国海军告知霍普年纪太大而不能继续服现役，于是她选择继续留在哈佛大学进行民用研究。1949 年，她离开哈佛大学加入了"埃克特-莫克利"计算机公司，帮助开发第一台商用计算机，即通用自动计算机（UNIVAC）。霍普在这里工作了很长时间，直到雷明顿兰德公司接手该公司并与斯派里公司合并后，她才离开了这个公司。霍普一直非常看好计算机无穷的潜能，她深知只要编程和应用上做得好，计算机终将被广泛使用。特别是编程的语言，她认为可以用英语写，而不一定局限于计算机指令。为了实现这一目标，她开发了第一台编译器，并在 1952 年发表了第一篇关于编译器研究的论文。霍普也被称为"面向商业的通用语言（COBOL）之母"，她的员工借助他们早期的工作基础构建了面向 COBOL 的基本语言设计框架。

1966 年，霍普正式从海军预备役部队退休。然而，仅仅 7 个月之后，海军部队重新召回她，令其协助进行高级海军计算机语言的标准化制定工作。1983 年，霍尔被总统亲自授予海军准将军衔，两年后，提升为海军少将。霍普退休的时候已经 80 岁高龄了，美国海军为其在宪法号帆船护卫舰上举行了退休仪式。

练习 58～61 研究了一个过程，如何用最少的状态构造一个有限状态自动机使之等价于一个给定的有限状态自动机。这个方法称为**自动机简化**。在练习中描述的这个过程，通过把状态用状态的等价类来替换，减少了状态的数量。如果对每个输入字符串都能使两个状态跳转到终结状态，或者都使这两个状态跳转到某个非终结状态，那么则称这两个状态是等价的。在自动机简化过程开始前，从开始状态使用任何输入都不可达的状态首先被删除，删除这些状态不会改变其识别的语言。

13.3.5 非确定性的有限状态自动机

到目前为止所讨论的有限状态自动机都是**确定性的**，因为对每对状态和输入值，转移函数只给出唯一的下一个状态。还有一种重要的有限状态自动机，它对每对输入值和状态，有多个可能的下一个状态，这样的机器称为**非确定性的**。非确定性的有限状态自动机在判断哪些语言可以由有限状态自动机识别中非常重要。

> **定义 5** 非确定性的有限状态自动机 $M=(S, I, f, s_0, F)$ 由下列五部分组成：一个状态的集合 S；一个输入字母表 I；一个转移函数 f，f 为每个状态和输入对指派一个状态集合（因此有 $f: S \times I \rightarrow P(S)$）；一个初始状态 s_0；还有一个由终结状态构成的 S 的子集 F。

非确定性的有限状态自动机也可用状态表和状态图来表示。在状态表中，对每对状态和输入值，列出所有可能的下一个状态。在状态图中，从一个状态到每个可能的下一个状态，都画一条边，这条边的标号是导致这个转移的一个或多个输入。

例 9 求状态表如表 2 所示的非确定性的有限状态自动机的状态图。终结状态为 s_2 和 s_3。

解 这个自动机的状态图如图 6 所示。

表 2

状 态	f 输入 0	f 输入 1
s_0	s_0，s_1	s_3
s_1	s_0	s_1，s_3
s_2		s_0，s_2
s_3	s_0，s_1，s_2	s_1

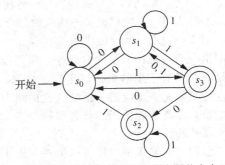

图 6　状态表为表 2 的非确定性的有限状态自动机

例 10 求状态图如图 7 所示的非确定性的有限状态自动机的状态表。

解 这个自动机的状态表如表 3 所示。

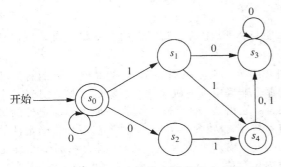

图 7　一个非确定性的有限状态自动机

表 3

状 态	f 输入 0	f 输入 1
s_0	s_0，s_2	s_1
s_1	s_3	s_4
s_2		s_4
s_3	s_3	
s_4	s_3	s_3

非确定性的有限状态自动机怎么识别串 $x = x_1x_2\cdots x_k$ 呢？第一个输入符号 x_1 将初始状态 s_0 变为状态集合 s_1。下一个输入符号 x_2 将 s_1 中的每个状态都变为一个状态集合。设 s_2 是这些集合的并集。将这个过程继续下去，在某个步骤中，对上一个步骤产生的每个状态和当前的输入符号都要求其产生的所有状态。使用 x 从 s_0 所能得到的状态中，如果有一个终结状态，我们就识别或接受串 x。非确定性的有限状态自动机所识别的语言是这个自动机所识别的所有串的集合。

例 11 求图 7 所示的非确定性的有限状态自动机所识别的语言。

解 因为 s_0 是终结状态，当输入是 0 时，有从 s_0 到自身的转移，所以此机器识别所有零个或更多个连续的 0 组成的串。因为 s_4 也是终结状态，所以对于任何串，若以此串作为输入时从 s_0 所能达到的状态集中包含 s_4，则此串就能被识别。这样的串只有：零个或更多个连续的 0 和后面跟 01 或 11 组成的串。因为 s_0 和 s_4 是仅有的终结状态，所以此机器识别的语言为 $\{0^n, 0^n01, 0^n11 \mid n \geqslant 0\}$。

一个重要的事实是，非确定性的有限状态自动机所能识别的语言也能被确定性的有限状态自动机所识别。在 13.4 节中，我们将利用这个事实确定有限状态自动机能够识别哪些语言。

> **定理 1** 如果语言 L 可以由非确定性的有限状态自动机 M_0 所识别，则 L 也可以由一个确定性的有限状态自动机 M_1 来识别。

证明 我们将描述怎样从非确定性的有限状态自动机 M_0 构造识别 L 的确定性的有限状态自动机 M_1。M_1 的每个状态都由 M_0 的状态集的一个子集构成，M_1 的初始状态是 $\{s_0\}$，即 M_1 的初始状态是 M_0 的初始状态构成的集合。M_1 的输入集合与 M_0 的输入集合相同。

对于 M_1 的一个给定状态 $\{s_{i_1}, s_{i_2}, \cdots, s_{i_k}\}$，输入字符串 x 将这个状态变为这个集合中元素的下一个状态构成的集合的并，即集合 $f(s_{i_1}, x)$，$f(s_{i_2}, x)$，$\cdots$，$f(s_{i_k}, x)$ 的并。M_1 的状态是 S 的所有子集的集合，这里 S 是 M_0 的状态集，从 s_0 开始，以此方式求得。（如果此非确定性的机器有 n 个状态，则确定性的机器就有 2^n 个状态，因为所有子集都可以作为状态，包括空集，尽管实际使用的状态却很少。）如果 M_0 的一个子状态集含有终结状态，则它就是 M_1 的终结状态。

假设一个输入字符串可以由 M_0 识别，则用这个串从 s_0 出发可以到达的状态中有一个终结状态（读者应能对这一点做归纳证明）。这意味着，在 M_1 中，这个串能将 $\{s_0\}$ 引导至这样一个状态集，它是 M_0 的状态集的一个子集且包含一个终结状态。这个子集是 M_1 的一个终结状态，所以这个串也能由 M_1 识别。而且，如果一个输入字符串不能由 M_0 识别，则它也就不能导致 M_0 中的任何终结状态。（读者应该能够给出它的详细证明。）因此这个输入字符串也不可能由 $\{s_0\}$ 导致 M_1 中的一个终结状态。

例 12 求一个确定性的有限状态自动机，能与例 10 中的非确定性的有限状态自动机识别相同的语言。

解 所求的确定性的有限状态自动机如图 8 所示，它是根据例 10 中的非确定性的有限状态自动机构造的。此确定性的自动机的状态是那个非确定性的机器的状态集的子集。对于一个输入符号，一个子集的下一个状态是这样的集合：它由这个子集中的元素在那个非确定性的机器中的所有下一个状态所构成。例如，对于输入 0，$\{s_0\}$ 转为 $\{s_0, s_2\}$，因为在那个非确定性的机器中，s_0 有到它自己和 s_2 的转移；集合 $\{s_0, s_2\}$ 对输入 1 转为 $\{s_1, s_4\}$，因为在那个非确定性的机器中，对输入 1，s_0 只转为 s_1，s_2 只转为 s_4；集合 $\{s_1, s_4\}$ 对输入 0 转为 $\{s_3\}$，因为在那个非确定性的机器中，对输入 0，s_1 和 s_4 都只转为 s_3。所有以这种方法得到的子集都包括在这个确定性的有限状态机器中。注意，空集也是这个机器的一个状态，因为它是 $\{s_3\}$ 对输入 1 的所有下一个状态构成的子集。初始状态是 $\{s_0\}$，终结状态是那些包含 s_0 或 s_4 的状态的集合。 ◀

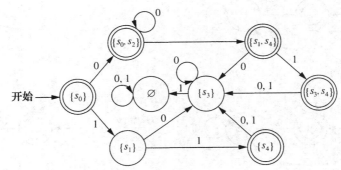

图 8   与例 10 中非确定性的有限状态自动机等价的确定性的有限状态自动机

练习

1. 设 $A=\{0,\ 11\}$，$B=\{00,\ 01\}$，求下列集合。

    a) AB **b)** BA **c)** A^2 **d)** B^3

2. 设 A 是字符串的一个集合。证明 $A\varnothing=\varnothing A=\varnothing$。

3. 求所有字符串的集合对 A 和 B，使得 $AB=\{10,\ 111,\ 1010,\ 1000,\ 10111,\ 101000\}$。

4. 证明下列等式成立。

    a) $\{\lambda\}^*=\{\lambda\}$ **b)** 对任意字符串的集合 A，$(A^*)^*=A^*$

5. 对于下列集合 A，描述集合 A^* 的元素。

    a) $\{10\}$ **b)** $\{111\}$ **c)** $\{0,\ 01\}$ **d)** $\{1,\ 101\}$

6. 设 V 是一个字母表，A 和 B 是 V^* 的子集。证明：$|AB|\leqslant|A||B|$。

7. 设 V 是一个字母表，A 和 B 是 V^* 的子集，且 $A\subseteq B$。证明：$A^*\subseteq B^*$。

8. 设 V 是一个字母表，A 是 V^* 的子集。证明或反证下列命题。

    a) $A\subseteq A^2$ **b)** 如果 $A=A^2$，则 $\lambda\in A$ **c)** $A\{\lambda\}=A$

    d) $(A^*)^*=A^*$ **e)** $A^*A=A^*$ **f)** $|A^n|=|A|^n$

9. 确定下列集合是否包含字符串 11101。

    a) $\{0,\ 1\}^*$ **b)** $\{1\}^*\{0\}^*\{1\}^*$ **c)** $\{11\}\{0\}^*\{01\}$

    d) $\{11\}^*\{01\}^*$ **e)** $\{111\}^*\{01\}^*\{1\}$ **f)** $\{11,\ 0\}\{00,\ 101\}$

10. 确定下列集合是否包含字符串 01001。

    a) $\{0,\ 1\}^*$ **b)** $\{0\}^*\{10\}\{1\}^*$ **c)** $\{010\}^*\{0\}^*\{1\}$

    d) $\{010,\ 011\}\{00,\ 01\}$ **e)** $\{00\}\{0\}^*\{01\}$ **f)** $\{01\}^*\{01\}^*$

11. 确定下列字符串是否可由图 1 中的确定性的有限自动机识别。

    a) 111   **b)** 0011   **c)** 1010111   **d)** 011011011

12. 确定下列字符串能否由图 1 中的确定性的有限状态自动机所识别。

    a) 010   **b)** 1101   **c)** 1111110   **d)** 010101010

13. 对于下列每个集合，确定其中的每个字符串是否都能由图 1 中的确定性的有限状态自动机所识别。

    a) $\{0\}^*$ **b)** $\{0\}\{0\}^*$ **c)** $\{1\}\{0\}^*$

    d) $\{01\}^*$ **e)** $\{0\}^*\{1\}^*$ **f)** $\{1\}\{0,\ 1\}^*$

14. 证明：如果 $M=\{S,\ I,\ f,\ s_0,\ F\}$ 是一个确定性的有限状态自动机，并且当 $s\in S$，输入字符串 $x\in I^*$ 时，有 $f(s,\ x)=s$，则对于每个非负整数 n，有 $f(s,\ x^n)=s$。（这里，x^n 指的是字符串 x 的 n 个副本的连接，是在 5.3 节练习 37 中递归定义的。）

15. 给定一个确定性的有限状态机 $M=\{S,\ I,\ f,\ s_0,\ F\}$，使用结构归纳和扩展转移函数 f 的递归定义来证明：对于所有的状态 $s\in S$，输入字符串 $x\in I^*$，$y\in I^*$，有 $f(s,\ xy)=f(f(s,\ x),\ y)$。

在练习 16~22 中，求所给的确定性的有限状态自动机所识别的语言。

16.

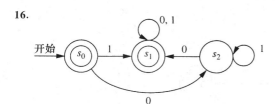

17.

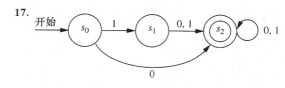

18.

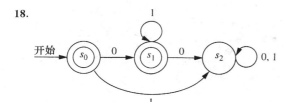

19.

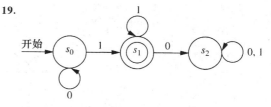

20.

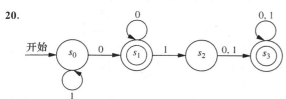

21.

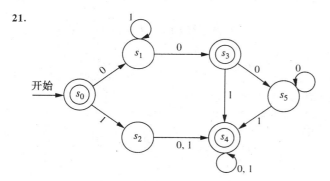

22.

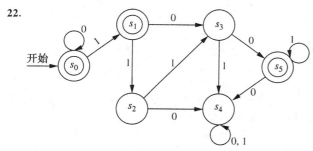

23. 构造一个确定性的有限状态自动机，它能识别以 01 开始的所有比特串构成的集合。

24. 构造一个确定性的有限状态自动机，它能识别以 10 结束的所有比特串构成的集合。

25. 构造一个确定性的有限状态自动机，它能识别包含字符串 101 的所有比特串构成的集合。

26. 构造一个确定性的有限状态自动机，它能识别不包含 3 个连续 0 的所有比特串构成的集合。

27. 构造一个确定性的有限状态自动机，它能识别恰好包含 3 个 0 的所有比特串构成的集合。

28. 构造一个确定性的有限状态自动机，它能识别至少包含 3 个 0 的所有比特串构成的集合。

29. 构造一个确定性的有限状态自动机，它能识别包含 3 个连续 1 的所有比特串构成的集合。

30. 构造一个确定性的有限状态自动机，它能识别以 0 或 11 开始的所有比特串构成的集合。

31. 构造一个确定性的有限状态自动机，它能识别以 11 开始和结束的所有比特串构成的集合。

32. 构造一个确定性的有限状态自动机，它能识别包含偶数个 1 的所有比特串构成的集合。

33. 构造一个确定性的有限状态自动机，它能识别包含奇数个 0 的所有比特串构成的集合。

34. 构造一个确定性的有限状态自动机，它能识别包含偶数个 0，奇数个 1 的所有比特串构成的集合。

35. 构造一个确定性的有限状态自动机，它能识别包含 0 后接奇数个 1 的所有比特串构成的集合。

36. 构造一个确定性的有限状态自动机，它能识别包含偶数个 1，奇数个 0 的所有比特串构成的集合。

37. 构造一个确定性的有限状态自动机，它能识别包含 1 个或多个 1，并且以 0 作结束的所有比特串构成的集合。

38. 构造一个确定性的有限状态自动机，它能识别包含偶数个 1，偶数个 0 的所有比特串构成的集合。

39. 如何改造有限状态自动机 M，使经过改变的自动机能识别集合 $I^* - L(M)$。

40. 使用练习 39 和例 6 构造的有限状态自动机来求能识别如下集合的确定性的有限状态自动机。

   a) 不以两个 0 作为开始的比特串构成的集合。

   b) 不以两个 0 作为结束的比特串构成的集合。

   c) 包含至多一个 0 的比特串构成的集合（也就是说，不包含至少两个 0）。

41. 使用练习 39 叙述的方法以及练习 25 构造的有限状态自动机，求能识别不包含字符串 101 的比特串构成集合的确定性的有限状态自动机。

42. 使用练习 39 叙述的方法以及练习 29 构造的有限状态自动机，求能识别不包含 3 个连续 1 的所有比特串构成集合的确定性的有限状态自动机。

在练习 43～49 中，求所给的非确定性的有限状态自动机所识别的语言。

43. 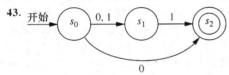   44.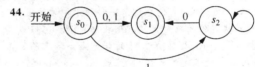

45. 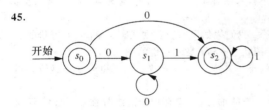   46.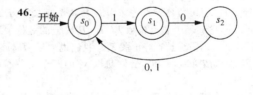

47.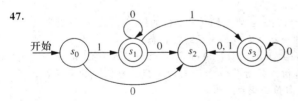

48.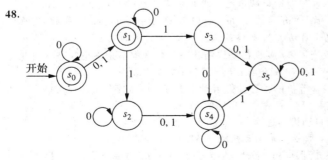

49.

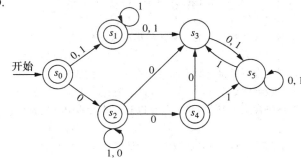

50. 求一个确定性的有限状态自动机，它能与练习 43 中的非确定性的有限状态自动机识别相同的语言。

51. 求一个确定性的有限状态自动机，它能与练习 44 中的非确定性的有限状态自动机识别相同的语言。

52. 求一个确定性的有限状态自动机，它能与练习 45 中的非确定性的有限状态自动机识别相同的语言。

53. 求一个确定性的有限状态自动机，它能与练习 46 中的非确定性的有限状态自动机识别相同的语言。

54. 求一个确定性的有限状态自动机，它能与练习 47 中的非确定性的有限状态自动机识别相同的语言。

55. 对于下列每个集合，分别求识别它的确定性的有限状态自动机。

    a) $\{0\}$ **b)** $\{1, 00\}$ **c)** $\{1^n \mid n = 2, 3, 4, \cdots\}$

56. 对于练习 55 中的每种语言，分别求识别它的非确定性的有限状态自动机，并且，如果可能，使之所具有的状态比你在练习 55 中所给的确定性的有限状态自动机更少。

*57. 对于由个数相同的 0 和 1 组成的字符串构成的集合，证明没有有限状态自动机能够识别它。

在练习 58～62 中，我们介绍了一种技术，该技术能使用最少可能状态数构造一个与给定的确定性的有限状态自动机等价的确定性的有限状态自动机。假设 $M = (S, I, f, s_0, F)$ 是一个有限状态自动机，k 为非负整数。令 R_k 是自动机 M 的状态集合 S 上的关系，当且仅当对于每个输入字符串 x 满足 $l(x) \leqslant k$ 时（$l(x)$ 表示字符串 x 的长度），且当 $f(s, x)$ 和 $f(t, x)$ 同为终结状态或同为非终结状态时，有 sR_kt。而且，令 R_* 是自动机 M 的状态集合 S 上的关系，对于每个输入字符串 x，无论其长度为多少，当且仅当 $f(s, x)$ 和 $f(t, x)$ 同为终结状态或非终结状态时，有 sR_*t。

*58. a) 证明：对于每个非负整数 k，R_k 是 S 上的等价关系。我们说如果 sR_kt，则状态 s 和 t 是 k **等价的**。

    b) 证明：R_* 是 S 上的等价关系。我们说如果 sR_*t，则状态 s 和 t 是 * **等价的**。

    c) 证明：如果状态 s 和 t 是自动机 M 的两个 k 等价状态，其中 k 是正整数，则 s 和 k 也是 $(k-1)$ 等价的。

    d) 证明：如果 k 是正整数，则 R_k 的等价类是 R_{k-1} 等价类的细分。（集合划分的细分在 9.5 节练习 49 的前导文中定义。）

    e) 证明：对于每个非负整数 k，如果 s 和 t 是 k 等价的，则它们是 * 等价的。

    f) 证明：在给定的 R_* 等价类中，所有状态都是终结状态或都不是终结状态。

    g) 证明：如果 s 和 t 是 R_* 等价的，则对于所有的 $a \in I$，$f(s, a)$ 和 $f(t, a)$ 也是 R_* 等价的。

*59. 证明：存在非负整数 n，使得自动机 M 的 n 等价类集合与 $(n+1)$ 等价类集合是相同的。然后证明：对于该整数 n，自动机 M 的 n 等价类集合与 * 等价类集合等价。

确定性的有限状态自动机 $M = (S, I, f, s_0, F)$ 的**商自动机**是有限状态自动机 $(\overline{S}, I, \overline{f}, [s_0]_{R_*}, \overline{F})$，其中状态集合 $\overline{S}$ 是 S 的 * 等价类，对 $\overline{M}$ 的所有状态 $[s]_{R_*}$ 和输入符号 $a \in I$，转移函数 $\overline{f}$ 通过 $\overline{f}([s]_{R_*}, a) = [f(s, a)]_{R_*}$ 来定义，$\overline{F}$ 是包含自动机 M 的终结状态的 R_* 等价类的集合。

*60. a) 证明：状态 s 和 t 是 0 等价的，当且仅当 s 和 t 要么都是终结状态，要么都不是终结状态。由此得出自动机 $\overline{M}$ 的每个终结状态，即 R_* 等价类，只包含自动机 M 的终结状态。

    b) 证明：如果 k 是正整数，状态 s 和 t 是 k 等价的，当且仅当对于所有的输入字符 $a \in I$，$f(s, a)$ 和 $f(t, a)$ 是 $(k-1)$ 等价的。由此得出转移函数 $\overline{f}$ 是定义良好的。

    c) 描述一个用来构造有限自动机 M 的商自动机的过程。

**61. a) 证明：如果 M 是一个有限状态自动机，那么其商自动机能与 M 识别相同的语言。

    b) 证明：如果 M 是一个有限状态自动机并且具有以下性质，对于自动机 M 的每个状态 s，都有一个

字符串 $x \in I^*$，使得 $f(s_0, x) = s$，那么商自动机的状态数是与 M 等价的任何一个有限状态自动机的状态数的最小值。

62. 回答关于下图所示的有限状态自动机 M 的问题。

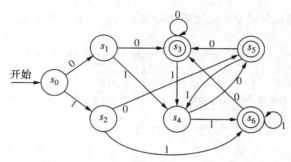

a) 当 $k = 0$，1，2，3 时，求 M 的 k 等价类，同时求 M 的 $*$ 等价类。

b) 构造自动机 M 的商自动机 $\overline{M}$。

13.4 语言的识别

13.4.1 引言

我们已经知道，有限状态自动机可以用作语言识别器。那么这些机器能识别什么样的集合呢？这个问题虽然看起来极为困难，但能被有限状态自动机所识别的语言有一个简单特征。这个问题由美国数学家斯蒂芬·克莱因（Stephen Kleene）于 1956 年首先解决。他证明了一个集合能够被一个有限状态自动机识别当且仅当这个集合是以任意顺序通过对空集、空串和单字符串的连接、并或克莱因闭包构造出来。以这种方法构造出来的集合称为**正则集合**。在 13.1 节中我们定义了正则文法。从名称上可以想到，有限状态自动机所识别的正则集合与正则文法之间具有某种联系。特别是，一个集合是正则的当且仅当它可以由一个正则文法生成。

有一些集合不能由任何有限状态自动机识别，我们将给出这样一个集合。在本节的最后我们将简要讨论一些更强大的计算模型，如下推自动机和图灵机。正则集合是从空集、只含空串的集合、只含单字符的集合开始，以任意顺序通过连接、并和克莱因闭包运算形成的集合。我们将看到，正则集合是有限状态自动机识别的语言。为了定义正则集合，首先要定义正则表达式。

> **定义 1**　集合 I 上的正则表达式的递归定义为：
>
> 符号 $\varnothing$ 是一个正则表达式；
>
> 符号 λ 是一个正则表达式；
>
> 若 $x \in I$ 时，则符号 x 是一个正则表达式；
>
> 当 A、B 是正则表达式时，符号 (AB)、$(A \cup B)$ 和 A^* 都是正则表达式。

每个正则表达式都表示一个由下列规则定义的集合：

$\varnothing$ 表示空集，即没有字符串的集合；

$\boldsymbol{\lambda}$ 表示集合 $\{\lambda\}$，即空串组成的集合；

$\boldsymbol{x}$ 表示集合 $\{x\}$，它只包含单个符号 x 组成的字符串；

$(\boldsymbol{AB})$ 表示 A 和 B 代表的集合的连接；

$(\boldsymbol{A \cup B})$ 表示 A 和 B 代表的集合的并；

$\boldsymbol{A}^*$ 表示 A 代表的集合的克莱因闭包。

正则表达式表示的集合称为**正则集合**。今后，正则集合可由正则表达式来描述，所以，当我们提到正则集合 A 时，指的是此正则表达式 A 表示的集合。注意，在不必要时，我们将去掉正则表达式外面的括号。

例 1 说明了怎么用正则表达式来定义正则集合。

例 1 正则表达式 10^*、$(10)^*$、$0 \cup 01$、$0(0 \cup 1)^*$ 和 $(0^*1)^*$ 所规定的正则集合中有哪些字符串？

解 这些正则表达式所表示的正则集合如表 1 所示。读者可以自行验证。 ◀

表 1

表达式	字符串	表达式	字符串
10^*	1 后面跟任意多个 0（也可以没有 0）	$0(0 \cup 1)^*$	以 0 开头的任意字符串
$(10)^*$	10 的任意多个副本（包括空串）	$(0^*1)^*$	不以 0 结尾的任意字符串
$0 \cup 01$	字符串 0 或 01		

正如例 2 所示，找到一个表示给定集合的正则表达式是非常棘手的。

例 2 找到表示下列集合的正则表达式。

(a) 长度为偶数的比特串构成的集合。

(b) 以 0 作为结束并且不包含 11 的比特串构成的集合。

(c) 包含奇数个 0 的比特串构成的集合。

解 (a) 为了找到长度为偶数的比特串构成的集合的正则表达式，我们可以利用这个事实，该字符串是由空串或者长度为 2 的比特串连接构成的。长度为 2 的比特串构成的集合可以通过正则表达式 $(00 \cup 01 \cup 10 \cup 11)$ 来表示。因此，长度为偶数的比特串的集合可以通过 $(00 \cup 01 \cup 10 \cup 11)^*$ 来表示。

(b) 以 0 作为结束且不包含 11 的比特串可以由一个或者多个形如 0 或者 10 这样的比特串连接构成。（注意，这样一个比特串一定包含形如 00 或者 10 这样形式的比特串；这样一个比特串也不能以单个 1 作为结束，因为我们知道它以 0 作为结束）。由此得出结论，不包含 11 且以 0 作为结束的比特串构成的集合可以由正则表达式 $(0 \cup 10)^*(0 \cup 10)$ 来表达。〔注意，由正则表达式 $(0 \cup 10)^*$ 表达的集合包含比特串，而不属于这个集合，因为比特串并不是以 0 作为结束的。〕

(c) 包含奇数个 0 的比特串至少包含一个 0。属于该集合的比特串的形式是以空串，或者多个 1 开始后跟一个 0，然后，后跟空串或者多个 1。也就是说，每一个这样的比特串都是具有 $1^j 0 1^k$ 的形式（其中 j, k 为非负整数）。由于这样的比特串包含奇数个 0，所以最初部分之后的其余位可以被分成以 0 开始，其后还有 1 个 0 这样形式的段。每个段的形式是 $01^p 01^q$（p, q 是非负整数）。因此，正则表达式 $1^* 01^* (01^* 01^*)^*$ 可以表示具有奇数个 0 的比特串构成的集合。 ◀

13.4.2 克莱因定理

1956 年，克莱因证明了正则集合就是有限状态自动机识别的集合。因此，这个重要结论称为克莱因定理。

> **定理 1 克莱因定理** 一个集合是正则的，当且仅当它可由一个有限状态自动机识别。

克莱因定理是自动机理论的中心定理之一，我们只证明必要性部分，即证明每个正则集合都可由一个有限状态自动机识别。充分性部分，有限状态自动机识别的集合都是正则的，留作练习。

证明 正则集合是通过正则表达式定义的，而正则表达式是递归定义的。所以，如果我们能证明下列事情，那么我们就证明了每个正则集合都可由一个有限状态自动机识别。

1) 证明 $\varnothing$ 可由一个有限状态自动机识别。

2) 证明 $\{\lambda\}$ 可由一个有限状态自动机识别。

3) 证明 $\{a\}$ 可由一个有限状态自动机识别，其中 a 是 I 中的符号。

4) 当 A 和 B 都可由有限状态自动机识别时，证明 AB 也可由有限状态自动机识别。

5) 当 A 和 B 都可由有限状态自动机识别时，证明 $A \cup B$ 也可由有限状态自动机识别。

6) 当 A 可由有限状态自动机识别时，证明 A^* 也可由有限状态自动机识别。

下面分别讨论每个任务。第一，证明 $\varnothing$ 可以由非确定性的有限状态自动机来识别。为此，需要构造一个没有终结状态的自动机。图 1a 就是这样的一个自动机。

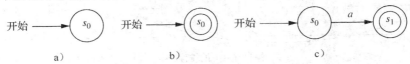

图 1　识别某些基本集合的非确定性的有限状态自动机

第二，证明 $\{\lambda\}$ 也可由有限状态自动机来识别。为此需要构造一个识别空串 λ 的自动机，并且除了 λ 之外，它不识别任何其他的字符串。这个自动机可以这样来构造：初始状态 s_0 也用作终结状态，并且对于任何其他的字符串，没有转移能将 s_0 变为终结状态。图 1b 就是这样的一个非确定性的自动机。

第三，证明 $\{a\}$ 也可由非确定性的有限状态自动机来识别。为此构造如下机器：初始状态是 s_0，终结状态是 s_1，对于输入 a 有一个从 s_0 到 s_1 的转移，且没有其他的转移。这个机器识别的唯一的字符串是 a。这个机器如图 1c 所示。

第四，证明如果 A 和 B 都是可由有限状态自动机识别的语言，则 AB 和 $A \cup B$ 也可由有限状态自动机识别。设 A 是由 $M_A = (S_A, I, f_A, s_A, F_A)$ 识别的，B 是由 $M_B = (S_B, I, f_B, s_B, F_B)$ 识别的。

先来构造识别 A 与 B 的连接 AB 的有限状态自动机 $M_{AB} = (S_{AB}, I, f_{AB}, s_{AB}, F_{AB})$，它是由识别 A 和 B 的两个机器串联而成的，这样 A 中的字符串将这个组合机器从 M_A 的初始状态 s_A 变为 M_B 的初始状态 s_B。B 中的字符串应该将这个组合机器从 s_B 变为此组合机器的一个终结状态。因此我们进行如下构造。令 S_{AB} 是 $S_A \cup S_B$［注意我们假设 S_A 和 S_B 不相交］。初始状态 s_{AB} 就是 s_A；终结状态集 F_{AB} 或者是 M_B 的终结状态集，或者当且仅当 $\lambda \in A \cap B$ 时还包括 s_{AB}。M_{AB} 中的转移除了包括 M_A 和 M_B 中的全部转移之外，还有一些新的转移。对于 M_A 中每个导致终结状态的转移，在 M_{AB} 中增加一个在同一个输入上从同一个状态到 s_B 的转移。这样，A 中的字符串就将 M_{AB} 从 s_{AB} 变为 s_B，然后 B 中的字符串将 s_B 变为 M_{AB} 的一个终结状态。而且，对于每个从 s_B 出发的转移，还在 M_{AB} 中增加一个从 s_{AB} 到同一个状态的转移。图 2a 包括了这个构造的所有说明。

现在构造识别 $A \cup B$ 的机器 $M_{A \cup B} = \{S_{A \cup B}, I, f_{A \cup B}, s_{A \cup B}, F_{A \cup B}\}$。这个自动机是将 M_A 和 M_B 并行组合起来的，它使用一个新的初始状态，此初始状态具有 s_A 和 s_B 所具有的转移。令 $S_{A \cup B} = S_A \cup S_B \cup \{s_{A \cup B}\}$，其中，$s_{A \cup B}$ 是 $M_{A \cup B}$ 的新初始状态。当 $\lambda \in A \cup B$ 时，令终结状态集 $F_{A \cup B}$ 是 $F_A \cup F_B \cup \{s_{A \cup B}\}$，否则为 $F_A \cup F_B$。$M_{A \cup B}$ 中的转移包括了 M_A 和 M_B 中的所有转移，而且对输入 i 从 s_A 到状态 s 的每个转移，包括一个对输入 i 从 $s_{A \cup B}$ 到状态 s 的转移；对输入 i 从 s_B 到状态 s 的每个转移，包括一个在输入 i 从 $s_{A \cup B}$ 到状态 s 的转移。这样，在这个新机器中，A 中的字符串将从 $s_{A \cup B}$ 导致一个终结状态，B 中的字符串也将从 $s_{A \cup B}$ 导致一个终结状态。图 2b 说明了 $M_{A \cup B}$ 的构造。

最后，构造识别 A^* 的机器 $M_{A^*} = (S_{A^*}, I, f_{A^*}, s_{A^*}, F_{A^*})$，其中 A^* 是 A 的克莱因闭包。令 S_{A^*} 包含 S_A 中所有状态和一个附加状态 s_{A^*}，它是这个新机器的初始状态。终结状态集 F_{A^*} 包含了 F_A 中所有状态和初始状态 s_{A^*}，因为必须要识别 λ。为了识别 A 中任意多个字符串的连接，我们包括 M_A 中的所有转移，以及与从 s_A 出发的转移相匹配的从 s_{A^*} 出发的转移、与从 s_A 出发的转移相匹配的从每个终结状态出发的转移。有了这个转移集，对于由 A 中的一些字符串连接而成的字符串，当 A 中的第一个字符串读完时，它将 s_A 变为一个终结状态，当 A 中的第二个字符串读完时，它又回到一个终结状态，等等。图 2c 说明了我们刚才的构造。◀

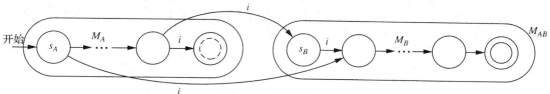

对 M_A 中最终状态的转移产生到 s_B 的转移

开始状态为 $s_{AB}=s_A$，当 s_A 和 s_B 为最终状态时它是最终状态　　　　最终状态包含 M_B 的所有有限状态

来自 M_B 中 s_B 的转移产生来自 $s_{AB}=s_A$ 的转移

a)

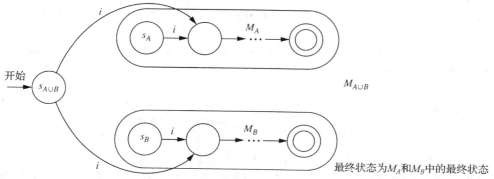

$s_{A\cup B}$ 是新状态，当 s_A 或 s_B 是最终状态时它是最终状态　　　　最终状态为 M_A 和 M_B 中的最终状态

b)

来自 s_A 的转移产生来自 s_{A*} 的转移和所有 M_A 的最终状态

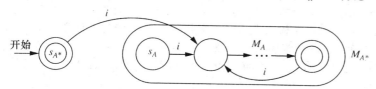

s_{A*} 是新状态，它是最终状态　　　　最终状态包含 M_A 中的所有最终状态

c)

图 2　构造识别连接、并以及克莱因闭包的自动机

用以上描述的过程，可以对任意正则集合构造一个非确定性的有限状态自动机。下面用例 3 来说明这一点。

例 3　构造一个非确定性的有限状态自动机来识别正则集合 $1^*\cup 01$。

解　首先，构造一个机器来识别 1^*。为此，先构造一个识别 **1** 的机器，再使用在定理 1 的证明中描述的构造 M_{A*} 的方法。其次，构造识别 **01** 的机器。先分别构造识别 **0** 和 **1** 的机器，再使用在定理 1 的证明中描述的构造 M_{AB} 的方法。最后，用在定理 1 的证明中描述的构造 $M_{A\cup B}$ 的文法，构造识别 $1^*\cup 01$ 的机器。所构造的有限状态自动机如图 3 所示。上述各个机器中的状态被标以不同的下标，即使对从以前机器中继承下来的状态也是如此。注意，这样构造的机器并不是识别 $1^*\cup 01$ 的最简单的机器。图 3b 是识别同一个集合但简单得多的机器。　◀

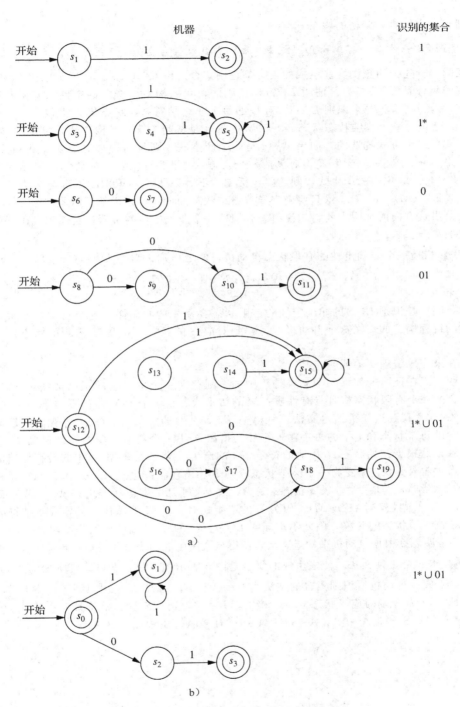

图 3　识别 **1*** $\cup$ **01** 的非确定性的有限状态自动机

13.4.3　正则集合和正则文法

在 13.1 节中介绍了短语结构文法，还定义了各种不同类型的文法。特别是，定义了正则文法（或 3 型文法），这是一个形如 $G = (V, T, S, P)$ 的文法，文法的每个产生式的形式是 $S \rightarrow \lambda$，$A \rightarrow a$ 或 $A \rightarrow aB$，其中 a 是终结符，A 和 B 是非终结符。正如名称所暗示的，正则文法和正则集合之间具有紧密的联系。

> **定理 2**　一个集合可以由正则文法生成，当且仅当它是一个正则集合。

证明　首先证明正则文法生成的集合是正则集合。设 $G=(V, T, S, P)$ 是一个正则文法，其生成的集合是 $L(G)$。为了证明 $L(G)$ 是正则的，我们构造一个非确定性的有限状态自动机 $M=(S, I, f, s_0, F)$ 来识别 $L(G)$。对 G 的每个非终结符 A，状态集 S 都包含一个相应的状态 s_A，S 还包含一个终结状态状态 s_F。初始状态 s_0 是从起始符号 S 构造的。M 的转移是根据 G 的产生式按以下方式构造的：如果 $A \to a$ 是一个产生式，则包括一个对输入 a 从 s_A 到 s_F 的转移；如果 $A \to aB$ 是一个产生式，则包括一个在输入 a 上从 s_A 到 s_B 的转移。终结状态集包括 s_F，如果 $S \to \lambda$ 是 G 中的产生式，则还要包括 s_0。不难证明，M 识别的语言与文法 G 生成的语言相等，即 $L(M)=L(G)$。这只要确定导致终结状态的词即可。详细证明留作练习。　◀

在给出反方向的证明之前，先说明怎么构造一个非确定性的机器，它能识别由一个正则文法产生的集合。

例 4　构造一个非确定性的有限状态自动机，使之识别正则文法 $G=(V, T, S, P)$ 生成的语言，其中 $V=\{0, 1, A, S\}$，$T=\{0, 1\}$，P 中的产生式为 $S \to 1A$，$S \to 0$，$S \to \lambda$，$A \to 0A$，$A \to 1A$ 和 $A \to 1$。

解　图 4 是识别 $L(G)$ 的非确定性的有限状态自动机的状态图。这个自动机是根据上面证明描述的过程构造的。在这个自动机中，s_0 是对应 S 的状态，s_1 是对应 A 的状态，s_2 是终结状态。　◀

现在来完成定理 2 的证明。

证明　现在证明，如果一个集合是正则的，则存在一个生成它的正则文法。设 M 是识别这个集合的一个有限状态机且具有性质：M 的初始状态 s_0 对任何转移都不是下一个状态。（可以根据练习 20 找到这样机器。）文法 $G=(V, T, S, P)$ 的定义为：G 的符号集 V 是这样形成的，对 S 的每个状态和 I 中的每个输入符号，指派 V 中一个符号。G 的终结符集 T 是集合 I。起始符号 S 是根据初始状态 s_0 构造的符号。G 的产生式集 P 是根据 M 中的转移构造的。特别地，如果对输入 a 状态 s 变为一个终结状态，则 P 中就包括产生式 $A_s \to a$，其中 A_s 是根据状态 s 构造的非终结符。如果对输入 a 状态 s 变为状态 t，则 P 中就包括产生式 $A_s \to aA_t$。P 中包括产生式 $S \to \lambda$，当且仅当 $\lambda \in L(M)$。因为 G 的产生式对应于 M 的转移，且导致终结符的产生式对应于导致终结状态的转移，因此不难证明 $L(G)=L(M)$。详细证明留作练习。　◀

例 5 说明怎么根据自动机来构造文法，使得该文法生成的语言就是这个自动机识别的语言。

例 5　求一个正则文法，使之生成的集合是图 5 表示的有限状态自动机所识别的正则集合。

解　生成该自动机所识别集合的文法为 $G=(V, T, S, P)$，其中 $V=\{S, A, B, 0, 1\}$，其符号 S、A、B 分别对应于状态 s_0、s_1 和 s_2，$T=\{0, 1\}$，S 是起始符号，产生式为 $S \to 0A$，$S \to 1B$，$S \to 1$，$S \to \lambda$，$A \to 0A$，$A \to 1B$，$A \to 1$，$B \to 0A$，$B \to 1B$ 和 $B \to 1$。　◀

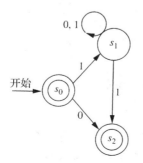

图 4　识别 $L(G)$ 的非确定性的有限状态自动机

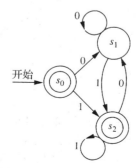

图 5　一个有限状态自动机

13.4.4　一个不能由有限状态自动机识别的集合

我们知道，一个集合能够由有限状态自动机识别当且仅当它是正则的。现在通过给出这样一个集合来证明存在不是正则的集合。证明这个集合不是正则的技术是一个重要方法，可以用来证明某类集合不是正则的。

例 6　集合 $\{0^n1^n \mid n=0, 1, 2, \cdots\}$ 是由所有先是一列 0，后跟同样个数的 1 的字符串构成的。证明这个集合不是正则的。

解　假如这个集合是正则的，则存在一个有限状态自动机 $M=(S, I, f, s_0, F)$ 识别它。设 N 是这个机器中状态的个数，即 $N=|S|$。因为 M 能识别所有这样构成的字符串：先是一列 0，后跟同样个数的 1，所以它必定能识别 0^N1^N。设 $s_0, s_1, s_2, \cdots, s_{2N}$ 是如下得到的状态序列：以 s_0 开始，以 0^N1^N 中的符号作为输入，且满足 $s_1=f(s_0, 0)$，$s_2=f(s_1, 0)$，$\cdots$，$s_N=f(s_{N-1}, 0)$，$s_{N+1}=f(s_N, 1)$，$\cdots$，$s_{2N}=f(s_{2N-1}, 1)$。注意 s_{2N} 是一个终结状态。

因为只有 N 个状态，所以根据鸽巢原理，在 $s_0, \cdots, s_N$ 这头 $N+1$ 个状态中，至少有两个是相同的。假设 s_i、s_j 是这样两个相同的状态（$0 \leqslant i < j \leqslant N$），则这表示 $f(s_i, 0^t)=s_j$，其中 $t=j-i$。由此可知，t 次使用输入 0 后，可以得到一个从 s_i 回到它自己的循环，如状态图 6 所示。

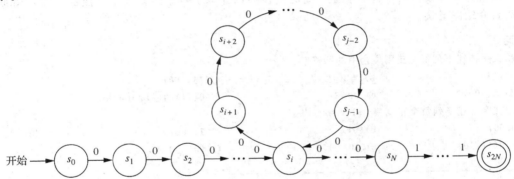

图 6　0^N1^N 所产生的通路

现在考虑输入字符串 $0^N0^t1^N=0^{N+t}1^N$。此字符串的前半部分比后半部分多了 t 个连续的 0。因为这个字符串不具有形式 0^n1^n（因为其中 0 的个数比 1 的个数多），所以不能被 M 识别，因此 $f(s_0, 0^{N+t}1^N)$ 也就不是终结状态。但当用 $0^{N+t}1^N$ 作为输入时，得到的结束状态与以前一样，即 s_{2N}。其理由是此字符串中额外的 t 个 0 只是领着我们沿着那个循环多走一次，并将 s_i 再带回它自己（如图 6 所示）。然后，此字符串的剩余部分所导致的状态与以前完全相同。这个矛盾证明了 $\{0^n1^n \mid n=1, 2, \cdots\}$ 不是正则的。

13.4.5　一些更强大的机器

很多计算都不能用有限状态自动机来完成，这类机器的局限性是它们只有有限的存储，因而限制了它们识别那些不是正则的语言，如 $\{0^n1^n \mid n=0, 1, 2, \cdots\}$。因为一个集合是正则的，当且仅当它是一个正则文法生成的语言，例 6 证明了没有正则文法能够生成集合 $\{0^n1^n \mid n=0, 1, 2, \cdots\}$。但是，有一个上下文无关文法能够生成这个集合，此文法就是 13.1 节例 5 所给出的文法。

由于有限状态自动机的局限性，所以有必要使用其他更加强大的计算模型。**下推自动机**就是这样一个模型。下推自动机除了包括有限状态自动机的所有部件外，还有一个栈，此栈能够提供无限的存储。可以将符号放在栈顶，也可从栈顶弹出符号。下推自动机以两种方式识别集合。其一，如果一个集合是所有这样的字符串构成的，当它们作为输入时产生空栈，则此集合能被识别。其二，如果一个集合是所有这样的字符串构成的，当它们作为输入时导致终结状态，则此集合能被识别。可以证明，一个集合能被下推自动机识别当且仅当它是一个上下文无关文法生成的语言。

但是，还有一些集合不能表示成上下文无关文法生成的语言，如集合 $\{0^n1^n2^n \mid n=0, 1, 2, \cdots\}$。我们将指出为什么这个集合不能被下推自动机识别，但不给出证明，因为还没有介绍所需的方法。（但本章的补充练习 28 给出了一个证明方法。）可以使用栈来查看一个字符串是否以一列 0 开始，后再跟相同个数的 1，做法是对每个 0（只要读到多个 0 时）在栈上放一个符号，对每个 1（只要读到的 0 后面多个 1 时）从栈中弹出一个这样符号。但这个过程一旦完成，栈就空了，也就无法判断此字符串中是否还有与 0 个数相同的一列 2。

还有一种比下推自动机更强大的机器，叫作**线性有界自动机**，它能识别如 $\{0^n1^n2^n \mid n=0, 1, 2, \cdots\}$ 的集合。特别地，线性有界自动机能够识别上下文有关文法。但是，这些机器不能识别短语结构文法生成的所有语言。为避免特殊类型机器的局限性，我们使用一种称为**图灵机**的模型，这种机器是以英国数学家图灵的名字命名的。图灵机除了包括有限状态自动机的所有部件外，还有一个带，其两端都是无限的。图灵机具有在带上读和写的能力，还能沿着带子左右移动。图灵机能够识别短语结构文法生成的所有语言。另外，它还能用来为在计算机器上执行的所有计算建模。由于这个能力，图灵机在理论计算机科学中得到了广泛的研究。13.5 节将简要介绍图灵机。

练习

1. 用文字描述下列每个正则集合中的字符串。

　　a) 1^*0 　　　　　　　　　**b)** 1^*00^* 　　　　　　　**c)** $111 \cup 001$

　　d) $(1 \cup 00)^*$ 　　　　　　**e)** $(00^*1)^*$ 　　　　　**f)** $(0 \cup 1)(0 \cup 1)^*00$

2. 用文字描述下列每个正则集合中的字符串。

　　a) 001^* 　　　　　　　　　**b)** $(01)^*$ 　　　　　　　**c)** $01 \cup 001^*$

　　d) $0(11 \cup 0)^*$ 　　　　　　**e)** $(101^*)^*$ 　　　　　**f)** $((0^* \cup 1)11$

Links

©Science Source

艾伦·莫思森·图灵（Alan Mathison Turing，1912—1954） 图灵的出生并不寻常。他是父亲在印度民政部供职时孕于母腹，但他出生在伦敦。他在孩提时代就对化学和机械着迷，并做过大量化学实验。图灵曾就读于英国的谢伯恩寄宿学校。1931 年，他获得了剑桥大学国王学院的奖学金。在毕业论文中，他重新发现了统计学中的一个著名定理——中心极限定理。在完成毕业论文后，他被选为该学院的研究员。1935 年，他对数理逻辑中的判定问题着了迷。这是由伟大的德国数学家希尔伯特提出的一个问题，即是否有一个能用于判断任何命题是否为真的一般方法。图灵喜欢跑步（后来，跑步成为他的一项业余爱好，并参加了比赛）。一天，在他跑完步休息的时候，他发现了解决判定问题的关键。在他的解决方案中，他发明了现今称为**图灵机**的东西，并用它作为计算机器的最初模型。利用这个机器，他发现了一个不能用一般方法判定的问题，这也被他称为可计算数的问题。

从 1936 年至 1938 年，图灵在普林斯顿大学访问，期间与丘奇（Alonzo Church）一起工作。丘奇也解决了希尔伯特的判定问题。1939 年，图灵回到了国王学院。但在第二次世界大战期间，他加入了英国外交部，从事破译德国密码的工作。他对机械的德国密码机 Enigma 的破解为赢得这场战争发挥了不可替代的作用。

第二次世界大战后，图灵从事早期计算机的研发工作。他对机器的思考能力产生了浓厚的兴趣。他认为如果一台计算机在对问题的书面答复中与人没有区别，则应该认为它是具备“思考”能力的。他对生物学也很感兴趣，研究生物形态发生过程的共同机理，发表了论文“形态发生的化学原理”。1954 年，图灵服氰化物自杀，没有留下遗言做明确解释。

3. 判断 0101 是否属于下列正则集合。

　　a) 01^*0^*　　　　　　　**b)** $0(11)^*(01)^*$　　　　　**c)** $0(10)^*1^*$

　　d) $0^*10(0\cup1)$　　　　**e)** $(01)^*(11)^*$　　　　　**f)** $0^*(10\cup11)^*$

　　g) $0^*(10)^*11$　　　　　**h)** $01(01\cup0)1^*$

4. 判断 1011 是否属于下列正则集合。

　　a) 10^*1^*　　　　　　　**b)** $0^*(10\cup11)^*$　　　　**c)** $1(01)^*1^*$

　　d) $1^*01(0\cup1)$　　　　**e)** $(10)^*(11)^*$　　　　　**f)** $1(00)^*(11)^*$

　　g) $(10)^*1011$　　　　　**h)** $(1\cup00)(01\cup0)1^*$

5. 用正则表达式表达下列集合。

　　a) 包含字符串 0、11、010 的集合。

　　b) 3 个 0 后面跟两个或两个以上 0 形成的字符串的集合。

　　c) 字符串的长度为奇数的集合。

　　d) 只包含一个 1 的字符串的集合。

　　e) 以 1 结束，并且并不包含 000 形成的字符串的集合。

6. 用正则表达式表达下列集合。

　　a) 集合中所有字符串的长度是 0、1、2。

　　b) 集合中的字符串是由两个 0，后跟 0 个或多个 1，并且以 0 作为结束的字符串构成。

　　c) 集合中的字符串每遇到一个 1，后跟两个 0。

　　d) 集合中的字符串以 00 作为结束，并且不包含 11。

　　e) 集合中的字符串包含偶数个 1。

7. 用正则表达式表达下列每个集合。

　　a) 一个或更多的 0 后面跟一个 1 形成的字符串的集合。

　　b) 两个或两个以上符号后面跟 3 个或 3 个以上 0 形成的字符串的集合。

　　c) 一个 0 前没有 1 或一个 1 前没有 0 的字符串的集合。

　　d) 集合包含这样的字符串：先是个数与 2mod 3 相等的一字符串 1，后面是偶数个 0。

8. 构造确定性的有限状态自动机来识别下列包含在 I^* 中的集合(其中 I 是一个字母表)。

　　a) $\varnothing$　　　　　　　**b)** $\{\lambda\}$　　　　　　　**c)** $\{a\}$，其中 $a\in I$

9. 构造非确定性的有限状态自动机来识别练习 8 中的每个集合。

10. 求识别下列集合的非确定性的有限状态自动机。

　　a) $\{\lambda,\ 0\}$　　　　　**b)** $\{0,\ 11\}$　　　　　　**c)** $\{0,\ 11,\ 000\}$

***11.** 证明：若 A 是一个正则集合，则 A 中字符串的逆串构成的集合 A^R 也是正则的。

12. 用克莱因定理的证明中描述的构造方法，求识别下列集合的非确定性的有限状态自动机。

　　a) 01^*　　　　　　　　**b)** $(0\cup1)1^*$　　　　　　**c)** $00(1^*\cup10)$

13. 用克莱因定理的证明中描述的构造方法，求识别下列集合的非确定性的有限状态自动机。

　　a) 0^*1^*　　　　　　　　**b)** $(0\cup11)^*$　　　　　　**c)** $01^*\cup00^*1$

14. 构造非确定性的有限状态自动机，用它识别正则文法 $G=(V,\ T,\ S,\ P)$ 生成的语言，其中 $V=\{0,\ 1,\ S,\ A,\ B\}$，$T=\{0,\ 1\}$，S 是起始符号，产生式集合为

　　a) $S\rightarrow0A$，$S\rightarrow1B$，$A\rightarrow0$，$B\rightarrow0$

　　b) $S\rightarrow1A$，$S\rightarrow0$，$S\rightarrow\lambda$，$A\rightarrow0B$，$B\rightarrow1B$，$B\rightarrow1$

　　c) $S\rightarrow1B$，$S\rightarrow0$，$A\rightarrow1A$，$A\rightarrow0B$，$A\rightarrow1$，$A\rightarrow0$，$B\rightarrow1$

在练习 15~17 中，构造正则文法 $G=(V,\ T,\ S,\ P)$，使之生成的语言是所给的有限状态机识别的语言。

15.

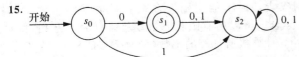

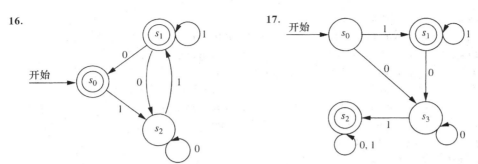

16.

17.

18. 在定理 2 的证明中，从正则文法构造了一个有限状态自动机。证明：此自动机识别这个文法生成的集合。

19. 在定理 2 的证明中，从一个有限状态自动机构造了一个正则文法。证明：此文法生成这个自动机识别的集合。

20. 证明：每个非确定性的有限状态自动机等价于另一个这样的非确定性的有限状态自动机，它的初始状态永不会被再次访问。

* 21. 设 $M=(S, I, f, s_0, F)$ 是一个确定性的有限状态自动机。证明：M 识别的语言 $L(M)$ 是无限的当且仅当存在一个能被 M 识别的词 x 满足 $l(x) \geqslant |S|$。

* 22. 用来证明某个集合不是正则的一个重要技术是**泵引理**。泵引理表述为：如果 $M=(S, I, f, s_0, F)$ 是一个确定性的有限状态自动机，x 是 M 识别的语言 $L(M)$ 中的一个串，$l(x) \geqslant |S|$，则存在 I^* 中的字符串 u、v 和 w，使得 $x=uvw$，$l(uv) \leqslant |S|$，$l(v) \geqslant 1$，且 $uv^i w \in L(M)(i=0, 1, 2, \cdots)$。证明泵引理。〔提示：使用例 5 中的思想。〕

* 23. 使用练习 22 中的泵引理证明：集合 $\{0^{2n}1^n \mid n=0, 1, 2, \cdots\}$ 不是正则的。

* 24. 使用练习 22 中的泵引理证明：集合 $\{1^{n^2} \mid n=0, 1, 2, \cdots\}$ 不是正则的。

* 25. 使用练习 22 中的泵引理证明：$\{0, 1\}$ 上所有回文构成的集合不是正则的。〔提示：考察形如 $0^N 10^N$ 的串。〕

** 26. 证明：被有限状态自动机识别的集合是正则的。（这是克莱因定理的充分性部分。）
假设 L 是 I^* 的子集，其中 I 表示非空符号集合。如果 $x \in I^*$，则令 $L/x=\{z \in I^* \mid xz \in L\}$。如果 $L/x \neq L/y$，则说对于 $x \in I^*$ 和 $y \in I^*$，x 和 y 关于 L 是**可区分的**。对于字符串 z，如果 $xz \in L$，但 $yz \notin L$，或者 $xz \notin L$，但 $yz \in L$，则称字符串 z 关于 L 用来**区分** x 和 y。当 $L/x=L/y$，我们说 x 和 y 关于 L 是**不可区分的**。

27. 令 L 表示所有以 01 作为结束的比特串构成的集合。证明 11 和 10 关于 L 是可区分的，1 和 11 关于 L 是不可区分的。

28. 假设 $M=(S, I, f, s_0, F)$ 是确定性的有限状态自动机。证明：如果 x 和 y 是集合 I^* 中的两个关于 $L(M)$ 可区分的字符串，那么 $f(s_0, x) \neq f(s_0, y)$。

* 29. 假设 L 是 I^* 的子集，并且对于某个正整数 n，在集合 I^* 中有 n 个字符串使它们关于 L 互相可区分。证明：每个能识别 L 的确定性的有限状态自动机至少具有 n 个状态。

* 30. 令 L_n 表示比特串集合，该集合中的字符串至少具有 n 位，并且每个字符串从最后数的第 n 位是 0。使用练习 29 的思想来证明能识别 L_n 的确定性的有限状态自动机至少具有 2^n 个状态。

* 31. 使用练习 29 的思想来证明由回文形式字符串构成的集合是非正则的。

13.5 图灵机

13.5.1 引言

本章前面部分研究的有限状态自动机不能作为计算的通用模型，因为它们有其自身的局限性。例如，有限状态自动机虽然能识别正则集合，但不能识别许多很容易描述的集合，如 $\{0^n 1^n \mid n \geqslant 0\}$，计算机使用存储才能识别这些集合。可以用有限状态自动机来计算一些相对简单的函数（如两个数的和），但不能用它们来计算计算机所计算的函数（如两个数的积）。为了克服这些不足，我们使用一种更强大的机器，称为图灵机，它是以著名数学家和计算机科学家图灵（Alan Turing）的名字命名的，他在 20 世纪 30 年代发明了这种机器。

　　图灵机主要由一个控制器和一个纸带组成，控制器在任何时候都处于有限多个不同状态中的某个状态，纸带被分成许多方格，且两端都是无限的。当图灵机的控制器沿着纸带来回移动时，它能够在带上读和写，并根据所读的纸带符号改变状态。图灵机比有限状态自动机更强大，因为它有存储能力，而有限状态自动机却没有。我们将说明怎么用图灵机来识别集合，包括识别有限状态自动机不能识别的集合，还将说明怎么用图灵机来计算函数。图灵机是计算的最通用模型，本质上，它能做计算机能做的任何事情。注意图灵机比带有有限存储能力的真实计算机更强大。

13.5.2　图灵机的定义

　　下面给出图灵机的形式化定义。之后将根据它的控制头的动作来解释这个形式化定义，控制头的动作包括读或写纸带上的符号以及沿着纸带左右移动。

> **定义 1**　图灵机 $T=(S, I, f, s_0)$ 由下列各部分组成：有限状态集 S，包含空白符 B 的字母表 I，从 $S \times I$ 到 $S \times I \times \{R, L\}$ 的部分函数 f，及初始状态 s_0。

　　在 2.3 节中，部分函数只对定义域中的某些元素有定义。这意味着上述部分函数 f 对于某些（状态，符号）对没有定义。但对于有定义的对，只有唯一一个三元组（状态，符号，方向）与之对应。称与图灵机中定义的部分函数相对应的 5 元组是该机器的**转移规则**。

　　为了用机器的观点来解释这个定义，考察控制器和纸带，如图 1 所示，纸带被分成小方格，且两端都是无限的，在任何时刻其上都只有有限多个非空白符。图灵机运行的每一步动作依赖于部分函数对当前状态和纸带符号的值。

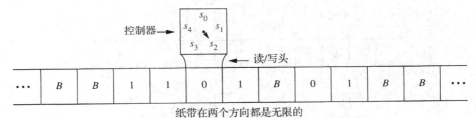

纸带在两个方向都是无限的
任何时刻仅有有限多个非空白小方格

图 1　图灵机的表示

　　在每一步，控制器读当前纸带符号 x。如果控制器处于状态 s，且部分函数 f 在 (s, x) 处由 $f(s, x)=(s', x', d)$ 定义，则控制器：

1）进入状态 s'。

2）在当前方格中擦掉 x，并写上符号 x'。

3）如果 $d=R$，向右移动一个方格；如果 $d=L$，向左移动一个方格。

　　我们将这一步写成五元组 (s, x, s', x', d)。如果部分函数 f 在 (s, x) 处没有定义，则图灵机 T 就停机。

　　定义一个图灵机的常用方法是指明形如 (s, x, s', x', d) 的五元组构成的一个集合。当使用这个定义时，就隐式定义了状态集和输入字母表。

　　在运行开始的时候，总假设图灵机处于初始状态 s_0，且处于纸带上最左边的非空白符上。如果带上都是空白符，则控制头可以处于任何方格上。控制头所在的最左边的非空白符位置称为该机器的初始位置。

　　例 1 说明了图灵机是怎么运行的。

Extra Examples

　　例 1　下列 7 个五元组定义一个图灵机 T：$(s_0, 0, s_0, 0, R)$，$(s_0, 1, s_1, 1, R)$，(s_0, B, s_3, B, R)，$(s_1, 0, s_0, 0, R)$，$(s_1, 1, s_2, 0, L)$，(s_1, B, s_3, B, R)，$(s_2, 1, s_3, 0, R)$。当 T 在图 2a 所示的纸带上运行时，最后的纸带是什么？

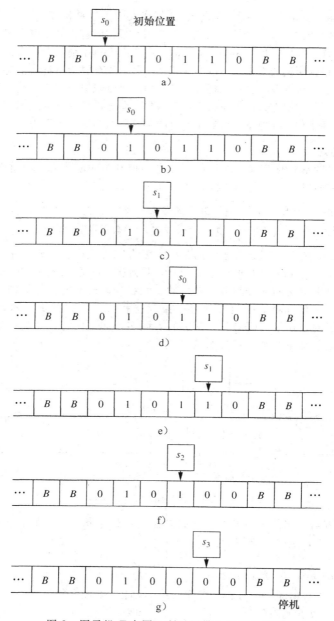

图 2 图灵机 *T* 在图 1 所示纸带上运行的步骤

解 在开始运行时，*T* 处于状态 s_0，且在纸带上最左边的非空白符上。第一步，根据五元组 $(s_0, 0, s_0, 0, R)$，读最左边的非空白方格中的 0，保持状态 s_0，在此方格中写 0，向右移动一个方格。第二步，根据五元组 $(s_0, 1, s_1, 1, R)$，读当前方格中的 1，进入状态 s_1，在这方格中写 1，向右移动一个方格。第三步，根据五元组 $(s_1, 0, s_0, 0, R)$，读当前方格中的 0，进入状态 s_0，在该方格中写 0，向右移动一个方格。第四步，根据五元组 $(s_0, 1, s_1, 1, R)$，读当前方格中的 1，进入状态 s_1，在该方格中写 1，向右移动一个方格。第五步，根据五元组 $(s_1, 1, s_2, 0, L)$，读当前方格中的 1，进入状态 s_2，在该方格中写 0，向左移动一个方格。第六步，根据五元组 $(s_2, 1, s_3, 0, R)$，读当前方格中的 1，进入状态 s_3，在该方格中写 0，向右移动一个方格。最后，机器在第七步停机，因为在这个机器的描述中，没有五元组是以

$(s_3,0)$开头的。所有这些步骤如图 2 所示。

注意，T 将纸带上第一对连续的 1 变为 0 后停机。

13.5.3　用图灵机识别集合

可以用图灵机来识别集合。为此，如下定义终结状态的概念。图灵机 T 的终结状态是这样的状态：在描述 T 的五元组中，此状态不是任何五元组的第一个状态（例如，例 1 中的状态 s_3）。

现在定义图灵机识别一个字符串的含义是什么。给定一个字符串，我们在连续的方格中写此字符串中连续的符号。

> **定义 2**　设 V 是字母表 I 的一个子集。图灵机 $T=(S,I,f,s_0)$ 识别 V^* 中的字符串 x 当且仅当若将 x 写在纸带上，T 从初始位置开始运行，则 T 能在一个终结状态停机。称 T 能识别 V^* 的子集 A，如果 x 能被 T 识别当且仅当 x 属于 A。

注意，为了识别 V^* 的子集 A，我们可以使用不在 V 中的符号。也就是说，输入字母表 I 也许包含不是 V 中的符号。这些额外的符号常用来当作标记（见例 3）。

什么情况下图灵机 T 不识别 V^* 中的字符串 x 呢？答案是，当 x 的符号放在 T 的纸带上的连续方格中，T 从初始位置开始运行时，若 T 不停机，或者虽然停机，但不在终结状态停机，则 T 不识别 x。（读者应该明白，这是定义图灵机如何识别集合的许多方法中的一种。）

例 2 说明了这个概念。

例 2　求一个图灵机，使之能识别第二位是 1 的比特串构成的集合，即正则集合 $(0\cup1)1(0\cup1)^*$。

解　我们想要如下的图灵机，它从最左边的非空白带方格开始运行，然后向右移动，同时判断第二个符号是否为 1。若第二个符号是 1，则机器应该进入终结状态；如果第二个不是 1，则机器不能停机，或者在一个非终结状态下停机。

为了构造这样的图灵机，应该包括五元组 $(s_0,0,s_1,0,R)$ 和 $(s_0,1,s_1,1,R)$ 来读第一个符号，并进入状态 s_1。下一步，添加五元组 $(s_1,0,s_2,0,R)$ 和 $(s_1,1,s_3,1,R)$ 来读第二个符号，当这个符号是 0 时，进入状态 s_2；当这个符号是 1 时，进入状态 s_3。我们不希望使第二位是 0 的字符串也被识别，所以 s_2 不可能是终结状态。我们希望 s_3 是终结状态。所以我们要加入五元组 $(s_2,0,s_2,0,R)$。因为我们不想识别空串和只有一位的字符串，所以还加入五元组 $(s_0,B,s_2,0,R)$ 和 $(s_1,B,s_2,0,R)$。

由上述 7 个五元组组成的图灵机 T 在终结状态 s_3 终止当且仅当此比特串至少有 2 位，并且第二位是 1。如果此比特串少于两位，或者其第二位不是 1，则机器将在非终结状态 s_2 终止。

给定一个正则集合，可以构造一个总是向右移动的图灵机来识别它（如例 2）。为了构造这样的图灵机，先构造一个识别此集合的有限状态自动机，然后再用此有限状态自动机的转移函数构造一个图灵机，使之总向右移动。

下面说明怎么构造图灵机来识别非正则集合。

例 3　求识别集合 $\{0^n1^n\mid n\geqslant1\}$ 的图灵机。

解　为了构造这样图灵机，使用辅助带符号 M 作为标记。令 $V=\{0,1\}$，$I=\{0,1,M\}$。我们希望只识别 V^* 中的字符串。我们还有一个终结状态 s_6。图灵机依次用 M 替换字符串中最左边的 0，并用 M 替换字符串中最右边的 1，这样在纸带上左右移动。它能在一个终结状态终止当且仅当这个字符串的构成是一列 0 后跟一列相同个数的 1。

虽然这很容易描述，图灵机也很容易执行，但我们想要使用的图灵机本身却有点复杂。标记 M 是用来跟踪已经检查过的最左边和最右边的符号。所用的五元组是：$(s_0,0,s_1,M,R)$，$(s_1,0,s_1,0,R)$，$(s_1,1,s_1,1,R)$，(s_1,M,s_2,M,L)，(s_1,B,s_2,B,L)，

$(s_2, 1, s_3, M, L)$、$(s_3, 1, s_3, 1, L)$、$(s_3, 0, s_4, 0, L)$、(s_3, M, s_5, M, R)、$(s_4, 0,$ $s_4, 0, L)$、(s_4, M, s_0, M, R)、(s_5, M, s_6, M, R)。例如，当机器从开始一直运行到停机时，字符串 000111 将依次变成 M00111、M0011M、MM011M、MM01MM、MMM1MM、$MMMMMM$。注意，仅显示了变化的部分，大多数步骤中比特串没有变化。

解释这个图灵机的动作和它为什么能识别集合 $\{0^n1^n \mid n \geqslant 1\}$ 将留给读者作为练习（本节练习 13）。◀

可以证明，一个集合能被图灵机识别当且仅当它是 0 型文法生成的集合，即短语结构文法生成的集合。这里略去它的证明。

13.5.4 用图灵机计算函数

可以将图灵机看作能求部分函数的值的计算机。为了理解这一点，假设给定输入字符串 x 时图灵机 T 能够停机，且停机时，字符串 y 在它的纸带上。因此可以定义 $T(x) = y$。T 的定义域是使 T 能停机的字符串构成的集合。对于输入 x，若 T 不停机，则 $T(x)$ 没有定义。将图灵机看成计算字符串的函数值的机器是有用的，但怎么用图灵机来计算定义在整数、整数对或整数三元组等上的函数呢？

为了将图灵机看作计算 k 元非负整数集合到非负整数集合的函数（这样的函数称为**数论函数**）的计算机，需要找到在纸带上表示整数的 k 元组的方法。为此，我们使用整数的**一元表示**，即将非负整数 n 表示成有 $n+1$ 个 1 的字符串。例如，0 表示成字符串 1、5 表示成字符串 111111。为了表示 k 元组 $(n_1, n_2, \cdots, n_k)$，我们先写 n_1+1 个 1，后面跟一个星号，再跟 n_2+1 个 1，再跟一个星号，等等，以 n_k+1 个 1 结尾。例如，四元组 $(2, 0, 1, 3)$ 可以表示成字符串 111 ∗ 1 ∗ 11 ∗ 1111。

现在能将图灵机看成计算一系列数论函数 $T, T^2, \cdots, T^k, \cdots$。函数 T^k 是根据 T 在 k 元整数组上的动作定义的。k 元整数组被表示成用星号隔开的一些一元表示。

例 4 构造一个图灵机，它将两个非负整数相加。

解 需要构造图灵机来计算函数 $f(n_1, n_2) = n_1 + n_2$。将对 (n_1, n_2) 表示成这样的字符串：先是 n_1+1 个 1，后面跟一个星号，再跟 n_2+1 个 1。机器 T 应以这个字符串作为输入，并在纸带上产生 n_1+n_2+1 个 1 作为输出。实现这个任务的一个方法是，机器从输入字符串最左边的 1 开始运行，执行去掉这个 1 的步骤。若 $n_1 = 0$，则停机，此时，星号之前已没有 1 了。在剩下的 1 中，用最左边的 1 替换星号，然后停机。下列五元组能做到这一点：$(s_0, 1, s_1, B, R)$、$(s_1, ∗, s_3, B, R)$、$(s_1, 1, s_2, B, R)$、$(s_2, 1, s_2, 1, R)$、$(s_2, ∗, s_3, 1, R)$。◀

不幸的是，即使是相对简单的函数，构造图灵机来计算它也是极为费力的。例如，在许多书中都有计算两个非负整数乘积的图灵机，此图灵机有 31 个五元组和 11 个状态。如果构造计算相对简单的函数的图灵机都是挑战性的，那么我们对构造更加复杂函数的图灵机还有什么指望呢？简化这个问题的一个方法是使用多带图灵机（它同时使用不止一个带子），并给出构造复合函数的多带图灵机的方法。可以证明：对任何多带图灵机，存在一个单带图灵机，使得它们能做完全相同的事情。

13.5.5 不同类型的图灵机

图灵机的定义有许多变种。可用很多方法来扩展图灵机的能力。例如，可以允许图灵机在一步中左移、右移或根本不动；允许图灵机操作多个带子，n 个带的图灵机可以用 $(2+3n)$ 元组来描述；允许带是二维的，即在每一步可以上下左右移动，而不像在一维带上那样只向左或向右移动；还可以允许有多个带头，它们能同时读不同的方格。而且，可以允许图灵机是**非确定性的**，即允许（状态，带符号）对作为第一个元素出现在多于五元组的图灵机中。也可以用多种方法来削减图灵机的能力。例如，可以限制带只在一个方向是无限的；或者可以限制带字母表只有两个符号。图灵机的所有这些变种都已被详细地研究过。

重要的是，不管使用哪个变种的图灵机，或者使用变种图灵机的哪个组合，都决不会增加或减少机器的能力。这些变种的任何一个能做的事，本节定义的图灵机都能做到，反之亦然。这些变种之所以还有用，是因为有些时候，在做某些特殊任务时，使用它们比只使用定义 1 定义的图灵机容易很多。它们永远不会扩展机器的能力。有时候，多种类型的图灵机是非常有用的。例如，证明对于每个非确定性的图灵机，都有一个确定性的图灵机，二者能识别相同的语言。我们就可以用具有 3 个带的确定性的图灵机来证明。（关于图灵机的变种以及它们之间等价性表示的细节内容，可参考[HoMoU101]。）

除了引入图灵机的概念外，图灵还证明了，当给定目标图灵机的编码和输入后，可以构造一个能模仿该图灵机计算的单图灵机。这样的图灵机称为**通用图灵机**。（如果想了解更多关于通用图灵机的内容，可参考关于计算理论的书籍，如[Si06]。）

13.5.6 丘奇-图灵论题

图灵机还是相对简单的。它只能有有限多个状态，每一次它们只能在一维带上读或写一个符号。但结果表明，图灵机是极其强大的。我们已经看到，可以构造图灵机来执行数的加法和乘法。对于能够用一个算法计算的特殊函数，虽然很难实际构造图灵机来计算它们，但这样的图灵机总是能够找到的。这也正是图灵发现这种机器的最初目的。而且，可以用大量的证据来说明**丘奇-图灵论题**，该论题为对于任何可用有效算法来求解的问题，都存在解该问题的图灵机。但它还是称为是论题，而不是定理，因为有效算法可解的概念是非形式化的且是不严格的。相反，图灵机定义的可解性概念是形式化的且是严格的。当然，对于任何问题，只要它能够用带有用某种语言写成的程序的计算机来解，即使使用了无限多的存储空间，都应该认为是有效可解的。（注意：不同于现实世界中的计算机只有有限的存储空间，图灵机具有无限的存储空间。）

人们发明了许多形式理论来刻画有效可计算性概念，其中有图灵的理论、丘奇的 λ 演算以及克莱因和波斯特(Post)提出的理论。这些理论表面上看起来十分不同，但令人惊奇的是，它们都是等价的，因为可以证明它们定义了完全相同的函数类。由此可以看出，图灵的思想虽然是在现代计算机发明之前形成的，但确实描述了计算机最根本的能力。有兴趣的读者如果想讨论这些不同的理论以及它们的等价性，可以查阅计算理论方面的书箱，例如[HoMoU101]和[Si96]。

本节的剩余部分将简单地研究丘奇-图灵论题的一些结果，并且描述图灵机在算法复杂度方面的重要作用。我们的目标是介绍理论计算科学中的重要思想，引导有兴趣的同学深入学习。我们将很快地介绍许多领域，而不会详细地讲解细节内容。我们的讨论与本书前面部分关于计算理论的章节有着紧密的联系。

13.5.7 计算复杂度、可计算性和可判定性

贯穿全书，我们已经讨论了很多问题的计算复杂度。我们用解决这些问题的最有效算法的操作次数来描述这些问题的复杂度。算法使用的基本操作之间差异很大。我们已经用位操作、整数的比较、算术运算等作为标准，度量了不同问题的复杂度。在 3.3 节中，我们用计算复杂度把问题进行了分类。然而，用于度量计算复杂度的操作类型之间千差万别，所以这个定义是不准确的。图灵机提供了一种方法，能够使计算复杂度的概念更为准确。若丘奇-图灵论题为真，就可以得到如果某问题可以用一个有效的算法来解决，那么一定有一个图灵机来解决这个问题。当图灵机用来解决这个问题时，把问题的输入编码成符号串写在图灵机的纸带上。如何为输入编码，取决于输入的定义域。例如，把正整数编码成字符串 1。我们还可以采用别的方法来表达整数对、负整数等。同样，对于图算法，我们需要采用一种方法把图编码成符号串。可以用多种方法来解决这个问题，比如可以基于邻接表或邻接矩阵（把如何构造邻接表或邻接矩阵的细节省略了）。然而，由于图灵机经常可以把一种编码方式改为另一种编码，所以只要对输入的编码方式比较有效，采用何种方法都无关紧要。现在，我们就采用这种模型把 3.3 节

介绍的有关计算复杂度的一些概念准确化。

使用图灵机最容易研究的一类问题就是那些可以用"是"或者"不是"来回答的问题。

> **定义 3**   判定问题是指判断某个特定类型的命题是否为真。判定问题也被称为"是或不是"问题。

对于一个判定问题，我们想知道是否存在一个算法，能判断某个特定类型的命题是否为真。例如，判断某个特定整数 n 是否是素数的某类命题。由于关于问题"n 是否是素数"的答案可能是"是"或"否"，因此该问题是一个判定问题。对于这个判定问题，我们可能想知道是否有算法能够判定关于该问题的描述正确与否，也就是说，对于一个整数 n，判断 n 是否为素数。答案就是有一个判断某个数是否为素数的算法。特别地，在 3.5 节中我们讨论了这样一个算法，也就是对于一个正整数 n，通过检查该数是否能被不超过其平方根的素数整除来判断该数是否是素数。（还有很多其他的方法来判定一个正整数是否为素数。）对于使判定问题答案为正确的输入是所有可能输入的一个子集。也就是说，它是输入字符串集合的子集。换句话说，解决"是不是问题"与识别某个语言是相同的，该语言包含了所有比特串，这些比特串代表着使该问题的答案为"是"的输入值。因此，解决"是不是"问题与识别某个由使答案为"是"的某些输入值组成的语言是相同的。

可判定性   当有一个有效的算法能够判断判定问题的某个解是否正确时，我们说这个问题是**可解的**或者说是**可判定的**。例如，"判定一个正整数是否是素数"这样一个问题就是一个可解的问题。然而，如果不存在一个算法来解决某个问题，那么就称该问题是**不可解的**或者说**不可判定的**。为了证明某个问题是可解的，只需要构造一个算法来判定某类特定的描述是否正确。另一方面，为了证明某个问题是不可解的，需要证明不存在这样一个判定算法就可以了（事实上，我们试图找到这样的算法，但失败了，不能证明该问题是不可解的）。

如果只研究判定问题，看上去好像我们只研究自己感兴趣的一小部分问题。然而，大多数问题都可以改写为判定问题。把本书研究的问题改写为判定问题是非常复杂的，详细过程我们不在这里讨论了。感兴趣的读者可以查询计算理论的参考书目，例如［Wo87］，该书详细解释了如何把旅行商问题（在 10.6 节讨论）改写为判定问题。（要把旅行商问题改写为判定问题，我们首先要讨论这样一个判定问题，是否存在一条权值不超过 k 的哈密尔顿回路，其中 k 是正整数。经过努力，对于不同 k 值，采用该问题的解找到哈密尔顿回路的最小可能值是完全有可能的。）

在 3.1 节中，我们介绍了停机问题，并且证明它是不可解的。由于该过程的概念定义不是很准确，所以 3.1 节的讨论有些非正式。停机问题的准确定义可以借助图灵机来完成。

> **定义 4**   停机问题是一种判定问题，对于给定的输入字符串 x，图灵机 T 最后是否能停机。

有了停机问题的定义以后，我们有了定理 1。

> **定理 1**   停机问题是不可解的判定问题。也就是说，当给定图灵机 T 的编码以及输入字符串 x，没有图灵机能够判断图灵机 T 从写在纸带上的 x 开始，最终是否停机。

这里我们仍然应用 3.1 节定理 1 给出的非形式化定义的停机问题的证明。

其他不可解问题还包括：

(i)判定两个上下文无关文法是否能产生相同的字符串集合。

(ii)对于给定的一些绝热瓦，允许重复使用，但不能相互重叠，是否能覆盖整个平面。

(iii)希尔伯特的第十个问题：对于任意多个未知数的整系数不定方程，要求给出一个可行的方法，使得借助于它，通过有限次运算，可以判定该方程有无整数解。（这个问题是 1900 年希尔伯特提出的著名的 23 个问题序列中的第十个。他预见到，解决这些问题所做的工作对于推动 20 世纪数学进程的发展会起到重要作用。俄国数学家马蒂亚塞维奇在 1970 年证明了希尔伯特第十个问题的不可解性。)

可计算性　如果一个函数可以被图灵机计算，那么就称其是**可计算的**，否则是**不可计算的**。使用一个可数的参数来证明存在不可计算的数论问题是相对比较简单容易的(见 2.5 节练习 39)。然而，实际产生这样一个函数并不容易。作为本节练习 31 前导文中定义的**忙碌海狸函数**就是一个不可计算函数的例子。一种证明该函数不可计算的方法就是证明它比任意一个可计算函数增长得快(见练习 32)。

需要注意的是，每一个判定问题都可以被重构成一个函数计算的问题，也就是，当问题的解是"是"则函数值为 1，否则为 0。一个判定问题是可解的，当且仅当采用这种方法构造的函数是可计算的。

P 类和 NP 类　在 3.3 节我们非正式地定义了 P 类和 NP 类问题。现在我们可以使用确定性的和非确定性的图灵机的概念来精确地定义其概念。

我们首先详细说明确定性的和非确定性的图灵机之间的区别。本节研究的图灵机都是确定性的。在确定性的图灵机 $T=(S, I, f, s_0)$ 中，转移规则是由从 $S \times I$ 到 $S \times I \times \{R, L\}$ 的部分转移函数来定义的。因此，图灵机的转移规则表示为五元组 (s, x, s', x', d)，没有两个转移规则以相同的数对 (s, x) 开始。其中 s 是当前状态，x 是当前纸带上的符号，s' 是下一个状态，x' 是在纸带上代替 x 的符号，d 是图灵机在纸带上运行的方向。

在非确定性的图灵机中，允许的步骤是由一个包含五元组的关系而不是部分转移函数来定义。去掉了没有两个转移规则以相同的数对 (s, x) 开始的限制。也就是说，有不止一条转移规则以同一个(状态，纸带符号)开始。因此，在非确定性的图灵机中，对于某些正在读取的当前状态和纸带符号对，存在转移的选择。在非确定性的图灵机的每步操作中，机器根据当前状态和纸带符号对的值，从多个转移规则中选择一个。选择哪一步可以看作"猜"。与确定性的图灵机一样，如果没有以当前状态和纸带符号定义的转移规则，则非确定性的图灵机停机。给定一个非确定性的图灵机 T，我们说字符串 x 可以被图灵机 T 识别，当且仅当机器从写在纸带上的 x 的初始位置开始时，存在以终结状态结束的转移序列。如果 x 可被 T 识别，当且仅当 $x \in A$，则称图灵机 T 可以识别集合 A。如果非确定性的图灵机 T 能够识别所有使得判定问题解为正确的输入值构成的集合，则称判定问题可被 T 解。

> **定义 5**　如果一个判定问题能由确定性的图灵机在多项式时间内求解，则该问题属于 P 类问题，即多项式时间问题。也就说，如果一个确定性的图灵机 T 和一个多项式 P，对于该问题的任何长度为 n 的字符串，T 都能在 $P(n)$ 步内停机，我们说该问题属于 P 类。如果一个判定问题能由非确定性的图灵机在多项式时间内求解，则该问题属于 NP 类问题，即非确定性的多项式时间问题。也就是说，对于任一判定问题，如果存在一个非确定性的图灵机 T 和一个多项式 P，对于该问题的任何长度为 n 的实例，T 都能在 $P(n)$ 步内停机，则称该问题是 NP 类问题。

P 类问题称为**易处理的**问题，而不属于 P 类问题称为**不易处理的**问题。对于某个 P 类问

阿隆佐·丘奇(Alonzo Church，1903—1995)　丘奇出生于华盛顿特区，曾在哥廷根跟随希尔伯特学习，后来又转学到阿姆斯特丹。从 1927 年到 1967 年，他在普林斯顿大学执教，1967 年他调到加州大学洛杉矶分校。丘奇是符号逻辑协会的创始成员之一。他对可计算性理论做出了实质性的贡献，其中包括对判定问题的解答、λ 演算的发明，以及对现今称为丘奇-图灵论题的陈述。克莱因和图灵都是丘奇的学生。他在度过了 90 岁生日后依旧在发表文章。

题，一定存在一个确定的图灵机能够在多项式时间内，判定由判定命题所陈述的该类中的一个特定命题是否正确。例如，判定某个数在长度为 n 的序列中是否存在，有一个易处理问题(对于该问题的证明，这里不做详细解释。当采用图灵机时，本书曾描述的用于算法分析的基本思想可用于此)。对于一个 NP 类问题，当给出关于该问题的某个正确陈述时，只有能在多项式时间内判定其对错的非确定性图灵机才是必要的，对每一个当前的状态和纸带上的符号，该图灵机在每一步都能在允许的步骤内做出正确的猜测。非确定性的图灵机能够很容易地确定图中的一条简单回路穿过每个顶点一次而且仅一次，因此判定某个图是否存在哈密尔顿回路这个问题是 NP 类问题。这需要在依次增加边以形成回路时，做出一系列的正确的猜测。由于每个确定性的图灵机也可以看作(状态，纸带符号)对只在转移规则中出现一次的非确定性的图灵机，所以 $P \subseteq NP$。

在计算机科学中，目前所知的最困惑的一个问题就是，是否有 $NP \subseteq P$，也就是说，是否 $P = NP$。正如 3.3 节提到的，有一类重要的问题，即 NP 完全问题，一个问题是 NP 完全的，如果它属于 NP 类，并且如果能证明当它属于 P 类时，所有 NP 类的问题都属于 P 类，那么该问题是 NP 完全的。也就是说，一个问题是 NP 完全的，如果存在一个能够在多项式时间内求解该问题的算法，意味着对于每个 NP 类问题，都存在一个能够在多项式时间内求解该问题的算法。本书中，我们已经讨论了几个不同的 NP 完全问题，例如判定一个简单图是否存在哈密尔顿回路以及判定一个 n 元命题是否是重言式。

练习

1. 设 T 是下列五元组定义的图灵机：$(s_0, 0, s_1, 1, R)$，$(s_0, 1, s_1, 0, R)$，$(s_0, B, s_1, 0, R)$，$(s_1, 0, s_2, 1, L)$，$(s_1, 1, s_1, 0, R)$ 和 $(s_1, B, s_2, 0, L)$。对于下列的初始纸带，判断 T 停机时的最终纸带。假设 T 从初始位置开始执行。

   a) | $\cdots$ | B | B | 0 | 0 | 1 | 1 | B | B | $\cdots$ |

   b) | $\cdots$ | B | B | 1 | 0 | 1 | B | B | B | $\cdots$ |

   c) | $\cdots$ | B | B | 1 | 1 | B | 0 | 1 | B | $\cdots$ |

   d) | $\cdots$ | B | B | B | B | B | B | B | B | $\cdots$ |

2. 设 T 是下列五元组定义的图灵机：$(s_0, 0, s_1, 0, R)$，$(s_0, 1, s_1, 0, L)$，$(s_0, B, s_1, 1, R)$，$(s_1, 0, s_2, 1, R)$，$(s_1, 1, s_1, 1, R)$，$(s_1, B, s_2, 0, R)$ 和 $(s_2, B, s_3, 0, R)$。对于下列的初始纸带，判断 T 停机时的最终纸带。假设 T 从初始位置开始执行。

   a) | $\cdots$ | B | B | 0 | 1 | 0 | 1 | B | B | $\cdots$ |

   b) | $\cdots$ | B | B | 1 | 1 | 1 | B | B | B | $\cdots$ |

   c) | $\cdots$ | B | B | 0 | 0 | B | 0 | 0 | B | $\cdots$ |

   d) | $\cdots$ | B | B | B | B | B | B | B | B | $\cdots$ |

3. 对于由五元组 $(s_0, 0, s_0, 0, R)$，$(s_0, 1, s_1, 0, R)$，(s_0, B, s_2, B, R)，$(s_1, 0, s_1, 0, R)$，$(s_1, 1, s_0, 1, R)$ 和 (s_1, B, s_2, B, R) 描述的图灵机，当给定

   a) 11 作为输入时，它能做什么？

   b) 任意一个比特串作为输入时，它能做什么？

4. 对于五元组 $(s_0, 0, s_0, 1, R)$，$(s_0, 1, s_0, 1, R)$，(s_0, B, s_1, B, L)，$(s_1, 1, s_2, 1, R)$ 描述的图灵机，当给定

   a) 101 作为输入时，它能做什么？

   b) 一个任意的比特串作为输入时，它能做什么？

5. 对于五元组 $(s_0, 1, s_1, 0, R)$，$(s_1, 1, s_1, 1, R)$，$(s_1, 0, s_2, 0, R)$，$(s_2, 0, s_3, 1, L)$，$(s_2, 1, s_2, 1, R)$，$(s_3, 1, s_3, 1, L)$，$(s_3, 0, s_4, 0, L)$，$(s_4, 1, s_4, 1, L)$，$(s_4, 0, s_0, 1, R)$ 描述的图灵机，当给定

a) 11 作为输入时，它能做什么？

b) 全部由 1 构成的比特串形成的集合作为输入时，它能做什么？

6. 构造一个纸带符号为 0、1 和 B 的图灵机，对于给定的输入比特串，在带的最末端增加一个 1，而其余符号保持不变。

7. 构造一个纸带符号为 0、1 和 B 的图灵机，它将纸带上第一个 0 替换为 1，而其余符号保持不变。

8. 构造一个纸带符号为 0、1 和 B 的图灵机，对于给定的输入比特串，它将纸带上所有 0 替换为 1，而所有的 1 保持不变。

9. 构造一个纸带符号为 0、1 和 B 的图灵机，对于给定的输入比特串，它将纸带上除最左边的 1 以外的所有 1 替换为 0，而其余符号保持不变。

10. 构造一个纸带符号为 0、1 和 B 的图灵机，对于给定的输入比特串，它将带上首先出现的两个连续的 1 替换为 0，而其余符号保持不变。

11. 构造一个图灵机，它识别的集合是所有以 0 结尾的比特串组成的集合。

12. 构造一个图灵机，它识别的集合是所有至少包含两个 1 的比特串组成的集合。

13. 构造一个图灵机，它识别的集合是所有包含偶数个 1 的比特串组成的集合。

14. 对于例 3 中的图灵机，若从下列每个字符串开始运行，写出其每一步的带内容。

　　a) 0011　　　　　**b)** 00011　　　　　**c)** 101100　　　　　**d)** 000111

15. 例 3 中的图灵机识别一个字符串当且仅当此字符串具有形式 0^n1^n（其中 n 是一个正整数），试说明原因。

* **16.** 构造识别集合 $\{0^{2n}1^n \mid n \geqslant 0\}$ 的图灵机。

* **17.** 构造识别集合 $\{0^n1^n2^n \mid n \geqslant 0\}$ 的图灵机。

18. 构造一个图灵机，它计算函数 $f(n)=n+2$，其中 n 是非负整数。

19. 构造一个图灵机，它计算下列函数：当 $n \geqslant 3$ 时，$f(n)=n-3$；当 $n=0$，1，2 时，$f(n)=0$，其中 n 是非负整数。

20. 构造一个图灵机，它计算函数 $f(n)=n \bmod 3$。

21. 构造一个图灵机，它计算下列函数：当 $n \geqslant 5$ 时，$f(n)=3$；当 $n=0$，1，2，3 或 4 时，$f(n)=0$。

22. 构造一个图灵机，它计算下列函数：$f(n)=2n$，其中 n 是非负整数。

23. 构造一个图灵机，它计算下列函数：$f(n)=3n$，其中 n 是非负整数。

24. 构造一个图灵机，它计算下列函数：对于所有非负整数对 n_1 和 n_2，$f(n_1,n_2)=n_2+2$。

* **25.** 构造一个图灵机，它计算下列函数：对于所有非负整数 n_1 和 n_2，$f(n_1,n_2)=\min\{n_1,n_2\}$。

26. 构造一个图灵机，它计算下列函数：对于所有非负整数 n_1 和 n_2，$f(n_1,n_2)=n_1+n_2+1$。

假设 T_1 和 T_2 是图灵机，分别具有不相交的状态集 S_1 和 S_2，转移函数分别为 f_1 和 f_2。我们可以采用如下的方式来定义图灵机 T_1T_2，即 T_1 和 T_2 的**合成**。T_1T_2 的状态集是 $S_1 \cup S_2$。T_1T_2 以 T_1 的起始状态开始。首先，使用函数 f_1 执行 T_1 的转移，但不包括使得 T_1 停机的那一步。然后，对使得 T_1 停机的所有移动，除移动到 T_2 的开始状态外，都执行相同的 T_1 转移。从这点来看，T_1T_2 的移动与 T_2 的移动相同。

27. 通过求练习 18 和练习 22 构造的图灵机的合成，构造一个图灵机计算函数 $f(n)=2n+2$。

28. 通过求练习 18 和练习 23 构造的图灵机的合成，构造一个图灵机计算函数 $f(n)=3(n+2)=3n+6$。

29. 下列哪些问题是判定问题？

　　a) 比 n 小的最小素数是多少？

　　b) 图 G 是否是二分图？

　　c) 给定字符串的集合，是否有有限状态自动机能识别该集合？

　　d) 给定一个棋盘和某种类型的多格骨牌（参见 1.8 节），棋盘是否可用这种类型的骨牌平铺？

30. 下列哪些问题是判定问题？

　　a) 正整数序列 a_1，a_2，$\cdots a_n$ 是否是递增序列？

　　b) 简单图 G 的顶点是否可用 3 种颜色着色，使得没有相邻的顶点着色相同。

　　c) 图 G 中度数最大的顶点是什么？

　　d) 给定两个有限状态机，它们是否能识别相同的语言？

Links ▶ 设 $B(n)$ 是具有 n 个状态且字母表为 $\{1, B\}$ 的图灵机从空白带开始运行后在纸带上所能打印的 1 的最大个数。根据给定的值 n 确定 $B(n)$ 这个问题称为**忙碌海狸问题**(busy beaver problem),该问题由拉多(Tibor Rado)于 1962 年首先研究。现在已经知道,$B(2)=4$,$B(3)=6$,$B(4)=13$。但当 $n \geqslant 5$ 时,$B(n)$ 等于什么还不知道。$B(n)$ 增长得很快,目前所知 $B(5) \geqslant 4098$,$B(6) \geqslant 3.5 \times 10^{18\,267}$。

* **31.** 通过寻找下面的图灵机来证明 $B(2)$ 至少是 4:该图灵机有两个状态,字母表是 $\{1, B\}$,在停机时,纸带上有 4 个连续的 1。

** **32.** 证明:函数 $B(n)$ 不能用任何图灵机来计算。[提示:假设有一个图灵机用二进制计算 $B(n)$。构造一个图灵机 T,从空白带开始,写下 n 的二进制表示,计算 $B(n)$ 并表示成二进制,然后将 $B(n)$ 从二进制表示转换为一元表示。证明当 n 充分大时,T 的状态数可以小于 $B(n)$,导致矛盾。]

关键术语和结论

术语

字母表或词汇表(alphabet or vocabulary):用来构造字符串的元素组成的集合。

语言(language):字母表上所有字符串构成的集合的一个子集。

短语结构文法$((V, T, S, P)$,phrase-structure grammar):语言的一种描述,包括字母表 V、终结符集 T、起始符号 S 和产生式集 P。

产生式 $w \rightarrow w_1$(the production $w \rightarrow w_1$):只要语言的某个字符串中出现了 w,就可将此字符串中的 w 替换为 w_1。

$w_1 \Rightarrow w_2$(由 w_1 派生 w_2,w_2 is directly derivable from w_1):w_2 是从 w_1 按如下方式得到的:用产生式将 w_1 中的某个字符串替换为另一个字符串。

$w_1 \overset{*}{\Rightarrow} w_2$(由 w_1 派生 w_2,w_2 is derivable from w_1):w_2 是从 w_1 按如下方式得到的:用一系列产生式将某些字符串替换为另一些字符串。

0 型文法(type 0 grammar):任意短语结构文法。

1 型文法(type 1 grammar):是一种短语结构文法,但其产生式都具有形式 $w_1 \rightarrow w_2$,其中 $w_1 = lAr$ 和 $w_2 = lwr$,其中 $A \in N$;l,r,$w \in (N \cup T)^*$ 且 $w \neq \lambda$ 或 $w_1 = S$ 和 $w_2 = \lambda$,但 S 不能出现在任何其他产生式的右边。

2 型(或上下文无关)文法(type 2,or context-free grammar):是一种短语结构文法,但其产生式都具有形式 $A \rightarrow w_1$,其中 A 是一个非终结符。

3 型(或正则)文法(type 3,or regular grammar):是一种短语结构文法,其产生式的形式是 $A \rightarrow aB$,$A \rightarrow a$ 或 $S \rightarrow \lambda$,其中 A,B 是非终结符,S 是起始符,a 是一个终结符。

派生(或语法分析)树(derivation(or parse)tree):一个带根的有序树,其根表示 2 型文法的起始符,内部顶点表示非终结符,叶表示终结符,顶点的儿子是产生式右边按从左到右顺序排列的符号,父亲表示的符号都在左边。

巴克斯-诺尔范式(Backus-Naur form):上下文无关文法的一种描述,在这种描述中,将左边非终结符相同的所有产生式合并成一个式子,式子的右边是这些产生式不同的右边,并用竖线符将其分开,用尖括号将非终结符括起来,符号 $\rightarrow$ 被换成 $::=$。

有限状态机器(S, I, O, f, g, s_0) **或米兰机**(finite-state machine (S, I, O, f, g, s_0) or a Mealy machine):一个六元组,包括状态集 S、输入字母表 I、输出字母表 O、转移函数 f(对每个状态与输入对,指派下一个状态)、输出函数 g(对每个状态与输入对,指派一个输出)和一个起始符 s_0。

AB(A 和 B 的连接,concatenation of A and B):由 A 中的字符串和 B 中的字符串连接而成的字符串构成的集合。

A^*(A 的克莱因闭包,Kleene closure of A):由 A 中任意多个字符串连接而成的字符串构成的集合。

确定性的有限状态自动机$(S, I, f, s_0, F$,deterministic finite-state automaton):一个五元组,包括状态集 S、输入字母表 I、转移函数 f(对每个状态与输入对,指派下一个状态)、起始符 s_0 和终结状态集 F。

非确定性的有限状态自动机$(S, I, f, s_0, F$,nondeterministic finite-state automaton):一个五元组,包括状态集 S、输入字母表 I、转移函数 f(对每个状态与输入对,指派下一个可能状态的集合)、起始

符 s_0 和终结状态集 F。

自动机识别的语言(language recognized by an automaton)：将自动机从初始状态带到终结状态的输入字符串构成的集合。

正则表达式(regular expression)：如下递归定义的表达式，$\varnothing$、λ 和输入字母表中的每个符号 x 都是正则表达式；当 A 和 B 是正则表达式时，(AB)、$(A\bigcup B)$ 和 A^* 都是正则表达式。

正则集合(regular set)：正则表达式定义的集合。

图灵机($T=S$, I, f, s_0, Turing machine)：由下列各部分组成的四元组：有限状态集 S、包含空白符 B 的字母表 I、从 $S \times I$ 到 $S \times I \times \{R, L\}$ 的一个部分函数、初始状态 s_0。

非确定性的图灵机(nondeterministic Turing machine)：对于每个(状态，纸带符号)可能包含不止一条转换规则的图灵机。

判定问题(decision problem)：是指这样一类问题，判断某个特定类型的命题中的命题是否为真。

可解问题(solvable problem)：该问题的性质是具有一个有效的算法能够求解该问题的所有实例。

不可解问题(unsolvable problem)：该问题的性质是不存在一个有效的算法能够求解该问题的所有实例。

可计算函数(computable function)：函数值可以通过图灵机来计算的函数。

不可计算函数(uncomputable function)：函数值不可以通过图灵机来计算的函数。

P 类，多项式时间问题类(P, the class of polynomial-time problems)：该类问题能由确定性的图灵机在输入大小的多项式时间内求解。

NP 类，非确定性多项式时间问题类(NP, the class of nondeterministic polynomial-time problems)：一个问题能由非确定性的图灵机在输入大小的多项式时间内求解，则该问题属于 NP 类问题。

NP 完全(NP-complete)：该类问题是 NP 类问题的子集，并且该类问题具有这样的性质，如果其中之一属于 P 类，则 NP 类中的所有问题也都属于 P 类。

结论

对每个非确定性的有限状态自动机，存在一个确定性的有限状态自动机，它们识别相同的集合。

克莱因定理(Kleene's theorem)：一个集合是正则的当且仅当它可由一个有限状态自动机来识别。

一个集合是正则的当且仅当它可由一个正则文法生成。

停机问题是不可解的。

复习题

1. a)定义短语结构文法。
   b)"一个字符串可以由短语结构文法从字符串 w 派生出来"的含义是什么？

2. a)什么是短语结构文法生成的语言？
   b)设短语结构文法 G 如下：词汇表为 $\{S, 0, 1\}$，终结符集为 $T=\{0, 1\}$，起始符号为 S，产生式为 $S \rightarrow 000S$ 和 $S \rightarrow 1$。G 生成的语言是什么？
   c)给出生成集合 $\{01^n \mid n=0, 1, 2, \cdots\}$ 的短语结构文法。

3. a)定义一个 1 型文法。　　　　　　　　b)给出一个是文法但不是 1 型文法的例子。
   c)定义 2 型文法。　　　　　　　　　　d)给出一个是 1 型文法但不是 2 型文法的例子。
   e)定义一个 3 型文法。　　　　　　　　f)给出一个是 2 型文法但不是 3 型文法的例子。

4. a)定义一个正则文法。　　　　　　　　b)定义一个正则语言。
   c)证明：集合 $\{0^m 1^n \mid m, n=0, 1, 2, \cdots\}$ 是一个正则语言。

5. a)什么是巴克斯-诺尔范式？
   b)选择英语的一个子集，给出其巴克斯-诺尔范式。

6. a)什么是有限状态机？
   b)说明怎么用有限状态机建立下列自动售货机的模型：它只接受 25 分硬币，在放入 75 分之后，它发售一瓶软饮料。

7. 求能被如下的确定性的有限状态自动机识别的字符串的集合。

8. 构造一个确定性的有限状态自动机能识别以 1 开始，并且以 1 结束的字符串形成的集合。

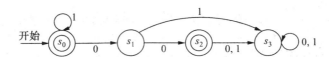

9. **a)**什么是一个字符串集合的克莱因闭包？ **b)**求集合{11，0}的克莱因闭包。

10. **a)**定义一个有限状态自动机。

b) "一个字符串由一个有限状态自动机识别"的含义是什么？

11. **a)**定义一个非确定性的有限状态自动机。

b)试证：对于每个非确定性的有限状态自动机，存在一个确定性的有限状态自动机，它们识别相同的语言。

12. **a)**定义一个集合 I 上的正则表达式集。 **b)**解释怎么用正则表达式表示正则集合。

13. 叙述克莱因定理。

14. 试证：一个集合可由正则文法生成当且仅当它是一个正则集合。

15. 给出一个不能由有限状态自动机识别的集合的例子，并证明没有有限状态自动机能够识别它。

16. 定义一个图灵机。

17. 描述如何用图灵机来识别集合。

18. 描述如何用图灵机计算数论函数。

19. 什么是不可解的判定问题？给出一个例子。

补充练习

* **1.** 求识别下列每个语言的一个短语结构文法。

a)形如 $0^{2n}1^{3n}$ 的比特串的集合，其中 n 是一个非负整数。

b)比特串的集合，其中 0 的个数是 1 的个数的两倍。

c)形如 w^2 的比特串的集合，其中 w 是比特串。

* **2.** 求产生集合 $\{0^{2^n} \mid n \geqslant 0\}$ 的一个短语结构文法。

在练习 3 和 4 中，$G=(V, T, S, P)$ 是一个上下文无关文法，其中 $V=\{(,), S, A, B\}$，$T=\{(,)\}$，S 是起始符号，产生式有 $S{\rightarrow}A$，$A{\rightarrow}AB$，$A{\rightarrow}B$，$B{\rightarrow}(A)$，$B{\rightarrow}()$，$S{\rightarrow}\lambda$。

3. 构造下列字符串的派生树。

a)(()) **b)**()(()) **c)**((()()))

* **4.** 证明：$L(G)$ 就是第 5 章补充练习 59 的前导文中定义的括号的合式串集合。

称一个上下文无关文法是**二义的**，如果 $L(G)$ 中有一个词有两个派生，且将这两个派生看作带根的有序树时，产生两个不同的派生树。

5. 设文法 $G=(V, T, S, P)$，其中 $V=\{0, S\}$，$T=\{0\}$，S 是起始符号，产生式有 $S{\rightarrow}0S$，$S{\rightarrow}S0$ 和 $S{\rightarrow}0$。构造 0^3 的两个不同派生树，从而证明 G 是二义的。

6. 设文法 $G=(V, T, S, P)$ 为：$V=\{0, S\}$，$T=(0)$，S 是起始符号，产生式有 $S{\rightarrow}0S$ 和 $S{\rightarrow}0$。证明 G 是非二义的。

7. 设 A 和 B 是 V^* 的两个有限子集，其中 V 是一个字母表。问 $|AB|=|BA|$ 肯定成立吗？

8. 设 V 是一个字母表，A、B 和 C 是 V^* 的子集。证明或反证下列各式。

a)$A(B{\cup}C)=AB{\cup}AC$ **b)**$A(B{\cap}C)=AB{\cap}AC$

c)$(AB)C=A(BC)$ **d)**$(A{\cup}B)^*=A^*{\cup}B^*$

9. 设 V 是一个字母表，A 和 B 是 V^* 的子集。从 $A^*{\subseteq}B^*$ 能否推出 $A{\subseteq}B$？

10. 正则表达式 $(2^*)(0{\cup}(12^*))^*$ 表示的字符串集合是什么(字符串的符号在集合{0，1，2}中)？

如下递归定义集合 I 上正则表达式的**星高度** $h(E)$：

$h(\varnothing)=0$；

若 $\mathbf{x}{\in}I$，则 $h(\mathbf{x})=0$；

若 E_1 和 E_2 是正则表达式，则 $h((E_1{\cup}E_2))=h((E_1E_2))=\max(h(E_1), h(E_2))$；

若 $\mathbf{E}$ 是正则表达式，则 $h(E^*)=h(E)+1$。

11. 求下列正则表达式的星高度：

a)0^*1　　　　　　　b)0^*1^*　　　　　　　c)$(0^*01)^*$　　　　　d)$((0^*1)^*)^*$

e)$(010^*)(1^*01^*)^*((01)^*(10)^*)^*$　　　　f)$(((((0^*)1)^*0)^*)^*1)^*$

*12. 对下列每个正则表达式，求一个表示相同语言但具有最小星高度的正则表达式。

　　a)$(0^*1^*)^*$　　　　　b)$(0(01^*0)^*)^*$　　　　c)$(0^* \bigcup (01)^* \bigcup 1^*)^*$

13. 构造一个带输出的有限状态机，若到目前为止读到的输入比特串中含有 4 个或 4 个以上的 1，则它输出 1。然后再构造一个确定性的有限状态自动机来识别这个集合。

14. 构造一个带输出的有限状态机器，若到目前为止读到的输入比特串中含有 4 个或 4 个以上连续的 1，则它输出 1。然后再构造一个确定性的有限状态自动机来识别这个集合。

15. 构造一个带输出的有限状态机器，若到目前为止读到的输入比特串以 4 个或 4 个以上连续的 1 结尾，则它输出 1。然后再构造一个确定性的有限状态自动机来识别这个集合。

16. 在有限状态机中，称状态 s' 是从状态 s **可达的**，如果存在输入字符串 x 使得 $f(s, x) = s'$。称状态 s 是**瞬变的**，若没有非空输入字符串 x 使得 $f(s, x) = s$。称状态 s 是一个**沉积点**，若对于任意输入字符串 x 都有 $f(s, x) = s$。对下列状态图所示的有限状态机，回答问题 a~d。

　　a)哪些状态是从 s_0 可达的？

　　b)哪些状态是从 s_2 可达的？

　　c)哪些状态是瞬变的？

　　d)哪些状态是沉积点？

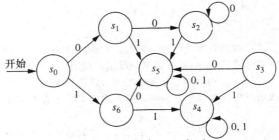

*17. 设集合 S、I 和 O 都是有限集合，且 $|S| = n$、$|I| = k$、$|O| = m$。

　　a)可以构造多少个不同的有限状态机（米兰机）$M = (S, I, O, f, g, s_0)$（其中初始状态 s_0 可以任意选择）？

　　b)可以构造多少个不同的摩尔机 $M = (S, I, O, f, g, s_0)$（其中初始状态 s_0 可以任意选择）？

*18. 设集合 S 和 I 是有限集合，且 $|S| = n$，$|I| = k$。在下列情形下，存在多少个不同的有限状态自动机 (S, I, f, s_0, F)（其中初始状态 s_0 以及由 S 的终结状态构成的子集 F 可以任意选择）？

　　a)如果机器是确定性的。

　　b)如果机器是非确定性的。（注意：这包括确定性的自动机。）

19. 对于具有如下状态图的非确定性的自动机，构造一个与之等价的确定性的有限状态自动机。

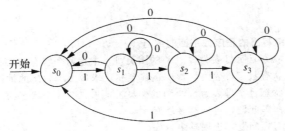

20. 练习 19 中的自动机识别的语言是什么？

21. 构造有限状态自动机识别下列集合。

　　a)$0^*(10)^*$　　　　　b)$(01 \bigcup 111)^*10^*(0 \bigcup 1)$　　c)$(001 \bigcup (11)^*)^*$

*22. 求表示由 0 和 1 组成的下列字符串集合的正则表达式。

　　a)偶数个 1 与奇数个 0 交替出现。

b)包含至少 2 个连续的 0 或 3 个连续的 1。

c)不包含 3 个连续的 0 或 2 个连续的 1。

* **23.** 证明：若 A 是一个正则集合，则 $\bar{A}$ 也是。

* **24.** 证明：若 A 和 B 都是正则集合，则 $A \cap B$ 也是。

* **25.** 求识别由 0 和 1 组成的下列字符串集合的有限状态自动机。

　　a)以不超过 3 个连续的 0 开始，且至少包含 2 个连续的 1。

　　b)包含偶数个符号，且不含 101。

　　c)有 3 个由 2 个或 2 个以上的 1 组成的块，且有至少 2 个 0。

* **26.** 用 13.4 节的练习 22 所给的泵引理证明：$\{0^{2^n} \mid n \in \mathbf{N}\}$ 不是正则的。

* **27.** 用 13.4 节的练习 22 所给的泵引理证明：$\{1^p \mid p \text{ 是素数}\}$ 不是正则的。

* **28.** 对于上下文无关语言，有与正则集合的泵引理类似的结果。设 $L(G)$ 是上下文无关语言 G 识别的语言。此结果是存在常量 N，如果 z 是 $L(G)$ 中的一个词，且 $l(z) \geqslant N$，则 z 可以写成 $uvwxy$，其中 $l(vwx) \leqslant N$，$l(vx) \geqslant 1$，且 $uv^i wx^i y$ 属于 $L(G)(i=0, 1, 2, 3, \cdots)$。用这个结果证明，不存在上下文无关文法 $L(G)$ 满足 $\{0^n 1^n 2^n \mid n=0, 1, 2, \cdots\}$。

* **29.** 构造一个能计算函数 $f(n_1, n_2) = \max(n_1, n_2)$ 的图灵机。

* **30.** 构造一个图灵机，它能计算如下函数：当 $n_2 \geqslant n_1$ 时，$f(n_1, n_2) = n_2 - n_1$；当 $n_2 < n_1$ 时，$f(n_1, n_2) = 0$。

计算机课题

按给定的输入和输出写程序。

1. 给定短语结构文法的产生式，根据乔姆斯基分类方法，判断此文法所在的类。

2. 给定短语结构文法的产生式，求使用 20 条或更少的产生式规则生成的所有字符串。

3. 给定 2 型文法的巴克斯-诺尔范式，求使用 20 条或更少的规则生成的所有字符串。

* **4.** 给定一个上下文无关文法的产生式和一个字符串，如果这个字符串在此文法生成的语言中，产生这个字符串的派生树。

5. 给定一个摩尔机的状态表和一个输入字符串，产生此机器生成的输出字符串。

6. 给定一个米兰机的状态表和一个输入字符串，产生此机器生成的输出字符串。

7. 给定一个确定性的有限状态自动机的状态表和一个字符串，判断这个字符串能否由此自动机识别。

8. 给定一个非确定性的有限状态自动机的状态表和一个字符串，判断这个字符串能否由此自动机识别。

* **9.** 给定一个非确定性的有限状态自动机的状态表，构造一个识别相同语言的确定性的有限状态自动机的状态表。

** **10.** 给定一个正则表达式，构造一个非确定性的有限状态自动机，识别这个表达式表示的集合。

11. 给定一个正则文法，构造一个有限状态自动机识别这个文法生成的语言。

12. 给定一个有限状态自动机，构造一个正则文法生成这个自动机所识别的语言。

* **13.** 给定一个图灵机，求一个给定的输入字符串所产生的输出字符串。

计算和探索

用一个计算程序或你自己编写出的程序做下面的练习。

1. 通过检查所有具有两个状态且字母表为 $\{1, B\}$ 的图灵机，求解两个状态的忙碌海狸问题。

* **2.** 通过检查所有具有 3 个状态且字母表为 $\{1, B\}$ 的图灵机，求解 3 个状态的忙碌海狸问题。

** **3.** 通过检查所有具有 4 个状态且字母表为 $\{1, B\}$ 的图灵机，求具有 4 个状态的忙碌海狸机器。

** **4.** 尽力解 5 个状态的忙碌海狸问题，进展越多越好。

** **5.** 尽力解 6 个状态的忙碌海狸问题，进展越多越好。

写作课题

用本教材以外的资料，按下列要求写成论文。

1. 描述怎么用利登梅耶系统(Lidenmeyer system)建立某种类型植物的生长模型。利登梅耶系统用带产生式的文法来建立植物生长的各种不同方式的模型。

2. 对于各种程序设计语言，如 Java、LISP、ADA 和数据库语言 SQL，给出描述其语法的巴克斯-诺尔范式（或扩展的巴克斯-诺尔范式）规则。

3. 解释在拼写检查程序中，怎么使用有限状态机。

4. 解释在网络协议研究中，怎么使用有限状态机。

5. 解释在语音识别程序中，怎么使用有限状态机。

6. 比较摩尔机和米兰机在设计硬件系统和计算机软件中的应用。

7. 解释概念"有限状态自动机极小化"。给出一个程序来实现这个极小化。

8. 给出细胞自动机的定义，以"生命的游戏"（Game of Life）为例，解释它们的应用。

9. 定义下推自动机，解释怎么用下推自动机来识别集合。下推自动机能识别哪些集合？给出验证你的答案正确性的证明概要。

10. 定义线性有界自动机，解释怎么用线性有界自动机来识别集合。线性有界自动机能识别哪些集合？给出验证你的答案正确性的证明概要。

11. 查找图灵对现称为图灵机的机器的原始定义。他定义这种机器的动机是什么？

12. 描述"通用图灵机"（Universal Turing Machine）的概念。解释怎么构造这样的机器。

13. 解释能够用非确定性的图灵机而不能用确定性的图灵机的应用种类。

14. 证明：一个图灵机能够模拟一个非确定性的图灵机的任何动作。

15. 证明：一个集合能被图灵机识别当且仅当它能由短语结构文法生成。

16. 描述 λ 演算的基本概念。解释怎么用它来研究函数的可计算性。

17. 试证：一个具有 n 个带的图灵机能做的任何事情，本章所定义的图灵机也都能做。

18. 试证：一个在两个方向都有无限带的图灵机能做的任何事情，只在一个方向有无限带的图灵机也都能做。

实数和正整数的公理

本书中，我们假设了一组实数集合和正整数集合的显式公理。在这个附录中，我们将列出这些公理并解释如何从这些公理导出一些在正文中不加证明就引用的基本事实。

A.1 实数公理

标准的实数公理包括：**域（或代数）公理**，用于规定基本算术运算的法则；**序公理**，用于规定实数的顺序性质。

域公理 首先介绍域公理。通常，我们将两个实数 x 与 y 的和以及积分别记作 $x+y$ 和 $x \cdot y$。（注意，x 与 y 的积通常记作 xy 而省略表示乘法的点。在本附录中，我们不用这种简化符号，但是在正文中会用到。）另外，通常约定，先做乘法后做加法，除非使用了括号。尽管这些陈述也是公理，但通常称为是定律或法则。这些公理的前两条告诉我们当把两个实数相加或相乘时，结果还是一个实数。这就是封闭律。

- **加法封闭律** 对于所有实数 x 和 y，$x+y$ 是实数。
- **乘法封闭律** 对于所有实数 x 和 y，$x \cdot y$ 是实数。

接下来两个公理告诉我们当把三个实数相加或相乘时，无论什么运算顺序都能得到同样的结果。这就是结合律。

- **加法结合律** 对于所有实数 x、y 和 z，$(x+y)+z=x+(y+z)$。
- **乘法结合律** 对于所有实数 x、y 和 z，$(x \cdot y) \cdot z=x \cdot (y \cdot z)$。

另外两个代数公理告诉我们，对两个数做加法或乘法时顺序并不重要。这就是交换律。

- **加法交换律** 对于所有实数 x 和 y，$x+y=y+x$。
- **乘法交换律** 对于所有实数 x 和 y，$x \cdot y=y \cdot x$。

接下来两个公理告诉我们 0 和 1 分别是实数集的加法单位元和乘法单位元。即，当我们对一个实数加 0 或者乘 1 时不会改变这个实数。这就是单位元律。

- **加法单位元律** 对于每个实数 x，$x+0=0+x=x$。
- **乘法单位元律** 对于每个实数 x，$x \cdot 1=1 \cdot x=x$。

虽然这看起来很明显，但我们还是需要下面的公理。

- **单位元公理** 加法单位元 0 和乘法单位元 1 是不一样的，即 $0 \neq 1$。

还有两个公理告诉我们，对于每个实数，都存在一个实数加上该实数后得到 0；而对于每个非零实数，都存在一个实数乘上该实数后得到 1。这就使逆律。

- **加法的逆律** 对于每个实数 x，存在一个实数 $-x$（称为 x 的加法逆）使得 $x+(-x)=(-x)+x=0$。
- **乘法的逆律** 对于每个非零实数 x，存在一个实数 $1/x$（称为 x 的乘法逆）使得 $x \cdot (1/x)=(1/x) \cdot x=1$。

实数的最后一个代数公理是分配律，它告诉我们乘法对加法可分配。即，先把一对实数相加再乘以第三个实数，或者先将两个实数中的每一个与第三个实数相乘再把两个乘积相加，我们将得到同样的结果。

- **分配律** 对于所有实数 x、y 和 z，有 $x \cdot (y+z)=x \cdot y+x \cdot z$ 和 $(x+y) \cdot z=x \cdot z+y \cdot z$。

序公理 接下来，我们叙述实数的序公理，它规定了实数集上的"大于"（记作 $>$）的性质。当 x 大于 y 时，我们写成 $x>y$（和 $y<x$）；当 $x>y$ 或 $x=y$ 时，我们写成 $x \geqslant y$（和 $y \leqslant x$）。

第一个公理告诉我们，给定两个实数，恰好有三种可能性之一发生：两个数相等；第一个数大于第二个数；第二个数大于第一个数。这就是三分律。

● **三分律**　对于所有实数 x 和 y，$x=y$、$x>y$、$y>x$ 中恰好有一个为真。

接下来的公理称为传递律，它告诉我们，如果第一个数大于第二个数而第二个数又大于第三个数，则第一个数大于第三个数。

● **传递律**　对于所有实数 x、y 和 z，如果 if $x>y$ 和 $y>z$，则 $x>z$。

我们还有两个相容律，它告诉我们当在一个大于关系的两边加上一个数时，大于关系依然成立；当在一个大于关系两边乘上一个正整数（即满足 $x>0$ 的实数 x）时，大于关系依然成立。

● **加法相容律**　对于所有实数 x、y 和 z，如果 $x>y$，则 $x+z>y+z$。

● **乘法相容律**　对于所有实数 x、y 和 z，如果 $x>y$ 和 $z>0$，则 $x \cdot z>y \cdot z$。

我们留给读者（参见练习 15）来证明对于所有实数 x、y 和 z，如果 $x>y$ 和 $z<0$，则 $x \cdot z<y \cdot z$。即在一个不等式两边乘以一个负实数改变不等式的方向。

实数集的最后一个公理是完备性。在叙述该公里前，还需要一些定义。首先，给定实数的一个非空子集 A，我们说实数 b 是 A 的一个**上界**，如果对于 A 中的每个实数 a 有 $b \geqslant a$。一个实数 s 是 A 的**最小上界**，如果 s 是 A 的一个上界且只要 t 是 A 的一个上界时就有 $s \leqslant t$。

● **完备性**　实数的每个有上界的非空子集均有一个最小上界。

A.2　利用公理证明基本事实

我们所列的公理可以用来证明许多之前常常引用而又没有显式证明的性质。这里给出一些能用公理证明的结论的例子，而将更多性质的证明留作练习。虽然要证明的结论看似相当明显，但仅用我们给出的公理证明还是富有挑战性的。

> **定理 1**　实数的加法单位元 0 是唯一的。

证明　为了证明实数的加法单位元 0 是唯一的，假设 $0'$ 也是一个实数的加法单位元。这意味着当 x 是实数时有 $0'+x=x+0'=x$。由加法单位元律可得 $0+0'=0'$。因为 $0'$ 是加法单位元，所以我们知道 $0+0'=0$。从而可得 $0=0'$，因为两者均等于 $0+0'$。这就证明了 0 是实数唯一的加法单位元。 ◀

> **定理 2**　实数 x 的加法逆是唯一的。

证明　令 x 为实数。假设 y 和 z 均为 x 的加法逆。则，

$$
\begin{aligned}
y &= 0+y & &\text{由加法单位元律} \\
&= (z+x)+y & &\text{因为 } z \text{ 是 } x \text{ 的加法逆} \\
&= z+(x+y) & &\text{由加法的结合律} \\
&= z+0 & &\text{因为 } y \text{ 是 } x \text{ 的加法逆} \\
&= z & &\text{由加法单位元律。}
\end{aligned}
$$

从而可得 $y=z$。 ◀

定理 1 和 2 告诉我们加法单位元和加法逆是唯一的。定理 3 和 4 告诉我们乘法单位元和非零实数的乘法逆也是唯一的。证明留作练习。

> **定理 3**　实数的乘法单位元 1 是唯一的。

> **定理 4**　非零实数 x 的乘法逆是唯一的。

> **定理 5**　对于每个实数 x，$x \cdot 0=0$。

证明　假设 x 是实数。由加法逆律，存在一个实数 y 是 $x \cdot 0$ 的加法逆，所以有 $x \cdot 0+y=0$。由加法单位元律，$0+0=0$。利用分配律，可知 $x \cdot 0=x \cdot (0+0)=x \cdot 0+x \cdot 0$。从而

可得

$$0=x\cdot 0+y=(x\cdot 0+x\cdot 0)+y$$

接下来，注意由加法结合律以及因为 $x\cdot 0+y=0$，可得

$$(x\cdot 0+x\cdot 0)+y=x\cdot 0+(x\cdot 0+y)=x\cdot 0+0$$

最后，由加法单位元律，可知 $x\cdot 0+0=x\cdot 0$。因此，$x\cdot 0=0$。 ◀

定理 6　对于所有实数 x 和 y，如果 $x\cdot y=0$，则 $x=0$ 或 $y=0$。

证明　假设 x 和 y 是实数且 $x\cdot y=0$。如果 $x\ne 0$，则由乘法逆律，x 有一乘法逆 $1/x$ 使得 $x\cdot(1/x)=(1/x)\cdot x=1$。因为 $x\cdot y=0$，所以由定理 5 可得 $(1/x)\cdot(x\cdot y)=(1/x)\cdot 0=0$。利用乘法结合律，有 $((1/x)\cdot x)\cdot y=0$。这意味着 $1\cdot y=0$。由乘法单位元律，可知 $1\cdot y=y$，所以 $y=0$。因此，或者 $x=0$ 或者 $y=0$。 ◀

定理 7　实数集的乘法单位元 1 大于加法单位元 0。

证明　由三分律可知，$0=1$，$0>1$，或者 $1>0$。由单位元公理可知，$0\ne 1$。

所以，假设 $0>1$。我们证明这个假设会导致矛盾。由加法逆律，1 有加法逆 -1 满足 $1+(-1)=0$；加法相容性告诉我们，$0+(-1)>1+(-1)=0$；加法单位元律告诉我们，$0+(-1)=-1$。因此，$-1>0$，而由乘法相容性可得，$(-1)\cdot(-1)>(-1)\cdot 0$。由定理 5，最后一个不等式的右边是 0。由分配律可得，$(-1)\cdot(-1)+(-1)\cdot 1=(-1)\cdot(-1+1)=(-1)\cdot 0=0$。所以，最后这个不等式的左边，$(-1)\cdot(-1)$，是 -1 唯一的加法逆，所以该不等式的左边等于 1。因此最后这个不等式变成了 $1>0$，与三分律矛盾，因为我们已经假设了 $0>1$。

因为我们知道 $0\ne 1$ 而 $0>1$ 也是不可能的，所以由三分律可得结论 $1>0$。 ◀

接下来的定理告诉我们，对于每个实数都存在一个整数（这里的整数是指 0、任意多个 1 的和，以及这些和的加法逆）大于该实数。这个结论归功于希腊数学家阿基米德。这个结论可以在欧几里得的《Elements》第 5 卷中找到。

定理 8　阿基米德性质　对于每个实数 x 存在一个整数 n，使得 $n>x$。

证明　假设 x 是一个实数，使得对每个整数 n 都有 $n\le x$。则 x 是整数集合的一个上界。由完备性可得，整数集合有一个最小上界 M。因为 $M-1<M$ 而 M 是整数集合的最小上界，所以 $M-1$ 不是整数集合的上界。这意味着存在一个整数 n 满足 $n>M-1$。这蕴含着 $n+1>M$，与 M 是整数集合的上界矛盾。 ◀

Links ▶

©Hulton-Deutsch/Hulton-Deutsch Collection/Corbis via Getty Images

阿基米德（Archimedes，公元前 287 年—公元前 212 年）　阿基米德是古代最伟大的科学家和数学家之一。他出生在叙拉古，一个位于西西里岛的希腊城邦国家。他父亲 Phidias 是一位天文学家。阿基米德在埃及的亚历山大接受的教育。完成学业后重返叙拉古，并在那里度过终生。很少有人知道他的个人生活，我们甚至不知道他是否结婚生子。公元前 212 年，罗马人入侵叙拉古时阿基米德被罗马士兵杀害。

阿基米德在几何学上做出了许多重要发现。他在两千多年前所描述的曲线下面积的计算方法被重新发明后成为积分学的一部分。阿基米德还发明了一种方法来表示采用常规希腊方法表达不了的大整数。他发现了计算球体以及其他固体物的体积的方法，他计算了 π 的近似值。阿基米德是一位杰出的工程师和发明家。他的抽水机器，现在称为是阿基米德螺旋抽水机，至今还在应用。或许他最著名的发现是浮力原理，它告诉我们浸入液体中的物体会变轻，变轻的量正好等于它所排开的液体的重量。有些历史故事告诉我们阿基米德是最早的裸奔者，他在公共浴室洗澡时发现了这个浮力定理，赤裸着身体在叙拉古的街道上奔跑并高喊"尤里卡"（意思是"我发现了"）。第二次布匿战争时期，他还巧妙地利用机器阻挡了围攻叙拉古的罗马大军好几年。

A.3　正整数集合的公理

现在要列的公理规定正整数集合作为整数集合的子集必须满足 4 个关键的性质。在本书中，我们假定这些公理为真。

- **公理 1**　数 1 是正整数。
- **公理 2**　如果 n 是正整数，则 $n+1$，即 n 的后继，也是正整数。
- **公理 3**　每个大于 1 的正整数是一个正整数的后继。
- **公理 4　良序性**　正整数集合的每个非空子集都有一个最小元。

5.1 节和 5.2 节已经证明了良序原理等价于数学归纳法原理。

- **数学归纳法原理**　如果 S 是正整数集合使得 $1 \in S$ 且对于所有正整数 n，如果 $n \in S$，则 $n+1 \in S$，则 S 就是正整数集合。

大多数数学家认为实数系统是已经存在的，且实数是满足这个附录里列出的公理。可是，19 世纪的数学家开发了一些技术，从最基本的数的集合出发来构造实数集合。（实数构造过程有时候在数学本科生的高级课程中学习。例如，可以在 [Mo91] 中找到一种处理方式。）过程的第一步是利用公理 1~3、良序性或数学归纳法公理来构造正整数集合。然后，再定义正整数的加法和乘法。一旦有了定义，可以利用整数序偶的等价类来构造整数集合，其中 $(a,\ b) \sim (c,\ d)$ 当且仅当 $a+d = b+c$。整数的加法和乘法可以利用这些序偶来定义（参见练习 21）。（等价关系和等价类在第 9 章中讨论了。）接下来，再利用整数序偶的等价类来构造有理数集合，这里序偶中第二个整数不能为零，其中 $(a,\ b) \approx (c,\ d)$ 当且仅当 $a \cdot d = b \cdot c$。有理数的加法和乘法可以利用这些序偶来定义（参见练习 22）。利用无限序列，可以从有理数集合来构造实数集合。有兴趣的读者会发现值得阅读这样构造步骤的更多细节。

练习

在你解答这些练习时，给出的证明中只能用到这个附录中的公理和定理。

1. 证明定理 3，它叙述实数的乘法单位元是唯一的。

2. 证明定理 4，它叙述对于每个非零实数 x，x 的乘法逆是唯一的。

3. 证明对于所有实数 x 和 y，有 $(-x) \cdot y = x \cdot (-y) = -(x \cdot y)$。

4. 证明对于所有实数 x 和 y，有 $-(x+y) = (-x) + (-y)$。

5. 证明对于所有实数 x 和 y，有 $(-x) \cdot (-y) = x \cdot y$。

6. 证明对于所有实数 x、y 和 z，如果 $x+z = y+z$，则 $x = y$。

7. 证明对于每个实数 x，有 $-(-x) = x$。

用 $x-y = x + (-y)$ 来定义实数 x 和 y 的**差** $x-y$，其中 $-y$ 是 y 的加法逆；并用 $x/y = x \cdot (1/y)$ 来定义**商** x/y，其中 $y \neq 0$，$1/y$ 是 y 的乘法逆。

8. 证明对于所有实数 x 和 y，$x = y$ 当且仅当 $x-y = 0$。

9. 证明对于所有实数 x 和 y，有 $-x-y = -(x+y)$。

10. 证明对于所有非零实数 x 和 y，$1/(x/y) = y/x$，其中 $1/(x/y)$ 是 x/y 的乘法逆。

11. 证明对于所有实数 w、x、y 和 z，如果 $x \neq 0$ 且 $z \neq 0$，则 $(w/x) + (y/z) = (w \cdot z + x \cdot y)/(x \cdot z)$。

12. 证明对于每个正实数 x，$1/x$ 也是一个正实数。

13. 证明对于所有正实数 x 和 y，$x \cdot y$ 也是一个正实数。

14. 证明对于所有实数 x 和 y，如果 $x > 0$ 且 $y < 0$，则 $x \cdot y < 0$。

15. 证明对于所有实数 x、y 和 z，如果 $x > y$ 且 $z < 0$，则 $x \cdot z < y \cdot z$。

16. 证明对于每个实数 x，$x \neq 0$ 当且仅当 $x^2 > 0$。

17. 证明对于所有实数 w、x、y 和 z，如果 $w < x$ 且 $y < z$，则 $w + y < x + z$。

18. 证明对于所有正实数 x 和 y，如果 $x < y$，则 $1/x > 1/y$。

19. 证明对于每个正实数 x，存在一个正整数 n 使得 $n \cdot x > 1$。

* **20.** 证明每两个不同的实数之间存在一个有理数(即具有 x/y 形式的数,其中 x 和 y 是整数且 $y \neq 0$)。

练习 21 和 22 涉及本书第 9 章中讨论的等价关系的概念。

* **21.** 定义正整数序偶集合上的关系 $\sim$ 如下:$(w, x) \sim (y, z)$ 当且仅当 $w + z = x + y$。证明运算 $[(w, x)]_{\sim} + [(y, z)]_{\sim} = [(w + y, x + z)]_{\sim}$ 和 $[(w, x)]_{\sim} \cdot [(y, z)]_{\sim} = [(w \cdot y + x \cdot z, x \cdot y + w \cdot z)]_{\sim}$ 是良定义的,即它们不依赖于计算所选取的等价类的代表元。

* **22.** 定义整数序偶(第二个元素非零)上的关系 $\approx$ 如下:$(w, x) \approx (y, z)$ 当且仅当 $w \cdot z = x \cdot y$。证明运算 $[(w, x)]_{\approx} + [(y, z)]_{\approx} = [(w \cdot z + x \cdot y, x \cdot z)]_{\approx}$ 和 $[(w, x)]_{\approx} \cdot [(y, z)]_{\approx} = [(w \cdot y, x \cdot z)]_{\approx}$ 是良定义的,即它们不依赖于计算所选取的等价类的代表元。

指数与对数函数

在这个附录中我们将回顾指数函数和对数函数的一些基本性质。这些性质全书都会用到。需要进一步了解这些方面的学生可以参考初等数学或微积分的书籍，例如在推荐读物中提到的那些书籍。

B. 1 指数函数

令 n 是正整数，b 是一个固定的正实数。函数 $f_b(n) = b^n$ 定义为

$$f_b(n) = b^n = b \cdot b \cdot b \cdots b$$

这里等式右边是 n 个 b 相乘。

我们可以用微积分中的技术对于所有实数 x 来定义函数 $f_b(x) = b^x$。函数 $f_b(x) = b^x$ 称为是**以 b 为底的指数函数**。这里我们不讨论当 x 不是整数时如何计算以 b 为底的指数函数的值。

指数函数所满足的两个重要性质由定理 1 给出。其证明和相关性质可以在微积分教材中找到。

定理 1 令 b 是一个正实数，x 和 y 是实数。则
1) $b^{x+y} = b^x b^y$，且
2) $(b^x)^y = b^{xy}$。

某些指数函数的函数图如图 1 所示。

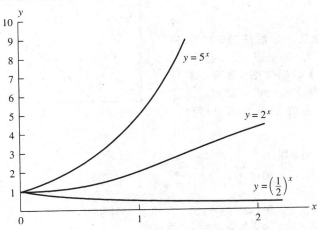

图 1　以 1/2、2 和 5 为底的指数函数图

B. 2 对数函数

假设 b 是一个实数，$b > 1$。则指数函数 b^x 是严格递增的（在微积分中已证的事实）。这是一个从实数集到非负实数集的一个一一对应。因此，这个函数具有逆函数 $\log_b x$，称为**以 b 为底的对数函数**。换言之，如果 b 是一个大于 1 的实数而 x 是一个正实数，则

$$b^{\log_b x} = x$$

这个函数在 x 点的值称为是**以 b 为底 x 的对数**。

由定义可得

$$\log_b b^x = x$$

定理 2 给出了对数函数的一些重要性质。

定理 2 令 b 是大于 1 的实数。则
1) $\log_b(xy) = \log_b x + \log_b y$，当 x 和 y 是正实数时，且
2) $\log_b(x^y) = y \log_b x$，当 x 是正实数而 y 是实数时。

证明 因为 $\log_b(xy)$ 是满足 $b^{\log_b(xy)} = xy$ 的唯一实数，所以为证明第 1 部分只要证明 $b^{\log_b x + \log_b y} = xy$ 即可。由定理 1 的第 1 部分，有

$$b^{\log_b x + \log_b y} = b^{\log_b x} b^{\log_b y}$$
$$= xy$$

为证明第 2 部分，只要证明 $b^{y \log_b x} = x^y$ 即可。由定理 1 的第 2 部分，有

$$b^{y \log_b x} = (b^{\log_b x})^y$$
$$= x^y$$

下面的定理将两个不同底的对数联系起来。◀

定理 3 对数底的转换公式 令 a 和 b 是大于 1 的实数，令 x 是正实数。则
$$\log_a x = \log_b x / \log_b a$$

证明 为了证明这个结果，只需要证明
$$b^{\log_a x \cdot \log_b a} = x$$

即可。由定理 1 的第 2 部分，有

$$b^{\log_a x \cdot \log_b a} = (b^{\log_b a})^{\log_a x}$$
$$= a^{\log_a x}$$
$$= x.$$

得证。◀

因为本书中对数最常用的底是 $b = 2$，所以本书通篇将用记号 $\log x$ 来记 $\log_2 x$。

函数 $f(x) = \log x$ 的图如图 2 所示。根据定理 3，当底数 b 不是 2 时，可以得到一个函数 $(1/\log b) \log x$，即函数 $\log x$ 的常量倍数。

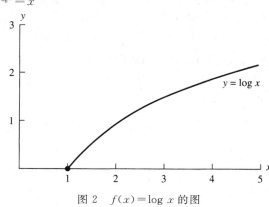

图 2 $f(x) = \log x$ 的图

练习

1. 将下列数量表达为 2 的幂次。
   a) $2 \cdot 2^2$ b) $(2^2)^3$ c) $2^{(2^2)}$

2. 计算下列各值。
   a) $\log_2 1024$ b) $\log_2 1/4$ c) $\log_4 8$

3. 假设 $\log_4 x = y$，其中 x 是一个正实数。计算下列各值。
   a) $\log_2 x$ b) $\log_8 x$ c) $\log_{16} x$

☞4. 令 a、b 和 c 是正实数。证明 $a^{\log_b c} = c^{\log_b a}$。

5. 对于所有实数 x，画出 $f(x) = b^x$ 的函数图，如果 b 取值为
   a) 3 b) 1/3 c) 1

6. 对于正实数 x，画出 $f(x) = \log_b x$ 的函数图，如果 b 取值为
   a) 4 b) 100 c) 1000

伪 代 码

本书中的算法采用自然语言和**伪代码**描述。伪代码是介于过程步骤的自然语言描述和用实际编程语言描述过程的规范之间的一种中间体。采用伪代码的优势包括书写和理解的简单性以及容易从伪代码生成实际(各类编程语言的)计算机代码。这里描述我们使用的伪代码中特定类型的**语句**或高级指令。伪代码中每条语句可以翻译成某种特定编程语言的一条或多条语句，这些语句有的可以翻译成一条或多条(很可能是很多)计算机的低级指令。

该附录描述本书使用的伪代码的格式和语法。伪代码的设计目标是其基本结构类似于常用编程语言中的结构，如目前教学中最常用的C++和Java。然而，我们用的伪代码会比正式编程语言更宽松些，因为我们将允许使用自然语言的步骤描述。

该附录并不是为了做形式化研究。相反，只是为学生在学习本书中给出的算法描述以及当他们要用伪代码来完成练习时作为一种参考指南。

C.1 过程语句

算法的伪代码以一个过程语句开始，给出算法的名称、列出输入变量、描述每个输入变量的类型。例如，语句

procedure maximum(L：整数列表)

就是算法的伪代码描述的第一条语句，该算法起名为 maximum，它找出整数列表 L 中的最大值。

C.2 赋值和其他类型的语句

赋值语句用来将值赋给变量。在赋值语句中左边是变量名而右边是一个可能涉及常量、已经被赋值的变量或过程中定义的函数的表达式。右边可以包含任何普通的算术运算。可是，在本书的伪代码中，它可以包含任何良定义的运算，即使这个运算只有在实际编程语言中用许多条语句才能实现。

符号 := 用于表示赋值。这样，赋值语句具有下列形式：

变量 := 表达式

例如，语句

max := a

将 a 的值赋给变量 max。像下面这样的语句

x := 列表 L 中的最大整数

也是可以使用的。它将 x 设置成列表 L 中的最大整数。要将这条语句翻译成实际编程语言时可能需要用到多条语句。另外，指令

交换 a 和 b

可以用来交换 a 和 b。我们也可以用若干条语句来表达这一条语句（参见练习 2），但是为了简单，我们经常首选采用这种简化的伪代码形式。

C.3　注释

在本书的伪代码中，花括号内的语句不会被执行。这样的语句用作注释或提醒以便解释过程是如何工作的。例如，语句

{x 是 L 中的最大元素}

可以用来提醒读者在过程执行到这一点时变量 x 等于列表 L 中的最大元素。

C.4　条件结构

我们会用到的条件结构的最简单形式是

if 条件 **then** 语句

或

if 条件 **then**
　　一组语句

这里，检查条件，如果为真，则执行给出的语句或一组语句。特别是，伪代码

if 条件 **then**
　　语句 1
　　语句 2
　　语句 3
　　　$\vdots$
　　语句 n

告诉我们如果条件为真，一组语句中的语句是按顺序执行的。

例如，3.1 节的算法 1，找出整数集合中的最大元，我们使用条件语句来检查对于每个变量是否 $\max < a_i$。如果是，则将 a_i 的值赋给 $\max$。

通常，我们需要使用更为一般的结构。当我们希望在指定条件为真时做一件事，而为假时做另一件事时就要用到这样的结构。我们使用结构

if 条件 **then** 语句 1
else 语句 2

注意语句 1 和语句 2 中的一条或两条可以替换为一组语句。

有时，我们需要用更为通用的条件语句形式。条件结构的通用形式是

if 条件 1 **then** 语句 1
else if 条件 2 **then** 语句 2
else if 条件 3 **then** 语句 3
　　　$\vdots$
else if 条件 n **then** 语句 n
else 语句 $n+1$

当使用这个结构时，如果条件 1 为真，则执行语句 1，然后程序退出该结构。另外，如果条件 1 为假，程序检查条件 2，如果为真，则执行语句 2，等等。这样，如果前面 $n-1$ 个条件没有一个成立，但是条件 n 成立，则执行语句 n。最后，如果条件 1、条件 2、…、条件 n 中没有一个为真，则执行语句 $n+1$。注意 $n+1$ 条语句中的任何一个均可以替换成一组语句。

C.5　循环结构

本书中的伪代码有两种类型的循环结构。第一个是"for"结构，它具有下列形式

```
for 变量 := 初值 to 终值
    语句
```

或

```
for 变量 := 初值 to 终值
    一组语句
```

其中初值和终值是整数。这里，循环开始时，如果初值小于等于终值，就将初值赋给变量，然后用变量的这个值执行这个结构后面的语句。然后变量加 1，用变量的这个新值执行语句或一组语句。重复这一过程直到变量等于终值为止。在用等于终值的变量执行指令后，算法进入下一个语句。当初值大于终值时，循环中的语句不会被执行。

我们可以用"for"循环结构来找出正整数 1 到 n 的总和，伪代码如下。

```
sum := 0
for i := 1 to n
    sum := sum + i
```

另外，本书还会用到更为通用的"for"语句，形式如下：

```
for 所有具有某种性质的元素
```

这意味着接下来的语句或一组语句会针对具有某种性质的元素被连续执行。

我们将使用的第二类循环结构是"while"结构。具有下列形式：

```
while 条件
    语句
```

或

```
while 条件
    一组语句
```

当使用这种结构时，检查给定的条件，如果为真，则执行后面的语句，这可能会影响作为条件的一部分变量的值。当这些指令执行后，如果条件依然为真，再次执行这些指令。重复这一过程直到条件变成假为止。作为一个例子，我们可以用下列一组包含"while"结构的伪代码找出整数 1 到 n 的总和。

```
sum := 0
while n > 0
    sum := sum + n
    n := n - 1
```

注意任何"for"结构都可以转换成一个"while"结构（参见练习 3）。可是，通常理解"for"结构更容易些。所以，当有可能时，我们优先使用"for"结构而不是相应的"while"结构。

C.6   嵌套循环

循环或条件语句中经常会用到其他循环或条件语句。本书所用的伪代码中，我们采用连续的缩进来表示嵌套的循环，这就是循环中的循环，以及哪个语句组对应哪个循环。

C.7   过程中使用过程

我们可以在一个过程中使用另一个过程（或者在递归程序中使用自身），只需简单地写出另一过程的名称，加上过程的输入。例如，

```
max(L)
```

用输入列表 L 来执行 max 过程。当那个过程的所有步骤执行完毕后，继续执行本过程中的下一条语句。

C.8   返回语句

我们用一个 **return** 语句来说明一个过程在什么地方产生输出。**return** 语句具有下列形式

```
return x
```

产生 x 当前值作为输出。输出 x 可以涉及一个或多个函数的值，包括正在计算中的同一个函数，但位于更小处的值。例如，语句

```
return f(n-1)
```

用来以 $n-1$ 为输入调用该算法。这意味着用等于 $n-1$ 的输入再次运行该算法。

练习

1. 下列两个赋值语句构成的语句组有什么区别？

$$a := b \qquad b := c$$
$$b := c \qquad a := b$$
和

2. 给出一个过程，利用赋值语句来交换变量 x 和 y 的值。为此，最少需要多少个赋值语句？

3. 证明下列形式的循环

for $i := $ 初值 **to** 终值

　　语句

可以写成"while"结构。

推 荐 读 物

可供更深入学习本书相关主题的资源有印刷品和相关网站。印刷品就在本节描述。阅读材料按章节列出并按特定主题介绍。特别值得一提的还有一些通用的参考文献。罗森（Rosen）撰写的《离散和组合数学手册》（Hand book of Discrete and Combinatorial Mathematics）[Ro00]是一本综合性的参考书，你会发现这是一本特别有用的书。关于离散数学应用的更多详情可以在Michaels和Rosen的[MiRo91]中找到，这个在本书的配套网站上也有在线版。关于计算机科学的许多主题，也包括本书讨论的主题的更深入论述可参考Gruska的[Gr97]。本书中提到的许多数学家和计算机科学家的传记信息可以在Gillispie[Gi70]和MacTutor网站（http://www-history. mcs. st-and. ac. uk/）上找到。

要寻找相关的网站，可以参考本书配套网站上网络资源指南中给出的链接。配套网站的地址是www.mhhe.com/rosen。

第1章

一个有趣的学习逻辑的方法是阅读LewisCarroll的书[Ca78]。逻辑的一般性参考文献包括M. Huth和M. Ryan的[HuRy04]、Mendelson的[Me09]、Stoll的[St74]以及Suppes的[Su87]。关于离散数学中逻辑的综述性文献可参见Gries和Schneider的[GrSc93]。系统规范说明的讨论可参见Ince的[In93]。Smullyan的骑士和无赖谜题在[Sm78]中有介绍。他撰写了许多有趣的关于逻辑谜题的书，包括[Sm92]和[Sm98]。Prolog语言在Nilsson和Maluszynski的[NiMa95]以及Clocksin和Mellish的[ClMe94]中有深入的讨论。证明的基本方法可参见Cupillari的[Cu05]、Morash的[Mo91]、Solow的[So09]、Velleman的[Ve06]和Wolf的[Wo98]。构造证明的科学方法和技巧在Pólya的三本书[Po62]、[Po71]和[Po90]中有非常有意思的讨论。涉及使用多米诺和多联多米诺骨牌来拼接棋盘问题的讨论可参见Golomb的[Go94]和Martin的[Ma91]。

第2章

Lin和Lin的[LiLi81]是一本易读的关于集合及其应用的教科书。集合论的公理化发展可以参见Halmos的[Ha60]、Monk的[Mo69]、Pinter的[Pi14]和Stoll的[St74]。Brualdi的[Br09]，以及Reingold、Nievergelt和Deo的[ReNiDe77]包含了多重集的介绍。模糊集及其在专家系统和人工智能方面的应用在Negoita的[Ne85]和Zimmerman的[Zi91]中有论述。微积分方面的书籍，如Apostol的[Ap67]、Spivak的[Sp94]，以及Thomas和Finney[ThFi96]，包含对函数的讨论。关于整数序列的最好的书是Sloan和Plouffe的[SlPl95]。关于证明的书籍，如[Ve06]，通常会有某种程度的可数性论述。Stanat和McAllister的[StMc77]有一完整章节论述可数性。Aigner和Ziegler的[AiZi14]的第17章给出了关于基数和连续统假设的非常好的讨论。关于计算机科学所需数学基础的讨论可参见Arbib、Kfoury和Moll的[ArKfMo80]、Bobrow和Arbib的[BoAr74]、Beckman的[Be80]，以及Tremblay和Manohar的[TrMa75]。矩阵及其运算在所有线性代数书籍中都有论述，如Curtis的[Cu84]和Strang的[St09]。

第3章

Knuth的[Kn77]和Wirth的[Wi84]是关于算法主题最易理解的入门文章。算法入门的最佳书籍有Cormen、Leierson、Rivest和Stein的[CoLeRiSt09]以及Kleinberg和Tardos的[KlTa05]。关于函数大O估算的更广泛的资料可参见Knuth的[Kn97a]。关于算法及其复杂度的一般性参考文献包括Aho、Hopcroft和Ullman的[AhHoUl74]，Baase和VanGelder的[BaGe99]，Cormen、Leierson、Rivest和Stein的[CoLeRiSt09]，Gonnet的[Go84]，Goodman和

Hedetniemi 的[GoHe77]，Harel 的[Ha87]，Horowitz 和 Sahni 的[HoSa82]，Kreher 和 Stinson 的[KrSt98]，Knuth 撰写的关于计算机程序设计技巧的著名的系列丛书[Kn97a]、[Kn97b]和 [Kn98]，Kronsjö 的[Kr87]，Levitin 的[Le06]，Manber 的[Ma89]，Pohl 和 Shaw 的 [PoSh81]，Purdom 和 Brown 的[PuBr85]，Rawlins 的[Ra92]，Sedgewick 的[Se03]，Wilf 的 [Wi02]，以及 Wirth 的[Wi76]。排序和搜索算法及其复杂度的深入研究可参见 Knuth 的 [Kn98]。

第 4 章

关于数论的参考文献包括 Hardy 和 Wright 的[HaWrWiHe08]，LeVeque 的[Le77]，Rosen [Ro10]，以及 Stark 的[St78]。更多有关数论的历史可参见 Ore[Or88]。计算机算术的算法讨论在 Knuth 的[Kn97b]以及 Pohl 和 Shaw 的[PoSh81]中有讨论。更多关于寻找素数和因子分解算法的信息可参见 Crandall 和 Pomerance 的[CrPo10]。数论在密码学中的应用可参见 Denning 的[De82]，Menezes、vanOorschot 和 Vanstone 的[MeOoVa97]，Rosen 的[Ro10]，Seberry 和 Pieprzyk 的[SePi89]，Sinkov 的[Si66]，以及 Stinson 的[St05]。Rivest、Shamir 和 Adleman 在 [RiShAd78]中描述了 RSA 公共密钥系统。有关 Cocks 的发现可参见[Si99]，这也提供了关于密码学历史的一个有趣的故事。

第 5 章

数学归纳法的入门介绍可参见[Gu10]和 Sominskii 的[So61]。全面介绍数学归纳法和递归定义的书籍包括 Liu 的[Li85]，Sahni 的[Sa85]，Stanat 和 McAllister 的[StMc77]，以及 Tremblay 和 Manohar 的[TrMa75]。计算几何在[DeOr11]和[Or00]中有论述。1928 年，由 W. Ackermann 引入的 Ackermann 函数出现在递归函数论中(例如，参见 Beckman 的[Be80]和 McNaughton 的[Mc82])以及某些集合论算法的复杂度分析中(参见 Tarjan 的[Ta83])。递归论的研究可参见 Roberts 的[Ro86]，Rohl 的[Ro84]，以及 Wand 的[Wa80]。程序正确性以及用来证明程序正确的推理机的有关讨论可参考 Alagic 和 Arbib[AlAr78]，Anderson 的[An79]，Backhouse 的[Ba86]，Sahni 的[Sa85]，以及 Stanat 和 McAllister 的[StMc77]。

第 6 章

计数技术及其应用的一般性参考文献包括 Allenby 和 Slomson 的[AlSl10]，Anderson 的 [An89]，Berman 和 Fryer 的[BeFr72]，Bogart 的[Bo00]，Bona 的[Bo07]，Bose 和 Manvel 的 [BoMa86]，Brualdi 的[Br09]，Cohen 的[Co78]，Grimaldi 的[Gr03]，Gross 的[Gr07]，Liu 的 [Li68]，Pólya、Tarjan 和 Woods 的[PoTaWo83]，Riordan 的[Ri58]，Roberts 和 Tesman 的 [RoTe03]，Tucker 的[Tu06]，以及 Williamson 的[Wi85]。Vilenkin 的[Vi71]包含了一组组合问题及解答。一组更难一些的组合问题可参见 Lovász 的[Lo79]。关于 IP 地址和数据报的相关信息可参 Comer 的[Co05]。鸽巢原理的应用可参见 Brualdi 的[Br09]，Liu 的[Li85]，以及 Roberts 和 Tesman 的[RoTe03]。一组广泛的组合恒等式可以在 Riordan 的[Ri68]以及 Benjamin 和 Quinn 的[BeQu03]中找到。组合算法，包括生成排列和组合的算法，在 Even 的[Ev73]，Lehmer 的[Le64]，以及 Reingold、Nievergelt 和 Deo 的[ReNiDe77]中有描述。

第 7 章

离散概率论的一些有用的参考文献包括 Feller 的[Fe68]，Nabin 的[Na00]，以及 Ross 的 [Ro09a]。Ross 的[Ro02]侧重于概率论在计算机科学中的应用，给出了许多平均情形复杂度分析的例子，并涵盖了随机方法。Aho 和 Ullman 的[AhUl95]有对概率论在计算机科学中的重要的多方面论述，其中包括概率论的编程应用。随机方法的讨论占据了 Aigner 和 Ziegler [AiZi14]中一章的篇幅，该书是一部专著，致力于聪敏、有启发和漂亮的证明，也就是 Paul Erdös 所描述的来自《天书》(The Book)的证明。随机方法更广泛的论述可参见 Alon 和 Spencer 的[AlSp00]。Bayes 定理在[PaPi01]中有论述。更多有关垃圾邮件过滤的资料可以在[Zd05]中找到。

第 8 章

利用递推关系建立不同的模型可参见 Roberts 和 Tesman 的[RoTe03]以及 Tucker 的 [Tu06]。常系数线性齐次递推关系和相关的非齐次递推关系的完整讨论可参见 Brualdi 的 [Br09]，Liu 的[Li68]，以及 Mattson 的[Ma93]。分而治之算法及其复杂度分析在 Roberts 和 Tesman 的[RoTe03]以及 Stanat 和 McAllister 的[StMc77]中有论述。整数和矩阵的快速乘法的 描述可以在 Aho、Hopcroft 和 Ullman 的[AhHoUl74]以及 Knuth 的[Kn97b]中找到。关于生成 函数的一个非常好的介绍可参见 Pólya、Tarjan 和 Woods 的[PoTaWo83]。生成函数的深入研 究可参考 Brualdi 的[Br09]，Cohen 的[Co78]，Graham、Knuth 和 Patashnik 的[GrKnPa94]， Grimaldi 的[Gr03]，以及 Roberts 和 Tesman 的[RoTe03]。更多容斥原理的应用可参见 Liu 的 [Li85]和[Li68]，Roberts 和 Tesman 的[RoTe03]，以及 Ryser 的[Ry63]。

第 9 章

关系（包括等价关系和偏序关系）的一般性参考文献有 Bobrow 和 Arbib 的[BoAr74]， Grimaldi 的[Gr03]，Sanhi 的[Sa85]，以及 Tremblay 和 Manohar 的[TrMa75]。Date 的[Da82] 以及 Aho 和 Ullman 的[AhUl95]给出了关于数据库关系模型的讨论。Roy 和 Warshall 撰写的寻 找传递闭包的原始论文可分别在[Ro59]和[Wa62]中找到。有向图的研究可参见 Chartrand、 Lesniak 和 Zhang 的[ChLeZh05]，Gross 和 Yellen 的[GrYe05]，Robinson 和 Foulds 的 [RoFo80]，Roberts 和 Tesman 的[RoTe03]，以及 Tucker 的[Tu06]。格在信息流中的应用在 Denning 的[De82]中有讨论。

第 10 章

图论的一般性参考文献包括 Agnarsson 和 Greenlaw 的[AgGr06]，Aldous、Wilson 和 Best 的[AlWiBe00]，Behzad 和 Chartrand 的[BeCh71]，Chartrand、Lesniak 和 Zhang 的 [ChLeZh05]，Chartrand 和 Zhang 的[ChZh04]，Bondy 和 Murty 的[BoMu10]，Chartrand 和 Oellermann 的[ChOe93]，Graver 和 Watkins 的[GrWa77]，Roberts 和 Tesman 的[RoTe03]， Tucker 的[Tu06]，West 的[We00]，Wilson 的[Wi85]，以及 Wilson 和 Watkins 的[WiWa90]。 图论的大量应用可参见 Chartrand 的[Ch77]，Deo 的[De74]，Foulds 的[Fo92]，Roberts 和 Tesman 的[RoTe03]，Roberts 的[Ro76]，Wilson 和 Beineke 的[WiBe79]，以及 McHugh 的 [Mc90]。利用图论研究社交网络及其他类型网络的深入讨论可参见 Easley 和 Kleinberg 的 [EaKl10]以及 Newman 的[Ne10]。涉及大图（包括 Web 图）的应用可参见 Hayes 的[Ha00a]和 [Ha00b]。图论算法的综述性描述可参见 Gibbons 的[Gi85]以及 Kocay 和 Kreher 的[KoKr04]。 图论算法的其他文献包括 Buckley 和 Harary 的[BuHa90]，Chartrand 和 Oellermann 的 [ChOe93]，Chachra、Ghare 和 Moore 的[ChGhMo79]，Even 的[Ev73]和[Ev79]，Hu 的 [Hu82]，以及 Reingold、Nievergelt 和 Deo 的[ReNiDe77]。欧拉关于哥尼斯堡七桥问题的原始 论文的翻译版可在 Euler 的[Eu53]中找到。Dijkstra 算法的研究可参见 Gibbons 的[Gi85]，Liu 的[Li85]，以及 Reingold、Nievergelt 和 Deo 的[ReNiDe77]。Dijkstra 原始论文可在[Di59]中找 到。Kuratowski 定理的证明可在 Harary 的[Ha69]和 Liu 的[Li68]中找到。图的交叉数和厚度 的研究可参见 Chartrand、Lesniak 和 Zhang 的[ChLeZh05]。图着色和四色定理的文献可参考 Barnette 的[Ba83]以及 Saaty 和 Kainen 的[SaKa86]。四色定理最初的攻克在 Appel 和 Haken 的 [ApHa76]中有记录。图着色的应用在 Roberts 和 Tesman[RoTe03]中有描述。图论的历史可参 考 Biggs、Lloyd 和 Wilson 的[BiLlWi86]。并行处理的互联网络在 Akl 的[Ak89]以及 Siegel 和 Hsu 的[SiHs88]中有讨论。

第 11 章

树的研究可参见 Deo 的[De74]，Grimaldi 的[Gr03]，Knuth 的[Kn97a]，Roberts 和 Tesman 的[RoTe03]，以及 Tucker 的[Tu06]。树在计算机科学中的应用在 Gotlieb 和 Gotlieb 的[GoGo78]，Horowitz 和 Sahni 的[HoSa82]，以及 Knuth 的[Kn97a，98]中均有描述。

Roberts 和 Tesman 的[RoTe03]讨论了树在许多不同领域中的应用。组合博弈论的研究参见[AlNoWo07]、[BeCoGu01]和[Be11]前缀码和哈夫曼编码可参见 Hamming 的[Ha80]。回溯是一种古老的技术，Lucas 在 1891 年撰写的书[Lu91]中就有用它来求解 maze 谜题。如何利用回溯技术求解问题的广泛讨论可参见 Reingold、Nievergelt 和 Deo 的[ReNiDe77]。Gibbons 的[Gi85]以及 Reingold、Nievergelt 和 Deo 的[ReNiDe77]包含生成树和最小生成树的构造算法的讨论。寻找最小生成树算法的背景及历史可参见 Graham 和 Hell 的[GrHe85]。Prim 和 Kruskal 分别在[Pr57]和[Kr56]中描述了他们寻找最小生成树的算法。Sollin 的算法是一个非常适合并行处理的算法例子，虽然 Sollin 从未发表过算法，但他的算法在 Even 的[Ev73]以及 Goodman 和 Hedetniemi 的[GoHe77]中均有描述。

第 12 章

布尔代数的研究可参见 Hohn 的[Ho66]，Kohavi 的[Ko86]，以及 Tremblay 和 Manohar 的[TrMa75]。布尔代数在逻辑电路和开关电路中的应用在 Hayes 的[Ha93]，Hohn 的[Ho66]，Katz 和 Borriello 的[KaBo04]，以及 Kohavi 的[Ko86]中均有描述。用图来研究积之和表达式的极小化的原始论文是 Karnaugh 的[Ka53]以及 Veitch 的[Ve52]。Quine-McCluskey 方法的介绍可参见 McCluskey 的[Mc56]以及 Quine 的[Qu52]和[Qu55]。阈值函数的讨论参见 Kohavi 的[Ko86]。

第 13 章

形式语法、自动机理论和计算理论的一般性参考文献包括 Davis、Sigal 和 Weyuker 的[DaSiWe94]，Denning、Dennis 和 Qualitz 的[DeDeQu81]，Hopcroft、Motwani 和 Ullman 的[HoMoUl06]，Hopkin 和 Moss 的[HoMo76]，Lewis 和 Papadimitriou 的[LePa97]，McNaughton 的[Mc82]，以及 Sipser 的[Si06]。米勒机和摩尔机最早由 Mealy[Me55]以及 Moore[Mo56]引入。Kleene 定理的原始证明可以在[Kl56]中找到。功能强大的计算模型，包括下推自动机和图灵机，在 Brookshear 的[Br89]，Hennie 的[He77]，Hopcroft 和 Ullman 的[HoUl79]，Hopkin 和 Moss 的[HoMo76]，Martin 的[Ma03]，Sipser 的[Si06]，以及 Wood 的[Wo87]中均有讨论。Barwise 和 Etchemendy 的[BaEt93]是很好的图灵机入门读物。关于图灵机及相关机器的历史和应用的有趣文章可在 Herken 的[He88]中找到。忙碌海狸机最早由 Rado 在[Ra62]中提出，有关信息可参见 Dewdney 的[De84]和[De93]，Herken 的[He88]中 Brady 的论文，以及 Wood 的[Wo87]。

附录

关于实数和整数公理的讨论可参见 Morash 的[Mo91]。指数和对数函数的详细处理可参考微积分书籍，如 Apostol 的[Ap67]，Spivak 的[Sp94]，以及 Thomas 和 Finney 的[ThFi96]。Pohl 和 Shaw 的[PoSh81]使用了具有附录 C 中所描述的同样特性的伪代码形式。大多数关于算法的书籍，如 Cormen、Leierson、Rivest 和 Stein 的[CoLeRiSt09]以及 Kleinberg 和 Tardos 的[KlTa05]，都会使用一种与本书伪代码类似的伪代码版本。

参 考 文 献

[AgGr06] G. Agnarsson and R. Greenlaw, *Graph Theory: Modeling, Applications, and Algorithms*, Prentice Hall, Englewood Cliffs, NJ, 2006.

[Ag15] C. C. Aggarwal, *Data Mining, The Textbook*, Springer, New York, 2015.

[AhHoUl74] A. V. Aho, J. E. Hopcroft, and J. D. Ullman, *The Design and Analysis of Computer Algorithms*, Addison-Wesley, Reading, MA, 1974.

[AhUl95] Alfred V. Aho and Jeffrey D. Ullman, *Foundations of Computer Science, C Edition*, Computer Science Press, New York, 1995.

[AiZi14] Martin Aigner and Günter M. Ziegler, *Proofs from THE BOOK*, 5th ed., Springer, Berlin, 2014.

[Ak89] S. G. Akl, *The Design and Analysis of Parallel Algorithms*, Prentice Hall, Englewood Cliffs, NJ, 1989.

[AlAr78] S. Alagic and M. A. Arbib, *The Design of Well-Structured and Correct Programs*, Springer-Verlag, New York, 1978.

[AlNoWo07] Michael H. Albert, Richard J. Nowakowski, and David Wolfe, *Lessons in Play: An Introduction to Combinatorial Game Theory*, A.K. Peters, Natick, MA, 2007.

[AlWiBe00] J. M. Aldous, R. J. Wilson, and S. Best, *Graphs and Applications: An Introductory Approach*, Springer, New York, 2000.

[AlSl10] R.B.J.T. Allenby and A. Slomson, *How to Count: An Introduction to Combinatorics*, 2d ed., Chapman and Hall/CRC, Boca Raton, Florida, 2010.

[AlSp00] Noga Alon and Joel H. Spencer, *The Probabilistic Method*, 2d ed., Wiley, New York, 2000.

[An89] I. Anderson, *A First Course in Combinatorial Mathematics*, 2d ed., Oxford University Press, New York, 1989.

[An79] R. B. Anderson, *Proving Programs Correct*, Wiley, New York, 1979.

[Ap67] T. M. Apostol, *Calculus*, Vol. I, 2d ed., Wiley, New York, 1967.

[ApHa76] K. Appel and W. Haken, "Every Planar Map Is 4-colorable," *Bulletin of the AMS*, 82 (1976), 711–712.

[ArKfMo80] M. A. Arbib, A. J. Kfoury, and R. N. Moll, *A Basis for Theoretical Computer Science*, Springer-Verlag, New York, 1980.

[AvCh90] B. Averbach and O. Chein, *Problem Solving Through Recreational Mathematics*, W.H. Freeman, San Francisco, 1980.

[BaGe99] S. Baase and A. Van Gelder, *Computer Algorithms: Introduction to Design and Analysis*, 3d ed., Addison-Wesley, Reading, MA, 1999.

[Ba86] R. C. Backhouse, *Program Construction and Verification*, Prentice-Hall, Englewood Cliffs, NJ, 1986.

[Ba83] D. Barnette, *Map Coloring, Polyhedra, and the Four-Color Problem*, Mathematical Association of America, Washington, DC, 1983.

[BaEt93] Jon Barwise and John Etchemendy, *Turing's World 3.0 for the Macintosh*, CSLI Publications, Stanford, CA, 1993.

[Be11] József Beck, *Combinatorial Games: Tic-Tac-Toe Theory*, Cambridge, 2011.

[Be80] F. S. Beckman, *Mathematical Foundations of Programming*, Addison-Wesley, Reading, MA, 1980.

[BeCh71] M. Behzad and G. Chartrand, *Introduction to the Theory of Graphs*, Allyn & Bacon, Boston, 1971.

[BeQu03] A. Benjamin and J. J. Quine, *Proofs that Really Count*, Mathematical Association of America, Washington, DC, 2003.

[Be86] J. Bentley, *Programming Pearls*, Addison-Wesley, Reading, MA, 1986.

[BeFr72] G. Berman and K. D. Fryer, *Introduction to Combinatorics*, Academic Press, New York, 1972.

[BeCoGu01] Elwyn R. Berlekamp, John H. Conwayk, and Richard K. Guy, *Winning Ways for Your Mathematical Plays*, Volumes 1–4, 2001–2004.

[BiLlWi99] N. L. Biggs, E. K. Lloyd, and R. J. Wilson, *Graph Theory 1736–1936*, Oxford University Press, Oxford, England, 1999.

[BoAr74] L. S. Bobrow and M. A. Arbib, *Discrete Mathematics*, Saunders, Philadelphia, 1974.

[Bo00] K. P. Bogart, *Introductory Combinatorics*, 3d ed. Academic Press, San Diego, 2000.

[Bo07] M. Bona, *Enumerative Combinatorics*, McGraw-Hill, New York, 2007.

[BoMu10] J. A. Bondy and U. S. R. Murty, *Graph Theory with Applications*, Springer, New York, 2010.

[Bo04] P. Bork, L. J. Jensen, C. von Mering, A. K. Ramani, I. Lee, and E. M. Marcotte, "Protein interaction networks from yeast to human," *Current Opinion in Structural Biology*, 14 (2004), 292–299.

[BoMa86] R. C. Bose and B. Manvel, *Introduction to Combinatorial Theory*, Wiley, New York, 1986.

[Bo14] T. Bousch, "La quatrieme tour de Hanoi," *Bulletin of the Belgian Mathematical Society Simon Stevin 21 (2014) 895–912*.

[Bo00] A. Brodera, R. Kumar, F. Maghoula, P. Raghavan, S. Rajagopalan, R. Statac, A. Tomkins, and Janet Wiener, "Graph structure in the Web," *Computer Networks*, 33 (2000), 309–320.

[Br89] J. G. Brookshear, *Theory of Computation*, Benjamin Cummings, Redwood City, CA, 1989.

[Br09] R. A. Brualdi, *Introductory Combinatorics*, 5th ed., Prentice-Hall, Englewood Cliffs, NJ, 2009.

[BuHa90] F. Buckley and F. Harary, *Distance in Graphs*, Addison-Wesley, Redwood City, CA, 1990.

[Ca79] L. Carmony, "Odd Pie Fights," *Mathematics Teacher* 72 (January, 1979), 61–64.

[Ca78] L. Carroll, *Symbolic Logic*, Crown, New York, 1978.

[ChGhMo79] V. Chachra, P. M. Ghare, and J. M. Moore, *Applications of Graph Theory Algorithms*, North-Holland, New York, 1979.

[Ch77] G. Chartrand, *Graphs as Mathematical Models*, Prindle, Weber & Schmidt, Boston, 1977.

[ChLeZh15] G. Chartrand, L. Lesniak, and P. Zhang, *Graphs and Digraphs*, 6th ed., Chapman and Hall/CRC, Boca Raton, 2015.

[ChOe93] G. Chartrand and O. R. Oellermann, *Applied Algorithmic Graph Theory*, McGraw-Hill, New York, 1993.

[ChZh04] G. Chartrand and P. Zhang, *Introduction to Graph Theory*, McGraw-Hill, New York, 2004.

[ClMe94] W. F. Clocksin and C. S. Mellish, *Programming in Prolog*, 4th ed., Springer-Verlag, New York, 1994.

[Co78] D. I. A. Cohen, *Basic Techniques of Combinatorial Theory*, Wiley, New York, 1978.

[Co05] D. Comer, *Internetworking with TCP/IP, Principles, Protocols, and Architecture*, Vol. 1, 5th ed., Prentice-Hall, Englewood Cliffs, NJ, 2005.

[CoLeRiSt09] T. H. Cormen, C. E. Leierson, R. L. Rivest, and C. Stein, *Introduction to Algorithms*, 3rd ed., MIT Press, Cambridge, MA, 2009.

[CrPo10] Richard Crandall and Carl Pomerance, 2d ed., *Prime Numbers: A Computational Perspective*, Springer-Verlag, New York, 2010.

[Cu05] Antonella Cupillari, *The Nuts and Bolts of Proofs*, 3d ed., Academic Press, San Diego, 2005.

[Cu84] C. W. Curtis, *Linear Algebra*, Springer-Verlag, New York, 1984.

[Da82] C. J. Date, *An Introduction to Database Systems*, 3d ed., Addison-Wesley, Reading, MA, 1982.

[DaSiWe94] M. Davis, R. Sigal, and E. J. Weyuker, *Computability, Complexity, and Languages*, 2d ed., Academic Press, San Diego, 1994.

[Da10] T. Davis, "The Mathematics of Sudoku," November, 2010, available at http://geometer.org/mathcircles/sudoku.pdf

[De82] D. E. R. Denning, *Cryptography and Data Security*, Addison-Wesley, Reading, MA, 1982.

[DeDeQu81] P. J. Denning, J. B. Dennis, and J. E. Qualitz, *Machines, Languages, and Computation*, Prentice-Hall, Englewood Cliffs, NJ, 1981.

[De74] N. Deo, *Graph Theory with Applications to Engineering and Computer Science*, Prentice-Hall, Englewood Cliffs, NJ, 1974.

[DeOr11] S. L. Devadoss and J. O'Rourke, *Discrete and Computational Geometry*, Princeton University Press, Princeton, NJ, 2011.

[De02] K. Devlin, *The Millennium Problems: The Seven Greatest Unsolved Mathematical Puzzles of Our Time*, Basic Book, New York, 2002.

[De84] A. K. Dewdney, "Computer Recreations," *Scientific American*, 251, no. 2 (August 1984), 19–23; 252, no. 3 (March 1985), 14–23; 251, no. 4 (April 1985), 20–30.

[De93] A. K. Dewdney, *The New Turing Omnibus: Sixty-Six Excursions in Computer Science*, W. H. Freeman, New York, 1993.

[Di59] E. Dijkstra, "Two Problems in Connexion with Graphs," *Numerische Mathematik*, 1 (1959), 269–271.

[EaKl10] D. Easley and J. Kleinberg, *Networks, Crowds, and Markets: Reasoning About a Highly Connected World*, Cambridge University Press, New York, 2010.

[Eu53] L. Euler, "The Koenigsberg Bridges," *Scientific American*, 189, no. 1 (July 1953), 66–70.

[Ev73] S. Even, *Algorithmic Combinatorics*, Macmillan, New York, 1973.

[Ev79] S. Even, *Graph Algorithms*, Computer Science Press, Rockville, MD, 1979.

[Fe68] W. Feller, *An Introduction to Probability Theory and Its Applications*, Vol. 1, 3d ed., Wiley, New York, 1968.

[Fo92] L. R. Foulds, *Graph Theory Applications*, Springer-Verlag, New York, 1992.

[GaJo79] Michael R. Garey and David S. Johnson, *Computers and Intractability: A Guide to NP-Completeness*, Freeman, New York, 1979.

[Gi85] A. Gibbons, *Algorithmic Graph Theory*, Cambridge University Press, Cambridge, England, 1985.

[Gi70] C. C. Gillispie, ed., *Dictionary of Scientific Biography*, Scribner's, New York, 1970.

[Go94] S. W. Golomb, *Polyominoes*, Princeton University Press, Princeton, NJ, 1994.

[Go84] G. H. Gonnet, *Handbook of Algorithms and Data Structures*, Addison-Wesley, London, 1984.

[GoHe77] S. E. Goodman and S. T. Hedetniemi, *Introduction to the Design and Analysis of Algorithms*, McGraw-Hill, New York, 1977.

[GoGo78] C. C. Gotlieb and L. R. Gotlieb, *Data Types and Structures*, Prentice-Hall, Englewood Cliffs, NJ, 1978.

[GrHe85] R. L. Graham and P. Hell, "On the History of the Minimum Spanning Tree Problem," *Annals of the History of Computing*, 7 (1985), 43–57.

[GrKnPa94] R. L. Graham, D. E. Knuth, and O. Patashnik, *Concrete Mathematics*, 2d ed., Addison-Wesley, Reading, MA, 1994.

[GrRoSp90] Ronald L. Graham, Bruce L. Rothschild, and Joel H. Spencer, *Ramsey Theory*, 2d ed., Wiley, New York, 1990.

[GrWa77] J. E. Graver and M. E. Watkins, *Combinatorics with Emphasis on the Theory of Graphs*, Springer-Verlag, New York, 1977.

[GrSc93] D. Gries and F. B. Schneider, *A Logical Approach to Discrete Math*, Springer-Verlag, New York, 1993.

[Gr03] R. P. Grimaldi, *Discrete and Combinatorial Mathematics*, 5th ed., Addison-Wesley, Reading, MA, 2003.

[Gr07] J. L. Gross, *Combinatorial Methods with Computer Applications*, Chapman and Hall/CRC, Boca Raton, FL, 2007.

[GrYe05] J. L. Gross and J. Yellen, *Graph Theory and Its Applications*, 2d ed., CRC Press, Boca Raton, FL, 2005.

[GrYe03] J. L. Gross and J. Yellen, *Handbook of Graph Theory*, CRC Press, Boca Raton, FL, 2003.

[Gr90] Jerrold W. Grossman, *Discrete Mathematics: An Introduction to Concepts, Methods, and Applications*, Macmillan, New York, 1990.

[Gr97] J. Gruska, *Foundations of Computing*, International Thomsen Computer Press, London, 1997.

[Gu10] D. A. Gunderson, *Handbook of Mathematical Induction*, Chapman and Hall/CRC, Boca Raton, Florida, 2010.

[Ha60] P. R. Halmos, *Naive Set Theory*, D. Van Nostrand, New York, 1960.

[Ha80] R. W. Hamming, *Coding and Information Theory*, Prentice-Hall, Englewood Cliffs, NJ, 1980.

[Ha69] F. Harary, *Graph Theory*, Addison-Wesley, Reading, MA, 1969.

[HaWrWiHe08] G. H. Hardy, E. M. Wright, A. Wiles, and R. Heath-Brown, *An Introduction to the Theory of Numbers*, 6th ed., Oxford University Press, USA, New York, 2008.

[Ha87] D. Harel, *Algorithmics, The Spirit of Computing*, Addison-Wesley, Reading, MA, 1987.

[Ha00a] Brian Hayes, "Graph-Theory in Practice, Part I," *American Scientist*, 88, no. 1 (2000), 9–13.

[Ha00b] Brian Hayes, "Graph-Theory in Practice, Part II," *American Scientist*, 88, no. 2 (2000), 104–109.

[Ha93] John P. Hayes, *Introduction to Digital Logic Design* Addison-Wesley, Reading, MA, 1993.

[He77] F. Hennie, *Introduction to Computability*, Addison-Wesley, Reading, MA, 1977.

[He88] R. Herken, *The Universal Turing Machine, A Half-Century Survey*, Oxford University Press, New York, 1988.

[Ho76] C. Ho, "Decomposition of a Polygon into Triangles," *Mathematical Gazette*, 60 (1976), 132–134.

[Ho99] D. Hofstadter, *Gödel, Escher, Bach: An Internal Golden Braid*, Basic Books, New York, 1999.

[Ho66] F. E. Hohn, *Applied Boolean Algebra*, 2d ed., Macmillan, New York, 1966.

[HoMoUl06] J. E. Hopcroft, R. Motwani, and J. D. Ullman, *Introduction to Automata Theory, Languages, and Computation* 3d ed., Addison-Wesley, Boston, MA, 2006.

[HoMo76] D. Hopkin and B. Moss, *Automata*, Elsevier, North-Holland, New York, 1976.

[HoSa82] E. Horowitz and S. Sahni, *Fundamentals of Computer Algorithms*, Computer Science Press, Rockville, MD, 1982.

[Hu82] T. C. Hu, *Combinatorial Algorithms*, Addison-Wesley, Reading, MA, 1982.

[Hu07] W. Huber, V. J. Carey, L. Long, S. Falcon, and R. Gentleman, "Graphs in molecular biology," *BMC Bioinformatics* 8 (Supplement 6) (2007).

[HuRy04] M. Huth and M. Ryan, *Logic in Computer Science*, 2d ed., Cambridge University Press, Cambridge, England, 2004.

[In93] D. C. Ince, *An Introduction to Discrete Mathematics, Formal System Specification, and Z*, 2d ed., Oxford, New York, 1993.

[KaMo64] D. Kalish and R. Montague, *Logic: Techniques of Formal Reasoning*, Harcourt, Brace, Jovanovich, New York, 1964.

[Ka53] M. Karnaugh, "The Map Method for Synthesis of Combinatorial Logic Circuits," *Transactions of the AIEE*, part I, 72 (1953), 593–599.

[KaBo04] R. H. Katz and G. Borriello, *Contemporary Logic Design*, Prentice-Hall, Englewood Cliffs, NJ, 2004.

[Kl56] S. C. Kleene, "Representation of Events by Nerve Nets," in *Automata Studies*, 3–42, Princeton University Press, Princeton, NJ, 1956.

[KlTa05] J. Kleinberg and E. Tardos, *Algorithm Design* Addison-Wesley, Boston, 2005.

[Kn77] D. E. Knuth, "Algorithms," *Scientific American*, 236, no. 4 (April 1977), 63–80.

[Kn97a] D. E. Knuth, *The Art of Computer Programming, Vol. I: Fundamental Algorithms*, 3d ed., Addison-Wesley, Reading, MA, 1997.

[Kn97b] D. E. Knuth, *The Art of Computer Programming, Vol. II: Seminumerical Algorithms*, 3d ed., Addison-Wesley, Reading, MA, 1997.

[Kn98] D. E. Knuth, *The Art of Computer Programming, Vol. III: Sorting and Searching*, 2d ed., Addison-Wesley, Reading, MA, 1998.

[KoKr04] W. Kocay and D. L. Kreher, *Graph Algorithms and Optimization*, Chapman and Hall/CRC, Boca Raton, Florida, 2004.

[Ko86] Z. Kohavi, *Switching and Finite Automata Theory*, 2d ed., McGraw-Hill, New York, 1986.

[KrSt98] Donald H. Kreher and Douglas R. Stinson, *Combinatorial Algorithms: Generation, Enumeration, and Search*, CRC Press, Boca Raton, FL, 1998.

[Kr87] L. Kronsjö, *Algorithms: Their Complexity and Efficiency*, 2d ed., Wiley, New York, 1987.

[Kr56] J. B. Kruskal, "On the Shortest Spanning Subtree of a Graph and the Traveling Salesman Problem," *Proceedings of the AMS*, 1 (1956), 48–50.

[La10] J. C. Lagarias (ed.), *The Ultimate Challenge: The $3x + 1$ Problem*, The American Mathematical Society, Providence, 2010.

[Le06] A. V. Levitin, *Introduction to the Design and Analysis of Algorithms*, 2d ed., Addison-Wesley, Boston, MA, 2006.

[Le64] D. H. Lehmer, "The Machine Tools of Combinatorics," in E. F. Beckenbach (ed.), *Applied Combinatorial Mathematics*, Wiley, New York, 1964.

[Le77] W. J. LeVeque, *Fundamentals of Number Theory*, Addison-Wesley, Reading, MA, 1977.

[LePa97] H. R. Lewis and C. H. Papadimitriou, *Elements of the Theory of Computation*, 2d ed., Prentice-Hall, Englewood Cliffs, NJ, 1997.

[LiLi81] Y. Lin and S. Y. T. Lin, *Set Theory with Applications*, 2d ed., Mariner, Tampa, FL, 1981.

[Li68] C. L. Liu, *Introduction to Combinatorial Mathematics*, McGraw-Hill, New York, 1968.

[Li85] C. L. Liu, *Elements of Discrete Mathematics*, 2d ed., McGraw-Hill, New York, 1985.

[Lo79] L. Lovász, *Combinatorial Problems and Exercises*, North-Holland, Amsterdam, 1979.

[Lu91] E. Lucas, *Récréations Mathématiques*, Gauthier-Villars, Paris, 1891.

[Ma89] U. Manber, *Introduction to Algorithms: A Creative Approach*, Addison-Wesley, Reading, MA, 1989.

[Ma91] G. E. Martin, *Polyominoes: A Guide to Puzzles and Problems in Tiling*, Mathematical Association of America, Washington, DC, 1991.

[Ma03] J. C. Martin, *Introduction to Languages and the Theory of Computation*, 3d ed., McGraw-Hill, New York, 2003.

[Ma93] H. F. Mattson, Jr., *Discrete Mathematics with Applications*, Wiley, New York, 1993.

[Mc56] E. J. McCluskey, Jr., "Minimization of Boolean Functions," *Bell System Technical Journal*, 35 (1956), 1417–1444.

[Mc90] J. A. McHugh, *Algorithmic Graph Theory*, Prentice-Hall, Englewood Cliffs, NJ, 1990.

[Mc82] R. McNaughton, *Elementary Computability, Formal Languages, and Automata*, Prentice-Hall, Englewood Cliffs, NJ, 1982.

[Me55] G. H. Mealy, "A Method for Synthesizing Sequential Circuits," *Bell System Technical Journal*, 34 (1955), 1045–1079.

[Me09] E. Mendelson, *Introduction to Mathematical Logic*, 5th ed., Chapman and Hall/CRC Press, Boca Raton, 2009.

[MeOoVa97] A. J. Menezes, P. C. van Oorschot, S. A. Vanstone, *Handbook of Applied Cryptography*, CRC Press, Boca Raton, FL, 1997.

[MiRo91] J. G. Michaels and K. H. Rosen, *Applications of Discrete Mathematics*, McGraw-Hill, New York, 1991.

[Mo69] J. R. Monk, *Introduction to Set Theory*, McGraw-Hill, New York, 1969.

[Mo91] R. P. Morash, *Bridge to Abstract Mathematics*, McGraw-Hill, New York, 1991.

[Mo56] E. F. Moore, "Gedanken-Experiments on Sequential Machines," *in Automata Studies*, 129–153, Princeton University Press, Princeton, NJ, 1956.

[Na00] Paul J. Nabin, *Duelling Idiots and Other Probability Puzzlers*, Princeton University Press, Princeton, NJ, 2000.

[Ne85] C. V. Negoita, *Expert Systems and Fuzzy Systems*, Benjamin Cummings, Menlo Park, CA, 1985.

[Ne10] M. Newman, *Networks: An Introduction*, Oxford University Press, New York, 2010.

[NiMa95] Ulf Nilsson and Jan Maluszynski, *Logic, Programming, and Prolog*, 2d ed., Wiley, Chichester, England, 1995.

[Or00] J. O'Rourke, *Computational Geometry in C*, Cambridge University Press, New York, 2000.

[Or63] O. Ore, *Graphs and Their Uses*, Mathematical Association of America, Washington, DC, 1963.

[Or88] O. Ore, *Number Theory and its History*, Dover, New York, 1988.

[PaPi01] A. Papoulis and S. U. Pillai, *Probability, Random Variables, and Stochastic Processes*, McGraw-Hill, New York, 2001.

[Pe87] A. Pelc, "Solution of Ulam's Problem on Searching with a Lie," *Journal of Combinatorial Theory*, Series A, 44 (1987), 129–140.

[Pe09] M. S. Petrović, *Famous Puzzles of Great Mathematicians*, American Mathematical Society, Providence, 2009.

[Pi14] C. Pinter, *A Book of Set Theory*, Dover, New York, 2014.

[PoSh81] I. Pohl and A. Shaw, *The Nature of Computation: An Introduction to Computer Science*, Computer Science Press, Rockville, MD, 1981.

[Po62] George Pólya, *Mathematical Discovery*, Vols. 1 and 2, Wiley, New York, 1962.

[Po71] George Pólya, *How to Solve It*, Princeton University Press, Princeton, NJ, 1971.

[Po90] George Pólya, *Mathematics and Plausible Reasoning*, Princeton University Press, Princeton, NJ, 1990.

[PoTaWo83] G. Pólya, R. E. Tarjan, and D. R. Woods, *Notes on Introductory Combinatorics*, Birkhäuser, Boston, 1983.

[Pr57] R. C. Prim, "Shortest Connection Networks and Some Generalizations," *Bell System Technical Journal*, 36 (1957), 1389–1401.

[PuBr85] P. W. Purdom, Jr. and C. A. Brown, *The Analysis of Algorithms*, Holt, Rinehart & Winston, New York, 1985.

[Qu52] W. V. Quine, "The Problem of Simplifying Truth Functions," *American Mathematical Monthly*, 59 (1952), 521–531.

[Qu55] W. V. Quine, "A Way to Simplify Truth Functions," *American Mathematical Monthly*, 62 (1955), 627–631.

[Ra62] T. Rado, "On Non-Computable Functions," *Bell System Technical Journal* (May 1962), 877–884.

[Ra92] Gregory J. E. Rawlins, *Compared to What? An Introduction to the Analysis of Algorithms*, Computer Science Press, New York, 1992.

[ReNiDe77] E. M. Reingold, J. Nievergelt, and N. Deo, *Combinatorial Algorithms: Theory and Practice*, Prentice-Hall, Englewood Cliffs, NJ, 1977.

[Ri58] J. Riordan, *An Introduction to Combinatorial Analysis*, Wiley, New York, 1958.

[Ri68] J. Riordan, *Combinatorial Identities*, Wiley, New York, 1968.

[RiShAd78] R. Rivest, A. Shamir, and L. Adleman, "A Method for Obtaining Digital Signatures and Public-Key Cryptosystems," *Communications of the Association for Computing Machinery*, 31, no. 2 (1978), 120–128.

[Ro86] E. S. Roberts, *Thinking Recursively*, Wiley, New York, 1986.

[Ro76] F. S. Roberts, *Discrete Mathematics Models*, Prentice-Hall, Englewood Cliffs, NJ, 1976.

[RoTe03] F. S. Roberts and B. Tesman, *Applied Combinatorics*, 2d ed., Prentice-Hall, Englewood Cliffs, NJ, 2003.

[RoFo80] D. F. Robinson and L. R. Foulds, *Digraphs: Theory and Techniques*, Gordon and Breach, New York, 1980.

[Ro84] J. S. Rohl, *Recursion via Pascal*, Cambridge University Press, Cambridge, England, 1984.

[Ro10] K. H. Rosen, *Elementary Number Theory and Its Applications*, 6th ed., Pearson, Boston, 2010.

[Ro18] K. H. Rosen, *Handbook of Discrete and Combinatorial Mathematics*, 2d ed., CRC Press, Boca Raton, FL, 2018.

[Ro09] Jason Rosenhouse, *The Monty Hall Problem*, Oxford University Press, New York, 2009.

[Ro09a] Sheldon M. Ross, *A First Course in Probability Theory*, 7th ed., Prentice-Hall, Englewood Cliffs, NJ, 2009.

[Ro02] Sheldon M. Ross, *Probability Models for Computer Science*, Harcourt/Academic Press, San Diego, 2002.

[Ro59] B. Roy, "Transitivité et Connexité," *C.R. Acad. Sci. Paris*, 249 (1959), 216.

[Ry63] H. Ryser, *Combinatorial Mathematics*, Mathematical Association of America, Washington, DC, 1963.

[SaKa86] T. L. Saaty and P. C. Kainen, *The Four-Color Problem: Assaults and Conquest*, Dover, New York, 1986.

[Sa85] S. Sahni, *Concepts in Discrete Mathematics*, Camelot, Minneapolis, 1985.

[Sa00] K. Sayood, *Introduction to Data Compression*, 2d ed., Academic Press, San Diego, 2000.

[SePi89] J. Seberry and J. Pieprzyk, *Cryptography: An Introduction to Computer Security*, Prentice-Hall, Englewood Cliffs, NJ, 1989.

[Se03] R. Sedgewick, *Algorithms in Java*, 3d ed., Addison-Wesley, Reading, MA, 2003.

[SiHs88] H. J. Siegel and W. T. Hsu, "Interconnection Networks," *in Computer Architectures*, V. M. Milutinovic (ed.), North-Holland, New York, 1988, pp. 225–264.

[Si99] S. Singh, *The Code Book*, Doubleday, New York, 1999.

[Si66] A. Sinkov, *Elementary Cryptanalysis*, Mathematical Association of America, Washington, DC, 1966.

[Si06] M. Sipser, *Introduction to the Theory of Computation*, Course Technology, Boston, 2006.

[SlPl95] N. J. A. Sloane and S. Plouffe, *The Encyclopedia of Integer Sequences*, Academic Press, New York, 1995.

[Sm78] Raymond Smullyan, *What Is the Name of This Book?: The Riddle of Dracula and Other Logical Puzzles*, Prentice-Hall, Englewood Cliffs, NJ, 1978.

[Sm92] Raymond Smullyan, *Lady or the Tiger? And Other Logic Puzzles Including a Mathematical Novel That Features Godel's Great Discovery*, Times Book, New York, 1992.

[Sm98] Raymond Smullyan, *The Riddle of Scheherazade: And Other Amazing Puzzles, Ancient & Modern*, Harvest Book, Fort Washington, PA, 1998.

[So09] Daniel Solow, *How to Read and Do Proofs: An Introduction to Mathematical Thought Processes*, 5th ed., Wiley, New York, 2009.

[So61] I. S. Sominskii, *Method of Mathematical Induction*, Blaisdell, New York, 1961.

[Sp94] M. Spivak, *Calculus*, 3d ed., Publish or Perish, Wilmington, DE, 1994.

[StMc77] D. Stanat and D. F. McAllister, *Discrete Mathematics in Computer Science*, Prentice-Hall, Englewood Cliffs, NJ, 1977.

[St78] H. M. Stark, *An Introduction to Number Theory*, MIT Press, Cambridge, MA, 1978.

[St05] Douglas R. Stinson, *Cryptography, Theory and Practice*, 3d ed., Chapman and Hall/CRC, Boca Raton, FL, 2005.

[St94] P. K. Stockmeyer, "Variations on the Four-Post Tower of Hanoi Puzzle," *Congressus Numerantrum* 102 (1994), 3–12.

[St74] R. R. Stoll, *Sets, Logic, and Axiomatic Theories*, 2d ed., W. H. Freeman, San Francisco, 1974.

[St09] G. W. Strang, *Linear Algebra and Its Applications*, 4th ed., Wellesley Cambridge Press, Wellesley, MA, 2009.

[Su87] P. Suppes, *Introduction to Logic*, D. Van Nostrand, Princeton, NJ, 1987.

[Ta83] R. E. Tarjan, *Data Structures and Network Algorithms*, Society for Industrial and Applied Mathematics, Philadelphia, 1983.

[ThFi96] G. B. Thomas and R. L. Finney, *Calculus and Analytic Geometry*, 9th ed., Addison-Wesley, Reading, MA, 1996.

[TrMa75] J. P. Tremblay and R. P. Manohar, *Discrete Mathematical Structures with Applications to Computer Science*, McGraw-Hill, New York, 1975.

[Tu06] Alan Tucker, *Applied Combinatorics*, 5th ed., Wiley, New York, 2006.

[Ve52] E. W. Veitch, "A Chart Method for Simplifying Truth Functions," *Proceedings of the ACM* (1952), 127–133.

[Ve06] David Velleman, *How to Prove It: A Structured Approach*, Cambridge University Press, New York, 2006.

[Vi71] N. Y. Vilenkin, *Combinatorics*, Academic Press, New York, 1971.

[Wa80] M. Wand, *Induction, Recursion, and Programming*, North-Holland, New York, 1980.

[Wa62] S. Warshall, "A Theorem on Boolean Matrices," *Journal of the ACM*, 9 (1962), 11–12.

[We00] D. B. West, *Introduction to Graph Theory*, 2d ed., Prentice Hall, Englewood Cliffs, NJ, 2000.

[Wi02] Herbert S. Wilf, *Algorithms and Complexity*, 2d ed., A. K. Peters, Natick, MA, 2002.

[Wi85] S. G. Williamson, *Combinatorics for Computer Science*, Computer Science Press, Rockville, MD, 1985.

[Wi85a] R. J. Wilson, *Introduction to Graph Theory*, 3d ed., Longman, Essex, England, 1985.

[WiBe79] R. J. Wilson and L. W. Beineke, *Applications of Graph Theory*, Academic Press, London, 1979.

[WiWa90] R. J. Wilson and J. J. Watkins, *Graphs, An Introductory Approach*, Wiley, New York, 1990.

[Wi76] N. Wirth, *Algorithms + Data Structures = Programs*, Prentice-Hall, Englewood Cliffs, NJ, 1976.

[Wi84] N. Wirth, "Data Structures and Algorithms," *Scientific American*, 251 (September 1984), 60–69.

[Wo98] Robert S. Wolf, *Proof, Logic, and Conjecture: The Mathematician's Toolbox*, W. H. Freeman, New York, 1998.

[Wo87] D. Wood, *Theory of Computation*, Harper & Row, New York, 1987.

[Zd05] J. Zdziarski, *Ending Spam: Bayesian Content Filtering and the Art of Statistical Language Classification*, No Starch Press, San Francisco, 2005.

[Zi91] H. J. Zimmermann, *Fuzzy Set Theory and Its Applications*, 2d ed., Kluwer, Boston, 1991.

推荐阅读

算法导论（原书第3版）

作者：Thomas H. Cormen 等
ISBN：978-7-111-40701-0 定价：128.00元

C程序设计语言（第2版·新版）

作者：Brian W. Kernighan 等
ISBN：978-7-111-12806-0 定价：30.00元

深入理解计算机系统（原书第3版）

作者：Randal E. Bryant 等
ISBN：978-7-111-54493-7 定价：139.00元

计算机组成与设计：硬件/软件接口（原书第5版）

作者：David Patterson 等
ISBN：978-7-111-50482-5 定价：99.00元